KB132628

236공통 2390미적

수
매씽
MATHING

BOOK ❶ 대수

동아출판

등업을 위한 강력한 한 권!

o **실력과 성적을 한번에 잡는 유형서**

- 최다 유형, 최다 문항, 세분화된 유형
- 교육청·평가원 최신 기출 유형 반영
- 다양한 타입의 문항과 접근 방법 수록

수매씽 대수 BOOK ❶

집필진	구명석(대표 저자)
	김민철, 문지웅, 안상철, 양병문, 오광석, 유상민, 이지수, 이태훈, 장호섭
발행일	2024년 9월 10일
인쇄일	2024년 8월 30일
펴낸곳	동아출판㈜
펴낸이	이욱상
등록번호	제300-1951-4호(1951. 9. 19.)
개발총괄	김영지
개발책임	이상민
개발	김인영, 이현아, 김다은, 권혜진, 윤찬미, 양지은, 이은주
디자인책임	복신성
디자인	송현아, 이소연
대표번호	1644-0600
주소	서울시 영등포구 은행로 30 (우 07242)

이 책의 개발에 참여해 주신 선생님들께 감사드립니다.

집필진

구명석 (대표 저자)

| 김민철 | 문지웅 | 안상철 | 양병문 | 오광석 |
| 유상민 | 이지수 | 이태훈 | 장호섭 | |

검토진

강갑신	청람학원	김소희	소정학원	박인영	한수위학원	유가영	탑솔루션수학교습소	이호형	고수학(광명)
강대성	블루M수학	김여옥	매쓰홀릭학원	박재홍	위너스	유남기	의치한학원	임성환	로엔스쿨학원
강대희	해법학원	김연정	MTM수학	박정한	수학의 아침(수내)	유대호	잉글리쉬앤매쓰매니저학원	임옥근	용문고등학교
강도희	매쓰더퍼스트학원	김영석	서울학원	박종태	김샘학원	유성규	현수학	임은아	일신여자고등학교
강동규	이샘프라임학원	김영은	케이스학원	박종혁	새로남기독학교	유세정	피톤치드학원	임정아	창의력학원
강병덕	청산학원	김영진	웰입시학원	박주호	올인원수학전문학원	유환	도당비젼스터디	장영환	인성학원
강병원	이승은수학	김영진	더퍼스트 김진학원	박준석	교일학원	유희복	엘림학원	전동철	남림학원
강병주	수마루 수학학원	김영호	멘토수학학원	박준형	동량재학원	윤관수	김형학원	전동호	동쌤수학
강병현	형석고등학교	김용환	수학의 아침(수내)	박지혜	이든영수학원(시흥)	윤세현	두드림학원	전라윤	NPM수학
강서연	수학의 아침(수내)	김욱현	우리보습학원	박지희	지이수학(에코)	윤영섭	와이즈만학원	전영우	일신여자고등학교
강서은	창덕영수학원	김운영	하이언스학원	박진웅	에듀스터디	윤영숙	윤영숙수학	전승준	엠코드수학과학원
강성현	에토스학원	김웅욱	이엔엠학원(정자)	박진철	세일학원(강북)	윤우영	일신여자고등학교	전진철	전진철수학
강수란	스텝웨이학원	김원중	강남대성학원	박형건	오엠지학원	윤정수	신사고학원	전희옥	리더스수학
강시현	CL학숙	김원채	최강멘토	박효숙	히파티아수학	윤정인	제이원입시학원	정귀열	G1230수학
강신준	수학의 아침(영통)	김윤정	GMT학원	박효진	성남금융고	윤찬노	수학의 아침(수내)	정길식	참된수학학원
강은경	씨엔엠학원	김은찬	엑시엄수학	배경미	레드매쓰수학학원	윤현도	SKY수학학원	정덕영	탑앤탑학원
강정은	가온에듀	김장훈	프로젝트M수학학원	배규리	정샘학원	은대현	탑아이스	정명현	유니크수학
강평원	스피드TC	김정례	마두/다이렉트	배태선	센텀학원(서창)	이강화	강승학원	정민영	신탄올림영수
강희규	종로학원하늘교육(관평)	김정수	필로매쓰	백종훈	자성학원	이나경	EM스터디학원	정청용	고대수학원
고동국	고동국수학학원	김정은	드림영어하이수학	변국남	변국남수학학원	이대로	이루다학원	정한샘	편수학
고명지	고쌤수학학원	김제현	국풍2000원탑학원	변윤지	비전고등학교	이대천	수학의 봄	정환희	릿지수학
고문숙	멘토스학원	김주혜	엠앤피학원	복정훈	마이엠수학(광명)	이동규	에스라이팅,G1230	정효석	최상위하다
고병훈	러셀분당학원	김지안	대송고등학교	서경도	서경도수학교습소	이동형	L수학	제경아	명장학원
고택수	김샘학원(정자)	김진선	PGA학원	서영진	배움수학	이만재	매쓰로드학원	조문완	매쓰홀릭루체테
고현재	케이스학원	김진우	심포니수학학원	서유진	세움영수학원	이문희	대신스카이학원	조민석	마이엠수학(광명)
공영일	의치한학원	김진형	PTM학원	서종관	역전타에듀	이미숙	더엠포인트	조민아	러닝트리학원
공희식	수학의 아침(수내)	김태영	굿노닝수학학원	성의용	이카루스학원	이상기	유니크학원	조상훈	미래탐구학원
구인숙	해라수학	김한도	개념올플러스학원	손두원	창현고등학교	이상철	G1230옥길	조윤주	와이제이수학학원
구태현	현수학	김현주	오름수학	손영주	하이스트학원	이석대	수학의 아침(수내)	조윤호	조윤호수학학원
구태현	현수학1관	김현호	수1807	손전모	THE다원수학송파관	이석현	큐브전문학원	조익제	MVP수학
권도영	웰입시학원	김호경	테라매스수학학원	손주령	세종올가학원	이수민	본수학학원	조정란	낙생고등학교
권소영	에이원	나효명	열린아카데미학원	송민재	상아탑학원	이순화	이든학원	조충현	로하스학원
권오봉	수학사랑	남계준	뉴이스터	송연호	RG수학학원	이아름누리	청어람학원	진윤지	첨단더매쓰수학
권오신	라미학원	남궁혁	팬더쌤(옥정)	송명철	예일학원	이아영	아이비수학학원	진주형	화정/G1230
길기홍	수학의길입시학원	남은혜	수학원	송우찬	송우찬수학	이영철	허브수학학원	차경나	쌤통수학전문학원
김경민	바른길수학	노승덕	분석학원	송유림	플러스학원	이요한	소담고등학교	차경화	차경화수학학원
김규보	더필즈에듀학원	노원석	페르마	송주원	대치개벽학원	이용범	강현학원	차문영	화정/송수학
김단비	올바른수학국어학원	노진효	복대해법수풀림학원	송준하	알고리즘수학	이윤정	신원/브레인수학	차영범	차이수학
김대균	김대균수학학원	명성일	대성학원(본원)	승희석	승쌤수학	이은혜	이은혜영수학원	채수현	밀턴학원
김대순	셀럽영수학원	문석배	에이플러스학원	신재식	노마드학원	이인화	STN 수학학원	천송이	하버드학원
김대원	7차수학	문세훈	유투엠학원	신철오	리처드신학원	이정기	스카이153수학전문학원	최미선	최선생수학학원
김대한	현대청운고등학교	문해기	열정수학영어학원	신형용	브레인터치	이정환	이정환수학	최병희	원탑학원
김대환	수학의 아침(영통)	박경보	최고챌린저	안기운	신용이지수학	이준철	구주이배	최수영	MFA수학학원
김도완	프라매쓰	박근복	유씨학원	안병운	김샘교육	이창석	핵수학	최수정	이루다학원
김동욱	마스터수학과학학원	박기태	포항동지여자고등학교	안현주	청산학원	이창성	틀세움수학	최안나	시매쓰수학(금천)
김동찬	탑씨크리트학원(아산원)	박병обл릭	시그마학원	안혜림	유투엠학원(구월)	이철호	파스칼	최연우	뼈대수학학원
김동현	수학의 아침(수내)	박상우	꿈꾸는학원	양성숙	성훈학원	이충빈	사과나무학원(목동)	최재원	T&D플러스영어수학학원
김두중	프린스턴수학학원	박상현	대치명인학원(대치)	양성현	현수학원(덕정)	이태경	이태경수학학원	최지영	매쓰플랜주전
김미란	메이드수학학원(시흥)	박선민	중앙학원	엄한준	수학의 아침(광교)	이태권	보담학원	최현미	초전중학교
김민수	대치원수학	박세환	류수학학원	오금석	반석종로학원	이하영	하이클래스수학과학원	최혜림	수리안학원
김민지	수앤리학원	박순찬	찬스수학	오미진	M&S수학과학학원	이현상	대성N학원(동대문)	편영광	편선생학원
김민홍	수학의 아침(수내)	박시연	노마드학원	오승주	충남고등학교	이현희	폴리아에듀	한봉교	자산학원
김방래	더프라임	박시현	수학의 아침(수내)	오현진	마블수학 학원	이혜경	이혜경고등수학	한지혜	한샘의약속
김병우	시대인재학원	박용현	분석수학	왕하민	베리타스입시학원	이혜영	헤이수학	허영신	지평학원
김보라	뿌리깊은수학	박원기	강남대성위업	우기홍	우스아카데미	이호영	고수학	현재명	대성N학원(옥정)
김봉연	프리미엄수학	박은정	XY수학영어보습	우동훈	헤파학원	이호철	제이탑학원	홍성문	홍성문수학학원
김상균	동량재학원	박은정	박쌤수학	우진연	지니스영수학원	이호현	좋은학원		

수

애 씨
MATHING
ㅇ

대수

구성과 특징

최다 유형 최다 문항으로 등급 UP!
실전에 강한 유형서, 수매씽

1단계 핵심 개념 이해

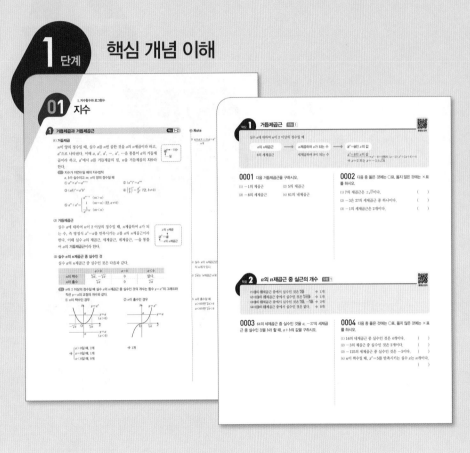

● 중단원의 개념을 정리하고, 핵심 개념에서 중요한 개념을 도식화하여 직관적인 이해를 돕습니다.
핵심 개념에 대한 설명을 동영상 강의로 확인할 수 있습니다.

2단계 유형 학습

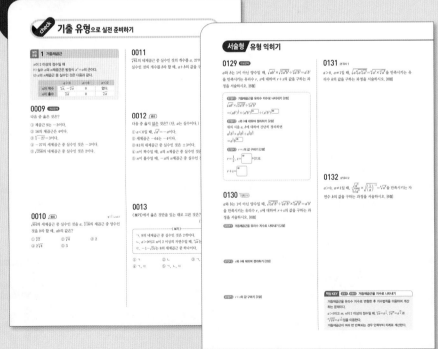

● **실전 유형 / 심화 유형** 세분화된 최적의 내신 출제 유형으로 구성하고, 유형마다 최신 **교육청·평가원 기출문제**를 분석하여 수록하였습니다.
유형 중 출제율이 높은 **빈출유형**, 여러 개념이나 유형이 복합된 **복합유형**, 최근 출제 경향의 **신유형**은 별도 표기하였습니다.
유형 문제 중 꼭 풀어 보아야 하는 문항은 **중요**로 표시하였습니다.
고난도 문항과 **신경향** 문항도 확인할 수 있습니다.

● **서술형 유형 익히기** 내신 빈출 서술형 문제를 대표문제 – 한번 더 – 유사문제의 set 문제로 구성하여 서술형 내신 대비를 철저히 할 수 있습니다. **핵심 KEY**에서 서술형 문항을 분석한 내용을 담았습니다.

3단계 실전 완벽 대비

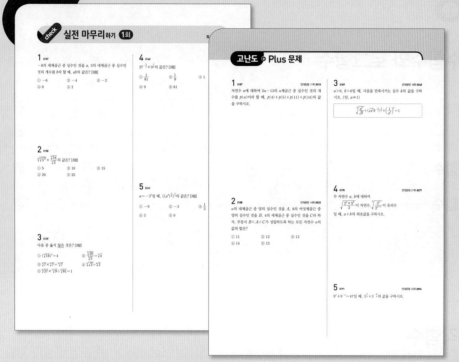

- **실전 마무리하기** 시험에 꼭 나오는 예상 기출문제를 선별하여 1회/2회로 구성하였습니다. 실제 시험과 유사한 문항 수로, 문항별 배점을 제시하여 실제 시험처럼 제한된 시간 내에 문제를 해결하고 채점해 봄으로써 자신의 실력을 확인할 수 있습니다.

- **고난도 Plus 문제** 유형 문제와 연계된 중요한 고난도 문제를 모아서 수록하여 내신 고득점을 대비할 수 있습니다.

정답 및 풀이

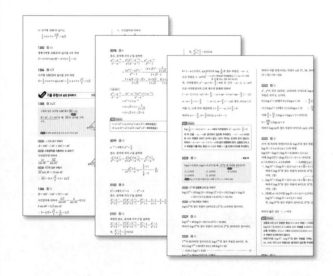

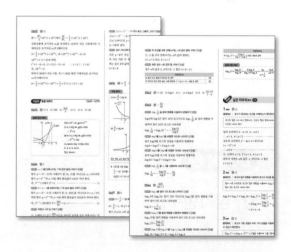

- 유형의 대표문제를 분석하여 단서를 제시하고 단계별 풀이를 통해 문제해결에 접근할 수 있습니다.

  (다른 풀이), 개념 Check , 실수 Check , 참고 등을 제시하여 이해하기 쉽고 친절합니다.

- 서술형 문제는 단계별 풀이 외에도 실제 답안 예시 , 오답 분석 을 통해 다른 학생들이 실제로 작성한 답안을 살펴볼 수 있습니다. 또, 부분점수를 얻을 수 있는 포인트를 부분점수표 로 제시하였습니다.

- 실전 중단원 마무리 문제는 출제의도와 문제해결 방안을 확인할 수 있습니다.

Contents
차례

01

지수

01 지수

1 거듭제곱과 거듭제곱근 핵심 1~2

Note

$$\underbrace{a \times a \times \cdots \times a}_{n개} = a^n$$

(1) 거듭제곱

n이 양의 정수일 때, 실수 a를 n번 곱한 것을 a의 n제곱이라 하고, a^n으로 나타낸다. 이때 a, a^2, a^3, $\cdots$, a^n, $\cdots$을 통틀어 a의 거듭제곱이라 하고, a^n에서 a를 거듭제곱의 밑, n을 거듭제곱의 **지수**라 한다.

> **참고** 지수가 자연수일 때의 지수법칙
> a, b가 실수이고 m, n이 양의 정수일 때
> ① $a^m \times a^n = a^{m+n}$ ② $(a^m)^n = a^{mn}$
> ③ $(ab)^n = a^n b^n$ ④ $\left(\dfrac{a}{b}\right)^n = \dfrac{a^n}{b^n}$ (단, $b \neq 0$)
> ⑤ $a^m \div a^n = \begin{cases} a^{m-n} & (m>n) \\ 1 & (m=n) \ (단, a \neq 0) \\ \dfrac{1}{a^{n-m}} & (m<n) \end{cases}$

(2) 거듭제곱근

실수 a에 대하여 n이 2 이상의 정수일 때, n제곱하여 a가 되는 수, 즉 방정식 $x^n = a$를 만족시키는 x를 a의 n제곱근이라 한다. 이때 실수 a의 제곱근, 세제곱근, 네제곱근, $\cdots$을 통틀어 a의 **거듭제곱근**이라 한다.

(3) 실수 a의 n제곱근 중 실수인 것

실수 a의 n제곱근 중 실수인 것은 다음과 같다.

	$a>0$	$a=0$	$a<0$
n이 짝수	$\sqrt[n]{a}$, $-\sqrt[n]{a}$	0	없다.
n이 홀수	$\sqrt[n]{a}$	0	$\sqrt[n]{a}$

실수 a의 n제곱근은 복소수의 범위에서 n개가 있다.

$\sqrt[n]{a}$는 'n제곱근 a'로 읽는다.

> **참고** n이 2 이상의 정수일 때 실수 a의 n제곱근 중 실수인 것의 개수는 함수 $y=x^n$의 그래프와 직선 $y=a$의 교점의 개수와 같다.
> ① n이 짝수인 경우 ② n이 홀수인 경우

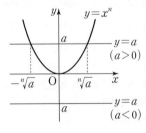

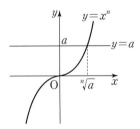

① $\begin{cases} a>0일 때, 2개 \\ a=0일 때, 1개 \\ a<0일 때, 0개 \end{cases}$

② 1개

n이 홀수일 때
$a>0$이면 $\sqrt[n]{a}>0$
$a<0$이면 $\sqrt[n]{a}<0$

② 거듭제곱근의 성질　핵심 3

$a>0$, $b>0$이고 m, n이 2 이상의 자연수일 때

(1) $\sqrt[n]{a}\,\sqrt[n]{b}=\sqrt[n]{ab}$

(2) $\dfrac{\sqrt[n]{a}}{\sqrt[n]{b}}=\sqrt[n]{\dfrac{a}{b}}$

(3) $(\sqrt[n]{a})^m=\sqrt[n]{a^m}$

(4) $\sqrt[m]{\sqrt[n]{a}}=\sqrt[mn]{a}=\sqrt[n]{\sqrt[m]{a}}$

(5) $\sqrt[np]{a^{mp}}=\sqrt[n]{a^m}$ (단, p는 자연수)

주의 $a>0$, $b>0$일 때만 거듭제곱근의 성질을 이용할 수 있다.

$\sqrt{-2}\times\sqrt{-3}=\sqrt{(-2)\times(-3)}=\sqrt{6}$ (×)

$\sqrt{-2}\times\sqrt{-3}=\sqrt{2}i\times\sqrt{3}i=\sqrt{2\times3}\times i^2=-\sqrt{6}$ (○)

③ 지수의 확장　핵심 4

(1) **0 또는 음의 정수인 지수**

　　$a\neq0$이고 n이 양의 정수일 때

　　① $a^0=1$

　　② $a^{-n}=\dfrac{1}{a^n}$

(2) **지수가 정수일 때의 지수법칙**

　　$a\neq0$, $b\neq0$이고 m, n이 정수일 때

　　① $a^m a^n=a^{m+n}$

　　② $a^m\div a^n=a^{m-n}$

　　③ $(a^m)^n=a^{mn}$

　　④ $(ab)^n=a^n b^n$

(3) **유리수인 지수**

　　$a>0$이고 m, $n(n\geq2)$이 정수일 때

　　① $a^{\frac{m}{n}}=\sqrt[n]{a^m}$

　　② $a^{\frac{1}{n}}=\sqrt[n]{a}$

(4) **지수가 유리수일 때의 지수법칙**

　　$a>0$, $b>0$이고 r, s가 유리수일 때

　　① $a^r a^s=a^{r+s}$

　　② $a^r\div a^s=a^{r-s}$

　　③ $(a^r)^s=a^{rs}$

　　④ $(ab)^r=a^r b^r$

주의 지수가 정수가 아닌 유리수인 경우에는 밑이 음수이면 지수법칙을 이용할 수 없다.

　　$\{(-3)^2\}^{\frac{1}{2}}=(-3)^{2\times\frac{1}{2}}=-3$ (×)

　　$\{(-3)^2\}^{\frac{1}{2}}=(3^2)^{\frac{1}{2}}=3^{2\times\frac{1}{2}}=3$ (○)

(5) **지수가 실수일 때의 지수법칙**

　　$a>0$, $b>0$이고 x, y가 실수일 때

　　① $a^x a^y=a^{x+y}$

　　② $a^x\div a^y=a^{x-y}$

　　③ $(a^x)^y=a^{xy}$

　　④ $(ab)^x=a^x b^x$

참고 a^x에서 지수법칙이 성립하기 위한 지수 x의 값의 범위에 따른 밑 a의 조건

지수 (x)	자연수	정수	유리수	실수
밑 (a)	모든 실수	$a\neq0$	$a>0$	$a>0$

n이 양의 정수일 때, $0^n=0$이지만 0^0과 0^{-n}은 정의하지 않는다.

핵심 1 거듭제곱근 [유형 1]

동영상 강의

실수 a에 대하여 n이 2 이상의 정수일 때

a의 n제곱근	→	n제곱하여 a가 되는 수	→	$x^n = a$인 x의 값
8의 세제곱근		세제곱하여 8이 되는 수		$x^3 = 8$인 x의 값

$x^3 = 8$인 x의 값 ▸ $x^3 - 8 = 0$에서 $(x-2)(x^2+2x+4)=0$
▸ $x=2$ 또는 $x = -1 \pm \sqrt{3}i$

0001 다음 거듭제곱근을 구하시오.

(1) -1의 제곱근　　　(2) 5의 제곱근

(3) -8의 세제곱근　　(4) 81의 네제곱근

0002 다음 중 옳은 것에는 ○표, 옳지 않은 것에는 ×표를 하시오.

(1) 7의 제곱근은 $\pm\sqrt{7}$이다.　　　(　)

(2) -3은 27의 세제곱근 중 하나이다.　(　)

(3) -1의 세제곱근은 2개이다.　　　(　)

핵심 2 a의 n제곱근 중 실근의 개수 [유형 1]

동영상 강의

(1) 2의 세제곱근 중에서 실수인 것은 $\sqrt[3]{2}$　　　➡ 1개
(2) -2의 세제곱근 중에서 실수인 것은 $\sqrt[3]{-2}$　　➡ 1개
(3) 2의 네제곱근 중에서 실수인 것은 $\sqrt[4]{2}$, $-\sqrt[4]{2}$　➡ 2개
(4) -2의 네제곱근 중에서 실수인 것은 없다.　　➡ 0개

0003 64의 세제곱근 중 실수인 것을 a, -27의 세제곱근 중 실수인 것을 b라 할 때, $a+b$의 값을 구하시오.

0004 다음 중 옳은 것에는 ○표, 옳지 않은 것에는 ×표를 하시오.

(1) 16의 네제곱근 중 실수인 것은 4개이다.　　(　)

(2) -3의 제곱근 중 실수인 것은 2개이다.　　(　)

(3) -125의 세제곱근 중 실수인 것은 -5이다.　(　)

(4) n이 짝수일 때, $x^n = 5$를 만족시키는 실수 x는 n개이다.

(　)

핵심 **3** 거듭제곱근의 성질 [유형 **2**]

거듭제곱근의 성질을 이용하여 식을 간단히 해 보자.

(1) $\sqrt[3]{25} \times \sqrt[3]{5} = \sqrt[3]{25 \times 5} = \sqrt[3]{5^3} = (\sqrt[3]{5})^3 = 5$

(3) $(\sqrt[4]{9})^2 = \sqrt[4]{9^2} = \sqrt[4]{(3^2)^2} = \sqrt[4]{3^4} = (\sqrt[4]{3})^4 = 3$

(2) $\dfrac{\sqrt[3]{16}}{\sqrt[3]{2}} = \sqrt[3]{\dfrac{16}{2}} = \sqrt[3]{8} = \sqrt[3]{2^3} = (\sqrt[3]{2})^3 = 2$

(4) $\sqrt{\sqrt[3]{5^6}} = \sqrt[6]{5^6} = (\sqrt[6]{5})^6 = 5$

> $\sqrt{}$ 는 $\sqrt[2]{}$ 에서 2가 생략되어 있는 것이니까 $\sqrt{\sqrt[3]{a}}$ 는 $\sqrt[6]{a}$ 와 같이 간단히 할 수 있어.

01

0005 다음을 간단히 하시오.

(1) $\sqrt[3]{2} \times \sqrt[3]{4}$

(2) $\dfrac{\sqrt[4]{32}}{\sqrt[4]{2}}$

(3) $(\sqrt[4]{81})^2$

(4) $\sqrt{\sqrt[3]{64}}$

0006 다음을 간단히 하시오.

(1) $\sqrt[3]{4} \times \sqrt[3]{16} + \sqrt[3]{27}$

(2) $\sqrt[3]{\dfrac{\sqrt{128}}{\sqrt{2}}} + \sqrt{\dfrac{\sqrt{243}}{\sqrt{3}}}$

핵심 **4** 지수의 확장과 지수법칙 [유형 **5, 6**]

지수가 정수, 유리수, 실수일 때의 지수법칙을 알아보자.

(1) $2^5 \times 2^{-3} = 2^{5+(-3)} = 2^2 = 4$ （정수）

(3) $(3^{\frac{1}{4}})^8 = 3^{\frac{1}{4} \times 8} = 3^2 = 9$ （실수）

(2) $5^{\frac{1}{2}} \div 5^{\frac{1}{2}} = 5^{\frac{1}{2}-\frac{1}{2}} = 5^0 = 1$ （유리수）

(4) $(5 \times 3)^{\sqrt{2}} = 5^{\sqrt{2}} \times 3^{\sqrt{2}}$ （실수）

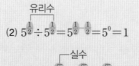

> 지수가 확장되었을 때 지수법칙이 성립하려면 밑의 조건에 주의해야 해.

0007 다음 중 옳은 것에는 ○표, 옳지 않은 것에는 ×표를 하시오.

(1) $(-5)^0$ 은 1이다. ( )

(2) $\left(\dfrac{2}{3}\right)^{-2}$ 은 $\dfrac{4}{9}$ 이다. ( )

(3) $\sqrt[3]{5^4}$ 은 $5^{\frac{3}{4}}$ 으로 나타낼 수 있다. ( )

(4) $3^{-\frac{2}{3}}$ 은 $\sqrt[3]{\dfrac{1}{9}}$ 로 나타낼 수 있다. ( )

0008 다음을 간단히 하시오.

(1) $5^{\frac{5}{3}} \times 5^{\frac{1}{3}}$

(2) $4^{\sqrt{2}+1} \div 4^{\sqrt{2}-1}$

(3) $(16^{\sqrt{5}})^{\frac{\sqrt{5}}{4}}$

check

실전 유형 1 거듭제곱근

n이 2 이상의 정수일 때
(1) 실수 a의 n제곱근은 방정식 $x^n = a$의 근이다.
(2) a의 n제곱근 중 실수인 것은 다음과 같다.

	$a>0$	$a=0$	$a<0$
n이 짝수	$\sqrt[n]{a}, -\sqrt[n]{a}$	0	없다.
n이 홀수	$\sqrt[n]{a}$	0	$\sqrt[n]{a}$

0009 대표문제

다음 중 옳은 것은?

① 제곱근 9는 -3이다.
② 16의 제곱근은 4이다.
③ $\sqrt[3]{-27} = 3$이다.
④ -27의 세제곱근 중 실수인 것은 -3이다.
⑤ $\sqrt{256}$의 네제곱근 중 실수인 것은 2이다.

0010 중요

《 Level 1

$\sqrt{64}$의 세제곱근 중 실수인 것을 a, $\sqrt[3]{16}$의 제곱근 중 양수인 것을 b라 할 때, ab의 값은?

① $\sqrt[3]{2}$ ② $\sqrt[3]{4}$ ③ 2
④ $2\sqrt[3]{4}$ ⑤ 3

0011

《 Level 1

$\sqrt[4]{81}$의 네제곱근 중 실수인 것의 개수를 a, 27의 세제곱근 중 실수인 것의 개수를 b라 할 때, $a+b$의 값을 구하시오.

0012 중요

《 Level 2

다음 중 옳지 않은 것은? (단, a는 실수이다.)

① $a<0$일 때, $\sqrt{a^2} = -a$이다.
② 세제곱근 -64는 -4이다.
③ 81의 네제곱근 중 실수인 것은 ± 3이다.
④ n이 짝수일 때, a의 n제곱근 중 실수인 것은 2개이다.
⑤ n이 홀수일 때, $-a$의 n제곱근 중 실수인 것은 1개이다.

0013

《 Level 2

〈보기〉에서 옳은 것만을 있는 대로 고른 것은?
(단, $i = \sqrt{-1}$)

〈 보기 〉
ㄱ. 9의 네제곱근 중 실수인 것은 2개이다.
ㄴ. $a>0$이고 n이 2 이상의 자연수일 때, $\sqrt[n]{a}$는 양수이다.
ㄷ. $-1-\sqrt{3}i$는 8의 세제곱근 중 하나이다.

① ㄱ ② ㄴ ③ ㄱ, ㄴ
④ ㄱ, ㄷ ⑤ ㄱ, ㄴ, ㄷ

0014 신경향

실수 x와 $n \geq 2$인 자연수 n에 대하여 x의 n제곱근 중 실수인 것의 개수를 $f(x, n)$이라 할 때, 다음 중 옳지 <u>않은</u> 것은?

① $f(-27, 3)=1$ 　　② $f(16, 4)=2$

③ $f(-81, 4)=0$ 　　④ $f(32, 5)=1$

⑤ $f(243, 5)=0$

0015
!|| Level 3

2보다 큰 자연수 n에 대하여 $(-3)^{n-1}$의 n제곱근 중 실수인 것의 개수를 a_n이라 할 때, $a_3+a_4+a_5+\cdots+a_{50}$의 값을 구하시오.

⊕ Plus 문제

다음은 이 유형에서 출제된 최근 교육청·평가원 기출문제입니다.

0016 평가원
!|| Level 3

자연수 n이 $2 \leq n \leq 11$일 때, $-n^2+9n-18$의 n제곱근 중에서 음의 실수가 존재하도록 하는 모든 n의 값의 합은?

① 31 　　② 33 　　③ 35

④ 37 　　⑤ 39

|실전 유형| **2** 거듭제곱근의 계산 빈출유형|

$a>0$, $b>0$이고 m, n이 2 이상의 자연수일 때

(1) $\sqrt[n]{a}\,\sqrt[n]{b}=\sqrt[n]{ab}$ 　　(2) $\dfrac{\sqrt[n]{a}}{\sqrt[n]{b}}=\sqrt[n]{\dfrac{a}{b}}$

(3) $\left(\sqrt[n]{a}\right)^m=\sqrt[n]{a^m}$ 　　(4) $\sqrt[m]{\sqrt[n]{a}}=\sqrt[mn]{a}=\sqrt[n]{\sqrt[m]{a}}$

(5) $\sqrt[np]{a^{mp}}=\sqrt[n]{a^m}$ (단, p는 자연수)

➔ 근호 안의 수를 소인수분해 한 후 위의 성질을 이용한다.

0017 대표문제

$a=\sqrt[3]{75}\times\sqrt[3]{225}$, $b=\sqrt[3]{40}+\sqrt[3]{625}$일 때, $a-b$의 값은?

① $12\sqrt[3]{5}$ 　　② $10\sqrt[3]{5}$ 　　③ $8\sqrt[3]{5}$

④ $6\sqrt[3]{5}$ 　　⑤ $4\sqrt[3]{5}$

0018
!|| Level 1

다음 중 옳지 <u>않은</u> 것은?

① $\left(\sqrt[4]{9}\right)^2=3$ 　　② $\dfrac{\sqrt[3]{12}}{\sqrt[3]{3}}=\sqrt[3]{4}$

③ $\sqrt[3]{\sqrt{7}}=\sqrt[6]{7}$ 　　④ $\sqrt[3]{3}\times\sqrt[5]{3}=\sqrt[15]{3}$

⑤ $\sqrt[4]{64}\times\sqrt{\sqrt{4}}=4$

0019 중요
!|| Level 2

$\sqrt[4]{(-3)^4}+\sqrt[5]{(-5)^5}+\sqrt[3]{\sqrt[5]{3^{15}}}+\dfrac{\sqrt[3]{81}}{\sqrt[3]{3}}$의 값은?

① -2 　　② 0 　　③ 2

④ 4 　　⑤ 6

01 지수　**11**

01

0020 (중요)   ••❙ Level 2

다음 중 옳은 것은?

① $\sqrt[3]{12} \times \sqrt[3]{18} = 3$

② $\sqrt[4]{\sqrt[3]{2^{24}}} = 8$

③ $\sqrt[4]{(-6)^4} + \sqrt[3]{-2^6} = -8$

④ $\sqrt{\dfrac{1}{\sqrt[3]{2}}} \times \sqrt{\dfrac{\sqrt[3]{16}}{2}} = 1$

⑤ $(\sqrt[3]{2} - \sqrt[3]{3})(\sqrt[3]{4} + \sqrt[3]{6} + \sqrt[3]{9}) = 1$

0021   ••❙ Level 2

$\sqrt[4]{\dfrac{\sqrt{3^5}}{\sqrt[3]{7}}} \times \sqrt[6]{\dfrac{\sqrt{7}}{\sqrt[n]{3^9}}} = \sqrt[8]{9}$를 만족시키는 자연수 n의 값은?

① 3   ② 4   ③ 5

④ 6   ⑤ 7

0022   ••❙ Level 3

가로와 세로의 길이가 각각 $\sqrt{3}$, $\sqrt{27}$이고 높이가 $\sqrt{\sqrt{243}}$인 직육면체와 부피가 같은 정육면체의 한 모서리의 길이가 $\sqrt[m]{3^n}$일 때, 서로소인 두 자연수 m, n에 대하여 $m+n$의 값을 구하시오.

다음은 이 유형에서 출제된 최근 교육청·평가원 기출문제입니다.

0023 (교육청)   ••❙ Level 1

$\sqrt[3]{3} \times \sqrt[3]{9}$의 값은?

① 1   ② 2   ③ 3

④ 4   ⑤ 5

0024 (교육청)   ••❙ Level 2

양수 k의 세제곱근 중 실수인 것을 a라 할 때, a의 네제곱근 중 양수인 것은 $\sqrt[3]{4}$이다. k의 값은?

① 16   ② 32   ③ 64

④ 128   ⑤ 256

0025 (교육청) (고난도)   ••❙ Level 3

두 집합 $A = \{3, 4\}$, $B = \{-9, -3, 3, 9\}$에 대하여 집합 X를 $X = \{x \mid x^a = b, \ a \in A, \ b \in B, \ x$는 실수$\}$라 할 때, 〈보기〉에서 옳은 것만을 있는 대로 고른 것은?

──────〈 보기 〉──────

ㄱ. $\sqrt[3]{-9} \in X$

ㄴ. 집합 X의 원소의 개수는 8이다.

ㄷ. 집합 X의 원소 중 양수인 모든 원소의 곱은 $\sqrt[4]{3^7}$이다.

① ㄱ   ② ㄱ, ㄴ   ③ ㄱ, ㄷ

④ ㄴ, ㄷ   ⑤ ㄱ, ㄴ, ㄷ

01

3 문자를 포함한 거듭제곱근의 계산

(1) 거듭제곱근의 성질을 이용하여 주어진 식을 간단히 정리한다.

(2) 근호가 여러 개인 경우는 m, n이 2 이상의 자연수일 때, $\sqrt[m]{\sqrt[n]{a}}=\sqrt[mn]{a}$임을 이용하여 변형한다.

(3) 거듭제곱근의 성질은 근호 안의 수가 양의 실수일 때만 성립함에 유의한다.

→ 실수 a와 2 이상의 자연수 n에 대하여

$$\sqrt[n]{a^n}=\begin{cases} a & (n\text{은 홀수}) \\ |a| & (n\text{은 짝수}) \end{cases}$$

0026 대표문제

1이 아닌 양수 a에 대하여 다음을 간단히 하면?

$$\sqrt[3]{\sqrt[4]{a^7}}\div\sqrt[6]{a}\times\sqrt{a^3}$$

① $\sqrt{a}$　　　　② $\sqrt[3]{a}$　　　　③ $\sqrt[4]{a^3}$

④ $\sqrt[6]{a}$　　　　⑤ $\sqrt[6]{a^5}$

0027

Level 1

$a>0$, $b>0$일 때, $\sqrt[3]{\sqrt{a^3b^7}}\times\sqrt[3]{\sqrt{a^3b^5}}$ 을 간단히 하면?

① ab　　　　② ab^2　　　　③ a^2b

④ a^2b^3　　　　⑤ a^3b^2

0028 중요

Level 2

$x>0$일 때, $\sqrt[4]{\dfrac{\sqrt{x}}{\sqrt[3]{x}}}\times\sqrt{\dfrac{\sqrt{x}}{\sqrt[4]{x}}}\div\sqrt[3]{\dfrac{\sqrt{x^3}}{\sqrt[4]{x}}}$ 을 간단히 하면?

① $\dfrac{1}{\sqrt{x}}$　　　② $\dfrac{1}{\sqrt[4]{x}}$　　　③ 1

④ $\sqrt[4]{x}$　　　　⑤ $\sqrt{x}$

4 거듭제곱근의 대소 비교

$a>0$, $b>0$이고 n이 2 이상의 정수일 때, $\sqrt[n]{a}$와 $\sqrt[n]{b}$의 대소는 다음을 이용하여 비교한다.

(1) $a<b$이면 $\sqrt[n]{a}<\sqrt[n]{b}$임을 이용한다.

(2) $(\sqrt[n]{a})^k<(\sqrt[n]{b})^k$ (k는 자연수)이면 $\sqrt[n]{a}<\sqrt[n]{b}$임을 이용한다.

0029 대표문제

세 수 $A=\sqrt{\sqrt[3]{16}}$, $B=\sqrt[4]{5}$, $C=\sqrt[3]{\sqrt{10}}$의 대소 관계로 옳은 것은?

① $A<B<C$　　② $A<C<B$　　③ $B<A<C$

④ $B<C<A$　　⑤ $C<B<A$

0030 중요

Level 1

세 수 $\sqrt[3]{3}$, $\sqrt[4]{6}$, $\sqrt[6]{12}$의 대소 관계로 옳은 것은?

① $\sqrt[3]{3}<\sqrt[4]{6}<\sqrt[6]{12}$　　　　② $\sqrt[3]{3}<\sqrt[6]{12}<\sqrt[4]{6}$

③ $\sqrt[4]{6}<\sqrt[6]{12}<\sqrt[3]{3}$　　　　④ $\sqrt[6]{12}<\sqrt[3]{3}<\sqrt[4]{6}$

⑤ $\sqrt[6]{12}<\sqrt[4]{6}<\sqrt[3]{3}$

0031

Level 2

세 수 $A=\sqrt[3]{3\sqrt{2}}$, $B=\sqrt{2\sqrt[3]{3}}$, $C=\sqrt{3}\times\sqrt[6]{2}$의 대소 관계로 옳은 것은?

① $A<B<C$　　② $B<A<C$　　③ $B<C<A$

④ $C<A<B$　　⑤ $C<B<A$

0032 중요

Level 2

세 수 $A=\sqrt[6]{\dfrac{1}{14}}$, $B=\sqrt[4]{\dfrac{1}{7}}$, $C=\sqrt{\sqrt[3]{\dfrac{1}{15}}}$ 의 대소 관계로 옳은 것은?

① $A<B<C$ ② $A<C<B$ ③ $B<A<C$

④ $B<C<A$ ⑤ $C<A<B$

0033

Level 3

세 수 $\sqrt{2\sqrt[3]{2}}$, $\sqrt[3]{3\sqrt{3}}$, $\sqrt[3]{4\sqrt{4}}$ 중에서 가장 작은 수를 a, 가장 큰 수를 b라 할 때, 부등식 $a<\sqrt[6]{n}<b$를 만족시키는 자연수 n 의 개수를 구하시오.

⊕ Plus 문제

0034

Level 3

2 이상의 자연수 a, b, c에 대하여 $[a,\ b,\ c]=\sqrt[a]{b\sqrt[b]{c}}$ 라 하자. $P=[6,\ 2,\ 4]$, $Q=[8,\ 3,\ n]$일 때, $P<Q$를 만족시키는 자연수 n의 최솟값은?

① 9   ② 10   ③ 11

④ 12   ⑤ 13

---

(1) $a\neq0$이고 n이 양의 정수일 때

$\quad a^0=1,\ a^{-n}=\dfrac{1}{a^n}$

(2) $a\neq0$, $b\neq0$이고 m, n이 정수일 때

$\quad$① $a^m a^n=a^{m+n}$ ② $a^m\div a^n=a^{m-n}$

$\quad$③ $(a^m)^n=a^{mn}$ ④ $(ab)^n=a^n b^n$

0035 대표문제

$3^{-1}\times27\div9^2\times81=3^k$일 때, 정수 k의 값은?

① -2 ② -1 ③ 0

④ 1 ⑤ 2

0036

Level 1

$a=\left(\dfrac{1}{2}\right)^{-3}+\left(\dfrac{1}{3}\right)^{-4}+\left(\dfrac{1}{5}\right)^{-2}$일 때, $\dfrac{a}{6}$의 값은?

① 16   ② 17   ③ 18

④ 19   ⑤ 20

0037 중요

Level 1

$a>1$일 때, $(a^{-5})^{-2}\div a^{-8}\times a^{-7}=a^k$을 만족시키는 정수 k 의 값을 구하시오.

0038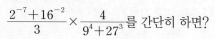

$\dfrac{2^{-7}+16^{-2}}{3}\times\dfrac{4}{9^4+27^3}$를 간단히 하면?

① 3^4 ② 3^2 ③ 6^{-4}

④ 6^{-6} ⑤ 6^{-8}

0039

Level 2

$\dfrac{1}{3^{-4}+1}+\dfrac{1}{3^{-2}+1}+\dfrac{1}{3^2+1}+\dfrac{1}{3^4+1}$의 값은?

① 1   ② 2   ③ 3

④ 4   ⑤ 5

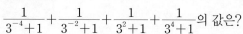
다음은 이 유형에서 출제된 최근 교육청·평가원 기출문제입니다.

0040 교육청

Level 1

32×2^{-3}의 값은?

① 1   ② 2   ③ 4

④ 8   ⑤ 16

0041 교육청

Level 1

$3^4\times9^{-1}$의 값을 구하시오.

실전
유형 **6** 지수가 실수인 식의 계산   빈출유형

$a>0$, $b>0$이고 x, y가 실수일 때
(1) $a^x a^y = a^{x+y}$ (2) $a^x \div a^y = a^{x-y}$
(3) $(a^x)^y = a^{xy}$ (4) $(ab)^x = a^x b^x$

0042 대표문제

$(2\times2^{\sqrt{3}})^{\sqrt{3}-1}=2^k$을 만족시키는 실수 k의 값은?

① 2   ② 3   ③ 4

④ 5   ⑤ 6

0043

Level 1

$\{(-27)^{-2}\}^{\frac{1}{6}}\times81^{0.75}$의 값은?

① 1   ② 3   ③ 6

④ 9   ⑤ 12

0044 중요

Level 1

1이 아닌 양수 a에 대하여 $a^{\frac{4}{3}}\times a^{-2}\div a^{\frac{2}{3}}$의 값은?

① 0   ② 1   ③ $a^{-\frac{4}{3}}$

④ $a^{-\frac{8}{3}}$ ⑤ a

0045
Level 2

$3^{\sqrt{2}} \times 3^{2-\sqrt{2}} \times (2^{\sqrt{3}})^{\frac{\sqrt{3}}{3}}$의 값은?

① 2   ② 3   ③ 6

④ 9   ⑤ 18

0046 중요
Level 2

$a>0$일 때, $(a^{\sqrt{3}})^{\frac{\sqrt{3}}{2}} \times a^{\frac{1}{2}} \div (a^{\frac{3}{2}})^{\frac{4}{3}}$을 간단히 하면?

① 1   ② a^2 ③ $\frac{1}{3}a^3$

④ 3   ⑤ $2a^{\sqrt{3}}$

0047 중요
Level 2

실수 a에 대하여 $3^a = 4$일 때, $\left(\frac{1}{27}\right)^{\frac{a}{6}}$의 값은?

① $\frac{1}{16}$ ② $\frac{1}{4}$ ③ $\frac{1}{2}$

④ 2   ⑤ 4

0048
Level 3

$a>0$, $b>0$일 때, 다음을 만족시키는 실수 k의 값을 구하시오. (단, $a \neq 1$)

$$(a^6 b^{-\frac{1}{2}})^{\frac{1}{2}} \div \left(\frac{a^2}{b}\right)^{\frac{1}{4}} \times (a^{-2})^k = 1$$

✚ Plus 문제

다음은 이 유형에서 출제된 최근 교육청·평가원 기출문제입니다.

0049 수능
Level 1

$(2^{\sqrt{3}} \times 4)^{\sqrt{3}-2}$의 값은?

① $\frac{1}{4}$ ② $\frac{1}{2}$ ③ 1

④ 2   ⑤ 4

0050 교육청
Level 2

실수 a에 대하여 $4^a = \frac{4}{9}$일 때, 2^{3-a}의 값을 구하시오.

수매씽으로 등급 UP!

	SUNDAY	MONDAY	TUESDAY	WEDNESDAY	THURS
DATE	/ D- 단원 유형 ~ 단원 유형	/ D- 단원 유형 ~ 단원 유형	/ D- 단원 유형 ~ 단원 유형	/ D- 단원 유형 ~ 단원 유형	단원 유형 ~
DATE	/ D- 단원 유형 ~ 단원 유형	/ D- 단원 유형 ~ 단원 유형	/ D- 단원 유형 ~ 단원 유형	/ D- 단원 유형 ~ 단원 유형	단원 유형 ~
DATE	/ D- 단원 유형 ~ 단원 유형	/ D- 단원 유형 ~ 단원 유형	/ D- 단원 유형 ~ 단원 유형	/ D- 단원 유형 ~ 단원 유형	단원 유형 ~
DATE	/ D- 단원 유형 ~ 단원 유형	/ D- 단원 유형 ~ 단원 유형	/ D- 단원 유형 ~ 단원 유형	/ D- 단원 유형 ~ 단원 유형	단원 유형 ~
DATE	/ D- 단원 유형 ~ 단원 유형	/ D- 단원 유형 ~ 단원 유형	/ D- 단원 유형 ~ 단원 유형	/ D- 단원 유형 ~ 단원 유형	단원 유형 ~
DATE	/ D- 단원 유형 ~ 단원 유형	/ D- 단원 유형 ~ 단원 유형	/ D- 단원 유형 ~ 단원 유형	/ D- 단원 유형 ~ 단원 유형	단원 유형 ~
DATE	/ D- 단원 유형 ~ 단원 유형	/ D- 단원 유형 ~ 단원 유형	/ D- 단원 유형 ~ 단원 유형	/ D- 단원 유형 ~ 단원 유형	단원 유형 ~
DATE	/ D- 단원 유형 ~ 단원 유형	/ D- 단원 유형 ~ 단원 유형	/ D- 단원 유형 ~ 단원 유형	/ D- 단원 유형 ~ 단원 유형	단원 유형 ~

● **복습 필수 문항** 복습이 필요한 문항 번호를 쓰고 시험 전에 훑어 보세요.

	THURSDAY		FRIDAY			SATURDAY	

	THURSDAY	FRIDAY	SATURDAY
/ D- 단원 유형	/ D- 단원 유형 ~ 단원 유형	/ D- 단원 유형 ~ 단원 유형
/ D- 단원 유형	/ D- 단원 유형 ~ 단원 유형	/ D- 단원 유형 ~ 단원 유형
/ D- 단원 유형	/ D- 단원 유형 ~ 단원 유형	/ D- 단원 유형 ~ 단원 유형
/ D- 단원 유형	/ D- 단원 유형 ~ 단원 유형	/ D- 단원 유형 ~ 단원 유형
/ D- 단원 유형	/ D- 단원 유형 ~ 단원 유형	/ D- 단원 유형 ~ 단원 유형
/ D- 단원 유형	/ D- 단원 유형 ~ 단원 유형	/ D- 단원 유형 ~ 단원 유형
/ D- 단원 유형	/ D- 단원 유형 ~ 단원 유형	/ D- 단원 유형 ~ 단원 유형
/ D- 단원 유형	/ D- 단원 유형 ~ 단원 유형	/ D- 단원 유형 ~ 단원 유형

오른쪽 QR 이미지를 찍어서 자료를 확인해 보세요.

수매씽 핸드북 3종

자료 제공

개념편

개념을 빠르게 익힐 때는
'개념편'을 이용해!

유형편

많은 문제를 풀기에 시간이
부족할 때는 모든 유형에 대한
대표문제가 들어 있는
'유형편'을 이용해!

실전편

모든 준비가 끝났다면
'실전편'으로 내 실력을
확인해 보자!

학습 계획을 세우고 매일 실천해 보세요.

	SUNDAY	MONDAY	TUESDAY	WEDNESDAY	THUR
DATE	◯ / D- 단원 유형 ~ 단원 유형	◯ / D- 단원 유형 ~ 단원 유형	◯ / D- 단원 유형 ~ 단원 유형	◯ / D- 단원 유형 ~ 단원 유형	◯ 단원 유형
DATE	◯ / D- 단원 유형 ~ 단원 유형	◯ / D- 단원 유형 ~ 단원 유형	◯ / D- 단원 유형 ~ 단원 유형	◯ / D- 단원 유형 ~ 단원 유형	◯ 단원 유형
DATE	◯ / D- 단원 유형 ~ 단원 유형	◯ / D- 단원 유형 ~ 단원 유형	◯ / D- 단원 유형 ~ 단원 유형	◯ / D- 단원 유형 ~ 단원 유형	◯ 단원 유형
DATE	◯ / D- 단원 유형 ~ 단원 유형	◯ / D- 단원 유형 ~ 단원 유형	◯ / D- 단원 유형 ~ 단원 유형	◯ / D- 단원 유형 ~ 단원 유형	◯ 단원 유형
DATE	◯ / D- 단원 유형 ~ 단원 유형	◯ / D- 단원 유형 ~ 단원 유형	◯ / D- 단원 유형 ~ 단원 유형	◯ / D- 단원 유형 ~ 단원 유형	◯ 단원 유형
DATE	◯ / D- 단원 유형 ~ 단원 유형	◯ / D- 단원 유형 ~ 단원 유형	◯ / D- 단원 유형 ~ 단원 유형	◯ / D- 단원 유형 ~ 단원 유형	◯ 단원 유형
DATE	◯ / D- 단원 유형 ~ 단원 유형	◯ / D- 단원 유형 ~ 단원 유형	◯ / D- 단원 유형 ~ 단원 유형	◯ / D- 단원 유형 ~ 단원 유형	◯ 단원 유형
DATE	◯ / D- 단원 유형 ~ 단원 유형	◯ / D- 단원 유형 ~ 단원 유형	◯ / D- 단원 유형 ~ 단원 유형	◯ / D- 단원 유형 ~ 단원 유형	◯ 단원 유형

● **복습 필수 문항** 복습이 필요한 문항 번호를 쓰고 시험 전에 훑어 보세요.

	FRIDAY	SATURDAY
◯-	/ D-	/ D-
단원 유형	단원 유형 ~ 단원 유형	단원 유형 ~ 단원 유형
◯-	/ D-	/ D-
단원 유형	단원 유형 ~ 단원 유형	단원 유형 ~ 단원 유형
◯-	/ D-	/ D-
단원 유형	단원 유형 ~ 단원 유형	단원 유형 ~ 단원 유형
◯-	/ D-	/ D-
단원 유형	단원 유형 ~ 단원 유형	단원 유형 ~ 단원 유형
◯-	/ D-	/ D-
단원 유고	단원 유형 ~ 단원 유형	단원 유형 ~ 단원 유형
◯-	/ D-	/ D-
단원 유형	단원 유형 ~ 단원 유형	단원 유형 ~ 단원 유형
◯-	/ D-	/ D-
단원 유형	단원 유형 ~ 단원 유형	단원 유형 ~ 단원 유형
◯-	/ D-	/ D-
단원 유형	단원 유형 ~ 단원 유형	단원 유형 ~ 단원 유형

오른쪽 QR 이미지를 찍어서 자료를 확인해 보세요.

오답노트 & 플래너
Wrong Answer Notes & Planner

자료 제공

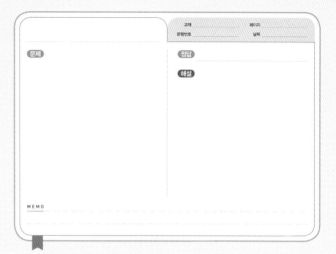

	교재	페이지
	문항번호	날짜

문제

정답

해설

MEMO

오답노트를 통해 틀린 문제를 다시 풀어 보고
관련된 개념도 살펴보자!

DATE	D-DAY
COMMENT	TOTAL TIME
	h m
TASKS	TIME TABLE

MEMO

플래너에 하루의 공부 목표를
세워서 알차게 공부해 보자!

실전 유형 7 간단한 거듭제곱근을 지수로 나타내기 **빈출유형**

$a > 0$이고 m, n이 2 이상의 정수일 때

(1) $\sqrt[n]{a} = a^{\frac{1}{n}}$　　　　　　(2) $\sqrt[n]{a^m} = a^{\frac{m}{n}}$

→ 거듭제곱근을 유리수 지수로 변형한 후 지수법칙을 이용하여 계산한다.

0051 대표문제

유리수 a, b에 대하여 $\sqrt{2} \times \sqrt[3]{9} \div \sqrt[6]{6} = 2^a \times 3^b$일 때, ab의 값은?

① $\dfrac{5}{6}$　　　　② $\dfrac{2}{3}$　　　　③ $\dfrac{1}{2}$

④ $\dfrac{1}{3}$　　　　⑤ $\dfrac{1}{6}$

0052

●❘❘ Level 1

5의 다섯제곱근 중 실수인 것을 a라 할 때, $a^4 \times (a^{-2})^3 \div a^{\frac{1}{2}}$의 값은?

① $5^{-\frac{1}{2}}$　　　② $5^{-\frac{1}{3}}$　　　③ $5^{-\frac{1}{4}}$

④ $5^{-\frac{1}{5}}$　　　⑤ $5^{-\frac{1}{6}}$

0053 중요

●❘❘ Level 1

1이 아닌 두 양수 a, b에 대하여 $\sqrt[3]{a^2 b^4} \times \sqrt[6]{a^5 b} \div \sqrt{ab}$를 간단히 하면?

① $\dfrac{a}{b^2}$　　　② $\dfrac{a}{b}$　　　③ a

④ ab　　　　⑤ $a^2 b$

0054

●❘❘ Level 2

$\sqrt{\sqrt{8^4}} \times 16^{-\frac{1}{4}} \div \left(64^{\frac{2}{3}}\right)^{-\frac{1}{4}} = 2^k$을 만족시키는 실수 k의 값을 구하시오.

0055 중요

●❘❘ Level 2

다음 조건을 만족시키는 1이 아닌 세 양수 a, b, c에 대하여 $a = b^p$, $c = b^q$일 때, pq의 값을 구하시오.

(단, p, q는 실수이다.)

(개) a는 b^2의 십이제곱근이다.
(내) b^6은 c^2의 제곱근이다.

0056

●❘❘ Level 2

이차방정식 $2x^2 - 8x - 5 = 0$의 두 근을 α, β라 할 때, $\dfrac{\sqrt[4]{7^\alpha} \times \sqrt[4]{7^\beta}}{(49^\alpha)^\beta}$의 값은?

① 7^2　　　② 7^3　　　③ 7^4

④ 7^5　　　⑤ 7^6

다음은 이 유형에서 출제된 최근 교육청·평가원 기출문제입니다.

0057 수능

●❘❘ Level 1

$\sqrt[3]{9} \times 3^{\frac{1}{3}}$의 값은?

① 1　　　② $3^{\frac{1}{2}}$　　　③ 3

④ $3^{\frac{3}{2}}$　　　⑤ 9

$a > 0$이고 m, n이 2 이상의 정수일 때

(1) $\sqrt[n]{a^m} = a^{\frac{m}{n}}$　　　　(2) $\sqrt[m]{\sqrt[n]{a}} = \sqrt[mn]{a} = a^{\frac{1}{mn}}$

0058 대표문제

$a > 0$, $a \neq 1$일 때, $\sqrt[4]{a\sqrt{a}\sqrt[3]{a^4}} \div \sqrt[3]{a\sqrt[3]{a^k}} = 1$을 만족시키는 실수 k의 값을 $\dfrac{q}{p}$라 하자. 이때 $p+q$의 값은?

(단, p, q는 서로소인 자연수이다.)

① 29　　　　② 31　　　　③ 33

④ 35　　　　⑤ 37

0059 중요　　　　　　　　　●ll Level 1

$a > 0$일 때, $\sqrt[7]{a\sqrt{a\sqrt{a}}}$를 간단히 하면?

① $a^{\frac{1}{28}}$　　　　② $a^{\frac{1}{8}}$　　　　③ $a^{\frac{1}{4}}$

④ $a^{\frac{7}{8}}$　　　　⑤ $a^{\frac{7}{4}}$

0060　　　　　　　　　●ll Level 2

$\sqrt{8\sqrt[3]{4\sqrt[4]{2}}} \div \sqrt[4]{8} = 2^k$을 만족시키는 유리수 k의 값은?

① $\dfrac{5}{8}$　　　　② $\dfrac{3}{4}$　　　　③ $\dfrac{7}{8}$

④ 1　　　　⑤ $\dfrac{9}{8}$

0061 중요　　　　　　　　　●ll Level 2

1이 아닌 양수 a에 대하여 $\sqrt[3]{\sqrt[4]{a^3}} \div \sqrt[6]{a\sqrt{a^k}} = \dfrac{1}{a}$을 만족시키는 실수 k의 값을 구하시오.

0062　　　　　　　　　●ll Level 2

$a > 0$, $a \neq 1$일 때, $\dfrac{\sqrt[4]{a\sqrt{a}} \times \sqrt{a^k}}{\sqrt[3]{a^2} \times \sqrt[4]{a^3}} = 1$을 만족시키는 실수 k의 값은?

① $\dfrac{17}{12}$　　　　② $\dfrac{19}{12}$　　　　③ $\dfrac{7}{4}$

④ $\dfrac{23}{12}$　　　　⑤ $\dfrac{25}{12}$

0063　　　　　　　　　●ll Level 2

$\sqrt{2\sqrt{2\sqrt{2}}} \times \sqrt{\sqrt{\sqrt{2}}} = \sqrt[3]{\dfrac{\sqrt{2^k}}{\sqrt[6]{2}}}$을 만족시키는 실수 k의 값을 $\dfrac{q}{p}$라 할 때, $p+q$의 값을 구하시오.

(단, p, q는 서로소인 자연수이다.)

0064　　　　　　　　　●ll Level 3

2 이상의 두 자연수 m, n에 대하여 $\sqrt{\sqrt[m]{4}} \times \sqrt[n]{\sqrt[4]{2}} = \sqrt[3]{2}$가 성립할 때, $m+n$의 값을 구하시오.

실전 유형 **9** 거듭제곱을 주어진 문자로 나타내기

$a>0$, $k>0$이고 n이 0이 아닌 정수일 때
$$a^n=k \iff a=k^{\frac{1}{n}}$$

0065 대표문제

$8^2=a$, $9^2=b$일 때, 18^{10}을 a, b를 사용하여 나타낸 것은?

① $a^{\frac{3}{2}}b^{\frac{9}{2}}$
② $a^{\frac{3}{2}}b^{\frac{19}{4}}$
③ $a^{\frac{5}{3}}b^{\frac{19}{4}}$
④ $a^{\frac{5}{3}}b^5$
⑤ a^2b^5

0066

•▮▮ Level 1

$a=8^2$일 때, 1024^2을 a를 사용하여 나타낸 것은?

① $a^{\frac{5}{2}}$
② $a^{\frac{8}{3}}$
③ a^3
④ $a^{\frac{10}{3}}$
⑤ $a^{\frac{7}{2}}$

0067 중요

•▮▮ Level 2

$2^{30}=a$, $3^{12}=b$일 때, 288을 a, b를 사용하여 나타낸 것은?

① $a^{\frac{1}{6}}b^{\frac{1}{6}}$
② $a^{\frac{1}{6}}b^{\frac{1}{3}}$
③ $a^{\frac{1}{4}}b^{\frac{1}{8}}$
④ $a^{\frac{1}{4}}b^{\frac{1}{4}}$
⑤ $a^{\frac{1}{3}}b^{\frac{1}{8}}$

0068

•▮▮ Level 2

$a=\sqrt{2}$, $b=\sqrt[3]{3^2}$일 때, $12^{\frac{1}{2}}$을 a, b를 사용하여 나타낸 것은?

① $a^{\frac{5}{3}}b^{\frac{3}{4}}$
② $a^{\frac{5}{3}}b$
③ $a^2b^{\frac{3}{4}}$
④ $a^2b^{\frac{5}{4}}$
⑤ $a^2b^{\frac{3}{2}}$

0069 중요

•▮▮ Level 2

$a=\sqrt[5]{2^2}$, $b=\sqrt[3]{5}$일 때, $\sqrt[12]{10^6}$을 a, b를 사용하여 나타낸 것은?

① $ab^{\frac{3}{2}}$
② $ab^{\frac{5}{3}}$
③ ab^2
④ $a^{\frac{5}{4}}b^{\frac{3}{2}}$
⑤ $a^{\frac{5}{4}}b^{\frac{5}{3}}$

0070

•▮▮ Level 2

$a=16^2$일 때, $128^3=a^{\frac{q}{p}}$을 만족시키는 서로소인 두 자연수 p, q에 대하여 $p+q$의 값을 구하시오.

자연수 a가 소수일 때, $a^{\frac{m}{n}}$ (m, n은 정수, $n \neq 0$)이 자연수가 될 조건은
(1) $mn > 0$
(2) n은 m의 약수 (m은 n의 배수)

0071 〔대표문제〕

$\left(\dfrac{1}{64}\right)^{\frac{1}{n}}$이 자연수가 되도록 하는 모든 정수 n의 값 중 최댓값을 a, 최솟값을 b라 할 때, $a-b$의 값은?

① 3　　　　② 4　　　　③ 5
④ 6　　　　⑤ 7

0072 〔중요〕　　　　　•❚❚ Level 2

세 양수 a, b, c에 대하여 $a^6 = 3$, $b^5 = 7$, $c^2 = 11$일 때, $(abc)^n$이 자연수가 되도록 하는 자연수 n의 최솟값을 구하시오.

0073　　　　　•❚❚ Level 2

$\left(\dfrac{1}{729}\right)^{-\frac{1}{n}}$이 자연수가 되도록 하는 모든 정수 n의 값의 합은?

① 8　　　　② 9　　　　③ 10
④ 11　　　　⑤ 12

0074 〔중요〕　　　　　•❚❚ Level 2

$\left(\sqrt{2^n}\right)^{\frac{1}{2}}$과 $\sqrt[n]{2^{100}}$이 모두 자연수가 되도록 하는 모든 자연수 n의 값의 합은? (단, $n \geq 2$)

① 120　　　　② 122　　　　③ 124
④ 126　　　　⑤ 128

0075　　　　　•❚❚ Level 3

$m \leq 120$, $n \leq 10$인 두 자연수 m, n에 대하여 $\sqrt[3]{2m} \times \sqrt{n^3}$이 자연수일 때, $m+n$의 최댓값은?

① 36　　　　② 41　　　　③ 108
④ 112　　　　⑤ 117

0076　　　　　•❚❚ Level 3

$2 \leq n \leq 50$인 자연수 n에 대하여 $\left(\sqrt[4]{2^3}\right)^{\frac{1}{2}}$이 어떤 자연수의 n제곱근이 되도록 할 때, n의 최댓값을 a, 최솟값을 b라 하자. 이때 $a-b$의 값을 구하시오.

0077 신경향   ▪︎▪︎▪ Level 3

두 자연수 m, n에 대하여

$$\sqrt{\dfrac{3^m \times 5^n}{3}}$$ 이 자연수, $\sqrt[3]{\dfrac{2^n}{3^{m+1}}}$ 이 유리수

일 때, $m+n$의 최솟값은?

① 11   ② 13   ③ 15

④ 17   ⑤ 19

➕ Plus 문제

다음은 이 유형에서 출제된 최근 교육청 • 평가원 기출문제입니다.

0078 교육청   ▪︎▪︎▪ Level 2

$\left(\sqrt{2\sqrt[3]{4}}\right)^n$이 네 자리 자연수가 되도록 하는 자연수 n의 값을 구하시오.

0079 교육청 고난도   ▪︎▪︎▪ Level 3

2 이상의 두 자연수 a, n에 대하여 $\left(\sqrt[n]{a}\right)^3$의 값이 자연수가 되도록 하는 n의 최댓값을 $f(a)$라 하자. $f(4)+f(27)$의 값은?

① 13   ② 14   ③ 15

④ 16   ⑤ 17

실전
유형 **11** 곱셈 공식을 이용한 식의 값 구하기

$a>0$, $b>0$이고 x, y가 실수일 때
(1) $(a^x+b^y)(a^x-b^y)=a^{2x}-b^{2y}$
(2) $(a^x \pm b^y)^2 = a^{2x} \pm 2a^x b^y + b^{2y}$ (복부호동순)
(3) $(a^x \pm b^y)^3 = a^{3x} \pm b^{3y} \pm 3a^x b^y (a^x \pm b^y)$ (복부호동순)

0080 대표문제

$a=2$일 때, $\left(a^{\frac{2}{3}}+a^{-\frac{1}{3}}\right)^3 + \left(a^{\frac{2}{3}}-a^{-\frac{1}{3}}\right)^3$의 값은?

① 12   ② 13   ③ 14

④ 15   ⑤ 16

0081   ▪︎▪▪ Level 1

$\left\{3^{\sqrt{2}}+\left(\sqrt{3}\right)^{\sqrt{2}}\right\}\left\{3^{\sqrt{2}}-\left(\sqrt{3}\right)^{\sqrt{2}}\right\}$을 간단히 하면?

① $3^{\sqrt{2}}(3^{\sqrt{2}}-1)$ ② $3^{\sqrt{2}}(3^{\sqrt{2}}+1)$ ③ $3^{\sqrt{2}}-1$

④ $\left(\sqrt{3}\right)^{\sqrt{2}}-1$ ⑤ 3

0082 중요   ▪▪▪ Level 1

$\left(7^{\frac{1}{8}}-1\right)\left(7^{\frac{1}{8}}+1\right)\left(7^{\frac{1}{4}}+1\right)\left(7^{\frac{1}{2}}+1\right)$의 값을 구하시오.

0083

●●| Level 2

$(6^{\frac{1}{3}}+6^{-\frac{2}{3}})^3-(6^{\frac{1}{3}}-6^{-\frac{2}{3}})^3$의 값을 $\dfrac{q}{p}$라 할 때, $q-p$의 값은? (단, p, q는 서로소인 자연수이다.)

① 88   ② 89   ③ 90

④ 91   ⑤ 92

0084 중요

●●| Level 2

$a=\dfrac{1}{\sqrt{2}}$일 때, $(a^{\frac{1}{2}}+a^{-\frac{1}{2}})(a^{\frac{1}{2}}-a^{-\frac{1}{2}})-(a^{\frac{1}{2}}-a^{-\frac{1}{2}})^2$의 값은?

① $2+2\sqrt{2}$ ② $1+\sqrt{2}$ ③ $1-\sqrt{2}$

④ $2-2\sqrt{2}$ ⑤ $2-3\sqrt{2}$

0085 신경향

●●| Level 3

자연수 n에 대하여 $f(n)=5^{\frac{1}{\sqrt{n+1}+\sqrt{n}}}$일 때,

$$f(1)\times f(2)\times f(3)\times\cdots\times f(35)=5^k$$

을 만족시키는 자연수 k의 값은?

① 3   ② 4   ③ 5

④ 6   ⑤ 7

실전유형 12 $a^x \pm a^{-x}$ 꼴의 식의 값 구하기   **빈출유형**

$a>0$일 때
(1) $(a^x\pm a^{-x})^2=a^{2x}+a^{-2x}\pm 2$ (복부호동순)
(2) $(a^x\pm a^{-x})^3=a^{3x}\pm a^{-3x}\pm 3(a^x\pm a^{-x})$
➔ 곱셈 공식을 이용하여 주어진 식을 대입하기 쉬운 꼴로 변형한 후 식의 값을 구한다.

0086 대표문제

양수 a에 대하여 $a+a^{-1}=3$일 때, a^4+a^{-4}의 값은?

① 45   ② 46   ③ 47

④ 48   ⑤ 49

0087

●●| Level 1

양수 a에 대하여 $a^{\frac{1}{2}}+a^{-\frac{1}{2}}=2\sqrt{3}$일 때, $a+a^{-1}$의 값은?

① 4   ② 6   ③ 8

④ 10   ⑤ 12

0088 중요

●●| Level 1

양수 a에 대하여 $a^{\frac{1}{2}}+a^{-\frac{1}{2}}=5$일 때, $a^{\frac{3}{2}}+a^{-\frac{3}{2}}$의 값은?

① 18   ② 25   ③ 50

④ 90   ⑤ 110

0089 중요
●◦◦ Level 1

$2^x + 2^{1-x} = 3$일 때, $4^x + 4^{1-x}$의 값을 구하시오.

0090
●◦◦ Level 2

양수 x에 대하여 $\sqrt{x} + \dfrac{1}{\sqrt{x}} = 3$일 때, $x + x^{-1} + x^{\frac{3}{2}} + x^{-\frac{3}{2}}$의 값은?

① 9　　　　　② 13　　　　　③ 17

④ 21　　　　　⑤ 25

0091
●◦◦ Level 2

양수 a에 대하여 $a^{\frac{1}{2}} - a^{-\frac{1}{2}} = 2$일 때, $\dfrac{a^2 + a^{-2} + 6}{a + a^{-1} + 2}$의 값은?

① $\dfrac{9}{2}$　　　　② $\dfrac{19}{4}$　　　　③ 5

④ $\dfrac{21}{4}$　　　　⑤ $\dfrac{11}{2}$

0092 중요
●◦◦ Level 2

$3^{\frac{a}{2}} + 3^{-\frac{a}{2}} = \sqrt{15}$일 때, $\dfrac{3^{3a} - 3^{2a} + 3^a}{3^{2a}}$의 값을 구하시오.

0093
●◦◦ Level 2

$x > 1$이고 $x^2 + x^{-2} = 34$일 때, $\dfrac{x - x^{-1}}{x^2 - x^{-2}}$의 값은?

① 1　　　　　② $\dfrac{1}{2}$　　　　③ $\dfrac{1}{3}$

④ $\dfrac{1}{4}$　　　　⑤ $\dfrac{1}{6}$

0094
●◦◦ Level 3

$4^x + 4^{-x} = 194$일 때, $2^{\frac{x}{4}} + 2^{-\frac{x}{4}}$의 값은?

① $\sqrt{3}$　　　　② 2　　　　③ $\sqrt{5}$

④ $\sqrt{6}$　　　　⑤ 3

🟢 Plus 문제

$\dfrac{a^x-a^{-x}}{a^x+a^{-x}}$ 꼴의 분모와 분자에 a^x, a^{2x} $(a>0)$ 등을 적절히 곱하여 식을 간단히 한다.

→ $\dfrac{a^x-a^{-x}}{a^x+a^{-x}} = \dfrac{a^x(a^x-a^{-x})}{a^x(a^x+a^{-x})} = \dfrac{a^{2x}-1}{a^{2x}+1}$

0095 대표문제

실수 a에 대하여 $3^{2a}=6$일 때, $\dfrac{3^a-3^{-a}}{3^a+3^{-a}}$의 값을 $\dfrac{q}{p}$라 하자.

이때 $p+q$의 값은? (단, p, q는 서로소인 자연수이다.)

① 8   ② 10   ③ 12
④ 14   ⑤ 16

0096 중요   Level 1

실수 x에 대하여 $3^{4x}=2$일 때, $\dfrac{3^{6x}-3^{-6x}}{3^{2x}+3^{-2x}}$의 값은?

① $\dfrac{5}{6}$ ② $\dfrac{7}{6}$ ③ $\dfrac{3}{2}$
④ $\dfrac{11}{6}$ ⑤ $\dfrac{13}{6}$

0097   Level 1

실수 x에 대하여 $\dfrac{a^x+a^{-x}}{a^x-a^{-x}}=2$일 때, a^{4x}의 값을 구하시오.

(단, $a>0$, $a\neq1$)

0098   Level 2

실수 x에 대하여 $a^{2x}=2+\sqrt{3}$일 때, $\dfrac{a^{3x}-a^{-3x}}{a^x-a^{-x}}$의 값을 구하시오. (단, $a>0$)

0099 중요   Level 2

실수 x에 대하여 $a^{-2x}=3$일 때, $\dfrac{a^x+a^{-x}}{a^{3x}-a^{-3x}}$의 값은?

(단, $a>0$)

① $-\dfrac{12}{5}$ ② $-\dfrac{6}{13}$ ③ $-\dfrac{3}{20}$
④ $\dfrac{3}{20}$ ⑤ $\dfrac{6}{13}$

0100   Level 2

실수 x에 대하여 $3^{\frac{1}{x}}=4$일 때, $\dfrac{2^x-2^{-x}}{2^x+2^{-x}}$의 값은? (단, $x\neq0$)

① $\dfrac{1}{4}$ ② $\dfrac{1}{3}$ ③ $\dfrac{1}{2}$
④ 1   ⑤ $\dfrac{5}{4}$

0101

Level 2

실수 x에 대하여 $\dfrac{2^x-2^{-x}}{2^x+2^{-x}}=\dfrac{1}{2}$일 때, 4^x-4^{-x}의 값은?

① $\dfrac{5}{3}$ ② 2 ③ $\dfrac{7}{3}$

④ $\dfrac{8}{3}$ ⑤ 3

0102 중요

Level 2

실수 x에 대하여 $\dfrac{a^x+a^{-x}}{a^x-a^{-x}}=5$일 때, $a^{2x}-a^{-2x}$의 값은?

(단, $a>0$, $a\neq1$)

① $\dfrac{1}{6}$ ② $\dfrac{1}{3}$ ③ $\dfrac{1}{2}$

④ $\dfrac{5}{6}$ ⑤ $\dfrac{7}{6}$

0103

Level 3

실수 x에 대하여 $\dfrac{a^x-a^{-x}}{a^x+a^{-x}}=\dfrac{1}{2}$일 때, $\dfrac{a^{\frac{1}{2}x}-a^{-\frac{3}{2}x}}{a^{\frac{3}{2}x}+a^{-\frac{1}{2}x}}$의 값은?

(단, $a>0$)

① $\dfrac{\sqrt{3}}{6}$ ② $\dfrac{1}{2}$ ③ $\dfrac{\sqrt{3}}{2}$

④ $\dfrac{2}{3}$ ⑤ $\dfrac{3\sqrt{3}}{2}$

실전 유형 **14** $a^x=k$의 조건을 이용한 식의 값 구하기 **빈출유형**

실수 x, y에 대하여
$a^x=k$, $b^y=k$ $(a>0, b>0, xy\neq0, k$는 상수)일 때,
$a=k^{\frac{1}{x}}$, $b=k^{\frac{1}{y}}$임을 이용하여 다음과 같이 식을 변형한다.
➡ $ab=k^{\frac{1}{x}+\frac{1}{y}}$, $a\div b=k^{\frac{1}{x}-\frac{1}{y}}$

0104 대표문제

두 실수 x, y에 대하여 $\left(\dfrac{1}{5}\right)^x=4$, $10^y=16$일 때, $4^{\frac{1}{x}+\frac{2}{y}}$의 값은?

① $\dfrac{1}{4}$ ② $\dfrac{1}{2}$ ③ 1

④ 2 ⑤ 4

0105

Level 1

두 양수 a, b가
$$ab=9, \quad a=27^{\frac{1}{x}}, \quad b=27^{\frac{1}{y}}$$
을 만족시킬 때, $\dfrac{1}{x}+\dfrac{1}{y}$의 값을 구하시오.

(단, x, y는 실수이고, $xy\neq0$이다.)

0106 중요

Level 2

두 실수 x, y에 대하여 $7^x=25$, $175^y=125$일 때, $\dfrac{2}{x}-\dfrac{3}{y}$의 값은?

① -2 ② -1 ③ 0

④ 1 ⑤ 2

0107

Level 2

두 실수 x, y에 대하여 $3^x=5^y=225$일 때, $\dfrac{1}{x}+\dfrac{1}{y}$의 값은?

① $\dfrac{1}{5}$ ② $\dfrac{1}{4}$ ③ $\dfrac{1}{3}$

④ $\dfrac{1}{2}$ ⑤ 1

0108 중요

Level 2

두 실수 x, y에 대하여 $3^x=a$, $3^y=b$일 때, $\left(\dfrac{1}{9}\right)^{x-\frac{y}{2}}$을 a, b를 이용하여 나타낸 것은?

① $\dfrac{b}{a^2}$ ② $\dfrac{b}{a}$ ③ $\dfrac{1}{ab}$

④ $-ab$ ⑤ $-ab^2$

0109

Level 2

세 실수 x, y, z에 대하여 $4^x=6^y=9^z=15$일 때, $15^{\frac{1}{x}-\frac{1}{y}+\frac{1}{2z}}$의 값은?

① $\dfrac{1}{3}$ ② $\dfrac{1}{2}$ ③ 1

④ 2 ⑤ 3

0110

Level 3

세 실수 x, y, z가 $3^x=4^y=5^z=\sqrt{60}$을 만족시킬 때, $\dfrac{1}{x}+\dfrac{1}{y}+\dfrac{1}{z}$의 값은?

① 1 ② 2 ③ 3

④ 4 ⑤ 5

다음은 이 유형에서 출제된 최근 교육청 · 평가원 기출문제입니다.

0111 교육청

Level 2

양수 a와 두 실수 x, y가

$$15^x=8,\ a^y=2,\ \dfrac{3}{x}+\dfrac{1}{y}=2$$

를 만족시킬 때, a의 값은?

① $\dfrac{1}{15}$ ② $\dfrac{2}{15}$ ③ $\dfrac{1}{5}$

④ $\dfrac{4}{15}$ ⑤ $\dfrac{1}{3}$

0112 교육청

Level 3

두 실수 a, b에 대하여 $5^{2a+b}=32$, $5^{a-b}=2$일 때, $4^{\frac{a+b}{ab}}$의 값을 구하시오.

심화 유형 **15** $a^x = b^y$의 조건을 이용한 식의 값 구하기

실수 x, y에 대하여 $a^x = b^y$ $(a>0, b>0, xy \neq 0)$과 같이 밑이 서로 다른 경우가 주어지면 $a^x = b^y = k$ $(k>0)$라 하고 $a = k^{\frac{1}{x}}$, $b = k^{\frac{1}{y}}$임을 이용하여 구하고자 하는 값을 지수로 가지는 식으로 변형한다.

0113 대표문제

세 실수 x, y, z에 대하여 $2^x = 5^y = 10^z$일 때, $\dfrac{1}{x} + \dfrac{1}{y} - \dfrac{1}{z}$의 값을 구하시오. (단, $xyz \neq 0$)

0114
∎∎∎ Level 2

세 실수 x, y, z에 대하여 $2^x = 3^y = 5^z$이고 $\dfrac{1}{x} + \dfrac{1}{y} + \dfrac{1}{z} = 3$일 때, 8^x의 값을 구하시오. (단, $xyz \neq 0$)

0115 중요
∎∎∎ Level 2

세 양수 x, y, z에 대하여 $27^x = 8^y = c^z$, $\dfrac{3}{x} = \dfrac{2}{y} + \dfrac{3}{z}$일 때, 양수 c의 값은? (단, $xyz \neq 0$)

① $\dfrac{23}{4}$ ② $\dfrac{25}{4}$ ③ $\dfrac{27}{4}$

④ $\dfrac{29}{4}$ ⑤ $\dfrac{31}{4}$

0116
∎∎∎ Level 2

세 양수 a, b, c에 대하여 $2^a = 3^b = k^c$, $\dfrac{1}{2}ab = bc + ca$일 때, 양수 k의 값은?

① 4   ② 9   ③ 16

④ 25   ⑤ 36

0117
∎∎∎ Level 2

두 양수 a, b에 대하여 $\dfrac{a}{b} = \dfrac{3}{4}$이고 $a^b = b^a$일 때, b의 값을 $\dfrac{q}{p}$라 하자. 이때 $p+q$의 값은?

(단, p, q는 서로소인 자연수이다.)

① 335   ② 336   ③ 337

④ 338   ⑤ 339

0118 중요
∎∎∎ Level 2

두 양수 a, b에 대하여 $a^x = b^y = 2^z$이고 $\dfrac{1}{x} - \dfrac{1}{y} = \dfrac{5}{z}$일 때, $\dfrac{a}{b}$의 값은? (단, $xyz \neq 0$)

① 4   ② 8   ③ 16

④ 32   ⑤ 64

0119

Level 2

세 실수 x, y, z에 대하여 $4^x=9^y=12^z$일 때, $\dfrac{a}{x}+\dfrac{1}{y}=\dfrac{2}{z}$를 만족시키는 실수 a의 값을 구하시오. (단, $xyz\neq0$)

0120

Level 3

세 실수 x, y, z에 대하여 $3^x=5^{-y}$, $125^y=15^z$일 때, $\dfrac{1}{x}-\dfrac{1}{y}$을 z를 이용하여 나타낸 것은? (단, $xyz\neq0$)

① $-\dfrac{3}{z}$ ② $-\dfrac{2}{z}$ ③ $\dfrac{1}{z}$

④ $\dfrac{z}{3}$ ⑤ $\dfrac{z}{2}$

0121 고난도

Level 3

세 양수 a, b, c에 대하여 $2^a=3^b=6^c$일 때, 〈보기〉에서 옳은 것만을 있는 대로 고른 것은?

〈 보기 〉

ㄱ. $\dfrac{b-c}{bc}=\dfrac{1}{a}$ ㄴ. $\dfrac{1}{a}+\dfrac{1}{b}-\dfrac{1}{c}=0$

ㄷ. $\dfrac{ab}{a+b}=c$

① ㄱ   ② ㄷ   ③ ㄱ, ㄴ

④ ㄱ, ㄷ   ⑤ ㄱ, ㄴ, ㄷ

실전유형 16 지수법칙의 실생활에의 활용

(1) 식이 주어진 경우 : 주어진 식에 알맞은 값을 대입한다.
(2) 식이 주어지지 않은 경우 : 실생활과 관련되어 제시된 조건에 맞게 식을 세운 후 값을 대입하여 계산한다.

0122 대표문제

어떤 방사능 물질이 시간이 지남에 따라 일정한 비율로 붕괴된다. 이 방사능 물질의 처음의 양을 m_0, t년 후의 양을 m_t라 하면

$$m_t=m_0a^{-t}\ (a>0)$$

인 관계가 성립한다고 하자. 처음 양이 80인 방사능 물질의 10년 후의 양이 처음 양의 $\dfrac{1}{2}$이 된다고 할 때, 30년 후의 이 물질의 양 m_{30}의 값을 구하시오.

0123

Level 2

정팔면체 모양의 보석의 부피를 V라 하고, 한 모서리의 길이를 a라 하면

$$V=2\times\left\{\dfrac{1}{3}a^2\sqrt{a^2-\left(\dfrac{\sqrt{2}}{2}a\right)^2}\right\}$$

인 관계가 성립한다고 하자. 정팔면체 모양의 보석의 부피가 $243\sqrt{2}$일 때, 이 보석의 한 모서리의 길이를 구하시오.

0124

Level 2

피아노 건반 소리의 진동수는 반음 1개만큼 높아질 때마다 일정한 비율로 증가하는데, 음이 한 옥타브 올라가면 진동수는 2배가 된다. 한 옥타브에 12개의 반음으로 이루어진 건반에서 '도'음보다 반음 9개만큼 높은 '라'음의 진동수는 '도'음의 진동수의 k배이다. 상수 k의 값은?

① $2^{\frac{1}{4}}$ ② $2^{\frac{1}{2}}$ ③ $2^{\frac{3}{4}}$

④ $2^{\frac{5}{8}}$ ⑤ $2^{\frac{7}{8}}$

0125 중요

실내에 소독약 a g을 뿌리고 t시간이 지난 후 실내에 남아 있는 소독약의 양을 k g이라 하면

$$k = a \times 3^{-\frac{t}{4}}$$

인 관계가 성립한다고 하자. 실내에 소독약 210 g을 뿌리고 4시간이 지난 후에 실내에 남아 있는 소독약의 양을 k_1 g, 소독약 270 g을 뿌리고 12시간이 지난 후에 남아 있는 소독약의 양을 k_2 g이라 할 때, $\dfrac{k_1}{k_2}$의 값은?

① $\dfrac{1}{7}$ ② $\dfrac{1}{3}$ ③ 3

④ 7 ⑤ 9

0126

상대습도가 H (%), 기온이 T (℃)일 때, 식품의 부패 정도를 수치화한 식품손상지수를 G라 하면

$$G = \frac{H-65}{14} \times 1.05^T$$

인 관계가 성립한다고 하자. 상대습도가 70 %, 기온이 30 ℃일 때의 식품손상지수를 G_1, 상대습도가 60 %, 기온이 15 ℃일 때의 식품손상지수를 G_2라 할 때, $G_1 + G_2$의 값은? (단, $1.05^{15} = 2$로 계산한다.)

① $\dfrac{4}{7}$ ② $\dfrac{9}{14}$ ③ $\dfrac{5}{7}$

④ $\dfrac{11}{14}$ ⑤ $\dfrac{6}{7}$

0127 중요

사진을 a %의 비율로 확대 복사하여 큰 사진을 만들고, 확대한 사진을 다시 a %의 비율로 확대 복사하여 더 큰 사진을 만드는 작업을 반복하였다. 7번째 복사한 사진의 크기가 처음 사진의 크기의 2배가 되고, 10번째 복사한 사진의 크기가 5번째 복사한 사진의 크기의 $2^{\frac{q}{p}}$배가 될 때, $p+q$의 값은? (단, p, q는 서로소인 자연수이다.)

① 10 ② 11 ③ 12

④ 13 ⑤ 14

다음은 이 유형에서 출제된 최근 교육청 · 평가원 기출문제입니다.

0128 교육청

반지름의 길이가 r인 원형 도선에 세기가 I인 전류가 흐를 때, 원형 도선의 중심에서 수직 거리 x만큼 떨어진 지점에서의 자기장의 세기를 B라 하면 다음과 같은 관계식이 성립한다고 한다.

$$B = \frac{kIr^2}{2(x^2+r^2)^{\frac{3}{2}}} \text{ (단, } k \text{는 상수이다.)}$$

전류의 세기가 I_0 ($I_0 > 0$)으로 일정할 때, 반지름의 길이가 r_1인 원형 도선의 중심에서 수직 거리 x_1만큼 떨어진 지점에서의 자기장의 세기를 B_1, 반지름의 길이가 $3r_1$인 원형 도선의 중심에서 수직 거리 $3x_1$만큼 떨어진 지점에서의 자기장의 세기를 B_2라 하자. $\dfrac{B_2}{B_1}$의 값은? (단, 전류의 세기의 단위는 A, 자기장의 세기의 단위는 T, 길이와 거리의 단위는 m이다.)

① $\dfrac{1}{6}$ ② $\dfrac{1}{4}$ ③ $\dfrac{1}{3}$

④ $\dfrac{5}{12}$ ⑤ $\dfrac{1}{2}$

0129 대표문제

a와 b는 1이 아닌 양수일 때, $\sqrt{ab^3}\times\sqrt{\sqrt[3]{a^4b^5}}\div\sqrt[3]{a^2b^5}=a^rb^s$ 을 만족시키는 유리수 r, s에 대하여 $r+s$의 값을 구하는 과정을 서술하시오. [6점]

> **STEP 1** 거듭제곱근을 유리수 지수로 나타내기 [2점]
> $$\sqrt{ab^3}\times\sqrt{\sqrt[3]{a^4b^5}}\div\sqrt[3]{a^2b^5}$$
> $$=(ab^3)^{\frac{1}{2}}\times(a^4b^5)^{\boxed{(1)}}\div(a^2b^5)^{\boxed{(2)}}$$
>
> **STEP 2** a와 b에 대하여 정리하기 [2점]
> 위의 식을 a, b에 대하여 간단히 정리하면
> $$a^{\frac{1}{2}}b^{\frac{3}{2}}\times a^{\frac{2}{3}}b^{\frac{5}{6}}\div a^{\frac{2}{3}}b^{\frac{5}{3}}$$
> $$=a^{\frac{1}{2}}b^{\boxed{(3)}}$$
>
> **STEP 3** $r+s$의 값 구하기 [2점]
> $$r=\frac{1}{2},\ s=\boxed{(4)}\ \text{이므로}$$
> $$r+s=\boxed{(5)}$$

0130 한번 더

a와 b는 1이 아닌 양수일 때, $\sqrt[3]{\sqrt[3]{a^2b^4}}\div\sqrt[3]{a^2b^4}\times\sqrt[6]{a^8b^4}=a^rb^s$ 을 만족시키는 유리수 r, s에 대하여 $r+s$의 값을 구하는 과정을 서술하시오. [6점]

STEP 1 거듭제곱근을 유리수 지수로 나타내기 [2점]

STEP 2 a와 b에 대하여 정리하기 [2점]

STEP 3 $r+s$의 값 구하기 [2점]

0131 유사 1

$a>0$, $a\neq1$일 때, $\sqrt{a\sqrt[4]{a\sqrt[3]{a^2}}}=\sqrt[4]{a^2\times\sqrt[3]{a^k}}$을 만족시키는 유리수 k의 값을 구하는 과정을 서술하시오. [6점]

0132 유사 2

$a>0$, $a\neq1$일 때, $\dfrac{\sqrt{a^3}}{\sqrt[3]{\sqrt{a^4}}}\times\sqrt{\left(\dfrac{1}{a}\right)^{-4}}=\sqrt[6]{a^k}$을 만족시키는 자연수 k의 값을 구하는 과정을 서술하시오. [6점]

> **핵심 KEY** 유형 7, 유형 8 거듭제곱근을 지수로 나타내기
>
> 거듭제곱근을 유리수 지수로 변형한 후 지수법칙을 이용하여 계산하는 문제이다.
> $a>0$이고 m, n이 2 이상의 정수일 때, $\sqrt[n]{a}=a^{\frac{1}{n}}$, $\sqrt[n]{a^m}=a^{\frac{m}{n}}$과 $\sqrt[m]{\sqrt[n]{a}}=a^{\frac{1}{mn}}$임을 이용한다.
> 거듭제곱근이 여러 번 반복되는 경우 안쪽부터 차례로 계산한다.

01

0133 대표문제

$\left(\dfrac{1}{3^{18}}\right)^{\frac{1}{n}}$이 자연수가 되도록 하는 정수 n의 개수를 구하는 과정을 서술하시오. [6점]

STEP 1 지수법칙을 이용하여 간단히 하기 [2점]

$$\left(\frac{1}{3^{18}}\right)^{\frac{1}{n}} = (3^{-18})^{\frac{1}{n}} = 3^{\boxed{(1)}}$$

STEP 2 정수 n의 조건 구하기 [2점]

$\boxed{(2)}$이 자연수가 되려면 $\boxed{(1)}$이 음이 아닌 정수이어야 한다.

STEP 3 정수 n의 개수 구하기 [2점]

조건을 만족시키는 정수 n의 값은 -1, -2, -3, -6, $\boxed{(3)}$, $\boxed{(4)}$이므로 $\boxed{(5)}$개이다.

0134 한번 더

$\left(\dfrac{1}{256}\right)^{\frac{1}{n}}$이 자연수가 되도록 하는 모든 정수 n의 값의 합을 구하는 과정을 서술하시오. [6점]

STEP 1 지수법칙을 이용하여 간단히 하기 [2점]

STEP 2 정수 n의 조건 구하기 [2점]

STEP 3 모든 정수 n의 값의 합 구하기 [2점]

0135 유사 1

$\left(\sqrt[3]{125^{12}}\right)^{\frac{1}{n}}$이 자연수가 되도록 하는 모든 자연수 n의 값 중 최댓값을 a, 최솟값을 b라 할 때, $a-b$의 값을 구하는 과정을 서술하시오. [6점]

0136 유사 2

두 자연수 a, b에 대하여 $\sqrt{\dfrac{2^a \times 5^b}{2}}$이 자연수일 때, $a+b$의 최솟값을 구하는 과정을 서술하시오. [7점]

핵심 KEY 　유형 10　 거듭제곱이 자연수가 되는 미지수 구하기

거듭제곱이 자연수가 되도록 하는 정수 n 또는 자연수 n의 개수를 구하는 문제이다.

$a^{\frac{m}{n}}$ (a는 소수, m, n은 정수, $mn \neq 0$)이 자연수이기 위해서는 n이 m의 약수이어야 함을 이용한다.

이때 밑 a가 분수인 경우 지수를 음수로 고쳐서 계산한다.

1 0137

-8의 세제곱근 중 실수인 것을 a, 5의 네제곱근 중 실수인 것의 개수를 b라 할 때, ab의 값은? [3점]

① -6 ② -4 ③ -2

④ 0 ⑤ 2

2 0138

$\sqrt[3]{\sqrt[4]{5^{12}}} \times \dfrac{\sqrt[3]{54}}{\sqrt[3]{2}}$의 값은? [3점]

① 5 ② 10 ③ 15

④ 20 ⑤ 25

3 0139

다음 중 옳지 <u>않은</u> 것은? [3점]

① $(\sqrt[4]{16})^2 = 4$

② $\dfrac{\sqrt[3]{20}}{\sqrt[3]{5}} = \sqrt[3]{4}$

③ $\sqrt[3]{7} \times \sqrt[5]{7} = \sqrt[15]{7}$

④ $\sqrt[3]{\sqrt{2}} = \sqrt[6]{2}$

⑤ $\sqrt[6]{27} \times \sqrt[12]{9} \div \sqrt[6]{81} = 1$

4 0140

$27^{-\frac{5}{2}} \times 9^{\frac{7}{4}}$의 값은? [3점]

① $\dfrac{1}{81}$ ② $\dfrac{1}{9}$ ③ 1

④ 9 ⑤ 81

5 0141

$a = -3^2$일 때, $\left\{ (a^4)^{\frac{3}{4}} \right\}^{\frac{1}{3}}$의 값은? [3점]

① -9 ② -3 ③ $\dfrac{1}{3}$

④ 3 ⑤ 9

6 0142

두 유리수 a, b에 대하여 $\sqrt[4]{\sqrt[3]{12^6}}=2^a \times 3^b$일 때, ab의 값은? [3점]

① $\dfrac{1}{2}$ ② 1 ③ $\dfrac{3}{2}$

④ 2 ⑤ $\dfrac{5}{2}$

7 0143

$(9^{\frac{1}{4}}-1)(9^{\frac{1}{4}}+1)(9^{\frac{1}{2}}+1)(9+1)$의 값은? [3점]

① 0 ② 2 ③ 8

④ 26 ⑤ 80

8 0144

다음 중 옳지 <u>않은</u> 것은? [3.5점]

① $a>0$일 때, $\sqrt[4]{a^4}=a$이다.

② -125의 세제곱근 중 실수인 것은 1개이다.

③ -16의 네제곱근 중 실수인 것은 없다.

④ 세제곱근 64는 4이다.

⑤ 실수 a와 자연수 n에 대하여 $x^{2n}=a$를 만족시키는 실수 x는 항상 2개이다.

9 0145

세 수 $A=\sqrt{\sqrt{2^2}}$, $B=\sqrt[4]{5}$, $C=\sqrt{\sqrt[3]{11}}$의 대소 관계로 옳은 것은? [3.5점]

① $A<B<C$ ② $A<C<B$ ③ $B<A<C$

④ $B<C<A$ ⑤ $C<B<A$

10 0146

$\left(\dfrac{1}{81}\right)^{-\frac{1}{n}}$이 자연수가 되도록 하는 모든 자연수 n의 값의 합은? [3.5점]

① 6 ② 7 ③ 8

④ 10 ⑤ 12

11 0147

1이 아닌 양수 a에 대하여

$$\frac{3}{1-a^{\frac{1}{4}}}+\frac{3}{1+a^{\frac{1}{4}}}+\frac{6}{1+a^{\frac{1}{2}}}=-4$$

일 때, $a^2+a^{\frac{1}{2}}$의 값은? [3.5점]

① 14 ② 18 ③ 22

④ 26 ⑤ 30

12 0148

$x > 1$이고, $x + x^{-1} = 5$일 때, $\dfrac{x^2 + x^{-2}}{x^2 - x^{-2}} = \dfrac{q}{p}\sqrt{21}$을 만족시키는 서로소인 두 자연수 p, q에 대하여 $p - q$의 값은?

[3.5점]

① 81   ② 82   ③ 83

④ 84   ⑤ 85

13 0149

실수 x에 대하여 $\dfrac{3^x - 3^{-x}}{3^x + 3^{-x}} = \dfrac{1}{2}$일 때, $9^x - 9^{-x}$의 값은?

[3.5점]

① $\dfrac{2}{3}$ ② $\dfrac{5}{3}$ ③ $\dfrac{8}{3}$

④ $\dfrac{11}{3}$ ⑤ $\dfrac{14}{3}$

14 0150

$3 \le n \le 12$인 자연수 n에 대하여 $n^2 - 14n + 45$의 n제곱근 중 음의 실수가 존재하도록 하는 모든 n의 값의 합은? [4점]

① 29   ② 30   ③ 31

④ 32   ⑤ 33

15 0151

세 양수 a, b, c에 대하여 $a^4 = 7$, $b^5 = 13$, $c^6 = 15$일 때, $(abc)^n$이 자연수가 되도록 하는 자연수 n의 최솟값은?

[4점]

① 30   ② 40   ③ 60

④ 90   ⑤ 120

16 0152

$2 \le n \le 20$인 자연수 n에 대하여 $\left(\sqrt[3]{3^4}\right)^{\frac{1}{2}}$이 어떤 자연수의 n제곱근이 되도록 하는 모든 n의 개수는? [4점]

① 3   ② 4   ③ 5

④ 6   ⑤ 7

17 0153

$a=3^{\frac{1}{3}}-3^{-\frac{1}{3}}$일 때, $3a^3+9a+1$의 값은? [4점]

① 3   ② 6   ③ 7

④ 8   ⑤ 9

18 0154

$4^{-x}=6$일 때, $\dfrac{2^{6x}+1}{2^{4x}+2^{2x}}$의 값은? [4점]

① $\dfrac{29}{6}$ ② 5   ③ $\dfrac{31}{6}$

④ $\dfrac{16}{3}$ ⑤ $\dfrac{11}{2}$

19 0155

$a>0$이고 $\dfrac{a+a^4}{a^{-1}+a^{-4}}=5$일 때, $\dfrac{1+a^2+a^4}{a^{-1}+a^{-3}+a^{-5}}$의 값은?

[4점]

① 1   ② $5^{\frac{1}{3}}$ ③ $5^{\frac{1}{2}}$

④ 5   ⑤ $5^{\frac{3}{2}}$

20 0156

양수 a에 대하여 $a^6=4-\sqrt{3}$일 때, $\dfrac{a^{19}-a^7}{a+a^{-5}}=p+q\sqrt{3}$이다.

유리수 p, q에 대하여 $p+q$의 값은? [4점]

① 32   ② 34   ③ 36

④ 38   ⑤ 40

21 0157

세 실수 x, y, z에 대하여 $abc=16$, $a^x=b^y=c^z=64$일 때, $\dfrac{1}{x}+\dfrac{1}{y}+\dfrac{1}{z}$의 값은? (단, a, b, c는 양수이다.) [4점]

① $\dfrac{1}{3}$ ② $\dfrac{2}{3}$ ③ 1

④ $\dfrac{4}{3}$ ⑤ $\dfrac{5}{3}$

22 0158

실수 a의 n제곱근 중 실수인 것의 개수를 $f(a, n)$이라 할 때, $4f(\sqrt{3}, 4)+3f(\sqrt[3]{-6}, 7)+2f(-\sqrt[4]{7}, 8)$의 값을 구하는 과정을 서술하시오. (단, n은 2 이상의 자연수이다.)

[6점]

23 0159

양수 a에 대하여 $a^3=5$일 때, $\dfrac{a^4+a^3+a^2+a}{a^{-8}+a^{-7}+a^{-6}+a^{-5}}$의 값을 구하는 과정을 서술하시오. [6점]

24 0160

두 실수 a, b에 대하여

$$3^{\frac{2}{a}}=144,\ 16^{\frac{1}{b}}=12$$

일 때, $2a+b$의 값을 구하는 과정을 서술하시오. [6점]

25 0161

어떤 문서를 $a\,\%$ 축소 복사한 후 복사본을 다시 $a\,\%$로 축소 복사하는 작업을 반복하였다. 8번째 복사본의 글자 크기는 원본의 $\dfrac{1}{2}$배이고, 12번째 복사본의 글자 크기는 8번째 복사본의 $2^{-\frac{c}{b}}$배일 때, $b+c$의 값을 구하는 과정을 서술하시오. (단, b와 c는 서로소인 자연수이다.) [8점]

실전 마무리하기 **2회**

점 / 100점

1 0162

-343의 세제곱근 중 실수인 것을 a, 256의 네제곱근 중 양수인 것을 b라 할 때, $a+b$의 값은? [3점]

① -3 ② -2 ③ -1

④ 0   ⑤ 1

2 0163

다음 중 옳은 것은? [3점]

① $\sqrt[3]{5} \times \sqrt[4]{5} = \sqrt[7]{5}$

② $\dfrac{\sqrt[3]{-125}}{\sqrt[3]{-27}} = \sqrt[3]{-\dfrac{125}{27}}$

③ $\sqrt[3]{-\sqrt{64}} = -2$

④ $\sqrt[3]{\sqrt[4]{4}} = \sqrt[12]{2}$

⑤ $\left(\sqrt[3]{3} \times \dfrac{1}{\sqrt{3}}\right)^6 = 3$

3 0164

$a>0$, $b>0$일 때, $\sqrt[3]{a} \times \sqrt[3]{ab^3} - \sqrt[3]{\sqrt{a^4 b^6}}$을 간단히 하면? [3점]

① 0   ② $\sqrt[6]{a}$ ③ $\sqrt[3]{a}$

④ $\sqrt[3]{a^2}$ ⑤ $2\sqrt[3]{a^2}$

4 0165

세 수 $A=\sqrt{2}$, $B=\sqrt[3]{3}$, $C=\sqrt[4]{5}$의 대소 관계로 옳은 것은? [3점]

① $A<B<C$ ② $A<C<B$ ③ $B<A<C$

④ $B<C<A$ ⑤ $C<B<A$

5 0166

$a=\sqrt{3}$, $b=\sqrt[3]{5}$일 때, $15^{\frac{1}{6}}$을 a, b를 사용하여 나타낸 것은? [3점]

① $a^{\frac{1}{6}} b^{\frac{1}{3}}$ ② $a^{\frac{1}{3}} b^{\frac{1}{6}}$ ③ $a^{\frac{1}{3}} b^{\frac{1}{2}}$

④ $a^{\frac{1}{2}} b^{\frac{1}{3}}$ ⑤ $a^{\frac{1}{2}} b^{\frac{1}{2}}$

6 0167

$\{(\sqrt{5})^{\sqrt{2}}+5^{\sqrt{2}}\}\{(\sqrt{5})^{\sqrt{2}}-5^{\sqrt{2}}\}$을 간단히 하면? [3점]

① $5^{\sqrt{2}}(1-5^{\sqrt{2}})$ ② $5^{\sqrt{2}}(1+5^{\sqrt{2}})$ ③ $1-5^{\sqrt{2}}$

④ $1+5^{\sqrt{2}}$ ⑤ 5

7 0168

$9^x+9^{-x}=3$일 때, 3^x+3^{-x}의 값은? [3점]

① $\sqrt{3}$ ② $\sqrt{5}$ ③ $\sqrt{7}$

④ $2\sqrt{5}$ ⑤ $2\sqrt{7}$

8 0169

다음 중 옳은 것은? [3.5점]

① 1의 세제곱근은 모두 실수이다.

② n이 짝수일 때, 실수 a에 대하여 $\sqrt[n]{a^n}=a$이다.

③ $-\sqrt{64}$의 세제곱근 중 실수인 것은 ± 2이다.

④ n이 짝수일 때, -25의 n제곱근 중 실수인 것은 없다.

⑤ n이 홀수일 때, 3의 n제곱근 중 실수인 것은 2개이다.

9 0170

실수 a와 $n\geq 3$인 자연수 n에 대하여 a의 n제곱근 중 실수인 것의 개수를 $f(a,\ n)$이라 할 때, $f(9,\ 3)+f(8,\ 4)+f(7,\ 5)$의 값은? [3.5점]

① 3   ② 4   ③ 5

④ 6   ⑤ 7

10 0171

$a=5^{\frac{1}{1\times 2}}\times 5^{\frac{1}{2\times 3}}\times 5^{\frac{1}{3\times 4}}\times 5^{\frac{1}{4\times 5}}$일 때, $\sqrt[4]{a^5}$의 값은? [3.5점]

① $5^{\frac{1}{2}}$ ② $5^{\frac{3}{4}}$ ③ 5

④ $5^{\frac{5}{4}}$ ⑤ 5^2

11 0172

$\sqrt{2\sqrt[3]{4\sqrt[4]{8}}}=2^{\frac{q}{p}}$일 때, $p+q$의 값은?

(단, p, q는 서로소인 자연수이다.) [3.5점]

① 47   ② 48   ③ 49

④ 50   ⑤ 51

12 0173

$25^a + 25^{-a} = 8$일 때, $\dfrac{5^{6a}-1}{5^{4a}-5^{2a}}$의 값은? [3.5점]

① 5 ② 7 ③ 9

④ 11 ⑤ 13

13 0174

양수 a에 대하여 $a^2 = \sqrt{2}$일 때, $\dfrac{a^4+a^3+a^2+a}{a^{-11}+a^{-10}+a^{-9}+a^{-8}}$의 값은? [3.5점]

① 1 ② 2 ③ 4

④ 8 ⑤ 16

14 0175

이차방정식 $3x^2-9x-4=0$의 두 근을 α, β라 할 때,

$\dfrac{\sqrt[3]{3^{2\alpha}} \times \sqrt[3]{9^\beta}}{(27^\alpha)^\beta}$의 값은? [4점]

① $\dfrac{1}{9}$ ② $\dfrac{1}{3}$ ③ 3^2

④ 3^4 ⑤ 3^6

15 0176

$\left(\dfrac{1}{8}\right)^{\frac{4}{n}}$과 $81^{-\frac{1}{n}}$이 모두 자연수가 되도록 하는 모든 정수 n의 값의 곱은? [4점]

① -8 ② -4 ③ -2

④ 4 ⑤ 8

16 0177

100 이하의 자연수 n에 대하여 $\left(n^{\frac{3}{5}}\right)^{\frac{1}{3}}$이 자연수가 되도록 하는 모든 n의 값의 합은? [4점]

① 9 ② 17 ③ 33

④ 65 ⑤ 85

17 0178

$x=3^{\frac{1}{3}}+3^{-\frac{1}{3}}$일 때, $3x^3-9x-9$의 값은? [4점]

① 1   ② 2   ③ 3

④ 4   ⑤ 5

18 0179

두 실수 a, b에 대하여 $a+b=2$이고 $2^a-2^b=x$라 할 때, $2^{-a}+2^{-b}$을 x에 대한 식으로 나타낸 것은? [4점]

① $\dfrac{\sqrt{x^2+8}}{4}$ ② $\dfrac{\sqrt{x^2+16}}{4}$ ③ $\dfrac{\sqrt{x^2+8}}{2}$

④ $\dfrac{\sqrt{x^2+16}}{2}$ ⑤ $\sqrt{x^2+4}$

19 0180

실수 x에 대하여 $\dfrac{a^x-a^{-x}}{a^x+a^{-x}}=\dfrac{3}{5}$일 때, $\dfrac{a^{\frac{1}{2}x}+a^{-\frac{3}{2}x}}{a^{\frac{3}{2}x}-a^{-\frac{1}{2}x}}$의 값은?

(단, $a>0$) [4점]

① $\dfrac{1}{2}$ ② $\dfrac{2}{3}$ ③ $\dfrac{5}{6}$

④ $\dfrac{7}{6}$ ⑤ $\dfrac{4}{3}$

20 0181

다음 식의 값은? [4점]

$$\frac{3}{3^{-10}+1}+\frac{3}{3^{-9}+1}+\cdots+\frac{3}{3^{-1}+1}+\frac{3}{3^0+2}+\frac{3}{3^1+1}+\cdots$$
$$+\frac{3}{3^9+1}+\frac{3}{3^{10}+1}$$

① 28   ② 29   ③ 30

④ 31   ⑤ 32

21 0182

세 실수 x, y, z에 대하여

$$a^x=5^3,\ (ab)^y=5^2,\ (abc)^z=5$$

일 때, $5^{\frac{3}{x}+\frac{2}{y}-\frac{1}{z}}$을 양수 a, b, c를 이용하여 나타낸 것은?

[4점]

① ab ② abc ③ $\dfrac{a}{b}$

④ $\dfrac{a}{c}$ ⑤ $\dfrac{bc}{a}$

22 0183

$a>0$이고 $a^{2x}=\sqrt{2}-1$일 때, $\dfrac{a^{3x}-a^{-3x}}{a^{3x}+a^{-3x}}=\dfrac{m+n\sqrt{2}}{7}$이다.
정수 m, n에 대하여 $m+n$의 값을 구하는 과정을 서술하시오. [6점]

23 0184

어떤 방사능 물질이 시간이 지남에 따라 일정한 비율로 붕괴되어 a년 후에는 처음 양의 $\dfrac{1}{2}$이 된다고 할 때, a년을 이 물질의 반감기라 한다. 반감기가 a년인 방사능 물질의 처음의 양을 m_0이라 할 때, t년 후 이 방사능 물질의 양 m_t는

$$m_t=m_0\times\left(\dfrac{1}{2}\right)^{\frac{t}{a}}$$

인 관계가 성립한다고 하자. 반감기가 30년인 방사능 물질의 양이 현재 400이라 할 때, 이 방사능 물질의 양이 25가되는 것은 지금으로부터 몇 년 후인지 구하는 과정을 서술하시오. [6점]

24 0185

$2\le n\le10$인 자연수 n에 대하여 $n^2-11n+24$의 n제곱근 중 음의 실수가 존재하도록 하는 모든 n의 값의 합을 구하는 과정을 서술하시오. [7점]

25 0186

a는 6의 거듭제곱인 수이고 b는 12의 거듭제곱근 중 양의 실수이다. $ab^6=81c$를 만족시키는 자연수 c가 2의 거듭제곱일 때, 자연수 c의 최솟값을 구하는 과정을 서술하시오.

[7점]

● 정답 및 풀이 **25**쪽

1 0187
연계문항 11쪽 **0015**

자연수 n에 대하여 $2n-13$의 n제곱근 중 실수인 것의 개수를 $p(n)$이라 할 때, $p(4)+p(5)+p(11)+p(14)$의 값을 구하시오.

2 0188
연계문항 14쪽 **0033**

n의 네제곱근 중 양의 실수인 것을 A, 8의 여섯제곱근 중 양의 실수인 것을 B, 4의 세제곱근 중 실수인 것을 C라 하자. 부등식 $B<A<C$가 성립하도록 하는 모든 자연수 n의 값의 합은?

① 11   ② 12   ③ 13

④ 14   ⑤ 15

3 0189
연계문항 16쪽 **0048**

$a>0$, $b>0$일 때, 다음을 만족시키는 실수 k의 값을 구하시오. (단, $a\neq1$)

$$\sqrt[3]{\frac{a^4}{\sqrt{b}}} \div (\sqrt{a^2}b^{-\frac{1}{2}})^{\frac{1}{3}} \times \left(\frac{1}{a^3}\right)^k = 1$$

4 0190
연계문항 21쪽 **0077**

두 자연수 a, b에 대하여

$\sqrt{\dfrac{2^a \times 5^b}{2}}$ 이 자연수, $\sqrt[3]{\dfrac{3^b}{2^{a+1}}}$ 이 유리수

일 때, $a+b$의 최솟값을 구하시오.

5 0191
연계문항 23쪽 **0094**

$9^x+9^{-x}=47$일 때, $3^{\frac{x}{4}}+3^{-\frac{x}{4}}$의 값을 구하시오.

02

로그

02 로그

1 로그

핵심 1

(1) 로그

$a>0$, $a\neq1$일 때, 양수 N에 대하여 $a^x=N$을 만족시키는 실수 x는 오직 하나 존재한다. 이 실수 x를 a를 **밑**으로 하는 N의 **로그**라 하고

$$x=\log_a N$$

과 같이 나타낸다. 이때 N을 $\log_a N$의 **진수**라 한다.

$$a^x=N \iff x=\log_a N \ (단, \ a>0, \ a\neq1, \ N>0)$$

(2) 로그의 밑과 진수의 조건

$\log_a N$은 다음 조건에서 정의된다.

① 밑의 조건 : $a>0$, $a\neq1$
② 진수의 조건 : $N>0$

2 로그의 성질

핵심 2~3

(1) 로그의 기본 성질

$a>0$, $a\neq1$, $M>0$, $N>0$일 때

① $\log_a 1=0$, $\log_a a=1$

② $\log_a MN=\log_a M+\log_a N$

③ $\log_a \dfrac{M}{N}=\log_a M-\log_a N$

④ $\log_a M^k=k\log_a M$ (단, k는 실수)

(2) 로그의 밑의 변환

$a>0$, $a\neq1$, $b>0$일 때

① $\log_a b=\dfrac{\log_c b}{\log_c a}$ (단, $c>0$, $c\neq1$)

② $\log_a b=\dfrac{1}{\log_b a}$ (단, $b\neq1$)

(3) 로그의 여러 가지 성질

$a>0$, $a\neq1$, $b>0$일 때

① $\log_{a^m} b^n=\dfrac{n}{m}\log_a b$ (단, m, n은 실수, $m\neq0$)

② $\log_a b\times\log_b a=1$ (단, $b\neq1$)

③ $a^{\log_a b}=b$

④ $a^{\log_c b}=b^{\log_c a}$ (단, $c>0$, $c\neq1$)

Note

log는 logarithm의 약자이다.

특별한 언급없이 $\log_a N$으로 쓰면 $a>0$, $a\neq1$, $N>0$으로 생각한다.

$a>0$, $a\neq1$, $N>0$일 때
(1) $\log_a a^k=k$
(2) $\log_a \dfrac{1}{N}=\log_a N^{-1}=-\log_a N$

로그의 계산에서 다음에 주의한다.
$\log_1 1\neq1$, $\log_1 1\neq0$
$\log_a (M+N)\neq\log_a M+\log_a N$
$\log_a M\times\log_a N\neq\log_a M+\log_a N$
$\log_a (M-N)\neq\log_a M-\log_a N$
$\dfrac{\log_a M}{\log_a N}\neq\log_a M-\log_a N$
$(\log_a M)^k\neq k\log_a M$

$\log_a b\times\log_b c\times\log_c a=1$

③ 상용로그

(1) 상용로그

10을 밑으로 하는 로그를 **상용로그**라 한다. 상용로그 $\log_{10} N$은 보통 밑 10을 생략하여 $\log N$과 같이 나타낸다.

(2) 상용로그표

0.01의 간격으로 1.00에서 9.99까지의 수에 대한 상용로그의 값을 반올림하여 소수 넷째 자리까지 나타낸 것이다.

예 상용로그표에서 $\log 2.27$의 값을 구하려면 2.2의 가로줄과 7의 세로줄이 만나는 곳의 수 .3560을 찾으면 된다.

즉, $\log 2.27 = 0.3560$

수	0	1	6	7	8	9
1.0	.0000	.0043	.0253	.0294	.0334	.0374
1.1	.0414	.0453	.0645	.0682	.0719	.0755
⋮	⋮	⋮	⋮	⋮	⋮	⋮
2.0	.3010	.3032	.3139	.3160	.3181	.3201
2.1	.3222	.3243	.3345	.3365	.3385	.3404
2.2	.3424	.3444	.3541	**.3560**	.3579	.3598
2.3	.3617	.3636	.3729	.3747	.3766	.3784
⋮	⋮	⋮	⋮	⋮	⋮	⋮

• 상용로그표에서 상용로그의 값은 어림한 값이지만 편의상 등호를 사용하여 나타낸다.
• 상용로그표의 상용로그의 값은 양수이다.
• 상용로그표에서 진수가 커질수록 상용로그의 값도 커진다.

④ 상용로그의 표현

핵심 ④

(1) 상용로그의 정수 부분과 소수 부분

임의의 양수 N에 대하여 $\log N = n + \log a$ (n은 정수, $0 \leq \log a < 1$)로 나타낼 때

① $\log N$의 정수 부분 : n
② $\log N$의 소수 부분 : $\log a$

$N > 1$일 때, $\log N$의 정수 부분이 n이다.
$\Longleftrightarrow n \leq \log N < n+1$
$\Longleftrightarrow N$은 정수 부분이 $(n+1)$자리인 수이다.

(2) 상용로그의 정수 부분과 소수 부분의 성질

① 정수 부분이 n자리인 수의 상용로그의 정수 부분은 $n-1$이다.
② 소수 n째 자리에서 처음으로 0이 아닌 숫자가 나타나는 수의 상용로그의 정수 부분은 $-n$이다.
③ 숫자의 배열이 같고 소수점의 위치만 다른 양수의 상용로그의 소수 부분은 모두 같다.

• $\log A$와 $\log B$의 소수 부분이 같다.
→ $\log A - \log B = (정수)$
• $\log A$와 $\log B$의 소수 부분의 합이 1이다.
→ $\log A + \log B = (정수)$
(단, 역은 성립하지 않는다.)

핵심 1 로그가 정의될 조건 유형 2

- **밑의 조건**: $\log_a N$의 밑 a는 1이 아닌 양수
  - (1) $a<0$인 경우 : $\log_{(-2)} 3=x$라 하면 $(-2)^x=3$
  - (2) $a=0$인 경우 : $\log_0 3=x$라 하면 $0^x=3$
  - (3) $a=1$인 경우 : $\log_1 3=x$라 하면 $1^x=3$

  → 이것을 만족시키는 x의 값이 존재하지 않는다. → $a>0$, $a\neq1$

- **진수의 조건**: $\log_a N$의 진수 N은 양수
  - (1) $N<0$인 경우 : $\log_2 (-3)=x$라 하면 $2^x=-3$
  - (2) $N=0$인 경우 : $\log_2 0=x$라 하면 $2^x=0$

  → 이것을 만족시키는 x의 값이 존재하지 않는다. → $N>0$

0192 다음에서 로그가 정의되도록 하는 실수 x의 값의 범위를 구하시오.

(1) $\log_3 (x+2)$ (2) $\log_2 (x^2-3x)$

(3) $\log_{x-1} 2$ (4) $\log_{x+2} 5$

0193 다음에서 로그가 정의되도록 하는 실수 x의 값의 범위를 구하시오.

(1) $\log_{x+1} (x-2)$

(2) $\log_{x-3} (x^2-5x+4)$

핵심 2 로그의 기본 성질 유형 3

(1) $\log_2 1=0$, $\log_2 2=1$
(2) $\log_5 15=\log_5 (5\times3)=\log_5 5+\log_5 3=1+\log_5 3$
(3) $\log_3 \dfrac{3}{5}=\log_3 3-\log_3 5=1-\log_3 5$
(4) $\log_4 64=\log_4 4^3=3\log_4 4=3$

 진수가 어떤 수의 곱으로 되어 있는지 살펴봐.

0194 다음 식을 간단히 하시오.

(1) $\log_8 64$

(2) $\log_3 \dfrac{1}{27}$

(3) $\log_2 \sqrt{2}$

0195 다음 식을 간단히 하시오.

(1) $\log_{10} 2+\log_{10} 5$

(2) $\log_2 40-\log_2 5$

(3) $\log_3 \sqrt{27}-\log_2 \dfrac{1}{4}-\dfrac{1}{2}\log_2 4$

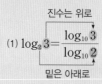 **로그의 밑의 변환과 로그의 여러 가지 성질** 유형 4~5

동영상 강의

● 로그의 밑의 변환

진수는 위로

(1) $\log_2 3 = \dfrac{\log_{10} 3}{\log_{10} 2}$

밑은 아래로

(2) $\log_3 5 = \dfrac{1}{\log_5 3}$

밑과 진수의 위치가 바뀐다.

● 로그의 여러 가지 성질

(1) $\log_{32} 27 = \log_{2^5} 3^3 = \dfrac{3}{5} \log_2 3$

(2) $\log_2 5 \times \log_5 2 = 1$

(3) $5^{\log_5 3} = 3$

(4) $2^{\log_2 5} = 5^{\log_2 2}$

로그의 밑의 변환과 성질을 이용하여 로그의 밑을 같게 만들 수 있어.

02

0196 다음 식을 간단히 하시오.

(1) $\log_3 5 \times \log_5 3$

(2) $\log_3 \sqrt{10} \times \log_{10} 9$

0197 다음 식을 간단히 하시오.

(1) $\log_8 32$

(2) $2^{\log_2 5}$

 상용로그의 정수 부분과 소수 부분의 성질 유형 13~14

동영상 강의

$\log 1.32 = 0.1206$임을 이용하여 상용로그의 정수 부분과 소수 부분의 성질을 알아보자.

$\log 1320 = \log(10^3 \times 1.32) = 3 + \log 1.32 = 3 + 0.1206$

$\log 132 = \log(10^2 \times 1.32) = 2 + \log 1.32 = 2 + 0.1206$

$\log 13.2 = \log(10 \times 1.32) = 1 + \log 1.32 = 1 + 0.1206$

$\log 1.32 = 0.1206$

정수 부분이 n자리인 수의 상용로그의 정수 부분은 $n-1$이다.

$\log 0.132 = \log(10^{-1} \times 1.32) = -1 + \log 1.32 = -1 + 0.1206$

$\log 0.0132 = \log(10^{-2} \times 1.32) = -2 + \log 1.32 = -2 + 0.1206$

$\log 0.00132 = \log(10^{-3} \times 1.32) = -3 + \log 1.32 = -3 + 0.1206$

숫자 배열이 같은 수의 상용로그의 소수 부분은 모두 같다.

소수 n째 자리에서 처음으로 0이 아닌 숫자가 나타나는 수의 상용로그의 정수 부분은 $-n$이다.

0198 다음 상용로그의 정수 부분을 구하시오.

(1) $\log 1.45$　　(2) $\log 2240$

(3) $\log 0.753$　　(4) $\log 0.00162$

0199 $\log 1.62 = 0.2095$일 때, 다음 등식을 만족시키는 x의 값을 구하시오.

(1) $\log x = 2.2095$

(2) $\log x = -0.7905$

실전
유형 **1** 로그의 정의

$a>0$, $a \neq 1$, $N>0$일 때
$$a^x = N \Longleftrightarrow x = \log_a N$$

0200 대표문제

두 양수 a, b에 대하여 $\log_a \dfrac{1}{16} = 4$, $\log_{\sqrt{2}} b = 6$일 때, ab의 값은?

① 1   ② 2   ③ 3

④ 4   ⑤ 5

0201   Level 1

두 양수 a, b에 대하여 $\log_2 a = -2$, $\log_b 25 = 2$일 때, ab의 값은?

① $\dfrac{1}{4}$ ② $\dfrac{1}{2}$ ③ $\dfrac{3}{4}$

④ $\dfrac{5}{4}$ ⑤ $\dfrac{7}{4}$

0202   Level 1

$\log_4 x = 2$, $\log_y 2\sqrt{2} = \dfrac{1}{2}$일 때, $\dfrac{x}{y}$의 값을 구하시오.

0203   Level 2

$\log_{27}(\log_2 a) = \dfrac{1}{3}$일 때, $\sqrt[3]{a}$의 값은?

① 1   ② 2   ③ 3

④ 4   ⑤ 5

0204 중요   Level 2

$\log_2\{\log_3(\log_5 x)\} = 0$일 때, x의 값은?

① 2   ② 25   ③ 32

④ 125   ⑤ 243

0205 중요   Level 2

$x = \log_2(\sqrt{2}+1)$일 때, $\dfrac{2^x - 2^{-x}}{(2^x + 2^{-x})^2}$의 값은?

① $\dfrac{1}{16}$ ② $\dfrac{1}{8}$ ③ $\dfrac{1}{4}$

④ $\dfrac{1}{2}$ ⑤ 1

0206
‎‎‎‎‎‎Level 2

200 이하의 자연수 n에 대하여 $\log_2 \dfrac{n}{10}$이 자연수가 되는 모든 n의 값의 합은?

① 150 ② 200 ③ 250
④ 300 ⑤ 350

0207
Level 2

두 양수 a, b에 대하여 $\log_3 (a+b) = \log_{a-b} 9 = 2$일 때, $3ab$의 값은? (단, $a > b$)

① 30 ② 36 ③ 42
④ 48 ⑤ 54

다음은 이 유형에서 출제된 최근 교육청·평가원 기출문제입니다.

0208 교육청
Level 2

자연수 전체의 집합의 두 부분집합

$A = \{a, b, c\}$, $B = \{\log_2 a, \log_2 b, \log_2 c\}$

에 대하여 $a+b = 24$이고 집합 B의 모든 원소의 합이 12일 때, 집합 A의 모든 원소의 합을 구하시오.

(단, a, b, c는 서로 다른 세 자연수이다.)

$\log_{f(x)} g(x)$가 정의되려면
(1) 밑의 조건 : $f(x) > 0$, $f(x) \neq 1$
(2) 진수의 조건 : $g(x) > 0$

0209 대표문제

$\log_{x-1} (-x^2 + 4x + 5)$가 정의되기 위한 모든 정수 x의 값의 합은?

① 1 ② 3 ③ 7
④ 9 ⑤ 13

0210
Level 1

$\log_{x+2} (7-x)$가 정의되기 위한 정수 x의 최솟값은?

① 0 ② -1 ③ -2
④ -3 ⑤ -4

0211 중요
Level 1

$\log_5 (2x-4) - \log_5 (2x-8)$이 정의될 때, $|x-2| - |4-x|$를 간단히 하면?

① -2 ② 2 ③ 6
④ -2x+4 ⑤ 2x-2

0212

Level 1

다음 중 $\log_{3a-2}(5-2b)$가 정의되기 위한 실수 a, b의 순서쌍 (a, b)가 될 수 있는 것은?

① $\left(\dfrac{1}{3}, \dfrac{7}{2}\right)$ ② $(1, 2)$ ③ $\left(\dfrac{5}{3}, 1\right)$

④ $\left(2, \dfrac{5}{2}\right)$ ⑤ $(4, 3)$

0213 중요

Level 2

모든 실수 x에 대하여 $\log_{a-2}(x^2+2ax+6a)$가 정의되기 위한 정수 a의 개수를 구하시오.

0214

Level 2

모든 실수 x에 대하여 $\log_{a^2}(ax^2+ax+1)$이 정의되기 위한 모든 정수 a의 값의 합은?

① 2   ② 3   ③ 4

④ 5   ⑤ 6

0215

Level 2

$\log_{|x-1|}(-x^2+2x+3)$이 정의되기 위한 정수 x의 개수는?

① 0   ② 1   ③ 2

④ 3   ⑤ 4

0216 신경향

Level 3

$\log_{x-3}(-x^2+9x-14)$가 정의되기 위한 정수 x의 개수를 m이라 하자. $27^a \times 9^b = m$일 때, $3a+2b$의 값은?

① 0   ② $\log_3 2$ ③ 1

④ $\log_3 4$ ⑤ $\log_3 5$

다음은 이 유형에서 출제된 최근 교육청·평가원 기출문제입니다.

0217 교육청

Level 2

$\log_x(-x^2+4x+5)$가 정의되기 위한 모든 정수 x의 값의 합을 구하시오.

3 로그의 기본 성질과 계산 · 빈출유형

$a>0$, $a \ne 1$, $x>0$, $y>0$일 때
(1) $\log_a a = 1$, $\log_a 1 = 0$
(2) $\log_a xy = \log_a x + \log_a y$
(3) $\log_a \dfrac{x}{y} = \log_a x - \log_a y$
(4) $\log_a x^n = n \log_a x$ (단, n은 실수)

0218 · 대표문제

$\log_2 \sqrt{2} - \log_2 \dfrac{4}{3} - \log_2 \sqrt{18}$의 값은?

① -4　　　　② -2　　　　③ 0
④ 2　　　　⑤ 4

0219 · Level 1

$\log_2 \dfrac{2}{9} + 4 \log_2 \sqrt{12}$의 값은?

① 5　　　　② 6　　　　③ 7
④ 8　　　　⑤ 9

0220 · Level 1

$\log_3 16 + \dfrac{1}{2} \log_3 \dfrac{1}{5} + \dfrac{1}{2} \log_3 20$의 값은?

① $-3 \log_3 2$　　② $-\log_3 5$　　③ $\log_3 2$
④ $3 \log_3 5$　　　⑤ $5 \log_3 2$

0221 · 중요 · Level 2

다음 식의 값은?

$$\log_3 \left(1 + \frac{1}{1}\right) + \log_3 \left(1 + \frac{1}{2}\right) + \log_3 \left(1 + \frac{1}{3}\right) + \cdots \\ + \log_3 \left(1 + \frac{1}{80}\right)$$

① 3　　　　② 4　　　　③ 5
④ 6　　　　⑤ 7

0222 · Level 2

$\log_2 (a+b) = 3$, $\log_2 a + \log_2 b = 2$일 때, 두 양수 a, b에 대하여 $a^2 + b^2$의 값을 구하시오.

0223 · Level 3

$\log_3 \sqrt[3]{24} + \log_3 \dfrac{\sqrt[6]{81^k}}{2}$이 자연수가 되도록 하는 10 이하의 자연수 k의 개수를 구하시오.

0224 신경향

Level 3

$\log_2 \dfrac{\sqrt{2^m}}{2} + \log_2 \dfrac{2^{2m}}{\sqrt{8 \times 2^n}} = 0$을 만족시키는 50 이하의 두 자연수 m, n의 순서쌍 (m, n)의 개수는?

① 6   ② 8   ③ 10

④ 12   ⑤ 14

다음은 이 유형에서 출제된 최근 교육청·평가원 기출문제입니다.

0225 수능

Level 2

수직선 위의 두 점 $P(\log_5 3)$, $Q(\log_5 12)$에 대하여 선분 PQ를 $m:(1-m)$으로 내분하는 점의 좌표가 1일 때, 4^m의 값은? (단, m은 $0 < m < 1$인 상수이다.)

① $\dfrac{7}{6}$ ② $\dfrac{4}{3}$ ③ $\dfrac{3}{2}$

④ $\dfrac{5}{3}$ ⑤ $\dfrac{11}{6}$

0226 수능

Level 3

두 상수 a, b $(1 < a < b)$에 대하여 좌표평면 위의 두 점 $(a, \log_2 a)$, $(b, \log_2 b)$를 지나는 직선의 y절편과 두 점 $(a, \log_4 a)$, $(b, \log_4 b)$를 지나는 직선의 y절편이 같다. 함수 $f(x) = a^{bx} + b^{ax}$에 대하여 $f(1) = 40$일 때, $f(2)$의 값은?

① 760   ② 800   ③ 840

④ 880   ⑤ 920

실전 유형 **4 로그의 밑의 변환**   빈출유형

a, b, c가 1이 아닌 양수일 때
(1) $\log_a b = \dfrac{\log_c b}{\log_c a}$
(2) $\log_a b = \dfrac{1}{\log_b a}$
(3) $\log_a b \times \log_b a = 1$
(4) $\log_a b \times \log_b c \times \log_c a = 1$
→ 밑이 다른 로그의 계산은 로그의 밑의 변환을 이용하여 밑을 같게 만든 후 계산한다.

0227 대표문제

1이 아닌 양수 a, x에 대하여
$$\dfrac{1}{\log_2 x} + \dfrac{1}{\log_4 x} + \dfrac{1}{\log_8 x} = \dfrac{2}{\log_a x}$$를 만족시키는 a의 값은?

① 4   ② 8   ③ 16

④ 32   ⑤ 64

0228

Level 1

$\log_3 6 \times \log_8 9 \times \log_{\frac{1}{3}} 2 \times \log_6 27$의 값은?

① -3 ② -2 ③ -1

④ 1   ⑤ 2

0229 중요

Level 2

M이 홀수일 때, 다음 등식을 만족시키는 정수 N의 값을 구하시오.

$$\dfrac{1}{\log_2 2} + \dfrac{1}{\log_3 2} + \dfrac{1}{\log_4 2} + \cdots + \dfrac{1}{\log_{10} 2} = N + \log_2 M$$

0230 중요

●Ⅰ Level 2

1이 아닌 양의 실수 a, b, c가 $\log_a c=\dfrac{1}{3}$, $\log_b c=\dfrac{1}{2}$ 을 만족시킬 때, $\log_a b+\log_b c+\log_c a$의 값은?

① 4

② $\dfrac{25}{6}$

③ $\dfrac{13}{3}$

④ $\dfrac{9}{2}$

⑤ $\dfrac{14}{3}$

0231

●Ⅰ Level 2

1보다 큰 네 실수 a, b, c, d에 대하여
$\log_a d : \log_b d : \log_c d=2 : 3 : 5$일 때,
$\log_a b+\log_b a-\log_c a$의 값을 구하시오.

0232

●Ⅰ Level 2

$\log_2 (\log_3 25)+\log_2 (\log_5 49)+\log_2 (\log_7 81)$의 값은?

① 1

② 2

③ 3

④ 4

⑤ 5

0233 고난도

●Ⅰ Level 3

1보다 큰 두 양수 a, b에 대하여 $(\log_a \sqrt[3]{b})^2+(\log_b \sqrt{a})^2$의 최솟값을 구하시오.

⊕ Plus 문제

다음은 이 유형에서 출제된 최근 교육청 · 평가원 기출문제입니다.

0234 교육청

●Ⅰ Level 1

1이 아닌 양수 a가 $\log_2 8a=\dfrac{2}{\log_a 2}$ 를 만족시킬 때, a의 값은?

① 4

② $4\sqrt{2}$

③ 8

④ $8\sqrt{2}$

⑤ 16

0235 교육청

●Ⅰ Level 2

좌표평면에서 함수 $y=\dfrac{1}{x}$의 그래프가 점 $(\sqrt[3]{a}, \sqrt{b})$를 지날 때, $\log_a b+\log_b a$의 값은?

(단, a, b는 1이 아닌 양수이다.)

① $-\dfrac{17}{6}$

② $-\dfrac{8}{3}$

③ $-\dfrac{5}{2}$

④ $-\dfrac{7}{3}$

⑤ $-\dfrac{13}{6}$

$a>0$, $b>0$, $c>0$, $a\neq1$, $c\neq1$일 때

(1) $\log_{a^m} b^n = \dfrac{n}{m}\log_a b$ (단, $m\neq0$)

(2) $a^{\log_c b} = b^{\log_c a}$

(3) $a^{\log_a b} = b$

0236 대표문제

$(\log_2 7 + \log_8 49)(\log_7 2 + \log_{49} 8)$의 값은?

① 1   ② $\dfrac{3}{2}$ ③ $\dfrac{8}{3}$

④ 4   ⑤ $\dfrac{25}{6}$

0237
Level 1

$x=\log_{25} 4 + \log_5 6$일 때, 5^x의 값은?

① 10   ② 12   ③ 14

④ 15   ⑤ 16

0238 중요
Level 2

$25^{2\log_5 2 - 3\log_{\frac{1}{5}} 9 - 2\log_5 18}$의 값을 구하시오.

0239
Level 2

1이 아닌 두 양수 a, b에 대하여 $ab=\sqrt{5}$일 때, $(a^2)^{\log_{\sqrt{5}} 3} \times b^{2\log_5 9}$의 값은?

① 3   ② 6   ③ 9

④ 12   ⑤ 15

0240 중요
Level 2

다음 식의 값은?

$$\dfrac{(\log_5 3 + \log_{25} 3)(\log_3 25 + \log_9 5)}{(\log_4 3 + \log_2 9)(\log_3 2 + \log_9 4)}$$

① $\dfrac{1}{4}$ ② $\dfrac{1}{2}$ ③ $\dfrac{3}{4}$

④ 1   ⑤ $\dfrac{5}{4}$

0241
Level 2

그림과 같이 $\angle ABC=90°$이고 $\overline{AC}=4$, $\overline{AB}=\log_4 9$인 직각삼각형 ABC의 변 AB 위의 점 D를 $\overline{AD}=\log_3 4$가 되도록 잡는다. 점 D에서 변 CA에 내린 수선의 발을 H라 할 때, $\overline{AH}\times\overline{CH}$의 값은?

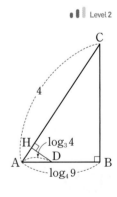

① $\dfrac{7}{4}$ ② $\dfrac{9}{4}$

③ $\dfrac{11}{4}$ ④ $\dfrac{13}{4}$

⑤ $\dfrac{15}{4}$

다음은 이 유형에서 출제된 최근 교육청·평가원 기출문제입니다.

0242 평가원

●❙❙ Level 2

좌표평면 위의 두 점 $(2, \log_4 2)$, $(4, \log_2 a)$를 지나는 직선이 원점을 지날 때, 양수 a의 값은?

① 1　　　　② 2　　　　③ 3

④ 4　　　　⑤ 5

0243 교육청

●❙❙ Level 2

세 양수 a, b, c가 다음 조건을 만족시킨다.

> (가) $\sqrt[3]{a}=\sqrt{b}=\sqrt[4]{c}$
> (나) $\log_8 a + \log_4 b + \log_2 c = 2$

$\log_2 abc$의 값은?

① 2　　　　② $\dfrac{7}{3}$　　　　③ $\dfrac{8}{3}$

④ 3　　　　⑤ $\dfrac{10}{3}$

0244 수능

●❙❙ Level 3

$\log_4 2n^2 - \dfrac{1}{2}\log_2 \sqrt{n}$의 값이 40 이하의 자연수가 되도록 하는 자연수 n의 개수를 구하시오.

실전 유형 **6** 로그의 성질에 대한 증명

(1) 로그의 성질은 지수법칙으로부터 유도되므로 로그의 정의를 이용하여 로그를 지수의 꼴로 변형한 후 지수법칙을 통해 계산한다.
(2) 문장 사이의 연결 관계에 유의하여 빈칸에 들어갈 값 또는 식을 추론한다.

0245 대표문제

다음은 $a>0$, $a\neq 1$, $M>0$이고 k는 실수일 때,
$\log_a M^k = k\log_a M$이 성립함을 증명한 것이다.

> $\log_a M = m$으로 놓으면 로그의 정의에 의하여
> $M = \boxed{\text{(가)}}$ 이므로 $M^k = \boxed{\text{(나)}}$
> 따라서 로그의 정의를 이용하면 $\log_a \boxed{\text{(다)}} = mk$이므로
> $\log_a M^k = k\log_a M$

위의 과정에서 (가), (나), (다)에 알맞은 것을 차례로 나열한 것은?

① a^k, a^k, M　　② a^k, a^{mk}, M^k　　③ a^m, a^k, M

④ a^m, a^{mk}, M^k　　⑤ a^m, a^{mk}, kM

0246

●❙❙ Level 1

다음은 $a>0$, $a\neq 1$, $x>0$, $y>0$일 때,
$\log_a x + \log_a y = \log_a xy$가 성립함을 증명한 것이다.

> $\log_a x = r$, $\log_a y = s$로 놓으면
> $a^r = x$, $a^s = \boxed{\text{(가)}}$
> $a^{r+s} = \boxed{\text{(나)}}$ 이므로 $r+s = \log_a \boxed{\text{(나)}}$
> 따라서 $\log_a x + \log_a y = \log_a xy$이다.

위의 과정에서 (가), (나)에 알맞은 것을 차례로 나열한 것은?

① x, $x+y$　　② x, xy　　③ y, $x+y$

④ y, xy　　⑤ y, $\dfrac{x}{y}$

0247 중요

다음은 1이 아닌 세 양수 a, b, c에 대하여 $a^{\log_b c}=c^{\log_b a}$이 성립함을 증명한 것이다.

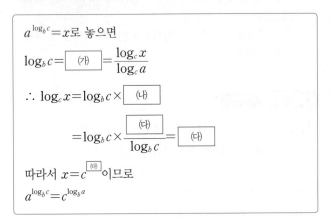

$a^{\log_b c}=x$로 놓으면

$$\log_b c = \boxed{(가)} = \frac{\log_c x}{\log_c a}$$

$$\therefore \log_c x = \log_b c \times \boxed{(나)}$$

$$= \log_b c \times \frac{\boxed{(다)}}{\log_b c} = \boxed{(다)}$$

따라서 $x=c^{\boxed{(다)}}$이므로

$$a^{\log_b c}=c^{\log_b a}$$

위의 과정에서 ㈎, ㈏, ㈐에 알맞은 것을 차례로 나열한 것은?

① $\log_a x$, $\log_c a$, $\log_b a$
② $\log_a x$, $\log_c a$, $\log_b c$
③ $\log_b x$, $\log_a c$, $\log_a b$
④ $\log_b x$, $\log_c a$, $\log_b a$
⑤ $\log_c x$, $\log_a c$, $\log_b c$

0248

다음은 $\log_6 3$이 무리수임을 증명한 것이다.

$\log_6 3$이 $\boxed{(가)}$라 하면 서로소인 두 자연수

m, $n\,(m<n)$에 대하여 $\log_6 3=\dfrac{m}{n}$으로 나타내어진다.

로그의 정의에 의하여

$6^{\frac{m}{n}}=3$, $6^m=3^n$ $\quad \therefore \boxed{(나)}=3^{n-m}$

이때 $\boxed{(나)}$은 $\boxed{(다)}$이고 3^{n-m}은 홀수이므로

$\boxed{(나)}$과 3^{n-m}은 항상 같지 않다.

따라서 $\log_6 3$은 무리수이다.

위의 과정에서 ㈎, ㈏, ㈐에 알맞은 것을 써넣으시오.

0249

다음은 자연수 n에 대하여 $\log_2 n$이 유리수이면

$$n=2^k \quad (k\text{는 음이 아닌 정수})$$

꼴로 나타내어짐을 증명한 것이다.

자연수 n에 대하여 $\log_2 n$이 유리수이고,

$n=2^k \times m$을 만족시키는 음이 아닌 정수 k와 홀수 m이 존재한다고 하면

$$\log_2 n = \boxed{(가)}$$

이때 $\log_2 n$이 유리수이므로 $\log_2 m$도 유리수이어야 한다. 즉,

$$\log_2 m = \frac{q}{p} \quad (p\text{는 자연수이고 } q\text{는 정수})$$

로 나타낼 수 있으므로

$$\boxed{(나)}$$

이때 m이 홀수이므로 m^p은 홀수이다.

따라서 2^q도 홀수이어야 하므로 $\boxed{(다)}$이고 $m=1$이다.

그러므로 자연수 n은 $n=2^k$ (k는 음이 아닌 정수) 꼴로 나타내어진다.

위의 과정에서 ㈎, ㈏, ㈐에 알맞은 것을 차례로 나열한 것은?

① $k\log_2 m$, $m^q=2^p$, $q=1$
② $k\log_2 m$, $m^p=2^q$, $q=1$
③ $k+\log_2 m$, $m^q=2^p$, $q=0$
④ $k+\log_2 m$, $m^p=2^q$, $q=1$
⑤ $k+\log_2 m$, $m^p=2^q$, $q=0$

실전 유형 7 로그의 성질의 활용
– 로그의 값이 문자로 주어진 경우

로그의 값을 문자로 나타낼 때는 다음과 같은 순서로 구한다.
❶ 로그의 밑의 변환을 이용하여 구하는 식을 변형한다.
❷ 진수를 소인수분해 하여 주어진 로그의 진수를 곱의 꼴로 나타낸다.
❸ 로그의 합 또는 차의 꼴로 나타낸 후 주어진 문자를 대입한다.

0250 대표문제

$\log_2 3 = a$, $\log_3 5 = b$라 할 때, $\log_5 \sqrt{54}$를 a, b를 사용하여 나타낸 것은?

① $\dfrac{1}{ab}$ ② $\dfrac{ab}{a+b}$ ③ $\dfrac{3a+1}{2ab}$

④ $\dfrac{3b+1}{2a}$ ⑤ $\dfrac{a+3}{2b}$

0251
Level 1

$\log_6 2 = a$일 때, $\log_9 6$을 a를 사용하여 나타낸 것은?

① $\dfrac{2a}{1-a}$ ② $\dfrac{1}{2a}$ ③ $\dfrac{1}{2+a}$

④ $\dfrac{1}{2-2a}$ ⑤ $\dfrac{2a}{2-2a}$

0252
Level 1

$\log_2 3 = a$, $\log_2 5 = b$일 때, $\log_5 \sqrt[4]{108}$을 a, b를 사용하여 나타낸 것은?

① $\dfrac{12a+8}{b}$ ② $\dfrac{3a+1}{2b}$ ③ $\dfrac{3a+1}{4b}$

④ $\dfrac{3a+2}{4b}$ ⑤ $\dfrac{3a+8}{4b}$

0253 중요
Level 2

$\log_2 3 = a$, $\log_3 15 = b$일 때, $\log_{30} 72$를 a, b를 사용하여 나타낸 것은?

① $\dfrac{2a-3}{ab-1}$ ② $\dfrac{2a+3}{ab-1}$ ③ $\dfrac{2a-3}{ab+1}$

④ $\dfrac{2a+3}{ab+1}$ ⑤ $\dfrac{2ab-3}{ab+1}$

0254
Level 2

1이 아닌 두 양수 α, β에 대하여 $\log_\alpha x = 3$, $\log_\beta x = 6$일 때, $\log_{\alpha\beta} x$의 값을 구하시오.

0255 중요

Level 2

$\log 2 = a$, $\log 3 = b$라 할 때, 함수 $f(x) = \dfrac{x+1}{2x-1}$에 대하여 $f(\log_3 6)$의 값을 a, b를 사용하여 나타낸 것은?

① $\dfrac{a+2b}{a+b}$ ② $\dfrac{2a+b}{a+b}$ ③ $\dfrac{2a+b}{a+2b}$

④ $\dfrac{a+b}{2a+b}$ ⑤ $\dfrac{a+2b}{2a+b}$

다음은 이 유형에서 출제된 최근 교육청·평가원 기출문제입니다.

0256 교육청

Level 1

$\log 1.44 = a$일 때, $2\log 12$를 a로 나타낸 것은?

① $a+1$ ② $a+2$ ③ $a+3$

④ $a+4$ ⑤ $a+5$

0257 교육청

Level 3

1이 아닌 세 양수 a, b, c가

$$-4\log_a b = 54\log_b c = \log_c a$$

를 만족시킨다. $b \times c$의 값이 300 이하의 자연수가 되도록 하는 모든 자연수 a의 값의 합은?

① 91 ② 93 ③ 95

④ 97 ⑤ 99

실전 유형 **8** 로그의 성질의 활용 $-a^x = b$가 주어진 경우

$a^x = b$이면 $\log_a b = x$임을 이용하여 주어진 식을 로그로 나타낸 후 밑을 통일한다.

0258 대표문제

$25^x = 4^y = 100$일 때, $\dfrac{1}{x} + \dfrac{1}{y}$의 값은?

① 1 ② 2 ③ 3

④ 4 ⑤ 5

0259

Level 1

$7^a = 3$, $7^b = 8$일 때, $\log_6 54$를 a, b를 사용하여 나타낸 것은?

① $\dfrac{a+2b}{a+3b}$ ② $\dfrac{a+6b}{a+3b}$ ③ $\dfrac{4a+b}{3a+b}$

④ $\dfrac{6a+b}{3a+b}$ ⑤ $\dfrac{9a+b}{3a+b}$

0260

1이 아닌 양수 a, b에 대하여 $a^m = b^n = 3$일 때, $\log_{a^2 b} b^3$을 m, n을 사용하여 나타내시오. (단, $a^2 b \neq 1$)

0261 중요

$2^a = x$, $2^b = y$, $2^c = z$일 때, $\log_{y^2 z^3} x^2 y$를 a, b, c를 사용하여 나타낸 것은? (단, $abc \neq 0$)

① $\dfrac{6ac}{2a+b}$ ② $\dfrac{bc}{2a+b}$ ③ $\dfrac{2b+3c}{2a+b}$

④ $\dfrac{2a+b}{2b+3c}$ ⑤ $\dfrac{2a+b}{6b-a}$

0262 중요

세 실수 a, b, c에 대하여 $3^a = 4^b = 12^c$일 때, $\dfrac{1}{a} + \dfrac{1}{b} - \dfrac{1}{c}$의 값은? (단, $abc \neq 0$)

① -2 ② 0 ③ 2

④ 4 ⑤ 6

0263

두 실수 a, b에 대하여 $18^a = 7$, $18^b = 2$일 때, $3^{\frac{2a-2b}{b-1}}$의 값은?

① $\dfrac{2}{7}$ ② 2 ③ $\dfrac{7}{2}$

④ 7 ⑤ 14

0264

1이 아닌 세 양수 p, q, r이 다음 조건을 만족시킨다.

> (가) $p^x = q^y = r^z = 729$
>
> (나) $pqr = 9$

이때 $\dfrac{2}{x} + \dfrac{2}{y} + \dfrac{2}{z}$의 값을 구하시오.

다음은 이 유형에서 출제된 최근 교육청·평가원 기출문제입니다.

0265 교육청

자연수 n에 대하여 $2^{\frac{1}{n}} = a$, $2^{\frac{1}{n+1}} = b$라 하자. $\left\{ \dfrac{3^{\log_2 ab}}{3^{(\log_2 a)(\log_2 b)}} \right\}^5$이 자연수가 되도록 하는 모든 n의 값의 합은?

① 14 ② 15 ③ 16

④ 17 ⑤ 18

이차방정식 $ax^2+bx+c=0$의 두 근이
$\log_k\alpha$, $\log_k\beta$ $(\alpha>0,\ \beta>0,\ k>0,\ k\neq1)$이면 이차방정식의 근과 계수의 관계에 의하여

(1) $\log_k\alpha+\log_k\beta=\log_k\alpha\beta=-\dfrac{b}{a}$ ➡ $\alpha\beta=k^{-\frac{b}{a}}$

(2) $\log_k\alpha\times\log_k\beta=\dfrac{c}{a}$

0266 대표문제

이차방정식 $x^2-6x+3=0$의 두 근이 $\log_2 a$, $\log_2 b$일 때, $\log_a b+\log_b a$의 값은?

① 9　　　　② 10　　　　③ 11
④ 12　　　　⑤ 13

0267
　Level 1

이차방정식 $x^2-4x+2=0$의 두 근을 α, β라 할 때, $2^{\alpha}\times 2^{\beta}+\log_2\alpha+\log_2\beta$의 값을 구하시오.

0268
　Level 1

이차방정식 $2x^2-10x+5=0$의 두 근이 $\log_5 a$, $\log_5 b$일 때, $\dfrac{1}{\log_5 a}+\dfrac{1}{\log_5 b}$의 값은?

① 1　　　　② $\dfrac{3}{2}$　　　　③ 2
④ $\dfrac{5}{2}$　　　　⑤ 3

0269
　Level 2

이차방정식 $x^2+x\log_3 8\sqrt{2}-\log_3\dfrac{1}{24}+\log_3\sqrt{2}=0$의 두 근을 α, β라 할 때, $(\alpha+1)(\beta+1)$의 값은?

① $\dfrac{1}{2}$　　　　② 1　　　　③ $\sqrt{2}$
④ 2　　　　⑤ $2\sqrt{2}$

0270 중요
　Level 2

이차방정식 $3x^2-x\log_2 27+12=0$의 두 근을 α, β라 할 때, $2^{\alpha^2\beta+\alpha\beta^2}$의 값을 구하시오.

0271
　Level 2

이차방정식 $x^2-ax+b=0$의 두 근이 1, $\log_2 3$일 때, 실수 a, b에 대하여 $\dfrac{a}{b}$의 값은?

① 1　　　　② $\log_3 6$　　　　③ $\log_3 8$
④ 2　　　　⑤ $\log_3 12$

0272 중요

Level 2

이차방정식 $x^2-8x+4=0$의 두 근이 $\log_3\alpha$, $\log_3\beta$일 때, $\log_\alpha\beta-\log_\beta\alpha$의 값은? (단, $\alpha<\beta$)

① $4\sqrt{3}$ ② $6\sqrt{3}$ ③ $8\sqrt{3}$

④ $10\sqrt{3}$ ⑤ $12\sqrt{3}$

0273 고난도

Level 3

이차방정식 $x^2+px+q=0$의 두 실근 α, β에 대하여 $\log_2(\alpha+\beta)=\log_2\alpha+\log_2\beta-1$이 성립할 때, $q-p$의 최솟값은? (단, p, q는 실수이다.)

① 18   ② 24   ③ 30

④ 36   ⑤ 42

⊕ Plus 문제

┌ 다음은 이 유형에서 출제된 최근 교육청·평가원 기출문제입니다. ┐

0274 교육청

Level 1

이차방정식 $x^2-18x+6=0$의 두 근을 α, β라 할 때, $\log_2(\alpha+\beta)-2\log_2\alpha\beta$의 값은?

① -5 ② -4 ③ -3

④ -2 ⑤ -1

실전 유형 **10** 로그의 성질을 이용한 대소 비교

로그의 성질을 이용하여 대소 비교하려는 수를 간단히 하거나 밑을 통일한 후 비교한다.

0275 대표문제

세 수 $A=5^{\log_5 15-\log_5 6}$, $B=\log_4 2+\log_9 27$, $C=\log_8(\log_{\sqrt{2}}4)$의 대소 관계로 옳은 것은?

① $A<B<C$ ② $A<C<B$ ③ $B<C<A$

④ $C<A<B$ ⑤ $C<B<A$

0276

Level 1

세 수 $A=\dfrac{1}{2}\log_{\frac{1}{3}}2$, $B=\log_{\frac{1}{9}}16$, $C=\log_4 9$의 대소 관계로 옳은 것은?

① $A<B<C$ ② $A<C<B$ ③ $B<A<C$

④ $B<C<A$ ⑤ $C<B<A$

0277

Level 1

세 수 $A=\log_2\sqrt{32}$, $B=5^{\log_{\sqrt{5}}2}$, $C=\log_2 3\times\log_3 4$의 대소를 비교하시오.

02

0278 중요

Level 2

세 수 $A=3^{2\log_3 4-\log_3 18}$, $B=\log_5 25-\log_5 \dfrac{1}{5}$,

$C=\log_2\{\log_4(\log_8 64)\}$의 대소 관계로 옳은 것은?

① $A<B<C$ ② $A<C<B$ ③ $B<A<C$

④ $C<A<B$ ⑤ $C<B<A$

0279

Level 2

세 수 $A=2^{\log_2 15-\log_2 5}$, $B=\dfrac{\log_3 8}{\log_3 4}$, $C=3^{\sqrt{3}+1}\div 3^{\sqrt{3}-1}$의 대소 관계로 옳은 것은?

① $A<B<C$ ② $A<C<B$ ③ $B<A<C$

④ $B<C<A$ ⑤ $C<A<B$

0280 중요

Level 2

1이 아닌 세 양수 a, b, c에 대하여 $a^2=b^3=c^5$이 성립할 때, 세 수 $A=\log_a b$, $B=\log_b c$, $C=\log_c a$의 대소 관계로 옳은 것은?

① $A<B<C$ ② $B<A<C$ ③ $B<C<A$

④ $C<A<B$ ⑤ $C<B<A$

실전 유형 **11** 로그의 정수 부분과 소수 부분

$a>1$이고 양수 M과 정수 n에 대하여 $a^n\le M<a^{n+1}$일 때
$\log_a a^n\le\log_a M<\log_a a^{n+1}$
$\therefore n\le\log_a M<n+1$
→ (1) $\log_a M$의 정수 부분: n
   (2) $\log_a M$의 소수 부분: $\log_a M-n$

0281 대표문제

$\log_2 7$의 정수 부분을 a, 소수 부분을 b라 할 때, 3^a+2^b의 값은?

① $\dfrac{41}{4}$ ② $\dfrac{43}{4}$ ③ $\dfrac{45}{4}$

④ $\dfrac{47}{4}$ ⑤ $\dfrac{49}{4}$

0282

Level 1

$\log_2 13$의 정수 부분과 소수 부분을 각각 x, y라 할 때, $2^{-x}+2^y$의 값은?

① $\dfrac{3}{2}$ ② $\dfrac{13}{8}$ ③ $\dfrac{7}{4}$

④ $\dfrac{15}{8}$ ⑤ 2

0283 중요

Level 1

$\log_2 10$의 정수 부분을 a, 소수 부분을 b라 할 때, $\dfrac{2^a-2^{-b}}{2^a+2^{-b}}$의 값을 구하시오.

0284

Level 2

$\log_3 7$의 소수 부분을 a라 할 때, $k \times 9^a$의 값이 자연수가 되도록 하는 자연수 k의 최솟값은?

① 3   ② 5   ③ 7

④ 9   ⑤ 11

0285 (중요)

Level 2

자연수 n에 대하여 $\log_2 n$의 정수 부분을 $f(n)$이라 할 때, $f(1)+f(2)+f(3)+\cdots+f(15)$의 값을 구하시오.

0286 (신경향)

Level 3

정수 n과 양의 실수 x가 다음 조건을 만족시킨다.

(가) $n \leq \log_2 24 < n+1$

(나) $x - \log_2 24$의 값은 정수이다.

x의 최솟값을 m이라 할 때, $6^{\frac{n}{m+2}}$의 값은?

① 15   ② 16   ③ 17

④ 18   ⑤ 19

⊕ Plus 문제

실전
유형 **12** 상용로그의 값

양수 N에 대하여 $N = a \times 10^n$ ($1 \leq a < 10$, n은 정수)일 때
$$\log N = n + \log a$$

0287 (대표문제)

$\log 2 = 0.3010$, $\log 3 = 0.4771$일 때,
$\log 6 - \log \sqrt{5} + \log 12$의 값은?

① 0.0485   ② 0.3980   ③ 0.6505

④ 1.5077   ⑤ 2.2067

0288

Level 1

$\log 2 = 0.3010$, $\log 3 = 0.4771$일 때, $\log 1.5$의 값은?

① 0.1505   ② 0.1761   ③ 0.7781

④ 1.1505   ⑤ 1.1761

0289

Level 2

양수 N에 대하여 $\log N^2 = 0.3636$일 때, $\log N^3 + \log \sqrt[3]{N}$의 값은?

① 0.5454   ② 0.6060   ③ 0.7272

④ 0.9090   ⑤ 1.0908

0290

Level 2

다음 상용로그표를 이용하여 $\log 1.78 + \log \sqrt{2.07}$의 값을 구하시오.

수	$\cdots$	5	6	7	8	9
$\vdots$	$\cdots$	$\vdots$	$\vdots$	$\vdots$	$\vdots$	$\vdots$
1.7	$\cdots$	.2430	.2455	.2480	.2504	.2529
1.8	$\cdots$	.2672	.2695	.2718	.2742	.2765
1.9	$\cdots$	.2900	.2923	.2945	.2967	.2989
2.0	$\cdots$	.3118	.3139	.3160	.3181	.3201
$\vdots$	$\cdots$	$\vdots$	$\vdots$	$\vdots$	$\vdots$	$\vdots$

다음은 이 유형에서 출제된 최근 교육청·평가원 기출문제입니다.

0291 교육청

Level 1

다음은 상용로그표의 일부이다.

수	$\cdots$	4	5	6	$\cdots$
$\vdots$	$\vdots$	$\vdots$	$\vdots$	$\vdots$	$\cdots$
5.9	$\cdots$	.7738	.7745	.7752	$\cdots$
6.0	$\cdots$	.7810	.7818	.7825	$\cdots$
6.1	$\cdots$	.7882	.7889	.7896	$\cdots$

이 표를 이용하여 구한 $\log \sqrt{6.04}$의 값은?

① 0.3905   ② 0.7810   ③ 1.3905
④ 1.7810   ⑤ 2.3905

실전
유형 **13** 상용로그의 정수 부분과 소수 부분

(1) 양수 N에 대하여 $\log N = n + \alpha$ (n은 정수, $0 \leq \alpha < 1$)이면 $\log N$의 정수 부분은 n, 소수 부분은 α이다.

(2) 양수 N과 정수 n에 대하여 $10^n \leq N < 10^{n+1}$일 때,
$n \leq \log N < n+1$
➔ $\log N$의 정수 부분은 n, 소수 부분은 $\log N - n$이다.

참고 상용로그의 값이 음수일 때는 $0 \leq$ (소수 부분) < 1이 되도록 상용로그의 값을 변형한다.

0292 대표문제

$\log x = -1.8$일 때, $\log x^3 - \log \sqrt[3]{x}$의 정수 부분과 소수 부분을 차례로 나열한 것은?

① -5, 0.2   ② -5, 0.6   ③ -5, 0.8
④ -4, 0.2   ⑤ -4, 0.8

0293

Level 1

$\log 23$의 정수 부분을 a, 소수 부분을 b라 할 때, $10^{a+1} + 10^{b+1}$의 값을 구하시오.

0294 중요

Level 2

$\log 2.25 = 0.3522$일 때, 〈보기〉에서 옳은 것만을 있는 대로 고른 것은?

─〈 보기 〉─

ㄱ. $\log 225$의 정수 부분은 2이다.

ㄴ. $\log 0.0225 = -2.3522$

ㄷ. $\log \sqrt{22.5}$의 소수 부분은 0.6761이다.

① ㄱ   ② ㄷ   ③ ㄱ, ㄴ
④ ㄱ, ㄷ   ⑤ ㄴ, ㄷ

0295 중요 ◦|| Level 2

자연수 n에 대하여 $\log n^2$의 정수 부분을 $f(n)$이라 할 때,
$f(1)+f(2)+f(3)+\cdots+f(30)$의 값은?

① 42   ② 44   ③ 46

④ 48   ⑤ 50

실전 유형 14 상용로그의 소수 부분의 성질을 이용한 로그의 계산

(1) 진수의 숫자의 배열이 같으면 상용로그의 소수 부분이 같다.

(2) 상용로그의 소수 부분이 같으면 진수의 숫자의 배열이 같다.

0298 대표문제

$\log 2.53=0.4031$일 때, $\log 253=a$, $\log b=-1.5969$이다. 이때 $a+b$의 값은?

① 2.4284   ② 2.2142   ③ 1.8622

④ 1.4284   ⑤ 1.2142

0296 ◦|| Level 2

양수 x에 대하여 $\log x$의 정수 부분을 $N(x)$라 할 때,

$$N\left(\frac{1}{10}\right)+N\left(\frac{2}{9}\right)+N\left(\frac{3}{8}\right)+\cdots+N\left(\frac{9}{2}\right)+N(10)$$

의 값은?

① -6 ② -5 ③ -4

④ -3 ⑤ -2

0299 ◦|| Level 2

$\log 56.3=1.7505$일 때, 다음 중 옳은 것은?

① $\log 5.63=0.17505$

② $\log 563=17.505$

③ $\log 0.563=0.017505$

④ $\log 0.0563=-1.2495$

⑤ $\log 0.00563=-3.2495$

0297 고난도 ◦|| Level 3

양수 x에 대하여 $\log x$의 정수 부분을 $f(x)$라 하자.
$f(n+200)=f(n)+1$을 만족시키는 100 이하의 자연수 n의 개수는?

① 9   ② 19   ③ 20

④ 90   ⑤ 91

0300 중요 ◦|| Level 2

양수 $N=a\times 10^n$ $(1\le a<10,\ n$은 정수$)$에 대하여
$\log N=-2.1549$일 때, $a+n$의 값은?

(단, $\log 7=0.8451$로 계산한다.)

① -4 ② -2 ③ 0

④ 2 ⑤ 4

0301 (중요)

Level 2

다음 상용로그표를 이용하여 $\log x = 2.7093$,

$\log y = -1.2907$을 만족시키는 실수 x, y에 대하여 $\dfrac{3x}{100y}$

의 값을 구하시오.

수	0	1	2	3	$\cdots$
$\vdots$	$\vdots$	$\vdots$	$\vdots$	$\vdots$	$\cdots$
5.1	.7076	.7084	.7093	.7101	$\cdots$
5.2	.7160	.7168	.7177	.7185	$\cdots$
$\vdots$	$\vdots$	$\vdots$	$\vdots$	$\vdots$	$\cdots$

0302

Level 2

다음은 $\log 6.31 = 0.80$, $\log 7.08 = 0.85$임을 이용하여 7.08^8의 값을 구하는 과정이다.

$$\log 7.08^8 = 8\log 7.08$$
$$= 8 \times \boxed{\text{(가)}}$$
$$= 6 + 0.80$$
$$= \log 10^6 + \log \boxed{\text{(나)}}$$
$$= \log (10^6 \times \boxed{\text{(나)}})$$
$$= \log \boxed{\text{(다)}}$$
따라서 $7.08^8 = \boxed{\text{(다)}}$ 이다.

위의 과정에서 ㈎, ㈏, ㈐에 알맞은 수를 구하시오.

0303

Level 2

$\log 3.12 = 0.4942$, $\log 9.23 = 0.9652$일 때, $\sqrt[6]{923}$의 값은?

① 0.4942 ② 2.4942 ③ 2.9652
④ 3.12 ⑤ 9.23

실전 유형 **15** 상용로그의 정수 부분의 성질의 활용

(1) $\log M$의 정수 부분이 n이면
$n \leq \log M < n+1 \;\Rightarrow\; 10^n \leq M < 10^{n+1}$
(2) $\log N$의 정수 부분이 $-n$이면
$-n \leq \log N < -n+1 \;\Rightarrow\; 10^{-n} \leq N < 10^{-n+1}$

0304 (대표문제)

$\log N$의 정수 부분이 2인 자연수 N의 개수는?

① 9 ② 90 ③ 99
④ 900 ⑤ 990

0305

Level 1

$\log A$의 정수 부분이 3일 때, 5의 배수인 자연수 A의 개수는?

① 1000 ② 1400 ③ 1600
④ 1800 ⑤ 2200

0306 (중요)

Level 2

$\log A$의 정수 부분이 1인 자연수 A의 개수를 x, $\log \dfrac{1}{B}$의 정수 부분이 -1인 자연수 B의 개수를 y라 할 때, $\log x - \log y$의 값을 구하시오.

0307

•∎∎ Level 2

양수 N과 자연수 M에 대하여 $\log N$의 정수 부분이 3이고

$$\log \frac{N}{9} = \log 3 + \log M$$

이 성립할 때, 자연수 M의 최댓값은?

① 369   ② 370   ③ 371
④ 372   ⑤ 373

0308 신경향

•∎∎ Level 2

양수 a에 대하여

$$n \le \log a < n+1 \ (n\text{은 정수})$$

이 성립할 때, $f(a)=n$으로 정의한다. $f(a)=1$일 때,

$f\left(a^{\frac{1}{2}}\right) + f\left(\frac{1}{\sqrt[3]{a}}\right)$의 값은?

① -1 ② 0   ③ 1
④ 2   ⑤ 3

0309 고난도

•∎∎ Level 3

자연수 N에 대하여 $\log N$의 정수 부분을 $f(N)$, 소수 부분을 $g(N)$이라 할 때, 다음 조건을 만족시키는 모든 자연수 N의 개수는?

(가) $f(N) \le 1$
(나) $f(N) = f(2N)$
(다) $g(N) \le \log \frac{17}{5}$

① 27   ② 28   ③ 29
④ 30   ⑤ 31

➕ Plus 문제

실전 유형 **16** 두 상용로그의 소수 부분이 같은 경우

두 상용로그 $\log A$, $\log B$의 소수 부분이 같으면 두 상용로그의 차는 정수이다.
→ $\log A - \log B = (\text{정수})$

0310 대표문제

$100 \le x < 1000$이고 $\log x^3$과 $\log \sqrt{x}$의 소수 부분이 같도록 하는 모든 실수 x의 값의 곱이 $10^{\frac{q}{p}}$일 때, 서로소인 두 자연수 p, q에 대하여 $p+q$의 값은?

① 39   ② 40   ③ 41
④ 42   ⑤ 43

0311

•∎∎ Level 1

두 양수 x, y에 대하여 $\log x$와 $\log y$의 정수 부분이 각각 6, 2이고, $\log x$의 소수 부분과 $\log y$의 소수 부분이 같을 때, $\log \sqrt{\frac{x}{y}}$의 값은?

① 1   ② 2   ③ 3
④ 4   ⑤ 5

0312 중요

•∎∎ Level 2

$10 < x < 100$일 때, $\log x^2$과 $\log \sqrt{x}$의 차가 정수가 되도록 하는 x의 값은?

① $10^{\frac{5}{4}}$ ② $10^{\frac{4}{3}}$ ③ $10^{\frac{3}{2}}$
④ $10^{\frac{5}{3}}$ ⑤ $10^{\frac{7}{4}}$

0313

1보다 큰 실수 x에 대하여 $\log x^2$과 $\log \dfrac{1}{x}$의 차가 정수가 되도록 하는 x의 값을 작은 것부터 차례로

$$a_1, \ a_2, \ a_3, \ \cdots, \ a_n, \ \cdots$$

이라 하자. 이때 a_{30}의 값은?

① 10^9
② 10^{10}
③ 10^{11}
④ 10^{12}
⑤ 10^{13}

0314 중요

다음 조건을 만족시키는 모든 양수 x의 값의 곱을 k라 할 때, $\log k$의 값은?

> (가) $\log x$의 정수 부분은 2이다.
> (나) $\log x^2$과 $\log \sqrt{x}$의 소수 부분이 같다.

① 2
② $\dfrac{8}{3}$
③ $\dfrac{10}{3}$
④ 4
⑤ $\dfrac{14}{3}$

0315

다음 조건을 만족시키는 실수 x의 최솟값을 k라 할 때, $\log k$의 값을 구하시오.

(단, $[x]$는 x보다 크지 않은 최대의 정수이다.)

> (가) $[\log x] = 2$
> (나) $\log x^3 - [\log x^3] = \log \dfrac{1}{x} - \left[\log \dfrac{1}{x}\right]$

---

17 두 상용로그의 소수 부분의 합이 1인 경우

두 상용로그 $\log A$, $\log B$의 소수 부분의 합이 1이면 두 상용로그의 합은 정수이다.

→ $\log A + \log B = (정수)$

0316 대표문제

$\log x$의 정수 부분이 3이고 $\log x$의 소수 부분과 $\log \sqrt{x}$의 소수 부분의 합이 1일 때, $\log \sqrt{x}$의 소수 부분은?

① $\dfrac{1}{4}$
② $\dfrac{1}{3}$
③ $\dfrac{1}{2}$
④ $\dfrac{2}{3}$
⑤ $\dfrac{3}{4}$

0317

$100 \le x < 1000$이고 $\log \sqrt{x}$의 소수 부분과 $\log \sqrt[5]{x^3}$의 소수 부분의 합이 1일 때, $x = 10^{\frac{n}{m}}$이다. 이때 $m+n$의 값은?

(단, m과 n은 서로소인 자연수이다.)

① 39
② 41
③ 43
④ 45
⑤ 47

0318 중요

$10 < x < 100$이고 $\log \sqrt{x}$와 $\log x^2$의 합이 정수가 되도록 하는 모든 실수 x에 대하여 $\log x^5$의 값의 합을 구하시오.

0319 중요

Level 2

$10 < x < 1000$이고 $\log x$와 $\log \sqrt[5]{x}$의 합과 차가 모두 정수일 때, x의 값은?

① $10\sqrt[4]{10}$ ② $10\sqrt[3]{10}$ ③ 100

④ $100\sqrt[3]{10}$ ⑤ $100\sqrt{10}$

0320

Level 2

양수 x에 대하여 $\log x$의 정수 부분을 $f(x)$, 소수 부분을 $g(x)$라 하자. $f(a) = 2$, $g(a) + g(\sqrt[3]{a}) = 1$을 만족시키는 양수 a에 대하여 $\log a$의 값은?

① $\dfrac{4}{3}$ ② $\dfrac{5}{3}$ ③ 2

④ $\dfrac{9}{4}$ ⑤ $\dfrac{11}{4}$

다음은 이 유형에서 출제된 최근 교육청 · 평가원 기출문제입니다.

0321 평가원

Level 3

100보다 작은 두 자연수 a, b $(a < b)$에 대하여 $\log a$의 소수 부분과 $\log b$의 소수 부분의 합이 1이 되는 순서쌍 (a, b)의 개수는?

① 2 ② 4 ③ 6

④ 8 ⑤ 10

실전 유형 **18** 상용로그와 이차방정식   복합유형

$\log A = n + \alpha$ (n은 정수, $0 \le \alpha < 1$)일 때, $\log A$의 정수 부분과 소수 부분이 이차방정식 $ax^2 + bx + c = 0$의 두 근이면

$$n + \alpha = -\frac{b}{a}, \quad n\alpha = \frac{c}{a}$$

0322 대표문제

$\log A$의 정수 부분과 소수 부분이 이차방정식 $3x^2 - 11x + k = 0$의 두 근일 때, 상수 k의 값은?

① 2 ② 3 ③ 4

④ 5 ⑤ 6

0323

Level 1

$\log A = \dfrac{5}{2}$일 때, 다음 중 $\log A$의 정수 부분과 소수 부분을 두 근으로 하는 이차방정식은?

① $x^2 - 5x + 1 = 0$ ② $x^2 + 5x - 1 = 0$

③ $2x^2 - 5x - 2 = 0$ ④ $2x^2 - 5x + 2 = 0$

⑤ $2x^2 + 5x + 2 = 0$

0324 중요

Level 2

$\log N = n + \alpha$ (n은 정수, $0 < \alpha < 1$)에서 n, α가 이차방정식 $5x^2 + 7x + k = 0$의 두 근일 때, 상수 k의 값은?

① -6 ② -3 ③ 3

④ 6 ⑤ 9

0325

$\small{\text{●|| Level 2}}$

이차방정식 $x^2 - ax + b = 0$의 두 근이 $\log 200$의 정수 부분과 소수 부분일 때, 상수 a, b에 대하여 $a - b$의 값은?

① $\log 0.05$ ② $\log 0.5$ ③ $\log 5$
④ $\log 50$ ⑤ $\log 500$

0326 중요

$\small{\text{●|| Level 2}}$

$\log A$의 정수 부분과 소수 부분이 이차방정식
$x^2 - x \log_3 10 + k = 0$의 두 근일 때, 3^{k+4}의 값을 구하시오.
(단, k는 상수이다.)

0327

$\small{\text{●|| Level 3}}$

이차방정식 $x^2 + ax + b = 0$의 두 근은 $\log N$의 정수 부분과 소수 부분이고, $x^2 - ax + b - \dfrac{4}{3} = 0$의 두 근은 $\log \dfrac{1}{N}$의 정수 부분과 소수 부분이다. 상수 a, b에 대하여 $a + b$의 값을 구하시오. (단, $ab \neq 0$)

⊕ Plus 문제

실전
유형 **19** 자릿수 구하기 – 정수 부분이 양수인 경우

$\log N = n + \log a$ (n은 정수, $0 \le \log a < 1$)에서 n이 양수이면 양수 N의 정수 부분은 $(n+1)$자리인 수이다.

0328 대표문제

$\log 2 = 0.3010$, $\log 3 = 0.4771$일 때, 12^{10}은 몇 자리의 정수인가?

① 11자리   ② 12자리   ③ 13자리
④ 14자리   ⑤ 15자리

0329

$\small{\text{●|| Level 1}}$

$\log 3 = 0.4771$일 때, 3^{40}은 몇 자리의 정수인가?

① 16자리   ② 17자리   ③ 18자리
④ 19자리   ⑤ 20자리

0330 중요

$\small{\text{●|| Level 2}}$

7^{100}이 85자리의 정수일 때, 7^{30}은 몇 자리의 정수인가?

① 25자리   ② 26자리   ③ 27자리
④ 28자리   ⑤ 29자리

0331

.ıl Level 2

2^n이 24자리의 정수가 되도록 하는 모든 자연수 n의 값의 합은? (단, $\log 2 = 0.3$으로 계산한다.)

① 314   ② 310   ③ 237

④ 234   ⑤ 156

0332

.ıl Level 3

두 양수 x, y에 대하여 x^5, y^6이 각각 10자리, 12자리의 수일 때, xy는 몇 자리의 정수인가?

① 1   ② 2   ③ 3

④ 4   ⑤ 5

0333 고난도

.ıl Level 3

세 자리의 자연수 N에 대하여 $[\log 2N] = [\log N] + 1$이 성립할 때, 〈보기〉에서 옳은 것만을 있는 대로 고른 것은? (단, $\log 2 = 0.3010$으로 계산하고, $[x]$는 x보다 크지 않은 최대의 정수이다.)

〈보기〉

ㄱ. N^2은 항상 6자리의 수이다.

ㄴ. N^3은 항상 9자리의 수이다.

ㄷ. N^4은 항상 12자리의 수이다.

① ㄱ   ② ㄴ   ③ ㄱ, ㄴ

④ ㄴ, ㄷ   ⑤ ㄱ, ㄴ, ㄷ

실전 유형 **20** 자릿수 구하기 – 정수 부분이 음수인 경우

$\log N = n + \log a \ (0 \le \log a < 1)$에서
n이 음수이면 N은 소수 n째 자리에서 처음으로 0이 아닌 숫자가 나타난다.

02

0334 대표문제

$\left(\dfrac{1}{3}\right)^{20}$은 소수 몇째 자리에서 처음으로 0이 아닌 숫자가 나타나는가? (단, $\log 3 = 0.4771$로 계산한다.)

① 9째 자리   ② 10째 자리   ③ 11째 자리

④ 12째 자리   ⑤ 13째 자리

0335

.ıl Level 2

$\left(\dfrac{1}{5}\right)^{12}$은 소수 n째 자리에서 처음으로 0이 아닌 숫자가 나타날 때, 자연수 n의 값은?

(단, $\log 2 = 0.3010$으로 계산한다.)

① 8   ② 9   ③ 10

④ 11   ⑤ 12

0336 중요

.ıl Level 2

1이 아닌 양수 a에 대하여 a^{38}은 19자리의 정수일 때, $\left(\dfrac{1}{a}\right)^{24}$은 소수 몇째 자리에서 처음으로 0이 아닌 숫자가 나타나는가?

① 10째 자리   ② 11째 자리   ③ 12째 자리

④ 13째 자리   ⑤ 14째 자리

0337

Level 2

10보다 작은 자연수 n에 대하여 $\left(\dfrac{n}{10}\right)^{10}$은 소수 6째 자리에서 처음으로 0이 아닌 숫자가 나타날 때, n의 값을 구하시오. (단, $\log 2 = 0.3010$, $\log 3 = 0.4771$로 계산한다.)

0338 중요

Level 2

$\log x = 0.34$, $\log y = 0.54$일 때, $x^3 y^4$은 정수 부분이 m자리인 수이고, $\dfrac{1}{x^3 y^4}$은 소수 n째 자리에서 처음으로 0이 아닌 숫자가 나타난다. 이때 mn의 값은?

① 4   ② 6   ③ 12

④ 16   ⑤ 20

0339

Level 3

$N = \left\{\left(1-\dfrac{1}{2}\right)\left(1-\dfrac{1}{3}\right)\left(1-\dfrac{1}{4}\right) \times \cdots \times \left(1-\dfrac{1}{50}\right)\right\}^5$일 때, N은 소수 n째 자리에서 처음으로 0이 아닌 숫자가 나타난다. 이때 자연수 n의 값은? (단, $\log 2 = 0.3010$으로 계산한다.)

① 9   ② 10   ③ 11

④ 12   ⑤ 13

⊕ Plus 문제

실전 유형 **21** 최고 자리의 숫자 구하기

A^k의 최고 자리의 숫자는 다음과 같은 순서로 구한다.
❶ $\log A^k$의 소수 부분 a를 구한다.
❷ $\log N \leq a < \log (N+1)$을 만족시키는 한 자리의 자연수 N의 값을 구한다.
→ A^k의 최고 자리의 숫자는 N이다.

0340 대표문제

$\log 2 = 0.3010$, $\log 3 = 0.4771$일 때, 6^{40}의 최고 자리의 숫자를 구하시오.

0341

Level 2

$2^{30} \times 3^{20}$의 최고 자리의 숫자는?

(단, $\log 2 = 0.3010$, $\log 3 = 0.4771$로 계산한다.)

① 1   ② 2   ③ 3

④ 4   ⑤ 5

0342 중요

Level 2

7^{40}은 n자리의 정수이고, 최고 자리의 숫자가 a이다. 이때 $n+a$의 값을 구하시오. (단, $\log 2 = 0.3010$, $\log 3 = 0.4771$, $\log 7 = 0.8451$로 계산한다.)

0343

●|| Level 2

$\log x = -\dfrac{5}{4}$일 때, x^2은 소수 a째 자리에서 처음으로 0이 아닌 숫자 b가 나타난다. 이때 $a+b$의 값은?

(단, $\log 2 = 0.3010$, $\log 3 = 0.4771$로 계산한다.)

① 6   ② 7   ③ 8

④ 9   ⑤ 10

0344

●|| Level 2

다음은 상용로그표의 일부이다.

수	0	1	2	3	…	9
⋮	⋮	⋮	⋮	⋮	…	⋮
2.0	.3010	.3032	.3054	.3075	…	.3201
3.0	.4771	.4786	.4800	.4814	…	.4900
7.6	.8808	.8814	.8820	.8825	…	.8859
8.8	.9445	.9450	.9455	.9460	…	.9489

$\dfrac{2^{50}}{3^{80}}$은 소수 n째 자리에서 처음으로 0이 아닌 숫자가 나오고, 소수 n째 자리의 숫자는 m일 때, $m+n$의 값은?

① 25   ② 27   ③ 29

④ 31   ⑤ 33

0345 중요

●|| Level 2

3^{30}은 a자리의 정수이고, 최고 자리의 숫자는 b, 일의 자리의 숫자는 c이다. 이때 $a+b-c$의 값은?

(단, $\log 2 = 0.3010$, $\log 3 = 0.4771$로 계산한다.)

① 6   ② 7   ③ 8

④ 9   ⑤ 10

실전
유형 **22** 상용로그의 실생활에의 활용
– 관계식이 주어진 경우   빈출유형

주어진 식에서 각 문자가 나타내는 것이 무엇인지 파악한 후 조건에 따라 값을 대입한다.

0346 대표문제

어떤 알고리즘에서 N개의 자료를 처리할 때의 시간복잡도를 T라 하면 다음과 같은 관계식이 성립한다고 한다.

$$\frac{T}{N} = \log N$$

100개의 자료를 처리할 때의 시간복잡도를 T_1, 10000개의 자료를 처리할 때의 시간복잡도를 T_2라 할 때, $\dfrac{T_2}{T_1}$의 값은?

① 150   ② 200   ③ 250

④ 300   ⑤ 350

0347

●|| Level 2

질량 a g의 활성탄 A를 염료 B의 농도가 c %인 용액에 충분히 오래 담가 놓을 때, 활성탄 A에 흡착되는 염료 B의 질량 b g은 다음 식을 만족시킨다고 한다.

$$\log \frac{b}{a} = -1 + k \log c \ (단, k는 상수이다.)$$

20 g의 활성탄 A를 염료 B의 농도가 4 %인 용액에 충분히 오래 담가 놓을 때 활성탄 A에 흡착되는 염료 B의 질량은 16 g이고, 40 g의 활성탄 A를 염료 B의 농도가 9 %인 용액에 충분히 오래 담가 놓을 때 활성탄 A에 흡착되는 염료 B의 질량은 d g이다. 이때 $\dfrac{d}{k}$의 값은?

(단, 각 용액의 양은 충분하다.)

① 27   ② 30   ③ 42

④ 60   ⑤ 72

0348

폐수 처리장에서는 물속의 오염된 물질을 걸러 내기 위하여 흡착제를 사용하는데 흡착제의 무게를 M g, 흡착된 물질의 양을 X g, 흡착이 일어난 후 용액 속에서 흡착 물질의 평형 농도를 C mg/L라 할 때, 다음 식이 성립한다고 한다.

$$\log \frac{X}{M} = \log K + \frac{1}{n} \log C$$

(단, K, n은 양의 상수이다.)

두 개의 흡착제 A, B의 무게를 각각 M_1g, M_2g, 흡착된 물질의 양을 각각 X_1g, X_2g이라 하면 $M_1 : M_2 = 3 : 4$, $X_1 : X_2 = 2 : 1$이다. 이때 흡착제 A를 이용했을 때의 평형 농도는 흡착제 B를 이용했을 때의 평형농도의 몇 배인가?

① $\left(\dfrac{3}{5}\right)^n$배 ② 2^n배 ③ $\left(\dfrac{7}{3}\right)^n$배

④ $\left(\dfrac{8}{3}\right)^n$배 ⑤ 3^n배

0349 (중요)

◦▮▮ Level 2

어떤 지역의 먼지농도에 따른 대기오염 정도는 여과지에 공기를 여과시켜 헤이즈계수를 계산하여 판별한다. 광화학적 밀도가 일정하도록 여과지상의 빛을 분산시키는 고형물의 양을 헤이즈계수 H, 여과지 이동거리를 L(m) $(L>0)$, 여과지를 통과하는 빛 전달률을 S $(0<S<1)$라 할 때, 다음과 같은 관계식이 성립한다고 한다.

$$H = \frac{k}{L} \log \frac{1}{S}$$ (단, k는 양의 상수이다.)

두 지역 A, B의 대기오염 정도를 판별할 때, 각각의 헤이즈 계수를 H_A, H_B, 여과지 이동거리를 L_A(m), L_B(m), 빛 전달률을 S_A, S_B라 하자. $2H_A = H_B$, $2L_A = \sqrt{3} L_B$일 때, $S_A = (S_B)^p$을 만족시키는 실수 p의 값은?

① $\dfrac{\sqrt{3}}{5}$ ② $\dfrac{\sqrt{3}}{4}$ ③ $\dfrac{\sqrt{3}}{3}$

④ $\sqrt{3}$ ⑤ $\dfrac{4\sqrt{3}}{3}$

다음은 이 유형에서 출제된 최근 교육청·평가원 기출문제입니다.

0350 (교육청) (중요)

◦▮▮ Level 2

별의 밝기를 나타내는 방법으로 절대 등급과 광도가 있다. 임의의 두 별 A, B에 대하여 별 A의 절대 등급과 광도를 각각 M_A, L_A라 하고, 별 B의 절대 등급과 광도를 각각 M_B, L_B라 하면 다음과 같은 관계식이 성립한다고 한다.

$$M_A - M_B = -2.5 \log \left(\frac{L_A}{L_B} \right)$$

(단, 광도의 단위는 W이다.)

절대 등급이 4.8인 별의 광도가 L일 때, 절대 등급이 1.3인 별의 광도는 kL이다. 상수 k의 값은?

① $10^{\frac{11}{10}}$ ② $10^{\frac{6}{5}}$ ③ $10^{\frac{13}{10}}$

④ $10^{\frac{7}{5}}$ ⑤ $10^{\frac{3}{2}}$

0351 (교육청)

◦▮▮ Level 2

우물에서 단위 시간당 끌어올리는 물의 양을 양수량이라 한다. 양수량이 일정하면 우물의 수위는 일정한 높이를 유지하게 된다. 우물의 영향권의 반지름의 길이가 R (m)인 어느 지역에 반지름의 길이가 r (m)인 우물의 양수량을 Q (m³/분), 원지하수의 두께를 H (m), 양수 중 유지되는 우물의 수심을 h (m)라고 할 때, 다음 관계식이 성립한다고 한다.

$$Q = \frac{k(H^2 - h^2)}{\log \left(\dfrac{R}{r} \right)}$$ (단, k는 양의 상수이다.)

우물의 영향권의 반지름의 길이가 512 m로 일정한 어느 지역에 두 우물 A, B가 있다. 반지름의 길이가 1 m인 우물 A와 반지름의 길이가 2 m인 우물 B의 양수량을 각각 Q_A (m³/분), Q_B (m³/분)이라 하자. 우물 A, B의 원지하수의 두께가 모두 8 m일 때, 양수 중 두 우물의 수심이 모두 6 m를 유지하였다. $\dfrac{Q_A}{Q_B}$의 값은?

① $\dfrac{4}{5}$ ② $\dfrac{5}{6}$ ③ $\dfrac{6}{7}$

④ $\dfrac{7}{8}$ ⑤ $\dfrac{8}{9}$

74 I. 지수함수와 로그함수

실전 유형 23 상용로그의 실생활에의 활용
– 일정하게 증가(감소)하는 경우

(1) 현재의 양이 A이고 매년 $a\,\%$씩 증가할 때, n년 후의 양

$\rightarrow A\left(1+\dfrac{a}{100}\right)^{n}$

(2) 현재의 양이 A이고 매년 $a\,\%$씩 감소할 때, n년 후의 양

$\rightarrow A\left(1-\dfrac{a}{100}\right)^{n}$

0352 대표문제

어느 기업에서 매년 일정한 비율로 자본을 증가시켜 10년 후의 자본이 올해 자본의 2배가 되게 하려고 한다. 이 기업에서는 자본을 매년 몇 %씩 증가시켜야 하는가?

(단, $\log 2=0.3$, $\log 1.07=0.03$으로 계산한다.)

① 6 % ② 7 % ③ 8 %

④ 9 % ⑤ 10 %

0353

●|| Level 2

어느 회사의 매출액이 매년 10 %씩 증가하여 2025년도 매출액이 t년도 매출액의 3배가 되었을 때, t의 값을 구하시오.

(단, $\log 1.1=0.04$, $\log 3=0.48$로 계산한다.)

0354 중요

●|| Level 2

어느 도시의 바이러스 감염자 수가 매달 7 %씩 증가한다고 한다. 이와 같은 비율로 감염자 수가 계속 증가한다고 할 때, 바이러스 감염자 수가 현재의 8배가 되는 것은 몇 개월 후인가? (단, $\log 2=0.3$, $\log 1.07=0.03$으로 계산한다.)

① 10개월 ② 20개월 ③ 30개월

④ 40개월 ⑤ 50개월

0355

●|| Level 2

하늘색 셀로판으로 코팅된 어떤 유리는 한 장씩 빛이 연속하여 통과할 때마다 그 밝기가 처음의 20 %씩 줄어든다고 할 때, 빛의 밝기가 처음의 $\dfrac{1}{4}$이 되려면 몇 장의 유리를 통과시켜야 하는가? (단, $\log 2=0.3$으로 계산한다.)

① 4장 ② 5장 ③ 6장

④ 7장 ⑤ 8장

0356

●|| Level 2

어느 지역의 하천은 하천 정화 작업으로 인해 생화학적 산소 요구량(BOD)이 매년 20 %씩 감소한다고 할 때, 6년 후 이 하천의 생화학적 산소 요구량은 처음의 몇 배인지 구하시오. (단, $\log 2=0.301$, $\log 2.62=0.418$로 계산한다.)

0357

●|| Level 3

어느 지역의 생산 가능 인구수는 매년 1.4 %씩 감소한다고 한다. 2025년의 생산 가능 인구수가 15×10^{6}명이라 할 때, 2070년의 생산 가능 인구수는 $k\times10^{4}$명이다. 오른쪽의 상용로그표를 이용하여 구한 실수 k의 값은?

x	$\log x$
1.66	0.22
3.56	0.55
9.86	0.99

① 516 ② 522 ③ 528

④ 534 ⑤ 540

0358 대표문제

$\log_{a-5}(-a^2+13a-30)$이 정의되기 위한 모든 정수 a의 값의 합을 구하는 과정을 서술하시오. [6점]

STEP 1 밑의 조건을 만족시키는 a의 값의 범위 구하기 [2점]

밑의 조건에서 $a-5>0$, $a-5\neq1$

따라서 a의 값의 범위는

$5<a<6$ 또는 $a>$ $\boxed{}^{(1)}$ ················· ㉠

STEP 2 진수의 조건을 만족시키는 a의 값의 범위 구하기 [2점]

진수의 조건에서 $-a^2+13a-30>0$이므로 a의 값의 범위는

$\boxed{}^{(2)}$ $<a<$ $\boxed{}^{(3)}$ ················· ㉡

STEP 3 두 조건을 모두 만족시키는 a의 값의 범위 구하기 [1점]

㉠, ㉡을 모두 만족시키는 a의 값의 범위는

$5<a<6$ 또는 $\boxed{}^{(4)}$ $<a<$ $\boxed{}^{(5)}$

STEP 4 모든 정수 a의 값의 합 구하기 [1점]

정수 a의 값은 $\boxed{}^{(6)}$, $\boxed{}^{(7)}$, $\boxed{}^{(8)}$ 이므로

구하는 a의 값의 합은 $\boxed{}^{(9)}$ 이다.

0359 한번 더

$\log_{a-3}(-a^2+2a+24)$가 정의되기 위한 정수 a의 값을 구하는 과정을 서술하시오. [6점]

STEP 1 밑의 조건을 만족시키는 a의 값의 범위 구하기 [2점]

STEP 2 진수의 조건을 만족시키는 a의 값의 범위 구하기 [2점]

STEP 3 두 조건을 모두 만족시키는 a의 값의 범위 구하기 [1점]

STEP 4 정수 a의 값 구하기 [1점]

0360 유사 1

$\log_{|x-1|}(-x^2+4x+32)$가 정의되기 위한 정수 x의 최댓값과 최솟값의 합을 구하는 과정을 서술하시오. [7점]

0361 유사 2

모든 실수 x에 대하여 $\log_{a-3}(x^2+2ax+7a)$가 정의되기 위한 모든 정수 a의 값의 합을 구하는 과정을 서술하시오.

[7점]

핵심 KEY **유형 2** 로그의 밑과 진수의 조건

로그의 정의를 이용하여 밑과 진수의 조건을 만족시키는 범위를 찾는 문제이다. 이때 '(밑)>0, (밑)≠1, (진수)>0'임을 이용하는데, 밑의 조건과 진수의 조건을 각각 구한 후 동시에 만족시키는 값의 범위를 구해야 한다. 특히, '(밑)≠1'임을 빠뜨리지 않도록 주의한다.

0362 대표문제

$\log 2 = a$, $\log 3 = b$일 때, $\log_5 12$를 a, b를 사용하여 나타내는 과정을 서술하시오. [7점]

STEP 1 $\log_5 12$를 밑의 변환을 이용하여 변형하기 [2점]

$\log 2$와 $\log 3$은 밑이 10인 로그이므로 $\log_5 12$를 밑의 변환을 이용하여 밑이 □(1) 인 로그로 나타내면

$$\log_5 12 = \frac{\log 12}{\log 5}$$

STEP 2 $\log 5$를 $\log 2$를 포함한 식으로 나타내기 [2점]

분모 $\log 5 = \log \dfrac{10}{2}$이므로 로그의 성질을 이용하여 변형하면

$$\log \frac{10}{2} = \log 10 - \boxed{}^{(2)}$$

$$= \boxed{}^{(3)} - a$$

STEP 3 $\log 12$를 $\log 2$와 $\log 3$을 포함한 식으로 나타내기 [2점]

$12 = 2^2 \times 3$이므로 분자 $\log 12$를 로그의 성질을 이용하여 변형하면

$$\log 12 = \log(2^2 \times 3)$$

$$= \boxed{}^{(4)} + \log 3$$

$$= 2a + \boxed{}^{(5)}$$

STEP 4 $\log_5 12$를 a, b를 사용하여 나타내기 [1점]

$$\log_5 12 = \frac{\log 12}{\log 5} = \boxed{}^{(6)}$$

0363 한번 더

$\log 2 = a$, $\log 3 = b$일 때, $\log_9 \dfrac{1}{32}$을 a, b를 사용하여 나타내는 과정을 서술하시오. [7점]

STEP 1 $\log_9 \dfrac{1}{32}$을 밑의 변환을 이용하여 변형하기 [2점]

STEP 2 $\log 9$를 $\log 3$을 포함한 식으로 나타내기 [2점]

STEP 3 $\log 32$를 $\log 2$를 포함한 식으로 나타내기 [2점]

STEP 4 $\log_9 \dfrac{1}{32}$을 a, b를 사용하여 나타내기 [1점]

0364 유사 1

$\log_2 3 = a$, $\log_5 2 = b$라 할 때, $\log_{15} 27$을 a, b를 사용하여 나타내는 과정을 서술하시오. [7점]

핵심 KEY 유형 7 **로그의 성질의 활용**
- 로그의 값이 문자로 주어진 경우

로그의 밑의 변환 $\log_a b = \dfrac{\log_c b}{\log_c a}$ ($c > 0$, $c \neq 1$)를 이용하여 식을 변형하고 주어진 문자로 나타내는 문제이다.

$\log 5$, $\log 15$ 등의 조건이 주어질 때는 $\log \dfrac{10}{2}$, $\log \dfrac{3 \times 10}{2}$ 등의 형태로 변형하여 로그의 뺄셈식으로 나타내는 것에 유의한다.

1 0365

$\log_{5-a}(a^2-4a+4)$가 정의되기 위한 모든 자연수 a의 값의 합은? [3점]

① 3   ② 4   ③ 5

④ 6   ⑤ 7

2 0366

$\log_2 9 \times \log_3 7 \times \log_7 16$의 값은? [3점]

① 2   ② 4   ③ 6

④ 8   ⑤ 10

3 0367

$m=\dfrac{1}{33}(\log_2 3+\log_2 3^2+\log_2 3^3+\cdots+\log_2 3^{11})$이라 할 때, 2^m의 값은? [3점]

① 6   ② 7   ③ 8

④ 9   ⑤ 10

4 0368

$\log_2 \dfrac{4}{3}+2\log_2 \sqrt{12}+3\log_{27} 81$의 값은? [3점]

① 6   ② 7   ③ 8

④ 9   ⑤ 10

5 0369

다음은 $\log_2 7=\dfrac{\log_{10} 7}{\log_{10} 2}$이 성립함을 증명한 것이다.

$\log_{10} 2=x$, $\log_2 7=y$로 놓으면

$10^x=2$, $2^y=\boxed{\text{(가)}}$이므로

$10^{xy}=(10^x)^y=2^y=\boxed{\text{(가)}}$

즉, $xy=\log_{\boxed{\text{(나)}}} 7$이므로

$\log_{10} 2 \times \log_2 7=\log_{\boxed{\text{(나)}}} 7$

따라서 양변을 $\log_{10} 2$로 나누면

$\log_2 7=\dfrac{\log_{\boxed{\text{(나)}}} 7}{\log_{10} 2}$

위의 과정에서 (가), (나)에 알맞은 것을 차례로 나열한 것은?

[3점]

① 2, 5   ② 2, 7   ③ 7, 5

④ 7, 10   ⑤ 10, 7

6 0370

이차방정식 $x^2-2x-22=0$의 두 근이 $\log_5 a$, $\log_5 b$일 때, $\log_a \sqrt{b}+\log_b \sqrt{a}$의 값은? [3점]

① $-\dfrac{12}{11}$ ② $-\dfrac{10}{11}$ ③ 1

④ $\dfrac{10}{11}$ ⑤ $\dfrac{12}{11}$

7 0371

다음 상용로그표를 이용하여 구한 $\log 6.19+\log (5.97)^2$의 값은? [3점]

수	⋯	7	8	9
⋮	⋮	⋮	⋮	⋮
5.9	⋯	.7760	.7767	.7774
6.0	⋯	.7832	.7839	.7846
6.1	⋯	.7903	.7910	.7917
⋮	⋮	⋮	⋮	⋮

① 1.5677 ② 2.0157 ③ 2.3437

④ 2.5756 ⑤ 3.5677

8 0372

1보다 큰 세 실수 a, b, c에 대하여

$$\log_a 2=\log_b 3=\log_c 6=\log_{abc} x$$

가 성립할 때, 양수 x의 값은? [3.5점]

① $\dfrac{1}{6}$ ② $\sqrt{6}$ ③ 6

④ $6\sqrt{6}$ ⑤ 36

9 0373

$f(x)=\log_a\{\log_x(x+1)\}$에 대하여
$f(2)+f(3)+f(4)+\cdots+f(1023)=1$일 때, a의 값은?
(단, $a\neq 1$, $a>0$) [3.5점]

① 1 ② 2 ③ 4

④ 8 ⑤ 10

10 0374

$\log_2 40=a$, $\log_3 45=b$일 때, $\log_2 3$을 a, b를 사용하여 나타낸 것은? [3.5점]

① $\dfrac{a-3}{b-2}$ ② $\dfrac{a+3}{b-2}$ ③ $\dfrac{a+3}{b+2}$

④ $\dfrac{b-2}{a-3}$ ⑤ $\dfrac{b+2}{a+3}$

11 0375

1이 아닌 세 양의 실수 a, b, c에 대하여 $a^3=b^5=c^8$일 때, $\log_{\sqrt{a}} b^2-\log_b c^3$의 값은? [3.5점]

① $\dfrac{3}{8}$ ② $\dfrac{17}{40}$ ③ $\dfrac{19}{40}$

④ $\dfrac{21}{40}$ ⑤ $\dfrac{23}{40}$

02

12 0376

세 수 $A=5^{\log_5 125-\log_5 100}$, $B=\log_3 9-\log_3 \dfrac{1}{81}$,

$C=\log_4\{\log_{16}(\log_8 64)\}$의 대소 관계로 옳은 것은? [3.5점]

① $A<B<C$ ② $B<A<C$ ③ $B<C<A$

④ $C<A<B$ ⑤ $C<B<A$

13 0377

$\log_2 5$보다 크지 않은 최대의 정수를 a, $b=\log_2 5-a$라 하자.

$2^a-4^b=\dfrac{q}{p}$일 때, $p+q$의 값은?

(단, p와 q는 서로소인 자연수이다.) [3.5점]

① 11   ② 22   ③ 33

④ 44   ⑤ 55

14 0378

$\log 9=n+\alpha$ (n은 정수, $0\le\alpha<1$)라 할 때, $\dfrac{10^n-10^\alpha}{10^n+10^\alpha}$의

값은? [3.5점]

① $-\dfrac{4}{5}$ ② $-\dfrac{3}{4}$ ③ $-\dfrac{3}{10}$

④ $\dfrac{7}{13}$ ⑤ $\dfrac{1}{2}$

15 0379

어떤 치료제를 인체에 주사했을 때, 초기 혈중 농도 P와 t시간 후의 혈중 농도 x 사이에는 다음과 같은 관계식이 성립한다고 한다.

$$t=\log_3\frac{P^5}{x^5}$$

이 치료제를 주사하여 초기 혈중 농도가 80일 때, 혈중 농도가 2가 될 때까지 걸리는 시간은 이 치료제를 주사하여 초기 혈중 농도가 20일 때, 혈중 농도가 2가 될 때까지 걸리는 시간의 a배라고 한다. 이때 a의 값은?

(단, $\log 2=0.3$으로 계산한다.) [3.5점]

① 1.6   ② 1.9   ③ 2.2

④ 2.5   ⑤ 2.8

16 0380

세계 석유 소비량이 매년 4 %씩 감소된다고 한다. 세계 석유 소비량이 현재 소비량의 $\dfrac{1}{4}$이 되는 것은 n년 후라 할 때, 자연수 n의 값은?

(단, $\log 2=0.30$, $\log 3=0.48$로 계산한다.) [3.5점]

① 16   ② 17   ③ 18

④ 20   ⑤ 30

17 0381

자연수 n에 대하여 집합

$$\{k\,|\,\log_4 n-\log_4 k\text{는 정수, }k\text{는 400 이하의 자연수}\}$$

의 원소의 개수를 $f(n)$이라 할 때, $f(20)$의 값은? [4점]

① 1 ② 2 ③ 3

④ 4 ⑤ 5

18 0382

두 자연수 a, b가 다음 조건을 만족시킬 때, $b-a$의 값은?

[4점]

> (개) $\log a>1$
>
> (내) $\log_6 a+\log_6 b=4$
>
> (대) $\log_2 \dfrac{b}{a}$는 자연수이다.

① 50 ② 54 ③ 58

④ 62 ⑤ 66

19 0383

네 양수 a, b, c, k가 다음 조건을 만족시킨다.

> (개) $3^a=5^b=k^c$
>
> (내) $\dfrac{1}{c}=\dfrac{1}{a}+\dfrac{1}{b}$

$\log_{10} 2=x$, $\log_{10} 3=y$일 때, $\log_5 (k+3)$을 x, y에 대한 식으로 나타낸 것은? [4점]

① $\dfrac{x+y}{1-x}$ ② $\dfrac{x+2y}{1-x}$ ③ $\dfrac{4y}{x}$

④ $\dfrac{x+3y}{x}$ ⑤ $\dfrac{2y}{x+1}$

20 0384

양수 A에 대하여 $\log A=-2.3$일 때,

$m<A\times 10^n<m+1$을 만족시키는 10보다 작은 자연수 m, n의 합 $m+n$의 값은?

(단, $\log 2=0.3010$, $\log 3=0.4771$로 계산한다.) [4점]

① 3 ② 6 ③ 8

④ 10 ⑤ 16

21 0385

$f(x)=\log x-[\log x]$라 할 때, 〈보기〉에서 옳은 것만을 있는 대로 고른 것은? (단, $[x]$는 x보다 크지 않은 최대의 정수이고, $f(x)\neq 0$이다.) [4.5점]

> 〈 보기 〉
>
> ㄱ. $\log a=n+\alpha$ (n은 정수, $0<\alpha<1$)이면 $f(a)=\alpha$이다.
>
> ㄴ. $f(a)=\alpha$이면 $f\left(\dfrac{1}{a}\right)=-\alpha$이다.
>
> ㄷ. $f(a)=\beta$이면 $f(a)=3f\left(\dfrac{1}{a}\right)$을 만족시키는 양수 β의 값은 $\dfrac{3}{4}$이다.

① ㄱ ② ㄱ, ㄴ ③ ㄱ, ㄷ

④ ㄴ, ㄷ ⑤ ㄱ, ㄴ, ㄷ

22 0386

1이 아닌 두 양수 a, b에 대하여 $a^x = b^y = 2$일 때, $\log_{ab} b^2$ 을 x, y를 사용하여 나타내는 과정을 서술하시오.

(단, $ab \neq 1$) [6점]

23 0387

$3^{30} = a \times 10^b$ ($1 < a < 10$, b는 정수)으로 나타낼 때, 상수 a, b의 값을 구하는 과정을 서술하시오.

(단, $\log 2.04 = 0.31$, $\log 3 = 0.477$로 계산한다.) [6점]

24 0388

공학용 계산기를 만드는 어떤 회사에서 공학용 계산기에 들어가는 부품을 생산하기 위해 직원들에게 교육을 시키고 있다. 직원들을 살펴본 결과 1분당 부품 90개 이상 만드는 것은 불가능하고, 1분당 N개를 만들기까지 걸린 평균 연습시간을 t (시간)라 할 때, 다음과 같은 식이 성립한다고 한다.

$$t = 1 - k \log \left(1 - \frac{N}{90} \right) \text{(단, } 0 < N < 90)$$

1분당 부품 60개를 만들기까지 걸린 평균 연습시간이 1분당 부품 30개를 만들기까지 걸린 평균 연습시간의 1.5배가 된다고 할 때, 실수 k에 대하여 $42k$의 값을 구하는 과정을 서술하시오. (단, $\log 2 = 0.30$, $\log 3 = 0.48$로 계산한다.)

[7점]

25 0389

자연수 n에 대하여 $\log n$의 정수 부분을 $f(n)$, 소수 부분을 $g(n)$이라 하자. $f(n) - g(n)$의 최솟값이 $\log \dfrac{b}{a}$일 때, $a - b$의 값을 구하는 과정을 서술하시오.

(단, a와 b는 서로소인 자연수이다.) [8점]

실전 마무리하기 **2회**

1 0390

$\log_3 x = 2$, $\log_y 3\sqrt{3} = \dfrac{1}{2}$일 때, $\dfrac{y}{x}$의 값은? [3점]

① $\dfrac{1}{3}$ ② 1 ③ $\dfrac{5}{3}$

④ $\dfrac{7}{3}$ ⑤ 3

2 0391

$\log_2 48 - \log_2 3 + \dfrac{\log_3 64}{\log_3 2}$의 값은? [3점]

① 2 ② 4 ③ 6

④ 8 ⑤ 10

3 0392

〈보기〉에서 옳은 것만을 있는 대로 고른 것은? [3점]

───〈보기〉───
ㄱ. $\log_6 16^2 + \log_6 9^4 = 8$

ㄴ. $\log_2 \dfrac{3}{4} + \log_2 \sqrt{8} - \dfrac{1}{2}\log_2 18 = \dfrac{1}{2}$

ㄷ. $\left(\log_3 35 - \dfrac{1}{\log_7 3}\right) \times \log_5 9 = 2$

① ㄱ ② ㄱ, ㄴ ③ ㄱ, ㄷ

④ ㄴ, ㄷ ⑤ ㄱ, ㄴ, ㄷ

4 0393

$\log_7 2 = a$, $\log_7 3 = b$일 때, $\log_{\sqrt{12}} 14$를 a, b를 사용하여 나타낸 것은? [3점]

① $\dfrac{a+1}{a+b}$ ② $\dfrac{2a+1}{a+b}$ ③ $\dfrac{2a+2}{a+b}$

④ $\dfrac{2a+2}{2a+b}$ ⑤ $\dfrac{2b+2}{2a+b}$

5 0394

이차방정식 $x^2 - 6x + 4 = 0$의 두 실근을 $\log_2 a$, $\log_2 b$라 할 때, $\dfrac{1}{\log_2 a} + \dfrac{1}{\log_2 b}$의 값은? [3점]

① 1 ② $\dfrac{3}{2}$ ③ 2

④ $\dfrac{5}{2}$ ⑤ 3

6 0395

$\log_4 25 = a+b$ (a는 정수, $0<b<1$)라 할 때, $a+\dfrac{1}{b}$의 값은? (단, $\log 2 = 0.3$으로 계산한다.) [3점]

① 1 ② 2 ③ 3
④ 4 ⑤ 5

7 0396

다음 상용로그표를 이용하여 $\log M = 3.8704$를 만족시키는 양수 M의 값을 구한 것은? [3점]

수	0	1	2	3	⋯
⋮	⋮	⋮	⋮	⋮	⋯
7.2	.8573	.8579	.8585	.8591	⋯
7.3	.8633	.8639	.8645	.8651	⋯
7.4	.8692	.8698	.8704	.8710	⋯
7.5	.8751	.8756	.8762	.8768	⋯
⋮	⋮	⋮	⋮	⋮	⋯

① 7.42 ② 7.52 ③ 742
④ 7420 ⑤ 7520

8 0397

모든 실수 x에 대하여 $\log_{|a-1|}(x^2+ax+2a)$가 정의되기 위한 정수 a의 개수는? [3.5점]

① 1 ② 2 ③ 3
④ 4 ⑤ 5

9 0398

함수 $f(x)=\log_3\left(1+\dfrac{1}{x}\right)$에 대하여
$f(3)+f(4)+f(5)+\cdots+f(26)$의 값은? [3.5점]

① 1 ② 2 ③ 3
④ 4 ⑤ 5

10 0399

3 이상의 자연수 n에 대하여 $2\log_n 3$이 자연수가 되도록 하는 모든 n의 값의 합은? [3.5점]

① 10 ② 11 ③ 12
④ 13 ⑤ 14

11 0400

1이 아닌 두 양수 a, b에 대하여 $ab=\sqrt{3}$일 때, $(a^3)^{\log_{\sqrt{3}}2} \times b^{2\log_3 8}$의 값은? [3.5점]

① 2 ② 3 ③ 4
④ 8 ⑤ 9

12 0401

두 실수 a, b에 대하여 $4^{a+b}=27$, $81^{a-b}=8$일 때, a^2-b^2의 값은? [3.5점]

① $\dfrac{3}{8}$ ② $\dfrac{3}{4}$ ③ $\dfrac{9}{8}$

④ $\dfrac{9}{4}$ ⑤ $\dfrac{27}{8}$

13 0402

1이 아닌 세 양수 a, b, c에 대하여 $a^4=b^5=c^6$이 성립할 때, 세 수 $A=\log_a b$, $B=\log_b c$, $C=\log_c a$의 대소 관계로 옳은 것은? [3.5점]

① $A<B<C$ ② $A<C<B$ ③ $B<A<C$

④ $B<C<A$ ⑤ $C<A<B$

14 0403

$1000<x<10000$이고,

$$\log x^2-[\log x^2]=\log \sqrt[3]{x^2}-[\log \sqrt[3]{x^2}]$$

일 때, $x=10^k$이다. 이때 상수 k의 값은?

(단, $[x]$는 x보다 크지 않은 최대의 정수이다.) [3.5점]

① $\dfrac{13}{4}$ ② $\dfrac{27}{8}$ ③ $\dfrac{7}{2}$

④ $\dfrac{29}{8}$ ⑤ $\dfrac{15}{4}$

15 0404

$\log N=n+\alpha$ (n은 정수, $0<\alpha<1$)에서 n, α가 이차방정식 $3x^2+11x+k=0$의 두 근일 때, 상수 k의 값은? [3.5점]

① -6 ② -4 ③ 4

④ 6 ⑤ 8

16 0405

1이 아닌 양수 a에 대하여 a^{42}이 21자리의 정수일 때, $\left(\dfrac{1}{a}\right)^{22}$은 소수 몇째 자리에서 처음으로 0이 아닌 숫자가 나타나는가? [3.5점]

① 10째 자리 ② 11째 자리 ③ 12째 자리

④ 13째 자리 ⑤ 14째 자리

17 0406

다음 조건을 만족시키는 900 이하의 모든 자연수 n의 값의 합은? [4점]

> (가) $\log_2 \dfrac{n}{9}$은 자연수이다.
>
> (나) $3n$의 세제곱근 중 하나는 자연수이다.

① 609 ② 620 ③ 639

④ 648 ⑤ 657

18 0407

$\log_2(-x^2+ax+4)$의 값이 자연수가 되도록 하는 실수 x의 개수가 4일 때, 모든 자연수 a의 값의 합은? [4점]

① 3 ② 6 ③ 10

④ 15 ⑤ 21

19 0408

1보다 큰 서로 다른 세 양수 a, b, c가 다음 조건을 만족시킬 때, $\log_2 a : \log_2 b : \log_2 c$를 구한 것은? [4점]

> (가) $\log_2 a - \log_2 b = \log_8 b - \log_8 c$
> (나) $\log_2 a \times \log_8 c = \log_2 b \times \log_8 b$

① $1:2:4$ ② $1:3:9$ ③ $1:4:16$

④ $9:3:1$ ⑤ $16:4:1$

20 0409

1이 아닌 두 양수 a, b에 대하여

$$n \leq \log_a b < n+1 \ (n\text{은 정수})$$

이 성립할 때, $f(a, b) = n$으로 정의한다. ⟨보기⟩에서 옳은 것만을 있는 대로 고른 것은? [4점]

> ─── ⟨보기⟩ ───
> ㄱ. $f(3, 30) = 4$
> ㄴ. $f(a, b) = 2$이면 $f(b, a) = 0$이다.
> ㄷ. $f(a, b) = -2$이면 $f(b, a) = -1$이다.

① ㄱ ② ㄴ ③ ㄷ

④ ㄴ, ㄷ ⑤ ㄱ, ㄴ, ㄷ

21 0410

어느 실험실에서 박테리아를 배양하는데 두 배양액이 다음과 같다고 한다.

> (가) 배양액 A로 배양했을 때, 박테리아는 2시간마다 3배씩 증식한다.
> (나) 배양액 B로 배양했을 때, 박테리아는 3시간마다 2배씩 증식한다.

처음 박테리아를 배양액 A로 1일 동안 배양한 후, 이 박테리아를 배양액 B로 2일 동안 더 배양하였더니 처음의 개체 수의 $a \times 10^n$ $(1 \leq a < 10$, n은 자연수)배가 되었다고 한다. a의 최고 자리의 수와 n의 값의 합은?

(단, $\log 2 = 0.3010$, $\log 3 = 0.4771$로 계산한다.) [4.5점]

① 10 ② 11 ③ 12

④ 13 ⑤ 14

22 0411

$\log 3.12 = 0.4942$일 때, $\log a = 2.4942$, $\log b = -0.5058$을 만족시키는 양의 실수 a, b에 대하여 $10a + 1000b$의 값을 구하는 과정을 서술하시오. [6점]

23 0412

지진 발생 시 에너지의 세기를 나타내는 척도인 리히터 규모 M과 그 에너지 E 사이에는

$$\log E = 11.8 + 1.5M$$

의 관계가 성립한다고 한다. 어느 해안에서 처음 발생한 리히터 규모 8인 지진의 에너지를 E_1, 며칠 후 발생한 리히터 규모 4인 지진의 에너지를 E_2라 할 때, $\dfrac{E_1}{E_2}$의 값을 구하는 과정을 서술하시오. [6점]

24 0413

어느 회사의 정수 필터는 정수 작업을 한 번 할 때마다 불순물의 양의 $x\%$를 제거할 수 있다고 한다. 정수 작업을 5회 반복 실시하면 불순물의 양은 처음의 10%로 줄어든다고 할 때, 자연수 x의 값을 구하는 과정을 서술하시오.

(단, $\log 6.3 = 0.8$로 계산한다.) [7점]

25 0414

다음 조건을 만족시키는 두 자리의 자연수 n의 개수를 구하는 과정을 서술하시오.

(단, $[x]$는 x보다 크지 않은 최대의 정수이다.) [8점]

(가) $[\log 3n] = [\log n] + 1$
(나) $\log n - [\log n] < \log 5$

1 0415　　　　　　　　　　　　　　　　　　연계문항 53쪽 **0233**

1보다 큰 두 양수 a, b에 대하여 $(\log_a \sqrt[4]{b})^2 + (\log_b a)^2$의 최솟값을 구하시오.

2 0416　　　　　　　　　　　　　　　　　　연계문항 61쪽 **0273**

이차방정식 $x^2 + px + q = 0$의 두 실근 α, β에 대하여
$\log_2(\alpha + \beta) = \log_2 \alpha + \log_2 \beta - 2$가 성립할 때, $q - 2p$의 최솟값은? (단, p, q는 실수이다.)

① 90　　　　　　② 92　　　　　　③ 94

④ 96　　　　　　⑤ 98

3 0417　　　　　　　　　　　　　　　　　　연계문항 63쪽 **0286**

다음 조건을 만족시키는 모든 자연수 n의 값의 합을 구하시오. (단, $[x]$는 x보다 크지 않은 최대의 정수이다.)

> (개) $[\log_5 n] = 1$
> (내) 모든 실수 x에 대하여 부등식 $2x^2 - nx + 18 \geq 0$을 만족시킨다.

4 0418　　　　　　　　　　　　　　　　　　연계문항 67쪽 **0309**

자연수 N에 대하여 $\log N$의 정수 부분을 $f(N)$, 소수 부분을 $g(N)$이라 할 때, 다음 조건을 만족시키는 모든 자연수 N의 개수를 구하시오.

> (개) $f(N) \leq 2$
> (내) $f(N) = f(3N)$
> (대) $g(N) \leq \log \dfrac{7}{3}$

5 0419　　　　　　　　　　　　　　　　　　연계문항 70쪽 **0327**

이차방정식 $x^2 + 2ax + b = 0$의 두 근은 $\log N$의 정수 부분과 소수 부분이고, $x^2 - 2ax + b - \dfrac{5}{3} = 0$의 두 근은 $\log \dfrac{1}{N}$의 정수 부분과 소수 부분이다. 상수 a, b에 대하여 $a + b$의 값을 구하시오. (단, $ab \neq 0$)

6 0420　　　　　　　　　　　　　　　　　　연계문항 72쪽 **0339**

$$N = \left\{ \frac{1}{199}\left(\frac{1}{1 \times 2} + \frac{1}{2 \times 3} + \frac{1}{3 \times 4} + \cdots + \frac{1}{199 \times 200} \right) \right\}^{10}$$

일 때, N은 소수 n째 자리에서 처음으로 0이 아닌 숫자가 나타난다. 이때 자연수 n의 값은?

(단, $\log 2 = 0.3010$으로 계산한다.)

① 22　　　　　　② 23　　　　　　③ 24

④ 25　　　　　　⑤ 26

03

지수함수

03 지수함수

1 지수함수의 뜻과 그래프

(1) 지수함수

a가 1이 아닌 양수일 때, $y=a^x$을 a를 밑으로 하는 **지수함수**라 한다.

참고 $a>0$, $a\neq1$일 때, 실수 x에 대하여 a^x의 값이 하나로 정해지므로 $y=a^x$은 x에 대한 함수이다.

● 함수 $y=a^x$에서 $a=1$이면 $y=1$이므로 $y=a^x$은 상수함수가 된다.

(2) 지수함수 $y=a^x$ $(a>0$, $a\neq1)$의 성질

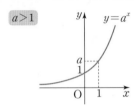 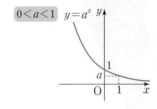

① 정의역은 실수 전체의 집합이고, 치역은 양의 실수 전체의 집합이다.

② 그래프는 두 점 $(0,1)$, $(1,a)$를 지난다.

③ 그래프의 점근선은 x축(직선 $y=0$)이다.

④ $a>1$일 때, x의 값이 증가하면 y의 값도 증가한다.

　$0<a<1$일 때, x의 값이 증가하면 y의 값은 감소한다.

참고 $a>1$일 때, $x_1<x_2$이면 $a^{x_1}<a^{x_2}$

　　　$0<a<1$일 때, $x_1<x_2$이면 $a^{x_1}>a^{x_2}$

⑤ 두 함수 $y=a^x$과 $y=\left(\dfrac{1}{a}\right)^x$의 그래프는 y축에 대하여 대칭이다.

참고 $x_1\neq x_2$이면 $a^{x_1}\neq a^{x_2}$이므로 지수함수는 일대일함수이다.

● $a>0$, $a\neq1$일 때, 모든 실수 x에 대하여 $a^x>0$

● 그래프가 어떤 직선에 한없이 가까워질 때, 이 직선을 그래프의 점근선이라 한다.

2 지수함수 $y=a^x$ $(a>0$, $a\neq1)$의 그래프의 평행이동과 대칭이동 핵심 1

(1) 지수함수 $y=a^x$ $(a>0$, $a\neq1)$의 그래프의 평행이동

함수 $y=a^x$의 그래프를 x축의 방향으로 m만큼, y축의 방향으로 n만큼 평행이동

➡ $y=a^{x-m}+n$

① 정의역은 실수 전체의 집합이고, 치역은 $\{y\,|\,y>n\}$이다.

② 그래프의 점근선은 직선 $y=n$이다.

③ 그래프는 a의 값에 관계없이 항상 점 $(m, 1+n)$을 지난다.

(2) 지수함수 $y=a^x$ $(a>0$, $a\neq1)$의 그래프의 대칭이동

① x축에 대하여 대칭이동 ➡ $y=-a^x$

② y축에 대하여 대칭이동 ➡ $y=a^{-x}=\left(\dfrac{1}{a}\right)^x$

③ 원점에 대하여 대칭이동 ➡ $y=-a^{-x}=-\left(\dfrac{1}{a}\right)^x$

● 방정식 $f(x, y)=0$이 나타내는 도형을 x축의 방향으로 m만큼, y축의 방향으로 n만큼 평행이동한 도형의 방정식은
$f(x-m, y-n)=0$

● 방정식 $f(x, y)=0$이 나타내는 도형을 x축, y축, 원점에 대하여 대칭이동한 도형의 방정식은
① x축 : $f(x, -y)=0$
② y축 : $f(-x, y)=0$
③ 원점 : $f(-x, -y)=0$

❸ 지수함수의 최대·최소 핵심 2

지수함수 $y=a^x$ $(a>0,\ a\neq1)$의 정의역이 $\{x\,|\,m\leq x\leq n\}$일 때

(1) $a>1$이면 $x=m$에서 최솟값 a^m, $x=n$에서 최댓값 a^n을 가진다.

(2) $0<a<1$이면 $x=n$에서 최솟값 a^n, $x=m$에서 최댓값 a^m을 가진다.

참고 함수 $y=a^{f(x)}$은

　(1) $a>1$이면 $f(x)$가 최대일 때 최댓값, $f(x)$가 최소일 때 최솟값을 가진다.

　(2) $0<a<1$이면 $f(x)$가 최대일 때 최솟값, $f(x)$가 최소일 때 최댓값을 가진다.

❹ 지수방정식 핵심 3

지수에 미지수가 있는 방정식은 다음과 같이 푼다.

(1) 밑을 같게 할 수 있는 경우

　$a^{f(x)}=a^{g(x)} \iff f(x)=g(x)$ (단, $a>0,\ a\neq1$)

(2) a^x 꼴이 반복되는 경우

　$a^x=t$ $(t>0)$로 치환하여 t에 대한 방정식을 푼다. 이때 $t>0$임에 주의한다.

(3) 지수가 같은 경우

　$a^{f(x)}=b^{f(x)} \iff a=b$ 또는 $f(x)=0$ (단, $a>0,\ b>0$)

(4) 밑에 미지수를 포함한 경우

　$a^{f(x)}=a^{g(x)} \iff f(x)=g(x)$ 또는 $a=1$ (단, $a>0$)

❺ 지수부등식 핵심 4

지수에 미지수가 있는 부등식은 다음과 같이 푼다.

(1) 밑을 같게 할 수 있는 경우

　① $a>1$일 때, $a^{f(x)}<a^{g(x)} \iff f(x)<g(x)$ ← 부등호 방향 그대로

　② $0<a<1$일 때, $a^{f(x)}<a^{g(x)} \iff f(x)>g(x)$ ← 부등호 방향 반대로

　주의 지수부등식을 풀 때는 밑이 1보다 큰지 작은지에 따라 부등호의 방향이 결정됨에 유의한다.

(2) a^x 꼴이 반복되는 경우

　$a^x=t$ $(t>0)$로 치환하여 t에 대한 부등식을 푼다. 이때 $t>0$임에 주의한다.

⊕ Note

● $2^x=4,\ 3^{x-1}=9^{2x}$과 같이 지수에 미지수가 있는 방정식을 지수방정식이라 한다.

● 지수가 같은 경우에는 밑이 같거나 지수가 0인 경우를 생각한다.

● $2^x>4,\ 2^{x-1}<4^x$과 같이 지수에 미지수가 있는 부등식을 지수부등식이라 한다.

핵심 1 지수함수의 그래프의 평행이동과 대칭이동 유형 4

함수 $y=5^x$의 그래프를
(1) x축의 방향으로 -2만큼, y축의 방향으로 4만큼 평행이동
   ➡ $y=5^{x-(-2)}+4=5^{x+2}+4$
(2) x축에 대하여 대칭이동 ➡ $y=-5^x$
(3) y축에 대하여 대칭이동 ➡ $y=5^{-x}=\left(\dfrac{1}{5}\right)^x$
(4) 원점에 대하여 대칭이동 ➡ $y=-5^{-x}=-\left(\dfrac{1}{5}\right)^x$

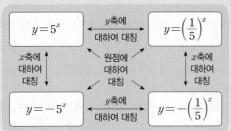

0421 함수 $y=\left(\dfrac{1}{2}\right)^x$의 그래프를 다음과 같이 평행이동 또는 대칭이동한 그래프의 식을 구하시오.

(1) x축의 방향으로 3만큼, y축의 방향으로 -1만큼 평행이동
(2) x축에 대하여 대칭이동
(3) y축에 대하여 대칭이동
(4) 원점에 대하여 대칭이동

0422 함수 $y=3^x$의 그래프를 이용하여 다음 함수의 그래프를 그리고, 점근선의 방정식을 구하시오.

(1) $y=3^{x+1}$
(2) $y=-3^x-1$

핵심 2 지수함수의 최댓값과 최솟값 유형 10~14

(1) $-1 \le x \le 3$에서 $y=2^x$의 최댓값과 최솟값을 구해 보자.

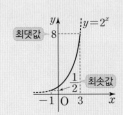

최댓값 : $2^3=8$, 최솟값 : $2^{-1}=\dfrac{1}{2}$

함수 $y=a^x$은 $a>1$이면
┌ x가 최대 ➡ y도 최대
└ x가 최소 ➡ y도 최소

(2) $-2 \le x \le 1$에서 $y=\left(\dfrac{1}{2}\right)^x$의 최댓값과 최솟값을 구해 보자.

최댓값 : $\left(\dfrac{1}{2}\right)^{-2}=4$, 최솟값 : $\left(\dfrac{1}{2}\right)^1=\dfrac{1}{2}$

함수 $y=a^x$은 $0<a<1$이면
┌ x가 최대 ➡ y는 최소
└ x가 최소 ➡ y는 최대

0423 정의역이 $\{x \mid 1 \le x \le 5\}$인 함수 $y=\left(\dfrac{1}{3}\right)^{x-2}$의 최댓값과 최솟값을 구하시오.

0424 함수 $y=4^x-2\times2^x+3$의 최솟값을 구하시오.

핵심 **3** 지수방정식 [유형] 15~20

- **밑을 같게 할 수 있는 경우**
  방정식 $3^x=9$에서 $3^x=3^2$이므로 $x=2$
  └ 밑을 같게

- **a^x 꼴이 반복되는 경우**

  | $a^x=t$로 치환하기 | → | t에 대한 방정식 풀기 | → | x의 값 구하기 |

  $9^x-2\times3^x-3=0$에서 $(t+1)(t-3)=0$에서 $3^x=3$이므로
  $(3^x)^2-2\times3^x-3=0$ $t=3\ (\because t>0)$ $x=1$
  $3^x=t\ (t>0)$라 하면
  $t^2-2t-3=0$

  > $a^x=t$로 치환하여 풀 때는 $t>0$임에 주의해야 해.

0425 다음 방정식을 푸시오.

(1) $5^x=\dfrac{1}{125}$

(2) $\left(\dfrac{1}{8}\right)^{x+2}=\left(\dfrac{1}{32}\right)^x$

0426 방정식 $4^x+2^x-2=0$을 푸시오.

핵심 **4** 지수부등식 [유형] 21~25

- **밑을 같게 할 수 있는 경우**
  (1) 부등식 $5^x\le25$에서 $5^x\le5^2$이므로 $x\le2$
               (밑)>1이므로 부등호 방향 그대로

  (2) 부등식 $\left(\dfrac{1}{2}\right)^x<\dfrac{1}{8}$에서 $\left(\dfrac{1}{2}\right)^x<\left(\dfrac{1}{2}\right)^3$이므로 $x>3$
               $0<$(밑)<1이므로 부등호 방향 반대로

  > 밑이 1보다 큰지 작은지에 따라 부등호의 방향이 결정돼.

- **a^x 꼴이 반복되는 경우**

  | $a^x=t$로 치환하기 | → | t에 대한 부등식 풀기 | → | x의 값의 범위 구하기 |

  $4^x+3\times2^x-10>0$에서 $(t+5)(t-2)>0$에서 $2^x>2$이므로
  $(2^x)^2+3\times2^x-10>0$ $t>2\ (\because t>0)$ $x>1$
  $2^x=t\ (t>0)$라 하면
  $t^2+3t-10>0$

0427 다음 부등식을 푸시오.

(1) $2^{x-1}>32$

(2) $\left(\dfrac{1}{3}\right)^x\ge\left(\dfrac{1}{3}\right)^{2x-1}$

0428 부등식 $\left(\dfrac{1}{9}\right)^x-4\left(\dfrac{1}{3}\right)^{x-1}+27\le0$을 푸시오.

기출 유형으로 실전 준비하기

실전 유형 **1** 지수함수의 함숫값

지수함수 $f(x)=a^x$ $(a>0,\ a\neq1)$에서 $f(p)$의 값을 구할 때는 $f(x)$에 x 대신 p를 대입하고 지수법칙을 이용한다.

참고 지수함수 $f(x)=a^x$ $(a>0,\ a\neq1)$과 실수 p, q에 대하여

(1) $f(0)=1$

(2) $f(p+q)=f(p)f(q)$

(3) $f(p-q)=\dfrac{f(p)}{f(q)}$

(4) $f(np)=\{f(p)\}^n$ (단, n은 자연수)

(5) $f(-p)=\dfrac{1}{f(p)}$

0429 대표문제

함수 $f(x)=a^x$ $(a>0,\ a\neq1)$에 대하여 $f(2)=\dfrac{1}{9}$일 때, $f(-3)$의 값은?

① -27　　　② $-\dfrac{1}{27}$　　　③ 1

④ $\dfrac{1}{27}$　　　⑤ 27

0430 　Level 1

함수 $f(x)=\left(\dfrac{1}{5}\right)^{x-k}$에 대하여 $f(2)=25$일 때, $k+f(3)$의 값을 구하시오. (단, k는 상수이다.)

0431 중요 　Level 2

함수 $f(x)=a^{mx+n}$ $(a>0,\ a\neq1)$에서 $f(0)=4$, $f(2)=36$일 때, $f(1)$의 값을 구하시오. (단, m, n은 상수이다.)

0432 중요 　Level 2

함수 $f(x)=3^{-x}$에 대하여 $f(3a)f(2b)=27$, $f(a+b)=3$일 때, $f(-2a)+f(-2b)=\dfrac{q}{p}$이다. 이때 $p+q$의 값은?

(단, p, q는 서로소인 자연수이다.)

① 17　　　② 19　　　③ 21

④ 23　　　⑤ 25

0433 　Level 2

함수 $f(x)=a^x$ $(a>0,\ a\neq1)$에 대하여 〈보기〉에서 옳은 것만을 있는 대로 고른 것은?

───〈 보기 〉───
ㄱ. $f(x+y)=f(x)f(y)$

ㄴ. $f(nx)=nf(x)$ (단, $n\neq1$)

ㄷ. $f(x-y)=f(x)-f(y)$ (단, $x\neq y$)
──────────

① ㄱ　　　② ㄴ　　　③ ㄷ

④ ㄱ, ㄴ　　　⑤ ㄱ, ㄴ, ㄷ

0434 　Level 2

함수 $f(x)=\dfrac{1}{2}(a^x+a^{-x})$에 대하여 $f(2\alpha)=2$, $f(2\beta)=4$일 때, $f(\alpha+\beta)\times f(\alpha-\beta)$의 값은? (단, $a>0,\ a\neq1$)

① 2　　　② 3　　　③ 4

④ 5　　　⑤ 6

실전 유형 **2** 지수함수의 성질

지수함수 $y=a^x$ $(a>0, a \neq 1)$에 대하여

(1) 정의역 : 실수 전체의 집합

치역 : 양의 실수 전체의 집합

(2) 그래프는 두 점 $(0, 1)$, $(1, a)$를 지난다.

(3) 그래프의 점근선 : x축 (직선 $y=0$)

(4) $a>1$일 때, x의 값이 증가하면 y의 값도 증가

$0<a<1$일 때, x의 값이 증가하면 y의 값은 감소

0435 대표문제

〈보기〉에서 함수 $f(x) = \left(\dfrac{1}{7}\right)^x$에 대한 설명으로 옳은 것만을

있는 대로 고른 것은?

───〈 보기 〉───

ㄱ. 정의역은 실수 전체의 집합이다.

ㄴ. 그래프의 점근선은 직선 $y=0$이다.

ㄷ. 치역은 실수 전체의 집합이다.

ㄹ. $x_1 < x_2$이면 $f(x_1) < f(x_2)$이다.

① ㄱ, ㄴ   ② ㄱ, ㄷ   ③ ㄴ, ㄷ

④ ㄴ, ㄹ   ⑤ ㄷ, ㄹ

0436 중요
Level 1

함수 $y=a^x$ $(a>0, a \neq 1)$에 대한 설명으로 옳지 <u>않은</u> 것은?

① 일대일함수이다.

② 그래프의 점근선은 직선 $y=0$이다.

③ 정의역은 실수 전체의 집합이다.

④ x의 값이 증가하면 y의 값도 증가한다.

⑤ 그래프는 점 $(0, 1)$을 지난다.

0437
Level 1

다음 함수 중 임의의 실수 a, b에 대하여 $a<b$일 때,

$f(a)<f(b)$를 만족시키는 함수는?

① $f(x) = 3^{-x}$ ② $f(x) = 0.2^x$ ③ $f(x) = \left(\dfrac{\sqrt{2}}{3}\right)^x$

④ $f(x) = \left(\dfrac{1}{9}\right)^x$ ⑤ $f(x) = \left(\dfrac{1}{2}\right)^{-x}$

0438 중요
Level 2

점 $(-2, 4)$를 지나는 함수 $f(x)=a^x$ $(a>0, a \neq 1)$에 대한 설명으로 옳지 <u>않은</u> 것은?

① 그래프는 점 $(0, 1)$을 지난다.

② 그래프의 점근선은 x축이다.

③ $x_1 < x_2$일 때, $f(x_1) < f(x_2)$이다.

④ 그래프는 제1, 2사분면을 지난다.

⑤ 치역은 양의 실수 전체의 집합이다.

0439
Level 2

함수 $y=(a^2+3a+3)^x$에서 x의 값이 증가할 때 y의 값은 감소하도록 하는 실수 a의 값의 범위를 구하시오.

지수함수 $y=a^x$ $(a>0,\ a\neq1)$의 그래프가 점 $(m,\ n)$을 지난다.

→ $n=a^m$

0440 대표문제

그림과 같이 함수 $y=9^x$의 그래프 위의 한 점 P에 대하여 선분 OP가 함수 $y=3^x$의 그래프와 만나는 점을 Q라 하자. 점 Q가 선분 OP의 중점일 때, 점 P의 y좌표는? (단, O는 원점이다.)

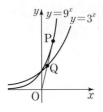

① $\sqrt[3]{2}$ ② $\sqrt[3]{4}$ ③ $\sqrt[3]{16}$
④ $\sqrt[3]{32}$ ⑤ $\sqrt[3]{128}$

0441
Level 1

그림과 같은 함수 $y=2^x$의 그래프에서 $\alpha\beta=64$일 때, $a+b$의 값은?

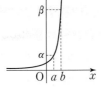

① 3 ② 4
③ 5 ④ 6
⑤ 7

0442 중요
Level 1

그림과 같은 함수 $y=3^x$의 그래프와 직선 $y=x$에서 b^a의 값은?
(단, 점선은 x축 또는 y축에 평행하다.)

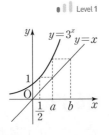

① 3 ② $3\sqrt{3}$
③ 9 ④ $9\sqrt{3}$
⑤ 27

0443
Level 2

그림과 같이 함수 $y=\left(\dfrac{1}{2}\right)^x$의 그래프에 정사각형을 원점 O에서 x축의 양의 방향으로 계속 그려 나갈 때, 색칠한 정사각형의 넓이는?

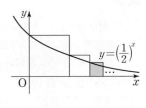

① $\dfrac{1}{2}$ ② $\dfrac{1}{4}$ ③ $\dfrac{1}{8}$
④ $\dfrac{1}{16}$ ⑤ $\dfrac{1}{32}$

0444 중요
Level 2

그림과 같이 함수 $y=9^x$의 그래프 위의 점 P에 대하여 선분 OP를 함수 $y=\left(\dfrac{1}{3}\right)^x$의 그래프가 $1:2$로 내분할 때, 점 P의 x좌표는?
(단, O는 원점이다.)

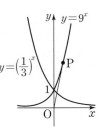

① $\dfrac{1}{7}$ ② $\dfrac{2}{7}$ ③ $\dfrac{3}{7}$
④ $\dfrac{4}{7}$ ⑤ $\dfrac{5}{7}$

0445
Level 3

그림과 같이 점 $A(1,\ a)$가 함수 $y=a^x$의 그래프 위에 있고, 점 A를 지나고 x축에 평행한 직선이 함수 $y=b^x$의 그래프와 만나는 점을 B, 점 B를 지나고 y축에 평행한 직선이 함수 $y=a^x$의 그래프와 만나는 점을 C라 하자. $\overline{AB}=1$, $\overline{BC}=2$일 때, a^2+b^2의 값을 구하시오.
(단, $1<b<a$)

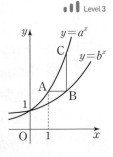

0446 고난도

그림과 같이 직선 $x=0$, 세 함수 $y=a^x$, $y=3^x$, $y=b^x$의 그래프가 직선 $y=k$와 만나는 점을 각각 A, B, C, D라 하자. $\overline{BC}=2\overline{AB}$, $\overline{CD}=3\overline{AB}$일 때, 실수 a, b에 대하여 $\dfrac{a}{b}$의 값은? (단, $k>1$, $1<b<3<a$)

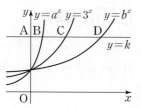

① $3\sqrt{3}$ ② 9 ③ $9\sqrt{3}$

④ 27 ⑤ $27\sqrt{3}$

⊕ Plus 문제

┌─────────────────────────────────────┐
다음은 이 유형에서 출제된 최근 교육청 · 평가원 기출문제입니다.
└─────────────────────────────────────┘

0447 교육청

•ıl Level 2

$a>1$인 실수 a에 대하여 직선 $y=-x$가 곡선 $y=a^x$과 만나는 점의 좌표를 $(p, -p)$, 곡선 $y=a^{2x}$과 만나는 점의 좌표를 $(q, -q)$라 할 때, $\log_a pq=-8$이다. $p+2q$의 값은?

① 0 ② -2 ③ -4

④ -6 ⑤ -8

0448 교육청

•ıl Level 3

그림과 같이 두 함수 $f(x)=\left(\dfrac{1}{2}\right)^{x-1}$, $g(x)=4^{x-1}$의 그래프와 직선 $y=k$ $(k>2)$가 만나는 점을 A, B라 하자. 점 $C(0, k)$에 대하여 $\overline{AC}:\overline{CB}=1:5$일 때, k^3의 값을 구하시오.

지수함수 $y=a^x$ $(a>0, a\neq1)$의 그래프를

(1) x축의 방향으로 m만큼, y축의 방향으로 n만큼 평행이동
  ➔ $y=a^{x-m}+n$

(2) x축에 대하여 대칭이동 ➔ $y=-a^x$

(3) y축에 대하여 대칭이동 ➔ $y=\left(\dfrac{1}{a}\right)^x$

(4) 원점에 대하여 대칭이동 ➔ $y=-\left(\dfrac{1}{a}\right)^x$

0449 대표문제

함수 $y=3^x$의 그래프를 y축에 대하여 대칭이동한 후 x축의 방향으로 -2만큼, y축의 방향으로 -3만큼 평행이동하였더니 함수 $y=a\left(\dfrac{1}{3}\right)^x+b$의 그래프와 일치하였다. 상수 a, b에 대하여 ab의 값은?

① -3 ② -1 ③ $-\dfrac{1}{3}$

④ $\dfrac{1}{3}$ ⑤ 1

0450

•ıl Level 1

함수 $y=3^x$의 그래프를 평행이동 또는 대칭이동하여 겹쳐질 수 있는 그래프의 식인 것만을 〈보기〉에서 있는 대로 고른 것은?

┌──────────────〈 보기 〉──────────────┐
ㄱ. $y=-3^x+2$ ㄴ. $y=9\times3^x-1$

ㄷ. $y=\dfrac{1}{9}\times3^{2x}$ ㄹ. $y=3\left(\dfrac{1}{3}\right)^x$
└─────────────────────────────────────┘

① ㄱ, ㄷ ② ㄴ, ㄹ ③ ㄱ, ㄴ, ㄹ

④ ㄱ, ㄷ, ㄹ ⑤ ㄴ, ㄷ, ㄹ

0451 중요

Level 2

함수 $y=2^{x+a}+b$의 그래프가
그림과 같을 때, 상수 a, b에 대
하여 $a+b$의 값은?

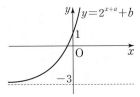

① 2　　　　② 1

③ 0　　　　④ -1

⑤ -2

0452

Level 2

함수 $y=a^{3x-6}+3$ $(a>0,\ a\neq1)$의 그래프가 a의 값에 관계
없이 항상 점 $(p,\ q)$를 지날 때, $p+q$의 값은?

① 1　　　　② 3　　　　③ 6

④ 10　　　　⑤ 15

0453 중요

Level 2

함수 $y=3^{x+2}+1$의 그래프를 x축의 방향으로 m만큼, y축
의 방향으로 n만큼 평행이동한 후 y축에 대하여 대칭이동
하였더니 함수 $y=3\left(\dfrac{1}{3}\right)^{x}+4$의 그래프와 겹쳐졌다. 상수 m,
n에 대하여 $m+n$의 값을 구하시오.

다음은 이 유형에서 출제된 최근 교육청·평가원 기출문제입니다.

0454 교육청

Level 2

함수 $f(x)=2^{x+p}+q$의 그래프의 점근선이 직선 $y=-4$이고
$f(0)=0$일 때, $f(4)$의 값을 구하시오.

(단, p, q는 상수이다.)

0455 교육청

Level 2

함수 $y=3^{x}$의 그래프를 x축의 방향으로 m만큼, y축의 방
향으로 n만큼 평행이동한 그래프는 점 $(7,\ 5)$를 지나고, 점
근선의 방정식이 $y=2$이다. $m+n$의 값은?

(단, m, n은 상수이다.)

① 6　　　　② 8　　　　③ 10

④ 12　　　　⑤ 14

0456 교육청

Level 2

지수함수 $y=5^{x}$의 그래프를 x축의 방향으로 a만큼, y축의
방향으로 b만큼 평행이동하면 함수 $y=\dfrac{1}{9}\times5^{x-1}+2$의 그래
프와 일치한다. $5^{a}+b$의 값을 구하시오.

(단, a, b는 상수이다.)

실전 유형 **5** 지수함수의 그래프와 사분면

함수 $y=a^{x-m}+n$ $(a>0,\ a\neq1)$의 정의역과 치역, 그래프의 점근선과 그래프가 지나는 점의 좌표를 이용하여 그래프가 지나지 않는 사분면을 구한다.

(1) 정의역은 실수 전체의 집합이고 치역은 $\{y\,|\,y>n\}$이다.
(2) 그래프는 직선 $y=n$을 점근선으로 가진다.
(3) 그래프는 점 $(m,\ n+1)$을 지난다.

0457 대표문제

함수 $y=\left(\dfrac{1}{5}\right)^{x-1}+k$의 그래프가 제1사분면을 지나지 않도록 하는 정수 k의 최댓값은?

① -5 ② -3 ③ -1
④ 1 ⑤ 3

0458

‎Level 2

함수 $y=2^{x+1}+k$의 그래프가 제4사분면을 지나지 않도록 하는 정수 k의 최솟값을 구하시오.

0459 중요

‎Level 2

함수 $y=3^{x-1}+k$의 그래프가 제2사분면을 지나지 않도록 하는 상수 k의 최댓값은?

① -1 ② $-\dfrac{1}{3}$ ③ 0
④ $\dfrac{1}{3}$ ⑤ 1

0460

‎Level 2

함수 $y=-2^{4-3x}+k$의 그래프가 제2사분면을 지나지 않도록 하는 자연수 k의 개수를 구하시오.

0461 중요

‎Level 2

함수 $y=2^x$의 그래프를 y축에 대하여 대칭이동한 후 x축의 방향으로 2만큼, y축의 방향으로 n만큼 평행이동한 그래프가 제3사분면을 지나지 않을 때, 상수 n의 최솟값은?

① -4 ② -2 ③ 0
④ 2 ⑤ 4

0462

‎Level 2

함수 $y=\left(\dfrac{1}{3}\right)^{x-1}+k$의 그래프가 함수 $y=3^x$의 그래프와 제1사분면에서 만나지 않도록 하는 상수 k의 최댓값은?

① -2 ② -1 ③ 0
④ 1 ⑤ 2

(1) 두 함수의 그래프 사이의 관계를 이용하여 각 선분의 길이를 구한 후 문제를 해결한다.
(2) 평행이동 또는 대칭이동한 그래프의 식을 구한 후 문제를 해결한다.

0463 대표문제

그림과 같이 함수 $y=2^{x+1}$의 그래프 위의 한 점 A와 함수 $y=2^{x-3}$의 그래프 위의 두 점 B, C에 대하여 선분 AB는 x축에 평행하고 선분 AC는 y축에 평행하다. $\overline{AB}=\overline{AC}$일 때, 점 C의 y좌표는? (단, 점 A는 제1사분면 위에 있다.)

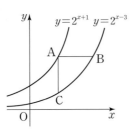

① $\dfrac{1}{6}$ ② $\dfrac{1}{5}$ ③ $\dfrac{7}{30}$

④ $\dfrac{4}{15}$ ⑤ $\dfrac{3}{10}$

0464
Level 2

함수 $y=k\times3^x$의 그래프는 함수 $y=3^x$의 그래프를 그림과 같이 평행이동한 것이다. 두 그래프 위의 점 A, B에서 x축에 내린 수선의 발을 각각 C, D라 하자. 사각형 ACDB는 넓이가 16인 정사각형일 때, $\dfrac{1}{k}$의 값은?

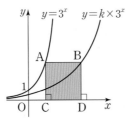

(단, 두 점 A, B는 제1사분면 위에 있다.)

① 27   ② 52   ③ 63

④ 79   ⑤ 81

0465
Level 2

그림과 같이 함수 $y=\left(\dfrac{1}{2}\right)^x$의 그래프 위의 한 점 A와 함수 $y=\dfrac{1}{4}\left(\dfrac{1}{2}\right)^x$의 그래프 위의 두 점 B, C가 있다. 두 선분 AB, AC가 각각 x축, y축과 평행하고 $\overline{AB}=\overline{AC}$일 때, 점 C의 y좌표를 구하시오.

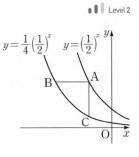

(단, 점 C는 제2사분면 위에 있다.)

0466 중요
Level 2

함수 $y=f(x)$의 그래프는 함수 $y=2^x$의 그래프를 그림과 같이 원점에 대하여 대칭이동한 것이다. 두 그래프 위에 각각 점 P, Q가 있고 $\overline{PO}:\overline{OQ}=2:1$일 때, 점 P의 좌표는 $(a,\ b)$이다. $a+b$의 값을 구하시오. (단, $a>0$, O는 원점이고, 세 점 P, O, Q는 한 직선 위의 점이다.)

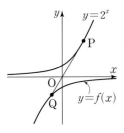

0467
Level 2

세 함수 $f(x)=a^{-x}$, $g(x)=b^x$, $h(x)=a^x$에 대하여 직선 $y=3$이 세 곡선 $y=f(x)$, $y=g(x)$, $y=h(x)$와 만나는 점을 각각 P, Q, R이라 하자. $\overline{PQ}:\overline{QR}=3:1$이고 $h(2)=3$일 때, $g(3)$의 값은? (단, $1<a<b$)

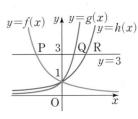

① 9   ② $9\sqrt{3}$ ③ 27

④ $27\sqrt{3}$ ⑤ 81

심화유형 7 지수함수의 그래프의 활용 – 넓이 **빈출유형**

(1) 그래프가 직선과 만나는 점의 좌표를 구한 후 도형의 넓이를 구한다.
(2) 평행이동한 지수함수의 그래프의 성질을 이용하여 길이 또는 넓이가 같은 부분을 찾아 도형의 넓이를 구한다.

0468 대표문제

그림과 같이 두 함수 $y=\dfrac{1}{4}\times 2^x$, $y=2^x$의 그래프와 두 직선 $y=1$, $y=4$로 둘러싸인 부분의 넓이는?

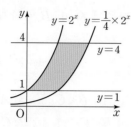

① 6   ② 8
③ 10   ④ 12
⑤ 14

0469

그림과 같이 두 함수 $y=5^x$, $y=5^x+5$의 그래프와 두 직선 $x=0$, $x=1$로 둘러싸인 부분의 넓이는?

Level 2

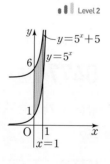

① 4   ② 5
③ 6   ④ 7
⑤ 8

0470 중요

Level 2

그림과 같이 두 함수
$y=4\times 2^x-1$, $y=\dfrac{2^x}{16}-1$의
그래프와 두 직선 $y=0$,
$y=10$으로 둘러싸인 부분의
넓이는?

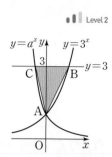

① 50   ② 60
③ 70   ④ 80
⑤ 90

0471 중요

Level 2

두 함수 $y=3^x$, $y=a^x$ $(0<a<1)$의
그래프가 y축 위의 점 A에서 만난
다. 직선 $y=3$이 두 함수 $y=3^x$,
$y=a^x$의 그래프와 만나는 점을 각각
B, C라 하자. 삼각형 ABC의 넓이가
$\dfrac{3}{2}$일 때, 상수 a의 값을 구하시오.

0472

Level 3

그림과 같이 y축 위의 두 점 A, B
에 대하여 두 함수 $y=3^x$, $y=a^x$의
그래프와 점 B를 지나는 직선
$y=k$ $(k>1)$가 만나는 점을 각각
C, D라 하자. 삼각형 ACB의 넓이
와 삼각형 ADC의 넓이가 같을 때,
상수 a의 값은? (단, $1<a<3$)

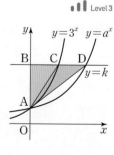

① $\dfrac{4}{3}$ ② $\sqrt{2}$ ③ $\dfrac{5}{3}$

④ $\sqrt{3}$ ⑤ $\dfrac{7}{4}$

다음은 이 유형에서 출제된 최근 교육청·평가원 기출문제입니다.

0473 교육청

Level 2

두 곡선 $y=\left(\dfrac{1}{3}\right)^{x}$, $y=\left(\dfrac{1}{9}\right)^{x}$이 직선 $y=9$와 만나는 점을 각각

A, B라 할 때, 삼각형 OAB의 넓이는?

(단, O는 원점이다.)

① $\dfrac{9}{2}$ ② 5   ③ $\dfrac{11}{2}$

④ 6   ⑤ $\dfrac{13}{2}$

0474 교육청 고난도

Level 3

그림과 같이 두 곡선
$y=2^{x-3}+1$과 $y=2^{x-1}-2$가 만
나는 점을 A라 하자. 상수 k에
대하여 직선 $y=-x+k$가 두 곡
선 $y=2^{x-3}+1$, $y=2^{x-1}-2$와
만나는 점을 각각 B, C라 할 때,
선분 BC의 길이는 $\sqrt{2}$이다. 삼각형 ABC의 넓이는?

(단, 점 B의 x좌표는 점 A의 x좌표보다 크다.)

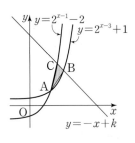

① 2   ② $\dfrac{9}{4}$ ③ $\dfrac{5}{2}$

④ $\dfrac{11}{4}$ ⑤ 3

실전
유형 **8** 지수함수를 이용한 대소 비교

주어진 수의 밑을 같게 한 후 다음과 같은
지수함수 $y=a^{x}$ $(a>0,\ a\neq1)$의 성질을 이용한다.

(1) $a>1$일 때, $x_{1}<x_{2}\Longleftrightarrow a^{x_{1}}<a^{x_{2}}$ ← 부등호 방향 그대로

(2) $0<a<1$일 때, $x_{1}<x_{2}\Longleftrightarrow a^{x_{1}}>a^{x_{2}}$ ← 부등호 방향 반대로

0475 대표문제

다음 세 수 A, B, C의 대소 관계로 옳은 것은?

$$A=\sqrt[3]{2},\ B=0.5^{-\frac{1}{2}},\ C=\sqrt[6]{16}$$

① $A<B<C$ ② $A<C<B$ ③ $B<A<C$

④ $B<C<A$ ⑤ $C<B<A$

0476

Level 2

세 수 $A=\left(\dfrac{1}{2}\right)^{-\sqrt{2}}$, $B=\left(\dfrac{1}{2}\right)^{1.4}$, $C=2^{-1}$의 대소 관계로 옳
은 것은?

① $A<B<C$ ② $A<C<B$ ③ $B<A<C$

④ $B<C<A$ ⑤ $C<A<B$

0477 중요

Level 2

다음 중 가장 큰 수를 a, 가장 작은 수를 b라 할 때, $\dfrac{a}{b}$의 값
은?

$$\sqrt[4]{27\sqrt[3]{9}},\ \left(\dfrac{1}{243}\right)^{-\frac{1}{4}},\ \left(3^{\frac{1}{3}}\times9^{\frac{7}{2}}\right)^{\frac{1}{6}},\ \sqrt{\sqrt{\sqrt{\sqrt{3^{6}}}}}$$

① $3^{\frac{1}{4}}$ ② $3^{\frac{3}{8}}$ ③ $3^{\frac{5}{8}}$

④ $3^{\frac{3}{4}}$ ⑤ $3^{\frac{7}{8}}$

0478

$a>1$이고 n이 자연수일 때, 세 수

$$A=\sqrt[n+1]{a^n},\ B=\sqrt[n+2]{a^{n+1}},\ C=\sqrt[n+3]{a^{n+2}}$$

의 대소 관계로 옳은 것은?

① $A<B<C$ ② $A<C<B$ ③ $B<C<A$

④ $C<A<B$ ⑤ $C<B<A$

0479

$0<a<1$일 때, A, B, C의 대소 관계로 옳은 것은?

$$A=a\sqrt{a\sqrt[3]{a}},\ B=\sqrt{a\sqrt[3]{a^2}},\ C=a\sqrt[3]{a^2\sqrt{a}}$$

① $A<B<C$ ② $A<C<B$ ③ $B<C<A$

④ $C<A<B$ ⑤ $C<B<A$

0480 중요

$0<a<1<b$일 때, 네 수 a^a, a^b, b^a, b^b 중 가장 작은 수와 가장 큰 수를 차례로 적은 것은?

① a^a, b^b ② a^b, b^a ③ a^b, b^b

④ b^a, a^b ⑤ b^b, a^a

---

9 지수함수의 역함수

함수 $y=f(x)$의 역함수를 $y=g(x)$라 할 때

(1) $f(g(x))=x$

(2) $f(a)=b \iff g(b)=a$

임을 이용한다.

참고 함수 $y=f(x)$의 역함수를 구하는 방법

❶ 주어진 함수가 일대일대응인지 확인한다.

❷ 주어진 함수를 $x=g(y)$ 꼴로 나타낸다.

❸ x와 y를 바꾸어 역함수 $y=g(x)$를 구한다.

❹ 역함수의 정의역을 구한다.

0481 대표문제

함수 $f(x)=3^x$의 역함수를 $g(x)$라 할 때, $g(\sqrt{3})g\left(\dfrac{1}{9}\right)$의 값은?

① -2 ② -1 ③ 0

④ 1 ⑤ 2

0482

함수 $y=5^x$과 그 역함수 $y=g(x)$의 그래프가 그림과 같을 때, 상수 k의 값은?

① 5 ② $5\sqrt{5}$

③ 25 ④ $25\sqrt{5}$

⑤ 125

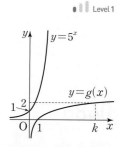

0483 중요
Level 2

함수 $f(x)=2^x$의 역함수를 $g(x)$라 할 때, $g(a)=\dfrac{2}{3}$, $g(b)=\dfrac{1}{2}$을 만족시키는 실수 a, b에 대하여 $g\left(\dfrac{a}{b}\right)$의 값은?

① $\dfrac{1}{12}$ ② $\dfrac{1}{6}$ ③ $\dfrac{1}{3}$

④ $\dfrac{7}{6}$ ⑤ $\dfrac{4}{3}$

0484
Level 2

함수 $f(x)=5^x+1$의 역함수를 $g(x)$라 할 때, $g(6)g\left(\dfrac{126}{125}\right)$의 값을 구하시오.

0485 중요
Level 2

함수 $f(x)=\left(\dfrac{1}{2}\right)^{x-2}+2$의 역함수를 $g(x)$라 할 때, $g(a)=2$, $g(10)=b$를 만족시키는 실수 a, b에 대하여 $a+b$의 값을 구하시오.

0486
Level 3

함수 $f(x)=\dfrac{2^x+2^{-x}}{2^x-2^{-x}}$의 역함수를 $g(x)$라 할 때, $g(-3)$의 값은?

① $-\dfrac{5}{2}$ ② -2 ③ $-\dfrac{3}{2}$

④ -1 ⑤ $-\dfrac{1}{2}$

실전유형 **10** 지수함수의 최대·최소 — $y=a^{px+q}+r$ 꼴   빈출유형

정의역이 $\{x\,|\,m\le x\le n\}$인 지수함수 $f(x)=a^{px+q}+r\ (p>0)$에 대하여

(1) $a>1$일 때 ⟶ ┌ 최댓값 : $f(n)$
　　　　　　　　└ 최솟값 : $f(m)$

(2) $0<a<1$일 때 ⟶ ┌ 최댓값 : $f(m)$
　　　　　　　　　└ 최솟값 : $f(n)$

0487 대표문제

정의역이 $\{x\,|\,-1\le x\le3\}$인 함수 $y=2^{x+1}+k$의 최댓값이 13일 때, 최솟값은? (단, k는 상수이다.)

① 2 ② 1 ③ 0

④ -1 ⑤ -2

0488
Level 2

정의역이 $\{x\,|\,-1\le x\le2\}$인 함수 $f(x)=a^x$의 최댓값이 $\dfrac{3}{2}$, 최솟값이 m일 때, am의 값은? (단, $0<a<1$)

① $\dfrac{2}{3}$ ② $\dfrac{4}{9}$ ③ $\dfrac{1}{3}$

④ $\dfrac{8}{27}$ ⑤ $\dfrac{2}{9}$

0489 중요
Level 2

정의역이 $\{x\,|\,1\le x\le4\}$인 두 함수 $f(x)=\left(\dfrac{1}{2}\right)^{x-3}-1$과 $g(x)=2^{x-3}-1$에 대하여 $f(x)$의 최댓값을 L, $g(x)$의 최댓값을 M이라 할 때, $L+M$의 값은?

① 4 ② 5 ③ 6

④ 7 ⑤ 8

0490
●‖ Level 2

함수 $y=f(x)$에 대하여 $f(x)=2^{x-1}\times 3^{-x+1}-2$이고 정의역이 $\{x\mid 1\le x\le 3\}$, 치역이 $\{y\mid m\le y\le M\}$일 때, $36(M-m)$의 값은?

① 4   ② 5   ③ 10

④ 16   ⑤ 20

0491 중요
●‖ Level 2

정의역이 $\{x\mid -2\le x\le 1\}$인 함수 $f(x)=\left(\dfrac{1}{3}\right)^{x-a}+b$의 최댓값이 57, 최솟값이 5일 때, 상수 a, b에 대하여 3^a+b의 값은?

① 9   ② 18   ③ 21

④ 27   ⑤ 33

0492
●‖ Level 3

정의역이 $\{x\mid -2\le x\le 2\}$인 함수 $f(x)=2\left(\dfrac{2}{a}\right)^x$의 최댓값이 8일 때, 모든 양수 a의 값의 합을 구하시오.

➕ Plus 문제

다음은 이 유형에서 출제된 최근 교육청·평가원 기출문제입니다.

0493 교육청
●‖ Level 1

$-1\le x\le 2$에서 함수 $f(x)=2+\left(\dfrac{1}{3}\right)^{2x}$의 최댓값은?

① 11   ② 13   ③ 15

④ 17   ⑤ 19

0494 교육청
●‖ Level 2

$-1\le x\le 2$에서 함수 $f(x)=a\times 2^{2-x}+b$의 최댓값이 5, 최솟값이 -2일 때, $f(0)$의 값은?

(단, $a>0$이고, a와 b는 상수이다.)

① 1   ② $\dfrac{3}{2}$ ③ 2

④ $\dfrac{5}{2}$ ⑤ 3

0495 교육청
●‖ Level 2

$1\le x\le 3$에서 정의된 함수 $f(x)=\left(\dfrac{1}{2}\right)^{x-a}+1$의 최댓값이 5일 때, 함수 $f(x)$의 최솟값은? (단, a는 상수이다.)

① $\dfrac{3}{2}$ ② 2   ③ $\dfrac{5}{2}$

④ 3   ⑤ $\dfrac{7}{2}$

지수함수 $y=a^{f(x)}$ $(a>0,\ a\neq1)$에 대하여

(1) $a>1$ → $\begin{cases} f(x)가\ 최대일\ 때\ y도\ 최대 \\ f(x)가\ 최소일\ 때\ y도\ 최소 \end{cases}$

(2) $0<a<1$ → $\begin{cases} f(x)가\ 최대일\ 때\ y는\ 최소 \\ f(x)가\ 최소일\ 때\ y는\ 최대 \end{cases}$

0496 대표문제

정의역이 $\{x\,|\,0\leq x\leq3\}$인 함수 $y=a^{x^2-2x-1}$의 최댓값이 $\dfrac{4}{3}$

일 때, 최솟값은? (단, $0<a<1$)

① $\dfrac{3}{8}$　　　② $\dfrac{\sqrt{3}}{4}$　　　③ $\dfrac{1}{2}$

④ $\dfrac{3}{4}$　　　⑤ $\dfrac{\sqrt{3}}{2}$

0497 ．｜ Level 1

함수 $y=a^{-x^2+6x-7}$의 최솟값이 $\dfrac{1}{9}$일 때, 상수 a의 값은?

(단, $0<a<1$)

① $\dfrac{1}{9}$　　　② $\dfrac{1}{6}$　　　③ $\dfrac{\sqrt{3}}{9}$

④ $\dfrac{1}{3}$　　　⑤ $\dfrac{\sqrt{3}}{3}$

0498 중요 ．｜ Level 2

정의역이 $\{x\,|\,0\leq x\leq3\}$인 함수 $y=2^{-x^2+2x+a}$의 최댓값이 16이고, 최솟값이 m일 때, $a+m$의 값은?

(단, a는 상수이다.)

① 3　　　② 4　　　③ 5

④ 6　　　⑤ 8

0499 중요 ．｜ Level 2

정의역이 $\{x\,|\,1\leq x\leq4\}$인 함수 $y=a^{-x^2+6x-8}$의 치역이 $\{y\,|\,m\leq y\leq64\}$일 때, $a+m$의 값은? (단, $0<a<1$)

① $\dfrac{1}{4}$　　　② $\dfrac{1}{3}$　　　③ $\dfrac{1}{2}$

④ 1　　　⑤ $\dfrac{5}{4}$

0500 ．｜ Level 2

두 함수 $f(x)=3^x$, $g(x)=x^2+4x+6$에 대하여 합성함수 $(f\circ g)(x)$는 $x=a$일 때 최솟값 m을 가진다. 이때 $a+m$의 값을 구하시오.

0501 ．｜ Level 3

정의역이 $\{x\,|\,3\leq x\leq4\}$인 함수 $y=a^{x^2-6x+b}$의 최댓값이 16이고, 최솟값이 4일 때, 상수 a, b에 대하여 ab의 값은?

(단, $0<a<1$)

① $\dfrac{1}{4}$　　　② $\dfrac{3}{4}$　　　③ $\dfrac{5}{4}$

④ $\dfrac{7}{4}$　　　⑤ $\dfrac{9}{4}$

➕ Plus 문제

실전 유형 12 지수함수의 최대·최소 – a^x 꼴이 반복되는 경우

함수 $y=pa^{2x}+qa^x+r$ $(p, q, r$은 상수)의 최대·최소를 구할 때
→ $a^x=t$로 치환하여 나타낸 t에 대한 이차함수의 최대·최소를 구한다. 이때 주어진 x의 값의 범위에 따른 t의 값의 범위에 주의한다.

0502 대표문제

정의역이 $\{x \mid 0 \leq x \leq 3\}$인 함수 $y=2^{2x}-2^{x+2}+a$의 최댓값이 b이고, $x=c$일 때 최솟값이 5이다. $a+b+c$의 값은?

(단, a는 상수이다.)

① 47   ② 49   ③ 51

④ 53   ⑤ 55

0503

Level 1

함수 $y=4^x-2^{x+1}+6$이 $x=a$에서 최솟값 b를 가질 때, $a-b$의 값은?

① -5 ② -2 ③ 0

④ 2   ⑤ 5

0504 중요

Level 2

정의역이 $\{x \mid -1 \leq x \leq 2\}$인 함수 $y=9^x-2\times 3^x+3$이 $x=a$에서 최댓값 b, $x=c$에서 최솟값 d를 가질 때, $a+b+c+d$의 값은?

① 66   ② 68   ③ 70

④ 72   ⑤ 74

0505

Level 2

함수 $y=\dfrac{1}{5^{2x}}-\dfrac{10}{5^x}+a$가 $x=b$에서 최솟값 3을 가질 때, $a+b$의 값은? (단, a는 상수이다.)

① 24   ② 25   ③ 26

④ 27   ⑤ 28

0506 중요

Level 2

$-3 \leq x \leq 2$일 때, 함수 $y=4^{-x}-2^{-x+1}+a$의 최댓값을 M, 최솟값을 m이라 하자. $M+m=31$을 만족시키는 상수 a의 값을 구하시오.

0507

Level 2

$-4 \leq x \leq 4$일 때, 함수 $y=2^x-\sqrt{2^{x+4}}+2$의 최댓값과 최솟값의 합은?

① 0   ② 1   ③ 2

④ 3   ⑤ 4

$a>0$, $a\neq1$일 때, 모든 실수 x에 대하여
$a^x>0$, $a^{-x}>0$이므로
$a^x+a^{-x}\geq2\sqrt{a^x\times a^{-x}}=2$ (단, 등호는 $a^x=a^{-x}$일 때 성립)

0508 대표문제

함수 $y=9^x+9^{-x+2}$이 $x=a$에서 최솟값 b를 가질 때, $a+b$의 값을 구하시오.

0509 중요 · Level 2

등식 $x+2y=2$를 만족시키는 실수 x, y에 대하여 4^x+16^y의 최솟값은?

① 1 　　　　② 2 　　　　③ 4
④ 8 　　　　⑤ 16

0510 중요 · Level 2

함수 $y=3^{x+k}+\left(\dfrac{1}{3}\right)^{x-k}$의 최솟값이 18일 때, 실수 k의 값은?

① 1 　　　　② 2 　　　　③ 3
④ 4 　　　　⑤ 5

0511 · Level 2

함수 $y=\dfrac{2^{x+3}}{2^{2x}-2^x+1}$의 최댓값을 구하시오.

0512 · Level 3

그림과 같이 실수 t에 대하여 직선 $x=t$가 두 곡선 $y=2^x$, $y=-2^{-x+1}$과 만나는 점을 각각 P, Q라 하고 선분 PQ의 길이를 l_t라 하자. l_t가 $t=a$일 때 최솟값 b를 가진다. 이때 $2a+b^2$의 값은?

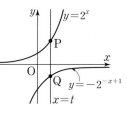

① 8 　　　　② 9 　　　　③ 10
④ 11 　　　　⑤ 12

0513 고난도 · Level 3

함수 $y=2^x$의 그래프 위의 점 P(a, 2^a)과 함수 $y=-2^{-x}$의 그래프 위의 점 Q(b, -2^{-b})에 대하여 $b-a=4$가 성립한다. 그림과 같이 점 P를 지나면서 x축, y축과 평행한 직선, 점 Q를 지나면서 x축, y축과 평행한 직선에 의하여 만들어지는 직사각형의 넓이의 최솟값은?

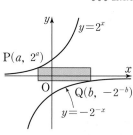

① 1 　　　　② $\dfrac{5}{4}$ 　　　　③ $\dfrac{3}{2}$
④ $\dfrac{7}{4}$ 　　　　⑤ 2

실전 유형 14 지수함수의 최대·최소
– 공통부분이 $a^x + a^{-x}$ 꼴인 경우

$a^x + a^{-x}$ 꼴의 함수의 최대·최소를 구할 때
➜ $a^x + a^{-x} = t$라 하면 $a^{2x} + a^{-2x} = t^2 - 2$이고,
산술평균과 기하평균의 관계에 의하여
$a^x + a^{-x} \geq 2\sqrt{a^x \times a^{-x}} = 2$ (단, 등호는 $a^x = a^{-x}$일 때 성립)
이므로 $t \geq 2$임을 이용한다.

0514 대표문제

함수 $y = 9^x + 9^{-x} - 2(3^x + 3^{-x}) + 5$가 $x = a$에서 최솟값 b를 가질 때, $a + b$의 값은?

① 1   ② 3   ③ 5
④ 7   ⑤ 9

0515 중요

Level 2

함수 $y = 4(2^x + 2^{-x}) - (4^x + 4^{-x})$의 최댓값은?

① 2   ② 4   ③ 6
④ 8   ⑤ 10

0516

Level 2

함수 $y = 3^x + 3^{-x} - (\sqrt{3^x} + \sqrt{3^{-x}})$의 최솟값은?

① 0   ② 1   ③ 2
④ 3   ⑤ 4

0517

Level 2

함수 $y = 6\left\{\left(\dfrac{1}{2}\right)^x + \left(\dfrac{1}{2}\right)^{-x}\right\} - \left\{\left(\dfrac{1}{4}\right)^x + \left(\dfrac{1}{4}\right)^{-x}\right\} - 2$의 최댓값은?

① 5   ② 7   ③ 9
④ 11   ⑤ 13

0518 중요

Level 2

함수 $y = 2(a^x + a^{-x}) - (a^{2x} + a^{-2x}) + 3$의 최댓값은?

(단, $a > 1$)

① 1   ② 3   ③ 5
④ 7   ⑤ 9

0519

Level 2

함수 $y = 4^x + 4^{-x} - 4(2^x + 2^{-x}) + 4$가 $x = a$에서 최솟값 b를 가질 때, $a^2 + b^2$의 값을 구하시오.

❶ 방정식의 각 항의 밑을 같게 하여 $a^{f(x)}=a^{g(x)}$ 꼴로 변형한다.
❷ $a>0$, $a \neq 1$일 때, $a^{f(x)}=a^{g(x)}$이면 $f(x)=g(x)$임을 이용하여 푼다.

0520 대표문제

방정식 $\left(\dfrac{1}{4}\right)^{\frac{x}{2}}=(\sqrt[3]{2})^{x^2}$의 모든 해의 합은?

① -6 ② -5 ③ -4
④ -3 ⑤ -2

0521 중요 ••▎ Level 1

방정식 $3^{-2x}=81^{-x+2}$을 만족시키는 실수 x의 값은?

① 2 ② 4 ③ 6
④ 8 ⑤ 10

0522 ••▎ Level 2

방정식 $(3^x-27)(4^{2x}-16)=0$의 두 실근을 α, β라 할 때, $\alpha\beta$의 값은?

① -6 ② -3 ③ 1
④ 3 ⑤ 6

0523 ••▎ Level 2

방정식 $\dfrac{3^{x^2-5}}{3^{2x-1}}=81$의 두 근을 α, β라 할 때, $\alpha^2+\beta^2$의 값을 구하시오.

0524 중요 ••▎ Level 2

방정식 $(3 \times \sqrt[3]{9})^{x^2}=27^{x+2}$을 만족시키는 정수 x의 값을 구하시오.

다음은 이 유형에서 출제된 최근 교육청·평가원 기출문제입니다.

0525 교육청 ••▎ Level 1

방정식 $\left(\dfrac{1}{4}\right)^{-x}=64$를 만족시키는 실수 x의 값은?

① -3 ② $-\dfrac{1}{3}$ ③ $\dfrac{1}{3}$
④ 3 ⑤ 9

0526 교육청 ••▎ Level 2

방정식 $2^{x-6}=\left(\dfrac{1}{4}\right)^{x^2}$의 모든 해의 합은?

① $-\dfrac{9}{2}$ ② $-\dfrac{7}{2}$ ③ $-\dfrac{5}{2}$
④ $-\dfrac{3}{2}$ ⑤ $-\dfrac{1}{2}$

실전 유형 **16** 지수방정식 – a^x 꼴이 반복되는 경우 [빈출유형]

❶ $a^x=t$ $(t>0)$로 치환하여 나타낸 t에 대한 방정식을 푼다.
   이때 $t>0$임에 주의한다.
❷ ❶에서 구한 t에 대하여 $a^x=t$를 만족시키는 x의 값을 구한다.

0527 [대표문제]

방정식 $3^{3-x}=12-3^x$의 모든 실근의 합은?

① 1   ② 2   ③ 3
④ 4   ⑤ 5

0528 [중요]   ▫▫▫ Level 2

방정식 $\left(\dfrac{1}{4}\right)^x-3\left(\dfrac{1}{2}\right)^{x-1}-16=0$의 해는?

① $x=-3$ ② $x=-2$ ③ $x=1$
④ $x=2$ ⑤ $x=3$

0529 [중요]   ▫▫▫ Level 2

방정식 $4^x-3\times2^{x+2}=4\times2^{x+1}-64$를 만족시키는 모든 정수 x의 값의 합을 구하시오.

0530   ▫▫▫ Level 2

두 함수 $f(x)=2^x$, $g(x)=2x+2$에 대하여 방정식 $(f\circ g)(x)=(g\circ f)(x)$의 해는?

$$(단, (f\circ g)(x)=f(g(x)))$$

① $x=0$ ② $x=1$ ③ $x=2$
④ $x=3$ ⑤ $x=4$

0531   ▫▫▫ Level 2

x에 대한 방정식 $a^{2x}+a^x=6$ $(a>0, a\neq1)$의 근이 $\dfrac{1}{4}$이 되도록 하는 상수 a의 값은?

① 16   ② 32   ③ 64
④ 128   ⑤ 256

0532 [고난도]   ▫▫▫ Level 3

두 함수 $y=4^x$, $y=2^{x+1}$의 그래프가 직선 $x=k$와 만나는 두 점을 각각 A, B라 하자. $\overline{AB}=48$일 때, 상수 k의 값을 구하시오.

0533 교육청
·ıll Level 2

방정식 $3^x - 3^{4-x} = 24$를 만족시키는 실수 x의 값을 구하시오.

0534 교육청
·ıll Level 3

실수 t에 대하여 직선 $x=t$가 곡선 $y=3^{2-x}+8$과 만나는 점을 A, x축과 만나는 점을 B라 하자. 직선 $x=t+1$이 x축과 만나는 점을 C, 곡선 $y=3^{x-1}$과 만나는 점을 D라 하자. 사각형 ABCD가 직사각형일 때, 이 사각형의 넓이는?

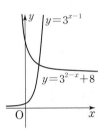

① 9   ② 10   ③ 11

④ 12   ⑤ 13

0535 교육청
·ıll Level 3

두 함수 $f(x)=2^x+1$, $g(x)=2^{x+1}$의 그래프가 점 P에서 만난다. 서로 다른 두 실수 a, b에 대하여 두 점 A$(a, f(a))$, B$(b, g(b))$의 중점이 P일 때, 선분 AB의 길이는?

① $2\sqrt{2}$ ② $2\sqrt{3}$ ③ 4

④ $2\sqrt{5}$ ⑤ $2\sqrt{6}$

실전유형 17 지수방정식 – 이차방정식의 근과 계수의 관계를 이용하는 경우

방정식 $a^{2x}-pa^x+q=0$ (p, q는 상수)의 두 근이 α, β일 때, $a^x=t$ $(t>0)$로 치환하여 나타낸 t에 대한 이차방정식 $t^2-pt+q=0$의 두 근은 a^α, a^β이다.

참고 이차방정식의 근과 계수의 관계에 의하여
(1) 두 근의 합 : $a^\alpha + a^\beta = p$
(2) 두 근의 곱 : $a^\alpha \times a^\beta = a^{\alpha+\beta} = q$

0536 대표문제

방정식 $4^x - 4 \times 2^x + k = 0$의 서로 다른 두 실근의 합이 2일 때, 상수 k의 값은?

① 2   ② 4   ③ 6

④ 8   ⑤ 10

0537
·ıll Level 2

방정식 $3^{2x}-a \times 3^x+9=0$의 두 근을 α, β라 할 때, $\alpha+\beta$의 값은? (단, a는 상수이다.)

① -2 ② -1 ③ 0

④ 1   ⑤ 2

0538 중요
·ıll Level 2

방정식 $16^x - 4^{x+3} + 100 = 0$의 두 근을 α, β라 할 때, $2^{\alpha+\beta}$의 값을 구하시오.

0539

●❙❙ Level 2

x에 대한 방정식 $a^{2x}-10a^x+16=0$의 두 근을 α, β라 할 때, $\alpha+\beta=2$를 만족시키는 양수 a의 값은?

① $2\sqrt{3}$ ② $\sqrt{13}$ ③ $\sqrt{14}$

④ $\sqrt{15}$ ⑤ 4

0540 (중요)

●❙❙ Level 2

방정식 $9^x-11\times 3^x+28=0$의 두 실근을 α, β라 할 때, $9^\alpha+9^\beta$의 값을 구하시오.

0541

●❙❙ Level 3

방정식 $4^x+4^{-x}=2^{1+x}+2^{1-x}+6$의 두 근을 α, β라 할 때, $4^\alpha+4^\beta$의 값은?

① 8   ② 10   ③ 12

④ 14   ⑤ 16

➕ Plus 문제

심화 유형 **18** 지수방정식 – 근의 조건

주어진 지수방정식이 서로 다른 두 실근을 가지려면 $a^x=t$ $(t>0)$로 치환하여 나타낸 t에 대한 이차방정식이 서로 다른 두 양의 실근을 가져야 한다.

(1) 이차방정식이 서로 다른 두 양의 실근을 가질 조건
 ➔ (판별식)>0, (두 근의 합)>0, (두 근의 곱)>0

(2) 이차방정식의 두 근이 p보다 클 조건
 ➔ (판별식)≥0, (축)>p, $f(p)>0$

0542 (대표문제)

방정식 $4^x-2^{x+3}+a-1=0$이 서로 다른 두 실근을 가지도록 하는 정수 a의 개수는?

① 13   ② 14   ③ 15

④ 16   ⑤ 17

0543 (중요)

●❙❙ Level 2

방정식 $3\left(\dfrac{1}{9}\right)^x-2\left(\dfrac{1}{3}\right)^{x-k}+27=0$이 오직 한 개의 실근을 가지도록 하는 실수 k의 값을 구하시오.

0544 (중요)

●❙❙ Level 2

방정식 $\left(\dfrac{1}{2}\right)^{2x}-a\left(\dfrac{1}{2}\right)^x+4=0$이 서로 다른 두 실근을 가지도록 하는 정수 a의 최솟값은?

① 2   ② 3   ③ 4

④ 5   ⑤ 6

0545

Level 2

방정식 $4^x+2^{x+2}-k+2=0$이 실근을 가지도록 하는 상수 k의 값의 범위는?

① $k>-2$ ② $k\geq-2$ ③ $k>0$

④ $k\geq0$ ⑤ $k>2$

0546

Level 2

방정식 $4^x+4^{-x}+a(2^x-2^{-x})+2=0$이 실근을 가지도록 하는 양수 a의 최솟값은?

① 2   ② 4   ③ 6

④ 8   ⑤ 10

0547 고난도

Level 3

방정식 $9^x-2(a-4)3^x+2a=0$의 두 근이 모두 1보다 클 때, 정수 a의 값은?

① 7   ② 8   ③ 9

④ 10   ⑤ 11

실전
유형 **19** 지수방정식 – 연립방정식   복합유형

a^x, b^y $(a>0, a\neq1, b>0, b\neq1)$에 대한 연립방정식 꼴의 지수방정식

➜ $a^x=X$, $b^y=Y$ $(X>0, Y>0)$로 치환하여 X, Y에 대한 연립방정식을 푼다.

0548 대표문제

연립방정식 $\begin{cases} 2^{x+1}+2^{y+1}=12 \\ 2^{x+y-1}=4 \end{cases}$의 근을 $x=\alpha$, $y=\beta$라 할 때, $\alpha^2+\beta^2$의 값을 구하시오.

0549

Level 2

연립방정식 $\begin{cases} 3^x+2\times5^y=59 \\ 3^{x+1}-5^y=2 \end{cases}$의 근을 $x=\alpha$, $y=\beta$라 할 때, $\alpha+\beta$의 값은?

① 1   ② 2   ③ 3

④ 4   ⑤ 5

0550 중요

Level 2

연립방정식 $\begin{cases} \dfrac{1}{2}\times4^x+3\times9^y=11 \\ 4\times4^x-\dfrac{1}{3}\times9^y=15 \end{cases}$의 근을 $x=\alpha$, $y=\beta$라 할 때, $\alpha\beta$의 값은?

① $\dfrac{1}{2}$ ② 1   ③ $\dfrac{3}{2}$

④ 2   ⑤ $\dfrac{5}{2}$

0551 중요　•▌▌Level 2

연립방정식 $\begin{cases} 3^{x-1}+3^y=12 \\ 3^{x+y-1}=27 \end{cases}$ 의 근을 $x=\alpha$, $y=\beta$라 할 때, $\alpha\beta$의 값은? (단, $\alpha>\beta$)

① -1　　② 0　　③ 1

④ 2　　⑤ 3

0552　•▌▌Level 2

연립방정식 $\begin{cases} 2^x+2^y=\dfrac{17}{2} \\ 2^x\times 2^y=4 \end{cases}$ 의 근을 $x=\alpha$, $y=\beta$라 할 때, $\alpha^2+\beta^2$의 값을 구하시오.

0553　•▌▌Level 2

연립방정식 $\begin{cases} 3^{x+1}+3^{y+1}=108 \\ 3^{x+y-2}=27 \end{cases}$ 의 근을 $x=\alpha$, $y=\beta$라 할 때, $\alpha^2+\beta^2$의 값은?

① 5　　② 10　　③ 13

④ 17　　⑤ 25

실전 유형 **20** 지수방정식 – 밑에 미지수를 포함한 경우

(1) $a^{f(x)}=b^{f(x)}$ $(a>0,\ a\neq1,\ b>0,\ b\neq1)$ 꼴
 → $a=b$ 또는 $f(x)=0$임을 이용한다.
(2) $a^{f(x)}=a^{g(x)}$ $(a>0)$ 꼴
 → $a=1$ 또는 $f(x)=g(x)$임을 이용한다.

0554 대표문제

방정식 $(x-1)^{4x+5}=(x-1)^{x^2}$의 모든 근의 합은?
(단, $x>1$)

① 2　　② 3　　③ 5

④ 7　　⑤ 9

0555　•▌▌Level 1

방정식 $(x+2)^{x-3}=3^{x-3}$의 모든 근의 합은? (단, $x>-2$)

① 4　　② 5　　③ 6

④ 7　　⑤ 8

0556 중요　•▌▌Level 1

방정식 $x^{x+2}=x^{3x-2}$의 모든 근의 곱은? (단, $x>0$)

① 1　　② 2　　③ 3

④ 4　　⑤ 5

0557

Level 1

방정식 $x^{x+12}=x^{x^2}$의 모든 근 중 가장 큰 값을 구하시오.

(단, $x>0$)

0558 중요

Level 2

방정식 $x^{x^2-3}=x^{2x+5}$의 모든 근의 합을 a, 방정식

$\left(x-\dfrac{1}{2}\right)^{5-2x}=5^{5-2x}$의 모든 근의 합을 b라 할 때, $a+b$의 값

은? $\left(단, x>\dfrac{1}{2}\right)$

① 11   ② 12   ③ 13

④ 14   ⑤ 15

0559

Level 2

방정식 $x^2 \times \sqrt[4]{x^x}=x^x \times \sqrt[3]{x^5}$의 모든 근의 합은? (단, $x>0$)

① $\dfrac{7}{9}$ ② 2   ③ $\dfrac{11}{9}$

④ $\dfrac{13}{9}$ ⑤ $\dfrac{5}{3}$

지수에 미지수가 있는 부등식은 다음 성질을 이용하여 푼다.

(1) $a>1$일 때

$a^{f(x)}<a^{g(x)} \Longleftrightarrow f(x)<g(x)$ ← 부등호 방향 그대로

(2) $0<a<1$일 때

$a^{f(x)}<a^{g(x)} \Longleftrightarrow f(x)>g(x)$ ← 부등호 방향 반대로

0560 대표문제

부등식 $3^{x^2-6}<81 \times 3^{3x}$을 만족시키는 모든 정수 x의 값의 합은?

① 2   ② 5   ③ 9

④ 14   ⑤ 20

0561

Level 1

부등식 $\left(\dfrac{3}{4}\right)^{x+2} \leq \left(\dfrac{4}{3}\right)^{2x-3}$의 해는?

① $x \leq -\dfrac{3}{2}$ ② $x \leq -\dfrac{1}{3}$ ③ $0 \leq x \leq 2$

④ $x \geq \dfrac{1}{3}$ ⑤ $x \geq \dfrac{3}{2}$

0562

Level 1

부등식 $3^{-x^2+17x} \geq 3^{2x+50}$을 만족시키는 정수 x의 개수는?

① 3   ② 4   ③ 5

④ 6   ⑤ 7

0563 중요

●❙❙ Level 2

부등식 $3^{2x} \leq \left(\dfrac{1}{9}\right)^{x^2-2}$의 해가 $\alpha \leq x \leq \beta$일 때, $\alpha + \beta$의 값을 구하시오.

0564 중요

●❙❙ Level 2

부등식 $\dfrac{16}{4^{2x}} \geq 2^{1-3x}$을 만족시키는 자연수 x의 개수는?

① 1   ② 2   ③ 3
④ 4   ⑤ 5

0565 신경향

●❙❙ Level 3

이차함수 $y=f(x)$의 그래프와
일차함수 $y=g(x)$의 그래프가
그림과 같을 때, 부등식
$\left(\dfrac{1}{2}\right)^{f(x-2)} < 2^{-g(x+1)}$의 해는?

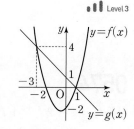

① $x < -2$ ② $x < 0$ 또는 $x > 1$
③ $x < 0$ 또는 $x > 2$ ④ $-3 < x < 1$
⑤ $0 < x < 2$

다음은 이 유형에서 출제된 최근 교육청·평가원 기출문제입니다.

0566 교육청

●❙❙ Level 1

부등식 $2^{x-4} \leq \left(\dfrac{1}{2}\right)^{x-2}$을 만족시키는 모든 자연수 x의 값의 합은?

① 6   ② 7   ③ 8
④ 9   ⑤ 10

0567 수능

●❙❙ Level 1

부등식 $\left(\dfrac{1}{9}\right)^x < 3^{21-4x}$을 만족시키는 자연수 x의 개수는?

① 6   ② 7   ③ 8
④ 9   ⑤ 10

0568 교육청 고난도

●❙❙ Level 3

부등식 $(\sqrt{2}-1)^m \geq (3-2\sqrt{2})^{5-n}$을 만족시키는 자연수 m, n의 모든 순서쌍 (m, n)의 개수는?

① 17   ② 18   ③ 19
④ 20   ⑤ 21

❶ $a^x = t$ $(t > 0)$로 치환하여 나타낸 t에 대한 부등식을 푼다. 이때 $t > 0$임에 유의한다.

❷ ❶에서 구한 t에 대하여 $a^x = t$를 만족시키는 x의 값의 범위를 구한다.

0569 대표문제

부등식 $4^{2x+1} - 34 \times 4^x + 16 \leq 0$을 만족시키는 정수 x의 개수는?

① 1   ② 2   ③ 3

④ 4   ⑤ 5

0570

Level 1

부등식 $4^x > 7 \times 2^x + 8$을 만족시키는 자연수 x의 최솟값을 구하시오.

0571 중요

Level 2

부등식 $\left(\dfrac{1}{9}\right)^x - \left(\dfrac{1}{\sqrt{3}}\right)^{2x-2} - 54 > 0$을 만족시키는 정수 x의 최댓값은?

① -5 ② -4 ③ -3

④ -2 ⑤ -1

0572 중요

Level 2

부등식 $3^x - 2 \times 3^{\frac{x}{2}-1} - \dfrac{8}{3} \leq 0$을 만족시키는 자연수 x의 개수는?

① 1   ② 2   ③ 3

④ 4   ⑤ 5

0573

Level 2

함수 $f(x) = x^2 - 4x - 2$에 대하여 부등식 $4^{f(x)} - 2^{2+f(x)} < 32$를 만족시키는 정수 x의 개수를 구하시오.

0574

Level 2

부등식 $4^{|x|} - 2^{|x|+3} + 7 \leq 0$을 만족시키는 정수 x의 개수는?

① 2   ② 3   ③ 4

④ 5   ⑤ 6

0575

Level 3

이차부등식 $x^2-2^{a+1}x+9\times2^a\geq0$이 모든 실수 x에 대하여 성립하도록 하는 자연수 a의 최댓값을 구하시오.

⊕ Plus 문제

다음은 이 유형에서 출제된 최근 교육청 • 평가원 기출문제입니다.

0576 교육청

Level 1

부등식 $4^x-10\times2^x+16\leq0$을 만족시키는 모든 자연수 x의 값의 합은?

① 3 ② 4 ③ 5
④ 6 ⑤ 7

0577 교육청 고난도

Level 3

x에 대한 부등식 $\left(\frac{1}{4}\right)^x-(3n+16)\times\left(\frac{1}{2}\right)^x+48n\leq0$을 만족시키는 정수 x의 개수가 2가 되도록 하는 모든 자연수 n의 개수를 구하시오.

실전유형 23 지수부등식 – 밑에 미지수를 포함한 경우

$x^{f(x)}<x^{g(x)}$ 꼴의 부등식은 다음과 같이 세 가지 경우로 나누어 푼다.

(1) $0<x<1$인 경우 ➜ $f(x)>g(x)$
(2) $x=1$인 경우 ← $1<1$이므로 성립하지 않는다.
(3) $x>1$인 경우 ➜ $f(x)<g(x)$

0578 대표문제

부등식 $x^{x^2}<x^{2x+3}$의 해가 $\alpha<x<\beta$일 때, $\alpha+\beta$의 값은? (단, $x>0$)

① 1 ② 2 ③ 3
④ 4 ⑤ 5

0579 중요

Level 2

부등식 $(x+2)^x<5^x$을 만족시키는 모든 정수 x의 개수를 구하시오. (단, $x\geq0$)

0580

Level 2

부등식 $x^{x+1}\geq x^{-x-5}$을 만족시키는 정수 x의 최솟값을 구하시오. (단, $x>0$)

0581

부등식 $x^{4x+1}>x^{2x+7}$을 만족시키는 x의 값의 범위는?

(단, $x>0$)

① $0<x\le1$ ② $0\le x<1$

③ $x\ge3$ ④ $0<x<1$ 또는 $x>3$

⑤ $1\le x<3$

0582 중요

부등식 $x^{3x^2-10x}>\dfrac{1}{x^3}$의 해의 집합을 S라 할 때, 다음 중 집합 S의 원소가 <u>아닌</u> 것은? (단, $x>0$)

① $\dfrac{1}{2}$ ② $\dfrac{2}{3}$ ③ 2

④ $\dfrac{7}{2}$ ⑤ 4

0583

부등식 $\dfrac{(x^2-4x+4)^x}{(x^2-4x+4)^2}<1$의 해가 $x<\alpha$ 또는 $\beta<x<\gamma$일 때, $\alpha+\beta+\gamma$의 값을 구하시오. (단, $x\ne2$)

실전 유형 **24** 지수부등식 – 연립부등식 복합유형

두 지수부등식을 풀어 공통으로 만족시키는 범위를 찾는다.

참고 $A<B<C$ 꼴인 경우 $\begin{cases}A<B\\B<C\end{cases}$로 변형하여 푼다.

0584 대표문제

연립부등식 $\begin{cases}\dfrac{1}{16}\le\left(\dfrac{1}{4}\right)^{x-2}\\9^x>\sqrt[3]{81}\times3^x\end{cases}$ 을 만족시키는 정수 x의 개수는?

① 2   ② 3   ③ 4

④ 5   ⑤ 6

0585 중요

연립부등식 $\begin{cases}\left(\dfrac{2}{3}\right)^{x+3}<\left(\dfrac{9}{4}\right)^{x-2}\\2^{x-1}<\sqrt{2^{x+3}}\end{cases}$ 을 만족시키는 자연수 x의 개수는?

① 1   ② 2   ③ 3

④ 4   ⑤ 5

0586

부등식 $a^{a-4}<a<a^{2a-3}$을 만족시키는 모든 자연수 a의 개수는? (단, $a>1$)

① 1   ② 2   ③ 3

④ 4   ⑤ 5

0587 (중요)

Level 2

부등식 $(0.5)^{-x} < 8 < 4^{2x-1}$의 해가 $\alpha < x < \beta$일 때, $4\alpha - \beta$의 값은?

① -1 ② 0 ③ 1

④ 2 ⑤ 3

0588

Level 2

연립부등식 $\begin{cases} 2^{x^2+1} > (\sqrt{32})^x \\ \left(\dfrac{1}{25}\right)^x - \left(\dfrac{1}{5}\right)^x < \left(\dfrac{1}{5}\right)^{x-1} - 5 \end{cases}$의 해가 $\alpha < x < \beta$

일 때, $\alpha + \beta$의 값은?

① -1 ② $-\dfrac{1}{2}$ ③ 1

④ $\dfrac{3}{2}$ ⑤ $\dfrac{5}{2}$

0589 (신경향)

Level 3

두 집합 $A = \left\{ x \left| \left(\dfrac{1}{3}\right)^{x+2} < \left(\dfrac{1}{3}\right)^{x^2} \right. \right\}$, $B = \{ x \mid 2^{|x-2|} \le 2^a \}$에

대하여 $A \cap B = A$가 성립하도록 하는 실수 a의 최솟값을 구하시오.

➕ Plus 문제

심화
유형 **25** 지수부등식이 항상 성립할 조건

모든 실수 x에 대하여 부등식 $pa^{2x} + qa^x + r > 0$ (p, q, r은 상수)이 성립하려면 $a^x = t$ ($t > 0$)로 치환하여 나타낸 t에 대한 이차부등식 $pt^2 + qt + r > 0$이 $t > 0$인 모든 실수 t에 대하여 성립해야 한다.

0590 (대표문제)

모든 실수 x에 대하여 부등식 $4^x + 2^{x+2} + k - 4 > 0$이 성립하도록 하는 실수 k의 최솟값은?

① 4 ② 5 ③ 6

④ 7 ⑤ 8

0591 (중요)

Level 2

모든 실수 x에 대하여 부등식 $9^x - 2 \times 3^{x+1} + k \ge 0$이 성립하도록 하는 실수 k의 값의 범위는?

① $k < 6$ ② $k \ge 6$ ③ $6 \le k < 9$

④ $k \ge 9$ ⑤ $k > 9$

0592

Level 2

모든 실수 x에 대하여 부등식

$$\left(\dfrac{1}{9}\right)^x + 6\left(\dfrac{1}{3}\right)^x - k^2 + 2k + 24 > 0$$

이 성립하도록 하는 모든 정수 k의 개수는?

① 9 ② 10 ③ 11

④ 12 ⑤ 13

0593

Level 2

모든 실수 x에 대하여 부등식 $2^{x+1}-2^{\frac{x+4}{2}}+k\geq 0$이 성립하도록 하는 실수 k의 최솟값은?

① 1　　　　　② 2　　　　　③ 3

④ 4　　　　　⑤ 5

0594 (중요)

Level 2

모든 실수 x에 대하여 부등식 $3^{2x+1}-6k\times 3^x+27\geq 0$이 성립하도록 하는 실수 k의 값의 범위를 구하시오.

0595

Level 3

모든 실수 x에 대하여 부등식 $4^x+2^{x+1}+1\geq k(2^x-1)$이 성립하도록 하는 실수 k의 값의 범위가 $\alpha\leq k\leq\beta$일 때, $\alpha+\beta$의 값을 구하시오.

0596

Level 3

모든 실수 x에 대하여 부등식 $9^x+9^{-x}\geq k(3^x-3^{-x})-7$이 성립하도록 하는 실수 k의 값의 범위가 $\alpha\leq k\leq\beta$일 때, $|\alpha\beta|$의 값은?

① 4　　　　　② 12　　　　　③ 20

④ 28　　　　　⑤ 36

실전
유형 **26** 지수방정식과 지수부등식의 실생활에의 활용

(1) 처음의 양이 a이고 매시간마다 일정한 비율 p로 그 양이 변하는 상황이 주어질 때, t시간 후의 양은 ap^t임을 이용하여 방정식 또는 부등식을 세운다.

(2) a가 일정한 비율 r만큼씩 n번 증가하는 상황이 주어질 때, n번 증가 후의 값은 $a(1+r)^n$임을 이용하여 방정식 또는 부등식을 세운다.

0597 (대표문제)

공기 청정기 A를 연속 1시간 가동할 때마다 실내 미세 먼지의 양이 $\frac{1}{3}$로 줄어든다고 한다. 남아 있는 미세 먼지의 양이 처음 미세 먼지의 양의 $\frac{1}{243}$ 이하가 되도록 하려면 공기 청정기 A를 최소한 k시간 연속 가동시켜야 할 때, 상수 k의 값을 구하시오. (단, 새로 유입되는 미세 먼지는 없다.)

0598 (중요)

Level 2

주변 환경이 순간적으로 어둡게 바뀔 때, 사람의 눈이 지각하는 빛의 세기가 0.25초마다 $\frac{2}{3}$배만큼 줄어든다고 하자. 축제의 개막식에서 순간적으로 어두워진 후, 사람의 눈이 지각하는 빛의 세기가 어두워지기 직전에 지각한 빛의 세기의 $\frac{1}{729}$ 이하가 되는 것은 몇 초 후인가?

① 0.5초 후　　　　② 0.75초 후　　　　③ 1초 후

④ 1.25초 후　　　　⑤ 1.5초 후

0599

가로의 길이가 $L \, \text{mm}$, 두께가 $t \, \text{mm}$인 직사각형 모양의 종이를 가로 방향으로 반씩 접을 수 있는 최대 횟수를 n이라 할 때, 부등식 $L \geq \dfrac{\pi t}{6}(2^n+4)(2^n-1)$이 성립한다고 한다.

가로의 길이가 $25\pi \, \text{mm}$이고 두께가 $0.5 \, \text{mm}$인 직사각형 모양의 종이를 가로 방향으로 반씩 접으려고 한다. 접을 수 있는 최대 횟수를 a, 최대한 많이 접은 종이의 전체 두께를 $b \, \text{mm}$라 할 때, ab의 값을 구하시오.

(단, 접은 종이의 전체 두께는 종이의 두께만 고려한다.)

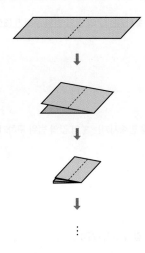

다음은 이 유형에서 출제된 최근 교육청·평가원 기출문제입니다.

0600 교육청

최대 충전 용량이 Q_0 $(Q_0>0)$인 어떤 배터리를 완전히 방전시킨 후 t시간 동안 충전한 배터리의 충전 용량을 $Q(t)$라 할 때, 다음 식이 성립한다고 한다.

$$Q(t)=Q_0\left(1-2^{-\frac{t}{a}}\right) \text{ (단, } a\text{는 양의 상수이다.)}$$

$\dfrac{Q(4)}{Q(2)}=\dfrac{3}{2}$일 때, a의 값은?

(단, 배터리의 충전 용량의 단위는 mAh이다.)

① $\dfrac{3}{2}$ ② 2 ③ $\dfrac{5}{2}$

④ 3 ⑤ $\dfrac{7}{2}$

0601 교육청

지진의 세기를 나타내는 수정머칼리진도가 x이고 km당 매설관 파괴 발생률을 n이라 하면 다음과 같은 관계식이 성립한다고 한다.

$$n=C_d C_g 10^{\frac{4}{5}(x-9)}$$

(단, C_d는 매설관의 지름에 따른 상수이고, C_g는 지반 조건에 따른 상수이다.)

C_g가 2인 어느 지역에 C_d가 $\dfrac{1}{4}$인 매설관이 묻혀 있다. 이 지역에 수정머칼리진도가 a인 지진이 일어났을 때, km당 매설관 파괴 발생률이 $\dfrac{1}{200}$이었다. a의 값은?

① 5 ② $\dfrac{11}{2}$ ③ 6

④ $\dfrac{13}{2}$ ⑤ 7

0602 수능

어느 금융상품에 초기자산 W_0을 투자하고 t년이 지난 시점에서의 기대자산 W가 다음과 같이 주어진다고 한다.

$$W=\dfrac{W_0}{2}10^{at}(1+10^{at})$$

(단, $W_0>0$, $t \geq 0$이고 a는 상수이다.)

이 금융상품에 초기자산 w_0을 투자하고 15년이 지난 시점에서의 기대자산은 초기자산의 3배이다. 이 금융상품에 초기자산 w_0을 투자하고 30년이 지난 시점에서의 기대자산이 초기자산의 k배일 때, 실수 k의 값은? (단, $w_0>0$)

① 9 ② 10 ③ 11

④ 12 ⑤ 13

0603 대표문제

좌표평면 위의 두 함수 $y=|9^x-3|$, $y=2^{x+k}$의 그래프가 만나는 서로 다른 두 점의 x좌표를 x_1, x_2 $(x_1<x_2)$라 할 때, $x_1<0$, $0<x_2<3$을 만족시키는 모든 자연수 k의 값의 합을 구하는 과정을 서술하시오. [8점]

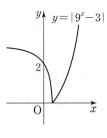

STEP 1 $x_1<0$을 만족시키는 2^k의 값의 범위 구하기 [3점]

함수 $y=|9^x-3|$의 그래프가 점 $(0, 2)$를 지나므로 $x_1<0$이려면 함수 $y=2^{x+k}$의 $x=0$일 때의 함숫값이 2보다 커야 한다.

즉, $2^{0+k}>$ $^{(1)}$ 에서

$2^k>$ [(1)⬚] ⋯⋯⋯⋯⋯⋯⋯⋯⋯⋯⋯⋯⋯⋯ ㉠

STEP 2 $0<x_2<3$을 만족시키는 2^k의 값의 범위 구하기 [3점]

함수 $y=|9^x-3|$의 그래프가 점 $(3, {}^{(2)}⬚)$을 지나므로 $0<x_2<3$이려면 함수 $y=2^{x+k}$의 $x=3$일 때의 함숫값이 726보다 작아야 한다.

즉, $2^{3+k}<726$에서

$2^k<$ [(3)⬚] ⋯⋯⋯⋯⋯⋯⋯⋯⋯⋯⋯⋯ ㉡

STEP 3 모든 자연수 k의 값의 합 구하기 [2점]

㉠, ㉡에서 $2<2^k<{}^{(3)}⬚$이므로 주어진 조건을 모두 만족시키는 자연수 k는 2, 3, 4, ${}^{(4)}⬚$, ${}^{(5)}⬚$이고, 그 합은 ${}^{(6)}⬚$이다.

0604 한번더

좌표평면 위의 두 함수 $y=|4^x-3|$, $y=3^{x+k}$의 그래프가 만나는 서로 다른 두 점의 x좌표를 x_1, x_2 $(x_1<x_2)$라 할 때, $x_1<0$, $0<x_2<4$를 만족시키는 자연수 k의 값을 구하는 과정을 서술하시오. [8점]

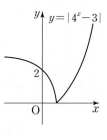

STEP 1 $x_1<0$을 만족시키는 3^k의 값의 범위 구하기 [3점]

STEP 2 $0<x_2<4$를 만족시키는 3^k의 값의 범위 구하기 [3점]

STEP 3 자연수 k의 값 구하기 [2점]

0605 유사1

방정식 $|2^{x-1}-8|=k$가 서로 다른 두 실근을 가질 때, 실수 k의 값의 범위를 구하는 과정을 서술하시오. [7점]

핵심 KEY 유형 3 지수함수의 그래프 위의 점

지수함수의 성질을 이용하여 두 그래프가 만나는 점의 좌표를 이용하는 문제이다.
절댓값 기호를 포함한 지수함수는 절댓값 기호 안의 식의 값이 양수인 경우와 음수인 경우로 나누어 계산하면 실수를 줄일 수 있다.

0606 [대표문제]

정의역이 $\{x \mid -1 \le x \le 2\}$인 함수 $f(x) = \left(\dfrac{3}{a}\right)^x$의 최댓값이 9일 때, 모든 양수 a의 값의 합을 구하는 과정을 서술하시오. [7점]

STEP 1 $0 < \dfrac{3}{a} < 1$일 때, 양수 a의 값 구하기 [2점]

$0 < \dfrac{3}{a} < 1$, 즉 $a > 3$일 때

함수 $f(x)$는 x의 값이 증가하면 $f(x)$의 값은 감소하므로

$-1 \le x \le 2$에서 $x = -1$일 때 최댓값 $\left(\dfrac{3}{a}\right)^{-1}$을 가진다.

즉, $\boxed{}^{(1)} = 9$이므로 $a = \boxed{}^{(2)}$

STEP 2 $\dfrac{3}{a} = 1$일 때, 양수 a의 값 구하기 [2점]

$\dfrac{3}{a} = 1$, 즉 $a = 3$일 때

$-1 \le x \le 2$에서 함수 $f(x) = \boxed{}^{(3)}$의 최댓값은 1이므로

최댓값이 9가 아니다.

STEP 3 $\dfrac{3}{a} > 1$일 때, 양수 a의 값 구하기 [2점]

$\dfrac{3}{a} > 1$, 즉 $0 < a < 3$일 때

함수 $f(x)$는 x의 값이 증가하면 $f(x)$의 값도 증가하므로

$-1 \le x \le 2$에서 $x = 2$일 때 최댓값 $\left(\dfrac{3}{a}\right)^2$을 가진다.

즉, $\boxed{}^{(4)} = 9$이므로 $a^2 = 1$

$\therefore a = \boxed{}^{(5)}$ $(\because 0 < a < 3)$

STEP 4 모든 양수 a의 값의 합 구하기 [1점]

모든 양수 a의 값은 $\boxed{}^{(2)}$, $\boxed{}^{(5)}$이고, 그 합은

$\boxed{}^{(6)}$이다.

0607 [한번 더]

정의역이 $\{x \mid -2 \le x \le 1\}$인 함수 $f(x) = 4\left(\dfrac{4}{p}\right)^x$의 최댓값이 16일 때, 모든 양수 p의 값의 합을 구하는 과정을 서술하시오. [7점]

STEP 1 $0 < \dfrac{4}{p} < 1$일 때, 양수 p의 값 구하기 [2점]

STEP 2 $\dfrac{4}{p} = 1$일 때, 양수 p의 값 구하기 [2점]

STEP 3 $\dfrac{4}{p} > 1$일 때, 양수 p의 값 구하기 [2점]

STEP 4 모든 양수 p의 값의 합 구하기 [1점]

핵심 KEY [유형 10] **지수함수의 최대·최소 – $y = a^{px+q} + r$ 꼴**

지수함수의 최댓값 또는 최솟값이 주어질 때 미지수를 구하는 문제이다.

함수 $y = a^x$은 $0 < a < 1$일 때 x의 값이 증가하면 y의 값은 감소하고, $a = 1$일 때 상수함수, $a > 1$일 때 x의 값이 증가하면 y의 값도 증가함을 이용한다.

0608 유사 1

정의역이 $\{x|-1\leq x\leq 4\}$인 함수 $f(x)=8\left(\dfrac{1}{2}\right)^{x}-2$의 최댓값을 구하는 과정을 서술하시오. [6점]

0609 유사 2

정의역이 $\left\{x\Big|\dfrac{1}{4}\leq x\leq 2\right\}$인 함수 $f(x)=a^{x}$의 최솟값이 2일 때, $f\left(\dfrac{1}{2}\right)$의 값을 구하는 과정을 서술하시오.

(단, $a>0$, $a\neq 1$) [8점]

0610 대표문제

모든 실수 x에 대하여 부등식 $\left(\dfrac{1}{9}\right)^x - 2\left(\dfrac{1}{3}\right)^{x-1} + k + 12 > 0$ 이 성립하도록 하는 정수 k의 최솟값을 구하는 과정을 서술하시오. [6점]

STEP 1 $\left(\dfrac{1}{3}\right)^x = t$로 치환하고 t에 대한 부등식으로 나타내기 [3점]

$\left(\dfrac{1}{9}\right)^x - 2\left(\dfrac{1}{3}\right)^{x-1} + k + 12 > 0$에서

$\left\{\left(\dfrac{1}{3}\right)^x\right\}^2 - \boxed{^{(1)}} \times \left(\dfrac{1}{3}\right)^x + k + 12 > 0$

$\left(\dfrac{1}{3}\right)^x = t \ (t > 0)$라 하면

$t^2 - \boxed{^{(2)}} + k + 12 > 0$

$\therefore \left(t - \boxed{^{(3)}}\right)^2 + k + 3 > 0$ ·········· ㉠

STEP 2 정수 k의 최솟값 구하기 [3점]

$t > 0$인 모든 실수 t에 대하여 부등식 ㉠이 성립하려면

$k + 3 > 0$

$\therefore k > \boxed{^{(4)}}$

따라서 정수 k의 최솟값은 $\boxed{^{(5)}}$이다.

0611 한번 더

모든 실수 x에 대하여 부등식 $9^x - 2 \times 3^{x+1} + a + 5 \geq 0$이 성립하도록 하는 정수 a의 최솟값을 구하는 과정을 서술하시오. [6점]

STEP 1 $3^x = t$로 치환하고 t에 대한 부등식으로 나타내기 [3점]

STEP 2 정수 a의 최솟값 구하기 [3점]

0612 유사 1

모든 실수 x에 대하여 부등식 $2^{2x} - a \times 2^{x+1} - a + 2 > 0$이 성립하도록 하는 실수 a의 값의 범위를 구하는 과정을 서술하시오. [7점]

핵심 KEY 유형 25 지수부등식이 항상 성립할 조건

반복되는 a^x을 t로 치환하여 주어진 부등식을 t에 대한 이차부등식으로 나타낸 후, $t > 0$인 모든 실수 t에 대하여 이차부등식이 성립함을 이용한다.

1 0613

함수 $f(x)=3^x$일 때, $(f \circ f)(2)=3^k$을 만족시키는 상수 k의 값은? (단, $(f \circ f)(x)=f(f(x))$) [3점]

① 1 ② 3 ③ 9
④ 18 ⑤ 27

2 0614

다음 함수 중 임의의 실수 a, b에 대하여 $a<b$일 때, $f(a)>f(b)$를 만족시키는 함수는? [3점]

① $f(x)=3^x$ ② $f(x)=0.2^{-x}$

③ $f(x)=\left(\dfrac{1}{5}\right)^x$ ④ $f(x)=\left(\dfrac{1}{3}\right)^{-x}$

⑤ $f(x)=\left(\dfrac{3}{4}\right)^{-x}$

3 0615

함수 $y=3^{-x-1}-2$의 그래프에 대한 설명으로 옳지 <u>않은</u> 것은? [3점]

① 점근선은 직선 $y=-2$이다.
② 점 $(-1, -1)$을 지난다.
③ 정의역이 실수 전체의 집합이고 치역은 $\{y|y>-2\}$이다.
④ 함수 $y=3^{-x+1}+2$의 그래프를 원점에 대하여 대칭이동한 그래프와 같다.
⑤ 함수 $y=3^{-x}$의 그래프를 x축의 방향으로 -1만큼, y축의 방향으로 -2만큼 평행이동한 그래프이다.

4 0616

세 수 $A=\sqrt[3]{81}$, $B=\sqrt{9\sqrt{3}}$, $C=\left(\dfrac{1}{3}\right)^{-\frac{2}{3}}$의 대소 관계로 옳은 것은? [3점]

① $A<B<C$ ② $B<A<C$ ③ $B<C<A$
④ $C<A<B$ ⑤ $C<B<A$

5 0617

방정식 $2^{-2x}=32^{-x+3}$의 해가 $x=a$일 때, a의 값은? [3점]

① 3 ② 4 ③ 5
④ 6 ⑤ 7

6 0618

방정식 $9^x - 3^{x+2} + 1 = 0$의 두 근을 α, β라 할 때, $\alpha + \beta$의 값은? [3점]

① 0   ② 1   ③ 2
④ 3   ⑤ 4

7 0619

부등식 $\left(\dfrac{1}{\sqrt{3}}\right)^x < 9^{3-x}$을 만족시키는 x의 값의 범위는? [3점]

① $x < 3$ ② $x < 4$ ③ $x < 5$
④ $x > 4$ ⑤ $x > 5$

8 0620

함수 $y = \left(\dfrac{1}{5}\right)^{x-1} + k$의 그래프가 함수 $y = 5^x$의 그래프와 제1사분면에서 만나지 않도록 하는 상수 k의 최댓값은? [3.5점]

① -5 ② -4 ③ -3
④ -2 ⑤ -1

9 0621

방정식 $5^{2x^2-8} = 0.2^{x+2}$을 만족시키는 양의 실수 x의 값은? [3.5점]

① $\dfrac{1}{2}$ ② 1   ③ $\dfrac{3}{2}$
④ 2   ⑤ $\dfrac{5}{2}$

10 0622

방정식 $4^x + 4^{-x} = 3(2^x + 2^{-x}) + 2$의 두 근을 α, β라 할 때, $\dfrac{1}{2^\alpha} + \dfrac{1}{2^\beta}$의 값은? [3.5점]

① 1   ② 2   ③ 3
④ 4   ⑤ 5

11 0623

방정식 $4^x - 2^{x+3} + 2k = 0$이 서로 다른 두 실근을 가지도록 하는 정수 k의 개수는? [3.5점]

① 5   ② 6   ③ 7
④ 8   ⑤ 9

12 0624

부등식 $2^x - 2^{-x+6} < 30$을 만족시키는 모든 자연수 x의 개수는? [3.5점]

① 3   ② 4   ③ 5

④ 6   ⑤ 7

13 0625

처음에 2500마리였던 어떤 세균을 용액에 넣었더니 1분마다 20 %씩 세균 수가 줄어들었다고 한다. 이 세균이 1024마리 이하가 되는 것은 세균을 용액에 넣은 때부터 최소 몇분 후인가? [3.5점]

① 2분 후   ② 3분 후   ③ 4분 후

④ 5분 후   ⑤ 6분 후

14 0626

함수 $y = (a^2 - a + 1)^x$에서 x의 값이 증가할 때 y의 값은 감소하는 실수 a의 값의 범위는 $\alpha < a < \beta$이다. 이때 $\alpha + \beta$의 값은? (단, $a \neq 0$, $a \neq 1$) [4점]

① -1 ② $-\dfrac{1}{2}$ ③ 0

④ $\dfrac{1}{2}$ ⑤ 1

15 0627

그림과 같이 함수 $y = \left(\dfrac{1}{5}\right)^x$의 그래프 위의 서로 다른 세 점 A$(p, a)$, B$(q, b)$, C$(-p+q, c)$에 대하여 다음 중 a, b, c 사이의 관계식으로 옳은 것은? [4점]

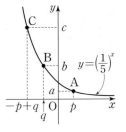

① $a = bc$ ② $b = ac$ ③ $c = ab$

④ $a^2 = b^2 c$ ⑤ $\dfrac{1}{ac} = b$

16 0628

정의역이 $\{x \mid 0 \leq x \leq 3\}$인 함수 $y = a \times 5^{x-2} + b$의 최댓값이 50이고, 최솟값이 $\dfrac{2}{5}$일 때, 상수 a, b에 대하여 $a + b$의 값은? (단, $a > 0$) [4점]

① 6   ② 7   ③ 8

④ 9   ⑤ 10

17 0629

정의역이 $\{x \mid -1 \leq x \leq 1\}$인 함수 $y=a^{x^2-2x+b}$의 최댓값을 M, 최솟값을 m이라 하자. $\dfrac{M}{m}=81$일 때, a의 값은?

(단, a, b는 상수이고, $0<a<1$이다.) [4점]

① $\dfrac{1}{2}$ ② $\dfrac{1}{3}$ ③ $\dfrac{1}{4}$

④ $\dfrac{1}{5}$ ⑤ $\dfrac{1}{6}$

18 0630

그림과 같이 함수 $y=2^{-x}$의 그래프 위의 점 A는 제2사분면 위의 점이다. 점 A를 지나고 x축에 평행한 직선이 함수 $y=2^{-x}$의 그래프를 y축에 대하여 대칭이동한 함수 $y=a^x$의 그래프와 만나는 점을 B, 점 B를 지나고 y축에 평행한 직선이 함수 $y=2^{-x}$의 그래프와 만나는 점을 C라 하자. $\overline{BC}=\dfrac{15}{4}$일 때, $\overline{AB}$의 길이는? (단, a는 상수이다.) [4점]

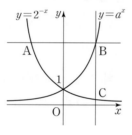

① 2 ② $2\sqrt{2}$ ③ 4

④ 8 ⑤ $8\sqrt{2}$

19 0631

일차항의 계수가 양수인 일차함수 $f(x)$에 대하여 $f(3)=0$이다. 부등식 $\left(\dfrac{1}{3}\right)^{f(x)} \leq 27$의 해가 $x \geq 2$일 때, $f(1)$의 값은?

[4점]

① -6 ② -5 ③ -4

④ -2 ⑤ -1

20 0632

두 부등식 $3^{2x+1}-82 \times 3^x+27 \leq 0$, $\left(\dfrac{1}{2}\right)^{2x}-\left(\dfrac{1}{2}\right)^{x+k}>0$을 모두 만족시키는 해가 $-1 \leq x < 2$일 때, 상수 k의 값은?

[4점]

① -2 ② -1 ③ 0

④ 1 ⑤ 2

21 0633

모든 실수 x에 대하여 부등식 $5^{2x} \geq k \times 5^x-2k-5$가 성립하도록 하는 정수 k의 개수는? [4점]

① 12 ② 13 ③ 14

④ 15 ⑤ 16

22 0634

정의역이 $\{x \mid 0 \leq x \leq 3\}$인 함수 $y = a^{|x-1|+2}$의 최댓값이 4일 때, 최솟값을 구하는 과정을 서술하시오.

(단, $a > 0$, $a \neq 1$) [6점]

24 0636

두 집합

$$A = \left\{ x \,\middle|\, \left(\frac{1}{2}\right)^{2x} \geq \frac{1}{16}, \ x는 정수 \right\},$$
$$B = \{ x \mid 27^{x^2+2x-4} \leq 9^{x^2+x}, \ x는 정수 \}$$

에 대하여 $n(A \cap B)$의 값을 구하는 과정을 서술하시오.

(단, $n(A)$는 집합 A의 원소의 개수이다.) [6점]

23 0635

함수 $y = 16^x + 16^{-x} + 2(4^x + 4^{-x}) - 4$가 $x = a$에서 최솟값 b를 가질 때, $a - b$의 값을 구하는 과정을 서술하시오. [6점]

25 0637

그림과 같이 실수 k $(k > 0)$에 대하여 두 함수 $y = 3^x$, $y = \dfrac{3^x}{9}$의 그래프와 직선 $x = k$가 만나는 점을 각각 A_k, B_k라 하자. 점 B_k를 지나고 x축에 평행한 직선이 함수 $y = 3^x$의 그래프와 만나는 점을 C_k라 하고, 점 A_k를 지나고 x축에 평행한 직선이 함수 $y = \dfrac{3^x}{9}$의 그래프와 만나는 점을 D_k라 하자. 두 함수 $y = 3^x$, $y = \dfrac{3^x}{9}$의 그래프와 두 선분 $A_k D_k$, $B_k C_k$로 둘러싸인 부분의 넓이를 $S(k)$라 할 때, $S(k+2) - S(k) = 128$을 만족시키는 실수 k의 값을 구하는 과정을 서술하시오. [8점]

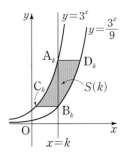

실전 마무리하기 **2회**

1 0638

함수 $f(x)=a^x$에 대하여 다음 중 옳지 <u>않은</u> 것은?

(단, $a>0$, $a\neq1$) [3점]

① $f(x+y)=f(x)f(y)$ ② $f(-x)=\dfrac{1}{f(x)}$

③ $f(3x)=\{f(x)\}^3$ ④ $f(x\times y)=f(x)f(y)$

⑤ $\dfrac{f(x)}{f(y)}=f(x-y)$

2 0639

세 수 $A=\left(\dfrac{1}{3}\right)^{-\sqrt{3}}$, $B=\left(\dfrac{1}{3}\right)^{1.5}$, $C=3^{-1}$의 대소 관계로 옳은 것은? [3점]

① $A<B<C$ ② $A<C<B$ ③ $B<A<C$

④ $B<C<A$ ⑤ $C<A<B$

3 0640

정의역이 $\{x\,|\,3\leq x\leq5\}$인 함수 $y=3^{x+a}+2$의 최솟값이 5일 때, 상수 a의 값은? [3점]

① -2 ② -1 ③ 1

④ 2   ⑤ 3

4 0641

방정식 $\dfrac{5^{4x-4}}{5^{5-x^2}}=125$의 두 근을 α, β라 할 때, $\alpha^2+\beta^2$의 값은? [3점]

① 32   ② 34   ③ 36

④ 38   ⑤ 40

5 0642

부등식 $5^{x-6}\leq\left(\dfrac{1}{5}\right)^{x-2}$을 만족시키는 모든 자연수 x의 값의 합은? [3점]

① 9   ② 10   ③ 11

④ 12   ⑤ 13

6 0643

부등식 $4^x-2^{x+5}+60\leq0$을 만족시키는 정수 x의 개수는?

[3점]

① 1   ② 2   ③ 3

④ 4   ⑤ 5

7 0644

부등식 $\left(\dfrac{1}{27}\right)^{2x-3}<243<\left(\dfrac{1}{9}\right)^{x-7}$의 해가 $\alpha<x<\beta$일 때, $\alpha\beta$의 값은? [3점]

① 2   ② $\dfrac{5}{2}$ ③ 3

④ $\dfrac{7}{2}$ ⑤ 4

8 0645

함수 $y=2^x$의 그래프 위의 서로 다른 두 점 A, B에 대하여 $\overline{AB}=2\sqrt{10}$이고, 직선 AB의 기울기는 3이다. 두 점 A, B의 x좌표가 각각 a, b일 때, 2^a+2^b의 값은? (단, $a<b$)

[3.5점]

① 10   ② 12   ③ 14

④ 16   ⑤ 18

9 0646

함수 $y=5^{x-2}+k$의 그래프가 제2사분면을 지나지 않도록 하는 상수 k의 최댓값은? [3.5점]

① -25 ② -5 ③ $-\dfrac{1}{5}$

④ $-\dfrac{1}{25}$ ⑤ 0

10 0647

그림과 같이 두 함수 $y=\dfrac{1}{9}\times3^x$, $y=3^x$의 그래프와 두 직선 $y=1$, $y=9$로 둘러싸인 부분의 넓이는? [3.5점]

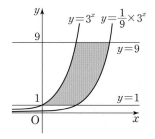

① 12   ② 14

③ 16   ④ 18

⑤ 20

11 0648

함수 $f(x)=2^x$의 역함수를 $g(x)$라 할 때, $g(8)g\left(\dfrac{1}{\sqrt[3]{2}}\right)$의 값은? [3.5점]

① -2 ② -1 ③ 0

④ 1   ⑤ 2

12 0649

방정식 $3^{2x+3} - 4 \times 3^{x+1} + 1 = 0$의 두 근을 α, β라 할 때, $2^{\alpha\beta}$의 값은? [3.5점]

① $\dfrac{1}{4}$ ② $\dfrac{1}{2}$ ③ 1

④ 2   ⑤ 4

13 0650

부등식 $x^{x^2-6} > x^x$의 해가 $0 < x < \alpha$ 또는 $x > \beta$일 때, $\alpha + \beta$의 값은? (단, $x > 0$) [3.5점]

① 0   ② 2   ③ 4

④ 6   ⑤ 8

14 0651

함수 $y = |3^x - 2a| + a$의 그래프와 직선 $y = 8$이 서로 다른 두 점에서 만나도록 하는 정수 a의 최댓값을 M, 최솟값을 m이라 할 때, $M + m$의 값은? (단, $a > 0$) [4점]

① 6   ② 7   ③ 8

④ 9   ⑤ 10

15 0652

네 개의 지수함수 $y = a^x$, $y = b^x$, $y = c^x$, $y = d^x$의 그래프에 대하여 실수 a, b, c, d가 다음 조건을 만족시킬 때, 네 개의 지수함수 $y = a^x$, $y = b^x$, $y = c^x$, $y = d^x$의 그래프를 차례로 나열한 것은? [4점]

$$a > b > 1,\ ac = 1,\ bd = 1$$

① ㉡, ㉠, ㉢, ㉣   ② ㉡, ㉢, ㉠, ㉣

③ ㉢, ㉠, ㉣, ㉡   ④ ㉢, ㉣, ㉡, ㉠

⑤ ㉣, ㉠, ㉢, ㉡

16 0653

정의역이 $\{x \mid -1 \leq x \leq 2\}$인 함수 $f(x) = \left(\dfrac{2}{a}\right)^x$의 최댓값이 9일 때, 모든 양수 a의 값의 곱은? [4점]

① 12   ② 10   ③ 9

④ 8   ⑤ 6

17 0654

정의역이 $\{x \mid -1 \le x \le 3\}$인 함수 $y=\left(\dfrac{1}{3}\right)^{-x^2+4x+a}$의 최솟값이 9이고, 최댓값이 3^b일 때, $a+b$의 값은?

(단, a는 상수이다.) [4점]

① 1   ② 3   ③ 5

④ 7   ⑤ 9

18 0655

그림과 같이 함수 $y=a^x$의 그래프는 함수 $y=3^x$의 그래프를 y축에 대하여 대칭이동한 것이다. 함수 $y=3^x$의 그래프와 직선 $x=k$의 교점을 A, 함수 $y=a^x$의 그래프와 직선 $x=k$의 교점을 B라 하자.

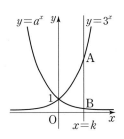

$\overline{\text{AB}}=\dfrac{80}{9}$일 때, 양수 k의 값은? [4점]

① 1   ② 2   ③ 3

④ 4   ⑤ 5

19 0656

방정식 $2a^{2x}-12a^x+16=0$의 서로 다른 두 근의 합이 6일 때, 양수 a의 값은? [4점]

① $\dfrac{\sqrt{2}}{2}$ ② $\sqrt{2}$ ③ $\sqrt{3}$

④ 2   ⑤ 3

20 0657

방정식 $9^x+9^{-x}+a(3^x-3^{-x})+2=0$이 실근을 가지기 위한 양수 a의 최솟값을 m이라 할 때, m^2의 값은? [4점]

① 4   ② 8   ③ 12

④ 16   ⑤ 20

21 0658

부등식 $3^{2x}-35\times3^{x+1}+500<0$을 만족시키는 모든 자연수 x의 값의 합은? [4점]

① 6   ② 7   ③ 8

④ 9   ⑤ 10

22 0659

방정식 $9^x - 2 \times 3^x - 3 = 0$의 해를 구하는 과정을 서술하시오.

[6점]

24 0661

모든 실수 x에 대하여 부등식 $4^x - a \times 2^{x+2} \geq -4$가 성립하도록 하는 실수 a의 값의 범위를 구하는 과정을 서술하시오.

[6점]

23 0660

부등식 $x^{x^2} > x^{2x}$의 해를 구하는 과정을 서술하시오.

(단, $x > 0$) [6점]

25 0662

방정식 $4^x - a \times 2^{x+1} - a^2 + a + 6 = 0$이 서로 다른 두 실근을 가지도록 하는 실수 a의 값의 범위를 구하는 과정을 서술하시오. [8점]

1 0663

연계문항 97쪽 **0446**

그림과 같이 직선 $x=0$, 세 함수 $y=a^x$, $y=\left(\dfrac{1}{2}\right)^x$, $y=b^x$의 그래프가 직선 $y=k$와 만나는 점을 각각 A, B, C, D라 하자. $\overline{BC}=\overline{AB}$, $\overline{CD}=2\overline{AB}$일 때, 실수 a, b에 대하여 $\dfrac{b}{a}$의 값을 구하시오.

$$\left(단,\ k>1,\ 0<a<\frac{1}{2}<b<1\right)$$

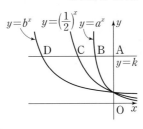

2 0664

연계문항 105쪽 **0492**

정의역이 $\{x\,|-2\le x\le 1\}$인 함수 $f(x)=3\left(\dfrac{3}{a}\right)^x$의 최댓값이 12일 때, 모든 양수 a의 값의 합을 구하시오.

3 0665

연계문항 106쪽 **0501**

정의역이 $\{x\,|\,1\le x\le 4\}$인 함수 $y=a^{x^2-6x+b}$의 최댓값을 M, 최솟값을 m이라 하자. $\dfrac{M}{m}=81$일 때, a의 값을 구하시오.

(단, a, b는 상수이고, $0<a<1$이다.)

4 0666

연계문항 113쪽 **0541**

방정식 $4^x+4^{-x}=2^{1+x}+2^{1-x}+1$의 두 근을 α, β라 할 때, $8^\alpha+8^\beta$의 값을 구하시오.

5 0667

연계문항 119쪽 **0575**

이차부등식 $x^2-2(3^a+1)x+10(3^a+1)\ge 0$이 모든 실수 x에 대하여 성립하도록 하는 정수 a의 최댓값을 구하시오.

6 0668

연계문항 121쪽 **0589**

두 집합 $A=\{x\,|\,x^2-(a+b)x+ab<0\}$, $B=\{x\,|\,2^{2x+2}-9\times 2^x+2<0\}$에 대하여 $A\subset B$일 때, $b-a$의 최댓값을 구하시오. (단, $a<b$)

04

로그함수

04 로그함수

1 로그함수의 뜻과 그래프

(1) 로그함수

지수함수 $y=a^x$ $(a>0,\ a\neq1)$의 역함수 $y=\log_a x$를 a를 밑으로 하는 **로그함수**라 한다.

(2) 로그함수 $y=\log_a x$ $(a>0,\ a\neq1)$의 성질

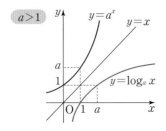
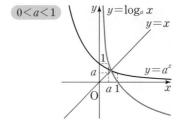

① 정의역은 양의 실수 전체의 집합이고, 치역은 실수 전체의 집합이다.

② 그래프는 두 점 $(1,\ 0)$, $(a,\ 1)$을 지난다.

③ 그래프의 점근선은 y축(직선 $x=0$)이다.

④ $a>1$일 때, x의 값이 증가하면 y의 값도 증가한다.

　$0<a<1$일 때, x의 값이 증가하면 y의 값은 감소한다.

　참고 $a>1$일 때, $x_1<x_2$이면 $\log_a x_1<\log_a x_2$

　　　$0<a<1$일 때, $x_1<x_2$이면 $\log_a x_1>\log_a x_2$

⑤ 두 함수 $y=\log_a x$와 $y=a^x$의 그래프는 직선 $y=x$에 대하여 대칭이다.

　참고 지수함수와 로그함수의 관계

　　　$a>0,\ a\neq1$일 때

　　　⑴ $y=\log_a x \iff x=a^y$

　　　⑵ 지수함수 $y=a^x$과 로그함수 $y=\log_a x$는 서로 역함수 관계이다.

지수함수 $y=a^x$ $(a>0,\ a\neq1)$은 실수 전체의 집합에서 양의 실수 전체의 집합으로의 일대일대응이므로 역함수를 가진다.

$y=\log_a \dfrac{1}{x}=\log_a x^{-1}=-\log_a x$

이므로 함수 $y=\log_a \dfrac{1}{x}$의 그래프는 함수 $y=\log_a x$의 그래프와 x축에 대하여 대칭이다.

2 로그함수 $y=\log_a x$ $(a>0,\ a\neq1)$의 그래프의 평행이동과 대칭이동 [핵심 1]

(1) 로그함수 $y=\log_a x$ $(a>0,\ a\neq1)$의 그래프의 평행이동

로그함수 $y=\log_a x$의 그래프를 x축의 방향으로 m만큼, y축의 방향으로 n만큼 평행이동

➡ $y=\log_a (x-m)+n$

① 정의역은 $\{x|x>m\}$이고, 치역은 실수 전체의 집합이다.

② 그래프의 점근선은 직선 $x=m$이다.

③ a의 값에 관계없이 항상 점 $(1+m,\ n)$을 지난다.

(2) 로그함수 $y=\log_a x$ $(a>0,\ a\neq1)$의 그래프의 대칭이동

① x축에 대하여 대칭이동 ➡ $y=-\log_a x$

② y축에 대하여 대칭이동 ➡ $y=\log_a (-x)$

③ 원점에 대하여 대칭이동 ➡ $y=-\log_a (-x)$

④ 직선 $y=x$에 대하여 대칭이동 ➡ $y=a^x$

함수 $y=f(x)$의 그래프와 그 역함수 $y=f^{-1}(x)$의 그래프는 직선 $y=x$에 대하여 대칭이다.

❸ 로그함수의 최대·최소

핵심 ❷

로그함수 $y = \log_a x \ (a > 0, \ a \neq 1)$의 정의역이 $\{x \mid m \leq x \leq n\}$일 때

(1) $a > 1$이면 $x = n$에서 최댓값 $\log_a n$, $x = m$에서 최솟값 $\log_a m$을 가진다.

(2) $0 < a < 1$이면 $x = m$에서 최댓값 $\log_a m$, $x = n$에서 최솟값 $\log_a n$을 가진다.

⊕ Note

함수 $y = \log_a f(x)$는
(1) $a > 1$이면
   $f(x)$가 최대일 때 최댓값,
   $f(x)$가 최소일 때 최솟값을 가진다.
(2) $0 < a < 1$이면
   $f(x)$가 최대일 때 최솟값,
   $f(x)$가 최소일 때 최댓값을 가진다.

❹ 로그방정식

핵심 ❸

로그의 진수 또는 밑에 미지수가 있는 방정식은 다음과 같이 푼다.

(1) $\log_a f(x) = b$ 꼴인 경우
$$\log_a f(x) = b \iff f(x) = a^b \ (a > 0, \ a \neq 1, \ f(x) > 0)$$
임을 이용하여 푼다.

(2) **밑을 같게 할 수 있는 경우**
$$\log_a f(x) = \log_a g(x) \iff f(x) = g(x)$$
$$(a > 0, \ a \neq 1, \ f(x) > 0, \ g(x) > 0)$$
임을 이용하여 방정식 $f(x) = g(x)$를 푼다.

(3) $\log_a x$ 꼴이 반복되는 경우
$\log_a x = t$로 치환하여 t에 대한 방정식을 푼다.

(4) **지수에 로그가 있는 경우**
양변에 로그를 취하여 푼다.

(5) **진수가 같은 경우**
$$\log_a f(x) = \log_b f(x) \iff a = b \ \text{또는} \ f(x) = 1$$
$$(a > 0, \ a \neq 1, \ b > 0, \ b \neq 1, \ f(x) > 0)$$

주의 로그방정식을 푼 다음에는 밑과 진수의 조건에 맞는 것만을 방정식의 해로 한다.

$\log_2 x = 3$, $\log_x 2 = 2$와 같이 로그의 진수 또는 밑에 미지수가 있는 방정식을 로그방정식이라 한다.

❺ 로그부등식

핵심 ❹

로그의 진수 또는 밑에 미지수가 있는 부등식은 다음과 같이 푼다.

(1) **밑을 같게 할 수 있는 경우**
　① $a > 1$일 때
$$\log_a f(x) < \log_a g(x) \iff 0 < f(x) < g(x) \ \Leftarrow \text{부등호 방향 그대로}$$
　② $0 < a < 1$일 때
$$\log_a f(x) < \log_a g(x) \iff 0 < g(x) < f(x) \ \Leftarrow \text{부등호 방향 반대로}$$

(2) $\log_a x$ 꼴이 반복되는 경우
$\log_a x = t$로 치환하여 t에 대한 부등식을 푼다.

(3) **지수에 로그가 있는 경우**
양변에 로그를 취하여 푼다.

주의 로그부등식을 푼 다음에는 밑과 진수의 조건을 꼭 확인한다.

$\log_3 x > 0$, $\log_x 16 < 4$와 같이 로그의 진수 또는 밑에 미지수가 있는 부등식을 로그부등식이라 한다.

핵심 1 로그함수의 그래프의 평행이동과 대칭이동 유형 3

함수 $y=\log_2 x$의 그래프를
(1) x축의 방향으로 3만큼, y축의 방향으로 -1만큼 평행이동 ➔ $y=\log_2(x-3)-1$
(2) x축에 대하여 대칭이동 ➔ $y=-\log_2 x$
(3) y축에 대하여 대칭이동 ➔ $y=\log_2(-x)$
(4) 원점에 대하여 대칭이동 ➔ $y=-\log_2(-x)$
(5) 직선 $y=x$에 대하여 대칭이동 ➔ $y=2^x$

0669 함수 $y=\log_{\frac{1}{5}} x$의 그래프를 다음과 같이 평행이동 또는 대칭이동한 그래프의 식을 구하시오.

(1) x축의 방향으로 -4만큼, y축의 방향으로 2만큼 평행이동
(2) x축에 대하여 대칭이동
(3) y축에 대하여 대칭이동
(4) 원점에 대하여 대칭이동

0670 함수 $y=\log_3 x$의 그래프를 이용하여 다음 함수의 그래프를 그리고, 정의역과 점근선의 방정식을 구하시오.

(1) $y=\log_3(x+2)$
(2) $y=\log_3(-x)+2$

핵심 2 로그함수의 최대 · 최소 유형 12~16

(1) $\frac{1}{2} \leq x \leq 4$에서 $y=\log_2 x$의 최댓값, 최솟값을 구해 보자.

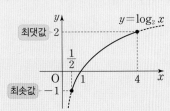

최댓값 : $\log_2 4=2$, 최솟값 : $\log_2 \frac{1}{2}=-1$

함수 $y=\log_a x$는 $a>1$이면
 ┌ x가 최대 ➔ y도 최대
 └ x가 최소 ➔ y도 최소

(2) $\frac{1}{2} \leq x \leq 4$에서 $y=\log_{\frac{1}{2}} x$의 최댓값, 최솟값을 구해 보자.

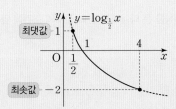

최댓값 : $\log_{\frac{1}{2}} \frac{1}{2}=1$, 최솟값 : $\log_{\frac{1}{2}} 4=-2$

함수 $y=\log_a x$는 $0<a<1$이면
 ┌ x가 최대 ➔ y는 최소
 └ x가 최소 ➔ y는 최대

0671 다음 함수의 최댓값과 최솟값을 구하시오.

(1) $y=\log_3 x$ $(9 \leq x \leq 81)$
(2) $y=\log_{\frac{1}{2}} x$ $(2 \leq x \leq 16)$

0672 $2 \leq x \leq 11$에서 함수 $y=\log(x-1)$의 최댓값과 최솟값을 구하시오.

동영상 강의

핵심 3 로그방정식 유형 17~23

● **밑을 같게 할 수 있는 경우**

$\log_2 x = 3$에서 $\log_2 x = \log_2 8$이므로 $x = 8$
  밑을 같게
  └ 진수의 조건
    $x > 0$을 만족

> 로그방정식을 풀 때는 밑과 진수의 조건을 꼭 확인해야 해.

● **$\log_a x$ 꼴이 반복되는 경우**

| $\log_a x = t$로 치환하기 | → | t에 대한 방정식 풀기 | → | x의 값 구하기 |

$(\log_2 x)^2 - \log_2 x - 2 = 0$에서
$\log_2 x = t$로 놓으면
$t^2 - t - 2 = 0$

$(t+1)(t-2) = 0$에서
$t = -1$ 또는 $t = 2$

$\log_2 x = -1$ 또는 $\log_2 x = 2$
$\therefore x = 2^{-1} = \dfrac{1}{2}$ 또는 $x = 2^2 = 4$
  └ 진수의 조건 ┘
    $x > 0$을 만족

0673 다음 방정식을 푸시오.

(1) $\log_5 x = 2$

(2) $\log_x 2 = -\dfrac{1}{2}$

(3) $\log_3 (x+2) = \log_3 (2x-1)$

0674 방정식 $(\log_2 x)^2 + 2\log_2 x - 3 = 0$을 푸시오.

04

핵심 4 로그부등식 유형 24~29

동영상 강의

● **밑을 같게 할 수 있는 경우**

(1) 부등식 $\log_2 x > 4$에서 $\log_2 x > \log_2 2^4$이므로 $x > 2^4$, 즉 $x > 16$
      └→ 진수의 조건 $x > 0$을 만족
    (밑) > 1이므로 부등호 방향 그대로

(2) 부등식 $\log_{\frac{1}{5}} x > 2$에서 $\log_{\frac{1}{5}} x > \log_{\frac{1}{5}} \left(\dfrac{1}{5}\right)^2$이므로 $0 < x < \left(\dfrac{1}{5}\right)^2$, 즉 $0 < x < \dfrac{1}{25}$
      └→ 진수의 조건 $x > 0$ 추가
    $0 < (밑) < 1$이므로 부등호 방향 반대

● **$\log_a x$ 꼴이 반복되는 경우**

| $\log_2 x = t$로 치환하기 | → | t에 대한 부등식 풀기 | → | x의 값의 범위 구하기 |

$(\log_3 x)^2 + 3\log_3 x + 2 > 0$에서
$\log_3 x = t$로 놓으면
$t^2 + 3t + 2 > 0$

$(t+2)(t+1) > 0$에서
$t < -2$ 또는 $t > -1$

$\log_3 x < -2$ 또는 $\log_3 x > -1$
$\therefore 0 < x < \dfrac{1}{9}$ 또는 $x > \dfrac{1}{3}$
  └→ 진수의 조건 $x > 0$ 추가

0675 다음 부등식을 푸시오.

(1) $\log_3 (5x+4) > 2$

(2) $\log_{\frac{1}{2}} (x-2) \geq -3$

(3) $\log_5 x \leq \log_5 (2-x)$

0676 부등식 $(\log_{\frac{1}{3}} x)^2 - \log_{\frac{1}{3}} x \leq 2$를 푸시오.

실전 유형 **1 로그함수의 함숫값**

로그함수 $f(x)=\log_a x$ $(a>0, a\neq1)$에서 $f(p)$의 값을 구할 때는 $f(x)$에 x 대신 p를 대입하고 로그의 성질을 이용한다.

0677 대표문제

함수 $f(x)=\log_{\frac{1}{3}}(x+a)+b$에 대하여 $f(1)=0$, $f(-1)=1$일 때, $f(25)$의 값을 구하시오.

0678   Level 1

두 함수 $f(x)=2^x$, $g(x)=\log_{\frac{1}{4}}x$에 대하여 $(g\circ f)(-4)$의 값은?

① -2 ② -1 ③ 0

④ 1 ⑤ 2

0679   Level 1

세 함수 $f(x)=2^x$, $g(x)=\log_2 x$, $h(x)=x^2$에 대하여 $(f\circ g)(8)-(g\circ h)(8)$의 값은?

① 0 ② 1 ③ 2

④ 3 ⑤ 4

0680   Level 2

함수 $f(x)=\log x$일 때, 임의의 양수 a, b에 대하여 다음 중 옳지 <u>않은</u> 것은?

① $2f(a)=f(a^2)$ ② $f\left(\dfrac{a}{2}\right)=f(5a)-1$

③ $f\left(\dfrac{1}{a}\right)=\dfrac{1}{f(a)}$ ④ $f(a)-f(b)=f\left(\dfrac{a}{b}\right)$

⑤ $f(a^b)=bf(a)$

0681   Level 2

함수 $f(x)=\log_2 x$에 대하여 $f(a^2)=16$, $f(\sqrt{b})=20$일 때, $\log_a b$의 값은? (단, $a>0$)

① 1 ② 2 ③ 3

④ 4 ⑤ 5

0682 중요   Level 2

함수 $f(x)=\log_5\left(\dfrac{2}{2x-1}+1\right)$에 대하여 $f(1)+f(2)+f(3)+\cdots+f(12)$의 값을 구하시오.

실전 유형 **2** 로그함수의 성질

로그함수 $y=\log_a x \,(a>0,\ a\neq1)$에 대하여
(1) 정의역 : 양의 실수 전체의 집합
    치역 : 실수 전체의 집합
(2) 그래프는 점 $(1,\ 0)$을 지난다.
(3) 그래프의 점근선 : y축(직선 $x=0$)
(4) $a>1$일 때, x의 값이 증가하면 y의 값도 증가
    $0<a<1$일 때, x의 값이 증가하면 y의 값은 감소

0683 대표문제

다음 중 함수 $y=\log_{\frac{1}{a}} x \,(0<a<1)$의 그래프에 대한 설명으로 옳지 <u>않은</u> 것은?

① 함수 $y=-\log_a x$의 그래프와 일치한다.
② 점 $(1,\ 0)$을 반드시 지난다.
③ 점근선은 직선 $x=0$이다.
④ x의 값이 증가하면 y의 값은 감소한다.
⑤ 정의역은 양의 실수 전체의 집합이고, 치역은 실수 전체의 집합이다.

0684

Level 1

함수 $y=\log_4(-x^2-5x+14)$의 정의역을 구하시오.

0685

Level 1

두 함수 $f(x)$, $g(x)$가 서로 같은 함수인 것만을 〈보기〉에서 있는 대로 고른 것은?

〈보기〉
ㄱ. $f(x)=2\log_2 x$, $g(x)=\log_2 x^2$
ㄴ. $f(x)=\dfrac{1}{2}\log_2 x$, $g(x)=\log_2 \sqrt{x}$
ㄷ. $f(x)=\log_2 x$, $g(x)=\log_2 \sqrt{x^2}$

① ㄱ   ② ㄴ   ③ ㄱ, ㄴ
④ ㄱ, ㄷ   ⑤ ㄴ, ㄷ

0686

Level 1

다음 중 함수 $y=\log_{\frac{1}{2}} x$에 대한 설명으로 옳은 것은?

① 정의역은 실수 전체의 집합이다.
② 치역은 양의 실수 전체의 집합이다.
③ x의 값이 증가하면 y의 값도 증가한다.
④ 그래프의 점근선은 y축이다.
⑤ 그래프는 점 $(0,\ 1)$을 지난다.

0687 중요

Level 2

함수 $y=\log_2(x^2+2ax+9)$의 정의역이 실수 전체의 집합이 되도록 하는 정수 a의 개수는?

① 4   ② 5   ③ 6
④ 7   ⑤ 8

로그함수 $y=\log_a x\ (a>0,\ a\neq1)$의 그래프를

(1) x축의 방향으로 m만큼, y축의 방향으로 n만큼 평행이동
  ➡ $y=\log_a(x-m)+n$

(2) x축에 대하여 대칭이동 ➡ $y=-\log_a x$

(3) y축에 대하여 대칭이동 ➡ $y=\log_a(-x)$

(4) 원점에 대하여 대칭이동 ➡ $y=-\log_a(-x)$

(5) 직선 $y=x$에 대하여 대칭이동 ➡ $y=a^x$

0688 대표문제

함수 $y=\log_{\frac{1}{2}}(8x+32)$의 그래프는 함수 $y=\log_{\frac{1}{2}}x$의 그래프를 x축의 방향으로 m만큼, y축의 방향으로 n만큼 평행이동한 것이다. 이때 $m+n$의 값을 구하시오.

0689
Level 1

다음 중 함수 $y=\log_3(-x+1)+2$에 대한 설명으로 옳은 것은?

① 정의역은 $\{x\,|\,x>1\}$이다.

② 치역은 $\{y\,|\,y>2\}$이다.

③ 그래프의 점근선은 직선 $x=-1$이다.

④ 그래프는 점 $(1,\ 2)$를 지난다.

⑤ x의 값이 증가하면 y의 값은 감소한다.

0690
Level 1

함수 $y=\log_2(x+a)+b$의 그래프가 그림과 같을 때, 상수 a, b에 대하여 ab의 값을 구하시오.

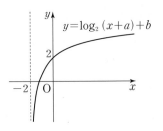

0691 중요
Level 2

함수 $y=\log_3 9x$의 그래프를 y축의 방향으로 -3만큼 평행이동한 후 x축에 대하여 대칭이동한 그래프가 함수 $y=\log_3\dfrac{a}{x}$의 그래프와 일치할 때, 상수 a의 값은?

① 1   ② 2   ③ 3

④ 4   ⑤ 5

0692
Level 2

함수 $f(x)=\log_3(ax-b)-4$가 다음 조건을 만족시킨다.

> (가) 곡선 $y=f(x)$의 점근선의 방정식은 $x=3$이다.
>
> (나) 곡선 $y=f(x)$를 x축의 방향으로 -4만큼, y축의 방향으로 2만큼 평행이동한 곡선은 원점을 지난다.

상수 a, b에 대하여 $a+b$의 값을 구하시오.

0693 중요
Level 2

함수 $y=\log_{\frac{1}{2}}x$의 그래프를 y축에 대하여 대칭이동한 후, x축의 방향으로 1만큼, y축의 방향으로 3만큼 평행이동하였더니 함수 $y=f(x)$의 그래프가 되었다. 함수 $y=f(x)$의 그래프와 x축의 교점의 좌표, y축의 교점의 좌표를 각각 $(a,\ 0)$, $(0,\ b)$라 할 때, $a+b$의 값은?

① -4 ② -2 ③ 0

④ 2 ⑤ 4

0694

함수 $y=\log_2 x$의 그래프를 평행이동 또는 대칭이동하여 겹쳐질 수 있는 그래프의 식인 것만을 〈**보기**〉에서 있는 대로 고른 것은?

―――――――〈 보기 〉―――――――
ㄱ. $y=\log_2 4x$ ㄴ. $y=2\log_2 x$

ㄷ. $y=\log_2 \dfrac{1}{x}$ ㄹ. $y=\log_2 \dfrac{1-x}{2}$

① ㄱ, ㄴ   ② ㄱ, ㄷ   ③ ㄷ, ㄹ

④ ㄱ, ㄴ, ㄷ   ⑤ ㄱ, ㄷ, ㄹ

다음은 이 유형에서 출제된 최근 교육청·평가원 기출문제입니다.

0695 교육청

함수 $y=\log_2 x$의 그래프를 x축의 방향으로 a만큼, y축의 방향으로 1만큼 평행이동한 그래프가 점 $(9, 3)$을 지날 때, 상수 a의 값은?

① 5   ② 6   ③ 7

④ 8   ⑤ 9

0696 교육청

함수 $y=\log_3 x$의 그래프 위에 두 점 A$(a, 1)$, B$(27, b)$가 있다. 함수 $y=\log_3 x$의 그래프를 x축의 방향으로 m만큼 평행이동한 그래프가 두 점 A, B의 중점을 지날 때, 상수 m의 값은?

① 6   ② 7   ③ 8

④ 9   ⑤ 10

---

4 로그함수의 그래프와 사분면

❶ 평행이동을 이용하여 로그함수의 그래프를 그린다.
❷ 그래프가 사분면을 지나지 않을 조건, 만날 조건 등을 구한다.

0697 대표문제

함수 $y=\log_3(x+3)+k$의 그래프가 제2사분면을 지나지 않도록 하는 실수 k의 최댓값을 구하시오.

0698 고난도

두 곡선 $y=2^{x+2}-2$와 $y=\log_{\frac{1}{3}}(x+a)$가 제2사분면에서 만나도록 하는 실수 a의 값의 범위는?

① $\dfrac{1}{27}<a<1$ ② $\dfrac{1}{9}<a<2$ ③ $\dfrac{1}{27}<a<2$

④ $\dfrac{1}{9}<a<3$ ⑤ $\dfrac{1}{3}<a<3$

다음은 이 유형에서 출제된 최근 교육청·평가원 기출문제입니다.

0699 교육청

함수 $y=2+\log_2 x$의 그래프를 x축의 방향으로 -8만큼, y축의 방향으로 k만큼 평행이동한 그래프가 제4사분면을 지나지 않도록 하는 실수 k의 최솟값은?

① -1 ② -2 ③ -3

④ -4 ⑤ -5

로그함수 $y=\log_a x$ $(a>0,\ a\neq1)$의 그래프가 점 $(m,\ n)$을
지난다.

→ $n=\log_a m$

0700 대표문제

그림과 같이 정사각형
ABCD의 한 변 CD는 x축
위에 있고 두 점 A, E는 함
수 $y=\log_3 x$의 그래프 위의
점이다. 정사각형 ABCD의
한 변의 길이가 2일 때, 선분 CE의 길이는?

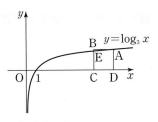

① 1　　　　② $\log_3 4$　　　　③ $\log_3 5$

④ $\log_3 6$　　　　⑤ $\log_3 7$

0701

● Level 1

그림과 같이 두 함수 $y=\log_3 x$, $y=3^x$의 그래프와 직선
$y=a$의 교점을 각각 A, B라 하자. 점 B의 x좌표가 1이고,
점 A의 x좌표가 b일 때, $\log_3 ab$의 값을 구하시오.

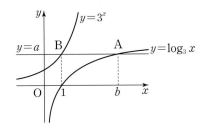

0702

● Level 1

그림과 같이 두 점 $(2,\ a)$, $(4,\ b)$는 함수 $y=\log_2 x$의 그래
프 위의 점이다. 함수 $y=\log_2 x$의 그래프가 점 $\left(k,\ \dfrac{a+b}{2}\right)$
를 지날 때, 상수 k의 값은?

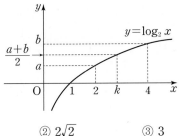

① 2　　　　② $2\sqrt{2}$　　　　③ 3

④ $2\sqrt{3}$　　　　⑤ $\sqrt{15}$

0703

● Level 2

그림과 같이 함수 $y=\log_a x$ $(0<a<1)$의 그래프에서
A(3, 0), C(81, 0)이고 $\overline{EF}=2\overline{DE}$일 때, 점 B의 x좌표는?
(단, 점선은 x축 또는 y축에 평행하다.)

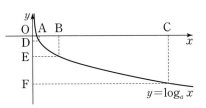

① $\dfrac{15}{2}$　　　　② 8　　　　③ $\dfrac{17}{2}$

④ 9　　　　⑤ $\dfrac{19}{2}$

0704 (중요)

.ıll Level 3

그림과 같이 함수 $y=\log_2 x$
의 그래프 위의 두 점 A, B
에서 x축에 내린 수선의 발
을 각각 A′, B′이라 하자.
$\overline{AA'}=\overline{BB'}$이고, 선분 AB

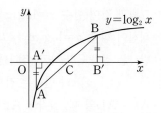

가 x축과 만나는 점은 $C\left(\dfrac{17}{8},\ 0\right)$이다. 이때 선분 A′B′의
길이를 구하시오.

0705 (신경향)

.ıll Level 3

그림과 같이 원점 O를 지나는 직선이 함수 $y=\log_2 x$의 그
래프와 만나는 두 점을 각각 $P(x_1,\ y_1)$, $Q(x_2,\ y_2)$라 하자.
$\dfrac{x_2}{x_1}=4$일 때, $(x_1 x_2)^{\frac{3}{2}}$의 값을 구하시오.

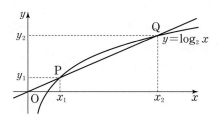

다음은 이 유형에서 출제된 최근 교육청 · 평가원 기출문제입니다.

0706 (교육청)

.ıll Level 2

두 점 $A(m,\ m+3)$, $B(m+3,\ m-3)$에 대하여 선분 AB
를 $2:1$로 내분하는 점이 곡선 $y=\log_4 (x+8)+m-3$ 위
에 있을 때, 상수 m의 값은?

① 4   ② $\dfrac{9}{2}$ ③ 5

④ $\dfrac{11}{2}$ ⑤ 6

두 함수의 그래프 사이의 관계를 이용하여 각 선분의 길이를 구
한 후 문제를 해결한다.

0707 (대표문제)

그림과 같이 곡선 $y=\log_a x$ 위의 점 $A(3,\ \log_a 3)$을 지나
고 x축에 평행한 직선이 곡선 $y=\log_b x$와 만나는 점을 B,
점 B를 지나고 y축에 평행한 직선이 곡선 $y=\log_a x$와 만
나는 점을 C라 하자. $\overline{AB}=6$, $\overline{BC}=2$일 때, a^2+b^2의 값
은? (단, $1<a<b$)

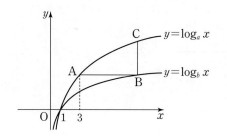

① 8   ② 10   ③ 12

④ 14   ⑤ 16

0708

.ıll Level 1

그림과 같이 두 함수
$y=\log_2 x$, $y=\log_8 x$의 그
래프와 직선 $x=k$의 교점을
각각 A, B라 할 때,
$\overline{AB}=2$를 만족시키는 실수
k의 값은? (단, $k>1$)

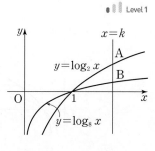

① 7   ② 8   ③ 9

④ 10   ⑤ 11

0709

Level 2

그림과 같이 직선 $x=2$가 세 함수
$f(x)=\log_a x$, $g(x)=\log_b x$, $h(x)=-\log_a x$의 그래프
와 만나는 점을 각각 P, Q, R이라 하자. $\overline{PQ}:\overline{QR}=1:3$
일 때, $f(b)$의 값은? (단, $1<a<b$)

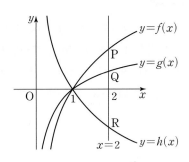

① $\dfrac{1}{3}$ ② $\dfrac{1}{2}$ ③ 2

④ 3 ⑤ 4

0710 중요

Level 2

그림과 같이 두 점 A, C는 함수 $y=\log_9 x$의 그래프 위의
점이고, 두 점 B, D는 함수 $y=\log_3 x$의 그래프 위의 점이
다. 세 선분 AB, BC, CD는 각각 x축 또는 y축에 평행하
고, $\overline{CD}=1$일 때, 선분 AB의 길이는?

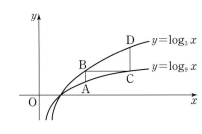

① $\dfrac{1}{4}$ ② $\dfrac{1}{3}$ ③ $\dfrac{1}{2}$

④ $\dfrac{2}{3}$ ⑤ $\dfrac{3}{4}$

0711

Level 3

그림과 같이 함수 $y=\log_9 x$의 그래프 위의 점 A를 지나는
직선이 함수 $y=\log_3 x$의 그래프와 만나는 점을 B, y축과
만나는 점을 C라 하고, 점 B를 지나고 y축에 평행한 직선이
곡선 $y=\log_9 x$와 만나는 점을 D라 하자. $\overline{AB}=2\overline{BC}$,
$\overline{AB}=\overline{AD}$일 때, 삼각형 ABD의 넓이를 구하시오.

(단, 점 B의 x좌표는 1보다 크다.)

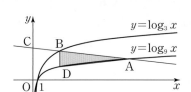

0712 고난도

Level 3

그림과 같이 두 점 A, B는 함수
$y=\log_3 9x$의 그래프 위의 점이
고, 점 C는 함수 $y=\log_3 x$의 그
래프 위의 점이다. 선분 AC가 y
축에 평행하고 삼각형 ABC가

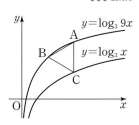

정삼각형일 때, 점 B의 좌표는 (p, q)이다. $\dfrac{3^q}{p^2}$의 값을 구하
시오. (단, $p>0$, $q>0$)

다음은 이 유형에서 출제된 최근 교육청·평가원 기출문제입니다.

0713 평가원

Level 2

직선 $x=k$가 두 곡선 $y=\log_2 x$, $y=-\log_2(8-x)$와 만
나는 점을 각각 A, B라 하자. $\overline{AB}=2$가 되도록 하는 모든
실수 k의 값의 곱은? (단, $0<k<8$)

① $\dfrac{1}{2}$ ② 1 ③ $\dfrac{3}{2}$

④ 2 ⑤ $\dfrac{5}{2}$

⊕ Plus 문제

0714 교육청

그림과 같이 두 곡선 $y=\log_2 x$, $y=\log_2(x-p)+q$가 점 $(4, 2)$에서 만난다. 두 곡선 $y=\log_2 x$, $y=\log_2(x-p)+q$가 x축과 만나는 점을 각각 A, B라 하고, 직선 $y=3$과 만나는 점을 각각 C, D라 하자. $\overline{\text{CD}}-\overline{\text{BA}}=\dfrac{3}{4}$일 때, $p+q$의 값은? (단, $0<p<4$, $q>0$)

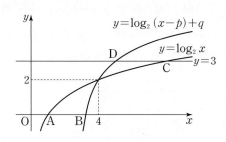

① $\dfrac{7}{2}$ ② 4 ③ $\dfrac{9}{2}$

④ 5 ⑤ $\dfrac{11}{2}$

0715 교육청 ·❙❙ Level 3

0이 아닌 실수 t에 대하여 두 곡선 $y=\log_2 x$, $y=\log_4 x$와 직선 $y=t$가 만나는 점을 각각 P, Q라 하자. 삼각형 OPQ의 넓이를 $S(t)$라 할 때, 〈보기〉에서 옳은 것만을 있는 대로 고른 것은? (단, O는 원점이다.)

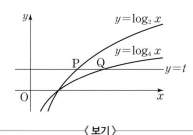

〈보기〉
ㄱ. $S(1)=1$
ㄴ. $S(2)=64\times S(-2)$
ㄷ. $t>0$일 때, t의 값이 증가하면 $\dfrac{S(t)}{S(-t)}$의 값도 증가한다.

① ㄱ ② ㄴ ③ ㄱ, ㄴ
④ ㄴ, ㄷ ⑤ ㄱ, ㄴ, ㄷ

실전
유형 **7** 로그함수를 이용한 대소 비교

주어진 수의 밑을 같게 한 후 다음과 같은 로그함수 $y=\log_a x$ $(a>0, a\neq1)$의 성질을 이용한다.

(1) $a>1$일 때
 $0<x_1<x_2 \iff \log_a x_1<\log_a x_2$ ← 부등호 방향 그대로
(2) $0<a<1$일 때
 $0<x_1<x_2 \iff \log_a x_1>\log_a x_2$ ← 부등호 방향 반대로

0716 대표문제

세 수 $A=-\log_{\frac{1}{3}}\dfrac{1}{4}$, $B=2\log_{\frac{1}{3}}\dfrac{1}{3}$, $C=-3\log_{\frac{1}{3}}2$의 대소 관계로 옳은 것은?

① $A<B<C$ ② $A<C<B$ ③ $B<A<C$
④ $B<C<A$ ⑤ $C<B<A$

0717 ·❙❙ Level 1

〈보기〉에서 옳은 것만을 있는 대로 고른 것은?

〈보기〉
ㄱ. $2\log_5 6<3\log_5 3$ ㄴ. $\log_3 11<2\log_3 2\sqrt{3}$
ㄷ. $8\log_7 2>2\log_7 6$ ㄹ. $2\log_{\frac{1}{3}}4>\dfrac{1}{3}\log_{\frac{1}{3}}64$

① ㄱ, ㄴ ② ㄱ, ㄷ ③ ㄴ, ㄷ
④ ㄱ, ㄴ, ㄹ ⑤ ㄴ, ㄷ, ㄹ

0718 ·❙❙ Level 2

$0<a<1<b$일 때, 다음 세 수의 대소를 비교하시오.

$$A=1, \quad B=\log_a b, \quad C=\log_a \dfrac{a}{b}$$

04

0719 중요
Level 2

두 실수 a, b에 대하여 $0<a<1<b$일 때, 〈보기〉에서 옳은 것만을 있는 대로 고른 것은?

──────〈 보기 〉──────
ㄱ. $a^b<a^a$
ㄴ. $0<\log_b a<1$
ㄷ. $\log_{ab} a<\log_{ab} b$이면 $\log_{ab} b<1$이다.

① ㄱ ② ㄱ, ㄴ ③ ㄱ, ㄷ
④ ㄴ, ㄷ ⑤ ㄱ, ㄴ, ㄷ

0720
Level 2

두 양수 a, b가 $a^2<a<b<b^2$을 만족시킬 때, 다음 네 수의 대소 관계를 바르게 나타낸 것은?

┌─────────────────────────┐
│ $\log_{\sqrt{a}} b$, $\log_{\sqrt{a}} b^2$, $\log_a \sqrt{b}$, $\log_a b$ │
└─────────────────────────┘

① $\log_{\sqrt{a}} b^2<\log_{\sqrt{a}} b<\log_a b<\log_a \sqrt{b}$
② $\log_{\sqrt{a}} b<\log_{\sqrt{a}} b^2<\log_a b<\log_a \sqrt{b}$
③ $\log_a b<\log_{\sqrt{a}} b^2<\log_{\sqrt{a}} b<\log_a \sqrt{b}$
④ $\log_a b<\log_a \sqrt{b}<\log_{\sqrt{a}} b<\log_{\sqrt{a}} b^2$
⑤ $\log_a \sqrt{b}<\log_a b<\log_{\sqrt{a}} b<\log_{\sqrt{a}} b^2$

0721 중요
Level 3

$1<x<9$일 때, 세 수 $A=\log_3 x^2$, $B=(\log_3 x)^2$, $C=\log_3 (\log_3 x)$의 대소 관계로 옳은 것은?

① $A>B>C$ ② $B>A>C$ ③ $B>C>A$
④ $C>A>B$ ⑤ $C>B>A$

실전
유형 **8** 로그함수의 역함수   빈출유형

(1) 함수 $f(x)=\log_a x$ $(a>0, a\neq 1)$의 역함수
  ➡ $f^{-1}(x)=a^x$
(2) $f^{-1}(a)=b \Longleftrightarrow f(b)=a$

0722 대표문제

함수 $y=f(x)$의 그래프와 함수 $y=\log_2 (x+a)$의 그래프는 직선 $y=x$에 대하여 대칭이다. 함수 $y=f(x)$의 그래프가 점 $(2, 3)$을 지날 때, 상수 a의 값은?

① 1 ② 2 ③ 3
④ 4 ⑤ 5

0723 중요
Level 1

$x>\sqrt{3}$에서 정의된 함수 $f(x)=\log_2 (3x^2-8)$에 대하여 $(f^{-1}\circ f^{-1})(2)$의 값은?

① 1 ② 2 ③ 3
④ 4 ⑤ 5

0724
Level 2

함수 $f(x)=\log_2 x$의 역함수 $g(x)$에 대하여 $g(\alpha)=3$, $g(\beta)=6$일 때, $g(\alpha+\beta)$의 값을 구하시오.

0725
● Level 2

함수 $y=\log_a x+m\,(a>1)$의 그래프와 그 역함수의 그래프가 두 점에서 만나고, 이 두 점의 x좌표가 각각 1, 3이다. 상수 a, m에 대하여 $a+m$의 값을 구하시오.

0726
● Level 2

함수 $f(x)=\log_3 x+5$의 역함수를 $g(x)$라 할 때, 다음 중 a의 값에 관계없이 항상 일정한 값을 가지는 것은?

(단, $a\neq0$)

① $g(a)+g(-a)$ ② $g(a)-g(-a)$

③ $g(a)+g\left(\dfrac{1}{a}\right)$ ④ $g(a)g\left(\dfrac{1}{a}\right)$

⑤ $g(a)g(-a)$

0727 중요
● Level 2

함수 $y=\log_3 x$의 그래프와 그 역함수 $y=g(x)$의 그래프가 그림과 같다. 함수 $y=\log_3 x$의 그래프와 x축의 교점 A를 지나고 y축에 평행한 직선이 함수

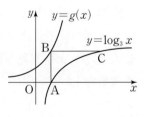

$y=g(x)$의 그래프와 만나는 점을 B, 점 B를 지나고 x축에 평행한 직선이 함수 $y=\log_3 x$의 그래프와 만나는 점을 C라 할 때, $\overline{AB}+\overline{BC}$의 값을 구하시오.

0728
● Level 2

함수 $y=2^x$의 그래프와 그 역함수 $y=f(x)$의 그래프가 그림과 같다. 함수 $y=2^x$의 그래프와 y축의 교점 A를 지나고 x축에 평행한 직선이 함수 $y=f(x)$의 그래프와 만나는

점을 B, 점 B를 지나고 y축에 평행한 직선이 함수 $y=2^x$의 그래프와 만나는 점을 C라 할 때, 삼각형 ABC의 넓이를 구하시오.

> 다음은 이 유형에서 출제된 최근 교육청·평가원 기출문제입니다.

0729 교육청
● Level 3

$a>2$인 실수 a에 대하여 그림과 같이 직선 $y=-x+5$가 세 곡선 $y=a^x$, $y=\log_a x$, $y=\log_a(x-1)-1$과 만나는 점을 각각 A, B, C라 하자. $\overline{AB}:\overline{BC}=2:1$일 때, $4a^3$의 값을 구하시오.

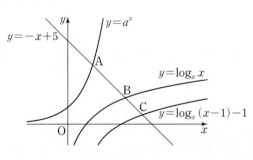

직선 $y=x$ 위의 점을 이용하여 주어진 함숫값을 구한다.

0730 대표문제

함수 $y=\log_{\frac{3}{2}} x$의 그래프와 직선 $y=x$가 그림과 같다. $d=3b$일 때, $\left(\frac{3}{2}\right)^{a-c}$의 값은? (단, 점선은 x축 또는 y축에 평행하다.)

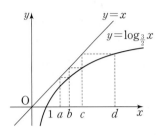

① $\frac{1}{3}$ ② $\frac{1}{2}$ ③ 1

④ 3   ⑤ 9

0731

Level 1

함수 $y=\log_3 x$의 그래프와 직선 $y=x$가 그림과 같을 때, 다음 중 $\left(\frac{1}{3}\right)^{a-b}$의 값과 같은 것은? (단, 점선은 x축 또는 y축에 평행하다.)

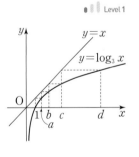

① $\frac{c}{a}$ ② $\frac{c}{b}$ ③ $\frac{c}{d}$

④ $\frac{b}{c}$ ⑤ $\frac{b}{d}$

0732 중요

Level 2

두 함수 $y=\left(\frac{1}{2}\right)^x$, $y=\log_2 x$의 그래프와 직선 $y=x$가 그림과 같을 때, 〈보기〉에서 옳은 것만을 있는 대로 고른 것은? (단, 점선은 x축 또는 y축에 평행하다.)

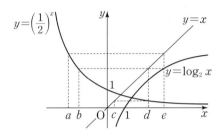

〈 보기 〉

ㄱ. $\left(\frac{1}{2}\right)^b=e$ ㄴ. $\log_2 c+d=0$

ㄷ. $ce=1$

① ㄱ   ② ㄴ   ③ ㄷ

④ ㄱ, ㄴ   ⑤ ㄴ, ㄷ

0733 신경향

Level 3

세 함수 $y=x$, $y=5^x$, $y=\log_5 x$의 그래프가 그림과 같다. $f(x)=\log_5 x$라 할 때, 다음 중 $f(a)f(b)$에 가장 가까운 것은? (단, α, β, γ, δ 사이의 간격은 모두 같고, 점선은 x축 또는 y축에 평행하다.)

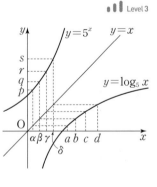

① α ② γ ③ a

④ p ⑤ q

넓이가 같은 부분을 찾아 평행이동 또는 대칭이동을 이용하여
직사각형 또는 평행사변형의 넓이를 구한다.

0734 대표문제

그림과 같이 두 함수 $y=\log_3 x$, $y=\log_3 9x$의 그래프와 두
직선 $x=1$, $x=9$로 둘러싸인 부분의 넓이는?

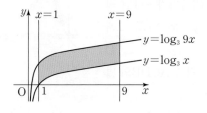

① 15 　　　　② 16 　　　　③ 17

④ 18 　　　　⑤ 19

0735 중요

　　　　　　　　　　　　　•❙❙ Level 2

그림과 같이 두 함수
$y=\log_{\frac{1}{9}} x$, $y=\log_{\sqrt{3}} x$의 그
래프가 직선 $x=\frac{1}{3}$과 만나는 점
을 각각 A, B라 하고, 직선
$x=3$과 만나는 점을 각각 C,
D라 할 때, 사각형 ABCD의
넓이는?

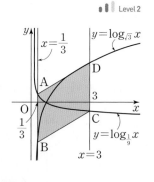

① $\dfrac{17}{3}$ 　　　　② 6 　　　　③ $\dfrac{19}{3}$

④ $\dfrac{20}{3}$ 　　　　⑤ 7

0736

　　　　　　　　　　　　　•❙ Level 2

그림과 같이 함수 $y=\log_{\sqrt{2}} x$의 그래
프 위의 두 점 A, B와 함수
$y=\log_{\frac{\sqrt{2}}{2}} x$의 그래프 위의 두 점 C, D
에 대하여 사각형 ADBC는 모든 변
이 각각 x축 또는 y축과 평행한 직사
각형이다. 점 A의 x좌표가 $\frac{1}{4}$일 때,
사각형 ADBC의 넓이를 구하시오.

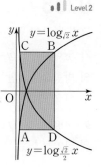

0737 중요

　　　　　　　　　　　　　•❙❙ Level 2

그림과 같이 두 함수
$y=\log_2 2x$, $y=\log_2 \dfrac{x}{4}$의
그래프가 직선 $y=k$ $(k>0)$
와 만나는 점을 각각 A, B라
하고, 두 점 A, B를 지나면서

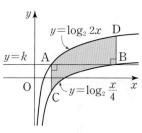

x축에 수직인 직선이 두 함수 $y=\log_2 \dfrac{x}{4}$, $y=\log_2 2x$의 그
래프와 만나는 점을 각각 C, D라 하자. $\overline{AB}=5$일 때, 두
함수 $y=\log_2 2x$, $y=\log_2 \dfrac{x}{4}$의 그래프와 두 선분 AC, BD
로 둘러싸인 부분의 넓이는?

① 10 　　　　② 15 　　　　③ 20

④ 25 　　　　⑤ 30

0738

Level 2

그림과 같이 곡선 $y=\log_3 x$ 위의 두 점 A(1, 0), B(9, 2)가 있다. 곡선 $y=\log_3 x$를 x축의 방향으로 -2만큼, y축의 방향으로 2만큼 평행이동한 것을 곡선 $y=f(x)$라 하고, 두 점 A, B가 옮겨진 점을 각각 C, D라 할 때, 두 곡선 $y=\log_3 x$, $y=f(x)$ 및 두 직선 AC, BD로 둘러싸인 부분의 넓이는?

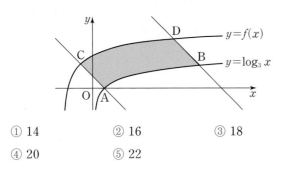

① 14   ② 16   ③ 18

④ 20   ⑤ 22

다음은 이 유형에서 출제된 최근 교육청·평가원 기출문제입니다.

0739 교육청

Level 2

그림과 같이 두 함수
$f(x)=\log_2 x$,
$g(x)=\log_2 3x$의 그래프 위의 네 점 A(1, $f(1)$),
B(3, $f(3)$), C(3, $g(3)$),
D(1, $g(1)$)이 있다. 두 함수
$y=f(x)$, $y=g(x)$의 그래프와 선분 AD, 선분 BC로 둘러싸인 부분의 넓이는?

① 3   ② $2\log_2 3$ ③ 4

④ $3\log_2 3$ ⑤ 5

심화 유형 11 로그함수의 넓이의 활용 – 직선 $y=x$에 대한 대칭을 이용

$a>0$, $a\neq 1$일 때, 두 함수 $f(x)=a^x$과 $g(x)=\log_a x$는 서로 역함수 관계이므로 그래프가 직선 $y=x$에 대하여 대칭이다.

0740 대표문제

그림과 같이 함수 $y=4^x$의 그래프 위의 두 점 A, B를 각각 지나고 기울기가 -1인 직선이 함수 $y=\log_4 x$의 그래프와 만나는 점을 각각 C, D라 할 때, 사각형 ACDB의 넓이는?

(단, 점 A는 y축 위에 있고 선분 AD는 x축에 평행하다.)

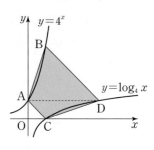

① $2\sqrt{2}$ ② 4   ③ $4\sqrt{2}$

④ 8   ⑤ $8\sqrt{2}$

0741

Level 2

그림과 같이 곡선 $y=2^x-1$ 위의 점 A(2, 3)을 지나고 기울기가 -1인 직선이 곡선 $y=\log_2(x+1)$과 만나는 점을 B라 하자. 두 점 A, B에서 x축에 내린 수선의 발을 각각 C, D라 할 때, 사각형 ACDB의 넓이는?

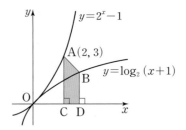

① $\dfrac{1}{2}$ ② 1   ③ $\dfrac{3}{2}$

④ 2   ⑤ $\dfrac{5}{2}$

0742 중요

‖‖ Level 2

그림과 같이 직선 $y=-x+a$가 두 곡선 $y=2^x$, $y=\log_2 x$와 만나는 점을 각각 A, B라 하고, x축과 만나는 점을 C라 할 때, 세 점 A, B, C가 다음 조건을 만족시킨다.

(가) $\overline{AB}:\overline{BC}=3:1$
(나) 삼각형 OCB의 넓이는 40이다.

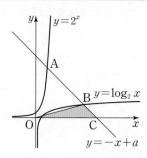

점 A의 좌표를 (p, q)라 할 때, $p+q$의 값을 구하시오.
(단, O는 원점이고, a는 양수이다.)

0744 고난도

‖‖ Level 3

1보다 큰 상수 a에 대하여 그림과 같이 직선 $y=-x+5$가 두 곡선 $y=a^x$, $y=\log_a x$와 제1사분면에서 만나는 점을 각각 A, B라 하자. 함수 $y=a^x$의 그래프와 y축의 교점을 C, 함수 $y=\log_a x$

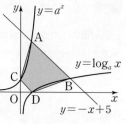

의 그래프와 x축의 교점을 D라 할 때, 사각형 ACDB의 넓이는 10이다. 이때 a의 값은?

① $\dfrac{75}{4}$ ② $\dfrac{77}{4}$ ③ $\dfrac{79}{4}$

④ $\dfrac{81}{4}$ ⑤ $\dfrac{83}{4}$

0743

‖‖ Level 3

1보다 큰 상수 a에 대하여 그림과 같이 직선 $y=-x+8$이 두 곡선 $y=a^x$, $y=\log_a x$와 만나는 점을 각각 A, B라 하자. 삼각형 OAB의 넓이가 16일 때, a^2의 값은? (단, O는 원점이고, 점 A의 x좌표는 점 B의 x좌표보다 작다.)

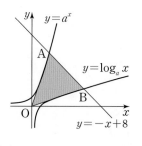

① 4   ② 6   ③ 8
④ 10   ⑤ 12

⊕ Plus 문제

다음은 이 유형에서 출제된 최근 교육청 · 평가원 기출문제입니다.

0745 교육청

‖‖ Level 2

점 A(4, 0)을 지나고 y축에 평행한 직선이 곡선 $y=\log_2 x$와 만나는 점을 B라 하고, 점 B를 지나고 기울기가 -1인 직선이 곡선 $y=2^{x+1}+1$과 만나는 점을 C라 할 때, 삼각형 ABC의 넓이는?

① 3   ② $\dfrac{7}{2}$ ③ 4

④ $\dfrac{9}{2}$ ⑤ 5

정의역이 $\{x \mid m \le x \le n\}$인 로그함수
$f(x)=\log_a(px+q)+r$ (p, q, r은 상수, $p>0$)에 대하여

(1) $a>1$일 때 → ⎡ 최댓값 : $f(n)$
　　　　　　　　⎣ 최솟값 : $f(m)$

(2) $0<a<1$일 때 → ⎡ 최댓값 : $f(m)$
　　　　　　　　　⎣ 최솟값 : $f(n)$

0746 대표문제

$\dfrac{1}{4} \le x \le 2$에서 두 함수 $y=\log_2 x + k$, $y=\left(\dfrac{1}{2}\right)^{x-3}$의 최솟값이 서로 같아지게 하는 상수 k의 값은?

① 1 　　　　② 2 　　　　③ 3

④ 4 　　　　⑤ 5

0747
Level 1

정의역이 $\{x \mid -1 \le x \le 1\}$인 함수 $y=\log_3(x+2)-1$의 최댓값과 최솟값의 합을 구하시오.

0748 중요
Level 1

정의역이 $\{x \mid 10 \le x \le 28\}$인 함수 $y=\log_{\frac{1}{3}}(x-1)+1$이 $x=a$에서 최솟값 m을 가질 때, $a+m$의 값을 구하시오.

0749
Level 2

$2 \le x \le 5$에서 함수 $y=\log_{\frac{1}{2}} 2\sqrt{x+a}$의 최솟값이 -2일 때, 최댓값은? (단, a는 상수이다.)

① -2 　　　　② -1 　　　　③ 1

④ 2 　　　　⑤ 3

로그함수 $y=\log_a f(x)$ ($a>0$, $a \ne 1$)의 최대·최소를 구할 때, 주어진 범위에서 $f(x)$의 최댓값과 최솟값을 구한 후 다음을 이용한다.

(1) $a>1$일 때 → ⎡ $f(x)$가 최대일 때 y도 최대
　　　　　　　　⎣ $f(x)$가 최소일 때 y도 최소

(2) $0<a<1$일 때 → ⎡ $f(x)$가 최대일 때 y는 최소
　　　　　　　　　⎣ $f(x)$가 최소일 때 y는 최대

0750 대표문제

함수 $y=\log_5(x^2-4x+29)$의 최솟값은?

① 1 　　　　② 2 　　　　③ 3

④ 4 　　　　⑤ 5

0751 중요
Level 2

함수 $y=\log_5(1-x)+\log_5(x+3)$의 최댓값은?

① $\log_5 2$ 　　　　② $2\log_5 2$ 　　　　③ $3\log_5 2$

④ $4\log_5 2$ 　　　　⑤ $5\log_5 2$

0752
Level 2

함수 $y=\log_{\frac{1}{9}}(x^2-ax+b)$는 $x=3$일 때 최댓값 -1을 가진다. 상수 a, b에 대하여 $a+b$의 값은?

① 16 　　　　② 18 　　　　③ 20

④ 22 　　　　⑤ 24

0753

●┃┃ Level 2

$2 \le x \le 3$에서 함수 $y = \log_3 x + \log_{\frac{1}{3}}(x-1)$의 최댓값을 M, 최솟값을 m이라 할 때, $M+m$의 값은?

① 1
② $\log_3 5$
③ $1 + \log_3 2$
④ 2
⑤ $1 + \log_3 5$

0754 중요

●┃┃ Level 2

정의역이 $\{x \mid 0 \le x \le 3\}$인 함수 $f(x) = \log_{\frac{1}{2}}(x^2 - 4x + a)$의 최댓값이 -2일 때, 함수 $f(x)$의 최솟값을 구하시오.

(단, a는 상수이다.)

0755

●┃┃ Level 3

정의역이 $\{x \mid -1 \le x \le 6\}$인 함수 $y = \log_6 |x^2 - 8x - 20|$의 최댓값을 구하시오.

➕ Plus 문제

다음은 이 유형에서 출제된 최근 교육청·평가원 기출문제입니다.

0756 교육청

●┃┃ Level 2

$0 \le x \le 5$에서 함수

$f(x) = \log_3 (x^2 - 6x + k)$ $(k > 9)$

의 최댓값과 최솟값의 합이 $2 + \log_3 4$가 되도록 하는 상수 k의 값은?

① 11
② 12
③ 13
④ 14
⑤ 15

실전 유형 **14** 로그함수의 최대·최소 $-\log_a x$ 꼴이 반복되는 경우

함수 $y = p(\log_a x)^2 + q \log_a x + r$ (p, q, r은 상수)의 최대·최소는 $\log_a x = t$로 치환하여 t에 대한 이차함수의 최대·최소로 구한다. 이때 t의 값의 범위에 주의한다.

0757 대표문제

$1 \le x \le 32$에서 함수 $y = (\log_2 x)^2 - 2\log_2 x^2 + 2$의 최댓값을 M, 최솟값을 m이라 할 때, $M+m$의 값은?

① 1
② 2
③ 3
④ 4
⑤ 5

0758

●┃┃ Level 2

$\frac{1}{4} \le x \le 8$에서 함수 $y = (\log_{\frac{1}{2}} x)^2 - \log_{\frac{1}{2}} x^2 + 2$의 최댓값을 M, 최솟값을 m이라 할 때, $M-m$의 값은?

① 10
② 12
③ 14
④ 16
⑤ 18

0759 중요

●┃┃ Level 2

$\frac{1}{10} \le x \le 100$에서 함수 $y = (\log x)\left(\log \frac{100}{x}\right)$의 최댓값과 최솟값을 구하시오.

0760

$1 \leq x \leq 16$에서 함수 $y = \log_2 x \times \log_{\frac{1}{2}} x + 2\log_2 x + 10$의

최댓값을 M, 최솟값을 m이라 할 때, $M + m$의 값은?

① 10   ② 11   ③ 12

④ 13   ⑤ 14

0761 중요

•‖ Level 2

함수 $y = (\log_2 x)^2 + a\log_8 x^2 + b$가 $x = \dfrac{1}{2}$에서 최솟값 1을

가질 때, 상수 a, b에 대하여 $a + b$의 값은?

① 1   ② 2   ③ 3

④ 4   ⑤ 5

0762

•‖ Level 3

$2 \leq x \leq 8$에서 함수 $y = (2 + \log_x 2 + \log_{\frac{1}{2}} x)\log_2 x$의 최댓

값을 M, 최솟값을 m이라 할 때, Mm의 값은?

① -4   ② -2   ③ 0

④ 2   ⑤ 4

실전
유형 **15** 로그함수의 최대·최소
– 지수에 로그가 있는 경우

지수에 로그가 있는 로그함수의 최대·최소는 함수식의 양변에
지수에 있는 로그와 밑이 같은 로그를 취하여 구한다.

0763 대표문제

정의역이 $\{x \mid 1 \leq x \leq 27\}$인 함수 $y = x^{-2 + \log_3 x}$의 최댓값을

M, 최솟값을 m이라 할 때, Mm의 값은?

① 3   ② 6   ③ 9

④ 12   ⑤ 18

0764 중요

•‖ Level 2

함수 $y = \dfrac{x^4}{x^{\log_2 x}}$이 $x = a$에서 최댓값 b를 가질 때, $a + b$의

값은?

① 12   ② 14   ③ 16

④ 18   ⑤ 20

0765

•‖ Level 2

함수 $y = 3^{\log x} \times x^{\log 3} - 3(3^{\log x} + x^{\log 3}) + 4$가 $x = a$에서 최

솟값 b를 가질 때, $a + b$의 값은? (단, $x > 1$)

① 1   ② 2   ③ 3

④ 4   ⑤ 5

실전 유형 16 로그함수의 최대·최소
－산술평균과 기하평균의 관계를 이용하는 경우

$\log_a b > 0$, $\log_b a > 0$일 때
$\log_a b + \log_b a \geq 2\sqrt{\log_a b \times \log_b a} = 2$
(단, 등호는 $\log_a b = \log_b a$일 때 성립)

0766 대표문제

$x > 0$, $y > 0$일 때, $\log_5\left(x + \dfrac{4}{y}\right) + \log_5\left(y + \dfrac{9}{x}\right)$의 최솟값은?

① 1 ② $\sqrt{3}$ ③ 2

④ 3 ⑤ $3\sqrt{3}$

0767 중요 ॥ Level 2

$x > 1$일 때, 함수 $y = \log_2 4x + 2\log_x 4$의 최솟값을 구하시오.

0768 ॥ Level 2

$a > 1$, $b > 1$일 때, $(\log_a b)^2 + (\log_b a^4)^2$의 최솟값은?

① 2 ② 4 ③ 6

④ 8 ⑤ 10

0769 중요 ॥ Level 2

두 양수 x, y에 대하여 $9x + y = 24$일 때, $\log_2 x + \log_2 y$의 최댓값을 구하시오.

0770 ॥ Level 2

$x > 0$에서 함수 $y = \log_4 \dfrac{2x^2 + 8}{x}$은 $x = a$일 때 최솟값 b를 가진다. 이때 $\log_a 4^b$의 값을 구하시오.

0771 ॥ Level 3

두 실수 x, y에 대하여 $x > 1$, $y > 1$이고, $x^2 y = 16$일 때, $\log_2 x \times \log_2 y$의 최댓값은?

① 1 ② 2 ③ 3

④ 4 ⑤ 5

0772 ॥ Level 3

$\dfrac{1}{3} < x < 12$에서 함수 $y = \log_6 3x \times \log_6 \dfrac{12}{x}$는 $x = a$일 때 최댓값 b를 가진다. 이때 $a + b$의 값은?

① 1 ② 2 ③ 3

④ 4 ⑤ 5

❶ 방정식의 각 항의 밑을 같게 하여
$$\log_a f(x) = \log_a g(x)$$
꼴로 변형한다.

❷ $a > 0$, $a \neq 1$, $f(x) > 0$, $g(x) > 0$일 때
$$\log_a f(x) = \log_a g(x) \Longleftrightarrow f(x) = g(x)$$
임을 이용하여 푼다.

참고 구한 해 중에서 (밑)>0, (밑)≠1, (진수)>0의 조건을 모두 만
족시키는 것만을 주어진 로그방정식의 해로 한다.

0773 대표문제

방정식 $\log_5 x - \log_{25}(x-2) = \log_{25}(2x+3)$을 풀면?

① $x = -2$ ② $x = 2$

③ $x = 3$ ④ $x = -2$ 또는 $x = 3$

⑤ $x = 2$ 또는 $x = 3$

0774 중요   Level 1

방정식 $\log_2(2x+1) = 2 + \log_2(x-1)$의 해를 $x = a$라 할
때, $2a$의 값은?

① 3   ② 4   ③ 5

④ 6   ⑤ 7

0775 중요   Level 2

방정식 $\log_3 x = \log_9(6x-5)$의 두 근을 α, β라 할 때,
$\alpha + \beta$의 값은?

① 4   ② 5   ③ 6

④ 7   ⑤ 8

0776 신경향   Level 3

〈보기〉에서 옳은 것만을 있는 대로 고른 것은?

〈 보기 〉

ㄱ. $\{x \mid \log x^2 = 4\} = \{x \mid 2\log x = 4\}$

ㄴ. $\{x \mid \log 2(x+3)(x-1) = 1\}$
    $= \{x \mid \log(x+3) + \log 2(x-1) = 1\}$

ㄷ. $\left\{x \mid \log \dfrac{x+3}{x-2} = 1\right\}$
    $= \{x \mid \log(x+3) - \log(x-2) = 1\}$

① ㄱ   ② ㄴ   ③ ㄷ

④ ㄱ, ㄷ   ⑤ ㄱ, ㄴ, ㄷ

다음은 이 유형에서 출제된 최근 교육청·평가원 기출문제입니다.

0777 평가원   Level 1

방정식 $2\log_4(5x+1) = 1$의 실근을 α라 할 때, $\log_5 \dfrac{1}{\alpha}$의
값을 구하시오.

실전유형 18 로그방정식 – $\log_a x$ 꼴이 반복되는 경우 빈출유형

❶ $\log_a x = t$로 치환하여 t에 대한 방정식을 푼다.

❷ ❶에서 구한 t에 대하여 $\log_a x = t$를 만족시키는 x의 값을 구한다.

0778 대표문제

방정식 $2(\log_2 x)^2 - 5\log_2 x - 3 = 0$의 두 근을 α, β라 할 때, $2\alpha^2 + \beta$의 값은? (단, $\alpha < \beta$)

① 9   ② 10   ③ 11

④ 12   ⑤ 13

0779   ◦ıı Level 2

방정식 $(\log_2 2x)(\log_4 4x) = 10$의 모든 근의 곱은?

① $\dfrac{1}{8}$ ② $\dfrac{1}{4}$ ③ 4

④ 8   ⑤ 16

0780 중요   ◦ıı Level 2

방정식 $\log_9 x^2 + 6\log_x 9 - 7 = 0$의 두 근의 합은?

① 18   ② 27   ③ 45

④ 81   ⑤ 108

0781 중요   ◦ıı Level 2

방정식 $(\log_2 x)^2 + \log_{\frac{1}{2}} x - 6 = 0$의 두 근을 α, β라 할 때, $\log_{\alpha^2}\beta + \log_\beta \alpha^2$의 값을 구하시오. (단, $\alpha > \beta$)

0782   ◦ıı Level 2

방정식 $\log_2 x + \dfrac{a}{\log_2 x} - 2 = 0$의 두 근이 $\dfrac{1}{2}$과 b일 때, $a + b$의 값은? (단, a는 상수이다.)

① 5   ② 7   ③ 9

④ 11   ⑤ 13

다음은 이 유형에서 출제된 최근 교육청·평가원 기출문제입니다.

0783 교육청   ◦ıı Level 2

방정식 $\left(\log_2 \dfrac{x}{2}\right)(\log_2 4x) = 4$의 서로 다른 두 실근 α, β에 대하여 $64\alpha\beta$의 값을 구하시오.

방정식 $p(\log_a x)^2 + q\log_a x + r = 0$ (p, q, r은 상수)의 두 근이 α, β일 때, $\log_a x = t$로 치환하여 얻은 이차방정식

$$pt^2 + qt + r = 0$$

의 두 근은 $\log_a \alpha$, $\log_a \beta$이다.
이때 이차방정식의 근과 계수의 관계에 의하여

(1) 두 근의 합 : $\log_a \alpha + \log_a \beta = \log_a \alpha\beta = -\dfrac{q}{p}$

(2) 두 근의 곱 : $\log_a \alpha \times \log_a \beta = \dfrac{r}{p}$

0784 대표문제

방정식 $(\log_3 x)^2 - \log_3 x^3 - 6 = 0$의 두 근의 곱은?

① 3   ② 9   ③ 27

④ 81   ⑤ 243

0785   ·ıl Level 1

방정식 $(\log_2 x + 1)^2 - 6\log_2 x + 1 = 0$의 두 근을 α, β라 할 때, $\alpha\beta$의 값은?

① 2   ② 4   ③ 8

④ 16   ⑤ 32

0786 중요   ·ıl Level 2

방정식 $\log \dfrac{2}{x} \times \log \dfrac{x}{3} - 1 = 0$의 두 근을 α, β라 할 때, $2^{\alpha\beta}$의 값을 구하시오.

0787   ·ıl Level 2

방정식 $(\log_3 x)^2 - 2k\log_3 x - 1 = 0$의 두 근 α, β에 대하여 $\alpha\beta = 81$일 때, 상수 k의 값은?

① 2   ② 4   ③ 5

④ 6   ⑤ 8

0788 중요   ·ııl Level 3

방정식 $9^x - 2 \times 3^{x+1} + 3 = 0$의 두 근을 α, β라 할 때, x에 대한 방정식 $(\log_3 x)^2 + a\log_3 x + b = 0$의 두 근은 $\alpha + \beta$, $4^{\alpha+\beta}$이다. 상수 a, b에 대하여 $b - a$의 값은?

① -1 ② $-\log_3 2$ ③ 0

④ $\log_3 2$ ⑤ $\log_3 4$

0789 고난도   ·ııl Level 3

$k < 0$인 상수 k에 대하여 방정식 $(\log_3 x)^2 + 6 = k\log_3 x$의 두 근을 α, β라 하자. $\alpha : \beta = 3 : 1$일 때, αk의 값은?

① $-\dfrac{2}{3}$ ② $-\dfrac{5}{9}$ ③ $-\dfrac{10}{27}$

④ $\dfrac{5}{21}$ ⑤ $\dfrac{5}{24}$

➕ Plus 문제

20 로그방정식 – 지수에 로그가 있는 경우

(1) $x^{\log f(x)} = g(x)$ 꼴의 로그방정식은 양변에 로그를 취하여 푼다.

(2) $x^{\log a} \times a^{\log x}$ 꼴의 로그방정식은 $a^{\log x} = t$로 치환한 후 t에 대한 방정식을 푼다.

0790 대표문제

방정식 $x^{\log_2 x} - 16x^3 = 0$의 모든 근의 합은?

① $\dfrac{31}{2}$ ② 16 ③ $\dfrac{33}{2}$

④ 17 ⑤ $\dfrac{35}{2}$

0791

Level 2

방정식 $x^{\log x} = \sqrt{1000x}$의 모든 근의 곱은?

① 10 ② $\sqrt{10}$ ③ 1

④ $\dfrac{\sqrt{10}}{10}$ ⑤ $\dfrac{1}{10}$

0792 중요

Level 2

방정식 $x^{\log_3 x} = \dfrac{27}{x^2}$의 모든 근의 곱은?

① -3 ② $-\dfrac{1}{9}$ ③ $\dfrac{1}{9}$

④ 1 ⑤ 3

0793 중요

Level 2

방정식 $(5x)^{\log 5} - (4x)^{\log 4} = 0$을 푸시오. (단, $x > 0$)

0794

Level 2

모든 양수 x에 대하여 $a^{\log x} = x$, $x^{\log b} = b$가 성립한다. 상수 a, b에 대하여 ab의 값은?

① 10 ② 11 ③ 12

④ 13 ⑤ 14

0795

Level 2

방정식 $2^{\log x} x^{\log 2} - (2^{\log x} + 5x^{\log 2}) + 8 = 0$의 두 근을 α, β라 할 때, $\dfrac{\alpha}{\beta}$의 값을 구하시오. (단, $\alpha > \beta$)

0796

Level 3

방정식 $x^{\log_5 x} \times 5^{\log_x 25x} = 625$의 모든 근의 곱은?

① $\dfrac{1}{25}$ ② $\dfrac{1}{5}$ ③ 1

④ 5 ⑤ 25

$\log_{a(x)} f(x) = \log_{b(x)} f(x)$
$\quad (a(x) > 0,\, a(x) \neq 1,\, b(x) > 0,\, b(x) \neq 1,\, f(x) > 0)$ 꼴
➜ $a(x) = b(x)$ 또는 $f(x) = 1$

0797 대표문제

방정식 $\log_{x+2} \sqrt{x+1} = \log_{x+8} (x+1)$을 푸시오.

0798 중요
∎∎ Level 2

방정식 $\log_{2x-1} (x-1) = \log_{x+2} (x-1)$의 모든 근의 합은?

① 1 ② 2 ③ 3
④ 4 ⑤ 5

0799
∎∎ Level 2

방정식 $\log_{x^2+2} (2x-1) = \log_{x+4} (2x-1)$의 모든 근의 곱은?

① -2 ② 0 ③ 2
④ 4 ⑤ 8

$\log_a x$, $\log_b y$ $(a > 0,\, a \neq 1,\, b > 0,\, b \neq 1)$에 대한 연립방정식 꼴의 로그방정식
➜ $\log_a x = X$, $\log_b y = Y$로 치환하여 X, Y에 대한 연립방정식을 푼다.

0800 대표문제

연립방정식 $\begin{cases} \log_2 x + \log_3 y = -1 \\ \log_{16} x + \log_9 y = 0 \end{cases}$의 해가 $x = \alpha$, $y = \beta$일 때, $\dfrac{\beta}{\alpha}$의 값은?

① $\dfrac{3}{4}$ ② 1 ③ 6
④ 12 ⑤ 18

0801 중요
∎∎ Level 1

연립방정식 $\begin{cases} \log_2 x + \log_2 y = 2 \\ \log_2 (x+y) = 3 \end{cases}$의 해가 $x = \alpha$, $y = \beta$일 때, $\alpha^3 + \beta^3$의 값은?

① 404 ② 408 ③ 416
④ 424 ⑤ 434

0802
∎∎ Level 2

연립방정식 $\begin{cases} \log_x 81 - \log_y 9 = 2 \\ \log_x 27 + \log_y 3 = 4 \end{cases}$의 해가 $x = \alpha$, $y = \beta$일 때, $\alpha + \beta$의 값을 구하시오.

0803 중요

Level 2

연립방정식 $\begin{cases} \log_5 xy = 3 \\ (\log_5 x)(\log_5 y) = 2 \end{cases}$ 의 해가 $x = \alpha$, $y = \beta$일 때,

$\dfrac{\alpha}{\beta}$의 값은? (단, $\alpha > \beta$)

① $\dfrac{3}{2}$ ② 2 ③ $\dfrac{7}{2}$

④ 4 ⑤ 5

0804

Level 2

서로 다른 두 실수 x, y에 대하여 $x + y = 4$일 때, 방정식 $\log_4 xy = (\log_4 x + \log_4 y)^2$의 해를 구하시오.

0805

Level 3

연립방정식 $\begin{cases} \log_2 x + \log_3 y = 7 \\ (\log_3 x)(\log_2 y) = 12 \end{cases}$ 의 해가 $x = \alpha$, $y = \beta$일 때, $\beta - \alpha$의 최댓값은?

① 11 ② 19 ③ 65

④ 73 ⑤ 84

주어진 식을 정리하여 이차방정식의 판별식을 이용한다.

0806 대표문제

방정식 $\log_2 (x + 4) + \log_2 (k - 2x) = 5$가 실근을 가지도록 하는 상수 k에 대하여 k의 값이 최소일 때, 실수 x의 값은?

① 0 ② 2 ③ 4

④ 6 ⑤ 8

0807

Level 2

이차방정식 $x^2 + (6 - 2\log_2 k)x + 1 = 0$이 중근을 가지도록 하는 상수 k의 값을 모두 구하시오.

0808

Level 3

x에 대한 방정식 $\log_3 (x - 1) + \log_3 (k - x) - 4 = 0$이 실근을 가지지 않도록 하는 자연수 k의 개수는? (단, $k > 1$)

① 14 ② 15 ③ 16

④ 17 ⑤ 18

(1) $a>1$일 때

$$\log_a x_1 < \log_a x_2 \Longleftrightarrow x_1 < x_2 \quad \leftarrow \text{부등호 방향 그대로}$$

(2) $0<a<1$일 때

$$\log_a x_1 < \log_a x_2 \Longleftrightarrow x_1 > x_2 \quad \leftarrow \text{부등호 방향 반대로}$$

0809 대표문제

부등식 $\log_2(x-2)+\log_2 x \le 3$을 만족시키는 정수 x의 개수는?

① 1   ② 2   ③ 3

④ 4   ⑤ 5

0810   •‖ Level 1

부등식 $\log_{\frac{1}{6}}(x-4) \ge \log_{\frac{1}{6}} x + \log_6 4$의 해는?

① $0<x<\dfrac{7}{2}$ ② $0<x\le\dfrac{7}{2}$ ③ $\dfrac{7}{2}\le x\le\dfrac{16}{3}$

④ $4<x\le\dfrac{16}{3}$ ⑤ $4\le x\le\dfrac{16}{3}$

0811 중요   •‖ Level 1

부등식 $2\log_{\frac{1}{3}}(x-4) \ge \log_{\frac{1}{3}}(x-2)$를 만족시키는 정수 x의 최댓값을 M, 최솟값을 m이라 할 때, $M+m$의 값을 구하시오.

0812   •‖ Level 2

부등식 $\log_5(2^x-3) \le 3$을 만족시키는 모든 정수 x의 개수는?

① 2   ② 3   ③ 4

④ 5   ⑤ 6

0813 중요   •‖ Level 2

두 이차함수 $y=f(x)$, $y=g(x)$의 그래프가 그림과 같을 때, 부등식 $\log_{\frac{3}{8}} f(x) > \log_{\frac{3}{8}} g(x)$의 해는?

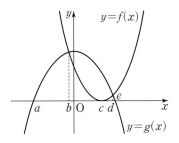

① $a<x<b$ ② $b<x<d$

③ $c<x<e$ ④ $a<x<b$ 또는 $d<x<e$

⑤ $b<x<c$ 또는 $c<x<d$

0814   •‖ Level 2

부등식 $\log_6(x+6)+\log_6(7-x)>k$의 해가 $-2<x<3$일 때, 상수 k의 값은?

① 0   ② 1   ③ 2

④ 3   ⑤ 4

0815 신경향
Level 3

함수 $f(x)=2^{x-1}+3$의 역함수 $f^{-1}(x)$에 대하여 부등식 $f^{-1}(x)+f^{-1}(x+3)\leq\log_2 16x$를 만족시키는 모든 자연수 x의 개수는?

① 3　　　　　② 4　　　　　③ 5

④ 6　　　　　⑤ 7

다음은 이 유형에서 출제된 최근 교육청·평가원 기출문제입니다.

0816 평가원
Level 2

이차함수 $y=f(x)$의 그래프와 직선 $y=x-1$이 그림과 같을 때, 부등식 $\log_3 f(x)+\log_{\frac{1}{3}}(x-1)\leq0$ 을 만족시키는 모든 자연수 x의 값의 합을 구하시오.

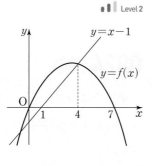

(단, $f(0)=f(7)=0$, $f(4)=3$)

0817 교육청 고난도
Level 3

부등식 $\log|x-1|+\log(x+2)\leq1$을 만족시키는 모든 정수 x의 값의 합을 구하시오.

⊕ Plus 문제

실전 유형 25 로그부등식 – 진수에 로그가 있는 경우

$\log_a(\log_b x)>k$ $(a>0, a\neq1, b>0, b\neq1)$ 꼴일 때
(1) 진수의 조건에서 $x>0$, $\log_b x>0$
(2) $a>1$일 때, $\log_b x>a^k$
　　$0<a<1$일 때, $\log_b x<a^k$

0818 대표문제

부등식 $\log_2(\log_5 x)\geq1$의 해는?

① $x>1$　　　　② $x\geq5$　　　　③ $1<x\leq5$

④ $1<x\leq25$　　⑤ $x\geq25$

0819 중요
Level 2

부등식 $\log_{\frac{1}{3}}\{\log_3(\log_4 x)\}>0$을 만족시키는 정수 x의 개수는?

① 47　　　　　② 51　　　　　③ 55

④ 59　　　　　⑤ 63

0820

부등식 $\log_4(\log_2 x - 2) \leq \frac{1}{2}$을 만족시키는 x의 값의 범위가 $\alpha < x \leq \beta$일 때, $\alpha + \beta$의 값은?

① 17   ② 18   ③ 19

④ 20   ⑤ 21

0821

부등식 $\log_2(\log_3 x - 1) \leq 2$를 만족시키는 자연수 x의 개수를 구하시오.

0822 신경향

전체집합 U의 두 부분집합 $A = \{x \,|\, \log_3(\log_5 x) \leq 1\}$, $B = \{x \,|\, \log_5(\log_3 x) \leq 1\}$에 대하여 다음 중 옳지 <u>않은</u> 것은?

① $A \subset B$ ② $A \cap B = A$ ③ $A \cup B = B$

④ $A \cap B^C = A$ ⑤ $B^C - A^C = \varnothing$

---

26 로그부등식 $-\log_a x$ 꼴이 반복되는 경우

❶ $\log_a x = t$로 치환하여 t에 대한 부등식을 푼다.
❷ ❶에서 구한 t의 값의 범위에 $t = \log_a x$를 대입하여 x의 값의 범위를 구한다.

0823 대표문제

부등식 $(\log_3 x)(\log_3 3x) \leq 20$을 만족시키는 자연수 x의 최댓값은?

① 25   ② 36   ③ 49

④ 64   ⑤ 81

0824 중요

부등식 $(\log_2 x)^2 - \frac{5}{3}\log_2 x^3 + 6 \leq 0$의 해를 $a \leq x \leq b$라 할 때, $a + b$의 값을 구하시오.

0825

부등식 $(\log_5 x)^2 + a\log_5 x + b < 0$의 해가 $\frac{1}{25} < x < 5$일 때, 상수 a, b에 대하여 ab의 값은?

① -2 ② -1 ③ 0

④ 1 ⑤ 2

0826

●❙❙ Level 2

부등식 $(\log_2 x)(\log_2 4x) \leq 15$를 만족시키는 자연수 x의 개수는?

① 7   ② 8   ③ 9

④ 10   ⑤ 11

0827 중요

●❙❙ Level 2

부등식 $\left(\log_{\frac{1}{9}} x\right)\left(\log_3 \dfrac{x}{9}\right) > a$의 해가 $\dfrac{1}{9} < x < 81$일 때, 상수 a의 값은?

① -4 ② -3 ③ -2

④ -1 ⑤ 0

0828 고난도

●❙❙ Level 3

부등식 $\log_3 |x| \times \log_9 9x^2 \leq 12$를 만족시키는 정수 x의 개수는?

① 6   ② 18   ③ 54

④ 162   ⑤ 486

실전 유형 **27** 로그부등식 – 지수에 로그가 있는 경우

$x^{\log f(x)} > g(x)$ 꼴의 로그부등식은 양변에 로그를 취하여 푼다.

0829 대표문제

부등식 $x^{\log x} \leq \sqrt{x}$의 해를 구하시오.

0830

●❙❙ Level 2

부등식 $(x+1)^{\log_3 (x+1)} < 9x+9$를 만족시키는 모든 자연수 x의 값의 합은?

① 22   ② 24   ③ 26

④ 28   ⑤ 30

0831 중요

●❙❙ Level 2

부등식 $x^{2+\log_2 2x} \leq 16$의 해가 $a \leq x \leq b$일 때, $32ab$의 값을 구하시오.

0832 중요

●❙❙ Level 2

부등식 $7^{3x+2} > 70^{2-x}$을 만족시키는 자연수 x의 최솟값은? (단, $\log 7 = 0.8$로 계산한다.)

① 1   ② 2   ③ 3

④ 4   ⑤ 5

두 로그부등식을 풀어 공통으로 만족시키는 범위를 찾는다.

0833 대표문제

연립부등식 $\begin{cases} \left(\dfrac{1}{2}\right)^{x-2} > \dfrac{1}{16} \\ \log_2(x-2) < \log_4(5x-4) \end{cases}$ 를 만족시키는 정수 x의 개수는?

① 3   ② 4   ③ 5

④ 6   ⑤ 7

0834 중요   Level 2

연립부등식 $\begin{cases} \log_{\sqrt{5}}(x+4) \le 2 \\ \log_{0.2}(x+2)^2 \ge \log_{0.2}(-2x+4) \end{cases}$ 를 만족시키는 모든 정수 x의 값의 합은?

① -6 ② -4 ③ -2

④ 0   ⑤ 2

0835   Level 2

부등식 $\log_{\frac{1}{3}}(x-2) > -1$과 부등식 $2^{\frac{x}{2}} > 4$를 동시에 만족시키는 x의 값의 범위는?

① $0 < x < 2$ ② $0 < x < 2$ 또는 $x > 5$

③ $2 < x < 4$ ④ $4 < x < 5$

⑤ $2 < x < 5$

0836 중요   Level 2

연립부등식 $\begin{cases} \left(\dfrac{1}{3}\right)^{x^2-2} > \left(\dfrac{1}{9}\right)^{x+3} \\ \log_x 25 > 2 \end{cases}$ 를 만족시키는 모든 정수 x의 값의 합을 구하시오.

0837 신경향   Level 3

두 함수 $f(x) = \log_2 \dfrac{x}{4}$, $g(x) = x^2 - x$에 대하여 연립부등식 $\begin{cases} g(f(x)) < 0 \\ f(g(x)+c) < 3 \end{cases}$ 의 정수인 해의 개수가 1이 되도록 하는 모든 양의 정수 c의 값의 합은?

① 51   ② 56   ③ 60

④ 63   ⑤ 65

➕ Plus 문제

심화유형 29 로그부등식이 항상 성립할 조건

모든 양의 실수 x에 대하여 부등식
$(\log_a x)^2 + p\log_a x + q > 0$ (p, q는 상수)이 성립하려면
$\log_a x = t$라 할 때, 부등식 $t^2 + pt + q > 0$이 모든 실수 t에 대하여 항상 성립해야 한다.

0838 대표문제

모든 양의 실수 x에 대하여 부등식
$(\log x)^2 - k\log x^2 + 3 - 2k \geq 0$이 성립하기 위한 실수 k의 최댓값은?

① -3 ② -2 ③ -1

④ 0 ⑤ 1

0839

•‖ Level 2

모든 양의 실수 x에 대하여 부등식
$\left(\log_{\frac{1}{2}} x\right)^2 + k\log_{\sqrt{2}} x + 4 \geq 0$이 성립하도록 하는 정수 k의 개수는?

① 1 ② 2 ③ 3

④ 4 ⑤ 5

0840

•‖ Level 2

x에 대한 이차방정식 $x^2 - 2x\log_2 a + \log_2 a + 6 = 0$이 실근을 가지지 않도록 하는 실수 a의 값의 범위를 구하시오.

0841 중요

•‖ Level 2

모든 양의 실수 x에 대하여 부등식 $\left(\log_2 \dfrac{x}{a}\right)\left(\log_2 \dfrac{x^2}{a}\right) + 2 \geq 0$이 성립할 때, 양의 실수 a의 최댓값을 M, 최솟값을 m이라 하자. 이때 Mm의 값을 구하시오.

0842

•‖ Level 2

모든 양의 실수 x에 대하여 부등식 $x^{\log_{\frac{1}{4}} x} \leq ax^2$이 성립하도록 하는 양수 a의 최솟값은?

① 1 ② 2 ③ 3

④ 4 ⑤ 5

0843

모든 실수 x에 대하여 부등식 $10^{x^2+3\log a} \geq a^{-2x}$을 만족시키는 양수 a의 값의 범위를 구하시오.

0844 고난도

모든 실수 x에 대하여 부등식

$3(1-\log k)x^2 + 6(1-\log k)x + 2 \geq 0$이 성립하도록 하는 정수 k의 최댓값을 M, 최솟값을 m이라 할 때, $M+m$의 값은?

① 11   ② 12   ③ 13

④ 14   ⑤ 15

┌─────────────────────────────────────
│ 다음은 이 유형에서 출제된 최근 교육청·평가원 기출문제입니다.
└─────────────────────────────────────

0845 교육청 중요

모든 실수 x에 대하여 이차부등식

$3x^2 - 2(\log_2 n)x + \log_2 n > 0$이 성립하도록 하는 자연수 n의 개수를 구하시오.

실전
유형 **30** 로그방정식과 로그부등식의 실생활에의 활용

(1) 실생활과 관련된 식이 제시된 경우, 주어진 조건을 대입하여 계산한다.

(2) a가 일정한 비율 r만큼씩 n번 증가하는 상황이 주어질 때, n번 증가 후의 값은 $a(1+r)^n$임을 이용하여 방정식 또는 부등식을 세운다.

0846 대표문제

10억 원의 자본으로 설립한 어느 기업의 자본이 매년 28 % 씩 증가할 것으로 예측된다고 한다. 이 기업의 자본이 처음으로 100억 원 이상이 될 것으로 예측되는 것은 기업을 설립한 지 몇 년 후인가? (단, $\log 2 = 0.3010$으로 계산한다.)

① 9년 후   ② 10년 후   ③ 11년 후

④ 12년 후   ⑤ 13년 후

0847

유입되는 불순물의 $\frac{1}{4}$을 걸러내는 여과기가 있다. 이 여과기를 여러 개 겹쳐서 설치하여 전체 불순물의 $\frac{1}{10}$만 여과기를 통과하게 하려고 한다. 이때 필요한 여과기의 개수를 구하시오. (단, $\log 2 = 0.3$, $\log 3 = 0.5$로 계산한다.)

0848 중요

●▮▮ Level 2

어느 온라인 쇼핑몰의 모바일 웹사이트에서 한 화면에 노출되도록 배치하는 상품이 n개인 경우 이용자가 한 화면에 노출된 상품을 모두 살펴보는 데 필요한 평균 시간 T(초)가 다음 식을 만족시킨다.

$T=k\log_2(n+1)$ (단, k는 0이 아닌 상수)

한 화면에 노출되도록 배치하는 상품의 개수를 기존의 a개에서 $8a$개로 늘렸더니 이용자가 한 화면에 노출된 상품을 모두 살펴보는 데 필요한 평균 시간이 2배가 되었다. 이때 자연수 a의 값을 구하시오.

0849

●▮▮ Level 2

작업실에 어떤 방음재를 한 겹 설치할 때마다 외부의 소음을 30 %씩 감소시킨다고 한다. 작업실에서 들리는 소음이 외부의 소음의 10 % 이하가 되도록 감소시키기 위해서 이 방음재를 n겹 설치한다고 할 때, 자연수 n의 최솟값은?

(단, $\log 7=0.8450$으로 계산한다.)

① 6 ② 7 ③ 8
④ 9 ⑤ 10

0850

●▮▮ Level 2

실험실에서 배양 중인 어떤 미생물의 개체 수는 1시간마다 일정한 비율로 증가한다. 배양을 시작한 지 12시간 후 이 미생물의 개체 수가 처음의 4배가 되었다고 할 때, 이 미생물의 개체 수가 처음의 6배 이상이 되는 것은 배양을 시작한 지 최소 n시간 후이다. 자연수 n의 값을 구하시오.

(단, $\log 2=0.3$, $\log 3=0.5$로 계산한다.)

0851 중요

●▮▮ Level 2

자본이 같은 두 스타트업 회사 A, B가 같은 시기에 사업을 시작하여 A 회사의 자본은 매년 15 %씩, B 회사의 자본은 매년 30 %씩 증가한다고 한다. B 회사의 자본이 처음으로 A 회사의 자본의 10배 이상이 되는 것은 사업을 시작한 지 몇 년 후인가?

(단, $\log 1.15=0.061$, $\log 1.3=0.114$로 계산한다.)

① 15년 후 ② 19년 후 ③ 23년 후
④ 27년 후 ⑤ 31년 후

0852

●▮▮ Level 2

매년 말 실시하는 인구 조사에서 2025년 말에 조사한 두 지역 A, B의 인구는 각각 60만 명, 20만 명이었다. A 지역의 인구는 매년 16 %씩 감소하고, B 지역의 인구는 매년 12 %씩 증가한다고 할 때, B 지역의 인구가 처음으로 A 지역의 인구보다 많게 되는 해는?

(단, $\log 2=0.3010$, $\log 3=0.4771$로 계산한다.)

① 2026년 말 ② 2027년 말 ③ 2028년 말
④ 2029년 말 ⑤ 2030년 말

0853 대표문제

두 함수 $y=\log_2 2x-4$, $y=\log_2 x+5$의 그래프와 두 직선 $x=1$, $x=5$로 둘러싸인 도형의 넓이를 구하는 과정을 서술하시오. [7점]

STEP 1 두 함수의 그래프의 관계 파악하기 [3점]

$y=\log_2 2x-4$

$=\log_2 \boxed{^{(1)}}+\log_2 x-4$

$=\log_2 x-\boxed{^{(2)}}$

이 함수의 그래프는 함수 $y=\log_2 x+5$의 그래프를 y축의

방향으로 $\boxed{^{(3)}}$ 만큼 평행이동한 것이다.

STEP 2 평행이동을 이용하여 두 함수의 그래프와 두 직선으로 둘러싸인 부분의 넓이 구하기 [4점]

그림에서 빗금 친 두 부분의 넓이가 서로 같으므로 구하는 넓이는 평행사변형 ABCD의 넓이와 같다.

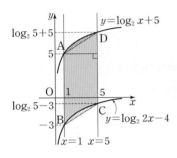

따라서 구하는 도형의 넓이는

$\left(\boxed{^{(4)}}-1\right)\times\left\{5-\left(\boxed{^{(5)}}\right)\right\}=\boxed{^{(6)}}$

0854 한번 더

두 함수 $y=\log_2 2x-1$, $y=\log_2 x+5$의 그래프와 두 직선 $x=1$, $x=7$로 둘러싸인 도형의 넓이를 구하는 과정을 서술하시오. [7점]

STEP 1 두 함수의 그래프의 관계 파악하기 [3점]

STEP 2 평행이동을 이용하여 두 함수의 그래프와 두 직선으로 둘러싸인 부분의 넓이 구하기 [4점]

0855 유사 1

그림과 같이 두 함수 $y=\log_5 (x+1)$, $y=\log_5 (x-1)-6$의 그래프와 두 직선 $y=-3x$, $y=-3x+9$로 둘러싸인 도형의 넓이를 구하는 과정을 서술하시오. [8점]

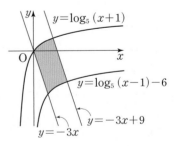

핵심 KEY　유형 10　로그함수의 넓이의 활용 - 평행이동 또는 대칭이동을 이용

두 로그함수의 그래프와 두 직선으로 둘러싸인 도형의 넓이를 구하는 문제이다.

이 문제는 로그의 성질을 이용하여 두 함수의 그래프 사이의 관계를 파악하고, 두 함수의 그래프와 두 직선을 그려 보는 것이 중요하다.

이때 함수의 그래프를 평행이동하면 그 모양은 변하지 않으므로 넓이가 같은 부분을 찾아 넓이를 구하기 쉬운 도형으로 바꾸어 놓고 생각한다.

0856 대표문제

함수 $y=\log_2(x-2)+\log_2(6-x)$의 최댓값을 구하는 과정을 서술하시오. [7점]

> **STEP 1** 진수의 조건을 이용하여 x의 값의 범위 구하기 [2점]
>
> 진수의 조건에서 $x-2>0$, $6-x>0$
>
> 따라서 x의 값의 범위는 $\boxed{^{(1)}}<x<\boxed{^{(2)}}$이다.
>
> **STEP 2** 로그의 성질을 이용하여 식 변형하기 [2점]
>
> 로그의 성질에 의하여
>
> $y=\log_2(x-2)+\log_2(6-x)$
>
> $\quad=\log_2(x-2)(\boxed{^{(3)}}-x)$
>
> $\quad=\log_2(-x^2+8x-12)$
>
> **STEP 3** 최댓값 구하기 [3점]
>
> $f(x)=-x^2+8x-12$로 놓으면
>
> $f(x)=-(x-4)^2+\boxed{^{(4)}}$
>
> 따라서 $x=\boxed{^{(5)}}$일 때, $f(x)$는 최댓값 $\boxed{^{(6)}}$를 가진다.
>
> 함수 $y=\log_2 f(x)$에서 밑이 1보다 크므로
>
> $y=\log_2(x-2)+\log_2(6-x)$의 최댓값은
>
> $\log_2\boxed{^{(7)}}=\boxed{^{(8)}}$이다.

0857 한번 더

함수 $y=\log_4(x+2)+\log_4(6-x)$의 최댓값을 구하는 과정을 서술하시오. [7점]

> **STEP 1** 진수의 조건을 이용하여 x의 값의 범위 구하기 [2점]
>
>
>
> **STEP 2** 로그의 성질을 이용하여 식 변형하기 [2점]
>
>
>
> **STEP 3** 최댓값 구하기 [3점]

핵심 KEY 유형 13 로그함수의 최대·최소 – $y=\log_a f(x)$ 꼴

진수가 이차식인 로그함수의 최댓값을 구하는 문제이다.

함수 $y=\log_a f(x)$ $(a>0, a\neq1)$에서 $a>1$인 경우 $f(x)$가 최대이면 y도 최대, $f(x)$가 최소이면 y도 최소이고 $0<a<1$인 경우 $f(x)$가 최대이면 y는 최소, $f(x)$가 최소이면 y는 최대임을 이용한다.

밑의 조건을 확인하여 로그함수의 증가 또는 감소를 판단하는 것과 진수의 조건을 이용하여 x의 값의 범위를 구하는 것에 주의한다.

0858 ☑유사1

함수 $y=\log_{\frac{1}{3}}(x-1)+\log_{\frac{1}{3}}(7-x)$의 최솟값을 구하는 과정을 서술하시오. [7점]

0859 ☑유사2

정의역이 $\{x\,|\,0\le x\le 3\}$인 함수 $f(x)=\log_{\frac{1}{2}}(x^2-2x+a)$의 최댓값이 -2일 때, 함수 $f(x)$의 최솟값을 구하는 과정을 서술하시오. (단, a는 상수이다.) [9점]

0860 대표문제

부등식 $\log_{\frac{1}{3}}(x+3)+\log_{\frac{1}{3}}(x+5)\ge -1$을 만족시키는 x의 값의 범위를 구하는 과정을 서술하시오. [6점]

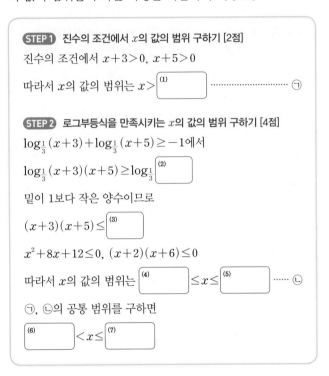

STEP 1 진수의 조건에서 x의 값의 범위 구하기 [2점]

진수의 조건에서 $x+3>0$, $x+5>0$

따라서 x의 값의 범위는 $x>$ `[(1)    ]` ····················· ㉠

STEP 2 로그부등식을 만족시키는 x의 값의 범위 구하기 [4점]

$\log_{\frac{1}{3}}(x+3)+\log_{\frac{1}{3}}(x+5)\ge -1$에서

$\log_{\frac{1}{3}}(x+3)(x+5)\ge \log_{\frac{1}{3}}$`[(2)  ]`

밑이 1보다 작은 양수이므로

$(x+3)(x+5)\le$ `[(3)  ]`

$x^2+8x+12\le 0$, $(x+2)(x+6)\le 0$

따라서 x의 값의 범위는 `[(4)    ]`$\le x\le$`[(5)    ]` ······ ㉡

㉠, ㉡의 공통 범위를 구하면

`[(6)    ]`$< x\le$`[(7)    ]`

핵심 **KEY** 유형 24 **로그부등식 – 밑을 같게 할 수 있는 경우**

밑이 같을 때 진수를 비교하여 로그부등식의 해를 구하는 문제이다. 진수의 조건과 부등식의 해의 공통 범위로 로그부등식의 해를 구하는 것이 중요하다.
이때 밑의 범위에 따라 부등호의 방향이 바뀔 수 있음에 주의한다.

0861 한번 더

부등식 $\log_{\frac{1}{8}}(x+5)+\log_{\frac{1}{8}}(x+7)\geq-1$을 만족시키는 x의 값의 범위를 구하는 과정을 서술하시오. [6점]

STEP 1 진수의 조건에서 x의 값의 범위 구하기 [2점]

STEP 2 로그부등식을 만족시키는 x의 값의 범위 구하기 [4점]

0862 ☑유사 1

부등식 $2\log_3(x+1)\leq1+\log_3(x+7)$을 만족시키는 x의 값의 범위를 구하는 과정을 서술하시오. [6점]

0863 ☑유사 2

부등식 $\log_a 7x<\log_a(x^2+10)$의 해가 $0<x<2$ 또는 $x>5$일 때, 실수 a의 값의 범위를 구하는 과정을 서술하시오.

(단, $a>0$, $a\neq1$) [9점]

1 0864

함수 $f(x) = \begin{cases} \log_{\frac{1}{2}} x - 1 & (x > 0) \\ 2^x & (x \le 0) \end{cases}$ 에 대하여 $(f \circ f)(8)$의 값은? [3점]

① $\dfrac{1}{32}$　　　② $\dfrac{1}{16}$　　　③ $\dfrac{1}{8}$

④ $\dfrac{1}{4}$　　　⑤ $\dfrac{1}{2}$

2 0865

그림과 같이 함수 $y = \log_3(ax+b)$의 그래프가 원점을 지나고 점근선의 방정식이 $x = -2$일 때, 상수 a, b에 대하여 $2ab$의 값은? [3점]

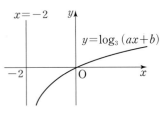

① -2　　　② -1　　　③ 0

④ 1　　　⑤ 2

3 0866

그림과 같이 함수 $y = \log_a x$의 그래프 위에 x좌표가 각각 2, 4인 두 점 A, B가 있다. 선분 AB의 중점 M을 지나면서 x축에 평행한 직선과 함수 $y = \log_a x$의 그래프의 교점의 x좌표가 b일 때, 양수 b의 값은? (단, $a > 0$, $a \ne 1$) [3점]

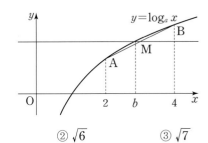

① $\sqrt{5}$　　　② $\sqrt{6}$　　　③ $\sqrt{7}$

④ $2\sqrt{2}$　　　⑤ 3

4 0867

다음 〈보기〉에서 함수 $y = -\log_{\frac{1}{2}} x + 1$에 대한 설명으로 옳은 것만을 있는 대로 고른 것은? [3점]

〈 보기 〉
ㄱ. 그래프는 점 $(1, 1)$을 지난다.
ㄴ. 그래프의 점근선의 방정식은 $y = 0$이다.
ㄷ. x의 값이 증가하면 y의 값도 증가한다.
ㄹ. 함수 $y = -\left(\dfrac{1}{2}\right)^{x+1}$의 역함수이다.

① ㄱ　　　② ㄱ, ㄴ　　　③ ㄱ, ㄷ

④ ㄴ, ㄷ　　　⑤ ㄱ, ㄷ, ㄹ

5 0868

함수 $y=\log_3 x$의 그래프와 직선 $y=x$가 그림과 같을 때, x_3-x_1의 값은? (단, 점선은 x축 또는 y축에 평행하다.) [3점]

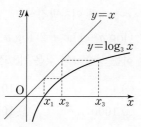

① 22 　　② 23

③ 24 　　④ 25

⑤ 26

6 0869

방정식 $\log_5(-x+6)=2\log_5 x$를 만족시키는 실수 x의 값은? [3점]

① 1 　　② 2 　　③ 3

④ 4 　　⑤ 5

7 0870

부등식 $\log_2 x \geq \log_2(2x-4)$를 만족시키는 모든 자연수 x의 값의 합은? [3점]

① 6 　　② 7 　　③ 8

④ 9 　　⑤ 10

8 0871

부등식 $\log_{\frac{1}{2}}\dfrac{a}{c}<\log_{\frac{1}{2}}\dfrac{c}{b}<\log_{\frac{1}{2}}\dfrac{b}{a}$가 성립할 때, 〈보기〉에서 항상 성립하는 것만을 있는 대로 고른 것은?

(단, a, b, c는 서로 다른 양수이다.) [3.5점]

〈보기〉

ㄱ. $a>c$ 　　　ㄴ. $b>a$ 　　　ㄷ. $c>b$

① ㄱ 　　② ㄴ 　　③ ㄱ, ㄴ

④ ㄱ, ㄷ 　　⑤ ㄴ, ㄷ

9 0872

함수 $y=\log_{\frac{1}{2}}(x+2)+k$의 그래프가 제3사분면을 지나지 않도록 하는 실수 k의 최솟값은? [3.5점]

① -1 　　② 0 　　③ 1

④ 2 　　⑤ 3

10 0873

함수 $y=(\log_3 x)^2+a\log_{27}x^2+b$가 $x=\dfrac{1}{9}$에서 최솟값 1을 가질 때, 상수 a, b에 대하여 $a-b$의 값은? [3.5점]

① 0 　　② 1 　　③ 2

④ 3 　　⑤ 4

11 0874

$1 \leq x \leq 64$에서 함수 $y = ax^{2-\log_4 x}$ $(a > 0)$의 최댓값이 64일 때, 최솟값은 m이다. 상수 a, m에 대하여 am의 값은?

[3.5점]

① 1   ② 2   ③ 3

④ 4   ⑤ 5

12 0875

$x > 0$, $y > 0$일 때, $\log_6 \left(x + \dfrac{2}{y} \right) + \log_6 \left(\dfrac{4}{x} + 8y \right)$의 최솟값은? [3.5점]

① $\dfrac{1}{2}$ ② 1   ③ $\dfrac{3}{2}$

④ 2   ⑤ $\dfrac{5}{2}$

13 0876

방정식 $x^{\log 2} \times 2^{\log x} - 10 \times 2^{\log x} + 16 = 0$의 두 근을 α, β $(\alpha < \beta)$라 할 때, $\dfrac{\beta}{\alpha}$의 값은? [3.5점]

① 2   ② 10   ③ 20

④ 50   ⑤ 100

14 0877

x에 대한 이차방정식
$(\log a - 1)x^2 - 2(\log a - 1)x + 1 = 0$이 중근을 가지도록 하는 상수 a의 값은? [3.5점]

① 1   ② 10   ③ 100

④ 1000   ⑤ 10000

15 0878

부등식 $\log_2 (\log_3 x - 2) < 1$의 해는? [3.5점]

① $9 < x < 81$ ② $10 < x < 80$ ③ $11 < x < 79$

④ $12 < x < 78$ ⑤ $13 < x < 77$

16 0879

부등식 $x^{\log_2 x} \geq 8x^2$을 만족시키는 가장 작은 자연수 x의 값은? [3.5점]

① 2   ② 4   ③ 6

④ 8   ⑤ 10

17 0880

모든 양의 실수 x에 대하여 부등식
$(\log_2 x)^2 + \log_2 16x^2 - k \geq 0$이 성립하도록 하는 실수 k의
최댓값은? [3.5점]

① -3　　　　② -1　　　　③ 0

④ 1　　　　⑤ 3

18 0881

그림과 같이 두 곡선 $y = \log_2 2(x+1)$, $y = \log_2 (x-1) - 3$
과 두 직선 $y = -2x+1$, $y = -2x+8$로 둘러싸인 부분의
넓이를 S라 할 때, $2S$의 값은? [4점]

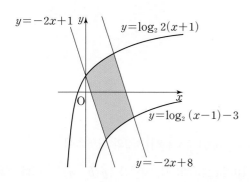

① 24　　　　② 25　　　　③ 26

④ 27　　　　⑤ 28

19 0882

연립방정식 $\begin{cases} \log xy = 4 \\ (\log x)(\log y) = 1 \end{cases}$ 의 해가 $x = \alpha$, $y = \beta$일 때,

$\log_\alpha \beta$의 값은? (단, $\alpha < \beta$) [4점]

① $7 + 4\sqrt{3}$　　　② $6 + 5\sqrt{3}$　　　③ $5 + 6\sqrt{3}$

④ $4 + 7\sqrt{3}$　　　⑤ $3 + 8\sqrt{3}$

20 0883

기울기가 -1인 직선 l이 곡선 $y = \log_2 x$와 만나는 점을
$A(a, b)$, 곡선 $y = \log_4 (x+7)$과 만나는 점을 $B(c, d)$라
하면 $\overline{AB} = \sqrt{2}$일 때, $a+c$의 값은? (단, $1 < a < c$) [4.5점]

① 13　　　　② 14　　　　③ 15

④ 16　　　　⑤ 17

21 0884

두 집합 $A = \{x \,|\, 2^{x(x-3a)} < 2^{a(x-3a)}\}$,
$B = \{x \,|\, \log_3 (x^2 - 2x + 6) < 2\}$에 대하여 $A - B = \varnothing$이 성
립하도록 하는 정수 a의 개수는? [4.5점]

① 1　　　　② 2　　　　③ 3

④ 4　　　　⑤ 5

22 0885

정의역이 $\{x|5\leq x\leq7\}$인 함수 $y=\log_{\frac{1}{2}}(x-a)$의 최솟값이 -2일 때, 최댓값을 구하는 과정을 서술하시오.

(단, a는 상수이다.) [6점]

23 0886

모든 실수 x에 대하여 부등식

$$\log_a(ax^2+2x+3)>\log_a(x^2+x+2)$$

가 성립할 때, 실수 a의 값의 범위를 구하는 과정을 서술하시오. (단, $a>0$, $a\neq1$) [6점]

24 0887

그림과 같이 직선 $x=t$와 두 함수 $y=\log_2 x$, $y=\log_4 x$의 그래프가 만나는 점을 각각 A, B라 하고, 직선 $x=t+3$과 두 함수 $y=\log_2 x$, $y=\log_4 x$의 그래프가 만나는 점을 각각 C, D라 하자. 부등식 $\log_2\sqrt{10}\leq\overline{\mathrm{AB}}+\overline{\mathrm{CD}}\leq\log_2\sqrt{54}$를 만족시키는 정수 t의 개수를 구하는 과정을 서술하시오.

(단, $t>1$) [7점]

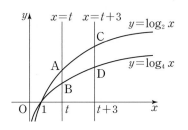

25 0888

함수 $y=\left|\log_2\left(\dfrac{1}{8}x+2\right)\right|+2$의 정의역이 $\{x|-10\leq x\leq a\}$일 때, 치역은 $\{y|b\leq y\leq5\}$이다. 상수 a, b에 대하여 $a+b$의 값을 구하는 과정을 서술하시오.

(단, $a>-10$, $b<5$) [8점]

점 /100점

1 0889

함수 $y=\log_9 x^2$과 같은 함수인 것만을 〈**보기**〉에서 있는 대로 고른 것은? [3점]

〈보기〉
ㄱ. $y=\log_3|x|$
ㄴ. $y=\log_{\frac{1}{3}}(-x)$
ㄷ. $y=-\log_3\dfrac{1}{x}$
ㄹ. $y=-2\log_{\frac{1}{9}}x$

① ㄱ
② ㄷ
③ ㄱ, ㄴ
④ ㄱ, ㄷ
⑤ ㄷ, ㄹ

2 0890

다음 중 함수 $y=\log_2(x-1)+2$에 대한 설명으로 옳지 <u>않은</u> 것은? [3점]

① x의 값이 증가하면 y의 값도 증가한다.
② 그래프의 점근선은 직선 $x=1$이다.
③ 정의역은 $\{x\,|\,x>1\}$이다.
④ 치역은 $\{y\,|\,y>2\}$이다.
⑤ 그래프는 점 $(5,\,4)$를 지난다.

3 0891

그림과 같이 두 점 A, B는 함수 $y=\log_2 x$의 그래프 위의 점이다. $y_2-y_1=3$일 때, $\dfrac{b}{a}$의 값은? [3점]

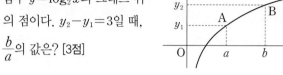

① 2
② 4
③ 6
④ 8
⑤ 10

4 0892

정의역이 $\left\{x\,\middle|\,-\dfrac{2}{3}\le x\le 26\right\}$인 함수 $y=\log_{\frac{1}{3}}(x+1)$의 최댓값과 최솟값의 합은? [3점]

① -5
② -4
③ -3
④ -2
⑤ -1

5 0893

방정식 $\log_2(x^2+x+2)=2\log_2 x+1$의 해를 $x=\alpha$라 할 때, $\log_4(10-3\alpha)$의 값은? [3점]

① 1
② 2
③ 3
④ 4
⑤ 5

6 0894

방정식 $(\log x)^2 - 4\log x - 5 = 0$의 해는? [3점]

① $x = 10^{-5}$

② $x = 10^{-5}$ 또는 $x = 10$

③ $x = \dfrac{1}{10}$ 또는 $x = 10$

④ $x = \dfrac{1}{10}$ 또는 $x = 10^5$

⑤ $x = 10^5$

7 0895

그림과 같이 1보다 큰 실수 a에 대하여 직선 $y = -x + 11$이 두 곡선 $y = a^x$, $y = \log_a x$와 만나는 점을 각각 A, B라 하자. $\overline{\mathrm{AB}} = 5\sqrt{2}$일 때, $3a$의 값은? (단, 점 A의 x좌표는 점 B의 x좌표보다 작다.) [3.5점]

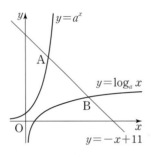

① 3

② 6

③ 9

④ 12

⑤ 15

8 0896

정의역이 $\{x \mid 1 \le x \le 8\}$인 함수 $f(x) = 32x^{-2 + \log_2 x}$의 최댓값을 M, 최솟값을 m이라 할 때, $M - m$의 값은? [3.5점]

① 4

② 32

③ 60

④ 120

⑤ 240

9 0897

방정식 $\log_3 x - \dfrac{1}{3}\log_x 3 - k = 0$의 두 근의 곱이 3일 때, 상수 k의 값은? [3.5점]

① -2

② -1

③ 0

④ $\dfrac{1}{3}$

⑤ 1

10 0898

방정식 $x^{\log_3 x} = x^3$의 모든 근의 합은? [3.5점]

① 28

② 29

③ 30

④ 31

⑤ 32

11 0899

$\log_{x^2 + 3x}(3x - 1) = \log_{x+8}(3x - 1)$의 모든 근의 곱을 k라 할 때, $9k^2$의 값은? [3.5점]

① 12

② 14

③ 16

④ 18

⑤ 20

12 0900

방정식 $2^{2x}-p\times 2^x+8=0$과 방정식 $(\log_2 x)^2-\log_2 x+q=0$의 두 근이 같을 때, 상수 p, q에 대하여 $p-q$의 값은? [3.5점]

① -6 ② -3 ③ 0

④ 3 ⑤ 6

13 0901

$x>\dfrac{1}{2}$에서 정의된 함수 $f(x)=(\log_a x)^2+\log_a x-2$에 대하여 방정식 $f(x)=0$이 서로 다른 두 실근을 가지도록 하는 실수 a의 값의 범위는? (단, $0<a<1$) [3.5점]

① $0<a<\dfrac{1}{4}$ ② $0<a<\dfrac{1}{2}$ ③ $\dfrac{1}{4}<a<\dfrac{1}{2}$

④ $\dfrac{1}{2}<a<1$ ⑤ $a<1$

14 0902

부등식 $\log_{\frac{1}{3}}\{-1+\log_2(x-1)\}\geq -2$를 만족시키는 정수 x의 개수는? [3.5점]

① 1020 ② 1021 ③ 1022

④ 1023 ⑤ 1024

15 0903

모든 양의 실수 x에 대하여 부등식 $k^2 x^{\log_2 x+2}>1$이 성립하도록 하는 실수 k의 값의 범위는? [3.5점]

① $k<-\sqrt{2}$ ② $-\sqrt{2}<k<\sqrt{2}$

③ $0<k<\sqrt{2}$ ④ $k<-\sqrt{2}$ 또는 $k>\sqrt{2}$

⑤ $k>\sqrt{2}$

16 0904

어느 제과점에서는 다음과 같은 방법으로 빵의 가격을 실질적으로 인상한다.

> 빵의 개당 가격은 그대로 유지하고, 무게를 그 당시 무게에서 10 % 줄인다.

이 방법을 n번 시행하면 빵의 단위 무게당 가격이 처음의 2배 이상이 될 때, 자연수 n의 최솟값은?

  (단, $\log 2=0.3010$, $\log 3=0.4771$로 계산한다.) [3.5점]

① 3 ② 4 ③ 5

④ 6 ⑤ 7

17 0905

그림과 같이 두 함수 $y=\log_2(x-1)$, $y=\log_2(x-a)+b$ 의 그래프가 x축과 만나는 점을 각각 A, B라 하고 두 함수의 그래프의 교점을 C라 하자. 점 C의 좌표가 $(5, k)$이고, 삼각형 ABC의 넓이가 $\dfrac{9}{4}$일 때, $a+b$의 값은?

(단, $a>0$, $b>0$) [4점]

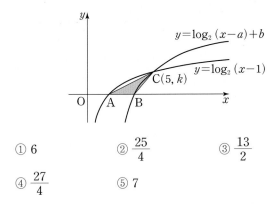

① 6
② $\dfrac{25}{4}$
③ $\dfrac{13}{2}$

④ $\dfrac{27}{4}$
⑤ 7

18 0906

그림과 같이 함수 $y=\log_3(x+1)$의 그래프와 x축 및 직선 $x=n$으로 둘러싸인 도형을 A_n, 함수 $y=3^x$의 그래프와 y축 및 직선 $y=n$으로 둘러싸인 도형을 B_n이라 하자. 두 도형 A_n, B_n에 포함된 점 중 x좌표와 y좌표가 모두 정수인 점의 개수를 각각 $f(n)$, $g(n)$이라 할 때, $f(n)-g(n)=5$를 만족시키는 자연수 n의 개수는?

(단, 두 도형 A_n, B_n은 경계선을 포함한다.) [4점]

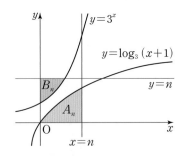

① 160
② 161
③ 162

④ 163
⑤ 164

19 0907

부등식 $\log_{\frac{1}{9}}(2^{2x}+3\times2^x-10)>\log_{\frac{1}{3}}(2^x+1)$을 만족시키는 x의 값의 범위는? [4점]

① 해가 없다.
② $0<x<\log_2 11$
③ $1<x<\log_2 11$
④ $x<\log_2 11$
⑤ $x>\log_2 11$

20 0908

좌표평면 위의 두 곡선 $y=\log_{\frac{1}{3}}\left(x+\dfrac{a}{4}\right)$와 $y=\log_{\frac{1}{2}}\left(x+\dfrac{1}{8}\right)$이 제1사분면 위의 한 점에서 만나도록 하는 실수 a의 값의 범위가 $\alpha<a<\beta$일 때, $\alpha\beta$의 값은? [4.5점]

① $\dfrac{7}{8}$
② $\dfrac{7}{4}$
③ $\dfrac{2}{27}$

④ $\dfrac{4}{27}$
⑤ $\dfrac{8}{27}$

21 0909

두 부등식

$$4^x-2^{x+4}+48\geq0, \quad (\log_4 x)\left(\log_4\dfrac{x}{48}\right)\leq\log_4\dfrac{1}{9}$$

을 모두 만족시키는 해가 $\alpha\leq x\leq\beta$일 때, 상수 α, β에 대하여 $\beta-2^\alpha$의 값은? [4.5점]

① 0
② 1
③ 2

④ 3
⑤ 4

22 0910

함수 $y=\log_4(x-1)+\log_4(5-x)$가 $x=a$에서 최댓값 b를 가질 때, $a+b$의 값을 구하는 과정을 서술하시오. [6점]

23 0911

부등식 $\log_a(4-x)<\log_a(x+2)+1$의 해가 $-1<x<4$일 때, 양수 a의 값을 구하는 과정을 서술하시오. (단, $a\neq1$) [6점]

24 0912

두 집합 $A=\{x\,|\,4^x-(a+1)\times2^x+a\leq0\}$, $B=\{x\,|\,(\log_2 x)^2-\log_2 x^4+3\leq0\}$에 대하여 $A\cup B=A$가 성립하도록 하는 자연수 a의 최솟값을 구하는 과정을 서술하시오. [7점]

25 0913

모든 실수 x에 대하여 부등식
$$(1-\log_5 a)x^2+2(1-\log_5 a)x+\log_5 a>0$$
이 성립하도록 하는 정수 a의 값을 모두 구하는 과정을 서술하시오. [7점]

1 0914

연계문항 150쪽 **0713**

직선 $x=k$가 두 곡선 $y=\log_3(x-1)$, $y=-\log_3(7-x)$
와 만나는 점을 각각 A, B라 하자. $\overline{AB}=1$이 되도록 하는
모든 실수 k의 값의 곱을 구하시오. (단, $1<k<7$)

2 0915

연계문항 157쪽 **0743**

그림과 같이 1보다 큰 상수 a에 대하여
직선 $y=-x+6$이 두 곡선 $y=a^x$,
$y=\log_a x$와 만나는 점을 각각 A, B
라 하자. 삼각형 OAB의 넓이가 9일
때, a^3의 값을 구하시오. (단, O는 원
점이고, 점 A의 x좌표는 점 B의 x좌표보다 작다.)

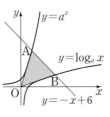

3 0916

연계문항 159쪽 **0755**

정의역이 $\{x\,|\,1\le x\le 8\}$인 함수 $y=\log_2|x^2-9x+14|$의
최댓값은?

① $\log_2\dfrac{21}{4}$ ② $\log_2\dfrac{11}{2}$ ③ $\log_2\dfrac{23}{4}$

④ $\log_2 6$ ⑤ $\log_2\dfrac{25}{4}$

4 0917

연계문항 164쪽 **0789**

$k>0$인 상수 k에 대하여 방정식 $(\log_2 x)^2+8=k\log_2 x$의
두 근을 α, β라 하자. $\alpha:\beta=4:1$일 때, αk의 값은?

① 92   ② 94   ③ 96

④ 98   ⑤ 100

5 0918

연계문항 169쪽 **0817**

부등식 $\log_2|2-x|+\log_2(x+1)\le 3$을 만족시키는 모든
정수 x의 값의 합은?

① 2   ② 3   ③ 4

④ 5   ⑤ 6

6 0919

연계문항 172쪽 **0837**

두 함수 $f(x)=\log_3\dfrac{x}{3}$, $g(x)=\dfrac{1}{2}x^2-x$에 대하여 연립부등
식 $\begin{cases} 2g(f(x))<0 \\ f(g(x)+k)<2 \end{cases}$ 의 정수인 해의 개수가 2가 되도록 하는
모든 양의 정수 k의 값의 합을 구하시오.

05

삼각함수

05 삼각함수

1 일반각 핵심 1

(1) 시초선과 동경

두 반직선 OX, OP에 의하여 정해진 ∠XOP의 크기는 반직선 OP가 고정된 반직선 OX의 위치에서 점 O를 중심으로 반직선 OP의 위치까지 회전한 양이다. 이때 반직선 OX를 **시초선**, 반직선 OP를 **동경**이라 한다.

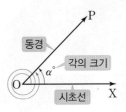

(2) 일반각

시초선 OX와 동경 OP가 나타내는 한 각의 크기를 $\alpha°$라 하면

$$\angle XOP = 360° \times n + \alpha° \ (n은 \ 정수)$$

꼴로 나타낼 수 있고, 이것을 동경 OP가 나타내는 **일반각**이라 한다.

[참고] 일반각으로 나타낼 때, $\alpha°$는 보통 $0° \le \alpha° < 360°$ (또는 $-180° < \alpha° \le 180°$)인 것을 택한다.

(3) 사분면의 각

좌표평면에서 시초선을 원점 O에서 x축의 양의 방향으로 잡을 때, 제1사분면, 제2사분면, 제3사분면, 제4사분면에 있는 동경 OP가 나타내는 각을 각각 제1사분면의 각, 제2사분면의 각, 제3사분면의 각, 제4사분면의 각이라 한다.

[주의] 동경 OP가 좌표축 위에 있으면 어느 사분면에도 속하지 않는다.

Note

각의 크기는 회전한 양이 양의 방향이면 +를, 음의 방향이면 −를 붙인다. 이때 양의 부호 +는 보통 생략한다.

좌표평면에서 시초선은 보통 x축의 양의 방향으로 정한다.

2 호도법 핵심 2

(1) **1라디안(radian)** : 반지름의 길이가 r인 원에서 길이가 r인 호 AB에 대한 중심각의 크기

(2) **호도법** : 라디안을 단위로 각의 크기를 나타내는 방법

(3) **호도법과 육십분법의 관계**

① 1라디안 $= \dfrac{180°}{\pi}$

② $1° = \dfrac{\pi}{180}$ 라디안

[예] $210° = 210 \times \dfrac{\pi}{180} = \dfrac{7}{6}\pi$ (라디안)

$\dfrac{5}{4}\pi = \dfrac{5}{4}\pi \times \dfrac{180°}{\pi} = 225°$

[참고] 자주 쓰이는 각

육십분법	0°	30°	45°	60°	90°	120°	135°	150°	180°	270°	360°
호도법	0	$\dfrac{\pi}{6}$	$\dfrac{\pi}{4}$	$\dfrac{\pi}{3}$	$\dfrac{\pi}{2}$	$\dfrac{2}{3}\pi$	$\dfrac{3}{4}\pi$	$\dfrac{5}{6}\pi$	π	$\dfrac{3}{2}\pi$	2π

반지름의 길이가 r인 원에서 길이가 r인 호에 대한 중심각의 크기를 $\alpha°$라 하면

$r : 2\pi r = \alpha° : 360°$

$\therefore \alpha° = \dfrac{180°}{\pi}$

도(°)를 단위로 하여 각의 크기를 나타내는 방법을 육십분법이라 한다.

호도법으로 나타낼 때, 단위인 라디안은 생략한다.

③ 부채꼴의 호의 길이와 넓이 핵심 ③

반지름의 길이가 r, 중심각의 크기가 θ(라디안)인 부채꼴의 호
의 길이를 l, 넓이를 S라 하면

$$l=r\theta, \quad S=\frac{1}{2}r^2\theta=\frac{1}{2}rl$$

주의 부채꼴의 중심각의 크기 θ는 호도법으로 나타낸 각이므로 육십분법으로 주
어지면 호도법으로 고쳐서 계산한다.

⊕ **Note**

(1) $l : 2\pi r = \theta : 2\pi$

　$\therefore\ l=r\theta$

(2) $S : \pi r^2 = \theta : 2\pi$

　$\therefore\ S=\dfrac{1}{2}r^2\theta$

④ 삼각함수 핵심 ④

좌표평면에서 각 θ를 나타내는 동경과 원점 O를 중심으
로 하고 반지름의 길이가 r인 원의 교점을 $\mathrm{P}(x,\ y)$라
하면

$$\sin\theta=\frac{y}{r},\ \cos\theta=\frac{x}{r},\ \tan\theta=\frac{y}{x}\ (x\neq0)$$

이 함수들을 차례로 θ에 대한 **사인함수**, **코사인함수**, **탄젠
트함수**라 하고, 이 함수들을 통틀어 θ에 대한 **삼각함수**라
한다.

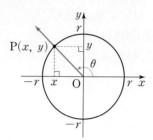

$\dfrac{y}{r}, \dfrac{x}{r}, \dfrac{y}{x}\ (x\neq0)$의 값은 r의 값에
관계없이 θ의 값에 따라 각각 하나로
정해지므로 θ에 대한 함수이다.

예 그림과 같이 각 θ를 나타내는 동경과 원점 O를 중심으로
하는 원의 교점이 $\mathrm{P}(-3,\ -4)$일 때,
$\overline{\mathrm{OP}}=\sqrt{(-3)^2+(-4)^2}=5$이므로

$\sin\theta=\dfrac{-4}{5}=-\dfrac{4}{5}$

$\cos\theta=\dfrac{-3}{5}=-\dfrac{3}{5}$

$\tan\theta=\dfrac{-4}{-3}=\dfrac{4}{3}$

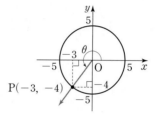

⑤ 삼각함수의 값의 부호 핵심 ⑤

삼각함수의 값의 부호는 각 θ의 동경이 위치하는 사분면에 따라 다음과 같이 정해진다.

사분면	x, y의 부호	$\sin\theta$	$\cos\theta$	$\tan\theta$
제1사분면	$x>0, y>0$	$+$	$+$	$+$
제2사분면	$x<0, y>0$	$+$	$-$	$-$
제3사분면	$x<0, y<0$	$-$	$-$	$+$
제4사분면	$x>0, y<0$	$-$	$+$	$-$

각 사분면에서 삼각함수의 값의 부호
가 $+$인 것을 좌표평면 위에 나타내면
그림과 같다.

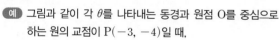

⑥ 삼각함수 사이의 관계 핵심 ⑥

(1) $\tan\theta=\dfrac{\sin\theta}{\cos\theta}$

(2) $\sin^2\theta+\cos^2\theta=1$

$(\sin\theta)^2, (\cos\theta)^2$은 각각 $\sin^2\theta$,
$\cos^2\theta$로 나타낸다.

핵심 1 시초선, 동경, 일반각 유형 1~2

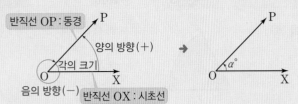

반직선 OP : 동경

양의 방향(+)

각의 크기

음의 방향(−)

반직선 OX : 시초선

동경 OP가 나타내는 일반각은
$\angle XOP = 360° \times n + \alpha°$ (n은 정수)야.
이때 동경 OP는 양의 방향 또는 음의 방향으로
1바퀴, 2바퀴, … 회전할 수 있어.

예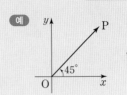

(1) 동경 OP가 나타내는 각의 크기 : $45°$ 또는 $-315°$

(2) 동경 OP가 나타내는 일반각 : $360° \times n + 45°$ (n은 정수)

0920 그림에서 시초선이 반직선 OX일 때, 동경 OP가 나타내는 일반각을 $360° \times n + \alpha°$ 꼴로 나타내시오.

(단, n은 정수, $0° \leq \alpha° < 360°$)

(1)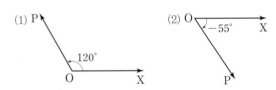

(2)

0921 다음 각의 동경이 나타내는 일반각을 $360° \times n + \alpha°$ 꼴로 나타내시오.

(단, n은 정수, $0° \leq \alpha° < 360°$)

(1) $430°$ (2) $1000°$

(3) $-750°$ (4) $-1320°$

핵심 2 호도법과 육십분법 유형 3

$360° : \alpha° = 2\pi r : r$

$\therefore \alpha° = \dfrac{180°}{\pi}$

호도법과 육십분법 사이의 관계

• 1라디안 $= \dfrac{180°}{\pi}$

• $1° = \dfrac{\pi}{180}$ 라디안

호도법은 라디안을 단위로 하여 각의 크기를 나타내는 방법이고, 육십분법은 도(°)를 단위로 하여 각의 크기를 나타내는 방법이야.

0922 다음 각을 호도법으로 나타내시오.

(1) $30°$ (2) $-60°$

(3) $135°$ (4) $-210°$

0923 다음 각을 육십분법으로 나타내시오.

(1) $\dfrac{\pi}{4}$ (2) $\dfrac{3}{5}\pi$

(3) $-\dfrac{3}{2}\pi$ (4) $-\dfrac{7}{3}\pi$

핵심 3 **부채꼴의 호의 길이와 넓이** 유형 7~10

동영상 강의

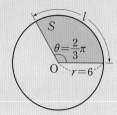

$l = r\theta$이므로 ➔ $l = 6 \times \dfrac{2}{3}\pi = 4\pi$

$S = \dfrac{1}{2}r^2\theta = \dfrac{1}{2}rl$이므로 ➔ $S = \dfrac{1}{2} \times 6^2 \times \dfrac{2}{3}\pi = 12\pi$ 또는 $S = \dfrac{1}{2} \times 6 \times 4\pi = 12\pi$

05

0924 반지름의 길이가 4이고, 중심각의 크기가 $\dfrac{3}{4}\pi$인 부채꼴의 호의 길이 l과 넓이 S를 구하시오.

0925 반지름의 길이가 8이고, 호의 길이가 6π인 부채꼴의 중심각의 크기 θ와 넓이 S를 구하시오.

핵심 4 **삼각함수의 정의** 유형 11

동영상 강의

각 θ를 나타내는 동경과 원점 O를 중심으로 하고 반지름의 길이가 r인 원의 교점을 $P(x, y)$라 하면

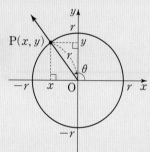

θ에 대한 삼각함수

• $\sin\theta = \dfrac{y}{r}$ ← θ에 대한 사인함수

• $\cos\theta = \dfrac{x}{r}$ ← θ에 대한 코사인함수

• $\tan\theta = \dfrac{y}{x}$ $(x \neq 0)$ ← θ에 대한 탄젠트함수

예 원점 O와 점 $P(-3, 4)$를 지나는 동경 OP가 나타내는 각의 크기를 θ라 하면

➔ $\sin\theta = \dfrac{4}{5}$, $\cos\theta = -\dfrac{3}{5}$, $\tan\theta = -\dfrac{4}{3}$

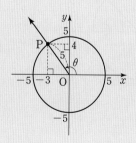

0926 원점 O와 점 $P(5, -12)$를 지나는 동경 OP가 나타내는 각의 크기를 θ라 할 때, $\sin\theta$, $\cos\theta$, $\tan\theta$의 값을 구하시오.

0927 $\theta = \dfrac{4}{3}\pi$일 때, $\sin\theta$, $\cos\theta$, $\tan\theta$의 값을 구하시오.

핵심 5 삼각함수의 값의 부호 유형 13

각 사분면에서 삼각함수의 값의 부호는 다음과 같다.

(1) $\sin\theta$ (2) $\cos\theta$ (3) $\tan\theta$

각 사분면에 삼각함수의 값의 부호가 $+$인 것만 나타내면

예 $\theta=\dfrac{5}{6}\pi$는 제2사분면의 각이므로

$$\sin\frac{5}{6}\pi>0,\ \cos\frac{5}{6}\pi<0,\ \tan\frac{5}{6}\pi<0$$

0928 $\sin\theta\cos\theta<0$을 만족시키는 각 θ는 제몇 사분면의 각인지 구하시오.

0929 $\pi<\theta<\dfrac{3}{2}\pi$일 때, 다음을 간단히 하시오.

(1) $|\sin\theta|$

(2) $\sqrt{\cos^2\theta}$

(3) $|\tan\theta|$

핵심 6 삼각함수 사이의 관계 유형 14~16

각 θ를 나타내는 동경과 단위원의 교점을 $\mathrm{P}(x,\ y)$라 하면

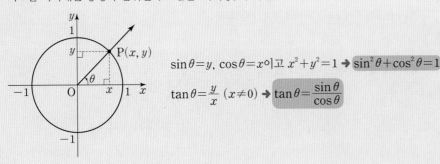

$\sin\theta=y,\ \cos\theta=x$이고 $x^2+y^2=1$ ➡ $\boxed{\sin^2\theta+\cos^2\theta=1}$

$\tan\theta=\dfrac{y}{x}\ (x\ne0)$ ➡ $\boxed{\tan\theta=\dfrac{\sin\theta}{\cos\theta}}$

0930 θ가 제2사분면의 각이고 $\sin\theta=\dfrac{1}{3}$일 때, $\cos\theta$, $\tan\theta$의 값을 구하시오.

0931 $\sin\theta+\cos\theta=\sqrt{2}$일 때, $\sin\theta\cos\theta$의 값을 구하시오.

기출 유형으로 실전 준비하기

실전 유형 1 일반각

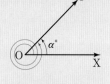

시초선 OX와 동경 OP가 나타내는 한 각의 크기를 $\alpha°$라 할 때, 동경 OP가 나타내는 일반각 θ는
$$\theta = 360° \times n + \alpha°$$
(단, n은 정수, $0° \leq \alpha° < 360°$)
이때 각 $\alpha°$를 나타내는 동경과 각 θ를 나타내는 동경은 일치한다.

0932 대표문제

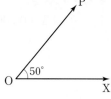

그림과 같이 시초선 OX와 동경 OP의 위치가 주어질 때, 다음 중 동경 OP가 나타내는 각이 될 수 없는 것은?

① $-670°$ ② $-310°$
③ $410°$ ④ $770°$
⑤ $1030°$

0933
●❙❙ Level 1

정수 n에 대하여 다음 각을 $360° \times n + \alpha°$ $(0° \leq \alpha° < 360°)$ 꼴로 나타낼 때, α의 값이 가장 작은 것은?

① $-400°$ ② $-200°$ ③ $-100°$
④ $500°$ ⑤ $800°$

0934 중요
●❙❙ Level 1

다음 중 각을 나타내는 동경이 나머지 넷과 <u>다른</u> 하나는?

① $-1240°$ ② $-880°$ ③ $-160°$
④ $580°$ ⑤ $920°$

0935 중요
●❙❙ Level 1

〈보기〉에서 각을 나타내는 동경이 $110°$를 나타내는 동경과 일치하는 것만을 있는 대로 고른 것은?

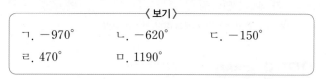

〈 보기 〉
ㄱ. $-970°$ ㄴ. $-620°$ ㄷ. $-150°$
ㄹ. $470°$ ㅁ. $1190°$

① ㄱ, ㄴ, ㄷ   ② ㄱ, ㄹ, ㅁ   ③ ㄴ, ㄷ, ㄹ
④ ㄴ, ㄷ, ㅁ   ⑤ ㄷ, ㄹ, ㅁ

0936
●❙❙ Level 2

좌표평면에서 x축의 양의 방향을 시초선으로 하고 $130°$를 나타내는 동경 OP가 원점 O를 중심으로 양의 방향으로 $240°$만큼 회전한 후, 음의 방향으로 $670°$만큼 회전하였다. 정수 n에 대하여 동경 OP가 나타내는 각을 $360° \times n + \alpha°$ 꼴로 나타낼 때, α의 값을 구하시오. (단, $0° \leq \alpha° < 360°$)

0937 신경향
●❙❙ Level 3

좌표평면에서 $1 \leq n \leq 100$인 자연수 n에 대하여 크기가 $360° \times n + (-1)^{n-1} \times n \times 45°$인 각을 나타내는 동경을 OP_n이라 하자. 동경 OP_2, OP_3, $\cdots$, OP_{100} 중에서 동경 OP_1과 같은 위치에 있는 동경 OP_n의 개수는?
(단, O는 원점이고, x축의 양의 방향을 시초선으로 한다.)

① 11   ② 12   ③ 13
④ 14   ⑤ 15

➕ Plus 문제

정수 n에 대하여
(1) θ가 제1사분면의 각
→ $360° \times n < \theta < 360° \times n + 90°$
(2) θ가 제2사분면의 각
→ $360° \times n + 90° < \theta < 360° \times n + 180°$
(3) θ가 제3사분면의 각
→ $360° \times n + 180° < \theta < 360° \times n + 270°$
(4) θ가 제4사분면의 각
→ $360° \times n + 270° < \theta < 360° \times n + 360°$

0938 대표문제

θ가 제3사분면의 각일 때, 각 $\dfrac{\theta}{3}$를 나타내는 동경이 존재할 수 <u>없는</u> 사분면은?

① 제1사분면   ② 제2사분면   ③ 제3사분면
④ 제4사분면   ⑤ 제1, 3사분면

0939   Level 1

다음 중 옳지 <u>않은</u> 것은?

① $500°$는 제2사분면의 각이다.
② $960°$는 제3사분면의 각이다.
③ $-1100°$는 제4사분면의 각이다.
④ $760°$는 제1사분면의 각이다.
⑤ $-930°$는 제3사분면의 각이다.

0940   Level 1

다음 중 각을 나타내는 동경이 제4사분면에 있는 것은?

① $1640°$ ② $840°$ ③ $390°$
④ $-780°$ ⑤ $-1700°$

0941   Level 1

다음 중 각을 나타내는 동경이 존재하는 사분면이 나머지 넷과 <u>다른</u> 하나는?

① $1210°$ ② $910°$ ③ $520°$
④ $-240°$ ⑤ $-580°$

0942 중요   Level 1

〈보기〉에서 각을 나타내는 동경이 존재하는 사분면이 $-530°$와 같은 것만을 있는 대로 고른 것은?

〈보기〉
ㄱ. $-850°$	ㄴ. $-440°$
ㄷ. $730°$	ㄹ. $1340°$

① ㄱ, ㄴ   ② ㄱ, ㄷ   ③ ㄱ, ㄹ
④ ㄴ, ㄷ   ⑤ ㄴ, ㄹ

0943

Level 2

2θ가 제2사분면의 각일 때, 각 θ를 나타내는 동경이 존재하는 사분면은?

① 제1, 2사분면　　　　② 제1, 3사분면

③ 제2, 3사분면　　　　④ 제2, 4사분면

⑤ 제3, 4사분면

실전 유형 3 호도법과 육십분법

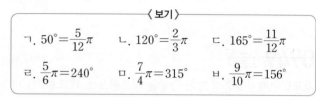

1라디안$=\dfrac{180°}{\pi}$, $1°=\dfrac{\pi}{180}$라디안이므로

(1) 육십분법을 호도법으로 나타낼 때

　➡ (육십분법의 각)$\times\dfrac{\pi}{180}$

(2) 호도법을 육십분법으로 나타낼 때

　➡ (호도법의 각)$\times\dfrac{180°}{\pi}$

0945 대표문제

〈보기〉에서 옳은 것만을 있는 대로 고른 것은?

〈보기〉

ㄱ. $50°=\dfrac{5}{12}\pi$　　ㄴ. $120°=\dfrac{2}{3}\pi$　　ㄷ. $165°=\dfrac{11}{12}\pi$

ㄹ. $\dfrac{5}{6}\pi=240°$　　ㅁ. $\dfrac{7}{4}\pi=315°$　　ㅂ. $\dfrac{9}{10}\pi=156°$

① ㄱ, ㄹ　　　② ㄴ, ㅁ　　　③ ㄱ, ㄹ, ㅂ

④ ㄴ, ㄷ, ㄹ　　⑤ ㄴ, ㄷ, ㅁ

0944 중요

Level 2

θ가 제4사분면의 각일 때, 각 $\dfrac{\theta}{2}$를 나타내는 동경이 속하는 모든 영역을 좌표평면 위에 나타낸 것은?

(단, 경계선은 제외한다.)

① 　② 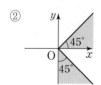　③

④ 　⑤

0946

Level 1

다음 중 옳지 <u>않은</u> 것은?

① $60°=\dfrac{\pi}{3}$　　　　　　② $-150°=-\dfrac{5}{6}\pi$

③ $\dfrac{2}{5}\pi=72°$　　　　　　④ $\dfrac{7}{12}\pi=115°$

⑤ $-\dfrac{7}{6}\pi=-210°$

0947

Level 1

$420°$를 호도법으로 나타내면 α일 때, $n\le\alpha<n+1$을 만족시키는 정수 n의 값을 구하시오.

0948
Level 2

다음 중 두 각을 나타내는 동경이 일치하지 <u>않는</u> 것은?

① $15°$, $\dfrac{\pi}{12}$

② $-135°$, $-\dfrac{3}{4}\pi$

③ $240°$, $-\dfrac{2}{3}\pi$

④ $270°$, $-\dfrac{3}{2}\pi$

⑤ $300°$, $-\dfrac{\pi}{3}$

0949 (중요)
Level 2

좌표평면에서 x축의 양의 방향을 시초선으로 하고 $60°$를 나타내는 동경 OP가 원점 O를 중심으로 음의 방향으로 $570°$만큼 회전한 후, 양의 방향으로 $300°$만큼 회전하였다. 동경 OP가 나타내는 각의 크기를 호도법으로 나타내면?

① $-\dfrac{5}{6}\pi$

② $-\pi$

③ $-\dfrac{7}{6}\pi$

④ $-\dfrac{4}{3}\pi$

⑤ $-\dfrac{3}{2}\pi$

0950 (중요)
Level 2

〈보기〉에서 옳은 것만을 있는 대로 고른 것은?

〈보기〉
ㄱ. 1라디안 $=\dfrac{360°}{\pi}$

ㄴ. $180°$는 제3사분면의 각이다.

ㄷ. $-200°$는 제2사분면의 각이다.

ㄹ. $\dfrac{\pi}{6}$와 $\dfrac{13}{6}\pi$를 나타내는 동경은 일치한다.

① ㄱ, ㄴ   ② ㄱ, ㄷ   ③ ㄴ, ㄷ

④ ㄴ, ㄹ   ⑤ ㄷ, ㄹ

0951
Level 2

다음 중 옳지 <u>않은</u> 것은?

① $20° = \dfrac{\pi}{9}$

② 3라디안 $= \dfrac{540°}{\pi}$

③ $-\dfrac{5}{3}\pi$는 제1사분면의 각이다.

④ $-\dfrac{5}{4}\pi$와 $\dfrac{7}{4}\pi$를 나타내는 동경은 일치한다.

⑤ $108°$와 $\dfrac{23}{5}\pi$를 나타내는 동경은 일치한다.

0952
Level 2

〈보기〉의 각을 나타내는 동경 중 $\dfrac{5}{3}\pi$를 나타내는 동경과 일치하는 것만을 있는 대로 고르시오.

〈보기〉
ㄱ. $-\dfrac{13}{3}\pi$ ㄴ. $-\dfrac{7}{3}\pi$ ㄷ. $-\dfrac{2}{3}\pi$

ㄹ. $\dfrac{8}{3}\pi$ ㅁ. $\dfrac{17}{3}\pi$

0953 (중요)
Level 2

다음 중 각을 나타내는 동경이 존재하는 사분면이 나머지 넷과 <u>다른</u> 하나는?

① $-470°$ ② $950°$ ③ $-\dfrac{3}{5}\pi$

④ $\dfrac{19}{6}\pi$ ⑤ $\dfrac{27}{4}\pi$

05

0954 대표문제

$\dfrac{3}{2}\pi < \theta < 2\pi$이고 각 θ를 나타내는 동경과 각 9θ를 나타내는 동경이 일치할 때, θ의 값은?

① $\dfrac{19}{12}\pi$ ② $\dfrac{5}{3}\pi$ ③ $\dfrac{7}{4}\pi$

④ $\dfrac{11}{6}\pi$ ⑤ $\dfrac{23}{12}\pi$

0955

|| Level 2

각 2θ를 나타내는 동경과 각 $\dfrac{\theta}{3}$를 나타내는 동경이 일직선 위에 있고 방향이 반대일 때, θ의 값은? $\left(\text{단, } \dfrac{3}{2}\pi < \theta < 2\pi\right)$

① $\dfrac{8}{5}\pi$ ② $\dfrac{5}{3}\pi$ ③ $\dfrac{7}{4}\pi$

④ $\dfrac{9}{5}\pi$ ⑤ $\dfrac{11}{6}\pi$

0956 중요

|| Level 2

각 4θ를 나타내는 동경과 각 $\dfrac{\theta}{2}$를 나타내는 동경이 일치할 때, 모든 θ의 값의 합을 구하시오. (단, $\pi < \theta < 2\pi$)

0957 중요

|| Level 2

$\dfrac{\pi}{2} < \theta < \pi$이고 각 θ를 나타내는 동경과 각 5θ를 나타내는 동경이 원점에 대하여 대칭일 때, $\sin\left(\theta - \dfrac{\pi}{2}\right)$의 값을 구하시오.

0958 신경향

|| Level 3

각 3θ를 나타내는 동경과 각 7θ를 나타내는 동경이 일직선 위에 있을 때, θ의 값은? $\left(\text{단, } \dfrac{\pi}{2} < \theta < \pi\right)$

① $\dfrac{7}{12}\pi$ ② $\dfrac{2}{3}\pi$ ③ $\dfrac{3}{4}\pi$

④ $\dfrac{5}{6}\pi$ ⑤ $\dfrac{11}{12}\pi$

다음은 이 유형에서 출제된 최근 교육청·평가원 기출문제입니다.

0959 교육청

|| Level 2

좌표평면 위의 점 P에 대하여 동경 OP가 나타내는 각의 크기 중 하나를 $\theta\left(\dfrac{\pi}{2} < \theta < \pi\right)$라 하자. 각의 크기 6θ를 나타내는 동경이 동경 OP와 일치할 때, θ의 값은?
(단, O는 원점이고, x축의 양의 방향을 시초선으로 한다.)

① $\dfrac{3}{5}\pi$ ② $\dfrac{2}{3}\pi$ ③ $\dfrac{11}{15}\pi$

④ $\dfrac{4}{5}\pi$ ⑤ $\dfrac{13}{15}\pi$

(1) 두 각 α, β를 나타내는 동경이 x축에
대하여 대칭인 경우
→ $\alpha + \beta = 2n\pi$ (n은 정수)

(2) 두 각 α, β를 나타내는 동경이 y축에
대하여 대칭인 경우
→ $\alpha + \beta = (2n+1)\pi$ (n은 정수)

0960 대표문제

각 θ를 나타내는 동경과 각 5θ를 나타내는 동경이 x축에 대
하여 대칭일 때, θ의 값은? $\left(단, \dfrac{\pi}{2} < \theta < \pi\right)$

① $\dfrac{8}{15}\pi$ ② $\dfrac{3}{5}\pi$ ③ $\dfrac{2}{3}\pi$

④ $\dfrac{11}{15}\pi$ ⑤ $\dfrac{4}{5}\pi$

0961

Level 2

$0 < \theta < \pi$이고 각 2θ를 나타내는 동경과 각 4θ를 나타내는
동경이 y축에 대하여 대칭일 때, 모든 θ의 값의 합은?

① $\dfrac{3}{4}\pi$ ② $\dfrac{4}{5}\pi$ ③ π

④ $\dfrac{6}{5}\pi$ ⑤ $\dfrac{3}{2}\pi$

0962 중요

Level 2

각 α를 나타내는 동경과 각 β를 나타내는 동경이 y축에 대
하여 대칭일 때, 다음 중 $\alpha + \beta$의 값이 될 수 있는 것은?

① $-490°$ ② $-250°$ ③ $670°$

④ -5π ⑤ $\dfrac{15}{2}\pi$

(1) 두 각 α, β를 나타내는 동경이 직
선 $y = x$에 대하여 대칭인 경우
→ $\alpha + \beta = 2n\pi + \dfrac{\pi}{2}$ (n은 정수)

(2) 두 각 α, β를 나타내는 동경이 직
선 $y = -x$에 대하여 대칭인 경우
→ $\alpha + \beta = 2n\pi + \dfrac{3}{2}\pi$ (n은 정수)

0963 대표문제

각 θ를 나타내는 동경과 각 2θ를 나타내는 동경이 직선 $y = x$
에 대하여 대칭일 때, θ의 값은? $\left(단, \dfrac{\pi}{2} < \theta < \pi\right)$

① $\dfrac{3}{5}\pi$ ② $\dfrac{2}{3}\pi$ ③ $\dfrac{3}{4}\pi$

④ $\dfrac{4}{5}\pi$ ⑤ $\dfrac{5}{6}\pi$

0964 중요

Level 2

$0 < \theta < 2\pi$이고 각 2θ를 나타내는 동경과 각 3θ를 나타내는
동경이 직선 $y = -x$에 대하여 대칭일 때, 이를 만족시키는
θ의 개수를 구하시오.

0965

Level 2

각 2θ를 나타내는 동경과 각 4θ를 나타내는 동경이 직선
$y = x$에 대하여 대칭이다. θ의 값 중 가장 큰 값을 α라 할 때,
$\cos\left(\alpha - \dfrac{\pi}{4}\right)$의 값을 구하시오. $\left(단, 0 < \theta < \dfrac{\pi}{2}\right)$

실전 유형 **7** 부채꼴의 호의 길이와 넓이 〔빈출유형〕

반지름의 길이가 r, 중심각의 크기가
θ(라디안)인 부채꼴에서

(1) 호의 길이 ➡ $l=r\theta$

(2) 부채꼴의 넓이 ➡ $S=\dfrac{1}{2}r^2\theta=\dfrac{1}{2}rl$

(3) 부채꼴의 둘레의 길이 ➡ $2r+l$

0966 〔대표문제〕

중심각의 크기가 $\dfrac{5}{6}\pi$이고 호의 길이가 5π인 부채꼴의 반지름의 길이를 a, 넓이를 $b\pi$라 할 때, $a+b$의 값은?

① 15 　　　　 ② 18 　　　　 ③ 21

④ 24 　　　　 ⑤ 27

0967 　　　　　　　　　　　ıll Level 1

중심각의 크기가 $\dfrac{2}{3}\pi$이고 넓이가 3π인 부채꼴의 호의 길이는?

① π 　　　　 ② 2π 　　　　 ③ 3π

④ 4π 　　　　 ⑤ 6π

0968 　　　　　　　　　　　ıll Level 1

호의 길이가 3π이고 넓이가 6π인 부채꼴의 중심각의 크기를 구하시오.

0969 　　　　　　　　　　　ıll Level 1

그림과 같이 중심각의 크기가
$144°$이고, 호의 길이가 8π인
부채꼴의 넓이는?

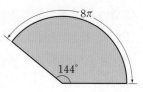

① 20π 　　　　 ② 40π

③ 60π 　　　　 ④ 80π

⑤ 100π

0970 〔중요〕　　　　　　　　　　　ıll Level 2

반지름의 길이가 r인 원의 넓이와 반지름의 길이가 $2r$이고 호의 길이가 5π인 부채꼴의 넓이가 서로 같을 때, r의 값을 구하시오.

0971 〔중요〕　　　　　　　　　　　ıll Level 2

길이가 $16\,\mathrm{cm}$인 철사를 사용하여
그림과 같이 중심각의 크기가 2라
디안인 부채꼴을 만들 때, 이 부채
꼴의 넓이는?

① $12\,\mathrm{cm}^2$ 　　　　 ② $16\,\mathrm{cm}^2$ 　　　　 ③ $20\,\mathrm{cm}^2$

④ $8\pi\,\mathrm{cm}^2$ 　　　　 ⑤ $12\pi\,\mathrm{cm}^2$

0972

Level 3

그림과 같이 반지름의 길이와 호의 길이가 같은 부채꼴 OAB가 있다. 점 A에서 $\overline{OB}$에 내린 수선의 발 H에 대하여 삼각형 AOH의 넓이가 4일 때, 부채꼴 OAB의 넓이는?

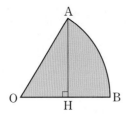

① $\dfrac{1}{\sin 2}$ ② $\dfrac{2}{\sin 2}$ ③ $\dfrac{2}{\sin 1 \cos 1}$

④ $\dfrac{4}{\sin 1 \cos 1}$ ⑤ $\dfrac{8}{\sin 1 \cos 1}$

다음은 이 유형에서 출제된 최근 교육청·평가원 기출문제입니다.

0973 [교육청]

Level 2

선분 AB를 지름으로 하는 반원의 호 AB 위에 점 C가 있다. 선분 AB의 중점을 O라 할 때, 호 AC의 길이가 π이고 부채꼴 OBC의 넓이가 15π이다. 선분 OA의 길이를 구하시오. (단, 점 C는 점 A도 아니고 점 B도 아니다.)

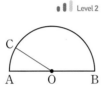

0974 [교육청]

Level 2

반지름의 길이가 2이고 중심각의 크기가 θ인 부채꼴이 있다. θ가 다음 조건을 만족시킬 때, 이 부채꼴의 넓이는?

> (개) $0 < \theta < \dfrac{\pi}{2}$
>
> (내) 각의 크기 θ를 나타내는 동경과 각의 크기 8θ를 나타내는 동경이 일치한다.

① $\dfrac{3}{7}\pi$ ② $\dfrac{\pi}{2}$ ③ $\dfrac{4}{7}\pi$

④ $\dfrac{9}{14}\pi$ ⑤ $\dfrac{5}{7}\pi$

심화 유형 **8 부채꼴의 호의 길이와 넓이의 활용**

❶ 부채꼴의 호의 길이와 넓이를 이용하여 반지름의 길이와 중심각의 크기를 구한다.

❷ ❶에서 구한 반지름의 길이와 중심각의 크기를 이용하여 구하려고 하는 넓이 또는 길이를 구한다.

0975 [대표문제]

치마를 만들기 위하여 그림과 같이 천을 재단하려고 한다. 두 부채꼴 AOB, COD에서 $\overline{AC} = 80\,cm$이고 $\widehat{AB} = 150\,cm$, $\widehat{CD} = 70\,cm$일 때, 필요한 천의 넓이는?

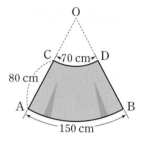

① $4500\,cm^2$ ② $5800\,cm^2$ ③ $6700\,cm^2$

④ $7900\,cm^2$ ⑤ $8800\,cm^2$

0976

Level 2

그림과 같이 반지름의 길이가 4인 원 모양의 종이를 원주 위의 한 점이 원의 중심 O에 겹치도록 접었을 때, 접힌 활꼴의 호의 길이는?

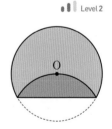

① $\dfrac{4}{3}\pi$ ② $\dfrac{5}{3}\pi$

③ 2π ④ $\dfrac{7}{3}\pi$

⑤ $\dfrac{8}{3}\pi$

0977

그림과 같이 넓이가 64π인 원 O 위의 두 점 A, B에 대하여 호 AB에 대한 중심각의 크기가 $\dfrac{\pi}{3}$일 때, 색칠한 부분의 넓이는?

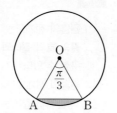

① $\dfrac{32\pi-42\sqrt{3}}{3}$ ② $\dfrac{32\pi-45\sqrt{3}}{3}$

③ $\dfrac{32\pi-48\sqrt{3}}{3}$ ④ $\dfrac{34\pi-51\sqrt{3}}{3}$

⑤ $\dfrac{34\pi-54\sqrt{3}}{3}$

0978 중요

그림과 같이 중심각의 크기가 θ이고 반지름의 길이가 12인 부채꼴 PAB의 점 P에서 반지름의 길이가 3인 원이 부채꼴과 접하고 있다. 원을 부채꼴과 접하면서 네 바퀴 굴렸더니 점 P로 되돌아왔을 때, θ의 값은?

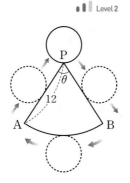

① $2\pi-1$ ② $2\pi-2$ ③ $\pi-1$

④ $\dfrac{\pi}{2}-\dfrac{1}{2}$ ⑤ $\dfrac{\pi}{2}-1$

0979

그림과 같은 두 부채꼴 AOB, COD에서 $\overparen{AB}=3\pi$ cm, $\overparen{CD}=2\pi$ cm이고 색칠한 부분의 넓이가 10π cm²일 때, $\overline{AC}$의 길이를 구하시오.

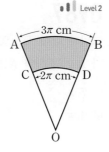

0980 중요

그림과 같이 중심각의 크기가 $\dfrac{2}{3}\pi$인 부채꼴 AOB, COD가 있다. $\overline{AO}=85$ cm이고 색칠한 부분의 넓이가 2000π cm²일 때, 색칠한 부분의 둘레의 길이는?

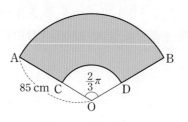

① $(100+70\pi)$ cm   ② $(100+75\pi)$ cm

③ $(100+80\pi)$ cm   ④ $(120+70\pi)$ cm

⑤ $(120+80\pi)$ cm

0981

그림은 길이가 50 cm인 자동차의 와이퍼가 $\dfrac{2}{3}\pi$만큼 회전한 모양을 나타낸 것이다. 이 와이퍼에서 유리창을 닦는 고무판의 길이가 40 cm일 때, 와이퍼의 고무판이 회전하면서 닦는 부분의 넓이는? (단, 고무판이 회전하면서 닦는 부분의 모양은 부채꼴의 일부이다.)

① 600π cm²   ② 700π cm²   ③ 800π cm²

④ 900π cm²   ⑤ 1000π cm²

0982

Level 2

그림과 같이 $\overline{AC}=3$이고
$\angle ABC=\dfrac{\pi}{9}$인 직각삼각형
ABC에서 $\overline{AC}$를 반지름으
로 하는 사분원이 $\overline{AB}$와 만나는 점 중 A가 아닌 점을 D,
$\overline{BC}$와 만나는 점을 E라 할 때, 부채꼴 CDE의 넓이를 구하
시오.

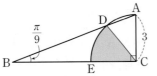

0983

Level 3

호의 길이가 반지름의 길이의 3배인 서로 다른 두 부채꼴
A_1, A_2가 있다. 두 부채꼴 A_1, A_2의 호의 길이의 합이 12
이고 두 부채꼴의 넓이의 합이 15일 때, 두 부채꼴 A_1, A_2
의 반지름의 길이의 곱을 구하시오.

➕ Plus문제

> 다음은 이 유형에서 출제된 최근 교육청·평가원 기출문제입니다.

0984 교육청 고난도

Level 3

그림과 같이 두 점 O, O′을 각
각 중심으로 하고 반지름의 길
이가 3인 두 원 O, O'이 한 평면
위에 있다. 두 원 O, O'이 만나
는 점을 각각 A, B라 할 때,
$\angle AOB=\dfrac{5}{6}\pi$이다. 원 O의 외

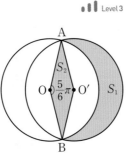

부와 원 O'의 내부의 공통부분의 넓이를 S_1, 마름모 AOBO′
의 넓이를 S_2라 할 때, S_1-S_2의 값은?

① $\dfrac{5}{4}\pi$ ② $\dfrac{4}{3}\pi$ ③ $\dfrac{17}{12}\pi$

④ $\dfrac{3}{2}\pi$ ⑤ $\dfrac{19}{12}\pi$

실전유형 9 원뿔의 겉넓이와 부피

(1) 원뿔의 전개도는 부채꼴과 원으로 이루어져 있으므로 부채
꼴의 호의 길이와 넓이를 이용하면 원뿔의 겉넓이와 부피를
구할 수 있다.
(2) 원뿔의 전개도에서 옆면인 부채꼴의 호의 길이와 밑면인 원
의 둘레의 길이는 같음을 이용한다.

0985 대표문제

밑면인 원의 반지름의 길이가 4이고, 모선의 길이가 10인
원뿔의 겉넓이를 구하시오.

0986

Level 1

그림과 같이 모선의 길이가 9이고, 밑면인
원의 반지름의 길이가 3인 원뿔이 있다. 이
원뿔의 전개도에서 옆면인 부채꼴의 중심각
의 크기는?

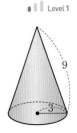

① $\dfrac{\pi}{4}$ ② $\dfrac{\pi}{3}$

③ $\dfrac{\pi}{2}$ ④ $\dfrac{2}{3}\pi$

⑤ $\dfrac{3}{4}\pi$

0987

Level 1

그림과 같이 모선의 길이가 13이고 높이
가 12인 원뿔의 겉넓이는?

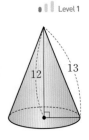

① 75π ② 80π

③ 85π ④ 90π

⑤ 95π

0988 (중요)

Level 2

그림과 같이 모선의 길이가 9인 원뿔의 옆넓이가 18π일 때, 이 원뿔의 부피는?

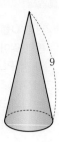

① $\dfrac{4\sqrt{77}}{3}\pi$　　② $\dfrac{3\sqrt{77}}{2}\pi$

③ $\dfrac{5\sqrt{77}}{3}\pi$　　④ $\dfrac{11\sqrt{77}}{6}\pi$

⑤ $2\sqrt{77}\pi$

0989

Level 3

그림과 같이 모선의 길이가 12인 원뿔을 모선의 중점을 지나고 밑면에 평행한 평면으로 잘라 작은 원뿔과 원뿔대로 분리하였다. 원뿔대의 두 밑면 중에서 작은 원의 넓이가 9π일 때, 원뿔대의 겉넓이는?

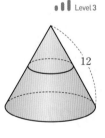

① 97π　　② 99π　　③ 100π

④ 101π　　⑤ 102π

실전 유형	**10**	부채꼴의 둘레의 길이와 넓이의 최대·최소	빈출유형

(1) 반지름의 길이가 r, 둘레의 길이가 a인 부채꼴의 호의 길이는 $a-2r$이므로 넓이 S는 $S=\dfrac{1}{2}r(a-2r)$

 ➡ 이차함수의 최대·최소를 이용하여 S의 최댓값을 구한다.

(2) 반지름의 길이가 r, 호의 길이가 l인 부채꼴의 넓이 S는

 $S=\dfrac{1}{2}rl$이므로 $l=\dfrac{2S}{r}$

 ➡ 부채꼴의 둘레의 길이는 $2r+\dfrac{2S}{r}$

 ➡ 산술평균과 기하평균의 관계를 이용하여 둘레의 길이의 최솟값을 구한다.

0990 (대표문제)

둘레의 길이가 8인 부채꼴 중에서 그 넓이가 최대인 것의 반지름의 길이는?

① 1　　② $\dfrac{3}{2}$　　③ 2

④ $\dfrac{5}{2}$　　⑤ 3

0991

Level 2

바닥이 부채꼴 모양인 연구실을 만들려고 한다. 바닥의 둘레의 길이가 40 m일 때, 바닥의 넓이의 최댓값은?

① 90 m^2　　② 100 m^2　　③ 110 m^2

④ 120 m^2　　⑤ 130 m^2

0992 (중요)

Level 2

둘레의 길이가 12인 부채꼴의 넓이의 최댓값을 M, 그때의 호의 길이를 l이라 할 때, $M+l$의 값을 구하시오.

0993

Level 2

둘레의 길이가 20인 부채꼴 중에서 그 넓이가 최대인 것의 중심각의 크기는?

① $\frac{1}{2}$ 라디안

② 1라디안

③ $\frac{3}{2}$ 라디안

④ 2라디안

⑤ $\frac{5}{2}$ 라디안

0994 중요

Level 2

넓이가 8인 부채꼴의 둘레의 길이의 최솟값을 m, 그때의 반지름의 길이를 r이라 할 때, $m+r$의 값은?

① $7\sqrt{2}$

② $8\sqrt{2}$

③ $9\sqrt{2}$

④ $10\sqrt{2}$

⑤ $11\sqrt{2}$

0995

Level 3

두 부채꼴 OAB, OCD를 이용하여 그림과 같은 모양의 공연장을 만들려고 한다. 이 공연장의 객석 부분인 도형 ABDC의 둘레의 길이를 60 m로 할 때, 도형 ABDC의 넓이의 최댓값은 몇 m²인지 구하시오.

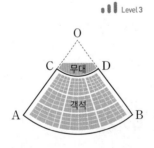

➕ Plus 문제

실전 유형 **11** 삼각함수의 정의   빈출유형

원점 O를 중심으로 하고 반지름의 길이가 r인 원 위의 임의의 점 $P(x, y)$에 대하여 동경 OP가 x축의 양의 방향과 이루는 각의 크기를 θ라 하면

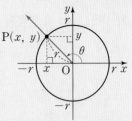

(1) $r = \overline{\text{OP}} = \sqrt{x^2 + y^2}$

(2) $\sin\theta = \dfrac{y}{r}$, $\cos\theta = \dfrac{x}{r}$, $\tan\theta = \dfrac{y}{x}$ (단, $x \neq 0$)

0996 대표문제

원점 O와 점 $P(-3, -4)$에 대하여 동경 OP가 나타내는 각의 크기를 θ라 할 때, $\sin\theta \tan\theta$의 값은?

① $-\dfrac{16}{15}$

② $-\dfrac{4}{5}$

③ $\dfrac{12}{25}$

④ $\dfrac{4}{5}$

⑤ $\dfrac{16}{15}$

0997

Level 1

원점 O와 점 $P(-2, 3)$에 대하여 동경 OP가 나타내는 각의 크기를 θ라 할 때, $\sin\theta - \cos\theta + \tan\theta = a + b\sqrt{13}$이다. ab의 값은? (단, a, b는 유리수이다.)

① $-\dfrac{23}{26}$

② $-\dfrac{15}{26}$

③ $-\dfrac{9}{26}$

④ $\dfrac{9}{26}$

⑤ $\dfrac{15}{26}$

0998 중요

〔Level 1〕

원점 O와 제3사분면에 있는 점 P$(-3\sqrt{3}, a)$에 대하여 동경 OP가 나타내는 각의 크기를 θ라 하면 $\tan\theta=\dfrac{\sqrt{3}}{3}$이다. $\overline{OP}=r$이라 할 때, $a+r$의 값을 구하시오.

1001 중요

〔Level 2〕

그림과 같이 가로의 길이가 $2\sqrt{3}$, 세로의 길이가 2인 직사각형 ABCD가 원 $x^2+y^2=4$에 내접하고 있다. 두 동경 OA, OB가 나타내는 각의 크기를 각각 α, β라 할 때, $\cos\alpha\tan\alpha-\sin\beta$의 값을 구하시오. (단, O는 원점이고, 직사각형의 각 변은 좌표축과 평행하다.)

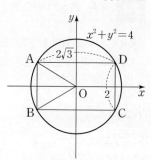

0999

〔Level 1〕

그림과 같이 원 $x^2+y^2=9$ 위의 두 점 P$(-2, \sqrt{5})$, Q$(\sqrt{5}, -2)$에 대하여 두 동경 OP, OQ가 나타내는 각의 크기를 각각 α, β라 할 때, $\sin\alpha-\cos\beta$의 값은? (단, O는 원점이다.)

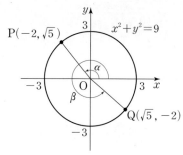

① $-\dfrac{2\sqrt{5}}{3}$ ② $-\dfrac{4}{3}$ ③ 0

④ $\dfrac{4}{3}$ ⑤ $\dfrac{2\sqrt{5}}{3}$

다음은 이 유형에서 출제된 최근 교육청·평가원 기출문제입니다.

1002 평가원

〔Level 2〕

$\pi<\theta<\dfrac{3}{2}\pi$인 θ에 대하여 $\tan\theta=\dfrac{12}{5}$일 때, $\sin\theta+\cos\theta$의 값은?

① $-\dfrac{17}{13}$ ② $-\dfrac{7}{13}$ ③ 0

④ $\dfrac{7}{13}$ ⑤ $\dfrac{17}{13}$

1003 교육청

〔Level 2〕

좌표평면 위에 두 점 P(a, b), Q$(a^2, -2b^2)$ $(a>0, b>0)$이 있다. 두 동경 OP, OQ가 나타내는 각의 크기를 각각 θ_1, θ_2라 하자. $\tan\theta_1+\tan\theta_2=0$일 때, $\sin\theta_1$의 값은? (단, O는 원점이고, x축의 양의 방향을 시초선으로 한다.)

① $\dfrac{2}{5}$ ② $\dfrac{\sqrt{5}}{5}$ ③ $\dfrac{\sqrt{6}}{5}$

④ $\dfrac{\sqrt{7}}{5}$ ⑤ $\dfrac{2\sqrt{2}}{5}$

1000

〔Level 2〕

θ가 제2사분면의 각이고, $\cos\theta=-\dfrac{3}{5}$일 때, $15(\sin\theta-\tan\theta)$의 값을 구하시오.

직선 $y=mx$ 위의 점 P(a, b)와 원점
O에 대하여 동경 OP가 나타내는 각
의 크기를 θ라 하면

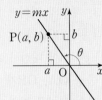

(1) P(a, ma)

(2) $\overline{\text{OP}}=\sqrt{a^2+b^2}$

(3) $\sin\theta=\dfrac{b}{\overline{\text{OP}}}$, $\cos\theta=\dfrac{a}{\overline{\text{OP}}}$, $\tan\theta=\dfrac{b}{a}=m$

1004 대표문제

직선 $y=3x$ 위의 점 P(a, b)에 대하여 원점 O와 점 P를
지나는 동경 OP가 나타내는 각의 크기를 θ라 할 때,
$\cos\theta-\sin\theta$의 값은? (단, $a<0$)

① $-\dfrac{4\sqrt{10}}{5}$　　② $-\dfrac{3\sqrt{5}}{4}$　　③ $\dfrac{\sqrt{5}}{4}$

④ $\dfrac{\sqrt{10}}{5}$　　⑤ $\sqrt{10}$

1005 중요 ·ı❚ Level 2

그림과 같이 직선 $y=-\dfrac{1}{2}x$ 위의 점
P(a, b)에 대하여 원점 O와 점 P를
지나는 동경 OP가 나타내는 각의 크
기를 θ라 할 때, $\sin\theta+\cos\theta$의 값
은? (단, $a<0$)

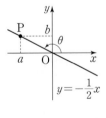

① $-\dfrac{\sqrt{5}}{5}$　　② $-\dfrac{\sqrt{3}}{5}$　　③ $-\dfrac{\sqrt{2}}{5}$

④ $\dfrac{\sqrt{5}}{5}$　　⑤ $\dfrac{2\sqrt{5}}{5}$

1006 ·ı❚ Level 2

직선 $y=-\sqrt{3}x$ 위의 점 P(a, b)에 대하여 원점 O와 점 P
를 지나는 동경 OP가 나타내는 각의 크기를 θ라 하자. 점
P가 제4사분면 위의 점일 때, $\sin\theta\cos\theta\tan\theta$의 값을 구
하시오.

1007 중요 ·ı❚ Level 2

직선 $3x+4y=0$이 x축의 양의 방향과 이루는 각의 크기를
θ라 할 때, $10\cos\theta-8\tan\theta$의 값은? $\left(\text{단, } \dfrac{\pi}{2}<\theta<\pi\right)$

① -10　　② -8　　③ -6

④ -4　　⑤ -2

1008 ·ı❚ Level 3

그림과 같이 원 $x^2+y^2=1$과
두 직선 $y=\dfrac{1}{2}x$ $(x>0)$,
$y=-2x$ $(x<0)$의 교점을
각각 P, Q라 하자.
점 A$(1, 0)$에 대하여
$\angle$AOP$=\alpha$, $\angle$AOQ$=\beta$라
할 때, $\sin\alpha\cos\beta$의 값은? (단, O는 원점이다.)

① $-\dfrac{3}{5}$　　② $-\dfrac{2}{5}$　　③ $-\dfrac{1}{5}$

④ $\dfrac{1}{5}$　　⑤ $\dfrac{2}{5}$

⊕ Plus 문제

실전유형 **13** 삼각함수의 값의 부호   빈출유형

각 사분면에서 삼각함수의 값의 부호가
양수인 것을 나타내면 그림과 같다.

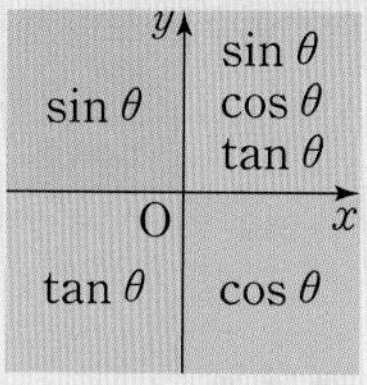

	$\sin\theta$	$\sin\theta$ $\cos\theta$ $\tan\theta$
	O	x
	$\tan\theta$	$\cos\theta$

(1) $\sin\theta>0$, $\cos\theta>0$, $\tan\theta>0$
  → θ는 제1사분면의 각
(2) $\sin\theta>0$, $\cos\theta<0$, $\tan\theta<0$
  → θ는 제2사분면의 각
(3) $\sin\theta<0$, $\cos\theta<0$, $\tan\theta>0$
  → θ는 제3사분면의 각
(4) $\sin\theta<0$, $\cos\theta>0$, $\tan\theta<0$
  → θ는 제4사분면의 각

1009 대표문제

$\sin\theta\cos\theta<0$, $\dfrac{\cos\theta}{\tan\theta}<0$을 동시에 만족시키는 θ는 제몇
사분면의 각인지 구하시오.

1010   ‖ Level 1

$\tan\theta<0$일 때, 다음 중 항상 옳은 것은?

① $\sin\theta>0$ ② $\sin\theta<0$
③ $\cos\theta<0$ ④ $\sin\theta\cos\theta>0$
⑤ $\sin\theta\cos\theta<0$

1011   ‖ Level 1

다음 중 $\tan\theta<0$, $\cos\theta>0$을 동시에 만족시키는 θ의 값
이 될 수 있는 것은?

① $\dfrac{\pi}{6}$ ② $\dfrac{3}{4}\pi$ ③ $\dfrac{4}{3}\pi$
④ $\dfrac{3}{2}\pi$ ⑤ $\dfrac{5}{3}\pi$

1012   ‖ Level 1

$\dfrac{\pi}{2}<\theta<\pi$일 때,

$\cos\theta+\sin\theta+\tan\theta+|\cos\theta|-|\sin\theta|-|\tan\theta|$를 간
단히 하시오.

1013 중요   ‖ Level 2

$\dfrac{\sqrt{\sin\theta}}{\sqrt{\cos\theta}}=-\sqrt{\dfrac{\sin\theta}{\cos\theta}}$를 만족시키는 θ의 값의 범위가

$a\pi<\theta<b\pi$일 때, 유리수 a, b에 대하여 $a+b$의 값은?

(단, $0<\theta<2\pi$, $\sin\theta\cos\theta\neq0$)

① $\dfrac{3}{2}$ ② 2 ③ $\dfrac{5}{2}$
④ 3 ⑤ $\dfrac{7}{2}$

1014   ‖ Level 2

$\sqrt{\sin\theta}\sqrt{\cos\theta}=-\sqrt{\sin\theta\cos\theta}$일 때,

$|\tan\theta|+|\cos\theta|-|1+\tan\theta|-|\sin\theta+\cos\theta|$를 간단
히 하면? (단, $\sin\theta\cos\theta\neq0$)

① $\sin\theta-1$ ② $1-\sin\theta$
③ $\cos\theta-1$ ④ $\sin\theta-2\tan\theta$
⑤ $2\cos\theta-\tan\theta$

1015

Level 2

$\sin\theta\cos\theta<0$, $\sin\theta\tan\theta>0$일 때,
$\sin\theta-|\tan\theta|+\sqrt{\sin^2\theta}-\sqrt{\tan^2\theta}$를 간단히 하면?

① $-2\sin\theta$ ② $-2\tan\theta$ ③ 0

④ $2\sin\theta$ ⑤ $2\tan\theta$

1016 중요

Level 3

$\sin\theta>0$, $\tan\theta<0$일 때, 다음 중 옳은 것은?

(단, $0<\theta<2\pi$)

① $\sin\theta\cos\theta>0$ ② $\cos\theta-\sin\theta>0$

③ $\cos\theta\tan\theta<0$ ④ $\tan\dfrac{\theta}{2}<0$

⑤ $\sin2\theta<0$

1017 고난도

Level 3

$\sin\theta\tan\theta<0$, $\cos\theta\tan\theta>0$일 때, 각 $\dfrac{\theta}{2}$를 나타내는 동경이 존재하는 사분면을 모두 구하시오.

실전 유형 14 삼각함수 사이의 관계 – 식 간단히 하기

삼각함수를 포함한 식은 다음을 이용하여 간단히 한다.

(1) $\tan\theta=\dfrac{\sin\theta}{\cos\theta}$

(2) $\sin^2\theta+\cos^2\theta=1$

1018 대표문제

다음 중 옳지 <u>않은</u> 것은?

① $2(\sin^4\theta-\cos^4\theta)=4\sin^2\theta-2$

② $\dfrac{2\sin^2\theta}{1+\cos\theta}=2-2\cos\theta$

③ $\dfrac{\cos^2\theta}{1-\sin\theta}-\sin\theta=1$

④ $(\sin\theta+2\cos\theta)^2+(2\sin\theta-\cos\theta)^2=5$

⑤ $\dfrac{\sin^2\theta}{1-\cos\theta}+\dfrac{\sin^2\theta}{1+\cos\theta}=1$

1019

Level 1

다음 식을 간단히 하시오.

$$\left(1+\dfrac{1}{\cos\theta}\right)\left(1-\dfrac{1}{\sin\theta}\right)\left(1-\dfrac{1}{\cos\theta}\right)\left(1+\dfrac{1}{\sin\theta}\right)$$

1020 중요

Level 2

$\dfrac{\tan\theta}{1-\cos\theta}-\dfrac{\tan\theta}{1+\cos\theta}$를 간단히 하면?

① $-2\sin\theta$ ② $2\sin\theta$ ③ $-\dfrac{2}{\sin\theta}$

④ $\dfrac{1}{\sin\theta}$ ⑤ $\dfrac{2}{\sin\theta}$

1021 (중요)

〈보기〉에서 옳은 것만을 있는 대로 고른 것은?

〈보기〉
ㄱ. $\dfrac{1-\sin\theta}{\cos\theta}+\tan\theta=\dfrac{1}{\cos\theta}$

ㄴ. $\dfrac{1}{1+\cos\theta}+\dfrac{1}{1-\cos\theta}=\dfrac{2}{\sin^2\theta}$

ㄷ. $\dfrac{\cos^2\theta-\sin^2\theta}{1+2\sin\theta\cos\theta}-\dfrac{1-\tan\theta}{1+\tan\theta}=1$

Level 2

① ㄱ   ② ㄷ   ③ ㄱ, ㄴ

④ ㄴ, ㄷ   ⑤ ㄱ, ㄴ, ㄷ

1022

Level 3

$0<\cos\theta<\sin\theta$일 때,

$\sqrt{2-4\sin\theta\cos\theta}+\sqrt{2+4\sin\theta\cos\theta}$를 간단히 하면?

① $-2\sqrt{2}\sin\theta$ ② $-\sqrt{2}\cos\theta$ ③ $2\sqrt{2}$

④ $\sqrt{2}\cos\theta$ ⑤ $2\sqrt{2}\sin\theta$

➕ Plus 문제

1023 고난도

Level 3

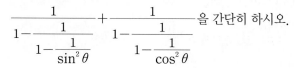

$\dfrac{1}{1-\dfrac{1}{1-\dfrac{1}{\sin^2\theta}}}+\dfrac{1}{1-\dfrac{1}{1-\dfrac{1}{\cos^2\theta}}}$ 을 간단히 하시오.

(단, $\sin\theta\cos\theta\neq0$)

실전유형 **15** 삼각함수 사이의 관계 – 식의 값 구하기 (빈출유형)

삼각함수 중 하나의 값이 주어지면 다음을 이용하여 다른 삼각함수의 값을 구한다.

(1) $\sin^2\theta=1-\cos^2\theta$, $\cos^2\theta=1-\sin^2\theta$임을 이용하여 $\sin\theta$, $\cos\theta$의 값을 구한다.

(2) $\tan\theta=\dfrac{\sin\theta}{\cos\theta}$임을 이용하여 $\tan\theta$의 값을 구한다.

1024 대표문제

θ가 제4사분면의 각이고 $\cos\theta=\dfrac{12}{13}$일 때,

$13\sin\theta-24\tan\theta$의 값은?

① -15 ② -5 ③ 0

④ 5 ⑤ 15

1025

Level 1

$\dfrac{3}{2}\pi<\theta<2\pi$인 θ에 대하여 $\sin\theta=-\dfrac{\sqrt{2}}{2}$일 때,

$\sqrt{2}\cos\theta+3\tan\theta$의 값은?

① -4 ② -2 ③ -1

④ 1 ⑤ 2

1026

Level 2

$\sin\theta=-\dfrac{4}{5}$이고 $\cos\theta+\tan\theta>0$일 때, $5\cos\theta-6\tan\theta$의 값을 구하시오.

1027 중요
Level 2

$\dfrac{\pi}{2}<\theta<\pi$인 θ에 대하여 $\dfrac{1+\sin\theta}{1-\sin\theta}=2+\sqrt{3}$일 때, $\tan\theta$의 값은?

① $-\sqrt{3}$　　　② $-\sqrt{2}$　　　③ $-\dfrac{\sqrt{2}}{2}$

④ $-\dfrac{\sqrt{3}}{3}$　　　⑤ $-\dfrac{\sqrt{6}}{6}$

1028
Level 2

θ가 제2사분면의 각이고 $|\sin\theta|=2|\cos\theta|$일 때, $\sin\theta\cos\theta-\tan\theta$의 값은?

① $\dfrac{2}{5}$　　　② $\dfrac{4}{5}$　　　③ $\dfrac{6}{5}$

④ $\dfrac{8}{5}$　　　⑤ 2

1029 중요
Level 3

$\dfrac{\pi}{2}<\theta<\pi$인 θ에 대하여 $\tan\theta=-\dfrac{2}{3}$일 때, $\dfrac{\cos^2\theta-\sin^2\theta}{1+\cos\theta\sin\theta}$의 값을 구하시오.

다음은 이 유형에서 출제된 최근 교육청 · 평가원 기출문제입니다.

1030 교육청
Level 1

$\pi<\theta<\dfrac{3}{2}\pi$인 θ에 대하여 $\tan\theta=2$일 때, $\cos\theta$의 값은?

① $-\dfrac{5\sqrt{5}}{5}$　　　② $-\dfrac{\sqrt{5}}{5}$　　　③ $-\dfrac{1}{5}$

④ $\dfrac{1}{5}$　　　⑤ $\dfrac{\sqrt{5}}{5}$

1031 평가원
Level 2

$\dfrac{\pi}{2}<\theta<\pi$인 θ에 대하여 $\dfrac{\sin\theta}{1-\sin\theta}-\dfrac{\sin\theta}{1+\sin\theta}=4$일 때, $\cos\theta$의 값은?

① $-\dfrac{\sqrt{3}}{3}$　　　② $-\dfrac{1}{3}$　　　③ 0

④ $\dfrac{1}{3}$　　　⑤ $\dfrac{\sqrt{3}}{3}$

1032 수능
Level 3

$\pi<\theta<\dfrac{3}{2}\pi$인 θ에 대하여 $\tan\theta-\dfrac{6}{\tan\theta}=1$일 때, $\sin\theta+\cos\theta$의 값은?

① $-\dfrac{2\sqrt{10}}{5}$　　　② $-\dfrac{\sqrt{10}}{5}$　　　③ 0

④ $\dfrac{\sqrt{10}}{5}$　　　⑤ $\dfrac{2\sqrt{10}}{5}$

05

실전 유형	**16**	삼각함수 사이의 관계 − $\sin\theta\pm\cos\theta$, $\sin\theta\cos\theta$ 이용하기

$\sin\theta\pm\cos\theta$의 값, $\sin\theta\cos\theta$의 값이 주어질 때는 다음을 이용한다.

(1) $(\sin\theta\pm\cos\theta)^2 = \sin^2\theta\pm 2\sin\theta\cos\theta + \cos^2\theta$
$\qquad\qquad\qquad = 1\pm 2\sin\theta\cos\theta$ (복부호동순)

(2) $\sin^3\theta\pm\cos^3\theta$
$\qquad = (\sin\theta\pm\cos\theta)(\sin^2\theta\mp\sin\theta\cos\theta+\cos^2\theta)$
$\qquad\qquad\qquad\qquad\qquad\qquad\qquad\qquad$ (복부호동순)

1033 대표문제

θ가 제2사분면의 각이고 $\sin\theta+\cos\theta=-\dfrac{1}{2}$일 때, $\sin^2\theta-\cos^2\theta$의 값을 구하시오.

1034
··❙ Level 1

$\sin\theta+\cos\theta=\dfrac{5}{4}$일 때, $\dfrac{9}{\sin\theta}+\dfrac{9}{\cos\theta}$의 값은?

① 28   ② 32   ③ 36

④ 40   ⑤ 44

1035 중요
··❙ Level 2

θ는 제3사분면의 각이고 $\sin\theta-\cos\theta=\dfrac{1}{2}$일 때, $\sin^3\theta+\cos^3\theta$의 값은?

① $-\dfrac{3\sqrt7}{8}$ ② $-\dfrac{5\sqrt7}{16}$ ③ $-\dfrac{\sqrt7}{4}$

④ $-\dfrac{\sqrt7}{8}$ ⑤ $\dfrac{\sqrt7}{8}$

1036 중요
··❙ Level 2

$\sin\theta+\cos\theta=-\dfrac{2}{3}$일 때, $\tan^2\theta+\dfrac{1}{\tan^2\theta}$의 값을 구하시오.

1037
··❙ Level 3

$\tan\theta+\dfrac{1}{\tan\theta}=\dfrac{4\sqrt3}{3}$일 때, $(\sin^2\theta-\cos^2\theta)^2$의 값은?

① $\dfrac{1}{16}$ ② $\dfrac{1}{8}$ ③ $\dfrac{1}{4}$

④ $\dfrac{3}{8}$ ⑤ $\dfrac{7}{16}$

➕ Plus문제

1038
··❙ Level 3

그림과 같이 원 $x^2+y^2=1$ 위의 점 $\mathrm{P}(x,\ y)$에 대하여 원점 O와 점 P를 지나는 동경 OP가 나타내는 각의 크기를 θ라 하자. $\dfrac{y}{x}+\dfrac{x}{y}=-\dfrac{5}{2}$일 때, $\sin\theta-\cos\theta$의 값은?
(단, 점 P는 제2사분면 위의 점이다.)

① $-\dfrac{3\sqrt5}{5}$ ② $-\dfrac{\sqrt5}{5}$ ③ $\dfrac{1}{5}$

④ $\dfrac{\sqrt5}{5}$ ⑤ $\dfrac{3\sqrt5}{5}$

1039 교육청

Level 1

$\sin\theta+\cos\theta=\dfrac{1}{2}$일 때, $(2\sin\theta+\cos\theta)(\sin\theta+2\cos\theta)$
의 값은?

① $\dfrac{1}{8}$

② $\dfrac{1}{4}$

③ $\dfrac{3}{8}$

④ $\dfrac{1}{2}$

⑤ $\dfrac{5}{8}$

1040 교육청

Level 2

$0<\theta<\dfrac{\pi}{2}$인 θ에 대하여 $\sin\theta\cos\theta=\dfrac{7}{18}$일 때,
$30(\sin\theta+\cos\theta)$의 값을 구하시오.

1041 교육청

Level 2

$\dfrac{\pi}{2}<\theta<\pi$인 θ에 대하여 $\sin^4\theta+\cos^4\theta=\dfrac{23}{32}$일 때,
$\sin\theta-\cos\theta$의 값은?

① $\dfrac{\sqrt{3}}{2}$

② 1

③ $\dfrac{\sqrt{5}}{2}$

④ $\dfrac{\sqrt{6}}{2}$

⑤ $\dfrac{\sqrt{7}}{2}$

실전
유형 **17** 삼각함수를 두 근으로 하는 이차방정식 · 복합유형

이차방정식 $ax^2+bx+c=0$의 두 근이 $\sin\theta$, $\cos\theta$일 때, 이
차방정식의 근과 계수의 관계에 의하여

➜ $\sin\theta+\cos\theta=-\dfrac{b}{a}$, $\sin\theta\cos\theta=\dfrac{c}{a}$

1042 대표문제

이차방정식 $2x^2-2x+k=0$의 두 근이 $\sin\theta+\cos\theta$,
$\sin\theta-\cos\theta$일 때, 상수 k의 값은?

① -1

② $-\dfrac{1}{2}$

③ $-\dfrac{1}{4}$

④ $\dfrac{1}{4}$

⑤ $\dfrac{1}{2}$

1043

Level 2

이차방정식 $x^2-2ax+a^2-\dfrac{1}{2}=0$의 두 근이 $\sin\theta$, $\cos\theta$일
때, 상수 a에 대하여 $a+\tan\theta$의 값은?

① -3

② -2

③ -1

④ 1

⑤ 2

1044 중요 ‖Level 2

이차방정식 $2x^2-(2k+1)x+k=0$의 두 근이 $\sin\theta$, $\cos\theta$ 일 때, 상수 k의 값을 구하시오. (단, $\tan\theta<0$)

1045 ‖Level 2

이차방정식 $x^2-4x+2=0$의 두 근이 $\tan\alpha$, $\tan\beta$이고 이차방정식 $x^2-px+q=0$의 두 근이 $\dfrac{1}{\tan\alpha}$, $\dfrac{1}{\tan\beta}$일 때, 상수 p, q에 대하여 pq의 값은?

① 8   ② 4   ③ 1

④ $\dfrac{1}{4}$ ⑤ $\dfrac{1}{8}$

1046 ‖Level 2

이차방정식 $3x^2-kx+\dfrac{k}{4}=0$의 두 근이 $\sin^2\theta$, $\cos^2\theta$일 때, $\sin\theta+\cos\theta$의 값을 구하시오.

$\left(\text{단, }k\text{는 상수이고, }0<\theta<\dfrac{\pi}{2}\text{이다.}\right)$

1047 ‖Level 2

이차방정식 $2x^2+2\sqrt{2}x+a=0$의 두 근이 $\sin\theta$, $\cos\theta$일 때, 상수 a에 대하여 $a+2(\sin^3\theta+\cos^3\theta)$의 값을 구하시오.

1048 중요 ‖Level 3

이차방정식 $12x^2-6x+k=0$의 두 근이 $\sin\theta$, $\cos\theta$일 때, $\tan\theta$와 $\dfrac{1}{\tan\theta}$을 두 근으로 하고 x^2의 계수가 3인 이차방정식을 구하시오. (단, k는 상수이다.)

1049 ‖Level 3

이차방정식 $5x^2-\sqrt{5}x-k=0$의 두 근이 $\sin\theta$, $\cos\theta$이고 이차방정식 $5x^2-(k+1)\sqrt{5}x+k=0$의 두 근이 $\sin\theta$, $-\cos\theta$일 때, 상수 k에 대하여 $k(2\sin\theta-\cos\theta)$의 값은?

① $\sqrt{5}$ ② $\dfrac{3\sqrt{5}}{2}$ ③ $2\sqrt{5}$

④ $\dfrac{5\sqrt{5}}{2}$ ⑤ $3\sqrt{5}$

1050 대표문제

각 $\frac{1}{3}\theta$를 나타내는 동경과 각 2θ를 나타내는 동경이 일직선 위에 있을 때, 모든 θ의 값의 합을 구하는 과정을 서술하시오. (단, $0<\theta<2\pi$) [8점]

STEP 1 두 동경이 일치할 때, θ의 값 구하기 [3점]

각 $\frac{1}{3}\theta$를 나타내는 동경과 각 2θ를 나타내는 동경이 일직선 위에 있는 경우는 다음 두 가지이다.

(ⅰ) 두 동경이 일치할 때

$$2\theta-\frac{1}{3}\theta=\boxed{}^{(1)}n\pi \text{ } (n\text{은 정수})$$

$$\frac{5}{3}\theta=\boxed{}^{(2)}n\pi \qquad \therefore \theta=\frac{6}{5}n\pi \quad\cdots\cdots\cdots\cdots\text{ⓐ}$$

$0<\theta<2\pi$에서 $0<\frac{6}{5}n\pi<2\pi$이므로 $0<n<\boxed{}^{(3)}$

n은 정수이므로 $n=1$

$n=1$을 ⓐ에 대입하면 $\theta=\boxed{}^{(4)}$

STEP 2 두 동경이 일직선 위에 있고 방향이 반대일 때, θ의 값 구하기 [4점]

(ⅱ) 두 동경이 일직선 위에 있고 방향이 반대일 때

$$2\theta-\frac{1}{3}\theta=\left(2n+\boxed{}^{(5)}\right)\pi \text{ } (n\text{은 정수})$$

$$\frac{5}{3}\theta=\left(2n+\boxed{}^{(6)}\right)\pi \qquad \therefore \theta=\frac{3(2n+1)\pi}{5} \quad\cdots\cdots\cdots\text{ⓑ}$$

$0<\theta<2\pi$에서 $0<\frac{3(2n+1)\pi}{5}<2\pi$이므로

$$-\frac{1}{2}<n<\boxed{}^{(7)}$$

n은 정수이므로 $n=0$ 또는 $n=1$

이것을 ⓑ에 대입하면

$n=0$일 때 $\theta=\boxed{}^{(8)}$

$n=1$일 때 $\theta=\boxed{}^{(9)}$

STEP 3 모든 θ의 값의 합 구하기 [1점]

(ⅰ), (ⅱ)에서 모든 θ의 값의 합은 $\boxed{}^{(10)}$

1051 한번 더

각 $\frac{1}{2}\theta$를 나타내는 동경과 각 3θ를 나타내는 동경이 일직선 위에 있을 때, 모든 θ의 값의 합을 구하는 과정을 서술하시오. (단, $0<\theta<2\pi$) [8점]

STEP 1 두 동경이 일치할 때, θ의 값 구하기 [3점]

STEP 2 두 동경이 일직선 위에 있고 방향이 반대일 때, θ의 값 구하기 [4점]

STEP 3 모든 θ의 값의 합 구하기 [1점]

핵심 KEY 유형 4 , 유형 5 두 동경의 위치 관계

주어진 θ의 값의 범위에서 두 동경이 일직선 위에 있거나 x축, y축에 대하여 대칭이 되도록 하는 θ의 값을 구하는 문제이다.
두 동경이 일직선 위에 있는 경우는 일치하는 경우와 원점에 대하여 대칭인 경우를 모두 생각해야 한다.

1052 ☑유사1

각 θ를 나타내는 동경과 각 6θ를 나타내는 동경이 원점에 대하여 대칭일 때, $\sin\left(\theta+\dfrac{2}{15}\pi\right)$의 값을 구하는 과정을 서술하시오. $\left(\text{단, } 0<\theta<\dfrac{\pi}{2}\right)$ [6점]

1053 ☑유사2

각 2θ를 나타내는 동경과 각 4θ를 나타내는 동경이 x축에 대하여 대칭일 때, $\tan\dfrac{\theta}{2}-\sin\dfrac{\theta}{2}$의 값을 구하는 과정을 서술하시오. $\left(\text{단, } \dfrac{\pi}{2}<\theta<\pi\right)$ [7점]

05

1054 대표문제

그림과 같이 중심각의 크기가 $\frac{\pi}{4}$인 부채꼴 AOB의 넓이를 S_1, $\overline{OB}$ 위의 점 P에 대하여 $\overline{PB}$를 지름으로 하고 $\overline{OA}$에 접하는 반원의 넓이를 S_2라 할 때, $\dfrac{S_2}{S_1}$의 값을 구하는 과정을 서술하시오. [7점]

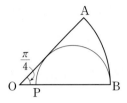

STEP 1 부채꼴 AOB의 반지름의 길이를 r이라 할 때, S_1을 r에 대한 식으로 나타내기 [2점]

부채꼴 AOB의 반지름의 길이를 r이라 하면

$$S_1 = \frac{1}{2} \times r^2 \times \boxed{}^{(1)} = \boxed{}^{(2)} r^2$$

STEP 2 반원의 중심을 C, 반지름의 길이를 a라 할 때, $\overline{OC}$의 길이를 a에 대한 식으로 나타내기 [2점]

그림과 같이 $\overline{PB}$를 지름으로 하는 반원의 중심을 C라 하고, $\overline{OA}$와 반원의 접점을 D라 하자.

반원의 반지름의 길이를 a라 하면 $\overline{OA} \perp \overline{CD}$이므로 직각삼각형 OCD에서

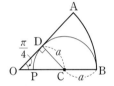

$$\overline{OC} = \frac{\boxed{}^{(3)}}{\sin \frac{\pi}{4}} = \frac{a}{\frac{\sqrt{2}}{2}} = \boxed{}^{(4)} a$$

STEP 3 S_2를 r에 대한 식으로 나타내기 [2점]

$\overline{OC} + \overline{BC} = \overline{OB}$이므로

$$\sqrt{2}a + a = r$$

$$\therefore a = \frac{r}{\sqrt{2}+1} = \left(\boxed{}^{(5)} - 1 \right) r$$

$$\therefore S_2 = \frac{1}{2} \times \pi \times \{(\sqrt{2}-1)r\}^2$$

$$= \frac{\boxed{}^{(6)} - 2\sqrt{2}}{2} \pi r^2$$

STEP 4 $\dfrac{S_2}{S_1}$의 값 구하기 [1점]

$$\frac{S_2}{S_1} = \frac{\dfrac{\boxed{}^{(7)} - 2\sqrt{2}}{2} \pi r^2}{\dfrac{1}{\boxed{}^{(8)}} \pi r^2}$$

$$= 12 - \boxed{}^{(9)}$$

1055 한번 더

그림과 같이 중심각의 크기가 $\frac{\pi}{6}$인 부채꼴 AOB의 넓이를 S_1, $\overline{OB}$ 위의 점 P에 대하여 $\overline{PB}$를 지름으로 하고 $\overline{OA}$에 접하는 반원의 넓이를 S_2라 할 때, $\dfrac{S_2}{S_1}$의 값을 구하는 과정을 서술하시오.

[7점]

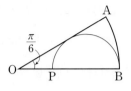

STEP 1 부채꼴 AOB의 반지름의 길이를 r이라 할 때, S_1을 r에 대한 식으로 나타내기 [2점]

STEP 2 반원의 중심을 C, 반지름의 길이를 a라 할 때, $\overline{OC}$의 길이를 a에 대한 식으로 나타내기 [2점]

STEP 3 S_2를 r에 대한 식으로 나타내기 [2점]

STEP 4 $\dfrac{S_2}{S_1}$의 값 구하기 [1점]

핵심 KEY 유형 7 , 유형 8 부채꼴의 넓이

부채꼴의 넓이와 그 부채꼴 안에 내접하는 반원의 넓이를 구하는 문제이다. 부채꼴의 넓이는 $S = \frac{1}{2}r^2\theta$이고, 원의 접점과 원의 중심을 이은 선분은 원의 접선에 수직임을 이용한다.

1056 ☑유사1

그림과 같은 부채꼴 AOB에서
$\angle$AOB$=\dfrac{\pi}{4}$, $\overset{\frown}{\text{AB}}=\pi$이고 점 A
에서 $\overline{\text{OB}}$에 내린 수선의 발을 H라
할 때, 색칠한 부분의 넓이를 구하
는 과정을 서술하시오. [8점]

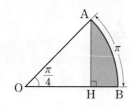

1057 ☑유사2

그림과 같은 두 부채꼴 AOB,
COD에서 $\overset{\frown}{\text{AB}}=6\pi$, $\overset{\frown}{\text{CD}}=4\pi$이
다. 색칠한 부분의 넓이가 30π일
때, $\overline{\text{AC}}$의 길이를 구하는 과정을 서
술하시오. [8점]

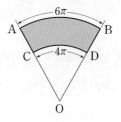

1 1058

〈보기〉에서 각을 나타내는 동경이 200°를 나타내는 동경과 일치하는 것만을 있는 대로 고른 것은? [3점]

〈보기〉

ㄱ. $-1960°$ ㄴ. $-200°$ ㄷ. $720°$
ㄹ. $1640°$ ㅁ. $2000°$

① ㄱ, ㄷ   ② ㄴ, ㄹ   ③ ㄷ, ㅁ
④ ㄱ, ㄹ, ㅁ   ⑤ ㄴ, ㄷ, ㅁ

2 1059

다음 중 각을 나타내는 동경이 존재하는 사분면이 나머지 넷과 다른 하나는? [3점]

① $960°$ ② $585°$ ③ $-120°$
④ $-400°$ ⑤ $-510°$

3 1060

다음 중 각을 나타내는 동경이 나머지 넷과 다른 하나는? [3점]

① $30°$ ② $\dfrac{13}{6}\pi$ ③ $1110°$
④ $-\dfrac{11}{6}\pi$ ⑤ $-300°$

4 1061

각 α를 나타내는 동경과 각 β를 나타내는 동경이 y축에 대하여 대칭일 때, 다음 중 $\alpha+\beta$의 값이 될 수 있는 것은? [3점]

① $\dfrac{\pi}{6}$ ② $\dfrac{\pi}{4}$ ③ $\dfrac{\pi}{3}$
④ $\dfrac{\pi}{2}$ ⑤ π

5 1062

길이가 8인 철사로 넓이가 최대인 부채꼴 모양을 만들 때, 이 부채꼴의 호의 길이는? [3점]

① 2   ② 3   ③ 4
④ 5   ⑤ 6

6 1063

원점 O와 점 $P(8, -15)$에 대하여 동경 OP가 나타내는 각의 크기를 θ라 할 때, $\dfrac{17\sin\theta+48\tan\theta}{17\cos\theta-1}$의 값은? [3점]

① -25 ② -20 ③ -15
④ 15 ⑤ 25

7 1064

다음 삼각함수의 값 중 부호가 나머지 넷과 <u>다른</u> 하나는?

[3점]

① $\sin 110°$ ② $\cos\left(-\dfrac{\pi}{4}\right)$ ③ $\tan\dfrac{\pi}{6}$

④ $\sin\dfrac{19}{6}\pi$ ⑤ $\tan(-480°)$

8 1065

θ가 제3사분면의 각일 때, $\dfrac{|\sin\theta|}{\sqrt{\cos^2\theta}}+2|\tan\theta|$를 간단히

하면? [3점]

① $-3\tan\theta$ ② $-\tan\theta$ ③ 0

④ $\tan\theta$ ⑤ $3\tan\theta$

9 1066

각 θ를 나타내는 동경과 각 7θ를 나타내는 동경이 일직선

위에 있고 방향이 반대일 때, $\sin\left(\theta-\dfrac{2}{3}\pi\right)$의 값은?

$\left($단, $\dfrac{\pi}{2}<\theta<\pi\right)$ [3.5점]

① $-\dfrac{\sqrt{3}}{2}$ ② $-\dfrac{1}{2}$ ③ 0

④ $\dfrac{1}{2}$ ⑤ $\dfrac{\sqrt{3}}{2}$

10 1067

좌표평면에서 두 각 α, β를 나타내는 동경을 각각 OP, OQ

라 할 때, 〈보기〉에서 옳은 것만을 있는 대로 고른 것은?

(단, O는 원점이다.) [3.5점]

─〈보기〉─

ㄱ. $\alpha=\dfrac{12}{5}\pi$, $\beta=-\dfrac{27}{5}\pi$이면 두 동경 OP, OQ는 x축에

대하여 대칭이다.

ㄴ. $\alpha=\dfrac{5}{6}\pi$, $\beta=\dfrac{5}{3}\pi$이면 두 동경 OP, OQ는 직선 $y=x$

에 대하여 대칭이다.

ㄷ. $\alpha=\dfrac{17}{4}\pi$, $\beta=-\dfrac{11}{4}\pi$이면 두 동경 OP, OQ는 원점에

대하여 대칭이다.

① ㄱ ② ㄴ ③ ㄷ

④ ㄱ, ㄷ ⑤ ㄴ, ㄷ

11 1068

$0<\theta<2\pi$이고 각 2θ를 나타내는 동경과 각 7θ를 나타내는

동경이 직선 $y=x$에 대하여 대칭이다. θ의 값 중 최댓값을

a, 최솟값을 b라 할 때, $a-b$의 값은? [3.5점]

① $\dfrac{13}{9}\pi$ ② $\dfrac{14}{9}\pi$ ③ $\dfrac{5}{3}\pi$

④ $\dfrac{16}{9}\pi$ ⑤ $\dfrac{17}{9}\pi$

12 1069

그림과 같은 부채꼴 AOB의 반지름의 길이를 20 % 늘이고, 중심각의 크기를 10 % 줄였을 때, 부채꼴의 넓이의 변화는? [3.5점]

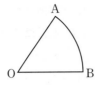

① 부채꼴의 넓이는 14.8 % 늘어난다.
② 부채꼴의 넓이는 29.6 % 늘어난다.
③ 부채꼴의 넓이는 변화가 없다.
④ 부채꼴의 넓이는 14.8 % 줄어든다.
⑤ 부채꼴의 넓이는 29.6 % 줄어든다.

13 1070

그림과 같은 두 부채꼴 AOB, A′OB′에서 호 AB의 길이는 3π, $\overline{OA}=4$, $\overline{OA'}=3$이다. 색칠한 부분의 넓이가 $\dfrac{a}{8}\pi$일 때, 상수 a의 값은? [3.5점]

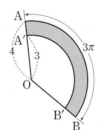

① 20 ② 21
③ 22 ④ 23
⑤ 24

14 1071

$\dfrac{\pi}{2}<\theta<\pi$이고 $\sin\theta=\dfrac{4}{5}$일 때, $\dfrac{15\cos\theta-3}{9\tan\theta}$의 값은?

[3.5점]

① -2 ② -1 ③ 0
④ 1   ⑤ 2

15 1072

θ가 제1사분면의 각이고 $\sin\theta-\cos\theta=\dfrac{\sqrt{3}}{3}$일 때, $\sin^3\theta+\cos^3\theta=\dfrac{p}{q}\sqrt{15}$이다. $p+q$의 값은?

(단, p와 q는 서로소인 자연수이다.) [3.5점]

① 11   ② 13   ③ 15
④ 17   ⑤ 19

16 1073

이차방정식 $3x^2-2x+k=0$의 두 근이 $\sin\theta$, $\cos\theta$일 때, 상수 k의 값은? [3.5점]

① $-\dfrac{5}{6}$ ② $-\dfrac{5}{8}$ ③ $-\dfrac{1}{2}$
④ $-\dfrac{3}{8}$ ⑤ $-\dfrac{1}{4}$

17 1074

길이가 20인 끈으로 넓이가 24 이상인 부채꼴 모양을 만들려고 할 때, 부채꼴의 중심각 θ의 크기의 최댓값은?

(단, θ의 단위는 라디안이다.) [4점]

① 1   ② 2   ③ 3
④ 4   ⑤ 5

18 1075

그림과 같이 호의 길이가 12π, 넓이가 60π인 부채꼴 OAB를 접어 원뿔 모양의 용기의 옆면을 만들었다. 이 용기의 부피와 모선의 길이의 곱은? [4점]

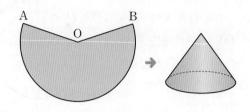

① 1080π ② 960π ③ 920π
④ 880π ⑤ 810π

19 1076

그림과 같이 직선 $y=2x+6$이 x축, y축과 만나는 점을 각각 A, B라 하고, 선분 AB를 $2:1$로 내분하는 점을 P라 하자. 동경 OP가 나타내는 각의 크기를 θ라 할 때, $\sin\theta\cos\theta$의 값은?

(단, O는 원점이다.) [4점]

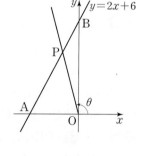

① $-\dfrac{1}{17}$ ② $-\dfrac{2}{17}$ ③ $-\dfrac{3}{17}$
④ $-\dfrac{4}{17}$ ⑤ $-\dfrac{5}{17}$

20 1077

그림과 같이 원 $x^2+y^2=4$ 위의 점 $P(x, y)$에 대하여 원점 O와 점 P를 지나는 동경 OP가 나타내는 각의 크기를 θ라 하자.
$\dfrac{y}{x}+\dfrac{x}{y}=-\dfrac{8}{3}$일 때,
$\sin\theta-\cos\theta$의 값은?

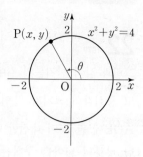

(단, 점 P는 제2사분면 위의 점이다.) [4.5점]

① $\dfrac{\sqrt{7}}{2}$ ② $\dfrac{\sqrt{7}}{3}$ ③ $\dfrac{\sqrt{7}}{4}$
④ $\dfrac{\sqrt{7}}{5}$ ⑤ $\dfrac{\sqrt{7}}{6}$

21 1078

이차방정식 $2x^2+x+a=0$의 두 근이 $\sin\theta$, $\cos\theta$이고 이차방정식 $3x^2+bx+c=0$의 두 근이 $\dfrac{1}{\sin\theta}$, $\dfrac{1}{\cos\theta}$일 때, 상수 a, b, c에 대하여 $ab+c$의 값은? [4.5점]

① -5 ② -3 ③ -1
④ 1 ⑤ 3

22 1079

그림과 같이 반지름의 길이가 2이고 중심각의 크기가 $\dfrac{\pi}{3}$인 부채꼴 AOB에 원 O'이 내접할 때, 색칠한 부분의 넓이를 구하는 과정을 서술하시오. [6점]

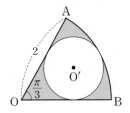

24 1081

그림과 같이 원 $x^2+y^2=1$ 위의 점 P(x, y)와 원점 O에 대하여 동경 OP가 나타내는 각의 크기를 θ라 하자. 함수 $f(\theta)$를 $f(\theta)=x-2y^2$으로 정의할 때, $f(\theta)$의 값이 최소가 되도록 하는 θ에 대하여 $\sin\theta\tan\theta$의 값을 구하는 과정을 서술하시오.

(단, 점 P는 제2사분면 위의 점이다.) [7점]

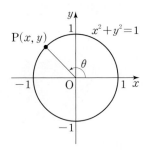

23 1080

$\dfrac{\pi}{2}<\theta<\pi$인 θ에 대하여 $\sin\theta\cos\theta=-\dfrac{1}{3}$일 때, $\sin^3\theta-\cos^3\theta$의 값을 구하는 과정을 서술하시오. [6점]

25 1082

그림과 같이 반지름의 길이가 2이고, 중심각의 크기가 θ인 부채꼴 AOB 위의 점 A에서 선분 OB에 내린 수선의 발을 C, 점 B를 지나고 선분 OB에 수직인 직선이 선분 OA의 연장선과 만나는 점을 D라 하자. $\overline{OC}=\overline{AC}\times\overline{BD}$일 때, $\sin^2\theta-\cos^2\theta$의 값을 구하는 과정을 서술하시오. [8점]

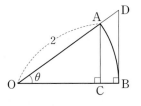

check 실전 마무리하기 **2회**

점 / 100점

1 1083

다음 중 옳지 <u>않은</u> 것은? [3점]

① $500°$는 제2사분면의 각이다.
② $765°$는 제1사분면의 각이다.
③ $960°$는 제3사분면의 각이다.
④ $-930°$는 제3사분면의 각이다.
⑤ $-1100°$는 제4사분면의 각이다.

2 1084

〈보기〉의 각을 나타내는 동경이 존재하는 사분면이 같은 것만을 있는 대로 고른 것은? [3점]

〈보기〉
ㄱ. $\dfrac{2}{3}\pi$　　　　　　ㄴ. $\dfrac{\pi}{6}$

ㄷ. $\dfrac{11}{4}\pi$　　　　　　ㄹ. $-\dfrac{29}{6}\pi$

① ㄱ, ㄴ　　　② ㄱ, ㄷ　　　③ ㄴ, ㄷ
④ ㄴ, ㄹ　　　⑤ ㄱ, ㄷ, ㄹ

3 1085

〈보기〉의 각을 나타내는 동경 중 제2사분면에 위치하는 것의 개수는? [3점]

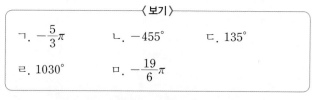

〈보기〉
ㄱ. $-\dfrac{5}{3}\pi$　　　ㄴ. $-455°$　　　ㄷ. $135°$

ㄹ. $1030°$　　　ㅁ. $-\dfrac{19}{6}\pi$

① 1　　　② 2　　　③ 3
④ 4　　　⑤ 5

4 1086

〈보기〉에서 옳은 것만을 있는 대로 고른 것은? [3점]

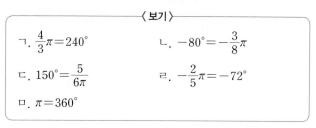

〈보기〉
ㄱ. $\dfrac{4}{3}\pi=240°$　　　　　ㄴ. $-80°=-\dfrac{3}{8}\pi$

ㄷ. $150°=\dfrac{5}{6}\pi$　　　　　ㄹ. $-\dfrac{2}{5}\pi=-72°$

ㅁ. $\pi=360°$

① ㄱ, ㄹ　　　② ㄱ, ㅁ　　　③ ㄴ, ㄹ
④ ㄷ, ㄹ　　　⑤ ㄷ, ㅁ

5 1087

각 θ를 나타내는 동경과 각 5θ를 나타내는 동경이 일치할 때, $\cos\left(\theta-\dfrac{\pi}{4}\right)$의 값은? (단, $0<\theta<\pi$) [3점]

① $\dfrac{1}{2}$　　　② $\dfrac{\sqrt{3}}{3}$　　　③ $\dfrac{\sqrt{2}}{2}$
④ $\dfrac{\sqrt{3}}{2}$　　　⑤ 1

6 1088

각 2θ를 나타내는 동경과 각 7θ를 나타내는 동경이 x축에 대하여 대칭일 때, 다음 중 θ의 값이 될 수 없는 것은?

(단, $0<\theta<\pi$) [3점]

① $\dfrac{2}{9}\pi$ 　　② $\dfrac{\pi}{3}$ 　　③ $\dfrac{4}{9}\pi$

④ $\dfrac{2}{3}\pi$ 　　⑤ $\dfrac{8}{9}\pi$

7 1089

원점 O와 점 P(3, -4)에 대하여 동경 OP가 나타내는 각의 크기를 θ라 할 때, $\dfrac{\sin\theta}{\tan\theta}$의 값은? [3점]

① $-\dfrac{4}{3}$ 　　② $-\dfrac{3}{4}$ 　　③ $\dfrac{3}{5}$

④ $\dfrac{4}{5}$ 　　⑤ $\dfrac{5}{3}$

8 1090

제4사분면 위의 점 P(a, b)가 직선 $y=-\sqrt{3}x$ 위에 있다. 동경 OP가 나타내는 각의 크기를 θ라 할 때, $2\cos\theta-\sqrt{3}\tan\theta$의 값은? (단, O는 원점이다.) [3점]

① $-4\sqrt{3}$ 　　② -4 　　③ $\dfrac{\sqrt{3}}{2}$

④ 4 　　⑤ $4\sqrt{3}$

9 1091

$\dfrac{(1+\tan^2\theta)\sin\theta\cos\theta}{\tan\theta}$를 간단히 하면? [3점]

① $-\dfrac{\sqrt{2}}{2}$ 　　② -1 　　③ 1

④ $\dfrac{1}{2}$ 　　⑤ $\dfrac{\sqrt{3}}{2}$

10 1092

$\sin\theta-\cos\theta=\dfrac{1}{2}$일 때, $(1-\sin^2\theta)(1-\cos^2\theta)$의 값은?

[3점]

① $\dfrac{5}{16}$ 　　② $\dfrac{6}{25}$ 　　③ $\dfrac{7}{36}$

④ $\dfrac{8}{49}$ 　　⑤ $\dfrac{9}{64}$

11 1093

그림과 같이 모선의 길이가 10인 원뿔을 모선의 중점을 지나고 밑면에 평행한 평면으로 잘라 작은 원뿔과 원뿔대로 분리하였다. 원뿔대의 두 밑면 중에서 작은 원의 넓이가 4π일 때, 원뿔대의 겉넓이는? [3.5점]

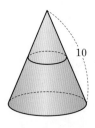

① 35π 　　② 40π 　　③ 45π

④ 50π 　　⑤ 55π

12 1094

θ가 제2사분면의 각이고, $\cos\theta=-\dfrac{\sqrt{2}}{2}$일 때,

$\sqrt{2}\sin\theta+\tan\theta$의 값은? [3.5점]

① -1 ② $-\dfrac{1}{2}$ ③ 0

④ $\dfrac{1}{2}$ ⑤ 1

13 1095

$\pi<\theta<\dfrac{3}{2}\pi$일 때,

$$|\sin\theta|+|\cos\theta|+\sin\theta+\tan\theta-\sqrt{\tan^2\theta}$$

를 간단히 하면? [3.5점]

① $-\cos\theta$ ② $\cos\theta$

③ $\sin\theta$ ④ $2\sin\theta-\cos\theta$

⑤ $\cos\theta+2\tan\theta$

14 1096

$\dfrac{1}{1+\cos\theta}+\dfrac{1}{1-\cos\theta}=\dfrac{8}{3}$일 때, $4\sin\theta+\tan\theta$의 값은?

$\left(\text{단, } \dfrac{\pi}{2}<\theta<\pi\right)$ [3.5점]

① $-\sqrt{3}$ ② $-\sqrt{2}$ ③ 1

④ $\sqrt{2}$ ⑤ $\sqrt{3}$

15 1097

θ가 제3사분면의 각이고 $\sin\theta\cos\theta=\dfrac{1}{3}$일 때,

$\sin^3\theta+\cos^3\theta$의 값은? [3.5점]

① $-\dfrac{\sqrt{15}}{9}$ ② $-\dfrac{2\sqrt{15}}{9}$ ③ $-\dfrac{\sqrt{15}}{3}$

④ $-\dfrac{4\sqrt{15}}{9}$ ⑤ $-\dfrac{5\sqrt{15}}{9}$

16 1098

이차방정식 $4x^2-kx-1=0$의 두 근이 $\sin\theta$, $\cos\theta$일 때,
상수 k의 값은? (단, $k>0$) [3.5점]

① $\sqrt{2}$ ② $\sqrt{3}$ ③ $2\sqrt{2}$

④ $2\sqrt{3}$ ⑤ $3\sqrt{2}$

17 1099

θ가 제1사분면의 각일 때, 각 $\dfrac{\theta}{3}$를 나타내는 동경이 속하는
모든 영역을 좌표평면 위에 나타낸 것은? [4점]

(단, 경계선은 제외한다.)

①   ②   ③

④   ⑤

05

18 1100

둘레의 길이가 64인 부채꼴 중에서 넓이가 최대인 부채꼴의 반지름의 길이를 r, 중심각의 크기를 θ라 할 때, r, θ의 값은? [4점]

① $r=14$, $\theta=1$ ② $r=16$, $\theta=1$

③ $r=16$, $\theta=2$ ④ $r=18$, $\theta=2$

⑤ $r=18$, $\theta=3$

20 1102

그림과 같은 원 O에서 $\overline{AB}$는 원의 접선이고, 점 A는 접점이다. $\overline{AO}$의 연장선과 $\overline{BO}$의 연장선이 원 O와 만나는 점을 각각 C, D라 하고, $\angle COD=\theta$라 할 때, 색칠한 두 부분의 넓이가 같아지기 위한 조건은? $\left(단, 0<\theta<\dfrac{\pi}{2}\right)$ [4.5점]

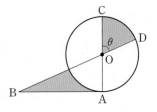

① $\tan\theta=\theta$ ② $\tan\theta=2\theta$ ③ $\tan\theta=4\theta$

④ $\tan 2\theta=\theta$ ⑤ $\tan 3\theta=\theta$

19 1101

이차방정식 $3x^2-x+k=0$의 두 근이 $\sin\theta$, $\cos\theta$일 때, $\tan\theta$와 $\dfrac{1}{\tan\theta}$을 두 근으로 하고 x^2의 계수가 4인 이차방정식이 $4x^2+ax+b=0$이다. 상수 k, a, b에 대하여 kab의 값은? [4점]

① -48 ② -36 ③ -27

④ -18 ⑤ -9

21 1103

그림과 같이 원 $x^2+y^2=1$을 10등분 하는 점을 차례로 P_1, P_2, $\cdots$, P_{10}이라 하자. $P_1(1, 0)$, $\angle P_1OP_2=\theta$라 할 때,

$\sin\theta+\sin 2\theta+\sin 3\theta$

$\qquad +\cdots+\sin 10\theta$

의 값은? (단, O는 원점이다.) [4.5점]

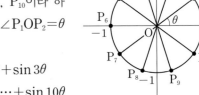

① -10 ② -5 ③ 0

④ 5 ⑤ 10

서술형

22 1104

$\pi < \theta < \dfrac{3}{2}\pi$이고 각 $\dfrac{\theta}{4}$를 나타내는 동경과 각 3θ를 나타내는 동경이 원점에 대하여 대칭일 때, θ의 값을 구하는 과정을 서술하시오. [6점]

23 1105

그림과 같이 원 $x^2 + y^2 = 1$ 위의 점 A에서 x축에 내린 수선의 발을 B, 원 $x^2 + y^2 = 1$이 x축의 양의 방향과 만나는 점을 D, 점 D를 지나고 x축에 수직인 직선이 $\overline{OA}$의 연장선과 만나는 점을 C라 하자. $\angle AOD = \theta$이고 $\dfrac{\overline{OB}}{\overline{AB}} = \dfrac{3}{2}\overline{CD}$일 때, $\overline{CD}$의 길이를 구하는 과정을 서술하시오.

$\left(\text{단, } 0 < \theta < \dfrac{\pi}{2}\text{이고, O는 원점이다.}\right)$ [6점]

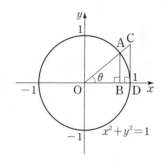

24 1106

그림과 같은 두 부채꼴 AOB, COD에서 $\overparen{AB} = \dfrac{9}{4}\pi$, $\overparen{CD} = \dfrac{7}{4}\pi$이다. 색칠한 부분의 넓이가 $\dfrac{8}{3}\pi$일 때, $\overline{AC}$의 길이를 구하는 과정을 서술하시오. [7점]

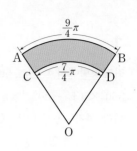

25 1107

그림과 같이 직선 $y = 2$가 두 원 $x^2 + y^2 = 5$, $x^2 + y^2 = 12$와 만나는 점을 각각 P, Q라 하자. 점 $A(2\sqrt{3}, 0)$에 대하여 $\angle AOP = \alpha$, $\angle AOQ = \beta$라 할 때, $\cos\alpha\sin\beta$의 값을 구하는 과정을 서술하시오. (단, O는 원점이고, 두 점 P, Q는 제2사분면 위의 점이다.) [9점]

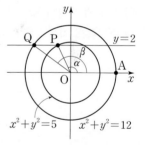

1 1108
연계문항 197쪽 **0937**

좌표평면에서 $1 \leq n \leq 50$인 자연수 n에 대하여 크기가 $360° \times n + (-1)^{n-1} \times n \times 60°$인 각을 나타내는 동경을 OP_n이라 하자. 동경 OP_2, OP_3, $\cdots$, OP_{50} 중에서 동경 OP_1과 같은 위치에 있는 동경 OP_n의 개수는?

(단, O는 원점이고, x축의 양의 방향을 시초선으로 한다.)

① 6   ② 7   ③ 8

④ 9   ⑤ 10

2 1109
연계문항 206쪽 **0983**

반지름의 길이가 호의 길이의 $\dfrac{1}{4}$배인 서로 다른 두 부채꼴 A_1, A_2가 있다. 두 부채꼴 A_1, A_2의 호의 길이의 합이 20이고 두 부채꼴의 넓이의 합이 30일 때, 두 부채꼴 A_1, A_2의 반지름의 길이의 곱을 구하시오.

3 1110
연계문항 208쪽 **0995**

두 부채꼴 OAB와 OCD를 이용하여 그림의 색칠한 부분과 같은 모양의 밭을 만들려고 한다. 이 밭 ACDB의 둘레의 길이를 100 m로 할 때, 밭 ACDB의 넓이의 최댓값을 구하시오.

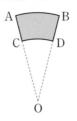

4 1111
연계문항 210쪽 **1008**

그림과 같이 원 $x^2 + y^2 = 1$이 직선 $y = \dfrac{1}{2}x$와 제3사분면에서 만나는 점을 P, 직선 $y = -4x$와 제4사분면에서 만나는 점을 Q라 하자. 두 동경 OP, OQ가 나타내는 각의 크기를 각각 α, β라 할 때, $\sin \alpha \cos \beta$의 값을 구하시오. (단, O는 원점이다.)

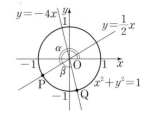

5 1112
연계문항 213쪽 **1022**

$0 < \sin \theta < \cos \theta$일 때,
$\sqrt{4 - 8 \sin \theta \cos \theta} - \sqrt{4 + 8 \sin \theta \cos \theta}$를 간단히 하시오.

6 1113
연계문항 215쪽 **1037**

$\tan \theta + \dfrac{1}{\tan \theta} = \dfrac{5}{2}$일 때, $|\sin^2 \theta - \cos^2 \theta|$의 값은?

① $\dfrac{3}{10}$ ② $\dfrac{2}{5}$ ③ $\dfrac{1}{2}$

④ $\dfrac{3}{5}$ ⑤ $\dfrac{7}{10}$

수	0	1	2	3	4	5	6	7	8	9
1.0	.0000	.0043	.0086	.0128	.0170	.0212	.0253	.0294	.0334	.0374
1.1	.0414	.0453	.0492	.0531	.0569	.0607	.0645	.0682	.0719	.0755
1.2	.0792	.0828	.0864	.0899	.0934	.0969	.1004	.1038	.1072	.1106
1.3	.1139	.1173	.1206	.1239	.1271	.1303	.1335	.1367	.1399	.1430
1.4	.1461	.1492	.1523	.1553	.1584	.1614	.1644	.1673	.1703	.1732
1.5	.1761	.1790	.1818	.1847	.1875	.1903	.1931	.1959	.1987	.2014
1.6	.2041	.2068	.2095	.2122	.2148	.2175	.2201	.2227	.2253	.2279
1.7	.2304	.2330	.2355	.2380	.2405	.2430	.2455	.2480	.2504	.2529
1.8	.2553	.2577	.2601	.2625	.2648	.2672	.2695	.2718	.2742	.2765
1.9	.2788	.2810	.2833	.2856	.2878	.2900	.2923	.2945	.2967	.2989
2.0	.3010	.3032	.3054	.3075	.3096	.3118	.3139	.3160	.3181	.3201
2.1	.3222	.3243	.3263	.3284	.3304	.3324	.3345	.3365	.3385	.3404
2.2	.3424	.3444	.3464	.3483	.3502	.3522	.3541	.3560	.3579	.3598
2.3	.3617	.3636	.3655	.3674	.3692	.3711	.3729	.3747	.3766	.3784
2.4	.3802	.3820	.3838	.3856	.3874	.3892	.3909	.3927	.3945	.3962
2.5	.3979	.3997	.4014	.4031	.4048	.4065	.4082	.4099	.4116	.4133
2.6	.4150	.4166	.4183	.4200	.4216	.4232	.4249	.4265	.4281	.4298
2.7	.4314	.4330	.4346	.4362	.4378	.4393	.4409	.4425	.4440	.4456
2.8	.4472	.4487	.4502	.4518	.4533	.4548	.4564	.4579	.4594	.4609
2.9	.4624	.4639	.4654	.4669	.4683	.4698	.4713	.4728	.4742	.4757
3.0	.4771	.4786	.4800	.4814	.4829	.4843	.4857	.4871	.4886	.4900
3.1	.4914	.4928	.4942	.4955	.4969	.4983	.4997	.5011	.5024	.5038
3.2	.5051	.5065	.5079	.5092	.5105	.5119	.5132	.5145	.5159	.5172
3.3	.5185	.5198	.5211	.5224	.5237	.5250	.5263	.5276	.5289	.5302
3.4	.5315	.5328	.5340	.5353	.5366	.5378	.5391	.5403	.5416	.5428
3.5	.5441	.5453	.5465	.5478	.5490	.5502	.5514	.5527	.5539	.5551
3.6	.5563	.5575	.5587	.5599	.5611	.5623	.5635	.5647	.5658	.5670
3.7	.5682	.5694	.5705	.5717	.5729	.5740	.5752	.5763	.5775	.5786
3.8	.5798	.5809	.5821	.5832	.5843	.5855	.5866	.5877	.5888	.5899
3.9	.5911	.5922	.5933	.5944	.5955	.5966	.5977	.5988	.5999	.6010
4.0	.6021	.6031	.6042	.6053	.6064	.6075	.6085	.6096	.6107	.6117
4.1	.6128	.6138	.6149	.6160	.6170	.6180	.6191	.6201	.6212	.6222
4.2	.6232	.6243	.6253	.6263	.6274	.6284	.6294	.6304	.6314	.6325
4.3	.6335	.6345	.6355	.6365	.6375	.6385	.6395	.6405	.6415	.6425
4.4	.6435	.6444	.6454	.6464	.6474	.6484	.6493	.6503	.6513	.6522
4.5	.6532	.6542	.6551	.6561	.6571	.6580	.6590	.6599	.6609	.6618
4.6	.6628	.6637	.6646	.6656	.6665	.6675	.6684	.6693	.6702	.6712
4.7	.6721	.6730	.6739	.6749	.6758	.6767	.6776	.6785	.6794	.6803
4.8	.6812	.6821	.6830	.6839	.6848	.6857	.6866	.6875	.6884	.6893
4.9	.6902	.6911	.6920	.6928	.6937	.6946	.6955	.6964	.6972	.6981
5.0	.6990	.6998	.7007	.7016	.7024	.7033	.7042	.7050	.7059	.7067
5.1	.7076	.7084	.7093	.7101	.7110	.7118	.7126	.7135	.7143	.7152
5.2	.7160	.7168	.7177	.7185	.7193	.7202	.7210	.7218	.7226	.7235
5.3	.7243	.7251	.7259	.7267	.7275	.7284	.7292	.7300	.7308	.7316
5.4	.7324	.7332	.7340	.7348	.7356	.7364	.7372	.7380	.7388	.7396

수	0	1	2	3	4	5	6	7	8	9
5.5	.7404	.7412	.7419	.7427	.7435	.7443	.7451	.7459	.7466	.7474
5.6	.7482	.7490	.7497	.7505	.7513	.7520	.7528	.7536	.7543	.7551
5.7	.7559	.7566	.7574	.7582	.7589	.7597	.7604	.7612	.7619	.7627
5.8	.7634	.7642	.7649	.7657	.7664	.7672	.7679	.7686	.7694	.7701
5.9	.7709	.7716	.7723	.7731	.7738	.7745	.7752	.7760	.7767	.7774
6.0	.7782	.7789	.7796	.7803	.7810	.7818	.7825	.7832	.7839	.7846
6.1	.7853	.7860	.7868	.7875	.7882	.7889	.7896	.7903	.7910	.7917
6.2	.7924	.7931	.7938	.7945	.7952	.7959	.7966	.7973	.7980	.7987
6.3	.7993	.8000	.8007	.8014	.8021	.8028	.8035	.8041	.8048	.8055
6.4	.8062	.8069	.8075	.8082	.8089	.8096	.8102	.8109	.8116	.8122
6.5	.8129	.8136	.8142	.8149	.8156	.8162	.8169	.8176	.8182	.8189
6.6	.8195	.8202	.8209	.8215	.8222	.8228	.8235	.8241	.8248	.8254
6.7	.8261	.8267	.8274	.8280	.8287	.8293	.8299	.8306	.8312	.8319
6.8	.8325	.8331	.8338	.8344	.8351	.8357	.8363	.8370	.8376	.8382
6.9	.8388	.8395	.8401	.8407	.8414	.8420	.8426	.8432	.8439	.8445
7.0	.8451	.8457	.8463	.8470	.8476	.8482	.8488	.8494	.8500	.8506
7.1	.8513	.8519	.8525	.8531	.8537	.8543	.8549	.8555	.8561	.8567
7.2	.8573	.8579	.8585	.8591	.8597	.8603	.8609	.8615	.8621	.8627
7.3	.8633	.8639	.8645	.8651	.8657	.8663	.8669	.8675	.8681	.8686
7.4	.8692	.8698	.8704	.8710	.8716	.8722	.8727	.8733	.8739	.8745
7.5	.8751	.8756	.8762	.8768	.8774	.8779	.8785	.8791	.8797	.8802
7.6	.8808	.8814	.8820	.8825	.8831	.8837	.8842	.8848	.8854	.8859
7.7	.8865	.8871	.8876	.8882	.8887	.8893	.8899	.8904	.8910	.8915
7.8	.8921	.8927	.8932	.8938	.8943	.8949	.8954	.8960	.8965	.8971
7.9	.8976	.8982	.8987	.8993	.8998	.9004	.9009	.9015	.9020	.9025
8.0	.9031	.9036	.9042	.9047	.9053	.9058	.9063	.9069	.9074	.9079
8.1	.9085	.9090	.9096	.9101	.9106	.9112	.9117	.9122	.9128	.9133
8.2	.9138	.9143	.9149	.9154	.9159	.9165	.9170	.9175	.9180	.9186
8.3	.9191	.9196	.9201	.9206	.9212	.9217	.9222	.9227	.9232	.9238
8.4	.9243	.9248	.9253	.9258	.9263	.9269	.9274	.9279	.9284	.9289
8.5	.9294	.9299	.9304	.9309	.9315	.9320	.9325	.9330	.9335	.9340
8.6	.9345	.9350	.9355	.9360	.9365	.9370	.9375	.9380	.9385	.9390
8.7	.9395	.9400	.9405	.9410	.9415	.9420	.9425	.9430	.9435	.9440
8.8	.9445	.9450	.9455	.9460	.9465	.9469	.9474	.9479	.9484	.9489
8.9	.9494	.9499	.9504	.9509	.9513	.9518	.9523	.9528	.9533	.9538
9.0	.9542	.9547	.9552	.9557	.9562	.9566	.9571	.9576	.9581	.9586
9.1	.9590	.9595	.9600	.9605	.9609	.9614	.9619	.9624	.9628	.9633
9.2	.9638	.9643	.9647	.9652	.9657	.9661	.9666	.9671	.9675	.9680
9.3	.9685	.9689	.9694	.9699	.9703	.9708	.9713	.9717	.9722	.9727
9.4	.9731	.9736	.9741	.9745	.9750	.9754	.9759	.9763	.9768	.9773
9.5	.9777	.9782	.9786	.9791	.9795	.9800	.9805	.9809	.9814	.9818
9.6	.9823	.9827	.9832	.9836	.9841	.9845	.9850	.9854	.9859	.9863
9.7	.9868	.9872	.9877	.9881	.9886	.9890	.9894	.9899	.9903	.9908
9.8	.9912	.9917	.9921	.9926	.9930	.9934	.9939	.9943	.9948	.9952
9.9	.9956	.9961	.9965	.9969	.9974	.9978	.9983	.9987	.9991	.9996

삼각함수표

각	sin	cos	tan	각	sin	cos	tan
0°	0.0000	1.0000	0.0000	45°	0.7071	0.7071	1.0000
1°	0.0175	0.9998	0.0175	46°	0.7193	0.6947	1.0355
2°	0.0349	0.9994	0.0349	47°	0.7314	0.6820	1.0724
3°	0.0523	0.9986	0.0524	48°	0.7431	0.6691	1.1106
4°	0.0698	0.9976	0.0699	49°	0.7547	0.6561	1.1504
5°	0.0872	0.9962	0.0875	50°	0.7660	0.6428	1.1918
6°	0.1045	0.9945	0.1051	51°	0.7771	0.6293	1.2349
7°	0.1219	0.9925	0.1228	52°	0.7880	0.6157	1.2799
8°	0.1392	0.9903	0.1405	53°	0.7986	0.6018	1.3270
9°	0.1564	0.9877	0.1584	54°	0.8090	0.5878	1.3764
10°	0.1736	0.9848	0.1763	55°	0.8192	0.5736	1.4281
11°	0.1908	0.9816	0.1944	56°	0.8290	0.5592	1.4826
12°	0.2079	0.9781	0.2126	57°	0.8387	0.5446	1.5399
13°	0.2250	0.9744	0.2309	58°	0.8480	0.5299	1.6003
14°	0.2419	0.9703	0.2493	59°	0.8572	0.5150	1.6643
15°	0.2588	0.9659	0.2679	60°	0.8660	0.5000	1.7321
16°	0.2756	0.9613	0.2867	61°	0.8746	0.4848	1.8040
17°	0.2924	0.9563	0.3057	62°	0.8829	0.4695	1.8807
18°	0.3090	0.9511	0.3249	63°	0.8910	0.4540	1.9626
19°	0.3256	0.9455	0.3443	64°	0.8988	0.4384	2.0503
20°	0.3420	0.9397	0.3640	65°	0.9063	0.4226	2.1445
21°	0.3584	0.9336	0.3839	66°	0.9135	0.4067	2.2460
22°	0.3746	0.9272	0.4040	67°	0.9205	0.3907	2.3559
23°	0.3907	0.9205	0.4245	68°	0.9272	0.3746	2.4751
24°	0.4067	0.9135	0.4452	69°	0.9336	0.3584	2.6051
25°	0.4226	0.9063	0.4663	70°	0.9397	0.3420	2.7475
26°	0.4384	0.8988	0.4877	71°	0.9455	0.3256	2.9042
27°	0.4540	0.8910	0.5095	72°	0.9511	0.3090	3.0777
28°	0.4695	0.8829	0.5317	73°	0.9563	0.2924	3.2709
29°	0.4848	0.8746	0.5543	74°	0.9613	0.2756	3.4874
30°	0.5000	0.8660	0.5774	75°	0.9659	0.2588	3.7321
31°	0.5150	0.8572	0.6009	76°	0.9703	0.2419	4.0108
32°	0.5299	0.8480	0.6249	77°	0.9744	0.2250	4.3315
33°	0.5446	0.8387	0.6494	78°	0.9781	0.2079	4.7046
34°	0.5592	0.8290	0.6745	79°	0.9816	0.1908	5.1446
35°	0.5736	0.8192	0.7002	80°	0.9848	0.1736	5.6713
36°	0.5878	0.8090	0.7265	81°	0.9877	0.1564	6.3138
37°	0.6018	0.7986	0.7536	82°	0.9903	0.1392	7.1154
38°	0.6157	0.7880	0.7813	83°	0.9925	0.1219	8.1443
39°	0.6293	0.7771	0.8098	84°	0.9945	0.1045	9.5144
40°	0.6428	0.7660	0.8391	85°	0.9962	0.0872	11.4301
41°	0.6561	0.7547	0.8693	86°	0.9976	0.0698	14.3007
42°	0.6691	0.7431	0.9004	87°	0.9986	0.0523	19.0811
43°	0.6820	0.7314	0.9325	88°	0.9994	0.0349	28.6363
44°	0.6947	0.7193	0.9657	89°	0.9998	0.0175	57.2900
45°	0.7071	0.7071	1.0000	90°	1.0000	0.0000	

빠른 정답

I. 지수함수와 로그함수

 지수   8쪽~42쪽

0001 (1) $\pm i$ (2) $\pm\sqrt{5}$ (3) -2 또는 $1\pm\sqrt{3}i$ (4) ± 3 또는 $\pm 3i$

0002 (1) ○ (2) × (3) ×   0003 1

0004 (1) × (2) × (3) ○ (4) ×

0005 (1) 2 (2) 2 (3) 9 (4) 2   0006 (1) 7 (2) 5

0007 (1) ○ (2) × (3) × (4) ○

0008 (1) 25 (2) 16 (3) 32   0009 ④   0010 ④

0011 3   0012 ④   0013 ⑤   0014 ⑤   0015 24

0016 ①   0017 ③   0018 ④   0019 ④   0020 ④

0021 ②   0022 25   0023 ③   0024 ⑤   0025 ⑤

0026 ④   0027 ②   0028 ②   0029 ③   0030 ②

0031 ①   0032 ④   0033 47   0034 ②   0035 ⑤

0036 ④   0037 11   0038 ⑤   0039 ②   0040 ③

0041 9   0042 ①   0043 ④   0044 ③   0045 ⑤

0046 ①   0047 ③   0048 $\dfrac{5}{4}$ 0049 ②   0050 12

0051 ⑤   0052 ①   0053 ④   0054 3   0055 1

0056 ⑤   0057 ③   0058 ④   0059 ③   0060 ⑤

0061 13   0062 ⑤   0063 22   0064 7   0065 ④

0066 ④   0067 ①   0068 ③   0069 ④   0070 29

0071 ③   0072 30   0073 ⑤   0074 ③   0075 ⑤

0076 40   0077 ①   0078 12   0079 ③   0080 ③

0081 ①   0082 6   0083 ④   0084 ④   0085 ③

0086 ③   0087 ④   0088 ⑤   0089 5   0090 ③

0091 ③   0092 12   0093 ⑤   0094 ④   0095 ③

0096 ②   0097 9   0098 5   0099 ②   0100 ③

0101 ④   0102 ④   0103 ①   0104 ④   0105 $\dfrac{2}{3}$

0106 ①   0107 ④   0108 ①   0109 ④   0110 ③

0111 ④   0112 125   0113 0   0114 30   0115 ③

0116 ⑤   0117 ①   0118 ④   0119 2   0120 ①

0121 ⑤   0122 10   0123 9   0124 ③   0125 ④

0126 ③   0127 ④   0128 ③

0129 (1) $\dfrac{1}{6}$ (2) $\dfrac{1}{3}$ (3) $\dfrac{2}{3}$ (4) $\dfrac{2}{3}$ (5) $\dfrac{7}{6}$ 0130 1

0131 $\dfrac{5}{2}$ 0132 17

0133 (1) $-\dfrac{18}{n}$ (2) $3^{-\frac{18}{n}}$ (3) -9 (4) -18 (5) 6

0134 -15 0135 11   0136 3   0137 ②   0138 ③

0139 ③   0140 ①   0141 ⑤   0142 ①   0143 ⑤

0144 ⑤   0145 ②   0146 ②   0147 ②   0148 ②

0149 ③   0150 ⑤   0151 ⑤   0152 ④   0153 ⑤

0154 ③   0155 ④   0156 ④   0157 ②   0158 11

0159 125   0160 2   0161 3   0162 ①   0163 ①

0164 ①   0165 ①   0166 ③   0167 ①   0168 ②

0169 ④   0170 ②   0171 ③   0172 ①   0173 ③

0174 ④   0175 ⑤   0176 ①   0177 ③   0178 ①

0179 ②   0180 ③   0181 ④   0182 ④   0183 -4

0184 120년 후   0185 24   0186 32   0187 4

0188 ①   0189 $\dfrac{1}{3}$ 0190 11   0191 $\sqrt{5}$

 로그   46쪽~88쪽

0192 (1) $x>-2$ (2) $x<0$ 또는 $x>3$
     (3) $1<x<2$ 또는 $x>2$
     (4) $-2<x<-1$ 또는 $x>-1$

0193 (1) $x>2$ (2) $x>4$ 0194 (1) 2 (2) -3 (3) $\dfrac{1}{2}$

0195 (1) 1 (2) 3 (3) $\dfrac{5}{2}$ 0196 (1) 1 (2) 1

0197 (1) $\dfrac{5}{3}$ (2) 5   0198 (1) 0 (2) 3 (3) -1 (4) -3

0199 (1) 162 (2) 0.162   0200 ④   0201 ④   0202 2

0203 ②   0204 ④   0205 ③   0206 ③   0207 ⑤

0208 56   0209 ③   0210 ①   0211 ②   0212 ③

0213 2   0214 ④   0215 ①   0216 ②   0217 9

0218 ②   0219 ①   0220 ⑤   0221 ②   0222 56

0223 4   0224 ③   0225 ④   0226 ②   0227 ②

0228 ②   0229 8   0230 ②   0231 $-\dfrac{1}{3}$ 0232 ④

0233 $\dfrac{1}{3}$ 0234 ③   0235 ⑤   0236 ⑤   0237 ②

0238 81   0239 ④   0240 ③   0241 ①   0242 ①

0243 ④   0244 13   0245 ④   0246 ④   0247 ①

0248 ㈎: 유리수 ㈏: 2^m ㈐: 짝수   0249 ⑤   0250 ③

0251 ④　0252 ④　0253 ④　0254 2　0255 ⑤

0256 ②　0257 ⑤　0258 ①　0259 ⑤

0260 $\dfrac{3m}{m+2n}$　0261 ④　0262 ②　0263 ①

0264 $\dfrac{2}{3}$　0265 ①　0266 ②　0267 17　0268 ③

0269 ④　0270 81　0271 ②　0272 ④　0273 ②

0274 ⑤　0275 ⑤　0276 ③　0277 $C<A<B$

0278 ④　0279 ③　0280 ②　0281 ②　0282 ③

0283 $\dfrac{9}{11}$　0284 ④　0285 34　0286 ②　0287 ④

0288 ②　0289 ④　0290 0.4084　0291 ①

0292 ①　0293 123　0294 ④　0295 ④　0296 ③

0297 ④　0298 ①　0299 ④　0300 ⑤　0301 300

0302 (개) : 0.85　(내) : 6.31　(대) : 6310000　0303 ④

0304 ④　0305 ④　0306 1　0307 ②　0308 ①

0309 ②　0310 ③　0311 ②　0312 ②　0313 ②

0314 ⑤　0315 2　0316 ④　0317 ②　0318 14

0319 ⑤　0320 ④　0321 ③　0322 ⑤　0323 ④

0324 ①　0325 ④　0326 100　0327 −1　0328 ①

0329 ⑤　0330 ②　0331 ④　0332 ④　0333 ③

0334 ②　0335 ④　0336 ③　0337 3　0338 ④

0339 ①　0340 1　0341 ③　0342 40　0343 ①

0344 ④　0345 ③　0346 ④　0347 ⑤　0348 ④

0349 ②　0350 ④　0351 ⑤　0352 ②　0353 2013

0354 ③　0355 ③　0356 0.262배　0357 ④

0358 (1) 6　(2) 3　(3) 10　(4) 6　(5) 10　(6) 7　(7) 8　(8) 9　(9) 24

0359 5　0360 4　0361 11

0362 (1) 10　(2) $\log 2$　(3) 1　(4) $2\log 2$　(5) b　(6) $\dfrac{2a+b}{1-a}$

0363 $-\dfrac{5a}{2b}$　0364 $\dfrac{3ab}{ab+1}$　0365 ②

0366 ④　0367 ④　0368 ③　0369 ④　0370 ①

0371 ③　0372 ⑤　0373 ⑤　0374 ①　0375 ④

0376 ④　0377 ⑤　0378 ①　0379 ①　0380 ⑤

0381 ④　0382 ②　0383 ②　0384 ③　0385 ③

0386 $\dfrac{2x}{x+y}$　0387 $a=2.04,\ b=14$　0388 100

0389 8　0390 ⑤　0391 ⑤　0392 ③　0393 ④

0394 ②　0395 ⑤　0396 ④　0397 ⑤　0398 ②

0399 ③　0400 ④　0401 ③　0402 ①　0403 ⑤

0404 ②　0405 ②　0406 ④　0407 ②　0408 ②

0409 ④　0410 ④　0411 3432　0412 10^6　0413 37

0414 16　0415 $\dfrac{1}{2}$　0416 ④　0417 68　0418 150

0419 $-\dfrac{1}{3}$　0420 ③

03 지수함수　92쪽~138쪽

0421 (1) $y=\left(\dfrac{1}{2}\right)^{x-3}-1$　(2) $y=-\left(\dfrac{1}{2}\right)^{x}$

(3) $y=2^x$　(4) $y=-2^x$

0422 (1) 그래프는 풀이 참조, 점근선의 방정식 : $y=0$

(2) 그래프는 풀이 참조, 점근선의 방정식 : $y=-1$

0423 최댓값 : 3, 최솟값 : $\dfrac{1}{27}$　0424 2

0425 (1) $x=-3$　(2) $x=3$　0426 $x=0$

0427 (1) $x>6$　(2) $x\geq 1$　0428 $-2\leq x\leq -1$

0429 ⑤　0430 9　0431 12　0432 ②　0433 ①

0434 ②　0435 ①　0436 ④　0437 ⑤　0438 ③

0439 $-2<a<-1$　0440 ③　0441 ④　0442 ⑤

0443 ③　0444 ④　0445 6　0446 ③　0447 ⑤

0448 16　0449 ③　0450 ③　0451 ④　0452 ③

0453 4　0454 60　0455 ②　0456 47　0457 ①

0458 −2　0459 ②　0460 16　0461 ①　0462 ①

0463 ④　0464 ⑤　0465 $\dfrac{2}{3}$　0466 6　0467 ③

0468 ①　0469 ②　0470 ②　0471 $\dfrac{1}{9}$　0472 ④

0473 ①　0474 ③　0475 ①　0476 ④　0477 ⑤

0478 ①　0479 ④　0480 ③　0481 ②　0482 ③

0483 ②　0484 −3　0485 2　0486 ⑤　0487 ⑤

0488 ④　0489 ①　0490 ⑤　0491 ①　0492 5

0493 ①　0494 ④　0495 ②　0496 ④　0497 ④

0498 ②　0499 ③　0500 7　0501 ④　0502 ②

0503 ①　0504 ②　0505 ③　0506 −8　0507 ①

0508 19　0509 ④　0510 ④　0511 8　0512 ②

0513 ⑤　0514 ②　0515 ③　0516 ①　0517 ③

0518 ③ 　 0519 4 　 0520 ④ 　 0521 ② 　 0522 ④

0523 20 　 0524 3 　 0525 ④ 　 0526 ⑤ 　 0527 ③

0528 ① 　 0529 6 　 0530 ① 　 0531 ① 　 0532 3

0533 3 　 0534 ① 　 0535 ① 　 0536 ② 　 0537 ⑤

0538 10 　 0539 ⑤ 　 0540 65 　 0541 ④ 　 0542 ④

0543 2 　 0544 ④ 　 0545 ⑤ 　 0546 ② 　 0547 ④

0548 5 　 0549 ④ 　 0550 ① 　 0551 ⑤ 　 0552 10

0553 ③ 　 0554 ④ 　 0555 ⑤ 　 0556 ② 　 0557 4

0558 ③ 　 0559 ④ 　 0560 ③ 　 0561 ④ 　 0562 ④

0563 −1 　 0564 ③ 　 0565 ③ 　 0566 ① 　 0567 ⑤

0568 ④ 　 0569 ② 　 0570 4 　 0571 ③ 　 0572 ①

0573 5 　 0574 ④ 　 0575 3 　 0576 ④ 　 0577 12

0578 ④ 　 0579 2 　 0580 1 　 0581 ④ 　 0582 ③

0583 6 　 0584 ② 　 0585 ④ 　 0586 ② 　 0587 ④

0588 ① 　 0589 3 　 0590 ① 　 0591 ④ 　 0592 ③

0593 ② 　 0594 $k \leq 3$ 　 0595 7 　 0596 ⑤ 　 0597 5

0598 ⑤ 　 0599 32 　 0600 ② 　 0601 ④ 　 0602 ②

0603 (1) 2 　 (2) 726 　 (3) $\dfrac{363}{4}$ 　 (4) 5 　 (5) 6 　 (6) 20 　 0604 1

0605 $0 < k < 8$

0606 (1) $\dfrac{a}{3}$ 　 (2) 27 　 (3) 1 　 (4) $\dfrac{9}{a^2}$ 　 (5) 1 　 (6) 28 　 0607 9

0608 14 　 0609 4

0610 (1) 6 　 (2) $6t$ 　 (3) 3 　 (4) −3 　 (5) −2 　 0611 4

0612 $a < 1$ 　 0613 ③ 　 0614 ③ 　 0615 ④ 　 0616 ⑤

0617 ③ 　 0618 ① 　 0619 ② 　 0620 ② 　 0621 ③

0622 ④ 　 0623 ③ 　 0624 ② 　 0625 ③ 　 0626 ⑤

0627 ② 　 0628 ⑤ 　 0629 ② 　 0630 ③ 　 0631 ①

0632 ⑤ 　 0633 ② 　 0634 2 　 0635 −2 　 0636 9

0637 2 　 0638 ④ 　 0639 ④ 　 0640 ① 　 0641 ⑤

0642 ② 　 0643 ④ 　 0644 ③ 　 0645 ① 　 0646 ④

0647 ③ 　 0648 ② 　 0649 ⑤ 　 0650 ③ 　 0651 ⑤

0652 ④ 　 0653 ① 　 0654 ③ 　 0655 ② 　 0656 ②

0657 ④ 　 0658 ④ 　 0659 $x=1$

0660 $0 < x < 1$ 또는 $x > 2$ 　 0661 $a \leq 1$

0662 $2 < a < 3$ 　 0663 $2\sqrt{2}$ 　 0664 $\dfrac{27}{4}$ 　 0665 $\dfrac{1}{3}$

0666 18 　 0667 2 　 0668 3

04 로그함수　　142쪽~190쪽

0669 (1) $y = \log_{\frac{1}{5}}(x+4)+2$ 　 (2) $y = -\log_{\frac{1}{5}} x$

　　(3) $y = \log_{\frac{1}{5}}(-x)$ 　　 (4) $y = -\log_{\frac{1}{5}}(-x)$

0670 (1) 그래프는 풀이 참조, 정의역 : $\{x \mid x > -2\}$,
　　점근선의 방정식 : $x = -2$
　　(2) 그래프는 풀이 참조, 정의역 : $\{x \mid x < 0\}$,
　　점근선의 방정식 : $x = 0$

0671 (1) 최댓값 : 4, 최솟값 : 2 　 (2) 최댓값 : −1, 최솟값 : −4

0672 최댓값 : 1, 최솟값 : 0

0673 (1) $x = 25$ 　 (2) $x = \dfrac{1}{4}$ 　 (3) $x = 3$

0674 $x = \dfrac{1}{8}$ 또는 $x = 2$

0675 (1) $x > 1$ 　 (2) $2 < x \leq 10$ 　 (3) $0 < x \leq 1$

0676 $\dfrac{1}{9} \leq x \leq 3$ 　 0677 −2 　 0678 ⑤ 　 0679 ③

0680 ③ 　 0681 ⑤ 　 0682 2 　 0683 ④

0684 $\{x \mid -7 < x < 2\}$ 　 0685 ② 　 0686 ④ 　 0687 ②

0688 −7 　 0689 ⑤ 　 0690 2 　 0691 ③ 　 0692 36

0693 ① 　 0694 ⑤ 　 0695 ① 　 0696 ① 　 0697 −1

0698 ② 　 0699 ⑤ 　 0700 ⑤ 　 0701 4 　 0702 ②

0703 ④ 　 0704 $\dfrac{15}{4}$ 　 0705 32 　 0706 ⑤ 　 0707 ③

0708 ② 　 0709 ③ 　 0710 ③ 　 0711 9 　 0712 $6\sqrt{3}$

0713 ② 　 0714 ④ 　 0715 ⑤ 　 0716 ② 　 0717 ⑤

0718 $B < A < C$ 　 0719 ① 　 0720 ① 　 0721 ①

0722 ① 　 0723 ② 　 0724 18 　 0725 $1+\sqrt{3}$

0726 ⑤ 　 0727 29 　 0728 3 　 0729 49 　 0730 ①

0731 ② 　 0732 ⑤ 　 0733 ① 　 0734 ② 　 0735 ④

0736 30 　 0737 ② 　 0738 ④ 　 0739 ② 　 0740 ④

0741 ⑤ 　 0742 20 　 0743 ② 　 0744 ④ 　 0745 ①

0746 ④ 　 0747 −1 　 0748 26 　 0749 ② 　 0750 ②

0751 ② 　 0752 ⑤ 　 0753 ① 　 0754 −3 　 0755 2

0756 ② 　 0757 ⑤ 　 0758 ④

0759 최댓값 : 1, 최솟값 : −3 　　 0760 ④ 　 0761 ⑤

0762 ① 　 0763 ③ 　 0764 ⑤ 　 0765 ⑤ 　 0766 ③

0767 6 　 0768 ④ 　 0769 4 　 0770 3 　 0771 ②

0772 ③ 　 0773 ③ 　 0774 ③ 　 0775 ⑤ 　 0776 ③

0777 1 　0778 ① 　0779 ① 　0780 ⑤ 　0781 $-\dfrac{10}{3}$

0782 ① 　0783 32 　0784 ③ 　0785 ④ 　0786 64

0787 ① 　0788 ⑤ 　0789 ② 　0790 ⑤ 　0791 ②

0792 ③ 　0793 $x=\dfrac{1}{20}$ 　0794 ① 　0795 10

0796 ② 　0797 $x=0$ 또는 $x=1$ 　0798 ⑤ 　0799 ③

0800 ④ 　0801 ③ 　0802 6 　0803 ⑤

0804 $\begin{cases} x=2+\sqrt{3} \\ y=2-\sqrt{3} \end{cases}$ 또는 $\begin{cases} x=2-\sqrt{3} \\ y=2+\sqrt{3} \end{cases}$ 　0805 ④ 　0806 ①

0807 4, 16 　0808 ④ 　0809 ② 　0810 ④ 　0811 11

0812 ⑤ 　0813 ⑤ 　0814 ③ 　0815 ② 　0816 15

0817 4 　0818 ⑤ 　0819 ④ 　0820 ④ 　0821 240

0822 ④ 　0823 ⑤ 　0824 12 　0825 ① 　0826 ②

0827 ① 　0828 ③ 　0829 $1\le x\le\sqrt{10}$ 　0830 ④

0831 4 　0832 ① 　0833 ① 　0834 ② 　0835 ④

0836 5 　0837 ⑤ 　0838 ⑤ 　0839 ⑤

0840 $\dfrac{1}{4}<a<8$ 　0841 1 　0842 ④

0843 $1\le a\le1000$ 　0844 ③ 　0845 6 　0846 ②

0847 10 　0848 6 　0849 ② 　0850 16 　0851 ②

0852 ④ 　0853 (1) 2 (2) 3 (3) -8 (4) 5 (5) -3 (6) 32

0854 30 　0855 18

0856 (1) 2 (2) 6 (3) 6 (4) 4 (5) 4 (6) 4 (7) 4 (8) 2

0857 2 　0858 -2 　0859 -3

0860 (1) -3 (2) 3 (3) 3 (4) -6 (5) -2 (6) -3 (7) -2

0861 $-5<x\le-3$ 　0862 $-1<x\le5$ 　0863 $a>1$

0864 ② 　0865 ④ 　0866 ④ 　0867 ③ 　0868 ⑤

0869 ② 　0870 ② 　0871 ① 　0872 ③ 　0873 ②

0874 ④ 　0875 ④ 　0876 ⑤ 　0877 ③ 　0878 ①

0879 ④ 　0880 ⑤ 　0881 ⑤ 　0882 ① 　0883 ⑤

0884 ② 　0885 -1 　0886 $a>\dfrac{5}{4}$ 　0887 5

0888 50 　0889 ① 　0890 ④ 　0891 ① 　0892 ④

0893 ① 　0894 ④ 　0895 ② 　0896 ⑤ 　0897 ⑤

0898 ① 　0899 ④ 　0900 ⑤ 　0901 ④ 　0902 ③

0903 ④ 　0904 ④ 　0905 ① 　0906 ③ 　0907 ③

0908 ③ 　0909 ⑤ 　0910 4 　0911 5 　0912 256

0913 3, 4, 5 　0914 $\dfrac{220}{3}$ 　0915 $\dfrac{81}{4}$ 　0916 ⑤

0917 ③ 　0918 ③ 　0919 85

II. 삼각함수

05 삼각함수 　194쪽~232쪽

0920 (1) $360°\times n+120°$ (2) $360°\times n+305°$

0921 (1) $360°\times n+70°$ (2) $360°\times n+280°$
(3) $360°\times n+330°$ (4) $360°\times n+120°$

0922 (1) $\dfrac{\pi}{6}$ (2) $-\dfrac{\pi}{3}$ (3) $\dfrac{3}{4}\pi$ (4) $-\dfrac{7}{6}\pi$

0923 (1) $45°$ (2) $108°$ (3) $-270°$ (4) $-420°$

0924 $l=3\pi$, $S=6\pi$ 　0925 $\theta=\dfrac{3}{4}\pi$, $S=24\pi$

0926 $\sin\theta=-\dfrac{12}{13}$, $\cos\theta=\dfrac{5}{13}$, $\tan\theta=-\dfrac{12}{5}$

0927 $\sin\theta=-\dfrac{\sqrt{3}}{2}$, $\cos\theta=-\dfrac{1}{2}$, $\tan\theta=\sqrt{3}$

0928 제2사분면 또는 제4사분면

0929 (1) $-\sin\theta$ (2) $-\cos\theta$ (3) $\tan\theta$

0930 $\cos\theta=-\dfrac{2\sqrt{2}}{3}$, $\tan\theta=-\dfrac{\sqrt{2}}{4}$ 　0931 $\dfrac{1}{2}$ 　0932 ⑤

0933 ⑤ 　0934 ④ 　0935 ② 　0936 60 　0937 ②

0938 ② 　0939 ⑤ 　0940 ④ 　0941 ② 　0942 ③

0943 ② 　0944 ④ 　0945 ⑤ 　0946 ④ 　0947 7

0948 ④ 　0949 ③ 　0950 ⑤ 　0951 ④

0952 ㄱ, ㄴ, ㅁ 　0953 ⑤ 　0954 ③ 　0955 ④

0956 $\dfrac{20}{7}\pi$ 　0957 $\dfrac{\sqrt{2}}{2}$ 　0958 ③ 　0959 ④ 　0960 ③

0961 ⑤ 　0962 ④ 　0963 ⑤ 　0964 5 　0965 $\dfrac{\sqrt{3}}{2}$

0966 ③ 　0967 ② 　0968 $\dfrac{3}{4}\pi$ 　0969 ② 　0970 5

0971 ② 　0972 ④ 　0973 6 　0974 ③ 　0975 ⑤

0976 ③ 　0977 ④ 　0978 ② 　0979 4 cm 　0980 ③

0981 ③ 　0982 $\dfrac{5}{4}\pi$ 　0983 3 　0984 ④ 　0985 56π

0986 ④ 　0987 ④ 　0988 ① 　0989 ② 　0990 ③

0991 ②　0992 15　0993 ④　0994 ④

0995 225 m²　0996 ①　0997 ②　0998 3

0999 ③　1000 32　1001 1　1002 ①　1003 ②

1004 ④　1005 ①　1006 $\dfrac{3}{4}$　1007 ⑤　1008 ③

1009 제4사분면　1010 ⑤　1011 ⑤

1012 $2\tan\theta$　1013 ①　1014 ①　1015 ⑤

1016 ⑤　1017 제1사분면, 제3사분면　1018 ⑤

1019 1　1020 ⑤　1021 ③　1022 ⑤　1023 1

1024 ④　1025 ②　1026 −11　1027 ③　1028 ④

1029 $\dfrac{5}{7}$　1030 ②　1031 ①　1032 ①　1033 $-\dfrac{\sqrt{7}}{4}$

1034 ④　1035 ②　1036 $\dfrac{274}{25}$　1037 ③　1038 ⑤

1039 ①　1040 40　1041 ⑤　1042 ①　1043 ③

1044 $-\dfrac{\sqrt{3}}{2}$　1045 ③　1046 $\sqrt{2}$　1047 $1-\sqrt{2}$

1048 $3x^2+8x+3=0$　1049 ③

1050 (1) 2　(2) 2　(3) $\dfrac{5}{3}$　(4) $\dfrac{6}{5}\pi$　(5) 1　(6) 1　(7) $\dfrac{7}{6}$

　　(8) $\dfrac{3}{5}\pi$　(9) $\dfrac{9}{5}\pi$　(10) $\dfrac{18}{5}\pi$

1051 4π　1052 $\dfrac{\sqrt{3}}{2}$　1053 $\dfrac{\sqrt{3}}{2}$

1054 (1) $\dfrac{\pi}{4}$　(2) $\dfrac{\pi}{8}$　(3) a　(4) $\sqrt{2}$　(5) $\sqrt{2}$　(6) 3　(7) 3

　　(8) 8　(9) $8\sqrt{2}$

1055 $\dfrac{2}{3}$　1056 $2\pi-4$　1057 6　1058 ④

1059 ④　1060 ⑤　1061 ⑤　1062 ③　1063 ③

1064 ④　1065 ⑤　1066 ④　1067 ⑤　1068 ④

1069 ②　1070 ②　1071 ④　1072 ①　1073 ①

1074 ③　1075 ②　1076 ④　1077 ①　1078 ①

1079 $\dfrac{2}{9}\pi$　1080 $\dfrac{2\sqrt{15}}{9}$　1081 $-\dfrac{15}{4}$

1082 $-\dfrac{1}{3}$　1083 ④　1084 ②　1085 ②　1086 ①

1087 ③　1088 ②　1089 ③　1090 ④　1091 ③

1092 ⑤　1093 ④　1094 ③　1095 ①　1096 ⑤

1097 ②　1098 ③　1099 ④　1100 ③　1101 ①

1102 ②　1103 ③　1104 $\dfrac{12}{11}\pi$　1105 $\dfrac{\sqrt{6}}{3}$　1106 $\dfrac{4}{3}$

1107 $-\dfrac{\sqrt{15}}{15}$　1108 ③　1109 5

1110 625 m²　1111 $-\dfrac{\sqrt{85}}{85}$

1112 $-4\sin\theta$　1113 ④

동아출판

내신과 등업을 위한 강력한 한 권!

2022 개정 교육과정 완벽 반영
수매씽 시리즈

중학 수학	개념 연산서	1~3학년 1·2학기
	개념 기본서	
	유형 기본서	

고등 수학	개념 기본서	공통수학1, 공통수학2, 대수, 미적분Ⅰ, 확률과 통계, 미적분Ⅱ, 기하
	유형 기본서	공통수학1, 공통수학2, 대수, 미적분Ⅰ, 확률과 통계, 미적분Ⅱ

 **대수**

내신과 등업을 위한 강력한 한 권!

 동아출판

📞 **Telephone** 1644-0600
🏠 **Homepage** www.bookdonga.com
✉ **Address** 서울시 영등포구 은행로 30 (우 07242)

• 정답 및 풀이는 동아출판 홈페이지 내 학습자료실에서 내려받을 수 있습니다.
• 교재에서 발견된 오류는 동아출판 홈페이지 내 정오표에서 확인 가능하며, 잘못 만들어진 책은 구입처에서 교환해 드립니다.
• 학습 상담, 제안 사항, 오류 신고 등 어떠한 이야기라도 들려주세요.

수

매씽

MATHING

236유형 2390문항

BOOK ② 대수

동아출판

수 매씽 MATHING

등업을 위한 강력한 한 권!

O 실력과 성적을 한번에 잡는 유형서

- 최다 유형, 최다 문항, 세분화된 유형
- 교육청·평가원 최신 기출 유형 반영
- 다양한 타입의 문항과 접근 방법 수록

수매씽 대수 BOOK ❷

집필진	구명석(대표 저자)
	김민철, 문지웅, 안상철, 양병문, 오광석, 유상민, 이지수, 이태훈, 장호섭
발행일	2024년 9월 10일
인쇄일	2024년 8월 30일
펴낸곳	동아출판㈜
펴낸이	이욱상
등록번호	제300-1951-4호(1951. 9. 19.)
개발총괄	김영지
개발책임	이상민
개발	김인영, 이현아, 김다은, 권혜진, 윤찬미, 양지은, 이은주
디자인책임	목진성
디자인	송현아, 이소연
대표번호	1644-0600
주소	서울시 영등포구 은행로 30 (우 07242)

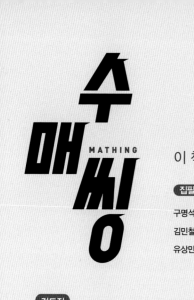

이 책의 개발에 참여해 주신 선생님들께 감사드립니다.

집필진

구명석 (대표 저자)

김민철	문지웅	안상철	양병문	오광석
유상민	이지수	이태훈	장호섭	

검토진

강갑신	청람학원	김소희	소정학원	박인영	한수위학원	유가영	탑솔루션수학교습소	이호형	고수학(광명)
강대성	블루M수학	김여옥	매쓰홀릭학원	박재홍	위너스	유남기	의치한학원	임성환	로엔스쿨학원
강대희	해법학원	김연정	MTM수학	박정한	수학의 아침(수내)	유대호	잉글리쉬앤매쓰매니저학원	임옥근	용문고등학교
강도희	매쓰더퍼스트학원	김영석	서울학원	박종태	김샘학원	유성규	현수학	임은아	일신여자고등학교
강동규	이샘프라임학원	김영은	케이스학원	박종혁	새로남기독학교	유세정	피톤치드학원	임정아	창의력학원
강병덕	청산학원	김영진	웰입시학원	박주호	올인원수학전문학원	유환	도당비전스터디	장영환	인성학원
강병원	이승은수학	김영진	더퍼스트 김진학원	박준석	교일학원	유희복	엘림학원	전동철	남림학원
강병주	수마루 수학학원	김영호	멘토수학학원	박준형	동량재학원	윤관수	김형학원	전동호	동쌤수학
강병현	형석고등학교	김용환	수학의 아침(수내)	박지혜	이든영수학원(시흥)	윤세현	두드림학원	전라윤	NPM수학
강서연	수학의 아침(수내)	김욱현	우리보습학원	박지희	지이수학(에코)	윤영섭	와이즈만학원	전영우	일신여자고등학교
강서은	창덕영수학원	김운영	하이언스학원	박진철	에듀스터디	윤영숙	윤영숙수학	전응준	엠코드수학과학학원
강성현	에토스학원	김웅욱	이엔엠학원(정자)	박진철	세일학원(강북)	윤우영	일신여자고등학교	전진철	전진철수학
강수란	스텝웨이학원	김원중	강남대성학원	박형건	오엠지학원	윤정수	신사고학원	전희옥	리더스수학
강시현	CL학숙	김원채	최강멘토	박효숙	히파티아수학	윤정인	제이원입시학원	정귀영	G1230수학
강신준	수학의 아침(영통)	김윤정	GMT학원	박효진	성남금융고	윤찬노	수학의 아침(수내)	정길식	참된수학학원
강은경	씨엔엠학원	김은찬	엑시엄수학	배경미	레드매쓰수학학원	윤현도	SKY수학학원	정덕영	탑앤탑학원
강정은	가온에듀	김장훈	프로젝트M수학학원	배규리	정샘학원	은대현	탑아이스	정명현	유니크수학
강평원	스피드TC	김정례	마두/다이렉트	배태선	센텀학원(서창)	이강화	강승학원	정민영	신탄올림수
강희규	종로학원하늘교육(관평)	김정수	필로매쓰	백종훈	자성학원	이나경	EM스터디학원	정청용	고대수학원
고동국	고동국수학학원	김정은	드림영어하이수학	변국남	변국남수학학원	이대로	이루다학원	정한샘	편수학
고명지	고쌤수학학원	김제현	국풍2000원탑학원	변윤지	비전고등학교	이대천	수학의 봄	정환희	릿지수학
고문숙	멘토스학원	김주혜	엠앤피학원	복정훈	마이엠수학(광명)	이동규	에스라이팅,G1230	정효석	최상위하다
고병훈	러셀분당학원	김지대	대송고등학교	서경도	서경도수학교습소	이동형	L수학	제경아	명장학원
고택수	김샘학원(정자)	김진선	PGA학원	서영логин	배움수학	이만재	매쓰로드학원	조문완	매쓰홀릭루체테
고현재	케이스학원	김진우	심포니수학학원	서유진	세움영수학원	이문희	대신스카이학원	조민석	마이엠수학(광명)
공영일	의치한학원	김진형	PTM학원	서종관	역전타에듀	이미숙	더엠포인트	조민아	러닝트리학원
공희식	수학의 아침(수내)	김태영	굿노닝수학학원	성의용	이카루스학원	이상기	미래탐구학원	조상현	미래탐구학원
구인숙	해라수학	김한도	개념올플러스학원	손두원	창헌고등학교	이상철	G1230옥길	조윤주	와이제이수학학원
구태현	현수학	김현주	오름수학	손영주	하이스트학원	이석대	수학의 아침(수내)	조윤호	조윤호수학학원
구태현	현수학1관	김현호	수1807	손전모	THE다원수학송파관	이석현	큐브전문학원	조익제	MVP수학
권도영	웰입시학원	김호경	테라매스수학학원	손주령	세종올가학원	이수민	본수학학원	조정란	낙생고등학교
권소영	에이원	나효명	열린아카데미학원	송민재	상아탑학원	이순화	이든학원	조충현	로하스학원
권오봉	수학사랑	남계준	뉴이스터	송연호	RG수학학원	이아름누리	청어람학원	진윤지	첨단더매쓰수학
권오신	라미학원	남궁ård	팬더쌤(옥정)	송영철	예일학원	이아영	아이비수학학원	진주형	화정/G1230
길기흥	수학의길입시학원	남은혜	수학원	송우찬	송우찬수학	이영철	허브수학학원	차경나	쌤통수학전문학원
김경민	바른길수학	노승덕	분석학원	송유림	플러스학원	이요한	소담고등학교	차경화	차경화수학학원
김규보	더필즈에듀학원	노원석	페르마	송주원	대치개벽학원	이용범	강현학원	차문영	화정/송수학
김단비	올바른수학국어학원	노진효	복대해법수풀림학원	송준하	알고리즘수학	이윤정	신원/브레인수학	차영범	차이수학
김대균	김대균수학학원	명성일	대성학원(본원)	승희석	승쌤수학	이은혜	이은혜영수학원	채수현	밀턴학원
김대순	셀럽영수학원	문석배	에이플러스학원	신재식	노마드학원	이인환	STN 수학학원	천송이	하버드학원
김대원	7차수학	문세훈	유투엠학원	신철오	리처드신학원	이정기	스카이153수학전문학원	최미선	최선생수학학원
김대한	현대청운고등학교	문해기	열정수학영어학원	신형용	브레인터치	이정환	이정환수학	최병희	원탑학원
김대환	수학의 아침(영통)	박경보	최고챌린저	안기운	신용이지수학	이준철	구주이배	최수영	MFA수학학원
김도완	프라매쓰	박근복	유씨학원	안병윤	김샘교육	이창석	핵수학	최수정	이루다학원
김동욱	마스터수학과학학원	박기태	포항동지여자고등학교	안현주	청산학원	이창성	틀세움수학	최안나	시매쓰수학(금천)
김동찬	탑씨크리트학원(아산원)	박병렬	시그마학원	안혜림	유투엠학원(구월)	이철호	파스칼	최연우	뼈대수학학원
김동현	수학의 아침(수내)	박상우	꿈꾸는학원	양성숙	성휴학원	이충빈	사과나무학원(목동)	최재원	T&D플러스영어수학학원
김두홍	프린스턴수학학원	박상현	대치명인학원(대치)	양성현	현수학학원(덕정)	이태경	이태경수학학원	최지영	매쓰플랜죽전
김미란	메이드수학학원(시흥)	박선민	중앙학원	엄한준	수학의 아침(광교)	이태권	보담학원	최현미	초전중학교
김민수	대치원수학	박세환	류수학학원	오금석	반석종로학원	이하영	하이클래스수학과학학원	최혜림	수리안학원
김민지	수앤리학원	박순찬	찬스수학	오미진	M&S수학과학학원	이현상	대성N원(동대문)	편영광	편선생학원
김민홍	수학의 아침(수내)	박시연	노마드학원	오승주	충남고등학교	이현희	폴리아에듀	한봉교	자산학원
김방래	더프라임	박시현	수학의 아침(수내)	오현진	마블수학 학원	이혜경	이혜경고등수학	한지혜	한샘의약속
김병우	시대인재학원	박용현	분석수학	왕하민	베리타스입시학원	이혜영	헤이수학	허영신	지평학원
김보라	뿌리깊은수학	박원기	강남대성위업	우기흥	우스아카데미	이호영	고수학	현재명	대성N학원(옥정)
김봉연	프리미엄수학	박은정	XY수학영어보습	우동훈	헤파학원	이호철	제이탑학원	홍성문	홍성문수학학원
김상균	동량재학원	박은정	박쌤수학	우진연	지니스영수학원	이호현	좋은학원		

수

매씨ㅇ

MATHING

대수

Structure
구성과 특징

최다 유형 최다 문항으로 등급 UP!
실전에 강한 유형서, 수매씽

1단계 핵심 개념 이해

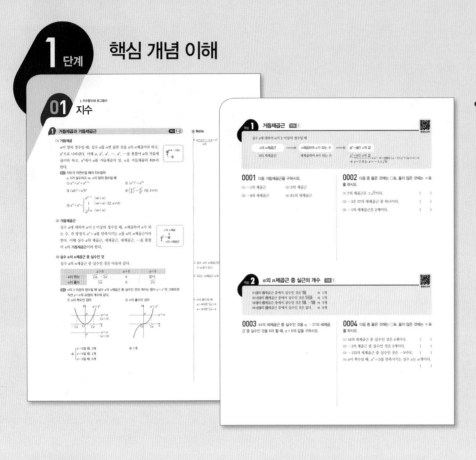

- 중단원의 개념을 정리하고, 핵심 개념에서 중요한 개념을 도식화하여 직관적인 이해를 돕습니다.
  핵심 개념에 대한 설명을 **동영상 강의**로 확인할 수 있습니다.

2단계 유형 학습

- **실전 유형 / 심화 유형** 세분화된 최적의 내신 출제 유형으로 구성하고, 유형마다 최신 **교육청·평가원 기출문제**를 분석하여 수록하였습니다.
  유형 중 출제율이 높은 빈출유형, 여러 개념이나 유형이 복합된 복합유형, 최근 출제 경향의 신유형은 별도 표기하였습니다.
  유형 문제 중 꼭 풀어 보아야 하는 문항은 중요로 표시하였습니다.
  고난도 문항과 신경향 문항도 확인할 수 있습니다.

- **서술형 유형 익히기** 내신 빈출 서술형 문제를 대표문제 – 한번 더 – 유사문제의 set 문제로 구성하여 서술형 내신 대비를 철저히 할 수 있습니다. 핵심KEY 에서 서술형 문항을 분석한 내용을 담았습니다.

3 단계 실전 완벽 대비

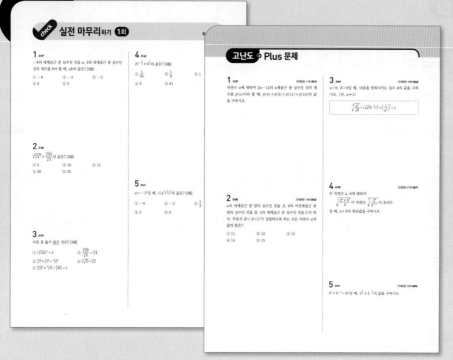

- **실전 마무리하기** 시험에 꼭 나오는 예상 기출문제를 선별하여 1회/2회로 구성하였습니다. 실제 시험과 유사한 문항 수로, 문항별 배점을 제시하여 실제 시험처럼 제한된 시간 내에 문제를 해결하고 채점해 봄으로써 자신의 실력을 확인할 수 있습니다.

- **고난도 Plus 문제** 유형 문제와 연계된 중요한 고난도 문제를 모아서 수록하여 내신 고득점을 대비할 수 있습니다.

정답 및 풀이

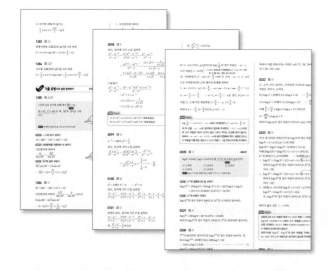

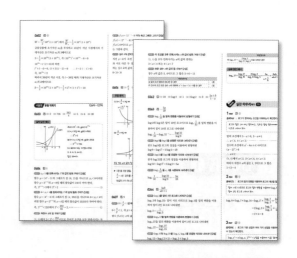

- 유형의 대표문제를 분석하여 단서를 제시하고 단계별 풀이를 통해 문제해결에 접근할 수 있습니다.

  다른 풀이, 개념 Check, 실수 Check, 참고 등을 제시하여 이해하기 쉽고 친절합니다.

- 서술형 문제는 단계별 풀이 외에도 실제 답안 예시, 오답 분석 을 통해 다른 학생들이 실제로 작성한 답안을 살펴볼 수 있습니다. 또, 부분점수를 얻을 수 있는 포인트를 부분점수표 로 제시하였습니다.

- 실전 중단원 마무리 문제는 출제의도와 문제해결 방안을 확인할 수 있습니다.

Contents
차례

06

삼각함수의 그래프

06 삼각함수의 그래프

1 주기함수

함수 $f(x)$의 정의역에 속하는 모든 실수 x에 대하여

$$f(x+p)=f(x)$$

를 만족시키는 0이 아닌 상수 p가 존재할 때, 함수 $f(x)$를 **주기함수**라 하고, 이러한 상수 p의 값 중 최소인 양수를 함수 $f(x)$의 **주기**라 한다.

예 함수 $f(x)$가 주기가 3인 주기함수이면 $f(x+3)=f(x)$이므로

$$\cdots=f(-6)=f(-3)=f(0)=f(3)=f(6)=\cdots$$
$$\cdots=f(-5)=f(-2)=f(1)=f(4)=f(7)=\cdots$$
$$\cdots=f(-4)=f(-1)=f(2)=f(5)=f(8)=\cdots$$

⊕ Note

○ 주기함수란 일정한 간격을 기준으로 함숫값이 반복되는 함수를 말한다.
함수 $f(x)$가 주기가 p인 주기함수이면
$$\begin{aligned}f(x)&=f(x+p)\\&=f(x+2p)\\&=\cdots\\&=f(x+np)\end{aligned}$$
(단, n은 정수)

2 함수 $y=\sin x$, $y=\cos x$의 성질 핵심 1

(1) **정의역** : 실수 전체의 집합

(2) **치역** : $\{y\,|\,-1\leq y\leq1\}$

(3) 함수 $y=\sin x$의 그래프는 원점에 대하여 대칭이고, 함수 $y=\cos x$의 그래프는 y축에 대하여 대칭이다.

$\Rightarrow \sin(-x)=-\sin x$, $\cos(-x)=\cos x$

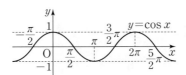

(4) 주기가 2π인 주기함수이다.

$\Rightarrow \sin(x+2n\pi)=\sin x$,
$\cos(x+2n\pi)=\cos x$ (단, n은 정수)

참고 함수 $y=a\sin bx$, $y=a\cos bx$의 그래프는 각각 함수 $y=\sin x$, $y=\cos x$의 그래프를 x축의 방향으로 $\dfrac{1}{|b|}$배, y축의 방향으로 $|a|$배 한 것이다. $\Rightarrow$ 치역 : $\{y\,|-|a|\leq y\leq|a|\}$, 주기 : $\dfrac{2\pi}{|b|}$

○ $-1\leq\sin x\leq1$, $-1\leq\cos x\leq1$

○ 함수 $y=\cos x$의 그래프는 함수 $y=\sin x$의 그래프를 x축의 방향으로 $-\dfrac{\pi}{2}$만큼 평행이동한 것이다.

3 함수 $y=\tan x$의 성질 핵심 2

(1) **정의역** : $x\neq n\pi+\dfrac{\pi}{2}$ (n은 정수)인 실수 전체의 집합

(2) **치역** : 실수 전체의 집합

(3) **그래프의 점근선** : 직선 $x=n\pi+\dfrac{\pi}{2}$
(단, n은 정수)

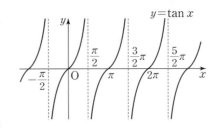

(4) 그래프는 원점에 대하여 대칭이다.

$\Rightarrow \tan(-x)=-\tan x$

(5) 주기가 π인 주기함수이다.

$\Rightarrow \tan(x+n\pi)=\tan x$ (단, n은 정수)

참고 함수 $y=a\tan bx$의 그래프는 함수 $y=\tan x$의 그래프를 x축의 방향으로 $\dfrac{1}{|b|}$배, y축의 방향으로 $|a|$배 한 것이다. $\Rightarrow$ 정의역 : $x\neq\dfrac{1}{b}\Big(n\pi+\dfrac{\pi}{2}\Big)$ (n은 정수)인 실수 전체의 집합, 주기 : $\dfrac{\pi}{|b|}$

4 **삼각함수의 최대·최소와 주기** 핵심 1~2

(1) $y=a\sin bx$, $y=a\cos bx$ 꼴의 그래프

① 최댓값 : $|a|$　　　② 최솟값 : $-|a|$　　　③ 주기 : $\dfrac{2\pi}{|b|}$

(2) $y=a\sin(bx+c)+d$, $y=a\cos(bx+c)+d$ 꼴의 그래프

① 최댓값 : $|a|+d$　　　② 최솟값 : $-|a|+d$　　　③ 주기 : $\dfrac{2\pi}{|b|}$

(3) $y=a\tan bx$ 꼴의 그래프

① 최댓값과 최솟값은 없다.　　　② 주기 : $\dfrac{\pi}{|b|}$

참고 함수 $y=a\tan bx$의 그래프의 점근선은 직선 $x=\dfrac{1}{b}\left(n\pi+\dfrac{\pi}{2}\right)$이므로 $y=a\tan(bx+c)+d$

의 그래프의 점근선은 직선 $x=\dfrac{1}{b}\left(n\pi+\dfrac{\pi}{2}\right)-\dfrac{c}{b}$이다. (단, n은 정수)

$y=a\sin(bx+c)+d$

$=a\sin b\left(x+\dfrac{c}{b}\right)+d$

의 그래프는 함수 $y=a\sin bx$의 그래프를 x축의 방향으로 $-\dfrac{c}{b}$만큼, y축의 방향으로 d만큼 평행이동한 것이다.

함수 $y=a\tan bx$의 치역은 실수 전체의 집합이므로 최댓값과 최솟값이 존재하지 않는다.

5 **일반각에 대한 삼각함수의 성질** 핵심 3

(1) $2n\pi+x$ (n은 정수)의 삼각함수

$\sin(2n\pi+x)=\sin x$, $\cos(2n\pi+x)=\cos x$, $\tan(2n\pi+x)=\tan x$

(2) $-x$의 삼각함수

$\sin(-x)=-\sin x$, $\cos(-x)=\cos x$, $\tan(-x)=-\tan x$

(3) $\pi\pm x$의 삼각함수

$\sin(\pi+x)=-\sin x$, $\cos(\pi+x)=-\cos x$, $\tan(\pi+x)=\tan x$

$\sin(\pi-x)=\sin x$, $\cos(\pi-x)=-\cos x$, $\tan(\pi-x)=-\tan x$

(4) $\dfrac{\pi}{2}\pm x$의 삼각함수

$\sin\left(\dfrac{\pi}{2}+x\right)=\cos x$, $\cos\left(\dfrac{\pi}{2}+x\right)=-\sin x$, $\tan\left(\dfrac{\pi}{2}+x\right)=-\dfrac{1}{\tan x}$

$\sin\left(\dfrac{\pi}{2}-x\right)=\cos x$, $\cos\left(\dfrac{\pi}{2}-x\right)=\sin x$, $\tan\left(\dfrac{\pi}{2}-x\right)=\dfrac{1}{\tan x}$

삼각함수의 변환 방법

❶ 주어진 각을 $\dfrac{n}{2}\pi\pm\theta$ (n은 정수) 꼴로 나타낸다.

❷ n이 짝수이면 그대로, n이 홀수이면 $\sin\to\cos$, $\cos\to\sin$, $\tan\to\dfrac{1}{\tan}$로 바꾼다.

❸ θ를 예각으로 생각하여 $\dfrac{n}{2}\pi\pm\theta$를 나타내는 동경이 존재하는 사분면에서 처음 삼각함수의 부호로 $+$, $-$를 정한다.

6 **삼각함수를 포함한 방정식과 부등식** 핵심 4~5

(1) **삼각함수를 포함한 방정식의 풀이**

❶ 주어진 방정식을 $\sin x=k$ (또는 $\cos x=k$, $\tan x=k$) 꼴로 나타낸다.

❷ 함수 $y=\sin x$ (또는 $y=\cos x$, $y=\tan x$)의 그래프와 직선 $y=k$의 교점의 x좌표를 구한다.

(2) **삼각함수를 포함한 부등식의 풀이**

❶ 부등호를 등호로 바꾼 후 삼각함수의 그래프를 이용하여 삼각방정식을 푼다.

❷ ❶에서 그린 삼각함수의 그래프를 이용하여 주어진 부등식을 만족시키는 미지수의 값의 범위를 구한다.

각의 크기가 미지수인 삼각함수를 포함한 방정식과 부등식을 각각 삼각방정식, 삼각부등식이라 한다.

핵심 **1** 삼각함수 $y=\sin x$, $y=\cos x$의 그래프 유형 1, 3, 5~6

● $y=\sin x$와 $y=\cos x$의 그래프

$y=\sin x$의 그래프

원점에 대하여 대칭
➔ $f(-x)=-f(x)$

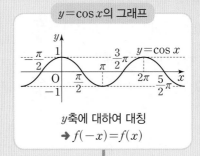

$y=\cos x$의 그래프

y축에 대하여 대칭
➔ $f(-x)=f(x)$

함수 $y=\sin x$의 그래프를 x축의 방향으로 $-\dfrac{\pi}{2}$만큼 평행이동하면 함수 $y=\cos x$의 그래프와 일치하므로 $\sin\left(x+\dfrac{\pi}{2}\right)=\cos x$임을 알 수 있어.

(1) 정의역 : 실수 전체의 집합
(2) 치역 : $\{y\,|\,-1\le y\le 1\}$
(3) 주기 : 2π ➔ $f(x+2\pi)=f(x)$

● 삼각함수의 최대·최소와 주기

주기 : $\dfrac{2\pi}{|b|}$

$$y=a\sin(bx+c)+d$$

최댓값 : $|a|+d$
최솟값 : $-|a|+d$

주기 : $\dfrac{2\pi}{|b|}$

$$y=a\cos(bx+c)+d$$

최댓값 : $|a|+d$
최솟값 : $-|a|+d$

예 $y=3\sin(2x-\pi)-1$

최댓값 : $|3|+(-1)=2$

최솟값 : $-|3|+(-1)=-4$

주기 : $\dfrac{2\pi}{2}=\pi$

예 $y=-2\cos\left(\dfrac{x}{2}+\dfrac{\pi}{3}\right)+1$

최댓값 : $|-2|+1=3$

최솟값 : $-|-2|+1=-1$

주기 : $\dfrac{2\pi}{\dfrac{1}{2}}=4\pi$

1114 다음 함수의 치역과 주기를 구하고, 그 그래프를 그리시오.

(1) $y=2\sin x$

(2) $y=\sin 2x$

(3) $y=\cos\dfrac{x}{2}$

(4) $y=3\cos 2x$

1115 다음 함수의 최댓값, 최솟값, 주기를 구하시오.

(1) $y=-2\sin\left(3x-\dfrac{\pi}{2}\right)+1$

(2) $y=\dfrac{1}{2}\cos\left(\dfrac{x}{2}+\pi\right)-2$

● 정답 및 풀이 **174**쪽

핵심 **2** 삼각함수 $y=\tan x$의 그래프 유형 1, 3, 5~6

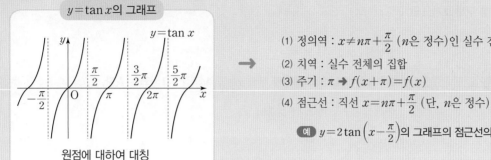

$y=\tan x$의 그래프

원점에 대하여 대칭
→ $f(-x)=-f(x)$

(1) 정의역 : $x \neq n\pi + \dfrac{\pi}{2}$ (n은 정수)인 실수 전체의 집합

(2) 치역 : 실수 전체의 집합

(3) 주기 : π → $f(x+\pi)=f(x)$

(4) 점근선 : 직선 $x=n\pi+\dfrac{\pi}{2}$ (단, n은 정수)

(예) $y=2\tan\left(x-\dfrac{\pi}{2}\right)$의 그래프의 점근선의 방정식 : $x=n\pi$

(단, n은 정수)

$$y=a\tan(bx+c)+d$$
$\quad\quad\quad$ └→ 주기 : $\dfrac{\pi}{|b|}$

(예) $y=\tan\left(2x-\dfrac{\pi}{2}\right)+1$
$\quad\quad$ └→ 주기 : $\dfrac{\pi}{2}$

함수 $y=\tan x$의
최댓값과 최솟값은 없어.

1116 다음 함수의 주기와 그래프의 점근선의 방정식을 구하고, 그 그래프를 그리시오.

(1) $y=2\tan x$

(2) $y=\tan\dfrac{x}{2}$

1117 함수 $y=\tan\left(\dfrac{2}{3}x-\dfrac{\pi}{2}\right)-1$의 최댓값, 최솟값, 주기를 구하시오.

핵심 **3** 일반각에 대한 삼각함수의 성질 유형 11

일반각에 대한 삼각함수를 $0°$에서 $90°$까지의 각에 대한 삼각함수로 나타내어 값을 구해 보자.

$\cos\dfrac{5}{4}\pi$
$=\cos\left(\pi+\dfrac{\pi}{4}\right)$
$=-\cos\dfrac{\pi}{4}$
$=-\dfrac{\sqrt{2}}{2}$

❶ $\dfrac{\pi}{2}\times n\pm\theta$ (n은 정수) 꼴로 나타내기

❷ n이 짝수이므로 cos 그대로

❸ 제3사분면에서 cos의 부호는 −

❹ 삼각함수의 값 구하기

(예) $\sin\dfrac{19}{3}\pi=\sin\left(6\pi+\dfrac{\pi}{3}\right)=\sin\dfrac{\pi}{3}=\dfrac{\sqrt{3}}{2}$

$\tan\dfrac{11}{6}\pi=\tan\left(2\pi-\dfrac{\pi}{6}\right)=-\tan\dfrac{\pi}{6}=-\dfrac{\sqrt{3}}{3}$

$\sin\dfrac{5}{6}\pi=\sin\left(\pi-\dfrac{\pi}{6}\right)=\sin\dfrac{\pi}{6}=\dfrac{1}{2}$ $\quad$ ┐ 제4사분면에서 tan의 부호는 −

$\cos 150°=\cos(90°+60°)=-\sin 60°=-\dfrac{\sqrt{3}}{2}$

n이 홀수이므로 sin으로 바뀜

1118 다음 삼각함수의 값을 구하시오.

(1) $\sin\dfrac{11}{3}\pi$

(2) $\cos\left(-\dfrac{3}{4}\pi\right)$

(3) $\tan\left(-\dfrac{2}{3}\pi\right)$

(4) $\cos\dfrac{4}{3}\pi$

(5) $\sin\dfrac{3}{4}\pi$

(6) $\tan\dfrac{5}{6}\pi$

1119 다음 삼각함수의 표를 이용하여 $\sin 127°$의 값을 구하시오.

θ	sin	cos	tan
36°	0.5878	0.8090	0.7265
37°	0.6018	0.7986	0.7536
38°	0.6157	0.7880	0.7813

핵심 **4** 삼각방정식의 풀이 유형 18~19

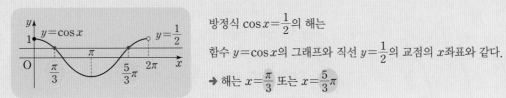

방정식 $\cos x = \dfrac{1}{2}$의 해를 구해 보자. (단, $0 \le x < 2\pi$)

방정식 $\cos x = \dfrac{1}{2}$의 해는

함수 $y = \cos x$의 그래프와 직선 $y = \dfrac{1}{2}$의 교점의 x좌표와 같다.

➡ 해는 $x = \dfrac{\pi}{3}$ 또는 $x = \dfrac{5}{3}\pi$

1120 다음 방정식을 푸시오. (단, $0 \le x < 2\pi$)

(1) $\sin x = -\dfrac{\sqrt{2}}{2}$

(2) $\tan x = \sqrt{3}$

1121 방정식 $2\cos x - \sqrt{3} = 0$을 푸시오.

(단, $0 \le x < 2\pi$)

핵심 **5** 삼각부등식의 풀이 유형 24~25

부등식 $\sin x > \dfrac{\sqrt{3}}{2}$의 해를 구해 보자. (단, $0 \le x < 2\pi$)

❶ 방정식 $\sin x = \dfrac{\sqrt{3}}{2}$의 해는

함수 $y = \sin x$의 그래프와 직선 $y = \dfrac{\sqrt{3}}{2}$의 교점의 x좌표와 같다.

➡ 해는 $x = \dfrac{\pi}{3}$ 또는 $x = \dfrac{2}{3}\pi$

❷ 부등식 $\sin x > \dfrac{\sqrt{3}}{2}$의 해는

함수 $y = \sin x$의 그래프가 직선 $y = \dfrac{\sqrt{3}}{2}$보다 위쪽에 있는 x의 값의 범위이다.

➡ 해는 $\dfrac{\pi}{3} < x < \dfrac{2}{3}\pi$

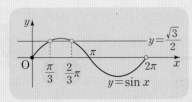
부등식에 등호가 포함되어 있는지 잘 살펴봐야 해.

1122 다음 부등식을 푸시오. (단, $0 \le x < 2\pi$)

(1) $\sin x \ge \dfrac{1}{2}$

(2) $\cos x < -\dfrac{\sqrt{2}}{2}$

1123 부등식 $\sqrt{3}\tan x - 1 \ge 0$을 푸시오.

(단, $0 \le x < 2\pi$)

기출 유형으로 실전 준비하기

실전 유형 1 삼각함수의 그래프

	$y=\sin x$	$y=\cos x$	$y=\tan x$
그래프	y 1 $y=\sin x$ O 2π x -1	y 1 $y=\cos x$ O π 2π x -1	y $y=\tan x$ O $\frac{\pi}{2}$ π $\frac{3}{2}\pi$ 2π x
정의역	실수 전체의 집합	실수 전체의 집합	$x\neq n\pi+\dfrac{\pi}{2}$ (n은 정수)인 실수 전체의 집합
치역	$\{y\mid-1\leq y\leq1\}$	$\{y\mid-1\leq y\leq1\}$	실수 전체의 집합
주기	2π	2π	π
대칭성	원점에 대하여 대칭 $\sin(-x)$ $=-\sin x$	y축에 대하여 대칭 $\cos(-x)$ $=\cos x$	원점에 대하여 대칭 $\tan(-x)$ $=-\tan x$

1124 대표문제

다음 중 함수 $y=\cos x$에 대한 설명으로 옳지 <u>않은</u> 것은?

① 정의역은 실수 전체의 집합이다.

② 치역은 $\{y\mid-1\leq y\leq1\}$이다.

③ 주기가 2π인 주기함수이다.

④ 그래프는 원점에 대하여 대칭이다.

⑤ 그래프는 함수 $y=\sin x$의 그래프를 x축의 방향으로 $-\dfrac{\pi}{2}$만큼 평행이동한 것과 같다.

1125
Level 1

〈보기〉에서 함수 $f(x)=\sin x$에 대한 설명으로 옳은 것만을 있는 대로 고른 것은?

─〈보기〉─
ㄱ. 주기가 2π인 주기함수이다.
ㄴ. 최댓값은 1이다.
ㄷ. 치역은 실수 전체의 집합이다.
ㄹ. 그래프는 y축에 대하여 대칭이다.

① ㄱ, ㄴ ② ㄴ, ㄷ ③ ㄴ, ㄹ
④ ㄱ, ㄴ, ㄷ ⑤ ㄱ, ㄴ, ㄹ

1126 중요
Level 1

다음 중 함수 $y=\tan x$에 대한 설명으로 옳지 <u>않은</u> 것은?

① 치역은 실수 전체의 집합이다.

② 그래프는 원점에 대하여 대칭이다.

③ 그래프의 점근선의 방정식은 $x=n\pi+\dfrac{\pi}{2}$ (n은 정수)이다.

④ $\tan(-x)=\tan x$

⑤ $\tan(x+p)=\tan x$를 만족시키는 최소의 양수 p는 π이다.

1127
Level 2

다음 중 함수 $y=\cos(-x)$에 대한 설명으로 옳지 <u>않은</u> 것은?

① 정의역은 실수 전체의 집합이다.

② 치역은 $\{y\mid-1\leq y\leq1\}$이다.

③ 주기가 2π인 주기함수이다.

④ 그래프는 y축에 대하여 대칭이다.

⑤ $\dfrac{\pi}{2}<x<\pi$에서 x의 값이 증가하면 y의 값도 증가한다.

1128
Level 2

〈보기〉에서 옳은 것만을 있는 대로 고르시오.

─〈보기〉─
ㄱ. $\sin(-x)=-\sin x$
ㄴ. 함수 $y=\cos x$의 그래프를 x축의 방향으로 $\dfrac{\pi}{2}$만큼 평행이동하면 함수 $y=\sin x$의 그래프와 일치한다.
ㄷ. 함수 $y=\sin x$는 $0<x<\dfrac{\pi}{2}$에서 x의 값이 증가하면 y의 값은 감소한다.
ㄹ. $0\leq x\leq2\pi$에서 함수 $y=\sin x$의 그래프와 함수 $y=\cos x$의 그래프는 서로 다른 두 점에서 만난다.

삼각함수의 그래프를 이용하여 삼각함수의 값의 대소를 비교한다.

1129 대표문제

세 함수 $f(x)=\sin x$, $g(x)=\cos x$, $h(x)=\tan x$에 대하여 다음 중 옳은 것은?

① $f(1)<g(1)<h(1)$ ② $f(1)<h(1)<g(1)$

③ $g(1)<f(1)<h(1)$ ④ $g(1)<h(1)<f(1)$

⑤ $h(1)<f(1)<g(1)$

1130

Level 1

세 수 A, B, C의 대소 관계를 바르게 나타낸 것은?

$$A=\cos 25°,\ B=\tan 50°,\ C=\sin 25°$$

① $A<B<C$ ② $A<C<B$

③ $B<C<A$ ④ $C<A<B$

⑤ $C<B<A$

1131 중요

Level 1

함수 $f(x)=\cos x$에 대하여 다음 중 옳은 것은?

① $f(1)<f\left(\dfrac{5}{4}\right)<f\left(\dfrac{\pi}{4}\right)$ ② $f\left(\dfrac{\pi}{4}\right)<f(1)<f\left(\dfrac{5}{4}\right)$

③ $f\left(\dfrac{\pi}{4}\right)<f\left(\dfrac{5}{4}\right)<f(1)$ ④ $f\left(\dfrac{5}{4}\right)<f\left(\dfrac{\pi}{4}\right)<f(1)$

⑤ $f\left(\dfrac{5}{4}\right)<f(1)<f\left(\dfrac{\pi}{4}\right)$

1132 중요

Level 2

〈보기〉에서 옳은 것만을 있는 대로 고른 것은?

$$\left(단,\ \frac{\pi}{4}<x<\frac{\pi}{2}\right)$$

─〈보기〉─

ㄱ. $\sin x-\cos x<0$ ㄴ. $\tan x-\cos x>0$

ㄷ. $\sin x-\tan x>0$

① ㄱ ② ㄴ ③ ㄷ

④ ㄱ, ㄴ ⑤ ㄱ, ㄷ

1133

Level 3

$\dfrac{\pi}{4}<x<\dfrac{\pi}{2}$, $\dfrac{\pi}{4}<y<\dfrac{\pi}{2}$일 때, 두 식 $A=x\sin y+y\sin x$, $B=x\cos x+y\cos y$의 대소를 비교하시오. (단, $x\neq y$)

다음은 이 유형에서 출제된 최근 교육청·평가원 기출문제입니다.

1134 교육청

Level 3

$0<\theta<\dfrac{\pi}{4}$인 θ에 대하여 〈보기〉에서 옳은 것만을 있는 대로 고른 것은?

─〈보기〉─

ㄱ. $0<\sin\theta<\cos\theta<1$

ㄴ. $0<\log_{\sin\theta}\cos\theta<1$

ㄷ. $(\sin\theta)^{\cos\theta}<(\cos\theta)^{\cos\theta}<(\cos\theta)^{\sin\theta}$

① ㄱ ② ㄱ, ㄴ ③ ㄱ, ㄷ

④ ㄴ, ㄷ ⑤ ㄱ, ㄴ, ㄷ

실전유형 **3** 주기함수

(1) $y=\sin ax$의 주기는 $\dfrac{2\pi}{|a|}$

 $y=\cos ax$의 주기는 $\dfrac{2\pi}{|a|}$

 $y=\tan ax$의 주기는 $\dfrac{\pi}{|a|}$

(2) 함수 $f(x)$가 주기가 p인 주기함수이면

 ➜ $f(x)=f(x+p)=f(x+2p)=f(x+3p)=\cdots$
 즉, $f(x+np)=f(x)$와 같이 나타낼 수 있다.

 (단, n은 정수)

 참고 $f(x+p)=f(x)$ (p는 양수)이면 함수 $f(x)$의 주기는

 $\dfrac{p}{n}$ (n은 자연수) 꼴이다.

(3) 함수 $f(x)$가 주기가 $2p$인 주기함수이면

 ➜ $f(x)=f(x+2p)$ 또는 $f(x-p)=f(x+p)$

1135 대표문제

다음 중 주기가 $\sqrt{2}$인 주기함수인 것은?

① $y=\tan\left(\pi x+\dfrac{\pi}{2}\right)$ ② $y=\cos(\pi x-\sqrt{2})$

③ $y=\sin 2\pi x$ ④ $y=\cos\left(\sqrt{2}\pi x-\dfrac{\pi}{4}\right)$

⑤ $y=\sin\dfrac{\sqrt{2}}{\pi}x$

1136 중요

Level 2

함수 $f(x)=\sin\left(x+\dfrac{\pi}{4}\right)\cos\left(x-\dfrac{\pi}{4}\right)$의 주기를 p라 할 때, $f(p)$의 값은?

① $-\dfrac{\sqrt{3}}{2}$ ② $-\dfrac{1}{2}$ ③ $\dfrac{1}{2}$

④ $\dfrac{\sqrt{2}}{2}$ ⑤ $\dfrac{\sqrt{3}}{2}$

1137 중요

Level 2

다음 중 모든 실수 x에 대하여 $f(x)=f(x+1)$을 만족시키는 함수가 아닌 것은?

① $f(x)=2\sin 2\pi\left(x-\dfrac{\pi}{2}\right)$

② $f(x)=2\cos 2\pi(x-1)$

③ $f(x)=2\sin 3\pi(x-1)+1$

④ $f(x)=2\cos 4\pi(x+1)-1$

⑤ $f(x)=2\cos 6\pi x$

1138

Level 3

모든 실수 x에 대하여 $f(x+2)=f(x-1)$을 만족시키는 함수 $f(x)$에 대하여 $f(0)=-1$, $f(1)=3$, $f(2)=1$일 때, $f(2028)+f(2030)$의 값을 구하시오.

⊕ Plus 문제

다음은 이 유형에서 출제된 최근 교육청 · 평가원 기출문제입니다.

1139 교육청

Level 1

두 함수 $y=\cos\dfrac{2}{3}x$와 $y=\tan\dfrac{3}{a}x$의 주기가 같을 때, 양수 a의 값을 구하시오.

4 삼각함수의 그래프의 평행이동과 대칭이동

(1) 함수 $y=f(x)$의 그래프를 x축의 방향으로 m만큼, y축의 방향으로 n만큼 평행이동한 그래프의 식은 $y-n=f(x-m)$이다.

→ 함수 $y=a\sin(bx+c)+d=a\sin b\left(x+\dfrac{c}{b}\right)+d$의 그래프는 함수 $y=a\sin bx$의 그래프를 x축의 방향으로 $-\dfrac{c}{b}$만큼, y축의 방향으로 d만큼 평행이동한 것이다.

(2) 함수 $y=f(x)$의 그래프를 x축, y축, 원점에 대하여 대칭이동한 그래프의 식은 다음과 같다.

	x축에 대하여 대칭이동	y축에 대하여 대칭이동	원점에 대하여 대칭이동
$y=f(x)$	$y=-f(x)$	$y=f(-x)$	$y=-f(-x)$

1140 대표문제

함수 $y=2\cos\left(\dfrac{\pi}{2}x-\pi\right)-3$의 그래프는 함수 $y=2\cos\dfrac{\pi}{2}x$의 그래프를 x축의 방향으로 m만큼, y축의 방향으로 n만큼 평행이동한 것이다. 이때 $m+n$의 값을 구하시오.

(단, $0<m<4$)

1141 ◦|| Level 1

함수 $y=\sin 2x+1$의 그래프를 x축에 대하여 대칭이동한 후 y축의 방향으로 -3만큼 평행이동한 그래프의 식이 $y=a\sin 2x+b$일 때, 상수 a, b에 대하여 ab의 값은?

① 1   ② 2   ③ 3
④ 4   ⑤ 5

1142 중요 ◦|| Level 1

다음 중 함수 $y=3\sin x$의 그래프를 x축의 방향으로 $-\dfrac{\pi}{4}$만큼 평행이동한 그래프 위의 점의 좌표는?

① $(0,0)$ ② $\left(-\dfrac{\pi}{4}, 1\right)$ ③ $\left(\dfrac{\pi}{4}, 3\right)$
④ $\left(\dfrac{3}{4}\pi, 3\right)$ ⑤ $\left(\dfrac{5}{4}\pi, -1\right)$

1143 ◦|| Level 2

함수 $y=\tan \pi x$의 그래프를 x축의 방향으로 -2만큼, y축의 방향으로 1만큼 평행이동한 그래프가 점 $\left(-\dfrac{7}{4}, a\right)$를 지날 때, a의 값은?

① 0   ② 1   ③ 2
④ 3   ⑤ 4

1144 ◦|| Level 2

함수 $y=\sin x$의 그래프를 평행이동 또는 대칭이동하여 겹쳐질 수 있는 그래프의 식인 것만을 〈보기〉에서 있는 대로 고른 것은?

〈보기〉
ㄱ. $y=2\sin x-2$ ㄴ. $y=\sin(x+\pi)+1$
ㄷ. $y=-\sin x+5$ ㄹ. $y=\sin(2x-\pi)-3$

① ㄱ, ㄴ   ② ㄴ, ㄷ   ③ ㄴ, ㄹ
④ ㄱ, ㄷ, ㄹ   ⑤ ㄴ, ㄷ, ㄹ

1145 중요

Level 2

함수 $y=3\cos 2x$의 그래프를 평행이동하여 겹쳐질 수 있는 그래프의 식인 것만을 〈보기〉에서 있는 대로 고르시오.

〈 보기 〉
ㄱ. $y=-\cos 2x$　　　ㄴ. $y=\cos(2x-3)$
ㄷ. $y=3\cos x+2$　　　ㄹ. $y=3\cos(2x+\pi)-2$

1146 중요

Level 2

함수 $y=-2\cos 4x$의 그래프를 x축의 방향으로 $\dfrac{\pi}{4}$만큼, y축의 방향으로 -4만큼 평행이동한 그래프가 나타내는 함수를 $y=f(x)$라 할 때, $f\left(\dfrac{\pi}{3}\right)$의 값은?

① -2　　　　② -3　　　　③ -4
④ -5　　　　⑤ -6

1147

Level 2

함수 $y=\tan\dfrac{\pi}{2}x$의 그래프를 y축에 대하여 대칭이동한 후 x축의 방향으로 $\dfrac{1}{3}$만큼, y축의 방향으로 3만큼 평행이동한 그래프의 식이 $y=\tan(ax+b)+c$일 때, 상수 a, b, c에 대하여 $\dfrac{ac}{b}$의 값을 구하시오. (단, $a<0$, $0<b<\pi$)

실전 유형 **5** 삼각함수의 최대·최소와 주기

삼각함수	최댓값	최솟값	주기
$y=a\sin(bx+c)+d$	$\|a\|+d$	$-\|a\|+d$	$\dfrac{2\pi}{\|b\|}$
$y=a\cos(bx+c)+d$	$\|a\|+d$	$-\|a\|+d$	$\dfrac{2\pi}{\|b\|}$
$y=a\tan(bx+c)+d$	없다.	없다.	$\dfrac{\pi}{\|b\|}$

1148 대표문제

함수 $y=-2\sin\left(-3\pi x+\dfrac{1}{6}\right)+1$의 주기를 a, 최댓값을 b, 최솟값을 c라 할 때, $a+b+c$의 값은?

① $\dfrac{8}{3}$　　　　② 3　　　　③ $\dfrac{10}{3}$
④ $\dfrac{11}{3}$　　　　⑤ 4

1149 중요

Level 1

함수 $f(x)=-4\cos\left(2x+\dfrac{2}{3}\pi\right)-1$의 주기를 a, 최댓값을 b, 최솟값을 c라 할 때, $\dfrac{abc}{\pi}$의 값은?

① 15　　　　② 10　　　　③ 5
④ -5　　　　⑤ -15

1150

Level 1

함수 $f(x)=2\tan\left(-\dfrac{\pi}{4}x-1\right)-3$의 주기를 a, $f\left(-\dfrac{4}{\pi}\right)$의 값을 b라 할 때, ab의 값을 구하시오.

1151

Level 2

함수 $y=3\cos 2x$의 그래프를 x축의 방향으로 $\dfrac{\pi}{4}$만큼, y축의 방향으로 2만큼 평행이동한 그래프가 나타내는 함수의 주기를 a, 최솟값을 b라 할 때, $a+b$의 값은?

① $\pi-2$ ② $\pi-1$ ③ $2\pi-1$

④ $\pi+1$ ⑤ $2\pi+1$

1152 중요

Level 2

함수 $y=-2\sin\dfrac{\pi}{3}x$의 그래프를 x축의 방향으로 $\dfrac{\pi}{2}$만큼, y축의 방향으로 -4만큼 평행이동한 그래프가 나타내는 함수의 주기를 a, 최댓값을 b라 할 때, ab의 값을 구하시오.

다음은 이 유형에서 출제된 최근 교육청·평가원 기출문제입니다.

1153 수능

Level 1

함수 $f(x)=4\cos x+3$의 최댓값은?

① 6   ② 7   ③ 8

④ 9   ⑤ 10

1154 교육청

Level 2

함수 $f(x)=-\sin 2x$가 $x=a$에서 최댓값을 갖고 $x=b$에서 최솟값을 갖는다. 곡선 $y=f(x)$ 위의 두 점 $(a, f(a))$, $(b, f(b))$를 지나는 직선의 기울기는? (단, $0\le x\le\pi$)

① $\dfrac{1}{\pi}$ ② $\dfrac{2}{\pi}$ ③ $\dfrac{3}{\pi}$

④ $\dfrac{4}{\pi}$ ⑤ $\dfrac{5}{\pi}$

실전유형 6 삼각함수의 그래프의 여러 가지 성질

	$y=\sin x$	$y=\cos x$	$y=\tan x$
정의역	실수 전체의 집합	실수 전체의 집합	$x\ne n\pi+\dfrac{\pi}{2}$ (n은 정수)인 실수 전체의 집합
치역	$\{y\mid-1\le y\le 1\}$	$\{y\mid-1\le y\le 1\}$	실수 전체의 집합
대칭성	원점에 대하여 대칭	y축에 대하여 대칭	원점에 대하여 대칭
주기	2π	2π	π

1155 대표문제

다음 중 함수 $y=2\cos\left(\dfrac{\pi}{2}-x\right)$에 대한 설명으로 옳지 않은 것은?

① 주기가 2π인 주기함수이다.

② 정의역은 실수 전체의 집합이다.

③ 치역은 $\{y\mid-2\le y\le 2\}$이다.

④ 그래프는 점 $\left(\dfrac{\pi}{6}, 1\right)$을 지난다.

⑤ 그래프를 x축의 방향으로 $-\dfrac{\pi}{2}$만큼 평행이동하면 함수 $y=\cos x$의 그래프와 겹쳐질 수 있다.

1156 중요

Level 1

다음 중 옳은 것은?

① 함수 $y=\cos\dfrac{x}{2}$의 주기는 π이다.

② 함수 $y=2\tan\left(\dfrac{x}{2}-\dfrac{\pi}{6}\right)$의 주기는 4π이다.

③ 함수 $y=-2\sin\left(x-\dfrac{\pi}{2}\right)+1$의 최솟값은 -2이다.

④ 함수 $y=\tan 2x$의 그래프의 점근선은 직선 $x=n\pi+\dfrac{\pi}{4}$ (n은 정수)이다.

⑤ 함수 $y=\sin\left(x+\dfrac{\pi}{2}\right)$의 그래프는 함수 $y=\cos x$의 그래프와 일치한다.

1157

●ıl Level 2

다음 중 함수 $y=\tan 2\left(x-\dfrac{\pi}{2}\right)+1$에 대한 설명으로 옳지 않은 것은?

① 주기가 $\dfrac{\pi}{2}$인 주기함수이다.

② 치역은 실수 전체의 집합이다.

③ 그래프의 점근선은 직선 $x=\dfrac{n}{2}\pi+\dfrac{3}{4}\pi$ (n은 정수)이다.

④ 그래프는 원점을 지난다.

⑤ 그래프는 함수 $y=\tan 2x$의 그래프를 x축의 방향으로 $\dfrac{\pi}{2}$ 만큼, y축의 방향으로 1만큼 평행이동한 것과 같다.

1158

●ıl Level 2

다음 중 함수 $f(x)=3\cos 3x-1$에 대한 설명으로 옳은 것은?

① 주기는 $\dfrac{2}{3}$이다.

② 최댓값은 3이다.

③ 최솟값은 -3이다.

④ $f\left(\dfrac{\pi}{3}\right)=2$

⑤ $0<x<\dfrac{\pi}{3}$에서 x의 값이 증가하면 y의 값은 감소한다.

1159 중요

●ıl Level 2

함수 $f(x)=2\sin(4x+\pi)-1$에 대하여 〈보기〉에서 옳은 것만을 있는 대로 고르시오.

───〈 보기 〉───

ㄱ. 주기는 π이다.

ㄴ. 치역은 $\{y\,|\,-3\leq y\leq 1\}$이다.

ㄷ. $f(-\pi)+f(\pi)=-2$

ㄹ. 모든 실수 x에 대하여 $f(x)=-f(-x)$이다.

ㅁ. 함수 $y=f(x)$의 그래프는 함수 $y=2\sin 4x$의 그래프를 x축의 방향으로 $-\dfrac{\pi}{4}$만큼, y축의 방향으로 -1만큼 평행이동한 것과 같다.

1160

●ıl Level 3

함수 $f(x)=\cos\left(2x-\dfrac{\pi}{3}\right)+3$에 대하여 〈보기〉에서 옳은 것만을 있는 대로 고른 것은?

───〈 보기 〉───

ㄱ. 모든 실수 x에 대하여 $f(x+\pi)=f(x)$이다.

ㄴ. $f(x)$의 최댓값은 4, 최솟값은 2이다.

ㄷ. 함수 $y=f(x)$의 그래프는 직선 $x=\dfrac{\pi}{6}$에 대하여 대칭이다.

① ㄱ   ② ㄴ   ③ ㄱ, ㄷ

④ ㄴ, ㄷ   ⑤ ㄱ, ㄴ, ㄷ

7 삼각함수의 미정계수의 결정 – 식이 주어진 경우

(1) $y=a\sin(bx+c)+d$, $y=a\cos(bx+c)+d$
 ① a, d : 삼각함수의 최댓값, 최솟값 또는 함숫값을 이용하여 구한다.
 ② b : 주기를 이용하여 구한다.
 ③ c : 함숫값 또는 평행이동을 이용하여 구한다.
(2) $y=a\tan(bx+c)+d$
 ① a : 함숫값을 이용하여 구한다.
 ② b : 주기 또는 점근선의 방정식을 이용하여 구한다.
 ③ c, d : 함숫값 또는 평행이동을 이용하여 구한다.

1161 대표문제

상수 a, b에 대하여 함수 $f(x)=a\sin\left(x+\dfrac{\pi}{2}\right)+b$의 최댓값이 5이고 $f\left(-\dfrac{\pi}{3}\right)=2$일 때, $f(x)$의 최솟값은? (단, $a<0$)

① 0   ② 1   ③ 2
④ 3   ⑤ 4

1162 중요   •❚❚ Level 1

함수 $f(x)=a\tan bx$의 주기가 $\dfrac{\pi}{2}$이고 $f\left(\dfrac{\pi}{8}\right)=3$일 때, 상수 a, b에 대하여 $a+b$의 값은? (단, $b>0$)

① 3   ② 4   ③ 5
④ 6   ⑤ 7

1163   •❚❚ Level 2

함수 $y=a\sin(\pi x+2)+b$의 주기는 p이고 최댓값은 8, 최솟값은 m이다. $m=p$가 성립할 때, 상수 a, b에 대하여 ab의 값은? (단, $a>0$)

① 3   ② 6   ③ 9
④ 12   ⑤ 15

1164   •❚❚ Level 2

함수 $y=2\tan(ax-b)+1$의 주기는 2π이고 그래프의 점근선의 방정식이 $x=2n\pi$ (n은 정수)일 때, 상수 a, b에 대하여 ab의 값은? (단, $a>0$, $0<b<\pi$)

① $\dfrac{\pi}{4}$ ② $\dfrac{3}{8}\pi$ ③ $\dfrac{\pi}{2}$
④ $\dfrac{5}{8}\pi$ ⑤ $\dfrac{3}{4}\pi$

1165 중요   •❚❚ Level 2

함수 $f(x)=a\sin bx+c$가 다음 조건을 만족시킬 때, 상수 a, b, c에 대하여 abc의 값을 구하시오. (단, $a>0$, $b>0$)

> ㈎ $f(x)$의 최솟값은 -4이다.
> ㈏ 주기가 6π인 주기함수이다.
> ㈐ $f\left(\dfrac{\pi}{2}\right)=5$

1166 중요   •❚❚ Level 2

함수 $f(x)=3\tan(ax+b)-2$가 다음 조건을 만족시킬 때, 상수 a, b에 대하여 ab의 값은? (단, $a>0$, $0<b<\pi$)

> ㈎ 모든 실수 x에 대하여 $f(x+p)=f(x)$를 만족시키는 양수 p의 최솟값은 2π이다.
> ㈏ 그래프의 점근선의 방정식은 $x=2n\pi+\dfrac{\pi}{2}$ (n은 정수)이다.

① $\dfrac{\pi}{8}$ ② $\dfrac{\pi}{6}$ ③ $\dfrac{\pi}{4}$
④ $\dfrac{\pi}{2}$ ⑤ π

1167

● Level 3

함수 $f(x)=a\cos(bx+c)+d$가 다음 조건을 만족시킬 때, 상수 a, b, c, d에 대하여 $abcd$의 값을 구하시오.

(단, $a>0$, $b>0$, $\pi<c<2\pi$)

> (개) 주기가 π인 주기함수이다.
>
> (내) $f(x)$의 최댓값과 최솟값의 합은 2, 차는 4이다.
>
> (대) $f\left(\dfrac{\pi}{6}\right)=1$

+Plus문제

1168

● Level 3

함수 $f(x)=a\tan(bx+c)+d$가 다음 조건을 만족시킬 때, 상수 a, b, c, d에 대하여 $abcd$의 값은?

(단, $b>0$, $-2\pi<c<0$)

> (개) 주기가 $\dfrac{\pi}{3}$인 주기함수이다.
>
> (내) 함수 $y=f(x)$의 그래프는 함수 $y=a\tan bx$의 그래프를 x축의 방향으로 $\dfrac{\pi}{3}$만큼, y축의 방향으로 -2만큼 평행이동한 것과 같다.
>
> (대) $f\left(\dfrac{\pi}{4}\right)=1$

① -18π ② -15π ③ -12π
④ -9π ⑤ -6π

다음은 이 유형에서 출제된 최근 교육청·평가원 기출문제입니다.

1169 교육청

● Level 1

두 상수 a, b에 대하여 함수 $f(x)=4\cos\dfrac{\pi}{a}x+b$의 주기가 4이고 최솟값이 -1일 때, $a+b$의 값은? (단, $a>0$)

① 5 ② 7 ③ 9
④ 11 ⑤ 13

주어진 그래프에서 주기, 최댓값, 최솟값과 그래프가 지나는 점의 좌표를 이용하여 삼각함수의 미정계수를 구한다.

1170 대표문제

함수 $y=a\sin bx+c$의 그래프가 그림과 같을 때, 상수 a, b, c에 대하여 $a+b-2c$의 값은? (단, $a>0$, $b>0$)

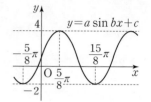

① 1 ② $\dfrac{6}{5}$
③ $\dfrac{7}{5}$ ④ $\dfrac{8}{5}$
⑤ $\dfrac{9}{5}$

1171

● Level 1

함수 $y=a\cos(bx+\pi)$의 그래프가 그림과 같을 때, 상수 a, b에 대하여 $a+b$의 값은? (단, $a>0$, $b>0$)

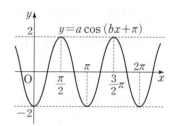

① 3 ② $\dfrac{7}{2}$
③ 4 ④ $\dfrac{9}{2}$
⑤ 5

1172 중요

● Level 2

함수 $y=a\sin\dfrac{\pi}{2}(2x+1)+b$의 그래프가 그림과 같을 때, 상수 a, b, c에 대하여 $2a+b+4c$의 값을 구하시오. (단, $a>0$)

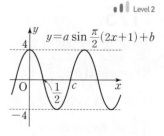

1173

Level 2

함수 $y = a\cos(bx+c)$의 그래프가 그림과 같을 때, 상수 a, b, c에 대하여 abc의 값은?

$\left(\text{단, } a>0,\ b>0,\ 0<c<\dfrac{\pi}{2}\right)$

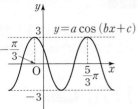

① $\dfrac{\pi}{2}$ ② π ③ $\dfrac{3}{2}\pi$

④ 2π ⑤ $\dfrac{5}{2}\pi$

1174 중요

Level 2

상수 a, b에 대하여 함수 $f(x) = \tan(ax-b)$의 그래프가 그림과 같을 때, $f\left(\dfrac{\pi}{4}\right)$의 값을 구하시오.

$\left(\text{단, } a>0,\ 0<b<\dfrac{\pi}{2}\right)$

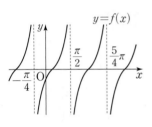

1175

Level 2

상수 a, b, c에 대하여 함수 $f(x) = a\sin\left(bx+\dfrac{\pi}{6}\right)+c$ 의 그래프가 그림과 같을 때, $f\left(\dfrac{1}{2}\right)$의 값을 구하시오.

$(\text{단, } a>0,\ b>0)$

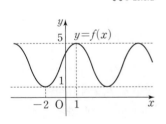

다음은 이 유형에서 출제된 최근 교육청·평가원 기출문제입니다.

1176 교육청

Level 2

그림과 같이 함수 $y = a\tan b\pi x$의 그래프가 두 점 $(2, 3)$, $(8, 3)$을 지날 때, $a^2 \times b$의 값은?

$(\text{단, } a,\ b\text{는 양수이다.})$

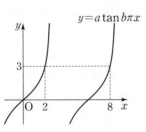

① $\dfrac{1}{6}$ ② $\dfrac{1}{3}$ ③ $\dfrac{1}{2}$

④ $\dfrac{2}{3}$ ⑤ $\dfrac{5}{6}$

1177 교육청

Level 2

그림은 함수 $f(x) = a\cos\dfrac{\pi}{2b}x+1$의 그래프이다. 두 양수 a, b에 대하여 $a+b$의 값은?

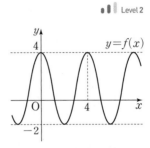

① $\dfrac{7}{2}$ ② 4

③ $\dfrac{9}{2}$ ④ 5

⑤ $\dfrac{11}{2}$

1178 교육청

Level 2

세 양수 a, b, c에 대하여 함수 $y = a\tan(bx+c)$의 그래프가 그림과 같을 때, $a \times b \times c$의 값은? $(\text{단, } 0<c<\pi)$

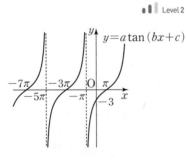

① $\dfrac{9}{16}\pi$ ② $\dfrac{5}{8}\pi$ ③ $\dfrac{11}{16}\pi$

④ $\dfrac{3}{4}\pi$ ⑤ $\dfrac{13}{16}\pi$

실전
유형 **9** 절댓값 기호를 포함한 삼각함수의 그래프

(1) 함수 $y=|f(x)|=\begin{cases} f(x) & (f(x)\geq 0) \\ -f(x) & (f(x)<0) \end{cases}$ 의 그래프

→ 함수 $y=f(x)$의 그래프에서 $y\geq 0$인 부분은 그대로 두고 $y<0$인 부분은 x축에 대하여 대칭이동한다.

(2) 함수 $y=f(|x|)=\begin{cases} f(x) & (x\geq 0) \\ f(-x) & (x<0) \end{cases}$ 의 그래프

→ 함수 $y=f(x)$의 그래프에서 $x\geq 0$인 부분은 그대로 두고 $x<0$인 부분은 $x\geq 0$인 부분을 y축에 대하여 대칭이동한다.

1179 대표문제

다음 중 주기함수가 <u>아닌</u> 것은?

① $y=|\sin x|$ ② $y=|\cos x|$ ③ $y=|\tan x|$

④ $y=\sin|x|$ ⑤ $y=\cos|x|$

1180
●‖‖ Level 1

다음 중 함수 $y=|2\tan x|$에 대한 설명으로 옳은 것은?

① 주기는 $\dfrac{\pi}{4}$이다.

② 최댓값은 2이다.

③ 최솟값은 -2이다.

④ 그래프는 원점에 대하여 대칭이다.

⑤ 그래프의 점근선의 방정식은 $x=n\pi+\dfrac{\pi}{2}$ (n은 정수)이다.

1181
●‖‖ Level 1

다음 중 함수 $y=\tan|x|$에 대한 설명으로 옳은 것은?

① 최솟값은 0이다.

② 주기가 π인 주기함수이다.

③ 정의역은 실수 전체의 집합이다.

④ 그래프는 y축에 대하여 대칭이다.

⑤ 그래프의 점근선의 방정식은 $x=n\pi+\dfrac{\pi}{4}$ (n은 정수)이다.

1182 중요
●‖‖ Level 2

함수의 그래프가 함수 $y=|\cos x|$의 그래프와 일치하는 것만을 〈보기〉에서 있는 대로 고른 것은?

───────────〈 보기 〉───────────
ㄱ. $y=|\sin x|$

ㄴ. $y=\left|\sin\left(x-\dfrac{\pi}{2}\right)\right|$

ㄷ. $y=|\cos(x-\pi)|$
─────────────────────────

① ㄱ   ② ㄴ   ③ ㄱ, ㄴ

④ ㄱ, ㄷ   ⑤ ㄴ, ㄷ

1183 중요
●‖‖ Level 2

함수 $y=|\tan x|$와 주기가 같은 함수인 것만을 〈보기〉에서 있는 대로 고르시오.

───────────〈 보기 〉───────────
ㄱ. $y=2\cos 2x+1$ ㄴ. $y=3\tan 2x-1$

ㄷ. $y=2|\sin x|-1$ ㄹ. $y=\cos|x|+2$
─────────────────────────

1184
●‖‖ Level 2

함수 $f(x)=3|\sin 2(x+\pi)|-1$의 주기를 a, 최댓값을 b라 할 때, ab의 값은?

① $\dfrac{\pi}{2}$ ② π ③ $\dfrac{3}{2}\pi$

④ 2π ⑤ $\dfrac{5}{2}\pi$

1185 중요

세 상수 a, b, c에 대하여 함수 $f(x)=a|\cos bx|+c$가 다음 조건을 만족시킬 때, $f\left(\dfrac{\pi}{9}\right)$의 값을 구하시오.

(단, $a>0$, $b>0$)

(개) 주기는 $\dfrac{\pi}{3}$이다.

(내) 최댓값은 5, 최솟값은 3이다.

1186

함수 $f(x)=a|\sin bx|+c$가 다음 조건을 만족시킬 때, 세 상수 a, b, c에 대하여 $3a+b-c$의 값을 구하시오.

(단, $a>0$, $b>0$)

(개) 주기는 $\dfrac{\pi}{5}$인 주기함수이다.

(내) 함수 $f(x)$의 최솟값은 4이다.

(대) $f\left(\dfrac{\pi}{10}\right)=6$

1187

함수 $y=|\sin x|$의 그래프와 직선 $y=\dfrac{x}{2\pi}$, 직선 $y=\dfrac{x}{3\pi}$의 교점의 개수를 각각 m, n이라 할 때, $m+n$의 값은?

① 8   ② 9   ③ 10

④ 11   ⑤ 12

실전
유형 **10** 삼각함수의 그래프의 활용 – 길이와 넓이

삼각함수의 그래프의 대칭성을 이용하여 길이 또는 넓이가 같은 부분을 찾는다.

1188 대표문제

그림과 같이 $0\leq x<\dfrac{3}{2}\pi$에서 함수 $y=\tan x$의 그래프와 x축 및 직선 $y=k$ $(k>0)$로 둘러싸인 부분의 넓이가 4π일 때, 상수 k의 값은?

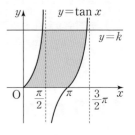

① $\dfrac{\pi}{2}$ ② 4   ③ 2π

④ 8   ⑤ 3π

1189

그림과 같이 $0\leq x<\dfrac{\pi}{2}$에서 두 함수 $y=2\tan x$, $y=2\tan x+3$의 그래프와 y축 및 직선 $x=\dfrac{\pi}{4}$로 둘러싸인 부분의 넓이는?

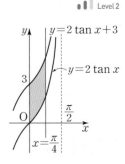

① $\dfrac{\pi}{8}$ ② $\dfrac{\pi}{4}$

③ $\dfrac{\pi}{2}$ ④ $\dfrac{3}{4}\pi$

⑤ π

1190 중요

∎∎∎ Level 2

그림과 같이 $-2 \leq x \leq 6$에서 함수 $y=2\sin\dfrac{\pi}{4}x$의 그래프와 직선 $y=-2$로 둘러싸인 부분의 넓이는?

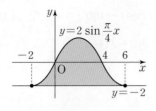

① 8   ② 10   ③ 12

④ 14   ⑤ 16

1191 중요

∎∎∎ Level 2

그림과 같이 함수 $y=3\sin\dfrac{\pi}{12}x$의 그래프와 x축으로 둘러싸인 부분에 직사각형 ABCD가 내접하고 있다. $\overline{BC}=8$일 때, 직사각형 ABCD의 넓이는?

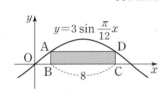

① 10   ② 11   ③ 12

④ 13   ⑤ 14

1192

∎∎∎ Level 2

그림과 같이 $-\dfrac{\pi}{2}<x<\dfrac{3}{2}\pi$에서 함수 $y=\tan x$의 그래프와 두 직선 $y=k$, $y=-k$ $(k>0)$로 둘러싸인 부분

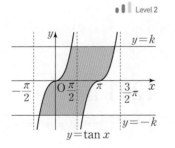

의 넓이가 6π일 때, 상수 k의 값을 구하시오.

1193 고난도

∎∎∎ Level 3

그림과 같이 함수 $y=a\cos bx$의 그래프가 x축에 평행한 직선 l과 만나는 점의 x좌표가 $\dfrac{2}{3}$, $\dfrac{10}{3}$일 때, 두 직선 $x=\dfrac{2}{3}$, $x=\dfrac{10}{3}$과 x축 및 직선 l로 둘러싸인 부분의 넓이는 $\dfrac{16}{3}$이다. 이때 상수 a, b에 대하여 ab의 값은?

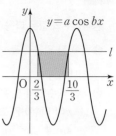

(단, $a>0$, $b>0$)

① π ② 2π ③ 3π

④ 4π ⑤ 5π

> 다음은 이 유형에서 출제된 최근 교육청 · 평가원 기출문제입니다.

1194 평가원

∎∎∎ Level 3

두 양수 a, b에 대하여 곡선 $y=a\sin b\pi x$ $\left(0\leq x\leq\dfrac{3}{b}\right)$이 직선 $y=a$와 만나는 서로 다른 두 점을 A, B라 하자. 삼각형 OAB의 넓이가

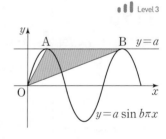

5이고 직선 OA의 기울기와 직선 OB의 기울기의 곱이 $\dfrac{5}{4}$일 때, $a+b$의 값은? (단, O는 원점이다.)

① 1   ② 2   ③ 3

④ 4   ⑤ 5

삼각함수의 값은 다음과 같은 순서로 구한다.

❶ 주어진 각을 $\dfrac{n}{2}\pi \pm \theta$ 또는 $90° \times n \pm \theta$ (n은 정수) 꼴로 나타내기

❷ n이 짝수인지 홀수인지를 확인하여 삼각함수 정하기

 (i) n이 짝수이면 그대로 두기
   sin ➜ sin, cos ➜ cos, tan ➜ tan

 (ii) n이 홀수이면 바꾸기
   sin ➜ cos, cos ➜ sin, tan ➜ $\dfrac{1}{\tan}$

❸ 삼각함수의 부호 결정하기

 θ를 예각으로 생각하여 $\dfrac{n}{2}\pi \pm \theta$ 또는 $90° \times n \pm \theta$를 나타내는 동경이 존재하는 사분면에서 처음 주어진 삼각함수의 부호가 양이면 $+$, 음이면 $-$를 붙인다.

1195 대표문제

$\sin\dfrac{5}{6}\pi - \cos\dfrac{4}{3}\pi + \tan\dfrac{7}{4}\pi$의 값은?

① -1 ② $-\dfrac{1}{2}$ ③ 0

④ $\dfrac{1}{2}$ ⑤ 1

1196 　·‖ Level 1

〈보기〉에서 $\cos\theta$의 값과 같은 것만을 있는 대로 고르시오.

〈 보기 〉
ㄱ. $\cos(-\theta)$ ㄴ. $\cos\left(\dfrac{\pi}{2}-\theta\right)$
ㄷ. $-\cos(\pi-\theta)$ ㄹ. $\cos\left(\dfrac{3}{2}\pi-\theta\right)$
ㅁ. $\cos\left(\dfrac{\pi}{2}+\theta\right)$ ㅂ. $-\cos(\pi+\theta)$

1197 　·‖ Level 2

$\dfrac{\sin\dfrac{2}{3}\pi}{\tan\dfrac{5}{4}\pi} + \dfrac{\cos\dfrac{13}{6}\pi}{\tan\dfrac{3}{4}\pi}$의 값을 구하시오.

1198 　·‖ Level 2

$\cos(-160°)=\alpha$일 때, $\sin 200°$를 α를 사용하여 나타내면?

① $-\sqrt{1-\alpha^2}$ ② $\sqrt{1-\alpha^2}$ ③ $\alpha-1$

④ $1-\alpha^2$ ⑤ α^2-1

1199 중요 　·‖ Level 2

다음 식의 값은?

$$\dfrac{\sin\left(\dfrac{\pi}{2}-\theta\right)\cos(2\pi-\theta)}{1+\sin(\pi-\theta)} - \dfrac{\sin\left(\dfrac{\pi}{2}+\theta\right)\cos(\pi+\theta)}{1+\sin(\pi+\theta)}$$

① -2 ② $-2\sin\theta$ ③ 0

④ $2\sin\theta$ ⑤ 2

1200 　·‖ Level 2

그림과 같이 직선 $x-3y+3=0$이 x축의 양의 방향과 이루는 각의 크기를 θ라 할 때,

$\cos(\pi+\theta)+\sin\left(\dfrac{\pi}{2}-\theta\right)+3\tan\theta$

의 값은?

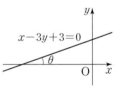

① -3 ② -1 ③ $\dfrac{1}{3}$

④ 1 ⑤ 3

1201 중요 　·‖ Level 2

$\dfrac{3}{2}\pi < \theta < 2\pi$이고 $\sin\theta=-\dfrac{3}{5}$일 때,

$\sin\left(\dfrac{3}{2}\pi+\theta\right)+\tan(\pi-\theta)$의 값을 구하시오.

다음은 이 유형에서 출제된 최근 교육청·평가원 기출문제입니다.

1202 수능

●|| Level 2

$\tan\theta<0$이고 $\cos\left(\dfrac{\pi}{2}+\theta\right)=\dfrac{\sqrt{5}}{5}$일 때, $\cos\theta$의 값은?

① $-\dfrac{2\sqrt{5}}{5}$ 　　② $-\dfrac{\sqrt{5}}{5}$ 　　③ 0

④ $\dfrac{\sqrt{5}}{5}$ 　　⑤ $\dfrac{2\sqrt{5}}{5}$

1203 교육청

●|| Level 2

$\cos(\pi+\theta)=\dfrac{1}{3}$이고 $\sin(\pi+\theta)>0$일 때, $\tan\theta$의 값은?

① $-2\sqrt{2}$ 　　② $-\dfrac{\sqrt{2}}{4}$ 　　③ 1

④ $\dfrac{\sqrt{2}}{4}$ 　　⑤ $2\sqrt{2}$

1204 교육청

●|| Level 2

$\cos(-\theta)+\sin(\pi+\theta)=\dfrac{3}{5}$일 때, $\sin\theta\cos\theta$의 값은?

① $\dfrac{1}{5}$ 　　② $\dfrac{6}{25}$ 　　③ $\dfrac{7}{25}$

④ $\dfrac{8}{25}$ 　　⑤ $\dfrac{9}{25}$

1205 교육청

●|| Level 2

$2\sin\left(\dfrac{\pi}{2}-\theta\right)=\sin\theta\times\tan(\pi+\theta)$일 때, $\sin^2\theta$의 값은?

① $\dfrac{1}{3}$ 　　② $\dfrac{4}{9}$ 　　③ $\dfrac{5}{9}$

④ $\dfrac{2}{3}$ 　　⑤ $\dfrac{7}{9}$

1206 교육청

●|| Level 2

$\dfrac{\pi}{2}<\theta<\pi$인 θ에 대하여 $\sin\theta=2\cos(\pi-\theta)$일 때, $\cos\theta\tan\theta$의 값은?

① $-\dfrac{2\sqrt{5}}{5}$ 　　② $-\dfrac{\sqrt{5}}{5}$ 　　③ $\dfrac{1}{5}$

④ $\dfrac{\sqrt{5}}{5}$ 　　⑤ $\dfrac{2\sqrt{5}}{5}$

1207 교육청

●|| Level 2

좌표평면 위의 점 $P(4,\ -3)$에 대하여 동경 OP가 나타내는 각의 크기를 θ라 할 때, $\sin\left(\dfrac{\pi}{2}+\theta\right)-\sin\theta$의 값은?

(단, O는 원점이고, x축의 양의 방향을 시초선으로 한다.)

① -1 　　② $-\dfrac{2}{5}$ 　　③ $\dfrac{1}{5}$

④ $\dfrac{4}{5}$ 　　⑤ $\dfrac{7}{5}$

12 삼각함수의 성질의 활용
– 일정하게 증가하는 각

삼각함수를 포함한 식에서 각의 크기가 여러 가지인 경우에는 각의 크기의 합 또는 차가 $\frac{\pi}{2}$, π인 것끼리 짝 지어 식을 변환한다.

(1) $\alpha+\beta=\pi$일 때	(2) $\alpha+\beta=\frac{\pi}{2}$일 때
$\sin\alpha=\sin(\pi-\beta)=\sin\beta$	$\sin\alpha=\sin\left(\frac{\pi}{2}-\beta\right)=\cos\beta$
$\cos\alpha=\cos(\pi-\beta)=-\cos\beta$	$\cos\alpha=\cos\left(\frac{\pi}{2}-\beta\right)=\sin\beta$
$\tan\alpha=\tan(\pi-\beta)=-\tan\beta$	$\tan\alpha=\tan\left(\frac{\pi}{2}-\beta\right)=\frac{1}{\tan\beta}$

1208 대표문제

$\tan 10° \times \tan 20° \times \cdots \times \tan 70° \times \tan 80°$의 값은?

① -2 ② -1 ③ 0

④ 1 ⑤ 2

1209 중요 ‖ Level 2

$\theta=10°$일 때, $\cos\theta+\cos 2\theta+\cdots+\cos 35\theta+\cos 36\theta$의 값은?

① 0 ② $\frac{1}{2}$ ③ $\frac{\sqrt{2}}{2}$

④ $\frac{\sqrt{3}}{2}$ ⑤ 1

1210 중요 ‖ Level 2

$\theta=\frac{\pi}{7}$일 때, $\sin\theta+\sin 2\theta+\cdots+\sin 13\theta+\sin 14\theta$의 값은?

① -2 ② -1 ③ 0

④ 1 ⑤ 2

1211 ‖ Level 2

$\log\tan 1°+\log\tan 2°+\cdots+\log\tan 88°+\log\tan 89°$의 값은?

① 0 ② $\frac{\sqrt{3}}{3}$ ③ 1

④ $\sqrt{3}$ ⑤ 10

1212 고난도 ‖ Level 3

자연수 n에 대하여 함수 $f(n)=\cos\frac{2n}{3}\pi$로 정의할 때, $f(1)+f(2)+f(3)+\cdots+f(47)+f(48)$의 값을 구하시오.

⊕ Plus 문제

실전 유형 **13** 삼각함수의 성질의 활용 $-\sin^2 x + \cos^2 x = 1$을 이용한 식의 값

$\alpha + \beta = \dfrac{\pi}{2}$일 때

$\sin\beta = \sin\left(\dfrac{\pi}{2} - \alpha\right) = \cos\alpha,\ \cos\beta = \cos\left(\dfrac{\pi}{2} - \alpha\right) = \sin\alpha$임

을 이용하여 주어진 식을 변형하고 $\sin^2 x + \cos^2 x = 1$임을 이용한다.

(1) $\sin^2\alpha + \sin^2\beta = \sin^2\alpha + \sin^2\left(\dfrac{\pi}{2} - \alpha\right)$

$\qquad = \sin^2\alpha + \cos^2\alpha = 1$

(2) $\cos^2\alpha + \cos^2\beta = \cos^2\alpha + \cos^2\left(\dfrac{\pi}{2} - \alpha\right)$

$\qquad = \cos^2\alpha + \sin^2\alpha = 1$

1213 대표문제

$\cos^2 1° + \cos^2 2° + \cdots + \cos^2 89° + \cos^2 90°$의 값은?

① $\dfrac{87}{2}$ ② 44 ③ $\dfrac{89}{2}$

④ 45 ⑤ $\dfrac{91}{2}$

1214 중요

Level 2

$\sin^2\left(\dfrac{\pi}{6} - x\right) + \sin^2\left(\dfrac{\pi}{3} + x\right)$의 값은? $\left(\text{단, } 0 < x < \dfrac{\pi}{6}\right)$

① $\dfrac{1}{3}$ ② $\dfrac{1}{2}$ ③ 1

④ 2 ⑤ 3

1215

Level 2

$\cos^2(\theta - 25°) + \cos^2(\theta + 65°)$의 값은?

① 1 ② 2 ③ 3

④ 4 ⑤ 5

1216

Level 2

$\sin^2\dfrac{\pi}{36} + \sin^2\dfrac{2}{36}\pi + \cdots + \sin^2\dfrac{16}{36}\pi + \sin^2\dfrac{17}{36}\pi$의 값은?

① 8 ② $\dfrac{17}{2}$ ③ 9

④ $\dfrac{19}{2}$ ⑤ 10

1217 중요

Level 2

그림과 같이 사분원을 8등분 하는 각 점을 차례로 $A_1,\ A_2,\ \cdots,\ A_7$이라 하자. $\angle AOA_1 = \theta$라 할 때, $\cos^2\theta + \cos^2 2\theta + \cdots + \cos^2 7\theta$의 값을 구하시오.

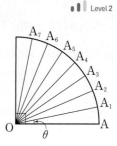

삼각형 ABC에서 $A+B+C=\pi$
(1) $A+B=\pi-C$이므로
　① $\sin(A+B)=\sin(\pi-C)=\sin C$
　② $\cos(A+B)=\cos(\pi-C)=-\cos C$
(2) $\dfrac{A+B}{2}=\dfrac{\pi}{2}-\dfrac{C}{2}$이므로
　① $\sin\dfrac{A+B}{2}=\sin\left(\dfrac{\pi}{2}-\dfrac{C}{2}\right)=\cos\dfrac{C}{2}$
　② $\cos\dfrac{A+B}{2}=\cos\left(\dfrac{\pi}{2}-\dfrac{C}{2}\right)=\sin\dfrac{C}{2}$

1218 대표문제

그림과 같이 선분 AB를 지름으로
하는 원 O에서 $\overline{AC}=3$, $\overline{BC}=4$
이고 $\angle CAB=\alpha$, $\angle CBA=\beta$일
때, $\sin(\alpha+2\beta)$의 값은?

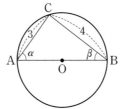

① $\dfrac{2}{5}$ 　　　② $\dfrac{1}{2}$

③ $\dfrac{3}{5}$ 　　　④ $\dfrac{7}{10}$

⑤ $\dfrac{4}{5}$

1219 중요 ꜀ Level 2

삼각형 ABC에 대하여 〈**보기**〉에서 옳은 것만을 있는 대로
고른 것은?

──〈 **보기** 〉──
ㄱ. $\tan A+\tan(B+C)=0$
ㄴ. $\cos\dfrac{A}{2}-\sin\dfrac{B+C}{2}=0$
ㄷ. $\sin 2A+\sin(2B+2C)=1$

① ㄱ 　　② ㄷ 　　③ ㄱ, ㄴ

④ ㄴ, ㄷ 　　⑤ ㄱ, ㄴ, ㄷ

1220 중요 ꜀ Level 2

삼각형 ABC에서
$$-\sin\left(\pi+\dfrac{A}{2}\right)\cos\dfrac{B+C}{2}+\cos\left(-\dfrac{A}{2}\right)\sin\dfrac{B+C}{2}$$의 값
을 구하시오.

1221 중요 ꜀ Level 2

$\overline{AB}=\overline{AC}$인 이등변삼각형 ABC에 대하여 〈**보기**〉에서 옳
은 것만을 있는 대로 고른 것은?

──〈 **보기** 〉──
ㄱ. $\sin A=\sin 2C$
ㄴ. $\cos\dfrac{A}{2}=-\sin C$
ㄷ. $\tan A=-\tan 2B$

① ㄱ 　　　② ㄱ, ㄴ 　　　③ ㄱ, ㄷ

④ ㄴ, ㄷ 　　　⑤ ㄱ, ㄴ, ㄷ

1222 ꜀ Level 2

삼각형 ABC에서 $\sin\dfrac{A}{2}=\dfrac{1}{3}$일 때, $\cos\dfrac{B+C-\pi}{2}$의 값
은? $\left(\text{단, }0<A<\dfrac{\pi}{2}\right)$

① $-\dfrac{2\sqrt{2}}{3}$ 　　　② $-\dfrac{1}{3}$ 　　　③ 0

④ $\dfrac{1}{3}$ 　　　⑤ $\dfrac{2\sqrt{2}}{3}$

1223 중요

‖‖ Level 2

그림과 같이 길이가 1인 선분 AB
를 지름으로 하는 원 O 위의 두
점 C, D에 대하여
∠CAD=∠DAB=α,
∠ABD=β일 때, 다음 중
cos(β−α)의 값과 그 길이가 항상 같은 것은?

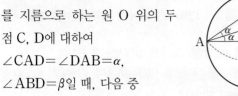

① $\overline{\text{AC}}$　　　② $\overline{\text{BC}}$　　　③ $\overline{\text{BD}}$
④ $2\overline{\text{BC}}$　　　⑤ $2\overline{\text{BD}}$

1224

‖‖ Level 3

그림과 같이 원에 내접하는 사각
형 ABCD에서 ∠A=α, ∠C=β
라 할 때, $\sin\alpha=\dfrac{2\sqrt{2}}{3}$이다.
$\tan^2\alpha+\cos^2\beta$의 값을 구하시오.
$\left(\text{단, } 0<\alpha<\dfrac{\pi}{2}\right)$

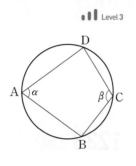

✚ Plus 문제

1225 신경향

‖‖ Level 3

그림과 같이 중심이 원점인 원
O에 정사각형 ABCD가 내접
하고 있다. 동경 OA, OB,
OC, OD가 나타내는 각의 크
기를 각각 α, β, γ, δ라 할 때,
$\sin\alpha+\cos\beta+\sin\gamma+\cos\delta$의
값은? (단, 점 A는 제1사분면
위의 점이다.)

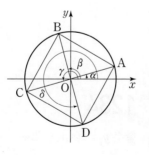

① 0　　　② 1　　　③ 2
④ 3　　　⑤ 4

실전
유형 **15** 삼각함수를 포함한 함수의 최대·최소
　　　 – 일차식 꼴

(1) 두 종류 이상의 삼각함수를 포함한 삼각함수의 최대·최소
　→ 한 종류의 삼각함수로 나타낸다.
(2) 절댓값 기호를 포함한 삼각함수의 최대·최소
　→ $0\leq|\sin x|\leq1$, $0\leq|\cos x|\leq1$임을 이용한다.

1226 대표문제

함수 $y=|2\sin x+1|-2$의 최댓값을 M, 최솟값을 m이
라 할 때, $M+m$의 값은?

① −3　　　② −2　　　③ −1
④ 0　　　⑤ 1

1227

‖‖ Level 1

함수 $y=3\sin x-\cos\left(x-\dfrac{\pi}{2}\right)-2$의 최댓값을 M, 최솟값
을 m이라 할 때, $M-m$의 값을 구하시오.

1228

‖‖ Level 2

함수 $y=-|\tan x-1|+4$의 최댓값과 최솟값의 합은?
$\left(\text{단, } -\dfrac{\pi}{4}\leq x\leq\dfrac{\pi}{4}\right)$

① 6　　　② 7　　　③ 8
④ 9　　　⑤ 10

1229 중요
Level 2

함수 $y=|2\cos x-3|+k$의 최댓값과 최솟값의 합이 4일 때, 상수 k의 값은?

① -3 ② -2 ③ -1

④ 0 ⑤ 1

1230 중요
Level 2

함수 $y=a|\sin 3x-5|+b$의 최댓값이 5, 최솟값이 3일 때, 상수 a, b에 대하여 $a-b$의 값은? (단, $a>0$)

① -2 ② -1 ③ 0

④ 1 ⑤ 2

1231 고난도
Level 3

함수 $y=a^2\sin x+(a+1)\cos\left(x+\dfrac{3}{2}\pi\right)+1$의 최솟값이 -6일 때, 상수 a의 값은? (단, $a>0$)

① 1 ② 2 ③ 3

④ 4 ⑤ 5

실전유형 **16** 삼각함수를 포함한 함수의 최대·최소 − 이차식 꼴

❶ $\sin^2 x+\cos^2 x=1$임을 이용하여 한 종류의 삼각함수로 나타낸다.

❷ 삼각함수를 t로 치환하고, t의 값의 범위를 구한다.

❸ t에 대한 함수의 그래프를 이용하여 ❷의 범위에서 최댓값과 최솟값을 구한다.

1232 대표문제

함수 $y=\cos^2 x+2\sin x-2$는 $x=a$일 때 최댓값 M을 가진다. 이때 $2a+M$의 값은? (단, $-\pi\leq x\leq\pi$)

① π ② $\dfrac{3}{2}\pi$ ③ 2π

④ $\dfrac{5}{2}\pi$ ⑤ 3π

1233 중요
Level 2

함수 $y=\sin^2 x-\cos^2 x-2\cos\left(\dfrac{3}{2}\pi+x\right)+2$의 최댓값을 M, 최솟값을 m이라 할 때, $M-2m$의 값은?

① 2 ② 4 ③ 6

④ 8 ⑤ 10

1234
Level 3

함수 $y=2\tan x-3+\dfrac{1}{\cos^2 x}$의 최댓값을 M, 최솟값을 m이라 할 때, $M+m$의 값은? $\left(\text{단, } -\dfrac{\pi}{4}\leq x\leq\dfrac{\pi}{4}\right)$

① -3 ② -2 ③ -1

④ 1 ⑤ 2

1235 중요

Level 3

함수 $y = a\cos^2 x - a\sin x + b$의 최댓값이 6, 최솟값이 -3일 때, 상수 a, b에 대하여 $a+b$의 값은? (단, $a>0$)

① 5　　　　　　② 6　　　　　　③ 7

④ 8　　　　　　⑤ 9

＋Plus 문제

다음은 이 유형에서 출제된 최근 교육청·평가원 기출문제입니다.

1236 교육청

Level 2

함수 $f(x) = \sin^2 x + \sin\left(x + \dfrac{\pi}{2}\right) + 1$의 최댓값을 M이라 할 때, $4M$의 값을 구하시오.

1237 평가원

Level 3

실수 k에 대하여 함수

$$f(x) = \cos^2\left(x - \dfrac{3}{4}\pi\right) - \cos\left(x - \dfrac{\pi}{4}\right) + k$$

의 최댓값은 3, 최솟값은 m이다. $k+m$의 값은?

① 2　　　　　　② $\dfrac{9}{4}$　　　　　　③ $\dfrac{5}{2}$

④ $\dfrac{11}{4}$　　　　　　⑤ 3

실전
유형 **17** 삼각함수를 포함한 함수의 최대·최소
　　　 － 분수식 꼴

❶ 삼각함수를 t로 치환하여 t에 대한 유리함수로 나타낸다.

❷ t의 값의 범위를 구한다.

❸ t에 대한 함수의 그래프를 이용하여 ❷의 범위에서 최댓값과 최솟값을 구한다.

1238 대표문제

함수 $y = \dfrac{-\cos x + 2}{\cos x + 2}$의 최댓값과 최솟값의 곱은?

① $\dfrac{1}{2}$　　　　　　② $\dfrac{3}{4}$　　　　　　③ 1

④ $\dfrac{5}{4}$　　　　　　⑤ $\dfrac{3}{2}$

1239 중요

Level 2

$-\dfrac{\pi}{4} \le x \le \dfrac{\pi}{4}$에서 함수 $y = \dfrac{1+\tan x}{3-\tan x}$의 최댓값을 M, 최솟값을 m이라 할 때, $M+m$의 값은?

① $\dfrac{1}{3}$　　　　　　② $\dfrac{2}{3}$　　　　　　③ 1

④ $\dfrac{4}{3}$　　　　　　⑤ $\dfrac{5}{3}$

1240

Level 2

함수 $y = \dfrac{3|\sin x| + 2}{|\sin x| + 1}$의 최댓값을 M, 최솟값을 m이라 할 때, $M - m$의 값을 구하시오.

1241 중요

함수 $y=\dfrac{2\cos x-a}{\cos x-2}$ 의 최솟값이 -1일 때, 상수 a의 값은?

(단, $a<4$)

① -2 　　② -1 　　③ 0

④ 1 　　⑤ 2

1242

함수 $y=\dfrac{-2\sin\left(\dfrac{\pi}{2}+x\right)}{\cos x+2}$ 의 치역이 $\{y\,|\,a\leq y\leq b\}$일 때, $b-a$의 값은?

① $\dfrac{4}{3}$ 　　② 2 　　③ $\dfrac{8}{3}$

④ $\dfrac{10}{3}$ 　　⑤ 4

1243

함수 $y=\dfrac{3\sin(\pi-x)+1}{\cos\left(\dfrac{\pi}{2}+x\right)+2}$ 이 $x=a$일 때, 최댓값 b를 가진다. 이때 ab의 값을 구하시오. $\left(\text{단, } 0\leq x\leq \dfrac{\pi}{2}\right)$

---

18 삼각방정식 – 일차식 꼴 　　

(1) $a\sin x+b=0$ 꼴의 방정식

❶ $\sin x=k$ 꼴로 나타낸다.

❷ 함수 $y=\sin x$의 그래프와 직선 $y=k$의 교점의 x좌표를 구한다.

(2) $a\sin(bx+c)=d$ 꼴의 방정식

❶ $\sin(bx+c)=k$ 꼴로 나타낸다.

❷ $bx+c=t$로 치환한 후 $\sin t=k$를 푼다. 이때 t의 값의 범위에 유의한다.

❸ ❷에서 구한 t의 값을 $bx+c=t$에 대입하여 x의 값을 구한다.

1244 대표문제

$0\leq x<2\pi$에서 방정식 $4\cos x-2=0$의 실근 중 가장 큰 것을 α, 가장 작은 것을 β라 할 때, $\sin(\alpha-\beta)$의 값은?

① -1 　　② $-\dfrac{\sqrt{3}}{2}$ 　　③ $-\dfrac{1}{2}$

④ 0 　　⑤ $\dfrac{1}{2}$

1245

$0\leq x<3\pi$일 때, 방정식 $\tan\dfrac{1}{3}x=\sqrt{3}$의 해는?

① $\dfrac{2}{3}\pi$ 　　② π 　　③ $\dfrac{4}{3}\pi$

④ $\dfrac{3}{2}\pi$ 　　⑤ $\dfrac{5}{3}\pi$

1246 중요

$0\leq x<\dfrac{\pi}{2}$일 때, 방정식 $2\sin 4x=1$의 모든 해의 합을 구하시오.

1247

॥ Level 2

$-\pi < x < \pi$에서 방정식 $\sin x = \cos x$의 두 근을 α, β라 할 때, $2(\alpha - \beta)$의 값은? (단, $\alpha > \beta$)

① π　　　　② $\dfrac{3}{2}\pi$　　　　③ 2π

④ $\dfrac{5}{2}\pi$　　　　⑤ 3π

1248

॥ Level 2

$0 \le x < 2\pi$에서 방정식 $\cos\left(x - \dfrac{\pi}{4}\right) = -\dfrac{1}{2}$의 두 근을 α, β라 할 때, $\sin(\alpha - \beta)$의 값을 구하시오. (단, $\alpha > \beta$)

1249 중요

॥ Level 2

$0 \le x < 2\pi$에서 방정식 $2\cos\left(x + \dfrac{\pi}{3}\right) = 1$의 두 근을 α, β라 할 때, $2\cos(\alpha + \beta)$의 값을 구하시오.

1250 중요

॥ Level 2

$0 \le x < 2\pi$에서 $|\sin x| = \dfrac{\sqrt{3}}{2}$의 실근 중 가장 큰 것을 α, 가장 작은 것을 β라 할 때, $\cos(\alpha - \beta)$의 값은?

① -1　　　　② $-\dfrac{\sqrt{3}}{2}$　　　　③ $-\dfrac{1}{2}$

④ $\dfrac{1}{2}$　　　　⑤ 1

1251

॥ Level 2

$0 < x < 2\pi$일 때, 방정식 $2\log(\sin x) - 2\log(\cos x) = \log 3$의 해는?

① $\dfrac{\pi}{6}$　　　　② $\dfrac{\pi}{3}$　　　　③ $\dfrac{\pi}{2}$

④ $\dfrac{2}{3}\pi$　　　　⑤ π

다음은 이 유형에서 출제된 최근 교육청·평가원 기출문제입니다.

1252 교육청

॥ Level 1

$\dfrac{\pi}{2} \le x \le \pi$일 때, 방정식 $\cos x = -\dfrac{1}{2}$의 해는?

① $\dfrac{\pi}{2}$　　　　② $\dfrac{2}{3}\pi$　　　　③ $\dfrac{3}{4}\pi$

④ $\dfrac{5}{6}\pi$　　　　⑤ π

1253 교육청

॥ Level 1

$0 \le x \le 3\pi$일 때, 방정식 $\sqrt{2}\cos x - 1 = 0$의 모든 해의 합은?

① $\dfrac{15}{4}\pi$　　　　② 4π　　　　③ $\dfrac{17}{4}\pi$

④ $\dfrac{9}{2}\pi$　　　　⑤ $\dfrac{19}{4}\pi$

19 삼각방정식 – 이차식 꼴

❶ $\sin^2 x + \cos^2 x = 1$임을 이용하여 한 종류의 삼각함수에 대한 방정식으로 나타낸다.

❷ 삼각함수를 t로 치환하여 t에 대한 이차방정식을 세운다.

❸ ❷의 해를 구한 후 치환한 식에 대입하여 x의 값을 구한다.

1254 대표문제

$0 \leq x < 2\pi$일 때, 방정식 $2\cos^2 x + 3\sin x = 3$의 모든 해의 합은 $\dfrac{q}{p}\pi$이다. 이때 $p+q$의 값은?

(단, p와 q는 서로소인 자연수이다.)

① 5 　　　　② 7 　　　　③ 9

④ 11 　　　　⑤ 13

1255

Level 2

$0 \leq x < \pi$일 때, 방정식 $2\sin^2 x + 3\cos x - 3 = 0$의 해는?

① $x = 0$ 또는 $x = \dfrac{\pi}{3}$ 　　② $x = 0$ 또는 $x = \dfrac{\pi}{2}$

③ $x = \dfrac{\pi}{3}$ 또는 $x = \dfrac{\pi}{2}$ 　　④ $x = \dfrac{\pi}{3}$ 또는 $x = \dfrac{2}{3}\pi$

⑤ $x = \dfrac{\pi}{2}$ 또는 $x = \dfrac{5}{6}\pi$

1256 중요

Level 2

방정식 $2\cos\theta - 1 = \sin\theta$를 만족시키는 θ에 대하여 $\sin\theta$의 값은? (단, $0 < \theta < \pi$)

① $\dfrac{2}{3}$ 　　　　② $\dfrac{3}{4}$ 　　　　③ $\dfrac{3}{5}$

④ $\dfrac{4}{5}$ 　　　　⑤ $\dfrac{5}{6}$

1257

Level 2

$0 \leq x < 2\pi$일 때, 방정식 $\sqrt{-\cos^2 x + 2\sin x + 2} = \dfrac{1}{2}$을 푸시오.

1258 중요

Level 2

$0 \leq x \leq 2\pi$에서 방정식 $2\cos^2 x + (2+\sqrt{3})\sin x = 2 + \sqrt{3}$의 해 중 가장 큰 것을 α, 가장 작은 것을 β라 할 때, $\cos(\alpha+\beta)$의 값은?

① -1 　　　② $-\dfrac{\sqrt{3}}{2}$ 　　　③ $-\dfrac{1}{2}$

④ $\dfrac{1}{2}$ 　　　⑤ 1

1259 중요

Level 2

방정식 $4\cos^2(\pi+x) + 8\sin\left(\dfrac{\pi}{2}+x\right) + 3 = 0$의 모든 해의 합은? (단, $0 < x < 4\pi$)

① 3π 　　　② 6π 　　　③ 8π

④ 9π 　　　⑤ 10π

1260 [고난도]
●‖‖ Level 3

$-\pi < x < \pi$에서 방정식 $\tan x + \dfrac{1}{\sqrt{3}\tan x} = 1 + \dfrac{1}{\sqrt{3}}$의 해 중 최댓값을 M, 최솟값을 m이라 하자. 이때 $M - m$의 값을 구하시오. (단, $x \neq 0$)

다음은 이 유형에서 출제된 최근 교육청·평가원 기출문제입니다.

1261 [수능]
●‖‖ Level 2

$0 \le x < 4\pi$일 때, 방정식 $4\sin^2 x - 4\cos\left(\dfrac{\pi}{2} + x\right) - 3 = 0$의 모든 해의 합은?

① 5π ② 6π ③ 7π

④ 8π ⑤ 9π

1262 [교육청]
●‖‖ Level 2

$0 < x < 2\pi$일 때, 방정식 $2\cos^2 x - \sin(\pi + x) - 2 = 0$의 모든 해의 합은?

① π ② $\dfrac{3}{2}\pi$ ③ 2π

④ $\dfrac{5}{2}\pi$ ⑤ 3π

실전 유형 20 삼각형과 삼각함수를 포함한 방정식 [복합유형]

❶ 삼각형의 내각의 크기에 대한 삼각함수를 포함한 방정식을 푼다.

❷ 삼각형 ABC에서 $A + B + C = \pi$임을 이용하여 주어진 삼각함수의 값을 구한다.

1263 [대표문제]

삼각형 ABC에 대하여 $2\sin^2 A - 5\cos(B + C) + 1 = 0$이 성립할 때, $\cos A$의 값은?

① $-\dfrac{\sqrt{2}}{4}$ ② $-\dfrac{\sqrt{3}}{4}$ ③ $-\dfrac{1}{2}$

④ $-\dfrac{\sqrt{2}}{2}$ ⑤ $-\dfrac{\sqrt{3}}{2}$

1264 [중요]
●‖‖ Level 2

삼각형 ABC에 대하여 $-4\cos^2 A + 4\cos A = 1$이 성립할 때, $\sin\dfrac{B + C - 2\pi}{2}$의 값을 구하시오.

1265
●‖‖ Level 2

예각삼각형 ABC에 대하여
$$2\sin^2 A - \sin A \cos A + \cos^2 A - 1 = 0$$
이 성립할 때, $\sin(B + C)$의 값은?

① $\dfrac{1}{6}$ ② $\dfrac{1}{3}$ ③ $\dfrac{1}{2}$

④ $\dfrac{\sqrt{2}}{2}$ ⑤ 1

06

1266

삼각형 ABC에 대하여 $2\cos^2\dfrac{A+C}{2}+\sin\dfrac{B}{2}-1=0$이

성립할 때, $\tan B$의 값은?

① $\dfrac{\sqrt{3}}{3}$ ② $\dfrac{\sqrt{3}}{2}$ ③ $\dfrac{2\sqrt{3}}{3}$

④ $\dfrac{5\sqrt{3}}{6}$ ⑤ $\sqrt{3}$

1267 중요

••ⅠⅠ Level 2

각 A가 둔각인 삼각형 ABC에 대하여

$$4\cos^2 A=5-4\sin(B+C)$$

가 성립할 때, $\cos(-B-C)$의 값은?

① $\dfrac{\sqrt{2}}{4}$ ② $\dfrac{\sqrt{3}}{4}$ ③ $\dfrac{1}{2}$

④ $\dfrac{\sqrt{2}}{2}$ ⑤ $\dfrac{\sqrt{3}}{2}$

1268 신경향

••ⅠⅠ Level 2

각 A가 예각인 삼각형 ABC에 대하여

$$\log\{\sin(B+C)\}-\log(\cos A)=\dfrac{1}{2}\log 3$$

이 성립할 때, $\cos\left(A+\dfrac{B+C}{2}\right)$의 값을 구하시오.

심화 유형 **21** 삼각함수의 그래프의 대칭성을 이용한 삼각방정식의 풀이

함수 $y=\sin x$ (또는 $y=\cos x$ 또는 $y=\tan x$)의 그래프와 직선 $y=k$의 교점의 x좌표의 합은 삼각함수의 그래프의 대칭성을 이용하여 바로 구할 수 있다.

(1) $f(x)=\sin x$에서
   ① $0\le x\le\pi$이고 $f(a)=f(b)=k\ (0<k<1)$이면
   ➡ $\dfrac{a+b}{2}=\dfrac{\pi}{2}$이므로 $a+b=\pi$ (단, $a\ne b$)
   ② $\pi\le x\le 2\pi$이고 $f(a)=f(b)=k\ (-1<k<0)$이면
   ➡ $\dfrac{a+b}{2}=\dfrac{3}{2}\pi$이므로 $a+b=3\pi$ (단, $a\ne b$)

(2) $f(x)=\cos x$에서
   $0\le x\le 2\pi$이고 $f(a)=f(b)=k\ (-1<k<1)$이면
   ➡ $\dfrac{a+b}{2}=\pi$이므로 $a+b=2\pi$ (단, $a\ne b$)

(3) $f(x)=\tan x$에서 $f(a)=f(b)=k$이면
   ➡ $a-b=n\pi$ (단, n은 정수)

1269 대표문제

그림과 같이 함수 $y=\sin x$의 그래프와 두 직선 $y=k$, $y=-k$의 교점의 x좌표를 작은 것부터

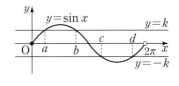

차례로 a, b, c, d라 할 때, $\sin\dfrac{a+b+c+d}{4}$의 값을 구하시오. (단, $0\le x<2\pi$, $0<k<1$)

1270

••ⅠⅠ Level 2

그림과 같이 $0\le x\le 2\pi$에서 함수 $y=\sin x$의 그래프와 직선 $y=\dfrac{1}{2}$의 교점의 x좌표를 a, b라 하고,

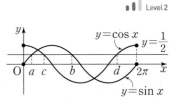

함수 $y=\cos x$의 그래프와 직선 $y=\dfrac{1}{2}$의 교점의 x좌표를 c, d라 할 때, $a+b+c+d$의 값은? (단, $a<c<b<d$)

① 2π ② $\dfrac{5}{2}\pi$ ③ 3π

④ $\dfrac{7}{2}\pi$ ⑤ 4π

1271

Level 2

그림과 같이 $0 \le x \le 2\pi$에서 함수 $y = \tan x$의 그래프와 직선 $y = 2$의 교점의 x좌표를 α, β라 하고 직선 $y = 3$의 교점의 x좌표를 γ, δ라 할 때, $\alpha - \beta + \gamma - \delta$의 값을 구하시오. (단, $\alpha < \gamma < \beta < \delta$)

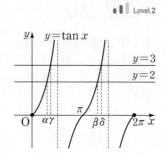

1272 중요

Level 2

그림과 같이 함수 $y = \sin 2x \ (0 \le x \le \pi)$의 그래프가 직선 $y = k$와 두 점 A, B에서 만나고, 직선 $y = -k$와 두 점 C, D에서 만난다. 네 점 A, B, C, D의 x좌표를 각각 α, β, γ, δ라 할 때, $\alpha + \beta + \gamma + \delta$의 값은? (단, $\alpha < \beta < \gamma < \delta$, $0 < k < 1$)

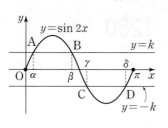

① 2π ② $\dfrac{5}{2}\pi$ ③ 3π

④ $\dfrac{7}{2}\pi$ ⑤ $\dfrac{15}{4}\pi$

1273 신경향

Level 3

함수 $f(x) = \sin \pi x \ (x \ge 0)$의 그래프와 직선 $y = \dfrac{3}{4}$이 만나는 점의 x좌표를 작은 것부터 차례로 α, β, γ, $\cdots$라 할 때, $f(\alpha + \beta + \gamma + 1)$의 값은?

① $-\dfrac{3}{4}$ ② $-\dfrac{1}{4}$ ③ 0

④ $\dfrac{1}{4}$ ⑤ $\dfrac{3}{4}$

1274

Level 3

그림과 같이 $0 < x < 4\pi$에서 함수 $y = \cos \dfrac{1}{2}x$의 그래프가 두 직선 $y = \dfrac{1}{3}$, $y = -\dfrac{1}{3}$과 만나는 점의 x좌표를 작은 것부터 차례로 a, b, c, d라 할 때, $\cos \dfrac{b + 2c + d}{3}$의 값을 구하시오.

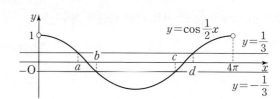

다음은 이 유형에서 출제된 최근 교육청 · 평가원 기출문제입니다.

1275 교육청

Level 2

곡선 $y = \sin \dfrac{\pi}{2}x \ (0 \le x \le 5)$가 직선 $y = k \ (0 < k < 1)$과 만나는 서로 다른 세 점을 y축에서 가까운 순서대로 A, B, C라 하자. 세 점 A, B, C의 x좌표의 합이 $\dfrac{25}{4}$일 때, 선분 AB의 길이는?

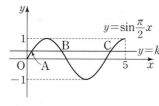

① $\dfrac{5}{4}$ ② $\dfrac{11}{8}$ ③ $\dfrac{3}{2}$

④ $\dfrac{13}{8}$ ⑤ $\dfrac{7}{4}$

22 삼각방정식의 실근의 개수

방정식 $f(x)=g(x)$의 서로 다른 실근의 개수
→ 함수 $y=f(x)$의 그래프와 함수 $y=g(x)$의 그래프의 교점의 개수와 같다.

1276 대표문제

방정식 $\sin \pi x = \dfrac{1}{4}x$의 서로 다른 실근의 개수는?

(단, $x \geq 0$)

① 4   ② 5   ③ 6
④ 7   ⑤ 8

1277   Level 1

방정식 $\tan 2x = -\dfrac{1}{2}x$의 서로 다른 실근의 개수는?

(단, $-\pi \leq x \leq \pi$)

① 3   ② 4   ③ 5
④ 6   ⑤ 7

1278 중요   Level 2

$0 \leq x < 2\pi$일 때, 방정식 $|\cos 3x| = \dfrac{1}{2}$의 서로 다른 실근의 개수를 구하시오.

1279 중요   Level 2

방정식 $\left| 4\sin \dfrac{\pi}{2}x \right| = -x+4$의 서로 다른 실근의 개수는?

① 3   ② 4   ③ 5
④ 6   ⑤ 7

1280   Level 3

두 함수 $f(x)=\cos \pi x$, $g(x)=\sqrt{\dfrac{x}{10}}$에 대하여 방정식 $f(x)=g(x)$의 서로 다른 실근의 개수는? (단, $0 \leq x < 10$)

① 7   ② 8   ③ 9
④ 10   ⑤ 11

다음은 이 유형에서 출제된 최근 교육청·평가원 기출문제입니다.

1281 교육청   Level 2

$0 \leq x < 2\pi$일 때, 방정식 $\sin 4x = \dfrac{1}{2}$의 서로 다른 실근의 개수는?

① 2   ② 4   ③ 6
④ 8   ⑤ 10

23 삼각방정식의 근의 조건

삼각함수를 포함한 방정식이 실근을 가질 조건은 다음과 같은
순서로 구한다.
❶ 주어진 방정식을 $f(x)=k$ 꼴로 나타낸다.
❷ 함수 $y=f(x)$의 그래프와 직선 $y=k$가 만나도록 하는 k의
값의 범위를 구한다.

1282 대표문제

방정식 $\cos\left(\dfrac{\pi}{2}+x\right)\sin x+4\sin(\pi+x)=k$가 실근을 가
지도록 하는 실수 k의 값의 범위를 구하시오.

1283

●‖ Level 2

방정식 $\sin^2 x-2\sin x+k=0$이 실근을 가지도록 하는 실
수 k의 최댓값과 최솟값의 합은?

① -3　　　　② -2　　　　③ -1

④ 1　　　　⑤ 2

1284 중요

●‖ Level 2

$0\le x<\pi$일 때, 방정식 $\cos^2 x-\sin^2 x+\sin x-1=k$가
실근을 가지도록 하는 실수 k의 값의 범위는?

① $-2<k<\dfrac{1}{8}$　　② $-1\le k\le\dfrac{1}{8}$　　③ $-1\le k\le 1$

④ $-\dfrac{1}{8}<k<1$　　⑤ $\dfrac{1}{8}\le k\le 1$

1285

●‖ Level 2

$0\le x<2\pi$일 때, 방정식 $\cos\left(x-\dfrac{\pi}{2}\right)=\cos\left(x+\dfrac{\pi}{2}\right)+a$가
하나의 실근을 가지도록 하는 모든 실수 a의 값의 곱을 구
하시오.

1286 중요

●‖ Level 2

방정식 $\cos\left(x-\dfrac{\pi}{2}\right)=-\cos\left(x+\dfrac{3}{2}\pi\right)-1+a$가 하나의 실
근을 가지도록 하는 모든 실수 a의 값의 합을 구하시오.

(단, $0\le x<2\pi$)

1287

●‖ Level 3

방정식 $\left|\cos x+\dfrac{2}{3}\right|=k$가 서로 다른 세 개의 실근을 가지도
록 하는 실수 k에 대하여 $15k$의 값은? (단, $0\le x<2\pi$)

① 5　　　　② 10　　　　③ 15

④ 20　　　　⑤ 25

(1) $\sin x > k$ 꼴의 부등식
- ❶ 함수 $y = \sin x$의 그래프와 직선 $y = k$의 교점의 x좌표를 구한다.
- ❷ 함수 $y = \sin x$의 그래프가 직선 $y = k$보다 위쪽에 있는 x의 값의 범위를 구한다.

(2) $\sin x < k$ 꼴의 부등식
- ❶ 함수 $y = \sin x$의 그래프와 직선 $y = k$의 교점의 x좌표를 구한다.
- ❷ 함수 $y = \sin x$의 그래프가 직선 $y = k$보다 아래쪽에 있는 x의 값의 범위를 구한다.

1288 대표문제

$0 \leq x < 2\pi$에서 부등식 $\cos\left(\dfrac{x}{2} - \dfrac{\pi}{3}\right) < \dfrac{1}{2}$의 해가 $a < x < b$일 때, $b - a$의 값을 구하시오.

1289 중요   Level 2

$0 \leq x < 2\pi$일 때, 다음 중 부등식 $\sin\left(x + \dfrac{\pi}{4}\right) \leq -\dfrac{\sqrt{2}}{2}$의 해가 <u>아닌</u> 것은?

① $\dfrac{3}{4}\pi$ ② π ③ $\dfrac{5}{4}\pi$

④ $\dfrac{4}{3}\pi$ ⑤ $\dfrac{3}{2}\pi$

1290   Level 2

$0 \leq x < 2\pi$일 때, 다음 중 부등식 $\cos x > \sin x$의 해가 될 수 <u>없는</u> 것은?

① $\dfrac{\pi}{12}$ ② $\dfrac{\pi}{6}$ ③ $\dfrac{\pi}{3}$

④ $\dfrac{4}{3}\pi$ ⑤ $\dfrac{3}{2}\pi$

1291 중요   Level 2

$0 \leq x < 2\pi$에서 부등식 $2\cos\left(x - \dfrac{\pi}{2}\right) + 1 < 0$의 해가 $\alpha < x < \beta$일 때, $\cos(\beta - \alpha)$의 값은?

① $-\dfrac{\sqrt{3}}{2}$ ② $-\dfrac{1}{2}$ ③ 0

④ $\dfrac{1}{2}$ ⑤ $\dfrac{\sqrt{3}}{2}$

1292   Level 2

$0 \leq x < 2\pi$에서 부등식 $2\cos x - \sin\left(\dfrac{7}{2}\pi + x\right) + 1 < 0$의 해가 $\alpha < x < \beta$일 때, $\alpha + \beta$의 값을 구하시오.

1293 신경향   Level 3

전체집합 $U = \{x \mid 0 \leq x < 2\pi\}$의 두 부분집합 $A = \{x \mid \tan x < 1\}$, $B = \left\{x \,\middle|\, \left|\sin\left(x + \dfrac{\pi}{2}\right)\right| < \dfrac{1}{2}\right\}$에 대하여 다음 중 집합 $A \cap B$의 원소인 것은?

① $\dfrac{\pi}{5}$ ② $\dfrac{\pi}{3}$ ③ $\dfrac{7}{12}\pi$

④ $\dfrac{3}{2}\pi$ ⑤ $\dfrac{5}{3}\pi$

1294 고난도

Level 3

$0<x<\pi$에서 부등식 $(\log_3 x-1)\left(\cos x-\dfrac{\sqrt{3}}{2}\right)<0$의 해가 $a<x<b$ 또는 $c<x<d$일 때, $(b-a)+(d-c)$의 값은?

(단, $b<c$)

① $\pi-3$ ② $\dfrac{7}{6}\pi-3$ ③ $\dfrac{4}{3}\pi-3$

④ $3-\dfrac{\pi}{3}$ ⑤ $3-\dfrac{\pi}{6}$

⊕ Plus 문제

다음은 이 유형에서 출제된 최근 교육청·평가원 기출문제입니다.

1295 교육청

Level 2

$0\le x<2\pi$일 때, 부등식 $3\sin x-2>0$의 해가 $\alpha<x<\beta$이다. $\cos(\alpha+\beta)$의 값은?

① -1 ② $-\dfrac{1}{2}$ ③ 0

④ $\dfrac{1}{2}$ ⑤ 1

1296 교육청

Level 3

$0\le x\le 2\pi$일 때, 부등식 $\cos x\le\sin\dfrac{\pi}{7}$를 만족시키는 모든 x의 값의 범위는 $\alpha\le x\le\beta$이다. $\beta-\alpha$의 값은?

① $\dfrac{8}{7}\pi$ ② $\dfrac{17}{14}\pi$ ③ $\dfrac{9}{7}\pi$

④ $\dfrac{19}{14}\pi$ ⑤ $\dfrac{10}{7}\pi$

실전유형 25 삼각부등식 – 이차식 꼴

❶ $\sin^2 x+\cos^2 x=1$임을 이용하여 한 종류의 삼각함수에 대한 부등식으로 변형한다.

❷ 삼각함수에 대한 이차부등식을 푼다.

❸ 그래프를 이용하여 x의 값의 범위를 구한다.

1297 대표문제

$0\le x<\pi$일 때, 다음 중 부등식 $2\cos^2 x+3\sin x-3\ge 0$의 해가 될 수 <u>없는</u> 것은?

① $\dfrac{\pi}{4}$ ② $\dfrac{\pi}{3}$ ③ $\dfrac{\pi}{2}$

④ $\dfrac{2}{3}\pi$ ⑤ $\dfrac{11}{12}\pi$

1298

Level 2

$0\le x<2\pi$에서 부등식 $\sin^2 x-\cos^2 x+1>3\cos x$의 해가 $\alpha<x<\beta$일 때, $\beta-\alpha$의 값은?

① $\dfrac{\pi}{3}$ ② $\dfrac{2}{3}\pi$ ③ π

④ $\dfrac{4}{3}\pi$ ⑤ $\dfrac{5}{3}\pi$

1299 중요

Level 2

$0\le\theta<2\pi$일 때, 부등식 $2\sin^2\theta-\cos\theta-1\le 0$을 만족시키는 θ에 대하여 자연수 $\dfrac{3\theta}{\pi}$의 개수는?

① 1 ② 2 ③ 3

④ 4 ⑤ 5

1300

$0 < x < \dfrac{\pi}{2}$에서 부등식 $\sqrt{3}\tan x - \sqrt{3}\tan\left(\dfrac{3}{2}\pi - x\right) \leq 2$를

만족시키는 x의 최댓값은?

① $\dfrac{\pi}{8}$ ② $\dfrac{\pi}{6}$ ③ $\dfrac{\pi}{5}$

④ $\dfrac{\pi}{4}$ ⑤ $\dfrac{\pi}{3}$

1301 중요

부등식 $\sin^2\left(\theta + \dfrac{3}{2}\pi\right) + 4\sin\theta \leq 2a$가 모든 실수 θ에 대하여 항상 성립하도록 하는 실수 a의 값의 범위를 구하시오.

다음은 이 유형에서 출제된 최근 교육청·평가원 기출문제입니다.

1302 교육청

$0 \leq x < 2\pi$에서 x에 대한 부등식

$(2a+6)\cos x - a\sin^2 x + a + 12 < 0$의 해가 존재하도록

하는 자연수 a의 최솟값을 구하시오.

심화 유형	**26** 삼각함수를 포함한 방정식과 부등식의 활용

이차방정식 또는 이차부등식에서 계수가 삼각함수로 주어지면 다음을 이용한다.

(1) a, b, c가 실수인 이차방정식 $ax^2 + bx + c = 0$에서 $D = b^2 - 4ac$라 하면

   ① $D > 0 \iff$ 서로 다른 두 실근을 가진다.

   ② $D = 0 \iff$ 중근을 가진다.

   ③ $D < 0 \iff$ 서로 다른 두 허근을 가진다.

(2) 이차부등식이 항상 성립할 조건

   ① 모든 실수 x에 대하여 $ax^2 + bx + c > 0$이 성립하려면

     ➡ $a > 0$, $b^2 - 4ac < 0$

   ② 모든 실수 x에 대하여 $ax^2 + bx + c < 0$이 성립하려면

     ➡ $a < 0$, $b^2 - 4ac < 0$

1303 대표문제

모든 실수 x에 대하여 부등식

$x^2 - 2x\sin\theta + 3\sin^2\theta - 1 \geq 0$이 성립하도록 하는 θ의 값의 범위가 $\alpha \leq \theta \leq \beta$일 때, $\sin(\beta - \alpha)$의 값은?

(단, $0 \leq \theta < \pi$)

① $\dfrac{\sqrt{3}}{3}$ ② $\dfrac{1}{2}$ ③ $\dfrac{\sqrt{2}}{2}$

④ $\dfrac{\sqrt{3}}{2}$ ⑤ 1

1304

x에 대한 이차방정식 $x^2 - 4x\cos\theta + 3 = 0$이 중근을 가지도록 하는 θ의 값을 α, β $(\alpha < \beta)$라 할 때, $\beta - \alpha$의 값은?

$\left(\text{단, } -\dfrac{\pi}{2} \leq \theta < \dfrac{\pi}{2}\right)$

① $\dfrac{\pi}{9}$ ② $\dfrac{\pi}{6}$ ③ $\dfrac{\pi}{4}$

④ $\dfrac{\pi}{3}$ ⑤ $\dfrac{\pi}{2}$

1305

Level 2

x에 대한 이차부등식 $x^2-4x\sin\theta+1\leq0$이 오직 하나의 해를 가지도록 하는 θ의 값을 α, β $(\alpha<\beta)$라 할 때, $4\alpha+\beta$의 값은? (단, $0<\theta<\pi$)

① $\dfrac{\pi}{2}$ ② $\dfrac{2}{3}\pi$ ③ π

④ $\dfrac{3}{2}\pi$ ⑤ 2π

1306 중요

Level 2

$0\leq\theta<2\pi$에서 x에 대한 이차방정식 $6x^2+4x\sin\theta-\cos\theta=0$이 오직 하나의 실근을 가지도록 하는 θ의 값을 α, β $(\alpha<\beta)$라 할 때, $\beta-\alpha$의 값은?

① $\dfrac{\pi}{6}$ ② $\dfrac{\pi}{3}$ ③ $\dfrac{\pi}{2}$

④ $\dfrac{2}{3}\pi$ ⑤ $\dfrac{5}{6}\pi$

1307 중요

Level 2

모든 실수 x에 대하여 부등식 $x^2-2x(2\sin\theta+1)-2\sin\theta+5>0$이 성립하도록 하는 θ의 값의 범위를 구하시오. (단, $0\leq\theta<2\pi$)

1308 중요

Level 2

x에 대한 이차방정식 $x^2-4x\cos\theta+1=0$의 두 근 사이에 1이 존재하도록 하는 θ의 값의 범위가 $\alpha<\theta<\beta$ 또는 $\gamma<\theta<\delta$이다. 이때 $\sin(\gamma-\beta)$의 값은?

(단, $0<\theta<2\pi$, $\beta<\gamma$)

① $-\dfrac{\sqrt{3}}{2}$ ② $-\dfrac{1}{2}$ ③ 0

④ $\dfrac{1}{2}$ ⑤ $\dfrac{\sqrt{3}}{2}$

1309

Level 2

다음 중 x에 대한 이차방정식 $x^2-3x+2\sin^2\theta-2\cos^2\theta-1=0$이 서로 다른 부호의 두 실근을 가지도록 하는 θ의 값이 될 수 없는 것은?

(단, $0\leq\theta<2\pi$)

① 0 ② $\dfrac{\pi}{6}$ ③ $\dfrac{2}{5}\pi$

④ $\dfrac{7}{6}\pi$ ⑤ $\dfrac{7}{4}\pi$

1310

Level 2

x에 대한 이차방정식 $x^2+4x\cos\theta+10\sin\theta-2=0$이 실근을 가지지 않도록 하는 θ의 값의 범위가 $\alpha<\theta<\beta$일 때, $\cos(3\alpha+\beta)$의 값을 구하시오. (단, $0\leq\theta<2\pi$)

1311 대표문제

함수 $y=a\sin(bx+c)+d$의 그래프가 그림과 같을 때, 상수 a, b, c, d에 대하여 $abcd$의 값을 구하는 과정을 서술하시오. (단, $a>0$, $b>0$, $0<c<\pi$) [7점]

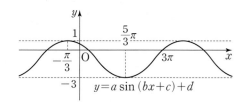

STEP 1 최댓값과 최솟값을 이용하여 a, d의 값 구하기 [2점]

주어진 함수의 최댓값이 1, 최솟값이 -3이고 $a>0$이므로

$a+d=1$, $-a+d=-3$

두 식을 연립하여 풀면

$a=\boxed{}^{(1)}$, $d=\boxed{}^{(2)}$

STEP 2 주기를 이용하여 b의 값 구하기 [2점]

주어진 그래프에서 주기가 $2\left\{\dfrac{5}{3}\pi-\left(-\dfrac{\pi}{3}\right)\right\}=\boxed{}^{(3)}$

이고 $b>0$이므로

$\dfrac{2\pi}{b}=\boxed{}^{(3)}$ $\qquad \therefore b=\boxed{}^{(4)}$

STEP 3 그래프가 지나는 점의 좌표를 이용하여 c의 값 구하기 [2점]

$y=2\sin\left(\dfrac{x}{2}+c\right)-1$이고, 이 함수의 그래프가 점 $(3\pi,\ 0)$을 지나므로

$0=2\sin\left(\dfrac{3}{2}\pi+c\right)-1$ $\qquad \therefore \sin\left(\dfrac{3}{2}\pi+c\right)=\boxed{}^{(5)}$

$\sin\left(\dfrac{3}{2}\pi+c\right)=-\cos c$이므로

$\cos c=\boxed{}^{(6)}$

$0<c<\pi$이므로 $c=\boxed{}^{(7)}$

STEP 4 $abcd$의 값 구하기 [1점]

$abcd=\boxed{}^{(8)}$

1312 한번 더

함수 $y=a\cos b(x-c\pi)+d$의 그래프가 그림과 같을 때, 상수 a, b, c, d에 대하여 $a+3b+4c+d$의 값을 구하는 과정을 서술하시오.

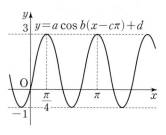

$\left(단,\ a>0,\ b>0,\ 0<c<\dfrac{1}{2}\right)$ [7점]

STEP 1 최댓값과 최솟값을 이용하여 a, d의 값 구하기 [2점]

STEP 2 주기를 이용하여 b의 값 구하기 [2점]

STEP 3 그래프가 지나는 점의 좌표를 이용하여 c의 값 구하기 [2점]

STEP 4 $a+3b+4c+d$의 값 구하기 [1점]

핵심 KEY 유형 8, 유형 18 삼각함수의 미정계수 구하기

$y=a\sin(bx+c)+d$ 꼴로 주어진 삼각함수의 미정계수를 최댓값과 최솟값, 주기, 그래프가 지나는 점의 좌표 등을 이용하여 구하는 문제이다.

$y=a\sin(bx+c)+d$ 꼴의 삼각함수의 최댓값은 $|a|+d$, 최솟값은 $-|a|+d$이고, 주기는 $\dfrac{2\pi}{|b|}$임을 이용한다.

주기를 구할 때, 주기의 $\dfrac{1}{2}$을 주기로 생각하지 않도록 주의한다.

1313 ☑유사1

두 함수 $y=\tan x$와 $y=a\sin bx$의 그래프가 그림과 같고 두 함수의 그래프가 점 $\left(\dfrac{\pi}{3},\ c\right)$에서 만날 때, 상수 a, b, c에 대하여 $a-b+c$의 값을 구하는 과정을 서술하시오. (단, $a>0$, $b>0$) [7점]

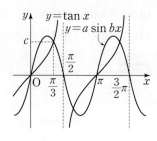

1314 ☑유사2

$0\le x\le 7\pi$에서 정의된 함수 $y=a\sin\left(\dfrac{\pi}{2}-bx\right)+c$의 그래프가 그림과 같이 직선 $y=3$과 두 점 A, B에서 접하고 x축과 두 점 C, D에서 만난다. 사각형 ACDB의 넓이가 12π일 때, 상수 a, b, c에 대하여 $a+b+2c$의 값을 구하는 과정을 서술하시오. (단, $a>0$, $b>0$) [9점]

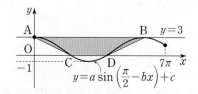

1315 대표문제

$\sin^2 1° + \sin^2 2° + \sin^2 3° + \cdots + \sin^2 88° + \sin^2 89°$의 값을 구하는 과정을 서술하시오. [6점]

STEP 1 $\sin(90° - x) = \cos x$임을 이용하여 삼각함수 변형하기 [3점]

$\sin 89° = \sin(90° - 1°) = \cos 1°$

$\sin 88° = \sin(90° - 2°) =$ [(1) _____]

$\vdots$

$\sin 46° = \sin(90° - 44°) =$ [(2) _____]

STEP 2 $\sin^2 x + \cos^2 x = 1$임을 이용하여 주어진 식의 값 구하기 [3점]

$\sin^2 1° + \sin^2 2° + \sin^2 3° + \cdots + \sin^2 88° + \sin^2 89°$

$= (\sin^2 1° + \sin^2 89°) + (\sin^2 2° + \sin^2 88°) + \cdots$
$\qquad\qquad + (\sin^2 44° + \sin^2 46°) + \sin^2 45°$

$= (\sin^2 1° +$ [(3) _____]$)$

$\qquad\qquad + (\sin^2 2° +$ [(4) _____]$) + \cdots$

$\qquad\qquad + (\sin^2 44° +$ [(5) _____]$) + \sin^2 45°$

$= \underbrace{1 + 1 + \cdots + 1}_{44개} + ($ [(6) __]$)^2$

$= 44 +$ [(7) __] $=$ [(8) __]

1316 한번 더

$\tan 1° \times \tan 2° \times \tan 3° \times \cdots \times \tan 88° \times \tan 89°$의 값을 구하는 과정을 서술하시오. [6점]

STEP 1 $\tan(90° - x) = \dfrac{1}{\tan x}$임을 이용하여 삼각함수 변형하기 [3점]

STEP 2 주어진 식을 간단히 하여 식의 값 구하기 [3점]

1317 유사 1

각 θ를 나타내는 동경과 각 7θ를 나타내는 동경이 x축에 대하여 대칭일 때, $\sin\theta + \sin 2\theta + \sin 3\theta + \cdots + \sin 9\theta$의 값을 구하는 과정을 서술하시오. $\left($단, $\dfrac{\pi}{8} < \theta < \dfrac{3}{8}\pi\right)$ [8점]

핵심 KEY 유형 12, 유형 13 삼각함수의 성질의 활용

일반각에 대한 삼각함수의 성질을 이용하여 일정하게 증가하는 삼각함수의 값의 합을 구하는 문제이다. 각의 크기의 합 또는 차가 $\dfrac{\pi}{2}$, π인 것끼리 짝 지어 식을 변형하여 해결해 본다.

$\sin\left(\dfrac{\pi}{2} - \theta\right) = \cos\theta$, $\cos\left(\dfrac{\pi}{2} - \theta\right) = \sin\theta$, $\tan\left(\dfrac{\pi}{2} - \theta\right) = \dfrac{1}{\tan\theta}$

과 같이 삼각함수가 바뀜에 주의하고, 둘씩 짝 지었을 때 남는 값이 있는지 확인한다.

1318 대표문제

함수 $y=\sin^2 x-\cos^2 x-2\cos\left(\dfrac{3}{2}\pi+x\right)+2$의 최댓값을 M, 최솟값을 m이라 할 때, $M+m$의 값을 구하는 과정을 서술하시오. (단, $0\le x<2\pi$) [6점]

> **STEP 1** 주어진 함수를 $\sin x$에 대한 함수로 나타내기 [2점]
>
> $y=\sin^2 x-\cos^2 x-2\cos\left(\dfrac{3}{2}\pi+x\right)+2$
>
> $=\sin^2 x-(1-\sin^2 x)-2\boxed{}^{(1)}+2$
>
> $=2\sin^2 x-\boxed{}^{(2)}+1$
>
> **STEP 2** $\sin x=t$로 치환하여 최댓값과 최솟값 구하기 [3점]
>
> $\sin x=t$로 놓으면 $0\le x<2\pi$에서 $-1\le t\le 1$이고
>
> $y=2t^2-2t+1$
>
> $=2\left(t-\boxed{}^{(3)}\right)^2+\boxed{}^{(4)}$
>
>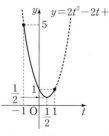
>
> 함수 $y=2t^2-2t+1$의 그래프는 그림과 같으므로
>
> $t=-1$일 때 최댓값은 $\boxed{}^{(5)}$이고,
>
> $t=\dfrac{1}{2}$일 때 최솟값은 $\boxed{}^{(6)}$이다.
>
> **STEP 3** $M+m$의 값 구하기 [1점]
>
> $M=\boxed{}^{(7)}$, $m=\boxed{}^{(8)}$이므로
>
> $M+m=\boxed{}^{(9)}$

핵심 KEY 유형 16, 유형 25 **삼각함수의 최댓값, 최솟값 구하기**

이차식 꼴의 삼각함수를 정리한 후, 이차함수의 그래프를 이용하여 최댓값, 최솟값을 구하는 문제이다.
$\sin^2 x+\cos^2 x=1$임을 이용하여 한 종류의 삼각함수로 나타내고, 일반각에 대한 삼각함수의 성질을 이용하여 정리해 본다.
최댓값, 최솟값을 구할 때는 정해진 범위 내에서 구해야 함에 주의한다.

1319 한번 더

함수 $y=\sin^2\left(x-\dfrac{\pi}{4}\right)-\cos\left(x-\dfrac{\pi}{4}\right)+k$의 최댓값이 4, 최솟값이 m일 때, $k+m$의 값을 구하는 과정을 서술하시오. (단, k는 상수이다.) [8점]

> **STEP 1** 주어진 함수를 $\cos\left(x-\dfrac{\pi}{4}\right)$에 대한 함수로 나타내기 [3점]
>
> **STEP 2** $\cos\left(x-\dfrac{\pi}{4}\right)=t$로 치환하여 최댓값과 최솟값 구하기 [3점]
>
> **STEP 3** $k+m$의 값 구하기 [2점]

1320 유사 1

모든 실수 θ에 대하여 부등식
$\cos^2\theta-\sin^2\theta-8\sin\theta+1\le 4a$가 항상 성립하도록 하는 실수 a의 최솟값을 구하는 과정을 서술하시오. [7점]

1 1321

다음 중 옳은 것은? [3점]

① $\cos 60° > \cos 40°$

② $\cos 40° < \sin 40°$

③ $\sin 80° < \cos 80°$

④ $\cos 70° > \cos 90°$

⑤ $\sin 30° < \sin 20°$

2 1322

다음 중 모든 실수 x에 대하여 $f(x+4)=f(x)$를 만족시키지 않는 것은? [3점]

① $f(x) = \cos \pi x$

② $f(x) = \sin \dfrac{5}{2} \pi x$

③ $f(x) = \sin \dfrac{\pi}{3} x$

④ $f(x) = \cos \dfrac{3}{2} \pi x$

⑤ $f(x) = \tan 2 \pi x$

3 1323

함수 $y = 2 \sin 3x$의 그래프를 평행이동하여 겹쳐질 수 있는 그래프의 식인 것만을 〈보기〉에서 있는 대로 고른 것은?

[3점]

〈 보기 〉

ㄱ. $y = \sin(3x - \pi)$　　　ㄴ. $y = 2 \sin(3x + \pi) - 2$

ㄷ. $y = 2 \sin x - 1$　　　ㄹ. $y = \sin(3x - 2) + 1$

① ㄱ　　　② ㄴ　　　③ ㄱ, ㄷ

④ ㄴ, ㄹ　　　⑤ ㄷ, ㄹ

4 1324

함수 $y = 5 \sin 2x$의 그래프를 x축의 방향으로 $\dfrac{\pi}{4}$만큼, y축의 방향으로 2만큼 평행이동한 그래프가 나타내는 함수의 최댓값을 M, 최솟값을 m, 주기를 p라 할 때, $M+m+p$의 값은? [3점]

① $1 + \pi$　　　② $1 + 2\pi$　　　③ $3 + \pi$

④ $3 + 2\pi$　　　⑤ $4 + \pi$

5 1325

다음 중 함수 $y = 2\cos\left(3x - \dfrac{\pi}{2}\right) + 2$에 대한 설명으로 옳지 않은 것은? [3점]

① 주기는 $\dfrac{2}{3}\pi$이다.

② 최댓값은 4이다.

③ 최솟값은 0이다.

④ 그래프는 점 $(0, 2)$를 지난다.

⑤ 그래프는 함수 $y = 2\cos 3x$의 그래프를 x축의 방향으로 $\dfrac{\pi}{2}$만큼, y축의 방향으로 2만큼 평행이동한 것이다.

6 1326

함수 $f(x) = a\sin\left(bx + \dfrac{\pi}{2}\right) + c$의 최댓값이 2, 최솟값이 -4이고 주기가 π일 때, $f\left(\dfrac{\pi}{4}\right)$의 값은?

(단, $a > 0$, $b > 0$이고, c는 상수이다.) [3점]

① -2 ② -1 ③ 0

④ 1 ⑤ 2

7 1327

다음 중 두 함수의 그래프가 일치하는 것은? [3점]

① $y = \sin x$, $y = \sin|x|$

② $y = \sin|x|$, $y = |\sin x|$

③ $y = \cos x$, $y = \cos|x|$

④ $y = \cos x$, $y = |\cos x|$

⑤ $y = \sin|x|$, $y = \cos|x|$

8 1328

다음 중 옳은 것은? [3점]

① $\sin(\pi + \theta) = \sin\theta$

② $\cos(-\theta) = \sin\left(\dfrac{3}{2}\pi + \theta\right)$

③ $\sin\left(\dfrac{\pi}{2} + \theta\right) = \cos(\pi - \theta)$

④ $\tan\left(\dfrac{\pi}{2} - \theta\right) = \dfrac{1}{\tan(-\theta)}$

⑤ $\cos\left(\dfrac{\pi}{2} + \theta\right) = \sin(\pi + \theta)$

9 1329

$0 \le x < 2\pi$일 때, 방정식 $3\cos x + \sin\left(\dfrac{3}{2}\pi + x\right) = \sqrt{2}$의 실근 중 가장 큰 것은? [3점]

① $\dfrac{\pi}{4}$ ② $\dfrac{\pi}{2}$ ③ $\dfrac{5}{4}\pi$

④ $\dfrac{3}{2}\pi$ ⑤ $\dfrac{7}{4}\pi$

10 1330

$0 \le x < \pi$일 때, 부등식 $-\dfrac{\sqrt{3}}{2} < \cos x \le \dfrac{\sqrt{2}}{2}$의 해는? [3점]

① $\dfrac{\pi}{6} \le x < \dfrac{\pi}{4}$ ② $\dfrac{\pi}{6} \le x \le \dfrac{5}{6}\pi$

③ $\dfrac{\pi}{6} < x < \pi$ ④ $\dfrac{\pi}{4} \le x < \dfrac{5}{6}\pi$

⑤ $\dfrac{\pi}{4} \le x < \pi$

11 1331

함수
$y = a\cos(bx + c) + d$의
그래프가 그림과 같을 때,
상수 a, b, c, d에 대하여
$abcd$의 값은?

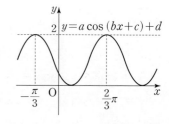

(단, $a > 0$, $b > 0$, $0 < c < 2\pi$) [3.5점]

① $\dfrac{\pi}{3}$ ② $\dfrac{2}{3}\pi$ ③ π

④ $\dfrac{4}{3}\pi$ ⑤ $\dfrac{5}{3}\pi$

12 1332

그림과 같이 함수 $y=\cos\dfrac{\pi}{3}x$ 의 그래프와 x축으로 둘러싸인 부분에 내접하는 사각형 ABCD가 있다. $\overline{AD}$는 x축에 평행하고 $\overline{AD}=2$일 때, 사각형 ABCD의 넓이는? [3.5점]

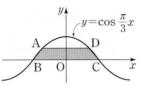

① $\dfrac{1}{4}$ ② $\dfrac{1}{2}$ ③ $\dfrac{3}{4}$

④ 1 ⑤ $\dfrac{5}{4}$

13 1333

$\sin\left(\dfrac{\pi}{2}-\theta\right)+\sin\left(2\pi+\theta\right)=\sin\left(\dfrac{3}{2}\pi-\theta\right)+\sin\left(\pi+\theta\right)$

를 만족시키는 θ의 값은? (단, $0\leq\theta\leq\pi$) [3.5점]

① $\dfrac{\pi}{2}$ ② $\dfrac{2}{3}\pi$ ③ $\dfrac{3}{4}\pi$

④ $\dfrac{5}{6}\pi$ ⑤ π

14 1334

다음 식의 값은? [3.5점]

$$\dfrac{\sin 200° \tan^2 160°}{\cos 290°} - \dfrac{\sin 250°}{\sin 110° \cos^2 20°}$$

① -3 ② -1 ③ 1

④ 3 ⑤ 5

15 1335

함수 $y=\sin^2 x-3\cos^2 x-4\sin x$의 최댓값과 최솟값의 차는? (단, $0\leq x<2\pi$) [3.5점]

① 1 ② 3 ③ 5

④ 7 ⑤ 9

16 1336

x에 대한 이차방정식 $x^2-2\sqrt{2}x\cos\theta+1=0$의 실근이 존재하지 않도록 하는 θ의 값의 범위는 $a<\theta<\dfrac{3}{4}\pi$ 또는 $\dfrac{5}{4}\pi<\theta<b$이다. 이때 $\dfrac{b}{a}$의 값은? (단, $0\leq\theta<2\pi$) [3.5점]

① 4 ② 5 ③ 6

④ 7 ⑤ 8

17 1337

함수 $y=-|2\sin x+1|+k$의 최댓값과 최솟값의 합이 1일 때, 상수 k의 값은? [4점]

① 1   ② 2   ③ 3
④ 4   ⑤ 5

18 1338

함수 $y=\sin x\cos\left(\dfrac{\pi}{2}+x\right)-2\sin(\pi+x)+a$의 최솟값이 -1일 때, 최댓값은? (단, a는 상수이다.) [4점]

① 0   ② 1   ③ 2
④ 3   ⑤ 4

19 1339

$0\le x<2\pi$일 때, 방정식

$$5\cos\left(\dfrac{\pi}{2}+x\right)\sin x+2\cos x\sin\left(\dfrac{\pi}{2}+x\right)+2\cos x=0$$의

모든 해의 합은? [4점]

① π ② $\dfrac{3}{2}\pi$ ③ 2π
④ $\dfrac{5}{2}\pi$ ⑤ 3π

20 1340

그림과 같이 좌표평면 위의 두 점 A$(3, 0)$, B$(6, 0)$을 이은 선분을 한 변으로 하는 정사각형 ABCD가 있다. 점 B를 중심으로 시계 방향으로 θ만큼 정사각형 ABCD를 회전시키고, 점 C가 이동한 점을 C′이라 할 때, 선분 OC′의 길이는? [4.5점]

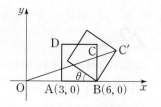

① $2\sqrt{4\sin\theta+3}$ ② $3\sqrt{2\sin\theta+5}$
③ $3\sqrt{4\sin\theta+5}$ ④ $3\sqrt{6\sin\theta+5}$
⑤ $5\sqrt{4\sin\theta+3}$

21 1341

$0\le x<2\pi$에서 방정식 $\sin nx=\dfrac{1}{2}$의 서로 다른 실근의 개수를 $f(n)$이라 할 때, $f(1)+f(2)+f(3)+\cdots+f(10)$의 값은? (단, n은 자연수이다.) [4.5점]

① 90   ② 100   ③ 110
④ 120   ⑤ 130

22 1342

그림과 같이 원에 내접하는 사각형
ABCD에서 $\angle BAD=\alpha$,
$\angle BCD=\beta$라 할 때, $\sin\alpha=\dfrac{\sqrt{5}}{3}$
이다. $\tan\beta$의 값을 구하는 과정을
서술하시오. $\left(\text{단, } 0<\alpha<\dfrac{\pi}{2}\right)$ [6점]

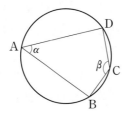

23 1343

$0\le x<2\pi$에서 부등식
$2\sin^2 x-3\sin\left(\dfrac{\pi}{2}+x\right)+4\ge 2\cos x+4\sin^2 x$의 해를 구
하는 과정을 서술하시오. [6점]

24 1344

그림과 같이 함수 $f(x)=\cos 2x\ (x\ge 0)$의 그래프와 직선
$y=-\dfrac{3}{4}$의 교점의 x좌표를 작은 것부터 차례로 a, b, c, d,
$\cdots$라 할 때, $f\left(a+b+\dfrac{2}{3}\pi\right)+f\left(c+d-\dfrac{3}{2}\pi\right)$의 값을 구
하는 과정을 서술하시오. [7점]

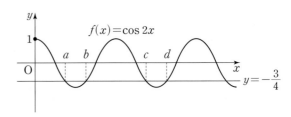

25 1345

함수 $y=\tan\left(18x+\dfrac{\pi}{2}\right)\left(0<x\le\dfrac{\pi}{2}\right)$의 그래프의 점근선이
x축의 양의 방향과 만나는 점을 차례로 P_k ($k=1$, 2, 3,
$\cdots$)라 하자. 점 P_k를 지나고 x축에 수직인 직선과 함수
$y=\sin x$의 그래프와 만나는 점을 Q_k라 할 때,
$\overline{P_1Q_1}^2+\overline{P_2Q_2}^2+\overline{P_3Q_3}^2+\cdots+\overline{P_9Q_9}^2$의 값을 구하는 과정을
서술하시오. [9점]

check 실전 마무리하기 **2회**

1 1346

다음 중 옳은 것은? [3점]

① $0 < x < \dfrac{\pi}{2}$에서 $y = \tan x$는 x의 값이 증가하면 y의 값은 감소한다.

② $0 < x < \pi$에서 $y = \cos x$는 x의 값이 증가하면 y의 값도 증가한다.

③ $y = \tan x$의 정의역과 치역은 모두 실수 전체의 집합이다.

④ 함수 $y = \cos x$의 그래프는 x축에 대하여 대칭이다.

⑤ 두 함수 $y = \sin x$와 $y = \tan x$의 그래프는 각각 원점에 대하여 대칭이다.

2 1347

모든 실수 x에 대하여 $f(x+\pi) = f(x)$를 만족시키는 것만을 〈보기〉에서 있는 대로 고른 것은? [3점]

〈 보기 〉
ㄱ. $f(x) = \sin \dfrac{x}{3}$ ㄴ. $f(x) = 2 - \tan x$

ㄷ. $f(x) = \cos \pi x$ ㄹ. $f(x) = 2 \tan 2x$

ㅁ. $f(x) = \sin 2(\pi - x)$

① ㄱ, ㄴ, ㄷ   ② ㄱ, ㄴ, ㅁ   ③ ㄴ, ㄷ, ㄹ

④ ㄴ, ㄹ, ㅁ   ⑤ ㄷ, ㄹ, ㅁ

3 1348

함수 $f(x) = -3 \tan \left(\dfrac{\pi}{2} x + \pi \right) + 2$에 대하여 〈보기〉에서 옳은 것만을 있는 대로 고른 것은? [3점]

〈 보기 〉
ㄱ. 함수 $g(x) = \sin \dfrac{\pi}{2} x$와 주기가 같다.

ㄴ. 그래프는 점 $(2, 2)$를 지난다.

ㄷ. 함수 $f(x)$의 최댓값은 5이다.

ㄹ. 정의역은 $x \neq 2n - 1$ (n은 정수)인 실수 전체의 집합이다.

① ㄱ, ㄷ   ② ㄴ, ㄷ   ③ ㄴ, ㄹ

④ ㄱ, ㄴ, ㄷ   ⑤ ㄴ, ㄷ, ㄹ

4 1349

함수 $f(x) = a|\cos bx| + c$의 최댓값이 6, 주기가 $\dfrac{\pi}{3}$이고 $f\left(\dfrac{\pi}{6} \right) = 5$일 때, 상수 a, b, c에 대하여 $2a - b + c$의 값은?

(단, $a > 0$, $b < 0$) [3점]

① 8   ② 9   ③ 10

④ 11   ⑤ 12

5 1350

그림과 같이 $-2 \leq x \leq 2$에서 함수 $y = 4 \cos \dfrac{\pi}{2} x$의 그래프와 직선 $y = -4$로 둘러싸인 부분의 넓이는? [3점]

① 12   ② 14

③ 16   ④ 18

⑤ 20

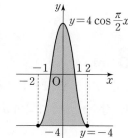

6 1351

다음 식의 값은? [3점]

$$\sin\frac{7}{6}\pi+\cos\left(-\frac{8}{3}\pi\right)-\cos\frac{11}{6}\pi+\tan\frac{5}{4}\pi$$

① -1 ② $-\dfrac{\sqrt{3}}{2}$ ③ 0

④ $\dfrac{1}{2}$ ⑤ $\dfrac{\sqrt{3}}{2}$

7 1352

두 수 A, B가 다음과 같을 때, $A+B$의 값은? [3점]

$A=\tan10°+\tan20°+\tan40°+\tan60°+\tan80°$
$B=\tan100°+\tan120°+\tan140°+\tan160°+\tan170°$

① 0 ② 1 ③ 2

④ 3 ⑤ 4

8 1353

함수 $y=a|\sin x-1|+b$의 최댓값이 6, 최솟값이 -2일 때, 상수 a, b에 대하여 $a+b$의 값은? (단, $a>0$) [3점]

① 1 ② 2 ③ 3

④ 4 ⑤ 5

9 1354

예각삼각형 ABC에서 $4\sin^2 A+4\sqrt{2}\cos A-6=0$이 성립할 때, $\tan(B+C)$의 값은? [3점]

① -1 ② $-\dfrac{\sqrt{2}}{2}$ ③ $\dfrac{\sqrt{3}}{3}$

④ $\dfrac{\sqrt{3}}{2}$ ⑤ 1

10 1355

조류 발전은 빠른 유속을 이용하여 전기를 생산하는 방식으로 어느 조류 발전기는 유속이 $3\,\mathrm{m/s}$ 이상일 때 발전이 가능하다고 한다. 이 조류 발전기가 설치된 어느 지역에서 시각이 x시일 때, 유속을 $f(x)\,\mathrm{m/s}$라 하면

$f(x)=6\sin\dfrac{\pi}{12}x\ (0\le x\le12)$이다. 0시부터 12시까지 조류 발전이 가능한 시간은 몇 시간 동안인가? [3점]

① 2시간   ② 4시간   ③ 6시간

④ 8시간   ⑤ 10시간

11 1356

상수 a, b에 대하여 함수 $f(x)=a\cos\left(x-\dfrac{\pi}{3}\right)+b$의 최솟값이 -2이고 $f\left(\dfrac{5}{6}\pi\right)=1$일 때, $f(x)$의 최댓값은?

(단, $a<0$) [3.5점]

① 2 ② 3 ③ 4

④ 5 ⑤ 6

12 1357

함수

$f(x) = a\sin b\left(x - \dfrac{\pi}{12}\right) + c$

의 그래프가 그림과 같을 때,

$f\left(\dfrac{\pi}{6}\right)$의 값은?

(단, a, b, c는 상수이고,

$a > 0$, $b > 0$이다.) [3.5점]

① $\dfrac{7}{2}$ ② $\dfrac{15}{4}$ ③ 4

④ $\dfrac{17}{4}$ ⑤ $\dfrac{9}{2}$

13 1358

그림과 같이 사각형 ABCD가 원에
내접할 때,

$\cos A + \cos B + \cos C + \cos D$의
값은? [3.5점]

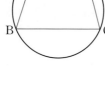

① -2 ② -1

③ 0 ④ 1

⑤ 2

14 1359

함수 $y = \dfrac{\cos x}{-\cos x + 2}$의 최댓값을 M, 최솟값을 m이라 할

때, $M + m$의 값은? [3.5점]

① $\dfrac{1}{6}$ ② $\dfrac{1}{3}$ ③ $\dfrac{1}{2}$

④ $\dfrac{2}{3}$ ⑤ $\dfrac{3}{4}$

15 1360

$0 \leq x < 2\pi$일 때, 방정식

$2\sin x \cos\left(\dfrac{3}{2}\pi + x\right) - 3\sin x + 1 = 0$의 모든 실근의 합

은? [3.5점]

① $\dfrac{\pi}{2}$ ② π ③ $\dfrac{3}{2}\pi$

④ 2π ⑤ $\dfrac{5}{2}\pi$

16 1361

$0 \leq x < 2\pi$에서 부등식 $\sin^2 x - 5\sin x \leq \cos^2 x - 3$의 해

가 $a \leq x \leq b$일 때, $b - a$의 값은? [3.5점]

① $\dfrac{1}{6}\pi$ ② $\dfrac{1}{3}\pi$ ③ $\dfrac{1}{2}\pi$

④ $\dfrac{2}{3}\pi$ ⑤ $\dfrac{5}{6}\pi$

17 1362

함수 $f(x) = 2\left|\tan\pi\left(x + \dfrac{1}{2}\right)\right|$에 대하여 〈**보기**〉에서 옳은

것만을 있는 대로 고른 것은? [4점]

───〈 보기 〉───

ㄱ. $f(x) = f(x + \pi)$

ㄴ. 함수 $y = f(x)$의 그래프는 y축에 대하여 대칭이다.

ㄷ. 함수 $y = f(x)$의 그래프의 점근선의 방정식은 $x = n$
　　(n은 정수)이다.

① ㄱ ② ㄷ ③ ㄱ, ㄴ

④ ㄱ, ㄷ ⑤ ㄴ, ㄷ

18 1363

그림과 같이 좌표평면 위의 단위원의 둘레를 8등분 하는 각 점을 차례로 P_1, P_2, $\cdots$, P_8이라 하자. $P_1(1, 0)$, $\angle P_1OP_2=\theta$라 할 때, $\cos\theta+\cos 2\theta+\cos 3\theta+\cdots$
$$+\cos 8\theta$$
의 값은? (단, O는 원점이다.) [4점]

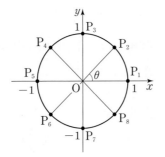

① -2 ② -1 ③ 0

④ 1 ⑤ 2

19 1364

그림과 같이 두 점 $O(0, 0)$, $A\left(\dfrac{\pi}{2}, 0\right)$을 이은 선분 OA를 6등분 하여 각 점을 차례로 P_1, P_2, $\cdots$, P_5라 하자. 점 P_k $(k=1, 2, 3, 4, 5)$를 지나고 x축에 수직인 직선과 함수 $y=\sqrt{3}\sin x$ $(x \geq 0)$의 그래프의 교점을 Q_k라 할 때, $\overline{P_1Q_1}^2+\overline{P_2Q_2}^2+\overline{P_3Q_3}^2+\overline{P_4Q_4}^2+\overline{P_5Q_5}^2$의 값은? [4점]

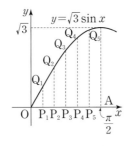

① $\dfrac{7}{2}$ ② $\dfrac{9}{2}$ ③ $\dfrac{11}{2}$

④ $\dfrac{13}{2}$ ⑤ $\dfrac{15}{2}$

20 1365

제1사분면에 있는 단위원 위의 점 P_1을 y축에 대하여 대칭이동한 점을 P_2, 점 P_1을 원점 O에 대하여 대칭이동한 점을 P_3, 점 P_1을 x축에 대하여 대칭이동한 점을 P_4라 하자. $A(1, 0)$, $\angle AOP_1=\theta_1$, $\angle AOP_2=\theta_2$, $\angle AOP_3=\theta_3$, $\angle AOP_4=\theta_4$라 할 때, $9\sin\theta_1-23\sin\theta_2+13\sin\theta_3-37\sin\theta_4=9$가 성립한다. 이때 $\overset{\frown}{P_3P_4}$의 길이는? (단, $0<\theta_1<\dfrac{\pi}{2}$이고, $\sin 1.12=0.9$, $\pi=3.14$로 계산한다.) [4.5점]

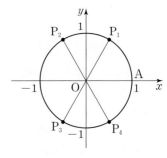

① 0.7 ② 0.9 ③ 1.1

④ 1.3 ⑤ 1.5

21 1366

방정식 $\left|\cos x+\dfrac{1}{3}\right|=k$가 서로 다른 세 개의 실근을 가지도록 하는 실수 k에 대하여 $12k$의 값은? (단, $0<x<2\pi$)

[4.5점]

① 6 ② 7 ③ 8

④ 9 ⑤ 10

06

22 1367

$-\pi \leq x \leq \pi$일 때, 함수 $y=\cos^2\left(x-\dfrac{\pi}{2}\right)-\cos x$의 최댓값과 최솟값의 합을 구하는 과정을 서술하시오. [6점]

23 1368

모든 실수 x에 대하여 부등식

$x^2-2x\cos\left(\dfrac{\pi}{2}-\theta\right)+\dfrac{1}{2}\cos\left(\dfrac{\pi}{2}-\theta\right)>0$이 성립하도록 하는 θ의 값의 범위를 구하는 과정을 서술하시오.

(단, $0<\theta<2\pi$) [6점]

24 1369

그림과 같이 함수 $y=\sin 3x\ (x\geq 0)$의 그래 프가 두 직선 $y=a$, $y=-a$와 만나는 점의 x 좌표를 작은 것부터 차례로 $\alpha,\ \beta,\ \gamma,\ \delta,\ \cdots$라 하자. $\cos(\alpha+\beta+\gamma+\delta)$의 값을 구하는 과정을 서술하시오.

(단, $0<a<1$) [7점]

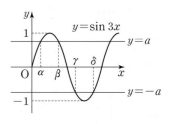

25 1370

그림과 같이 좌표평면 위의 두 점 $A(0,\ -1)$, $B(0,\ \sqrt{3})$과 원 $x^2+y^2=1$ 위의 점 P에 대하여 삼각형 APB의 넓이를 S라 하자. $S\geq\dfrac{3+\sqrt{3}}{4}$일 때, 점 P가 나타내는 도형의 길이를 구하는 과정을 서술하시오. [9점]

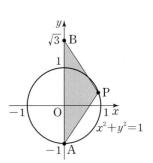

고난도 Plus 문제

● 정답 및 풀이 221쪽

1 1371 연계문항 241쪽 1138

모든 실수 x에 대하여 $f(x-3)=f(x+1)$을 만족시키는 함수 $f(x)$에 대하여 $f(0)=-2$, $f(1)=0$, $f(2)=f(3)=2$일 때, $f(2022)-f(2024)+f(2025)-f(2027)$의 값을 구하시오.

2 1372 연계문항 247쪽 1167

함수 $f(x)=a\sin(bx+c)+d$가 다음 조건을 만족시킬 때, 상수 a, b, c, d에 대하여 $abcd$의 값을 구하시오.
(단, $a>0$, $b>0$, $0<c<\pi$)

(가) 주기가 $\frac{2}{3}\pi$인 주기함수이다.
(나) $f(x)$의 최댓값과 최솟값의 합은 4, 차는 2이다.
(다) $f(\pi)=1$

3 1373 연계문항 254쪽 1212

자연수 n에 대하여 함수 $f(n)=\sin\frac{4n-3}{6}\pi$로 정의할 때, $f(1)+f(2)+f(3)+\cdots+f(2025)+f(2026)$의 값은?

① -1 ② $-\frac{1}{2}$ ③ 0 ④ $\frac{1}{2}$ ⑤ 1

4 1374 연계문항 257쪽 1224

그림과 같이 원에 내접하는 사각형 ABCD에서 $\angle BAD=\alpha$, $\angle BCD=\beta$라 하자.
$\cos\alpha=-\frac{2}{3}$일 때, $\tan\beta$의 값은?

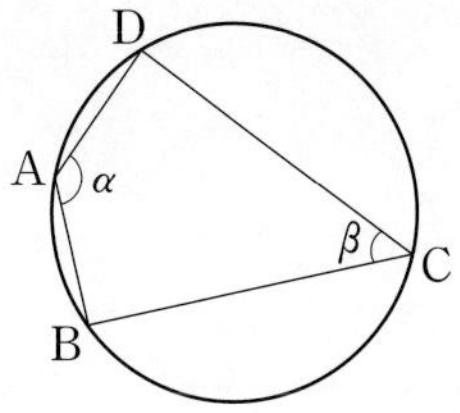

① $\frac{\sqrt{2}}{2}$ ② $\frac{\sqrt{3}}{2}$ ③ 2 ④ $\frac{\sqrt{5}}{2}$ ⑤ $\frac{\sqrt{6}}{2}$

5 1375 연계문항 259쪽 1235

함수 $y=a\sin^2 x+a\sin\left(\frac{\pi}{2}-x\right)+b$의 최댓값이 7, 최솟값이 -2일 때, 상수 a, b에 대하여 $a+b$의 값을 구하시오.
(단, $a>0$)

6 1376 연계문항 269쪽 1294

$0<x<\pi$에서 부등식 $(2^x-4)\left\{2\sin\left(x+\frac{\pi}{2}\right)-1\right\}<0$의 해가 $a<x<b$ 또는 $c<x<d$일 때, $6(b-a)+(d-c)$의 값을 구하시오. (단, $b<c$)

07

삼각함수의 활용

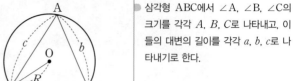

07 삼각함수의 활용

1 사인법칙

핵심 1

(1) 사인법칙

삼각형 ABC의 외접원의 반지름의 길이를 R이라 하면

$$\frac{a}{\sin A} = \frac{b}{\sin B} = \frac{c}{\sin C} = 2R$$

(2) 사인법칙의 변형

① $\sin A = \dfrac{a}{2R}$, $\sin B = \dfrac{b}{2R}$, $\sin C = \dfrac{c}{2R}$

② $a = 2R \sin A$, $b = 2R \sin B$, $c = 2R \sin C$

③ $a : b : c = \sin A : \sin B : \sin C$

참고 사인법칙이 적용되는 경우

(1) 한 변의 길이와 두 각의 크기가 주어질 때

→ 나머지 두 변의 길이를 구할 수 있다.

(2) 두 변의 길이와 그 끼인각이 아닌 한 각의 크기가 주어질 때

→ 나머지 두 각의 크기를 구할 수 있다.

참고 $a : b : c = \sin A : \sin B : \sin C$임을 이용하면 변의 길이 사이의 관계를 각의 크기 사이의 관계로 변형할 수 있다.

2 코사인법칙

핵심 2

(1) 코사인법칙

삼각형 ABC에서

$$a^2 = b^2 + c^2 - 2bc \cos A$$
$$b^2 = c^2 + a^2 - 2ca \cos B$$
$$c^2 = a^2 + b^2 - 2ab \cos C$$

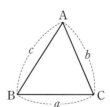

(2) 코사인법칙의 변형

삼각형 ABC에서

$$\cos A = \frac{b^2 + c^2 - a^2}{2bc}$$

$$\cos B = \frac{c^2 + a^2 - b^2}{2ca}$$

$$\cos C = \frac{a^2 + b^2 - c^2}{2ab}$$

참고 코사인법칙이 적용되는 경우

(1) 두 변의 길이와 그 끼인각의 크기가 주어질 때

→ 나머지 한 변의 길이를 구할 수 있다.

(2) 세 변의 길이가 주어질 때

→ 세 각의 크기를 구할 수 있다.

⊕ Note

삼각형 ABC에서 ∠A, ∠B, ∠C의 크기를 각각 A, B, C로 나타내고, 이들의 대변의 길이를 각각 a, b, c로 나타내기로 한다.

$a : b : c$
$= 2R \sin A : 2R \sin B : 2R \sin C$
$= \sin A : \sin B : \sin C$

③ 삼각형의 넓이 ＜핵심 3＞

⊕ **Note**

(1) 삼각형 ABC의 넓이를 S라 하면

$$S=\frac{1}{2}bc\sin A=\frac{1}{2}ca\sin B=\frac{1}{2}ab\sin C$$

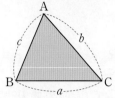

> **예** 삼각형 ABC에서 $A=120°$, $b=8$, $c=6$일 때, 넓이 S는
>
> $$S=\frac{1}{2}bc\sin A=\frac{1}{2}\times8\times6\times\sin120°$$
>
> $$=\frac{1}{2}\times8\times6\times\frac{\sqrt{3}}{2}=12\sqrt{3}$$

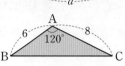

(2) 삼각형 ABC의 넓이를 S, 외접원의 반지름의 길이를 R이라 하면

$$S=\frac{abc}{4R}=2R^2\sin A\sin B\sin C$$

> **참고** (1) $\sin A=\dfrac{a}{2R}$이므로
>
> $$S=\frac{1}{2}bc\sin A=\frac{1}{2}bc\times\frac{a}{2R}=\frac{abc}{4R}$$
>
> (2) $b=2R\sin B$, $c=2R\sin C$이므로
>
> $$S=\frac{1}{2}bc\sin A=\frac{1}{2}\times2R\sin B\times2R\sin C\times\sin A=2R^2\sin A\sin B\sin C$$

> **참고** 헤론의 공식
>
> → 세 변의 길이가 각각 a, b, c인 삼각형의 넓이 S는
>
> $$S=\sqrt{s(s-a)(s-b)(s-c)}\left(\text{단, } s=\frac{a+b+c}{2}\right)$$

◗ 삼각형 ABC의 넓이를 S라 하면
(1) 세 변의 길이를 알 때
→ 헤론의 공식을 이용하여 넓이를 구한다.
(2) 내접원의 반지름의 길이가 r을 알 때
→ $S=\frac{1}{2}r(a+b+c)$

④ 사각형의 넓이 ＜핵심 4＞

(1) **평행사변형의 넓이**

이웃하는 두 변의 길이가 a, b이고, 그 끼인각의 크기가 θ인 평행사변형의 넓이를 S라 하면

$$S=ab\sin\theta$$

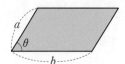

> **참고** 평행사변형의 넓이는 합동인 두 삼각형의 넓이와 같으므로
>
> $$S=2\times\frac{1}{2}ab\sin\theta=ab\sin\theta$$

(2) **사각형의 넓이**

두 대각선의 길이가 a, b이고, 두 대각선이 이루는 각의 크기가 θ인 사각형의 넓이를 S라 하면

$$S=\frac{1}{2}ab\sin\theta$$

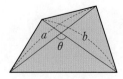

핵심 1 사인법칙 유형 1~5

동영상 강의

삼각형 ABC의 외접원의 반지름의 길이를 R이라 하면

사인법칙
$\dfrac{a}{\sin A}=\dfrac{b}{\sin B}=\dfrac{c}{\sin C}=2R$

→

사인법칙의 변형
$a=2R\sin A,\ b=2R\sin B,\ c=2R\sin C$ $\hookrightarrow \sin A=\dfrac{a}{2R}$ $\hookrightarrow \sin B=\dfrac{b}{2R}$ $\hookrightarrow \sin C=\dfrac{c}{2R}$

예 삼각형 ABC에서 $a=10$, $A=45°$, $C=60°$일 때, 사인법칙에 의하여

(1) $\dfrac{10}{\sin 45°}=\dfrac{c}{\sin 60°}$, $\dfrac{10}{\frac{\sqrt{2}}{2}}=\dfrac{c}{\frac{\sqrt{3}}{2}}$ ➡ $c=10\times\dfrac{2}{\sqrt{2}}\times\dfrac{\sqrt{3}}{2}=5\sqrt{6}$

(2) $\dfrac{10}{\sin 45°}=2R$, $\dfrac{10}{\frac{\sqrt{2}}{2}}=2R$ ➡ $R=10\times\dfrac{2}{\sqrt{2}}\times\dfrac{1}{2}=5\sqrt{2}$

1377 삼각형 ABC에서 다음을 구하시오.

(1) $a=5$, $A=30°$, $B=105°$일 때, c의 값

(2) $a=\sqrt{6}$, $b=2$, $A=120°$일 때, B의 값

1378 삼각형 ABC에서 $a=3$, $B=35°$, $C=115°$일 때, 삼각형 ABC의 외접원의 반지름의 길이 R의 값을 구하시오.

동영상 강의

핵심 2 코사인법칙 유형 6~7, 10~11

삼각형 ABC에서

코사인법칙
$a^2=b^2+c^2-2bc\cos A$ $b^2=c^2+a^2-2ca\cos B$ $c^2=a^2+b^2-2ab\cos C$

$\hookrightarrow$ 두 변의 길이와 그 끼인각의 크기가 주어질 때

→

코사인법칙의 변형
$\cos A=\dfrac{b^2+c^2-a^2}{2bc}$, $\cos B=\dfrac{c^2+a^2-b^2}{2ca}$, $\cos C=\dfrac{a^2+b^2-c^2}{2ab}$

$\hookrightarrow$ 세 변의 길이가 주어질 때

예 삼각형 ABC에서 $b=5$, $c=4$, $A=60°$일 때, 코사인법칙에 의하여

$a^2=5^2+4^2-2\times5\times4\times\cos 60°$, $a^2=25+16-2\times5\times4\times\dfrac{1}{2}=21$ ➡ $a=\sqrt{21}$ ($\because a>0$)

1379 삼각형 ABC에서 $a=3$, $c=1$, $B=60°$일 때, b의 값을 구하시오.

1380 삼각형 ABC에서 $a=\sqrt{11}$, $b=4$, $c=5$일 때, $\cos A$의 값을 구하시오.

● 정답 및 풀이 **222**쪽

핵심 3 **삼각형의 넓이** 유형 12~14

삼각형 ABC의 넓이를 S라 하면

$$S=\frac{1}{2}bc\sin A=\frac{1}{2}ca\sin B=\frac{1}{2}ab\sin C$$

(1) 외접원의 반지름의 길이를 R이라 하면 $\sin A=\frac{a}{2R}$이므로 $S=\frac{abc}{4R}$

(2) $b=2R\sin B$, $c=2R\sin C$이므로 $S=2R^2\sin A\sin B\sin C$

예 삼각형 ABC의 넓이를 S라 하면

$$S=\frac{1}{2}\times 8\times 5\times\sin 120°$$
$$=\frac{1}{2}\times 8\times 5\times\frac{\sqrt{3}}{2}=10\sqrt{3}$$

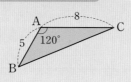

$B<90°$, $B=90°$, $B>90°$ 즉, ∠B의 크기에 상관없이 $S=\frac{1}{2}ac\sin B$를 이용할 수 있어.

1381 $a=3$, $b=4$인 삼각형 ABC의 넓이가 $3\sqrt{2}$일 때, 다음을 구하시오. (단, $90°<C<180°$)

(1) $\sin C$의 값

(2) C의 값

1382 삼각형 ABC에서 $a=5$, $b=6$, $c=7$일 때, 다음을 구하시오.

(1) $\cos A$의 값

(2) $\sin A$의 값

(3) 삼각형 ABC의 넓이

핵심 4 **사각형의 넓이** 유형 19~20

● 평행사변형의 넓이

평행사변형 ABCD의 넓이를 S라 하면
$$S=2\times 4\times\sin 45°$$
$$=2\times 4\times\frac{\sqrt{2}}{2}=4\sqrt{2}$$

● 사각형의 넓이

사각형 ABCD의 넓이를 S라 하면
$$S=\frac{1}{2}\times 6\times 4\times\sin 60°$$
$$=\frac{1}{2}\times 6\times 4\times\frac{\sqrt{3}}{2}=6\sqrt{3}$$

1383 그림과 같이 $\overline{AB}=4$, $\overline{BC}=6$, ∠B=30°인 평행사변형 ABCD의 넓이를 구하시오.

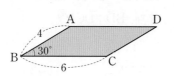

1384 그림과 같은 사각형 ABCD에서 두 대각선의 길이가 각각 4, 7이고 두 대각선이 이루는 각의 크기가 135°일 때, 사각형 ABCD의 넓이를 구하시오.

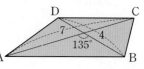

1 삼각형의 각, 변과 사인법칙

삼각형 ABC에서 $\dfrac{a}{\sin A}=\dfrac{b}{\sin B}=\dfrac{c}{\sin C}$를 이용하는 경우

(1) 한 변의 길이와 두 각의 크기를 알 때
→ 나머지 두 변의 길이를 구할 수 있다.

(2) 두 변의 길이와 그 끼인각이 아닌 한 각의 크기를 알 때
→ 나머지 두 각의 크기를 구할 수 있다.

1385 대표문제

그림과 같은 삼각형 ABC에서
$\overline{BC}=12$, $B=45°$, $C=105°$일 때,
$\overline{AC}$의 길이를 구하시오.

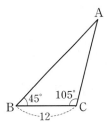

1386 ●‖‖ Level 1

삼각형 ABC에서 $a=2\sqrt{3}$, $A=60°$, $C=75°$일 때, b의 값은?

① $2\sqrt{2}$ ② $2\sqrt{3}$ ③ $4\sqrt{2}$

④ $4\sqrt{3}$ ⑤ 8

1387 중요 ●‖‖ Level 2

삼각형 ABC에서 $c\sin(A+C)$와 항상 같은 것만을 〈보기〉에서 있는 대로 고른 것은?

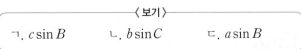

〈보기〉

ㄱ. $c\sin B$ ㄴ. $b\sin C$ ㄷ. $a\sin B$

① ㄱ   ② ㄴ   ③ ㄱ, ㄴ

④ ㄱ, ㄷ   ⑤ ㄴ, ㄷ

1388 ●‖‖ Level 2

삼각형 ABC에서 $\dfrac{b\sin A}{a\sin(A+C)}$의 값은?

① 1   ② 2   ③ 3

④ 4   ⑤ 5

1389 중요 ●‖‖ Level 2

그림과 같이 $\overline{AB}=12$, $\overline{AC}=9$인
삼각형 ABC에서 $\overline{BC}$의 중점 M
에 대하여 $\angle BAM=\alpha$,
$\angle CAM=\beta$라 할 때, $\dfrac{\sin\alpha}{\sin\beta}$의 값
을 구하시오.

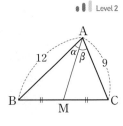

1390 ●‖‖ Level 2

그림과 같이 $\overline{AB}=\overline{AC}$인 삼각
형 ABC에서
$\angle BAD=60°$, $\angle DAC=45°$
일 때, $\overline{BD}:\overline{DC}$는?

① $\sqrt{2}:\sqrt{3}$ ② $\sqrt{3}:\sqrt{2}$ ③ $3:\sqrt{2}$

④ $3:2\sqrt{2}$ ⑤ $\sqrt{2}:1$

1391 (중요)

●ıı Level 2

그림과 같이 $\overline{AB}=4\sqrt{3}$, $\overline{AC}=6\sqrt{2}$, $B=60°$, $C=45°$인 삼각형 ABC에서 $\sin 75°$의 값은?

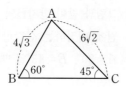

① $\dfrac{\sqrt{3}+1}{4}$ ② $\dfrac{\sqrt{2}+\sqrt{3}}{4}$ ③ $\dfrac{\sqrt{3}+2}{4}$

④ $\dfrac{\sqrt{2}+\sqrt{6}}{4}$ ⑤ $\dfrac{\sqrt{3}+\sqrt{5}}{4}$

1392 (고난도)

●ıı Level 3

그림과 같이 $\overline{AC}=\sqrt{3}$, $\overline{EC}=\overline{BD}$이고, $\angle CAD=30°$, $\angle AEC=\angle ACD=90°$일 때, $\overline{BC}$의 길이를 구하시오.

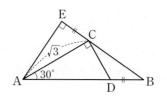

⊕ Plus 문제

다음은 이 유형에서 출제된 최근 교육청 · 평가원 기출문제입니다.

1393 (평가원)

●ıı Level 1

$\overline{AB}=8$이고 $\angle A=45°$, $\angle B=15°$인 삼각형 ABC에서 선분 BC의 길이는?

① $2\sqrt{6}$ ② $\dfrac{7\sqrt{6}}{3}$ ③ $\dfrac{8\sqrt{6}}{3}$

④ $3\sqrt{6}$ ⑤ $\dfrac{10\sqrt{6}}{3}$

삼각형 ABC의 외접원의 반지름의 길이를 R이라 할 때

$$\frac{a}{\sin A}=\frac{b}{\sin B}=\frac{c}{\sin C}=2R$$

→ $\sin A=\dfrac{a}{2R}$, $\sin B=\dfrac{b}{2R}$, $\sin C=\dfrac{c}{2R}$

→ $a=2R\sin A$, $b=2R\sin B$, $c=2R\sin C$

1394 (대표문제)

삼각형 ABC의 외접원의 반지름의 길이가 2이고 $A=60°$, $b=2\sqrt{2}$일 때, C의 값은?

① $30°$ ② $45°$ ③ $60°$

④ $75°$ ⑤ $90°$

1395

●ıı Level 1

그림과 같이 삼각형 ABC의 외접원의 반지름의 길이가 7이고 $A=120°$일 때, $\overline{BC}$의 길이는?

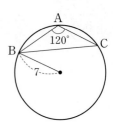

① $6\sqrt{3}$ ② $7\sqrt{3}$

③ $8\sqrt{3}$ ④ $9\sqrt{3}$

⑤ $10\sqrt{3}$

1396 (중요)

●ıı Level 1

그림과 같은 삼각형 ABC에서 $A=120°$, $\overline{BC}=9$일 때, 삼각형 ABC의 외접원의 넓이는?

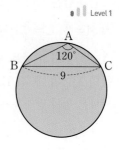

① 9π ② 12π

③ 18π ④ 27π

⑤ 36π

1397 중요
Level 2

그림과 같이 $\overline{BC}=2\sqrt{7}$인 삼각형 ABC에 대하여 $9\sin A\sin(B+C)=7$이 성립할 때, 삼각형 ABC의 외접원의 반지름의 길이를 구하시오.

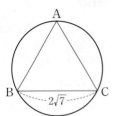

1398
Level 2

반지름의 길이가 $5\sqrt{3}$인 원에 내접하는 삼각형 ABC에 대하여 $4\cos A\cos(B+C)=-3$이 성립할 때, $\overline{BC}$의 길이는?

① $2\sqrt{3}$ ② $3\sqrt{3}$ ③ $4\sqrt{3}$
④ $5\sqrt{3}$ ⑤ $6\sqrt{3}$

1399
Level 2

그림과 같은 사각형 ABCD에서 $A=\dfrac{\pi}{3}$, $C=\dfrac{\pi}{4}$일 때, 세 점 A, B, D를 지나는 원의 반지름의 길이와 세 점 B, C, D를 지나는 원의 반지름의 길이의 비는?

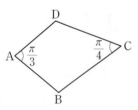

① $1:\sqrt{2}$ ② $1:\sqrt{3}$ ③ $1:2$
④ $\sqrt{2}:\sqrt{3}$ ⑤ $\sqrt{2}:\sqrt{5}$

1400
Level 2

그림과 같이 반지름의 길이가 4인 원에 내접하는 삼각형 ABC에서 $A=30°$, $B=45°$일 때, $\overline{AB}$의 길이는?

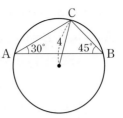

① $\sqrt{3}(\sqrt{3}+\sqrt{2})$
② $2(\sqrt{2}+1)$
③ $2(\sqrt{3}+\sqrt{2})$
④ $2(\sqrt{6}+\sqrt{2})$
⑤ $3(\sqrt{2}+1)$

> 다음은 이 유형에서 출제된 최근 교육청·평가원 기출문제입니다.

1401 교육청
Level 1

반지름의 길이가 5인 원에 내접하는 삼각형 ABC에 대하여 $\angle BAC=\dfrac{\pi}{4}$일 때, 선분 BC의 길이는?

① $3\sqrt{2}$ ② $\dfrac{7\sqrt{2}}{2}$ ③ $4\sqrt{2}$
④ $\dfrac{9\sqrt{2}}{2}$ ⑤ $5\sqrt{2}$

1402 교육청
Level 2

반지름의 길이가 4인 원에 내접하는 삼각형 ABC가 있다. 이 삼각형의 둘레의 길이가 12일 때, $\sin A+\sin B+\sin(A+B)$의 값은?

① $\dfrac{3}{2}$ ② $\dfrac{8}{5}$ ③ $\dfrac{17}{10}$
④ $\dfrac{9}{5}$ ⑤ $\dfrac{19}{10}$

07

실전유형 3 사인법칙의 변형

삼각형 ABC의 세 변의 길이의 비는 사인법칙을 이용하여 다음과 같이 구할 수 있다.

→ $a : b : c = \sin A : \sin B : \sin C$

1403 대표문제

삼각형 ABC에서 $A : B : C = 1 : 1 : 2$일 때, $a : b : c$는?

① $1 : 1 : \sqrt{2}$　　② $1 : 1 : 2$　　③ $1 : \sqrt{2} : 1$

④ $1 : \sqrt{2} : \sqrt{3}$　　⑤ $2 : 1 : \sqrt{2}$

1404　Level 1

삼각형 ABC에서 $A : B : C = 3 : 4 : 5$이고 $a = 2\sqrt{3}$일 때, b의 값은?

① $\sqrt{3}$　　　　② 2　　　　③ $\sqrt{6}$

④ $2\sqrt{2}$　　　　⑤ $3\sqrt{2}$

1405 중요　Level 1

삼각형 ABC에서 $\dfrac{a+b}{5} = \dfrac{b+c}{6} = \dfrac{c+a}{7}$일 때,

$\sin A : \sin B : \sin C$는?

① $3 : 2 : 4$　　② $3 : 3 : 5$　　③ $4 : 2 : 3$

④ $4 : 4 : 3$　　⑤ $5 : 4 : 3$

1406　Level 2

삼각형 ABC에서 $a + 2b - 2c = 0$, $a - 3b + c = 0$일 때, $\sin A : \sin B : \sin C$는?

① $3 : 5 : 4$　　② $4 : 3 : 5$　　③ $5 : 3 : 4$

④ $5 : 7 : 3$　　⑤ $7 : 5 : 3$

1407　Level 2

삼각형 ABC에서 $ab : bc : ca = 4 : 3 : 3$일 때, $\sin A : \sin B : \sin C$를 가장 간단한 자연수의 비로 나타내시오.

1408 중요　Level 2

삼각형 ABC에서

$$\sin(A+B) : \sin(B+C) : \sin(C+A) = 6 : 4 : 5$$

일 때, $\dfrac{a^2 + b^2 + c^2}{c^2 - b^2}$의 값을 구하시오.

삼각형 ABC에서 $\sin A$, $\sin B$, $\sin C$에 대한 관계식이 주어지면 $\sin A = \dfrac{a}{2R}$, $\sin B = \dfrac{b}{2R}$, $\sin C = \dfrac{c}{2R}$임을 이용하여 a, b, c에 대한 관계식으로 변형한 다음 어떤 삼각형인지 판단한다.

1409 대표문제

삼각형 ABC에서 $\sin^2 B = \sin^2 A + \sin^2 C$가 성립할 때, 삼각형 ABC는 어떤 삼각형인가?

① $a = b$인 이등변삼각형
② $b = c$인 이등변삼각형
③ $c = a$인 이등변삼각형
④ $A = 90°$인 직각삼각형
⑤ $B = 90°$인 직각삼각형

1410 ·ıı Level 1

삼각형 ABC에서 $c\sin(A+B) = b\sin(A+C)$가 성립할 때, 삼각형 ABC는 어떤 삼각형인지 말하시오.

1411 중요 ·ıı Level 2

삼각형 ABC에서 $a\sin(A+C) = b\sin C = c\sin A$가 성립할 때, 삼각형 ABC는 어떤 삼각형인가?

① 둔각삼각형
② $b = c$인 직각이등변삼각형
③ 정삼각형
④ $A = 90°$인 직각삼각형
⑤ $B = 90°$인 직각삼각형

1412 ·ıı Level 2

삼각형 ABC에서 $(a-c)\sin B = a\sin A - c\sin C$가 성립할 때, 삼각형 ABC는 어떤 삼각형인가?

① 정삼각형
② $a = c$인 이등변삼각형
③ $b = c$인 이등변삼각형
④ $B = 90°$인 직각삼각형
⑤ $C = 90°$인 직각삼각형

1413 중요 ·ıı Level 2

삼각형 ABC에서 $\cos^2 A - \sin^2 B + \sin^2 C = 1$이 성립할 때, 삼각형 ABC는 어떤 삼각형인가?

① 정삼각형
② $a = c$인 이등변삼각형
③ $A = 90°$인 직각삼각형
④ $B = 90°$인 직각삼각형
⑤ $C = 90°$인 직각삼각형

1414 ·ıı Level 2

x에 대한 이차방정식
$$ax^2 - 4\sqrt{b}\sin(A+B)x + 4\sin^2 C = 0$$
이 중근을 가질 때, 삼각형 ABC는 어떤 삼각형인가?

① $B = 90°$인 직각삼각형
② $C = 90°$인 직각삼각형
③ $a = b$인 이등변삼각형
④ $c = a$인 이등변삼각형
⑤ 정삼각형

실전 유형 **5** 사인법칙의 활용

삼각형에서 한 변의 길이와 그 양 끝 각의 크기를 알 때
❶ 세 내각의 크기의 합이 $180°$임을 이용하여 나머지 한 각의 크기를 구한다.
❷ 사인법칙을 이용하여 나머지 두 변의 길이를 구한다.

1415 대표문제

그림과 같이 $45\,\mathrm{m}$ 떨어진 두 지점 A, B에서 새를 올려다본 각의 크기가 각각 $45°$, $75°$일 때, B 지점에서 새까지의 거리는?
(단, 새의 크기는 무시한다.)

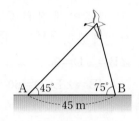

① $15\sqrt{2}\,\mathrm{m}$ ② $30\,\mathrm{m}$ ③ $15\sqrt{6}\,\mathrm{m}$
④ $30\sqrt{2}\,\mathrm{m}$ ⑤ $30\sqrt{3}\,\mathrm{m}$

1416

Level 2

그림과 같이 높이가 $10\,\mathrm{cm}$인 원기둥 모양의 물컵이 있다. 밑면인 원의 둘레 위의 세 점 A, B, C를 꼭짓점으로 하는 삼각형 ABC에 대하여 $\overline{\mathrm{AB}}=3\sqrt{3}\,\mathrm{cm}$, $A=45°$, $B=75°$일 때, 이 물컵의 부피를 구하시오. (단, 물컵의 두께는 무시한다.)

1417 중요

Level 2

그림과 같이 $50\,\mathrm{m}$ 떨어진 두 지점 A, B에서 등대의 꼭대기 C 지점을 올려다본 각의 크기가 각각 $30°$, $75°$일 때, 등대의 높이 $\overline{\mathrm{CH}}$의 길이는?

$$\left(\text{단, } \cos 15° = \frac{\sqrt{2}+\sqrt{6}}{4}\text{으로 계산한다.}\right)$$

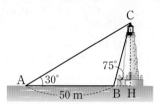

① $\dfrac{25+25\sqrt{3}}{2}\,\mathrm{m}$ ② $\dfrac{30+25\sqrt{3}}{2}\,\mathrm{m}$ ③ $25\sqrt{3}\,\mathrm{m}$
④ $25(1+\sqrt{3})\,\mathrm{m}$ ⑤ $85\sqrt{3}\,\mathrm{m}$

1418

Level 2

그림과 같이 $\overline{\mathrm{BC}}=2$, $B=45°$, $C=60°$인 삼각형 ABC에서 $\overline{\mathrm{AH}}\perp\overline{\mathrm{BC}}$이고 $\overline{\mathrm{AH}}=a+b\sqrt{3}$일 때, 유리수 a, b에 대하여 $a+b$의 값을 구하시오.

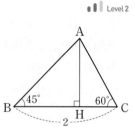

$$\left(\text{단, } \sin 75° = \frac{\sqrt{2}+\sqrt{6}}{4}\text{으로 계산한다.}\right)$$

1419

Level 2

그림과 같은 사면체 A-BCD에서 $\overline{\mathrm{BC}}=10$이고 $\angle\mathrm{ABC}=105°$, $\angle\mathrm{ACB}=45°$, $\angle\mathrm{ABD}=30°$, $\angle\mathrm{ADB}=\angle\mathrm{ADC}=90°$일 때, $\overline{\mathrm{AD}}$의 길이는?

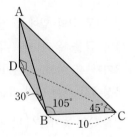

① 10 ② $5\sqrt{2}$
③ $5\sqrt{6}$ ④ 13
⑤ $10\sqrt{2}$

1420

Level 2

가로등의 높이를 구하기 위하여 그림과 같이 10 m 떨어진 두 지점 A, B에서 측량하였더니 $\angle BAQ=60°$, $\angle ABQ=75°$, $\angle PBQ=45°$이었다. 가로등의 높이 $\overline{PQ}$의 길이는?

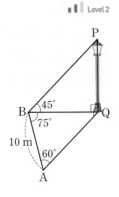

① $2\sqrt{6}$ m　　② $3\sqrt{6}$ m

③ $4\sqrt{6}$ m　　④ $5\sqrt{6}$ m

⑤ $6\sqrt{6}$ m

1421 중요

Level 2

나무의 높이를 구하기 위하여 그림과 같이 $15\sqrt{2}$ m 떨어진 두 지점 A, B에서 측량하였더니 $\angle PAQ=30°$, $\angle ABQ=45°$, $\angle BAQ=75°$이었다. 나무의 높이 $\overline{PQ}$의 길이를 구하시오.

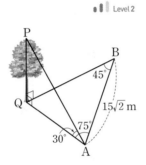

1422 고난도

Level 3

그림과 같이 높이가 10 m인 건물 P의 밑에서 건물 Q의 끝을 올려다본 각의 크기가 45°이고, 건물 P의 옥상에서 건물 Q의 끝을 올려다본 각의 크기가 15°일 때, 건물 Q의 높이는? (단, $\cos 15°=\dfrac{\sqrt{2}+\sqrt{6}}{4}$으로 계산한다.)

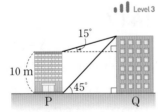

① $5(1+\sqrt{2})$ m　② $7\sqrt{2}$ m　　③ $4(1+\sqrt{5})$ m

④ $5(1+\sqrt{3})$ m　⑤ $6(1+\sqrt{3})$ m

실전 유형 **6** 삼각형의 각, 변과 코사인법칙

삼각형 ABC에서 두 변의 길이와 그 끼인각의 크기를 알 때

➡ 코사인법칙을 이용하여 나머지 한 변의 길이를 구할 수 있다.

➡ $a^2=b^2+c^2-2bc\cos A$, $b^2=c^2+a^2-2ca\cos B$, $c^2=a^2+b^2-2ab\cos C$

1423 대표문제

그림과 같이 세 점 B, C, D가 한 직선 위에 있고, $\overline{AB}=3$, $\overline{ED}=6$, $\angle B=\angle D=90°$, $\angle ACB=\angle ECD=60°$일 때, $\overline{AE}$의 길이는?

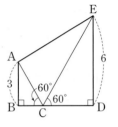

① 3　　　　　② $3\sqrt{2}$

③ $3\sqrt{3}$　　　④ 6

⑤ $6\sqrt{2}$

1424

Level 1

그림과 같은 삼각형 ABC에서 $\overline{AB}=4$, $\overline{BC}=5\sqrt{3}$, $B=30°$일 때, $\overline{AC}$의 길이를 구하시오.

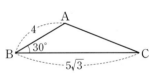

1425

Level 2

삼각형 ABC에서 $(a-b)^2=c^2-3ab$일 때, C의 값은?

① $\dfrac{3}{4}\pi$　　　② $\dfrac{2}{3}\pi$　　　③ $\dfrac{\pi}{3}$

④ $\dfrac{\pi}{4}$　　　⑤ $\dfrac{\pi}{6}$

1426 (중요)

━━ Level 2

그림과 같이 원에 내접하는 사각형
ABCD에서 $\overline{AB}=3$, $\overline{AD}=5$,
$\overline{BC}=5$, $\angle BCD=60°$일 때, $\overline{CD}$의
길이를 구하시오.

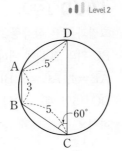

다음은 이 유형에서 출제된 최근 교육청·평가원 기출문제입니다.

1429 (교육청) (신경향)

━━ Level 2

그림과 같이 평면 위에 한
변의 길이가 3인 정사각형
ABCD와 한 변의 길이가 4
인 정사각형 CEFG가 있다.
$\angle DCG=\theta$ $(0<\theta<\pi)$라
할 때, $\sin\theta=\dfrac{\sqrt{11}}{6}$이다. $\overline{DG}\times\overline{BE}$의 값은?

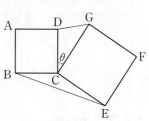

① 15   ② 17   ③ 19

④ 21   ⑤ 23

1427 (중요)

━━ Level 2

그림과 같이 지름 AB의 길이가 6
인 원 O에서 호 BP의 길이가 3θ
일 때, $\overline{AP}^2$을 θ에 대한 식으로 나
타내면?

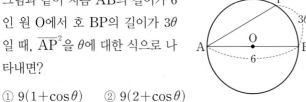

① $9(1+\cos\theta)$ ② $9(2+\cos\theta)$

③ $18(1+\cos\theta)$ ④ $9(2+\cos 2\theta)$

⑤ $18(1+\cos 2\theta)$

1430 (교육청)

━━ Level 2

$\overline{AB}=6$, $\overline{AC}=8$인 예각삼각형
ABC에서 $\angle A$의 이등분선과 삼
각형 ABC의 외접원이 만나는 점
을 D, 점 D에서 선분 AC에 내린
수선의 발을 E라 하자. 선분 AE
의 길이를 k라 할 때, $12k$의 값을
구하시오.

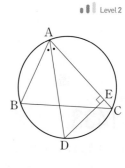

1428

━━ Level 2

그림과 같이 $\overline{AB}=\dfrac{1}{x}$, $\overline{BC}=x$,
$B=60°$인 삼각형 ABC에서 $\overline{AC}$의
길이의 최솟값을 구하시오.

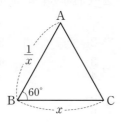

1431 (평가원)

━━ Level 3

그림과 같이 $\overline{AB}=3$, $\overline{BC}=2$,
$\overline{AC}>3$이고 $\cos(\angle BAC)=\dfrac{7}{8}$인 삼
각형 ABC가 있다. 선분 AC의 중점
을 M, 삼각형 ABC의 외접원이 직
선 BM과 만나는 점 중 B가 아닌 점
을 D라 할 때, 선분 MD의 길이는?

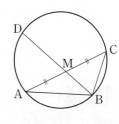

① $\dfrac{3\sqrt{10}}{5}$ ② $\dfrac{7\sqrt{10}}{10}$ ③ $\dfrac{4\sqrt{10}}{5}$

④ $\dfrac{9\sqrt{10}}{10}$ ⑤ $\sqrt{10}$

삼각형 ABC에서 세 변의 길이를 알 때, 코사인법칙의 변형을 이용하여 세 각의 크기를 구할 수 있다.

→ $\cos A = \dfrac{b^2+c^2-a^2}{2bc}$, $\cos B = \dfrac{c^2+a^2-b^2}{2ca}$,

$\cos C = \dfrac{a^2+b^2-c^2}{2ab}$

1432 대표문제

삼각형 ABC에서 $a=7$, $b=8$, $c=3$일 때, A의 값은?

① 30°   ② 45°   ③ 60°

④ 120°   ⑤ 150°

1433
Level 1

삼각형 ABC에서 $a+2b-2c=0$, $a-2b+c=0$일 때, $\cos A$의 값을 구하시오.

1434
Level 1

삼각형 ABC에서 $(a+b):(b+c):(c+a)=4:5:5$일 때, $\cos B$의 값은?

① $-\dfrac{3}{4}$ ② $-\dfrac{1}{2}$ ③ $\dfrac{1}{2}$

④ $\dfrac{3}{4}$ ⑤ $\dfrac{7}{8}$

1435 중요
Level 2

그림과 같은 삼각형 ABC에서 $\overline{BC}$ 위의 점 D에 대하여 $\overline{AB}=4$, $\overline{AC}=6$, $\overline{BD}=3$, $\overline{DC}=5$일 때, $\overline{AD}$의 길이를 구하시오.

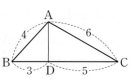

1436
Level 2

그림과 같이 두 직선 $y=3x$와 $y=x$가 이루는 예각의 크기를 θ라 할 때, $\cos\theta$의 값은?

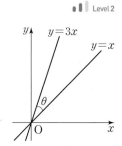

① $\dfrac{\sqrt{5}}{5}$ ② $\dfrac{\sqrt{3}}{3}$

③ $\dfrac{\sqrt{6}}{3}$ ④ $\dfrac{\sqrt{3}}{2}$

⑤ $\dfrac{2\sqrt{5}}{5}$

1437 중요
Level 2

그림과 같은 직육면체에서 $\overline{AB}=\overline{AD}=2$, $\overline{BF}=4$이다. $\angle FCH=\theta$라 할 때, $\cos\theta$의 값은?

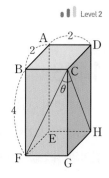

① $\dfrac{1}{2}$ ② $\dfrac{2}{3}$

③ $\dfrac{3}{4}$ ④ $\dfrac{4}{5}$

⑤ $\dfrac{5}{6}$

1438

Level 2

그림과 같이 한 변의 길이가 6인 정사각형 ABCD의 두 변 BC, CD의 중점을 각각 E, F라 하자. ∠EAF=θ일 때, 5cosθ의 값을 구하시오.

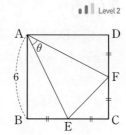

1441 고난도

Level 3

그림과 같이 선분 BE를 지름으로 하는 반원 O 위의 한 점 A에 대하여 2$\overline{AB}$=$\overline{BE}$이다. 선분 BE를 삼등분하는 두 점 C, D에 대하여 ∠CAD=θ라 할 때, $\sqrt{91}$cosθ의 값은?

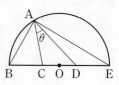

① 4   ② 5   ③ 6

④ 7   ⑤ 8

⊕ Plus 문제

1439 중요

Level 2

그림과 같이 길이가 2$\sqrt{3}$인 선분 AB를 지름으로 하는 원 O 위의 한 점 P에 대하여 $\overline{AP}$=2$\sqrt{2}$이다. ∠PAB=θ라 할 때, cos2θ의 값은?

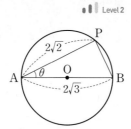

① $\dfrac{1}{5}$ ② $\dfrac{1}{3}$ ③ $\dfrac{2}{5}$

④ $\dfrac{3}{5}$ ⑤ $\dfrac{3}{4}$

다음은 이 유형에서 출제된 최근 교육청·평가원 기출문제입니다.

1442 교육청

Level 1

$\overline{AB}$=4, $\overline{BC}$=5, $\overline{CA}$=$\sqrt{11}$인 삼각형 ABC에서 ∠ABC=θ라 할 때, cosθ의 값은?

① $\dfrac{2}{3}$ ② $\dfrac{3}{4}$ ③ $\dfrac{4}{5}$

④ $\dfrac{5}{6}$ ⑤ $\dfrac{6}{7}$

1440

Level 2

그림과 같이 삼각형 ABC에서 ∠A의 이등분선이 $\overline{BC}$와 만나는 점을 D라 하면 $\overline{AB}$=5, $\overline{AC}$=$\dfrac{15}{2}$, $\overline{AD}$=2$\sqrt{6}$이다. 이때 $\overline{BD}$의 길이를 구하시오.

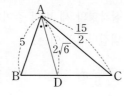

1443 교육청

Level 2

그림과 같이 $\overline{AB}$=3, $\overline{BC}$=6인 직사각형 ABCD에서 선분 BC를 1 : 5로 내분하는 점을 E라 하자. ∠EAC=θ라 할 때, 50 sinθ cosθ의 값을 구하시오.

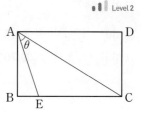

(1) 삼각형 ABC에 대하여 $\sin A$, $\sin B$, $\sin C$의 값의 비가 주어진 경우 각의 크기 구하기
→ 사인법칙을 이용하여 변의 길이의 비를 구하고, 코사인법칙을 이용하여 각의 크기를 구한다.

(2) 삼각형 ABC에서 외접원의 반지름의 길이를 R이라 하면

① 사인법칙의 이용

→ $\dfrac{a}{\sin A} = \dfrac{b}{\sin B} = \dfrac{c}{\sin C} = 2R$

② 코사인법칙의 이용

→ $a^2 = b^2 + c^2 - 2bc \cos A$

→ $\cos A = \dfrac{b^2 + c^2 - a^2}{2bc}$

1444 대표문제

삼각형 ABC에서 $\overline{AB}=4$, $\overline{AC}=3$, $A=120°$일 때, 삼각형 ABC의 외접원의 반지름의 길이는?

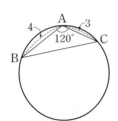

① $\dfrac{\sqrt{37}}{3}$　　② $\dfrac{\sqrt{39}}{3}$

③ $\dfrac{\sqrt{111}}{3}$　　④ $\dfrac{11}{3}$

⑤ $\sqrt{37}$

1445　　Level 2

삼각형 ABC에서 $2\sqrt{3}\sin A = 2\sin B = \sqrt{3}\sin C$일 때, A의 값은?

① 30°　　　② 45°　　　③ 60°

④ 65°　　　⑤ 70°

1446　　Level 2

삼각형 ABC에서

$$(\sin A + \sin B) : (\sin B + \sin C) : (\sin C + \sin A)$$
$$= 7 : 5 : 6$$

일 때, $\cos A$의 값을 구하시오.

1447 중요　　Level 2

그림과 같이 원 O 위의 세 점 A, B, C에 대하여 $\overline{AB}=3\sqrt{2}$, $\overline{AC}=7$, $A=45°$일 때, 원 O의 넓이는?

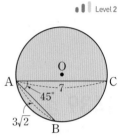

① 20π　　② $\dfrac{25}{2}\pi$

③ 10π　　④ $\dfrac{25}{3}\pi$

⑤ $\dfrac{50}{7}\pi$

1448 중요　　Level 2

삼각형 ABC에서 $a = \sqrt{2}+\sqrt{6}$, $b = 2\sqrt{2}$, $C = 30°$일 때, B의 값을 구하시오. (단, $0° < B < 90°$)

1449　　Level 2

삼각형의 세 변의 길이가 각각 6, 7, 8일 때, 이 삼각형의 외접원의 넓이는?

① $\dfrac{84}{5}\pi$　　② $\dfrac{254}{15}\pi$　　③ $\dfrac{256}{15}\pi$

④ $\dfrac{86}{5}\pi$　　⑤ $\dfrac{52}{3}\pi$

다음은 이 유형에서 출제된 최근 교육청·평가원 기출문제입니다.

1450 교육청

●ıl Level 1

삼각형 ABC에서 $\dfrac{2}{\sin A}=\dfrac{3}{\sin B}=\dfrac{4}{\sin C}$일 때, $\cos C$의 값은?

① $-\dfrac{1}{2}$ ② $-\dfrac{1}{4}$ ③ 0

④ $\dfrac{1}{4}$ ⑤ $\dfrac{1}{2}$

1451 수능

●ıl Level 2

$\angle A=\dfrac{\pi}{3}$이고 $\overline{AB}:\overline{AC}=3:1$인 삼각형 ABC가 있다. 삼각형 ABC의 외접원의 반지름의 길이가 7일 때, 선분 AC의 길이는?

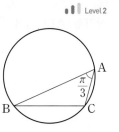

① $2\sqrt{5}$ ② $\sqrt{21}$

③ $\sqrt{22}$ ④ $\sqrt{23}$

⑤ $2\sqrt{6}$

1452 평가원

●ıl Level 3

반지름의 길이가 $2\sqrt{7}$인 원에 내접하고 $\angle A=\dfrac{\pi}{3}$인 삼각형 ABC가 있다. 점 A를 포함하지 않는 호 BC 위의 점 D에 대하여 $\sin(\angle BCD)=\dfrac{2\sqrt{7}}{7}$일 때, $\overline{BD}+\overline{CD}$의 값은?

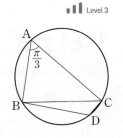

① $\dfrac{19}{2}$ ② 10 ③ $\dfrac{21}{2}$

④ 11 ⑤ $\dfrac{23}{2}$

1453 교육청

●ıl Level 3

그림과 같이 중심이 O이고 반지름의 길이가 6인 부채꼴 OAB가 있다. $\overline{AB}=8\sqrt{2}$이고 부채꼴 OAB의 호 AB 위의 한 점 P에 대하여 $\angle BPA>90°$, $\overline{AP}:\overline{BP}=3:1$일 때, 선분 BP의 길이는?

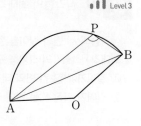

① $\dfrac{2\sqrt{6}}{3}$ ② $\dfrac{5\sqrt{6}}{6}$ ③ $\sqrt{6}$

④ $\dfrac{7\sqrt{6}}{6}$ ⑤ $\dfrac{4\sqrt{6}}{3}$

1454 교육청 신경향

●ıl Level 3

그림과 같이 $\overline{AB}=3$, $\overline{AC}=1$이고 $\angle BAC=\dfrac{\pi}{3}$인 삼각형 ABC가 있다. $\angle BAC$의 이등분선이 선분 BC와 만나는 점을 P라 할 때, 삼각형 APC의 외접원의 넓이는?

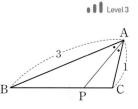

① $\dfrac{\pi}{4}$ ② $\dfrac{5}{16}\pi$ ③ $\dfrac{3}{8}\pi$

④ $\dfrac{7}{16}\pi$ ⑤ $\dfrac{\pi}{2}$

✚ Plus 문제

1455 수능

●ıl Level 3

그림과 같이 사각형 ABCD가 한 원에 내접하고 $\overline{AB}=5$, $\overline{AC}=3\sqrt{5}$, $\overline{AD}=7$, $\angle BAC=\angle CAD$일 때, 이 원의 반지름의 길이는?

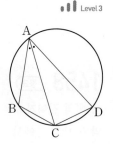

① $\dfrac{5\sqrt{2}}{2}$ ② $\dfrac{8\sqrt{5}}{5}$ ③ $\dfrac{5\sqrt{5}}{3}$

④ $\dfrac{8\sqrt{2}}{3}$ ⑤ $\dfrac{9\sqrt{3}}{4}$

삼각형의 세 변의 길이를 알 때, 코사인법칙의 변형을 이용하여
최대각·최소각의 크기를 구할 수 있다.
① 길이가 가장 긴 변의 대각 : 최대각
② 길이가 가장 짧은 변의 대각 : 최소각

1456 대표문제

세 변의 길이가 $\sqrt{10}$, 4, $3\sqrt{2}$인 삼각형의 세 내각 중에서 크기가 가장 작은 내각의 크기는?

① 20°   ② 30°   ③ 45°
④ 50°   ⑤ 60°

1457 •Ⅰ Level 1

세 변의 길이가 1, $2\sqrt{3}$, $\sqrt{19}$인 삼각형 ABC의 세 내각 중에서 최대각의 크기를 구하시오.

1458 중요 •ⅠⅠ Level 2

세 변의 길이가 $a=4$, $b=2\sqrt{2}$, $c=2\sqrt{3}+2$인 삼각형 ABC의 세 내각 중에서 최소각의 크기를 θ라 할 때, $\sin\theta$의 값은?

① $\dfrac{1}{3}$ ② $\dfrac{1}{2}$ ③ $\dfrac{\sqrt{2}}{2}$

④ $\dfrac{\sqrt{3}}{2}$ ⑤ 1

1459 •ⅠⅠ Level 2

세 변의 길이가 a, b, $\sqrt{a^2+ab+b^2}$인 삼각형 ABC의 세 내각 중에서 최대각의 크기를 구하시오. (단, $b>a$)

1460 중요 •ⅠⅠ Level 2

삼각형 ABC에서 $\dfrac{\sin A}{3}=\dfrac{\sin B}{4}=\dfrac{\sin C}{5}$일 때, 삼각형 ABC의 세 내각 중에서 최대각의 크기는?

① 75°   ② 90°   ③ 120°
④ 135°   ⑤ 150°

1461 고난도 •ⅠⅠⅠ Level 3

삼각형 ABC에 대하여

$$3a-2b=\dfrac{3b-2c}{2}=\dfrac{3c-4a}{3}$$

가 성립할 때, 삼각형 ABC의 세 내각 중에서 최소각의 크기를 θ라 하자. $\cos\theta$의 값은?

① $\dfrac{1}{3}$ ② $\dfrac{1}{2}$ ③ $\dfrac{3}{4}$

④ $\dfrac{4}{5}$ ⑤ $\dfrac{5}{6}$

실전유형 10 코사인법칙을 이용한 삼각형의 모양 결정

삼각형 ABC의 세 각의 크기 A, B, C에 대한 관계식이 주어지면 사인법칙과 코사인법칙을 이용하여 세 변의 길이 a, b, c에 대한 관계식으로 변형한 다음 어떤 삼각형인지 판단한다.

1462 대표문제

삼각형 ABC에서 $\sin A = 2\cos B \sin C$가 성립할 때, 삼각형 ABC는 어떤 삼각형인가?

① 정삼각형

② $a=c$인 이등변삼각형

③ $b=c$인 이등변삼각형

④ 빗변의 길이가 a인 직각삼각형

⑤ 빗변의 길이가 c인 직각삼각형

1463

Level 1

삼각형 ABC에서 $c\cos B - b\cos C = a$가 성립할 때, 삼각형 ABC는 어떤 삼각형인가?

① 정삼각형

② $a=b$인 이등변삼각형

③ $a=c$인 이등변삼각형

④ 빗변의 길이가 a인 직각삼각형

⑤ 빗변의 길이가 c인 직각삼각형

1464

Level 2

삼각형 ABC에서 $\cos C = \dfrac{\sin B}{2\sin A}$가 성립할 때, 삼각형 ABC는 어떤 삼각형인가?

① $a=c$인 이등변삼각형 ② $b=c$인 이등변삼각형

③ $A=90°$인 직각삼각형 ④ $B=90°$인 직각삼각형

⑤ $C=90°$인 직각삼각형

1465 중요

Level 2

삼각형 ABC에서 $2\sin A\cos B = \sin A - \sin B + \sin C$가 성립할 때, 삼각형 ABC는 어떤 삼각형인지 구하시오.

1466 중요

Level 2

삼각형 ABC가 다음 조건을 만족시킬 때, $A:B:C$를 가장 간단한 자연수의 비로 나타내시오.

(개) $\sin A = \sin C \cos B$

(내) $a^2 = b^2 + c^2 - \sqrt{3}bc$

1467

Level 3

삼각형 ABC에서 $\tan A \sin^2 C = \tan C \sin^2 A$가 성립할 때, 삼각형 ABC의 모양이 될 수 있는 것만을 〈보기〉에서 있는 대로 고른 것은?

─〈 보기 〉─

ㄱ. $a=b$인 이등변삼각형   ㄴ. $b=c$인 이등변삼각형

ㄷ. $a=c$인 이등변삼각형   ㄹ. $A=90°$인 직각삼각형

ㅁ. $B=90°$인 직각삼각형   ㅂ. $C=90°$인 직각삼각형

① ㄱ, ㅂ   ② ㄴ, ㄹ   ③ ㄴ, ㅁ

④ ㄷ, ㄹ   ⑤ ㄷ, ㅁ

(1) 삼각형에서 두 변의 길이와 그 끼인각의 크기를 알 때
→ 코사인법칙을 이용하여 나머지 한 변의 길이를 구한다.
(2) 주어진 상황에서 삼각형의 각의 크기, 변의 길이를 알아낸
후 코사인법칙을 이용한다.

1468 대표문제

바다 위의 A 지점을 출발한 배
가 동쪽으로 6 km를 항해한 후
그림과 같이 $\dfrac{\pi}{3}$만큼 방향을 바꾸
어 북동쪽으로 12 km를 가서
B 지점에 도착하였다. 두 지점
A, B 사이의 거리를 구하시오.

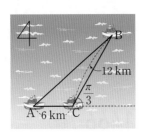

1469

그림은 연못의 양쪽에 서 있는 두
나무 A, B 사이의 거리를 알아
보기 위하여 측량한 것이다.
$\overline{AC}=50$ m, $\overline{BC}=80$ m,
∠ACB=60°일 때, 두 나무 A,
B 사이의 거리를 구하시오.

●❙❙ Level 1

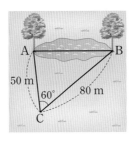

1470 중요

그림과 같이 한 모서리의 길이가
2인 정육면체에서 $\overline{EF}$의 중점을
I라 할 때, cos(∠BDI)의 값은?

●❙❙ Level 2

① $\dfrac{1}{3}$
② $\dfrac{\sqrt{6}}{6}$
③ $\dfrac{1}{2}$
④ $\dfrac{\sqrt{3}}{3}$
⑤ $\dfrac{\sqrt{2}}{2}$

1471 중요

●❙❙ Level 2

그림과 같이 설치된 다리가 있다. C 지점에서 다리의 두 지
점 A, B를 바라본 각의 크기가 각각 30°, 45°이고
∠ACB=60°일 때, 두 지점 A, B 사이의 거리는?

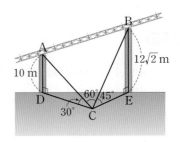

① $2\sqrt{6}$ m
② $4\sqrt{2}$ m
③ $5\sqrt{2}$ m
④ $2\sqrt{31}$ m
⑤ $4\sqrt{31}$ m

1472

●❙❙ Level 2

그림과 같이 원 모양의 연못이
있다. 연못가의 세 지점 A, B,
C에 대하여 $\overline{AB}=3$ m,
$\overline{BC}=7$ m, $\overline{CA}=5$ m일 때, 연
못의 넓이는?

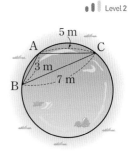

① $\dfrac{36}{5}\pi$ m²
② $\dfrac{27}{2}\pi$ m²
③ $\dfrac{49}{3}\pi$ m²
④ $\dfrac{81}{4}\pi$ m²
⑤ $\dfrac{121}{4}\pi$ m²

1473

●●| Level 2

그림과 같이 높이가 1 m인 받침대 위에 높이가 2 m인 탑이 세워져 있다. P 지점에 조명을 설치하여 밤에도 탑을 볼 수 있게 하였다. ∠APB=30°일 때, $\overline{PA}$의 길이를 구하시오.

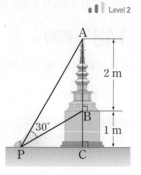

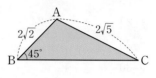

삼각형 ABC에서 두 변의 길이와 그 끼인각의 크기를 알 때, 삼각형 ABC의 넓이 S는

→ $S = \dfrac{1}{2}bc \sin A = \dfrac{1}{2}ca \sin B = \dfrac{1}{2}ab \sin C$

1475 대표문제

그림과 같은 삼각형 ABC에서 $\overline{AB}=2\sqrt{2}$, $\overline{AC}=2\sqrt{5}$, $B=45°$일 때, 삼각형 ABC의 넓이는?

① $2\sqrt{2}$
② 6
③ 7
④ 8
⑤ 10

1474

●●| Level 2

그림과 같이 밑면의 반지름의 길이가 5이고 모선의 길이가 15인 원뿔이 있다. 밑면의 둘레 위의 한 점 A에서 겉면을 따라 한 바퀴 돌아 선분 OA를 2 : 3으로 내분하는 점 P까지 가는 최단 거리는?

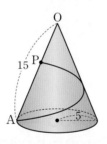

① $9\sqrt{13}$
② $3\sqrt{39}$
③ $3\sqrt{19}$
④ $3\sqrt{13}$
⑤ $\sqrt{39}$

1476

●●| Level 2

삼각형 ABC에서 $b=4$, $c=5$이고 넓이가 $5\sqrt{3}$일 때, a의 값은? $\left(\text{단, } 0 < A < \dfrac{\pi}{2}\right)$

① $\sqrt{21}$
② $2\sqrt{21}$
③ $3\sqrt{21}$
④ $4\sqrt{21}$
⑤ $5\sqrt{21}$

1477 중요

●●| Level 2

$\overline{AB}=12$, $\overline{AC}=4\sqrt{3}$, $B=30°$인 둔각삼각형 ABC의 넓이는?

① $4\sqrt{3}$
② $8\sqrt{3}$
③ $12\sqrt{3}$
④ $16\sqrt{3}$
⑤ $20\sqrt{3}$

1478

Level 2

그림과 같이 $\overline{AC}=6$, $\overline{BC}=10$, $A=90°$인 직각삼각형 ABC에서 사각형 ACFG, 사각형 BDEC는 각각 변 AC, 변 BC를 한 변으로 하는 정사각형이다. 삼각형 CEF의 넓이는?

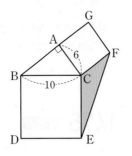

① 22　　　　② 24

③ 26　　　　④ 28

⑤ 30

1479 중요

Level 2

그림과 같이 삼각형 ODC에서 $\overline{OA}:\overline{AC}=4:1$, $\overline{OB}:\overline{BD}=3:1$이다. 사각형 ABDC의 넓이를 S_1, 삼각형 ODC의 넓이를 S_2라 할 때, $S_1=kS_2$가 성립한다. 이때 상수 k의 값을 구하시오.

1480 고난도

Level 3

그림과 같이 삼각형 ABC의 세 변 AB, BC, CA를 2 : 1로 내분하는 점을 각각 P, Q, R이라 하자. 삼각형 ABC의 넓이를 S, 삼각형 PQR의 넓이를 S'이라 할 때, $\dfrac{S'}{S}$의 값을 구하시오.

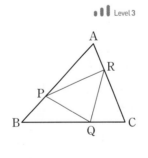

다음은 이 유형에서 출제된 최근 교육청·평가원 기출문제입니다.

1481 교육청

Level 2

$\overline{AB}=15$이고 넓이가 50인 삼각형 ABC에 대하여 $\angle ABC=\theta$라 할 때 $\cos\theta=\dfrac{\sqrt{5}}{3}$이다. 선분 BC의 길이를 구하시오.

1482 교육청

Level 2

그림과 같이 반지름의 길이가 4, 호의 길이가 π인 부채꼴 OAB가 있다. 부채꼴 OAB의 넓이를 S, 선분 OB 위의 점 P에 대하여 삼각형 OAP의 넓이를 T라 하자. $\dfrac{S}{T}=\pi$일 때, 선분 OP의 길이는?

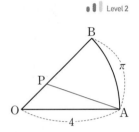

(단, 점 P는 점 O가 아니다.)

① $\dfrac{\sqrt{2}}{2}$　　② $\dfrac{3}{4}\sqrt{2}$　　③ $\sqrt{2}$

④ $\dfrac{5}{4}\sqrt{2}$　　⑤ $\dfrac{3}{2}\sqrt{2}$

1483 교육청

Level 3

그림과 같이 반지름의 길이가 2이고 중심각의 크기가 $\dfrac{\pi}{2}$인 부채꼴 OAB가 있다. 호 AB 위에 점 C를 $\overline{AC}=1$이 되도록 잡는다. 선분 OC 위의 점 O가 아닌 점 D에 대하여 삼각형 BOD의 넓이가 $\dfrac{7}{6}$일 때, 선분 OD의 길이는?

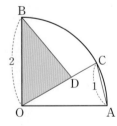

① $\dfrac{5}{4}$　　② $\dfrac{31}{24}$　　③ $\dfrac{4}{3}$

④ $\dfrac{11}{8}$　　⑤ $\dfrac{17}{12}$

실전 유형 **13** 삼각형의 넓이와 외접원

삼각형 ABC의 넓이를 S라 하면

(1) 세 변의 길이 a, b, c와 외접원의 반지름의 길이 R을 알 때

→ $S = \dfrac{abc}{4R}$

(2) 세 각의 크기 A, B, C와 외접원의 반지름의 길이 R을 알 때

→ $S = 2R^2 \sin A \sin B \sin C$

1484 대표문제

외접원의 반지름의 길이가 5인 삼각형 ABC의 넓이가 6일 때, abc의 값은?

① 120　　　② 144　　　③ 168

④ 192　　　⑤ 216

1485
Level 1

넓이가 12인 삼각형 ABC가 반지름의 길이가 4인 원에 내접할 때, $\sin A \times \sin B \times \sin C$의 값은?

① $\dfrac{5}{16}$　　　② $\dfrac{3}{8}$　　　③ $\dfrac{7}{16}$

④ $\dfrac{1}{2}$　　　⑤ $\dfrac{9}{16}$

1486 중요
Level 1

세 변의 길이의 곱이 72이고 넓이가 6인 삼각형의 외접원의 반지름의 길이는?

① $\sqrt{3}$　　　② $\sqrt{5}$　　　③ $\sqrt{7}$

④ 3　　　⑤ $\sqrt{11}$

1487
Level 2

그림과 같이 정삼각형 ABC의 외접원의 반지름의 길이가 4일 때, 삼각형 ABC의 넓이는?

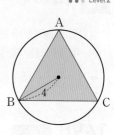

① $6\sqrt{2}$　　　② $9\sqrt{2}$

③ $12\sqrt{3}$　　　④ $21\sqrt{3}$

⑤ $27\sqrt{3}$

1488 중요
Level 2

그림과 같이 삼각형 ABC의 외접원의 반지름의 길이가 10이고 $\overset{\frown}{AB} : \overset{\frown}{BC} : \overset{\frown}{CA} = 3 : 4 : 5$일 때, 삼각형 ABC의 넓이를 구하시오.

$\left(단,\ \sin 75° = \dfrac{\sqrt{6}+\sqrt{2}}{4} 로\ 계산한다. \right)$

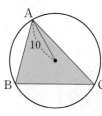

1489
Level 3

그림과 같이 삼각형 ABC의 외접원의 반지름의 길이가 $\sqrt{14}$이고 $\overline{AB} : \overline{BC} : \overline{CA} = 1 : \sqrt{2} : 2$일 때, 삼각형 ABC의 넓이는?

① $3\sqrt{7}$　　　② $\dfrac{49\sqrt{7}}{16}$

③ $\dfrac{25\sqrt{7}}{8}$　　　④ $\dfrac{51\sqrt{7}}{16}$

⑤ $\dfrac{13\sqrt{7}}{4}$

⊕ Plus 문제

삼각형 ABC의 세 변의 길이 a, b, c와 내접원의 반지름의 길이 r이 주어졌을 때, 삼각형 ABC의 넓이 S는

→ $S = \dfrac{1}{2}r(a+b+c)$

1490 대표문제

삼각형 ABC에서 $A=60°$, $b=8$, $c=3$일 때, 삼각형 ABC의 내접원의 반지름의 길이는?

① $\dfrac{\sqrt{2}}{3}$　　② $\dfrac{\sqrt{2}}{2}$　　③ $\dfrac{2\sqrt{3}}{3}$

④ 2　　⑤ $2\sqrt{3}$

1491 중요 ‖ Level 2

그림과 같이 $\overline{AB}=12$, $\overline{BC}=10$, $\overline{CA}=8$인 삼각형 ABC의 외접원의 반지름의 길이를 R, 내접원의 반지름의 길이를 r이라 할 때, rR의 값은?

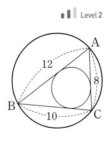

① 16　　② 20

③ 24　　④ 30

⑤ 36

1492 ‖ Level 2

한 변의 길이가 4인 정삼각형의 내접원의 반지름의 길이 r과 외접원의 반지름의 길이 R의 값을 각각 구하시오.

1493 중요 ‖ Level 2

그림과 같은 삼각형 ABC에서 세 변의 길이가 $\overline{AB}=8$, $\overline{BC}=14$, $\overline{AC}=10$일 때, 삼각형 ABC의 내접원의 반지름의 길이는?

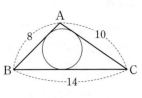

① $\sqrt{5}$　　② $\sqrt{6}$　　③ $\sqrt{7}$

④ $2\sqrt{2}$　　⑤ 3

1494 ‖ Level 2

넓이가 18인 삼각형 ABC가 반지름의 길이가 6인 원에 내접한다. $\sin A + \sin B + \sin C = 2$일 때, 삼각형 ABC의 내접원의 반지름의 길이는?

① $\dfrac{3}{4}$　　② 1　　③ $\dfrac{5}{4}$

④ $\dfrac{3}{2}$　　⑤ 2

다음은 이 유형에서 출제된 최근 교육청·평가원 기출문제입니다.

1495 교육청 ‖ Level 3

반지름의 길이가 $\dfrac{4\sqrt{3}}{3}$인 원이 삼각형 ABC에 내접하고 있다. 원이 선분 BC와 만나는 점을 D라 하고 $\overline{BD}=12$, $\overline{DC}=4$일 때, 삼각형 ABC의 둘레의 길이는?

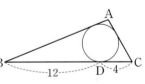

① $\dfrac{71}{2}$　　② 36　　③ $\dfrac{73}{2}$

④ 37　　⑤ $\dfrac{75}{2}$

실전유형 **15** 헤론의 공식

세 변의 길이가 주어진 삼각형의 넓이를 S라 하면

➜ $S = \sqrt{s(s-a)(s-b)(s-c)}$ (단, $s = \dfrac{a+b+c}{2}$)

참고 코사인법칙을 이용하여 삼각형의 한 내각의 크기를 구한 후 $S = \dfrac{1}{2}ab\sin C$임을 이용하여 넓이를 구할 수도 있다.

1496 대표문제

삼각형 ABC에서 $a=8$, $b=12$, $c=16$일 때, 삼각형 ABC의 넓이는?

① $8\sqrt{15}$ ② $10\sqrt{15}$ ③ $12\sqrt{15}$
④ $14\sqrt{15}$ ⑤ $16\sqrt{15}$

1497 중요

Level 1

세 변의 길이가 3, 7, 8인 삼각형의 넓이를 구하시오.

1498

Level 2

그림과 같은 직육면체에서 $\overline{AB}=\sqrt{33}$, $\overline{BC}=4\sqrt{3}$, $\overline{BF}=4$ 일 때, 삼각형 AFC의 넓이는?

① 12 ② $12\sqrt{2}$
③ $12\sqrt{3}$ ④ 24
⑤ $12\sqrt{5}$

1499 중요

Level 2

삼각형 ABC가 다음 조건을 만족시킬 때, 삼각형 ABC의 둘레의 길이는?

(가) $\sin A : \sin B : \sin C = 2 : 3 : 3$
(나) 삼각형 ABC의 넓이는 $18\sqrt{2}$이다.

① 20 ② 22 ③ 24
④ 26 ⑤ 28

1500

Level 2

세 변의 길이가 5, 6, 7인 삼각형 ABC의 외접원의 반지름의 길이를 R, 내접원의 반지름의 길이를 r이라 할 때, $R-r$의 값을 구하시오.

1501

Level 3

그림과 같이 $\overline{AB}=16$, $\overline{BC}=24$, $\overline{CA}=20$인 삼각형 ABC에서 변 BC를 $1:3$으로 내분하는 점을 D라 할 때, $\overline{AD}$의 길이는?

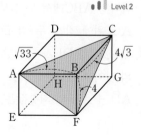

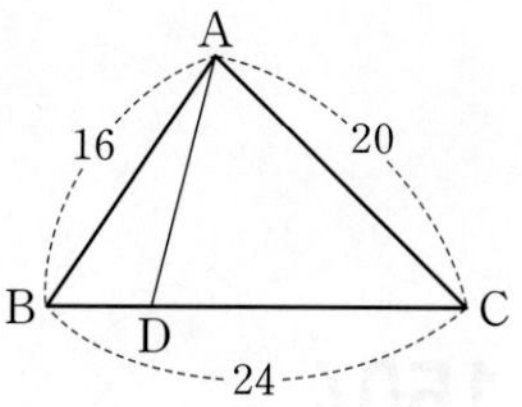

① $\sqrt{17}$ ② $2\sqrt{17}$ ③ $3\sqrt{17}$
④ $2\sqrt{23}$ ⑤ $2\sqrt{46}$

➕ Plus 문제

16 삼각형의 넓이와 최대·최소

삼각형 ABC의 넓이 $\frac{1}{2}ab\sin C$에서 $ab>0$, $\sin C>0$이므로

(1) 삼각형 ABC의 넓이가 최대이려면 ab, $\sin C$가 모두 최대
이어야 한다.

(2) 삼각형 ABC의 넓이가 최소이려면 ab, $\sin C$가 모두 최소
이어야 한다.

참고 산술평균과 기하평균의 관계

$a>0$, $b>0$일 때, $a+b\geq 2\sqrt{ab}$ (단, 등호는 $a=b$일 때 성립)

1502 대표문제

그림에서 두 점 A, B는 삼
각형 OAB의 넓이가 $6\sqrt{3}$
이 되도록 하면서 각각 두
반직선 OP, OQ 위를 움직이고 있다. 이때 선분 AB의 길
이의 최솟값은?

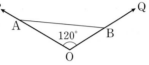

① $2\sqrt{2}$ ② $4\sqrt{2}$ ③ $6\sqrt{2}$

④ $8\sqrt{2}$ ⑤ $10\sqrt{2}$

1503　　　　　　　　　Level 1

삼각형 ABC에서 세 변 AB, BC, CA의 길이가 각각 $2\sqrt{3}$,
3, x일 때, 삼각형 ABC의 넓이의 최댓값과 그때의 x의 값
을 차례로 구한 것은?

① $2\sqrt{3}$, $\sqrt{19}$ ② 4, $2\sqrt{5}$ ③ $3\sqrt{3}$, $\sqrt{21}$

④ $3\sqrt{3}$, $\sqrt{22}$ ⑤ 4, $\sqrt{23}$

1504　　　　　　　　　Level 1

삼각형 ABC에서 $C=60°$이고 넓이가 $16\sqrt{3}$일 때, $a+b$의
최솟값을 구하시오.

1505 중요　　　　　　　　　Level 1

삼각형 ABC에서 $a+c=12$이고 $B=45°$일 때, 삼각형
ABC의 넓이의 최댓값을 구하시오.

1506　　　　　　　　　Level 2

그림과 같은 삼각형 ABC
에서 ∠A의 이등분선이 변
BC와 만나는 점을 D라 하
자. $\overline{AB}=x$, $\overline{AC}=y$, $\overline{AD}=2$, ∠BAC$=120°$일 때, $x+y$
의 최솟값은?

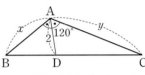

① 6   ② 7   ③ 8

④ 9   ⑤ 10

1507 중요　　　　　　　　　Level 2

그림과 같이 $\overline{AB}=4$, $\overline{AC}=6$인
삼각형 ABC에서 두 선분 AB,
AC 위에 각각 두 점 D, E가
있다. 선분 DE가 삼각형 ABC
의 넓이를 이등분할 때,
$\overline{AD}^2+\overline{AE}^2$의 최솟값은?

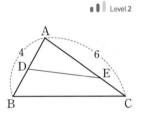

① $4\sqrt{3}$ ② 8   ③ 12

④ $5\sqrt{6}$ ⑤ 24

1508

oll Level 2

그림과 같이 $\overline{AB}=8$, $\overline{AC}=6$, $A=60°$인 삼각형 ABC에서 두 선분 AB, AC 위에 각각 두 점 P, Q를 잡을 때, 삼각형 ABC의 넓이를 이등분하는 선분 PQ의 길이의 최솟값은?

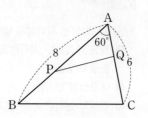

① $\sqrt{21}$ ② $\sqrt{22}$ ③ $\sqrt{23}$

④ $2\sqrt{6}$ ⑤ 5

1509

oll Level 2

세 변의 길이가 각각 $a=3$, $b=x+2$, $c=5-x$인 삼각형 ABC의 넓이가 최대일 때, 삼각형 ABC는 어떤 삼각형인가?

① $A=90°$인 직각삼각형 ② $B=90°$인 직각삼각형

③ $C=90°$인 직각삼각형 ④ $a=b$인 이등변삼각형

⑤ $b=c$인 이등변삼각형

1510 고난도

oll Level 3

그림과 같이 $\overline{AB}=3\sqrt{3}$, $\angle BAC=\dfrac{\pi}{3}$인 삼각형 ABC의 외접원 O의 반지름의 길이가 7일 때, 원 위의 점 P에 대하여 삼각형 PAC의 넓이의 최댓값을 구하시오.

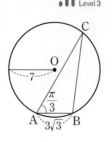

실전 유형 **17** 사각형의 넓이 – 삼각형으로 나누기

삼각형의 넓이를 이용하여 사각형의 넓이를 구할 때는 다음과 같은 순서로 한다.

❶ 사각형을 두 개의 삼각형으로 나눈다.

❷ 각각의 삼각형의 넓이를 구한다.

❸ ❷에서 구한 두 삼각형의 넓이의 합을 구한다.

1511 대표문제

그림과 같이 $\overline{AB}=7$, $\overline{BC}=8$, $\overline{CD}=8$, $\overline{DA}=11$, $B=120°$인 사각형 ABCD의 넓이가 $a\sqrt{3}+b\sqrt{30}$일 때, $a+b$의 값은? (단, a, b는 유리수이다.)

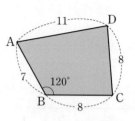

① 14 ② 18 ③ 22

④ 26 ⑤ 30

1512 중요

oll Level 1

그림과 같은 사각형 ABCD에서 $\overline{AB}=4$, $\overline{BC}=7$, $\overline{CD}=3$, $\overline{BD}=8$, $\angle ABD=30°$일 때, 사각형 ABCD의 넓이를 구하시오.

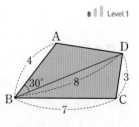

1513

Level 2

산림 훼손으로 야생 동물의 보금자리가 위협받고 있는 지역에 그림과 같이 사각형 ABCD의 모양으로 야생 동물 보호 구역을 설치하였다. 이때 보호 구역을 설치한 땅의 넓이를 구하시오.

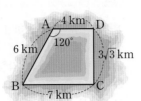

1514

Level 2

그림과 같이 $\overline{AB}=3$, $\overline{BC}=2$, $\overline{AD}=3$, $B=120°$, $D=60°$인 사각형 ABCD의 넓이는?

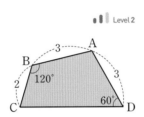

① $\dfrac{13\sqrt{3}}{4}$ ② $\dfrac{15\sqrt{3}}{4}$

③ $\dfrac{17\sqrt{3}}{4}$ ④ $\dfrac{19\sqrt{3}}{4}$

⑤ $\dfrac{21\sqrt{3}}{4}$

1515 (중요)

Level 2

그림과 같이 사각형 ABCD에서 $\overline{AB}=4$, $\overline{BC}=2+2\sqrt{3}$, $\overline{CD}=2\sqrt{2}$, $B=30°$, $C=105°$일 때, 사각형 ABCD의 넓이는 $p+q\sqrt{3}$이다. 이때 $p+q$의 값은?

(단, p, q는 유리수이다.)

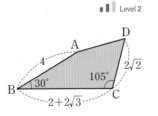

① 3   ② 4   ③ 5

④ 6   ⑤ 7

실전유형 18 원에 내접하는 사각형의 넓이

원에 내접하는 사각형의 넓이는 다음과 같은 순서로 구한다.

❶ 원에 내접하는 사각형의 마주 보는 각의 크기의 합은 $180°$임을 이용한다.

❷ 대각선의 길이를 코사인법칙을 이용하여 구한다.

❸ 각각의 삼각형의 두 변과 그 끼인각을 찾아 삼각형의 넓이를 구한다.

❹ 삼각형의 넓이의 합으로 사각형의 넓이를 구한다.

1516 (대표문제)

그림과 같이 원에 내접하는 사각형 ABCD에서 $\overline{BC}=1$, $\overline{CD}=5$, $\overline{AD}=4$, $\angle D=60°$일 때, 사각형 ABCD의 넓이는?

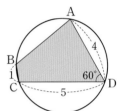

① $4\sqrt{3}$ ② $5\sqrt{3}$

③ $6\sqrt{3}$ ④ $7\sqrt{3}$

⑤ $8\sqrt{3}$

1517 (중요)

Level 1

그림과 같이 원에 내접하는 사각형 ABCD에서 $\overline{AB}=2$, $\overline{BC}=4$, $\overline{CD}=3\sqrt{2}$, $\overline{DA}=\sqrt{2}$, $\angle C=45°$일 때, 사각형 ABCD의 넓이는?

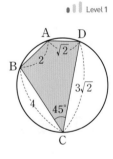

① 3   ② 5

③ 7   ④ 9

⑤ 11

1518

Level 2

그림과 같이 반지름의 길이가 6인
원 O 위의 네 점 A, B, C, D에 대
하여

$\overset{\frown}{AB} : \overset{\frown}{BC} : \overset{\frown}{CD} : \overset{\frown}{DA} = 1 : 2 : 4 : 5$

일 때, 사각형 ABCD의 넓이는?

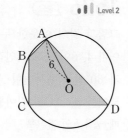

① $16(1+\sqrt{2})$ ② $16(1+\sqrt{3})$ ③ $18(1+\sqrt{2})$

④ $18(1+\sqrt{3})$ ⑤ $20(1+\sqrt{2})$

1519 중요

Level 2

그림과 같이 원에 내접하는 사각형
ABCD에서 $\overline{AB}=3$, $\overline{BC}=1$이고,
$\cos D = \dfrac{1}{3}$일 때, 원의 넓이는?

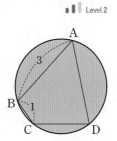

① $\dfrac{5}{3}\pi$ ② $\dfrac{27}{8}\pi$

③ $\dfrac{7}{2}\pi$ ④ $\dfrac{15}{4}\pi$

⑤ $\dfrac{17}{4}\pi$

1520

Level 3

그림과 같이 원에 내접하는 사각형
ABCD에서 $\overline{AB}=2$, $\overline{BC}=4$,
$\overline{CD}=6$, $\overline{DA}=8$일 때, 사각형
ABCD의 넓이를 구하시오.

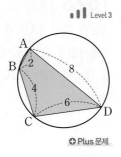

➕ Plus 문제

다음은 이 유형에서 출제된 최근 교육청·평가원 기출문제입니다.

1521 교육청

Level 3

반지름의 길이가 3인 원의 둘레를
6등분하는 점 중에서 연속된 세 개
의 점을 각각 A, B, C라 하자. 점
B를 포함하지 않는 호 AC 위의 점
P에 대하여 $\overline{AP}+\overline{CP}=8$이다. 사
각형 ABCP의 넓이는?

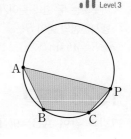

① $\dfrac{13\sqrt{3}}{3}$ ② $\dfrac{16\sqrt{3}}{3}$ ③ $\dfrac{19\sqrt{3}}{3}$

④ $\dfrac{22\sqrt{3}}{3}$ ⑤ $\dfrac{25\sqrt{3}}{3}$

1522 교육청 고난도

Level 3

$\overline{DA}=2\overline{AB}$, $\angle DAB=\dfrac{2}{3}\pi$이고
반지름의 길이가 1인 원에 내접하
는 사각형 ABCD가 있다. 두 대
각선 AC, BD의 교점을 E라 할
때, 점 E는 선분 BD를 3 : 4로 내
분한다. 사각형 ABCD의 넓이가
$\dfrac{q}{p}\sqrt{3}$일 때, $p+q$의 값을
구하시오. (단, p와 q는 서로소인 자연수이다.)

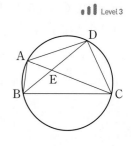

실전 유형 **19** **평행사변형의 넓이**

이웃하는 두 변의 길이가 a, b이고, 그 끼인각의 크기가 θ인 평행사변형의 넓이 S는
→ $S=ab\sin\theta$

1523 대표문제

그림과 같이 $\overline{AB}=9$, $\overline{BC}=8$인 평행사변형 ABCD의 넓이가 $36\sqrt{3}$일 때, A의 값은? (단, $90°<A<180°$)

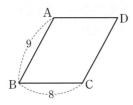

① 105° ② 120° ③ 125° ④ 135° ⑤ 150°

1524

Level 1

그림과 같은 평행사변형 ABCD에서 $\overline{AB}=8$, $\overline{BC}=10$, $C=135°$일 때, 평행사변형 ABCD의 넓이는?

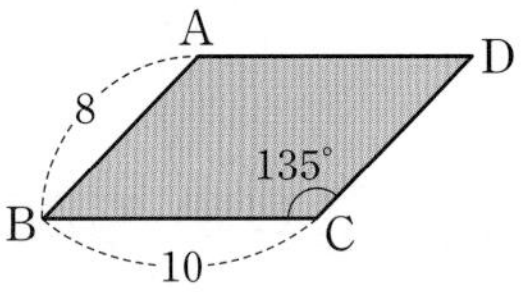

① $24\sqrt{2}$ ② $28\sqrt{2}$ ③ $32\sqrt{2}$ ④ $36\sqrt{2}$ ⑤ $40\sqrt{2}$

1525

Level 2

그림과 같이 $\overline{AB}=2$, $\overline{AC}=2\sqrt{3}$, $B=60°$인 평행사변형 ABCD의 넓이를 구하시오.

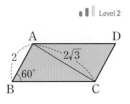

1526 중요

Level 2

그림과 같이 이웃한 두 변의 길이가 4, 8이고 그 끼인각의 크기가 60°인 평행사변형 ABCD의 넓이를 a, $\overline{AC}$의 길이를 b라 할 때, $a+b$의 값은?

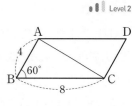

① $18\sqrt{3}$ ② $20\sqrt{3}$ ③ $22\sqrt{3}$ ④ $24\sqrt{3}$ ⑤ $26\sqrt{3}$

1527

Level 2

그림과 같이 $\overline{AB}=6$, $\overline{BC}=4$, $\angle B=\theta$인 평행사변형 ABCD의 넓이가 $12\sqrt{3}$일 때, $\overline{AC}$의 길이는? (단, $0°<\theta<90°$)

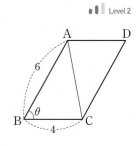

① $2\sqrt{5}$ ② $\sqrt{22}$ ③ $2\sqrt{6}$ ④ $\sqrt{26}$ ⑤ $2\sqrt{7}$

1528 중요

Level 2

그림과 같이 $\overline{BC}=6$, $\overline{CD}=10$인 평행사변형 ABCD에서 $\overline{BD}=14$일 때, 사각형 ABCD의 넓이를 구하시오.

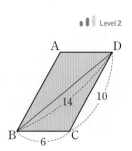

20 사각형의 넓이 – 두 대각선 이용하기

두 대각선의 길이가 a, b이고, 두 대각선이 이루는 각의 크기가
θ인 사각형의 넓이 S는

→ $S = \dfrac{1}{2}ab\sin\theta$

1529 대표문제

그림과 같이 두 대각선의 길이
가 각각 3, 8이고 두 대각선이
이루는 각의 크기가 θ인 사각형
ABCD에서 $\cos\theta = \dfrac{1}{3}$일 때, 사각형 ABCD의 넓이는?

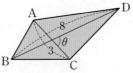

① $8\sqrt{2}$ ② $12\sqrt{2}$ ③ $16\sqrt{2}$
④ $20\sqrt{2}$ ⑤ $24\sqrt{2}$

1530

Level 1

그림과 같이 넓이가 $10\sqrt{2}$인 등
변사다리꼴 ABCD의 두 대각
선이 이루는 각의 크기가 45°일
때, 대각선의 길이는?

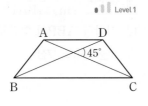

① $2\sqrt{5}$ ② 5 ③ 6
④ $2\sqrt{10}$ ⑤ 8

1531

Level 1

두 대각선의 길이가 각각 4, 10인 사각형 ABCD의 넓이가
10일 때, 두 대각선이 이루는 예각의 크기는?

① 15° ② 30° ③ 45°
④ 60° ⑤ 75°

1532 중요

Level 2

그림과 같이 두 대각선의 길이
가 a, b이고, 두 대각선이 이루
는 각의 크기가 120°인 사각형
ABCD가 있다. 이 사각형의
넓이가 $5\sqrt{3}$이고 $a+b=9$일 때, a^3+b^3의 값은?

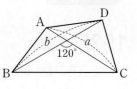

① 54 ② 91 ③ 100
④ 144 ⑤ 189

1533 중요

Level 2

그림과 같이 사각형 ABCD의
두 대각선의 길이가 각각 x, y이
고 두 대각선이 이루는 각의 크
기가 60°이다. $x+y=8$일 때,
사각형 ABCD의 넓이의 최댓값은?

① $4\sqrt{2}$ ② 6 ③ $4\sqrt{3}$
④ 8 ⑤ $4\sqrt{6}$

1534

Level 3

그림과 같이 이웃하는 두
변의 길이가 각각 5, 6인
평행사변형 ABCD의 두
대각선이 이루는 각의 크기가 120°일 때, 평행사변형
ABCD의 넓이를 구하시오.

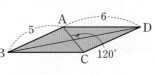

1535 [대표문제]

삼각형 ABC에서 $6\sin A = 2\sqrt{3}\sin B = 3\sin C$가 성립할 때, $\cos A$의 값을 구하는 과정을 서술하시오. [6점]

> **STEP 1** $6\sin A = 2\sqrt{3}\sin B = 3\sin C = k$라 하고 $\sin A$, $\sin B$, $\sin C$를 k로 나타내기 [1점]
>
> $6\sin A = 2\sqrt{3}\sin B = 3\sin C = k$라 하면
>
> $\sin A = \dfrac{k}{6}$, $\sin B = \dfrac{\sqrt{3}k}{6}$, $\sin C = \boxed{}^{(1)}$
>
> **STEP 2** $a:b:c$ 구하기 [2점]
>
> $a:b:c = \sin A : \sin B : \sin C$이므로
>
> $a:b:c = \dfrac{k}{6} : \boxed{}^{(2)} : \boxed{}^{(3)}$
>
> $\qquad = 1 : \boxed{}^{(4)} : \boxed{}^{(5)}$
>
> **STEP 3** $\cos A$의 값 구하기 [3점]
>
> $a = m$, $b = \sqrt{3}m$, $c = \boxed{}^{(6)}$ $(m>0)$이라 하면
>
> 코사인법칙에 의하여
>
> $\cos A = \dfrac{\left(\boxed{}^{(7)}\right)^2 + (2m)^2 - m^2}{2 \times \sqrt{3}m \times \boxed{}^{(8)}} = \boxed{}^{(9)}$

1536 [한번 더]

삼각형 ABC에서 $6\sin A = 10\sin B = 5\sqrt{3}\sin C$가 성립할 때, $\cos A$의 값을 구하는 과정을 서술하시오. [6점]

> **STEP 1** $6\sin A = 10\sin B = 5\sqrt{3}\sin C = k$라 하고 $\sin A$, $\sin B$, $\sin C$를 k로 나타내기 [1점]

> **STEP 2** $a:b:c$ 구하기 [2점]

> **STEP 3** $\cos A$의 값 구하기 [3점]

1537 [유사 1]

삼각형 ABC에서 $(b+c):(c+a):(a+b) = 7:8:9$일 때, $\dfrac{\sin B + \sin C}{\sin A}$의 값을 구하는 과정을 서술하시오. [6점]

1538 [유사 2]

그림과 같이 $\overline{AB} = \overline{AC}$인 삼각형 ABC에서 $\overline{BC}$ 위의 점 P에 대하여 $\dfrac{\overline{BP}}{\sin(\angle BAP)} + \dfrac{\overline{CP}}{\sin(\angle PAC)} = 18$이 성립할 때, 삼각형 ABP의 외접원의 반지름의 길이를 구하는 과정을 서술하시오. [7점]

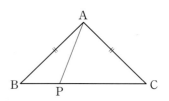

핵심 KEY [유형 2], [유형 3], [유형 8] **사인법칙과 코사인법칙의 변형**

사인 값의 비가 주어질 때, 코사인 값을 구하는 문제이다.

사인법칙의 변형인 $a:b:c = \sin A : \sin B : \sin C$와 코사인법칙의 변형인 $\cos A = \dfrac{b^2+c^2-a^2}{2bc}$을 이용한다.

사인법칙을 이용하여 변의 길이의 비를 구할 때 계산 실수를 하지 않도록 주의한다.

1539 대표문제

그림과 같이 $\overline{AB}=5$, $\overline{BC}=6$, $\overline{CA}=7$인 삼각형 ABC에서 선분 BC를 2 : 1로 내분하는 점을 D라 할 때, 선분 AD의 길이를 구하는 과정을 서술하시오. [6점]

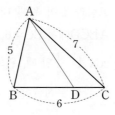

STEP 1 $\overline{BD}$의 길이 구하기 [1점]

$\overline{BC}$를 2 : 1로 내분하는 점이 D이므로

$\overline{BD}=6\times\dfrac{2}{3}=\boxed{(1)}$

STEP 2 $\cos B$의 값 구하기 [2점]

삼각형 ABC에서 코사인법칙에 의하여

$\cos B=\dfrac{5^2+6^2-\boxed{(2)}^2}{2\times\boxed{(3)}\times 6}$

$=\boxed{(4)}$

STEP 3 $\overline{AD}$의 길이 구하기 [3점]

삼각형 ABD에서 코사인법칙에 의하여

$\overline{AD}^2=5^2+\boxed{(5)}^2-2\times 5\times 4\times\cos B$

$=25+\boxed{(6)}-2\times 5\times 4\times\boxed{(7)}$

$=\boxed{(8)}$

$\therefore \overline{AD}=\boxed{(9)}$

1540 한번 더

그림과 같이 삼각형 ABC에서 $\overline{AB}=5$, $\overline{BC}=9$, $\overline{CA}=7$이고 변 BC 위의 한 점 D에 대하여 $\overline{BD}:\overline{DC}=2:1$일 때, 선분 AD의 길이를 구하는 과정을 서술하시오. [6점]

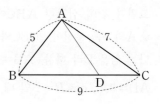

STEP 1 $\overline{BD}$의 길이 구하기 [1점]

STEP 2 $\cos B$의 값 구하기 [2점]

STEP 3 $\overline{AD}$의 길이 구하기 [3점]

1541 유사 1

그림과 같이 삼각형 ABC에서 ∠A의 이등분선이 변 BC와 만나는 점을 D라 하자. $\overline{AB}=4$, $\overline{AC}=12$, $\overline{AD}=3$일 때, 선분 BD의 길이를 구하는 과정을 서술하시오. [8점]

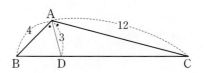

핵심 KEY 유형 7 **코사인법칙을 이용하여 선분의 길이 구하기**

주어진 변의 길이와 코사인법칙을 이용하여 선분의 길이를 구하는 문제이다.

코사인법칙의 변형인 $\cos A=\dfrac{b^2+c^2-a^2}{2bc}$을 이용한다.

선분의 길이를 구하기 위해서는 어떤 각의 코사인 값을 구해야 하는지 찾아내는 것이 중요하다.

07

1542 ✅유사 2

그림과 같이 삼각형 ABC에서 ∠A의 이등분선이 변 BC와 만나는 점을 D라 하자. $\overline{AB}=10$, $\overline{AD}=3\sqrt{5}$, $\cos B=\dfrac{4}{5}$일 때, 선분 DC의 길이를 구하는 과정을 서술하시오. (단, $\overline{BD}<10$) [8점]

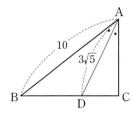

1543 대표문제

그림과 같이 원에 내접하는 사각형 ABCD에서 $\overline{BC}=6$, $\overline{CD}=4$, $\cos A=\dfrac{1}{4}$일 때, 원의 넓이를 구하는 과정을 서술하시오. [8점]

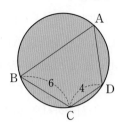

STEP 1 ∠BAD=θ일 때, $\sin\theta$의 값 구하기 [2점]

∠BAD=θ라 하면

$\cos\theta=\dfrac{1}{4}$이고 $0<\theta<\pi$이므로

$\sin\theta=\sqrt{1-\cos^2\theta}$

$=\sqrt{1-\left(\dfrac{1}{4}\right)^2}=\boxed{}^{(1)}$

STEP 2 $\overline{BD}$의 길이 구하기 [3점]

사각형 ABCD가 원에 내접하므로

∠BCD=$\pi-\theta$

그림과 같이 $\overline{BD}$를 그으면 삼각형 BCD에서 코사인법칙에 의하여

$\overline{BD}^2=6^2+4^2-2\times6\times\boxed{}^{(2)}$

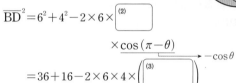

$\times\underbrace{\cos(\pi-\theta)}_{\displaystyle -\cos\theta}$

$=36+16-2\times6\times4\times\left(\boxed{}^{(3)}\right)$

$=\boxed{}^{(4)}$

$\therefore \overline{BD}=\boxed{}^{(5)}$

STEP 3 삼각형 ABD의 외접원의 반지름의 길이 구하기 [2점]

삼각형 ABD의 외접원의 반지름의 길이를 R이라 하면 사인법칙에 의하여

$\dfrac{\boxed{}^{(6)}}{\sin\theta}=2R$

$\therefore R=\dfrac{1}{2}\times8\times\dfrac{\boxed{}^{(7)}}{\sqrt{15}}=\dfrac{\boxed{}^{(8)}}{\sqrt{15}}$

STEP 4 원의 넓이 구하기 [1점]

원의 넓이는

$\pi\left(\dfrac{\boxed{}^{(8)}}{\sqrt{15}}\right)^2=\boxed{}^{(9)}$

1544 한번 더

그림과 같이 원에 내접하는 사각형 ABCD에서 $\overline{AB}=1$, $\overline{AD}=5$, $\cos C=-\dfrac{1}{5}$일 때, 원의 넓이를 구하는 과정을 서술하시오. [8점]

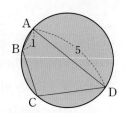

STEP 1 $\angle BCD=\theta$일 때, $\sin\theta$의 값 구하기 [2점]

STEP 2 $\overline{BD}$의 길이 구하기 [3점]

STEP 3 삼각형 BCD의 외접원의 반지름의 길이 구하기 [2점]

STEP 4 원의 넓이 구하기 [1점]

1545 유사 1

그림과 같은 원 O에서 $\overline{AC}=2$, $\overline{BC}=5$, $\angle AOB=120°$일 때, 원의 넓이를 구하는 과정을 서술하시오. [8점]

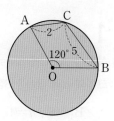

1546 유사 2

그림과 같이 원 O에 내접하는 사각형 ABCD의 꼭짓점이 원의 둘레를 8등분 하는 점에 위치하고 있다. $\overline{AB}=4$일 때, 사각형 ABCD의 넓이를 구하는 과정을 서술하시오. [9점]

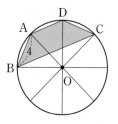

핵심 KEY 유형 18 **원에 내접하는 사각형에서 원의 넓이**

원에 내접하는 사각형의 성질과 코사인법칙, 사인법칙을 이용하여 원의 넓이를 구하는 문제이다.

원에 내접하는 사각형의 대각의 크기의 합이 180°임과 코사인법칙 $a^2=b^2+c^2-2bc\cos A$, 사인법칙 $\dfrac{a}{\sin A}=2R$을 이용한다.

코사인법칙을 이용하여 변의 길이를 구할 때, $\cos A=-\cos(\pi-A)$임을 주의한다.

1 1547

삼각형 ABC에서 $b=5$, $c=5\sqrt{3}$, $\angle C=120°$일 때, $\angle B$의 크기와 a의 값은? [3점]

① $\angle B=45°$, $a=4$ 　　② $\angle B=45°$, $a=5$

③ $\angle B=30°$, $a=3$ 　　④ $\angle B=30°$, $a=4$

⑤ $\angle B=30°$, $a=5$

2 1548

그림과 같은 삼각형 ABC에서 $\overline{BC}=5$, $B=80°$, $C=70°$일 때, 삼각형 ABC의 외접원의 반지름의 길이는? [3점]

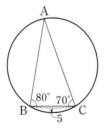

① $\dfrac{7}{2}$ 　　② 4

③ $\dfrac{9}{2}$ 　　④ 5

⑤ $\dfrac{11}{2}$

3 1549

삼각형 ABC에서 $a\sin A=b\sin B+c\sin C$가 성립할 때, 삼각형 ABC는 어떤 삼각형인가? [3점]

① $A=90°$인 직각삼각형 　　② $B=90°$인 직각삼각형

③ $C=90°$인 직각삼각형 　　④ $a=b$인 이등변삼각형

⑤ $b=c$인 이등변삼각형

4 1550

삼각형 ABC에서 $a=2$, $b=\sqrt{6}$, $B=60°$일 때, c의 값은? [3점]

① $1+\sqrt{3}$ 　　② $1+2\sqrt{3}$ 　　③ $1+3\sqrt{3}$

④ $2+\sqrt{2}$ 　　⑤ $2+\sqrt{3}$

5 1551

삼각형 ABC에서 $\angle B=45°$, $\angle C=75°$, $\overline{AC}=\dfrac{\sqrt{3}}{2}$일 때, c의 값은? [3점]

① $\dfrac{2+\sqrt{2}}{4}$ 　　② $\dfrac{2+\sqrt{3}}{4}$ 　　③ $\dfrac{3+\sqrt{2}}{4}$

④ $\dfrac{3+\sqrt{3}}{4}$ 　　⑤ $\dfrac{4+\sqrt{3}}{6}$

6 1552

삼각형 ABC에서 $\sin A = 2\sin B \cos C$가 성립할 때, 삼각형 ABC는 어떤 삼각형인가? [3점]

① $a=b$인 이등변삼각형 ② $a=c$인 이등변삼각형

③ $b=c$인 이등변삼각형 ④ $A=90°$인 직각삼각형

⑤ $B=90°$인 직각삼각형

7 1553

삼각형 ABC에서 $b=3$, $c=4$, $\sin(B+C)=\dfrac{1}{4}$일 때, 삼각형 ABC의 넓이는? [3점]

① 1 ② $\dfrac{3}{2}$ ③ 2

④ $\dfrac{5}{2}$ ⑤ 3

8 1554

두 대각선이 이루는 각의 크기가 $30°$이고, 넓이가 1인 등변사다리꼴의 대각선의 길이는? [3점]

① 1 ② 2 ③ 3

④ 4 ⑤ 5

9 1555

그림과 같이 반지름의 길이가 8인 원 O에 $\overline{AB}=\overline{AC}$이고 $A=120°$인 이등변삼각형 ABC가 내접할 때, 삼각형 ABC의 둘레의 길이는? [3.5점]

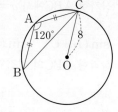

① $8+8\sqrt{3}$ ② $16+8\sqrt{3}$

③ $8+16\sqrt{3}$ ④ $16+16\sqrt{3}$

⑤ $12+12\sqrt{3}$

10 1556

삼각형 ABC에서 $a=5$, $b=4$, $c=3$일 때, $\sin(A+B):\sin(B+C):\sin(C+A)$는? [3.5점]

① $3:4:5$ ② $3:5:4$ ③ $4:3:5$

④ $4:5:3$ ⑤ $5:4:3$

11 1557

삼각형 ABC의 세 변의 길이 a, b, c에 대하여 $c^2-(2+\sqrt{3})ab=(a-b)^2$이 성립할 때, C의 값은? [3.5점]

① $30°$ ② $60°$ ③ $90°$

④ $120°$ ⑤ $150°$

12 1558

삼각형 ABC에서 $a=3$이고

$$\frac{7}{\sin(B+C)}=\frac{5}{\sin(A+C)}=\frac{3}{\sin(A+B)}$$ 일 때,

삼각형 ABC의 외접원의 넓이는? [3.5점]

① π 　　② 2π 　　③ 3π

④ 4π 　　⑤ 5π

13 1559

삼각형 ABC에서 $a=4$, $b=5$, $\cos C=\dfrac{\sqrt{5}}{3}$일 때, 삼각형

ABC의 넓이는? [3.5점]

① $\dfrac{8}{3}$ 　　② 4 　　③ $\dfrac{16}{3}$

④ $\dfrac{20}{3}$ 　　⑤ 8

14 1560

그림과 같이 삼각형 ABC가 원 O에
내접하고 $\overarc{AB}=3$, $\overarc{BC}=4$, $\overarc{CA}=5$
이다. 삼각형 ABC의 넓이가

$\dfrac{a}{\pi^2}(b+\sqrt{3})$일 때, 자연수 a, b에 대

하여 $a+b$의 값은? [3.5점]

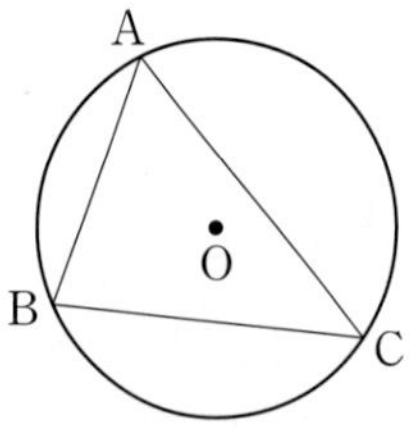

① 3 　　② 6 　　③ 9

④ 12 　　⑤ 15

15 1561

삼각형 ABC에서 $C=60°$이고 넓이가 $9\sqrt{3}$일 때, $a+b$의
최솟값은? [3.5점]

① 10 　　② 11 　　③ 12

④ 13 　　⑤ 14

16 1562

그림과 같이 삼각형 ABC
에서 $\overline{BC}=14$,
$\overline{AB}+\overline{AC}=16$, $A=120°$
일 때, 삼각형 ABC의 넓이
는? (단, $\overline{AC}>8$) [4점]

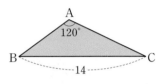

① 15 　　② $15\sqrt{2}$ 　　③ $15\sqrt{3}$

④ 30 　　⑤ $15\sqrt{5}$

17 1563

그림과 같이 직각삼각형 ABC의
세 변 AB, BC, CA를 각각 한
변으로 하는 정사각형 ADEB,
BFGC, ACHI를 그렸다. 육각형
DEFGHI의 넓이는? [4점]

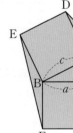

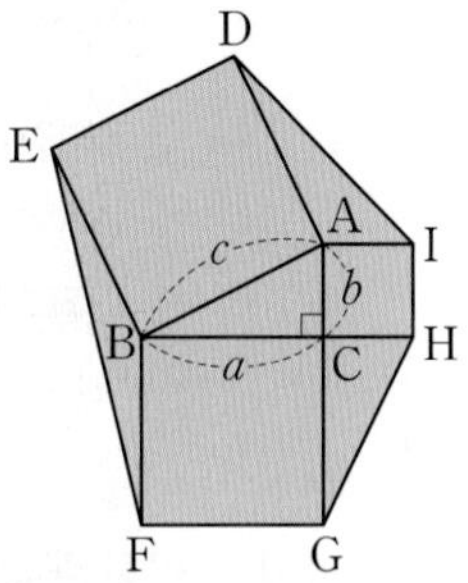

① $2(a^2+bc)$

② $2(c^2+ab)$

③ $bc+ca+2b^2$

④ $ab+bc+ca+a^2$

⑤ $ab+bc+ca+2c^2$

18 1564

그림과 같이 $\overline{AB}=12$, $\overline{AC}=8$인 삼각형 ABC에서 ∠A의 이등분선이 변 BC와 만나는 점을 D라 하고, ∠DAB=∠DAC=θ라 하면 $\sin\theta : \sin 2\theta = 5 : 8$이다.

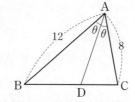

선분 AD의 길이는 $\dfrac{b}{a}$일 때, $a+b$의 값은?

(단, a와 b는 서로소인 자연수이다.) [4점]

① 215　　　　② 216　　　　③ 217

④ 218　　　　⑤ 219

19 1565

세 변의 길이가 7, 9, 12인 삼각형의 내접원의 반지름의 길이와 외접원의 반지름의 길이의 곱은? [4점]

① $\dfrac{19}{2}$　　　② $\dfrac{21}{2}$　　　③ $\dfrac{23}{2}$

④ $\dfrac{25}{2}$　　　⑤ $\dfrac{27}{2}$

20 1566

그림과 같은 사각형 ABCD에서 ∠ADC=$\dfrac{2}{3}\pi$, ∠BAC=$\dfrac{5}{6}\pi$, $\overline{AB}=4\sqrt{3}$, $\overline{AD}=7$, $\overline{CD}=8$일 때, 사각형 ABCD의 넓이는? [4점]

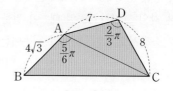

① $27\sqrt{3}$　　　② $30\sqrt{3}$　　　③ $33\sqrt{3}$

④ $36\sqrt{3}$　　　⑤ $39\sqrt{3}$

21 1567

그림과 같이 밑면이 정사각형이고 $\overline{OA}=\overline{OB}=\overline{OC}=\overline{OD}=8$, ∠AOB=∠BOC=∠COD=∠DOA=$\dfrac{\pi}{6}$인 사각뿔이 있다. 두 점 P, R은 각각 $\overline{OB}$, $\overline{OD}$ 위의 점이고, 점 Q는 $\overline{OC}$를 3 : 1로 내분하는 점, 점 S는 $\overline{OA}$의 중점이다. 점 A를 출발하여 세 점 P, Q, R을 차례로 지나 점 S에 이르는 최단 거리는? [4.5점]

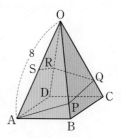

① $\sqrt{13}+\sqrt{7}$　　　② $\sqrt{13}+2\sqrt{7}$　　　③ $\sqrt{13}+3\sqrt{7}$

④ $2\sqrt{13}+\sqrt{7}$　　　⑤ $2\sqrt{13}+2\sqrt{7}$

22 1568

그림과 같이 태하가 A 지점에서 건물을 올려다본 각의 크기가 30°이고, 건물 방향으로 210 m 걸어간 B 지점에서 건물을 올려다본 각의 크기가 46°일 때, 이 건물의 높이를 구하는 과정을 서술하시오. (단, 태하의 눈높이는 1.5 m이고, $\sin 16° = 0.28$, $\sin 46° = 0.72$로 계산한다.) [6점]

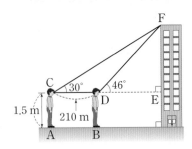

23 1569

그림과 같이 $\overline{AD} /\!/ \overline{BC}$인 사각형 ABCD에서 $\overline{AB} = \overline{BC} = \overline{BD} = 3$, $\overline{CD} = 2$일 때, 대각선 AC의 길이를 구하는 과정을 서술하시오. [6점]

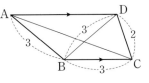

24 1570

그림과 같이 $\overline{AB} = 9$, $\overline{AC} = 6$인 삼각형 ABC에서 변 BC를 $2:3$으로 내분하는 점을 D라 하자. $\overline{AD} = 7$이고 $\angle DAC = \theta$라 할 때, $\cos\theta$의 값을 구하는 과정을 서술하시오.
[7점]

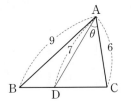

25 1571

그림과 같이 삼각형 ABC의 외접원과 내접원을 그렸다. $\overline{AB} = 7\sqrt{3}$, $\overline{BC} = 13\sqrt{3}$, $\overline{CA} = 8\sqrt{3}$일 때, 색칠한 부분의 넓이를 구하는 과정을 서술하시오. [8점]

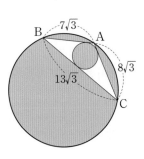

실전 마무리하기 **2회**

07

1 1572

삼각형 ABC에서 $a=2$, $b=3$, $\sin A = \dfrac{2}{5}$일 때, $\sin B$의 값은? [3점]

① $\dfrac{1}{2}$　　　② $\dfrac{2}{5}$　　　③ $\dfrac{3}{5}$

④ $\dfrac{2}{3}$　　　⑤ $\dfrac{3}{4}$

2 1573

삼각형 ABC에서 $b=2\sqrt{2}$, $B=45°$, $C=75°$일 때, $a\cos A$의 값은? [3점]

① $\sqrt{3}$　　　② 2　　　③ $\sqrt{6}$

④ $2\sqrt{2}$　　　⑤ 3

3 1574

반지름의 길이가 2인 원에 내접하는 삼각형 ABC의 둘레의 길이가 8일 때, $\sin A + \sin B + \sin C$의 값은? [3점]

① $4\sqrt{2}$　　　② 4　　　③ $2\sqrt{2}$

④ 2　　　⑤ $\sqrt{2}$

4 1575

삼각형 ABC에서 $\sin^2 B + \sin^2 C = 2\sin B \sin (A+C)$가 성립할 때, 삼각형 ABC는 어떤 삼각형인가? [3점]

① 정삼각형　　　② $a=c$인 이등변삼각형

③ $b=c$인 이등변삼각형　　　④ $A=90°$인 직각삼각형

⑤ $B=90°$인 직각삼각형

5 1576

그림과 같은 평행사변형 ABCD에서 $\overline{AB}=10$, $\overline{BC}=6$, $B=60°$일 때, 대각선 BD의 길이는? [3점]

① 11　　　② 12

③ 13　　　④ 14

⑤ 15

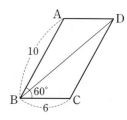

6 1577

그림과 같은 삼각형 ABC에
서 $\overline{AB}=4\sqrt{2}$, $\overline{BC}=12$,
$B=45°$이다. 변 BC를
2 : 1로 내분하는 점을 D라
할 때, 선분 AD의 길이는? [3점]

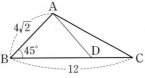

① $\dfrac{4\sqrt{2}}{3}$　　② $2\sqrt{2}$　　③ $\dfrac{8\sqrt{2}}{3}$

④ $\dfrac{10\sqrt{2}}{3}$　　⑤ $4\sqrt{2}$

7 1578

삼각형 ABC에서 $a=7$, $b=8$, $c=13$일 때, C의 값은?

[3점]

① $45°$　　② $60°$　　③ $90°$

④ $120°$　　⑤ $150°$

8 1579

그림과 같은 사각형 ABCD의
넓이가 4일 때, $\cos^2\theta$의 값은?

[3점]

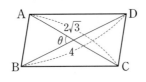

① $\dfrac{1}{3}$　　② $\dfrac{1}{2}$　　③ $\dfrac{2}{3}$

④ $\dfrac{3}{4}$　　⑤ 1

9 1580

그림과 같이 $\overline{AC}=3\sqrt{3}$, $A=80°$,
$C=40°$인 삼각형 ABC의 외접원
의 둘레의 길이는? [3.5점]

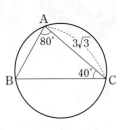

① 4π　　② 5π

③ 6π　　④ 7π

⑤ 8π

10 1581

그림과 같이 지면 위의 두 지점
A, B에서 건물의 꼭대기 C를
올려다본 각의 크기가 각각 $40°$,
$58°$이고 두 지점 사이의 거리가
62 m일 때, 이 건물의 높이는?

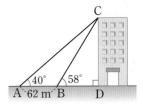

(단, $\sin 18°=0.31$, $\sin 40°=0.64$, $\sin 58°=0.85$로 계산
한다.) [3.5점]

① 106.2 m　　② 107.4 m　　③ 108.8 m

④ 109 m　　⑤ 110.2 m

11 1582

삼각형 ABC에서

$$\frac{\sin(\pi-A)}{3}=\frac{\sin(A+C)}{7}=\frac{\cos\left(\frac{\pi}{2}-C\right)}{5}$$

일 때, 삼각형 ABC의 세 내각 중에서 최대각의 크기는?

[3.5점]

① $\frac{\pi}{3}$ ② $\frac{\pi}{2}$ ③ $\frac{2}{3}\pi$

④ $\frac{3}{4}\pi$ ⑤ $\frac{5}{6}\pi$

12 1583

그림과 같이 세 변의 길이가 4, 8, 6 인 삼각형 ABC에서 변 BC를 한 변으로 하는 정사각형 BDEC를 그렸다. 삼각형 ABD의 넓이는? [3.5점]

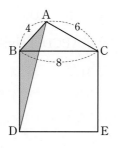

① 9   ② 11

③ 13   ④ 15

⑤ 17

13 1584

삼각형 ABC에서 $b=2$, $c=2\sqrt{3}$, $A=30°$일 때, 삼각형 ABC의 내접원의 반지름의 길이는? [3.5점]

① $\sqrt{3}-1$ ② $2\sqrt{3}-3$ ③ 1

④ $3\sqrt{2}-3$ ⑤ $2\sqrt{6}-4$

14 1585

삼각형 ABC에서 $a+c=12$이고 $B=60°$일 때, 삼각형 ABC의 넓이의 최댓값은? [3.5점]

① $\frac{11\sqrt{3}}{2}$ ② $7\sqrt{3}$ ③ $\frac{17\sqrt{3}}{2}$

④ $9\sqrt{3}$ ⑤ $\frac{21\sqrt{3}}{2}$

15 1586

그림과 같이 $\overline{BC}=2\sqrt{3}$, $\overline{AC}=\sqrt{19}$, $B=30°$인 평행사변형 ABCD의 넓이는? [3.5점]

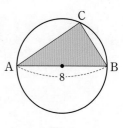

① $5\sqrt{3}$ ② 10   ③ $6\sqrt{3}$

④ 12   ⑤ $7\sqrt{3}$

16 1587

그림과 같이 길이가 8인 선분 AB 를 지름으로 하는 원에 내접하는 삼각형 ABC에서 $\sqrt{3}\sin A=\sin B$가 성립할 때, 삼각형 ABC의 넓이는? [4점]

① $8\sqrt{3}$ ② $9\sqrt{3}$ ③ $10\sqrt{3}$

④ $11\sqrt{3}$ ⑤ $12\sqrt{3}$

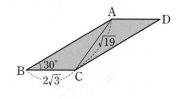

17 1588

그림과 같이 정사각형 ABCD의
두 변 AD, CD를 1 : 3으로 내분
하는 점을 각각 E, F라 하자.
∠EBF=θ라 할 때, $\cos\theta$의 값은?
[4점]

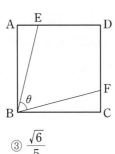

① $\dfrac{3\sqrt{6}}{17}$　　② $\dfrac{8}{17}$　　③ $\dfrac{\sqrt{6}}{5}$

④ $\dfrac{8}{15}$　　⑤ $\dfrac{3}{5}$

18 1589

그림과 같이 $2\overline{AB}=\overline{AC}$인 삼각형 ABC에 대하여 선분 AB
의 중점을 M, 선분 AC를 3 : 5로 내분하는 점을 N이라 하
자. $\overline{MN}=\overline{AB}$이고, 삼각형 AMN의 외접원의 넓이가 4π
일 때, 삼각형 ABC의 넓이는? [4점]

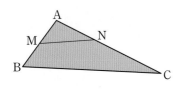

① $6\sqrt{3}$　　② $\dfrac{13\sqrt{13}}{4}$　　③ $\dfrac{7\sqrt{14}}{2}$

④ $\dfrac{15\sqrt{15}}{4}$　　⑤ 16

19 1590

그림과 같이 원에 내접하는 사각형
ABCD에서 $\overline{AB}=5$, $\overline{BC}=3$,
$\overline{CD}=2$, $\overline{DA}=3$, $C=120°$일 때,
사각형 ABCD의 넓이는? [4점]

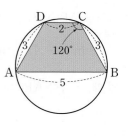

① $\dfrac{21}{4}$　　② $\dfrac{21\sqrt{2}}{4}$

③ $\dfrac{21\sqrt{3}}{4}$　　④ $\dfrac{21}{2}$

⑤ $\dfrac{21\sqrt{2}}{2}$

20 1591

그림과 같이 원에 내접하는 사각형
ABCD에서 $\overline{AB}=12$, $\overline{BC}=2$,
$\overline{AD}=10$, $\angle DAB=\dfrac{\pi}{3}$일 때, 사
각형 ABCD의 넓이는? [4점]

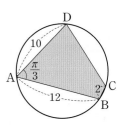

① $31\sqrt{3}$　　② $32\sqrt{3}$

③ $33\sqrt{3}$　　④ $34\sqrt{3}$

⑤ $35\sqrt{3}$

21 1592

그림과 같이 한 변의 길이가 $\sqrt{2}$인
정팔각형 ABCDEFGH에서 대
각선의 교점을 O라 할 때, 삼각형
OAD의 넓이는? [4.5점]

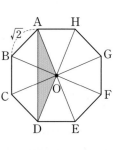

① $\dfrac{\sqrt{2}-1}{2}$　　② $\dfrac{\sqrt{3}-1}{2}$

③ 1　　④ $\dfrac{\sqrt{2}+1}{2}$

⑤ $\dfrac{\sqrt{3}+1}{2}$

22 1593

그림과 같이 원에 내접하는 사각형 ABCD에서 $\overline{AB}=7$, $\overline{BC}=4$, $\overline{CD}=2$, $B=60°$일 때, $\overline{AD}$의 길이를 구하는 과정을 서술하시오. [6점]

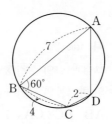

24 1595

그림과 같이 $\overline{AB}=\overline{AC}=4$인 이등변삼각형 ABC에서 변 BC를 $1:2$로 내분하는 점을 D라 하고, $\angle BAD=\theta$라 하자. $\cos\theta=\dfrac{5\sqrt{2}}{8}$일 때, $\overline{BC}$의 길이를 구하는 과정을 서술하시오.

(단, $\overline{AD}>2$) [7점]

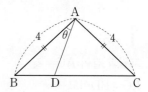

23 1594

그림과 같은 사각형 ABCD에서 두 대각선 AC, BD의 교점을 P라 하자. $\overline{AP}=4$, $\overline{BP}=9$, $\overline{CP}=6$, $\overline{DP}=3$이고, $\overline{CD}=6$일 때, 사각형 ABCD의 넓이를 구하는 과정을 서술하시오. [6점]

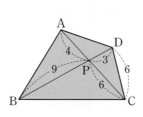

25 1596

그림과 같이 반지름의 길이가 3인 원 O에서 $\overline{AB}$는 원의 중심을 지나고, $\overline{BC}$는 원의 접선이다. $\sin(\angle BAC)=\dfrac{1}{3}$일 때, 삼각형 ABC의 넓이를 구하는 과정을 서술하시오. (단, $0°<A<90°$) [8점]

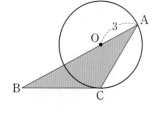

1 1597

연계문항 293쪽 **1392**

그림과 같이 $\overline{AC}=2$,
$\overline{EC}=\overline{BD}$이고,
$\angle CAD=30°$,
$\angle AEB=\angle ACD=90°$일
때, $\overline{BC}$의 길이를 구하시오.

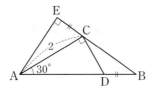

4 1600

연계문항 309쪽 **1489**

그림과 같이 삼각형 ABC의 외접원
의 반지름의 길이가 $7\sqrt{3}$이고
$\overline{AB}:\overline{BC}:\overline{CA}=7:5:3$일 때,
삼각형 ABC의 넓이를 구하시오.

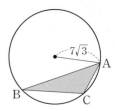

2 1598

연계문항 301쪽 **1441**

그림과 같이 선분 BE를 지름으로
하는 반원 O 위의 한 점 A에 대하
여 $3\overline{AB}=\overline{BE}$이다. 선분 BE를 삼
등분하는 두 점 C, D에 대하여
$\angle CAD=\theta$라 할 때, $\sqrt{11}\cos\theta$의 값을 구하시오.

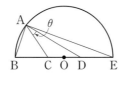

5 1601

연계문항 311쪽 **1501**

그림과 같이 $\overline{AB}=8$,
$\overline{BC}=12$, $\overline{CA}=10$인 삼각형
ABC에서 변 BC를 $1:2$로 내
분하는 점을 D라 할 때, $\overline{AD}$의
길이를 구하시오.

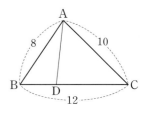

3 1599

연계문항 303쪽 **1454**

그림과 같이 $\overline{AB}=4$, $\overline{AC}=2$
이고 $\angle BAC=\dfrac{\pi}{3}$인 삼각형
ABC가 있다. $\angle BAC$의 이등
분선이 선분 BC와 만나는 점을
P라 할 때, 삼각형 APC의 외접원의 넓이를 구하시오.

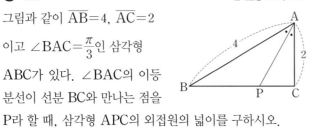

6 1602

연계문항 315쪽 **1520**

그림과 같이 원에 내접하는 사각형
ABCD에서 $\overline{AB}=3$, $\overline{BC}=4$,
$\overline{CD}=5$, $\overline{DA}=6$일 때, 사각형
ABCD의 넓이를 구하시오.

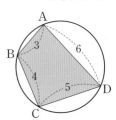

08

등차수열

08 등차수열

1 수열
핵심 1

(1) **수열** : 차례로 나열된 수의 열

(2) **항** : 수열을 이루고 있는 각 수를 그 수열의 **항**이라 한다. 이때 각 항을 앞에서부터 차례로 첫째항, 둘째항, 셋째항, … 또는 제1항, 제2항, 제3항, …이라 한다.

　예 수열 2, 4, 6, 8, 10, …의 제2항은 4, 제4항은 8이다.

　참고 항이 유한개인 수열에서 항의 개수를 항수, 마지막 항을 끝항이라 한다.

(3) **수열의 일반항** : 일반적으로 수열은 a_1, a_2, a_3, …, a_n, …과 같이 나타내고, 제n항 a_n을 이 수열의 **일반항**이라 한다. 일반항이 a_n인 수열을 간단히 $\{a_n\}$으로 나타낸다.

　참고 수열 $\{a_n\}$은 자연수 1, 2, 3, …에 이 수열의 각 항 a_1, a_2, a_3, …을 차례로 대응시킨 것이므로 자연수 전체의 집합을 정의역으로 하고 실수 전체의 집합을 공역으로 하는 함수로 생각할 수 있다.

즉, 자연수 전체의 집합 N에서 실수 전체의 집합 R로의 함수
$$f : N \to R, \ f(n) = a_n$$
으로 나타낼 수 있다.

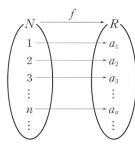

　주의 수열 $\{a_n\}$에서 $\{\ \}$는 집합 기호가 아니다.

2 등차수열
핵심 2

(1) **등차수열** : 첫째항에 차례로 일정한 수를 더하여 만든 수열

(2) **공차** : 등차수열에서 더하는 일정한 수

　참고 일반적으로 공차가 d인 등차수열 $\{a_n\}$에서 제n항에 공차 d를 더하면 제$(n+1)$항이 되므로 다음이 성립한다.

> 공차가 d인 등차수열 $\{a_n\}$과 이웃하는 두 항 a_n, a_{n+1}에 대하여
> $$a_{n+1} = a_n + d, \ a_{n+1} - a_n = d \ (단, \ n = 1, \ 2, \ 3, \ \cdots)$$

3 등차수열의 일반항
핵심 2

첫째항이 a, 공차가 d인 등차수열 $\{a_n\}$의 일반항 a_n은
$$a_n = a + (n-1)d \ (단, \ n = 1, \ 2, \ 3, \ \cdots)$$

　참고 첫째항이 a이고 공차가 d $(d \neq 0)$인 등차수열의 일반항 a_n은
$$a_n = a + (n-1)d = dn + a - d$$
이므로 n에 대한 일차식임을 알 수 있다. 즉,
$$a_n = An + B \ (단, \ A, \ B는 상수)$$
꼴로 나타난다. 이때 일차항의 계수가 등차수열의 공차이다.

Note

● 2, 4, 6, 8, 10과 같이 항이 유한개인 수열을 유한수열이라 하고, 2, 4, 6, 8, 10, …과 같이 항이 무수히 많은 수열을 무한수열이라 한다. 일반적으로 수열이라고 하면 무한수열을 뜻한다.

● 수열의 일반항 a_n이 n에 대한 식으로 주어지면 n에 1, 2, 3, …을 차례로 대입하여 수열 $\{a_n\}$의 모든 항을 구할 수 있다.

● 공차(公差)는 영어로 Common difference라 하고, 보통 d로 나타낸다.

● $a_1 = a + 0 \times d$
$a_2 = a + 1 \times d$
$a_3 = a + 2 \times d$
$a_4 = a + 3 \times d$
$\vdots$
$a_n = a + (n-1) \times d$

4 등차중항

세 수 a, b, c가 이 순서대로 등차수열을 이룰 때, b를 a와 c의 **등차중항**이라 한다.
이때 $b-a=c-b$이므로

$$2b=a+c, \ b=\frac{a+c}{2}$$

참고 수열 $\{a_n\}$의 연속하는 세 항 a_n, a_{n+1}, a_{n+2}가 등차수열을 이룰 때, a_{n+1}을 a_n과 a_{n+2}의 등차중항
이라 한다. 이때 $a_{n+1}-a_n=a_{n+2}-a_{n+1}$이므로

$$2a_{n+1}=a_n+a_{n+2}, \ a_{n+1}=\frac{a_n+a_{n+2}}{2} \ (단, \ n=1, \ 2, \ 3, \ \cdots)$$

참고 (1) 등차수열을 이루는 세 수는 a, $a+d$, $a+2d$ 또는 $a-d$, a, $a+d$로 나타낼 수 있다.
    (2) 등차수열을 이루는 네 수는 $a-3d$, $a-d$, $a+d$, $a+3d$로 나타낼 수 있다.

Note

● $\underbrace{b-a=c-b}_{공차}$

● b가 a와 c의 등차중항이면
$b=\frac{a+c}{2}$이므로 b는 a와 c의 산술평
균이다.

5 등차수열의 합

등차수열의 첫째항부터 제n항까지의 합을 S_n이라 하면
(1) 첫째항이 a, 제n항이 l일 때

→ $S_n=\dfrac{n(a+l)}{2}$

(2) 첫째항이 a, 공차가 d일 때

→ $S_n=\dfrac{n\{2a+(n-1)d\}}{2}$

참고 수열 $\{a_n\}$의 첫째항부터 제n항까지의 합 S_n은
$$S_n=a_1+a_2+a_3+\cdots+a_n$$

● $l=a+(n-1)d$
→ $a+l=2a+(n-1)d$

6 수열의 합과 일반항 사이의 관계

수열 $\{a_n\}$의 첫째항부터 제n항까지의 합을 S_n이라
하면

$$a_1=S_1, \ a_n=S_n-S_{n-1} \ (n\geq2)$$

참고 $a_n=S_n-S_{n-1}$에 $n=1$을 대입하면 $a_1=S_1-S_0$이다.
    이때 제0항은 정의되지 않으므로 S_0은 존재하지 않는다.
    따라서 $a_n=S_n-S_{n-1}$은 $n=1$일 때에 대해서는 다루지 않는다.
주의 S_n과 a_n 사이의 관계는 등차수열뿐만 아니라 모든 수열에서 성립한다.

$$\underbrace{a_1+a_2+a_3+\cdots+a_{n-1}+a_n}$$
$$\overbrace{\hspace{3cm}}^{S_n}$$
$$\underbrace{\hspace{2.5cm}}_{S_{n-1}}$$

● $a_n=S_n-S_{n-1} \ (n\geq2)$을 이용하여 구
한 a_n에 $n=1$을 대입한 값과 실제 수
열의 첫째항이 다를 수 있으므로 a_n을
구한 후 $a_1=S_1$인지 확인해야 한다.

08

핵심 1 수열의 일반항 [유형 1]

수열 $1, \dfrac{1}{4}, \dfrac{1}{9}, \dfrac{1}{16}, \cdots$의 일반항 a_n을 구해 보자.

$a_1 = 1 = \dfrac{1}{1^2}, \ a_2 = \dfrac{1}{4} = \dfrac{1}{2^2}, \ a_3 = \dfrac{1}{9} = \dfrac{1}{3^2}, \ a_4 = \dfrac{1}{16} = \dfrac{1}{4^2}, \cdots$

➡ 수열의 일반항은 $a_n = \dfrac{1}{n^2}$

각 항의 규칙을 찾아 제 n 항을 n에 대한 식으로 나타내어 보자.

1603 수열 $\{a_n\}$의 일반항이 $a_n = \dfrac{n+4}{3n}$일 때, 첫째항부터 제5항까지 차례로 나열하시오.

1604 다음 수열의 일반항 a_n을 추측하시오.

(1) $1, \ 3, \ 5, \ 7, \ 9, \ \cdots$

(2) $\dfrac{1}{1 \times 2}, \ \dfrac{1}{2 \times 3}, \ \dfrac{1}{3 \times 4}, \ \dfrac{1}{4 \times 5}, \ \cdots$

(3) $-1, \ 1, \ -1, \ 1, \ \cdots$

핵심 2 등차수열의 일반항과 등차중항 [유형 3, 7]

● **등차수열의 일반항**

$2, 5, 8, 11, \cdots$과 같이 첫째항이 **2**, 공차가 **3**인 등차수열의 일반항 a_n은

$$a_n = \underset{\text{첫째항}}{2} + (n-1) \times \underset{\text{공차}}{3} = 3n - 1$$

● **등차중항**

세 수 $3, k, 15$가 이 순서대로 등차수열을 이루면
(k는 3과 15의 등차중항)

$k - 3 = 15 - k$이므로 ➡ $2k = 3 + 15, \ k = \dfrac{3+15}{2} = 9$

(참고) $1, 3, 5, 7, 9, 11, 13, \cdots$에서 $7 = \dfrac{3+11}{2} = \dfrac{1+13}{2}$이므로

7은 3과 11의 등차중항, 1과 13의 등차중항이다. 이와 같이 항이 연속하지 않더라도 등차중항이 성립한다.

등차수열의 일반항은 n에 대한 일차식으로 나타낼 수 있어.

1605 첫째항이 13, 공차가 -2인 등차수열 $\{a_n\}$의 일반항 a_n을 구하시오.

1606 세 수 $2, x, -8$이 이 순서대로 등차수열을 이룰 때, x의 값을 구하시오.

핵심 3 **등차수열의 합** 유형 **10**

(1) 첫째항이 **3**, 제10항이 **21**인 등차수열의 첫째항부터 제10항까지의 합 S_{10}은

→ $S_{10}=\dfrac{10\times(3+21)}{2}=120$

(2) 첫째항이 **3**, 공차가 **2**인 등차수열의 첫째항부터 제10항까지의 합 S_{10}은

→ $S_{10}=\dfrac{10\times\{2\times3+(10-1)\times2\}}{2}=120$

제n항 l을 알 때,
$S_n=\dfrac{n(a+l)}{2}$ 을 이용하고,
공차 d를 알 때,
$S_n=\dfrac{n\{2a+(n-1)d\}}{2}$ 를 이용해.

08

1607 첫째항이 -2, 제20항이 57인 등차수열의 첫째항부터 제20항까지의 합을 구하시오.

1608 첫째항이 2, 공차가 4인 등차수열의 첫째항부터 제15항까지의 합을 구하시오.

핵심 4 **수열의 합과 일반항 사이의 관계** 유형 **19**

수열 $\{a_n\}$의 첫째항부터 제n항까지의 합 S_n이 $S_n=n^2$일 때, 일반항 a_n을 구해 보자.

(i) $n\geq2$일 때

$a_n=S_n-S_{n-1}$
$\quad=n^2-(n-1)^2=2n-1$ ⋯⋯⋯⋯⋯⋯⋯⋯⋯⋯⋯⋯⋯⋯ ㉠

(ii) $n=1$일 때

$a_1=S_1=1^2=1$

이때 $a_1=1$은 ㉠에 $n=1$을 대입한 값과 같으므로 수열 $\{a_n\}$은 첫째항부터 등차수열을 이룬다.

∴ $a_n=2n-1$

㉠이 $n=1$일 때도 성립하는지 꼭 확인해야 해.

1609 수열 $\{a_n\}$의 첫째항부터 제n항까지의 합 S_n이 $S_n=n^2+2n$일 때, 일반항 a_n을 구하시오.

1610 수열 $\{a_n\}$의 첫째항부터 제n항까지의 합 S_n이 $S_n=2n^2-3n$일 때, 다음을 구하시오.

(1) 일반항 a_n

(2) a_{10}의 값

기출 유형으로 실전 준비하기

1 수열의 제k항

(1) 수열 $\{a_n\}$의 일반항이 주어진 경우
    → 수열 $\{a_n\}$의 일반항 a_n에 $n=k$를 대입한다.
(2) n에 k를 대입하여 제k항을 추측하기 어려운 경우
    → n에 1, 2, 3, …을 차례로 대입하여 규칙성을 찾아 수열의 일반항 a_n을 구한 후 $n=k$를 대입하여 제k항을 구한다.

1611 대표문제

수열 $\{a_n\}$의 일반항이 $a_n=n^2+1$일 때, a_3의 값은?

① 7   ② 8   ③ 9
④ 10   ⑤ 11

1612 　　　　Level 1

수열 1×4, 2×5, 3×6, 4×7, …의 일반항을 a_n이라 할 때, a_{11}의 값은?

① 136   ② 142   ③ 148
④ 154   ⑤ 160

1613 중요 　　　　Level 2

수열 $\{a_n\}$을 $a_n=$(7^{n}을 10으로 나눈 나머지)로 정의할 때, a_{2025}의 값을 구하시오.

2 등차수열의 공차

(1) 등차수열 $\{a_n\}$의 공차가 d일 때
    → $d=a_2-a_1=a_3-a_2=a_4-a_3=\cdots=$(일정)
(2) 공차가 d인 등차수열 $\{a_n\}$에서 $a_k=P$일 때
    → $P=a_1+(k-1)d$

1614 대표문제

제2항이 -1, 제5항이 5인 등차수열 $\{a_n\}$의 공차는?

① 1   ② 2   ③ 3
④ 4   ⑤ 5

1615 　　　　Level 1

등차수열 $\{a_n\}$에 대하여 $a_1=1$, $a_3+a_8=29$일 때, 수열 $\{a_n\}$의 공차는?

① 1   ② 2   ③ 3
④ 4   ⑤ 5

1616 중요 　　　　Level 2

등차수열 $\{a_n\}$에 대하여

$$a_1-a_2+a_3-a_4+\cdots+a_{99}-a_{100}=100$$

일 때, 수열 $\{a_n\}$의 공차를 구하시오.

1617 중요

●●┃ Level 2

등차수열 $\{a_n\}$에 대하여 등차수열 $\{a_{2n}\}$의 공차가 4일 때, 등차수열 $\{a_{3n}\}$의 공차를 구하시오.

1618

●●┃ Level 2

두 수열 $\{a_n\}$, $\{b_n\}$은 각각 공차가 7, -3인 등차수열이다. 이때 등차수열 $\{2a_n+3b_n\}$의 공차는?

① 5   ② 9   ③ 11

④ 17   ⑤ 23

1619

●●┃ Level 2

공차가 d_1 $(d_1 \neq 0)$인 등차수열 $\{a_n\}$에 대하여 두 수열

a_1+a_2, a_3+a_4, a_5+a_6, $\cdots$

$a_1+a_2+a_3$, $a_4+a_5+a_6$, $a_7+a_8+a_9$, $\cdots$

의 공차를 각각 d_2, d_3이라 할 때, 다음 중 d_2와 d_3의 관계로 옳은 것은?

① $7d_2=3d_3$ ② $9d_2=4d_3$ ③ $4d_2=9d_3$

④ $9d_2=16d_3$ ⑤ $16d_2=9d_3$

다음은 이 유형에서 출제된 최근 교육청·평가원 기출문제입니다.

1620 교육청

●┃┃ Level 1

등차수열 $\{a_n\}$에 대하여 $a_2=3$, $a_4=9$일 때, 수열 $\{a_n\}$의 공차는?

① 1   ② 2   ③ 3

④ 4   ⑤ 5

1621 교육청

●┃┃ Level 1

등차수열 $\{a_n\}$에 대하여 $a_2+a_3=2(a_1+12)$일 때, 수열 $\{a_n\}$의 공차는?

① 2   ② 4   ③ 6

④ 8   ⑤ 10

1622 교육청

●●┃ Level 2

등차수열 $\{a_n\}$에 대하여

$a_1+a_2+a_3=15$, $a_3+a_4+a_5=39$

일 때, 수열 $\{a_n\}$의 공차는?

① 1   ② 2   ③ 3

④ 4   ⑤ 5

실전 유형 3 등차수열의 일반항

(1) 첫째항이 a, 공차가 d인 등차수열 $\{a_n\}$의 일반항
→ $a_n=a+(n-1)d$ (단, $n=1, 2, 3, \cdots$)
(2) 등차수열의 일반항은 $a_n=An+B$ (A, B는 상수) 꼴이므로 n에 대한 일차식이고, 첫째항은 $A+B$, 공차는 A이다.

1623 대표문제

제3항이 12, 제9항이 -6인 등차수열 $\{a_n\}$의 일반항 a_n은?

① $a_n=-3n-21$ ② $a_n=-3n-18$
③ $a_n=-3n+21$ ④ $a_n=3n-18$
⑤ $a_n=3n+18$

1624 중요 Level 2

일반항이 $a_n=pn+q$인 수열 $\{a_n\}$에 대하여 〈**보기**〉에서 옳은 것만을 있는 대로 고른 것은? (단, p, q는 상수이다.)

〈보기〉
ㄱ. 수열 $\{a_n\}$은 공차가 p인 등차수열이다.
ㄴ. 수열 $\{a_n\}$의 첫째항은 $p+q$이다.
ㄷ. $a_1=a_2$이면 $q=0$이다.

① ㄱ ② ㄴ ③ ㄱ, ㄴ
④ ㄱ, ㄷ ⑤ ㄴ, ㄷ

1625 Level 2

등차수열 $\{a_n\}$에 대하여 $a_3=\log_3 16$, $a_5=\log_3 256$일 때, 일반항 a_n을 구하시오.

실전 유형 4 등차수열의 제k항 빈출유형

등차수열 $\{a_n\}$의 첫째항이 a, 공차가 d이고 제k항이 m일 때, $a+(k-1)d=m$을 만족시키는 자연수 k의 값을 구한다.

1626 대표문제

등차수열 $\{a_n\}$에 대하여 $a_3=1$, $a_{10}=29$일 때, a_{17}의 값은?

① 45 ② 49 ③ 53
④ 57 ⑤ 61

1627 중요 Level 2

등차수열 $\{a_n\}$에 대하여 $a_{10}=29$, $a_7-a_5=6$일 때, 35는 제몇 항인지 구하시오.

1628 중요 Level 2

등차수열 $\{a_n\}$에 대하여 $a_6=26$, $a_4 : a_8=4 : 9$일 때, a_{40}의 값은?

① 192 ② 194 ③ 196
④ 198 ⑤ 200

1629

·•▮ Level 2

등차수열 $\{a_n\}$에 대하여 $a_2+a_5+a_{11}=a_3+a_{13}=60$일 때, a_{15}의 값은?

① 60   ② 65   ③ 70

④ 75   ⑤ 80

1630

·•▮ Level 2

등차수열 $\{a_n\}$에 대하여 $a_2+a_6=20$, $a_{14}+a_{17}=66$일 때, $a_{11}-a_8$의 값은?

① 10   ② 9   ③ 8

④ 7   ⑤ 6

1631

·•▮ Level 2

수열 $\{a_n\}$은 첫째항이 1, 공차가 3인 등차수열이고, 수열 $\{b_n\}$은 첫째항이 1000, 공차가 -6인 등차수열이다. 이때 $a_k=b_k$를 만족시키는 자연수 k의 값은?

① 111   ② 112   ③ 113

④ 114   ⑤ 115

다음은 이 유형에서 출제된 최근 교육청·평가원 기출문제입니다.

1632 교육청

·•▮ Level 1

등차수열 $\{a_n\}$에 대하여 $a_1=6$, $a_3+a_6=a_{11}$일 때, a_4의 값을 구하시오.

1633 교육청

·•▮ Level 2

첫째항이 a이고 공차가 -2인 등차수열 $\{a_n\}$에 대하여 $a_3\neq0$, $(a_2+a_4)^2=16a_3$일 때, a의 값은?

① 5   ② 6   ③ 7

④ 8   ⑤ 9

1634 평가원 신경향

·•▮ Level 3

$a_2=-4$이고 공차가 0이 아닌 등차수열 $\{a_n\}$에 대하여 수열 $\{b_n\}$을 $b_n=a_n+a_{n+1}$ $(n\geq1)$이라 하고, 두 집합 A, B를
$$A=\{a_1,\ a_2,\ a_3,\ a_4,\ a_5\},\ B=\{b_1,\ b_2,\ b_3,\ b_4,\ b_5\}$$
라 하자. $n(A\cap B)=3$이 되도록 하는 모든 수열 $\{a_n\}$에 대하여 a_{20}의 값의 합은?

① 30   ② 34   ③ 38

④ 42   ⑤ 46

첫째항이 a, 공차가 d인 등차수열 $\{a_n\}$에서
(1) 처음으로 k보다 커지는 항
→ $a_n=a+(n-1)d>k$를 만족시키는 자연수 n의 최솟값
을 구한다.
(2) 처음으로 k보다 작아지는 항
→ $a_n=a+(n-1)d<k$를 만족시키는 자연수 n의 최솟값
을 구한다.

1635 대표문제

제17항이 52, 제30항이 13인 등차수열 $\{a_n\}$에서 처음으로
음수가 되는 항은 제몇 항인가?

① 제34항   ② 제35항   ③ 제36항
④ 제37항   ⑤ 제38항

1636 Level 1

첫째항이 40, 공차가 -3인 등차수열 $\{a_n\}$에서 처음으로
음수가 되는 항은 제몇 항인지 구하시오.

1637 Level 1

첫째항이 1230, 공차가 -4인 등차수열 $\{a_n\}$에서 처음으로
20보다 작아지는 항은 제몇 항인가?

① 제300항   ② 제301항   ③ 제302항
④ 제303항   ⑤ 제304항

1638 Level 2

등차수열 $\{a_n\}$에 대하여 $a_1=3$, $a_5=a_3+4$일 때, $a_k<150$
을 만족시키는 자연수 k의 최댓값을 구하시오.

1639 중요 Level 2

등차수열 $\{a_n\}$에 대하여 $a_2+a_3=13$, $a_{10}-a_8=6$일 때,
$a_k>100$을 만족시키는 자연수 k의 최솟값은?

① 28   ② 30   ③ 32
④ 34   ⑤ 36

1640 Level 2

수열 $\{a_n\}$은 첫째항이 4이고 공차가 -3인 등차수열이고,
수열 $\{b_n\}$은 첫째항이 9이고 공차가 -2인 등차수열일 때,
$a_k \leq 5b_k$를 만족시키는 자연수 k의 개수는?

① 5   ② 6   ③ 7
④ 8   ⑤ 9

1641

Level 3

두 집합

$$A=\{x\,|\,x=3n-1,\ n\text{은 자연수}\},$$
$$B=\{x\,|\,x=5n-2,\ n\text{은 자연수}\}$$

에 대하여 집합 $A\cap B$의 원소를 작은 것부터 차례로 나열한 수열을 $\{a_n\}$이라 하자. 수열 $\{a_n\}$에서 처음으로 250보다 커지는 항은 제몇 항인가?

① 제16항   ② 제17항   ③ 제18항

④ 제19항   ⑤ 제20항

➕ Plus 문제

다음은 이 유형에서 출제된 최근 교육청·평가원 기출문제입니다.

1642 평가원 중요

Level 2

등차수열 $\{a_n\}$에 대하여 $a_1=a_3+8$, $2a_4-3a_6=3$일 때, $a_k<0$을 만족시키는 자연수 k의 최솟값은?

① 8   ② 10   ③ 12

④ 14   ⑤ 16

1643 교육청 고난도

Level 3

공차가 d인 등차수열 $\{a_n\}$이 다음 조건을 만족시키도록 하는 모든 자연수 d의 값의 합을 구하시오.

> (가) $a_8=2a_5+10$
> (나) 모든 자연수 n에 대하여 $a_n\times a_{n+1}\ge0$이다.

실전유형 6 두 수 사이에 수를 넣어서 만든 등차수열

두 수 a와 b 사이에 n개의 수 a_1, a_2, $\cdots$, a_n을 넣어서 만든 수열이 등차수열을 이루는 경우

(1) 항수: $n+2$

(2) 첫째항: a, 끝항: $b=a+(n+1)d$ ↳ 제$(n+2)$항

(3) 공차: $d=\dfrac{b-a}{n+1}$

08

1644 대표문제

두 수 14와 50 사이에 3개의 수 a, b, c를 넣어 만든 수열 14, a, b, c, 50이 이 순서대로 등차수열을 이룰 때, $a+b+c$의 값은?

① 72   ② 78   ③ 84

④ 90   ⑤ 96

1645

Level 1

7개의 수 1, a, b, c, d, e, 2가 이 순서대로 등차수열을 이룰 때, $a+2b+4c+2d+e$의 값은?

① 11   ② 12   ③ 13

④ 14   ⑤ 15

1646 중요

Level 1

두 수 9와 29 사이에 k개의 수를 넣어 만든 수열

$$9,\ a_1,\ a_2,\ a_3,\ \cdots,\ a_k,\ 29$$

가 이 순서대로 등차수열을 이룬다. 이 등차수열의 공차가 4일 때, k의 값을 구하시오.

1647 중요

Level 2

두 수 -28과 107 사이에 26개의 수를 넣어 만든 수열

$$-28, a_1, a_2, a_3, \cdots, a_{26}, 107$$

이 이 순서대로 등차수열을 이룰 때, a_{14}의 값은?

① 34 ② 36 ③ 38

④ 40 ⑤ 42

1648

Level 2

두 수 35와 2 사이에 10개의 수를 넣어 만든 수열

$$35, a_1, a_2, a_3, \cdots, a_{10}, 2$$

가 이 순서대로 등차수열을 이룰 때, $a_2 + a_5 + a_8$의 값을 구하시오.

1649

Level 3

두 수 1과 50 사이에 n개의 수를 넣어 만든 수열

$$1, a_1, a_2, a_3, \cdots, a_n, 50$$

이 이 순서대로 등차수열을 이룰 때, $a_1, a_2, a_3, \cdots, a_n$이 모두 자연수가 되도록 하는 모든 자연수 n의 값의 합은?

① 52 ② 54 ③ 56

④ 58 ⑤ 60

실전 유형 **7** 등차중항

빈출유형

세 수 a, b, c가 이 순서대로 등차수열을 이룬다.

➔ b는 a와 c의 등차중항

➔ $2b = a+c \iff b = \dfrac{a+c}{2}$

1650 대표문제

서로 다른 두 정수 a, b에 대하여 a, b, 6과 b^2, 4, a^2이 각각 이 순서대로 등차수열을 이룰 때, ab의 값은?

① -4 ② -2 ③ -1

④ 2 ⑤ 4

1651

Level 1

세 수 $-2a$, a^2-5a, 10이 이 순서대로 등차수열을 이루도록 하는 모든 실수 a의 값의 합은?

① -4 ② -2 ③ 0

④ 2 ⑤ 4

1652 중요

Level 2

두 자연수 a, b에 대하여 네 수

$$\log_2 3, \ \log_2 a, \ \log_2 12, \ \log_2 b$$

가 이 순서대로 등차수열을 이룰 때, $\dfrac{b}{a}$의 값을 구하시오.

1653

●▍▍ Level 2

이차방정식 $x^2-7x+3=0$의 두 근 α, β에 대하여 5개의 실수 p, $\alpha+\beta$, q, $\alpha\beta$, r이 이 순서대로 등차수열을 이룰 때, $p+r$의 값은?

① 4 ② 6 ③ 8
④ 10 ⑤ 12

1654 중요

●▍▍ Level 2

다항식 $f(x)=ax^2-x+3$을 일차식 $x+1$, $x-1$, $x-2$로 각각 나누었을 때의 나머지가 이 순서대로 등차수열을 이룰 때, 상수 a의 값은? (단, $a\neq0$)

① $-\dfrac{1}{6}$ ② $-\dfrac{1}{5}$ ③ $-\dfrac{1}{4}$
④ $-\dfrac{1}{3}$ ⑤ $-\dfrac{1}{2}$

1655

●▍▍ Level 2

그림과 같이 가로줄과 세로줄에 있는 세 수가 화살표 방향의 순서대로 각각 등차수열을 이룰 때, $a-b+c-d$의 값을 구하시오.

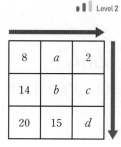

1656

●▍▍ Level 3

그림과 같이 함수 $y=|x^2-9|$의 그래프가 직선 $y=k$와 서로 다른 네 점에서 만날 때, 네 점의 x좌표를 각각 a_1, a_2, a_3, a_4라 하자. 네 수 a_1, a_2, a_3, a_4가 이 순서대로 등차수열을 이룰 때, 양수 k의 값은?
(단, $a_1<a_2<a_3<a_4$)

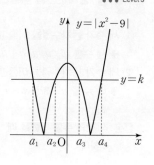

① $\dfrac{34}{5}$ ② 7 ③ $\dfrac{36}{5}$
④ $\dfrac{37}{5}$ ⑤ $\dfrac{38}{5}$

> 다음은 이 유형에서 출제된 최근 교육청·평가원 기출문제입니다.

1657 교육청

●▍▍ Level 1

이차방정식 $x^2-24x+10=0$의 두 근 α, β에 대하여 세 수 α, k, β가 이 순서대로 등차수열을 이룬다. 상수 k의 값을 구하시오.

1658 평가원

●▍▍ Level 2

자연수 n에 대하여 x에 대한 이차방정식 $x^2-nx+4(n-4)=0$이 서로 다른 두 실근 α, β $(\alpha<\beta)$를 갖고, 세 수 1, α, β가 이 순서대로 등차수열을 이룰 때, n의 값은?

① 5 ② 8 ③ 11
④ 14 ⑤ 17

(1) 세 수가 등차수열을 이룰 때
→ 세 수를 $a-d, a, a+d$로 놓고 식을 세운다.
(2) 네 수가 등차수열을 이룰 때
→ 네 수를 $a-3d, a-d, a+d, a+3d$로 놓고 식을 세운다.
참고 각 항의 수를 더했을 때, a만 남도록 수를 놓으면 계산이 편리하다.

1659 대표문제

등차수열을 이루는 세 수의 합이 24, 곱이 120일 때, 세 수 중 가장 큰 수는?

① 7   ② 9   ③ 11
④ 13   ⑤ 15

1660

Level 2

등차수열을 이루는 네 수의 합은 20이고, 가운데 두 수의 곱은 가장 작은 수와 가장 큰 수의 곱보다 72만큼 크다고 할 때, 네 수 중 가장 큰 수와 가장 작은 수의 곱은?

① -60 ② -56 ③ -52
④ -48 ⑤ -44

1661 중요

Level 2

세 실수 a, b, c는 이 순서대로 등차수열을 이루고 다음 조건을 만족시킬 때, abc의 값을 구하시오.

(가) $a+b+c=15$
(나) $a^2+b^2+c^2=107$

1662

Level 2

세 실수 a, b, c가 이 순서대로 등차수열을 이루고 다음 조건을 만족시킬 때, abc의 값은?

(가) $\dfrac{2^a \times 2^c}{2^b}=32$
(나) $a+c+ca=26$

① 20   ② 40   ③ 60
④ 80   ⑤ 100

1663 중요

Level 2

삼차방정식 $x^3-6x^2+3x-k=0$의 세 실근이 등차수열을 이룰 때, 상수 k의 값은?

① -4 ② -6 ③ -8
④ -10 ⑤ -12

1664

Level 2

직각삼각형의 세 변의 길이가 등차수열을 이루고, 직각삼각형의 둘레의 길이가 36일 때, 이 직각삼각형의 넓이를 구하시오.

실전 유형 **9** 항이 절댓값으로 주어진 등차수열 〔신유형〕

❶ 절댓값의 성질을 이용하여 첫째항 a, 공차 d를 구한다.
❷ 주어진 조건을 만족시키는 항 a_k 또는 일반항 a_n을 구한다.

1665 〔대표문제〕

등차수열 $\{a_n\}$에서 제2항과 제9항은 절댓값이 같고 부호가 서로 반대이다. 제5항은 -4일 때, 일반항 a_n을 구하시오.

1666 〔중요〕 ‖ Level 2

등차수열 $\{a_n\}$에 대하여 $a_3=a_1-6$, $|a_{10}|=|a_8|$일 때, a_2의 값은?

① 17 ② 19 ③ 21
④ 23 ⑤ 25

1667 ‖ Level 2

등차수열 $\{a_n\}$에 대하여 $a_3=-23$, $a_5=-15$일 때, $|a_n|$의 값이 최소가 되게 하는 자연수 n의 값은?

① 6 ② 7 ③ 8
④ 9 ⑤ 10

1668 ‖ Level 3

모든 항이 정수인 등차수열 $\{a_n\}$이 다음 조건을 만족시킬 때, a_{15}의 값은?

> (가) $a_2=-20$
> (나) $|a_{11}+a_6|=|a_{11}-a_6|$

① 41 ② 42 ③ 43
④ 44 ⑤ 45

〔 다음은 이 유형에서 출제된 최근 교육청 · 평가원 기출문제입니다. 〕

1669 〔수능〕 〔중요〕 ‖ Level 3

공차가 양수인 등차수열 $\{a_n\}$이 다음 조건을 만족시킬 때, a_2의 값은?

> (가) $a_6+a_8=0$
> (나) $|a_6|=|a_7|+3$

① -15 ② -13 ③ -11
④ -9 ⑤ -7

➕ Plus 문제

10 등차수열의 합 – 합 구하기

등차수열의 첫째항부터 제n항까지의 합을 S_n이라 할 때

(1) 첫째항 a와 제n항 l이 주어진 경우

➜ $S_n = \dfrac{n(a+l)}{2}$

(2) 첫째항 a와 공차 d가 주어진 경우

➜ $S_n = \dfrac{n\{2a+(n-1)d\}}{2}$

1670 대표문제

제2항이 4, 제5항이 22인 등차수열 $\{a_n\}$의 첫째항부터 제10항까지의 합은?

① 150　　　　② 200　　　　③ 250

④ 300　　　　⑤ 350

1671 Level 2

첫째항이 2인 등차수열 $\{a_n\}$에서 $a_2 + a_6 + a_{10} = 36$일 때, 첫째항부터 제20항까지의 합을 구하시오.

1672 중요 Level 2

등차수열 $\{a_n\}$에 대하여 $a_n = 4n+1$일 때, $a_3 + a_4 + a_5 + \cdots + a_{20}$의 값은?

① 838　　　　② 842　　　　③ 846

④ 850　　　　⑤ 854

1673 Level 2

공차가 3인 등차수열 $\{a_n\}$에서 $a_{10} = 18$일 때, $a_{11} + a_{12} + a_{13} + \cdots + a_{20}$의 값은?

① 325　　　　② 330　　　　③ 335

④ 345　　　　⑤ 350

1674 Level 3

첫째항이 1이고 공차가 $\dfrac{2}{3}$인 등차수열 $\{a_n\}$의 첫째항부터 제50항까지의 수 중 자연수인 모든 수의 합은?

① 271　　　　② 279　　　　③ 281

④ 289　　　　⑤ 291

다음은 이 유형에서 출제된 최근 교육청·평가원 기출문제입니다.

1675 교육청 Level 1

첫째항이 3이고 공차가 2인 등차수열 $\{a_n\}$의 첫째항부터 제10항까지의 합은?

① 80　　　　② 90　　　　③ 100

④ 110　　　　⑤ 120

1676 평가원 중요 Level 2

첫째항이 2인 등차수열 $\{a_n\}$의 첫째항부터 제n항까지의 합을 S_n이라 하자. $a_6 = 2(S_3 - S_2)$일 때, S_{10}의 값은?

① 100　　　　② 110　　　　③ 120

④ 130　　　　⑤ 140

08

실전 유형 **11** 등차수열의 합 – 합이 주어진 경우

❶ 등차수열의 합 S_n을 이용하여 첫째항 a와 공차 d, 일반항 a_n을 구한다.

❷ 조건을 만족시키는 항 a_k를 구한다.

1677 대표문제

공차가 2인 등차수열 $\{a_n\}$에서 첫째항부터 제10항까지의 합이 100일 때, a_2+a_3의 값은?

① 5   ② 6   ③ 7

④ 8   ⑤ 9

1678 중요   Level 2

첫째항이 30, 제n항이 -15인 등차수열 $\{a_n\}$의 첫째항부터 제n항까지의 합이 120일 때, 수열 $\{a_n\}$의 공차는?

① -5 ② -4 ③ -3

④ -2 ⑤ -1

1679   Level 2

첫째항이 20, 제n항이 -4인 등차수열 $\{a_n\}$의 첫째항부터 제n항까지의 합이 40일 때, 이 수열의 제8항을 구하시오.

1680   Level 2

$a_{10}=50$, $a_{11}=45$인 등차수열 $\{a_n\}$에 대하여

$$a_1+a_2+a_3+\cdots+a_n=0$$

을 만족시키는 자연수 n의 값은?

① 36   ② 37   ③ 38

④ 39   ⑤ 40

1681   Level 2

어떤 학생이 영어 단어를 첫날 a개 외우고 다음날부터는 매일 전날보다 5개씩 더 외워서 마지막 날에는 암기한 단어가 90개가 되도록 공부 계획을 세웠다. 단어를 외우기 시작한 첫날부터 마지막 날까지 n일 동안 외운 단어가 총 825개일 때, 자연수 n의 값을 구하시오.

1682 고난도   Level 3

첫째항이 a이고 공차가 -2인 등차수열 $\{a_n\}$의 첫째항부터 제n항까지의 합을 S_n이라 하자. 모든 자연수 n에 대하여 $S_n<100$일 때, 자연수 a의 최댓값은?

① 16   ② 17   ③ 18

④ 19   ⑤ 20

두 등차수열 $\{a_n\}$, $\{b_n\}$의 각각의 첫째항을 a_1, b_1, 공차를 d_1, d_2, 첫째항부터 제n항까지의 합을 S_n, T_n이라 할 때

→ 수열 $\{a_n+b_n\}$은 공차가 d_1+d_2인 등차수열

→ $S_n+T_n=\dfrac{n\{(a_1+b_1)+(a_n+b_n)\}}{2}$

$=\dfrac{n\{2(a_1+b_1)+(n-1)(d_1+d_2)\}}{2}$

1683 대표문제

두 등차수열 $\{a_n\}$, $\{b_n\}$의 첫째항의 합이 7이고 공차의 합이 3일 때, $(a_1+a_2+a_3+\cdots+a_{15})+(b_1+b_2+b_3+\cdots+b_{15})$의 값은?

① 140   ② 210   ③ 280

④ 350   ⑤ 420

1684 중요   ▮▮ Level 2

두 등차수열 $\{a_n\}$, $\{b_n\}$의 첫째항부터 제n항까지의 합을 각각 S_n, T_n이라 할 때,

$$a_1+b_1=12, \; S_{10}+T_{10}=525$$

이다. 이때 a_6+b_6의 값을 구하시오.

1685   ▮▮ Level 2

두 등차수열 $\{a_n\}$, $\{b_n\}$이 다음 조건을 만족시킨다.

> (가) $a_6-a_2=b_{10}-b_2=2$
> (나) $a_1+b_1=-4$

두 등차수열 $\{a_n\}$, $\{b_n\}$의 첫째항부터 제n항까지의 합을 각각 S_n, T_n이라 할 때, $S_{17}+T_{17}$의 값은?

① 17   ② 34   ③ 51

④ 68   ⑤ 85

두 수 a, b 사이에 n개의 수를 넣어서 만든 $(n+2)$개의 수가 a를 첫째항으로 하는 등차수열을 이루는 경우

(1) 공차: $d=\dfrac{b-a}{n+1}$

(2) 첫째항이 a, 끝항이 b, 항수가 $(n+2)$인 등차수열의 합을 S라 하면

→ $S=\dfrac{(n+2)(a+b)}{2}$

1686 대표문제

두 수 -5와 15 사이에 n개의 수를 넣어 만든 수열

$$-5, \; a_1, \; a_2, \; a_3, \; \cdots, \; a_n, \; 15$$

가 이 순서대로 등차수열을 이루고 그 합이 50일 때, n의 값은?

① 8   ② 9   ③ 10

④ 11   ⑤ 12

1687   ▮▮ Level 1

두 수 12와 -42 사이에 20개의 수를 넣어 만든 수열

$$12, \; a_1, \; a_2, \; a_3, \; \cdots, \; a_{20}, \; -42$$

가 이 순서대로 등차수열을 이룰 때, $a_1+a_2+a_3+\cdots+a_{20}$의 값을 구하시오.

1688 중요   ▮▮ Level 2

두 수 32와 -16 사이에 n개의 수를 넣어 만든 수열

$$32, \; a_1, \; a_2, \; a_3, \; \cdots, \; a_n, \; -16$$

이 이 순서대로 등차수열을 이루고 $a_1+a_2+a_3+\cdots+a_n=128$일 때, n의 값은?

① 13   ② 14   ③ 15

④ 16   ⑤ 17

1689

Level 2

두 수 $\log_2 2$, $\log_2 256$ 사이에 서로 다른 n개의 수를 넣어
만든 등차수열

$$\log_2 2,\ \log_2 a_1,\ \log_2 a_2,\ \log_2 a_3,\ \cdots,\ \log_2 a_n,\ \log_2 256$$

의 모든 항의 합이 63이 되게 하는 n의 값을 구하시오.

1690

Level 2

두 수 2와 12 사이에 n개의 수를 넣어 만든 수열

$$2,\ a_1,\ a_2,\ a_3,\ \cdots,\ a_n,\ 12$$

가 이 순서대로 등차수열을 이루고 모든 항의 합이 112일
때, a_3의 값을 구하시오.

1691

Level 2

두 수 7과 190 사이에 n개의 수를 넣어 만든 수열

$$7,\ a_1,\ a_2,\ a_3,\ \cdots,\ a_n,\ 190$$

이 이 순서대로 공차가 3인 등차수열을 이룰 때,
$a_1+a_2+a_3+\cdots+a_n$의 값은?

① 5910 ② 5920 ③ 5930

④ 5940 ⑤ 5950

실전유형 **14** 부분의 합이 주어진 등차수열의 합   빈출유형

첫째항이 a, 공차가 d인 등차수열 $\{a_n\}$의 첫째항부터 제n항까
지의 합을 S_n, 첫째항부터 제m항까지의 합을 S_m이라 하면

$$S_n=\frac{n\{2a+(n-1)d\}}{2},\ S_m=\frac{m\{2a+(m-1)d\}}{2}$$

➔ 두 식을 연립하여 a, d의 값을 구한다.

1692 대표문제

등차수열 $\{a_n\}$의 첫째항부터 제n항까지의 합을 S_n이라 하
자. $S_3=12$, $S_6=42$일 때, S_9의 값은?

① 60 ② 70 ③ 80

④ 90 ⑤ 100

1693 중요

Level 2

첫째항부터 제5항까지의 합이 130, 첫째항부터 제10항까지
의 합이 435인 등차수열 $\{a_n\}$의 첫째항부터 제15항까지의
합은?

① 805 ② 915 ③ 935

④ 1055 ⑤ 1185

1694

Level 2

등차수열 $\{a_n\}$의 첫째항부터 제n항까지의 합을 S_n이라 하
자. $S_3=39$, $S_8=264$일 때, $S_n=588$을 만족시키는 자연수
n의 값을 구하시오.

1695 (중요)

등차수열 $\{a_n\}$의 첫째항부터 제n항까지의 합을 S_n이라 할 때, $S_5=120$, $S_{20}=780$이다. 이때 $a_6+a_7+a_8+\cdots+a_{30}$의 값은?

① 1310   ② 1330   ③ 1350

④ 1370   ⑤ 1390

1696

Level 3

등차수열 $\{a_n\}$의 첫째항부터 제n항까지의 합을 S_n이라 하자. $S_{10}=S_{12}$일 때, $S_n=0$을 만족시키는 자연수 n의 값은? (단, $a_1 \neq 0$)

① 21   ② 22   ③ 23

④ 24   ⑤ 25

다음은 이 유형에서 출제된 최근 교육청·평가원 기출문제입니다.

1697 (교육청)

Level 3

첫째항이 양수인 등차수열 $\{a_n\}$의 첫째항부터 제n항까지의 합을 S_n이라 하자.

$$|S_3|=|S_6|=|S_{11}|-3$$

을 만족시키는 모든 수열 $\{a_n\}$의 첫째항의 합은?

① $\dfrac{31}{5}$ ② $\dfrac{33}{5}$ ③ 7

④ $\dfrac{37}{5}$ ⑤ $\dfrac{39}{5}$

실전 유형 15 등차수열의 합의 활용 – 최대·최소

(1) 등차수열의 합의 최댓값
  ➡ (첫째항) > 0, (공차) < 0인 경우는 양수가 나오는 항까지의 합이 최대이다.
(2) 등차수열의 합의 최솟값
  ➡ (첫째항) < 0, (공차) > 0인 경우는 음수가 나오는 항까지의 합이 최소이다.

1698 (대표문제)

첫째항이 35, 공차가 -4인 등차수열 $\{a_n\}$의 첫째항부터 제n항까지의 합을 S_n이라 할 때, S_n의 최댓값은?

① 159   ② 163   ③ 167

④ 171   ⑤ 175

1699 (중요)

Level 2

제2항이 40, 제13항이 -15인 등차수열 $\{a_n\}$의 첫째항부터 제n항까지의 합을 S_n이라 할 때, S_n의 최댓값은?

① 213   ② 216   ③ 219

④ 222   ⑤ 225

1700

Level 2

공차가 3, 제10항이 -26인 등차수열 $\{a_n\}$의 첫째항부터 제n항까지의 합을 S_n이라 할 때, S_n의 최솟값과 그때의 n의 값의 합은?

① -478 ② -477 ③ -476

④ -475 ⑤ -474

1701 _{중요}

ıll Level 2

등차수열 $\{a_n\}$의 첫째항부터 제n항까지의 합을 S_n이라 할 때, $S_2=20$, $S_{12}=0$이다. 이 수열의 첫째항부터 제k항까지의 합이 최대이고, 그때의 최댓값이 m일 때, km의 값을 구하시오.

1702

ıll Level 2

첫째항이 -5인 등차수열 $\{a_n\}$의 첫째항부터 제n항까지의 합을 S_n이라 할 때, $S_3=S_{10}$이다. 이때 S_n의 최솟값은?

① -17 ② $-\dfrac{35}{2}$ ③ -18

④ $-\dfrac{37}{2}$ ⑤ -19

1703

ıll Level 2

첫째항이 160, 공차가 정수인 등차수열 $\{a_n\}$의 첫째항부터 제n항까지의 합을 S_n이라 하고, S_n은 $n=10$일 때 최댓값을 가진다. 이때 등차수열 $\{a_n\}$의 공차는? (단, $a_n \neq 0$)

① -21 ② -20 ③ -19

④ -18 ⑤ -17

실전 유형 **16** 등차수열의 합의 활용 – 배수의 합 **복합유형**

(1) 자연수 d의 양의 배수를 작은 것부터 차례로 나열하면
➜ d, $2d$, $3d$, ⋯ └→ 자연수 d로 나누어떨어지는 자연수이다.
➜ 첫째항과 공차가 모두 d인 등차수열
(2) 자연수 d로 나누었을 때의 나머지가 a ($0 \leq a < d$)인 자연수를 작은 것부터 차례로 나열하면
➜ a, $a+d$, $a+2d$, $a+3d$, ⋯
➜ 첫째항이 a, 공차가 d인 등차수열

1704 _{대표문제}

50 이하의 자연수 중에서 3으로 나누었을 때의 나머지가 2인 수의 총합은?

① 434   ② 436   ③ 438

④ 440   ⑤ 442

1705

ıll Level 2

$100 \leq N < 1000$인 자연수 N 중에서 5로 나누어떨어지는 수의 총합을 구하시오.

1706

ıll Level 2

전체집합 $U=\{x \mid x$는 200 이하의 자연수$\}$의 부분집합 A가 $A=\{x \mid x$는 5로 나누었을 때의 나머지가 2인 수$\}$일 때, 집합 A의 모든 원소의 합은?

① 3950   ② 3960   ③ 3970

④ 3980   ⑤ 3990

08

1707 중요

Level 3

3으로 나누었을 때의 나머지가 1이고, 5로 나누었을 때의 나머지가 4인 자연수를 작은 것부터 차례로 a_1, a_2, a_3, $\cdots$ 이라 하자. 이때 $a_1 + a_2 + a_3 + \cdots + a_{10}$의 값은?

① 700 ② 705 ③ 710
④ 715 ⑤ 720

1708 중요

Level 3

두 자리의 자연수 중에서 3 또는 4로 나누어떨어지는 수의 총합을 구하시오.

1709 고난도

Level 3

자연수 n을 3으로 나눈 나머지를 a_n, 첫째항이 3, 공차가 2인 등차수열 $\{b_n\}$의 일반항을 b_n이라 할 때, $a_1 b_1 + a_2 b_2 + a_3 b_3 + \cdots + a_{20} b_{20}$의 값은?

① 461 ② 465 ③ 469
④ 473 ⑤ 477

✚ Plus 문제

심화유형 17 항이 절댓값으로 주어진 등차수열의 합   신유형

(1) (첫째항) > 0, (공차) < 0인 경우
　　처음으로 음수가 나오는 항을 a_k라 할 때
　　➜ $(a_1 + a_2 + a_3 + \cdots + a_{k-1}) + |a_k + a_{k+1} + a_{k+2} + \cdots + a_n|$
　　　　└→ 모든 양수인 항들의 합　　　└→ 모든 음수인 항들의 합
(2) (첫째항) < 0, (공차) > 0인 경우
　　처음으로 양수가 나오는 항을 a_k라 할 때
　　➜ $|a_1 + a_2 + a_3 + \cdots + a_{k-1}| + (a_k + a_{k+1} + a_{k+2} + \cdots + a_n)$

1710 대표문제

첫째항이 21, 공차가 -3인 등차수열 $\{a_n\}$에 대하여 $|a_1| + |a_2| + |a_3| + \cdots + |a_{20}|$의 값은?

① 312 ② 315 ③ 318
④ 321 ⑤ 324

1711

Level 2

등차수열 $\{a_n\}$의 일반항이 $a_n = -4n + 7$일 때, $|a_1| + |a_2| + |a_3| + \cdots + |a_{20}|$의 값은?

① 696 ② 701 ③ 706
④ 711 ⑤ 716

1712

∎∎ Level 2

첫째항이 −43, 공차가 3인 등차수열 $\{a_n\}$에 대하여
$|a_1|+|a_2|+|a_3|+\cdots+|a_{30}|$의 값을 구하시오.

1713 중요

∎∎ Level 2

등차수열 $\{a_n\}$에 대하여 $a_3=9$, $a_{15}=-15$일 때,
$|a_1|+|a_2|+|a_3|+\cdots+|a_{15}|$의 값은?

① 98　　　　② 103　　　　③ 108

④ 113　　　　⑤ 118

1714

∎∎ Level 3

첫째항이 57이고 공차가 −6인 등차수열 $\{a_n\}$에 대하여
$|a_1+a_2+a_3+\cdots+a_n|$의 값이 최소가 되게 하는 자연수 n
의 값은?

① 19　　　　② 20　　　　③ 21

④ 22　　　　⑤ 23

⊕ Plus 문제

심화 유형　**18** 등차수열의 합의 활용 − 선분의 길이　복합유형

주어진 조건을 식으로 나타내고, 등차수열의 합을 이용한다.

1715 대표문제

그림과 같이 직선 $y=3x$에 대하여 각 영역의 넓이를 차례로 a_1, a_2, a_3, $\cdots$, a_n이라 할 때, $a_2+a_4+a_6+\cdots+a_{20}$의 값을 구하시오.

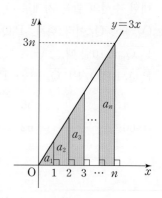

1716

∎∎ Level 2

그림과 같이 두 곡선
$y=x^2$,
$y=x^2+ax+b$ $(a>0)$의
교점에서 오른쪽으로 일정한 간격으로 y축에 평행한 선분 15개를 그렸다. 이들

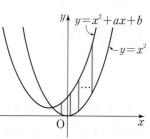

선분 중 가장 짧은 선분의 길이가 2이고 가장 긴 선분의 길이가 20일 때, 15개의 선분의 길이의 합은? (단, a, b는 상수이고, 각 선분의 양 끝 점은 두 곡선 위에 있다.)

① 165　　　　② 170　　　　③ 175

④ 180　　　　⑤ 185

1717 중요

Level 3

그림과 같이 직선 l 위에 같은 간격으로 10개의 점 P_1, P_2, P_3, ⋯, P_{10}을 잡고, 각 점에서 직선 m에 내린 수선의 발을 차례로 Q_1, Q_2, Q_3, ⋯, Q_{10}이라 하자. $\overline{P_1Q_1}=4$, $\overline{P_{10}Q_{10}}=10$일 때, $\overline{P_2Q_2}+\overline{P_3Q_3}+\overline{P_4Q_4}+\cdots+\overline{P_9Q_9}$의 값은?

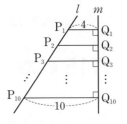

① 54   ② 56   ③ 58

④ 60   ⑤ 62

다음은 이 유형에서 출제된 최근 교육청·평가원 기출문제입니다.

1718 교육청

Level 2

그림과 같이 두 직선 $y=x$, $y=a(x-1)$ $(a>1)$의 교점에서 오른쪽 방향으로 y축에 평행한 14개의 선분을 같은 간격으로 그었다. 이들 중 가장 짧은 선분의 길이는 3이고, 가장 긴 선분의 길이는 42일 때, 14개의 선분의 길이의 합을 구하시오.

(단, 각 선분의 양 끝 점은 두 직선 위에 있다.)

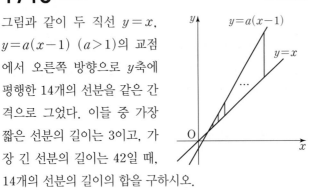

실전 유형 **19** 수열의 합과 일반항 사이의 관계   빈출유형

수열 $\{a_n\}$의 첫째항부터 제n항까지의 합 S_n이 주어진 경우

➔ $a_1=S_1$, $a_n=S_n-S_{n-1}$ $(n\geq2)$

참고 $S_n=An^2+Bn+C$ $(A\neq0$, B, C는 상수) 꼴일 때

   (1) $C=0$이면 수열 $\{a_n\}$은 첫째항부터 등차수열을 이룬다.

   (2) $C\neq0$이면 수열 $\{a_n\}$은 둘째항부터 등차수열을 이룬다.

1719 대표문제

수열 $\{a_n\}$의 첫째항부터 제n항까지의 합 S_n이 $S_n=n^2+3n+1$일 때, a_1+a_{20}의 값은?

① 46   ② 47   ③ 48

④ 49   ⑤ 50

1720 중요

Level 2

첫째항부터 제n항까지의 합 S_n이 $S_n=kn^2+2n$인 수열 $\{a_n\}$에 대하여 $a_6=57$일 때, 상수 k의 값을 구하시오.

1721

Level 2

수열 $\{a_n\}$의 첫째항부터 제n항까지의 합 S_n이 $S_n=-n^2+14n$일 때, $|a_1|+|a_3|+|a_5|+\cdots+|a_{17}|+|a_{19}|$의 값은?

① 104   ② 106   ③ 108

④ 110   ⑤ 112

1722

◂◂◂ Level 2

수열 $\{a_n\}$의 첫째항부터 제n항까지의 합 S_n이
$S_n = n^2 + 4n - 2$일 때, $5 \le a_n \le 50$을 만족시키는 자연수 n
의 개수를 구하시오.

1723

◂◂◂ Level 2

공차가 2인 등차수열 $\{a_n\}$의 첫째항부터 제n항까지의 합을
S_n이라 하자. $S_n = pn^2 - 15n$일 때, $a_7 + a_8$의 값은?
(단, p는 상수이다.)

① -5 ② -4 ③ -3

④ -2 ⑤ -1

1724 중요

◂◂◂ Level 2

수열 $\{a_n\}$의 첫째항부터 제n항까지의 합 S_n이 다항식
$x^2 + x - 3$을 $x - 2n$으로 나누었을 때의 나머지와 같을 때,
$a_1 + a_4$의 값은?

① 30   ② 33   ③ 36

④ 39   ⑤ 42

1725

◂◂◂ Level 3

수열 $\{a_n\}$의 첫째항부터 제n항까지의 합 S_n이
$S_n = 2n^2 + n$이고, 수열 $\{a_n + b_n\}$의 첫째항부터 제n항까지
의 합 T_n이 $T_n = 4n^2 - n$일 때, b_7의 값은?

① 16   ② 20   ③ 24

④ 28   ⑤ 32

➕ Plus 문제

다음은 이 유형에서 출제된 최근 교육청·평가원 기출문제입니다.

1726 교육청

◂◂◂ Level 2

공차가 d인 등차수열 $\{a_n\}$의 첫째항부터 제n항까지의 합이
$n^2 - 5n$일 때, $a_1 + d$의 값은?

① -4 ② -2 ③ 0

④ 2   ⑤ 4

1727 평가원 고난도

◂◂◂ Level 3

공차가 2인 등차수열 $\{a_n\}$의 첫째항부터 제n항까지의 합을
S_n이라 하자. $S_k = -16$, $S_{k+2} = -12$를 만족시키는 자연
수 k에 대하여 a_{2k}의 값은?

① 6   ② 7   ③ 8

④ 9   ⑤ 10

➕ Plus 문제

1728 대표문제

등차수열 $\{a_n\}$에 대하여 $a_3+a_5=22$, $a_4+a_6=-6$일 때, 수열 $\{a_n\}$의 일반항 a_n을 구하는 과정을 서술하시오. [6점]

STEP 1 첫째항 a와 공차 d에 대한 연립방정식 세우기 [3점]

등차수열 $\{a_n\}$의 첫째항을 a, 공차를 d라 하면

$a_3+a_5=22$에서

$a_3=a+2d$, $a_5=a+\boxed{}^{(1)}$ 이므로

$a_3+a_5=2a+\boxed{}^{(2)}=22$ ················· ㉠

$a_4+a_6=-6$에서

$a_4=a+3d$, $a_6=a+\boxed{}^{(3)}$ 이므로

$a_4+a_6=2a+\boxed{}^{(4)}=-6$ ················· ㉡

STEP 2 연립방정식을 풀어 첫째항 a와 공차 d의 값 구하기 [1점]

㉠, ㉡을 연립하여 풀면

$a=\boxed{}^{(5)}$, $d=\boxed{}^{(6)}$

STEP 3 일반항 a_n 구하기 [2점]

$a_n=\boxed{}^{(7)}+(n-1)\times(\boxed{}^{(8)})$

$\quad=-14n+\boxed{}^{(9)}$

1729 한번 더

등차수열 $\{a_n\}$에 대하여 $a_2+a_4=12$, $a_5+a_8=-9$일 때, 수열 $\{a_n\}$의 일반항 a_n을 구하는 과정을 서술하시오. [6점]

STEP 1 첫째항 a와 공차 d에 대한 연립방정식 세우기 [3점]

STEP 2 연립방정식을 풀어 첫째항 a와 공차 d의 값 구하기 [1점]

STEP 3 일반항 a_n 구하기 [2점]

1730 유사 1

등차수열 $\{a_n\}$에 대하여 $a_2=37$, $a_4+a_8=50$일 때, $|a_k|=20$을 만족시키는 자연수 k의 값을 구하는 과정을 서술하시오. [8점]

핵심 KEY 유형 3 , 유형 4 등차수열의 일반항

항의 관계가 주어질 때 등차수열의 일반항을 구하는 문제이다.
첫째항이 a, 공차가 d인 등차수열의 일반항은
$a_n=a+(n-1)d$임을 이용한다.
연립방정식을 풀어 a, d의 값을 각각 구하는 과정과 일반항 a_n을 식으로 나타내는 과정에서 실수하지 않도록 주의한다.

08

1731 대표문제

첫째항이 55, 공차가 −4인 등차수열 $\{a_n\}$의 첫째항부터 제n항까지의 합을 S_n이라 할 때, S_n의 최댓값을 구하는 과정을 서술하시오. [7점]

STEP 1 일반항 a_n 구하기 [2점]

등차수열 $\{a_n\}$의 첫째항이 55, 공차가 −4이므로

$$a_n = \boxed{}^{(1)} + (n-1) \times (-4)$$

$$= -4n + \boxed{}^{(2)}$$

STEP 2 $a_n > 0$을 만족시키는 자연수 n의 최댓값 구하기 [3점]

공차가 음수이므로 S_n의 값이 최대가 되게 하는 n의 값은 $a_n > 0$을 만족시키는 n의 최댓값과 같다.

$$a_n = -4n + \boxed{}^{(3)} > 0 \text{에서} \boxed{}^{(4)} < 59$$

$$\therefore n < \boxed{}^{(5)} = 14.75$$

즉, 등차수열 $\{a_n\}$은 첫째항부터 제$\boxed{}^{(6)}$항까지의 합이 최대이다.

STEP 3 S_n의 최댓값 구하기 [2점]

S_n의 최댓값은

$$S_{14} = \frac{14 \times \{2 \times 55 + \boxed{}^{(7)} \times (-4)\}}{2}$$

$$= \boxed{}^{(8)}$$

1732 한번 더

첫째항이 −38, 공차가 4인 등차수열 $\{a_n\}$의 첫째항부터 제n항까지의 합을 S_n이라 할 때, S_n의 최솟값을 구하는 과정을 서술하시오. [7점]

STEP 1 일반항 a_n 구하기 [2점]

STEP 2 $a_n < 0$을 만족시키는 자연수 n의 최솟값 구하기 [3점]

STEP 3 S_n의 최솟값 구하기 [2점]

핵심 KEY 유형 15 **등차수열의 합의 최대·최소**

등차수열의 항에 대한 조건이 주어질 때, 등차수열의 합의 최댓값 또는 최솟값을 구하는 문제이다.

제$(n+1)$항에서 처음으로 음수가 나오면 S_n의 최댓값은 첫째항부터 제n항까지의 합임을 이용한다.

n의 값의 범위를 구한 후, 부등식을 만족시키는 자연수 n의 최댓값을 구해야 함에 주의한다.

1733 ✅유사1

등차수열 $\{a_n\}$에 대하여 $a_3+a_5=82$, $a_8=29$이다. 첫째항부터 제n항까지의 합을 S_n이라 하고, S_n은 $n=k$일 때 최댓값 M을 가진다. $M+k$의 값을 구하는 과정을 서술하시오. [8점]

1734 ✅유사2

첫째항이 -70, 공차가 정수인 등차수열 $\{a_n\}$의 첫째항부터 제n항까지의 합을 S_n이라 하면 S_n은 $n=12$일 때, 최솟값을 가진다. 이때 S_n의 최솟값을 구하는 과정을 서술하시오. (단, $a_n \neq 0$) [8점]

1735 대표문제

수열 $\{a_n\}$의 첫째항부터 제n항까지의 합 S_n이 $S_n=n^2+4n$일 때, $a_1+a_3+a_5+\cdots+a_{19}$의 값을 구하는 과정을 서술하시오. [8점]

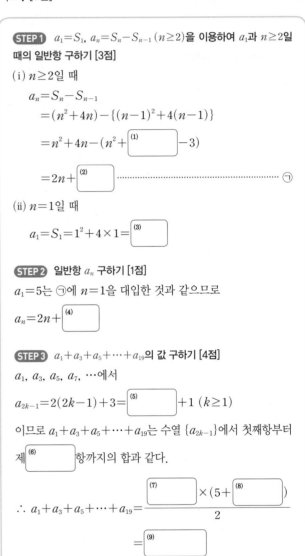

STEP 1 $a_1=S_1$, $a_n=S_n-S_{n-1}$ $(n \geq 2)$을 이용하여 a_1과 $n \geq 2$일 때의 일반항 구하기 [3점]

(i) $n \geq 2$일 때
$$a_n=S_n-S_{n-1}$$
$$=(n^2+4n)-\{(n-1)^2+4(n-1)\}$$
$$=n^2+4n-(n^2+\boxed{(1)}-3)$$
$$=2n+\boxed{(2)} \cdots\cdots\cdots\cdots\cdots ㉠$$

(ii) $n=1$일 때
$$a_1=S_1=1^2+4\times 1=\boxed{(3)}$$

STEP 2 일반항 a_n 구하기 [1점]

$a_1=5$는 ㉠에 $n=1$을 대입한 것과 같으므로

$$a_n=2n+\boxed{(4)}$$

STEP 3 $a_1+a_3+a_5+\cdots+a_{19}$의 값 구하기 [4점]

a_1, a_3, a_5, a_7, $\cdots$에서

$$a_{2k-1}=2(2k-1)+3=\boxed{(5)}+1 \ (k \geq 1)$$

이므로 $a_1+a_3+a_5+\cdots+a_{19}$는 수열 $\{a_{2k-1}\}$에서 첫째항부터 제$\boxed{(6)}$항까지의 합과 같다.

$$\therefore a_1+a_3+a_5+\cdots+a_{19}=\dfrac{\boxed{(7)}\times(5+\boxed{(8)})}{2}$$

$$=\boxed{(9)}$$

핵심 KEY 유형 19 수열의 합과 일반항 사이의 관계

수열의 합과 일반항 사이의 관계를 이용하여 등차수열의 일반항을 구한 후, 조건을 만족시키는 값을 구하는 문제이다.

즉, $a_1=S_1$, $a_n=S_n-S_{n-1}$ $(n \geq 2)$임을 이용한다.

일반항 a_n을 이용하여 a_{2k-1}을 구한 후, 수열 $\{a_{2k-1}\}$의 항수, 첫째항, 끝항을 구해야 한다.

08

1736 한번더

수열 $\{a_n\}$의 첫째항부터 제n항까지의 합 S_n이
$S_n = n^2 + 7n$일 때, $a_1 + a_3 + a_5 + \cdots + a_{21}$의 값을 구하는 과정을 서술하시오. [8점]

STEP 1 $a_1 = S_1$, $a_n = S_n - S_{n-1}$ $(n \geq 2)$을 이용하여 a_1과 $n \geq 2$일 때의 일반항 구하기 [3점]

STEP 2 일반항 a_n 구하기 [1점]

STEP 3 $a_1 + a_3 + a_5 + \cdots + a_{21}$의 값 구하기 [4점]

1737 유사 1

수열 $\{a_n\}$의 첫째항부터 제n항까지의 합 S_n이
$S_n = n^2 - 8n$일 때, $a_n < 30$을 만족시키는 자연수 n의 개수를 구하는 과정을 서술하시오. [7점]

1738 유사 2

수열 $\{a_n\}$의 첫째항부터 제n항까지의 합 S_n이
$S_n = n^2 + n + 2$일 때, $a_1 - a_2 + a_3 - a_4 + \cdots - a_{22} + a_{23}$의 값을 구하는 과정을 서술하시오. [8점]

1 1739

수열 $\{a_n\}$의 일반항이 $a_n=4^n+3$일 때, 259는 제몇 항인가? [3점]

① 제3항   ② 제4항   ③ 제5항

④ 제6항   ⑤ 제7항

2 1740

등차수열 $\{a_n\}$에 대하여 $a_2=6$, $a_3+a_6=27$일 때, a_{10}의 값은? [3점]

① 26   ② 27   ③ 28

④ 29   ⑤ 30

3 1741

공차가 3, 제10항이 -26인 등차수열 $\{a_n\}$에서 처음으로 양수가 되는 항은 제몇 항인가? [3점]

① 제16항   ② 제17항   ③ 제18항

④ 제19항   ⑤ 제20항

4 1742

두 수 -6, 3 사이에 2개의 수 a, b를 넣어 만든 수열 -6, a, b, 3이 이 순서대로 등차수열을 이룰 때, $a+b$의 값은? [3점]

① -3 ② -1 ③ 0

④ 1   ⑤ 3

5 1743

이차방정식 $x^2-24x+18=0$의 두 근을 α, β라 할 때, m은 α, β의 등차중항이고, n은 $\dfrac{1}{\alpha}$, $\dfrac{1}{\beta}$의 등차중항이다. 이때 mn의 값은? [3점]

① 6   ② 7   ③ 8

④ 9   ⑤ 10

6 1744

∠A＝90°인 직각삼각형 ABC의 세 변의 길이가 등차수열을 이룬다. $\overline{BC}$＝25일 때, 직각삼각형 ABC의 넓이는?

[3점]

① 140　　　② 145　　　③ 150

④ 155　　　⑤ 160

7 1745

등차수열 $\{a_n\}$에서 a_3＝17, a_8＝37일 때, 첫째항부터 제15항까지의 합은? [3점]

① 546　　　② 549　　　③ 552

④ 555　　　⑤ 558

8 1746

수열 $\{a_n\}$의 첫째항부터 제n항까지의 합을 S_n이라 하자. $S_n＝n^2-1$일 때, a_1+a_{10}의 값은? [3점]

① 15　　　② 17　　　③ 19

④ 21　　　⑤ 23

9 1747

두 수 73과 169 사이에 31개의 수 $a_1, a_2, a_3, \cdots, a_{31}$을 넣어 만든 수열

$$73, a_1, a_2, a_3, \cdots, a_{31}, 169$$

가 이 순서대로 등차수열을 이룰 때, a_{15}의 값은? [3.5점]

① 106　　　② 109　　　③ 112

④ 115　　　⑤ 118

10 1748

등차수열 $\{a_n\}$에 대하여 $a_2＝17$, $a_3+a_7＝16$일 때, $|a_k|＝31$을 만족시키는 자연수 k의 값은? [3.5점]

① 18　　　② 19　　　③ 20

④ 21　　　⑤ 22

11 1749

첫째항이 3, 제k항이 35인 등차수열 $\{a_n\}$의 첫째항부터 제k항까지의 합이 323일 때, 수열 $\{a_n\}$의 공차는? [3.5점]

① 1　　　② 2　　　③ 3

④ 4　　　⑤ 5

12 1750

수열 $\{a_n\}$에서 $a_1+a_2+a_3+a_4+a_5=20$이고, a_1, a_2, a_3, a_4, a_5가 이 순서대로 등차수열을 이룰 때, 〈보기〉에서 옳은 것만을 있는 대로 고른 것은? [3.5점]

〈보기〉
ㄱ. $a_1+a_5=8$
ㄴ. $a_3=4$
ㄷ. $2a_2+a_3+a_5=24$

① ㄱ   ② ㄴ   ③ ㄱ, ㄴ
④ ㄱ, ㄷ   ⑤ ㄱ, ㄴ, ㄷ

13 1751

등차수열 $\{a_n\}$의 첫째항부터 제6항까지의 합이 129, 첫째항부터 제12항까지의 합이 438일 때, a_1의 값은? [3.5점]

① 9   ② 10   ③ 11
④ 12   ⑤ 13

14 1752

첫째항부터 제n항까지의 합 S_n이 $S_n=2n^2+4n+1$인 수열 $\{a_n\}$의 첫째항은 $a_1=p$이고, $a_n=qn+r\,(n\geq2)$일 때, $p+q+r$의 값은? (단, p, q, r은 상수이다.) [3.5점]

① 11   ② 13   ③ 15
④ 17   ⑤ 19

15 1753

수열 $\{a_n\}$의 첫째항부터 제n항까지의 합 S_n이 $S_n=n^2-6n$일 때, $15\leq a_n\leq35$를 만족시키는 자연수 n의 개수는? [3.5점]

① 10   ② 11   ③ 12
④ 13   ⑤ 14

16 1754

첫째항이 1, 공차가 2인 등차수열이 있다. 첫 번째 시행에서 이 수열의 짝수 번째 항을 지우고, 두 번째 시행에서 첫 번째 시행 후 남은 수열의 짝수 번째 항을 지운다. 두 번째 시행 후 남은 수열의 일반항을 $a_n=pn+q$라 할 때, $p+q$의 값은? (단, p, q는 정수이다.) [4점]

① 1   ② 2   ③ 3
④ 4   ⑤ 5

17 ₁₇₅₅

8개의 수 a_1, a_2, a_3, $\cdots$, a_8과 8개의 수 b_1, b_2, b_3, $\cdots$, b_8에 대하여 16개의 수 a_1, b_1, a_2, b_2, a_3, b_3, $\cdots$, a_8, b_8이 이 순서대로 등차수열을 이룬다. 이때 $a_1=1$, $b_1+b_3+b_5+b_7=88$일 때, $b_2+b_4+b_6+b_8$의 값은? [4점]

① 108 ② 110 ③ 112
④ 114 ⑤ 116

18 ₁₇₅₆

제5항이 2인 등차수열 $\{a_n\}$에서 제2항과 제7항은 절댓값이 같고 부호가 반대일 때, 등차수열 $\{a_n\}$의 첫째항부터 제20항까지의 합은? [4점]

① 468 ② 472 ③ 476
④ 480 ⑤ 484

19 ₁₇₅₇

등차수열 $\{a_n\}$의 첫째항부터 제n항까지의 합을 S_n이라 하자. $S_{10}=10$, $S_{15}=90$일 때, $S_n=630$을 만족시키는 자연수 n의 값은? [4점]

① 28 ② 29 ③ 30
④ 31 ⑤ 32

20 ₁₇₅₈

등차수열 $\{a_n\}$에 대하여 $a_2=13$, $a_5=7$일 때, $|a_1|+|a_2|+|a_3|+\cdots+|a_{20}|$의 값은? [4점]

① 196 ② 200 ③ 204
④ 208 ⑤ 212

21 ₁₇₅₉

첫째항이 a이고 공차가 -6인 등차수열 $\{a_n\}$의 첫째항부터 제n항까지의 합을 S_n이라 하자. 모든 자연수 n에 대하여 $S_n<192$일 때, 자연수 a의 최댓값은? [4.5점]

① 41 ② 42 ③ 43
④ 44 ⑤ 45

22 1760

등차수열 $\{a_n\}$에 대하여 $a_1=3$이고 $a_4 : a_7=5 : 9$일 때, a_{10}의 값을 구하는 과정을 서술하시오. [6점]

23 1761

등차수열 $\{a_n\}$에 대하여 $a_6+a_{11}=36$, $a_6-a_{11}=2$일 때, 다음 물음에 답하시오. [7점]

(1) 등차수열 $\{a_n\}$의 공차를 구하는 과정을 서술하시오. [2점]

(2) 집합 $X=\{a_n | a_n$은 자연수$\}$의 모든 원소의 합을 구하는 과정을 서술하시오. [5점]

24 1762

등차수열 $\{a_n\}$에 대하여 첫째항부터 제5항까지의 합이 185이고, 첫째항부터 제10항까지의 합이 220이다. 등차수열 $\{a_n\}$의 첫째항부터 제n항까지의 합을 S_n이라 할 때, S_n의 값이 최대가 되게 하는 자연수 n의 값을 구하는 과정을 서술하시오. [7점]

25 1763

그림과 같이 $\overline{AD} /\!/ \overline{BC}$인 등변사다리꼴 ABCD에서 변 AB를 10등분 한 점을 점 A에서 가까운 쪽부터 차례로 P_1, P_2, P_3, $\cdots$, P_9라 하고, 변 DC를 10등분 한 점을 점 D에서 가까운 쪽부터

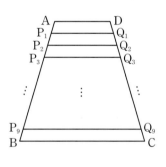

차례로 Q_1, Q_2, Q_3, $\cdots$, Q_9라 하자. 사각형 AP_1Q_1D의 넓이는 3이고, 사각형 P_9BCQ_9의 넓이는 5일 때, 사다리꼴 ABCD의 넓이를 구하는 과정을 서술하시오. [7점]

점 / 100점

08

1 1764

등차수열 $\{a_n\}$이 다음 조건을 만족시킬 때, 등차수열 $\{a_n\}$의 공차는? [3점]

(가) $a_{14}=6$

(나) $a_3 : a_8 = 5 : 3$

① -5　　　　② -4　　　　③ -3

④ -2　　　　⑤ -1

2 1765

등차수열 $\{a_n\}$에서 $a_1+a_6=22$, $a_2-a_4=8$일 때, -15는 제몇 항인가? [3점]

① 제8항　　　　② 제9항　　　　③ 제10항

④ 제11항　　　　⑤ 제12항

3 1766

첫째항이 -50, 공차가 4인 등차수열 $\{a_n\}$에서 처음으로 100보다 커지는 항은 제몇 항인가? [3점]

① 제36항　　　　② 제37항　　　　③ 제38항

④ 제39항　　　　⑤ 제40항

4 1767

세 수 $2a^2-3a$, 3, $-a^2+4a$가 이 순서대로 등차수열을 이룰 때, 모든 실수 a의 값의 합은? [3점]

① -2　　　　② -1　　　　③ 0

④ 1　　　　⑤ 2

5 1768

두 자연수 a, b에 대하여 6, a, b와 a^2, 10, b^2이 각각 이 순서대로 등차수열을 이룰 때, $\frac{1}{2}ab$의 값은? [3점]

① 2　　　　② 4　　　　③ 6

④ 8　　　　⑤ 10

6 1769

공차가 3인 등차수열 $\{a_n\}$에 대하여 $a_{33}=88$일 때, $|a_n|$의 최솟값은? [3점]

① 1   ② 2   ③ 3

④ 4   ⑤ 5

7 1770

두 수 -2와 8 사이에 n개의 수를 넣어 만든 수열

$$-2,\ a_1,\ a_2,\ a_3,\ \cdots,\ a_n,\ 8$$

이 이 순서대로 등차수열을 이룬다. 이 수열의 합이 39일 때, n의 값은? [3점]

① 10   ② 11   ③ 12

④ 13   ⑤ 14

8 1771

두 수 2와 14 사이에 m개, 두 수 14와 54 사이에 n개의 수를 넣어 만든 수열

$$2,\ a_1,\ a_2,\ a_3,\ \cdots,\ a_m,\ 14,\ b_1,\ b_2,\ b_3,\ \cdots,\ b_n,\ 54$$

가 이 순서대로 등차수열을 이룰 때, m과 n 사이의 관계식은? [3.5점]

① $m=\dfrac{3n-7}{10}$ ② $m=\dfrac{3n-4}{10}$ ③ $m=\dfrac{3n-1}{10}$

④ $m=\dfrac{7n+4}{10}$ ⑤ $m=\dfrac{7n+7}{10}$

9 1772

등차수열 $\{a_n\}$에 대하여

$$a_n=2n+k,\ a_6+a_7+\cdots+a_{10}=100$$

일 때, 상수 k의 값은? [3.5점]

① 0   ② 1   ③ 2

④ 3   ⑤ 4

10 1773

두 수 -3과 51 사이에 n개의 수를 넣어 만든 수열

$$-3,\ a_1,\ a_2,\ \cdots,\ a_n,\ 51$$

이 이 순서대로 등차수열을 이루고, 이 수열의 합이 264이다. 이 등차수열의 공차를 d라 할 때, $n+10d$의 값은?

[3.5점]

① 51   ② 55   ③ 59

④ 63   ⑤ 67

11 1774

등차수열 $\{a_n\}$의 첫째항부터 제n항까지의 합을 S_n이라 하면 $S_4=24$, $S_{10}=0$일 때, S_{20}의 값은? [3.5점]

① -210 ② -205 ③ -200

④ -195 ⑤ -190

12 1775

제2항이 26, 제12항이 -14인 등차수열 $\{a_n\}$의 첫째항부터 제n항까지의 합을 S_n이라 할 때, S_n의 최댓값은? [3.5점]

① 116   ② 119   ③ 122

④ 125   ⑤ 128

13 1776

〈보기〉에서 옳은 것만을 있는 대로 고른 것은? [3.5점]

┌─────── 〈 보기 〉 ───────┐

ㄱ. 첫째항이 3, 제9항이 25인 등차수열의 첫째항부터 제9항까지의 합은 126이다.

ㄴ. 첫째항이 4, 공차가 -3인 등차수열의 첫째항부터 제11항까지의 합은 -242이다.

ㄷ. 두 자리의 자연수 중에서 6의 배수의 합은 810이다.

└─────────────────────┘

① ㄱ   ② ㄱ, ㄴ   ③ ㄱ, ㄷ

④ ㄴ, ㄷ   ⑤ ㄱ, ㄴ, ㄷ

14 1777

250 이하의 자연수 중에서 6으로 나누었을 때의 나머지가 2인 수의 총합은? [3.5점]

① 5240   ② 5245   ③ 5250

④ 5255   ⑤ 5260

15 1778

수열 $\{a_n\}$의 첫째항부터 제n항까지의 합 S_n이 $S_n=2n^2-2n+k-2$일 때, 수열 $\{a_n\}$이 첫째항부터 등차수열을 이루도록 하는 상수 k의 값은? [3.5점]

① 0   ② 1   ③ 2

④ 3   ⑤ 4

16 1779

수열 $\{a_n\}$의 첫째항부터 제n항까지의 합 S_n이 $S_n=n^2+3n-2$일 때, $a_{25}-a_1$의 값은? [3.5점]

① 44   ② 47   ③ 50

④ 53   ⑤ 56

17 1780

등차수열 $\{a_n\}$에 대하여 $a_1+a_2+a_3=96$, $a_4+a_5+a_6=69$ 일 때, 처음으로 음수가 되는 항은 제몇 항인가? [4점]

① 제10항   ② 제11항   ③ 제12항

④ 제13항   ⑤ 제14항

18 1781

공차가 양수인 등차수열 $\{a_n\}$이 다음 조건을 만족시킬 때, 첫째항부터 제8항까지의 합은? [4점]

> (가) $a_6+a_{10}=0$
> (나) $|a_7|+4=|a_{11}|$

① -60 ② -58 ③ -56

④ -54 ⑤ -52

19 1782

등차수열 $\{a_n\}$에서 연속된 n개의 항 a_1, a_2, a_3, $\cdots$, a_n에 대하여 처음 3개의 항의 합은 15, 마지막 3개의 항의 합은 51일 때, 모든 항의 합이 77이 되도록 하는 자연수 n의 값은? [4점]

① 6   ② 7   ③ 8

④ 9   ⑤ 10

20 1783

공차가 4인 등차수열 $\{a_n\}$의 첫째항부터 제n항까지의 합 S_n이 $S_n=kn^2+3n$일 때, a_{5k}의 값은?

(단, k는 상수이다.) [4점]

① 38   ② 39   ③ 40

④ 41   ⑤ 42

21 1784

공차가 각각 d_1, d_2인 두 등차수열 $\{a_n\}$, $\{b_n\}$의 첫째항부터 제n항까지의 합을 S_n, T_n이라 하자. 모든 자연수 n에 대하여 $S_n+T_n=4n^2$이 성립할 때, d_1+d_2의 값은? [4.5점]

① 6   ② 8   ③ 12

④ 16   ⑤ 18

22 1785

등차수열을 이루는 세 수의 합이 12이고, 곱이 -192일 때, 세 수를 구하는 과정을 서술하시오. [6점]

23 1786

첫째항이 26인 등차수열 $\{a_n\}$의 첫째항부터 제n항까지의 합을 S_n이라 하면 $S_5 - S_{10} = 10$이다. 이때 S_n의 최댓값을 구하는 과정을 서술하시오. [6점]

24 1787

등차수열 $\{a_n\}$에서 $a_4 = 8$, $a_{14} = -7$일 때, 다음 물음에 답하시오. [7점]

(1) 일반항 a_n을 구하는 과정을 서술하시오. [3점]

(2) $|a_1| + |a_2| + |a_3| + \cdots + |a_{20}|$의 값을 구하는 과정을 서술하시오. [4점]

25 1788

등차수열 $\{a_n\}$과 x에 대한 사차식

$$f(x) = a_{10}x^4 + a_8x^3 + a_6x^2 + a_4x + a_2$$

가 다음 조건을 만족시킬 때, $f(x)$의 모든 계수의 합을 구하는 과정을 서술하시오. [8점]

㉮ 등차수열 $\{a_n\}$의 공차는 2이다.
㉯ $f(x)$를 $x+1$로 나누었을 때의 나머지는 11이다.

1 1789
연계문항 343쪽 **1641**

두 집합

$A=\{x\,|\,x=7n-2,\ n$은 자연수$\}$,

$B=\{x\,|\,x=5n,\ n$은 자연수$\}$

에 대하여 집합 $A\cap B$의 원소를 작은 것부터 차례로 나열한 수열을 $\{a_n\}$이라 하자. 수열 $\{a_n\}$에서 처음으로 300보다 커지는 항은 제몇 항인가?

① 제9항 ② 제10항 ③ 제11항

④ 제12항 ⑤ 제13항

2 1790
연계문항 347쪽 **1669**

공차가 양수인 등차수열 $\{a_n\}$이 다음 조건을 만족시킬 때, a_{12}의 값은?

> (가) $a_9+a_{11}=0$
> (나) $|a_9|=|a_{10}|+4$

① 6 ② 8 ③ 10

④ 12 ⑤ 14

3 1791
연계문항 354쪽 **1709**

자연수 n을 5로 나눈 나머지를 a_n, 첫째항이 5, 공차가 4인 등차수열 $\{b_n\}$의 일반항을 b_n이라 할 때, $a_1b_1+a_2b_2+a_3b_3+\cdots+a_{20}b_{20}$의 값을 구하시오.

4 1792
연계문항 355쪽 **1714**

첫째항이 -60이고 공차가 4인 등차수열 $\{a_n\}$에 대하여 $|a_1+a_2+a_3+\cdots+a_n|$의 값이 최소가 되게 하는 자연수 n의 값은?

① 29 ② 30 ③ 31

④ 32 ⑤ 33

5 1793
연계문항 357쪽 **1725**

수열 $\{a_n\}$의 첫째항부터 제n항까지의 합 S_n이 $S_n=3n^2+2n$이고, 수열 $\{a_n+b_n\}$의 첫째항부터 제n항까지의 합 T_n이 $T_n=5n^2+n+3$일 때, $b_1+b_2+b_4-b_6+b_8$의 값을 구하시오.

6 1794
연계문항 357쪽 **1727**

공차가 3인 등차수열 $\{a_n\}$의 첫째항부터 제n항까지의 합을 S_n이라 하자. $S_k=-45$, $S_{k+2}=-42$를 만족시키는 자연수 k에 대하여 a_{3k}의 값을 구하시오.

09

등비수열

09 등비수열

1 등비수열 〔핵심 1〕

(1) **등비수열** : 첫째항부터 차례로 일정한 수를 곱하여 만든 수열

(2) **공비** : 등비수열에서 곱하는 일정한 수

> **예** 수열 3, 6, 12, 24, 48, …은 첫째항이 3이고, 공비가 2인 등비수열이다.

> **참고** 일반적으로 공비가 r인 등비수열 $\{a_n\}$에서 제n항에 공비 r을 곱하면 제$(n+1)$항이 되므로
> $$a_{n+1}=ra_n, \quad \frac{a_{n+1}}{a_n}=r \ (\text{단, } n=1, 2, 3, \cdots)$$
> 이 성립한다.

(3) **등비수열의 일반항** : 첫째항이 a, 공비가 $r\ (r\neq0)$인 등비수열 $\{a_n\}$의 일반항 a_n은
$$a_n=ar^{n-1}\ (\text{단, } n=1, 2, 3, \cdots)$$

⊕ Note

$a_1=a$
$a_2=ar^1$
$a_3=ar^2$
$a_4=ar^3$
$\vdots$
$a_n=ar^{n-1}$

2 등비중항 〔핵심 1〕

0이 아닌 세 수 a, b, c가 이 순서대로 등비수열을 이룰 때, b를 a와 c의 **등비중항**이라 한다. 이때 $\dfrac{b}{a}=\dfrac{c}{b}$이므로
$$b^2=ac$$

> **참고** (1) 수열 $\{a_n\}$의 연속하는 세 항 a_n, a_{n+1}, a_{n+2}가 등비수열을 이룰 때
> $$\frac{a_{n+1}}{a_n}=\frac{a_{n+2}}{a_{n+1}}, \quad a_{n+1}{}^2=a_na_{n+2}\ (\text{단, } n=1, 2, 3, \cdots)$$
> (2) 등비수열을 이루는 세 수는 a, ar, ar^2 또는 $\dfrac{a}{r}$, a, ar로 나타낼 수 있다.

b가 두 양수 a, c의 등비중항이면 $b=\pm\sqrt{ac}$이므로 b는 a와 c의 기하평균이다.

3 등비수열의 합 〔핵심 2〕

첫째항이 a, 공비가 r인 등비수열의 첫째항부터 제n항까지의 합을 S_n이라 하면
$$S_n=a+ar+ar^2+\cdots+ar^{n-1}$$

(1) $r\neq1$일 때, $S_n=\dfrac{a(1-r^n)}{1-r}=\dfrac{a(r^n-1)}{r-1}$

(2) $r=1$일 때, $S_n=na$

$r<1$이면 $S_n=\dfrac{a(1-r^n)}{1-r}$,

$r>1$이면 $S_n=\dfrac{a(r^n-1)}{r-1}$

을 이용하여 계산하면 편리하다.

핵심 **1** **등비수열의 일반항과 등비중항** 유형 **1, 6**

● 등비수열의 일반항

(1) 2, 6, 18, 54, 162, ⋯
   ×3 ×3 ×3 ×3

→ 첫째항이 **2**, 공비가 **3**인 등비수열 $\{a_n\}$의 일반항 a_n은

$$a_n = 2 \times 3^{n-1}$$

(2) 5, $\dfrac{5}{2}$, $\dfrac{5}{4}$, $\dfrac{5}{8}$, $\dfrac{5}{16}$, ⋯
   $\times\dfrac{1}{2}$ $\times\dfrac{1}{2}$ $\times\dfrac{1}{2}$ $\times\dfrac{1}{2}$

→ 첫째항이 **5**, 공비가 $\dfrac{1}{2}$인 등비수열 $\{a_n\}$의 일반항 a_n은

$$a_n = 5 \times \left(\dfrac{1}{2}\right)^{n-1}$$

● 등비중항

세 수 2, x, 8이 이 순서대로 등비수열을 이루면
└─── x는 2와 8의 등비중항

→ $x^2 = 2 \times 8 = 16$ ∴ $x = -4$ 또는 $x = 4$

1795 $a_3 = -18$, $a_4 = 6$인 등비수열 $\{a_n\}$의 공비를 구하시오.

1796 다음 수열이 등비수열이 되도록 □ 안에 알맞은 수를 써넣으시오.

(1) 2, 4, □, 16, □, 64, ⋯

(2) 1, □, 9, −27, □, −243, ⋯

1797 다음 등비수열의 일반항 a_n을 구하시오.

(1) 첫째항이 50, 공비가 $-\dfrac{1}{2}$인 등비수열

(2) 첫째항이 −7, 공비가 4인 등비수열

1798 세 수 −4, k, −16이 이 순서대로 등비수열을 이룰 때, 실수 k의 값을 구하시오.

09

핵심 2 등비수열의 합 [유형 11]

(1) 첫째항이 **10**, 공비가 **2**인 등비수열의 첫째항부터 제8항까지의 합 S_8은

→ $S_8 = \dfrac{10 \times (2^8 - 1)}{2 - 1} = 2550$

(2) 첫째항이 **10**, 공비가 1인 등비수열의 첫째항부터 제8항까지의 합 S_8은

→ $S_8 = 8 \times 10 = 80$

1799 첫째항이 -2, 공비가 $\dfrac{1}{2}$인 등비수열의 첫째항부터 제10항까지의 합을 구하시오.

1800 다음 등비수열의 첫째항부터 제8항까지의 합을 구하시오.

(1) $4, -8, 16, -32, 64, \cdots$

(2) $7, 7, 7, 7, 7, \cdots$

핵심 3 수열의 합과 일반항 사이의 관계 [유형 18]

수열 $\{a_n\}$의 첫째항부터 제n항까지의 합 S_n이 $S_n = 3^n - 1$일 때, 일반항 a_n을 구해 보자.

(i) $n \geq 2$일 때

$\begin{aligned} a_n = S_n - S_{n-1} &= (3^n - 1) - (3^{n-1} - 1) \\ &= 3 \times 3^{n-1} - 3^{n-1} = 2 \times 3^{n-1} \cdots\cdots \cdots\cdots ⊙ \end{aligned}$

(ii) $n = 1$일 때

$a_1 = S_1 = 3^1 - 1 = 2 \cdots\cdots\cdots\cdots\cdots\cdots\cdots\cdots ⊙$

이때 ⓛ은 ⊙에 $n=1$을 대입한 것과 같으므로 $a_n = 2 \times 3^{n-1}$

참고 $S_n = Ar^n + B$ $(r \neq 0, r \neq 1, A, B$는 실수)일 때

(1) $A + B = 0$이면 수열 $\{a_n\}$은 첫째항부터 등비수열을 이룬다.

(2) $A + B \neq 0$이면 수열 $\{a_n\}$은 둘째항부터 등비수열을 이룬다.

1801 수열 $\{a_n\}$의 첫째항부터 제n항까지의 합 S_n이 $S_n = 2^n - 1$일 때, 일반항 a_n을 구하시오.

1802 수열 $\{a_n\}$의 첫째항부터 제n항까지의 합 S_n이 $S_n = 2^{n+1} - 3$일 때, 다음을 구하시오.

(1) 일반항 a_n

(2) a_4의 값

기출 유형으로 실전 준비하기

실전 유형 **1** 등비수열의 일반항

(1) 첫째항이 a, 공비가 r인 등비수열 $\{a_n\}$의 일반항은
→ $a_n = ar^{n-1}$ (단, $n=1, 2, 3, \cdots$)

(2) 등비수열 $\{a_n\}$의 공비가 r일 때
→ $r = \dfrac{a_2}{a_1} = \dfrac{a_3}{a_2} = \dfrac{a_4}{a_3} = \cdots$

(3) 등비수열의 일반항은
$$a_n = ar^{n-1} = ar^{-1} \times r^n = AB^n \ (A, B는 상수)$$
꼴로 나타낼 수 있고, 이때 첫째항은 AB, 공비는 B이다.

1803 대표문제

첫째항이 a, 공비가 r인 등비수열 $\{a_n\}$에서 $a_4 = 36$, $a_7 = 288$일 때, ar의 값은?

① 3 　　　② 6 　　　③ 9

④ 12 　　　⑤ 15

1804 　　　•␣␣ Level 1

제3항이 48, 제6항이 -384인 등비수열 $\{a_n\}$의 일반항을 구하시오.

1805 　　　•␣␣ Level 2

일반항이 $a_n = 5 \times 3^{1-2n}$인 등비수열 $\{a_n\}$에서 첫째항과 공비의 합을 구하시오.

실전 유형 **2** 등비수열의 제k항

등비수열 $\{a_n\}$의 첫째항이 a, 공비가 r이고 제k항이 m이면 $ar^{k-1} = m$임을 이용하여 자연수 k의 값을 구한다.

1806 대표문제

공비가 실수인 등비수열 $\{a_n\}$에 대하여 $a_2 = -1$, $a_5 = 27$일 때, a_7의 값은?

① -243 　　　② -81 　　　③ -9

④ 81 　　　⑤ 243

1807 중요 　　　•␣␣ Level 1

등비수열 $3, -6, 12, -24, 48, \cdots$에서 -384는 제몇 항인지 구하시오.

1808 　　　•␣␣ Level 2

첫째항이 1이고 모든 항이 양수인 등비수열 $\{a_n\}$에 대하여 $\log_2 a_4 = 3$일 때, 제7항은?

① 60 　　　② 62 　　　③ 64

④ 66 　　　⑤ 68

1809 중요

Level 2

공비가 $\frac{1}{2}$인 등비수열 $\{a_n\}$에 대하여 $a_5=4$, $a_k=\frac{1}{16}$을 만족시키는 자연수 k의 값은?

① 7 ② 8 ③ 9

④ 10 ⑤ 11

1810

Level 2

등비수열 $\{a_n\}$에 대하여 수열 $\{a_{n+1}+2a_n\}$은 첫째항이 4, 공비가 -1인 등비수열이다. 이때 a_8의 값은?

① -4 ② -1 ③ $-\frac{1}{4}$

④ $\frac{1}{4}$ ⑤ 4

다음은 이 유형에서 출제된 최근 교육청·평가원 기출문제입니다.

1811 교육청

Level 1

공비가 3인 등비수열 $\{a_n\}$에 대하여 $a_4=24$일 때, a_3의 값은?

① 6 ② 7 ③ 8

④ 9 ⑤ 10

1812 교육청

Level 1

등비수열 $\{a_n\}$에 대하여 $a_2=\frac{1}{2}$, $a_3=1$일 때, a_5의 값은?

① 2 ② 4 ③ 6

④ 8 ⑤ 10

실전유형 **3** 항 사이의 관계가 주어진 등비수열 빈출유형

주어진 조건을 이용하여 첫째항 a와 공비 r을 구한 후, 일반항 a_n을 구한다.

참고 (1) $a_n=ar^{n-1}$, $a_m=ar^{m-1}$ ➡ $\frac{a_n}{a_m}=r^{n-m}$

(2) $a_n+a_{n+2}+a_{n+4}=a_n(1+r^2+r^4)$

1813 대표문제

등비수열 $\{a_n\}$에 대하여 $a_1+a_3+a_5=6$, $a_6+a_8+a_{10}=24$일 때, $\frac{a_{12}}{a_2}$의 값은?

① 12 ② 16 ③ 20

④ 24 ⑤ 28

1814

Level 1

등비수열 $\{a_n\}$에 대하여 $a_3=28$이고 $a_2:a_5=8:1$일 때, a_5의 값은?

① 5 ② 6 ③ 7

④ 8 ⑤ 9

1815 중요

Level 1

등비수열 $\{a_n\}$에 대하여 $\frac{a_2+a_3+a_4}{a_5+a_6+a_7}=\frac{1}{4}$일 때, $\frac{a_{10}}{a_1}$의 값은?

① 8 ② 16 ③ 32

④ 64 ⑤ 128

1816

●❙❙ Level 2

등비수열 $\{a_n\}$에 대하여

$$\frac{a_{11}}{a_1} + \frac{a_{12}}{a_2} + \frac{a_{13}}{a_3} + \cdots + \frac{a_{20}}{a_{10}} = 40$$

일 때, $\dfrac{a_{40}}{a_{20}}$의 값을 구하시오.

1817 중요

●❙❙ Level 2

모든 항이 양수인 등비수열 $\{a_n\}$에 대하여 $a_2 + a_4 = 10$, $a_8 + a_{10} = 640$일 때, 64는 제몇 항인지 구하시오.

> 다음은 이 유형에서 출제된 최근 교육청·평가원 기출문제입니다.

1818 평가원

●❙❙ Level 1

등비수열 $\{a_n\}$에 대하여 $a_1 = 2$, $a_2 a_4 = 36$일 때, $\dfrac{a_7}{a_3}$의 값은?

① 1 ② $\sqrt{3}$ ③ 3

④ $3\sqrt{3}$ ⑤ 9

1819 교육청

●❙❙ Level 2

첫째항이 $\dfrac{1}{4}$이고 공비가 양수인 등비수열 $\{a_n\}$에 대하여 $a_3 + a_5 = \dfrac{1}{a_3} + \dfrac{1}{a_5}$일 때, a_{10}의 값을 구하시오.

1820 평가원

●❙❙ Level 2

모든 항이 양수인 등비수열 $\{a_n\}$에 대하여

$$\frac{a_3 a_8}{a_6} = 12, \quad a_5 + a_7 = 36$$

일 때, a_{11}의 값은?

① 72 ② 78 ③ 84

④ 90 ⑤ 96

1821 교육청

●❙❙ Level 2

모든 항이 양수인 등비수열 $\{a_n\}$에 대하여

$$a_3{}^2 = a_6, \quad a_2 - a_1 = 2$$

일 때, a_5의 값은?

① 20 ② 24 ③ 28

④ 32 ⑤ 36

1822 교육청

●❙❙ Level 3

공비가 1보다 큰 등비수열 $\{a_n\}$이 다음 조건을 만족시킨다.

(가) $a_3 \times a_5 \times a_7 = 125$
(나) $\dfrac{a_4 + a_8}{a_6} = \dfrac{13}{6}$

a_9의 값은?

① 10 ② $\dfrac{45}{4}$ ③ $\dfrac{25}{2}$

④ $\dfrac{55}{4}$ ⑤ 15

4 대소 관계를 만족시키는 등비수열의 제k항

첫째항이 a, 공비가 r인 등비수열 $\{a_n\}$에서
(1) 처음으로 m보다 커지는 항
　➡ $a_n=ar^{n-1}>m$을 만족시키는 자연수 n의 최솟값을
　　구한다.
(2) 처음으로 m보다 작아지는 항
　➡ $a_n=ar^{n-1}<m$을 만족시키는 자연수 n의 최솟값을
　　구한다.

1823 대표문제

제3항이 18, 제6항이 486인 등비수열 $\{a_n\}$에서 처음으로
1000보다 커지는 항은 제몇 항인지 구하시오.

1824 중요 　　　　　　　　　　 Level 2

공비가 양수인 등비수열 $\{a_n\}$에서 $a_2=12$, $a_4=3$일 때, 처
음으로 $\dfrac{1}{10}$보다 작아지는 항은 제몇 항인가?

① 제9항　　　　② 제10항　　　　③ 제11항
④ 제12항　　　　⑤ 제13항

1825 　　　　　　　　　　 Level 2

모든 항이 양수인 등비수열 $\{a_n\}$에서 $a_3=24$, $a_5=96$일
때, 처음으로 1536보다 커지는 항은 제몇 항인가?

① 제8항　　　　② 제9항　　　　③ 제10항
④ 제11항　　　　⑤ 제12항

1826 중요 　　　　　　　　　　 Level 2

공비가 양수인 등비수열 $\{a_n\}$에서 첫째항이 $\dfrac{3}{2}$, 제5항이 $\dfrac{3}{32}$
일 때, $a_n<\dfrac{1}{1000}$을 만족시키는 자연수 n의 최솟값은?

① 10　　　　② 11　　　　③ 12
④ 13　　　　⑤ 14

1827 　　　　　　　　　　 Level 2

$\log_3 a_2=1$, $\log_3 a_5=4$인 등비수열 $\{a_n\}$에 대하여
$1<a_n<300$을 만족시키는 자연수 n의 개수를 구하시오.

1828 고난도 　　　　　　　　　　 Level 3

등비수열 $\{a_n\}$에서 $a_2+a_4=15$, $a_3+a_5=45$일 때,
$\dfrac{1}{a_k}>\dfrac{1}{500}$을 만족시키는 모든 자연수 k의 값의 합은?

① 24　　　　② 25　　　　③ 26
④ 27　　　　⑤ 28

➕ Plus 문제

실전
유형 **5** 두 수 사이에 수를 넣어서 만든 등비수열

두 수 a와 b 사이에 n개의 수 a_1, a_2, $\cdots$, a_n을 넣어 만든 수열
이 등비수열을 이루는 경우
(1) 항수 : $n+2$
(2) 첫째항 : a, 끝항 : $b=ar^{n+1}$
 └→ 제$(n+2)$항

1829 대표문제

두 수 $\dfrac{1}{2}$과 128 사이에 세 실수 a, b, c를 넣어 만든 수열

$$\dfrac{1}{2},\ a,\ b,\ c,\ 128$$

이 이 순서대로 등비수열을 이룰 때, $a+b+c$의 값은?
(단, 공비는 양수이다.)

① 40   ② 42   ③ 44
④ 46   ⑤ 48

1830 ▮▮ Level 1

두 수 2와 250 사이에 5개의 수를 넣어 만든 수열

$$2,\ a_1,\ a_2,\ a_3,\ a_4,\ a_5,\ 250$$

이 이 순서대로 모든 항이 양수인 등비수열을 이룰 때, 이 수
열의 공비를 구하시오.

1831 중요 ▮▮ Level 2

두 수 1280과 5 사이에 n개의 수를 넣어 만든 수열

$$1280,\ a_1,\ a_2,\ a_3,\ \cdots,\ a_n,\ 5$$

가 이 순서대로 공비가 $\dfrac{1}{2}$인 등비수열을 이룰 때, n의 값은?

① 5   ② 6   ③ 7
④ 8   ⑤ 9

1832 ▮▮ Level 2

두 수 3과 81 사이에 10개의 양수 x_1, x_2, x_3, $\cdots$, x_{10}을 넣
어 만든 수열 3, x_1, x_2, x_3, $\cdots$, x_{10}, 81이 이 순서대로 등비
수열을 이룰 때, $\log_3 x_1+\log_3 x_2+\log_3 x_3+\cdots+\log_3 x_{10}$
의 값을 구하시오.

1833 ▮▮ Level 2

두 수 3과 243 사이에 n개의 수를 넣어 만든 수열

$$3,\ a_1,\ a_2,\ \cdots,\ a_n,\ 243$$

이 이 순서대로 공비가 r인 등비수열을 이룰 때, $\dfrac{r}{n}$의 최댓
값은? (단, n과 r은 자연수이다.)

① 7   ② 8   ③ 9
④ 10   ⑤ 11

다음은 이 유형에서 출제된 최근 교육청·평가원 기출문제입니다.

1834 교육청 ▮▮ Level 3

$\dfrac{1}{4}$과 16 사이에 n개의 수를 넣어 만든 공비가 양수 r인 등

비수열 $\dfrac{1}{4}$, a_1, a_2, a_3, $\cdots$, a_n, 16의 모든 항의 곱이 1024

일 때, r^9의 값을 구하시오.

빈출유형

세 수 a, b, c가 이 순서대로 등비수열을 이룬다.
➡ b는 a와 c의 등비중항
➡ $b^2 = ac \iff b = \pm\sqrt{ac}$

1835 대표문제

세 양수 x, $x+4$, $9x$가 이 순서대로 등비수열을 이룰 때, x의 값은?

① 1   ② 2   ③ 3
④ 4   ⑤ 5

1836 중요

● Level 1

5개의 수 3, x, 12, y, 48이 이 순서대로 등비수열을 이룰 때, $x+y$의 값은? (단, $x>0$, $y>0$)

① 24   ② 26   ③ 28
④ 30   ⑤ 32

1837

● Level 2

1이 아닌 세 양수 a, b, c가 이 순서대로 등비수열을 이룰 때, 다음 중 $\dfrac{1}{2\log_a x} + \dfrac{1}{2\log_c x}$과 같은 것은?

(단, $x>0$, $x \neq 1$)

① $\dfrac{1}{2\log_b x}$ ② $\dfrac{1}{\log_b x}$ ③ $\dfrac{2}{\log_b x}$
④ $\log_b x$ ⑤ $2\log_b x$

1838 중요

● Level 2

$f(x) = 2x^2 - 3x + a$를 $x-2$, $x-1$, $x+1$로 각각 나누었을 때의 나머지가 이 순서대로 등비수열을 이룰 때, 상수 a의 값을 구하시오.

1839 신경향

● Level 2

그림과 같이 두 함수 $y=9\sqrt{x}$, $y=3\sqrt{x}$의 그래프와 직선 $x=k$가 만나는 점을 각각 A, B라 하고, 직선 $x=k$가 x축과 만나는 점을 C라 하자. $\overline{BC}$, $\overline{OC}$, $\overline{AC}$의 길이가 이 순서대로 등비수열을 이룰 때, 양수 k의 값을 구하시오.

(단, O는 원점이다.)

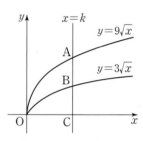

1840

● Level 3

세 자연수 a, b, n에 대하여 세 수 a^n, $2^4 \times 3^6$, b^n이 이 순서대로 등비수열을 이룰 때, ab의 최솟값은?

① 60   ② 72   ③ 84
④ 96   ⑤ 108

1841 교육청

●●● Level 1

두 양수 a, b에 대하여 세 수 a^2, 12, b^2이 이 순서대로 등비수열을 이룰 때, ab의 값을 구하시오.

1842 교육청

●●● Level 1

등비수열 $\{a_n\}$에서 $a_2 = 2$, $a_6 = 9$일 때, $a_3 \times a_5$의 값을 구하시오.

1843 교육청

●●● Level 2

세 실수 3, a, b가 이 순서대로 등비수열을 이루고 $\log_a 3b + \log_3 b = 5$를 만족시킨다. $a+b$의 값을 구하시오.

1844 교육청

●●● Level 2

그림과 같이 $x > 0$에서 정의된 함수 $f(x) = \dfrac{p}{x}\ (p > 1)$의 그래프에서 세 수 $f(a)$, $f(\sqrt{3})$, $f(a+2)$가 이 순서대로 등비수열을 이룰 때, 양수 a의 값은?

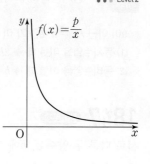

① 1
② $\dfrac{9}{8}$
③ $\dfrac{5}{4}$

④ $\dfrac{11}{8}$
⑤ $\dfrac{3}{2}$

1845 교육청

●●● Level 3

첫째항과 공차가 모두 0이 아닌 등차수열 $\{a_n\}$에 대하여 세 항 a_2, a_5, a_{14}가 이 순서대로 등비수열을 이룰 때, $\dfrac{a_{23}}{a_3}$의 값은?

① 6
② 7
③ 8

④ 9
⑤ 10

1846 교육청 고난도

●●● Level 3

공차가 d이고 모든 항이 자연수인 등차수열 $\{a_n\}$이 다음 조건을 만족시킨다.

(가) $a_1 \le d$
(나) 어떤 자연수 $k\ (k \ge 3)$에 대하여
    세 항 a_2, a_k, a_{3k-1}이 이 순서대로 등비수열을 이룬다.

$90 \le a_{16} \le 100$일 때, a_{20}의 값을 구하시오.

0이 아닌 세 수 a, b, c가 이 순서대로
(1) 등차수열을 이룰 때 ➡ $2b = a + c$
(2) 등비수열을 이룰 때 ➡ $b^2 = ac$

1847 대표문제

서로 다른 두 양수 a, b에 대하여 세 수 8, a, b가 이 순서대로 등차수열을 이루고, 세 수 a, b, 36이 이 순서대로 등비수열을 이룰 때, $b - a$의 값은?

① -8 ② -7 ③ 1

④ 7   ⑤ 8

1848 ‖‖ Level 2

서로 다른 두 실수 a, b에 대하여 세 수 a, b, 7이 이 순서대로 등차수열을 이루고, 세 수 a, 7, b가 이 순서대로 등비수열을 이룰 때, $a + 2b$의 값은?

① -21 ② -14 ③ -7

④ 0   ⑤ 7

1849 중요 ‖‖ Level 2

서로 다른 두 양수 a, b에 대하여 세 수 12, $2a^2$, b가 이 순서대로 등차수열을 이루고, 세 수 a^2, $2b$, 16이 이 순서대로 등비수열을 이룰 때, $a + b$의 값은?

① 4   ② 5   ③ 6

④ 7   ⑤ 8

1850 중요 ‖‖ Level 2

이차방정식 $x^2 - 6x + 1 = 0$의 서로 다른 두 실근 α, β에 대하여 세 수 $\dfrac{1}{\alpha}$, $\dfrac{1}{p}$, $\dfrac{1}{\beta}$이 이 순서대로 등차수열을 이루고, 세 수 α, q, β가 이 순서대로 등비수열을 이룰 때, $6p + q$의 값을 구하시오. (단, $q < 0$)

1851 ‖‖ Level 3

삼각형 ABC의 세 변의 길이 a, b, c가 이 순서대로 등차수열을 이루고, 삼각형 ABC의 세 내각의 크기 A, B, C에 대하여 $\sin A$, $\sin B$, $\sin C$가 이 순서대로 등비수열을 이룰 때, 삼각형 ABC는 어떤 삼각형인지 구하시오.

1852 ‖‖ Level 3

네 수 2, a, b, 72가 다음 조건을 만족시킨다.

> (개) 세 수 a, b, 72가 이 순서대로 등차수열을 이룬다.
> (내) 세 수 2, a, b가 이 순서대로 등비수열을 이룬다.

$3^x = 9^y = 27^z = a$일 때, $\dfrac{1}{x} + \dfrac{5}{y} - \dfrac{3}{z}$의 값은? (단, $a > 0$)

① 1   ② $\dfrac{4}{3}$ ③ $\dfrac{5}{3}$

④ 2   ⑤ $\dfrac{7}{3}$

➕ Plus 문제

실전 유형 8 등비수열을 이루는 수

(1) 세 수가 등비수열을 이룰 때
→ 세 수를 a, ar, ar^2으로 놓고 식을 세운다.

(2) 네 수가 등비수열을 이룰 때
→ 네 수를 a, ar, ar^2, ar^3으로 놓고 식을 세운다.

1853 대표문제

등비수열을 이루는 세 실수의 합이 14이고 곱이 64일 때, 세 수 중에서 가장 작은 수는?

① 1   ② 2   ③ 3

④ 4   ⑤ 5

1854   Level 2

등비수열을 이루는 세 실수의 합이 3이고 곱이 -8일 때, 세 실수를 구하시오.

1855 중요   Level 2

삼차방정식 $2x^3 - kx^2 - 24x + 54 = 0$의 서로 다른 세 실근이 등비수열을 이룰 때, 상수 k의 값은?

① 7   ② 8   ③ 9

④ 10   ⑤ 11

1856   Level 2

두 곡선 $y = x^3 - 5x^2 + 9x$, $y = 7x^2 + m$이 서로 다른 세 점에서 만나고, 그 교점의 x좌표가 차례로 등비수열을 이룰 때, 상수 m의 값은?

① $\dfrac{15}{64}$ ② $\dfrac{19}{64}$ ③ $\dfrac{23}{64}$

④ $\dfrac{27}{64}$ ⑤ $\dfrac{31}{64}$

1857   Level 2

가로의 길이, 세로의 길이, 높이가 이 순서대로 등비수열을 이루는 직육면체에 대하여 모든 모서리의 길이의 합이 96이고 부피가 216일 때, 이 직육면체의 겉넓이를 구하시오.

1858   Level 3

두 자리의 자연수 중에서 서로 다른 네 수를 택하여 작은 것부터 차례로 나열하면 공비가 자연수인 등비수열을 이룬다고 한다. 이 네 수의 합의 최솟값은?

① 110   ② 120   ③ 130

④ 140   ⑤ 150

9 등비수열의 활용 – 실생활

어떤 양 또는 값이 일정한 비율로 변하는 상황에서 처음의 양을 a, 매시간 (또는 매년) 일정하게 변하는 비율을 r이라 할 때, n 시간 (또는 n년) 후의 양은
(1) 일정하게 증가하는 경우 ➡ $a(1+r)^n$
(2) 일정하게 감소하는 경우 ➡ $a(1-r)^n$

1859 대표문제

어느 자선 단체의 모금액이 1월부터 매월 일정한 비율로 증가하여 4개월 후인 5월의 모금액은 1월의 모금액의 4배가 되었다. 이와 같은 비율로 모금액이 계속 증가하여 같은 해 9월의 모금액이 5월의 모금액보다 1200만 원 늘었을 때, 1월의 모금액은?

① 100만 원   ② 120만 원   ③ 140만 원

④ 160만 원   ⑤ 180만 원

1860

Level 2

휴대 전화를 이용한 인터넷 통신이 활발해짐에 따라 바이러스의 수도 증가한다고 한다. 휴대 전화 바이러스의 수는 매년 일정한 비율로 증가하고, n년 전에 조사된 바이러스의 수가 a개, 올해 같은 달에 조사된 바이러스의 수가 b개일 때, 바이러스가 매년 증가하는 비율은?

① $\left(\dfrac{b}{a}\right)^{\frac{1}{n}}-1$ ② $\left(\dfrac{a}{b}\right)^{\frac{1}{n}}-1$ ③ $\left(\dfrac{a}{b}\right)^{\frac{1}{n}}$

④ $\left(\dfrac{b}{a}\right)^{n}-1$ ⑤ $\left(\dfrac{a}{b}\right)^{n}-1$

1861

Level 2

어떤 공을 일정한 높이에서 떨어뜨렸을 때, 떨어뜨린 높이의 $\dfrac{3}{7}$만큼 다시 튀어 오른다고 한다. 이 공을 5 m의 높이에서 떨어뜨려 여섯 번째 튀어 올랐을 때의 높이를 구하시오.

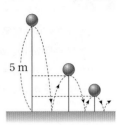

1862 중요

Level 2

어느 공장에서 생산한 유리는 빛이 통과하면서 그 양이 일정한 비율로 줄어든다고 한다. 이 유리를 8장 통과한 후 빛의 양이 처음 빛의 양보다 36 %만큼 줄어들었다고 할 때, 이 유리를 4장 통과한 후 빛의 양은 처음 빛의 양보다 몇 % 만큼 줄어들었는가?

① 14 %   ② 16 %   ③ 18 %

④ 20 %   ⑤ 22 %

1863

Level 2

어느 음원 사이트에서는 매달 말에 각 노래에 대한 그달의 다운로드 건수를 발표한다. 올해 1월부터 5월까지 이 사이트에서 발표한 A 노래의 다운로드 건수는 매달 일정한 비율로 감소하였다. A 노래의 올해 1월 다운로드 건수는 480건이었고, 올해 5월 다운로드 건수는 30건이었을 때, A 노래의 올해 3월 다운로드 건수를 구하시오.

심화유형 10 등비수열의 활용 - 도형   복합유형

도형의 길이, 넓이, 부피 등이 일정한 비율로 변할 때
➡ 처음 몇 개의 항을 나열하여 규칙을 찾은 후 일반항을 구한다.

1864 대표문제

그림과 같이 $\overline{AB}=1$, $\overline{BC}=2$인 직각삼각형에 내접하는 정사각형을 그리는 시행을 반복할 때, n번째에 그린 정사각형의 한 변의 길이를 a_n이라 하자. 이때 a_{10}의 값은?

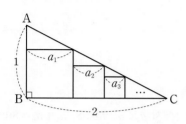

① $\left(\dfrac{1}{2}\right)^{10}$ ② $\left(\dfrac{1}{3}\right)^{9}$ ③ $\left(\dfrac{1}{3}\right)^{10}$

④ $\left(\dfrac{2}{3}\right)^{9}$ ⑤ $\left(\dfrac{2}{3}\right)^{10}$

1865   Level 2

좌표평면 위에 두 점 $O(0,\ 0)$, $A(6,\ 0)$이 있다. 제1사분면 위의 점 $P(x,\ y)$에서 x축에 내린 수선의 발을 H라 할 때, 점 P는 다음 조건을 만족시킨다.

> ㈎ $0<x<6$
> ㈏ $\overline{OH}$, $\overline{PH}$, $\overline{AH}$의 길이가 이 순서대로 등비수열을 이룬다.

점 P가 나타내는 도형과 $\overline{OA}$로 둘러싸인 부분의 넓이가 $k\pi$일 때, 상수 k의 값을 구하시오.

1866 중요   Level 3

그림과 같이 점 $P_1(4,\ 0)$에서 직선 $y=x$에 내린 수선의 발을 P_2, 점 P_2에서 y축에 내린 수선의 발을 P_3, 점 P_3에서 직선 $y=-x$에 내린 수선의 발을 P_4, 점 P_4에서 x축에 내린 수선의 발을 P_5라 하자. 이와 같은 과정을 반복하여 만든 삼각형 OP_nP_{n+1}의 넓이를 S_n이라 할 때, S_{10}의 값은?

(단, O는 원점이다.)

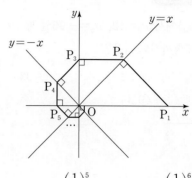

① $\left(\dfrac{1}{2}\right)^{4}$ ② $\left(\dfrac{1}{2}\right)^{5}$ ③ $\left(\dfrac{1}{2}\right)^{6}$

④ $\left(\dfrac{1}{2}\right)^{7}$ ⑤ $\left(\dfrac{1}{2}\right)^{8}$

1867   Level 3

한 변의 길이가 6인 정삼각형 $A_1B_1C_1$의 세 변 A_1B_1, B_1C_1, C_1A_1을 $1:2$로 내분하는 점을 각각 A_2, B_2, C_2라 하고, 삼각형 $A_2B_2C_2$의 세 변 A_2B_2, B_2C_2, C_2A_2를 $1:2$로 내분하는 점을 각각 A_3, B_3, C_3이라 하자. 이와 같은 과정을 반복하여 만든 삼각형 $A_nB_nC_n$의 넓이를 S_n이라 할 때, S_5의 값은?

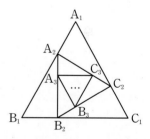

① $\dfrac{1}{9}$ ② $\dfrac{\sqrt{3}}{9}$ ③ $\dfrac{1}{3}$

④ $\dfrac{\sqrt{3}}{3}$ ⑤ $\sqrt{3}$

➕ Plus 문제

첫째항이 a, 공비가 r인 등비수열의 첫째항부터 제n항까지의 합을 S_n이라 하면

(1) $r \neq 1$일 때, $S_n = \dfrac{a(1-r^n)}{1-r} = \dfrac{a(r^n-1)}{r-1}$

(2) $r = 1$일 때, $S_n = na$

1868 대표문제

등비수열 $\{a_n\}$에서 $a_3 = 12$, $a_6 = -96$일 때, 이 수열의 첫째항부터 제5항까지의 합은?

① 31 ② 32 ③ 33

④ 34 ⑤ 35

1869 Level 1

등비수열 $1,\ 3,\ 9,\ \cdots,\ 243$의 합을 S라 할 때, S의 값은?

① 361 ② 362 ③ 363

④ 364 ⑤ 365

1870 Level 1

$a_2 = 16$, $a_5 = 2$인 등비수열 $\{a_n\}$의 첫째항부터 제6항까지의 합을 구하시오.

1871 Level 1

첫째항이 2, 제3항이 18인 등비수열 $\{a_n\}$의 첫째항부터 제12항까지의 합은? (단, 공비는 양의 실수이다.)

① $\dfrac{1}{2}(3^{12}-1)$ ② $3^{11}-1$ ③ $3^{12}-1$

④ $2(3^{11}-1)$ ⑤ $2(3^{12}-1)$

1872 Level 2

등비수열 $\{a_n\}$에서 $a_2 : a_5 = 1 : 8$, $a_4 + a_6 = 80$일 때, 이 수열의 첫째항부터 제9항까지의 합을 구하시오.

1873 중요 Level 2

등비수열 $\{a_n\}$에서 $a_2 = 3$, $a_5 = 81$일 때, $a_1{}^2 + a_2{}^2 + a_3{}^2 + \cdots + a_{10}{}^2$의 값은?

① $\dfrac{1}{2}(3^{10}-1)$ ② $2(3^{10}-1)$ ③ $\dfrac{1}{8}(9^{10}-1)$

④ $9^{10}-1$ ⑤ $8(9^{10}-1)$

1874 Level 2

등비수열 $16,\ -8,\ 4,\ \cdots$의 첫째항부터 제n항까지의 합을 S_n이라 할 때, $4S_k = 43$을 만족시키는 자연수 k의 값을 구하시오.

1875 중요

○ıı Level 2

수열 $\{a_n\}$에 대하여 $a_n=2^{2n-1}$일 때,

$$a_1+a_3+a_5+\cdots+a_{19}=\frac{2^m-2}{15}$$

를 만족시키는 실수 m의 값은?

① 35   ② 37   ③ 39

④ 41   ⑤ 43

1876

○ıı Level 2

함수 $f(x)=x^{10}+x^9+x^8+\cdots+x+3$일 때, $(f\circ f)(0)$의 값은?

① $\frac{1}{2}(3^{10}-1)$ ② $\frac{3}{2}(3^{10}-1)$ ③ $\frac{3}{2}(3^{10}+1)$

④ $\frac{3}{2}(3^{11}-1)$ ⑤ $\frac{3}{2}(3^{11}+1)$

다음은 이 유형에서 출제된 최근 교육청·평가원 기출문제입니다.

1877 교육청

○ıı Level 3

함수 $f(x)=(1+x^4+x^8+x^{12})(1+x+x^2+x^3)$일 때, $\dfrac{f(2)}{\{f(1)-1\}\{f(1)+1\}}$의 값을 구하시오.

실전 유형 **12** 부분의 합이 주어진 등비수열의 합   빈출유형

첫째항이 a, 공비가 $r\,(r\ne1)$인 등비수열의 첫째항부터 제n항까지의 합을 S_n이라 하면

(1) $S_n=\dfrac{a(r^n-1)}{r-1}$

(2) $S_{2n}=\dfrac{a(r^{2n}-1)}{r-1}=\dfrac{a(r^n-1)(r^n+1)}{r-1}$

(3) $S_{3n}=\dfrac{a(r^{3n}-1)}{r-1}=\dfrac{a(r^n-1)(r^{2n}+r^n+1)}{r-1}$

➡ $\dfrac{S_{2n}}{S_n}=r^n+1$, $\dfrac{S_{3n}}{S_n}=r^{2n}+r^n+1$

09

1878 대표문제

등비수열 $\{a_n\}$의 첫째항부터 제n항까지의 합을 S_n이라 할 때, $S_2=16$, $S_4=20$이다. 이때 S_6의 값을 구하시오.

1879

○ıı Level 2

등비수열 $\{a_n\}$의 첫째항부터 제3항까지의 합이 15, 첫째항부터 제6항까지의 합이 45일 때, 이 수열의 첫째항부터 제12항까지의 합은?

① 210   ② 215   ③ 220

④ 225   ⑤ 230

1880

○ıı Level 2

등비수열 $\{a_n\}$의 첫째항부터 제n항까지의 합을 S_n이라 할 때, $S_n=30$, $S_{2n}=90$이다. 이때 S_{3n}의 값은?

① 180   ② 210   ③ 240

④ 270   ⑤ 300

1881 중요
●•▌ Level 2

등비수열 $\{a_n\}$의 첫째항부터 제10항까지의 합이 9, 제11항부터 제20항까지의 합이 36일 때, 이 수열의 제21항부터 제30항까지의 합은?

① 136   ② 140   ③ 144

④ 148   ⑤ 152

1882 중요
●•▌ Level 2

등비수열 $\{a_n\}$에서

$$a_1 + a_2 + a_3 + \cdots + a_{10} = 180,$$
$$a_2 + a_4 + a_6 + a_8 + a_{10} = 45$$

일 때, 이 수열의 공비를 구하시오.

1883
●•▌ Level 2

첫째항이 2이고 항수가 짝수인 등비수열에서 홀수 번째 항들의 합은 182, 짝수 번째 항들의 합은 546이다. 이 등비수열의 공비를 r, 항수를 m이라 할 때, $r+m$의 값은?

① 5   ② 6   ③ 7

④ 8   ⑤ 9

다음은 이 유형에서 출제된 최근 교육청·평가원 기출문제입니다.

1884 교육청
●•▌ Level 2

등비수열 $\{a_n\}$의 첫째항부터 제n항까지의 합 S_n에 대하여 $S_3 = 21$, $S_6 = 189$일 때, a_5의 값은?

① 45   ② 48   ③ 51

④ 54   ⑤ 57

1885 평가원
●•▌ Level 2

등비수열 $\{a_n\}$의 첫째항부터 제n항까지의 합을 S_n이라 하자. $a_1 = 1$, $\dfrac{S_6}{S_3} = 2a_4 - 7$일 때, a_7의 값을 구하시오.

1886 교육청
●•▌ Level 3

모든 항이 양수인 등비수열 $\{a_n\}$의 첫째항부터 제n항까지의 합을 S_n이라 하자. $a_1 = 3$, $\dfrac{S_6}{S_5 - S_2} = \dfrac{a_2}{2}$일 때, a_4의 값은?

① 6   ② 9   ③ 12

④ 15   ⑤ 18

13 대소 관계를 만족시키는 등비수열의 합

첫째항이 a, 공비가 $r\,(r \neq 1)$인 등비수열의 첫째항부터 제n항
까지의 합이 k보다 크다.

→ $\dfrac{a(r^n-1)}{r-1} > k$를 만족시키는 자연수 n의 값을 구한다.

1887 대표문제

공비가 양수인 등비수열 $\{a_n\}$에서 제3항이 18, 제5항이
162이고 첫째항부터 제n항까지의 합을 S_n이라 할 때, S_n의
값이 처음으로 500보다 커질 때의 자연수 n의 값은?

① 4　　　　② 5　　　　③ 6

④ 7　　　　⑤ 8

1888 　　Level 2

첫째항이 $\dfrac{1}{2}$, 공비가 2인 등비수열 $\{a_n\}$의 첫째항부터 제n항
까지의 합을 S_n이라 하자. 이때 S_n의 값이 처음으로 1000보다
커지는 항은 제몇 항인지 구하시오.

1889 　　Level 2

모든 항이 양수인 등비수열 $\{a_n\}$의 첫째항부터 제n항까지
의 합을 S_n이라 하자. $a_2=10$, $a_7=16a_3$일 때, $S_k<850$을
만족시키는 자연수 k의 최댓값은?

① 6　　　　② 7　　　　③ 8

④ 9　　　　⑤ 10

1890 중요 　　Level 2

등비수열 $\dfrac{2}{3}$, $\dfrac{2}{3^2}$, $\dfrac{2}{3^3}$, …의 첫째항부터 제n항까지의 합을
S_n이라 할 때, $\left|S_n-1\right| < \dfrac{1}{1000}$을 만족시키는 자연수 n의
최솟값은?

① 7　　　　② 8　　　　③ 9

④ 10　　　　⑤ 11

1891 　　Level 2

등비수열 3, 1, $\dfrac{1}{3}$, …의 첫째항부터 제n항까지의 합을 S_n
이라 할 때, $\left|\dfrac{2}{9}S_n-1\right| > 0.01$을 만족시키는 모든 자연수
n의 값의 합은?

① 6　　　　② 10　　　　③ 15

④ 21　　　　⑤ 28

1892 신경향 　　Level 3

모든 항이 양수인 등비수열 $\{a_n\}$에서
$$(a_2+a_6):(a_5+a_9)=1:8$$
이고 첫째항부터 제n항까지의 합을 S_n이라 할 때,
$S_n>500a_1$을 만족시키는 자연수 n의 최솟값을 구하시오.

실전
유형

14 일반항이 $\dfrac{1}{a_n}$인 등비수열의 합

신유형

등비수열 $\{a_n\}$의 첫째항을 a, 공비를 r이라 하면 수열 $\left\{\dfrac{1}{a_n}\right\}$은 첫째항이 $\dfrac{1}{a}$, 공비가 $\dfrac{1}{r}$인 등비수열임을 이용하여 합을 구한다.

1893 대표문제

등비수열 $\{a_n\}$의 첫째항부터 제5항까지의 합이 31이고 곱이 1024일 때, $\dfrac{1}{a_1}+\dfrac{1}{a_2}+\dfrac{1}{a_3}+\dfrac{1}{a_4}+\dfrac{1}{a_5}$의 값은?

① $\dfrac{31}{2}$ ② $\dfrac{31}{4}$ ③ $\dfrac{31}{8}$

④ $\dfrac{31}{16}$ ⑤ $\dfrac{31}{32}$

1894 중요

Level 2

첫째항이 a, 공비가 $\dfrac{1}{2}$인 등비수열 $\{a_n\}$의 첫째항부터 제6항까지의 합이 $\dfrac{63}{8}$일 때, $\dfrac{1}{a_1}+\dfrac{1}{a_2}+\dfrac{1}{a_3}+\dfrac{1}{a_4}+\dfrac{1}{a_5}+\dfrac{1}{a_6}$의 값을 구하시오.

1895

Level 2

공비가 양수인 등비수열 $\{a_n\}$에서 $a_3=\dfrac{1}{6}$, $a_7=\dfrac{1}{24}$일 때, $\dfrac{1}{a_1^2}+\dfrac{1}{a_2^2}+\dfrac{1}{a_3^2}+\cdots+\dfrac{1}{a_{10}^2}$의 값을 구하시오.

1896

Level 2

모든 항이 양수인 등비수열 $\{a_n\}$에서
$$a_1+a_2+a_3+\cdots+a_{10}=30,$$
$$\dfrac{1}{a_1}+\dfrac{1}{a_2}+\dfrac{1}{a_3}+\cdots+\dfrac{1}{a_{10}}=10$$
일 때, $\log_3 a_1+\log_3 a_2+\log_3 a_3+\cdots+\log_3 a_{10}$의 값을 구하시오.

1897

Level 2

첫째항과 공비가 0이 아닌 등비수열 $\{a_n\}$에서
$$2a_4+a_5=0,\ a_1+a_2+a_3=\dfrac{3}{8}$$
일 때, $\dfrac{1}{a_1}+\dfrac{1}{a_2}+\dfrac{1}{a_3}+\cdots+\dfrac{1}{a_k}=\dfrac{43}{8}$을 만족시키는 자연수 k의 값을 구하시오.

1898

Level 3

두 수 2와 30 사이에 10개의 수를 넣어 만든 수열
$$2,\ a_1,\ a_2,\ \cdots,\ a_{10},\ 30$$
이 이 순서대로 등비수열을 이룬다. 이때 등식
$$2+a_1+a_2+\cdots+a_{10}+30=m\left(\dfrac{1}{2}+\dfrac{1}{a_1}+\dfrac{1}{a_2}+\cdots+\dfrac{1}{a_{10}}+\dfrac{1}{30}\right)$$
을 만족시키는 상수 m의 값은?

① 40   ② 45   ③ 50

④ 55   ⑤ 60

⊕ Plus 문제

실전 유형 **15** 여러 가지 등비수열의 합

$r \neq 1$일 때, $S_n = \dfrac{a(r^n-1)}{r-1} = \dfrac{a(1-r^n)}{1-r}$ 임을 이용하여 여러 가지 응용 문제를 해결한다.

1899 대표문제

첫째항이 1, 공비가 r인 등비수열 $\{a_n\}$의 첫째항부터 제n항까지의 합을 S_n이라 하자. $S_{20}=4S_{10}$, $S_{40}=kS_{10}$일 때, 상수 k의 값은? (단, $r \neq \pm 1$)

① 10   ② 20   ③ 40
④ 80   ⑤ 100

1900   •❙❙ Level 2

첫째항이 a, 공비가 r인 등비수열 $\{a_n\}$의 첫째항부터 제n항까지의 합을 S_n이라 하면

$$2a = S_2 + S_3, \ r^2 = 64a^2$$

일 때, a_5의 값은? (단, $a > 0$)

① 2   ② 4   ③ 6
④ 8   ⑤ 10

1901   •❙❙ Level 2

첫째항이 a, 공비가 r인 등비수열 $\{a_n\}$의 첫째항부터 제n항까지의 합을 S_n이라 하자. $S_{10}=5S_5$, $S_{20}=kS_5$일 때, 상수 k의 값을 구하시오. (단, $a \neq 0$, $r \neq 1$)

1902 중요   •❙❙ Level 2

모든 항이 양수이고 공비가 r인 등비수열 $\{a_n\}$의 첫째항부터 제n항까지의 합을 S_n이라 하면

$$\frac{S_{12}-S_{10}}{a_{12}-a_{11}} - \frac{a_{12}-a_{11}}{S_{12}-S_{10}} = \frac{11}{30}$$

일 때, r의 값은?

① 3   ② 5   ③ 7
④ 9   ⑤ 11

다음은 이 유형에서 출제된 최근 교육청・평가원 기출문제입니다.

1903 교육청 고난도   •❙❙ Level 3

첫째항이 2인 등비수열 $\{a_n\}$의 첫째항부터 제n항까지의 합 S_n이 다음 조건을 만족시킬 때, a_4의 값은?

(가) $S_{12} - S_2 = 4S_{10}$
(나) $S_{12} < S_{10}$

① -24 ② -16 ③ -8
④ 16   ⑤ 24

주어진 규칙에 따라 등비수열의 첫째항과 공비를 이용하여 등비수열의 합에 대한 식으로 나타낸다.

1904 대표문제

어느 학교의 2005년부터 2024년까지 20년 동안의 입학생 수는 8000명이고, 이 중 2000명은 2015년부터 2024년까지의 입학생 수라 한다. 이 학교의 입학생 수는 매년 일정한 비율로 감소한다고 할 때, 2025년의 입학생 수는 2005년의 입학생 수의 몇 배인가?

① $\frac{1}{3}$배   ② $\frac{1}{4}$배   ③ $\frac{1}{9}$배

④ $\frac{1}{12}$배   ⑤ $\frac{1}{16}$배

1905   •‖ Level 1

민서는 일주일 동안 자전거로 이동하면서 여행하기로 했다. 첫째 날에는 6 km를 이동하고, 둘째 날부터는 전날 이동한 거리의 20 %씩 늘려서 이동할 때, 일주일 동안 민서가 자전거로 이동한 거리는 몇 km인지 구하시오.

(단, $1.2^7 = 3.6$으로 계산한다.)

1906 중요   •‖ Level 2

매일 책을 읽기로 한 지후는 첫째 날에는 10쪽을 읽고, 둘째 날부터는 전날 읽었던 쪽수의 두 배씩 늘려서 읽기로 하였다. 400쪽짜리 책을 다 읽는 데 며칠이 걸리겠는가?

① 4일   ② 5일   ③ 6일

④ 7일   ⑤ 8일

1907   •‖ Level 2

2020년 당시 어느 지역에 300만 톤의 석탄이 매장되어 있었다. 2020년의 이 지역의 석탄의 채굴량은 10만 톤이고, 매년 전년 채굴량의 10 %씩 채굴량을 늘린다고 할 때, 이 석탄이 모두 고갈되는 해는 몇 년인가?

(단, $1.1^{14} = 3.8$, $1.1^{15} = 4.2$로 계산한다.)

① 2032년   ② 2033년   ③ 2034년

④ 2035년   ⑤ 2036년

1908   •‖ Level 2

어느 지역의 원두 생산량이 매년 일정한 비율로 감소한다고 한다. 2013년부터 2016년까지의 원두 생산량은 10만 kg이고, 2017부터 2020년까지의 원두 생산량은 8만 kg일 때, 2025년의 원두 생산량은 2013년의 원두 생산량의 몇 배인가?

① $\frac{4}{125}$배   ② $\frac{8}{125}$배   ③ $\frac{16}{125}$배

④ $\frac{32}{125}$배   ⑤ $\frac{64}{125}$배

심화 유형 17 등비수열의 합의 활용 – 도형   **복합유형**

도형에서 구하는 길이 또는 넓이를 차례로 나열하여 등비수열의 첫째항과 공비를 구한 후, 등비수열의 합을 구한다.

1909 대표문제

그림과 같이 한 변의 길이가 4인 정삼각형 ABC가 있다. 첫 번째 시행에서 정삼각형 ABC의 세 변의 중점을 이어서 만든 정삼각형 $A_1B_1C_1$을 잘라 내고, 두 번째 시행에서 첫 번째 시행 후 남은 3개의 정삼각형에서 같은 방법으로 만든 정삼각형을 잘라 낸다. 이와 같은 시행을 반복할 때, n번째 시행에서 잘라 낸 정삼각형의 넓이의 합을 S_n이라 하자. 이때 $S_1+S_2+S_3+\cdots+S_{10}$의 값은?

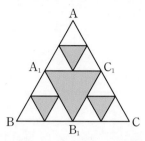

① $\sqrt{3}\left\{1-\left(\frac{1}{4}\right)^{10}\right\}$ ② $\sqrt{3}\left\{1-\left(\frac{3}{4}\right)^{10}\right\}$

③ $4\sqrt{3}\left\{1-\left(\frac{1}{4}\right)^{10}\right\}$ ④ $4\sqrt{3}\left\{1-\left(\frac{3}{4}\right)^{10}\right\}$

⑤ $8\sqrt{3}\left\{1-\left(\frac{3}{4}\right)^{10}\right\}$

1910

Level 2

그림과 같이 한 변의 길이가 2인 정사각형 ABCD가 있다. 첫 번째 시행에서 정사각형 ABCD의 네 변의 중점을 연결하여 정사각형 $A_1B_1C_1D_1$을 만들고, 두 번째 시행에서 정사각형 $A_1B_1C_1D_1$의 네 변의 중점을 연결하여 정사각형 $A_2B_2C_2D_2$를 만든다. 이와 같은 시행을 반복할 때, n번째 시행에서 만든 정사각형 $A_nB_nC_nD_n$의 넓이를 S_n이라 하자. 이때 $S_1+S_2+S_3+\cdots+S_9$의 값을 구하시오.

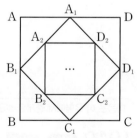

1911 중요

Level 2

한 변의 길이가 3인 정사각형 모양의 종이가 있다. 그림과 같이 첫 번째 시행에서 정사각형을 9등분 한 후 중앙의 정사각형에 색칠한다. 두 번째 시행에서 첫 번째 시행 후 남은 8개의 정사각형을 각각 9등분 한 후 중앙의 정사각형에 색칠한다. 이와 같은 시행을 반복할 때, n번째 시행에서 색칠한 부분의 넓이를 S_n이라 하자. 이때 $S_1+S_2+S_3+\cdots+S_7$의 값을 구하시오.

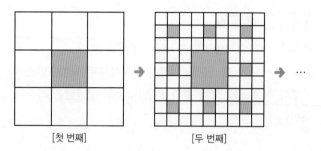

[첫 번째]   [두 번째]

1912

Level 2

그림과 같이 한 변의 길이가 6인 정사각형 $OA_1B_1C_1$이 있다. 첫 번째 시행에서 점 O를 중심으로 하고 $\overline{OA_1}$을 반지름으로 하는 사분원 OA_1C_1을 그린 후, ⌐ 모양의 도형 $A_1B_1C_1$에 색칠한다. 두 번째 시행에서 사분원 OA_1C_1에 내접하는 정사각형 $OA_2B_2C_2$를 그리고, $\overline{OA_2}$를 반지름으로 하는 사분원 OA_2C_2를 그린 후, ⌐ 모양의 도형 $A_2B_2C_2$에 색칠한다. 이와 같은 시행을 반복할 때, n번째 시행에서 색칠한 도형의 넓이를 S_n이라 하자. 이때 $S_1+S_2+S_3+\cdots+S_8$의 값은?

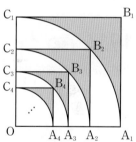

① $(12-3\pi)\left\{1-\left(\frac{1}{2}\right)^{8}\right\}$ ② $(12-3\pi)\left\{1-\left(\frac{1}{4}\right)^{8}\right\}$

③ $(36-9\pi)\left\{1-\left(\frac{1}{2}\right)^{8}\right\}$ ④ $(36-9\pi)\left\{1-\left(\frac{1}{4}\right)^{8}\right\}$

⑤ $(72-18\pi)\left\{1-\left(\frac{1}{2}\right)^{8}\right\}$

18 등비수열의 합과 일반항 사이의 관계

수열 $\{a_n\}$의 첫째항부터 제n항까지의 합 S_n이 주어진 경우
➜ $a_1 = S_1$, $a_n = S_n - S_{n-1}$ $(n \geq 2)$
참고 $S_n = Ar^n + B$ $(r \neq 0,\ r \neq 1,\ A,\ B$는 상수$)$ 꼴일 때
(1) $A + B = 0$이면
➜ 수열 $\{a_n\}$은 첫째항부터 등비수열을 이룬다.
(2) $A + B \neq 0$이면
➜ 수열 $\{a_n\}$은 둘째항부터 등비수열을 이룬다.

1913 대표문제

수열 $\{a_n\}$의 첫째항부터 제n항까지의 합 S_n이
$S_n = 4^n + 3k$일 때, 수열 $\{a_n\}$이 첫째항부터 등비수열을 이루도록 하는 상수 k의 값과 수열 $\{a_n\}$의 일반항을 각각 구하면?

① $k = -\dfrac{1}{3}$, $a_n = \dfrac{1}{3} \times 4^{n-1}$　② $k = -\dfrac{1}{3}$, $a_n = 3 \times 4^{n-1}$

③ $k = -\dfrac{1}{3}$, $a_n = 5 \times 4^{n-1}$　④ $k = -\dfrac{1}{2}$, $a_n = \dfrac{1}{3} \times 4^{n-1}$

⑤ $k = -\dfrac{1}{2}$, $a_n = 3 \times 4^{n-1}$

1914 중요

Level 2

수열 $\{a_n\}$의 첫째항부터 제n항까지의 합 S_n이
$S_n = 7 \times 2^n - 3$일 때, $a_5 - a_1$의 값을 구하시오.

1915 중요

Level 2

수열 $\{a_n\}$의 첫째항부터 제n항까지의 합 S_n이
$S_n = p^n + q - 3$이다. 수열 $\{a_n\}$이 첫째항부터 공비가 5인 등비수열을 이룰 때, $p^2 + q^2$의 값은?

(단, p, q는 상수이다.)

① 25　　　② 27　　　③ 29

④ 31　　　⑤ 33

1916

Level 2

수열 $\{a_n\}$의 첫째항부터 제n항까지의 합 S_n이
$\log (S_n + 3k) = n + 1$을 만족시킨다. 수열 $\{a_n\}$이 첫째항부터 등비수열을 이룰 때, 상수 k의 값을 구하시오.

1917

Level 2

수열 $\{a_n\}$의 첫째항부터 제n항까지의 합 S_n이
$S_n = 2 \times 3^{n+1} + k$이다. 수열 $\{a_n\}$이 첫째항부터 등비수열을 이룰 때, 〈보기〉에서 옳은 것만을 있는 대로 고른 것은?

(단, k는 상수이다.)

───〈 보기 〉───

ㄱ. $k = 6$
ㄴ. 수열 $\{a_n\}$의 첫째항은 12이고, 공비는 3이다.
ㄷ. 수열 $\{2S_n + a_1\}$은 공비가 3인 등비수열이다.

① ㄱ　　　② ㄴ　　　③ ㄷ

④ ㄱ, ㄴ　　　⑤ ㄴ, ㄷ

다음은 이 유형에서 출제된 최근 교육청·평가원 기출문제입니다.

1918 평가원 고난도

Level 3

등비수열 $\{a_n\}$의 첫째항부터 제n항까지의 합을 S_n이라 하자. 모든 자연수 n에 대하여 $S_{n+3} - S_n = 13 \times 3^{n-1}$일 때, a_4의 값을 구하시오.

➕ Plus 문제

실전 유형 **19** 원리합계 – 적금

(1) 원금 a원을 연이율 r로 n년 동안 예금할 때의 원리합계 S는
　① 단리법: $S = a(1 + rn)$ (원)
　② 복리법: $S = a(1 + r)^n$ (원)
(2) 연이율 r, 1년마다 복리로 a원씩 적립할 때 n년 말의 적립금의 원리합계 S는
　① 매년 초에 a원씩 적립할 때
　➡ $S = \dfrac{a(1+r)\{(1+r)^n - 1\}}{(1+r) - 1}$ (원)
　② 매년 말에 a원씩 적립할 때
　➡ $S = \dfrac{a\{(1+r)^n - 1\}}{(1+r) - 1}$ (원)

1919 대표문제

연이율 3 %, 1년마다 복리로 매년 초에 100만 원씩 적립할 때, 10년째 말의 적립금의 원리합계는?

(단, $1.03^{10} = 1.3$으로 계산한다.)

① 1010만 원　　② 1020만 원　　③ 1030만 원
④ 1040만 원　　⑤ 1050만 원

1920　　　　　　　　　　　　　　∎∎ Level 1

100만 원을 연이율 6 %로 10년 동안 은행에 예금했을 때, 단리법으로 계산한 원리합계를 S라 하고, 복리법으로 계산한 원리합계를 T라 하자. 이때 $T - S$의 값은?

(단, $1.06^{10} = 1.79$로 계산한다.)

① 16만 원　　② 17만 원　　③ 18만 원
④ 19만 원　　⑤ 20만 원

1921 중요　　　　　　　　　　　∎∎ Level 2

매년 초에 a만 원씩 적립하여 8년째 말에 1353만 원을 만들려고 한다. 연이율 2.5 %, 1년마다 복리로 계산할 때, a의 값은? (단, $1.025^8 = 1.22$로 계산한다.)

① 120　　　② 130　　　③ 140
④ 150　　　⑤ 160

1922　　　　　　　　　　　　　　∎∎ Level 2

매달 말에 일정한 금액 a만 원을 적립하여 12개월째 말까지 300만 원을 만들려고 한다. 월이율 4 %, 1개월마다 복리로 계산할 때, a의 값을 구하시오.

(단, $1.04^{12} = 1.6$으로 계산한다.)

1923　　　　　　　　　　　　　　∎∎ Level 3

수아는 월이율 0.3 %, 1개월마다 복리로 매월 초에 30만 원씩 8개월 동안 적립하고, 민우는 월이율 0.3 %, 1개월마다 복리로 매월 초에 18만 원씩 16개월 동안 적립하려고 한다. 민우가 16개월째 말에 받는 금액은 수아가 8개월째 말에 받는 금액의 몇 배인가? (단, $1.003^8 = 1.02$로 계산한다.)

① 1.204배　　② 1.206배　　③ 1.208배
④ 1.21배　　⑤ 1.212배

교육과정 외

빌린 금액이 A원이고 이 금액을 n년 동안 갚기 위해 매년 지불해야 할 금액을 a원이라 하면

(A원을 n년 동안 예금할 때의 원리합계)

=(a원을 n년 동안 매년 적립할 때의 원리합계)

→ $A(1+r)^n = \dfrac{a\{(1+r)^n-1\}}{(1+r)-1}$

1924 대표문제

이달 초 가격이 100만 원인 노트북을 할부로 구입하고 이달 말부터 매달 일정한 금액을 월이율 1 %, 1개월마다 복리로 36개월에 걸쳐 갚는다면 매달 얼마씩 갚아야 하는가?

(단, $1.01^{36}=1.4$로 계산한다.)

① 29000원   ② 32000원   ③ 35000원

④ 38000원   ⑤ 41000원

1925 중요

Level 2

올해 초에 300만 원짜리 냉장고를 할부로 구입하고 올해 말부터 매년 일정한 금액을 연이율 5 %, 1년마다 복리로 8년에 걸쳐 모두 갚으려고 한다. 매년 갚아야 할 금액은?

(단, $1.05^8=1.5$로 계산한다.)

① 39만 원   ② 41만 원   ③ 43만 원

④ 45만 원   ⑤ 47만 원

1926

Level 2

우주는 이달 초에 140만 원짜리 스마트폰을 샀다. 처음에 현금 20만 원을 내고 나머지는 이달 말부터 매달 일정한 금액을 월이율 0.8 %, 1개월마다 복리로 36개월에 걸쳐 갚기로 했을 때, 매달 얼마씩 갚으면 되는가?

(단, $1.008^{36}=1.3$으로 계산한다.)

① 39600원   ② 40600원   ③ 41600원

④ 42600원   ⑤ 43600원

1927

Level 3

올해부터 매년 말에 300만 원씩 10년 동안 받는 연금이 있다. 연이율 4 %, 1년마다 복리로 계산할 때, 이 연금을 올해 초에 한 번에 모두 지급 받는다면 받게 되는 금액을 구하시오. (단, $1.04^{10}=1.5$로 계산한다.)

1928

Level 3

올해부터 매년 말에 100만 원씩 20년 동안 받는 연금이 있다. 연이율 8 %, 1년마다 복리로 계산할 때, 이 연금을 올해 초에 한 번에 모두 지급 받는다면 받게 되는 금액은?

(단, $1.08^{20}=4.6$으로 계산하고, 만 원 미만은 버린다.)

① 938만 원   ② 948만 원   ③ 958만 원

④ 968만 원   ⑤ 978만 원

서술형 유형 익히기

1929 대표문제

두 수 96과 6 사이에 세 양수 a, b, c를 넣어 만든 수열

  96, a, b, c, 6

이 이 순서대로 등비수열을 이룰 때, a, b, c의 값을 구하는 과정을 서술하시오. [6점]

STEP 1 6을 공비 r에 대한 식으로 나타내기 [2점]

등비수열 96, a, b, c, 6의 공비를 r이라 하면

첫째항은 96이고, 6은 제5항이므로

$6 = \boxed{}^{(1)} r^4$

STEP 2 공비 r의 값 구하기 [1점]

$6 = \boxed{}^{(2)} r^4$에서 $r^4 = \boxed{}^{(3)}$이고,

등비수열의 모든 항이 양수이므로 공비 r도 양수이다.

$\therefore r = \boxed{}^{(4)}$

STEP 3 a, b, c의 값 구하기 [3점]

a는 제2항, b는 제3항, c는 제4항이므로

$a = 96 \times \dfrac{1}{2} = \boxed{}^{(5)}$

$b = 96 \times \left(\dfrac{1}{2}\right)^{\boxed{}^{(6)}} = \boxed{}^{(7)}$

$c = 96 \times \left(\dfrac{1}{2}\right)^{\boxed{}^{(8)}} = \boxed{}^{(9)}$

1930 한번 더

두 수 4와 324 사이에 세 양수 a, b, c를 넣어 만든 수열

  4, a, b, c, 324

가 이 순서대로 등비수열을 이룰 때, a, b, c의 값을 구하는 과정을 서술하시오. [6점]

STEP 1 324를 공비 r에 대한 식으로 나타내기 [2점]

STEP 2 공비 r의 값 구하기 [1점]

STEP 3 a, b, c의 값 구하기 [3점]

1931 유사 1

두 수 3과 243 사이에 7개의 양수 a_1, a_2, a_3, $\cdots$, a_7을 넣어 만든 수열

  3, a_1, a_2, a_3, $\cdots$, a_7, 243

이 이 순서대로 등비수열을 이룬다.

$a_1 \times a_2 \times a_3 \times \cdots \times a_7 = 3^k$일 때, k의 값을 구하는 과정을 서술하시오. [7점]

핵심 KEY 유형 5 두 수 사이에 수를 넣어서 만든 등비수열

두 수 사이에 n개의 수를 넣어서 만든 등비수열에서 항의 값을 구하는 문제이다.

두 수 a와 b 사이에 n개의 수를 넣어서 등비수열을 만들면 첫째항은 a이고, 제$(n+2)$항은 b임을 이용한다. 특히, n개의 수에서 n번째 수가 수열의 제몇 항인지 구할 때 첫째항 a가 있음에 주의한다.

1932 대표문제

공차가 2인 등차수열 $\{a_n\}$에서 세 항 a_2, a_4, a_8이 이 순서대로 등비수열을 이룰 때, a_{10}의 값을 구하는 과정을 서술하시오. [7점]

STEP 1 a_2, a_4, a_8을 첫째항과 공차로 나타내기 [2점]

등차수열 $\{a_n\}$의 첫째항을 a라 하면

$$a_2=a+2,\ a_4=a+6,\ a_8=a+\boxed{^{(1)}}$$

STEP 2 등비중항의 성질을 이용하여 식 세우기 [3점]

세 항 a_2, a_4, a_8이 이 순서대로 등비수열을 이루므로

$$\left(a+\boxed{^{(2)}}\right)^2=(a+2)\left(a+\boxed{^{(3)}}\right)$$

$$a^2+12a+36=a^2+16a+\boxed{^{(4)}}$$

$$4a=\boxed{^{(5)}}\qquad \therefore\ a=\boxed{^{(6)}}$$

STEP 3 a_{10}의 값 구하기 [2점]

$$a_n=\boxed{^{(7)}}+(n-1)\times 2=\boxed{^{(8)}}\ \text{이므로}$$

$$a_{10}=\boxed{^{(9)}}$$

1933 한번 더

첫째항이 -5인 등차수열 $\{a_n\}$에서 세 항 a_3, a_2, a_4가 이 순서대로 등비수열을 이룰 때, a_{20}의 값을 구하는 과정을 서술하시오. (단, 수열 $\{a_n\}$의 공차는 0이 아니다.) [7점]

STEP 1 a_2, a_3, a_4를 첫째항과 공차로 나타내기 [2점]

STEP 2 등비중항의 성질을 이용하여 식 세우기 [3점]

STEP 3 a_{20}의 값 구하기 [2점]

핵심 KEY 유형 6 , 유형 7 등차중항과 등비중항

등차수열과 등비수열에 대한 조건이 주어질 때, 등차중항과 등비중항의 성질을 이용하여 해결하는 문제이다.

등차수열의 일반항은 $a_n=a_1+(n-1)d$이고, 세 수 a, b, c가 이 순서대로 등비수열을 이루면 $b^2=ac$임을 이용한다.

1934 유사 1

서로 다른 두 실수 a, b에 대하여 세 수 3, $\dfrac{a^2}{2}$, b가 이 순서대로 등차수열을 이루고, 세 수 $a+3$, b, 1이 이 순서대로 등비수열을 이룰 때, a^2+b^2의 값을 구하는 과정을 서술하시오. [8점]

1935 유사 2

세 수 $\log_{2a}a$, 1, $\log_a b$가 이 순서대로 등비수열을 이룰 때, $b+\dfrac{1}{8a}$의 최솟값을 구하는 과정을 서술하시오. [8점]

$$\left(\text{단},\ a>0,\ b>0,\ a\neq\frac{1}{2},\ a\neq1\right)$$

09

1936 대표문제

모든 항이 실수인 등비수열 $\{a_n\}$에 대하여 첫째항부터 제3항까지의 합이 21, 첫째항부터 제6항까지의 합이 -147일 때, a_7의 값을 구하는 과정을 서술하시오. [7점]

STEP 1 첫째항 a와 공비 r에 대한 식 세우기 [3점]

등비수열 $\{a_n\}$의 첫째항부터 제n항까지의 합을 S_n이라 하고 첫째항을 a, 공비를 r이라 하자.

$S_3 = 21$에서 $\dfrac{a(r^3-1)}{r-1} = 21$ ·············· ㉠

$S_6 = -147$에서 $\dfrac{a(\boxed{}^{(1)} - 1)}{r-1} = -147$

$\therefore \dfrac{a(r^3-1)(\boxed{}^{(2)} + 1)}{r-1} = -147$ ·············· ㉡

STEP 2 a, r의 값 구하기 [2점]

㉡÷㉠을 하면

$r^3 + 1 = \boxed{}^{(3)}$, $r^3 = \boxed{}^{(4)}$

$\therefore r = \boxed{}^{(5)}$

r의 값을 ㉠에 대입하여 풀면 $a = \boxed{}^{(6)}$

STEP 3 a_7의 값 구하기 [2점]

$a_7 = ar^6 = 7 \times \boxed{}^{(7)} = \boxed{}^{(8)}$

1937 한번 더

모든 항이 실수인 등비수열 $\{a_n\}$에 대하여 첫째항부터 제5항까지의 합이 11, 첫째항부터 제10항까지의 합이 -341일 때, a_{11}의 값을 구하는 과정을 서술하시오. [7점]

STEP 1 첫째항 a와 공비 r에 대한 식 세우기 [3점]

STEP 2 a, r의 값 구하기 [2점]

STEP 3 a_{11}의 값 구하기 [2점]

1938 유사1

첫째항이 3인 등비수열 $\{a_n\}$의 첫째항부터 제n항까지의 합을 S_n이라 하자. $S_n = 45$, $S_{2n} = 765$일 때, $a_1 + a_3 + a_5 + \cdots + a_{2n-1}$의 값을 구하는 과정을 서술하시오.

[9점]

핵심 KEY 유형 12 부분의 합이 주어진 등비수열의 합

부분의 합이 주어진 등비수열에서 일반항 또는 등비수열의 합을 구하는 문제이다.

등비수열의 합은 $S_n = \dfrac{a(r^n-1)}{r-1} = \dfrac{a(1-r^n)}{1-r}$임을 이용한다.

등비수열의 합을 첫째항과 공비에 대한 식으로 나타낸 후, 분자가 인수분해가 될 경우 가능한 범위까지 인수분해하여 식을 간단히 하면 쉽게 계산할 수 있다.

1 1939

등비수열 $\{a_n\}$에서 첫째항이 3, 공비가 -2일 때, 768은 제 몇 항인가? [3점]

① 제9항   ② 제10항   ③ 제11항

④ 제12항   ⑤ 제13항

2 1940

공비가 양수인 등비수열 $\{a_n\}$에 대하여

$$a_4+a_5=36,\ a_2+a_3=4$$

일 때, a_7의 값은? [3점]

① 64   ② 81   ③ 128

④ 243   ⑤ 256

3 1941

모든 항이 양수인 등비수열 $\{a_n\}$에 대하여

$$\log_5 a_1+\log_5 a_2+\log_5 a_3+\cdots+\log_5 a_{11}=11$$

일 때, $a_3 a_9$의 값은? [3점]

① 10   ② 15   ③ 20

④ 25   ⑤ 30

4 1942

공비가 3, 제4항이 54인 등비수열 $\{a_n\}$에서 처음으로 500 보다 커지는 항은? [3점]

① 제5항   ② 제6항   ③ 제7항

④ 제8항   ⑤ 제9항

5 1943

네 수 -2, a, -18, b가 이 순서대로 등비수열을 이룰 때, $\dfrac{b}{a}$의 값은? [3점]

① 3   ② 6   ③ 9

④ 12   ⑤ 15

6 1944

세 수 a, 3, b가 이 순서대로 등차수열을 이루고, 세 수 1, a, b가 이 순서대로 등비수열을 이룰 때, $2a+b$의 값은?

(단, $a>0$) [3점]

① 7 　　② 8 　　③ 9

④ 10 　　⑤ 11

7 1945

등비수열 $\dfrac{1}{4}$, $\dfrac{1}{2}$, 1, $\cdots$, 128의 합을 S라 할 때, S의 값은?

[3점]

① $\dfrac{2^{10}-1}{4}$ 　　② $\dfrac{2^{10}-1}{2}$ 　　③ $2^{10}-1$

④ $\dfrac{2^{11}-1}{4}$ 　　⑤ $\dfrac{2^{11}-1}{2}$

8 1946

첫째항이 3인 등비수열 $\{a_n\}$에 대하여 $\dfrac{a_4}{a_3}+\dfrac{a_6}{a_4}=-\dfrac{1}{4}$일 때, a_5의 값은? [3.5점]

① $\dfrac{1}{16}$ 　　② $\dfrac{3}{16}$ 　　③ $\dfrac{5}{16}$

④ $\dfrac{7}{16}$ 　　⑤ $\dfrac{9}{16}$

9 1947

첫째항이 500이고 공비가 $\dfrac{1}{4}$인 등비수열 $\{a_n\}$에 대하여

$$T_n=a_1\times a_2\times a_3\times \cdots \times a_n$$

이라 하자. T_n의 값이 최대가 될 때의 n의 값은? [3.5점]

① 4 　　② 5 　　③ 6

④ 7 　　⑤ 8

10 1948

두 수 2와 64 사이에 10개의 수 x_1, x_2, x_3, $\cdots$, x_{10}을 넣어서 만든 수열 2, x_1, x_2, x_3, $\cdots$, x_{10}, 64가 이 순서대로 등비수열을 이룰 때, $x_1\times x_2\times x_3\times \cdots \times x_{10}$의 값은? [3.5점]

① 2^{31} 　　② 2^{33} 　　③ 2^{35}

④ 2^{37} 　　⑤ 2^{39}

11 1949

등비수열을 이루는 세 수의 합이 -7, 곱이 27일 때, 세 수 중 가장 작은 수는? [3.5점]

① -9 　　② -6 　　③ -3

④ -1 　　⑤ 1

12 1950

어떤 공을 일정한 높이에서 떨어뜨렸을 때, 떨어뜨린 높이에 대해 일정한 비율만큼 다시 튀어 오른다고 한다. 이 공을 7.5 m의 높이에서 떨어뜨렸더니 처음에 3 m만큼 튀어 올랐을 때, 튀어 오르는 높이가 $\dfrac{48}{625}$ m가 되는 것은 몇 번째 튀어 올랐을 때인가? [3.5점]

① 4번째   ② 5번째   ③ 6번째
④ 7번째   ⑤ 8번째

13 1951

등비수열 $\{a_n\}$의 첫째항부터 제6항까지의 합은 12, 첫째항부터 제12항까지의 합은 72이다. 이때 첫째항부터 제18항까지의 합은? [3.5점]

① 354   ② 360   ③ 366
④ 372   ⑤ 378

14 1952

수열 $\{a_n\}$의 첫째항부터 제n항까지의 합 S_n이 $S_n=2\times 3^{1-n}+k$이다. 수열 $\{a_n\}$이 첫째항부터 등비수열을 이룰 때, 상수 k의 값은? [3.5점]

① -7 ② -6 ③ -5
④ -4 ⑤ -3

15 1953

월이율 0.3 %, 1개월마다 복리로 매월 초에 30만 원씩 36개월 동안 적립할 때, 36개월 말의 적립금의 원리합계는? (단, $1.003^{36}=1.11$로 계산하고, 천의 자리에서 반올림한다.) [3.5점]

① 1101만 원   ② 1103만 원   ③ 1105만 원
④ 1107만 원   ⑤ 1109만 원

16 1954

어느 은행의 적금 상품에 가입하여 2022년 1월 초부터 2024년 6월 초까지 매월 초에 일정한 금액을 적립한 후 2024년 6월 말에 1608만 원을 지급받기로 하였다. 월이율 0.5 %의 복리로 계산할 때, 매월 적립해야 하는 금액은? (단, $1.005^{30}=1.16$으로 계산한다.) [3.5점]

① 48만 원   ② 49만 원   ③ 50만 원
④ 51만 원   ⑤ 52만 원

17 1955

등차수열 $\{a_n\}$과 등비수열 $\{b_n\}$이 다음 조건을 만족시킬 때, $a_5 + b_5$의 값은?

(단, 등비수열 $\{b_n\}$의 공비는 1이 아니다.) [4점]

> (가) $a_1 = 3$, $b_1 = 3$
>
> (나) $a_2 = b_2$, $a_4 = b_4$

① 11   ② 13   ③ 15

④ 17   ⑤ 19

18 1956

그림과 같이 평행하지 않은 두 직선 사이에 정사각형들이 겹치지 않고 변끼리 만나면서 놓여 있다. 첫 번째 정사각형의 넓이가 3이고 7 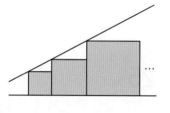 번째 정사각형의 넓이가 24일 때, 11번째 정사각형의 넓이는? [4점]

① 80   ② 84   ③ 92

④ 96   ⑤ 100

19 1957

$a_1 = 5$, $a_4 = 1080$이고 공비가 실수인 등비수열 $\{a_n\}$에 대하여 $\log (a_1 + a_2 + a_3 + \cdots + a_n)^3 < 9$를 만족시키는 자연수 n의 최댓값은? [4점]

① 3   ② 4   ③ 5

④ 6   ⑤ 7

20 1958

공비가 -2인 등비수열 $\{a_n\}$에 대하여

$$S_n = a_1^2 + a_2^2 + a_3^2 + \cdots + a_n^2,$$

$$T_n = \frac{1}{a_1} + \frac{1}{a_2} + \frac{1}{a_3} + \cdots + \frac{1}{a_n}$$

일 때, $\dfrac{S_3 T_3}{S_2 T_2}$의 값은? (단, $a_1 \neq 0$) [4점]

① $\dfrac{61}{10}$ ② $\dfrac{63}{10}$ ③ $\dfrac{13}{2}$

④ $\dfrac{67}{10}$ ⑤ $\dfrac{69}{10}$

21 1959

첫째항이 2, 공비가 정수인 등비수열 $\{a_n\}$의 첫째항부터 제n항까지의 합을 S_n이라 하자. 수열 $\{a_n\}$이 다음 조건을 만족시킬 때, 자연수 m과 등비수열 $\{a_n\}$의 공비의 합은? [4.5점]

> (가) $6 < a_1 + a_2 + a_3 \le 14$
>
> (나) $S_m = 122$

① 1   ② 2   ③ 3

④ 4   ⑤ 5

22 1960

공비가 3인 등비수열 $\{a_n\}$의 첫째항부터 제n항까지의 합을 S_n이라 할 때, $\dfrac{S_6}{S_3}$의 값을 구하는 과정을 서술하시오.

(단, $a_1 \neq 0$) [6점]

23 1961

첫 달 컴퓨터의 생산량이 1000대인 컴퓨터 회사에서 다음 달부터 매달 생산량을 직전 달의 10 %씩 늘리기로 했다. 첫 달을 포함한 2년 동안의 컴퓨터의 총생산량을 구하는 과정을 서술하시오.

(단, $1.1^{23} = 8.95$, $1.1^{24} = 9.85$, $1.1^{25} = 10.83$으로 계산한다.)

[6점]

24 1962

150 이하의 자연수 중에서 서로 다른 네 수를 뽑아 작은 수부터 차례로 나열하였더니 공비가 자연수인 등비수열을 이루었다. 이 조건을 만족시키는 수열은 모두 몇 가지인지 구하는 과정을 서술하시오. [7점]

25 1963

그림과 같이 한 변의 길이가 4인 정사각형 모양의 종이가 있다. 첫 번째 시행에서 각 변의 중점을 이어서 만든 네 개의 정사각형 중에서 왼쪽 위의 정사각형에 색칠한다. 두 번째 시행에서 첫 번째 시행 후 남은 정

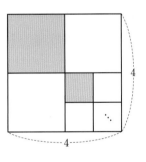

사각형 중 오른쪽 아래의 정사각형에서 같은 방법으로 정사각형에 색칠한다. 이와 같은 시행을 계속할 때, 다섯 번째 시행 후 색칠된 모든 정사각형의 넓이의 합을 구하는 과정을 서술하시오. [8점]

실전 마무리하기 2회

점 /100점

09

1 1964

등비수열 $\{a_n\}$에서 제3항이 12, 제6항이 -96일 때, 첫째 항과 공비의 합은? [3점]

① -2　　　　② -1　　　　③ 1

④ 2　　　　⑤ 3

2 1965

공비가 0이 아닌 등비수열 $\{a_n\}$에 대하여

$$a_1=5, \ \frac{a_3 a_6}{a_2 a_4}=8$$

일 때, a_7의 값은? [3점]

① 240　　　　② 260　　　　③ 280

④ 300　　　　⑤ 320

3 1966

등비수열 $\{a_n\}$에서

$$a_4+a_5=6, \ a_6+a_7+a_8+a_9=72$$

일 때, $a_{12}+a_{13}$의 값은? [3점]

① 474　　　　② 480　　　　③ 486

④ 492　　　　⑤ 498

4 1967

공비가 양수인 등비수열 $\{a_n\}$에서 제2항이 10, 제4항이 40일 때, 처음으로 1000보다 커지는 항은 제몇 항인가? [3점]

① 제6항　　　　② 제7항　　　　③ 제8항

④ 제9항　　　　⑤ 제10항

5 1968

두 수 48과 3 사이에 세 양수 a, b, c를 넣어 만든 수열

48, a, b, c, 3

이 이 순서대로 등비수열을 이룰 때, $a-b+c$의 값은? [3점]

① 6　　　　② 12　　　　③ 18

④ 24　　　　⑤ 30

6 1969

공차가 0이 아닌 등차수열 $\{a_n\}$에서 세 항 a_2, a_4, a_7이 이 순서대로 등비수열을 이룬다. 이때 $\dfrac{a_8}{a_3}$의 값은? [3점]

① $\dfrac{6}{5}$ ② $\dfrac{7}{5}$ ③ $\dfrac{8}{5}$

④ $\dfrac{9}{5}$ ⑤ 2

7 1970

세 수 x, -5, y가 이 순서대로 등차수열을 이루고, 세 수 x, 3, y가 이 순서대로 등비수열을 이룰 때, x^2+y^2의 값은? [3점]

① 80   ② 82   ③ 84

④ 86   ⑤ 88

8 1971

공비가 음수인 등비수열 $\{a_n\}$에 대하여 $a_1=-3$, $\dfrac{a_5}{a_3}=4$일 때, $|a_3-a_2|+|a_5-a_4|$의 값은? [3.5점]

① 78   ② 82   ③ 86

④ 90   ⑤ 94

9 1972

세 자리의 자연수 중에서 서로 다른 네 수를 택하여 작은 것부터 차례로 나열하였더니 공비가 자연수인 등비수열을 이루었다. 이 네 수의 합의 최댓값은? [3.5점]

① 1850   ② 1860   ③ 1870

④ 1880   ⑤ 1890

10 1973

어느 회사에서 개발한 여과 장치는 소금물을 한 번 통과시킬 때마다 소금물 속에 들어 있는 소금을 30 %씩 걸러 낸다고 한다. 소금 10 kg이 들어 있는 소금물을 이 여과 장치에 연속하여 6번 통과시킬 때, 여과 장치가 걸러 낸 소금의 양은 모두 몇 g인가? (단, $0.7^6=0.118$로 계산한다.) [3.5점]

① 5820 g   ② 6820 g   ③ 7820 g

④ 8820 g   ⑤ 9820 g

11 1974

등비수열 $\{a_n\}$에서
$$a_1+a_2+a_3+\cdots+a_{10}=10,$$
$$a_{21}+a_{22}+a_{23}+\cdots+a_{30}=40$$
일 때, $a_{41}+a_{42}+a_{43}+\cdots+a_{59}+a_{60}$의 값은? [3.5점]

① 460   ② 470   ③ 480

④ 490   ⑤ 500

12 1975

모든 항이 양수인 등비수열 $\{a_n\}$의 첫째항부터 제n항까지의 합을 S_n이라 하자. $\dfrac{S_9}{S_3}=43$일 때, $\dfrac{a_9}{a_3}$의 값은? [3.5점]

① 30   ② 33   ③ 36

④ 39   ⑤ 42

13 1976

등비수열 $\{a_n\}$에 대하여 $a_2=6$, $a_5=48$일 때, 첫째항부터 제n항까지의 합이 500보다 커질 때의 자연수 n의 최솟값은? [3.5점]

① 6   ② 7   ③ 8

④ 9   ⑤ 10

14 1977

수열 $\{a_n\}$은 첫째항이 1이고 공비가 3인 등비수열일 때,
$\dfrac{1}{a_1}+\dfrac{2}{a_2}+\dfrac{2^2}{a_3}+\cdots+\dfrac{2^{n-1}}{a_n}$을 간단히 하면? [3.5점]

① $\dfrac{1}{3}\left\{1-\left(\dfrac{1}{3}\right)^{n-1}\right\}$ ② $\dfrac{1}{3}\left\{1-\left(\dfrac{2}{3}\right)^{n}\right\}$

③ $1-\left(\dfrac{1}{3}\right)^{n-1}$ ④ $3\left\{1-\left(\dfrac{2}{3}\right)^{n-1}\right\}$

⑤ $3\left\{1-\left(\dfrac{2}{3}\right)^{n}\right\}$

15 1978

모든 항이 양수인 등비수열 $\{a_n\}$의 첫째항부터 제n항까지의 합을 S_n이라 하자. $S_2=6$, $S_3=7a_3$일 때, $8S_6$의 값은? [3.5점]

① 61   ② 63   ③ 65

④ 67   ⑤ 69

16 1979

수열 $\{a_n\}$의 첫째항부터 제n항까지의 합을 S_n이라 하자. $S_n=3\times 2^{n+1}-5$일 때, $a_1+a_3+a_5$의 값은? [3.5점]

① 124   ② 125   ③ 126

④ 127   ⑤ 128

17 1980

등비수열 $\{a_n\}$의 첫째항부터 제n항까지의 합 S_n에 대하여 $S_5-S_3=8$, $S_9-S_5=96$일 때, a_8+a_9의 값은? [4점]

① 64   ② 66   ③ 68

④ 70   ⑤ 72

18 1981

등비수열 $\{a_n\}$의 첫째항부터 제n항까지의 합을 S_n이라 하자. $S_{10}=7$, $a_{11}+a_{12}+a_{13}+\cdots+a_{20}=56$이고, $S_{30}=kS_{10}$일 때, 상수 k의 값은? [4점]

① 70   ② 71   ③ 72

④ 73   ⑤ 74

19 1982

그림과 같이 지름이 12인 반원이 있다. 첫 번째 시행에서 반원의 지름을 2 : 1로 내분하여 각각을 지름으로 하는 반원을 만들고, 이때

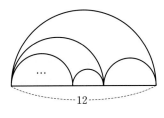

만들어진 두 반원의 호의 길이의 합을 a_1이라 하자. 두 번째 시행에서 첫 번째 시행 후 만들어진 두 반원 중 큰 반원에서 위의 과정을 반복하고, 이때 만들어진 두 반원의 호의 길이의 합을 a_2라 하자. 이와 같은 시행을 반복하여 n번째 만들어진 두 반원의 호의 길이의 합을 a_n이라 할 때, 수열 $\{a_n\}$의 첫째항부터 제n항까지의 합이 처음으로 $\dfrac{1330}{81}\pi$보다 커지는 자연수 n의 값은? [4점]

① 3   ② 4   ③ 5

④ 6   ⑤ 7

20 1983

올해부터 매년 말에 200만 원씩 10년 동안 받는 연금이 있다. 연이율 5 %, 1년마다 복리로 계산할 때, 이 연금을 올해 초에 한 번에 모두 지급 받는다면 받게 되는 금액은?

(단, $1.05^{10}=1.6$으로 계산한다.) [4점]

① 1500만 원   ② 1525만 원   ③ 1550만 원

④ 1575만 원   ⑤ 1600만 원

21 1984

2의 거듭제곱 2, 2^2, 2^3, $\cdots$, 2^{10}에서 서로 다른 3개의 수를 택하여 그들을 곱한 값을 S라 하고, 이 S의 값 중 서로 다른 것을 작은 수부터 차례로 a_1, a_2, a_3, $\cdots$, a_k라 하자. $a_1+a_2+a_3+\cdots+a_k=p(2^q-1)$일 때, $p+q-k$의 값은?

(단, p, q는 정수이고, $p\leq100$이다.) [4.5점]

① 61   ② 62   ③ 63

④ 64   ⑤ 65

22 1985

모든 항이 양수인 등비수열 $\{a_n\}$에 대하여
$$a_1 a_2 = a_{10}, \ a_1 + a_9 = 20$$
일 때, $(a_1 + a_3 + a_5 + a_7 + a_9)(a_1 - a_3 + a_5 - a_7 + a_9)$의 값을 구하는 과정을 서술하시오. [6점]

23 1986

수열 $\{a_n\}$의 첫째항부터 제n항까지의 합 S_n이 $S_n = 3^{2n} + k$이다. 수열 $\{a_n\}$이 첫째항부터 공비가 r인 등비수열을 이룰 때, $k+r$의 값을 구하는 과정을 서술하시오.

(단, k는 상수이다.) [6점]

24 1987

영주와 재호는 연이율 2 %, 1년마다 복리인 예금 상품에 10년 동안 저금하려고 한다. 영주는 매년 초에 100만 원씩 10년 동안 저금하고, 재호는 첫 해 100만 원을 저금하고 그 다음 해부터는 전년도보다 2 % 많은 금액을 매년 초 저금하려고 한다. 10년째 말에 영주와 재호가 각각 저금한 금액의 원리합계의 차는 얼마인지 구하는 과정을 서술하시오.

(단, $1.02^{10} = 1.22$로 계산한다.) [7점]

25 1988

서로 다른 세 실수의 곱은 -8이고, 이 세 수를 적당히 나열하면 등비수열이 된다. 또, 이 세 수를 적당히 나열하면 등차수열이 될 때, 이 세 수를 구하는 과정을 서술하시오. [8점]

1 1989

연계문항 380쪽 **1828**

공비가 양수인 등비수열 $\{a_n\}$에서 $a_3+a_7=4$, $a_5+a_9=36$
일 때, $a_k<\dfrac{1}{3}$을 만족시키는 모든 자연수 k의 값의 합을 구하
시오.

2 1990

연계문항 384쪽 **1852**

네 수 12, p, q, 4가 다음 조건을 만족시킨다.

> (가) 세 수 12, p, q가 이 순서대로 등차수열을 이룬다.
> (나) 세 수 p, q, 4가 이 순서대로 등비수열을 이룬다.

$3^x=p^y=27^z=q$일 때, $\dfrac{1}{x}+\dfrac{2}{y}-\dfrac{1}{z}$의 값을 구하시오.

(단, $q>0$)

3 1991

연계문항 387쪽 **1867**

한 변의 길이가 4인 정사각형
$A_1B_1C_1D_1$의 네 변 A_1B_1, B_1C_1,
C_1D_1, D_1A_1을 $3:1$로 내분하는
점을 각각 A_2, B_2, C_2, D_2라 하
고, 사각형 $A_2B_2C_2D_2$의 네 변
A_2B_2, B_2C_2, C_2D_2, D_2A_2를

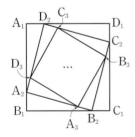

$3:1$로 내분하는 점을 각각 A_3, B_3, C_3, D_3이라 하자. 이와
같은 과정을 반복하여 만든 사각형 $A_nB_nC_nD_n$의 넓이를 S_n
이라 할 때, $16S_4$의 값을 구하시오.

4 1992

연계문항 392쪽 **1898**

두 수 3과 60 사이에 20개의 수를 넣어 만든 수열

3, a_1, a_2, $\cdots$, a_{20}, 60

이 이 순서대로 등비수열을 이룬다. 이때 등식

$$3+a_1+a_2+\cdots+a_{20}+60$$
$$=k\left(\dfrac{1}{3}+\dfrac{1}{a_1}+\dfrac{1}{a_2}+\cdots+\dfrac{1}{a_{20}}+\dfrac{1}{60}\right)$$

을 만족시키는 상수 k의 값은?

① 170 ② 180 ③ 190
④ 200 ⑤ 210

5 1993

연계문항 396쪽 **1918**

등비수열 $\{a_n\}$의 첫째항부터 제n항까지의 합을 S_n이라 하
자. 모든 자연수 n에 대하여 $S_{n+4}-S_{n+1}=21\times4^{n-1}$일 때,
a_7의 값을 구하시오.

10

수열의 합

10 수열의 합

1 합의 기호 $\sum$

수열 $\{a_n\}$의 첫째항부터 제n항까지의 합 $a_1+a_2+a_3+\cdots+a_n$을 기호 $\sum$를 사용하여 $\displaystyle\sum_{k=1}^{n} a_k$와 같이 나타낸다. 즉,

$$a_1+a_2+a_3+\cdots+a_n=\sum_{k=1}^{n} a_k$$

참고 $\displaystyle\sum_{k=m}^{n} a_k=a_m+a_{m+1}+a_{m+2}+\cdots+a_n=\sum_{k=1}^{n} a_k-\sum_{k=1}^{m-1} a_k$ (단, $1<m\leq n$)

2 $\sum$의 성질

(1) $\displaystyle\sum_{k=1}^{n} (a_k+b_k)=\sum_{k=1}^{n} a_k+\sum_{k=1}^{n} b_k$ (2) $\displaystyle\sum_{k=1}^{n} (a_k-b_k)=\sum_{k=1}^{n} a_k-\sum_{k=1}^{n} b_k$

(3) $\displaystyle\sum_{k=1}^{n} ca_k=c\sum_{k=1}^{n} a_k$ (단, c는 상수)   (4) $\displaystyle\sum_{k=1}^{n} c=cn$ (단, c는 상수)

주의 (1) $\displaystyle\sum_{k=1}^{n} a_k b_k\neq\sum_{k=1}^{n} a_k\sum_{k=1}^{n} b_k$ (2) $\displaystyle\sum_{k=1}^{n} a_k{}^2\neq\left(\sum_{k=1}^{n} a_k\right)^2$ (3) $\displaystyle\sum_{k=1}^{2n} a_k\neq\sum_{k=1}^{n} a_{2k}$

3 자연수의 거듭제곱의 합

(1) $\displaystyle\sum_{k=1}^{n} k=1+2+3+\cdots+n=\frac{n(n+1)}{2}$

(2) $\displaystyle\sum_{k=1}^{n} k^2=1^2+2^2+3^2+\cdots+n^2=\frac{n(n+1)(2n+1)}{6}$

(3) $\displaystyle\sum_{k=1}^{n} k^3=1^3+2^3+3^3+\cdots+n^3=\left\{\frac{n(n+1)}{2}\right\}^2$

4 여러 가지 수열의 합

(1) 일반항이 분수 꼴인 수열의 합은 부분분수로 변형하여 구한다.

① $\displaystyle\sum_{k=1}^{n} \frac{1}{k(k+1)}=\sum_{k=1}^{n}\left(\frac{1}{k}-\frac{1}{k+1}\right)$

② $\displaystyle\sum_{k=1}^{n} \frac{1}{(k+a)(k+b)}=\frac{1}{b-a}\sum_{k=1}^{n}\left(\frac{1}{k+a}-\frac{1}{k+b}\right)$ (단, $a\neq b$)

(2) 일반항의 분모에 근호가 포함된 수열의 합은 분모를 유리화하여 구한다.

→ $\displaystyle\sum_{k=1}^{n} \frac{1}{\sqrt{k+1}+\sqrt{k}}=\sum_{k=1}^{n}(\sqrt{k+1}-\sqrt{k})$

핵심 **1** 기호 $\sum$의 뜻과 성질 유형 1, 2

● 기호 $\sum$의 뜻

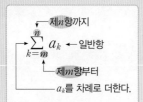

$$3+6+9+12+\cdots+30=\sum_{k=1}^{10}3k$$

$$\sum_{k=3}^{20}k=3+4+5+6+\cdots+20$$

수열의 합을 표현할 때, $\sum$를 사용하면 더하려고 하는 모든 항을 명확하게 표현할 수 있어.

● $\sum$의 성질

$\sum_{k=1}^{10}a_k=3$, $\sum_{k=1}^{10}b_k=4$일 때,

$$\sum_{k=1}^{10}(2a_k-3b_k+1)=\sum_{k=1}^{10}2a_k-\sum_{k=1}^{10}3b_k+\sum_{k=1}^{10}1$$

$$=2\sum_{k=1}^{10}a_k-3\sum_{k=1}^{10}b_k+\sum_{k=1}^{10}1$$

$$=2\times3-3\times4+1\times10=4$$

1994 다음을 합의 기호 $\sum$를 사용하여 나타내시오.

(1) $2+2^2+2^3+\cdots+2^{10}$

(2) $1+\dfrac{1}{2}+\dfrac{1}{3}+\cdots+\dfrac{1}{20}$

(3) $2+5+8+\cdots+32$

1996 두 수열 $\{a_n\}$, $\{b_n\}$에 대하여 $\sum_{k=1}^{10}a_k=3$, $\sum_{k=1}^{10}b_k=5$일 때, 다음 식의 값을 구하시오.

(1) $\sum_{k=1}^{10}(2a_k+1)$

(2) $\sum_{k=1}^{10}(-a_k+3b_k)$

1995 다음을 합의 기호 $\sum$를 사용하지 않은 합의 꼴로 나타내시오.

$$\sum_{k=5}^{10}(2k-1)$$

1997 수열 $\{a_n\}$에 대하여 $\sum_{k=1}^{10}a_k=4$, $\sum_{k=1}^{10}a_k^2=10$일 때, 다음 식의 값을 구하시오.

(1) $\sum_{k=1}^{10}(a_k-1)^2$

(2) $\sum_{k=1}^{10}(a_k+2)+\sum_{k=1}^{10}(a_k-2)$

(1) $\displaystyle\sum_{k=1}^{20} k = 1+2+3+\cdots+20 = \dfrac{20\times(20+1)}{2} = 210$

(2) $\displaystyle\sum_{k=1}^{10} k^2 = 1^2+2^2+3^2+\cdots+10^2 = \dfrac{10\times(10+1)\times(2\times10+1)}{6} = 385$

(3) $\displaystyle\sum_{k=1}^{5} k^3 = 1^3+2^3+3^3+4^3+5^3 = \left\{\dfrac{5\times(5+1)}{2}\right\}^2 = 225$

1998 다음 식의 값을 구하시오.

(1) $\displaystyle\sum_{k=1}^{10} (k^2-3k+1)$

(2) $\displaystyle\sum_{k=1}^{5} k(2k^2+2)$

1999 다음 식의 값을 구하시오.

(1) $1+3+5+\cdots+29$

(2) $3^2+4^2+5^2+\cdots+10^2$

● 분수 꼴인 수열의 합

$\displaystyle\sum_{k=1}^{10} \dfrac{1}{k(k+1)} = \sum_{k=1}^{10}\left(\dfrac{1}{k}-\dfrac{1}{k+1}\right)$

$\qquad = \left(1-\dfrac{1}{2}\right)+\left(\dfrac{1}{2}-\dfrac{1}{3}\right)+\left(\dfrac{1}{3}-\dfrac{1}{4}\right)+\cdots+\left(\dfrac{1}{10}-\dfrac{1}{11}\right)$

$\qquad = 1-\dfrac{1}{11} = \dfrac{10}{11}$

● 분모에 근호가 포함된 수열의 합

$\displaystyle\sum_{k=1}^{10} \dfrac{1}{\sqrt{k+1}+\sqrt{k}} = \sum_{k=1}^{10} \dfrac{\sqrt{k+1}-\sqrt{k}}{(\sqrt{k+1}+\sqrt{k})(\sqrt{k+1}-\sqrt{k})}$

$\qquad = \displaystyle\sum_{k=1}^{10} (\sqrt{k+1}-\sqrt{k})$

$\qquad = (\sqrt{2}-1)+(\sqrt{3}-\sqrt{2})+(\sqrt{4}-\sqrt{3})+\cdots+(\sqrt{11}-\sqrt{10})$

$\qquad = \sqrt{11}-1$

> 항이 연쇄적으로 소거될 때, 앞에서 남는 항과 뒤에서 남는 항은 서로 대칭이 되는 위치에 있어.

2000 다음 식의 값을 구하시오.

$$\sum_{k=1}^{10} \dfrac{1}{(k+1)(k+2)}$$

2001 다음 식의 값을 구하시오.

(1) $\dfrac{1}{\sqrt{2}+1}+\dfrac{1}{\sqrt{3}+\sqrt{2}}+\dfrac{1}{\sqrt{4}+\sqrt{3}}+\cdots+\dfrac{1}{\sqrt{n+1}+\sqrt{n}}$

(2) $\displaystyle\sum_{k=1}^{14} \dfrac{1}{\sqrt{k}+\sqrt{k+2}}$

기출 **유형**으로 실전 준비하기

실전 유형 **1** 합의 기호 $\sum$

(1) $\displaystyle\sum_{k=1}^{n} a_k = a_1 + a_2 + a_3 + \cdots + a_n$

(2) $\displaystyle\sum_{k=1}^{n} a_{2k-1} = a_1 + a_3 + a_5 + \cdots + a_{2n-1}$

(3) $\displaystyle\sum_{k=1}^{n} a_{2k} = a_2 + a_4 + a_6 + \cdots + a_{2n}$

(4) $\displaystyle\sum_{k=1}^{n} (a_{2k-1} + a_{2k})$
$= (a_1 + a_2) + (a_3 + a_4) + \cdots + (a_{2n-1} + a_{2n}) = \displaystyle\sum_{k=1}^{2n} a_k$

(5) $\displaystyle\sum_{k=m}^{n} a_k = a_m + a_{m+1} + a_{m+2} + \cdots + a_n$ (단, $1 < m \le n$)

2002 〔대표문제〕

수열 $\{a_n\}$에서 $a_1 = 15$, $\displaystyle\sum_{k=1}^{n}(a_{k+1}-a_k) = 4n$일 때, a_{21}의 값은?

① 75 　　　② 80 　　　③ 85

④ 90 　　　⑤ 95

2003 〔중요〕 ●❙❙ Level 1

다음 중 옳지 <u>않은</u> 것은?

① $2+4+6+8+10+12+14 = \displaystyle\sum_{k=1}^{7} 2k$

② $1+3+5+7+9+11+13 = \displaystyle\sum_{k=1}^{7}(2k-1)$

③ $2+4+8+16+32+64 = \displaystyle\sum_{k=0}^{6} 2^{k+1}$

④ $1-1+1-1+1-1+1-1 = \displaystyle\sum_{k=1}^{8}(-1)^{k-1}$

⑤ $9+3+1+\dfrac{1}{3}+\dfrac{1}{9}+\dfrac{1}{27} = \displaystyle\sum_{k=0}^{5}\left(\dfrac{1}{3}\right)^{k-2}$

2004 ●❙❙ Level 1

다음 〈보기〉에서 값이 <u>다른</u> 하나를 고르시오.

〈보기〉

ㄱ. $\displaystyle\sum_{k=1}^{10} k^2$ 　　　　ㄴ. $\displaystyle\sum_{k=2}^{11}(k-1)^2$

ㄷ. $\displaystyle\sum_{k=4}^{14}(k-5)^2$ 　　　ㄹ. $\displaystyle\sum_{k=0}^{9}(k+1)^2$

2005 ●❙❙ Level 2

$\displaystyle\sum_{k=1}^{n} a_k = n^2 - 3n$일 때, $\displaystyle\sum_{k=1}^{10}(a_{2k-1}+a_{2k})$의 값은?

① 310 　　　② 320 　　　③ 330

④ 340 　　　⑤ 350

2006 〔중요〕 ●❙❙ Level 2

$\displaystyle\sum_{k=1}^{n}(a_{2k-1}+a_{2k}) = 2n^2$일 때, $\displaystyle\sum_{k=11}^{20} a_k$의 값은?

① 140 　　　② 150 　　　③ 160

④ 170 　　　⑤ 180

2007

● Level 2

수열 $\{a_n\}$에서 $a_1=4$, $\sum_{k=1}^{n}(a_{2k}+a_{2k+1})=2n^2+n$일 때,

$\sum_{k=1}^{25}a_k$의 값을 구하시오.

다음은 이 유형에서 출제된 최근 교육청·평가원 기출문제입니다.

2008 수능

● Level 1

수열 $\{a_n\}$은 $a_1=1$이고, 모든 자연수 n에 대하여

$\sum_{k=1}^{n}(a_k-a_{k+1})=-n^2+n$을 만족시킨다. a_{11}의 값은?

① 88   ② 91   ③ 94

④ 97   ⑤ 100

2009 교육청

● Level 2

수열 $\{a_n\}$이 모든 자연수 n에 대하여

$$\sum_{k=1}^{n}a_{2k-1}=3n^2-n, \quad \sum_{k=1}^{2n}a_k=6n^2+n$$

을 만족시킬 때, $\sum_{k=1}^{24}(-1)^k a_k$의 값은?

① 18   ② 24   ③ 30

④ 36   ⑤ 42

실전 유형 **2 $\sum$의 성질**   빈출유형

(1) $\sum_{k=1}^{n}(pa_k+qb_k)=p\sum_{k=1}^{n}a_k+q\sum_{k=1}^{n}b_k$ (단, p, q는 상수)

(2) $\sum_{k=1}^{n}(a_k+c)^2=\sum_{k=1}^{n}a_k^2+2c\sum_{k=1}^{n}a_k+c^2n$ (단, c는 상수)

(3) $\sum_{k=1}^{n}c=cn$ (단, c는 상수)

2010 대표문제

$\sum_{k=1}^{10}a_k=5$, $\sum_{k=1}^{10}a_k^2=8$일 때, $\sum_{k=1}^{10}(3a_k-1)^2$의 값은?

① 50   ② 52   ③ 54

④ 56   ⑤ 58

2011

● Level 1

$\sum_{k=1}^{n}a_k=4n^2$, $\sum_{k=1}^{n}b_k=-n$일 때, $\sum_{k=1}^{10}(a_k-7b_k+5)$의 값은?

① 490   ② 500   ③ 510

④ 520   ⑤ 530

2012

● Level 2

$\sum_{k=1}^{10}a_k=11$, $\sum_{k=1}^{20}a_k=21$, $\sum_{k=1}^{10}b_k=12$, $\sum_{k=1}^{20}b_k=42$일 때,

$\sum_{k=11}^{20}(4b_k-2a_k)$의 값을 구하시오.

2013 중요

Level 2

$\sum\limits_{k=1}^{10} 2a_k = 6$, $\sum\limits_{k=1}^{10} 3b_k = 12$, $\sum\limits_{k=1}^{10} a_k b_k = 5$일 때,

$\sum\limits_{k=1}^{10} (3a_k - 2)(b_k - 1)$의 값을 구하시오.

2014

Level 2

두 수열 $\{a_n\}$, $\{b_n\}$이 모든 자연수 n에 대하여 $a_n + b_n = 10$

을 만족시킨다. $\sum\limits_{k=1}^{15} (a_k + 4b_k) = 240$일 때, $\sum\limits_{k=1}^{15} b_k$의 값은?

① 10   ② 20   ③ 30

④ 40   ⑤ 50

2015 중요

Level 2

$\sum\limits_{k=1}^{10} (2a_k + b_k) = 11$, $\sum\limits_{k=1}^{10} (a_k + 2b_k) = 1$일 때,

$\sum\limits_{k=1}^{10} (5a_k - b_k)$의 값은?

① 36   ② 37   ③ 38

④ 39   ⑤ 40

정답 및 풀이 **327**쪽

다음은 이 유형에서 출제된 최근 교육청·평가원 기출문제입니다.

2016 수능

Level 2

두 수열 $\{a_n\}$, $\{b_n\}$에 대하여

$$\sum\limits_{k=1}^{10} a_k = \sum\limits_{k=1}^{10} (2b_k - 1), \quad \sum\limits_{k=1}^{10} (3a_k + b_k) = 33$$

일 때, $\sum\limits_{k=1}^{10} b_k$의 값을 구하시오.

2017 교육청

Level 2

수열 $\{a_n\}$에 대하여

$$\sum\limits_{k=1}^{5} (2a_k - 1)^2 = 61, \quad \sum\limits_{k=1}^{5} a_k(a_k - 4) = 11$$

일 때, $\sum\limits_{k=1}^{5} a_k^2$의 값은?

① 12   ② 13   ③ 14

④ 15   ⑤ 16

2018 수능

Level 2

수열 $\{a_n\}$에 대하여

$$\sum\limits_{k=1}^{10} a_k - \sum\limits_{k=1}^{7} \frac{a_k}{2} = 56, \quad \sum\limits_{k=1}^{10} 2a_k - \sum\limits_{k=1}^{8} a_k = 100$$

일 때, a_8의 값을 구하시오.

(1) $\sum\limits_{k=1}^{n} k = 1+2+3+\cdots+n = \dfrac{n(n+1)}{2}$

(2) $\sum\limits_{k=1}^{n} k^2 = 1^2+2^2+3^2+\cdots+n^2 = \dfrac{n(n+1)(2n+1)}{6}$

(3) $\sum\limits_{k=1}^{n} k^3 = 1^3+2^3+3^3+\cdots+n^3 = \left\{\dfrac{n(n+1)}{2}\right\}^2$

참고 $\sum\limits_{k=1}^{n} k(k+1) = \sum\limits_{k=1}^{n} (k^2+k) = \sum\limits_{k=1}^{n} k^2 + \sum\limits_{k=1}^{n} k$

$\qquad\qquad = \dfrac{n(n+1)(2n+1)}{6} + \dfrac{n(n+1)}{2}$

$\qquad\qquad = \dfrac{n(n+1)(n+2)}{3}$

2019 대표문제

$\sum\limits_{k=1}^{8} \dfrac{k^3}{k+1} + \sum\limits_{k=1}^{8} \dfrac{1}{k+1}$ 의 값은?

① 172   ② 174   ③ 176

④ 178   ⑤ 180

2020   Level 1

$4^2+5^2+6^2+\cdots+13^2+14^2$ 의 값은?

① 1000   ② 1001   ③ 1002

④ 1003   ⑤ 1004

2021 중요   Level 2

$\sum\limits_{k=1}^{n-1} (3k-4) = 39$ 를 만족시키는 자연수 n의 값을 구하시오.

2022   Level 2

$\sum\limits_{k=1}^{100} \left(k^3+\dfrac{1}{2}\right) - \sum\limits_{k=5}^{100} k^3$ 의 값은?

① 110   ② 120   ③ 130

④ 140   ⑤ 150

2023   Level 2

$\sum\limits_{k=1}^{15} \dfrac{1+2+3+\cdots+k}{k+1}$ 의 값은?

① $\dfrac{91}{2}$ ② 48   ③ $\dfrac{105}{2}$

④ 60   ⑤ $\dfrac{137}{2}$

2024 중요   Level 3

$f(a)=\sum\limits_{k=1}^{12} (k-a)^2$ 일 때, $f(a)$의 값이 최소가 되게 하는 상수 a의 값을 구하시오.

2025   Level 3

$\sum\limits_{k=1}^{10} k^2 + \sum\limits_{k=2}^{10} k^2 + \sum\limits_{k=3}^{10} k^2 + \cdots + \sum\limits_{k=10}^{10} k^2$ 의 값은?

① 3015   ② 3020   ③ 3025

④ 3030   ⑤ 3035

다음은 이 유형에서 출제된 최근 교육청 · 평가원 기출문제입니다.

2026 교육청

‖ Level 1

두 수열 $\{a_n\}$, $\{b_n\}$에 대하여 $\sum\limits_{k=1}^{10} a_k=3$, $\sum\limits_{k=1}^{10}(a_k+b_k)=9$

일 때, $\sum\limits_{k=1}^{10}(b_k+k)$의 값을 구하시오.

2027 교육청

‖ Level 2

n이 자연수일 때, x에 대한 이차방정식

$$x^2-5nx+4n^2=0$$

의 두 근을 α_n, β_n이라 하자. $\sum\limits_{n=1}^{7}(1-\alpha_n)(1-\beta_n)$의 값을

구하시오.

2028 수능

‖ Level 2

자연수 n에 대하여 다항식 $2x^2-3x+1$을 $x-n$으로 나누

었을 때의 나머지를 a_n이라 할 때, $\sum\limits_{n=1}^{7}(a_n-n^2+n)$의 값을

구하시오.

(1) ∑가 여러 개인 경우 괄호 안부터 차례로 ∑의 기본 성질을
이용하여 계산한다.

(2) ∑에서 값이 변하는 문자 이외의 것은 상수로 취급하여 계
산한다.

2029 대표문제

$\sum\limits_{k=1}^{n}\left(\sum\limits_{l=1}^{k} l\right)=35$를 만족시키는 자연수 n의 값은?

① 4   ② 5   ③ 6

④ 7   ⑤ 8

2030

‖ Level 1

$\sum\limits_{l=1}^{6}\left(\sum\limits_{k=1}^{l} kl\right)$의 값을 구하시오.

2031 중요

‖ Level 2

$m+n=11$, $mn=18$일 때, $\sum\limits_{k=1}^{m}\left\{\sum\limits_{l=1}^{n}(k+l)\right\}$의 값은?

① 113   ② 115   ③ 117

④ 119   ⑤ 121

10

2032 중요

〈보기〉에서 옳은 것만을 있는 대로 고른 것은?

〈보기〉

ㄱ. $\sum\limits_{k=1}^{5}\left(\sum\limits_{m=1}^{5} m\right)=75$

ㄴ. $\sum\limits_{m=1}^{n}\left\{\sum\limits_{l=1}^{m}\left(\sum\limits_{k=1}^{l} 1\right)\right\}=\dfrac{n(n+1)(n+2)}{3}$

ㄷ. $\sum\limits_{k=1}^{n}\left(\sum\limits_{l=1}^{k} k\right)=\dfrac{n(n+1)(2n+1)}{6}$

① ㄱ   ② ㄴ   ③ ㄱ, ㄷ

④ ㄴ, ㄷ   ⑤ ㄱ, ㄴ, ㄷ

Level 2

2033

Level 2

$\sum\limits_{n=1}^{10}\left\{\sum\limits_{k=1}^{n}\dfrac{(k+1)\times(-1)^{n}}{n(n+3)}\right\}$의 값은?

① -1 ② $-\dfrac{1}{2}$ ③ 0

④ $\dfrac{1}{2}$ ⑤ 1

2034

Level 2

$\sum\limits_{l=1}^{5}\left[\sum\limits_{k=1}^{5}\left\{\sum\limits_{m=1}^{5}(-1)^{m-1}(2k-l)\right\}\right]$의 값은?

① 70   ② 75   ③ 80

④ 85   ⑤ 90

실전유형 5 ∑와 등차수열

(1) 주어진 조건을 이용하여 등차수열의 일반항을 구한다.
→ 첫째항이 a, 공차가 d인 등차수열 $\{a_n\}$에서
$$a_n=a+(n-1)d$$

(2) 등차수열의 합에 대한 식을 이용한다.
→ $\sum\limits_{k=1}^{n} a_k=\dfrac{n\{2a+(n-1)d\}}{2}$

(3) 등차수열의 일반항은 n에 대한 일차식이므로 ∑의 계산은 자연수의 거듭제곱의 합에 대한 식을 이용할 수 있다.

2035 대표문제

$a_4=11$, $a_7=17$인 등차수열 $\{a_n\}$에 대하여 $\sum\limits_{k=1}^{10}(a_k-3)^2$의 값은?

① 1525   ② 1530   ③ 1535

④ 1540   ⑤ 1545

2036

Level 2

첫째항이 1인 등차수열 $\{a_n\}$에 대하여 $\sum\limits_{k=1}^{10} a_{2k-1}=-80$일 때, 수열 $\{a_n\}$의 공차를 구하시오.

2037 중요

Level 2

$a_5=2$, $a_9=-10$인 등차수열 $\{a_n\}$에 대하여 $\sum\limits_{k=1}^{100} a_{2k}-\sum\limits_{k=1}^{100} a_{2k+1}$의 값은?

① 300   ② 310   ③ 320

④ 330   ⑤ 340

2038

.ıl Level 2

첫째항이 -1, 공차가 -2인 등차수열 $\{a_n\}$과 첫째항이 -4,
공차가 -3인 등차수열 $\{b_n\}$에 대하여 $\sum\limits_{k=1}^{10} a_k b_k$의 값은?

① 2235   ② 2240   ③ 2245

④ 2250   ⑤ 2255

다음은 이 유형에서 출제된 최근 교육청 · 평가원 기출문제입니다.

2039 교육청

.ıl Level 3

모든 항이 정수이고 공차가 5인 등차수열 $\{a_n\}$과 자연수 m
이 다음 조건을 만족시킨다.

> (가) $\sum\limits_{k=1}^{2m+1} a_k < 0$
>
> (나) $|a_m| + |a_{m+1}| + |a_{m+2}| < 13$

$24 < a_{21} < 29$일 때, m의 값은?

① 10   ② 12   ③ 14

④ 16   ⑤ 18

2040 수능 고난도

.ıl Level 3

첫째항이 50이고 공차가 -4인 등차수열의 첫째항부터 제n
항까지의 합을 S_n이라 할 때, $\sum\limits_{k=m}^{m+4} S_k$의 값이 최대가 되도록
하는 자연수 m의 값은?

① 8   ② 9   ③ 10

④ 11   ⑤ 12

실전 유형 **6** $\sum$와 등비수열

(1) 주어진 조건을 이용하여 등비수열의 일반항을 구한다.
→ 첫째항이 a, 공비가 r $(r \neq 0)$인 등비수열 $\{a_n\}$에서
$$a_n = ar^{n-1}$$
(2) 등비수열의 합에 대한 식을 이용한다.
→ $\sum\limits_{k=1}^{n} a_k = \sum\limits_{k=1}^{n} ar^{k-1} = \dfrac{a(r^n - 1)}{r - 1}$ (단, $r \neq 1$)

2041 대표문제

수열 $\{a_n\}$이 첫째항이 3, 공비가 2인 등비수열일 때,
$\sum\limits_{k=1}^{10} \dfrac{a_k}{3^k}$의 값은?

① $\dfrac{1}{9}\left\{1 - \left(\dfrac{2}{3}\right)^{10}\right\}$ ② $\dfrac{1}{3}\left\{1 - \left(\dfrac{2}{3}\right)^{10}\right\}$ ③ $1 - \left(\dfrac{2}{3}\right)^{10}$

④ $3\left\{1 - \left(\dfrac{2}{3}\right)^{10}\right\}$ ⑤ $9\left\{1 - \left(\dfrac{2}{3}\right)^{10}\right\}$

2042 중요

.ıl Level 2

등비수열 $\{a_n\}$에 대하여
$$a_4 a_5 = a_{10}, \quad a_2 = 27$$
일 때, $\sum\limits_{k=1}^{n} a_k = 360$을 만족시키는 자연수 n의 값은?

① 3   ② 4   ③ 5

④ 6   ⑤ 7

2043

.ıl Level 3

두 수열 $\{a_n\}$, $\{b_n\}$의 일반항이 $a_n = 2^n - 1$, $b_n = 2n - 5$일
때, $\sum\limits_{i=1}^{5}\left(\sum\limits_{j=1}^{5} a_i b_j\right)$의 값을 구하시오.

➕ Plus 문제

2044 평가원

Level 2

등비수열 $\{a_n\}$에 대하여 $a_3=4(a_2-a_1)$, $\sum\limits_{k=1}^{6} a_k=15$일 때, $a_1+a_3+a_5$의 값은?

① 3   ② 4   ③ 5

④ 6   ⑤ 7

2045 교육청

Level 2

부등식 $\sum\limits_{k=1}^{5} 2^{k-1} < \sum\limits_{k=1}^{n} (2k-1) < \sum\limits_{k=1}^{5} (2\times 3^{k-1})$을 만족시키는 모든 자연수 n의 값의 합을 구하시오.

2046 교육청

Level 2

공비가 $\sqrt{3}$인 등비수열 $\{a_n\}$과 공비가 $-\sqrt{3}$인 등비수열 $\{b_n\}$에 대하여 $a_1=b_1$, $\sum\limits_{n=1}^{8} a_n + \sum\limits_{n=1}^{8} b_n = 160$일 때, a_3+b_3의 값은?

① 9   ② 12   ③ 15

④ 18   ⑤ 21

2047 교육청

Level 3

첫째항이 양수이고 공비가 -2인 등비수열 $\{a_n\}$에 대하여 $\sum\limits_{k=1}^{9} (|a_k|+a_k)=66$일 때, a_1의 값은?

① $\dfrac{3}{31}$ ② $\dfrac{5}{31}$ ③ $\dfrac{7}{31}$

④ $\dfrac{9}{31}$ ⑤ $\dfrac{11}{31}$

➕ Plus 문제

실전 유형 **7** $\sum$를 이용한 수열의 합

(1) 곱셈 또는 덧셈으로 이루어진 각 항의 규칙을 파악하여 일반항을 구한다.

(2) $\sum$의 성질, 자연수의 거듭제곱의 합에 대한 식을 이용하여 값을 구한다.

2048 대표문제

수열의 합 $2\times 1+3\times 3+4\times 5+\cdots+11\times 19$의 값은?

① 810   ② 815   ③ 820

④ 825   ⑤ 830

2049

Level 2

다음 수열의 첫째항부터 제n항까지의 합은?

$$2,\ 2+4,\ 2+4+6,\ 2+4+6+8,\ \cdots$$

① $\dfrac{n(n+1)(n+2)}{6}$ ② $\dfrac{n(n+1)(n+2)}{3}$

③ $\dfrac{n(n+1)(n+2)}{2}$ ④ $\dfrac{n(n+1)(2n+1)}{6}$

⑤ $\dfrac{n(n+1)(2n+1)}{3}$

2050

Level 2

수열 1×19, 2×18, 3×17, $\cdots$의 첫째항부터 제n항까지의 합 S_n이 $S_n=\dfrac{n(n+1)}{6}\times f(n)$일 때, $f(20)$의 값은?

① 17   ② 18   ③ 19

④ 20   ⑤ 21

2051 중요

Level 2

수열 1, $1+3$, $1+3+3^2$, $\cdots$의 첫째항부터 제n항까지의 합을 S_n이라 할 때, $S_n=\dfrac{1}{4}(a^{n+1}-a-bn)$이다. 이때 $a+b$의 값은? (단, a, b는 자연수이다.)

① 5   ② 6   ③ 7

④ 8   ⑤ 9

2052 중요

Level 3

수열 1, $2+4$, $3+6+9$, $4+8+12+16$, $\cdots$의 첫째항부터 제8항까지의 합을 구하시오.

2053

Level 3

수열 5, 55, 555, 5555, $\cdots$의 첫째항부터 제n항까지의 합을 S_n이라 할 때, $9S_{10}$의 값은?

① $\dfrac{500}{81}(10^9-1)$ ② $\dfrac{500}{27}(10^9-1)$

③ $\dfrac{500}{9}(10^9-1)$ ④ $\dfrac{500}{3}(10^9-1)$

⑤ $500(10^9-1)$

정답 및 풀이 332쪽

실전유형 **8** 제k항이 k, n에 대한 식인 수열의 합

주어진 수열의 제k항인 a_k를 k와 n에 대한 식으로 나타낸다.

주의 $\displaystyle\sum_{k=1}^{n} a_k$를 계산할 때 n은 자연수임에 유의한다.

2054 대표문제

등식 $1\times n+2\times(n-1)+3\times(n-2)+\cdots+n\times 1=220$을 만족시키는 자연수 n의 값은?

① 8   ② 9   ③ 10

④ 11   ⑤ 12

2055 중요

Level 2

자연수 n에 대하여

$$\left(\dfrac{n+1}{n}\right)^2+\left(\dfrac{n+2}{n}\right)^2+\left(\dfrac{n+3}{n}\right)^2+\cdots+\left(\dfrac{n+n}{n}\right)^2$$
$$=\dfrac{(an+1)(bn+1)}{cn}$$

일 때, $a+b+c$의 값을 구하시오. (단, a, b, c는 자연수이다.)

2056

Level 2

$1\times(n-1)+2^2\times(n-2)+\cdots+(n-1)^2\times 1$을 간단히 하면?

① $\dfrac{n^2(n-1)(n+1)}{12}$ ② $\dfrac{n^2(n-1)(n+1)}{6}$

③ $\dfrac{n^2(n-1)(n+1)}{3}$ ④ $\dfrac{n(n+1)^2(n+2)}{12}$

⑤ $\dfrac{n(n+1)^2(n+2)}{6}$

10 수열의 합 425

2057

Level 3

$1\times(2n-1)+2\times(2n-3)+3\times(2n-5)+\cdots+n\times1$을 간단히 하시오.

다음은 이 유형에서 출제된 최근 교육청·평가원 기출문제입니다.

2058 교육청

Level 2

다음은 모든 자연수 n에 대하여

$$1\times2n+3\times(2n-2)+5\times(2n-4)+\cdots+(2n-1)\times2$$
$$=\frac{n(n+1)(2n+1)}{3}$$

이 성립함을 보이는 과정이다.

$$1\times2n+3\times(2n-2)+5\times(2n-4)+\cdots+(2n-1)\times2$$
$$=\sum_{k=1}^{n}\left(\boxed{\text{(가)}}\right)\{2n-(2k-2)\}$$
$$=\sum_{k=1}^{n}\left(\boxed{\text{(가)}}\right)\{2(n+1)-2k\}$$
$$=2(n+1)\sum_{k=1}^{n}\left(\boxed{\text{(가)}}\right)-2\sum_{k=1}^{n}(2k^2-k)$$
$$=2(n+1)\{n(n+1)-n\}$$
$$\qquad-2\left\{\frac{n(n+1)(2n+1)}{\boxed{\text{(나)}}}-\frac{n(n+1)}{2}\right\}$$
$$=2(n+1)n^2-\frac{1}{3}n(n+1)\left(\boxed{\text{(다)}}\right)$$
$$=\frac{n(n+1)(2n+1)}{3}$$

위의 (가), (다)에 알맞은 식을 각각 $f(k)$, $g(n)$이라 하고, (나)에 알맞은 수를 a라 할 때, $f(a)\times g(a)$의 값은?

① 50   ② 55   ③ 60

④ 65   ⑤ 70

실전 유형 **9** 특정한 값이 반복되는 수열의 합

$\sum_{k=1}^{n}a_k$에서 a_k에 $k=1,2,3,\cdots$을 차례로 대입하여 같은 값을 갖는 항의 규칙을 찾는다.

2059 대표문제

자연수 n에 대하여 n^3을 4로 나눈 나머지를 a_n이라 할 때, $\sum_{k=1}^{150}a_k$의 값은?

① 146   ② 147   ③ 148

④ 149   ⑤ 150

2060

Level 2

자연수 n에 대하여 $\frac{n(n+1)}{2}$을 3으로 나눈 나머지를 a_n이라 할 때, $\sum_{k=1}^{2000}a_k$의 값을 구하시오.

2061

Level 2

자연수 n에 대하여 3^n의 일의 자리 숫자를 a_n이라 할 때, $\sum_{k=201}^{250}a_k$의 값은?

① 250   ② 252   ③ 254

④ 256   ⑤ 258

2062 중요

Level 2

x_1, x_2, x_3, $\cdots$, x_n은 -2, 0, 1의 값 중 어느 하나를 갖는다. $\sum\limits_{k=1}^{n} x_k = 15$, $\sum\limits_{k=1}^{n} x_k^{2} = 39$일 때, $\sum\limits_{k=1}^{n} x_k^{3}$의 값은?

① -11 ② -10 ③ -9

④ -8 ⑤ -7

2063 고난도

Level 3

자연수 n에 대하여 $\log 100^{\frac{n}{5}}$의 소수 부분을 $f(n)$이라 할 때, $f(1) + f(2) + f(3) + \cdots + f(30)$의 값은?

① 10 ② 11 ③ 12

④ 13 ⑤ 14

다음은 이 유형에서 출제된 최근 교육청 · 평가원 기출문제입니다.

2064 교육청 중요

Level 3

2 이상의 자연수 n에 대하여 $(n-5)$의 n제곱근 중 실수인 것의 개수를 $f(n)$이라 할 때, $\sum\limits_{n=2}^{10} f(n)$의 값은?

① 8 ② 9 ③ 10

④ 11 ⑤ 12

◆ Plus 문제

실전 유형 **10** 부분분수의 합

❶ $\dfrac{1}{AB} = \dfrac{1}{B-A}\left(\dfrac{1}{A} - \dfrac{1}{B}\right)$ $(A \neq B)$을 이용하여 수열의 일반항을 부분분수로 변형한다.

❷ $n=1, 2, 3, \cdots$을 차례로 대입하여 주어진 식의 값을 구한다.

2065 대표문제

$\dfrac{1}{1 \times 3} + \dfrac{1}{2 \times 4} + \dfrac{1}{3 \times 5} + \cdots + \dfrac{1}{8 \times 10}$의 값은?

① $\dfrac{3}{5}$ ② $\dfrac{28}{45}$ ③ $\dfrac{29}{45}$

④ $\dfrac{2}{3}$ ⑤ $\dfrac{31}{45}$

2066

Level 2

$\dfrac{2}{3^2-1} + \dfrac{2}{5^2-1} + \dfrac{2}{7^2-1} + \cdots + \dfrac{2}{29^2-1}$의 값은?

① $\dfrac{7}{15}$ ② $\dfrac{8}{15}$ ③ $\dfrac{3}{5}$

④ $\dfrac{2}{3}$ ⑤ $\dfrac{11}{15}$

2067

Level 2

수열 1, $\dfrac{1}{1+2}$, $\dfrac{1}{1+2+3}$, $\dfrac{1}{1+2+3+4}$, $\cdots$의 첫째항부터 제99항까지의 합이 $\dfrac{b}{a}$일 때, $b-a$의 값은?

(단, a와 b는 서로소인 자연수이다.)

① 49 ② 50 ③ 51

④ 52 ⑤ 53

(1) $\sum\limits_{k=1}^{n} \dfrac{1}{k(k+1)} = \sum\limits_{k=1}^{n}\left(\dfrac{1}{k} - \dfrac{1}{k+1}\right)$

(2) $\sum\limits_{k=1}^{n} \dfrac{1}{(k+a)(k+b)} = \dfrac{1}{b-a}\sum\limits_{k=1}^{n}\left(\dfrac{1}{k+a} - \dfrac{1}{k+b}\right)$

(단, $a \neq b$)

2068 대표문제

첫째항이 1이고 공차가 3인 등차수열 $\{a_n\}$에 대하여

$\sum\limits_{k=1}^{8} \dfrac{1}{a_{2k-1}a_{2k+1}}$의 값은?

① $\dfrac{6}{49}$ ② $\dfrac{1}{7}$ ③ $\dfrac{8}{49}$

④ $\dfrac{9}{49}$ ⑤ $\dfrac{10}{49}$

2069   Level 1

$\sum\limits_{k=1}^{10} \dfrac{1}{(2k-1)(2k+1)}$의 값은?

① $\dfrac{2}{21}$ ② $\dfrac{4}{21}$ ③ $\dfrac{2}{7}$

④ $\dfrac{8}{21}$ ⑤ $\dfrac{10}{21}$

2070 중요   Level 2

$\sum\limits_{k=1}^{n} \dfrac{3}{(2k+1)(2k+3)} = \dfrac{11}{25}$ 을 만족시키는 자연수 n의 값을

구하시오.

2071   Level 2

수열 $\{a_n\}$에 대하여

$$a_n = \sum\limits_{k=1}^{n} \dfrac{k(k+1)}{1^3 + 2^3 + 3^3 + \cdots + k^3}$$

일 때, a_{10}의 값은?

① $\dfrac{38}{11}$ ② $\dfrac{40}{11}$ ③ $\dfrac{42}{11}$

④ 4   ⑤ $\dfrac{46}{11}$

2072 중요   Level 2

자연수 n에 대하여

$$S_n = \sum\limits_{k=1}^{n} \dfrac{2k+1}{1^2 + 2^2 + 3^2 + \cdots + k^2}$$

일 때, $S_m = \dfrac{75}{13}$ 를 만족시키는 자연수 m의 값을 구하시오.

2073   Level 2

수열 $\{a_n\}$에 대하여 $a_n = \dfrac{n^3 + n^2 + 1}{n^2 + n}$일 때, $\sum\limits_{k=1}^{9} a_k$의 값은?

① $\dfrac{453}{10}$ ② $\dfrac{91}{2}$ ③ $\dfrac{457}{10}$

④ $\dfrac{459}{10}$ ⑤ $\dfrac{461}{10}$

다음은 이 유형에서 출제된 최근 교육청·평가원 기출문제입니다.

2074 교육청

●❙❙ Level 2

n이 자연수일 때, x에 대한 다항식 $x^3+(1-n)x^2+n$을 $x-n$으로 나눈 나머지를 a_n이라 하자. $\displaystyle\sum_{n=1}^{10}\frac{1}{a_n}$의 값은?

① $\dfrac{7}{8}$ ② $\dfrac{8}{9}$ ③ $\dfrac{9}{10}$

④ $\dfrac{10}{11}$ ⑤ $\dfrac{11}{12}$

2075 평가원

●❙❙ Level 2

수열 $\{a_n\}$은 $a_1=-4$이고, 모든 자연수 n에 대하여

$\displaystyle\sum_{k=1}^{n}\frac{a_{k+1}-a_k}{a_k a_{k+1}}=\frac{1}{n}$ 을 만족시킨다. a_{13}의 값은?

① -9 ② -7 ③ -5

④ -3 ⑤ -1

2076 교육청

●❙❙ Level 3

공차가 0이 아닌 등차수열 $\{a_n\}$에 대하여 $a_9=2a_3$일 때,

$\displaystyle\sum_{n=1}^{24}\frac{(a_{n+1}-a_n)^2}{a_n a_{n+1}}$의 값은?

① $\dfrac{3}{14}$ ② $\dfrac{2}{7}$ ③ $\dfrac{5}{14}$

④ $\dfrac{3}{7}$ ⑤ $\dfrac{1}{2}$

실전 유형 12 이차방정식의 근과 수열의 합

❶ 이차방정식의 두 근이 α_n, β_n일 때, 이차방정식의 근과 계수의 관계를 이용하여 $\alpha_n+\beta_n$, $\alpha_n\beta_n$을 구한다.
❷ 주어진 식을 변형하여 $\alpha_n+\beta_n$, $\alpha_n\beta_n$을 대입한 후, 수열의 합을 구한다.

2077 대표문제

n이 자연수일 때, x에 대한 이차방정식 $x^2-nx+n-3=0$의 두 근을 α_n, β_n이라 하자. 이때 $\displaystyle\sum_{k=1}^{10}(\alpha_k^{\,2}+\beta_k^{\,2})$의 값은?

① 325 ② 330 ③ 335

④ 340 ⑤ 345

2078

●❙❙ Level 2

n이 자연수일 때, x에 대한 이차방정식 $x^2-(2n+1)x+n(n-1)=0$의 두 근을 α_n, β_n이라 하자. 이때 $\displaystyle\sum_{k=1}^{5}(1-\alpha_k)(1-\beta_k)$의 값을 구하시오.

2079

●❙❙ Level 2

n이 자연수일 때, x에 대한 이차방정식 $x^2-nx-n=0$의 두 근을 α_n, β_n이라 하자. 이때 $\displaystyle\sum_{k=1}^{5}(\alpha_k^{\,3}+\beta_k^{\,3})$의 값은?

① 360 ② 370 ③ 380

④ 390 ⑤ 400

2080 (중요)

Level 2

n이 자연수일 때, x에 대한 이차방정식 $x^2-5nx+1=0$의 두 근을 α_n, β_n이라 하자. 이때

$$\left(\frac{1}{\alpha_1}+\frac{1}{\alpha_2}+\frac{1}{\alpha_3}+\cdots+\frac{1}{\alpha_{10}}\right)+\left(\frac{1}{\beta_1}+\frac{1}{\beta_2}+\frac{1}{\beta_3}+\cdots+\frac{1}{\beta_{10}}\right)$$

의 값은?

① 263 ② 267 ③ 271

④ 275 ⑤ 279

2081

Level 2

n이 자연수일 때, x에 대한 이차방정식
$$x^2-3(n+1)x+n+1=0$$
의 두 근을 α_n, β_n이라 하자. 이때 $\displaystyle\sum_{k=1}^{8}\left(\frac{\beta_k}{\alpha_k}+\frac{\alpha_k}{\beta_k}\right)$의 값을 구하시오.

다음은 이 유형에서 출제된 최근 교육청·평가원 기출문제입니다.

2082 (평가원)

Level 2

n이 자연수일 때, x에 대한 이차방정식
$$(n^2+6n+5)x^2-(n+5)x-1=0$$
의 두 근의 합을 a_n이라 하자. $\displaystyle\sum_{k=1}^{10}\frac{1}{a_k}$의 값은?

① 65 ② 70 ③ 75

④ 80 ⑤ 85

실전 유형 **13** 로그가 포함된 수열의 합

로그의 성질을 이용하여 식을 변형하여 계산한다.
$a>0$, $a\neq1$ $x>0$, $y>0$일 때
(1) $\log_a xy=\log_a x+\log_a y$
(2) $\log_a \dfrac{x}{y}=\log_a x-\log_a y$
(3) $\log_a x^k=k\log_a x$ (단, k는 실수)

2083 (대표문제)

수열 $\{a_n\}$은 첫째항이 9, 공비가 $\dfrac{1}{3}$인 등비수열일 때, $\displaystyle\sum_{k=1}^{10}\log_3 a_k$의 값은?

① -25 ② -20 ③ -15

④ -10 ⑤ -5

2084

Level 2

수열 $\{a_n\}$에 대하여 $a_n=\log(n+1)-\log n$일 때, $\displaystyle\sum_{k=2}^{m}a_k=\log 8$을 만족시키는 자연수 m의 값을 구하시오.

2085 (중요)

Level 2

수열 $\{a_n\}$에 대하여 $a_{2n-1}=2^{n+1}$, $a_{2n}=4^{n+1}$일 때, $\displaystyle\sum_{k=1}^{10}\log_2 a_k$의 값은?

① 30 ② 40 ③ 50

④ 60 ⑤ 70

2086 고난도

Level 3

20의 모든 양의 약수들을 a_1, a_2, a_3, $\cdots$, a_6이라 할 때, $\displaystyle\sum_{k=1}^{6} \log_2 a_k$의 값은? (단, $\log 2 = 0.3$으로 계산한다.)

① 11   ② 12   ③ 13

④ 14   ⑤ 15

다음은 이 유형에서 출제된 최근 교육청·평가원 기출문제입니다.

2087 교육청

Level 2

다음은 $\displaystyle\sum_{k=1}^{14} \log_2 \{\log_{k+1}(k+2)\}$의 값을 구하는 과정이다.

자연수 n에 대하여

$$\log_{n+1}(n+2) = \dfrac{\boxed{\text{(가)}}}{\log_2(n+1)} \text{이므로}$$

$$\sum_{k=1}^{14} \log_2 \{\log_{k+1}(k+2)\} = \log_2\left(\dfrac{\boxed{\text{(나)}}}{\log_2 2}\right)$$

따라서

$$\sum_{k=1}^{14} \log_2 \{\log_{k+1}(k+2)\} = \boxed{\text{(다)}}$$

위의 (가)에 알맞은 식을 $f(n)$이라 하고, (나), (다)에 알맞은 수를 각각 p, q라 할 때, $f(p+q)$의 값은?

① 3   ② 4   ③ 5

④ 6   ⑤ 7

실전유형 14 근호가 포함된 수열의 합

분모를 유리화하여 변형한 후 $k=1$, 2, 3, $\cdots$, n을 차례로 대입하여 식의 값을 구한다.

$$\Rightarrow \sum_{k=1}^{n} \dfrac{1}{\sqrt{k+1}+\sqrt{k}} = \sum_{k=1}^{n} (\sqrt{k+1}-\sqrt{k})$$

2088 대표문제

수열 $\{a_n\}$은 첫째항이 1, 공차가 3인 등차수열일 때, $\displaystyle\sum_{k=1}^{16} \dfrac{1}{\sqrt{a_{k+1}}+\sqrt{a_k}}$의 값은?

① 1   ② 2   ③ 3

④ 4   ⑤ 5

2089

Level 1

$\dfrac{1}{1+\sqrt{2}} + \dfrac{1}{\sqrt{2}+\sqrt{3}} + \dfrac{1}{\sqrt{3}+\sqrt{4}} + \cdots + \dfrac{1}{\sqrt{168}+\sqrt{169}}$의 값은?

① 8   ② 9   ③ 10

④ 11   ⑤ 12

2090 중요

Level 2

$\displaystyle\sum_{k=1}^{n} \dfrac{1}{\sqrt{2k-1}+\sqrt{2k+1}} = 5$를 만족시키는 자연수 n의 값은?

① 60   ② 61   ③ 62

④ 63   ⑤ 64

2091 중요

$\bullet\!\parallel$ Level 2

수열 $\{a_n\}$은 $a_2=5$, $a_4=13$인 등차수열이고

$$m=\frac{1}{\sqrt{a_1}+\sqrt{a_2}}+\frac{1}{\sqrt{a_2}+\sqrt{a_3}}+\cdots+\frac{1}{\sqrt{a_{20}}+\sqrt{a_{21}}}$$

일 때, $10m$의 값은?

① 5   ② 10   ③ 15

④ 20   ⑤ 25

2092

$\bullet\!\parallel$ Level 2

수열 $\{a_n\}$에 대하여 $a_n=\sqrt{n}+\sqrt{n+2}$일 때,

$\displaystyle\sum_{k=1}^{n}\frac{2}{a_k}=6+4\sqrt{2}$를 만족시키는 자연수 n의 값을 구하시오.

다음은 이 유형에서 출제된 최근 교육청·평가원 기출문제입니다.

2093 평가원

$\bullet\!\parallel$ Level 2

n이 자연수일 때, x에 대한 이차방정식

$$x^2-(2n-1)x+n(n-1)=0$$

의 두 근을 α_n, β_n이라 하자. $\displaystyle\sum_{n=1}^{81}\frac{1}{\sqrt{\alpha_n}+\sqrt{\beta_n}}$의 값을 구하시오.

실전
유형 **15** $\sum$로 표현된 수열의 합과 일반항   빈출유형

수열 $\{a_n\}$의 첫째항부터 제n항까지의 합 $\displaystyle\sum_{k=1}^{n}a_k$를 S_n이라 하면

(1) $a_1=S_1$

(2) $a_n=S_n-S_{n-1}=\displaystyle\sum_{k=1}^{n}a_k-\sum_{k=1}^{n-1}a_k$ (단, $n\geq2$)

임을 이용하여 a_n을 구한다.

2094 대표문제

수열 $\{a_n\}$에 대하여 $\displaystyle\sum_{k=1}^{n}a_k=2n^2-n$일 때, $\displaystyle\sum_{k=1}^{10}a_{2k}$의 값은?

① 410   ② 420   ③ 430

④ 440   ⑤ 450

2095

$\bullet\!\parallel$ Level 1

수열 $\{a_n\}$에 대하여 $\displaystyle\sum_{k=1}^{n}a_k=3^n-1$일 때, $\displaystyle\sum_{k=1}^{n}a_{2k-1}$을 n에 대한 식으로 나타내시오.

2096

$\bullet\!\parallel$ Level 2

수열 $\{a_n\}$에 대하여 $\displaystyle\sum_{k=1}^{n}a_k=5\times3^n-5$일 때, $\displaystyle\sum_{k=1}^{10}\frac{1}{a_k}$의 값은?

① $\dfrac{1}{20}\left\{1-\left(\dfrac{1}{9}\right)^{10}\right\}$ ② $\dfrac{3}{20}\left\{1-\left(\dfrac{1}{9}\right)^{10}\right\}$

③ $\dfrac{1}{20}\left\{1-\left(\dfrac{1}{3}\right)^{10}\right\}$ ④ $\dfrac{3}{20}\left\{1-\left(\dfrac{1}{3}\right)^{10}\right\}$

⑤ $1-\left(\dfrac{1}{3}\right)^{10}$

2097

• 정답 및 풀이 **340**쪽

Level 2

수열 $\{a_n\}$에 대하여 $\sum_{k=1}^{n} a_k = \log_3 (n^2+n)$일 때, $\sum_{k=1}^{8} a_{2k+1}$의 값을 구하시오.

2098 (중요)

Level 2

수열 $\{a_n\}$에 대하여 $\sum_{k=1}^{n} a_k = 2n^2 - 3n$일 때,

$\sum_{k=1}^{n} \dfrac{1}{a_{k+1} a_{k+2}} = \dfrac{5}{63}$를 만족시키는 자연수 n의 값은?

① 11　　　　② 12　　　　③ 13

④ 14　　　　⑤ 15

2099

Level 2

수열 $\{a_n\}$에 대하여 $\sum_{k=1}^{n} k a_k = 100n$일 때, $\sum_{k=1}^{19} \dfrac{a_k}{k+1}$의 값을 구하시오.

다음은 이 유형에서 출제된 최근 교육청·평가원 기출문제입니다.

2100 (평가원)

Level 2

수열 $\{a_n\}$이 모든 자연수 n에 대하여

$\sum_{k=1}^{n} \dfrac{1}{(2k-1)a_k} = n^2 + 2n$을 만족시킬 때, $\sum_{n=1}^{10} a_n$의 값은?

① $\dfrac{10}{21}$　　　② $\dfrac{4}{7}$　　　③ $\dfrac{2}{3}$

④ $\dfrac{16}{21}$　　　⑤ $\dfrac{6}{7}$

2101 (교육청)

Level 2

첫째항이 2인 수열 $\{a_n\}$의 첫째항부터 제n항까지의 합을 S_n이라 하자. 다음은 모든 자연수 n에 대하여

$$\sum_{k=1}^{n} \frac{3S_k}{k+2} = S_n$$

이 성립할 때, a_{10}의 값을 구하는 과정이다.

$n \geq 2$인 모든 자연수 n에 대하여

$a_n = S_n - S_{n-1}$

　　$= \sum_{k=1}^{n} \dfrac{3S_k}{k+2} - \sum_{k=1}^{n-1} \dfrac{3S_k}{k+2} = \dfrac{3S_n}{n+2}$

이므로

$3S_n = (n+2) \times a_n \, (n \geq 2)$

이다.

$S_1 = a_1$에서 $3S_1 = 3a_1$이므로

$3S_n = (n+2) \times a_n \, (n \geq 1)$

이다.

$3a_n = 3(S_n - S_{n-1})$

　　$= (n+2) \times a_n - (\boxed{\text{(가)}}) \times a_{n-1} \, (n \geq 2)$

$\dfrac{a_n}{a_{n-1}} = \boxed{\text{(나)}} \, (n \geq 2)$

따라서

$a_{10} = a_1 \times \dfrac{a_2}{a_1} \times \dfrac{a_3}{a_2} \times \dfrac{a_4}{a_3} \times \cdots \times \dfrac{a_9}{a_8} \times \dfrac{a_{10}}{a_9}$

　　$= \boxed{\text{(다)}}$

위의 (가), (나)에 알맞은 식을 각각 $f(n)$, $g(n)$이라 하고, (다)에 알맞은 수를 p라 할 때, $\dfrac{f(p)}{g(p)}$의 값은?

① 109　　　② 112　　　③ 115

④ 118　　　⑤ 121

❶ 함수의 그래프를 이용하여 교점의 좌표를 구한다.
❷ 길이, 넓이에 대한 관계식을 세우고 ∑의 성질을 이용한다.

2102 대표문제

그림과 같이 자연수 n에 대하여 직선 $x=n$이 함수 $y=\frac{1}{2}x^2$의 그래프와 만나는 점을 P_n, x축과 만나는 점을 Q_n이라 하고, 직선 $x=n+1$이 함수 $y=\frac{1}{2}x^2$의 그래프와 만나는 점을 P_{n+1}, x축과 만나는 점을 Q_{n+1}이라 하자. 사각형 $P_nQ_nQ_{n+1}P_{n+1}$의 넓이를 S_n이라 할 때, $\sum_{k=1}^{10} S_k$의 값은?

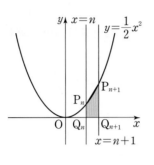

① $\frac{445}{6}$ ② 89 ③ $\frac{445}{4}$

④ $\frac{445}{3}$ ⑤ $\frac{445}{2}$

2103

Level 2

그림과 같이 자연수 k에 대하여 두 함수 $y=(x+1)^3$, $y=x^3$의 그래프와 직선 $x=k$가 만나는 점을 각각 P_k, Q_k라 할 때, $\sum_{k=1}^{7} \overline{P_kQ_k}$의 값을 구하시오.

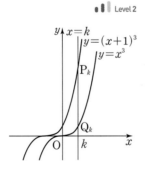

2104

Level 2

그림과 같이 자연수 k에 대하여 두 함수 $y=2\sqrt{x+1}$, $y=-2\sqrt{x}$의 그래프가 직선 $x=k$와 만나는 점을 각각 P_k, Q_k라 할 때, $\sum_{k=1}^{80} \frac{1}{\overline{P_kQ_k}}$의 값을 구하시오.

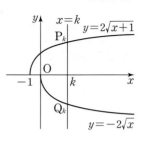

2105

Level 2

자연수 n에 대하여 두 함수 $f(x)=x^2+2nx+n^2$, $g(x)=4nx+1$의 그래프의 두 교점의 x좌표를 각각 a_n, b_n이라 할 때, $\sum_{k=2}^{8} \frac{144}{a_kb_k}$의 값은?

① 91 ② 93 ③ 95

④ 97 ⑤ 99

2106 중요

Level 2

그림과 같이 자연수 n에 대하여 직선 $x=n$과 함수 $y=\sqrt{x}$의 그래프가 만나는 점을 P_n, x축과 만나는 점을 A_n이라 하고, 직선 $x=n+1$이 함수 $y=\sqrt{x}$의 그래프와 만나는 점을 P_{n+1}, x축과 만나는 점을 A_{n+1}이라 하자. 사각형 $P_nA_nA_{n+1}P_{n+1}$의 넓이를 S_n이라 할 때, $\sum_{k=1}^{15} \frac{1}{S_k}$의 값은?

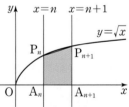

① 5 ② 6 ③ 7

④ 8 ⑤ 9

2107

●❙❙ Level 3

그림과 같이 두 이차함수 $y=f(x)$와 $y=g(x)$의 그래프는 원점에 대하여 대칭이고, 이차함수 $y=f(x)$의 그래프의 꼭짓점의 좌표는 $(2, -1)$, y축과 만나는 점의 y좌표는 1이다. 자연수 k에 대하여 직선 $x=k$가 두 이차함수 $y=f(x)$, $y=g(x)$의 그래프와 만나는 점을 각각 A_k, B_k라 할 때, $\sum_{k=1}^{8} \overline{A_k B_k}$의 값을 구하시오.

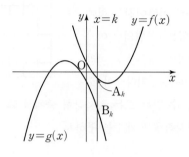

2108 신경향

●❙❙ Level 3

그림과 같이 두 함수

$$f(x)=\frac{1}{4}x^2,$$

$$g(x)=\frac{1}{4}(x+2)^2 \ (x \geq 0)$$

의 그래프와 직선 $x=2$가 만나는 점을 각각 A_1, B_1이라 하고,

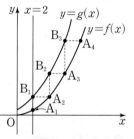

자연수 n에 대하여 점 B_n을 지나고 x축에 평행한 직선이 곡선 $y=f(x)$와 만나는 점을 A_{n+1}, 점 A_{n+1}을 지나고 y축에 평행한 직선이 곡선 $y=g(x)$와 만나는 점을 B_{n+1}이라 하자. 선분 $A_n B_n$의 길이를 l_n이라 할 때, $\sum_{k=1}^{9} l_k$의 값은?

① 96   ② 97   ③ 98

④ 99   ⑤ 100

다음은 이 유형에서 출제된 최근 교육청·평가원 기출문제입니다.

2109 교육청

●❙❙ Level 2

자연수 n에 대하여 곡선 $y=x^2$과 직선 $y=\sqrt{n}x$가 만나는 서로 다른 두 점 사이의 거리를 $f(n)$이라 하자.

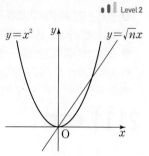

$\sum_{n=1}^{10} \dfrac{1}{\{f(n)\}^2}$의 값은?

① $\dfrac{9}{11}$ ② $\dfrac{19}{22}$ ③ $\dfrac{10}{11}$

④ $\dfrac{21}{22}$ ⑤ 1

2110 교육청 중요

●❙❙ Level 2

자연수 n에 대하여 직선 $x=n$이 두 곡선 $y=\sqrt{x}$, $y=-\sqrt{x+1}$과 만나는 점을 각각 A_n, B_n이라 하자. 삼각형 $A_n O B_n$의 넓이를 T_n이라 할 때, $\sum_{n=1}^{24} \dfrac{n}{T_n}$의 값은?

(단, O는 원점이다.)

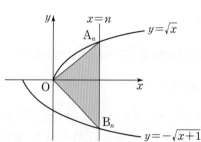

① $\dfrac{13}{2}$ ② 7   ③ $\dfrac{15}{2}$

④ 8   ⑤ $\dfrac{17}{2}$

❶ 점과 직선 사이의 거리를 구하는 공식을 이용하여 원의 중심과 직선 사이의 거리를 구한다.
❷ 원의 반지름의 길이를 구한다.
❸ 피타고라스 정리를 이용하여 문제를 해결한다.

2111 대표문제

그림과 같이 자연수 n에 대하여 원 $x^2+y^2=n$과 직선 $y=x+1$이 만나서 생기는 선분의 길이를 l_n이라 할 때, $\sum_{k=1}^{10} l_k^2$의 값을 구하시오.

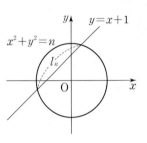

2112

그림과 같이 자연수 n에 대하여 원 $x^2+y^2=34n^2$과 직선 $x-\sqrt{15}y+12n=0$이 만나는 점을 각각 A_n, B_n이라 할 때, $\sum_{k=1}^{10} \overline{A_k B_k}$의 값을 구하시오.

••▮ Level 2

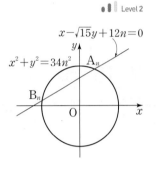

다음은 이 유형에서 출제된 최근 교육청 · 평가원 기출문제입니다.

2113 교육청

••▮ Level 3

자연수 n에 대하여 좌표평면 위의 점 $(n, 0)$을 중심으로 하고 반지름의 길이가 1인 원을 O_n이라 하자. 점 $(-1, 0)$을 지나고 원 O_n과 제1사분면에서 접하는 직선의 기울기를 a_n이라 할 때, $\sum_{n=1}^{5} a_n^2$의 값은?

① $\dfrac{1}{2}$ ② $\dfrac{23}{42}$ ③ $\dfrac{25}{42}$

④ $\dfrac{9}{14}$ ⑤ $\dfrac{29}{42}$

➕ Plus 문제

구하는 것을 식으로 나타낸 후, Σ의 성질과 자연수의 거듭제곱의 합을 이용하여 값을 구한다.

2114 대표문제

그림과 같이 한 변의 길이가 8인 정사각형의 각 변을 8등분하는 선분들로 이루어진 도형에서 만들 수 있는 한 변의 길이가 n인 정사각형의 개수를 a_n이라 하면 $a_n=(9-n)^2$이다. 이 도형에서 만들 수 있는 모든 정사각형 중에서 한 변의 길이가 4 이상인 정사각형의 개수를 구하시오.

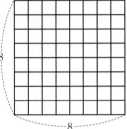

2115

••▮ Level 2

자연수 n에 대하여 좌표평면 위에 네 점 $O(0, 0)$, $A_n(n, 0)$, $B_n(n, n)$, $C_n(0, n)$으로 이루어진 정사각형이 있다. 정사각형의 경계와 내부에 있는 점 중 x좌표, y좌표가 모두 정수인 점의 개수를 P_n이라 할 때, $\sum_{k=1}^{9} P_k$의 값을 구하시오.

2116 고난도

••▮ Level 3

좌표평면 위에 세 점 $(n, 0)$, $(n, 2n)$, $(0, 2n)$을 꼭짓점으로 하는 삼각형을 A_n이라 하자. 자연수 k에 대하여 삼각형 A_{2k}와 삼각형 A_{3k}가 만나서 생기는 삼각형의 둘레 위의 점 중 x좌표와 y좌표가 모두 정수인 점의 개수를 $f(k)$라 할 때, $\sum_{k=1}^{8} f(k)$의 값은?

① 140 ② 144 ③ 148

④ 152 ⑤ 156

실전 유형 19 정수로 이루어진 군수열

❶ 규칙성을 갖는 군으로 나누고, 각 군의 항의 개수를 찾는다.
❷ 각 군의 첫째항 또는 끝항의 규칙을 찾는다.

2117 대표문제

수열

$$1, 3, 3, 5, 5, 5, 7, 7, 7, 7, \cdots$$

에서 79가 처음으로 나오는 항을 제n항이라 할 때, n의 값을 구하시오.

2118

•ıl Level 2

수열

$$1, -2, -1, 3, 2, 1, -4, -3, -2, -1, 5, 4, 3, 2, 1, \cdots$$

에서 16이 처음으로 나타나는 항은 제몇 항인가?

① 제136항   ② 제137항   ③ 제138항
④ 제139항   ⑤ 제140항

2119 중요

•ıl Level 3

수열

$$1, 1, 2, 1, 1, 2, 3, 2, 1, 1, 2, 3, 4, 3, 2, 1, \cdots$$

에서 첫째항부터 제125항까지의 합을 구하시오.

2120

•ıl Level 3

다음과 같이 순서쌍으로 이루어진 수열에서 $(14, 15)$는 제몇 항인지 구하시오.

$$(1, 1), (1, 2), (2, 1), (1, 3), (2, 2), (3, 1),$$
$$(1, 4), (2, 3), (3, 2), (4, 1), \cdots$$

실전 유형 20 분수로 이루어진 군수열

분모 또는 분자가 같거나 (분모)＋(분자)의 값이 같은 것끼리 군으로 묶는다.

2121 대표문제

다음 수열에서 첫째항부터 제120항까지의 합을 구하시오.

$$\frac{1}{2}, \frac{1}{3}, \frac{2}{3}, \frac{1}{4}, \frac{2}{4}, \frac{3}{4}, \frac{1}{5}, \frac{2}{5}, \frac{3}{5}, \frac{4}{5}, \cdots$$

2122

•ıl Level 2

수열

$$\frac{1}{1}, \frac{1}{2}, \frac{3}{2}, \frac{5}{2}, \frac{1}{3}, \frac{3}{3}, \frac{5}{3}, \frac{7}{3}, \frac{9}{3}, \frac{1}{4}, \frac{3}{4}, \frac{5}{4}, \frac{7}{4}, \frac{9}{4}, \frac{11}{4}, \frac{13}{4}, \cdots$$

에서 $\dfrac{17}{12}$은 제몇 항인가?

① 제128항   ② 제129항   ③ 제130항
④ 제131항   ⑤ 제132항

2123

•ıl Level 2

다음 수열에서 제100항은?

$$\frac{1}{1}, \frac{1}{3}, \frac{2}{2}, \frac{3}{1}, \frac{1}{5}, \frac{2}{4}, \frac{3}{3}, \frac{4}{2}, \frac{5}{1}, \frac{1}{7}, \frac{2}{6}, \frac{3}{5}, \frac{4}{4}, \frac{5}{3}, \frac{6}{2}, \frac{7}{1}, \cdots$$

① 3   ② 4   ③ $\dfrac{17}{3}$
④ 9   ⑤ 19

2124

Level 2

수열

$$\frac{1}{1}, \frac{1}{2}, \frac{2}{2}, \frac{1}{3}, \frac{2}{3}, \frac{3}{3}, \frac{1}{4}, \frac{2}{4}, \frac{3}{4}, \frac{4}{4}, \cdots$$

에서 첫째항부터 제176항까지의 합을 구하시오.

2125 중요

Level 2

수열

$$\frac{1}{1}, \frac{1}{2}, \frac{2}{1}, \frac{1}{3}, \frac{2}{2}, \frac{3}{1}, \frac{1}{4}, \frac{2}{3}, \frac{3}{2}, \frac{4}{1}, \cdots$$

에서 $\frac{3}{10}$ 은 제몇 항인가?

① 제66항   ② 제67항   ③ 제68항
④ 제69항   ⑤ 제70항

2126

Level 2

수열

$$\frac{2}{3}, \frac{4}{9}, \frac{4}{9}, \frac{8}{27}, \frac{8}{27}, \frac{8}{27}, \frac{16}{81}, \frac{16}{81}, \frac{16}{81}, \frac{16}{81}, \cdots$$

에서 제37항은 $\frac{q}{3^p}$ 이다. 이때 $q-p$의 값은?

(단, p, q는 자연수이다.)

① 501   ② 503   ③ 505
④ 507   ⑤ 509

심화
유형 **21** 여러 가지 군수열

수가 나열되는 방향에 따른 규칙을 찾는다.

2127 대표문제

다음과 같이 자연수를 규칙적으로 배열할 때, 위에서 11번째 줄의 왼쪽에서 6번째에 있는 수는?

1	2	5	10	17	⋯
4	3	6	11	18	
9	8	7	12	19	
16	15	14	13	20	
25	24	23	22	21	
⋮					⋱

① 113   ② 114   ③ 115
④ 116   ⑤ 117

2128

Level 2

가로, 세로가 각각 10칸으로 이루어진 표에 1부터 19까지의 홀수를 다음과 같이 규칙적으로 배열할 때, 표 안의 모든 수의 합을 구하시오.

1	3	5	⋯	19
3	3	5		19
5	5	5		19
⋮			⋱	⋮
19	19	19	⋯	19

2129 중요
●▮▮ Level 2

다음과 같이 자연수를 규칙적으로 배열할 때, 163은 제m행의 왼쪽에서 n번째에 있는 수이다. 이때 $m+n$의 값은?

제1행	→	1			
제2행	→	3	5		
제3행	→	7	9	11	
제4행	→	13	15	17	19
⋮			⋮		

① 13   ② 15   ③ 17

④ 19   ⑤ 21

2130
●▮▮ Level 2

다음과 같이 일정한 규칙으로 자연수를 배열하였다. 위에서 n번째 줄에 있는 모든 수의 합을 S_n이라 할 때, S_8의 값을 구하시오.

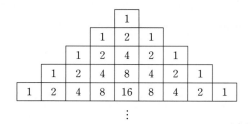

2131 고난도
●▮▮ Level 3

다음과 같이 자연수를 규칙적으로 배열할 때, 46은 모두 몇 번 나타나는가?

1	2	3	4	⋯
1	3	5	7	
1	4	7	10	
1	5	9	13	
⋮				⋱

① 5번   ② 6번   ③ 7번

④ 8번   ⑤ 9번

➕ Plus 문제

심화유형 22 (등차수열)×(등비수열) 꼴의 수열의 합

❶ 주어진 수열의 합 S에 등비수열의 공비 $r\ (r \neq 1)$을 곱한다.
❷ $S-rS$를 구한 후 이 식으로부터 S의 값을 구한다.

2132 대표문제

$1 \times 2 + 2 \times 2^2 + 3 \times 2^3 + \cdots + 20 \times 2^{20}$의 값은?

① $-19 \times 2^{21} - 2$ ② -19×2^{21} ③ 19×2^{21}

④ $19 \times 2^{20} + 2$ ⑤ $19 \times 2^{21} + 2$

2133
●▮▮ Level 2

$1 + 2x + 3x^2 + 4x^3 + \cdots + nx^{n-1}$을 계산하시오. (단, $x \neq 1$)

2134
●▮▮ Level 3

$$1 \times \frac{1}{3} - 2 \times \left(\frac{1}{3}\right)^2 + 3 \times \left(\frac{1}{3}\right)^3 - 4 \times \left(\frac{1}{3}\right)^4 + \cdots - 10 \times \left(\frac{1}{3}\right)^{10}$$

$$= \frac{a - b \times \left(\frac{1}{3}\right)^{10}}{16}$$

을 만족시키는 자연수 a, b에 대하여 $a+b$의 값은?

① 42   ② 43   ③ 44

④ 45   ⑤ 46

2135 대표문제

$\sum\limits_{k=4}^{18} \dfrac{1}{(k+2)(k+3)} = \dfrac{q}{p}$ 일 때, $p+q$의 값을 구하는 과정을 서술하시오. (단, p와 q는 서로소인 자연수이다.) [6점]

STEP 1 분수식을 부분분수로 변형하기 [1점]

$\dfrac{1}{(k+2)(k+3)}$ 을 부분분수로 변형하면

$\dfrac{1}{(k+2)(k+3)} = \dfrac{1}{k+2} - \boxed{}^{(1)}$

STEP 2 $\sum\limits_{k=4}^{18} \dfrac{1}{(k+2)(k+3)}$ 을 덧셈식으로 나타내기 [3점]

$\sum\limits_{k=4}^{18} \dfrac{1}{(k+2)(k+3)}$

$= \sum\limits_{k=4}^{18} \left(\dfrac{1}{k+2} - \boxed{}^{(2)} \right)$

$= \left(\dfrac{1}{6} - \dfrac{1}{7} \right) + \left(\dfrac{1}{7} - \dfrac{1}{8} \right) + \left(\dfrac{1}{8} - \dfrac{1}{9} \right) + \cdots$

$\qquad\qquad + \left(\dfrac{1}{19} - \dfrac{1}{20} \right) + \left(\dfrac{1}{20} - \boxed{}^{(3)} \right)$

STEP 3 $p+q$의 값 구하기 [2점]

식을 정리하면

$\left(\dfrac{1}{6} - \dfrac{1}{7} \right) + \left(\dfrac{1}{7} - \dfrac{1}{8} \right) + \left(\dfrac{1}{8} - \dfrac{1}{9} \right) + \cdots$

$\qquad\qquad + \left(\dfrac{1}{19} - \dfrac{1}{20} \right) + \left(\dfrac{1}{20} - \boxed{}^{(4)} \right)$

$= \dfrac{1}{6} - \boxed{}^{(5)} = \boxed{}^{(6)}$

따라서 $p = \boxed{}^{(7)}$, $q = \boxed{}^{(8)}$ 이므로

$p + q = \boxed{}^{(9)}$

2136 한번 더

$\sum\limits_{k=3}^{20} \dfrac{1}{(k+1)(k+2)} = \dfrac{q}{p}$ 일 때, $p+q$의 값을 구하는 과정을 서술하시오. (단, p와 q는 서로소인 자연수이다.) [6점]

STEP 1 분수식을 부분분수로 변형하기 [1점]

STEP 2 $\sum\limits_{k=3}^{20} \dfrac{1}{(k+1)(k+2)}$ 을 덧셈식으로 나타내기 [3점]

STEP 3 $p+q$의 값 구하기 [2점]

2137 유사 1

첫째항이 1이고 공차가 3인 등차수열 $\{a_n\}$에 대하여

$\sum\limits_{k=1}^{10} \dfrac{1}{a_{k+1} a_{k+2}}$ 의 값을 구하는 과정을 서술하시오. [7점]

핵심 KEY 유형 11 분수 꼴인 수열의 합

분수식을 부분분수로 변형한 후 수열의 합을 구하는 문제이다.
$\dfrac{1}{(k+a)(k+b)} = \dfrac{1}{b-a} \left(\dfrac{1}{k+a} - \dfrac{1}{k+b} \right)$ $(a \neq b)$을 이용하여 부분분수로 변형한다.
수열의 합을 덧셈식으로 나타낸 후 항을 소거하여 식을 간단히 나타낼 때, 앞에서 남는 항과 뒤에서 남는 항은 서로 대칭되는 위치에 있음에 주의한다.

2138 대표문제

n이 자연수일 때, x에 대한 이차방정식
$$x^2-(2n+1)x+n-3=0$$
의 두 근을 α_n, β_n이라 하자. 이때 $\sum\limits_{k=1}^{10}(\alpha_k^2-1)(\beta_k^2-1)$의 값을 구하는 과정을 서술하시오. [7점]

STEP 1 이차방정식의 근과 계수의 관계를 이용하여 $\alpha_n+\beta_n$, $\alpha_n\beta_n$을 n에 대한 식으로 나타내기 [1점]

이차방정식 $x^2-(2n+1)x+n-3=0$에서 이차방정식의 근과 계수의 관계에 의하여

$\alpha_n+\beta_n=2n+1$ ·· ㉠

$\alpha_n\beta_n=$ (1) [   ] ·································· ㉡

STEP 2 $(\alpha_n^2-1)(\beta_n^2-1)$을 n에 대한 식으로 나타내기 [3점]

$\alpha_n^2+\beta_n^2=(\alpha_n+\beta_n)^2-2\alpha_n\beta_n$

이므로 위의 식에 ㉠, ㉡을 대입하여 정리하면

$\alpha_n^2+\beta_n^2=(2n+1)^2-2\left(\boxed{^{(2)}\quad}\right)$

$\qquad\qquad =4n^2+4n+1-\boxed{^{(3)}\quad}+6$

$\qquad\qquad =4n^2+\boxed{^{(4)}\quad}+7$

$\therefore (\alpha_n^2-1)(\beta_n^2-1)$

$\quad=(\alpha_n\beta_n)^2-(\alpha_n^2+\beta_n^2)+1$

$\quad=\left(\boxed{^{(5)}\quad}\right)^2-(4n^2+2n+7)+1$

$\quad=-3n^2-\boxed{^{(6)}\quad}+3$

STEP 3 $\sum\limits_{k=1}^{10}(\alpha_k^2-1)(\beta_k^2-1)$의 값 구하기 [3점]

$\sum\limits_{k=1}^{10}(\alpha_k^2-1)(\beta_k^2-1)$

$=\sum\limits_{k=1}^{10}\left(-3k^2-\boxed{^{(7)}\quad}+3\right)$

$=-3\sum\limits_{k=1}^{10}k^2-8\boxed{^{(8)}\quad}+\sum\limits_{k=1}^{10}3$

$=-3\times\dfrac{10\times11\times21}{6}-8\times\boxed{^{(9)}\qquad}+3\times10$

$=\boxed{^{(10)}\quad}$

2139 한번 더

n이 자연수일 때, x에 대한 이차방정식
$$x^2-(n-1)x+2n=0$$
의 두 근을 α_n, β_n이라 하자. 이때 $\sum\limits_{k=1}^{10}(\alpha_k^2+1)(\beta_k^2+1)$의 값을 구하는 과정을 서술하시오. [7점]

STEP 1 이차방정식의 근과 계수의 관계를 이용하여 $\alpha_n+\beta_n$, $\alpha_n\beta_n$을 n에 대한 식으로 나타내기 [1점]

STEP 2 $(\alpha_n^2+1)(\beta_n^2+1)$을 n에 대한 식으로 나타내기 [3점]

STEP 3 $\sum\limits_{k=1}^{10}(\alpha_k^2+1)(\beta_k^2+1)$의 값 구하기 [3점]

핵심 KEY 유형 12 이차방정식의 근과 수열의 합

이차방정식의 근과 계수의 관계를 이용하여 수열의 합을 구하는 문제이다.

이차방정식 $ax^2+bx+c=0$의 두 근을 α, β라 하면

$\alpha+\beta=-\dfrac{b}{a}$, $\alpha\beta=\dfrac{c}{a}$임을 이용한다.

수열의 합을 구할 때 주어진 식을 곱셈 공식, 부분분수 등을 이용하여 변형한 후 이차방정식의 근과 계수의 관계를 이용하여 구한 식을 대입한다.

2140 ✅ 유사 1

n이 자연수일 때, x에 대한 이차방정식

$$x^2 - 3x + n(n+1) = 0$$

의 두 근을 α_n, β_n이라 하자. 이때 $\sum\limits_{k=1}^{10}\left(\dfrac{1}{\alpha_k} + \dfrac{1}{\beta_k}\right)$의 값을 구하는 과정을 서술하시오. [7점]

2141 ✅ 유사 2

x에 대한 이차방정식 $x^2 - 2x - 1 = 0$의 두 근을 α, β라 할 때, $\sum\limits_{k=1}^{15}(k-\alpha)(k-\beta)$의 값을 구하는 과정을 서술하시오. [6점]

2142 대표문제

자연수 n에 대하여 두 함수 $f(x) = x^2 + 3x - 3n$, $g(x) = n(2x - n)$의 그래프의 두 교점의 x좌표를 각각 α_n, β_n이라 할 때, $\sum\limits_{k=1}^{8}(\alpha_k + \beta_k)^2$의 값을 구하는 과정을 서술하시오. (단, $\alpha_n > \beta_n$) [7점]

STEP 1 두 함수의 그래프의 교점의 x좌표 구하기 [3점]

$x^2 + 3x - 3n = n(2x - n)$에서

$x^2 - (2n-3)x + n(n-3) = 0$

$\left(x - \boxed{}^{(1)}\right)\{x - (n-3)\} = 0$

$\therefore x = \boxed{}^{(2)}$ 또는 $x = n-3$

STEP 2 α_n, β_n 구하기 [1점]

$\alpha_n > \beta_n$이므로

$\alpha_n = n$, $\beta_n = \boxed{}^{(3)}$

STEP 3 $\sum\limits_{k=1}^{8}(\alpha_k + \beta_k)^2$의 값 구하기 [3점]

$\sum\limits_{k=1}^{8}(\alpha_k + \beta_k)^2$

$= \sum\limits_{k=1}^{8}\left\{k + \left(\boxed{}^{(4)}\right)\right\}^2$

$= \sum\limits_{k=1}^{8}\left(\boxed{}^{(5)} - 3\right)^2$

$= \sum\limits_{k=1}^{8}\left(4k^2 - \boxed{}^{(6)} + 9\right)$

$= 4\sum\limits_{k=1}^{8}k^2 - 12\boxed{}^{(7)} + \sum\limits_{k=1}^{8}9$

$= 4 \times \dfrac{8 \times 9 \times 17}{6} - 12 \times \boxed{}^{(8)} + 9 \times 8$

$= \boxed{}^{(9)}$

핵심 KEY 유형 16 $\sum$의 활용 – 함수

두 함수의 그래프의 교점의 좌표를 구하여 식에 대입하고 $\sum$의 성질을 이용하여 수열의 합을 구하는 문제이다.

교점의 좌표를 구할 때, x에 대한 이차방정식을 풀어 구할 수도 있고, 이차방정식의 근과 계수의 관계를 이용할 수도 있다.

2143 (한번 더)

자연수 n에 대하여 두 함수 $f(x)=x^2-2nx+n^2$, $g(x)=2(x-n)$의 그래프의 두 교점의 x좌표를 각각 α_n, β_n이라 할 때, $\sum\limits_{k=1}^{10}(\alpha_k+\beta_k)^2$의 값을 구하는 과정을 서술하시오. (단, $\alpha_n<\beta_n$) [7점]

STEP 1 두 함수의 그래프의 교점의 x좌표 구하기 [3점]

STEP 2 α_n, β_n 구하기 [1점]

STEP 3 $\sum\limits_{k=1}^{10}(\alpha_k+\beta_k)^2$의 값 구하기 [3점]

2144 (✓유사1)

그림과 같이 4 이상의 자연수 n에 대하여 두 함수 $y=x^2+x$, $y=nx-2$의 그래프의 교점을 각각 A, B라 하자. 두 직선 OA, OB의 기울기를 각각 a_n, b_n이라 할 때, $\sum\limits_{n=4}^{13}\log_3\left(\dfrac{1}{a_n}+\dfrac{1}{b_n}\right)$의 값을 구하는 과정을 서술하시오. (단, O는 원점이다.) [8점]

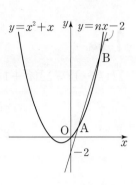

2145 (✓유사2)

그림과 같이 자연수 n에 대하여 두 함수 $y=x^2$, $y=\sqrt{n}x$의 그래프가 제1사분면에서 만나는 점을 P_n이라 하고, 점 P_n을 지나고 직선 $y=\sqrt{n}x$와 수직인 직선이 x축, y축과 만나는 점을 각각 Q_n, R_n이라 하자. 삼각형 OQ_nR_n의 넓이를 S_n이라 할 때, $\sum\limits_{n=1}^{8}\dfrac{2S_n}{\sqrt{n}}$의 값을 구하는 과정을 서술하시오.

(단, O는 원점이다.) [9점]

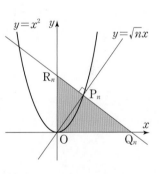

1 2146

$\sum\limits_{k=2}^{10}(k^2-1)-\sum\limits_{i=1}^{9}(i^2+1)$의 값은? [3점]

① 77   ② 79   ③ 81

④ 83   ⑤ 85

2 2147

$\sum\limits_{k=1}^{15}(a_{2k-1}+a_{2k})=35$일 때, $\sum\limits_{k=1}^{30}(4a_k-5)$의 값은? [3점]

① -12 ② -10 ③ -8

④ -6 ⑤ -4

3 2148

$\sum\limits_{k=1}^{10}a_k=15$, $\sum\limits_{k=1}^{10}a_k^2=25$일 때, $\sum\limits_{k=1}^{10}(2a_k-1)^2$의 값은? [3점]

① 44   ② 47   ③ 50

④ 53   ⑤ 56

4 2149

두 수열 $\{a_n\}$, $\{b_n\}$에 대하여

$$\sum\limits_{k=1}^{10}(a_k+b_k)=35,\ \sum\limits_{k=1}^{10}(3a_k-b_k)=65$$

일 때, $\sum\limits_{k=1}^{10}(a_k-2b_k)$의 값은? [3점]

① 5   ② 10   ③ 15

④ 20   ⑤ 25

5 2150

$\sum\limits_{m=1}^{5}\left\{\sum\limits_{k=1}^{10}(k+m)\right\}$의 값은? [3점]

① 415   ② 420   ③ 425

④ 430   ⑤ 435

6 2151

수열의 합 $2\times18+4\times16+6\times14+\cdots+18\times2$의 값은?

[3점]

① 655 ② 660 ③ 665

④ 670 ⑤ 675

7 2152

$\sum\limits_{k=2}^{100}\dfrac{1}{k^2-k}=\dfrac{a}{b}$일 때, $b-a$의 값은?

(단, a와 b는 서로소인 자연수이다.) [3점]

① 1 ② 2 ③ 3

④ 4 ⑤ 5

8 2153

$a_1=3$, $a_2=1$인 등비수열 $\{a_n\}$에 대하여

$\sum\limits_{k=1}^{10}a_k^{\,2}=\dfrac{q}{p}\left\{1-\left(\dfrac{1}{3}\right)^{20}\right\}$일 때, $p+q$의 값은?

(단, p와 q는 서로소인 자연수이다.) [3.5점]

① 81 ② 83 ③ 85

④ 87 ⑤ 89

9 2154

$\sum\limits_{k=2}^{63}\log_6\{\log_k(k+1)\}$의 값은? [3.5점]

① 1 ② 3 ③ 6

④ 9 ⑤ 12

10 2155

n이 자연수일 때, x에 대한 이차방정식

$$x^2-(2n+1)x+n(n+1)=0$$

의 두 근을 α_n, β_n이라 하자. 이때 $\sum\limits_{n=1}^{99}\dfrac{1}{\sqrt{\alpha_n}+\sqrt{\beta_n}}$의 값은?

[3.5점]

① 6 ② 7 ③ 8

④ 9 ⑤ 10

11 2156

$\sum\limits_{k=3}^{n}\dfrac{1}{\sqrt{k+1}+\sqrt{k+2}}=4$를 만족시키는 자연수 n의 값은?

[3.5점]

① 31 ② 32 ③ 33

④ 34 ⑤ 35

12 2157

수열 $\{a_n\}$이 모든 자연수 n에 대하여

$$\sum_{k=1}^{n} a_k = n(n+1)(n+2)$$

를 만족시킬 때, $\sum_{k=1}^{10} \dfrac{3}{a_k}$의 값은? [3.5점]

① $\dfrac{9}{11}$ ② $\dfrac{10}{11}$ ③ 1

④ $\dfrac{12}{11}$ ⑤ $\dfrac{13}{11}$

13 2158

그림과 같이 정삼각형 모양으로 성냥개비를 배열하였다. 정삼각형의 한 변에 놓인 성냥개비가 n개일 때, 사용한 성냥개비의 전체 개수를 a_n이라 하자. 예를 들어 $a_1=3$, $a_2=9$이다. 이때 $\sum_{k=1}^{12} a_k$의 값은? [3.5점]

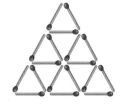 ...

① 888   ② 924   ③ 996

④ 1018   ⑤ 1092

14 2159

수열

$$1,\ 2,\ 1,\ 3,\ 2,\ 1,\ 4,\ 3,\ 2,\ 1,\ \cdots$$

에서 15가 처음으로 나오는 항은 제몇 항인가? [3.5점]

① 제102항   ② 제103항   ③ 제104항

④ 제105항   ⑤ 제106항

15 2160

$f(x) = \sum_{k=1}^{5} (2x-k)^2$은 $x=n$일 때, 최솟값 m을 갖는다. 이때 $n+m$의 값은? [4점]

① $\dfrac{19}{2}$ ② $\dfrac{21}{2}$ ③ $\dfrac{23}{2}$

④ $\dfrac{25}{2}$ ⑤ $\dfrac{27}{2}$

16 2161

등차수열 $\{a_n\}$이 $\sum_{k=1}^{n} a_{2k-1} = 3n^2 + n$을 만족시킬 때, a_5의 값은? [4점]

① 4   ② 7   ③ 10

④ 13   ⑤ 16

17 2162

등식 $\sum\limits_{k=1}^{10} \dfrac{2^{k+3}+5^k}{4^{k-1}}=a\left(\dfrac{5}{4}\right)^{10}+b\left(\dfrac{1}{2}\right)^{10}+c$를 만족시키는 정수 a, b, c에 대하여 $a+b+c$의 값은? [4점]

① -10 ② -5 ③ 0

④ 5 ⑤ 10

18 2163

3^n의 일의 자리 숫자를 $f(n)$, 7^n의 일의 자리 숫자를 $g(n)$이라 할 때, $\sum\limits_{k=1}^{110}\{f(k)-g(k)\}$의 값은? [4점]

① -4 ② -2 ③ 0

④ 2 ⑤ 4

19 2164

그림과 같이 자연수 n에 대하여 함수 $y=\dfrac{3}{x}\ (x>0)$의 그래프 위의 점 $\left(n,\dfrac{3}{n}\right)$과 두 점 $(n-1,\,0)$, $(n+1,\,0)$을 세 꼭짓점으로 하는 삼각형의 넓이를 a_n이라 할 때, $\sum\limits_{n=1}^{10} a_n a_{n+1}$의 값은? [4점]

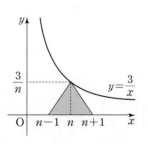

① $\dfrac{86}{11}$ ② $\dfrac{89}{11}$ ③ $\dfrac{90}{11}$

④ $\dfrac{92}{11}$ ⑤ $\dfrac{94}{11}$

20 2165

그림과 같이 자연수를 규칙적으로 배열할 때, 위에서 11번째 줄의 왼쪽에서 8번째에 있는 수는? [4점]

1	1	1	1	⋯
1	2	3	4	
1	3	5	7	
1	4	7	10	
⋮				⋱

① 68   ② 71

③ 74   ④ 77

⑤ 80

21 2166

자연수 m에 대하여 첫째항이 3이고 공비 r이 정수인 등비수열 $\{a_n\}$이 다음 조건을 만족시킬 때, $r+m$의 값은?

[4.5점]

> (가) $6<a_2+a_3\leq18$
>
> (나) $\sum\limits_{k=2}^{m} a_k=186$

① 6   ② 7   ③ 8

④ 9   ⑤ 10

22 2167

$\sum\limits_{n=1}^{5}\left[\sum\limits_{k=1}^{n}\left\{\sum\limits_{i=1}^{k}\left(3i+\dfrac{3k+3}{2}\right)\right\}\right]$의 값을 구하는 과정을 서술하시오. [6점]

24 2169

수열 $\{a_n\}$에 대하여

$$\sum_{k=1}^{n}(a_{3k-2}+a_{3k-1}+a_{3k})=9n^2$$

일 때, $\sum\limits_{k=16}^{30}a_k$의 값을 구하는 과정을 서술하시오. [7점]

23 2168

$\sum\limits_{k=1}^{n}\log_3\left(1+\dfrac{1}{k}\right)=5$를 만족시키는 자연수 n의 값을 구하는 과정을 서술하시오. [6점]

25 2170

수열 $\{a_n\}$이 $\sum\limits_{k=1}^{n}a_k=n^2+5n$을 만족시킬 때,

$\sum\limits_{k=1}^{7}ka_{2k-1}$의 값을 구하는 과정을 서술하시오. [7점]

실전 마무리하기 2회

점 / 100점

1 2171

$\sum\limits_{k=1}^{n}(k^3+1)-\sum\limits_{k=2}^{n-1}(k^3-1)$의 값은? [3점]

① n^3-2n-1 ② n^3-2n+1

③ n^3+2n-1 ④ n^3+2n+1

⑤ n^3+2n+2

2 2172

수열 $\{a_n\}$에 대하여

$$\sum\limits_{k=1}^{15}(a_k+1)(a_k-1)=20, \quad \sum\limits_{k=1}^{15}a_k(a_k+1)=45$$

일 때, $\sum\limits_{k=1}^{15}(a_k-1)^2$의 값은? [3점]

① 10   ② 15   ③ 20

④ 25   ⑤ 30

3 2173

$4^3+5^3+6^3+\cdots+10^3$의 값은? [3점]

① 2987   ② 2989   ③ 2991

④ 2993   ⑤ 2995

4 2174

$\sum\limits_{l=1}^{n}\left\{\sum\limits_{k=1}^{l}(k+l)\right\}=90$을 만족시키는 자연수 n의 값은? [3점]

① 5   ② 6   ③ 7

④ 8   ⑤ 9

5 2175

다음 수열의 첫째항부터 제9항까지의 합은? [3점]

$$2^2, \ 5^2, \ 8^2, \ 11^2, \ \cdots$$

① 2284   ② 2294   ③ 2304

④ 2314   ⑤ 2324

6 2176

$\dfrac{1}{2^2-1}+\dfrac{1}{4^2-1}+\dfrac{1}{6^2-1}+\cdots+\dfrac{1}{20^2-1}$의 값은? [3점]

① $\dfrac{4}{21}$ ② $\dfrac{2}{7}$ ③ $\dfrac{8}{21}$

④ $\dfrac{10}{21}$ ⑤ $\dfrac{4}{7}$

7 2177

$\displaystyle\sum_{k=1}^{n}\dfrac{3}{(3k-1)(3k+2)}=\dfrac{12}{25}$ 를 만족시키는 자연수 n의 값은?

[3점]

① 13   ② 14   ③ 15

④ 16   ⑤ 17

8 2178

$f(x)=\sqrt{x}+\sqrt{x+1}$일 때, $\displaystyle\sum_{k=1}^{80}\dfrac{1}{f(k)}$의 값은? [3점]

① 6   ② 7   ③ 8

④ 9   ⑤ 10

9 2179

$a_5=17$, $a_{12}=45$인 등차수열 $\{a_n\}$에 대하여

$\displaystyle\sum_{k=1}^{20}a_{2k}-\sum_{k=1}^{20}a_{2k-1}$의 값은? [3.5점]

① 60   ② 70   ③ 80

④ 90   ⑤ 100

10 2180

자연수 n에 대하여 다항식 $f(x)=x^n(x-1)$을 $x-4$로 나

누었을 때의 나머지를 a_n이라 할 때, $\displaystyle\sum_{k=1}^{20}a_k$의 값은? [3.5점]

① $4^{20}-4$ ② $4^{20}-1$ ③ $4^{21}-4$

④ $4^{21}-1$ ⑤ $4^{22}-4$

11 2181

자연수 n에 대하여

$1\times(n+1)+2\times n+3\times(n-1)+\cdots+n\times2+(n+1)\times1$

$=\dfrac{(n+a)(n+b)(n+c)}{6}$

일 때, $a+b+c$의 값은? (단, a, b, c는 자연수이다.) [3.5점]

① 5   ② 6   ③ 7

④ 8   ⑤ 9

12 2182

수열 $\{a_n\}$에서 a_1, a_2, a_3, $\cdots$, a_{20}은 -1, 0, 1의 값 중 어느 하나를 갖는다. $\sum\limits_{k=1}^{20} a_k = 1$, $\sum\limits_{k=1}^{20} {a_k}^2 = 11$일 때, $a_k = -1$을 만족시키는 자연수 k의 개수는? (단, $1 \leq k \leq 20$) [3.5점]

① 5   ② 6   ③ 7

④ 8   ⑤ 9

13 2183

$\dfrac{6}{1^2} + \dfrac{10}{1^2 + 2^2} + \dfrac{14}{1^2 + 2^2 + 3^2} + \cdots + \dfrac{42}{1^2 + 2^2 + \cdots + 10^2}$ 의 값은? [3.5점]

① $\dfrac{40}{11}$ ② $\dfrac{60}{11}$ ③ $\dfrac{80}{11}$

④ $\dfrac{100}{11}$ ⑤ $\dfrac{120}{11}$

14 2184

n이 자연수일 때, x에 대한 이차방정식

$$x^2 - 4nx + 6n^2 = 0$$

의 두 근을 a_n, b_n이라 하자. 이때 $\sum\limits_{k=1}^{10} ({a_k}^2 + {b_k}^2)$의 값은? [3.5점]

① 1510   ② 1520   ③ 1530

④ 1540   ⑤ 1550

15 2185

수열 $\{a_n\}$에 대하여 $\sum\limits_{k=1}^{n} a_k = n^2 - n$ $(n \geq 1)$일 때, $\sum\limits_{k=1}^{10} k a_{3k+1}$의 값은? [3.5점]

① 2310   ② 2320   ③ 2330

④ 2340   ⑤ 2350

16 2186

$a_1 = 37$, $a_{10} = 1$인 등차수열 $\{a_n\}$에 대하여 $\sum\limits_{k=1}^{20} |a_k|$의 값은? [4점]

① 390   ② 395   ③ 400

④ 405   ⑤ 410

17 2187

수열 $\{a_n\}$이 모든 자연수 n에 대하여 ${a_{n+1}}^2 = a_n a_{n+2}$를 만족시키고 $a_1 = 3$, $a_2 = 6$일 때, $\sum\limits_{k=1}^{m} a_k > 84$를 만족시키는 자연수 m의 최솟값은? [4점]

① 5   ② 6   ③ 7

④ 8   ⑤ 9

18 2188

첫째항이 3이고 공비가 양수인 등비수열 $\{a_n\}$에 대하여
$S_n = \sum_{k=1}^{n} a_k$, $T_n = \sum_{k=1}^{n} \dfrac{1}{a_k}$일 때, $\dfrac{S_8}{T_8} = 1152$이다. 이때 등비
수열 $\{a_n\}$의 공비는? [4점]

① 2 　　　　② 3 　　　　③ 4

④ 5 　　　　⑤ 6

19 2189

그림과 같이 자연수 n에 대하여 두 직선 $x = 2n-1$,
$x = 2n+1$이 함수 $y = \sqrt{x}$의 그래프와 만나는 점을 각각 A_n,
A_{n+1}이라 하고, x축과 만나는 점을 각각 B_n, B_{n+1}이라 하
자. 사각형 $A_n B_n B_{n+1} A_{n+1}$의 넓이를 S_n이라 할 때, $\sum_{k=1}^{40} \dfrac{1}{S_k}$
의 값은? [4점]

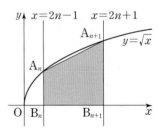

① 1 　　　　② 2 　　　　③ 3

④ 4 　　　　⑤ 5

20 2190

수열

$$\frac{1}{2}, \frac{1}{4}, \frac{3}{4}, \frac{1}{8}, \frac{3}{8}, \frac{5}{8}, \frac{7}{8}, \cdots$$

에서 $\dfrac{37}{64}$은 제몇 항인가? [4점]

① 제48항 　　② 제49항 　　③ 제50항

④ 제51항 　　⑤ 제52항

21 2191

그림과 같이 자연수 n에 대하여 원 $x^2 + y^2 = 4n^2$과 직선
$y = \dfrac{4}{3}x + \dfrac{5}{3}$가 만나서 생기는 선분의 길이를 l_n이라 할 때,
$\sum_{n=1}^{20} \dfrac{1}{l_n^2}$의 값은? [4.5점]

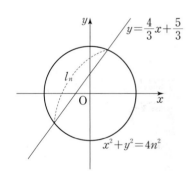

① $\dfrac{1}{41}$ 　　② $\dfrac{3}{41}$ 　　③ $\dfrac{5}{41}$

④ $\dfrac{7}{41}$ 　　⑤ $\dfrac{9}{41}$

서술형

22 2192

다음 식의 값을 구하는 과정을 서술하시오. [6점]

$$\sum_{k=1}^{10} k^2 + \sum_{k=1}^{9} (k+1)^2 + \sum_{k=1}^{8} (k+2)^2 + \cdots$$
$$+ \sum_{k=1}^{2} (k+8)^2 + \sum_{k=1}^{1} (k+9)^2$$

23 2193

$\dfrac{1^2}{n(n+1)} + \dfrac{2^2}{n(n+1)} + \dfrac{3^2}{n(n+1)} + \cdots + \dfrac{n^2}{n(n+1)}$ 을 간단히 하는 과정을 서술하시오. [6점]

24 2194

첫째항이 9, 공비가 3인 등비수열 $\{a_n\}$에 대하여

$\displaystyle\sum_{n=1}^{20} \dfrac{\log_3 a_{n+1} - \log_3 a_n}{\log_3 a_n \times \log_3 a_{n+1}}$의 값을 구하는 과정을 서술하시오.

[6점]

25 2195

두 수열 $\{a_n\}$, $\{b_n\}$에 대하여

$$\sum_{k=1}^{n} a_k b_k = \frac{n(4n^2 + 21n - 1)}{6}, \quad \sum_{k=1}^{n} a_k = n^2$$

일 때, $\displaystyle\sum_{k=1}^{10} b_k$의 값을 구하는 과정을 서술하시오. [9점]

1 2196   연계문항 423쪽 **2043**

두 수열 $\{a_n\}$, $\{b_n\}$의 일반항이 $a_n=3^n-2$, $b_n=4n-7$일 때, $\sum\limits_{i=1}^{3}\left(\sum\limits_{j=1}^{4}a_ib_j\right)$의 값은?

① 390   ② 392   ③ 394

④ 396   ⑤ 398

2 2197   연계문항 424쪽 **2047**

첫째항이 음수이고 공비가 -3인 등비수열 $\{a_n\}$에 대하여 $\sum\limits_{k=1}^{5}(|a_k|-a_k)=182$일 때, a_6의 값을 구하시오.

3 2198   연계문항 427쪽 **2064**

2 이상의 자연수 n에 대하여 $(2n-15)$의 n제곱근 중 실수인 것의 개수를 $f(n)$이라 할 때, $\sum\limits_{n=2}^{10}f(n)$의 값은?

① 6   ② 7   ③ 8

④ 9   ⑤ 10

4 2199   연계문항 436쪽 **2113**

2보다 큰 자연수 n에 대하여 x축 위의 점 $(n,\ 0)$에서 원 $x^2+y^2=1$에 접선을 그었을 때, 제1사분면 위에 있는 접점을 $\mathrm{P}_n(x_n,\ y_n)$이라 하자. 이때 $\sum\limits_{n=2}^{10}\log y_n{}^2$의 값은?

① $\log\dfrac{9}{20}$ ② $\log\dfrac{1}{2}$ ③ $\log\dfrac{11}{20}$

④ $\log\dfrac{3}{5}$ ⑤ $\log\dfrac{13}{20}$

5 2200   연계문항 439쪽 **2131**

다음과 같이 자연수를 규칙적으로 배열할 때, 26은 모두 몇 번 나타나는가?

1	2	4	7	⋯
1	3	6	10	
1	4	8	13	
1	5	10	16	
⋮				⋱

① 1번   ② 2번   ③ 3번

④ 4번   ⑤ 5번

11

수학적
귀납법

11 수학적 귀납법

1 수열의 귀납적 정의 ^{핵심 1}

일반적으로 수열 $\{a_n\}$에 대하여

(i) 첫째항 a_1의 값

(ii) 이웃하는 두 항 a_n과 $a_{n+1}(n=1, 2, 3, \cdots)$ 사이의 관계식

이 주어질 때, 관계식의 n에 1, 2, 3, …을 차례로 대입하면 수열 $\{a_n\}$의 모든 항이 정해진다.

이와 같이 처음 몇 개의 항과 이웃하는 여러 항 사이의 관계식으로 수열을 정의하는 것을 수열의 **귀납적 정의**라 한다.

● Note

● 수열은 일반항을 구체적인 식으로 정의하기도 하지만 이웃하는 항 사이의 관계식을 이용하여 정의하기도 한다.

2 등차수열과 등비수열의 귀납적 정의 ^{핵심 1}

(1) **등차수열의 귀납적 정의**

첫째항이 a, 공차가 d인 등차수열 $\{a_n\}$에 대하여 $n=1, 2, 3, \cdots$일 때

① $a_{n+1}=a_n+d$ 또는 $a_{n+1}-a_n=d$ (일정)

② $2a_{n+1}=a_n+a_{n+2}$ 또는 $a_{n+2}-a_{n+1}=a_{n+1}-a_n$

(2) **등비수열의 귀납적 정의**

첫째항이 a, 공비가 r $(r\neq0)$인 등비수열 $\{a_n\}$에 대하여 $n=1, 2, 3, \cdots$일 때

① $a_{n+1}=ra_n$ 또는 $\dfrac{a_{n+1}}{a_n}=r$ (일정)

② ${a_{n+1}}^2=a_na_{n+2}$ 또는 $\dfrac{a_{n+2}}{a_{n+1}}=\dfrac{a_{n+1}}{a_n}$

● $2a_{n+1}=a_n+a_{n+2}$에서
a_{n+1}은 a_n과 a_{n+2}의 등차중항이다.

● ${a_{n+1}}^2=a_na_{n+2}$에서
a_{n+1}은 a_n과 a_{n+2}의 등비중항이다.

3 여러 가지 수열의 귀납적 정의 ^{핵심 2~3}

(1) $a_{n+1}=a_n+f(n)$ 꼴의 귀납적 정의

n에 1, 2, 3, …, $n-1$을 차례로 대입하여 변끼리 더하면

$$a_n=a_1+f(1)+f(2)+\cdots+f(n-1)=a_1+\sum_{k=1}^{n-1}f(k)$$

(2) $a_{n+1}=a_nf(n)$ 꼴의 귀납적 정의

n에 1, 2, 3, …, $n-1$을 차례로 대입하여 변끼리 곱하면

$$a_n=a_1f(1)f(2)\cdots f(n-1)$$

4 수학적 귀납법 ^{핵심 4}

자연수 n에 대한 명제 $p(n)$이 모든 자연수 n에 대하여 성립함을 증명하려면 다음 두 가지를 보이면 된다.

(i) $n=1$일 때, 명제 $p(n)$이 성립한다.

(ii) $n=k$일 때, 명제 $p(n)$이 성립한다고 가정하면 $n=k+1$일 때도 명제 $p(n)$이 성립한다.

이와 같은 방법으로 명제가 참임을 증명하는 방법을 **수학적 귀납법**이라 한다.

● (i)에 의하여 $p(1)$이 성립한다.
→ (ii)에 의하여 $p(2)$가 성립한다.
→ (ii)에 의하여 $p(3)$이 성립한다.
→ …
따라서 모든 자연수 n에 대하여 명제 $p(n)$이 성립한다.

핵심 **1** 등차수열과 등비수열의 귀납적 정의 [유형 1~2]

● **등차수열의 귀납적 정의**

$a_1=1$, $a_{n+1}=a_n-2$ ($n=1$, 2, 3, $\cdots$)로 정의된 수열 $\{a_n\}$의 각 항을 구하면 1, -1, -3, -5, -7, $\cdots$이고 $a_{n+1}-a_n=-2$이므로 수열 $\{a_n\}$은 첫째항이 1, 공차가 -2인 등차수열이다.

➡ 수열 $\{a_n\}$의 일반항은

$a_n=1+(n-1)\times(-2)=-2n+3$

● **등비수열의 귀납적 정의**

$a_1=2$, $a_{n+1}=3a_n$ ($n=1$, 2, 3, $\cdots$)으로 정의된 수열 $\{a_n\}$의 각 항을 구하면 2, 6, 18, 54, 162, $\cdots$이고 $\dfrac{a_{n+1}}{a_n}=3$이므로 수열 $\{a_n\}$은 첫째항이 2, 공비가 3인 등비수열이다.

➡ 수열 $\{a_n\}$의 일반항은 $a_n=2\times3^{n-1}$

2201 수열 $\{a_n\}$이

$a_1=2$, $a_{n+1}=a_n+5$ ($n=1$, 2, 3, $\cdots$)

로 정의될 때, 제10항을 구하시오.

2202 수열 $\{a_n\}$이

$a_1=3$, $a_{n+1}=2a_n$ ($n=1$, 2, 3, $\cdots$)

으로 정의될 때, 제6항을 구하시오.

핵심 **2** $a_{n+1}=a_n+f(n)$ 꼴로 정의된 수열 [유형 4]

$a_{n+1}=a_n+f(n)$ (또는 $a_{n+1}-a_n=f(n)$) 꼴의 귀납적 정의에서 일반항 a_n을 찾아보자.

n에 1, 2, 3, $\cdots$, $n-1$을 차례로 대입한 후 세로로 나열하여 변끼리 더하면

$a_2=a_1+f(1)$

$a_3=a_2+f(2)$

$a_4=a_3+f(3)$

$\quad\vdots$

$\underline{+)\ a_n=a_{n-1}+f(n-1)}$

$a_n=a_1+f(1)+f(2)+\cdots+f(n-1)$

➡ 수열 $\{a_n\}$의 일반항은 $a_n=a_1+\displaystyle\sum_{k=1}^{n-1}f(k)$

2203 수열 $\{a_n\}$이

$a_1=6$, $a_{n+1}=a_n+3^n$ ($n=1$, 2, 3, $\cdots$)

으로 정의될 때, 제5항을 구하시오.

2204 수열 $\{a_n\}$이

$a_1=1$, $a_{n+1}=a_n-2n+1$ ($n=1$, 2, 3, $\cdots$)

로 정의될 때, 제10항을 구하시오.

핵심 3 · $a_{n+1}=a_n f(n)$ 꼴로 정의된 수열 〔유형 5〕

$a_{n+1}=a_n f(n) \left(\text{또는 } \dfrac{a_{n+1}}{a_n}=f(n)\right)$ 꼴의 귀납적 정의에서 일반항 a_n을 찾아보자.

n에 1, 2, 3, $\cdots$, $n-1$을 차례로 대입한 후 세로로 나열하여 변끼리 곱하면

$$a_2=a_1\times f(1)$$
$$a_3=a_2\times f(2)$$
$$a_4=a_3\times f(3)$$
$$\vdots$$
$$\times)\ a_n=a_{n-1}\times f(n-1)$$
$$a_n=a_1\times f(1)\times f(2)\times\cdots\times f(n-1)$$

➜ 수열 $\{a_n\}$의 일반항은 $a_n=a_1\times f(1)\times f(2)\times\cdots\times f(n-1)$

2205 수열 $\{a_n\}$이

$$a_1=1,\ a_{n+1}=\frac{n}{n+1}a_n\ (n=1, 2, 3, \cdots)$$

으로 정의될 때, 제10항을 구하시오.

2206 수열 $\{a_n\}$이

$$a_1=1,\ a_{n+1}=2^n a_n\ (n=1, 2, 3, \cdots)$$

으로 정의될 때, 제10항을 구하시오.

핵심 4 · 수학적 귀납법 〔유형 14〕

자연수 n에 대한 명제 $p(n)$이 모든 자연수 n에 대하여 성립함을 증명하려면 다음 순서로 한다.

❶ $n=1$일 때 성립함을 확인하기

⬇

❷ $n=k$일 때 성립한다고 가정하기

⬇

❸ $n=k+1$일 때 성립함을 보이기

> $n\geq m$ (m은 자연수)인 모든 자연수 n에 대하여 명제 $p(n)$이 성립함을 증명하려면
> ❶ $n=m$일 때 성립함을 확인한 후
> ❷, ❸의 과정을 진행하면 돼.

2207 모든 자연수 n에 대하여 명제 $p(n)$이 참이면 명제 $p(4n)$이 참이라 할 때, 〈보기〉에서 옳은 것만을 있는 대로 고르시오.

─〈보기〉─
ㄱ. $p(1)$이 참이면 $p(32)$도 참이다.
ㄴ. $p(2)$가 참이면 $p(128)$도 참이다.
ㄷ. $p(3)$이 참이면 $p(192)$도 참이다.

2208 모든 자연수 n에 대하여 등식

$$1+2+3+\cdots+n=\frac{n(n+1)}{2}$$

이 성립함을 수학적 귀납법으로 증명하시오.

기출 유형으로 실전 준비하기

실전 유형 1 등차수열의 귀납적 정의   **빈출유형**

수열 $\{a_n\}$에서 $n=1, 2, 3, \cdots$일 때
(1) $a_{n+1}=a_n+d$, $a_{n+1}-a_n=d$ (일정) ➔ 공차가 d인 등차수열
(2) $2a_{n+1}=a_n+a_{n+2}$ ➔ 등차수열

2209 **대표문제**

수열 $\{a_n\}$이
$$a_1=48, \ a_{n+1}-a_n=-3 \ (n=1, 2, 3, \cdots)$$
으로 정의될 때, $a_k=9$를 만족시키는 자연수 k의 값은?

① 11　　　　② 12　　　　③ 13
④ 14　　　　⑤ 15

2210 　　　　　　　　　　　　　　　　.ıl Level 1

수열 $\{a_n\}$이 다음과 같이 정의될 때, a_3+a_5의 값은?

$$a_1=1, \ a_{n+1}=a_n+3 \ (n=1, 2, 3, \cdots)$$

① 17　　　　② 18　　　　③ 19
④ 20　　　　⑤ 21

2211 **중요** 　　　　　　　　　　　　.ıl Level 2

수열 $\{a_n\}$이
$$a_{n+2}-a_{n+1}=a_{n+1}-a_n \ (n=1, 2, 3, \cdots)$$
과 같이 정의된다. $a_4=3$, $a_9=18$일 때, $a_n<100$을 만족시키는 자연수 n의 최댓값을 구하시오.

2212 **중요** 　　　　　　　　　　　　.ıl Level 2

수열 $\{a_n\}$이
$$a_2=3a_1, \ a_{n+2}-2a_{n+1}+a_n=0 \ (n=1, 2, 3, \cdots)$$
과 같이 정의된다. $a_{10}=76$일 때, a_8의 값은?

① 52　　　　② 54　　　　③ 56
④ 58　　　　⑤ 60

2213 　　　　　　　　　　　　　　　　.ıl Level 2

수열 $\{a_n\}$이
$$a_1=2, \ \frac{1}{a_{n+1}}=\frac{1}{a_n}+\frac{1}{6} \ (n=1, 2, 3, \cdots)$$
로 정의될 때, a_{10}의 값을 구하시오.

2214 　　　　　　　　　　　　　　　　.ıl Level 3

수열 $\{a_n\}$이
$$a_1=-28, \ a_{n+1}=a_n+3 \ (n=1, 2, 3, \cdots)$$
으로 정의될 때, $\displaystyle\sum_{k=1}^{15} |a_k|$의 값은?

① 180　　　　② 185　　　　③ 190
④ 195　　　　⑤ 200

2215

Level 3

수열 $\{a_n\}$이

$$a_1=48,\ a_2=41,$$
$$a_{n+2}-2a_{n+1}+a_n=0\ (n=1,\ 2,\ 3,\ \cdots)$$

과 같이 정의된다. 수열 $\{a_n\}$의 첫째항부터 제n항까지의 합을 S_n이라 할 때, S_n의 값이 최대가 되도록 하는 n의 값은?

① 6   ② 7   ③ 8

④ 9   ⑤ 10

> 다음은 이 유형에서 출제된 최근 교육청·평가원 기출문제입니다.

2216 교육청

Level 2

모든 항이 양수인 수열 $\{a_n\}$이 다음 조건을 만족시킬 때, a_{10}의 값을 구하시오.

> (가) $a_1=2$
> (나) 모든 자연수 n에 대하여 이차방정식
> $x^2-2\sqrt{a_n}\,x+a_{n+1}-3=0$이 중근을 갖는다.

2217 교육청

Level 2

첫째항이 20인 수열 $\{a_n\}$이 모든 자연수 n에 대하여

$$a_{n+1}=|a_n|-2$$

를 만족시킬 때, $\displaystyle\sum_{n=1}^{30} a_n$의 값은?

① 88   ② 90   ③ 92

④ 94   ⑤ 96

실전유형 2 등비수열의 귀납적 정의   빈출유형

> 수열 $\{a_n\}$에서 $n=1,\ 2,\ 3,\ \cdots$일 때
> (1) $a_{n+1}=ra_n,\ \dfrac{a_{n+1}}{a_n}=a_{n+1}\div a_n=r$ (일정)
>   ➡ 공비가 r인 등비수열
> (2) $a_{n+1}^{\ 2}=a_n a_{n+2}$ ➡ 등비수열

2218 대표문제

수열 $\{a_n\}$이

$$a_1=3,\ a_n=3a_{n+1}\ (n=1,\ 2,\ 3,\ \cdots)$$

로 정의될 때, $a_{50}=\dfrac{1}{3^k}$을 만족시키는 자연수 k의 값은?

① 46   ② 47   ③ 48

④ 49   ⑤ 50

2219

Level 1

수열 $\{a_n\}$이

$$a_1=2,\ a_{n+1}=3a_n\ (n=1,\ 2,\ 3,\ \cdots)$$

으로 정의될 때, a_{15}의 값은?

① 3^{14} ② 2×3^{14} ③ 2×3^{15}

④ 6^{14} ⑤ 6^{15}

2220 중요

Level 2

수열 $\{a_n\}$이

$$a_1=1,\ a_4=216,\ a_{n+1}=\sqrt{a_n a_{n+2}}\ (n=1,\ 2,\ 3,\ \cdots)$$

와 같이 정의될 때, $\dfrac{a_{10}}{a_6}+\dfrac{a_{11}}{a_7}+\dfrac{a_{12}}{a_8}+\dfrac{a_{13}}{a_9}$의 값을 구하시오.

2221
●|| Level 2

수열 $\{a_n\}$이

$$a_1=2, \ \frac{1}{a_{n+1}}=\frac{2}{a_n} \ (n=1, 2, 3, \cdots)$$

로 정의될 때, a_{10}의 값은?

① 2^{-10} ② 2^{-9} ③ 2^{-8}

④ 2^8 ⑤ 2^{10}

2222
●|| Level 2

수열 $\{a_n\}$이

$$a_2=3, \ a_4=6, \ a_{n+1}{}^2=a_n a_{n+2} \ (n=1, 2, 3, \cdots)$$

로 정의될 때, $\dfrac{a_{100}}{a_{92}}$의 값을 구하시오.

2223
●|| Level 2

수열 $\{a_n\}$이

$$a_1=3, \ \frac{a_{n+1}}{a_n}=4 \ (n=1, 2, 3, \cdots)$$

로 정의될 때, 첫째항부터 제10항까지의 합은?

① $-\dfrac{1}{4}\left(1-\dfrac{1}{4^{10}}\right)$ ② $1-2^{20}$ ③ $4^{10}-1$

④ $-3\left(1-\dfrac{1}{4^9}\right)$ ⑤ $-4+\dfrac{1}{4^9}$

2224
●|| Level 2

수열 $\{a_n\}$이

$$a_{n+1}{}^2=a_n a_{n+2} \ (n=1, 2, 3, \cdots)$$

로 정의될 때, $a_3=12$, $a_2 : a_4=2 : 3$이다. $a_9=\dfrac{q}{p}$일 때,

$p+q$의 값을 구하시오. (단, p와 q는 서로소인 자연수이다.)

2225 중요
●|| Level 2

수열 $\{a_n\}$이

$$a_1=2, \ a_2=3, \ \frac{a_{n+1}}{a_n}=\frac{a_{n+2}}{a_{n+1}} \ (n=1, 2, 3, \cdots)$$

로 정의될 때, $\displaystyle\sum_{k=1}^{5} a_k$의 값을 구하시오.

2226
●|| Level 2

$a_1=2$, $a_2=8$인 수열 $\{a_n\}$에 대하여 이차방정식

$$a_n x^2+2a_{n+1}x+a_{n+2}=0 \ (n=1, 2, 3, \cdots)$$

이 중근 b_n을 가질 때, $\displaystyle\sum_{k=1}^{25} b_k$의 값은?

① -120 ② -100 ③ 100

④ 120 ⑤ 150

2227
●|| Level 3

수열 $\{a_n\}$이

$$a_1=1, \ a_2=2, \ a_{n+1}=\sqrt{a_n a_{n+2}} \ (n=1, 2, 3, \cdots)$$

와 같이 정의된다. 수열 $\{a_n\}$의 첫째항부터 제n항까지의 합을 S_n이라 할 때, $S_n>2048$을 만족시키는 n의 최솟값은?

① 9   ② 10   ③ 11

④ 12   ⑤ 13

✛ Plus 문제

$a>0$, $a\neq1$이고 $M>0$, $N>0$일 때
(1) $\log_a a=1$
(2) $\log_a MN=\log_a M+\log_a N$
임을 이용한다.

2228 대표문제

수열 $\{a_n\}$이

$$a_1=8^{10},\ \log_2 a_{n+1}=\log_2 a_n-4\ (n=1,\,2,\,3,\,\cdots)$$

로 정의될 때, $a_k=\dfrac{1}{8^{10}}$을 만족시키는 자연수 k의 값은?

① 10　　　　② 12　　　　③ 14

④ 16　　　　⑤ 18

2229　　　　　　　　　　Level 2

모든 항이 양수인 수열 $\{a_n\}$이 다음 조건을 만족시킬 때, $\displaystyle\sum_{k=1}^{10}\log a_k$의 값을 구하시오.

> (가) $a_1=10$
> (나) $\log a_{n+1}=2+\log a_n\ (n=1,\,2,\,3,\,\cdots)$

2230 중요　　　　　　　　Level 3

모든 항이 양수인 수열 $\{a_n\}$이

$$\log_3 a_{n+1}=1+\log_3 a_n\ (n=2,\,3,\,4,\,\cdots)$$

을 만족시킨다. $a_1=9$, $a_2=3$이고 $a_1\times a_2\times a_3\times\cdots\times a_7=3^k$ 일 때, 상수 k의 값은?

① 21　　　　② 22　　　　③ 23

④ 24　　　　⑤ 25

수열 $\{a_n\}$이 $a_{n+1}=a_n+f(n)$ 꼴로 정의된 경우
➔ n에 1, 2, 3, $\cdots$, $n-1$을 차례로 대입하여 변끼리 더한다.
➔ $a_n=a_1+f(1)+f(2)+\cdots+f(n-1)$
$$=a_1+\sum_{k=1}^{n-1}f(k)$$

2231 대표문제

수열 $\{a_n\}$이

$$a_1=1,\ a_{n+1}=a_n+n+4\ (n=1,\,2,\,3,\,\cdots)$$

로 정의될 때, a_{10}의 값은?

① 53　　　　② 65　　　　③ 82

④ 90　　　　⑤ 101

2232　　　　　　　　　　Level 2

수열 $\{a_n\}$이

$$a_1=2,\ a_n-a_{n-1}=2^n\ (n=2,\,3,\,4,\,\cdots)$$

으로 정의될 때, $a_k=1022$를 만족시키는 자연수 k의 값을 구하시오.

2233 중요　　　　　　　　Level 2

수열 $\{a_n\}$은 $a_1=-21$이고, 모든 자연수 n에 대하여 $a_{n+1}=a_n+2n-5$로 정의될 때, $a_n>0$을 만족시키는 자연수 n의 최솟값은?

① 6　　　　② 7　　　　③ 8

④ 9　　　　⑤ 10

2234 중요 ‖‖ Level 2

수열 $\{a_n\}$이

$$a_1=-9,\ a_{n+1}=a_n+4n-5\ (n=1,\ 2,\ 3,\ \cdots)$$

로 정의될 때, $\displaystyle\sum_{n=1}^{15} a_n$의 값을 구하시오.

2235 ‖‖ Level 2

수열 $\{a_n\}$이

$$a_1=3,\ a_{n+1}=a_n+f(n)\ (n=1,\ 2,\ 3,\ \cdots)$$

과 같이 정의된다. $\displaystyle\sum_{k=1}^{n} f(k)=n^2-3$일 때, a_{101}의 값은?

① 99^2+1 ② 100^2-3 ③ 100^2

④ 101^2-3 ⑤ 101^2

2236 ‖‖ Level 2

수열 $\{a_n\}$이

$$a_1=7,\ a_{n+1}=a_n+\frac{1}{\sqrt{n+1}+\sqrt{n}}\ (n=1,\ 2,\ 3,\ \cdots)$$

로 정의될 때, $a_k=18$을 만족시키는 자연수 k의 값은?

① 64   ② 81   ③ 100

④ 121   ⑤ 144

2237 ‖‖ Level 2

수열 $\{a_n\}$이

$$a_1=1,\ a_{n+1}=a_n+\log_2\left(1+\frac{1}{n}\right)\ (n=1,\ 2,\ 3,\ \cdots)$$

로 정의될 때, a_{16}의 값을 구하시오.

2238 ‖‖ Level 3

수열 $\{a_n\}$이 모든 자연수 n에 대하여 다음 조건을 만족시킬 때, a_{10}의 값은?

> (가) $a_1=1$
> (나) $a_{n+1}>a_n$
> (다) $(a_n+a_{n+1})^2=4a_na_{n+1}+4^n$

① 1020   ② 1021   ③ 1022

④ 1023   ⑤ 1024

다음은 이 유형에서 출제된 최근 교육청·평가원 기출문제입니다.

2239 교육청 ‖‖ Level 1

수열 $\{a_n\}$에 대하여

$$a_1=6,\ a_{n+1}=a_n+3^n\ (n=1,\ 2,\ 3,\ \cdots)$$

일 때, a_4의 값은?

① 39   ② 42   ③ 45

④ 48   ⑤ 51

수열 $\{a_n\}$이 $a_{n+1}=a_n f(n)$ 꼴로 정의된 경우

➜ n에 1, 2, 3, $\cdots$, $n-1$을 차례로 대입하여 변끼리 곱한다.

➜ $a_n=a_1 f(1)f(2)\cdots f(n-1)$

2240 대표문제

수열 $\{a_n\}$이

$$a_1=33, \quad a_{n+1}=\frac{n+1}{n+2}a_n \ (n=1, 2, 3, \cdots)$$

과 같이 정의될 때, $a_k=11$을 만족시키는 자연수 k의 값은?

① 5 　　　　② 6 　　　　③ 7

④ 8 　　　　⑤ 9

2241

Level 2

수열 $\{a_n\}$이

$$a_1=2, \quad a_{n+1}=\frac{n+1}{n}a_n \ (n=1, 2, 3, \cdots)$$

으로 정의될 때, a_{10}의 값을 구하시오.

2242 중요

Level 2

수열 $\{a_n\}$이

$$a_1=3, \quad (4n-3)a_{n+1}=(4n+1)a_n \ (n=1, 2, 3, \cdots)$$

으로 정의될 때, a_{30}의 값을 구하시오.

2243

Level 2

수열 $\{a_n\}$이

$$a_1=1, \quad \sqrt{n+1}\,a_{n+1}=\sqrt{n}\,a_n \ (n=1, 2, 3, \cdots)$$

으로 정의될 때, a_{64}의 값은?

① $\dfrac{1}{2}$ 　　　　② $\dfrac{1}{4}$ 　　　　③ $\dfrac{1}{8}$

④ $\dfrac{1}{16}$ 　　　　⑤ $\dfrac{1}{32}$

2244

Level 2

수열 $\{a_n\}$이

$$a_1=1, \quad a_{n+1}=5^n a_n \ (n=1, 2, 3, \cdots)$$

으로 정의될 때, $\log_5 a_{20}$의 값은?

① 160 　　　　② 170 　　　　③ 180

④ 190 　　　　⑤ 200

2245 중요

Level 2

수열 $\{a_n\}$이

$$a_1=2, \quad (n+2)a_{n+1}=na_n \ (n=1, 2, 3, \cdots)$$

으로 정의될 때, $\displaystyle\sum_{k=1}^{10} a_k$의 값은?

① $\dfrac{40}{7}$ 　　　　② 5 　　　　③ $\dfrac{40}{9}$

④ 4 　　　　⑤ $\dfrac{40}{11}$

2246

● 정답 및 풀이 **368**쪽

Level 3

수열 $\{a_n\}$이

$$a_1=2,\ a_n=\left(1-\frac{1}{n^2}\right)a_{n-1}\ (n=2,\ 3,\ 4,\ \cdots)$$

로 정의될 때, $a_k=\dfrac{16}{15}$을 만족시키는 자연수 k의 값을 구하시오.

2247 고난도

Level 3

수열 $\{a_n\}$이

$$a_1=3,\ a_{n+1}=2^n a_n\ (n=1,\ 2,\ 3,\ \cdots)$$

으로 정의된다. 수열 $\{a_n\}$의 첫째항부터 제n항까지의 합을 S_n이라 할 때, S_{10}을 48로 나누었을 때의 나머지는?

① 30   ② 31   ③ 32

④ 33   ⑤ 34

> 다음은 이 유형에서 출제된 최근 교육청·평가원 기출문제입니다.

2248 교육청

Level 1

수열 $\{a_n\}$이 모든 자연수 n에 대하여 $a_{n+1}=\dfrac{n+4}{2n-1}a_n$을 만족시킨다. $a_1=1$일 때, a_5의 값은?

① 16   ② 18   ③ 20

④ 22   ⑤ 24

실전 유형 **6** 여러 가지 수열의 귀납적 정의
 - $a_{n+1}=pa_n+q$ 꼴

수열 $\{a_n\}$이 $a_{n+1}=pa_n+q$ 꼴로 정의된 경우

➔ 관계식으로부터 수열 $\{a_n\}$의 특징을 파악하기 어려우면 귀납적으로 정의된 수열 $\{a_n\}$의 n에 $n=1,\ 2,\ 3,\ \cdots$을 차례로 대입하여 항의 값을 구한다.

참고 다음과 같은 방법으로 문제를 해결할 수도 있다.

주어진 관계식을 $a_{n+1}-\alpha=p(a_n-\alpha)$로 변형한다.

➔ 수열 $\{a_n-\alpha\}$는 첫째항이 $a_1-\alpha$, 공비가 p인 등비수열이다.

2249 대표문제

수열 $\{a_n\}$이

$$a_1=3,\ a_{n+1}=2a_n-2\ (n=1,\ 2,\ 3,\ \cdots)$$

로 정의될 때, $a_k=130$을 만족시키는 자연수 k의 값은?

① 8   ② 9   ③ 10

④ 11   ⑤ 12

2250

Level 1

수열 $\{a_n\}$이

$$a_1=2,\ a_{n+1}=3a_n-1\ (n=1,\ 2,\ 3,\ \cdots)$$

로 정의될 때, a_5의 값은?

① 41   ② 113   ③ 122

④ 123   ⑤ 365

2251

Level 2

수열 $\{a_n\}$이

$$a_1=3,\ a_{n+1}=3a_n-4\ (n=1,\ 2,\ 3,\ \cdots)$$

로 정의될 때, $\log_3(a_{20}-2)$의 값을 구하시오.

2252

수열 $\{a_n\}$이

$$a_1=p,\ a_{n+1}=qa_n-5\ (n=1,\ 2,\ 3,\ \cdots)$$

로 정의될 때, $a_3=7$, $a_5=87$을 만족시키는 두 자연수 p, q에 대하여 $p+q$의 값을 구하시오.

2253 고난도

Level 3

수열 $\{a_n\}$이 다음 조건을 만족시킬 때, $a_{2^{2025}}+a_{2^{2025}+1}$의 값은?

(가) $a_1=1$

(나) $a_{2n}=a_n+1$, $a_{2n+1}=a_n-1$ $(n=1,\ 2,\ 3,\ \cdots)$

---

① 2022 ② 2024 ③ 4044

④ 4048 ⑤ 4050

다음은 이 유형에서 출제된 최근 교육청·평가원 기출문제입니다.

2254 교육청

Level 2

수열 $\{a_n\}$이 모든 자연수 n에 대하여 $a_{n+1}=2a_n+1$을 만족시킨다. $a_4=31$일 때, a_2의 값은?

① 7 ② 8 ③ 9

④ 10 ⑤ 11

실전
유형

7 여러 가지 수열의 귀납적 정의
－분수 형태로 정의된 경우

귀납적으로 정의된 수열 $\{a_n\}$의 n에 $n=1,\ 2,\ 3,\ \cdots$을 차례로 대입하여 분자나 분모의 규칙을 추론한다.

2255 대표문제

수열 $\{a_n\}$이

$$a_1=1,\ a_{n+1}=\frac{5a_n}{3a_n+5}\ (n=1,\ 2,\ 3,\ \cdots)$$

으로 정의될 때, a_{16}의 값은?

① $\dfrac{1}{13}$ ② $\dfrac{1}{10}$ ③ $\dfrac{7}{15}$

④ $\dfrac{3}{5}$ ⑤ $\dfrac{5}{3}$

2256

Level 2

수열 $\{a_n\}$이

$$a_1=1,\ a_{n+1}=\frac{a_n}{1+4a_n}\ (n=1,\ 2,\ 3,\ \cdots)$$

으로 정의될 때, a_{10}의 값은?

① $\dfrac{1}{37}$ ② $\dfrac{1}{35}$ ③ $\dfrac{1}{33}$

④ $\dfrac{1}{31}$ ⑤ $\dfrac{1}{29}$

2257 중요

●◗◗ Level 2

수열 $\{a_n\}$이

$$a_1=2, \ a_{n+1}=\frac{a_n}{1+na_n} \ (n=1,\ 2,\ 3,\ \cdots)$$

으로 정의될 때, $a_6=\dfrac{q}{p}$이다. $p+q$의 값은?

(단, p와 q는 서로소인 자연수이다.)

① 9   ② 15   ③ 23

④ 33   ⑤ 39

2258

●◗◗ Level 2

수열 $\{a_n\}$이

$$a_1=1, \ a_{n+1}=\frac{a_n}{2a_n+1} \ (n=1,\ 2,\ 3,\ \cdots)$$

으로 정의될 때, $a_k=\dfrac{1}{99}$을 만족시키는 자연수 k의 값을 구하시오.

2259

●◗◗ Level 2

수열 $\{a_n\}$이

$$a_1=\frac{1}{4}, \ a_{n+1}=\frac{a_n}{3-2a_n} \ (n=1,\ 2,\ 3,\ \cdots)$$

으로 정의될 때, $\log_3\left(\dfrac{1}{a_{15}}-1\right)$의 값은?

① 3   ② 9   ③ 14

④ 15   ⑤ 16

심화 유형 **8** 여러 가지 수열의 귀납적 정의 – a_n이나 n의 조건이 주어진 경우   신유형

귀납적으로 정의된 수열 $\{a_n\}$의 n에 $n=1,\ 2,\ 3,\ \cdots$을 차례로 대입하여 규칙을 추론한다.

2260 대표문제

수열 $\{a_n\}$이

$$a_1=2, \ a_{n+1}=\begin{cases} a_n-1 \ (a_n\text{이 짝수}) \\ a_n+n \ (a_n\text{이 홀수}) \end{cases} \ (n=1,\ 2,\ 3,\ \cdots)$$

로 정의될 때, a_7의 값은?

① 8   ② 9   ③ 10

④ 13   ⑤ 15

2261

●◗◗ Level 1

수열 $\{a_n\}$이

$$a_1=3, \ a_{n+1}=\begin{cases} 2a_n \ \ \ (n\text{이 짝수}) \\ a_n+3 \ (n\text{이 홀수}) \end{cases} \ (n=1,\ 2,\ 3,\ \cdots)$$

를 만족시킬 때, a_5의 값은?

① 15   ② 18   ③ 24

④ 30   ⑤ 33

2262

●◗◗ Level 1

수열 $\{a_n\}$이 $a_1=1$이고, 모든 자연수 n에 대하여

$$a_{n+1}=\begin{cases} a_n^2+1 \ \ (a_n\text{이 짝수}) \\ 3a_n-1 \ (a_n\text{이 홀수}) \end{cases}$$

를 만족시킬 때, a_4의 값을 구하시오.

11

2263 중요
Level 2

첫째항이 3인 수열 $\{a_n\}$이

$$a_{n+1}=\begin{cases} \log_3 a_n & (n\text{이 홀수}) \\ \left(\dfrac{1}{9}\right)^{a_n} & (n\text{이 짝수}) \end{cases} \quad (n=1,\ 2,\ 3,\ \cdots)$$

로 정의될 때, $a_5\times a_8$의 값은?

① -648 ② -324 ③ -32

④ 324 ⑤ 648

2264 중요
Level 3

첫째항이 a인 수열 $\{a_n\}$이

$$a_{n+1}=\begin{cases} a_n-2 & (n\text{이 짝수}) \\ a_n+1 & (n\text{이 홀수}) \end{cases} \quad (n=1,\ 2,\ 3,\ \cdots)$$

로 정의될 때, $a_{19}=20$을 만족시키는 a의 값은?

① 26 ② 27 ③ 28

④ 29 ⑤ 30

2265
Level 3

첫째항이 a인 수열 $\{a_n\}$이 모든 자연수 n에 대하여

$$a_{n+1}=\begin{cases} a_n+(-1)^n\times 3 & (n\text{이 3의 배수가 아닌 경우}) \\ 2a_n & (n\text{이 3의 배수인 경우}) \end{cases}$$

를 만족시킨다. $a_{22}=640$일 때, a의 값은?

① 5 ② 8 ③ 10

④ 16 ⑤ 20

➕ Plus 문제

2266 교육청
Level 2

수열 $\{a_n\}$이 모든 자연수 n에 대하여

$$a_{n+1}=\begin{cases} \log_2 a_n & (n\text{이 홀수인 경우}) \\ 2^{a_n+1} & (n\text{이 짝수인 경우}) \end{cases}$$

를 만족시킨다. $a_8=5$일 때, a_6+a_7의 값은?

① 36 ② 38 ③ 40

④ 42 ⑤ 44

2267 교육청
Level 3

첫째항이 6인 수열 $\{a_n\}$이 모든 자연수 n에 대하여

$$a_{n+1}=\begin{cases} 2-a_n & (a_n\geq 0) \\ a_n+p & (a_n<0) \end{cases}$$

을 만족시킨다. $a_4=0$이 되도록 하는 모든 실수 p의 값의 합을 구하시오.

2268 교육청 고난도
Level 3

$a_3=3$인 수열 $\{a_n\}$이 모든 자연수 n에 대하여

$$a_{n+1}=\begin{cases} \dfrac{a_n+3}{2} & (a_n\text{이 홀수인 경우}) \\ \dfrac{a_n}{2} & (a_n\text{이 짝수인 경우}) \end{cases}$$

이다. $a_1\geq 10$일 때, $\displaystyle\sum_{k=1}^{5} a_k$의 값을 구하시오.

9 같은 수가 반복되는 수열

> 귀납적으로 정의된 수열 $\{a_n\}$의 n에 $n=1, 2, 3, \cdots$을 차례로
> 대입하여 같은 수가 나오는 주기를 찾는다.

2269 대표문제

수열 $\{a_n\}$이 $a_1=6$이고,

$$a_{n+1}=\begin{cases} \dfrac{1}{2}a_n & (a_n\text{이 짝수}) \\ 3a_n-1 & (a_n\text{이 홀수}) \end{cases} (n=1, 2, 3, \cdots)$$

로 정의될 때, $\displaystyle\sum_{k=1}^{18} a_k$의 값은?

① 39　　　　② 40　　　　③ 41

④ 42　　　　⑤ 43

2270

Level 1

첫째항이 7인 수열 $\{a_n\}$이

$$a_{n+1}=a_n+7\times(-1)^n \ (n=1, 2, 3, \cdots)$$

을 만족시킬 때, a_{19}의 값은?

① -14　　　　② -7　　　　③ 0

④ 7　　　　⑤ 14

2271 중요

Level 2

수열 $\{a_n\}$이

$$a_1=10, \ a_{n+1}=\begin{cases} 3a_n+1 & (a_n\text{이 홀수}) \\ \dfrac{a_n}{2} & (a_n\text{이 짝수}) \end{cases} (n=1, 2, 3, \cdots)$$

로 정의될 때, a_{200}의 값을 구하시오.

2272 중요

Level 3

수열 $\{a_n\}$은 모든 자연수 n에 대하여

$$a_{n+1}=\begin{cases} -a_n & (a_n<0) \\ a_n-1 & (a_n\geq0) \end{cases}$$

을 만족시킨다. $0<a_1<1$이고, $\displaystyle\sum_{k=1}^{30} a_k=\dfrac{3}{4}$일 때, a_1의 값을

구하시오.

> 다음은 이 유형에서 출제된 최근 교육청·평가원 기출문제입니다.

2273 교육청

Level 2

수열 $\{a_n\}$은 $a_1=2$이고, 모든 자연수 n에 대하여

$$a_{n+1}=\begin{cases} \dfrac{a_n}{2-3a_n} & (n\text{이 홀수인 경우}) \\ 1+a_n & (n\text{이 짝수인 경우}) \end{cases}$$

를 만족시킨다. $\displaystyle\sum_{n=1}^{40} a_n$의 값은?

① 30　　　　② 35　　　　③ 40

④ 45　　　　⑤ 50

2274 교육청

Level 2

수열 $\{a_n\}$은 $a_1=10$이고, 모든 자연수 n에 대하여

$$a_{n+1}=\begin{cases} 5-\dfrac{10}{a_n} & (a_n\text{이 정수인 경우}) \\ -2a_n+3 & (a_n\text{이 정수가 아닌 경우}) \end{cases}$$

를 만족시킨다. a_9+a_{12}의 값은?

① 5　　　　② 6　　　　③ 7

④ 8　　　　⑤ 9

2275 교육청

●‖‖ Level 2

수열 $\{a_n\}$은 $a_1=4$이고, 모든 자연수 n에 대하여

$$a_{n+1}=\begin{cases} a_n-3 & (a_n \geq 6) \\ (a_n-1)^2 & (a_n < 6) \end{cases}$$

을 만족시킨다. a_{10}의 값은?

① 1   ② 3   ③ 5

④ 7   ⑤ 9

2276 교육청 신경향

●‖‖ Level 3

두 수열 $\{a_n\}$, $\{b_n\}$은 $a_1=1$, $b_1=-1$이고, 모든 자연수 n에 대하여

$$a_{n+1}=a_n+b_n,\ b_{n+1}=2\cos\frac{a_n}{3}\pi$$

를 만족시킨다. $a_{2021}-b_{2021}$의 값은?

① -2 ② 0   ③ 2

④ 4   ⑤ 6

2277 평가원 고난도

●‖‖ Level 3

첫째항이 자연수인 수열 $\{a_n\}$이 모든 자연수 n에 대하여

$$a_{n+1}=\begin{cases} a_n+1 & (a_n \text{이 홀수인 경우}) \\ \dfrac{1}{2}a_n & (a_n \text{이 짝수인 경우}) \end{cases}$$

를 만족시킬 때, $a_2+a_4=40$이 되도록 하는 모든 a_1의 값의 합은?

① 172   ② 175   ③ 178

④ 181   ⑤ 184

실전 유형 **10** 반복되는 조건이 주어진 수열

귀납적으로 정의된 수열 $\{a_n\}$의 n에 $n=1, 2, 3, \cdots$을 차례로 대입하여 반복되는 수를 찾는다.

2278 대표문제

수열 $\{a_n\}$은 $a_1=3$이고 다음 조건을 만족시킬 때, $\displaystyle\sum_{k=1}^{50} a_k$의 값은?

(가) $a_{n+1}=\dfrac{1}{2}a_n+1\ (n=1, 2, 3)$

(나) 모든 자연수 n에 대하여 $a_{n+4}=a_n$이다.

① 100   ② 108   ③ 116

④ 124   ⑤ 132

2279 중요

●‖‖ Level 1

수열 $\{a_n\}$이 다음 조건을 만족시킬 때, a_{15}의 값을 구하시오.

(가) $a_n=\dfrac{1}{24}(n-1)(n-2)(n-3)(n-4)+2n$

$(n=1, 2, 3, 4)$

(나) 모든 자연수 n에 대하여 $a_{n+4}=a_n$이다.

2280

●■| Level 2

자연수 n의 일의 자리 숫자를 $f(n)$이라 할 때, 수열 $\{a_n\}$이 다음 조건을 만족시킨다. 이때 $\sum\limits_{k=1}^{90} a_k$의 값을 구하시오.

> (가) $a_n = f(n^2) - f(n)$ $(n=1, 2, 3, \cdots, 9)$
> (나) 모든 자연수 n에 대하여 $a_{n+9} = a_n$이다.

> 다음은 이 유형에서 출제된 최근 교육청·평가원 기출문제입니다.

2281 평가원

●|| Level 2

수열 $\{a_n\}$이 $a_1 = 7$이고, 다음 조건을 만족시킨다.

> (가) $a_{n+2} = a_n - 4$ $(n=1, 2, 3, 4)$
> (나) 모든 자연수 n에 대하여 $a_{n+6} = a_n$이다.

$\sum\limits_{k=1}^{50} a_k = 258$일 때, a_2의 값을 구하시오.

2282 교육청

●|| Level 2

수열 $\{a_n\}$이 다음 조건을 만족시킨다.

> (가) $a_{n+2} = \begin{cases} a_n - 3 & (n=1, 3) \\ a_n + 3 & (n=2, 4) \end{cases}$
> (나) 모든 자연수 n에 대하여 $a_n = a_{n+6}$이 성립한다.

$\sum\limits_{k=1}^{32} a_k = 112$일 때, $a_1 + a_2$의 값을 구하시오.

실전 유형 **11** a_n과 S_n 사이의 관계식이 주어진 수열

> 수열 $\{a_n\}$의 첫째항부터 제n항까지의 합을 S_n이라 할 때, $a_1 = S_1$, $a_n = S_n - S_{n-1}$ $(n=2, 3, 4, \cdots)$임을 이용하여 a_n, a_{n+1} 사이의 관계를 파악하고 수열 $\{a_n\}$의 일반항을 구한다.

2283 대표문제

수열 $\{a_n\}$의 첫째항부터 제n항까지의 합을 S_n이라 하면
$$a_1 = 4, \quad S_n = 3a_n - 8 \ (n=1, 2, 3, \cdots)$$
이 성립할 때, a_{100}의 값은?

① $\dfrac{3^{100}}{2^{100}}$ ② $\dfrac{3^{100}}{2^{98}}$ ③ $\dfrac{3^{98}}{2^{98}}$

④ $\dfrac{3^{99}}{2^{97}}$ ⑤ $\dfrac{3^{97}}{2^{97}}$

2284

●|| Level 2

수열 $\{a_n\}$의 첫째항부터 제n항까지의 합을 S_n이라 하면
$$a_1 = 2, \quad S_n = 2a_n - 2n \ (n=1, 2, 3, \cdots)$$
이 성립할 때, a_4의 값을 구하시오.

2285 중요

●|| Level 2

수열 $\{a_n\}$의 첫째항부터 제n항까지의 합을 S_n이라 하면
$$a_1 = 1, \quad 3S_n = (n+2)a_n \ (n=1, 2, 3, \cdots)$$
이 성립할 때, a_5의 값은?

① 10 ② 15 ③ 21

④ 28 ⑤ 37

2286 중요

Level 2

수열 $\{a_n\}$의 첫째항부터 제n항까지의 합을 S_n이라 하면

$$a_1=20, \ S_n=n^2 a_n \ (n=1, 2, 3, \cdots)$$

이 성립할 때, S_{19}의 값은?

① 36　　　　② 37　　　　③ 38

④ 39　　　　⑤ 40

2287

Level 3

수열 $\{a_n\}$의 첫째항부터 제n항까지의 합을 S_n이라 하자.

$$a_1=3, \ a_2=5,$$
$$(S_{n+1}-S_{n-1})^2=4a_n a_{n+1}+4 \ (n=2, 3, 4, \cdots)$$

가 성립할 때, a_{15}의 값은? (단, $a_1<a_2<a_3<\cdots<a_n<\cdots$)

① 25　　　　② 31　　　　③ 33

④ 37　　　　⑤ 43

2288

Level 3

모든 항이 양수인 수열 $\{a_n\}$의 첫째항부터 제n항까지의 합을 S_n이라 하면

$$a_1=2, \ 8S_n=(a_n+2)^2 \ (n=1, 2, 3, \cdots)$$

이 성립할 때, S_{10}의 값은?

① 168　　　　② 184　　　　③ 200

④ 216　　　　⑤ 232

2289

Level 3

모든 항이 양수인 수열 $\{a_n\}$의 첫째항부터 제n항까지의 합을 S_n이라 하면

$$6S_n=a_n^2+3a_n-18 \ (n=1, 2, 3, \cdots)$$

이 성립한다. 이 수열 $\{a_n\}$의 일반항은?

① $a_n=2n-1$　　　② $a_n=2n+1$　　　③ $a_n=2n+3$

④ $a_n=3n+2$　　　⑤ $a_n=3n+3$

➕ Plus 문제

다음은 이 유형에서 출제된 최근 교육청·평가원 기출문제입니다.

2290 교육청

Level 3

수열 $\{a_n\}$의 첫째항부터 제n항까지의 합을 S_n이라 할 때, 두 수열 $\{a_n\}$, $\{S_n\}$과 상수 k가 다음 조건을 만족시킨다.

> 모든 자연수 n에 대하여 $a_n+S_n=k$이다.

$S_6=189$일 때, k의 값은?

① 192　　　　② 196　　　　③ 200

④ 204　　　　⑤ 208

2291 교육청

Level 3

수열 $\{a_n\}$의 첫째항부터 제n항까지의 합을 S_n이라 하자.

$a_1=2$, $a_2=4$이고 2 이상의 모든 자연수 n에 대하여

$$a_{n+1}S_n=a_n S_{n+1}$$

이 성립할 때, S_5의 값을 구하시오.

실전
유형 **12 수열의 귀납적 정의의 활용**

수열의 귀납적 정의를 활용하는 문제는 처음 몇 개의 항을 나열한 후 규칙을 찾는다.

→ $n=1, 2, 3, \cdots$을 차례로 대입하여 규칙을 파악하고 제n항을 a_n으로 놓고 a_n과 a_{n+1} 사이의 관계식을 세운다.

2292 대표문제

비어 있는 수조에 첫째 날은 5 L의 물을 채우고, 다음날부터는 전날 채운 물의 양의 $\frac{3}{2}$배보다 2 L 적은 양을 채우기로 하였다. 이때 n번째날 수조에 채우게 되는 물의 양을 a_n L라 하면

$$a_{n+1}=pa_n+q \ (n=1, 2, 3, \cdots)$$

가 성립할 때, 상수 p, q에 대하여 pq의 값은?

① -3 ② $-\dfrac{3}{2}$ ③ $\dfrac{3}{2}$

④ 2 ⑤ 3

2293 　　　　　　　　　　　　　　ıll Level 1

어느 물탱크에 100 L의 물이 들어 있다. 물탱크에 들어 있는 물의 $\frac{1}{4}$을 사용하고 15 L의 물을 넣는 시행을 반복할 때, n회 시행 후 물탱크에 남아 있는 물의 양을 a_n L라 하자. 이때 a_1의 값과 a_n과 a_{n+1} 사이의 관계식을 구하시오.

2294 중요 　　　　　　　　　　　　ıll Level 2

어떤 액체에 세균을 넣으면 1시간마다 2마리씩 죽고, 나머지는 각각 3마리로 분열한다고 한다. 이 액체에 현재 8마리의 세균을 넣고 n시간 후 남아 있는 세균의 수를 a_n이라 할 때,

$$a_1=p, \ a_{n+1}=qa_n+r \ (n=1, 2, 3, \cdots)$$

이 성립한다고 한다. 이때 상수 p, q, r에 대하여 $p+q+r$의 값은?

① 15 ② 16 ③ 17

④ 18 ⑤ 19

2295 　　　　　　　　　　　　　　ıll Level 2

어떤 모임에 참석한 사람들 모두 서로 한 번씩 악수를 한다고 한다. n명의 참석자가 악수한 전체 횟수를 a_n이라 할 때, a_4의 값과 a_n과 a_{n+1} 사이의 관계식은? (단, $n=2, 3, 4, \cdots$)

① $a_4=4, \ a_{n+1}=a_n+n$

② $a_4=4, \ a_{n+1}=2a_n$

③ $a_4=6, \ a_{n+1}=a_n+n$

④ $a_4=6, \ a_{n+1}=a_n+n+1$

⑤ $a_4=6, \ a_{n+1}=2a_n$

2296 중요 　　　　　　　　　　　　ıll Level 2

어떤 세포를 1회 배양하면 그중 50 %는 죽고, 나머지는 각각 k개의 세포로 분열된다고 한다. 이 세포 10개를 9회 배양한 후의 세포의 수가 5120일 때, k의 값은?

① 4 ② 5 ③ 6

④ 7 ⑤ 8

2297

●●● Level 2

농도가 15 %인 소금물 300 g이 들어 있는 그릇이 있다. 이 그릇에서 소금물 50 g을 덜어 낸 다음 농도가 5 %인 소금물 50 g을 다시 넣는 시행을 반복할 때, n회 시행 후 그릇에 담긴 소금물의 농도를 a_n %라 하자.

$$a_{n+1}=pa_n+q \ (n=1, 2, 3, \cdots)$$

가 성립할 때, 상수 p, q에 대하여 $\dfrac{q}{p}$의 값을 구하시오.

2298

●●● Level 2

학생 n명을 두 모둠으로 나누는 방법의 수를 a_n이라 하면

$$a_{n+1}=pa_n+q \ (n=2, 3, 4, \cdots)$$

가 성립할 때, 상수 p, q에 대하여 $p-q$의 값은?

① 1   ② 2   ③ 3

④ 4   ⑤ 5

2299

●●● Level 3

두 개의 그릇 A, B에 설탕이 각각 1 kg씩 들어 있다. 그릇 A에 담긴 설탕의 $\dfrac{1}{3}$을 그릇 B에 담은 다음 그릇 B에 담긴 설탕의 절반을 그릇 A에 담는 시행을 반복할 때, n회 시행 후 그릇 A에 담긴 설탕의 양을 a_n kg이라 하자.

$$a_{n+1}=pa_n+q \ (n=1, 2, 3, \cdots)$$

가 성립할 때, 상수 p, q에 대하여 $p+q$의 값은?

① $\dfrac{1}{6}$ ② $\dfrac{1}{3}$ ③ $\dfrac{2}{3}$

④ 1   ⑤ $\dfrac{4}{3}$

실전유형 **13** 수열의 귀납적 정의의 도형에의 활용   복합유형

제n항을 a_n으로 놓고 a_n과 a_{n+1} 사이의 관계를 식으로 나타낸다. 이때 식으로 나타내기 어려운 경우에는 처음 몇 개의 항을 나열하여 규칙을 찾는다.

2300 대표문제

평면 위에 어느 두 직선도 서로 평행하지 않고 어느 세 직선도 한 점에서 만나지 않도록 n개의 직선을 그을 때, 이 직선들의 교점의 개수를 a_n이라 하자. 이때 a_9의 값은?

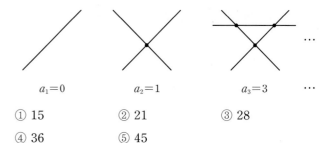

$a_1=0$ $a_2=1$ $a_3=3$ $\cdots$

① 15   ② 21   ③ 28

④ 36   ⑤ 45

2301 중요

●●● Level 1

길이가 9인 끈이 있다. 그림과 같이 이 끈을 삼등분하여 가운데 부분은 버리고, 다시 남아 있는 2개의 끈도 같은 방법으로 삼등분하여 가운데 부분을 버리는 시행을 반복할 때, n회 시행 후 남은 끈의 길이의 합을 a_n이라 하자. a_5의 값을 구하시오.

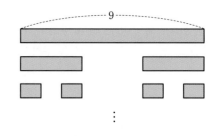

2302 중요

ıll Level 2

한 변의 길이가 1인 정육각형을 이용하여 그림과 같이 도형을 만들려고 한다. [n단계]의 도형에서 길이가 1인 선분의 개수를 a_n이라 하면

$$a_{n+1} = a_n + pn + q \ (n = 1, 2, 3, \cdots)$$

가 성립할 때, 상수 p, q에 대하여 $p-q$의 값은?

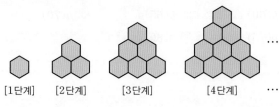

[1단계]　　[2단계]　　[3단계]　　[4단계]　…

① -5 　　　② -3 　　　③ -1

④ 1 　　　⑤ 3

2303

ıll Level 2

한 변의 길이가 1인 정삼각형 T_1이 있다. 그림과 같이 T_1의 세 변을 각각 삼등분하고, 가운데 선분 위에 다시 한 변의 길이가 $\frac{1}{3}$인 작은 정삼각형을 덧붙인 도형을 T_2라 하자.

이와 같은 방법으로 도형 T_n의 각 변을 삼등분하고 가운데 선분 위에 다시 정삼각형을 덧붙인 도형을 T_{n+1}이라 하고, T_n의 각 변의 길이의 합을 a_n이라 할 때, a_n과 a_{n+1} 사이의 관계식은? (단, $n = 1, 2, 3, \cdots$)

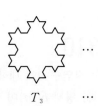

T_1　　　　T_2　　　　T_3　　…

① $a_{n+1} = \frac{1}{3} a_n$ 　　　② $a_{n+1} = \frac{2}{3} a_n$

③ $a_{n+1} = \frac{4}{3} a_n$ 　　　④ $a_{n+1} = 2a_n$

⑤ $a_{n+1} = \frac{8}{3} a_n$

2304 중요

ıll Level 2

크기가 같은 정육면체를 이용하여 그림과 같은 모양으로 3층 탑을 쌓으려면 10개의 정육면체가 필요하다. 이와 같은 방법으로 10층 탑을 쌓으려고 할 때, 필요한 정육면체의 개수는?

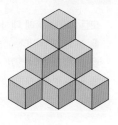

① 180 　　　② 190 　　　③ 200

④ 210 　　　⑤ 220

2305

ıll Level 3

넓이가 25인 정사각형 모양의 종이가 있다. 그림과 같이 각 변을 1 : 4로 내분하는 점을 이어 정사각형을 그린 후 정사각형 이외의 부분을 오려 낸다. 이와 같은 시행을 4회 반복할 때, 남아 있는 정사각형의 한 변의 길이를 $\frac{q}{p}$라 하자. 이때 $p+q$의 값은?

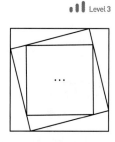

(단, p와 q는 서로소인 자연수이다.)

① 289 　　　② 414 　　　③ 549

④ 615 　　　⑤ 703

＋ Plus 문제

모든 자연수 n에 대하여 명제 $p(n)$이

❶ $p(1)$이 참이다.

❷ $p(k)$가 참이면 $p(k+n)$도 참이다. (단, k는 자연수)

를 모두 만족시키면 $p(1)$, $p(1+n)$, $p(1+2n)$, $\cdots$이 모두 참이다.

2306 대표문제

모든 자연수 n에 대하여 명제 $p(n)$이 아래 조건을 만족시킬 때, 다음 중 반드시 참이라고 할 수 없는 명제는?

> (가) $p(1)$이 참이다.
>
> (나) $p(n)$이 참이면 $p(2n)$도 참이다.
>
> (다) $p(n)$이 참이면 $p(3n)$도 참이다.

① $p(36)$ ② $p(81)$ ③ $p(84)$

④ $p(108)$ ⑤ $p(216)$

2307

Level 2

다음을 만족시키는 명제 $p(n)$이 모든 자연수 n에 대하여 참이 되기 위한 필요충분조건은?

> 모든 자연수 n에 대하여 명제 $p(n)$과 명제 $p(n+1)$ 중 어느 하나가 참이면 명제 $p(n+2)$도 참이다.

① $p(1)$이 참이다.

② $p(2)$가 참이다.

③ $p(1)$, $p(2)$가 모두 참이다.

④ $p(2)$, $p(3)$이 모두 참이다.

⑤ $p(1)$, $p(3)$이 모두 참이다.

2308

Level 2

모든 자연수 n에 대하여 명제 $p(n)$이 아래 조건을 만족시킬 때, 다음 중 반드시 참인 명제는?

> (가) $p(1)$이 참이다.
>
> (나) $p(n)$이 참이면 $p(4n)$과 $p(5n)$도 참이다.

① $p(60)$ ② $p(65)$ ③ $p(70)$

④ $p(75)$ ⑤ $p(80)$

2309 중요

Level 2

모든 자연수 n에 대하여 명제 $p(n)$이 아래 조건을 만족시킬 때, 다음 중 반드시 참이라고 할 수 없는 명제는?

(단, k는 자연수이다.)

> (가) $p(1)$이 참이다.
>
> (나) $p(2k-1)$이 참이면 $p(2k)$도 참이다.
>
> (다) $p(2k)$가 참이면 $p(3k+1)$도 참이다.

① $p(4)$ ② $p(7)$ ③ $p(8)$

④ $p(22)$ ⑤ $p(24)$

2310

Level 2

모든 자연수 n에 대하여 명제 $p(n)$이 다음 조건을 만족시킬 때, 명제 $p(m)$이 성립하는 세 자리 자연수 m의 최댓값을 구하시오.

> (가) $n=1$일 때, 명제 $p(n)$이 성립한다.
>
> (나) $n=k$일 때, 명제 $p(n)$이 성립한다고 가정하면
> $n=2k+1$일 때도 명제 $p(n)$이 성립한다.

11

실전 유형 15 수학적 귀납법 – 등식의 증명 빈출유형

모든 자연수 n에 대하여 등식이 성립함을 증명하려면
❶ $n=1$일 때, 등식이 성립함을 보인다.
❷ $n=k$일 때, 등식이 성립한다고 가정하면
　$n=k+1$일 때도 등식이 성립함을 보인다.

2311 대표문제

다음은 모든 자연수 n에 대하여 등식

$$1^2+2^2+3^2+\cdots+n^2=\frac{1}{6}n(n+1)(2n+1)$$

이 성립함을 수학적 귀납법으로 증명한 것이다.

(i) $n=1$일 때

　(좌변)$=1^2=1$, (우변)$=\frac{1}{6}\times1\times2\times3=1$

　이므로 주어진 등식이 성립한다.

(ii) $n=k$일 때, 주어진 등식이 성립한다고 가정하면

　$1^2+2^2+3^2+\cdots+k^2=\frac{1}{6}k(k+1)(2k+1)$ ……… ㉠

　㉠의 양변에 ⎿ (가) ⏌을 더하면

　$1^2+2^2+3^2+\cdots+k^2+$⎿ (가) ⏌

　$=\frac{1}{6}k(k+1)(2k+1)+$⎿ (가) ⏌

　$=\frac{1}{6}(k+1)(2k^2+k+$⎿ (나) ⏌$)$

　$=\frac{1}{6}(k+1)(k+2)($⎿ (다) ⏌$)$

　이므로 $n=k+1$일 때도 등식이 성립한다.

(i), (ii)에서 모든 자연수 n에 대하여 주어진 등식이 성립한다.

위의 (가), (나), (다)에 알맞은 식을 각각 $f(k)$, $g(k)$, $h(k)$라 할 때, $f(2)+g(2)-h(3)$의 값은?

① 18　　　　② 19　　　　③ 20
④ 21　　　　⑤ 22

2312 중요

다음은 모든 자연수 n에 대하여 등식

$$1+3+5+\cdots+(2n-1)=n^2$$

이 성립함을 수학적 귀납법으로 증명한 것이다.

(i) $n=1$일 때

　(좌변)$=2\times1-1=1$, (우변)$=1^2=1$

　이므로 주어진 등식이 성립한다.

(ii) $n=k$일 때, 주어진 등식이 성립한다고 가정하면

　$1+3+5+\cdots+(2k-1)=k^2$ ……………………… ㉠

　㉠의 양변에 ⎿ (가) ⏌을 더하면

　$1+3+5+\cdots+(2k-1)+($⎿ (가) ⏌$)$

　$=k^2+$⎿ (가) ⏌

　$=$⎿ (나) ⏌

　이므로 $n=k+1$일 때도 주어진 등식이 성립한다.

(i), (ii)에서 모든 자연수 n에 대하여 주어진 등식이 성립한다.

위의 (가), (나)에 알맞은 식을 각각 $f(k)$, $g(k)$라 할 때, $f(2)-g(1)$의 값을 구하시오.

2313 중요

다음은 모든 자연수 n에 대하여

$$\frac{1}{1\times3}+\frac{1}{2\times4}+\frac{1}{3\times5}+\cdots+\frac{1}{n(n+2)}$$
$$=\frac{n(3n+5)}{4(n+1)(n+2)}$$

가 성립함을 수학적 귀납법으로 증명한 것이다.

(i) $n=1$일 때

(좌변)$=\dfrac{1}{1\times3}=\dfrac{1}{3}$, (우변)$=\dfrac{1\times8}{4\times2\times3}=\dfrac{1}{3}$

이므로 주어진 등식이 성립한다.

(ii) $n=k$일 때, 주어진 등식이 성립한다고 가정하면

$$\frac{1}{1\times3}+\frac{1}{2\times4}+\frac{1}{3\times5}+\cdots+\frac{1}{k(k+2)}$$
$$=\frac{k(3k+5)}{4(k+1)(k+2)}\ \cdots\cdots\ \text{㉠}$$

㉠의 양변에 $\boxed{(가)}$을 더하면

$$\frac{1}{1\times3}+\frac{1}{2\times4}+\frac{1}{3\times5}+\cdots+\frac{1}{k(k+2)}+\boxed{(가)}$$
$$=\frac{\boxed{(나)}(3k+5)}{4(k+1)(k+2)(k+3)}$$
$$\qquad\qquad+\frac{4(k+2)}{4(k+1)(k+2)(k+3)}$$
$$=\frac{(k+1)(3k+8)}{4(k+2)(k+3)}$$

이므로 $n=k+1$일 때도 주어진 등식이 성립한다.

(i), (ii)에서 모든 자연수 n에 대하여 주어진 등식이 성립한다.

위의 (가), (나)에 알맞은 식을 각각 $f(k)$, $g(k)$라 할 때, $f(1)\times g(1)$의 값은?

① $\dfrac{1}{3}$　　　② $\dfrac{1}{2}$　　　③ $\dfrac{2}{3}$

④ $\dfrac{3}{4}$　　　⑤ 1

2314

다음은 수열 $\{a_n\}$이

$$a_1=1,\ \frac{a_{n+1}}{n+2}=\frac{a_n}{n}+\frac{1}{2}\ (n=1,\,2,\,3,\,\cdots)$$

로 정의될 때, 모든 자연수 n에 대하여

$$a_n=(1+2+3+\cdots+n)\left(1+\frac{1}{2}+\frac{1}{3}+\cdots+\frac{1}{n}\right)\ \cdots\cdots\ \text{㉠}$$

이 성립함을 수학적 귀납법으로 증명한 것이다.

(i) $n=1$일 때

(좌변)$=a_1=1$, (우변)$=1\times1=1$

이므로 ㉠이 성립한다.

(ii) $n=k$일 때, ㉠이 성립한다고 가정하면

$$a_k=(1+2+3+\cdots+k)\left(1+\frac{1}{2}+\frac{1}{3}+\cdots+\frac{1}{k}\right)$$

$\dfrac{a_{k+1}}{k+2}=\dfrac{a_k}{k}+\dfrac{1}{2}$에서

$$a_{k+1}$$
$$=\boxed{(가)}a_k+\frac{k+2}{2}$$
$$=\boxed{(가)}\times(1+2+3+\cdots+k)\left(1+\frac{1}{2}+\frac{1}{3}+\cdots+\frac{1}{k}\right)$$
$$\qquad\qquad\qquad\qquad+\frac{k+2}{2}$$
$$=\boxed{(나)}\times\left(1+\frac{1}{2}+\frac{1}{3}+\cdots+\frac{1}{k}\right)+\frac{k+2}{2}$$
$$=\{1+2+3+\cdots+(k+1)\}$$
$$\qquad\qquad\times\left(1+\frac{1}{2}+\frac{1}{3}+\cdots+\frac{1}{k+1}\right)$$

이므로 $n=k+1$일 때도 ㉠이 성립한다.

(i), (ii)에서 모든 자연수 n에 대하여 ㉠이 성립한다.

위의 (가), (나)에 알맞은 식을 각각 $f(k)$, $g(k)$라 할 때, $f(2)+g(1)$의 값은?

① 1　　　② 2　　　③ 3

④ 4　　　⑤ 5

2315 교육청

••‖ Level 3

다음은 모든 자연수 n에 대하여

$$\sum_{k=1}^{n} k\{k+(k+1)+(k+2)+\cdots+n\}$$

$$=\frac{n(n+1)(n+2)(3n+1)}{24} \quad\cdots\cdots\cdots\cdots\cdots(*)$$

이 성립함을 수학적 귀납법으로 증명하는 과정이다.

(i) $n=1$일 때

(좌변)$=1$, (우변)$=1$

이므로 $(*)$이 성립한다.

(ii) $n=m$일 때, $(*)$이 성립한다고 가정하면

$$\sum_{k=1}^{m} k\{k+(k+1)+(k+2)+\cdots+m\}$$

$$=\frac{m(m+1)(m+2)(3m+1)}{24}$$

이다.

$n=m+1$일 때, $(*)$이 성립함을 보이자.

$$\sum_{k=1}^{m+1} k\{k+(k+1)+(k+2)+\cdots+m+(m+1)\}$$

$$=\sum_{k=1}^{m} k\{k+(k+1)+(k+2)+\cdots+m+(m+1)\}$$

$$\hspace{4cm}+\boxed{\text{(가)}}$$

$$=\sum_{k=1}^{m} k\{k+(k+1)+(k+2)+\cdots+m\}$$

$$\hspace{3cm}+\boxed{\text{(나)}}+\boxed{\text{(가)}}$$

$$=\frac{(m+1)(m+2)(m+3)(3m+4)}{24}$$

따라서 $n=m+1$일 때도 성립한다.

(i), (ii)에 의하여 모든 자연수 n에 대하여 $(*)$이 성립한다.

위의 (가), (나)에 알맞은 식을 각각 $f(m)$, $g(m)$이라 할 때, $f(4)+g(2)$의 값은?

① 34 ② 36 ③ 38
④ 40 ⑤ 42

2316 교육청 고난도

••‖ Level 3

수열 $\{a_n\}$을 $a_n=\sum_{k=1}^{n}\dfrac{1}{k}$이라 할 때, 다음은 모든 자연수 n

에 대하여 등식

$$a_1+2a_2+3a_3+\cdots+na_n=\frac{n(n+1)}{4}(2a_{n+1}-1)\cdots(\bigstar)$$

이 성립함을 수학적 귀납법으로 증명한 것이다.

(i) $n=1$일 때

(좌변)$=a_1$, (우변)$=a_2-\boxed{\text{(가)}}=1=a_1$

이므로 $(\bigstar)$이 성립한다.

(ii) $n=m$일 때, $(\bigstar)$이 성립한다고 가정하면

$$a_1+2a_2+3a_3+\cdots+ma_m=\frac{m(m+1)}{4}(2a_{m+1}-1)$$

이다.

$n=m+1$일 때, $(\bigstar)$이 성립함을 보이자.

$$a_1+2a_2+3a_3+\cdots+ma_m+(m+1)a_{m+1}$$

$$=\frac{m(m+1)}{4}(2a_{m+1}-1)+(m+1)a_{m+1}$$

$$=(m+1)a_{m+1}\left(\boxed{\text{(나)}}+1\right)-\frac{m(m+1)}{4}$$

$$=\frac{(m+1)(m+2)}{2}\left(a_{m+2}-\boxed{\text{(다)}}\right)-\frac{m(m+1)}{4}$$

$$=\frac{(m+1)(m+2)}{4}(2a_{m+2}-1)$$

이므로 $n=m+1$일 때도 $(\bigstar)$이 성립한다.

(i), (ii)에 의하여 모든 자연수 n에 대하여

$$a_1+2a_2+3a_3+\cdots+na_n=\frac{n(n+1)}{4}(2a_{n+1}-1)$$이 성립

한다.

위의 (가)에 알맞은 수를 p, (나), (다)에 알맞은 식을 각각

$f(m)$, $g(m)$이라 할 때, $p+\dfrac{f(5)}{g(3)}$의 값은?

① 9 ② 10 ③ 11
④ 12 ⑤ 13

모든 자연수 n에 대하여 $p(n)$이 a의 배수임을 증명하려면
❶ $p(1)$이 a의 배수임을 보인다.
❷ $p(k)$가 a의 배수라 가정하고, $p(k+1)$이 a의 배수임을 보인다.

2317 대표문제

다음은 모든 자연수 n에 대하여 n^3+3n^2+2n이 3의 배수임을 수학적 귀납법으로 증명한 것이다.

(ⅰ) $n=1$일 때

$1^3+3\times1^2+2\times1=6$이므로 3의 배수이다.

(ⅱ) $n=k$일 때, n^3+3n^2+2n이 3의 배수라 가정하면

$k^3+3k^2+2k=3p$ (p는 자연수)

$n=k+1$이면

$(\boxed{(가)})^3+3(\boxed{(가)})^2+2(\boxed{(가)})$

$=(k^3+3k^2+2k)+3k^2+9k+6$

$=3p+3(\boxed{(나)})$

$=3\{p+(\boxed{(나)})\}$

이므로 $n=k+1$일 때도 n^3+3n^2+2n은 3의 배수이다.

(ⅰ), (ⅱ)에서 모든 자연수 n에 대하여 n^3+3n^2+2n은 3의 배수이다.

위의 (가), (나)에 알맞은 식을 각각 $f(k)$, $g(k)$라 할 때, $f(9)+g(2)$의 값은?

① 9　　　　② 10　　　　③ 12
④ 18　　　　⑤ 22

2318

●|| Level 2

다음은 모든 자연수 n에 대하여 n^3+2n이 3의 배수임을 수학적 귀납법으로 증명한 것이다.

(ⅰ) $n=1$일 때, $1^3+2\times1=3$이므로 3의 배수이다.

(ⅱ) $n=k$일 때, n^3+2n이 3의 배수라 가정하면

$k^3+2k=3m$ (m은 자연수)

$n=k+1$이면

$(k+1)^3+2(k+1)=(k^3+2k)+\boxed{(가)}$

$=3\times\boxed{(나)}+\boxed{(가)}$

이므로 $n=k+1$일 때도 n^3+2n은 3의 배수이다.

(ⅰ), (ⅱ)에서 모든 자연수 n에 대하여 n^3+2n은 3의 배수이다.

위의 (가), (나)에 알맞은 식을 각각 $f(k)$, $g(m)$이라 할 때, $f(-1)+g(2)$의 값을 구하시오.

2319

●|| Level 2

다음은 모든 자연수 n에 대하여 $4^{2n}-1$이 5의 배수임을 수학적 귀납법으로 증명한 것이다.

(ⅰ) $n=1$일 때, $4^2-1=15$이므로 5의 배수이다.

(ⅱ) $n=k$일 때, $4^{2n}-1$이 5의 배수라 가정하면

$4^{2k}-1=5p$ (p는 자연수)

$n=k+1$이면

$4^{2k+2}-1=16\times4^{2k}-1=16(\boxed{(가)})-1$

$=16\times5p+15=5(\boxed{(나)})$

이므로 $n=k+1$일 때도 $4^{2n}-1$은 5의 배수이다.

(ⅰ), (ⅱ)에서 모든 자연수 n에 대하여 $4^{2n}-1$은 5의 배수이다.

위의 (가), (나)에 알맞은 식을 각각 $f(p)$, $g(p)$라 할 때, $f(-2)+g(1)$의 값을 구하시오.

2320 중요

.ıl Level 2

다음은 모든 자연수 n에 대하여 $11^n - 4^n$이 7의 배수임을 수학적 귀납법으로 증명한 것이다.

(i) $n=1$일 때

$11-4=7$이므로 7의 배수이다.

(ii) $n=k$일 때, $11^n - 4^n$이 7의 배수라 가정하면

$11^k - 4^k = 7p$ (p는 자연수)

$n=k+1$이면

$11^{k+1} - 4^{k+1}$

$= \boxed{(가)} \times 11^k - \boxed{(나)} \times 4^k$

$= 11 \times (11^k - 4^k) + \boxed{(다)} \times 4^k$

$= \boxed{(라)} \times p + \boxed{(다)} \times 4^k$

$= 7(\boxed{(마)} \times p + 4^k)$

이므로 $n=k+1$일 때도 $11^n - 4^n$은 7의 배수이다.

(i), (ii)에서 모든 자연수 n에 대하여 $11^n - 4^n$은 7의 배수이다.

위의 (가)~(마)에 알맞은 수가 <u>아닌</u> 것은?

① (가) : 11   ② (나) : 4   ③ (다) : 7

④ (라) : 77   ⑤ (마) : 7

2321

.ıl Level 3

다음은 모든 자연수 n에 대하여 $2^{3n-2} + 3^n$이 5의 배수임을 수학적 귀납법으로 증명한 것이다.

(i) $n=1$일 때

$2^{3-2} + 3^1 = 5$이므로 5의 배수이다.

(ii) $n=k$일 때, $2^{3n-2} + 3^n$이 5의 배수라 가정하면

$2^{3k-2} + 3^k = 5p$ (p는 자연수)

$n = \boxed{(가)}$이면

$2^{3k+1} + 3^{k+1}$

$= 5 \times 2^{3k-2} + \boxed{(나)}$

$= 5 \times 2^{3k-2} + 3 \times \boxed{(다)}$

$= 5(2^{3k-2} + \boxed{(라)})$

이므로 $n = \boxed{(가)}$일 때도 $2^{3n-2} + 3^n$은 5의 배수이다.

(i), (ii)에서 모든 자연수 n에 대하여 $2^{3n-2} + 3^n$은 5의 배수이다.

위의 (가), (나), (다), (라)에 알맞은 것은?

	(가)	(나)	(다)	(라)
①	$k-1$	$2^{3k-2} + 3k$	p	$3p$
②	$k+1$	$2^{3k-2} + 3k$	$5p$	$5p$
③	$k-1$	$3 \times 2^{3k-2} + 3 \times 3^k$	p	$3p$
④	$k+1$	$3 \times 2^{3k-2} + 3 \times 3^k$	$5p$	$3p$
⑤	$k+1$	$3 \times 2^{3k-2} + 3 \times 3^k$	$5p$	$5p$

모든 자연수 n에 대하여 부등식이 성립함을 증명하려면
❶ $n=1$일 때, 부등식이 성립함을 보인다.
❷ $n=k$일 때, 부등식이 성립한다고 가정하고
$n=k+1$일 때도 부등식이 성립함을 보인다.

2322 대표문제

다음은 $n \geq 2$인 모든 자연수 n에 대하여 부등식

$$1+\frac{1}{2}+\frac{1}{3}+\cdots+\frac{1}{n}>\frac{2n}{n+1}$$

이 성립함을 수학적 귀납법으로 증명한 것이다.

(ⅰ) $n=\boxed{(가)}$ 일 때

(좌변)$=\dfrac{3}{2}$, (우변)$=\dfrac{4}{3}$이므로 주어진 부등식이 성립한다.

(ⅱ) $n=k\,(k \geq 2)$일 때, 주어진 부등식이 성립한다고 가정하면

$$1+\frac{1}{2}+\frac{1}{3}+\cdots+\frac{1}{k}>\frac{2k}{k+1} \quad\cdots\cdots\cdots\cdots\cdots ㉠$$

㉠의 양변에 $\boxed{(나)}$ 을 더하면

$$1+\frac{1}{2}+\frac{1}{3}+\cdots+\frac{1}{k}+\boxed{(나)}>\frac{2k}{k+1}+\boxed{(나)}$$

이때

$$\frac{2k}{k+1}+\boxed{(나)}-\boxed{(다)}=\frac{k}{(k+1)(k+2)}>0$$

이므로

$$\frac{2k}{k+1}+\boxed{(나)}>\boxed{(다)}$$

$$1+\frac{1}{2}+\frac{1}{3}+\cdots+\frac{1}{k}+\frac{1}{k+1}>\boxed{(다)}$$

따라서 $n=k+1$일 때도 주어진 부등식이 성립한다.

(ⅰ), (ⅱ)에서 $n \geq 2$인 모든 자연수 n에 대하여 주어진 부등식이 성립한다.

위의 (가)에 알맞은 수를 a라 하고, (나), (다)에 알맞은 식을 각각 $f(k)$, $g(k)$라 할 때, $a \times f(1) \times g(2)$의 값은?

① $\dfrac{7}{6}$ ② $\dfrac{6}{5}$ ③ $\dfrac{5}{4}$

④ $\dfrac{4}{3}$ ⑤ $\dfrac{3}{2}$

2323

다음은 $n \geq 3$인 모든 자연수 n에 대하여 부등식

$2^n>2n+1$이 성립함을 수학적 귀납법으로 증명한 것이다.

(ⅰ) $n=3$일 때

(좌변)$=2^3=8$, (우변)$=2 \times 3+1=7$이므로 주어진 부등식이 성립한다.

(ⅱ) $n=k\,(k \geq 3)$일 때, 주어진 부등식이 성립한다고 가정하면

$$2^k>2k+1$$

위 식의 양변에 $\boxed{(가)}$ 를 곱하면

$$2^k \times \boxed{(가)}>(2k+1) \times \boxed{(가)}$$

이때 $k \geq 3$이므로

$$(2k+1) \times \boxed{(가)}=2(k+1)+\boxed{(나)}$$
$$>\boxed{(다)}$$

즉, $2^{k+1}>\boxed{(다)}$

따라서 $n=k+1$일 때도 주어진 부등식이 성립한다.

(ⅰ), (ⅱ)에서 $n \geq 3$인 모든 자연수 n에 대하여 주어진 부등식이 성립한다.

위의 (가)에 알맞은 수를 a라 하고, (나), (다)에 알맞은 식을 각각 $f(k)$, $g(k)$라 할 때, $a+f(-1)+g(1)$의 값은?

① 5 ② 7 ③ 9

④ 11 ⑤ 12

2324 중요

•❚❚ Level 2

다음은 $n \geq 2$인 모든 자연수 n에 대하여 부등식

$$1 + \frac{1}{2^2} + \frac{1}{3^2} + \cdots + \frac{1}{n^2} < 2 - \frac{1}{n}$$

이 성립함을 수학적 귀납법으로 증명한 것이다.

(i) $n = 2$일 때

(좌변)$= 1 + \frac{1}{2^2} = \frac{5}{4}$, (우변)$= 2 - \frac{1}{2} = \frac{3}{2}$

이므로 주어진 부등식이 성립한다.

(ii) $n = k$ $(k \geq 2)$일 때, 주어진 부등식이 성립한다고 가정

하면

$$1 + \frac{1}{2^2} + \frac{1}{3^2} + \cdots + \frac{1}{k^2} < 2 - \frac{1}{k}$$

위 부등식의 양변에 $\boxed{\text{(가)}}$ 을 더하면

$$1 + \frac{1}{2^2} + \frac{1}{3^2} + \cdots + \frac{1}{k^2} + \boxed{\text{(가)}} < 2 - \frac{1}{k} + \boxed{\text{(가)}}$$

이때 $k \geq 2$이므로

$$2 - \frac{1}{k} + \boxed{\text{(가)}} - \left(\boxed{\text{(나)}} \right) = -\frac{1}{k(k+1)^2} < 0$$

즉, $2 - \frac{1}{k} + \boxed{\text{(가)}} < \boxed{\text{(나)}}$ 이므로

$$1 + \frac{1}{2^2} + \frac{1}{3^2} + \cdots + \frac{1}{k^2} + \boxed{\text{(가)}} < \boxed{\text{(나)}}$$

따라서 $n = k+1$일 때도 주어진 부등식이 성립한다.

(i), (ii)에서 $n \geq 2$인 모든 자연수 n에 대하여 주어진 부등
식이 성립한다.

위의 (가), (나)에 알맞은 식을 각각 $f(k)$, $g(k)$라 할 때,
$f(1) + g(3)$의 값은?

① 1   ② 2   ③ 3

④ 4   ⑤ 5

2325 고난도

•❚❚ Level 3

다음은 모든 자연수 n에 대하여 부등식

$$\sqrt{1 \times 2} + \sqrt{2 \times 3} + \sqrt{3 \times 4} + \cdots + \sqrt{n(n+1)} < n\left(n + \frac{1}{2}\right)$$

이 성립함을 수학적 귀납법으로 증명한 것이다.

(i) $n = 1$일 때

(좌변)$= \sqrt{2}$, (우변)$= 1 + \frac{1}{2} = \frac{3}{2}$

이므로 주어진 부등식이 성립한다.

(ii) $n = k$일 때, 주어진 부등식이 성립한다고 가정하면

$$\sqrt{1 \times 2} + \sqrt{2 \times 3} + \sqrt{3 \times 4} + \cdots + \sqrt{k(k+1)}$$
$$< k\left(k + \frac{1}{2}\right)$$

위 부등식의 양변에 $\boxed{\text{(가)}}$ 를 더하면

$$\sqrt{1 \times 2} + \sqrt{2 \times 3} + \sqrt{3 \times 4} + \cdots + \sqrt{k(k+1)} + \boxed{\text{(가)}}$$
$$< k\left(k + \frac{1}{2}\right) + \boxed{\text{(가)}} \quad\cdots\cdots\cdots\cdots\cdots\cdots ㉠$$

이때 $\boxed{\text{(가)}} = \sqrt{\left(\boxed{\text{(나)}}\right)^2 - \frac{1}{4}} < \boxed{\text{(나)}}$ 이므로

$$\boxed{\text{(다)}} - \left\{ k\left(k + \frac{1}{2}\right) + \boxed{\text{(가)}} \right\}$$
$$> \boxed{\text{(다)}} - \left\{ k\left(k + \frac{1}{2}\right) + \boxed{\text{(나)}} \right\} = k > 0 \quad\cdots\cdots\cdots ㉡$$

㉠, ㉡에서

$$\sqrt{1 \times 2} + \sqrt{2 \times 3} + \sqrt{3 \times 4} + \cdots + \sqrt{k(k+1)} + \boxed{\text{(가)}}$$
$$< (k+1)\left(k + \frac{3}{2}\right)$$

따라서 $n = k+1$일 때도 주어진 부등식이 성립한다.

(i), (ii)에서 모든 자연수 n에 대하여 주어진 부등식이 성
립한다.

위의 (가), (나), (다)에 알맞은 식을 각각 $f(k)$, $g(k)$, $h(k)$라
할 때, $f(2) \times \{g(1) + h(0)\}$의 값은?

① $4\sqrt{3}$ ② $6\sqrt{3}$ ③ $8\sqrt{3}$

④ $10\sqrt{3}$ ⑤ $12\sqrt{3}$

2326 대표문제

수열 $\{a_n\}$이

$$a_1=1, \quad a_{n+1}=(n+1)a_n \ (n=1, 2, 3, \cdots)$$

으로 정의될 때, $a_1+a_2+a_3+\cdots+a_{30}$을 20으로 나누었을 때의 나머지를 구하는 과정을 서술하시오. [8점]

STEP 1 $a_2, a_3, a_4, a_5, \cdots, a_{30}$의 값 구하기 [4점]

$a_{n+1}=(n+1)a_n$의 n에 1, 2, 3, $\cdots$, 29를 차례로 대입하면

$a_2=2a_1=2\times1$

$a_3=3a_2=3\times2\times1$

$a_4=\boxed{}^{(1)}\times a_3=\boxed{}^{(2)}\times3\times2\times1$

$a_5=5a_4=5\times4\times3\times2\times1$

$\vdots$

$a_{30}=\boxed{}^{(3)}\times a_{29}$

$\quad\ =\boxed{}^{(4)}\times29\times28\times\cdots\times3\times2\times1$

STEP 2 20으로 나누어떨어지는 항 찾기 [2점]

$20=2^2\times5$이고, $a_5=5\times4\times3\times2\times1$이므로

$\boxed{}^{(5)}$는 20으로 나누어떨어진다.

즉, $\boxed{}^{(6)}$, a_6, a_7, $\cdots$, a_{30}은 모두 20으로 나누어떨어진다.

STEP 3 $a_1+a_2+a_3+\cdots+a_{30}$을 20으로 나누었을 때의 나머지 구하기 [2점]

$a_1+a_2+a_3+\cdots+a_{30}$을 20으로 나누었을 때의 나머지는 $a_1+a_2+a_3+a_4$를 20으로 나누었을 때의 나머지와 같다.

이때 $a_1+a_2+a_3+a_4=\boxed{}^{(7)}$이므로 구하는 나머지는 $\boxed{}^{(8)}$이다.

2327 한번 더

수열 $\{a_n\}$이

$$a_1=2, \quad a_{n+1}=(n+2)a_n \ (n=1, 2, 3, \cdots)$$

으로 정의될 때, $a_1+a_2+a_3+\cdots+a_{50}$을 30으로 나누었을 때의 나머지를 구하는 과정을 서술하시오. [8점]

STEP 1 $a_2, a_3, a_4, \cdots, a_{50}$의 값 구하기 [4점]

STEP 2 30으로 나누어떨어지는 항 찾기 [2점]

STEP 3 $a_1+a_2+a_3+\cdots+a_{50}$을 30으로 나누었을 때의 나머지 구하기 [2점]

2328 유사 1

수열 $\{a_n\}$이

$$a_1=1, \quad a_{n+1}=\frac{n+1}{n}a_n \ (n=1, 2, 3, \cdots)$$

으로 정의될 때, $a_1\times a_2\times a_3\times\cdots\times a_{50}$을 60으로 나누었을 때의 나머지를 구하는 과정을 서술하시오. [7점]

핵심 KEY 유형 5 $a_{n+1}=a_n f(n)$ 꼴의 귀납적 정의

수열의 첫째항부터 제n항까지의 합을 자연수로 나누었을 때의 나머지를 구하는 문제이다.

주어진 식의 n에 1, 2, 3, $\cdots$을 차례로 대입하여 a_1, a_2, a_3, $\cdots$의 값을 구하고 차례로 나열한 항과 나누는 수의 배수 관계가 처음으로 성립하는 항을 찾는 것에 주의한다.

2329 대표문제

수열 $\{a_n\}$이

$$a_1=1,\ a_{n+1}=5a_n+1\ (n=1,\ 2,\ 3,\ \cdots)$$

로 정의될 때, $a_{20}=\dfrac{5^q-1}{p}$ 을 만족시키는 자연수 p, q에 대하여 $p+q$의 값을 구하는 과정을 서술하시오. [8점]

STEP 1 $a_2,\ a_3,\ a_4,\ \cdots$의 값 구하기 [4점]

$a_{n+1}=5a_n+1$의 n에 1, 2, 3, $\cdots$을 차례로 대입하면

$a_2=\boxed{}^{(1)}\times a_1+1=5\times1+1=5+1$

$a_3=5a_2+1=5\times(5+1)+1=5^2+5+1$

$a_4=5a_3+1=5\times(5^2+5+1)+1=5^3+5^2+5+1$

$\qquad\vdots$

STEP 2 a_{20}의 값 구하기 [3점]

a_n은 첫째항이 $\boxed{}^{(2)}$, 공비가 $\boxed{}^{(3)}$인 등비수열의 첫째항부터 제n항까지의 합이므로

$a_{20}=\dfrac{\boxed{}^{(4)}{}^{20}-1}{5-1}=\dfrac{\boxed{}^{(4)}{}^{20}-1}{4}$

STEP 3 $p+q$의 값 구하기 [1점]

$p=\boxed{}^{(5)}$, $q=20$이므로

$p+q=\boxed{}^{(6)}$

2330 한번 더

수열 $\{a_n\}$이

$$a_1=3,\ a_{n+1}=3a_n+3\ (n=1,\ 2,\ 3,\ \cdots)$$

으로 정의될 때, $a_{10}=\dfrac{3^q-r}{p}$ 을 만족시키는 자연수 p, q, r에 대하여 $p+q+r$의 값을 구하는 과정을 서술하시오.

(단, p와 r은 서로소이다.) [8점]

STEP 1 $a_2,\ a_3,\ a_4,\ \cdots$의 값 구하기 [4점]

STEP 2 a_{10}의 값 구하기 [3점]

STEP 3 $p+q+r$의 값 구하기 [1점]

2331 유사 1

수열 $\{a_n\}$이

$$a_1=1,\ a_{n+1}=\dfrac{1}{2}a_n+1\ (n=1,\ 2,\ 3,\ \cdots)$$

로 정의될 때, $a_{16}=p-\dfrac{1}{2^q}$ 을 만족시키는 자연수 p, q에 대하여 $p+q$의 값을 구하는 과정을 서술하시오. [8점]

핵심 KEY 유형 6, 유형 7 **여러 가지 수열의 귀납적 정의**

귀납적으로 정의된 수열 $\{a_n\}$의 n에 1, 2, 3, $\cdots$을 차례로 대입하여 규칙을 찾아 특정한 항의 값을 구하거나 미지수의 값을 구하는 문제이다.

항이 가진 규칙을 파악할 수 있도록 식을 나열하는 것에 주의한다.

특히, $a_{n+1}=ra_n$ 또는 $\dfrac{a_{n+1}}{a_n}=r$ (일정)이면 수열 $\{a_n\}$이 등비수열을 이룸을 이용한다.

2332 ☑유사2

수열 $\{a_n\}$이

$$a_1=1, \quad a_{n+1}=\frac{4-a_n}{3-a_n} \quad (n=1, 2, 3, \cdots)$$

으로 정의된다. $a_{20}=\dfrac{q}{p}$일 때, $p+q$의 값을 구하는 과정을 서술하시오. (단, p와 q는 서로소인 자연수이다.) [10점]

2333 ☑유사3

수열 $\{a_n\}$이

$$a_1=\frac{1}{2}, \quad a_{n+1}=\frac{a_n}{3a_n+1} \quad (n=1, 2, 3, \cdots)$$

으로 정의된다. $a_{10}=\dfrac{q}{p}$일 때, $p-q$의 값을 구하는 과정을 서술하시오. (단, p와 q는 서로소인 자연수이다.) [10점]

2334 대표문제

모든 자연수 n에 대하여 부등식

$$\frac{1}{2}+\frac{1}{3}+\frac{1}{4}+\cdots+\frac{1}{2^n} \le n-\frac{1}{2}$$

이 성립함을 수학적 귀납법으로 증명하는 과정을 서술하시오. [10점]

STEP 1 $n=1$일 때, 주어진 부등식이 성립함을 보이기 [2점]

$n=1$일 때

$$(좌변)=\boxed{}^{(1)}, \quad (우변)=1-\frac{1}{2}=\frac{1}{2}$$

이므로 주어진 부등식이 성립한다.

STEP 2 $n=k$일 때, 주어진 부등식이 성립함을 가정하기 [2점]

$n=k$일 때, 주어진 부등식이 성립한다고 가정하면

$$\frac{1}{2}+\frac{1}{3}+\frac{1}{4}+\cdots+\boxed{}^{(2)} \le k-\frac{1}{2}$$

STEP 3 양변에 같은 식을 더해서 $n=k+1$일 때, 주어진 부등식이 성립함을 보이기 [6점]

위 부등식의 양변에 $\dfrac{1}{2^k+1}+\dfrac{1}{2^k+2}+\cdots+\dfrac{1}{2^{k+1}}$을 더하면

$$\frac{1}{2}+\frac{1}{3}+\frac{1}{4}+\cdots+\frac{1}{2^k}+\frac{1}{2^k+1}+\frac{1}{2^k+2}+\cdots+\boxed{}^{(3)}$$

$$\le k-\frac{1}{2}+\frac{1}{2^k+1}+\frac{1}{2^k+2}+\cdots+\boxed{}^{(4)} \quad \cdots\cdots\cdots \ \unicode{x24D8}$$

이때 모든 자연수 l에 대하여 $0<2^k<2^k+l$이 성립하므로

$$\frac{1}{2^k+1}+\frac{1}{2^k+2}+\cdots+\frac{1}{2^{k+1}}=\sum_{l=1}^{2^k}\frac{1}{2^k+l}$$

$$<\sum_{l=1}^{2^k}\frac{1}{2^k}=\boxed{}^{(5)} \quad \cdots\cdots\cdots \ \unicode{x24DB}$$

$\unicode{x24D8}$, $\unicode{x24DB}$에서

$$\frac{1}{2}+\frac{1}{3}+\frac{1}{4}+\cdots+\frac{1}{2^{k+1}}<\left(\boxed{}^{(6)}\right)-\frac{1}{2}$$

즉, $n=k+1$일 때도 주어진 부등식이 성립한다.

따라서 모든 자연수 n에 대하여 주어진 부등식이 성립한다.

핵심 KEY 유형 17 **수학적 귀납법 – 부등식의 증명**

수학적 귀납법을 이용한 부등식의 증명 문제이다.

$n \ge a$인 모든 자연수 n에 대하여 부등식이 성립함을 증명할 때는

❶ $n=a$ (a는 자연수)일 때, 부등식이 성립함을 보인다.

❷ $n=k$ ($k \ge a$)일 때, 부등식이 성립한다고 가정한다.

❸ $A>B$, $B>C$이면 $A>C$임을 이용하여 $n=k+1$일 때도 부등식이 성립함을 보인다.

2335 ᵔ한번 더

$n \geq 2$인 모든 자연수 n에 대하여 부등식

$$1 + \frac{1}{2} + \frac{1}{3} + \cdots + \frac{1}{2^n} > 1 + \frac{n}{2}$$

이 성립함을 수학적 귀납법으로 증명하는 과정을 서술하시오. [10점]

STEP 1 $n=2$일 때, 주어진 부등식이 성립함을 보이기 [2점]

STEP 2 $n=k$ $(k \geq 2)$일 때, 주어진 부등식이 성립함을 가정하기 [2점]

STEP 3 양변에 같은 식을 더해서 $n=k+1$일 때, 주어진 부등식이 성립함을 보이기 [6점]

2336 ☑유사 1

모든 자연수 n에 대하여 부등식

$$1 + \frac{1}{\sqrt{2}} + \frac{1}{\sqrt{3}} + \cdots + \frac{1}{\sqrt{n}} \geq 2 - \frac{1}{\sqrt{n}}$$

이 성립함을 수학적 귀납법으로 증명하는 과정을 서술하시오. [10점]

1 2337

수열 $\{a_n\}$이

$$a_1=1, \; a_2=4, \; 2a_{n+1}=a_n+a_{n+2} \; (n=1, \, 2, \, 3, \, \cdots)$$

로 정의될 때, a_{17}의 값은? [3점]

① 48   ② 49   ③ 50

④ 51   ⑤ 52

2 2338

수열 $\{a_n\}$이

$$a_1=1, \; a_{n+1}=a_n+n \; (n=1, \, 2, \, 3, \, \cdots)$$

으로 정의될 때, a_{20}의 값은? [3점]

① 161   ② 171   ③ 181

④ 191   ⑤ 201

3 2339

수열 $\{a_n\}$이

$$a_1=120, \; a_{n+1}=\frac{-2n+1}{n+1}a_n \; (n=1, \, 2, \, 3, \, \cdots)$$

으로 정의될 때, a_5의 값은? [3점]

① 90   ② 95   ③ 100

④ 105   ⑤ 110

4 2340

수열 $\{a_n\}$이

$$a_1=2, \; a_{n+1}=3a_n+2 \; (n=1, \, 2, \, 3, \, \cdots)$$

로 정의될 때, a_4의 값은? [3점]

① 32   ② 52   ③ 71

④ 80   ⑤ 93

5 2341

수열 $\{a_n\}$이

$$a_1=-\frac{1}{6}, \; a_{n+1}=\frac{a_n}{5a_n+1} \; (n=1, \, 2, \, 3, \, \cdots)$$

으로 정의된다. $a_5=\dfrac{q}{p}$일 때, $p+q$의 값은?

(단, p와 q는 서로소인 자연수이다.) [3점]

① 11   ② 12   ③ 13

④ 14   ⑤ 15

6 2342

수열 $\{a_n\}$이 $a_1=3$이고

$$a_{n+1}=\begin{cases} a_n+2 \ (n\text{이 홀수}) \\ 2a_n \ \ \ \ (n\text{이 짝수}) \end{cases} (n=1,\ 2,\ 3,\ \cdots)$$

로 정의될 때, a_9의 값은? [3점]

① 50   ② 52   ③ 54

④ 104   ⑤ 108

7 2343

모든 자연수 n에 대하여 명제 $p(n)$이 성립함을 증명하려면 다음 두 가지를 보이면 된다.

(i) $n=$ (가) 일 때, 명제 $p(n)$이 성립한다.

(ii) $n=k$일 때, 명제 $p(n)$이 성립한다고 가정하면
$n=$ (나) 일 때도 명제 $p(n)$이 성립한다.
이와 같이 증명하는 방법을 (다) 이라 한다.

위의 (가), (나), (다)에 알맞은 것은? [3점]

	(가)	(나)	(다)
①	0	k	수학적 귀납법
②	0	$k+1$	수열의 귀납적 정의
③	1	k	수학적 귀납법
④	1	$k+1$	수학적 귀납법
⑤	1	$k+1$	수열의 귀납적 정의

8 2344

모든 항이 양수인 수열 $\{a_n\}$이 다음 조건을 만족시킬 때, $\sum\limits_{k=1}^{5} a_k$의 값은? [3.5점]

(가) $\dfrac{a_1 a_5}{a_4}=10$

(나) $a_{n+1}{}^3 - 8a_n{}^3 = 0 \ (n=1,\ 2,\ 3,\ \cdots)$

① 25   ② 31   ③ 75

④ 124   ⑤ 155

9 2345

수열 $\{a_n\}$이

$$a_1=2,\ a_n + a_{n+1} = 4n \ (n=1,\ 2,\ 3,\ \cdots)$$

으로 정의될 때, $\sum\limits_{k=1}^{30} a_k$의 값은? [3.5점]

① 800   ② 850   ③ 900

④ 950   ⑤ 1000

10 2346

수열 $\{a_n\}$이

$$a_1=1,\ n(a_{n+1}-a_n)=a_n\ (n=1,\ 2,\ 3,\ \cdots)$$

으로 정의될 때, $a_k=15$를 만족시키는 자연수 k의 값은?

[3.5점]

① 13   ② 14   ③ 15

④ 16   ⑤ 17

11 2347

수열 $\{a_n\}$이 $a_1=1$이고,

$$(n+1)a_{n+1}-na_n=3\ (n=1,\ 2,\ 3,\ \cdots)$$

을 만족시킬 때, a_8의 값은 [3.5점]

① $\dfrac{11}{4}$ ② 3   ③ $\dfrac{13}{4}$

④ $\dfrac{7}{2}$ ⑤ $\dfrac{15}{4}$

12 2348

등차수열 $\{a_n\}$에 대하여 $a_1=3$, $a_9-a_6=6$이고, 수열 $\{b_n\}$이 모든 자연수 n에 대하여

$$b_1=1,\ b_{n+1}=\begin{cases} a_n+b_n\ (b_n \text{이 홀수}) \\ a_n-b_n\ (b_n \text{이 짝수}) \end{cases}$$

를 만족시킨다. $\displaystyle\sum_{k=1}^{30} b_k$의 값은? [3.5점]

① 120   ② 225   ③ 330

④ 480   ⑤ 495

13 2349

어느 어항의 수질 관리를 위해 어항에 들어 있는 물의 $\dfrac{1}{5}$만큼을 빼내고 남아 있는 물의 양의 $\dfrac{1}{6}$만큼 새로 채워 넣는 시행을 반복한다. n회 시행 후 이 어항에 들어 있는 물의 양을 a_n이라 할 때,

$$a_{n+1}=\frac{q}{p}a_n\ (n=1,\ 2,\ 3,\ \cdots)$$

이 성립한다. 이때 $p+q$의 값은?

(단, p와 q는 서로소인 자연수이다.) [3.5점]

① 17   ② 29   ③ 32

④ 37   ⑤ 54

14 2350

한 변의 길이가 1인 정삼각형을 이용하여 그림과 같이 도형을 만들려고 한다. [n단계]의 도형에서 한 변의 길이가 1인 정삼각형의 개수를 a_n이라 할 때, a_{n+1}과 a_n 사이의 관계식은? (단, $n=1,\ 2,\ 3,\ \cdots$) [3.5점]

[1단계]   [2단계]   [3단계]

① $a_1=1,\ a_{n+1}=a_n+2n-1$

② $a_1=1,\ a_{n+1}=a_n+2n+1$

③ $a_1=1,\ a_{n+1}=a_n+2n+3$

④ $a_1=1,\ a_{n+1}=a_n+3n$

⑤ $a_1=1,\ a_{n+1}=a_n+3n+1$

15 2351

다음은 모든 자연수 n에 대하여 등식

$$\frac{1}{1\times2}+\frac{1}{2\times3}+\frac{1}{3\times4}+\cdots+\frac{1}{n(n+1)}=\frac{n}{n+1}$$

이 성립함을 수학적 귀납법으로 증명한 것이다.

(i) $n=1$일 때

(좌변)$=\dfrac{1}{1\times2}=\dfrac{1}{2}$, (우변)$=\dfrac{1}{1+1}=\dfrac{1}{2}$

이므로 주어진 등식이 성립한다.

(ii) $n=k$일 때, 주어진 등식이 성립한다고 가정하면

$$\frac{1}{1\times2}+\frac{1}{2\times3}+\frac{1}{3\times4}+\cdots+\frac{1}{k(k+1)}=\frac{k}{k+1}\ \cdots\cdots\ \text{㉠}$$

㉠의 양변에 $\boxed{\text{(가)}}$ 을 더하면

$$\frac{1}{1\times2}+\frac{1}{2\times3}+\frac{1}{3\times4}+\cdots+\frac{1}{k(k+1)}+\boxed{\text{(가)}}$$

$$=\frac{k}{k+1}+\boxed{\text{(가)}}=\boxed{\text{(나)}}$$

따라서 $n=k+1$일 때도 주어진 등식이 성립한다.

(i), (ii)에서 모든 자연수 n에 대하여 주어진 등식이 성립한다.

위의 (가), (나)에 알맞은 식을 각각 $f(k)$, $g(k)$라 할 때, $f(3)g(3)$의 값은? [3.5점]

① $\dfrac{1}{36}$ ② $\dfrac{1}{25}$ ③ $\dfrac{1}{16}$

④ $\dfrac{1}{9}$ ⑤ $\dfrac{1}{4}$

16 2352

다음은 $x>0$으로 정의될 때, $n\geq2$인 모든 자연수 n에 대하여 부등식

$$(1+x)^n>1+nx$$

가 성립함을 수학적 귀납법으로 증명한 것이다.

(i) $n=2$일 때

(좌변)$=(1+x)^2=1+2x+x^2$, (우변)$=1+2x$

$x^2>0$이므로 주어진 부등식이 성립한다.

(ii) $n=k$일 때

$(1+x)^k>1+kx$가 성립한다고 가정하자.

$n=k+1$이면

$$(1+x)^{k+1}>\left(\boxed{\text{(가)}}\right)(1+x)$$

$$=1+(k+1)x+\boxed{\text{(나)}}$$

$$>1+(k+1)x$$

따라서 $n=k+1$일 때도 주어진 부등식이 성립한다.

(i), (ii)에서 $n\geq2$인 모든 자연수 n에 대하여 주어진 부등식이 성립한다.

위의 (가), (나)에 알맞은 식은? [3.5점]

	(가)	(나)
①	$(k-1)x$	kx^2
②	kx	kx^2
③	$1+kx$	kx^2
④	$1+kx$	$(k+1)x^2$
⑤	$1+(1+k)x$	$(k+1)x^2$

17 2353

수열 $\{a_n\}$이

$$a_1=1,$$

$$(n+2)a_n=2(a_1+a_2+a_3+\cdots+a_n)\ (n=1,\ 2,\ 3,\ \cdots)$$

이 성립할 때, a_{99}의 값은? [4점]

① 40   ② 45   ③ 50

④ 55   ⑤ 60

18 2354

자연수 n에 대하여 좌표평면 위의 점 A_n이 다음 조건을 만족시킬 때, 점 A_{11}의 x좌표는? [4점]

> (가) 점 A_1의 좌표는 $(1, 0)$이다.
> (나) 점 A_n을 x축의 양의 방향으로 n만큼 평행이동한 점을 B_n이라 하고, 선분 A_nB_n을 $3:2$로 내분하는 점을 A_{n+1}이라 한다.

① 19   ② $\dfrac{83}{3}$ ③ 29

④ 34   ⑤ $\dfrac{113}{3}$

19 2355

평면 위에 n개의 원을 그릴 때, 임의의 두 원은 항상 두 점에서 만나고, 세 개 이상의 원이 동시에 지나는 점은 없도록 하자. n개의 원에 의하여 만들어지는 교점의 개수를 a_n이라 할 때, a_6의 값은? [4점]

$a_1=0$ $a_2=2$ $a_3=6$ $\cdots$

① 12   ② 15   ③ 16
④ 20   ⑤ 30

20 2356

다음은 모든 자연수 n에 대하여 7^n-6n을 36으로 나눈 나머지는 1임을 수학적 귀납법으로 증명한 것이다.

> (i) $n=1$일 때, $7^1-6\times1=1$이므로 1을 36으로 나눈 나머지는 1이다.
> (ii) $n=k$일 때
> 7^k-6k를 36으로 나눈 나머지가 1이라 가정하면
> $7^k-6k=36p+1$, 즉 $7^k=6k+36p+1$ (p는 정수)
> $n=k+1$이면
> $7^{k+1}-6(k+1)$
> $=\boxed{\text{(가)}}(6k+36p+1)-6(k+1)$
> $=\boxed{\text{(가)}}(36p+1)+\boxed{\text{(나)}}$
> $=36(7p+\boxed{\text{(다)}})+1$
>   이므로 $n=k+1$일 때도 7^n-6n을 36으로 나눈 나머지가 1이다.
> (i), (ii)에서 모든 자연수 n에 대하여 7^n-6n을 36으로 나눈 나머지는 1이다.

위의 (가)에 알맞은 수를 a, (나), (다)에 알맞은 식을 각각 $f(k)$, $g(k)$라 할 때, $a\times\dfrac{f(1)}{g(5)}$의 값은? [4점]

① 21   ② 28   ③ 35
④ 42   ⑤ 49

21 2357

수열 $\{a_n\}$이 모든 자연수 n에 대하여

$a_1=10,$

$a_1+2a_2+3a_3+\cdots+na_n=n^3a_n$

으로 정의될 때, a_{10}의 값은? [4.5점]

① $\dfrac{1}{50}$ ② $\dfrac{1}{55}$ ③ $\dfrac{1}{100}$
④ $\dfrac{1}{101}$ ⑤ $\dfrac{1}{110}$

22 2358

수열 $\{a_n\}$이 모든 자연수 n에 대하여

$$a_{n+1}-a_n=2^{n+1}-32n$$

을 만족시킬 때, $a_{10}-a_6$의 값을 구하는 과정을 서술하시오.

[6점]

24 2360

두 수열 $\{a_n\}$, $\{b_n\}$은 $a_1=1$, $a_2=-1$이고 모든 자연수 n에 대하여 다음 조건을 만족시킨다.

> (가) $a_{n+2}=a_{n+1}^{\;2}-a_n^{\;2}$
>
> (나) $b_{2n-1}+b_{2n}=a_n+n$

$\displaystyle\sum_{k=1}^{30} b_k$의 값을 구하는 과정을 서술하시오. [7점]

23 2359

수열 $\{a_n\}$의 첫째항부터 제n항까지의 합을 S_n이라 하면

$$a_1=1,\ a_2=4,$$
$$(S_{n+1}-S_{n-1})^2=4a_na_{n+1}+9\ (n=2,\ 3,\ 4,\ \cdots)$$

가 성립할 때, a_{25}의 값을 구하는 과정을 서술하시오.

(단, $a_1<a_2<a_3<\cdots<a_n<\cdots$) [6점]

25 2361

첫째항이 같은 두 수열 $\{a_n\}$, $\{b_n\}$이 모든 자연수 n에 대하여

$$a_{n+1}=a_n+2,\ b_n-2b_{n+1}+b_{n+2}=0$$

을 만족시키고, $b_2=9$, $b_5=0$이다. $\displaystyle\sum_{k=1}^{10}\frac{|a_kb_k|}{6}$의 값을 구하는 과정을 서술하시오. [8점]

1 2362

수열 $\{a_n\}$이

$$a_1=50,\ a_{n+1}-a_n=-2\ (n=1,\ 2,\ 3,\ \cdots)$$

로 정의될 때, $a_k=8$을 만족시키는 자연수 k의 값은? [3점]

① 21   ② 22   ③ 23

④ 24   ⑤ 25

2 2363

수열 $\{a_n\}$이

$$a_{n+2}-2a_{n+1}+a_n=0\ (n=1,\ 2,\ 3,\ \cdots)$$

으로 정의되고, $a_3=7$, $a_8=82$이다. 이때 a_{10}의 값은? [3점]

① 110   ② 111   ③ 112

④ 113   ⑤ 114

3 2364

수열 $\{a_n\}$이

$$a_1=1,\ a_{n+1}=3a_n\ (n=1,\ 2,\ 3,\ \cdots)$$

으로 정의될 때, $\dfrac{a_5}{a_3}$의 값은? [3점]

① 3   ② 6   ③ 9

④ 12   ⑤ 15

4 2365

수열 $\{a_n\}$이

$$a_1=2,\ a_{n+1}-a_n=2n-1\ (n=1,\ 2,\ 3,\ \cdots)$$

로 정의될 때, a_4의 값은? [3점]

① 5   ② 6   ③ 10

④ 11   ⑤ 14

5 2366

수열 $\{a_n\}$이

$$a_1=1,\ a_{n+1}=\frac{n}{n+1}a_n\ (n=1,\ 2,\ 3,\ \cdots)$$

으로 정의될 때, a_5의 값은? [3점]

① $\dfrac{1}{5}$ ② $\dfrac{2}{5}$ ③ $\dfrac{3}{5}$

④ $\dfrac{4}{5}$ ⑤ 1

6 2367

수열 $\{a_n\}$이 $a_1=3$이고, 모든 자연수 n에 대하여

$a_{n+1}=\dfrac{3}{a_n}$을 만족시킬 때, a_{100}의 값은? [3점]

① 1   ② 2   ③ 3

④ 4   ⑤ 5

7 2368

어느 화분에 30 kg의 흙이 들어 있다. 화분에 들어 있는 흙

의 $\dfrac{1}{3}$을 버리고 4 kg의 흙을 넣는 시행을 반복할 때, 4회 시

행 후 이 화분에 들어 있는 흙의 양은? [3점]

① $\dfrac{140}{9}$ kg   ② $\dfrac{142}{9}$ kg   ③ $\dfrac{50}{3}$ kg

④ $\dfrac{52}{3}$ kg   ⑤ 20 kg

8 2369

그림과 같이 성냥개비를 사용하여 도형을 만들려고 한다.
[n단계]의 도형을 만드는 데 필요한 성냥개비의 수를 a_n이
라 할 때, a_n과 a_{n+1} 사이의 관계식은? (단, $n=1, 2, 3, \cdots$)

[3점]

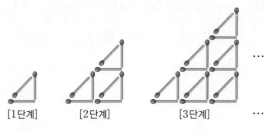

[1단계]   [2단계]   [3단계]   ...

① $a_{n+1}=a_n+2n$ ② $a_{n+1}=a_n+3(n-1)$

③ $a_{n+1}=a_n+3(n+1)$ ④ $a_{n+1}=2a_n+3$

⑤ $a_{n+1}=3(a_n+1)$

9 2370

모든 자연수 n에서 명제 $p(n)$이 아래 조건을 만족시킬 때,
다음 중 반드시 참인 명제는? [3점]

> ㈎ $p(1)$이 참이다.
> ㈏ $p(n)$이 참이면 $p(2n)$도 참이다.

① $p(10)$ ② $p(12)$ ③ $p(14)$

④ $p(16)$ ⑤ $p(18)$

10 2371

수열 $\{a_n\}$은 $a_1=2$, $a_2=-1$이고, 모든 자연수 n에 대하여

$a_{n+2}=4a_n$으로 정의될 때, $\sum\limits_{k=1}^{10} a_k$의 값은? [3.5점]

① 341   ② 343   ③ 345

④ 347   ⑤ 349

11 2372

수열 $\{a_n\}$이 모든 자연수 n에 대하여

$$a_1=130,\ a_{n+1}=-a_n+5n$$

이 성립할 때, k 이상의 모든 자연수 n에 대하여 $a_n>0$이다. 이때 자연수 k의 최솟값은? [3.5점]

① 50   ② 51   ③ 52

④ 53   ⑤ 54

12 2373

수열 $\{a_n\}$이

$$a_1=1,\ a_{n-1}+a_n=n^2+1\ (n=2,\ 3,\ 4,\ \cdots)$$

로 정의될 때, $\sum\limits_{k=1}^{20} a_k$의 값은? [3.5점]

① 1547   ② 1548   ③ 1549

④ 1550   ⑤ 1551

13 2374

수열 $\{a_n\}$은 $a_1=1$이고, 모든 자연수 n에 대하여

$$a_{n+1}+(-1)^{n+1}\times a_n=3^n$$

을 만족시킬 때, a_6의 값은? [3.5점]

① 140   ② 142   ③ 144

④ 146   ⑤ 148

14 2375

수열 $\{a_n\}$의 첫째항부터 제n항까지의 합을 S_n이라 하면

$$2S_n=3a_n-4n+3\ (n=1,\ 2,\ 3,\ \cdots)$$

이 성립할 때, a_4의 값은? [3.5점]

① 75   ② 76   ③ 77

④ 78   ⑤ 79

15 2376

수열 $\{a_n\}$의 첫째항부터 제n항까지의 합을 S_n이라 하면

$$a_1=\frac{1}{2},\ 2S_n=(n+1)a_n\ (n=1,\ 2,\ 3,\ \cdots)$$

이 성립할 때, $a_3\times a_4$의 값은? [3.5점]

① $\dfrac{3}{2}$　　　　② 2　　　　③ $\dfrac{5}{2}$

④ 3　　　　⑤ $\dfrac{7}{2}$

16 2377

다음은 모든 자연수 n에 대하여 $3^{2n}-1$이 8의 배수임을 수학적 귀납법으로 증명한 것이다.

> (i) $n=1$일 때, $3^2-1=8$이므로 $3^{2n}-1$은 8의 배수이다.
>
> (ii) $n=k$일 때, $3^{2n}-1$이 8의 배수라 가정하면
>
> $3^{2k}-1=8p$ (p는 자연수)
>
> $n=k+1$이면
>
> $3^{2(k+1)}-1=\boxed{(가)}\times 3^{2k}-1=8\times(\boxed{(나)})$
>
> 이므로 $n=k+1$일 때도 $3^{2n}-1$은 8의 배수이다.
>
> (i), (ii)에서 모든 자연수 n에 대하여 $3^{2n}-1$은 8의 배수이다.

위의 (가)에 알맞은 자연수를 a, (나)에 알맞은 식을 $f(p)$라 할 때, $a+f(2)$의 값은? [3.5점]

① 26　　　　② 27　　　　③ 28

④ 29　　　　⑤ 30

17 2378

다음은 $n\geq 4$인 모든 자연수 n에 대하여 부등식

$$1\times 2\times 3\times\cdots\times n>2^n$$

이 성립함을 수학적 귀납법으로 증명한 것이다.

> (i) $n=4$일 때
>
> (좌변)$=1\times 2\times 3\times 4=24$, (우변)$=2^4=16$
>
> 이므로 주어진 부등식이 성립한다.
>
> (ii) $n=k\ (k\geq 4)$일 때, 주어진 부등식이 성립한다고 가정하면
>
> $1\times 2\times 3\times\cdots\times k>2^k$ ⸱⸱⸱⸱⸱⸱⸱⸱⸱⸱⸱⸱⸱⸱⸱⸱⸱ ㉠
>
> ㉠의 양변에 $\boxed{(가)}$을 곱하면
>
> $1\times 2\times 3\times\cdots\times k\times(\boxed{(가)})>2^k\times(\boxed{(가)})$
>
> 이때 $2^k\times(\boxed{(가)})>\boxed{(나)}$이므로
>
> $1\times 2\times 3\times\cdots\times k\times(\boxed{(가)})>\boxed{(나)}$
>
> 따라서 $n=k+1$일 때도 주어진 부등식이 성립한다.
>
> (i), (ii)에서 $n\geq 4$인 모든 자연수 n에 대하여 주어진 부등식이 성립한다.

위의 (가), (나)에 알맞은 식을 각각 $f(k)$, $g(k)$라 할 때, $\dfrac{g(2)}{f(1)}$의 값은? [3.5점]

① 1　　　　② 2　　　　③ 3

④ 4　　　　⑤ 5

18 2379

수열 $\{a_n\}$이
$$a_1=\frac{1}{5},\ a_{n+1}=\begin{cases}2a_n & (a_n<1)\\ a_n-1 & (a_n\geq1)\end{cases} (n=1,\ 2,\ 3,\ \cdots)$$
로 정의될 때, $\displaystyle\sum_{k=1}^{45} a_k$의 값은? [4점]

① 40   ② 35   ③ 30

④ 25   ⑤ 20

19 2380

모든 항이 양수인 수열 $\{a_n\}$의 첫째항부터 제n항까지의 합을 S_n이라 할 때,
$$S_{n+1}+S_n=a_{n+1}^{\ 2}\ (n=1,\ 2,\ 3,\ \cdots)$$
이 성립한다. $a_1=3$일 때, a_{50}의 값은? [4점]

① 50   ② 51   ③ 52

④ 53   ⑤ 54

20 2381

수열 $\{a_n\}$이 모든 자연수 n에 대하여
$$a_n=\begin{cases}\log_8 n & (\log_8 n\text{은 유리수})\\ 0 & (\log_8 n\text{은 무리수})\end{cases}$$
로 정의될 때, $\displaystyle\sum_{k=1}^{n} a_k=12$를 만족시키는 자연수 n의 최댓값은? [4.5점]

① 255   ② 348   ③ 498

④ 511   ⑤ 1024

21 2382

어느 부부 동반 모임에 참석한 사람들이 서로 악수를 할 때, 다음 규칙을 모두 따른다고 한다.

> (가) 부부끼리는 서로 악수하지 않는다.
> (나) 부부가 아닌 사람끼리는 반드시 악수한다.

n쌍의 부부가 모인 모임에서 이루어진 악수의 전체 횟수를 a_n이라 하자. 모든 자연수 n에 대하여 a_n과 a_{n+1} 사이의 관계식이 $a_{n+1}=a_n+f(n)$일 때, $f(3)$의 값은? [4.5점]

① 11   ② 12   ③ 13

④ 14   ⑤ 15

22 2383

수열 $\{a_n\}$이

$$a_1=10,\ a_{n+1}=a_n+5-4n\ (n=1,\ 2,\ 3,\ \cdots)$$

으로 정의될 때, a_9의 값을 구하는 과정을 서술하시오. [6점]

23 2384

수열 $\{a_n\}$은 $a_1=2$이고, 모든 자연수 n에 대하여

$$a_{n+1}=\begin{cases} 6-\dfrac{4}{a_n} & (a_n\text{이 정수인 경우}) \\[2mm] -\dfrac{15}{8}a_n+\dfrac{51}{4} & (a_n\text{이 정수가 아닌 경우}) \end{cases}$$

를 만족시킬 때, 100 이하의 자연수 k에 대하여 a_k의 값이 정수가 되는 모든 자연수 k의 값의 합을 구하는 과정을 서술하시오. [7점]

24 2385

모든 자연수 n에 대하여 등식

$$\frac{1}{2!}+\frac{2}{3!}+\frac{3}{4!}+\cdots+\frac{n}{(n+1)!}=1-\frac{1}{(n+1)!}$$

이 성립함을 수학적 귀납법으로 증명하는 과정을 서술하시오. (단, $n!=n\times(n-1)\times(n-2)\times\cdots\times2\times1$) [7점]

25 2386

농도가 10 %인 소금물 100 g이 들어 있는 그릇이 있다. 이 그릇에서 소금물 40 g을 덜어 낸 다음 농도가 8 %인 소금물 40 g을 다시 넣는 시행을 반복할 때, n회 시행 후 이 그릇에 담긴 소금물의 농도를 a_n %라 하자.

$$a_{n+1}=pa_n+q\ (n=1,\ 2,\ 3,\ \cdots)$$

가 성립할 때, 상수 p, q에 대하여 a_1의 값과 $p+q$의 값을 구하는 과정을 서술하시오. [8점]

1 2387

연계문항 461쪽 **2227**

$a_1=1$, $a_2=3$인 수열 $\{a_n\}$에 대하여 이차방정식

$$a_n x^2 - 2a_{n+1} x + a_{n+2} = 0$$

이 중근을 가진다. 수열 $\{a_n\}$의 첫째항부터 제n항까지의 합을 S_n이라 할 때, $S_n < 1000$을 만족시키는 n의 최댓값은?

① 5 ② 6 ③ 7

④ 8 ⑤ 9

2 2388

연계문항 468쪽 **2265**

첫째항이 1인 수열 $\{a_n\}$은 모든 자연수 n에 대하여

$$a_{n+1} = \begin{cases} a_n - 18 & (n\text{이 }3\text{의 배수인 경우}) \\ a_n + 3k & (n\text{이 }3\text{의 배수가 아닌 경우}) \end{cases}$$

를 만족시킨다. $a_3 = a_{18}$일 때, $k \times a_{12}$의 값을 구하시오.

(단, k는 상수이다.)

3 2389

연계문항 472쪽 **2289**

모든 자연수 n에 대하여 $a_n > 0$인 수열 $\{a_n\}$의 첫째항부터 제n항까지의 합을 S_n이라 하면

$$12S_n = a_n{}^2 + 6a_n - 7 \quad (n=1,\ 2,\ 3,\ \cdots)$$

이 성립한다. 수열 $\{a_n\}$의 일반항을 구하시오.

4 2390

연계문항 475쪽 **2305**

그림과 같이 정사각형 모양의 종이 ABCD가 있다. 두 변 BC, CD의 중점이 각각 M, N일 때, 삼각형 AMN을 그린 후 삼각형의 각 변의 중점을 연결하여 삼각형 PHQ를 그린다. 삼각형 PHQ의 넓이를 S_1이

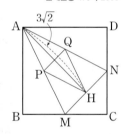

라 하고, 이와 같이 삼각형의 각 변의 중점을 연결하여 삼각형을 그리는 시행을 반복하여 그 넓이를 차례로 S_2, S_3, $\cdots$이라 할 때, $S_5 = \dfrac{q}{p}$이다. $\overline{AH} = 3\sqrt{2}$일 때, $p+q$의 값을 구하시오. (단, p와 q는 서로소인 자연수이다.)

빠른 정답

II. 삼각함수

06 삼각함수의 그래프   236쪽~286쪽

1114 (1) 치역 : $\{y\,|\,-2\le y\le 2\}$, 주기 : 2π, 그래프는 풀이 참조
   (2) 치역 : $\{y\,|\,-1\le y\le 1\}$, 주기 : π, 그래프는 풀이 참조
   (3) 치역 : $\{y\,|\,-1\le y\le 1\}$, 주기 : 4π, 그래프는 풀이 참조
   (4) 치역 : $\{y\,|\,-3\le y\le 3\}$, 주기 : π, 그래프는 풀이 참조

1115 (1) 최댓값 : 3, 최솟값 : -1, 주기 : $\dfrac{2}{3}\pi$
   (2) 최댓값 : $-\dfrac{3}{2}$, 최솟값 : $-\dfrac{5}{2}$, 주기 : 4π

1116 (1) 주기 : π, 점근선의 방정식 : $x=n\pi+\dfrac{\pi}{2}$ (단, n은 정수),
   그래프는 풀이 참조
   (2) 주기 : 2π, 점근선의 방정식 : $x=2n\pi+\pi$ (단, n은 정수),
   그래프는 풀이 참조

1117 최댓값 : 없다., 최솟값 : 없다., 주기 : $\dfrac{3}{2}\pi$

1118 (1) $-\dfrac{\sqrt{3}}{2}$ (2) $-\dfrac{\sqrt{2}}{2}$ (3) $\sqrt{3}$ (4) $-\dfrac{1}{2}$ (5) $\dfrac{\sqrt{2}}{2}$ (6) $-\dfrac{\sqrt{3}}{3}$

1119 0.7986

1120 (1) $x=\dfrac{5}{4}\pi$ 또는 $x=\dfrac{7}{4}\pi$ (2) $x=\dfrac{\pi}{3}$ 또는 $x=\dfrac{4}{3}\pi$

1121 $x=\dfrac{\pi}{6}$ 또는 $x=\dfrac{11}{6}\pi$

1122 (1) $\dfrac{\pi}{6}\le x\le\dfrac{5}{6}\pi$ (2) $\dfrac{3}{4}\pi<x<\dfrac{5}{4}\pi$

1123 $\dfrac{\pi}{6}\le x<\dfrac{\pi}{2}$ 또는 $\dfrac{7}{6}\pi\le x<\dfrac{3}{2}\pi$

1124 ④   **1125** ①   **1126** ④   **1127** ⑤
1128 ㄱ, ㄴ, ㄹ   **1129** ③   **1130** ④   **1131** ⑤
1132 ②   **1133** $A>B$ **1134** ⑤   **1135** ④
1136 ③   **1137** ⑤   **1138** 0   **1139** 9   **1140** -1
1141 ④   **1142** ③   **1143** ③   **1144** ②   **1145** ㄹ
1146 ④   **1147** -9 **1148** ①   **1149** ⑤   **1150** -12
1151 ②   **1152** -12 **1153** ②   **1154** ④   **1155** ⑤
1156 ⑤   **1157** ⑤   **1158** ⑤   **1159** ㄴ, ㄷ, ㅁ
1160 ⑤   **1161** ②   **1162** ⑤   **1163** ⑤   **1164** ①
1165 4   **1166** ①   **1167** $\dfrac{14}{3}\pi$ **1168** ①   **1169** ①
1170 ⑤   **1171** ③   **1172** 14   **1173** ②   **1174** $\dfrac{\sqrt{3}}{3}$
1175 $\sqrt{3}+3$ **1176** ②   **1177** ①   **1178** ⑤   **1179** ④
1180 ⑤   **1181** ④   **1182** ⑤   **1183** ㄱ, ㄷ **1184** ②
1185 4   **1186** 7   **1187** ③   **1188** ②   **1189** ④

1190 ⑤   **1191** ③   **1192** 3   **1193** ②   **1194** ③
1195 ③   **1196** ㄱ, ㄷ, ㅂ   **1197** 0   **1198** ①
1199 ⑤   **1200** ④   **1201** $-\dfrac{1}{20}$ **1202** ⑤
1203 ⑤   **1204** ④   **1205** ④   **1206** ⑤   **1207** ⑤
1208 ④   **1209** ①   **1210** ③   **1211** ①   **1212** 0
1213 ③   **1214** ③   **1215** ①   **1216** ②   **1217** $\dfrac{7}{2}$
1218 ⑤   **1219** ③   **1220** 1   **1221** ③   **1222** ⑤
1223 ②   **1224** $\dfrac{73}{9}$ **1225** ①   **1226** ③   **1227** 4
1228 ①   **1229** ③   **1230** ⑤   **1231** ①   **1232** ①
1233 ②   **1234** ②   **1235** ①   **1236** 9   **1237** ③
1238 ③   **1239** ③   **1240** $\dfrac{1}{2}$ **1241** ④   **1242** ③
1243 2π **1244** ②   **1245** ②   **1246** $\dfrac{\pi}{4}$ **1247** ③
1248 $\dfrac{\sqrt{3}}{2}$ **1249** -1 **1250** ③   **1251** ②   **1252** ②
1253 ③   **1254** ①   **1255** ①   **1256** ③
1257 $x=\dfrac{7}{6}\pi$ 또는 $x=\dfrac{11}{6}\pi$ **1258** ①   **1259** ③
1260 $\dfrac{13}{12}\pi$ **1261** ②   **1262** ③   **1263** ③   **1264** $-\dfrac{\sqrt{3}}{2}$
1265 ④   **1266** ⑤   **1267** ⑤   **1268** $-\dfrac{1}{2}$ **1269** 0
1270 ③   **1271** -2π **1272** ①   **1273** ⑤   **1274** $-\dfrac{1}{2}$
1275 ③   **1276** ①   **1277** ③   **1278** 12   **1279** ②
1280 ④   **1281** ④   **1282** $-5\le k\le 3$ **1283** ②
1284 ②   **1285** -4 **1286** 2   **1287** ①   **1288** $\dfrac{2}{3}\pi$
1289 ①   **1290** ③   **1291** ②   **1292** 2π **1293** ③
1294 ②   **1295** ①   **1296** ③   **1297** ⑤   **1298** ④
1299 ③   **1300** ⑤   **1301** $a\ge 2$ **1302** 7   **1303** ③
1304 ④   **1305** ④   **1306** ④
1307 $0\le\theta<\dfrac{\pi}{6}$ 또는 $\dfrac{5}{6}\pi<\theta<2\pi$ **1308** ①   **1309** ③
1310 $-\dfrac{1}{2}$
1311 (1) 2 (2) -1 (3) 4π (4) $\dfrac{1}{2}$ (5) $\dfrac{1}{2}$ (6) $-\dfrac{1}{2}$
   (7) $\dfrac{2}{3}\pi$ (8) $-\dfrac{2}{3}\pi$

1312 12   1313 $\sqrt{3}$ 1314 $\dfrac{13}{3}$

1315 (1) $\cos 2°$ (2) $\cos 44°$ (3) $\cos^2 1°$ (4) $\cos^2 2°$

　　 (5) $\cos^2 44°$ (6) $\dfrac{\sqrt{2}}{2}$ (7) $\dfrac{1}{2}$ (8) $\dfrac{89}{2}$

1316 1   1317 $\dfrac{\sqrt{2}}{2}$

1318 (1) $\sin x$ (2) $2\sin x$ (3) $\dfrac{1}{2}$ (4) $\dfrac{1}{2}$ (5) 5 (6) $\dfrac{1}{2}$

　　 (7) 5 (8) $\dfrac{1}{2}$ (9) $\dfrac{11}{2}$

1319 $\dfrac{9}{2}$ 1320 2   1321 ④   1322 ③   1323 ②

1324 ⑤   1325 ⑤   1326 ②   1327 ③   1328 ⑤

1329 ⑤   1330 ④   1331 ④   1332 ⑤   1333 ⑤

1334 ③   1335 ⑤   1336 ④   1337 ②   1338 ④

1339 ⑤   1340 ③   1341 ③   1342 $-\dfrac{\sqrt{5}}{2}$

1343 $\dfrac{\pi}{3} \le x \le \dfrac{5}{3}\pi$ 1344 $-\dfrac{3}{2}$ 1345 5   1346 ⑤

1347 ④   1348 ③   1349 ③   1350 ③   1351 ②

1352 ①   1353 ②   1354 ①   1355 ④   1356 ⑤

1357 ①   1358 ③   1359 ④   1360 ③   1361 ④

1362 ⑤   1363 ③   1364 ⑤   1365 ②   1366 ③

1367 $\dfrac{1}{4}$ 1368 $0 < \theta < \dfrac{\pi}{6}$ 또는 $\dfrac{5}{6}\pi < \theta < \pi$ 1369 $-\dfrac{1}{2}$

1370 $\dfrac{2}{3}\pi$ 1371 2   1372 3π 1373 ④   1374 ④

1375 6   1376 $3\pi - 2$

07 삼각함수의 활용　290쪽~332쪽

1377 (1) $5\sqrt{2}$ (2) $45°$ 1378 3   1379 $\sqrt{7}$ 1380 $\dfrac{3}{4}$

1381 (1) $\dfrac{\sqrt{2}}{2}$ (2) $135°$ 1382 (1) $\dfrac{5}{7}$ (2) $\dfrac{2\sqrt{6}}{7}$ (3) $6\sqrt{6}$

1383 12   1384 $7\sqrt{2}$ 1385 $12\sqrt{2}$ 1386 ①   1387 ③

1388 ①   1389 $\dfrac{3}{4}$ 1390 ②   1391 ④   1392 $\dfrac{3}{2}$

1393 ③   1394 ④   1395 ②   1396 ②   1397 3

1398 ④   1399 ④   1400 ④   1401 ①   1402 ①

1403 ①   1404 ⑤   1405 ①   1406 ②

1407 $4:4:3$ 1408 7   1409 ⑤

1410 $b=c$인 이등변삼각형   1411 ③   1412 ②

1413 ⑤   1414 ③   1415 ③   1416 $90\pi \text{ cm}^3$

1417 ①   1418 2   1419 ②   1420 ④   1421 10 m

1422 ④   1423 ④   1424 $\sqrt{31}$ 1425 ②   1426 8

1427 ③   1428 1   1429 ①   1430 84   1431 ③

1432 ③   1433 $\dfrac{7}{8}$ 1434 ④   1435 $\dfrac{\sqrt{34}}{2}$ 1436 ⑤

1437 ④   1438 4   1439 ②   1440 3   1441 ⑤

1442 ②   1443 25   1444 ③   1445 ①   1446 $-\dfrac{1}{4}$

1447 ②   1448 $45°$ 1449 ③   1450 ②   1451 ②

1452 ②   1453 ⑤   1454 ④   1455 ①   1456 ⑤

1457 $150°$ 1458 ②   1459 $120°$ 1460 ②   1461 ④

1462 ③   1463 ⑤   1464 ①

1465 $a=b$인 이등변삼각형   1466 $1:2:3$

1467 ⑤   1468 $6\sqrt{7}$ km   1469 70 m   1470 ⑤

1471 ⑤   1472 ③   1473 $2\sqrt{3}$ m   1474 ②

1475 ②   1476 ①   1477 ③   1478 ②   1479 $\dfrac{2}{5}$

1480 $\dfrac{1}{3}$ 1481 10   1482 ②   1483 ③   1484 ①

1485 ②   1486 ④   1487 ③   1488 $25(3+\sqrt{3})$

1489 ②   1490 ③   1491 ①

1492 $r=\dfrac{2\sqrt{3}}{3},\ R=\dfrac{4\sqrt{3}}{3}$ 1493 ②   1494 ④

1495 ②   1496 ③   1497 $6\sqrt{3}$ 1498 ⑤   1499 ③

1500 $\dfrac{19\sqrt{6}}{24}$ 1501 ⑤   1502 ③   1503 ③

1504 16   1505 $9\sqrt{2}$ 1506 ③   1507 ⑤   1508 ④

1509 ⑤   1510 $32\sqrt{3}$ 1511 ③   1512 $8+6\sqrt{3}$

1513 $\dfrac{33\sqrt{3}}{2}$ km²   1514 ⑤   1515 ④   1516 ③

1517 ③   1518 ④   1519 ②   1520 $8\sqrt{6}$ 1521 ②

1522 13   1523 ②   1524 ⑤   1525 $4\sqrt{3}$ 1526 ②

1527 ⑤   1528 $30\sqrt{3}$ 1529 ①   1530 ④   1531 ②

1532 ⑤   1533 ③   1534 $\dfrac{11\sqrt{3}}{2}$

1535 (1) $\dfrac{k}{3}$ (2) $\dfrac{\sqrt{3}k}{6}$ (3) $\dfrac{k}{3}$ (4) $\sqrt{3}$ (5) 2 (6) $2m$

　　 (7) $\sqrt{3}m$ (8) $2m$ (9) $\dfrac{\sqrt{3}}{2}$

1536 $-\dfrac{\sqrt{3}}{9}$ 1537 $\dfrac{7}{5}$ 1538 $\dfrac{9}{2}$

1539 (1) 4 (2) 7 (3) 5 (4) $\frac{1}{5}$ (5) 4 (6) 16 (7) $\frac{1}{5}$
(8) 33 (9) $\sqrt{33}$

1540 $\sqrt{23}$ **1541** $\sqrt{13}$ **1542** 3

1543 (1) $\frac{\sqrt{15}}{4}$ (2) 4 (3) $-\frac{1}{4}$ (4) 64 (5) 8 (6) 8 (7) 4
(8) 16 (9) $\frac{256}{15}\pi$

1544 $\frac{25}{4}\pi$ **1545** 13π **1546** $8(1+\sqrt{2})$ **1547** ⑤

1548 ④ **1549** ① **1550** ① **1551** ④ **1552** ③

1553 ② **1554** ② **1555** ② **1556** ② **1557** ⑤

1558 ③ **1559** ④ **1560** ④ **1561** ③ **1562** ⑤

1563 ② **1564** ② **1565** ⑤ **1566** ① **1567** ⑤

1568 271.5 m **1569** $4\sqrt{2}$ **1570** $\frac{16}{21}$

1571 $178\pi-42\sqrt{3}$ **1572** ③ **1573** ① **1574** ④

1575 ③ **1576** ④ **1577** ⑤ **1578** ④ **1579** ③

1580 ③ **1581** ③ **1582** ③ **1583** ② **1584** ②

1585 ④ **1586** ⑤ **1587** ① **1588** ② **1589** ④

1590 ③ **1591** ⑤ **1592** ④ **1593** $-1+\sqrt{34}$

1594 $15\sqrt{15}$ **1595** 6 **1596** $\frac{32\sqrt{2}}{7}$

1597 $\sqrt{3}$ **1598** 3 **1599** $\frac{4}{3}\pi$ **1600** $\frac{135\sqrt{3}}{4}$

1601 $2\sqrt{11}$ **1602** $6\sqrt{10}$

III. 수열

08 등차수열
336쪽~372쪽

1603 $\frac{5}{3}$, 1, $\frac{7}{9}$, $\frac{2}{3}$, $\frac{3}{5}$

1604 (1) $a_n=2n-1$ (2) $a_n=\frac{1}{n(n+1)}$ (3) $a_n=(-1)^n$

1605 $a_n=-2n+15$ **1606** -3 **1607** 550 **1608** 450

1609 $a_n=2n+1$ **1610** (1) $a_n=4n-5$ (2) 35

1611 ④ **1612** ④ **1613** 7 **1614** ② **1615** ③

1616 -2 **1617** 6 **1618** ① **1619** ② **1620** ③

1621 ④ **1622** ④ **1623** ③ **1624** ③

1625 $a_n=2(n-1)\log_3 2$ **1626** ④

1627 제12항 **1628** ③ **1629** ② **1630** ⑤

1631 ② **1632** 12 **1633** ④ **1634** ⑤ **1635** ②

1636 제15항 **1637** ⑤ **1638** 74 **1639** ④

1640 ② **1641** ③ **1642** ② **1643** 18 **1644** ⑤

1645 ⑤ **1646** 4 **1647** ⑤ **1648** 60 **1649** ②

1650 ① **1651** ⑤ **1652** 4 **1653** ④ **1654** ④

1655 -9 **1656** ③ **1657** 12 **1658** ③ **1659** ⑤

1660 ② **1661** 45 **1662** ④ **1663** ④ **1664** 54

1665 $a_n=8n-44$ **1666** ③ **1667** ④ **1668** ⑤

1669 ① **1670** ③ **1671** 420 **1672** ④ **1673** ④

1674 ④ **1675** ⑤ **1676** ② **1677** ④ **1678** ③

1679 -22 **1680** ④ **1681** 15 **1682** ③ **1683** ⑤

1684 57 **1685** ② **1686** ① **1687** -300

1688 ④ **1689** 12 **1690** 4 **1691** ① **1692** ④

1693 ② **1694** 12 **1695** ③ **1696** ② **1697** ①

1698 ④ **1699** ⑤ **1700** ② **1701** 216 **1702** ②

1703 ⑤ **1704** ⑤ **1705** 98550 **1706** ④

1707 ④ **1708** 2421 **1709** ③ **1710** ③ **1711** ③

1712 675 **1713** ④ **1714** ② **1715** 315 **1716** ①

1717 ② **1718** 315 **1719** ② **1720** 5 **1721** ②

1722 22 **1723** ④ **1724** ② **1725** ③ **1726** ②

1727 ②

1728 (1) $4d$ (2) $6d$ (3) $5d$ (4) $8d$ (5) 53 (6) -14
(7) 53 (8) -14 (9) 67

1729 $a_n=-3n+15$ **1730** 21

1731 (1) 55 (2) 59 (3) 59 (4) $4n$ (5) $\frac{59}{4}$ (6) 14
(7) 13 (8) 406

1732 -200 **1733** 459 **1734** -444

1735 (1) $2n$ (2) 3 (3) 5 (4) 3 (5) $4k$ (6) 10 (7) 10
(8) 41 (9) 230

1736 308 **1737** 19 **1738** 26 **1739** ② **1740** ⑤

1741 ④ **1742** ① **1743** ① **1744** ③ **1745** ④

1746 ③ **1747** ⑤ **1748** ① **1749** ② **1750** ⑤

1751 ① **1752** ② **1753** ② **1754** ① **1755** ③

1756 ④ **1757** ③ **1758** ④ **1759** ④ **1760** 39

1761 (1) $-\frac{2}{5}$ (2) 121 **1762** 9 **1763** 40

1764 ② **1765** ③ **1766** ④ **1767** ② **1768** ②

1769 ①　1770 ②　1771 ①　1772 ⑤　1773 ④

1774 ③　1775 ⑤　1776 ③　1777 ③　1778 ③

1779 ③　1780 ④　1781 ③　1782 ②　1783 ④

1784 ②　1785 $-4,\ 4,\ 12$　1786 98

1787 (1) $a_n=-\dfrac{3}{2}n+14$　(2) 152　1788 55　1789 ②

1790 ②　1791 1720　1792 ③　1793 30　1794 27

09 등비수열　375쪽~412쪽

1795 $-\dfrac{1}{3}$　1796 (1) 8, 32　(2) $-3,\ 81$

1797 (1) $a_n=50\times\left(-\dfrac{1}{2}\right)^{n-1}$　(2) $a_n=-7\times4^{n-1}$

1798 -8 또는 8　1799 $-\dfrac{1023}{256}$

1800 (1) -340　(2) 56　1801 $a_n=2^{n-1}$

1802 (1) $a_1=1,\ a_n=2^n\ (n\geq2)$　(2) 16　1803 ③

1804 $a_n=12\times(-2)^{n-1}$ 1805 $\dfrac{16}{9}$　1806 ⑤　1807 제8항

1808 ③　1809 ⑤　1810 ①　1811 ③　1812 ②

1813 ②　1814 ③　1815 ④　1816 16　1817 제7항

1818 ⑤　1819 16　1820 ⑤　1821 ④　1822 ②

1823 제7항 1824 ①　1825 ③　1826 ④　1827 5

1828 ⑤　1829 ②　1830 $\sqrt{5}$　1831 ④　1832 25

1833 ③　1834 64　1835 ②　1836 ④　1837 ②

1838 -1 1839 27　1840 ⑤　1841 12　1842 18

1843 36　1844 ①　1845 ④　1846 117　1847 ⑤

1848 ①　1849 ③　1850 1　1851 정삼각형

1852 ①　1853 ②　1854 $1,\ -2,\ 4$　1855 ②

1856 ④　1857 288　1858 ⑤　1859 ①　1860 ①

1861 $5\times\left(\dfrac{3}{7}\right)^{6}$ m　1862 ④　1863 120건 1864 ⑤

1865 $\dfrac{9}{2}$　1866 ④　1867 ②　1868 ③　1869 ④

1870 63　1871 ③　1872 1022 1873 ③　1874 7

1875 ④　1876 ③　1877 257　1878 21　1879 ④

1880 ②　1881 ③　1882 $\dfrac{1}{3}$　1883 ⑤　1884 ②

1885 64　1886 ①　1887 ③　1888 제11항

1889 ②　1890 ①　1891 ②　1892 9　1893 ④

1894 $\dfrac{63}{4}$　1895 9207 1896 5　1897 7　1898 ⑤

1899 ③　1900 ②　1901 85　1902 ⑤　1903 ②

1904 ③　1905 78 km　1906 ③　1907 ④

1908 ⑤　1909 ④　1910 $4\left\{1-\left(\dfrac{1}{2}\right)^{9}\right\}$

1911 $9\left\{1-\left(\dfrac{8}{9}\right)^{7}\right\}$　1912 ⑤　1913 ②　1914 101

1915 ③　1916 $\dfrac{10}{3}$　1917 ⑤　1918 9　1919 ④

1920 ④　1921 ④　1922 20　1923 ⑤　1924 ④

1925 ④　1926 ③　1927 2500만 원　1928 ⑤

1929 (1) 96　(2) 96　(3) $\dfrac{1}{16}$　(4) $\dfrac{1}{2}$　(5) 48　(6) 2　(7) 24　(8) 3　(9) 12

1930 $a=12,\ b=36,\ c=108$　1931 21

1932 (1) 14　(2) 6　(3) 14　(4) 28　(5) 8　(6) 2　(7) 2　(8) $2n$　(9) 20

1933 52　1934 5　1935 1

1936 (1) r^6　(2) r^3　(3) -7　(4) -8　(5) -2　(6) 7　(7) $(-2)^6$　(8) 448

1937 1024 1938 255　1939 ①　1940 ④　1941 ④

1942 ③　1943 ③　1944 ②　1945 ①　1946 ②

1947 ②　1948 ④　1949 ①　1950 ②　1951 ④

1952 ②　1953 ④　1954 ③　1955 ③　1956 ④

1957 ①　1958 ⑤　1959 ②　1960 28

1961 88500대　1962 26가지　1963 $\dfrac{341}{64}$

1964 ③　1965 ⑤　1966 ③　1967 ④　1968 ③

1969 ⑤　1970 ②　1971 ④　1972 ④　1973 ④

1974 ③　1975 ③　1976 ③　1977 ⑤　1978 ②

1979 ④　1980 ⑤　1981 ④　1982 ⑤　1983 ①

1984 ④　1985 496　1986 8　1987 98만 원

1988 $-2,\ 1,\ 4$　1989 10　1990 $2\log_6 3$

1991 $\dfrac{125}{2}$　1992 ②　1993 256

10 수열의 합　415쪽~454쪽

1994 (1) $\displaystyle\sum_{k=1}^{10}2^{k}$　(2) $\displaystyle\sum_{k=1}^{20}\dfrac{1}{k}$　(3) $\displaystyle\sum_{k=1}^{11}(3k-1)$

1995 $9+11+13+15+17+19$ **1996** (1) 16   (2) 12

1997 (1) 12   (2) 8   **1998** (1) 230   (2) 480

1999 (1) 225   (2) 380   **2000** $\dfrac{5}{12}$

2001 (1) $\sqrt{n+1}-1$ (2) $\dfrac{1}{2}(3-\sqrt{2}+\sqrt{15})$ **2002** ⑤

2003 ③   **2004** ㄷ   **2005** ④   **2006** ②   **2007** 304

2008 ②   **2009** ④   **2010** ②   **2011** ④   **2012** 100

2013 18   **2014** ③   **2015** ③   **2016** 9   **2017** ④

2018 12   **2019** ③   **2020** ②   **2021** 7   **2022** ⑤

2023 ④   **2024** $\dfrac{13}{2}$ **2025** ③   **2026** 61   **2027** 427

2028 91   **2029** ②   **2030** 266   **2031** ③   **2032** ③

2033 ③   **2034** ②   **2035** ④   **2036** -1 **2037** ①

2038 ③   **2039** ③   **2040** ④   **2041** ④   **2042** ②

2043 285   **2044** ④   **2045** 105   **2046** ②   **2047** ①

2048 ②   **2049** ②   **2050** ③   **2051** ①   **2052** 750

2053 ③   **2054** ③   **2055** 15   **2056** ①

2057 $\dfrac{n(n+1)(2n+1)}{6}$ **2058** ②   **2059** ④

2060 667   **2061** ②   **2062** ③   **2063** ③   **2064** ③

2065 ③   **2066** ①   **2067** ①   **2068** ③   **2069** ⑤

2070 11   **2071** ②   **2072** 25   **2073** ④   **2074** ④

2075 ④   **2076** ①   **2077** ③   **2078** 10   **2079** ④

2080 ④   **2081** 380   **2082** ①   **2083** ①   **2084** 15

2085 ④   **2086** ③   **2087** ①   **2088** ②   **2089** ⑤

2090 ①   **2091** ④   **2092** 48   **2093** 9   **2094** ①

2095 $\dfrac{1}{4}(9^n-1)$ **2096** ④   **2097** 2   **2098** ⑤

2099 95   **2100** ①   **2101** ①   **2102** ⑤   **2103** 511

2104 4   **2105** ①   **2106** ②   **2107** 220   **2108** ④

2109 ③   **2110** ④   **2111** 200   **2112** 550   **2113** ③

2114 55   **2115** 384   **2116** ②   **2117** 781   **2118** ③

2119 516   **2120** 제392항   **2121** 60   **2122** ③

2123 ⑤   **2124** $\dfrac{3621}{38}$ **2125** ④   **2126** ②

2127 ④   **2128** 1330   **2129** ③   **2130** 382   **2131** ②

2132 ⑤   **2133** $\dfrac{1-x^n}{(1-x)^2}-\dfrac{nx^n}{1-x}$ **2134** ⑤

2135 (1) $\dfrac{1}{k+3}$ (2) $\dfrac{1}{k+3}$ (3) $\dfrac{1}{21}$ (4) $\dfrac{1}{21}$ (5) $\dfrac{1}{21}$
    (6) $\dfrac{5}{42}$ (7) 42   (8) 5   (9) 47

2136 53   **2137** $\dfrac{5}{68}$

2138 (1) $n-3$ (2) $n-3$ (3) $2n$ (4) $2n$ (5) $n-3$
    (6) $8n$ (7) $8k$ (8) $\sum\limits_{k=1}^{10} k$ (9) $\dfrac{10\times 11}{2}$ (10) -1565

2139 1615   **2140** $\dfrac{30}{11}$ **2141** 985

2142 (1) n (2) n (3) $n-3$ (4) $k-3$ (5) $2k$
    (6) $12k$ (7) $\sum\limits_{k=1}^{8} k$ (8) $\dfrac{8\times 9}{2}$ (9) 456

2143 2020   **2144** -1 **2145** 284   **2146** ③   **2147** ②

2148 ③   **2149** ①   **2150** ③   **2151** ②   **2152** ①

2153 ⑤   **2154** ①   **2155** ④   **2156** ④   **2157** ②

2158 ③   **2159** ⑤   **2160** ③   **2161** ⑤   **2162** ③

2163 ①   **2164** ③   **2165** ②   **2166** ③   **2167** 420

2168 242   **2169** 675   **2170** 616   **2171** ③   **2172** ⑤

2173 ②   **2174** ①   **2175** ③   **2176** ③   **2177** ④

2178 ③   **2179** ③   **2180** ③   **2181** ②   **2182** ①

2183 ⑤   **2184** ④   **2185** ①   **2186** ③   **2187** ①

2188 ①   **2189** ④   **2190** ③   **2191** ③   **2192** 3025

2193 $\dfrac{2n+1}{6}$ **2194** $\dfrac{5}{11}$ **2195** 85   **2196** ④

2197 243   **2198** ③   **2199** ③   **2200** ③

⑪ 수학적 귀납법   457쪽~500쪽

2201 47   **2202** 96   **2203** 126   **2204** -80 **2205** $\dfrac{1}{10}$

2206 2^{45} **2207** ㄴ, ㄷ   **2208** 풀이 참조

2209 ④   **2210** ④   **2211** 36   **2212** ⑤   **2213** $\dfrac{1}{2}$

2214 ②   **2215** ②   **2216** 29   **2217** ②   **2218** ③

2219 ②   **2220** 5184   **2221** ③   **2222** 16   **2223** ③

2224 83   **2225** $\dfrac{211}{8}$ **2226** ②   **2227** ④   **2228** ④

2229 100   **2230** ③   **2231** ③   **2232** 9   **2233** ④

2234 1580   2235 ③   2236 ⑤   2237 5   2238 ④

2239 ③   2240 ①   2241 20   2242 351   2243 ③

2244 ④   2245 ⑤   2246 15   2247 ④   2248 ①

2249 ①   2250 ③   2251 19   2252 6   2253 ⑤

2254 ①   2255 ②   2256 ①   2257 ④   2258 50

2259 ④   2260 ②   2261 ④   2262 14   2263 ①

2264 ④   2265 ①   2266 ①   2267 8   2268 27

2269 ④   2270 ④   2271 4   2272 $\frac{7}{8}$ 2273 ①

2274 ④   2275 ⑤   2276 ⑤   2277 ①   2278 ④

2279 6   2280 0   2281 11   2282 7   2283 ④

2284 30   2285 ②   2286 ③   2287 ②   2288 ③

2289 ⑤   2290 ①   2291 162   2292 ①

2293 $a_1=90,\ a_{n+1}=\frac{3}{4}a_n+15\ (n=1,\ 2,\ 3,\ \cdots)$ 2294 ①

2295 ③   2296 ①   2297 1   2298 ①   2299 ⑤

2300 ④   2301 $\frac{32}{27}$ 2302 ②   2303 ③   2304 ⑤

2305 ②   2306 ③   2307 ③   2308 ⑤   2309 ⑤

2310 511   2311 ①   2312 1   2313 ②   2314 ⑤

2315 ①   2316 ⑤   2317 ⑤   2318 5   2319 10

2320 ⑤   2321 ④   2322 ⑤   2323 ①   2324 ②

2325 ③

2326 (1) 4   (2) 4   (3) 30   (4) 30   (5) a_5 (6) a_5 (7) 33   (8) 13

2327 2   2328 0

2329 (1) 5   (2) 1   (3) 5   (4) 5   (5) 4   (6) 24

2330 16   2331 17   2332 59   2333 28

2334 (1) $\frac{1}{2}$ (2) $\frac{1}{2^k}$ (3) $\frac{1}{2^{k+1}}$ (4) $\frac{1}{2^{k+1}}$ (5) 1   (6) $k+1$

2335 풀이 참조   2336 풀이 참조   2337 ②

2338 ④   2339 ④   2340 ④   2341 ⑤   2342 ⑤

2343 ④   2344 ⑤   2345 ③   2346 ③   2347 ①

2348 ⑤   2349 ②   2350 ②   2351 ②   2352 ③

2353 ③   2354 ④   2355 ⑤   2356 ④   2357 ②

2358 960   2359 73   2360 120   2361 275   2362 ②

2363 ③   2364 ③   2365 ④   2366 ①   2367 ①

2368 ①   2369 ③   2370 ④   2371 ①   2372 ④

2373 ④   2374 ④   2375 ⑤   2376 ④   2377 ③

2378 ④   2379 ②   2380 ②   2381 ④   2382 ②

2383 −94   2384 3051   2385 풀이 참조

2386 $a_1=\frac{46}{5},\ p+q=\frac{19}{5}$ 2387 ②   2388 57

2389 $a_n=6n+1$ 2390 515

MEMO

MEMO

동아출판

1등급의 절대기준

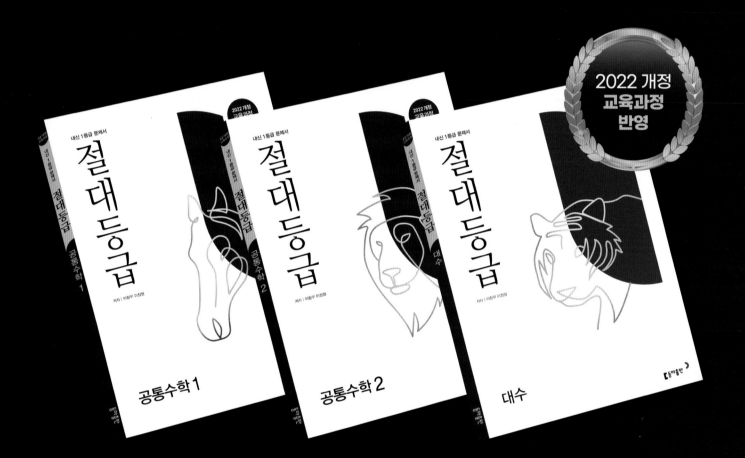

2022 개정
교육과정
반영

공통수학 1

공통수학 2

대수

고등 수학 내신 1등급 문제서

대성마이맥 이창무 집필
수학 최상위 레벨 대표 강사

타임 어택 1, 3, 7분컷
실전 감각 UP

적중률 높이는 기출
교육 특구 및 전국 500개 학교 분석

1등급 확정
변별력 갖춘 A·B·C STEP

공통수학1, 공통수학2, 대수, 미적분 I, 확률과 통계, 미적분 II

 대수

내신과 등업을 위한 강력한 한 권!

개념 연산서
수매씽 개념연산
중등 : 1~3학년 1·2학기

개념 기본서
수매씽 개념
중등 : 1~3학년 1·2학기
고등 (22개정) : 공통수학1, 공통수학2, 대수, 미적분Ⅰ, 확률과 통계, 미적분Ⅱ, 기하

유형 기본서
수매씽 유형
중등 : 1~3학년 1·2학기
고등 (15개정) : 수학Ⅰ, 수학Ⅱ, 확률과 통계, 미적분
고등 (22개정) : 공통수학1, 공통수학2, 대수, 미적분Ⅰ, 확률과 통계, 미적분Ⅱ

 동아출판

Telephone 1644-0600
Homepage www.bookdonga.com
Address 서울시 영등포구 은행로 30 (우 07242)

2022 개정
교육과정

등업을 위한
강력한 한 권!

수
매씽

MATHING

236개의 2390문항

정답 및 풀이 대수

모바일
빠른 정답

동아출판

등업을 위한
강력한 한 권!

0 학습자 중심의 친절한 해설

- 대표문제 분석 및 단계별 풀이
- 서술형 문항 정복을 위한 **실제 답안 예시/오답 분석**
- 다른 풀이, 개념 Check, 실수 Check 등 맞춤 정보 제시

0 수매씽 빠른 정답 안내

QR 코드를 찍으면 정답 및 풀이를 쉽고 빠르게 확인할 수 있습니다.

수
매씽

MATHING

정답 및 풀이 대수

I. 지수함수와 로그함수

01 지수

 핵심 개념

0001 답 (1) $\pm i$ (2) $\pm\sqrt{5}$ (3) -2 또는 $1\pm\sqrt{3}i$
    (4) ± 3 또는 $\pm 3i$

(1) -1의 제곱근을 x라 하면
   $x^2=-1$에서 $x=\pm i$
(2) 5의 제곱근을 x라 하면
   $x^2=5$에서 $x=\pm\sqrt{5}$
(3) -8의 세제곱근을 x라 하면
   $x^3=-8$에서 $x^3+8=0$, $(x+2)(x^2-2x+4)=0$
   $\therefore x=-2$ 또는 $x=1\pm\sqrt{3}i$
(4) 81의 네제곱근을 x라 하면
   $x^4=81$에서 $x^4-81=0$, $(x^2-9)(x^2+9)=0$
   $(x+3)(x-3)(x^2+9)=0$
   $\therefore x=\pm 3$ 또는 $x=\pm 3i$

0002 답 (1) ○ (2) × (3) ×

(1) 7의 제곱근을 x라 하면
   $x^2=7$에서 $x=\pm\sqrt{7}$ (참)
(2) 27의 세제곱근을 x라 하면
   $x^3=27$에서 $x^3-27=0$
   $(x-3)(x^2+3x+9)=0$ ⟶ 근의 공식을 이용한다.
   $\therefore x=3$ 또는 $x=\dfrac{-3\pm 3\sqrt{3}i}{2}$ (거짓) $x=\dfrac{-3\pm\sqrt{3^2-4\times 1\times 9}}{2\times 1}$
(3) -1의 세제곱근을 x라 하면 $=\dfrac{-3\pm\sqrt{-27}}{2}$
   $x^3=-1$에서 $x^3+1=0$ $=\dfrac{-3\pm 3\sqrt{3}i}{2}$
   $(x+1)(x^2-x+1)=0$
   $x=-1$ 또는 $x=\dfrac{1\pm\sqrt{3}i}{2}$ 이므로 3개이다. (거짓)

0003 답 1

64의 세제곱근을 x라 하면
$x^3=64$에서 $x^3-64=0$, $(x-4)(x^2+4x+16)=0$
$\therefore x=4$ 또는 $x=-2\pm 2\sqrt{3}i$
따라서 실수인 것은 4이므로 $a=4$
-27의 세제곱근을 y라 하면
$y^3=-27$에서 $y^3+27=0$, $(y+3)(y^2-3y+9)=0$
$\therefore y=-3$ 또는 $y=\dfrac{3\pm 3\sqrt{3}i}{2}$
따라서 실수인 것은 -3이므로 $b=-3$
$\therefore a+b=4+(-3)=1$

0004 답 (1) × (2) × (3) ○ (4) ×

(1) 16의 네제곱근 중 실수인 것은 2, -2이므로 2개이다. (거짓)
(2) -3의 제곱근 중 실수인 것은 없다. 즉, 0개이다. (거짓)

(3) -125의 세제곱근을 x라 하면
   $x^3=-125$에서 $x^3+125=0$
   $(x+5)(x^2-5x+25)=0$
   $\therefore x=-5$ 또는 $x=\dfrac{5\pm 5\sqrt{3}i}{2}$
   따라서 실수인 것은 -5이다. (참)
(4) n이 짝수일 때, $x^n=5$를 만족시키는 실수 x는 $\pm\sqrt[n]{5}$로 2개이다. (거짓)

0005 답 (1) 2 (2) 2 (3) 9 (4) 2

(1) $\sqrt[3]{2}\times\sqrt[3]{4}=\sqrt[3]{8}=\sqrt[3]{2^3}=2$
(2) $\dfrac{\sqrt[4]{32}}{\sqrt[4]{2}}=\sqrt[4]{\dfrac{32}{2}}=\sqrt[4]{16}=\sqrt[4]{2^4}=2$
(3) $(\sqrt[4]{81})^2=(\sqrt[4]{3^4})^2=3^2=9$
(4) $\sqrt{\sqrt[3]{64}}=\sqrt[6]{64}=\sqrt[6]{2^6}=2$

0006 답 (1) 7 (2) 5

(1) $\sqrt[3]{4}\times\sqrt[3]{16}+\sqrt[3]{27}=\sqrt[3]{64}+\sqrt[3]{27}=\sqrt[3]{4^3}+\sqrt[3]{3^3}=4+3=7$
(2) $\sqrt[3]{\dfrac{\sqrt{128}}{\sqrt{2}}}+\sqrt{\dfrac{\sqrt{243}}{\sqrt{3}}}=\sqrt[3]{\sqrt{64}}+\sqrt{\sqrt{81}}=\sqrt[6]{2^6}+\sqrt[4]{3^4}=2+3=5$

0007 답 (1) ○ (2) × (3) × (4) ○

(1) $(-5)^0=1$ (참)
(2) $\left(\dfrac{2}{3}\right)^{-2}=\dfrac{1}{\left(\dfrac{2}{3}\right)^2}=\dfrac{1}{\dfrac{4}{9}}=\dfrac{9}{4}$ (거짓)
(3) $\sqrt[3]{5^4}$은 $5^{\frac{4}{3}}$으로 나타낼 수 있다. (거짓)
(4) $3^{-\frac{2}{3}}=(3^{-2})^{\frac{1}{3}}=\left(\dfrac{1}{9}\right)^{\frac{1}{3}}=\sqrt[3]{\dfrac{1}{9}}$ (참)

0008 답 (1) 25 (2) 16 (3) 32

(1) $5^{\frac{5}{3}}\times 5^{\frac{1}{3}}=5^{\frac{5}{3}+\frac{1}{3}}=5^2=25$
(2) $4^{\sqrt{2}+1}\div 4^{\sqrt{2}-1}=4^{\sqrt{2}+1-(\sqrt{2}-1)}=4^2=16$
(3) $(16^{\sqrt{5}})^{\frac{\sqrt{5}}{4}}=16^{\frac{5}{4}}=(2^4)^{\frac{5}{4}}=2^{4\times\frac{5}{4}}=2^5=32$

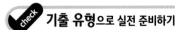 **기출 유형**으로 실전 준비하기

0009 답 ④

| 유형 1

다음 중 옳은 것은?
① 제곱근 9는 -3이다.
   단서1
② 16의 제곱근은 4이다.
③ $\sqrt[3]{-27}=3$이다.
④ -27의 세제곱근 중 실수인 것은 -3이다.
   단서2
⑤ $\sqrt{256}$의 네제곱근 중 실수인 것은 2이다.

단서1 제곱근 a는 $\sqrt{a}$
단서2 a의 n제곱근 ➡ n제곱하여 a가 되는 수, 즉 $x^n=a$를 만족시키는 x의 값

① 제곱근 9는 $\sqrt{9}=3$이다. (거짓)

② 16의 제곱근을 x라 하면

  $x^2=16$에서 $x^2-16=0$

  $(x+4)(x-4)=0$ $\therefore x=\pm 4$ (거짓)

③ $\sqrt[3]{-27}=\sqrt[3]{(-3)^3}=-3$ (거짓)

④ -27의 세제곱근을 x라 하면

  $x^3=-27$에서 $x^3+27=0$

  $(x+3)(x^2-3x+9)=0$

  $\therefore x=-3$ 또는 $x=\dfrac{3\pm 3\sqrt{3}i}{2}$

  이때 -27의 세제곱근 중 실수인 것은 -3이다. (참)

⑤ $\sqrt{256}=\sqrt{16^2}=16$이므로 16의 네제곱근을 x라 하면

  $x^4=16$에서 $x^4-16=0$

  $(x+2)(x-2)(x^2+4)=0$

  $\therefore x=\pm 2$ 또는 $x=\pm 2i$

  이때 $\sqrt{256}$의 네제곱근 중 실수인 것은 ± 2이다. (거짓)

따라서 옳은 것은 ④이다.

0010 답 ④

$\sqrt{64}=8$의 세제곱근 중 실수인 것은

$\sqrt[3]{8}=\sqrt[3]{2^3}=2$이므로 $a=2$

$b=\sqrt[3]{\sqrt{16}}=\sqrt[6]{2^4}=\sqrt[3]{2^2}=\sqrt[3]{4}$

$\therefore ab=2\sqrt[3]{4}$

0011 답 3

$\sqrt[4]{81}=\sqrt[4]{3^4}=3$의 네제곱근 중 실수인 것은

$\sqrt[4]{3},\ -\sqrt[4]{3}$의 2개이므로 $a=2$

27의 세제곱근 중 실수인 것은

$\sqrt[3]{27}=\sqrt[3]{3^3}=3$의 1개이므로 $b=1$

$\therefore a+b=2+1=3$

0012 답 ④

① $a<0$일 때, $\sqrt{a^2}=|a|=-a$이다. (참)

② $\sqrt[3]{-64}=\sqrt[3]{(-4)^3}=-4$ (참)

③ 81의 네제곱근 중 실수인 것을 x라 하면 x는 방정식 $x^4=81$의 실근이므로 ± 3이다. (참)

④ n이 짝수일 때, a의 n제곱근 중 실수인 것은 $a>0$일 때 2개, $a=0$일 때 1개, $a<0$일 때 0개이다. (거짓)

⑤ n이 홀수일 때, $-a$의 n제곱근 중 실수인 것은 $\sqrt[n]{-a}$의 1개이다. (참)

  ┌→ $a\ne 0$일 때 $\sqrt[n]{-a}$의 1개

  └→ $a=0$일 때 $\sqrt[n]{-a}=0$의 1개

따라서 옳지 않은 것은 ④이다.

0013 답 ⑤

ㄱ. 9의 네제곱근 중 실수인 것은 $\pm\sqrt{3}$의 2개이다. (참)

ㄴ. $a>0$이므로 $\sqrt[n]{a}>0$이다. (참)

ㄷ. 8의 세제곱근을 x라 하면

  $x^3=8$에서 $x^3-8=0$, $(x-2)(x^2+2x+4)=0$

  $\therefore x=2$ 또는 $x=-1\pm\sqrt{3}i$

즉, $x=-1-\sqrt{3}i$는 8의 세제곱근 중 하나이다. (참)

따라서 옳은 것은 ㄱ, ㄴ, ㄷ이다.

0014 답 ⑤

① -27의 3제곱근 중 실수인 것은 $\sqrt[3]{-27}=-3$의 1개이므로

  $f(-27,\ 3)=1$ (참)

② 16의 4제곱근 중 실수인 것은 $\sqrt[4]{16}=2,\ -\sqrt[4]{16}=-2$의 2개이므로

  $f(16,\ 4)=2$ (참)

③ -81의 4제곱근 중 실수인 것은 없으므로

  $f(-81,\ 4)=0$ (참)

④ 32의 5제곱근 중 실수인 것은 $\sqrt[5]{32}=2$의 1개이므로

  $f(32,\ 5)=1$ (참)

⑤ 243의 5제곱근 중 실수인 것은 $\sqrt[5]{243}=3$의 1개이므로

  $f(243,\ 5)=1$ (거짓)

따라서 옳지 않은 것은 ⑤이다.

0015 답 24

(i) n이 홀수일 때

  $n-1$은 짝수이므로 $(-3)^{n-1}$의 n제곱근은

  $\sqrt[n]{(-3)^{n-1}}$의 1개이다. ┌→지수가 짝수이므로 양수이다.

  $\therefore a_3=a_5=a_7=\cdots=a_{49}=1$

(ii) n이 짝수일 때

  $n-1$은 홀수이므로 $(-3)^{n-1}$의 n제곱근 중 실수인 것은 없다.

  $\therefore a_4=a_6=a_8=\cdots=a_{50}=0$ ┌지수가 홀수이므로 음수이다.

(i), (ii)에서 →3, 4, 5, $\cdots$, 50 중 홀수의 개수는

$a_3+a_4+a_5+\cdots+a_{50}=24$ ┌→$\dfrac{50}{2}-1=24$이다.

> **실수 Check**
>
> n이 홀수인 경우와 짝수인 경우로 나누어 생각할 때, 구하는 값의 밑과 지수가 홀수인지, 짝수인지 확실하게 구분해야 한다.

0016 답 ①

$-n^2+9n-18=-(n-3)(n-6)$이므로 $-n^2+9n-18$의 n제곱근 중에서 음의 실수가 존재하기 위해서는

(i) $-n^2+9n-18>0$, 즉 $(n-3)(n-6)<0$일 때

  $3<n<6$

  이때 n은 짝수이어야 하므로 n의 값은 4이다.

(ii) $-n^2+9n-18<0$, 즉 $(n-3)(n-6)>0$일 때

  $n<3$ 또는 $n>6$

  그런데 $2\le n\le 11$이므로 $2\le n<3$ 또는 $6<n\le 11$

  이때 n은 홀수이어야 하므로 n의 값은 7, 9, 11이다.

(i), (ii)에서 모든 n의 값의 합은

$4+7+9+11=31$

참고 N의 n제곱근 중 음의 실수가 존재하기 위해서는 $N>0$일 때 n이 짝수, $N<0$일 때 n이 홀수이어야 한다.

01

이차부등식의 풀이

이차함수 $y=ax^2+bx+c$ $(a>0)$의 그래프가 x축과 만나는 점의 x좌표를 α, β $(\alpha \le \beta)$, 이차방정식 $ax^2+bx+c=0$의 판별식을 $D=b^2-4ac$라 하면 이차부등식의 해는 다음과 같다.

	$D>0$	$D=0$	$D<0$
$y=ax^2+bx+c$의 그래프	$\alpha \quad \beta \quad x$	$\alpha(=\beta) \quad x$	x
$ax^2+bx+c>0$	$x<\alpha$ 또는 $x>\beta$	$x \ne \alpha$인 모든 실수	모든 실수
$ax^2+bx+c<0$	$\alpha<x<\beta$	해는 없다.	해는 없다.
$ax^2+bx+c \ge 0$	$x \le \alpha$ 또는 $x \ge \beta$	모든 실수	모든 실수
$ax^2+bx+c \le 0$	$\alpha \le x \le \beta$	$x=\alpha$	해는 없다.

0017 답 ③ ┃유형2

$a=\sqrt[3]{75} \times \sqrt[3]{225}$, $b=\sqrt[3]{40}+\sqrt[3]{625}$일 때, $a-b$의 값은?

단서1

① $12\sqrt[3]{5}$ ② $10\sqrt[3]{5}$ ③ $8\sqrt[3]{5}$

④ $6\sqrt[3]{5}$ ⑤ $4\sqrt[3]{5}$

단서1 근호 안의 수를 소인수분해한 후 거듭제곱근의 성질을 이용

STEP1 거듭제곱근의 성질을 이용하여 a의 값 구하기

$a=\sqrt[3]{75} \times \sqrt[3]{225}=\sqrt[3]{3 \times 5^2} \times \sqrt[3]{3^2 \times 5^2}=\sqrt[3]{3^3 \times 5^3 \times 5}=15\sqrt[3]{5}$

STEP2 거듭제곱근의 성질을 이용하여 b의 값 구하기

$b=\sqrt[3]{40}+\sqrt[3]{625}=\sqrt[3]{2^3 \times 5}+\sqrt[3]{5^3 \times 5}=2\sqrt[3]{5}+5\sqrt[3]{5}=7\sqrt[3]{5}$

STEP3 $a-b$의 값 구하기

$a-b=15\sqrt[3]{5}-7\sqrt[3]{5}=8\sqrt[3]{5}$

0018 답 ④

① $(\sqrt[4]{9})^2=\sqrt[4]{9^2}=\sqrt[4]{3^4}=3$ (참)

② $\dfrac{\sqrt[3]{12}}{\sqrt[3]{3}}=\sqrt[3]{\dfrac{12}{3}}=\sqrt[3]{4}$ (참)

③ $\sqrt[3]{\sqrt{7}}=\sqrt[6]{7}$ (참)

④ $\sqrt[3]{3} \times \sqrt[5]{3}=\sqrt[15]{3^5} \times \sqrt[15]{3^3}=\sqrt[15]{3^8}$ (거짓)

⑤ $\sqrt[4]{64} \times \sqrt{\sqrt{4}}=\sqrt[4]{4^3} \times \sqrt[4]{4}=\sqrt[4]{4^3 \times 4}=\sqrt[4]{4^4}=4$ (참)

따라서 옳지 않은 것은 ④이다.

$\sqrt[n]{a} \times \sqrt[m]{a} \ne \sqrt[nm]{a}$임에 주의한다.

0019 답 ④

$\sqrt[4]{(-3)^4}+\sqrt[5]{(-5)^5}+\sqrt[3]{\sqrt[5]{3^{15}}}+\dfrac{\sqrt[3]{81}}{\sqrt[3]{3}}$

$=\sqrt[4]{3^4}+\sqrt[5]{(-5)^5}+\sqrt[15]{3^{15}}+\sqrt[3]{\dfrac{81}{3}}$

$=3+(-5)+3+\sqrt[3]{3^3}$

$=3+(-5)+3+3=4$

0020 답 ④

① $\sqrt[3]{12} \times \sqrt[3]{18}=\sqrt[3]{2^2 \times 3} \times \sqrt[3]{2 \times 3^2}=\sqrt[3]{(2 \times 3)^3}=6$ (거짓)

② $\sqrt[4]{3^{24}}=\sqrt[12]{2^{24}}=2^2=4$ (거짓)

③ $\sqrt[4]{(-6)^4}+\sqrt[3]{-2^6}=\sqrt[4]{6^4}+\sqrt[3]{-(2^2)^3}=6+(-2^2)=2$ (거짓)

④ $\sqrt{\dfrac{1}{\sqrt[3]{2}}} \times \sqrt{\dfrac{\sqrt[3]{16}}{2}}=\dfrac{1}{\sqrt[6]{2}} \times \dfrac{\sqrt[6]{2^4}}{\sqrt{2}}=\dfrac{\sqrt[6]{2^3}}{\sqrt{2}}=\dfrac{\sqrt{2}}{\sqrt{2}}=1$ (참)

⑤ $(\sqrt[3]{2}-\sqrt[3]{3})(\sqrt[3]{4}+\sqrt[3]{6}+\sqrt[3]{9})$

$=(\sqrt[3]{2}-\sqrt[3]{3})(\sqrt[3]{2^2}+\sqrt[3]{2 \times 3}+\sqrt[3]{3^2})$

$=(\sqrt[3]{2}-\sqrt[3]{3})\{(\sqrt[3]{2})^2+\sqrt[3]{2} \times \sqrt[3]{3}+(\sqrt[3]{3})^2\}$ $(a-b)(a^2+ab+b^2)$

$=(\sqrt[3]{2})^3-(\sqrt[3]{3})^3$ $=a^3-b^3$을 이용

$=2-3=-1$ (거짓)

따라서 옳은 것은 ④이다.

0021 답 ②

$\sqrt[4]{\dfrac{\sqrt[3]{3^5}}{\sqrt[3]{7}}} \times \sqrt[6]{\dfrac{\sqrt{7}}{\sqrt[n]{3^9}}}=\dfrac{\sqrt[4]{\sqrt[3]{3^5}}}{\sqrt[4]{\sqrt[3]{7}}} \times \dfrac{\sqrt[6]{\sqrt{7}}}{\sqrt[6]{\sqrt[n]{3^9}}}=\dfrac{\sqrt[8]{3^5}}{\sqrt[12]{7}} \times \dfrac{\sqrt[12]{7}}{\sqrt[6n]{3^9}}=\dfrac{\sqrt[8]{3^5}}{\sqrt[6n]{3^9}}$

이므로 $\dfrac{\sqrt[8]{3^5}}{\sqrt[6n]{3^9}}=\sqrt[8]{9}=\sqrt[8]{3^2}$에서

$\sqrt[6n]{3^9}=\dfrac{\sqrt[8]{3^5}}{\sqrt[8]{3^2}}=\sqrt[8]{3^3}=\sqrt[24]{3^9}$

따라서 $6n=24$이므로 $n=4$

참고 $\sqrt[mp]{a^{np}}$이면 $\sqrt[m]{a^n}$이 성립하고, $\sqrt[m]{a^n}$이면 $\sqrt[mp]{a^{np}}$도 성립한다.

(단, p는 자연수)

0022 답 25

가로와 세로의 길이, 높이가 각각 $\sqrt{3}$, $\sqrt{27}$, $\sqrt{\sqrt{243}}$인 직육면체의 부피는   (직육면체의 부피)

$=$ (밑면의 가로의 길이) $\times$ (밑면의 세로의 길이) $\times$ (높이)

$\sqrt{3} \times \sqrt{27} \times \sqrt{\sqrt{243}}=\sqrt{3^4} \times \sqrt[4]{3^5}=\sqrt[4]{(3^4)^2} \times \sqrt[4]{3^5}=\sqrt[4]{3^8 \times 3^5}=\sqrt[4]{3^{13}}$

정육면체의 한 모서리의 길이를 a라 하면

$a^3=\sqrt[4]{3^{13}}$ $\therefore a=\sqrt[3]{\sqrt[4]{3^{13}}}=\sqrt[12]{3^{13}}$

즉, $\sqrt[12]{3^{13}}=\sqrt[m]{3^n}$이므로 $m=12$, $n=13$

$\therefore m+n=12+13=25$

0023 답 ③

$\sqrt[3]{3} \times \sqrt[3]{9}=\sqrt[3]{3} \times \sqrt[3]{3^2}=\sqrt[3]{3 \times 3^2}=\sqrt[3]{3^3}=3$

0024 답 ⑤

a의 네제곱근 중 양수인 것이 $\sqrt[3]{4}$이므로

$\sqrt[4]{a}=\sqrt[3]{4}$

$\therefore a=(\sqrt[3]{4})^4=\sqrt[3]{(2^2)^4}=\sqrt[3]{2^8}$

즉, 양수 k의 세제곱근 중 실수인 것이 $\sqrt[3]{2^8}$이므로

$\sqrt[3]{k}=\sqrt[3]{2^8}$ $\therefore k=2^8=256$

0025 답 ⑤

집합 X의 원소는 b의 a제곱근 중에서 실수인 것이다.

$a=3$일 때, x의 값은 $\sqrt[3]{-9}$, $\sqrt[3]{-3}$, $\sqrt[3]{3}$, $\sqrt[3]{9}$

$a=4$일 때, x의 값은 $\pm\sqrt[4]{3}$, $\pm\sqrt[4]{9}=\pm\sqrt[4]{3^2}=\pm\sqrt{3}$

이므로 집합 X는

$X=\{\sqrt[3]{-9}, \sqrt[3]{-3}, \sqrt[3]{3}, \sqrt[3]{9}, -\sqrt{3}, -\sqrt[4]{3}, \sqrt[4]{3}, \sqrt{3}\}$

ㄱ. $\sqrt[3]{-9}\in X$ (참)

ㄴ. 집합 X의 원소의 개수는 8이다. (참)

ㄷ. 집합 X의 원소 중 양수인 것은 $\sqrt[3]{3}$, $\sqrt[3]{9}$, $\sqrt[4]{3}$, $\sqrt{3}$이므로

$$\sqrt[3]{3}\times\sqrt[3]{9}\times\sqrt[4]{3}\times\sqrt{3}=\sqrt[3]{3^3}\times\sqrt[4]{3}\times\sqrt[4]{3^2}=3\times\sqrt[4]{3^3}$$
$$=\sqrt[4]{3^4}\times\sqrt[4]{3^3}=\sqrt[4]{3^7} \text{ (참)}$$

따라서 옳은 것은 ㄱ, ㄴ, ㄷ이다.

0026 답 ④
| 유형3

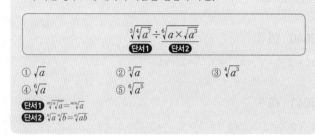

1이 아닌 양수 a에 대하여 다음을 간단히 하면?

$$\sqrt[3]{\sqrt[4]{a^7}}\div\sqrt[6]{a}\times\sqrt{a^3}$$
단서1   단서2

① $\sqrt{a}$ ② $\sqrt[3]{a}$ ③ $\sqrt[4]{a^3}$
④ $\sqrt[6]{a}$ ⑤ $\sqrt[6]{a^5}$

단서1 $\sqrt[m]{\sqrt[n]{a}}=\sqrt[mn]{a}$
단서2 $\sqrt[n]{a}\sqrt[n]{b}=\sqrt[n]{ab}$

STEP 1 거듭제곱근의 성질을 이용하여 간단히 하기

$$\sqrt[3]{\sqrt[4]{a^7}}\div\sqrt[6]{a}\times\sqrt{a^3}=\sqrt[12]{a^7}\div(\sqrt[6]{a}\times\sqrt[12]{a^3})$$
$$=\sqrt[12]{a^7}\div(\sqrt[12]{a^2}\times\sqrt[12]{a^3})$$
$$=\sqrt[12]{a^7}\div\sqrt[12]{a^5}=\sqrt[12]{a^2}=\sqrt[6]{a}$$

0027 답 ②

$$\sqrt[3]{\sqrt{a^3b^7}}\times\sqrt[3]{\sqrt{a^3b^5}}=\sqrt[6]{a^3b^7}\times\sqrt[6]{a^3b^5}=\sqrt[6]{a^6b^{12}}=\sqrt[6]{(ab^2)^6}=ab^2$$

0028 답 ②

$$\sqrt[4]{\sqrt[3]{\frac{\sqrt{x}}{x}}}\times\sqrt{\sqrt[4]{\frac{\sqrt{x}}{x}}}\div\sqrt[3]{\sqrt{\frac{\sqrt{x^3}}{x}}}=\frac{\sqrt[4]{\sqrt[3]{\sqrt{x}}}}{\sqrt[4]{\sqrt[3]{x}}}\times\frac{\sqrt{\sqrt[4]{\sqrt{x}}}}{\sqrt{\sqrt[4]{x}}}\div\frac{\sqrt[3]{\sqrt{\sqrt{x^3}}}}{\sqrt[3]{\sqrt{x}}}$$
$$=\frac{\sqrt[8]{x}}{\sqrt[12]{x}}\times\frac{\sqrt[4]{x}}{\sqrt[8]{x}}\times\frac{\sqrt[12]{x}}{\sqrt[6]{x^3}}$$
$$=\frac{\sqrt[4]{x}}{\sqrt{x}}=\frac{\sqrt[4]{x}}{\sqrt[4]{x^2}}$$
$$=\sqrt[4]{\frac{1}{x}}=\frac{1}{\sqrt[4]{x}}$$

0029 답 ⑤
| 유형4

세 수 $A=\sqrt[3]{\sqrt{16}}$, $B=\sqrt[4]{5}$, $C=\sqrt[3]{\sqrt{10}}$의 대소 관계로 옳은 것은?
단서1

① $A<B<C$ ② $A<C<B$ ③ $B<A<C$
④ $B<C<A$ ⑤ $C<B<A$

단서1 $\sqrt[m]{\sqrt[n]{a}}=\sqrt[mn]{a}$를 이용하여 변형

STEP 1 세 수를 간단히 나타내기

$A=\sqrt[3]{\sqrt{16}}=\sqrt[6]{2^4}=\sqrt[3]{2^2}$

$B=\sqrt[4]{5}$

$C=\sqrt[3]{\sqrt{10}}=\sqrt[6]{10}$

STEP 2 최소공배수를 이용하여 제곱근을 통일한 후 대소 비교하기

3, 4, 6의 최소공배수가 12이므로

$A=\sqrt[3]{2^2}=\sqrt[12]{2^8}=\sqrt[12]{256}$, $B=\sqrt[4]{5}=\sqrt[12]{5^3}=\sqrt[12]{125}$,

$C=\sqrt[6]{10}=\sqrt[12]{10^2}=\sqrt[12]{100}$

따라서 $\sqrt[12]{100}<\sqrt[12]{125}<\sqrt[12]{256}$이므로 $C<B<A$
↳ $100<125<256$이므로 $\sqrt[12]{100}<\sqrt[12]{125}<\sqrt[12]{256}$

참고 유형 7, 8을 배운 후 거듭제곱근을 지수로 나타내어 풀 수도 있다.

$A=\sqrt[3]{\sqrt{16}}=\sqrt[6]{2^4}=(2^4)^{\frac{1}{6}}=2^{\frac{2}{3}}$

$B=\sqrt[4]{5}=5^{\frac{1}{4}}$

$C=\sqrt[3]{\sqrt{10}}=\sqrt[6]{10}=10^{\frac{1}{6}}$

3, 4, 6의 최소공배수가 12이므로

$A=2^{\frac{2}{3}}=2^{\frac{8}{12}}=(2^8)^{\frac{1}{12}}=256^{\frac{1}{12}}$

$B=5^{\frac{1}{4}}=5^{\frac{3}{12}}=(5^3)^{\frac{1}{12}}=125^{\frac{1}{12}}$

$C=10^{\frac{1}{6}}=10^{\frac{2}{12}}=(10^2)^{\frac{1}{12}}=100^{\frac{1}{12}}$

따라서 $100^{\frac{1}{12}}<125^{\frac{1}{12}}<256^{\frac{1}{12}}$이므로 $C<B<A$

0030 답 ②

3, 4, 6의 최소공배수가 12이므로

$\sqrt[3]{3}=\sqrt[12]{3^4}=\sqrt[12]{81}$

$\sqrt[4]{6}=\sqrt[12]{6^3}=\sqrt[12]{216}$

$\sqrt[6]{12}=\sqrt[12]{12^2}=\sqrt[12]{144}$

따라서 $81<144<216$이므로

$\sqrt[3]{3}<\sqrt[6]{12}<\sqrt[4]{6}$

0031 답 ①

$A=\sqrt[3]{3\sqrt{2}}=\sqrt[3]{\sqrt{3^2\times2}}=\sqrt[3]{\sqrt{18}}=\sqrt[6]{18}$

$B=\sqrt{2\sqrt[3]{3}}=\sqrt[3]{\sqrt{2^3\times3}}=\sqrt[3]{\sqrt{24}}=\sqrt[6]{24}$

$C=\sqrt{3}\times\sqrt[6]{2}=\sqrt[6]{3^3}\times\sqrt[6]{2}=\sqrt[6]{3^3\times2}=\sqrt[6]{54}$

따라서 $\sqrt[6]{18}<\sqrt[6]{24}<\sqrt[6]{54}$이므로

$A<B<C$

0032 답 ④

$A=\sqrt[6]{\frac{1}{14}}$, $B=\sqrt[4]{\frac{1}{7}}$, $C=\sqrt[3]{\sqrt{\frac{1}{15}}}=\sqrt[6]{\frac{1}{15}}$

6, 4, 6의 최소공배수가 12이므로

$A=\sqrt[6]{\frac{1}{14}}=\sqrt[12]{\left(\frac{1}{14}\right)^2}=\sqrt[12]{\frac{1}{196}}$

$B=\sqrt[4]{\frac{1}{7}}=\sqrt[12]{\left(\frac{1}{7}\right)^3}=\sqrt[12]{\frac{1}{343}}$

$C=\sqrt[6]{\frac{1}{15}}=\sqrt[12]{\left(\frac{1}{15}\right)^2}=\sqrt[12]{\frac{1}{225}}$

따라서 $\sqrt[12]{\frac{1}{343}}<\sqrt[12]{\frac{1}{225}}<\sqrt[12]{\frac{1}{196}}$이므로

$B<C<A$ ↳ $a<b<c$일 때 $\frac{1}{c}<\frac{1}{b}<\frac{1}{a}$

0033 답 47

$\sqrt{2\sqrt[3]{2}}=\sqrt[3]{\sqrt{2^3\times2}}=\sqrt[3]{\sqrt{16}}=\sqrt[6]{16}$

$\sqrt[3]{3\sqrt{3}}=\sqrt[3]{\sqrt{3^2\times3}}=\sqrt[3]{\sqrt{27}}=\sqrt[6]{27}$

$\sqrt[3]{4\sqrt{4}}=\sqrt[3]{\sqrt{4^2\times4}}=\sqrt[3]{\sqrt{64}}=\sqrt[6]{64}$

즉, $\sqrt[6]{16}<\sqrt[6]{27}<\sqrt[6]{64}$이므로

$a=\sqrt[6]{16}$, $b=\sqrt[6]{64}$

따라서 부등식 $\sqrt[6]{16}<\sqrt[6]{n}<\sqrt[6]{64}$를 만족시키는 자연수 n은

17, 18, 19, $\cdots$, 63의 47개이다.

0034 답 ②

$P=\sqrt[6]{2\sqrt{4}}=\sqrt[6]{\sqrt{2^2\times4}}=\sqrt[6]{\sqrt{16}}=\sqrt[12]{16}$

$Q=\sqrt[8]{3\sqrt[3]{n}}=\sqrt[8]{\sqrt[3]{3^3\times n}}=\sqrt[8]{\sqrt[3]{27n}}=\sqrt[24]{27n}$

이때 $P<Q$이려면 $\sqrt[12]{16}<\sqrt[24]{27n}$

즉, $\sqrt[24]{16^2}<\sqrt[24]{27n}$이므로 $256<27n$

$\therefore n>\dfrac{256}{27}=9.\times\times\times$

따라서 구하는 자연수 n의 최솟값은 10이다.

0035 답 ⑤ | 유형 5

> $\underline{3^{-1}\times27\div9^2\times81}=3^k$일 때, 정수 k의 값은?
>   **단서1**
> ① -2 ② -1 ③ 0
> ④ 1 ⑤ 2
> **단서1** 밑을 3으로 통일

STEP 1 지수가 정수일 때의 지수법칙을 이용하여 좌변의 식 간단히 하기

$3^{-1}\times27\div9^2\times81=3^{-1}\times3^3\div3^4\times3^4=3^{-1+3-4+4}=3^2$

STEP 2 정수 k의 값 구하기

$3^k=3^2$에서 $k=2$

0036 답 ④

$a=\left(\dfrac{1}{2}\right)^{-3}+\left(\dfrac{1}{3}\right)^{-4}+\left(\dfrac{1}{5}\right)^{-2}$

$\quad=2^3+3^4+5^2$

$\quad=8+81+25=114$

$\therefore \dfrac{a}{6}=\dfrac{114}{6}=19$

0037 답 11

$(a^{-5})^{-2}\div a^{-8}\times a^{-7}=a^{10}\div a^{-8}\times a^{-7}$

$\qquad\qquad\qquad\qquad=a^{10-(-8)-7}=a^{11}$

이므로 $a^k=a^{11}$에서 $k=11$

0038 답 ⑤

$\dfrac{2^{-7}+16^{-2}}{3}=\dfrac{2^{-7}+(2^4)^{-2}}{3}=\dfrac{2^{-7}+2^{-8}}{3}$

$\qquad\qquad=\dfrac{2^{-8}(2+1)}{3}=2^{-8}$

$\dfrac{4}{9^4+27^3}=\dfrac{4}{(3^2)^4+(3^3)^3}=\dfrac{4}{3^8+3^9}$

$\qquad\qquad=\dfrac{4}{3^8(1+3)}=\dfrac{1}{3^8}=3^{-8}$

$\therefore \dfrac{2^{-7}+16^{-2}}{3}\times\dfrac{4}{9^4+27^3}=2^{-8}\times3^{-8}=(2\times3)^{-8}=6^{-8}$

0039 답 ②

$\dfrac{1}{3^{-4}+1}+\dfrac{1}{3^{-2}+1}+\dfrac{1}{3^2+1}+\dfrac{1}{3^4+1}$

$=\dfrac{3^4}{1+3^4}+\dfrac{3^2}{1+3^2}+\dfrac{1}{3^2+1}+\dfrac{1}{3^4+1}$

$=\dfrac{3^4+1}{3^4+1}+\dfrac{3^2+1}{3^2+1}=1+1=2$

다른 풀이

$\dfrac{1}{3^{-4}+1}+\dfrac{1}{3^{-2}+1}+\dfrac{1}{3^2+1}+\dfrac{1}{3^4+1}$

$=\left(\dfrac{1}{3^{-4}+1}+\dfrac{1}{3^4+1}\right)+\left(\dfrac{1}{3^{-2}+1}+\dfrac{1}{3^2+1}\right)$

$=\dfrac{3^4+1+3^{-4}+1}{(3^{-4}+1)(3^4+1)}+\dfrac{3^2+1+3^{-2}+1}{(3^{-2}+1)(3^2+1)}$

$=\dfrac{3^4+3^{-4}+2}{1+3^{-4}+3^4+1}+\dfrac{3^2+3^{-2}+2}{1+3^{-2}+3^2+1}$

$=\dfrac{3^4+3^{-4}+2}{3^4+3^{-4}+2}+\dfrac{3^2+3^{-2}+2}{3^2+3^{-2}+2}$

$=1+1=2$

0040 답 ③

$32\times2^{-3}=2^5\times2^{-3}=2^{5-3}=2^2=4$

0041 답 9

$3^4\times9^{-1}=3^4\times(3^2)^{-1}=3^4\times3^{-2}=3^{4-2}=3^2=9$

0042 답 ① | 유형 6

> $\underline{(2\times2^{\sqrt{3}})^{\sqrt{3}-1}}=2^k$을 만족시키는 실수 k의 값은?
>   **단서1**
> ① 2 ② 3 ③ 4
> ④ 5 ⑤ 6
> **단서1** $a^x a^y=a^{x+y}$, $(a^x)^y=a^{xy}$

STEP 1 지수가 실수일 때의 지수법칙을 이용하여 좌변의 식 간단히 하기

$(2\times2^{\sqrt{3}})^{\sqrt{3}-1}=(2^{\sqrt{3}+1})^{\sqrt{3}-1}=2^{(\sqrt{3}+1)(\sqrt{3}-1)}=2^2$

STEP 2 실수 k의 값 구하기

$2^k=2^2$에서 $k=2$

0043 답 ④

$\{(-27)^{-2}\}^{\frac{1}{6}}\times81^{0.75}=\left\{\dfrac{1}{(-27)^2}\right\}^{\frac{1}{6}}\times(3^4)^{\frac{3}{4}}=\left(\dfrac{1}{3^6}\right)^{\frac{1}{6}}\times3^3$

$\qquad\qquad\qquad\qquad=3^{-1}\times3^3=3^2=9$

0044 답 ③

$a^{\frac{4}{3}}\times a^{-2}\div a^{\frac{2}{3}}=a^{\frac{4}{3}-2-\frac{2}{3}}=a^{-\frac{4}{3}}$

0045 답 ⑤

$3^{\sqrt{2}}\times3^{2-\sqrt{2}}\times(2^{\sqrt{3}})^{\frac{\sqrt{3}}{3}}=3^{\sqrt{2}+(2-\sqrt{2})}\times2=3^2\times2=18$

0046 답 ①

$(a^{\sqrt{3}})^{\frac{\sqrt{3}}{2}}\times a^{\frac{1}{2}}\div(a^{\frac{3}{2}})^{\frac{4}{3}}=a^{\frac{3}{2}}\times a^{\frac{1}{2}}\div a^2=a^{\frac{3}{2}+\frac{1}{2}-2}=a^0=1$

0047 답 ③

$3^a=4$이므로

$\left(\dfrac{1}{27}\right)^{\frac{a}{6}}=\left(\dfrac{1}{3^3}\right)^{\frac{a}{6}}=(3^{-3})^{\frac{a}{6}}=3^{-\frac{a}{2}}$

$\qquad\quad=(3^a)^{-\frac{1}{2}}=4^{-\frac{1}{2}}=(2^2)^{-\frac{1}{2}}=2^{-1}=\dfrac{1}{2}$

0048 답 $\dfrac{5}{4}$

$$(a^6 b^{-\frac{1}{2}})^{\frac{1}{2}} \div \left(\dfrac{a^2}{b}\right)^{\frac{1}{4}} \times (a^{-2})^k = a^3 b^{-\frac{1}{4}} \div a^{\frac{1}{2}} b^{-\frac{1}{4}} \times a^{-2k}$$
$$= a^{3-\frac{1}{2}-2k} b^{-\frac{1}{4}+\frac{1}{4}}$$
$$= a^{\frac{5}{2}-2k}$$

이므로 $a^{\frac{5}{2}-2k}=1$에서 $\dfrac{5}{2}-2k=0$ $\therefore k=\dfrac{5}{4}$

실수 Check

$\left(\dfrac{a^m}{b^m}\right)^p \neq a^{mp} b^{mp}$임에 주의한다.

0049 답 ②

$$(2^{\sqrt{3}} \times 4)^{\sqrt{3}-2} = (2^{\sqrt{3}} \times 2^2)^{\sqrt{3}-2} = (2^{\sqrt{3}+2})^{\sqrt{3}-2}$$
$$= 2^{(\sqrt{3}+2)(\sqrt{3}-2)}$$
$$= 2^{3-4} = 2^{-1} = \dfrac{1}{2}$$

0050 답 12

$4^a = \dfrac{4}{9}$에서 $(2^a)^2 = \left(\dfrac{2}{3}\right)^2$이므로 $2^a = \dfrac{2}{3}$

$\therefore 2^{3-a} = 2^3 \div 2^a = 8 \div \dfrac{2}{3} = 8 \times \dfrac{3}{2} = 12$

0051 답 ⑤ | 유형 **7**

유리수 a, b에 대하여 $\sqrt{2} \times \sqrt[3]{9} \div \sqrt[6]{6} = 2^a \times 3^b$일 때, ab의 값은?
단서1

① $\dfrac{5}{6}$ ② $\dfrac{2}{3}$ ③ $\dfrac{1}{2}$

④ $\dfrac{1}{3}$ ⑤ $\dfrac{1}{6}$

단서1 $\sqrt[n]{a} = a^{\frac{1}{n}}$, $(a^m)^{\frac{1}{n}} = a^{\frac{m}{n}}$

STEP 1 좌변의 거듭제곱근을 지수로 나타낸 후 지수법칙을 이용하여 간단히 하기

$$\sqrt{2} \times \sqrt[3]{9} \div \sqrt[6]{6} = 2^{\frac{1}{2}} \times 9^{\frac{1}{3}} \div 6^{\frac{1}{6}}$$
$$= 2^{\frac{1}{2}} \times (3^2)^{\frac{1}{3}} \div (2 \times 3)^{\frac{1}{6}}$$
$$= 2^{\frac{1}{2}} \times 3^{\frac{2}{3}} \div (2^{\frac{1}{6}} \times 3^{\frac{1}{6}})$$
$$= 2^{\frac{1}{2}-\frac{1}{6}} \times 3^{\frac{2}{3}-\frac{1}{6}}$$
$$= 2^{\frac{1}{3}} \times 3^{\frac{1}{2}}$$

STEP 2 ab의 값 구하기

$a = \dfrac{1}{3}$, $b = \dfrac{1}{2}$이므로 $ab = \dfrac{1}{6}$

0052 답 ①

$a = \sqrt[5]{5} = 5^{\frac{1}{5}}$이므로

$$a^4 \times (a^{-2})^3 \div a^{\frac{1}{2}} = a^4 \times a^{-6} \div a^{\frac{1}{2}}$$
$$= a^{4-6-\frac{1}{2}} = a^{-\frac{5}{2}}$$
$$= (5^{\frac{1}{5}})^{-\frac{5}{2}} = 5^{-\frac{1}{2}}$$

0053 답 ④

$$\sqrt[3]{a^2 b^4} \times \sqrt[6]{a^5 b} \div \sqrt{ab} = (a^2 b^4)^{\frac{1}{3}} \times (a^5 b)^{\frac{1}{6}} \div (ab)^{\frac{1}{2}}$$
$$= a^{\frac{2}{3}} \times b^{\frac{4}{3}} \times a^{\frac{5}{6}} \times b^{\frac{1}{6}} \div (a^{\frac{1}{2}} \times b^{\frac{1}{2}})$$
$$= a^{\frac{2}{3}+\frac{5}{6}-\frac{1}{2}} \times b^{\frac{4}{3}+\frac{1}{6}-\frac{1}{2}}$$
$$= ab$$

0054 답 3

$$\sqrt{\sqrt{8^4}} \times 16^{-\frac{1}{4}} \div (64^{\frac{2}{3}})^{-\frac{1}{4}} = \sqrt[4]{(2^3)^4} \times (2^4)^{-\frac{1}{4}} \div \left\{(2^6)^{\frac{2}{3}}\right\}^{-\frac{1}{4}}$$
$$= 2^3 \times 2^{-1} \div 2^{-1}$$
$$= 2^{3-1+1}$$
$$= 2^3$$

따라서 $2^k = 2^3$이므로 $k=3$

0055 답 1

(개)에서 $a = \sqrt[12]{b^2}$이므로 $a = b^{\frac{1}{6}}$ $\therefore p = \dfrac{1}{6}$

(내)에서 $b^6 = \sqrt{c^2}$이므로 $c = b^6$ $\therefore q = 6$

$\therefore pq = \dfrac{1}{6} \times 6 = 1$

0056 답 ⑤

이차방정식의 근과 계수의 관계에 의하여

$\alpha + \beta = 4$, $\alpha\beta = -\dfrac{5}{2}$

이므로

$\sqrt[4]{7^\alpha} \times \sqrt[4]{7^\beta} = 7^{\frac{\alpha}{4}} \times 7^{\frac{\beta}{4}} = 7^{\frac{\alpha+\beta}{4}} = 7^{\frac{4}{4}} = 7$,

$(49^\alpha)^\beta = 49^{\alpha\beta} = (7^2)^{-\frac{5}{2}} = 7^{-5}$

$\therefore \dfrac{\sqrt[4]{7^\alpha} \times \sqrt[4]{7^\beta}}{(49^\alpha)^\beta} = \dfrac{7}{7^{-5}} = 7^6$

참고 $\sqrt[4]{7^\alpha} \times \sqrt[4]{7^\beta} = \sqrt[4]{7^\alpha \times 7^\beta} = \sqrt[4]{7^{\alpha+\beta}} = \sqrt[4]{7^4} = 7$과 같이 계산할 수도 있다.

개념 Check

이차방정식의 근과 계수의 관계
이차방정식 $ax^2 + bx + c = 0$의 두 근을 α, β라 하면
(1) 두 근의 합 : $\alpha + \beta = -\dfrac{b}{a}$
(2) 두 근의 곱 : $\alpha\beta = \dfrac{c}{a}$

0057 답 ③

$\sqrt[3]{9} \times 3^{\frac{1}{3}} = (3^2)^{\frac{1}{3}} \times 3^{\frac{1}{3}} = 3^{\frac{2}{3}+\frac{1}{3}} = 3$

0058 답 ④ | 유형 **8**

$a > 0$, $a \neq 1$일 때, $\sqrt[4]{a\sqrt{a}} \sqrt[3]{a^4} \div \sqrt[3]{a\sqrt[3]{a^k}} = 1$을 만족시키는 실수 k의 값
단서1
을 $\dfrac{q}{p}$라 하자. 이때 $p+q$의 값은? (단, p, q는 서로소인 자연수이다.)

① 29   ② 31   ③ 33

④ 35   ⑤ 37

단서1 $\sqrt[n]{a} = a^{\frac{1}{n}}$, $\sqrt[m]{\sqrt[n]{a}} = \sqrt[mn]{a} = a^{\frac{1}{mn}}$, $a^0 = 1$

$$\sqrt[4]{a\sqrt{a}\sqrt[3]{a^4}} \div \sqrt[3]{a\sqrt[3]{a^k}} = \sqrt[4]{a} \times \sqrt[8]{a} \times \sqrt[12]{a^4} \div (\sqrt[3]{a} \times \sqrt[9]{a^k})$$
$$= a^{\frac{1}{4}} \times a^{\frac{1}{8}} \times a^{\frac{1}{3}} \div \left(a^{\frac{1}{3}} \times a^{\frac{k}{9}}\right)$$
$$= a^{\frac{1}{4}+\frac{1}{8}+\frac{1}{3}-\frac{1}{3}-\frac{k}{9}} = a^{\frac{3}{8}-\frac{k}{9}}$$

$a^{\frac{3}{8}-\frac{k}{9}}=1$에서 $\frac{3}{8}-\frac{k}{9}=0$

$$\frac{k}{9}=\frac{3}{8} \qquad \therefore k=\frac{27}{8}$$

$p=8$, $q=27$이므로 $p+q=8+27=35$

0059 답 ③

$$\sqrt[7]{a\sqrt{a\sqrt[4]{a}}} = \sqrt[7]{a} \times \sqrt[14]{a} \times \sqrt[28]{a}$$
$$= a^{\frac{1}{7}} \times a^{\frac{1}{14}} \times a^{\frac{1}{28}}$$
$$= a^{\frac{1}{7}+\frac{1}{14}+\frac{1}{28}} = a^{\frac{1}{4}}$$

0060 답 ⑤

$$\sqrt{8\sqrt[3]{4\sqrt[4]{2}}} = \sqrt{8} \times \sqrt[6]{4} \times \sqrt[24]{2} = (2^3)^{\frac{1}{2}} \times (2^2)^{\frac{1}{6}} \times 2^{\frac{1}{24}}$$
$$= 2^{\frac{3}{2}} \times 2^{\frac{1}{3}} \times 2^{\frac{1}{24}} = 2^{\frac{3}{2}+\frac{1}{3}+\frac{1}{24}} = 2^{\frac{15}{8}}$$

$\sqrt[4]{8} = \sqrt[4]{2^3} = 2^{\frac{3}{4}}$

이므로

$$\sqrt{8\sqrt[3]{4\sqrt[4]{2}}} \div \sqrt[4]{8} = 2^{\frac{15}{8}} \div 2^{\frac{3}{4}} = 2^{\frac{15}{8}-\frac{3}{4}} = 2^{\frac{9}{8}}$$

따라서 $2^k = 2^{\frac{9}{8}}$이므로 $k=\frac{9}{8}$

(다른 풀이)

$$\sqrt{8\sqrt[3]{4\sqrt[4]{2}}} \div \sqrt[4]{8} = \{8 \times (4 \times 2^{\frac{1}{4}})^{\frac{1}{3}}\}^{\frac{1}{2}} \div 8^{\frac{1}{4}}$$
$$= \{2^3 \times (2^2 \times 2^{\frac{1}{4}})^{\frac{1}{3}}\}^{\frac{1}{2}} \div (2^3)^{\frac{1}{4}}$$
$$= \{2^3 \times (2^{\frac{9}{4}})^{\frac{1}{3}}\}^{\frac{1}{2}} \div 2^{\frac{3}{4}}$$
$$= (2^3 \times 2^{\frac{3}{4}})^{\frac{1}{2}} \div 2^{\frac{3}{4}}$$
$$= (2^{\frac{15}{4}})^{\frac{1}{2}} \div 2^{\frac{3}{4}}$$
$$= 2^{\frac{15}{8}} \div 2^{\frac{3}{4}}$$
$$= 2^{\frac{15}{8}-\frac{3}{4}} = 2^{\frac{9}{8}}$$

이므로 $2^k = 2^{\frac{9}{8}}$ $\quad \therefore k=\frac{9}{8}$

0061 답 13

$$\sqrt[3]{\sqrt[4]{a^3}} \div \sqrt[6]{a\sqrt{a^k}} = \sqrt[12]{a^3} \div (\sqrt[6]{a} \times \sqrt[12]{a^k})$$
$$= a^{\frac{1}{4}} \div \left(a^{\frac{1}{6}} \times a^{\frac{k}{12}}\right)$$
$$= a^{\frac{1}{4}-\frac{1}{6}-\frac{k}{12}} = a^{\frac{1-k}{12}}$$

$\frac{1}{a} = a^{-1}$

이므로 $a^{\frac{1-k}{12}} = a^{-1}$에서 $\frac{1-k}{12} = -1$

$1-k=-12$ $\quad \therefore k=13$

0062 답 ⑤

$$\sqrt[4]{a\sqrt{a}} \times \sqrt{a^k} = \sqrt[4]{a} \times \sqrt[8]{a} \times \sqrt{a^k}$$
$$= a^{\frac{1}{4}} \times a^{\frac{1}{8}} \times a^{\frac{k}{2}}$$
$$= a^{\frac{1}{4}+\frac{1}{8}+\frac{k}{2}} = a^{\frac{3+4k}{8}}$$

$$\sqrt[3]{a^2} \times \sqrt[4]{a^3} = a^{\frac{2}{3}} \times a^{\frac{3}{4}} = a^{\frac{2}{3}+\frac{3}{4}} = a^{\frac{17}{12}}$$

$$\therefore \frac{\sqrt[4]{a\sqrt{a}} \times \sqrt{a^k}}{\sqrt[3]{a^2} \times \sqrt[4]{a^3}} = \frac{a^{\frac{3+4k}{8}}}{a^{\frac{17}{12}}} = a^{\frac{3+4k}{8}-\frac{17}{12}}$$

이때 $a^{\frac{3+4k}{8}-\frac{17}{12}}=1$이므로

$$\frac{3+4k}{8} - \frac{17}{12} = 0, \ 3+4k = \frac{34}{3}$$

$$4k = \frac{25}{3} \qquad \therefore k=\frac{25}{12}$$

(다른 풀이)

$$\frac{\sqrt[4]{a\sqrt{a}} \times \sqrt{a^k}}{\sqrt[3]{a^2} \times \sqrt[4]{a^3}} = (a^{\frac{1}{4}} \times a^{\frac{1}{8}}) \times a^{\frac{k}{2}} \div (a^{\frac{2}{3}} \times a^{\frac{3}{4}})$$
$$= a^{\frac{3}{8}+\frac{k}{2}} \div a^{\frac{2}{3}+\frac{3}{4}}$$
$$= a^{\frac{3+4k}{8}-\frac{17}{12}}$$

이므로 $a^{\frac{3+4k}{8}-\frac{17}{12}}=1$에서

$$\frac{3+4k}{8} - \frac{17}{12} = 0 \qquad \therefore k=\frac{25}{12}$$

0063 답 22

$$\sqrt{2\sqrt{2\sqrt{2}}} \times \sqrt{\sqrt{\sqrt{2}}} = \sqrt{2} \times \sqrt[4]{2} \times \sqrt[8]{2} \times \sqrt[8]{2}$$
$$= 2^{\frac{1}{2}} \times 2^{\frac{1}{4}} \times 2^{\frac{1}{8}} \times 2^{\frac{1}{8}}$$
$$= 2^{\frac{1}{2}+\frac{1}{4}+\frac{1}{8}+\frac{1}{8}} = 2$$

$$\sqrt[3]{\frac{\sqrt{2^k}}{\sqrt[6]{2}}} = \frac{\sqrt[6]{2^k}}{\sqrt[18]{2}} = \frac{2^{\frac{k}{6}}}{2^{\frac{1}{18}}} = 2^{\frac{k}{6}-\frac{1}{18}}$$

이므로 $2 = 2^{\frac{k}{6}-\frac{1}{18}}$에서 $\frac{k}{6}-\frac{1}{18} = 1$

$$\frac{k}{6} = \frac{19}{18} \qquad \therefore k=\frac{19}{3}$$

따라서 $p=3$, $q=19$이므로

$p+q=3+19=22$

0064 답 7

$$\sqrt{\sqrt[m]{4}} \times \sqrt[n]{\sqrt[4]{2}} = \sqrt[2m]{2^2} \times \sqrt[4n]{2} = 2^{\frac{1}{m}} \times 2^{\frac{1}{4n}} = 2^{\frac{1}{m}+\frac{1}{4n}}$$

$\sqrt[3]{2} = 2^{\frac{1}{3}}$

이므로 $2^{\frac{1}{m}+\frac{1}{4n}} = 2^{\frac{1}{3}}$에서 $\frac{1}{m}+\frac{1}{4n}=\frac{1}{3}$

$12n+3m=4mn$, $(m-3)(4n-3)=9$

이때 m, n은 2 이상의 자연수이므로 위의 등식을 만족시키는 m, n의 값은 $m=4$, $n=3$이다.

$\therefore m+n=4+3=7$

참고 $(m-3)(4n-3)=9$에서

(i) $m-3=1$, $4n-3=9$일 때, $m=4$, $n=3$

(ii) $m-3=3$, $4n-3=3$일 때, $m=6$, $n=\frac{3}{2}$

(iii) $m-3=9$, $4n-3=1$일 때, $m=12$, $n=1$

이때 m, n은 2 이상의 자연수이므로 $m=4$, $n=3$이다.

0065 답 ④ | 유형9

$8^2=a$, $9^2=b$일 때, 18^{10}을 a, b를 사용하여 나타낸 것은?
  단서2   단서1

① $a^{\frac{3}{2}}b^{\frac{9}{2}}$ ② $a^{\frac{3}{2}}b^{\frac{19}{4}}$ ③ $a^{\frac{5}{3}}b^{\frac{19}{4}}$

④ $a^{\frac{5}{3}}b^5$ ⑤ a^2b^5

단서1 18을 소인수분해

단서2 8, 9를 소인수분해 한 후, 문자 a, b의 유리수 지수로 각각 변형

STEP1 a의 유리수 지수로 나타내기

$8^2=(2^3)^2=2^6=a$에서 $2=a^{\frac{1}{6}}$

STEP2 b의 유리수 지수로 나타내기

$9^2=(3^2)^2=3^4=b$에서 $3=b^{\frac{1}{4}}$

STEP3 18^{10}을 a, b를 사용하여 나타내기

$18^{10}=(2\times3^2)^{10}=2^{10}\times3^{20}$

$\qquad =(a^{\frac{1}{6}})^{10}\times(b^{\frac{1}{4}})^{20}=a^{\frac{5}{3}}b^5$

0066 답 ④

$a=8^2=(2^3)^2=2^6$이므로 $2=a^{\frac{1}{6}}$

$\therefore 1024^2=(2^{10})^2=2^{20}=(a^{\frac{1}{6}})^{20}=a^{\frac{10}{3}}$

0067 답 ①

$2^{30}=a$에서 $2=a^{\frac{1}{30}}$

$3^{12}=b$에서 $3=b^{\frac{1}{12}}$

$\therefore 288=2^5\times3^2=(a^{\frac{1}{30}})^5\times(b^{\frac{1}{12}})^2=a^{\frac{1}{6}}b^{\frac{1}{6}}$

다른 풀이

$288=2^5\times3^2=\sqrt[6]{2^{30}\times3^{12}}=\sqrt[6]{ab}=a^{\frac{1}{6}}b^{\frac{1}{6}}$

0068 답 ③

$a=\sqrt{2}$에서 $2=a^2$

$b=\sqrt[3]{3^2}$에서 $3=b^{\frac{3}{2}}$

$\therefore 12^{\frac{1}{2}}=(2^2\times3)^{\frac{1}{2}}=(a^4\times b^{\frac{3}{2}})^{\frac{1}{2}}=a^2b^{\frac{3}{4}}$

0069 답 ④

$a=\sqrt[5]{2^2}$에서 $2=a^{\frac{5}{2}}$

$b=\sqrt[3]{5}$에서 $5=b^3$

$\therefore \sqrt[12]{10^6}=10^{\frac{1}{2}}=(2\times5)^{\frac{1}{2}}=(a^{\frac{5}{2}}\times b^3)^{\frac{1}{2}}=a^{\frac{5}{4}}b^{\frac{3}{2}}$

0070 답 29

$a=16^2=(2^4)^2=2^8$에서 $2=a^{\frac{1}{8}}$이므로

$128^3=(2^7)^3=2^{21}=(a^{\frac{1}{8}})^{21}=a^{\frac{21}{8}}$

$a^{\frac{21}{8}}=a^{\frac{q}{p}}$에서 $\dfrac{q}{p}=\dfrac{21}{8}$

따라서 $p=8$, $q=21$이므로

$p+q=8+21=29$

0071 답 ③ | 유형10

$\left(\dfrac{1}{64}\right)^{\frac{1}{n}}$이 자연수가 되도록 하는 모든 정수 n의 값 중 최댓값을 a, 최
  단서1   단서2

솟값을 b라 할 때, $a-b$의 값은?

① 3   ② 4   ③ 5

④ 6   ⑤ 7

단서1 자연수의 거듭제곱 꼴로 변형

단서2 자연수 a에 대하여 $a^{\frac{m}{n}}$이 자연수려면 n이 m의 약수

STEP1 자연수가 되기 위한 n의 조건 구하기

$\left(\dfrac{1}{64}\right)^{\frac{1}{n}}=(2^{-6})^{\frac{1}{n}}=2^{-\frac{6}{n}}$

$2^{-\frac{6}{n}}$이 자연수가 되기 위해서는 n이 6의 음의 약수이어야 한다.
          └→ 거듭제곱의 지수 $-\dfrac{6}{n}$이 자연수이어야 한다.

STEP2 $a-b$의 값 구하기

정수 n의 값은 -1, -2, -3, -6이므로

$a=-1$, $b=-6$

$\therefore a-b=-1-(-6)=5$

0072 답 30

$a^6=3$에서 $a=3^{\frac{1}{6}}$

$b^5=7$에서 $b=7^{\frac{1}{5}}$

$c^2=11$에서 $c=11^{\frac{1}{2}}$

$\therefore (abc)^n=(3^{\frac{1}{6}}\times7^{\frac{1}{5}}\times11^{\frac{1}{2}})^n=3^{\frac{n}{6}}\times7^{\frac{n}{5}}\times11^{\frac{n}{2}}$

따라서 $(abc)^n$이 자연수가 되기 위해서는 n은 2, 5, 6의 공배수
이어야 하므로 n의 최솟값은 2, 5, 6의 최소공배수인 30이다.

참고 $a^{\frac{m}{n}}$ (a는 소수)이 자연수가 되기 위해서는 m은 n의 배수이어야 한다.

0073 답 ⑤

$\left(\dfrac{1}{729}\right)^{-\frac{1}{n}}=(3^{-6})^{-\frac{1}{n}}=3^{\frac{6}{n}}$

$3^{\frac{6}{n}}$이 자연수가 되기 위해서는 n이 6의 양의 약수이어야 한다.
따라서 정수 n의 값은 1, 2, 3, 6이므로 모든 정수 n의 값의 합은

$1+2+3+6=12$

0074 답 ③

$(\sqrt{2^n})^{\frac{1}{2}}=(2^{\frac{n}{2}})^{\frac{1}{2}}=2^{\frac{n}{4}}$

$\sqrt[n]{2^{100}}=2^{\frac{100}{n}}$

$2^{\frac{n}{4}}$과 $2^{\frac{100}{n}}$이 모두 자연수가 되기 위해서는 $n\geq2$이고 n은 4의
배수이면서 100의 양의 약수이어야 한다.
따라서 자연수 n의 값은 4, 20, 100이므로 모든 자연수 n의 값의
합은

$4+20+100=124$

0075 답 ⑤

$\sqrt[3]{2m}\times\sqrt{n^3}=(2m)^{\frac{1}{3}}\times n^{\frac{3}{2}}$이 자연수가 되기 위해서는 $(2m)^{\frac{1}{3}}$과
$n^{\frac{3}{2}}$이 모두 자연수이어야 한다.

$(2m)^{\frac{1}{3}}$이 자연수가 되기 위해서는 $m=2^2 \times k^3$ (k는 자연수)이어야 하므로 120 이하의 자연수 중 m의 값이 될 수 있는 것은
$2^2 \times 1^3$, $2^2 \times 2^3$, $2^2 \times 3^3$, 즉 4, 32, 108
또한 $n^{\frac{3}{2}}$이 자연수가 되기 위해서는 $n=l^2$ (l은 자연수)이어야 하므로 10 이하의 자연수 중 n의 값이 될 수 있는 것은
1^2, 2^2, 3^2, 즉 1, 4, 9
따라서 $m+n$의 최댓값은
$108+9=117$

0076 답 40

$(\sqrt[4]{2^3})^{\frac{1}{2}} = (2^{\frac{3}{4}})^{\frac{1}{2}} = 2^{\frac{3}{8}}$

$2^{\frac{3}{8}}$이 어떤 자연수 N의 n제곱근이라 하면

$N=(2^{\frac{3}{8}})^n = 2^{\frac{3n}{8}}$ ⟶ 자연수이어야 한다.

이므로 $\dfrac{3n}{8}$이 자연수이어야 한다.

즉, 자연수 n은 8의 배수이어야 하므로 $2 \le n \le 50$인 자연수 중에서 n의 값은 8, 16, 24, 32, 40, 48이다.
따라서 n의 최댓값은 48, 최솟값은 8이므로 $a=48$, $b=8$
$\therefore a-b=48-8=40$

참고 어떤 자연수의 n제곱근이라는 것은 n번 곱한 값이 어떤 자연수가 되는 것임을 알고 문제를 해결한다.

0077 답 ①

(i) $\sqrt{\dfrac{3^m \times 5^n}{3}} = \sqrt{3^{m-1} \times 5^n}$이 자연수이므로 자연수 m, n에 대하여 $m-1$은 0 또는 2의 배수, n은 2의 배수이어야 한다.

즉, $m-1=2k$ (k는 음이 아닌 정수), $n=2l$ (l은 자연수)로 놓으면

$m=2k+1=1, 3, 5, \cdots$
$n=2, 4, 6, \cdots$

(ii) $\sqrt[3]{\dfrac{2^n}{3^{m+1}}} = \dfrac{2^{\frac{n}{3}}}{3^{\frac{m+1}{3}}}$이 유리수이므로 자연수 m, n에 대하여 $\dfrac{n}{3}$과 $\dfrac{m+1}{3}$이 모두 자연수이어야 한다.

즉, $m+1$과 n이 모두 3의 배수이어야 하므로 $m+1=3p$, $n=3q$ (p, q는 자연수)로 놓으면

$m=3p-1=2, 5, 8, \cdots$
$n=3, 6, 9, \cdots$

(i), (ii)를 동시에 만족시키는 m의 최솟값은 5, n의 최솟값은 6이므로 $m+n$의 최솟값은
$5+6=11$

실수 Check

(i)에서 $m-1=0$일 때에도 $\sqrt{3^{m-1} \times 5^n}$이 자연수가 될 수 있음에 주의한다.

0078 답 12

$(\sqrt{2\sqrt[3]{4}})^n = \{2^{\frac{1}{2}} \times (2^2)^{\frac{1}{6}}\}^n = (2^{\frac{1}{2}} \times 2^{\frac{1}{3}})^n = (2^{\frac{5}{6}})^n = 2^{\frac{5n}{6}}$

$2^{\frac{5n}{6}}$이 자연수가 되기 위해서는 자연수 n이 6의 배수이어야 한다.

$n=6$일 때, $2^5=32$
$n=12$일 때, $(2^5)^2 = 2^{10} = 1024$
$n=18$일 때, $(2^5)^3 = 2^{15} = 32768$
$\vdots$

즉, $(\sqrt{2\sqrt[3]{4}})^n = 2^{\frac{5n}{6}}$이 네 자리 자연수가 되도록 하는 자연수 n의 값은 12이다.

0079 답 ③

$(\sqrt[n]{a})^3 = a^{\frac{3}{n}}$

(i) $a=4$일 때, $4^{\frac{3}{n}} = (2^2)^{\frac{3}{n}} = 2^{\frac{6}{n}}$

즉, $2^{\frac{6}{n}}$이 자연수가 되기 위해서는 n이 6의 양의 약수이어야 하므로 2 이상의 자연수 n의 값은 2, 3, 6이다.

$\therefore f(4)=6$

(ii) $a=27$일 때, $27^{\frac{3}{n}} = (3^3)^{\frac{3}{n}} = 3^{\frac{9}{n}}$

즉, $3^{\frac{9}{n}}$이 자연수가 되기 위해서는 n이 9의 양의 약수이어야 하므로 2 이상의 자연수 n의 값은 3, 9이다.

$\therefore f(27)=9$

(i), (ii)에서 $f(4)+f(27)=6+9=15$

0080 답 ③ | 유형 11

$a=2$일 때, $\underbrace{(a^{\frac{2}{3}}+a^{-\frac{1}{3}})^3}_{\text{단서1}} + \underbrace{(a^{\frac{2}{3}}-a^{-\frac{1}{3}})^3}_{\text{단서1}}$의 값은?

① 12 ② 13 ③ 14
④ 15 ⑤ 16

단서1 $(x \pm y)^3 = x^3 \pm 3x^2 y + 3xy^2 \pm y^3$ (복부호동순)

STEP1 곱셈 공식을 이용하여 주어진 식 간단히 하기

$a^{\frac{2}{3}}=A$, $a^{-\frac{1}{3}}=B$라 하면
$(a^{\frac{2}{3}}+a^{-\frac{1}{3}})^3 + (a^{\frac{2}{3}}-a^{-\frac{1}{3}})^3$
$=(A+B)^3 + (A-B)^3$
$=(A^3+3A^2B+3AB^2+B^3)+(A^3-3A^2B+3AB^2-B^3)$
$=2A^3+6AB^2$
$=2 \times a^2 + 6 \times a^{\frac{2}{3}} \times a^{-\frac{2}{3}}$
$=2a^2+6$

STEP2 a의 값을 대입하여 식의 값 구하기

$a=2$이므로
$2a^2+6=2 \times 2^2 + 6 = 14$

다른 풀이

$(a^{\frac{2}{3}}+a^{-\frac{1}{3}})^3 + (a^{\frac{2}{3}}-a^{-\frac{1}{3}})^3$
$=\{(a^{\frac{2}{3}})^3 + 3(a^{\frac{2}{3}})^2 a^{-\frac{1}{3}} + 3a^{\frac{2}{3}}(a^{-\frac{1}{3}})^2 + (a^{-\frac{1}{3}})^3\}$
$\qquad + \{(a^{\frac{2}{3}})^3 - 3(a^{\frac{2}{3}})^2 a^{-\frac{1}{3}} + 3a^{\frac{2}{3}}(a^{-\frac{1}{3}})^2 - (a^{-\frac{1}{3}})^3\}$
$=2a^2+6$
$a=2$이므로
$2a^2+6=2 \times 2^2 + 6 = 14$

0081 답 ①

$$\{3^{\sqrt{2}}+(\sqrt{3})^{\sqrt{2}}\}\{3^{\sqrt{2}}-(\sqrt{3})^{\sqrt{2}}\}=(3^{\sqrt{2}})^2-\{(\sqrt{3})^{\sqrt{2}}\}^2$$
$$=3^{2\sqrt{2}}-(\sqrt{3^2})^{\sqrt{2}}$$
$$=3^{\sqrt{2}+\sqrt{2}}-3^{\sqrt{2}}$$
$$=3^{\sqrt{2}}\times3^{\sqrt{2}}-3^{\sqrt{2}}$$
$$=3^{\sqrt{2}}(3^{\sqrt{2}}-1)$$

0082 답 6

$$(7^{\frac{1}{8}}-1)(7^{\frac{1}{8}}+1)(7^{\frac{1}{4}}+1)(7^{\frac{1}{2}}+1)$$
$$=\{(7^{\frac{1}{8}})^2-1\}(7^{\frac{1}{4}}+1)(7^{\frac{1}{2}}+1)$$
$$=(7^{\frac{1}{4}}-1)(7^{\frac{1}{4}}+1)(7^{\frac{1}{2}}+1)$$
$$=\{(7^{\frac{1}{4}})^2-1\}(7^{\frac{1}{2}}+1)$$
$$=(7^{\frac{1}{2}}-1)(7^{\frac{1}{2}}+1)$$
$$=(7^{\frac{1}{2}})^2-1=7-1=6$$

0083 답 ④

$6^{\frac{1}{3}}=A$, $6^{-\frac{2}{3}}=B$라 하면
$$\left(6^{\frac{1}{3}}+6^{-\frac{2}{3}}\right)^3-\left(6^{\frac{1}{3}}-6^{-\frac{2}{3}}\right)^3$$
$$=(A+B)^3-(A-B)^3$$
$$=(A^3+3A^2B+3AB^2+B^3)-(A^3-3A^2B+3AB^2-B^3)$$
$$=6A^2B+2B^3$$
$$=6\times6^{\frac{2}{3}}\times6^{-\frac{2}{3}}+2\times6^{-2}$$
$$=6+2\times6^{-2}$$
$$=6+2\times\frac{1}{36}=\frac{109}{18}$$
따라서 $p=18$, $q=109$이므로
$q-p=109-18=91$

0084 답 ④

$$(a^{\frac{1}{2}}+a^{-\frac{1}{2}})(a^{\frac{1}{2}}-a^{-\frac{1}{2}})-(a^{\frac{1}{2}}-a^{-\frac{1}{2}})^2$$
$$=\{(a^{\frac{1}{2}})^2-(a^{-\frac{1}{2}})^2\}-\{(a^{\frac{1}{2}})^2-2a^{\frac{1}{2}}a^{-\frac{1}{2}}+(a^{-\frac{1}{2}})^2\}$$
$$=(a-a^{-1})-(a-2+a^{-1})$$
$$=2-2a^{-1}=2-\frac{2}{a}$$
이때 $a=\frac{1}{\sqrt{2}}$에서 $\frac{1}{a}=\sqrt{2}$이므로
$$2-\frac{2}{a}=2-2\sqrt{2}$$

0085 답 ③

$$\frac{1}{\sqrt{n+1}+\sqrt{n}}=\frac{\sqrt{n+1}-\sqrt{n}}{(\sqrt{n+1}+\sqrt{n})(\sqrt{n+1}-\sqrt{n})}$$
$$=\frac{\sqrt{n+1}-\sqrt{n}}{n+1-n}$$
$$=\sqrt{n+1}-\sqrt{n}$$
이므로 $f(n)=5^{\frac{1}{\sqrt{n+1}+\sqrt{n}}}=5^{\sqrt{n+1}-\sqrt{n}}$

$$\therefore f(1)\times f(2)\times f(3)\times\cdots\times f(35)$$
$$=5^{\sqrt{2}-1}\times5^{\sqrt{3}-\sqrt{2}}\times5^{\sqrt{4}-\sqrt{3}}\times\cdots\times5^{\sqrt{36}-\sqrt{35}}$$
$$=5^{(\sqrt{2}-1)+(\sqrt{3}-\sqrt{2})+(\sqrt{4}-\sqrt{3})+\cdots+(\sqrt{36}-\sqrt{35})}$$
$$=5^{\sqrt{36}-1}=5^{6-1}$$
$$=5^5$$
따라서 $5^k=5^5$이므로 $k=5$

0086 답 ③ | 유형12

> 양수 a에 대하여 $a+a^{-1}=3$일 때, a^4+a^{-4}의 값은?
> 단서1 단서2
> ① 45 ② 46 ③ 47
> ④ 48 ⑤ 49
> 단서1 $a^2+a^{-2}=(a+a^{-1})^2-2$
> 단서2 $a^4+a^{-4}=(a^2+a^{-2})^2-2$

STEP 1 a^2+a^{-2}의 값 구하기
$$a^2+a^{-2}=(a+a^{-1})^2-2=3^2-2=7$$
STEP 2 a^4+a^{-4}의 값 구하기
$$a^4+a^{-4}=(a^2+a^{-2})^2-2=7^2-2=47$$

0087 답 ④

$$a+a^{-1}=(a^{\frac{1}{2}}+a^{-\frac{1}{2}})^2-2$$
$$=(2\sqrt{3})^2-2$$
$$=12-2=10$$

다른 풀이

$a^{\frac{1}{2}}+a^{-\frac{1}{2}}=2\sqrt{3}$의 양변을 제곱하면
$$a+a^{-1}+2=12$$
$$\therefore a+a^{-1}=10$$

0088 답 ⑤

$$a^{\frac{3}{2}}+a^{-\frac{3}{2}}=(a^{\frac{1}{2}}+a^{-\frac{1}{2}})^3-3(a^{\frac{1}{2}}+a^{-\frac{1}{2}})$$
$$=5^3-3\times5$$
$$=125-15=110$$

다른 풀이

$a^{\frac{1}{2}}+a^{-\frac{1}{2}}=5$의 양변을 세제곱하면
$$(a^{\frac{1}{2}}+a^{-\frac{1}{2}})^3=125$$
$$a^{\frac{3}{2}}+3a^{\frac{1}{2}}+3a^{-\frac{1}{2}}+a^{-\frac{3}{2}}=125$$
$$\therefore a^{\frac{3}{2}}+a^{-\frac{3}{2}}=125-3(a^{\frac{1}{2}}+a^{-\frac{1}{2}})$$
$$=125-15=110$$

0089 답 5

$2^x+2^{1-x}=3$의 양변을 제곱하면
$$(2^x+2^{1-x})^2=9$$
$$4^x+4^{1-x}+2\times2=9 \quad \rightarrow 2\times2^x\times2^{1-x}=2\times2$$
$$\therefore 4^x+4^{1-x}=5$$

다른 풀이

$2^x=t\ (t>0)$라 하면 $2^{-x}=\dfrac{1}{t}$ $\quad\therefore 2^{1-x}=\dfrac{2}{t}$

즉, $2^x+2^{1-x}=3$에서 $t+\dfrac{2}{t}=3$

$\therefore 4^x+4^{1-x}=(2^x)^2+(2^{1-x})^2$

$\qquad\qquad\quad =t^2+\dfrac{4}{t^2}=\left(t+\dfrac{2}{t}\right)^2-4$

$\qquad\qquad\quad =3^2-4=5$

0090 답 ⑤

$\sqrt{x}+\dfrac{1}{\sqrt{x}}=x^{\frac{1}{2}}+x^{-\frac{1}{2}}=3$이므로

$x+x^{-1}+x^{\frac{3}{2}}+x^{-\frac{3}{2}}$

$=(x^{\frac{1}{2}}+x^{-\frac{1}{2}})^2-2+(x^{\frac{1}{2}}+x^{-\frac{1}{2}})^3-3(x^{\frac{1}{2}}+x^{-\frac{1}{2}})$

$=3^2-2+3^3-3\times3=25$

참고 양수 a에 대하여
(1) $(a^{\frac{1}{2}}\pm a^{-\frac{1}{2}})^2=a+a^{-1}\pm2$ (복부호동순)
(2) $(a^{\frac{1}{3}}\pm a^{-\frac{1}{3}})^3=a\pm a^{-1}\pm3(a^{\frac{1}{3}}\pm a^{-\frac{1}{3}})$ (복부호동순)

0091 답 ③

$(a^{\frac{1}{2}}-a^{-\frac{1}{2}})^2=a+a^{-1}-2$에서 $2^2=a+a^{-1}-2$

$\therefore a+a^{-1}=6$

$a^2+a^{-2}=(a+a^{-1})^2-2=6^2-2=34$

$\therefore \dfrac{a^2+a^{-2}+6}{a+a^{-1}+2}=\dfrac{34+6}{6+2}=\dfrac{40}{8}=5$

0092 답 12

$\dfrac{3^{3a}-3^{2a}+3^a}{3^{2a}}=3^a-1+3^{-a}=3^a+3^{-a}-1$이고

$3^a+3^{-a}=(3^{\frac{a}{2}}+3^{-\frac{a}{2}})^2-2$

$\qquad\qquad\ =(\sqrt{15})^2-2=13$

$\therefore \dfrac{3^{3a}-3^{2a}+3^a}{3^{2a}}=3^a+3^{-a}-1=13-1=12$

다른 풀이

$3^{\frac{a}{2}}+3^{-\frac{a}{2}}=\sqrt{15}$의 양변을 제곱하면

$3^a+3^{-a}+2=15$ $\quad\therefore 3^a+3^{-a}=13$

$\therefore \dfrac{3^{3a}-3^{2a}+3^a}{3^{2a}}=3^a-1+3^{-a}=13-1=12$

0093 답 ⑤

$(x-x^{-1})^2=x^2+x^{-2}-2=34-2=32$이므로

$x-x^{-1}=\sqrt{32}=4\sqrt{2}\ (\because x-x^{-1}>0)$
$\quad\longrightarrow x>1$에서 $0<\dfrac{1}{x}<1$이므로
$(x^2-x^{-2})^2=(x^2+x^{-2})^2-4$ $\qquad\qquad x-x^{-1}=x-\dfrac{1}{x}>0$

$\qquad\qquad\quad =34^2-4=1152$

이므로
$x^2-x^{-2}=\sqrt{1152}=24\sqrt{2}\ (\because x^2-x^{-2}>0)$

$\therefore \dfrac{x-x^{-1}}{x^2-x^{-2}}=\dfrac{4\sqrt{2}}{24\sqrt{2}}=\dfrac{1}{6}$
$\longrightarrow x>1$에서 $x^2>1$, $0<\dfrac{1}{x^2}<1$이므로
$\qquad\qquad\qquad x^2-x^{-2}=x^2-\dfrac{1}{x^2}>0$

0094 답 ④

$\underline{4^x+4^{-x}=194}$이므로 $\longrightarrow 4^x=(2^x)^2$이므로 $2^x,\ 2^{-x}$을 이용한 곱셈 공식을 이용한다.

$(2^x+2^{-x})^2=2^{2x}+2^{-2x}+2=4^x+4^{-x}+2=194+2=196$

$\therefore 2^x+2^{-x}=\sqrt{196}=14\ (\because 2^x+2^{-x}>0)$

$(2^{\frac{x}{2}}+2^{-\frac{x}{2}})^2=2^x+2^{-x}+2=14+2=16$

$\therefore 2^{\frac{x}{2}}+2^{-\frac{x}{2}}=\sqrt{16}=4\ (\because 2^{\frac{x}{2}}+2^{-\frac{x}{2}}>0)$

따라서 $(2^{\frac{x}{4}}+2^{-\frac{x}{4}})^2=2^{\frac{x}{2}}+2^{-\frac{x}{2}}+2=4+2=6$이므로

$2^{\frac{x}{4}}+2^{-\frac{x}{4}}=\sqrt{6}\ (\because 2^{\frac{x}{4}}+2^{-\frac{x}{4}}>0)$

실수 Check

구하는 식을 거듭제곱하면 계산이 복잡해지므로 주어진 조건을 적절히 이용하여 2^x+2^{-x}, $2^{\frac{x}{2}}+2^{-\frac{x}{2}}$, $2^{\frac{x}{4}}+2^{-\frac{x}{4}}$의 값을 차례로 구한다.

0095 답 ③
유형 13

실수 a에 대하여 $3^{2a}=6$일 때, $\dfrac{3^a-3^{-a}}{3^a+3^{-a}}$의 값을 $\dfrac{q}{p}$라 하자.
단서1

이때 $p+q$의 값은? (단, $p,\ q$는 서로소인 자연수이다.)

① 8   ② 10   ③ 12
④ 14   ⑤ 16

단서1 분모, 분자에 각각 3^a을 곱하여 식을 변형

STEP 1 분모, 분자에 각각 3^a을 곱하여 식 변형하기

분모, 분자에 각각 3^a을 곱하면

$\dfrac{3^a-3^{-a}}{3^a+3^{-a}}=\dfrac{3^a(3^a-3^{-a})}{3^a(3^a+3^{-a})}=\dfrac{3^{2a}-1}{3^{2a}+1}=\dfrac{6-1}{6+1}=\dfrac{5}{7}$

STEP 2 $p+q$의 값 구하기

$p=7$, $q=5$이므로

$p+q=7+5=12$

0096 답 ②

분모, 분자에 각각 3^{2x}을 곱하면

$\dfrac{3^{6x}-3^{-6x}}{3^{2x}+3^{-2x}}=\dfrac{3^{2x}(3^{6x}-3^{-6x})}{3^{2x}(3^{2x}+3^{-2x})}=\dfrac{3^{8x}-3^{-4x}}{3^{4x}+1}=\dfrac{(3^{4x})^2-(3^{4x})^{-1}}{3^{4x}+1}$

$\qquad\qquad =\dfrac{4-\dfrac{1}{2}}{2+1}=\dfrac{\dfrac{7}{2}}{3}=\dfrac{7}{6}$

0097 답 9

좌변의 분모, 분자에 각각 a^x을 곱하면

$\dfrac{a^x+a^{-x}}{a^x-a^{-x}}=\dfrac{a^x(a^x+a^{-x})}{a^x(a^x-a^{-x})}=\dfrac{a^{2x}+1}{a^{2x}-1}$

즉, $\dfrac{a^{2x}+1}{a^{2x}-1}=2$이므로

$a^{2x}+1=2(a^{2x}-1)$ $\quad\therefore a^{2x}=3$

$\therefore a^{4x}=(a^{2x})^2=3^2=9$

다른 풀이

$\dfrac{a^x+a^{-x}}{a^x-a^{-x}}=2$에서 $a^x+a^{-x}=2(a^x-a^{-x})$ $\quad\therefore a^x=3a^{-x}$

양변에 a^x을 곱하면 $a^{2x}=3$

$\therefore a^{4x}=(a^{2x})^2=3^2=9$

0098 답 5

분모, 분자에 각각 a^x을 곱하면

$$\frac{a^{3x}-a^{-3x}}{a^x-a^{-x}}=\frac{a^x(a^{3x}-a^{-3x})}{a^x(a^x-a^{-x})}=\frac{a^{4x}-a^{-2x}}{a^{2x}-1}$$

$$=\frac{(a^{2x})^2-(a^{2x})^{-1}}{a^{2x}-1}=\frac{(2+\sqrt{3})^2-\dfrac{1}{2+\sqrt{3}}}{2+\sqrt{3}-1}$$

$$=\frac{7+4\sqrt{3}-(2-\sqrt{3})}{1+\sqrt{3}}=\frac{5+5\sqrt{3}}{1+\sqrt{3}}=\frac{5(1+\sqrt{3})}{1+\sqrt{3}}=5$$

> **다른 풀이**
>
> $$\frac{a^{3x}-a^{-3x}}{a^x-a^{-x}}=\frac{(a^x-a^{-x})(a^{2x}+1+a^{-2x})}{a^x-a^{-x}}$$
> $$=a^{2x}+1+a^{-2x}$$
> $$=2+\sqrt{3}+1+\frac{1}{2+\sqrt{3}}$$
> $$=3+\sqrt{3}+2-\sqrt{3}=5$$

개념 Check

(1) $a^3\pm b^3=(a\pm b)(a^2\mp ab+b^2)$ (복부호동순)
(2) $(a\pm b)^3=a^3\pm 3a^2b+3ab^2\pm b^3$ (복부호동순)

0099 답 ②

$a^{-2x}=3$에서 $a^{2x}=\dfrac{1}{3}$

분모, 분자에 각각 a^x을 곱하면

$$\frac{a^x+a^{-x}}{a^{3x}-a^{-3x}}=\frac{a^x(a^x+a^{-x})}{a^x(a^{3x}-a^{-3x})}=\frac{a^{2x}+1}{a^{4x}-a^{-2x}}$$

$$=\frac{a^{2x}+1}{(a^{2x})^2-a^{-2x}}=\frac{\dfrac{1}{3}+1}{\dfrac{1}{9}-3}=-\frac{6}{13}$$

0100 답 ③

$3^{\frac{1}{x}}=4$에서 $4^x=3$ $\therefore 2^{2x}=3$

분모, 분자에 각각 2^x을 곱하면

$$\frac{2^x-2^{-x}}{2^x+2^{-x}}=\frac{2^x(2^x-2^{-x})}{2^x(2^x+2^{-x})}=\frac{2^{2x}-1}{2^{2x}+1}=\frac{3-1}{3+1}=\frac{2}{4}=\frac{1}{2}$$

0101 답 ④

좌변의 분모, 분자에 각각 2^x을 곱하면

$$\frac{2^x-2^{-x}}{2^x+2^{-x}}=\frac{2^x(2^x-2^{-x})}{2^x(2^x+2^{-x})}=\frac{2^{2x}-1}{2^{2x}+1}=\frac{4^x-1}{4^x+1}$$

즉, $\dfrac{4^x-1}{4^x+1}=\dfrac{1}{2}$이므로

$2(4^x-1)=4^x+1$ $\therefore 4^x=3$

$\therefore 4^x-4^{-x}=4^x-(4^x)^{-1}=3-3^{-1}=3-\dfrac{1}{3}=\dfrac{8}{3}$

0102 답 ④

좌변의 분모, 분자에 각각 a^x을 곱하면

$$\frac{a^x+a^{-x}}{a^x-a^{-x}}=\frac{a^x(a^x+a^{-x})}{a^x(a^x-a^{-x})}=\frac{a^{2x}+1}{a^{2x}-1}$$

즉, $\dfrac{a^{2x}+1}{a^{2x}-1}=5$이므로

$a^{2x}+1=5(a^{2x}-1)$, $4a^{2x}=6$ $\therefore a^{2x}=\dfrac{3}{2}$

$\therefore a^{2x}-a^{-2x}=a^{2x}-(a^{2x})^{-1}=\dfrac{3}{2}-\left(\dfrac{3}{2}\right)^{-1}=\dfrac{3}{2}-\dfrac{2}{3}=\dfrac{5}{6}$

0103 답 ①

좌변의 분모, 분자에 각각 a^x을 곱하면

$$\frac{a^x-a^{-x}}{a^x+a^{-x}}=\frac{a^x(a^x-a^{-x})}{a^x(a^x+a^{-x})}=\frac{a^{2x}-1}{a^{2x}+1}$$

즉, $\dfrac{a^{2x}-1}{a^{2x}+1}=\dfrac{1}{2}$이므로

$2(a^{2x}-1)=a^{2x}+1$ $\therefore a^{2x}=3$

$\therefore a^x=\sqrt{3}\ (\because a^x>0)$

따라서 $\dfrac{a^{\frac{1}{2}x}-a^{-\frac{3}{2}x}}{a^{\frac{3}{2}x}+a^{-\frac{1}{2}x}}$의 분모, 분자에 각각 $a^{\frac{1}{2}x}$을 곱하면

$$\frac{a^{\frac{1}{2}x}-a^{-\frac{3}{2}x}}{a^{\frac{3}{2}x}+a^{-\frac{1}{2}x}}=\frac{a^{\frac{1}{2}x}(a^{\frac{1}{2}x}-a^{-\frac{3}{2}x})}{a^{\frac{1}{2}x}(a^{\frac{3}{2}x}+a^{-\frac{1}{2}x})}=\frac{a^x-a^{-x}}{a^{2x}+1}$$

$$=\frac{\sqrt{3}-\dfrac{1}{\sqrt{3}}}{(\sqrt{3})^2+1}=\frac{\dfrac{2}{\sqrt{3}}}{3+1}=\frac{1}{2\sqrt{3}}=\frac{\sqrt{3}}{6}$$

참고 조건을 이용하여 공통으로 들어 있는 지수를 가진 a^x의 값을 먼저 구한다.

0104 답 ④ | 유형 14

> 두 실수 x, y에 대하여 $\left(\dfrac{1}{5}\right)^x=4$, $10^y=16$일 때, $4^{\frac{1}{x}+\frac{2}{y}}$의 값은?
>
> **단서1** **단서2**
>
> ① $\dfrac{1}{4}$ ② $\dfrac{1}{2}$ ③ 1
>
> ④ 2 ⑤ 4
>
> **단서1** $a^x=k$ ➡ $a=k^{\frac{1}{x}}$, $b^y=k$ ➡ $b=k^{\frac{1}{y}}$
> **단서2** $ab=k^{\frac{1}{x}+\frac{1}{y}}$

STEP 1 지수법칙을 이용하여 밑을 4로 같게 만들기

$\left(\dfrac{1}{5}\right)^x=4$에서 $\dfrac{1}{5}=4^{\frac{1}{x}}$

$10^y=16=4^2$에서 $10=4^{\frac{2}{y}}$

STEP 2 $4^{\frac{1}{x}+\frac{2}{y}}$의 값 구하기

$4^{\frac{1}{x}+\frac{2}{y}}=4^{\frac{1}{x}}\times 4^{\frac{2}{y}}=\dfrac{1}{5}\times 10=2$

0105 답 $\dfrac{2}{3}$

$ab=9$, $a=27^{\frac{1}{x}}$, $b=27^{\frac{1}{y}}$에서

$ab=27^{\frac{1}{x}}\times 27^{\frac{1}{y}}=27^{\frac{1}{x}+\frac{1}{y}}=3^{3\left(\frac{1}{x}+\frac{1}{y}\right)}=3^2$

따라서 $3\left(\dfrac{1}{x}+\dfrac{1}{y}\right)=2$이므로 $\dfrac{1}{x}+\dfrac{1}{y}=\dfrac{2}{3}$

0106 답 ①

$7^x=25=5^2$에서 $7=5^{\frac{2}{x}}$ ·········· ㉠

$175^y=125=5^3$에서 $175=5^{\frac{3}{y}}$ ·········· ㉡

$\bigcirc\div\bigcirc$을 하면

$7\div175=5^{\frac{2}{x}}\div5^{\frac{3}{y}}$

$\dfrac{1}{25}=5^{\frac{2}{x}-\frac{3}{y}}$ $\therefore 5^{-2}=5^{\frac{2}{x}-\frac{3}{y}}$

$\therefore \dfrac{2}{x}-\dfrac{3}{y}=-2$

0107 답 ④

$3^x=225=15^2$에서 $3=15^{\frac{2}{x}}$ ⋯⋯⋯⋯⋯⋯⋯⋯⋯ $\bigcirc$

$5^y=225=15^2$에서 $5=15^{\frac{2}{y}}$ ⋯⋯⋯⋯⋯⋯⋯⋯⋯ $\bigcirc$

$\bigcirc\times\bigcirc$을 하면

$3\times5=15^{\frac{2}{x}}\times15^{\frac{2}{y}}$

$15=15^{\frac{2}{x}+\frac{2}{y}}=15^{2\left(\frac{1}{x}+\frac{1}{y}\right)}$

따라서 $2\left(\dfrac{1}{x}+\dfrac{1}{y}\right)=1$이므로 $\dfrac{1}{x}+\dfrac{1}{y}=\dfrac{1}{2}$

0108 답 ①

$3^x=a$, $3^y=b$이므로

$\left(\dfrac{1}{9}\right)^{x-\frac{y}{2}}=(3^{-2})^{x-\frac{y}{2}}=3^{-2x+y}=(3^x)^{-2}\times3^y=a^{-2}\times b=\dfrac{b}{a^2}$

0109 답 ④

$4^x=15$에서 $4=15^{\frac{1}{x}}$

$6^y=15$에서 $6=15^{\frac{1}{y}}$

$9^z=3^{2z}=15$에서 $3=15^{\frac{1}{2z}}$

$\therefore 15^{\frac{1}{x}-\frac{1}{y}+\frac{1}{2z}}=15^{\frac{1}{x}}\div15^{\frac{1}{y}}\times15^{\frac{1}{2z}}=4\div6\times3=2$

0110 답 ②

$3^x=\sqrt{60}$에서 $3=(\sqrt{60})^{\frac{1}{x}}$ ⋯⋯⋯⋯⋯⋯⋯⋯ $\bigcirc$

$4^y=\sqrt{60}$에서 $4=(\sqrt{60})^{\frac{1}{y}}$ ⋯⋯⋯⋯⋯⋯⋯⋯ $\bigcirc$

$5^z=\sqrt{60}$에서 $5=(\sqrt{60})^{\frac{1}{z}}$ ⋯⋯⋯⋯⋯⋯⋯⋯ $\bigcirc$

$\bigcirc\times\bigcirc\times\bigcirc$을 하면

$3\times4\times5=(\sqrt{60})^{\frac{1}{x}}\times(\sqrt{60})^{\frac{1}{y}}\times(\sqrt{60})^{\frac{1}{z}}$

$60=(\sqrt{60})^{\frac{1}{x}+\frac{1}{y}+\frac{1}{z}}=(60^{\frac{1}{2}})^{\frac{1}{x}+\frac{1}{y}+\frac{1}{z}}=60^{\frac{1}{2}\left(\frac{1}{x}+\frac{1}{y}+\frac{1}{z}\right)}$

따라서 $\dfrac{1}{2}\left(\dfrac{1}{x}+\dfrac{1}{y}+\dfrac{1}{z}\right)=1$이므로 $\dfrac{1}{x}+\dfrac{1}{y}+\dfrac{1}{z}=2$

0111 답 ④

$15^x=8=2^3$에서 $15=2^{\frac{3}{x}}$ ⋯⋯⋯⋯⋯⋯⋯⋯⋯ $\bigcirc$

$a^y=2$에서 $a=2^{\frac{1}{y}}$ ⋯⋯⋯⋯⋯⋯⋯⋯⋯⋯⋯⋯⋯ $\bigcirc$

$\bigcirc\times\bigcirc$을 하면

$15\times a=2^{\frac{3}{x}}\times2^{\frac{1}{y}}=2^{\frac{3}{x}+\frac{1}{y}}=2^2=4$

$\therefore a=\dfrac{4}{15}$

0112 답 125

$5^{2a+b}\times5^{a-b}=32\times2$에서

$5^{(2a+b)+(a-b)}=64$, $5^{3a}=4^3$

$\therefore 5^a=4$ ⋯⋯⋯⋯⋯⋯⋯⋯⋯⋯⋯⋯⋯⋯⋯⋯⋯⋯ $\bigcirc$

$5^{a-b}=2$에서

$5^a\div5^b=2$, $4\div5^b=2$

$\therefore 5^b=2$ ⋯⋯⋯⋯⋯⋯⋯⋯⋯⋯⋯⋯⋯⋯⋯⋯⋯⋯ $\bigcirc$

$\bigcirc$, $\bigcirc$에서 $4^{\frac{1}{a}}=5$, $2^{\frac{1}{b}}=5$

$\therefore 4^{\frac{a+b}{ab}}=4^{\frac{1}{a}+\frac{1}{b}}=4^{\frac{1}{a}}\times4^{\frac{1}{b}}=4^{\frac{1}{a}}\times(2^{\frac{1}{b}})^2=5\times5^2=125$

0113 답 0 | 유형 **15**

세 실수 x, y, z에 대하여 $\underline{2^x=5^y=10^z}$일 때, $\underline{\dfrac{1}{x}+\dfrac{1}{y}-\dfrac{1}{z}}$의 값을 구 $\overset{}{\text{단서1}}$ $\overset{}{\text{단서2}}$

하시오. (단, $xyz\neq0$)

단서1 $a^x=b^y=c^z=k \rightarrow a=k^{\frac{1}{x}}, b=k^{\frac{1}{y}}, c=k^{\frac{1}{z}}$

단서2 $\dfrac{ab}{c}=k^{\frac{1}{x}+\frac{1}{y}-\frac{1}{z}}$

STEP 1 지수법칙을 이용하여 밑을 하나의 상수 k로 같게 만들기

$2^x=5^y=10^z=k$ $(k>0)$라 하면 $xyz\neq0$에서 $k\neq1$이고

$2=k^{\frac{1}{x}}$, $5=k^{\frac{1}{y}}$, $10=k^{\frac{1}{z}}$ → 밑이 서로 다른 경우에는 밑을 같게 만든다.

STEP 2 조건식을 이용하여 $\dfrac{1}{x}+\dfrac{1}{y}-\dfrac{1}{z}$의 값 구하기

$k^{\frac{1}{x}+\frac{1}{y}-\frac{1}{z}}=k^{\frac{1}{x}}\times k^{\frac{1}{y}}\div k^{\frac{1}{z}}=2\times5\div10=1$

그런데 $k\neq1$이므로 $\dfrac{1}{x}+\dfrac{1}{y}-\dfrac{1}{z}=0$

0114 답 30

$2^x=3^y=5^z=k$ $(k>0)$라 하면

$2=k^{\frac{1}{x}}$, $3=k^{\frac{1}{y}}$, $5=k^{\frac{1}{z}}$

$k^{\frac{1}{x}+\frac{1}{y}+\frac{1}{z}}=k^{\frac{1}{x}}\times k^{\frac{1}{y}}\times k^{\frac{1}{z}}=2\times3\times5=30$

이때 $\dfrac{1}{x}+\dfrac{1}{y}+\dfrac{1}{z}=3$이므로

$k^{\frac{1}{x}+\frac{1}{y}+\frac{1}{z}}=k^3=30$

$\therefore 8^x=(2^3)^x=(2^x)^3=k^3=30$

0115 답 ③

$27^x=8^y=c^z=k$ $(k>0)$라 하면 $xyz\neq0$에서 $k\neq1$이고

$27=k^{\frac{1}{x}}$, $8=k^{\frac{1}{y}}$, $c=k^{\frac{1}{z}}$

$\dfrac{3}{x}=\dfrac{2}{y}+\dfrac{3}{z}$이므로 $k^{\frac{3}{x}}=k^{\frac{2}{y}+\frac{3}{z}}$에서 $(k^{\frac{1}{x}})^3=(k^{\frac{1}{y}})^2\times(k^{\frac{1}{z}})^3$

$27^3=8^2\times c^3$

$c^3=\dfrac{27^3}{8^2}=\dfrac{27^3}{(2^2)^3}=\left(\dfrac{27}{4}\right)^3$ $\therefore c=\dfrac{27}{4}$ $(\because c>0)$

0116 답 ⑤

$2^a=k^c$에서 $2=k^{\frac{c}{a}}$

$3^b=k^c$에서 $3=k^{\frac{c}{b}}$

이때 $\frac{1}{2}ab=bc+ca$에서

$\frac{1}{2}=\frac{bc+ca}{ab}=\frac{c}{a}+\frac{c}{b}$이므로

$k^{\frac{1}{2}}=k^{\frac{c}{a}+\frac{c}{b}}=k^{\frac{c}{a}}\times k^{\frac{c}{b}}=2\times3=6$

따라서 $k^{\frac{1}{2}}=6$이므로 $k=36$

0117 답 ③

$a^b=b^a$에서 $a=b^{\frac{a}{b}}=b^{\frac{3}{4}}$

이때 $\frac{a}{b}=\frac{3}{4}$에서 $a=\frac{3}{4}b$이므로

$\frac{3}{4}b=b^{\frac{3}{4}}$, $\frac{b}{b^{\frac{3}{4}}}=\frac{4}{3}$, $b^{\frac{1}{4}}=\frac{4}{3}$

$\therefore b=\left(\frac{4}{3}\right)^4=\frac{256}{81}$

따라서 $p=81$, $q=256$이므로

$p+q=81+256=337$

0118 답 ④

$a^x=b^y=2^z=k\ (k>0)$라 하면 $xyz\neq0$에서 $k\neq1$이고

$a=k^{\frac{1}{x}}$, $b=k^{\frac{1}{y}}$, $2=k^{\frac{1}{z}}$

$\frac{1}{x}-\frac{1}{y}=\frac{5}{z}$이므로 $k^{\frac{1}{x}-\frac{1}{y}}=k^{\frac{5}{z}}$에서 $\underline{k^{\frac{1}{x}}\div k^{\frac{1}{y}}=(k^{\frac{1}{z}})^5}$

$\qquad\qquad\qquad\qquad\qquad\underset{\frac{a}{b}=a\div b=k^{\frac{1}{x}}\div k^{\frac{1}{y}}}{\longrightarrow}$

$\therefore \frac{a}{b}=2^5=32$

다른 풀이

$a^x=2^z$에서 $a=2^{\frac{z}{x}}$ ㆍㆍㆍㆍㆍㆍㆍㆍㆍㆍㆍㆍㆍㆍㆍㆍ ㉠

$b^y=2^z$에서 $b=2^{\frac{z}{y}}$ ㆍㆍㆍㆍㆍㆍㆍㆍㆍㆍㆍㆍㆍㆍㆍㆍ ㉡

㉠÷㉡을 하면

$\frac{a}{b}=2^{\frac{z}{x}}\div2^{\frac{z}{y}}=2^{\frac{z}{x}-\frac{z}{y}}=2^{z\left(\frac{1}{x}-\frac{1}{y}\right)}$

이때 $\frac{1}{x}-\frac{1}{y}=\frac{5}{z}$이므로

$\frac{a}{b}=2^{z\left(\frac{1}{x}-\frac{1}{y}\right)}=2^{z\times\frac{5}{z}}=2^5=32$

0119 답 2

$4^x=9^y=12^z=k\ (k>0)$라 하면 $xyz\neq0$에서 $k\neq1$이고

$4=k^{\frac{1}{x}}$, $9=k^{\frac{1}{y}}$, $12=k^{\frac{1}{z}}$

$\frac{a}{x}+\frac{1}{y}=\frac{2}{z}$이므로 $k^{\frac{a}{x}+\frac{1}{y}}=k^{\frac{2}{z}}$에서 $(k^{\frac{1}{x}})^a\times k^{\frac{1}{y}}=(k^{\frac{1}{z}})^2$

$4^a\times9=12^2$, $4^a=16=4^2$

$\therefore a=2$

0120 답 ①

$3^x=5^{-y}=k\ (k>0)$라 하면 $xyz\neq0$에서 $k\neq1$이고

$3=k^{\frac{1}{x}}$

$5=k^{-\frac{1}{y}}$

$k^{\frac{1}{x}-\frac{1}{y}}=k^{\frac{1}{x}}\times k^{-\frac{1}{y}}=3\times5=15$ ㆍㆍㆍㆍㆍㆍㆍㆍㆍㆍ ㉠

한편, $5^{-y}=k$, $125^y=15^z$에서

$125^y=(5^3)^y=(5^{-y})^{-3}=k^{-3}$이므로

$15^z=k^{-3}$ $\therefore 15=k^{-\frac{3}{z}}$ ㆍㆍㆍㆍㆍㆍㆍㆍㆍㆍㆍㆍㆍㆍㆍㆍㆍㆍㆍㆍㆍ ㉡

㉠, ㉡에서 $k^{\frac{1}{x}-\frac{1}{y}}=k^{-\frac{3}{z}}$이고 $k\neq1$이므로

$\frac{1}{x}-\frac{1}{y}=-\frac{3}{z}$

실수 Check

$xyz\neq0$에서 $x\neq0$, $y\neq0$, $z\neq0$이므로
$3^x\neq1$, $5^{-y}\neq1$, $15^z\neq1$임을 이용한다.

0121 답 ⑤

$2^a=3^b=6^c=k\ (k>0)$라 하면 a, b, c가 양수이므로 $k\neq1$이고

$2=k^{\frac{1}{a}}$, $3=k^{\frac{1}{b}}$, $6=k^{\frac{1}{c}}$

ㄱ. $\frac{b-c}{bc}=\frac{1}{c}-\frac{1}{b}$이므로

$\quad k^{\frac{b-c}{bc}}=k^{\frac{1}{c}-\frac{1}{b}}=k^{\frac{1}{c}}\div k^{\frac{1}{b}}=6\div3=2=k^{\frac{1}{a}}$

$\quad$ 즉, $k^{\frac{b-c}{bc}}=k^{\frac{1}{a}}$이고 $k\neq1$이므로

$\quad \frac{b-c}{bc}=\frac{1}{a}$ (참)

ㄴ. $k^{\frac{1}{a}+\frac{1}{b}-\frac{1}{c}}=k^{\frac{1}{a}}\times k^{\frac{1}{b}}\div k^{\frac{1}{c}}=2\times3\div6=1$

$\quad$ 즉, $k^{\frac{1}{a}+\frac{1}{b}-\frac{1}{c}}=1$이고 $k\neq1$이므로

$\quad \frac{1}{a}+\frac{1}{b}-\frac{1}{c}=0$ (참)

ㄷ. ㄴ에서 $\frac{1}{a}+\frac{1}{b}=\frac{1}{c}$이므로 $\frac{a+b}{ab}=\frac{1}{c}$

$\quad \therefore \frac{ab}{a+b}=c$ (참)

따라서 옳은 것은 ㄱ, ㄴ, ㄷ이다.

참고 밑이 서로 다른 수들은 모두 밑이 같을 수 있게 식을 변형한 후 지수로
이루어진 식의 값을 파악한다.

0122 답 10 | 유형 16

어떤 방사능 물질이 시간이 지남에 따라 일정한 비율로 붕괴된다. 이
방사능 물질의 처음의 양을 m_0, t년 후의 양을 m_t라 하면
$$m_t=m_0a^{-t}\ (a>0)$$
인 관계가 성립한다고 하자. 처음 양이 80인 방사능 물질의 10년 후 <u>단서1</u>
의 양이 처음 양의 $\frac{1}{2}$이 된다고 할 때, 30년 후의 이 물질의 양 m_{30}의
값을 구하시오. <u>단서2</u>

단서1 주어진 관계식에 수치를 대입
단서2 단서1 에서 구한 값을 이용

STEP 1 m_{10}의 값을 이용하여 a^{-10}의 값 구하기

10년 후 방사능 물질의 양이 처음 양의 $\frac{1}{2}$이 되므로

$m_{10}=\frac{1}{2}m_0$

이때 $m_{10}=m_0a^{-10}$이므로 $\frac{1}{2}m_0=m_0a^{-10}$

$\therefore a^{-10}=\frac{1}{2}$

30년 후의 방사능 물질의 양은

$$m_{30}=m_0\times a^{-30}=m_0\times(a^{-10})^3=m_0\times\left(\frac{1}{2}\right)^3=\frac{1}{8}m_0$$

이때 $m_0=80$이므로

$$m_{30}=\frac{1}{8}\times80=10$$

0123 답 9

$$V=2\times\left\{\frac{1}{3}a^2\sqrt{a^2-\left(\frac{\sqrt{2}}{2}a\right)^2}\right\}=2\times\left(\frac{1}{3}a^2\sqrt{\frac{1}{2}a^2}\right)$$

$$=2\times\frac{1}{3}a^2\times\frac{1}{\sqrt{2}}|a|=\frac{\sqrt{2}}{3}a^3\ (\because a>0)$$

즉, $\frac{\sqrt{2}}{3}a^3=243\sqrt{2}$이므로 $a^3=3^6$

$$\therefore a=(3^6)^{\frac{1}{3}}=3^2=9$$

따라서 보석의 한 모서리의 길이는 9이다.

0124 답 ③

반음 1개만큼 높아질 때 진동수가 x배가 된다고 하면 음이 한 옥타브 올라갈 때 진동수가 2배가 되므로 ← 반음 12개

$$x^{12}=2\qquad\therefore x=2^{\frac{1}{12}}$$

따라서 '라'음의 진동수는 '도'음의 진동수의

$(2^{\frac{1}{12}})^9=2^{\frac{3}{4}}$ (배)이므로

$$k=2^{\frac{3}{4}}$$

0125 답 ④

소독약 210 g을 뿌리고 4시간이 지난 후에 실내에 남아 있는 소독약의 양 k_1 g은

$$k_1=210\times3^{-\frac{4}{4}}=210\times3^{-1}=210\times\frac{1}{3}=70$$

소독약 270 g을 뿌리고 12시간이 지난 후에 실내에 남아 있는 소독약의 양 k_2 g은

$$k_2=270\times3^{-\frac{12}{4}}=270\times3^{-3}=270\times\frac{1}{27}=10$$

$$\therefore \frac{k_1}{k_2}=\frac{70}{10}=7$$

0126 답 ③

상대습도가 70 %, 기온이 30 °C일 때의 식품손상지수 G_1은

$$G_1=\frac{70-65}{14}\times1.05^{30}=\frac{5}{14}\times1.05^{30}\quad\cdots\cdots\text{㉠}$$

상대습도가 60 %, 기온이 15 °C일 때의 식품손상지수 G_2는

$$G_2=\frac{60-65}{14}\times1.05^{15}=-\frac{5}{14}\times1.05^{15}\quad\cdots\cdots\text{㉡}$$

㉠+㉡을 하면

$$G_1+G_2=\frac{5}{14}\times1.05^{30}+\left(-\frac{5}{14}\right)\times1.05^{15}\quad\to(1.05^{15})^2$$

$$=\frac{5}{14}\times2^2-\frac{5}{14}\times2$$

$$=\frac{5}{14}\times(2^2-2)=\frac{5}{14}\times2=\frac{5}{7}$$

0127 답 ③

처음 사진의 크기를 k라 하면 7번째 복사한 사진의 크기가 처음 사진의 크기의 2배이므로

$$k\left(\frac{a}{100}\right)^7=2k\qquad\therefore\left(\frac{a}{100}\right)^7=2$$

10번째 복사한 사진의 크기는 $k\left(\frac{a}{100}\right)^{10}$이므로

$$k\left(\frac{a}{100}\right)^{10}\div k\left(\frac{a}{100}\right)^5=\left(\frac{a}{100}\right)^5=\left\{\left(\frac{a}{100}\right)^7\right\}^{\frac{5}{7}}=2^{\frac{5}{7}}$$

따라서 $2^{\frac{5}{7}}=2^{\frac{q}{p}}$에서 $\frac{5}{7}=\frac{q}{p}$이므로

$$p=7,\ q=5$$

$$\therefore p+q=7+5=12$$

0128 답 ③

$$B_1=\frac{kI_0r_1{}^2}{2(x_1{}^2+r_1{}^2)^{\frac{3}{2}}}$$

$$B_2=\frac{kI_0(3r_1)^2}{2\{(3x_1)^2+(3r_1)^2\}^{\frac{3}{2}}}$$

$$=\frac{kI_0\times9r_1{}^2}{2(9x_1{}^2+9r_1{}^2)^{\frac{3}{2}}}$$

$$=\frac{9kI_0r_1{}^2}{2\times27(x_1{}^2+r_1{}^2)^{\frac{3}{2}}}$$

$$=\frac{kI_0r_1{}^2}{3\times2(x_1{}^2+r_1{}^2)^{\frac{3}{2}}}=\frac{1}{3}B_1$$

이므로

$$\frac{B_2}{B_1}=\frac{1}{3}$$

참고 식의 값을 계산할 수 없는 경우에는 하나의 값을 다른 하나의 값의 형태가 나오도록 식을 변형하여 두 값 사이의 비를 구한다.

서술형 유형 익히기 30쪽~31쪽

0129 답 (1) $\frac{1}{6}$ (2) $\frac{1}{3}$ (3) $\frac{2}{3}$ (4) $\frac{2}{3}$ (5) $\frac{7}{6}$

실제 답안 예시

$$\sqrt{ab^3}\times\sqrt[3]{\sqrt[3]{a^4b^5}}\div\sqrt[3]{a^2b^5}=a^{\frac{1}{2}}\times b^{\frac{3}{2}}\times a^{\frac{4}{6}}\times b^{\frac{5}{6}}\div(a^{\frac{2}{3}}\times b^{\frac{5}{3}})$$

$$=a^{\frac{1}{2}+\frac{2}{3}-\frac{2}{3}}\times b^{\frac{3}{2}+\frac{5}{6}-\frac{5}{3}}$$

$$=a^{\frac{1}{2}}\times b^{\frac{9+5-10}{6}}=a^{\frac{1}{2}}\times b^{\frac{2}{3}}$$

$$\therefore r=\frac{1}{2},\ s=\frac{2}{3}\qquad\therefore r+s=\frac{3+4}{6}=\frac{7}{6}$$

0130 답 1

STEP 1 거듭제곱근을 유리수 지수로 나타내기 [2점]

$$\sqrt{\sqrt[3]{a^2b^4}}\div\sqrt[3]{a^2b^4}\times\sqrt[6]{a^8b^4}=(a^2b^4)^{\frac{1}{6}}\div(a^2b^4)^{\frac{1}{3}}\times(a^8b^4)^{\frac{1}{6}}$$

$$=a^{\frac{1}{3}}b^{\frac{2}{3}}\div a^{\frac{2}{3}}b^{\frac{4}{3}}\times a^{\frac{4}{3}}b^{\frac{2}{3}}\quad\cdots\cdots\text{ⓐ}$$

STEP 2 a와 b에 대하여 정리하기 [2점]

위의 식을 a, b에 대하여 간단히 정리하면

$$a^{\frac{1}{3}-\frac{2}{3}+\frac{4}{3}}\times b^{\frac{2}{3}-\frac{4}{3}+\frac{2}{3}}=a$$

STEP3 $r+s$의 값 구하기 [2점]

$a^r b^s = a = a^1 b^0$이므로 $r=1$, $s=0$

$\therefore r+s=1$

부분점수표	
ⓐ 유리수 지수로 나타내는 과정을 작성한 경우	1점

0131 답 $\dfrac{5}{2}$

STEP1 좌변의 거듭제곱근을 유리수 지수로 나타내기 [2점]

$\sqrt{a \sqrt[4]{a \sqrt[3]{a^2}}} = a^{\frac{1}{2}} \times a^{\frac{1}{8}} \times a^{\frac{2}{24}} = a^{\frac{1}{2}+\frac{1}{8}+\frac{2}{24}} = a^{\frac{17}{24}}$

STEP2 우변의 거듭제곱근을 유리수 지수로 나타내기 [2점]

$\sqrt[4]{a^2 \times \sqrt[3]{a^k}} = a^{\frac{2}{4}} \times a^{\frac{k}{12}} = a^{\frac{6+k}{12}}$

STEP3 유리수 k의 값 구하기 [2점]

$a^{\frac{17}{24}} = a^{\frac{6+k}{12}}$에서 $\dfrac{17}{24} = \dfrac{6+k}{12}$이므로

$17 = 2(6+k)$, $2k=5$ $\therefore k = \dfrac{5}{2}$

0132 답 17

STEP1 좌변의 거듭제곱근을 유리수 지수로 나타내기 [3점]

$\dfrac{\sqrt{a^3}}{\sqrt[3]{\sqrt{a^4}}} \times \sqrt{\left(\dfrac{1}{a}\right)^{-4}} = \dfrac{a^{\frac{3}{2}}}{(a^4)^{\frac{1}{6}}} \times \{(a^{-1})^{-4}\}^{\frac{1}{2}} = \dfrac{a^{\frac{3}{2}}}{a^{\frac{2}{3}}} \times (a^4)^{\frac{1}{2}}$

$\qquad = a^{\frac{3}{2}-\frac{2}{3}} \times a^2 = a^{\frac{5}{6}} \times a^2$

$\qquad = a^{\frac{5}{6}+2} = a^{\frac{17}{6}}$

STEP2 우변의 거듭제곱근을 유리수 지수로 나타내기 [1점]

$\sqrt[6]{a^k} = a^{\frac{k}{6}}$

STEP3 자연수 k의 값 구하기 [2점]

$a^{\frac{17}{6}} = a^{\frac{k}{6}}$에서 $\dfrac{17}{6} = \dfrac{k}{6}$이므로 $k=17$

0133 답 (1) $-\dfrac{18}{n}$ (2) $3^{-\frac{18}{n}}$ (3) -9 (4) -18 (5) 6

오답 분석

$\left(\dfrac{1}{3^{18}}\right)^{\frac{1}{n}} = (3^{-18})^{\frac{1}{n}} = 3^{-\frac{18}{n}}$ ──2점

(i) $-\dfrac{18}{n}$이 자연수이려면 n은 (18의 약수)×(−1)

18의 약수는 1, 2, 3, 6, 9, 18이므로

n은 −1, −2, −3, −6, −9, −18의 6개 ──2점

(ii) $\left(\dfrac{1}{3^{18}}\right)^0 = 1 \rightarrow$ 지수 $\dfrac{1}{n}$은 0이 될 수 없으므로 $\left(\dfrac{1}{3^{18}}\right)^{\frac{1}{n}} \neq 1$

(i), (ii)에서 n의 개수는 6+1=7

▶ 6점 중 4점 얻음.

지수법칙을 이용하여 구한 지수 $-\dfrac{18}{n}$이 0 또는 자연수가 되어야 한다. 그런데 $-\dfrac{18}{n}$은 0이 될 수 없으므로 가능한 n의 값은 6개이다.

0134 답 -15

STEP1 지수법칙을 이용하여 간단히 하기 [2점]

$\left(\dfrac{1}{256}\right)^{\frac{1}{n}} = \left(\dfrac{1}{2^8}\right)^{\frac{1}{n}} = (2^{-8})^{\frac{1}{n}} = 2^{-\frac{8}{n}}$

STEP2 정수 n의 조건 구하기 [2점]

$2^{-\frac{8}{n}}$이 자연수가 되려면 $-\dfrac{8}{n}$이 음이 아닌 정수이어야 한다.

STEP3 모든 정수 n의 값의 합 구하기 [2점]

조건을 만족시키는 정수 n의 값은 -1, -2, -4, -8이므로 그 합은 $(-1)+(-2)+(-4)+(-8) = -15$

0135 답 11

STEP1 지수법칙을 이용하여 간단히 하기 [2점]

$(\sqrt[3]{125^{12}})^{\frac{1}{n}} = \{(5^{36})^{\frac{1}{3}}\}^{\frac{1}{n}} = 5^{\frac{12}{n}}$ ⋯⋯ ⓐ

STEP2 자연수 n의 조건 구하기 [2점]

$5^{\frac{12}{n}}$이 자연수가 되려면 $\dfrac{12}{n}$가 자연수이어야 한다. 즉, 자연수 n은 12의 약수이어야 한다.

STEP3 $a-b$의 값 구하기 [2점]

조건을 만족시키는 자연수 n의 값은 1, 2, 3, 4, 6, 12이므로 $a=12$, $b=1$

$\therefore a-b = 12-1 = 11$

부분점수표	
ⓐ $(\sqrt[3]{125^{12}})^{\frac{1}{n}}$을 지수로 나타낸 경우	1점

0136 답 3

STEP1 지수법칙을 이용하여 간단히 하기 [2점]

$\sqrt{\dfrac{2^a \times 5^b}{2}} = \sqrt{2^{a-1} \times 5^b} = 2^{\frac{a-1}{2}} \times 5^{\frac{b}{2}}$

STEP2 자연수 a, b의 조건 구하기 [4점]

$2^{\frac{a-1}{2}} \times 5^{\frac{b}{2}}$이 자연수가 되려면 자연수 a, b에 대하여 $a-1$은 0 또는 2의 배수, b는 2의 배수이어야 한다.

따라서 a의 값은 1, 3, 5, ⋯이고, b의 값은 2, 4, 6, ⋯이다.

STEP3 $a+b$의 최솟값 구하기 [1점]

a의 최솟값은 1, b의 최솟값은 2이므로 $a+b$의 최솟값은 $1+2=3$

 실전 마무리하기 1회   32쪽~36쪽

1 0137 답 ②   유형1

출제의도 | 거듭제곱근에 대하여 이해하는지 확인한다.

실수 a의 n제곱근 중 실수인 것을 n의 값이 홀수인 경우와 짝수인 경우로 나누어 생각해 보자.

-8의 세제곱근 중 실수인 것은

$\sqrt[3]{-8} = \sqrt[3]{(-2)^3} = -2$이므로 $a = -2$

5의 네제곱근 중 실수인 것은 $-\sqrt[4]{5}$, $\sqrt[4]{5}$의 2개이므로 $b=2$

$\therefore ab = (-2) \times 2 = -4$

2 0138 답 ③ 〔유형 2〕

출제의도 | 거듭제곱근의 계산을 할 수 있는지 확인한다.

> 거듭제곱근의 성질을 이용하여 주어진 식을 간단히 해 보자.

$$\sqrt[3]{\sqrt[4]{5^{12}}} \times \frac{\sqrt[3]{54}}{\sqrt[3]{2}} = \sqrt[12]{5^{12}} \times \sqrt[3]{\frac{54}{2}} = \sqrt[12]{5^{12}} \times \sqrt[3]{27} = \sqrt[12]{5^{12}} \times \sqrt[3]{3^3}$$
$$= 5 \times 3 = 15$$

3 0139 답 ③ 〔유형 2〕

출제의도 | 거듭제곱근의 계산을 할 수 있는지 확인한다.

> 거듭제곱근의 성질을 이용하여 주어진 식을 정리해 보자.

① $(\sqrt[4]{16})^2 = \sqrt[4]{16^2} = \sqrt[4]{4^4} = 4$ (참)

② $\frac{\sqrt[3]{20}}{\sqrt[3]{5}} = \sqrt[3]{\frac{20}{5}} = \sqrt[3]{4}$ (참)

③ $\sqrt[3]{7} \times \sqrt[5]{7} = \sqrt[15]{7^5} \times \sqrt[15]{7^3} = \sqrt[15]{7^8}$ (거짓)

④ $\sqrt[3]{\sqrt{2}} = \sqrt[3 \times 2]{2} = \sqrt[6]{2}$ (참)

⑤ $\sqrt[6]{27} \times \sqrt[12]{9} \div \sqrt[6]{81} = \frac{\sqrt[6]{3^3} \times \sqrt[12]{3^2}}{\sqrt[6]{3^4}} = \frac{\sqrt[6]{3^3} \times \sqrt[6]{3}}{\sqrt[6]{3^4}} = \sqrt[6]{\frac{3^3 \times 3}{3^4}} = 1$ (참)

따라서 옳지 않은 것은 ③이다.

4 0140 답 ① 〔유형 6〕

출제의도 | 지수법칙을 이해하는지 확인한다.

> 밑을 같게 할 수 있는 경우 밑을 같게 한 후 계산해 보자.

$$27^{-\frac{5}{2}} \times 9^{\frac{7}{4}} = (3^3)^{-\frac{5}{2}} \times (3^2)^{\frac{7}{4}} = 3^{-\frac{15}{2}} \times 3^{\frac{7}{2}} = 3^{-\frac{15}{2} + \frac{7}{2}} = 3^{-4}$$
$$= \frac{1}{3^4} = \frac{1}{81}$$

5 0141 답 ⑤ 〔유형 6〕

출제의도 | 지수법칙을 이해하는지 확인한다.

> a의 값을 대입한 후 지수법칙을 이용해 보자.

$a = -3^2 = -9$이므로

$$\{(a^4)^{\frac{3}{4}}\}^{\frac{1}{3}} = [\{(-9)^4\}^{\frac{3}{4}}]^{\frac{1}{3}} = \{(9^4)^{\frac{3}{4}}\}^{\frac{1}{3}} = 9^{4 \times \frac{3}{4} \times \frac{1}{3}} = 9$$

실수 Check

$a = -9 < 0$이고 주어진 식의 지수가 유리수이므로 지수법칙을 이용하여 지수끼리의 계산을 먼저 할 수 없다.

즉, $\{(a^4)^{\frac{3}{4}}\}^{\frac{1}{3}} = a^{4 \times \frac{3}{4} \times \frac{1}{3}} = a$라 하고 $a = -9$를 대입하지 않도록 주의한다.

6 0142 답 ① 〔유형 8〕

출제의도 | 거듭제곱근을 지수로 나타낼 수 있는지 확인한다.

> 거듭제곱근을 유리수 지수로 바꾸어 정리해 보자.

$$\sqrt[4]{\sqrt[3]{12^6}} = (12^6)^{\frac{1}{12}} = 12^{\frac{1}{2}} = (2^2 \times 3)^{\frac{1}{2}} = 2 \times 3^{\frac{1}{2}}$$

즉, $2^a \times 3^b = 2 \times 3^{\frac{1}{2}}$이므로 $a = 1$, $b = \frac{1}{2}$ $\therefore ab = \frac{1}{2}$

7 0143 답 ⑤ 〔유형 11〕

출제의도 | 지수법칙을 곱셈 공식에 적용할 수 있는지 확인한다.

> 곱셈 공식을 이용하여 식을 간단히 정리해 보자.

$$(9^{\frac{1}{4}} - 1)(9^{\frac{1}{4}} + 1)(9^{\frac{1}{2}} + 1)(9 + 1)$$
$$= \{(9^{\frac{1}{4}})^2 - 1\}(9^{\frac{1}{2}} + 1)(9 + 1)$$
$$= (9^{\frac{1}{2}} - 1)(9^{\frac{1}{2}} + 1)(9 + 1)$$
$$= \{(9^{\frac{1}{2}})^2 - 1\}(9 + 1)$$
$$= (9 - 1)(9 + 1)$$
$$= 9^2 - 1 = 80$$

8 0144 답 ⑤ 〔유형 1〕

출제의도 | 거듭제곱근의 성질을 이해하는지 확인한다.

> 거듭제곱근이 실수가 되는 경우를 생각해 보자.

① $a > 0$일 때, $\sqrt[4]{a^4} = a$이다. (참)

② -125의 세제곱근 중 실수인 것은 $\sqrt[3]{-125} = \sqrt[3]{(-5)^3} = -5$의 1개이다. (참)

③ -16의 네제곱근 중 실수인 것은 없다. (참)

④ 세제곱근 64는 $\sqrt[3]{64} = \sqrt[3]{4^3} = 4$이다. (참)

⑤ $x^{2n} = a$에서 $2n$은 짝수이므로 $a > 0$일 때 2개, $a = 0$일 때 1개, $a < 0$일 때 0개이다. (거짓)

따라서 옳지 않은 것은 ⑤이다.

9 0145 답 ② 〔유형 4〕

출제의도 | 거듭제곱근으로 표현된 수의 대소 비교를 할 수 있는지 확인한다.

> $a > 0$, $b > 0$이고 k, m, n은 2 이상의 정수일 때, $(\sqrt[m]{a})^k < (\sqrt[n]{b})^k$이면 $\sqrt[m]{a} < \sqrt[n]{b}$임을 이용해 보자.

$\underline{A = \sqrt{\sqrt{2^2}} = \sqrt{2}}$, $B = \sqrt[4]{5}$, $\underline{C = \sqrt{\sqrt[3]{11}} = \sqrt[6]{11}}$에서

2, 4, 6의 최소공배수가 12이므로 → 거듭제곱근이 모두 다른 경우 통일을 시켜서 값을 비교한다.

$$A = \sqrt{2} = \sqrt[12]{2^6} = \sqrt[12]{64}$$
$$B = \sqrt[4]{5} = \sqrt[12]{5^3} = \sqrt[12]{125}$$
$$C = \sqrt[6]{11} = \sqrt[12]{11^2} = \sqrt[12]{121}$$

따라서 $\sqrt[12]{64} < \sqrt[12]{121} < \sqrt[12]{125}$이므로

$A < C < B$

10 0146 답 ② 〔유형 10〕

출제의도 | 거듭제곱이 자연수가 되기 위한 조건을 아는지 확인한다.

> $a^{\frac{m}{n}}$ (a는 소수)이 자연수가 되기 위해서는 n은 m의 약수가 되어야 함을 이용해 보자.

$$\left(\frac{1}{81}\right)^{-\frac{1}{n}} = 81^{\frac{1}{n}} = (3^4)^{\frac{1}{n}} = 3^{\frac{4}{n}}$$

$3^{\frac{4}{n}}$이 자연수가 되기 위해서는 자연수 n이 4의 약수이어야 한다.

따라서 자연수 n의 값은 1, 2, 4이므로 모든 자연수 n의 값의 합은 $1 + 2 + 4 = 7$

11 0147 답 ②

유형 11

출제의도 | 지수법칙을 곱셈 공식에 적용할 수 있는지 확인한다.

> 곱셈 공식을 이용하여 식을 간단히 정리해 보자.

$$\frac{3}{1-a^{\frac{1}{4}}}+\frac{3}{1+a^{\frac{1}{4}}}+\frac{6}{1+a^{\frac{1}{2}}}$$

$$=\frac{3(1+a^{\frac{1}{4}})+3(1-a^{\frac{1}{4}})}{(1-a^{\frac{1}{4}})(1+a^{\frac{1}{4}})}+\frac{6}{1+a^{\frac{1}{2}}}$$

$$=\frac{3+3a^{\frac{1}{4}}+3-3a^{\frac{1}{4}}}{1-(a^{\frac{1}{4}})^2}+\frac{6}{1+a^{\frac{1}{2}}}$$

$$=\frac{6}{1-a^{\frac{1}{2}}}+\frac{6}{1+a^{\frac{1}{2}}}=\frac{6(1+a^{\frac{1}{2}})+6(1-a^{\frac{1}{2}})}{(1-a^{\frac{1}{2}})(1+a^{\frac{1}{2}})}$$

$$=\frac{6+6a^{\frac{1}{2}}+6-6a^{\frac{1}{2}}}{1-(a^{\frac{1}{2}})^2}$$

$$=\frac{12}{1-a}$$

즉, $\frac{12}{1-a}=-4$에서 $-4(1-a)=12$

$1-a=-3$ $\therefore a=4$

따라서 $a^2=16$, $a^{\frac{1}{2}}=2$이므로

$a^2+a^{\frac{1}{2}}=16+2=18$

12 0148 답 ②

유형 12

출제의도 | 지수법칙을 곱셈 공식에 적용할 수 있는지 확인한다.

> $a^x \pm a^{-x}$ 꼴로 주어진 식을 곱셈 공식을 이용하여 변형한 후 식의 값을 구해 보자.

$x+x^{-1}=5$의 양변을 제곱하면

$x^2+x^{-2}+2=25$ $\therefore x^2+x^{-2}=23$

이때 $(x-x^{-1})^2=x^2+x^{-2}-2=23-2=21$이므로

$x-x^{-1}=\sqrt{21}$ $(\because x-x^{-1}>0)$

$\therefore \dfrac{x^2+x^{-2}}{x^2-x^{-2}}=\dfrac{x^2+x^{-2}}{(x+x^{-1})(x-x^{-1})}$

$$=\frac{23}{5\sqrt{21}}=\frac{23}{105}\sqrt{21}$$

따라서 $p=105$, $q=23$이므로

$p-q=105-23=82$

13 0149 답 ③

유형 13

출제의도 | 지수법칙을 이해하고 이를 이용하여 식을 간단히 나타낼 수 있는지 확인한다.

> $\dfrac{a^x-a^{-x}}{a^x+a^{-x}}$ 꼴의 분모와 분자에 각각 a^x $(a>0)$을 곱하여 식을 정리해 보자.

좌변의 분모, 분자에 각각 3^x을 곱하면

$$\frac{3^x-3^{-x}}{3^x+3^{-x}}=\frac{3^x(3^x-3^{-x})}{3^x(3^x+3^{-x})}=\frac{3^{2x}-1}{3^{2x}+1}=\frac{9^x-1}{9^x+1}$$

즉, $\dfrac{9^x-1}{9^x+1}=\dfrac{1}{2}$이므로

$2(9^x-1)=9^x+1$

$2\times 9^x-2=9^x+1$ $\therefore 9^x=3$

$\therefore 9^x-9^{-x}=9^x-(9^x)^{-1}=3-3^{-1}=3-\dfrac{1}{3}=\dfrac{8}{3}$

14 0150 답 ⑤

유형 1

출제의도 | 거듭제곱근의 성질을 이해하고 있는지 확인한다.

> n제곱근 중 음수가 존재하는 경우를 적용하여 가능한 n의 값을 구해 보자.

$n^2-14n+45=(n-5)(n-9)$이므로 $n^2-14n+45$의 n제곱근 중에서 음의 실수가 존재하기 위해서는

(ⅰ) $n^2-14n+45>0$, 즉 $(n-5)(n-9)>0$일 때

$n<5$ 또는 $n>9$

그런데 $3\le n\le 12$이므로 $3\le n<5$ 또는 $9<n\le 12$

이때 n은 짝수이어야 하므로 n의 값은 4, 10, 12이다.

(ⅱ) $n^2-14n+45<0$, 즉 $(n-5)(n-9)<0$일 때

$5<n<9$

이때 n은 홀수이어야 하므로 n의 값은 7이다.

(ⅰ), (ⅱ)에서 모든 n의 값의 합은

$4+10+12+7=33$

15 0151 답 ③

유형 10 + 유형 14

출제의도 | 거듭제곱이 자연수가 되기 위한 조건을 알고 있는지 확인한다.

> $a^x=k \iff a=k^{\frac{1}{x}}$임을 이용하여 주어진 조건을 변형하고, $a^{\frac{m}{n}}$ $(a$는 소수$)$이 자연수가 되기 위해서는 n은 m의 약수가 되어야 함을 이용해 보자.

$a^4=7$에서 $a=7^{\frac{1}{4}}$

$b^5=13$에서 $b=13^{\frac{1}{5}}$

$c^6=15$에서 $c=15^{\frac{1}{6}}$

$\therefore (abc)^n=\left(7^{\frac{1}{4}}\times 13^{\frac{1}{5}}\times 15^{\frac{1}{6}}\right)^n=3^{\frac{n}{6}}\times 5^{\frac{n}{6}}\times 7^{\frac{n}{4}}\times 13^{\frac{n}{5}}$

따라서 $(abc)^n$이 자연수가 되기 위해서는 n이 4, 5, 6의 공배수이어야 하므로 자연수 n의 최솟값은 4, 5, 6의 최소공배수인 60이다.

16 0152 답 ④

유형 10

출제의도 | 거듭제곱이 어떤 자연수의 n제곱근이 되기 위한 조건을 알고 있는지 확인한다.

> $a^{\frac{q}{p}}$ $(a$는 소수, p, q는 서로소인 자연수$)$이 어떤 자연수의 n제곱근이 되기 위해서는 n은 p의 배수가 되어야 함을 이용해 보자.

$(\sqrt[3]{3^4})^{\frac{1}{2}}=(3^{\frac{4}{3}})^{\frac{1}{2}}=3^{\frac{2}{3}}$이 어떤 자연수 N의 n제곱근이라 하면

$N=(3^{\frac{2}{3}})^n=3^{\frac{2}{3}n}$

이므로 $\dfrac{2}{3}n$이 자연수이어야 한다. → $\dfrac{2}{3}n$의 값이 자연수이려면 분모가 약분되어야 하므로 n은 3의 배수이어야 한다.

따라서 자연수 n은 3의 배수이어야 하므로 $2\le n\le 20$에서 자연수 n의 값은 3, 6, 9, 12, 15, 18의 6개이다.

17 0153 답 ⑤

출제의도 | 지수법칙을 곱셈 공식에 적용할 수 있는지 확인한다.

> $a^x \pm a^{-x}$ 꼴로 주어진 식을 곱셈 공식을 이용하여 변형한 후 식의 값을 구해 보자.

$a = 3^{\frac{1}{3}} - 3^{-\frac{1}{3}}$의 양변을 세제곱하면

$$a^3 = \left(3^{\frac{1}{3}}\right)^3 - \left(3^{-\frac{1}{3}}\right)^3 - 3 \times 3^{\frac{1}{3}} \times 3^{-\frac{1}{3}} \times \left(3^{\frac{1}{3}} - 3^{-\frac{1}{3}}\right)$$

$$= 3 - \frac{1}{3} - 3\left(3^{\frac{1}{3}} - 3^{-\frac{1}{3}}\right) = \frac{8}{3} - 3a$$

즉, $a^3 + 3a = \frac{8}{3}$이므로 $3a^3 + 9a = 8$

$$\therefore 3a^3 + 9a + 1 = 8 + 1 = 9$$

18 0154 답 ③

출제의도 | 지수법칙을 이용하여 식을 정리할 수 있는지 확인한다.

> 주어진 식을 대입하기 쉬운 꼴로 변형한 후 식의 값을 구해 보자.

$4^{-x} = 6$에서 $2^{-2x} = 6$이므로

$$\frac{2^{6x} + 1}{2^{4x} + 2^{2x}} = \frac{(2^{2x} + 1)(2^{4x} - 2^{2x} + 1)}{2^{2x}(2^{2x} + 1)}$$

$$= 2^{2x} - 1 + 2^{-2x}$$

$$= (2^{-2x})^{-1} + 2^{-2x} - 1$$

$$= \frac{1}{6} + 6 - 1$$

$$= \frac{31}{6}$$

19 0155 답 ④

출제의도 | 지수법칙을 이용하여 식을 정리할 수 있는지 확인한다.

> 주어진 식의 분모와 분자에 각각 a^4, a^5을 곱하여 식을 정리해 보자.

$\dfrac{a + a^4}{a^{-1} + a^{-4}}$의 분모, 분자에 각각 a^4을 곱하면

$$\frac{a + a^4}{a^{-1} + a^{-4}} = \frac{a^4(a + a^4)}{a^4(a^{-1} + a^{-4})} = \frac{a^5 + a^8}{a^3 + 1} = \frac{a^5(1 + a^3)}{a^3 + 1} = a^5$$

$$\therefore a^5 = 5$$

$\dfrac{1 + a^2 + a^4}{a^{-1} + a^{-3} + a^{-5}}$의 분모, 분자에 각각 a^5을 곱하면

$$\frac{1 + a^2 + a^4}{a^{-1} + a^{-3} + a^{-5}} = \frac{a^5(1 + a^2 + a^4)}{a^5(a^{-1} + a^{-3} + a^{-5})} = \frac{a^5(1 + a^2 + a^4)}{a^4 + a^2 + 1}$$

$$= a^5 = 5$$

20 0156 답 ④

출제의도 | 지수법칙을 이용하여 식을 정리할 수 있는지 확인한다.

> 주어진 식의 분모와 분자에 적당한 수를 곱하여 식을 간단히 해 보자.

$\dfrac{a^{19} - a^7}{a + a^{-5}}$의 분모, 분자에 각각 a^5을 곱하면

$$\frac{a^{19} - a^7}{a + a^{-5}} = \frac{a^5(a^{19} - a^7)}{a^5(a + a^{-5})} = \frac{a^{24} - a^{12}}{a^6 + 1} = \frac{a^{12}(a^{12} - 1)}{a^6 + 1}$$

$$= \frac{a^{12}(a^6 - 1)(a^6 + 1)}{a^6 + 1} = a^{12}(a^6 - 1)$$

$$= (4 - \sqrt{3})^2(3 - \sqrt{3}) = (19 - 8\sqrt{3})(3 - \sqrt{3})$$

$$= 81 - 43\sqrt{3}$$

따라서 $p = 81$, $q = -43$이므로

$$p + q = 81 + (-43) = 38$$

21 0157 답 ②

출제의도 | 지수법칙을 이용하여 식을 정리할 수 있는지 확인한다.

> 밑이 같은 지수 형태로 나타낸 후 주어진 식의 값을 구해 보자.

$a^x = b^y = c^z = 64$이므로

$a^x = 64$에서 $a = 64^{\frac{1}{x}}$

$b^y = 64$에서 $b = 64^{\frac{1}{y}}$

$c^z = 64$에서 $c = 64^{\frac{1}{z}}$

$$\therefore abc = 64^{\frac{1}{x}} \times 64^{\frac{1}{y}} \times 64^{\frac{1}{z}} = 64^{\frac{1}{x} + \frac{1}{y} + \frac{1}{z}} = 2^{6\left(\frac{1}{x} + \frac{1}{y} + \frac{1}{z}\right)}$$

이때 $2^{6\left(\frac{1}{x} + \frac{1}{y} + \frac{1}{z}\right)} = 16 = 2^4$이므로

$$6\left(\frac{1}{x} + \frac{1}{y} + \frac{1}{z}\right) = 4 \qquad \therefore \frac{1}{x} + \frac{1}{y} + \frac{1}{z} = \frac{2}{3}$$

22 0158 답 11

출제의도 | 거듭제곱근에 대하여 이해하는지 확인한다.

STEP1 $f(a, n)$의 값 구하기 [3점]

$f(\sqrt{3}, 4) = 2$, $f(\sqrt[3]{-6}, 7) = 1$, $f(-\sqrt[4]{7}, 8) = 0$

STEP2 식의 값 구하기 [3점]

$$4f(\sqrt{3}, 4) + 3f(\sqrt[3]{-6}, 7) + 2f(-\sqrt[4]{7}, 8)$$

$$= 4 \times 2 + 3 \times 1 + 2 \times 0 = 11$$

23 0159 답 125

출제의도 | 지수법칙을 이용하여 식을 정리할 수 있는지 확인한다.

STEP1 분모, 분자에 각각 a^9을 곱하여 식 간단히 하기 [4점]

분모, 분자에 각각 a^9을 곱하면

$$\frac{a^4 + a^3 + a^2 + a}{a^{-8} + a^{-7} + a^{-6} + a^{-5}} = \frac{a^9(a^4 + a^3 + a^2 + a)}{a^9(a^{-8} + a^{-7} + a^{-6} + a^{-5})}$$

$$= \frac{a^9(a^4 + a^3 + a^2 + a)}{a + a^2 + a^3 + a^4} = a^9$$

STEP2 $a^3 = 5$를 이용하여 식의 값 구하기 [2점]

$a^3 = 5$이므로

$$a^9 = (a^3)^3 = 5^3 = 125$$

24 0160 답 2 유형 14

출제의도 │ 지수법칙을 이용하여 식의 값을 구할 수 있는지 확인한다.

STEP 1 $3^{\frac{2}{a}}=144$에서 지수가 $2a$가 되도록 식 변형하기 [2점]

$3^{\frac{2}{a}}=144$에서 $3^2=144^a$이므로

$9=12^{2a}$

STEP 2 $16^{\frac{1}{b}}=12$에서 지수가 b가 되도록 식 변형하기 [1점]

$16^{\frac{1}{b}}=12$에서 $16=12^b$

STEP 3 $2a+b$의 값 구하기 [3점]

$12^{2a+b}=12^{2a}\times12^b=9\times16=12^2$이므로

$2a+b=2$

25 0161 답 3 유형 16

출제의도 │ 지수법칙을 실생활 문제에 적용할 수 있는지 확인한다.

STEP 1 8번째 복사본의 글자 크기를 식으로 나타내기 [3점]

원본의 글자 크기를 k라 하면

8번째 복사본의 글자 크기가 원본의 $\frac{1}{2}$배이므로

$k\left(\dfrac{a}{100}\right)^8=\dfrac{k}{2}$ ∴ $\left(\dfrac{a}{100}\right)^8=\dfrac{1}{2}$

STEP 2 12번째 복사본의 글자 크기를 식으로 나타내기 [1점]

12번째 복사본의 글자 크기는 $k\left(\dfrac{a}{100}\right)^{12}$이다.

STEP 3 $b+c$의 값 구하기 [4점]

$k\left(\dfrac{a}{100}\right)^{12}\div k\left(\dfrac{a}{100}\right)^8=\left(\dfrac{a}{100}\right)^4=\left\{\left(\dfrac{a}{100}\right)^8\right\}^{\frac{1}{2}}=\left(\dfrac{1}{2}\right)^{\frac{1}{2}}=2^{-\frac{1}{2}}$

따라서 $2^{-\frac{1}{2}}=2^{-\frac{c}{b}}$에서 $-\dfrac{1}{2}=-\dfrac{c}{b}$이므로 $b=2$, $c=1$

∴ $b+c=2+1=3$

실전 마무리하기 2회   37쪽~41쪽

1 0162 답 ① 유형 1

출제의도 │ 거듭제곱근에 대하여 이해하는지 확인한다.

> 실수 a의 n제곱근 중 실수인 것은 n의 값이 홀수인 경우와 짝수인 경우로 나누어 생각해 보자.

-343의 세제곱근 중 실수인 것은

$\sqrt[3]{-343}=\sqrt[3]{(-7)^3}=-7$ ∴ $a=-7$

$b=\sqrt[4]{256}=\sqrt[4]{4^4}=4$

∴ $a+b=-7+4=-3$

참고 256의 네제곱근을 x라 하면 $x^4=256$에서

$x=\pm4$ 또는 $x=\pm4i$

이 중 양수인 것은 4이므로 $b=4$이다.

2 0163 답 ③ 유형 2

출제의도 │ 거듭제곱근의 계산을 할 수 있는지 확인한다.

> 거듭제곱근의 성질을 이용하여 주어진 식을 정리해 보자.

① $\sqrt[3]{5}\times\sqrt[4]{5}=\sqrt[12]{5^4}\times\sqrt[12]{5^3}=\sqrt[12]{5^7}$ (거짓)

② $\dfrac{\sqrt[3]{-125}}{\sqrt[3]{-27}}=\dfrac{\sqrt[3]{(-5)^3}}{\sqrt[3]{(-3)^3}}=\dfrac{-5}{-3}=\dfrac{5}{3}$, $\sqrt[3]{-\dfrac{125}{27}}=\sqrt[3]{\left(-\dfrac{5}{3}\right)^3}=-\dfrac{5}{3}$

∴ $\dfrac{\sqrt[3]{-125}}{\sqrt[3]{-27}}\neq\sqrt[3]{-\dfrac{125}{27}}$ (거짓)

③ $\sqrt[3]{-\sqrt{64}}=\sqrt[3]{-8}=\sqrt[3]{(-2)^3}=-2$ (참)

④ $\sqrt[3]{\sqrt[4]{4}}=\sqrt[12]{2^2}=\sqrt[6]{2}$ (거짓)

⑤ $\left(\sqrt[3]{3}\times\dfrac{1}{\sqrt{3}}\right)^6=\sqrt[3]{3^6}\times\dfrac{1}{\sqrt{3^6}}=3^2\times\dfrac{1}{3^3}=\dfrac{1}{3}$ (거짓)

따라서 옳은 것은 ③이다.

다른 풀이

⑤ $\left(\sqrt[3]{3}\times\dfrac{1}{\sqrt{3}}\right)^6=\left(\sqrt[6]{3^2}\times\dfrac{1}{\sqrt[6]{3^3}}\right)^6=\left(\dfrac{1}{\sqrt[6]{3}}\right)^6=\dfrac{1}{3}$

3 0164 답 ① 유형 3

출제의도 │ 거듭제곱근의 성질을 이해하고 있는지 확인한다.

> $a>0$일 때, $\sqrt[n]{a^n}=1$, $\sqrt[np]{a^{mp}}=\sqrt[n]{a^m}$ (p는 자연수)임을 이용해 보자.

$\sqrt[3]{a}\times\sqrt[3]{ab^3}-\sqrt[3]{\sqrt{a^4b^6}}=\sqrt[3]{a^2b^3}-\sqrt[6]{a^4b^6}=\sqrt[3]{a^2b^3}-\sqrt[3]{a^2b^3}=0$

4 0165 답 ① 유형 4

출제의도 │ 거듭제곱근으로 표현된 수의 대소 비교를 할 수 있는지 확인한다.

> $a>0$, $b>0$이고 k는 자연수, m, n은 2 이상의 자연수일 때, $\left(\sqrt[m]{a}\right)^k<\left(\sqrt[n]{b}\right)^k$이면 $\sqrt[m]{a}<\sqrt[n]{b}$임을 이용해 보자.

2, 3, 4의 최소공배수는 12이므로

$A=\sqrt{2}=\sqrt[12]{2^6}=\sqrt[12]{64}$

$B=\sqrt[3]{3}=\sqrt[12]{3^4}=\sqrt[12]{81}$

$C=\sqrt[4]{5}=\sqrt[12]{5^3}=\sqrt[12]{125}$

따라서 $\sqrt[12]{64}<\sqrt[12]{81}<\sqrt[12]{125}$이므로

$A<B<C$

5 0166 답 ③ 유형 9

출제의도 │ 거듭제곱근을 주어진 문자를 사용하여 나타낼 수 있는지 확인한다.

> 수를 문자의 거듭제곱 꼴로 나타내 보자.

$a=\sqrt{3}$에서 $3=a^2$

$b=\sqrt[3]{5}$에서 $5=b^3$

∴ $15^{\frac{1}{6}}=(3\times5)^{\frac{1}{6}}=(a^2\times b^3)^{\frac{1}{6}}=a^{\frac{1}{3}}b^{\frac{1}{2}}$

6 0167 답 ① 유형 11

출제의도 │ 지수법칙을 곱셈 공식에 적용할 수 있는지 확인한다.

> 곱셈 공식을 이용하여 식을 간단하게 정리해 보자.

$$\{(\sqrt{5})^{\sqrt{2}}+5^{\sqrt{2}}\}\{(\sqrt{5})^{\sqrt{2}}-5^{\sqrt{2}}\}=\{(\sqrt{5})^{\sqrt{2}}\}^2-(5^{\sqrt{2}})^2$$
$$=(\sqrt{5^2})^{\sqrt{2}}-5^{2\sqrt{2}}=5^{\sqrt{2}}-5^{\sqrt{2}+\sqrt{2}}$$
$$=5^{\sqrt{2}}-5^{\sqrt{2}}\times5^{\sqrt{2}}=5^{\sqrt{2}}(1-5^{\sqrt{2}})$$

7 0168 답 ② 유형 12

출제의도 | 지수법칙을 곱셈 공식에 적용할 수 있는지 확인한다.

> 3^x+3^{-x}을 제곱하여 식의 값을 구해 보자.

$$(3^x+3^{-x})^2=9^x+9^{-x}+2=3+2=5$$
$$\therefore 3^x+3^{-x}=\sqrt{5}\ (\because 3^x+3^{-x}>0)$$

다른 풀이

$$9^x+9^{-x}=(3^x)^2+(3^{-x})^2=(3^x+3^{-x})^2-2=3$$
에서 $(3^x+3^{-x})^2=5$
$$\therefore 3^x+3^{-x}=\sqrt{5}\ (\because 3^x+3^{-x}>0)$$

8 0169 답 ④ 유형 1

출제의도 | 거듭제곱근의 성질을 이해하는지 확인한다.

> 거듭제곱근이 실수가 되는 경우를 생각해 보자.

① 1의 세제곱근 중 $\dfrac{-1\pm\sqrt{3}i}{2}$는 허수이다. (거짓)

② a가 음수일 때, $\sqrt[n]{a^n}=-a$이다. (거짓)

③ $-\sqrt{64}=-8$의 세제곱근 중 실수인 것은 -2뿐이다. (거짓)

④ n이 짝수일 때, -25의 n제곱근, 즉 음수의 n제곱근 중 실수인 것은 없다. (참)

⑤ n이 홀수일 때, 3의 n제곱근 중 실수인 것은 1개이다. (거짓)

따라서 옳은 것은 ④이다.

9 0170 답 ② 유형 1

출제의도 | 거듭제곱근에 대하여 이해하는지 확인한다.

> 실수 a의 n제곱근 중 실수인 것은 n의 값이 홀수인 경우와 짝수인 경우로 나누어 생각해 보자.

9의 3제곱근 중 실수인 것은 $\sqrt[3]{9}$의 1개이므로
$$f(9, 3)=1$$
8의 4제곱근 중 실수인 것은 $\pm\sqrt[4]{8}$의 2개이므로
$$f(8, 4)=2$$
7의 5제곱근 중 실수인 것은 $\sqrt[5]{7}$의 1개이므로
$$f(7, 5)=1$$
$$\therefore f(9, 3)+f(8, 4)+f(7, 5)=1+2+1=4$$

10 0171 답 ③ 유형 6 + 유형 7

출제의도 | 지수법칙을 이용하여 식의 값을 구할 수 있는지 확인한다.

> $\dfrac{1}{AB}=\dfrac{1}{B-A}\left(\dfrac{1}{A}-\dfrac{1}{B}\right)$ $(A\neq B,\ AB\neq0)$임을 이용하여 지수를 간단하게 정리해 보자.

$$a=5^{\frac{1}{1\times2}}\times5^{\frac{1}{2\times3}}\times5^{\frac{1}{3\times4}}\times5^{\frac{1}{4\times5}}$$
$$=5^{\frac{1}{1\times2}+\frac{1}{2\times3}+\frac{1}{3\times4}+\frac{1}{4\times5}}$$
$$=5^{\left(\frac{1}{1}-\frac{1}{2}\right)+\left(\frac{1}{2}-\frac{1}{3}\right)+\left(\frac{1}{3}-\frac{1}{4}\right)+\left(\frac{1}{4}-\frac{1}{5}\right)}$$
$$=5^{1-\frac{1}{5}}=5^{\frac{4}{5}}$$

$\sqrt[4]{a^5}$에 $a=5^{\frac{4}{5}}$을 대입하면
$$\sqrt[4]{a^5}=\sqrt[4]{(5^{\frac{4}{5}})^5}=\sqrt[4]{5^4}=5$$

11 0172 답 ① 유형 8

출제의도 | 거듭제곱근을 지수로 나타낼 수 있는지 확인한다.

> 거듭제곱근을 유리수 지수로 바꾸어 정리해 보자.

$$\sqrt{2\sqrt[3]{4\sqrt[4]{8}}}=\sqrt{2}\times\sqrt[6]{4}\times\sqrt[24]{8}$$
$$=2^{\frac{1}{2}}\times(2^2)^{\frac{1}{6}}\times(2^3)^{\frac{1}{24}}$$
$$=2^{\frac{1}{2}}\times2^{\frac{1}{3}}\times2^{\frac{1}{8}}$$
$$=2^{\frac{1}{2}+\frac{1}{3}+\frac{1}{8}}=2^{\frac{23}{24}}$$

따라서 $2^{\frac{23}{24}}=2^{\frac{q}{p}}$에서 $\dfrac{23}{24}=\dfrac{q}{p}$이므로 $p=24,\ q=23$
$$\therefore p+q=24+23=47$$

다른 풀이

$$\sqrt{2\sqrt[3]{4\sqrt[4]{8}}}=\{2\times(4\times8^{\frac{1}{4}})^{\frac{1}{3}}\}^{\frac{1}{2}}$$
$$=\{2\times(2^2\times2^{\frac{3}{4}})^{\frac{1}{3}}\}^{\frac{1}{2}}$$
$$=(2\times2^{\frac{2}{3}}\times2^{\frac{1}{4}})^{\frac{1}{2}}$$
$$=(2^{1+\frac{2}{3}+\frac{1}{4}})^{\frac{1}{2}}=(2^{\frac{23}{12}})^{\frac{1}{2}}=2^{\frac{23}{24}}$$

따라서 $2^{\frac{23}{24}}=2^{\frac{q}{p}}$에서 $\dfrac{23}{24}=\dfrac{q}{p}$이므로 $p=24,\ q=23$
$$\therefore p+q=24+23=47$$

12 0173 답 ③ 유형 13

출제의도 | 지수법칙을 이용하여 식을 정리할 수 있는지 확인한다.

> 주어진 식을 대입하기 쉬운 꼴로 변형한 후 식의 값을 구해 보자.

$25^a+25^{-a}=8$에서 $5^{2a}+5^{-2a}=8$이므로
$$\frac{5^{6a}-1}{5^{4a}-5^{2a}}=\frac{(5^{2a}-1)(5^{4a}+5^{2a}+1)}{5^{2a}(5^{2a}-1)}=5^{2a}+1+5^{-2a}=8+1=9$$

13 0174 답 ④ 유형 13

출제의도 | 지수법칙을 이해하고 이를 이용하여 식을 간단히 나타낼 수 있는지 확인한다.

> 주어진 식의 분모와 분자에 적당한 수를 각각 곱하여 식을 간단히 해 보자.

분모, 분자에 각각 a^{12}을 곱하면
$$\frac{a^4+a^3+a^2+a}{a^{-11}+a^{-10}+a^{-9}+a^{-8}}=\frac{a^{12}(a^4+a^3+a^2+a)}{a^{12}(a^{-11}+a^{-10}+a^{-9}+a^{-8})}$$
$$=\frac{a^{12}(a^4+a^3+a^2+a)}{a+a^2+a^3+a^4}=a^{12}$$

$a^2=\sqrt{2}$이므로
$$a^{12}=(a^2)^6=(\sqrt{2})^6=2^3=8$$

다른 풀이

$$\frac{a^4+a^3+a^2+a}{a^{-11}+a^{-10}+a^{-9}+a^{-8}}=\frac{a^4+a^3+a^2+a}{a^{-12}(a+a^2+a^3+a^4)}=\frac{1}{a^{-12}}=a^{12}$$
$$=(a^2)^6=(\sqrt{2})^6=2^3=8$$

---

14 0175 답 ⑤ 〔유형 7〕

출제의도 | 거듭제곱근의 성질을 알고 있는지 확인한다.

> 이차방정식의 근과 계수의 관계를 이용하여 이차방정식의 두 근의 합과 곱을 구하고 거듭제곱근이 포함된 식을 정리해 보자.

이차방정식의 근과 계수의 관계에 의하여

$\alpha+\beta=3$, $\alpha\beta=-\dfrac{4}{3}$이므로

$\sqrt[3]{3^{2\alpha}}\times\sqrt[3]{9^\beta}=\sqrt[3]{3^{2\alpha}}\times\sqrt[3]{3^{2\beta}}=3^{\frac{2\alpha}{3}}\times3^{\frac{2\beta}{3}}=3^{\frac{2(\alpha+\beta)}{3}}=3^2$

$(27^\alpha)^\beta=27^{\alpha\beta}=(3^3)^{-\frac{4}{3}}=3^{-4}$

$\therefore \dfrac{\sqrt[3]{3^{2\alpha}}\times\sqrt[3]{9^\beta}}{(27^\alpha)^\beta}=\dfrac{3^2}{3^{-4}}=3^6$

---

15 0176 답 ① 〔유형 10〕

출제의도 | 거듭제곱이 자연수가 되기 위한 조건을 알고 있는지 확인한다.

> $a^{\frac{m}{n}}$ (a는 소수)이 자연수가 되기 위해서는 n은 m의 약수가 되어야 함을 이용해 보자.

$\left(\dfrac{1}{8}\right)^{\frac{4}{n}}=(2^{-3})^{\frac{4}{n}}=2^{-\frac{12}{n}}$, $81^{-\frac{1}{n}}=(3^4)^{-\frac{1}{n}}=3^{-\frac{4}{n}}$

$\left(\dfrac{1}{8}\right)^{\frac{4}{n}}$과 $81^{-\frac{1}{n}}$이 모두 자연수가 되기 위해서는 $n<0$이고 $|n|$은
12와 4의 공약수이어야 한다. ▸$-\dfrac{4}{n}$와 $-\dfrac{1}{n}$이 모두 음이 아닌 정수이어야 한다.
즉, 정수 n의 값은 -1, -2, -4이므로 모든 정수 n의 값의 곱은
$(-1)\times(-2)\times(-4)=-8$

---

16 0177 답 ③ 〔유형 10〕

출제의도 | 거듭제곱이 자연수가 되기 위한 조건을 알고 있는지 확인한다.

> $a^{\frac{1}{n}}$이 자연수가 되기 위해서는 $a=b^n$ (b는 자연수) 꼴이 되어야 함을 이용해 보자.

$(n^{\frac{3}{5}})^{\frac{1}{3}}=n^{\frac{1}{5}}$이고 $n^{\frac{1}{5}}$이 자연수가 되기 위해서는 자연수 n이 어떤
자연수의 다섯제곱 꼴이어야 한다.
즉, $1^5=1$, $2^5=32$, $3^5=243$, $\cdots$에서 100 이하의 자연수 중 n의
값이 될 수 있는 것은 1, 32이다.
따라서 모든 자연수 n의 값의 합은 $1+32=33$

---

17 0178 답 ① 〔유형 12〕

출제의도 | 지수법칙을 곱셈 공식에 적용할 수 있는지 확인한다.

> $a^x\pm a^{-x}$ 꼴로 주어진 식을 곱셈 공식을 이용하여 변형한 후 식의 값을 구해 보자.

$x=3^{\frac{1}{3}}+3^{-\frac{1}{3}}$의 양변을 세제곱하면

$x^3=(3^{\frac{1}{3}})^3+(3^{-\frac{1}{3}})^3+3\times3^{\frac{1}{3}}\times3^{-\frac{1}{3}}(3^{\frac{1}{3}}+3^{-\frac{1}{3}})$

$\quad =3+3^{-1}+3(3^{\frac{1}{3}}+3^{-\frac{1}{3}})=3+\dfrac{1}{3}+3x$

즉, $3x^3=9+1+9x$이므로
$3x^3-9x-9=1$

---

18 0179 답 ② 〔유형 12〕

출제의도 | 지수법칙을 곱셈 공식에 적용할 수 있는지 확인한다.

> a^x+a^{-x} 꼴로 주어진 식을 곱셈 공식을 이용하여 변형해 보자.

$a+b=2$이므로

$2^{-a}+2^{-b}=\dfrac{1}{2^a}+\dfrac{1}{2^b}=\dfrac{2^a+2^b}{2^a\times2^b}$

$\quad =\dfrac{2^a+2^b}{2^{a+b}}=\dfrac{2^a+2^b}{2^2}=\dfrac{2^a+2^b}{4}$

$2^a-2^b=x$이므로

$(2^a+2^b)^2=(2^a-2^b)^2+4\times2^a\times2^b$

$\quad\quad\quad\quad =(2^a-2^b)^2+4\times2^{a+b}$

$\quad\quad\quad\quad =(2^a-2^b)^2+4\times2^2=x^2+16$

$\therefore 2^a+2^b=\sqrt{x^2+16}$ $(\because 2^a+2^b>0)$

$\therefore 2^{-a}+2^{-b}=\dfrac{2^a+2^b}{4}=\dfrac{\sqrt{x^2+16}}{4}$

참고 주어진 조건 $a+b=2$를 이용할 수 있는 식을 생각한다.

---

19 0180 답 ③ 〔유형 13〕

출제의도 | 지수법칙을 이용하여 식을 간단히 나타낼 수 있는지 확인한다.

> $\dfrac{a^x-a^{-x}}{a^x+a^{-x}}$의 분모와 분자에 각각 a^x을 곱하여 식을 정리해 보자.

$\dfrac{a^x-a^{-x}}{a^x+a^{-x}}$의 분모, 분자에 각각 a^x을 곱하면

$\dfrac{a^x-a^{-x}}{a^x+a^{-x}}=\dfrac{a^x(a^x-a^{-x})}{a^x(a^x+a^{-x})}=\dfrac{a^{2x}-1}{a^{2x}+1}$

즉, $\dfrac{a^{2x}-1}{a^{2x}+1}=\dfrac{3}{5}$이므로 $5(a^{2x}-1)=3(a^{2x}+1)$

$5a^{2x}-5=3a^{2x}+3$, $2a^{2x}=8$, $a^{2x}=4$

$\therefore a^x=2$ $(\because a^x>0)$

$\dfrac{a^{\frac{1}{2}x}+a^{-\frac{3}{2}x}}{a^{\frac{3}{2}x}-a^{-\frac{1}{2}x}}$의 분모, 분자에 $a^{\frac{1}{2}x}$을 각각 곱하면

$\dfrac{a^{\frac{1}{2}x}+a^{-\frac{3}{2}x}}{a^{\frac{3}{2}x}-a^{-\frac{1}{2}x}}=\dfrac{a^{\frac{1}{2}x}(a^{\frac{1}{2}x}+a^{-\frac{3}{2}x})}{a^{\frac{1}{2}x}(a^{\frac{3}{2}x}-a^{-\frac{1}{2}x})}=\dfrac{a^x+a^{-x}}{a^{2x}-1}=\dfrac{2+\dfrac{1}{2}}{4-1}=\dfrac{\dfrac{5}{2}}{3}=\dfrac{5}{6}$

---

20 0181 답 ④ 〔유형 13〕

출제의도 | 지수법칙을 이해하고 이를 이용하여 식을 간단히 나타낼 수 있는지 확인한다.

> 주어진 식의 분모, 분자에 적당한 수를 곱하여 식을 정리해 보자.

$\dfrac{3}{3^{-n}+1}$의 분모, 분자에 각각 3^n을 곱하면

$$\dfrac{3}{3^{-n}+1}=\dfrac{3^n\times 3}{3^n(3^{-n}+1)}=\dfrac{3^{n+1}}{1+3^n}$$이므로

$n=1,\ 2,\ 3,\ \cdots,\ 10$에 대하여

$$\dfrac{3}{3^{-n}+1}+\dfrac{3}{3^n+1}=\dfrac{3^{n+1}}{1+3^n}+\dfrac{3}{3^n+1}=\dfrac{3(3^n+1)}{3^n+1}=3$$

즉, $\dfrac{3}{3^{-10}+1}+\dfrac{3}{3^{10}+1}=3$

$\dfrac{3}{3^{-9}+1}+\dfrac{3}{3^9+1}=3$

$$\vdots$$

$\dfrac{3}{3^{-1}+1}+\dfrac{3}{3^1+1}=3$

이고 $\dfrac{3}{3^0+2}=1$이므로

$$\dfrac{3}{3^{-10}+1}+\dfrac{3}{3^{-9}+1}+\cdots+\dfrac{3}{3^{10}+1}=3\times 10+1=31$$

21 0182 답 ④ 유형 14

출제의도 | 지수법칙을 이용하여 식을 정리할 수 있는지 확인한다.

> 거듭제곱을 변형하여 주어진 식의 값을 구해 보자.

$a^x=5^3$에서 $a=5^{\frac{3}{x}}$

$(ab)^y=5^2$에서 $ab=5^{\frac{2}{y}}$

$(abc)^z=5$에서 $abc=5^{\frac{1}{z}}$

$$\therefore\ 5^{\frac{3}{x}+\frac{2}{y}-\frac{1}{z}}=5^{\frac{3}{x}}\times 5^{\frac{2}{y}}\div 5^{\frac{1}{z}}=a\times ab\div abc=\dfrac{a\times ab}{abc}=\dfrac{a}{c}$$

22 0183 답 -4 유형 13

출제의도 | 지수법칙을 이용하여 식을 정리할 수 있는지 확인한다.

STEP 1 a^{4x}과 a^{-2x}의 값 구하기 [2점]

$a^{4x}=(a^{2x})^2=(\sqrt{2}-1)^2=3-2\sqrt{2}$

$a^{-2x}=\dfrac{1}{a^{2x}}=\dfrac{1}{\sqrt{2}-1}=\sqrt{2}+1$

STEP 2 $\dfrac{a^{3x}-a^{-3x}}{a^{3x}+a^{-3x}}$ 정리하기 [3점]

$\dfrac{a^{3x}-a^{-3x}}{a^{3x}+a^{-3x}}$의 분모, 분자에 각각 a^x을 곱하면

$$\dfrac{a^{3x}-a^{-3x}}{a^{3x}+a^{-3x}}=\dfrac{a^x(a^{3x}-a^{-3x})}{a^x(a^{3x}+a^{-3x})}$$

$$=\dfrac{a^{4x}-a^{-2x}}{a^{4x}+a^{-2x}}$$

$$=\dfrac{(3-2\sqrt{2})-(\sqrt{2}+1)}{(3-2\sqrt{2})+(\sqrt{2}+1)}=\dfrac{2-3\sqrt{2}}{4-\sqrt{2}}$$

$$=\dfrac{(2-3\sqrt{2})(4+\sqrt{2})}{(4-\sqrt{2})(4+\sqrt{2})}=\dfrac{2-10\sqrt{2}}{14}=\dfrac{1-5\sqrt{2}}{7}$$

STEP 3 $m+n$의 값 구하기 [1점]

$\dfrac{m+n\sqrt{2}}{7}=\dfrac{1-5\sqrt{2}}{7}$에서

$m=1,\ n=-5$이므로

$m+n=1+(-5)=-4$

23 0184 답 120년 후 유형 16

출제의도 | 지수법칙을 실생활 문제에 적용할 수 있는지 확인한다.

STEP 1 t에 대한 식 세우기 [3점]

t년 후에 반감기가 30년인 방사능 물질의 양 400이 25가 된다고 하면 $m_t=25,\ m_0=400,\ a=30$이므로

$$25=400\times\left(\dfrac{1}{2}\right)^{\frac{t}{30}}$$

STEP 2 방사능 물질의 양이 25가 되는 것은 지금으로부터 몇 년 후인지 구하기 [3점]

$$\dfrac{1}{16}=\left(\dfrac{1}{2}\right)^{\frac{t}{30}},\ \left(\dfrac{1}{2}\right)^4=\left(\dfrac{1}{2}\right)^{\frac{t}{30}}$$

$4=\dfrac{t}{30}$에서 $t=120$

따라서 방사능 물질의 양이 25가 되는 것은 지금으로부터 120년 후이다.

24 0185 답 24 유형 1

출제의도 | 거듭제곱근의 성질을 이해하고 있는지 확인한다.

STEP 1 음의 실수가 존재하는 경우 구하기 [2점]

$2\le n\le 10$인 자연수 n에 대하여

$n^2-11n+24$의 n제곱근 중 음의 실수가 존재하는 경우는 n이 홀수이고 $n^2-11n+24<0$인 경우와 n이 짝수이고 $n^2-11n+24>0$인 경우가 있다.

STEP 2 n이 홀수일 때 조건을 만족시키는 n의 값 구하기 [2점]

(i) n이 홀수이고, $n^2-11n+24<0$인 경우

$n^2-11n+24<0$에서

$(n-3)(n-8)<0$

$\therefore\ 3<n<8$

따라서 주어진 조건을 만족시키는 n의 값은 5, 7이다.

STEP 3 n이 짝수일 때 조건을 만족시키는 n의 값 구하기 [2점]

(ii) n이 짝수이고, $n^2-11n+24>0$인 경우

$n^2-11n+24>0$에서

$n<3$ 또는 $n>8$

$\therefore\ 2\le n<3$ 또는 $8<n\le 10$

따라서 주어진 조건을 만족시키는 n의 값은 2, 10이다.

STEP 4 모든 n의 값의 합 구하기 [1점]

(i), (ii)에서 모든 n의 값의 합은

$5+7+2+10=24$

25 0186 답 32 유형 1 + 유형 2 + 유형 7

출제의도 | 지수법칙을 적용할 수 있는지 확인한다.

STEP 1 ab^6, $81c$를 각각 유리수 지수로 정리하기 [4점]

$a=6^l$ (l은 자연수)

$b=\sqrt[m]{12}$ (m은 2 이상의 자연수)

$c=2^n$ (n은 자연수)

이라 하면

$$ab^6=6^l\times(\sqrt[m]{12})^6=(2\times 3)^l\times(2^2\times 3)^{\frac{6}{m}}=2^{l+\frac{12}{m}}\times 3^{l+\frac{6}{m}}$$

$$81c=2^n\times 3^4$$

STEP2 $ab^6=81c$임을 이용하여 2의 지수의 최솟값 구하기 [2점]

$2^{l+\frac{12}{m}} \times 3^{l+\frac{6}{m}} = 2^n \times 3^4$에서 $n=l+\dfrac{12}{m}$, $4=l+\dfrac{6}{m}$

$l+\dfrac{6}{m}=4$를 만족시키는 l, m의 순서쌍 (l, m)은

$(1, 2)$, $(2, 3)$, $(3, 6)$이므로

$n=l+\dfrac{12}{m}$는 $l=3$, $m=6$일 때, 최솟값 5를 가진다.

STEP3 자연수 c의 최솟값 구하기 [1점]
$\longrightarrow$ $l=1$, $m=2$일 때, $n=1+\dfrac{12}{2}=7$

자연수 $c=2^n$의 최솟값은 $2^5=32$이다.

$l=2$, $m=3$일 때, $n=2+\dfrac{12}{3}=6$

$l=3$, $m=6$일 때, $n=3+\dfrac{12}{6}=5$

고난도 ⊕ Plus 문제
42쪽

1 0187 답 4

(i) $n=4$일 때

 -5의 4제곱근 중 실수인 것은 없으므로

 $p(4)=0$

(ii) $n=5$일 때

 -3의 5제곱근 중 실수인 것은 $\sqrt[5]{-3}$의 1개이므로

 $p(5)=1$

(iii) $n=11$일 때

 9의 11제곱근 중 실수인 것은 $\sqrt[11]{9}$의 1개이므로

 $p(11)=1$

(iv) $n=14$일 때

 15의 14제곱근 중 실수인 것은 $\sqrt[14]{15}$, $-\sqrt[14]{15}$의 2개이므로

 $p(14)=2$

(i)~(iv)에서

$p(4)+p(5)+p(11)+p(14)=0+1+1+2=4$

2 0188 답 ①

n의 네제곱근 중 양의 실수인 것은 $\sqrt[4]{n}$이므로 $A=\sqrt[4]{n}$

8의 여섯제곱근 중 양의 실수인 것은 $\sqrt[6]{8}$이므로 $B=\sqrt[6]{8}$

4의 세제곱근 중 실수인 것은 $\sqrt[3]{4}$이므로 $C=\sqrt[3]{4}$

4, 6, 3의 최소공배수가 12이므로

세 수를 각각 $\sqrt[12]{a}$ 꼴로 나타내면

$A=\sqrt[4]{n}=\sqrt[12]{n^3}$

$B=\sqrt[6]{8}=\sqrt[12]{8^2}$

$C=\sqrt[3]{4}=\sqrt[12]{4^4}$

이때 $B<A<C$가 성립하려면 $\sqrt[12]{8^2}<\sqrt[12]{n^3}<\sqrt[12]{4^4}$, 즉 $8^2<n^3<4^4$

$\therefore 64<n^3<256$

따라서 $4^3=64$, $5^3=125$, $6^3=216$, $7^3=343$이므로 조건을 만족시키는 자연수 n의 값은 5, 6이고, 모든 자연수 n의 값의 합은

$5+6=11$

3 0189 답 $\dfrac{1}{3}$

$\sqrt[3]{\dfrac{a^4}{\sqrt{b}}} \div (\sqrt{a^2}b^{-\frac{1}{2}})^{\frac{1}{3}} \times \left(\dfrac{1}{a^3}\right)^k$

$=(a^4b^{-\frac{1}{2}})^{\frac{1}{3}} \div (ab^{-\frac{1}{2}})^{\frac{1}{3}} \times a^{-3k}$

$=a^{\frac{4}{3}}b^{-\frac{1}{6}} \div a^{\frac{1}{3}}b^{-\frac{1}{6}} \times a^{-3k}$

$=a^{\frac{4}{3}-\frac{1}{3}-3k}b^{-\frac{1}{6}+\frac{1}{6}}$

$=a^{1-3k}$

따라서 $a^{1-3k}=1$이고 $a \neq 1$이므로

$1-3k=0$ $\therefore k=\dfrac{1}{3}$

4 0190 답 11

(i) $\sqrt{\dfrac{2^a \times 5^b}{2}}=\sqrt{2^{a-1} \times 5^b}$이 자연수이므로 자연수 a, b에 대하여

 $a-1$은 0 또는 2의 배수, b는 2의 배수이어야 한다.

 즉, $a-1=2m$ (m은 음이 아닌 정수), $b=2n$ (n은 자연수)

 으로 놓으면

 $a=2m+1=1, 3, 5, \cdots$,

 $b=2, 4, 6, \cdots$

(ii) $\sqrt[3]{\dfrac{3^b}{2^{a+1}}}=\dfrac{3^{\frac{b}{3}}}{2^{\frac{a+1}{3}}}$이 유리수이므로 자연수 a, b에 대하여 $\dfrac{b}{3}$와

 $\dfrac{a+1}{3}$이 모두 자연수이어야 한다.

 즉, $a+1$과 b가 모두 3의 배수이어야 하므로

 $a+1=3k$, $b=3l$ (k, l은 자연수)로 놓으면

 $a=3k-1=2, 5, 8, \cdots$,

 $b=3, 6, 9, \cdots$

(i), (ii)를 동시에 만족시키는 a의 최솟값은 5, b의 최솟값은 6이므로 $a+b$의 최솟값은

$5+6=11$

5 0191 답 $\sqrt{5}$

$9^x+9^{-x}=47$이므로

$(3^x+3^{-x})^2=3^{2x}+3^{-2x}+2=9^x+9^{-x}+2=49$

$\therefore 3^x+3^{-x}=\sqrt{49}=7$ ($\because 3^x+3^{-x}>0$)

$(3^{\frac{x}{2}}+3^{-\frac{x}{2}})^2=3^x+3^{-x}+2=7+2=9$

$\therefore 3^{\frac{x}{2}}+3^{-\frac{x}{2}}=\sqrt{9}=3$ ($\because 3^{\frac{x}{2}}+3^{-\frac{x}{2}}>0$)

$(3^{\frac{x}{4}}+3^{-\frac{x}{4}})^2=3^{\frac{x}{2}}+3^{-\frac{x}{2}}+2=3+2=5$

$\therefore 3^{\frac{x}{4}}+3^{-\frac{x}{4}}=\sqrt{5}$ ($\because 3^{\frac{x}{4}}+3^{-\frac{x}{4}}>0$)

핵심 개념

46쪽~47쪽

0192 답 (1) $x>-2$ (2) $x<0$ 또는 $x>3$
　　　　(3) $1<x<2$ 또는 $x>2$
　　　　(4) $-2<x<-1$ 또는 $x>-1$

(1) 진수의 조건에서 $x+2>0$　∴ $x>-2$
(2) 진수의 조건에서 $x^2-3x>0$, $x(x-3)>0$
　∴ $x<0$ 또는 $x>3$
(3) 밑의 조건에서 $x-1>0$, $x-1\neq1$
　$x>1$, $x\neq2$
　∴ $1<x<2$ 또는 $x>2$
(4) 밑의 조건에서 $x+2>0$, $x+2\neq1$
　$x>-2$, $x\neq-1$
　∴ $-2<x<-1$ 또는 $x>-1$

0193 답 (1) $x>2$ (2) $x>4$

(1) (ⅰ) 밑의 조건에서 $x+1>0$, $x+1\neq1$
　　$x>-1$, $x\neq0$
　　∴ $-1<x<0$ 또는 $x>0$
　(ⅱ) 진수의 조건에서 $x-2>0$　∴ $x>2$
　(ⅰ), (ⅱ)에서 $x>2$
(2) (ⅰ) 밑의 조건에서 $x-3>0$, $x-3\neq1$
　　$x>3$, $x\neq4$
　　∴ $3<x<4$ 또는 $x>4$
　(ⅱ) 진수의 조건에서 $x^2-5x+4>0$, $(x-1)(x-4)>0$
　　∴ $x<1$ 또는 $x>4$
　(ⅰ), (ⅱ)에서 $x>4$

0194 답 (1) 2   (2) -3 (3) $\frac{1}{2}$

(1) $\log_8 64=\log_8 8^2=2\log_8 8=2$
(2) $\log_3 \frac{1}{27}=\log_3 3^{-3}=-3\log_3 3=-3$
(3) $\log_2 \sqrt{2}=\log_2 2^{\frac{1}{2}}=\frac{1}{2}\log_2 2=\frac{1}{2}$

0195 답 (1) 1   (2) 3   (3) $\frac{5}{2}$

(1) $\log_{10} 2+\log_{10} 5=\log_{10}(2\times5)=\log_{10} 10=1$
(2) $\log_2 40-\log_2 5=\log_2 \frac{40}{5}=\log_2 8=\log_2 2^3=3$
(3) $\log_3 \sqrt{27}-\log_2 \frac{1}{4}-\frac{1}{2}\log_2 4$
　　$=\log_3 3^{\frac{3}{2}}-\log_2 2^{-2}-\frac{1}{2}\log_2 2^2$
　　$=\frac{3}{2}\log_3 3+2\log_2 2-\log_2 2$
　　$=\frac{3}{2}+2-1=\frac{5}{2}$

0196 답 (1) 1   (2) 1

(1) $\log_3 5\times\log_5 3=\log_3 5\times\frac{1}{\log_3 5}=1$
(2) $\log_3 \sqrt{10}\times\log_{10} 9=\frac{\log_{10} \sqrt{10}}{\log_{10} 3}\times\log_{10} 3^2=\frac{\log_{10} 10^{\frac{1}{2}}}{\log_{10} 3}\times2\log_{10} 3$
　　$=\frac{1}{2}\times2=1$　　　$\underbrace{\frac{1}{2}\times\frac{1}{\log_{10} 3}\times2\times\log_{10} 3}$

0197 답 (1) $\frac{5}{3}$ (2) 5

(1) $\log_8 32=\log_{2^3} 2^5=\frac{5}{3}\log_2 2=\frac{5}{3}$
(2) $2^{\log_5 5}=5^{\log_5 2}=5$

0198 답 (1) 0   (2) 3   (3) -1 (4) -3

(1) 1.45는 정수 부분이 한 자리인 수이므로 $\log 1.45$의 정수 부분은 0이다.
(2) 2240은 정수 부분이 네 자리인 수이므로 $\log 2240$의 정수 부분은 3이다.
(3) 0.753은 소수 첫째 자리에서 처음으로 0이 아닌 숫자가 나타나므로 $\log 0.753$의 정수 부분은 -1이다.
(4) 0.00162는 소수 셋째 자리에서 처음으로 0이 아닌 숫자가 나타나므로 $\log 0.00162$의 정수 부분은 -3이다.

0199 답 (1) 162   (2) 0.162

(1) $\log x=2.2095=2+0.2095$
　　　$=\log 10^2+\log 1.62$
　　　$=\log(10^2\times1.62)=\log 162$
　∴ $x=162$
(2) $\log x=-0.7905=-1+0.2095$
　　　$=\log 10^{-1}+\log 1.62$
　　　$=\log(10^{-1}\times1.62)=\log 0.162$
　∴ $x=0.162$

기출 유형으로 실전 준비하기

48쪽~75쪽

0200 답 ④　　　　　　　　　　　　　　　　ㅣ유형**1**

두 양수 a, b에 대하여 $\log_a \frac{1}{16}=4$, $\log_{\sqrt{2}} b=6$일 때, ab의 값은?
　　　　　　　　　　　　　　　단서1
① 1　　　　　　② 2　　　　　　③ 3
④ 4　　　　　　⑤ 5
단서1 $\log_a N=x \Longleftrightarrow a^x=N$

STEP 1 로그의 정의를 이용하여 a의 값 구하기

$\log_a \frac{1}{16}=4$에서 $a^4=\frac{1}{16}=\frac{1}{2^4}=\left(\frac{1}{2}\right)^4$　∴ $a=\frac{1}{2}$ ($\because a>0$)

STEP 2 로그의 정의를 이용하여 b의 값 구하기

$\log_{\sqrt{2}} b=6$에서 $b=(\sqrt{2})^6=2^3=8$

STEP3 ab의 값 구하기

$ab = \frac{1}{2} \times 8 = 4$

0201 답 ④

$\log_2 a = -2$에서 $a = 2^{-2} = \frac{1}{4}$

$\log_b 25 = 2$에서 $b^2 = 25 = 5^2$ ∴ $b = 5$ (∵ $b > 0$)

∴ $ab = \frac{1}{4} \times 5 = \frac{5}{4}$

0202 답 2

$\log_4 x = 2$에서 $x = 4^2 = 16$

$\log_y 2\sqrt{2} = \frac{1}{2}$에서 $y^{\frac{1}{2}} = 2\sqrt{2}$ ∴ $y = (2\sqrt{2})^2 = 8$

∴ $\frac{x}{y} = \frac{16}{8} = 2$

0203 답 ②

$\log_{27}(\log_2 a) = \frac{1}{3}$에서 $\log_2 a = 27^{\frac{1}{3}} = (3^3)^{\frac{1}{3}} = 3$ ∴ $a = 2^3$

∴ $\sqrt[3]{a} = \sqrt[3]{2^3} = 2$

0204 답 ④

$\log_2\{\log_3(\log_5 x)\} = 0$에서

$\log_3(\log_5 x) = 2^0 = 1$

$\log_5 x = 3^1 = 3$

∴ $x = 5^3 = 125$

0205 답 ③

$x = \log_2(\sqrt{2}+1)$에서 $2^x = \sqrt{2}+1$

즉, $2^{-x} = \frac{1}{\sqrt{2}+1} = \sqrt{2}-1$이므로

$\frac{2^x - 2^{-x}}{(2^x + 2^{-x})^2} = \frac{\sqrt{2}+1-(\sqrt{2}-1)}{\{\sqrt{2}+1+(\sqrt{2}-1)\}^2} = \frac{2}{(2\sqrt{2})^2} = \frac{2}{8} = \frac{1}{4}$

개념 Check

분모가 무리수와 어떤 수의 합 또는 차 꼴일 때, 다음과 같이 $(x+y)(x-y) = x^2 - y^2$임을 이용하여 분모를 유리화하여 계산한다.

$\frac{1}{\sqrt{a}+\sqrt{b}} = \frac{1 \times (\sqrt{a}-\sqrt{b})}{(\sqrt{a}+\sqrt{b}) \times (\sqrt{a}-\sqrt{b})} = \frac{\sqrt{a}-\sqrt{b}}{a-b}$

0206 답 ④

$\log_2 \frac{n}{10} = k$ (k는 자연수)라 하면

$\frac{n}{10} = 2^k$ ∴ $n = 10 \times 2^k$

n은 200 이하의 자연수이므로

$10 \times 2^k \leq 200$, $2^k \leq 20$

따라서 $k = 1, 2, 3, 4$일 때, $n = 20, 40, 80, 160$이므로

모든 n의 값의 합은

$20 + 40 + 80 + 160 = 300$

0207 답 ⑤

$\log_3(a+b) = 2$에서 $a+b = 3^2 = 9$ ················· ㉠

$\log_{a-b} 9 = 2$에서 $(a-b)^2 = 9$

∴ $a-b = -3$ 또는 $a-b = 3$

이때 $a > b$이므로

$a-b = 3$ ················· ㉡

㉠, ㉡을 연립하여 풀면

$a = 6$, $b = 3$

∴ $3ab = 3 \times 6 \times 3 = 54$

0208 답 56

집합 $B = \{\log_2 a, \log_2 b, \log_2 c\}$는 자연수 전체의 집합의 부분집합이므로 a, b, c는 모두 2^k (k는 자연수) 꼴이어야 한다.

이때 $a+b = 24$이므로

$a = 8$, $b = 16$ 또는 $a = 16$, $b = 8$

∴ $A = \{8, 16, c\}$, $B = \{3, 4, \log_2 c\}$

한편, 집합 B의 모든 원소의 합이 12이므로

$3+4+\log_2 c = 12$, $\log_2 c = 5$ ∴ $c = 2^5 = 32$

따라서 $A = \{8, 16, 32\}$, $B = \{3, 4, 5\}$이고 집합 A의 모든 원소의 합은

$8+16+32 = 56$

0209 답 ③ | 유형2

$\log_{x-1}(-x^2+4x+5)$가 정의되기 위한 모든 정수 x의 값의 합은?

단서1

① 1 ② 3 ③ 7
④ 9 ⑤ 13

단서1 로그에서 밑 $x-1$은 1이 아닌 양수, 진수 $-x^2+4x+5$는 양수

STEP1 밑의 조건을 만족시키는 x의 값의 범위 구하기

밑의 조건에서 $x-1 > 0$, $x-1 \neq 1$

즉, $x > 1$, $x \neq 2$이므로

$1 < x < 2$ 또는 $x > 2$ ················· ㉠

STEP2 진수의 조건을 만족시키는 x의 값의 범위 구하기

진수의 조건에서 $-x^2+4x+5 > 0$

$x^2-4x-5 < 0$, $(x+1)(x-5) < 0$

∴ $-1 < x < 5$ ················· ㉡

㉠, ㉡에서 $1 < x < 2$ 또는 $2 < x < 5$

STEP3 모든 정수 x의 값의 합 구하기

정수 x는 3, 4이므로 구하는 합은

$3+4 = 7$

0210 답 ①

밑의 조건에서 $x+2 > 0$, $x+2 \neq 1$

즉, $x > -2$, $x \neq -1$이므로

$-2 < x < -1$ 또는 $x > -1$ ················· ㉠

진수의 조건에서 $7-x > 0$

∴ $x < 7$ ················· ㉡

㉠, ㉡에서 $-2<x<-1$ 또는 $-1<x<7$
따라서 정수 x의 최솟값은 0이다.

0211 답 ②

진수의 조건에서 $2x-4>0$, $2x-8>0$
즉, $x>2$, $x>4$에서 $x>4$
$\therefore |x-2|-|4-x|=(x-2)-(x-4)=2$

0212 답 ③

밑의 조건에서 $3a-2>0$, $3a-2\neq1$
즉, $a>\dfrac{2}{3}$, $a\neq1$이므로
$\dfrac{2}{3}<a<1$ 또는 $a>1$ ····· ㉠
진수의 조건에서 $5-2b>0$
$\therefore b<\dfrac{5}{2}$ ····· ㉡
따라서 ㉠, ㉡을 만족시키는 순서쌍 (a, b)는 ③ $\left(\dfrac{5}{3},\ 1\right)$이다.

0213 답 2

밑의 조건에서 $a-2>0$, $a-2\neq1$
즉, $a>2$, $a\neq3$이므로
$2<a<3$ 또는 $a>3$ ····· ㉠
진수의 조건에서 모든 실수 x에 대하여 $x^2+2ax+6a>0$이어야
하므로 이차방정식 $x^2+2ax+6a=0$의 판별식을 D라 하면
$\dfrac{D}{4}=a^2-6a<0$, $a(a-6)<0$
$\therefore 0<a<6$ ····· ㉡
㉠, ㉡에서 $2<a<3$ 또는 $3<a<6$
따라서 구하는 정수 a는 4, 5의 2개이다.

> **개념 Check**
>
> **이차부등식 $ax^2+bx+c>0$이 항상 성립할 조건**
> 모든 실수 x에 대하여 이차부등식 $ax^2+bx+c>0$이 성립하려면
> $a>0$, $b^2-4ac<0$

0214 답 ④

밑의 조건에서 $a^2>0$, $a^2\neq1$ $\overset{\rightarrow a^2-1\neq0에서\ (a-1)(a+1)\neq0}{\underset{즉,\ a\neq1,\ a\neq-1이다.}{}}$
$\therefore a\neq0$, $a\neq1$, $a\neq-1$ ····· ㉠
진수의 조건에서 모든 실수 x에 대하여 $ax^2+ax+1>0$이어야 한다.
(i) $a=0$일 때
　　$ax^2+ax+1=1>0$이므로 진수의 조건을 만족시킨다.
(ii) $a\neq0$일 때
　　$a>0$이고 이차방정식 $ax^2+ax+1=0$의 판별식을 D라 하면
　　$D=a^2-4a<0$, $a(a-4)<0$　　$\therefore 0<a<4$
(i), (ii)에서 $0\leq a<4$ ····· ㉡
㉠, ㉡에서 정수 a는 2, 3이므로 구하는 합은
$2+3=5$

0215 답 ①

밑의 조건에서 $|x-1|>0$, $|x-1|\neq1$ $\overset{\rightarrow x<1\ 또는\ x>1이므로}{\underset{x\neq1이다.}{}}$
$\therefore x\neq1$, $x\neq0$, $x\neq2$ ····· ㉠
진수의 조건에서 $-x^2+2x+3>0$이므로
$x^2-2x-3<0$, $(x+1)(x-3)<0$
$\therefore -1<x<3$ ····· ㉡
㉠, ㉡에서
$-1<x<0$ 또는 $0<x<1$ 또는 $1<x<2$ 또는 $2<x<3$
따라서 정수 x는 없으므로 0개이다.

0216 답 ②

밑의 조건에서 $x-3>0$, $x-3\neq1$
즉, $x>3$, $x\neq4$이므로
$3<x<4$ 또는 $x>4$ ····· ㉠
진수의 조건에서 $-x^2+9x-14>0$이므로
$x^2-9x+14<0$, $(x-2)(x-7)<0$
$\therefore 2<x<7$ ····· ㉡
㉠, ㉡에서 $3<x<4$ 또는 $4<x<7$
이것을 만족시키는 정수 x는 5, 6의 2개이므로 $m=2$
따라서 $\underline{27^a\times9^b=2}$에서 $3^{3a+2b}=2$ $\overset{\rightarrow 27^a\times9^b=(3^3)^a\times(3^2)^b}{\underset{=3^{3a}\times3^{2b}=3^{3a+2b}}{}}$
$\therefore 3a+2b=\log_3 2$

> **실수 Check**
>
> 지수와 로그가 혼합된 문제에서는 지수와 로그의 관계를 정확히 이해하여 활용해야 한다. $27^a\times9^b=2$에서 미지수가 2개이지만, 지수법칙과 로그의 정의를 이용하면 풀이와 같이 주어진 값을 구할 수 있다.

0217 답 9

밑의 조건에서 $x>0$, $x\neq1$
$\therefore 0<x<1$ 또는 $x>1$ ····· ㉠
진수의 조건에서 $-x^2+4x+5>0$
$x^2-4x-5<0$, $(x+1)(x-5)<0$
$\therefore -1<x<5$ ····· ㉡
㉠, ㉡에서 $0<x<1$ 또는 $1<x<5$
따라서 정수 x는 2, 3, 4이므로 구하는 합은
$2+3+4=9$

0218 답 ②　　　　　| 유형 3

> $\log_2\sqrt{2}-\log_2\dfrac{4}{3}-\log_2\sqrt{18}$의 값은?
> **단서1**
> ① -4　　　　② -2　　　　③ 0
> ④ 2　　　　⑤ 4
>
> **단서1** $\log_2 x+\log_2 y=\log_2 xy$, $\log_2 x-\log_2 y=\log_2\dfrac{x}{y}$

STEP 1 로그의 성질을 이용하여 주어진 식의 값 구하기

$\log_2\sqrt{2}-\log_2\dfrac{4}{3}-\log_2\sqrt{18}=\log_2\sqrt{2}+\log_2\dfrac{3}{4}-\log_2 3\sqrt{2}$

$=\log_2\left(\sqrt{2}\times\dfrac{3}{4}\times\dfrac{1}{3\sqrt{2}}\right)$

$=\log_2\dfrac{1}{4}=\log_2 2^{-2}=-2$

0219 답 ①

$$\log_2 \frac{2}{9} + 4\log_2 \sqrt{12} = \log_2 \frac{2}{9} + \log_2 (\sqrt{12})^4$$
$$= \log_2 \frac{2}{9} + \log_2 144$$
$$= \log_2 \left(\frac{2}{9} \times 144\right) = \log_2 2^5 = 5$$

0220 답 ⑤

$$\log_3 16 + \frac{1}{2}\log_3 \frac{1}{5} + \frac{1}{2}\log_3 20$$
$$= \log_3 2^4 - \frac{1}{2}\log_3 5 + \frac{1}{2}(\log_3 5 + \log_3 4)$$
$$= 4\log_3 2 - \frac{1}{2}\log_3 5 + \frac{1}{2}\log_3 5 + \frac{1}{2}\log_3 4$$
$$= 4\log_3 2 + \log_3 2$$
$$= 5\log_3 2$$

0221 답 ②

$$\log_3 \left(1 + \frac{1}{1}\right) + \log_3 \left(1 + \frac{1}{2}\right) + \log_3 \left(1 + \frac{1}{3}\right) + \cdots + \log_3 \left(1 + \frac{1}{80}\right)$$
$$= \log_3 \frac{2}{1} + \log_3 \frac{3}{2} + \log_3 \frac{4}{3} + \cdots + \log_3 \frac{81}{80}$$
$$= \log_3 \left(\frac{2}{1} \times \frac{3}{2} \times \frac{4}{3} \times \cdots \times \frac{81}{80}\right)$$
$$= \log_3 81 = \log_3 3^4 = 4$$

0222 답 56

$\log_2(a+b) = 3$에서 $a+b = 2^3 = 8$
$\log_2 a + \log_2 b = 2$에서 $\log_2 ab = 2$ $\therefore ab = 2^2 = 4$
$\therefore a^2 + b^2 = (a+b)^2 - 2ab$
$\qquad\qquad = 8^2 - 2 \times 4 = 56$

0223 답 4

$$\log_3 \sqrt[3]{24} + \log_3 \frac{\sqrt[6]{81^k}}{2} = \log_3 (2^3 \times 3)^{\frac{1}{3}} + \log_3 \frac{\sqrt[6]{3^{4k}}}{2}$$
$$= \log_3 \left(2 \times 3^{\frac{1}{3}}\right) + \log_3 \frac{3^{\frac{2k}{3}}}{2}$$
$$= \log_3 2 + \log_3 3^{\frac{1}{3}} + \log_3 3^{\frac{2k}{3}} - \log_3 2$$
$$= \frac{1}{3} + \frac{2k}{3} = \frac{2k+1}{3}$$

이 수가 자연수가 되려면 $2k+1$의 값이 3의 배수이어야 한다. 즉,
$2k+1 = 3$에서 $k = 1$
$2k+1 = 6$에서 $k = \frac{5}{2}$
$2k+1 = 9$에서 $k = 4$
$2k+1 = 12$에서 $k = \frac{11}{2}$
$2k+1 = 15$에서 $k = 7$
$2k+1 = 18$에서 $k = \frac{17}{2}$
$2k+1 = 21$에서 $k = 10$
이때 k는 10 이하의 자연수이므로 구하는 k의 값은 1, 4, 7, 10의 4개이다.

0224 답 ③

$$\log_2 \frac{\sqrt{2^m}}{2} + \log_2 \frac{2^{2m}}{\sqrt{8 \times 2^n}} = 0$$에서
$$\log_2 \sqrt{2^m} - \log_2 2 + \log_2 2^{2m} - \log_2 \sqrt{8 \times 2^n} = 0$$
$$\log_2 2^{\frac{m}{2}} - 1 + \log_2 2^{2m} - \log_2 2^{\frac{n+3}{2}} = 0$$
$$\frac{m}{2} - 1 + 2m - \frac{n+3}{2} = 0$$
$$5m - 5 - n = 0 \quad \therefore n = 5(m-1)$$

이때 n은 5의 배수이면서 50 이하의 자연수이므로 n의 값은 5, 10, 15, $\cdots$, 50이다.
따라서 구하는 순서쌍 (m, n)은 $(2, 5)$, $(3, 10)$, $\cdots$, $(11, 50)$의 10개이다.

> **실수 Check**
> 순서쌍 (m, n)을 구하기 위해서는 m, n에 대한 식을 적당히 변형하여 조건을 만족시키는 값을 찾아야 한다. 문제에서 $n = 5(m-1)$로 정리하면 m, n의 값의 특징을 찾아 그 개수를 간단히 구할 수 있다.

0225 답 ④

수직선 위의 두 점 $P(\log_5 3)$, $Q(\log_5 12)$에 대하여 선분 PQ를 $m : (1-m)$으로 내분하는 점의 좌표가 1이므로
$$\frac{m \times \log_5 12 + (1-m) \times \log_5 3}{m + (1-m)} = 1$$
$$m \times \log_5 12 + (1-m) \times \log_5 3 = 1$$
$$m(\log_5 12 - \log_5 3) = 1 - \log_5 3$$
$$m \times \log_5 \frac{12}{3} = \log_5 \frac{5}{3}, \quad m \times \log_5 4 = \log_5 \frac{5}{3}$$
$$\log_5 4^m = \log_5 \frac{5}{3} \quad \therefore 4^m = \frac{5}{3}$$

0226 답 ②

두 점 $(a, \log_2 a)$, $(b, \log_2 b)$를 지나는 직선의 방정식은
$$y = \frac{\log_2 b - \log_2 a}{b-a}(x-a) + \log_2 a$$
이 직선의 y절편은
$$-\frac{a(\log_2 b - \log_2 a)}{b-a} + \log_2 a \quad \cdots\cdots\cdots \ \bigcirc$$
두 점 $(a, \log_4 a)$, $(b, \log_4 b)$를 지나는 직선의 방정식은
$$y = \frac{\log_4 b - \log_4 a}{b-a}(x-a) + \log_4 a$$
이 직선의 y절편은
$$-\frac{a(\log_4 b - \log_4 a)}{b-a} + \log_4 a$$
$$= -\frac{1}{2} \times \frac{a(\log_2 b - \log_2 a)}{b-a} + \frac{1}{2}\log_2 a \quad \cdots\cdots\cdots \ \bigcirc$$
$\bigcirc$과 $\bigcirc$이 같으므로
$$-\frac{a(\log_2 b - \log_2 a)}{b-a} + \log_2 a$$
$$= -\frac{1}{2} \times \frac{a(\log_2 b - \log_2 a)}{b-a} + \frac{1}{2}\log_2 a$$
이 식을 정리하면
$$\frac{1}{2} \times \log_2 a = \frac{1}{2} \times \frac{a(\log_2 b - \log_2 a)}{b-a}$$

$\log_2 a = \dfrac{a(\log_2 b - \log_2 a)}{b-a}$, $(b-a)\log_2 a = a\log_2 \dfrac{b}{a}$

$\log_2 a^{b-a} = \log_2 \left(\dfrac{b}{a}\right)^a$, 즉 $a^{b-a} = \dfrac{b^a}{a^a}$에서

$a^b = b^a$ .... ㉢

한편, $f(x) = a^{bx} + b^{ax}$이고 $f(1) = 40$이므로

$a^b + b^a = 40$

위의 식에 ㉢을 대입하면

$a^b + a^b = 40$ $\qquad \therefore a^b = 20$

따라서 $b^a = 20$이므로

$f(2) = a^{2b} + b^{2a} = (a^b)^2 + (b^a)^2 = 20^2 + 20^2 = 800$

0227 답 ② | 유형 4

1이 아닌 양수 a, x에 대하여

$\dfrac{1}{\log_2 x} + \dfrac{1}{\log_4 x} + \dfrac{1}{\log_8 x} = \dfrac{2}{\log_a x}$ 를 만족시키는 a의 값은?

단서1

① 4 ② 8 ③ 16

④ 32 ⑤ 64

단서1 $\dfrac{1}{\log_b x} = \log_x b$

STEP1 밑의 변환을 이용하여 밑을 같게 하기

$\dfrac{1}{\log_2 x} + \dfrac{1}{\log_4 x} + \dfrac{1}{\log_8 x} = \dfrac{2}{\log_a x}$에서

$\log_x 2 + \log_x 4 + \log_x 8 = 2\log_x a$

$\log_x (2 \times 4 \times 8) = \log_x a^2$

$\log_x 64 = \log_x a^2$

STEP2 조건을 만족시키는 a의 값 구하기

$a^2 = 64$이고 a는 양수이므로 $a = 8$

0228 답 ②

$\log_3 6 \times \log_8 9 \times \log_{\frac{1}{3}} 2 \times \log_6 27$

$= \dfrac{\log_2 6}{\log_2 3} \times \dfrac{\log_2 9}{\log_2 8} \times \dfrac{\log_2 2}{\log_2 \frac{1}{3}} \times \dfrac{\log_2 27}{\log_2 6}$

$= \dfrac{\log_2 6}{\log_2 3} \times \dfrac{2\log_2 3}{3} \times \dfrac{1}{-\log_2 3} \times \dfrac{3\log_2 3}{\log_2 6} = -2$

0229 답 8

$\dfrac{1}{\log_2 2} + \dfrac{1}{\log_3 2} + \dfrac{1}{\log_4 2} + \cdots + \dfrac{1}{\log_{10} 2}$

$= \log_2 2 + \log_2 3 + \log_2 4 + \cdots + \log_2 10$

$= \log_2 (2 \times 3 \times 4 \times \cdots \times 10)$

$= \log_2 \{2 \times 3 \times 2^2 \times 5 \times (2 \times 3) \times 7 \times 2^3 \times 3^2 \times (2 \times 5)\}$

$= \log_2 (2^8 \times 3^4 \times 5^2 \times 7)$

$= 8 + \log_2 (\underline{3^4 \times 5^2 \times 7}) = N + \log_2 M$
$\qquad\qquad\qquad \longrightarrow$ (홀수)×(홀수)×(홀수)=(홀수)=M

$\therefore N = 8$

0230 답 ②

$\log_c a = \dfrac{1}{\log_a c} = 3$, $\log_c b = \dfrac{1}{\log_b c} = 2$이므로

$\log_a b + \log_b c + \log_c a = \dfrac{\log_c b}{\log_c a} + \log_b c + \log_c a$

$\qquad\qquad\qquad\qquad = \dfrac{2}{3} + \dfrac{1}{2} + 3 = \dfrac{25}{6}$

0231 답 $-\dfrac{1}{3}$

$\log_a d : \log_b d : \log_c d = \dfrac{1}{\log_d a} : \dfrac{1}{\log_d b} : \dfrac{1}{\log_d c} = 2 : 3 : 5$

이므로 $\dfrac{1}{\log_d a} = 2k$, $\dfrac{1}{\log_d b} = 3k$, $\dfrac{1}{\log_d c} = 5k\ (k \neq 0)$라 하면

$\log_d a = \dfrac{1}{2k}$, $\log_d b = \dfrac{1}{3k}$, $\log_d c = \dfrac{1}{5k}$

$\therefore \log_a b + \log_b a - \log_c a = \dfrac{\log_d b}{\log_d a} + \dfrac{\log_d a}{\log_d b} - \dfrac{\log_d a}{\log_d c}$

$\qquad\qquad = \dfrac{\frac{1}{3k}}{\frac{1}{2k}} + \dfrac{\frac{1}{2k}}{\frac{1}{3k}} - \dfrac{\frac{1}{2k}}{\frac{1}{5k}}$

$\qquad\qquad = \dfrac{2}{3} + \dfrac{3}{2} - \dfrac{5}{2} = -\dfrac{1}{3}$

0232 답 ④

$\log_2 (\log_3 25) + \log_2 (\log_5 49) + \log_2 (\log_7 81)$

$= \log_2 (2\log_3 5) + \log_2 (2\log_5 7) + \log_2 (4\log_7 3)$

$= \log_2 (2 \times 2 \times 4 \times \log_3 5 \times \log_5 7 \times \log_7 3)$

$= \log_2 \left(16 \times \log_3 5 \times \dfrac{\log_3 7}{\log_3 5} \times \dfrac{1}{\log_3 7}\right)$

$= \log_2 16 = \log_2 2^4 = 4$

0233 답 $\dfrac{1}{3}$

$(\log_a \sqrt[3]{b})^2 + (\log_b \sqrt{a})^2 = \left(\dfrac{1}{3}\log_a b\right)^2 + \left(\dfrac{1}{2}\log_b a\right)^2$

$\qquad\qquad = \left(\dfrac{1}{3}\log_a b\right)^2 + \left(\dfrac{1}{2\log_a b}\right)^2$

$\qquad\qquad = \dfrac{1}{9}(\log_a b)^2 + \dfrac{1}{4(\log_a b)^2}$

이때 $\dfrac{1}{9}(\log_a b)^2 > 0$, $\dfrac{1}{4(\log_a b)^2} > 0$이므로 산술평균과 기하평균
$\qquad\qquad \longrightarrow \therefore$ (실수)$^2 \geq 0$이고, $a > 1$, $b > 1$

의 관계에 의하여

$\dfrac{1}{9}(\log_a b)^2 + \dfrac{1}{4(\log_a b)^2} \geq 2\sqrt{\dfrac{1}{9}(\log_a b)^2 \times \dfrac{1}{4(\log_a b)^2}}$

$\qquad\qquad = 2\sqrt{\dfrac{1}{36}} = 2 \times \dfrac{1}{6} = \dfrac{1}{3}$

$\left(\text{단, 등호는 } (\log_a b)^2 = \dfrac{3}{2}\text{일 때 성립}\right)$

따라서 구하는 최솟값은 $\dfrac{1}{3}$이다.

개념 Check

산술평균과 기하평균의 관계

$a > 0$, $b > 0$일 때, $\dfrac{a+b}{2} \geq \sqrt{ab}$ (단, 등호는 $a = b$일 때 성립)

0234 답 ③

$\log_2 8a = \dfrac{2}{\log_a 2}$에서 $\log_2 8 + \log_2 a = 2\log_2 a$

$\log_2 a = \log_2 8$ $\qquad \therefore a = 8$

0235 답 ⑤

점 $(\sqrt[3]{a}, \sqrt{b})$가 함수 $y = \dfrac{1}{x}$의 그래프 위의 점이므로 $\sqrt{b} = \dfrac{1}{\sqrt[3]{a}}$

이때 a, b는 양수이므로 양변을 제곱하면 $b = \dfrac{1}{(\sqrt[3]{a})^2} = \dfrac{1}{\sqrt[3]{a^2}}$

즉, $b=a^{-\frac{2}{3}}$에서 $\log_a b=-\frac{2}{3}$

따라서 $\log_b a=\frac{1}{\log_a b}=-\frac{3}{2}$이므로

$\log_a b+\log_b a=-\frac{2}{3}+\left(-\frac{3}{2}\right)=-\frac{13}{6}$

0236 답 ⑤

| 유형 5

$(\log_2 7+\log_8 49)(\log_7 2+\log_{49}8)$의 값은?

단서1

① 1   ② $\frac{3}{2}$ ③ $\frac{8}{3}$

④ 4   ⑤ $\frac{25}{6}$

단서1 $\log_{a^m} b^n=\frac{n}{m}\log_a b$ (단, $m\neq0$)

STEP 1 로그의 성질을 이용하여 주어진 식의 값 구하기

$(\log_2 7+\log_8 49)(\log_7 2+\log_{49}8)$

$=(\log_2 7+\log_{2^3} 7^2)(\log_7 2+\log_{7^2} 2^3)$

$=\left(\log_2 7+\frac{2}{3}\log_2 7\right)\left(\log_7 2+\frac{3}{2}\log_7 2\right)$

$=\frac{5}{3}\log_2 7\times\frac{5}{2}\log_7 2=\frac{25}{6}\times\log_2 7\times\frac{1}{\log_2 7}=\frac{25}{6}$

0237 답 ②

$x=\log_{25}4+\log_5 6=\log_{5^2}2^2+\log_5 6=\log_5 2+\log_5 6$

$\quad=\log_5(2\times6)=\log_5 12$

$\therefore 5^x=5^{\log_5 12}=12$

0238 답 81

$2\log_5 2-3\log_{\frac{1}{5}}9-2\log_5 18=\log_5 2^2+\log_5 9^3-\log_5 18^2$

$\qquad\qquad\qquad\qquad\qquad\qquad =\log_5\frac{2^2\times9^3}{18^2}=\log_5 9$

$\therefore 25^{2\log_5 2-3\log_{\frac{1}{5}}9-2\log_5 18}=25^{\log_5 9}=9^{\log_5 25}=9^{\log_5 5^2}=9^2=81$

0239 답 ③

$(a^2)^{\log_{\sqrt{5}}3}\times b^{2\log_5 9}=(a^2)^{\log_{5^{\frac{1}{2}}}3}\times b^{2\log_5 3^2}=(a^2)^{2\log_5 3}\times b^{4\log_5 3}$

$\qquad\qquad\qquad\qquad =a^{4\log_5 3}\times b^{4\log_5 3}=(ab)^{4\log_5 3}$

$\qquad\qquad\qquad\qquad =\{(ab)^4\}^{\log_5 3}=\{(\sqrt{5})^4\}^{\log_5 3}$

$\qquad\qquad\qquad\qquad =25^{\log_5 3}=3^{\log_5 25}=3^{\log_5 5^2}=3^2=9$

0240 답 ③

$\dfrac{(\log_5 3+\log_{25} 3)(\log_3 25+\log_9 5)}{(\log_4 3+\log_2 9)(\log_3 2+\log_9 4)}$

$=\dfrac{(\log_5 3+\log_{5^2} 3)(\log_3 5^2+\log_{3^2} 5)}{(\log_{2^2} 3+\log_2 3^2)(\log_3 2+\log_{3^2} 2^2)}$

$=\dfrac{\left(\log_5 3+\frac{1}{2}\log_5 3\right)\left(2\log_3 5+\frac{1}{2}\log_3 5\right)}{\left(\frac{1}{2}\log_2 3+2\log_2 3\right)(\log_3 2+\log_3 2)}$

$=\dfrac{\frac{3}{2}\log_5 3\times\frac{5}{2}\log_3 5}{\frac{5}{2}\log_2 3\times2\log_3 2}=\dfrac{\frac{15}{4}\times\log_5 3\times\frac{1}{\log_5 3}}{5\times\log_2 3\times\frac{1}{\log_2 3}}=\dfrac{3}{4}$

0241 답 ①

삼각형 ABC와 삼각형 AHD는 닮음이므로

$\overline{AB}:\overline{AC}=\overline{AH}:\overline{AD}$에서

$\log_4 9:4=\overline{AH}:\log_3 4$

$\therefore \overline{AH}=\dfrac{\log_4 9\times\log_3 4}{4}=\dfrac{\log_2 3\times2\log_3 2}{4}$

$\qquad\quad =\dfrac{2}{4}\times\log_2 3\times\dfrac{1}{\log_2 3}=\dfrac{1}{2}$

따라서 $\overline{CH}=\overline{AC}-\overline{AH}=4-\dfrac{1}{2}=\dfrac{7}{2}$이므로

$\overline{AH}\times\overline{CH}=\dfrac{1}{2}\times\dfrac{7}{2}=\dfrac{7}{4}$

참고 $\triangle$ABC와 $\triangle$AHD에서

$\angle$ABC$=\angle$AHD$=90\degree$, $\angle$A는 공통이므로

$\triangle$ABC$\infty\triangle$AHD (AA 닮음)

0242 답 ②

$\log_4 2=\log_{2^2} 2=\frac{1}{2}$이므로 원점과 점 $\left(2,\dfrac{1}{2}\right)$을 지나는 직선의 기

울기는 $\dfrac{\frac{1}{2}}{2}=\dfrac{1}{4}$이다.

이때 원점과 점 $(4,\log_2 a)$를 지나는 직선의 기울기도 $\dfrac{1}{4}$이므로

$\dfrac{\log_2 a}{4}=\dfrac{1}{4}$에서 $\log_2 a=1$ $\therefore a=2$

0243 답 ④

(개)에서 $\sqrt[3]{a}=\sqrt{b}=\sqrt[4]{c}=k\ (k>0)$라 하면

$a=k^3$, $b=k^2$, $c=k^4$

(내)에서

$\log_8 a+\log_4 b+\log_2 c=\log_{2^3} k^3+\log_{2^2} k^2+\log_2 k^4$

$\qquad\qquad\qquad\qquad\quad =\log_2 k+\log_2 k+4\log_2 k$

$\qquad\qquad\qquad\qquad\quad =6\log_2 k=2$

따라서 $\log_2 k=\dfrac{1}{3}$이므로

$\log_2 abc=\log_2(k^3\times k^2\times k^4)=\log_2 k^9$

$\qquad\quad =9\log_2 k=9\times\dfrac{1}{3}=3$

0244 답 13

$\log_4 2n^2-\dfrac{1}{2}\log_2 \sqrt{n}=\log_4 2n^2-\log_4 \sqrt{n}$

$\qquad\qquad\qquad\qquad\qquad =\log_4 \dfrac{2n^2}{\sqrt{n}}=\log_4\left(2n^{\frac{3}{2}}\right)$

이 값이 40 이하의 자연수가 되려면

$2n^{\frac{3}{2}}=4^k\ (k=1,2,3,\cdots,40)$ 꼴이어야 한다.

$2n^{\frac{3}{2}}=4^k$에서 $2n^{\frac{3}{2}}=2^{2k}$, $n^{\frac{3}{2}}=2^{2k-1}$

$\therefore n=2^{(2k-1)\times\frac{2}{3}}=2^{\frac{4k-2}{3}}$

이때 n이 자연수이므로 $\dfrac{4k-2}{3}$가 음이 아닌 정수이어야 한다.

$\therefore k=2,5,8,\cdots,38$

따라서 조건을 만족시키는 자연수 n의 개수는 13이다.

$2n^{\frac{3}{2}}=4^k$의 계산에서 $n^{\frac{3}{2}}=\dfrac{4^k}{2}$, $n=\left(\dfrac{4^k}{2}\right)^{\frac{2}{3}}$과 같이 계산해도 되지만 k의 값을 구하기가 수월하지 않으므로 $n^{\frac{3}{2}}=2^{2k-1}$과 같이 지수법칙을 이용하여 정리한 후에 계산하는 것이 편리하다.

0245 답 ④

유형 6

다음은 $a>0$, $a\neq1$, $M>0$이고 k는 실수일 때, $\log_a M^k=k\log_a M$이 성립함을 증명한 것이다.

> $\log_a M=m$으로 놓으면 로그의 정의에 의하여
> 단서1
> $M=\boxed{\text{(가)}}$이므로 $M^k=\boxed{\text{(나)}}$
> 따라서 로그의 정의를 이용하면 $\log_a \boxed{\text{(다)}}=mk$이므로
> $\log_a M^k=k\log_a M$

위의 과정에서 (가), (나), (다)에 알맞은 것을 차례로 나열한 것은?

① a^k, a^k, M ② a^k, a^{mk}, M^k ③ a^m, a^k, M

④ a^m, a^{mk}, M^k ⑤ a^m, a^{mk}, kM

단서1 $x=\log_a N \Longleftrightarrow a^x=N$

STEP 1 로그의 정의를 이용하여 빈칸 채우기

$\log_a M=m$으로 놓으면 로그의 정의에 의하여
$M=\boxed{a^m}$이므로 양변을 k제곱하면 $M^k=(a^m)^k=\boxed{a^{mk}}$
따라서 로그의 정의를 이용하면 $\log_a\boxed{M^k}=mk$이므로
$\log_a M^k=k\log_a M$

STEP 2 (가), (나), (다)에 알맞은 것 찾기

(가), (나), (다)에 알맞은 것을 차례로 나열하면
a^m, a^{mk}, M^k

0246 답 ④

$\log_a x=r$, $\log_a y=s$로 놓으면
$a^r=x$, $a^s=\boxed{y}$
$a^{r+s}=a^r\times a^s=\boxed{xy}$이므로 $r+s=\log_a\boxed{xy}$
따라서 $\log_a x+\log_a y=\log_a xy$이다.
즉, (가), (나)에 알맞은 것을 차례로 나열하면 y, xy이다.

0247 답 ①

$a^{\log_b c}=x$로 놓으면 $\cdots\cdots$ ㉠
$\log_b c=\boxed{\log_a x}=\dfrac{\log_c x}{\log_c a}$
$\therefore \log_c x=\log_b c\times\boxed{\log_c a}$
$=\log_b c\times\dfrac{\boxed{\log_b a}}{\log_b c}$
$=\boxed{\log_b a}$
$\therefore x=c^{\boxed{\log_b a}}$ $\cdots\cdots$ ㉡
㉡을 ㉠에 대입하면 $a^{\log_b c}=c^{\log_b a}$
따라서 (가), (나), (다)에 알맞은 것을 차례로 나열하면
$\log_a x$, $\log_c a$, $\log_b a$이다.

0248 답 (가) : 유리수   (나) : 2^m (다) : 짝수

$\log_6 3$이 $\boxed{\text{유리수}}$라 하면 서로소인 두 자연수 m, $n\,(m<n)$에 대하여 $\log_6 3=\dfrac{m}{n}$으로 나타내어진다.

$\log_6 3<1$이므로 $\dfrac{m}{n}<1$이어야 한다.

로그의 정의에 의하여 $6^{\frac{m}{n}}=3$, $6^m=3^n$
$\dfrac{6^m}{3^m}=\dfrac{3^n}{3^m}$ $\therefore \boxed{2^m}=3^{n-m}$
이때 $\boxed{2^m}$은 $\boxed{\text{짝수}}$이고 3^{n-m}은 홀수이므로 $\boxed{2^m}$과 3^{n-m}은 항상 같지 않다.
따라서 $\log_6 3$은 무리수이다.
즉, (가), (나), (다)에 알맞은 것을 차례로 나열하면 유리수, 2^m, 짝수이다.

0249 답 ⑤

자연수 n에 대하여 $\log_2 n$이 유리수이고,
$n=2^k\times m$을 만족시키는 음이 아닌 정수 k와 홀수 m이 존재한다고 하자.
$n=2^k\times m$의 양변에 밑이 2인 로그를 취하면
$\log_2 n=\log_2(2^k\times m)$
$=k\log_2 2+\log_2 m$
$=\boxed{k+\log_2 m}$
이때 $\log_2 n$이 유리수이므로 $\log_2 m$도 유리수이어야 한다. 즉,
$\log_2 m=\dfrac{q}{p}$ (p는 자연수이고 q는 정수)로 나타낼 수 있다.
$\log_2 m=\dfrac{q}{p}$에서 $m=2^{\frac{q}{p}}$이고 양변에 p제곱을 하면
$\boxed{m^p=2^q}$
$m^p=2^q$에서 m이 홀수이므로 m^p도 홀수이고, 2^q도 홀수이어야 한다.
그런데 $q>0$인 정수에 대하여 2^q은 항상 짝수이므로 $\boxed{q=0}$이고
$m^p=2^0=1$
이때 p는 자연수이므로 $m=1$
그러므로 자연수 n을 $n=2^k$ (k는 음이 아닌 정수) 꼴로 나타낼 수 있다.
따라서 (가), (나), (다)에 알맞은 것을 차례로 나열하면
$k+\log_2 m$, $m^p=2^q$, $q=0$이다.

0250 답 ③

유형 7

$\log_2 3=a$, $\log_3 5=b$라 할 때, $\log_5\sqrt{54}$를 a, b를 사용하여 나타낸 것은?
단서2   단서1

① $\dfrac{1}{ab}$ ② $\dfrac{ab}{a+b}$ ③ $\dfrac{3a+1}{2ab}$

④ $\dfrac{3b+1}{2a}$ ⑤ $\dfrac{a+3}{2b}$

단서1 $\log_5\sqrt{54}$를 밑의 변환을 이용하여 밑이 3인 수로 변형
단서2 밑의 변환을 이용하여 $\log_3 2$를 a로 나타내기

STEP 1 $\log_5\sqrt{54}$를 밑의 변환을 이용하여 변형하기

$\log_5\sqrt{54}=\dfrac{\log_3\sqrt{54}}{\log_3 5}=\dfrac{\log_3(2\times3^3)^{\frac{1}{2}}}{\log_3 5}$

$\phantom{\log_5\sqrt{54}}=\dfrac{\frac{1}{2}(\log_3 2+\log_3 3^3)}{\log_3 5}=\dfrac{\log_3 2+3}{2\log_3 5}$

$\log_3 2 = \dfrac{1}{\log_2 3} = \dfrac{1}{a}$ 이고, $\log_3 5 = b$ 이므로

$\log_5 \sqrt{54} = \dfrac{\log_3 2 + 3}{2\log_3 5} = \dfrac{\dfrac{1}{a}+3}{2b} = \dfrac{3a+1}{2ab}$

0251 답 ④

$\log_6 2 = a$ 이므로

$\log_9 6 = \dfrac{1}{\log_6 9} = \dfrac{1}{\log_6 3^2} = \dfrac{1}{2\log_6 3}$

$\quad = \dfrac{1}{2\log_6 \dfrac{6}{2}} = \dfrac{1}{2(\log_6 6 - \log_6 2)}$

$\quad = \underbrace{\dfrac{1}{2(1-a)}}_{} = \dfrac{1}{2-2a}$ → $\log_6 2$가 주어졌으므로 이를 이용할 수 있게 식을 변형한다.

0252 답 ④

$\log_2 3 = a$, $\log_2 5 = b$ 이므로

$\log_5 \sqrt[4]{108} = \dfrac{\log_2 \sqrt[4]{108}}{\log_2 5} = \dfrac{\log_2 (2^2 \times 3^3)^{\frac{1}{4}}}{\log_2 5}$

$\quad = \dfrac{\dfrac{1}{4}(\log_2 2^2 + \log_2 3^3)}{\log_2 5}$

$\quad = \dfrac{2+3\log_2 3}{4\log_2 5} = \dfrac{3a+2}{4b}$

0253 답 ④

$\log_2 3 = a$ 에서 $\log_3 2 = \dfrac{1}{\log_2 3} = \dfrac{1}{a}$

$\log_3 15 = b$ 에서 $\log_3 (3\times 5) = \log_3 3 + \log_3 5 = 1 + \log_3 5 = b$

$\therefore \log_3 5 = b-1$

$\therefore \log_{30} 72 = \dfrac{\log_3 72}{\log_3 30} = \dfrac{\log_3 (2^3 \times 3^2)}{\log_3 (2\times 3\times 5)}$

$\quad = \dfrac{3\log_3 2 + 2}{\log_3 2 + 1 + \log_3 5}$

$\quad = \dfrac{\dfrac{3}{a}+2}{\dfrac{1}{a}+1+(b-1)} = \dfrac{2a+3}{ab+1}$

0254 답 2

로그의 정의에 의하여 x는 1이 아닌 양수이다.

$\log_\alpha x = 3$ 에서 $\log_x \alpha = \dfrac{1}{\log_\alpha x} = \dfrac{1}{3}$

$\log_\beta x = 6$ 에서 $\log_x \beta = \dfrac{1}{\log_\beta x} = \dfrac{1}{6}$

$\therefore \log_{\alpha\beta} x = \dfrac{1}{\log_x \alpha\beta} = \dfrac{1}{\log_x \alpha + \log_x \beta} = \dfrac{1}{\dfrac{1}{3}+\dfrac{1}{6}} = \dfrac{1}{\dfrac{3}{6}} = 2$

0255 답 ⑤

$f(x) = \dfrac{x+1}{2x-1}$ 이므로 $f(\log_3 6) = \dfrac{\log_3 6 + 1}{2\log_3 6 - 1}$ 에서

$\log_3 6 + 1 = \log_3 6 + \log_3 3 = \log_3 (6\times 3) = \log_3 18$

$2\log_3 6 - 1 = \log_3 6^2 - \log_3 3 = \log_3 \dfrac{36}{3} = \log_3 12$

따라서 $\log 2 = a$, $\log 3 = b$ 이므로

$f(\log_3 6) = \dfrac{\log_3 18}{\log_3 12} = \dfrac{\dfrac{\log 18}{\log 3}}{\dfrac{\log 12}{\log 3}} = \dfrac{\log 18}{\log 12} = \dfrac{\log (2\times 3^2)}{\log (2^2 \times 3)}$

$\underset{\text{→ }\log 2,\ \log 3\text{이 주어졌}}{}$
$\qquad = \dfrac{\log 2 + 2\log 3}{2\log 2 + \log 3} = \dfrac{a+2b}{2a+b}$ 으므로 이를 이용할 수 있게 식을 변형한다.

다른 풀이

$f(\log_3 6) = \dfrac{\log_3 6 + 1}{2\log_3 6 - 1}$

$\quad = \dfrac{\dfrac{\log 6}{\log 3}+1}{2\times\dfrac{\log 6}{\log 3}-1} = \dfrac{\dfrac{\log 3 + \log 2}{\log 3}+1}{\dfrac{2(\log 3 + \log 2)}{\log 3}-1}$

$\quad = \dfrac{\log 3 + \log 2 + \log 3}{2\log 3 + 2\log 2 - \log 3} = \dfrac{\log 2 + 2\log 3}{2\log 2 + \log 3} = \dfrac{a+2b}{2a+b}$

실수 Check

밑이 3으로 같다고 하여 $\dfrac{\log_3 18}{\log_3 12}$ 을 $\log_3 18 - \log_3 12$ 또는 $\log_3 \dfrac{18}{12}$ 로 계산하지 않도록 주의한다. $\dfrac{\log_3 18}{\log_3 12}$ 은 더 이상 간단히 할 수 없고, 밑의 변환을 이용하여 식을 변형해야 한다.

0256 답 ②

$\log 1.44 = a$ 이므로

$2\log 12 = \log 12^2 = \log 144$

$\quad = \log (1.44 \times 100) = \log 1.44 + \log 100$

$\quad = \log 1.44 + \log 10^2 = \log 1.44 + 2 = a+2$

0257 답 ⑤

$-4\log_a b = 54\log_b c = \log_c a = k$ 로 놓으면

$k^3 = -4\log_a b \times 54\log_b c \times \log_c a$

$\quad = -\dfrac{4\log b}{\log a} \times \dfrac{54\log c}{\log b} \times \dfrac{\log a}{\log c}$

$\quad = -216 = (-6)^3$

즉, $k = -6$ 이므로

$-4\log_a b = -6$ 에서 $\log_a b = \dfrac{3}{2}$ $\quad \therefore b = a^{\frac{3}{2}}$

$\log_c a = -6$ 에서 $a = c^{-6}$ $\quad \therefore c = a^{-\frac{1}{6}}$

$\therefore b \times c = a^{\frac{3}{2}} \times a^{-\frac{1}{6}} = a^{\frac{3}{2}-\frac{1}{6}} = a^{\frac{4}{3}}$

그런데 1이 아닌 자연수 a에 대하여 $a^{\frac{4}{3}}$의 값이 자연수가 되려면 $a = n^3$ (n은 2 이상의 자연수) 꼴이어야 한다.

$\therefore b \times c = a^{\frac{4}{3}} = (n^3)^{\frac{4}{3}} = n^4$

이때 $n \geq 2$ 이므로

$2^4 = 16$, $3^4 = 81$, $4^4 = 256$, $5^4 = 625$, $\cdots$

따라서 $b \times c$의 값이 300 이하의 자연수가 되도록 하는 자연수 n의 값은 2 또는 3 또는 4이므로

$a = 2^3 = 8$ 또는 $a = 3^3 = 27$ 또는 $a = 4^3 = 64$

그러므로 구하는 모든 자연수 a의 값의 합은

$8 + 27 + 64 = 99$

0258 답 ①

$25^x=4^y=100$일 때, $\dfrac{1}{x}+\dfrac{1}{y}$의 값은?

단서1

① 1   ② 2   ③ 3

④ 4   ⑤ 5

단서1 $25^x=100$, $4^y=100$이므로 각각 로그의 정의를 이용

STEP 1 로그의 정의를 이용하여 x, y를 로그로 나타내기

$25^x=4^y=100$에서

$x=\log_{25}100$, $y=\log_4 100$

STEP 2 $\dfrac{1}{x}+\dfrac{1}{y}$의 값 구하기

$$\dfrac{1}{x}+\dfrac{1}{y}=\dfrac{1}{\log_{25}100}+\dfrac{1}{\log_4 100}$$
$$=\log_{100}25+\log_{100}4=\log_{100}(25\times 4)=\log_{100}100=1$$

0259 답 ⑤

$7^a=3$에서 $\log_7 3=a$

$7^b=8$에서 $\log_7 8=3\log_7 2=b$ $\therefore \log_7 2=\dfrac{b}{3}$

$$\therefore \log_6 54=\dfrac{\log_7 54}{\log_7 6}=\dfrac{\log_7(2\times 3^3)}{\log_7(2\times 3)}=\dfrac{\log_7 2+3\log_7 3}{\log_7 2+\log_7 3}$$
$$=\dfrac{\dfrac{b}{3}+3a}{\dfrac{b}{3}+a}=\dfrac{9a+b}{3a+b}$$

0260 답 $\dfrac{3m}{m+2n}$

$a^m=b^n=3$에서 $\log_a 3=m$, $\log_b 3=n$

$\therefore \log_3 a=\dfrac{1}{m}$, $\log_3 b=\dfrac{1}{n}$

$$\therefore \log_{a^2 b}b^3=\dfrac{\log_3 b^3}{\log_3 a^2 b}=\dfrac{3\log_3 b}{2\log_3 a+\log_3 b}$$
$$=\dfrac{\dfrac{3}{n}}{\dfrac{2}{m}+\dfrac{1}{n}}=\dfrac{3m}{m+2n}$$

→ 분모, 분자에 mn을 각각 곱한다.

0261 답 ④

$2^a=x$, $2^b=y$, $2^c=z$에서 $\log_2 x=a$, $\log_2 y=b$, $\log_2 z=c$

$$\therefore \log_{y^2 z^3}x^2 y=\dfrac{\log_2 x^2 y}{\log_2 y^2 z^3}=\dfrac{2\log_2 x+\log_2 y}{2\log_2 y+3\log_2 z}=\dfrac{2a+b}{2b+3c}$$

다른 풀이

$x^2 y=2^{2a}\times 2^b=2^{2a+b}$, $y^2 z^3=2^{2b}\times 2^{3c}=2^{2b+3c}$이므로

$$\log_{y^2 z^3}x^2 y=\log_{2^{2b+3c}}2^{2a+b}=\dfrac{2a+b}{2b+3c}$$

0262 답 ②

$3^a=4^b=12^c=k\,(k>0)$로 놓으면

$3^a=k$에서 $a=\log_3 k$

$4^b=k$에서 $b=\log_4 k$

$12^c=k$에서 $c=\log_{12}k$

$$\therefore \dfrac{1}{a}+\dfrac{1}{b}-\dfrac{1}{c}=\dfrac{1}{\log_3 k}+\dfrac{1}{\log_4 k}-\dfrac{1}{\log_{12}k}$$
$$=\log_k 3+\log_k 4-\log_k 12$$
$$=\log_k \dfrac{3\times 4}{12}=\log_k 1=0$$

다른 풀이

$3^a=4^b=12^c=k\,(k>0,\ \underline{k\neq 1})$로 놓으면

→ $abc\neq 0$이므로 $k\neq 1$

$3=k^{\frac{1}{a}}$, $4=k^{\frac{1}{b}}$, $12=k^{\frac{1}{c}}$

이때 $k^{\frac{1}{a}}\times k^{\frac{1}{b}}\div k^{\frac{1}{c}}=\dfrac{3\times 4}{12}$에서 $k^{\frac{1}{a}+\frac{1}{b}-\frac{1}{c}}=1$

$k\neq 1$이므로 $\dfrac{1}{a}+\dfrac{1}{b}-\dfrac{1}{c}=0$

0263 답 ①

$18^a=7$에서 $a=\log_{18}7$

$18^b=2$에서 $b=\log_{18}2$

이때 $\dfrac{2a-2b}{b-1}=\dfrac{2\log_{18}7-2\log_{18}2}{\log_{18}2-1}=\dfrac{2\log_{18}\dfrac{7}{2}}{\log_{18}\dfrac{1}{9}}=2\log_{\frac{1}{9}}\dfrac{7}{2}$

이므로

$$3^{\frac{2a-2b}{b-1}}=3^{2\log_{\frac{1}{9}}\frac{7}{2}}=9^{\log_{\frac{1}{9}}\frac{7}{2}}=\left(\dfrac{7}{2}\right)^{\log_{\frac{1}{9}}9}=\left(\dfrac{7}{2}\right)^{\log_{\frac{1}{9}}\left(\frac{1}{9}\right)^{-1}}=\left(\dfrac{7}{2}\right)^{-1}=\dfrac{2}{7}$$

0264 답 $\dfrac{2}{3}$

㈎에서 $p^x=q^y=r^z=729=3^6$

$p^x=3^6$에서 $x=\log_p 3^6=6\log_p 3$

$q^y=3^6$에서 $y=\log_q 3^6=6\log_q 3$

$r^z=3^6$에서 $z=\log_r 3^6=6\log_r 3$

$$\therefore \dfrac{2}{x}+\dfrac{2}{y}+\dfrac{2}{z}=\dfrac{2}{6\log_p 3}+\dfrac{2}{6\log_q 3}+\dfrac{2}{6\log_r 3}$$
$$=\dfrac{1}{3}(\log_3 p+\log_3 q+\log_3 r)$$
$$=\dfrac{1}{3}\log_3 pqr=\dfrac{1}{3}\log_3 9\ (\because ㈏)$$
$$=\dfrac{1}{3}\log_3 3^2=\dfrac{2}{3}$$

0265 답 ①

$2^{\frac{1}{n}}=a$, $2^{\frac{1}{n+1}}=b$에서 $\log_2 a=\dfrac{1}{n}$, $\log_2 b=\dfrac{1}{n+1}$

$\log_2 ab=\log_2 a+\log_2 b=\dfrac{1}{n}+\dfrac{1}{n+1}$

$(\log_2 a)(\log_2 b)=\dfrac{1}{n}\times\dfrac{1}{n+1}$

$$\therefore \left\{\dfrac{3^{\log_2 ab}}{3^{(\log_2 a)(\log_2 b)}}\right\}^5=\left\{\dfrac{3^{\frac{1}{n}+\frac{1}{n+1}}}{3^{\frac{1}{n(n+1)}}}\right\}^5=\left\{3^{\frac{1}{n}+\frac{1}{n+1}-\frac{1}{n(n+1)}}\right\}^5$$
$$=\left(3^{\frac{2}{n+1}}\right)^5=3^{\frac{10}{n+1}}$$

이때 $3^{\frac{10}{n+1}}$이 자연수가 되려면 $n+1$은 10의 약수이어야 하므로 자연수 n의 값은 1, 4, 9이다.

따라서 구하는 모든 자연수 n의 값의 합은

$1+4+9=14$

0266 답 ②

유형9

이차방정식 $x^2-6x+3=0$의 두 근이 $\log_2 a$, $\log_2 b$일 때, 〔단서1〕 $\log_a b+\log_b a$의 값은? 〔단서2〕

① 9   ② 10   ③ 11

④ 12   ⑤ 13

〔단서1〕 이차방정식의 근과 계수의 관계를 이용

〔단서2〕 밑이 2인 로그로 변형

STEP 1 이차방정식의 근과 계수의 관계를 이용하여 두 근의 합과 곱 구하기

이차방정식의 근과 계수의 관계에 의하여

$\log_2 a+\log_2 b=6$, $\log_2 a\times\log_2 b=3$

STEP 2 $\log_a b+\log_b a$의 값 구하기

$$\log_a b+\log_b a=\frac{\log_2 b}{\log_2 a}+\frac{\log_2 a}{\log_2 b}=\frac{(\log_2 a)^2+(\log_2 b)^2}{\log_2 a\times\log_2 b}$$
$$=\frac{(\log_2 a+\log_2 b)^2-2\log_2 a\times\log_2 b}{\log_2 a\times\log_2 b}$$
$$=\frac{6^2-2\times3}{3}=10$$

0267 답 17

이차방정식의 근과 계수의 관계에 의하여

$\alpha+\beta=4$, $\alpha\beta=2$

$$\therefore 2^\alpha\times2^\beta+\log_2\alpha+\log_2\beta=2^{\alpha+\beta}+\log_2\alpha\beta$$
$$=2^4+\log_2 2$$
$$=16+1=17$$

0268 답 ③

이차방정식의 근과 계수의 관계에 의하여

$\log_5 a+\log_5 b=\frac{10}{2}=5$, $\log_5 a\times\log_5 b=\frac{5}{2}$

$$\therefore \frac{1}{\log_5 a}+\frac{1}{\log_5 b}=\frac{\log_5 a+\log_5 b}{\log_5 a\times\log_5 b}=\frac{5}{\frac{5}{2}}=2$$

0269 답 ④

이차방정식의 근과 계수의 관계에 의하여

$\alpha+\beta=-\log_3 8\sqrt{2}$

$\alpha\beta=-\log_3\frac{1}{24}+\log_3\sqrt{2}=\log_3 24+\log_3\sqrt{2}=\log_3 24\sqrt{2}$

$$\therefore (\alpha+1)(\beta+1)=\alpha\beta+\alpha+\beta+1$$
$$=\log_3 24\sqrt{2}-\log_3 8\sqrt{2}+1$$
$$=\log_3\frac{24\sqrt{2}}{8\sqrt{2}}+1$$
$$=\log_3 3+1=2$$

0270 답 81

이차방정식의 근과 계수의 관계에 의하여

$\alpha+\beta=\frac{\log_2 27}{3}=\frac{\log_2 3^3}{3}=\log_2 3$, $\alpha\beta=\frac{12}{3}=4$

$$\therefore 2^{\alpha^2\beta+\alpha\beta^2}=2^{\alpha\beta(\alpha+\beta)}=2^{4\log_2 3}=2^{\log_2 3^4}=3^4=81$$

0271 답 ②

이차방정식의 근과 계수의 관계에 의하여

$1+\log_2 3=a$, $1\times\log_2 3=b$이므로

$a=\log_2 2+\log_2 3=\log_2 6$, $b=\log_2 3$

$$\therefore \frac{a}{b}=\frac{\log_2 6}{\log_2 3}=\log_3 6$$

0272 답 ③

이차방정식의 근과 계수의 관계에 의하여

$\log_3\alpha+\log_3\beta=8$, $\log_3\alpha\times\log_3\beta=4$

이때 $\beta>\alpha$이므로 $\log_3\beta-\log_3\alpha>0$이고,

$$\log_3\beta-\log_3\alpha=\sqrt{(\log_3\alpha+\log_3\beta)^2-4\log_3\alpha\times\log_3\beta}$$
$$=\sqrt{8^2-4\times4}=\sqrt{48}=4\sqrt{3}$$

$$\therefore \log_\alpha\beta-\log_\beta\alpha=\frac{\log_3\beta}{\log_3\alpha}-\frac{\log_3\alpha}{\log_3\beta}$$

밑이 3인 로그에 대한 식이 주어졌으므로 이를 이용할 수 있는 식으로 변형한다.

$$=\frac{(\log_3\beta)^2-(\log_3\alpha)^2}{\log_3\alpha\times\log_3\beta}$$
$$=\frac{(\log_3\alpha+\log_3\beta)(\log_3\beta-\log_3\alpha)}{\log_3\alpha\times\log_3\beta}$$
$$=\frac{8\times4\sqrt{3}}{4}=8\sqrt{3}$$

개념 Check

곱셈 공식의 변형

(1) $(a+b)^2=(a-b)^2+4ab$

(2) $a^2+b^2=(a+b)^2-2ab$
$\quad\quad=(a-b)^2+2ab$
$\quad\quad=\frac{1}{2}\{(a+b)^2+(a-b)^2\}$

0273 답 ②

이차방정식 $x^2+px+q=0$이 실근을 가지므로 판별식을 D라 하면

$D=p^2-4q\geq0$ ··· ㉠

이차방정식의 근과 계수의 관계에 의하여

$\alpha+\beta=-p$, $\alpha\beta=q$ ································· ㉡

한편, $\log_2(\alpha+\beta)=\log_2\alpha+\log_2\beta-1=\log_2\frac{\alpha\beta}{2}$

에서 $\alpha+\beta=\frac{\alpha\beta}{2}$

위 식에 ㉡을 대입하면 $-p=\frac{q}{2}$ $\therefore q=-2p$ ······· ㉢

㉢을 ㉠에 대입하면 $p^2+8p\geq0$

$p(p+8)\geq0$ $\therefore p\leq-8$ 또는 $p\geq0$

이때 진수의 조건에서 $\alpha+\beta=-p>0$, 즉 $p<0$이므로

$p\leq-8$ $\therefore q\geq16$ ($\because$ ㉢)

따라서 $q-p$의 값은 $p=-8$, $q=16$일 때 최소이므로 구하는 최솟값은 $16-(-8)=24$ └→ $q-p$의 값은 q가 최소, p가 최대일 때 최소가 된다.

개념 Check

이차방정식 $ax^2+bx+c=0$의 판별식을 $D=b^2-4ac$라 할 때

(1) $D>0$이면 서로 다른 두 실근을 가진다.

(2) $D=0$이면 서로 같은 두 실근(중근)을 가진다.

(3) $D<0$이면 서로 다른 두 허근을 가진다.

0274 답 ⑤

이차방정식의 근과 계수의 관계에 의하여

$\alpha+\beta=18$, $\alpha\beta=6$

$\therefore \log_2(\alpha+\beta)-2\log_2\alpha\beta=\log_2 18-\log_2 6^2=\log_2\dfrac{18}{36}$

$\qquad\qquad\qquad\qquad\qquad\qquad\quad =\log_2\dfrac{1}{2}=-1$

0275 답 ⑤ | 유형 10

세 수 $A=5^{\log_5 15-\log_5 6}$, $B=\log_4 2+\log_9 27$, $C=\log_8(\log_{\sqrt{2}}4)$의 대소 관계로 옳은 것은? 단서1

① $A<B<C$ ② $A<C<B$ ③ $B<C<A$
④ $C<A<B$ ⑤ $C<B<A$

단서1 A는 $\log_5 M-\log_5 N=\log_5\dfrac{M}{N}$, B, C는 $\log_{a^m}b^n=\dfrac{n}{m}\log_a b$임을 이용

STEP1 로그의 성질을 이용하여 A, B, C 간단히 하기

$A=5^{\log_5 15-\log_5 6}=5^{\log_5\frac{15}{6}}=5^{\log_5\frac{5}{2}}=\dfrac{5}{2}$

$B=\log_4 2+\log_9 27=\log_{2^2}2+\log_{3^2}3^3=\dfrac{1}{2}+\dfrac{3}{2}=2$

$C=\log_8(\log_{\sqrt{2}}4)=\log_8(\log_{2^{\frac{1}{2}}}2^2)=\log_8 4=\log_{2^3}2^2=\dfrac{2}{3}$

STEP2 A, B, C의 대소 비교하기

$\dfrac{2}{3}<2<\dfrac{5}{2}$이므로 $C<B<A$

0276 답 ③

세 수 A, B, C를 밑이 3인 로그로 변형하면

$A=\dfrac{1}{2}\log_{\frac{1}{3}}2=-\dfrac{1}{2}\log_3 2$

$B=\log_{\frac{1}{9}}16=\log_{3^{-2}}2^4=-2\log_3 2$

$C=\log_4 9=\log_{2^2}3^2=\log_2 3=\dfrac{1}{\log_3 2}$

$0<\log_3 2<1$에서 $-2\log_3 2<-\dfrac{1}{2}\log_3 2<0<\dfrac{1}{\log_3 2}$이므로

$B<A<C$

0277 답 $C<A<B$

$A=\log_2\sqrt{32}=\log_2 2^{\frac{5}{2}}=\dfrac{5}{2}$

$B=5^{\log_8 2}=2^{\log_8 5}=2^{\log_{5^3}5^2}=2^2=4$

$C=\log_2 3\times\log_3 4=\dfrac{\log 3}{\log 2}\times\dfrac{\log 4}{\log 3}=\dfrac{\log 3}{\log 2}\times\dfrac{2\log 2}{\log 3}=2$

$\therefore C<A<B$

0278 답 ④

$A=3^{2\log_3 4-\log_3 18}=3^{\log_3\frac{16}{18}}=3^{\log_3\frac{8}{9}}=\dfrac{8}{9}$

$B=\log_5 25-\log_5\dfrac{1}{5}=\log_5 5^2-\log_5 5^{-1}=2-(-1)=3$

$C=\log_2\{\log_4(\log_8 64)\}=\log_2\{\log_4(\log_8 8^2)\}=\log_2(\log_4 2)$

$\quad =\log_2(\log_{2^2}2)=\log_2\dfrac{1}{2}=\log_2 2^{-1}=-1$

$\therefore C<A<B$

0279 답 ③

$A=2^{\log_2 15-\log_2 5}=2^{\log_2\frac{15}{5}}=2^{\log_2 3}=3$

$B=\dfrac{\log_3 8}{\log_3 4}=\log_4 8=\log_{2^2}2^3=\dfrac{3}{2}$

$C=3^{\sqrt{3}+1}\div 3^{\sqrt{3}-1}=3^{\sqrt{3}+1-(\sqrt{3}-1)}=3^2=9$

$\therefore B<A<C$

0280 답 ②

$b^3=a^2$에서 $b=a^{\frac{2}{3}}$이므로 $A=\log_a b=\dfrac{2}{3}$

$c^5=b^3$에서 $c=b^{\frac{3}{5}}$이므로 $B=\log_b c=\dfrac{3}{5}$

$a^2=c^5$에서 $a=c^{\frac{5}{2}}$이므로 $C=\log_c a=\dfrac{5}{2}$

$\therefore B<A<C$

0281 답 ② | 유형 11

$\log_2 7$의 정수 부분을 a, 소수 부분을 b라 할 때, 3^a+2^b의 값은? 단서1

① $\dfrac{41}{4}$ ② $\dfrac{43}{4}$ ③ $\dfrac{45}{4}$
④ $\dfrac{47}{4}$ ⑤ $\dfrac{49}{4}$

단서1 $\log_2 4=2$, $\log_2 8=3$임을 이용

STEP1 로그의 대소 관계를 이용하여 a, b의 값 구하기

$\log_2 4<\log_2 7<\log_2 8$, 즉 $2<\log_2 7<3$이므로

$a=2$

$b=\log_2 7-2=\log_2 7-\log_2 4=\log_2\dfrac{7}{4}$

STEP2 로그의 성질을 이용하여 3^a+2^b의 값 구하기

$3^a+2^b=3^2+2^{\log_2\frac{7}{4}}=9+\dfrac{7}{4}=\dfrac{43}{4}$

0282 답 ③

$\log_2 8<\log_2 13<\log_2 16$, 즉 $3<\log_2 13<4$이므로

$x=3$

$y=\log_2 13-3=\log_2 13-\log_2 8=\log_2\dfrac{13}{8}$

$\therefore 2^{-x}+2^y=2^{-3}+2^{\log_2\frac{13}{8}}=\dfrac{1}{8}+\dfrac{13}{8}=\dfrac{7}{4}$

0283 답 $\dfrac{9}{11}$

$\log_2 8<\log_2 10<\log_2 16$, 즉 $3<\log_2 10<4$이므로

$a=3$

$b=\log_2 10-3=\log_2 10-\log_2 8=\log_2\dfrac{10}{8}=\log_2\dfrac{5}{4}$

$\therefore \dfrac{2^a-2^{-b}}{2^a+2^{-b}}=\dfrac{2^3-2^{-\log_2\frac{5}{4}}}{2^3+2^{-\log_2\frac{5}{4}}}=\dfrac{8-\dfrac{4}{5}}{8+\dfrac{4}{5}}=\dfrac{\dfrac{36}{5}}{\dfrac{44}{5}}=\dfrac{9}{11}$

0284 답 ④

$\log_3 3 < \log_3 7 < \log_3 9$, 즉 $1 < \log_3 7 < 2$이므로

$a = \log_3 7 - 1 = \log_3 7 - \log_3 3 = \log_3 \dfrac{7}{3}$

$\therefore 9^a = 9^{\log_3 \frac{7}{3}} = \left(\dfrac{7}{3}\right)^{\log_3 9} = \left(\dfrac{7}{3}\right)^2 = \dfrac{49}{9}$

따라서 $k \times 9^a = \dfrac{49}{9}k$의 값이 자연수가 되도록 하는 자연수 k는 9의 배수이므로 구하는 최솟값은 9이다.

0285 답 34

$1 \le n < 2$일 때, $0 = \log_2 1 \le \log_2 n < \log_2 2 = 1$이므로 $f(n) = 0$

$\therefore f(1) = 0$

$2 \le n < 4$일 때, $1 = \log_2 2 \le \log_2 n < \log_2 4 = 2$이므로 $f(n) = 1$

$\therefore f(2) = f(3) = 1$

$4 \le n < 8$일 때, $2 = \log_2 4 \le \log_2 n < \log_2 8 = 3$이므로 $f(n) = 2$

$\therefore f(4) = f(5) = f(6) = f(7) = 2$

$8 \le n < 16$일 때, $3 = \log_2 8 \le \log_2 n < \log_2 16 = 4$이므로 $f(n) = 3$

$\therefore f(8) = f(9) = \cdots = f(15) = 3$

$\therefore f(1) + f(2) + f(3) + \cdots + f(15)$

$= 0 \times 1 + 1 \times 2 + 2 \times 4 + 3 \times 8$

$= 34$

0286 답 ②

$\log_2 16 \le \log_2 24 < \log_2 32$, 즉 $4 \le \log_2 24 < 5$이므로

㈎에서 $n = 4$

㈏에서

$x - \log_2 24 = x - \log_2 (2^3 \times 3)$

$\qquad = x - (3 + \log_2 3)$

$\qquad = x - 3 - \log_2 3$

$\qquad = x - 3 - \{(\log_2 3 - 1) + 1\}$

$\qquad = x - 4 - (\log_2 3 - 1)$ ⟶ $\log_2 3 > 1$

$\qquad = x - 4 - (\log_2 3 - \log_2 2)$ ⟶ 정수 부분과 소수 부분으로 나누어서 나타낸다.

$\qquad = x - 4 - \log_2 \dfrac{3}{2}$

이때 $x - 4 - \log_2 \dfrac{3}{2}$의 값이 정수이므로 양의 실수 x의 최솟값은

$m = \log_2 \dfrac{3}{2}$

$\therefore \dfrac{n}{m+2} = \dfrac{4}{\log_2 \frac{3}{2} + 2} = \dfrac{4}{\log_2 \frac{3}{2} + \log_2 2^2}$

$\qquad = \dfrac{4}{\log_2 6} = 4\log_6 2$

$\therefore 6^{\frac{n}{m+2}} = 6^{4\log_6 2} = 6^{\log_6 2^4} = 2^4 = 16$

실수 Check

㈏에서 $x - 3 - \log_2 3$의 값이 정수일 때, 양의 실수 x의 최솟값을 $m = \log_2 3$으로 착각하지 않도록 주의한다.

$x - 3 - \log_2 3$에서 $\log_2 2 < \log_2 3 < \log_2 4$, 즉 $1 < \log_2 3 < 2$이므로 조건을 만족시키는 m의 값을 구하려면 $\log_2 3$의 소수 부분을 구해야 한다.

0287 답 ④　　　　　　　　　　　　　　　| 유형 **12**

> $\log 2 = 0.3010$, $\log 3 = 0.4771$일 때, $\underline{\log 6 - \log\sqrt{5} + \log 12}$의 값은?　〔단서1〕
>
> ① 0.0485　　② 0.3980　　③ 0.6505
>
> ④ 1.5077　　⑤ 2.2067
>
> 〔단서1〕 각 진수를 2, 3, 10을 이용하여 변형

STEP1 로그의 성질을 이용하여 $\log 6$, $\log \sqrt{5}$, $\log 12$의 값 각각 구하기

$\log 6 = \log(2 \times 3) = \log 2 + \log 3$

$\qquad = 0.3010 + 0.4771 = 0.7781$

$\log \sqrt{5} = \dfrac{1}{2}\log 5 = \dfrac{1}{2}\log \dfrac{10}{2} = \dfrac{1}{2}(\log 10 - \log 2)$

$\qquad = \dfrac{1}{2} \times (1 - 0.3010) = \dfrac{1}{2} \times 0.6990 = 0.3495$

$\log 12 = \log(2^2 \times 3) = 2\log 2 + \log 3$

$\qquad = 2 \times 0.3010 + 0.4771$

$\qquad = 0.6020 + 0.4771 = 1.0791$

STEP2 주어진 식의 값 구하기

$\log 6 - \log \sqrt{5} + \log 12 = 0.7781 - 0.3495 + 1.0791 = 1.5077$

0288 답 ②

$\log 1.5 = \log \dfrac{3}{2} = \log 3 - \log 2 = 0.4771 - 0.3010 = 0.1761$

0289 답 ②

$\log N^2 = 0.3636$이므로

$2\log N = 0.3636$　$\therefore \log N = 0.1818$

$\therefore \log N^3 + \log \sqrt[3]{N} = 3\log N + \dfrac{1}{3}\log N = \dfrac{10}{3}\log N$

$\qquad = \dfrac{10}{3} \times 0.1818 = 0.6060$

0290 답 0.4084

상용로그표에서 $\log 1.78 = 0.2504$, $\log 2.07 = 0.3160$이므로

$\log 1.78 + \log \sqrt{2.07} = \log 1.78 + \dfrac{1}{2}\log 2.07$

$\qquad = 0.2504 + \dfrac{1}{2} \times 0.3160$

$\qquad = 0.2504 + 0.1580 = 0.4084$

0291 답 ①

상용로그표에서 $\log 6.04 = 0.7810$이므로

$\log \sqrt{6.04} = \dfrac{1}{2}\log 6.04 = \dfrac{1}{2} \times 0.7810 = 0.3905$

0292 답 ①　　　　　　　　　　　　　| 유형 **13**

> $\log x = -1.8$일 때, $\underline{\log x^3 - \log \sqrt[3]{x}}$의 정수 부분과 소수 부분을 차례로 나열한 것은?　〔단서1〕
>
> ① -5, 0.2　　② -5, 0.6　　③ -5, 0.8
>
> ④ -4, 0.2　　⑤ -4, 0.8
>
> 〔단서1〕 로그의 성질을 이용

STEP 1 로그의 성질을 이용하여 $\log x^3 - \log \sqrt[3]{x}$의 값 구하기

$$\log x^3 - \log \sqrt[3]{x} = 3\log x - \frac{1}{3}\log x = \frac{8}{3}\log x$$
$$= \frac{8}{3} \times (-1.8) = -4.8$$

STEP 2 정수 부분과 소수 부분 구하기

$-4.8 = -5 + 0.2$이므로 $\log x^3 - \log \sqrt[3]{x}$의 정수 부분은 -5, 소수 부분은 0.2이다.

0293 🅐 123

$\log 10 < \log 23 < \log 100$이므로

$1 < \log 23 < 2$

$\therefore a = 1,\ b = \log 23 - 1$

$\therefore 10^{a+1} + 10^{b+1} = 10^2 + 10^{\log 23} = 100 + 23 = 123$

0294 🅐 ④

ㄱ. $\log 225 = \log(2.25 \times 10^2) = \log 2.25 + \log 10^2$
$= 0.3522 + 2 = 2.3522$

이므로 정수 부분은 2이다. (참)

ㄴ. $\log 0.0225 = \log(2.25 \times 10^{-2}) = \log 2.25 + \log 10^{-2}$
$= 0.3522 - 2 = -1.6478$ (거짓)

ㄷ. $\log \sqrt{22.5} = \frac{1}{2}\log 22.5 = \frac{1}{2}\log(2.25 \times 10)$
$= \frac{1}{2}(\log 2.25 + 1) = \frac{1}{2} \times (0.3522 + 1)$
$= \frac{1}{2} \times 1.3522 = 0.6761$

이므로 소수 부분은 0.6761이다. (참)

따라서 옳은 것은 ㄱ, ㄷ이다.

0295 🅐 ④

$1 \leq n \leq 3$일 때, $0 \leq \log n^2 \leq \log 9$

$\therefore f(1) = f(2) = f(3) = 0$

$4 \leq n \leq 9$일 때, $\log 16 \leq \log n^2 \leq \log 81$

$\therefore f(4) = f(5) = \cdots = f(9) = 1$

$10 \leq n \leq 30$일 때, $\log 10^2 \leq \log n^2 \leq \log 30^2$

$\therefore f(10) = f(11) = \cdots = f(30) = 2$

$\therefore f(1) + f(2) + f(3) + \cdots + f(30)$
$= 0 \times 3 + 1 \times 6 + 2 \times 21 = 48$

0296 🅐 ③

$N\left(\frac{1}{10}\right) = N\left(\frac{2}{9}\right) = N\left(\frac{3}{8}\right) = N\left(\frac{4}{7}\right) = N\left(\frac{5}{6}\right) = -1$

$N\left(\frac{6}{5}\right) = N\left(\frac{7}{4}\right) = N\left(\frac{8}{3}\right) = N\left(\frac{9}{2}\right) = 0$

$N(10) = 1$

$\therefore N\left(\frac{1}{10}\right) + N\left(\frac{2}{9}\right) + N\left(\frac{3}{8}\right) + \cdots + N\left(\frac{9}{2}\right) + N(10)$
$= -1 \times 5 + 0 \times 4 + 1$
$= -4$

0297 🅐 ④

(i) $1 \leq n < 10$일 때

$201 \leq n + 200 < 210$이므로 → $\log 201 \leq \log(n+200) < \log 210$
$2 + \log 2.01 \leq \log(n+200) < 2 + \log 2.1$
$f(n) = 0,\ f(n+200) = 2$ $\therefore f(n+200) = 2$

따라서 $f(n+200) = f(n) + 1$을 만족시키는 자연수 n은 존재하지 않는다.

(ii) $10 \leq n < 100$일 때

$210 \leq n + 200 < 300$이므로

$f(n) = 1,\ f(n+200) = 2$

따라서 $f(n+200) = f(n) + 1$을 만족시키는 자연수 n은

10, 11, 12, $\cdots$, 99의 90개이다.

(iii) $n = 100$일 때

$n + 200 = 300$이므로

$f(n) = 2,\ f(n+200) = 2$

따라서 $f(n+200) = f(n) + 1$을 만족시키는 자연수 n은 존재하지 않는다.

(i), (ii), (iii)에서 $f(n+200) = f(n) + 1$을 만족시키는 100 이하의 자연수 n의 개수는 90이다.

다른 풀이

$f(n+200) = f(n) + 1$에서 $f(n)$은 $\log n$의 정수 부분이므로 n과 $n+200$의 자릿수가 1만큼 차이가 나야 한다.

즉, n이 두 자리의 수인 경우에만 조건을 만족시키므로

$10 \leq n \leq 99$

따라서 구하는 자연수 n의 개수는 $99 - 10 + 1 = 90$

실수 Check

상용로그에서 $\log 10 = 1$, $\log 100 = 2$이므로 100 이하의 자연수 n에 대하여 $f(n+200) = f(n) + 1$을 만족시키는 자연수 n의 값을 구할 때는
$1 \leq n < 10,\ 10 \leq n < 100,\ n = 100$
과 같이 경우를 나누어 구해야 함에 주의한다.

0298 🅐 ① 　　　　　　　　　　│ 유형 14

$\underline{\log 2.53 = 0.4031}$일 때, $\underline{\log 253 = a}$, $\underline{\log b = -1.5969}$이다. 이때 $a + b$의 값은? 　단서1　　　　　　단서2

① 2.4284 　　② 2.2142 　　③ 1.8622
④ 1.4284 　　⑤ 1.2142

단서1 구하는 상용로그의 진수를 2.53으로 통일
단서2 상용로그의 값이 음수인 경우는 $0 \leq$ (소수 부분) < 1을 만족시키도록 식을 변형

STEP 1 로그의 성질을 이용하여 a의 값 구하기

$a = \log 253 = \log(2.53 \times 10^2) = \log 2.53 + \log 10^2$
$= \log 2.53 + 2 = 2.4031$

STEP 2 상용로그의 소수 부분을 이용하여 진수 b의 값 구하기

$\log b = -1.5969 = -2 + 0.4031$
$= \log 10^{-2} + \log 2.53$
$= \log(10^{-2} \times 2.53) = \log 0.0253$

$\therefore b = 0.0253$

STEP 3 $a + b$의 값 구하기

$a + b = 2.4031 + 0.0253 = 2.4284$

0299 답 ④

① $\log 5.63 = \log(56.3 \times 10^{-1})$
$= \log 56.3 + \log 10^{-1}$
$= 1.7505 - 1 = 0.7505$ (거짓)

② $\log 563 = \log(56.3 \times 10)$
$= \log 56.3 + \log 10$
$= 1.7505 + 1 = 2.7505$ (거짓)

③ $\log 0.563 = \log(56.3 \times 10^{-2})$
$= \log 56.3 + \log 10^{-2}$
$= 1.7505 - 2 = -0.2495$ (거짓)

④ $\log 0.0563 = \log(56.3 \times 10^{-3})$
$= \log 56.3 + \log 10^{-3}$
$= 1.7505 - 3 = -1.2495$ (참)

⑤ $\log 0.00563 = \log(56.3 \times 10^{-4})$
$= \log 56.3 + \log 10^{-4}$
$= 1.7505 - 4 = -2.2495$ (거짓)

따라서 옳은 것은 ④이다.

0300 답 ⑤

$\log N = -2.1549 = -3 + 0.8451$
$= \log 10^{-3} + \log 7 = \log(7 \times 10^{-3})$
$N = 7 \times 10^{-3}$이므로 $a = 7$, $n = -3$
$\therefore a + n = 7 + (-3) = 4$

0301 답 300

상용로그표에서 $\log 5.12 = 0.7093$이므로
$\log x = 2.7093 = 2 + 0.7093$
$= \log 10^2 + \log 5.12$
$= \log(10^2 \times 5.12) = \log 512$
$\therefore x = 512$
$\log y = -1.2907 = -2 + 0.7093$
$= \log 10^{-2} + \log 5.12$
$= \log(10^{-2} \times 5.12)$
$= \log 0.0512$
$\therefore y = 0.0512$
$\therefore \dfrac{3x}{100y} = \dfrac{3 \times 512}{100 \times 0.0512} = 300$

0302 답 (가) : 0.85 (나) : 6.31 (다) : 6310000

7.08^8에 상용로그를 취하면
$\log 7.08^8 = 8 \log 7.08 = 8 \times \boxed{0.85}$
$= 6.80 = 6 + 0.80$
$= \log 10^6 + \log \boxed{6.31}$
$= \log(10^6 \times \boxed{6.31})$
$= \log \boxed{6310000}$
따라서 $\log 7.08^8 = \log 6310000$이므로
$7.08^8 = \boxed{6310000}$이다.
즉, (가), (나), (다)에 알맞은 수는 차례로 0.85, 6.31, 6310000이다.

0303 답 ④

$\log \sqrt[6]{923} = \dfrac{1}{6} \log 923 = \dfrac{1}{6} \log(9.23 \times 10^2)$
$= \dfrac{1}{6}(\log 9.23 + \log 10^2)$
$= \dfrac{1}{6}(\log 9.23 + 2) = \dfrac{1}{6} \times (0.9652 + 2)$
$= 0.4942 = \log 3.12$
$\therefore \sqrt[6]{923} = 3.12$

0304 답 ④ | 유형 15

$\underline{\log N \text{의 정수 부분이 2인 자연수 } N \text{의 개수는?}}$
　　단서1
① 9　　　　　② 90　　　　　③ 99
④ 900　　　　⑤ 990
단서1 $\log N$의 정수 부분이 2이면 $2 \le \log N < 2+1$

STEP1 N의 값의 범위 구하기
$\log N$의 정수 부분이 2이므로 $2 \le \log N < 3$
$\log 100 \le \log N < \log 1000$
$\therefore 100 \le N < 1000$

STEP2 자연수 N의 개수 구하기
자연수 N의 개수는
$999 - 99 = 900$

0305 답 ④

$\log A$의 정수 부분이 3이므로 $3 \le \log A < 4$
$\log 1000 \le \log A < \log 10000$
$\therefore 1000 \le A < 10000$
따라서 A의 값의 범위에서 5의 배수인 자연수의 개수는
$1999 - 199 = 1800$

0306 답 1

$\log A$의 정수 부분이 1이므로
$1 \le \log A < 2$　　$\therefore 10 \le A < 100$
$\therefore x = 99 - 9 = 90$
$\log \dfrac{1}{B}$의 정수 부분이 -1이므로
$-1 \le \log \dfrac{1}{B} < 0$, $-1 \le -\log B < 0$
$0 < \log B \le 1$　　$\therefore 1 < B \le 10$
$\therefore y = 10 - 1 = 9$
$\therefore \log x - \log y = \log \dfrac{x}{y} = \log \dfrac{90}{9} = \log 10 = 1$

0307 답 ②

$\log N$의 정수 부분이 3이므로 $3 \le \log N < 4$
$\therefore 10^3 \le N < 10^4$
$\log \dfrac{N}{9} = \log 3 + \log M$에서
$\log M = \log \dfrac{N}{9} - \log 3 = \log \dfrac{N}{27}$

즉, $M=\dfrac{N}{27}$이므로 $\dfrac{10^3}{27}\leq M<\dfrac{10^4}{27}$

이때 $\dfrac{10^4}{27}=370.3\cdots$이므로 자연수 M의 최댓값은 370이다.

0308 답 ①

$f(a)=1$이므로 $1\leq \log a<2$ $\longrightarrow$ $f(a)$는 $\log a$의 정수 부분을 의미한다.

$\log a^{\frac{1}{2}}=\dfrac{1}{2}\log a$이므로 $\dfrac{1}{2}\leq \log a^{\frac{1}{2}}<1$

$\therefore f\left(a^{\frac{1}{2}}\right)=0$

$\log \dfrac{1}{\sqrt[3]{a}}=\log a^{-\frac{1}{3}}=-\dfrac{1}{3}\log a$이므로

$-\dfrac{2}{3}<\log \dfrac{1}{\sqrt[3]{a}}\leq -\dfrac{1}{3}$ $\quad\therefore f\left(\dfrac{1}{\sqrt[3]{a}}\right)=-1$

$\therefore f\left(a^{\frac{1}{2}}\right)+f\left(\dfrac{1}{\sqrt[3]{a}}\right)=0+(-1)=-1$

0309 답 ②

N은 자연수이고, (가)에서 $f(N)\leq 1$이므로

$f(N)=0$ 또는 $f(N)=1$

그런데 (나)에서 $f(N)=f(2N)$이므로

$1\leq N<5$ 또는 $10\leq N<50$ $\longrightarrow$ $f(N)=f(2N)=0$일 때,

$1\leq N<10,\ 1\leq 2N<100$이므로

(다)에서 $g(N)\leq \log \dfrac{17}{5}$이므로 $1\leq N<5$

(i) $f(N)=0$일 때 $\qquad$ $f(N)=f(2N)=1$일 때,

$10\leq N<100,\ 10\leq 2N<1000$이므로

$\log N=g(N)\leq \log \dfrac{17}{5}$이므로 $10\leq N<50$

$1\leq N\leq \dfrac{17}{5}$

이때 N은 자연수이므로 1, 2, 3의 3개이다.

(ii) $f(N)=1$일 때

$\log N=1+g(N)\leq 1+\log \dfrac{17}{5}$

$\qquad\qquad\qquad =\log\left(10\times \dfrac{17}{5}\right)=\log 34$이므로

$10\leq N\leq 34$

이때 N은 자연수이므로 10, 11, 12, $\cdots$, 34의 25개이다.

(i), (ii)에서 자연수 N의 개수는

$3+25=28$

0310 답 ③

| 유형 16

$\underline{100\leq x<1000}$이고 $\underline{\log x^3}$과 $\log \sqrt{x}$의 소수 부분이 같도록 하는 모든
$\quad$ 단서2 $\qquad\qquad$ 단서1

실수 x의 값의 곱이 $10^{\frac{q}{p}}$일 때, 서로소인 두 자연수 p, q에 대하여
$p+q$의 값은?

① 39 $\qquad$ ② 40 $\qquad$ ③ 41

④ 42 $\qquad$ ⑤ 43

단서1 두 상용로그의 차는 정수

단서2 양변에 상용로그를 취하면 $\log 100\leq \log x<\log 1000$

STEP1 $\log x^3$과 $\log \sqrt{x}$의 차 구하기

$\log x^3-\log \sqrt{x}=3\log x-\dfrac{1}{2}\log x=\dfrac{5}{2}\log x=($정수$)$

STEP2 x의 값 구하기

$100\leq x<1000$에서 $2\leq \log x<3$이므로

$5\leq \dfrac{5}{2}\log x<\dfrac{15}{2}$

이때 $\dfrac{5}{2}\log x$가 정수이므로

$\dfrac{5}{2}\log x=5,\ 6,\ 7$

$\log x=2,\ \dfrac{12}{5},\ \dfrac{14}{5}$

$\therefore x=10^2,\ 10^{\frac{12}{5}},\ 10^{\frac{14}{5}}$

STEP3 모든 x의 값의 곱 구하기

모든 실수 x의 값의 곱은

$10^2\times 10^{\frac{12}{5}}\times 10^{\frac{14}{5}}=10^{2+\frac{12}{5}+\frac{14}{5}}=10^{\frac{36}{5}}$

STEP4 $p+q$의 값 구하기

$p=5$, $q=36$이므로 $p+q=41$

0311 답 ②

$\log x$의 소수 부분을 $\alpha\ (0\leq \alpha<1)$라 하면

$\log y$의 소수 부분도 α이므로

$\log x=6+\alpha$, $\log y=2+\alpha$

$\therefore \log \sqrt{\dfrac{x}{y}}=\dfrac{1}{2}\log \dfrac{x}{y}=\dfrac{1}{2}(\log x-\log y)$

$\qquad\qquad =\dfrac{1}{2}\{(6+\alpha)-(2+\alpha)\}=\dfrac{1}{2}\times 4=2$

0312 답 ②

$\log x^2-\log \sqrt{x}=2\log x-\dfrac{1}{2}\log x=\dfrac{3}{2}\log x=($정수$)$

$10<x<100$에서 $1<\log x<2$이므로

$\dfrac{3}{2}<\dfrac{3}{2}\log x<3$

이때 $\dfrac{3}{2}\log x$가 정수이므로 $\dfrac{3}{2}\log x=2$

$\log x=\dfrac{4}{3}$ $\qquad\therefore x=10^{\frac{4}{3}}$

0313 답 ②

$\log x^2-\log \dfrac{1}{x}=2\log x+\log x=3\log x=($정수$)$

이때 $x>1$에서 $3\log x>0$이므로 $3\log x$의 값은 자연수이다.

따라서 $3\log x=1,\ 2,\ 3,\ \cdots$이므로

$\log x=\dfrac{1}{3},\ \dfrac{2}{3},\ \dfrac{3}{3},\ \cdots$

$\therefore x=10^{\frac{1}{3}},\ 10^{\frac{2}{3}},\ 10^{\frac{3}{3}},\ \cdots$ $\longrightarrow a_n=10^{\frac{n}{3}}$

$\therefore a_{30}=10^{\frac{30}{3}}=10^{10}$

0314 답 ⑤

(가)에서 $2\leq \log x<3$

(나)에서

$\log x^2-\log \sqrt{x}=2\log x-\dfrac{1}{2}\log x=\dfrac{3}{2}\log x=($정수$)$

이때 $3\leq\dfrac{3}{2}\log x<\dfrac{9}{2}$이고, $\dfrac{3}{2}\log x$는 정수이므로

$\dfrac{3}{2}\log x=3,\ 4$

$\log x=2,\ \dfrac{8}{3}$

$\therefore\ x=10^2,\ 10^{\frac{8}{3}}$

따라서 $k=10^2\times10^{\frac{8}{3}}=10^{2+\frac{8}{3}}=10^{\frac{14}{3}}$이므로

$\log k=\log10^{\frac{14}{3}}=\dfrac{14}{3}$

0315 답 2

(가)에서 $2\leq\log x<3$

(나)에서 $\log x^3$과 $\log\dfrac{1}{x}$의 소수 부분이 같으므로

$\log x^3$과 $\log\dfrac{1}{x}$의 차가 정수이다. → 양변은 상용로그에서 정수 부분을 뺀 것이고, 이 값이 소수 부분이 된다.

$\therefore\ \log x^3-\log\dfrac{1}{x}=3\log x+\log x=4\log x=(\text{정수})$

이때 $8\leq4\log x<12$이고, $4\log x$는 정수이므로

$4\log x=8,\ 9,\ 10,\ 11$

$\log x=2,\ \dfrac{9}{4},\ \dfrac{5}{2},\ \dfrac{11}{4}$

$\therefore\ x=10^2,\ 10^{\frac{9}{4}},\ 10^{\frac{5}{2}},\ 10^{\frac{11}{4}}$

따라서 x의 최솟값은 10^2이므로 $k=10^2$

$\therefore\ \log k=\log10^2=2$

0316 답 ④　　　|유형 17

> $\underline{\log x\text{의 정수 부분이 3이고}}$ $\underline{\log x\text{의 소수 부분과 }\log\sqrt{x}\text{의 소수 부분}}$
> 　　단서2　　　　　　　　　　　　단서1
> 의 합이 1일 때, $\log\sqrt{x}$의 소수 부분은?
>
> ① $\dfrac{1}{4}$　　　　② $\dfrac{1}{3}$　　　　③ $\dfrac{1}{2}$
>
> ④ $\dfrac{2}{3}$　　　　⑤ $\dfrac{3}{4}$
>
> 단서1 두 상용로그의 합은 정수
> 단서2 $3\leq\log x<4$

STEP 1 $\log x$와 $\log\sqrt{x}$의 합 구하기

$\log x$의 소수 부분과 $\log\sqrt{x}$의 소수 부분의 합이 1이므로

$\log x+\log\sqrt{x}=\log x+\dfrac{1}{2}\log x=\dfrac{3}{2}\log x=(\text{정수})$

STEP 2 $\log x$의 값 구하기

$\log x$의 정수 부분이 3이므로 $3\leq\log x<4$

따라서 $\dfrac{9}{2}\leq\dfrac{3}{2}\log x<6$이고, $\dfrac{3}{2}\log x$는 정수이므로

$\dfrac{3}{2}\log x=5$　　$\therefore\ \log x=\dfrac{10}{3}$

STEP 3 $\log\sqrt{x}$의 소수 부분 구하기

$\log\sqrt{x}=\dfrac{1}{2}\log x=\dfrac{1}{2}\times\dfrac{10}{3}=\dfrac{5}{3}=1+\dfrac{2}{3}$

따라서 $\log\sqrt{x}$의 소수 부분은 $\dfrac{2}{3}$이다.

다른 풀이

$\log x$의 소수 부분을 $\alpha\,(0\leq\alpha<1)$라 하면 $\log x=3+\alpha$

$\log\sqrt{x}=\dfrac{1}{2}\log x=\dfrac{1}{2}(3+\alpha)=1+\dfrac{\alpha+1}{2}$

이때 $\dfrac{1}{2}\leq\dfrac{\alpha+1}{2}<1$이므로 $\log\sqrt{x}$의 소수 부분은 $\dfrac{\alpha+1}{2}$

$\log x$와 $\log\sqrt{x}$의 소수 부분의 합이 1이므로

$\alpha+\dfrac{\alpha+1}{2}=1,\ \dfrac{3}{2}\alpha=\dfrac{1}{2}$　　$\therefore\ \alpha=\dfrac{1}{3}$

따라서 $\log\sqrt{x}$의 소수 부분은

$\dfrac{\alpha+1}{2}=\dfrac{2}{3}$

0317 답 ②

$\log\sqrt{x}$의 소수 부분과 $\log\sqrt[5]{x^3}$의 소수 부분의 합이 1이므로

$\log\sqrt{x}+\log\sqrt[5]{x^3}=\dfrac{1}{2}\log x+\dfrac{3}{5}\log x=\dfrac{11}{10}\log x=(\text{정수})$

$100\leq x<1000$이므로 $2\leq\log x<3$

즉, $\dfrac{11}{5}\leq\dfrac{11}{10}\log x<\dfrac{33}{10}$이고, $\dfrac{11}{10}\log x$는 정수이므로

$\dfrac{11}{10}\log x=3,\ \log x=\dfrac{30}{11}$　　$\therefore\ x=10^{\frac{30}{11}}$

따라서 $m=11,\ n=30$이므로

$m+n=41$

0318 답 14

$\log\sqrt{x}$와 $\log x^2$의 합이 정수이므로

$\log\sqrt{x}+\log x^2=\dfrac{1}{2}\log x+2\log x=\dfrac{5}{2}\log x=(\text{정수})$

이때 $10<x<100$이므로 $1<\log x<2$

즉, $\dfrac{5}{2}<\dfrac{5}{2}\log x<5$이고, $\dfrac{5}{2}\log x$는 정수이므로

$\dfrac{5}{2}\log x=3,\ 4$

$\log x=\dfrac{6}{5},\ \dfrac{8}{5}$

$\therefore\ x=10^{\frac{6}{5}},\ 10^{\frac{8}{5}}$

$x=10^{\frac{6}{5}}$일 때, $\log x^5=\log(10^{\frac{6}{5}})^5=\log10^6=6$

$x=10^{\frac{8}{5}}$일 때, $\log x^5=\log(10^{\frac{8}{5}})^5=\log10^8=8$

이므로 $\log x^5$의 값의 합은

$6+8=14$

0319 답 ⑤

$\log x+\log\sqrt[5]{x}=\log x+\dfrac{1}{5}\log x=\dfrac{6}{5}\log x=(\text{정수})$

$\log x-\log\sqrt[5]{x}=\log x-\dfrac{1}{5}\log x=\dfrac{4}{5}\log x=(\text{정수})$

$10<x<1000$이므로 $1<\log x<3$

(i) $\dfrac{6}{5}<\dfrac{6}{5}\log x<\dfrac{18}{5}$이고, $\dfrac{6}{5}\log x$는 정수이므로

　　$\dfrac{6}{5}\log x=2,\ 3$　　$\therefore\ \log x=\dfrac{5}{3},\ \dfrac{5}{2}$

(ii) $\dfrac{4}{5}<\dfrac{4}{5}\log x<\dfrac{12}{5}$이고, $\dfrac{4}{5}\log x$는 정수이므로

　　$\dfrac{4}{5}\log x=1,\ 2$　　$\therefore\ \log x=\dfrac{5}{4},\ \dfrac{5}{2}$

(i), (ii)에서 $\log x=\dfrac{5}{2}$

$\therefore\ x=10^{\frac{5}{2}}=100\sqrt{10}$

0320 답 ④

$g(a)+g(\sqrt[3]{a})=1$이면 $\log a$의 소수 부분과 $\log \sqrt[3]{a}$의 소수 부분의 합이 1이므로

$$\log a+\log\sqrt[3]{a}=\log a+\frac{1}{3}\log a=\frac{4}{3}\log a=(\text{정수})$$

$f(a)=2$에서 $\log a$의 정수 부분이 2이므로 $2\le\log a<3$

$$\therefore \frac{8}{3}\le\frac{4}{3}\log a<4$$

이때 $\frac{4}{3}\log a$가 정수이므로 $\frac{4}{3}\log a=3$ $\quad\therefore \log a=\frac{9}{4}$

0321 답 ③

$\log a$의 소수 부분과 $\log b$의 소수 부분의 합이 1이므로

$\log a+\log b=\log ab=(\text{정수})$ ·········· ㉠

이때 $\log a$와 $\log b$의 소수 부분은 모두 0이 아니다.

따라서 a, b는 1 또는 10의 거듭제곱이 아니어야 한다.

㉠에서 $ab=10^n$ (n은 정수)이고 a, b는 100보다 작은 자연수이므로 ab는 10, 100, 1000이 될 수 있다.

이때 $a<b$이므로 순서쌍 (a, b)는

(i) $ab=10$일 때, $(2, 5)$

(ii) $ab=100$일 때, $(2, 50)$, $(4, 25)$, $(5, 20)$

(iii) $\underline{ab=1000}$일 때, $(20, 50)$, $(25, 40)$

(i), (ii), (iii)에서 구하는 순서쌍 (a, b)의 개수는 $\longrightarrow 1<a<100,\ 1<b<100$
임을 알고 순서쌍 (a, b)
$1+3+2=6$ 를 구한다.

> **실수 Check**
>
> $\log a$의 소수 부분과 $\log b$의 소수 부분의 합이 1이므로 둘 중 어느 하나의 소수 부분이 0이면 나머지 하나의 소수 부분도 0이 되어 합이 1이라는 조건을 만족시키지 않는다. 따라서 $\log a$, $\log b$의 소수 부분 중 어느 것도 0이 아니다.

0322 답 ⑤

| 유형 18

> $\underline{\log A \text{의 정수 부분과 소수 부분}}$이 이차방정식 $\underline{3x^2-11x+k=0}$의
> **단서2** **단서1**
> 두 근일 때, 상수 k의 값은?
>
> ① 2 ② 3 ③ 4
> ④ 5 ⑤ 6
>
> **단서1** 이차방정식의 근과 계수의 관계를 이용
> **단서2** $\log A=n+\alpha$ (n은 정수, $0\le\alpha<1$)

STEP 1 이차방정식의 근과 계수의 관계를 이용하여 식으로 나타내기

$\log A=n+\alpha$ (n은 정수, $0\le\alpha<1$)라 하면
이차방정식의 근과 계수의 관계에 의하여

$n+\alpha=\dfrac{11}{3}=3+\dfrac{2}{3}$ ·········· ㉠
$\qquad\qquad \longrightarrow$ (정수 부분)+(소수 부분) 꼴로 나타낸 것이다.

$n\alpha=\dfrac{k}{3}$ ·········· ㉡

STEP 2 k의 값 구하기

㉠에서 $n=3$, $\alpha=\dfrac{2}{3}$

이를 ㉡에 대입하면 $3\times\dfrac{2}{3}=\dfrac{k}{3}$ $\quad\therefore k=6$

0323 답 ④

$\log A=\dfrac{5}{2}=2+\dfrac{1}{2}$이므로 $\log A$의 정수 부분은 2, 소수 부분은 $\dfrac{1}{2}$이다. 이차항의 계수가 1이고 2와 $\dfrac{1}{2}$을 두 근으로 하는 이차방정식은

$$x^2-\left(2+\frac{1}{2}\right)x+2\times\frac{1}{2}=0,\ x^2-\frac{5}{2}x+1=0$$

$$\therefore 2x^2-5x+2=0$$

0324 답 ①

이차방정식의 근과 계수의 관계에 의하여

$n+\alpha=-\dfrac{7}{5}=-2+\dfrac{3}{5}$ ·········· ㉠

$n\alpha=\dfrac{k}{5}$ ·········· ㉡

㉠에서 $n=-2$, $\alpha=\dfrac{3}{5}$

이를 ㉡에 대입하면 $-2\times\dfrac{3}{5}=\dfrac{k}{5}$ $\quad\therefore k=-6$

0325 답 ④

$\log 200=\log(10^2\times 2)=2+\log 2$

이므로 $\log 200$의 정수 부분은 2, 소수 부분은 $\log 2$이다.

이차방정식 $x^2-ax+b=0$의 두 근이 2, $\log 2$이므로 이차방정식의 근과 계수의 관계에 의하여

$2+\log 2=a$, $2\times\log 2=b$

$\therefore a-b=2+\log 2-2\log 2=2-\log 2$

$\qquad =\log 10^2-\log 2=\log\dfrac{100}{2}=\log 50$

0326 답 100

$\log A=n+\alpha$ (n은 정수, $0\le\alpha<1$)

라 하면 이차방정식의 근과 계수의 관계에 의하여

$n+\alpha=\log_3 10$ ·········· ㉠

$n\alpha=k$ ·········· ㉡

㉠에서 $\underline{2<\log_3 10<3}$이므로
$\qquad\qquad\qquad\longrightarrow \log_3 9<\log_3 10<\log_3 27$
$n=2$, $\alpha=\log_3 10-2$

이를 ㉡에 대입하면

$k=2(\log_3 10-2)=2\log_3 10-4$

$\therefore k+4=2\log_3 10=\log_3 10^2$

$\therefore 3^{k+4}=3^{\log_3 10^2}=10^2=100$

0327 답 -1

$\log N=n+\alpha$ (n은 정수, $0\le\alpha<1$)

라 하면 이차방정식 $x^2+ax+b=0$의 두 근이 n, α이므로 이차방정식의 근과 계수의 관계에 의하여

$n+\alpha=-a$ ·········· ㉠

$n\alpha=b$ ·········· ㉡

$\log\dfrac{1}{N}=-\log N=-(n+\alpha)=-n-1+(1-\alpha)$

$0<1-\alpha\leq1$이고, $\alpha\neq0$이므로 $\log\dfrac{1}{N}$의 정수 부분은 $-n-1$, 소수 부분은 $1-\alpha$이다. ← $ab\neq0$이므로 이차방정식 $x^2+ax+b=0$의 두 근 중 어느 것도 0이 아니다.

즉, 이차방정식 $x^2-ax+b-\dfrac{4}{3}=0$의 두 근이 $-n-1$, $1-\alpha$이므로 이차방정식의 근과 계수의 관계에 의하여

$(-n-1)\times(1-\alpha)=b-\dfrac{4}{3}$, $-n+n\alpha-1+\alpha=n\alpha-\dfrac{4}{3}$ $(\because \text{ⓛ})$

$n-\alpha=\dfrac{1}{3}=1-\dfrac{2}{3}$ $\quad\therefore n=1$, $\alpha=\dfrac{2}{3}$ $(\because n$은 정수, $0\leq\alpha<1)$

이를 ㉠, ㉡에 각각 대입하면 $1+\dfrac{2}{3}=-a$, $1\times\dfrac{2}{3}=b$

따라서 $a=-\dfrac{5}{3}$, $b=\dfrac{2}{3}$이므로 $a+b=-1$

실수 Check

$\log\dfrac{1}{N}=-(n+\alpha)=-n-\alpha$에서 이차방정식 $x^2-ax+b-\dfrac{4}{3}=0$의 두 근을 $-n$, $-\alpha$로 생각하지 않도록 주의한다. $-1<-\alpha\leq0$이므로 소수 부분은 0보다 크거나 같고 1보다 작다는 조건에 맞지 않는다. 따라서 $-n-\alpha=-n-1+(1-\alpha)$와 같이 변형해야 한다. 상용로그의 소수 부분을 다룰 때는 항상 $0\leq$(소수 부분)<1을 만족시키도록 주의한다.

0328 답 ① │ 유형 19

$\log2=0.3010$, $\log3=0.4771$일 때, 12^{10}은 몇 자리의 정수인가?

단서1

① 11자리 ② 12자리 ③ 13자리
④ 14자리 ⑤ 15자리

단서1 $\log12^{10}$의 정수 부분이 양수 n이면 12^{10}은 $(n+1)$자리의 정수

STEP 1 12^{10}의 상용로그의 값 구하기

$\log12^{10}=10\log12=10\log(2^2\times3)=10(2\log2+\log3)$
$\qquad=10\times(2\times0.3010+0.4771)=10.791$

STEP 2 12^{10}의 자릿수 구하기

$\log12^{10}$의 정수 부분이 10이므로 12^{10}은 11자리의 정수이다.

0329 답 ⑤

$\log3^{40}=40\log3=40\times0.4771=19.084$
따라서 $\log3^{40}$의 정수 부분이 19이므로 3^{40}은 20자리의 정수이다.

0330 답 ②

7^{100}이 85자리의 정수이므로 $\log7^{100}$의 정수 부분은 84이다. 즉,
$84\leq\log7^{100}<85$에서 $84\leq100\log7<85$
$\therefore 0.84\leq\log7<0.85$ ·········· ㉠
$\log7^{30}=30\log7$이므로 ㉠에서
$30\times0.84\leq30\log7<30\times0.85$ $\quad\therefore 25.2\leq30\log7<25.5$
따라서 $\log7^{30}$의 정수 부분이 25이므로 7^{30}은 26자리의 정수이다.

0331 답 ④

2^n이 24자리의 정수가 되려면 $\log2^n$의 정수 부분이 23이어야 하므로 $23\leq\log2^n<24$에서
$23\leq n\log2<24$, $23\leq0.3n<24$ $\quad\therefore 76.66\cdots\leq n<80$

따라서 이를 만족시키는 자연수 n은 77, 78, 79이므로 그 합은
$77+78+79=234$

0332 답 ④

x^5, y^6이 각각 10자리, 12자리의 수이므로 $\log x^5$, $\log y^6$의 정수 부분은 각각 9, 11이다.

$9\leq\log x^5<10$에서 $9\leq5\log x<10$ $\quad\therefore \dfrac{9}{5}\leq\log x<2$

$11\leq\log y^6<12$에서 $11\leq6\log y<12$ $\quad\therefore \dfrac{11}{6}\leq\log y<2$

이때 $\dfrac{9}{5}+\dfrac{11}{6}\leq\log x+\log y<2+2$이므로

$3<\dfrac{109}{30}\leq\log xy<4$

따라서 $\log xy$의 정수 부분이 3이므로 xy는 4자리의 정수이다.

0333 답 ③

N이 세 자리의 자연수이므로 $\log N$의 정수 부분은 2이다.

$\log N=2+\alpha$ $(0\leq\alpha<1)$라 하면

$\log2N=\log2+\log N=0.3010+(2+\alpha)$

이때 $[\log2N]=[\log N]+1=2+1=3$이므로

$\alpha+0.3010\geq1$, $\alpha\geq0.6990$ $\quad\therefore 0.6990\leq\alpha<1$

ㄱ. $\log N^2=2\log N=2(2+\alpha)=4+\underset{1.398\leq2\alpha<2}{2\alpha}=5+(2\alpha-1)$
따라서 $\log N^2$의 정수 부분이 5이므로 N^2은 항상 6자리의 수이다. (참)

ㄴ. $\log N^3=3\log N=3(2+\alpha)=6+\underset{2.097\leq3\alpha<3}{3\alpha}=8+(3\alpha-2)$
따라서 $\log N^3$의 정수 부분이 8이므로 N^3은 항상 9자리의 수이다. (참)

ㄷ. [반례] $\alpha=0.7$이면 $\log N=2+0.7=2.7$이므로
$\log N^4=4\log N=4\times2.7=10.8$
즉, $\log N^4$의 정수 부분이 10이므로 N^4은 11자리의 수이다. (거짓)

따라서 옳은 것은 ㄱ, ㄴ이다.

실수 Check

상용로그의 소수 부분은 항상 $0\leq$(소수 부분)<1이므로
$\log2N=0.3010+2+\alpha$에서 소수 부분을 $0.3010+\alpha$로 생각하지 않도록 주의한다. $0\leq\alpha<1$에서 $0.3010\leq0.3010+\alpha<1.30100$이므로 소수 부분의 조건에 맞지 않는다.
마찬가지로 $\log N^2$, $\log N^3$의 정수 부분을 구하는 과정에서 나오는 2α, 3α도 각각 소수 부분으로 생각하지 않도록 주의한다.

0334 답 ② │ 유형 20

$\left(\dfrac{1}{3}\right)^{20}$은 소수 몇째 자리에서 처음으로 0이 아닌 숫자가 나타나는가?

단서1 (단, $\log3=0.4771$로 계산한다.)

① 9째 자리 ② 10째 자리 ③ 11째 자리
④ 12째 자리 ⑤ 13째 자리

단서1 $\log\left(\dfrac{1}{3}\right)^{20}$의 정수 부분이 $-n$이면 $\left(\dfrac{1}{3}\right)^{20}$에서 처음으로 0이 아닌 숫자가 나타나는 자릿수는 소수 n째 자리

$$\log\left(\frac{1}{3}\right)^{20}=\log 3^{-20}=-20\log 3=-20\times 0.4771$$
$$=-9.542=-10+0.458$$

$\log\left(\dfrac{1}{3}\right)^{20}$의 정수 부분이 -10이므로 $\left(\dfrac{1}{3}\right)^{20}$은 소수 10째 자리에서 처음으로 0이 아닌 숫자가 나타난다.

0335 답 ②

$$\log\left(\frac{1}{5}\right)^{12}=\log 5^{-12}=-12\log 5=-12\log\frac{10}{2}$$
$$=-12(\log 10-\log 2)=-12(1-\log 2)$$
$$=-12\times(1-0.3010)=-8.388=-9+0.612$$

따라서 $\log\left(\dfrac{1}{5}\right)^{12}$의 정수 부분이 -9이므로 $\left(\dfrac{1}{5}\right)^{12}$은 소수 9째 자리에서 처음으로 0이 아닌 숫자가 나타난다.

0336 답 ③

a^{38}이 19자리의 정수이므로 $\log a^{38}$의 정수 부분은 18이다.

즉, $18\le\log a^{38}<19$에서 $18\le 38\log a<19$

$\therefore \dfrac{9}{19}\le\log a<\dfrac{1}{2}$

한편, $\log\left(\dfrac{1}{a}\right)^{24}=\log a^{-24}=-24\log a$이므로

$$-24\times\frac{1}{2}<-24\log a\le -24\times\frac{9}{19}$$
$$-12<-24\log a\le -11.3\cdots$$

$\therefore -24\log a=-12+\alpha \ (0\le\alpha<1)$

따라서 $\log\left(\dfrac{1}{a}\right)^{24}$의 정수 부분이 -12이므로 $\left(\dfrac{1}{a}\right)^{24}$은 소수 12째 자리에서 처음으로 0이 아닌 숫자가 나타난다.

0337 답 3

$\left(\dfrac{n}{10}\right)^{10}$이 소수 6째 자리에서 처음으로 0이 아닌 숫자가 나타나므로 $\log\left(\dfrac{n}{10}\right)^{10}$의 정수 부분은 -6이다.

$$\log\left(\frac{n}{10}\right)^{10}=10(\log n-\log 10)=10(\log n-1)=10\log n-10$$

에서 $-6\le 10\log n-10<-5$

$4\le 10\log n<5$ $\therefore 0.4\le\log n<0.5$

이때 $\log 2=0.3010$, $\log 3=0.4771$,

$\log 4=2\log 2=2\times 0.3010=0.6020$이므로 자연수 n의 값은 3이다.

0338 답 ④

$$\log x^3 y^4=\log x^3+\log y^4=3\log x+4\log y$$
$$=3\times 0.34+4\times 0.54=3.18$$

$\log x^3 y^4$의 정수 부분이 3이므로 $x^3 y^4$은 4자리의 정수이다.

$\therefore m=4$

$$\log\frac{1}{x^3 y^4}=\log(x^3 y^4)^{-1}=-\log x^3 y^4=-3.18=-4+0.82$$

따라서 $\log\dfrac{1}{x^3 y^4}$의 정수 부분이 -4이므로 $\dfrac{1}{x^3 y^4}$은 소수 4째 자리에서 처음으로 0이 아닌 숫자가 나타난다.

$\therefore n=4$

$\therefore mn=4\times 4=16$

0339 답 ①

$$N=\left\{\left(1-\frac{1}{2}\right)\left(1-\frac{1}{3}\right)\left(1-\frac{1}{4}\right)\times\cdots\times\left(1-\frac{1}{50}\right)\right\}^5$$
$$=\left(\frac{1}{2}\times\frac{2}{3}\times\frac{3}{4}\times\cdots\times\frac{49}{50}\right)^5=\left(\frac{1}{50}\right)^5$$

양변에 상용로그를 취하면

$$\log N=\log\left(\frac{1}{50}\right)^5=\log 50^{-5}=-5\log 50=-5\log\frac{100}{2}$$
$$=-5(2-\log 2)=-5\times(2-0.3010)$$
$$=-8.495=-9+0.505$$

따라서 $\log N$의 정수 부분이 -9이므로 N은 소수 9째 자리에서 처음으로 0이 아닌 숫자가 나타난다.

$\therefore n=9$

0340 답 1 | 유형 21

> $\log 2=0.3010$, $\log 3=0.4771$일 때, $\underline{6^{40}$의 최고 자리의 숫자를 구}하시오. 단서1
> 단서1 $\log 6^{40}$의 소수 부분의 성질을 이용

STEP 1 6^{40}의 상용로그의 값 구하기

$$\log 6^{40}=40\log 6=40(\log 2+\log 3)$$
$$=40\times(0.3010+0.4771)=31.124$$

STEP 2 6^{40}의 최고 자리의 숫자 구하기

$\log 1=0$, $\log 2=0.3010$이므로

$\log 1<0.124<\log 2$

$31+\log 1<31.124<31+\log 2$

$\log(10^{31}\times 1)<\log 6^{40}<\log(10^{31}\times 2)$

$\therefore 1\times 10^{31}<6^{40}<2\times 10^{31}$

따라서 6^{40}의 최고 자리의 숫자는 1이다.

0341 답 ③

$$\log(2^{30}\times 3^{20})=\log 2^{30}+\log 3^{20}=30\log 2+20\log 3$$
$$=30\times 0.3010+20\times 0.4771$$
$$=9.03+9.542$$
$$=18.572$$

이때 $\log 4=2\log 2=2\times 0.3010=0.6020$이므로

$\log 3<0.572<\log 4$

$18+\log 3<18.572<18+\log 4$

$\log(10^{18}\times 3)<\log(2^{30}\times 3^{20})<\log(10^{18}\times 4)$

$\therefore 3\times 10^{18}<2^{30}\times 3^{20}<4\times 10^{18}$

따라서 $2^{30}\times 3^{20}$의 최고 자리의 숫자는 3이다.

0342 🔲 40

$\log 7^{40} = 40 \log 7 = 40 \times 0.8451 = 33.804$

7^{40}은 34자리의 정수이므로 $n=34$

이때 $\log 6 = \log 2 + \log 3 = 0.3010 + 0.4771 = 0.7781$이므로

$\log 6 < 0.804 < \log 7$

$33 + \log 6 < 33.804 < 33 + \log 7$

$\log(10^{33} \times 6) < \log 7^{40} < \log(10^{33} \times 7)$

$\therefore 6 \times 10^{33} < 7^{40} < 7 \times 10^{33}$

따라서 7^{40}의 최고 자리의 숫자는 6이므로 $a=6$

$\therefore n+a = 34+6 = 40$

0343 🔲 ①

$\log x^2 = 2 \log x = 2 \times \left(-\dfrac{5}{4}\right) = -2.5 = -3 + 0.5$

$\log x^2$의 정수 부분이 -3이므로 x^2은 소수 3째 자리에서 처음으로 0이 아닌 숫자가 나타난다. $\quad \therefore a=3$

이때 $\log 4 = 2 \log 2 = 2 \times 0.3010 = 0.6020$이므로

$\log 3 < 0.5 < \log 4$

$-3 + \log 3 < -3 + 0.5 < -3 + \log 4$

$\log(10^{-3} \times 3) < \log x^2 < \log(10^{-3} \times 4)$

$\therefore 3 \times 10^{-3} < x^2 < 4 \times 10^{-3}$

x^2의 소수 3째 자리의 숫자는 3이므로 $b=3$

$\therefore a+b = 3+3 = 6$

0344 🔲 ④

$\log \dfrac{2^{50}}{3^{80}} = \log 2^{50} - \log 3^{80} = 50 \log 2 - 80 \log 3$

$\qquad\qquad = 50 \times 0.3010 - 80 \times 0.4771 = 15.05 - 38.168$

$\qquad\qquad = -23.118 = -24 + 0.882$

$\dfrac{2^{50}}{3^{80}}$은 소수 24째 자리에서 처음으로 0이 아닌 숫자가 나타나므로

$n=24$

이때 상용로그표에서 $\log 7.62 = 0.882$이므로

$\log \dfrac{2^{50}}{3^{80}} = -24 + \log 7.62 = \log(10^{-24} \times 7.62)$

$\dfrac{2^{50}}{3^{80}} = 7.62 \times 10^{-24}$이므로 $\dfrac{2^{50}}{3^{80}}$의 소수 24째 자리의 숫자는 7이다.

$\therefore m=7$

$\therefore m+n = 7+24 = 31$

0345 🔲 ③

$\log 3^{30} = 30 \log 3 = 30 \times 0.4771 = 14.313$

3^{30}은 15자리의 정수이므로 $a=15$

이때 $\log 2 < 0.313 < \log 3$이므로

$14 + \log 2 < 14.313 < 14 + \log 3$

$\log(10^{14} \times 2) < \log 3^{30} < \log(10^{14} \times 3)$

$\therefore 2 \times 10^{14} < 3^{30} < 3 \times 10^{14}$

3^{30}의 최고 자리의 숫자는 2이므로 $b=2$

한편, 3의 거듭제곱의 일의 자리의 숫자는 3, 9, 7, 1이 이 순서대로 반복되고 $30 = 4 \times 7 + 2$이므로 3^{30}의 일의 자리의 숫자는 3^2의 일의 자리의 숫자와 같은 9이다. $\quad \therefore c=9$

$\therefore a+b-c = 15+2-9 = 8$

0346 🔲 ② |유형22|

어떤 알고리즘에서 N개의 자료를 처리할 때의 시간복잡도를 T라 하면 다음과 같은 관계식이 성립한다고 한다.

$$\frac{T}{N} = \log N$$

100개의 자료를 처리할 때의 시간복잡도를 T_1, 10000개의 자료를 _(단서1)

처리할 때의 시간복잡도를 T_2라 할 때, $\dfrac{T_2}{T_1}$의 값은?
_(단서2)

① 150 　　② 200 　　③ 250

④ 300 　　⑤ 350

(단서1) T에 T_1을, N에 100을 대입

(단서2) T에 T_2를, N에 10000을 대입

STEP 1 T_1의 값 구하기

100개의 자료를 처리할 때의 시간복잡도가 T_1이므로

$\dfrac{T_1}{100} = \log 100 = \log 10^2 = 2 \qquad \therefore T_1 = 200$

STEP 2 T_2의 값 구하기

10000개의 자료를 처리할 때의 시간복잡도가 T_2이므로

$\dfrac{T_2}{10000} = \log 10000 = \log 10^4 = 4 \qquad \therefore T_2 = 40000$

STEP 3 $\dfrac{T_2}{T_1}$의 값 구하기

$\dfrac{T_2}{T_1} = \dfrac{40000}{200} = 200$

0347 🔲 ⑤

20 g의 활성탄 A를 염료 B의 농도가 4 %인 용액에 충분히 오래 담가 놓을 때 활성탄 A에 흡착되는 염료 B의 질량은 16 g이므로

$\log \dfrac{16}{20} = -1 + k \log 4$

$\log \dfrac{4}{5} + 1 = k \log 4$

$\log\left(\dfrac{4}{5} \times 10\right) = \log 4^k$, $\log 8 = \log 4^k$, $8 = 4^k$

$\therefore k = \log_4 8 = \log_{2^2} 2^3 = \dfrac{3}{2}$

40 g의 활성탄 A를 염료 B의 농도가 9 %인 용액에 충분히 오래 담가 놓을 때 활성탄 A에 흡착되는 염료 B의 질량은 d g이므로

$\log \dfrac{d}{40} = -1 + \dfrac{3}{2} \log 9$

$\log \dfrac{d}{40} + 1 = \dfrac{3}{2} \log 3^2$

$\log\left(\dfrac{d}{40} \times 10\right) = \log 3^3 = \log 27$

$\log \dfrac{d}{4} = \log 27$, $\dfrac{d}{4} = 27 \qquad \therefore d = 108$

$\therefore \dfrac{d}{k} = \dfrac{108}{\dfrac{3}{2}} = 72$

0348 답 ④

$M_1 : M_2 = 3 : 4$이므로 $M_1 = 3P$, $M_2 = 4P$ $(P>0)$라 하고, $X_1 : X_2 = 2 : 1$이므로 $X_1 = 2Q$, $X_2 = Q$ $(Q>0)$라 하자.

흡착제 A를 이용했을 때의 평형농도와 흡착제 B를 이용했을 때의 평형농도를 각각 C_A mg/L, C_B mg/L라 하면

$$\log \frac{2Q}{3P} = \log K + \frac{1}{n} \log C_A \quad\cdots\cdots\cdots\quad ㉠$$

$$\log \frac{Q}{4P} = \log K + \frac{1}{n} \log C_B \quad\cdots\cdots\cdots\quad ㉡$$

㉠$-$㉡을 하면

$$\underbrace{\log \frac{2Q}{3P} - \log \frac{Q}{4P}}_{\log \frac{8}{3}} = \frac{1}{n}(\log C_A - \log C_B) \qquad \log\frac{\frac{2Q}{3P}}{\frac{Q}{4P}} = \log\frac{8}{3}$$

$$\log\frac{8}{3} = \log\left(\frac{C_A}{C_B}\right)^{\frac{1}{n}}, \quad \left(\frac{C_A}{C_B}\right)^{\frac{1}{n}} = \frac{8}{3}$$

$$\therefore \frac{C_A}{C_B} = \left(\frac{8}{3}\right)^n$$

따라서 흡착제 A를 이용했을 때의 평형농도는 흡착제 B를 이용했을 때의 평형농도의 $\left(\frac{8}{3}\right)^n$배이다.

0349 답 ②

$2H_A = H_B$에서 $\dfrac{H_A}{H_B} = \dfrac{1}{2}$, $2L_A = \sqrt{3}L_B$에서 $L_B = \dfrac{2}{\sqrt{3}}L_A$이므로

$$\frac{H_A}{H_B} = \frac{\dfrac{k}{L_A}\log\dfrac{1}{S_A}}{\dfrac{k}{L_B}\log\dfrac{1}{S_B}} = \frac{\dfrac{k}{L_A}\log\dfrac{1}{S_A}}{\dfrac{\sqrt{3}\,k}{2L_A}\log\dfrac{1}{S_B}}$$

$$= \frac{2}{\sqrt{3}} \times \frac{\log S_A}{\log S_B} = \frac{1}{2}$$

$$\frac{\log S_A}{\log S_B} = \frac{\sqrt{3}}{4}, \quad \log_{S_B} S_A = \frac{\sqrt{3}}{4}$$

따라서 $S_A = (S_B)^{\frac{\sqrt{3}}{4}}$이므로 $p = \dfrac{\sqrt{3}}{4}$

0350 답 ④

$4.8 - 1.3 = -2.5 \log \dfrac{L}{kL}$이므로

$$3.5 = -2.5 \log \frac{1}{k}$$

$$3.5 = 2.5 \log k, \quad \log k = \frac{7}{5}$$

$$\therefore k = 10^{\frac{7}{5}}$$

0351 답 ⑤

$R = 512$, $H = 8$, $h = 6$이고

반지름의 길이가 1 m인 우물 A의 양수량 Q_A는

$$Q_A = \frac{k(8^2 - 6^2)}{\log\left(\dfrac{512}{1}\right)} = \frac{28k}{\log 2^9} = \frac{28k}{9\log 2}$$

반지름의 길이가 2 m인 우물 B의 양수량 Q_B는

$$Q_B = \frac{k(8^2 - 6^2)}{\log\left(\dfrac{512}{2}\right)} = \frac{28k}{\log 2^8} = \frac{28k}{8\log 2}$$

$$\therefore \frac{Q_A}{Q_B} = \frac{\dfrac{28k}{9\log 2}}{\dfrac{28k}{8\log 2}} = \frac{8}{9}$$

0352 답 ②

> 어느 기업에서 <u>매년 일정한 비율로 자본을 증가시켜</u> <u>10년 후의 자본</u>
> **단서1**   **단서2**
> 이 올해 자본의 2배가 되게 하려고 한다. 이 기업에서는 자본을 매년 몇 %씩 증가시켜야 하는가?
> (단, $\log 2 = 0.3$, $\log 1.07 = 0.03$으로 계산한다.)
>
> ① 6 %   ② 7 %   ③ 8 %
> ④ 9 %   ⑤ 10 %
>
> **단서1** 올해의 자본을 A, 증가하는 비율을 r %로 놓으면 $A\left(1+\dfrac{r}{100}\right)^n$
> **단서2** 10년 후의 자본은 $2A$

STEP 1 10년 후의 자본이 올해 자본의 2배임을 이용하여 식 세우기

올해의 자본을 A라 하고 자본이 매년 r %씩 증가한다고 하면 10년 후의 자본이 올해 자본의 2배이므로

$$A\left(1+\frac{r}{100}\right)^{10} = 2A \qquad \therefore \left(1+\frac{r}{100}\right)^{10} = 2$$

STEP 2 매년 증가시켜야 하는 자본의 증가율 구하기

양변에 상용로그를 취하면

$$10\log\left(1+\frac{r}{100}\right) = \log 2$$

$$\log\left(1+\frac{r}{100}\right) = \frac{1}{10}\log 2 = \frac{1}{10}\times 0.3 = 0.03$$

이때 $\log 1.07 = 0.03$이므로

$$1 + \frac{r}{100} = 1.07 \qquad \therefore r = 7 \qquad 1+\frac{r}{100} = 1+\frac{7}{100}$$

따라서 자본을 매년 7 %씩 증가시켜야 한다.

0353 답 2013

x년 전의 매출액을 A원이라 하면

$$A\left(1+\frac{10}{100}\right)^x = 3A \qquad \therefore 1.1^x = 3$$

양변에 상용로그를 취하면

$$x\log 1.1 = \log 3$$

$$x \times 0.04 = 0.48 \qquad \therefore x = 12$$

$$\therefore t = 2025 - 12 = 2013$$

0354 답 ③

현재 바이러스 감염자 수를 A명이라 하면 n개월 후의 바이러스 감염자 수가 현재의 8배가 되려면

$$A\left(1+\frac{7}{100}\right)^n = 8A \qquad \therefore 1.07^n = 8$$

양변에 상용로그를 취하면

$$n\log 1.07 = \log 8 = 3\log 2$$

$$n \times 0.03 = 3 \times 0.3 = 0.9 \qquad \therefore n = 30$$

따라서 바이러스 감염자 수가 현재의 8배가 되는 것은 30개월 후이다.

0355 답 ③

처음 빛의 밝기를 A라 할 때, 유리 n장을 통과한 후의 빛의 밝기가 처음의 $\dfrac{1}{4}$이 되려면

$$A\left(1-\frac{20}{100}\right)^n = A \times \frac{1}{4} \qquad \therefore \left(\frac{8}{10}\right)^n = \frac{1}{4}$$

양변에 상용로그를 취하면

$$n \log \frac{8}{10} = \log \frac{1}{4}$$

$$n(3 \log 2 - 1) = -2 \log 2$$

$$n(3 \times 0.3 - 1) = -2 \times 0.3, \ -0.1n = -0.6 \quad \therefore n = 6$$

따라서 빛의 밝기가 처음의 $\frac{1}{4}$이 되려면 6장의 유리를 통과시켜야 한다.

0356 답 0.262배

현재의 BOD를 A라 하면 6년 후의 BOD는

$$A\left(1 - \frac{20}{100}\right)^6 = A \times 0.8^6$$

0.8^6에 상용로그를 취하면

$$\log 0.8^6 = 6 \log 0.8 = 6 \log \frac{8}{10} = 6(3 \log 2 - 1)$$
$$= 6 \times (3 \times 0.301 - 1) = -0.582 = -1 + 0.418$$

이때 $\log 2.62 = 0.418$이므로

$$\log 0.8^6 = \log 10^{-1} + \log 2.62 = \log(10^{-1} \times 2.62) = \log 0.262$$

$$\therefore 0.8^6 = 0.262$$

따라서 6년 후의 BOD는 $0.262A$이므로 처음의 0.262배이다.

0357 답 ④

2070년은 2025년으로부터 45년 후이므로
2070년의 생산 가능 인구수는

$$15 \times 10^6 \times (1 - 0.014)^{45} = 15 \times 10^6 \times 0.986^{45}$$

즉, $15 \times 10^6 \times 0.986^{45} = k \times 10^4$이므로

$$k = 1500 \times 0.986^{45}$$

0.986^{45}에 상용로그를 취하면

$$\log 0.986^{45} = 45 \log 0.986 = 45 \log(10^{-1} \times 9.86)$$
$$= 45(-1 + \log 9.86)$$
$$= 45 \times (-1 + 0.99) = -0.45 = -1 + 0.55$$
$$= \log 10^{-1} + \log 3.56 = \log(10^{-1} \times 3.56)$$
$$= \log 0.356$$

따라서 $0.986^{45} = 0.356$이므로

$$k = 1500 \times 0.356 = 534$$

서술형 유형 익히기 76쪽~77쪽

0358 답 (1) 6　(2) 3　(3) 10　(4) 6　(5) 10　(6) 7　(7) 8
　　　　(8) 9　(9) 24

실제 답안 예시

$a - 5 \neq 1$, $a - 5 > 0$에서 $a \neq 6$, $a > 5$

$\therefore 5 < a < 6$, $a > 6$

$-a^2 + 13a - 30 > 0$에서 $a^2 - 13a + 30 < 0$

$(a - 3)(a - 10) < 0 \quad \therefore 3 < a < 10$

$\therefore 5 < a < 6$, $6 < a < 10$

이 범위를 만족시키는 정수 a는 7, 8, 9이므로 합을 구하면 $7 + 8 + 9 = 24$

0359 답 5

STEP 1 밑의 조건을 만족시키는 a의 값의 범위 구하기 [2점]

밑의 조건에서 $a - 3 > 0$, $a - 3 \neq 1$ ⋯⋯ ⓐ

$\therefore 3 < a < 4$ 또는 $a > 4$ ⋯⋯ ㉠

STEP 2 진수의 조건을 만족시키는 a의 값의 범위 구하기 [2점]

진수의 조건에서 $-a^2 + 2a + 24 > 0$이므로 ⋯⋯ ⓑ

$$a^2 - 2a - 24 < 0, \ (a + 4)(a - 6) < 0$$

$\therefore -4 < a < 6$ ⋯⋯ ㉡

STEP 3 두 조건을 모두 만족시키는 a의 값의 범위 구하기 [1점]

㉠, ㉡을 모두 만족시키는 a의 값의 범위는

$3 < a < 4$ 또는 $4 < a < 6$

STEP 4 정수 a의 값 구하기 [1점]

정수 a의 값은 5이다.

부분점수표	
ⓐ 밑의 조건 중에서 하나만 쓴 경우	1점
ⓑ 진수의 조건 $-a^2 + 2a + 24 > 0$을 쓴 경우	1점

0360 답 4

STEP 1 밑의 조건을 만족시키는 x의 값의 범위 구하기 [2점]

밑의 조건에서 $|x - 1| > 0$, $|x - 1| \neq 1$ ⋯⋯ ⓐ

$\therefore x \neq 0$, $x \neq 1$, $x \neq 2$ ⋯⋯ ㉠

STEP 2 진수의 조건을 만족시키는 x의 값의 범위 구하기 [2점]

진수의 조건에서 $-x^2 + 4x + 32 > 0$이므로 ⋯⋯ ⓑ

$$x^2 - 4x - 32 < 0, \ (x + 4)(x - 8) < 0$$

$\therefore -4 < x < 8$ ⋯⋯ ㉡

STEP 3 두 조건을 모두 만족시키는 정수 x의 값 구하기 [2점]

㉠, ㉡을 모두 만족시키는 x의 값의 범위는

$-4 < x < 0$ 또는 $0 < x < 1$ 또는 $1 < x < 2$ 또는 $2 < x < 8$

따라서 정수 x는 -3, -2, -1, 3, 4, 5, 6, 7이다.

STEP 4 정수 x의 최댓값과 최솟값의 합 구하기 [1점]

정수 x의 최댓값은 7, 최솟값은 -3이므로 그 합은

$$7 + (-3) = 4$$

부분점수표	
ⓐ 밑의 조건 중에서 하나만 쓴 경우	1점
ⓑ 진수의 조건 $-x^2 + 4x + 32 > 0$을 쓴 경우	1점

0361 답 11

STEP 1 밑의 조건을 만족시키는 a의 값의 범위 구하기 [2점]

밑의 조건에서 $a - 3 > 0$, $a - 3 \neq 1$ ⋯⋯ ⓐ

$\therefore 3 < a < 4$ 또는 $a > 4$ ⋯⋯ ㉠

STEP 2 진수의 조건을 만족시키는 a의 값의 범위 구하기 [3점]

진수의 조건에서 모든 실수 x에 대하여 $x^2 + 2ax + 7a > 0$이므로 ⋯⋯ ⓑ

이차방정식 $x^2 + 2ax + 7a = 0$의 판별식을 D라 하면

$$\frac{D}{4} = a^2 - 7a < 0, \ a(a - 7) < 0$$

$\therefore 0 < a < 7$ ⋯⋯ ㉡

STEP 3 두 조건을 모두 만족시키는 a의 값의 범위 구하기 [1점]

㉠, ㉡을 모두 만족시키는 a의 값의 범위는

$3<a<4$ 또는 $4<a<7$

STEP 4 모든 정수 a의 값의 합 구하기 [1점]

정수 a의 값은 5, 6이므로 그 합은 $5+6=11$

0362 답 (1) 10 (2) $\log 2$ (3) 1 (4) $2\log 2$ (5) b (6) $\dfrac{2a+b}{1-a}$

0363 답 $-\dfrac{5a}{2b}$

STEP 1 $\log_9 \dfrac{1}{32}$을 밑의 변환을 이용하여 변형하기 [2점]

$\log 2$와 $\log 3$은 밑이 10인 로그이므로 $\log_9 \dfrac{1}{32}$을 밑의 변환을 이용하여 밑이 10인 로그로 나타내면

$\log_9 \dfrac{1}{32}=\log_9 32^{-1}=-\dfrac{\log 32}{\log 9}$

STEP 2 $\log 9$를 $\log 3$을 포함한 식으로 나타내기 [2점]

분모 $\log 9$를 로그의 성질을 이용하여 변형하면

$\log 9=\log 3^2=2\log 3=2b$

STEP 3 $\log 32$를 $\log 2$를 포함한 식으로 나타내기 [2점]

분자 $\log 32$를 로그의 성질을 이용하여 변형하면

$\log 32=\log 2^5=5\log 2=5a$

STEP 4 $\log_9 \dfrac{1}{32}$을 a, b를 사용하여 나타내기 [1점]

$\log_9 \dfrac{1}{32}=-\dfrac{\log 32}{\log 9}=-\dfrac{5a}{2b}$

0364 답 $\dfrac{3ab}{ab+1}$

STEP 1 $\log_5 2$를 밑이 2인 로그로 나타내기 [1점]

$\log_2 3$과 $\log_5 2$는 밑이 서로 다르므로 $\log_5 2$를 밑의 변환을 이용하여 밑이 2인 로그로 나타내면

$\log_5 2=\dfrac{1}{\log_2 5}$

STEP 2 $\log_{15} 27$을 밑의 변환을 이용하여 변형하기 [2점]

$\log_{15} 27$을 밑의 변환을 이용하여 밑이 2인 로그로 나타내면

$\log_{15} 27=\dfrac{\log_2 27}{\log_2 15}$

STEP 3 $\log_2 15$와 $\log_2 27$을 $\log_2 3$, $\log_2 5$를 포함한 식으로 나타내기 [2점]

$\log_2 15=\log_2(3\times 5)=\log_2 3+\log_2 5$

$\log_2 27=\log_2 3^3=3\log_2 3$

STEP 4 $\log_{15} 27$을 a, b를 사용하여 나타내기 [2점]

$\log_2 3=a$, $\log_2 5=\dfrac{1}{b}$이므로

$\log_{15} 27=\dfrac{\log_2 27}{\log_2 15}=\dfrac{3\log_2 3}{\log_2 3+\log_2 5}$ ...... ⓐ

$=\dfrac{3a}{a+\dfrac{1}{b}}=\dfrac{3ab}{ab+1}$

실제 답안 예시

$\log_{15} 27=\dfrac{\log_2 27}{\log_2 15}=\dfrac{3\log_2 3}{\log_2 3+\log_2 5}=\dfrac{3a}{a+\dfrac{1}{b}}=\dfrac{3ab}{ab+1}$

check 실전 마무리하기 1회

78쪽~82쪽

1 0365 답 ②

출제의도 | 로그가 정의되는 조건을 이해하는지 확인한다.

로그의 밑은 1이 아닌 양수이고, 진수는 항상 양수이어야 하므로 이 조건을 식으로 나타내 보자.

밑의 조건에서 $5-a>0$, $5-a\neq 1$

$\therefore a<4$, $4<a<5$ ·········· ㉠

진수의 조건에서 $a^2-4a+4>0$이므로

$(a-2)^2>0$

$\therefore a\neq 2$ ·········· ㉡

㉠, ㉡에서 $a<2$, $2<a<4$, $4<a<5$

따라서 자연수 a의 값은 1, 3이므로 그 합은

$1+3=4$

2 0366 답 ④ 유형 4

출제의도 | 로그의 밑의 변환을 이용하여 로그의 계산을 할 수 있는지 확인한다.

밑이 서로 다르므로 로그의 밑의 변환을 이용하여 $\log_3 7$, $\log_7 16$을 각각 밑이 2인 로그로 나타내 보자.

$\log_2 9\times \log_3 7\times \log_7 16=\log_2 3^2\times \dfrac{\log_2 7}{\log_2 3}\times \dfrac{\log_2 2^4}{\log_2 7}$

$=2\log_2 3\times \dfrac{\log_2 7}{\log_2 3}\times \dfrac{4}{\log_2 7}$

$=2\times 4=8$

3 0367 답 ④ 유형 3 + 유형 5

출제의도 | 로그의 기본 성질과 여러 가지 성질을 이용하여 로그의 계산을 할 수 있는지 확인한다.

$\log_2 x^n=n\log_2 x$, $2^{\log_2 x}=x$임을 이용하여 식을 정리해 보자.

$m=\dfrac{1}{33}(\log_2 3+\log_2 3^2+\log_2 3^3+\cdots +\log_2 3^{11})$

$=\dfrac{1}{33}(\log_2 3+2\log_2 3+3\log_2 3+\cdots +11\log_2 3)$

$=\dfrac{1}{33}\times(1+2+3+\cdots +11)\times \log_2 3$

$=\dfrac{1}{33}\times 66\times \log_2 3=2\log_2 3$

$\therefore 2^m=2^{2\log_2 3}=2^{\log_2 9}=9$

4 0368 답 ③ 유형 3 + 유형 5

출제의도 | 로그의 기본 성질과 여러 가지 성질을 이용하여 로그의 계산을 할 수 있는지 확인한다.

> $\log_2 x + \log_2 y = \log_2 xy$, $\log_2 x^n = n\log_2 x$, $\log_{3^m} x^n = \dfrac{n}{m}\log_3 x$
> 임을 이용하여 식을 정리해 보자.

$\log_2 \dfrac{4}{3} + 2\log_2 \sqrt{12} + 3\log_{27} 81$

$= \log_2 \dfrac{4}{3} + \log_2 12 + 3\log_{3^3} 3^4$

$= \log_2 \left(\dfrac{4}{3} \times 12\right) + 3 \times \dfrac{4}{3}$

$= \log_2 2^4 + 4 = 4 + 4 = 8$

5 0369 답 ④ 유형 6

출제의도 | 로그의 성질을 증명할 수 있는지 확인한다.

> 로그의 정의를 이용하여 로그를 지수의 꼴로 바꾼 후 지수법칙을 이용해 보자.

$\log_{10} 2 = x$, $\log_2 7 = y$로 놓으면

$10^x = 2$, $2^y = \boxed{7}$이므로

$10^{xy} = (10^x)^y = 2^y = \boxed{7}$

즉, $xy = \log_{\boxed{10}} 7$이므로

$\log_{10} 2 \times \log_2 7 = xy = \log_{\boxed{10}} 7$

따라서 양변을 $\log_{10} 2$로 나누면

$\log_2 7 = \dfrac{\log_{\boxed{10}} 7}{\log_{10} 2}$

그러므로 (가), (나)에 알맞은 것은 차례로 7, 10이다.

6 0370 답 ① 유형 9

출제의도 | 이차방정식의 근과 계수의 관계를 이용하여 로그의 값을 구할 수 있는지 확인한다.

> 이차방정식 $x^2 - 2x - 22 = 0$의 두 근의 합과 곱을 $\log_5 a$, $\log_5 b$로 나타내고, 구하는 식을 밑이 5인 로그로 나타내 보자.

이차방정식의 근과 계수의 관계에 의하여

$\log_5 a + \log_5 b = 2$, $\log_5 a \times \log_5 b = -22$

$\therefore \log_a \sqrt{b} + \log_b \sqrt{a}$

$= \dfrac{1}{2}\log_a b + \dfrac{1}{2}\log_b a$

$= \dfrac{1}{2}\left(\dfrac{\log_5 b}{\log_5 a} + \dfrac{\log_5 a}{\log_5 b}\right)$

$= \dfrac{1}{2} \times \dfrac{(\log_5 a)^2 + (\log_5 b)^2}{\log_5 a \times \log_5 b}$

$= \dfrac{1}{2} \times \dfrac{(\log_5 a + \log_5 b)^2 - 2\log_5 a \times \log_5 b}{\log_5 a \times \log_5 b}$

$= \dfrac{1}{2} \times \dfrac{2^2 - 2 \times (-22)}{-22} = \dfrac{1}{2} \times \dfrac{48}{-22} = -\dfrac{12}{11}$

7 0371 답 ③ 유형 12

출제의도 | 상용로그표를 이용하여 상용로그의 값을 계산할 수 있는지 확인한다.

> $\log 6.19$의 값과 $\log 5.97$의 값을 상용로그표에서 찾아서 이용해 보자.

상용로그표에서 $\log 6.19 = 0.7917$, $\log 5.97 = 0.7760$이므로

$\log 6.19 + \log (5.97)^2 = \log 6.19 + 2\log 5.97$

$= 0.7917 + 2 \times 0.7760 = 2.3437$

8 0372 답 ⑤ 유형 1

출제의도 | 로그의 정의를 이해하고, 식의 값을 구할 수 있는지 확인한다.

> $\log_a 2 = \log_b 3 = \log_c 6 = \log_{abc} x = k \ (k > 0)$로 놓고, 로그의 정의를 이용하여 식을 변형해 보자.

$\log_a 2 = \log_b 3 = \log_c 6 = \log_{abc} x = k \ (k > 0)$로 놓으면

$a^k = 2$, $b^k = 3$, $c^k = 6$, $(abc)^k = x$

이때 $(abc)^k = a^k \times b^k \times c^k = 2 \times 3 \times 6 = 36$이므로

$x = 36$

9 0373 답 ⑤ 유형 4

출제의도 | 주어진 식의 표현을 이해하고, 로그의 밑의 변환을 이용하여 식의 값을 구할 수 있는지 확인한다.

> $f(x)$의 x에 2, 3, $\cdots$, 1023을 대입하고, 로그의 밑의 변환을 이용하여 식을 정리해 보자.

$f(2) + f(3) + f(4) + \cdots + f(1023)$

$= \log_a(\log_2 3) + \log_a(\log_3 4) + \log_a(\log_4 5) + \cdots$
$\qquad\qquad\qquad\qquad\qquad + \log_a(\log_{1023} 1024)$

$= \log_a(\log_2 3 \times \log_3 4 \times \log_4 5 \times \cdots \times \log_{1023} 1024)$

$= \log_a\left(\dfrac{\log 3}{\log 2} \times \dfrac{\log 4}{\log 3} \times \dfrac{\log 5}{\log 4} \times \cdots \times \dfrac{\log 1024}{\log 1023}\right)$

$= \log_a\left(\dfrac{\log 1024}{\log 2}\right) = \log_a\left(\dfrac{10\log 2}{\log 2}\right) = \log_a 10$

따라서 $\log_a 10 = 1$이므로

$a = 10$

10 0374 답 ① 유형 7

출제의도 | 로그의 값이 문자로 주어졌을 때, 주어진 값을 문자로 나타낼 수 있는지 확인한다.

> $\log_2 40 = \log_2 (2^3 \times 5)$, $\log_3 45 = \log_3 (3^2 \times 5)$임을 이용해 보자.

$\log_2 40 = \log_2 (2^3 \times 5) = 3 + \log_2 5 = a$이므로

$\log_2 5 = a - 3$

$\log_3 45 = \log_3 (3^2 \times 5) = 2 + \log_3 5 = b$이므로

$\log_3 5 = b - 2$

$\therefore \log_2 3 = \dfrac{\log_5 3}{\log_5 2} = \dfrac{\dfrac{1}{\log_3 5}}{\dfrac{1}{\log_2 5}} = \dfrac{\log_2 5}{\log_3 5} = \dfrac{a-3}{b-2}$

11 0375 답 ④ 유형 8

출제의도 | $a^x = b$가 주어질 때, 로그의 정의를 이용하여 식의 값을 구할 수 있는지 확인한다.

> $a^3 = b^5 = c^8 = k \ (k > 0, \ k \neq 1)$로 놓고, 로그의 정의를 이용하여 식을 변형하고, 로그의 밑의 변환을 이용하여 주어진 식의 값을 구해 보자.

$a^3=b^5=c^8=k$ $(k>0,\ k\neq1)$로 놓으면

$a^3=k$에서 $\log_a k=3$　　∴ $\log_k a=\dfrac{1}{3}$

$b^5=k$에서 $\log_b k=5$　　∴ $\log_k b=\dfrac{1}{5}$

$c^8=k$에서 $\log_c k=8$　　∴ $\log_k c=\dfrac{1}{8}$

∴ $\log_{\sqrt{a}} b^2 - \log_b c^3 = \dfrac{\log_k b^2}{\log_k \sqrt{a}} - \dfrac{\log_k c^3}{\log_k b} = \dfrac{2\log_k b}{\dfrac{1}{2}\log_k a} - \dfrac{3\log_k c}{\log_k b}$

$\qquad\qquad\qquad\qquad = \dfrac{2\times\dfrac{1}{5}}{\dfrac{1}{2}\times\dfrac{1}{3}} - \dfrac{3\times\dfrac{1}{8}}{\dfrac{1}{5}} = \dfrac{12}{5} - \dfrac{15}{8} = \dfrac{21}{40}$

다른 풀이

$a^3=b^5=c^8=k$ $(k>0,\ k\neq1)$로 놓으면

$a=k^{\frac{1}{3}},\ b=k^{\frac{1}{5}},\ c=k^{\frac{1}{8}}$이므로

$\log_{\sqrt{a}} b^2 - \log_b c^3 = \log_{k^{\frac{1}{6}}} k^{\frac{2}{5}} - \log_{k^{\frac{1}{5}}} k^{\frac{3}{8}}$

$\qquad\qquad\qquad\qquad = \dfrac{\dfrac{2}{5}}{\dfrac{1}{6}} - \dfrac{\dfrac{3}{8}}{\dfrac{1}{5}} = \dfrac{12}{5} - \dfrac{15}{8} = \dfrac{21}{40}$

12 0376　답 ④　　유형 10

출제의도 | 로그의 여러 가지 성질을 이용하여 수의 대소 관계를 파악할 수 있는지 확인한다.

로그의 성질 $a^{\log_c b}=b^{\log_c a}$, $\log_a x^n = n\log_a x$를 이용하여 A, B, C의 값을 각각 구해 보자.

$A=5^{\log_5 125 - \log_5 100} = 5^{\log_5 \frac{125}{100}} = 5^{\log_5 \frac{5}{4}} = \dfrac{5}{4}$

$B=\log_3 9 - \log_3 \dfrac{1}{81} = \log_3 3^2 - \log_3 3^{-4}$

$\quad = 2+4 = 6$

$C=\log_4\{\log_{16}(\log_8 64)\} = \log_4\{\log_{16}(\log_8 8^2)\}$

$\quad = \log_4(\log_{16} 2) = \log_4(\log_{2^4} 2)$

$\quad = \log_4 \dfrac{1}{4} = \log_4 4^{-1} = -1$

∴ $C<A<B$

13 0377　답 ⑤　　유형 11

출제의도 | 로그의 정수 부분과 소수 부분을 이해하고, 식의 값을 구할 수 있는지 확인한다.

$\log_2 5$보다 크지 않은 최대의 정수 a는 $\log_2 5$의 정수 부분을 의미한다는 것을 이용해 보자.

$\log_2 4 < \log_2 5 < \log_2 8$이므로

$2 < \log_2 5 < 3$　　∴ $a=2$

$b=\log_2 5 - 2 = \log_2 5 - \log_2 4 = \log_2 \dfrac{5}{4}$

∴ $2^a - 4^b = 2^2 - 4^{\log_2 \frac{5}{4}} = 2^2 - \left(\dfrac{5}{4}\right)^{\log_2 4} = 4 - \left(\dfrac{5}{4}\right)^2 = 4 - \dfrac{25}{16} = \dfrac{39}{16}$

따라서 $p=16$, $q=39$이므로

$p+q=55$

14 0378　답 ①　　유형 13

출제의도 | 상용로그의 정수 부분과 소수 부분을 이해하고, 식의 값을 구할 수 있는지 확인한다.

상용로그는 밑이 10인 수이므로 $\log 9$는 0보다 크고 1보다 작은 수임을 이용해 보자.

$\log 1 < \log 9 < \log 10$이므로 $0 < \log 9 < 1$

∴ $n=0$, $\alpha=\log 9$

∴ $\dfrac{10^n - 10^\alpha}{10^n + 10^\alpha} = \dfrac{10^0 - 10^{\log 9}}{10^0 + 10^{\log 9}} = \dfrac{1-9}{1+9} = \dfrac{-8}{10} = -\dfrac{4}{5}$

15 0379　답 ①　　유형 22

출제의도 | 상용로그의 활용 문제에서 관계식이 주어졌을 때, 조건을 만족시키는 값을 구할 수 있는지 확인한다.

초기 혈중 농도가 80일 때와 초기 혈중 농도가 20일 때로 나누고, 문자에 맞는 값을 관계식에 대입해 보자.

치료제를 주사하여 초기 혈중 농도가 80일 때, 혈중 농도가 2가 될 때까지 걸리는 시간을 t_1이라 하면

$t_1 = \log_3 \dfrac{80^5}{2^5} = \log_3 \left(\dfrac{80}{2}\right)^5 = 5\log_3 40$

또, 치료제를 주사하여 초기 혈중 농도가 20일 때, 혈중 농도가 2가 될 때까지 걸리는 시간을 t_2라 하면

$t_2 = \log_3 \dfrac{20^5}{2^5} = \log_3 \left(\dfrac{20}{2}\right)^5 = 5\log_3 10$

$t_1 = at_2$이므로 $a=\dfrac{t_1}{t_2}$

∴ $a=\dfrac{5\log_3 40}{5\log_3 10} = \log 40 = \log(10\times 2^2)$

$\quad = 1+2\log 2 = 1+2\times 0.3 = 1.6$

16 0380　답 ⑤　　유형 23

출제의도 | 상용로그의 활용 문제에서 일정한 비율로 변화할 때, 조건을 만족시키는 값을 구할 수 있는지 확인한다.

현재 세계 석유 소비량을 A라 하고 매년 $a\,\%$씩 감소할 때, n년 후의 양은 $A\left(1-\dfrac{a}{100}\right)^n$임을 이용하여 식을 세워 보자.

현재의 세계 석유 소비량을 A라 할 때, 매년 4 %씩 감소되므로 n년 후의 세계 석유 소비량이 현재 소비량의 $\dfrac{1}{4}$이 된다고 하면

$A(1-0.04)^n = \dfrac{1}{4}A$　　∴ $0.96^n = \dfrac{1}{4}$

양변에 상용로그를 취하면

$n\log 0.96 = -\log 4$

$n\log \dfrac{2^5 \times 3}{100} = -2\log 2$

$n(5\log 2 + \log 3 - 2) = -2\log 2$

$n(5\times 0.30 + 0.48 - 2) = -2\times 0.30$

$-0.02n = -0.6$　　∴ $n=30$

따라서 30년 후에 세계 석유 소비량이 현재 소비량의 $\dfrac{1}{4}$이 된다.

17 0381 답 ④ 유형 3

출제의도 | 로그의 정의와 성질을 이용하여 조건을 만족시키는 집합의 원소의 개수를 구할 수 있는지 확인한다.

> $f(20)$은 $n=20$일 때이므로 로그의 성질을 이용하여 주어진 집합의 원소를 나타내 보자.

$\log_4 n - \log_4 k = \log_4 \dfrac{n}{k}$ 이므로

$n=20$일 때 $\log_4 \dfrac{20}{k}=m$ (m은 정수)으로 놓으면

$\dfrac{20}{k}=4^m$ $\qquad \therefore k=\dfrac{20}{4^m}$

(i) $m=1$일 때, $k=5$

(ii) $m=0$일 때, $k=20$

(iii) $m=-1$일 때, $k=80$

(iv) $m=-2$일 때, $k=320$

(i)~(iv)에서 $f(20)=4$

18 0382 답 ② 유형 3

출제의도 | 로그의 정의와 성질을 이용하여 조건을 만족시키는 값을 구할 수 있는지 확인한다.

> (나)를 이용하여 b를 a에 대한 식으로 나타내고, 다른 두 조건을 이용하여 a, b의 값을 구해 보자.

(가)에서 $\log a > 1$이므로 $a > 10$ ·············· ㉠

(나)에서 $\log_6 ab = 4$이므로

$ab=6^4$ $\qquad \therefore b=\dfrac{2^4 \times 3^4}{a}$ ·············· ㉡

㉡을 (다)의 $\log_2 \dfrac{b}{a}$ 에 대입하면 $\log_2 \dfrac{b}{a}=\log_2 \dfrac{2^4 \times 3^4}{a^2}$ 이고, 이 값이

자연수이어야 하므로 a가 될 수 있는 값은 3^2, 2×3^2 이다.

$\left[\rule{0pt}{10pt}\right.$ $\log_2 \dfrac{2^4 \times 3^4}{a^2}=1,\ 2,\ 3,\ 4,\ \cdots$ 에서

$\dfrac{2^4 \times 3^4}{a^2}=2,\ 4,\ 8,\ 16,\ \cdots$

㉠에서 $a=2 \times 3^2=18$

이를 ㉡에 대입하면

$b=\dfrac{2^4 \times 3^4}{2 \times 3^2}=72$

$\therefore b-a=72-18=54$

19 0383 답 ② 유형 8

출제의도 | 로그의 정의를 이해하고, 미지수의 값을 구하여 식의 값을 구할 수 있는지 확인한다.

> $3^a=5^b=k^c=t$ $(t>0,\ t\neq 1)$로 놓고 로그의 정의를 이용하여 식을 변형하고, 주어진 조건을 이용하여 k의 값을 구해 보자.

(가)에서 $3^a=5^b=k^c=t$ $(t>0,\ t\neq 1)$라 하면

$a=\log_3 t$, $b=\log_5 t$, $c=\log_k t$

이를 (나)의 $\dfrac{1}{c}=\dfrac{1}{a}+\dfrac{1}{b}$ 에 대입하면

$\dfrac{1}{\log_k t}=\dfrac{1}{\log_3 t}+\dfrac{1}{\log_5 t}$

$\log_t k=\log_t 3+\log_t 5=\log_t 15$ $\qquad \therefore k=15$

$\therefore \log_5 (k+3)=\log_5 18=\dfrac{\log_{10} 18}{\log_{10} 5}=\dfrac{\log_{10}(2\times 3^2)}{\log_{10}\dfrac{10}{2}}$

$=\dfrac{\log_{10} 2+2\log_{10} 3}{1-\log_{10} 2}=\dfrac{x+2y}{1-x}$

20 0384 답 ③ 유형 14

출제의도 | 상용로그의 소수 부분의 성질을 이용하여 조건을 만족시키는 값을 구할 수 있는지 확인한다.

> $\log A$의 소수 부분을 이용하여 $\log A$의 값의 범위를 구해 보자. 이때 $\log A$의 값이 음수이면 $0 \leq$ (소수 부분) < 1을 만족시키도록 변형해 보자.

$\log A=-2.3=-3+0.7$ ·············· ㉠

$\log 5=\log \dfrac{10}{2}=1-\log 2=1-0.3010=0.6990$

$\log 6=\log(2\times 3)=\log 2+\log 3=0.3010+0.4771=0.7781$

이므로 $\log 5 < 0.7 < \log 6$

㉠에서 $-3+\log 5 < -3+0.7 < -3+\log 6$

$\log 10^{-3}+\log 5 < \log A < \log 10^{-3}+\log 6$

$\log \dfrac{5}{1000} < \log A < \log \dfrac{6}{1000}$

$\therefore \dfrac{5}{1000} < A < \dfrac{6}{1000}$

따라서 $5 < A \times 10^3 < 6$이므로 $m=5$, $n=3$

$\therefore m+n=8$

21 0385 답 ③ 유형 13

출제의도 | 상용로그의 소수 부분의 성질을 이용하여 보기의 참, 거짓을 판별할 수 있는지 확인한다.

> $f(x)$는 $\log x$의 소수 부분을 의미한다는 것을 이용해 보자.

ㄱ. $\log a=n+\alpha$이면 $[\log a]=n$이므로

$f(a)=\log a-[\log a]=\alpha$ (참)

ㄴ. $\log \dfrac{1}{a}=-\log a=-n-\alpha=-(n+1)+(1-\alpha)$이면

$\left[\log \dfrac{1}{a}\right]=-n-1$이므로

$f\left(\dfrac{1}{a}\right)=\log \dfrac{1}{a}-\left[\log \dfrac{1}{a}\right]=1-\alpha$ (거짓)

ㄷ. $f(a)=\beta$이면 ㄴ에서 $f\left(\dfrac{1}{a}\right)=1-\beta$이므로 $f(a)=3f\left(\dfrac{1}{a}\right)$에서

$\beta=3(1-\beta)$, $4\beta=3$

$\therefore \beta=\dfrac{3}{4}$ (참)

따라서 옳은 것은 ㄱ, ㄷ이다.

22 0386 답 $\dfrac{2x}{x+y}$ 유형 8

출제의도 | $a^x=b$가 주어질 때, 로그의 정의를 이용하여 식의 값을 구할 수 있는지 확인한다.

STEP 1 $\log_2 a$, $\log_2 b$를 x, y에 대한 식으로 나타내기 [3점]

$a^x=2$에서 $x=\log_a 2$ $\qquad \therefore \log_2 a=\dfrac{1}{x}$

$b^y=2$에서 $y=\log_b 2$ $\qquad \therefore \log_2 b=\dfrac{1}{y}$

STEP 2 $\log_{ab} b^2$을 x, y를 사용하여 나타내기 [3점]

$\log_{ab} b^2=\dfrac{\log_2 b^2}{\log_2 ab}=\dfrac{2\log_2 b}{\log_2 a+\log_2 b}=\dfrac{\dfrac{2}{y}}{\dfrac{1}{x}+\dfrac{1}{y}}=\dfrac{2x}{x+y}$

23 0387 　답 $a=2.04$, $b=14$　　유형 21

출제의도 ｜ 상용로그를 이용하여 큰 수의 자릿수를 구할 수 있는지 확인한다.

STEP 1 $3^{30}=a\times10^b$의 양변에 상용로그를 취하여 정리하기 [3점]

$3^{30}=a\times10^b$의 양변에 상용로그를 취하면

$\log 3^{30}=\log(a\times10^b)$

$30\log 3=\log a+b$

$30\times0.477=\log a+b$

$14.31=\log a+b$

STEP 2 a, b의 값 구하기 [3점]

$1<a<10$에서 $0<\log a<1$이고, b는 정수이므로

$\log a=0.31$, $b=14$

이때 $\log 2.04=0.31$이므로

$a=2.04$

24 0388 　답 100　　유형 22

출제의도 ｜ 상용로그의 활용 문제에서 관계식이 주어졌을 때, 조건을 만족시키는 값을 구할 수 있는지 확인한다.

STEP 1 1분당 60개를 만들기까지 걸린 평균 연습시간을 k에 대한 식으로 나타내기 [2점]

1분당 60개를 만들기까지 걸린 평균 연습시간을 t_1이라 하면

$t_1=1-k\log\left(1-\dfrac{60}{90}\right)=1-k\log\dfrac{1}{3}=1+k\log 3$

STEP 2 1분당 30개를 만들기까지 걸린 평균 연습시간을 k에 대한 식으로 나타내기 [2점]

1분당 30개를 만들기까지 걸린 평균 연습시간을 t_2라 하면

$t_2=1-k\log\left(1-\dfrac{30}{90}\right)=1-k\log\dfrac{2}{3}=1+k\log\dfrac{3}{2}$

$\quad=1+k(\log 3-\log 2)$

STEP 3 $42k$의 값 구하기 [3점]

$t_1=\dfrac{3}{2}t_2$이므로

$1+k\log 3=\dfrac{3}{2}\{1+k(\log 3-\log 2)\}$

$2(1+k\log 3)=3\{1+k(\log 3-\log 2)\}$

$2+2k\log 3=3+3k\log 3-3k\log 2$

$k(3\log 2-\log 3)=1$

$k(3\times0.30-0.48)=1$, $0.42k=1$　　$\therefore 42k=100$

25 0389 　답 8　　유형 13

출제의도 ｜ 로그의 정의와 상용로그의 정수 부분과 소수 부분의 성질을 이용하여 주어진 식의 최솟값을 구할 수 있는지 확인한다.

STEP 1 $f(n)-g(n)$이 최소가 되는 조건 파악하기 [2점]

$f(n)-g(n)$이 최솟값을 가지려면 $f(n)$은 최솟값을, $g(n)$은 최댓값을 가져야 한다.

STEP 2 $f(n)$의 최솟값과 그때의 $g(n)$의 최댓값 구하기 [3점]

자연수 n에 대하여 $f(n)\geq0$이므로 $f(n)$의 최솟값은 0이고,

$f(n)=0$일 때, $g(n)$의 최댓값은 $\log 9$이다.

STEP 3 $\log\dfrac{b}{a}$의 값 구하기 [2점]
→ 정수 부분이 0이므로 n은 한 자리의 자연수이고, 이때 n의 최댓값은 9이다.

$n=9$일 때 $f(n)-g(n)$은 최솟값 $\log\dfrac{1}{9}$을 가지므로

$\log\dfrac{b}{a}=\log\dfrac{1}{9}$

STEP 4 $a-b$의 값 구하기 [1점]

$a=9$, $b=1$이므로 $a-b=8$

실전 마무리하기 2회　　83쪽~87쪽

1 0390 　답 ⑤　　유형 1

출제의도 ｜ 로그의 정의를 이용하여 x, y의 값을 구할 수 있는지 확인한다.

$\log_a b=k \iff a^k=b$를 이용해 보자.

$\log_3 x=2$이므로 $x=3^2=9$

$\log_y 3\sqrt{3}=\dfrac{1}{2}$이므로 $y^{\frac{1}{2}}=3\sqrt{3}$　　$\therefore y=(3\sqrt{3})^2=27$

$\therefore \dfrac{y}{x}=\dfrac{27}{9}=3$

2 0391 　답 ⑤　　유형 3 + 유형 4

출제의도 ｜ 로그의 기본 성질과 밑의 변환을 이용하여 로그의 계산을 할 수 있는지 확인한다.

로그의 진수를 거듭제곱으로 나타내고, $\log_2 x+\log_2 y=\log_2 xy$와 로그의 밑의 변환을 이용하여 식을 계산해 보자.

$\log_2 48-\log_2 3+\dfrac{\log_3 64}{\log_3 2}=\log_2(2^4\times3)-\log_2 3+\log_2 2^6$

$\qquad\qquad=4\log_2 2+\log_2 3-\log_2 3+6\log_2 2$

$\qquad\qquad=4+6=10$

3 0392 　답 ③　　유형 3 + 유형 4

출제의도 ｜ 로그의 여러 가지 성질을 이용하여 보기의 참, 거짓을 판별할 수 있는지 확인한다.

ㄱ, ㄴ은 각 로그의 밑이 같으므로 로그의 기본 성질을 이용하고, ㄷ의 $\dfrac{1}{\log_7 3}$과 $\log_5 9$는 밑의 변환을 이용하여 밑이 3인 로그로 나타낸 후 계산해 보자.

ㄱ. $\log_6 16^2+\log_6 9^4=\log_6 2^8+\log_6 3^8=\log_6(2^8\times3^8)$

$\qquad\qquad=\log_6 6^8=8$ (참)

ㄴ. $\log_2\dfrac{3}{4}+\log_2\sqrt{8}-\dfrac{1}{2}\log_2 18$

$\quad=\log_2\dfrac{3}{4}+\log_2\sqrt{8}-\log_2\sqrt{18}$

$\quad=\log_2\left(\dfrac{3}{4}\times2\sqrt{2}\times\dfrac{1}{3\sqrt{2}}\right)=\log_2\dfrac{1}{2}=-1$ (거짓)

ㄷ. $\left(\log_3 35-\dfrac{1}{\log_7 3}\right)\times\log_5 9=(\log_3 35-\log_3 7)\times\log_5 9$

$\qquad\qquad=\log_3\dfrac{35}{7}\times\log_5 9$

$\qquad\qquad=\log_3 5\times2\log_5 3$

$\qquad\qquad=\log_3 5\times\dfrac{2}{\log_3 5}=2$ (참)

따라서 옳은 것은 ㄱ, ㄷ이다.

4 0393 답 ④

출제의도 | 로그의 값이 문자로 주어졌을 때, 주어진 값을 문자로 나타낼 수 있는지 확인한다.

> $\log_{\sqrt{12}} 14$에서 $\log_7 2$, $\log_7 3$을 사용할 수 있도록 밑이 7인 로그로 변형해 보자.

$\log_7 2 = a$, $\log_7 3 = b$이므로

$$\log_{\sqrt{12}} 14 = \frac{\log_7 14}{\log_7 \sqrt{12}} = \frac{\log_7 (2 \times 7)}{\log_7 (2^2 \times 3)^{\frac{1}{2}}} = \frac{\log_7 2 + 1}{\frac{1}{2}(2\log_7 2 + \log_7 3)}$$

$$= \frac{2\log_7 2 + 2}{2\log_7 2 + \log_7 3} = \frac{2a+2}{2a+b}$$

5 0394 답 ②

출제의도 | 이차방정식의 근과 계수의 관계를 이용하여 로그의 값을 구할 수 있는지 확인한다.

> 이차방정식의 근과 계수의 관계를 이용하여 $\log_2 a + \log_2 b$, $\log_2 a \times \log_2 b$의 값을 각각 구해 보자.

이차방정식의 근과 계수의 관계에 의하여

$\log_2 a + \log_2 b = 6$, $\log_2 a \times \log_2 b = 4$

$$\therefore \frac{1}{\log_2 a} + \frac{1}{\log_2 b} = \frac{\log_2 a + \log_2 b}{\log_2 a \times \log_2 b} = \frac{6}{4} = \frac{3}{2}$$

6 0395 답 ⑤

출제의도 | 로그의 정수 부분과 소수 부분을 이해하고, 식의 값을 구할 수 있는지 확인한다.

> 4의 거듭제곱 중 25에 가까운 두 수를 찾아서 $\log_4 25$의 정수 부분 a를 먼저 구해 보자.

$\log_4 16 < \log_4 25 < \log_4 64$, 즉 $2 < \log_4 25 < 3$이므로

$a = 2$

$$\therefore b = \log_4 25 - 2 = \log_{2^2} 5^2 - 2 = \log_2 5 - 2 = \log_2 \frac{10}{2} - 2$$

$$= \log_2 10 - 3 = \frac{1}{\log 2} - 3 = \frac{1}{0.3} - 3 = \frac{1}{3}$$

$$\therefore a + \frac{1}{b} = 2 + 3 = 5$$

7 0396 답 ④

출제의도 | 상용로그표를 이용하여 상용로그의 값을 계산할 수 있는지 확인한다.

> 주어진 상용로그의 소수 부분이 같은 것을 상용로그표에서 찾아보자.

상용로그표에서 $\log 7.42 = 0.8704$이므로

$$\log M = 3.8704 = 3 + 0.8704$$

$$= \log 10^3 + \log 7.42$$

$$= \log(10^3 \times 7.42) = \log 7420$$

$$\therefore M = 7420$$

8 0397 답 ⑤

출제의도 | 로그가 정의되는 조건을 이해하는지 확인한다.

> 로그의 밑은 1이 아닌 양수이고, 진수는 항상 양수이어야 하므로 이 조건을 식으로 나타내 보자.

밑의 조건에서 $|a-1| > 0$, $|a-1| \neq 1$

$\therefore a \neq 1$, $a \neq 0$, $a \neq 2$ ·········· ㉠

진수의 조건에서 모든 실수 x에 대하여

$x^2 + ax + 2a > 0$

이차방정식 $x^2 + ax + 2a = 0$의 판별식을 D라 하면 $D < 0$이어야 하므로

$D = a^2 - 8a < 0$, $a(a-8) < 0$

$\therefore 0 < a < 8$ ·········· ㉡

㉠, ㉡을 만족시키는 a의 값의 범위는

$0 < a < 1$, $1 < a < 2$, $2 < a < 8$

따라서 정수 a는 3, 4, 5, 6, 7의 5개이다.

9 0398 답 ②

출제의도 | 주어진 식의 표현을 이해하고, 로그의 성질을 이용하여 식의 값을 구할 수 있는지 확인한다.

> $f(x) = \log_3 \left(1 + \frac{1}{x}\right)$의 진수를 변형하고, x에 3, 4, $\cdots$, 26을 차례로 대입하여 식을 계산해 보자.

$f(x) = \log_3 \left(1 + \frac{1}{x}\right) = \log_3 \frac{x+1}{x}$이므로

$$f(3) + f(4) + f(5) + \cdots + f(26)$$

$$= \log_3 \frac{4}{3} + \log_3 \frac{5}{4} + \log_3 \frac{6}{5} + \cdots + \log_3 \frac{27}{26}$$

$$= \log_3 \left(\frac{4}{3} \times \frac{5}{4} \times \frac{6}{5} \times \cdots \times \frac{27}{26}\right) = \log_3 \frac{27}{3}$$

$$= \log_3 9 = \log_3 3^2 = 2$$

10 0399 답 ③

출제의도 | 로그의 밑의 변환을 이용하여 조건을 만족시키는 값을 구할 수 있는지 확인한다.

> $2\log_n 3 = \frac{2}{\log_3 n}$이므로 $\frac{2}{\log_3 n}$가 자연수가 되기 위한 조건을 구해 보자.

$$2\log_n 3 = \frac{2}{\log_3 n}$$

이때 $n \geq 3$이므로 $\log_3 n \geq 1$

즉, $\frac{2}{\log_3 n}$가 자연수가 되기 위해서는 $\log_3 n$은 2의 약수이어야 하므로

$\log_3 n = 1$ 또는 $\log_3 n = 2$

$\therefore n = 3$ 또는 $n = 9$

따라서 모든 n의 값의 합은

$3 + 9 = 12$

11 0400 답 ④ 〔유형 5〕

출제의도 | 지수법칙과 로그의 여러 가지 성질을 이용하여 식의 값을 구할 수 있는지 확인한다.

> $\log_{3^m} 2 = \dfrac{1}{m}\log_3 2$, $\log_3 x^n = n\log_3 x$임을 이용하여 주어진 식을 $(ab)^k$ 꼴로 나타내 보자.

$$(a^3)^{\log_{\sqrt{3}} 2} \times b^{2\log_3 8} = (a^3)^{2\log_3 2} \times b^{6\log_3 2} = a^{6\log_3 2} \times b^{6\log_3 2}$$
$$= (ab)^{6\log_3 2} = \{(ab)^6\}^{\log_3 2} = \{(\sqrt{3})^6\}^{\log_3 2}$$
$$= 27^{\log_3 2} = 2^{\log_3 27} = 2^{\log_3 3^3} = 2^3 = 8$$

12 0401 답 ③ 〔유형 8〕

출제의도 | 로그의 정의를 이용하여 식의 값을 구할 수 있는지 확인한다.

> 로그의 정의를 이용하여 $a+b$, $a-b$를 로그로 나타내 보자.

$4^{a+b} = 27$에서 $a+b = \log_4 27 = \log_{2^2} 3^3 = \dfrac{3}{2}\log_2 3$

$81^{a-b} = 8$에서 $a-b = \log_{81} 8 = \log_{3^4} 2^3 = \dfrac{3}{4}\log_3 2$

$\therefore a^2 - b^2 = (a+b)(a-b)$
$$= \dfrac{3}{2}\log_2 3 \times \dfrac{3}{4}\log_3 2 = \dfrac{9}{8}\log_2 3 \times \dfrac{1}{\log_2 3} = \dfrac{9}{8}$$

13 0402 답 ① 〔유형 10〕

출제의도 | 로그의 정의와 로그의 성질을 이용하여 세 수의 대소 관계를 파악할 수 있는지 확인한다.

> $a^4 = b^5 = c^6 = k \ (k>0, \ k\neq 1)$라 하고 로그의 정의와 $\log_{k^m} k^n = \dfrac{n}{m}$임을 이용하여 세 수의 값을 각각 구해 보자.

$a^4 = b^5 = c^6 = k \ (k>0, \ k\neq 1)$라 하면

$a = k^{\frac{1}{4}}$, $b = k^{\frac{1}{5}}$, $c = k^{\frac{1}{6}}$

$A = \log_a b = \log_{k^{\frac{1}{4}}} k^{\frac{1}{5}} = \dfrac{4}{5}$

$B = \log_b c = \log_{k^{\frac{1}{5}}} k^{\frac{1}{6}} = \dfrac{5}{6}$

$C = \log_c a = \log_{k^{\frac{1}{6}}} k^{\frac{1}{4}} = \dfrac{6}{4} = \dfrac{3}{2}$

$\therefore A < B < C$

〔다른 풀이〕

$b^5 = a^4$에서 $b = a^{\frac{4}{5}}$이므로 $A = \log_a b = \dfrac{4}{5}$

$c^6 = b^5$에서 $c = b^{\frac{5}{6}}$이므로 $B = \log_b c = \dfrac{5}{6}$

$a^4 = c^6$에서 $a = c^{\frac{6}{4}} = c^{\frac{3}{2}}$이므로 $C = \log_c a = \dfrac{3}{2}$

$\therefore A < B < C$

14 0403 답 ⑤ 〔유형 16〕

출제의도 | 두 상용로그의 소수 부분이 같을 때의 식의 표현을 이해하고, 조건을 만족시키는 값을 구할 수 있는지 확인한다.

> 주어진 식에서 두 상용로그 $\log x^2$, $\log \sqrt[3]{x^2}$의 소수 부분이 같으므로 두 상용로그의 차가 정수임을 이용해 보자.

$1000 < x < 10000$에서 $3 < \log x < 4$ ⋯⋯⋯⋯ ㉠

$\log x^2 - [\log x^2] = \log \sqrt[3]{x^2} - [\log \sqrt[3]{x^2}]$이므로

$\log x^2$의 소수 부분과 $\log \sqrt[3]{x^2}$의 소수 부분이 같다. 즉,

$\log x^2 - \log \sqrt[3]{x^2} = 2\log x - \dfrac{2}{3}\log x = \dfrac{4}{3}\log x = (정수)$

㉠에서 $4 < \dfrac{4}{3}\log x < \dfrac{16}{3}$이고, $\dfrac{4}{3}\log x$는 정수이므로

$\dfrac{4}{3}\log x = 5$, $\log x = \dfrac{15}{4}$ $\therefore x = 10^{\frac{15}{4}}$

$\therefore k = \dfrac{15}{4}$

15 0404 답 ② 〔유형 18〕

출제의도 | 상용로그의 정수 부분, 소수 부분과 이차방정식의 근과 계수의 관계를 이용할 수 있는지 확인한다.

> 이차방정식의 근과 계수의 관계를 이용하여 $n+\alpha$, $n\alpha$의 값을 구해 보자.

이차방정식의 근과 계수의 관계에 의하여

$n + \alpha = -\dfrac{11}{3} = -4 + \dfrac{1}{3}$ ⋯⋯⋯⋯ ㉠

$n\alpha = \dfrac{k}{3}$ ⋯⋯⋯⋯ ㉡

㉠에서 $\underline{n = -4, \ \alpha = \dfrac{1}{3}}$

→ 소수 부분의 조건에 의하여
$-\dfrac{11}{3} = -3 - \dfrac{2}{3}$
$= -3 - 1 + \left(1 - \dfrac{2}{3}\right)$
$= -4 + \dfrac{1}{3}$

이를 ㉡에 대입하면 $-4 \times \dfrac{1}{3} = \dfrac{k}{3}$

$\therefore k = -4$

16 0405 답 ② 〔유형 20〕

출제의도 | 상용로그의 정수 부분을 이용하여 주어진 수의 자릿수를 구할 수 있는지 확인한다.

> $\log a^{42}$의 정수 부분을 이용하여 $\log a$의 값의 범위를 구해 보자.

a^{42}이 21자리의 정수이므로 $\log a^{42}$의 정수 부분은 20이다.

즉, $20 \le \log a^{42} < 21$에서 $20 \le 42\log a < 21$

$\therefore \dfrac{10}{21} \le \log a < \dfrac{1}{2}$

한편, $\log \left(\dfrac{1}{a}\right)^{22} = -22\log a$이므로

$-22 \times \dfrac{1}{2} < -22\log a \le -22 \times \dfrac{10}{21}$

$-11 < -22\log a \le -10.4\cdots$

$\therefore -22\log a = -11 + \alpha \ (0 < \alpha < 1)$

따라서 $\log \left(\dfrac{1}{a}\right)^{22}$의 정수 부분이 -11이므로 $\left(\dfrac{1}{a}\right)^{22}$은 소수 11째 자리에서 처음으로 0이 아닌 숫자가 나타난다.

17 0406 답 ④ 〔유형 1〕

출제의도 | 로그의 정의를 이용하여 조건을 만족시키는 값을 구할 수 있는지 확인한다.

> $\log_2 \dfrac{n}{9} = k$로 놓고, 로그의 정의를 이용하여 n에 대한 식으로 나타내 보자.

㈎에서 $\log_2 \dfrac{n}{9}$이 자연수이므로 $\dfrac{n}{9} = 2^k$ (k는 자연수)으로 놓으면

$n = 9 \times 2^k$

이때 $0<n\le900$, 즉 $0<9\times2^k\le900$에서
$0<2^k\le100$
이때 2^k의 값이 될 수 있는 것은 2^1, 2^2, 2^3, 2^4, 2^5, 2^6이므로
n의 값이 될 수 있는 것은
9×2, 9×2^2, 9×2^3, 9×2^4, 9×2^5, 9×2^6
이 중에서 <u>(나)</u>를 만족시키는 것은
9×2^3, 9×2^6 → 9×2^{3m} (m은 자연수) 꼴
따라서 모든 자연수 n의 값의 합은
$9\times2^3+9\times2^6=72+576=648$

18 0407 답 ②   유형 2

출제의도 | 주어진 조건을 만족시키는 로그의 진수의 조건을 구할 수 있는지 확인한다.

> 진수의 조건에서 $-x^2+ax+4>0$이고, 이차함수 $y=-x^2+ax+4$의
> 그래프를 이용하여 밑이 2인 로그의 값이 자연수가 되는 경우를 생각해 보자.

$f(x)=-x^2+ax+4$라 하면
$f(x)=-x^2+ax+4=-\left(x-\dfrac{a}{2}\right)^2+\dfrac{a^2}{4}+4$
진수의 조건에 의하여 $f(x)>0$
$\log_2(-x^2+ax+4)$의 값이 자연수가 되려면 $f(x)$의 값은
2^k (k는 자연수) 꼴이어야 한다.

이때 $\log_2(-x^2+ax+4)$의 값이 자연수가 되도록 하는 실수 x의 개수가 4이므로 함수 $y=f(x)$의 그래프는 그림과 같이 직선 $y=2$, $y=2^2$과 각각 2개의 점에서 만나고, 직선 $y=2^n(n\ge3)$과는 만나지 않아야 한다.

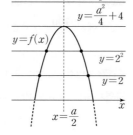

즉, $2^2<\dfrac{a^2}{4}+4<2^3$이므로
$0<a^2<16$
이때 a가 자연수이므로 a의 값은 1, 2, 3이다.
따라서 모든 자연수 a의 값의 합은
$1+2+3=6$

19 0408 답 ②   유형 5

출제의도 | 로그의 성질을 이용하여 밑이 2인 세 로그의 비를 구할 수 있는지 확인한다.

> $\log_2 a=A$, $\log_2 b=B$, $\log_2 c=C$로 놓고, 로그의 성질을 이용하여 두
> 조건을 A, B, C에 대한 식으로 나타내고, 연립방정식을 풀어 보자.

$\log_2 a=A$, $\log_2 b=B$, $\log_2 c=C$라 하면
(가)에서 $\log_2 a-\log_2 b=\log_8 b-\log_8 c$
$\log_2 a-\log_2 b=\log_{2^3} b-\log_{2^3} c$, $\log_2 a-\log_2 b=\dfrac{1}{3}\log_2 b-\dfrac{1}{3}\log_2 c$
이므로 $A-B=\dfrac{1}{3}B-\dfrac{1}{3}C$
$3A-3B=B-C$
$\therefore C=4B-3A$ ·············· ㉠
(나)에서 $\log_2 a\times\log_8 c=\log_2 b\times\log_8 b$
$\log_2 a\times\log_{2^3} c=\log_2 b\times\log_{2^3} b$
$\log_2 a\times\dfrac{1}{3}\log_2 c=\log_2 b\times\dfrac{1}{3}\log_2 b$

이므로 $A\times\dfrac{1}{3}C=B\times\dfrac{1}{3}B$ $\therefore AC=B^2$ ·············· ㉡
㉠을 ㉡에 대입하면
$A(4B-3A)=B^2$, $4AB-3A^2=B^2$
$3A^2-4AB+B^2=0$, $(A-B)(3A-B)=0$
$\therefore B=A$ 또는 $B=3A$
(i) $B=A$이면 $\log_2 b=\log_2 a$에서 $a=b$이므로 주어진 조건을 만족시키지 않는다.
(ii) $B=3A$를 ㉠에 대입하면
$C=12A-3A=9A$
(i), (ii)에서 $C=9A$
$\therefore \log_2 a:\log_2 b:\log_2 c=A:B:C=A:3A:9A=1:3:9$

20 0409 답 ④   유형 11

출제의도 | 로그의 정수 부분의 성질을 이용하여 보기의 참, 거짓을 판별할 수 있는지 확인한다.

> ㄱ은 $f(a, b)=n$의 정의를 이용하고, ㄴ, ㄷ은 $\log_a b=\dfrac{1}{\log_b a}$임을
> 이용하여 $f(b, a)$의 값을 구해 보자.

ㄱ. $\log_3 27<\log_3 30<\log_3 81$이므로 $3<\log_3 30<4$
$\therefore f(3, 30)=3$ (거짓)
ㄴ. $f(a, b)=2$이면 $2\le\log_a b<3$
즉, $2\le\dfrac{1}{\log_b a}<3$이므로 $\dfrac{1}{3}<\log_b a\le\dfrac{1}{2}$
$\therefore f(b, a)=0$ (참)
ㄷ. $f(a, b)=-2$이면 $-2\le\log_a b<-1$
즉, $-2\le\dfrac{1}{\log_b a}<-1$이므로 $-1<\log_b a\le-\dfrac{1}{2}$
$\therefore f(b, a)=-1$ (참)
따라서 옳은 것은 ㄴ, ㄷ이다.

21 0410 답 ④   유형 21 + 유형 23

출제의도 | 상용로그의 활용 문제에서 식을 세우고, 상용로그의 소수 부분을 이용하여 최고 자리의 숫자를 구할 수 있는지 확인한다.

> 박테리아가 2시간마다 3배씩 증식하면 1시간마다 $3^{\frac{1}{2}}$배씩 증식하고, 3시간
> 마다 2배씩 증식하면 1시간마다 $2^{\frac{1}{3}}$배씩 증식함을 이용하여 식을 세워 보자.

처음 박테리아 수를 X라 하자.
배양액 A로 배양했을 때, 박테리아는 <u>2시간마다 3배씩 증식하므</u>
로 1일 동안 배양한 박테리아 수는   → $(3^{\frac{1}{2}})^{24}=3^{12}$
$X\times3^{12}$ ·············· ㉠
배양액 B로 배양했을 때, 박테리아는 <u>3시간마다 2배씩 증식하므</u>
로 ㉠을 2일 동안 배양한 박테리아 수는   → $(2^{\frac{1}{3}})^{2\times24}=2^{16}$
$(X\times3^{12})\times2^{16}$
주어진 조건에서 $X\times3^{12}\times2^{16}=X\times a\times10^n$이므로
$3^{12}\times2^{16}=a\times10^n$ ·············· ㉡
㉡의 좌변에 상용로그를 취하면
$\log(3^{12}\times2^{16})=12\log3+16\log2$
$=12\times0.4771+16\times0.3010$
$=5.7252+4.816=10.5412=10+0.5412$

이때 $\log 3 = 0.4771$, $\log 4 = 2\log 2 = 2 \times 0.3010 = 0.6020$이므로

$\log 3 < 0.5412 < \log 4$

$10 + \log 3 < 10.5412 < 10 + \log 4$

$\log(10^{10} \times 3) < \log(3^{12} \times 2^{16}) < \log(10^{10} \times 4)$

$\therefore 3 \times 10^{10} < 3^{12} \times 2^{16} < 4 \times 10^{10}$

㉡에서 a는 $3^{12} \times 2^{16}$의 최고 자리의 숫자이고, $3^{12} \times 2^{16}$은 10자리의 정수이므로 $a = 3$, $n = 10$

$\therefore a + n = 13$

22 0411 답 3432 유형 16

출제의도 | 상용로그의 소수 부분의 성질을 이용하여 상용로그의 진수를 구할 수 있는지 확인한다.

STEP 1 a의 값 구하기 [2점]

$\log a = 2.4942 = 2 + 0.4942$
$\qquad = \log 10^2 + \log 3.12 = \log(10^2 \times 3.12) = \log 312$

$\therefore a = 312$

STEP 2 b의 값 구하기 [2점]

$\log b = -0.5058 = -1 + 0.4942$
$\qquad = \log 10^{-1} + \log 3.12 = \log(10^{-1} \times 3.12) = \log 0.312$

$\therefore b = 0.312$

STEP 3 $10a + 1000b$의 값 구하기 [2점]

$10a + 1000b = 3120 + 312 = 3432$

23 0412 답 10^6 유형 22

출제의도 | 상용로그의 활용 문제에서 관계식이 주어졌을 때, 조건을 만족시키는 값을 구할 수 있는지 확인한다.

STEP 1 E_1의 값 구하기 [2점]

$\log E_1 = 11.8 + 1.5 \times 8 = 23.8$이므로 $E_1 = 10^{23.8}$

STEP 2 E_2의 값 구하기 [2점]

$\log E_2 = 11.8 + 1.5 \times 4 = 17.8$이므로 $E_2 = 10^{17.8}$

STEP 3 $\dfrac{E_1}{E_2}$의 값 구하기 [2점]

$\dfrac{E_1}{E_2} = 10^{23.8 - 17.8} = 10^6$

24 0413 답 37 유형 23

출제의도 | 상용로그의 활용 문제에서 일정한 비율로 변화할 때, 조건을 만족시키는 값을 구할 수 있는지 확인한다.

STEP 1 5회 반복 실시한 후 불순물의 양이 처음의 10 %로 줄어드는 것을 이용하여 식 세우기 [3점]

처음 불순물의 양을 A라 하면

$A\left(1 - \dfrac{x}{100}\right)^5 = A \times \dfrac{10}{100}$ $\qquad \therefore \left(1 - \dfrac{x}{100}\right)^5 = \dfrac{1}{10}$

STEP 2 양변에 상용로그를 취하여 식 정리하기 [2점]

양변에 상용로그를 취하면

$5\log\left(1 - \dfrac{x}{100}\right) = -1$

$\log\left(1 - \dfrac{x}{100}\right) = -0.2 = -1 + 0.8$

이때 $\log 6.3 = 0.8$이므로

$\log\left(1 - \dfrac{x}{100}\right) = \log 10^{-1} + \log 6.3 = \log 0.63$

STEP 3 x의 값 구하기 [2점]

$1 - \dfrac{x}{100} = 0.63$에서 $\dfrac{x}{100} = 0.37$ $\qquad \therefore x = 37$

25 0414 답 16 유형 15

출제의도 | 상용로그의 정수 부분의 성질을 이용하여 조건을 만족시키는 자연수의 개수를 구할 수 있는지 확인한다.

STEP 1 ㈎를 만족시키는 n의 값의 범위 구하기 [3점]

n은 두 자리의 자연수이므로 $10 \le n < 100$

$\therefore [\log n] = 1$

㈎에서 $[\log 3n] = [\log n] + 1 = 2$이므로

$2 \le \log 3n < 3$

$100 \le 3n < 1000$

$\therefore \dfrac{100}{3} \le n < \dfrac{1000}{3}$ ⬝⬝⬝⬝⬝⬝⬝⬝⬝⬝⬝⬝⬝⬝⬝ ㉠

STEP 2 ㈏를 만족시키는 n의 값의 범위 구하기 [2점]

㈏에서 $\log n - 1 < \log 5$이므로

$\log n < 1 + \log 5 = \log 10 + \log 5 = \log 50$

$\therefore n < 50$ ⬝⬝⬝⬝⬝⬝⬝⬝⬝⬝⬝⬝⬝⬝⬝⬝⬝⬝⬝⬝⬝⬝⬝⬝ ㉡

STEP 3 n의 값 구하기 [2점]

㉠, ㉡에서 $\dfrac{100}{3} \le n < 50$이고, n은 두 자리의 자연수이므로

$n = 34, 35, 36, \cdots, 49$

STEP 4 자연수 n의 개수 구하기 [1점]

자연수 n의 개수는 $49 - 34 + 1 = 16$

고난도 ⊕ Plus 문제 88쪽

1 0415 답 $\dfrac{1}{2}$

$(\log_a \sqrt[4]{b})^2 + (\log_b a)^2 = \left(\dfrac{1}{4}\log_a b\right)^2 + (\log_b a)^2$
$\qquad\qquad\qquad\qquad\qquad = \dfrac{1}{16}(\log_a b)^2 + \dfrac{1}{(\log_a b)^2}$

이때 $\dfrac{1}{16}(\log_a b)^2 > 0$, $\dfrac{1}{(\log_a b)^2} > 0$이므로 산술평균과 기하평균의 관계에 의하여

$\dfrac{1}{16}(\log_a b)^2 + \dfrac{1}{(\log_a b)^2} \ge 2\sqrt{\dfrac{1}{16}(\log_a b)^2 \times \dfrac{1}{(\log_a b)^2}}$
$\qquad\qquad\qquad\qquad\qquad = 2\sqrt{\dfrac{1}{16}} = 2 \times \dfrac{1}{4} = \dfrac{1}{2}$

(단, 등호는 $(\log_a b)^2 = 4$일 때 성립)

따라서 구하는 최솟값은 $\dfrac{1}{2}$이다.

2 0416 답 ④

이차방정식 $x^2+px+q=0$이 실근을 가지므로 판별식을 D라 하면

$D=p^2-4q\geq0$ ··· ㉠

이차방정식의 근과 계수의 관계에 의하여

$\alpha+\beta=-p$, $\alpha\beta=q$ ··· ㉡

한편, $\log_2(\alpha+\beta)=\log_2\alpha+\log_2\beta-2$

$$=\log_2\alpha+\log_2\beta-\log_22^2=\log_2\frac{\alpha\beta}{4}$$

에서 $\alpha+\beta=\dfrac{\alpha\beta}{4}$

위 식에 ㉡을 대입하면 $-p=\dfrac{q}{4}$ $\therefore q=-4p$ ········· ㉢

㉢을 ㉠에 대입하면 $p^2+16p\geq0$

$p(p+16)\geq0$ $\therefore p\leq-16$ 또는 $p\geq0$

이때 진수의 조건에서 $\alpha+\beta=-p>0$, 즉 $p<0$이므로

$p\leq-16$ $\therefore q\geq64$ ($\because$ ㉢)

따라서 $q-2p$의 값은 $p=-16$, $q=64$일 때 최소이므로 구하는

최솟값은

$64-2\times(-16)=96$

3 0417 답 68

㈎에서 $1\leq\log_5 n<2$

$\therefore 5\leq n<25$ ··· ㉠

㈏에서 모든 실수 x에 대하여 부등식 $2x^2-nx+18\geq0$이 성립하

므로 이차방정식 $2x^2-nx+18=0$의 판별식을 D라 하면

$D=n^2-144\leq0$, $(n+12)(n-12)\leq0$

$\therefore -12\leq n\leq12$ ······································· ㉡

㉠, ㉡에서 $5\leq n\leq12$

따라서 자연수 n은 5, 6, 7, $\cdots$, 12이므로 그 합은

$5+6+7+\cdots+12=68$

4 0418 답 150

N은 자연수이고, ㈎에서 $f(N)\leq2$이므로

$f(N)=0$ 또는 $f(N)=1$ 또는 $f(N)=2$

그런데 ㈏에서 $f(N)=f(3N)$이므로

$1\leq N<\dfrac{10}{3}$ 또는 $10\leq N<\dfrac{100}{3}$ 또는 $100\leq N<\dfrac{1000}{3}$

㈐에서 $g(N)\leq\log\dfrac{7}{3}$이므로

(i) $f(N)=0$일 때

$\log N=g(N)\leq\log\dfrac{7}{3}$이므로

$1\leq N\leq\dfrac{7}{3}$

이때 N은 자연수이므로 1, 2의 2개이다.

(ii) $f(N)=1$일 때

$\log N=1+g(N)\leq1+\log\dfrac{7}{3}=\log\dfrac{70}{3}$이므로

$10\leq N\leq\dfrac{70}{3}$

이때 N은 자연수이므로 10, 11, 12, $\cdots$, 23의 14개이다.

$\rightarrow$ $f(N)=f(3N)=0$일 때,
$1\leq N<10$, $1\leq3N<10$
이므로 $1\leq N<\dfrac{10}{3}$
$f(N)=f(3N)=1$일 때,
$10\leq N<100$, $10\leq3N<100$
이므로 $10\leq N<\dfrac{100}{3}$
$f(N)=f(3N)=2$일 때,
$100\leq N<1000$,
$100\leq3N<1000$
이므로 $100\leq N<\dfrac{1000}{3}$

(iii) $f(N)=2$일 때

$\log N=2+g(N)\leq2+\log\dfrac{7}{3}=\log\dfrac{700}{3}$이므로

$100\leq N\leq\dfrac{700}{3}$

이때 N은 자연수이므로 100, 101, 102, $\cdots$, 233의 134개이다.

(i), (ii), (iii)에서 자연수 N의 개수는

$2+14+134=150$

5 0419 답 $-\dfrac{1}{3}$

$\log N=n+\alpha$ (n은 정수, $0\leq\alpha<1$)

라 하면 이차방정식 $x^2+2ax+b=0$의 두 근이 n, α이므로 이차

방정식의 근과 계수의 관계에 의하여

$n+\alpha=-2a$ ··· ㉠

$n\alpha=b$ ·· ㉡

$\log\dfrac{1}{N}=-\log N=-(n+\alpha)=-n-1+(1-\alpha)$

$0<1-\alpha\leq1$이고, $\alpha\neq0$이므로 $\log\dfrac{1}{N}$의 정수 부분은 $-n-1$,

소수 부분은 $1-\alpha$이다.

즉, 이차방정식 $x^2-2ax+b-\dfrac{5}{3}=0$의 두 근이 $-n-1$, $1-\alpha$이

므로 이차방정식의 근과 계수의 관계에 의하여

$(-n-1)\times(1-\alpha)=b-\dfrac{5}{3}$

$-n+n\alpha-1+\alpha=n\alpha-\dfrac{5}{3}$ ($\because$ ㉡)

$n-\alpha=\dfrac{2}{3}=1-\dfrac{1}{3}$

$\therefore n=1$, $\alpha=\dfrac{1}{3}$ ($\because$ n은 정수, $0\leq\alpha<1$)

이를 ㉠, ㉡에 각각 대입하면

$1+\dfrac{1}{3}=-2a$, $1\times\dfrac{1}{3}=b$

따라서 $a=-\dfrac{2}{3}$, $b=\dfrac{1}{3}$이므로 $a+b=-\dfrac{1}{3}$

6 0420 답 ③

$$N=\left\{\frac{1}{199}\left(\frac{1}{1\times2}+\frac{1}{2\times3}+\frac{1}{3\times4}+\cdots+\frac{1}{199\times200}\right)\right\}^{10}$$

$$=\left[\frac{1}{199}\times\left\{\left(1-\frac{1}{2}\right)+\left(\frac{1}{2}-\frac{1}{3}\right)+\cdots+\left(\frac{1}{199}-\frac{1}{200}\right)\right\}\right]^{10}$$

$$=\left\{\frac{1}{199}\times\left(1-\frac{1}{200}\right)\right\}^{10}=\left(\frac{1}{200}\right)^{10}$$

양변에 상용로그를 취하면

$\log N=\log\left(\dfrac{1}{200}\right)^{10}=\log 200^{-10}=-10\log200$

$=-10\log(10^2\times2)=-10(2+\log2)$

$=-10\times(2+0.3010)=-10\times2.3010$

$=-23.010=-24+0.990$

따라서 $\log N$의 정수 부분이 -24이므로 N은 소수 24째 자리에

서 처음으로 0이 아닌 숫자가 나타난다.

$\therefore n=24$

03 지수함수

0421 달 (1) $y=\left(\dfrac{1}{2}\right)^{x-3}-1$ (2) $y=-\left(\dfrac{1}{2}\right)^{x}$

                 (3) $y=2^{x}$ (4) $y=-2^{x}$

(1) $y-(-1)=\left(\dfrac{1}{2}\right)^{x-3}$ 에서 $y=\left(\dfrac{1}{2}\right)^{x-3}-1$

(2) $-y=\left(\dfrac{1}{2}\right)^{x}$ 에서 $y=-\left(\dfrac{1}{2}\right)^{x}$

(3) $y=\left(\dfrac{1}{2}\right)^{-x}$ 에서 $y=2^{x}$

(4) $-y=\left(\dfrac{1}{2}\right)^{-x}$ 에서 $y=-2^{x}$

0422 달 (1) 그래프는 풀이 참조, 점근선의 방정식 : $y=0$

            (2) 그래프는 풀이 참조, 점근선의 방정식 : $y=-1$

(1) 함수 $y=3^{x+1}$의 그래프는 함수 $y=3^{x}$의 그래프를 x축의 방향으로 -1만큼 평행이동한 것이므로 오른 쪽 그림과 같다.
이때 점근선의 방정식은 $y=0$이다.

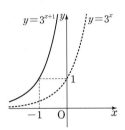

(2) 함수 $y=-3^{x}-1$의 그래프는 함수 $y=3^{x}$의 그래프를 x축에 대하여 대칭이동한 후 y축의 방향으로 -1 만큼 평행이동한 것이므로 오른쪽 그림과 같다.
이때 점근선의 방정식은 $y=-1$ 이다.

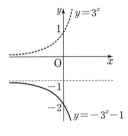

0423 달 최댓값 : 3, 최솟값 : $\dfrac{1}{27}$

$0<\dfrac{1}{3}<1$이므로 $x=1$일 때 최댓값, $x=5$일 때 최솟값을 가진다.

$x=1$일 때 최댓값은 $\left(\dfrac{1}{3}\right)^{-1}=(3^{-1})^{-1}=3$

$x=5$일 때 최솟값은 $\left(\dfrac{1}{3}\right)^{3}=\dfrac{1}{27}$

0424 달 2

함수 $y=4^{x}-2\times2^{x}+3$에서
$4^{x}=(2^{2})^{x}=2^{2x}=(2^{x})^{2}$
$2^{x}=t$ $(t>0)$라 하면
$y=t^{2}-2t+3=(t-1)^{2}+2$
이므로 $t=1$에서 최솟값 2를 가진다.
따라서 함수 $y=4^{x}-2\times2^{x}+3$은 $x=0$에서 최솟값 2를 가진다.

0425 달 (1) $x=-3$ (2) $x=3$

(1) $5^{x}=\dfrac{1}{125}$에서 $5^{x}=5^{-3}$

     $\therefore x=-3$

---

(2) $\left(\dfrac{1}{8}\right)^{x+2}=\left(\dfrac{1}{32}\right)^{x}$에서 $\left(\dfrac{1}{2}\right)^{3x+6}=\left(\dfrac{1}{2}\right)^{5x}$

     따라서 $3x+6=5x$이므로 $2x=6$

     $\therefore x=3$

0426 달 $x=0$

$2^{x}=t$ $(t>0)$라 하면 주어진 방정식은
$t^{2}+t-2=0$, 즉 $(t+2)(t-1)=0$이므로
$t=1$ $(\because t>0)$
따라서 $2^{x}=1$이므로 $x=0$

0427 달 (1) $x>6$ (2) $x\geq1$

(1) $2^{x-1}>32$에서 $2^{x-1}>2^{5}$

     밑 2가 1보다 크므로

     $x-1>5$ $\therefore x>6$

(2) $\left(\dfrac{1}{3}\right)^{x}\geq\left(\dfrac{1}{3}\right)^{2x-1}$에서 밑 $\dfrac{1}{3}$이 1보다 작은 양수이므로

     $x\leq2x-1$ $\therefore x\geq1$

0428 달 $-2\leq x\leq-1$

$\left(\dfrac{1}{9}\right)^{x}-4\left(\dfrac{1}{3}\right)^{x-1}+27\leq0$에서

$\left\{\left(\dfrac{1}{3}\right)^{x}\right\}^{2}-12\left(\dfrac{1}{3}\right)^{x}+27\leq0$

$\left(\dfrac{1}{3}\right)^{x}=t$ $(t>0)$라 하면 주어진 부등식은

$t^{2}-12t+27\leq0$, $(t-3)(t-9)\leq0$

$\therefore 3\leq t\leq9$

즉, $\left(\dfrac{1}{3}\right)^{-1}\leq\left(\dfrac{1}{3}\right)^{x}\leq\left(\dfrac{1}{3}\right)^{-2}$에서 밑 $\dfrac{1}{3}$이 1보다 작은 양수이므로

$-2\leq x\leq-1$

0429 달 ⑤ | 유형 1

> 함수 $f(x)=a^{x}$ $(a>0, a\neq1)$에 대하여 $f(2)=\dfrac{1}{9}$일 때, $f(-3)$의 값은?   단서1
>
> ① -27 ② $-\dfrac{1}{27}$ ③ 1
>
> ④ $\dfrac{1}{27}$ ⑤ 27
>
> 단서1 $f(x)=a^{x}$에 x 대신 2를 대입하면 $\dfrac{1}{9}$임을 이용

STEP1 a의 값 구하기

$f(x)=a^{x}$에서 $f(2)=\dfrac{1}{9}$이므로

$a^{2}=\dfrac{1}{9}$ $\therefore a=\dfrac{1}{3}$ $(\because a>0)$

STEP 2 $f(-3)$의 값 구하기

$f(x)=\left(\dfrac{1}{3}\right)^x$이므로 $f(-3)=\left(\dfrac{1}{3}\right)^{-3}=27$

0430 답 9

$f(x)=\left(\dfrac{1}{5}\right)^{x-k}$에서 $f(2)=25$이므로

$\left(\dfrac{1}{5}\right)^{2-k}=25,\ 5^{k-2}=25=5^2$

$k-2=2$ $\quad\therefore k=4$

따라서 $f(x)=\left(\dfrac{1}{5}\right)^{x-4}$이므로

$k+f(3)=4+\left(\dfrac{1}{5}\right)^{3-4}=4+5=9$

0431 답 12

$f(0)=4$에서 $a^n=4$ ··· ㉠

$f(2)=36$에서 $a^{2m+n}=36$이므로

$a^{2m+n}=a^{2m}\times a^n=36$

㉠을 위의 식에 대입하면

$a^{2m}\times 4=36,\ (a^m)^2=9=3^2$

$\therefore a^m=3\ (\because a^m>0)$

$\therefore f(1)=a^{m+n}=a^m\times a^n=3\times 4=12$

0432 답 ②

$f(3a)f(2b)=27$에서 $3^{-3a}\times 3^{-2b}=3^{-3a-2b}=3^3$

$\therefore -3a-2b=3$ ··· ㉠

$f(a+b)=3$에서 $3^{-a-b}=3$

$\therefore -a-b=1$ ··· ㉡

㉠, ㉡을 연립하여 풀면

$a=-1,\ b=0$

$\therefore f(-2a)+f(-2b)=f(2)+f(0)=3^{-2}+3^0=\dfrac{1}{9}+1=\dfrac{10}{9}$

따라서 $p=9,\ q=10$이므로

$p+q=9+10=19$

0433 답 ①

ㄱ. $f(x+y)=a^{x+y}=a^x\times a^y=f(x)f(y)$ (참)

ㄴ. $f(nx)=a^{nx}=(a^x)^n=\{f(x)\}^n$ (거짓)

ㄷ. $f(x-y)=a^{x-y}=a^x\times\dfrac{1}{a^y}=\dfrac{f(x)}{f(y)}$ (거짓)

따라서 옳은 것은 ㄱ뿐이다.

0434 답 ②

$f(2\alpha)=2$에서 $\dfrac{1}{2}(a^{2\alpha}+a^{-2\alpha})=2$ $\quad\therefore a^{2\alpha}+a^{-2\alpha}=4$

$f(2\beta)=4$에서 $\dfrac{1}{2}(a^{2\beta}+a^{-2\beta})=4$ $\quad\therefore a^{2\beta}+a^{-2\beta}=8$

$\therefore f(\alpha+\beta)\times f(\alpha-\beta)=\dfrac{1}{2}(a^{\alpha+\beta}+a^{-\alpha-\beta})\times\dfrac{1}{2}(a^{\alpha-\beta}+a^{-\alpha+\beta})$

$\qquad\qquad =\dfrac{1}{4}(a^{2\alpha}+a^{-2\alpha}+a^{2\beta}+a^{-2\beta})$

$\qquad\qquad =\dfrac{1}{4}\times(4+8)=3$

0435 답 ① | 유형 2

〈보기〉에서 함수 $f(x)=\left(\dfrac{1}{7}\right)^x$에 대한 설명으로 옳은 것만을 있는 대로 고른 것은? **단서1**

〈보기〉

ㄱ. 정의역은 실수 전체의 집합이다.

ㄴ. 그래프의 점근선은 직선 $y=0$이다.

ㄷ. 치역은 실수 전체의 집합이다.

ㄹ. $x_1<x_2$이면 $f(x_1)<f(x_2)$이다.

① ㄱ, ㄴ ② ㄱ, ㄷ ③ ㄴ, ㄷ
④ ㄴ, ㄹ ⑤ ㄷ, ㄹ

단서1 지수함수의 밑이 $0<\dfrac{1}{7}<1$이므로 x의 값이 증가하면 $f(x)$의 값은 감소하고 항상 $f(x)>0$임을 이용

STEP 1 함수 $f(x)=\left(\dfrac{1}{7}\right)^x$에 대한 설명으로 옳은 것 찾기

ㄱ. 정의역은 실수 전체의 집합이다. (참)

ㄴ. 그래프의 점근선은 직선 $y=0$이다. (참)

ㄷ. 치역은 양의 실수 전체의 집합이다. (거짓)

ㄹ. 함수 $f(x)=\left(\dfrac{1}{7}\right)^x$에서 밑 $\dfrac{1}{7}$이 1보다 작은 양수이므로 x의 값이 증가하면 $f(x)$의 값은 감소한다.

즉, $x_1<x_2$이면 $f(x_1)>f(x_2)$이다. (거짓)

따라서 옳은 것은 ㄱ, ㄴ이다.

0436 답 ④

① $x_1\neq x_2$이면 $a^{x_1}\neq a^{x_2}$이므로 일대일함수이다. (참)

② 그래프의 점근선은 직선 $y=0$이다. (참)

③ 정의역은 실수 전체의 집합이다. (참)

④ $0<a<1$일 때는 x의 값이 증가하면 y의 값은 감소한다. (거짓)

⑤ $a^0=1$이므로 그래프는 점 $(0,\ 1)$을 지난다. (참)

따라서 옳지 않은 것은 ④이다.

개념 Check

(1) 일대일함수

➡ $x_1\neq x_2$이면 $f(x_1)\neq f(x_2)$

(2) 일대일대응

① $x_1\neq x_2$이면 $f(x_1)\neq f(x_2)$

② (치역)=(공역)

0437 답 ⑤

임의의 실수 a, b에 대하여 $a<b$일 때, $f(a)<f(b)$를 만족시킨다는 것은 함수 $f(x)$가 x의 값이 증가하면 $f(x)$의 값도 증가하는 함수임을 의미한다.

따라서 $f(x)=a^x$에서 $a>1$인 함수를 찾으면 된다.

① $f(x)=3^{-x}=\left(\dfrac{1}{3}\right)^x$에서 밑 $\dfrac{1}{3}$이 $0<\dfrac{1}{3}<1$이므로 x의 값이 증가하면 $f(x)$의 값은 감소한다.

② $f(x)=0.2^x=\left(\dfrac{1}{5}\right)^x$에서 밑 $\dfrac{1}{5}$이 $0<\dfrac{1}{5}<1$이므로 x의 값이 증가하면 $f(x)$의 값은 감소한다.

③ $f(x)=\left(\dfrac{\sqrt{2}}{3}\right)^{x}$에서 밑 $\dfrac{\sqrt{2}}{3}$가 $0<\dfrac{\sqrt{2}}{3}<1$이므로 x의 값이 증가하면 $f(x)$의 값은 감소한다.

④ $f(x)=\left(\dfrac{1}{9}\right)^{x}$에서 밑 $\dfrac{1}{9}$이 $0<\dfrac{1}{9}<1$이므로 x의 값이 증가하면 $f(x)$의 값은 감소한다.

⑤ $f(x)=\left(\dfrac{1}{2}\right)^{-x}=2^{x}$에서 밑 2가 $2>1$이므로 x의 값이 증가하면 $f(x)$의 값도 증가한다.

따라서 주어진 조건을 만족시키는 함수는 ⑤이다.

0438 🔲 ③

$y=a^{x}$의 그래프가 점 $(-2,\ 4)$를 지나므로

$a^{-2}=4=\left(\dfrac{1}{2}\right)^{-2}$에서 $a=\dfrac{1}{2}$ $(\because a>0)$

즉, 지수함수 $f(x)=\left(\dfrac{1}{2}\right)^{x}$의 성질은 다음과 같다.

① 그래프는 점 $(0,\ 1)$을 지난다. (참)
② 그래프의 점근선은 x축이다. (참)
③ $x_{1}<x_{2}$일 때, $f(x_{1})>f(x_{2})$이다. (거짓)
④ 그래프는 제1, 2사분면을 지난다. (참)
⑤ 치역은 양의 실수 전체의 집합이다. (참)

따라서 옳지 않은 것은 ③이다.

0439 🔲 $-2<a<-1$

$y=(a^{2}+3a+3)^{x}$에서 x의 값이 증가할 때 y의 값은 감소하려면

$0<a^{2}+3a+3<1$

(i) $0<a^{2}+3a+3$에서 $a^{2}+3a+3=\left(a+\dfrac{3}{2}\right)^{2}+\dfrac{3}{4}>0$

이므로 a는 모든 실수이다.

(ii) $a^{2}+3a+3<1$에서 $a^{2}+3a+2<0$

$(a+2)(a+1)<0$ $\quad\therefore -2<a<-1$

(i), (ii)에서 $-2<a<-1$

0440 🔲 ③ | 유형3

그림과 같이 함수 $y=9^{x}$의 그래프 위의 한 점 P에 대하여 선분 OP가 함수 $y=3^{x}$의 그래프와 만나는 점을 Q라 하자. <u>점 Q가 선분 OP의 중점</u> 단서1

일 때, 점 P의 y좌표는? (단, O는 원점이다.)

① $\sqrt[3]{2}$ ② $\sqrt[3]{4}$ ③ $\sqrt[3]{16}$
④ $\sqrt[3]{32}$ ⑤ $\sqrt[3]{128}$

단서1 점 Q의 좌표를 $(a,\ b)$라 하면 점 P의 좌표는 $(2a,\ 2b)$

STEP1 점 Q가 선분 OP의 중점임을 이용하여 두 점 P, Q의 좌표를 한 문자로 정하기

점 Q의 좌표를 $(\alpha,\ 3^{\alpha})$이라 하면 점 Q는 선분 OP의 중점이므로 점 P의 좌표는 $(2\alpha,\ 2\times3^{\alpha})$이다.

STEP2 점 P가 함수 $y=9^{x}$의 그래프 위에 있음을 이용하여 식 구하기

점 P는 함수 $y=9^{x}$의 그래프 위에 있으므로

$2\times3^{\alpha}=9^{2\alpha}$에서 $2\times3^{\alpha}=3^{4\alpha}$, $3^{3\alpha}=2$

$\therefore 3^{\alpha}=2^{\frac{1}{3}}$

STEP3 점 P의 y좌표 구하기

점 P의 y좌표는

$2\times3^{\alpha}=2\times2^{\frac{1}{3}}=2^{\frac{4}{3}}=\sqrt[3]{16}$

0441 🔲 ④

$2^{a}=\alpha$, $2^{b}=\beta$이므로 $\alpha\beta=2^{a}\times2^{b}=2^{a+b}$

따라서 $2^{a+b}=64=2^{6}$이므로

$a+b=6$

0442 🔲 ⑤

$a=3^{\frac{1}{2}}=\sqrt{3}$이므로 $b=3^{a}=3^{\sqrt{3}}$

$\therefore b^{a}=(3^{\sqrt{3}})^{\sqrt{3}}=3^{3}=27$

0443 🔲 ③

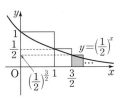

함수 $y=\left(\dfrac{1}{2}\right)^{x}$의 그래프와 y축의 교점의 좌표가 $(0,\ 1)$이므로

첫 번째 정사각형의 한 변의 길이는 1

두 번째 정사각형의 한 변의 길이는 $\left(\dfrac{1}{2}\right)^{1}=\dfrac{1}{2}$

세 번째 정사각형의 한 변의 길이는 $\left(\dfrac{1}{2}\right)^{1+\frac{1}{2}}=\left(\dfrac{1}{2}\right)^{\frac{3}{2}}$

따라서 색칠한 정사각형의 넓이는 $\left\{\left(\dfrac{1}{2}\right)^{\frac{3}{2}}\right\}^{2}=\left(\dfrac{1}{2}\right)^{3}=\dfrac{1}{8}$

0444 🔲 ③

점 P의 좌표를 $(a,\ 9^{a})$이라 하면 $\overline{\mathrm{OP}}$를 $1:2$로 내분하는 점의 좌표는 $\left(\dfrac{a}{1+2},\ \dfrac{9^{a}}{1+2}\right)$, 즉 $\left(\dfrac{a}{3},\ \dfrac{9^{a}}{3}\right)$

이 점이 함수 $y=\left(\dfrac{1}{3}\right)^{x}$의 그래프 위에 있으므로

$\dfrac{9^{a}}{3}=\left(\dfrac{1}{3}\right)^{\frac{a}{3}}$, $3^{2a-1}=3^{-\frac{a}{3}}$

$2a-1=-\dfrac{a}{3}$, $6a-3=-a$, $7a=3$ $\quad\therefore a=\dfrac{3}{7}$

개념 Check

두 점 $\mathrm{A}(x_{1},\ y_{1})$, $\mathrm{B}(x_{2},\ y_{2})$를 잇는 선분 AB를 $m:n$으로 내분하는 점의 좌표는

$\left(\dfrac{mx_{2}+nx_{1}}{m+n},\ \dfrac{my_{2}+ny_{1}}{m+n}\right)$

0445 🔲 6

점 A의 x좌표가 1이고 $\overline{\mathrm{AB}}=1$이므로 두 점 B, C의 x좌표는 2이다.

이때 두 점 B, C는 각각 함수 $y=b^{x}$, $y=a^{x}$의 그래프 위에 있으므로

$\mathrm{B}(2,\ b^{2})$, $\mathrm{C}(2,\ a^{2})$ ┌→ 두 점 B, C의 y좌표의 차를 구한다.

$\overline{\mathrm{BC}}=2$에서 $\overline{\mathrm{BC}}=a^{2}-b^{2}=2$ ·········· ㉠

두 점 A, B의 y좌표가 같으므로 $a=b^{2}$ ·········· ㉡

㉡을 ㉠에 대입하면

$a^{2}-a=2$, $a^{2}-a-2=0$

$(a+1)(a-2)=0$ $\quad\therefore a=-1$ 또는 $a=2$

그런데 $a>1$이므로 $a=2$

$a=2$를 ㉡에 대입하면 $b^2=2$ → $b=\sqrt{2}\ (\because b>1)$

$\therefore a^2+b^2=2^2+2=6$

0446 답 ③

점 B의 x좌표를 $p\ (p>0)$라 하면
$\overline{BC}=2\overline{AB},\ \overline{CD}=3\overline{AB}$이므로 두 점
C, D의 x좌표는 각각 $3p$, $6p$이다.

$\overline{AB}=p$이므로 $\overline{BC}=2p$, $\overline{CD}=3p$이다.

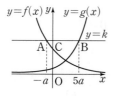

이때 세 점 B, C, D의 y좌표가 같으므로

$k=a^p=3^{3p}=b^{6p}$

$a^p=3^{3p}$에서 $a^p=27^p$이므로 $a=27$

$3^{3p}=b^{6p}$에서 $(\sqrt{3})^{6p}=b^{6p}$이므로 $b=\sqrt{3}$

$\therefore \dfrac{a}{b}=\dfrac{27}{\sqrt{3}}=9\sqrt{3}$

실수 Check

세 점 B, C, D의 x좌표를 각각 p, $2p$, $3p$로 생각하지 않도록 주의한다.

0447 답 ⑤

곡선 $y=a^x$이 점 $(p,\ -p)$를 지나므로 $-p=a^p$ ·········· ㉠

또, 곡선 $y=a^{2x}$이 점 $(q,\ -q)$를 지나므로 $-q=a^{2q}$ ·········· ㉡

㉠, ㉡을 변끼리 곱하면

$(-p)\times(-q)=a^p\times a^{2q}$ $\therefore pq=a^{p+2q}$

따라서 로그의 정의에 의하여 $p+2q=\log_a pq=-8$

0448 답 16

점 A의 x좌표를 $-a\ (a>0)$라 하면
$\overline{AC}:\overline{CB}=1:5$이므로 점 B의 x좌표는
$5a$이다. 이때 두 점 A, B의 y좌표가 같
으므로 $\left(\dfrac{1}{2}\right)^{-a-1}=4^{5a-1}$ → $f(-a)=g(5a)$

$2^{a+1}=2^{10a-2}$이므로 $a+1=10a-2$

$9a=3$ $\therefore a=\dfrac{1}{3}$

즉, 점 $B\left(\dfrac{5}{3},\ k\right)$가 함수 $y=g(x)$의 그래프 위에 있으므로

$k=4^{\frac{2}{3}}$ $\therefore k^3=(4^{\frac{2}{3}})^3=4^2=16$

0449 답 ③
유형 4

함수 $y=3^x$의 그래프를 y축에 대하여 대칭이동한 후 x축의 방향으로 **[단서1]** -2만큼, y축의 방향으로 -3만큼 평행이동하였더니 함수 **[단서2]** $y=a\left(\dfrac{1}{3}\right)^x+b$의 그래프와 일치하였다. 상수 a, b에 대하여 ab의 값은?

① -3　　② -1　　③ $-\dfrac{1}{3}$

④ $\dfrac{1}{3}$　　⑤ 1

[단서1] x 대신 $-x$를 대입

[단서2] x 대신 $x+2$, y 대신 $y+3$을 대입

STEP 1 대칭이동한 후의 그래프의 식 구하기

함수 $y=3^x$의 그래프를 y축에 대하여 대칭이동한 그래프의 식은

$y=3^{-x}$

STEP 2 평행이동한 후의 그래프의 식 구하기

함수 $y=3^{-x}$의 그래프를 x축의 방향으로 -2만큼, y축의 방향으로 -3만큼 평행이동한 그래프의 식은

$y=3^{-(x+2)}-3$

STEP 3 ab의 값 구하기

$y=3^{-(x+2)}-3=\dfrac{1}{9}\left(\dfrac{1}{3}\right)^x-3$이므로 $a=\dfrac{1}{9}$, $b=-3$

$\therefore ab=\dfrac{1}{9}\times(-3)=-\dfrac{1}{3}$

0450 답 ③

ㄱ. 함수 $y=-3^x+2$의 그래프는 함수 $y=3^x$의 그래프를 x축에 대하여 대칭이동한 후 y축의 방향으로 2만큼 평행이동한 그래프이다.

ㄴ. 함수 $y=9\times3^x-1=3^{x+2}-1$의 그래프는 함수 $y=3^x$의 그래프를 x축의 방향으로 -2만큼, y축의 방향으로 -1만큼 평행이동한 그래프이다.

ㄷ. 함수 $y=\dfrac{1}{9}\times3^{2x}=3^{2x-2}=3^{2(x-1)}=9^{x-1}$의 그래프는 함수 $y=3^x$의 그래프를 평행이동 또는 대칭이동하여 겹쳐질 수 없다.

ㄹ. 함수 $y=3\left(\dfrac{1}{3}\right)^x=3^{-x+1}=3^{-(x-1)}$의 그래프는 함수 $y=3^x$의 그래프를 y축에 대하여 대칭이동한 후 x축의 방향으로 1만큼 평행이동한 그래프이다.

따라서 함수 $y=3^x$의 그래프를 평행이동 또는 대칭이동하여 겹쳐질 수 있는 것은 ㄱ, ㄴ, ㄹ이다.

0451 답 ④

그래프에서 점근선이 직선 $y=-3$이므로 $b=-3$

함수 $y=2^{x+a}-3$의 그래프가 점 $(0,\ 1)$을 지나므로

$1=2^a-3,\ 2^a=4=2^2$ $\therefore a=2$

$\therefore a+b=2+(-3)=-1$

0452 답 ③

함수 $y=a^{3x-6}+3=a^{3(x-2)}+3\ (a>0,\ a\neq1)$의 그래프는 함수 $y=a^{3x}$의 그래프를 x축의 방향으로 2만큼, y축의 방향으로 3만큼 평행이동한 것이다.

이때 함수 $y=a^{3x}$의 그래프는 a의 값에 관계없이 항상 점 $(0,\ 1)$을 지나므로 함수 $y=a^{3x-6}+3$의 그래프는 항상 점 $(2,\ 4)$를 지난다.

따라서 $p=2$, $q=4$이므로 $p+q=2+4=6$

0453 답 4

함수 $y=3^{x+2}+1$의 그래프를 x축의 방향으로 m만큼, y축의 방향으로 n만큼 평행이동한 그래프의 식은

$y=3^{x-m+2}+1+n$

이 함수의 그래프를 y축에 대하여 대칭이동한 그래프의 식은

$y=3^{-x-m+2}+1+n$

이 함수의 그래프가 함수 $y=3\left(\dfrac{1}{3}\right)^x+4=3^{-x+1}+4$의 그래프와

일치하므로 $3^{-x-m+2}+1+n=3^{-x+1}+4$에서

$-m+2=1,\ 1+n=4$이므로 $m=1,\ n=3$

$\therefore m+n=1+3=4$

0454 달 60

함수 $f(x)=2^{x+p}+q$의 그래프의 점근선이 직선 $y=-4$이므로

$q=-4$

$f(0)=0$이므로 $2^p-4=0$

$2^p=4=2^2$ $\therefore p=2$

따라서 $f(x)=2^{x+2}-4$이므로

$f(4)=2^6-4=60$

0455 달 ②

함수 $y=3^x$의 그래프를 x축의 방향으로 m만큼, y축의 방향으로

n만큼 평행이동한 그래프의 식은

$y=3^{x-m}+n$

이 그래프의 점근선의 방정식이 $y=2$이므로 $n=2$

점 $(7,\ 5)$를 지나므로 $5=3^{7-m}+2$

$3^{7-m}=3,\ 7-m=1$ $\therefore m=6$

$\therefore m+n=6+2=8$

0456 달 47

지수함수 $y=5^x$의 그래프를 x축의 방향으로 a만큼, y축의 방향으

로 b만큼 평행이동한 그래프의 식은

$y=5^{x-a}+b$

이 함수의 그래프와 함수 $y=\dfrac{1}{9}\times5^{x-1}+2$의 그래프가 일치하므로

$b=2$이고,

$5^{-a}=\dfrac{1}{9}\times5^{-1}$에서 $5^a=45$

$\therefore 5^a+b=45+2=47$ $\longrightarrow 5^{-a}=\dfrac{1}{45},\ (5^a)^{-1}=45^{-1}$
$\therefore 5^a=45$

0457 달 ① | 유형5

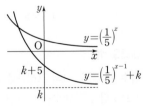

함수 $y=\left(\dfrac{1}{5}\right)^{x-1}+k$의 그래프가 <u>제1사분면을 지나지 않도록</u> 하는 정

수 k의 최댓값은?   [단세1]

① -5 ② -3 ③ -1

④ 1   ⑤ 3

[단세1] x좌표가 0일 때 y좌표가 0보다 작거나 같아야 함을 이용

STEP 1 함수 $y=\left(\dfrac{1}{5}\right)^{x-1}+k$의 그래프 그리기

함수 $y=\left(\dfrac{1}{5}\right)^{x-1}+k$의 그래프는

함수 $y=\left(\dfrac{1}{5}\right)^x$의 그래프를 x축의

방향으로 1만큼, y축의 방향으로

k만큼 평행이동한 것이다.

STEP 2 제1사분면을 지나지 않을 조건 알기

x의 값이 증가하면 y의 값은 감소하므로 그래프가 제1사분면을 지

나지 않으려면 $x=0$일 때 y의 값이 0보다 작거나 같아야 한다.

STEP 3 정수 k의 최댓값 구하기

$\left(\dfrac{1}{5}\right)^{0-1}+k=5+k\le0$ $\therefore k\le-5$

따라서 정수 k의 최댓값은 -5이다.

0458 달 -2

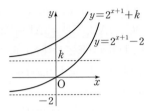

함수 $y=2^{x+1}+k$의 그래프는

$y=2^x$의 그래프를 x축의 방향으

로 -1만큼, y축의 방향으로 k만

큼 평행이동한 것이다.

x의 값이 증가하면 y의 값도 증

가하므로 그래프가 제4사분면을

지나지 않으려면 $x=0$일 때 y의 값이 0보다 크거나 같아야 한다.

즉, $2^{0+1}+k\ge0$ $\therefore k\ge-2$

따라서 정수 k의 최솟값은 -2이다.

0459 달 ②

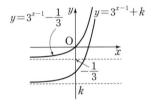

함수 $y=3^{x-1}+k$의 그래프는 함

수 $y=3^x$의 그래프를 x축의 방향

으로 1만큼, y축의 방향으로 k만

큼 평행이동한 것이다.

x의 값이 증가하면 y의 값도 증

가하므로 그래프가 제2사분면을

지나지 않으려면 $x=0$일 때 y의 값이 0보다 작거나 같아야 한다.

즉, $3^{0-1}+k\le0$ $\therefore k\le-\dfrac{1}{3}$

따라서 상수 k의 최댓값은 $-\dfrac{1}{3}$이다.

0460 달 16

$y=-2^{4-3x}+k$

 $=-2^{-3\left(x-\frac{4}{3}\right)}+k$

 $=-\left(\dfrac{1}{8}\right)^{x-\frac{4}{3}}+k$

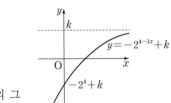

즉, 함수 $y=-\left(\dfrac{1}{8}\right)^{x-\frac{4}{3}}+k$의 그

래프는 함수 $y=\left(\dfrac{1}{8}\right)^x$의 그래프를 x축에 대하여 대칭이동한 후 x

축의 방향으로 $\dfrac{4}{3}$만큼, y축의 방향으로 k만큼 평행이동한 것이다.

x의 값이 증가하면 y의 값도 증가하므로 그래프가 제2사분면을 지

나지 않으려면 $x=0$일 때 y의 값이 0보다 작거나 같아야 한다.

즉, $-2^{4-0}+k\le0$ $\therefore k\le16$

따라서 자연수 k는 $1,\ 2,\ \cdots,\ 16$의 16개이다.

0461 달 ①

함수 $y=2^x$의 그래프를 y축에 대하여 대칭이동한 그래프의 식은
$\xrightarrow{\quad x \text{ 대신 } -x \text{를 대입한다.}}$

$y=2^{-x}$, 즉 $y=\left(\dfrac{1}{2}\right)^x$이고 이 함수의 그래프를 x축의 방향으로 2만

큼, y축의 방향으로 n만큼 평행이동한 그래프의 식은

$y=\left(\dfrac{1}{2}\right)^{x-2}+n$이다.

함수 $y=\left(\dfrac{1}{2}\right)^{x-2}+n$은 x의 값이 증가하면 y의 값은 감소하므로 그 래프가 제3사분면을 지나지 않으려면 $x=0$일 때 y의 값이 0보다 크거나 같아야 한다.

즉, $\left(\dfrac{1}{2}\right)^{0-2}+n\geq 0$ $\therefore n\geq -4$

따라서 상수 n의 최솟값은 -4이다.

0462 답 ①

함수 $y=\left(\dfrac{1}{3}\right)^{x-1}+k$의 그래프가 함수 $y=3^x$의 그래프와 제1사분면에서 만나지 않으려면 $x=0$일 때 y의 값이 1보다 작거나 같아야 한다.

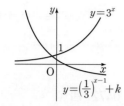

즉, $\left(\dfrac{1}{3}\right)^{0-1}+k\leq 1$ $\therefore k\leq -2$

따라서 상수 k의 최댓값은 -2이다.

0463 답 ④ | 유형 6

그림과 같이 함수 $y=2^{x+1}$의 그래프 위의 한 점 A와 함수 $y=2^{x-3}$의 그래프 위의 두 점 B, C에 대하여 <u>선분 AB는 x축에 평행하고</u> 【단서1】 <u>선분 AC는 y축에 평행하다.</u> 【단서2】 $\overline{AB}=\overline{AC}$일 때, 점 C의 y좌표는?
(단, 점 A는 제1사분면 위에 있다.)

① $\dfrac{1}{6}$ ② $\dfrac{1}{5}$ ③ $\dfrac{7}{30}$

④ $\dfrac{4}{15}$ ⑤ $\dfrac{3}{10}$

【단서1】 x축에 평행하므로 두 점 A, B의 y좌표가 같음을 이용

【단서2】 y축에 평행하므로 두 점 A, C의 x좌표가 같음을 이용

【STEP1】 두 함수의 그래프 사이의 관계를 파악하여 $\overline{AB}$의 길이 구하기

함수 $y=2^{x-3}$의 그래프는 함수 $y=2^{x+1}$의 그래프를 x축의 방향으로 4만큼 평행이동한 것과 같으므로 $\overline{AB}=4$

【STEP2】 $\overline{AC}$의 길이 구하기

$\overline{AB}=\overline{AC}$이므로 $\overline{AC}=4$

【STEP3】 점 C의 y좌표 구하기

점 A의 좌표를 $(a,\ 2^{a+1})$ $(a>0)$이라 하면

점 C의 좌표는 $(a,\ 2^{a-3})$이므로

$\overline{AC}=2^{a+1}-2^{a-3}=2\times 2^a-\dfrac{1}{8}\times 2^a=\dfrac{15}{8}\times 2^a=4$

$\therefore 2^a=\dfrac{32}{15}$

따라서 점 C의 y좌표는

$2^{a-3}=\dfrac{1}{8}\times 2^a=\dfrac{1}{8}\times\dfrac{32}{15}=\dfrac{4}{15}$

0464 답 ⑤

정사각형 ACDB의 넓이가 16이므로 한 변의 길이는 4, 즉 $\overline{AC}=\overline{BD}=4$이다.

점 C의 x좌표를 a라 하면 점 D의 x좌표는 $a+4$이므로 $\overline{AC}=3^a=4$, $\overline{BD}=k\times 3^{a+4}=4$

$k\times 3^a\times 3^4=k\times 4\times 3^4=4$에서 $k=\dfrac{1}{81}$ $\therefore \dfrac{1}{k}=81$

0465 답 $\dfrac{2}{3}$

$y=\dfrac{1}{4}\left(\dfrac{1}{2}\right)^x=\left(\dfrac{1}{2}\right)^{x+2}$

즉, 함수 $y=\left(\dfrac{1}{2}\right)^{x+2}$의 그래프는 함수 $y=\left(\dfrac{1}{2}\right)^x$의 그래프를 x축의 방향으로 -2만큼 평행이동한 것과 같으므로

$\overline{AB}=2$

$\overline{AB}=\overline{AC}$이므로 $\overline{AC}=2$

점 A의 좌표를 $\left(a,\ \left(\dfrac{1}{2}\right)^a\right)$ $(a<0)$이라 하면

점 C의 좌표는 $\left(a,\ \dfrac{1}{4}\left(\dfrac{1}{2}\right)^a\right)$이므로

$\overline{AC}=\left(\dfrac{1}{2}\right)^a-\dfrac{1}{4}\left(\dfrac{1}{2}\right)^a=\dfrac{3}{4}\left(\dfrac{1}{2}\right)^a=2$ $\therefore \left(\dfrac{1}{2}\right)^a=\dfrac{8}{3}$

따라서 점 C의 y좌표는 $\dfrac{1}{4}\left(\dfrac{1}{2}\right)^a=\dfrac{1}{4}\times\dfrac{8}{3}=\dfrac{2}{3}$

0466 답 6

함수 $y=2^x$의 그래프를 원점에 대하여 대칭이동한 그래프의 식은 $y=-2^{-x}$이므로

$f(x)=-2^{-x}$

점 Q의 좌표를 $(x,\ y)$라 하면 두 점 $P(a,\ b)$, $Q(x,\ y)$에 대하여 $\overline{PO}:\overline{OQ}=2:1$이므로 →점 O는 $\overline{PQ}$를 $2:1$로 내분하는 점이다.

$\dfrac{2x+a}{3}=0,\ \dfrac{2y+b}{3}=0$ $\therefore x=-\dfrac{a}{2},\ y=-\dfrac{b}{2}$

점 $P(a,\ b)$는 함수 $y=2^x$의 그래프 위의 점이므로

$b=2^a$ ·············· ㉠

점 $Q\left(-\dfrac{a}{2},\ -\dfrac{b}{2}\right)$는 함수 $y=-2^{-x}$의 그래프 위의 점이므로

$-\dfrac{b}{2}=-2^{\frac{a}{2}}$ $\therefore b=2^{\frac{a}{2}+1}$ ·············· ㉡

㉠을 ㉡에 대입하면 $2^a=2^{\frac{a}{2}+1}$, $a=\dfrac{a}{2}+1$ $\therefore a=2$

$a=2$를 ㉠에 대입하면 $b=2^2=4$

$\therefore a+b=2+4=6$

0467 답 ③

함수 $y=f(x)$의 그래프와 함수 $y=h(x)$의 그래프는 y축에 대하여 대칭이고, $h(2)=3$에서 점 R의 x좌표는 2이므로 점 P의 x좌표는 -2이다.

점 Q의 x좌표를 α라 하면

$\overline{PQ}:\overline{QR}=3:1$에서 $\overline{PQ}=3\overline{QR}$이므로

$\alpha-(-2)=3(2-\alpha)$, $\alpha+2=6-3\alpha$ $\therefore \alpha=1$

즉, $g(1)=3$이므로 $b^1=3$ $\therefore b=3$

$\therefore g(3)=b^3=3^3=27$

0468 달 ①

| 유형7

그림과 같이 두 함수 $y=\frac{1}{4}\times 2^x$, $y=2^x$의

<u>단서1</u>

그래프와 두 직선 $y=1$, $y=4$로 둘러싸인

부분의 넓이는?

① 6   ② 8

③ 10   ④ 12

⑤ 14

<u>단서1</u> $y=\frac{1}{4}\times 2^x=2^{x-2}$이므로 $y=2^x$의 그래프를 x축의 방향으로 2만큼 평행이동한 그래프

STEP 1 평행이동을 이용하여 넓이가 같은 부분 찾기

그림과 같이 두 함수 $y=2^x$, $y=\frac{1}{4}\times 2^x$

의 그래프와 두 직선 $y=1$, $y=4$로

둘러싸인 부분의 넓이는 S_1+S_2이다.

$y=\frac{1}{4}\times 2^x=2^{x-2}$

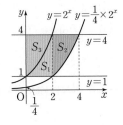

이므로 함수 $y=\frac{1}{4}\times 2^x$의 그래프는 함수

$y=2^x$의 그래프를 x축의 방향으로 2만큼 평행이동한 것과 같다.

즉, $S_2=S_3$이므로 $S_1+S_2=S_1+S_3$

STEP 2 넓이 구하기

구하는 부분의 넓이는 가로의 길이가 2, 세로의 길이가 3인 직사각

형의 넓이와 같으므로 6이다.

0469 달 ②

그림과 같이 두 함수 $y=5^x$, $y=5^x+5$의

그래프와 두 직선 $x=0$, $x=1$로 둘러싸인

부분의 넓이는 S_1+S_2이다.

함수 $y=5^x+5$의 그래프는 함수 $y=5^x$의

그래프를 y축의 방향으로 5만큼 평행이동한

것과 같다.

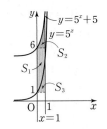

즉, $S_2=S_3$이므로 $S_1+S_2=S_1+S_3$

따라서 구하는 부분의 넓이는 가로의 길이가 1, 세로의 길이가 5인

직사각형의 넓이와 같으므로 $1\times 5=5$

0470 달 ②

그림과 같이 두 함수

$y=4\times 2^x-1$, $y=\frac{2^x}{16}-1$의 그

래프와 두 직선 $y=0$, $y=10$으로

둘러싸인 부분의 넓이는 S_1+S_2

이다.

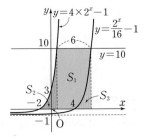

$y=4\times 2^x-1=2^{x+2}-1$,

$y=\frac{2^x}{16}-1=2^{x-4}-1$

이므로 함수 $y=\frac{2^x}{16}-1$의 그래프는 함수 $y=4\times 2^x-1$의 그래프를

x축의 방향으로 6만큼 평행이동한 것과 같다.

즉, $S_2=S_3$이므로 $S_1+S_2=S_1+S_3$

따라서 구하는 부분의 넓이는 가로의 길이가 6, 세로의 길이가 10

인 직사각형의 넓이와 같으므로 $6\times 10=60$

0471 달 $\frac{1}{9}$

점 A의 좌표는 $(0, 1)$이므로 삼각형 ABC에서 밑변을 선분 BC

라 하면 높이는 $3-1=2$이다.

삼각형 ABC의 넓이가 $\frac{3}{2}$이므로 $\overline{BC}=\frac{3}{2}$ ⌐→ $\frac{1}{2}\times\overline{BC}\times 2=\frac{3}{2}$

$\therefore \overline{BC}=\frac{3}{2}$

이때 점 B의 x좌표를 k라 하면 $3^k=3$이므로 $k=1$

즉, 점 C의 x좌표는 $1-\frac{3}{2}=-\frac{1}{2}$이므로

점 C의 좌표는 $\left(-\frac{1}{2}, 3\right)$

점 C가 함수 $y=a^x$의 그래프 위의 점이므로

$3=a^{-\frac{1}{2}}$ $\therefore a=\frac{1}{9}$

0472 달 ④

두 삼각형 ACB, ADC의 높이가 $\overline{AB}$로 같고, 두 삼각형의 넓이

가 같으므로 두 삼각형의 밑변 $\overline{BC}$와 $\overline{CD}$의 길이는 같다. 즉,

$\overline{BC}=\overline{CD}$이므로 두 점 C, D의 x좌표를 각각 b, $2b$ $(b>0)$라 하면

$3^b=a^{2b}=k$, $3^b=(a^2)^b$

$3=a^2$ $\therefore a=\sqrt{3}$ $(\because 1<a<3)$

0473 달 ①

곡선 $y=\left(\frac{1}{3}\right)^x$이 직선 $y=9$와 만나는

점의 x좌표는 -2이므로

$A(-2, 9)$

곡선 $y=\left(\frac{1}{9}\right)^x$이 직선 $y=9$와 만나는

점의 x좌표는 -1이므로

$B(-1, 9)$

따라서 삼각형 OAB의 넓이는 $\frac{1}{2}\times 1\times 9=\frac{9}{2}$

⌐→ $\frac{1}{2}\times\overline{AB}\times 9$

0474 달 ③

두 곡선 $y=2^{x-3}+1$과 $y=2^{x-1}-2$가 만나는 점 A의 x좌표는

$2^{x-3}+1=2^{x-1}-2$에서 $2^2\times 2^{x-3}-2^{x-3}=3$

즉, $3\times 2^{x-3}=3$이므로 $2^{x-3}=1$에서 $x-3=0$ $\therefore x=3$

즉, 점 A의 좌표는 $(3, 2)$

점 B의 x좌표를 a라 하면 점 B의 좌표는 $(a, 2^{a-3}+1)$

두 점 B, C는 기울기가 -1인 직선 위의 점이고 $\overline{BC}=\sqrt{2}$이므로

점 C의 좌표는 $(a-1, 2^{a-3}+2)$

이때 점 C는 곡선 $y=2^{x-1}-2$ 위의 점이므로

$2^{a-3}+2=2^{a-2}-2$에서 $2\times 2^{a-3}-2^{a-3}=4$

즉, $2^{a-3}=4=2^2$이므로 $a-3=2$ $\therefore a=5$

즉, 점 B의 좌표는 $(5, 5)$이고, 점 B가 직선 $y=-x+k$ 위의 점

이므로 $5=-5+k$ $\therefore k=10$

한편, 점 A$(3, 2)$와 직선 $y=-x+10$, 즉 $x+y-10=0$ 사이의

거리는 $\frac{|3+2-10|}{\sqrt{1^2+1^2}}=\frac{5}{\sqrt{2}}$

따라서 삼각형 ABC의 넓이는 $\frac{1}{2}\times\sqrt{2}\times\frac{5}{\sqrt{2}}=\frac{5}{2}$

0475 답 ①
| 유형8

다음 세 수 A, B, C의 대소 관계로 옳은 것은?

$A=\sqrt[3]{2}$, $B=0.5^{-\frac{1}{2}}$, $C=\sqrt[6]{16}$ 단서1

① $A<B<C$ 　② $A<C<B$ 　③ $B<A<C$

④ $B<C<A$ 　⑤ $C<B<A$

단서1 밑을 2로 같게 하여 세 수의 대소를 비교

STEP1 세 수의 밑을 같게 하기

$A=\sqrt[3]{2}=2^{\frac{1}{3}}$

$B=0.5^{-\frac{1}{2}}=\left(\dfrac{1}{2}\right)^{-\frac{1}{2}}=(2^{-1})^{-\frac{1}{2}}=2^{\frac{1}{2}}$

$C=\sqrt[6]{16}=(2^4)^{\frac{1}{6}}=2^{\frac{2}{3}}$

STEP2 지수함수의 성질을 이용하여 대소 비교하기

밑 2가 1보다 크므로

$\dfrac{1}{3}<\dfrac{1}{2}<\dfrac{2}{3}$에서 $2^{\frac{1}{3}}<2^{\frac{1}{2}}<2^{\frac{2}{3}}$

$\therefore A<B<C$

0476 답 ④

$C=2^{-1}=\dfrac{1}{2}$

이때 밑 $\dfrac{1}{2}$이 1보다 작으므로

$-\sqrt{2}<1<1.4$에서 $\left(\dfrac{1}{2}\right)^{-\sqrt{2}}>\dfrac{1}{2}>\left(\dfrac{1}{2}\right)^{1.4}$

$\therefore B<C<A$

0477 답 ⑤

$\sqrt[4]{27\sqrt[3]{9}}=(3^3\times3^{\frac{2}{3}})^{\frac{1}{4}}=(3^{\frac{11}{3}})^{\frac{1}{4}}=3^{\frac{11}{12}}$

$\left(\dfrac{1}{243}\right)^{-\frac{1}{4}}=(3^{-5})^{-\frac{1}{4}}=3^{\frac{5}{4}}$

$(3^{\frac{1}{3}}\times9^{\frac{7}{2}})^{\frac{1}{6}}=(3^{\frac{1}{3}}\times3^7)^{\frac{1}{6}}=(3^{\frac{22}{3}})^{\frac{1}{6}}=3^{\frac{11}{9}}$

$\sqrt{\sqrt{\sqrt{\sqrt{3^6}}}}=(3^6)^{\frac{1}{16}}=3^{\frac{3}{8}}$

이때 밑 3이 1보다 크므로

$\dfrac{3}{8}<\dfrac{11}{12}<\dfrac{11}{9}<\dfrac{5}{4}$에서 $3^{\frac{3}{8}}<3^{\frac{11}{12}}<3^{\frac{11}{9}}<3^{\frac{5}{4}}$

따라서 가장 큰 수는 $3^{\frac{5}{4}}$이고, 가장 작은 수는 $3^{\frac{3}{8}}$이므로

$a=3^{\frac{5}{4}}$, $b=3^{\frac{3}{8}}$

$\therefore \dfrac{a}{b}=\dfrac{3^{\frac{5}{4}}}{3^{\frac{3}{8}}}=3^{\frac{5}{4}-\frac{3}{8}}=3^{\frac{10}{8}-\frac{3}{8}}=3^{\frac{7}{8}}$

0478 답 ①

$A=\sqrt[n+1]{a^n}=a^{\frac{n}{n+1}}$, $B=\sqrt[n+2]{a^{n+1}}=a^{\frac{n+1}{n+2}}$, $C=\sqrt[n+3]{a^{n+2}}=a^{\frac{n+2}{n+3}}$

에서

$\dfrac{n}{n+1}=1-\dfrac{1}{n+1}$, $\dfrac{n+1}{n+2}=1-\dfrac{1}{n+2}$, $\dfrac{n+2}{n+3}=1-\dfrac{1}{n+3}$

이때 n이 자연수이므로

$\dfrac{1}{n+1}>\dfrac{1}{n+2}>\dfrac{1}{n+3}$

$-\dfrac{1}{n+1}<-\dfrac{1}{n+2}<-\dfrac{1}{n+3}$

$\therefore 1-\dfrac{1}{n+1}<1-\dfrac{1}{n+2}<1-\dfrac{1}{n+3}$

즉, $\dfrac{n}{n+1}<\dfrac{n+1}{n+2}<\dfrac{n+2}{n+3}$이고 $a>1$이므로

$a^{\frac{n}{n+1}}<a^{\frac{n+1}{n+2}}<a^{\frac{n+2}{n+3}}$

$\therefore A<B<C$

0479 답 ④

$A=a\sqrt{a\sqrt[3]{a}}=a\times a^{\frac{1}{2}}\times a^{\frac{1}{3}\times\frac{1}{2}}=a^{1+\frac{1}{2}+\frac{1}{6}}=a^{\frac{5}{3}}$

$B=\sqrt{a^3\sqrt[3]{a^2}}=a^{\frac{1}{2}}\times(a^2)^{\frac{1}{3}\times\frac{1}{2}}=a^{\frac{1}{2}+\frac{1}{3}}=a^{\frac{5}{6}}$

$C=a\sqrt[3]{a^2\sqrt{a}}=a\times(a^2)^{\frac{1}{3}}\times a^{\frac{1}{2}\times\frac{1}{3}}=a^{1+\frac{2}{3}+\frac{1}{6}}=a^{\frac{11}{6}}$

이때 $\dfrac{5}{6}<\dfrac{5}{3}<\dfrac{11}{6}$이고 $0<a<1$이므로 $a^{\frac{11}{6}}<a^{\frac{5}{3}}<a^{\frac{5}{6}}$

$\therefore C<A<B$

0480 답 ③

$0<a<1$이고 $a<b$이므로 $a^a>a^b$

$b>1$이고 $a<b$이므로 $b^a<b^b$

한편, $a>0$, $b>0$이고 $a<b$이므로

$a^a<b^a$, $a^b<b^b$

$\therefore a^b<a^a<b^a<b^b$

따라서 가장 작은 수는 a^b이고, 가장 큰 수는 b^b이다.

0481 답 ②
| 유형9

함수 $f(x)=3^x$의 역함수를 $g(x)$라 할 때, $g(\sqrt{3})g\left(\dfrac{1}{9}\right)$의 값은? 단서1

① -2 　② -1 　③ 0

④ 1 　⑤ 2

단서1 역함수의 성질을 이용하여 함수와 역함수의 함숫값의 관계를 파악

STEP1 $g(\sqrt{3})=a$, $g\left(\dfrac{1}{9}\right)=b$라 하고 $f(a)$, $f(b)$의 값 구하기

$g(\sqrt{3})=a$, $g\left(\dfrac{1}{9}\right)=b$라 하면

$f(a)=\sqrt{3}=3^{\frac{1}{2}}$, $f(b)=\dfrac{1}{9}=3^{-2}$

STEP2 a, b의 값 구하기

$3^a=3^{\frac{1}{2}}$, $3^b=3^{-2}$

$\therefore a=\dfrac{1}{2}$, $b=-2$

STEP 3 $g(\sqrt{3})g\left(\frac{1}{9}\right)$의 값 구하기

$g(\sqrt{3})g\left(\frac{1}{9}\right)=\frac{1}{2}\times(-2)=-1$

0482 답 ③

$f(x)=5^x$이라 하면 함수 $f(x)$의 역함수가 $g(x)$이므로

$g(k)=2$에서 $f(2)=k$

$\therefore k=5^2=25$

0483 답 ②

$g(a)=\frac{2}{3}$에서 $f\left(\frac{2}{3}\right)=a$ $\therefore a=2^{\frac{2}{3}}$

$g(b)=\frac{1}{2}$에서 $f\left(\frac{1}{2}\right)=b$ $\therefore b=2^{\frac{1}{2}}$

이때 $g\left(\dfrac{a}{b}\right)=k$라 하면

$f(k)=\dfrac{a}{b}=\dfrac{2^{\frac{2}{3}}}{2^{\frac{1}{2}}}=2^{\frac{2}{3}-\frac{1}{2}}=2^{\frac{1}{6}}$

즉, $2^k=2^{\frac{1}{6}}$에서 $k=\dfrac{1}{6}$

0484 답 -3

$g(6)=a$라 하면 $f(a)=6$이므로

$5^a+1=6,\ 5^a=5$ $\therefore a=1$

$g\left(\dfrac{126}{125}\right)=b$라 하면 $f(b)=\dfrac{126}{125}$이므로

$5^b+1=\dfrac{126}{125},\ 5^b=\dfrac{1}{125}=5^{-3}$ $\therefore b=-3$

$\therefore g(6)g\left(\dfrac{126}{125}\right)=1\times(-3)=-3$

0485 답 2

$g(a)=2$에서 $f(2)=a$

$\therefore a=\left(\dfrac{1}{2}\right)^{2-2}+2=1+2=3$

$g(10)=b$에서 $f(b)=10$

$\left(\dfrac{1}{2}\right)^{b-2}+2=10,\ \left(\dfrac{1}{2}\right)^{b-2}=8=\left(\dfrac{1}{2}\right)^{-3}$

$b-2=-3$ $\therefore b=-1$

$\therefore a+b=3+(-1)=2$

0486 답 ⑤

$g(-3)=k$라 하면 $f(k)=-3$이므로

$\dfrac{2^k+2^{-k}}{2^k-2^{-k}}=-3$

좌변의 분모, 분자에 각각 2^k을 곱하면

$\dfrac{2^{2k}+1}{2^{2k}-1}=-3$

$2^{2k}+1=-3(2^{2k}-1),\ 4\times2^{2k}=2,\ 2^{2k}=\dfrac{1}{2}=2^{-1}$

$2k=-1$ $\therefore k=-\dfrac{1}{2}$

0487 답 ⑤

> 정의역이 $\{x\,|\,-1\le x\le3\}$인 함수 $y=2^{x+1}+k$의 최댓값이 13일 때, 【단서1】 최솟값은? (단, k는 상수이다.)
>
> ① 2   ② 1   ③ 0
> ④ -1 ⑤ -2
>
> 【단서1】 지수함수의 밑이 1보다 크므로 $-1\le x\le3$에서 $x=3$일 때 최대

STEP 1 지수함수의 성질을 이용하여 상수 k의 값 구하기

밑 2가 1보다 크므로 $x=3$일 때 최대이고, 최댓값은 13이다.

즉, $2^4+k=13$이므로 $k=-3$

STEP 2 주어진 함수의 최솟값 구하기

함수 $y=2^{x+1}-3$에서 $x=-1$일 때 최소이므로 구하는 최솟값은

$2^0-3=1-3=-2$

0488 답 ④

$0<a<1$이므로

$x=-1$일 때 최대이고, 최댓값은

$f(-1)=a^{-1}=\dfrac{3}{2}$ $\therefore a=\dfrac{2}{3}$

$x=2$일 때 최소이고, 최솟값은

$m=f(2)=a^2=\left(\dfrac{2}{3}\right)^2=\dfrac{4}{9}$

$\therefore am=\dfrac{2}{3}\times\dfrac{4}{9}=\dfrac{8}{27}$

0489 답 ①

함수 $f(x)$에서 밑 $\dfrac{1}{2}$이 1보다 작은 양수이므로 $x=1$일 때 최대이고,

최댓값은 $L=f(1)=\left(\dfrac{1}{2}\right)^{-2}-1=4-1=3$

함수 $g(x)$에서 밑 2가 1보다 크므로 $x=4$일 때 최대이고,

최댓값은 $M=g(4)=2^1-1=1$

$\therefore L+M=3+1=4$

0490 답 ⑤

$f(x)=2^{x-1}\times3^{-x+1}-2$ ┐ 지수를 같게 만들어서

$=2^{x-1}\times\left(\dfrac{1}{3}\right)^{x-1}-2$ ◄ 식을 간단히 정리한다.

$=\left(\dfrac{2}{3}\right)^{x-1}-2$

함수 $f(x)$에서 밑 $\dfrac{2}{3}$가 1보다 작은 양수이므로

$x=1$일 때 최대이고, 최댓값은 $f(1)=\left(\dfrac{2}{3}\right)^0-2=1-2=-1$

$x=3$일 때 최소이고, 최솟값은 $f(3)=\left(\dfrac{2}{3}\right)^2-2=\dfrac{4}{9}-2=-\dfrac{14}{9}$

즉, 함수 $y=f(x)$의 치역은 $\left\{y\,\middle|\,-\dfrac{14}{9}\le y\le-1\right\}$

따라서 $M=-1,\ m=-\dfrac{14}{9}$이므로

$36(M-m)=36\times\left(-1+\dfrac{14}{9}\right)=20$

0491 답 ①

밑 $\frac{1}{3}$이 1보다 작은 양수이므로 함수 $f(x)$는 $x=-2$일 때 최댓값 57을 가지고, $x=1$일 때 최솟값 5를 가진다.

$$f(-2)=\left(\frac{1}{3}\right)^{-2-a}+b=9\times3^a+b=57$$

$$f(1)=\left(\frac{1}{3}\right)^{1-a}+b=\frac{1}{3}\times3^a+b=5$$

위의 두 식을 변끼리 빼면

$$9\times3^a-\frac{1}{3}\times3^a=52,\ \frac{26}{3}\times3^a=52\quad\therefore 3^a=6$$

이때 $\frac{1}{3}\times3^a+b=5$이므로

$2+b=5\quad\therefore b=3$

$\therefore 3^a+b=6+3=9$

0492 답 5

$f(x)=2\left(\frac{2}{a}\right)^x$에서

(i) $\frac{2}{a}>1$, 즉 $0<a<2$일 때

$f(x)$는 $x=2$일 때 최대이고, 최댓값은 $f(2)=2\left(\frac{2}{a}\right)^2=\frac{8}{a^2}=8$

$a^2=1\quad\therefore a=1\ (\because 0<a<2)$

(ii) $\frac{2}{a}=1$, 즉 $a=2$일 때

$\underline{f(x)=2}$이므로 $f(x)$의 최댓값이 8이 아니다.

$\qquad\qquad\qquad\rightarrow f(x)$는 상수함수이다.

(iii) $0<\frac{2}{a}<1$, 즉 $a>2$일 때

$f(x)$는 $x=-2$일 때 최대이고, 최댓값은

$$f(-2)=2\left(\frac{2}{a}\right)^{-2}=\frac{a^2}{2}=8$$

$a^2=16\quad\therefore a=4\ (\because a>2)$

(i), (ii), (iii)에서 $a=1$ 또는 $a=4$

따라서 모든 양수 a의 값의 합은 $1+4=5$

실수 Check

$y=a^x$에서 $a>1$, $a=1$, $0<a<1$인 경우로 나누어서 생각해 본다. 이때 $a=1$인 경우를 빠뜨리지 않도록 주의한다.

0493 답 ①

밑 $\frac{1}{3}$이 1보다 작은 양수이므로 함수 $f(x)$는 $x=-1$일 때 최대이고, 최댓값은

$$f(-1)=2+\left(\frac{1}{3}\right)^{-2}=2+9=11$$

0494 답 ①

함수 $f(x)=a\times2^{2-x}+b=a\times\left(\frac{1}{2}\right)^{x-2}+b$에서 $a>0$이고 밑 $\frac{1}{2}$이 1보다 작은 양수이므로 함수 $f(x)$는 $x=-1$일 때 최댓값 5를 가지고, $x=2$일 때 최솟값 -2를 가진다.

$$f(-1)=a\times\left(\frac{1}{2}\right)^{-3}+b=8a+b=5$$

$$f(2)=a\times\left(\frac{1}{2}\right)^0+b=a+b=-2$$

앞의 두 식을 연립하여 풀면 $a=1$, $b=-3$

따라서 $f(x)=\left(\frac{1}{2}\right)^{x-2}-3$이므로

$$f(0)=\left(\frac{1}{2}\right)^{-2}-3=4-3=1$$

실수 Check

$f(x)=a\times2^{2-x}+b$에서 밑 2가 1보다 크다고 해서 $x=-1$일 때 최솟값을 가지고 $x=2$일 때 최댓값을 가진다고 생각하지 않도록 주의한다. x의 계수가 음수이므로 밑이 1보다 작은 양수이다.

0495 답 ②

함수 $f(x)=\left(\frac{1}{2}\right)^{x-a}+1$에서 밑 $\frac{1}{2}$이 1보다 작은 양수이므로 함수 $f(x)$는 $x=1$일 때 최대이고, 최댓값은

$$f(1)=\left(\frac{1}{2}\right)^{1-a}+1=5$$

$2^{a-1}=4=2^2,\ a-1=2\quad\therefore a=3$

따라서 $f(x)=\left(\frac{1}{2}\right)^{x-3}+1$이고, 함수 $f(x)$는 $x=3$일 때 최소이므로 구하는 최솟값은

$$f(3)=\left(\frac{1}{2}\right)^0+1=1+1=2$$

0496 답 ④　　　　　| 유형 11

정의역이 $\{x|0\le x\le3\}$인 함수 $y=a^{x^2-2x-1}$의 최댓값이 $\frac{4}{3}$일 때, 최솟값은? (단, $0<a<1$)　　단서2

① $\frac{3}{8}$　　　② $\frac{\sqrt{3}}{4}$　　　③ $\frac{1}{2}$

④ $\frac{3}{4}$　　　⑤ $\frac{\sqrt{3}}{2}$

단서1 $0<a<1$이므로 주어진 함수는 지수가 증가하면 y의 값은 감소

단서2 밑이 1보다 작은 양수이므로 지수가 최소일 때 y가 최대임을 이용

STEP 1 x^2-2x-1의 최댓값, 최솟값 구하기

$f(x)=x^2-2x-1$이라 하면 $f(x)=(x-1)^2-2$

$0\le x\le3$에서 $f(x)$는 $x=1$일 때 최솟값 -2, $x=3$일 때 최댓값 2를 가진다.

STEP 2 주어진 함수의 최솟값 구하기

$y=a^{x^2-2x-1}=a^{f(x)}$에서 $0<a<1$이므로 $y=a^{f(x)}$은 $f(x)=-2$일 때 최댓값 $\frac{4}{3}$를 가진다.

즉, $a^{-2}=\frac{4}{3}$이므로 $a^2=\frac{3}{4}$

또한 $y=a^{f(x)}$은 $f(x)=2$일 때 최솟값을 가지므로 구하는 최솟값은

$$a^2=\frac{3}{4}$$

참고 이차함수의 정의역이 주어진 경우에는 정의역의 양 끝 값을 대입한 함숫값이 반드시 그 함수의 최댓값과 최솟값인 것은 아니다.

0497 답 ④

$f(x)=-x^2+6x-7$이라 하면 $f(x)=-(x-3)^2+2$

$f(x)$는 $x=3$일 때 최댓값 2를 가진다.

$y=a^{-x^2+6x-7}=a^{f(x)}$에서 $0<a<1$이므로

$y=a^{f(x)}$은 $f(x)=2$일 때 최솟값 $\dfrac{1}{9}$을 가진다.

즉, $a^2=\dfrac{1}{9}$이므로 $a=\dfrac{1}{3}$ ($\because 0<a<1$)

0498 답 ②

$f(x)=-x^2+2x+a$라 하면 $f(x)=-(x-1)^2+a+1$

$0\le x\le 3$에서 $f(x)$는 $x=1$일 때 최댓값 $a+1$, $x=3$일 때 최솟값 $a-3$을 가진다.

$y=2^{-x^2+2x+a}=2^{f(x)}$에서 밑 2가 1보다 크므로

$y=2^{f(x)}$은 $f(x)=a+1$일 때 최댓값 16을 가진다.

즉, $2^{a+1}=16=2^4$이므로

$a+1=4$ $\therefore a=3$

또한 $y=2^{f(x)}$은 $f(x)=a-3$일 때 최솟값 m을 가지므로

$2^{a-3}=m$, $2^0=1=m$

$\therefore a+m=3+1=4$

0499 답 ③

$f(x)=-x^2+6x-8$이라 하면 $f(x)=-(x-3)^2+1$

$1\le x\le 4$에서 $f(x)$는 $x=3$일 때 최댓값 1, $x=1$일 때 최솟값 -3을 가진다.

$y=a^{-x^2+6x-8}=a^{f(x)}$에서 $0<a<1$이므로

$y=a^{f(x)}$은 $f(x)=-3$일 때 최댓값 64를 가진다.

즉, $a^{-3}=64=\left(\dfrac{1}{4}\right)^{-3}$ $\therefore a=\dfrac{1}{4}$

또한 $y=a^{f(x)}$은 $f(x)=1$일 때 최솟값 m을 가지므로

$a=m$ $\therefore m=\dfrac{1}{4}$

$\therefore a+m=\dfrac{1}{4}+\dfrac{1}{4}=\dfrac{1}{2}$

0500 답 7

$y=(f\circ g)(x)=f(g(x))=3^{g(x)}$

$y=3^{g(x)}$에서 밑 3이 1보다 크므로 $y=3^{g(x)}$은 $g(x)$가 최소일 때 최솟값을 가진다.

이때 $g(x)=x^2+4x+6=(x+2)^2+2$이므로

$g(x)$는 $x=-2$일 때 최솟값 2를 가진다.

즉, $y=3^{g(x)}$은 $g(x)=2$일 때 최솟값 m을 가지므로

$3^2=m$ $\therefore m=9$ $\longrightarrow$ $x=-2$일 때이므로 $a=-2$

따라서 $a=-2$, $m=9$이므로

$a+m=-2+9=7$

0501 답 ④

$f(x)=x^2-6x+b$라 하면 $f(x)=(x-3)^2+b-9$

$3\le x\le 4$에서 $f(x)$는 $x=3$일 때 최솟값 $b-9$, $x=4$일 때 최댓값 $b-8$을 가진다.

$y=a^{x^2-6x+b}=a^{f(x)}$에서 $0<a<1$이므로

$y=a^{f(x)}$은 $f(x)=b-9$일 때 최댓값 16을 가진다.

$\therefore a^{b-9}=16$ $\cdots\cdots\cdots\cdots$ ㉠

또한 $y=a^{f(x)}$은 $f(x)=b-8$일 때 최솟값 4를 가진다.

$\therefore a^{b-8}=4$ $\cdots\cdots\cdots\cdots$ ㉡

㉡ $\div$ ㉠을 하면

$\dfrac{a^{b-8}}{a^{b-9}}=\dfrac{4}{16}$ $\therefore a=\dfrac{1}{4}$ $\longrightarrow a^{b-8-(b-9)}=a=\dfrac{1}{4}$

$a=\dfrac{1}{4}$을 ㉡에 대입하면

$\left(\dfrac{1}{4}\right)^{b-8}=4$, $4^{-b+8}=4$, $-b+8=1$ $\therefore b=7$

$\therefore ab=\dfrac{1}{4}\times 7=\dfrac{7}{4}$

0502 답 ③ | 유형 12

정의역이 $\{x|0\le x\le 3\}$인 함수 $y=2^{2x}-2^{x+2}+a$의 최댓값이 b이고, [단서1] $x=c$일 때 최솟값이 5이다. $a+b+c$의 값은? (단, a는 상수이다.) [단서2]

① 47   ② 49   ③ 51
④ 53   ⑤ 55

[단서1] 2^x 꼴이 반복되므로 $2^x=t$로 치환
[단서2] 주어진 정의역에서 함수의 최댓값과 최솟값을 확인

STEP 1 $2^x=t$로 치환하여 t에 대한 함수로 나타내기

$y=2^{2x}-2^{x+2}+a=(2^x)^2-4\times 2^x+a$

$2^x=t$라 하면 $0\le x\le 3$에서 $1\le t\le 8$이고,

주어진 함수는 $y=t^2-4t+a=(t-2)^2+a-4$

STEP 2 a를 이용하여 최댓값과 최솟값 나타내기

주어진 함수는

$t=8$, 즉 $x=3$일 때 최댓값 $a+32$를 가지고,

$t=2$, 즉 $x=1$일 때 최솟값 $a-4$를 가진다.

STEP 3 $a+b+c$의 값 구하기 $\longrightarrow$ 이차함수의 그래프의 꼭짓점의 y좌표가 최솟값이다.

$c=1$이고, $a-4=5$에서 $a=9$

$\therefore b=a+32=9+32=41$

$\therefore a+b+c=9+41+1=51$

0503 답 ①

$y=4^x-2^{x+1}+6=(2^x)^2-2\times 2^x+6$

$2^x=t$ $(t>0)$라 하면 주어진 함수는

$y=t^2-2t+6=(t-1)^2+5$

$t=1$, 즉 $x=0$일 때 최솟값 5를 가진다.

따라서 $a=0$, $b=5$이므로

$a-b=0-5=-5$

0504 답 ③

$y=9^x-2\times 3^x+3=(3^x)^2-2\times 3^x+3$

$3^x=t$라 하면 $-1\le x\le 2$에서 $\dfrac{1}{3}\le t\le 9$이고,

주어진 함수는 $y=t^2-2t+3=(t-1)^2+2$

$t=9$, 즉 $x=2$일 때 최댓값 66을 가지고,

$t=1$, 즉 $x=0$일 때 최솟값 2를 가진다.

따라서 $a=2$, $b=66$, $c=0$, $d=2$이므로

$a+b+c+d=2+66+0+2=70$

0505 답 ④

$y=\dfrac{1}{5^{2x}}-\dfrac{10}{5^x}+a=\left\{\left(\dfrac{1}{5}\right)^x\right\}^2-10\left(\dfrac{1}{5}\right)^x+a$

$\left(\dfrac{1}{5}\right)^x=t\ (t>0)$라 하면 주어진 함수는

$y=t^2-10t+a=(t-5)^2+a-25$

$t=5$, 즉 $x=-1$일 때 주어진 함수는 최솟값 $a-25$를 가진다.

즉, $b=-1$이고, $a-25=3$에서 $a=28$

$\therefore a+b=28+(-1)=27$

0506 답 -8

$y=4^{-x}-2^{-x+1}+a=\left\{\left(\dfrac{1}{2}\right)^x\right\}^2-2\left(\dfrac{1}{2}\right)^x+a$

$\left(\dfrac{1}{2}\right)^x=t$라 하면 $-3\leq x\leq2$에서 $\dfrac{1}{4}\leq t\leq8$이고,

주어진 함수는 $y=t^2-2t+a=(t-1)^2+a-1$

$t=8$, 즉 $x=-3$일 때 최댓값 $M=a+48$

$t=1$, 즉 $x=0$일 때 최솟값 $m=a-1$

이때 $M+m=31$이므로

$a+48+a-1=2a+47=31$

$2a=-16$ $\therefore a=-8$

0507 답 ①

$y=2^x-\sqrt{2^{x+4}}+2=\{(\sqrt{2})^2\}^x-(\sqrt{2})^{x+4}+2$
$\quad=\{(\sqrt{2})^x\}^2-4(\sqrt{2})^x+2$

$(\sqrt{2})^x=t$라 하면 $-4\leq x\leq4$에서 $\dfrac{1}{4}\leq t\leq4$이고,

주어진 함수는 $y=t^2-4t+2=(t-2)^2-2$

$t=4$, 즉 $x=4$일 때 최댓값 2를 가지고,

$t=2$, 즉 $x=2$일 때 최솟값 -2를 가진다.

따라서 최댓값과 최솟값의 합은

$2+(-2)=0$

0508 답 19 ┃유형 13

> 함수 $y=9^x+9^{-x+2}$이 $x=a$에서 최솟값 b를 가질 때, $a+b$의 값을 구하시오. **단서1**
>
> **단서1** 산술평균과 기하평균의 관계를 이용

STEP 1 산술평균과 기하평균의 관계를 이용하여 9^x+9^{-x+2}의 값의 범위 구하기

$9^x>0$, $9^{-x+2}>0$이므로 산술평균과 기하평균의 관계에 의하여

$9^x+9^{-x+2}\geq2\sqrt{9^x\times9^{-x+2}}=2\sqrt{9^2}=18$

STEP 2 등호가 성립할 때의 x의 값 구하기

등호는 $9^x=9^{-x+2}$일 때 성립하므로

$x=-x+2$ $\therefore x=1$

STEP 3 $a+b$의 값 구하기

$a=1$, $b=18$이므로

$a+b=1+18=19$

0509 답 ④

$4^x+16^y=4^x+4^{2y}$이고, $4^x>0$, $4^{2y}>0$이므로 산술평균과 기하평균의 관계에 의하여

$4^x+4^{2y}\geq2\sqrt{4^x\times4^{2y}}$
$\qquad\quad=2\sqrt{4^{x+2y}}$
$\qquad\quad=2\sqrt{4^2}=8$ (단, 등호는 $4^x=4^{2y}$일 때 성립)

따라서 4^x+16^y의 최솟값은 8이다.

0510 답 ②

$y=3^{x+k}+\left(\dfrac{1}{3}\right)^{x-k}=3^{x+k}+3^{-x+k}$

$3^{x+k}>0$, $3^{-x+k}>0$이므로 산술평균과 기하평균의 관계에 의하여

$3^{x+k}+3^{-x+k}\geq2\sqrt{3^{x+k}\times3^{-x+k}}$
$\qquad\qquad\qquad=2\sqrt{3^{2k}}=2\times3^k$ (단, 등호는 $3^{x+k}=3^{-x+k}$일 때 성립)

주어진 함수의 최솟값이 18이므로

$2\times3^k=18=2\times3^2$ $\therefore k=2$

0511 답 8

$y=\dfrac{2^{x+3}}{2^{2x}-2^x+1}=\dfrac{8}{2^x-1+\dfrac{1}{2^x}}$이므로 이 함수는 분모가 최소일 때

최댓값을 가진다.

$2^x>0$, $\dfrac{1}{2^x}>0$이므로 산술평균과 기하평균의 관계에 의하여

$2^x+\dfrac{1}{2^x}-1\geq2\sqrt{2^x\times\dfrac{1}{2^x}}-1$
$\qquad\qquad\qquad=2-1=1$ $\left(\text{단, 등호는 } 2^x=\dfrac{1}{2^x}\text{일 때 성립}\right)$

따라서 주어진 함수의 최댓값은 $\dfrac{8}{1}=8$이다.

0512 답 ②

두 점 P, Q의 x좌표가 t이므로 $P(t, 2^t)$, $Q(t, -2^{-t+1})$

$\therefore l_t=\overline{PQ}=2^t-(-2^{-t+1})=2^t+\dfrac{2}{2^t}$

$2^t>0$, $\dfrac{2}{2^t}>0$이므로 산술평균과 기하평균의 관계에 의하여

$l_t=2^t+\dfrac{2}{2^t}\geq2\sqrt{2^t\times\dfrac{2}{2^t}}=2\sqrt{2}$

이때 등호는 $2^t=\dfrac{2}{2^t}$일 때 성립하므로

$2^{2t}=2$, $2t=1$ $\therefore t=\dfrac{1}{2}$

따라서 l_t는 $t=\dfrac{1}{2}$일 때 최솟값 $2\sqrt{2}$를 가지므로

$a=\dfrac{1}{2}$, $b=2\sqrt{2}$ $\therefore 2a+b^2=1+8=9$

0513 답 ⑤

만들어지는 직사각형의 가로의 길이는 $b-a=4$, 세로의 길이는 $2^a-(-2^{-b})=2^a+2^{-b}$이므로 직사각형의 넓이를 S라 하면

$S=(b-a)(2^a+2^{-b})$
$\quad=4(2^a+2^{-b})$

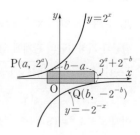

$2^a > 0$, $2^{-b} > 0$이므로 산술평균과 기하평균의 관계에 의하여

$S = 4(2^a + 2^{-b})$

$\geq 4 \times 2\sqrt{2^a \times 2^{-b}}$

$= 8\sqrt{2^{a-b}} = 8\sqrt{2^{-4}} = 2$ (단, 등호는 $2^a = 2^{-b}$일 때 성립)

따라서 직사각형의 넓이의 최솟값은 2이다.

0514 답 ② | 유형 14

함수 $y = \underset{\text{단서2}}{\underline{9^x + 9^{-x}}} - \underset{\text{단서1}}{\underline{2(3^x + 3^{-x})}} + 5$가 $x = a$에서 최솟값 b를 가질 때, $a + b$의 값은?

① 1   ② 3   ③ 5

④ 7   ⑤ 9

단서1 산술평균과 기하평균의 관계를 이용

단서2 $9^x + 9^{-x} = (3^x + 3^{-x})^2 - 2$임을 이용

STEP 1 $3^x + 3^{-x} = t$로 치환하고 산술평균과 기하평균의 관계를 이용하여 t의 값의 범위 구하기

$3^x + 3^{-x} = t$라 하면 $3^x > 0$, $3^{-x} > 0$이므로 산술평균과 기하평균의 관계에 의하여

$t = 3^x + 3^{-x} \geq 2\sqrt{3^x \times 3^{-x}} = 2$

(단, 등호는 $3^x = 3^{-x}$, 즉 $x = 0$일 때 성립)

STEP 2 주어진 함수를 t에 대하여 나타낸 후 최솟값 구하기

$9^x + 9^{-x} = (3^x)^2 + (3^{-x})^2 = (3^x + 3^{-x})^2 - 2$이므로 주어진 함수는

$y = 9^x + 9^{-x} - 2(3^x + 3^{-x}) + 5$

$= t^2 - 2 - 2t + 5 = t^2 - 2t + 3$

$= (t-1)^2 + 2$

따라서 $t \geq 2$에서 함수 $y = (t-1)^2 + 2$는 $t = 2$, 즉 $x = 0$일 때 최솟값 $(2-1)^2 + 2 = 3$을 가진다.

STEP 3 $a + b$의 값 구하기

$a = 0$, $b = 3$이므로 $a + b = 3$

0515 답 ③

$2^x + 2^{-x} = t$라 하면 $2^x > 0$, $2^{-x} > 0$이므로 산술평균과 기하평균의 관계에 의하여

$t = 2^x + 2^{-x} \geq 2\sqrt{2^x \times 2^{-x}} = 2$

(단, 등호는 $2^x = 2^{-x}$, 즉 $x = 0$일 때 성립)

이때 $4^x + 4^{-x} = (2^x + 2^{-x})^2 - 2 = t^2 - 2$이므로 주어진 함수는

$y = 4(2^x + 2^{-x}) - (4^x + 4^{-x})$

$= 4t - (t^2 - 2)$

$= -t^2 + 4t + 2 = -(t-2)^2 + 6$

따라서 $t \geq 2$에서 주어진 함수는 $t = 2$일 때 최댓값 6을 가진다.

0516 답 ①

$\sqrt{3^x} + \sqrt{3^{-x}} = 3^{\frac{1}{2}x} + 3^{-\frac{1}{2}x} = t$라 하면 $3^{\frac{1}{2}x} > 0$, $3^{-\frac{1}{2}x} > 0$이므로 산술평균과 기하평균의 관계에 의하여

$t = 3^{\frac{1}{2}x} + 3^{-\frac{1}{2}x} \geq 2\sqrt{3^{\frac{1}{2}x} \times 3^{-\frac{1}{2}x}} = 2$

(단, 등호는 $3^{\frac{1}{2}x} = 3^{-\frac{1}{2}x}$, 즉 $x = 0$일 때 성립)

이때 $3^x + 3^{-x} = (3^{\frac{1}{2}x} + 3^{-\frac{1}{2}x})^2 - 2 = t^2 - 2$이므로 주어진 함수는

$y = 3^x + 3^{-x} - (\sqrt{3^x} + \sqrt{3^{-x}})$

$= t^2 - 2 - t$

$= \left(t - \frac{1}{2}\right)^2 - \frac{9}{4}$

따라서 $t \geq 2$에서 주어진 함수는 $t = 2$일 때 최솟값

$\left(2 - \frac{1}{2}\right)^2 - \frac{9}{4} = 0$을 가진다.

0517 답 ③

$\left(\frac{1}{2}\right)^x + \left(\frac{1}{2}\right)^{-x} = \frac{1}{2^x} + \frac{1}{2^{-x}} = t$라 하면 $\frac{1}{2^x} > 0$, $\frac{1}{2^{-x}} > 0$이므로 산술평균과 기하평균의 관계에 의하여

$t = \frac{1}{2^x} + \frac{1}{2^{-x}} \geq 2\sqrt{\frac{1}{2^x} \times \frac{1}{2^{-x}}} = 2$

$\left(\text{단, 등호는 } \frac{1}{2^x} = \frac{1}{2^{-x}}, \text{ 즉 } x = 0\text{일 때 성립}\right)$

이때 $\left(\frac{1}{4}\right)^x + \left(\frac{1}{4}\right)^{-x} = \frac{1}{4^x} + \frac{1}{4^{-x}} = \left(\frac{1}{2^x} + \frac{1}{2^{-x}}\right)^2 - 2 = t^2 - 2$

이므로 주어진 함수는

$y = 6\left\{\left(\frac{1}{2}\right)^x + \left(\frac{1}{2}\right)^{-x}\right\} - \left\{\left(\frac{1}{4}\right)^x + \left(\frac{1}{4}\right)^{-x}\right\} - 2$

$= 6t - (t^2 - 2) - 2$

$= -t^2 + 6t = -(t-3)^2 + 9$

따라서 $t \geq 2$에서 주어진 함수는 $t = 3$일 때 최댓값 9를 가진다.

0518 답 ③

$a^x + a^{-x} = t$라 하면 $a^x > 0$, $a^{-x} > 0$이므로 산술평균과 기하평균의 관계에 의하여

$t = a^x + a^{-x} \geq 2\sqrt{a^x \times a^{-x}} = 2$

(단, 등호는 $a^x = a^{-x}$, 즉 $x = 0$일 때 성립)

이때 $a^{2x} + a^{-2x} = (a^x + a^{-x})^2 - 2 = t^2 - 2$이므로 주어진 함수는

$y = 2(a^x + a^{-x}) - (a^{2x} + a^{-2x}) + 3$

$= 2t - (t^2 - 2) + 3$

$= -t^2 + 2t + 5 = -(t-1)^2 + 6$

따라서 $t \geq 2$에서 주어진 함수는 $t = 2$일 때 최댓값

$-(2-1)^2 + 6 = 5$를 가진다.

0519 답 4

$2^x + 2^{-x} = t$라 하면 $2^x > 0$, $2^{-x} > 0$이므로 산술평균과 기하평균의 관계에 의하여

$t = 2^x + 2^{-x} \geq 2\sqrt{2^x \times 2^{-x}} = 2$

(단, 등호는 $2^x = 2^{-x}$, 즉 $x = 0$일 때 성립)

이때 $4^x + 4^{-x} = (2^x + 2^{-x})^2 - 2 = t^2 - 2$이므로 주어진 함수는

$y = 4^x + 4^{-x} - 4(2^x + 2^{-x}) + 4$

$= t^2 - 2 - 4t + 4$

$= t^2 - 4t + 2 = (t-2)^2 - 2$

따라서 $t \geq 2$에서 주어진 함수는 $t = 2$, 즉 $x = 0$일 때 최솟값 -2를 가지므로

$a = 0$, $b = -2$

$\therefore a^2 + b^2 = 0 + (-2)^2 = 4$

0520 답 ④ | 유형 15

| 유형 15

방정식 $\left(\dfrac{1}{4}\right)^{\frac{x}{2}}=(\sqrt[3]{2})^{x^2}$의 모든 해의 합은?
단서1
① -6　　② -5　　③ -4
④ -3　　⑤ -2

단서1 밑을 같게 할 수 있는지 확인

STEP 1 방정식의 각 항의 밑을 2로 같게 하기

$\left(\dfrac{1}{4}\right)^{\frac{x}{2}}=(\sqrt[3]{2})^{x^2}$에서 $(2^{-2})^{\frac{x}{2}}=(2^{\frac{1}{3}})^{x^2}$, $2^{-x}=2^{\frac{1}{3}x^2}$

STEP 2 지수가 같음을 이용하여 방정식 풀기

$-x=\dfrac{1}{3}x^2$이므로 $x^2+3x=0$, $x(x+3)=0$

$\therefore x=0$ 또는 $x=-3$

STEP 3 모든 해의 합 구하기

모든 해의 합은 $0+(-3)=-3$

0521 답 ②

$3^{-2x}=81^{-x+2}$에서 $3^{-2x}=(3^4)^{-x+2}$, $3^{-2x}=3^{-4x+8}$

즉, $-2x=-4x+8$이므로 $2x=8$　$\therefore x=4$

0522 답 ④

$(3^x-27)(4^{2x}-16)=0$에서 $3^x=27$ 또는 $4^{2x}=16$

$3^x=27$에서 $3^x=3^3$　$\therefore x=3$

$4^{2x}=16$에서 $16^x=16$　　$\therefore x=1$

따라서 $\alpha=3$, $\beta=1$ 또는 $\alpha=1$, $\beta=3$이므로

$\alpha\beta=3$

0523 답 20

$\dfrac{3^{x^2-5}}{3^{2x-1}}=81$에서 $3^{x^2-5-(2x-1)}=3^4$, $3^{x^2-2x-4}=3^4$

즉, $x^2-2x-4=4$이므로

$x^2-2x-8=0$, $(x+2)(x-4)=0$

$\therefore x=-2$ 또는 $x=4$

따라서 $\alpha=-2$, $\beta=4$ 또는 $\alpha=4$, $\beta=-2$이므로

$\alpha^2+\beta^2=20$

다른 풀이

$x^2-2x-8=0$의 두 근이 α, β이므로 이차방정식의 근과 계수의 관계에 의하여

$\alpha+\beta=2$, $\alpha\beta=-8$

$\therefore \alpha^2+\beta^2=(\alpha+\beta)^2-2\alpha\beta=2^2-2\times(-8)=20$

0524 답 3

$(3\times\sqrt[3]{9})^{x^2}=27^{x+2}$에서 $(3\times3^{\frac{2}{3}})^{x^2}=(3^3)^{x+2}$, $3^{\frac{5}{3}x^2}=3^{3x+6}$

즉, $\dfrac{5}{3}x^2=3x+6$이므로 $5x^2-9x-18=0$

$(5x+6)(x-3)=0$　$\therefore x=-\dfrac{6}{5}$ 또는 $x=3$

그런데 x는 정수이므로 $x=3$

0525 답 ④

$\left(\dfrac{1}{4}\right)^{-x}=64$에서 $(2^{-2})^{-x}=2^6$, $2^{2x}=2^6$

즉, $2x=6$이므로 $x=3$

0526 답 ⑤

$2^{x-6}=\left(\dfrac{1}{4}\right)^{x^2}$에서 $2^{x-6}=2^{-2x^2}$

즉, $x-6=-2x^2$이므로

$2x^2+x-6=0$, $(2x-3)(x+2)=0$

$\therefore x=\dfrac{3}{2}$ 또는 $x=-2$

따라서 모든 해의 합은 $\dfrac{3}{2}+(-2)=-\dfrac{1}{2}$

0527 답 ③ | 유형 16

| 유형 16

방정식 $3^{3-x}=12-3^x$의 모든 실근의 합은?
단서1
① 1　　② 2　　③ 3
④ 4　　⑤ 5

단서1 3^x 꼴이 반복되므로 $3^x=t$로 치환

STEP 1 $3^x=t$로 치환하고 t에 대한 방정식으로 나타내기

$3^{3-x}=12-3^x$에서 $\dfrac{27}{3^x}=12-3^x$

$3^x=t$ $(t>0)$라 하면 $\dfrac{27}{t}=12-t$

STEP 2 t에 대한 방정식 풀기

양변에 t를 곱하면 $27=12t-t^2$

$t^2-12t+27=0$, $(t-3)(t-9)=0$

$\therefore t=3$ 또는 $t=9$

STEP 3 모든 실근의 합 구하기

$3^x=3$ 또는 $3^x=9$이므로 $x=1$ 또는 $x=2$

따라서 모든 실근의 합은 $1+2=3$

0528 답 ①

$\left(\dfrac{1}{4}\right)^x-3\left(\dfrac{1}{2}\right)^{x-1}-16=0$에서 $\left\{\left(\dfrac{1}{2}\right)^x\right\}^2-6\left(\dfrac{1}{2}\right)^x-16=0$

$\left(\dfrac{1}{2}\right)^x=t$ $(t>0)$라 하면 $t^2-6t-16=0$

$(t+2)(t-8)=0$　　$\therefore t=8$ $(\because t>0)$

즉, $\left(\dfrac{1}{2}\right)^x=8$이므로 $x=-3$
$\longrightarrow \left(\dfrac{1}{2}\right)^x=\left(\dfrac{1}{2}\right)^{-3}$

0529 답 6

$4^x-3\times2^{x+2}=4\times2^{x+1}-64$에서

$(2^x)^2-12\times2^x=8\times2^x-64$

$2^x=t$ $(t>0)$라 하면 $t^2-12t=8t-64$

$t^2-20t+64=0$, $(t-4)(t-16)=0$

$\therefore t=4$ 또는 $t=16$

즉, $2^x=4$ 또는 $2^x=16$이므로

$x=2$ 또는 $x=4$

따라서 모든 정수 x의 값의 합은 $2+4=6$

0530 답 ①

$(f \circ g)(x) = f(g(x)) = f(2x+2) = 2^{2x+2}$

$(g \circ f)(x) = g(f(x)) = g(2^x) = 2 \times 2^x + 2$

이므로 방정식 $(f \circ g)(x) = (g \circ f)(x)$는

$2^{2x+2} = 2 \times 2^x + 2$, 즉 $4(2^x)^2 - 2 \times 2^x - 2 = 0$

$2^x = t$ $(t > 0)$라 하면 $4t^2 - 2t - 2 = 0$, $2t^2 - t - 1 = 0$

$(2t+1)(t-1) = 0$ $\therefore t = 1$ $(\because t > 0)$

즉, $2^x = 1$이므로 $x = 0$

0531 답 ①

$a^{2x} + a^x = 6$ $(a > 0, a \neq 1)$에서

$a^x = t$ $(t > 0)$라 하면 $t^2 + t = 6$

$t^2 + t - 6 = 0$, $(t+3)(t-2) = 0$ $\therefore t = 2$ $(\because t > 0)$

즉, $a^x = 2$이므로 $x = \log_a 2$

이때 근이 $\dfrac{1}{4}$이 되려면

$\log_a 2 = \dfrac{1}{4}$, $a^{\frac{1}{4}} = 2$ $\therefore a = 2^4 = 16$

0532 답 3

두 함수 $y = 4^x$, $y = 2^{x+1}$의 그래프의 교점의 x좌표는

$4^x = 2^{x+1}$에서 $2^{2x} = 2^{x+1}$

즉, $2x = x+1$이므로 $x = 1$

따라서 두 함수 $y = 4^x$, $y = 2^{x+1}$의 그래프는 그림과 같고, 두 그래프와 직선 $x = k$가 만나는 두 점의 좌표는

A$(k, 4^k)$, B$(k, 2^{k+1})$

(i) $k > 1$인 경우

$\overline{AB} = 4^k - 2^{k+1} = 48$이므로 → $y=4^x$의 그래프가 $y=2^{x+1}$의 그래프보다 위에 있음을 이용하여 $\overline{AB}$를 구한다.

$2^k = t$ $(t > 2)$라 하면

$t^2 - 2t - 48 = 0$, $(t+6)(t-8) = 0$

$\therefore t = 8$ $(\because t > 2)$

즉, $2^k = 8 = 2^3$이므로 $k = 3$

(ii) $k < 1$인 경우

$\overline{AB} = 2^{k+1} - 4^k = 48$이므로 → $y=2^{x+1}$의 그래프가 $y=4^x$의 그래프보다 위에 있음을 이용하여 $\overline{AB}$를 구한다.

$2^k = t$ $(t > 0)$라 하면

$2t - t^2 = 48$ $\therefore t^2 - 2t + 48 = 0$

이 이차방정식의 판별식을 D라 하면

$\dfrac{D}{4} = (-1)^2 - 48 = -47 < 0$

이므로 이 이차방정식은 실근을 가지지 않는다.

따라서 $\overline{AB} = 48$을 만족시키는 실수 k의 값이 존재하지 않는다.

(i), (ii)에서 $k = 3$

개념 Check

이차방정식 $ax^2 + bx + c = 0$의 판별식을 $D = b^2 - 4ac$라 하면
(1) $D > 0$이면 서로 다른 두 실근
(2) $D = 0$이면 서로 같은 두 실근 (중근)
(3) $D < 0$이면 서로 다른 두 허근 (실근이 존재하지 않는다.)

실수 Check

두 함수의 그래프의 교점을 기준으로 위, 아래에 위치하는 그래프가 달라짐에 주의하여 k의 값의 범위를 나눈 후 미지수의 값을 구해야 한다.

0533 답 3

$3^x - 3^{4-x} = 24$에서 $3^x - \dfrac{81}{3^x} = 24$

$3^x = t$ $(t > 0)$라 하면 $t - \dfrac{81}{t} = 24$

$t^2 - 24t - 81 = 0$, $(t+3)(t-27) = 0$ $\therefore t = 27$ $(\because t > 0)$

즉, $3^x = 27 = 3^3$이므로 $x = 3$

0534 답 ①

점 A의 좌표는 $(t, 3^{2-t} + 8)$, 점 B의 좌표는 $(t, 0)$,

점 C의 좌표는 $(t+1, 0)$, 점 D의 좌표는 $(t+1, 3^t)$

이때 사각형 ABCD가 직사각형이므로 두 점 A, D의 y좌표가 같아야 한다.

즉, $3^{2-t} + 8 = 3^t$에서 $\dfrac{9}{3^t} + 8 = 3^t$

$3^t = s$ $(s > 0)$라 하면 $\dfrac{9}{s} + 8 = s$

$s^2 - 8s - 9 = 0$, $(s+1)(s-9) = 0$ $\therefore s = 9$ $(\because s > 0)$

즉, $3^t = 9 = 3^2$이므로 $t = 2$

따라서 직사각형 ABCD의 가로의 길이는 1이고 세로의 길이는 → $\overline{BC} = (t+1) - t = 1$

$3^2 = 9$이므로 넓이는 9이다. → $\overline{CD} = 3^t = 3^2 = 9$

0535 답 ①

두 곡선 $y = f(x)$, $y = g(x)$가 만나는 점 P의 x좌표는

$2^x + 1 = 2^{x+1}$에서 $2^x = 1$ $\therefore x = 0$

즉, 점 P의 좌표는 $(0, 2)$이고, 점 P가 선분 AB의 중점이므로

두 점 A$(a, \underbrace{2^a + 1}_{f(a)})$, B$(b, \underbrace{2^{b+1}}_{g(b)})$에 대하여

$\dfrac{a+b}{2} = 0$, $\dfrac{2^a + 1 + 2^{b+1}}{2} = 2$

$\therefore a + b = 0$, $2^a + 2^{b+1} = 3$

즉, $b = -a$이므로 $2^a + 2^{-a+1} = 3$에서 $2^a + \dfrac{2}{2^a} = 3$

$2^a = t$ $(t > 0)$라 하면 $t + \dfrac{2}{t} = 3$

$t^2 - 3t + 2 = 0$, $(t-1)(t-2) = 0$

$\therefore t = 1$ 또는 $t = 2$

즉, $2^a = 1$ 또는 $2^a = 2$이므로

$a = 0$ 또는 $a = 1$

그런데 $a = 0$이면 $b = 0$이므로 a, b가 서로 다른 실수라는 조건에 맞지 않는다.

따라서 $a = 1$, $b = -1$이므로

A$(1, 3)$, B$(-1, 1)$

$\therefore \overline{AB} = \sqrt{(-1-1)^2 + (1-3)^2} = 2\sqrt{2}$

개념 Check

두 점 A(x_1, y_1), B(x_2, y_2) 사이의 거리는
$\overline{AB} = \sqrt{(x_2 - x_1)^2 + (y_2 - y_1)^2}$

0536 답 ② | 유형 17

방정식 $4^x-4\times2^x+k=0$의 <u>서로 다른 두 실근의 합이 2</u>일 때, 상수 _{단서1} _{단서2}

k의 값은?

① 2   ② 4   ③ 6

④ 8   ⑤ 10

단서1 2^x 꼴이 반복되므로 $2^x=t$로 치환
단서2 이차방정식의 근과 계수의 관계를 이용

STEP1 $2^x=t$로 치환하여 t에 대한 방정식으로 나타내기

$4^x-4\times2^x+k=0$에서 $(2^x)^2-4\times2^x+k=0$

$2^x=t\ (t>0)$라 하면

$t^2-4t+k=0$ ················· ㉠

STEP2 이차방정식의 근과 계수의 관계를 이용하여 상수 k의 값 구하기

주어진 방정식의 서로 다른 두 실근을 α, β라 하면 방정식 ㉠의 두 근은 2^α, 2^β이다. 이차방정식의 근과 계수의 관계에 의하여

$2^\alpha\times2^\beta=k$, 즉 $2^{\alpha+\beta}=k$

이때 $\alpha+\beta=2$이므로 $2^2=k$ $\therefore\ k=4$

0537 답 ⑤

$3^{2x}-a\times3^x+9=0$에서 $3^x=t\ (t>0)$라 하면

$t^2-at+9=0$ ················· ㉠

주어진 방정식의 두 근이 α, β이므로 방정식 ㉠의 두 근은 3^α, 3^β이다. 따라서 이차방정식의 근과 계수의 관계에 의하여

$3^\alpha\times3^\beta=9$, $3^{\alpha+\beta}=3^2$ $\therefore\ \alpha+\beta=2$

0538 답 10

$16^x-4^{x+3}+100=0$에서 $(4^x)^2-64\times4^x+100=0$

$4^x=t\ (t>0)$라 하면

$t^2-64t+100=0$ ················· ㉠

주어진 방정식의 두 근이 α, β이므로 방정식 ㉠의 두 근은 4^α, 4^β이다. 이차방정식의 근과 계수의 관계에 의하여

$4^\alpha\times4^\beta=100$, 즉 $4^{\alpha+\beta}=100$

$2^{2(\alpha+\beta)}=10^2$ $\therefore\ 2^{\alpha+\beta}=10$

0539 답 ⑤

$a^{2x}-10a^x+16=0$에서 $a^x=t\ (t>0)$라 하면

$t^2-10t+16=0$ ················· ㉠

주어진 방정식의 두 근이 α, β이므로 방정식 ㉠의 두 근은 a^α, a^β이다. 이차방정식의 근과 계수의 관계에 의하여

$a^\alpha\times a^\beta=16$, 즉 $a^{\alpha+\beta}=16$

이때 $\alpha+\beta=2$이므로 $a^2=16$ $\therefore\ a=4\ (\because\ a>0)$

0540 답 65

$9^x-11\times3^x+28=0$에서 $(3^x)^2-11\times3^x+28=0$

$3^x=t\ (t>0)$라 하면

$t^2-11t+28=0$ ················· ㉠

주어진 방정식의 두 근이 α, β이므로 방정식 ㉠의 두 근은 3^α, 3^β이다. 이차방정식의 근과 계수의 관계에 의하여

$3^\alpha+3^\beta=11$, $3^\alpha\times3^\beta=28$

$\therefore\ 9^\alpha+9^\beta=(3^\alpha)^2+(3^\beta)^2$

$\qquad\qquad=(3^\alpha+3^\beta)^2-2\times3^\alpha\times3^\beta$

$\qquad\qquad=11^2-2\times28=65$

0541 답 ④

$4^x+4^{-x}=2^{1+x}+2^{1-x}+6$에서

$2^{2x}+2^{-2x}=2(2^x+2^{-x})+6$ ················· ㉠

$2^x+2^{-x}=t$라 하면 $2^x>0$, $2^{-x}>0$이므로 산술평균과 기하평균의 관계에 의하여

$t=2^x+2^{-x}\geq2\sqrt{2^x\times2^{-x}}=2$

(단, 등호는 $2^x=2^{-x}$, 즉 $x=0$일 때 성립)

이때 $2^{2x}+2^{-2x}=(2^x+2^{-x})^2-2=t^2-2$이므로 ㉠에서

$t^2-2=2t+6$, $t^2-2t-8=0$

$(t+2)(t-4)=0$

$\therefore\ t=4\ (\because\ t\geq2)$

따라서 $2^x+2^{-x}=4$이므로 $2^x=s\ (s>0)$라 하면

$s+\dfrac{1}{s}=4$

$\therefore\ s^2-4s+1=0$

이 이차방정식의 두 근이 2^α, 2^β이므로 이차방정식의 근과 계수의 관계에 의하여

$2^\alpha+2^\beta=4$, $2^\alpha\times2^\beta=1$

$\therefore\ 4^\alpha+4^\beta=(2^\alpha)^2+(2^\beta)^2$

$\qquad\qquad=(2^\alpha+2^\beta)^2-2\times2^\alpha\times2^\beta$

$\qquad\qquad=4^2-2=14$

0542 답 ③ | 유형 18

방정식 $4^x-2^{x+3}+a-1=0$이 <u>서로 다른 두 실근을 가지도록</u> 하는 정 _{단서1} _{단서2}

수 a의 개수는?

① 13   ② 14   ③ 15

④ 16   ⑤ 17

단서1 2^x 꼴이 반복되므로 $2^x=t$로 치환
단서2 이차방정식의 판별식을 이용

STEP1 $2^x=t$로 치환하고 t에 대한 방정식으로 나타내기

$4^x-2^{x+3}+a-1=0$에서

$(2^x)^2-8\times2^x+a-1=0$

$2^x=t\ (t>0)$라 하면

$t^2-8t+a-1=0$ ················· ㉠

STEP2 서로 다른 두 실근을 가질 조건 구하기

주어진 방정식이 서로 다른 두 실근을 가지려면 이차방정식 ㉠이 서로 다른 두 양의 실근을 가져야 한다.

(ⅰ) 이차방정식 ㉠의 판별식을 D라 하면

$\dfrac{D}{4}=(-4)^2-(a-1)>0$, $-a+17>0$ $\therefore\ a<17$

(ⅱ) (두 근의 합)$=8>0$

(ⅲ) (두 근의 곱)$=a-1>0$ $\therefore\ a>1$

(i), (ii), (iii)에서 a의 값의 범위는 $1 < a < 17$이므로
정수 a는 2, 3, 4, $\cdots$, 16의 15개이다.

0543 답 2

$3\left(\dfrac{1}{9}\right)^x - 2\left(\dfrac{1}{3}\right)^{x-k} + 27 = 0$에서 $3\left\{\left(\dfrac{1}{3}\right)^x\right\}^2 - 2 \times 3^k\left(\dfrac{1}{3}\right)^x + 27 = 0$

$\left(\dfrac{1}{3}\right)^x = t$ $(t > 0)$라 하면

$3t^2 - 2 \times 3^k \times t + 27 = 0$ $\cdots\cdots$ ㉠

주어진 방정식이 오직 한 개의 실근을 가지려면 이차방정식 ㉠이
양수인 중근을 가져야 한다. $\rightarrow$ $3^k > 0$이므로 ㉠의 두 근의 합, 곱은 모두 양수이다.

이차방정식 ㉠의 판별식을 D라 하면

$\dfrac{D}{4} = (-3^k)^2 - 3 \times 27 = 0$, $3^{2k} = 81 = 3^4$

따라서 $2k = 4$이므로 $k = 2$

0544 답 ④

$\left(\dfrac{1}{2}\right)^{2x} - a\left(\dfrac{1}{2}\right)^x + 4 = 0$에서 $\left(\dfrac{1}{2}\right)^x = t$ $(t > 0)$라 하면

$t^2 - at + 4 = 0$ $\cdots\cdots$ ㉠

주어진 방정식이 서로 다른 두 실근을 가지려면 이차방정식 ㉠이
서로 다른 두 양의 실근을 가져야 한다.

(i) 이차방정식 ㉠의 판별식을 D라 하면
$D = (-a)^2 - 4 \times 4 > 0$, $a^2 - 16 > 0$, $(a+4)(a-4) > 0$
$\therefore a < -4$ 또는 $a > 4$

(ii) (두 근의 합) $= a > 0$

(iii) (두 근의 곱) $= 4 > 0$

(i), (ii), (iii)에서 a의 값의 범위는 $a > 4$이므로 정수 a의 최솟값은
5이다.

0545 답 ⑤

$4^x + 2^{x+2} - k + 2 = 0$에서 $(2^x)^2 + 4 \times 2^x - k + 2 = 0$

$2^x = t$ $(t > 0)$라 하면

$t^2 + 4t - k + 2 = 0$ $\cdots\cdots$ ㉠

이때 $y = t^2 + 4t = (t+2)^2 - 4$, $y = k - 2$
라 할 때, 주어진 방정식이 실근을 가지려
면 방정식 ㉠이 양수인 근을 가져야 한다.

즉, $t > 0$인 부분에서 두 함수의 그래프의 교점이 존재해야 하므로
$k - 2 > 0$ $\therefore k > 2$

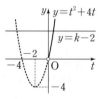

개념 Check

방정식 $f(x) = g(x)$의 실근의 개수는 두 함수 $y = f(x)$, $y = g(x)$의
그래프의 교점의 개수와 같다.

0546 답 ②

$2^x - 2^{-x} = t$라 하면

$4^x + 4^{-x} = (2^x - 2^{-x})^2 + 2 = t^2 + 2$이므로

$4^x + 4^{-x} + a(2^x - 2^{-x}) + 2 = 0$에서

$t^2 + 2 + at + 2 = 0$

$\therefore t^2 + at + 4 = 0$ $\cdots\cdots$ ㉠

주어진 방정식이 실근을 가지려면 이차방정식 ㉠이 실근을 가져야
한다. 이차방정식 ㉠의 판별식을 D라 하면 $\rightarrow$ $y = 2^x - 2^{-x}$의 치역은 모든 실수이다.

$D = a^2 - 4 \times 4 \geq 0$, $a^2 - 16 \geq 0$, $(a+4)(a-4) \geq 0$

$\therefore a \leq -4$ 또는 $a \geq 4$

따라서 양수 a의 최솟값은 4이다.

0547 답 ②

$9^x - 2(a-4)3^x + 2a = 0$에서 $(3^x)^2 - 2(a-4)3^x + 2a = 0$

$3^x = t$ $(t > 0)$라 하면

$t^2 - 2(a-4)t + 2a = 0$ $\cdots\cdots$ ㉠

주어진 방정식의 두 근이 모두 1보다 커야 하므로 이차방정식 ㉠의
두 근은 3보다 커야 한다. $\rightarrow$ $x > 1$이어야 하므로 $t = 3^x > 3^1 = 3$

$f(t) = t^2 - 2(a-4)t + 2a$라 하자.

(i) 이차방정식 ㉠의 판별식을 D라 하면

$\dfrac{D}{4} = \{-(a-4)\}^2 - 2a \geq 0$

$a^2 - 10a + 16 \geq 0$

$(a-2)(a-8) \geq 0$

$\therefore a \leq 2$ 또는 $a \geq 8$

(ii) 이차함수 $y = f(t)$의 그래프의 축의 방정식이 $t = a - 4$이므로

$a - 4 > 3$ $\therefore a > 7$

(iii) $f(3) > 0$이어야 하므로

$9 - 6(a-4) + 2a > 0$, $-4a + 33 > 0$ $\therefore a < \dfrac{33}{4}$

(i), (ii), (iii)에서 a의 값의 범위는 $8 \leq a < \dfrac{33}{4}$이므로 구하는 정수 a
의 값은 8이다.

0548 답 5 | 유형 19

연립방정식 $\begin{cases} 2^{x+1} + 2^{y+1} = 12 \\ 2^{x+y-1} = 4 \end{cases}$ 의 근을 $x = \alpha$, $y = \beta$라 할 때, $\alpha^2 + \beta^2$의
값을 구하시오. 단서1

단서1 $2^x = X$, $2^y = Y$로 치환

STEP 1 주어진 연립방정식 정리하기

$\begin{cases} 2^{x+1} + 2^{y+1} = 12 \\ 2^{x+y-1} = 4 \end{cases}$ 에서 $\begin{cases} 2 \times 2^x + 2 \times 2^y = 12 \\ \dfrac{1}{2} \times 2^x \times 2^y = 4 \end{cases}$

즉, $\begin{cases} 2^x + 2^y = 6 \\ 2^x \times 2^y = 8 \end{cases}$

STEP 2 $2^x = X$, $2^y = Y$로 치환하기

$2^x = X$ $(X > 0)$, $2^y = Y$ $(Y > 0)$라 하면

$\begin{cases} X + Y = 6 & \cdots\cdots ㉠ \\ XY = 8 & \cdots\cdots ㉡ \end{cases}$

STEP 3 연립방정식의 근을 구하여 $\alpha^2 + \beta^2$의 값 구하기

㉠에서 $Y = 6 - X$를 ㉡에 대입하면

$X(6-X) = 8$, $X^2 - 6X + 8 = 0$

$(X-2)(X-4) = 0$ $\therefore X = 2$ 또는 $X = 4$

$\therefore X = 2$, $Y = 4$ 또는 $X = 4$, $Y = 2$

즉, $2^x=2$, $2^y=4$ 또는 $2^x=4$, $2^y=2$이므로
$x=1$, $y=2$ 또는 $x=2$, $y=1$
따라서 $\alpha=1$, $\beta=2$ 또는 $\alpha=2$, $\beta=1$이므로
$\alpha^2+\beta^2=5$

다른 풀이

연립방정식 $\begin{cases} X+Y=6 \\ XY=8 \end{cases}$을 만족시키는 X, Y는 t에 대한 이차방정식 $t^2-6t+8=0$의 두 근이므로
$(t-2)(t-4)=0$ $\quad \therefore t=2$ 또는 $t=4$
$\therefore X=2$, $Y=4$ 또는 $X=4$, $Y=2$

0549 📘 ④

$\begin{cases} 3^x+2\times5^y=59 \\ 3^{x+1}-5^y=2 \end{cases}$에서 $\begin{cases} 3^x+2\times5^y=59 \\ 3\times3^x-5^y=2 \end{cases}$

$3^x=X$ $(X>0)$, $5^y=Y$ $(Y>0)$라 하면
$\begin{cases} X+2Y=59 & \cdots\cdots ㉠ \\ 3X-Y=2 & \cdots\cdots ㉡ \end{cases}$
㉠, ㉡을 연립하여 풀면 $X=9$, $Y=25$
즉, $3^x=9$, $5^y=25$이므로 $x=2$, $y=2$
따라서 $\alpha=2$, $\beta=2$이므로
$\alpha+\beta=2+2=4$

0550 📘 ①

$4^x=X$ $(X>0)$, $9^y=Y$ $(Y>0)$라 하면
$\begin{cases} \frac{1}{2}X+3Y=11 & \cdots\cdots ㉠ \\ 4X-\frac{1}{3}Y=15 & \cdots\cdots ㉡ \end{cases}$
㉠, ㉡을 연립하여 풀면 $X=4$, $Y=3$
즉, $4^x=4$, $9^y=3$이므로 $x=1$, $y=\frac{1}{2}$
따라서 $\alpha=1$, $\beta=\frac{1}{2}$이므로 $\alpha\beta=\frac{1}{2}$

0551 📘 ⑤

$\begin{cases} 3^{x-1}+3^y=12 \\ 3^{x+y-1}=27 \end{cases}$에서 $\begin{cases} \frac{1}{3}\times3^x+3^y=12 \\ \frac{1}{3}\times3^x\times3^y=27 \end{cases}$

$3^x=X$ $(X>0)$, $3^y=Y$ $(Y>0)$라 하면
$\begin{cases} \frac{1}{3}X+Y=12 \\ \frac{1}{3}XY=27 \end{cases}$, 즉 $\begin{cases} X+3Y=36 & \cdots\cdots ㉠ \\ XY=81 & \cdots\cdots ㉡ \end{cases}$
㉠에서 $X=36-3Y$를 ㉡에 대입하면
$(36-3Y)Y=81$, $Y^2-12Y+27=0$
$(Y-3)(Y-9)=0$
$\therefore X=27$, $Y=3$ 또는 $X=9$, $Y=9$
$3^x=27$, $3^y=3$ 또는 $3^x=9$, $3^y=9$
따라서 $x=3$, $y=1$ 또는 $x=2$, $y=2$이다.
이때 $\alpha>\beta$이므로 $\alpha=3$, $\beta=1$
$\therefore \alpha\beta=3$

0552 📘 10

$2^x=X$ $(X>0)$, $2^y=Y$ $(Y>0)$라 하면
$\begin{cases} X+Y=\frac{17}{2} & \cdots\cdots ㉠ \\ XY=4 & \cdots\cdots ㉡ \end{cases}$
㉠에서 $Y=\frac{17}{2}-X$를 ㉡에 대입하면
$X\left(\frac{17}{2}-X\right)=4$, $2X^2-17X+8=0$
$(2X-1)(X-8)=0$
$\therefore X=\frac{1}{2}$, $Y=8$ 또는 $X=8$, $Y=\frac{1}{2}$
즉, $2^x=\frac{1}{2}$, $2^y=8$ 또는 $2^x=8$, $2^y=\frac{1}{2}$이므로
$x=-1$, $y=3$ 또는 $x=3$, $y=-1$
따라서 $\alpha=-1$, $\beta=3$ 또는 $\alpha=3$, $\beta=-1$이므로
$\alpha^2+\beta^2=10$

0553 📘 ③

$\begin{cases} 3^{x+1}+3^{y+1}=108 \\ 3^{x+y-2}=27 \end{cases}$에서 $\begin{cases} 3\times3^x+3\times3^y=108 \\ \frac{1}{9}\times3^x\times3^y=27 \end{cases}$

$3^x=X$ $(X>0)$, $3^y=Y$ $(Y>0)$라 하면
$\begin{cases} 3X+3Y=108 \\ \frac{1}{9}XY=27 \end{cases}$, 즉 $\begin{cases} X+Y=36 & \cdots\cdots ㉠ \\ XY=243 & \cdots\cdots ㉡ \end{cases}$
㉠에서 $Y=36-X$를 ㉡에 대입하면
$X(36-X)=243$, $X^2-36X+243=0$
$(X-9)(X-27)=0$
$\therefore X=9$, $Y=27$ 또는 $X=27$, $Y=9$
즉, $3^x=9$, $3^y=27$ 또는 $3^x=27$, $3^y=9$이므로
$x=2$, $y=3$ 또는 $x=3$, $y=2$
따라서 $\alpha=2$, $\beta=3$ 또는 $\alpha=3$, $\beta=2$이므로
$\alpha^2+\beta^2=13$

0554 📘 ④ 　　　　|유형 20

> 방정식 $(x-1)^{4x+5}=(x-1)^{x^2}$의 모든 근의 합은? (단, $x>1$)
> **단서1**
> ① 2　　　　② 3　　　　③ 5
> ④ 7　　　　⑤ 9
> **단서1** 밑과 지수가 모두 미지수인 방정식은 지수가 같은 경우와 밑이 1로 같은 경우로 나누어 확인

STEP1 지수가 같을 때의 방정식 풀기

방정식 $(x-1)^{4x+5}=(x-1)^{x^2}$에서
지수가 같을 때, $4x+5=x^2$, $x^2-4x-5=0$
$(x+1)(x-5)=0$ $\quad \therefore x=5$ $(\because x>1)$

STEP2 밑이 1로 같을 때의 방정식 풀기

밑이 1로 같을 때
$x-1=1$ $\quad \therefore x=2$

STEP3 모든 근의 합 구하기

모든 근의 합은 $5+2=7$

0555 답 ①

(i) $x-3=0$, 즉 $x=3$일 때, $5^0=3^0=1$이므로 성립한다.

(ii) $x-3 \neq 0$일 때, $x+2=3$ ∴ $x=1$

(i), (ii)에서 모든 근의 합은 $3+1=4$

0556 답 ②

(i) $x=1$일 때, $1^3=1$이므로 성립한다.

(ii) $x \neq 1$일 때, $x+2=3x-2$ ∴ $x=2$

(i), (ii)에서 모든 근의 곱은 $1 \times 2=2$

0557 답 4

(i) $x=1$일 때, $1^{13}=1$이므로 성립한다.

(ii) $x \neq 1$일 때, $x+12=x^2$에서 $x^2-x-12=0$

$(x+3)(x-4)=0$ ∴ $x=-3$ 또는 $x=4$

이때 $x>0$이므로 $x=4$

(i), (ii)에서 근은 $x=1$ 또는 $x=4$이므로 이 중에서 큰 값은 4이다.

0558 답 ③

$x^{x^2-3}=x^{2x+5}$에서

(i) $x=1$일 때, $1^{-2}=1^7$이므로 성립한다.

(ii) $x \neq 1$일 때, $x^2-3=2x+5$에서 $x^2-2x-8=0$

$(x+2)(x-4)=0$ ∴ $x=4\ (\because x>\frac{1}{2})$

(i), (ii)에서 $a=1+4=5$

$\left(x-\frac{1}{2}\right)^{5-2x}=5^{5-2x}$에서

(iii) $5-2x=0$, 즉 $x=\frac{5}{2}$일 때, $2^0=5^0=1$이므로 성립한다.

(iv) $5-2x \neq 0$일 때, $x-\frac{1}{2}=5$이므로 $x=\frac{11}{2}$

(iii), (iv)에서 $b=\frac{5}{2}+\frac{11}{2}=8$

∴ $a+b=5+8=13$

0559 답 ④

$x^2 \times \sqrt[4]{x^x}=x^x \times \sqrt[3]{x^5}$에서

$x^2 \times x^{\frac{x}{4}}=x^x \times x^{\frac{5}{3}}$ ∴ $x^{2+\frac{x}{4}}=x^{x+\frac{5}{3}}$

(i) $x=1$일 때, $1^{\frac{9}{4}}=1^{\frac{8}{3}}$이므로 성립한다.

(ii) $x \neq 1$일 때, $2+\frac{x}{4}=x+\frac{5}{3}$이므로 $\frac{3}{4}x=\frac{1}{3}$ ∴ $x=\frac{4}{9}$

(i), (ii)에서 모든 근의 합은 $1+\frac{4}{9}=\frac{13}{9}$

0560 답 ③

| 유형 21

> 부등식 $3^{x^2-6}<81 \times 3^{3x}$을 만족시키는 모든 정수 x의 값의 합은?
> <u>단서1</u>
> ① 2 ② 5 ③ 9
> ④ 14 ⑤ 20
> 단서1 밑을 같게 하고, 밑이 1보다 큰지 확인

STEP 1 주어진 부등식을 밑이 같은 부등식으로 나타내기

$81 \times 3^{3x}=3^{3x+4}$이므로 주어진 부등식은 $3^{x^2-6}<3^{3x+4}$

STEP 2 지수끼리 비교하여 부등식으로 나타내기

밑 3이 1보다 크므로

$x^2-6<3x+4$

$x^2-3x-10<0$, $(x+2)(x-5)<0$

∴ $-2<x<5$

STEP 3 부등식을 만족시키는 모든 정수 x의 값의 합 구하기

부등식을 만족시키는 모든 정수 x의 값은 -1, 0, 1, 2, 3, 4이고, 그 합은

$-1+0+1+2+3+4=9$

0561 답 ④

$\left(\frac{3}{4}\right)^{x+2} \leq \left(\frac{4}{3}\right)^{2x-3}$에서 $\left(\frac{4}{3}\right)^{-x-2} \leq \left(\frac{4}{3}\right)^{2x-3}$

이때 밑 $\frac{4}{3}$가 1보다 크므로

$-x-2 \leq 2x-3$ ∴ $x \geq \frac{1}{3}$

0562 답 ④

주어진 부등식에서 밑 3이 1보다 크므로

$-x^2+17x \geq 2x+50$

$x^2-15x+50 \leq 0$, $(x-5)(x-10) \leq 0$

∴ $5 \leq x \leq 10$

따라서 부등식을 만족시키는 정수 x는 5, 6, 7, 8, 9, 10의 6개이다.

0563 답 -1

$3^{2x} \leq \left(\frac{1}{9}\right)^{x^2-2}$에서 $3^{2x} \leq 3^{-2(x^2-2)}$

이때 밑 3이 1보다 크므로

$2x \leq -2x^2+4$, $x^2+x-2 \leq 0$

$(x+2)(x-1) \leq 0$ ∴ $-2 \leq x \leq 1$

따라서 $\alpha=-2$, $\beta=1$이므로 $\alpha+\beta=-2+1=-1$

0564 답 ③

$\frac{16}{4^{2x}}=\frac{2^4}{2^{4x}}=2^{4-4x}$이므로 주어진 부등식은 $2^{4-4x} \geq 2^{1-3x}$

이때 밑 2가 1보다 크므로 $4-4x \geq 1-3x$ ∴ $x \leq 3$

따라서 부등식을 만족시키는 자연수 x는 1, 2, 3의 3개이다.

0565 답 ③

주어진 그림에서 이차함수 $y=f(x)$의 그래프가 두 점 $(-2, 0)$, $(1, 0)$을 지나므로 $f(x)=a(x+2)(x-1)$ (a는 상수)이라 하자.

$f(-3)=4$이므로 $a \times (-1) \times (-4)=4$ ∴ $a=1$

∴ $f(x)=(x+2)(x-1)$

또한 일차함수 $y=g(x)$의 그래프가 두 점 $(-3, 4)$, $(1, 0)$을 지나므로 $g(x)=\frac{0-4}{1-(-3)}(x-1)$ ∴ $g(x)=-x+1$

따라서 $f(x-2)=x(x-3)=x^2-3x$,
$g(x+1)=-(x+1)+1=-x$이므로

$\left(\dfrac{1}{2}\right)^{f(x-2)}<2^{-g(x+1)}$에서

$\left(\dfrac{1}{2}\right)^{f(x-2)}<\left(\dfrac{1}{2}\right)^{g(x+1)}$, $\left(\dfrac{1}{2}\right)^{x^2-3x}<\left(\dfrac{1}{2}\right)^{-x}$

이때 밑 $\dfrac{1}{2}$이 1보다 작은 양수이므로

$x^2-3x>-x$, $x^2-2x>0$, $x(x-2)>0$
$\therefore x<0$ 또는 $x>2$

0566 답 ①

$2^{x-4}\leq\left(\dfrac{1}{2}\right)^{x-2}$에서 $2^{x-4}\leq 2^{-x+2}$

이때 밑 2가 1보다 크므로 $x-4\leq-x+2$ $\therefore x\leq 3$
따라서 부등식을 만족시키는 모든 자연수 x의 값은 1, 2, 3이고, 그
합은 $1+2+3=6$

0567 답 ⑤

$\left(\dfrac{1}{9}\right)^x<3^{21-4x}$에서 $3^{-2x}<3^{21-4x}$

이때 밑 3이 1보다 크므로

$-2x<21-4x$, $2x<21$ $\therefore x<\dfrac{21}{2}$

따라서 구하는 자연수 x는 1, 2, 3, $\cdots$, 10의 10개이다.

0568 답 ④

$p=\sqrt{2}-1$이라 하면 $p^2=3-2\sqrt{2}$
즉, $(\sqrt{2}-1)^m\geq(3-2\sqrt{2})^{5-n}$에서 $p^m\geq(p^2)^{5-n}$, $p^m\geq p^{10-2n}$
이때 $0<p<1$이므로 $m\leq 10-2n$
(i) $n=1$일 때, $1\leq m\leq 8$
(ii) $n=2$일 때, $1\leq m\leq 6$
(iii) $n=3$일 때, $1\leq m\leq 4$
(iv) $n=4$일 때, $1\leq m\leq 2$
(v) $n\geq 5$일 때, 부등식을 만족시키는 자연수 m은 존재하지 않는다.
(i)~(v)에서 부등식을 만족시키는 두 자연수 m, n의 모든 순서쌍
(m, n)의 개수는 $8+6+4+2=20$

0569 답 ②
유형 22

> 부등식 $4^{2x+1}-34\times 4^x+16\leq 0$을 만족시키는 정수 x의 개수는?
> 　　　　　　　단서1
> ① 1　　　　② 2　　　　③ 3
> ④ 4　　　　⑤ 5
> 단서1 4^x 꼴이 반복되므로 $4^x=t$로 치환하고 t의 값의 범위에 주의

STEP 1 $4^x=t$로 치환하고 t에 대한 부등식으로 나타내기

$4^{2x+1}-34\times 4^x+16\leq 0$에서 $4\times(4^x)^2-34\times 4^x+16\leq 0$

$4^x=t$ $(t>0)$라 하면

$4t^2-34t+16\leq 0$

STEP 2 t의 값의 범위 구하기

$2t^2-17t+8\leq 0$, $(2t-1)(t-8)\leq 0$ $\therefore \dfrac{1}{2}\leq t\leq 8$

STEP 3 정수 x의 개수 구하기

$\dfrac{1}{2}\leq 4^x\leq 8$에서 $2^{-1}\leq 2^{2x}\leq 2^3$

이때 밑 2가 1보다 크므로

$-1\leq 2x\leq 3$ $\therefore -\dfrac{1}{2}\leq x\leq\dfrac{3}{2}$

따라서 부등식을 만족시키는 정수 x는 0, 1의 2개이다.

0570 답 4

$4^x>7\times 2^x+8$에서 $(2^x)^2>7\times 2^x+8$

$2^x=t$ $(t>0)$라 하면

$t^2>7t+8$, $t^2-7t-8>0$

$(t+1)(t-8)>0$ $\therefore t>8$ $(\because t>0)$

즉, $2^x>8$에서 $2^x>2^3$이고 밑 2가 1보다 크므로 $x>3$
따라서 부등식을 만족시키는 자연수 x의 최솟값은 4이다.

0571 답 ③

$\left(\dfrac{1}{9}\right)^x-\left(\dfrac{1}{\sqrt{3}}\right)^{2x-2}-54>0$에서 $\left(\dfrac{1}{3}\right)^{2x}-3\left(\dfrac{1}{3}\right)^x-54>0$

$\left(\dfrac{1}{3}\right)^x=t$ $(t>0)$라 하면 $\left(\dfrac{1}{\sqrt{3}}\right)^{2x-2}=\left\{\left(\dfrac{1}{3}\right)^{\frac{1}{2}}\right\}^{2x-2}=\left(\dfrac{1}{3}\right)^{x-1}$

$t^2-3t-54>0$, $(t+6)(t-9)>0$

$\therefore t>9$ $(\because t>0)$

즉, $\left(\dfrac{1}{3}\right)^x>9$에서 $\left(\dfrac{1}{3}\right)^x>\left(\dfrac{1}{3}\right)^{-2}$

이때 밑 $\dfrac{1}{3}$이 1보다 작은 양수이므로 $x<-2$

따라서 부등식을 만족시키는 정수 x의 최댓값은 -3이다.

0572 답 ①

$3^x-2\times 3^{\frac{x}{2}-1}-\dfrac{8}{3}\leq 0$에서 $3^x-\dfrac{2}{3}\times 3^{\frac{x}{2}}-\dfrac{8}{3}\leq 0$

$3^{\frac{x}{2}}=t$ $(t>0)$라 하면 $t^2-\dfrac{2}{3}t-\dfrac{8}{3}\leq 0$

$3t^2-2t-8\leq 0$, $(3t+4)(t-2)\leq 0$

$\therefore 0<t\leq 2$ $(\because t>0)$

즉, $0<3^{\frac{x}{2}}\leq 2$이므로 $3^{\frac{x}{2}}\leq 2$에서 $(\sqrt{3})^x\leq 2$

> $x=1$이면 $\sqrt{3}\leq 2$,
> $x=2$이면 $(\sqrt{3})^2>2$이므로
> $x\geq 2$일 때 부등식을 만족시키는
> 자연수 x는 존재하지 않는다.

따라서 부등식을 만족시키는 자연수 x는 1의 1개이다.

0573 답 5

$4^{f(x)}-2^{2+f(x)}<32$에서 $\{2^{f(x)}\}^2-4\times 2^{f(x)}<32$

$2^{f(x)}=t$ $(t>0)$라 하면

$t^2-4t-32<0$, $(t+4)(t-8)<0$

$\therefore 0<t<8$ $(\because t>0)$

즉, $0<2^{f(x)}<8$에서 $0<2^{f(x)}<2^3$

이때 밑 2가 1보다 크므로 $f(x)<3$에서

$x^2-4x-2<3$, $x^2-4x-5<0$

$(x+1)(x-5)<0$ $\therefore -1<x<5$

따라서 부등식을 만족시키는 정수 x는 0, 1, 2, 3, 4의 5개이다.

0574 답 ④

$4^{|x|}-2^{|x|+3}+7\le0$에서

$(2^{|x|})^2-8\times2^{|x|}+7\le0$

$2^{|x|}=t\ (t>0)$라 하면

$t^2-8t+7\le0$

$(t-1)(t-7)\le0$ ∴ $1\le t\le7$

즉, $1\le2^{|x|}\le7$이므로 이 부등식을 만족시키는 정수 x는
$-2,\ -1,\ 0,\ 1,\ 2$의 5개이다.

0575 답 3

주어진 이차부등식이 모든 실수 x에 대하여 성립해야 하므로 이차
방정식 $\underline{x^2-2^{a+1}x+9\times2^a=0}$의 판별식을 D라 하면

$\quad\longrightarrow x^2-2\times2^a x+9\times2^a=0$

$\dfrac{D}{4}=(-2^a)^2-9\times2^a\le0$

$(2^a)^2-9\times2^a\le0$

$2^a=t\ (t>0)$라 하면

$t^2-9t\le0$

$t(t-9)\le0$ ∴ $0<t\le9\ (∵ t>0)$

즉, $0<2^a\le9$이므로 이 부등식을 만족시키는 자연수 a는 $1,\ 2,\ 3$
이다.

따라서 구하는 최댓값은 3이다.

개념 Check

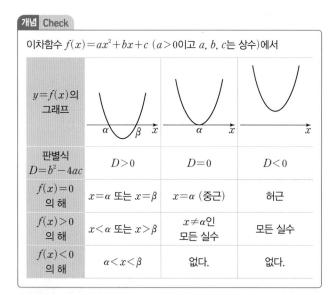

이차함수 $f(x)=ax^2+bx+c\ (a>0$이고 $a,\ b,\ c$는 상수$)$에서

$y=f(x)$의 그래프	$\alpha\ \beta\ x$	$\alpha\ x$	x
판별식 $D=b^2-4ac$	$D>0$	$D=0$	$D<0$
$f(x)=0$의 해	$x=\alpha$ 또는 $x=\beta$	$x=\alpha$ (중근)	허근
$f(x)>0$의 해	$x<\alpha$ 또는 $x>\beta$	$x\ne\alpha$인 모든 실수	모든 실수
$f(x)<0$의 해	$\alpha<x<\beta$	없다.	없다.

참고 판별식을 이용하는 과정에서 미지수 a에 대한 지수부등식이 등장하므
로 부등식에서 반복된 꼴인 2^a을 문자 t로 치환한 다음 부등식의 해를 구하
면 된다. 이때 t의 값의 범위로부터 미지수 a의 값의 범위를 구한다.

0576 답 ④

$4^x-10\times2^x+16\le0$에서

$(2^x)^2-10\times2^x+16\le0$

$2^x=t\ (t>0)$라 하면

$t^2-10t+16\le0$

$(t-2)(t-8)\le0$ ∴ $2\le t\le8$

즉, $2\le2^x\le8$에서 $2\le2^x\le2^3$

이때 밑 2가 1보다 크므로 $1\le x\le3$

따라서 부등식을 만족시키는 자연수 x는 $1,\ 2,\ 3$이고, 그 합은
$1+2+3=6$이다.

0577 답 12

$\left(\dfrac{1}{4}\right)^x-(3n+16)\times\left(\dfrac{1}{2}\right)^x+48n\le0$에서

$\left\{\left(\dfrac{1}{2}\right)^x\right\}^2-(3n+16)\left(\dfrac{1}{2}\right)^x+48n\le0$

$\left(\dfrac{1}{2}\right)^x=t\ (t>0)$라 하면

$t^2-(3n+16)t+48n\le0,\ (t-3n)(t-16)\le0$

∴ $\left\{\left(\dfrac{1}{2}\right)^x-3n\right\}\left\{\left(\dfrac{1}{2}\right)^x-16\right\}\le0$ ········· ㉠

(i) $3n\le16$일 때

부등식 ㉠에서 $3n\le\left(\dfrac{1}{2}\right)^x\le16$을 만족시키는 정수 x의 개수가

2가 되려면 $4<3n\le8,\ \dfrac{4}{3}<n\le\dfrac{8}{3}$ ∴ $n=2$

(ii) $3n>16$일 때

부등식 ㉠에서 $16\le\left(\dfrac{1}{2}\right)^x\le3n$을 만족시키는 정수 x의 개수가

2가 되려면 $32\le3n<64,\ \dfrac{32}{3}\le n<\dfrac{64}{3}$

∴ $n=\underline{11,\ 12,\ 13,\ \cdots,\ 21}\ \longrightarrow$ 11개이다.

(i), (ii)에서 부등식을 만족시키는 모든 자연수 n의 개수는
$1+11=12$

참고 부등식을 만족시키는 정수 x의 개수가 2가 되기 위해서는

(i) $3n\le\left(\dfrac{1}{2}\right)^x\le16$, 즉 $3n\le\left(\dfrac{1}{2}\right)^x\le\left(\dfrac{1}{2}\right)^{-4}$일 때, $\left(\dfrac{1}{2}\right)^x=\left(\dfrac{1}{2}\right)^{-4}$ 또는

$\left(\dfrac{1}{2}\right)^x=\left(\dfrac{1}{2}\right)^{-3}$이어야 하므로 $\left(\dfrac{1}{2}\right)^{-2}<3n\le\left(\dfrac{1}{2}\right)^{-3}$에서 $4<3n\le8$

(ii) $16\le\left(\dfrac{1}{2}\right)^x\le3n$, 즉 $\left(\dfrac{1}{2}\right)^{-4}\le\left(\dfrac{1}{2}\right)^x\le3n$일 때, $\left(\dfrac{1}{2}\right)^x=\left(\dfrac{1}{2}\right)^{-4}$ 또는

$\left(\dfrac{1}{2}\right)^x=\left(\dfrac{1}{2}\right)^{-5}$이어야 하므로 $\left(\dfrac{1}{2}\right)^{-5}\le3n<\left(\dfrac{1}{2}\right)^{-6}$에서 $32\le3n<64$

0578 답 ④
유형 23

부등식 $x^{x^2}<x^{2x+3}$의 해가 $\alpha<x<\beta$일 때, $\alpha+\beta$의 값은? (단, $x>0$)
단서1

① 1 ② 2 ③ 3
④ 4 ⑤ 5

단서1 밑과 지수에 모두 미지수가 포함된 부등식은 밑 x의 범위를 $0<x<1$인 경우, $x=1$
인 경우, $x>1$인 경우로 나누어 확인

STEP1 $0<x<1$일 때, 부등식을 만족시키는 x의 값의 범위 구하기

$x^{x^2}<x^{2x+3}$에서

$0<x<1$일 때

$x^2>2x+3$이므로 $x^2-2x-3>0$

$(x+1)(x-3)>0$ ∴ $x<-1$ 또는 $x>3$

그런데 $0<x<1$이므로 부등식의 해는 없다.

STEP2 $x=1$일 때, 부등식이 성립하는지 확인하기

$x=1$일 때

$1^1<1^5$이므로 부등식이 성립하지 않는다.

STEP3 $x>1$일 때, 부등식을 만족시키는 x의 값의 범위 구하기

$x>1$일 때

$x^2<2x+3$이므로 $x^2-2x-3<0$

$(x+1)(x-3)<0$ ∴ $-1<x<3$

그런데 $x>1$이므로 $1<x<3$

주어진 부등식의 해는 $1<x<3$이므로

$\alpha=1,\ \beta=3$

$\therefore \alpha+\beta=1+3=4$

0579 답 2

$(x+2)^x<5^x$에서

(i) $x=0$일 때

  $2^0<5^0$이므로 부등식이 성립하지 않는다.

(ii) $x>0$일 때

  $x+2<5$에서 $x<3$

  그런데 $x>0$이므로 $0<x<3$

(i), (ii)에서 주어진 부등식을 만족시키는 x의 값의 범위는

$0<x<3$

따라서 정수 x는 1, 2의 2개이다.

0580 답 1

$x^{x+1}\geq x^{-x-5}$에서

(i) $0<x<1$일 때

  $x+1\leq -x-5$에서 $x\leq -3$

  그런데 $0<x<1$이므로 부등식의 해는 없다.

(ii) $x=1$일 때

  $1^2\geq 1^{-6}$이므로 부등식이 성립한다.

(iii) $x>1$일 때

  $x+1\geq -x-5$에서 $x\geq -3$

  그런데 $x>1$이므로 $x>1$

(i), (ii), (iii)에서 주어진 부등식을 만족시키는 x의 값의 범위는

$x\geq 1$이므로 정수 x의 최솟값은 1이다.

0581 답 ④

$x^{4x+1}>x^{2x+7}$에서

(i) $0<x<1$일 때

  $4x+1<2x+7$에서 $x<3$

  그런데 $0<x<1$이므로 $0<x<1$

(ii) $x=1$일 때

  $1^5>1^9$이므로 부등식이 성립하지 않는다.

(iii) $x>1$일 때

  $4x+1>2x+7$에서 $x>3$

(i), (ii), (iii)에서 주어진 부등식을 만족시키는 x의 값의 범위는

$0<x<1$ 또는 $x>3$

0582 답 ③

$x^{3x^2-10x}>\dfrac{1}{x^3}$에서 $x^{3x^2-10x}>x^{-3}$

(i) $0<x<1$일 때

  $3x^2-10x<-3,\ 3x^2-10x+3<0$

$(3x-1)(x-3)<0$

$\therefore \dfrac{1}{3}<x<3$

그런데 $0<x<1$이므로 $\dfrac{1}{3}<x<1$

(ii) $x=1$일 때

  $1^{-7}>1^{-3}$이므로 부등식이 성립하지 않는다.

(iii) $x>1$일 때

  $3x^2-10x>-3,\ 3x^2-10x+3>0$

  $(3x-1)(x-3)>0$

  $\therefore x<\dfrac{1}{3}$ 또는 $x>3$

  그런데 $x>1$이므로 $x>3$

(i), (ii), (iii)에서 $\dfrac{1}{3}<x<1$ 또는 $x>3$이므로

$S=\left\{x\,\middle|\,\dfrac{1}{3}<x<1\ \text{또는}\ x>3\right\}$

따라서 집합 S의 원소가 아닌 것은 ③이다.

0583 답 6

$\dfrac{(x^2-4x+4)^x}{(x^2-4x+4)^2}<1$에서

$(x^2-4x+4)^{x-2}<1$ ⋯⋯⋯⋯⋯⋯⋯⋯⋯⋯⋯⋯⋯ ㉠

(i) $x^2-4x+4=1$일 때

  $1<1$이므로 부등식이 성립하지 않는다.

  즉, $x^2-4x+4\neq 1$이므로

  $x^2-4x+3\neq 0,\ (x-1)(x-3)\neq 0$

  $\therefore x\neq 1$이고 $x\neq 3$

(ii) $0<x^2-4x+4<1$일 때

  $0<(x-2)^2<1$에서 $-1<x-2<0$ 또는 $0<x-2<1$

  $\therefore 1<x<2$ 또는 $2<x<3$ ⋯⋯⋯⋯⋯ ㉡

  부등식 ㉠, 즉 $(x^2-4x+4)^{x-2}<(x^2-4x+4)^0$에서 밑이 1보다 작은 양수이므로

  $x-2>0$ $\therefore x>2$ ⋯⋯⋯⋯⋯⋯⋯⋯⋯ ㉢

  ㉡, ㉢에서 $2<x<3$

(iii) $x^2-4x+4>1$일 때

  $x^2-4x+3>0,\ (x-1)(x-3)>0$

  $\therefore x<1$ 또는 $x>3$ ⋯⋯⋯⋯⋯⋯⋯⋯⋯ ㉣

  부등식 ㉠, 즉 $(x^2-4x+4)^{x-2}<(x^2-4x+4)^0$에서 밑이 1보다 크므로

  $x-2<0$ $\therefore x<2$ ⋯⋯⋯⋯⋯⋯⋯⋯⋯ ㉤

  ㉣, ㉤에서 $x<1$

(i), (ii), (iii)에서 주어진 부등식을 만족시키는 x의 값의 범위는

$x<1$ 또는 $2<x<3$

따라서 $\alpha=1,\ \beta=2,\ \gamma=3$이므로

$\alpha+\beta+\gamma=1+2+3=6$

실수 Check

$x\neq 2$일 때, $x^2-4x+4=(x-2)^2>0$이므로 x^2-4x+4의 값이 1일 때, 0과 1 사이일 때, 1보다 클 때로 나누어 x의 값의 범위를 구하도록 한다. 이때 밑의 범위와 지수의 범위 모두 확인해야 함을 잊지 않도록 한다.

0584 답 ② | 유형 24

연립부등식 $\begin{cases} \dfrac{1}{16} \le \left(\dfrac{1}{4}\right)^{x-2} \\ 9^x > \sqrt[3]{81} \times 3^x \end{cases}$ 을 만족시키는 정수 x의 개수는?

단서1

① 2　　　② 3　　　③ 4

④ 5　　　⑤ 6

단서 1 각각의 부등식에서 밑을 통일

STEP 1 두 부등식을 각각 밑이 같은 지수로 나타내기

$\begin{cases} \dfrac{1}{16} \le \left(\dfrac{1}{4}\right)^{x-2} \\ 9^x > \sqrt[3]{81} \times 3^x \end{cases}$ 에서 $\begin{cases} \left(\dfrac{1}{4}\right)^2 \le \left(\dfrac{1}{4}\right)^{x-2} \quad \cdots\cdots ㉠ \\ 3^{2x} > 3^{x+\frac{4}{3}} \quad\cdots\cdots ㉡ \end{cases}$

STEP 2 부등식 ㉠, ㉡ 풀기

㉠에서 밑 $\dfrac{1}{4}$이 1보다 작은 양수이므로 $2 \ge x-2$

$\therefore x \le 4 \quad\cdots\cdots ㉢$

㉡에서 밑 3이 1보다 크므로 $2x > x + \dfrac{4}{3}$

$\therefore x > \dfrac{4}{3} \quad\cdots\cdots ㉣$

STEP 3 연립부등식을 만족시키는 정수 x의 개수 구하기

연립부등식의 해는 ㉢, ㉣에서 $\dfrac{4}{3} < x \le 4$이므로

정수 x는 2, 3, 4의 3개이다.

0585 답 ④

$\begin{cases} \left(\dfrac{2}{3}\right)^{x+3} < \left(\dfrac{9}{4}\right)^{x-2} \quad\cdots\cdots ㉠ \\ 2^{x-1} < \sqrt{2^{x+3}} \quad\cdots\cdots ㉡ \end{cases}$

㉠에서 $\left(\dfrac{2}{3}\right)^{x+3} < \left(\dfrac{2}{3}\right)^{-2x+4}$

이때 밑 $\dfrac{2}{3}$가 1보다 작은 양수이므로

$x+3 > -2x+4, \ 3x > 1 \quad \therefore x > \dfrac{1}{3} \quad\cdots\cdots ㉢$

㉡에서 $2^{x-1} < 2^{\frac{x+3}{2}}$

밑 2가 1보다 크므로

$x-1 < \dfrac{x+3}{2}, \ 2x-2 < x+3 \quad \therefore x < 5 \quad\cdots\cdots ㉣$

따라서 연립부등식의 해는 ㉢, ㉣에서 $\dfrac{1}{3} < x < 5$이므로

자연수 x는 1, 2, 3, 4의 4개이다.

0586 답 ②

$a^{a-4} < a < a^{2a-3}$에서 $\begin{cases} a^{a-4} < a \quad\cdots\cdots ㉠ \\ a < a^{2a-3} \quad\cdots\cdots ㉡ \end{cases}$

a는 1보다 큰 자연수이므로

㉠에서 $a-4 < 1, \ a < 5 \quad \therefore 1 < a < 5 \quad\cdots\cdots ㉢$

㉡에서 $1 < 2a-3 \quad \therefore a > 2 \quad\cdots\cdots ㉣$

㉢, ㉣에서 $2 < a < 5$

따라서 주어진 부등식을 만족시키는 자연수 a는 3, 4의 2개이다.

다른 풀이

$a^{a-4} < a < a^{2a-3}$에서 $a > 1$이므로 각 변을 a로 나누면

$a^{a-5} < 1 < a^{2a-4}$

이때 밑 a가 1보다 크므로

$a-5 < 0 < 2a-4 \quad \therefore 2 < a < 5$ ⟶ $a-5<0$에서 $a<5$

따라서 구하는 자연수 a는 3, 4의 2개이다. $\quad 0 < 2a-4$에서 $a > 2$

$\therefore 2 < a < 5$

0587 답 ④

$(0.5)^{-x} < 8 < 4^{2x-1}$에서 $\begin{cases} (0.5)^{-x} < 8 \quad\cdots\cdots ㉠ \\ 8 < 4^{2x-1} \quad\cdots\cdots ㉡ \end{cases}$

㉠에서 $\left(\dfrac{1}{2}\right)^{-x} < 8, \ 2^x < 2^3$

밑 2가 1보다 크므로

$x < 3 \quad\cdots\cdots ㉢$

㉡에서 $2^3 < 2^{2(2x-1)}, \ 2^3 < 2^{4x-2}$

밑 2가 1보다 크므로

$3 < 4x-2 \quad \therefore x > \dfrac{5}{4} \quad\cdots\cdots ㉣$

㉢, ㉣에서 $\dfrac{5}{4} < x < 3$

따라서 $\alpha = \dfrac{5}{4}, \ \beta = 3$이므로 $4\alpha - \beta = 5 - 3 = 2$

0588 답 ①

$\begin{cases} 2^{x^2+1} > (\sqrt{32})^x \quad\cdots\cdots ㉠ \\ \left(\dfrac{1}{25}\right)^x - \left(\dfrac{1}{5}\right)^x < \left(\dfrac{1}{5}\right)^{x-1} - 5 \quad\cdots\cdots ㉡ \end{cases}$

㉠에서 $2^{x^2+1} > 2^{\frac{5}{2}x}$

밑 2가 1보다 크므로

$x^2 + 1 > \dfrac{5}{2}x, \ 2x^2 - 5x + 2 > 0$

$(2x-1)(x-2) > 0 \quad \therefore x < \dfrac{1}{2}$ 또는 $x > 2 \quad\cdots\cdots ㉢$

㉡에서 $\left(\dfrac{1}{5}\right)^{2x} - \left(\dfrac{1}{5}\right)^x < 5\left(\dfrac{1}{5}\right)^x - 5$

$\left(\dfrac{1}{5}\right)^x = t \ (t > 0)$라 하면

$t^2 - t < 5t - 5, \ t^2 - 6t + 5 < 0$

$(t-1)(t-5) < 0 \quad \therefore 1 < t < 5$

즉, $1 < \left(\dfrac{1}{5}\right)^x < 5$이므로 $\left(\dfrac{1}{5}\right)^0 < \left(\dfrac{1}{5}\right)^x < \left(\dfrac{1}{5}\right)^{-1}$

이때 밑 $\dfrac{1}{5}$이 1보다 작은 양수이므로

$-1 < x < 0 \quad\cdots\cdots ㉣$

따라서 연립부등식의 해는 ㉢, ㉣에서 $-1 < x < 0$이므로

$\alpha = -1, \ \beta = 0$

$\therefore \alpha + \beta = -1$

0589 답 3

$\left(\dfrac{1}{3}\right)^{x+2} < \left(\dfrac{1}{3}\right)^{x^2}$에서 밑 $\dfrac{1}{3}$이 1보다 작은 양수이므로

$x+2 > x^2, \ x^2 - x - 2 < 0, \ (x+1)(x-2) < 0$

$\therefore -1 < x < 2$

$\therefore A = \{x \mid -1 < x < 2\}$

$2^{|x-2|} \le 2^a$에서 밑 2가 1보다 크므로

$|x-2| \le a$, $-a \le x-2 \le a$

$\therefore 2-a \le x \le 2+a$

$\therefore B=\{x \mid 2-a \le x \le 2+a\}$

$A \cap B=A$이므로 $A \subset B$이다.

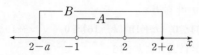

즉, $2-a \le -1$이고 $2 \le 2+a$이므로

$a \ge 3$이고 $a \ge 0$ $\therefore a \ge 3$

따라서 구하는 실수 a의 최솟값은 3이다.

참고 두 집합 A, B에 대하여 $A \cap B=A$이면 $A \subset B$임을 기억하여 주어진 두 부등식의 해의 집합의 포함 관계를 파악해야 한다.

0590 답 ①

| 유형 25

모든 실수 x에 대하여 부등식 $\underline{4^x+2^{x+2}+k-4>0}$이 성립하도록 하는 실수 k의 최솟값은? **단서1**

① 4 ② 5 ③ 6

④ 7 ⑤ 8

단서1 2^x로 치환

STEP 1 $2^x=t$로 치환하고 t에 대한 부등식으로 나타내기

$4^x+2^{x+2}+k-4>0$에서

$(2^x)^2+4 \times 2^x+k-4>0$

$2^x=t$ $(t>0)$라 하면

$t^2+4t+k-4>0$

$\therefore (t+2)^2+k-8>0$ $\cdots\cdots$ ㉠

STEP 2 실수 k의 최솟값 구하기

$\underline{t>0}$인 모든 실수 t에 대하여 부등식 ㉠이 성립하려면 $t=0$일 때
$k-4 \ge 0$이어야 한다.

└→ 주어진 부등식이 모든 실수 x에 대하여 성립해야 하므로 부등식 ㉠은 $t>0$인 모든 실수 t에 대하여 성립해야 한다.

따라서 $k \ge 4$이므로 실수 k의 최솟값은 4이다.

0591 답 ④

$9^x-2 \times 3^{x+1}+k \ge 0$에서 $(3^x)^2-2 \times 3 \times 3^x+k \ge 0$

$3^x=t$ $(t>0)$라 하면

$t^2-6t+k \ge 0$

$\therefore (t-3)^2+k-9 \ge 0$ └→ $t=3$일 때, 최솟값이 $k-9$이다.

위의 부등식이 $t>0$인 모든 실수 t에 대하여 성립하려면

$k-9 \ge 0$ $\therefore k \ge 9$

0592 답 ③

$\left(\dfrac{1}{9}\right)^x+6\left(\dfrac{1}{3}\right)^x-k^2+2k+24>0$에서

$\left\{\left(\dfrac{1}{3}\right)^x\right\}^2+6\left(\dfrac{1}{3}\right)^x-k^2+2k+24>0$

$\left(\dfrac{1}{3}\right)^x=t$ $(t>0)$라 하면

$t^2+6t-k^2+2k+24>0$

$\therefore (t+3)^2-k^2+2k+15>0$

앞의 부등식이 $t>0$인 모든 실수 t에 대하여 성립하려면

$-k^2+2k+24 \ge 0$, $k^2-2k-24 \le 0$

$(k+4)(k-6) \le 0$ $\therefore -4 \le k \le 6$

따라서 조건을 만족시키는 정수 k는

-4, -3, -2, -1, 0, 1, 2, 3, 4, 5, 6의 11개이다.

0593 답 ②

$2^{x+1}-2^{\frac{x+4}{2}}+k \ge 0$에서 $2 \times 2^x-4 \times 2^{\frac{x}{2}}+k \ge 0$

$2^{\frac{x}{2}}=t$ $(t>0)$라 하면

$2t^2-4t+k \ge 0$ $\therefore 2(t-1)^2+k-2 \ge 0$

위의 부등식이 $t>0$인 모든 실수 t에 대하여 성립하려면

$k-2 \ge 0$ $\therefore k \ge 2$

따라서 실수 k의 최솟값은 2이다.

0594 답 $k \le 3$

$3^{2x+1}-6k \times 3^x+27 \ge 0$에서

$3 \times (3^x)^2-6k \times 3^x+27 \ge 0$

$3^x=t$ $(t>0)$라 하면

$3t^2-6kt+27 \ge 0$, $t^2-2kt+9 \ge 0$

$\therefore (t-k)^2-k^2+9 \ge 0$

위의 부등식이 $t>0$인 모든 실수 t에 대하여 성립하려면

(i) $k>0$인 경우 ← 최솟값 ≥ 0

$-k^2+9 \ge 0$, $(k+3)(k-3) \le 0$ $\therefore -3 \le k \le 3$

그런데 $k>0$이므로 $0<k \le 3$

(ii) $k \le 0$인 경우

$9 \ge 0$이므로 항상 성립한다.

(i), (ii)에서 주어진 조건을 만족시키는 실수 k의 값의 범위는

$k \le 3$

0595 답 7

$4^x+2^{x+1}+1 \ge k(2^x-1)$에서

$(2^x)^2+2 \times 2^x+1 \ge k(2^x-1)$, $(2^x)^2+(2-k)2^x+1+k \ge 0$

$2^x=t$ $(t>0)$라 하면

$t^2+(2-k)t+1+k \ge 0$

$f(t)=t^2+(2-k)t+1+k=\left(t-\dfrac{k-2}{2}\right)^2+\dfrac{-k^2+8k}{4}$라 하자.

$t>0$인 모든 실수 t에 대하여 $f(t) \ge 0$이 성립하려면

(i) $\dfrac{k-2}{2}>0$, 즉 $k>2$인 경우

$f(t)$의 최솟값이 0 이상이어야 하므로

$\dfrac{-k^2+8k}{4} \ge 0$, $k^2-8k \le 0$ $\therefore 0 \le k \le 8$

그런데 $k>2$이므로 $2<k \le 8$

(ii) $\dfrac{k-2}{2} \le 0$, 즉 $k \le 2$인 경우

$f(0)=1+k \ge 0$이어야 하므로 $k \ge -1$

그런데 $k \le 2$이므로 $-1 \le k \le 2$

(i), (ii)에서 k의 값의 범위는 $-1 \le k \le 8$이므로 $\alpha=-1$, $\beta=8$

$\therefore \alpha+\beta=7$

0596 답 ⑤

$9^x + 9^{-x} \geq k(3^x - 3^{-x}) - 7$에서

$(3^x - 3^{-x})^2 + 2 \geq k(3^x - 3^{-x}) - 7$

$3^x - 3^{-x} = t$라 하면

$t^2 + 2 \geq kt - 7$, $t^2 - kt + 9 \geq 0$, $\left(t - \dfrac{k}{2}\right)^2 - \dfrac{k^2}{4} + 9 \geq 0$

<u>위의 부등식이 모든 실수 t에 대하여 성립하려면</u>

$-\dfrac{k^2}{4} + 9 \geq 0$이어야 하므로 $\longrightarrow y = 3^x - 3^{-x}$의 치역은 모든 실수이다.

$k^2 \leq 36$ $\quad \therefore -6 \leq k \leq 6$

따라서 $\alpha = -6$, $\beta = 6$이므로 $|\alpha\beta| = |(-6) \times 6| = 36$

0597 답 5 | 유형 26

> 공기 청정기 A를 연속 1시간 가동할 때마다 실내 미세 먼지의 양이 $\dfrac{1}{3}$로 줄어든다고 한다. 남아 있는 미세 먼지의 양이 처음 미세 먼지의 <u>단서1</u>
>
> 양의 $\dfrac{1}{243}$ 이하가 되도록 하려면 공기 청정기 A를 최소한 k시간 연속 <u>단서2</u>
>
> 가동시켜야 할 때, 상수 k의 값을 구하시오.
>
> (단, 새로 유입되는 미세 먼지는 없다.)
>
> 단서1 미세 먼지의 양과 시간에 대한 관계식을 생각
> 단서2 부등식을 세우고 범위를 확인

STEP 1 주어진 조건을 이용하여 관계식 구하기

처음 미세 먼지의 양을 m_0, t시간 후의 미세 먼지의 양을 m_t라 하면

$m_t = m_0 \left(\dfrac{1}{3}\right)^t$

STEP 2 구한 관계식을 이용하여 t의 값의 범위 구하기

남아 있는 미세 먼지의 양이 처음 미세 먼지의 양의 $\dfrac{1}{243}$ 이하가 되려면

$m_0 \left(\dfrac{1}{3}\right)^t \leq \dfrac{1}{243} m_0$, $m_0 \left(\dfrac{1}{3}\right)^t \leq \left(\dfrac{1}{3}\right)^5 \times m_0$, $\left(\dfrac{1}{3}\right)^t \leq \left(\dfrac{1}{3}\right)^5$

이때 밑 $\dfrac{1}{3}$이 1보다 작은 양수이므로 $t \geq 5$

STEP 3 상수 k의 값 구하기

최소한 5시간 연속 가동시켜야 하므로 $k = 5$

0598 답 ⑤

어두워지기 직전에 지각한 빛의 세기를 a라 하면 사람의 눈이 지각하는 빛의 세기는 0.25초마다 $\dfrac{2}{3}$배만큼 줄어들므로 $0.25t$초 후 지각한 빛의 세기는 $a\left(\dfrac{1}{3}\right)^t$이다.

사람의 눈이 지각하는 빛의 세기가 어두워지기 직전에 지각한 빛의 세기의 $\dfrac{1}{729}$ 이하가 되려면

$a\left(\dfrac{1}{3}\right)^t \leq \dfrac{1}{729} a$, $\left(\dfrac{1}{3}\right)^t \leq \left(\dfrac{1}{3}\right)^6$

이때 밑 $\dfrac{1}{3}$이 1보다 작은 양수이므로 $t \geq 6$

따라서 사람의 눈이 지각하는 빛의 세기가 어두워지기 직전에 지각한 빛의 세기의 $\dfrac{1}{729}$ 이하가 되는 것은 $0.25 \times 6 = 1.5$(초 후)이다.

0599 답 32

가로의 길이가 25π mm, 두께가 0.5 mm이므로

$25\pi \geq \dfrac{0.5\pi}{6}(2^n + 4)(2^n - 1)$

$(2^n + 4)(2^n - 1) \leq 300$, $2^{2n} + 3 \times 2^n - 304 \leq 0$

$2^n = k \ (k > 0)$라 하면

$k^2 + 3k - 304 \leq 0$, $(k + 19)(k - 16) \leq 0$ $\quad \therefore -19 \leq k \leq 16$

그런데 $k > 0$이므로 $0 < k \leq 16$

이때 $2^n \leq 16$에서 $n \leq 4$이므로 접을 수 있는 최대 횟수는 4이다.

$\therefore a = 4$

종이의 두께는 한 번 접을 때마다 2배씩 늘어나므로 4번 접었을 때 접은 종이의 전체 두께는 $b = 0.5 \times 2^4 = 8$

$\therefore ab = 4 \times 8 = 32$

참고 주어진 조건과 관계식을 이용하여 n의 값의 범위를 구할 수 있도록 한다. 또한 종이의 두께는 한 번 접을 때마다 2배씩 늘어남을 이용해야 한다.

0600 답 ②

$\dfrac{Q(4)}{Q(2)} = \dfrac{Q_0(1 - 2^{-\frac{4}{a}})}{Q_0(1 - 2^{-\frac{2}{a}})} = \dfrac{1 - (2^{-\frac{2}{a}})^2}{1 - 2^{-\frac{2}{a}}} = \dfrac{(1 + 2^{-\frac{2}{a}})(1 - 2^{-\frac{2}{a}})}{1 - 2^{-\frac{2}{a}}}$

$2^{-\frac{2}{a}} = t$라 하면 $a > 0$이므로 $0 < t < 1$

$\therefore 1 - t > 0$

따라서 $\dfrac{Q(4)}{Q(2)} = \dfrac{(1 + 2^{-\frac{2}{a}})(1 - 2^{-\frac{2}{a}})}{1 - 2^{-\frac{2}{a}}} = \dfrac{(1 + t)(1 - t)}{1 - t} = 1 + t$

이므로 $1 + t = \dfrac{3}{2}$ $\quad \therefore t = \dfrac{1}{2}$

즉, $2^{-\frac{2}{a}} = \dfrac{1}{2} = 2^{-1}$이므로 $-\dfrac{2}{a} = -1$ $\quad \therefore a = 2$

다른 풀이

$\dfrac{Q(4)}{Q(2)} = \dfrac{3}{2}$에서 $2Q(4) = 3Q(2)$

$2Q_0(1 - 2^{-\frac{4}{a}}) = 3Q_0(1 - 2^{-\frac{2}{a}})$

$Q_0 > 0$이므로 $2(1 - 2^{-\frac{4}{a}}) = 3(1 - 2^{-\frac{2}{a}})$

$2^{-\frac{2}{a}} = t$라 하면 $a > 0$이므로 $0 < t < 1$

$2(1 - t^2) = 3(1 - t)$, $2t^2 - 3t + 1 = 0$, $(2t - 1)(t - 1) = 0$

그런데 $0 < t < 1$이므로 $t = \dfrac{1}{2}$

즉, $2^{-\frac{2}{a}} = \dfrac{1}{2} = 2^{-1}$에서 $-\dfrac{2}{a} = -1$ $\quad \therefore a = 2$

0601 답 ④

$n = C_d C_g 10^{\frac{4}{5}(x - 9)}$에서

$C_g = 2$, $C_d = \dfrac{1}{4}$, $x = a$, $n = \dfrac{1}{200}$이므로

$\dfrac{1}{200} = \dfrac{1}{4} \times 2 \times 10^{\frac{4}{5}(a - 9)}$

즉, $10^{\frac{4}{5}(a - 9)} = 10^{-2}$이므로 $\dfrac{4}{5}(a - 9) = -2$

$a - 9 = -\dfrac{5}{2}$ $\quad \therefore a = \dfrac{13}{2}$

0602 답 ②

$W=\dfrac{W_0}{2}10^{at}(1+10^{at})$에서 $\dfrac{W}{W_0}=\dfrac{1}{2}\times10^{at}(1+10^{at})$

금융상품에 초기자산 w_0을 투자하고 15년이 지난 시점에서의 기대자산은 초기자산 w_0의 3배이므로

$3=\dfrac{1}{2}\times10^{15a}(1+10^{15a})$, 즉 $(10^{15a})^2+10^{15a}-6=0$

$10^{15a}=t\ (t>0)$라 하면

$t^2+t-6=0,\ (t+3)(t-2)=0$ $\qquad\therefore t=2\ (\because t>0)$

즉, $10^{15a}=2$

따라서 30년이 지난 시점, 즉 $t=30$일 때의 기대자산은 초기자산 w_0의 k배이므로

$k=\dfrac{1}{2}\times10^{30a}(1+10^{30a})=\dfrac{1}{2}\times2^2\times(1+2^2)=10$

서술형 유형 익히기   124쪽~127쪽

0603 답 (1) 2   (2) 726   (3) $\dfrac{363}{4}$ (4) 5   (5) 6   (6) 20

실제 답안 예시

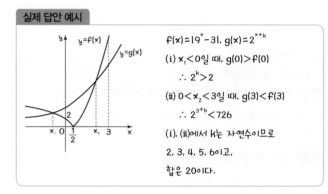

$f(x)=|9^x-3|,\ g(x)=2^{x+k}$

(i) $x_1<0$일 때, $g(0)>f(0)$

$\qquad\therefore 2^k>2$

(ii) $0<x_2<3$일 때, $g(3)<f(3)$

$\qquad\therefore 2^{3+k}<726$

(i), (ii)에서 k는 자연수이므로

2, 3, 4, 5, 6이고,

합은 20이다.

0604 답 1

STEP 1 $x_1<0$을 만족시키는 3^k의 값의 범위 구하기 [3점]

함수 $y=|4^x-3|$의 그래프가 점 $(0, 2)$를 지나므로 $x_1<0$이려면 함수 $y=3^{x+k}$의 $x=0$일 때의 함숫값이 2보다 커야 한다.

즉, $3^{0+k}>2$에서 $3^k>2$ ⋯⋯⋯⋯⋯⋯⋯⋯⋯⋯ ㉠

STEP 2 $0<x_2<4$를 만족시키는 3^k의 값의 범위 구하기 [3점]

함수 $y=|4^x-3|$의 그래프가 점 $(4, 253)$을 지나므로 $0<x_2<4$이려면 함수 $y=3^{x+k}$의 $x=4$일 때의 함숫값이 253보다 작아야 한다.

즉, $3^{4+k}<253$에서 $3^k<\dfrac{253}{81}=3.\times\times\times$ ⋯⋯⋯ ㉡

STEP 3 자연수 k의 값 구하기 [2점]

㉠, ㉡에서 $2<3^k<\dfrac{253}{81}$이므로 주어진 조건을 모두 만족시키는 자연수 k의 값은 1이다.

0605 답 $0<k<8$

STEP 1 방정식 $|2^{x-1}-8|=k$의 실근의 개수는 곡선 $y=|2^{x-1}-8|$과 직선 $y=k$의 교점의 개수임을 이해하기 [1점]

방정식 $|2^{x-1}-8|=k$의 실근의 개수는 곡선 $y=|2^{x-1}-8|$과 직선 $y=k$의 교점의 개수와 같다.

STEP 2 $f(x)=|2^{x-1}-8|$이라 하고 그래프 그리기 [3점]

$f(x)=|2^{x-1}-8|$이라 하면 $f(x)\geq0$이므로 $y=f(x)$의 그래프는 그림과 같다.

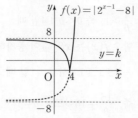

STEP 3 실수 k의 값의 범위 구하기 [3점]

직선 $y=k$가 곡선 $y=|2^{x-1}-8|$과 서로 다른 두 점에서 만나도록 하는 실수 k의 값의 범위는

$0<k<8$

0606 답 (1) $\dfrac{a}{3}$ (2) 27   (3) 1   (4) $\dfrac{9}{a^2}$ (5) 1   (6) 28

오답 분석

(i) $0<\dfrac{3}{a}<1$일 때

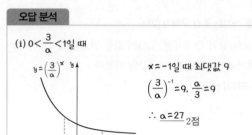

$x=-1$일 때 최댓값 9

$\left(\dfrac{3}{a}\right)^{-1}=9,\ \dfrac{a}{3}=9$

$\therefore a=27$ 2점

(ii) $\dfrac{3}{a}>1$일 때

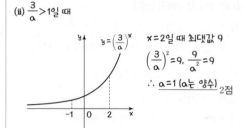

$x=2$일 때 최댓값 9

$\left(\dfrac{3}{a}\right)^2=9,\ \dfrac{9}{a^2}=9$

$\therefore a=1\ (a는 양수)$ 2점

모든 양수 a의 값의 합은 $27+1=28$ 1점

▶ 7점 중 5점 얻음.

$\dfrac{3}{a}=1$인 경우를 서술하지 않았다. $a=3$이면 $f(x)=10$이고, 이때 최댓값이 9가 아니므로 $a\neq3$임을 확인해야 한다.

0607 답 9

STEP 1 $0<\dfrac{4}{p}<1$일 때, 양수 p의 값 구하기 [2점]

$0<\dfrac{4}{p}<1$, 즉 $p>4$일 때

함수 $f(x)$는 x의 값이 증가하면 $f(x)$의 값은 감소하므로

$-2\leq x\leq1$에서 $x=-2$일 때 최댓값 $f(-2)=\dfrac{p^2}{4}$을 가진다.

즉, $\dfrac{p^2}{4}=16$이므로 $p=8\ (\because p>4)$

STEP 2 $\dfrac{4}{p}=1$일 때, 양수 p의 값 구하기 [2점]

$\dfrac{4}{p}=1$, 즉 $p=4$일 때

$-2\leq x\leq1$에서 함수 $f(x)=4$의 최댓값은 4이므로 최댓값이 16이 아니다.

STEP 3 $\dfrac{4}{p}>1$일 때, 양수 p의 값 구하기 [2점]

$\dfrac{4}{p}>1$, 즉 $0<p<4$일 때

함수 $f(x)$는 x의 값이 증가하면 $f(x)$의 값이 증가하므로 $-2\leq x\leq 1$에서 $x=1$일 때 최댓값 $f(1)=\dfrac{16}{p}$을 가진다.

즉, $\dfrac{16}{p}=16$이므로 $p=1$

STEP 4 모든 양수 p의 값의 합 구하기 [1점]

모든 양수 p의 값은 1, 8이고, 그 합은 9이다.

0608 답 14

STEP 1 함수를 $f(x)=a^{px+q}+r$ 꼴로 나타내기 [2점]

$f(x)=8\left(\dfrac{1}{2}\right)^x-2=\left(\dfrac{1}{2}\right)^{-3}\times\left(\dfrac{1}{2}\right)^x-2=\left(\dfrac{1}{2}\right)^{x-3}-2$

STEP 2 최댓값을 가지는 조건 구하기 [2점]

함수 $f(x)$는 x의 값이 증가하면 $f(x)$의 값은 감소하므로 $-1\leq x\leq 4$에서 $x=-1$일 때 최댓값을 가진다.

STEP 3 최댓값 구하기 [2점]

최댓값은 $f(-1)=\left(\dfrac{1}{2}\right)^{-1-3}-2=16-2=14$

0609 답 4

STEP 1 $0<a<1$일 때, a의 값 구하기 [3점]

(i) $0<a<1$일 때

함수 $f(x)$는 x의 값이 증가하면 $f(x)$의 값은 감소하므로 $\dfrac{1}{4}\leq x\leq 2$에서 $x=2$일 때 최솟값 a^2을 가진다.

즉, $a^2=2$이므로 $a=\sqrt{2}\ (\because a>0)$

그런데 $a=\sqrt{2}$는 $0<a<1$을 만족시키지 않는다.

STEP 2 $a>1$일 때, a의 값 구하기 [3점]

(ii) $a>1$일 때

함수 $f(x)$는 x의 값이 증가하면 $f(x)$의 값도 증가하므로 $\dfrac{1}{4}\leq x\leq 2$에서 $x=\dfrac{1}{4}$일 때 최솟값 $a^{\frac{1}{4}}$을 가진다.

즉, $a^{\frac{1}{4}}=2$이므로 $a=16$

STEP 3 $f\left(\dfrac{1}{2}\right)$의 값 구하기 [2점]

(i), (ii)에서 $a=16$이므로 $f(x)=16^x$ ...... ⓐ

$\therefore f\left(\dfrac{1}{2}\right)=16^{\frac{1}{2}}=4$

부분점수표	
ⓐ a의 값을 구하여 함수 $f(x)$를 구한 경우	1점

0610 답 (1) 6 (2) $6t$ (3) 3 (4) -3 (5) -2

실제 답안 예시

$\left(\dfrac{1}{9}\right)^x-2\left(\dfrac{1}{3}\right)^{x-1}+k+12=\left[\left(\dfrac{1}{3}\right)^x\right]^2-2\times\left(\dfrac{1}{3}\right)^{-1}\times\left(\dfrac{1}{3}\right)^x+k+12>0$

$\left(\dfrac{1}{3}\right)^x=t$라 하면 $t>0$이고

$t^2-2\times3\times t+k+12>0$ $\therefore (t-3)^2+k+3>0$

$(t-3)^2\geq0$이므로 $k+3>0$ $\therefore k>-3$

따라서 정수 k의 최솟값은 -2

0611 답 4

STEP 1 $3^x=t$로 치환하고 t에 대한 부등식으로 나타내기 [3점]

$9^x-2\times 3^{x+1}+a+5\geq0$에서 $(3^x)^2-6\times 3^x+a+5\geq0$

$3^x=t\ (t>0)$라 하면 $t^2-6t+a+5\geq0$

$\therefore (t-3)^2+a-4\geq0$ .... ㉠

STEP 2 정수 a의 최솟값 구하기 [3점]

$t>0$인 모든 실수 t에 대하여 부등식 ㉠이 성립하려면

$a-4\geq0$ $\therefore a\geq4$

따라서 정수 a의 최솟값은 4이다.

0612 답 $a<1$

STEP 1 $2^x=t$로 치환하고 t에 대한 부등식으로 나타내기 [2점]

$2^{2x}-a\times 2^{x+1}-a+2>0$에서 $(2^x)^2-2a\times 2^x-a+2>0$

$2^x=t\ (t>0)$라 하면

$t^2-2at-a+2>0$

STEP 2 $a\geq0$일 때, 실수 a의 값의 범위 구하기 [2점]

$f(t)=t^2-2at-a+2=(t-a)^2-a^2-a+2$라 하자.

$t>0$인 모든 실수 t에 대하여 $f(t)>0$이 성립하려면

$a\geq0$인 경우, $f(t)$의 최솟값이 0보다 크면 되므로

$-a^2-a+2>0$, $a^2+a-2<0$, $(a+2)(a-1)<0$

$\therefore -2<a<1$

그런데 $a\geq0$이므로 $0\leq a<1$ .... ㉠

STEP 3 $a<0$일 때, 실수 a의 값의 범위 구하기 [2점]

$a<0$인 경우, $f(0)=-a+2\geq0$이어야 하므로 $a\leq2$

그런데 $a<0$이므로 $a<0$ .... ㉡

STEP 4 실수 a의 값의 범위 구하기 [1점]

㉠, ㉡에서 실수 a의 값의 범위는 $a<1$

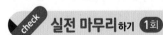

실전 마무리하기 **1회**   128쪽~132쪽

1 0613 답 ③   유형 1

출제의도 | 지수함수의 함숫값을 구할 수 있는지 확인한다.

> $f(a)=b$일 때, $(f\circ f)(a)=f(f(a))=f(b)$임을 이용해 보자.

$f(2)=3^2=9$이므로 $f(f(2))=f(9)=3^9$ $\therefore k=9$

2 0614 답 ③   유형 2

출제의도 | 지수함수의 기본 성질을 이해하는지 확인한다.

> $y=a^x\ (a>0,\ a\neq1)$에서 $a>1$일 때 x의 값이 증가하면 y의 값도 증가하고, $0<a<1$일 때 x의 값이 증가하면 y의 값은 감소함을 이용해 보자.

임의의 실수 a, b에 대하여 $a<b$일 때, $f(a)>f(b)$를 만족시킨다는 것은 함수 $f(x)$가 x의 값이 증가하면 $f(x)$의 값이 감소하는 함수임을 의미한다.

따라서 $f(x)=a^x$에서 $0<a<1$인 함수를 찾으면 된다.

① $f(x)=3^x$에서 밑 3이 1보다 크므로 x의 값이 증가하면 $f(x)$의 값도 증가한다.

② $f(x)=0.2^{-x}=\left(\dfrac{1}{5}\right)^{-x}=5^x$에서 밑 5가 1보다 크므로 x의 값이 증가하면 $f(x)$의 값도 증가한다.

③ $f(x)=\left(\dfrac{1}{5}\right)^x$에서 밑 $\dfrac{1}{5}$이 $0<\dfrac{1}{5}<1$이므로 x의 값이 증가하면 $f(x)$의 값은 감소한다.

④ $f(x)=\left(\dfrac{1}{3}\right)^{-x}=3^x$에서 밑 3이 1보다 크므로 x의 값이 증가하면 $f(x)$의 값도 증가한다.

⑤ $f(x)=\left(\dfrac{3}{4}\right)^{-x}=\left(\dfrac{4}{3}\right)^x$에서 밑 $\dfrac{4}{3}$가 1보다 크므로 x의 값이 증가하면 $f(x)$의 값도 증가한다.

따라서 주어진 조건을 만족시키는 함수는 ③이다.

3 0615 답 ④ 유형 4

출제의도 | 지수함수의 그래프의 성질과 평행이동, 대칭이동을 이해하는지 확인한다.

> 함수 $y=a^x$ $(a>0,\ a\neq1)$의 그래프를 y축에 대하여 대칭이동한 그래프의 식은 $y=a^{-x}$, x축의 방향으로 m만큼, y축의 방향으로 n만큼 평행이동한 그래프의 식은 $y=a^{x-m}+n$임을 이용해 보자.

함수 $y=3^{-x-1}-2$의 그래프는 함수 $y=3^x$의 그래프를 y축에 대하여 대칭이동한 후 x축의 방향으로 -1만큼, y축의 방향으로 -2만큼 평행이동한 것이다.

① 점근선은 직선 $y=-2$이다. (참)

② $x=-1$일 때, $y=3^0-2=-1$이므로 점 $(-1,\ -1)$을 지난다. (참)

③ 정의역이 실수 전체의 집합이고 치역은 $y>-2$인 실수 전체의 집합이다. (참)

④ 함수 $y=3^{-x+1}+2$의 그래프를 원점에 대하여 대칭이동한 그래프의 식은 $y=-3^{x+1}-2$이다. (거짓)

⑤ 함수 $y=3^{-x-1}-2$의 그래프는 $y=3^{-x}$의 그래프를 x축의 방향으로 -1만큼, y축의 방향으로 -2만큼 평행이동한 그래프이다. (참)

따라서 옳지 않은 것은 ④이다.

4 0616 답 ⑤ 유형 8

출제의도 | 지수함수의 성질을 이용하여 세 수의 대소 비교를 할 수 있는지 확인한다.

> $y=a^x$ $(a>0,\ a\neq1)$에서 $a>1$일 때 $x_1<x_2$이면 $a^{x_1}<a^{x_2}$이고, $0<a<1$일 때 $x_1<x_2$이면 $a^{x_1}>a^{x_2}$임을 이용해 보자.

$A=\sqrt[3]{81}=3^{\frac{4}{3}}$

$B=\sqrt{9\sqrt{3}}=(3^2\times3^{\frac{1}{2}})^{\frac{1}{2}}=(3^{\frac{5}{2}})^{\frac{1}{2}}=3^{\frac{5}{4}}$

$C=\left(\dfrac{1}{3}\right)^{-\frac{2}{3}}=(3^{-1})^{-\frac{2}{3}}=3^{\frac{2}{3}}$

이때 밑 3이 1보다 크므로 $\dfrac{2}{3}<\dfrac{5}{4}<\dfrac{4}{3}$에서 $3^{\frac{2}{3}}<3^{\frac{5}{4}}<3^{\frac{4}{3}}$

$\therefore C<B<A$

5 0617 답 ③ 유형 15

출제의도 | 밑을 같게 할 수 있는 지수방정식을 해결할 수 있는지 확인한다.

> 방정식의 각 항의 밑을 같게 하여 $a^{f(x)}=a^{g(x)}$ 꼴로 변형해 보자.

$2^{-2x}=32^{-x+3}$에서

$2^{-2x}=(2^5)^{-x+3}$, $2^{-2x}=2^{-5x+15}$

즉, $-2x=-5x+15$이므로 $3x=15$ $\quad\therefore x=5$

따라서 a의 값은 5이다.

6 0618 답 ① 유형 17

출제의도 | 이차방정식의 근과 계수의 관계를 이용하여 지수방정식을 해결할 수 있는지 확인한다.

> $a^x=t$ $(t>0)$로 치환하고 이차방정식의 근과 계수의 관계를 이용해 보자.

$9^x-3^{x+2}+1=0$에서 $(3^x)^2-9\times3^x+1=0$

$3^x=t$ $(t>0)$라 하면 $t^2-9t+1=0$ ········· ㉠

주어진 방정식의 두 근이 α, β이므로 방정식 ㉠의 두 근은 3^α, 3^β이다. 이차방정식의 근과 계수의 관계에 의하여

$3^\alpha\times3^\beta=1$, 즉 $3^{\alpha+\beta}=3^0$ $\quad\therefore \alpha+\beta=0$

7 0619 답 ② 유형 21

출제의도 | 밑을 같게 할 수 있는 지수부등식을 해결할 수 있는지 확인한다.

> 부등식의 각 항의 밑을 같게 하고, $a>1$인 경우 $a^{f(x)}>a^{g(x)}$이면 $f(x)>g(x)$이고, $0<a<1$인 경우 $a^{f(x)}>a^{g(x)}$이면 $f(x)<g(x)$임을 이용해 보자.

$\left(\dfrac{1}{\sqrt{3}}\right)^x<9^{3-x}$에서 $(3^{-\frac{1}{2}})^x<(3^2)^{3-x}$이므로

$3^{-\frac{x}{2}}<3^{6-2x}$

이때 밑 3이 1보다 크므로

$-\dfrac{x}{2}<6-2x$, $\dfrac{3}{2}x<6$ $\quad\therefore x<4$

8 0620 답 ② 유형 5

출제의도 | 함수의 그래프가 지나는 사분면에 대하여 이해하는지 확인한다.

> $y=5^x$의 그래프가 점 $(0,\ 1)$을 지남을 이용해 보자.

함수 $y=\left(\dfrac{1}{5}\right)^{x-1}+k$의 그래프가 함수 $y=5^x$의 그래프와 제1사분면에서 만나지 않으려면 $x=0$일 때 y의 값이 1보다 작거나 같아야 한다.

즉, $\left(\dfrac{1}{5}\right)^{0-1}+k\leq1$ $\quad\therefore k\leq-4$

따라서 상수 k의 최댓값은 -4이다.

9 0621 답 ③ 유형 15

출제의도 | 밑을 같게 할 수 있는 지수방정식을 해결할 수 있는지 확인한다.

> 방정식의 각 항의 밑을 같게 하여 $a^{f(x)}=a^{g(x)}$ 꼴로 변형해 보자.

$5^{2x^2-8}=0.2^{x+2}$에서 $5^{2x^2-8}=\left(\dfrac{1}{5}\right)^{x+2}$이므로

$5^{2x^2-8}=5^{-x-2}$

즉, $2x^2-8=-x-2$이므로

$2x^2+x-6=0$, $(2x-3)(x+2)=0$ $\quad \therefore x=\dfrac{3}{2}$ $(\because x>0)$

10 0622 답 ④ 유형 17

출제의도 | 치환을 이용하여 지수방정식을 해결할 수 있는지 확인한다.

> $a^x+a^{-x}=t$로 치환하고 $a^{2x}+a^{-2x}=t^2-2$임을 이용해 보자.

$4^x+4^{-x}=3(2^x+2^{-x})+2$에서

$2^x+2^{-x}=t$라 하면

$2^x>0$, $2^{-x}>0$이므로 산술평균과 기하평균의 관계에 의하여

$t=2^x+2^{-x}\geq 2\sqrt{2^x\times 2^{-x}}=2$

(단, 등호는 $2^x=2^{-x}$, 즉 $x=0$일 때 성립)

이때 $4^x+4^{-x}=(2^x+2^{-x})^2-2=t^2-2$이므로

$t^2-2=3t+2$, $t^2-3t-4=0$

$(t+1)(t-4)=0$ $\quad \therefore t=4$ $(\because t\geq 2)$

따라서 $2^x+2^{-x}=4$이므로 $2^x=s$ $(s>0)$라 하면

$s+\dfrac{1}{s}=4$ $\quad \therefore s^2-4s+1=0$

이 이차방정식의 두 근이 2^α, 2^β이므로 이차방정식의 근과 계수의 관계에 의하여

$2^\alpha+2^\beta=4$, $2^\alpha\times 2^\beta=1$

$\therefore \dfrac{1}{2^\alpha}+\dfrac{1}{2^\beta}=\dfrac{2^\alpha+2^\beta}{2^\alpha\times 2^\beta}=\dfrac{4}{1}=4$

11 0623 답 ③ 유형 18

출제의도 | 지수방정식이 서로 다른 두 실근을 가질 조건을 아는지 확인한다.

> t에 대한 이차방정식 $at^2+bt+c=0$ $(a,\ b,\ c$는 상수$)$이 서로 다른 두 양의 실근을 가지려면 판별식이 양수이고 두 근의 합, 두 근의 곱도 모두 양수임을 이용해 보자.

$4^x-2^{x+3}+2k=0$에서 $(2^x)^2-8\times 2^x+2k=0$

$2^x=t$ $(t>0)$라 하면 $t^2-8t+2k=0$ ·············· ㉠

주어진 방정식이 서로 다른 두 실근을 가지려면 이차방정식 ㉠이 서로 다른 두 양의 실근을 가져야 한다.

(i) 이차방정식 ㉠의 판별식을 D라 하면

$\dfrac{D}{4}=(-4)^2-2k>0$, $16-2k>0$ $\quad \therefore k<8$

(ii) (두 근의 합)$=8>0$이므로 성립한다.

(iii) (두 근의 곱)$=2k>0$ $\quad \therefore k>0$

(i), (ii), (iii)에서 k의 값의 범위는 $0<k<8$이므로

정수 k는 1, 2, 3, $\cdots$, 7의 7개이다.

12 0624 답 ② 유형 22

출제의도 | a^x 꼴이 반복되는 지수부등식을 해결할 수 있는지 확인한다.

> $a^x=t$ $(t>0)$로 치환하고 부등식을 정리해 보자.

$2^x-2^{-x+6}<30$에서 $2^x-2^6\times \dfrac{1}{2^x}<30$ $\quad \therefore 2^x-64\times \dfrac{1}{2^x}<30$

$2^x=t$ $(t>0)$라 하면 $t-\dfrac{64}{t}<30$

$t^2-30t-64<0$, $(t+2)(t-32)<0$

$\therefore 0<t<32$ $(\because t>0)$

즉, $0<2^x<32$에서 $0<2^x<2^5$ $\quad \therefore x<5$

따라서 주어진 부등식을 만족시키는 자연수 x는 1, 2, 3, 4의 4개이다.

13 0625 답 ③ 유형 26

출제의도 | 지수부등식을 실생활 문제에 적용하여 해결할 수 있는지 확인한다.

> a가 매분 $k\%$씩 감소하는 경우 n분 후 $a\left(\dfrac{100-k}{100}\right)^n$임을 이용해 보자.

세균의 수는 용액에 넣은 후 1분마다 20%씩 줄어들므로 세균 수는 1분 전의 세균 수의 $\dfrac{4}{5}$가 된다.

n분 후의 세균 수가 1024마리 이하가 된다고 하면

$2500\times \left(\dfrac{4}{5}\right)^n\leq 1024$, $\left(\dfrac{4}{5}\right)^n\leq \dfrac{1024}{2500}$, $\left(\dfrac{4}{5}\right)^n\leq \dfrac{256}{625}$, $\left(\dfrac{4}{5}\right)^n\leq \left(\dfrac{4}{5}\right)^4$

이때 밑 $\dfrac{4}{5}$가 1보다 작은 양수이므로 $n\geq 4$

따라서 세균이 1024마리 이하가 되는 것은 세균을 용액에 넣은 때부터 최소 4분 후이다.

14 0626 답 ⑤ 유형 2

출제의도 | 지수함수의 기본 성질을 이해하는지 확인한다.

> $y=a^x$ $(a>0,\ a\neq 1)$에서 $a>1$일 때 x의 값이 증가하면 y의 값도 증가하고, $0<a<1$일 때 x의 값이 증가하면 y의 값은 감소함을 이용해 보자.

$y=(a^2-a+1)^x$에서 x의 값이 증가할 때 y의 값은 감소하려면

$0<a^2-a+1<1$

(i) $0<a^2-a+1$에서

$a^2-a+1=\left(a-\dfrac{1}{2}\right)^2+\dfrac{3}{4}>0$이므로 a는 모든 실수이다.

(ii) $a^2-a+1<1$에서

$a^2-a<0$, $a(a-1)<0$ $\quad \therefore 0<a<1$

(i), (ii)에서 $0<a<1$이므로 $\alpha=0$, $\beta=1$

$\therefore \alpha+\beta=1$

15 0627 답 ② 유형 3

출제의도 | 지수함수의 그래프 위의 점에 대하여 이해하는지 확인한다.

> $y=a^x$ $(a>0,\ a\neq 1)$의 그래프 위의 점의 좌표가 $(m,\ n)$이면 $n=a^m$임을 이용해 보자.

세 점 $A(p, a)$, $B(q, b)$, $C(-p+q, c)$가 함수 $y=\left(\dfrac{1}{5}\right)^x$의 그래프 위의 점이므로

$\left(\dfrac{1}{5}\right)^p=a$에서 $\left(\dfrac{1}{5}\right)^{-p}=\dfrac{1}{a}$

$\left(\dfrac{1}{5}\right)^q=b$

$\left(\dfrac{1}{5}\right)^{-p+q}=c$에서 $c=\left(\dfrac{1}{5}\right)^{-p+q}=\left(\dfrac{1}{5}\right)^{-p}\times \left(\dfrac{1}{5}\right)^q=\dfrac{1}{a}\times b=\dfrac{b}{a}$

$\therefore b=ac$

16 0628 답 ⑤

출제의도 | 지수함수의 최댓값과 최솟값을 이해하는지 확인한다.

> $y=a^x$ $(a>0,\ a\neq1)$에서 $a>1$일 때 x의 값이 최대이면 y의 값도 최대임을 이용해 보자.

밑 5가 1보다 크고 $a>0$이므로 주어진 함수는 $x=3$일 때 최댓값 50을 가지고, $x=0$일 때 최솟값 $\dfrac{2}{5}$를 가진다.

$a\times5^{3-2}+b=50$에서 $5a+b=50$ ⋯⋯⋯⋯⋯ ㉠

$a\times5^{0-2}+b=\dfrac{2}{5}$에서 $\dfrac{a}{25}+b=\dfrac{2}{5}$

$\therefore a+25b=10$ ⋯⋯⋯⋯⋯⋯⋯⋯⋯ ㉡

㉠, ㉡을 연립하여 풀면 $a=10,\ b=0$

$\therefore a+b=10$

17 0629 답 ②

출제의도 | 지수가 이차식 형태인 지수함수의 최댓값과 최솟값을 구할 수 있는지 확인한다.

> $y=a^{f(x)}$ $(a>0,\ a\neq1)$일 때, $f(x)$의 값의 범위를 먼저 구한 다음 $y=a^{f(x)}$의 최댓값과 최솟값을 구해 보자.

$f(x)=x^2-2x+b$라 하면

$f(x)=(x-1)^2-1+b$

$-1\leq x\leq1$에서 $f(x)$는 $x=-1$일 때 최댓값 $b+3$, $x=1$일 때 최솟값 $b-1$을 가진다.

$y=a^{x^2-2x+b}=a^{f(x)}$에서 $0<a<1$이므로

함수 $y=a^{f(x)}$은 $f(x)=b-1$일 때 최댓값 M을 가지고, $M=a^{b-1}$

또한 $y=a^{f(x)}$은 $f(x)=b+3$일 때 최솟값 m을 가지고, $m=a^{b+3}$

즉, $\dfrac{M}{m}=\dfrac{a^{b-1}}{a^{b+3}}=a^{-4}=\dfrac{1}{a^4}=81$이므로

$a^4=\dfrac{1}{81}=\left(\dfrac{1}{3}\right)^4$

$\therefore a=\dfrac{1}{3}$ $(\because 0<a<1)$

18 0630 답 ③

출제의도 | 지수함수의 그래프의 대칭이동을 이해하여 문제를 해결할 수 있는지 확인한다.

> 점 A의 좌표를 α를 이용하여 나타내고 각 점의 좌표를 구해 보자.

함수 $y=2^{-x}$의 그래프를 y축에 대하여 대칭이동한 그래프의 식은 $y=2^x$이므로 $a=2$

점 A의 x좌표를 $-\alpha$ $(\alpha>0)$라 하면 점 B의 x좌표는 α이다.

즉, $\mathrm{A}(-\alpha,\ 2^\alpha)$, $\mathrm{B}(\alpha,\ 2^\alpha)$, $\mathrm{C}(\alpha,\ 2^{-\alpha})$이다.

$\overline{\mathrm{BC}}=\dfrac{15}{4}$이므로 $2^\alpha-2^{-\alpha}=\dfrac{15}{4}$

$2^\alpha=t$ $(t>0)$라 하면 $t-\dfrac{1}{t}=\dfrac{15}{4}$

$4t^2-15t-4=0$, $(4t+1)(t-4)=0$ $\therefore t=4$ $(\because t>0)$

즉, $2^\alpha=4=2^2$에서 $\alpha=2$

$\therefore \overline{\mathrm{AB}}=2-(-2)=4$

19 0631 답 ①

출제의도 | 지수가 $f(x)$ 형태인 지수부등식을 해결할 수 있는지 확인한다.

> 밑을 같게 할 수 있는 지수부등식의 풀이는
> $a>1$일 때 $a^{f(x)}<a^{g(x)}\iff f(x)<g(x)$,
> $0<a<1$일 때 $a^{f(x)}<a^{g(x)}\iff f(x)>g(x)$임을 이용해 보자.

일차함수 $f(x)$의 일차항의 계수가 양수이고 $f(3)=0$이므로

$f(x)=a(x-3)$ $(a>0)$이라 하자.

$\left(\dfrac{1}{3}\right)^{f(x)}\leq27$에서 $\left(\dfrac{1}{3}\right)^{f(x)}\leq\left(\dfrac{1}{3}\right)^{-3}$

이때 밑 $\dfrac{1}{3}$이 1보다 작은 양수이므로

$f(x)\geq-3$

즉, $a(x-3)\geq-3$이므로 $ax-3a\geq-3$, $ax\geq-3+3a$

$\therefore x\geq\dfrac{-3+3a}{a}$ $(\because a>0)$

이 부등식의 해가 $x\geq2$이므로

$\dfrac{-3+3a}{a}=2$, $-3+3a=2a$ $\therefore a=3$

따라서 $f(x)=3(x-3)$이므로

$f(1)=3\times(-2)=-6$

20 0632 답 ⑤

출제의도 | 두 지수부등식의 해의 공통 범위를 구할 수 있는지 확인한다.

> 반복되는 a^x 꼴을 t로 치환하여 각 부등식의 해를 구하고 공통 범위를 구해 보자.

$3^{2x+1}-82\times3^x+27\leq0$에서 $3(3^x)^2-82\times3^x+27\leq0$

$3^x=t$ $(t>0)$라 하면 $3t^2-82t+27\leq0$

$(3t-1)(t-27)\leq0$ $\therefore \dfrac{1}{3}\leq t\leq27$

즉, $\dfrac{1}{3}\leq3^x\leq27$에서 $3^{-1}\leq3^x\leq3^3$이고 밑 3이 1보다 크므로

$-1\leq x\leq3$ ⋯⋯⋯⋯⋯⋯⋯⋯⋯⋯⋯⋯⋯ ㉠

$\left(\dfrac{1}{2}\right)^{2x}-\left(\dfrac{1}{2}\right)^{x+k}>0$에서 $\left\{\left(\dfrac{1}{2}\right)^x\right\}^2-\left(\dfrac{1}{2}\right)^k\times\left(\dfrac{1}{2}\right)^x>0$

$\left(\dfrac{1}{2}\right)^x=s$ $(s>0)$라 하면

$s^2-\left(\dfrac{1}{2}\right)^k s>0$, $s\left\{s-\left(\dfrac{1}{2}\right)^k\right\}>0$ $\therefore s>\left(\dfrac{1}{2}\right)^k$ $(\because s>0)$

즉, $\left(\dfrac{1}{2}\right)^x>\left(\dfrac{1}{2}\right)^k$이고 밑 $\dfrac{1}{2}$이 1보다 작은 양수이므로

$x<k$ ⋯⋯⋯⋯⋯⋯⋯⋯⋯⋯⋯⋯⋯⋯⋯ ㉡

따라서 ㉠, ㉡을 모두 만족시키는 x의 값의 범위가 $-1\leq x<2$이므로

$k=2$

21 0633 답 ②

출제의도 | 지수부등식이 항상 성립하기 위한 조건을 아는지 확인한다.

> 모든 실수 x에 대하여 지수부등식 $pa^{2x}+qa^x+r>0$ $(p,\ q,\ r$은 상수$)$이 성립하려면 $a^x=t$ $(t>0)$로 치환하여 나타낸 이차부등식 $pt^2+qt+r>0$이 $t>0$인 모든 실수 t에 대하여 성립해야 함을 이용해 보자.

$5^{2x}\geq k\times5^x-2k-5$에서 $5^x=t$ $(t>0)$라 하면

$t^2\geq kt-2k-5$, $t^2-kt+2k+5\geq0$

$f(t)=t^2-kt+2k+5$라 하면 $f(t)=\left(t-\dfrac{k}{2}\right)^2-\dfrac{k^2}{4}+2k+5$

$t>0$인 모든 실수 t에 대하여 $f(t)\geq0$이 성립하려면

(i) $\dfrac{k}{2}\geq0$, 즉 $k\geq0$인 경우

$f(t)$의 최솟값이 0 이상이면 되므로

$-\dfrac{k^2}{4}+2k+5\geq0$, $k^2-8k-20\leq0$

$(k+2)(k-10)\leq0$ $\therefore -2\leq k\leq10$

그런데 $k\geq0$이므로 $0\leq k\leq10$

(ii) $\dfrac{k}{2}<0$, 즉 $k<0$인 경우

$f(0)=2k+5\geq0$이어야 하므로 $k\geq-\dfrac{5}{2}$

그런데 $k<0$이므로 $-\dfrac{5}{2}\leq k<0$

(i), (ii)에서 k의 값의 범위는 $-\dfrac{5}{2}\leq k\leq10$

따라서 정수 k는 -2, -1, 0, $\cdots$, 10의 13개이다.

22 0634 답 2   유형 11

출제의도 | 지수에 절댓값 기호가 있는 경우의 지수함수의 최댓값과 최솟값을 구할 수 있는지 확인한다.

STEP 1 지수의 범위 구하기 [2점]

$f(x)=|x-1|+2$라 하면 $0\leq x\leq3$에서

$-1\leq x-1\leq2$, $0\leq|x-1|\leq2$, $2\leq|x-1|+2\leq4$

$\therefore 2\leq f(x)\leq4$

STEP 2 $a>1$일 때, 실수 a의 값 구하기 [2점]

$a>1$일 때

$y=a^{f(x)}$은 $f(x)=4$일 때 최댓값 4를 가지므로

$a^4=4$, $a^2=2$ $\therefore a=\sqrt{2}$ ($\because a>0$)

STEP 3 $0<a<1$일 때, 실수 a의 값 구하기 [1점]

$0<a<1$일 때

$y=a^{f(x)}$은 $f(x)=2$일 때 최댓값 4를 가지므로

$a^2=4$ $\therefore a=2$ ($\because a>0$)

그런데 이 값은 $0<a<1$을 만족시키지 않는다.

STEP 4 $y=a^{|x-1|+2}$의 최솟값 구하기 [1점]

$a=\sqrt{2}$이고 $f(x)=2$일 때 최소이므로 최솟값은 $(\sqrt{2})^2=2$

23 0635 답 -2 유형 14

출제의도 | 산술평균과 기하평균의 관계를 이용하여 지수함수의 최솟값을 구할 수 있는지 확인한다.

STEP 1 $4^x+4^{-x}=t$로 치환하고 산술평균과 기하평균의 관계를 이용하여 t의 값의 범위 구하기 [2점]

$4^x+4^{-x}=t$라 하면 $4^x>0$, $4^{-x}>0$이므로 산술평균과 기하평균의 관계에 의하여

$t=4^x+4^{-x}\geq2\sqrt{4^x\times4^{-x}}=2$

(단, 등호는 $4^x=4^{-x}$, 즉 $x=0$일 때 성립)

STEP 2 주어진 함수를 t에 대하여 나타낸 후 a, b의 값 구하기 [3점]

$16^x+16^{-x}=(4^x+4^{-x})^2-2=t^2-2$이므로 주어진 함수는

$y=t^2-2+2t-4=t^2+2t-6=(t+1)^2-7$

이때 $t\geq2$에서 주어진 함수는 $t=2$, 즉 $x=0$일 때 최솟값 $3^2-7=2$를 가진다. $\therefore a=0$, $b=2$

STEP 3 $a-b$의 값 구하기 [1점]

$a-b=0-2=-2$

24 0636 답 9   유형 24

출제의도 | 두 지수부등식의 해의 공통 범위를 구할 수 있는지 확인한다.

STEP 1 집합 A 구하기 [2점]

$\left(\dfrac{1}{2}\right)^{2x}\geq\dfrac{1}{16}$에서 $\left(\dfrac{1}{2}\right)^{2x}\geq\left(\dfrac{1}{2}\right)^4$

이때 밑 $\dfrac{1}{2}$이 1보다 작은 양수이므로 $2x\leq4$ $\therefore x\leq2$

$\therefore A=\{x|x\leq2, x\text{는 정수}\}$

STEP 2 집합 B 구하기 [2점]

$27^{x^2+2x-4}\leq9^{x^2+x}$에서 $3^{3(x^2+2x-4)}\leq3^{2(x^2+x)}$

이때 밑 3이 1보다 크므로

$3(x^2+2x-4)\leq2(x^2+x)$, $3x^2+6x-12\leq2x^2+2x$

$x^2+4x-12\leq0$, $(x+6)(x-2)\leq0$ $\therefore -6\leq x\leq2$

$\therefore B=\{x|-6\leq x\leq2, x\text{는 정수}\}$

STEP 3 $n(A\cap B)$의 값 구하기 [2점]

$A\cap B=\{x|-6\leq x\leq2, x\text{는 정수}\}$

$=\{-6, -5, -4, -3, -2, -1, 0, 1, 2\}$

이므로 $n(A\cap B)=9$

25 0637 답 2   유형 7

출제의도 | 지수함수의 그래프와 두 선분으로 둘러싸인 부분의 넓이를 구할 수 있는지 확인한다.

STEP 1 그래프의 평행이동을 이용하여 두 함수의 그래프 사이의 관계 구하기 [1점]

$y=\dfrac{3^x}{9}=3^{x-2}$이므로 함수 $y=\dfrac{3^x}{9}$의 그래프는 함수 $y=3^x$의 그래프를 x축의 방향으로 2만큼 평행이동한 것이다.

STEP 2 $S(k)$ 구하기 [5점]

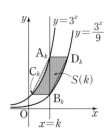

함수 $y=3^x$의 그래프와 직선 A_kC_k로 둘러싸인 부분의 넓이는 함수 $y=\dfrac{3^x}{9}$의 그래프와 직선 B_kD_k로 둘러싸인 부분의 넓이와 같으므로 $S(k)$는 사각형 $A_kC_kB_kD_k$의 넓이와 같다. 이때 사각형 $A_kC_kB_kD_k$는 $\overline{A_kD_k}=\overline{B_kC_k}=2$인 평행사변형이고 두 점 $A_k(k, 3^k)$, $B_k\left(k, \dfrac{3^k}{9}\right)$에 대하여 $\overline{A_kB_k}=3^k-\dfrac{3^k}{9}=\dfrac{8}{9}\times3^k$

이므로 평행사변형 $A_kC_kB_kD_k$의 넓이는

$S(k)=\overline{B_kC_k}\times\overline{A_kB_k}=2\times\left(\dfrac{8}{9}\times3^k\right)=\dfrac{16}{9}\times3^k$

STEP 3 실수 k의 값 구하기 [2점]

$S(k+2)-S(k)=\dfrac{16}{9}\times3^{k+2}-\dfrac{16}{9}\times3^k$

$=\dfrac{16}{9}\times(9-1)\times3^k=\dfrac{128}{9}\times3^k$

따라서 $\dfrac{128}{9}\times3^k=128$에서 $3^k=9=3^2$ $\therefore k=2$

1 0638 답 ④   유형 1

출제의도 | 지수함수의 기본 성질을 이해하는지 확인한다.

> 지수법칙을 이용해 보자.

① $f(x)=a^x$에서 $f(x+y)=a^{x+y}=a^x a^y=f(x)f(y)$ (참)

② $f(x)=a^x$에서 $f(-x)=a^{-x}=\dfrac{1}{a^x}=\dfrac{1}{f(x)}$ (참)

③ $f(x)=a^x$에서 $f(3x)=a^{3x}=(a^x)^3=\{f(x)\}^3$ (참)

④ $f(x)=a^x$에서 $f(x\times y)=a^{xy}=(a^x)^y=\{f(x)\}^y$ (거짓)

⑤ $f(x)=a^x$에서 $\dfrac{f(x)}{f(y)}=\dfrac{a^x}{a^y}=a^{x-y}=f(x-y)$ (참)

따라서 옳지 않은 것은 ④이다.

2 0639 답 ④   유형 8

출제의도 | 지수함수의 성질을 이용하여 세 수의 대소 비교를 할 수 있는지 확인한다.

> $y=a^x$ $(a>0,\ a\neq1)$에서 $a>1$일 때 $x_1<x_2$이면 $a^{x_1}<a^{x_2}$이고 $0<a<1$일 때 $x_1<x_2$이면 $a^{x_1}>a^{x_2}$임을 이용해 보자.

$A=\left(\dfrac{1}{3}\right)^{-\sqrt{3}}$, $B=\left(\dfrac{1}{3}\right)^{1.5}$, $C=3^{-1}=\dfrac{1}{3}$

이때 밑 $\dfrac{1}{3}$이 1보다 작은 양수이므로

$-\sqrt{3}<1<1.5$에서 $\left(\dfrac{1}{3}\right)^{-\sqrt{3}}>\dfrac{1}{3}>\left(\dfrac{1}{3}\right)^{1.5}$

$\therefore B<C<A$

3 0640 답 ①   유형 10

출제의도 | 지수함수의 최댓값과 최솟값을 이해하는지 확인한다.

> $y=a^x$ $(a>0,\ a\neq1)$에서 $a>1$일 때 x의 값이 최소이면 y의 값도 최소임을 이용해 보자.

밑 3이 1보다 크므로 $x=3$일 때 최소이고 최솟값은 5이다.

즉, $3^{3+a}+2=5$이므로

$3^{3+a}=3$에서 $3+a=1$ $\therefore a=-2$

4 0641 답 ⑤   유형 15

출제의도 | 밑을 같게 할 수 있는 지수방정식을 해결할 수 있는지 확인한다.

> 방정식의 각 항의 밑을 같게 하여 $a^{f(x)}=a^{g(x)}$ 꼴로 변형해 보자.

$\dfrac{5^{4x-4}}{5^{5-x^2}}=125$에서 $5^{4x-4-(5-x^2)}=5^3$

$5^{x^2+4x-9}=5^3$

즉, $x^2+4x-9=3$이므로

$x^2+4x-12=0$, $(x+6)(x-2)=0$

$\therefore x=-6$ 또는 $x=2$

따라서 $\alpha=-6$, $\beta=2$ 또는 $\alpha=2$, $\beta=-6$이므로

$\alpha^2+\beta^2=40$

5 0642 답 ②   유형 21

출제의도 | 밑을 같게 할 수 있는 지수부등식을 해결할 수 있는지 확인한다.

> 부등식의 각 항의 밑을 같게 하고, $a>1$인 경우 $a^{f(x)}>a^{g(x)}$이면 $f(x)>g(x)$이고, $0<a<1$인 경우 $a^{f(x)}>a^{g(x)}$이면 $f(x)<g(x)$임을 이용해 보자.

$5^{x-6}\leq\left(\dfrac{1}{5}\right)^{x-2}$에서 $5^{x-6}\leq5^{-x+2}$

이때 밑 5가 1보다 크므로

$x-6\leq-x+2$, $2x\leq8$ $\therefore x\leq4$

따라서 부등식을 만족시키는 모든 자연수 x의 값은 1, 2, 3, 4이고, 그 합은 $1+2+3+4=10$

6 0643 답 ④   유형 22

출제의도 | a^x 꼴이 반복되는 지수부등식을 해결할 수 있는지 확인한다.

> $a^x=t$ $(t>0)$로 치환하고 부등식을 정리해 보자.

$4^x-2^{x+5}+60\leq0$에서 $(2^x)^2-32\times2^x+60\leq0$

$2^x=t$ $(t>0)$라 하면 $t^2-32t+60\leq0$

$(t-2)(t-30)\leq0$ $\therefore 2\leq t\leq30$

즉, $2\leq2^x\leq30$이므로 부등식을 만족시키는 정수 x는 1, 2, 3, 4의 4개이다.

7 0644 답 ③   유형 24

출제의도 | 두 지수부등식의 공통 범위를 구할 수 있는지 확인한다.

> 주어진 부등식을 2개의 부등식으로 나눈 후 각 부등식에서 해를 구하고 공통 범위를 구해 보자.

$\left(\dfrac{1}{27}\right)^{2x-3}<243<\left(\dfrac{1}{9}\right)^{x-7}$에서 $\begin{cases}\left(\dfrac{1}{27}\right)^{2x-3}<243 \quad\cdots\cdots\cdots\cdots ㉠\\243<\left(\dfrac{1}{9}\right)^{x-7} \quad\cdots\cdots\cdots\cdots ㉡\end{cases}$

㉠에서 $3^{-6x+9}<3^5$

이때 밑 3이 1보다 크므로 $-6x+9<5$ $\therefore x>\dfrac{2}{3}$ $\cdots\cdots$ ㉢

㉡에서 $3^5<3^{-2x+14}$

이때 밑 3이 1보다 크므로 $5<-2x+14$ $\therefore x<\dfrac{9}{2}$ $\cdots\cdots$ ㉣

㉢, ㉣에서 $\dfrac{2}{3}<x<\dfrac{9}{2}$

따라서 $\alpha=\dfrac{2}{3}$, $\beta=\dfrac{9}{2}$이므로 $\alpha\beta=\dfrac{2}{3}\times\dfrac{9}{2}=3$

8 0645 답 ①   유형 3

출제의도 | 지수함수의 그래프 위의 점의 좌표를 이용하여 문제를 해결할 수 있는지 확인한다.

> $y=a^x$ $(a>0,\ a\neq1)$의 그래프 위의 점의 좌표가 $(m,\ n)$이면 $n=a^m$임을 이용해 보자.

두 점 $A(a,\ 2^a)$, $B(b,\ 2^b)$에 대하여 직선 AB의 기울기가 3이므로

$\dfrac{2^b-2^a}{b-a}=3$ $\therefore 2^b-2^a=3(b-a)$ $\cdots\cdots\cdots$ ㉠

이때 두 점 A, B 사이의 거리는 $2\sqrt{10}$이므로

$\overline{AB}=\sqrt{(b-a)^2+(2^b-2^a)^2}=\sqrt{(b-a)^2+9(b-a)^2}$

$\qquad=\sqrt{10(b-a)^2}=\sqrt{10}(b-a)=2\sqrt{10}$

에서 $b-a=2$, 즉 $b=a+2$

이를 ㉠에 대입하면

$2^{a+2}-2^a=6,\ 4\times2^a-2^a=6,\ 3\times2^a=6 \quad \therefore 2^a=2,\ 2^b=8$

$\qquad\qquad\qquad\qquad\qquad\qquad\qquad\qquad {\scriptstyle 2^b=2^{a+2}=4\times2^a=4\times2=8\ \leftarrow}$

$\therefore 2^a+2^b=10$

9 0646 답 ④ 유형 5

출제의도 | 지수함수의 그래프가 지나는 사분면에 대하여 이해하는지 확인한다.

> 그래프가 제2사분면을 지나지 않는 경우를 유추해 보고 $x=0$일 때 y의 값이 어떻게 되어야 하는지 생각해 보자.

함수 $y=5^{x-2}+k$의 그래프는 함수 $y=5^x$의 그래프를 x축의 방향으로 2만큼, y축의 방향으로 k만큼 평행이동한 것이다. x의 값이 증가하면 y의 값도 증가하므로 그래프가 제2사분면을 지나지 않으려면 $x=0$일 때 y의 값이 0보다 작거나 같아야 한다.

즉, $5^{-2}+k\le0 \qquad \therefore k\le-\dfrac{1}{25}$

따라서 상수 k의 최댓값은 $-\dfrac{1}{25}$이다.

10 0647 답 ③ 유형 7

출제의도 | 지수함수의 그래프로 둘러싸인 부분의 넓이를 구할 수 있는지 확인한다.

> $y=a^x\ (a>0,\ a\ne1)$의 그래프를 x축의 방향으로 m만큼, y축의 방향으로 n만큼 평행이동한 그래프의 식은 $y=a^{x-m}+n$임을 이용해 보자.

그림과 같이 두 함수 $y=3^x$,

함수 $y=\dfrac{1}{9}\times3^x=3^{x-2}$의 그래프와

두 직선 $y=1$, $y=9$로 둘러싸인 부분의 넓이는 S_1+S_2이다.

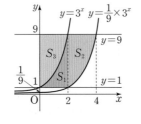

함수 $y=\dfrac{1}{9}\times3^x$의 그래프는 함수 $y=3^x$의 그래프를 x축의 방향으로 2만큼 평행이동한 것과 같다.

즉, $S_2=S_3$이므로 $S_1+S_2=S_1+S_3$

따라서 구하는 부분의 넓이는 가로의 길이가 2, 세로의 길이가 8인 직사각형의 넓이와 같으므로

$2\times8=16$

11 0648 답 ② 유형 9

출제의도 | 지수함수의 역함수에 대하여 이해하고 있는지 확인한다.

> 지수함수와 그 역함수의 그래프는 직선 $y=x$에 대하여 대칭이므로 $f(a)=b$이면 $f^{-1}(b)=a$임을 이용해 보자.

$g(8)=k$, $g\left(\dfrac{1}{\sqrt[3]{2}}\right)=l$이라 하면

$f(k)=8=2^3$, $f(l)=\dfrac{1}{\sqrt[3]{2}}=2^{-\frac{1}{3}}$이므로

$2^k=2^3$, $2^l=2^{-\frac{1}{3}} \qquad \therefore k=3,\ l=-\dfrac{1}{3}$

$\therefore g(8)g\left(\dfrac{1}{\sqrt[3]{2}}\right)=3\times\left(-\dfrac{1}{3}\right)=-1$

12 0649 답 ⑤ 유형 16

출제의도 | a^x 꼴이 반복되는 지수방정식을 해결할 수 있는지 확인한다.

> $a^x=t\ (t>0)$로 치환하여 나타낸 이차방정식을 풀어 구한 t의 값을 이용하여 x의 값을 구해 보자.

$3^{2x+3}-4\times3^{x+1}+1=0$에서 $27\times(3^x)^2-12\times3^x+1=0$

$3^x=t\ (t>0)$라 하면

$27t^2-12t+1=0,\ (3t-1)(9t-1)=0$

$\therefore t=\dfrac{1}{3}$ 또는 $t=\dfrac{1}{9}$

즉, $3^x=\dfrac{1}{3}$ 또는 $3^x=\dfrac{1}{9}$이므로

$x=-1$ 또는 $x=-2$

따라서 두 근의 곱은 $\alpha\beta=(-1)\times(-2)=2$이므로

$2^{\alpha\beta}=2^2=4$

13 0650 답 ③ 유형 23

출제의도 | 밑에 미지수를 포함한 지수부등식을 해결할 수 있는지 확인한다.

> 밑이 $0<x<1$인 경우, $x=1$인 경우, $x>1$인 경우로 나누어 해결해 보자.

(i) $0<x<1$일 때, $x^{x^2-6}>x^x$에서 $x^2-6<x$이므로

$\qquad x^2-x-6<0,\ (x+2)(x-3)<0$

$\qquad \therefore -2<x<3$

$\qquad$ 그런데 $0<x<1$이므로 $0<x<1$

(ii) $x=1$일 때, $1^{-5}>1$이므로 부등식이 성립하지 않는다.

(iii) $x>1$일 때, $x^{x^2-6}>x^x$에서 $x^2-6>x$이므로

$\qquad x^2-x-6>0,\ (x+2)(x-3)>0$

$\qquad \therefore x<-2$ 또는 $x>3$

$\qquad$ 그런데 $x>1$이므로 $x>3$

(i), (ii), (iii)에서 $0<x<1$ 또는 $x>3$이므로

$\alpha=1,\ \beta=3$

$\therefore \alpha+\beta=1+3=4$

14 0651 답 ⑤ 유형 3

출제의도 | 절댓값 기호를 포함한 지수함수의 그래프 위의 점에 대하여 이해하는지 확인한다.

> 절댓값 기호 안의 식의 값이 양수인 경우와 음수인 경우로 나누어 그래프를 그려 보자.

$3^x-2a=0$을 만족시키는 x의 값을 k라 하면

$k=\log_3 2a$

(i) $3^x-2a\ge0$, 즉 $x\ge\log_3 2a$인 경우

$\qquad y=3^x-2a+a=3^x-a$

(ii) $3^x-2a<0$, 즉 $x<\log_3 2a$인 경우

$\qquad y=-3^x+2a+a=-3^x+3a$

(i), (ii)에서 함수 $y=|3^x-2a|+a$ 의 그래프는 오른쪽 그림과 같다.

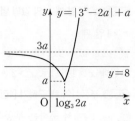

함수 $y=|3^x-2a|+a$의 그래프와 직선 $y=8$이 서로 다른 두 점에서 만나려면 $a<8$, $3a>8$이어야 하므로

$\dfrac{8}{3}<a<8$

따라서 정수 a의 최댓값은 7이고, 최솟값은 3이므로

$M=7$, $m=3$

$\therefore M+m=10$

15 0652 답 ④ 〔유형2〕+〔유형8〕

출제의도 | 지수함수의 그래프를 이용하여 밑의 범위에 따른 그래프의 개형을 찾을 수 있는지 확인한다.

> (밑)>1일 때와 0<(밑)<1일 때로 나누어 생각해 보자.

$a>b>1$이므로 $y=a^x$, $y=b^x$의 그래프는 ㉢ 또는 ㉣이다.

$x>0$일 때, $a^x>b^x$이므로 ㉢은 $y=a^x$, ㉣은 $y=b^x$의 그래프이다.

또한 $ac=1$에서 $c=\dfrac{1}{a}$이고 $bd=1$에서 $d=\dfrac{1}{b}$이므로

$y=c^x=\left(\dfrac{1}{a}\right)^x$, $y=d^x=\left(\dfrac{1}{b}\right)^x$

$x<0$일 때, $\left(\dfrac{1}{a}\right)^x>\left(\dfrac{1}{b}\right)^x$이므로

㉡은 $y=c^x=\left(\dfrac{1}{a}\right)^x$, ㉠은 $y=d^x=\left(\dfrac{1}{b}\right)^x$의 그래프이다.

따라서 $y=a^x$, $y=b^x$, $y=c^x$, $y=d^x$의 그래프는 차례로 ㉢, ㉣, ㉡, ㉠이다.

16 0653 답 ① 〔유형10〕

출제의도 | 지수함수의 최댓값과 최솟값을 이해하는지 확인한다.

> $y=a^x$ $(a>0, a\neq1)$에서 $a>1$이면 x의 값이 최대일 때 최댓값을 가지고, $0<a<1$이면 x의 값이 최소일 때 최댓값을 가짐을 이용해 보자.

$f(x)=\left(\dfrac{2}{a}\right)^x$에서

(i) $\dfrac{2}{a}>1$, 즉 $0<a<2$일 때

$f(x)$는 $x=2$일 때 최대이고, 최댓값은 $f(2)=\dfrac{4}{a^2}=9$

$\therefore a=\dfrac{2}{3}$ $(\because 0<a<2)$

(ii) $\dfrac{2}{a}=1$, 즉 $a=2$일 때

$f(x)=1$이므로 함수 $f(x)$의 최댓값이 9가 아니다.

(iii) $0<\dfrac{2}{a}<1$, 즉 $a>2$일 때

$f(x)$는 $x=-1$일 때 최대이고, 최댓값은 $f(-1)=\dfrac{a}{2}=9$

$\therefore a=18$

(i), (ii), (iii)에서 $a=\dfrac{2}{3}$ 또는 $a=18$

따라서 모든 양수 a의 값의 곱은 $\dfrac{2}{3}\times18=12$

17 0654 답 ③ 〔유형11〕

출제의도 | 지수가 이차식 형태인 지수함수에서 최댓값과 최솟값을 구할 수 있는지 확인한다.

> $y=a^{f(x)}$ $(a>0, a\neq1)$일 때, $f(x)$의 값의 범위를 먼저 구한 다음 $y=a^{f(x)}$의 최댓값과 최솟값을 구해 보자.

$f(x)=-x^2+4x+a$라 하면

$f(x)=-(x-2)^2+a+4$

$-1\leq x\leq3$에서 $f(x)$는 $x=2$일 때 최댓값 $a+4$,

$x=-1$일 때 최솟값 $a-5$를 가진다.

$y=\left(\dfrac{1}{3}\right)^{-x^2+4x+a}=\left(\dfrac{1}{3}\right)^{f(x)}$에서 밑 $\dfrac{1}{3}$이 1보다 작은 양수이므로

$y=\left(\dfrac{1}{3}\right)^{f(x)}$은 $f(x)=a+4$일 때 최솟값 9를 가진다.

$\left(\dfrac{1}{3}\right)^{a+4}=9=\left(\dfrac{1}{3}\right)^{-2}$에서 $a+4=-2$ $\therefore a=-6$

또한 $y=\left(\dfrac{1}{3}\right)^{f(x)}$은 $f(x)=a-5$일 때 최댓값 3^b을 가진다.

$\left(\dfrac{1}{3}\right)^{a-5}=3^b$, $\left(\dfrac{1}{3}\right)^{-11}=3^{11}=3^b$ $\therefore b=11$

$\therefore a+b=-6+11=5$

18 0655 답 ② 〔유형6〕+〔유형16〕

출제의도 | 지수함수의 그래프의 대칭이동을 이해하여 문제를 해결할 수 있는지 확인한다.

> 두 점 A, B의 좌표를 k로 나타내고 $\overline{AB}=\dfrac{80}{9}$임을 이용해 보자.

함수 $y=3^x$의 그래프를 y축에 대하여 대칭이동한 그래프의 식은

$y=3^{-x}$, 즉 $y=\left(\dfrac{1}{3}\right)^x$이므로 $a=\dfrac{1}{3}$

즉, $A(k, 3^k)$, $B\left(k, \left(\dfrac{1}{3}\right)^k\right)$이고 $\overline{AB}=\dfrac{80}{9}$이므로

$3^k-\left(\dfrac{1}{3}\right)^k=\dfrac{80}{9}$, $3^k-3^{-k}=\dfrac{80}{9}$

$3^k=t$ $(t>0)$라 하면 $t-\dfrac{1}{t}=\dfrac{80}{9}$

$9t^2-80t-9=0$, $(9t+1)(t-9)=0$ $\therefore t=9$ $(\because t>0)$

따라서 $3^k=9=3^2$이므로 $k=2$

19 0656 답 ② 〔유형17〕

출제의도 | 서로 다른 두 근의 합이 주어진 지수방정식을 해결할 수 있는지 확인한다.

> $a^x=t$ $(t>0)$로 치환하여 t에 대한 방정식으로 나타낸 후 이차방정식의 근과 계수의 관계를 이용해 보자.

$2a^{2x}-12a^x+16=0$에서 $a^x=t$ $(t>0)$라 하면

$2t^2-12t+16=0$

$\therefore t^2-6t+8=0$ ····················· ㉠

주어진 방정식의 서로 다른 두 근을 α, β라 하면 방정식 ㉠의 두 근은 a^α, a^β이므로 이차방정식의 근과 계수의 관계에 의하여

$a^\alpha\times a^\beta=8$, 즉 $a^{\alpha+\beta}=8$

이때 $\alpha+\beta=6$이므로 $a^6=8$

따라서 $(a^2)^3=2^3$에서 $a^2=2$이므로 $a=\sqrt{2}$ $(\because a>0)$

20 0657　답 ④　

출제의도 | 지수방정식이 실근을 가지기 위한 조건을 알고 있는지 확인한다.

> $a^x - a^{-x} = t$로 치환하고 $a^{2x} + a^{-2x} = t^2 + 2$임을 이용해 보자.

$9^x + 9^{-x} + a(3^x - 3^{-x}) + 2 = 0$에서 $3^x - 3^{-x} = t$라 하면

$9^x + 9^{-x} = (3^x - 3^{-x})^2 + 2 = t^2 + 2$이므로

$9^x + 9^{-x} + a(3^x - 3^{-x}) + 2 = 0$은 $t^2 + 2 + at + 2 = 0$

$\therefore t^2 + at + 4 = 0$ ·················· ㉠

주어진 방정식이 실근을 가지려면 이차방정식 ㉠이 실근을 가져야 한다. 이차방정식 ㉠의 판별식을 D라 하면　→ $y = 3^x - 3^{-x}$의 치역은 모든 실수이다.

$D = a^2 - 4 \times 4 \geq 0$, $a^2 - 16 \geq 0$, $(a+4)(a-4) \geq 0$

$\therefore a \leq -4$ 또는 $a \geq 4$

따라서 양수 a의 최솟값은 4이므로 $m = 4$　$\therefore m^2 = 16$

21 0658　답 ④　

출제의도 | a^x 꼴이 반복되는 지수부등식을 해결할 수 있는지 확인한다.

> $a^x = t (t > 0)$로 치환하고 부등식을 정리하자. 이때 x가 자연수임에 주의하여 x의 값을 구해 보자.

$3^{2x} - 35 \times 3^{x+1} + 500 < 0$에서 $3^{2x} - 105 \times 3^x + 500 < 0$

$3^x = t (t > 0)$라 하면

$t^2 - 105t + 500 < 0$, $(t-5)(t-100) < 0$　$\therefore 5 < t < 100$

즉, $5 < 3^x < 100$이므로 부등식을 만족시키는 자연수 x는 2, 3, 4

이고, 그 합은 $2 + 3 + 4 = 9$

22 0659　답 $x = 1$　

출제의도 | a^x 꼴이 반복되는 지수방정식을 해결할 수 있는지 확인한다.

STEP 1 $3^x = t$로 치환하여 t에 대한 방정식으로 나타내기 [2점]

$9^x - 2 \times 3^x - 3 = 0$에서 $(3^x)^2 - 2 \times 3^x - 3 = 0$

$3^x = t (t > 0)$라 하면 $t^2 - 2t - 3 = 0$

STEP 2 t에 대한 방정식 풀기 [2점]

$(t+1)(t-3) = 0$　$\therefore t = 3 (\because t > 0)$

STEP 3 방정식의 해 구하기 [2점]

$3^x = 3$이므로 $x = 1$

23 0660　답 $0 < x < 1$ 또는 $x > 2$　

출제의도 | 밑에 미지수를 포함한 지수부등식을 해결할 수 있는지 확인한다.

STEP 1 $0 < x < 1$일 때, x의 값의 범위 구하기 [2점]

$x^{x^2} > x^{2x}$에서

$0 < x < 1$일 때

$x^2 < 2x$, $x^2 - 2x < 0$, $x(x-2) < 0$　$\therefore 0 < x < 2$

그런데 $0 < x < 1$이므로 $0 < x < 1$ ·················· ㉠

STEP 2 $x = 1$일 때, 부등식이 성립하는지 확인하기 [1점]

$x = 1$일 때, $1 > 1^2$이므로 부등식이 성립하지 않는다. ·················· ㉡

STEP 3 $x > 1$일 때, x의 값의 범위 구하기 [2점]

$x > 1$일 때

$x^2 > 2x$, $x^2 - 2x > 0$, $x(x-2) > 0$　$\therefore x < 0$ 또는 $x > 2$

그런데 $x > 1$이므로 $x > 2$ ·················· ㉢

STEP 4 부등식의 해 구하기 [1점]

㉠, ㉡, ㉢에서 구하는 부등식의 해는 $0 < x < 1$ 또는 $x > 2$

24 0661　답 $a \leq 1$　

출제의도 | 지수부등식이 항상 성립하기 위한 조건을 알고 있는지 확인한다.

STEP 1 $2^x = t (t > 0)$로 치환하여 t에 대한 부등식으로 나타내기 [2점]

$4^x - a \times 2^{x+2} \geq -4$에서 $(2^x)^2 - 4a \times 2^x \geq -4$

$2^x = t (t > 0)$라 하면 $t^2 - 4at + 4 \geq 0$

$\therefore (t - 2a)^2 + 4 - 4a^2 \geq 0$ ·················· ㉠

STEP 2 실수 a의 값의 범위 구하기 [4점]

주어진 부등식이 모든 실수 x에 대하여 성립하려면 부등식 ㉠은 $t > 0$인 모든 실수 t에 대하여 성립해야 한다.

(i) $2a > 0$, 즉 $a > 0$일 때

$4 - 4a^2 \geq 0$이어야 하므로 $4a^2 - 4 \leq 0$

$4(a+1)(a-1) \leq 0$　$\therefore -1 \leq a \leq 1$

그런데 $a > 0$이므로 $0 < a \leq 1$

(ii) $2a \leq 0$, 즉 $a \leq 0$일 때

$4 \geq 0$이므로 항상 성립한다.

(i), (ii)에서 주어진 조건을 만족시키는 실수 a의 값의 범위는 $a \leq 1$ 이다.

25 0662　답 $2 < a < 3$　

출제의도 | 지수방정식이 서로 다른 두 실근을 가질 조건을 알고 있는지 확인한다.

STEP 1 $2^x = t (t > 0)$로 치환하고 t에 대한 방정식으로 나타내기 [2점]

$4^x - a \times 2^{x+1} - a^2 + a + 6 = 0$에서 $(2^x)^2 - 2a \times 2^x - a^2 + a + 6 = 0$

$2^x = t (t > 0)$라 하면

$t^2 - 2at - a^2 + a + 6 = 0$ ·················· ㉠

STEP 2 이차방정식의 판별식을 이용하여 실수 a의 값의 범위 구하기 [2점]

주어진 이차방정식이 서로 다른 두 실근을 가지려면 이차방정식 ㉠이 서로 다른 두 양의 실근을 가져야 한다.

이차방정식 ㉠의 판별식을 D라 하면

$$\frac{D}{4} = (-a)^2 - (-a^2 + a + 6) > 0$$

$2a^2 - a - 6 > 0$, $(2a+3)(a-2) > 0$

$\therefore a < -\dfrac{3}{2}$ 또는 $a > 2$ ·················· ㉡

STEP 3 두 근의 합과 곱을 이용하여 실수 a의 값의 범위 구하기 [3점]

(두 근의 합)$= 2a > 0$　$\therefore a > 0$ ·················· ㉢

(두 근의 곱)$= -a^2 + a + 6 > 0$

$a^2 - a - 6 < 0$, $(a+2)(a-3) < 0$　$\therefore -2 < a < 3$ ·················· ㉣

STEP 4 방정식이 서로 다른 두 실근을 가지도록 하는 실수 a의 값의 범위 구하기 [1점]

㉡, ㉢, ㉣에서 주어진 방정식이 서로 다른 두 실근을 가지도록 하는 실수 a의 값의 범위는 $2 < a < 3$

1 0663   **目** $2\sqrt{2}$

점 B의 x좌표를 t $(t<0)$라 하면
$\overline{BC}=\overline{AB}$, $\overline{CD}=2\overline{AB}$이므로
두 점 C, D의 x좌표는 각각 $2t$, $4t$
이다. 이때 세 점 B, C, D의 y좌표
가 같으므로

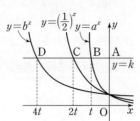

$$k=a^t=\left(\frac{1}{2}\right)^{2t}=b^{4t}$$

$a^t=\left(\frac{1}{2}\right)^{2t}$에서 $a^t=\left(\frac{1}{4}\right)^t$이므로 $a=\frac{1}{4}$

$b^{4t}=\left(\frac{1}{2}\right)^{2t}$에서 $b^{4t}=\left(\frac{\sqrt{2}}{2}\right)^{4t}$이므로 $b=\frac{\sqrt{2}}{2}$

$$\therefore \frac{b}{a}=\frac{\frac{\sqrt{2}}{2}}{\frac{1}{4}}=2\sqrt{2}$$

2 0664   **目** $\dfrac{27}{4}$

$f(x)=3\left(\dfrac{3}{a}\right)^x$에서

(i) $\dfrac{3}{a}>1$, 즉 $0<a<3$일 때

    $f(x)$는 $x=1$일 때 최대이고, 최댓값은 $f(1)=\dfrac{9}{a}=12$

    $\therefore a=\dfrac{3}{4}$

(ii) $\dfrac{3}{a}=1$, 즉 $a=3$일 때

    $f(x)=3$이므로 $f(x)$의 최댓값이 12가 아니다.

(iii) $0<\dfrac{3}{a}<1$, 즉 $a>3$일 때

    $f(x)$는 $x=-2$일 때 최대이고, 최댓값은 $f(-2)=\dfrac{a^2}{3}=12$

    $a^2=36$ $\therefore a=6$ $(\because a>3)$

(i), (ii), (iii)에서 $a=\dfrac{3}{4}$ 또는 $a=6$

따라서 모든 양수 a의 값의 합은 $\dfrac{3}{4}+6=\dfrac{27}{4}$

3 0665   **目** $\dfrac{1}{3}$

$f(x)=x^2-6x+b$라 하면
$f(x)=(x-3)^2+b-9$
$1\le x\le4$에서 $f(x)$는 $x=3$일 때 최솟값 $b-9$, $x=1$일 때 최댓값
$b-5$를 가진다.
$y=a^{x^2-6x+b}=a^{f(x)}$에서 $0<a<1$이므로 $y=a^{f(x)}$은 $f(x)=b-9$
일 때 최댓값을 가진다.
$\therefore a^{b-9}=M$
또한 $y=a^{f(x)}$은 $f(x)=b-5$일 때 최솟값을 가진다.
$\therefore a^{b-5}=m$

$\dfrac{M}{m}=81$에서 $\dfrac{a^{b-9}}{a^{b-5}}=81$

$a^{-4}=81=\left(\dfrac{1}{3}\right)^{-4}$ $\therefore a=\dfrac{1}{3}$

4 0666   **目** 18

$4^x+4^{-x}=2^{1+x}+2^{1-x}+1$에서
$2^{2x}+2^{-2x}=2(2^x+2^{-x})+1$ $\cdots\cdots$ ㉠
$2^x+2^{-x}=t$라 하면 $2^x>0$, $2^{-x}>0$이므로 산술평균과 기하평균의
관계에 의하여
$t=2^x+2^{-x}\ge2\sqrt{2^x\times2^{-x}}=2$
    (단, 등호는 $2^x=2^{-x}$, 즉 $x=0$일 때 성립)
$2^{2x}+2^{-2x}=(2^x+2^{-x})^2-2$이므로 ㉠에서
$t^2-2=2t+1$, $t^2-2t-3=0$
$(t+1)(t-3)=0$ $\therefore t=3$ $(\because t\ge2)$
따라서 $2^x+2^{-x}=3$이므로 $2^x=s$ $(s>0)$라 하면

$s+\dfrac{1}{s}=3$ $\therefore s^2-3s+1=0$

이 이차방정식의 두 근이 2^α, 2^β이므로 이차방정식의 근과 계수의
관계에 의하여
$2^\alpha+2^\beta=3$, $2^\alpha\times2^\beta=1$
$\therefore 8^\alpha+8^\beta=2^{3\alpha}+2^{3\beta}$
       $=(2^\alpha+2^\beta)^3-3\times2^\alpha\times2^\beta(2^\alpha+2^\beta)$
       $=27-3\times1\times3=18$

5 0667   **目** 2

주어진 이차방정식이 모든 실수 x에 대하여 성립해야 하므로 이차
방정식 $x^2-2(3^a+1)x+10(3^a+1)=0$의 판별식을 D라 하면

$\dfrac{D}{4}=\{-(3^a+1)\}^2-10(3^a+1)\le0$

$(3^a)^2-8\times3^a-9\le0$
$3^a=t$ $(t>0)$라 하면 $t^2-8t-9\le0$
$(t+1)(t-9)\le0$ $\therefore 0<t\le9$ $(\because t>0)$
즉, $0<3^a\le9$에서 $0<3^a\le3^2$이므로 $a\le2$
따라서 부등식을 만족시키는 정수 a의 최댓값은 2이다.

6 0668   **目** 3

$x^2-(a+b)x+ab<0$에서 $(x-a)(x-b)<0$
$a<x<b$ $(\because a<b)$
$\therefore A=\{x\,|\,a<x<b\}$
$2^{2x+2}-9\times2^x+2<0$에서 $4\times2^{2x}-9\times2^x+2<0$
$2^x=t$ $(t>0)$라 하면
$4t^2-9t+2<0$, $(4t-1)(t-2)<0$

$\therefore \dfrac{1}{4}<t<2$

즉, $\dfrac{1}{4}<2^x<2$에서 $2^{-2}<2^x<2$

이때 밑 2가 1보다 크므로
$-2<x<1$
$\therefore B=\{x\,|\,-2<x<1\}$
$A\subset B$이므로 $-2\le a$, $b\le1$

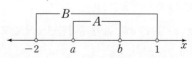

따라서 a의 최솟값은 -2이고 b의 최댓값은 1이므로 $b-a$의 최댓
값은 $1-(-2)=3$ a가 최소이고 b가 최대일 때 ↵
                              최댓값을 가진다.

03

핵심 개념 142쪽~143쪽

0669 답 (1) $y=\log_{\frac{1}{5}}(x+4)+2$

(2) $y=-\log_{\frac{1}{5}}x$

(3) $y=\log_{\frac{1}{5}}(-x)$

(4) $y=-\log_{\frac{1}{5}}(-x)$

(1) $y-2=\log_{\frac{1}{5}}(x+4)$에서 $y=\log_{\frac{1}{5}}(x+4)+2$

(2) $-y=\log_{\frac{1}{5}}x$에서 $y=-\log_{\frac{1}{5}}x$

(3) $y=\log_{\frac{1}{5}}(-x)$

(4) $-y=\log_{\frac{1}{5}}(-x)$에서 $y=-\log_{\frac{1}{5}}(-x)$

0670 답 (1) 그래프는 풀이 참조, 정의역 : $\{x\,|\,x>-2\}$,
점근선의 방정식 : $x=-2$

(2) 그래프는 풀이 참조, 정의역 : $\{x\,|\,x<0\}$,
점근선의 방정식 : $x=0$

(1) 함수 $y=\log_3(x+2)$의 그래프
는 함수 $y=\log_3 x$의 그래프를
x축의 방향으로 -2만큼 평행
이동한 것이므로 그림과 같다.
따라서 정의역은 $\{x\,|\,x>-2\}$
이고, 점근선의 방정식은 $x=-2$이다.

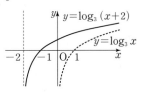

(2) 함수 $y=\log_3(-x)+2$의 그
래프는 함수 $y=\log_3 x$의 그래
프를 y축에 대하여 대칭이동한
후 y축의 방향으로 2만큼 평행
이동한 것이므로 그림과 같다.
따라서 정의역은 $\{x\,|\,x<0\}$이
고, 점근선의 방정식은 $x=0$이다.

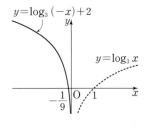

0671 답 (1) 최댓값 : 4, 최솟값 : 2

(2) 최댓값 : -1, 최솟값 : -4

(1) 함수 $y=\log_3 x$는 x의 값이 증가하면 y의 값도 증가하므로
$9 \le x \le 81$에서
$x=9$일 때 최솟값은 $\log_3 9=\log_3 3^2=2$
$x=81$일 때 최댓값은 $\log_3 81=\log_3 3^4=4$

(2) 함수 $y=\log_{\frac{1}{2}}x$는 x의 값이 증가하면 y의 값은 감소하므로
$2 \le x \le 16$에서
$x=2$일 때 최댓값은 $\log_{\frac{1}{2}}2=\log_{2^{-1}}2=-1$
$x=16$일 때 최솟값은 $\log_{\frac{1}{2}}16=\log_{2^{-1}}2^4=-4$

0672 답 최댓값 : 1, 최솟값 : 0

함수 $y=\log(x-1)$은 x의 값이 증가하면 y의 값도 증가하므로
$2 \le x \le 11$에서
$x=2$일 때 최솟값은 $\log 1=0$
$x=11$일 때 최댓값은 $\log 10=1$

0673 답 (1) $x=25$ (2) $x=\frac{1}{4}$ (3) $x=3$

(1) 진수의 조건에서 $x>0$ ⋯⋯⋯⋯⋯⋯ ㉠
$\log_5 x=2$에서 $x=5^2=25$
이때 $x=25$는 ㉠을 만족시키므로 구하는 해이다.

(2) 밑의 조건에서 $x>0$, $x \ne 1$ ⋯⋯⋯⋯⋯⋯ ㉠
$\log_x 2=-\frac{1}{2}$에서 $2=x^{-\frac{1}{2}}$
$x^{\frac{1}{2}}=\frac{1}{2}$
$\therefore x=\left(\frac{1}{2}\right)^2=\frac{1}{4}$
이때 $x=\frac{1}{4}$은 ㉠을 만족시키므로 구하는 해이다.

(3) 진수의 조건에서 $x+2>0$, $2x-1>0$
$\therefore x>\frac{1}{2}$ ⋯⋯⋯⋯⋯⋯ ㉠
$\log_3(x+2)=\log_3(2x-1)$에서
$x+2=2x-1$
$\therefore x=3$
이때 $x=3$은 ㉠을 만족시키므로 구하는 해이다.

0674 답 $x=\frac{1}{8}$ 또는 $x=2$

진수의 조건에서 $x>0$ ⋯⋯⋯⋯⋯⋯ ㉠
$(\log_2 x)^2+2\log_2 x-3=0$에서 $\log_2 x=t$로 놓으면
$t^2+2t-3=0$, $(t+3)(t-1)=0$
$\therefore t=-3$ 또는 $t=1$
즉, $\log_2 x=-3$ 또는 $\log_2 x=1$이므로
$x=2^{-3}=\frac{1}{8}$ 또는 $x=2$
이 값은 모두 ㉠을 만족시키므로 해는
$x=\frac{1}{8}$ 또는 $x=2$

0675 답 (1) $x>1$ (2) $2<x \le 10$ (3) $0<x \le 1$

(1) 진수의 조건에서 $5x+4>0$ $\therefore x>-\frac{4}{5}$ ⋯⋯ ㉠
$\log_3(5x+4)>2$에서 $\log_3(5x+4)>\log_3 3^2$
밑이 1보다 크므로 $5x+4>9$
$\therefore x>1$ ⋯⋯⋯⋯⋯⋯ ㉡
㉠, ㉡의 공통 범위를 구하면 $x>1$

(2) 진수의 조건에서 $x-2>0$ $\therefore x>2$ ⋯⋯⋯⋯ ㉠
$\log_{\frac{1}{2}}(x-2) \ge -3$에서 $\log_{\frac{1}{2}}(x-2) \ge \log_{\frac{1}{2}}\left(\frac{1}{2}\right)^{-3}$
밑이 1보다 작은 양수이므로 $x-2 \le 8$
$\therefore x \le 10$ ⋯⋯⋯⋯⋯⋯ ㉡
㉠, ㉡의 공통 범위를 구하면 $2<x \le 10$

(3) 진수의 조건에서 $x>0$, $2-x>0$
$\therefore 0<x<2$ ⋯⋯⋯⋯⋯⋯ ㉠
$\log_5 x \le \log_5(2-x)$에서 밑이 1보다 크므로
$x \le 2-x$
$\therefore x \le 1$ ⋯⋯⋯⋯⋯⋯ ㉡
㉠, ㉡의 공통 범위를 구하면 $0<x \le 1$

0676 답 $\frac{1}{9} \leq x \leq 3$

진수의 조건에서 $x > 0$ ⋯⋯⋯⋯⋯⋯⋯⋯⋯⋯⋯⋯⋯⋯ ㉠

$\left(\log_{\frac{1}{3}} x\right)^2 - \log_{\frac{1}{3}} x \leq 2$에서

$\log_{\frac{1}{3}} x = t$로 놓으면 $t^2 - t \leq 2$

$t^2 - t - 2 \leq 0$, $(t+1)(t-2) \leq 0$ ∴ $-1 \leq t \leq 2$

즉, $-1 \leq \log_{\frac{1}{3}} x \leq 2$이므로

$\log_{\frac{1}{3}} \left(\frac{1}{3}\right)^{-1} \leq \log_{\frac{1}{3}} x \leq \log_{\frac{1}{3}} \left(\frac{1}{3}\right)^2$

이때 밑이 1보다 작은 양수이므로

$\left(\frac{1}{3}\right)^2 \leq x \leq \left(\frac{1}{3}\right)^{-1}$

∴ $\frac{1}{9} \leq x \leq 3$ ⋯⋯⋯⋯⋯⋯⋯⋯⋯⋯⋯⋯⋯⋯⋯⋯⋯ ㉡

㉠, ㉡의 공통 범위를 구하면 $\frac{1}{9} \leq x \leq 3$

기출 유형으로 실전 준비하기 144쪽~175쪽

0677 답 -2 │유형 1

> 함수 $f(x) = \log_{\frac{1}{3}} (x+a) + b$에 대하여 $\underline{f(1) = 0,\ f(-1) = 1}$일 때, $f(25)$의 값을 구하시오. 단서1
>
> 단서1 주어진 값을 함수 $f(x) = \log_{\frac{1}{3}} (x+a) + b$에 대입

STEP 1 주어진 값을 함수식에 대입하여 a, b에 대한 관계식 구하기

$f(1) = 0$에서 $\log_{\frac{1}{3}} (1+a) + b = 0$ ⋯⋯⋯⋯⋯ ㉠

$f(-1) = 1$에서 $\log_{\frac{1}{3}} (-1+a) + b = 1$ ⋯⋯⋯ ㉡

STEP 2 두 식을 연립하여 a, b의 값 구하기

㉡$-$㉠을 하면

$\log_{\frac{1}{3}} (-1+a) + b - \{\log_{\frac{1}{3}} (1+a) + b\} = 1$

$\log_{\frac{1}{3}} \frac{a-1}{a+1} = 1$, $\frac{a-1}{a+1} = \frac{1}{3}$

$3a - 3 = a + 1$ ∴ $a = 2$

$a = 2$를 ㉠에 대입하면 $\log_{\frac{1}{3}} 3 + b = 0$

$-1 + b = 0$ ∴ $b = 1$

STEP 3 $f(25)$의 값 구하기

$f(x) = \log_{\frac{1}{3}} (x+2) + 1$이므로

$f(25) = \log_{\frac{1}{3}} 27 + 1 = -3 + 1 = -2$

0678 답 ⑤

$f(-4) = 2^{-4} = \frac{1}{16}$

∴ $(g \circ f)(-4) = g(f(-4)) = g\left(\frac{1}{16}\right)$

$= \log_{\frac{1}{4}} \frac{1}{16} = \log_{\frac{1}{4}} \left(\frac{1}{4}\right)^2 = 2$

참고 함수 $f(x) = 2^x$의 치역(양수 전체의 집합)은 함수 $g(x) = \log_{\frac{1}{4}} x$의 정의역(양수 전체의 집합)에 포함되므로 합성함수 $(g \circ f)(x)$가 정의된다.

0679 답 ③

$(f \circ g)(8) = f(g(8)) = f(\log_2 8)$

$= f(3) = 2^3 = 8$

$(g \circ h)(8) = g(h(8)) = g(8^2)$

$= \log_2 8^2$

$= \log_2 2^6 = 6$

∴ $(f \circ g)(8) - (g \circ h)(8) = 8 - 6 = 2$

0680 답 ③

① $2f(a) = 2\log a = \log a^2 = f(a^2)$ (참)

② $f\left(\frac{a}{2}\right) = \log \frac{a}{2} = \log \frac{5a}{10}$

$= \log 5a - 1 = f(5a) - 1$ (참)

③ [반례] $a = 10$일 때

$f\left(\frac{1}{a}\right) = f\left(\frac{1}{10}\right) = \log \frac{1}{10} = -1$

$\frac{1}{f(a)} = \frac{1}{\log 10} = \frac{1}{1} = 1$

∴ $f\left(\frac{1}{a}\right) \neq \frac{1}{f(a)}$ (거짓)

④ $f(a) - f(b) = \log a - \log b$

$= \log \frac{a}{b} = f\left(\frac{a}{b}\right)$ (참)

⑤ $f(a^b) = \log a^b = b \log a = bf(a)$ (참)

따라서 옳지 않은 것은 ③이다.

> 개념 Check
>
> **로그의 성질**
>
> $a > 0$, $a \neq 1$, $M > 0$, $N > 0$일 때
>
> (1) $\log_a 1 = 0$, $\log_a a = 1$
>
> (2) $\log_a MN = \log_a M + \log_a N$
>
> (3) $\log_a \frac{M}{N} = \log_a M - \log_a N$
>
> (4) $\log_a N^k = k \log_a N$ (단, k는 실수)

0681 답 ⑤

$f(a^2) = 16$에서 $\log_2 a^2 = 16$이므로

$2\log_2 a = 16$, $\log_2 a = 8$ ∴ $a = 2^8$

$f(\sqrt{b}) = 20$에서 $\log_2 \sqrt{b} = 20$이므로

$\frac{1}{2} \log_2 b = 20$, $\log_2 b = 40$ ∴ $b = 2^{40}$

∴ $\log_a b = \log_{2^8} 2^{40} = \frac{40}{8} \log_2 2 = \frac{40}{8} = 5$

0682 답 2

$f(x) = \log_5 \left(\frac{2}{2x-1} + 1\right) = \log_5 \frac{2x+1}{2x-1}$이므로

$f(1) + f(2) + f(3) + \cdots + f(12)$

$= \log_5 3 + \log_5 \frac{5}{3} + \log_5 \frac{7}{5} + \cdots + \log_5 \frac{25}{23}$

$= \log_5 \left(3 \times \frac{5}{3} \times \frac{7}{5} \times \cdots \times \frac{25}{23}\right)$

$= \log_5 25 = \log_5 5^2 = 2$

0683 답 ④

유형 2

다음 중 함수 $y=\log_{\frac{1}{a}}x\,(0<a<1)$의 그래프에 대한 설명으로 옳지 <u>않은</u> 것은?　단서1

① 함수 $y=-\log_a x$의 그래프와 일치한다.

② 점 $(1, 0)$을 반드시 지난다.

③ 점근선은 직선 $x=0$이다.

④ x의 값이 증가하면 y의 값은 감소한다.

⑤ 정의역은 양의 실수 전체의 집합이고, 치역은 실수 전체의 집합이다.

단서1 $0<a<1$이므로 $\frac{1}{a}>1$

STEP 1 함수 $y=\log_{\frac{1}{a}}x\,(0<a<1)$의 그래프의 개형 파악하기

$0<a<1$이므로 $\frac{1}{a}>1$

따라서 함수 $y=\log_{\frac{1}{a}}x\,(0<a<1)$의 밑은 1보다 크므로 그래프의 개형은 그림과 같다.

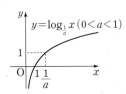

STEP 2 식의 변형을 이용하여 ①의 참, 거짓 파악하기

① $y=\log_{\frac{1}{a}}x=\log_{a^{-1}}x=-\log_a x$이므로

함수 $y=\log_{\frac{1}{a}}x\,(0<a<1)$의 그래프는 함수 $y=-\log_a x$의 그래프와 일치한다. (참)

STEP 3 함수 $y=\log_{\frac{1}{a}}x\,(0<a<1)$의 그래프의 개형을 이용하여 ②~⑤의 참, 거짓 파악하기

위의 그래프에서

② 점 $(1, 0)$을 반드시 지난다. (참)

③ 점근선은 y축, 즉 직선 $x=0$이다. (참)

④ x의 값이 증가하면 y의 값도 증가한다. (거짓)

⑤ 정의역은 양의 실수 전체의 집합이고, 치역은 실수 전체의 집합이다. (참)

따라서 옳지 않은 것은 ④이다.

0684 답 $\{x\,|-7<x<2\}$

$y=\log_4(-x^2-5x+14)$에서

$-x^2-5x+14>0$, $x^2+5x-14<0$

$(x+7)(x-2)<0$　━━▶ 로그의 진수는 항상 0보다 크다.

$\therefore -7<x<2$

따라서 구하는 정의역은 $\{x\,|-7<x<2\}$

0685 답 ②

ㄱ. $f(x)=2\log_2 x$는 $x>0$에서 정의되고,

$g(x)=\log_2 x^2$은 $x\neq0$에서 정의되므로 다른 함수이다.

ㄴ. $f(x)$, $g(x)$ 모두 $x>0$에서 정의되므로 같은 함수이다.

ㄷ. $f(x)=\log_2 x$는 $x>0$에서 정의되고,

$g(x)=\log_2\sqrt{x^2}$은 $x\neq0$에서 정의되므로 다른 함수이다.

따라서 서로 같은 함수인 것은 ㄴ뿐이다.

0686 답 ④

① 정의역은 $\{x\,|\,x>0\}$이다. (거짓)

② 치역은 실수 전체의 집합이다. (거짓)

③ x의 값이 증가하면 y의 값은 감소한다. (거짓)

④ 그래프의 점근선은 y축(직선 $x=0$)이다. (참)

⑤ 그래프는 점 $(1, 0)$을 지난다. (거짓)

따라서 옳은 것은 ④이다.

0687 답 ②

함수 $y=\log_2(x^2+2ax+9)$의 정의역이 실수 전체의 집합이 되려면 모든 실수 x에 대하여 부등식 $x^2+2ax+9>0$이 성립해야 한다.

이때 이차방정식 $x^2+2ax+9=0$의 판별식을 D라 하면

$$\frac{D}{4}=a^2-9<0,\ (a+3)(a-3)<0$$

$\therefore -3<a<3$

따라서 구하는 정수 a는 $-2, -1, 0, 1, 2$의 5개이다.

0688 답 -7

유형 3

함수 $y=\log_{\frac{1}{2}}(8x+32)$의 그래프는 함수 $y=\log_{\frac{1}{2}}x$의 그래프를 x　단서1
축의 방향으로 m만큼, y축의 방향으로 n만큼 평행이동한 것이다. 이때 $m+n$의 값을 구하시오.

단서1 $y=\log_{\frac{1}{2}}(8x+32)$를 $y=\log_{\frac{1}{2}}(x-m)+n$ 꼴로 변형

STEP 1 $y=\log_{\frac{1}{2}}(8x+32)$를 $y=\log_{\frac{1}{2}}(x-m)+n$ 꼴로 변형하여 m, n의 값 구하기

$y=\log_{\frac{1}{2}}(8x+32)=\log_{\frac{1}{2}}8(x+4)$

$\quad=\log_{\frac{1}{2}}(x+4)+\log_{\frac{1}{2}}8=\log_{\frac{1}{2}}(x+4)-3$

따라서 함수 $y=\log_{\frac{1}{2}}x$의 그래프를 x축의 방향으로 -4만큼, y축의 방향으로 -3만큼 평행이동한 것이므로

$m=-4$, $n=-3$

STEP 2 $m+n$의 값 구하기

$m+n=-4+(-3)=-7$

0689 답 ⑤

함수

$y=\log_3(-x+1)+2$

$\quad=\log_3\{-(x-1)\}+2$

의 그래프는 함수 $y=\log_3 x$의 그래프를 y축에 대하여 대칭이동한 후, x축의 방향으로 1만큼, y축의 방향으로 2만큼 평행이동한 것이므로 그림과 같다.

① 정의역은 $\{x\,|\,x<1\}$이다. (거짓)

② 치역은 실수 전체의 집합이다. (거짓)

③ 그래프의 점근선은 직선 $x=1$이다. (거짓)

④ 그래프는 점 $(0, 2)$를 지난다. (거짓)

⑤ x의 값이 증가하면 y의 값은 감소한다. (참)

따라서 옳은 것은 ⑤이다.

0690 답 2

함수 $y=\log_2(x+a)+b$의 그래프의 점근선의 방정식이 $x=-2$
이므로
$a=2$
따라서 함수 $y=\log_2(x+2)+b$의 그래프가 점 $(0, 2)$를 지나므로
$2=\log_2 2+b$
$2=1+b$ $\therefore b=1$
$\therefore ab=2\times 1=2$

0691 답 ③

함수 $y=\log_3 9x$의 그래프를 y축의 방향으로 -3만큼 평행이동하면
$y=\log_3 9x-3=\log_3 9x-\log_3 3^3=\log_3 \dfrac{9x}{3^3}$
$\therefore y=\log_3 \dfrac{x}{3}$
이 함수의 그래프를 x축에 대하여 대칭이동하면
$y=-\log_3 \dfrac{x}{3}$ $\therefore y=\log_3 \dfrac{3}{x}$
$\therefore a=3$

0692 답 36

㈎에서 점근선의 방정식이 $x=3$이므로
$f(x)=\log_3 a(x-3)-4$ ⋯⋯⋯⋯⋯⋯⋯⋯ ㉠
㈏에서 ㉠의 그래프를 x축의 방향으로 -4만큼, y축의 방향으로 2
만큼 평행이동하면
$f(x)=\log_3 a(x-3+4)-4+2=\log_3 a(x+1)-2$
이 곡선이 점 $(0, 0)$을 지나므로
$0=\log_3 a-2$
$\log_3 a=2$
$\therefore a=3^2=9$
따라서 $f(x)=\log_3 9(x-3)-4=\log_3(9x-27)-4$이므로
$b=27$
$\therefore a+b=9+27=36$

0693 답 ①

함수 $y=\log_{\frac{1}{2}} x$의 그래프를 y축에 대하여 대칭이동하면
$y=\log_{\frac{1}{2}}(-x)$
이 함수의 그래프를 x축의 방향으로 1만큼, y축의 방향으로 3만큼
평행이동하면
$y=\log_{\frac{1}{2}}\{-(x-1)\}+3$
$\therefore y=\log_{\frac{1}{2}}(-x+1)+3$ ⋯⋯⋯⋯⋯⋯⋯⋯ ㉠
㉠에 $y=0$을 대입하면
$0=\log_{\frac{1}{2}}(-x+1)+3$

$\underbrace{\phantom{0=\log_{\frac{1}{2}}(-x+1)+3}}$ $\rightarrow \log_{\frac{1}{2}}(-x+1)=-3$
$-x+1=8$ $-x+1=\left(\dfrac{1}{2}\right)^{-3}$
$\therefore x=-7$ $-x+1=8$
㉠에 $x=0$을 대입하면
$y=\log_{\frac{1}{2}} 1+3=3$
따라서 $a=-7$, $b=3$이므로 $a+b=-4$

0694 답 ⑤

ㄱ. $y=\log_2 4x=\log_2 x+2$이므로 함수 $y=\log_2 x$의 그래프를
    y축의 방향으로 2만큼 평행이동한 그래프이다.
ㄴ. 함수 $y=2\log_2 x=\log_2 x^2$의 그래프는 함수 $y=\log_2 x$의 그
    래프를 평행이동 또는 대칭이동하여 겹쳐질 수 없다.
ㄷ. $y=\log_2 \dfrac{1}{x}=-\log_2 x$이므로 함수 $y=\log_2 x$의 그래프를 x축
    에 대하여 대칭이동한 그래프이다.
ㄹ. $y=\log_2 \dfrac{1-x}{2}=\log_2(-x+1)-1=\log_2\{-(x-1)\}-1$
    이므로 함수 $y=\log_2 x$의 그래프를 y축에 대하여 대칭이동한
    후 x축의 방향으로 1만큼, y축의 방향으로 -1만큼 평행이동
    한 그래프이다.
따라서 함수 $y=\log_2 x$의 그래프를 평행이동 또는 대칭이동하여
겹쳐질 수 있는 것은 ㄱ, ㄷ, ㄹ이다.

0695 답 ①

함수 $y=\log_2 x$의 그래프를 x축의 방향으로 a만큼, y축의 방향으
로 1만큼 평행이동하면
$y=\log_2(x-a)+1$
이 함수의 그래프가 점 $(9, 3)$을 지나므로
$3=\log_2(9-a)+1$, $2=\log_2(9-a)$
$9-a=2^2=4$ $\therefore a=5$

0696 답 ①

함수 $y=\log_3 x$의 그래프 위에 점 $A(a, 1)$이 있으므로
$\log_3 a=1$ $\therefore a=3$
또, 함수 $y=\log_3 x$의 그래프 위에 점 $B(27, b)$가 있으므로
$b=\log_3 27=\log_3 3^3=3$
두 점 $A(3, 1)$, $B(27, 3)$의 중점의 좌표는
$\left(\dfrac{3+27}{2}, \dfrac{1+3}{2}\right)$, 즉 $(15, 2)$
함수 $y=\log_3 x$의 그래프를 x축의 방향으로 m만큼 평행이동하면
$y=\log_3(x-m)$
이 함수의 그래프가 점 $(15, 2)$를 지나므로
$2=\log_3(15-m)$, $15-m=3^2=9$
$\therefore m=6$

0697 답 -1 | 유형 4

> 함수 $y=\log_3(x+3)+k$의 그래프가 제2사분면을 지나지 않도록 하는
>   〔단서1〕   〔단서2〕
> 실수 k의 최댓값을 구하시오.
> 〔단서1〕 x의 값이 증가하면 y의 값도 증가하는 함수
> 〔단서2〕 $x=0$일 때 y의 값이 0보다 작거나 같음을 이용

STEP 1 함수 $y=\log_3(x+3)+k$의 그래프 파악하기

함수 $y=\log_3(x+3)+k$의 그래프는 함수 $y=\log_3 x$의 그래프를
x축의 방향으로 -3만큼, y축의 방향으로 k만큼 평행이동한 것이
다.

STEP 2 함수의 그래프를 그려 제2사분면을 지나지 않는 k의 값의 범위 구하기

함수 $y=\log_3(x+3)+k$는 x의
값이 증가하면 y의 값도 증가하
므로 그래프가 제2사분면을 지나
지 않으려면 $x=0$일 때 y의 값이
0보다 작거나 같아야 한다.

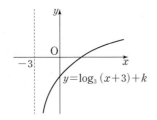

$\log_3 3+k\leq0$에서 $1+k\leq0$

$\therefore k\leq-1$

STEP 3 실수 k의 최댓값 구하기

실수 k의 최댓값은 -1이다.

0698 답 ②

함수 $y=2^{x+2}-2$의 그래프는 함수 $y=2^x$의 그래프를 x축의 방향
으로 -2만큼, y축의 방향으로 -2만큼 평행이동한 것이다.

또, 함수 $y=\log_{\frac{1}{3}}(x+a)$의 그래프는 함수 $y=\log_{\frac{1}{3}}x$의 그래프
를 x축의 방향으로 $-a$만큼 평행이동한 것이다.

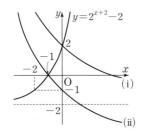

따라서 곡선 $y=2^{x+2}-2$와 곡선 $y=\log_{\frac{1}{3}}(x+a)$가 제2사분면에
서 만나려면 곡선 $y=\log_{\frac{1}{3}}(x+a)$가 y과 만나는 점의 y좌표가
2보다 작아야 하고, x축과 만나는 점의 x좌표가 -1보다 커야 한다.

(i) 곡선 $y=\log_{\frac{1}{3}}(x+a)$가 점 $(0, 2)$를 지날 때

$$2=\log_{\frac{1}{3}}a$$

$$\therefore a=\left(\frac{1}{3}\right)^2=\frac{1}{9}$$

(ii) 곡선 $y=\log_{\frac{1}{3}}(x+a)$가 점 $(-1, 0)$을 지날 때

$$0=\log_{\frac{1}{3}}(-1+a),\ -1+a=\left(\frac{1}{3}\right)^0=1$$

$$\therefore a=2$$

(i), (ii)에서 조건을 만족시키는 a의 값의 범위는

$$\frac{1}{9}<a<2$$

참고 미정계수가 없는 함수 $y=2^{x+2}-2$의 그래프를 먼저 그리고, 함수
$y=\log_{\frac{1}{3}}(x+a)$의 그래프를 움직여 보면서 두 함수의 그래프가 제2사분면
에서 만나는 경우를 생각해 본다.

0699 답 ⑤

함수 $y=2+\log_2 x$의 그래프를 x축의 방향으로 -8만큼, y축의
방향으로 k만큼 평행이동한 그래프를 나타내는 식은

$y=\log_2(x+8)+k+2$

이때 이 함수의 그래프가 제
4사분면을 지나지 않으려면
$x=0$일 때 y의 값이 0보다
크거나 같아야 한다.

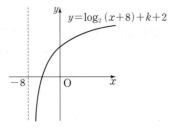

즉, $\log_2 8+k+2\geq0$에서

$\log_2 2^3+k+2\geq0$

$3+k+2\geq0$

$\therefore k\geq-5$

따라서 실수 k의 최솟값은 -5이다.

0700 답 ⑤ | 유형 5

그림과 같이 정사각형 ABCD의 한 변
CD는 x축 위에 있고 두 점 A, E는 함
수 $y=\log_3 x$의 그래프 위의 점이다. 정
단서2
사각형 ABCD의 한 변의 길이가 2일
단서1
때, 선분 CE의 길이는?

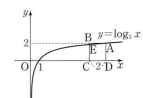

① 1   ② $\log_3 4$ ③ $\log_3 5$

④ $\log_3 6$ ⑤ $\log_3 7$

단서1 $\overline{CD}=\overline{AD}=2$
단서2 두 점 A, E의 x좌표, y좌표를 $y=\log_3 x$에 대입하면 각각 등식이 성립

STEP 1 정사각형의 한 변의 길이를 이용하여 점 A의 좌표 정하기

점 D의 좌표를 $(a, 0)$이라 하면
$\overline{AD}=2$이므로 점 A의 좌표는
$(a, 2)$이다.

STEP 2 점 A가 함수 $y=\log_3 x$의 그래프 위의 점임을 이용하여 a의 값 구
하기

함수 $y=\log_3 x$의 그래프가 점 A를 지나므로

$\log_3 a=2$ $\therefore a=3^2=9$

STEP 3 선분 CE의 길이 구하기

$\overline{CD}=2$이므로 점 C의 x좌표는 $9-2=7$

따라서 점 E의 좌표는 $(7, \log_3 7)$이므로

$\overline{CE}=\log_3 7$

0701 답 4

함수 $y=3^x$의 그래프가 점 $B(1, a)$를 지나므로

$a=3$

함수 $y=\log_3 x$의 그래프가 점 $A(b, 3)$을 지나므로

$3=\log_3 b$ $\therefore b=3^3$

$\therefore \log_3 ab=\log_3(3\times3^3)=\log_3 3^4=4$

0702 답 ②

두 점 $(2, a)$, $(4, b)$는 함수 $y=\log_2 x$의 그래프 위의 점이므로

$a=\log_2 2=1$, $b=\log_2 4=2$

또, 점 $\left(k, \dfrac{1+2}{2}\right)$, 즉 $\left(k, \dfrac{3}{2}\right)$은 함수 $y=\log_2 x$의 그래프 위의
점이므로

$$\frac{3}{2}=\log_2 k$$

$$\therefore k=2^{\frac{3}{2}}=2\sqrt{2}$$

0703 답 ④

A$(3, 0)$이므로 D$(0, \log_a 3)$

C$(81, 0)$이므로 F$(0, \log_a 81)$

E$(0, t)$ $(t<0)$라 하면

$\overline{EF}=t-\log_a 81$, $\overline{DE}=\log_a 3-t$

$\overline{EF}=2\overline{DE}$이므로

$t-\log_a 81=2(\log_a 3-t)$

$t-\log_a 81=2\log_a 3-2t$

$3t=2\log_a 3+\log_a 81$

$\quad=2\log_a 3+4\log_a 3$

$\quad=6\log_a 3$

$\therefore t=2\log_a 3=\log_a 9$

즉, E$(0, \log_a 9)$이므로 B$(9, 0)$

따라서 점 B의 x좌표는 9이다.

0704 답 $\dfrac{15}{4}$

점 A'의 x좌표를 a, 점 B'의 x좌표를 b라 하면 $\overline{AA'}=\overline{BB'}$이므로 점 C는 선분 A'B'의 중점이다.

$\rightarrow \overline{A'A}\parallel\overline{BB'}$이므로
$\triangle A'AC\equiv\triangle B'BC$

즉, $\dfrac{a+b}{2}=\dfrac{17}{8}$이므로 $a+b=\dfrac{17}{4}$

또, 두 점 A, B는 함수 $y=\log_2 x$의 그래프 위의 점이고,

$\overline{AA'}=\overline{BB'}$에서 $-\log_2 a=\log_2 b$이므로

$\log_2 a^{-1}=\log_2 b$, $\dfrac{1}{a}=b$

$\therefore ab=1$

이때 선분 A'B'의 길이는 $b-a$이고, $(b-a)^2=(a+b)^2-4ab$이므로

$(b-a)^2=\left(\dfrac{17}{4}\right)^2-4\times1=\dfrac{225}{16}$

$\therefore \overline{A'B'}=b-a=\sqrt{\dfrac{225}{16}}=\dfrac{15}{4}$

0705 답 32

$y_1=\log_2 x_1$에서 $x_1=2^{y_1}$

$y_2=\log_2 x_2$에서 $x_2=2^{y_2}$

$\dfrac{x_2}{x_1}=\dfrac{2^{y_2}}{2^{y_1}}=4$이므로 $2^{y_2-y_1}=2^2$

$\therefore y_2-y_1=2$ ······················ ㉠

두 점 P, Q는 원점을 지나는 직선 위에 있으므로 직선 OP의 기울기와 직선 OQ의 기울기는 같다.

즉, $\dfrac{y_1}{x_1}=\dfrac{y_2}{x_2}$이므로

$\dfrac{x_2}{x_1}=\dfrac{y_2}{y_1}=4$

$\therefore y_2=4y_1$ ······················ ㉡

㉡을 ㉠에 대입하면

$3y_1=2$에서 $y_1=\dfrac{2}{3}$, $y_2=4y_1=\dfrac{8}{3}$

따라서 $x_1 x_2=2^{y_1}\times2^{y_2}=2^{y_1+y_2}=2^{\frac{2}{3}+\frac{8}{3}}=2^{\frac{10}{3}}$이므로

$(x_1 x_2)^{\frac{3}{2}}=(2^{\frac{10}{3}})^{\frac{3}{2}}=2^5=32$

0706 답 ⑤

선분 AB를 $2:1$로 내분하는 점의 좌표는

$\left(\dfrac{2(m+3)+m}{2+1}, \dfrac{2(m-3)+(m+3)}{2+1}\right)$ $\therefore (m+2, m-1)$

점 $(m+2, m-1)$이 곡선 $y=\log_4(x+8)+m-3$ 위에 있으므로

$m-1=\log_4(m+10)+m-3$에서 $\log_4(m+10)=2$

$m+10=16$이므로 $m=6$

> **개념 Check**
>
> **좌표평면 위의 선분의 내분점**
>
> 좌표평면 위의 두 점 A(x_1, y_1), B(x_2, y_2)에 대하여
>
> ① 선분 AB를 $m:n$ $(m>0, n>0)$으로 내분하는 점 P의 좌표는
>
> $\quad$ P$\left(\dfrac{mx_2+nx_1}{m+n}, \dfrac{my_2+ny_1}{m+n}\right)$
>
> ② 선분 AB의 중점 M의 좌표는
>
> $\quad$ M$\left(\dfrac{x_1+x_2}{2}, \dfrac{y_1+y_2}{2}\right)$

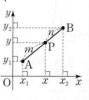

0707 답 ③ | 유형 6

> 그림과 같이 곡선 $y=\log_a x$ 위의 점 A$(3, \log_a 3)$을 지나고 x축에 평행한 직선이 곡선 $y=\log_b x$와 만나는 점을 B, 점 B를 지나고 y축에 평행한 직선이 곡선 $y=\log_a x$와 만나는 점을 C라 하자. $\overline{AB}=6$, $\overline{BC}=2$일 때, a^2+b^2의 값은? (단, $1<a<b$)
>
>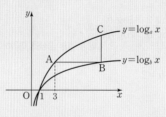
>
> ① 8 $\qquad$ ② 10 $\qquad$ ③ 12
> ④ 14 $\qquad$ ⑤ 16
>
> **단서1** 두 점 A, B의 y좌표가 같음을 이용
> **단서2** 두 점 B, C의 x좌표가 같음을 이용
> **단서3** 점 B의 x좌표가 9이고, 두 점 B, C의 y좌표의 차가 2

STEP 1 두 점 A, B의 좌표를 이용하여 관계식 구하기

점 A의 x좌표가 3이고 $\overline{AB}=6$이므로 점 B의 x좌표는

$3+6=9$

두 점 A, B의 y좌표가 같으므로

$\log_a 3=\log_b 9$ ······················ ㉠

STEP 2 두 점 B, C의 좌표를 이용하여 관계식 구하기

두 점 B, C의 x좌표는 9이고 $\overline{BC}=2$이므로

$\overline{BC}=\log_a 9-\log_b 9=2$ ······················ ㉡

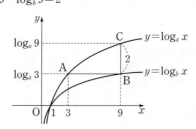

STEP 3 a, b의 값 구하기

㉠을 ㉡에 대입하면

$\log_a 9 - \log_a 3 = 2$

$\log_a 3^2 - \log_a 3 = 2$, $\log_a 3 = 2$, $a^2 = 3$

$\therefore a = \sqrt{3}$ ($\because a > 1$)

$a = \sqrt{3}$을 ㉠에 대입하면

$\log_{\sqrt{3}} 3 = \log_b 9$, $2 = \log_b 9$, $b^2 = 9$

$\therefore b = 3$ ($\because b > 1$)

STEP 4 $a^2 + b^2$의 값 구하기

$a^2 + b^2 = (\sqrt{3})^2 + 3^2 = 12$

0708 답 ②

두 점 A, B의 좌표는 각각 $(k, \log_2 k)$, $(k, \log_8 k)$이고, $\overline{AB} = 2$
이므로

$\overline{AB} = \log_2 k - \log_8 k = 2$

$\log_2 k - \dfrac{1}{3}\log_2 k = 2$, $\dfrac{2}{3}\log_2 k = 2$

$\log_2 k = 3$ $\therefore k = 2^3 = 8$

0709 답 ③

세 점 P, Q, R은

$P(2, \log_a 2)$, $Q(2, \log_b 2)$, $R(2, -\log_a 2)$

$\overline{PQ} : \overline{QR} = 1 : 3$에서 $\overline{QR} = 3\overline{PQ}$이므로

$\log_b 2 - (-\log_a 2) = 3(\log_a 2 - \log_b 2)$

$2\log_b 2 = \log_a 2$

$2 \times \dfrac{\log 2}{\log b} = \dfrac{\log 2}{\log a}$, $\dfrac{\log b}{\log a} = 2$ ⟶ 밑의 변환 공식을 이용하여 양변을 바꾼다.

$\therefore \log_a b = 2$

$\therefore f(b) = \log_a b = 2$

0710 답 ③

점 C의 x좌표를 a라 하면
두 점 C, D의 y좌표는 각
각 $\log_9 a$, $\log_3 a$이므로
$\overline{CD} = \log_3 a - \log_9 a$
$= 1$

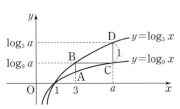

$\log_3 a - \dfrac{1}{2}\log_3 a = 1$, $\dfrac{1}{2}\log_3 a = 1$

$\log_3 a = 2$ $\therefore a = 3^2 = 9$

즉, 점 C의 y좌표가 $\log_9 9 = 1$이므로 점 B의 y좌표도 1이다.
점 B는 함수 $y = \log_3 x$의 그래프 위의 점이므로

$\log_3 x = 1$ $\therefore x = 3$

$\therefore B(3, 1)$ ⸺⸺⸺⸺⸺⸺⸺ ㉠

따라서 점 A의 x좌표는 3이고 점 A는 함수 $y = \log_9 x$의 그래프
위의 점이므로

$y = \log_9 3 = \log_{3^2} 3 = \dfrac{1}{2}$

$\therefore A\left(3, \dfrac{1}{2}\right)$ ⸺⸺⸺⸺⸺⸺⸺ ㉡

㉠, ㉡에서 $\overline{AB} = 1 - \dfrac{1}{2} = \dfrac{1}{2}$

0711 답 9

그림과 같이 점 A에서 선분 BD
에 내린 수선의 발을 E, 점 B에
서 y축에 내린 수선의 발을 F라
하면

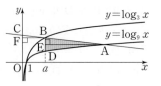

$\triangle CBF \backsim \triangle BAE$ (AA 닮음)

이다. 이때 $\overline{AB} = 2\overline{BC}$이므로 닮음비는 $\overline{BC} : \overline{AB} = 1 : 2$이다.

따라서 점 B의 x좌표를 a ($a > 1$)라 하면 점 A의 x좌표는 $3a$이
므로

$\overline{BC} : \overline{AB} = \overline{BF} : \overline{AE} = 1 : 2$

$B(a, \log_3 a)$, $D(a, \log_9 a)$, $A(3a, \log_3 3a)$

이때 삼각형 ABD는 $\overline{AB} = \overline{AD}$인 이등변삼각형이므로 점 E는
선분 BD의 중점이다.

$\therefore E\left(a, \dfrac{\log_3 a + \log_9 a}{2}\right)$

두 점 A, E의 y좌표가 같으므로

$\dfrac{\log_3 a + \log_9 a}{2} = \log_9 3a$

$\log_3 a + \log_9 a = 2\log_9 3a$

$\log_3 a + \dfrac{1}{2}\log_3 a = \log_3 a + 1$

$\dfrac{1}{2}\log_3 a = 1$, $\log_3 a = 2$ $\therefore a = 3^2 = 9$

따라서 $A\left(27, \dfrac{3}{2}\right)$, $B(9, 2)$, $D(9, 1)$, $E\left(9, \dfrac{3}{2}\right)$이므로 삼각형
ABD의 넓이는

$\dfrac{1}{2} \times \overline{BD} \times \overline{AE} = \dfrac{1}{2} \times 1 \times 18 = 9$

참고 삼각형 ABD는 이등변삼각형이므로 꼭지각의 이등분선은 밑변을 수
직이등분한다는 성질을 이용하여 삼각형 ABD의 넓이를 구한다.

0712 답 $6\sqrt{3}$

$y = \log_3 9x = 2 + \log_3 x$

이므로 함수 $y = \log_3 9x$의 그래프는 함수 $y = \log_3 x$의 그래프를
y축의 방향으로 2만큼 평행이동한 것이다.

따라서 $\overline{AC} = 2$이고, 정삼각형 ABC의 한 변의 길이가 2이므로 정
삼각형 ABC의 높이는

$\dfrac{\sqrt{3}}{2} \times 2 = \sqrt{3}$

따라서 $C(a, \log_3 a)$라 하면 그
림에서 $\overline{DC} = \sqrt{3}$, $\overline{BD} = 1$이므로
$B(a - \sqrt{3}, 1 + \log_3 a)$
점 B는 곡선 $y = \log_3 9x$ 위의 점이
므로

$1 + \log_3 a = \log_3 9(a - \sqrt{3})$

$\log_3 3a = \log_3 9(a - \sqrt{3})$

$a = 3(a - \sqrt{3})$ $\therefore a = \dfrac{3\sqrt{3}}{2}$

따라서 $B\left(\dfrac{\sqrt{3}}{2}, \log_3 \dfrac{9\sqrt{3}}{2}\right)$이므로 $p = \dfrac{\sqrt{3}}{2}$, $q = \log_3 \dfrac{9\sqrt{3}}{2}$

$\therefore \dfrac{3^q}{p^2} = \dfrac{3^{\log_3 \frac{9\sqrt{3}}{2}}}{\left(\frac{\sqrt{3}}{2}\right)^2} = \dfrac{\frac{9\sqrt{3}}{2}}{\frac{3}{4}} = 6\sqrt{3}$

⟶ $1 + \log_3 \dfrac{3\sqrt{3}}{2} = \log_3 3 + \log_3 \dfrac{3\sqrt{3}}{2}$

$= \log_3 \left(3 \times \dfrac{3\sqrt{3}}{2}\right)$

$= \log_3 \dfrac{9\sqrt{3}}{2}$

정삼각형의 한 변의 길이를 a라 하면

(1) 정삼각형의 높이 : $\dfrac{\sqrt{3}}{2}a$ (2) 정삼각형의 넓이 : $\dfrac{\sqrt{3}}{4}a^2$

0713 답 ②

$A(k, \log_2 k)$, $B(k, -\log_2(8-k))$이고 $\overline{AB}=2$이므로

$|\log_2 k + \log_2(8-k)|=2$

$|\log_2 k(8-k)|=2$

$\therefore \log_2 k(8-k)=-2$ 또는 $\log_2 k(8-k)=2$

(i) $\log_2 k(8-k)=-2$일 때

     $k(8-k)=\dfrac{1}{4}$, $4k^2-32k+1=0$

     이때 $0<k<8$이므로

     $k=\dfrac{8-3\sqrt{7}}{2}$ 또는 $k=\dfrac{8+3\sqrt{7}}{2}$

(ii) $\log_2 k(8-k)=2$일 때

     $k(8-k)=4$, $k^2-8k+4=0$

     이때 $0<k<8$이므로

     $k=4-2\sqrt{3}$ 또는 $k=4+2\sqrt{3}$

(i), (ii)에서 모든 실수 k의 값의 곱은

$\dfrac{8-3\sqrt{7}}{2} \times \dfrac{8+3\sqrt{7}}{2} \times (4-2\sqrt{3}) \times (4+2\sqrt{3}) = \dfrac{1}{4} \times 4 = 1$

참고 이차방정식의 근과 계수의 관계에 의하여 (i)에서 모든 실수 k의 값의 곱은 $\dfrac{1}{4}$이고, (ii)에서 모든 실수 k의 값의 곱은 4이다.

$\overline{AB}=2$에서 두 점 A, B의 위치에 따라 $\log_2 k + \log_2(8-k) = \pm 2$인 두 가지 경우가 있으므로 $\log_2 k + \log_2(8-k)=2$로 계산하지 않도록 주의한다.

0714 답 ④

$f(x)=\log_2 x$, $g(x)=\log_2(x-p)+q$라 하자.

$g(4)=2$이므로 $\log_2(4-p)+q=2$

$4-p=2^{2-q}$ $\therefore 2^{-q}=1-\dfrac{p}{4}$ ·········· ㉠

x축 위의 두 점 A, B에 대하여

점 A의 좌표는 $(1, 0)$, 점 B의 좌표는 $(x_1, 0)$이라 하면

$g(x_1)=0$에서 $\log_2(x_1-p)+q=0$, $\log_2(x_1-p)=-q$

$\therefore x_1=2^{-q}+p=\left(1-\dfrac{p}{4}\right)+p=1+\dfrac{3}{4}p$

$\therefore B\left(1+\dfrac{3}{4}p, 0\right)$

직선 $y=3$ 위의 두 점 C, D에 대하여

점 C의 좌표를 $(x_2, 3)$이라 하면 $f(x_2)=3$에서

$\log_2 x_2=3$, $x_2=8$ $\therefore C(8, 3)$

점 D의 좌표를 $(x_3, 3)$이라 하면 $g(x_3)=3$에서

$\log_2(x_3-p)+q=3$, $\log_2(x_3-p)=3-q$

$\therefore x_3=2^{3-q}+p=8\left(1-\dfrac{p}{4}\right)+p=8-p$

$\therefore D(8-p, 3)$

이때 $\overline{CD}-\overline{BA}=\dfrac{3}{4}$이므로

$\overline{CD}-\overline{BA}=\{8-(8-p)\}-\left\{\left(1+\dfrac{3}{4}p\right)-1\right\}$

$=p-\dfrac{3}{4}p=\dfrac{p}{4}=\dfrac{3}{4}$

$\therefore p=3$

$p=3$을 ㉠에 대입하면

$2^{-q}=1-\dfrac{3}{4}=\dfrac{1}{4}=2^{-2}$ $\therefore q=2$

$\therefore p+q=3+2=5$

0715 답 ⑤

ㄱ. $t=1$일 때, $P(2, 1)$, $Q(4, 1)$이므로

     $S(1)=\dfrac{1}{2} \times (4-2) \times 1=1$ (참)

ㄴ. $t=2$일 때, $P(4, 2)$, $Q(16, 2)$이므로

     $S(2)=\dfrac{1}{2} \times (16-4) \times 2=12$

     $t=-2$일 때, $P\left(\dfrac{1}{4}, -2\right)$, $Q\left(\dfrac{1}{16}, -2\right)$이므로

     $S(-2)=\dfrac{1}{2} \times \left(\dfrac{1}{4}-\dfrac{1}{16}\right) \times 2=\dfrac{3}{16}$

     $\therefore S(2)=64 \times S(-2)$ (참)

ㄷ. 0이 아닌 모든 실수 t에 대하여 $P(2^t, t)$, $Q(4^t, t)$이다.

     $t>0$일 때 $2^t < 4^t$이므로

     $S(t)=\dfrac{1}{2} \times t \times (4^t-2^t)=\dfrac{t}{2}(4^t-2^t)$

     $S(-t)=-\dfrac{t}{2}(4^{-t}-2^{-t})$

     $\therefore \dfrac{S(t)}{S(-t)}=\dfrac{4^t-2^t}{2^{-t}-4^{-t}}=\dfrac{2^t(2^t-1)}{4^{-t}(2^t-1)}=8^t$

     즉, t의 값이 증가하면 $\dfrac{S(t)}{S(-t)}$의 값도 증가한다. (참)

따라서 옳은 것은 ㄱ, ㄴ, ㄷ이다.

0716 답 ②

유형 7

세 수 $A=-\log_{\frac{1}{3}}\dfrac{1}{4}$, $B=2\log_{\frac{1}{3}}\dfrac{1}{3}$, $C=-3\log_{\frac{1}{3}}2$의 대소 관계로 옳은 것은?

단서1

① $A<B<C$ ② $A<C<B$ ③ $B<A<C$

④ $B<C<A$ ⑤ $C<B<A$

단서1 밑이 $\dfrac{1}{3}$이므로 진수가 클수록 작은 수임을 이용

STEP 1 세 수 A, B, C 정리하기

$A=-\log_{\frac{1}{3}}\dfrac{1}{4}=\log_{\frac{1}{3}}\left(\dfrac{1}{4}\right)^{-1}=\log_{\frac{1}{3}}4$

$B=2\log_{\frac{1}{3}}\dfrac{1}{3}=\log_{\frac{1}{3}}\left(\dfrac{1}{3}\right)^2=\log_{\frac{1}{3}}\dfrac{1}{9}$

$C=-3\log_{\frac{1}{3}}2=\log_{\frac{1}{3}}2^{-3}=\log_{\frac{1}{3}}\dfrac{1}{8}$

STEP 2 세 수 A, B, C의 크기 비교하기

밑 $\dfrac{1}{3}$이 $0<\dfrac{1}{3}<1$이고 진수를 비교하면 $\dfrac{1}{9}<\dfrac{1}{8}<4$이므로

$\log_{\frac{1}{3}}4<\log_{\frac{1}{3}}\dfrac{1}{8}<\log_{\frac{1}{3}}\dfrac{1}{9}$

$\therefore A<C<B$

0717 답 ③

ㄱ. $2\log_5 6=\log_5 6^2=\log_5 36$, $3\log_5 3=\log_5 3^3=\log_5 27$이므로

　　$2\log_5 6>3\log_5 3$ (거짓)

ㄴ. $2\log_3 2\sqrt{3}=\log_3 (2\sqrt{3})^2=\log_3 12$이므로

　　$\log_3 11<2\log_3 2\sqrt{3}$ (참)

ㄷ. $8\log_7 2=\log_7 2^8=\log_7 256$, $2\log_7 6=\log_7 6^2=\log_7 36$이므로

　　$8\log_7 2>2\log_7 6$ (참)

ㄹ. $2\log_{\frac{1}{3}} 4=\log_{\frac{1}{3}} 4^2=\log_{\frac{1}{3}} 16$, $\frac{1}{3}\log_{\frac{1}{3}} 64=\log_{\frac{1}{3}} 64^{\frac{1}{3}}=\log_{\frac{1}{3}} 4$

　　이때 $0<\dfrac{1}{3}<1$이므로 $\log_{\frac{1}{3}} 16<\log_{\frac{1}{3}} 4$

　　$\therefore 2\log_{\frac{1}{3}} 4<\frac{1}{3}\log_{\frac{1}{3}} 64$ (거짓)

따라서 옳은 것은 ㄴ, ㄷ이다.

0718 답 $B<A<C$

$a<1<b$의 각 변에 밑이 $a\ (0<a<1)$인 로그를 취하면

$\log_a a>\log_a 1>\log_a b$　　$\therefore \log_a b<0<1$

$\log_a \dfrac{a}{b}=\log_a a-\log_a b=1-\log_a b>1$

$\therefore \log_a b<1<\log_a \dfrac{a}{b}$

$\therefore B<A<C$

0719 답 ①

ㄱ. $0<a<1$이고 $a<b$이므로 $a^a>a^b$ (참)

ㄴ. $b>1$이므로 $a<1<b$의 각 변에 밑이 b인 로그를 취하면

　　$\log_b a<\log_b 1<\log_b b$

　　$\therefore \log_b a<0$ (거짓)

ㄷ. $a<b$이고 $\log_{ab} a<\log_{ab} b$이므로 $ab>1$

　　$a<1$에서 $ab<b$

　　위 식의 양변에 밑이 ab인 로그를 취하면

　　$1<\log_{ab} b$ (거짓)

따라서 옳은 것은 ㄱ뿐이다.

0720 답 ①

$0<a^2<a<b<b^2$이므로

$0<a<1,\ b>1$ → $a^2<a$에서 $0<a<1$

$b<b^2$의 양변에 밑이 a인 로그를 취하면 $\log_a b>\log_a b^2$

$\log_a b>2\log_a b$　　$\therefore \log_a b<0$

→ 밑이 $0<a<1$이므로 부등호 방향이 바뀐다.

이때 주어진 네 수는

$\log_{\sqrt{a}} b=2\log_a b$, $\log_{\sqrt{a}} b^2=4\log_a b$, $\log_a \sqrt{b}=\dfrac{1}{2}\log_a b$, $\log_a b$

이므로

$4\log_a b<2\log_a b<\log_a b<\dfrac{1}{2}\log_a b$

$\therefore \log_{\sqrt{a}} b^2<\log_{\sqrt{a}} b<\log_a b<\log_a \sqrt{b}$

0721 답 ①

$1<x<9$의 각 변에 밑이 3인 로그를 취하면

$\log_3 1<\log_3 x<\log_3 9$　　$\therefore 0<\log_3 x<2$

(ⅰ) $A-B=\log_3 x^2-(\log_3 x)^2$

　　　　　$=2\log_3 x-(\log_3 x)^2$

　　　　　$=\log_3 x(2-\log_3 x)$

　　이때 $0<\log_3 x<2$이므로 $2-\log_3 x>0$

　　즉, $A-B>0$이므로 $A>B$

(ⅱ) ⓐ $0<\log_3 x\le 1$일 때

　　　　$0<(\log_3 x)^2\le 1$, $\log_3 (\log_3 x)\le 0$

　　　　$\therefore (\log_3 x)^2>\log_3 (\log_3 x)$

　　ⓑ $1<\log_3 x<2$일 때

　　　　$1<(\log_3 x)^2<4$, $0<\log_3 (\log_3 x)<1$

　　　　$\therefore (\log_3 x)^2>\log_3 (\log_3 x)$

　　ⓐ, ⓑ에서 $B>C$

(ⅰ), (ⅱ)에서 $A>B>C$

실수 Check

두 수 B, C의 대소를 비교할 때, $0<\log_3 x<2$에서 ⓐ, ⓑ로 범위를 나누지 않으면 $0<(\log_3 x)^2<4$, $\log_3 (\log_3 x)<1$이므로 두 수 B, C의 대소를 비교할 수가 없다. 즉, $\log_3 x$의 값의 범위를 $0<\log_3 x\le 1$, $1<\log_3 x<2$로 나누어야 함에 주의한다.

참고 x의 값의 범위가 주어지고 대소 관계를 구하는 문제의 경우, 주어진 x의 값의 범위 내의 어떤 값에 대해서도 대소 관계는 일정하게 유지된다는 전제하에서 출제되는 것이 일반적이다. 따라서 이 문제에서 주어진 범위 $1<x<9$에 속하는 특정한 x의 값을 대입하여 세 수 A, B, C의 대소 관계를 구해도 된다. 예를 들어 $x=3$을 대입하면
$A=\log_3 3^2=2$, $B=(\log_3 3)^2=1$, $C=\log_3 (\log_3 3)=\log_3 1=0$
이므로 $A>B>C$를 간단하게 구할 수 있다.

0722 답 ①　　　　　　　　　　　　유형 8

함수 $y=f(x)$의 그래프와 함수 $y=\log_2 (x+a)$의 그래프는 직선 $y=x$에 대하여 대칭이다. 함수 $y=f(x)$의 그래프가 점 $(2,\ 3)$을 지

단서1　　　　　　　　　　단서2

날 때, 상수 a의 값은?

① 1　　　　② 2　　　　③ 3

④ 4　　　　⑤ 5

단서1 $y=f(x)$는 $y=\log_2 (x+a)$의 역함수

단서2 $f(2)=3$이면 $f^{-1}(3)=2$

STEP 1 두 함수 $y=f(x)$와 $y=\log_2 (x+a)$가 역함수 관계임을 알기

함수 $y=f(x)$의 그래프와 함수 $y=\log_2 (x+a)$의 그래프가 직선 $y=x$에 대하여 대칭이므로 함수 $y=f(x)$는 함수 $y=\log_2 (x+a)$의 역함수이다.

STEP 2 함수 $y=\log_2 (x+a)$의 그래프가 지나는 점의 좌표 구하기

함수 $y=f(x)$의 그래프가 점 $(2,\ 3)$을 지나므로 함수 $y=\log_2 (x+a)$의 그래프는 점 $(3,\ 2)$를 지난다.

STEP 3 상수 a의 값 구하기

$2=\log_2 (3+a)$이므로

$3+a=2^2$　　$\therefore a=1$

다른 풀이

함수 $y=f(x)$는 함수 $y=\log_2 (x+a)$의 역함수이므로

$y=\log_2 (x+a)$에서 $x+a=2^y$　　$\therefore x=2^y-a$

x와 y를 서로 바꾸면 $y=2^x-a$

따라서 $f(x)=2^x-a$이고 $f(2)=3$이므로

$2^2-a=3$ $\therefore a=1$

> **개념 Check**
>
> **역함수 구하기**
>
> 일대일대응인 함수 $y=f(x)$의 역함수 $y=f^{-1}(x)$는 다음과 같은 순서로 구한다.
>
> ❶ $y=f(x)$에서 x를 y에 대한 식, 즉 $x=f^{-1}(y)$ 꼴로 나타낸다.
>
> ❷ x와 y를 서로 바꾸어 $y=f^{-1}(x)$ 꼴로 나타낸다.

0723 답 ②

$f^{-1}(2)=a\ (a>\sqrt{3})$로 놓으면 $f(a)=2$이므로

$f(a)=\log_2(3a^2-8)=2$

$3a^2-8=2^2,\ a^2=4$

$\therefore a=2\ (\because a>\sqrt{3})$

따라서 $f^{-1}(2)=2$이므로

$(f^{-1}\circ f^{-1})(2)=f^{-1}(f^{-1}(2))=f^{-1}(2)=2$

0724 답 18

함수 $f(x)=\log_2 x$의 역함수 $g(x)$에 대하여 $g(\alpha)=3$, $g(\beta)=6$

이므로

$f(3)=\alpha,\ f(6)=\beta$ ...... ㉠

$g(\alpha+\beta)=k$로 놓으면 $f(k)=\alpha+\beta$이고

$\begin{aligned} f(k)=\alpha+\beta &=f(3)+f(6)\ (\because ㉠) \\ &=\log_2 3+\log_2 6 \\ &=\log_2(3\times 6) \\ &=\log_2 18 \end{aligned}$

즉, $f(k)=\log_2 18=\log_2 k$이므로

$k=18$

0725 답 $1+\sqrt{3}$

로그함수 $y=\log_a x+m\ (a>1)$의 그래프와 그 역함수의 그래프의 교점은 모두 직선 $y=x$ 위에 있으므로 두 교점의 좌표는 $(1, 1)$, $(3, 3)$이다.

두 점 $(1, 1)$, $(3, 3)$이 함수 $y=\log_a x+m$의 그래프 위에 있으므로

$1=\log_a 1+m$에서 $m=1$

$3=\log_a 3+m$에서 $3=\log_a 3+1$

$\log_a 3=2,\ a^2=3$

이때 $a>1$이므로 $a=\sqrt{3}$

$\therefore a+m=\sqrt{3}+1$

0726 답 ⑤

$y=\log_3 x+5$에서 $y-5=\log_3 x$

$\therefore x=3^{y-5}$

x와 y를 서로 바꾸면 $y=3^{x-5}$

$\therefore g(x)=3^{x-5}$

① $g(a)+g(-a)=3^{a-5}+3^{-a-5}=3^{-5}(3^a+3^{-a})$

② $g(a)-g(-a)=3^{a-5}-3^{-a-5}=3^{-5}(3^a-3^{-a})$

③ $g(a)+g\left(\dfrac{1}{a}\right)=3^{a-5}+3^{\frac{1}{a}-5}=3^{-5}(3^a+3^{\frac{1}{a}})$

④ $g(a)g\left(\dfrac{1}{a}\right)=3^{a-5}\times 3^{\frac{1}{a}-5}=3^{a+\frac{1}{a}-10}$

⑤ $g(a)g(-a)=3^{a-5}\times 3^{-a-5}=3^{-10}$

따라서 a의 값에 관계없이 항상 일정한 값을 가지는 것은 ⑤이다.

0727 답 29

$y=\log_3 x$에서 $x=3^y$

x와 y를 서로 바꾸면 $y=3^x$

$\therefore g(x)=3^x$

이때 점 A의 좌표는 $(1, 0)$이므로 점 B의 좌표는 $(1, 3)$이다.

$\therefore \overline{\mathrm{AB}}=3$

점 C의 좌표를 $(a, 3)$이라 하면 $\log_3 a=3$에서

$a=3^3=27$ ┗→점 B와 y좌표가 같다.

$\therefore \overline{\mathrm{BC}}=27-1=26$

$\therefore \overline{\mathrm{AB}}+\overline{\mathrm{BC}}=3+26=29$

> **참고** 좌표축에 평행한 직선과 만나는 점의 특징을 이용하여 그래프 위의 점의 좌표를 구할 수 있어야 한다.

0728 답 3

$y=2^x$에서 $x=\log_2 y$

x와 y를 서로 바꾸면 $y=\log_2 x$

$\therefore f(x)=\log_2 x$

이때 점 A의 좌표는 $(0, 1)$이므로 점 B의 좌표를 $(a, 1)$이라 하면

$\log_2 a=1$이므로

$a=2$

$\therefore \mathrm{B}(2, 1)$

점 B를 지나고 y축에 평행한 직선의 방정식은 $x=2$이므로

점 C의 좌표를 $(2, b)$라 하면

$b=2^2=4$

$\therefore \mathrm{C}(2, 4)$

따라서 삼각형 ABC의 넓이는

$\dfrac{1}{2}\times \overline{\mathrm{AB}}\times \overline{\mathrm{BC}}=\dfrac{1}{2}\times(2-0)\times(4-1)$

                      $=\dfrac{1}{2}\times 2\times 3=3$

0729 답 49

직선 $y=-x+5$의 기울기가 -1이고 곡선 $y=\log_a x$를 x축의 방향으로 1만큼, y축의 방향으로 -1만큼 평행이동한 곡선이 $y=\log_a(x-1)-1$이므로 점 B를 x축의 방향으로 1만큼, y축의 방향으로 -1만큼 평행이동한 점이 C이다.

즉, $\overline{\mathrm{BC}}=\sqrt{2}$이고 $\overline{\mathrm{AB}}:\overline{\mathrm{BC}}=2:1$이므로

$\overline{\mathrm{AB}}=2\sqrt{2}$ ┗→직선 $y=-x+5$ 위의 점이다.

점 A의 x좌표를 t라 하면 $\underline{\mathrm{A}(t, 5-t)}$이고 두 함수 $y=a^x$,

$y=\log_a x$는 역함수 관계이므로 $\mathrm{B}(5-t, t)$이다.

그런데 $\overline{AB}=2\sqrt{2}$에서 두 점 A, B의 x좌표의 차는 2이므로

$(5-t)-t=2$ $\therefore t=\dfrac{3}{2}$

$\therefore A\left(\dfrac{3}{2},\ \dfrac{7}{2}\right)$, $B\left(\dfrac{7}{2},\ \dfrac{3}{2}\right)$

따라서 점 A가 곡선 $y=a^x$ 위의 점이므로

$a^{\frac{3}{2}}=\dfrac{7}{2}$, $a^3=\dfrac{49}{4}$

$\therefore 4a^3=49$

0730 답 ①

| 유형 9

함수 $y=\log_{\frac{3}{2}}x$의 그래프와 직선 $y=x$가 그림과 같다. $d=3b$일 때, $\left(\dfrac{3}{2}\right)^{a-c}$의 값은? (단, 점선은 x축 또는 y축에 평행하다.)

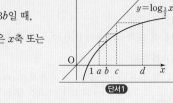

① $\dfrac{1}{3}$ ② $\dfrac{1}{2}$

③ 1 ④ 3

⑤ 9

단서1 그래프의 y축에 $a,\ b,\ c$를 표시

STEP 1 직선 $y=x$ 위의 점을 이용하여 $a-c$의 값을 $b,\ d$에 대한 식으로 나타내기

직선 $y=x$ 위의 점의 x좌표, y좌표가 같으므로 그림에서

$\log_{\frac{3}{2}}b=a$, $\log_{\frac{3}{2}}d=c$

$\therefore a-c=\log_{\frac{3}{2}}b-\log_{\frac{3}{2}}d$

$\qquad =\log_{\frac{3}{2}}\dfrac{b}{d}$

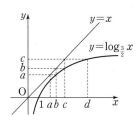

STEP 2 $d=3b$를 이용하여 $\left(\dfrac{3}{2}\right)^{a-c}$의 값 구하기

$d=3b$에서 $\dfrac{b}{d}=\dfrac{1}{3}$이므로

$a-c=\log_{\frac{3}{2}}\dfrac{1}{3}$

$\therefore \left(\dfrac{3}{2}\right)^{a-c}=\dfrac{1}{3}$

0731 답 ②

직선 $y=x$ 위의 점의 x좌표, y좌표가 같으므로 그림에서

$\log_3 b=a$, $\log_3 c=b$

$\therefore a-b=\log_3 b-\log_3 c=\log_3\dfrac{b}{c}$

따라서 $3^{a-b}=\dfrac{b}{c}$이므로

$\left(\dfrac{1}{3}\right)^{a-b}=\dfrac{c}{b}$

다른 풀이

$\log_3 a=1$이므로 $a=3$

$\log_3 b=a=3$이므로 $b=3^3=27$

$\log_3 c=b=27$이므로 $c=3^{27}$

$\therefore \left(\dfrac{1}{3}\right)^{a-b}=\left(\dfrac{1}{3}\right)^{3-27}=3^{24}=3^{27-3}=\dfrac{3^{27}}{3^3}=\dfrac{c}{b}$

0732 답 ⑤

ㄱ. 점 $\left(b,\ \left(\dfrac{1}{2}\right)^b\right)$에서 x축에 평행한 점선을 따라가면 직선 $y=x$와 점 $(d,\ d)$에서 만난다.

$\therefore \left(\dfrac{1}{2}\right)^b=d$ (거짓)

ㄴ. $\left(\dfrac{1}{2}\right)^d=c$이므로 $d=\log_{\frac{1}{2}}c$

$\therefore \log_2 c+d=\log_2 c+\log_{\frac{1}{2}}c=\log_2 c-\log_2 c=0$ (참)

ㄷ. $\log_2 e=d$이므로 $e=2^d$

$\left(\dfrac{1}{2}\right)^d=c$이므로 $c=2^{-d}$

$\therefore ce=2^{-d}\times 2^d=2^0=1$ (참)

따라서 옳은 것은 ㄴ, ㄷ이다.

0733 답 ①

직선 $y=x$ 위의 점은 x좌표와 y좌표가 같으므로 그림에서

$f(a)=\alpha$, $f(b)=\beta$

$\therefore f(a)f(b)=\alpha\beta$

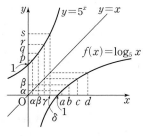

한편, 함수 $y=5^x$의 그래프는 점 $(0,\ 1)$을 지나므로 $p>1$, $q>1$

또, 함수 $y=\log_5 x$의 그래프는 점 $(1,\ 0)$을 지나므로 $a>1$

이때 $0<\beta<1$에서 $0<\alpha\beta<\alpha$이므로 주어진 다섯 개의 값 중 $f(a)f(b)=\alpha\beta$에 가장 가까운 것은 α이다.

0734 답 ②

| 유형 10

그림과 같이 두 함수 $y=\log_3 x$, $y=\log_3 9x$의 그래프와 두 직선 $x=1$, $x=9$로 둘러싸인 부분의 넓이는?

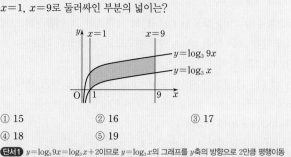

① 15 ② 16 ③ 17

④ 18 ⑤ 19

단서1 $y=\log_3 9x=\log_3 x+2$이므로 $y=\log_3 x$의 그래프를 y축의 방향으로 2만큼 평행이동

STEP 1 두 그래프의 관계 파악하기

함수 $y=\log_3 9x=\log_3 x+2$의 그래프는 함수 $y=\log_3 x$의 그래프를 y축의 방향으로 2만큼 평행이동한 것이다.

STEP 2 평행이동을 이용하여 둘러싸인 부분의 넓이 구하기

그림에서 $S_2=S_3$

$\therefore S_1+S_2=S_1+S_3$

따라서 구하는 넓이는

$(9-1)\times 2=16$

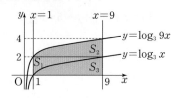

0735 답 ④

$y=\log_{\frac{1}{9}}x=-\frac{1}{2}\log_3 x$

즉, $x=\frac{1}{3}$일 때, $y=-\frac{1}{2}\log_3\frac{1}{3}=-\frac{1}{2}\log_3 3^{-1}=\frac{1}{2}$이므로

$A\left(\frac{1}{3},\ \frac{1}{2}\right)$

$x=3$일 때, $y=-\frac{1}{2}\log_3 3=-\frac{1}{2}$이므로

$C\left(3,\ -\frac{1}{2}\right)$

$y=\log_{\sqrt{3}}x=2\log_3 x$

즉, $x=\frac{1}{3}$일 때, $y=2\log_3\frac{1}{3}=2\log_3 3^{-1}=-2$이므로

$B\left(\frac{1}{3},\ -2\right)$

$x=3$일 때, $y=2\log_3 3=2$이므로

$D(3,\ 2)$

$\overline{AB}/\!/\overline{DC}$이고 $\overline{AB}=\overline{DC}=\frac{5}{2}$이므로 사각형 ABCD는 평행사변형이고 그 넓이는

$\frac{5}{2}\times\left(3-\frac{1}{3}\right)=\frac{5}{2}\times\frac{8}{3}=\frac{20}{3}$

0736 답 30

점 A의 x좌표가 $\frac{1}{4}$이므로 y좌표는

$\log_{\sqrt{2}}\frac{1}{4}=\log_{\sqrt{2}}(\sqrt{2})^{-4}=-4$

$\therefore A\left(\frac{1}{4},\ -4\right)$

점 D의 y좌표가 -4이므로 $\log_{\frac{\sqrt{2}}{2}}x=-4$에서 x좌표는 ← 두 점 A, D의 y좌표가 같다.

$x=\left(\frac{\sqrt{2}}{2}\right)^{-4}=(\sqrt{2})^4=4$

$\therefore D(4,\ -4)$

이때 두 함수 $y=\log_{\sqrt{2}}x$, $\log_{\frac{\sqrt{2}}{2}}x$의 그래프는 x축에 대하여 서로 대칭이므로 $C\left(\frac{1}{4},\ 4\right)$

$y=-\log_{\sqrt{2}}x=\log_{(\sqrt{2})^{-1}}x$
$=\log_{\frac{1}{\sqrt{2}}}x=\log_{\frac{\sqrt{2}}{2}}x$

따라서 사각형 ADBC의 넓이는

$\overline{AD}\times\overline{AC}=\left(4-\frac{1}{4}\right)\times\{4-(-4)\}=30$

0737 답 ②

$y=\log_2 2x=\log_2\left(8\times\frac{x}{4}\right)=3+\log_2\frac{x}{4}$

이므로 함수 $y=\log_2 2x$의 그래프는 함수 $y=\log_2\frac{x}{4}$의 그래프를 y축의 방향으로 3만큼 평행이동한 것이다.

이때 곡선 $y=\log_2 2x$와 선분 AD로 둘러싸인 부분의 넓이는 곡선

$y=\log_2\frac{x}{4}$와 선분 CB로 둘러싸인 부분의 넓이와 같으므로 구하는 넓이는 평행사변형 ACBD의 넓이와 같다.

따라서 구하는 넓이는

$\overline{AC}\times\overline{AB}=3\times5=15$ ← 점 C를 y축의 방향으로 3만큼 평행이동한 점이 A이다.

0738 답 ④

곡선 $y=\log_3 x$를 x축의 방향으로 -2만큼, y축의 방향으로 2만큼 평행이동한 그래프를 나타내는 식은

$y=\log_3(x+2)+2$

이므로

$f(x)=\log_3(x+2)+2$

두 점 $A(1,\ 0)$, $B(9,\ 2)$를 x축의 방향으로 -2만큼, y축의 방향으로 2만큼 평행이동한 두 점 C, D의 좌표는

$C(-1,\ 2)$, $D(7,\ 4)$

이때 곡선 $y=\log_3 x$와 선분 AB로 둘러싸인 부분의 넓이는 곡선 $y=f(x)$와 선분 CD로 둘러싸인 부분의 넓이와 같다.

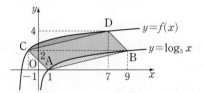

따라서 구하는 넓이는 사각형 ABDC의 넓이와 같고, 사각형 ABDC의 넓이는 넓이가 같은 두 삼각형 CAB, CBD의 넓이의 합과 같으므로

$2\times\left(\frac{1}{2}\times10\times2\right)=20$

0739 답 ②

$g(x)=\log_2 3x=\log_2 x+\log_2 3=f(x)+\log_2 3$

즉, 함수 $g(x)=\log_2 3x$의 그래프는 함수 $f(x)=\log_2 x$의 그래프를 y축의 방향으로 $\log_2 3$만큼 평행이동한 것이다.

이때 곡선 $y=g(x)$와 선분 DB, 선분 BC로 둘러싸인 부분의 넓이는 곡선 $y=f(x)$와 선분 AE, 선분 BE로 둘러싸인 부분의 넓이와 같으므로 구하는 넓이는 직사각형 AEBD의 넓이와 같다.

$\overline{AD}=\log_2 3$, $\overline{AE}=3-1=2$이므로 구하는 넓이는

$2\times\log_2 3=2\log_2 3$

0740 답 ④

| 유형 11

그림과 같이 함수 $y=4^x$의 그래프 위의 두 점 A, B를 각각 지나고 기울기가 -1인 직선이 함수 $y=\log_4 x$의 그래프와 만나는 점을 각각 C, D라 할 때,

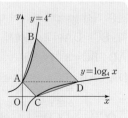

단서1 사각형 ACDB의 넓이는?
(단, 점 A는 y축 위에 있고 선분 AD는 x축에 평행하다.)

① $2\sqrt{2}$　　② 4　　③ $4\sqrt{2}$
④ 8　　⑤ $8\sqrt{2}$

단서1 $y=4^x$과 $y=\log_4 x$는 서로 역수관계이므로 두 점 A와 C, 두 점 B와 D는 직선 $y=x$에 대하여 각각 대칭

점 A의 좌표는 $(0, 1)$

점 D의 y좌표가 1이므로 x좌표는

$1=\log_4 x$ ∴ $x=4$

∴ D$(4, 1)$

두 함수 $y=4^x$과 $y=\log_4 x$는 서로 역함수이므로 두 함수의 그래프는 직선 $y=x$에 대하여 대칭이다.

즉, 점 C는 점 A$(0, 1)$과 직선 $y=x$에 대하여 대칭이므로

C$(1, 0)$

점 B는 점 D$(4, 1)$과 직선 $y=x$에 대하여 대칭이므로

B$(1, 4)$

사각형 ACDB의 넓이는 삼각형 ADB의 넓이와 삼각형 ACD의 넓이의 합이므로

$\left(\dfrac{1}{2}\times 4\times 3\right)+\left(\dfrac{1}{2}\times 4\times 1\right)=8$

0741 답 ⑤

$y=2^x-1$에서 $2^x=y+1$

∴ $x=\log_2(y+1)$

x와 y를 서로 바꾸면

$y=\log_2(x+1)$

즉, 두 함수 $y=2^x-1$과

$y=\log_2(x+1)$은 서로 역

함수 관계이므로 두 함수의 그래프는 직선 $y=x$에 대하여 대칭이다.

따라서 점 B는 점 A$(2, 3)$을 직선 $y=x$에 대하여 대칭이동한 점이므로

B$(3, 2)$

이때 두 점 C, D는 C$(2, 0)$, D$(3, 0)$이므로 사각형 ACDB의 넓이는

$\dfrac{1}{2}\times(\overline{AC}+\overline{BD})\times\overline{CD}=\dfrac{1}{2}\times(3+2)\times 1=\dfrac{5}{2}$

0742 답 20

점 C$(a, 0)$이고, 직선 $y=-x+a$가 y축과 만나는 점을 D라 하면 점 D의 좌표는 $(0, a)$이다.

한편, 두 함수 $y=2^x$과 $y=\log_2 x$는 서로 역함수 관계이므로 두 곡선은 직선 $y=x$에 대하여 대칭이다.

즉, $\overline{BC}=\overline{DA}$이고, ㈎에서

$\overline{AB}:\overline{BC}=3:1$이므로

$\overline{DA}:\overline{AB}:\overline{BC}=1:3:1$

따라서 (두 삼각형의 높이가 같으므로 넓이의 비는 밑변의 길이의 비이다.)

$\triangle$OCB : $\triangle$OCD $=1:5$이므로

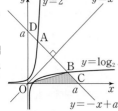

$\triangle$OCB$=\dfrac{1}{5}\triangle$OCD

$=\dfrac{1}{5}\times\left(\dfrac{1}{2}\times\overline{OC}\times\overline{OD}\right)$

$=\dfrac{1}{10}\times a\times a=\dfrac{1}{10}a^2$

이때 ㈏에서 $\dfrac{1}{10}a^2=40$이므로 $a^2=400$

∴ $a=20$ $(\because a>0)$

따라서 점 A(p, q)는 직선 $y=-x+a$, 즉 $y=-x+20$ 위의 점이므로

$q=-p+20$

∴ $p+q=20$

0743 답 ②

직선 $y=-x+8$, 즉 $x+y-8=0$과 원점 사이의 거리는

$\dfrac{|-8|}{\sqrt{1^2+1^2}}=\dfrac{8}{\sqrt{2}}=4\sqrt{2}$

삼각형 OAB의 넓이가 16이므로

$\dfrac{1}{2}\times\overline{AB}\times 4\sqrt{2}=16$

∴ $\overline{AB}=4\sqrt{2}$

$y=\log_a x$는 $y=a^x$의 역함수이므로 두 함수 $y=a^x$, $y=\log_a x$의 그래프는 직선 $y=x$에 대하여 대칭이다.

점 A의 좌표를 $(k, 8-k)$라 하면 점 B의 좌표는 $(8-k, k)$이므로

$\overline{AB}^2=(8-2k)^2+(2k-8)^2=(4\sqrt{2})^2$

$2(2k-8)^2=32$, $8(k-4)^2=32$

$(k-4)^2=4$, $k-4=\pm 2$

∴ $k=2$ 또는 $k=6$

이때 점 A의 x좌표는 점 B의 x좌표보다 작으므로

$k=2$

따라서 A$(2, 6)$, B$(6, 2)$이고, 점 A가 함수 $y=a^x$의 그래프 위의 점이므로

$a^2=6$

개념 Check

> **점과 직선 사이의 거리**
>
> 점 (x_1, y_1)과 직선 $ax+by+c=0$ 사이의 거리는
>
> $\dfrac{|ax_1+by_1+c|}{\sqrt{a^2+b^2}}$
>
> 특히, 원점과 직선 $ax+by+c=0$ 사이의 거리는
>
> $\dfrac{|c|}{\sqrt{a^2+b^2}}$

참고 점 A와 B가 직선 $y=x$에 대하여 대칭임을 이용하여 좌표를 설정해야 한다. 이때 점 A가 직선 $y=-x+8$ 위의 점임을 이용하여 좌표를 $(k, 8-k)$와 같이 한 개의 미지수를 이용하여 설정한다.

다른 풀이

직선 $y=-x+8$이 x축, y축과 만나는 점을 각각 C, D라 하면 C$(8, 0)$, D$(0, 8)$이므로

$\triangle$OCD$=\dfrac{1}{2}\times 8\times 8=32$

∴ $\triangle$OAD$+\triangle$OBC$=\triangle$OCD$-\triangle$OAB

$=32-16=16$

두 함수 $y=a^x$, $y=\log_a x$는 서로 역함수 관계이므로 두 곡선은 직선 $y=x$에 대하여 대칭이다. 즉, 두 삼각형 OAD, OBC는 합동이므로

$\triangle$OAD$=\triangle$OBC$=\dfrac{1}{2}\times 16=8$

이때 점 B의 y좌표를 p라 하면

$$\triangle OBC = \frac{1}{2} \times \overline{OC} \times p = \frac{1}{2} \times 8 \times p = 8$$

에서 $p=2$이므로 점 B의 x좌표는

$$2 = \log_a x \qquad \therefore x = a^2$$

따라서 점 $B(a^2, 2)$가 직선 $y = -x + 8$ 위의 점이므로

$$2 = -a^2 + 8 \qquad \therefore a^2 = 6$$

0744 답 ④

두 함수 $y = a^x$, $y = \log_a x$는 서로 역함수 관계이므로 두 곡선은 직선 $y = x$에 대하여 대칭이다. 이때 직선 $y = -x + 5$도 직선 $y = x$에 대하여 대칭이므로 사각형 ACDB는 직선 $y = x$에 대하여 대칭인 사다리꼴이다.

그림과 같이 $\overline{AB}$의 중점을 M이라 하면

$$M\left(\frac{5}{2}, \frac{5}{2}\right)$$

$$\therefore \overline{OM} = \frac{5\sqrt{2}}{2}$$

$C(0, 1)$, $D(1, 0)$이므로 $\overline{CD}$의 중점을 M′이라 하면

$$M'\left(\frac{1}{2}, \frac{1}{2}\right)$$

$$\therefore \overline{OM'} = \frac{\sqrt{2}}{2}$$

따라서 사다리꼴 ACDB의 높이는

$$\overline{OM} - \overline{OM'} = \frac{5\sqrt{2}}{2} - \frac{\sqrt{2}}{2} = 2\sqrt{2}$$

이고, $\overline{CD} = \sqrt{2}$이므로 사다리꼴의 넓이는

$$\frac{1}{2} \times (\sqrt{2} + \overline{AB}) \times 2\sqrt{2} = 10, \quad 2 + \sqrt{2} \times \overline{AB} = 10$$

$$\sqrt{2}\,\overline{AB} = 8 \qquad \therefore \overline{AB} = 4\sqrt{2}$$

점 A는 직선 $y = -x + 5$ 위의 점이므로 $A\left(k, 5-k\right)$ $\left(0 < k < \frac{5}{2}\right)$라 하면 $B(5-k, k)$이다.

$$\begin{aligned}\overline{AB} &= \sqrt{(5-k-k)^2 + (k-5+k)^2}\\ &= (5-2k)\sqrt{2} \ (\because 5-2k > 0)\\ &= 4\sqrt{2}\end{aligned}$$

이므로

$$5 - 2k = 4 \qquad \therefore k = \frac{1}{2}$$

따라서 $A\left(\frac{1}{2}, \frac{9}{2}\right)$, $B\left(\frac{9}{2}, \frac{1}{2}\right)$이고 점 A는 곡선 $y = a^x$ 위의 점이므로

$$a^{\frac{1}{2}} = \frac{9}{2}$$

$$\therefore a = \left(\frac{9}{2}\right)^2 = \frac{81}{4}$$

0745 답 ①

점 $A(4, 0)$을 지나고 y축에 평행한 직선이 곡선 $y = \log_2 x$와 만나는 점은 $B(4, 2)$이다.

점 B를 지나고 기울기가 -1인 직선이 곡선 $y = 2^{x+1} + 1$과 만나는 점을 $C(a, b)$라 하자.

$y = 2^{x+1} + 1$에서 $2^{x+1} = y - 1$

$x + 1 = \log_2(y-1)$ $\quad \therefore x = \log_2(y-1) - 1$

x와 y를 서로 바꾸면 $y = \log_2(x-1) - 1$

따라서 $y = 2^{x+1} + 1$의 역함수는 $y = \log_2(x-1) - 1$

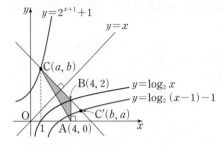

따라서 점 C를 직선 $y = x$에 대하여 대칭이동한 점 $C'(b, a)$는 곡선 $y = \log_2(x-1) - 1$ 위에 있다.

점 C'을 x축의 방향으로 -1만큼, y축의 방향으로 1만큼 평행이동한 점 $(b-1, a+1)$은 점 $B(4, 2)$이다.

즉, $a+1 = 2$, $b-1 = 4$이므로 $\longrightarrow$ 곡선 $y = \log_2(x-1) - 1$을 x축의 방향으로 -1만큼, y축의 방향으로 1만큼 평행이동 하면 곡선 $y = \log_2 x$와 겹쳐진다.

$a = 1$, $b = 5$

따라서 삼각형 ABC의 넓이는

$$\frac{1}{2} \times (2-0) \times (4-1) = 3$$

0746 답 ④ | 유형 12

$\frac{1}{4} \leq x \leq 2$에서 두 함수 $y = \log_2 x + k$, $y = \left(\frac{1}{2}\right)^{x-3}$의 최솟값이 서로 같아지게 하는 상수 k의 값은? **단서1**

① 1 　　　　 ② 2 　　　　 ③ 3
④ 4 　　　　 ⑤ 5

단서1 (밑)>1이면 최솟값은 $x = \frac{1}{4}$일 때의 함숫값. $0 <$ (밑) < 1이면 최솟값은 $x = 2$일 때의 함숫값

STEP 1 $y = \log_2 x + k$의 최솟값 구하기

함수 $y = \log_2 x + k$에서 밑이 1보다 크므로 x의 값이 증가하면 y의 값도 증가한다.

따라서 $x = \frac{1}{4}$일 때 최소이고 최솟값은

$$\log_2 \frac{1}{4} + k = \log_2 2^{-2} + k = -2 + k \quad \cdots\cdots \text{㉠}$$

STEP 2 $y = \left(\frac{1}{2}\right)^{x-3}$의 최솟값 구하기

함수 $y = \left(\frac{1}{2}\right)^{x-3}$에서 밑이 1보다 작은 양수이므로 x의 값이 증가하면 y의 값은 감소한다.

따라서 $x = 2$일 때 최소이고 최솟값은

$$\left(\frac{1}{2}\right)^{2-3} = \left(\frac{1}{2}\right)^{-1} = 2 \quad \cdots\cdots \text{㉡}$$

STEP 3 상수 k의 값 구하기

㉠과 ㉡이 같아야 하므로

$$-2 + k = 2 \qquad \therefore k = 4$$

0747 답 -1

함수 $y = \log_3(x+2) - 1$에서 밑이 1보다 크므로 x의 값이 증가하면 y의 값도 증가한다.

$x=1$일 때 최대이고 최댓값은

$\log_3(1+2)-1=1-1=0$

$x=-1$일 때 최소이고 최솟값은

$\log_3(-1+2)-1=0-1=-1$

따라서 최댓값과 최솟값의 합은

$0+(-1)=-1$

0748 답 26

함수 $y=\log_{\frac{1}{3}}(x-1)+1$에서 밑이 1보다 작은 양수이므로 x의 값이 증가하면 y의 값은 감소한다.

따라서 $x=28$일 때 최소이므로 $a=28$이고, 최솟값은

$m=\log_{\frac{1}{3}}(28-1)+1=\log_{\frac{1}{3}}27+1=-3+1=-2$

$\therefore a+m=28+(-2)=26$

0749 답 ②

함수 $y=\log_{\frac{1}{2}}2\sqrt{x+a}$에서 밑이 1보다 작은 양수이므로 x의 값이 증가할 때 y의 값은 감소한다.

즉, $x=5$일 때 최솟값 -2를 가지므로

$\log_{\frac{1}{2}}2\sqrt{5+a}=-2$

$2\sqrt{5+a}=\left(\dfrac{1}{2}\right)^{-2}$, $\sqrt{5+a}=2$

$5+a=4$ $\therefore a=-1$

따라서 함수 $y=\log_{\frac{1}{2}}2\sqrt{x-1}$은 $x=2$일 때 최댓값을 가지고 구하는 최댓값은

$\log_{\frac{1}{2}}2\sqrt{2-1}=\log_{\frac{1}{2}}2=-1$

0750 답 ② | 유형 13

> 함수 $y=\log_5(x^2-4x+29)$의 최솟값은?
>
> **단서 1**
>
> ① 1   ② 2   ③ 3
>
> ④ 4   ⑤ 5
>
> **단서 1** (밑)>1이므로 진수가 최소일 때, y도 최소

STEP 1 진수를 $f(x)$로 놓고, $f(x)$의 최솟값 구하기

$f(x)=x^2-4x+29$로 놓으면

$f(x)=(x-2)^2+25$

따라서 $f(x)$는 $x=2$일 때 최솟값 25를 가진다.

STEP 2 $a>1$일 때, $f(x)$가 최소이면 $\log_a f(x)$도 최솟임을 이용하여 주어진 함수의 최솟값 구하기

함수 $y=\log_5(x^2-4x+29)$에서 밑이 1보다 크므로 $x=2$일 때 최솟값 $\log_5 25=\log_5 5^2=2$를 가진다.

0751 답 ②

진수의 조건에서

$1-x>0$, $x+3>0$

$\therefore -3<x<1$

로그의 성질에 의하여

$y=\log_5(1-x)+\log_5(x+3)$

 $=\log_5(1-x)(x+3)$

 $=\log_5(-x^2-2x+3)$

$f(x)=-x^2-2x+3$으로 놓으면

$f(x)=-(x+1)^2+4$

이므로 $-3<x<1$에서 $f(x)$는 $x=-1$일 때 최댓값 4를 가진다.

따라서 함수 $y=\log_5 f(x)$에서 밑이 1보다 크므로 $x=-1$일 때 최댓값 $\log_5 4=2\log_5 2$를 가진다.

0752 답 ⑤

$f(x)=x^2-ax+b$로 놓으면

$y=\log_{\frac{1}{9}}(x^2-ax+b)$에서

$y=\log_{\frac{1}{9}}f(x)$

함수 $y=\log_{\frac{1}{9}}f(x)$의 밑이 1보다 작은 양수이므로 $f(x)$가 최소일 때 함수 $y=\log_{\frac{1}{9}}f(x)$는 최대가 된다.

즉, $y=\log_{\frac{1}{9}}f(x)$는 $x=3$일 때 최댓값 -1을 가지므로 $f(x)$는 $x=3$일 때 최솟값을 가져야 한다.

$f(x)=x^2-ax+b=\left(x-\dfrac{a}{2}\right)^2+b-\dfrac{a^2}{4}$에서

$\dfrac{a}{2}=3$ $\therefore a=6$

$\log_{\frac{1}{9}}f(3)=-1$이므로

$f(3)=\left(\dfrac{1}{9}\right)^{-1}=9$

즉, $9-18+b=9$ $\therefore b=18$

따라서 $a=6$, $b=18$이므로

$a+b=6+18=24$

0753 답 ①

진수의 조건에서

$x>0$, $x-1>0$

$\therefore x>1$

로그의 성질에 의하여

$y=\log_3 x+\log_{\frac{1}{3}}(x-1)$

 $=\log_3 x-\log_3(x-1)$

 $=\log_3\dfrac{x}{x-1}$

$f(x)=\dfrac{x}{x-1}$로 놓으면

$f(x)=\dfrac{1}{x-1}+1\ (x>1)$

$2\leq x\leq 3$에서 $f(x)$는 $x=2$일 때 최댓값 2, $x=3$일 때 최솟값 $\dfrac{3}{2}$을 가진다.

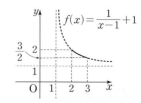

따라서 함수 $y=\log_3\dfrac{x}{x-1}$에서 밑이 1보다 크므로 $x=2$일 때 최댓값 $M=\log_3 2$, $x=3$일 때 최솟값 $m=\log_3\dfrac{3}{2}$을 가진다.

$\therefore M+m=\log_3 2+\log_3\dfrac{3}{2}=\log_3 3=1$

0754 답 -3

$g(x)=x^2-4x+a$로 놓으면

$g(x)=(x-2)^2+a-4$

$0\le x\le 3$에서 $g(x)$는 $x=2$일 때 최솟값 $a-4$, $x=0$일 때 최댓값 a를 가진다.

함수 $f(x)=\log_{\frac{1}{2}}(x^2-4x+a)$에서 밑이 1보다 작은 양수이므로 $f(x)$는 $x=2$일 때 최댓값 -2를 가진다.

즉, $\log_{\frac{1}{2}}(a-4)=-2$이므로

$a-4=\left(\dfrac{1}{2}\right)^{-2}=4$

$\therefore a=8$

따라서 함수 $f(x)=\log_{\frac{1}{2}}(x^2-4x+8)$은 $x=0$일 때 최솟값을 가지고, 최솟값은

$\log_{\frac{1}{2}}8=\log_{2^{-1}}2^3=-3$

0755 답 2

$f(x)=|x^2-8x-20|$으로 놓으면

$f(x)=|(x-4)^2-36|$

$-1\le x\le 6$에서 함수 $y=f(x)$의 그래프는 그림과 같으므로

$11\le f(x)\le 36$

함수 $y=\log_6 f(x)$에서 밑이 1보다 크므로 함수 $y=\log_6 f(x)$는 $f(x)=36$일 때 최대이고, 최댓값은

$\log_6 36=\log_6 6^2=2$

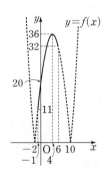

0756 답 ②

함수 $f(x)=\log_3(x^2-6x+k)\ (k>9)$에서

$g(x)=x^2-6x+k$라 하면

$g(x)=(x-3)^2+k-9$

또, 함수 $f(x)$에서 밑이 1보다 크므로 $g(x)$가 최대일 때 $f(x)$도 최대이고 $g(x)$가 최소일 때 $f(x)$도 최소이다.

$0\le x\le 5$에서 $g(x)$는 $x=3$일 때 최솟값 $k-9$, $x=0$일 때 최댓값 k를 가지므로 $f(x)$의 최솟값은 $\log_3(k-9)$, 최댓값은 $\log_3 k$이다.

이때 최댓값과 최솟값의 합이 $2+\log_3 4$이므로

$\log_3(k-9)+\log_3 k=2+\log_3 4$

$\log_3 k(k-9)=\log_3 36$에서

$k^2-9k=36,\ k^2-9k-36=0$

$(k+3)(k-12)=0$ $\therefore k=-3$ 또는 $k=12$

그런데 $k>9$이므로 구하는 상수 k의 값은 12이다.

0757 답 ⑤ | 유형 **14**

$1\le x\le 32$에서 함수 $y=(\log_2 x)^2-2\log_2 x^2+2$의 최댓값을 M, 최솟값을 m이라 할 때, $M+m$의 값은? **단서1**

① 1 ② 2 ③ 3

④ 4 ⑤ 5

단서1 $\log_2 x=t$로 치환

STEP1 반복되는 부분을 치환하여 함수의 식 정리하기

$y=(\log_2 x)^2-2\log_2 x^2+2$

　$=(\log_2 x)^2-4\log_2 x+2$

$\log_2 x=t$로 놓으면

$y=t^2-4t+2=(t-2)^2-2$

이때 $1\le x\le 32$에서

$\log_2 1\le \log_2 x\le \log_2 32$

$\therefore 0\le t\le 5$

STEP2 최댓값과 최솟값 구하기

$t=2$일 때 최솟값 $m=-2$,

$t=5$일 때 최댓값 $M=(5-2)^2-2=7$

을 가진다.

STEP3 $M+m$의 값 구하기

$M+m=7+(-2)=5$

0758 답 ④

$y=\left(\log_{\frac{1}{2}}x\right)^2-\log_{\frac{1}{2}}x^2+2$

　$=\left(\log_{\frac{1}{2}}x\right)^2-2\log_{\frac{1}{2}}x+2$

$\log_{\frac{1}{2}}x=t$로 놓으면 $\dfrac{1}{4}\le x\le 8$에서 $\log_{\frac{1}{2}}8\le \log_{\frac{1}{2}}x\le \log_{\frac{1}{2}}\dfrac{1}{4}$

$\therefore -3\le t\le 2$ →밑이 $0<\dfrac{1}{2}<1$이므로 부등호 방향이 바뀐다.

이때 $y=t^2-2t+2=(t-1)^2+1$이므로

$t=-3$일 때 최댓값 $M=(-3-1)^2+1=17$,

$t=1$일 때 최솟값 $m=1$을 가진다.

$\therefore M-m=17-1=16$

0759 답 최댓값 : 1, 최솟값 : -3

$y=(\log x)\left(\log \dfrac{100}{x}\right)$

$\quad=(\log x)(2-\log x)$

$\quad=-(\log x)^2+2\log x$

$\log x=t$로 놓으면 $\dfrac{1}{10}\le x\le 100$에서 $\log \dfrac{1}{10}\le \log x\le \log 100$

$\therefore -1\le t\le 2$

이때 $y=-t^2+2t=-(t-1)^2+1$이므로

$t=-1$일 때 최솟값 $-(-1-1)^2+1=-3$,

$t=1$일 때 최댓값 1을 가진다.

0760 답 ④

$y=\log_2 x\times \log_{\frac{1}{2}} x+2\log_2 x+10$

$\quad=\log_2 x\times (-\log_2 x)+2\log_2 x+10$

$\quad=-(\log_2 x)^2+2\log_2 x+10$

$\log_2 x=t$로 놓으면 $1\le x\le 16$에서 $\log_2 1\le \log_2 x\le \log_2 16$

$\therefore 0\le t\le 4$

이때 $y=-t^2+2t+10=-(t-1)^2+11$이므로

$t=1$일 때 최댓값 $M=11$,

$t=4$일 때 최솟값 $m=-(4-1)^2+11=2$를 가진다.

$\therefore M+m=11+2=13$

0761 답 ⑤

$y=(\log_2 x)^2+a\log_8 x^2+b$

$\quad=(\log_2 x)^2+\dfrac{2}{3}a\log_2 x+b$

$\log_2 x=t$로 놓으면

$y=t^2+\dfrac{2}{3}at+b$ $\quad\cdots\cdots$ ㉠

㉠이 $x=\dfrac{1}{2}$, 즉 $t=\log_2 \dfrac{1}{2}=-1$일 때 최솟값 1을 가지므로

$y=(t+1)^2+1=t^2+2t+2$ $\quad\cdots\cdots$ ㉡

㉠, ㉡이 일치해야 하므로

$\dfrac{2}{3}a=2$, $b=2$

$\therefore a=3$, $b=2$

$\therefore a+b=3+2=5$

0762 답 ①

$y=\left(2+\log_x 2+\log_{\frac{1}{2}} x\right)\log_2 x$

$\quad=\left(2+\dfrac{1}{\log_2 x}-\log_2 x\right)\log_2 x$

$\quad=2\log_2 x+1-(\log_2 x)^2$

$\log_2 x=t$로 놓으면 $2\le x\le 8$에서 $\log_2 2\le \log_2 x\le \log_2 8$

$\therefore 1\le t\le 3$

이때 $y=-t^2+2t+1=-(t-1)^2+2$이므로

$t=1$일 때 최댓값 $M=2$,

$t=3$일 때 최솟값 $m=-(3-1)^2+2=-2$를 가진다.

$\therefore Mm=2\times (-2)=-4$

0763 답 ③

|유형 15

정의역이 $\{x\,|\,1\le x\le 27\}$인 함수 $y=x^{-2+\log_3 x}$의 최댓값을 M, 최솟값을 m이라 할 때, Mm의 값은? **단서1**

① 3 　　　② 6 　　　③ 9

④ 12 　　　⑤ 18

단서1 양변에 밑이 3인 로그를 취하여 이용

STEP 1 지수에 있는 로그와 밑이 같은 로그를 취하기

$y=x^{-2+\log_3 x}$의 양변에 밑이 3인 로그를 취하면

$\log_3 y=\log_3 x^{-2+\log_3 x}$

$\qquad=(-2+\log_3 x)\log_3 x$

$\qquad=(\log_3 x)^2-2\log_3 x$

STEP 2 $\log_3 x=t$로 치환하기

$\log_3 x=t$로 놓으면

$\log_3 y=t^2-2t=(t-1)^2-1$

$1\le x\le 27$에서

$\log_3 1\le \log_3 x\le \log_3 27$

$\therefore 0\le t\le 3$

STEP 3 최댓값과 최솟값 구하기

$\log_3 y$는 $t=3$일 때 최댓값 3, $t=1$일 때 최솟값 -1을 가지므로

$\log_3 y=3$에서 $y=3^3=27$ $\quad\therefore M=27$

$\log_3 y=-1$에서 $y=3^{-1}=\dfrac{1}{3}$

$\therefore m=\dfrac{1}{3}$

STEP 4 Mm의 값 구하기

$Mm=27\times \dfrac{1}{3}=9$

0764 답 ⑤

$y=\dfrac{x^4}{x^{\log_2 x}}=x^{4-\log_2 x}$이므로 양변에 밑이 2인 로그를 취하면

$\log_2 y=\log_2 x^{4-\log_2 x}$ → 이 함수가 정의되려면 $x>0$ 즉, $t=\log_2 x$는 모든 실수이다.

$\qquad=(4-\log_2 x)\log_2 x$

$\qquad=-(\log_2 x)^2+4\log_2 x$

$\log_2 x=t$로 놓으면

$\log_2 y=-t^2+4t=-(t-2)^2+4$

따라서 $\log_2 y$는 $t=2$일 때 최댓값 4를 가지므로

$\log_2 x=2$에서 $x=2^2=4$ $\quad\therefore a=4$

$\log_2 y=4$에서 $y=2^4=16$ $\quad\therefore b=16$

$\therefore a+b=4+16=20$

0765 답 ⑤

$3^{\log x}=x^{\log 3}$이므로 $3^{\log x}=t$로 놓으면 주어진 함수는

$y=t^2-6t+4=(t-3)^2-5$

이때 $x>1$이므로 $t>1$

따라서 $t=3$일 때 최솟값 -5를 가진다.

$t=3$에서 $3^{\log x}=3$

$\log x=1$ $\quad\therefore x=10$

따라서 $a=10$, $b=-5$이므로

$a+b=10+(-5)=5$

0766 달 ③ |유형16|

STEP 1 로그의 성질을 이용하여 식 나타내기

$$\log_5\left(x+\frac{4}{y}\right)+\log_5\left(y+\frac{9}{x}\right)=\log_5\left(x+\frac{4}{y}\right)\left(y+\frac{9}{x}\right)$$
$$=\log_5\left(xy+\frac{36}{xy}+13\right)$$

밑이 1보다 크므로 $xy+\dfrac{36}{xy}+13$이 최소일 때 최솟값을 가진다.

STEP 2 산술평균과 기하평균의 관계를 이용하여 주어진 식의 최솟값 구하기

$x>0$, $y>0$에서 $xy>0$, $\dfrac{36}{xy}>0$이므로 산술평균과 기하평균의

관계에 의하여

$$xy+\frac{36}{xy}+13\geq 2\sqrt{xy\times\frac{36}{xy}}+13=2\times6+13=25$$

(단, 등호는 $xy=6$일 때 성립)

따라서 $xy+\dfrac{36}{xy}+13$의 최솟값이 25이므로 주어진 식의 최솟값은

$\log_5 25=\log_5 5^2=2$ └→$xy=\dfrac{36}{xy}$에서

                                  $xy=6$

0767 달 6

$y=\log_2 4x+2\log_x 4=2+\log_2 x+4\log_x 2$

$x>1$에서 $\log_2 x>0$, $4\log_x 2>0$이므로 산술평균과 기하평균의

관계에 의하여

$$2+\log_2 x+4\log_x 2\geq 2+2\sqrt{\log_2 x\times 4\log_x 2}$$
$$=2+2\sqrt{\log_2 x\times\frac{4}{\log_2 x}}$$
$$=2+4=6\ (\text{단, 등호는 }x=4\text{일 때 성립})$$

따라서 구하는 최솟값은 6이다.   └→$\log_2 x=\dfrac{4}{\log_2 x}$에서

                                  $\log_2 x=2$ $\therefore x=4$

0768 달 ④

$a>1$, $b>1$에서 $(\log_a b)^2>0$, $(\log_b a^4)^2>0$이므로 산술평균과

기하평균의 관계에 의하여

$$(\log_a b)^2+(\log_b a^4)^2=(\log_a b)^2+\left(\frac{4}{\log_a b}\right)^2$$
$$\geq 2\sqrt{(\log_a b)^2\times\left(\frac{4}{\log_a b}\right)^2}$$
$$=2\times4=8\ (\text{단, 등호는 }a^2=b\text{일 때 성립})$$

따라서 구하는 최솟값은 8이다.   └→$(\log_a b)^2=\left(\dfrac{4}{\log_a b}\right)^2$에서

                               $(\log_a b)^4=2^4$, $\log_a b=2$

                                    $\therefore a^2=b$

0769 달 4

$\log_2 x+\log_2 y=\log_2 xy$이고 밑이 1보다 크므로 xy가 최대일 때

$\log_2 xy$는 최댓값을 가진다.

$x>0$, $y>0$이므로 산술평균과 기하평균의 관계에 의하여

$9x+y\geq 2\sqrt{9xy}$ (단, 등호는 $9x=y$일 때 성립)

$24\geq 6\sqrt{xy}$, $\sqrt{xy}\leq 4$ $\therefore xy\leq 16$

따라서 $\log_2 xy\leq\log_2 16=4$이므로 구하는 최댓값은 4이다.

0770 달 3

$y=\log_4\dfrac{2x^2+8}{x}=\log_4\left(2x+\dfrac{8}{x}\right)$

이고 밑이 1보다 크므로 $2x+\dfrac{8}{x}$이 최소일 때 최솟값을 가진다.

$x>0$에서 $2x>0$, $\dfrac{8}{x}>0$이므로 산술평균과 기하평균의 관계에 의

하여

$$2x+\frac{8}{x}\geq 2\sqrt{2x\times\frac{8}{x}}=2\times 4=8\ (\text{단, 등호는 }x=2\text{일 때 성립})$$

$\therefore a=2$ └→$2x=\dfrac{8}{x}$에서 $x^2=4$

                                 $\therefore x=2$

따라서 $2x+\dfrac{8}{x}$의 최솟값이 8이므로 주어진 함수의 최솟값은

$\log_4 8=\log_{2^2} 2^3=\dfrac{3}{2}$

$\therefore b=\dfrac{3}{2}$

$\therefore \log_a 4^b=\log_2 4^{\frac{3}{2}}=\log_2 2^3=3$

0771 달 ②

$x^2y=16$의 양변에 밑이 2인 로그를 취하면

$\log_2 x^2 y=\log_2 16$

$\therefore 2\log_2 x+\log_2 y=4$ ⋯⋯⋯⋯⋯⋯⋯⋯⋯⋯⋯ ㉠

$x>1$, $y>1$에서 $2\log_2 x>0$, $\log_2 y>0$이므로 산술평균과 기하

평균의 관계에 의하여

$2\log_2 x+\log_2 y\geq 2\sqrt{2\log_2 x\times\log_2 y}$

(단, 등호는 $2\log_2 x=\log_2 y$일 때 성립)

$4\geq 2\sqrt{2\log_2 x\times\log_2 y}\ (\because ㉠)$

$2\geq\sqrt{2\log_2 x\times\log_2 y}$, $2\log_2 x\times\log_2 y\leq 4$

$\therefore \log_2 x\times\log_2 y\leq 2$

따라서 $\log_2 x\times\log_2 y$의 최댓값은 2이다.

0772 달 ③

$\dfrac{1}{3}<x<12$에서 $\log_6 3x>0$, $\log_6\dfrac{12}{x}>0$이므로 산술평균과 기하

평균의 관계에 의하여   └→$1<3x<36$, $1<\dfrac{12}{x}<36$

$\log_6 3x+\log_6\dfrac{12}{x}\geq 2\sqrt{\log_6 3x\times\log_6\dfrac{12}{x}}$

이때 $\log_6 3x+\log_6\dfrac{12}{x}=\log_6\left(3x\times\dfrac{12}{x}\right)=\log_6 36=2$이므로

$2\geq 2\sqrt{\log_6 3x\times\log_6\dfrac{12}{x}}$, $\sqrt{\log_6 3x\times\log_6\dfrac{12}{x}}\leq 1$

$\therefore \log_6 3x\times\log_6\dfrac{12}{x}\leq 1$

즉, $\log_6 3x\times\log_6\dfrac{12}{x}$의 최댓값은 1이므로

$b=1$

한편, 등호는 $\log_6 3x=\log_6\dfrac{12}{x}$, 즉 $3x=\dfrac{12}{x}$일 때 성립하므로

$x^2=\dfrac{12}{3}=4$

$\therefore x=2\left(\because \dfrac{1}{3}<x<12\right)$

따라서 $a=2$이므로

$a+b=2+1=3$

$$y = \log_6 3x \times \log_6 \frac{12}{x}$$
$$= (\log_6 3 + \log_6 x) \times (\log_6 12 - \log_6 x)$$
$$= -(\log_6 x)^2 + (\log_6 12 - \log_6 3)\log_6 x + \log_6 3 \times \log_6 12$$
$$= -(\log_6 x)^2 + \log_6 4 \times \log_6 x + \log_6 3 \times \log_6 12$$

와 같이 $\log_6 x$에 대한 이차함수로 생각하여 최댓값을 구하기는 어렵다. 이런 경우에는 무작정 최댓값을 구하려 하지 말고, 두 수가 양수라는 조건과 식의 형태를 살펴보고, 산술평균과 기하평균의 관계를 이용할 수 있는지 확인하도록 한다.

0773 답 ③
|유형 17

> 방정식 $\log_5 x - \log_{25}(x-2) = \log_{25}(2x+3)$을 풀면?
> 단서1
> ① $x=-2$ ② $x=2$ ③ $x=3$
> ④ $x=-2$ 또는 $x=3$ ⑤ $x=2$ 또는 $x=3$
> 단서1 밑이 다르므로 밑을 25로 통일

STEP 1 진수의 조건에서 x의 값의 범위 구하기

진수의 조건에서 $x>0$, $x-2>0$, $2x+3>0$

$\therefore x>2$ ·· ㉠

STEP 2 각 변의 로그의 밑을 25로 통일하기

$\log_5 x - \log_{25}(x-2) = \log_{25}(2x+3)$에서

$\log_5 x = \log_{25}(2x+3) + \log_{25}(x-2)$

$\log_{25} x^2 = \log_{25}(2x+3)(x-2)$

STEP 3 로그함수의 성질을 이용하여 방정식의 해 구하기

$x^2 = (2x+3)(x-2)$이므로

$x^2 - x - 6 = 0$, $(x+2)(x-3)=0$

$\therefore x=-2$ 또는 $x=3$

따라서 ㉠을 만족시키는 해는 $x=3$

0774 답 ③

진수의 조건에서 $2x+1>0$, $x-1>0$

$\therefore x>1$ ·· ㉠

$\log_2(2x+1) = 2 + \log_2(x-1)$에서

$\log_2(2x+1) = \log_2 4(x-1)$

$2x+1 = 4(x-1)$, $2x=5$ $\therefore x=\frac{5}{2}$

$x=\frac{5}{2}$는 ㉠을 만족시키므로 $a=\frac{5}{2}$

$\therefore 2a=5$

0775 답 ③

진수의 조건에서 $x>0$, $6x-5>0$

$\therefore x>\frac{5}{6}$ ·· ㉠

$\log_3 x = \log_9(6x-5)$에서

$\log_9 x^2 = \log_9(6x-5)$

$x^2 = 6x-5$이므로 $x^2 - 6x + 5 = 0$

$(x-5)(x-1) = 0$ $\therefore x=1$ 또는 $x=5$

이 값들은 모두 ㉠을 만족시키므로

$\alpha=1$, $\beta=5$ 또는 $\alpha=5$, $\beta=1$

$\therefore \alpha+\beta=6$

0776 답 ③

ㄱ. (i) $\log x^2 = 4$에서

진수의 조건에 의하여 $x^2>0$이므로 $x \neq 0$ ········ ㉠

$\log x^2 = 4$에서 $x^2 = 10^4$

$\therefore x=-100$ 또는 $x=100$

이 값들은 모두 ㉠을 만족시키므로

$\{x \mid \log x^2 = 4\} = \{-100, 100\}$

(ii) $2\log x = 4$에서

진수의 조건에 의하여 $x>0$ ················· ㉡

$2\log x = 4$에서 $\log x = 2$

$\therefore x=10^2 = 100$

이 값은 ㉡을 만족시키므로

$\{x \mid 2\log x = 4\} = \{100\}$

(i), (ii)에서 $\{x \mid \log x^2 = 4\} \neq \{x \mid 2\log x = 4\}$ (거짓)

ㄴ. (i) $\log 2(x+3)(x-1) = 1$에서

진수의 조건에 의하여 $2(x+3)(x-1)>0$

$\therefore x<-3$ 또는 $x>1$ ················· ㉢

$\log 2(x+3)(x-1) = 1$에서 $2(x+3)(x-1) = 10$

$x^2 + 2x - 8 = 0$, $(x+4)(x-2)=0$

$\therefore x=-4$ 또는 $x=2$

이 값들은 모두 ㉢을 만족시키므로

$\{x \mid \log 2(x+3)(x-1) = 1\} = \{-4, 2\}$

(ii) $\log(x+3) + \log 2(x-1) = 1$에서

진수의 조건에 의하여 $x+3>0$, $x-1>0$

$\therefore x>1$ ································· ㉣

$\log(x+3) + \log 2(x-1) = 1$에서

$\log 2(x+3)(x-1) = 1$

$2(x+3)(x-1) = 10$, $x^2 + 2x - 8 = 0$

$(x+4)(x-2) = 0$ $\therefore x=-4$ 또는 $x=2$

이때 ㉣을 만족시키는 해는 $x=2$

$\therefore \{x \mid \log(x+3) + \log 2(x-1) = 1\} = \{2\}$

(i), (ii)에서

$\{x \mid \log 2(x+3)(x-1) = 1\}$
$\neq \{x \mid \log(x+3) + \log 2(x-1) = 1\}$ (거짓)

ㄷ. (i) $\log \dfrac{x+3}{x-2} = 1$에서

진수의 조건에 의하여 $\underline{\dfrac{x+3}{x-2} > 0}$ → $(x-2)^2>0$이므로 양변에 $(x-2)^2$을 곱하면 $(x+3)(x-2)>0$

$(x+3)(x-2) > 0$

$\therefore x<-3$ 또는 $x>2$ ············· ㉤

$\log \dfrac{x+3}{x-2} = 1$에서 $\dfrac{x+3}{x-2} = 10$

$9x = 23$ $\therefore x = \dfrac{23}{9}$

$x=\dfrac{23}{9}$은 ㉤을 만족시키므로

$\left\{ x \mid \log \dfrac{x+3}{x-2} = 1 \right\} = \left\{ \dfrac{23}{9} \right\}$

(ii) $\log (x+3)-\log (x-2)=1$에서

진수의 조건에 의하여 $x+3>0$, $x-2>0$

$\therefore x>2$ ……… ㉃

$\log (x+3)-\log (x-2)=1$에서

$\log \dfrac{x+3}{x-2}=1$

$\dfrac{x+3}{x-2}=10$, $9x=23$

$\therefore x=\dfrac{23}{9}$

$x=\dfrac{23}{9}$은 ㉃을 만족시키므로

$\left\{ x \mid \log (x+3)-\log (x-2)=1 \right\}=\left\{ \dfrac{23}{9} \right\}$

(i), (ii)에서

$\left\{ x \mid \log \dfrac{x+3}{x-2}=1 \right\}=\left\{ x \mid \log (x+3)-\log (x-2)=1 \right\}$ (참)

따라서 옳은 것은 ㄷ뿐이다.

실수 Check

이 문제는 다른 꼴로 주어진 로그방정식을 적당히 변형하여 같은 꼴의 방정식으로 만들어 풀 수 있으나 진수의 조건에 따라 그 해가 달라지는 것을 보여 주는 것이다.
주어진 로그방정식에서 먼저 진수의 조건을 확인하고 로그방정식을 푼 후에는 구한 해가 진수 조건을 만족시키는지 반드시 확인해야 한다.

0777 답 1

진수의 조건에서 $5x+1>0$

$\therefore x>-\dfrac{1}{5}$ ……… ㉠

$2\log_4 (5x+1)=1$에서

$\log_2 (5x+1)=1$

$5x+1=2$

$\therefore x=\dfrac{1}{5}$

$x=\dfrac{1}{5}$은 ㉠을 만족시키므로 $\alpha=\dfrac{1}{5}$

$\therefore \log_5 \dfrac{1}{\alpha}=\log_5 5=1$

0778 답 ①　　　　　　　　　| 유형 18

방정식 $2(\log_2 x)^2-5\log_2 x-3=0$의 두 근을 α, β라 할 때,
　　　　　　【단서1】
$2\alpha^2+\beta$의 값은? (단, $\alpha<\beta$)

① 9　　　　　② 10　　　　　③ 11
④ 12　　　　　⑤ 13

【단서1】 $\log_2 x=t$로 치환

STEP 1 진수의 조건에서 x의 값의 범위 구하기

진수의 조건에서 $x>0$ ……… ㉠

STEP 2 반복되는 부분을 치환하여 t에 대한 방정식 세우기

$\log_2 x=t$로 놓으면 주어진 방정식은

$2t^2-5t-3=0$, $(2t+1)(t-3)=0$

$\therefore t=-\dfrac{1}{2}$ 또는 $t=3$

STEP 3 주어진 방정식의 해 구하기

$\log_2 x=-\dfrac{1}{2}$ 또는 $\log_2 x=3$이므로

$x=2^{-\frac{1}{2}}=\dfrac{1}{\sqrt{2}}=\dfrac{\sqrt{2}}{2}$ 또는 $x=2^3=8$

이 값들은 모두 ㉠을 만족시키므로 방정식의 근이다.

$\therefore \alpha=\dfrac{\sqrt{2}}{2}$, $\beta=8$ ($\because \alpha<\beta$)

STEP 4 $2\alpha^2+\beta$의 값 구하기

$2\alpha^2+\beta=2\times \left(\dfrac{\sqrt{2}}{2} \right)^2+8=9$

0779 답 ①

진수의 조건에서 $2x>0$, $4x>0$

$\therefore x>0$ ……… ㉠

$(\log_2 2x)(\log_4 4x)=10$에서

$(1+\log_2 x)(1+\log_4 x)=10$

$(1+2\log_4 x)(1+\log_4 x)=10$

$\log_4 x=t$로 놓으면 $(1+2t)(1+t)=10$

$2t^2+3t-9=0$, $(t+3)(2t-3)=0$

$\therefore t=-3$ 또는 $t=\dfrac{3}{2}$

즉, $\log_4 x=-3$ 또는 $\log_4 x=\dfrac{3}{2}$이므로

$x=4^{-3}=\dfrac{1}{64}$ 또는 $x=4^{\frac{3}{2}}=8$

이 값들은 모두 ㉠을 만족시키므로 주어진 방정식의 근은

$x=\dfrac{1}{64}$ 또는 $x=8$

따라서 모든 근의 곱은

$\dfrac{1}{64}\times 8=\dfrac{1}{8}$

0780 답 ⑤

밑과 진수의 조건에서 $x^2>0$, $x>0$, $x\neq 1$

$\therefore x>0$, $x\neq 1$ ……… ㉠

$\log_9 x^2+6\log_x 9-7=0$에서

$2\log_9 x+\dfrac{6}{\log_9 x}-7=0$

$\log_9 x=t$로 놓으면 $2t+\dfrac{6}{t}-7=0$

$2t^2-7t+6=0$

$(2t-3)(t-2)=0$

$\therefore t=\dfrac{3}{2}$ 또는 $t=2$

즉, $\log_9 x=\dfrac{3}{2}$ 또는 $\log_9 x=2$이므로

$x=9^{\frac{3}{2}}=3^3=27$ 또는 $x=9^2=81$

이 값들은 모두 ㉠을 만족시키므로 주어진 방정식의 근은

$x=27$ 또는 $x=81$

따라서 두 근의 합은

$27+81=108$

0781 답 $-\dfrac{10}{3}$

진수의 조건에서 $x>0$ ··· ㉠

$(\log_2 x)^2+\log_{\frac{1}{2}} x-6=0$에서

$(\log_2 x)^2-\log_2 x-6=0$

$\log_2 x=t$로 놓으면 $t^2-t-6=0$

$(t-3)(t+2)=0$ ∴ $t=3$ 또는 $t=-2$

즉, $\log_2 x=3$ 또는 $\log_2 x=-2$이므로

$x=2^3$ 또는 $x=2^{-2}$

이 값들은 모두 ㉠을 만족시키므로 방정식의 근이다.

이때 $\alpha>\beta$이므로 $\alpha=2^3$, $\beta=2^{-2}$

$\therefore \log_{\alpha^3}\beta+\log_\beta \alpha^2=\dfrac{1}{2}\log_\alpha \beta+2\log_\beta \alpha$

$\qquad\qquad\qquad\qquad =\dfrac{1}{2}\log_{2^3} 2^{-2}+2\log_{2^{-2}} 2^3$

$\qquad\qquad\qquad\qquad =\dfrac{1}{2}\times\left(-\dfrac{2}{3}\right)+2\times\left(-\dfrac{3}{2}\right)$

$\qquad\qquad\qquad\qquad =-\dfrac{10}{3}$

0782 답 ①

진수의 조건에서 $x>0$ ··· ㉠

방정식 $\log_2 x+\dfrac{a}{\log_2 x}-2=0$의 한 근이 $\dfrac{1}{2}$이므로

$\log_2 \dfrac{1}{2}+\dfrac{a}{\log_2 \frac{1}{2}}-2=0$

$-1-a-2=0$ ∴ $a=-3$

$\log_2 x-\dfrac{3}{\log_2 x}-2=0$에서 $\log_2 x=t$로 놓으면

$t-\dfrac{3}{t}-2=0,\ t^2-2t-3=0$

$(t+1)(t-3)=0$ ∴ $t=-1$ 또는 $t=3$

즉, $\log_2 x=-1$ 또는 $\log_2 x=3$이므로

$x=2^{-1}=\dfrac{1}{2}$ 또는 $x=2^3=8$

이 값들은 모두 ㉠을 만족시키므로 방정식의 근이다.

$\therefore b=8$

$\therefore a+b=(-3)+8=5$

0783 답 32

진수의 조건에서 $x>0$ ··· ㉠

$\left(\log_2 \dfrac{x}{2}\right)(\log_2 4x)=4$에서

$(\log_2 x-1)(\log_2 x+2)=4$

$\log_2 x=t$로 놓으면 $(t-1)(t+2)=4$

$t^2+t-6=0,\ (t-2)(t+3)=0$

$\therefore t=2$ 또는 $t=-3$

즉, $\log_2 x=2$ 또는 $\log_2 x=-3$이므로

$x=2^2$ 또는 $x=2^{-3}$

이 값들은 모두 ㉠을 만족시키므로

$\alpha=2^2$, $\beta=2^{-3}$ 또는 $\alpha=2^{-3}$, $\beta=2^2$

$\therefore 64\alpha\beta=64\times 2^2\times 2^{-3}=32$

0784 답 ③

방정식 $\underline{(\log_3 x)^2-\log_3 x^3-6=0}$의 $\underline{\text{두 근의 곱}}$은?
　　　　　　　　단서1　　　　　　　단서2

① 3　　　　② 9　　　　③ 27

④ 81　　　　⑤ 243

단서1 $\log_3 x=t$로 치환

단서2 이차방정식의 근과 계수의 관계를 이용

STEP 1 $\log_3 x=t$로 치환하여 t에 대한 이차방정식으로 나타내기

$(\log_3 x)^2-\log_3 x^3-6=0$에서

$(\log_3 x)^2-3\log_3 x-6=0$

$\log_3 x=t$로 놓으면

$t^2-3t-6=0$ ·· ㉠

STEP 2 이차방정식의 근과 계수의 관계를 이용하여 두 근의 곱 구하기

주어진 방정식의 두 근을 α, β라 하면 방정식 ㉠의 두 근은 $\log_3 \alpha$, $\log_3 \beta$이므로 이차방정식의 근과 계수의 관계에 의하여

$\log_3 \alpha+\log_3 \beta=3$

$\log_3 \alpha\beta=3$

$\therefore \alpha\beta=3^3=27$

0785 답 ④

$(\log_2 x+1)^2-6\log_2 x+1=0$에서

$\log_2 x=t$로 놓으면

$(t+1)^2-6t+1=0$

$\therefore t^2-4t+2=0$ ·· ㉠

주어진 방정식의 두 근이 α, β이므로 방정식 ㉠의 두 근은 $\log_2 \alpha$, $\log_2 \beta$이고, 이차방정식의 근과 계수의 관계에 의하여

$\log_2 \alpha+\log_2 \beta=4$

$\log_2 \alpha\beta=4$

$\therefore \alpha\beta=2^4=16$

0786 답 64

$\log \dfrac{2}{x}\times\log \dfrac{x}{3}-1=0$에서

$(\log 2-\log x)(\log x-\log 3)-1=0$

$\log x=t$로 놓으면

$(\log 2-t)(t-\log 3)-1=0$

$t^2-(\log 2+\log 3)t+\log 2\times\log 3+1=0$

$\therefore t^2-(\log 6)t+\log 2\times\log 3+1=0$ ······················· ㉠

주어진 방정식의 두 근이 α, β이므로 방정식 ㉠의 두 근은 $\log \alpha$, $\log \beta$이고, 이차방정식의 근과 계수의 관계에 의하여

$\log \alpha+\log \beta=\log 6$

$\log \alpha\beta=\log 6$ ∴ $\alpha\beta=6$

$\therefore 2^{\alpha\beta}=2^6=64$

0787 답 ①

$(\log_3 x)^2-2k\log_3 x-1=0$에서

$\log_3 x=t$로 놓으면

$t^2-2kt-1=0$ ··· ㉠

주어진 방정식의 두 근이 α, β이므로 방정식 $\bigcirc$의 두 근은 $\log_3\alpha$, $\log_3\beta$이고, 이차방정식의 근과 계수의 관계에 의하여

$\log_3\alpha+\log_3\beta=2k$

$\log_3\alpha\beta=2k$

이때 $\alpha\beta=81$이므로 $\log_3 81=2k$

$2k=\log_3 3^4=4$ $\therefore k=2$

0788 답 ⑤

$9^x-2\times3^{x+1}+3=0$에서

$(3^x)^2-6\times3^x+3=0$

$3^x=t\ (t>0)$로 놓으면

$t^2-6t+3=0$ ·· $\bigcirc$

방정식 $9^x-2\times3^{x+1}+3=0$의 두 근이 α, β이므로 방정식 $\bigcirc$의 두 근은 3^α, 3^β이고, 이차방정식의 근과 계수의 관계에 의하여

$3^\alpha\times3^\beta=3$, $3^{\alpha+\beta}=3$

$\therefore \alpha+\beta=1$

또한 $(\log_3 x)^2+a\log_3 x+b=0$에서 $\log_3 x=s$로 놓으면

$s^2+as+b=0$ ·· $\bigcirc\!\!\bigcirc$

방정식 $(\log_3 x)^2+a\log_3 x+b=0$의 두 근이

$\alpha+\beta=1$, $4^{\alpha+\beta}=4$

이므로 방정식 $\bigcirc\!\!\bigcirc$의 두 근은 $\log_3 1=0$, $\log_3 4$이다.

따라서 이차방정식의 근과 계수의 관계에 의하여

$0+\log_3 4=-a$, $0\times\log_3 4=b$

$\therefore a=-\log_3 4$, $b=0$

$\therefore b-a=\log_3 4$

0789 답 ②

$(\log_3 x)^2+6=k\log_3 x$에서

$\log_3 x=t$로 놓으면

$t^2+6=kt$ $\therefore t^2-kt+6=0$ ······························· $\bigcirc$

주어진 방정식의 두 근 α, β에 대하여 $\alpha:\beta=3:1$이므로 두 근을 3β, β라 하면 방정식 $\bigcirc$의 두 근은 $\log_3 3\beta$, $\log_3\beta$이고, 이차방정식의 근과 계수의 관계에 의하여

$\log_3 3\beta+\log_3\beta=k$

$\therefore 1+2\log_3\beta=k$ ·· $\bigcirc\!\!\bigcirc$

$\log_3 3\beta\times\log_3\beta=6$

$\therefore (1+\log_3\beta)\log_3\beta=6$ ························· $\bigcirc\!\!\bigcirc\!\!\bigcirc$

$\bigcirc\!\!\bigcirc\!\!\bigcirc$에서 $\log_3\beta=s$로 놓으면

$(1+s)s=6$, $s^2+s-6=0$, $(s-2)(s+3)=0$

$\therefore s=2$ 또는 $s=-3$

(i) $s=2$, 즉 $\log_3\beta=2$이면

$\bigcirc\!\!\bigcirc$에서 $1+2\times2=5=k$이므로 $k<0$이라는 조건을 만족시키지 않는다.

(ii) $s=-3$, 즉 $\log_3\beta=-3$이면

$\bigcirc\!\!\bigcirc$에서 $1+2\times(-3)=-5<0$이므로 $k=-5$

$\therefore \beta=3^{-3}=\dfrac{1}{27}$, $\alpha=3\beta=\dfrac{1}{9}$

(i), (ii)에서 $\alpha k=\dfrac{1}{9}\times(-5)=-\dfrac{5}{9}$

0790 답 ③

| 유형 20

방정식 $x^{\log_2 x}-16x^3=0$의 모든 근의 합은?
단서1

① $\dfrac{31}{2}$ ② 16 ③ $\dfrac{33}{2}$

④ 17 ⑤ $\dfrac{35}{2}$

단서1 밑이 2인 로그를 취하여 이용

STEP 1 진수의 조건에서 x의 값의 범위 구하기

진수의 조건에서 $x>0$ ·· $\bigcirc$

STEP 2 밑이 2인 로그를 취하여 방정식 풀기

$x^{\log_2 x}-16x^3=0$에서 $x^{\log_2 x}=16x^3$

양변에 밑이 2인 로그를 취하면

$\log_2 x^{\log_2 x}=\log_2 16x^3$

$(\log_2 x)^2=4+3\log_2 x$

$\log_2 x=t$로 놓으면 $t^2=4+3t$

$t^2-3t-4=0$, $(t+1)(t-4)=0$

$\therefore t=-1$ 또는 $t=4$

STEP 3 주어진 방정식의 모든 근의 합 구하기

$\log_2 x=-1$ 또는 $\log_2 x=4$이므로

$x=2^{-1}=\dfrac{1}{2}$ 또는 $x=2^4=16$

이 값들은 모두 $\bigcirc$을 만족시키므로

$x=\dfrac{1}{2}$ 또는 $x=16$

따라서 모든 근의 합은 $\dfrac{1}{2}+16=\dfrac{33}{2}$

0791 답 ②

진수의 조건에서 $x>0$ ·· $\bigcirc$

$x^{\log x}=\sqrt{1000x}$의 양변에 상용로그를 취하면

$\log x^{\log x}=\log\sqrt{1000x}$, $(\log x)^2=\dfrac{1}{2}(3+\log x)$

$\log x=t$로 놓으면 $t^2=\dfrac{1}{2}(3+t)$

$2t^2-t-3=0$, $(2t-3)(t+1)=0$

$\therefore t=\dfrac{3}{2}$ 또는 $t=-1$

즉, $\log x=\dfrac{3}{2}$ 또는 $\log x=-1$이므로

$x=10^{\frac{3}{2}}=10\sqrt{10}$ 또는 $x=10^{-1}=\dfrac{1}{10}$

이 값들은 모두 $\bigcirc$을 만족시키므로

$x=10\sqrt{10}$ 또는 $x=\dfrac{1}{10}$

따라서 모든 근의 곱은 $10\sqrt{10}\times\dfrac{1}{10}=\sqrt{10}$

0792 답 ③

진수의 조건에서 $x>0$ ·· $\bigcirc$

양변에 밑이 3인 로그를 취하면

$\log_3 x^{\log_3 x}=\log_3\dfrac{27}{x^2}$

$(\log_3 x)^2=3-2\log_3 x$

$\log_3 x=t$로 놓으면 $t^2=3-2t$

$t^2+2t-3=0$, $(t+3)(t-1)=0$

$\therefore t=-3$ 또는 $t=1$

즉, $\log_3 x=-3$ 또는 $\log_3 x=1$이므로

$x=3^{-3}=\dfrac{1}{27}$ 또는 $x=3$

이 값들은 모두 ㉠을 만족시키므로

$x=\dfrac{1}{27}$ 또는 $x=3$

따라서 모든 근의 곱은 $\dfrac{1}{27} \times 3=\dfrac{1}{9}$

0793 답 $x=\dfrac{1}{20}$

$(5x)^{\log 5}-(4x)^{\log 4}=0$, 즉 $(5x)^{\log 5}=(4x)^{\log 4}$의 양변에 상용로그를 취하면

$\log 5 \times \log 5x=\log 4 \times \log 4x$

$\log 5 \times (\log 5+\log x)=\log 4 \times (\log 4+\log x)$

$(\log 5)^2+\log 5 \times \log x=(\log 4)^2+\log 4 \times \log x$

$(\log 5-\log 4) \times \log x=(\log 4)^2-(\log 5)^2$

$(\log 5-\log 4) \times \log x=(\log 4+\log 5)(\log 4-\log 5)$

$\log x=-(\log 5+\log 4)$, $\log x=-\log 20$

$\log x=\log \dfrac{1}{20}$ $\quad \therefore x=\dfrac{1}{20}$

0794 답 ①

$a^{\log x}=x$의 양변에 상용로그를 취하면

$\log x \times \log a=\log x$

$\therefore (\log a-1)\log x=0$

이 식이 모든 양수 x에 대하여 성립하므로

$\log a-1=0$, $\log a=1$ $\quad \therefore a=10$

$x^{\log b}=b$의 양변에 상용로그를 취하면

$\log b \times \log x=\log b$

$\therefore (\log x-1)\log b=0$

이 식이 모든 양수 x에 대하여 성립하므로

$\log b=0$ $\quad \therefore b=1$

$\therefore ab=10 \times 1=10$

0795 답 10

$x^{\log 2}=2^{\log x}$이므로 주어진 방정식은

$2^{\log x} \times 2^{\log x}-(2^{\log x}+5 \times 2^{\log x})+8=0$

$\therefore (2^{\log x})^2-6 \times 2^{\log x}+8=0$

$2^{\log x}=t$ $(t>0)$로 놓으면

$t^2-6t+8=0$, $(t-2)(t-4)=0$

$\therefore t=2$ 또는 $t=4$

즉, $2^{\log x}=2$ 또는 $2^{\log x}=4$이므로

$\log x=1$ 또는 $\log x=2$

$\therefore x=10$ 또는 $x=10^2$

이때 $\alpha>\beta$이므로 $\alpha=10^2$, $\beta=10$

$\therefore \dfrac{\alpha}{\beta}=\dfrac{10^2}{10}=10$

0796 답 ②

밑과 진수의 조건에서 $x>0$, $x \neq 1$, $25x>0$

$\therefore x>0$, $x \neq 1$ ··· ㉠

$x^{\log_5 x} \times 5^{\log_x 25x}=625$의 양변에 밑이 5인 로그를 취하면

$\log_5 (x^{\log_5 x} \times 5^{\log_x 25x})=\log_5 625$

$\log_5 x^{\log_5 x}+\log_5 5^{\log_x 25x}=\log_5 5^4$

$(\log_5 x)^2+\log_x 25x=4$

$(\log_5 x)^2+\dfrac{\log_5 25x}{\log_5 x}=4$

$\therefore (\log_5 x)^2+\dfrac{2+\log_5 x}{\log_5 x}=4$

$\log_5 x=t$로 놓으면 $t^2+\dfrac{2+t}{t}=4$

$t^3-3t+2=0$, $(t-1)^2(t+2)=0$

$\therefore t=-2$ 또는 $t=1$

즉, $\log_5 x=-2$ 또는 $\log_5 x=1$이므로

$x=5^{-2}=\dfrac{1}{25}$ 또는 $x=5$

이 값들은 모두 ㉠을 만족시키므로 주어진 방정식의 근은

$x=\dfrac{1}{25}$ 또는 $x=5$

따라서 모든 근의 곱은

$\dfrac{1}{25} \times 5=\dfrac{1}{5}$

0797 답 $x=0$ 또는 $x=1$ | 유형 21

방정식 $\log_{x+2}\sqrt{x+1}=\log_{x+8}(x+1)$을 푸시오.

단서1

단서1 밑이 같은 경우와 진수가 1인 경우로 나누어 확인

STEP1 밑과 진수의 조건에서 x의 값의 범위 구하기

밑과 진수의 조건에서

$x+2>0$, $x+2 \neq 1$, $x+8>0$, $x+8 \neq 1$, $x+1>0$

$\therefore x>-1$ ·· ㉠

STEP2 밑이 같을 때 방정식의 해 구하기

$\log_{x+2}\sqrt{x+1}=\log_{x+8}(x+1)$에서

$\log_{(x+2)^2}(x+1)=\log_{x+8}(x+1)$

$(x+2)^2=x+8$일 때, $x^2+3x-4=0$

$(x+4)(x-1)=0$

$\therefore x=-4$ 또는 $x=1$

이때 ㉠에서 $x=1$ ······································· ㉡

STEP3 진수가 1일 때 방정식의 해 구하기

$x+1=1$일 때, $x=0$

$x=0$은 ㉠을 만족시키므로 해이다. ················ ㉢

STEP4 주어진 방정식의 해 구하기

㉡, ㉢에서 $x=0$ 또는 $x=1$

0798 답 ⑤

밑과 진수의 조건에서

$2x-1>0$, $2x-1 \neq 1$, $x+2>0$, $x+2 \neq 1$, $x-1>0$

$\therefore x>1$ ·· ㉠

$\log_{2x-1}(x-1) = \log_{x+2}(x-1)$에서

(i) $2x-1 = x+2$일 때, $x=3$

　　$x=3$은 ㉠을 만족시키므로 해이다.

(ii) $x-1=1$일 때, $x=2$

　　$x=2$는 ㉠을 만족시키므로 해이다.

(i), (ii)에서 $x=2$ 또는 $x=3$

따라서 모든 근의 합은 $2+3=5$

0799 🖩 ③

밑과 진수의 조건에서

$x^2+2>0$, $x^2+2 \neq 1$, $x+4>0$, $x+4 \neq 1$, $2x-1>0$

$\therefore x > \dfrac{1}{2}$ ──────────────── ㉠

$\log_{x^2+2}(2x-1) = \log_{x+4}(2x-1)$에서

(i) $x^2+2 = x+4$일 때, $x^2-x-2=0$

　　$(x+1)(x-2)=0$ 　　$\therefore x=-1$ 또는 $x=2$

　　이때 ㉠에서 $x=2$

(ii) $2x-1=1$일 때, $x=1$

　　$x=1$은 ㉠을 만족시키므로 해이다.

(i), (ii)에서 $x=1$ 또는 $x=2$

따라서 모든 근의 곱은 $1 \times 2 = 2$

0800 🖩 ④ 　　　　　　　　　　　　　　│ 유형 22

> 연립방정식 $\begin{cases} \log_2 x + \log_3 y = -1 \\ \log_{16} x + \log_9 y = 0 \end{cases}$ 의 해가 $x=\alpha$, $y=\beta$일 때, $\dfrac{\beta}{\alpha}$의 값은? 단서1
>
> ① $\dfrac{3}{4}$　　　　② 1　　　　③ 6
>
> ④ 12　　　　⑤ 18
>
> 단서1 $\log_2 x = X$, $\log_3 y = Y$로 치환

STEP1 진수의 조건에서 x, y의 값의 범위 구하기

진수의 조건에서 $x>0$, $y>0$ ────────── ㉠

STEP2 $\log_2 x = X$, $\log_3 y = Y$로 치환하여 연립방정식 풀기

$\begin{cases} \log_2 x + \log_3 y = -1 \\ \log_{16} x + \log_9 y = 0 \end{cases}$에서 $\begin{cases} \log_2 x + \log_3 y = -1 \\ \dfrac{1}{4}\log_2 x + \dfrac{1}{2}\log_3 y = 0 \end{cases}$

$\log_2 x = X$, $\log_3 y = Y$로 놓으면

$\begin{cases} X+Y = -1 \\ \dfrac{1}{4}X + \dfrac{1}{2}Y = 0 \end{cases}$

이 연립방정식을 풀면

$X = -2$, $Y=1$

STEP3 주어진 연립방정식의 해 구하기

$\log_2 x = -2$, $\log_3 y = 1$ 　　$\therefore x = 2^{-2} = \dfrac{1}{4}$, $y=3$

이 값들은 ㉠을 만족시키므로 $\alpha = \dfrac{1}{4}$, $\beta=3$

STEP4 $\dfrac{\beta}{\alpha}$의 값 구하기

$\dfrac{\beta}{\alpha} = \dfrac{3}{\dfrac{1}{4}} = 12$

0801 🖩 ③

진수의 조건에서 $x>0$, $y>0$, $x+y>0$

$\therefore x>0$, $y>0$

$\begin{cases} \log_2 x + \log_2 y = 2 \\ \log_2 (x+y) = 3 \end{cases}$에서 $\begin{cases} \log_2 xy = 2 \\ \log_2 (x+y) = 3 \end{cases}$

$\therefore \begin{cases} xy=4 \\ x+y=8 \end{cases}$ ← $\begin{cases} x=4+2\sqrt{3} \\ y=4-2\sqrt{3} \end{cases}$ 또는 $\begin{cases} x=4-2\sqrt{3} \\ y=4+2\sqrt{3} \end{cases}$

따라서 $\alpha\beta=4$, $\alpha+\beta=8$이므로

$\alpha^3 + \beta^3 = (\alpha+\beta)^3 - 3\alpha\beta(\alpha+\beta)$

　　　　　　$= 8^3 - 3 \times 4 \times 8 = 416$

0802 🖩 6

밑의 조건에서 $x>0$, $x \neq 1$, $y>0$, $y \neq 1$ ──── ㉠

$\begin{cases} \log_x 81 - \log_y 9 = 2 \\ \log_x 27 + \log_y 3 = 4 \end{cases}$에서 $\begin{cases} 4\log_x 3 - 2\log_y 3 = 2 \\ 3\log_x 3 + \log_y 3 = 4 \end{cases}$

$\log_x 3 = X$, $\log_y 3 = Y$로 놓으면

$\begin{cases} 4X - 2Y = 2 \\ 3X + Y = 4 \end{cases}$

이 연립방정식을 풀면 $X=1$, $Y=1$

즉, $\log_x 3 = 1$, $\log_y 3 = 1$이므로 $x=3$, $y=3$

이 값들은 ㉠을 만족시키므로 $\alpha=3$, $\beta=3$

$\therefore \alpha+\beta = 3+3 = 6$

0803 🖩 ⑤

진수의 조건에서 $x>0$, $y>0$ ────────── ㉠

$\begin{cases} \log_5 xy = 3 \\ (\log_5 x)(\log_5 y) = 2 \end{cases}$에서 $\begin{cases} \log_5 x + \log_5 y = 3 \\ (\log_5 x)(\log_5 y) = 2 \end{cases}$

$\log_5 x = X$, $\log_5 y = Y$로 놓으면

$\begin{cases} X+Y = 3 \\ XY = 2 \end{cases}$

이 연립방정식을 풀면

$X=1$, $Y=2$ 또는 $X=2$, $Y=1$

즉, $\log_5 x = 1$, $\log_5 y = 2$ 또는 $\log_5 x = 2$, $\log_5 y = 1$이므로

$x=5$, $y=5^2 = 25$ 또는 $x=5^2 = 25$, $y=5$

이 값들은 ㉠을 만족시키고, $\alpha > \beta$이므로 $\alpha=25$, $\beta=5$

$\therefore \dfrac{\alpha}{\beta} = \dfrac{25}{5} = 5$

0804 🖩 $\begin{cases} x=2+\sqrt{3} \\ y=2-\sqrt{3} \end{cases}$ 또는 $\begin{cases} x=2-\sqrt{3} \\ y=2+\sqrt{3} \end{cases}$

진수의 조건에서

$x>0$, $y>0$ ──────────────── ㉠

$\log_4 xy = (\log_4 x + \log_4 y)^2$에서 $\log_4 xy = (\log_4 xy)^2$

$\therefore \log_4 xy(\log_4 xy - 1) = 0$

$\log_4 xy = 0$ 또는 $\log_4 xy = 1$

(i) $\log_4 xy = 0$일 때, $xy=1$

　　$xy=1$, $x+y=4$를 연립하여 풀면

　　$\begin{cases} x=2+\sqrt{3} \\ y=2-\sqrt{3} \end{cases}$ 또는 $\begin{cases} x=2-\sqrt{3} \\ y=2+\sqrt{3} \end{cases}$

　　이 값들은 ㉠을 만족시킨다.

(ii) $\log_4 xy=1$일 때, $xy=4$

　$xy=4$, $x+y=4$를 연립하여 풀면

　$x=2$, $y=2$

　이는 x, y가 서로 다른 실수라는 조건을 만족시키지 않는다.

(i), (ii)에서 $\begin{cases} x=2+\sqrt{3} \\ y=2-\sqrt{3} \end{cases}$ 또는 $\begin{cases} x=2-\sqrt{3} \\ y=2+\sqrt{3} \end{cases}$

0805 답 ④

진수의 조건에서

$x>0$, $y>0$　$\cdots\cdots$ ㉠

$\begin{cases} \log_3 x+\log_3 y=7 \\ (\log_3 x)(\log_2 y)=12 \end{cases}$ 에서

$(\log_3 x)(\log_2 y)=\dfrac{\log_2 x}{\log_2 3}\times\dfrac{\log_3 y}{\log_3 2}=(\log_2 x)(\log_3 y)$

$\underbrace{\dfrac{1}{\log_2 3}\times\dfrac{1}{\log_3 2}=\dfrac{1}{\log_2 3}\times\log_2 3}_{=1}$

→ 밑의 변환 공식을 이용한다.

이므로 $\begin{cases} \log_2 x+\log_3 y=7 \\ (\log_2 x)(\log_3 y)=12 \end{cases}$

$\log_2 x=X$, $\log_3 y=Y$로 놓으면

$\begin{cases} X+Y=7 \\ XY=12 \end{cases}$

이 연립방정식을 풀면 $X=3$, $Y=4$ 또는 $X=4$, $Y=3$

즉, $\log_2 x=3$, $\log_3 y=4$ 또는 $\log_2 x=4$, $\log_3 y=3$이므로

$x=2^3=8$, $y=3^4=81$ 또는 $x=2^4=16$, $y=3^3=27$

이 값들은 ㉠을 만족시킨다.

(i) $x=8$, $y=81$일 때, $\beta-\alpha=81-8=73$

(ii) $x=16$, $y=27$일 때, $\beta-\alpha=27-16=11$

(i), (ii)에서 $\beta-\alpha$의 최댓값은 73이다.

실수 Check

$(\log_3 x)(\log_3 y)=12$를 $\log_2 x$, $\log_3 y$에 대한 식으로 치환하려면 풀이와 같이 밑의 변환 공식을 사용하여 변환한 후 풀어야 함에 주의한다.

0806 답 ①　| 유형 23

방정식 $\log_2(x+4)+\log_2(k-2x)=5$가 실근을 가지도록 하는 상수 k에 대하여 [단서1] k의 값이 최소일 때, 실수 x의 값은?

① 0　　　② 2　　　③ 4

④ 6　　　⑤ 8

[단서1] 이차방정식이 근을 가지려면 판별식 $D\geq 0$

STEP 1 진수의 조건에서 k의 값의 범위 구하기

진수의 조건에서 $x+4>0$, $k-2x>0$

$\therefore x>-4$, $x<\dfrac{k}{2}$

이때 실근 x의 값이 존재해야 하므로

$-4<\dfrac{k}{2}$　$\therefore k>-8$　$\cdots\cdots$ ㉠

STEP 2 로그방정식에 포함된 이차방정식 찾기

$\log_2(x+4)+\log_2(k-2x)=5$에서

$\log_2(x+4)(k-2x)=5$

즉, $(x+4)(k-2x)=32$에서

$2x^2-(k-8)x+32-4k=0$　$\cdots\cdots$ ㉡

STEP 3 근을 가질 조건을 이용하여 상수 k의 값의 범위 구하기

$f(x)=2x^2-(k-8)x+32-4k$라 하면

$f(x)=2\left(x-\dfrac{k-8}{4}\right)^2+32-4k-\dfrac{(k-8)^2}{8}$

이때 $f(-4)=32+4(k-8)+32-4k=32>0$,

$f\left(\dfrac{k}{2}\right)=\dfrac{k^2}{2}-\dfrac{k}{2}(k-8)+32-4k=32>0$

이므로 이차방정식 $f(x)=0$이

$-4<x<\dfrac{k}{2}$에서 근을 가지려면 이차함수

$y=f(x)$의 그래프가 그림과 같아야 한다.

즉, 이차방정식 $f(x)=0$의 판별식을 D라 할 때

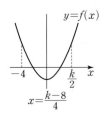

$D=(k-8)^2-8(32-4k)\geq 0$

$k^2+16k-192\geq 0$, $(k+24)(k-8)\geq 0$

$\therefore k\leq -24$ 또는 $k\geq 8$　$\cdots\cdots$ ㉢

㉠, ㉢의 공통 범위를 구하면 $k\geq 8$

STEP 4 상수 k의 값이 최소일 때, 실근 x의 값 구하기

k의 최솟값은 8이므로 이것을 ㉡에 대입하면

$2x^2=0$

$\therefore x=0$

0807 답 4, 16

이차방정식 $x^2+(6-2\log_2 k)x+1=0$이 중근을 가지려면 판별식을 D라 할 때

$\dfrac{D}{4}=(3-\log_2 k)^2-1=0$

$\therefore (\log_2 k)^2-6\log_2 k+8=0$

$\log_2 k=t$로 놓으면 $t^2-6t+8=0$

$(t-2)(t-4)=0$　$\therefore t=2$ 또는 $t=4$

즉, $\log_2 k=2$ 또는 $\log_2 k=4$이므로

$k=2^2=4$ 또는 $k=2^4=16$

→ 진수의 조건 $k>0$을 만족시킨다.

0808 답 ④

$k>1$이므로 진수의 조건에서

$1<x<k$

$\log_3(x-1)+\log_3(k-x)-4=0$에서

$\log_3(x-1)(k-x)=4$

즉, $(x-1)(k-x)=81$에서

$x^2-(k+1)x+k+81=0$

$f(x)=x^2-(k+1)x+k+81$이라 하면

$f(x)=\left(x-\dfrac{k+1}{2}\right)^2+k+81-\dfrac{(k+1)^2}{4}$

이때 $f(1)=1-(k+1)+k+81=81>0$,

$f(k)=k^2-(k+1)k+k+81=81>0$

이므로 $1<x<k$에서 이차방정식 $f(x)=0$의

실근이 존재하지 않으려면 이차함수 $y=f(x)$

의 그래프가 그림과 같아야 한다.

즉, 이차방정식 $f(x)=0$의 판별식을 D라 할 때

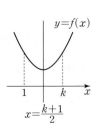

$D=(k+1)^2-4(k+81)<0$

$k^2-2k-323<0$, $(k+17)(k-19)<0$

$\therefore -17<k<19$

그런데 $k>1$이므로

$1<k<19$

따라서 자연수 k는 2, 3, 4, …, 18의 17개이다.

0809 답 ② | 유형 24

> 부등식 $\log_2(x-2)+\log_2 x \le 3$을 만족시키는 정수 x의 개수는?
> 　　　　　 단서1
> ① 1　　　　　　② 2　　　　　③ 3
> ④ 4　　　　　　⑤ 5
> 단서1 밑이 2이므로 (우변)$=3=\log_2 2^3=\log_2 8$

STEP 1 진수의 조건에서 x의 값의 범위 구하기

진수의 조건에서 $x-2>0$, $x>0$

$\therefore x>2$ ⋯⋯⋯⋯⋯⋯⋯⋯⋯⋯⋯⋯⋯⋯⋯⋯ ㉠

STEP 2 로그함수의 성질을 이용하여 부등식 풀기

$\log_2(x-2)+\log_2 x \le 3$에서 $\log_2 x(x-2) \le \log_2 8$

밑이 1보다 크므로 $x(x-2) \le 8$

$x^2-2x-8 \le 0$, $(x-4)(x+2) \le 0$

$\therefore -2 \le x \le 4$ ⋯⋯⋯⋯⋯⋯⋯⋯⋯⋯⋯⋯⋯ ㉡

㉠, ㉡의 공통 범위를 구하면

$2<x \le 4$

STEP 3 정수 x의 개수 구하기

정수 x는 3, 4의 2개이다.

0810 답 ④

진수의 조건에서 $x-4>0$, $x>0$

$\therefore x>4$ ⋯⋯⋯⋯⋯⋯⋯⋯⋯⋯⋯⋯⋯⋯⋯⋯ ㉠

$\log_{\frac{1}{6}}(x-4) \ge \log_{\frac{1}{6}} x + \log_6 4$에서

$\log_{\frac{1}{6}}(x-4) \ge \log_{\frac{1}{6}} x + \log_{\frac{1}{6}} \frac{1}{4}$

$\log_{\frac{1}{6}}(x-4) \ge \log_{\frac{1}{6}} \frac{x}{4}$

밑이 1보다 작은 양수이므로 $x-4 \le \frac{x}{4}$

$4x-16 \le x$, $3x \le 16$

$\therefore x \le \frac{16}{3}$ ⋯⋯⋯⋯⋯⋯⋯⋯⋯⋯⋯⋯⋯ ㉡

㉠, ㉡의 공통 범위를 구하면 $4<x \le \frac{16}{3}$

0811 답 11

진수의 조건에서 $x-4>0$, $x-2>0$

$\therefore x>4$ ⋯⋯⋯⋯⋯⋯⋯⋯⋯⋯⋯⋯⋯⋯⋯⋯ ㉠

$2\log_{\frac{1}{3}}(x-4) \ge \log_{\frac{1}{3}}(x-2)$에서

$\log_{\frac{1}{3}}(x-4)^2 \ge \log_{\frac{1}{3}}(x-2)$

밑이 1보다 작은 양수이므로 $(x-4)^2 \le x-2$

$x^2-9x+18 \le 0$, $(x-3)(x-6) \le 0$

$\therefore 3 \le x \le 6$ ⋯⋯⋯⋯⋯⋯⋯⋯⋯⋯⋯⋯⋯ ㉡

㉠, ㉡의 공통 범위를 구하면 $4<x \le 6$

따라서 정수 x의 최댓값 $M=6$, 최솟값 $m=5$이므로

$M+m=6+5=11$

0812 답 ⑤

진수의 조건에서 $2^x-3>0$

$2^x>3$에서 $x>\log_2 3$ ⋯⋯⋯⋯⋯⋯⋯⋯⋯⋯⋯ ㉠

$\log_5(2^x-3) \le 3$에서 $\log_5(2^x-3) \le \log_5 125$

밑이 1보다 크므로 $2^x-3 \le 125$

$2^x \le 128$, $2^x \le 2^7$

$\therefore x \le 7$ ⋯⋯⋯⋯⋯⋯⋯⋯⋯⋯⋯⋯⋯⋯⋯⋯ ㉡

㉠, ㉡의 공통 범위를 구하면 $\log_2 3 < x \le 7$

따라서 정수 x는 2, 3, 4, 5, 6, 7의 6개이다.

0813 답 ⑤

진수의 조건에서 $f(x)>0$, $g(x)>0$ ⋯⋯⋯⋯⋯ ㉠

$\log_{\frac{3}{8}} f(x) > \log_{\frac{3}{8}} g(x)$에서 밑이 1보다 작은 양수이므로

$f(x)<g(x)$ ⋯⋯⋯⋯⋯⋯⋯⋯⋯⋯⋯⋯⋯⋯⋯⋯⋯ ㉡

㉠, ㉡에서 $b<x<c$ 또는 $c<x<d$

0814 답 ③

$\log_6(x+6)+\log_6(7-x)>k$에서

$\log_6(x+6)(7-x) > \log_6 6^k$

밑이 1보다 크므로 $(x+6)(7-x)>6^k$

$\therefore x^2-x+6^k-42<0$ ⋯⋯⋯⋯⋯⋯⋯⋯⋯⋯⋯ ㉠

해가 $-2<x<3$이고 이차항의 계수가 1인 이차부등식은

$(x+2)(x-3)<0$　　∴ $x^2-x-6<0$ ⋯⋯⋯⋯ ㉡

㉠, ㉡이 같으므로

$6^k-42=-6$, $6^k=36=6^2$

$\therefore k=2$

> 참고 부등식의 해가 주어졌으므로 진수 조건을 생각하지 않아도 된다.

> **개념 Check**
>
> (1) 해가 $\alpha<x<\beta$이고 x^2의 계수가 1인 이차부등식은
> 　　　　$(x-\alpha)(x-\beta)<0$
> (2) 해가 $x<\alpha$ 또는 $x>\beta$이고 x^2의 계수가 1인 이차부등식은
> 　　　　$(x-\alpha)(x-\beta)>0$ (단, $\alpha<\beta$)

0815 답 ②

$y=2^{x-1}+3\ (y>3)$에서 $2^{x-1}=y-3$

$x-1=\log_2(y-3)$

$\therefore x=\log_2(y-3)+1$

x와 y를 서로 바꾸면

$y=\log_2(x-3)+1$

$\therefore f^{-1}(x)=\log_2(x-3)+1\ (x>3)$

이것을 $f^{-1}(x)+f^{-1}(x+3) \le \log_2 16x$에 대입하면

$\log_2(x-3)+1+\log_2 x+1 \le \log_2 16x$

$\log_2(x-3)+\log_2 x+2 \le 4+\log_2 x$

$\log_2(x-3) \le 2$, $\log_2(x-3) \le \log_2 2^2$

밑이 1보다 크므로 $x-3 \leq 4$ $\quad \therefore x \leq 7$

이때 $x>3$이므로 $3<x \leq 7$

따라서 자연수 x는 4, 5, 6, 7의 4개이다.

0816 탭 15

$\log_3 f(x) + \log_{\frac{1}{3}}(x-1) \leq 0$에서

$\log_3 f(x) - \log_3 (x-1) \leq 0$

$\log_3 f(x) \leq \log_3 (x-1)$

진수의 조건에서 $f(x)>0$, $x-1>0$

밑이 1보다 크므로 $f(x) \leq x-1$

(i) $f(x)>0$을 만족시키는 실수 x의 값의 범위는

　　$0<x<7$

(ii) $x-1>0$을 만족시키는 실수 x의 값의 범위는

　　$x>1$

(iii) $f(x) \leq x-1$을 만족시키는 실수 x의 값의 범위는

　　$x>1$일 때 $x \geq 4$

(i), (ii), (iii)의 공통 범위를 구하면 $4 \leq x<7$

따라서 부등식을 만족시키는 자연수 x는 4, 5, 6이므로 그 합은

$4+5+6=15$

0817 탭 4

진수의 조건에서 $|x-1|>0$, $x+2>0$

$\quad \xrightarrow{\ x-1 \neq 0\ \therefore x \neq 1\ }$

$\therefore -2<x<1$ 또는 $x>1$

(i) $-2<x<1$인 경우

　　$\log(-x+1)+\log(x+2) \leq 1$에서

　　$\log(-x+1)(x+2) \leq \log 10$

　　밑이 1보다 크므로

　　$(-x+1)(x+2) \leq 10$, $x^2+x+8 \geq 0$

　　이때 $x^2+x+8=\left(x+\dfrac{1}{2}\right)^2+\dfrac{31}{4} \geq 0$이므로 $-2<x<1$인 모든

　　실수 x에 대하여 항상 성립한다.

　　따라서 정수 x는 -1, 0이다.

(ii) $x>1$인 경우

　　$\log(x-1)+\log(x+2) \leq 1$에서

　　$\log(x-1)(x+2) \leq \log 10$

　　밑이 1보다 크므로

　　$(x-1)(x+2) \leq 10$, $x^2+x-12 \leq 0$

　　$(x+4)(x-3) \leq 0$ $\quad \therefore -4 \leq x \leq 3$

　　이때 $x>1$이므로 $1<x \leq 3$

　　따라서 정수 x는 2, 3이다.

(i), (ii)에서 모든 정수 x의 값의 합은

$(-1)+0+2+3=4$

0818 탭 ⑤ ｜유형 25

부등식 $\log_2(\log_5 x) \geq 1$의 해는?

① $x>1$ 〈단서1〉　② $x \geq 5$　③ $1<x \leq 5$

④ $1<x \leq 25$　⑤ $x \geq 25$

단서1 $\log_5 x$는 진수이므로 $\log_5 x>0$

진수의 조건에서 $x>0$, $\log_5 x>0$

$\therefore x>1$ ‥‥‥ ㉠

$\log_2(\log_5 x) \geq 1$에서 $\log_2(\log_5 x) \geq \log_2 2$

밑이 1보다 크므로 $\log_5 x \geq 2$

또, $\log_5 x \geq \log_5 5^2$에서 밑이 1보다 크므로

$x \geq 25$ ‥‥‥ ㉡

㉠, ㉡의 공통 범위를 구하면 $x \geq 25$

0819 탭 ④

진수의 조건에서 $x>0$, $\log_4 x>0$, $\log_3(\log_4 x)>0$

이때 $\log_4 x>0$에서 $x>1$

$\log_3(\log_4 x)>0$에서 $\log_4 x>1$

$\therefore x>4$ ‥‥‥ ㉠

$\log_{\frac{1}{3}}\{\log_3(\log_4 x)\}>0$에서 밑이 1보다 작은 양수이므로

$\log_3(\log_4 x)<1$

$\log_3(\log_4 x)<\log_3 3$에서 밑이 1보다 크므로

$\log_4 x<3$

$\log_4 x<\log_4 4^3$에서 밑이 1보다 크므로

$x<64$ ‥‥‥ ㉡

㉠, ㉡의 공통 범위를 구하면 $4<x<64$

따라서 정수 x는 5, 6, 7, $\cdots$, 63이므로 그 개수는 59이다.

$\quad \xrightarrow{\ 63-4\ }$

0820 탭 ④

진수의 조건에서 $x>0$, $\log_2 x-2>0$

이때 $\log_2 x>2$에서 $\log_2 x>\log_2 2^2$

밑이 1보다 크므로 $x>4$

$\therefore x>4$ ‥‥‥ ㉠

$\log_4(\log_2 x-2) \leq \dfrac{1}{2}$에서 $\log_4(\log_2 x-2) \leq \log_4 4^{\frac{1}{2}}$

밑이 1보다 크므로 $\log_2 x-2 \leq 4^{\frac{1}{2}}$

$\therefore \log_2 x \leq 4$

또, $\log_2 x \leq \log_2 2^4$에서 밑이 1보다 크므로

$x \leq 16$ ‥‥‥ ㉡

㉠, ㉡의 공통 범위를 구하면 $4<x \leq 16$

$\therefore \alpha+\beta=4+16=20$

0821 탭 240

진수의 조건에서 $x>0$, $\log_3 x-1>0$

이때 $\log_3 x>1$에서 $\log_3 x>\log_3 3$

밑이 1보다 크므로 $x>3$

$\therefore x>3$ ‥‥‥ ㉠

$\log_2(\log_3 x-1) \leq 2$에서 $\log_2(\log_3 x-1) \leq \log_2 2^2$

밑이 1보다 크므로 $\log_3 x-1 \leq 4$

$\log_3 x \leq 5$

또, $\log_3 x \leq \log_3 3^5$에서 밑이 1보다 크므로

$x \leq 243$ ‥‥‥ ㉡

㉠, ㉡의 공통 범위를 구하면 $3 < x \leq 243$

따라서 자연수 x는 4, 5, 6, $\cdots$, 243이므로 그 개수는 <u>240</u>이다.
└→243−3

0822 답 ④

(i) 집합 A의 부등식의 진수의 조건에서

$\quad x > 0$, $\log_5 x > 0$

$\quad \therefore x > 1$ $\cdots\cdots$ ㉠

$\quad \log_3 (\log_5 x) \leq 1$에서 $\log_3 (\log_5 x) \leq \log_3 3$

밑이 1보다 크므로 $\log_5 x \leq 3$

또, $\log_5 x \leq \log_5 5^3$에서 밑이 1보다 크므로

$\quad x \leq 125$ $\cdots\cdots$ ㉡

$\quad$ ㉠, ㉡에서 $A = \{x \mid 1 < x \leq 125\}$

(ii) 집합 B의 부등식의 진수의 조건에서

$\quad x > 0$, $\log_3 x > 0$

$\quad \therefore x > 1$ $\cdots\cdots$ ㉢

$\quad \log_5 (\log_3 x) \leq 1$에서 $\log_5 (\log_3 x) \leq \log_5 5$

밑이 1보다 크므로 $\log_3 x \leq 5$

또, $\log_3 x \leq \log_3 3^5$에서 밑이 1보다 크므로

$\quad x \leq 243$ $\cdots\cdots$ ㉣

$\quad$ ㉢, ㉣에서 $B = \{x \mid 1 < x \leq 243\}$

(i), (ii)에서 $A \subset B$

① $A \subset B$ (참)

② $A \subset B$에서 $A \cap B = A$ (참)

③ $A \subset B$에서 $A \cup B = B$ (참)

④ $A \cap B^C = A - B = \varnothing$ (거짓)

⑤ $B^C - A^C = B^C \cap A = A - B = \varnothing$ (참)

따라서 옳지 않은 것은 ④이다.

개념 Check

$A \subset B \iff A \cap B = A$
$\qquad\quad \iff A \cup B = B$
$\qquad\quad \iff A - B = \varnothing$
$\qquad\quad \iff A \cap B^C = \varnothing$
$\qquad\quad \iff B^C - A^C = B^C \cap A = \varnothing$

0823 답 ⑤ | 유형 26

부등식 $(\log_3 x)(\log_3 3x) \leq 20$을 만족시키는 자연수 x의 최댓값은?

단서1

① 25 $\qquad$ ② 36 $\qquad$ ③ 49

④ 64 $\qquad$ ⑤ 81

단서1 $\log_3 x = t$로 치환

STEP 1 진수의 조건에서 x의 값의 범위 구하기

진수의 조건에서 $x > 0$, $3x > 0$이므로

$x > 0$ $\cdots\cdots$ ㉠

STEP 2 $\log_3 x = t$로 치환하여 t에 대한 부등식 풀기

$(\log_3 x)(\log_3 3x) \leq 20$에서

$(\log_3 x)(1 + \log_3 x) \leq 20$

$\log_3 x = t$로 놓으면 $t(1 + t) \leq 20$

$t^2 + t - 20 \leq 0$, $(t+5)(t-4) \leq 0$ $\quad \therefore -5 \leq t \leq 4$

STEP 3 t의 값의 범위를 이용하여 주어진 부등식의 해 구하기

$-5 \leq \log_3 x \leq 4$이므로 $\log_3 3^{-5} \leq \log_3 x \leq \log_3 3^4$

밑이 1보다 크므로 $\dfrac{1}{243} \leq x \leq 81$ $\cdots\cdots$ ㉡

㉠, ㉡의 공통 범위를 구하면 $\dfrac{1}{243} \leq x \leq 81$

STEP 4 자연수 x의 최댓값 구하기

자연수 x의 최댓값은 81이다.

0824 답 12

진수의 조건에서 $x > 0$, $x^3 > 0$이므로

$x > 0$ $\cdots\cdots$ ㉠

$(\log_2 x)^2 - \dfrac{5}{3} \log_2 x^3 + 6 \leq 0$에서

$(\log_2 x)^2 - 5 \log_2 x + 6 \leq 0$

$\log_2 x = t$로 놓으면 $t^2 - 5t + 6 \leq 0$

$(t-2)(t-3) \leq 0$ $\quad \therefore 2 \leq t \leq 3$

즉, $2 \leq \log_2 x \leq 3$이므로 $\log_2 2^2 \leq \log_2 x \leq \log_2 2^3$

밑이 1보다 크므로 $4 \leq x \leq 8$ $\cdots\cdots$ ㉡

㉠, ㉡의 공통 범위를 구하면 $4 \leq x \leq 8$

따라서 $a = 4$, $b = 8$이므로

$a + b = 4 + 8 = 12$

0825 답 ①

$\log_5 x = t$로 놓으면

$t^2 + at + b < 0$ $\cdots\cdots$ ㉠

주어진 부등식의 해 $\dfrac{1}{25} < x < 5$의 각 변에 밑이 5인 로그를 취하면

$\log_5 \dfrac{1}{25} < \log_5 x < \log_5 5$

$\therefore -2 < t < 1$

해가 $-2 < t < 1$이고 이차항의 계수가 1인 이차부등식은

$(t+2)(t-1) < 0$

$\therefore t^2 + t - 2 < 0$ $\cdots\cdots$ ㉡

㉠과 ㉡이 일치하므로 $a = 1$, $b = -2$

$\therefore ab = 1 \times (-2) = -2$

0826 답 ②

진수의 조건에서 $x > 0$, $4x > 0$이므로

$x > 0$ $\cdots\cdots$ ㉠

$(\log_2 x)(\log_2 4x) \leq 15$에서

$(\log_2 x)(2 + \log_2 x) \leq 15$

$\log_2 x = t$로 놓으면 $t(2 + t) \leq 15$

$t^2 + 2t - 15 \leq 0$, $(t+5)(t-3) \leq 0$

$\therefore -5 \leq t \leq 3$

즉, $-5 \leq \log_2 x \leq 3$이므로 $\log_2 2^{-5} \leq \log_2 x \leq \log_2 2^3$

밑이 1보다 크므로 $\dfrac{1}{32} \leq x \leq 8$ $\cdots\cdots$ ㉡

㉠, ㉡의 공통 범위를 구하면 $\dfrac{1}{32} \leq x \leq 8$

따라서 자연수 x는 1, 2, 3, $\cdots$, 8의 8개이다.

0827 답 ①

$\left(\log_{\frac{1}{9}} x\right)\left(\log_3 \dfrac{x}{9}\right) > a$에서

$\left(-\dfrac{1}{2}\log_3 x\right)(\log_3 x - 2) > a$

$\log_3 x = t$로 놓으면 $-\dfrac{t}{2}(t-2) > a$

$\therefore t^2 - 2t + 2a < 0$ ······ ㉠

주어진 부등식의 해 $\dfrac{1}{9} < x < 81$의 각 변에 밑이 3인 로그를 취하면

$\log_3 \dfrac{1}{9} < \log_3 x < \log_3 81$　　$\therefore -2 < t < 4$

해가 $-2 < t < 4$이고 이차항의 계수가 1인 이차부등식은

$(t+2)(t-4) < 0$

$\therefore t^2 - 2t - 8 < 0$ ······ ㉡

㉠과 ㉡이 일치하므로

$2a = -8$　　$\therefore a = -4$

0828 답 ③

진수의 조건에서 $|x| > 0$, $9x^2 > 0$

$\therefore x \neq 0$ ······ ㉠

$\log_3 |x| \times \log_9 9x^2 \le 12$에서

$\log_3 |x| \times (1 + \log_9 x^2) \le 12$, $\log_3 |x| \times (1 + \log_3 |x|) \le 12$

$\log_3 |x| = t$로 놓으면 $t(1+t) \le 12$

$t^2 + t - 12 \le 0$, $(t+4)(t-3) \le 0$

$\therefore -4 \le t \le 3$

즉, $-4 \le \log_3 |x| \le 3$이므로 $\log_3 3^{-4} \le \log_3 |x| \le \log_3 3^3$

밑이 1보다 크므로 $\dfrac{1}{81} \le |x| \le 27$ ······ ㉡

㉠, ㉡을 만족시키는 정수 x는 -27, -26, $\cdots$, -2, -1, 1, 2, $\cdots$, 26, 27이므로 그 개수는

$27 \times 2 = 54$

> **실수 Check**
>
> $\log_3 |x| \times (1 + \log_9 x^2) \le 12$에서 $\log_3 |x| \times (1 + 2\log_9 x) \le 12$로 풀지 않도록 주의한다.
> $\log_9 x^2$에서의 진수의 조건은 $x \neq 0$이지만 $\log_9 x$에서의 진수의 조건은 $x > 0$이기 때문에 $\log_9 x^2 = \log_3 |x|$로 변형해야 한다.

0829 답 $1 \le x \le \sqrt{10}$　　　｜유형 27

> 부등식 $\underline{x^{\log x} \le \sqrt{x}}$의 해를 구하시오.
> **단서1**
> **단서1** 양변에 상용로그를 취하여 $\log x^{\log x} \le \log \sqrt{x}$로 변형

STEP 1 진수의 조건에서 x의 값의 범위 구하기

진수의 조건에서

$x > 0$ ······ ㉠

STEP 2 부등식의 양변에 상용로그 취하기

$x^{\log x} \le \sqrt{x}$의 양변에 상용로그를 취하면

$\log x^{\log x} \le \log \sqrt{x}$

$\therefore (\log x)^2 \le \dfrac{1}{2}\log x$

STEP 3 $\log x = t$로 치환하여 부등식 풀기

$\log x = t$로 놓으면 $t^2 \le \dfrac{1}{2} t$

$t^2 - \dfrac{1}{2}t \le 0$, $t\left(t - \dfrac{1}{2}\right) \le 0$

$\therefore 0 \le t \le \dfrac{1}{2}$

즉, $0 \le \log x \le \dfrac{1}{2}$이므로 $\log 1 \le \log x \le \log 10^{\frac{1}{2}}$

밑이 1보다 크므로

$1 \le x \le \sqrt{10}$ ······ ㉡

㉠, ㉡의 공통 범위를 구하면

$1 \le x \le \sqrt{10}$

0830 답 ④

진수의 조건에서 $x + 1 > 0$

$\therefore x > -1$ ······ ㉠

$(x+1)^{\log_3(x+1)} < 9x + 9$의 양변에 밑이 3인 로그를 취하면

$\log_3 (x+1)^{\log_3(x+1)} < \log_3 9(x+1)$

$\{\log_3 (x+1)\}^2 < 2 + \log_3 (x+1)$

$\therefore \{\log_3 (x+1)\}^2 - \log_3 (x+1) - 2 < 0$

$\log_3 (x+1) = t$로 놓으면 $t^2 - t - 2 < 0$

$(t+1)(t-2) < 0$

$\therefore -1 < t < 2$

즉, $-1 < \log_3 (x+1) < 2$이므로

$\log_3 3^{-1} < \log_3 (x+1) < \log_3 3^2$

밑이 1보다 크므로

$\dfrac{1}{3} < x + 1 < 9$

$\therefore -\dfrac{2}{3} < x < 8$ ······ ㉡

㉠, ㉡의 공통 범위를 구하면 $-\dfrac{2}{3} < x < 8$

따라서 자연수 x는 1, 2, 3, $\cdots$, 7이므로 그 합은

$1 + 2 + 3 + \cdots + 7 = 28$

0831 답 4

진수의 조건에서

$x > 0$ ······ ㉠

$x^{2 + \log_2 2x} \le 16$의 양변에 밑이 2인 로그를 취하면

$\log_2 x^{2 + \log_2 2x} \le \log_2 16$

$(2 + \log_2 2x)\log_2 x \le 4$

$(3 + \log_2 x)\log_2 x \le 4$

$\therefore (\log_2 x)^2 + 3\log_2 x - 4 \le 0$

$\log_2 x = t$로 놓으면 $t^2 + 3t - 4 \le 0$

$(t+4)(t-1) \le 0$

$\therefore -4 \le t \le 1$

즉, $-4 \le \log_2 x \le 1$이므로

$\log_2 2^{-4} \le \log_2 x \le \log_2 2$

밑이 1보다 크므로

$\dfrac{1}{16} \le x \le 2$ ······ ㉡

○, ○의 공통 범위를 구하면 $\frac{1}{16} \le x \le 2$

따라서 $a = \frac{1}{16}$, $b = 2$이므로

$32ab = 32 \times \frac{1}{16} \times 2 = 4$

0832 답 ①

$7^{3x+2} > 70^{2-x}$의 양변에 상용로그를 취하면

$\log 7^{3x+2} > \log 70^{2-x}$

$(3x+2)\log 7 > (2-x)\log 70$

$(3\log 7 + \log 70)x > 2\log 70 - 2\log 7$

$\therefore x > \dfrac{2\log 70 - 2\log 7}{3\log 7 + \log 70} = \dfrac{2(1+\log 7) - 2\log 7}{3\log 7 + 1 + \log 7}$

$\underset{\substack{\log 7 > 0,\ \log 70 > 0$이므로$ \\ 3\log 7 + \log 70 > 0 \\ \text{따라서 부등호의 방향은} \\ \text{바뀌지 않는다.}}}{} = \dfrac{2}{4\log 7 + 1}$

$= \dfrac{2}{4 \times 0.8 + 1}$

$= \dfrac{10}{21}$

따라서 자연수 x의 최솟값은 1이다.

0833 답 ① | 유형 28

연립부등식 $\begin{cases} \left(\dfrac{1}{2}\right)^{x-2} > \dfrac{1}{16} & \text{단서1} \\ \log_2(x-2) < \log_4(5x-4) & \text{단서2} \end{cases}$ 를 만족시키는 정수 x의 개수는?

① 3   ② 4   ③ 5

④ 6   ⑤ 7

단서1 밑을 $\frac{1}{2}$로 통일

단서2 밑을 4로 통일

STEP 1 부등식 $\left(\dfrac{1}{2}\right)^{x-2} > \dfrac{1}{16}$의 해 구하기

(i) $\left(\dfrac{1}{2}\right)^{x-2} > \dfrac{1}{16}$에서 $\left(\dfrac{1}{2}\right)^{x-2} > \left(\dfrac{1}{2}\right)^4$

밑이 1보다 작은 양수이므로

$x - 2 < 4$

$\therefore x < 6$

STEP 2 부등식 $\log_2(x-2) < \log_4(5x-4)$의 해 구하기

(ii) $\log_2(x-2) < \log_4(5x-4)$의 진수의 조건에서

$x-2 > 0$, $5x-4 > 0$

$\therefore x > 2$ ·········· ○

$\log_2(x-2) < \log_4(5x-4)$에서

$\log_4(x-2)^2 < \log_4(5x-4)$

밑이 1보다 크므로 $(x-2)^2 < 5x-4$

$x^2 - 4x + 4 < 5x - 4$

$x^2 - 9x + 8 < 0$, $(x-1)(x-8) < 0$

$\therefore 1 < x < 8$ ·········· ○

○, ○의 공통 범위를 구하면 $2 < x < 8$

STEP 3 주어진 연립부등식의 해 구하기

(i), (ii)에서 연립부등식의 해는 $2 < x < 6$이므로 정수 x는 3, 4, 5의 3개이다.

0834 답 ②

(i) $\log_{\sqrt{5}}(x+4) \le 2$의 진수의 조건에서

$x+4 > 0$ $\therefore x > -4$ ·········· ○

$\log_{\sqrt{5}}(x+4) \le \log_{\sqrt{5}} 5$에서 밑이 1보다 크므로

$x+4 \le 5$ $\therefore x \le 1$ ·········· ○

○, ○의 공통 범위를 구하면 $-4 < x \le 1$

(ii) $\log_{0.2}(x+2)^2 \ge \log_{0.2}(-2x+4)$의 진수의 조건에서

$\underset{x \ne -2}{(x+2)^2 > 0,\ -2x+4 > 0}$

$\therefore x < -2$ 또는 $-2 < x < 2$ ·········· ○

밑이 1보다 작은 양수이므로

$(x+2)^2 \le -2x+4$

$x^2 + 6x \le 0$, $x(x+6) \le 0$

$\therefore -6 \le x \le 0$ ·········· ○

○, ○의 공통 범위를 구하면 $-6 \le x < -2$ 또는 $-2 < x \le 0$

(i), (ii)에서 연립부등식의 해는

$-4 < x < -2$ 또는 $-2 < x \le 0$

따라서 정수 x는 -3, -1, 0이므로 구하는 합은

$-3 + (-1) + 0 = -4$

0835 답 ④

(i) $\log_{\frac{1}{3}}(x-2) > -1$의 진수의 조건에서

$x-2 > 0$ $\therefore x > 2$ ·········· ○

$\log_{\frac{1}{3}}(x-2) > \log_{\frac{1}{3}} 3$에서 밑이 1보다 작은 양수이므로

$x-2 < 3$ $\therefore x < 5$ ·········· ○

○, ○의 공통 범위를 구하면 $2 < x < 5$

(ii) $2^{\frac{x}{2}} > 4$에서 $2^{\frac{x}{2}} > 2^2$

밑이 1보다 크므로 $\dfrac{x}{2} > 2$ $\therefore x > 4$

(i), (ii)에서 구하는 x의 값의 범위는 $4 < x < 5$

0836 답 5

(i) $\left(\dfrac{1}{3}\right)^{x^2-2} > \left(\dfrac{1}{9}\right)^{x+3}$에서 $\left(\dfrac{1}{3}\right)^{x^2-2} > \left(\dfrac{1}{3}\right)^{2x+6}$

밑이 1보다 작은 양수이므로

$x^2 - 2 < 2x+6$, $x^2 - 2x - 8 < 0$

$(x+2)(x-4) < 0$ $\therefore -2 < x < 4$

(ii) $\log_x 25 > 2$에서 $\log_x 5^2 > 2$, $\log_x 5 > 1$

$\underset{0 < x < 1,\ x > 1$인 경우로 나누어서$\ x$의 값의 범위를 구한다.}{\log_x 5 > \log_x x$에서}$

$0 < x < 1$이면 $x > 5$이므로 x의 값은 존재하지 않는다.

$x > 1$이면 $x < 5$이므로 $1 < x < 5$

(i), (ii)에서 연립부등식의 해는 $1 < x < 4$

따라서 정수 x는 2, 3이므로 그 합은 $2+3 = 5$

0837 답 ⑤

$f(x) = \log_2 \dfrac{x}{4} = \log_2 x - 2$이므로

$g(f(x)) = (\log_2 x - 2)^2 - (\log_2 x - 2)$

$= (\log_2 x)^2 - 5\log_2 x + 6$

$= (\log_2 x - 2)(\log_2 x - 3)$

$g(f(x))<0$에서 $2<\log_2 x<3$

즉, $\log_2 2^2<\log_2 x<\log_2 2^3$에서 밑이 1보다 크므로

$4<x<8$ ······· ㉠

$f(g(x)+c)<3$에서 $\log_2 \dfrac{g(x)+c}{4}<3$

즉, $\log_2 \dfrac{g(x)+c}{4}<\log_2 2^3$에서 밑이 1보다 크므로

$\dfrac{g(x)+c}{4}<8$

$g(x)+c<32$　∴ $x^2-x+c-32<0$ ······· ㉡

$h(x)=x^2-x+c-32$라 하면

$h(x)=\left(x-\dfrac{1}{2}\right)^2+c-\dfrac{129}{4}$

이므로 이차함수 $y=h(x)$의 그래프의 축은 직선 $x=\dfrac{1}{2}$이고, ㉠, ㉡

을 동시에 만족시키는 정수가 1개만 존재하려면 $h(5)<0$, $h(6)\geq 0$

이어야 한다. └▶ 이 정수는 $x=5$이어야 한다.

$h(5)=25-5+c-32<0$에서 $c<12$

$h(6)=36-6+c-32\geq 0$에서 $c\geq 2$

따라서 $2\leq c<12$이므로 정수 c는 $2, 3, 4, \cdots, 11$이고 그 합은

$2+3+4+\cdots+11=65$

참고 이차부등식 ㉡의 해를 $\alpha<x<\beta$ $(\alpha<\beta)$라 하면 함수 $y=h(x)$의 그

래프에 의하여 $\alpha<\dfrac{1}{2}<\beta$이므로 ㉠, ㉡을 동시에 만족시키는 정수 x의 값이

1개 존재하려면 다음 그림과 같아야 한다.

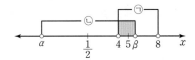

실수 Check

㉠, ㉡을 만족시키는 정수가 1개만 존재하는 조건을 구할 때, $h(5)\leq 0$, $h(6)>0$으로 생각하지 않도록 주의한다.

㉠을 만족시키는 정수는 5, 6, 7 중 하나이고, 이차함수 $y=h(x)$의 그래프가 그림과 같으므로 ㉠, ㉡을 만족시키는 정수는 5가 되어야 한다.

이때 부등식 ㉡에는 등호가 없기 때문에 $h(5)<0$이고, $h(6)\geq 0$이어야 한다.

0838 답 ⑤　　　　　　　　　유형 29

모든 양의 실수 x에 대하여 부등식 $(\log x)^2-k\log x^2+3-2k\geq 0$ 이 성립하기 위한 실수 k의 최댓값은? **단서1**

① -3　　② -2　　③ -1

④ 0　　⑤ 1

단서1 $\log x=t$라 하고 $t^2-2kt+3-2k\geq 0$이 항상 성립할 조건을 이용

STEP1 $\log x=t$로 치환하여 t에 대한 부등식 세우기

$(\log x)^2-k\log x^2+3-2k\geq 0$에서

$(\log x)^2-2k\log x+3-2k\geq 0$

$\log x=t$로 놓으면

$t^2-2kt+3-2k\geq 0$

STEP2 이차부등식이 항상 성립할 조건 구하기

이 부등식이 모든 실수 t에 대하여 성립해야 하므로 이차방정식

$t^2-2kt+3-2k=0$의 판별식을 D라 하면

└▶ 양의 실수 x에 대하여 $\log x=t$는 모든 실수

$\dfrac{D}{4}=k^2-(3-2k)\leq 0$

$k^2+2k-3\leq 0$, $(k+3)(k-1)\leq 0$

∴ $-3\leq k\leq 1$

STEP3 실수 k의 최댓값 구하기

실수 k의 최댓값은 1이다.

0839 답 ⑤

$(\log_{\frac{1}{2}} x)^2+k\log_{\sqrt{2}} x+4\geq 0$에서

$(-\log_2 x)^2+2k\log_2 x+4\geq 0$

$\log_2 x=t$로 놓으면

$t^2+2kt+4\geq 0$

이 부등식이 모든 실수 t에 대하여 성립해야 하므로 이차방정식

$t^2+2kt+4=0$의 판별식을 D라 하면

$\dfrac{D}{4}=k^2-4\leq 0$

$(k+2)(k-2)\leq 0$　∴ $-2\leq k\leq 2$

따라서 정수 k는 $-2, -1, 0, 1, 2$의 5개이다.

0840 답 $\dfrac{1}{4}<a<8$

이차방정식 $x^2-2x\log_2 a+\log_2 a+6=0$의 판별식을 D라 하면

$\dfrac{D}{4}=(\log_2 a)^2-(\log_2 a+6)<0$

$\log_2 a=t$로 놓으면 $t^2-t-6<0$

$(t+2)(t-3)<0$　∴ $-2<t<3$

즉, $-2<\log_2 a<3$이므로 $\log_2 2^{-2}<\log_2 a<\log_2 2^3$

밑이 1보다 크므로 $\dfrac{1}{4}<a<8$

0841 답 1

$\left(\log_2 \dfrac{x}{a}\right)\left(\log_2 \dfrac{x^2}{a}\right)+2\geq 0$에서

$(\log_2 x-\log_2 a)(2\log_2 x-\log_2 a)+2\geq 0$

∴ $2(\log_2 x)^2-3(\log_2 a)(\log_2 x)+(\log_2 a)^2+2\geq 0$

$\log_2 x=t$로 놓으면

$2t^2-3(\log_2 a)t+(\log_2 a)^2+2\geq 0$

이 부등식이 모든 실수 t에 대하여 성립해야 하므로 이차방정식

$2t^2-3(\log_2 a)t+(\log_2 a)^2+2=0$의 판별식을 D라 하면

$D=9(\log_2 a)^2-8\{(\log_2 a)^2+2\}\leq 0$

∴ $(\log_2 a)^2-16\leq 0$

$\log_2 a=s$로 놓으면 $s^2-16\leq 0$

$(s+4)(s-4)\leq 0$　∴ $-4\leq s\leq 4$

즉, $-4\leq\log_2 a\leq 4$이므로 $\log_2 2^{-4}\leq\log_2 a\leq\log_2 2^4$

밑이 1보다 크므로 $\dfrac{1}{16}\leq a\leq 16$

따라서 $M=16$, $m=\dfrac{1}{16}$이므로

$Mm=16\times\dfrac{1}{16}=1$

0842 답 ④

$x^{\log_{\frac{1}{4}}x} \le ax^2$의 양변에 밑이 $\frac{1}{4}$인 로그를 취하면

$\log_{\frac{1}{4}} x^{\log_{\frac{1}{4}}x} \ge \log_{\frac{1}{4}} ax^2$

$(\log_{\frac{1}{4}}x)^2 - 2\log_{\frac{1}{4}}x - \log_{\frac{1}{4}}a \ge 0$

$(-\log_4 x)^2 - 2(-\log_4 x) - (-\log_4 a) \ge 0$

$\therefore (\log_4 x)^2 + 2\log_4 x + \log_4 a \ge 0$

$\log_4 x = t$로 놓으면

$t^2 + 2t + \log_4 a \ge 0$

이 부등식이 모든 실수 t에 대하여 성립해야 하므로 이차방정식

$t^2 + 2t + \log_4 a = 0$의 판별식을 D라 하면

$\dfrac{D}{4} = 1 - \log_4 a \le 0$

$\log_4 a \ge 1$

$\log_4 a \ge \log_4 4$에서 밑이 1보다 크므로 $a \ge 4$

따라서 a의 최솟값은 4이다.

0843 답 $1 \le a \le 1000$

$10^{x^2 + 3\log a} \ge a^{-2x}$의 양변에 상용로그를 취하면

$\log 10^{x^2 + 3\log a} \ge \log a^{-2x}$

$x^2 + 3\log a \ge -2x \log a$

$\therefore x^2 + 2(\log a)x + 3\log a \ge 0$

이 부등식이 모든 실수 x에 대하여 성립해야 하므로 이차방정식

$x^2 + 2(\log a)x + 3\log a = 0$의 판별식을 D라 하면

$\dfrac{D}{4} = (\log a)^2 - 3\log a \le 0$

$\log a = t$로 놓으면 $t^2 - 3t \le 0$

$t(t-3) \le 0$ $\therefore 0 \le t \le 3$

즉, $0 \le \log a \le 3$이므로 $\log 1 \le \log a \le \log 10^3$

밑이 1보다 크므로 $1 \le a \le 1000$

0844 답 ③

(i) $1 - \log k = 0$일 때

주어진 부등식은 $2 \ge 0$이므로 항상 성립한다.

$\log k = 1$ $\therefore k = 10$

(ii) $1 - \log k \ne 0$일 때

$1 - \log k > 0$에서 $\log k < 1$

$\therefore 0 < k < 10$ ·································· ㉠

> 모든 실수 x에 대하여 주어진 부등식이 성립하려면 이차항의 계수는 양수이어야 한다.

이차방정식 $3(1 - \log k)x^2 + 6(1 - \log k)x + 2 = 0$의 판별식을 D라 하면

$\dfrac{D}{4} = \{3(1 - \log k)\}^2 - 6(1 - \log k) \le 0$

$\log k = t$로 놓으면 $\{3(1-t)\}^2 - 6(1-t) \le 0$

$9(1-t)^2 - 6(1-t) \le 0$, $(1-t)(1-3t) \le 0$

$(t-1)(3t-1) \le 0$ $\therefore \dfrac{1}{3} \le t \le 1$

즉, $\dfrac{1}{3} \le \log k \le 1$이므로 $\log \sqrt[3]{10} \le \log k \le \log 10^1$

밑이 1보다 크므로 $\sqrt[3]{10} \le k \le 10$ ·················· ㉡

㉠, ㉡의 공통 범위를 구하면 $\sqrt[3]{10} \le k < 10$

(i), (ii)에서 $\sqrt[3]{10} \le k \le 10$ → $2 = \sqrt[3]{8} < \sqrt[3]{10} < \sqrt[3]{27} = 3$

따라서 정수 k의 최댓값 $M = 10$, 최솟값 $m = 3$이므로

$M + m = 10 + 3 = 13$

실수 Check

> 주어진 부등식 $3(1 - \log k)x^2 + 6(1 - \log k)x + 2 \ge 0$은 이차항의 계수에 따라 이차부등식일 수도 있고, 아닐 수도 있다.
> 따라서 부등식을 풀 때에는 풀이와 같이 $1 - \log k = 0$, $1 - \log k \ne 0$인 경우로 나누어 풀어야 한다.

0845 답 6

이차방정식 $3x^2 - 2(\log_2 n)x + \log_2 n = 0$의 판별식을 D라 하면

$\dfrac{D}{4} = (\log_2 n)^2 - 3\log_2 n < 0$

$\log_2 n = t$로 놓으면 $t^2 - 3t < 0$

$t(t-3) < 0$ $\therefore 0 < t < 3$

즉, $0 < \log_2 n < 3$이므로 $\log_2 1 < \log_2 n < \log_2 2^3$

밑이 1보다 크므로 $1 < n < 8$

따라서 자연수 n은 2, 3, 4, 5, 6, 7의 6개이다.

0846 답 ② | 유형 30

> 10억 원의 자본으로 설립한 어느 기업의 자본이 매년 28 %씩 증가할 [단서1] 것으로 예측된다고 한다. 이 기업의 자본이 처음으로 100억 원 이상이 될 것으로 예측되는 것은 기업을 설립한 지 몇 년 후인가?
> (단, $\log 2 = 0.3010$으로 계산한다.)
>
> ① 9년 후   ② 10년 후   ③ 11년 후
> ④ 12년 후   ⑤ 13년 후
>
> [단서1] n년 후의 자본은 $(10억) \times (1 + 0.28)^n$

STEP 1 조건을 만족시키는 부등식 세우기

이 기업의 n년 후의 자본으로 예측되는 값은

$10 \times (1 + 0.28)^n = 10 \times 1.28^n$(억 원)

기업을 설립한 지 n년 후 100억 원 이상이 된다고 하면

$10 \times 1.28^n \ge 100$

$\therefore 1.28^n \ge 10$

STEP 2 양변에 상용로그를 취하여 n의 값 구하기

양변에 상용로그를 취하면 $\log 1.28^n \ge \log 10$

$n \log \dfrac{128}{100} \ge 1$, $n \log \dfrac{2^7}{10^2} \ge 1$

$n(\log 2^7 - \log 10^2) \ge 1$, $n(7\log 2 - 2) \ge 1$

$\therefore n \ge \dfrac{1}{7\log 2 - 2} = \dfrac{1}{0.1070} = 9.3 \times \times \times$

따라서 이 기업의 자본이 처음으로 100억 원 이상이 될 것으로 예측되는 것은 기업을 설립한 지 10년 후이다.

0847 답 10

여과기를 1개 설치하면 불순물의 $\dfrac{3}{4}$이 여과기를 통과하므로 여과기를 n개 설치하면 불순물의 $\left(\dfrac{3}{4}\right)^n$이 여과기를 통과한다.

즉, $\left(\dfrac{3}{4}\right)^n = \dfrac{1}{10}$ 이어야 하므로 양변에 상용로그를 취하면

$\log \left(\dfrac{3}{4}\right)^n = \log \dfrac{1}{10}$, $n \log \dfrac{3}{4} = -1$

이때 $\log \dfrac{3}{4} = \log 3 - 2\log 2 = 0.5 - 2 \times 0.3 = -0.1$ 이므로

$n \times (-0.1) = -1$ $\therefore n = \dfrac{1}{0.1} = 10$

따라서 필요한 여과기의 개수는 10이다.

0848 답 6

이 온라인 쇼핑몰의 모바일 웹사이트에서 한 화면에 노출된 상품이 a개일 때, 이용자가 상품을 모두 살펴보는 데 필요한 평균 시간을 T_1이라 하면

$T_1 = k \log_2 (a+1)$

한 화면에 노출된 상품이 $8a$개일 때, 이용자가 상품을 모두 살펴보는 데 필요한 평균 시간을 T_2라 하면

$T_2 = k \log_2 (8a+1)$

이때 $2T_1 = T_2$이므로

$2k \log_2 (a+1) = k \log_2 (8a+1)$

$\log_2 (a+1)^2 = \log_2 (8a+1)$ ($\because k \neq 0$)

즉, $(a+1)^2 = 8a+1$이므로

$a^2 - 6a = 0$, $a(a-6) = 0$

$\therefore a = 6$ ($\because a$는 자연수)

0849 답 ②

외부의 소음을 A라 할 때, 이 방음재를 n겹 설치한 작업실에서 들리는 소음은

$A \times (1-0.3)^n = 0.7^n A$

작업실에서 들리는 소음이 외부의 소음의 10 % 이하가 되어야 하므로

$0.7^n A \leq 0.1 A$ $\therefore 0.7^n \leq 0.1$

양변에 상용로그를 취하면

$\log 0.7^n \leq \log 0.1$, $\log \left(\dfrac{7}{10}\right)^n \leq -1$

$n(\log 7 - 1) \leq -1$

$\therefore n \geq \dfrac{-1}{\log 7 - 1} = \dfrac{1}{0.1550} = 6.4 \times \times \times$

따라서 자연수 n의 최솟값은 7이다.

0850 답 16

처음 미생물의 개체 수를 A라 할 때, 미생물의 개체 수가 1시간마다 r배씩 증가한다고 하면

$A \times r^{12} = 4A$ $\therefore r^{12} = 4$

양변에 상용로그를 취하면 $\log r^{12} = \log 4$

$12 \log r = 2\log 2$

$\therefore \log r = \dfrac{2\log 2}{12} = \dfrac{\log 2}{6}$ ……… ㉠

이 미생물의 개체 수가 처음의 6배 이상이 되는 것은 배양을 시작한 지 최소 n시간 후이므로

$A \times r^n \geq 6A$ $\therefore r^n \geq 6$

양변에 상용로그를 취하면 $\log r^n \geq \log 6$

$n \log r \geq \log 6$

$\therefore n \geq \dfrac{\log 6}{\log r}$

위의 식에 ㉠을 대입하면

$n \geq \dfrac{6\log 6}{\log 2} = \dfrac{6(\log 2 + \log 3)}{\log 2} = \dfrac{6 \times (0.3 + 0.5)}{0.3} = 16$

따라서 자연수 n의 값은 16이다.

0851 답 ②

사업을 시작할 때의 자본을 K원이라 하면 n년 후의 두 회사 A, B의 자본은 각각

$K(1+0.15)^n = K \times 1.15^n$(원), $K(1+0.3)^n = K \times 1.3^n$(원)

n년 후에 B 회사의 자본이 A 회사의 자본의 10배 이상이 된다고 하면

$K \times 1.3^n \geq 10 \times K \times 1.15^n$ $\therefore 1.3^n \geq 10 \times 1.15^n$

양변에 상용로그를 취하면

$\log 1.3^n \geq \log (10 \times 1.15^n)$

$n \log 1.3 \geq \log 10 + n \log 1.15$

$0.114n \geq 1 + 0.061n$, $0.053n \geq 1$

$\therefore n \geq \dfrac{1}{0.053} = 18.8 \times \times \times$

따라서 B 회사의 자본이 처음으로 A 회사의 자본의 10배 이상이 되는 것은 사업을 시작한 지 19년 후이다.

0852 답 ④

A 지역의 n년 후 인구는

$60 \times (1-0.16)^n = 60 \times 0.84^n$(만 명)

B 지역의 n년 후 인구는

$20 \times (1+0.12)^n = 20 \times 1.12^n$(만 명)

n년 후에 B 지역의 인구가 A 지역의 인구보다 많게 된다고 하면

$20 \times 1.12^n > 60 \times 0.84^n$

$\dfrac{1.12^n}{0.84^n} > \dfrac{60}{20}$, $\left(\dfrac{1.12}{0.84}\right)^n > 3$ $\therefore \left(\dfrac{4}{3}\right)^n > 3$

양변에 상용로그를 취하면

$\log \left(\dfrac{4}{3}\right)^n > \log 3$, $n(2\log 2 - \log 3) > \log 3$

$\therefore n > \dfrac{\log 3}{2\log 2 - \log 3} = \dfrac{0.4771}{0.1249} = 3.8 \times \times \times$

따라서 B 지역의 인구가 처음으로 A 지역의 인구보다 많게 되는 해는 4년 후인 2029년 말이다.

서술형 유형 익히기   176쪽~179쪽

0853 답 (1) 2   (2) 3   (3) -8 (4) 5   (5) -3 (6) 32

0854 답 30

STEP1 두 함수의 그래프의 관계 파악하기 [3점]

$y = \log_2 2x - 1 = \log_2 2 + \log_2 x - 1 = \log_2 x$

이 함수의 그래프는 함수 $y=\log_2 x+5$의 그래프를 y축의 방향으로 -5만큼 평행이동한 것이다.

STEP2 평행이동을 이용하여 두 함수의 그래프와 두 직선으로 둘러싸인 부분의 넓이 구하기 [4점]

그림에서 빗금 친 두 부분의 넓이가 서로 같으므로 구하는 넓이는 직사각형 ABCD의 넓이와 같다.

따라서 구하는 도형의 넓이는

$(7-1)\times 5=30$

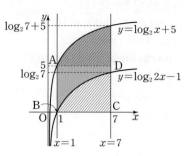

0855 답 18

STEP1 두 함수의 그래프의 관계 파악하기 [3점]

함수 $y=\log_5(x-1)-6$의 그래프는 함수 $y=\log_5(x+1)$의 그래프를 x축의 방향으로 2만큼, y축의 방향으로 -6만큼 평행이동한 것이다.

또, 두 직선 $y=-3x$, $y=-3x+9$를 각각 x축의 방향으로 2만큼, y축의 방향으로 -6만큼 평행이동하면 자기자신과 겹쳐진다.

STEP2 평행이동을 이용하여 두 함수의 그래프와 두 직선으로 둘러싸인 부분의 넓이 구하기 [5점]

그림에서 빗금 친 두 부분의 넓이가 서로 같으므로 구하는 넓이는 평행사변형 OABC의 넓이와 같다.

이때 점 A의 좌표는

$(2, -6)$

$-3x+9=-6$에서

$x=5$이므로 $B(5, -6)$

즉, $\overline{AB}=5-2=3$이므로 평행사변형 OABC의 넓이는

$3\times 6=18$

따라서 구하는 도형의 넓이는 18이다.

실제 답안 예시

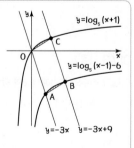

$y=\log_5(x-1)-6$은 $y=\log_5(x+1)$을 x축으로 2, y축으로 -6만큼 평행이동한 그래프이다. 같은 평행이동에 의하여 직선 $y=-3x$는 직선 $y=-3x$로, 직선 $y=-3x+9$는 직선 $y=-3x+9$로 옮겨진다.

따라서 $y=\log_5(x+1)$과 $y=-3x$의 교점 O는 평행이동에 의하여 점 A로 옮겨진다.

마찬가지로 점 C는 점 B로 옮겨지게 된다.

빗금 친 두 부분의 넓이가 같으므로 구하는 넓이는 □OABC의 넓이와 같다.

즉, □OABC$=\overline{OA}\times$(두 직선 사이의 거리)

$\overline{OA}=\sqrt{2^2+6^2}=\sqrt{40}=2\sqrt{10}$

두 직선 $y=-3x$와 $y=-3x+9$ 사이의 거리는 $\dfrac{|9-0|}{\sqrt{3^2+1}}=\dfrac{9}{\sqrt{10}}$

$\therefore$ □OABC$=2\sqrt{10}\times\dfrac{9}{\sqrt{10}}=18$

0856 답 (1) 2 (2) 6 (3) 6 (4) 4 (5) 4 (6) 4 (7) 4 (8) 2

0857 답 2

STEP1 진수의 조건을 이용하여 x의 값의 범위 구하기 [2점]

진수의 조건에서 $x+2>0$, $6-x>0$

따라서 x의 값의 범위는 $-2<x<6$이다.

STEP2 로그의 성질을 이용하여 식 변형하기 [2점]

로그의 성질에 의하여

$y=\log_4(x+2)+\log_4(6-x)$

$=\log_4(x+2)(6-x)$

$=\log_4(-x^2+4x+12)$

STEP3 최댓값 구하기 [3점]

$f(x)=-x^2+4x+12$로 놓으면

$f(x)=-(x-2)^2+16$

따라서 $x=2$일 때 $f(x)$는 최댓값 16을 가진다. ⋯⋯ **ⓐ**

함수 $y=\log_4 f(x)$에서 밑이 1보다 크므로

$y=\log_4(x+2)+\log_4(6-x)$의 최댓값은

$\log_4 16=\log_4 4^2=2$

부분점수표	
ⓐ $f(x)=-x^2+4x+12$의 최댓값을 구한 경우	2점

0858 답 -2

STEP1 진수의 조건을 이용하여 x의 값의 범위 구하기 [2점]

진수의 조건에서 $x-1>0$, $7-x>0$

따라서 x의 값의 범위는 $1<x<7$이다.

STEP2 로그의 성질을 이용하여 식 변형하기 [2점]

로그의 성질에 의하여

$y=\log_{\frac{1}{3}}(x-1)+\log_{\frac{1}{3}}(7-x)$

$=\log_{\frac{1}{3}}(x-1)(7-x)$

$=\log_{\frac{1}{3}}(-x^2+8x-7)$

STEP3 최솟값 구하기 [3점]

$f(x)=-x^2+8x-7$로 놓으면

$f(x)=-(x-4)^2+9$

따라서 $x=4$일 때 $f(x)$는 최댓값 9를 가진다. ⋯⋯ **ⓐ**

함수 $y=\log_{\frac{1}{3}}f(x)$에서 밑이 1보다 작은 양수이므로

$y=\log_{\frac{1}{3}}(x-1)+\log_{\frac{1}{3}}(7-x)$의 최솟값은

$\log_{\frac{1}{3}}9=\log_{3^{-1}}3^2=-2$

부분점수표	
ⓐ $f(x)=-x^2+8x-7$의 최댓값을 구한 경우	2점

0859 답 -3

STEP1 진수를 $g(x)$로 놓고, $g(x)$의 최대·최소 구하기 [2점]

$g(x)=x^2-2x+a$로 놓으면

$g(x)=(x-1)^2+a-1$

따라서 $0\le x\le 3$에서 $g(x)$는 $x=1$일 때 최솟값 $a-1$, $x=3$일 때 최댓값 $a+3$을 가진다.

함수 $f(x)=\log_{\frac{1}{2}}(x^2-2x+a)$에서 밑이 1보다 작은 양수이므로

$x=1$일 때 최댓값 -2를 가진다.

즉, $\log_{\frac{1}{2}}(a-1)=-2$이므로

$a-1=\left(\dfrac{1}{2}\right)^{-2}=4$ $\quad\therefore a=5$

STEP 3 $f(x)$의 최솟값 구하기 [3점]

$f(x)=\log_{\frac{1}{2}}(x^2-2x+5)$는 $x=3$일 때 최솟값을 가지고 최솟값은

$\log_{\frac{1}{2}}8=\log_{2^{-1}}2^3=-3$

오답 분석

진수의 조건에서 $x^2-2x+a>0$

이차방정식 $x^2-2x+a=0$의 판별식을 D라 하면

$\dfrac{D}{4}=(-1)^2-a<0, 1-a<0$

$\therefore a>1$ ···1점

$f(x)=\log_{\frac{1}{2}}(x^2-2x+a)$는 감소하는 함수이므로 $x=0$일 때 최댓값을 가지고, ← 최댓값을 가지는 x의 값을 잘못 구함

$x=3$일 때 최솟값을 가진다. ···1점

최댓값이 -2이므로

$\log_{\frac{1}{2}}a=-2, -\log_2 a=-2$

$\log_2 a=2$ $\quad\therefore a=2^2=4$

따라서 함수 $f(x)$의 최솟값은

$\log_{\frac{1}{2}}(a+3)=\log_{\frac{1}{2}}7=-\log_2 7$

▶ 9점 중 2점 얻음.

$x=0$일 때 $f(x)$가 최댓값을 가진다고 잘못 구했다.

$0\le x\le 3$이고, $x^2-2x+a=(x-1)^2+a-1$이므로

$x=1$일 때 x^2-2x+a의 값이 최소이다.

따라서 $x=1$일 때, $f(x)$가 최댓값 -2를 가진다고 바르게 구해야 한다.

0860 답 (1) -3 (2) 3 (3) 3 (4) -6 (5) -2 (6) -3
(7) -2

0861 답 $-5<x\le-3$

STEP 1 진수의 조건에서 x의 값의 범위 구하기 [2점]

진수의 조건에서 $x+5>0, x+7>0$

따라서 x의 값의 범위는 $x>-5$ ·········· ㉠

STEP 2 로그부등식을 만족시키는 x의 값의 범위 구하기 [4점]

$\log_{\frac{1}{8}}(x+5)+\log_{\frac{1}{8}}(x+7)\ge-1$에서

$\log_{\frac{1}{8}}(x+5)(x+7)\ge\log_{\frac{1}{8}}8$

밑이 1보다 작은 양수이므로

$(x+5)(x+7)\le8$ ······ ⓐ

$x^2+12x+27\le0, (x+3)(x+9)\le0$

따라서 x의 값의 범위는 $-9\le x\le-3$ ·········· ㉡

㉠, ㉡의 공통 범위를 구하면

$-5<x\le-3$

부분점수표	
ⓐ 로그부등식을 x에 대한 이차부등식으로 나타낸 경우	2점

오답 분석

$\log_{\frac{1}{8}}(x+5)(x+7)\ge-1$에서 진수의 조건에 의하여

$(x+5)(x+7)>0$

$\therefore x<-7$ 또는 $x>-5$ ·········· ㉠ → 진수의 조건에서 x의 값의 범위를 잘못 구함

$-\log_8(x+5)(x+7)\ge-1$에서

$\log_8(x+5)(x+7)\le1$

$(x+5)(x+7)\le8, x^2+12x+27\le0$

$(x+9)(x+3)\le0$

$\therefore -9\le x\le-3$ ·········· ㉡
···2점

㉠, ㉡에서

$-9\le x<-7$ 또는 $-5<x\le-3$

▶ 7점 중 2점 얻음.

로그의 성질을 이용하기 전에 진수의 조건을 찾지 않고 문제를 풀어 실수가 나오는 부분이다.

$\log_{\frac{1}{8}}(x+5)+\log_{\frac{1}{8}}(x+7)\ge-1$에서 진수의 조건에 의하여

$x+5>0, x+7>0$임에 주의한다.

0862 답 $-1<x\le5$

STEP 1 진수의 조건에서 x의 값의 범위 구하기 [2점]

진수의 조건에서 $x+1>0, x+7>0$

따라서 x의 값의 범위는 $x>-1$ ·········· ㉠

STEP 2 로그부등식을 만족시키는 x의 값의 범위 구하기 [4점]

$2\log_3(x+1)\le1+\log_3(x+7)$에서

$\log_3(x+1)^2\le\log_3 3+\log_3(x+7)$

$\log_3(x+1)^2\le\log_3 3(x+7)$

밑이 1보다 크므로

$(x+1)^2\le3(x+7)$ ······ ⓐ

$x^2-x-20\le0, (x-5)(x+4)\le0$

따라서 x의 값의 범위는 $-4\le x\le5$ ·········· ㉡

㉠, ㉡의 공통 범위를 구하면

$-1<x\le5$

부분점수표	
ⓐ 로그부등식을 x에 대한 이차부등식으로 나타낸 경우	2점

0863 답 $a>1$

STEP 1 진수의 조건에서 x의 값의 범위 구하기 [2점]

진수의 조건에서 $7x>0, x^2+10>0$

따라서 x의 값의 범위는 $x>0$ ·········· ㉠

STEP 2 $0<a<1$일 때, 로그부등식의 해 구하기 [3점]

$\log_a 7x<\log_a(x^2+10)$에서

(i) $0<a<1$일 때, $7x>x^2+10$

$x^2-7x+10<0, (x-2)(x-5)<0$

$\therefore 2<x<5$ ·········· ㉡

㉠, ㉡의 공통 범위를 구하면

$2<x<5$

(ii) $a>1$일 때, $7x<x^2+10$

$\quad x^2-7x+10>0$, $(x-2)(x-5)>0$

$\quad \therefore x<2$ 또는 $x>5$ ⸻⸻⸻ㄴ

㉠, ㉡의 공통 범위를 구하면

$\quad 0<x<2$ 또는 $x>5$

STEP4 조건을 만족시키는 a의 값의 범위 구하기 [1점]

(i), (ii)에서 부등식의 해가 $0<x<2$ 또는 $x>5$인 a의 값의 범위는 $a>1$이다.

 실전 마무리하기 1회   180쪽~184쪽

1 0864   답 ②   유형 1

출제의도 | 로그함수의 함숫값을 구할 수 있는지 확인한다.

> $8>0$이므로 먼저 $x=8$을 $f(x)=\log_{\frac{1}{2}}x-1$에 대입하여 $f(8)$의 값을 구해 보자.

$f(8)=\log_{\frac{1}{2}}8-1=\log_{2^{-1}}2^3-1=-3-1=-4$

$\therefore (f\circ f)(8)=f(f(8))=f(-4)=2^{-4}=\dfrac{1}{16}$

2 0865   답 ④   유형 3

출제의도 | 로그함수의 그래프의 평행이동을 이해하고, 점근선의 방정식을 이용하여 미지수의 값을 구할 수 있는지 확인한다.

> 점근선의 방정식이 $x=-k$이면 로그함수의 식이 $y=\log_3 a(x+k)$ 꼴임을 이용해 보자.

점근선의 방정식이 $x=-2$이므로

$y=\log_3(ax+b)=\log_3 a(x+2)$

이 그래프가 원점을 지나므로

$0=\log_3 a(0+2)$, $\log_3 2a=0$

$2a=1 \quad \therefore a=\dfrac{1}{2}$

즉, $y=\log_3 \dfrac{1}{2}(x+2)=\log_3\left(\dfrac{1}{2}x+1\right)$이므로 $b=1$

$\therefore 2ab=2\times\dfrac{1}{2}\times 1=1$

3 0866   답 ④   유형 5

출제의도 | 선분의 중점을 이용하여 로그함수의 그래프 위의 점의 좌표를 구할 수 있는지 확인한다.

> 중점을 지나면서 x축에 평행한 직선은 $y=$(중점의 y좌표) 꼴임을 이용해 보자.

$A(2, \log_a 2)$, $B(4, 2\log_a 2)$이므로 $\overline{AB}$의 중점 M의 좌표는

$\left(\dfrac{2+4}{2}, \dfrac{\log_a 2+2\log_a 2}{2}\right)$ ⟶ $\log_a 4=\log_a 2^2=2\log_a 2$

$\therefore M\left(3, \dfrac{3}{2}\log_a 2\right)$

따라서 선분 AB의 중점 M을 지나면서 x축에 평행한 직선의 방정식은

$y=\dfrac{3}{2}\log_a 2$

직선 $y=\dfrac{3}{2}\log_a 2$와 함수 $y=\log_a x$의 그래프의 교점의 x좌표가 b이므로

$\log_a b=\dfrac{3}{2}\log_a 2=\log_a 2^{\frac{3}{2}}$

$\therefore b=2^{\frac{3}{2}}=2\sqrt{2}$

4 0867   답 ③   유형 2 + 유형 8

출제의도 | 로그함수의 그래프를 이해하고, 그 역함수를 구할 수 있는지 확인한다.

> 로그의 성질을 이용하여 식을 변형한 후, 참, 거짓을 판별해 보자.

$y=-\log_{\frac{1}{2}}x+1=\log_2 x+1$

ㄱ. $\log_2 1+1=1$이므로 그래프는 점 $(1, 1)$을 지난다. (참)

ㄴ. 그래프의 점근선의 방정식은 $x=0$이다. (거짓)

ㄷ. 밑이 1보다 크므로 x의 값이 증가하면 y의 값도 증가한다. (참)

ㄹ. $y=\log_2 x+1$에서 $y-1=\log_2 x$

$\quad \therefore x=2^{y-1}$

$\quad x$와 y를 서로 바꾸면 구하는 역함수는 $y=2^{x-1}$ (거짓)

따라서 옳은 것은 ㄱ, ㄷ이다.

5 0868   답 ⑤   유형 9

출제의도 | 직선 $y=x$ 위의 점을 이용하여 로그함수의 함숫값을 구할 수 있는지 확인한다.

> 함수 $y=\log_3 x$의 그래프는 항상 점 $(1, 0)$을 지나고, 직선 $y=x$ 위의 점의 x좌표와 y좌표가 같음을 이용해 보자.

함수 $y=\log_3 x$의 그래프는 점 $(1, 0)$을 지나므로

$x_1=1$

함수 $y=\log_3 x$의 그래프는 점 $(x_2, 1)$을 지나므로

$1=\log_3 x_2 \quad \therefore x_2=3$

함수 $y=\log_3 x$의 그래프는 점 $(x_3, 3)$을 지나므로

$3=\log_3 x_3 \quad \therefore x_3=3^3=27$

$\therefore x_3-x_1=27-1=26$

6 0869   답 ②   유형 17

출제의도 | 밑이 같은 로그방정식을 풀 수 있는지 확인한다.

> 양변의 로그의 밑이 같으므로 진수끼리 같음을 이용해 보자. 이때 진수의 조건을 먼저 구하는 것을 잊지 말자.

진수의 조건에서 $-x+6>0$, $x>0$

$\therefore 0<x<6$ ⸻⸻⸻⸻⸻ ㉠

$\log_5(-x+6)=2\log_5 x$에서

$\log_5(-x+6)=\log_5 x^2$

$-x+6=x^2$, $x^2+x-6=0$

$(x+3)(x-2)=0$ $\therefore x=-3$ 또는 $x=2$

따라서 ㉠을 만족시키는 해는 $x=2$이다.

7 0870 답 ② 유형 24

출제의도 | 밑이 같은 로그부등식을 풀 수 있는지 확인한다.

> 양변의 로그의 밑이 1보다 크므로 부등호의 방향은 그대로임을 이용해 보자. 이때 진수의 조건을 확인하는 것을 잊지 말자.

진수의 조건에서 $x>0$, $2x-4>0$

$\therefore x>2$ ㉠

$\log_2 x \ge \log_2 (2x-4)$에서 밑이 1보다 크므로

$x \ge 2x-4$

$\therefore x \le 4$ ㉡

㉠, ㉡의 공통 범위를 구하면 $2<x \le 4$

따라서 자연수 x는 3, 4이므로 구하는 합은

$3+4=7$

8 0871 답 ① 유형 7

출제의도 | 로그함수의 증가·감소를 이용하여 세 수의 대소 관계를 구할 수 있는지 확인한다.

> $0<$(밑)<1이므로 진수가 작을수록 로그의 값은 커짐을 이용하자.

밑이 1보다 작으므로

$\dfrac{b}{a}<\dfrac{c}{b}<\dfrac{a}{c}$ ㉠

$\dfrac{b}{a}<\dfrac{c}{b}$에서 $ac-b^2>0$ ㉡

$\dfrac{c}{b}<\dfrac{a}{c}$에서 $ab-c^2>0$ ㉢

$\dfrac{b}{a}<\dfrac{a}{c}$에서 $a^2-bc>0$ ㉣

ㄱ. ㉢, ㉣의 양변을 각각 더하면

$a^2-c^2+ab-bc>0$, $(a-c)(a+b+c)>0$

$\therefore a>c$ ($\because a+b+c>0$) (참)

ㄴ. ㉡, ㉣의 양변을 각각 더하면

$a^2-b^2+ac-bc>0$, $(a-b)(a+b+c)>0$

$\therefore a>b$ ($\because a+b+c>0$) (거짓)

ㄷ. [반례] $a=6$, $b=2$, $c=1$일 때, ㉠은 성립하지만 $b>c$이다.

(거짓)

따라서 항상 성립하는 것은 ㄱ뿐이다.

9 0872 답 ③ 유형 4

출제의도 | 로그함수의 그래프의 평행이동과 대칭이동을 이용하여 그래프가 특정 사분면을 지나지 않을 조건을 구할 수 있는지 확인한다.

> 함수 $y=\log_{\frac{1}{2}}(x+2)+k$의 그래프를 움직여 보면서 제3사분면을 지나지 않을 조건을 구해 보자.

함수 $y=\log_{\frac{1}{2}}(x+2)+k$의 그래프는 함수 $y=\log_{\frac{1}{2}}x$의 그래프를 x축의 방향으로 -2만큼, y축의 방향으로 k만큼 평행이동한 것이다.

함수 $y=\log_{\frac{1}{2}}(x+2)+k$는 x의 값이 증가하면 y의 값은 감소하므로 그래프가 제3사분면을 지나지 않으려면 $x=0$일 때 y의 값이 0보다 크거나 같아야 한다.

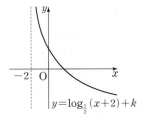

즉, $\log_{\frac{1}{2}}2+k \ge 0$에서

$-1+k \ge 0$

$\therefore k \ge 1$

따라서 실수 k의 최솟값은 1이다.

10 0873 답 ② 유형 14

출제의도 | $\log_a x$ 꼴이 반복되는 로그함수의 최대·최소를 구할 수 있는지 확인한다.

> $\log_a x=t$로 치환하면 t에 대한 함수는 $t=\log_a \dfrac{1}{9}$일 때, 최솟값 1을 가져야 함을 이용해 보자.

$y=(\log_3 x)^2+a\log_{3^3} x^2+b$

$=(\log_3 x)^2+\dfrac{2}{3}a\log_3 x+b$

$\log_3 x=t$로 놓으면

$y=t^2+\dfrac{2}{3}at+b$ ㉠

㉠이 $x=\dfrac{1}{9}$, 즉 $t=\log_3 \dfrac{1}{9}=-2$일 때 최솟값 1을 가지므로

$y=(t+2)^2+1=t^2+4t+5$ ㉡

㉠, ㉡이 같아야 하므로

$\dfrac{2}{3}a=4$, $b=5$ $\therefore a=6$, $b=5$

$\therefore a-b=6-5=1$

11 0874 답 ④ 유형 15

출제의도 | 지수에 로그가 있는 로그함수의 최대·최소를 구할 수 있는지 확인한다.

> 양변에 밑이 4인 로그를 취하여 $\log_4 y$의 최댓값을 이용해 보자.

$y=ax^{2-\log_4 x}$의 양변에 밑이 4인 로그를 취하면

$\log_4 y=\log_4 ax^{2-\log_4 x}$

$=\log_4 a+(2-\log_4 x)\log_4 x$

$=-(\log_4 x)^2+2\log_4 x+\log_4 a$

$\log_4 x=t$로 놓으면

$\log_4 y=-t^2+2t+\log_4 a=-(t-1)^2+1+\log_4 a$

$1 \le x \le 64$에서 $\log_4 1 \le \log_4 x \le \log_4 64$

$\therefore 0 \le t \le 3$

$\log_4 y$는 $t=1$일 때 최댓값을 가지고 최댓값은 $1+\log_4 a$이므로

$1+\log_4 a=\log_4 64=3$, $\log_4 a=2$ $\therefore a=16$

$\log_4 y$는 $t=3$일 때 최솟값을 가지고 최솟값은

$\log_4 y=-3+\log_4 16=-3+2=-1$

따라서 $y=4^{-1}=\dfrac{1}{4}$이므로 $m=\dfrac{1}{4}$

$\therefore am=16 \times \dfrac{1}{4}=4$

12 0875 답 ④ 〔유형 16〕

출제의도 | 산술평균과 기하평균의 관계를 이용하여 로그가 포함된 식의 최솟값을 구할 수 있는지 확인한다.

> 로그의 성질을 이용하여 양수인 두 수의 합의 꼴이 나타나도록 식을 정리한 후 산술평균과 기하평균의 관계를 이용하여 최솟값을 구해 보자.

$\log_6\left(x+\dfrac{2}{y}\right)+\log_6\left(\dfrac{4}{x}+8y\right)=\log_6\left(x+\dfrac{2}{y}\right)\left(\dfrac{4}{x}+8y\right)$

$\qquad\qquad\qquad\qquad\qquad\qquad =\log_6\left(20+8xy+\dfrac{8}{xy}\right)$

밑 6이 1보다 크므로 $20+8xy+\dfrac{8}{xy}$이 최소일 때 최솟값을 가진다.

$x>0$, $y>0$에서 $8xy>0$, $\dfrac{8}{xy}>0$이므로 산술평균과 기하평균의 관계에 의하여

$20+8xy+\dfrac{8}{xy}\geq 20+2\sqrt{8xy\times\dfrac{8}{xy}}$

$\qquad\qquad\qquad\ =20+2\sqrt{64}$

$\qquad\qquad\qquad\ =36\left(\text{단, 등호는 }8xy=\dfrac{8}{xy}\text{, 즉 }xy=1\text{일 때 성립}\right)$

따라서 $20+8xy+\dfrac{8}{xy}$의 최솟값은 36이므로 주어진 식의 최솟값은

$\log_6 36=\log_6 6^2=2$

13 0876 답 ⑤ 〔유형 20〕

출제의도 | 지수에 로그가 있는 로그방정식을 풀 수 있는지 확인한다.

> 로그의 성질을 이용하여 식을 정리한 후 $2^{\log x}=t$로 놓고, t에 대한 방정식을 풀어 보자.

$x^{\log 2}\times 2^{\log x}-10\times 2^{\log x}+16=0$에서 $x^{\log 2}=2^{\log x}$이므로

$(2^{\log x})^2-10\times 2^{\log x}+16=0$

$2^{\log x}=t\ (t>0)$로 놓으면 $t^2-10t+16=0$

$(t-2)(t-8)=0$ $\quad\therefore t=2$ 또는 $t=8$

즉, $2^{\log x}=2$ 또는 $2^{\log x}=8$이므로

$\log x=1$ 또는 $\log x=3$

$\therefore x=10$ 또는 $x=10^3$

이때 $\alpha<\beta$이므로 $\alpha=10$, $\beta=10^3$

$\therefore \dfrac{\beta}{\alpha}=\dfrac{10^3}{10}=100$

14 0877 답 ③ 〔유형 23〕

출제의도 | 이차방정식이 중근을 가질 조건에서 나타나는 $\log_a x$ 꼴이 반복되는 로그방정식을 풀 수 있는지 확인한다.

> 먼저 중근을 가질 조건을 구하고, $\log a=t$로 치환하여 풀어 보자. 이때 $\log a-1$은 이차방정식의 이차항의 계수임과 로그의 진수의 조건을 잊지 말자.

x에 대한 이차방정식이므로

$\log a-1\neq 0$ $\quad\therefore a\neq 10$ ⋯⋯ ㉠

진수의 조건에서 $a>0$ ⋯⋯ ㉡

이차방정식 $(\log a-1)x^2-2(\log a-1)x+1=0$의 판별식을 D라 하면

$\dfrac{D}{4}=(\log a-1)^2-(\log a-1)=0$

$(\log a)^2-3\log a+2=0$

$\log a=t$로 놓으면 $t^2-3t+2=0$

$(t-1)(t-2)=0$ $\quad\therefore t=1$ 또는 $t=2$

즉, $\log a=1$ 또는 $\log a=2$이므로 $a=10$ 또는 $a=100$

이때 ㉠, ㉡을 모두 만족시키는 a의 값은 100이다.

15 0878 답 ① 〔유형 25〕

출제의도 | 진수에 로그가 있는 로그부등식을 풀 수 있는지 확인한다.

> x뿐만 아니라 $\log_3 x-2$도 진수임에 유의하여 진수의 조건을 먼저 확인해야 한다. 로그부등식의 밑이 1보다 크므로 부등호의 방향은 그대로 두고, 바깥쪽의 로그부등식부터 차근차근 풀어 보자.

진수의 조건에서 $x>0$, $\log_3 x-2>0$

이때 $\log_3 x>2$에서 $\log_3 x>\log_3 3^2$

밑이 1보다 크므로 $x>9$

$\therefore x>9$ ⋯⋯ ㉠

$\log_2(\log_3 x-2)<1$에서 $\log_2(\log_3 x-2)<\log_2 2$

밑이 1보다 크므로

$\log_3 x-2<2$ $\quad\therefore \log_3 x<4$

또, $\log_3 x<\log_3 3^4$에서 밑이 1보다 크므로

$x<81$ ⋯⋯ ㉡

㉠, ㉡의 공통 범위를 구하면 $9<x<81$

16 0879 답 ④ 〔유형 27〕

출제의도 | 지수에 로그가 있는 로그부등식을 풀 수 있는지 확인한다.

> 양변에 밑이 2인 로그를 취하고, $\log_2 x=t$로 치환하여 로그부등식을 풀어 보자.

진수의 조건에서

$x>0$ ⋯⋯ ㉠

$x^{\log_2 x}\geq 8x^2$의 양변에 밑이 2인 로그를 취하면

$\log_2 x^{\log_2 x}\geq\log_2 8x^2$, $(\log_2 x)^2\geq 3+\log_2 x^2$

$\therefore (\log_2 x)^2-2\log_2 x-3\geq 0$

$\log_2 x=t$로 놓으면 $t^2-2t-3\geq 0$

$(t+1)(t-3)\geq 0$ $\quad\therefore t\leq -1$ 또는 $t\geq 3$

즉, $\log_2 x\leq -1$ 또는 $\log_2 x\geq 3$이므로

$\log_2 x\leq\log_2 2^{-1}$ 또는 $\log_2 x\geq\log_2 2^3$

밑이 1보다 크므로 $x\leq\dfrac{1}{2}$ 또는 $x\geq 8$ ⋯⋯ ㉡

㉠, ㉡의 공통 범위를 구하면 $0<x\leq\dfrac{1}{2}$ 또는 $x\geq 8$

따라서 부등식을 만족시키는 가장 작은 자연수는 8이다.

17 0880 답 ⑤ 〔유형 29〕

출제의도 | $\log_a x$ 꼴이 반복되는 로그부등식이 항상 성립할 조건을 구할 수 있는지 확인한다.

> $\log_2 x=t$로 놓으면 t에 대한 이차부등식이 되므로 모든 실수 t에 대하여 이차부등식이 항상 성립할 조건을 이용해 보자.

$(\log_2 x)^2 + \log_2 16x^2 - k \geq 0$에서

$(\log_2 x)^2 + 2\log_2 x + 4 - k \geq 0$

$\log_2 x = t$로 놓으면 $t^2 + 2t + 4 - k \geq 0$

이 부등식이 모든 실수 t에 대하여 성립해야 하므로 이차방정식 $t^2 + 2t + 4 - k = 0$의 판별식을 D라 하면

$\dfrac{D}{4} = 1 - (4-k) \leq 0$ $\qquad \therefore k \leq 3$

따라서 실수 k의 최댓값은 3이다.

18 0881 답 ⑤ 유형 10

출제의도 | 로그함수의 그래프의 평행이동을 이용하여 네 함수의 그래프로 둘러싸인 부분의 넓이를 구할 수 있는지 확인한다.

> 로그함수의 그래프의 평행이동을 이용하여 두 곡선 $y = \log_2 2(x+1)$, $y = \log_2 (x-1) - 3$의 관계를 파악하고, 넓이가 같은 부분을 찾아 보자.

$y = \log_2 2(x+1) = \log_2 (x+1) + 1$

이므로 함수 $y = \log_2 (x-1) - 3$의 그래프는 함수 $y = \log_2 2(x+1)$의 그래프를 x축의 방향으로 2만큼, y축의 방향으로 -4만큼 평행이동한 것이다.

또, 두 직선 $y = -2x+1$, $y = -2x+8$을 각각 x축의 방향으로 2만큼, y축의 방향으로 -4만큼 평행이동하면 자기자신과 겹쳐진다.

즉, 곡선 $y = \log_2 2(x+1)$과 직선 $y = -2x+1$은 점 $(0, 1)$에서 만나므로 곡선 $y = \log_2 (x-1) - 3$과 직선 $y = -2x+1$은 점 $(0+2, 1-4)$, 즉 $(2, -3)$에서 만난다.

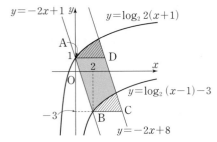

그림에서 빗금 친 두 부분의 넓이가 서로 같으므로 색칠한 부분의 넓이는 평행사변형 ABCD의 넓이와 같다.

이때 $-2x+8 = 1$에서 $x = \dfrac{7}{2}$이므로

$D\left(\dfrac{7}{2}, 1\right)$ $\qquad \therefore \overline{AD} = \dfrac{7}{2}$

따라서 $S = \overline{AD} \times \{1 - (-3)\} = \dfrac{7}{2} \times 4 = 14$이므로

$2S = 2 \times 14 = 28$

19 0882 답 ① 유형 22

출제의도 | 두 로그방정식으로 이루어진 연립방정식을 풀 수 있는지 확인한다.

> $\log x = X$, $\log y = Y$로 치환하여 X, Y를 두 근으로 하는 이차방정식을 만들어 보자.

진수의 조건에서 $xy > 0$, $x > 0$, $y > 0$

$\therefore x > 0$, $y > 0$ $\qquad \cdots\cdots$ ㉠

$\begin{cases} \log xy = 4 \\ (\log x)(\log y) = 1 \end{cases}$ 에서 $\begin{cases} \log x + \log y = 4 \\ \log x \times \log y = 1 \end{cases}$

$\log x = X$, $\log y = Y$로 놓으면

$\begin{cases} X + Y = 4 \\ XY = 1 \end{cases}$

즉, X, Y는 t에 대한 이차방정식 $t^2 - 4t + 1 = 0$의 두 실근이다.

이때 $t = 2 - \sqrt{3}$ 또는 $t = 2 + \sqrt{3}$이고

$\alpha < \beta$에서 $\log \alpha < \log \beta$, 즉 $X < Y$이므로

$X = 2 - \sqrt{3}$, $Y = 2 + \sqrt{3}$

따라서 $\log x = 2 - \sqrt{3}$, $\log y = 2 + \sqrt{3}$이므로

$x = 10^{2-\sqrt{3}}$, $y = 10^{2+\sqrt{3}}$

이 값들은 모두 ㉠을 만족시키므로

$\alpha = 10^{2-\sqrt{3}}$, $\beta = 10^{2+\sqrt{3}}$

$\therefore \log_\alpha \beta = \dfrac{\log \beta}{\log \alpha} = \dfrac{\log 10^{2+\sqrt{3}}}{\log 10^{2-\sqrt{3}}} = \dfrac{2+\sqrt{3}}{2-\sqrt{3}}$

$\qquad\qquad = (2+\sqrt{3})^2 = 7 + 4\sqrt{3}$

20 0883 답 ⑤ 유형 6

출제의도 | 주어진 조건을 이용하여 로그함수의 그래프 위의 두 점 A, B의 좌표를 구할 수 있는지 확인한다.

> 좌표평면 위에 두 로그함수의 그래프와 직선을 그린 후, $\overline{AB} = \sqrt{2}$임을 이용하여 두 점 A, B의 좌표 사이의 관계를 유추해 보자.

직선 l의 기울기가 -1이고, $1 < a < c$이므로 직선 l과 두 함수 $y = \log_2 x$, $y = \log_4 (x+7)$의 그래프는 그림과 같다.

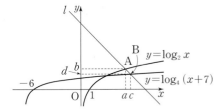

이때 $\overline{AB} = \sqrt{2}$이므로

$c - a = 1$, $b - d = 1$ $\qquad \cdots\cdots$ ㉠

곡선 $y = \log_2 x$가 점 $A(a, b)$를 지나므로

$b = \log_2 a$ $\qquad \cdots\cdots$ ㉡

곡선 $y = \log_4 (x+7)$이 점 $B(c, d)$를 지나므로

$d = \log_4 (c+7)$

㉠에서 $c = a+1$이므로 이를 위의 식에 대입하면

$d = \log_4 (a+8)$ $\qquad \cdots\cdots$ ㉢

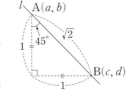

㉡$-$㉢을 하면

$b - d = \log_2 a - \log_4 (a+8)$

㉠에서 $b - d = 1$이므로

$1 = \log_2 a - \log_4 (a+8)$

$\quad = \log_4 a^2 - \log_4 (a+8)$

$\quad = \log_4 \dfrac{a^2}{a+8}$

즉, $\dfrac{a^2}{a+8} = 4$에서 $a^2 = 4a + 32$

$a^2 - 4a - 32 = 0$, $(a+4)(a-8) = 0$

$\therefore a = 8 \ (\because a > 1)$

$a = 8$을 ㉠에 대입하면 $c = a+1 = 9$

$\therefore a + c = 8 + 9 = 17$

21 0884 답 ②

유형 28

출제의도 | 지수부등식과 로그부등식으로 이루어진 연립부등식을 풀 수 있는지 확인한다.

> 먼저 집합 B의 로그부등식을 풀어 $A-B=\varnothing$이 되는 경우의 정수 a의 값을 구해 보자.

$A-B=\varnothing$에서 $A\subset B$ ·········· ㉠

$\log_3(x^2-2x+6)<2$에서 $\log_3(x^2-2x+6)<\log_3 3^2$

밑이 1보다 크므로 $x^2-2x+6<9$

$x^2-2x-3<0$

$(x+1)(x-3)<0$

$\therefore -1<x<3$

즉, $B=\{x|-1<x<3\}$이다.

한편, $2^{x(x-3a)}<2^{a(x-3a)}$에서 밑이 1보다 크므로

$x(x-3a)<a(x-3a)$

$\therefore (x-a)(x-3a)<0$ ·········· ㉡

(i) $a>0$일 때

$a<3a$이므로 부등식 ㉡의 해는

$a<x<3a$

$\therefore A=\{x|a<x<3a\}$

따라서 ㉠을 만족시키는 정수 a는 1이다.

(ii) $a=0$일 때

$A=\varnothing$이므로 ㉠을 만족시킨다.

$\therefore a=0$

(iii) $a<0$일 때

$3a<a$이므로 부등식 ㉡의 해는

$3a<x<a$

$\therefore A=\{x|3a<x<a\}$

따라서 ㉠을 만족시키는 정수 a는 존재하지 않는다.

(i), (ii), (iii)에서 $A-B=\varnothing$이 성립하도록 하는 정수 a는 0, 1의 2개이다.

22 0885 답 -1

유형 12

출제의도 | $y=\log_a(px+q)+r$ 꼴의 로그함수의 최대·최소를 구할 수 있는지 확인한다.

STEP 1 주어진 함수가 감소하는 함수임을 이해하고 a의 값 구하기 [4점]

함수 $y=\log_{\frac{1}{2}}(x-a)$에서 밑이 1보다 작은 양수이므로 x의 값이 증가하면 y의 값은 감소한다.

$x=7$일 때 최솟값 -2를 가지므로

$\log_{\frac{1}{2}}(7-a)=-2$

$7-a=\left(\frac{1}{2}\right)^{-2}=4$

$\therefore a=3$

STEP 2 최댓값 구하기 [2점]

함수 $y=\log_{\frac{1}{2}}(x-3)$은 $x=5$일 때 최댓값을 가지고 구하는 최댓값은

$\log_{\frac{1}{2}}(5-3)=\log_{\frac{1}{2}}2=-1$

23 0886 답 $a>\frac{5}{4}$

유형 24 + 유형 29

출제의도 | 밑이 같은 로그부등식을 풀 수 있는지 확인한다.

STEP 1 $0<a<1$일 때, a의 값의 범위 구하기 [3점]

$0<a<1$일 때, 밑이 1보다 작은 양수이므로

$ax^2+2x+3<x^2+x+2$

$\therefore (1-a)x^2-x-1>0$ ← $0<a<1$이므로 $1-a\neq 0$

이 부등식이 모든 실수 x에 대하여 성립해야 하므로 이차방정식 $(1-a)x^2-x-1=0$의 판별식을 D_1이라 하면

$D_1=(-1)^2+4(1-a)<0$

$5-4a<0$ $\therefore a>\frac{5}{4}$

그런데 $0<a<1$이므로 조건을 만족시키는 a의 값은 존재하지 않는다.

STEP 2 $a>1$일 때, a의 값의 범위 구하기 [2점]

$a>1$일 때, 밑이 1보다 크므로

$ax^2+2x+3>x^2+x+2$

$\therefore (a-1)x^2+x+1>0$

이 부등식이 모든 실수 x에 대하여 성립해야 하므로 이차방정식 $(a-1)x^2+x+1=0$의 판별식을 D_2라 하면

$D_2=1-4(a-1)<0$

$5-4a<0$ $\therefore a>\frac{5}{4}$

이때 $a>1$이므로 $a>\frac{5}{4}$

STEP 3 주어진 부등식이 성립할 때, a의 값의 범위 구하기 [1점]

구하는 a의 값의 범위는 $a>\frac{5}{4}$

24 0887 답 5

유형 6 + 유형 28

출제의도 | 로그가 포함된 $A<B<C$ 꼴의 연립부등식의 해를 구할 수 있는지 확인한다.

STEP 1 $\overline{\text{AB}}+\overline{\text{CD}}$를 t에 대한 식으로 나타내기 [3점]

$\overline{\text{AB}}=\log_2 t-\log_4 t=\log_4 t^2-\log_4 t=\log_4 t$

$\overline{\text{CD}}=\log_2(t+3)-\log_4(t+3)$

$=\log_4(t+3)^2-\log_4(t+3)$

$=\log_4(t+3)$

$\therefore \overline{\text{AB}}+\overline{\text{CD}}=\log_4 t+\log_4(t+3)=\log_4 t(t+3)$

STEP 2 t에 대한 연립부등식 세우기 [1점]

$\log_2\sqrt{10}\leq\log_4 t(t+3)\leq\log_2\sqrt{54}$에서

$\log_4 10\leq\log_4 t(t+3)\leq\log_4 54$

밑이 1보다 크므로

$10\leq t(t+3)\leq 54$

STEP 3 t에 대한 연립부등식의 해 구하기 [2점]

(i) $10\leq t^2+3t$에서 $t^2+3t-10\geq 0$

$(t+5)(t-2)\geq 0$ $\therefore t\leq -5$ 또는 $t\geq 2$

(ii) $t^2+3t\leq 54$에서 $t^2+3t-54\leq 0$

$(t+9)(t-6)\leq 0$ $\therefore -9\leq t\leq 6$

(i), (ii)에서 $-9\leq t\leq -5$ 또는 $2\leq t\leq 6$

이때 $t>1$이므로 $2\leq t\leq 6$

정수 t는 2, 3, 4, 5, 6의 5개이다.

25 0888　답 50　　유형3 + 유형12

출제의도 | 절댓값이 있는 로그함수의 그래프의 평행이동을 이해하고, 정의역과 치역을 이용하여 미지수의 값을 구할 수 있는지 확인한다.

STEP 1 함수의 그래프의 개형 파악하기 [2점]

함수 $y=\left|\log_2\left(\dfrac{1}{8}x+2\right)\right|+2=\left|\log_2\dfrac{1}{8}(x+16)\right|+2$의 그래프는

함수 $y=\left|\log_2\dfrac{1}{8}x\right|$의 그래프를 x축의 방향으로 -16만큼, y축

의 방향으로 2만큼 평행이동한 것이므로 그림과 같다.

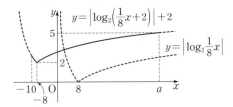

STEP 2 정의역과 치역을 이용하여 최대·최소 확인하기 [1점]

$f(x)=\left|\log_2\left(\dfrac{1}{8}x+2\right)\right|+2$라 하면 주어진 함수의 정의역이

$\{x\,|\,-10\le x\le a\}$이므로 최솟값은 $f(-8)$이고, 최댓값은

$f(-10)$ 또는 $f(a)$ 중 하나이다.

STEP 3 상수 a, b의 값 구하기 [4점]

치역이 $\{y\,|\,b\le y\le 5\}$이므로

$b=f(-8)=\left|\log_2\left\{\dfrac{1}{8}\times(-8)+2\right\}\right|+2=2$

$f(-10)=\left|\log_2\left\{\dfrac{1}{8}\times(-10)+2\right\}\right|+2$

$\qquad=\left|\log_2\dfrac{3}{4}\right|+2=-\log_2\dfrac{3}{4}+2$

$\qquad=-\log_2 3+\log_2 4+2=4-\log_2 3$

$f(a)=\left|\log_2\left(\dfrac{1}{8}a+2\right)\right|+2=\log_2\left(\dfrac{a}{8}+2\right)+2$

이때 $f(-10)=4-\log_2 3<5$이므로 최댓값은

$f(a)=5$

$f(a)=\log_2\left(\dfrac{a}{8}+2\right)+2=5$에서 $\dfrac{a}{8}+2=8$

$\therefore a=48$

STEP 4 $a+b$의 값 구하기 [1점]

$a+b=48+2=50$

 ## 실전 마무리하기 2회　　185쪽~189쪽

1 0889　답 ①　　유형2

출제의도 | 로그의 성질을 이용하여 같은 로그함수를 찾을 수 있는지 확인한다.

로그함수에서 정의역이 다르면 서로 다른 함수이므로 함수의 식을 변형하여
같은 함수를 찾아보자.

$y=\log_9 x^2=\log_{3^2}x^2=\log_3|x|$

ㄱ. $y=\log_3|x|$

ㄴ. $y=\log_{\frac{1}{3}}(-x)=\log_{3^{-1}}(-x)=-\log_3(-x)$

ㄷ. $y=-\log_3\dfrac{1}{x}=-\log_3 x^{-1}=\log_3 x$

ㄹ. $y=-2\log_{\frac{1}{9}}x=-2\log_{3^{-2}}x=\log_3 x$

따라서 함수 $y=\log_9 x^2$과 같은 함수인 것은 ㄱ뿐이다.

2 0890　답 ④　　유형2 + 유형3

출제의도 | 로그함수의 그래프를 이해하고 있는지 확인한다.

밑이 1보다 큰 함수 $y=\log_2(x-1)+2$의 그래프를 그려 보자.

함수 $y=\log_2(x-1)+2$의 그래프
는 함수 $y=\log_2 x$의 그래프를 x축
의 방향으로 1만큼, y축의 방향으
로 2만큼 평행이동한 것이므로 그림
과 같다.

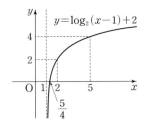

④ 치역은 실수 전체의 집합이다.

(거짓)

⑤ $x=5$를 대입하면 $y=\log_2 4+2=2+2=4$ (참)

따라서 옳지 않은 것은 ④이다.

3 0891　답 ④　　유형5

출제의도 | 로그함수의 그래프 위의 두 점을 이용하여 식의 값을 구할 수 있는지 확인한다.

$x=a$, $x=b$를 $y=\log_2 x$에 대입하여 y_1, y_2를 구해 보자.

두 점 A, B는 함수 $y=\log_2 x$의 그래프 위의 점이므로

$A(a,\ \log_2 a)$, $B(b,\ \log_2 b)$

즉, $y_1=\log_2 a$, $y_2=\log_2 b$이므로 $y_2-y_1=3$에서

$\log_2 b-\log_2 a=3$

$\log_2\dfrac{b}{a}=3$

$\therefore \dfrac{b}{a}=2^3=8$

4 0892　답 ④　　유형12

출제의도 | $y=\log_a(px+q)+r$ 꼴의 로그함수의 최대·최소를 구할 수 있는지 확인한다.

$0<($밑$)<1$이므로 $y=\log_{\frac{1}{3}}(x+1)$은 x가 최소일 때 최댓값을 가지고,
x가 최대일 때 최솟값을 가짐을 이용해 보자.

함수 $y=\log_{\frac{1}{3}}(x+1)$에서 밑이 1보다 작은 양수이므로 x의 값이

증가하면 y의 값은 감소한다.

$x=-\dfrac{2}{3}$일 때 최대이고 최댓값은

$\log_{\frac{1}{3}}\left(-\dfrac{2}{3}+1\right)=\log_{\frac{1}{3}}\dfrac{1}{3}=1$

$x=26$일 때 최소이고 최솟값은

$\log_{\frac{1}{3}}(26+1)=\log_{\frac{1}{3}}27=-3$

따라서 최댓값과 최솟값의 합은 $1+(-3)=-2$

5 0893　답 ①

출제의도 | 밑을 같게 할 수 있는 로그방정식을 풀 수 있는지 확인한다.

> 양변의 로그의 밑을 2로 같게 하여 진수끼리 같음을 이용해 보자. 이때 진수의 조건을 먼저 구하는 것을 잊지 말자.

진수의 조건에서 $\underline{x^2+x+2>0}$, $x>0$ $\xrightarrow{\left(x+\frac{1}{2}\right)^2+\frac{7}{4}>0}$

$\therefore x>0$ ·············· ㉠

$\log_2(x^2+x+2)=2\log_2 x+1$에서

$\log_2(x^2+x+2)=\log_2 2x^2$

$x^2+x+2=2x^2$, $x^2-x-2=0$

$(x-2)(x+1)=0$　$\therefore x=-1$ 또는 $x=2$

㉠을 만족시키는 해는 $x=2$이므로 $\alpha=2$

$\therefore \log_4(10-3\alpha)=\log_4 4=1$

6 0894　답 ④

출제의도 | $\log_a x$ 꼴이 반복되는 로그방정식을 풀 수 있는지 확인한다.

> $\log x=t$로 놓고, t에 대한 이차방정식을 풀어 보자.

진수의 조건에서 $x>0$ ·············· ㉠

$\log x=t$로 놓으면 $t^2-4t-5=0$

$(t+1)(t-5)=0$　$\therefore t=-1$ 또는 $t=5$

즉, $\log x=-1$ 또는 $\log x=5$이므로

$x=10^{-1}$ 또는 $x=10^5$

이 값들은 모두 ㉠을 만족시키므로 구하는 해는

$x=\dfrac{1}{10}$ 또는 $x=10^5$

7 0895　답 ②

출제의도 | 로그함수와 그 역함수인 지수함수의 관계를 이용하여 밑을 구할 수 있는지 확인한다.

> 두 함수 $y=a^x$, $y=\log_a x$가 서로 역함수 관계이므로 그래프에서 점 $A(k,\ b)$이면 점 $B(b,\ k)$임을 이용해 보자.

함수 $y=\log_a x$는 함수 $y=a^x$의 역함수이므로 두 함수 $y=a^x$과 $y=\log_a x$의 그래프는 직선 $y=x$에 대하여 대칭이다.

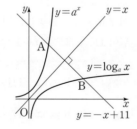

따라서 점 A의 x좌표를 k라 하면

$A(k,\ 11-k)$, $B(11-k,\ k)$

$\overline{AB}=5\sqrt{2}$이므로

$\overline{AB}^2=(11-2k)^2+(2k-11)^2=(5\sqrt{2})^2$

$2(2k-11)^2=50$, $(2k-11)^2=25$

$2k-11=\pm5$　$\therefore k=3$ 또는 $k=8$

이때 점 A의 x좌표는 점 B의 x좌표보다 작으므로

$k=3$

따라서 두 점 A, B는 $A(3,\ 8)$, $B(8,\ 3)$이고, 점 A가 함수 $y=a^x$의 그래프 위의 점이므로

$a^3=8$　$\therefore a=2$

$\therefore 3a=3\times2=6$

8 0896　답 ⑤

출제의도 | 지수에 로그가 있는 로그함수의 최대·최소를 구할 수 있는지 확인한다.

> 지수에 로그가 있으므로 양변에 밑이 2인 로그를 취한 후 $\log_2 x=t$로 놓고 t에 대한 이차함수의 최대·최소를 생각해 보자.

$y=32x^{-2+\log_2 x}$이라 하고 양변에 밑이 2인 로그를 취하면

$\log_2 y=\log_2 32x^{-2+\log_2 x}$

$\qquad=\log_2 32+\log_2 x^{-2+\log_2 x}$

$\qquad=5+(-2+\log_2 x)\log_2 x$

$\qquad=(\log_2 x)^2-2\log_2 x+5$

$\log_2 x=t$로 놓으면

$\log_2 y=t^2-2t+5=(t-1)^2+4$

이때 $1\le x\le8$에서

$\log_2 1\le\log_2 x\le\log_2 8$　$\therefore 0\le t\le3$

따라서 함수 $\log_2 y=(t-1)^2+4$는

$t=1$일 때 최솟값 $(1-1)^2+4=4$,

$t=3$일 때 최댓값 $(3-1)^2+4=8$을 가진다.

$\log_2 y=4$에서 $y=2^4=16$　$\therefore m=16$

$\log_2 y=8$에서 $y=2^8=256$　$\therefore M=256$

$\therefore M-m=256-16=240$

9 0897　답 ⑤

출제의도 | $\log_a x$ 꼴이 반복되는 로그방정식을 치환하여 이차방정식의 근과 계수의 관계를 활용할 수 있는지 확인한다.

> $\log_3 x=t$로 놓고 만든 t에 대한 방정식의 두 근을 $\log_3\alpha$, $\log_3\beta$이므로 이차방정식의 근과 계수의 관계와 로그의 성질을 이용해 보자.

$\log_3 x-\dfrac{1}{3}\underline{\log_x 3}-k=0$에서 $\xrightarrow{\log_x 3=\frac{1}{\log_3 x}}$

$\log_3 x-\dfrac{1}{3\log_3 x}-k=0$

$\log_3 x=t$로 놓으면 $t-\dfrac{1}{3t}-k=0$

$\therefore 3t^2-3kt-1=0$ ·············· ㉠

주어진 방정식의 두 근을 α, β라 하면 방정식 ㉠의 두 근은 $\log_3\alpha$, $\log_3\beta$이므로 이차방정식의 근과 계수의 관계에 의하여

$\log_3\alpha+\log_3\beta=-\dfrac{-3k}{3}$

$\log_3\alpha\beta=k$이고 $\alpha\beta=3$이므로

$k=\log_3 3=1$

10 0898　답 ①

출제의도 | 지수에 로그가 있는 로그방정식을 풀 수 있는지 확인한다.

> 양변에 밑이 3인 로그를 취한 후 $\log_3 x=t$로 놓고 t에 대한 방정식을 풀어 보자.

진수의 조건에서 $x>0$ ·············· ㉠

$x^{\log_3 x}=x^3$의 양변에 밑이 3인 로그를 취하면

$\log_3 x^{\log_3 x}=\log_3 x^3$

$(\log_3 x)^2=3\log_3 x$

$\log_3 x = t$로 놓으면 $t^2 = 3t$

$t^2 - 3t = 0$, $t(t-3) = 0$ ∴ $t=0$ 또는 $t=3$

즉, $\log_3 x = 0$ 또는 $\log_3 x = 3$이므로

$x=1$ 또는 $x=3^3=27$

이 값들은 모두 ㉠을 만족시키므로

$x=1$ 또는 $x=27$

따라서 주어진 방정식의 모든 근의 합은

$1+27=28$

11 0899 답 ③ 유형 21

출제의도 │ 밑과 진수에 모두 미지수가 있는 로그방정식을 풀 수 있는지 확인한다.

> 진수가 1이면 밑이 달라도 로그의 값은 모두 0임을 이용해 보자.

밑과 진수의 조건에서

$x^2+3x>0$, $x^2+3x\neq 1$, $x+8>0$, $x+8\neq 1$, $3x-1>0$

∴ $x>\dfrac{1}{3}$ ·························· ㉠

$\log_{x^2+3x}(3x-1)=\log_{x+8}(3x-1)$에서

(ⅰ) $x^2+3x=x+8$일 때, $x^2+2x-8=0$

$(x+4)(x-2)=0$ ∴ $x=-4$ 또는 $x=2$

㉠을 만족시키는 해는 $x=2$

(ⅱ) $3x-1=1$일 때, $x=\dfrac{2}{3}$

(ⅰ), (ⅱ)에서 $x=\dfrac{2}{3}$ 또는 $x=2$

따라서 $k=\dfrac{2}{3}\times 2=\dfrac{4}{3}$이므로

$9k^2=9\times\left(\dfrac{4}{3}\right)^2=16$

12 0900 답 ⑤ 유형 19 + 유형 22

출제의도 │ 지수방정식과 로그방정식의 근이 같은 조건을 이용하여 미지수의 값을 구할 수 있는지 확인한다.

> 지수방정식은 $2^x=t$로 놓고 풀고, 로그방정식은 $\log_2 x=s$로 놓고 풀어 보자.

주어진 두 방정식의 두 근을 α, β라 하자.

$2^{2x}-p\times 2^x+8=0$에서 $(2^x)^2-p\times 2^x+8=0$

$2^x=t$ $(t>0)$로 놓으면

$t^2-pt+8=0$

이 이차방정식의 두 근은 2^α, 2^β이므로 이차방정식의 근과 계수의 관계에 의하여

$2^\alpha+2^\beta=p$, $2^\alpha\times 2^\beta=8$ ·········· ㉠

또, $(\log_2 x)^2-\log_2 x+q=0$에서 $\log_2 x=s$로 놓으면

$s^2-s+q=0$

이 이차방정식의 두 근은 $\log_2\alpha$, $\log_2\beta$이므로 이차방정식의 근과 계수의 관계에 의하여

$\log_2\alpha+\log_2\beta=1$, $\log_2\alpha\times\log_2\beta=q$ ·········· ㉡

㉠, ㉡에서 $2^{\alpha+\beta}=2^3$, $\log_2\alpha\beta=1$이므로

$\alpha+\beta=3$, $\alpha\beta=2$

두 식을 연립하여 풀면

$\alpha=1$, $\beta=2$ 또는 $\alpha=2$, $\beta=1$

㉠에서 $p=2+2^2=6$

㉡에서 $q=\log_2 1\times\log_2 2=0$

∴ $p-q=6-0=6$

13 0901 답 ④ 유형 18 + 유형 23

출제의도 │ 로그방정식이 서로 다른 두 실근을 가질 밑의 조건을 구할 수 있는지를 확인한다.

> $\log_a x=t$로 놓고, 로그방정식을 푼 후 주어진 범위에서 서로 다른 두 실근을 가질 조건을 구해 보자.

$(\log_a x)^2+\log_a x-2=0$에서

$\log_a x=t$로 놓으면 $t^2+t-2=0$

$(t+2)(t-1)=0$

∴ $t=-2$ 또는 $t=1$

즉, $\log_a x=-2$ 또는 $\log_a x=1$이므로

$x=a^{-2}=\dfrac{1}{a^2}$ 또는 $x=a$

그런데 $x>\dfrac{1}{2}$에서 서로 다른 두 실근을 가져야 하므로 구한 두 근이 모두 $\dfrac{1}{2}$보다 커야 한다.

따라서 $\dfrac{1}{a^2}>\dfrac{1}{2}$, $a>\dfrac{1}{2}$에서

$\dfrac{1}{2}<a<1$ ($\because 0<a<1$)

14 0902 답 ③ 유형 25

출제의도 │ 진수에 로그가 있는 로그부등식을 풀 수 있는지 확인한다.

> $x-1$뿐만 아니라 $-1+\log_2(x-1)$도 진수임에 유의하여 진수의 조건을 먼저 확인하자. 로그부등식은 밑의 범위에 따라 부등호의 방향이 달라지므로 바깥쪽 로그부등식부터 차근차근 풀어 보자.

진수의 조건에서 $x-1>0$, $-1+\log_2(x-1)>0$이므로

$x>1$, $\log_2(x-1)>1$

이때 $\log_2(x-1)>1$에서 $\log_2(x-1)>\log_2 2$

밑이 1보다 크므로 $x-1>2$

∴ $x>3$ ·························· ㉠

$\log_{\frac{1}{3}}\{-1+\log_2(x-1)\}\geq -2$에서

$\log_{\frac{1}{3}}\{-1+\log_2(x-1)\}\geq\log_{\frac{1}{3}}\left(\dfrac{1}{3}\right)^{-2}$

밑이 1보다 작은 양수이므로

$-1+\log_2(x-1)\leq\left(\dfrac{1}{3}\right)^{-2}=9$

$\log_2(x-1)\leq 10$

또, $\log_2(x-1)\leq\log_2 2^{10}$에서 밑이 1보다 크므로

$x-1\leq 2^{10}$

$x-1\leq 1024$

∴ $x\leq 1025$ ·························· ㉡

㉠, ㉡의 공통 범위를 구하면 $3<x\leq 1025$

따라서 정수 x의 개수는 1022이다.
$\rightarrow 1025-3$

15 0903　답 ④
유형 29

출제의도 | 로그부등식이 항상 성립할 조건을 구할 수 있는지 확인한다.

> 양변에 밑이 2인 로그를 취하여 $\log_2 x$에 대한 방정식을 만들어 보자.

$k^2 x^{\log_2 x+2} > 1$의 양변에 밑이 2인 로그를 취하면

$\log_2 (k^2 x^{\log_2 x+2}) > \log_2 1$

$\log_2 k^2 + (\log_2 x + 2) \log_2 x > 0$

$\therefore (\log_2 x)^2 + 2\log_2 x + 2\log_2 |k| > 0$

$\log_2 x = t$로 놓으면 $t^2 + 2t + 2\log_2 |k| > 0$

이 부등식이 모든 실수 t에 대하여 성립해야 하므로

이차방정식 $t^2 + 2t + 2\log_2 |k| = 0$의 판별식을 D라 하면

$\dfrac{D}{4} = 1 - 2\log_2 |k| < 0$

$\log_2 |k| > \dfrac{1}{2}$, $|k| > \sqrt{2}$

$\therefore k < -\sqrt{2}$ 또는 $k > \sqrt{2}$

16 0904　답 ⑤
유형 30

출제의도 | 로그부등식을 이용하여 실생활과 관련된 활용 문제를 풀 수 있는지 확인한다.

> 빵의 무게 A가 $10\,\%$, 즉 0.1의 비율로 줄어들 때, n번 줄인 빵의 무게는 $A \times (1-0.1)^n$임을 이용해 보자.

처음 빵 1개의 무게를 A, 가격을 B라 하면 빵의 단위 무게당 가격은 $\dfrac{B}{A}$이다.

가격은 그대로 유지하고 무게를 $10\,\%$ 줄이는 방법을 n번 시행한 후의 단위 무게당 가격은

$\dfrac{B}{A \times (1-0.1)^n} = \dfrac{B}{0.9^n A}$

n번 시행 후 단위 무게당 가격이 처음의 2배 이상이므로

$\dfrac{B}{0.9^n A} \geq 2 \times \dfrac{B}{A}$에서 $\dfrac{1}{0.9^n} \geq 2$

$\dfrac{1}{\left(\dfrac{9}{10}\right)^n} \geq 2$, $\left(\dfrac{10}{9}\right)^n \geq 2$

양변에 상용로그를 취하면 $\log \left(\dfrac{10}{9}\right)^n \geq \log 2$

$n(1 - 2\log 3) \geq \log 2$

$\therefore n \geq \dfrac{\log 2}{1 - 2\log 3} = \dfrac{0.3010}{0.0458} = 6.5 \times \times \times$

따라서 구하는 자연수 n의 최솟값은 7이다.

17 0905　답 ①
유형 6

출제의도 | 두 함수의 그래프 사이의 관계를 이용하여 점의 좌표, 선분의 길이 등을 구하고 문제를 해결할 수 있는지 확인한다.

> 점 C의 좌표를 이용하여 k의 값을 구하고, 점 A의 좌표와 삼각형 ABC의 넓이를 이용하여 점 B의 좌표를 구해 보자.

점 C$(5, k)$는 함수 $y = \log_2 (x-1)$의 그래프 위의 점이므로

$k = \log_2 (5-1) = \log_2 4 = 2$

함수 $y = \log_2 (x-1)$의 그래프가 x축과 만나는 점의 x좌표는

$\log_2 (x-1) = 0$, $x - 1 = 1$　$\therefore x = 2$

즉, A$(2, 0)$이고 삼각형 ABC의 넓이가 $\dfrac{9}{4}$이므로

$\dfrac{1}{2} \times \overline{AB} \times 2 = \dfrac{9}{4}$　$\therefore \overline{AB} = \dfrac{9}{4}$

점 B의 x좌표를 p라 하면

$\overline{AB} = p - 2 = \dfrac{9}{4}$　$\therefore p = \dfrac{17}{4}$

따라서 함수 $y = \log_2 (x-a) + b$의 그래프가 두 점 B$\left(\dfrac{17}{4}, 0\right)$, C$(5, 2)$를 지나므로

$\log_2 \left(\dfrac{17}{4} - a\right) + b = 0$ ········· ㉠

$\log_2 (5-a) + b = 2$ ········· ㉡

㉡−㉠을 하면 $\log_2 (5-a) - \log_2 \left(\dfrac{17}{4} - a\right) = 2$

$\log_2 (5-a) = \log_2 4\left(\dfrac{17}{4} - a\right)$, $\log_2 (5-a) = \log_2 (17 - 4a)$

$5 - a = 17 - 4a$, $3a = 12$　$\therefore a = 4$

$a = 4$를 ㉡에 대입하면 $\log_2 1 + b = 2$　$\therefore b = 2$

$\therefore a + b = 4 + 2 = 6$

18 0906　답 ③
유형 11

출제의도 | 지수함수의 역함수인 로그함수의 그래프를 이용하여 문제를 해결할 수 있는지 확인한다.

> 함수 $y = 3^x$의 역함수인 함수 $y = \log_3 x$의 그래프를 이용하여 $g(n)$과 $f(n-1)$ 사이의 관계를 추론해 보자.

함수 $y = \log_3 x$의 그래프와 x축 및 직선 $x = n$으로 둘러싸인 도형을 C_n이라 하자.

함수 $y = 3^x$의 역함수는 함수 $y = \log_3 x$이므로 도형 B_n과 도형 C_n은 직선 $y = x$에 대하여 대칭이다.

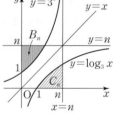

또, 함수 $y = \log_3 (x+1)$의 그래프는 함수 $y = \log_3 x$의 그래프를 x축의 방향으로 -1만큼 평행이동한 것이므로 도형 C_n을 x축의 방향으로 -1만큼 평행이동하면 도형 A_{n-1}과 일치한다.

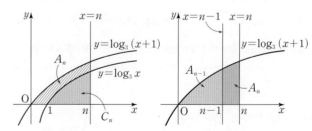

즉, 도형 C_n에 포함된 점 중 x좌표와 y좌표가 모두 정수인 점의 개수는 $g(n) = f(n-1)$이므로

$f(n) - g(n) = 5$에서 $f(n) - f(n-1) = 5$이어야 한다.

이는 A_{n-1}에서 A_n으로 늘어날 때 증가하는 점의 개수가 5이어야 함을 의미한다.

따라서 x좌표가 n인 점 중에서 x축과 함수 $y = \log_3 (x+1)$의 그래프 사이에 존재하면서 y좌표가 정수인 점이 5개 있어야 하므로

$4 \leq \log_3 (n+1) < 5$, $3^4 \leq n + 1 < 3^5$　$\therefore 80 \leq n < 242$

따라서 자연수 n의 개수는 162이다. ─→ $242 - 80$

로그부등식을 $4<\log_3(n+1)<5$ 또는 $4<\log_3(n+1)\le5$와 같이 잘못 세우지 않도록 주의한다.

x좌표가 n인 점 중에서 x축과 함수 $y=\log_3(x+1)$의 그래프 사이에 존재하면서 y좌표가 정수인 점은 $(n, 0)$, $(n, 1)$, $(n, 2)$, $(n, 3)$, $(n, 4)$의 5개이어야 한다. 즉, 함수 $y=\log_3(x+1)$의 그래프는 두 점 $(n, 4)$, $(n, 5)$ 사이를 지나야 하고 점 $(n, 4)$는 지날 수 있으나 점 $(n, 5)$는 지날 수 없다.

19 0907 답 ③ 유형 24

출제의도 | 밑을 같게 할 수 있는 로그부등식을 풀 수 있는지 확인한다.

먼저 진수의 조건에서 만들어지는 지수부등식을 $2^x=t$로 놓고 풀고, 로그부등식의 밑이 1보다 작은 양수이므로 부등호의 방향이 바뀜을 이용하여 풀어 보자.

진수의 조건에서 $2^{2x}+3\times2^x-10>0$, $2^x+1>0$

$2^{2x}+3\times2^x-10>0$에서 $2^x=t$ $(t>0)$로 놓으면 ⟶ 모든 실수 x에 대하여 성립한다.

$t^2+3t-10>0$, $(t+5)(t-2)>0$

$\therefore t<-5$ 또는 $t>2$

그런데 $t>0$이므로 $t>2$

즉, $2^x>2$에서 밑이 1보다 크므로

$x>1$ ………………………………………………………… ㉠

$\log_{\frac{1}{9}}(2^{2x}+3\times2^x-10)>\log_{\frac{1}{3}}(2^x+1)$에서

$\log_{\frac{1}{9}}(2^{2x}+3\times2^x-10)>\log_{\frac{1}{9}}(2^x+1)^2$

밑이 1보다 작은 양수이므로

$2^{2x}+3\times2^x-10<(2^x+1)^2$ $\therefore 2^x<11$

양변에 밑이 2인 로그를 취하면

$x<\log_2 11$ …………………………………………………… ㉡

㉠, ㉡의 공통 범위를 구하면 $1<x<\log_2 11$

20 0908 답 ③ 유형 4 + 유형 24

출제의도 | 두 로그함수의 그래프가 만날 조건을 구할 수 있는지 확인한다.

함수 $y=\log_{\frac{1}{2}}\left(x+\frac{1}{8}\right)$의 그래프가 x축, y축과 만나는 점의 좌표를 구하고, 각 점의 x의 값에 따른 $y=\log_{\frac{1}{3}}\left(x+\frac{a}{4}\right)$의 값의 범위를 구해 보자.

곡선 $y=\log_{\frac{1}{2}}\left(x+\frac{1}{8}\right)$이 x축, y축과 만나는 점을 각각 A, B라 하자.

$y=\log_{\frac{1}{2}}\left(x+\frac{1}{8}\right)$에 $y=0$을 대입하면

$0=\log_{\frac{1}{2}}\left(x+\frac{1}{8}\right)$, $x+\frac{1}{8}=1$

$\therefore x=\frac{7}{8}$

즉, 점 A의 좌표는 $\left(\frac{7}{8}, 0\right)$이다.

또, $y=\log_{\frac{1}{2}}\left(x+\frac{1}{8}\right)$에 $x=0$을 대입하면

$y=\log_{\frac{1}{2}}\frac{1}{8}=\log_{2^{-1}}2^{-3}=3$이므로 점 B의 좌표는 $(0, 3)$이다.

주어진 두 곡선이 제1사분면 위의 한 점에서 만나기 위해서는 곡선 $y=\log_{\frac{1}{3}}\left(x+\frac{a}{4}\right)$가 곡선 $y=\log_{\frac{1}{2}}\left(x+\frac{1}{8}\right)$의 두 점 A, B 사이의 부분을 지나야 한다.

$f(x)=\log_{\frac{1}{3}}\left(x+\frac{a}{4}\right)$라 하면

(i) $f(0)<3$이어야 하므로

$f(0)=\log_{\frac{1}{3}}\left(0+\frac{a}{4}\right)<3$

$\log_{\frac{1}{3}}\frac{a}{4}<\log_{\frac{1}{3}}\left(\frac{1}{3}\right)^3$

이때 밑이 1보다 작은 양수이므로 $\frac{a}{4}>\left(\frac{1}{3}\right)^3$

$\therefore a>\frac{4}{27}$ ……………………………………………… ㉠

(ii) $f\left(\frac{7}{8}\right)>0$이어야 하므로

$f\left(\frac{7}{8}\right)=\log_{\frac{1}{3}}\left(\frac{7}{8}+\frac{a}{4}\right)>0$

$\log_{\frac{1}{3}}\left(\frac{7}{8}+\frac{a}{4}\right)>\log_{\frac{1}{3}}1$

밑이 1보다 작은 양수이므로 $\frac{7}{8}+\frac{a}{4}<1$

$\therefore a<\frac{1}{2}$ …………………………………………………… ㉡

㉠, ㉡의 공통 범위를 구하면 $\frac{4}{27}<a<\frac{1}{2}$

따라서 $\alpha=\frac{4}{27}$, $\beta=\frac{1}{2}$이므로

$\alpha\beta=\frac{4}{27}\times\frac{1}{2}=\frac{2}{27}$

21 0909 답 ⑤ 유형 28

출제의도 | 지수부등식과 로그부등식으로 이루어진 연립부등식의 해를 구할 수 있는지 확인한다.

지수부등식은 $2^x=t$로 놓고 풀고, 로그부등식은 $\log_4 x=s$로 놓고 풀어 두 부등식의 해의 공통 범위를 구해 보자.

$4^x-2^{x+4}+48\ge0$에서

$(2^x)^2-16\times2^x+48\ge0$

$2^x=t$ $(t>0)$로 놓으면

$t^2-16t+48\ge0$, $(t-4)(t-12)\ge0$

$\therefore t\le4$ 또는 $t\ge12$

즉, $2^x\le4$ 또는 $2^x\ge12$이므로

$x\le2$ 또는 $x\ge\log_2 12$ …………………………………… ㉠

$(\log_4 x)\left(\log_4\frac{x}{48}\right)\le\log_4\frac{1}{9}$에서

$(\log_4 x)(\log_4 x-\log_4 48)\le-2\log_4 3$

$\therefore (\log_4 x)^2-\log_4 48\times\log_4 x+2\log_4 3\le0$

$\log_4 x=s$로 놓으면

$s^2-(\log_4 48)s+2\log_4 3\le0$

$s^2-(2+\log_4 3)s+2\log_4 3\le0$

$(s-2)(s-\log_4 3)\le0$

$\therefore \log_4 3\le s\le2$

즉, $\log_4 3\le\log_4 x\le\log_4 4^2$이므로

$3\le x\le16$ ……………………………………………………… ㉡

㉠, ㉡의 공통 범위를 구하면

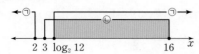

$\log_2 12 \le x \le 16$

따라서 $\alpha = \log_2 12$, $\beta = 16$이므로

$\beta - 2^\alpha = 16 - 2^{\log_2 12} = 16 - 12 = 4$

22 0910 답 4 (유형 13)

출제의도 | $y = \log_a f(x)$ 꼴의 로그함수의 최댓값을 구할 수 있는지 확인한다.

STEP 1 진수의 조건을 이용하여 x의 값의 범위 구하기 [1점]

진수의 조건에서 $x - 1 > 0$, $5 - x > 0$

$\therefore 1 < x < 5$

STEP 2 진수의 최댓값 구하기 [2점]

$y = \log_4 (x-1) + \log_4 (5-x)$

$\quad = \log_4 (x-1)(5-x)$

$\quad = \log_4 (-x^2 + 6x - 5)$

$f(x) = -x^2 + 6x - 5$로 놓으면

$f(x) = -(x-3)^2 + 4$

$1 < x < 5$에서 $f(x)$는 $x = 3$일 때 최댓값 4를 가진다.

STEP 3 $f(x)$가 최대이면 $\log_4 f(x)$도 최대임을 이용하여 주어진 함수의 최댓값 구하기 [2점]

함수 $y = \log_4 f(x)$에서 밑이 1보다 크므로

$x = 3$일 때 최댓값 $\log_4 4 = 1$을 가진다.

STEP 4 $a + b$의 값 구하기 [1점]

$a = 3$, $b = 1$이므로

$a + b = 3 + 1 = 4$

23 0911 답 5 (유형 24)

출제의도 | 밑이 같은 로그부등식을 풀 수 있는지 확인한다.

STEP 1 진수의 조건을 이용하여 x의 값의 범위 구하기 [1점]

진수의 조건에서 $4 - x > 0$, $x + 2 > 0$

$\therefore -2 < x < 4$ ⋯⋯⋯⋯⋯⋯ ㉠

STEP 2 $a > 1$일 때, a의 값 구하기 [2점]

$\log_a (4-x) < \log_a (x+2) + 1$에서

$\log_a (4-x) < \log_a a(x+2)$ ⋯⋯⋯⋯ ㉡

$a > 1$일 때, 부등식 ㉡에서 밑이 1보다 크므로

$4 - x < a(x+2)$, $(a+1)x > 4 - 2a$

$\therefore x > \dfrac{4-2a}{a+1}$ ⋯⋯⋯⋯⋯ ㉢

이때 ㉠, ㉢의 공통 범위가 $-1 < x < 4$이어야 하므로

$\dfrac{4-2a}{a+1} = -1$

$4 - 2a = -a - 1$ $\therefore a = 5$

STEP 3 $0 < a < 1$일 때, a의 값 구하기 [2점]

$0 < a < 1$일 때, 부등식 ㉡에서 밑이 1보다 작은 양수이므로

$4 - x > a(x+2)$, $(a+1)x < 4 - 2a$

$\therefore x < \dfrac{4-2a}{a+1}$ ⋯⋯⋯⋯⋯ ㉣

이때 ㉠, ㉣의 공통 범위가 $-1 < x < 4$가 되도록 하는 a의 값은 존재하지 않는다.

STEP 4 양수 a의 값 구하기 [1점]

주어진 부등식의 해가 $-1 < x < 4$일 때, 양수 a의 값은 5이다.

24 0912 답 256 (유형 26) + (유형 28)

출제의도 | 로그부등식을 풀고 두 집합의 포함 관계를 이용하여 지수부등식의 미정계수의 값을 구할 수 있는지 확인한다.

STEP 1 집합 A에서 $2^x = t$로 놓고 지수부등식의 해 구하기 [2점]

$4^x - (a+1) \times 2^x + a \le 0$에서

$2^{2x} - (a+1) \times 2^x + a \le 0$

$2^x = t \ (t > 0)$로 놓으면 $t^2 - (a+1)t + a \le 0$

$(t-a)(t-1) \le 0$

이때 a는 자연수이므로 $1 \le t \le a$

즉, $2^0 \le 2^x \le 2^{\log_2 a}$에서 밑이 1보다 크므로

$0 \le x \le \log_2 a$

STEP 2 집합 B에서 $\log_2 x = s$로 놓고 로그부등식의 해 구하기 [2점]

$(\log_2 x)^2 - \log_2 x^4 + 3 \le 0$에서

$(\log_2 x)^2 - 4\log_2 x + 3 \le 0$

$\log_2 x = s$로 놓으면 $s^2 - 4s + 3 \le 0$

$(s-1)(s-3) \le 0$ $\therefore 1 \le s \le 3$

즉, $1 \le \log_2 x \le 3$이므로 $\log_2 2 \le \log_2 x \le \log_2 2^3$

밑이 1보다 크므로

$2 \le x \le 8$

STEP 3 $A \cup B = A$일 때, a의 값의 범위 구하기 [2점]

$A \cup B = A$에서 $B \subset A$이므로 $\log_2 a \ge 8$

$\log_2 a \ge \log_2 2^8$에서 밑이 1보다 크므로

$a \ge 2^8 = 256$

STEP 4 a의 최솟값 구하기 [1점]

a의 최솟값은 256이다.

25 0913 답 3, 4, 5 (유형 29)

출제의도 | 부등식이 항상 성립할 조건에서 나타나는 로그부등식을 풀 수 있는지 확인한다.

STEP 1 이차항의 계수가 0인 경우, a의 값 구하기 [1점]

$(1 - \log_5 a)x^2 + 2(1 - \log_5 a)x + \log_5 a > 0$에서

(i) $1 - \log_5 a = 0$인 경우

$\log_5 a = 1$에서 $a = 5$

이때 주어진 부등식은 $1 > 0$이므로 항상 성립한다.

$\therefore a = 5$

STEP 2 이차항의 계수가 0이 아닌 경우, 판별식을 이용하여 a의 값의 범위 구하기 [4점]

(ii) $1 - \log_5 a \ne 0$인 경우

이차방정식 $(1 - \log_5 a)x^2 + 2(1 - \log_5 a)x + \log_5 a = 0$의 판별식을 D라 하면 $1 - \log_5 a > 0$이고 $\dfrac{D}{4} < 0$이어야 한다.

$\log_5 a < 1$에서

$0 < a < 5$ ⋯⋯⋯⋯⋯⋯ ㉠

$$\frac{D}{4}=(1-\log_5 a)^2-(1-\log_5 a)\log_5 a<0$$

$\log_5 a=t$로 놓으면 $(1-t)^2-(1-t)t<0$

$2t^2-3t+1<0,\ (2t-1)(t-1)<0$

$$\therefore \frac{1}{2}<t<1$$

즉, $\dfrac{1}{2}<\log_5 a<1$에서 $\log_5 5^{\frac{1}{2}}<\log_5 a<\log_5 5$

밑이 1보다 크므로

$\sqrt 5<a<5$ $\cdots\cdots$ ㉡

㉠, ㉡의 공통 범위를 구하면 $\sqrt5<a<5$

STEP 3 정수 a의 값 구하기 [2점]

(i), (ii)에서 $\sqrt5<a\le5$이므로 정수 a는 3, 4, 5이다.

고난도 ⊕ Plus 문제   190쪽

1 0914   답 $\dfrac{220}{3}$

$A(k,\ \log_3(k-1)),\ B(k,\ -\log_3(7-k))$이고 $\overline{AB}=1$이므로

$|\log_3(k-1)+\log_3(7-k)|=1$

$|\log_3(k-1)(7-k)|=1$

$\therefore \log_3(k-1)(7-k)=-1$ 또는 $\log_3(k-1)(7-k)=1$

(i) $\log_3(k-1)(7-k)=-1$일 때

$(k-1)(7-k)=\dfrac{1}{3},\ -k^2+8k-7=\dfrac{1}{3}$

$3k^2-24k+22=0$

이때 $1<k<7$이므로

$k=\dfrac{12-\sqrt{78}}{3}$ 또는 $k=\dfrac{12+\sqrt{78}}{3}$

(ii) $\log_3(k-1)(7-k)=1$일 때

$(k-1)(7-k)=3,\ -k^2+8k-7=3$

$k^2-8k+10=0$

이때 $1<k<7$이므로

$k=4-\sqrt6$ 또는 $k=4+\sqrt6$

(i), (ii)에서 모든 실수 k의 값의 곱은

$\dfrac{12-\sqrt{78}}{3}\times\dfrac{12+\sqrt{78}}{3}\times(4-\sqrt6)\times(4+\sqrt6)=\dfrac{220}{3}$

2 0915   답 $\dfrac{81}{4}$

직선 $y=-x+6$, 즉 $x+y-6=0$과 원점 사이의 거리는

$\dfrac{|-6|}{\sqrt{1^2+1^2}}=\dfrac{6}{\sqrt2}=3\sqrt2$

삼각형 OAB의 넓이가 9이므로

$\dfrac{1}{2}\times\overline{AB}\times3\sqrt2=9$

$\therefore \overline{AB}=3\sqrt2$

$y=\log_a x$는 $y=a^x$의 역함수이므로 두 함수 $y=a^x$, $y=\log_a x$의 그래프는 직선 $y=x$에 대하여 대칭이다.

점 A의 좌표를 $(k,\ 6-k)$라 하면 점 B의 좌표는 $(6-k,\ k)$이므로

$\overline{AB}^2=(6-2k)^2+(2k-6)^2=(3\sqrt2)^2$

$2(2k-6)^2=18,\ 8(k-3)^2=18$

$(k-3)^2=\dfrac{9}{4},\ k-3=\pm\dfrac{3}{2}$

$\therefore k=\dfrac{3}{2}$ 또는 $k=\dfrac{9}{2}$

이때 점 A의 x좌표는 점 B의 x좌표보다 작으므로

$k=\dfrac{3}{2}$

따라서 $A\left(\dfrac{3}{2},\ \dfrac{9}{2}\right)$, $B\left(\dfrac{9}{2},\ \dfrac{3}{2}\right)$이고, 점 A가 함수 $y=a^x$의 그래프 위의 점이므로

$a^{\frac{3}{2}}=\dfrac{9}{2}$

$\therefore a^3=(a^{\frac{3}{2}})^2=\left(\dfrac{9}{2}\right)^2=\dfrac{81}{4}$

3 0916   답 ⑤

$f(x)=|x^2-9x+14|$로 놓으면

$f(x)=\left|\left(x-\dfrac{9}{2}\right)^2-\dfrac{25}{4}\right|$

$1\le x\le8$에서 함수 $y=f(x)$의 그래프는 그림과 같으므로

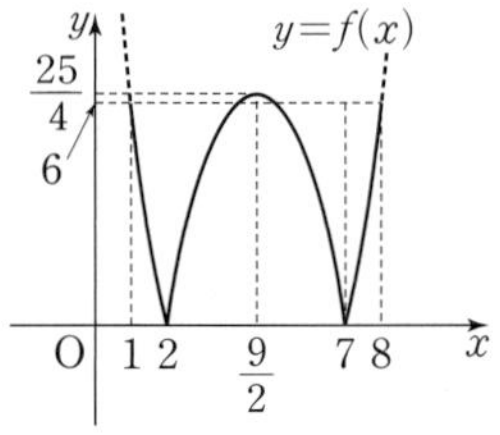

$0\le f(x)\le\dfrac{25}{4}$

함수 $y=\log_2 f(x)$에서 밑이 1보다 크므로 함수 $y=\log_2 f(x)$는

$f(x)=\dfrac{25}{4}$일 때 최댓값을 가지고 최댓값은 $\log_2\dfrac{25}{4}$이다.

          ↳ $x=\dfrac{9}{2}$일 때

4 0917   답 ③

$(\log_2 x)^2+8=k\log_2 x$에서

$\log_2 x=t$로 놓으면

$t^2+8=kt$

$\therefore t^2-kt+8=0$ $\cdots\cdots$ ㉠

주어진 방정식의 두 근 α, β에 대하여 $\alpha:\beta=4:1$이므로 두 근을 4β, β라 하면 방정식 ㉠의 두 근은 $\log_2 4\beta$, $\log_2\beta$이고, 이차방정식의 근과 계수의 관계에 의하여

$\log_2 4\beta+\log_2\beta=k$

$\therefore 2+2\log_2\beta=k$ $\cdots\cdots$ ㉡

$\log_2 4\beta\times\log_2\beta=8$

$\therefore (2+\log_2\beta)(\log_2\beta)=8$ $\cdots\cdots$ ㉢

㉢에서 $\log_2\beta=s$로 놓으면

$(2+s)s=8,\ s^2+2s-8=0$

$(s+4)(s-2)=0$

$\therefore s=-4$ 또는 $s=2$

(i) $s=-4$, 즉 $\log_2\beta=-4$이면

    ㉡에서 $2+2\times(-4)=-6$이므로 $k>0$이라는 조건을 만족시키지 않는다.

(ii) $s=2$, 즉 $\log_2\beta=2$이면

    ㉡에서 $2+2\times2=6>0$이므로 $k=6$

    $\therefore \beta=2^2=4,\ \alpha=4\beta=16$

(i), (ii)에서 $\alpha k=16\times6=96$

5 0918 답 ③

진수의 조건에서 $|2-x|>0$, $x+1>0$
$\xrightarrow{\quad} 2-x\neq0 \qquad \therefore x\neq2$
$\therefore -1<x<2$ 또는 $x>2$

(i) $-1<x<2$인 경우
$\log_2(2-x)+\log_2(x+1)\leq3$에서
$\log_2(2-x)(x+1)\leq\log_2 2^3$
밑이 1보다 크므로
$(2-x)(x+1)\leq8$, $x^2-x+6\geq0$
이때 $x^2-x+6=\left(x-\dfrac{1}{2}\right)^2+\dfrac{23}{4}>0$이므로 $-1<x<2$인 모
든 실수 x에 대하여 성립한다.
따라서 정수 x는 0, 1이다.

(ii) $x>2$인 경우
$\log_2(x-2)+\log_2(x+1)\leq3$에서
$\log_2(x-2)(x+1)\leq\log_2 8$
밑이 1보다 크므로
$(x-2)(x+1)\leq8$, $x^2-x-2\leq8$
$x^2-x-10\leq0$ $\qquad\therefore \dfrac{1-\sqrt{41}}{2}\leq x\leq\dfrac{1+\sqrt{41}}{2}$
이때 $x>2$이므로 $2<x\leq\dfrac{1+\sqrt{41}}{2}$
따라서 정수 x는 3이다.

(i), (ii)에서 모든 정수 x의 값의 합은 $0+1+3=4$

6 0919 답 85

$f(x)=\log_3\dfrac{x}{3}=\log_3 x-1$이므로
$2g(f(x))=(\log_3 x-1)^2-2(\log_3 x-1)$
$\qquad\qquad =(\log_3 x)^2-4\log_3 x+3$
$\qquad\qquad =(\log_3 x-1)(\log_3 x-3)$
$2g(f(x))<0$에서 $1<\log_3 x<3$
즉, $\log_3 3<\log_3 x<\log_3 3^3$에서 밑이 1보다 크므로
$3<x<27$ $\qquad\qquad\qquad\qquad\qquad\qquad$ ㉠

$f(g(x)+k)<2$에서 $\log_3\dfrac{g(x)+k}{3}<2$
즉, $\log_3\dfrac{g(x)+k}{3}<\log_3 3^2$에서 밑이 1보다 크므로
$\dfrac{g(x)+k}{3}<9$, $g(x)+k<27$
$\therefore \dfrac{1}{2}x^2-x+k-27<0$ $\qquad\qquad\qquad$ ㉡

$h(x)=\dfrac{1}{2}x^2-x+k-27$이라 하면
$h(x)=\dfrac{1}{2}(x-1)^2+k-\dfrac{55}{2}$
이므로 이차함수 $y=h(x)$의 그래프의 축은 직선 $x=1$이고, ㉠, ㉡
을 동시에 만족시키는 정수가 2개 존재하려면 $h(5)<0$, $h(6)\geq0$
을 만족시켜야 한다. $\xrightarrow{\quad}$ 이 정수는 4, 5이다.
$h(5)=\dfrac{25}{2}-5+k-27<0$에서 $k<\dfrac{39}{2}=19.5$
$h(6)=18-6+k-27\geq0$에서 $k\geq15$
따라서 $15\leq k<19.5$이므로 정수 k는 15, 16, 17, 18, 19이고 그
합은 $15+16+17+18+19=85$

Ⅱ. 삼각함수

05 삼각함수

핵심 개념   194쪽~196쪽

0920 답 (1) $360°\times n+120°$ (2) $360°\times n+305°$

0921 답 (1) $360°\times n+70°$ (2) $360°\times n+280°$
              (3) $360°\times n+330°$ (4) $360°\times n+120°$
(1) $430°=360°\times1+70°$이므로 일반각으로 나타내면
    $360°\times n+70°$
(2) $1000°=360°\times2+280°$이므로 일반각으로 나타내면
    $360°\times n+280°$
(3) $-750°=360°\times(-3)+330°$이므로 일반각으로 나타내면
    $360°\times n+330°$
(4) $-1320°=360°\times(-4)+120°$이므로 일반각으로 나타내면
    $360°\times n+120°$

0922 답 (1) $\dfrac{\pi}{6}$ (2) $-\dfrac{\pi}{3}$ (3) $\dfrac{3}{4}\pi$ (4) $-\dfrac{7}{6}\pi$
(1) $30°=30\times\dfrac{\pi}{180}=\dfrac{\pi}{6}$
(2) $-60°=-60\times\dfrac{\pi}{180}=-\dfrac{\pi}{3}$
(3) $135°=135\times\dfrac{\pi}{180}=\dfrac{3}{4}\pi$
(4) $-210°=-210\times\dfrac{\pi}{180}=-\dfrac{7}{6}\pi$

0923 답 (1) $45°$ (2) $108°$ (3) $-270°$ (4) $-420°$
(1) $\dfrac{\pi}{4}=\dfrac{\pi}{4}\times\dfrac{180°}{\pi}=45°$
(2) $\dfrac{3}{5}\pi=\dfrac{3}{5}\pi\times\dfrac{180°}{\pi}=108°$
(3) $-\dfrac{3}{2}\pi=-\dfrac{3}{2}\pi\times\dfrac{180°}{\pi}=-270°$
(4) $-\dfrac{7}{3}\pi=-\dfrac{7}{3}\pi\times\dfrac{180°}{\pi}=-420°$

0924 답 $l=3\pi$, $S=6\pi$
$l=4\times\dfrac{3}{4}\pi=3\pi$
$S=\dfrac{1}{2}\times4^2\times\dfrac{3}{4}\pi=6\pi$

0925 답 $\theta=\dfrac{3}{4}\pi$, $S=24\pi$
$6\pi=8\times\theta$이므로 $\theta=\dfrac{3}{4}\pi$
$S=\dfrac{1}{2}\times8\times6\pi=24\pi$

0926 답 $\sin\theta=-\dfrac{12}{13}$, $\cos\theta=\dfrac{5}{13}$, $\tan\theta=-\dfrac{12}{5}$

$\overline{OP}=\sqrt{5^2+(-12)^2}=13$이므로

$\sin\theta=-\dfrac{12}{13}$, $\cos\theta=\dfrac{5}{13}$, $\tan\theta=-\dfrac{12}{5}$

0927 답 $\sin\theta=-\dfrac{\sqrt{3}}{2}$, $\cos\theta=-\dfrac{1}{2}$, $\tan\theta=\sqrt{3}$

그림과 같이 각 $\dfrac{4}{3}\pi$를 나타내는 동경
과 단위원의 교점을 P라 하고, 점 P에
서 x축에 내린 수선의 발을 H라 하자.

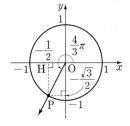

$\overline{OP}=1$이고, $\angle POH=\dfrac{\pi}{3}$이므로

$P\left(-\dfrac{1}{2},\ -\dfrac{\sqrt{3}}{2}\right)$

$\therefore\ \sin\theta=-\dfrac{\sqrt{3}}{2}$, $\cos\theta=-\dfrac{1}{2}$, $\tan\theta=\sqrt{3}$

참고 특수한 각의 삼각비의 값

θ 삼각비	$\dfrac{\pi}{6}$	$\dfrac{\pi}{4}$	$\dfrac{\pi}{3}$
$\sin\theta$	$\dfrac{1}{2}$	$\dfrac{\sqrt{2}}{2}$	$\dfrac{\sqrt{3}}{2}$
$\cos\theta$	$\dfrac{\sqrt{3}}{2}$	$\dfrac{\sqrt{2}}{2}$	$\dfrac{1}{2}$
$\tan\theta$	$\dfrac{\sqrt{3}}{3}$	1	$\sqrt{3}$

0928 답 제2사분면 또는 제4사분면

$\sin\theta\cos\theta<0$에서

$\sin\theta>0$, $\cos\theta<0$ 또는 $\sin\theta<0$, $\cos\theta>0$

따라서 θ는 제2사분면 또는 제4사분면의 각이다.

0929 답 (1) $-\sin\theta$ (2) $-\cos\theta$ (3) $\tan\theta$

$\pi<\theta<\dfrac{3}{2}\pi$이므로 θ는 제3사분면의 각이다.

(1) $\sin\theta<0$이므로 $|\sin\theta|=-\sin\theta$

(2) $\cos\theta<0$이므로 $\sqrt{\cos^2\theta}=|\cos\theta|=-\cos\theta$

(3) $\tan\theta>0$이므로 $|\tan\theta|=\tan\theta$

0930 답 $\cos\theta=-\dfrac{2\sqrt{2}}{3}$, $\tan\theta=-\dfrac{\sqrt{2}}{4}$

$\sin^2\theta+\cos^2\theta=1$이므로

$\cos^2\theta=1-\sin^2\theta=1-\left(\dfrac{1}{3}\right)^2=\dfrac{8}{9}$

이때 θ가 제2사분면의 각이므로 $\cos\theta<0$

$\therefore\ \cos\theta=-\sqrt{\dfrac{8}{9}}=-\dfrac{2\sqrt{2}}{3}$, $\tan\theta=\dfrac{\sin\theta}{\cos\theta}=\dfrac{\dfrac{1}{3}}{-\dfrac{2\sqrt{2}}{3}}=-\dfrac{\sqrt{2}}{4}$

0931 답 $\dfrac{1}{2}$

$\sin\theta+\cos\theta=\sqrt{2}$의 양변을 제곱하면

$\underline{\sin^2\theta+2\sin\theta\cos\theta+\cos^2\theta=2}$

$1+2\sin\theta\cos\theta=2$ $\ \longrightarrow\ \sin^2\theta+\cos^2\theta=1$

$\therefore\ \sin\theta\cos\theta=\dfrac{1}{2}$

0932 답 ⑤　　　　유형1

그림과 같이 시초선 OX와 동경 OP의 위치
가 주어질 때, 다음 중 동경 OP가 나타내는
각이 될 수 없는 것은? 단서1

① $-670°$　　　② $-310°$

③ $410°$　　　④ $770°$

⑤ $1030°$

단서1 일반각은 $360°\times n+50°$ (n은 정수)

STEP1 동경 OP가 나타내는 일반각 구하기

동경 OP가 나타내는 일반각은

$\angle XOP=360°\times n+50°$ (n은 정수)

STEP2 주어진 각을 $360°\times n+\alpha°$ 꼴로 변형하여 동경 OP가 나타내는 각이
될 수 없는 것 찾기

① $-670°=360°\times(-2)+50°$

② $-310°=360°\times(-1)+50°$

③ $410°=360°\times1+50°$

④ $770°=360°\times2+50°$

⑤ $1030°=360°\times2+310°$

따라서 동경 OP가 나타내는 각이 될 수 없는 것은 ⑤이다.

실수 Check

동경 OP가 나타내는 일반각 θ를
$\theta=360°\times n-\alpha°$ (n은 정수, $0°\le\alpha°<360°$)와 같이 나타내지 않도록
주의한다.

⑤ $1030°=360°\times3-50°$가 나타내는 동경의 위
치는 오른쪽 그림과 같다.

0933 답 ⑤

① $-400°=360°\times(-2)+320°$ → $\alpha=320$

② $-200°=360°\times(-1)+160°$ → $\alpha=160$

③ $-100°=360°\times(-1)+260°$ → $\alpha=260$

④ $500°=360°\times1+140°$ → $\alpha=140$

⑤ $800°=360°\times2+80°$ → $\alpha=80$

따라서 α의 값이 가장 작은 것은 ⑤이다.

0934 답 ④

① $-1240°=360°\times(-4)+200°$

② $-880°=360°\times(-3)+200°$

③ $-160°=360°\times(-1)+200°$

④ $580°=360°\times1+220°$

⑤ $920°=360°\times2+200°$

따라서 각을 나타내는 동경이 나머지 넷과 다른 하나는 ④이다.

0935 답 ②

ㄱ. $-970°=360°\times(-3)+110°$

ㄴ. $-620° = 360° \times (-2) + 100°$

ㄷ. $-150° = 360° \times (-1) + 210°$

ㄹ. $470° = 360° \times 1 + 110°$

ㅁ. $1190° = 360° \times 3 + 110°$

따라서 각을 나타내는 동경이 $110°$를 나타내는 동경과 일치하는 것은 ㄱ, ㄹ, ㅁ이다.

0936 답 60

$130°$를 나타내는 동경 OP가 주어진 조건을 만족시키며 회전한 후 나타내는 각의 크기를 θ라 하면

$\theta = 130° + 240° - 670° = -300°$

$-300° = 360° \times (-1) + 60°$이므로 $\alpha = 60$

0937 답 ②

동경 OP_1이 나타내는 각은 $360° \times 1 + 45°$

동경 OP_2가 나타내는 각은 $360° \times 2 - 90° = 360° \times 1 + 270°$

동경 OP_3이 나타내는 각은 $360° \times 3 + 135°$

동경 OP_4가 나타내는 각은 $360° \times 4 - 180° = 360° \times 3 + 180°$

동경 OP_5가 나타내는 각은 $360° \times 5 + 225°$

동경 OP_6이 나타내는 각은 $360° \times 6 - 270° = 360° \times 5 + 90°$

동경 OP_7이 나타내는 각은 $360° \times 7 + 315°$

동경 OP_8이 나타내는 각은 $360° \times 8 - 360° = 360° \times 7 + 0°$

동경 OP_9가 나타내는 각은 $360° \times 9 + 405° = 360° \times 10 + 45°$

즉, 동경 OP_n과 동경 OP_{n+8}의 위치가 같다.

따라서 동경 OP_1과 같은 위치에 있는 동경은 동경 OP_9, OP_{17}, OP_{25}, $\cdots$, OP_{97}의 12개이다.

0938 답 ②

| 유형2

θ가 제3사분면의 각일 때, 각 $\dfrac{\theta}{3}$를 나타내는 동경이 존재할 수 없는

단서1

사분면은?

① 제1사분면　　② 제2사분면　　③ 제3사분면

④ 제4사분면　　⑤ 제1, 3사분면

단서1 $360° \times n + 180° < \theta < 360° \times n + 270°$ (n은 정수)

STEP 1 $\dfrac{\theta}{3}$를 n에 대한 부등식으로 나타내기

θ가 제3사분면의 각이므로

$360° \times n + 180° < \theta < 360° \times n + 270°$ (n은 정수)

$\therefore 120° \times n + 60° < \dfrac{\theta}{3} < 120° \times n + 90°$

STEP 2 $n = 3k$, $n = 3k+1$, $n = 3k+2$일 때, θ가 제몇 사분면의 각인지 각각 구하기

(i) $n = 3k$ (k는 정수)일 때

$360° \times k + 60° < \dfrac{\theta}{3} < 360° \times k + 90°$

따라서 $\dfrac{\theta}{3}$는 제1사분면의 각이다.

(ii) $n = 3k+1$ (k는 정수)일 때

$360° \times k + 180° < \dfrac{\theta}{3} < 360° \times k + 210°$

따라서 $\dfrac{\theta}{3}$는 제3사분면의 각이다.

(iii) $n = 3k+2$ (k는 정수)일 때

$360° \times k + 300° < \dfrac{\theta}{3} < 360° \times k + 330°$

따라서 $\dfrac{\theta}{3}$는 제4사분면의 각이다.

STEP 3 $\dfrac{\theta}{3}$를 나타내는 동경이 존재할 수 없는 사분면 말하기

(i), (ii), (iii)에서 $\dfrac{\theta}{3}$는 제1사분면 또는 제3사분면 또는 제4사분면의 각이므로 각 $\dfrac{\theta}{3}$를 나타내는 동경은 제2사분면에 존재할 수 없다.

0939 답 ⑤

① $500° = 360° \times 1 + 140°$이므로 제2사분면의 각이다. (참)

② $960° = 360° \times 2 + 240°$이므로 제3사분면의 각이다. (참)

③ $-1100° = 360° \times (-4) + 340°$이므로 제4사분면의 각이다. (참)

④ $760° = 360° \times 2 + 40°$이므로 제1사분면의 각이다. (참)

⑤ $-930° = 360° \times (-3) + 150°$이므로 제2사분면의 각이다.

(거짓)

따라서 옳지 않은 것은 ⑤이다.

0940 답 ④

① $1640° = 360° \times 4 + 200°$이므로 제3사분면의 각이다.

② $840° = 360° \times 2 + 120°$이므로 제2사분면의 각이다.

③ $390° = 360° \times 1 + 30°$이므로 제1사분면의 각이다.

④ $-780° = 360° \times (-3) + 300°$이므로 제4사분면의 각이다.

⑤ $-1700° = 360° \times (-5) + 100°$이므로 제2사분면의 각이다.

따라서 각을 나타내는 동경이 제4사분면에 있는 것은 ④이다.

0941 답 ②

① $1210° = 360° \times 3 + 130°$이므로 제2사분면의 각이다.

② $910° = 360° \times 2 + 190°$이므로 제3사분면의 각이다.

③ $520° = 360° \times 1 + 160°$이므로 제2사분면의 각이다.

④ $-240° = 360° \times (-1) + 120°$이므로 제2사분면의 각이다.

⑤ $-580° = 360° \times (-2) + 140°$이므로 제2사분면의 각이다.

따라서 동경이 존재하는 사분면이 나머지 넷과 다른 하나는 ②이다.

0942 답 ③

$-530° = 360° \times (-2) + 190°$이므로 제3사분면의 각이다.

ㄱ. $-850° = 360° \times (-3) + 230°$이므로 제3사분면의 각이다.

ㄴ. $-440° = 360° \times (-2) + 280°$이므로 제4사분면의 각이다.

ㄷ. $730° = 360° \times 2 + 10°$이므로 제1사분면의 각이다.

ㄹ. $1340° = 360° \times 3 + 260°$이므로 제3사분면의 각이다.

따라서 동경이 존재하는 사분면이 $-530°$와 같은 것은 ㄱ, ㄹ이다.

0943 답 ②

2θ가 제2사분면의 각이므로

$360° \times n + 90° < 2\theta < 360° \times n + 180°$ (n은 정수)

$\therefore 180° \times n + 45° < \theta < 180° \times n + 90°$

(i) $n=2k$ (k는 정수)일 때
$360°×k+45°<θ<360°×k+90°$
따라서 $θ$는 제1사분면의 각이다.
(ii) $n=2k+1$ (k는 정수)일 때
$360°×k+225°<θ<360°×k+270°$
따라서 $θ$는 제3사분면의 각이다.
(i), (ii)에서 각 $θ$를 나타내는 동경이 존재하는 사분면은 제1사분면, 제3사분면이다.

0944 답 ③

$θ$가 제4사분면의 각이므로
$360°×n+270°<θ<360°×n+360°$ (n은 정수)
$∴ 180°×n+135°<\dfrac{θ}{2}<180°×n+180°$
(i) $n=2k$ (k는 정수)일 때
$360°×k+135°<\dfrac{θ}{2}<360°×k+180°$
따라서 각 $\dfrac{θ}{2}$를 나타내는 동경이 속하는 영역을 좌표평면 위에 나타내면 오른쪽 그림과 같다. (단, 경계선은 제외한다.)

(ii) $n=2k+1$ (k는 정수)일 때
$360°×k+315°<\dfrac{θ}{2}<360°×k+360°$
따라서 각 $\dfrac{θ}{2}$를 나타내는 동경이 속하는 영역을 좌표평면 위에 나타내면 오른쪽 그림과 같다. (단, 경계선은 제외한다.)

(i), (ii)에서 각 $\dfrac{θ}{2}$를 나타내는 동경이 속하는 모든 영역을 좌표평면 위에 나타내면 오른쪽 그림과 같다. (단, 경계선은 제외한다.)

0945 답 ⑤

| 유형3

〈보기〉에서 옳은 것만을 있는 대로 고른 것은?

─〈보기〉─
ㄱ. $50°=\dfrac{5}{12}π$ ㄴ. $120°=\dfrac{2}{3}π$ ㄷ. $165°=\dfrac{11}{12}π$
ㄹ. $\dfrac{5}{6}π=240°$ ㅁ. $\dfrac{7}{4}π=315°$ ㅂ. $\dfrac{9}{10}π=156°$

단서1
단서2

① ㄱ, ㄹ   ② ㄴ, ㅁ   ③ ㄱ, ㄹ, ㅂ
④ ㄴ, ㄷ, ㄹ   ⑤ ㄴ, ㄷ, ㅁ

단서1 $1°=\dfrac{π}{180}$
단서2 1라디안$=\dfrac{180°}{π}$

STEP1 육십분법의 각은 호도법의 각으로, 호도법의 각은 육십분법의 각으로 나타내기

ㄱ. $50°=50×\dfrac{π}{180}=\dfrac{5}{18}π$ (거짓)

ㄴ. $120°=120×\dfrac{π}{180}=\dfrac{2}{3}π$ (참)

ㄷ. $165°=165×\dfrac{π}{180}=\dfrac{11}{12}π$ (참)

ㄹ. $\dfrac{5}{6}π=\dfrac{5}{6}π×\dfrac{180°}{π}=150°$ (거짓)

ㅁ. $\dfrac{7}{4}π=\dfrac{7}{4}π×\dfrac{180°}{π}=315°$ (참)

ㅂ. $\dfrac{9}{10}π=\dfrac{9}{10}π×\dfrac{180°}{π}=162°$ (거짓)

따라서 옳은 것은 ㄴ, ㄷ, ㅁ이다.

0946 답 ④

① $60°=60×\dfrac{π}{180}=\dfrac{π}{3}$ (참)

② $-150°=-150×\dfrac{π}{180}=-\dfrac{5}{6}π$ (참)

③ $\dfrac{2}{5}π=\dfrac{2}{5}π×\dfrac{180°}{π}=72°$ (참)

④ $\dfrac{7}{12}π=\dfrac{7}{12}π×\dfrac{180°}{π}=105°$ (거짓)

⑤ $-\dfrac{7}{6}π=-\dfrac{7}{6}π×\dfrac{180°}{π}=-210°$ (참)

따라서 옳지 않은 것은 ④이다.

참고
육십분법	0°	30°	45°	60°	90°	180°	270°	360°
호도법	0	$\dfrac{π}{6}$	$\dfrac{π}{4}$	$\dfrac{π}{3}$	$\dfrac{π}{2}$	$π$	$\dfrac{3}{2}π$	$2π$

0947 답 7

$420°=420×\dfrac{π}{180}=\dfrac{7}{3}π$이므로 $α=\dfrac{7}{3}π$
이때 $3<π<3.2$이므로
$\dfrac{7}{3}×3<\dfrac{7}{3}π<\dfrac{7}{3}×3.2$
$∴ 7<α<\dfrac{112}{15}=7.4××××$
따라서 $7<α<8$이므로 $n=7$

0948 답 ④

① $15°=15×\dfrac{π}{180}=\dfrac{π}{12}$

② $-135°=-135×\dfrac{π}{180}=-\dfrac{3}{4}π$

③ $-\dfrac{2}{3}π=-\dfrac{2}{3}π×\dfrac{180°}{π}=-120°$
$-120°=360°×(-1)+240°$

④ $-\dfrac{3}{2}π=-\dfrac{3}{2}π×\dfrac{180°}{π}=-270°$
$-270°=360°×(-1)+90°$

⑤ $-\dfrac{π}{3}=-\dfrac{π}{3}×\dfrac{180°}{π}=-60°$
$-60°=360°×(-1)+300°$

따라서 두 각을 나타내는 동경이 일치하지 않는 것은 ④이다.

다른 풀이
③ $240°$는 $-120°$와 동경의 위치가 같고,
$-120°=-120×\dfrac{π}{180}=-\dfrac{2}{3}π$

④ 270°는 −90°와 동경의 위치가 같고,

$$-90° = -90 \times \frac{\pi}{180} = -\frac{\pi}{2}$$

⑤ 300°는 −60°와 동경의 위치가 같고,

$$-60° = -60 \times \frac{\pi}{180} = -\frac{\pi}{3}$$

0949 답 ③

60°를 나타내는 동경 OP가 주어진 조건을 만족시키며 회전한 후 나타내는 각의 크기를 θ라 하면

$$\theta = 60° - 570° + 300° = -210°$$

θ를 호도법으로 나타내면

$$-210° = -210 \times \frac{\pi}{180} = -\frac{7}{6}\pi$$

0950 답 ⑤

ㄱ. 1라디안$= \dfrac{180°}{\pi}$ (거짓)

ㄴ. 180°를 나타내는 동경은 x축 위에 존재하므로 어느 사분면의 각도 아니다. (거짓)

ㄷ. $-200° = 360° \times (-1) + 160°$이므로 $-200°$는 제2사분면의 각이다. (참)

ㄹ. $\dfrac{13}{6}\pi = 2\pi \times 1 + \dfrac{\pi}{6}$이므로 $\dfrac{\pi}{6}$와 $\dfrac{13}{6}\pi$를 나타내는 동경은 일치한다. (참)

따라서 옳은 것은 ㄷ, ㄹ이다.

0951 답 ④

① $20° = 20 \times \dfrac{\pi}{180} = \dfrac{\pi}{9}$ (참)

② 3라디안$= 3 \times \dfrac{180°}{\pi} = \dfrac{540°}{\pi}$ (참)

③ $-\dfrac{5}{3}\pi = 2\pi \times (-1) + \dfrac{\pi}{3}$

　즉, $-\dfrac{5}{3}\pi$는 제1사분면의 각이다. (참)

④ $-\dfrac{5}{4}\pi = 2\pi \times (-1) + \dfrac{3}{4}\pi$

　즉, $-\dfrac{5}{4}\pi$와 $\dfrac{7}{4}\pi$를 나타내는 동경은 일치하지 않는다. (거짓)

⑤ $108° = 108 \times \dfrac{\pi}{180} = \dfrac{3}{5}\pi$, $\dfrac{23}{5}\pi = 2\pi \times 2 + \dfrac{3}{5}\pi$

　즉, $108°$와 $\dfrac{23}{5}\pi$를 나타내는 동경은 일치한다. (참)

따라서 옳지 않은 것은 ④이다.

0952 답 ㄱ, ㄴ, ㅁ

ㄱ. $-\dfrac{13}{3}\pi = 2\pi \times (-3) + \dfrac{5}{3}\pi$

ㄴ. $-\dfrac{7}{3}\pi = 2\pi \times (-2) + \dfrac{5}{3}\pi$

ㄷ. $-\dfrac{2}{3}\pi = 2\pi \times (-1) + \dfrac{4}{3}\pi$

ㄹ. $\dfrac{8}{3}\pi = 2\pi \times 1 + \dfrac{2}{3}\pi$

ㅁ. $\dfrac{17}{3}\pi = 2\pi \times 2 + \dfrac{5}{3}\pi$

따라서 $\dfrac{5}{3}\pi$를 나타내는 동경과 일치하는 것은 ㄱ, ㄴ, ㅁ이다.

0953 답 ⑤

① $-470° = 360° \times (-2) + 250°$ ➡ 제3사분면

② $950° = 360° \times 2 + 230°$ ➡ 제3사분면

③ $-\dfrac{3}{5}\pi = 2\pi \times (-1) + \dfrac{7}{5}\pi$ ➡ 제3사분면

④ $\dfrac{19}{6}\pi = 2\pi \times 1 + \dfrac{7}{6}\pi$ ➡ 제3사분면

⑤ $\dfrac{27}{4}\pi = 2\pi \times 3 + \dfrac{3}{4}\pi$ ➡ 제2사분면

따라서 각을 나타내는 동경이 존재하는 사분면이 나머지 넷과 다른 하나는 ⑤이다.

0954 답 ③ | 유형 4

$\dfrac{3}{2}\pi < \theta < 2\pi$이고 각 θ를 나타내는 동경과 각 9θ를 나타내는 동경이 일치할 때, θ의 값은? [단서1]

① $\dfrac{19}{12}\pi$　　　② $\dfrac{5}{3}\pi$　　　③ $\dfrac{7}{4}\pi$

④ $\dfrac{11}{6}\pi$　　　⑤ $\dfrac{23}{12}\pi$

단서1 각의 크기의 차 ➡ $2n\pi$ (n은 정수)

STEP 1 θ를 n에 대한 식으로 나타내기

각 θ를 나타내는 동경과 각 9θ를 나타내는 동경이 일치하므로

$$9\theta - \theta = 2n\pi \ (n\text{은 정수})$$

$$8\theta = 2n\pi \qquad \therefore \theta = \frac{n}{4}\pi \ \cdots\cdots\cdots \text{㉠}$$

STEP 2 n의 값 구하기

$\dfrac{3}{2}\pi < \theta < 2\pi$에서 $\dfrac{3}{2}\pi < \dfrac{n}{4}\pi < 2\pi$이므로 $6 < n < 8$

n은 정수이므로 $n = 7$

STEP 3 θ의 값 구하기

$n = 7$을 ㉠에 대입하면 $\theta = \dfrac{7}{4}\pi$

0955 답 ④

각 2θ를 나타내는 동경과 각 $\dfrac{\theta}{3}$를 나타내는 동경이 일직선 위에 있고 방향이 반대이므로

└─ 두 동경은 원점에 대하여 대칭이다.

$$2\theta - \frac{\theta}{3} = (2n+1)\pi \ (n\text{은 정수})$$

$$\frac{5}{3}\theta = (2n+1)\pi \qquad \therefore \theta = \frac{3(2n+1)}{5}\pi \ \cdots\cdots\cdots \text{㉠}$$

$\dfrac{3}{2}\pi < \theta < 2\pi$에서 $\dfrac{3}{2}\pi < \dfrac{3(2n+1)}{5}\pi < 2\pi$이므로

$$\frac{5}{2} < 2n+1 < \frac{10}{3} \qquad \therefore \frac{3}{4} < n < \frac{7}{6}$$

n은 정수이므로 $n = 1$

$n = 1$을 ㉠에 대입하면

$$\theta = \frac{9}{5}\pi$$

0956 답 $\dfrac{20}{7}\pi$

각 4θ를 나타내는 동경과 각 $\dfrac{\theta}{2}$를 나타내는 동경이 일치하므로

$4\theta - \dfrac{\theta}{2} = 2n\pi$ (n은 정수)

$\dfrac{7}{2}\theta = 2n\pi$ $\quad$ $\therefore \theta = \dfrac{4n}{7}\pi$ ·················· ㉠

$\pi < \theta < 2\pi$에서 $\pi < \dfrac{4n}{7}\pi < 2\pi$이므로

$\dfrac{7}{4} < n < \dfrac{7}{2}$

n은 정수이므로 $n=2$ 또는 $n=3$

이것을 ㉠에 대입하면

$n=2$일 때 $\theta = \dfrac{8}{7}\pi$, $n=3$일 때 $\theta = \dfrac{12}{7}\pi$

따라서 모든 θ의 값의 합은

$\dfrac{8}{7}\pi + \dfrac{12}{7}\pi = \dfrac{20}{7}\pi$

0957 답 $\dfrac{\sqrt{2}}{2}$

각 θ를 나타내는 동경과 각 5θ를 나타내는 동경이 원점에 대하여 대칭이므로

$5\theta - \theta = (2n+1)\pi$ (n은 정수)

$4\theta = (2n+1)\pi$ $\quad$ $\therefore \theta = \dfrac{2n+1}{4}\pi$ ·········· ㉠

$\dfrac{\pi}{2} < \theta < \pi$에서 $\dfrac{\pi}{2} < \dfrac{2n+1}{4}\pi < \pi$이므로
$\quad\quad\quad\quad\quad\quad\quad\quad \hookrightarrow 2\pi < (2n+1)\pi < 4\pi$
$\dfrac{1}{2} < n < \dfrac{3}{2}$ $\quad\quad\quad\quad\quad$ $2 < 2n+1 < 4$
$\quad\quad\quad\quad\quad\quad\quad\quad\quad\quad 1 < 2n < 3$

n은 정수이므로 $n=1$

$n=1$을 ㉠에 대입하면 $\theta = \dfrac{3}{4}\pi$

$\therefore \sin\left(\theta - \dfrac{\pi}{2}\right) = \sin\left(\dfrac{3}{4}\pi - \dfrac{\pi}{2}\right) = \sin\dfrac{\pi}{4} = \dfrac{\sqrt{2}}{2}$
$\quad\quad\quad\quad\quad\quad\quad\quad\quad\quad\quad \hookrightarrow \sin 45°$

0958 답 ③

각 3θ를 나타내는 동경과 각 7θ를 나타내는 동경이 일직선 위에 있는 경우는 다음 두 가지이다.

(i) 두 동경이 일치할 때

$7\theta - 3\theta = 2n\pi$ (n은 정수)

$4\theta = 2n\pi$ $\quad$ $\therefore \theta = \dfrac{n}{2}\pi$

$\dfrac{\pi}{2} < \theta < \pi$에서 $\dfrac{\pi}{2} < \dfrac{n}{2}\pi < \pi$이므로

$1 < n < 2$

n은 정수이므로 이를 만족시키는 n의 값은 없다.

(ii) 두 동경이 일직선 위에 있고 방향이 반대일 때

$7\theta - 3\theta = (2n+1)\pi$ (n은 정수)

$4\theta = (2n+1)\pi$ $\quad$ $\therefore \theta = \dfrac{2n+1}{4}\pi$ ·········· ㉠

$\dfrac{\pi}{2} < \theta < \pi$에서 $\dfrac{\pi}{2} < \dfrac{2n+1}{4}\pi < \pi$이므로

$\dfrac{1}{2} < n < \dfrac{3}{2}$

---

n은 정수이므로 $n=1$

$n=1$을 ㉠에 대입하면 $\theta = \dfrac{3}{4}\pi$

(i), (ii)에서 $\theta = \dfrac{3}{4}\pi$

0959 답 ④

각 θ를 나타내는 동경과 각 6θ를 나타내는 동경이 일치하므로

$6\theta - \theta = 2n\pi$ (n은 정수)

$5\theta = 2n\pi$ $\quad$ $\therefore \theta = \dfrac{2n}{5}\pi$ ······················ ㉠

$\dfrac{\pi}{2} < \theta < \pi$에서 $\dfrac{\pi}{2} < \dfrac{2n}{5}\pi < \pi$이므로

$\dfrac{5}{4} < n < \dfrac{5}{2}$

n은 정수이므로 $n=2$

$n=2$를 ㉠에 대입하면 $\theta = \dfrac{4}{5}\pi$

0960 답 ③ | 유형 5

각 θ를 나타내는 동경과 각 5θ를 나타내는 동경이 x축에 대하여 대칭일 때, θ의 값은? (단, $\dfrac{\pi}{2} < \theta < \pi$) 단서1

① $\dfrac{8}{15}\pi$ $\quad\quad$ ② $\dfrac{3}{5}\pi$ $\quad\quad$ ③ $\dfrac{2}{3}\pi$

④ $\dfrac{11}{15}\pi$ $\quad\quad$ ⑤ $\dfrac{4}{5}\pi$

단서1 각의 크기의 합 → $2n\pi$ (n은 정수)

STEP1 θ를 n에 대한 식으로 나타내기

각 θ를 나타내는 동경과 각 5θ를 나타내는 동경이 x축에 대하여 대칭이므로

$\theta + 5\theta = 2n\pi$ (n은 정수)

$6\theta = 2n\pi$ $\quad$ $\therefore \theta = \dfrac{n}{3}\pi$ ······················ ㉠

STEP2 n의 값 구하기

$\dfrac{\pi}{2} < \theta < \pi$에서 $\dfrac{\pi}{2} < \dfrac{n}{3}\pi < \pi$이므로

$\dfrac{3}{2} < n < 3$

n은 정수이므로 $n=2$

STEP3 θ의 값 구하기

$n=2$를 ㉠에 대입하면 $\theta = \dfrac{2}{3}\pi$

0961 답 ⑤

각 2θ를 나타내는 동경과 각 4θ를 나타내는 동경이 y축에 대하여 대칭이므로

$2\theta + 4\theta = (2n+1)\pi$ (n은 정수)

$6\theta = (2n+1)\pi$ $\quad$ $\therefore \theta = \dfrac{2n+1}{6}\pi$ ·········· ㉠

$0 < \theta < \pi$에서 $0 < \dfrac{2n+1}{6}\pi < \pi$이므로

$0 < 2n+1 < 6$ $\quad$ $\therefore -\dfrac{1}{2} < n < \dfrac{5}{2}$

n은 정수이므로

$n=0$ 또는 $n=1$ 또는 $n=2$

이것을 ㉠에 대입하면

$n=0$일 때 $\theta=\dfrac{\pi}{6}$, $n=1$일 때 $\theta=\dfrac{\pi}{2}$, $n=2$일 때 $\theta=\dfrac{5}{6}\pi$

따라서 모든 θ의 값의 합은 $\dfrac{\pi}{6}+\dfrac{\pi}{2}+\dfrac{5}{6}\pi=\dfrac{3}{2}\pi$

0962 답 ④

각 α를 나타내는 동경과 각 β를 나타내는 동경이 y축에 대하여 대칭이므로

$\alpha+\beta=2\pi\times n+\pi$ 또는 $\alpha+\beta=360°\times n+180°$ (n은 정수)

① $-490°=360°\times(-2)+230°$

② $-250°=360°\times(-1)+110°$

③ $670°=360°\times1+310°$

④ $-5\pi=2\pi\times(-3)+\pi$

⑤ $\dfrac{15}{2}\pi=2\pi\times3+\dfrac{3}{2}\pi$

따라서 $\alpha+\beta$의 값이 될 수 있는 것은 ④이다.

0963 답 ⑤

| 유형 6

각 θ를 나타내는 동경과 각 2θ를 나타내는 동경이 직선 $y=x$에 대하여 대칭일 때, θ의 값은? $\left(단, \dfrac{\pi}{2}<\theta<\pi\right)$ 단서1

① $\dfrac{3}{5}\pi$ ② $\dfrac{2}{3}\pi$ ③ $\dfrac{3}{4}\pi$

④ $\dfrac{4}{5}\pi$ ⑤ $\dfrac{5}{6}\pi$

단서1 각의 크기의 합 ➡ $2n\pi+\dfrac{\pi}{2}$ (n은 정수)

STEP 1 θ를 n에 대한 식으로 나타내기

각 θ를 나타내는 동경과 각 2θ를 나타내는 동경이 직선 $y=x$에 대하여 대칭이므로

$\theta+2\theta=2n\pi+\dfrac{\pi}{2}$ (n은 정수)

$3\theta=2n\pi+\dfrac{\pi}{2}$ $\therefore \theta=\dfrac{2n}{3}\pi+\dfrac{\pi}{6}$ ······ ㉠

STEP 2 n의 값 구하기

$\dfrac{\pi}{2}<\theta<\pi$에서 $\dfrac{\pi}{2}<\dfrac{2n}{3}\pi+\dfrac{\pi}{6}<\pi$이므로

$\dfrac{1}{3}<\dfrac{2n}{3}<\dfrac{5}{6}$ $\therefore \dfrac{1}{2}<n<\dfrac{5}{4}$

n은 정수이므로 $n=1$

STEP 3 θ의 값 구하기

$n=1$을 ㉠에 대입하면 $\theta=\dfrac{5}{6}\pi$

0964 답 5

각 2θ를 나타내는 동경과 각 3θ를 나타내는 동경이 직선 $y=-x$에 대하여 대칭이므로

$2\theta+3\theta=2n\pi+\dfrac{3}{2}\pi$ (n은 정수)

$5\theta=2n\pi+\dfrac{3}{2}\pi$ $\therefore \theta=\dfrac{2n}{5}\pi+\dfrac{3}{10}\pi$ ······ ㉠

$0<\theta<2\pi$에서 $0<\dfrac{2n}{5}\pi+\dfrac{3}{10}\pi<2\pi$이므로

$-\dfrac{3}{10}<\dfrac{2n}{5}<\dfrac{17}{10}$ $\therefore -\dfrac{3}{4}<n<\dfrac{17}{4}$

n은 정수이므로 $n=0, 1, 2, 3, 4$

이것을 ㉠에 대입하면

$\theta=\dfrac{3}{10}\pi$, $\dfrac{7}{10}\pi$, $\dfrac{11}{10}\pi$, $\dfrac{3}{2}\pi$, $\dfrac{19}{10}\pi$

따라서 θ의 개수는 5이다.

0965 답 $\dfrac{\sqrt{3}}{2}$

각 2θ를 나타내는 동경과 각 4θ를 나타내는 동경이 직선 $y=x$에 대하여 대칭이므로

$2\theta+4\theta=2n\pi+\dfrac{\pi}{2}$ (n은 정수)

$6\theta=2n\pi+\dfrac{\pi}{2}$ $\therefore \theta=\dfrac{n}{3}\pi+\dfrac{\pi}{12}$ ······ ㉠

$0<\theta<\dfrac{\pi}{2}$에서 $0<\dfrac{n}{3}\pi+\dfrac{\pi}{12}<\dfrac{\pi}{2}$이므로

$-\dfrac{1}{12}<\dfrac{n}{3}<\dfrac{5}{12}$ $\therefore -\dfrac{1}{4}<n<\dfrac{5}{4}$

n은 정수이므로 $n=0$ 또는 $n=1$

이것을 ㉠에 대입하면

$n=0$일 때 $\theta=\dfrac{\pi}{12}$, $n=1$일 때 $\theta=\dfrac{5}{12}\pi$

따라서 $\alpha=\dfrac{5}{12}\pi$이므로

$\cos\left(\alpha-\dfrac{\pi}{4}\right)=\cos\left(\dfrac{5}{12}\pi-\dfrac{\pi}{4}\right)=\underbrace{\cos\dfrac{\pi}{6}}_{\rightarrow\,\cos 30°}=\dfrac{\sqrt{3}}{2}$

0966 답 ③

| 유형 7

중심각의 크기가 $\dfrac{5}{6}\pi$이고 호의 길이가 5π인 부채꼴의 반지름의 길이를 a, 넓이를 $b\pi$라 할 때, $a+b$의 값은? 단서1

① 15   ② 18   ③ 21

④ 24   ⑤ 27

단서1 $l=r\theta$에서 $r=\dfrac{l}{\theta}$

STEP 1 부채꼴의 호의 길이를 이용하여 a의 값 구하기

반지름의 길이가 a, 중심각의 크기가 $\dfrac{5}{6}\pi$인 부채꼴의 호의 길이가 5π이므로

$a\times\dfrac{5}{6}\pi=5\pi$ $\therefore a=6$

STEP 2 b의 값 구하기

부채꼴의 넓이는

$\dfrac{1}{2}\times6\times5\pi=15\pi$ $\therefore b=15$

STEP 3 $a+b$의 값 구하기

$a+b=21$

0967 답 ②

부채꼴의 반지름의 길이를 r이라 하면 중심각의 크기가 $\dfrac{2}{3}\pi$, 넓이가 3π이므로

$$\frac{1}{2} \times r^2 \times \frac{2}{3}\pi = 3\pi$$

$$r^2 = 9 \qquad \therefore r = 3 \ (\because r > 0)$$

따라서 호의 길이는 $3 \times \dfrac{2}{3}\pi = 2\pi$

0968 답 $\dfrac{3}{4}\pi$

부채꼴의 반지름의 길이를 r, 중심각의 크기를 θ라 하면 넓이가 6π이므로

$$\frac{1}{2} \times r \times 3\pi = 6\pi \qquad \therefore r = 4$$

호의 길이가 3π이므로 $4\theta = 3\pi$

$$\therefore \theta = \frac{3}{4}\pi$$

다른 풀이

부채꼴의 반지름의 길이를 r, 중심각의 크기를 θ라 하면

호의 길이가 3π, 넓이가 6π이므로

$$r\theta = 3\pi \quad \cdots\cdots\cdots\cdots\cdots\cdots\cdots\cdots\cdots\cdots\cdots ㉠$$

$$\frac{1}{2}r^2\theta = 6\pi \quad \cdots\cdots\cdots\cdots\cdots\cdots\cdots\cdots\cdots ㉡$$

㉡÷㉠을 하면 $\dfrac{1}{2}r = 2 \qquad \therefore r = 4$

$r = 4$를 ㉠에 대입하면 $\theta = \dfrac{3}{4}\pi$

0969 답 ②

$$144° = 144 \times \frac{\pi}{180} = \frac{4}{5}\pi$$

부채꼴의 반지름의 길이를 r이라 하면 호의 길이가 8π이므로

$$r \times \frac{4}{5}\pi = 8\pi \qquad \therefore r = 10$$

따라서 부채꼴의 넓이는

$$\frac{1}{2} \times 10 \times 8\pi = 40\pi$$

참고 부채꼴에서 중심각의 크기가 육십분법으로 주어지면 호도법으로 고쳐서 공식을 이용한다.

0970 답 5

반지름의 길이가 r인 원의 넓이는 πr^2

반지름의 길이가 $2r$이고 호의 길이가 5π인 부채꼴의 넓이는

$$\frac{1}{2} \times 2r \times 5\pi = 5\pi r$$

원의 넓이와 부채꼴의 넓이가 같으므로

$$\pi r^2 = 5\pi r \qquad \therefore r = 5$$

0971 답 ②

부채꼴의 반지름의 길이를 r cm, 호의 길이를 l cm라 하면

$$l + 2r = 16 \quad \cdots\cdots\cdots\cdots\cdots\cdots\cdots\cdots\cdots\cdots ㉠$$

$$l = 2r \quad \cdots\cdots\cdots\cdots\cdots\cdots\cdots\cdots\cdots\cdots\cdots ㉡$$

㉡을 ㉠에 대입하면

$$4r = 16 \qquad \therefore r = 4$$

따라서 부채꼴의 넓이는

$$\frac{1}{2} \times 4^2 \times 2 = 16 \ (\text{cm}^2)$$

0972 답 ④

반지름의 길이와 호의 길이가 같은 부채꼴의 중심각의 크기는 1(라디안)이다.

반지름의 길이를 r이라 하면 부채꼴의 넓이는 $\dfrac{1}{2}r^2$ $\cdots\cdots$ ㉠

직각삼각형 AOH에서 $\overline{\text{AH}} = r\sin 1$, $\overline{\text{OH}} = r\cos 1$

삼각형 AOH의 넓이가 4이므로 $\rightarrow \sin 1 = \dfrac{\overline{\text{AH}}}{\overline{\text{OA}}} = \dfrac{\overline{\text{AH}}}{r}$,

$$\frac{1}{2} \times \overline{\text{OH}} \times \overline{\text{AH}} = \frac{1}{2} \times r\cos 1 \times r\sin 1 = 4 \quad \cos 1 = \frac{\overline{\text{OH}}}{\overline{\text{OA}}} = \frac{\overline{\text{OH}}}{r}$$

$$\therefore \frac{1}{2}r^2 = \frac{4}{\sin 1 \cos 1}$$

따라서 ㉠에서 부채꼴 OAB의 넓이는 $\dfrac{4}{\sin 1 \cos 1}$

0973 답 6

$\overline{\text{OA}} = r \ (r > 0)$, $\angle\text{COA} = \theta \ (0 < \theta < \pi)$라 하면 호 AC의 길이가 π이므로

$$r\theta = \pi \qquad \therefore \theta = \frac{\pi}{r} \quad \cdots\cdots\cdots\cdots\cdots\cdots ㉠$$

$\angle\text{COB} = \pi - \theta$이고 부채꼴 OBC의 넓이가 15π이므로

$$\frac{1}{2}r^2(\pi - \theta) = 15\pi$$

㉠을 위의 식에 대입하면

$$\frac{1}{2}r^2\left(\pi - \frac{\pi}{r}\right) = 15\pi, \ \frac{1}{2}\pi(r^2 - r) = 15\pi$$

$$r^2 - r - 30 = 0, \ (r - 6)(r + 5) = 0 \qquad \therefore r = 6 \ (\because r > 0)$$

따라서 선분 OA의 길이는 6이다.

0974 답 ③

각 θ를 나타내는 동경과 각 8θ를 나타내는 동경이 일치하므로

$$8\theta - \theta = 2n\pi \ (n\text{은 정수})$$

$$7\theta = 2n\pi \qquad \therefore \theta = \frac{2n}{7}\pi \quad \cdots\cdots\cdots\cdots ㉠$$

$0 < \theta < \dfrac{\pi}{2}$에서 $0 < \dfrac{2n}{7}\pi < \dfrac{\pi}{2}$이므로 $0 < n < \dfrac{7}{4}$

n은 정수이므로 $n = 1$

$n = 1$을 ㉠에 대입하면 $\theta = \dfrac{2}{7}\pi$

따라서 부채꼴의 넓이는 $\dfrac{1}{2} \times 2^2 \times \dfrac{2}{7}\pi = \dfrac{4}{7}\pi$

0975 답 ⑤

| 유형8

치마를 만들기 위하여 그림과 같이 천을 재단하려고 한다. 두 부채꼴 AOB, COD에서 $\overline{\text{AC}} = 80$ cm이고 $\overparen{\text{AB}} = 150$ cm, $\overparen{\text{CD}} = 70$ cm일 때, 필요

단서1

한 천의 넓이는?

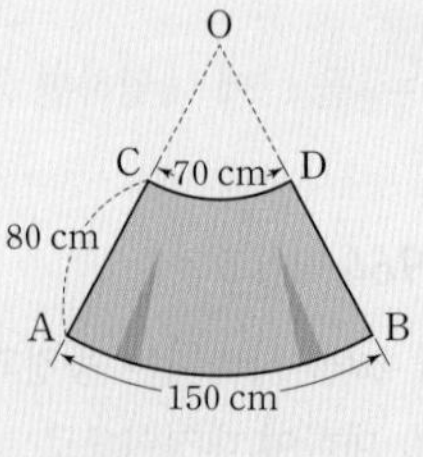

① 4500 cm² ② 5800 cm²

③ 6700 cm² ④ 7900 cm²

⑤ 8800 cm²

단서1 $\angle\text{COD} = \theta$라 하면 $\overparen{\text{AB}} = \overline{\text{OA}} \times \theta$, $\overparen{\text{CD}} = \overline{\text{CO}} \times \theta$

부채꼴 COD의 중심각의 크기를 θ, 반지름의 길이를 r cm라 하면

$\overgroup{AB}=150$ cm이므로 $(r+80)\theta=150$ ················· ㉠

$\overgroup{CD}=70$ cm이므로 $r\theta=70$ ··························· ㉡

㉡을 ㉠에 대입하면 $70+80\theta=150$

$80\theta=80$ ∴ $\theta=1$

$\theta=1$을 ㉡에 대입하면 $r=70$

부채꼴 AOB의 넓이는 $\dfrac{1}{2}\times(80+70)^2\times1=11250$ (cm²)

부채꼴 COD의 넓이는 $\dfrac{1}{2}\times70^2\times1=2450$ (cm²)

따라서 필요한 천의 넓이는

$11250-2450=8800$ (cm²)

0976 답 ⑤

그림과 같이 접힌 선분의 양 끝 점을 A, B라 하고 원의 중심 O에서 현 AB에 내린 수선의 발을 H라 하면

$\overline{OA}=4$, $\overline{OH}=\dfrac{1}{2}\times4=2$

직각삼각형 OAH에서

$\cos(\angle AOH)=\dfrac{\overline{OH}}{\overline{OA}}=\dfrac{2}{4}=\dfrac{1}{2}$이므로

$\angle AOH=\dfrac{\pi}{3}\left(\because 0<\angle AOH<\dfrac{\pi}{2}\right)$

∴ $\angle AOB=2\angle AOH=\dfrac{2}{3}\pi$

접힌 활꼴의 호의 길이는 $\overgroup{AB}$의 길이와 같으므로

$4\times\angle AOB=4\times\dfrac{2}{3}\pi=\dfrac{8}{3}\pi$

0977 답 ③

원 O의 반지름의 길이를 r이라 하면

$\pi r^2=64\pi$ ∴ $r=8$ ($\because r>0$)

부채꼴 AOB의 넓이는

$\dfrac{1}{2}\times8^2\times\dfrac{\pi}{3}=\dfrac{32}{3}\pi$

삼각형 AOB는 정삼각형이므로 삼각형 AOB의 넓이는

$\dfrac{\sqrt{3}}{4}\times8^2=16\sqrt{3}$

따라서 색칠한 부분의 넓이는

$\dfrac{32}{3}\pi-16\sqrt{3}=\dfrac{32\pi-48\sqrt{3}}{3}$

개념 Check

한 변의 길이가 a인 정삼각형에서
(1) 높이 : $\dfrac{\sqrt{3}}{2}a$　　(2) 넓이 : $\dfrac{\sqrt{3}}{4}a^2$

0978 답 ②

원을 네 바퀴 굴렸더니 처음의 위치로 되돌아왔으므로 부채꼴의 둘레의 길이는 원의 둘레의 길이의 4배와 같다.

원의 둘레의 길이는 $2\pi\times3=6\pi$이고, 부채꼴의 둘레의 길이는

$\overline{PA}+\overline{PB}+\overgroup{AB}=12+12+12\theta=24+12\theta$이므로

$24+12\theta=6\pi\times4$

$12\theta=24\pi-24$

∴ $\theta=2\pi-2$

0979 답 4 cm

그림과 같이 두 부채꼴 AOB, COD의 반지름의 길이를 각각 r cm, r' cm, 중심각의 크기를 θ라 하면

$\overgroup{AB}=3\pi$ cm이므로 $r\theta=3\pi$ ··············· ㉠

$\overgroup{CD}=2\pi$ cm이므로 $r'\theta=2\pi$ ··············· ㉡

㉠÷㉡을 하면

$\dfrac{r}{r'}=\dfrac{3}{2}$ ∴ $r=\dfrac{3}{2}r'$ ······························ ㉢

색칠한 부분의 넓이가 10π cm²이므로

$\dfrac{1}{2}\times r\times3\pi-\dfrac{1}{2}\times r'\times2\pi=10\pi$

∴ $3r-2r'=20$ ······························ ㉣

㉢을 ㉣에 대입하면 $\dfrac{9}{2}r'-2r'=20$

$\dfrac{5}{2}r'=20$ ∴ $r'=8$

$r'=8$을 ㉢에 대입하면 $r=12$

따라서 $\overline{AC}$의 길이는 $r-r'=12-8=4$ (cm)

0980 답 ③

부채꼴 COD의 반지름의 길이를 r cm라 하면 색칠한 부분의 넓이가 2000π cm²이므로

$\dfrac{1}{2}\times85^2\times\dfrac{2}{3}\pi-\dfrac{1}{2}\times r^2\times\dfrac{2}{3}\pi=2000\pi$

$\dfrac{7225-r^2}{3}=2000$ ∴ $r=35$ ($\because r>0$)

∴ $\overline{AC}=\overline{BD}=85-35=50$ (cm)

따라서 색칠한 부분의 둘레의 길이는

$\overgroup{AB}+\overgroup{CD}+\overline{AC}+\overline{BD}=85\times\dfrac{2}{3}\pi+35\times\dfrac{2}{3}\pi+50+50$

$=(100+80\pi)$ cm

0981 답 ③

반지름의 길이가 50 cm이고 중심각의 크기가 $\dfrac{2}{3}\pi$인 부채꼴의 넓이는

$\dfrac{1}{2}\times50^2\times\dfrac{2}{3}\pi=\dfrac{2500}{3}\pi$ (cm²)

반지름의 길이가 10 cm이고 중심각의 크기가 $\dfrac{2}{3}\pi$인 부채꼴의 넓이는

$\dfrac{1}{2}\times10^2\times\dfrac{2}{3}\pi=\dfrac{100}{3}\pi$ (cm²)

따라서 와이퍼의 고무판이 회전하면서 닦는 부분의 넓이는

$\dfrac{2500}{3}\pi-\dfrac{100}{3}\pi=800\pi$ (cm²)

0982 답 $\dfrac{5}{4}\pi$

삼각형 ABC에서 $\angle BAC = \dfrac{\pi}{2} - \dfrac{\pi}{9} = \dfrac{7}{18}\pi$

삼각형 ADC는 이등변삼각형이므로 → $\overline{AC}$, $\overline{DC}$는 사분원의 반지름이므로 $\overline{AC} = \overline{DC} = 3$

$\angle CDA = \angle BAC = \dfrac{7}{18}\pi$

$\therefore \angle ACD = \pi - 2 \times \dfrac{7}{18}\pi = \dfrac{2}{9}\pi$

$\therefore \angle DCE = \dfrac{\pi}{2} - \dfrac{2}{9}\pi = \dfrac{5}{18}\pi$

따라서 부채꼴 CDE의 넓이는

$\dfrac{1}{2} \times 3^2 \times \dfrac{5}{18}\pi = \dfrac{5}{4}\pi$

0983 답 3

두 부채꼴 A_1, A_2의 반지름의 길이를 각각 r_1, r_2라 하면
두 부채꼴 A_1, A_2의 호의 길이는 각각 $3r_1$, $3r_2$이다.
두 부채꼴의 호의 길이의 합이 12이므로

$3r_1 + 3r_2 = 12$ $\therefore r_1 + r_2 = 4$ ㉠

두 부채꼴 A_1, A_2의 넓이는 각각

$\dfrac{1}{2} \times r_1 \times 3r_1$, $\dfrac{1}{2} \times r_2 \times 3r_2$

두 부채꼴의 넓이의 합이 15이므로

$\dfrac{3}{2}r_1^2 + \dfrac{3}{2}r_2^2 = 15$ $\therefore r_1^2 + r_2^2 = 10$ ㉡

$r_1^2 + r_2^2 = (r_1 + r_2)^2 - 2r_1 r_2$이므로 이 식에 ㉠, ㉡을 대입하면

$10 = 4^2 - 2r_1 r_2$ $\therefore r_1 r_2 = 3$

따라서 두 부채꼴 A_1, A_2의 반지름의 길이의 곱은 3이다.

참고 호의 길이가 반지름의 길이의 3배인 부채꼴의 중심각의 크기는 3라디안으로 일정하다.

0984 답 ④

사각형 AOBO′은 마름모이므로

$\angle AO'B = \angle AOB = \dfrac{5}{6}\pi$

원 O'에서 중심각의 크기가 $2\pi - \dfrac{5}{6}\pi = \dfrac{7}{6}\pi$인 부채꼴 AO′B의 넓이를 T_1, 원 O에서 중심각의 크기가 $\dfrac{5}{6}\pi$인 부채꼴 AOB의 넓이를 T_2라 하면

$T_1 + S_2 - T_2 = S_1$

$\therefore S_1 - S_2 = T_1 - T_2$

$\qquad = \dfrac{1}{2} \times 3^2 \times \dfrac{7}{6}\pi - \dfrac{1}{2} \times 3^2 \times \dfrac{5}{6}\pi$

$\qquad = \dfrac{21}{4}\pi - \dfrac{15}{4}\pi = \dfrac{3}{2}\pi$

0985 답 56π

| 유형 9

밑면인 원의 반지름의 길이가 4이고, 모선의 길이가 10인 원뿔의 겉넓이를 구하시오.   단서1

단서1 (겉넓이)=(옆넓이)+(밑넓이)

STEP1 전개도에서 부채꼴의 호의 길이 구하기

원뿔의 전개도는 그림과 같고, 부채꼴의 호의 길이는 원의 둘레의 길이와 같으므로

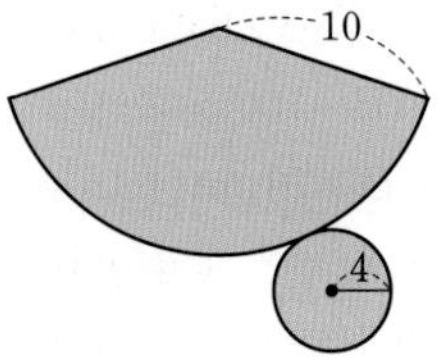

$2\pi \times 4 = 8\pi$

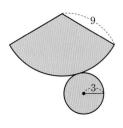

STEP2 옆면인 부채꼴의 넓이 구하기

옆면인 부채꼴의 넓이는

$\dfrac{1}{2} \times 10 \times 8\pi = 40\pi$

STEP3 원뿔의 겉넓이 구하기

(원뿔의 겉넓이) $= 40\pi + \underbrace{\pi \times 4^2}_{\text{밑면인 원의 넓이}}$

$\qquad = 56\pi$

0986 답 ④

원뿔의 전개도는 그림과 같고, 부채꼴의 호의 길이는 밑면인 원의 둘레의 길이와 같으므로

$2\pi \times 3 = 6\pi$

옆면인 부채꼴의 중심각의 크기를 θ라 하면 호의 길이는

$9\theta = 6\pi$ $\therefore \theta = \dfrac{2}{3}\pi$

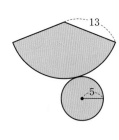

0987 답 ④

밑면인 원의 반지름의 길이를 r이라 하면

$r = \sqrt{13^2 - 12^2} = 5$

원뿔의 전개도는 그림과 같고, 부채꼴의 호의 길이는 밑면인 원의 둘레의 길이와 같으므로

$2\pi \times 5 = 10\pi$

따라서 옆면인 부채꼴의 넓이는

$\dfrac{1}{2} \times 13 \times 10\pi = 65\pi$

$\therefore$ (원뿔의 겉넓이) $= 65\pi + \pi \times 5^2 = 90\pi$

0988 답 ①

그림과 같이 원뿔의 전개도에서 밑면인 원의 반지름의 길이를 r, 부채꼴의 호의 길이를 l이라 하면 부채꼴의 넓이가 18π이므로

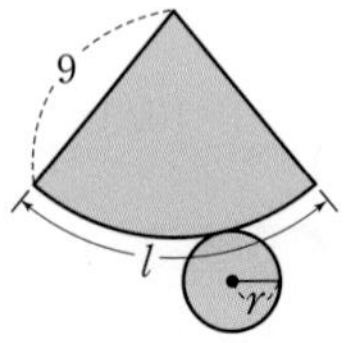

$\dfrac{1}{2} \times 9 \times l = 18\pi$ $\therefore l = 4\pi$

부채꼴의 호의 길이는 밑면인 원의 둘레의 길이와 같으므로

$4\pi = 2\pi r$ $\therefore r = 2$

원뿔은 그림과 같으므로 높이는

$\sqrt{9^2 - 2^2} = \sqrt{77}$

따라서 원뿔의 부피는

$\dfrac{1}{3} \times \pi \times 2^2 \times \sqrt{77} = \dfrac{4\sqrt{77}}{3}\pi$

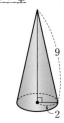

0989 답 ②

두 밑면 중 작은 원의 반지름의 길이를 r이라 하면 $\pi r^2 = 9\pi$에서 $r=3$ $(\because r>0)$

두 밑면 중 큰 원의 반지름의 길이는 $3\times 2=6$

작은 원의 둘레의 길이는 $2\pi\times 3=6\pi$

큰 원의 둘레의 길이는 $2\pi\times 6=12\pi$

따라서 원뿔대의 전개도는 그림과 같고

(큰 원의 넓이)$=\pi\times 6^2=36\pi$

(옆넓이)

$=\dfrac{1}{2}\times 12\times 12\pi-\dfrac{1}{2}\times 6\times 6\pi$

$=72\pi-18\pi=54\pi$

$\therefore$ (원뿔대의 겉넓이)

$\quad =$(작은 원의 넓이)$+$(큰 원의 넓이)$+$(옆넓이)

$\quad =9\pi+36\pi+54\pi$

$\quad =99\pi$

참고 모선의 중점을 지나고 밑면에 평행한 평면으로 잘라 원뿔대를 만들었으므로 원뿔대의 작은 밑면과 큰 밑면의 반지름의 길이와 비와 둘레의 길이의 비는 모두 $1:2$이다.

0990 답 ③ | 유형 10

둘레의 길이가 8인 부채꼴 중에서 그 넓이가 최대인 것의 반지름의 길이는? (단서1)

① 1 ② $\dfrac{3}{2}$ ③ 2

④ $\dfrac{5}{2}$ ⑤ 3

단서1 (호의 길이)$=8-2\times$(반지름의 길이)

STEP1 부채꼴의 넓이를 반지름의 길이에 대한 식으로 나타내기

부채꼴의 반지름의 길이를 r이라 하면 둘레의 길이가 8이므로 호의 길이는 $8-2r$

이때 $8-2r>0$이므로 $0<r<4$

부채꼴의 넓이를 S라 하면

$S=\dfrac{1}{2}r(8-2r)=-r^2+4r$ $\longrightarrow S=\dfrac{1}{2}r^2\theta=\dfrac{1}{2}rl$

$\quad =-(r-2)^2+4$ (단, $0<r<4$)

STEP2 넓이가 최대인 부채꼴의 반지름의 길이 구하기

$r=2$일 때 S가 최대이므로 넓이가 최대인 부채꼴의 반지름의 길이는 2이다.

개념 Check

이차함수 $y=a(x-p)^2+q$에서

(1) $a>0$이면 $x=p$일 때 최솟값 q를 가지고, 최댓값은 없다.

(2) $a<0$이면 $x=p$일 때 최댓값 q를 가지고, 최솟값은 없다.

0991 답 ②

부채꼴의 반지름의 길이를 r m라 하면 둘레의 길이가 40 m이므로 호의 길이는 $(40-2r)$ m

이때 $40-2r>0$이므로 $0<r<20$

부채꼴의 넓이를 S m²라 하면

$S=\dfrac{1}{2}r(40-2r)=-r^2+20r$

$\quad =-(r-10)^2+100$ (단, $0<r<20$)

따라서 $r=10$일 때 S의 최댓값이 100이므로 바닥의 넓이의 최댓값은 100 m²이다.

0992 답 15

부채꼴의 반지름의 길이를 r이라 하면 둘레의 길이가 12이므로 호의 길이는 $12-2r$

이때 $12-2r>0$이므로 $0<r<6$

부채꼴의 넓이를 S라 하면

$S=\dfrac{1}{2}r(12-2r)=-r^2+6r$

$\quad =-(r-3)^2+9$ (단, $0<r<6$)

따라서 $r=3$일 때 S의 최댓값은 9이다.

이때 호의 길이는 $12-2\times 3=6$이므로 $M=9$, $l=6$

$\therefore M+l=15$

0993 답 ④

부채꼴의 반지름의 길이를 r이라 하면 둘레의 길이가 20이므로 호의 길이는 $20-2r$

이때 $20-2r>0$이므로 $0<r<10$

부채꼴의 넓이를 S라 하면

$S=\dfrac{1}{2}r(20-2r)=-r^2+10r$

$\quad =-(r-5)^2+25$ (단, $0<r<10$)

따라서 $r=5$일 때 S의 최댓값은 25이다.

이때 부채꼴의 중심각의 크기를 θ라디안이라 하면

$\dfrac{1}{2}\times 5^2\times\theta=25$ $\qquad\therefore\theta=2$

0994 답 ④

부채꼴의 반지름의 길이를 r, 호의 길이를 l이라 하면 넓이가 8이므로

$\dfrac{1}{2}rl=8$ $\qquad\therefore l=\dfrac{16}{r}$

따라서 부채꼴의 둘레의 길이는 $2r+l=2r+\dfrac{16}{r}$

$2r>0$, $\dfrac{16}{r}>0$이므로 산술평균과 기하평균의 관계에 의하여

$2r+\dfrac{16}{r}\geq 2\sqrt{2r\times\dfrac{16}{r}}=8\sqrt{2}$

$\left(\text{단, 등호는 } 2r=\dfrac{16}{r}, \text{ 즉 } r=2\sqrt{2}\text{일 때 성립}\right)$

따라서 부채꼴의 둘레의 길이의 최솟값은 $m=8\sqrt{2}$이고, 그때의 반지름의 길이는 $r=2\sqrt{2}$이므로

$m+r=10\sqrt{2}$

개념 Check

산술평균과 기하평균의 관계

$a>0$, $b>0$일 때

$\dfrac{a+b}{2}\geq\sqrt{ab}$ (단, 등호는 $a=b$일 때 성립)

0995 답 225 m²

$\overline{OC}=x$ m, $\overline{AC}=y$ m, 부채꼴의 중심각의 크기를 θ라 하면 호 CD 의 길이는 $x\theta$, 호 AB의 길이는 $(x+y)\theta$이다.

도형 ABDC의 둘레의 길이가 60 m이므로

$x\theta+(x+y)\theta+2y=60$

$\therefore \theta(2x+y)=60-2y$ ⋯⋯⋯⋯⋯⋯⋯⋯⋯⋯⋯⋯⋯⋯⋯ ㉠

도형 ABDC의 넓이를 S m²라 하면

$S=($부채꼴 OAB의 넓이$)-($부채꼴 OCD의 넓이$)$

$=\dfrac{1}{2}(x+y)^2\theta-\dfrac{1}{2}x^2\theta$

$=\dfrac{1}{2}\theta(2xy+y^2)$

$=\dfrac{1}{2}\theta(2x+y)y$

$=\dfrac{1}{2}(60-2y)y$ ($\because$ ㉠)

$=(30-y)y$

$=-y^2+30y$

$=-(y-15)^2+225$ (단, $0<y<30$)

따라서 $y=15$일 때 S의 최댓값은 225이므로 도형 ABDC의 넓이의 최댓값은 225 m²이다.

실수 Check

호 AB의 길이를 구할 때, 반지름은 $\overline{AC}$가 아니고 $\overline{AO}$임에 주의한다.

0996 답 ① | 유형11

원점 O와 점 $P(-3, -4)$에 대하여 동경 OP가 나타내는 각의 크기
[단서1]
를 θ라 할 때, $\sin\theta\tan\theta$의 값은?

① $-\dfrac{16}{15}$　　② $-\dfrac{4}{5}$　　③ $\dfrac{12}{25}$

④ $\dfrac{4}{5}$　　⑤ $\dfrac{16}{15}$

[단서1] $\overline{OP}$의 길이는 두 점 $(0, 0)$, $(-3, -4)$ 사이의 거리

STEP1 $\overline{OP}$의 길이 구하기

$\overline{OP}=\sqrt{(-3)^2+(-4)^2}=5$

STEP2 $\sin\theta\tan\theta$의 값 구하기

$\sin\theta=-\dfrac{4}{5}$, $\tan\theta=\dfrac{-4}{-3}=\dfrac{4}{3}$

$\therefore \sin\theta\tan\theta=\left(-\dfrac{4}{5}\right)\times\dfrac{4}{3}=-\dfrac{16}{15}$

0997 답 ②

$\overline{OP}=\sqrt{(-2)^2+3^2}=\sqrt{13}$이므로

$\sin\theta=\dfrac{3}{\sqrt{13}}=\dfrac{3\sqrt{13}}{13}$, $\cos\theta=-\dfrac{2}{\sqrt{13}}=-\dfrac{2\sqrt{13}}{13}$, $\tan\theta=-\dfrac{3}{2}$

$\therefore \sin\theta-\cos\theta+\tan\theta=\dfrac{3\sqrt{13}}{13}-\left(-\dfrac{2\sqrt{13}}{13}\right)+\left(-\dfrac{3}{2}\right)$

$=-\dfrac{3}{2}+\dfrac{5}{13}\sqrt{13}$

따라서 $a=-\dfrac{3}{2}$, $b=\dfrac{5}{13}$이므로 $ab=-\dfrac{15}{26}$

0998 답 3

점 $P(-3\sqrt{3}, a)$에서 $\tan\theta=-\dfrac{a}{3\sqrt{3}}$이므로

$-\dfrac{a}{3\sqrt{3}}=\dfrac{\sqrt{3}}{3}$　　$\therefore a=-3$

따라서 점 P의 좌표가 $(-3\sqrt{3}, -3)$이므로

$r=\sqrt{(-3\sqrt{3})^2+(-3)^2}=6$

$\therefore a+r=(-3)+6=3$

0999 답 ③

$\overline{OP}=3$이므로 $\sin\alpha=\dfrac{\sqrt{5}}{3}$

$\overline{OQ}=3$이므로 $\cos\beta=\dfrac{\sqrt{5}}{3}$

$\therefore \sin\alpha-\cos\beta=0$

1000 답 32

각 θ를 나타내는 동경을 OP라 할 때, 점 P의 좌표를 (x, y) $(x<0, y>0)$라 하자. → θ가 제2사분면의 각

$\cos\theta=-\dfrac{3}{5}$에서 $\dfrac{x}{\sqrt{x^2+y^2}}=-\dfrac{3}{5}$

즉, $x=-3$으로 놓으면

$\sqrt{x^2+y^2}=\sqrt{(-3)^2+y^2}=5$에서

$\sqrt{9+y^2}=5$, $9+y^2=25$

$y^2=16$　　$\therefore y=4$ ($\because y>0$)

따라서 $P(-3, 4)$이므로

$\sin\theta=\dfrac{4}{5}$, $\tan\theta=-\dfrac{4}{3}$

$\therefore 15(\sin\theta-\tan\theta)=15\times\left(\dfrac{4}{5}+\dfrac{4}{3}\right)=32$

1001 답 1

$\overline{AD}=2\sqrt{3}$, $\overline{AB}=2$이므로

$A(-\sqrt{3}, 1)$

$\overline{OA}=2$이므로

$\cos\alpha=-\dfrac{\sqrt{3}}{2}$, $\tan\alpha=-\dfrac{1}{\sqrt{3}}$

두 점 A, B가 x축에 대하여

대칭이므로

$B(-\sqrt{3}, -1)$

$\overline{OB}=2$이므로 $\sin\beta=-\dfrac{1}{2}$

$\therefore \cos\alpha\tan\alpha-\sin\beta=\left(-\dfrac{\sqrt{3}}{2}\right)\times\left(-\dfrac{1}{\sqrt{3}}\right)-\left(-\dfrac{1}{2}\right)=1$

1002 답 ①

각 θ를 나타내는 동경을 OP라 할 때, 점 P의 좌표를 (x, y) $(x<0, y<0)$라 하자. → $\pi<\theta<\dfrac{3}{2}\pi$에서 θ가 제3사분면의 각

$\tan\theta=\dfrac{12}{5}$에서 $\dfrac{y}{x}=\dfrac{12}{5}$

즉, $x=-5$, $y=-12$로 놓을 수 있다.

따라서 $\overline{OP}=\sqrt{(-5)^2+(-12)^2}=13$이므로

$\sin\theta=-\dfrac{12}{13}$, $\cos\theta=-\dfrac{5}{13}$

$\therefore \sin\theta+\cos\theta=-\dfrac{12}{13}+\left(-\dfrac{5}{13}\right)=-\dfrac{17}{13}$

1003 답 ②

점 $\mathrm{P}(a, b)$에서 $\tan\theta_1=\dfrac{b}{a}$

점 $\mathrm{Q}(a^2, -2b^2)$에서 $\tan\theta_2=-\dfrac{2b^2}{a^2}$

$\tan\theta_1+\tan\theta_2=0$이므로

$\dfrac{b}{a}+\left(-\dfrac{2b^2}{a^2}\right)=0$

$\dfrac{b(a-2b)}{a^2}=0 \qquad \therefore a=2b\ (\because b>0)$

$\therefore \sin\theta_1=\dfrac{b}{\sqrt{a^2+b^2}}=\dfrac{b}{\sqrt{(2b)^2+b^2}}=\dfrac{b}{\sqrt{5b^2}}=\dfrac{\sqrt{5}}{5}$

1004 답 ④ | 유형 12

> 직선 $y=3x$ 위의 점 $\mathrm{P}(a, b)$에 대하여 원점 O와 점 P를 지나는 동경
> <u>단서1</u>
> OP가 나타내는 각의 크기를 θ라 할 때, $\cos\theta-\sin\theta$의 값은?
> (단, $a<0$)
> ① $-\dfrac{4\sqrt{10}}{5}$ ② $-\dfrac{3\sqrt{5}}{4}$ ③ $\dfrac{\sqrt{5}}{4}$
> ④ $\dfrac{\sqrt{10}}{5}$ ⑤ $\sqrt{10}$
>
> <u>단서1</u> $b=3a$이므로 $\mathrm{P}(a, 3a)$

STEP 1 점 P의 좌표를 a로 나타내기

점 $\mathrm{P}(a, b)$가 직선 $y=3x$ 위의 점이므로

$b=3a \qquad \therefore \mathrm{P}(a, 3a)$

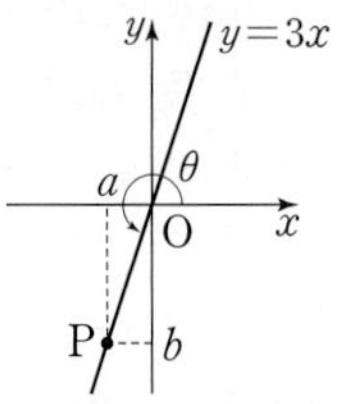

STEP 2 $\overline{\mathrm{OP}}$의 길이를 a로 나타내기

$a<0$이므로

$\overline{\mathrm{OP}}=\sqrt{a^2+b^2}=\sqrt{a^2+(3a)^2}$

$\qquad\quad =-\sqrt{10}a$ $\xrightarrow{a<0이므로}$ $\sqrt{10a^2}=\sqrt{10}|a|$ $=-\sqrt{10}a$

STEP 3 $\cos\theta-\sin\theta$의 값 구하기

$\sin\theta=\dfrac{3a}{-\sqrt{10}a}=-\dfrac{3}{\sqrt{10}}$, $\cos\theta=\dfrac{a}{-\sqrt{10}a}=-\dfrac{1}{\sqrt{10}}$

$\therefore \cos\theta-\sin\theta=-\dfrac{1}{\sqrt{10}}-\left(-\dfrac{3}{\sqrt{10}}\right)=\dfrac{2}{\sqrt{10}}=\dfrac{\sqrt{10}}{5}$

1005 답 ①

점 $\mathrm{P}(a, b)$가 직선 $y=-\dfrac{1}{2}x$ 위의 점이므로

$b=-\dfrac{1}{2}a \qquad \therefore \mathrm{P}\left(a, -\dfrac{1}{2}a\right)$

$a<0$이므로

$\overline{\mathrm{OP}}=\sqrt{a^2+b^2}=\sqrt{a^2+\left(-\dfrac{1}{2}a\right)^2}=-\dfrac{\sqrt{5}}{2}a$

$\sin\theta=\dfrac{-\dfrac{1}{2}a}{-\dfrac{\sqrt{5}}{2}a}=\dfrac{1}{\sqrt{5}}$, $\cos\theta=\dfrac{a}{-\dfrac{\sqrt{5}}{2}a}=-\dfrac{2}{\sqrt{5}}$

$\therefore \sin\theta+\cos\theta=\dfrac{1}{\sqrt{5}}+\left(-\dfrac{2}{\sqrt{5}}\right)=-\dfrac{1}{\sqrt{5}}=-\dfrac{\sqrt{5}}{5}$

1006 답 $\dfrac{3}{4}$

점 $\mathrm{P}(a, b)$가 직선 $y=-\sqrt{3}x$ 위의 점이므로

$b=-\sqrt{3}a \qquad \therefore \mathrm{P}(a, -\sqrt{3}a)$

점 P가 제4사분면 위의 점이므로 $a>0$이고

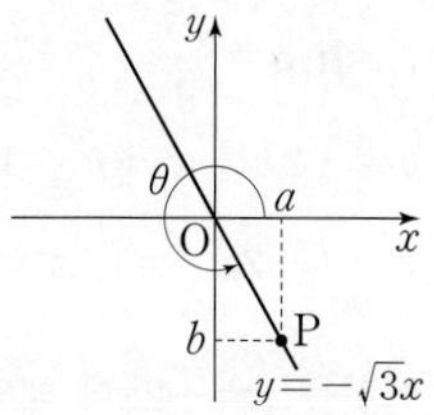

$\overline{\mathrm{OP}}=\sqrt{a^2+(-\sqrt{3}a)^2}=2a$

$\sin\theta=\dfrac{-\sqrt{3}a}{2a}=-\dfrac{\sqrt{3}}{2}$, $\cos\theta=\dfrac{a}{2a}=\dfrac{1}{2}$, $\tan\theta=\dfrac{-\sqrt{3}a}{a}=-\sqrt{3}$

$\therefore \sin\theta\cos\theta\tan\theta=\left(-\dfrac{\sqrt{3}}{2}\right)\times\dfrac{1}{2}\times(-\sqrt{3})=\dfrac{3}{4}$

1007 답 ⑤

$\dfrac{\pi}{2}<\theta<\pi$이므로 제2사분면

직선 $3x+4y=0$, 즉 $y=-\dfrac{3}{4}x$ 위에 있는 점 중 제2사분면 위의 한 점을 $\mathrm{P}(a, b)$라 하면

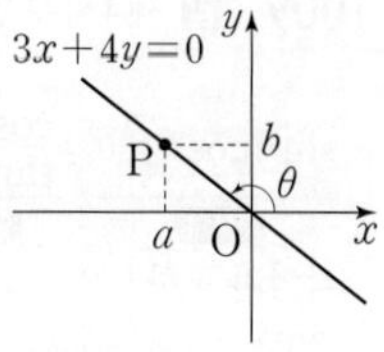

$b=-\dfrac{3}{4}a \qquad \therefore \mathrm{P}\left(a, -\dfrac{3}{4}a\right)$

$a<0$이므로

$\overline{\mathrm{OP}}=\sqrt{a^2+b^2}=\sqrt{a^2+\left(-\dfrac{3}{4}a\right)^2}=-\dfrac{5}{4}a$

$\therefore \cos\theta=\dfrac{a}{-\dfrac{5}{4}a}=-\dfrac{4}{5}$, $\tan\theta=\dfrac{-\dfrac{3}{4}a}{a}=-\dfrac{3}{4}$

$\therefore 10\cos\theta-8\tan\theta=10\times\left(-\dfrac{4}{5}\right)-8\times\left(-\dfrac{3}{4}\right)=-2$

[다른 풀이]

$\dfrac{\pi}{2}<\theta<\pi$이므로 그림과 같이 원점 O를 중심으로 하고 반지름의 길이가 5인 원 $x^2+y^2=25$가 직선 $3x+4y=0$과 만나는 점 중 제2사분면 위의 점을 P라 하면 $\mathrm{P}(-4, 3)$

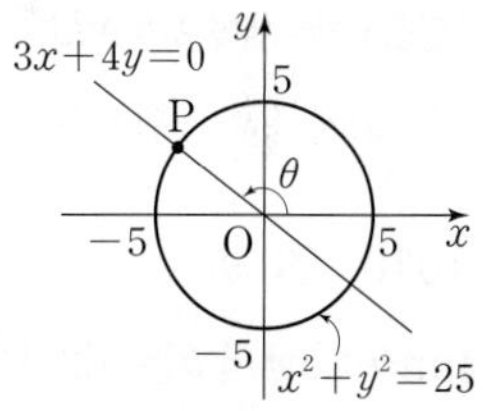

$\overline{\mathrm{OP}}=5$이므로

$\cos\theta=-\dfrac{4}{5}$, $\tan\theta=-\dfrac{3}{4}$

$\therefore 10\cos\theta-8\tan\theta=10\times\left(-\dfrac{4}{5}\right)-8\times\left(-\dfrac{3}{4}\right)=-2$

[참고] 직선 $3x+4y=0$에서 $y=-\dfrac{3}{4}x$ $\cdots\cdots\cdots$ ㉠

이것을 $x^2+y^2=25$에 대입하면

$x^2+\left(-\dfrac{3}{4}x\right)^2=25$, $x^2=16 \qquad \therefore x=-4\ (\because x<0)$

이것을 ㉠에 대입하면 $y=3$

$\therefore \mathrm{P}(-4, 3)$

1008 답 ③

$y=\dfrac{1}{2}x$를 $x^2+y^2=1$에 대입하면

$x^2+\left(\dfrac{1}{2}x\right)^2=1$, $x^2=\dfrac{4}{5} \qquad \therefore x=\dfrac{2\sqrt{5}}{5}\ (\because x>0)$

이것을 $y=\dfrac{1}{2}x$에 대입하면 $y=\dfrac{\sqrt{5}}{5}$

따라서 점 P의 좌표는 $\left(\dfrac{2\sqrt{5}}{5}, \dfrac{\sqrt{5}}{5}\right)$

$\therefore \sin\alpha = \dfrac{\sqrt{5}}{5}$

$y = -2x$를 $x^2 + y^2 = 1$에 대입하면

$x^2 + (-2x)^2 = 1$, $x^2 = \dfrac{1}{5}$ $\therefore x = -\dfrac{\sqrt{5}}{5}$ $(\because x < 0)$

이것을 $y = -2x$에 대입하면 $y = \dfrac{2\sqrt{5}}{5}$

따라서 점 Q의 좌표는 $\left(-\dfrac{\sqrt{5}}{5}, \dfrac{2\sqrt{5}}{5}\right)$

$\therefore \cos\beta = -\dfrac{\sqrt{5}}{5}$

$\therefore \sin\alpha\cos\beta = \dfrac{\sqrt{5}}{5} \times \left(-\dfrac{\sqrt{5}}{5}\right) = -\dfrac{1}{5}$

1009 탭 제4사분면 | 유형 13

$\underline{\sin\theta\cos\theta < 0}$, $\underline{\dfrac{\cos\theta}{\tan\theta} < 0}$을 동시에 만족시키는 θ는 제몇 사분면의
　　　단서1　　　단서2
각인지 구하시오.

단서1 $\sin\theta$와 $\cos\theta$의 값의 부호는 서로 다름을 이용
단서2 $\cos\theta$와 $\tan\theta$의 값의 부호는 서로 다름을 이용

STEP 1 $\sin\theta\cos\theta < 0$일 때, θ는 제몇 사분면의 각인지 구하기

(i) $\sin\theta\cos\theta < 0$에서 $\sin\theta$와 $\cos\theta$의 값의 부호가 서로 다르므로 θ는 제2사분면 또는 제4사분면의 각이다.

STEP 2 $\dfrac{\cos\theta}{\tan\theta} < 0$일 때, θ는 제몇 사분면의 각인지 구하기

(ii) $\dfrac{\cos\theta}{\tan\theta} < 0$에서 $\cos\theta$와 $\tan\theta$의 값의 부호가 서로 다르므로 θ는 제3사분면 또는 제4사분면의 각이다.

STEP 3 θ는 제몇 사분면의 각인지 구하기

(i), (ii)에서 θ는 제4사분면의 각이다.

1010 탭 ⑤

$\tan\theta < 0$에서 θ는 제2사분면 또는 제4사분면의 각이다.
θ가 제2사분면의 각이면 $\sin\theta > 0$, $\cos\theta < 0$이고,
θ가 제4사분면의 각이면 $\sin\theta < 0$, $\cos\theta > 0$이므로
$\sin\theta\cos\theta < 0$
따라서 항상 옳은 것은 ⑤이다.

1011 탭 ⑤

$\tan\theta < 0$에서 θ는 제2사분면 또는 제4사분면의 각이고,
$\cos\theta > 0$에서 θ는 제1사분면 또는 제4사분면의 각이다.
따라서 주어진 조건을 동시에 만족시키는 θ는 제4사분면의 각이므로 θ의 값이 될 수 있는 것은 ⑤이다.

1012 탭 $2\tan\theta$

θ가 제2사분면의 각이므로
$\sin\theta > 0$, $\cos\theta < 0$, $\tan\theta < 0$
$\therefore \cos\theta + \sin\theta + \tan\theta + |\cos\theta| - |\sin\theta| - |\tan\theta|$
$= \cos\theta + \sin\theta + \tan\theta - \cos\theta - \sin\theta + \tan\theta$
$= 2\tan\theta$

1013 탭 ①

$\dfrac{\sqrt{\sin\theta}}{\sqrt{\cos\theta}} = -\sqrt{\dfrac{\sin\theta}{\cos\theta}}$이고 $\sin\theta\cos\theta \neq 0$이므로
$\sin\theta > 0$, $\cos\theta < 0$
즉, θ는 제2사분면의 각이고 $0 < \theta < 2\pi$이므로 $\dfrac{\pi}{2} < \theta < \pi$
따라서 $a = \dfrac{1}{2}$, $b = 1$이므로 $a + b = \dfrac{3}{2}$

> **개념 Check**
>
> **음수의 제곱근의 성질**
>
> 실수 a, b에 대하여
>
> (1) $a < 0$, $b < 0$이면 $\sqrt{a}\sqrt{b} = -\sqrt{ab}$, 그 외에는 $\sqrt{a}\sqrt{b} = \sqrt{ab}$
>
> (2) $a > 0$, $b < 0$이면 $\dfrac{\sqrt{a}}{\sqrt{b}} = -\sqrt{\dfrac{a}{b}}$, 그 외에는 $\dfrac{\sqrt{a}}{\sqrt{b}} = \sqrt{\dfrac{a}{b}}$ (단, $b \neq 0$)

1014 탭 ①

$\sqrt{\sin\theta}\sqrt{\cos\theta} = -\sqrt{\sin\theta\cos\theta}$이고 $\sin\theta\cos\theta \neq 0$이므로
$\sin\theta < 0$, $\cos\theta < 0$
즉, θ는 제3사분면의 각이므로 $\tan\theta > 0$
따라서 $1 + \tan\theta > 0$, $\sin\theta + \cos\theta < 0$이므로
$|\tan\theta| + |\cos\theta| - |1 + \tan\theta| - |\sin\theta + \cos\theta|$
$= \tan\theta - \cos\theta - (1 + \tan\theta) + \sin\theta + \cos\theta$
$= \sin\theta - 1$

1015 탭 ⑤

(i) $\sin\theta\cos\theta < 0$에서 $\sin\theta$와 $\cos\theta$의 값의 부호가 서로 다르므로 θ는 제2사분면 또는 제4사분면의 각이다.

(ii) $\sin\theta\tan\theta > 0$에서 $\sin\theta$와 $\tan\theta$의 값의 부호가 서로 같으므로 θ는 제1사분면 또는 제4사분면의 각이다.

(i), (ii)에서 θ는 제4사분면의 각이다.
따라서 $\sin\theta < 0$, $\tan\theta < 0$이므로
$\sin\theta - |\tan\theta| + \sqrt{\sin^2\theta} - \sqrt{\tan^2\theta}$
$= \sin\theta - |\tan\theta| + |\sin\theta| - |\tan\theta|$
$= \sin\theta + \tan\theta - \sin\theta + \tan\theta = 2\tan\theta$

1016 탭 ⑤

$\sin\theta > 0$, $\tan\theta < 0$이므로 θ는 제2사분면의 각이다.
이때 $0 < \theta < 2\pi$이므로 $\dfrac{\pi}{2} < \theta < \pi$

① $\sin\theta > 0$, $\cos\theta < 0$이므로 $\sin\theta\cos\theta < 0$ (거짓)

② $\sin\theta > 0$, $\cos\theta < 0$이므로 $\cos\theta - \sin\theta < 0$ (거짓)

③ $\cos\theta < 0$, $\tan\theta < 0$이므로 $\cos\theta\tan\theta > 0$ (거짓)

④ $\dfrac{\pi}{2} < \theta < \pi$에서 $\dfrac{\pi}{4} < \dfrac{\theta}{2} < \dfrac{\pi}{2}$

　즉, $\dfrac{\theta}{2}$는 제1사분면의 각이므로 $\tan\dfrac{\theta}{2} > 0$ (거짓)

⑤ $\dfrac{\pi}{2} < \theta < \pi$에서 $\pi < 2\theta < 2\pi$

　즉, 2θ는 제3사분면 또는 제4사분면의 각이므로 $\sin 2\theta < 0$ (참)

따라서 옳은 것은 ⑤이다.

1017 답 제1사분면, 제3사분면

$\sin\theta\tan\theta<0$에서 $\sin\theta$와 $\tan\theta$의 값의 부호가 서로 다르므로 θ는 제2사분면 또는 제3사분면의 각이다. ┄┄┄┄┄┄┄ ㉠

$\cos\theta\tan\theta>0$에서 $\cos\theta$와 $\tan\theta$의 값의 부호가 서로 같으므로 θ는 제1사분면 또는 제2사분면의 각이다. ┄┄┄┄┄┄┄ ㉡

㉠, ㉡에서 θ는 제2사분면의 각이므로

$2n\pi+\dfrac{\pi}{2}<\theta<2n\pi+\pi$ (n은 정수)

$\therefore n\pi+\dfrac{\pi}{4}<\dfrac{\theta}{2}<n\pi+\dfrac{\pi}{2}$

(i) $n=2k$ (k는 정수)일 때

$2k\pi+\dfrac{\pi}{4}<\dfrac{\theta}{2}<2k\pi+\dfrac{\pi}{2}$이므로 $\dfrac{\theta}{2}$는 제1사분면의 각이다.

(ii) $n=2k+1$ (k는 정수)일 때

$2k\pi+\dfrac{5}{4}\pi<\dfrac{\theta}{2}<2k\pi+\dfrac{3}{2}\pi$이므로 $\dfrac{\theta}{2}$는 제3사분면의 각이다.

(i), (ii)에서 각 $\dfrac{\theta}{2}$를 나타내는 동경이 존재하는 사분면은 제1사분면, 제3사분면이다.

1018 답 ⑤ ┃유형 14

다음 중 옳지 <u>않은</u> 것은?

① $2(\sin^4\theta-\cos^4\theta)=4\sin^2\theta-2$

② $\dfrac{2\sin^2\theta}{1+\cos\theta}=2-2\cos\theta$

③ $\dfrac{\cos^2\theta}{1-\sin\theta}-\sin\theta=1$

④ $(\sin\theta+2\cos\theta)^2+(2\sin\theta-\cos\theta)^2=5$

⑤ $\dfrac{\sin^2\theta}{1-\cos\theta}+\dfrac{\sin^2\theta}{1+\cos\theta}=1$ [단서1]

[단서1] $(1-\cos\theta)(1+\cos\theta)=1-\cos^2\theta=\sin^2\theta$

STEP 1 각각의 식 간단히 하기

① $2(\sin^4\theta-\cos^4\theta)=2(\underline{\sin^2\theta+\cos^2\theta})(\sin^2\theta-\cos^2\theta)$
   $\quad\quad\quad\quad\quad\quad\quad\quad\quad\rightarrow\sin^2\theta+\cos^2\theta=1$
   $=2(\sin^2\theta-\cos^2\theta)$
   $=2\{\sin^2\theta-(1-\sin^2\theta)\}$
   $=4\sin^2\theta-2$ (참)

② $\dfrac{2\sin^2\theta}{1+\cos\theta}=\dfrac{2(1-\cos^2\theta)}{1+\cos\theta}$
   $=\dfrac{2(1+\cos\theta)(1-\cos\theta)}{1+\cos\theta}$
   $=2-2\cos\theta$ (참)

③ $\dfrac{\cos^2\theta}{1-\sin\theta}-\sin\theta=\dfrac{1-\sin^2\theta}{1-\sin\theta}-\sin\theta$
   $=\dfrac{(1+\sin\theta)(1-\sin\theta)}{1-\sin\theta}-\sin\theta$
   $=1+\sin\theta-\sin\theta$
   $=1$ (참)

④ $(\sin\theta+2\cos\theta)^2+(2\sin\theta-\cos\theta)^2$
   $=(\sin^2\theta+4\sin\theta\cos\theta+4\cos^2\theta)$
   $\quad\quad\quad\quad+(4\sin^2\theta-4\sin\theta\cos\theta+\cos^2\theta)$
   $=5(\sin^2\theta+\cos^2\theta)$
   $=5$ (참)

⑤ $\dfrac{\sin^2\theta}{1-\cos\theta}+\dfrac{\sin^2\theta}{1+\cos\theta}$
   $=\dfrac{\sin^2\theta(1+\cos\theta)+\sin^2\theta(1-\cos\theta)}{1-\cos^2\theta}$
   $=\dfrac{2\sin^2\theta}{1-\cos^2\theta}=\dfrac{2\sin^2\theta}{\sin^2\theta}$
   $=2$ (거짓)

따라서 옳지 않은 것은 ⑤이다.

1019 답 1

$\left(1+\dfrac{1}{\cos\theta}\right)\left(1-\dfrac{1}{\sin\theta}\right)\left(1-\dfrac{1}{\cos\theta}\right)\left(1+\dfrac{1}{\sin\theta}\right)$

$=\left(1+\dfrac{1}{\cos\theta}\right)\left(1-\dfrac{1}{\cos\theta}\right)\left(1-\dfrac{1}{\sin\theta}\right)\left(1+\dfrac{1}{\sin\theta}\right)$

$=\left(1-\dfrac{1}{\cos^2\theta}\right)\left(1-\dfrac{1}{\sin^2\theta}\right)$

$=\dfrac{\cos^2\theta-1}{\cos^2\theta}\times\dfrac{\sin^2\theta-1}{\sin^2\theta}$

$=\dfrac{-\sin^2\theta}{\cos^2\theta}\times\dfrac{-\cos^2\theta}{\sin^2\theta}$

$=1$

1020 답 ⑤

$\dfrac{\tan\theta}{1-\cos\theta}-\dfrac{\tan\theta}{1+\cos\theta}=\dfrac{\tan\theta(1+\cos\theta)-\tan\theta(1-\cos\theta)}{(1-\cos\theta)(1+\cos\theta)}$

$=\dfrac{2\tan\theta\cos\theta}{1-\cos^2\theta}$

$=\dfrac{2\tan\theta\cos\theta}{\sin^2\theta}$

$=2\times\dfrac{\sin\theta}{\cos\theta}\times\cos\theta\times\dfrac{1}{\sin^2\theta}$

$=\dfrac{2}{\sin\theta}$

1021 답 ③

ㄱ. $\dfrac{1-\sin\theta}{\cos\theta}+\tan\theta=\dfrac{1-\sin\theta}{\cos\theta}+\dfrac{\sin\theta}{\cos\theta}$
   $=\dfrac{1}{\cos\theta}$ (참)

ㄴ. $\dfrac{1}{1+\cos\theta}+\dfrac{1}{1-\cos\theta}=\dfrac{1-\cos\theta+1+\cos\theta}{1-\cos^2\theta}$
   $=\dfrac{2}{\sin^2\theta}$ (참)

ㄷ. $\dfrac{\cos^2\theta-\sin^2\theta}{1+2\sin\theta\cos\theta}-\dfrac{1-\tan\theta}{1+\tan\theta}$

   $=\dfrac{\cos^2\theta-\sin^2\theta}{\underbrace{\sin^2\theta+2\sin\theta\cos\theta+\cos^2\theta}_{1=\sin^2\theta+\cos^2\theta}}-\dfrac{1-\dfrac{\sin\theta}{\cos\theta}}{1+\dfrac{\sin\theta}{\cos\theta}}$

   $=\dfrac{(\cos\theta-\sin\theta)(\cos\theta+\sin\theta)}{(\sin\theta+\cos\theta)^2}-\dfrac{\dfrac{\cos\theta-\sin\theta}{\cos\theta}}{\dfrac{\cos\theta+\sin\theta}{\cos\theta}}$

   $=\dfrac{\cos\theta-\sin\theta}{\sin\theta+\cos\theta}-\dfrac{\cos\theta-\sin\theta}{\cos\theta+\sin\theta}$
   $=0$ (거짓)

따라서 옳은 것은 ㄱ, ㄴ이다.

1022 답 ⑤

$$\sqrt{2-4\sin\theta\cos\theta}+\sqrt{2+4\sin\theta\cos\theta}$$
$$=\sqrt{2(1-2\sin\theta\cos\theta)}+\sqrt{2(1+2\sin\theta\cos\theta)}$$
$$=\sqrt{2(\sin^2\theta-2\sin\theta\cos\theta+\cos^2\theta)}$$
$$+\sqrt{2(\sin^2\theta+2\sin\theta\cos\theta+\cos^2\theta)}$$
$$=\sqrt{2(\sin\theta-\cos\theta)^2}+\sqrt{2(\sin\theta+\cos\theta)^2}$$
$$=|\sqrt{2}(\sin\theta-\cos\theta)|+|\sqrt{2}(\sin\theta+\cos\theta)|$$
$$=\sqrt{2}\sin\theta-\sqrt{2}\cos\theta+\sqrt{2}\sin\theta+\sqrt{2}\cos\theta$$
$$\left(\because\ 0<\cos\theta<\sin\theta\right)$$
$$\quad\quad\quad\quad\quad \longrightarrow\sin\theta-\cos\theta>0,$$
$$\quad\quad\quad\quad\quad\quad \sin\theta+\cos\theta>0$$
$$=2\sqrt{2}\sin\theta$$

1023 답 1

$$\dfrac{1}{1-\dfrac{1}{1-\dfrac{1}{\sin^2\theta}}}+\dfrac{1}{1-\dfrac{1}{1-\dfrac{1}{\cos^2\theta}}}$$
$$=\dfrac{1}{1-\dfrac{1}{\dfrac{\sin^2\theta-1}{\sin^2\theta}}}+\dfrac{1}{1-\dfrac{1}{\dfrac{\cos^2\theta-1}{\cos^2\theta}}}$$
$$=\dfrac{1}{1-\dfrac{1}{\dfrac{-\cos^2\theta}{\sin^2\theta}}}+\dfrac{1}{1-\dfrac{1}{\dfrac{-\sin^2\theta}{\cos^2\theta}}}$$
$$=\dfrac{1}{1+\dfrac{\sin^2\theta}{\cos^2\theta}}+\dfrac{1}{1+\dfrac{\cos^2\theta}{\sin^2\theta}}$$
$$=\dfrac{1}{\dfrac{\cos^2\theta+\sin^2\theta}{\cos^2\theta}}+\dfrac{1}{\dfrac{\sin^2\theta+\cos^2\theta}{\sin^2\theta}}$$
$$=\dfrac{1}{\dfrac{1}{\cos^2\theta}}+\dfrac{1}{\dfrac{1}{\sin^2\theta}}=\cos^2\theta+\sin^2\theta=1$$

1024 답 ④

| 유형 15

θ가 제4사분면의 각이고 $\cos\theta=\dfrac{12}{13}$일 때, $13\sin\theta-24\tan\theta$의 값 은? 단서1 단서2

① -15 ② -5 ③ 0
④ 5 ⑤ 15

단서1 $\sin\theta<0$, $\tan\theta<0$
단서2 $\sin^2\theta=1-\cos^2\theta$

STEP1 $\sin\theta$의 값 구하기

$$\sin^2\theta=1-\cos^2\theta=1-\left(\dfrac{12}{13}\right)^2=\dfrac{25}{169}$$

이때 θ가 제4사분면의 각이므로 $\sin\theta<0$

$$\therefore\ \sin\theta=-\dfrac{5}{13}$$

STEP2 $\tan\theta$의 값 구하기

$$\tan\theta=\dfrac{\sin\theta}{\cos\theta}=\dfrac{-\dfrac{5}{13}}{\dfrac{12}{13}}=-\dfrac{5}{12}$$

STEP3 $13\sin\theta-24\tan\theta$의 값 구하기

$$13\sin\theta-24\tan\theta=13\times\left(-\dfrac{5}{13}\right)-24\times\left(-\dfrac{5}{12}\right)=5$$

1025 답 ②

$$\cos^2\theta=1-\sin^2\theta=1-\left(-\dfrac{\sqrt{2}}{2}\right)^2=\dfrac{1}{2}$$

이때 θ가 제4사분면의 각이므로 $\cos\theta>0$

$$\therefore\ \cos\theta=\dfrac{\sqrt{2}}{2}$$

$$\tan\theta=\dfrac{\sin\theta}{\cos\theta}=\dfrac{-\dfrac{\sqrt{2}}{2}}{\dfrac{\sqrt{2}}{2}}=-1$$이므로

$$\sqrt{2}\cos\theta+3\tan\theta=\sqrt{2}\times\dfrac{\sqrt{2}}{2}+3\times(-1)$$
$$=-2$$

1026 답 -11

$$\cos^2\theta=1-\sin^2\theta=1-\left(-\dfrac{4}{5}\right)^2=\dfrac{9}{25}$$

(ⅰ) $\cos\theta>0$일 때

$\cos\theta=\dfrac{3}{5}$이므로

$$\tan\theta=\dfrac{\sin\theta}{\cos\theta}=\dfrac{-\dfrac{4}{5}}{\dfrac{3}{5}}=-\dfrac{4}{3}$$

이때 $\cos\theta+\tan\theta=\dfrac{3}{5}+\left(-\dfrac{4}{3}\right)=-\dfrac{11}{15}$이므로
$\cos\theta+\tan\theta>0$을 만족시키지 않는다.

(ⅱ) $\cos\theta<0$일 때

$\cos\theta=-\dfrac{3}{5}$이므로

$$\tan\theta=\dfrac{\sin\theta}{\cos\theta}=\dfrac{-\dfrac{4}{5}}{-\dfrac{3}{5}}=\dfrac{4}{3}$$

이때 $\cos\theta+\tan\theta=-\dfrac{3}{5}+\dfrac{4}{3}=\dfrac{11}{15}$이므로 $\cos\theta+\tan\theta>0$을
만족시킨다.

(ⅰ), (ⅱ)에서 $\cos\theta=-\dfrac{3}{5}$, $\tan\theta=\dfrac{4}{3}$

$$\therefore\ 5\cos\theta-6\tan\theta=5\times\left(-\dfrac{3}{5}\right)-6\times\dfrac{4}{3}$$
$$=-11$$

1027 답 ③

$$\dfrac{1+\sin\theta}{1-\sin\theta}=2+\sqrt{3}$$에서

$$1+\sin\theta=(2+\sqrt{3})(1-\sin\theta)$$
$$(3+\sqrt{3})\sin\theta=1+\sqrt{3}\quad \longrightarrow 1+\sin\theta=2-2\sin\theta+\sqrt{3}-\sqrt{3}\sin\theta$$

$$\therefore\ \sin\theta=\dfrac{1+\sqrt{3}}{3+\sqrt{3}}=\dfrac{(1+\sqrt{3})(3-\sqrt{3})}{(3+\sqrt{3})(3-\sqrt{3})}=\dfrac{\sqrt{3}}{3}$$

$$\cos^2\theta=1-\sin^2\theta=1-\left(\dfrac{\sqrt{3}}{3}\right)^2=\dfrac{2}{3}$$

이때 θ가 제2사분면의 각이므로 $\cos\theta<0$

$$\therefore\ \cos\theta=-\dfrac{\sqrt{6}}{3}$$

$$\therefore\ \tan\theta=\dfrac{\sin\theta}{\cos\theta}=\dfrac{\dfrac{\sqrt{3}}{3}}{-\dfrac{\sqrt{6}}{3}}=-\dfrac{\sqrt{2}}{2}$$

1028 답 ④

$|\sin\theta|=2|\cos\theta|$의 양변을 제곱하면

$\sin^2\theta=4\cos^2\theta$ ···························· ㉠

$\sin^2\theta+\cos^2\theta=1$에 ㉠을 대입하면

$4\cos^2\theta+\cos^2\theta=1$

$5\cos^2\theta=1$　　∴ $\cos^2\theta=\dfrac{1}{5}$

$\therefore \sin^2\theta=1-\cos^2\theta=1-\dfrac{1}{5}=\dfrac{4}{5}$

이때 θ가 제2사분면의 각이므로

$\sin\theta>0,\ \cos\theta<0$

$\therefore \sin\theta=\dfrac{2\sqrt5}{5},\ \cos\theta=-\dfrac{\sqrt5}{5}$

$\tan\theta=\dfrac{\sin\theta}{\cos\theta}=\dfrac{\frac{2\sqrt5}{5}}{-\frac{\sqrt5}{5}}=-2$이므로

$\sin\theta\cos\theta-\tan\theta=\dfrac{2\sqrt5}{5}\times\left(-\dfrac{\sqrt5}{5}\right)-(-2)$

$\qquad\qquad\qquad\qquad=\dfrac{8}{5}$

1029 답 $\dfrac{5}{7}$

$\sin^2\theta+\cos^2\theta=1$의 양변을 $\cos^2\theta$로 나누면

$\tan^2\theta+1=\dfrac{1}{\cos^2\theta}$

$\tan\theta=-\dfrac{2}{3}$이므로

$\dfrac{1}{\cos^2\theta}=\left(-\dfrac{2}{3}\right)^2+1=\dfrac{13}{9}$　　∴ $\cos^2\theta=\dfrac{9}{13}$

$\therefore \sin^2\theta=1-\cos^2\theta=1-\dfrac{9}{13}=\dfrac{4}{13}$

이때 θ가 제2사분면의 각이므로

$\sin\theta>0,\ \cos\theta<0$

$\therefore \sin\theta=\dfrac{2\sqrt{13}}{13},\ \cos\theta=-\dfrac{3\sqrt{13}}{13}$

$\therefore \dfrac{\cos^2\theta-\sin^2\theta}{1+\cos\theta\sin\theta}=\dfrac{\frac{9}{13}-\frac{4}{13}}{1+\left(-\frac{3\sqrt{13}}{13}\right)\times\frac{2\sqrt{13}}{13}}$

$\qquad\qquad\qquad\qquad=\dfrac{\frac{5}{13}}{1-\frac{6}{13}}=\dfrac{5}{7}$

1030 답 ②

$\tan\theta=2$에서 $\dfrac{\sin\theta}{\cos\theta}=2$

$\therefore \sin\theta=2\cos\theta$ ···························· ㉠

$\sin^2\theta+\cos^2\theta=1$에 ㉠을 대입하면

$(2\cos\theta)^2+\cos^2\theta=1$

$5\cos^2\theta=1$　　∴ $\cos^2\theta=\dfrac{1}{5}$

이때 θ가 제3사분면의 각이므로 $\cos\theta<0$

$\therefore \cos\theta=-\dfrac{\sqrt5}{5}$

1031 답 ①

$\dfrac{\sin\theta}{1-\sin\theta}-\dfrac{\sin\theta}{1+\sin\theta}=4$에서

$\dfrac{\sin\theta(1+\sin\theta)-\sin\theta(1-\sin\theta)}{(1-\sin\theta)(1+\sin\theta)}=4$

$\dfrac{2\sin^2\theta}{1-\sin^2\theta}=4,\ 2\sin^2\theta=4(1-\sin^2\theta)$　　∴ $\sin^2\theta=\dfrac{2}{3}$

$\therefore \cos^2\theta=1-\sin^2\theta=1-\dfrac{2}{3}=\dfrac{1}{3}$

이때 θ가 제2사분면의 각이므로 $\cos\theta<0$

$\therefore \cos\theta=-\dfrac{\sqrt3}{3}$

1032 답 ①

$\tan\theta-\dfrac{6}{\tan\theta}=1$의 양변에 $\tan\theta$를 곱하면

$\tan^2\theta-6=\tan\theta$

$\tan^2\theta-\tan\theta-6=0,\ (\tan\theta+2)(\tan\theta-3)=0$

$\therefore \tan\theta=-2$ 또는 $\tan\theta=3$

이때 θ가 제3사분면의 각이므로

$\sin\theta<0,\ \cos\theta<0,\ \tan\theta>0$ ················· ㉠

$\therefore \tan\theta=3$

$\tan\theta=\dfrac{\sin\theta}{\cos\theta}=3$에서 $\sin\theta=3\cos\theta$ ················· ㉡

$\sin^2\theta+\cos^2\theta=1$에 ㉡을 대입하면

$9\cos^2\theta+\cos^2\theta=1$　　∴ $\cos^2\theta=\dfrac{1}{10}$

$\sin^2\theta=1-\cos^2\theta=1-\dfrac{1}{10}=\dfrac{9}{10}$이므로

$\sin\theta=-\dfrac{3\sqrt{10}}{10},\ \cos\theta=-\dfrac{\sqrt{10}}{10}\ (\because ㉠)$

$\therefore \sin\theta+\cos\theta=-\dfrac{3\sqrt{10}}{10}-\dfrac{\sqrt{10}}{10}=-\dfrac{2\sqrt{10}}{5}$

1033 답 $-\dfrac{\sqrt7}{4}$　　| 유형 16

θ가 제2사분면의 각이고 $\underline{\sin\theta+\cos\theta=-\dfrac{1}{2}}$일 때, $\underline{\sin^2\theta-\cos^2\theta}$
단서1
의 값을 구하시오.
단서2

단서1 양변을 제곱한 후 $\sin^2\theta+\cos^2\theta=1$임을 이용

단서2 $\sin^2\theta-\cos^2\theta=(\sin\theta+\cos\theta)(\sin\theta-\cos\theta)$

STEP1 $\sin\theta\cos\theta$의 값 구하기

$\sin\theta+\cos\theta=-\dfrac{1}{2}$의 양변을 제곱하면

$\sin^2\theta+2\sin\theta\cos\theta+\cos^2\theta=\dfrac{1}{4}$

$1+2\sin\theta\cos\theta=\dfrac{1}{4}$　　∴ $\sin\theta\cos\theta=-\dfrac{3}{8}$

STEP2 $\sin\theta-\cos\theta$의 값 구하기

$(\sin\theta-\cos\theta)^2=\sin^2\theta-2\sin\theta\cos\theta+\cos^2\theta$

$\qquad\qquad\qquad=1-2\times\left(-\dfrac{3}{8}\right)=\dfrac{7}{4}$

이때 θ가 제2사분면의 각이므로 $\sin\theta>0,\ \cos\theta<0$

따라서 $\sin\theta-\cos\theta>0$이므로

$\sin\theta-\cos\theta=\dfrac{\sqrt7}{2}$

$$\sin^2\theta - \cos^2\theta = (\sin\theta + \cos\theta)(\sin\theta - \cos\theta)$$
$$= \left(-\frac{1}{2}\right) \times \frac{\sqrt{7}}{2} = -\frac{\sqrt{7}}{4}$$

1034 답 ④

$\sin\theta + \cos\theta = \dfrac{5}{4}$의 양변을 제곱하면

$$\sin^2\theta + 2\sin\theta\cos\theta + \cos^2\theta = \frac{25}{16}$$

$$1 + 2\sin\theta\cos\theta = \frac{25}{16} \qquad \therefore \sin\theta\cos\theta = \frac{9}{32}$$

$$\therefore \frac{9}{\sin\theta} + \frac{9}{\cos\theta} = \frac{9(\sin\theta + \cos\theta)}{\sin\theta\cos\theta}$$

$$= \frac{9 \times \dfrac{5}{4}}{\dfrac{9}{32}} = 40$$

1035 답 ②

$\sin\theta - \cos\theta = \dfrac{1}{2}$의 양변을 제곱하면

$$\sin^2\theta - 2\sin\theta\cos\theta + \cos^2\theta = \frac{1}{4}$$

$$1 - 2\sin\theta\cos\theta = \frac{1}{4} \qquad \therefore \sin\theta\cos\theta = \frac{3}{8}$$

$$(\sin\theta + \cos\theta)^2 = (\sin\theta - \cos\theta)^2 + 4\sin\theta\cos\theta$$

$$= \left(\frac{1}{2}\right)^2 + 4 \times \frac{3}{8} = \frac{7}{4}$$

이때 θ가 제3사분면의 각이므로 $\sin\theta < 0$, $\cos\theta < 0$

따라서 $\sin\theta + \cos\theta < 0$이므로

$$\sin\theta + \cos\theta = -\frac{\sqrt{7}}{2}$$

$$\therefore \sin^3\theta + \cos^3\theta$$
$$= (\sin\theta + \cos\theta)(\sin^2\theta - \sin\theta\cos\theta + \cos^2\theta)$$
$$= \left(-\frac{\sqrt{7}}{2}\right) \times \left(1 - \frac{3}{8}\right) = -\frac{5\sqrt{7}}{16}$$

1036 답 $\dfrac{274}{25}$

$\sin\theta + \cos\theta = -\dfrac{2}{3}$의 양변을 제곱하면

$$\sin^2\theta + 2\sin\theta\cos\theta + \cos^2\theta = \frac{4}{9}$$

$$1 + 2\sin\theta\cos\theta = \frac{4}{9} \qquad \therefore \sin\theta\cos\theta = -\frac{5}{18}$$

$$\therefore \tan^2\theta + \frac{1}{\tan^2\theta} = \frac{\sin^2\theta}{\cos^2\theta} + \frac{\cos^2\theta}{\sin^2\theta}$$

$$= \frac{\sin^4\theta + \cos^4\theta}{\sin^2\theta\cos^2\theta}$$

$$= \frac{(\sin^2\theta + \cos^2\theta)^2 - 2\sin^2\theta\cos^2\theta}{\sin^2\theta\cos^2\theta}$$

$$= \frac{1}{\sin^2\theta\cos^2\theta} - 2$$

$$= \frac{1}{\left(-\dfrac{5}{18}\right)^2} - 2$$

$$= \frac{324}{25} - 2 = \frac{274}{25}$$

1037 답 ③

$$\tan\theta + \frac{1}{\tan\theta} = \frac{\sin\theta}{\cos\theta} + \frac{\cos\theta}{\sin\theta} = \frac{\sin^2\theta + \cos^2\theta}{\sin\theta\cos\theta}$$

$$= \frac{1}{\sin\theta\cos\theta} = \frac{4\sqrt{3}}{3}$$

$$\therefore \sin\theta\cos\theta = \frac{3}{4\sqrt{3}} = \frac{\sqrt{3}}{4}$$

$$(\sin\theta + \cos\theta)^2 = \sin^2\theta + 2\sin\theta\cos\theta + \cos^2\theta$$
$$= 1 + 2\sin\theta\cos\theta$$
$$= 1 + 2 \times \frac{\sqrt{3}}{4} = 1 + \frac{\sqrt{3}}{2}$$

$$(\sin\theta - \cos\theta)^2 = \sin^2\theta - 2\sin\theta\cos\theta + \cos^2\theta$$
$$= 1 - 2\sin\theta\cos\theta$$
$$= 1 - 2 \times \frac{\sqrt{3}}{4} = 1 - \frac{\sqrt{3}}{2}$$

$$\therefore (\sin^2\theta - \cos^2\theta)^2 = \{(\sin\theta + \cos\theta)(\sin\theta - \cos\theta)\}^2$$
$$= (\sin\theta + \cos\theta)^2(\sin\theta - \cos\theta)^2$$
$$= \left(1 + \frac{\sqrt{3}}{2}\right) \times \left(1 - \frac{\sqrt{3}}{2}\right) = \frac{1}{4}$$

1038 답 ⑤

$\overline{OP} = 1$이므로 $\sin\theta = y$, $\cos\theta = x$

$\dfrac{y}{x} + \dfrac{x}{y} = -\dfrac{5}{2}$에서

$$\frac{\sin\theta}{\cos\theta} + \frac{\cos\theta}{\sin\theta} = \frac{\sin^2\theta + \cos^2\theta}{\sin\theta\cos\theta} = \frac{1}{\sin\theta\cos\theta} = -\frac{5}{2}$$

$$\therefore \sin\theta\cos\theta = -\frac{2}{5}$$

$$(\sin\theta - \cos\theta)^2 = \sin^2\theta - 2\sin\theta\cos\theta + \cos^2\theta$$
$$= 1 - 2\sin\theta\cos\theta$$
$$= 1 - 2 \times \left(-\frac{2}{5}\right) = \frac{9}{5}$$

이때 θ가 제2사분면의 각이므로 $\sin\theta > 0$, $\cos\theta < 0$

즉, $\sin\theta - \cos\theta > 0$

$$\therefore \sin\theta - \cos\theta = \frac{3\sqrt{5}}{5}$$

1039 답 ①

$\sin\theta + \cos\theta = \dfrac{1}{2}$의 양변을 제곱하면

$$\sin^2\theta + 2\sin\theta\cos\theta + \cos^2\theta = \frac{1}{4}$$

$$1 + 2\sin\theta\cos\theta = \frac{1}{4} \qquad \therefore \sin\theta + \cos\theta = -\frac{3}{8}$$

$$\therefore (2\sin\theta + \cos\theta)(\sin\theta + 2\cos\theta)$$
$$= 2\sin^2\theta + 4\sin\theta\cos\theta + \sin\theta\cos\theta + 2\cos^2\theta$$
$$= 2(\sin^2\theta + \cos^2\theta) + 5\sin\theta\cos\theta$$
$$= 2 + 5 \times \left(-\frac{3}{8}\right) = \frac{1}{8}$$

1040 답 40

$$(\sin\theta + \cos\theta)^2 = \sin^2\theta + 2\sin\theta\cos\theta + \cos^2\theta$$
$$= 1 + 2\sin\theta\cos\theta$$
$$= 1 + 2 \times \frac{7}{18} = \frac{16}{9}$$

이때 θ가 제1사분면의 각이므로
$\sin\theta>0$, $\cos\theta>0$
따라서 $\sin\theta+\cos\theta>0$이므로
$\sin\theta+\cos\theta=\dfrac{4}{3}$
$\therefore 30(\sin\theta+\cos\theta)=30\times\dfrac{4}{3}=40$

1041 답 ⑤

$\sin^4\theta+\cos^4\theta=(\sin^2\theta+\cos^2\theta)^2-2\sin^2\theta\cos^2\theta$
$\qquad\qquad\qquad\quad=1-2\sin^2\theta\cos^2\theta=\dfrac{23}{32}$
$\therefore \sin^2\theta\cos^2\theta=\dfrac{9}{64}$
이때 θ가 제2사분면의 각이므로
$\sin\theta>0$, $\cos\theta<0$ ┄┄┄┄┄┄┄┄┄┄┄┄ ㉠
따라서 $\sin\theta\cos\theta<0$이므로 $\sin\theta\cos\theta=-\dfrac{3}{8}$
$(\sin\theta-\cos\theta)^2=\sin^2\theta-2\sin\theta\cos\theta+\cos^2\theta$
$\qquad\qquad\qquad\quad=1-2\sin\theta\cos\theta$
$\qquad\qquad\qquad\quad=1-2\times\left(-\dfrac{3}{8}\right)=\dfrac{7}{4}$
㉠에서 $\sin\theta-\cos\theta>0$이므로
$\sin\theta-\cos\theta=\dfrac{\sqrt{7}}{2}$

1042 답 ①

유형 17

> 이차방정식 $2x^2-2x+k=0$의 두 근이 $\sin\theta+\cos\theta$, $\sin\theta-\cos\theta$일 때, 상수 k의 값은? **단서1**
>
> ① -1 ② $-\dfrac{1}{2}$ ③ $-\dfrac{1}{4}$
>
> ④ $\dfrac{1}{4}$ ⑤ $\dfrac{1}{2}$
>
> **단서1** (두 근의 합)$=(\sin\theta+\cos\theta)+(\sin\theta-\cos\theta)=2\sin\theta$
> (두 근의 곱)$=(\sin\theta+\cos\theta)(\sin\theta-\cos\theta)=\sin^2\theta-\cos^2\theta$

STEP1 이차방정식의 근과 계수의 관계를 이용하여 식 세우기

이차방정식 $2x^2-2x+k=0$의 두 근이 $\sin\theta+\cos\theta$,
$\sin\theta-\cos\theta$이므로 이차방정식의 근과 계수의 관계에 의하여
$(\sin\theta+\cos\theta)+(\sin\theta-\cos\theta)=1$ ┄┄┄┄ ㉠
$(\sin\theta+\cos\theta)(\sin\theta-\cos\theta)=\dfrac{k}{2}$ ┄┄┄┄ ㉡

STEP2 $\sin\theta$의 값 구하기

㉠에서 $2\sin\theta=1$ $\therefore \sin\theta=\dfrac{1}{2}$

STEP3 k의 값 구하기

㉡의 좌변을 간단히 하면
$(\sin\theta+\cos\theta)(\sin\theta-\cos\theta)=\sin^2\theta-\cos^2\theta$
$\qquad\qquad\qquad\qquad\qquad\quad=\sin^2\theta-(1-\sin^2\theta)$
$\qquad\qquad\qquad\qquad\qquad\quad=2\sin^2\theta-1$
즉, $2\sin^2\theta-1=\dfrac{k}{2}$이므로 이 식에 $\sin\theta=\dfrac{1}{2}$을 대입하면
$\dfrac{1}{2}-1=\dfrac{k}{2}$ $\therefore k=-1$

1043 답 ③

이차방정식 $x^2-2ax+a^2-\dfrac{1}{2}=0$의 두 근이 $\sin\theta$, $\cos\theta$이므로
이차방정식의 근과 계수의 관계에 의하여
$\sin\theta+\cos\theta=2a$ ┄┄┄┄┄┄┄┄┄┄┄┄┄┄┄ ㉠
$\sin\theta\cos\theta=a^2-\dfrac{1}{2}$ ┄┄┄┄┄┄┄┄┄┄┄┄ ㉡
㉠의 양변을 제곱하면
$\sin^2\theta+2\sin\theta\cos\theta+\cos^2\theta=4a^2$
$\therefore 1+2\sin\theta\cos\theta=4a^2$ ┄┄┄┄┄┄┄┄┄ ㉢
㉡을 ㉢에 대입하면
$1+2\left(a^2-\dfrac{1}{2}\right)=4a^2$ $\therefore a=0$
따라서 주어진 이차방정식은 $x^2-\dfrac{1}{2}=0$이므로
$x=\dfrac{\sqrt{2}}{2}$ 또는 $x=-\dfrac{\sqrt{2}}{2}$ $\quad\leftarrow x^2=\dfrac{1}{2},\ x=\pm\sqrt{\dfrac{1}{2}}=\pm\dfrac{\sqrt{2}}{2}$
즉, $\sin\theta=\dfrac{\sqrt{2}}{2}$, $\cos\theta=-\dfrac{\sqrt{2}}{2}$ 또는 $\sin\theta=-\dfrac{\sqrt{2}}{2}$, $\cos\theta=\dfrac{\sqrt{2}}{2}$
이므로 $\tan\theta=\dfrac{\sin\theta}{\cos\theta}=-1$
$\therefore a+\tan\theta=0+(-1)=-1$

1044 답 $-\dfrac{\sqrt{3}}{2}$

이차방정식 $2x^2-(2k+1)x+k=0$의 두 근이 $\sin\theta$, $\cos\theta$이므
로 이차방정식의 근과 계수의 관계에 의하여
$\sin\theta+\cos\theta=\dfrac{2k+1}{2}=k+\dfrac{1}{2}$ ┄┄┄┄┄┄┄ ㉠
$\sin\theta\cos\theta=\dfrac{k}{2}$ ┄┄┄┄┄┄┄┄┄┄┄┄┄┄┄ ㉡
$\tan\theta<0$에서 $\dfrac{\sin\theta}{\cos\theta}<0$
즉, $\sin\theta$와 $\cos\theta$의 부호는 서로 다르므로
$\sin\theta\cos\theta<0$ $\therefore k<0\ (\because$ ㉡$)$
㉠의 양변을 제곱하면
$\sin^2\theta+2\sin\theta\cos\theta+\cos^2\theta=\left(k+\dfrac{1}{2}\right)^2$
$\therefore 1+2\sin\theta\cos\theta=k^2+k+\dfrac{1}{4}$ ┄┄┄┄┄ ㉢
㉡을 ㉢에 대입하면
$1+k=k^2+k+\dfrac{1}{4}$ $\therefore k^2=\dfrac{3}{4}$
$\therefore k=-\dfrac{\sqrt{3}}{2}\ (\because k<0)$

1045 답 ③

이차방정식 $x^2-4x+2=0$의 두 근이 $\tan\alpha$, $\tan\beta$이므로 이차방
정식의 근과 계수의 관계에 의하여
$\tan\alpha+\tan\beta=4$, $\tan\alpha\tan\beta=2$ ┄┄┄┄┄┄ ㉠
이차방정식 $x^2-px+q=0$의 두 근이 $\dfrac{1}{\tan\alpha}$, $\dfrac{1}{\tan\beta}$이므로 이차
방정식의 근과 계수의 관계에 의하여
$\dfrac{1}{\tan\alpha}+\dfrac{1}{\tan\beta}=p$, $\dfrac{1}{\tan\alpha}\times\dfrac{1}{\tan\beta}=q$

⊙에 의하여

$p = \dfrac{\tan\alpha + \tan\beta}{\tan\alpha\tan\beta} = \dfrac{4}{2} = 2$

$q = \dfrac{1}{\tan\alpha\tan\beta} = \dfrac{1}{2}$

$\therefore pq = 2 \times \dfrac{1}{2} = 1$

1046 답 $\sqrt{2}$

이차방정식 $3x^2 - kx + \dfrac{k}{4} = 0$의 두 근이 $\sin^2\theta$, $\cos^2\theta$이므로 이차방정식의 근과 계수의 관계에 의하여

$\sin^2\theta + \cos^2\theta = \dfrac{k}{3}$ ················· ㉠

$\sin^2\theta\cos^2\theta = \dfrac{k}{12}$ ················· ㉡

㉠에서 $\sin^2\theta + \cos^2\theta = 1$이므로

$\dfrac{k}{3} = 1 \qquad \therefore k = 3$

$k = 3$을 ㉡에 대입하면

$\sin^2\theta\cos^2\theta = \dfrac{1}{4}$

이때 $0 < \theta < \dfrac{\pi}{2}$에서 $\sin\theta > 0$, $\cos\theta > 0$이므로

$\sin\theta\cos\theta > 0$

$\therefore \sin\theta\cos\theta = \dfrac{1}{2}$

$(\sin\theta + \cos\theta)^2 = \sin^2\theta + 2\sin\theta\cos\theta + \cos^2\theta$

$\qquad\qquad\qquad\quad = 1 + 2\sin\theta\cos\theta$

$\qquad\qquad\qquad\quad = 1 + 2 \times \dfrac{1}{2} = 2$

$\therefore \sin\theta + \cos\theta = \sqrt{2}\ (\because \sin\theta + \cos\theta > 0)$

1047 답 $1 - \sqrt{2}$

이차방정식 $2x^2 + 2\sqrt{2}x + a = 0$의 두 근이 $\sin\theta$, $\cos\theta$이므로 이차방정식의 근과 계수의 관계에 의하여

$\sin\theta + \cos\theta = -\sqrt{2}$ ················· ㉠

$\sin\theta\cos\theta = \dfrac{a}{2}$ ················· ㉡

㉠의 양변을 제곱하면

$\sin^2\theta + 2\sin\theta\cos\theta + \cos^2\theta = 2$

$1 + 2\sin\theta\cos\theta = 2 \qquad \therefore \sin\theta\cos\theta = \dfrac{1}{2}$

이것을 ㉡에 대입하면 $\dfrac{1}{2} = \dfrac{a}{2} \qquad \therefore a = 1$

$\therefore \sin^3\theta + \cos^3\theta$

$\quad = (\sin\theta + \cos\theta)(\sin^2\theta - \sin\theta\cos\theta + \cos^2\theta)$

$\quad = -\sqrt{2} \times \left(1 - \dfrac{1}{2}\right) = -\dfrac{\sqrt{2}}{2}$

$\therefore a + 2(\sin^3\theta + \cos^3\theta) = 1 + 2 \times \left(-\dfrac{\sqrt{2}}{2}\right) = 1 - \sqrt{2}$

1048 답 $3x^2 + 8x + 3 = 0$

이차방정식 $12x^2 - 6x + k = 0$의 두 근이 $\sin\theta$, $\cos\theta$이므로 이차방정식의 근과 계수의 관계에 의하여

$\sin\theta + \cos\theta = \dfrac{1}{2}$

이 식의 양변을 제곱하면

$\sin^2\theta + 2\sin\theta\cos\theta + \cos^2\theta = \dfrac{1}{4}$

$1 + 2\sin\theta\cos\theta = \dfrac{1}{4} \qquad \therefore \sin\theta\cos\theta = -\dfrac{3}{8}$

$\tan\theta + \dfrac{1}{\tan\theta} = \dfrac{\sin\theta}{\cos\theta} + \dfrac{\cos\theta}{\sin\theta} = \dfrac{\sin^2\theta + \cos^2\theta}{\sin\theta\cos\theta}$

$\qquad\qquad\qquad = \dfrac{1}{\sin\theta\cos\theta} = -\dfrac{8}{3}$

$\tan\theta \times \dfrac{1}{\tan\theta} = 1$

따라서 $\tan\theta$와 $\dfrac{1}{\tan\theta}$을 두 근으로 하고 x^2의 계수가 3인 이차방정식은

$3\left\{x^2 - \left(-\dfrac{8}{3}\right)x + 1\right\} = 0 \qquad \therefore 3x^2 + 8x + 3 = 0$

개념 Check

x^2의 계수가 a이고 두 근이 α, β인 이차방정식은
$\quad a\{x^2 - (\alpha + \beta)x + \alpha\beta\} = 0$

1049 답 ③

이차방정식 $5x^2 - \sqrt{5}x - k = 0$의 두 근이 $\sin\theta$, $\cos\theta$이므로 이차방정식의 근과 계수의 관계에 의하여

$\sin\theta + \cos\theta = \dfrac{\sqrt{5}}{5}$ ················· ㉠

$\sin\theta\cos\theta = -\dfrac{k}{5}$ ················· ㉡

㉠의 양변을 제곱하면

$\sin^2\theta + 2\sin\theta\cos\theta + \cos^2\theta = \dfrac{1}{5}$

$1 + 2\sin\theta\cos\theta = \dfrac{1}{5} \qquad \therefore \sin\theta\cos\theta = -\dfrac{2}{5}$

이것을 ㉡에 대입하면 $-\dfrac{2}{5} = -\dfrac{k}{5} \qquad \therefore k = 2$

이차방정식 $5x^2 - (k+1)\sqrt{5}x + k = 0$, 즉 $5x^2 - 3\sqrt{5}x + 2 = 0$의 두 근이 $\sin\theta$, $-\cos\theta$이므로 이차방정식의 근과 계수의 관계에 의하여

$\sin\theta - \cos\theta = \dfrac{3\sqrt{5}}{5}$ ················· ㉢

$\sin\theta + (-\cos\theta) = \sin\theta - \cos\theta$

㉠+㉢을 하면

$2\sin\theta = \dfrac{4\sqrt{5}}{5} \qquad \therefore \sin\theta = \dfrac{2\sqrt{5}}{5}$

이것을 ㉠에 대입하면

$\dfrac{2\sqrt{5}}{5} + \cos\theta = \dfrac{\sqrt{5}}{5} \qquad \therefore \cos\theta = -\dfrac{\sqrt{5}}{5}$

$\therefore k(2\sin\theta - \cos\theta) = 2 \times \left\{2 \times \dfrac{2\sqrt{5}}{5} - \left(-\dfrac{\sqrt{5}}{5}\right)\right\} = 2\sqrt{5}$

서술형 유형 익히기 218쪽~221쪽

1050 답 (1) 2 (2) 2 (3) $\dfrac{5}{3}$ (4) $\dfrac{6}{5}\pi$ (5) 1 (6) 1 (7) $\dfrac{7}{6}$

(8) $\dfrac{3}{5}\pi$ (9) $\dfrac{9}{5}\pi$ (10) $\dfrac{18}{5}\pi$

$0<\theta<2\pi$

(i) 동일할 때

$-\dfrac{1}{3}\theta+2\theta=2n\pi$ (n은 정수)

$\dfrac{5}{3}\theta=2n\pi$

$\dfrac{5}{6}\theta=n\pi,\ \theta=\dfrac{6}{5}n\pi$

$0<\dfrac{6}{5}n\pi<2\pi,\ 0<n<\dfrac{5}{3}$

$n=1$

(ii) 일직선이고 방향이 반대일 때

$2\theta-\dfrac{1}{3}\theta=2n\pi+\pi$ (n은 정수)

$\dfrac{5}{3}\theta=(2n+1)\pi$

$\theta=\dfrac{3}{5}\times2n\pi+\dfrac{3}{5}\pi$

$0<\dfrac{3}{5}\pi+\dfrac{6}{5}n\pi<2\pi,\ -\dfrac{3}{5}\pi<\dfrac{6}{5}n\pi<\dfrac{7}{5}\pi,\ -\dfrac{1}{2}<n<\dfrac{7}{6}$

$n=0,\ 1$

모든 θ의 값의 합은

$\dfrac{6}{5}\pi+\dfrac{3}{5}\pi+\dfrac{9}{5}\pi=\dfrac{18}{5}\pi$

1051 답 4π

STEP 1 두 동경이 일치할 때, θ의 값 구하기 [3점]

각 $\dfrac{1}{2}\theta$를 나타내는 동경과 각 3θ를 나타내는 동경이 일직선 위에 있는 경우는 다음 두 가지이다.

(i) 두 동경이 일치할 때

$3\theta-\dfrac{1}{2}\theta=2n\pi$ (n은 정수)

$\dfrac{5}{2}\theta=2n\pi$ $\qquad\therefore\theta=\dfrac{4}{5}n\pi$ ·········· ㉠

$0<\theta<2\pi$에서 $0<\dfrac{4}{5}n\pi<2\pi$이므로

$0<n<\dfrac{5}{2}$

n은 정수이므로 $n=1$ 또는 $n=2$

이것을 ㉠에 대입하면

$n=1$일 때 $\theta=\dfrac{4}{5}\pi$, $n=2$일 때 $\theta=\dfrac{8}{5}\pi$

STEP 2 두 동경이 일직선 위에 있고 방향이 반대일 때, θ의 값 구하기 [4점]

(ii) 두 동경이 일직선 위에 있고 방향이 반대일 때

$3\theta-\dfrac{1}{2}\theta=(2n+1)\pi$ (n은 정수)

$\dfrac{5}{2}\theta=(2n+1)\pi$ $\qquad\therefore\theta=\dfrac{2(2n+1)\pi}{5}$ ·········· ㉡

$0<\theta<2\pi$에서 $0<\dfrac{2(2n+1)\pi}{5}<2\pi$이므로

$-\dfrac{1}{2}<n<2$

n은 정수이므로 $n=0$ 또는 $n=1$

이것을 ㉡에 대입하면

$n=0$일 때 $\theta=\dfrac{2}{5}\pi$, $n=1$일 때 $\theta=\dfrac{6}{5}\pi$

STEP 3 모든 θ의 값의 합 구하기 [1점]

(i), (ii)에서 모든 θ의 값의 합은

$\dfrac{4}{5}\pi+\dfrac{8}{5}\pi+\dfrac{2}{5}\pi+\dfrac{6}{5}\pi=4\pi$

1052 답 $\dfrac{\sqrt{3}}{2}$

STEP 1 θ를 n에 대한 식으로 나타내기 [2점]

각 θ를 나타내는 동경과 각 6θ를 나타내는 동경이 원점에 대하여 대칭이므로

$6\theta-\theta=(2n+1)\pi$ (n은 정수)

$5\theta=(2n+1)\pi$ $\qquad\therefore\theta=\dfrac{2n+1}{5}\pi$ ·········· ㉠

STEP 2 θ의 값 구하기 [3점]

$0<\theta<\dfrac{\pi}{2}$에서 $0<\dfrac{2n+1}{5}\pi<\dfrac{\pi}{2}$이므로

$-\dfrac{1}{2}<n<\dfrac{3}{4}$

n은 정수이므로 $n=0$ ······· ⓐ

$n=0$을 ㉠에 대입하면 $\theta=\dfrac{\pi}{5}$

STEP 3 $\sin\left(\theta+\dfrac{2}{15}\pi\right)$의 값 구하기 [1점]

$\sin\left(\theta+\dfrac{2}{15}\pi\right)=\sin\left(\dfrac{\pi}{5}+\dfrac{2}{15}\pi\right)$

$\qquad\qquad\qquad=\sin\dfrac{\pi}{3}=\dfrac{\sqrt{3}}{2}$

부분점수표	
ⓐ n의 값을 구한 경우	1점

1053 답 $\dfrac{\sqrt{3}}{2}$

STEP 1 θ를 n에 대한 식으로 나타내기 [2점]

각 2θ를 나타내는 동경과 각 4θ를 나타내는 동경이 x축에 대하여 대칭이므로

$2\theta+4\theta=2n\pi$ (n은 정수)

$6\theta=2n\pi$ $\qquad\therefore\theta=\dfrac{n}{3}\pi$ ·········· ㉠

STEP 2 θ의 값 구하기 [3점]

$\dfrac{\pi}{2}<\theta<\pi$에서 $\dfrac{\pi}{2}<\dfrac{n}{3}\pi<\pi$이므로

$\dfrac{3}{2}<n<3$

n은 정수이므로 $n=2$ ······· ⓐ

$n=2$를 ㉠에 대입하면 $\theta=\dfrac{2}{3}\pi$

STEP 3 $\tan\dfrac{\theta}{2}-\sin\dfrac{\theta}{2}$의 값 구하기 [2점]

$\tan\dfrac{\theta}{2}-\sin\dfrac{\theta}{2}=\tan\dfrac{\pi}{3}-\sin\dfrac{\pi}{3}$

$\qquad\qquad\qquad=\sqrt{3}-\dfrac{\sqrt{3}}{2}$

$\qquad\qquad\qquad=\dfrac{\sqrt{3}}{2}$

부분점수표	
ⓐ n의 값을 구한 경우	1점

1054 탑 (1) $\dfrac{\pi}{4}$ (2) $\dfrac{\pi}{8}$ (3) a (4) $\sqrt{2}$ (5) $\sqrt{2}$ (6) 3 (7) 3

(8) 8 (9) $8\sqrt{2}$

실제 답안 예시

반원의 중심을 C라 할 때 점 C에서 $\overline{OA}$에 그은
수선의 발을 D라 하자.

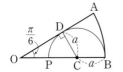

$\overline{BC}=\overline{DC}=\overline{PC}=\overline{DO}=x$라 하면

$\overline{OC}=\sqrt{2}x$

$\overline{OB}=\overline{OC}+\overline{BC}$

$\quad\quad =\sqrt{2}x+x=(\sqrt{2}+1)x$

(부채꼴 OAB의 넓이)$=\dfrac{1}{2}\times\{(\sqrt{2}+1)x\}^2\times\dfrac{\pi}{4}$

$\quad\quad\quad\quad\quad\quad =\dfrac{\pi}{8}(3+2\sqrt{2})x^2=S_1$

(반원의 넓이)$=\dfrac{\pi}{2}x^2=S_2$

$\dfrac{S_2}{S_1}=\dfrac{\dfrac{\pi}{2}x^2}{\dfrac{\pi}{8}(3+2\sqrt{2})x^2}$

$\quad\quad =\dfrac{\dfrac{1}{2}}{\dfrac{3+2\sqrt{2}}{8}}$

$\quad\quad =\dfrac{4}{3+2\sqrt{2}}$

$\quad\quad =\dfrac{4(3-2\sqrt{2})}{(3+2\sqrt{2})\times(3-2\sqrt{2})}$

$\quad\quad =12-8\sqrt{2}$

1055 탑 $\dfrac{2}{3}$

STEP 1 부채꼴 AOB의 반지름의 길이를 r이라 할 때, S_1을 r에 대한 식으로 나타내기 [2점]

부채꼴 AOB의 반지름의 길이를 r이라 하면

$S_1=\dfrac{1}{2}\times r^2\times\dfrac{\pi}{6}=\dfrac{\pi r^2}{12}$

STEP 2 반원의 중심을 C, 반지름의 길이를 a라 할 때, $\overline{OC}$의 길이를 a에 대한 식으로 나타내기 [2점]

그림과 같이 $\overline{PB}$를 지름으로 하는 반원
의 중심을 C라 하고, $\overline{OA}$와 반원의 접
점을 D라 하자.

반원의 반지름의 길이를 a라 하면

$\overline{OA}\perp\overline{CD}$이므로 직각삼각형 OCD에서

$\overline{OC}=\dfrac{a}{\sin\dfrac{\pi}{6}}=\dfrac{a}{\dfrac{1}{2}}=2a$

STEP 3 S_2를 r에 대한 식으로 나타내기 [2점]

$\overline{OC}+\overline{BC}=\overline{OB}$이므로

$2a+a=r$ $\quad\therefore a=\dfrac{r}{3}$

$\therefore S_2=\dfrac{1}{2}\times\pi\times\left(\dfrac{r}{3}\right)^2=\dfrac{\pi r^2}{18}$

STEP 4 $\dfrac{S_2}{S_1}$의 값 구하기 [1점]

$\dfrac{S_2}{S_1}=\dfrac{\dfrac{\pi r^2}{18}}{\dfrac{\pi r^2}{12}}=\dfrac{2}{3}$

1056 탑 $2\pi-4$

STEP 1 부채꼴 AOB의 반지름의 길이 구하기 [2점]

부채꼴 AOB의 반지름의 길이를 r이라 하면

$\overparen{AB}=\pi$에서 $r\times\dfrac{\pi}{4}=\pi$ $\quad\therefore r=4$

STEP 2 부채꼴 AOB의 넓이 구하기 [2점]

부채꼴 AOB의 넓이는

$\dfrac{1}{2}\times 4^2\times\dfrac{\pi}{4}=2\pi$

STEP 3 삼각형 AOH의 넓이 구하기 [3점]

직각삼각형 AOH에서

$\overline{OH}=4\cos\dfrac{\pi}{4}=4\times\dfrac{\sqrt{2}}{2}=2\sqrt{2}$ ⋯⋯⋯ ⓐ

$\overline{AH}=4\sin\dfrac{\pi}{4}=4\times\dfrac{\sqrt{2}}{2}=2\sqrt{2}$ ⋯⋯⋯ ⓐ

따라서 삼각형 AOH의 넓이는

$\dfrac{1}{2}\times 2\sqrt{2}\times 2\sqrt{2}=4$

STEP 4 색칠한 부분의 넓이 구하기 [1점]

(색칠한 부분의 넓이)

$=$(부채꼴 AOB의 넓이)$-$(삼각형 AOH의 넓이)

$=2\pi-4$

부분점수표	
ⓐ $\overline{OH}$ 또는 $\overline{AH}$의 길이 중 하나만 구한 경우	각 1점

1057 탑 6

STEP 1 호의 길이를 이용하여 두 부채꼴의 반지름의 길이 사이의 관계식 구하기 [2점]

그림과 같이 두 부채꼴 AOB, COD의 반
지름의 길이를 각각 r, r'이라 하고, 중심
각의 크기를 θ라 하면

$\overparen{AB}=6\pi$에서 $r\theta=6\pi$ ⋯⋯⋯ ㉠

$\overparen{CD}=4\pi$에서 $r'\theta=4\pi$ ⋯⋯⋯ ㉡ ⋯⋯ ⓐ

㉠÷㉡을 하면 $\dfrac{r}{r'}=\dfrac{3}{2}$

$\therefore r=\dfrac{3}{2}r'$ ⋯⋯⋯⋯⋯⋯⋯⋯⋯ ㉢

STEP 2 색칠한 부분의 넓이를 이용하여 두 부채꼴의 반지름의 길이 사이의 관계식 구하기 [3점]

색칠한 부분의 넓이가 30π이므로

$\dfrac{1}{2}\times r\times 6\pi-\dfrac{1}{2}\times r'\times 4\pi=30\pi$

$\therefore 3r-2r'=30$ ⋯⋯⋯⋯⋯⋯⋯ ㉣

STEP 3 두 부채꼴의 반지름의 길이 구하기 [2점]

㉢을 ㉣에 대입하면 $\dfrac{5}{2}r'=30$ $\quad\therefore r'=12$

$r'=12$를 ㉢에 대입하면 $r=18$

STEP 4 $\overline{AC}$의 길이 구하기 [1점]

$\overline{AC}$의 길이는 $r-r'=18-12=6$

부분점수표	
ⓐ 두 부채꼴의 호의 길이를 이용하여 반지름의 길이와 중심각의 크기에 대한 식을 세운 경우	1점

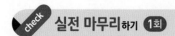

1 1058   답 ④   유형 1

출제의도 | 주어진 각을 일반각으로 나타낼 수 있는지 확인한다.

> 주어진 각을 $360° \times n + \alpha°$ (n은 정수, $0° \le \alpha° < 360°$) 꼴로 나타내 보자.

ㄱ. $-1960° = 360° \times (-6) + 200°$

ㄴ. $-200° = 360° \times (-1) + 160°$

ㄷ. $720° = 360° \times 2$

ㄹ. $1640° = 360° \times 4 + 200°$

ㅁ. $2000° = 360° \times 5 + 200°$

따라서 각을 나타내는 동경이 $200°$를 나타내는 동경과 일치하는 것은 ㄱ, ㄹ, ㅁ이다.

2 1059   답 ④   유형 2

출제의도 | 각을 나타내는 동경이 존재하는 사분면을 알고 있는지 확인한다.

> 주어진 각을 $360° \times n + \alpha°$ (n은 정수, $0° \le \alpha° < 360°$) 꼴로 나타내어 그 동경이 위치한 사분면을 확인해 보자.

① $960° = 360° \times 2 + 240°$이므로 제3사분면의 각이다.

② $585° = 360° \times 1 + 225°$이므로 제3사분면의 각이다.

③ $-120° = 360° \times (-1) + 240°$이므로 제3사분면의 각이다.

④ $-400° = 360° \times (-2) + 320°$이므로 제4사분면의 각이다.

⑤ $-510° = 360° \times (-2) + 210°$이므로 제3사분면의 각이다.

따라서 동경이 존재하는 사분면이 나머지 넷과 다른 하나는 ④이다.

3 1060   답 ⑤   유형 3

출제의도 | 육십분법과 호도법에 대하여 알고 있는지 확인한다.

> 육십분법으로 나타낸 각을 호도법으로 나타낸 후,
> $2n\pi + \alpha$ (n은 정수, $0 \le \alpha < 2\pi$) 꼴로 바꾸어 보자.

① $30° = 30 \times \dfrac{\pi}{180} = \dfrac{\pi}{6}$

② $\dfrac{13}{6}\pi = 2\pi + \dfrac{\pi}{6}$

③ $1110° = 1110 \times \dfrac{\pi}{180} = \dfrac{37}{6}\pi = 2\pi \times 3 + \dfrac{\pi}{6}$

④ $-\dfrac{11}{6}\pi = 2\pi \times (-1) + \dfrac{\pi}{6}$

⑤ $-300° = -300 \times \dfrac{\pi}{180} = -\dfrac{5}{3}\pi = 2\pi \times (-1) + \dfrac{\pi}{3}$

따라서 동경이 나머지 넷과 다른 하나는 ⑤이다.

4 1061   답 ⑤   유형 5

출제의도 | 두 동경이 y축에 대하여 대칭일 조건을 이해하는지 확인한다.

> 두 각 α, β를 나타내는 동경이 y축에 대하여 대칭인 경우
> $\alpha + \beta = (2n+1)\pi$임을 이용해 보자.

각 α를 나타내는 동경과 각 β를 나타내는 동경이 y축에 대하여 대칭이므로

$\alpha + \beta = (2n+1)\pi$ (n은 정수)

따라서 $\alpha + \beta$의 값이 될 수 있는 것은 ⑤이다.

5 1062   답 ③   유형 10

출제의도 | 부채꼴의 넓이가 최대일 때의 호의 길이를 구할 수 있는지 확인한다.

> 부채꼴의 넓이는 $S = \dfrac{1}{2}r^2\theta = \dfrac{1}{2}rl$이고, 부채꼴의 호의 길이는 $l = r\theta$임을 이용해 보자.

부채꼴의 반지름의 길이를 r이라 하면 둘레의 길이가 8이므로 호의 길이는 $8 - 2r$

이때 $8 - 2r > 0$이므로 $0 < r < 4$

부채꼴의 넓이를 S라 하면

$S = \dfrac{1}{2}r(8 - 2r)$

$ = -r^2 + 4r$

$ = -(r-2)^2 + 4$ (단, $0 < r < 4$)

따라서 $r = 2$일 때 S가 최대이므로 넓이가 최대인 부채꼴의 호의 길이는

$8 - 2 \times 2 = 4$

6 1063   답 ③   유형 11

출제의도 | 삼각함수의 정의를 알고 있는지 확인한다.

> 원점 O와 점 $P(x, y)$에 대하여 동경 OP가 나타내는 각의 크기를 θ라 할 때, $\sin\theta = \dfrac{y}{r}$, $\cos\theta = \dfrac{x}{r}$, $\tan\theta = \dfrac{y}{x}$임을 이용해 보자.

$\overline{OP} = \sqrt{8^2 + (-15)^2} = 17$이므로

$\sin\theta = -\dfrac{15}{17}$, $\cos\theta = \dfrac{8}{17}$, $\tan\theta = -\dfrac{15}{8}$

$\therefore \dfrac{17\sin\theta + 48\tan\theta}{17\cos\theta - 1} = \dfrac{17 \times \left(-\dfrac{15}{17}\right) + 48 \times \left(-\dfrac{15}{8}\right)}{17 \times \dfrac{8}{17} - 1}$

$\phantom{\therefore \dfrac{17\sin\theta + 48\tan\theta}{17\cos\theta - 1}} = \dfrac{-105}{7} = -15$

7 1064   답 ④   유형 2 + 유형 13

출제의도 | 각 사분면에서의 삼각함수의 값의 부호를 판단할 수 있는지 확인한다.

> 주어진 각이 위치하는 사분면을 구하고 그 사분면에서의 삼각함수의 값의 부호를 확인해 보자.

① $110°$는 제2사분면의 각이므로 $\sin 110° > 0$

② $-\dfrac{\pi}{4} = 2\pi \times (-1) + \dfrac{7}{4}\pi$에서 $-\dfrac{\pi}{4}$는 제4사분면의 각이므로

$\cos\left(-\dfrac{\pi}{4}\right) > 0$

③ $\dfrac{\pi}{6}$는 제1사분면의 각이므로 $\tan\dfrac{\pi}{6} > 0$

④ $\dfrac{19}{6}\pi = 2\pi \times 1 + \dfrac{7}{6}\pi$에서 $\dfrac{19}{6}\pi$는 제3사분면의 각이므로

$\sin\dfrac{19}{6}\pi < 0$

⑤ $-480° = 360° \times (-2) + 240°$에서 $-480°$는 제3사분면의 각
  이므로 $\tan(-480°) > 0$

따라서 부호가 나머지 넷과 다른 하나는 ④이다.

8 1065 답 ⑤ 유형 13 + 유형 14

출제의도 | 삼각함수의 성질을 이해하는지 확인한다.

> 주어진 사분면에서 $\sin\theta$, $\cos\theta$, $\tan\theta$의 값의 부호를 구하고,
> $\dfrac{\sin\theta}{\cos\theta} = \tan\theta$임을 이용하여 식을 간단히 해 보자.

θ가 제3사분면의 각이므로
$\sin\theta < 0$, $\cos\theta < 0$, $\tan\theta > 0$

$\therefore \dfrac{|\sin\theta|}{\sqrt{\cos^2\theta}} + 2|\tan\theta| = \dfrac{-\sin\theta}{-\cos\theta} + 2\tan\theta$

     $\hookrightarrow \sqrt{\cos^2\theta} = |\cos\theta|$ $= \tan\theta + 2\tan\theta$

                           $= 3\tan\theta$

9 1066 답 ④ 유형 4

출제의도 | 두 동경이 원점에 대하여 대칭일 조건을 이해하는지 확인한다.

> 두 각 α, β를 나타내는 동경이 일직선 위에 있고 방향이 반대인 경우
> $\alpha - \beta = (2n+1)\pi$임을 이용해 보자.

각 θ를 나타내는 동경과 각 7θ를 나타내는 동경이 원점에 대하여
대칭이므로
$7\theta - \theta = (2n+1)\pi$ (n은 정수)

$6\theta = (2n+1)\pi$ $\therefore \theta = \dfrac{2n+1}{6}\pi$ ⸱⸱⸱⸱⸱⸱⸱⸱⸱⸱⸱⸱⸱⸱⸱⸱⸱ ㉠

$\dfrac{\pi}{2} < \theta < \pi$에서 $\dfrac{\pi}{2} < \dfrac{2n+1}{6}\pi < \pi$이므로 $1 < n < \dfrac{5}{2}$

n은 정수이므로 $n = 2$

$n = 2$를 ㉠에 대입하면 $\theta = \dfrac{5}{6}\pi$

$\therefore \sin\left(\theta - \dfrac{2}{3}\pi\right) = \sin\left(\dfrac{5}{6}\pi - \dfrac{2}{3}\pi\right) = \sin\dfrac{\pi}{6} = \dfrac{1}{2}$

10 1067 답 ⑤ 유형 4 + 유형 5 + 유형 6

출제의도 | 두 동경의 대칭성에 대하여 이해하는지 확인한다.

> 두 각 α, β를 나타내는 동경이 원점에 대하여 대칭인 경우
> $\alpha - \beta = (2n+1)\pi$, x축에 대하여 대칭인 경우 $\alpha + \beta = 2n\pi$, y축에 대하여 대칭인 경우 $\alpha + \beta = (2n+1)\pi$, 직선 $y = x$에 대하여 대칭인 경우 $\alpha + \beta = 2n\pi + \dfrac{\pi}{2}$임을 이용해 보자.

ㄱ. $\alpha + \beta = \dfrac{12}{5}\pi + \left(-\dfrac{27}{5}\pi\right) = -3\pi = \{2 \times (-2) + 1\}\pi$
  이므로 두 동경 OP, OQ는 y축에 대하여 대칭이다. (거짓)

ㄴ. $\alpha + \beta = \dfrac{5}{6}\pi + \dfrac{5}{3}\pi = \dfrac{5}{2}\pi = 2\pi + \dfrac{\pi}{2}$
  이므로 두 동경 OP, OQ는 직선 $y = x$에 대하여 대칭이다. (참)

ㄷ. $\alpha - \beta = \dfrac{17}{4}\pi - \left(-\dfrac{11}{4}\pi\right) = 7\pi = (2 \times 3 + 1)\pi$
  이므로 두 동경 OP, OQ는 원점에 대하여 대칭이다. (참)

따라서 옳은 것은 ㄴ, ㄷ이다.

11 1068 답 ④ 유형 6

출제의도 | 두 동경이 직선 $y = x$에 대하여 대칭일 조건을 이해하는지 확인한다.

> 두 각 α, β를 나타내는 동경이 직선 $y = x$에 대하여 대칭인 경우
> $\alpha + \beta = 2n\pi + \dfrac{\pi}{2}$임을 이용해 보자.

각 2θ를 나타내는 동경과 각 7θ를 나타내는 동경이 직선 $y = x$에
대하여 대칭이므로

$2\theta + 7\theta = 2n\pi + \dfrac{\pi}{2}$ (n은 정수)

$9\theta = 2n\pi + \dfrac{\pi}{2}$ $\therefore \theta = \dfrac{2n}{9}\pi + \dfrac{\pi}{18}$

$0 < \theta < 2\pi$이므로 $0 < \dfrac{2n}{9}\pi + \dfrac{\pi}{18} < 2\pi$이므로

$-\dfrac{1}{4} < n < \dfrac{35}{4}$

n은 정수이므로 $n = 0, 1, 2, \cdots, 8$

θ의 최솟값은 $n = 0$일 때 $\theta = \dfrac{\pi}{18}$이고,

최댓값은 $n = 8$일 때 $\theta = \dfrac{33}{18}\pi$이다.

따라서 $a = \dfrac{33}{18}\pi$, $b = \dfrac{\pi}{18}$이므로 $a - b = \dfrac{16}{9}\pi$

12 1069 답 ② 유형 7

출제의도 | 부채꼴의 넓이를 구할 수 있는지 확인한다.

> 부채꼴의 넓이는 $S = \dfrac{1}{2}r^2\theta$임을 이용해 보자.

바꾸기 전 부채꼴 AOB의 반지름의 길이를 r, 중심각의 크기를 θ,
넓이를 S_1이라 하면
$S_1 = \dfrac{1}{2}r^2\theta$

반지름의 길이를 20 % 늘인 후의 반지름의 길이는 $1.2r$
중심각의 크기를 10 % 줄인 후의 중심각의 크기는 0.9θ
바꾼 후의 부채꼴 AOB의 넓이를 S_2라 하면
$S_2 = \dfrac{1}{2} \times (1.2r)^2 \times 0.9\theta = (1.2)^2 \times 0.9 \times \dfrac{1}{2}r^2\theta$

    $= 1.296S_1$

따라서 부채꼴의 넓이는 29.6 % 늘어난다.

13 1070 답 ② 유형 8

출제의도 | 부채꼴의 호의 길이와 넓이를 활용하여 문제를 해결할 수 있는지
확인한다.

> 반지름의 길이가 r, 중심각의 크기가 θ인 부채꼴의 호의 길이는 $l = r\theta$이
> 고, 넓이는 $S = \dfrac{1}{2}r^2\theta = \dfrac{1}{2}rl$임을 이용해 보자.

부채꼴 AOB의 넓이는 $\dfrac{1}{2} \times 4 \times 3\pi = 6\pi$

부채꼴 AOB의 중심각의 크기를 θ라 하면 호 AB의 길이가 3π이
므로

$3\pi = 4 \times \theta$ $\therefore \theta = \dfrac{3}{4}\pi$

따라서 부채꼴 A'OB'의 넓이는

$\dfrac{1}{2} \times 3^2 \times \dfrac{3}{4}\pi = \dfrac{27}{8}\pi$

이때 색칠한 부분의 넓이가 $\dfrac{a}{8}\pi$이므로

$6\pi - \dfrac{27}{8}\pi = \dfrac{a}{8}\pi$에서

$\dfrac{21}{8}\pi = \dfrac{a}{8}\pi$ $\therefore a=21$

14 1071 답 ④   유형 15

출제의도 │ 삼각함수 중 하나의 값이 주어질 때, 식의 값을 구할 수 있는지 확인한다.

> $\sin^2\theta + \cos^2\theta = 1$, $\dfrac{\sin\theta}{\cos\theta} = \tan\theta$를 이용하여 식의 값을 구해 보자.

$\cos^2\theta = 1 - \sin^2\theta = 1 - \left(\dfrac{4}{5}\right)^2 = \dfrac{9}{25}$

이때 θ가 제2사분면의 각이므로 $\cos\theta < 0$

$\therefore \cos\theta = -\dfrac{3}{5}$

$\tan\theta = \dfrac{\sin\theta}{\cos\theta} = \dfrac{\dfrac{4}{5}}{-\dfrac{3}{5}} = -\dfrac{4}{3}$이므로

$\dfrac{15\cos\theta - 3}{9\tan\theta} = \dfrac{15 \times \left(-\dfrac{3}{5}\right) - 3}{9 \times \left(-\dfrac{4}{3}\right)} = 1$

15 1072 답 ①   유형 16

출제의도 │ 삼각함수 사이의 관계를 이용하여 식의 값을 구할 수 있는지 확인한다.

> $\sin^2\theta + \cos^2\theta = 1$을 이용하여 삼각함수의 값을 구하고, 주어진 각이 위치하는 사분면에서 삼각함수의 값의 부호를 결정해 보자.

$\sin\theta - \cos\theta = \dfrac{\sqrt{3}}{3}$의 양변을 제곱하면

$\sin^2\theta - 2\sin\theta\cos\theta + \cos^2\theta = \dfrac{1}{3}$

$1 - 2\sin\theta\cos\theta = \dfrac{1}{3}$

$\therefore \sin\theta\cos\theta = \dfrac{1}{3}$

$(\sin\theta + \cos\theta)^2 = \sin^2\theta + 2\sin\theta\cos\theta + \cos^2\theta$

$\qquad\qquad\qquad\quad = 1 + 2 \times \dfrac{1}{3} = \dfrac{5}{3}$

θ가 제1사분면의 각이므로 $\underline{\sin\theta > 0,\ \cos\theta > 0}$

$\therefore \sin\theta + \cos\theta = \dfrac{\sqrt{5}}{\sqrt{3}} = \dfrac{\sqrt{15}}{3}$ $\quad\downarrow\sin\theta + \cos\theta > 0$

$\therefore \sin^3\theta + \cos^3\theta$

$\quad = (\sin\theta + \cos\theta)(\sin^2\theta - \sin\theta\cos\theta + \cos^2\theta)$

$\quad = \dfrac{\sqrt{15}}{3} \times \left(1 - \dfrac{1}{3}\right) = \dfrac{2}{9}\sqrt{15}$

따라서 $p=2$, $q=9$이므로

$p+q=11$

16 1073 답 ①   유형 17

출제의도 │ 삼각함수를 두 근으로 하는 이차방정식에서 미정계수를 구할 수 있는지 확인한다.

> 이차방정식의 근과 계수의 관계를 이용하여 두 근의 합과 곱을 구하고, $\sin^2\theta + \cos^2\theta = 1$을 이용하여 미정계수를 구해 보자.

이차방정식 $3x^2 - 2x + k = 0$의 두 근이 $\sin\theta$, $\cos\theta$이므로 이차방정식의 근과 계수의 관계에 의하여

$\sin\theta + \cos\theta = \dfrac{2}{3}$ ··· ㉠

$\sin\theta\cos\theta = \dfrac{k}{3}$ ·· ㉡

㉠의 양변을 제곱하면

$\sin^2\theta + 2\sin\theta\cos\theta + \cos^2\theta = \dfrac{4}{9}$

$1 + 2\sin\theta\cos\theta = \dfrac{4}{9}$ $\therefore \sin\theta\cos\theta = -\dfrac{5}{18}$

이것을 ㉡에 대입하면

$-\dfrac{5}{18} = \dfrac{k}{3}$ $\therefore k = -\dfrac{5}{6}$

17 1074 답 ③   유형 10

출제의도 │ 부채꼴의 넓이와 호의 길이에 대하여 알고 있는지 확인한다.

> 부채꼴의 둘레의 길이는 $2r+l$이고, 부채꼴의 호의 길이는 $l=r\theta$, 부채꼴의 넓이는 $S = \dfrac{1}{2}rl$임을 이용해 보자.

부채꼴의 반지름의 길이를 r, 호의 길이를 l, 넓이를 S라 하면 끈의 길이가 20이므로

$2r + l = 20$ $\therefore l = 20 - 2r$

$\therefore S = \dfrac{1}{2}rl = \dfrac{1}{2}r(20 - 2r) = -r^2 + 10r$

이때 $S \geq 24$이므로 $-r^2 + 10r \geq 24$

$r^2 - 10r + 24 \leq 0$, $(r-4)(r-6) \leq 0$ $\therefore 4 \leq r \leq 6$

$l = r\theta$에서

$\theta = \dfrac{l}{r} = \dfrac{20-2r}{r} = \dfrac{20}{r} - 2 \rightarrow r$이 최소일 때, θ가 최대

따라서 $r=4$일 때 부채꼴의 중심각 θ의 크기는 최대이고, 최댓값은

$\dfrac{20}{4} - 2 = 5 - 2 = 3$

18 1075 답 ②   유형 9

출제의도 │ 부채꼴의 넓이와 호의 길이를 이용하여 원뿔의 부피를 구할 수 있는지 확인한다.

> 부채꼴의 넓이는 $S = \dfrac{1}{2}r^2\theta = \dfrac{1}{2}rl$이고, 부채꼴의 호의 길이는 $l=r\theta$임을 이용하여 원뿔의 모선의 길이와 부피를 구해 보자.

부채꼴 OAB의 반지름의 길이를 R이라 하면 호의 길이가 12π, 넓이가 60π이므로

$\dfrac{1}{2} \times R \times 12\pi = 60\pi$ $\therefore R = 10$

원뿔의 밑면인 원의 반지름의 길이를 r이라 하면 부채꼴의 호의 길이가 밑면인 원의 둘레의 길이와 같으므로

$2\pi r = 12\pi$ $\therefore r = 6$

원뿔의 모선의 길이는 부채꼴의 반지름의 길이
와 같으므로 10이고, 원뿔의 높이는

$\sqrt{10^2-6^2}=8$

이므로 원뿔의 부피는

$\dfrac{1}{3}\times\pi\times6^2\times8=96\pi$

따라서 원뿔의 부피와 모선의 길이의 곱은 $96\pi\times10=960\pi$

19 1076 답 ④ 유형 11

출제의도 | 삼각함수의 정의를 이해하고 그 값을 구할 수 있는지 확인한다.

> 점 P의 좌표를 구하여 $\sin\theta$, $\cos\theta$의 값을 구해 보자.

A$(-3, 0)$, B$(0, 6)$이므로 선분 AB를 $2:1$로 내분하는 점 P의
좌표를 (x, y)라 하면

$x=\dfrac{2\times0+1\times(-3)}{2+1}=-1$, $y=\dfrac{2\times6+1\times0}{2+1}=4$

따라서 점 P의 좌표는 $(-1, 4)$이므로

$\overline{OP}=\sqrt{(-1)^2+4^2}=\sqrt{17}$

$\therefore \sin\theta=\dfrac{4}{\sqrt{17}}$, $\cos\theta=-\dfrac{1}{\sqrt{17}}$

$\therefore \sin\theta\cos\theta=-\dfrac{4}{17}$

개념 Check

> 좌표평면 위의 두 점 A(x_1, y_1), B(x_2, y_2)에 대하여 선분 AB를
> $m:n$ $(m>0, n>0)$으로 내분하는 점 P의 좌표는
> $\left(\dfrac{mx_2+nx_1}{m+n}, \dfrac{my_2+ny_1}{m+n}\right)$

20 1077 답 ① 유형 11 + 유형 16

출제의도 | 삼각함수 사이의 관계를 이해하는지 확인한다.

> $\sin^2\theta+\cos^2\theta=1$과
> $(\sin\theta-\cos\theta)^2=\sin^2\theta-2\sin\theta\cos\theta+\cos^2\theta$를 이용하여 삼각함
> 수의 값을 구해 보자.

$\overline{OP}=2$이므로 $\sin\theta=\dfrac{y}{2}$, $\cos\theta=\dfrac{x}{2}$

$\therefore x=2\cos\theta$, $y=2\sin\theta$

$\dfrac{y}{x}+\dfrac{x}{y}=-\dfrac{8}{3}$에서

$\dfrac{2\sin\theta}{2\cos\theta}+\dfrac{2\cos\theta}{2\sin\theta}=\dfrac{\sin^2\theta+\cos^2\theta}{\sin\theta\cos\theta}$

$\qquad\qquad\qquad\quad=\dfrac{1}{\sin\theta\cos\theta}=-\dfrac{8}{3}$

$\therefore \sin\theta\cos\theta=-\dfrac{3}{8}$

$(\sin\theta-\cos\theta)^2=\sin^2\theta-2\sin\theta\cos\theta+\cos^2\theta$

$\qquad\qquad\qquad\quad=1-2\sin\theta\cos\theta$

$\qquad\qquad\qquad\quad=1-2\times\left(-\dfrac{3}{8}\right)=\dfrac{7}{4}$

이때 θ가 제2사분면의 각이므로 $\sin\theta>0$, $\cos\theta<0$
즉, $\sin\theta-\cos\theta>0$

$\therefore \sin\theta-\cos\theta=\dfrac{\sqrt{7}}{2}$

21 1078 답 ① 유형 17

출제의도 | 삼각함수를 두 근으로 하는 이차방정식에서 미정계수를 구할 수 있는지 확인한다.

> 이차방정식의 근과 계수의 관계를 이용하여 두 근의 합과 곱을 구하고,
> $\sin^2\theta+\cos^2\theta=1$을 이용하여 미정계수를 구해 보자.

이차방정식 $2x^2+x+a=0$의 두 근이 $\sin\theta$, $\cos\theta$이므로 이차방
정식의 근과 계수의 관계에 의하여

$\sin\theta+\cos\theta=-\dfrac{1}{2}$ ·········· ㉠

$\sin\theta\cos\theta=\dfrac{a}{2}$ ·········· ㉡

㉠의 양변을 제곱하면

$\sin^2\theta+2\sin\theta\cos\theta+\cos^2\theta=\dfrac{1}{4}$

$1+2\sin\theta\cos\theta=\dfrac{1}{4}$ $\therefore \sin\theta\cos\theta=-\dfrac{3}{8}$ ·········· ㉢

㉢을 ㉡에 대입하면 $-\dfrac{3}{8}=\dfrac{a}{2}$ $\therefore a=-\dfrac{3}{4}$

이차방정식 $3x^2+bx+c=0$의 두 근이 $\dfrac{1}{\sin\theta}$, $\dfrac{1}{\cos\theta}$이므로 이차
방정식의 근과 계수의 관계에 의하여

$\dfrac{1}{\sin\theta}+\dfrac{1}{\cos\theta}=\dfrac{\sin\theta+\cos\theta}{\sin\theta\cos\theta}=-\dfrac{b}{3}$

㉠, ㉢에서 $\dfrac{-\dfrac{1}{2}}{-\dfrac{3}{8}}=\dfrac{4}{3}=-\dfrac{b}{3}$ $\therefore b=-4$

$\dfrac{1}{\sin\theta}\times\dfrac{1}{\cos\theta}=\dfrac{1}{\sin\theta\cos\theta}=\dfrac{c}{3}$

㉢에서 $\dfrac{1}{-\dfrac{3}{8}}=-\dfrac{8}{3}=\dfrac{c}{3}$ $\therefore c=-8$

$\therefore ab+c=\left(-\dfrac{3}{4}\right)\times(-4)+(-8)=-5$

22 1079 답 $\dfrac{2}{9}\pi$ 유형 8

출제의도 | 부채꼴의 넓이와 중심각의 크기를 이용하여 색칠한 부분의 넓이를 구할 수 있는지 확인한다.

STEP 1 부채꼴 AOB의 넓이 구하기 [2점]

부채꼴 AOB의 넓이는

$\dfrac{1}{2}\times2^2\times\dfrac{\pi}{3}=\dfrac{2}{3}\pi$

STEP 2 원 O′의 넓이 구하기 [2점]

원 O′의 반지름의 길이를 r이라 하고
원 O′과 $\overline{OB}$의 접점을 C라 하면

$\overline{O'C}\perp\overline{OB}$

$\angle O'OC=\dfrac{1}{2}\angle AOB=\dfrac{\pi}{6}$이므로

직각삼각형 O′OC에서

$\sin\dfrac{\pi}{6}=\dfrac{r}{2-r}$

즉, $\dfrac{1}{2}=\dfrac{r}{2-r}$이므로 $2r=2-r$ $\therefore r=\dfrac{2}{3}$

$\therefore$ (원 O′의 넓이)$=\pi\times\left(\dfrac{2}{3}\right)^2=\dfrac{4}{9}\pi$

STEP 3 색칠한 부분의 넓이 구하기 [2점]

색칠한 부분의 넓이는

(부채꼴 AOB의 넓이)−(원 O′의 넓이)

$$=\frac{2}{3}\pi-\frac{4}{9}\pi=\frac{2}{9}\pi$$

23 1080　답 $\frac{2\sqrt{15}}{9}$　유형 16

출제의도 | 삼각함수 사이의 관계를 이용하여 식의 값을 구할 수 있는지 확인한다.

STEP 1 $(\sin\theta-\cos\theta)^2$의 값 구하기 [2점]

$$(\sin\theta-\cos\theta)^2=\sin^2\theta-2\sin\theta\cos\theta+\cos^2\theta$$
$$=1-2\sin\theta\cos\theta$$
$$=1-2\times\left(-\frac{1}{3}\right)=\frac{5}{3}$$

STEP 2 $\sin\theta-\cos\theta$의 값 구하기 [2점]

θ가 제2사분면의 각이므로 $\sin\theta>0$, $\cos\theta<0$

즉, $\sin\theta-\cos\theta>0$

$$\therefore\ \sin\theta-\cos\theta=\frac{\sqrt{15}}{3}$$

STEP 3 $\sin^3\theta-\cos^3\theta$의 값 구하기 [2점]

$$\sin^3\theta-\cos^3\theta$$
$$=(\sin\theta-\cos\theta)(\sin^2\theta+\sin\theta\cos\theta+\cos^2\theta)$$
$$=\frac{\sqrt{15}}{3}\times\left(1-\frac{1}{3}\right)=\frac{2\sqrt{15}}{9}$$

24 1081　답 $-\frac{15}{4}$　유형 11

출제의도 | 삼각함수의 정의를 이해하는지 확인한다.

STEP 1 $f(\theta)$를 x에 대한 이차식으로 나타내기 [2점]

점 P가 원 $x^2+y^2=1$ 위의 점이므로

$$y^2=1-x^2\ \cdots\cdots\cdots\cdots\cdots\cdots\cdots\cdots\cdots\cdots\cdots ⦿$$

$$\therefore\ f(\theta)=x-2y^2=x-2(1-x^2)$$
$$=2x^2+x-2$$
$$=2\left(x+\frac{1}{4}\right)^2-\frac{17}{8}\ (단,\ -1<x<0)$$

> 점 P가 제2사분면 위의 점이므로 $-1<(x$좌표$)<0$

STEP 2 $f(\theta)$의 값이 최소가 되도록 하는 x, y의 값 구하기 [2점]

$x=-\frac{1}{4}$일 때, $f(\theta)$의 값이 최소이다.

$x=-\frac{1}{4}$을 ⦿에 대입하면 $y^2=1-\left(-\frac{1}{4}\right)^2=\frac{15}{16}$

$$\therefore\ y=\frac{\sqrt{15}}{4}\ (\because\ y>0)$$

STEP 3 $\sin\theta$, $\tan\theta$의 값 각각 구하기 [2점]

$P\left(-\frac{1}{4},\ \frac{\sqrt{15}}{4}\right)$이고 $\overline{OP}=1$이므로

$$\sin\theta=\frac{\sqrt{15}}{4},\ \tan\theta=\frac{\frac{\sqrt{15}}{4}}{-\frac{1}{4}}=-\sqrt{15}$$

STEP 4 $\sin\theta\tan\theta$의 값 구하기 [1점]

$$\sin\theta\tan\theta=-\frac{15}{4}$$

25 1082　답 $-\frac{1}{3}$　유형 15

출제의도 | 삼각함수 사이의 관계를 이용하여 식의 값을 구할 수 있는지 확인한다.

STEP 1 $\overline{OC}$, $\overline{AC}$, $\overline{BD}$의 길이를 θ에 대한 식으로 나타내기 [3점]

직각삼각형 AOC에서

$$\overline{OC}=\overline{OA}\cos\theta=2\cos\theta$$

$$\overline{AC}=\overline{OA}\sin\theta=2\sin\theta$$

직각삼각형 DOB에서

$$\overline{BD}=\overline{OB}\tan\theta=2\tan\theta$$

STEP 2 $\sin^2\theta$, $\cos^2\theta$의 값 구하기 [4점]

$\overline{OC}=\overline{AC}\times\overline{BD}$이므로

$$2\cos\theta=2\sin\theta\times2\tan\theta$$

$$\cos\theta=2\sin\theta\times\frac{\sin\theta}{\cos\theta}$$

$$\cos^2\theta=2\sin^2\theta=2(1-\cos^2\theta)=2-2\cos^2\theta$$

$$3\cos^2\theta=2\quad\therefore\ \cos^2\theta=\frac{2}{3}$$

$$\therefore\ \sin^2\theta=1-\cos^2\theta=1-\frac{2}{3}=\frac{1}{3}$$

STEP 3 $\sin^2\theta-\cos^2\theta$의 값 구하기 [1점]

$$\sin^2\theta-\cos^2\theta=-\frac{1}{3}$$

✎ check 실전 마무리하기 2회　227쪽~231쪽

1 1083　답 ④　유형 2

출제의도 | 각을 나타내는 동경이 존재하는 사분면을 알고 있는지 확인한다.

> 주어진 각을 $360°\times n+\alpha°$ (n은 정수, $0°\le\alpha<360°$) 꼴로 나타내어 그 동경이 위치한 사분면을 확인해 보자.

① $500°=360°\times1+140°$이므로 제2사분면의 각이다. (참)

② $765°=360°\times2+45°$이므로 제1사분면의 각이다. (참)

③ $960°=360°\times2+240°$이므로 제3사분면의 각이다. (참)

④ $-930°=360°\times(-3)+150°$이므로 제2사분면의 각이다.

(거짓)

⑤ $-1100°=360°\times(-4)+340°$이므로 제4사분면의 각이다. (참)

따라서 옳지 않은 것은 ④이다.

2 1084　답 ②　유형 2 + 유형 3

출제의도 | 각을 나타내는 동경이 존재하는 사분면을 알고 있는지 확인한다.

> 호도법으로 나타낸 각을 $2n\pi+\alpha$ (n은 정수, $0\le\alpha<2\pi$) 꼴로 바꾸어 그 동경이 위치한 사분면을 확인해 보자.

ㄱ. $\frac{2}{3}\pi$ ➜ 제2사분면

ㄴ. $\frac{\pi}{6}$ ➜ 제1사분면

ㄷ. $\frac{11}{4}\pi = 2\pi \times 1 + \frac{3}{4}\pi$ → 제2사분면

ㄹ. $-\frac{29}{6}\pi = 2\pi \times (-3) + \frac{7}{6}\pi$ → 제3사분면

따라서 각을 나타내는 동경이 존재하는 사분면이 같은 것은 ㄱ, ㄷ이다.

---

3 1085 답 ② 유형2 + 유형3

출제의도 | 각을 나타내는 동경이 존재하는 사분면을 알고 있는지 확인한다.

주어진 각을 $360°\times n + \alpha°$ 또는 $2n\pi + \theta$ (n은 정수, $0°\leq\alpha°<360°$, $0\leq\theta<2\pi$) 꼴로 바꾸어 그 동경이 위치한 사분면을 확인해 보자.

ㄱ. $-\frac{5}{3}\pi = 2\pi \times (-1) + \frac{\pi}{3}$ → 제1사분면

ㄴ. $-455° = 360° \times (-2) + 265°$ → 제3사분면

ㄷ. $135°$ → 제2사분면

ㄹ. $1030° = 360° \times 2 + 310°$ → 제4사분면

ㅁ. $-\frac{19}{6}\pi = 2\pi \times (-2) + \frac{5}{6}\pi$ → 제2사분면

따라서 동경이 제2사분면에 위치하는 것은 ㄷ, ㅁ의 2개이다.

---

4 1086 답 ① 유형3

출제의도 | 육십분법과 호도법의 뜻을 알고 있는지 확인한다.

$1° = \frac{\pi}{180}$, 1라디안 $= \frac{180°}{\pi}$임을 이용해 보자.

ㄱ. $\frac{4}{3}\pi = \frac{4}{3}\pi \times \frac{180°}{\pi} = 240°$ (참)

ㄴ. $-80° = -80 \times \frac{\pi}{180} = -\frac{4}{9}\pi$ (거짓)

ㄷ. $150° = 150 \times \frac{\pi}{180} = \frac{5}{6}\pi$ (거짓)

ㄹ. $-\frac{2}{5}\pi = -\frac{2}{5}\pi \times \frac{180°}{\pi} = -72°$ (참)

ㅁ. $\pi = \pi \times \frac{180°}{\pi} = 180°$ (거짓)

따라서 옳은 것은 ㄱ, ㄹ이다.

---

5 1087 답 ③ 유형4

출제의도 | 두 동경이 일치할 조건을 이해하는지 확인한다.

두 각 α, β를 나타내는 동경이 서로 일치하는 경우 $\alpha - \beta = 2n\pi$임을 이용해 보자.

각 θ를 나타내는 동경과 각 5θ를 나타내는 동경이 일치하므로
$5\theta - \theta = 2n\pi$ (n은 정수)

$4\theta = 2n\pi$ ∴ $\theta = \frac{n}{2}\pi$ ·················· ㉠

$0<\theta<\pi$에서 $0<\frac{n}{2}\pi<\pi$이므로

$0<n<2$

n은 정수이므로 $n=1$

$n=1$을 ㉠에 대입하면 $\theta = \frac{\pi}{2}$

∴ $\cos\left(\theta - \frac{\pi}{4}\right) = \cos\left(\frac{\pi}{2} - \frac{\pi}{4}\right) = \cos\frac{\pi}{4} = \frac{\sqrt{2}}{2}$

---

6 1088 답 ② 유형5

출제의도 | 두 동경이 x축에 대하여 대칭일 조건에 대하여 이해하는지 확인한다.

두 각 α, β를 나타내는 동경이 x축에 대하여 서로 대칭인 경우 $\alpha + \beta = 2n\pi$임을 이용해 보자.

각 2θ를 나타내는 동경과 각 7θ를 나타내는 동경이 x축에 대하여 대칭이므로
$2\theta + 7\theta = 2n\pi$ (n은 정수)

$9\theta = 2n\pi$ ∴ $\theta = \frac{2n}{9}\pi$ ················· ㉠

$0<\theta<\pi$에서 $0<\frac{2n}{9}\pi<\pi$이므로

$0<n<\frac{9}{2}$

n은 정수이므로 $n=1$, 2, 3, 4

이것을 ㉠에 차례로 대입하면 θ의 값은 각각

$\frac{2}{9}\pi$, $\frac{4}{9}\pi$, $\frac{2}{3}\pi$, $\frac{8}{9}\pi$

따라서 θ의 값이 될 수 없는 것은 ②이다.

---

7 1089 답 ③ 유형11

출제의도 | 삼각함수의 정의를 이해하고, 그 값을 구할 수 있는지 확인한다.

$\overline{OP}$의 길이를 구하여 $\sin\theta$, $\tan\theta$의 값을 구해 보자.

$\overline{OP} = \sqrt{3^2 + (-4)^2} = 5$이므로

$\sin\theta = -\frac{4}{5}$, $\tan\theta = -\frac{4}{3}$

∴ $\frac{\sin\theta}{\tan\theta} = \left(-\frac{4}{5}\right) \times \left(-\frac{3}{4}\right) = \frac{3}{5}$

---

8 1090 답 ④ 유형12

출제의도 | 삼각함수의 정의를 이해하고, 그 값을 구할 수 있는지 확인한다.

점 P의 좌표를 a로 나타낸 후 $\overline{OP}$의 길이를 구하여 $\cos\theta$, $\tan\theta$의 값을 구해 보자.

점 $P(a, b)$가 직선 $y = -\sqrt{3}x$ 위의 점이므로
$b = -\sqrt{3}a$

∴ $P(a, -\sqrt{3}a)$

점 P가 제4사분면 위의 점이므로 $a>0$이고
$\overline{OP} = \sqrt{a^2 + (-\sqrt{3}a)^2} = 2a$

$\cos\theta = \frac{a}{2a} = \frac{1}{2}$

$\tan\theta = \frac{-\sqrt{3}a}{a} = -\sqrt{3}$

∴ $2\cos\theta - \sqrt{3}\tan\theta = 2 \times \frac{1}{2} - \sqrt{3} \times (-\sqrt{3}) = 4$

---

9 1091 답 ③ 유형14

출제의도 | 삼각함수를 포함한 식을 간단히 할 수 있는지 확인한다.

$\sin^2\theta + \cos^2\theta = 1$, $\tan\theta = \frac{\sin\theta}{\cos\theta}$임을 이용하여 주어진 식을 간단히 해 보자.

$$\frac{(1+\tan^2\theta)\sin\theta\cos\theta}{\tan\theta}=\frac{\left(1+\dfrac{\sin^2\theta}{\cos^2\theta}\right)\sin\theta\cos\theta}{\dfrac{\sin\theta}{\cos\theta}}$$

$$=\frac{\dfrac{\boxed{\cos^2\theta+\sin^2\theta}^{\,1}}{\cos^2\theta}\times\sin\theta\cos\theta}{\dfrac{\sin\theta}{\cos\theta}}$$

$$=\frac{\dfrac{\sin\theta}{\cos\theta}}{\dfrac{\sin\theta}{\cos\theta}}=1$$

10 1092 답 ⑤ 유형 16

출제의도 | $\sin\theta\pm\cos\theta$, $\sin\theta\cos\theta$의 값을 이용하여 주어진 식의 값을 구할 수 있는지 확인한다.

> $\sin^2\theta+\cos^2\theta=1$을 이용하여 $\sin\theta\cos\theta$의 값을 구해 보자.

$(1-\sin^2\theta)(1-\cos^2\theta)=\cos^2\theta\times\sin^2\theta=(\sin\theta\cos\theta)^2$

$\sin\theta-\cos\theta=\dfrac{1}{2}$의 양변을 제곱하면

$\sin^2\theta-2\sin\theta\cos\theta+\cos^2\theta=\dfrac{1}{4}$

$1-2\sin\theta\cos\theta=\dfrac{1}{4}$ $\quad\therefore\sin\theta\cos\theta=\dfrac{3}{8}$

$\therefore(1-\sin^2\theta)(1-\cos^2\theta)=(\sin\theta\cos\theta)^2=\left(\dfrac{3}{8}\right)^2=\dfrac{9}{64}$

11 1093 답 ④ 유형 9

출제의도 | 부채꼴의 넓이와 호의 길이를 이용하여 원뿔대의 겉넓이를 구할 수 있는지 확인한다.

> 부채꼴의 넓이는 $S=\dfrac{1}{2}rl$이고, 부채꼴의 호의 길이는 $l=r\theta$임을 이용하여 입체도형의 겉넓이를 구해 보자.

두 밑면 중 작은 원의 반지름의 길이를 r이라 하면

$\pi r^2=4\pi$에서 $r=2$ $(\because r>0)$

두 밑면 중 큰 원의 반지름의 길이는 $2\times2=4$

작은 원의 둘레의 길이는 $2\pi\times2=4\pi$

큰 원의 둘레의 길이는 $2\pi\times4=8\pi$

따라서 원뿔대의 전개도는 그림과 같다.

(큰 원의 넓이)$=\pi\times4^2=16\pi$

(옆넓이)

$=\dfrac{1}{2}\times10\times8\pi-\dfrac{1}{2}\times5\times4\pi$

$=40\pi-10\pi=30\pi$

$\therefore$ (원뿔대의 겉넓이)

　$=$(작은 원의 넓이)$+$(큰 원의 넓이)$+$(옆넓이)

　$=4\pi+16\pi+30\pi=50\pi$

12 1094 답 ③ 유형 11

출제의도 | 삼각함수의 정의를 알고 있는지 확인한다.

> 원점 O와 점 $P(x,y)$에 대하여 동경 OP가 나타내는 각의 크기를 θ라 할 때, $\sin\theta=\dfrac{y}{r}$, $\cos\theta=\dfrac{x}{r}$, $\tan\theta=\dfrac{y}{x}$임을 이용해 보자.

그림과 같이 각 θ를 나타내는 동경과 원 $x^2+y^2=2$의 교점을 $P(x,y)$ $(x<0,\ y>0)$라 하자.

이때 $\overline{OP}=\sqrt{2}$, $\cos\theta=-\dfrac{\sqrt{2}}{2}$이므로

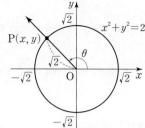

$\dfrac{x}{\sqrt{2}}=-\dfrac{\sqrt{2}}{2}$에서 $x=-1$

$\sqrt{2}=\sqrt{(-1)^2+y^2}$

$2=1+y^2,\ y^2=1$ $\quad\therefore y=1$ $(\because y>0)$

따라서 점 $P(-1,1)$이므로

$\sin\theta=\dfrac{\sqrt{2}}{2}$, $\tan\theta=\dfrac{1}{-1}=-1$

$\therefore\sqrt{2}\sin\theta+\tan\theta=\sqrt{2}\times\dfrac{\sqrt{2}}{2}+(-1)=0$

다른 풀이

θ가 제2사분면의 각이므로 $\quad\rightarrow\sin\theta>0$

$\sin\theta=\sqrt{1-\cos^2\theta}=\sqrt{1-\left(-\dfrac{\sqrt{2}}{2}\right)^2}=\dfrac{\sqrt{2}}{2}$

$\therefore\tan\theta=\dfrac{\sin\theta}{\cos\theta}=-1$

$\therefore\sqrt{2}\sin\theta+\tan\theta=\sqrt{2}\times\dfrac{\sqrt{2}}{2}+(-1)=0$

13 1095 답 ① 유형 13

출제의도 | 삼각함수를 포함한 식을 간단히 할 수 있는지 확인한다.

> θ가 속한 사분면에서 삼각함수의 값의 부호를 구하여 주어진 식을 간단히 해 보자.

θ가 제3사분면의 각이므로

$\sin\theta<0$, $\cos\theta<0$, $\tan\theta>0$

$\therefore|\sin\theta|+|\cos\theta|+\sin\theta+\tan\theta-\sqrt{\tan^2\theta}$

$\quad=-\sin\theta-\cos\theta+\sin\theta+\tan\theta-\tan\theta$ $\quad\overset{\sqrt{\tan^2\theta}=|\tan\theta|}{\underset{=\tan\theta}{\rightharpoondown}}$

$\quad=-\cos\theta$

14 1096 답 ⑤ 유형 15

출제의도 | 삼각함수 사이의 관계를 이용하여 식의 값을 구할 수 있는지 확인한다.

> 주어진 조건을 이용하여 $\sin^2\theta$의 값을 구하고 $\sin^2\theta+\cos^2\theta=1$, $\tan\theta=\dfrac{\sin\theta}{\cos\theta}$를 이용하여 주어진 식의 값을 구해 보자.

$\dfrac{1}{1+\cos\theta}+\dfrac{1}{1-\cos\theta}=\dfrac{1-\cos\theta+1+\cos\theta}{(1+\cos\theta)(1-\cos\theta)}$

$$=\dfrac{2}{1-\cos^2\theta}=\dfrac{2}{\sin^2\theta}$$

즉, $\dfrac{2}{\sin^2\theta}=\dfrac{8}{3}$이므로 $\sin^2\theta=\dfrac{3}{4}$

$\therefore\cos^2\theta=1-\sin^2\theta=\dfrac{1}{4}$

이때 θ가 제2사분면의 각이므로

$\sin\theta>0$, $\cos\theta<0$

$$\therefore \sin\theta = \frac{\sqrt{3}}{2}, \cos\theta = -\frac{1}{2}, \tan\theta = \frac{\frac{\sqrt{3}}{2}}{-\frac{1}{2}} = -\sqrt{3}$$

$$\therefore 4\sin\theta + \tan\theta = 4 \times \frac{\sqrt{3}}{2} + (-\sqrt{3}) = \sqrt{3}$$

15 1097 답 ② 〔유형 16〕

출제의도 | 삼각함수 사이의 관계를 이용하여 식의 값을 구할 수 있는지 확인한다.

> $\sin\theta\cos\theta$의 값을 이용하여 $\sin\theta + \cos\theta$의 값을 구하고 곱셈 공식 $a^3 + b^3 = (a+b)(a^2-ab+b^2)$을 이용하여 주어진 식의 값을 구해 보자.

$$(\sin\theta + \cos\theta)^2 = \sin^2\theta + 2\sin\theta\cos\theta + \cos^2\theta$$
$$= 1 + 2 \times \frac{1}{3} = \frac{5}{3}$$

θ가 제3사분면의 각이므로 $\sin\theta < 0, \cos\theta < 0$
즉, $\sin\theta + \cos\theta < 0$

$$\therefore \sin\theta + \cos\theta = -\frac{\sqrt{15}}{3}$$

$$\therefore \sin^3\theta + \cos^3\theta$$
$$= (\sin\theta + \cos\theta)(\sin^2\theta - \sin\theta\cos\theta + \cos^2\theta)$$
$$= -\frac{\sqrt{15}}{3} \times \left(1 - \frac{1}{3}\right)$$
$$= -\frac{2\sqrt{15}}{9}$$

16 1098 답 ③ 〔유형 17〕

출제의도 | 삼각함수를 두 근으로 하는 이차방정식에서 미정계수를 구할 수 있는지 확인한다.

> 이차방정식의 근과 계수의 관계를 이용하여 두 근의 합과 곱을 구하고, $\sin^2\theta + \cos^2\theta = 1$을 이용하여 미정계수를 구해 보자.

이차방정식 $4x^2 - kx - 1 = 0$의 두 근이 $\sin\theta, \cos\theta$이므로 이차방정식의 근과 계수의 관계에 의하여

$$\sin\theta + \cos\theta = \frac{k}{4} \quad \text{.............. ㉠}$$

$$\sin\theta\cos\theta = -\frac{1}{4} \quad \text{.............. ㉡}$$

㉠의 양변을 제곱하면

$$\sin^2\theta + 2\sin\theta\cos\theta + \cos^2\theta = \frac{k^2}{16}$$

$$\therefore 1 + 2\sin\theta\cos\theta = \frac{k^2}{16} \quad \text{.............. ㉢}$$

㉡을 ㉢에 대입하면

$$1 + 2 \times \left(-\frac{1}{4}\right) = \frac{k^2}{16}, \ k^2 = 8$$

$$\therefore k = 2\sqrt{2} \ (\because k > 0)$$

17 1099 답 ④ 〔유형 2〕

출제의도 | 각을 나타내는 동경이 속하는 영역을 좌표평면 위에 나타낼 수 있는지 확인한다.

> θ가 제1사분면의 각이므로 $360° \times n < \theta < 360° \times n + 90°$임을 이용하여 $\frac{\theta}{3}$의 값의 범위를 구해 보자.

θ가 제1사분면의 각이므로
$360° \times n < \theta < 360° \times n + 90°$ (n은 정수)

$$\therefore 120° \times n < \frac{\theta}{3} < 120° \times n + 30°$$

(i) $n = 3k$ (k는 정수)일 때 ⟶ $\frac{\theta}{3}$이므로 $n = 3k, n = 3k+1, n = 3k+2$인 경우로 나눈다.

$$360° \times k < \frac{\theta}{3} < 360° \times k + 30°$$

따라서 각 $\frac{\theta}{3}$를 나타내는 동경이 속하는 영역을 좌표평면 위에 나타내면 오른쪽 그림과 같다. (단, 경계선은 제외한다.)

(ii) $n = 3k+1$ (k는 정수)일 때

$$360° \times k + 120° < \frac{\theta}{3} < 360° \times k + 150°$$

따라서 각 $\frac{\theta}{3}$를 나타내는 동경이 속하는 영역을 좌표평면 위에 나타내면 오른쪽 그림과 같다. (단, 경계선은 제외한다.)

(iii) $n = 3k+2$ (k는 정수)일 때

$$360° \times k + 240° < \frac{\theta}{3} < 360° \times k + 270°$$

따라서 각 $\frac{\theta}{3}$를 나타내는 동경이 속하는 영역을 좌표평면 위에 나타내면 오른쪽 그림과 같다. (단, 경계선은 제외한다.)

(i), (ii), (iii)에서 각 $\frac{\theta}{3}$를 나타내는 동경이 속하는 모든 영역을 좌표평면 위에 나타내면 오른쪽 그림과 같다. (단, 경계선은 제외한다.)

18 1100 답 ③ 〔유형 10〕

출제의도 | 넓이가 최대인 부채꼴의 반지름의 길이와 중심각의 크기를 구할 수 있는지 확인한다.

> 부채꼴의 넓이는 $S = \frac{1}{2}rl$, 호의 길이는 $l = r\theta$이고, 부채꼴의 둘레의 길이는 $2r + l$임을 이용해 보자.

부채꼴의 호의 길이를 l이라 하면 부채꼴의 둘레의 길이가 64이므로
$$2r + l = 64 \qquad \therefore l = 64 - 2r$$
이때 $64 - 2r > 0$이므로 $0 < r < 32$
부채꼴의 넓이를 S라 하면
$$S = \frac{1}{2}r(64 - 2r) = -r^2 + 32r$$
$$= -(r-16)^2 + 256 \ (\text{단}, 0 < r < 32)$$
따라서 $r = 16$일 때 S의 값이 최대이다.
이때 호의 길이는 $l = 64 - 2 \times 16 = 32$이므로 중심각의 크기는
$\underline{32 = 16\theta}$에서 $\theta = 2$ ⟶ $l = r\theta$
$$\therefore r = 16, \theta = 2$$

19 1101 답 ①

유형 17

출제의도 | 삼각함수를 두 근으로 하는 이차방정식에서 미정계수를 구할 수 있는지 확인한다.

> 두 근 $\tan\theta$, $\dfrac{1}{\tan\theta}$의 합과 곱을 구하여 이차방정식을 작성해 보자.

이차방정식 $3x^2-x+k=0$의 두 근이 $\sin\theta$, $\cos\theta$이므로 이차방정식의 근과 계수의 관계에 의하여

$$\sin\theta+\cos\theta=\frac{1}{3} \quad\text{……… ㉠}$$

$$\sin\theta\cos\theta=\frac{k}{3} \quad\text{……… ㉡}$$

㉠의 양변을 제곱하면

$$\sin^2\theta+2\sin\theta\cos\theta+\cos^2\theta=\frac{1}{9}$$

$$1+2\sin\theta\cos\theta=\frac{1}{9} \quad \therefore \sin\theta\cos\theta=-\frac{4}{9}$$

이것을 ㉡에 대입하면

$$\frac{k}{3}=-\frac{4}{9} \quad \therefore k=-\frac{4}{3}$$

$$\tan\theta+\frac{1}{\tan\theta}=\frac{\sin\theta}{\cos\theta}+\frac{\cos\theta}{\sin\theta}$$
$$=\frac{\sin^2\theta+\cos^2\theta}{\sin\theta\cos\theta}$$
$$=\frac{1}{\sin\theta\cos\theta}=-\frac{9}{4}$$

$$\tan\theta\times\frac{1}{\tan\theta}=1$$

즉, $\tan\theta$, $\dfrac{1}{\tan\theta}$을 두 근으로 하고 x^2의 계수가 4인 이차방정식은

$$4\left\{x^2-\left(-\frac{9}{4}\right)x+1\right\}=0 \quad \therefore 4x^2+9x+4=0$$

따라서 $a=9$, $b=4$이므로

$$kab=\left(-\frac{4}{3}\right)\times9\times4=-48$$

20 1102 답 ②

유형 8

출제의도 | 부채꼴의 넓이를 활용하여 문제를 해결할 수 있는지 확인한다.

> 부채꼴의 넓이는 $S=\dfrac{1}{2}r^2\theta$이고, 맞꼭지각의 크기가 서로 같음을 이용하여 색칠한 부분의 넓이가 같기 위한 조건을 구해 보자.

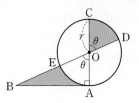

원 O의 반지름의 길이를 r, 부채꼴 COD의 넓이를 S_1, 삼각형 OBA의 넓이를 S_2라 하면

$$S_1=\frac{1}{2}r^2\theta$$

삼각형 OBA에서 $\angle BOA=\angle COD=\theta$, $\overline{OA}\perp\overline{BA}$이므로

$$\overline{BA}=r\tan\theta$$

$$\therefore S_2=\frac{1}{2}\times r\tan\theta\times r=\frac{1}{2}r^2\tan\theta$$

이때 $\overline{OB}$와 원 O의 교점을 E라 하면 두 부채꼴 COD와 OEA의 넓이가 같으므로

$$S_2-S_1=S_1$$

즉, $\dfrac{1}{2}r^2\tan\theta-\dfrac{1}{2}r^2\theta=\dfrac{1}{2}r^2\theta$이므로

$$\tan\theta=2\theta$$

21 1103 답 ③

유형 11

출제의도 | 삼각함수의 정의를 이해하는지 확인한다.

> 점 P_2와 점 P_{10}, 점 P_3과 점 P_9, 점 P_4과 점 P_8, 점 P_5와 점 P_7은 각각 x축에 대하여 대칭임을 이용하여 식의 값을 구해 보자.

점 P_2와 점 P_{10}, 점 P_3과 점 P_9, 점 P_4와 점 P_8, 점 P_5와 점 P_7은 각각 x축에 대하여 대칭이므로 이 점들의 y좌표는 절댓값이 같고 부호가 반대이다.

삼각함수의 정의에 의하여 점 P_2의 y좌표는 $\sin\theta$, 점 P_{10}의 y좌표는 $\sin9\theta$이므로

$$\sin\theta+\sin9\theta=0$$

같은 방법으로

$$\sin2\theta+\sin8\theta=0, \sin3\theta+\sin7\theta=0, \sin4\theta+\sin6\theta=0$$

또한 삼각함수의 정의에 의하여

$P_6(-1, 0)$이므로 $\sin5\theta=0$

$P_1(1, 0)$이므로 $\sin10\theta=0$

$$\therefore \sin\theta+\sin2\theta+\cdots+\sin9\theta+\sin10\theta$$
$$=(\sin\theta+\sin9\theta)+(\sin2\theta+\sin8\theta)+(\sin3\theta+\sin7\theta)$$
$$+(\sin4\theta+\sin6\theta)+\sin5\theta+\sin10\theta$$
$$=0$$

22 1104 답 $\dfrac{12}{11}\pi$

유형 4

출제의도 | 두 동경이 원점에 대하여 대칭일 조건을 이해하는지 확인한다.

STEP 1 θ를 n에 대한 식으로 나타내기 [2점]

각 $\dfrac{\theta}{4}$를 나타내는 동경과 각 3θ를 나타내는 동경이 원점에 대하여 대칭이므로

$$3\theta-\frac{\theta}{4}=(2n+1)\pi \ (n은 \ 정수)$$

$$\frac{11}{4}\theta=(2n+1)\pi$$

$$\therefore \theta=\frac{4(2n+1)}{11}\pi \quad\text{……… ㉠}$$

STEP 2 n의 값의 범위 구하기 [2점]

$\pi<\theta<\dfrac{3}{2}\pi$에서 $\pi<\dfrac{4(2n+1)}{11}\pi<\dfrac{3}{2}\pi$이므로

$$\frac{11}{4}<2n+1<\frac{33}{8}$$

$$\therefore \frac{7}{8}<n<\frac{25}{16}$$

STEP 3 θ의 값 구하기 [2점]

n은 정수이므로 $n=1$

$n=1$을 ㉠에 대입하면 $\theta=\dfrac{12}{11}\pi$

23 1105 답 $\dfrac{\sqrt{6}}{3}$ 유형 14 + 유형 15

출제의도 | 삼각함수 사이의 관계를 이용하여 선분의 길이를 구할 수 있는지 확인한다.

STEP 1 $\overline{AB}$, $\overline{OB}$, $\overline{CD}$의 길이를 $\sin\theta$, $\cos\theta$, $\tan\theta$에 대한 식으로 나타내기 [3점]

직각삼각형 AOB에서
$\overline{AB}=\sin\theta$, $\overline{OB}=\cos\theta$ $\longrightarrow \sin\theta=\dfrac{\overline{AB}}{1}$, $\cos\theta=\dfrac{\overline{OB}}{1}$

직각삼각형 COD에서
$\overline{CD}=\tan\theta$ $\longrightarrow \tan\theta=\dfrac{\overline{CD}}{1}$

STEP 2 $\tan\theta$의 값 구하기 [2점]

$\dfrac{\overline{OB}}{\overline{AB}}=\dfrac{3}{2}\overline{CD}$이므로 $\dfrac{\cos\theta}{\sin\theta}=\dfrac{3}{2}\tan\theta$

$\dfrac{1}{\tan\theta}=\dfrac{3}{2}\tan\theta$, $\tan^2\theta=\dfrac{2}{3}$

$\therefore \tan\theta=\dfrac{\sqrt{6}}{3}$ $(\because \underline{\tan\theta>0})$
$\longrightarrow 0<\theta<\dfrac{\pi}{2}$이므로 θ는 제1사분면의 각

STEP 3 $\overline{CD}$의 길이 구하기 [1점]

$\overline{CD}=\tan\theta=\dfrac{\sqrt{6}}{3}$

24 1106 답 $\dfrac{4}{3}$ 유형 8

출제의도 | 부채꼴의 넓이와 호의 길이를 활용하여 문제를 해결할 수 있는지 확인한다.

STEP 1 호의 길이를 이용하여 두 부채꼴의 반지름의 길이 사이의 관계식 구하기 [2점]

$\overline{OA}=r$, $\overline{OC}=r'$이라 하고, 두 부채꼴의 중심각의 크기를 θ라 하면

$\overset{\frown}{AB}=\dfrac{9}{4}\pi$에서 $r\theta=\dfrac{9}{4}\pi$ ·········· ㉠

$\overset{\frown}{CD}=\dfrac{7}{4}\pi$에서 $r'\theta=\dfrac{7}{4}\pi$ ·········· ㉡

㉠÷㉡을 하면 $\dfrac{r}{r'}=\dfrac{9}{7}$

$\therefore r=\dfrac{9r'}{7}$ ·········· ㉢

STEP 2 색칠한 부분의 넓이를 이용하여 두 부채꼴의 반지름의 길이 사이의 관계식 구하기 [2점]

색칠한 부분의 넓이가 $\dfrac{8}{3}\pi$이므로

$\dfrac{1}{2}\times r\times\dfrac{9}{4}\pi-\dfrac{1}{2}\times r'\times\dfrac{7}{4}\pi=\dfrac{8}{3}\pi$

$\therefore 27r-21r'=64$ ·········· ㉣

STEP 3 두 부채꼴의 반지름의 길이 구하기 [2점]

㉢을 ㉣에 대입하면

$27\times\dfrac{9r'}{7}-21r'=64$

$96r'=448$ $\therefore r'=\dfrac{14}{3}$

$r'=\dfrac{14}{3}$를 ㉢에 대입하면 $r=6$

STEP 4 $\overline{AC}$의 길이 구하기 [1점]

$\overline{AC}$의 길이는 $6-\dfrac{14}{3}=\dfrac{4}{3}$

25 1107 답 $-\dfrac{\sqrt{15}}{15}$ 유형 11

출제의도 | 삼각함수의 정의를 이해하는지 확인한다.

STEP 1 $\cos\alpha$의 값 구하기 [4점]

점 P는 직선 $y=2$와 원 $x^2+y^2=5$의 교점이므로 $x^2+y^2=5$에 $y=2$를 대입하면

$x^2+4=5$, $x^2=1$

$\therefore x=-1$ 또는 $x=1$

이때 점 P는 제2사분면 위의 점이므로 $P(-1, 2)$

$\overline{OP}=\sqrt{5}$이므로

$\cos\alpha=\dfrac{-1}{\sqrt{5}}=-\dfrac{\sqrt{5}}{5}$

STEP 2 $\sin\beta$의 값 구하기 [4점]

점 Q는 직선 $y=2$와 원 $x^2+y^2=12$의 교점이므로 $x^2+y^2=12$에 $y=2$를 대입하면

$x^2+4=12$, $x^2=8$

$\therefore x=-2\sqrt{2}$ 또는 $x=2\sqrt{2}$

이때 점 Q는 제2사분면 위의 점이므로 $Q(-2\sqrt{2}, 2)$

$\overline{OQ}=2\sqrt{3}$이므로

$\sin\beta=\dfrac{2}{2\sqrt{3}}=\dfrac{\sqrt{3}}{3}$

STEP 3 $\cos\alpha\sin\beta$의 값 구하기 [1점]

$\cos\alpha\sin\beta=\left(-\dfrac{\sqrt{5}}{5}\right)\times\dfrac{\sqrt{3}}{3}=-\dfrac{\sqrt{15}}{15}$

고난도 ⊕ Plus 문제 232쪽

1 1108 답 ③

동경 OP_1이 나타내는 각은 $360°\times1+60°$
동경 OP_2가 나타내는 각은 $360°\times2-120°=360°\times1+240°$
동경 OP_3이 나타내는 각은 $360°\times3+180°$
동경 OP_4가 나타내는 각은 $360°\times4-240°=360°\times3+120°$
동경 OP_5가 나타내는 각은 $360°\times5+300°$
동경 OP_6이 나타내는 각은 $360°\times6-360°=360°\times5+0°$
동경 OP_7이 나타내는 각은 $360°\times7+420°=360°\times8+60°$
즉, 동경 OP_n과 동경 OP_{n+6}의 위치가 같다.
따라서 동경 OP_1과 같은 위치에 있는 동경은 동경 OP_7, OP_{13}, OP_{19}, ···, OP_{49}의 8개이다.

2 1109 답 5

두 부채꼴 A_1, A_2의 반지름의 길이를 각각 r_1, r_2라 하면
두 부채꼴 A_1, A_2의 호의 길이는 각각 $4r_1$, $4r_2$이다.
두 부채꼴의 호의 길이의 합이 20이므로
$4r_1+4r_2=20$ $\therefore r_1+r_2=5$ ·········· ㉠
두 부채꼴 A_1, A_2의 넓이는 각각
$\dfrac{1}{2}\times r_1\times4r_1$, $\dfrac{1}{2}\times r_2\times4r_2$

두 부채꼴의 넓이의 합이 30이므로

$2r_1^2 + 2r_2^2 = 30$　　$\therefore r_1^2 + r_2^2 = 15$ ─────── ㉡

$r_1^2 + r_2^2 = (r_1 + r_2)^2 - 2r_1 r_2$이므로 이 식에 ㉠, ㉡을 대입하면

$15 = 5^2 - 2r_1 r_2$　　$\therefore r_1 r_2 = 5$

따라서 두 부채꼴 A_1, A_2의 반지름의 길이의 곱은 5이다.

참고 반지름의 길이가 호의 길이의 $\frac{1}{4}$배인 부채꼴의 중심각의 크기는 4라디안으로 일정하다.

3 1110 답 625 m²

$\overline{OC} = x$ m, $\overline{AC} = y$ m, 부채꼴의 중심각의 크기를 θ라 하면
호 CD의 길이는 $x\theta$, 호 AB의 길이는 $(x+y)\theta$이다.
도형 ACDB의 둘레의 길이가 100 m이므로

$x\theta + (x+y)\theta + 2y = 100$

$\therefore \theta(2x+y) = 100 - 2y$ ─────── ㉠

도형 ACDB의 넓이를 S m²라 하면

$S =$ (부채꼴 OAB의 넓이) $-$ (부채꼴 OCD의 넓이)

$\quad = \frac{1}{2}(x+y)^2\theta - \frac{1}{2}x^2\theta$

$\quad = \frac{1}{2}\theta(2xy + y^2)$

$\quad = \frac{1}{2}\theta(2x+y)y$

$\quad = \frac{1}{2}(100 - 2y)y$ ($\because$ ㉠)

$\quad = (50-y)y$

$\quad = -y^2 + 50y$

$\quad = -(y-25)^2 + 625$ (단, $0 < y < 50$)

따라서 $y = 25$일 때 S의 최댓값은 625이므로 도형 ACDB의 넓이의 최댓값은 625 m²이다.

4 1111 답 $-\dfrac{\sqrt{85}}{85}$

$y = \frac{1}{2}x$를 $x^2 + y^2 = 1$에 대입하면

$x^2 + \left(\frac{1}{2}x\right)^2 = 1$, $\frac{5}{4}x^2 = 1$　　$\therefore x = -\frac{2\sqrt{5}}{5}$ ($\because x < 0$)

이것을 $y = \frac{1}{2}x$에 대입하면 $y = -\frac{\sqrt{5}}{5}$

따라서 점 P의 좌표는 $\left(-\dfrac{2\sqrt{5}}{5},\ -\dfrac{\sqrt{5}}{5}\right)$

$\therefore \sin\alpha = -\dfrac{\sqrt{5}}{5}$

$y = -4x$를 $x^2 + y^2 = 1$에 대입하면

$x^2 + (-4x)^2 = 1$, $17x^2 = 1$　　$\therefore x = \dfrac{\sqrt{17}}{17}$ ($\because x > 0$)

이것을 $y = -4x$에 대입하면 $y = -\dfrac{4\sqrt{17}}{17}$

따라서 점 Q의 좌표는 $\left(\dfrac{\sqrt{17}}{17},\ -\dfrac{4\sqrt{17}}{17}\right)$

$\therefore \cos\beta = \dfrac{\sqrt{17}}{17}$

$\therefore \sin\alpha\cos\beta = \left(-\dfrac{\sqrt{5}}{5}\right) \times \dfrac{\sqrt{17}}{17} = -\dfrac{\sqrt{85}}{85}$

5 1112 답 $-4\sin\theta$

$\sqrt{4 - 8\sin\theta\cos\theta} - \sqrt{4 + 8\sin\theta\cos\theta}$

$= \sqrt{4(1 - 2\sin\theta\cos\theta)} - \sqrt{4(1 + 2\sin\theta\cos\theta)}$

$= \sqrt{4(\sin^2\theta - 2\sin\theta\cos\theta + \cos^2\theta)}$
$\qquad\qquad - \sqrt{4(\sin^2\theta + 2\sin\theta\cos\theta + \cos^2\theta)}$

$= \sqrt{4(\sin\theta - \cos\theta)^2} - \sqrt{4(\sin\theta + \cos\theta)^2}$

$= |2(\sin\theta - \cos\theta)| - |2(\sin\theta + \cos\theta)|$

$= -2\sin\theta + 2\cos\theta - 2\sin\theta - 2\cos\theta$ ($\because 0 < \sin\theta < \cos\theta$)

$= -4\sin\theta$

$\hookrightarrow \sin\theta - \cos\theta < 0,$
$\quad \sin\theta + \cos\theta > 0$

6 1113 답 ④

$\tan\theta + \dfrac{1}{\tan\theta} = \dfrac{\sin\theta}{\cos\theta} + \dfrac{\cos\theta}{\sin\theta} = \dfrac{\sin^2\theta + \cos^2\theta}{\sin\theta\cos\theta}$

$\qquad\qquad\qquad = \dfrac{1}{\sin\theta\cos\theta} = \dfrac{5}{2}$

$\therefore \sin\theta\cos\theta = \dfrac{2}{5}$

$(\sin\theta + \cos\theta)^2 = \sin^2\theta + 2\sin\theta\cos\theta + \cos^2\theta$

$\qquad\qquad\qquad = 1 + 2\sin\theta\cos\theta$

$\qquad\qquad\qquad = 1 + 2 \times \dfrac{2}{5} = \dfrac{9}{5}$

$(\sin\theta - \cos\theta)^2 = \sin^2\theta - 2\sin\theta\cos\theta + \cos^2\theta$

$\qquad\qquad\qquad = 1 - 2\sin\theta\cos\theta$

$\qquad\qquad\qquad = 1 - 2 \times \dfrac{2}{5} = \dfrac{1}{5}$

$\therefore |\sin^2\theta - \cos^2\theta| = \sqrt{(\sin^2\theta - \cos^2\theta)^2}$

$\qquad\qquad\qquad = \sqrt{(\sin\theta + \cos\theta)^2(\sin\theta - \cos\theta)^2}$

$\qquad\qquad\qquad = \sqrt{\dfrac{9}{5} \times \dfrac{1}{5}} = \sqrt{\dfrac{9}{25}} = \dfrac{3}{5}$

1114 답 (1) 치역 : $\{y\,|\,-2\le y\le 2\}$, 주기 : 2π, 그래프는 풀이 참조

　　　(2) 치역 : $\{y\,|\,-1\le y\le 1\}$, 주기 : π, 그래프는 풀이 참조

　　　(3) 치역 : $\{y\,|\,-1\le y\le 1\}$, 주기 : 4π, 그래프는 풀이 참조

　　　(4) 치역 : $\{y\,|\,-3\le y\le 3\}$, 주기 : π, 그래프는 풀이 참조

(1) $-1\le\sin x\le 1$에서

$-2\le 2\sin x\le 2$이므로

치역은 $\{y\,|\,-2\le y\le 2\}$이고,

$2\sin x=2\sin(x+2\pi)$이므로

주기는 2π이다.

따라서 함수 $y=2\sin x$의 그래프는 그림과 같다.

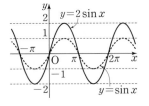

(2) 치역은 $\{y\,|\,-1\le y\le 1\}$이고,

$\sin 2x=\sin(2x+2\pi)$
$\quad=\sin 2(x+\pi)$

이므로 주기는 π이다.

따라서 함수 $y=\sin 2x$의 그래프는 그림과 같다.

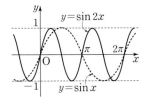

(3) 치역은 $\{y\,|\,-1\le y\le 1\}$이고,

$\cos\dfrac{x}{2}=\cos\left(\dfrac{x}{2}+2\pi\right)$
$\quad=\cos\dfrac{1}{2}(x+4\pi)$

이므로 주기는 4π이다.

따라서 함수 $y=\cos\dfrac{x}{2}$의 그래프는 그림과 같다.

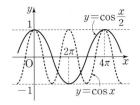

(4) $-1\le\cos 2x\le 1$에서

$-3\le 3\cos 2x\le 3$이므로

치역은 $\{y\,|\,-3\le y\le 3\}$이고,

$3\cos 2x=3\cos(2x+2\pi)$
$\quad=3\cos 2(x+\pi)$

이므로 주기는 π이다.

따라서 함수 $y=3\cos 2x$의 그래프는 그림과 같다.

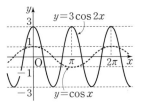

1115 답 (1) 최댓값 : 3, 최솟값 : -1, 주기 : $\dfrac{2}{3}\pi$

　　　(2) 최댓값 : $-\dfrac{3}{2}$, 최솟값 : $-\dfrac{5}{2}$, 주기 : 4π

(1) $y=-2\sin\left(3x-\dfrac{\pi}{2}\right)+1$에서

최댓값은 $|-2|+1=3$,

최솟값은 $-|-2|+1=-1$,

주기는 $\dfrac{2\pi}{3}=\dfrac{2}{3}\pi$

(2) $y=\dfrac{1}{2}\cos\left(\dfrac{x}{2}+\pi\right)-2$에서

최댓값은 $\left|\dfrac{1}{2}\right|-2=-\dfrac{3}{2}$,

최솟값은 $-\left|\dfrac{1}{2}\right|-2=-\dfrac{5}{2}$,

주기는 $\dfrac{2\pi}{\dfrac{1}{2}}=4\pi$

1116 답 (1) 주기 : π, 점근선의 방정식 : $x=n\pi+\dfrac{\pi}{2}$ (단, n은 정수), 그래프는 풀이 참조

　　　(2) 주기 : 2π, 점근선의 방정식 : $x=2n\pi+\pi$ (단, n은 정수), 그래프는 풀이 참조

(1) $2\tan x=2\tan(x+\pi)$이므로 주기는 π이고, 점근선의 방정식은 $x=n\pi+\dfrac{\pi}{2}$ (n은 정수)이다.

따라서 함수 $y=2\tan x$의 그래프는 그림과 같다.

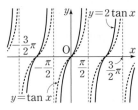

(2) $\tan\dfrac{x}{2}=\tan\left(\dfrac{x}{2}+\pi\right)$
$\quad=\tan\dfrac{1}{2}(x+2\pi)$

이므로 주기는 2π이고, 점근선의 방정식은 $\dfrac{x}{2}=n\pi+\dfrac{\pi}{2}$에서 $x=2n\pi+\pi$ (n은 정수)이다.

따라서 함수 $y=\tan\dfrac{x}{2}$의 그래프는 그림과 같다.

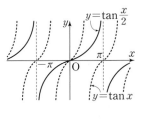

1117 답 최댓값 : 없다., 최솟값 : 없다., 주기 : $\dfrac{3}{2}\pi$

함수 $y=\tan\left(\dfrac{2}{3}x-\dfrac{\pi}{2}\right)-1$의 최댓값과 최솟값은 없다.

주기는 $\dfrac{\pi}{\dfrac{2}{3}}=\dfrac{3}{2}\pi$

1118 답 (1) $-\dfrac{\sqrt{3}}{2}$　(2) $-\dfrac{\sqrt{2}}{2}$　(3) $\sqrt{3}$　(4) $-\dfrac{1}{2}$　(5) $\dfrac{\sqrt{2}}{2}$

　　　(6) $-\dfrac{\sqrt{3}}{3}$

(1) $\sin\dfrac{11}{3}\pi=\sin\left(4\pi-\dfrac{\pi}{3}\right)=-\sin\dfrac{\pi}{3}=-\dfrac{\sqrt{3}}{2}$

(2) $\cos\left(-\dfrac{3}{4}\pi\right)=\cos\dfrac{3}{4}\pi=\cos\left(\pi-\dfrac{\pi}{4}\right)=-\cos\dfrac{\pi}{4}=-\dfrac{\sqrt{2}}{2}$

(3) $\tan\left(-\dfrac{2}{3}\pi\right)=-\tan\dfrac{2}{3}\pi=-\tan\left(\pi-\dfrac{\pi}{3}\right)=\tan\dfrac{\pi}{3}=\sqrt{3}$

(4) $\cos\dfrac{4}{3}\pi=\cos\left(\pi+\dfrac{\pi}{3}\right)=-\cos\dfrac{\pi}{3}=-\dfrac{1}{2}$

(5) $\sin\dfrac{3}{4}\pi=\sin\left(\pi-\dfrac{\pi}{4}\right)=\sin\dfrac{\pi}{4}=\dfrac{\sqrt{2}}{2}$

(6) $\tan\dfrac{5}{6}\pi=\tan\left(\pi-\dfrac{\pi}{6}\right)=-\tan\dfrac{\pi}{6}=-\dfrac{\sqrt{3}}{3}$

1119 답 0.7986

$\sin 127°=\sin(90°+37°)$
$\quad=\cos 37°=0.7986$

1120 답 (1) $x=\dfrac{5}{4}\pi$ 또는 $x=\dfrac{7}{4}\pi$

　　　(2) $x=\dfrac{\pi}{3}$ 또는 $x=\dfrac{4}{3}\pi$

(1) 그림과 같이 $0\le x<2\pi$에서
　함수 $y=\sin x$의 그래프와 직선
　$y=-\dfrac{\sqrt{2}}{2}$의 교점의 x좌표가

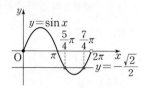

　$\dfrac{5}{4}\pi$, $\dfrac{7}{4}\pi$이므로

　$x=\dfrac{5}{4}\pi$ 또는 $x=\dfrac{7}{4}\pi$

(2) 그림과 같이 $0\le x<2\pi$에서
　함수 $y=\tan x$의 그래프와 직
　선 $y=\sqrt{3}$의 교점의 x좌표가

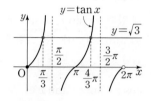

　$\dfrac{\pi}{3}$, $\dfrac{4}{3}\pi$이므로

　$x=\dfrac{\pi}{3}$ 또는 $x=\dfrac{4}{3}\pi$

1121 답 $x=\dfrac{\pi}{6}$ 또는 $x=\dfrac{11}{6}\pi$

$2\cos x-\sqrt{3}=0$에서

$\cos x=\dfrac{\sqrt{3}}{2}$

$0\le x<2\pi$에서 함수 $y=\cos x$의
그래프와 직선 $y=\dfrac{\sqrt{3}}{2}$의 교점의 x

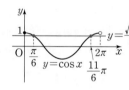

좌표가 $\dfrac{\pi}{6}$, $\dfrac{11}{6}\pi$이므로

$x=\dfrac{\pi}{6}$ 또는 $x=\dfrac{11}{6}\pi$

1122 답 (1) $\dfrac{\pi}{6}\le x\le\dfrac{5}{6}\pi$　(2) $\dfrac{3}{4}\pi<x<\dfrac{5}{4}\pi$

(1) 부등식 $\sin x\ge\dfrac{1}{2}$의 해는 함수
　$y=\sin x$의 그래프가 직선
　$y=\dfrac{1}{2}$과 만나는 부분 또는 직선
　보다 위쪽에 있는 부분의 x의
　값의 범위이므로 그림에서

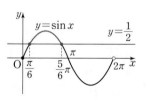

　$\dfrac{\pi}{6}\le x\le\dfrac{5}{6}\pi$

(2) 부등식 $\cos x<-\dfrac{\sqrt{2}}{2}$의 해는
　함수 $y=\cos x$의 그래프가 직선
　$y=-\dfrac{\sqrt{2}}{2}$보다 아래쪽에 있는
　x의 값의 범위이므로 그림에서

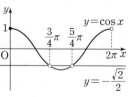

　$\dfrac{3}{4}\pi<x<\dfrac{5}{4}\pi$

1123 답 $\dfrac{\pi}{6}\le x<\dfrac{\pi}{2}$ 또는 $\dfrac{7}{6}\pi\le x<\dfrac{3}{2}\pi$

$\sqrt{3}\tan x-1\ge0$에서

$\tan x\ge\dfrac{\sqrt{3}}{3}$

부등식 $\tan x\ge\dfrac{\sqrt{3}}{3}$의 해는 함수

$y=\tan x$의 그래프가 직선 $y=\dfrac{\sqrt{3}}{3}$

과 만나는 부분 또는 직선보다 위
쪽에 있는 부분의 x의 값의 범위이

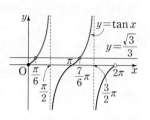

므로 그림에서

$\dfrac{\pi}{6}\le x<\dfrac{\pi}{2}$ 또는 $\dfrac{7}{6}\pi\le x<\dfrac{3}{2}\pi$

check 기출 유형으로 실전 준비하기　239쪽~271쪽

1124 답 ④　　　　　　　　　|유형 1

> 다음 중 함수 $y=\cos x$에 대한 설명으로 옳지 <u>않은</u> 것은?
> ① 정의역은 실수 전체의 집합이다.
> ② 치역은 $\{y\,|\,-1\le y\le1\}$이다.
> ③ 주기가 2π인 주기함수이다.
> ④ <u>그래프는 원점에 대하여 대칭이다.</u>
> 　단서1
> ⑤ 그래프는 함수 $y=\sin x$의 그래프를 x축의 방향으로 $-\dfrac{\pi}{2}$만큼 평
> 　행이동한 것과 같다.
> **단서1** $f(x)$의 그래프가 원점에 대하여 대칭 ➡ $f(-x)=-f(x)$

STEP 1 함수 $y=\cos x$에 대한 설명으로 옳지 않은 것 찾기

① 정의역은 실수 전체의 집합이다. (참)

② 치역은 $\{y\,|\,-1\le y\le1\}$이다. (참)

③ 주기가 2π인 주기함수이다. (참)

④ $f(x)=\cos x$에 대하여 $f(-x)=f(x)$이므로 함수 $y=f(x)$의
　그래프는 y축에 대하여 대칭이다. (거짓)

⑤ 그래프는 함수 $y=\sin x$의 그래프를 x축의 방향으로 $-\dfrac{\pi}{2}$만큼

　평행이동한 것과 같다. (참)

따라서 옳지 않은 것은 ④이다.

1125 답 ①

ㄱ. 함수 $f(x)$의 주기는 2π이다. (참)

ㄴ. 함수 $f(x)$의 최댓값은 1이다. (참)

ㄷ. 치역은 $\{y\,|\,-1\le y\le1\}$이다. (거짓)

ㄹ. 그래프는 원점에 대하여 대칭이다. (거짓)

따라서 옳은 것은 ㄱ, ㄴ이다.

1126 답 ④

① 치역은 실수 전체의 집합이다. (참)

② 그래프는 원점에 대하여 대칭이다. (참)

③ 그래프의 점근선의 방정식은 $x=n\pi+\dfrac{\pi}{2}$ (n은 정수)이다. (참)

④ 함수 $y=\tan x$의 그래프는 원점에 대하여 대칭이므로
　$\tan(-x)=-\tan x$ (거짓)

⑤ 함수 $y=\tan x$의 주기는 π이므로 $\tan(x+p)=\tan x$를 만족
　시키는 최소의 양수 p는 π이다. (참)

따라서 옳지 않은 것은 ④이다.

1127 답 ⑤

함수 $y=\cos(-x)$의 그래프는 함수 $y=\cos x$의 그래프를 y축에 대하여 대칭이동한 것이므로 함수 $y=\cos x$의 그래프와 같다.

⑤ 함수 $y=\cos x$는 $\dfrac{\pi}{2}<x<\pi$에서 x의 값이 증가하면 y의 값은 감소한다. (거짓)

따라서 옳지 않은 것은 ⑤이다.

1128 답 ㄱ, ㄴ, ㄹ

ㄱ. 함수 $y=\sin x$의 그래프는 원점에 대하여 대칭이므로
$\sin(-x)=-\sin x$ (참)

ㄴ. 함수 $y=\cos x$의 그래프를 x축의 방향으로 $\dfrac{\pi}{2}$만큼 평행이동하면 함수 $y=\sin x$의 그래프와 일치한다. (참)

ㄷ. 함수 $y=\sin x$는 $0<x<\dfrac{\pi}{2}$에서 x의 값이 증가하면 y의 값도 증가한다. (거짓)

ㄹ. 그림과 같이 $0\le x\le 2\pi$에서 함수 $y=\sin x$의 그래프와 함수 $y=\cos x$의 그래프는 서로 다른 두 점에서 만난다. (참)

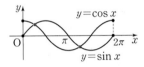

따라서 옳은 것은 ㄱ, ㄴ, ㄹ이다.

1129 답 ③

| 유형2

세 함수 $f(x)=\sin x$, $g(x)=\cos x$, $h(x)=\tan x$에 대하여 다음 중 옳은 것은? **단서1**

① $f(1)<g(1)<h(1)$ ② $f(1)<h(1)<g(1)$
③ $g(1)<f(1)<h(1)$ ④ $g(1)<h(1)<f(1)$
⑤ $h(1)<f(1)<g(1)$

단서1 세 함수의 그래프를 이용

STEP1 삼각함수의 그래프를 이용하여 $\sin 1$, $\cos 1$, $\tan 1$의 대소 비교하기

$\dfrac{\pi}{4}<1<\dfrac{\pi}{2}$이므로 그림에서

$\cos 1<\sin 1<\tan 1$

$\therefore g(1)<f(1)<h(1)$

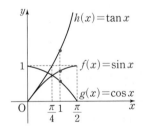

1130 답 ④

$25°<45°<50°$이므로
그림에서
$\sin 25°<\cos 25°<\tan 50°$
$\therefore C<A<B$

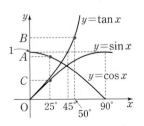

1131 답 ⑤

$\dfrac{\pi}{4}<1<\dfrac{5}{4}<\dfrac{\pi}{2}$이고 함수 $y=\cos x$는

$0<x<\dfrac{\pi}{2}$에서 x의 값이 증가하면 y의 값은 감소하므로

$\cos\dfrac{5}{4}<\cos 1<\cos\dfrac{\pi}{4}$

$\therefore f\left(\dfrac{5}{4}\right)<f(1)<f\left(\dfrac{\pi}{4}\right)$

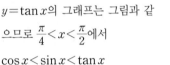

1132 답 ②

세 함수 $y=\sin x$, $y=\cos x$, $y=\tan x$의 그래프는 그림과 같으므로 $\dfrac{\pi}{4}<x<\dfrac{\pi}{2}$에서

$\cos x<\sin x<\tan x$

ㄱ. $\sin x-\cos x>0$ (거짓)

ㄴ. $\tan x-\cos x>0$ (참)

ㄷ. $\sin x-\tan x<0$ (거짓)

따라서 옳은 것은 ㄴ뿐이다.

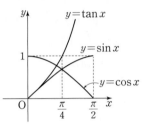

1133 답 $A>B$

$A-B$
$=x\sin y+y\sin x-(x\cos x+y\cos y)$
$=x(\sin y-\cos x)+y(\sin x-\cos y)$

$\dfrac{\pi}{4}<x<\dfrac{\pi}{2}$, $\dfrac{\pi}{4}<y<\dfrac{\pi}{2}$인 모든 x, y
$(x\ne y)$에 대하여
$\sin y>\cos x$, $\sin x>\cos y$
$\therefore \sin y-\cos x>0$,
  $\sin x-\cos y>0$

따라서
$x(\sin y-\cos x)+y(\sin x-\cos y)>0$
이므로
$A-B>0$
$\therefore A>B$

1134 답 ⑤

ㄱ. $0<\theta<\dfrac{\pi}{4}$일 때, $0<\sin\theta<\dfrac{\sqrt{2}}{2}$, $\dfrac{\sqrt{2}}{2}<\cos\theta<1$이므로
$0<\sin\theta<\cos\theta<1$ (참)

ㄴ. $0<\sin\theta<1$이므로 함수 $y=\log_{\sin\theta}x$는 x의 값이 증가하면 y의 값은 감소한다.
$\sin\theta<\cos\theta<1$이므로
$\log_{\sin\theta}1<\log_{\sin\theta}\cos\theta<\log_{\sin\theta}\sin\theta$
$\therefore 0<\log_{\sin\theta}\cos\theta<1$ (참)

ㄷ. $0<\cos\theta<1$이므로 함수 $y=(\cos\theta)^x$은 x의 값이 증가하면 y의 값은 감소한다.
$\sin\theta<\cos\theta$이므로 $(\cos\theta)^{\cos\theta}<(\cos\theta)^{\sin\theta}$
$\therefore (\sin\theta)^{\cos\theta}<(\cos\theta)^{\cos\theta}<(\cos\theta)^{\sin\theta}$ (참)

따라서 옳은 것은 ㄱ, ㄴ, ㄷ이다. → $0<\theta<\dfrac{\pi}{4}$일 때, $0<\sin\theta<\cos\theta$이므로 $(\sin\theta)^{\cos\theta}<(\cos\theta)^{\cos\theta}$

(1) 지수함수를 이용한 수의 대소 비교
  ① $a>1$일 때, $m<n \iff a^m<a^n$
  ② $0<a<1$일 때, $m<n \iff a^m>a^n$
(2) 로그함수를 이용한 수의 대소 비교
  ① $a>1$일 때, $m<n \iff \log_a m<\log_a n$
  ② $0<a<1$일 때, $m<n \iff \log_a m>\log_a n$

참고 지수함수 $y=a^x$ $(0<a<1)$의 그래프는 $x>0$일 때, a의 값이 작을수록 x축에 가까워짐을 이용하여 크기를 비교한다.

1135 답 ④
| 유형3

다음 중 주기가 $\sqrt{2}$인 주기함수인 것은?
단서1

① $y=\tan\left(\pi x+\dfrac{\pi}{2}\right)$ ② $y=\cos(\pi x-\sqrt{2})$

③ $y=\sin 2\pi x$ ④ $y=\cos\left(\sqrt{2}\pi x-\dfrac{\pi}{4}\right)$

⑤ $y=\sin\dfrac{\sqrt{2}}{\pi}x$

단서1 $y=\sin ax$의 주기 → $\dfrac{2\pi}{|a|}$, $y=\cos ax$의 주기 → $\dfrac{2\pi}{|a|}$, $y=\tan ax$의 주기 → $\dfrac{\pi}{|a|}$

STEP1 주기가 $\sqrt{2}$인 주기함수 찾기

① $y=\tan\left(\pi x+\dfrac{\pi}{2}\right)$의 주기는 $\dfrac{\pi}{\pi}=1$

② $y=\cos(\pi x-\sqrt{2})$의 주기는 $\dfrac{2\pi}{\pi}=2$

③ $y=\sin 2\pi x$의 주기는 $\dfrac{2\pi}{2\pi}=1$

④ $y=\cos\left(\sqrt{2}\pi x-\dfrac{\pi}{4}\right)$의 주기는 $\dfrac{2\pi}{\sqrt{2}\pi}=\sqrt{2}$

⑤ $y=\sin\dfrac{\sqrt{2}}{\pi}x$의 주기는 $\dfrac{2\pi}{\dfrac{\sqrt{2}}{\pi}}=\sqrt{2}\pi^2$

따라서 주어진 함수 중 주기가 $\sqrt{2}$인 것은 ④이다.

1136 답 ③

함수 $f(x)$의 주기가 p이므로 모든 실수 x에 대하여
$f(x+p)=f(x)$

$\therefore f(p)=f(0)=\sin\dfrac{\pi}{4}\cos\left(-\dfrac{\pi}{4}\right)$

$\qquad =\sin\dfrac{\pi}{4}\cos\dfrac{\pi}{4}$

$\qquad =\dfrac{\sqrt{2}}{2}\times\dfrac{\sqrt{2}}{2}$

$\qquad =\dfrac{1}{2}$

1137 답 ③

① $f(x)=2\sin 2\pi\left(x-\dfrac{\pi}{2}\right)$의 주기는 $\dfrac{2\pi}{2\pi}=1$

  $\therefore f(x)=f(x+1)$

② $f(x)=2\cos 2\pi(x-1)$의 주기는 $\dfrac{2\pi}{2\pi}=1$

  $\therefore f(x)=f(x+1)$

③ $f(x)=2\sin 3\pi(x-1)+1$의 주기는 $\dfrac{2\pi}{3\pi}=\dfrac{2}{3}$

  즉, $f(x)=f\left(x+\dfrac{2}{3}\right)=f\left(x+\dfrac{4}{3}\right)=\cdots$이므로

  $f(x)\neq f(x+1)$

④ $f(x)=2\cos 4\pi(x+1)-1$의 주기는 $\dfrac{2\pi}{4\pi}=\dfrac{1}{2}$

  즉, $f(x)=f\left(x+\dfrac{1}{2}\right)=f(x+1)=\cdots$이므로

  $f(x)=f(x+1)$

⑤ $f(x)=2\cos 6\pi x$의 주기는 $\dfrac{2\pi}{6\pi}=\dfrac{1}{3}$

  즉, $f(x)=f\left(x+\dfrac{1}{3}\right)=f\left(x+\dfrac{2}{3}\right)=f(x+1)=\cdots$이므로

  $f(x)=f(x+1)$

따라서 $f(x)=f(x+1)$을 만족시키지 않는 것은 ③이다.

참고 주기가 $\dfrac{1}{n}$ (n은 자연수)인 주기함수 $f(x)$는 모든 실수 x에 대하여 $f(x)=f(x+1)$을 만족시킨다.

1138 답 0

모든 실수 x에 대하여 $f(x+2)=f(x-1)$이 성립하므로 양변에 x 대신 $x+1$을 대입하면
$f(x+3)=f(x)$

따라서 함수 $f(x)$는 주기함수이므로
$f(2028)=f(2025)=f(2022)=\cdots=f(3)=f(0)=-1$
$f(2030)=f(2027)=f(2024)=\cdots=f(5)=f(2)=1$
$\therefore f(2028)+f(2030)=-1+1=0$

1139 답 9

$y=\cos\dfrac{2}{3}x$의 주기는 $\dfrac{2\pi}{\dfrac{2}{3}}=3\pi$

$y=\tan\dfrac{3}{a}x$의 주기는 $\dfrac{\pi}{\dfrac{3}{a}}=\dfrac{a\pi}{3}$

두 함수의 주기가 같으므로 $3\pi=\dfrac{a\pi}{3}$

$\therefore a=9$

1140 답 -1
| 유형4

함수 $y=2\cos\left(\dfrac{\pi}{2}x-\pi\right)-3$의 그래프는 함수 $y=2\cos\dfrac{\pi}{2}x$의 그래프를 x축의 방향으로 m만큼, y축의 방향으로 n만큼 평행이동한 것이다. 이때 $m+n$의 값을 구하시오. (단, $0<m<4$) **단서1**

단서1 $y=2\cos\left(\dfrac{\pi}{2}x-\pi\right)-3$을 $y=2\cos\dfrac{\pi}{2}(x-a)+b$ 꼴로 변형

STEP1 그래프를 어떻게 평행이동했는지 구하기

함수 $y=2\cos\left(\dfrac{\pi}{2}x-\pi\right)-3=2\cos\dfrac{\pi}{2}(x-2)-3$의 그래프는 함수 $y=2\cos\dfrac{\pi}{2}x$의 그래프를 x축의 방향으로 2만큼, y축의 방향으로 -3만큼 평행이동한 것이다.

STEP2 $m+n$의 값 구하기

$m=2$, $n=-3$이므로 $m+n=-1$

다른 풀이

함수 $y=2\cos\dfrac{\pi}{2}x$의 그래프를 x축의 방향으로 m만큼, y축의 방향으로 n만큼 평행이동하면

$y=2\cos\dfrac{\pi}{2}(x-m)+n=2\cos\left(\dfrac{\pi}{2}x-\dfrac{\pi}{2}m\right)+n$ ················ ㉠

㉠이 $y=2\cos\left(\dfrac{\pi}{2}x-\pi\right)-3$과 일치해야 하므로

$m=2,\ n=-3$ ∴ $m+n=-1$

1141 답 ④

함수 $y=\sin 2x+1$의 그래프를 x축에 대하여 대칭이동한 그래프의 식은

$-y=\sin 2x+1$ ∴ $y=-\sin 2x-1$

이 함수의 그래프를 y축의 방향으로 -3만큼 평행이동한 그래프의 식은

$y=-\sin 2x-1-3$ ∴ $y=-\sin 2x-4$

따라서 $a=-1,\ b=-4$이므로 $ab=4$

1142 답 ③

함수 $y=3\sin x$의 그래프를 x축의 방향으로 $-\dfrac{\pi}{4}$만큼 평행이동한 그래프의 식은

$y=3\sin\left(x+\dfrac{\pi}{4}\right)$ ··· ㉠

① $x=0$을 대입하면 $y=3\sin\dfrac{\pi}{4}=\dfrac{3\sqrt{2}}{2}$ → 점 $\left(0,\dfrac{3\sqrt{2}}{2}\right)$를 지남

② $x=-\dfrac{\pi}{4}$를 대입하면 $y=3\sin 0=0$ → 점 $\left(-\dfrac{\pi}{4},0\right)$을 지남

③ $x=\dfrac{\pi}{4}$를 대입하면 $y=3\sin\dfrac{\pi}{2}=3$ → 점 $\left(\dfrac{\pi}{4},3\right)$을 지남

④ $x=\dfrac{3}{4}\pi$를 대입하면 $y=3\sin\pi=0$ → 점 $\left(\dfrac{3}{4}\pi,0\right)$을 지남

⑤ $x=\dfrac{5}{4}\pi$를 대입하면 $y=3\sin\dfrac{3}{2}\pi=-3$ → 점 $\left(\dfrac{5}{4}\pi,-3\right)$을 지남

따라서 ㉠의 그래프 위의 점의 좌표는 ③이다.

1143 답 ③

함수 $y=\tan\pi x$의 그래프를 x축의 방향으로 -2만큼, y축의 방향으로 1만큼 평행이동한 그래프의 식은

$y=\tan\pi(x+2)+1$

이 함수의 그래프가 점 $\left(-\dfrac{7}{4},a\right)$를 지나므로

$a=\tan\pi\left(-\dfrac{7}{4}+2\right)+1=\tan\dfrac{\pi}{4}+1$

$\quad=1+1=2$

1144 답 ②

ㄱ. 함수 $y=2\sin x-2$의 그래프는 함수 $y=\sin x$의 그래프를 y축의 방향으로 2배 한 후 y축의 방향으로 -2만큼 평행이동한 것과 같다.

ㄴ. 함수 $y=\sin(x+\pi)+1$의 그래프는 함수 $y=\sin x$의 그래프를 x축의 방향으로 $-\pi$만큼, y축의 방향으로 1만큼 평행이동한 것과 같다.

ㄷ. 함수 $y=-\sin x+5$의 그래프는 함수 $y=\sin x$의 그래프를 x축에 대하여 대칭이동한 후 y축의 방향으로 5만큼 평행이동한 것과 같다.

ㄹ. 함수 $y=\sin(2x-\pi)-3=\sin 2\left(x-\dfrac{\pi}{2}\right)-3$의 그래프는 함수 $y=\sin 2x$의 그래프를 x축의 방향으로 $\dfrac{\pi}{2}$만큼, y축의 방향으로 -3만큼 평행이동한 것과 같다.

따라서 함수 $y=\sin x$의 그래프를 평행이동 또는 대칭이동하여 겹쳐질 수 있는 그래프의 식은 ㄴ, ㄷ이다.

1145 답 ㄹ

ㄱ. 함수 $y=-\cos 2x$의 그래프는 함수 $y=\cos 2x$의 그래프를 x축에 대하여 대칭이동한 것과 같다.

ㄴ. 함수 $y=\cos(2x-3)=\cos 2\left(x-\dfrac{3}{2}\right)$의 그래프는 함수 $y=\cos 2x$의 그래프를 x축의 방향으로 $\dfrac{3}{2}$만큼 평행이동한 것과 같다.

┌→ 함수 $y=\cos x$의 그래프를 y축의 방향으로 3배 한 것과 같다.

ㄷ. 함수 $y=3\cos x+2$의 그래프는 함수 $y=3\cos x$의 그래프를 y축의 방향으로 2만큼 평행이동한 것과 같다.

ㄹ. 함수 $y=3\cos(2x+\pi)-2=3\cos 2\left(x+\dfrac{\pi}{2}\right)-2$의 그래프는 함수 $y=3\cos 2x$의 그래프를 x축의 방향으로 $-\dfrac{\pi}{2}$만큼, y축의 방향으로 -2만큼 평행이동한 것과 같다.

따라서 함수 $y=3\cos 2x$의 그래프를 평행이동하여 겹쳐질 수 있는 그래프의 식은 ㄹ뿐이다.

1146 답 ④

함수 $y=-2\cos 4x$의 그래프를 x축의 방향으로 $\dfrac{\pi}{4}$만큼, y축의 방향으로 -4만큼 평행이동한 그래프의 식은

$y=-2\cos 4\left(x-\dfrac{\pi}{4}\right)-4$

∴ $y=-2\cos(4x-\pi)-4$

따라서 $f(x)=-2\cos(4x-\pi)-4$이므로

$f\left(\dfrac{\pi}{3}\right)=-2\cos\left(\dfrac{4}{3}\pi-\pi\right)-4=-2\cos\dfrac{\pi}{3}-4$

$\quad=-2\times\dfrac{1}{2}-4=-5$

1147 답 -9

함수 $y=\tan\dfrac{\pi}{2}x$의 그래프를 y축에 대하여 대칭이동한 그래프의 식은 $y=\tan\left(-\dfrac{\pi}{2}x\right)$

이 함수의 그래프를 x축의 방향으로 $\dfrac{1}{3}$만큼, y축의 방향으로 3만큼 평행이동한 그래프의 식은

$y=\tan\left\{-\dfrac{\pi}{2}\left(x-\dfrac{1}{3}\right)\right\}+3=\tan\left(-\dfrac{\pi}{2}x+\dfrac{\pi}{6}\right)+3$

따라서 $a=-\dfrac{\pi}{2},\ b=\dfrac{\pi}{6},\ c=3$이므로

$\dfrac{ac}{b}=-9$

1148 답 ①
유형 5

함수 $y=-2\sin\left(-3\pi x+\dfrac{1}{6}\right)+1$의 주기를 a, 최댓값을 b, 최솟값

을 c라 할 때, $a+b+c$의 값은?

① $\dfrac{8}{3}$ ② 3   ③ $\dfrac{10}{3}$

④ $\dfrac{11}{3}$ ⑤ 4

단서1 $y=a\sin(bx+c)+d$에서 주기: $\dfrac{2\pi}{|b|}$, 최댓값: $|a|+d$, 최솟값: $-|a|+d$

STEP 1 함수의 주기, 최댓값, 최솟값 구하기

$y=-2\tan\left(-3\pi x+\dfrac{1}{6}\right)+1$에서

주기는 $\dfrac{2\pi}{|-3\pi|}=\dfrac{2}{3}$,

최댓값은 $|-2|+1=3$,

최솟값은 $-|-2|+1=-1$

STEP 2 $a+b+c$의 값 구하기

$a=\dfrac{2}{3}$, $b=3$, $c=-1$이므로

$a+b+c=\dfrac{8}{3}$

1149 답 ⑤

$f(x)=-4\cos\left(2x+\dfrac{2}{3}\pi\right)-1$에서

주기는 $\dfrac{2\pi}{2}=\pi$,

최댓값은 $|-4|-1=3$,

최솟값은 $-|-4|-1=-5$

따라서 $a=\pi$, $b=3$, $c=-5$이므로

$\dfrac{abc}{\pi}=-15$

1150 답 -12

$f(x)=2\tan\left(-\dfrac{\pi}{4}x-1\right)-3$에서

주기는 $\dfrac{\pi}{\left|-\dfrac{\pi}{4}\right|}=4$,

$f\left(-\dfrac{4}{\pi}\right)=2\tan(1-1)-3=-3$

따라서 $a=4$, $b=-3$이므로

$ab=-12$

1151 답 ②

함수 $y=3\cos 2x$의 그래프를 x축의 방향으로 $\dfrac{\pi}{4}$만큼, y축의 방향으로 2만큼 평행이동한 그래프의 식은

$y=3\cos 2\left(x-\dfrac{\pi}{4}\right)+2$

이 함수의 주기는 $\dfrac{2\pi}{2}=\pi$, 최솟값은 $-|3|+2=-1$

따라서 $a=\pi$, $b=-1$이므로 $a+b=\pi-1$

참고 함수의 그래프를 평행이동하여도 함수의 주기는 변하지 않는다.

1152 답 -12

함수 $y=-2\sin\dfrac{\pi}{3}x$의 그래프를 x축의 방향으로 $\dfrac{\pi}{2}$만큼, y축의

방향으로 -4만큼 평행이동한 그래프의 식은

$y=-2\sin\dfrac{\pi}{3}\left(x-\dfrac{\pi}{2}\right)-4$

이 함수의 주기는 $\dfrac{2\pi}{\dfrac{\pi}{3}}=6$, 최댓값은 $|-2|-4=-2$

따라서 $a=6$, $b=-2$이므로

$ab=-12$

1153 답 ②

함수 $f(x)=4\cos x+3$의 최댓값은

$|4|+3=7$

1154 답 ④

주기는 $\dfrac{2\pi}{2}=\pi$

$0\le x\le\pi$에서 함수 $f(x)=-\sin 2x$
의 그래프는 그림과 같으므로

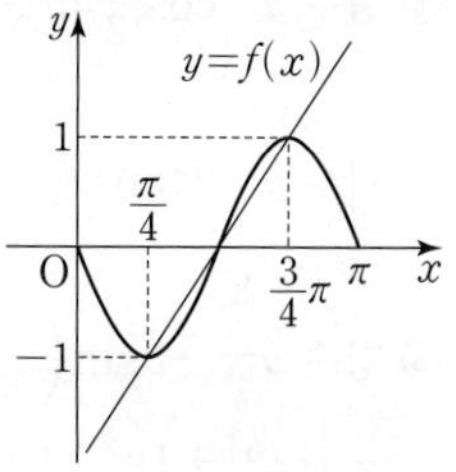

함수 $f(x)$는 $x=\dfrac{3}{4}\pi$일 때 최댓값

$f\left(\dfrac{3}{4}\pi\right)=-\sin\dfrac{3}{2}\pi=1$,

$x=\dfrac{\pi}{4}$일 때 최솟값

$f\left(\dfrac{\pi}{4}\right)=-\sin\dfrac{\pi}{2}=-1$

을 가진다.

$\therefore a=\dfrac{3}{4}\pi$, $b=\dfrac{\pi}{4}$

따라서 두 점 $\left(\dfrac{3}{4}\pi,\ 1\right)$, $\left(\dfrac{\pi}{4},\ -1\right)$을 지나는 직선의 기울기는

$\dfrac{1-(-1)}{\dfrac{3}{4}\pi-\dfrac{\pi}{4}}=\dfrac{2}{\dfrac{\pi}{2}}=\dfrac{4}{\pi}$

1155 답 ⑤
유형 6

다음 중 함수 $y=2\cos\left(\dfrac{\pi}{2}-x\right)$에 대한 설명으로 옳지 않은 것은?

① 주기가 2π인 주기함수이다.

② 정의역은 실수 전체의 집합이다.

③ 치역은 $\{y|-2\le y\le 2\}$이다.

④ 그래프는 점 $\left(\dfrac{\pi}{6},\ 1\right)$을 지난다.

⑤ 그래프를 x축의 방향으로 $-\dfrac{\pi}{2}$만큼 평행이동하면 함수 $y=\cos x$

단서1

의 그래프와 겹쳐질 수 있다.

단서1 x 대신 $x+\dfrac{\pi}{2}$를 대입

STEP 1 함수 $y=2\cos\left(\dfrac{\pi}{2}-x\right)$에 대한 설명으로 옳지 않은 것 찾기

① 주기는 $\dfrac{2\pi}{|-1|}=2\pi$ (참)

② 정의역은 실수 전체의 집합이다. (참)

③ 최댓값이 2, 최솟값이 -2이므로 치역은 $\{y\mid -2\leq y\leq 2\}$이다.
(참)

④ $y=2\cos\left(\dfrac{\pi}{2}-x\right)$에 $x=\dfrac{\pi}{6}$를 대입하면

$y=2\cos\left(\dfrac{\pi}{2}-\dfrac{\pi}{6}\right)=2\cos\dfrac{\pi}{3}=2\times\dfrac{1}{2}=1$

즉, 그래프는 점 $\left(\dfrac{\pi}{6},\,1\right)$을 지난다. (참)

⑤ 함수 $y=2\cos\left(\dfrac{\pi}{2}-x\right)$의 그래프를 x축의 방향으로 $-\dfrac{\pi}{2}$만큼

평행이동한 그래프의 식은

$y=2\cos\left\{\dfrac{\pi}{2}-\left(x+\dfrac{\pi}{2}\right)\right\}$

$=2\cos(-x)=2\cos x$

이므로 함수 $y=\cos x$의 그래프와 겹쳐질 수 없다. (거짓)

따라서 옳지 않은 것은 ⑤이다.

1156 답 ⑤

① 함수 $y=\cos\dfrac{x}{2}$의 주기는 $\dfrac{2\pi}{\frac{1}{2}}=4\pi$ (거짓)

② 함수 $y=2\tan\left(\dfrac{x}{2}-\dfrac{\pi}{6}\right)$의 주기는 $\dfrac{\pi}{\frac{1}{2}}=2\pi$ (거짓)

③ 함수 $y=-2\sin\left(x-\dfrac{\pi}{2}\right)+1$의 최솟값은

$-|-2|+1=-1$ (거짓)

④ 함수 $y=\tan 2x$의 그래프의 점근선의 방정식은 $2x=n\pi+\dfrac{\pi}{2}$

에서 $x=\dfrac{n}{2}\pi+\dfrac{\pi}{4}$ (단, n은 정수) (거짓)

⑤ 함수 $y=\sin\left(x+\dfrac{\pi}{2}\right)$의 그래프는 함수 $y=\sin x$의 그래프를

x축의 방향으로 $-\dfrac{\pi}{2}$만큼 평행이동한 것이므로 함수 $y=\cos x$

의 그래프와 일치한다. (참)

따라서 옳은 것은 ⑤이다.

1157 답 ④

③ 함수 $y=\tan 2\left(x-\dfrac{\pi}{2}\right)+1$의 그래프의 점근선의 방정식은

$2\left(x-\dfrac{\pi}{2}\right)=n\pi+\dfrac{\pi}{2}$에서

$x-\dfrac{\pi}{2}=\dfrac{n}{2}\pi+\dfrac{\pi}{4}$ $\therefore x=\dfrac{n}{2}\pi+\dfrac{3}{4}\pi$ (단, n은 정수) (참)

④ $y=\tan 2\left(x-\dfrac{\pi}{2}\right)+1$에 $x=0$을 대입하면

$y=\tan(-\pi)+1=-\tan\pi+1=1$

즉, 그래프는 점 $(0,\,1)$을 지난다. (거짓)

따라서 옳지 않은 것은 ④이다.

1158 답 ⑤

① 주기는 $\dfrac{2}{3}\pi$이다. (거짓)

② 최댓값은 $3-1=2$ (거짓)

③ 최솟값은 $-3-1=-4$ (거짓)

④ $f\left(\dfrac{\pi}{3}\right)=3\cos\pi-1=3\times(-1)-1=-4$ (거짓)

⑤ 함수 $f(x)=3\cos 3x-1$의 그래프는 그림
과 같으므로 $0<x<\dfrac{\pi}{3}$에서 x의 값이 증가
하면 y의 값은 감소한다. (참)

따라서 옳은 것은 ⑤이다.

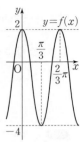

1159 답 ㄴ, ㄷ, ㅁ

ㄱ. 주기는 $\dfrac{2\pi}{4}=\dfrac{\pi}{2}$ (거짓)

ㄴ. 최댓값은 $2-1=1$, 최솟값은 $-2-1=-3$이므로 치역은
$\{y\mid -3\leq y\leq 1\}$ (참)

ㄷ. $f(-\pi)=2\sin(-4\pi+\pi)-1=2\sin(-3\pi)-1$
$=2\times 0-1=-1$
$f(\pi)=2\sin(4\pi+\pi)-1=2\sin 5\pi-1$
$=2\times 0-1=-1$
$\therefore f(-\pi)+f(\pi)=-2$ (참)

ㄹ. $f(-x)=2\sin(-4x+\pi)-1=-2\sin(4x-\pi)-1$
이므로 $-f(-x)=2\sin(4x-\pi)+1$
$\therefore f(x)\neq -f(-x)$ (거짓)

ㅁ. 함수 $y=2\sin(4x+\pi)-1=2\sin 4\left(x+\dfrac{\pi}{4}\right)-1$의 그래프는

함수 $y=2\sin 4x$의 그래프를 x축의 방향으로 $-\dfrac{\pi}{4}$만큼, y축

의 방향으로 -1만큼 평행이동한 것과 같다. (참)

따라서 옳은 것은 ㄴ, ㄷ, ㅁ이다.

참고 ㄹ. ㄷ에서 $f(-\pi)+f(\pi)=-2$가 참이므로 $f(-\pi)+f(\pi)\neq 0$, 즉
$f(\pi)\neq -f(-\pi)$이다. 따라서 모든 실수 x에 대하여 $f(x)=-f(-x)$가 성
립한다는 명제는 거짓임을 알 수 있다.

1160 답 ⑤

ㄱ. 주기는 $\dfrac{2\pi}{2}=\pi$이므로 모든 실수 x에 대하여
$f(x+\pi)=f(x)$ (참)

ㄴ. 최댓값은 $1+3=4$, 최솟값은 $-1+3=2$ (참)

ㄷ. $f\left(\dfrac{\pi}{6}-x\right)=\cos\left\{2\left(\dfrac{\pi}{6}-x\right)-\dfrac{\pi}{3}\right\}+3$
$=\cos(-2x)+3$
$=\cos 2x+3$
$f\left(\dfrac{\pi}{6}+x\right)=\cos\left\{2\left(\dfrac{\pi}{6}+x\right)-\dfrac{\pi}{3}\right\}+3$
$=\cos 2x+3$

즉, $f\left(\dfrac{\pi}{6}-x\right)=f\left(\dfrac{\pi}{6}+x\right)$이므로 함수 $y=f(x)$의 그래프는

직선 $x=\dfrac{\pi}{6}$에 대하여 대칭이다. (참)

따라서 옳은 것은 ㄱ, ㄴ, ㄷ이다.

참고 함수 $f(x)$의 그래프가 직선 $x=k$에 대하여 대칭이면 함수 $f(x)$는 모
든 실수 x에 대하여 $f(k-x)=f(k+x)$가 성립함을 이용한다.

1161 답 ②

상수 a, b에 대하여 함수 $f(x)=a\sin\left(x+\dfrac{\pi}{2}\right)+b$의 최댓값이 5이고

$f\left(-\dfrac{\pi}{3}\right)=2$일 때, $f(x)$의 최솟값은? (단, $a<0$)

단서1

① 0 ② 1 ③ 2
④ 3 ⑤ 4

단서1 최댓값은 $|a|+b=5$

STEP 1 a, b의 값 구하기

$f(x)=a\sin\left(x+\dfrac{\pi}{2}\right)+b$의 최댓값이 5이고 $a<0$이므로

$-a+b=5$ ······································ ㉠

$f\left(-\dfrac{\pi}{3}\right)=2$이므로

$a\sin\left(-\dfrac{\pi}{3}+\dfrac{\pi}{2}\right)+b=2$, $a\sin\dfrac{\pi}{6}+b=2$

$\therefore \dfrac{1}{2}a+b=2$ ···························· ㉡

㉠, ㉡을 연립하여 풀면 $a=-2$, $b=3$

STEP 2 $f(x)$ 구하기

$\to$ ㉠+㉡×2를 하면
$3b=9$ $\therefore b=3$
$b=3$을 ㉠에 대입하면 $a=-2$

$f(x)=-2\sin\left(x+\dfrac{\pi}{2}\right)+3$

STEP 3 $f(x)$의 최솟값 구하기

$f(x)$의 최솟값은 $-|-2|+3=1$

1162 답 ③

$f(x)=a\tan bx$의 주기가 $\dfrac{\pi}{2}$이고 $b>0$이므로

$\dfrac{\pi}{b}=\dfrac{\pi}{2}$ $\therefore b=2$

즉, $f(x)=a\tan 2x$에서 $f\left(\dfrac{\pi}{8}\right)=3$이므로

$a\tan\left(2\times\dfrac{\pi}{8}\right)=3$

$a\tan\dfrac{\pi}{4}=3$ $\therefore a=3$

$\therefore a+b=5$

1163 답 ⑤

$y=a\sin(\pi x+2)+b$의 주기가 p이므로

$p=\dfrac{2\pi}{\pi}=2$

$a>0$이므로 함수 $y=a\sin(\pi x+2)+b$의 최댓값은 $a+b$, 최솟값은 $-a+b$

$\therefore a+b=8$, $-a+b=2$ $(\because m=p)$

두 식을 연립하여 풀면

$a=3$, $b=5$

$\therefore ab=15$

1164 답 ①

$y=2\tan(ax-b)+1$의 주기가 2π이고 $a>0$이므로

$\dfrac{\pi}{a}=2\pi$ $\therefore a=\dfrac{1}{2}$

따라서 함수 $y=2\tan\left(\dfrac{1}{2}x-b\right)+1$의 그래프의 점근선의 방정식은

$\dfrac{1}{2}x-b=k\pi+\dfrac{\pi}{2}$에서 $\dfrac{1}{2}x=k\pi+\dfrac{\pi}{2}+b$

$\therefore x=2k\pi+\pi+2b$ (단, k는 정수)

이 방정식이 $x=2n\pi$ (n은 정수)와 일치하므로

$\pi+2b=2l\pi$

$\therefore b=\dfrac{(2l-1)\pi}{2}$ (단, l은 정수) ············· ㉠

$0<b<\pi$이므로 $0<\dfrac{(2l-1)\pi}{2}<\pi$에서

$\dfrac{1}{2}<l<\dfrac{3}{2}$

이때 l은 정수이므로 $l=1$

이 값을 ㉠에 대입하면 $b=\dfrac{\pi}{2}$

$\therefore ab=\dfrac{1}{2}\times\dfrac{\pi}{2}=\dfrac{\pi}{4}$

1165 답 4

㈎에서 $f(x)$의 최솟값이 -4이고 $a>0$이므로

$-a+c=-4$ ···································· ㉠

㈏에서 $f(x)$의 주기가 6π이고 $b>0$이므로

$\dfrac{2\pi}{b}=6\pi$ $\therefore b=\dfrac{1}{3}$

즉, $f(x)=a\sin\dfrac{x}{3}+c$이고 ㈐에서 $f\left(\dfrac{\pi}{2}\right)=5$이므로

$a\sin\dfrac{\pi}{6}+c=5$ $\therefore \dfrac{1}{2}a+c=5$ ············ ㉡

㉠, ㉡을 연립하여 풀면 $a=6$, $c=2$

$\therefore abc=6\times\dfrac{1}{3}\times 2=4$

1166 답 ①

㈎에서 $f(x)=3\tan(ax+b)-2$의 주기가 2π이고 $a>0$이므로

$\dfrac{\pi}{a}=2\pi$ $\therefore a=\dfrac{1}{2}$

따라서 함수 $f(x)=3\tan\left(\dfrac{1}{2}x+b\right)-2$의 그래프의 점근선의 방정식은

$\dfrac{1}{2}x+b=k\pi+\dfrac{\pi}{2}$에서 $\dfrac{1}{2}x=k\pi+\dfrac{\pi}{2}-b$

$\therefore x=2k\pi+\pi-2b$ (단, k는 정수)

㈏에서 이 방정식이 $x=2n\pi+\dfrac{\pi}{2}$ (n은 정수)와 일치하므로

$\pi-2b=2l\pi+\dfrac{\pi}{2}$

$\therefore b=\dfrac{\pi}{4}-l\pi$ (단, l은 정수) ············· ㉠

$0<b<\pi$에서 $0<\dfrac{\pi}{4}-l\pi<\pi$이므로

$-\dfrac{3}{4}<l<\dfrac{1}{4}$

이때 l은 정수이므로 $l=0$

이 값을 ㉠에 대입하면 $b=\dfrac{\pi}{4}$

$\therefore ab=\dfrac{1}{2}\times\dfrac{\pi}{4}=\dfrac{\pi}{8}$

1167 　답 $\dfrac{14}{3}\pi$

㈎에서 $f(x)$의 주기가 π이고 $b>0$이므로

$\dfrac{2\pi}{b}=\pi$　　$\therefore b=2$

$a>0$이므로 $f(x)$의 최댓값은 $a+d$, 최솟값은 $-a+d$

㈏에서

$(a+d)+(-a+d)=2$　　$\therefore d=1$

$(a+d)-(-a+d)=4$　　$\therefore a=2$

즉, $f(x)=2\cos(2x+c)+1$이고 ㈐에서 $f\left(\dfrac{\pi}{6}\right)=1$이므로

$2\cos\left(\dfrac{\pi}{3}+c\right)+1=1,\ \cos\left(\dfrac{\pi}{3}+c\right)=0$

이때 $\pi<c<2\pi$에서 $\dfrac{4}{3}\pi<\dfrac{\pi}{3}+c<\dfrac{7}{3}\pi$이므로

$\dfrac{\pi}{3}+c=\dfrac{3}{2}\pi$　　$\therefore c=\dfrac{7}{6}\pi$

$\therefore abcd=2\times2\times\dfrac{7}{6}\pi\times1=\dfrac{14}{3}\pi$

1168 　답 ①

$f(x)=a\tan(bx+c)+d$

　　　$=a\tan b\left(x+\dfrac{c}{b}\right)+d$ ················· ㉠

㈎에서 $f(x)$의 주기가 $\dfrac{\pi}{3}$이고 $b>0$이므로

$\dfrac{\pi}{b}=\dfrac{\pi}{3}$　　$\therefore b=3$

㈏에서 함수 $y=a\tan bx$의 그래프를 x축의 방향으로 $\dfrac{\pi}{3}$만큼, y축의 방향으로 -2만큼 평행이동한 그래프의 식은

$y=a\tan b\left(x-\dfrac{\pi}{3}\right)-2$ ················· ㉡

㉠, ㉡이 일치해야 하므로

$\dfrac{c}{b}=-\dfrac{\pi}{3}+n\pi$ (단, n은 정수), $d=-2$

$b=3$이므로 $c=-\pi+3n\pi=(3n-1)\pi$

이때 $-2\pi<c<0$이므로 $c=-\pi$

즉, $f(x)=a\tan(3x-\pi)-2$이고 ㈐에서 $f\left(\dfrac{\pi}{4}\right)=1$이므로

$a\tan\left(-\dfrac{\pi}{4}\right)-2=1,\ -a\tan\dfrac{\pi}{4}-2=1$

$-a-2=1$　　$\therefore a=-3$

$\therefore abcd=-3\times3\times(-\pi)\times(-2)=-18\pi$

실수 Check

> 함수 $f(x)$는 주기함수이므로 ㉠=㉡을 만족시키는 $\dfrac{c}{b}$의 값은 무수히 많이 존재한다. 이때 주어진 조건에서 $-2\pi<c<0$이므로 이를 만족시키는 c의 값을 구해야 함에 주의한다.

1169 　답 ①

$f(x)=4\cos\dfrac{\pi}{a}x+b$의 주기가 4이고 $a>0$이므로

$\dfrac{2\pi}{\frac{\pi}{a}}=4$　　$\therefore a=2$

$f(x)$의 최솟값이 -1이므로

$-4+b=-1$　　$\therefore b=3$

$\therefore a+b=5$

1170 　답 ⑤　　|유형8

함수 $y=a\sin bx+c$의 그래프가 그림과 같을 때, 상수 a, b, c에 대하여 $a+b-2c$의 값은? (단, $a>0$, $b>0$)

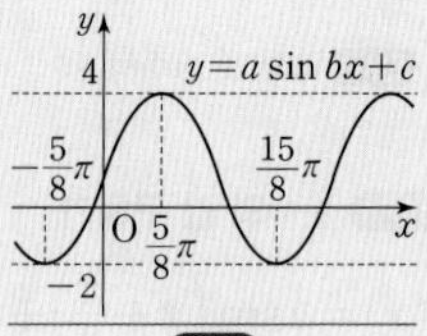

① 1　　② $\dfrac{6}{5}$

③ $\dfrac{7}{5}$　　④ $\dfrac{8}{5}$

⑤ $\dfrac{9}{5}$

단서1 $|a|+c=4,\ -|a|+c=-2,\ (주기)=\dfrac{2\pi}{|b|}$

STEP 1 상수 a, c의 값 구하기

$y=a\sin bx+c$의 최댓값이 4, 최솟값이 -2이고 $a>0$이므로

$a+c=4,\ -a+c=-2$

두 식을 연립하여 풀면 $a=3,\ c=1$

STEP 2 상수 b의 값 구하기

주기가 $\dfrac{15}{8}\pi-\left(-\dfrac{5}{8}\pi\right)=\dfrac{5}{2}\pi$이고 $b>0$이므로

$\dfrac{2\pi}{b}=\dfrac{5}{2}\pi$　　$\therefore b=\dfrac{4}{5}$

STEP 3 $a+b-2c$의 값 구하기

$a+b-2c=3+\dfrac{4}{5}-2=\dfrac{9}{5}$

1171 　답 ③

$y=a\cos(bx+\pi)$의 최댓값이 2이고 $a>0$이므로

$a=2$

주기가 π이고 $b>0$이므로

$\dfrac{2\pi}{b}=\pi$　　$\therefore b=2$

$\therefore a+b=4$

1172 　답 14

$y=a\sin\dfrac{\pi}{2}(2x+1)+b=a\sin\pi\left(x+\dfrac{1}{2}\right)+b$의 최댓값 4, 최솟값이 -4이고 $a>0$이므로

$a+b=4,\ -a+b=-4$

두 식을 연립하여 풀면 $a=4,\ b=0$

주기가 $\dfrac{2\pi}{\pi}=2$이므로

$c=2-\dfrac{1}{2}=\dfrac{3}{2}$

$\therefore 2a+b+4c=8+0+6=14$

1173 　답 ②

$y=a\cos(bx+c)$의 최댓값이 3이고 $a>0$이므로

$a=3$

주기가 $\frac{5}{3}\pi-\left(-\frac{\pi}{3}\right)=2\pi$이고 $b>0$이므로

$\frac{2\pi}{b}=2\pi$ $\therefore b=1$

따라서 함수 $y=3\cos(x+c)$의 그래프가 점 $\left(-\frac{\pi}{3},\ 3\right)$을 지나므로

$3\cos\left(-\frac{\pi}{3}+c\right)=3$ $\therefore \cos\left(c-\frac{\pi}{3}\right)=1$

이때 $0<c<\frac{\pi}{2}$에서 $-\frac{\pi}{3}<c-\frac{\pi}{3}<\frac{\pi}{6}$이므로

$c-\frac{\pi}{3}=0$ $\therefore c=\frac{\pi}{3}$

$\therefore abc=3\times1\times\frac{\pi}{3}=\pi$

1174 답 $\frac{\sqrt{3}}{3}$

$f(x)=\tan(ax-b)$의 주기가 $\frac{5}{4}\pi-\frac{\pi}{2}=\frac{3}{4}\pi$이고 $a>0$이므로

$\frac{\pi}{a}=\frac{3}{4}\pi$ $\therefore a=\frac{4}{3}$

즉, 함수 $y=\tan\left(\frac{4}{3}x-b\right)$의 그래프가 점 $\left(\frac{\pi}{8},\ 0\right)$을 지나므로

$\tan\left(\frac{\pi}{6}-b\right)=0$ $\longrightarrow \frac{-\frac{\pi}{4}+\frac{\pi}{2}}{2}=\frac{\pi}{8}$

이때 $0<b<\frac{\pi}{2}$에서 $-\frac{\pi}{3}<\frac{\pi}{6}-b<\frac{\pi}{6}$이므로

$\frac{\pi}{6}-b=0$ $\therefore b=\frac{\pi}{6}$

따라서 $f(x)=\tan\left(\frac{4}{3}x-\frac{\pi}{6}\right)$이므로

$f\left(\frac{\pi}{4}\right)=\tan\left(\frac{\pi}{3}-\frac{\pi}{6}\right)=\tan\frac{\pi}{6}=\frac{\sqrt{3}}{3}$

1175 답 $\sqrt{3}+3$

$f(x)=a\sin\left(bx+\frac{\pi}{6}\right)+c$의 최댓값이 5, 최솟값이 1이고 $a>0$이므로

$a+c=5,\ -a+c=1$

두 식을 연립하여 풀면 $a=2,\ c=3$

주기가 $2\times\{1-(-2)\}=6$이고 $b>0$이므로

$\frac{2\pi}{b}=6$ $\therefore b=\frac{\pi}{3}$

따라서 $f(x)=2\sin\left(\frac{\pi}{3}x+\frac{\pi}{6}\right)+3$이므로

$f\left(\frac{1}{2}\right)=2\sin\left(\frac{\pi}{6}+\frac{\pi}{6}\right)+3$

$=2\sin\frac{\pi}{3}+3$

$=2\times\frac{\sqrt{3}}{2}+3=\sqrt{3}+3$

참고 그래프에서 반복되는 최소 구간을 이용하여 주기를 구한다.

1176 답 ③

$y=a\tan b\pi x$의 주기가 $8-2=6$이고 $b>0$이므로

$\frac{\pi}{b\pi}=6$ $\therefore b=\frac{1}{6}$

따라서 함수 $y=a\tan\frac{\pi}{6}x$의 그래프가 점 $(2,\ 3)$을 지나므로

$a\tan\frac{\pi}{3}=3$

$\sqrt{3}a=3$ $\therefore a=\sqrt{3}$

$\therefore a^2\times b=3\times\frac{1}{6}=\frac{1}{2}$

1177 답 ②

$f(x)=a\cos\frac{\pi}{2b}x+1$의 최댓값이 4이고 $a>0$이므로

$a+1=4$ $\therefore a=3$

주기가 4이고 $b>0$이므로

$\frac{2\pi}{\frac{\pi}{2b}}=4,\ 4b=4$ $\therefore b=1$

$\therefore a+b=4$

1178 답 ①

$y=a\tan(bx+c)$의 주기가 $\pi-(-3\pi)=4\pi$이고 $b>0$이므로

$\frac{\pi}{b}=4\pi$ $\therefore b=\frac{1}{4}$

따라서 함수 $y=a\tan\left(\frac{x}{4}+c\right)=a\tan\frac{1}{4}(x+4c)$의 그래프는 함수 $y=a\tan\frac{1}{4}x$의 그래프를 x축의 방향으로 $-4c$만큼 평행이동한 것과 같으므로

$f(-4c)=0$

이때 $0<c<\pi$에서 $-4\pi<-4c<0$이므로

$-4c=-3\pi$ $\therefore c=\frac{3}{4}\pi$

또, 함수 $y=a\tan\frac{1}{4}(x+3\pi)$의 그래프가 점 $(0,\ -3)$을 지나므로

$-3=a\tan\frac{3}{4}\pi,\ -3=-a$ $\therefore a=3$

$\therefore a\times b\times c=3\times\frac{1}{4}\times\frac{3}{4}\pi=\frac{9}{16}\pi$

1179 답 ④ | 유형 9

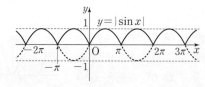
다음 중 주기함수가 아닌 것은?
단서1
① $y=|\sin x|$ ② $y=|\cos x|$ ③ $y=|\tan x|$
④ $y=\sin|x|$ ⑤ $y=\cos|x|$
단서1 함수 $y=f(x)$의 정의역에 속하는 모든 x에 대하여 $f(x+p)=f(x)$인 0이 아닌 상수 p가 존재

STEP 1 주기함수가 아닌 것 찾기

① 함수 $y=|\sin x|$의 그래프는 그림과 같으므로 주기가 π인 주기함수이다.

② 함수 $y=|\cos x|$의 그래프는 그림과 같으므로 주기가 π인 주기함수이다.

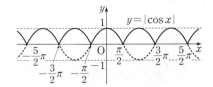

③ 함수 $y=|\tan x|$의 그래프는 그림과 같으므로 주기가 π인 주기함수이다.

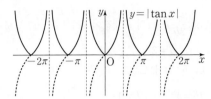

④ 함수 $y=\sin|x|$의 그래프는 그림과 같으므로 주기함수가 아니다.

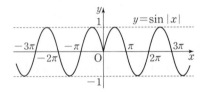

⑤ 함수 $y=\cos|x|$의 그래프는 그림과 같으므로 주기가 2π인 주기함수이다.

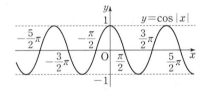

따라서 주기함수가 아닌 것은 ④이다.

1180 답 ⑤

함수 $y=|2\tan x|$의 그래프는 함수 $y=2\tan x$의 그래프에서 $y \geq 0$인 부분은 그대로 두고 $y<0$인 부분은 x축에 대하여 대칭이동한 것이므로 그림과 같다.

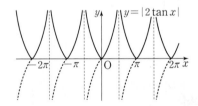

① 주기는 π이다. (거짓)
② 최댓값은 존재하지 않는다. (거짓)
③ 최솟값은 0이다. (거짓)
④ 그래프는 y축에 대하여 대칭이다. (거짓)
⑤ 그래프의 점근선의 방정식은 $x=n\pi+\dfrac{\pi}{2}$ (n은 정수)이다. (참)

따라서 옳은 것은 ⑤이다.

1181 답 ④

함수 $y=\tan|x|$의 그래프는 함수 $y=\tan x$의 그래프에서 $x \geq 0$인 부분은 그대로 두고 $x<0$인 부분을 $x \geq 0$인 부분을 y축에 대하여 대칭이동한 것이므로 그림과 같다.

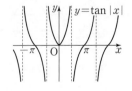

① 최솟값은 존재하지 않는다. (거짓)
② 주기함수가 아니다. (거짓)
③ 정의역은 $x \neq n\pi+\dfrac{\pi}{2}$ (n은 정수)인 실수 전체의 집합이다.
　　　　　　　　　　　　　　　　　　　　(거짓)
④ 그래프는 y축에 대하여 대칭이다. (참)
⑤ 그래프의 점근선의 방정식은 $x=n\pi+\dfrac{\pi}{2}$ (n은 정수)이다. (거짓)

따라서 옳은 것은 ④이다.

1182 답 ⑤

함수 $y=|\cos x|$의 그래프는 다음 그림과 같다.

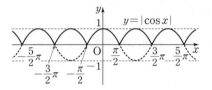

ㄱ. 함수 $y=|\sin x|$의 그래프는 그림과 같다.

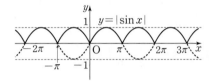

ㄴ. 함수 $y=\left|\sin\left(x-\dfrac{\pi}{2}\right)\right|$의 그래프는 함수 $y=|\sin x|$의 그래프를 x축의 방향으로 $\dfrac{\pi}{2}$만큼 평행이동한 것과 같으므로 그림과 같다.

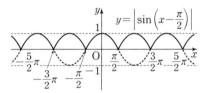

ㄷ. 함수 $y=|\cos(x-\pi)|$의 그래프는 함수 $y=|\cos x|$의 그래프를 x축의 방향으로 π만큼 평행이동한 것과 같으므로 그림과 같다.

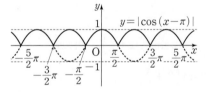

따라서 함수의 그래프가 함수 $y=|\cos x|$의 그래프와 일치하는 것은 ㄴ, ㄷ이다.

1183 답 ㄱ, ㄷ

$y=|\tan x|$의 주기는 π이다.

ㄱ. $y=2\cos 2x+1$의 주기는 $\dfrac{2\pi}{2}=\pi$이다.

ㄴ. $y=3\tan 2x-1$의 주기는 $\dfrac{\pi}{2}$이다.

ㄷ. $y=2|\sin x|-1$의 주기는 $y=|\sin x|$의 주기와 같으므로 π이다.

ㄹ. $y=\cos|x|+2$의 주기는 $y=\cos|x|$의 주기와 같으므로 2π이다.

따라서 $y=|\tan x|$와 주기가 같은 것은 ㄱ, ㄷ이다.

1184 답 ②

$f(x)=3|\sin 2(x+\pi)|-1$의 주기는 $y=|\sin 2x|$의 주기와 같으므로

$a=\dfrac{\pi}{2}$

$0\le|\sin 2(x+\pi)|\le 1$이므로

$-1\le 3|\sin 2(x+\pi)|-1\le 2$

따라서 최댓값이 2이므로 $b=2$

$\therefore ab=\dfrac{\pi}{2}\times 2=\pi$

참고 (1) $y=|\sin x|$의 주기는 π ➔ $y=|\sin bx|$의 주기는 $\dfrac{\pi}{|b|}$

(2) $y=|\cos x|$의 주기는 π ➔ $y=|\cos bx|$의 주기는 $\dfrac{\pi}{|b|}$

(3) $y=|\tan x|$의 주기는 π ➔ $y=|\tan bx|$의 주기는 $\dfrac{\pi}{|b|}$

1185 답 4

㈎에서 $f(x)$의 주기는 $\dfrac{\pi}{3}$이고 $b>0$이므로

$\dfrac{\pi}{b}=\dfrac{\pi}{3}$ $\therefore b=3$

$0\le|\cos 3x|\le 1$이고 $a>0$이므로

$c\le a|\cos 3x|+c\le a+c$

㈏에서 $f(x)$의 최댓값은 5, 최솟값은 3이므로

$a+c=5$, $c=3$에서 $a=2$

따라서 $f(x)=2|\cos 3x|+3$이므로

$f\left(\dfrac{\pi}{9}\right)=2\left|\cos\dfrac{\pi}{3}\right|+3=2\times\dfrac{1}{2}+3$

$\qquad\quad =4$

1186 답 7

㈎에 $f(x)$의 주기는 $\dfrac{\pi}{5}$이고 $b>0$이므로

$\dfrac{\pi}{b}=\dfrac{\pi}{5}$ $\therefore b=5$

$0\le|\sin 5x|\le 1$이고 $a>0$이므로

$c\le a|\sin 5x|+c\le a+c$

㈏에서 $f(x)$의 최솟값은 4이므로 $c=4$

㈐에서 $f\left(\dfrac{\pi}{10}\right)=6$이므로

$f\left(\dfrac{\pi}{10}\right)=a\left|\sin\dfrac{\pi}{2}\right|+4=a+4=6$ $\therefore a=2$

$\therefore 3a+b-c=6+5-4=7$

1187 답 ③

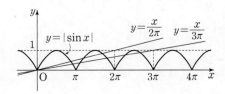

직선 $y=\dfrac{x}{2\pi}=\dfrac{1}{2\pi}x$는 기울기가 $\dfrac{1}{2\pi}$이고, 원점과 점 $(2\pi, 1)$을 지난다.

직선 $y=\dfrac{x}{3\pi}=\dfrac{1}{3\pi}x$는 기울기가 $\dfrac{1}{3\pi}$이고, 원점과 점 $(3\pi, 1)$을 지난다.

그림에서 함수 $y=|\sin x|$의 그래프와 직선 $y=\dfrac{x}{2\pi}$의 교점의 개수는 4이고, 함수 $y=|\sin x|$의 그래프와 직선 $y=\dfrac{x}{3\pi}$의 교점의 개수는 6이다.

따라서 $m=4$, $n=6$이므로

$m+n=10$

1188 답 ②　　　　　　| 유형 10

그림과 같이 $0\le x<\dfrac{3}{2}\pi$에서 함수 $y=\tan x$의 그래프와 x축 및 직선 $y=k\ (k>0)$로 둘러싸인 부분의 넓이가 4π일 때, 상수 k의 값은?

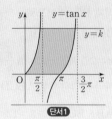

① $\dfrac{\pi}{2}$　　　　　② 4

③ 2π　　　　　④ 8

⑤ 3π

단서1 색칠한 부분과 넓이가 같은 직사각형 찾기

STEP1 색칠한 부분과 넓이가 같은 도형 찾기

그림에서 빗금 친 두 부분의 넓이가 같으므로 함수 $y=\tan x\left(0\le x<\dfrac{3}{2}\pi\right)$의 그래프와 x축 및 직선 $y=k\ (k>0)$로 둘러싸인 부분의 넓이는 직사각형 ABCD의 넓이와 같다.

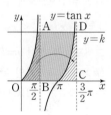

STEP2 상수 k의 값 구하기

직사각형 ABCD의 넓이는

$\overline{AB}\times\overline{BC}=k\times\left(\dfrac{3}{2}\pi-\dfrac{\pi}{2}\right)=k\pi$

따라서 $k\pi=4\pi$이므로

$k=4$

1189 답 ④

함수 $y=2\tan x+3$의 그래프는 함수 $y=2\tan x$의 그래프를 y축의 방향으로 3만큼 평행이동한 것이므로 그림에서 빗금 친 두 부분의 넓이가 같다.

즉, 두 함수 $y=2\tan x$, $y=2\tan x+3\left(0\le x<\dfrac{\pi}{2}\right)$의 그래프와

y축 및 직선 $x=\dfrac{\pi}{4}$로 둘러싸인 부분의 넓이는 가로의 길이가 $\dfrac{\pi}{4}$, 세로의 길이가 3인 직사각형의 넓이와 같으므로 구하는 넓이는

$\dfrac{\pi}{4}\times 3=\dfrac{3}{4}\pi$

1190 답 ⑤

그림에서 빗금 친 네 부분의 넓이가 모두 같으므로 함수 $y=2\sin\frac{\pi}{4}x$

$(-2\leq x\leq 6)$의 그래프와 직선 $y=-2$로 둘러싸인 부분의 넓이는 직사각형 ABCD의 넓이와 같다.

따라서 구하는 넓이는 $2\times 8=16$

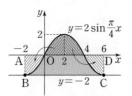

1191 답 ③

$y=3\sin\frac{\pi}{12}x$의 주기는 $\frac{2\pi}{\frac{\pi}{12}}=24$

이므로 그림에서 두 점 B, C는 직선 $x=6$에 대하여 대칭이다.

이때 $\overline{BC}=8$이므로

B(2, 0), C(10, 0)

$x=2$일 때, $y=3\sin\frac{\pi}{6}=\frac{3}{2}$이므로 A$\left(2, \frac{3}{2}\right)$

따라서 직사각형 ABCD의 넓이는

$\overline{AB}\times\overline{BC}=\frac{3}{2}\times 8=12$

1192 답 3

그림에서 빗금 친 네 부분의 넓이가 모두 같으므로 함수

$y=\tan x \left(-\frac{\pi}{2}<x<\frac{3}{2}\pi\right)$의

그래프와 두 직선 $y=k$, $y=-k$ $(k>0)$로 둘러싸인 부분의 넓이는 직사각형 ABCD의 넓이와 같다.

직사각형 ABCD의 넓이는

$\overline{AB}\times\overline{BC}=2k\times\pi=2k\pi$

따라서 $2k\pi=6\pi$이므로

$k=3$

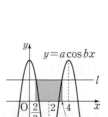

1193 답 ②

함수 $y=a\cos bx$의 그래프는 직선

$x=\frac{\frac{2}{3}+\frac{10}{3}}{2}=2$에 대하여 대칭이다.

따라서 $y=a\cos bx$의 주기는 $2\times 2=4$

이고 $b>0$이므로

$\frac{2\pi}{b}=4$ $\therefore b=\frac{\pi}{2}$

$y=a\cos\frac{\pi}{2}x$에 $x=\frac{2}{3}$를 대입하면

$y=a\cos\frac{\pi}{3}=\frac{a}{2}$

색칠한 부분의 넓이가 $\frac{16}{3}$이므로

$\left(\frac{10}{3}-\frac{2}{3}\right)\times\frac{a}{2}=\frac{16}{3}$, $\frac{4}{3}a=\frac{16}{3}$

$\therefore a=4$

$\therefore ab=4\times\frac{\pi}{2}=2\pi$

참고 두 점 $\left(\frac{2}{3}, 0\right)$, $\left(\frac{10}{3}, 0\right)$이 직선 $x=k$에 대하여 대칭이므로

$k-\frac{2}{3}=\frac{10}{3}-k$로 놓고 k의 값을 구해도 된다.

1194 답 ③

$b>0$이므로 $y=a\sin b\pi x$의 주기는

$\frac{2\pi}{b\pi}=\frac{2}{b}$

즉, $\overline{AB}=\frac{2}{b}$이고 삼각형 OAB의 넓이가 5이므로

$\frac{1}{2}\times\frac{2}{b}\times a=5$, 즉 $\frac{a}{b}=5$

$\therefore a=5b$ ·········· ㉠

점 A의 x좌표는 $\frac{2}{b}\times\frac{1}{4}=\frac{1}{2b}$이므로 [주기의 $\frac{1}{4}$]

A$\left(\frac{1}{2b}, a\right)$

점 B의 x좌표는 $\frac{1}{2b}+\frac{2}{b}=\frac{5}{2b}$이므로

B$\left(\frac{5}{2b}, a\right)$

직선 OA의 기울기와 직선 OB의 기울기의 곱이 $\frac{5}{4}$이므로

$\frac{a}{\frac{1}{2b}}\times\frac{a}{\frac{5}{2b}}=\frac{5}{4}$, 즉 $a^2b^2=\frac{25}{16}$

$\therefore ab=\frac{5}{4}$ $(\because a>0, b>0)$ ·········· ㉡

㉠을 ㉡에 대입하면 $5b^2=\frac{5}{4}$

$b^2=\frac{1}{4}$ $\therefore b=\frac{1}{2}$ $(\because b>0)$

$b=\frac{1}{2}$을 ㉠에 대입하면 $a=\frac{5}{2}$

$\therefore a+b=3$

1195 답 ③ | 유형 11

$\sin\frac{5}{6}\pi-\cos\frac{4}{3}\pi+\tan\frac{7}{4}\pi$의 값은?

단서1

① -1 ② $-\frac{1}{2}$ ③ 0

④ $\frac{1}{2}$ ⑤ 1

단서1 주어진 각을 $\frac{n}{2}\pi\pm\theta$ (n은 정수) 꼴로 나타내어 삼각함수의 각을 변형

STEP 1 주어진 각을 $\frac{n}{2}\pi\pm\theta$ (n은 정수)로 나타내어 삼각함수의 값 구하기

$\sin\frac{5}{6}\pi-\cos\frac{4}{3}\pi+\tan\frac{7}{4}\pi$

$=\sin\left(\pi-\frac{\pi}{6}\right)-\cos\left(\pi+\frac{\pi}{3}\right)+\tan\left(2\pi-\frac{\pi}{4}\right)$

$=\sin\frac{\pi}{6}-\left(-\cos\frac{\pi}{3}\right)-\tan\frac{\pi}{4}$

$=\frac{1}{2}+\frac{1}{2}-1$

$=0$

1196 답 ㄱ, ㄷ, ㅂ

ㄱ. $\cos(-\theta)=\cos\theta$

ㄴ. $\cos\left(\dfrac{\pi}{2}-\theta\right)=\sin\theta$

ㄷ. $-\cos(\pi-\theta)=-(-\cos\theta)=\cos\theta$

ㄹ. $\cos\left(\dfrac{3}{2}\pi-\theta\right)=-\sin\theta$

ㅁ. $\cos\left(\dfrac{\pi}{2}+\theta\right)=-\sin\theta$

ㅂ. $-\cos(\pi+\theta)=-(-\cos\theta)=\cos\theta$

따라서 $\cos\theta$의 값과 같은 것은 ㄱ, ㄷ, ㅂ이다.

1197 답 0

$\sin\dfrac{2}{3}\pi=\sin\left(\pi-\dfrac{\pi}{3}\right)=\sin\dfrac{\pi}{3}=\dfrac{\sqrt{3}}{2}$

$\tan\dfrac{5}{4}\pi=\tan\left(\pi+\dfrac{\pi}{4}\right)=\tan\dfrac{\pi}{4}=1$

$\cos\dfrac{13}{6}\pi=\cos\left(2\pi+\dfrac{\pi}{6}\right)=\cos\dfrac{\pi}{6}=\dfrac{\sqrt{3}}{2}$

$\tan\dfrac{3}{4}\pi=\tan\left(\pi-\dfrac{\pi}{4}\right)=-\tan\dfrac{\pi}{4}=-1$

$\therefore \dfrac{\sin\dfrac{2}{3}\pi}{\tan\dfrac{5}{4}\pi}+\dfrac{\cos\dfrac{13}{6}\pi}{\tan\dfrac{3}{4}\pi}=\dfrac{\dfrac{\sqrt{3}}{2}}{1}+\dfrac{\dfrac{\sqrt{3}}{2}}{-1}=0$

1198 답 ①

$\cos(-160°)=\cos160°=\cos(90°\times2-20°)$
$\qquad\qquad\quad =-\cos20°$
$\qquad\qquad\quad =\alpha$

즉, $\cos20°=-\alpha$이므로

$\sin200°=\sin(90°\times2+20°)$
$\qquad\quad =-\sin20°$
$\qquad\quad =-\sqrt{1-\cos^2 20°}\ (\because \sin20°>0)$
$\qquad\quad =-\sqrt{1-\alpha^2}$

1199 답 ⑤

$\sin\left(\dfrac{\pi}{2}-\theta\right)=\cos\theta$, $\cos(2\pi-\theta)=\cos\theta$,

$\sin(\pi-\theta)=\sin\theta$, $\sin\left(\dfrac{\pi}{2}+\theta\right)=\cos\theta$,

$\cos(\pi+\theta)=-\cos\theta$, $\sin(\pi+\theta)=-\sin\theta$

$\therefore \dfrac{\sin\left(\dfrac{\pi}{2}-\theta\right)\cos(2\pi-\theta)}{1+\sin(\pi-\theta)}-\dfrac{\sin\left(\dfrac{\pi}{2}+\theta\right)\cos(\pi+\theta)}{1+\sin(\pi+\theta)}$

$=\dfrac{\cos\theta\times\cos\theta}{1+\sin\theta}-\dfrac{\cos\theta\times(-\cos\theta)}{1+(-\sin\theta)}$

$=\dfrac{\cos^2\theta}{1+\sin\theta}+\dfrac{\cos^2\theta}{1-\sin\theta}$

$=\cos^2\theta\left(\dfrac{1}{1+\sin\theta}+\dfrac{1}{1-\sin\theta}\right)$

$=\cos^2\theta\times\dfrac{1-\sin\theta+1+\sin\theta}{1-\sin^2\theta}$

$=\cos^2\theta\times\dfrac{2}{\cos^2\theta}$

$=2$

1200 답 ④

$x-3y+3=0$에서 $y=\dfrac{1}{3}x+1$이므로 직선 $x-3y+3=0$의 기울

기는 $\dfrac{1}{3}$이다. 즉, $\tan\theta=\dfrac{1}{3}$

$\therefore \cos(\pi+\theta)+\sin\left(\dfrac{\pi}{2}-\theta\right)+3\tan\theta$

$\quad =-\cos\theta+\cos\theta+3\tan\theta$

$\quad =3\tan\theta$

$\quad =3\times\dfrac{1}{3}=1$

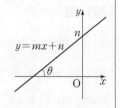

1201 답 $-\dfrac{1}{20}$

$\dfrac{3}{2}\pi<\theta<2\pi$이므로 $\cos\theta>0$

$\therefore \cos\theta=\sqrt{1-\sin^2\theta}=\sqrt{1-\left(-\dfrac{3}{5}\right)^2}=\dfrac{4}{5}$

또, $\tan\theta=\dfrac{\sin\theta}{\cos\theta}=\dfrac{-\dfrac{3}{5}}{\dfrac{4}{5}}=-\dfrac{3}{4}$이므로

$\sin\left(\dfrac{3}{2}\pi+\theta\right)+\tan(\pi-\theta)=-\cos\theta-\tan\theta$

$\qquad\qquad\qquad\qquad\qquad =-\dfrac{4}{5}-\left(-\dfrac{3}{4}\right)$

$\qquad\qquad\qquad\qquad\qquad =-\dfrac{1}{20}$

1202 답 ⑤

$\cos\left(\dfrac{\pi}{2}+\theta\right)=-\sin\theta=\dfrac{\sqrt{5}}{5}$이므로

$\sin\theta=-\dfrac{\sqrt{5}}{5}$

이때 $\tan\theta<0$, $\sin\theta<0$이므로 θ는 제4사분면의 각이다.

따라서 $\cos\theta>0$이므로

$\cos\theta=\sqrt{1-\sin^2\theta}=\sqrt{1-\left(-\dfrac{\sqrt{5}}{5}\right)^2}=\dfrac{2\sqrt{5}}{5}$

1203 답 ⑤

$\cos(\pi+\theta)=-\cos\theta=\dfrac{1}{3}$이므로 $\cos\theta=-\dfrac{1}{3}$

$\sin(\pi+\theta)=-\sin\theta>0$이므로 $\sin\theta<0$

이때 $\sin\theta<0$, $\cos\theta<0$이므로 θ는 제3사분면의 각이다.

따라서 $\sin\theta=-\sqrt{1-\left(-\dfrac{1}{3}\right)^2}=-\dfrac{2\sqrt{2}}{3}$이므로

$\tan\theta=\dfrac{\sin\theta}{\cos\theta}=\dfrac{-\dfrac{2\sqrt{2}}{3}}{-\dfrac{1}{3}}=2\sqrt{2}$

1204 답 ④

$\cos(-\theta)+\sin(\pi+\theta)=\dfrac{3}{5}$에서

$\cos\theta-\sin\theta=\dfrac{3}{5}$

이 식의 양변을 제곱하면

$\cos^2\theta-2\cos\theta\sin\theta+\sin^2\theta=\dfrac{9}{25}$

$1-2\sin\theta\cos\theta=\dfrac{9}{25}$

$\therefore \sin\theta\cos\theta=\dfrac{8}{25}$

1205 답 ④

$\sin\left(\dfrac{\pi}{2}-\theta\right)=\cos\theta$, $\tan(\pi+\theta)=\tan\theta$이므로

$2\sin\left(\dfrac{\pi}{2}-\theta\right)=\sin\theta\times\tan(\pi+\theta)$에서

$2\cos\theta=\sin\theta\times\tan\theta$

$\qquad\ =\sin\theta\times\dfrac{\sin\theta}{\cos\theta}$

$\therefore 2\cos^2\theta=\sin^2\theta$

$\cos^2\theta=1-\sin^2\theta$이므로

$2(1-\sin^2\theta)=\sin^2\theta$, $3\sin^2\theta=2$

$\therefore \sin^2\theta=\dfrac{2}{3}$

1206 답 ⑤

$\cos(\pi-\theta)=-\cos\theta$이므로

$\sin\theta=2\cos(\pi-\theta)$에서

$\sin\theta=-2\cos\theta$

$\sin^2\theta+\cos^2\theta=1$이므로

$(-2\cos\theta)^2+\cos^2\theta=1$, $5\cos^2\theta=1$

$\therefore \cos^2\theta=\dfrac{1}{5}$

$\therefore \sin^2\theta=1-\cos^2\theta=1-\dfrac{1}{5}=\dfrac{4}{5}$

이때 $\dfrac{\pi}{2}<\theta<\pi$이므로 $\sin\theta>0$

$\therefore \sin\theta=\dfrac{2\sqrt{5}}{5}$

$\therefore \cos\theta\tan\theta=\cos\theta\times\dfrac{\sin\theta}{\cos\theta}$

$\qquad\qquad\ =\sin\theta=\dfrac{2\sqrt{5}}{5}$

1207 답 ⑤

$\overline{OP}=\sqrt{4^2+(-3)^2}=5$이므로

$\sin\theta=-\dfrac{3}{5}$, $\cos\theta=\dfrac{4}{5}$

$\therefore \sin\left(\dfrac{\pi}{2}+\theta\right)-\sin\theta=\cos\theta-\sin\theta$

$\qquad\qquad\qquad\qquad\ =\dfrac{4}{5}-\left(-\dfrac{3}{5}\right)$

$\qquad\qquad\qquad\qquad\ =\dfrac{7}{5}$

1208 답 ④

| 유형 12

> $\tan10°\times\tan20°\times\cdots\times\tan70°\times\tan80°$의 값은?
> 단서1
> ① -2 ② -1 ③ 0
> ④ 1 ⑤ 2
>
> 단서1 $\alpha+\beta=\dfrac{\pi}{2}$일 때, $\tan\alpha=\tan\left(\dfrac{\pi}{2}-\beta\right)=\dfrac{1}{\tan\beta}$

STEP 1 $\tan(90°-x)=\dfrac{1}{\tan x}$ 임을 이용하여 삼각함수 변형하기

$\tan80°=\tan(90°-10°)=\dfrac{1}{\tan10°}$

$\tan70°=\tan(90°-20°)=\dfrac{1}{\tan20°}$

$\tan60°=\tan(90°-30°)=\dfrac{1}{\tan30°}$

$\tan50°=\tan(90°-40°)=\dfrac{1}{\tan40°}$

STEP 2 주어진 식을 간단히 하여 식의 값 구하기

$\tan10°\times\tan20°\times\cdots\times\tan70°\times\tan80°$

$=(\tan10°\times\tan80°)\times(\tan20°\times\tan70°)$

$\qquad\qquad\times(\tan30°\times\tan60°)\times(\tan40°\times\tan50°)$

$=\left(\tan10°\times\dfrac{1}{\tan10°}\right)\times\left(\tan20°\times\dfrac{1}{\tan20°}\right)$

$\qquad\times\left(\tan30°\times\dfrac{1}{\tan30°}\right)\times\left(\tan40°\times\dfrac{1}{\tan40°}\right)$

$=1\times1\times1\times1=1$

1209 답 ①

$\theta=10°$에서 $18\theta=180°$이므로

$\cos19\theta=\cos(18\theta+\theta)=\cos(180°+\theta)=-\cos\theta$

$\cos20\theta=\cos(18\theta+2\theta)=\cos(180°+2\theta)=-\cos2\theta$

$\qquad\qquad\qquad\vdots$

$\cos36\theta=\cos(18\theta+18\theta)=\cos(180°+18\theta)=-\cos18\theta$

$\therefore \cos\theta+\cos2\theta+\cdots+\cos35\theta+\cos36\theta$

$\quad=(\cos\theta+\cos19\theta)+(\cos2\theta+\cos20\theta)+\cdots$

$\qquad\qquad\qquad\qquad\qquad\ +(\cos18\theta+\cos36\theta)$

$\quad=(\cos\theta-\cos\theta)+(\cos2\theta-\cos2\theta)+\cdots$

$\qquad\qquad\qquad\qquad\qquad\ +(\cos18\theta-\cos18\theta)$

$\quad=0$

1210 답 ③

$\theta=\dfrac{\pi}{7}$에서 $7\theta=\pi$이므로

$\sin8\theta=\sin(7\theta+\theta)=\sin(\pi+\theta)=-\sin\theta$

$\sin9\theta=\sin(7\theta+2\theta)=\sin(\pi+2\theta)=-\sin2\theta$

$\qquad\qquad\vdots$

$\sin14\theta=\sin(7\theta+7\theta)=\sin(\pi+7\theta)=-\sin7\theta$

$\therefore \sin\theta+\sin2\theta+\cdots+\sin13\theta+\sin14\theta$

$\quad=(\sin\theta+\sin8\theta)+(\sin2\theta+\sin9\theta)+\cdots$

$\qquad\qquad\qquad\qquad\qquad\ +(\sin7\theta+\sin14\theta)$

$\quad=(\sin\theta-\sin\theta)+(\sin2\theta-\sin2\theta)+\cdots+(\sin7\theta-\sin7\theta)$

$\quad=0$

1211 답 ①

$$\tan 89° = \tan(90° - 1°) = \frac{1}{\tan 1°}$$

$$\tan 88° = \tan(90° - 2°) = \frac{1}{\tan 2°}$$

$$\vdots$$

$$\tan 46° = \tan(90° - 44°) = \frac{1}{\tan 44°}$$

$$\therefore \log \tan 1° + \log \tan 2° + \cdots + \log \tan 88° + \log \tan 89°$$
$$= \log(\tan 1° \times \tan 2° \times \cdots \times \tan 88° \times \tan 89°)$$
$$= \log\{(\tan 1° \times \tan 89°) \times (\tan 2° \times \tan 88°) \times \cdots$$
$$\times (\tan 44° \times \tan 46°) \times \tan 45°\}$$
$$= \log(\underbrace{1 \times 1 \times \cdots \times 1 \times 1}_{45개})$$
$$= \log 1$$
$$= 0$$

1212 답 0

$$f(1) = \cos\frac{2}{3}\pi = \cos\left(\pi - \frac{\pi}{3}\right) = -\cos\frac{\pi}{3} = -\frac{1}{2}$$

$$f(2) = \cos\frac{4}{3}\pi = \cos\left(\pi + \frac{\pi}{3}\right) = -\cos\frac{\pi}{3} = -\frac{1}{2}$$

$$f(3) = \cos 2\pi = 1$$

$$f(4) = \cos\frac{8}{3}\pi = \cos\left(3\pi - \frac{\pi}{3}\right) = -\cos\frac{\pi}{3} = -\frac{1}{2}$$

$$f(5) = \cos\frac{10}{3}\pi = \cos\left(3\pi + \frac{\pi}{3}\right) = -\cos\frac{\pi}{3} = -\frac{1}{2}$$

$$f(6) = \cos 4\pi = 1$$

$$f(7) = \cos\frac{14}{3}\pi = \cos\left(5\pi - \frac{\pi}{3}\right) = -\cos\frac{\pi}{3} = -\frac{1}{2}$$

$$\vdots$$

$$\therefore f(n+3) = f(n) \ (n은 \ 자연수)$$

$$\therefore f(1) + f(2) + f(3) + \cdots + f(47) + f(48)$$
$$= 16\{f(1) + f(2) + f(3)\}$$
$$= 16 \times \left(-\frac{1}{2} - \frac{1}{2} + 1\right)$$
$$= 0$$

(참고) $n = 1, 2, 3, \cdots$을 차례로 대입하여 함숫값이 반복되는 규칙을 찾는다.

1213 답 ③ | 유형 13

> $\dfrac{\cos^2 1° + \cos^2 2° + \cdots + \cos^2 89° + \cos^2 90°}{\underbrace{}_{\text{단서1}}}$의 값은?
>
> ① $\dfrac{87}{2}$ ② 44 ③ $\dfrac{89}{2}$
>
> ④ 45 ⑤ $\dfrac{91}{2}$
>
> (단서1) $\alpha + \beta = \dfrac{\pi}{2}$일 때, $\cos\alpha = \cos\left(\dfrac{\pi}{2} - \beta\right) = \sin\beta$

STEP 1 $\cos(90° - x) = \sin x$임을 이용하여 삼각함수 변형하기

$$\cos 1° = \cos(90° - 89°) = \sin 89°$$
$$\cos 2° = \cos(90° - 88°) = \sin 88°$$
$$\cos 3° = \cos(90° - 87°) = \sin 87°$$
$$\vdots$$
$$\cos 44° = \cos(90° - 46°) = \sin 46°$$

STEP 2 주어진 식을 간단히 하여 식의 값 구하기

$$\cos^2 1° + \cos^2 2° + \cdots + \cos^2 89° + \cos^2 90°$$
$$= (\cos^2 1° + \cos^2 89°) + (\cos^2 2° + \cos^2 88°) + \cdots$$
$$+ (\cos^2 44° + \cos^2 46°) + \cos^2 45° + \cos^2 90°$$
$$= (\sin^2 89° + \cos^2 89°) + (\sin^2 88° + \cos^2 88°) + \cdots$$
$$+ (\sin^2 46° + \cos^2 46°) + \cos^2 45° + \cos^2 90°$$
$$= \underbrace{1 + 1 + \cdots + 1}_{44개} + \left(\frac{\sqrt{2}}{2}\right)^2 + 0$$
$$= \frac{89}{2}$$

1214 답 ③

$\dfrac{\pi}{6} - x = A$, $\dfrac{\pi}{3} + x = B$라 하면

$$\underline{A + B = \frac{\pi}{2}} \rightarrow B = \frac{\pi}{2} - A$$

$$\therefore \sin^2\left(\frac{\pi}{6} - x\right) + \sin^2\left(\frac{\pi}{3} + x\right)$$
$$= \sin^2 A + \sin^2 B$$
$$= \sin^2 A + \sin^2\left(\frac{\pi}{2} - A\right)$$
$$= \sin^2 A + \cos^2 A = 1$$

1215 답 ①

$\theta - 25° = A$, $\theta + 65° = B$라 하면

$$\underline{B - A = 90°} \rightarrow B = 90° + A$$

$$\therefore \cos^2(\theta - 25°) + \cos^2(\theta + 65°)$$
$$= \cos^2 A + \cos^2 B$$
$$= \cos^2 A + \cos^2(90° + A)$$
$$= \cos^2 A + (-\sin A)^2$$
$$= \cos^2 A + \sin^2 A = 1$$

1216 답 ②

$$\sin\frac{\pi}{36} = \sin\left(\frac{\pi}{2} - \frac{17}{36}\pi\right) = \cos\frac{17}{36}\pi$$

$$\sin\frac{2}{36}\pi = \sin\left(\frac{\pi}{2} - \frac{16}{36}\pi\right) = \cos\frac{16}{36}\pi$$

$$\sin\frac{3}{36}\pi = \sin\left(\frac{\pi}{2} - \frac{15}{36}\pi\right) = \cos\frac{15}{36}\pi$$

$$\vdots$$

$$\sin\frac{8}{36}\pi = \sin\left(\frac{\pi}{2} - \frac{10}{36}\pi\right) = \cos\frac{10}{36}\pi$$

$$\therefore \sin^2\frac{\pi}{36} + \sin^2\frac{2}{36}\pi + \cdots + \sin^2\frac{16}{36}\pi + \sin^2\frac{17}{36}\pi$$
$$= \left(\sin^2\frac{\pi}{36} + \sin^2\frac{17}{36}\pi\right) + \left(\sin^2\frac{2}{36}\pi + \sin^2\frac{16}{36}\pi\right) + \cdots$$
$$+ \left(\sin^2\frac{8}{36}\pi + \sin^2\frac{10}{36}\pi\right) + \sin^2\frac{9}{36}\pi$$
$$= \left(\cos^2\frac{17}{36}\pi + \sin^2\frac{17}{36}\pi\right) + \left(\cos^2\frac{16}{36}\pi + \sin^2\frac{16}{36}\pi\right) + \cdots$$
$$+ \left(\cos^2\frac{10}{36}\pi + \sin^2\frac{10}{36}\pi\right) + \sin^2\frac{9}{36}\pi$$
$$= \underbrace{1 + 1 + \cdots + 1}_{8개} + \sin^2\frac{\pi}{4}$$
$$= 8 + \left(\frac{\sqrt{2}}{2}\right)^2 = \frac{17}{2}$$

1217 답 $\dfrac{7}{2}$

$8\theta=\dfrac{\pi}{2}$이므로

$\cos\theta=\cos(8\theta-7\theta)=\cos\left(\dfrac{\pi}{2}-7\theta\right)=\sin 7\theta$

$\cos 2\theta=\cos(8\theta-6\theta)=\cos\left(\dfrac{\pi}{2}-6\theta\right)=\sin 6\theta$

$\cos 3\theta=\cos(8\theta-5\theta)=\cos\left(\dfrac{\pi}{2}-5\theta\right)=\sin 5\theta$

$\therefore\ \cos^2\theta+\cos^2 2\theta+\cdots+\cos^2 7\theta$
$=(\cos^2\theta+\cos^2 7\theta)+(\cos^2 2\theta+\cos^2 6\theta)$
$\qquad\qquad\qquad +(\cos^2 3\theta+\cos^2 5\theta)+\cos^2 4\theta$
$=(\sin^2 7\theta+\cos^2 7\theta)+(\sin^2 6\theta+\cos^2 6\theta)$
$\qquad\qquad\qquad +(\sin^2 5\theta+\cos^2 5\theta)+\underline{\cos^2 4\theta}$
$=1+1+1+\left(\dfrac{\sqrt{2}}{2}\right)^2=\dfrac{7}{2}$

$4\theta=\dfrac{\pi}{4}$이므로 $\cos^2 4\theta=\cos^2\dfrac{\pi}{4}$

1218 답 ⑤ 　　　　　　　　　　　　│유형 14

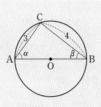

그림과 같이 <u>선분 AB를 지름으로 하는 원</u> **단서1**
O에서 $\overline{AC}=3$, $\overline{BC}=4$이고 $\angle CAB=\alpha$,
$\angle CBA=\beta$일 때, $\sin(\alpha+2\beta)$의 값은?

① $\dfrac{2}{5}$　　② $\dfrac{1}{2}$　　③ $\dfrac{3}{5}$

④ $\dfrac{7}{10}$　　⑤ $\dfrac{4}{5}$

단서1 지름에 대한 원주각의 크기는 $\dfrac{\pi}{2}$이므로 $\angle ACB=\dfrac{\pi}{2}$

STEP 1 $\overline{AB}$의 길이 구하기

선분 AB가 원 O의 지름이므로 $\angle ACB=\dfrac{\pi}{2}$
　　　　　　　　　　　　└→ 지름에 대한 원주각의 크기는
직각삼각형 ABC에서　　　　　　 $\dfrac{\pi}{2}$이다.
$\overline{AB}=\sqrt{3^2+4^2}=5$

STEP 2 $\sin(\alpha+2\beta)$의 값 구하기

$\alpha+\beta=\dfrac{\pi}{2}$이므로 $\alpha+2\beta=\dfrac{\pi}{2}+\beta$

$\therefore\ \sin(\alpha+2\beta)=\sin\left(\dfrac{\pi}{2}+\beta\right)$
$\qquad\qquad\qquad =\cos\beta=\dfrac{\overline{BC}}{\overline{AB}}$
$\qquad\qquad\qquad =\dfrac{4}{5}$

1219 답 ③

$A+B+C=\pi$이므로 $B+C=\pi-A$

ㄱ. $\tan(B+C)=\tan(\pi-A)=-\tan A$
　　$\therefore\ \tan A+\tan(B+C)=\tan A-\tan A=0$ (참)

ㄴ. $\sin\dfrac{B+C}{2}=\sin\left(\dfrac{\pi}{2}-\dfrac{A}{2}\right)=\cos\dfrac{A}{2}$
　　$\therefore\ \cos\dfrac{A}{2}-\sin\dfrac{B+C}{2}=\cos\dfrac{A}{2}-\cos\dfrac{A}{2}=0$ (참)

ㄷ. $\sin(2B+2C)=\sin(2\pi-2A)=-\sin 2A$
　　$\therefore\ \sin 2A+\sin(2B+2C)=\sin 2A-\sin 2A=0$ (거짓)

따라서 옳은 것은 ㄱ, ㄴ이다.

1220 답 1

$A+B+C=\pi$이므로 $B+C=\pi-A$

$-\sin\left(\pi+\dfrac{A}{2}\right)=\sin\dfrac{A}{2}$

$\cos\dfrac{B+C}{2}=\cos\left(\dfrac{\pi}{2}-\dfrac{A}{2}\right)=\sin\dfrac{A}{2}$

$\cos\left(-\dfrac{A}{2}\right)=\cos\dfrac{A}{2}$

$\sin\dfrac{B+C}{2}=\sin\left(\dfrac{\pi}{2}-\dfrac{A}{2}\right)=\cos\dfrac{A}{2}$

$\therefore\ -\sin\left(\pi+\dfrac{A}{2}\right)\cos\dfrac{B+C}{2}+\cos\left(-\dfrac{A}{2}\right)\sin\dfrac{B+C}{2}$
$=\sin\dfrac{A}{2}\times\sin\dfrac{A}{2}+\cos\dfrac{A}{2}\times\cos\dfrac{A}{2}$
$=\sin^2\dfrac{A}{2}+\cos^2\dfrac{A}{2}$
$=1$

1221 답 ③

삼각형 ABC는 $\overline{AB}=\overline{AC}$인 이등변삼각형이므로
$A+B+C=\pi$, $B=C$

ㄱ. $A+2C=\pi$에서 $A=\pi-2C$이므로
　　$\sin A=\sin(\pi-2C)=\sin 2C$ (참)

ㄴ. $A+2C=\pi$에서 $A=\pi-2C$이므로
　　$\cos\dfrac{A}{2}=\cos\left(\dfrac{\pi}{2}-C\right)=\sin C$ (거짓)

ㄷ. $A+2B=\pi$에서 $A=\pi-2B$이므로
　　$\tan A=\tan(\pi-2B)=-\tan 2B$ (참)

따라서 옳은 것은 ㄱ, ㄷ이다.

1222 답 ⑤

$A+B+C=\pi$이므로 $B+C=\pi-A$

$\cos\dfrac{B+C-\pi}{2}=\cos\dfrac{\pi-A-\pi}{2}$
$\qquad\qquad\qquad =\cos\left(-\dfrac{A}{2}\right)=\cos\dfrac{A}{2}$

이때 $\sin\dfrac{A}{2}=\dfrac{1}{3}$이고, $0<A<\dfrac{\pi}{2}$에서 $\cos\dfrac{A}{2}>0$이므로

$0<\dfrac{A}{2}<\dfrac{\pi}{4}$

$\cos\dfrac{B+C-\pi}{2}=\cos\dfrac{A}{2}=\sqrt{1-\sin^2\dfrac{A}{2}}$
$\qquad\qquad\qquad =\sqrt{1-\left(\dfrac{1}{3}\right)^2}=\dfrac{2\sqrt{2}}{3}$

1223 답 ②

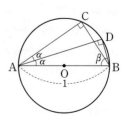

선분 AB가 원 O의 지름이므로
$\angle ACB=\dfrac{\pi}{2}$, $\angle ADB=\dfrac{\pi}{2}$

삼각형 ABD에서 $\alpha+\beta=\dfrac{\pi}{2}$이므로
$\beta=\dfrac{\pi}{2}-\alpha$

$$\therefore \cos(\beta-\alpha)=\cos\left(\frac{\pi}{2}-\alpha-\alpha\right)$$
$$=\cos\left(\frac{\pi}{2}-2\alpha\right)=\sin 2\alpha$$

직각삼각형 ABC에서

$$\sin 2\alpha=\frac{\overline{BC}}{\overline{AB}}=\frac{\overline{BC}}{1}=\overline{BC}$$

$$\therefore \cos(\beta-\alpha)=\overline{BC}$$

1224 답 $\dfrac{73}{9}$

$$\cos^2\alpha=1-\sin^2\alpha=1-\left(\frac{2\sqrt{2}}{3}\right)^2=\frac{1}{9}$$

이때 $0<\alpha<\dfrac{\pi}{2}$이므로 $\cos\alpha>0$

$$\therefore \cos\alpha=\frac{1}{3}$$

$$\therefore \tan\alpha=\frac{\sin\alpha}{\cos\alpha}=\frac{\frac{2\sqrt{2}}{3}}{\frac{1}{3}}=2\sqrt{2}$$

한편, 사각형 ABCD가 원에 내접하므로

$$\alpha+\beta=\pi \qquad \therefore \beta=\pi-\alpha$$

$$\therefore \tan^2\alpha+\cos^2\beta=\tan^2\alpha+\cos^2(\pi-\alpha)$$
$$=\tan^2\alpha+(-\cos\alpha)^2$$
$$=(2\sqrt{2})^2+\left(-\frac{1}{3}\right)^2=\frac{73}{9}$$

개념 Check

사각형 ABCD가 원에 내접할 때
(1) $\angle A+\angle C=\pi$
(2) $\angle B+\angle D=\pi$

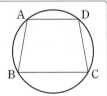

1225 답 ①

$\angle AOB=\dfrac{\pi}{2}$, $\angle AOC=\pi$, $\angle AOD=\dfrac{3}{2}\pi$이므로

$\beta=\dfrac{\pi}{2}+\alpha$, $\gamma=\pi+\alpha$, $\delta=\dfrac{3}{2}\pi+\alpha$ $\longrightarrow$ 사각형 ABCD가 정사각형이므로 $\overline{AC}\perp\overline{BD}$

$$\therefore \sin\alpha+\cos\beta+\sin\gamma+\cos\delta$$
$$=\sin\alpha+\cos\left(\frac{\pi}{2}+\alpha\right)+\sin(\pi+\alpha)+\cos\left(\frac{3}{2}\pi+\alpha\right)$$
$$=\sin\alpha-\sin\alpha-\sin\alpha+\sin\alpha$$
$$=0$$

1226 답 ③

유형 15

함수 $y=|2\sin x+1|-2$의 최댓값을 M, 최솟값을 m이라 할 때,

단서1

$M+m$의 값은?

① -3 ② -2 ③ -1
④ 0 ⑤ 1

단서1 $-1\le\sin x\le1$임을 이용

STEP1 $|2\sin x+1|-2$의 값의 범위 구하기

$y=|2\sin x+1|-2$에서 $-1\le\sin x\le1$이므로

$$-1\le 2\sin x+1\le 3$$
$$0\le|2\sin x+1|\le 3$$
$$\therefore -2\le|2\sin x+1|-2\le 1$$

STEP2 $M+m$의 값 구하기

$M=1$, $m=-2$이므로

$$M+m=-1$$

다른 풀이

$y=|2\sin x+1|-2$에서

$\sin x=t$ $(-1\le t\le1)$로 놓으면

$y=|2t+1|-2$

이므로 그 그래프는 그림과 같다.

$t=1$일 때 최댓값은 1이고,

$t=-\dfrac{1}{2}$일 때 최솟값은 -2이므로

$M=1$, $m=-2$

$$\therefore M+m=-1$$

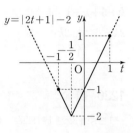

1227 답 4

$\cos\left(x-\dfrac{\pi}{2}\right)=\cos\left(\dfrac{\pi}{2}-x\right)=\sin x$이므로

$$y=3\sin x-\cos\left(x-\frac{\pi}{2}\right)-2$$
$$=3\sin x-\sin x-2$$
$$=2\sin x-2$$

$-1\le\sin x\le1$이므로

$$-4\le 2\sin x-2\le 0$$

따라서 $M=0$, $m=-4$이므로

$$M-m=0-(-4)=4$$

1228 답 ①

$-\dfrac{\pi}{4}\le x\le\dfrac{\pi}{4}$에서 $-1\le\tan x\le1$이므로

$$-2\le\tan x-1\le 0$$

$$\therefore y=-|\tan x-1|+4=\tan x-1+4=\tan x+3$$

$-1\le\tan x\le1$에서 $2\le\tan x+3\le4$이므로 주어진 함수의 최댓값은 4, 최솟값은 2이다.

따라서 구하는 합은 6이다.

다른 풀이

$y=-|\tan x-1|+4$에서

$\tan x=t$로 놓으면 $-\dfrac{\pi}{4}\le x\le\dfrac{\pi}{4}$

에서 $-1\le t\le1$이고 함수

$y=-|t-1|+4$이므로 그 그래프

는 그림과 같다.

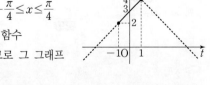

$t=1$일 때 최댓값은 4이고, $t=-1$일 때 최솟값은 2이므로 주어진 함수의 최댓값과 최솟값의 합은 6이다.

1229 답 ③

$-1 \le \cos x \le 1$이므로 $-5 \le 2\cos x - 3 \le -1$

$$\therefore y = |2\cos x - 3| + k$$
$$= -(2\cos x - 3) + k$$
$$= -2\cos x + 3 + k$$

$\underbrace{-5 \le 2\cos x - 3 \le -1}_{}$이므로 $\xrightarrow{\quad} 1 \le -2\cos x + 3 \le 5$

$k+1 \le -2\cos x + 3 + k \le k+5$

따라서 주어진 함수의 최댓값은 $k+5$, 최솟값은 $k+1$이다.

이때 최댓값과 최솟값의 합이 4이므로

$k+5+k+1 = 4$

$2k+6 = 4, \ 2k = -2$

$\therefore k = -1$

1230 답 ⑤

$-1 \le \sin 3x \le 1$이므로 $-6 \le \sin 3x - 5 \le -4$

$$\therefore y = a|\sin 3x - 5| + b$$
$$= -a(\sin 3x - 5) + b$$

이때 $a > 0$이고 $-6 \le \sin 3x - 5 \le -4$이므로

$4a \le -a(\sin 3x - 5) \le 6a$

$\therefore 4a + b \le -a(\sin 3x - 5) + b \le 6a + b$

따라서 주어진 함수의 최댓값은 $6a+b$, 최솟값은 $4a+b$이다.

즉, $6a+b = 5, \ 4a+b = 3$이므로

두 식을 연립하여 풀면 $a = 1, \ b = -1$

$\therefore a - b = 2$

1231 답 ②

$\cos\left(x + \dfrac{3}{2}\pi\right) = \sin x$이므로

$$y = a^2 \sin x + (a+1)\cos\left(x + \dfrac{3}{2}\pi\right) + 1$$
$$= a^2 \sin x + (a+1)\sin x + 1$$
$$= (a^2 + a + 1)\sin x + 1 \xrightarrow{\quad} a^2+a+1 = \left(a+\dfrac{1}{2}\right)^2 + \dfrac{3}{4} > 0$$

이때 $\underline{a^2 + a + 1 > 0}$이고 $-1 \le \sin x \le 1$이므로

$-(a^2+a+1) + 1 \le (a^2+a+1)\sin x + 1 \le (a^2+a+1) + 1$

$\therefore -a^2 - a \le (a^2+a+1)\sin x + 1 \le a^2 + a + 2$

따라서 주어진 함수의 최솟값은 $-a^2 - a$이므로

$-a^2 - a = -6$

$a^2 + a - 6 = 0, \ (a+3)(a-2) = 0$

$\therefore a = 2 \ (\because a > 0)$

1232 답 ①

| 유형 16

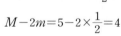

함수 $y = \underline{\cos^2 x + 2\sin x - 2}$는 $x = a$일 때 최댓값 M을 가진다. 이
　　　　　　　（단서1）
때 $2a + M$의 값은? (단, $-\pi \le x \le \pi$)
　　　　　　（단서2）

① π 　　　　　② $\dfrac{3}{2}\pi$ 　　　　　③ 2π

④ $\dfrac{5}{2}\pi$ 　　　　⑤ 3π

(단서1) $\sin^2 x + \cos^2 x = 1$이므로 $\cos^2 x = 1 - \sin^2 x$임을 이용

(단서2) $\sin x = t$로 치환하면 $-1 \le t \le 1$

STEP 1 주어진 함수를 $\sin x$에 대한 함수로 나타내기

$$y = \cos^2 x + 2\sin x - 2$$
$$= (1 - \sin^2 x) + 2\sin x - 2$$
$$= -\sin^2 x + 2\sin x - 1$$

STEP 2 $\sin x = t$로 치환하고 t에 대한 함수의 그래프 그리기

$\sin x = t$로 놓으면

$-\pi \le x \le \pi$에서 $-1 \le t \le 1$이고

$y = -t^2 + 2t - 1 = -(t-1)^2$

이므로 그 그래프는 그림과 같다.

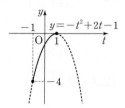

STEP 3 a, M의 값 구하기

$t = 1$일 때 최댓값은 0이므로

$M = 0$

$t = 1$, 즉 $\sin x = 1$에서

$x = \dfrac{\pi}{2} \ (\because -\pi \le x \le \pi)$이므로

$a = \dfrac{\pi}{2}$

STEP 4 $2a + M$의 값 구하기

$2a + M = 2 \times \dfrac{\pi}{2} + 0 = \pi$

1233 답 ②

$$y = \sin^2 x - \cos^2 x - 2\cos\left(\dfrac{3}{2}\pi + x\right) + 2$$
$$= \sin^2 x - (1 - \sin^2 x) - 2\sin x + 2$$
$$= 2\sin^2 x - 2\sin x + 1$$

에서 $\sin x = t$로 놓으면 $-1 \le t \le 1$이고

$y = 2t^2 - 2t + 1 = 2\left(t - \dfrac{1}{2}\right)^2 + \dfrac{1}{2}$

함수 $y = 2t^2 - 2t + 1$의 그래프는 그림
과 같으므로

$t = -1$일 때 최댓값은 5이고,

$t = \dfrac{1}{2}$일 때 최솟값은 $\dfrac{1}{2}$이다.

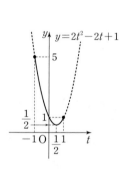

따라서 $M = 5, \ m = \dfrac{1}{2}$이므로

$M - 2m = 5 - 2 \times \dfrac{1}{2} = 4$

1234 답 ②

$$y = 2\tan x - 3 + \dfrac{1}{\cos^2 x}$$
$$= 2\tan x - 3 + \dfrac{\sin^2 x + \cos^2 x}{\cos^2 x}$$
$$= 2\tan x - 3 + \dfrac{\sin^2 x}{\cos^2 x} + 1$$
$$= \tan^2 x + 2\tan x - 2$$

에서 $\tan x = t$로 놓으면

$-\dfrac{\pi}{4} \le x \le \dfrac{\pi}{4}$에서 $-1 \le t \le 1$이고

$y = t^2 + 2t - 2 = (t+1)^2 - 3$

함수 $y=t^2+2t-2$의 그래프는 그림과 같으므로
$t=1$일 때 최댓값은 1이고,
$t=-1$일 때 최솟값은 -3이다.
따라서 $M=1$, $m=-3$이므로
$M+m=1+(-3)=-2$

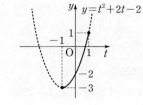

참고 $\tan x$에 대한 식으로 변형하기 위해 $\dfrac{1}{\cos^2 x}$을 $\dfrac{\sin^2 x+\cos^2 x}{\cos^2 x}$로 변형한다.

1235 답 ①

$y=a\cos^2 x-a\sin x+b$
$\quad =a(1-\sin^2 x)-a\sin x+b$
$\quad =-a\sin^2 x-a\sin x+a+b$
에서 $\sin x=t$로 놓으면 $-1\le t\le 1$이고
$y=-at^2-at+a+b$
$\quad =-a\left(t+\dfrac{1}{2}\right)^2+\dfrac{5}{4}a+b$
이때 $a>0$이므로 함수
$y=-at^2-at+a+b$의 그래프는 그림과 같다.
$t=-\dfrac{1}{2}$일 때 최댓값은
$\dfrac{5}{4}a+b$이고,
$t=1$일 때 최솟값은
$-a+b$이다.
즉, $\dfrac{5}{4}a+b=6$, $-a+b=-3$이므로
두 식을 연립하여 풀면 $a=4$, $b=1$
$\therefore a+b=4+1=5$

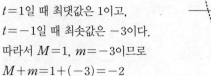

실수 Check
x의 값의 범위가 주어지지 않아도
$-1\le \sin x\le 1$ (또는 $-1\le \cos x\le 1$)임을 이용하고, $a>0$이므로 이차항의 계수가 음수가 되어 함수의 그래프가 위로 볼록함에 주의한다.

1236 답 9

$f(x)=\sin^2 x+\sin\left(x+\dfrac{\pi}{2}\right)+1$
$\quad =(1-\cos^2 x)+\cos x+1$
$\quad =-\cos^2 x+\cos x+2$
에서 $\cos x=t$로 놓으면 $-1\le t\le 1$이고
$y=-t^2+t+2=-\left(t-\dfrac{1}{2}\right)^2+\dfrac{9}{4}$
함수 $y=-t^2+t+2$의 그래프는 그림과 같으므로
$t=\dfrac{1}{2}$일 때 최댓값은 $\dfrac{9}{4}$이다.
따라서 $M=\dfrac{9}{4}$이므로
$4M=9$

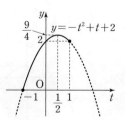

1237 답 ③

$y=f(x)$라 하고, $x-\dfrac{3}{4}\pi=\alpha$로 놓으면 $x-\dfrac{\pi}{4}=\dfrac{\pi}{2}+\alpha$이므로
$y=\cos^2\left(x-\dfrac{3}{4}\pi\right)-\cos\left(x-\dfrac{\pi}{4}\right)+k$
$\quad =\cos^2\alpha-\cos\left(\dfrac{\pi}{2}+\alpha\right)+k$
$\quad =(1-\sin^2\alpha)-(-\sin\alpha)+k$
$\quad =-\sin^2\alpha+\sin\alpha+k+1$
에서 $\sin\alpha=t$로 놓으면 $-1\le t\le 1$이고
$y=-t^2+t+k+1=-\left(t-\dfrac{1}{2}\right)^2+k+\dfrac{5}{4}$
함수 $y=-t^2+t+k+1$의 그래프는 그림과 같으므로
$t=\dfrac{1}{2}$일 때 최댓값은 $k+\dfrac{5}{4}$이고,
$t=-1$일 때 최솟값은 $k-1$이다.
따라서 $k+\dfrac{5}{4}=3$, $k-1=m$이므로
$k=\dfrac{7}{4}$, $m=\dfrac{3}{4}$
$\therefore k+m=\dfrac{7}{4}+\dfrac{3}{4}=\dfrac{5}{2}$

참고 $x-\dfrac{\pi}{4}=\alpha$로 놓고 $x-\dfrac{3}{4}\pi=\alpha-\dfrac{\pi}{2}$임을 이용하여
$f(x)=\cos^2\left(x-\dfrac{3}{4}\pi\right)-\cos\left(x-\dfrac{\pi}{4}\right)+k$
$\quad =\cos^2\left(\alpha-\dfrac{\pi}{2}\right)-\cos\alpha+k$
$\quad =\cos^2\left(\dfrac{\pi}{2}-\alpha\right)-\cos\alpha+k$
$\quad =\sin^2\alpha-\cos\alpha+k$
$\quad =(1-\cos^2\alpha)-\cos\alpha+k$
$\quad =-\cos^2\alpha-\cos\alpha+k+1$
과 같이 풀어도 같은 답을 얻을 수 있다.

1238 답 ③
| 유형 17

함수 $y=\dfrac{-\cos x+2}{\cos x+2}$의 최댓값과 최솟값의 곱은?

단서1

① $\dfrac{1}{2}$ ② $\dfrac{3}{4}$ ③ 1

④ $\dfrac{5}{4}$ ⑤ $\dfrac{3}{2}$

단서1 $\cos x=t$로 치환하면 $y=\dfrac{-t+2}{t+2}$ $(-1\le t\le 1)$

STEP1 $\cos x=t$로 치환하고 t에 대한 함수의 그래프 그리기

$y=\dfrac{-\cos x+2}{\cos x+2}$에서 $\cos x=t$로 놓으면 $-1\le t\le 1$이고
$y=\dfrac{-t+2}{t+2}=\dfrac{-(t+2)+4}{t+2}$
$\quad =\dfrac{4}{t+2}-1$
함수 $y=\dfrac{-t+2}{t+2}$의 그래프는 그림과 같다.

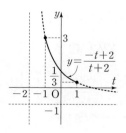

$t=-1$일 때 최댓값은 3이고,

$t=1$일 때 최솟값은 $\dfrac{1}{3}$이다.

STEP 3 최댓값과 최솟값의 곱 구하기

최댓값과 최솟값의 곱은 1이다.

1239 답 ③

$y=\dfrac{1+\tan x}{3-\tan x}$에서 $\tan x=t$로 놓으면

$-\dfrac{\pi}{4}\leq x\leq\dfrac{\pi}{4}$에서 $-1\leq t\leq1$이고

$y=\dfrac{1+t}{3-t}=-\dfrac{t-3+4}{t-3}=-\dfrac{4}{t-3}-1$

함수 $y=\dfrac{1+t}{3-t}$의 그래프는 그림과 같으므로

$t=1$일 때 최댓값은 1이고,

$t=-1$일 때 최솟값은 0이다.

따라서 $M=1$, $m=0$이므로

$M+m=1+0=1$

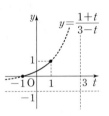

1240 답 $\dfrac{1}{2}$

$y=\dfrac{3|\sin x|+2}{|\sin x|+1}$에서 $|\sin x|=t$로 놓으면 $0\leq t\leq1$이고

$y=\dfrac{3t+2}{t+1}=\dfrac{3(t+1)-1}{t+1}=-\dfrac{1}{t+1}+3$

함수 $y=\dfrac{3t+2}{t+1}$의 그래프는 그림과 같으므로

$t=1$일 때 최댓값은 $\dfrac{5}{2}$이고,

$t=0$일 때 최솟값은 2이다.

따라서 $M=\dfrac{5}{2}$, $m=2$이므로

$M-m=\dfrac{5}{2}-2=\dfrac{1}{2}$

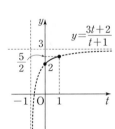

1241 답 ④

$y=\dfrac{2\cos x-a}{\cos x-2}$에서 $\cos x=t$로 놓으면 $-1\leq t\leq1$이고

$y=\dfrac{2t-a}{t-2}=\dfrac{2(t-2)+4-a}{t-2}=\dfrac{4-a}{t-2}+2$

이때 $a<4$에서 $4-a>0$이므로 함수

$y=\dfrac{2t-a}{t-2}$의 그래프는 그림과 같다.

따라서 $t=1$일 때 최솟값은 $a-2$이므로

$a-2=-1$

$\therefore a=1$

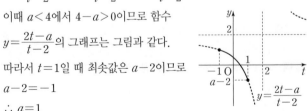

1242 답 ③

$y=\dfrac{-2\sin\left(\dfrac{\pi}{2}+x\right)}{\cos x+2}=\dfrac{-2\cos x}{\cos x+2}$에서 $\cos x=t$로 놓으면

$-1\leq t\leq1$이고

$y=\dfrac{-2t}{t+2}=\dfrac{-2(t+2)+4}{t+2}=\dfrac{4}{t+2}-2$

함수 $y=\dfrac{-2t}{t+2}$의 그래프는 그림과 같

으므로

$t=-1$일 때 최댓값은 2이고,

$t=1$일 때 최솟값은 $-\dfrac{2}{3}$이다.

따라서 치역은 $\left\{y\left|-\dfrac{2}{3}\leq y\leq2\right.\right\}$이므로

$a=-\dfrac{2}{3}$, $b=2$

$\therefore b-a=2-\left(-\dfrac{2}{3}\right)=\dfrac{8}{3}$

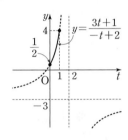

1243 답 2π

$y=\dfrac{3\sin(\pi-x)+1}{\cos\left(\dfrac{\pi}{2}+x\right)+2}=\dfrac{3\sin x+1}{-\sin x+2}$에서 $\sin x=t$로 놓으면

$0\leq x\leq\dfrac{\pi}{2}$에서 $0\leq t\leq1$이고

$y=\dfrac{3t+1}{-t+2}=-\dfrac{3(t-2)+7}{t-2}=-\dfrac{7}{t-2}-3$

함수 $y=\dfrac{3t+1}{-t+2}$의 그래프는 그림과 같

으므로 $t=1$일 때 최댓값은 4이다.

$\therefore b=4$

$t=1$, 즉 $\sin x=1$에서

$x=\dfrac{\pi}{2}\left(\because 0\leq x\leq\dfrac{\pi}{2}\right)$이므로 $a=\dfrac{\pi}{2}$

$\therefore ab=\dfrac{\pi}{2}\times4=2\pi$

1244 답 ②

│유형 18

$0\leq x<2\pi$에서 방정식 $\underline{4\cos x-2=0}$의 실근 중 가장 큰 것을 α, 가
단서1
장 작은 것을 β라 할 때, $\sin(\alpha-\beta)$의 값은?

① -1 ② $-\dfrac{\sqrt{3}}{2}$ ③ $-\dfrac{1}{2}$

④ 0 ⑤ $\dfrac{1}{2}$

단서1 $\cos x=k$ 꼴로 변형

STEP 1 주어진 방정식을 $\cos x=k$ 꼴로 나타내기

$4\cos x-2=0$에서 $\cos x=\dfrac{1}{2}$

STEP 2 두 그래프의 교점의 x좌표를 구하여 α, β의 값 구하기

그림과 같이 $0\leq x<2\pi$에서 함수 $y=\cos x$의 그래프와 직선 $y=\dfrac{1}{2}$

의 교점의 x좌표가 $\dfrac{\pi}{3}$, $\dfrac{5}{3}\pi$이므로

$x=\dfrac{\pi}{3}$ 또는 $x=\dfrac{5}{3}\pi$

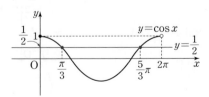

$$\therefore \alpha = \frac{5}{3}\pi, \ \beta = \frac{\pi}{3}$$

STEP3 $\sin(\alpha-\beta)$의 값 구하기

$$\sin(\alpha-\beta) = \sin\left(\frac{5}{3}\pi - \frac{\pi}{3}\right) = \sin\frac{4}{3}\pi$$
$$= \sin\left(\pi + \frac{\pi}{3}\right) = -\sin\frac{\pi}{3}$$
$$= -\frac{\sqrt{3}}{2}$$

1245 目 ②

$\tan\frac{1}{3}x = \sqrt{3}$에서 $\frac{1}{3}x = t$로 놓으면

$0 \le x < 3\pi$에서 $0 \le t < \pi$이고

$\tan t = \sqrt{3}$

그림과 같이 $0 \le t < \pi$에서 함수 $y = \tan t$
의 그래프와 직선 $y = \sqrt{3}$의 교점의 t좌표
가 $\frac{\pi}{3}$이므로

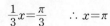

$\frac{1}{3}x = \frac{\pi}{3}$ $\quad \therefore x = \pi$

1246 目 $\frac{\pi}{4}$

$2\sin 4x = 1$에서 $\sin 4x = \frac{1}{2}$

$4x = t$로 놓으면 $0 \le x < \frac{\pi}{2}$에서 $0 \le t < 2\pi$이고

$\sin t = \frac{1}{2}$

그림과 같이 $0 \le t < 2\pi$에서
함수 $y = \sin t$의 그래프와 직선
$y = \frac{1}{2}$의 교점의 t좌표가
$\frac{\pi}{6}, \frac{5}{6}\pi$이므로

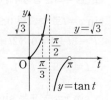

$4x = \frac{\pi}{6}$ 또는 $4x = \frac{5}{6}\pi$

$\therefore x = \frac{\pi}{24}$ 또는 $x = \frac{5}{24}\pi$

따라서 모든 해의 합은 $\frac{\pi}{24} + \frac{5}{24}\pi = \frac{\pi}{4}$

1247 目 ③

$\cos x = 0$이면 $\sin x \ne 0$이므로 $\sin x \ne \cos x$

즉, $\cos x \ne 0$이므로 $\sin x = \cos x$에서 양변을 $\cos x$로 나누면

$\frac{\sin x}{\cos x} = 1$ $\quad \therefore \tan x = 1$

그림과 같이 $-\pi < x < \pi$에서
함수 $y = \tan x$의 그래프와 직
선 $y = 1$의 교점의 x좌표는
$-\frac{3}{4}\pi, \frac{\pi}{4}$이므로

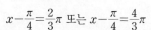

$x = -\frac{3}{4}\pi$ 또는 $x = \frac{\pi}{4}$

이때 $\alpha > \beta$이므로 $\alpha = \frac{\pi}{4}, \ \beta = -\frac{3}{4}\pi$

$\therefore 2(\alpha-\beta) = 2\left\{\frac{\pi}{4} - \left(-\frac{3}{4}\pi\right)\right\} = 2\pi$

1248 目 $\frac{\sqrt{3}}{2}$

$\cos\left(x - \frac{\pi}{4}\right) = -\frac{1}{2}$에서 $x - \frac{\pi}{4} = t$로 놓으면

$0 \le x < 2\pi$에서 $-\frac{\pi}{4} \le t < \frac{7}{4}\pi$이고

$\cos t = -\frac{1}{2}$

그림과 같이 $-\frac{\pi}{4} \le t < \frac{7}{4}\pi$에
서 함수 $y = \cos t$의 그래프와
직선 $y = -\frac{1}{2}$의 교점의 t좌표
가 $\frac{2}{3}\pi, \frac{4}{3}\pi$이므로

$x - \frac{\pi}{4} = \frac{2}{3}\pi$ 또는 $x - \frac{\pi}{4} = \frac{4}{3}\pi$

$\therefore x = \frac{11}{12}\pi$ 또는 $x = \frac{19}{12}\pi$

이때 $\alpha > \beta$이므로 $\alpha = \frac{19}{12}\pi, \ \beta = \frac{11}{12}\pi$

$\therefore \sin(\alpha-\beta) = \sin\frac{2}{3}\pi = \sin\left(\pi - \frac{\pi}{3}\right) = \sin\frac{\pi}{3} = \frac{\sqrt{3}}{2}$

1249 目 -1

$2\cos\left(x + \frac{\pi}{3}\right) = 1$에서 $\cos\left(x + \frac{\pi}{3}\right) = \frac{1}{2}$

$x + \frac{\pi}{3} = t$로 놓으면 $0 \le x < 2\pi$에서 $\frac{\pi}{3} \le t < \frac{7}{3}\pi$이고

$\cos t = \frac{1}{2}$

그림과 같이 $\frac{\pi}{3} \le t < \frac{7}{3}\pi$에서
함수 $y = \cos t$의 그래프와 직
선 $y = \frac{1}{2}$의 교점의 t좌표가
$\frac{\pi}{3}, \frac{5}{3}\pi$이므로

$x + \frac{\pi}{3} = \frac{\pi}{3}$ 또는 $x + \frac{\pi}{3} = \frac{5}{3}\pi$

$\therefore x = 0$ 또는 $x = \frac{4}{3}\pi$

$\therefore 2\cos(\alpha+\beta) = 2\cos\frac{4}{3}\pi = 2\cos\left(\pi + \frac{\pi}{3}\right) = -2\cos\frac{\pi}{3}$
$$= -2 \times \frac{1}{2} = -1$$

1250 目 ③

그림과 같이 $0 \le x < 2\pi$에서 함
수 $y = |\sin x|$의 그래프와 직
선 $y = \frac{\sqrt{3}}{2}$의 교점의 x좌표는

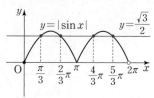

$\frac{\pi}{3}, \frac{2}{3}\pi, \frac{4}{3}\pi, \frac{5}{3}\pi$이므로

$x = \frac{\pi}{3}$ 또는 $x = \frac{2}{3}\pi$ 또는 $x = \frac{4}{3}\pi$ 또는 $x = \frac{5}{3}\pi$

따라서 $\alpha = \frac{5}{3}\pi, \ \beta = \frac{\pi}{3}$이므로

$\cos(\alpha-\beta) = \cos\frac{4}{3}\pi = \cos\left(\pi + \frac{\pi}{3}\right) = -\cos\frac{\pi}{3} = -\frac{1}{2}$

1251 답 ②

$2\log(\sin x)$, $2\log(\cos x)$에서 로그의 진수의 조건에 의하여
$\sin x > 0$, $\cos x > 0$

$\therefore 0 < x < \dfrac{\pi}{2}$ $(\because 0 < x < 2\pi)$

$2\log(\sin x) - 2\log(\cos x) = \log 3$에서

$2\log \dfrac{\sin x}{\cos x} = \log 3$

$\log \left(\dfrac{\sin x}{\cos x}\right)^2 = \log 3$

따라서 $\left(\dfrac{\sin x}{\cos x}\right)^2 = 3$이므로 $\tan^2 x = 3$

$\therefore \tan x = \sqrt{3}$ $\left(\because 0 < x < \dfrac{\pi}{2}\right)$

$\therefore x = \dfrac{\pi}{3}$ $\left(\because 0 < x < \dfrac{\pi}{2}\right)$

개념 Check

(1) $\log_a N$이 정의될 조건
  ① 밑의 조건 : $a > 0$, $a \neq 1$
  ② 진수의 조건 : $N > 0$

(2) 로그의 성질
  $a > 0$, $a \neq 1$, $x > 0$, $y > 0$일 때
  ① $\log_a xy = \log_a x + \log_a y$
  ② $\log_a \dfrac{x}{y} = \log_a x - \log_a y$
  ③ $\log_a x^m = m \log_a x$ (단, m은 실수)

1252 답 ②

그림과 같이 $\dfrac{\pi}{2} \leq x \leq \pi$에서 함수
$y = \cos x$의 그래프와 직선 $y = -\dfrac{1}{2}$의
교점의 x좌표는 $\dfrac{2}{3}\pi$이므로

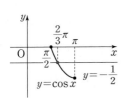

$x = \dfrac{2}{3}\pi$

1253 답 ③

$\sqrt{2}\cos x - 1 = 0$에서 $\cos x = \dfrac{\sqrt{2}}{2}$

그림과 같이 $0 \leq x \leq 3\pi$에서 함수 $y = \cos x$의 그래프와 직선
$y = \dfrac{\sqrt{2}}{2}$의 교점의 x좌표가 $\dfrac{\pi}{4}$, $\dfrac{7}{4}\pi$, $\dfrac{9}{4}\pi$이므로

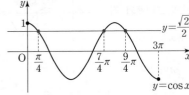

$x = \dfrac{\pi}{4}$ 또는 $x = \dfrac{7}{4}\pi$ 또는 $x = \dfrac{9}{4}\pi$

따라서 모든 해의 합은

$\dfrac{\pi}{4} + \dfrac{7}{4}\pi + \dfrac{9}{4}\pi = \dfrac{17}{4}\pi$

1254 답 ①

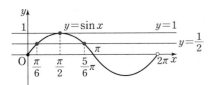

$0 \leq x < 2\pi$일 때, 방정식 $2\cos^2 x + 3\sin x = 3$의 모든 해의 합은 $\dfrac{q}{p}\pi$
단서1
이다. 이때 $p + q$의 값은? (단, p와 q는 서로소인 자연수이다.)

① 5 ② 7 ③ 9
④ 11 ⑤ 13

단서1 $\sin^2 x + \cos^2 x = 1$이므로 $\cos^2 x = 1 - \sin^2 x$임을 이용

STEP 1 주어진 방정식을 $\sin x$에 대한 방정식으로 나타내기

$2\cos^2 x + 3\sin x = 3$에서

$2(1 - \sin^2 x) + 3\sin x = 3$

$\therefore 2\sin^2 x - 3\sin x + 1 = 0$

STEP 2 주어진 방정식의 해 구하기

$\sin x = t$로 놓으면 $0 \leq x < 2\pi$에서 $-1 \leq t \leq 1$이고
$2t^2 - 3t + 1 = 0$, $(2t - 1)(t - 1) = 0$

$\therefore t = \dfrac{1}{2}$ 또는 $t = 1$

$\therefore \sin x = \dfrac{1}{2}$ 또는 $\sin x = 1$

$0 \leq x < 2\pi$이므로

(i) $\sin x = \dfrac{1}{2}$일 때, $x = \dfrac{\pi}{6}$ 또는 $x = \dfrac{5}{6}\pi$

(ii) $\sin x = 1$일 때, $x = \dfrac{\pi}{2}$

STEP 3 $p + q$의 값 구하기

(i), (ii)에서 모든 해의 합은

$\dfrac{\pi}{6} + \dfrac{5}{6}\pi + \dfrac{\pi}{2} = \dfrac{3}{2}\pi$

따라서 $p = 2$, $q = 3$이므로

$p + q = 5$

1255 답 ①

$2\sin^2 x + 3\cos x - 3 = 0$에서

$2(1 - \cos^2 x) + 3\cos x - 3 = 0$

$\therefore 2\cos^2 x - 3\cos x + 1 = 0$

$\cos x = t$로 놓으면 $0 \leq x < \pi$에서 $-1 < t \leq 1$이고
$2t^2 - 3t + 1 = 0$, $(2t - 1)(t - 1) = 0$

$\therefore t = \dfrac{1}{2}$ 또는 $t = 1$

$\therefore \cos x = \dfrac{1}{2}$ 또는 $\cos x = 1$

$0 \leq x < \pi$이므로

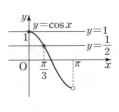

(i) $\cos x = \dfrac{1}{2}$일 때, $x = \dfrac{\pi}{3}$

(ii) $\cos x = 1$일 때, $x = 0$

(i), (ii)에서 구하는 해는

$x = 0$ 또는 $x = \dfrac{\pi}{3}$

1256 답 ③

$2\cos\theta-1=\sin\theta$에서 $2\cos\theta=\sin\theta+1$

위의 식의 양변을 제곱하면

$4\cos^2\theta=\sin^2\theta+2\sin\theta+1$

$4(1-\sin^2\theta)=\sin^2\theta+2\sin\theta+1$, $5\sin^2\theta+2\sin\theta-3=0$

$(5\sin\theta-3)(\sin\theta+1)=0$

$\therefore \sin\theta=\dfrac{3}{5}$ 또는 $\sin\theta=-1$

이때 $0<\theta<\pi$에서 $0<\sin\theta\leq1$이므로

$\sin\theta=\dfrac{3}{5}$

1257 답 $x=\dfrac{7}{6}\pi$ 또는 $x=\dfrac{11}{6}\pi$

$\sqrt{-\cos^2 x+2\sin x+2}=\dfrac{1}{2}$에서

$\sqrt{-(1-\sin^2 x)+2\sin x+2}=\dfrac{1}{2}$

$\sqrt{\sin^2 x+2\sin x+1}=\dfrac{1}{2}$, $\sqrt{(\sin x+1)^2}=\dfrac{1}{2}$

$|\sin x+1|=\dfrac{1}{2}$

→ 양변을 제곱하여 풀 수도 있지만 근호 안의 식이 완전제곱식 꼴이 되므로 $\sqrt{\{f(x)\}^2}=|f(x)|$임을 이용하여 푼다.

$\therefore \sin x=-\dfrac{3}{2}$ 또는 $\sin x=-\dfrac{1}{2}$

이때 $0\leq x<2\pi$에서 $-1\leq\sin x\leq1$이므로

$\sin x=-\dfrac{1}{2}$

$0\leq x<2\pi$이므로

$\sin x=-\dfrac{1}{2}$일 때,

$x=\dfrac{7}{6}\pi$ 또는 $x=\dfrac{11}{6}\pi$

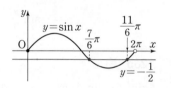

1258 답 ①

$2\cos^2 x+(2+\sqrt{3})\sin x=2+\sqrt{3}$에서

$2(1-\sin^2 x)+(2+\sqrt{3})\sin x=2+\sqrt{3}$

$\therefore 2\sin^2 x-(2+\sqrt{3})\sin x+\sqrt{3}=0$

$\sin x=t$로 놓으면 $0\leq x\leq2\pi$에서 $-1\leq t\leq1$이고

$2t^2-(2+\sqrt{3})t+\sqrt{3}=0$, $(2t-\sqrt{3})(t-1)=0$

$\therefore t=\dfrac{\sqrt{3}}{2}$ 또는 $t=1$

$\therefore \sin x=\dfrac{\sqrt{3}}{2}$ 또는 $\sin x=1$

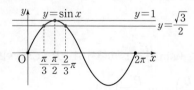

$0\leq x\leq2\pi$이므로

(i) $\sin x=\dfrac{\sqrt{3}}{2}$일 때, $x=\dfrac{\pi}{3}$ 또는 $x=\dfrac{2}{3}\pi$

(ii) $\sin x=1$일 때, $x=\dfrac{\pi}{2}$

(i), (ii)에서 $\alpha=\dfrac{2}{3}\pi$, $\beta=\dfrac{\pi}{3}$이므로

$\cos(\alpha+\beta)=\cos\pi=-1$

1259 답 ③

$4\cos^2(\pi+x)+8\sin\left(\dfrac{\pi}{2}+x\right)+3=0$에서

$4\cos^2 x+8\cos x+3=0$

$\cos x=t$로 놓으면 $0<x<4\pi$에서 $-1\leq t\leq1$이고

$4t^2+8t+3=0$, $(2t+3)(2t+1)=0$

$\therefore t=-\dfrac{1}{2}$ ($\because -1\leq t\leq1$)

$\therefore \cos x=-\dfrac{1}{2}$

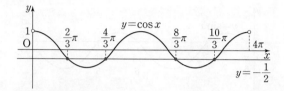

$0<x<4\pi$이므로 $\cos x=-\dfrac{1}{2}$일 때

$x=\dfrac{2}{3}\pi$ 또는 $x=\dfrac{4}{3}\pi$ 또는 $x=\dfrac{8}{3}\pi$ 또는 $x=\dfrac{10}{3}\pi$

따라서 모든 해의 합은

$\dfrac{2}{3}\pi+\dfrac{4}{3}\pi+\dfrac{8}{3}\pi+\dfrac{10}{3}\pi=8\pi$

참고 $0<x<4\pi$일 때, 함수 $y=\cos x$의 그래프와 직선 $y=-\dfrac{1}{2}$이 만나는 네 점의 x좌표를 작은 것부터 차례로 α, β, γ, δ라 하면 각각의 값을 구하지 않아도 삼각함수의 그래프의 대칭성을 이용하여 $\dfrac{\alpha+\beta}{2}=\pi$, $\dfrac{\gamma+\delta}{2}=3\pi$임을 알 수 있으므로 모든 해의 합을 $\alpha+\beta+\gamma+\delta=2\pi+2\times3\pi=8\pi$로 구할 수도 있다.

1260 답 $\dfrac{13}{12}\pi$

$x\neq0$에서 $\tan x\neq0$이므로 $\tan x+\dfrac{1}{\sqrt{3}\tan x}=1+\dfrac{1}{\sqrt{3}}$의 양변에

$\tan x$를 곱하면

$\tan^2 x+\dfrac{1}{\sqrt{3}}=\left(1+\dfrac{1}{\sqrt{3}}\right)\tan x$

$\therefore \tan^2 x-\left(1+\dfrac{1}{\sqrt{3}}\right)\tan x+\dfrac{1}{\sqrt{3}}=0$

$\tan x=t$로 놓으면

$t^2-\left(1+\dfrac{1}{\sqrt{3}}\right)t+\dfrac{1}{\sqrt{3}}=0$, $(t-1)\left(t-\dfrac{1}{\sqrt{3}}\right)=0$

$\therefore t=1$ 또는 $t=\dfrac{1}{\sqrt{3}}$

$\therefore \tan x=1$ 또는 $\tan x=\dfrac{1}{\sqrt{3}}$

$-\pi<x<\pi$이고 $x\neq0$이므로

(i) $\tan x=1$일 때

$x=-\dfrac{3}{4}\pi$ 또는 $x=\dfrac{\pi}{4}$

(ii) $\tan x=\dfrac{1}{\sqrt{3}}$일 때

$x=-\dfrac{5}{6}\pi$ 또는 $x=\dfrac{\pi}{6}$

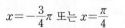
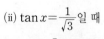
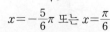

(i), (ii)에서 $M=\dfrac{\pi}{4}$, $m=-\dfrac{5}{6}\pi$이므로

$M-m=\dfrac{\pi}{4}-\left(-\dfrac{5}{6}\pi\right)=\dfrac{13}{12}\pi$

1261 답 ②

$4\sin^2 x - 4\cos\left(\dfrac{\pi}{2}+x\right) - 3 = 0$에서

$4\sin^2 x + 4\sin x - 3 = 0$

$\sin x = t$로 놓으면 $0 \le x < 4\pi$에서 $-1 \le t \le 1$이고

$4t^2 + 4t - 3 = 0$, $(2t+3)(2t-1) = 0$

$\therefore t = \dfrac{1}{2} \ (\because -1 \le t \le 1)$

$\therefore \sin x = \dfrac{1}{2}$

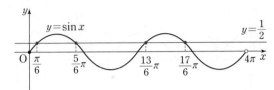

$0 \le x < 4\pi$이므로 $\sin x = \dfrac{1}{2}$일 때

$x = \dfrac{\pi}{6}$ 또는 $x = \dfrac{5}{6}\pi$ 또는 $x = \dfrac{13}{6}\pi$ 또는 $x = \dfrac{17}{6}\pi$

따라서 모든 해의 합은 $\dfrac{\pi}{6} + \dfrac{5}{6}\pi + \dfrac{13}{6}\pi + \dfrac{17}{6}\pi = 6\pi$

참고 $0 \le x < \pi$일 때, 함수 $y = \sin x$의 그래프와 직선 $y = \dfrac{1}{2}$이 만나는 점의

x좌표를 작은 것부터 차례로 α, β, γ, δ라 하면 네 실근의 평균은 $\dfrac{3}{2}\pi$이므

로 $\dfrac{\alpha + \beta + \gamma + \delta}{4} = \dfrac{3}{2}\pi$

따라서 모든 해의 합은 $\dfrac{3}{2}\pi \times 4 = 6\pi$

1262 답 ③

$2\cos^2 x - \sin(\pi + x) - 2 = 0$에서

$2(1 - \sin^2 x) + \sin x - 2 = 0 \quad \therefore 2\sin^2 x - \sin x = 0$

$\sin x = t$로 놓으면 $0 < x < 2\pi$에서 $-1 \le t \le 1$이고

$2t^2 - t = 0$, $t(2t-1) = 0 \quad \therefore t = 0$ 또는 $t = \dfrac{1}{2}$

$\therefore \sin x = 0$ 또는 $\sin x = \dfrac{1}{2}$

$0 < x < 2\pi$이므로

(i) $\sin x = 0$일 때, $x = \pi$

(ii) $\sin x = \dfrac{1}{2}$일 때

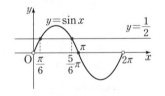

$\quad x = \dfrac{\pi}{6}$ 또는 $x = \dfrac{5}{6}\pi$

(i), (ii)에서 모든 해의 합은 $\pi + \dfrac{\pi}{6} + \dfrac{5}{6}\pi = 2\pi$

1263 답 ③ | 유형 20

> 삼각형 ABC에 대하여 <u>$2\sin^2 A - 5\cos(B+C) + 1 = 0$</u>이 성립할
> 단서1   단서2
> 때, $\cos A$의 값은?
>
> ① $-\dfrac{\sqrt{2}}{4}$ ② $-\dfrac{\sqrt{3}}{4}$ ③ $-\dfrac{1}{2}$
>
> ④ $-\dfrac{\sqrt{2}}{2}$ ⑤ $-\dfrac{\sqrt{3}}{2}$
>
> 단서1 삼각형 ABC에서 $A+B+C=\pi$
> 단서2 $\sin^2 A + \cos^2 A = 1$이므로 $\sin^2 A = 1 - \cos^2 A$임을 이용

STEP 1 주어진 방정식을 $\cos A$에 대한 방정식으로 나타내기

$2\sin^2 A - 5\cos(B+C) + 1 = 0$에서

$A+B+C = \pi$이므로

$2\sin^2 A - 5\cos(\pi - A) + 1 = 0$

$2(1 - \cos^2 A) + 5\cos A + 1 = 0$

STEP 2 $\cos A$의 값 구하기

$(2\cos A + 1)(\cos A - 3) = 0$

이때 $0 < A < \pi$이므로 $-1 < \cos A < 1$

$\therefore \cos A = -\dfrac{1}{2}$

1264 답 $-\dfrac{\sqrt{3}}{2}$

$-4\cos^2 A + 4\cos A = 1$에서

$4\cos^2 A - 4\cos A + 1 = 0$, $(2\cos A - 1)^2 = 0$

$\therefore \cos A = \dfrac{1}{2}$

이때 $0 < A < \pi$이므로 $A = \dfrac{\pi}{3}$

$A+B+C = \pi$에서

$\dfrac{B+C-2\pi}{2} = \dfrac{(\pi - A) - 2\pi}{2} = -\dfrac{\pi}{2} - \dfrac{A}{2} = -\dfrac{2}{3}\pi$

$\therefore \sin\dfrac{B+C-2\pi}{2} = \sin\left(-\dfrac{2}{3}\pi\right)$

$\qquad\qquad\qquad = -\sin\dfrac{2}{3}\pi = -\sin\left(\pi - \dfrac{\pi}{3}\right)$

$\qquad\qquad\qquad = -\sin\dfrac{\pi}{3} = -\dfrac{\sqrt{3}}{2}$

1265 답 ④

$2\sin^2 A - \sin A\cos A + \cos^2 A - 1 = 0$에서

$2\sin^2 A - \sin A\cos A + (1 - \sin^2 A) - 1 = 0$

$\sin^2 A - \sin A\cos A = 0$

$\sin A(\sin A - \cos A) = 0$

이때 $0 < A < \dfrac{\pi}{2}$이므로 $0 < \sin A < 1$

$\therefore \underline{\sin A = \cos A}$ → 삼각형 ABC가 예각삼각형이므로 세 내각의 크기는 모두 예각이다.

$\therefore A = \dfrac{\pi}{4}$

$A+B+C = \pi$이므로

$\sin(B+C) = \sin(\pi - A) = \sin A = \sin\dfrac{\pi}{4} = \dfrac{\sqrt{2}}{2}$

1266 답 ⑤

$2\cos^2\dfrac{A+C}{2} + \sin\dfrac{B}{2} - 1 = 0$에서 $A+B+C=\pi$이므로

$2\cos^2\left(\dfrac{\pi}{2} - \dfrac{B}{2}\right) + \sin\dfrac{B}{2} - 1 = 0$

$2\sin^2\dfrac{B}{2} + \sin\dfrac{B}{2} - 1 = 0$

$\left(2\sin\dfrac{B}{2} - 1\right)\left(\sin\dfrac{B}{2} + 1\right) = 0$

이때 $0 < \dfrac{B}{2} < \dfrac{\pi}{2}$이므로 $0 < \sin\dfrac{B}{2} < 1$

$\therefore \sin\dfrac{B}{2} = \dfrac{1}{2}$

따라서 $\dfrac{B}{2}=\dfrac{\pi}{6}$이므로 $B=\dfrac{\pi}{3}$

$\therefore \tan B=\tan\dfrac{\pi}{3}=\sqrt{3}$

1267 답 ⑤

$4\cos^2 A=5-4\sin(B+C)$에서 $A+B+C=\pi$이므로

$4\cos^2 A=5-4\sin(\pi-A)$

$4(1-\sin^2 A)=5-4\sin A$, $4\sin^2 A-4\sin A+1=0$

$(2\sin A-1)^2=0$ $\therefore \sin A=\dfrac{1}{2}$

이때 $\dfrac{\pi}{2}<A<\pi$이므로 $A=\dfrac{5}{6}\pi$

↳ 각 A가 둔각

$\therefore \cos(-B-C)=\cos(B+C)=\cos(\pi-A)$

$\qquad\qquad\qquad\quad =\cos\dfrac{\pi}{6}=\dfrac{\sqrt{3}}{2}$

1268 답 $-\dfrac{1}{2}$

$\log\{\sin(B+C)\}-\log(\cos A)=\dfrac{1}{2}\log 3$에서

$A+B+C=\pi$이므로

$\log\{(\sin(\pi-A)\}-\log(\cos A)=\dfrac{1}{2}\log 3$

$\log(\sin A)-\log(\cos A)=\dfrac{1}{2}\log 3$

$\log\dfrac{\sin A}{\cos A}=\log 3^{\frac{1}{2}}$ $\therefore \dfrac{\sin A}{\cos A}=\sqrt{3}$

$\therefore \tan A=\sqrt{3}$

이때 $0<A<\dfrac{\pi}{2}$이므로 $A=\dfrac{\pi}{3}$

↳ 각 A가 예각

$\therefore \cos\left(A+\dfrac{B+C}{2}\right)=\cos\left(A+\dfrac{\pi-A}{2}\right)=\cos\left(\dfrac{\pi}{2}+\dfrac{A}{2}\right)$

$\qquad\qquad\qquad\qquad =-\sin\dfrac{A}{2}=-\sin\dfrac{\pi}{6}=-\dfrac{1}{2}$

1269 답 0 | 유형 21

그림과 같이 함수 $y=\sin x$의 그래프와 두 직선 $y=k$, $y=-k$의 교점의 x좌표를 작은 것부터 차례로 a, b, c, d라 할 때,

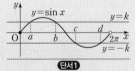

$\sin\dfrac{a+b+c+d}{4}$의 값을 구하시오. (단, $0\le x<2\pi$, $0<k<1$)

단서1 함수 $y=\sin x$의 그래프의 대칭성 이용

STEP 1 $a+b$의 값 구하기

함수 $y=\sin x$의 그래프에서 두 점 $(a,\,0)$, $(b,\,0)$은 직선 $x=\dfrac{\pi}{2}$

에 대하여 대칭이므로

$\dfrac{a+b}{2}=\dfrac{\pi}{2}$ $\therefore a+b=\pi$

STEP 2 $c+d$의 값 구하기

두 점 $(c,\,0)$, $(d,\,0)$은 직선 $x=\dfrac{3}{2}\pi$에 대하여 대칭이므로

$\dfrac{c+d}{2}=\dfrac{3}{2}\pi$ $\therefore c+d=3\pi$

STEP 3 $\sin\dfrac{a+b+c+d}{4}$의 값 구하기

$\sin\dfrac{a+b+c+d}{4}=\sin\dfrac{\pi+3\pi}{4}=\sin\pi=0$

1270 답 ③

함수 $y=\sin x$의 그래프에서 두 점 $(a,\,0)$, $(b,\,0)$은 직선 $x=\dfrac{\pi}{2}$

에 대하여 대칭이므로

$\dfrac{a+b}{2}=\dfrac{\pi}{2}$ $\therefore a+b=\pi$

함수 $y=\cos x$의 그래프에서 두 점 $(c,\,0)$, $(d,\,0)$은 직선 $x=\pi$

에 대하여 대칭이므로

$\dfrac{c+d}{2}=\pi$ $\therefore c+d=2\pi$

$\therefore a+b+c+d=\pi+2\pi=3\pi$

다른 풀이

$0\le x\le 2\pi$에서 함수 $y=\sin x$의 그래프와 직선 $y=\dfrac{1}{2}$의 교점의

x좌표가 $\dfrac{\pi}{6}$, $\dfrac{5}{6}\pi$이므로

$a=\dfrac{\pi}{6}$, $b=\dfrac{5}{6}\pi$

$0\le x\le 2\pi$에서 함수 $y=\cos x$의 그래프와 직선 $y=\dfrac{1}{2}$의 교점의

x좌표가 $\dfrac{\pi}{3}$, $\dfrac{5}{3}\pi$이므로

$c=\dfrac{\pi}{3}$, $d=\dfrac{5}{3}\pi$

$\therefore a+b+c+d=\dfrac{\pi}{6}+\dfrac{5}{6}\pi+\dfrac{\pi}{3}+\dfrac{5}{3}\pi=3\pi$

1271 답 -2π

함수 $y=\tan x$의 그래프와 직선 $y=2$의 교점의 x좌표가 α, β이므로

$\beta=\pi+\alpha$ $\therefore \alpha-\beta=-\pi$

↳ 주기는 π

함수 $y=\tan x$의 그래프와 직선 $y=3$의 교점의 x좌표가 γ, δ이므로

$\delta=\pi+\gamma$ $\therefore \gamma-\delta=-\pi$

$\therefore \alpha-\beta+\gamma-\delta=-\pi+(-\pi)=-2\pi$

1272 답 ①

함수 $y=\sin 2x$의 주기는 $\dfrac{2\pi}{2}=\pi$

함수 $y=\sin 2x$의 그래프에서 두 점 A, B는 직선 $x=\dfrac{\pi}{4}$에 대하여

대칭이므로

$\dfrac{\alpha+\beta}{2}=\dfrac{\pi}{4}$ $\therefore \alpha+\beta=\dfrac{\pi}{2}$

함수 $y=\sin 2x$의 그래프에서 두 점 C, D는 직선 $x=\dfrac{3}{4}\pi$에 대하여 대칭이므로

$\dfrac{\gamma+\delta}{2}=\dfrac{3}{4}\pi$ $\therefore \gamma+\delta=\dfrac{3}{2}\pi$

$\therefore \alpha+\beta+\gamma+\delta=\dfrac{\pi}{2}+\dfrac{3}{2}\pi=2\pi$

06

1273 답 ⑤

함수 $f(x)=\sin\pi x$의 주기는

$\dfrac{2\pi}{\pi}=2$

함수 $y=\sin\pi x$의 그래프에서

두 점 $(\alpha,\,0)$, $(\beta,\,0)$은 직선

$x=\dfrac{1}{2}$에 대하여 대칭이므로

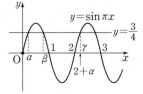

$\dfrac{\alpha+\beta}{2}=\dfrac{1}{2}$ ∴ $\alpha+\beta=1$

$\gamma=2+\alpha$이므로 ──→ 주기는 2

$\alpha+\beta+\gamma+1=1+(2+\alpha)+1=4+\alpha$

∴ $f(\alpha+\beta+\gamma+1)=f(4+\alpha)=f(2+\alpha)=f(\alpha)=\dfrac{3}{4}$

참고 함수 $y=\sin\pi x$의 주기가 2이므로 그래프는 직선 $x=\dfrac{1}{2}+n$ (n은 정수)에 대하여 대칭이다.

1274 답 $-\dfrac{1}{2}$

함수 $y=\cos\dfrac{1}{2}x$의 주기는 $\dfrac{2\pi}{\frac{1}{2}}=4\pi$

함수 $y=\cos\dfrac{1}{2}x$의 그래프에서 두 점 $(b,\,0)$, $(c,\,0)$은 직선

$x=2\pi$에 대하여 대칭이므로

$\dfrac{b+c}{2}=2\pi$ ∴ $b+c=4\pi$

두 점 $(c,\,0)$, $(d,\,0)$은 점 $(3\pi,\,0)$에 대하여 대칭이므로

$\dfrac{c+d}{2}=3\pi$ ∴ $c+d=6\pi$ ──→ 점 $(3\pi,\,0)$은 두 점 $(c,\,0)$, $(d,\,0)$을 이은 선분의 중점이다.

∴ $\dfrac{b+2c+d}{3}=\dfrac{(b+c)+(c+d)}{3}=\dfrac{4\pi+6\pi}{3}=\dfrac{10}{3}\pi$

∴ $\cos\dfrac{b+2c+d}{3}=\cos\dfrac{10}{3}\pi=\cos\left(3\pi+\dfrac{\pi}{3}\right)$

$=-\cos\dfrac{\pi}{3}=-\dfrac{1}{2}$

1275 답 ③

함수 $y=\sin\dfrac{\pi}{2}x$의 주기는 $\dfrac{2\pi}{\frac{\pi}{2}}=4$

세 점 A, B, C의 x좌표를 각각 x_1 $(0<x_1<1)$, x_2, x_3이라 하면

함수 $y=\sin\dfrac{\pi}{2}x$의 그래프에서 두 점 A, B는 직선 $x=1$에 대하여 대칭이므로

$\dfrac{x_1+x_2}{2}=1$ ∴ $x_1+x_2=2$ ⋯⋯⋯⋯⋯⋯⋯ ㉠

$x_3=4+x_1$이므로

$x_1+x_2+x_3=2+4+x_1=\dfrac{25}{4}$ ∴ $x_1=\dfrac{1}{4}$

$x_1=\dfrac{1}{4}$을 ㉠에 대입하여 풀면 $x_2=\dfrac{7}{4}$

따라서 선분 AB의 길이는

$x_2-x_1=\dfrac{7}{4}-\dfrac{1}{4}=\dfrac{3}{2}$

1276 답 ①

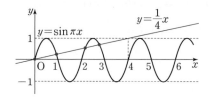

방정식 $\sin\pi x=\dfrac{1}{4}x$의 서로 다른 실근의 개수는? (단, $x\ge0$)

단서1

① 4 ② 5 ③ 6

④ 7 ⑤ 8

단서1 함수 $y=\sin\pi x$의 그래프와 직선 $y=\dfrac{1}{4}x$의 교점의 개수와 같음을 이용

STEP1 함수 $y=\sin\pi x$의 그래프와 직선 $y=\dfrac{1}{4}x$의 교점의 개수 구하기

방정식 $\sin\pi x=\dfrac{1}{4}x$의 서로 다른 실근의 개수는 함수 $y=\sin\pi x$의 그래프와 직선 $y=\dfrac{1}{4}x$의 교점의 개수와 같다.

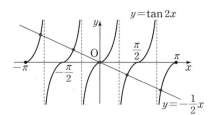

함수 $y=\sin\pi x$의 주기는 $\dfrac{2\pi}{\pi}=2$이고, 직선 $y=\dfrac{1}{4}x$는 원점과 점 $(4,\,1)$을 지난다.

즉, $x\ge0$에서 함수 $y=\sin\pi x$의 그래프와 직선 $y=\dfrac{1}{4}x$는 그림과 같고 두 그래프의 교점의 개수는 4이다.

STEP2 주어진 방정식의 서로 다른 실근의 개수 구하기

방정식 $\sin\pi x=\dfrac{1}{4}x$의 서로 다른 실근의 개수는 4이다.

참고 $y=\dfrac{1}{4}x$에서 $x>4$이면 $y>1$이므로 $x>4$에서 직선 $y=\dfrac{1}{4}x$는 함수 $y=\sin\pi x$의 그래프와 만나지 않는다.

1277 답 ③

방정식 $\tan2x=-\dfrac{1}{2}x$의 서로 다른 실근의 개수는 함수 $y=\tan2x$의 그래프와 직선 $y=-\dfrac{1}{2}x$의 교점의 개수와 같다.

함수 $y=\tan2x$의 주기는 $\dfrac{\pi}{2}$이므로 $-\pi\le x\le\pi$에서 함수 $y=\tan2x$의 그래프와 직선 $y=-\dfrac{1}{2}x$는 그림과 같고 두 그래프의 교점의 개수는 5이다.

따라서 방정식 $\tan2x=-\dfrac{1}{2}x$의 서로 다른 실근의 개수는 5이다.

1278 답 12

방정식 $|\cos3x|=\dfrac{1}{2}$의 서로 다른 실근의 개수는 함수 $y=|\cos3x|$의 그래프와 직선 $y=\dfrac{1}{2}$의 교점의 개수와 같다.

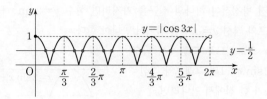

함수 $y=|\cos 3x|$의 주기는 $\dfrac{\pi}{3}$이므로 $0 \le x < 2\pi$에서 함수

$y=|\cos 3x|$의 그래프와 직선 $y=\dfrac{1}{2}$은 그림과 같고 두 그래프의

교점의 개수는 12이다.

따라서 방정식 $|\cos 3x|=\dfrac{1}{2}$의 서로 다른 실근의 개수는 12이다.

1279 답 ②

$$0 \le \left|4\sin\dfrac{\pi}{2}x\right| \le 4$$

방정식 $\left|4\sin\dfrac{\pi}{2}x\right|=-x+4$의 서로 다른 실근의 개수는 함수

$y=\left|4\sin\dfrac{\pi}{2}x\right|$의 그래프와 직선 $y=-x+4$의 교점의 개수와

같다.

함수 $y=\left|4\sin\dfrac{\pi}{2}x\right|$의 주기는 $\dfrac{\pi}{\frac{\pi}{2}}=2$

이고, 직선 $y=-x+4$는 두 점

$(4, 0)$, $(0, 4)$를 지난다.

즉, 함수 $y=\left|4\sin\dfrac{\pi}{2}x\right|$의 그래프와 직

선 $y=-x+4$는 그림과 같고 두 그래

프의 교점의 개수는 4이다.

따라서 방정식 $\left|4\sin\dfrac{\pi}{2}x\right|=-x+4$의 서로 다른 실근의 개수는

4이다.

1280 답 ④

방정식 $f(x)=g(x)$의 서로 다른 실근의 개수는 함수

$f(x)=\cos \pi x$의 그래프와 함수 $g(x)=\sqrt{\dfrac{x}{10}}$의 그래프의 교점의

개수와 같다.

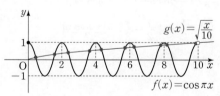

함수 $f(x)=\cos \pi x$의 주기는 $\dfrac{2\pi}{\pi}=2$이고, $g(x)=\sqrt{\dfrac{x}{10}}$에서

$g(10)=1$이므로 함수 $g(x)$의 그래프는 점 $(10, 1)$을 지난다.

즉, $0 \le x < 10$에서 함수 $f(x)=\cos \pi x$의 그래프와 함수

$g(x)=\sqrt{\dfrac{x}{10}}$의 그래프는 그림과 같고 두 그래프의 교점의 개수는

10이다.

따라서 방정식 $f(x)=g(x)$의 서로 다른 실근의 개수는 10이다.

참고 함수 $g(x)=\sqrt{\dfrac{x}{10}}$의 그래프를 정확히 그리지 않아도 함수

$f(x)=\cos \pi x$의 최댓값이 1이므로 $g(x)=\sqrt{\dfrac{x}{10}}$의 값이 1이 되는 x의 값을

구하고, 이를 이용하여 두 그래프의 교점의 개수를 구할 수 있다.

1281 답 ④

방정식 $\sin 4x=\dfrac{1}{2}$의 서로 다른 실근의 개수는 함수 $y=\sin 4x$의

그래프와 직선 $y=\dfrac{1}{2}$의 교점의 개수와 같다.

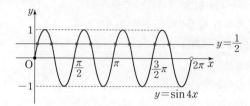

함수 $y=\sin 4x$의 주기는 $\dfrac{2\pi}{4}=\dfrac{\pi}{2}$이므로 $0 \le x < 2\pi$에서 함수

$y=\sin 4x$의 그래프와 직선 $y=\dfrac{1}{2}$은 그림과 같고 두 그래프의 교

점의 개수는 8이다.

따라서 방정식 $\sin 4x=\dfrac{1}{2}$의 서로 다른 실근의 개수는 8이다.

1282 답 $-5 \le k \le 3$ | 유형 23

방정식 $\cos\left(\dfrac{\pi}{2}+x\right)\sin x+4\sin(\pi+x)=k$가 실근을 가지도록 하는

단서1

실수 k의 값의 범위를 구하시오.

단서2

단서1 $\cos\left(\dfrac{\pi}{2}+x\right)=-\sin x$, $\sin(\pi+x)=-\sin x$임을 이용하여 $\sin x$에 대한 방정식

으로 변형

단서2 그래프를 그려 교점이 존재함을 이용

STEP 1 주어진 방정식을 $\sin x$에 대한 방정식으로 나타내기

$\cos\left(\dfrac{\pi}{2}+x\right)\sin x+4\sin(\pi+x)=k$에서

$-\sin x \times \sin x - 4\sin x = k$

$\therefore -\sin^2 x - 4\sin x = k$

STEP 2 실수 k의 값의 범위 구하기

주어진 방정식이 실근을 가지려면 함수 $y=-\sin^2 x-4\sin x$의 그

래프와 직선 $y=k$의 교점이 존재해야 한다.

$y=-\sin^2 x - 4\sin x$에서

$\sin x=t$로 놓으면 $-1 \le t \le 1$이고

$y=-t^2-4t$

$\quad =-(t+2)^2+4$

함수 $y=-t^2-4t$의 그래프는 그림과 같

으므로 주어진 방정식이 실근을 가지도

록 하는 실수 k의 값의 범위는

$-5 \le k \le 3$

참고 주어진 방정식을 $\sin^2 x+4\sin x=-k$로 정리하여 함수

$y=\sin^2 x+4\sin x$의 그래프와 직선 $y=-k$의 교점을 이용하여 문제를

해결할 수도 있다.

1283 답 ②

$\sin^2 x-2\sin x+k=0$에서

$-\sin^2 x+2\sin x=k$

주어진 방정식이 실근을 가지려면 함수 $y=-\sin^2 x+2\sin x$의

그래프와 직선 $y=k$의 교점이 존재해야 한다.

$y=-\sin^2 x+2\sin x$에서 $\sin x=t$로 놓으면 $-1\le t\le 1$이고
$y=-t^2+2t$
$=-(t-1)^2+1$
함수 $y=-t^2+2t$의 그래프는 그림과 같으므로 주어진 방정식이 실근을 가지도록 하는 k의 값의 범위는

$-3\le k\le 1$
따라서 실수 k의 최댓값은 1, 최솟값은 -3이므로 구하는 합은
$1+(-3)=-2$

1284 답 ②

$\cos^2 x-\sin^2 x+\sin x-1=k$에서
$(1-\sin^2 x)-\sin^2 x+\sin x-1=k$
$\therefore -2\sin^2 x+\sin x=k$
주어진 방정식이 실근을 가지려면 함수 $y=-2\sin^2 x+\sin x$의 그래프와 직선 $y=k$의 교점이 존재해야 한다.
$y=-2\sin^2 x+\sin x$에서 $\sin x=t$로 놓으면 $0\le x<\pi$에서 $0\le t\le 1$이고
$y=-2t^2+t$
$=-2\left(t-\dfrac{1}{4}\right)^2+\dfrac{1}{8}$

함수 $y=-2t^2+t$의 그래프는 그림과 같으므로 주어진 방정식이 실근을 가지도록 하는 k의 값의 범위는
$-1\le k\le\dfrac{1}{8}$

1285 답 -4

$\cos\left(x-\dfrac{\pi}{2}\right)=\cos\left(x+\dfrac{\pi}{2}\right)+a$에서
$\cos\left(\dfrac{\pi}{2}-x\right)=\cos\left(\dfrac{\pi}{2}+x\right)+a$
$\sin x=-\sin x+a$
$\therefore 2\sin x=a$
주어진 방정식이 하나의 실근을 가지려면 함수 $y=2\sin x$의 그래프와 직선 $y=a$가 한 점에서 만나야 한다.
$0\le x<2\pi$이므로 그림에서 함수 $y=2\sin x$의 그래프와 직선 $y=a$가 한 점에서 만나려면

$a=-2$ 또는 $a=2$
따라서 모든 실수 a의 값의 곱은
$-2\times 2=-4$

1286 답 2

$\cos\left(x-\dfrac{\pi}{2}\right)=-\cos\left(x+\dfrac{3}{2}\pi\right)-1+a$에서
$\cos\left(\dfrac{\pi}{2}-x\right)=-\cos\left(\dfrac{3}{2}\pi+x\right)-1+a$
$\sin x=-\sin x-1+a$
$\therefore 2\sin x+1=a$

주어진 방정식이 하나의 실근을 가지려면 함수 $y=2\sin x+1$의 그래프와 직선 $y=a$가 한 점에서 만나야 한다.
$0\le x<2\pi$이므로 그림에서 함수 $y=2\sin x+1$의 그래프와 직선 $y=a$가 한 점에서 만나려면

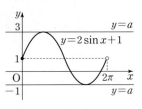

$a=3$ 또는 $a=-1$
따라서 모든 실수 a의 값의 합은
$3+(-1)=2$

1287 답 ①

방정식 $\left|\cos x+\dfrac{2}{3}\right|=k$가 서로 다른 3개의 실근을 가지려면 함수 $y=\left|\cos x+\dfrac{2}{3}\right|$의 그래프와 직선 $y=k$가 세 점에서 만나야 한다.
$0\le x<2\pi$이므로 그림에서 함수 $y=\left|\cos x+\dfrac{2}{3}\right|$의 그래프와 직선 $y=k$의 교점의 개수가 3이려면

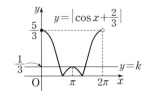

$k=\dfrac{1}{3}$
$\therefore 15k=15\times\dfrac{1}{3}=5$

실수 Check

함수 $y=\left|\cos x+\dfrac{2}{3}\right|$의 그래프는 함수 $y=\cos x+\dfrac{2}{3}$의 그래프에서 $y<0$인 부분을 x축에 대하여 대칭이동한 것임에 주의한다.

1288 답 $\dfrac{2}{3}\pi$ ┃유형 24

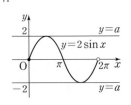

$0\le x<2\pi$에서 부등식 $\cos\left(\dfrac{x}{2}-\dfrac{\pi}{3}\right)<\dfrac{1}{2}$의 해가 $a<x<b$일 때, $b-a$의 값을 구하시오.

단서1 함수 $y=\cos\left(\dfrac{x}{2}-\dfrac{\pi}{3}\right)$의 그래프가 직선 $y=\dfrac{1}{2}$보다 아래쪽에 있는 x의 값의 범위

STEP 1 $\dfrac{x}{2}-\dfrac{\pi}{3}=t$로 치환하고 $\cos t<\dfrac{1}{2}$의 해 구하기

$\cos\left(\dfrac{x}{2}-\dfrac{\pi}{3}\right)<\dfrac{1}{2}$에서 $\dfrac{x}{2}-\dfrac{\pi}{3}=t$로 놓으면
$0\le x<2\pi$에서 $-\dfrac{\pi}{3}\le t<\dfrac{2}{3}\pi$이고
$\cos t<\dfrac{1}{2}$
부등식 $\cos t<\dfrac{1}{2}$의 해는 함수 $y=\cos t$의 그래프가 직선 $y=\dfrac{1}{2}$보다 아래쪽에 있는 t의 값의 범위이므로 그림에서

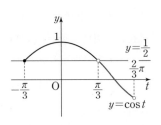

$\dfrac{\pi}{3}<t<\dfrac{2}{3}\pi$

STEP 2 x의 값의 범위 구하기

$\dfrac{\pi}{3}<\dfrac{x}{2}-\dfrac{\pi}{3}<\dfrac{2}{3}\pi$이므로
$\dfrac{4}{3}\pi<x<2\pi$

STEP3 $b-a$의 값 구하기

$a=\dfrac{4}{3}\pi$, $b=2\pi$이므로

$b-a=2\pi-\dfrac{4}{3}\pi=\dfrac{2}{3}\pi$

1289 답 ①

$\sin\left(x+\dfrac{\pi}{4}\right)\leq-\dfrac{\sqrt{2}}{2}$에서 $x+\dfrac{\pi}{4}=t$로 놓으면

$0\leq x<2\pi$에서 $\dfrac{\pi}{4}\leq t<\dfrac{9}{4}\pi$이고

$\sin t\leq-\dfrac{\sqrt{2}}{2}$

부등식 $\sin t\leq-\dfrac{\sqrt{2}}{2}$의 해는

함수 $y=\sin t$의 그래프가 직선

$y=-\dfrac{\sqrt{2}}{2}$와 만나는 부분 또는

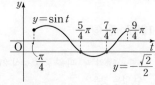

아래쪽에 있는 t의 값의 범위이므로 그림에서

$\dfrac{5}{4}\pi\leq t\leq\dfrac{7}{4}\pi$

즉, $\dfrac{5}{4}\pi\leq x+\dfrac{\pi}{4}\leq\dfrac{7}{4}\pi$이므로

$\pi\leq x\leq\dfrac{3}{2}\pi$

따라서 주어진 부등식의 해가 아닌 것은 ①이다.

1290 답 ③

$0\leq x<2\pi$에서 부등식

$\cos x>\sin x$의 해는 함수

$y=\cos x$의 그래프가 함수

$y=\sin x$의 그래프보다 위쪽

에 있는 x의 값의 범위이므로

그림에서

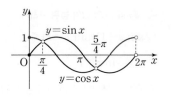

$0\leq x<\dfrac{\pi}{4}$ 또는 $\dfrac{5}{4}\pi<x<2\pi$

따라서 해가 될 수 없는 것은 ③이다.

1291 답 ②

$2\cos\left(x-\dfrac{\pi}{2}\right)+1<0$에서 $2\cos\left(\dfrac{\pi}{2}-x\right)+1<0$

$2\sin x+1<0$ ∴ $\sin x<-\dfrac{1}{2}$

$0\leq x<2\pi$에서 부등식

$\sin x<-\dfrac{1}{2}$의 해는 함수

$y=\sin x$의 그래프가 직선

$y=-\dfrac{1}{2}$보다 아래쪽에 있는 x의

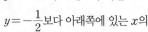

값의 범위이므로 그림에서

$\dfrac{7}{6}\pi<x<\dfrac{11}{6}\pi$

따라서 $\alpha=\dfrac{7}{6}\pi$, $\beta=\dfrac{11}{6}\pi$이므로

$\cos(\beta-\alpha)=\cos\dfrac{2}{3}\pi=\cos\left(\pi-\dfrac{\pi}{3}\right)=-\cos\dfrac{\pi}{3}=-\dfrac{1}{2}$

1292 답 2π

$2\cos x-\underbrace{\sin\left(\dfrac{7}{2}\pi+x\right)}_{\sin\left(\frac{3}{2}\pi+x\right)=-\cos x}+1<0$에서

$2\cos x+\cos x+1<0$

$3\cos x+1<0$ ∴ $\cos x<-\dfrac{1}{3}$

부등식 $\cos x<-\dfrac{1}{3}$의 해가 $\alpha<x<\beta$이므로 그림과 같이 $0\leq x<2\pi$

에서 함수 $y=\cos x$의 그래프와 직선 $y=-\dfrac{1}{3}$의 교점의 x좌표는

α, β이다.

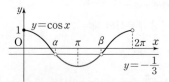

두 점 $(\alpha,0)$, $(\beta,0)$은 직선 $x=\pi$에 대하여 대칭이므로

$\dfrac{\alpha+\beta}{2}=\pi$ ∴ $\alpha+\beta=2\pi$

1293 답 ③

(i) 그림에서 $0\leq x<2\pi$일 때

$\tan x<1$의 해를 구하면

$A=\left\{x\left|0\leq x<\dfrac{\pi}{4}\right.\right.$

또는 $\dfrac{\pi}{2}<x<\dfrac{5}{4}\pi$

또는 $\left.\dfrac{3}{2}\pi<x<2\pi\right\}$

(ii) $\left|\sin\left(x+\dfrac{\pi}{2}\right)\right|<\dfrac{1}{2}$에서 $|\cos x|<\dfrac{1}{2}$

∴ $-\dfrac{1}{2}<\cos x<\dfrac{1}{2}$

그림에서 $0\leq x<2\pi$일

때 $-\dfrac{1}{2}<\cos x<\dfrac{1}{2}$의

해를 구하면

$B=\left\{x\left|\dfrac{\pi}{3}<x<\dfrac{2}{3}\pi\right.\right.$

또는 $\left.\dfrac{4}{3}\pi<x<\dfrac{5}{3}\pi\right\}$

(i), (ii)에서 $A\cap B=\left\{x\left|\dfrac{\pi}{2}<x<\dfrac{2}{3}\pi\right.\right.$ 또는 $\left.\dfrac{3}{2}\pi<x<\dfrac{5}{3}\pi\right\}$

따라서 집합 $A\cap B$의 원소인 것은 ③이다.

1294 답 ②

$(\log_3 x-1)\left(\cos x-\dfrac{\sqrt{3}}{2}\right)<0$이므로

(i) $\log_3 x-1<0$이고 $\cos x-\dfrac{\sqrt{3}}{2}>0$일 때

$\log_3 x<1$이므로 $0<x<3$ ·········· ㉠

$0<x<\pi$이므로 그림에서

$\cos x>\dfrac{\sqrt{3}}{2}$의 해는

$0<x<\dfrac{\pi}{6}$ ·········· ㉡

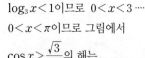
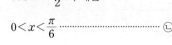
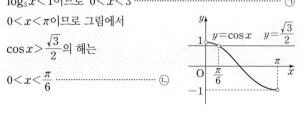

㉠, ㉡에서 $0 < x < \dfrac{\pi}{6}$

(ii) $\log_3 x - 1 > 0$이고 $\cos x - \dfrac{\sqrt{3}}{2} < 0$일 때

$\log_3 x > 1$이므로

$3 < x < \pi$ ·· ㉢

$0 < x < \pi$이므로 그림에서

$\cos x < \dfrac{\sqrt{3}}{2}$의 해는

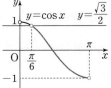

$\dfrac{\pi}{6} < x < \pi$ ····························· ㉣

㉢, ㉣에서 $3 < x < \pi$

(i), (ii)에서 주어진 부등식의 해는

$0 < x < \dfrac{\pi}{6}$ 또는 $3 < x < \pi$

따라서 $a = 0$, $b = \dfrac{\pi}{6}$, $c = 3$, $d = \pi$이므로

$(b-a) + (d-c) = \left(\dfrac{\pi}{6} - 0\right) + (\pi - 3)$

$= \dfrac{7}{6}\pi - 3$

실수 Check

$\log_3 x - 1$의 값이 0보다 작은 경우와 0보다 큰 경우로 나누어 x의 값의 범위를 구해야 한다.

1295 답 ①

$3\sin x - 2 > 0$에서 $\sin x > \dfrac{2}{3}$

부등식 $\sin x > \dfrac{2}{3}$의 해가

$\alpha < x < \beta$이므로 그림과 같이

$0 \leq x < 2\pi$에서 함수 $y = \sin x$

의 그래프와 직선 $y = \dfrac{2}{3}$의 교

점의 x좌표는 α, β이다.

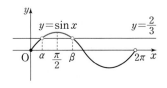

두 점 $(\alpha, 0)$, $(\beta, 0)$은 직선 $x = \dfrac{\pi}{2}$에 대하여 대칭이므로

$\dfrac{\alpha + \beta}{2} = \dfrac{\pi}{2}$ $\therefore \alpha + \beta = \pi$

$\therefore \cos(\alpha + \beta) = \cos \pi = -1$

1296 답 ③

$\cos x \leq \sin \dfrac{\pi}{7}$에서

$\sin \dfrac{\pi}{7} = \cos\left(\dfrac{\pi}{2} - \dfrac{\pi}{7}\right) = \cos \dfrac{5}{14}\pi$

$\therefore \cos x \leq \cos \dfrac{5}{14}\pi$ ······························· ㉠

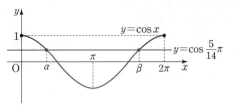

부등식 ㉠의 해가 $\alpha \leq x \leq \beta$이므로 그림과 같이 $0 \leq x \leq 2\pi$에서 함수 $y = \cos x$의 그래프와 직선 $y = \cos \dfrac{5}{14}\pi$의 교점의 x좌표는 α, β이다.

$\alpha = \dfrac{5}{14}\pi$이고 두 점 $(\alpha, 0)$, $(\beta, 0)$은 직선 $x = \pi$에 대하여 대칭이므로

$\dfrac{\alpha + \beta}{2} = \pi$ $\therefore \alpha + \beta = 2\pi$

$\therefore \beta = 2\pi - \alpha = 2\pi - \dfrac{5}{14}\pi = \dfrac{23}{14}\pi$

$\therefore \beta - \alpha = \dfrac{23}{14}\pi - \dfrac{5}{14}\pi = \dfrac{9}{7}\pi$

1297 답 ⑤ |유형 **25**

$0 \leq x < \pi$일 때, 다음 중 부등식 $2\cos^2 x + 3\sin x - 3 \geq 0$의 해가 될 수 <u>없는</u> 것은? 단서1

① $\dfrac{\pi}{4}$ ② $\dfrac{\pi}{3}$ ③ $\dfrac{\pi}{2}$

④ $\dfrac{2}{3}\pi$ ⑤ $\dfrac{11}{12}\pi$

단서1 $\sin^2 x + \cos^2 x = 1$이므로 $\cos^2 x = 1 - \sin^2 x$임을 이용

STEP 1 주어진 부등식을 $\sin x$에 대한 부등식으로 나타내기

$2\cos^2 x + 3\sin x - 3 \geq 0$에서

$2(1 - \sin^2 x) + 3\sin x - 3 \geq 0$

$2\sin^2 x - 3\sin x + 1 \leq 0$

STEP 2 $\sin x$의 값의 범위 구하기

$(2\sin x - 1)(\sin x - 1) \leq 0$

$\therefore \dfrac{1}{2} \leq \sin x \leq 1$

STEP 3 주어진 부등식의 해가 될 수 없는 것 찾기

$0 \leq x < \pi$이므로 그림에서

$\dfrac{1}{2} \leq \sin x \leq 1$의 해는

$\dfrac{\pi}{6} \leq x \leq \dfrac{5}{6}\pi$

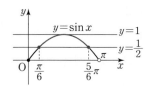

따라서 주어진 부등식의 해가 아닌 것은 ⑤이다.

1298 답 ④

$\sin^2 x - \cos^2 x + 1 > 3\cos x$에서

$(1 - \cos^2 x) - \cos^2 x + 1 > 3\cos x$

$2\cos^2 x + 3\cos x - 2 < 0$

$(\cos x + 2)(2\cos x - 1) < 0$

$\underline{\cos x + 2 > 0$이므로}$ $-1 \leq \cos x \leq 1$이므로 $\cos x + 2 > 0$

$2\cos x - 1 < 0$ $\therefore \cos x < \dfrac{1}{2}$

$0 \leq x < 2\pi$이므로 그림에서

$\cos x < \dfrac{1}{2}$의 해는

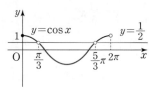

$\dfrac{\pi}{3} < x < \dfrac{5}{3}\pi$

따라서 $\alpha=\dfrac{\pi}{3}$, $\beta=\dfrac{5}{3}\pi$이므로

$\beta-\alpha=\dfrac{5}{3}\pi-\dfrac{\pi}{3}=\dfrac{4}{3}\pi$

1299 답 ③

$2\sin^2\theta-\cos\theta-1\le0$에서

$2(1-\cos^2\theta)-\cos\theta-1\le0$

$2\cos^2\theta+\cos\theta-1\ge0$

$(\cos\theta+1)(2\cos\theta-1)\ge0$

$\therefore$ $\cos\theta\le-1$ 또는 $\cos\theta\ge\dfrac{1}{2}$

$0\le\theta<2\pi$이므로 그림
에서 θ의 값의 범위는

$0\le\theta\le\dfrac{\pi}{3}$ 또는 $\theta=\pi$

또는 $\dfrac{5}{3}\pi\le\theta<2\pi$

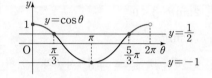

즉, $0\le3\theta\le\pi$ 또는 $3\theta=3\pi$ 또는 $5\pi\le3\theta<6\pi$이므로

$0\le\dfrac{3\theta}{\pi}\le1$ 또는 $\dfrac{3\theta}{\pi}=3$ 또는 $5\le\dfrac{3\theta}{\pi}<6$

따라서 자연수 $\dfrac{3\theta}{\pi}$의 값은 1, 3, 5의 3개이다.

1300 답 ⑤

$\sqrt{3}\tan x-\sqrt{3}\tan\left(\dfrac{3}{2}\pi-x\right)\le2$에서

$\sqrt{3}\tan x-\underbrace{\dfrac{\sqrt{3}}{\tan x}}-2\le0 \longrightarrow \dfrac{1}{\tan x}$

$\tan x=t$로 놓으면 $0<x<\dfrac{\pi}{2}$에서 $t>0$이고

$\sqrt{3}t-\dfrac{\sqrt{3}}{t}-2\le0$

위의 식의 양변에 t를 곱하면 $\sqrt{3}t^2-2t-\sqrt{3}\le0$

$(\sqrt{3}t+1)(t-\sqrt{3})\le0$

$\therefore$ $0<t\le\sqrt{3}$ ($\because$ $t>0$)

$\therefore$ $0<\tan x\le\sqrt{3}$

$0<x<\dfrac{\pi}{2}$이므로 그림에서

$0<\tan x\le\sqrt{3}$의 해는

$0<x\le\dfrac{\pi}{3}$

따라서 x의 최댓값은 $\dfrac{\pi}{3}$이다.

1301 답 $a\ge2$

$\dfrac{\sin^2\left(\theta+\dfrac{3}{2}\pi\right)}{}+4\sin\theta\le2a$에서

$\underbrace{\cos^2\theta+4\sin\theta\le2a}_{} \longrightarrow (-\cos\theta)^2=\cos^2\theta$

$(1-\sin^2\theta)+4\sin\theta\le2a$

$\therefore$ $\sin^2\theta-4\sin\theta+2a-1\ge0$

$\sin\theta=t$로 놓으면 $-1\le t\le1$이고

$t^2-4t+2a-1\ge0$ $\cdots\cdots$ ㉠

$y=t^2-4t+2a-1$이라 하면

$y=(t-2)^2+2a-5$

함수 $y=t^2-4t+2a-1$의 그래
프는 그림과 같으므로 $t=1$일 때
최솟값은 $2a-4$이다.

따라서 부등식 ㉠이 항상 성립하려
면

$2a-4\ge0$

$\therefore$ $a\ge2$

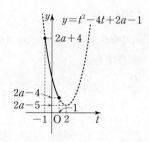

1302 답 7

$(2a+6)\cos x-a\sin^2 x+a+12<0$에서

$(2a+6)\cos x-a(1-\cos^2 x)+a+12<0$

$a\cos^2 x+(2a+6)\cos x+12<0$

$(a\cos x+6)(\cos x+2)<0$

$\underline{\cos x+2>0}$이므로 $\longrightarrow$ $-1\le\cos x\le1$이므로 $\cos x+2>0$

$a\cos x+6<0$ $\therefore$ $\cos x<-\dfrac{6}{a}$ ($\because$ a는 자연수)

$0\le x<2\pi$에서 부등식 $\cos x<-\dfrac{6}{a}$의 해가 존재하려면

$-\dfrac{6}{a}>-1$이어야 하므로

$\dfrac{6}{a}<1$ $\therefore$ $a>6$

따라서 자연수 a의 최솟값은 7이다.

1303 답 ⑤

| 유형 26

> 모든 실수 x에 대하여 부등식 $x^2-2x\sin\theta+3\sin^2\theta-1\ge0$이 성립 ㅡ단서1ㅡ
> 하도록 하는 θ의 값의 범위가 $\alpha\le\theta\le\beta$일 때, $\sin(\beta-\alpha)$의 값은?
> (단, $0\le\theta<\pi$)
>
> ① $\dfrac{\sqrt{3}}{3}$ ② $\dfrac{1}{2}$ ③ $\dfrac{\sqrt{2}}{2}$
>
> ④ $\dfrac{\sqrt{3}}{2}$ ⑤ 1
>
> 단서1 (이차방정식 $x^2-2x\sin\theta+3\sin^2\theta-1=0$의 판별식)$\le0$

STEP1 이차방정식의 판별식을 이용하여 θ에 대한 부등식 세우기

모든 실수 x에 대하여 주어진 부등식이 성립해야 하므로 이차방정
식 $x^2-2x\sin\theta+3\sin^2\theta-1=0$의 판별식을 D라 하면

$\dfrac{D}{4}=(-\sin\theta)^2-3\sin^2\theta+1\le0$, $-2\sin^2\theta\le-1$

$\therefore$ $\sin^2\theta\ge\dfrac{1}{2}$

$0\le\theta<\pi$에서 $0\le\sin\theta\le1$이므로

$\sin\theta\ge\dfrac{\sqrt{2}}{2}$

STEP2 θ의 값의 범위를 구하여 α, β의 값 구하기

그림에서 θ의 값의 범위는

$\dfrac{\pi}{4}\le\theta\le\dfrac{3}{4}\pi$이므로

$\alpha=\dfrac{\pi}{4}$, $\beta=\dfrac{3}{4}\pi$

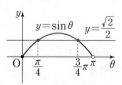

STEP3 $\sin(\beta-\alpha)$의 값 구하기

$\sin(\beta-\alpha)=\sin\left(\dfrac{3}{4}\pi-\dfrac{\pi}{4}\right)=\sin\dfrac{\pi}{2}=1$

1304 답 ④

이차방정식 $x^2-4x\cos\theta+3=0$이 중근을 가져야 하므로 판별식을 D라 하면

$$\frac{D}{4}=(-2\cos\theta)^2-3=0$$

$$\therefore \cos^2\theta=\frac{3}{4}$$

$-\dfrac{\pi}{2}\le\theta<\dfrac{\pi}{2}$에서 $0\le\cos\theta\le1$이므로

$$\cos\theta=\frac{\sqrt{3}}{2}$$

그림에서 θ의 값은

$$\theta=-\frac{\pi}{6} \text{ 또는 } \theta=\frac{\pi}{6}$$

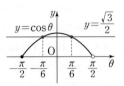

따라서 $\alpha=-\dfrac{\pi}{6}$, $\beta=\dfrac{\pi}{6}$이므로

$$\beta-\alpha=\frac{\pi}{6}-\left(-\frac{\pi}{6}\right)=\frac{\pi}{3}$$

1305 답 ④

주어진 부등식이 오직 하나의 해를 가져야 하므로
이차방정식 $x^2-4x\sin\theta+1=0$의 판별식을 D라 하면

$$\frac{D}{4}=(-2\sin\theta)^2-1=0,\ 4\sin^2\theta-1=0$$

$$\therefore \sin^2\theta=\frac{1}{4}$$

$0<\theta<\pi$에서 $0<\sin\theta\le1$이므로

$$\sin\theta=\frac{1}{2}$$

$0<\theta<\pi$이므로 그림에서 θ의 값은

$$\theta=\frac{\pi}{6} \text{ 또는 } \theta=\frac{5}{6}\pi$$

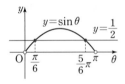

따라서 $\alpha=\dfrac{\pi}{6}$, $\beta=\dfrac{5}{6}\pi$이므로

$$4\alpha+\beta=\frac{2}{3}\pi+\frac{5}{6}\pi=\frac{3}{2}\pi$$

1306 답 ④

이차방정식 $6x^2+4x\sin\theta-\cos\theta=0$이 오직 하나의 실근을 가져야 하므로 판별식을 D라 하면

$$\frac{D}{4}=(2\sin\theta)^2-6(-\cos\theta)=0$$

$$4\sin^2\theta+6\cos\theta=0$$

$$4(1-\cos^2\theta)+6\cos\theta=0$$

$$2\cos^2\theta-3\cos\theta-2=0$$

$$(2\cos\theta+1)(\cos\theta-2)=0$$

$\underline{\cos\theta-2<0}$이므로 $\longrightarrow$ $-1\le\cos\theta\le1$이므로 $\cos\theta-2<0$

$$2\cos\theta+1=0 \qquad \therefore \cos\theta=-\frac{1}{2}$$

$0\le\theta<2\pi$이므로 그림에서 θ의 값은

$$\theta=\frac{2}{3}\pi \text{ 또는 } \theta=\frac{4}{3}\pi$$

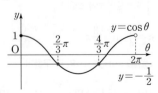

따라서 $\alpha=\dfrac{2}{3}\pi$, $\beta=\dfrac{4}{3}\pi$이므로

$$\beta-\alpha=\frac{4}{3}\pi-\frac{2}{3}\pi=\frac{2}{3}\pi$$

1307 답 $0\le\theta<\dfrac{\pi}{6}$ 또는 $\dfrac{5}{6}\pi<\theta<2\pi$

모든 실수 x에 대하여 주어진 부등식이 성립해야 하므로 이차방정식 $x^2-2x(2\sin\theta+1)-2\sin\theta+5=0$의 판별식을 D라 하면

$$\frac{D}{4}=(-2\sin\theta-1)^2+2\sin\theta-5<0$$

$$4\sin^2\theta+4\sin\theta+1+2\sin\theta-5<0$$

$$2\sin^2\theta+3\sin\theta-2<0$$

$$(\sin\theta+2)(2\sin\theta-1)<0$$

$\sin\theta+2>0$이므로

$$2\sin\theta-1<0$$

$$\therefore \sin\theta<\frac{1}{2}$$

$0\le\theta<2\pi$이므로 그림에서 θ의 값의 범위는

$$0\le\theta<\frac{\pi}{6} \text{ 또는 } \frac{5}{6}\pi<\theta<2\pi$$

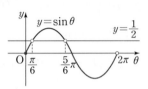

1308 답 ①

$f(x)=x^2-4x\cos\theta+1$이라 하면
방정식 $f(x)=0$의 두 근 사이에 1이 있어야
하므로 함수 $y=f(x)$의 그래프는 그림과 같아
야 한다.

즉, $f(1)<0$이어야 하므로

$$1-4\cos\theta+1<0,\ 4\cos\theta>2$$

$$\therefore \cos\theta>\frac{1}{2}$$

$0<\theta<2\pi$이므로 그림에서
θ의 값의 범위는

$$0<\theta<\frac{\pi}{3} \text{ 또는 } \frac{5}{3}\pi<\theta<2\pi$$

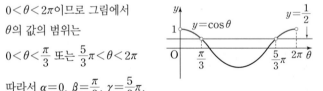

따라서 $\alpha=0$, $\beta=\dfrac{\pi}{3}$, $\gamma=\dfrac{5}{3}\pi$,

$\delta=2\pi$이므로

$$\sin(\gamma-\beta)=\sin\left(\frac{5}{3}\pi-\frac{\pi}{3}\right)=\sin\frac{4}{3}\pi$$

$$=\sin\left(\pi+\frac{\pi}{3}\right)=-\sin\frac{\pi}{3}$$

$$=-\frac{\sqrt{3}}{2}$$

개념 Check

이차방정식의 근의 분리

이차항의 계수가 양수인 이차방정식 $f(x)=0$의 판별식을 D라 하면

(1) 두 근이 모두 p보다 클 때
→ $D\ge0$, $f(p)>0$, (대칭축)$>p$

(2) 두 근이 모두 p보다 작을 때
→ $D\ge0$, $f(p)>0$, (대칭축)$<p$

(3) 두 근 사이에 p가 있을 때
→ $f(p)<0$

(4) 두 근이 모두 p, q $(p<q)$ 사이에 있을 때
→ $D\ge0$, $f(p)>0$, $f(q)>0$, $p<$(대칭축)$<q$

1309 답 ③

이차방정식 $x^2-3x+2\sin^2\theta-2\cos^2\theta-1=0$이 서로 다른 부호의 두 실근을 가지면 두 근의 곱이 음수이므로 이차방정식의 근과 계수의 관계에 의하여

$2\sin^2\theta-2\cos^2\theta-1<0$

$2(1-\cos^2\theta)-2\cos^2\theta-1<0$

$4\cos^2\theta-1>0,\ (2\cos\theta+1)(2\cos\theta-1)>0$

$\therefore \cos\theta<-\dfrac{1}{2}$ 또는 $\cos\theta>\dfrac{1}{2}$

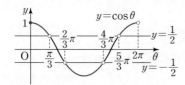

$0\le\theta<2\pi$이므로 그림에서 θ의 값의 범위는

$0\le\theta<\dfrac{\pi}{3}$ 또는 $\dfrac{2}{3}\pi<\theta<\dfrac{4}{3}\pi$ 또는 $\dfrac{5}{3}\pi<\theta<2\pi$

따라서 θ의 값이 될 수 없는 것은 ③이다.

개념 Check

계수가 실수인 이차방정식 $ax^2+bx+c=0$의 판별식을 D라 할 때

(1) 두 근이 모두 양수

$\rightarrow D\ge0,\ -\dfrac{b}{a}>0,\ \dfrac{c}{a}>0$

(2) 두 근이 모두 음수

$\rightarrow D\ge0,\ -\dfrac{b}{a}<0,\ \dfrac{c}{a}>0$

(3) 두 근이 서로 다른 부호

$\rightarrow \dfrac{c}{a}<0$

1310 답 $-\dfrac{1}{2}$

이차방정식 $x^2+4x\cos\theta+10\sin\theta-2=0$이 실근을 가지지 않아야 하므로 판별식을 D라 하면

$\dfrac{D}{4}=(2\cos\theta)^2-10\sin\theta+2<0$

$4\cos^2\theta-10\sin\theta+2<0$

$4(1-\sin^2\theta)-10\sin\theta+2<0$

$2\sin^2\theta+5\sin\theta-3>0$

$(\sin\theta+3)(2\sin\theta-1)>0$

$\sin\theta+3>0$이므로

$2\sin\theta-1>0$ $\quad\therefore \sin\theta>\dfrac{1}{2}$

$0\le\theta<2\pi$이므로 그림에서 θ의 값의 범위는

$\dfrac{\pi}{6}<\theta<\dfrac{5}{6}\pi$

따라서 $\alpha=\dfrac{\pi}{6},\ \beta=\dfrac{5}{6}\pi$이므로

$\cos(3\alpha+\beta)=\cos\left(\dfrac{\pi}{2}+\dfrac{5}{6}\pi\right)=\cos\dfrac{4}{3}\pi$

$\qquad=\cos\left(\pi+\dfrac{\pi}{3}\right)=-\cos\dfrac{\pi}{3}$

$\qquad=-\dfrac{1}{2}$

1311 답 (1) 2   (2) -1 (3) 4π (4) $\dfrac{1}{2}$ (5) $\dfrac{1}{2}$

(6) $-\dfrac{1}{2}$ (7) $\dfrac{2}{3}\pi$ (8) $-\dfrac{2}{3}\pi$

실제 답안 예시

$\{y|-a+d\le y\le a+d\},\ -3\le y\le1$

최댓값은 $a+d=1$, 최솟값은 $-a+d=-3$

$2d=-2,\ d=-1$

$a=2$

주기는 $\dfrac{2\pi}{|b|}$이고

$\dfrac{5}{3}\pi-\left(-\dfrac{\pi}{3}\right)=2\pi,\ 2\pi\times2=4\pi$

$\dfrac{2\pi}{b}=4\pi,\ b=\dfrac{1}{2}$

$y=2\sin\left(\dfrac{1}{2}x+c\right)-1$에 $x=3\pi,\ y=0$을 대입하면

$0=2\sin\left(\dfrac{1}{2}\times3\pi+c\right)-1$

$\sin\left(\dfrac{3}{2}\pi+c\right)=\dfrac{1}{2}$

$0<c<\pi$이므로 $\dfrac{3}{2}\pi<c+\dfrac{3}{2}\pi<\dfrac{5}{2}\pi$

$c+\dfrac{3}{2}\pi=\dfrac{13}{6}\pi,\ c=\dfrac{2}{3}\pi$

$abcd=2\times\dfrac{1}{2}\times\dfrac{2}{3}\pi\times(-1)=-\dfrac{2}{3}\pi$

1312 답 12

STEP 1 **최댓값과 최솟값을 이용하여 a, d의 값 구하기** [2점]

주어진 함수의 최댓값이 3, 최솟값이 -1이고   ······ ⓐ

$a>0$이므로

$a+d=3,\ -a+d=-1$

두 식을 연립하여 풀면 $a=2,\ d=1$

STEP 2 **주기를 이용하여 b의 값 구하기** [2점]

주어진 그래프에서 주기가 $\pi-\dfrac{\pi}{4}=\dfrac{3}{4}\pi$이고   ······ ⓑ

$b>0$이므로

$\dfrac{2\pi}{b}=\dfrac{3}{4}\pi$ $\quad\therefore b=\dfrac{8}{3}$

STEP 3 **그래프가 지나는 점의 좌표를 이용하여 c의 값 구하기** [2점]

$y=2\cos\dfrac{8}{3}(x-c\pi)+1$이고, 이 함수의 그래프가 점 $(0,\ 0)$을 지나므로

$0=2\cos\dfrac{8}{3}(-c\pi)+1$ $\quad\therefore \cos\dfrac{8c}{3}\pi=-\dfrac{1}{2}$

$0<c<\dfrac{1}{2}$에서 $0<\dfrac{8c}{3}\pi<\dfrac{4}{3}\pi$이므로

$\dfrac{8c}{3}\pi=\dfrac{2}{3}\pi$ $\quad\therefore c=\dfrac{1}{4}$

STEP 4 **$a+3b+4c+d$의 값 구하기** [1점]

$a+3b+4c+d=2+3\times\dfrac{8}{3}+4\times\dfrac{1}{4}+1=12$

부분점수표

부분점수표	
ⓐ 최댓값과 최솟값을 구한 경우	1점
ⓑ 주기를 구한 경우	1점

1313 답 $\sqrt{3}$

STEP 1 $y=a\sin bx$의 주기를 이용하여 b의 값 구하기 [2점]

$y=a\sin bx$의 주기가 π이고 $b>0$이므로

$\dfrac{2\pi}{b}=\pi$ $\therefore b=2$

STEP 2 함수 $y=\tan x$의 그래프가 지나는 점의 좌표를 이용하여 c의 값 구하기 [2점]

함수 $y=\tan x$의 그래프가 점 $\left(\dfrac{\pi}{3},\ c\right)$를 지나므로

$c=\tan\dfrac{\pi}{3}=\sqrt{3}$

STEP 3 함수 $y=a\sin 2x$의 그래프가 지나는 점의 좌표를 이용하여 a의 값 구하기 [2점]

함수 $y=a\sin 2x$의 그래프가 점 $\left(\dfrac{\pi}{3},\ \sqrt{3}\right)$을 지나므로

$\sqrt{3}=a\sin\dfrac{2}{3}\pi,\ \dfrac{\sqrt{3}}{2}a=\sqrt{3}$

$\therefore a=2$

STEP 4 $a-b+c$의 값 구하기 [1점]

$a-b+c=2-2+\sqrt{3}=\sqrt{3}$

1314 답 $\dfrac{13}{3}$

STEP 1 최댓값과 최솟값을 이용하여 a, c의 값 구하기 [2점]

$y=a\sin\left(\dfrac{\pi}{2}-bx\right)+c=a\cos bx+c$

$y=a\cos bx+c$의 최댓값이 3, 최솟값이 -1이고 $a>0$이므로

$a+c=3,\ -a+c=-1$

두 식을 연립하여 풀면 $a=2,\ c=1$

STEP 2 주기를 이용하여 $\overline{AB}$의 길이 구하기 [1점]

$y=2\cos bx+1$이고 $b>0$이므로 주기는 $\dfrac{2\pi}{b}$

$\therefore \overline{AB}=\dfrac{2}{b}\pi$

STEP 3 그래프가 x축과 만나는 점의 x좌표를 이용하여 $\overline{CD}$의 길이 구하기 [3점]

함수 $y=2\cos bx+1$의 그래프가 x축과 만나는 점의 x좌표는

$2\cos bx+1=0$에서 $\cos bx=-\dfrac{1}{2}$

$bx=\dfrac{2}{3}\pi$ 또는 $bx=\dfrac{4}{3}\pi$ $\left(\because 0<bx<2\pi\right)$

      $\downarrow 0<x<\dfrac{2\pi}{b}$, 즉 $0<bx<2\pi$

$\therefore x=\dfrac{2}{3b}\pi$ 또는 $x=\dfrac{4}{3b}\pi$ ······ ⓐ

$\therefore \overline{CD}=\dfrac{4}{3b}\pi-\dfrac{2}{3b}\pi=\dfrac{2}{3b}\pi$

STEP 4 사각형 ABCD의 넓이를 이용하여 b의 값 구하기 [2점]

사각형 ACDB의 넓이가 12π이므로

$\dfrac{1}{2}\times(\overline{AB}+\overline{CD})\times 3=12\pi$

$\dfrac{1}{2}\times\left(\dfrac{2}{b}\pi+\dfrac{2}{3b}\pi\right)\times 3=12\pi$

$\dfrac{4}{b}\pi=12\pi$

$\therefore b=\dfrac{1}{3}$

STEP 5 $a+b+2c$의 값 구하기 [1점]

$a+b+2c=2+\dfrac{1}{3}+2\times 1=\dfrac{13}{3}$

부분점수표	
ⓐ $\cos bx=-\dfrac{1}{2}$을 만족시키는 x의 값을 모두 구한 경우	2점

1315 답 (1) $\cos 2°$ (2) $\cos 44°$ (3) $\cos^2 1°$ (4) $\cos^2 2°$ (5) $\cos^2 44°$ (6) $\dfrac{\sqrt{2}}{2}$ (7) $\dfrac{1}{2}$ (8) $\dfrac{89}{2}$

실제 답안 예시

$(\sin^2 1°+\sin^2 89°)+(\sin^2 2°+\sin^2 88°)+\cdots$

              $+(\sin^2 44°+\sin^2 46°)+\sin^2 45°$

그런데 $\sin\left(\dfrac{\pi}{2}-x\right)=\cos x$이므로 $\sin(90°-x°)=\cos x°$이다.

따라서

$(\sin^2 1°+\cos^2 1°)+(\sin^2 2°+\cos^2 2°)+\cdots$

             $+(\sin^2 44°+\cos^2 44°)+\sin^2 45°$

$=\underbrace{1+1+\cdots+1}_{44개}+\left(\dfrac{\sqrt{2}}{2}\right)^2$

$=44+\dfrac{1}{2}$

$=\dfrac{89}{2}$

1316 답 1

STEP 1 $\tan(90°-x)=\dfrac{1}{\tan x}$임을 이용하여 삼각함수 변형하기 [3점]

$\tan 89°=\tan(90°-1°)=\dfrac{1}{\tan 1°}$

$\tan 88°=\tan(90°-2°)=\dfrac{1}{\tan 2°}$

       $\vdots$

$\tan 46°=\tan(90°-44°)=\dfrac{1}{\tan 44°}$

STEP 2 주어진 식을 간단히 하여 식의 값 구하기 [3점]

$\tan 1°\times\tan 2°\times\tan 3°\times\cdots\times\tan 88°\times\tan 89°$

$=(\tan 1°\times\tan 89°)\times(\tan 2°\times\tan 88°)\times\cdots$

             $\times(\tan 44°\times\tan 46°)\times\tan 45°$

$=\left(\tan 1°\times\dfrac{1}{\tan 1°}\right)\times\left(\tan 2°\times\dfrac{1}{\tan 2°}\right)\times\cdots$

            $\times\left(\tan 44°\times\dfrac{1}{\tan 44°}\right)\times\tan 45°$

$=\underbrace{1\times 1\times\cdots\times 1}_{44개}\times 1$

$=1$

1317 답 $\dfrac{\sqrt{2}}{2}$

STEP 1 θ를 정수 n에 대한 식으로 나타내기 [2점]

각 θ를 나타내는 동경과 각 7θ를 나타내는 동경이 x축에 대하여 대칭이므로

$\theta+7\theta=2n\pi$ (n은 정수)

$8\theta=2n\pi$

$$\therefore \theta = \frac{n}{4}\pi \quad\cdots\cdots\cdots\cdots\cdots\cdots\cdots\cdots\cdots\cdots ㉠$$

STEP2 n이 정수임을 이용하여 θ의 값 구하기 [2점]

$\frac{\pi}{8} < \theta < \frac{3}{8}\pi$에서 $\frac{\pi}{8} < \frac{n}{4}\pi < \frac{3}{8}\pi$이므로

$$\frac{1}{2} < n < \frac{3}{2}$$

n은 정수이므로 $n=1$

$n=1$을 ㉠에 대입하면

$$\theta = \frac{\pi}{4}$$

STEP3 일반각에 대한 삼각함수의 성질을 이용하여 삼각함수 변형하기 [2점]

$\theta = \frac{\pi}{4}$에서 $4\theta = \pi$이므로

$\sin 5\theta = \sin(4\theta + \theta) = \sin(\pi + \theta) = -\sin\theta$

$\sin 6\theta = \sin(4\theta + 2\theta) = \sin(\pi + 2\theta) = -\sin 2\theta$

$\sin 7\theta = \sin(4\theta + 3\theta) = \sin(\pi + 3\theta) = -\sin 3\theta$

$\sin 8\theta = \sin(4\theta + 4\theta) = \sin(\pi + 4\theta) = -\sin 4\theta$

$\sin 9\theta = \sin(4\theta + 5\theta) = \sin(\pi + 5\theta) = -\sin 5\theta$

$\qquad\qquad = -(-\sin\theta) = \sin\theta$

STEP4 주어진 식을 간단히 하여 식의 값 구하기 [2점]

$\sin\theta + \sin 2\theta + \sin 3\theta + \cdots + \sin 9\theta$

$= (\sin\theta + \sin 5\theta) + (\sin 2\theta + \sin 6\theta) + (\sin 3\theta + \sin 7\theta)$

$\qquad\qquad\qquad\qquad + (\sin 4\theta + \sin 8\theta) + \sin 9\theta$

$= (\sin\theta - \sin\theta) + (\sin 2\theta - \sin 2\theta) + (\sin 3\theta - \sin 3\theta)$

$\qquad\qquad\qquad\qquad + (\sin 4\theta - \sin 4\theta) + \sin\theta$

$= \sin\theta = \sin\frac{\pi}{4}$

$= \frac{\sqrt{2}}{2}$

1318 답 (1) $\sin x$ (2) $2\sin x$ (3) $\frac{1}{2}$ (4) $\frac{1}{2}$ (5) 5 (6) $\frac{1}{2}$

$\qquad\qquad$ (7) 5 (8) $\frac{1}{2}$ (9) $\frac{11}{2}$

오답 분석

$f(x) = \sin^2 x - \cos^2 x - 2\sin x + 2$

$\qquad = \sin^2 x - 1 + \sin^2 x - 2\sin x + 2$

$\qquad = 2\sin^2 x - 2\sin x + 1$ ⟵ 2점

$\sin x = t$라 하면

$-1 \le t \le 1$

$f(t) = 2t^2 - 2t + 1$

$\underline{f(1) = 2 - 2 + 1 = 1 = m}$ ⟶ 최솟값을 잘못 구함

$\underline{f(-1) = 2 + 2 + 1 = 5 = M}$ ⟵ 1점

$m + M = 6$

▶ 6점 중 3점 얻음.

꼭짓점의 t좌표가 $-1 \le t \le 1$의 범위에 속하는지 확인하지 않아 최솟값을 잘못 구했다.

$f(t) = 2t^2 - 2t + 1 = 2\left(t - \frac{1}{2}\right)^2 + \frac{1}{2}$이므로 $f\left(\frac{1}{2}\right)$의 값이 최솟값이고, $f(-1)$의 값이 최댓값임을 보이도록 한다.

1319 답 $\frac{9}{2}$

STEP1 주어진 함수를 $\cos\left(x - \frac{\pi}{4}\right)$에 대한 함수로 나타내기 [3점]

$y = \sin^2\left(x - \frac{\pi}{4}\right) - \cos\left(x - \frac{\pi}{4}\right) + k$

$\quad = \left\{1 - \cos^2\left(x - \frac{\pi}{4}\right)\right\} - \cos\left(x - \frac{\pi}{4}\right) + k$

$\quad = -\cos^2\left(x - \frac{\pi}{4}\right) - \cos\left(x - \frac{\pi}{4}\right) + k + 1$

STEP2 $\cos\left(x - \frac{\pi}{4}\right) = t$로 치환하여 최댓값과 최솟값 구하기 [3점]

$\cos\left(x - \frac{\pi}{4}\right) = t$로 놓으면 $-1 \le t \le 1$이고

$y = -t^2 - t + k + 1$

$\quad = -\left(t + \frac{1}{2}\right)^2 + k + \frac{5}{4}$

함수 $y = -t^2 - t + k + 1$의 그래프는 그림과 같으므로

$t = -\frac{1}{2}$일 때 최댓값은 $k + \frac{5}{4}$이고, $t = 1$일 때 최솟값은 $k - 1$이다.

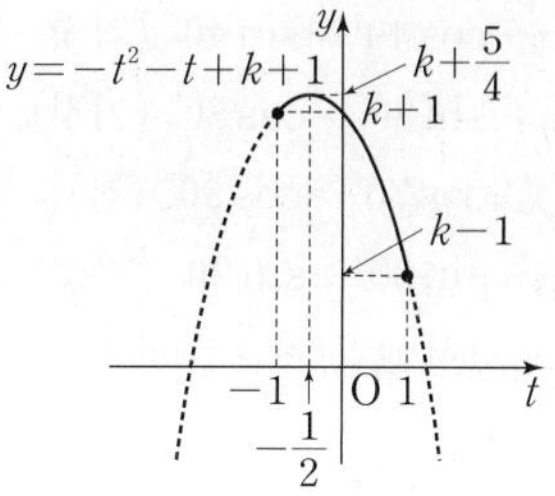

STEP3 $k + m$의 값 구하기 [2점]

최댓값이 4이므로

$k + \frac{5}{4} = 4 \qquad \therefore k = \frac{11}{4}$

최솟값은 $k - 1 = \frac{11}{4} - 1 = \frac{7}{4}$이므로 $m = \frac{7}{4}$

$\therefore k + m = \frac{11}{4} + \frac{7}{4} = \frac{9}{2}$

1320 답 2

STEP1 주어진 부등식을 $\sin\theta$에 대한 부등식으로 나타내기 [2점]

$\cos^2\theta - \sin^2\theta - 8\sin\theta + 1 \le 4a$에서

$(1 - \sin^2\theta) - \sin^2\theta - 8\sin\theta + 1 \le 4a$

$\therefore \sin^2\theta + 4\sin\theta + 2a - 1 \ge 0$

STEP2 $\sin\theta = t$로 치환하고 함수의 최솟값 구하기 [3점]

$\sin\theta = t$로 놓으면 $-1 \le t \le 1$이고

$t^2 + 4t + 2a - 1 \ge 0 \quad\cdots\cdots\cdots\cdots\cdots ㉠$

$y = t^2 + 4t + 2a - 1$이라 하면

$y = (t + 2)^2 + 2a - 5$

함수 $y = t^2 + 4t + 2a - 1$의 그래프는 그림과 같으므로 $t = -1$일 때 최솟값은 $2a - 4$이다.

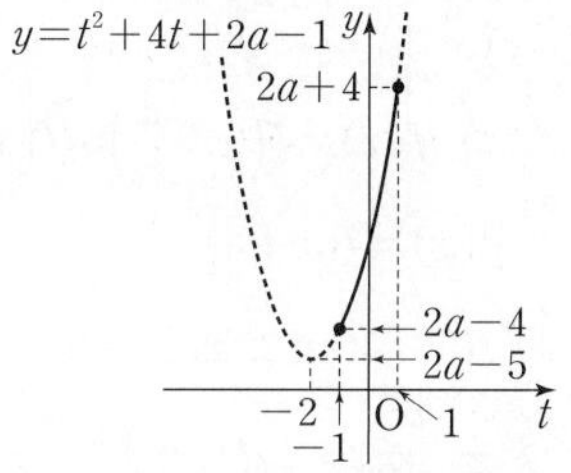

STEP3 주어진 부등식이 항상 성립하도록 하는 실수 a의 최솟값 구하기 [2점]

부등식 ㉠이 항상 성립하려면

$2a - 4 \ge 0$

$\therefore a \ge 2$

따라서 실수 a의 최솟값은 2이다.

1 1321 답 ④   유형 2

출제의도 | 삼각함수의 대소 관계를 이해하는지 확인한다.

두 함수 $y=\sin x$, $y=\cos x$의 그래프를 그려 대소 관계를 생각해 보자.

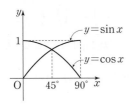

그림에서 삼각함수 사이의 대소 관계는 다음과 같다.

① $\cos 60° < \cos 40°$ (거짓)

② $\cos 40° > \sin 40°$ (거짓)

③ $\sin 80° > \cos 80°$ (거짓)

④ $\cos 70° > \cos 90°$ (참)

⑤ $\sin 30° > \sin 20°$ (거짓)

따라서 옳은 것은 ④이다.

2 1322 답 ③   유형 3

출제의도 | 삼각함수의 주기를 구할 수 있는지 확인한다.

모든 실수 x에 대하여 $f(x+p)=f(x)$ $(p>0)$를 만족시키는 함수는 주기가 $\dfrac{p}{n}$ (n은 자연수)인 주기함수임을 이용해 보자.

① $f(x)=\cos \pi x$의 주기는 $\dfrac{2\pi}{\pi}=2$

즉, $f(x)=f(x+2)=f(x+4)=\cdots$이므로 $f(x)=f(x+4)$

② $f(x)=\sin \dfrac{5}{2}\pi x$의 주기는 $\dfrac{2\pi}{\frac{5}{2}\pi}=\dfrac{4}{5}$

즉, $f(x)=f\left(x+\dfrac{4}{5}\right)=f\left(x+\dfrac{8}{5}\right)=\cdots=f(x+4)=\cdots$이므로 $f(x)=f(x+4)$

③ $f(x)=\sin \dfrac{\pi}{3}x$의 주기는 $\dfrac{2\pi}{\frac{\pi}{3}}=6$

즉, $f(x)=f(x+6)=f(x+12)=\cdots$이므로 $f(x)\neq f(x+4)$

④ $f(x)=\cos \dfrac{3}{2}\pi x$의 주기는 $\dfrac{2\pi}{\frac{3}{2}\pi}=\dfrac{4}{3}$

즉, $f(x)=f\left(x+\dfrac{4}{3}\right)=f\left(x+\dfrac{8}{3}\right)=f(x+4)=\cdots$이므로 $f(x)=f(x+4)$

⑤ $f(x)=\tan 2\pi x$의 주기는 $\dfrac{\pi}{2\pi}=\dfrac{1}{2}$

즉, $f(x)=f\left(x+\dfrac{1}{2}\right)=f(x+1)=\cdots=f(x+4)=\cdots$이므로 $f(x)=f(x+4)$

따라서 $f(x+4)=f(x)$를 만족시키지 않는 것은 ③이다.

참고 모든 실수 x에 대하여 $f(x+4)=f(x)$를 만족시키는 함수는 주기가 $\dfrac{4}{n}$ (n은 자연수)인 주기함수이다.

3 1323 답 ②   유형 4

출제의도 | 삼각함수의 그래프의 평행이동을 이해하는지 확인한다.

함수 $y=f(x)$의 그래프를 x축의 방향으로 m만큼, y축의 방향으로 n만큼 평행이동한 그래프의 식은 $y=f(x-m)+n$임을 이용해 보자.

ㄱ. 함수 $y=\sin (3x-\pi)=\sin 3\left(x-\dfrac{\pi}{3}\right)$의 그래프는 함수 $y=\sin 3x$의 그래프를 x축의 방향으로 $\dfrac{\pi}{3}$만큼 평행이동한 것과 같다.

ㄴ. 함수 $y=2\sin (3x+\pi)-2=2\sin 3\left(x+\dfrac{\pi}{3}\right)-2$의 그래프는 함수 $y=2\sin 3x$의 그래프를 x축의 방향으로 $-\dfrac{\pi}{3}$만큼, y축의 방향으로 -2만큼 평행이동한 것과 같다.

ㄷ. 함수 $y=2\sin x-1$의 그래프는 함수 $y=2\sin x$의 그래프를 y축의 방향으로 -1만큼 평행이동한 것과 같다.

ㄹ. 함수 $y=\sin (3x-2)+1=\sin 3\left(x-\dfrac{2}{3}\right)+1$의 그래프는 함수 $y=\sin 3x$의 그래프를 x축의 방향으로 $\dfrac{2}{3}$만큼, y축의 방향으로 1만큼 평행이동한 것과 같다.

따라서 함수 $y=2\sin 3x$의 그래프를 평행이동하여 겹쳐질 수 있는 그래프의 식은 ㄴ뿐이다.

4 1324 답 ⑤   유형 5

출제의도 | 삼각함수의 그래프의 평행이동과 삼각함수의 최대, 최소와 주기를 구할 수 있는지 확인한다.

$y=a\sin (bx+c)+d$ 꼴인 삼각함수의 최댓값은 $|a|+d$, 최솟값은 $-|a|+d$, 주기는 $\dfrac{2\pi}{|b|}$임을 이용해 보자.

함수 $y=5\sin 2x$의 그래프를 x축의 방향으로 $\dfrac{\pi}{4}$만큼, y축의 방향으로 2만큼 평행이동한 그래프의 식은

$y=5\sin 2\left(x-\dfrac{\pi}{4}\right)+2$

최댓값은 $5+2=7$, 최솟값은 $-5+2=-3$, 주기는 $\dfrac{2\pi}{2}=\pi$

따라서 $M=7$, $m=-3$, $p=\pi$이므로

$M+m+p=4+\pi$

5 1325 답 ⑤   유형 6

출제의도 | 삼각함수의 그래프의 여러 가지 성질을 이해하는지 확인한다.

$y=a\cos (bx+c)+d$ 꼴인 삼각함수의 최댓값은 $|a|+d$, 최솟값은 $-|a|+d$, 주기는 $\dfrac{2\pi}{|b|}$임을 이용해 보자.

① 주기는 $\dfrac{2\pi}{3}=\dfrac{2}{3}\pi$ (참)

② 최댓값은 $2+2=4$ (참)

③ 최솟값은 $-2+2=0$ (참)

④ $y=2\cos \left(3x-\dfrac{\pi}{2}\right)+2$에 $x=0$을 대입하면

$$y=2\cos\left(-\frac{\pi}{2}\right)+2=2\cos\frac{\pi}{2}+2=2\times0+2=2$$

즉, 그래프는 점 $(0, 2)$를 지난다. (참)

⑤ 함수 $y=2\cos\left(3x-\frac{\pi}{2}\right)+2=2\cos 3\left(x-\frac{\pi}{6}\right)+2$의 그래프는 함수 $y=2\cos 3x$의 그래프를 x축의 방향으로 $\frac{\pi}{6}$만큼, y축의 방향으로 2만큼 평행이동한 것이다. (거짓)

따라서 옳지 않은 것은 ⑤이다.

6 1326 답 ② 〔유형 7〕

출제의도 | 주어진 조건을 이용하여 삼각함수의 미정계수를 구할 수 있는지 확인한다.

> $y=a\sin(bx+c)+d$ 꼴인 삼각함수의 최댓값은 $|a|+d$, 최솟값은 $-|a|+d$, 주기는 $\frac{2\pi}{|b|}$임을 이용해 보자.

$f(x)=a\sin\left(bx+\frac{\pi}{2}\right)+c$의 최댓값이 2, 최솟값이 -4이고
$a>0$이므로
$a+c=2$, $-a+c=-4$
두 식을 연립하여 풀면 $a=3$, $c=-1$
$f(x)$의 주기가 π이고 $b>0$이므로
$\frac{2\pi}{b}=\pi$ $\therefore b=2$
따라서 $f(x)=3\sin\left(2x+\frac{\pi}{2}\right)-1$이므로

$$f\left(\frac{\pi}{4}\right)=3\sin\left(2\times\frac{\pi}{4}+\frac{\pi}{2}\right)-1$$
$$=3\sin\pi-1$$
$$=3\times0-1=-1$$

7 1327 답 ③ 〔유형 9〕

출제의도 | 절댓값 기호를 포함한 삼각함수의 그래프를 이해하는지 확인한다.

> 함수 $y=\sin x$의 그래프는 원점에 대하여 대칭이고, 함수 $y=\cos x$의 그래프는 y축에 대하여 대칭임을 이용해 보자.

네 함수 $y=\sin|x|$, $y=|\sin x|$, $y=\cos|x|$, $y=|\cos x|$의 그래프는 각각 그림과 같다.

$x\geq0$일 때 ➡ $y=\cos|x|=\cos x$
$x<0$일 때 ➡ $y=\cos|x|=\cos(-x)=\cos x$

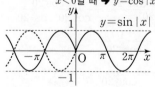

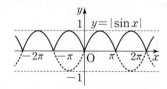

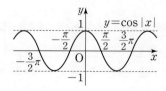

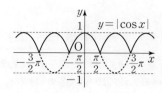

따라서 두 함수의 그래프가 일치하는 것은 ③이다.

8 1328 답 ⑤ 〔유형 11〕

출제의도 | 일반각에 대한 삼각함수의 성질을 이해하는지 확인한다.

> 주어진 각이 $\frac{\pi}{2}\times n\pm\theta$ (n은 정수) 꼴로 나타내어졌을 때, n이 짝수이면 삼각함수를 그대로 유지하고, n이 홀수이면 $\sin$과 $\cos$을 서로 바꾸고 $\tan$는 $\frac{1}{\tan}$로 바꾸어 정리해 보자.

① $\sin(\pi+\theta)=-\sin\theta$이므로
 $\sin(\pi+\theta)\neq\sin\theta$ (거짓)

② $\cos(-\theta)=\cos\theta$, $\sin\left(\frac{3}{2}\pi+\theta\right)=-\cos\theta$이므로
 $\cos(-\theta)\neq\sin\left(\frac{3}{2}\pi+\theta\right)$ (거짓)

③ $\sin\left(\frac{\pi}{2}+\theta\right)=\cos\theta$, $\cos(\pi-\theta)=-\cos\theta$이므로
 $\sin\left(\frac{\pi}{2}+\theta\right)\neq\cos(\pi-\theta)$ (거짓)

④ $\tan\left(\frac{\pi}{2}-\theta\right)=\frac{1}{\tan\theta}$, $\frac{1}{\tan(-\theta)}=-\frac{1}{\tan\theta}$이므로
 $\tan\left(\frac{\pi}{2}-\theta\right)\neq\frac{1}{\tan(-\theta)}$ (거짓)

⑤ $\cos\left(\frac{\pi}{2}+\theta\right)=-\sin\theta$, $\sin(\pi+\theta)=-\sin\theta$이므로
 $\cos\left(\frac{\pi}{2}+\theta\right)=\sin(\pi+\theta)$ (참)

따라서 옳은 것은 ⑤이다.

9 1329 답 ⑤ 〔유형 18〕

출제의도 | 일차식 꼴의 삼각방정식의 해를 구할 수 있는지 확인한다.

> 방정식 $\cos x=k$ ($-1\leq k\leq1$)의 해는 함수 $y=\cos x$의 그래프와 직선 $y=k$의 교점의 x좌표임을 이용해 보자.

$3\cos x+\sin\left(\frac{3}{2}\pi+x\right)=\sqrt{2}$에서
$3\cos x-\cos x=\sqrt{2}$, $2\cos x=\sqrt{2}$
$\therefore \cos x=\frac{\sqrt{2}}{2}$

그림과 같이 $0\leq x<2\pi$에서 함수 $y=\cos x$의 그래프와 직선 $y=\frac{\sqrt{2}}{2}$의 교점의 x좌표가 $\frac{\pi}{4}$, $\frac{7}{4}\pi$이므로
$x=\frac{\pi}{4}$ 또는 $x=\frac{7}{4}\pi$

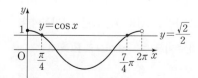

따라서 실근 중 가장 큰 것은 $\frac{7}{4}\pi$이다.

10 1330　답 ④　（유형 24）

출제의도 | 일차식 꼴의 삼각부등식의 해를 구할 수 있는지 확인한다.

> 부등식 $\cos x<k\ (-1\le k\le 1)$의 해는 함수 $y=\cos x$의 그래프가 직선 $y=k$보다 아래쪽에 있는 x의 값의 범위임을 이용해 보자.

$0\le x<\pi$에서 부등식 $-\dfrac{\sqrt{3}}{2}<\cos x\le\dfrac{\sqrt{2}}{2}$의 해는 함수 $y=\cos x$의 그래프가 직선 $y=-\dfrac{\sqrt{3}}{2}$보

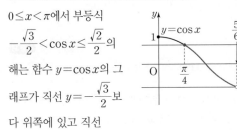

다 위쪽에 있고 직선 $y=\dfrac{\sqrt{2}}{2}$와 만나는 부분 또는 아래쪽에 있는 x의 값의 범위이므로 그림에서

$\dfrac{\pi}{4}\le x<\dfrac{5}{6}\pi$

11 1331　답 ④　（유형 8）

출제의도 | 삼각함수의 그래프를 보고 삼각함수의 미정계수를 구할 수 있는지 확인한다.

> 주어진 그래프에서 주기, 최댓값, 최솟값과 그래프가 지나는 점의 좌표를 이용하여 삼각함수의 미정계수를 구해 보자.

$y=a\cos(bx+c)+d$의 최댓값이 2, 최솟값이 0이고 $a>0$이므로
$a+d=2,\ -a+d=0$
두 식을 연립하여 풀면 $a=1,\ d=1$
주기가 $\dfrac{2}{3}\pi-\left(-\dfrac{\pi}{3}\right)=\pi$이고 $b>0$이므로
$\dfrac{2\pi}{b}=\pi$　∴ $b=2$
따라서 $y=\cos(2x+c)+1$이고 이 함수의 그래프가 점 $\left(\dfrac{2}{3}\pi,\ 2\right)$를 지나므로
$2=\cos\left(2\times\dfrac{2}{3}\pi+c\right)+1$　∴ $\cos\left(\dfrac{4}{3}\pi+c\right)=1$
이때 $0<c<2\pi$에서 $\dfrac{4}{3}\pi<\dfrac{4}{3}\pi+c<\dfrac{10}{3}\pi$이므로
$\dfrac{4}{3}\pi+c=2\pi$　∴ $c=\dfrac{2}{3}\pi$
∴ $abcd=1\times2\times\dfrac{2}{3}\pi\times1=\dfrac{4}{3}\pi$

12 1332　답 ⑤　（유형 10）

출제의도 | 삼각함수의 그래프의 대칭성을 이용하여 도형의 넓이를 구할 수 있는지 확인한다.

> 함수 $y=\cos x$의 그래프는 y축에 대하여 대칭임을 이용해 보자.

함수 $y=\cos\dfrac{\pi}{3}x$의 그래프는 y축에 대하여 대칭이고, $\overline{\mathrm{AD}}$가 x축에 평행하므로 사각형 ABCD는 등변사다리꼴이다.

$y=\cos\dfrac{\pi}{3}x$의 주기는 $\dfrac{2\pi}{\frac{\pi}{3}}=6$이므로 $\overline{\mathrm{BC}}=3$

$\overline{\mathrm{AD}}=2$이고 두 점 A, D가 y축에 대하여 대칭이므로 점 A의 x좌표는 -1, 점 D의 x좌표는 1이다.

등변사다리꼴 ABCD의 높이를 h라 하면

$h=\cos\left(\dfrac{\pi}{3}\times1\right)=\cos\dfrac{\pi}{3}=\dfrac{1}{2}$ ← 점 D의 y좌표와 같다.

따라서 사각형 ABCD의 넓이는

$\dfrac{1}{2}\times(\overline{\mathrm{AD}}+\overline{\mathrm{BC}})\times h=\dfrac{1}{2}\times(2+3)\times\dfrac{1}{2}=\dfrac{5}{4}$

13 1333　답 ③　（유형 11）

출제의도 | 일반각에 대한 삼각함수의 성질을 이해하는지 확인한다.

> 주어진 각이 $\dfrac{\pi}{2}\times n\pm\theta$ (n은 정수) 꼴로 나타내어졌을 때, n이 짝수이면 삼각함수를 그대로 유지하고, n이 홀수이면 $\sin$과 $\cos$을 서로 바꾸어 정리해 보자.

$\sin\left(\dfrac{\pi}{2}-\theta\right)+\sin(2\pi+\theta)=\sin\left(\dfrac{3}{2}\pi-\theta\right)+\sin(\pi+\theta)$에서
$\cos\theta+\sin\theta=-\cos\theta-\sin\theta$
∴ $\sin\theta=-\cos\theta$
$\cos\theta\ne0$이므로 양변을 $\cos\theta$로 나누면
$\dfrac{\sin\theta}{\cos\theta}=-1$ ← $\cos\theta=0$이면 $\sin\theta=-\cos\theta=0$이므로 이를 만족시키는 θ는 존재하지 않는다.
∴ $\tan\theta=-1$
∴ $\theta=\dfrac{3}{4}\pi\ (\because\ 0\le\theta\le\pi)$

14 1334　답 ③　（유형 11）

출제의도 | 일반각에 대한 삼각함수의 값을 구할 수 있는지 확인한다.

> 주어진 각을 $90°\times n\pm\theta$ (n은 정수) 꼴로 나타냈을 때, n이 짝수이면 삼각함수를 그대로 유지하고, n이 홀수이면 $\sin$과 $\cos$을 서로 바꾸고 $\tan$는 $\dfrac{1}{\tan}$로 바꾸어 정리해 보자.

$\sin200°=\sin(180°+20°)=-\sin20°$
$\tan160°=\tan(180°-20°)=-\tan20°$
$\cos290°=\cos(270°+20°)=\sin20°$
$\sin250°=\sin(270°-20°)=-\cos20°$
$\sin110°=\sin(90°+20°)=\cos20°$
∴ $\dfrac{\sin200°\tan^2160°}{\cos290°}-\dfrac{\sin250°}{\sin110°\cos^220°}$
$=\dfrac{-\sin20°\times\tan^220°}{\sin20°}-\dfrac{-\cos20°}{\cos20°\cos^220°}$
$=-\tan^220°+\dfrac{1}{\cos^220°}$
$=-\dfrac{\sin^220°}{\cos^220°}+\dfrac{1}{\cos^220°}$
$=\dfrac{1-\sin^220°}{\cos^220°}$
$=\dfrac{\cos^220°}{\cos^220°}=1$

15 1335　답 ⑤　（유형 16）

출제의도 | 이차식 꼴의 삼각함수의 최댓값과 최솟값을 구할 수 있는지 확인한다.

> $\sin^2\theta+\cos^2\theta=1$임을 이용하여 한 종류의 삼각함수로 나타내 보자.

$y = \sin^2 x - 3\cos^2 x - 4\sin x$
  $= \sin^2 x - 3(1-\sin^2 x) - 4\sin x$
  $= 4\sin^2 x - 4\sin x - 3$

이때 $\sin x = t$로 놓으면 $-1 \le t \le 1$이고

$y = 4t^2 - 4t - 3 = 4\left(t - \dfrac{1}{2}\right)^2 - 4$

함수 $y = 4t^2 - 4t - 3$의 그래프는 그림
과 같으므로

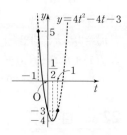

$t = -1$일 때 최댓값은 5이고,

$t = \dfrac{1}{2}$일 때 최솟값은 -4이다.

따라서 최댓값과 최솟값의 차는

$5 - (-4) = 9$

16 1336 답 ④   유형 26

출제의도 | 삼각함수를 포함한 이차방정식의 실근이 존재하지 않을 조건을
구할 수 있는지 확인한다.

> 이차방정식의 판별식이 D일 때, $D<0$이면 실근을 가지지 않음을 이용해 보자.

이차방정식 $x^2 - 2\sqrt{2}x\cos\theta + 1 = 0$의 실근이 존재하지 않으므로
판별식 D라 하면

$\dfrac{D}{4} = (-\sqrt{2}\cos\theta)^2 - 1 < 0$

$(\sqrt{2}\cos\theta + 1)(\sqrt{2}\cos\theta - 1) < 0$

$\therefore -\dfrac{\sqrt{2}}{2} < \cos\theta < \dfrac{\sqrt{2}}{2}$

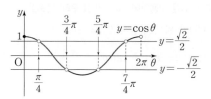

$0 \le \theta < 2\pi$이므로 그림에서 θ의 값의 범위는

$\dfrac{\pi}{4} < \theta < \dfrac{3}{4}\pi$ 또는 $\dfrac{5}{4}\pi < \theta < \dfrac{7}{4}\pi$

따라서 $a = \dfrac{\pi}{4}$, $b = \dfrac{7}{4}\pi$이므로

$\dfrac{b}{a} = 7$

17 1337 답 ②   유형 15

출제의도 | 절댓값 기호를 포함한 일차식 꼴의 삼각함수의 최댓값과 최솟값
을 이용하여 미정계수를 구할 수 있는지 확인한다.

> $-1 \le \sin x \le 1$임을 이용해 보자.

$y = -|2\sin x + 1| + k$에서 $-1 \le \sin x \le 1$이므로

$-1 \le 2\sin x + 1 \le 3$

$0 \le |2\sin x + 1| \le 3$

$-3 \le -|2\sin x + 1| \le 0$

$\therefore -3 + k \le -|2\sin x + 1| + k \le k$

즉, 함수 $y = -|2\sin x + 1| + k$의 최댓값이 k, 최솟값이 $-3 + k$
이고 그 합이 1이므로

$k + (-3 + k) = 1 \qquad \therefore k = 2$

> **다른 풀이**

$y = -|2\sin x + 1| + k$에서

$\sin x = t \ (-1 \le t \le 1)$로 놓으면

$y = -|2t + 1| + k$

이므로 그 그래프는 그림과 같다.

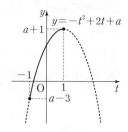

$t = -\dfrac{1}{2}$일 때 최댓값은 k이고,

$t = 1$일 때 최솟값은 $k - 3$이다.

이때 최댓값과 최솟값의 합이 1이므로

$k + (k - 3) = 1 \qquad \therefore k = 2$

18 1338 답 ④   유형 16

출제의도 | 이차식 꼴의 삼각함수의 최댓값과 최솟값을 구할 수 있는지 확인
한다.

> $\cos\left(\dfrac{\pi}{2} + x\right) = -\sin x$, $\sin(\pi + x) = -\sin x$임을 이용하여 식을
> 정리해 보자.

$y = \sin x \cos\left(\dfrac{\pi}{2} + x\right) - 2\sin(\pi + x) + a$
  $= \sin x(-\sin x) - 2(-\sin x) + a$
  $= -\sin^2 x + 2\sin x + a$

에서 $\sin x = t$로 놓으면 $-1 \le t \le 1$이고

$y = -t^2 + 2t + a$
  $= -(t-1)^2 + a + 1$

함수 $y = -t^2 + 2t + a$의 그래프는 그
림과 같으므로

$t = 1$일 때 최댓값은 $a + 1$이고,

$t = -1$일 때 최솟값은 $a - 3$이다.

즉, $a - 3 = -1$이므로

$a = 2$

따라서 최댓값은 $a + 1 = 3$이다.

19 1339 답 ⑤   유형 19 + 유형 21

출제의도 | 이차식 꼴의 삼각방정식의 해를 구할 수 있는지 확인한다.

> $\cos\left(\dfrac{\pi}{2} + x\right) = -\sin x$, $\sin\left(\dfrac{\pi}{2} + x\right) = \cos x$, $\sin^2 x + \cos^2 x = 1$
> 임을 이용하여 식을 정리해 보자.

$5\cos\left(\dfrac{\pi}{2} + x\right)\sin x + 2\cos x \sin\left(\dfrac{\pi}{2} + x\right) + 2\cos x = 0$에서

$5(-\sin x)\sin x + 2\cos x \cos x + 2\cos x = 0$

$-5\sin^2 x + 2\cos^2 x + 2\cos x = 0$

$-5(1 - \cos^2 x) + 2\cos^2 x + 2\cos x = 0$

$7\cos^2 x + 2\cos x - 5 = 0$

$(7\cos x - 5)(\cos x + 1) = 0$

$\therefore \cos x = \dfrac{5}{7}$ 또는 $\cos x = -1$

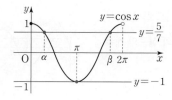

(i) $\cos x = \dfrac{5}{7}$일 때

$0 \le x < 2\pi$에서 함수 $y = \cos x$의 그래프와 직선 $y = \dfrac{5}{7}$의 교점

의 x좌표를 α, β라 하면 두 점 $(\alpha, 0)$, $(\beta, 0)$은 직선 $x = \pi$에

대하여 대칭이므로

$$\dfrac{\alpha + \beta}{2} = \pi \qquad \therefore \alpha + \beta = 2\pi$$

(ii) $\cos x = -1$일 때

$0 \le x < 2\pi$에서 $x = \pi$

(i), (ii)에서 모든 해의 합은 $2\pi + \pi = 3\pi$

20 1340 답 ③ 유형 14

출제의도 | 삼각함수의 성질을 도형에 활용할 수 있는지 확인한다.

> 점 C'에서 x축에 수선의 발 H를 내리고 $\overline{BH}$, $\overline{C'H}$의 길이를 구해 보자.

그림과 같이 점 C'의 좌표를
(x, y)라 하고 점 C'에서 x축에
내린 수선의 발을 H라 하자.

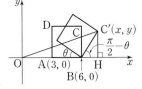

직각삼각형 BHC'에서

$\angle C'BH = \dfrac{\pi}{2} - \theta$이므로

$$\overline{BH} = \overline{BC'} \cos\left(\dfrac{\pi}{2} - \theta\right) = 3\cos\left(\dfrac{\pi}{2} - \theta\right) = 3\sin\theta$$

$$\therefore x = 6 + 3\sin\theta$$

$$\overline{HC'} = \overline{BC'} \sin\left(\dfrac{\pi}{2} - \theta\right) = 3\sin\left(\dfrac{\pi}{2} - \theta\right) = 3\cos\theta$$

$$\therefore y = 3\cos\theta$$

따라서 $C'(6 + 3\sin\theta, 3\cos\theta)$이므로

$$\begin{aligned}
\overline{OC'} &= \sqrt{(6 + 3\sin\theta)^2 + (3\cos\theta)^2} \\
&= \sqrt{9\sin^2\theta + 36\sin\theta + 36 + 9\cos^2\theta} \\
&= \sqrt{36\sin\theta + 9 \times 1 + 36} \\
&= \sqrt{36\sin\theta + 45} \\
&= 3\sqrt{4\sin\theta + 5}
\end{aligned}$$

21 1341 답 ③ 유형 22

출제의도 | 삼각방정식의 실근의 개수를 이용하여 식의 값을 구할 수 있는지 확인한다.

> $n = 1, 2, 3, \cdots, 10$일 때, 함수 $y = \sin nx$의 그래프와 직선 $y = \dfrac{1}{2}$의 교점의 개수를 구해 보자.

(i) $n = 1$일 때

$0 \le x < 2\pi$이므로 그림에서

$\sin x = \dfrac{1}{2}$의 실근의 개수는

2이다.

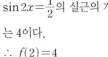

$\therefore f(1) = 2$

(ii) $n = 2$일 때

$0 \le x < 2\pi$이므로 그림에서

$\sin 2x = \dfrac{1}{2}$의 실근의 개수

는 4이다.

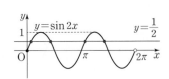

$\therefore f(2) = 4$

(iii) $n = 3$일 때

$0 \le x < 2\pi$이므로 그림에서

$\sin 3x = \dfrac{1}{2}$의 실근의 개수

는 6이다.

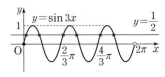

$\therefore f(3) = 6$

이와 같이 계속하면

$f(n) = 2n$ (n은 자연수)

$$\therefore f(1) + f(2) + f(3) + \cdots + f(10)$$
$$= 2 + 4 + 6 + \cdots + 20 = 110$$

22 1342 답 $-\dfrac{\sqrt{5}}{2}$ 유형 14

출제의도 | 도형의 성질과 삼각함수의 성질을 이용하여 삼각함수의 값을 구할 수 있는지 확인한다.

STEP 1 $\sin^2\alpha + \cos^2\alpha = 1$임을 이용하여 $\tan\alpha$의 값 구하기 [3점]

$\sin\alpha = \dfrac{\sqrt{5}}{3}$이므로

$$\cos^2\alpha = 1 - \sin^2\alpha = 1 - \left(\dfrac{\sqrt{5}}{3}\right)^2 = \dfrac{4}{9}$$

$0 < \alpha < \dfrac{\pi}{2}$이므로 $\cos\alpha > 0$

$$\therefore \cos\alpha = \dfrac{2}{3}$$

$$\therefore \tan\alpha = \dfrac{\sin\alpha}{\cos\alpha} = \dfrac{\dfrac{\sqrt{5}}{3}}{\dfrac{2}{3}} = \dfrac{\sqrt{5}}{2}$$

STEP 2 $\alpha + \beta = \pi$임을 이용하여 $\tan\beta$의 값 구하기 [3점]

사각형 ABCD가 원에 내접하므로 $\alpha + \beta = \pi$

$$\therefore \tan\beta = \tan(\pi - \alpha) = -\tan\alpha = -\dfrac{\sqrt{5}}{2}$$

다른 풀이

사각형 ABCD가 원에 내접하므로 $\alpha + \beta = \pi$

$$\sin\beta = \sin(\pi - \alpha) = \sin\alpha = \dfrac{\sqrt{5}}{3}$$

$$\cos\beta = \cos(\pi - \alpha) = -\cos\alpha = -\dfrac{2}{3}$$

$$\therefore \tan\beta = \dfrac{\sin\beta}{\cos\beta} = \dfrac{\dfrac{\sqrt{5}}{3}}{-\dfrac{2}{3}} = -\dfrac{\sqrt{5}}{2}$$

23 1343 답 $\dfrac{\pi}{3} \le x \le \dfrac{5}{3}\pi$ 유형 25

출제의도 | 이차식 꼴의 삼각부등식의 해를 구할 수 있는지 확인한다.

STEP 1 주어진 부등식을 $\cos x$에 대한 부등식으로 나타내기 [2점]

$2\sin^2 x - 3\sin\left(\dfrac{\pi}{2} + x\right) + 4 \ge 2\cos x + 4\sin^2 x$에서

$2(1 - \cos^2 x) - 3\cos x + 4 \ge 2\cos x + 4(1 - \cos^2 x)$

$$\therefore 2\cos^2 x - 5\cos x + 2 \ge 0$$

STEP 2 $\cos x$의 값의 범위 구하기 [2점]

$(2\cos x - 1)(\cos x - 2) \ge 0$

$\cos x - 2 < 0$이므로

$2\cos x - 1 \le 0 \qquad \therefore \cos x \le \dfrac{1}{2}$

STEP 3 주어진 부등식의 해 구하기 [2점]

$0 \le x < 2\pi$이므로 그림에서

$\cos x \le \dfrac{1}{2}$의 해는

$\dfrac{\pi}{3} \le x \le \dfrac{5}{3}\pi$

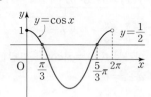

24 1344 답 $-\dfrac{3}{2}$ 〔유형 21〕

출제의도 | 삼각함수의 그래프의 대칭성에 대하여 이해하는지 확인한다.

STEP 1 함수 $f(x)$의 주기 구하기 [2점]

함수 $f(x) = \cos 2x$의 주기는 $\dfrac{2\pi}{2} = \pi$

STEP 2 $f\left(a+b+\dfrac{2}{3}\pi\right)$의 값 구하기 [2점]

함수 $y = \cos 2x$의 그래프에서 두 점 $(a, 0)$, $(b, 0)$은 직선 $x = \dfrac{\pi}{2}$

에 대하여 대칭이므로

$\dfrac{a+b}{2} = \dfrac{\pi}{2}$ $\therefore a+b = \pi$

$\therefore f\left(a+b+\dfrac{2}{3}\pi\right) = f\left(\pi + \dfrac{2}{3}\pi\right) = f\left(\dfrac{5}{3}\pi\right)$

$\qquad = \cos\dfrac{10}{3}\pi = \cos\left(3\pi + \dfrac{\pi}{3}\right)$

$\qquad = -\cos\dfrac{\pi}{3} = -\dfrac{1}{2}$

STEP 3 $f\left(c+d-\dfrac{3}{2}\pi\right)$의 값 구하기 [2점]

함수 $y = \cos 2x$의 그래프에서 두 점 $(c, 0)$, $(d, 0)$은 직선 $x = \dfrac{3}{2}\pi$에

대하여 대칭이므로

$\dfrac{c+d}{2} = \dfrac{3}{2}\pi$ $\therefore c+d = 3\pi$

$\therefore f\left(c+d-\dfrac{3}{2}\pi\right) = f\left(3\pi - \dfrac{3}{2}\pi\right) = f\left(\dfrac{3}{2}\pi\right)$

$\qquad = \cos 3\pi = -1$

STEP 4 $f\left(a+b+\dfrac{2}{3}\pi\right) + f\left(c+d-\dfrac{3}{2}\pi\right)$의 값 구하기 [1점]

$f\left(a+b+\dfrac{2}{3}\pi\right) + f\left(c+d-\dfrac{3}{2}\pi\right) = -\dfrac{1}{2} + (-1) = -\dfrac{3}{2}$

25 1345 답 5 〔유형 13〕

출제의도 | 삼각함수의 성질을 활용할 수 있는지 확인한다.

STEP 1 주어진 함수의 그래프의 점근선의 방정식 구하기 [1점]

함수 $y = \tan\left(18x + \dfrac{\pi}{2}\right)$의 그래프의 점근선의 방정식은

$18x + \dfrac{\pi}{2} = n\pi + \dfrac{\pi}{2}$에서

$x = \dfrac{n}{18}\pi$ (n은 정수)

STEP 2 $\overline{P_1Q_1}$, $\overline{P_2Q_2}$, $\cdots$, $\overline{P_9Q_9}$의 길이 구하기 [2점]

$P_1\left(\dfrac{\pi}{18}, 0\right)$, $P_2\left(\dfrac{2}{18}\pi, 0\right)$, $P_3\left(\dfrac{3}{18}\pi, 0\right)$, $\cdots$, $P_9\left(\dfrac{9}{18}\pi, 0\right)$이므로

$Q_1\left(\dfrac{\pi}{18}, \sin\dfrac{\pi}{18}\right)$, $Q_2\left(\dfrac{2}{18}\pi, \sin\dfrac{2}{18}\pi\right)$, $Q_3\left(\dfrac{3}{18}\pi, \sin\dfrac{3}{18}\pi\right)$,

$\cdots$, $Q_9\left(\dfrac{9}{18}\pi, \sin\dfrac{9}{18}\pi\right)$

$\therefore \overline{P_1Q_1} = \sin\dfrac{\pi}{18}$, $\overline{P_2Q_2} = \sin\dfrac{2}{18}\pi$, $\overline{P_3Q_3} = \sin\dfrac{3}{18}\pi$,

$\quad \cdots$, $\overline{P_9Q_9} = \sin\dfrac{9}{18}\pi$

STEP 3 $\sin\left(\dfrac{\pi}{2} - \theta\right) = \cos\theta$임을 이용하여 삼각함수 변형하기 [3점]

$\sin\dfrac{5}{18}\pi = \sin\left(\dfrac{\pi}{2} - \dfrac{4}{18}\pi\right) = \cos\dfrac{4}{18}\pi$

$\sin\dfrac{6}{18}\pi = \sin\left(\dfrac{\pi}{2} - \dfrac{3}{18}\pi\right) = \cos\dfrac{3}{18}\pi$

$\sin\dfrac{7}{18}\pi = \sin\left(\dfrac{\pi}{2} - \dfrac{2}{18}\pi\right) = \cos\dfrac{2}{18}\pi$

$\sin\dfrac{8}{18}\pi = \sin\left(\dfrac{\pi}{2} - \dfrac{\pi}{18}\right) = \cos\dfrac{\pi}{18}$

STEP 4 $\sin^2\theta + \cos^2\theta = 1$임을 이용하여 $\overline{P_1Q_1}^2 + \overline{P_2Q_2}^2 + \cdots + \overline{P_9Q_9}^2$의 값 구하기 [3점]

$\overline{P_1Q_1}^2 + \overline{P_2Q_2}^2 + \overline{P_3Q_3}^2 + \cdots + \overline{P_9Q_9}^2$

$= \sin^2\dfrac{\pi}{18} + \sin^2\dfrac{2}{18}\pi + \sin^2\dfrac{3}{18}\pi + \cdots + \sin^2\dfrac{9}{18}\pi$

$= \left(\sin^2\dfrac{\pi}{18} + \sin^2\dfrac{8}{18}\pi\right) + \left(\sin^2\dfrac{2}{18}\pi + \sin^2\dfrac{7}{18}\pi\right)$

$\quad + \left(\sin^2\dfrac{3}{18}\pi + \sin^2\dfrac{6}{18}\pi\right) + \left(\sin^2\dfrac{4}{18}\pi + \sin^2\dfrac{5}{18}\pi\right)$

$\qquad + \sin^2\dfrac{9}{18}\pi$

$= \left(\sin^2\dfrac{\pi}{18} + \cos^2\dfrac{\pi}{18}\right) + \left(\sin^2\dfrac{2}{18}\pi + \cos^2\dfrac{2}{18}\pi\right)$

$\quad + \left(\sin^2\dfrac{3}{18}\pi + \cos^2\dfrac{3}{18}\pi\right) + \left(\sin^2\dfrac{4}{18}\pi + \cos^2\dfrac{4}{18}\pi\right)$

$\qquad + \sin^2\dfrac{\pi}{2}$

$= 1 + 1 + 1 + 1 + 1^2 = 5$

 실전 마무리하기 **2회**   281쪽~285쪽

1 1346 답 ⑤ 〔유형 1〕

출제의도 | 삼각함수의 그래프의 성질을 이해하는지 확인한다.

> 두 함수 $y = \sin x$, $y = \tan x$의 그래프는 원점에 대하여 대칭, 함수 $y = \cos x$의 그래프는 y축에 대하여 대칭이고 $y = \sin x$, $y = \cos x$는 주기가 2π, $y = \tan x$는 주기가 π임을 이용해 보자.

① $0 < x < \dfrac{\pi}{2}$에서 $y = \tan x$는 x의 값이 증가하면 y의 값도 증가한다. (거짓)

② $0 < x < \pi$에서 $y = \cos x$는 x의 값이 증가하면 y의 값은 감소한다. (거짓)

③ $y = \tan x$의 정의역은 $x \ne n\pi + \dfrac{\pi}{2}$ (n은 정수)인 실수 전체의 집합이다. (거짓)

④ 함수 $y = \cos x$의 그래프는 y축에 대하여 대칭이다. (거짓)

⑤ 두 함수 $y = \sin x$와 $y = \tan x$의 그래프는 각각 원점에 대하여 대칭이다. (참)

따라서 옳은 것은 ⑤이다.

2 1347 답 ④

유형 3

출제의도 | 삼각함수의 주기를 구할 수 있는지 확인한다.

> 모든 실수 x에 대하여 $f(x+p)=f(x)\ (p>0)$를 만족시키는 함수는 주기가 $\dfrac{p}{n}\ (n$은 자연수$)$인 주기함수임을 이용해 보자.

ㄱ. $f(x)=\sin\dfrac{x}{3}$의 주기는 $\dfrac{2\pi}{\frac{1}{3}}=6\pi$

즉, $f(x)=f(x+6\pi)=\cdots$이므로 $f(x)\neq f(x+\pi)$

ㄴ. $f(x)=2-\tan x$의 주기는 $\dfrac{\pi}{1}=\pi$

$\therefore f(x)=f(x+\pi)$

ㄷ. $f(x)=\cos\pi x$의 주기는 $\dfrac{2\pi}{\pi}=2$

즉, $f(x)=f(x+2)=f(x+4)=\cdots$이므로 $f(x)\neq f(x+\pi)$

ㄹ. $f(x)=2\tan 2x$의 주기는 $\dfrac{\pi}{2}$

즉, $f(x)=f\left(x+\dfrac{\pi}{2}\right)=f(x+\pi)=\cdots$이므로 $f(x)=f(x+\pi)$

ㅁ. $f(x)=\sin 2(\pi-x)$의 주기는 $\dfrac{2\pi}{|-2|}=\pi$

$\therefore f(x)=f(x+\pi)$

따라서 모든 실수 x에 대하여 $f(x+\pi)=f(x)$를 만족시키는 것은 ㄴ, ㄹ, ㅁ이다.

3 1348 답 ③

유형 6

출제의도 | 평행이동한 삼각함수의 그래프의 여러 가지 성질을 이해하는지 확인한다.

> 함수 $y=\tan x$의 그래프를 x축의 방향으로 m만큼, y축의 방향으로 n만큼 평행이동한 그래프의 식은 $y=\tan(x-m)+n$임을 이용해 보자.

ㄱ. $f(x)$의 주기는 $\dfrac{\pi}{2}=2$이고, $g(x)$의 주기는 $\dfrac{2\pi}{\frac{\pi}{2}}=4$이다.

　(거짓)

ㄴ. $f(2)=-3\tan 2\pi+2=2$이므로 그래프는 점 $(2,2)$를 지난다.

　(참)

ㄷ. 함수 $f(x)$의 최댓값과 최솟값은 존재하지 않는다. (거짓)

ㄹ. 그래프의 점근선의 방정식은

$\dfrac{\pi}{2}x+\pi=n\pi+\dfrac{\pi}{2}$에서 $x=2n-1\ (n$은 정수$)$

이므로 정의역은 $x\neq 2n-1\ (n$은 정수$)$인 실수 전체의 집합이다. (참)

따라서 옳은 것은 ㄴ, ㄹ이다.

4 1349 답 ③

유형 9

출제의도 | 주어진 조건을 이용하여 절댓값 기호를 포함한 삼각함수의 미정계수를 구할 수 있는지 확인한다.

> $a>0$이면 $y=a|\cos bx|+c$ 꼴인 삼각함수의 최댓값은 $|a|+c$, 주기는 $\dfrac{\pi}{|b|}$임을 이용해 보자.

$\underbrace{f(x)=a|\cos bx|+c}$의 주기가 $\dfrac{\pi}{3}$이고 $b<0$이므로

$\qquad\qquad\to y=|\cos bx|$의 주기 : $\dfrac{\pi}{|b|}$

$-\dfrac{\pi}{b}=\dfrac{\pi}{3}$　$\therefore b=-3$

따라서 $f(x)=a|\cos(-3x)|+c$의 최댓값이 6이고 $a>0$이므로

$a+c=6$ ⋯⋯⋯⋯⋯⋯⋯⋯⋯⋯⋯⋯⋯⋯⋯⋯⋯⋯⋯⋯ ㉠

또, $f\left(\dfrac{\pi}{6}\right)=5$이므로

$a\left|\cos\left(-\dfrac{\pi}{2}\right)\right|+c=5,\ a\left|\cos\dfrac{\pi}{2}\right|+c=5$

$\therefore c=5$

$c=5$를 ㉠에 대입하면 $a=1$

$\therefore 2a-b+c=2\times 1-(-3)+5=10$

5 1350 답 ③

유형 10

출제의도 | 삼각함수의 그래프와 직선으로 둘러싸인 부분의 넓이를 구할 수 있는지 확인한다.

> 삼각함수의 그래프의 대칭성을 이용하여 넓이가 같은 부분을 찾아보자.

그림에서 빗금 친 네 부분의 넓이가 모두 같으므로 함수 $y=4\cos\dfrac{\pi}{2}x$ $(-2\leq x\leq 2)$의 그래프와 직선 $y=-4$로 둘러싸인 부분의 넓이는 가로의 길이가 4, 세로의 길이가 4인 직사각형의 넓이와 같다.

따라서 구하는 넓이는 $4\times 4=16$

6 1351 답 ②

유형 11

출제의도 | 일반각에 대한 삼각함수의 값을 구할 수 있는지 확인한다.

> 주어진 각을 $\dfrac{\pi}{2}\times n\pm\theta\ (n$은 정수$)$ 꼴로 나타냈을 때, n이 짝수이면 삼각함수를 그대로 유지하고, n이 홀수이면 $\sin$과 $\cos$을 서로 바꾸고 $\tan$는 $\dfrac{1}{\tan}$로 바꾸어 정리해 보자.

$\sin\dfrac{7}{6}\pi=\sin\left(\pi+\dfrac{\pi}{6}\right)=-\sin\dfrac{\pi}{6}=-\dfrac{1}{2}$

$\cos\left(-\dfrac{8}{3}\pi\right)=\cos\dfrac{8}{3}\pi=\cos\left(3\pi-\dfrac{\pi}{3}\right)=-\cos\dfrac{\pi}{3}=-\dfrac{1}{2}$

$\cos\dfrac{11}{6}\pi=\cos\left(2\pi-\dfrac{\pi}{6}\right)=\cos\dfrac{\pi}{6}=\dfrac{\sqrt{3}}{2}$

$\tan\dfrac{5}{4}\pi=\tan\left(\pi+\dfrac{\pi}{4}\right)=\tan\dfrac{\pi}{4}=1$

$\therefore \sin\dfrac{7}{6}\pi+\cos\left(-\dfrac{8}{3}\pi\right)-\cos\dfrac{11}{6}\pi+\tan\dfrac{5}{4}\pi$

$=-\dfrac{1}{2}+\left(-\dfrac{1}{2}\right)-\dfrac{\sqrt{3}}{2}+1=-\dfrac{\sqrt{3}}{2}$

7 1352 답 ①

유형 12

출제의도 | 삼각함수의 성질을 이용하여 식의 값을 구할 수 있는지 확인한다.

> $\tan(180°-x)=-\tan x$임을 이용해 보자.

$\tan 170°=\tan(180°-10°)=-\tan 10°$

$$\tan 160° = \tan(180° - 20°) = -\tan 20°$$
$$\tan 140° = \tan(180° - 40°) = -\tan 40°$$
$$\tan 120° = \tan(180° - 60°) = -\tan 60°$$
$$\tan 100° = \tan(180° - 80°) = -\tan 80°$$
$$\therefore A + B$$
$$= (\tan 10° + \tan 170°) + (\tan 20° + \tan 160°)$$
$$\qquad + (\tan 40° + \tan 140°) + (\tan 60° + \tan 120°)$$
$$\qquad\qquad + (\tan 80° + \tan 100°)$$
$$= (\tan 10° - \tan 10°) + (\tan 20° - \tan 20°)$$
$$\qquad + (\tan 40° - \tan 40°) + (\tan 60° - \tan 60°)$$
$$\qquad\qquad + (\tan 80° - \tan 80°)$$
$$= 0$$

8 1353 답 ②   유형 15

출제의도 | 절댓값 기호를 포함한 일차식 꼴의 삼각함수의 최댓값과 최솟값을 이용하여 미정계수를 구할 수 있는지 확인한다.

> $-1 \le \sin x \le 1$임을 이용하여 절댓값 기호를 없애 보자.

$-1 \le \sin x \le 1$에서 $-2 \le \sin x - 1 \le 0$

$\therefore y = a|\sin x - 1| + b$
$\qquad = -a(\sin x - 1) + b$

이때 $a > 0$이고 $-2 \le \sin x - 1 \le 0$이므로

$b \le -a(\sin x - 1) + b \le 2a + b$

따라서 주어진 함수의 최댓값은 $2a + b$, 최솟값은 b이다.

즉, $2a + b = 6$, $b = -2$이므로

$a = 4$, $b = -2$

$\therefore a + b = 2$

[다른 풀이]

$y = a|\sin x - 1| + b$에서

$\sin x = t$ $(-1 \le t \le 1)$로 놓으면

$y = a|t - 1| + b$

$a > 0$이므로 함수 $y = a|t - 1| + b$의 그래프는 그림과 같다.

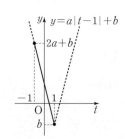

$t = -1$일 때 최댓값은 $2a + b$,

$t = 1$일 때 최솟값은 b

즉, $2a + b = 6$, $b = -2$이므로

$a = 4$, $b = -2$

$\therefore a + b = 2$

9 1354 답 ①   유형 20

출제의도 | 삼각형과 삼각함수를 포함한 방정식에서 삼각함수의 값을 구할 수 있는지 확인한다.

> 삼각형 ABC에서 $A + B + C = \pi$임을 이용해 보자.

$4\sin^2 A + 4\sqrt{2}\cos A - 6 = 0$에서

$4(1 - \cos^2 A) + 4\sqrt{2}\cos A - 6 = 0$

$4\cos^2 A - 4\sqrt{2}\cos A + 2 = 0$

$(2\cos A - \sqrt{2})^2 = 0$ $\therefore \cos A = \dfrac{\sqrt{2}}{2}$

삼각형 ABC는 예각삼각형이므로 $0 < A < \dfrac{\pi}{2}$에서
└→ 세 내각의 크기가 모두 예각이다.

$A = \dfrac{\pi}{4}$

$A + B + C = \pi$이므로

$\tan(B + C) = \tan(\pi - A) = \tan\left(\pi - \dfrac{\pi}{4}\right)$
$$= -\tan\dfrac{\pi}{4} = -1$$

10 1355 답 ④   유형 24

출제의도 | 일차식 꼴의 삼각부등식을 이용하여 실생활 문제를 해결할 수 있는지 확인한다.

> 부등식 $\sin x \ge k$ $(-1 \le k \le 1)$의 해는 함수 $y = \sin x$의 그래프가 직선 $y = k$와 만나는 부분 또는 위쪽에 있는 x의 값의 범위임을 이용해 보자.

$6\sin\dfrac{\pi}{12}x \ge 3$에서 $\sin\dfrac{\pi}{12}x \ge \dfrac{1}{2}$

$\dfrac{\pi}{12}x = t$로 놓으면 $0 \le x \le 12$에서 $0 \le t \le \pi$이고

$\sin t \ge \dfrac{1}{2}$

그림에서 부등식 $\sin t \ge \dfrac{1}{2}$의 해는

$\dfrac{\pi}{6} \le t \le \dfrac{5}{6}\pi$

즉, $\dfrac{\pi}{6} \le \dfrac{\pi}{12}x \le \dfrac{5}{6}\pi$이므로

$2 \le x \le 10$

따라서 조류 발전이 가능한 시간은 8시간 동안이다.

11 1356 답 ③   유형 7

출제의도 | 주어진 조건을 이용하여 삼각함수의 미정계수를 구할 수 있는지 확인한다.

> $y = a\cos(bx + c) + d$ 꼴인 삼각함수의 최댓값은 $|a| + d$, 최솟값은 $-|a| + d$임을 이용해 보자.

$f(x) = a\cos\left(x - \dfrac{\pi}{3}\right) + b$의 최솟값이 -2이고 $a < 0$이므로

$a + b = -2$ ·········· ㉠

$f\left(\dfrac{5}{6}\pi\right) = 1$이므로

$a\cos\dfrac{\pi}{2} + b = 1$ $\therefore b = 1$

이것을 ㉠에 대입하면 $a = -3$

$\therefore f(x) = -3\cos\left(x - \dfrac{\pi}{3}\right) + 1$

따라서 함수 $f(x)$의 최댓값은 $|-3| + 1 = 4$

12 1357 답 ①   유형 8

출제의도 | 삼각함수의 그래프를 보고 삼각함수의 미정계수를 구할 수 있는지 확인한다.

> 주어진 그래프에서 최댓값, 최솟값, 주기를 이용하여 삼각함수의 미정계수를 구해 보자.

$f(x)=a\sin b\left(x-\dfrac{\pi}{12}\right)+c$의 최댓값이 5, 최솟값이 -1이고,

$a>0$이므로

$a+c=5,\ -a+c=-1$

두 식을 연립하여 풀면 $a=3,\ c=2$

$f(x)$의 주기가 $\dfrac{4}{3}\pi-\dfrac{\pi}{3}=\pi$이고 $b>0$이므로

$\dfrac{2\pi}{b}=\pi$ $\therefore\ b=2$

따라서 $f(x)=3\sin 2\left(x-\dfrac{\pi}{12}\right)+2$이므로

$f\left(\dfrac{\pi}{6}\right)=3\sin 2\left(\dfrac{\pi}{6}-\dfrac{\pi}{12}\right)+2$

$\qquad=3\sin\dfrac{\pi}{6}+2=3\times\dfrac{1}{2}+2=\dfrac{7}{2}$

13 1358 답 ③   유형 14

출제의도 | 삼각함수의 성질을 도형에 활용할 수 있는지 확인한다.

> 원에 내접하는 사각형의 대각의 크기의 합은 π임을 이용해 보자.

사각형 ABCD가 원에 내접하므로

$A+C=\pi,\ B+D=\pi$

$\therefore\ \cos C=\cos(\pi-A)=-\cos A$

$\quad\cos D=\cos(\pi-B)=-\cos B$

$\therefore\ \cos A+\cos B+\cos C+\cos D$

$\quad=\cos A+\cos B-\cos A-\cos B$

$\quad=0$

14 1359 답 ④   유형 17

출제의도 | 분수식 꼴의 삼각함수의 최댓값과 최솟값을 구할 수 있는지 확인한다.

> $\cos x=t$라 하면 $-1\leq t\leq 1$임을 이용해 보자.

$y=\dfrac{\cos x}{-\cos x+2}$에서 $\cos x=t$로 놓으면 $-1\leq t\leq 1$이고

$y=\dfrac{t}{-t+2}=-\dfrac{t-2+2}{t-2}$

$\quad=-\dfrac{2}{t-2}-1$

함수 $y=-\dfrac{2}{t-2}-1$의 그래프는 그림

과 같다. 점근선의 방정식은 $t=2,\ y=-1$

$t=1$일 때 최댓값은 1이고

$t=-1$일 때 최솟값은 $-\dfrac{1}{3}$이다.

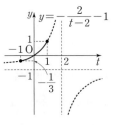

따라서 $M=1,\ m=-\dfrac{1}{3}$이므로

$M+m=1+\left(-\dfrac{1}{3}\right)=\dfrac{2}{3}$

15 1360 답 ③   유형 19

출제의도 | 이차식 꼴의 삼각방정식의 해를 구할 수 있는지 확인한다.

> $\cos\left(\dfrac{3}{2}\pi+x\right)=\sin x$임을 이용하여 식을 정리해 보자.

$2\sin x\cos\left(\dfrac{3}{2}\pi+x\right)-3\sin x+1=0$에서

$2\sin^2 x-3\sin x+1=0$

$(2\sin x-1)(\sin x-1)=0$

$\therefore\ \sin x=\dfrac{1}{2}$ 또는 $\sin x=1$

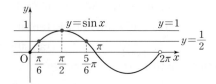

$0\leq x<2\pi$이므로

(i) $\sin x=\dfrac{1}{2}$일 때, $x=\dfrac{\pi}{6}$ 또는 $x=\dfrac{5}{6}\pi$

(ii) $\sin x=1$일 때, $x=\dfrac{\pi}{2}$

(i), (ii)에서 모든 실근의 합은

$\dfrac{\pi}{6}+\dfrac{5}{6}\pi+\dfrac{\pi}{2}=\dfrac{3}{2}\pi$

16 1361 답 ④   유형 25

출제의도 | 이차식 꼴의 삼각부등식의 해를 구할 수 있는지 확인한다.

> $\sin^2 x+\cos^2 x=1$임을 이용하여 식을 정리해 보자.

$\sin^2 x-5\sin x\leq\cos^2 x-3$에서

$\sin^2 x-5\sin x\leq 1-\sin^2 x-3$

$2\sin^2 x-5\sin x+2\leq 0$

$(2\sin x-1)(\sin x-2)\leq 0$

$\sin x-2<0$이므로

$2\sin x-1\geq 0$ $\therefore\ \sin x\geq\dfrac{1}{2}$

$0\leq x<2\pi$이므로 그림에서 x

의 값의 범위는

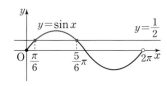

$\dfrac{\pi}{6}\leq x\leq\dfrac{5}{6}\pi$

따라서 $a=\dfrac{\pi}{6},\ b=\dfrac{5}{6}\pi$이므로

$b-a=\dfrac{5}{6}\pi-\dfrac{\pi}{6}=\dfrac{2}{3}\pi$

17 1362 답 ⑤   유형 9 + 유형 11

출제의도 | 절댓값 기호를 포함한 삼각함수의 그래프의 여러 가지 성질을 이해하는지 확인한다.

> 함수 $y=|f(x)|$의 그래프는 함수 $y=f(x)$의 그래프의 $y<0$인 부분을 x축에 대하여 대칭이동한 그래프임을 이용해 보자.

ㄱ. $f(x)=2\left|\tan\pi\left(x+\dfrac{1}{2}\right)\right|$의 주기는 $\dfrac{\pi}{\pi}=1$이므로

$\quad f(x)=f(x+1)=f(x+2)=f(x+3)=\cdots$

$\quad\therefore\ f(x)\neq f(x+\pi)$ (거짓)

ㄴ. $f(x)=2\left|\tan\pi\left(x+\dfrac{1}{2}\right)\right|=2\left|\tan\left(\dfrac{\pi}{2}+\pi x\right)\right|$

$\qquad=2\left|-\dfrac{1}{\tan\pi x}\right|=2\left|\dfrac{1}{\tan\pi x}\right|$

$\quad$이므로

$$f(-x)=2\left|\dfrac{1}{\tan\pi(-x)}\right|=2\left|-\dfrac{1}{\tan\pi x}\right|=2\left|\dfrac{1}{\tan\pi x}\right|$$
$$=f(x)$$

즉, 함수 $y=f(x)$의 그래프는 y축에 대하여 대칭이다. (참)

ㄷ. 함수

$$f(x)=2\left|\tan\pi\left(x+\dfrac{1}{2}\right)\right|$$

의 그래프는 함수

$y=2|\tan\pi x|$의 그래프를

x축의 방향으로 $-\dfrac{1}{2}$만큼

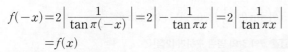

평행이동한 것과 같고, 그림에서 함수 $y=2|\tan\pi x|$의 그래프의 점근선의 방정식은 $x=n+\dfrac{1}{2}$ (n은 정수)이므로 함수

$y=f(x)$의 그래프의 점근선의 방정식은

$$x=n+\dfrac{1}{2}-\dfrac{1}{2}=n\ (n\text{은 정수}) \text{ (참)}$$

따라서 옳은 것은 ㄴ, ㄷ이다.

18 1363 답 ③ 〔유형 12〕

출제의도 | 삼각함수의 성질을 이용하여 식의 값을 구할 수 있는지 확인한다.

$\boxed{\cos(\pi+x)=-\cos x\text{임을 이용해 보자.}}$

$4\theta=\pi$이므로

$\cos8\theta=\cos(4\theta+4\theta)=\cos(\pi+4\theta)=-\cos4\theta$

$\cos7\theta=\cos(4\theta+3\theta)=\cos(\pi+3\theta)=-\cos3\theta$

$\cos6\theta=\cos(4\theta+2\theta)=\cos(\pi+2\theta)=-\cos2\theta$

$\cos5\theta=\cos(4\theta+\theta)=\cos(\pi+\theta)=-\cos\theta$

$\therefore \cos\theta+\cos2\theta+\cos3\theta+\cdots+\cos8\theta$

$=(\cos\theta+\cos5\theta)+(\cos2\theta+\cos6\theta)+(\cos3\theta+\cos7\theta)$

$\qquad\qquad\qquad\qquad\qquad +(\cos4\theta+\cos8\theta)$

$=(\cos\theta-\cos\theta)+(\cos2\theta-\cos2\theta)+(\cos3\theta-\cos3\theta)$

$\qquad\qquad\qquad\qquad\qquad +(\cos4\theta-\cos4\theta)$

$=0$

19 1364 답 ⑤ 〔유형 13〕

출제의도 | 삼각함수의 성질을 활용할 수 있는지 확인한다.

$\boxed{\text{선분의 길이를 삼각함수로 나타낸 후, }\sin\left(\dfrac{\pi}{2}-\theta\right)=\cos\theta\text{임을 이용하여 삼각함수의 식을 변형해 보자.}}$

$\mathrm{P_1}\left(\dfrac{\pi}{12},0\right)$, $\mathrm{P_2}\left(\dfrac{2}{12}\pi,0\right)$, $\mathrm{P_3}\left(\dfrac{3}{12}\pi,0\right)$, $\mathrm{P_4}\left(\dfrac{4}{12}\pi,0\right)$,

$\mathrm{P_5}\left(\dfrac{5}{12}\pi,0\right)$이므로

$\overline{\mathrm{P_1Q_1}}=\sqrt{3}\sin\dfrac{\pi}{12}$, $\overline{\mathrm{P_2Q_2}}=\sqrt{3}\sin\dfrac{2}{12}\pi$, $\overline{\mathrm{P_3Q_3}}=\sqrt{3}\sin\dfrac{3}{12}\pi$,

$\overline{\mathrm{P_4Q_4}}=\sqrt{3}\sin\dfrac{4}{12}\pi$, $\overline{\mathrm{P_5Q_5}}=\sqrt{3}\sin\dfrac{5}{12}\pi$

$\sin\dfrac{4}{12}\pi=\sin\left(\dfrac{\pi}{2}-\dfrac{2}{12}\pi\right)=\cos\dfrac{2}{12}\pi$,

$\sin\dfrac{5}{12}\pi=\sin\left(\dfrac{\pi}{2}-\dfrac{\pi}{12}\right)=\cos\dfrac{\pi}{12}$이므로

$\overline{\mathrm{P_1Q_1}}^2+\overline{\mathrm{P_2Q_2}}^2+\overline{\mathrm{P_3Q_3}}^2+\overline{\mathrm{P_4Q_4}}^2+\overline{\mathrm{P_5Q_5}}^2$

$=3\sin^2\dfrac{\pi}{12}+3\sin^2\dfrac{2}{12}\pi+3\sin^2\dfrac{3}{12}\pi$

$\qquad\qquad +3\sin^2\dfrac{4}{12}\pi+3\sin^2\dfrac{5}{12}\pi$

$=\left(3\sin^2\dfrac{\pi}{12}+3\sin^2\dfrac{5}{12}\pi\right)+\left(3\sin^2\dfrac{2}{12}\pi+3\sin^2\dfrac{4}{12}\pi\right)$

$\qquad\qquad\qquad\qquad +3\sin^2\dfrac{3}{12}\pi$

$=\left(3\sin^2\dfrac{\pi}{12}+3\cos^2\dfrac{\pi}{12}\right)+\left(3\sin^2\dfrac{2}{12}\pi+3\cos^2\dfrac{2}{12}\pi\right)$

$\qquad\qquad\qquad\qquad +3\sin^2\dfrac{\pi}{4}$

$=3+3+3\times\left(\dfrac{\sqrt{2}}{2}\right)^2$

$=\dfrac{15}{2}$

20 1365 답 ② 〔유형 14〕

출제의도 | 일반각에 대한 삼각함수의 성질을 이용하여 주어진 식을 간단히 하고, 호의 길이를 구할 수 있는지 확인한다.

$\boxed{\theta_2,\ \theta_3,\ \theta_4\text{를 }\theta_1\text{에 대한 식으로 나타내 보자.}}$

두 점 $\mathrm{P_1}$, $\mathrm{P_2}$가 y축에 대하여 대칭이므로

$\theta_2=\pi-\theta_1$

두 점 $\mathrm{P_1}$, $\mathrm{P_3}$이 원점에 대하여 대칭이므로

$\theta_3=\pi+\theta_1$

두 점 $\mathrm{P_1}$, $\mathrm{P_4}$가 x축에 대하여 대칭이므로

$\theta_4=2\pi-\theta_1$

$\therefore \sin\theta_2=\sin(\pi-\theta_1)=\sin\theta_1$

$\quad \sin\theta_3=\sin(\pi+\theta_1)=-\sin\theta_1$

$\quad \sin\theta_4=\sin(2\pi-\theta_1)=-\sin\theta_1$

$\therefore 9\sin\theta_1-23\sin\theta_2+13\sin\theta_3-37\sin\theta_4$

$\quad =9\sin\theta_1-23\sin\theta_1-13\sin\theta_1+37\sin\theta_1$

$\quad =10\sin\theta_1=9$

즉, $\sin\theta_1=0.9$이므로 $\theta_1=1.12$

$\overparen{\mathrm{P_3P_4}}$에 대한 중심각의 크기는

$\theta_4-\theta_3=(2\pi-\theta_1)-(\pi+\theta_1)$

$\qquad\quad =\pi-2\theta_1$

$\qquad\quad =3.14-2\times1.12=0.9$

따라서 $\overparen{\mathrm{P_3P_4}}$의 길이는 $1\times0.9=0.9$

21 1366 답 ③ 〔유형 23〕

출제의도 | 그래프를 이용하여 삼각방정식이 근을 가질 조건을 구할 수 있는지 확인한다.

$\boxed{\text{방정식 }f(x)=k\text{의 서로 다른 실근의 개수는 함수 }y=f(x)\text{의 그래프와 직선 }y=k\text{의 교점의 개수와 같음을 이용해 보자.}}$

방정식 $\left|\cos x+\dfrac{1}{3}\right|=k$가 서로 다른 세 개의 실근을 가지려면

함수 $y=\left|\cos x+\dfrac{1}{3}\right|$의 그래프와 직선 $y=k$가 세 점에서 만나야

한다. $\longrightarrow -\dfrac{2}{3}\le\cos x+\dfrac{1}{3}\le\dfrac{4}{3}$

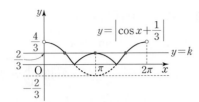

$0 < x < 2\pi$이므로 그림에서 함수 $y = \left| \cos x + \dfrac{1}{3} \right|$의 그래프와

직선 $y = k$의 교점의 개수가 3이려면

$k = \dfrac{2}{3}$

$\therefore 12k = 12 \times \dfrac{2}{3} = 8$

22 1367 답 $\dfrac{1}{4}$ 유형 16

출제의도 | 이차식 꼴의 삼각함수의 최댓값과 최솟값을 구할 수 있는지 확인한다.

STEP 1 주어진 함수를 $\cos x$에 대한 함수로 나타내기 [2점]

$y = \cos^2\left(x - \dfrac{\pi}{2} \right) - \cos x$

$\quad = \sin^2 x - \cos x$

$\quad = (1 - \cos^2 x) - \cos x$

$\quad = -\cos^2 x - \cos x + 1$

STEP 2 $\cos x = t$로 치환하고 t에 대한 함수의 그래프 그리기 [2점]

$\cos x = t$로 놓으면 $-\pi \leq x \leq \pi$에서
$-1 \leq t \leq 1$이고

$y = -t^2 - t + 1 = -\left(t + \dfrac{1}{2} \right)^2 + \dfrac{5}{4}$

함수 $y = -t^2 - t + 1$의 그래프는 그림과 같다.

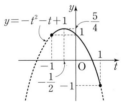

STEP 3 최댓값과 최솟값을 구하고, 그 합 구하기 [2점]

$t = -\dfrac{1}{2}$일 때 최댓값은 $\dfrac{5}{4}$이고,

$t = 1$일 때 최솟값은 -1이다.

따라서 최댓값과 최솟값의 합은

$\dfrac{5}{4} + (-1) = \dfrac{1}{4}$

23 1368 답 $0 < \theta < \dfrac{\pi}{6}$ 또는 $\dfrac{5}{6}\pi < \theta < \pi$ 유형 26

출제의도 | 삼각함수를 포함한 이차부등식이 항상 성립할 조건을 구할 수 있는지 확인한다.

STEP 1 $\cos\left(\dfrac{\pi}{2} - \theta \right) = \sin\theta$임을 이용하여 주어진 부등식 정리하기 [2점]

$x^2 - 2x\cos\left(\dfrac{\pi}{2} - \theta \right) + \dfrac{1}{2}\cos\left(\dfrac{\pi}{2} - \theta \right) > 0$에서

$x^2 - 2x\sin\theta + \dfrac{1}{2}\sin\theta > 0$

STEP 2 이차방정식의 판별식을 이용하여 $\sin\theta$의 값의 범위 구하기 [2점]

모든 실수 x에 대하여 주어진 부등식이 성립해야 하므로
이차방정식 $x^2 - 2x\sin\theta + \dfrac{1}{2}\sin\theta = 0$의 판별식을 D라 하면

$\dfrac{D}{4} = (-\sin\theta)^2 - \dfrac{1}{2}\sin\theta < 0$

$\sin\theta\left(\sin\theta - \dfrac{1}{2} \right) < 0 \qquad \therefore 0 < \sin\theta < \dfrac{1}{2}$

STEP 3 θ의 값의 범위 구하기 [2점]

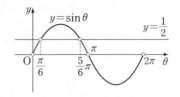

$0 < \theta < 2\pi$이므로 그림에서 θ의 값의 범위는

$0 < \theta < \dfrac{\pi}{6}$ 또는 $\dfrac{5}{6}\pi < \theta < \pi$

24 1369 답 $-\dfrac{1}{2}$ 유형 21

출제의도 | 삼각함수의 그래프의 대칭성을 이용하여 문제를 해결할 수 있는지 확인한다.

STEP 1 $y = \sin 3x$의 주기 구하기 [1점]

$y = \sin 3x$의 주기는 $\dfrac{2\pi}{3} = \dfrac{2}{3}\pi$

STEP 2 $\alpha + \beta$의 값 구하기 [2점]

두 점 $(\alpha, 0)$, $(\beta, 0)$은 직선 $x = \dfrac{\pi}{6}$에 대하여 대칭이므로

$\dfrac{\alpha + \beta}{2} = \dfrac{\pi}{6} \qquad \therefore \alpha + \beta = \dfrac{\pi}{3}$

STEP 3 $\gamma + \delta$의 값 구하기 [2점]

두 점 $(\gamma, 0)$, $(\delta, 0)$은 직선 $x = \dfrac{\pi}{2}$에 대하여 대칭이므로

$\dfrac{\gamma + \delta}{2} = \dfrac{\pi}{2} \qquad \therefore \gamma + \delta = \pi$

STEP 4 $\cos(\alpha + \beta + \gamma + \delta)$의 값 구하기 [2점]

$\cos(\alpha + \beta + \gamma + \delta) = \cos\left(\dfrac{\pi}{3} + \pi \right)$

$\qquad\qquad\qquad\qquad = -\cos\dfrac{\pi}{3} = -\dfrac{1}{2}$

25 1370 답 $\dfrac{2}{3}\pi$ 유형 14 + 유형 24

출제의도 | 일차식 꼴의 삼각부등식의 해를 구할 수 있는지 확인한다.

STEP 1 점 P의 좌표를 삼각함수로 나타내기 [1점]

동경 OP가 나타내는 각의 크기를 θ $(0 \leq \theta < 2\pi)$라 하면
$P(\cos\theta, \sin\theta)$

STEP 2 삼각형 APB의 넓이를 이용하여 $\cos\theta$의 값의 범위 구하기 [3점]

$S = \dfrac{1}{2} \times \overline{AB} \times |\cos\theta|$

$\quad = \dfrac{1}{2} \times (1 + \sqrt{3}) \times |\cos\theta|$

$\quad = \dfrac{1 + \sqrt{3}}{2} |\cos\theta|$

$S \geq \dfrac{3 + \sqrt{3}}{4}$이므로

$\dfrac{1 + \sqrt{3}}{2} |\cos\theta| \geq \dfrac{3 + \sqrt{3}}{4} = \dfrac{\sqrt{3}(\sqrt{3} + 1)}{4}$

$|\cos\theta| \geq \dfrac{\sqrt{3}}{2}$

$\therefore \cos\theta \leq -\dfrac{\sqrt{3}}{2}$ 또는 $\cos\theta \geq \dfrac{\sqrt{3}}{2}$

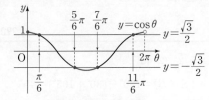

$0 \le \theta < 2\pi$이므로 그림에서 θ의 값의 범위는

$0 \le \theta \le \dfrac{\pi}{6}$ 또는 $\dfrac{5}{6}\pi \le \theta \le \dfrac{7}{6}\pi$ 또는 $\dfrac{11}{6}\pi \le \theta < 2\pi$

STEP 4 점 P가 나타내는 도형의 길이 구하기 [3점]

조건을 만족시키는 점 P가 나타내는 도형은 그림의 색칠한 호와 같으므로 점 P가 나타내는 도형의 길이는 반지름의 길이가 1이고 중심각의 크기가 $\dfrac{\pi}{6}+\dfrac{\pi}{3}+\dfrac{\pi}{6}=\dfrac{2}{3}\pi$인 부채꼴의 호의 길이와 같다.

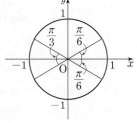

따라서 구하는 도형의 길이는 $1 \times \dfrac{2}{3}\pi = \dfrac{2}{3}\pi$

고난도 ⊕ Plus 문제
286쪽

1 1371 답 2

모든 실수 x에 대하여 $f(x-3)=f(x+1)$이 성립하므로 양변에 x 대신 $x+3$을 대입하면

$f(x)=f(x+4)$

따라서 함수 $f(x)$는 주기함수이므로

$f(2022)=f(2018)=f(2014)=\cdots=f(6)=f(2)=2$

$f(2024)=f(2020)=f(2016)=\cdots=f(4)=f(0)=-2$

$f(2025)=f(2021)=f(2017)=\cdots=f(5)=f(1)=0$

$f(2027)=f(2023)=f(2019)=\cdots=f(3)=2$

$\therefore f(2022)-f(2024)+f(2025)-f(2027)$

$\quad=2-(-2)+0-2=2$

2 1372 답 3π

㈎에서 $f(x)$의 주기가 $\dfrac{2}{3}\pi$이고 $b>0$이므로

$\dfrac{2\pi}{b}=\dfrac{2}{3}\pi$ $\quad \therefore b=3$

$a>0$이므로 $f(x)$의 최댓값은 $a+d$, 최솟값은 $-a+d$

㈏에서

$(a+d)+(-a+d)=4$ $\quad \therefore d=2$

$(a+d)-(-a+d)=2$ $\quad \therefore a=1$

즉, $f(x)=\sin(3x+c)+2$이고 ㈐에서 $f(\pi)=1$이므로

$\sin(3\pi+c)+2=1$, $\sin(3\pi+c)=-1$

이때 $0<c<\pi$이므로

$3\pi+c=\dfrac{7}{2}\pi$ $\quad \therefore c=\dfrac{\pi}{2}$

$\therefore abcd=1 \times 3 \times \dfrac{\pi}{2} \times 2 = 3\pi$

3 1373 답 ④

$f(1)=\sin\dfrac{\pi}{6}=\dfrac{1}{2}$

$f(2)=\sin\dfrac{5}{6}\pi=\sin\left(\pi-\dfrac{\pi}{6}\right)=\sin\dfrac{\pi}{6}=\dfrac{1}{2}$

$f(3)=\sin\dfrac{3}{2}\pi=\sin\left(\pi+\dfrac{\pi}{2}\right)=-\sin\dfrac{\pi}{2}=-1$

$f(4)=\sin\dfrac{13}{6}\pi=\sin\left(2\pi+\dfrac{\pi}{6}\right)=\sin\dfrac{\pi}{6}=\dfrac{1}{2}$

$f(5)=\sin\dfrac{17}{6}\pi=\sin\left(3\pi-\dfrac{\pi}{6}\right)=\sin\dfrac{\pi}{6}=\dfrac{1}{2}$

$f(6)=\sin\dfrac{7}{2}\pi=\sin\left(3\pi+\dfrac{\pi}{2}\right)=-\sin\dfrac{\pi}{2}=-1$

$\quad \vdots$

$\therefore f(n+3)=f(n)$ (n은 자연수)

$\therefore f(1)+f(2)+f(3)+\cdots+f(2025)+f(2026)$

$\quad=675\{f(1)+f(2)+f(3)\}+f(1)$

$\quad=675 \times \left(\dfrac{1}{2}+\dfrac{1}{2}-1\right)+\dfrac{1}{2}=\dfrac{1}{2}$

4 1374 답 ④

$\sin^2\alpha=1-\cos^2\alpha=1-\left(-\dfrac{2}{3}\right)^2=\dfrac{5}{9}$

이때 $0<\alpha<\pi$이므로 $\sin\alpha>0$

$\therefore \sin\alpha=\dfrac{\sqrt{5}}{3}$

한편, 사각형 ABCD가 원에 내접하므로

$\alpha+\beta=\pi$ $\quad \therefore \beta=\pi-\alpha$

$\therefore \tan\beta=\tan(\pi-\alpha)=-\tan\alpha$

$\quad\quad\quad = -\dfrac{\dfrac{\sqrt{5}}{3}}{-\dfrac{2}{3}}=\dfrac{\sqrt{5}}{2}$

참고 원에 내접하는 사각형의 한 내각의 크기는 0°보다 크고 180°보다 작다. 즉, $0<\alpha<\pi$

5 1375 답 6

$y=a\sin^2 x + a\sin\left(\dfrac{\pi}{2}-x\right)+b$

$\quad=a(1-\cos^2 x)+a\cos x + b$

$\quad=-a\cos^2 x + a\cos x + a + b$

에서 $\cos x = t$로 놓으면 $-1 \le t \le 1$이고

$y=-at^2+at+a+b$

$\quad=-a\left(t-\dfrac{1}{2}\right)^2+\dfrac{5}{4}a+b$

이때 $a>0$이므로 함수 $y=-at^2+at+a+b$의 그래프는 그림과 같다.

$t=\dfrac{1}{2}$일 때 최댓값은 $\dfrac{5}{4}a+b$이고,

$t=-1$일 때 최솟값은 $-a+b$이다.

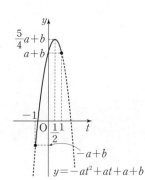

즉, $\frac{5}{4}a+b=7$, $-a+b=-2$이므로

두 식을 연립하여 풀면 $a=4$, $b=2$

$\therefore a+b=4+2=6$

6 1376 　답 $3\pi-2$

$(2^x-4)\left\{2\sin\left(x+\frac{\pi}{2}\right)-1\right\}<0$에서

$(2^x-4)(2\cos x-1)<0$

(i) $2^x-4<0$이고 $2\cos x-1>0$일 때

$2^x<4$이므로

$0<x<2$ ··· ㉠

$2\cos x-1>0$에서 $\cos x>\frac{1}{2}$

$0<x<\pi$이므로 그림에서

$\cos x>\frac{1}{2}$의 해는

$0<x<\frac{\pi}{3}$ ······································· ㉡

㉠, ㉡에서 $0<x<\frac{\pi}{3}$

(ii) $2^x-4>0$이고 $2\cos x-1<0$일 때

$2^x>4$이므로

$2<x<\pi$ ··· ㉢

$0<x<\pi$이므로 그림에서

$\cos x<\frac{1}{2}$의 해는

$\frac{\pi}{3}<x<\pi$ ······································· ㉣

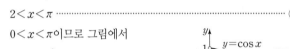

㉢, ㉣에서 $2<x<\pi$

(i), (ii)에서 주어진 부등식의 해는

$0<x<\frac{\pi}{3}$ 또는 $2<x<\pi$

따라서 $a=0$, $b=\frac{\pi}{3}$, $c=2$, $d=\pi$이므로

$6(b-a)+(d-c)=6\times\left(\frac{\pi}{3}-0\right)+(\pi-2)=3\pi-2$

---

07 삼각함수의 활용

핵심 개념 　　　　　　　　　　　　　　　　290쪽~291쪽

1377 　답 (1) $5\sqrt{2}$ 　(2) $45°$

(1) $C=180°-(A+B)=180°-(30°+105°)=45°$

사인법칙에 의하여 $\frac{5}{\sin30°}=\frac{c}{\sin45°}$이므로

$c\sin30°=5\sin45°$

$\therefore c=5\times\frac{\sqrt{2}}{2}\times2=5\sqrt{2}$

(2) 사인법칙에 의하여 $\frac{\sqrt{6}}{\sin120°}=\frac{2}{\sin B}$이므로

$\sqrt{6}\sin B=2\sin120°$ ───→ $\sin(180°-60°)=\sin60°=\frac{\sqrt{3}}{2}$

$\therefore \sin B=2\times\frac{\sqrt{3}}{2}\times\frac{1}{\sqrt{6}}=\frac{\sqrt{2}}{2}$

$0°<B<180°$이므로 $B=45°$ 또는 $B=135°$

그런데 $A+B<180°$이므로 $B=45°$

1378 　답 3

$A=180°-(115°+35°)=30°$

사인법칙에 의하여 $\frac{3}{\sin30°}=2R$

$\therefore R=\frac{3}{\frac{1}{2}}\times\frac{1}{2}=3$

1379 　답 $\sqrt{7}$

코사인법칙에 의하여

$b^2=1^2+3^2-2\times1\times3\times\cos60°=1+9-2\times1\times3\times\frac{1}{2}=7$

$\therefore b=\sqrt{7}\ (\because b>0)$

1380 　답 $\frac{3}{4}$

코사인법칙에 의하여

$\cos A=\frac{4^2+5^2-(\sqrt{11})^2}{2\times4\times5}=\frac{3}{4}$

1381 　답 (1) $\frac{\sqrt{2}}{2}$ 　(2) $135°$

(1) $3\sqrt{2}=\frac{1}{2}\times3\times4\times\sin C$이므로

$\sin C=3\sqrt{2}\times2\times\frac{1}{3}\times\frac{1}{4}=\frac{\sqrt{2}}{2}$

(2) $90°<C<180°$이므로 $C=135°$

1382 　답 (1) $\frac{5}{7}$ 　(2) $\frac{2\sqrt{6}}{7}$ 　(3) $6\sqrt{6}$

(1) 코사인법칙에 의하여

$\cos A=\frac{6^2+7^2-5^2}{2\times6\times7}=\frac{5}{7}$

(2) $\sin^2 A=1-\cos^2 A=1-\left(\frac{5}{7}\right)^2=\frac{24}{49}$이므로

$\sin A=\frac{2\sqrt{6}}{7}\ (\because 0°<A<180°)$

(3) 삼각형 ABC의 넓이는

$$\frac{1}{2} \times 6 \times 7 \times \frac{2\sqrt{6}}{7} = 6\sqrt{6}$$

1383 目 12

평행사변형 ABCD의 넓이를 S라 하면

$$S = 4 \times 6 \times \sin 30° = 4 \times 6 \times \frac{1}{2} = 12$$

1384 目 $7\sqrt{2}$

사각형 ABCD의 넓이를 S라 하면

$$S = \frac{1}{2} \times 4 \times 7 \times \sin 135° = \frac{1}{2} \times 4 \times 7 \times \frac{\sqrt{2}}{2} = 7\sqrt{2}$$

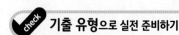 **기출 유형으로 실전 준비하기**   292쪽~317쪽

1385 目 $12\sqrt{2}$ 유형1

그림과 같은 삼각형 ABC에서 $\overline{BC} = 12$,
단서1
$B = 45°$, $C = 105°$일 때, $\overline{AC}$의 길이를 구하
시오.

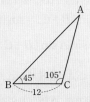

단서1 한 변의 길이와 양 끝 각의 크기가 주어진 경우

STEP 1 ∠A의 크기 구하기

$A = 180° - (45° + 105°) = 30°$

STEP 2 사인법칙을 이용하여 식 세우기

사인법칙에 의하여

$$\frac{12}{\sin 30°} = \frac{\overline{AC}}{\sin 45°}$$

STEP 3 $\overline{AC}$의 길이 구하기

$\overline{AC} \sin 30° = 12 \sin 45°$

$$\therefore \overline{AC} = 12 \times \frac{\sqrt{2}}{2} \times 2 = 12\sqrt{2}$$

1386 目 ①

$B = 180° - (60° + 75°) = 45°$

사인법칙에 의하여 $\dfrac{2\sqrt{3}}{\sin 60°} = \dfrac{b}{\sin 45°}$이므로

$b \sin 60° = 2\sqrt{3} \sin 45°$

$$\therefore b = 2\sqrt{3} \times \frac{\sqrt{2}}{2} \times \frac{2}{\sqrt{3}} = 2\sqrt{2}$$

1387 目 ③

ㄱ. 삼각형 ABC에서 $A + B + C = \pi$이므로

$c \sin(A+C) = c \sin(\pi - B) = c \sin B$

ㄴ. 사인법칙에 의하여

$\dfrac{b}{\sin B} = \dfrac{c}{\sin C}$이므로 $b \sin C = c \sin B$

$\therefore c \sin(A+C) = c \sin B = b \sin C$

ㄷ. 사인법칙에 의하여

$\dfrac{a}{\sin A} = \dfrac{b}{\sin B}$이므로 $a \sin B = b \sin A$

이때 $A \neq C$이면 $b \sin A \neq b \sin C$

따라서 $c \sin(A+C)$와 항상 같은 것은 ㄱ, ㄴ이다.

1388 目 ①

삼각형 ABC에서 $A + B + C = \pi$이므로

$\sin(A+C) = \sin(\pi - B) = \sin B$

$$\therefore \frac{b \sin A}{a \sin(A+C)} = \frac{b \sin A}{a \sin B} = \frac{b}{\sin B} \times \frac{\sin A}{a}$$

사인법칙에 의하여 $\dfrac{b}{\sin B} = \dfrac{a}{\sin A}$이므로

$$\frac{b \sin A}{a \sin(A+C)} = \frac{b}{\sin B} \times \frac{\sin A}{a}$$
$$= \frac{a}{\sin A} \times \frac{\sin A}{a} = 1$$

1389 目 $\dfrac{3}{4}$

∠AMB $= \theta$라 하면 ∠AMC $= \pi - \theta$

삼각형 ABM에서 사인법칙에 의하여

$$\frac{\overline{BM}}{\sin \alpha} = \frac{12}{\sin \theta}$$

$\overline{BM} \sin \theta = 12 \sin \alpha$

$$\therefore \overline{BM} = 12 \times \frac{\sin \alpha}{\sin \theta}$$

또한 삼각형 AMC에서 사인법칙에 의하여

$$\frac{\overline{MC}}{\sin \beta} = \frac{9}{\sin(\pi - \theta)}, \ \overline{MC} \sin \theta = 9 \sin \beta$$
$\xrightarrow{\quad} \sin \theta$

$$\therefore \overline{MC} = 9 \times \frac{\sin \beta}{\sin \theta}$$

$\overline{BM} = \overline{MC}$이므로 $12 \times \dfrac{\sin \alpha}{\sin \theta} = 9 \times \dfrac{\sin \beta}{\sin \theta}$

$$\therefore \frac{\sin \alpha}{\sin \beta} = \frac{3}{4}$$

1390 目 ②

$\overline{AB} = \overline{AC} = a$라 하고,

∠ADB $= \theta$라 하면 ∠ADC $= \pi - \theta$

삼각형 ABD에서 사인법칙에 의하여

$\dfrac{a}{\sin \theta} = \dfrac{\overline{BD}}{\sin 60°}$이므로 $\overline{BD} = \dfrac{\sqrt{3}a}{2 \sin \theta}$

또한 삼각형 ADC에서 사인법칙에 의하여

$\dfrac{a}{\sin(\pi - \theta)} = \dfrac{\overline{DC}}{\sin 45°}$이므로 $\overline{DC} = \dfrac{\sqrt{2}a}{2 \sin \theta}$

$$\therefore \overline{BD} : \overline{DC} = \frac{\sqrt{3}a}{2 \sin \theta} : \frac{\sqrt{2}a}{2 \sin \theta} = \sqrt{3} : \sqrt{2}$$

1391 目 ④

그림과 같이 꼭짓점 A에서 $\overline{BC}$에 내린 수
선의 발을 H라 하면 삼각형 ABH에서

$\overline{BH} = \overline{AB} \cos 60° = 4\sqrt{3} \times \dfrac{1}{2} = 2\sqrt{3}$

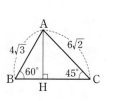

삼각형 AHC에서

$$\overline{\text{CH}}=\overline{\text{AC}}\cos 45°=6\sqrt{2}\times\frac{\sqrt{2}}{2}=6$$

$$\therefore\overline{\text{BC}}=\overline{\text{BH}}+\overline{\text{CH}}=2\sqrt{3}+6$$

$\angle\text{BAC}=180°-(60°+45°)=75°$이므로 삼각형 ABC에서 사인법칙에 의하여

$$\frac{2\sqrt{3}+6}{\sin 75°}=\frac{6\sqrt{2}}{\sin 60°},\ 6\sqrt{2}\sin 75°=(2\sqrt{3}+6)\sin 60°$$

$$\therefore\sin 75°=\frac{1}{6\sqrt{2}}\times(2\sqrt{3}+6)\times\frac{\sqrt{3}}{2}=\frac{\sqrt{2}+\sqrt{6}}{4}$$

참고 두 변의 길이와 그 끼인각의 크기가 주어질 때, 특수각의 삼각비를 이용할 수 있도록 한 꼭짓점에서 수선을 그어 두 개의 직각삼각형을 만든 후 나머지 변의 길이를 구한다.

1392 답 $\frac{3}{2}$

$\angle\text{EAC}=\theta$라 하면

$\angle\text{BCD}=90°-\angle\text{ACE}=\angle\text{EAC}=\theta$

삼각형 EAC에서 $\overline{\text{EC}}=\sqrt{3}\sin\theta$이므로

$\overline{\text{BD}}=\overline{\text{EC}}=\sqrt{3}\sin\theta$

삼각형 BCD에서 사인법칙에 의하여

$$\frac{\overline{\text{BC}}}{\sin(\angle\text{BDC})}=\frac{\overline{\text{BD}}}{\sin(\angle\text{BCD})}$$

$$\frac{\overline{\text{BC}}}{\sin 120°}=\frac{\sqrt{3}\sin\theta}{\sin\theta}\quad\longrightarrow\ \sin(180°-60°)=\sin 60°=\frac{\sqrt{3}}{2}$$

$$\therefore\overline{\text{BC}}=\sqrt{3}\times\frac{\sqrt{3}}{2}=\frac{3}{2}$$

실수 Check
사인법칙을 적용할 수 있도록 각의 크기와 변의 길이를 주의해서 정한다.

1393 답 ③

$C=180°-(45°+15°)=120°$

사인법칙에 의하여

$$\frac{8}{\sin 120°}=\frac{\overline{\text{BC}}}{\sin 45°},\ \overline{\text{BC}}\sin 120°=8\sin 45°$$

$$\therefore\overline{\text{BC}}=8\times\frac{\sqrt{2}}{2}\times\frac{2}{\sqrt{3}}=\frac{8\sqrt{6}}{3}$$

1394 답 ④

| 유형 2

삼각형 ABC의 외접원의 반지름의 길이가 2이고 $A=60°$, $b=2\sqrt{2}$일 때, C의 값은? **단서1**

① 30° 　② 45° 　③ 60°
④ 75° 　⑤ 90°

단서1 사인법칙 이용

STEP 1 ∠B의 크기 구하기

삼각형 ABC의 외접원의 반지름의 길이가 2이므로 사인법칙에 의하여

$$\sin B=\frac{2\sqrt{2}}{2\times 2}=\frac{\sqrt{2}}{2}$$

$0°<B<180°$이므로 $B=45°$ 또는 $B=135°$

그런데 $A+B<180°$이므로 $B=45°$

STEP 2 ∠C의 크기 구하기

$C=180°-(60°+45°)=75°$

1395 답 ②

사인법칙에 의하여 $\dfrac{\overline{\text{BC}}}{\sin 120°}=2\times 7$

$$\therefore\overline{\text{BC}}=2\times 7\times\frac{\sqrt{3}}{2}=7\sqrt{3}$$

1396 답 ④

삼각형 ABC의 외접원의 반지름의 길이를 R이라 하면 사인법칙에 의하여

$$\frac{9}{\sin 120°}=2R\qquad\therefore R=\frac{9}{\frac{\sqrt{3}}{2}}\times\frac{1}{2}=3\sqrt{3}$$

따라서 삼각형 ABC의 외접원의 넓이는 $\pi(3\sqrt{3})^2=27\pi$

1397 답 3

삼각형 ABC에서 $A+B+C=\pi$이므로

$\sin(B+C)=\sin(\pi-A)=\sin A$

$9\sin A\sin(B+C)=9\sin^2 A=7\qquad\therefore\sin^2 A=\dfrac{7}{9}$

$0<A<\pi$에서 $\sin A>0$이므로 $\sin A=\dfrac{\sqrt{7}}{3}$

삼각형 ABC의 외접원의 반지름의 길이를 R이라 하면 사인법칙에 의하여

$$\frac{\overline{\text{BC}}}{\sin A}=2R\qquad\therefore R=\frac{2\sqrt{7}}{\frac{\sqrt{7}}{3}}\times\frac{1}{2}=3$$

1398 답 ④

삼각형 ABC에서 $A+B+C=\pi$이므로

$\cos(B+C)=\cos(\pi-A)=-\cos A$

$4\cos A\cos(B+C)=-4\cos^2 A=-3$

$$\therefore\cos^2 A=\frac{3}{4}$$

$0<A<\pi$이므로

$$\sin A=\sqrt{1-\cos^2 A}=\sqrt{1-\frac{3}{4}}=\frac{1}{2}$$

삼각형 ABC의 외접원의 반지름의 길이가 $5\sqrt{3}$이므로 사인법칙에 의하여

$$\overline{\text{BC}}=2R\sin A=2\times 5\sqrt{3}\times\frac{1}{2}=5\sqrt{3}$$

1399 답 ④

그림과 같이 $\overline{\text{BD}}$를 그어 $\overline{\text{BD}}=k$라 하고 삼각형 ABD의 외접원의 길이를 r_1, 삼각형 BCD의 외접원의 반지름의 길이를 r_2라 하면

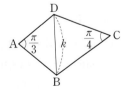

삼각형 ABD에서 사인법칙에 의하여

$$2r_1=\frac{k}{\sin\frac{\pi}{3}},\ r_1=\frac{k}{\frac{\sqrt{3}}{2}}\times\frac{1}{2}=\frac{k}{\sqrt{3}}$$

삼각형 BCD에서 사인법칙에 의하여

$$2r_2 = \frac{k}{\sin\frac{\pi}{4}}, \quad r_2 = \frac{k}{\frac{\sqrt{2}}{2}} \times \frac{1}{2} = \frac{k}{\sqrt{2}}$$

$$\therefore r_1 : r_2 = \frac{k}{\sqrt{3}} : \frac{k}{\sqrt{2}} = \sqrt{2} : \sqrt{3}$$

1400 답 ④

삼각형 ABC의 외접원의 반지름의 길이가 4이므로 사인법칙에 의하여

$$\frac{\overline{BC}}{\sin 30°} = \frac{\overline{AC}}{\sin 45°} = 2 \times 4$$

$$\therefore \overline{BC} = 8 \times \frac{1}{2} = 4, \quad \overline{AC} = 8 \times \frac{\sqrt{2}}{2} = 4\sqrt{2}$$

그림과 같이 꼭짓점 C에서 $\overline{AB}$에 내린
수선의 발을 H라 하면
삼각형 AHC에서

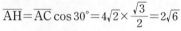

$$\overline{AH} = \overline{AC} \cos 30° = 4\sqrt{2} \times \frac{\sqrt{3}}{2} = 2\sqrt{6}$$

삼각형 BCH에서

$$\overline{BH} = \overline{BC} \cos 45° = 4 \times \frac{\sqrt{2}}{2} = 2\sqrt{2}$$

$$\therefore \overline{AB} = \overline{AH} + \overline{BH} = 2(\sqrt{6} + \sqrt{2})$$

1401 답 ⑤

삼각형 ABC의 외접원의 반지름의 길이가 5이므로 사인법칙에 의하여

$$\frac{\overline{BC}}{\sin\frac{\pi}{4}} = 2 \times 5$$

$$\therefore \overline{BC} = 2 \times 5 \times \frac{\sqrt{2}}{2} = 5\sqrt{2}$$

1402 답 ①

삼각형 ABC에서 $A + B + C = \pi$이므로

$$\sin(A+B) = \sin(\pi - C) = \sin C$$

삼각형 ABC의 외접원의 반지름의 길이가 4이므로 사인법칙에 의하여

$$\sin A + \sin B + \sin(A+B) = \sin A + \sin B + \sin C$$
$$= \frac{a}{2R} + \frac{b}{2R} + \frac{c}{2R}$$
$$= \frac{a+b+c}{8} \quad \left(\frac{a}{2\times4} + \frac{b}{2\times4} + \frac{c}{2\times4} \right)$$

삼각형 ABC의 둘레의 길이가 12이므로 $a+b+c=12$

$$\therefore \sin A + \sin B + \sin(A+B) = \frac{a+b+c}{8} = \frac{12}{8} = \frac{3}{2}$$

1403 답 ①

삼각형 ABC에서 $A:B:C=1:1:2$일 때, $a:b:c$는?

① $1:1:\sqrt{2}$　　② $1:1:2$　　③ $1:\sqrt{2}:1$

④ $1:\sqrt{2}:\sqrt{3}$　　⑤ $2:1:\sqrt{2}$

단서1 $\sin A : \sin B : \sin C = a : b : c$

STEP1 ∠A, ∠B, ∠C의 크기 각각 구하기

$A:B:C=1:1:2$이므로
$A=k°$, $B=k°$, $C=2k°$ $(k>0)$라 하면
$A+B+C=180°$이므로 $k+k+2k=180$, $4k=180$
$\therefore k=45$
$\therefore A=45°$, $B=45°$, $C=90°$

STEP2 $a:b:c$ 구하기

$$a:b:c = \sin A : \sin B : \sin C$$
$$= \sin 45° : \sin 45° : \sin 90°$$
$$= \frac{\sqrt{2}}{2} : \frac{\sqrt{2}}{2} : 1$$
$$= \sqrt{2} : \sqrt{2} : 2 = 1 : 1 : \sqrt{2}$$

참고 $A:B:C=1:1:2$이므로

$$A = 180° \times \frac{1}{1+1+2} = 45°$$

$$B = 180° \times \frac{1}{1+1+2} = 45°$$

$$C = 180° \times \frac{2}{1+1+2} = 90°$$

1404 답 ⑤

$A:B:C=3:4:5$이므로
$A=3k°$, $B=4k°$, $C=5k°$ $(k>0)$라 하면
$A+B+C=180°$이므로 $3k+4k+5k=180$, $12k=180$
$\therefore k=15$
$\therefore A=45°$, $B=60°$, $C=75°$
$a:b=\sin 45° : \sin 60°$에서

$$2\sqrt{3} : b = \frac{\sqrt{2}}{2} : \frac{\sqrt{3}}{2}, \quad \frac{\sqrt{2}}{2}b = 3$$

$$\therefore b = 3 \times \frac{2}{\sqrt{2}} = 3\sqrt{2}$$

다른 풀이

삼각형 ABC에서 사인법칙에 의하여

$$\frac{2\sqrt{3}}{\sin 45°} = \frac{b}{\sin 60°}$$이므로 $b \sin 45° = 2\sqrt{3} \sin 60°$

$$\therefore b = 2\sqrt{3} \times \frac{\sqrt{3}}{2} \times \frac{2}{\sqrt{2}} = 3\sqrt{2}$$

1405 답 ①

$$\frac{a+b}{5} = \frac{b+c}{6} = \frac{c+a}{7} = k \ (k>0)$$라 하면

$a+b=5k$ ⋯⋯⋯⋯⋯⋯⋯⋯⋯⋯⋯⋯⋯ ㉠

$b+c=6k$ ⋯⋯⋯⋯⋯⋯⋯⋯⋯⋯⋯⋯⋯ ㉡

$c+a=7k$ ⋯⋯⋯⋯⋯⋯⋯⋯⋯⋯⋯⋯⋯ ㉢

㉠+㉡+㉢을 하면

$2a+2b+2c=18k$　　$\therefore a+b+c=9k$ ⋯⋯⋯ ㉣

㉣-㉡을 하면 $a=3k$

㉣-㉢을 하면 $b=2k$

㉣-㉠을 하면 $c=4k$

$\therefore \sin A : \sin B : \sin C = a:b:c = 3k:2k:4k = 3:2:4$

1406 답 ②

$a+2b-2c=0$ $\cdots\cdots\cdots\cdots\cdots\cdots\cdots\cdots$ ㉠

$a-3b+c=0$ $\cdots\cdots\cdots\cdots\cdots\cdots\cdots\cdots$ ㉡

㉠-㉡을 하면

$5b-3c=0$ $\quad\therefore b=\dfrac{3}{5}c$ $\cdots\cdots\cdots\cdots\cdots\cdots$ ㉢

㉢을 ㉠에 대입하면

$a+\dfrac{6}{5}c-2c=0$ $\quad\therefore a=\dfrac{4}{5}c$

따라서 $a:b:c=\dfrac{4}{5}c:\dfrac{3}{5}c:c=4:3:5$이므로

$\sin A:\sin B:\sin C=a:b:c=4:3:5$

1407 답 $4:4:3$

$ab:bc:ca=4:3:3$에서 $ab=4k^2$, $bc=3k^2$, $ca=3k^2$ $(k>0)$이라 하면

$ab\times bc\times ca=4k^2\times 3k^2\times 3k^2$

$(abc)^2=36k^6$ $\quad\therefore abc=6k^3$ $(\because abc>0)$

$\therefore a=\dfrac{abc}{bc}=\dfrac{6k^3}{3k^2}=2k$,

$\quad b=\dfrac{abc}{ca}=\dfrac{6k^3}{3k^2}=2k$,

$\quad c=\dfrac{abc}{ab}=\dfrac{6k^3}{4k^2}=\dfrac{3}{2}k$

$\therefore \sin A:\sin B:\sin C=a:b:c=2k:2k:\dfrac{3}{2}k=4:4:3$

1408 답 7

$A+B+C=\pi$이므로

$\sin(A+B):\sin(B+C):\sin(C+A)$

$=\sin(\pi-C):\sin(\pi-A):\sin(\pi-B)$

$=\sin C:\sin A:\sin B$

$=c:a:b$

$=6:4:5$

$a=4k$, $b=5k$, $c=6k$ $(k>0)$라 하면

$\dfrac{a^2+b^2+c^2}{c^2-b^2}=\dfrac{(4k)^2+(5k)^2+(6k)^2}{(6k)^2-(5k)^2}=\dfrac{77k^2}{11k^2}=7$

1409 답 ⑤　|　유형 4

삼각형 ABC에서 $\underline{\sin^2 B=\sin^2 A+\sin^2 C}$가 성립할 때, 삼각형 ABC는 어떤 삼각형인가? 단서1

① $a=b$인 이등변삼각형　② $b=c$인 이등변삼각형

③ $c=a$인 이등변삼각형　④ $A=90^\circ$인 직각삼각형

⑤ $B=90^\circ$인 직각삼각형

단서1 $\sin A$, $\sin B$, $\sin C$를 각각 외접원의 반지름의 길이로 나타내어 식에 대입

STEP1 a, b, c 사이의 관계식 구하기

삼각형 ABC의 외접원의 반지름의 길이를 R이라 하면 사인법칙에 의하여

$\sin A=\dfrac{a}{2R}$, $\sin B=\dfrac{b}{2R}$, $\sin C=\dfrac{c}{2R}$

이것을 $\sin^2 B=\sin^2 A+\sin^2 C$에 대입하면

$\left(\dfrac{b}{2R}\right)^2=\left(\dfrac{a}{2R}\right)^2+\left(\dfrac{c}{2R}\right)^2$ $\quad\therefore b^2=a^2+c^2$

STEP2 삼각형 ABC가 어떤 삼각형인지 찾기

삼각형 ABC는 $B=90^\circ$인 직각삼각형이다.

참고 삼각형의 모양을 구하는 문제는 각의 크기에 대한 식을 변의 길이에 대한 식으로 나타내어 해결한다.

1410 답 $b=c$인 이등변삼각형

$A+B+C=\pi$이므로 $A+B=\pi-C$, $A+C=\pi-B$

$c\sin(A+B)=b\sin(A+C)$에서

$c\sin(\pi-C)=b\sin(\pi-B)$

$\therefore c\sin C=b\sin B$ $\cdots\cdots\cdots\cdots\cdots\cdots\cdots$ ㉠

삼각형 ABC의 외접원의 반지름의 길이를 R이라 하면 사인법칙에 의하여

$\sin B=\dfrac{b}{2R}$, $\sin C=\dfrac{c}{2R}$

이것을 ㉠에 대입하면

$c\times\dfrac{c}{2R}=b\times\dfrac{b}{2R}$, $b^2=c^2$

$\therefore b=c$ $(\because b>0,\ c>0)$

따라서 삼각형 ABC는 $b=c$인 이등변삼각형이다.

1411 답 ③

$A+B+C=\pi$이므로

$\sin(A+C)=\sin(\pi-B)=\sin B$

$a\sin(A+C)=b\sin C=c\sin A$에서

$a\sin B=b\sin C=c\sin A$ $\cdots\cdots\cdots\cdots\cdots\cdots$ ㉠

삼각형 ABC의 외접원의 반지름의 길이를 R이라 하면 사인법칙에 의하여

$\sin A=\dfrac{a}{2R}$, $\sin B=\dfrac{b}{2R}$, $\sin C=\dfrac{c}{2R}$

이것을 ㉠에 대입하면

$a\times\dfrac{b}{2R}=b\times\dfrac{c}{2R}=c\times\dfrac{a}{2R}$ $\quad\therefore ab=bc=ca$

$a>0$, $b>0$, $c>0$이므로

(i) $ab=bc$에서 $a=c$

(ii) $ab=ca$에서 $b=c$

(i), (ii)에서 $a=b=c$

따라서 삼각형 ABC는 정삼각형이다.

1412 답 ②

삼각형 ABC의 외접원의 반지름의 길이를 R이라 하면 사인법칙에 의하여

$\sin A=\dfrac{a}{2R}$, $\sin B=\dfrac{b}{2R}$, $\sin C=\dfrac{c}{2R}$

이것을 $(a-c)\sin B=a\sin A-c\sin C$에 대입하면

$(a-c)\times\dfrac{b}{2R}=a\times\dfrac{a}{2R}-c\times\dfrac{c}{2R}$

$(a-c)b=a^2-c^2$, $(a-c)b=(a-c)(a+c)$

$\therefore (a-c)\{b-(a+c)\}=0$

삼각형의 두 변의 길이의 합은 나머지 한 변의 길이보다 크므로
$b-(a+c) \neq 0$ $\therefore a=c$
따라서 삼각형 ABC는 $a=c$인 이등변삼각형이다.

1413 답 ⑤

$\cos^2 A=1-\sin^2 A$이므로
$\cos^2 A-\sin^2 B+\sin^2 C=1$에서
$(1-\sin^2 A)-\sin^2 B+\sin^2 C=1$
$\therefore \sin^2 C=\sin^2 A+\sin^2 B$ ············· ㉠
삼각형 ABC의 외접원의 반지름의 길이를 R이라 하면 사인법칙에 의하여
$\sin A=\dfrac{a}{2R}$, $\sin B=\dfrac{b}{2R}$, $\sin C=\dfrac{c}{2R}$
이것을 ㉠에 대입하면
$\left(\dfrac{c}{2R}\right)^2=\left(\dfrac{a}{2R}\right)^2+\left(\dfrac{b}{2R}\right)^2$ $\therefore c^2=a^2+b^2$
따라서 삼각형 ABC는 $C=90°$인 직각삼각형이다.

참고 $\sin^2 A$와 $\cos^2 A$가 섞여 있는 식은 $\sin^2 A+\cos^2 A=1$임을 이용하여 한 종류의 삼각함수로 나타낸다.

1414 답 ③

주어진 이차방정식의 판별식을 D라 하면
$\dfrac{D}{4}=\{2\sqrt{b}\sin(A+B)\}^2-4a\sin^2 C=0$
$4b\sin^2(A+B)-4a\sin^2 C=0$ ············· ㉠
$A+B+C=\pi$이므로 $A+B=\pi-C$
㉠에서
$4b\underline{\sin^2(\pi-C)}-4a\sin^2 C=0$ $\rightarrow \sin(\pi-C)=\sin C$
$4b\sin^2 C-4a\sin^2 C=0$, $4(b-a)\sin^2 C=0$
$\therefore a=b$ 또는 $\sin^2 C=0$
이때 $0<C<\pi$이므로 $\sin C\neq 0$
$\therefore a=b$
따라서 삼각형 ABC는 $a=b$인 이등변삼각형이다.

개념 Check

이차방정식 $ax^2+bx+c=0$의 판별식을 D라 하면
(1) $D>0$ ➡ 서로 다른 두 실근
(2) $D=0$ ➡ 중근
(3) $D<0$ ➡ 서로 다른 두 허근

1415 답 ③ | 유형5

그림과 같이 45 m 떨어진 두 지점 A, B 단서1 에서 새를 올려다본 각의 크기가 각각 45°, 75°일 때, B 지점에서 새까지의 거리는? (단, 새의 크기는 무시한다.)

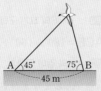

① $15\sqrt{2}$ m   ② 30 m
③ $15\sqrt{6}$ m   ④ $30\sqrt{2}$ m
⑤ $30\sqrt{3}$ m
단서1 한 변의 길이와 그 양 끝 각의 크기가 주어진 경우에는 사인법칙 이용

STEP 1 나머지 한 각의 크기 구하기
새의 위치를 C라 하면 삼각형 ABC에서
$\angle ACB=180°-(45°+75°)=60°$
STEP 2 B 지점에서 새까지의 거리 구하기
사인법칙에 의하여
$\dfrac{45}{\sin 60°}=\dfrac{\overline{BC}}{\sin 45°}$
$\therefore \overline{BC}=45\times\dfrac{\sqrt{2}}{2}\times\dfrac{2}{\sqrt{3}}=15\sqrt{6}$ (m)
따라서 B 지점에서 새까지의 거리는 $15\sqrt{6}$ m이다.

1416 답 90π cm³

삼각형 ABC에서
$C=180°-(45°+75°)=60°$
삼각형 ABC의 외접원의 반지름의 길이를 R cm라 하면 사인법칙에 의하여 → 물컵의 밑면
$\dfrac{3\sqrt{3}}{\sin 60°}=2R$
$\therefore R=\dfrac{3\sqrt{3}}{\dfrac{\sqrt{3}}{2}}\times\dfrac{1}{2}=3$
따라서 물컵의 부피는 → (밑넓이)×(높이)
$\pi\times 3^2\times 10=90\pi$ (cm³)

1417 답 ①

삼각형 ABC에서
$\angle BCA=75°-30°=45°$
삼각형 ABC에서 사인법칙에 의하여
$\dfrac{\overline{BC}}{\sin 30°}=\dfrac{50}{\sin 45°}$
$\therefore \overline{BC}=50\times\dfrac{1}{2}\times\dfrac{2}{\sqrt{2}}=25\sqrt{2}$ (m)
삼각형 BHC에서 $\angle BCH=90°-75°=15°$이므로
$\overline{CH}=\overline{BC}\cos 15°$
$=25\sqrt{2}\times\dfrac{\sqrt{2}+\sqrt{6}}{4}=\dfrac{25+25\sqrt{3}}{2}$ (m)

1418 답 2

삼각형 ABC에서
$A=180°-(45°+60°)=75°$
삼각형 ABC에서 사인법칙에 의하여
$\dfrac{2}{\sin 75°}=\dfrac{\overline{AC}}{\sin 45°}$
$\therefore \overline{AC}=2\times\dfrac{\sqrt{2}}{2}\times\dfrac{4}{\sqrt{2}+\sqrt{6}}=2(\sqrt{3}-1)$
삼각형 AHC에서
$\overline{AH}=\overline{AC}\sin 60°=2(\sqrt{3}-1)\times\dfrac{\sqrt{3}}{2}=3-\sqrt{3}$
따라서 $a=3$, $b=-1$이므로 $a+b=2$

다른 풀이

$\overline{AH}=x$라 하면

삼각형 ABH에서 $\overline{BH}=\overline{AH}\tan 45°=x$

삼각형 ACH에서 $\overline{CH}=x\tan 30°=\dfrac{\sqrt{3}}{3}x$ → $\angle CAH=90°-60°$ $=30°$

$\overline{BC}=\overline{BH}+\overline{CH}$에서 $2=x+\dfrac{\sqrt{3}}{3}x=\dfrac{3+\sqrt{3}}{3}x$

$\therefore x=2\times\dfrac{3}{3+\sqrt{3}}=3-\sqrt{3}$

따라서 $a=3$, $b=-1$이므로 $a+b=2$

1419 답 ②

삼각형 ABC에서

$\angle BAC=180°-(105°+45°)=30°$

삼각형 ABC에서 사인법칙에 의하여

$\dfrac{10}{\sin 30°}=\dfrac{\overline{AB}}{\sin 45°}$

$\therefore \overline{AB}=10\times\dfrac{\sqrt{2}}{2}\times 2=10\sqrt{2}$

삼각형 ABD에서

$\overline{AD}=\overline{AB}\sin 30°=10\sqrt{2}\times\dfrac{1}{2}=5\sqrt{2}$

1420 답 ④

삼각형 AQB에서

$\angle AQB=180°-(60°+75°)=45°$

삼각형 AQB에서 사인법칙에 의하여

$\dfrac{\overline{BQ}}{\sin 60°}=\dfrac{10}{\sin 45°}$

$\therefore \overline{BQ}=10\times\dfrac{\sqrt{3}}{2}\times\dfrac{2}{\sqrt{2}}=5\sqrt{6}\,(m)$

삼각형 PBQ에서

$\overline{PQ}=\overline{BQ}\tan 45°=5\sqrt{6}\,(m)$

1421 답 10 m

삼각형 ABQ에서

$\angle BQA=180°-(75°+45°)=60°$

삼각형 ABQ에서 사인법칙에 의하여

$\dfrac{\overline{AQ}}{\sin 45°}=\dfrac{15\sqrt{2}}{\sin 60°}$

$\therefore \overline{AQ}=15\sqrt{2}\times\dfrac{\sqrt{2}}{2}\times\dfrac{2}{\sqrt{3}}=10\sqrt{3}\,(m)$

삼각형 APQ에서

$\overline{PQ}=\overline{AQ}\tan 30°=10\sqrt{3}\times\dfrac{\sqrt{3}}{3}=10\,(m)$

1422 답 ④

그림과 같이 두 건물의 끝 지점을 각각 A, C라 하고, 지면 위의 두 지점을 각각 B, D라 하자.

삼각형 ABC에서

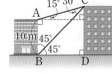

$\angle ABC=45°$

$\angle BAC=15°+90°=105°$

$\therefore \angle ACB=180°-(105°+45°)=30°$

삼각형 ABC에서 사인법칙에 의하여

$\dfrac{\overline{BC}}{\sin 105°}=\dfrac{10}{\sin 30°}$

$\sin 105°=\sin(90°+15°)=\cos 15°=\dfrac{\sqrt{2}+\sqrt{6}}{4}$이므로 → $\sin(90°+x°)=\cos x°$

$\overline{BC}=10\times\dfrac{\sqrt{2}+\sqrt{6}}{4}\times 2=5(\sqrt{2}+\sqrt{6})\,(m)$

삼각형 CBD에서

$\overline{CD}=\overline{BC}\sin 45°=5(\sqrt{2}+\sqrt{6})\times\dfrac{\sqrt{2}}{2}$

$=5(1+\sqrt{3})\,(m)$

따라서 건물 Q의 높이는 $5(1+\sqrt{3})$ m이다.

다른 풀이

삼각형 ABC에서 사인법칙에 의하여

$\dfrac{\overline{AC}}{\sin 45°}=\dfrac{10}{\sin 30°}$

$\therefore \overline{AC}=10\times\dfrac{\sqrt{2}}{2}\times 2=10\sqrt{2}\,(m)$

점 A에서 $\overline{CD}$에 내린 수선의 발을 E라 하면 삼각형 AEC에서

$\overline{AE}=\overline{AC}\cos 15°$

$=10\sqrt{2}\times\dfrac{\sqrt{2}+\sqrt{6}}{4}=5(1+\sqrt{3})\,(m)$

$\overline{BD}=\overline{AE}=5(1+\sqrt{3})\,(m)$이므로

$\overline{CD}=\overline{BD}\tan 45°=5(1+\sqrt{3})\,(m)$

1423 답 ④ | 유형 **6**

그림과 같이 세 점 B, C, D가 한 직선 위에 있고, $\overline{AB}=3$, $\overline{ED}=6$, $\angle B=\angle D=90°$, $\angle ACB=\angle ECD=60°$일 때, $\overline{AE}$의 길이는?

단서1

① 3   ② $3\sqrt{2}$

③ $3\sqrt{3}$ ④ 6

⑤ $6\sqrt{2}$

단서1 삼각형 ABC와 삼각형 CDE는 한 변의 길이와 특수각의 크기가 주어진 직각삼각형

STEP 1 $\overline{AC}$, $\overline{CE}$의 길이 구하기

삼각형 ABC에서 $\overline{AC}=\dfrac{3}{\sin 60°}=\dfrac{3}{\frac{\sqrt{3}}{2}}=2\sqrt{3}$

삼각형 CDE에서 $\overline{CE}=\dfrac{6}{\sin 60°}=\dfrac{6}{\frac{\sqrt{3}}{2}}=4\sqrt{3}$

STEP 2 $\angle ACE$의 크기 구하기

$\angle ACE=180°-(60°+60°)=60°$

STEP 3 $\overline{AE}$의 길이 구하기

삼각형 ACE에서 코사인법칙에 의하여

$\overline{AE}^2=(2\sqrt{3})^2+(4\sqrt{3})^2-2\times 2\sqrt{3}\times 4\sqrt{3}\times\cos 60°$

$=12+48-2\times 2\sqrt{3}\times 4\sqrt{3}\times\dfrac{1}{2}=36$

$\therefore \overline{AE}=6$

1424 답 $\sqrt{31}$

코사인법칙에 의하여

$$\overline{AC}^2 = 4^2 + (5\sqrt{3})^2 - 2 \times 4 \times 5\sqrt{3} \times \cos 30°$$
$$= 16 + 75 - 2 \times 4 \times 5\sqrt{3} \times \frac{\sqrt{3}}{2} = 31$$

$\therefore \overline{AC} = \sqrt{31}$

1425 답 ②

$(a-b)^2 = c^2 - 3ab$에서

$a^2 - 2ab + b^2 = c^2 - 3ab$

$\therefore c^2 = a^2 + ab + b^2$ ·· ㉠

코사인법칙에 의하여

$c^2 = a^2 + b^2 - 2ab\cos C$

이것을 ㉠에 대입하면

$a^2 + b^2 - 2ab\cos C = a^2 + ab + b^2$

$-2ab\cos C = ab$

$a > 0,\ b > 0$이므로 $\cos C = -\dfrac{1}{2}$

$\therefore C = \dfrac{2}{3}\pi\ (\because 0 < C < \pi)$

1426 답 8

사각형 ABCD가 원에 내접하므로

$\angle A + \angle C = 180°$ $\therefore \angle A = 120°$

그림과 같이 $\overline{BD}$를 그으면 삼각형 ABD에

서 코사인법칙에 의하여

$$\overline{BD}^2 = 3^2 + 5^2 - 2 \times 3 \times 5 \times \cos 120°$$
$$= 9 + 25 - 2 \times 3 \times 5 \times \left(-\frac{1}{2}\right) = 49$$

$\therefore \overline{BD} = 7$

$\overline{CD} = x$라 하면 삼각형 BCD에서 코사인법칙에 의하여

$$49 = 5^2 + x^2 - 2 \times 5 \times x \times \cos 60°$$
$$= 25 + x^2 - 2 \times 5 \times x \times \frac{1}{2}$$
$$= x^2 - 5x + 25$$

$x^2 - 5x - 24 = 0,\ (x-8)(x+3) = 0$

$\therefore x = 8\ (\because x > 0)$

$\therefore \overline{CD} = 8$

개념 Check

사각형 ABCD가 원에 내접할 때

$\angle A + \angle C = 180°$

$\angle B + \angle D = 180°$

1427 답 ③

그림의 부채꼴 BOP에서

$\overline{OB} = 3$, $\overset{\frown}{BP} = 3\theta$이므로

$3\theta = 3 \times \angle BOP$

$\therefore \angle BOP = \theta,\ \angle AOP = \pi - \theta$

삼각형 AOP에서 코사인법칙에 의하여

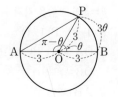

$$\overline{AP}^2 = 3^2 + 3^2 - 2 \times 3 \times 3 \times \cos(\pi - \theta)$$
$$= 9 + 9 - 2 \times 3 \times 3 \times (-\cos\theta)$$
$$= 18 + 18\cos\theta$$
$$= 18(1 + \cos\theta)$$

개념 Check

반지름의 길이가 r, 중심각의 크기가 θ(라디안)

인 부채꼴의 호의 길이를 l, 넓이를 S라 하면

$l = r\theta,\ S = \dfrac{1}{2}r^2\theta = \dfrac{1}{2}rl$

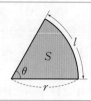

1428 답 1

코사인법칙에 의하여

$$\overline{AC}^2 = x^2 + \left(\frac{1}{x}\right)^2 - 2 \times x \times \frac{1}{x} \times \cos 60°$$
$$= x^2 + \frac{1}{x^2} - 2 \times x \times \frac{1}{x} \times \frac{1}{2}$$
$$= x^2 + \frac{1}{x^2} - 1$$

$x^2 > 0,\ \dfrac{1}{x^2} > 0$이므로 산술평균과 기하평균의 관계에 의하여

$$x^2 + \frac{1}{x^2} \geq 2\sqrt{x^2 \times \frac{1}{x^2}} = 2$$

$$\left(\text{단, 등호는 } x^2 = \frac{1}{x^2},\ \text{즉 } x = 1\text{일 때 성립}\right)$$

$\therefore \overline{AC}^2 = x^2 + \dfrac{1}{x^2} - 1 \geq 2 - 1 = 1$

따라서 $\overline{AC} \geq 1$이므로 $\overline{AC}$의 길이의 최솟값은 1이다.

개념 Check

$a > 0,\ b > 0$일 때

$a + b \geq 2\sqrt{ab}$ (단, 등호는 $a = b$일 때 성립)

1429 답 ①

$\sin\theta = \dfrac{\sqrt{11}}{6}$이므로

$\cos^2\theta = 1 - \sin^2\theta$
$$= 1 - \left(\frac{\sqrt{11}}{6}\right)^2 = \frac{25}{36}$$

삼각형 DCG에서 코사인법칙에 의하여

$$\overline{DG}^2 = 3^2 + 4^2 - 2 \times 3 \times 4 \times \cos\theta$$
$$= 25 - 24\cos\theta$$

$\therefore \overline{DG} = \sqrt{25 - 24\cos\theta}$

삼각형 BEC에서 코사인법칙에 의하여

$$\overline{BE}^2 = 3^2 + 4^2 - 2 \times 3 \times 4 \times \cos(\pi - \theta)$$
$$= 25 + 24\cos\theta \quad \rightarrow \angle BCE$$

$\therefore \overline{BE} = \sqrt{25 + 24\cos\theta} \qquad = 360° - (90° + \theta + 90°)$

$\therefore \overline{DG} \times \overline{BE} = \sqrt{(25 - 24\cos\theta)(25 + 24\cos\theta)} \quad = 180° - \theta$
$$= \sqrt{25^2 - 24^2\cos^2\theta}$$
$$= \sqrt{25^2 - 24^2 \times \frac{25}{36}}$$
$$= \sqrt{625 - 400}$$
$$= \sqrt{225} = 15$$

1430 답 84

$\angle BAD = \angle DAC = \theta$라 하고 그림과
같이 $\overline{BD}$, $\overline{CD}$를 그으면
삼각형 ABD에서 코사인법칙에 의하여
$$\overline{BD}^2 = 6^2 + \overline{AD}^2 - 2 \times 6 \times \overline{AD} \times \cos\theta$$
$$= 36 + \overline{AD}^2 - 12\overline{AD}\cos\theta \quad \cdots\cdots ㉠$$
삼각형 ADC에서 코사인법칙에 의하여
$$\overline{CD}^2 = 8^2 + \overline{AD}^2 - 2 \times 8 \times \overline{AD} \times \cos\theta$$
$$= 64 + \overline{AD}^2 - 16\overline{AD}\cos\theta \quad \cdots\cdots ㉡$$
이때 $\angle BCD = \angle BAD = \angle DAC = \angle DBC$에서
$\overline{BD} = \overline{CD}$, 즉 $\overline{BD}^2 = \overline{CD}^2$이므로 $\rightarrow$ 원주각의 성질
㉠, ㉡에서
$$36 + \overline{AD}^2 - 12\overline{AD}\cos\theta = 64 + \overline{AD}^2 - 16\overline{AD}\cos\theta$$
$$\therefore \overline{AD}\cos\theta = 7$$
이때 직각삼각형 ADE에서 $\overline{AE} = \overline{AD}\cos\theta = 7$이므로 $k = 7$
$$\therefore 12k = 12 \times 7 = 84$$

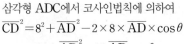

1431 답 ③

$\angle BAC = \theta$, $\overline{AC} = a$라 하면 삼각형
ABC에서 코사인법칙에 의하여
$$2^2 = 3^2 + a^2 - 2 \times 3 \times a \times \cos\theta$$
$$4 = 9 + a^2 - 2 \times 3 \times a \times \frac{7}{8}$$
$$a^2 - \frac{21}{4}a + 5 = 0, \quad 4a - 21a + 20 = 0$$
$$(4a - 5)(a - 4) = 0 \quad \therefore a = 4 \ (\because a > 3)$$
따라서 $\overline{AM} = \overline{CM} = \dfrac{a}{2} = 2$이므로
삼각형 ABM에서 코사인법칙에 의하여
$$\overline{MB}^2 = 3^2 + 2^2 - 2 \times 3 \times 2 \times \cos\theta$$
$$= 9 + 4 - 2 \times 3 \times 2 \times \frac{7}{8}$$
$$= \frac{5}{2}$$
$$\therefore \overline{MB} = \frac{\sqrt{10}}{2}$$
이때 $\triangle ABM \backsim \triangle DCM$이므로
$\overline{MA} \times \overline{MC} = \overline{MB} \times \overline{MD}$에서 $\quad \begin{array}{l}\angle BAC = \angle BDC, \\ \angle BMA = \angle CMD \text{ (맞꼭지각)} \\ \text{이므로 } \triangle ABM \backsim \triangle DCM \text{ (AA 닮음)}\end{array}$
$$2 \times 2 = \frac{\sqrt{10}}{2} \times \overline{MD}$$
$$\therefore \overline{MD} = \frac{8}{\sqrt{10}} = \frac{4\sqrt{10}}{5}$$

1432 답 ③

|유형7

삼각형 ABC에서 $a = 7$, $b = 8$, $c = 3$일 때, A의 값은?

단서1

① 30° ② 45° ③ 60°
④ 120° ⑤ 150°

단서1 세 변의 길이가 주어진 경우에는 코사인법칙 이용

STEP1 $\cos A$의 값 구하기

코사인법칙에 의하여
$$\cos A = \frac{8^2 + 3^2 - 7^2}{2 \times 8 \times 3} = \frac{24}{48} = \frac{1}{2}$$

STEP2 $\angle A$의 크기 구하기

$0° < A < 180°$이므로 $A = 60°$

1433 답 $\dfrac{7}{8}$

$$a + 2b - 2c = 0 \quad \cdots\cdots ㉠$$
$$a - 2b + c = 0 \quad \cdots\cdots ㉡$$
㉠+㉡을 하면
$$2a - c = 0 \quad \therefore c = 2a \quad \cdots\cdots ㉢$$
㉢을 ㉡에 대입하면
$$3a - 2b = 0 \quad \therefore b = \frac{3}{2}a$$
따라서 코사인법칙에 의하여
$$\cos A = \frac{\left(\frac{3}{2}a\right)^2 + (2a)^2 - a^2}{2 \times \frac{3}{2}a \times 2a} = \frac{\frac{21}{4}a^2}{6a^2} = \frac{7}{8}$$

1434 답 ④

$(a+b) : (b+c) : (c+a) = 4 : 5 : 5$이므로 양수 k에 대하여
$$a + b = 4k \quad \cdots\cdots ㉠$$
$$b + c = 5k \quad \cdots\cdots ㉡$$
$$c + a = 5k \quad \cdots\cdots ㉢$$
라 하자. ㉠+㉡+㉢을 하면
$$2a + 2b + 2c = 14k \quad \therefore a + b + c = 7k \quad \cdots\cdots ㉣$$
㉣−㉡을 하면 $a = 2k$
㉣−㉢을 하면 $b = 2k$
㉣−㉠을 하면 $c = 3k$
따라서 코사인법칙에 의하여
$$\cos B = \frac{(3k)^2 + (2k)^2 - (2k)^2}{2 \times 3k \times 2k} = \frac{9k^2}{12k^2} = \frac{3}{4}$$

1435 답 $\dfrac{\sqrt{34}}{2}$

삼각형 ABC에서 코사인법칙에 의하여
$$\cos B = \frac{4^2 + 8^2 - 6^2}{2 \times 4 \times 8} = \frac{44}{64} = \frac{11}{16}$$
삼각형 ABD에서 코사인법칙에 의하여
$$\overline{AD}^2 = 4^2 + 3^2 - 2 \times 4 \times 3 \times \cos B$$
$$= 16 + 9 - 2 \times 4 \times 3 \times \frac{11}{16} = \frac{17}{2}$$
$$\therefore \overline{AD} = \frac{\sqrt{34}}{2}$$

1436 답 ⑤

그림과 같이 직선 $x = 1$과 두 직선 $y = 3x$,
$y = x$의 교점을 각각 A, B라 하면
A$(1, 3)$, B$(1, 1)$
$$\therefore \overline{OA} = \sqrt{1^2 + 3^2} = \sqrt{10}$$
$$\overline{OB} = \sqrt{1^2 + 1^2} = \sqrt{2}$$
$$\overline{AB} = 2$$

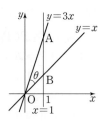

따라서 삼각형 AOB에서 코사인법칙에 의하여
$$\cos\theta=\frac{(\sqrt{10})^2+(\sqrt{2})^2-2^2}{2\times\sqrt{10}\times\sqrt{2}}=\frac{8}{4\sqrt{5}}=\frac{2\sqrt{5}}{5}$$

참고 코사인법칙을 이용할 수 있도록 직선을 긋고 θ를 한 내각으로 하는 삼각형을 만들어 본다.

1437 답 ④

그림과 같이 $\overline{FH}$를 그으면
$\overline{CF}=\overline{CH}=\sqrt{4^2+2^2}=2\sqrt{5}$
$\overline{FH}=\sqrt{2^2+2^2}=2\sqrt{2}$

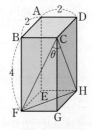

따라서 삼각형 CFH에서 코사인법칙에 의하여
$$\cos\theta=\frac{(2\sqrt{5})^2+(2\sqrt{5})^2-(2\sqrt{2})^2}{2\times2\sqrt{5}\times2\sqrt{5}}$$
$$=\frac{32}{40}=\frac{4}{5}$$

1438 답 4

직각삼각형 ABE에서 $\overline{BE}=3$이므로
$\overline{AE}=\sqrt{6^2+3^2}=3\sqrt{5}$
이때 $\overline{AE}=\overline{AF}$이므로 $\overline{AF}=3\sqrt{5}$
직각삼각형 CEF에서 ──→ $\overline{AB}=\overline{AD}$, $\angle ABE=\angle ADF$, $\overline{BE}=\overline{DF}$이므로
$$\triangle ABE\equiv\triangle ADF\ (\text{SAS 합동})$$
$\overline{EF}=\sqrt{3^2+3^2}=3\sqrt{2}$ $\quad\therefore\overline{AE}=\overline{AF}$
따라서 삼각형 AEF에서 코사인법칙에 의하여
$$\cos\theta=\frac{(3\sqrt{5})^2+(3\sqrt{5})^2-(3\sqrt{2})^2}{2\times3\sqrt{5}\times3\sqrt{5}}=\frac{72}{90}=\frac{4}{5}$$
$$\therefore5\cos\theta=5\times\frac{4}{5}=4$$

1439 답 ②

$\overline{AB}$가 원의 지름이므로 $\angle APB=90°$
직각삼각형 ABP에서
$\overline{BP}=\sqrt{(2\sqrt{3})^2-(2\sqrt{2})^2}=2$ ──→ 원주각의 성질
$\quad\angle POB=2\angle PAB=2\theta$
그림과 같이 $\overline{OP}$를 그으면 $\angle POB=2\theta$ 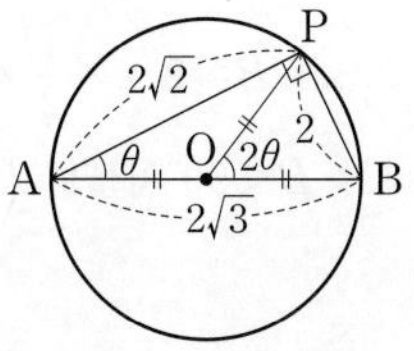
삼각형 POB에서
$\overline{OB}=\overline{OP}=\sqrt{3}$, $\overline{BP}=2$이므로
코사인법칙에 의하여
$$\cos2\theta=\frac{(\sqrt{3})^2+(\sqrt{3})^2-2^2}{2\times\sqrt{3}\times\sqrt{3}}$$
$$=\frac{2}{6}=\frac{1}{3}$$

1440 답 3

$\overline{AD}$가 $\angle A$의 이등분선이므로
$$\overline{BD}:\overline{CD}=\overline{AB}:\overline{AC}=5:\frac{15}{2}=2:3$$
$\overline{BD}=2x$, $\overline{CD}=3x\ (x>0)$라 하고 $\angle BAD=\theta$라 하면
삼각형 ABD에서 코사인법칙에 의하여
$$\cos\theta=\frac{5^2+(2\sqrt{6})^2-(2x)^2}{2\times5\times2\sqrt{6}}=\frac{49-4x^2}{20\sqrt{6}}$$
삼각형 ADC에서 코사인법칙에 의하여

$$\cos\theta=\frac{(2\sqrt{6})^2+\left(\frac{15}{2}\right)^2-(3x)^2}{2\times2\sqrt{6}\times\frac{15}{2}}=\frac{\frac{321}{4}-9x^2}{30\sqrt{6}}=\frac{321-36x^2}{120\sqrt{6}}$$

따라서 $\dfrac{49-4x^2}{20\sqrt{6}}=\dfrac{321-36x^2}{120\sqrt{6}}$이므로

$294-24x^2=321-36x^2$, $12x^2=27$, $x^2=\dfrac{9}{4}$

$$\therefore x=\frac{3}{2}\ (\because x>0)$$

$$\therefore\overline{BD}=2x=3$$

개념 Check

△ABC에서 $\angle A$의 이등분선과 $\overline{BC}$의 교점을 D라 하면
$$\overline{AB}:\overline{AC}=\overline{BD}:\overline{CD}$$

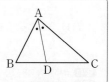

1441 답 ⑤

그림과 같이 $\overline{BC}=2k\ (k>0)$라 하면
$\overline{CD}=\overline{DE}=2k$, $\overline{AB}=3k$ 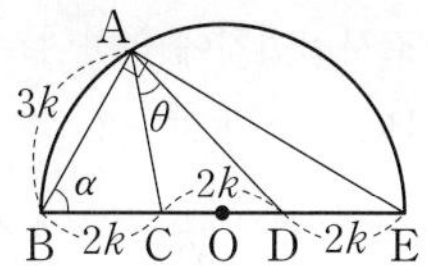
$\angle BAE=90°$이므로 직각삼각형 ABE에서 $\angle ABE=\alpha$라 하면

$\overline{BE}=3\times2k=6k$이므로 $\overline{AB}=\frac{1}{2}\times6k=3k$

$$\cos\alpha=\frac{\overline{AB}}{\overline{BE}}=\frac{3k}{6k}=\frac{1}{2}$$
삼각형 ABD에서 코사인법칙에 의하여
$$\overline{AD}^2=(3k)^2+(4k)^2-2\times3k\times4k\times\cos\alpha$$
$$=9k^2+16k^2-2\times3k\times4k\times\frac{1}{2}=13k^2$$
$$\therefore\overline{AD}=\sqrt{13}k\ (\because k>0)$$
삼각형 ABC에서 코사인법칙에 의하여
$$\overline{AC}^2=(3k)^2+(2k)^2-2\times3k\times2k\times\cos\alpha$$
$$=9k^2+4k^2-2\times3k\times2k\times\frac{1}{2}=7k^2$$
$$\therefore\overline{AC}=\sqrt{7}k\ (\because k>0)$$
삼각형 ACD에서 코사인법칙에 의하여
$$\cos\theta=\frac{7k^2+13k^2-(2k)^2}{2\times\sqrt{7}k\times\sqrt{13}k}=\frac{16k^2}{2\sqrt{91}k^2}=\frac{8}{\sqrt{91}}$$
$$\therefore\sqrt{91}\cos\theta=\sqrt{91}\times\frac{8}{\sqrt{91}}=8$$

1442 답 ②

삼각형 ABC에서 코사인법칙에 의하여
$$\cos\theta=\frac{4^2+5^2-(\sqrt{11})^2}{2\times4\times5}=\frac{30}{40}=\frac{3}{4}$$

1443 답 25

$\overline{BC}=6$이고 점 E는 $\overline{BC}$를 $1:5$로 내분하므로
$\overline{BE}=1$, $\overline{EC}=5$
직각삼각형 ABE에서 $\overline{AE}=\sqrt{3^2+1^2}=\sqrt{10}$
직각삼각형 ACD에서 $\overline{AC}=\sqrt{6^2+3^2}=3\sqrt{5}$
삼각형 AEC에서 코사인법칙에 의하여
$$\cos\theta=\frac{(\sqrt{10})^2+(3\sqrt{5})^2-5^2}{2\times\sqrt{10}\times3\sqrt{5}}=\frac{30}{30\sqrt{2}}=\frac{\sqrt{2}}{2}$$

$\sin\theta=\sqrt{1-\cos^2\theta}=\sqrt{1-\left(\dfrac{\sqrt{2}}{2}\right)^2}=\dfrac{\sqrt{2}}{2}$ 이므로

$50\sin\theta\cos\theta=50\times\dfrac{\sqrt{2}}{2}\times\dfrac{\sqrt{2}}{2}=25$

1444 답 ③

| 유형 8

삼각형 ABC에서 $\overline{AB}=4$, $\overline{AC}=3$, $A=120°$

일 때, 삼각형 ABC의 외접원의 반지름의 길이 는?

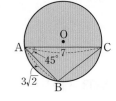

① $\dfrac{\sqrt{37}}{3}$ 　　② $\dfrac{\sqrt{39}}{3}$

③ $\dfrac{\sqrt{111}}{3}$ 　　④ $\dfrac{11}{3}$

⑤ $\sqrt{37}$

단서1 코사인법칙 이용
단서2 사인법칙 이용

STEP 1 $\overline{BC}$의 길이 구하기

코사인법칙에 의하여

$\overline{BC}^2=4^2+3^2-2\times4\times3\times\cos120°$

$\qquad=16+9-2\times4\times3\times\left(-\dfrac{1}{2}\right)=37$

$\therefore \overline{BC}=\sqrt{37}$

STEP 2 외접원의 반지름의 길이 구하기

삼각형 ABC의 외접원의 반지름의 길이를 R이라 하면 사인법칙에 의하여

$\dfrac{\sqrt{37}}{\sin120°}=2R$

$\therefore R=\dfrac{1}{2}\times\sqrt{37}\times\dfrac{2}{\sqrt{3}}=\dfrac{\sqrt{111}}{3}$

1445 답 ①

삼각형 ABC의 외접원의 반지름의 길이를 R이라 하면 사인법칙에 의하여

$\sin A=\dfrac{a}{2R}$, $\sin B=\dfrac{b}{2R}$, $\sin C=\dfrac{c}{2R}$

$2\sqrt{3}\sin A=2\sin B=\sqrt{3}\sin C$이므로

$\dfrac{2\sqrt{3}a}{2R}=\dfrac{2b}{2R}=\dfrac{\sqrt{3}c}{2R}$

$\therefore 2\sqrt{3}a=2b=\sqrt{3}c$

각 변을 $2\sqrt{3}$으로 나누어 $a=\dfrac{b}{\sqrt{3}}=\dfrac{c}{2}=k\,(k>0)$라 하면

$a=k$, $b=\sqrt{3}k$, $c=2k$

코사인법칙에 의하여

$\cos A=\dfrac{(\sqrt{3}k)^2+(2k)^2-k^2}{2\times\sqrt{3}k\times2k}=\dfrac{6k^2}{4\sqrt{3}k^2}=\dfrac{\sqrt{3}}{2}$

$0°<A<180°$이므로 $A=30°$

1446 답 $-\dfrac{1}{4}$

삼각형 ABC의 외접원의 반지름의 길이를 R이라 하면 사인법칙에 의하여

$\sin A=\dfrac{a}{2R}$, $\sin B=\dfrac{b}{2R}$, $\sin C=\dfrac{c}{2R}$이므로

$(\sin A+\sin B):(\sin B+\sin C):(\sin C+\sin A)$

$=\left(\dfrac{a}{2R}+\dfrac{b}{2R}\right):\left(\dfrac{b}{2R}+\dfrac{c}{2R}\right):\left(\dfrac{c}{2R}+\dfrac{a}{2R}\right)=7:5:6$

$\therefore (a+b):(b+c):(c+a)=7:5:6$

$a+b=7k$, $b+c=5k$, $c+a=6k\,(k>0)$라 하고 세 식을 더하면

$2a+2b+2c=18k$ 　　$\therefore a+b+c=9k$

$\therefore a=4k$, $b=3k$, $c=2k$

따라서 코사인법칙에 의하여

$\cos A=\dfrac{(3k)^2+(2k)^2-(4k)^2}{2\times3k\times2k}=\dfrac{-3k^2}{12k^2}=-\dfrac{1}{4}$

1447 답 ②

그림과 같이 $\overline{BC}$를 그으면 삼각형 ABC 에서 코사인법칙에 의하여

$\overline{BC}^2$

$=7^2+(3\sqrt{2})^2-2\times7\times3\sqrt{2}\times\cos45°$

$=49+18-2\times7\times3\sqrt{2}\times\dfrac{\sqrt{2}}{2}=25$

$\therefore \overline{BC}=5$

원 O의 반지름의 길이를 R이라 하면 사인법칙에 의하여

$\dfrac{5}{\sin45°}=2R$ 　　$\therefore R=\dfrac{1}{2}\times5\times\dfrac{2}{\sqrt{2}}=\dfrac{5\sqrt{2}}{2}$

따라서 구하는 원 O의 넓이는 $\pi\left(\dfrac{5\sqrt{2}}{2}\right)^2=\dfrac{25}{2}\pi$

1448 답 45°

코사인법칙에 의하여

$c^2=(\sqrt{2}+\sqrt{6})^2+(2\sqrt{2})^2-2\times(\sqrt{2}+\sqrt{6})\times2\sqrt{2}\times\cos30°$

$\quad=(8+4\sqrt{3})+8-2\times(\sqrt{2}+\sqrt{6})\times2\sqrt{2}\times\dfrac{\sqrt{3}}{2}=4$

$\therefore c=2\,(\because c>0)$

사인법칙에 의하여 $\dfrac{2\sqrt{2}}{\sin B}=\dfrac{2}{\sin30°}$

$\therefore \sin B=2\sqrt{2}\times\dfrac{1}{2}\times\dfrac{1}{2}=\dfrac{\sqrt{2}}{2}$

$0°<B<90°$이므로 $B=45°$

1449 답 ③

길이가 8인 변의 대각의 크기를 θ라 하면 코사인법칙에 의하여

$\cos\theta=\dfrac{6^2+7^2-8^2}{2\times6\times7}=\dfrac{1}{4}$

$\sin^2\theta=1-\cos^2\theta=1-\left(\dfrac{1}{4}\right)^2=\dfrac{15}{16}$

$\therefore \sin\theta=\dfrac{\sqrt{15}}{4}\,(\because 0°<\theta<180°)$

삼각형의 외접원의 반지름의 길이를 R이라 하면 사인법칙에 의하여

$\dfrac{8}{\sin\theta}=2R$ 　　$\therefore R=\dfrac{1}{2}\times8\times\dfrac{4}{\sqrt{15}}=\dfrac{16\sqrt{15}}{15}$

따라서 구하는 외접원의 넓이는

$\pi\left(\dfrac{16\sqrt{15}}{15}\right)^2=\dfrac{256}{15}\pi$

1450 답 ②

$\dfrac{2}{\sin A}=\dfrac{3}{\sin B}=\dfrac{4}{\sin C}$ 에서

$\sin A:\sin B:\sin C=2:3:4$

사인법칙에 의하여

$a:b:c=\sin A:\sin B:\sin C=2:3:4$

$a=2k,\ b=3k,\ c=4k\ (k>0)$라 하면 코사인법칙에 의하여

$\cos C=\dfrac{(2k)^2+(3k)^2-(4k)^2}{2\times 2k\times 3k}=-\dfrac{1}{4}$

1451 답 ②

삼각형 ABC의 외접원의 반지름의 길이가 7이므로 사인법칙에 의하여

$\dfrac{\overline{BC}}{\sin\dfrac{\pi}{3}}=2\times 7$

$\therefore\ \overline{BC}=14\times\dfrac{\sqrt{3}}{2}=7\sqrt{3}$ ·· ㉠

한편, $\overline{AB}:\overline{AC}=3:1$이므로 $\overline{AB}=3k,\ \overline{AC}=k\ (k>0)$라 하면
삼각형 ABC에서 코사인법칙에 의하여

$\overline{BC}^2=(3k)^2+k^2-2\times 3k\times k\times\cos\dfrac{\pi}{3}$

$\qquad=9k^2+k^2-2\times 3k\times k\times\dfrac{1}{2}=7k^2$

$\therefore\ \overline{BC}=\sqrt{7}k\ (\because\ k>0)$ ························· ㉡

㉠, ㉡에서 $7\sqrt{3}=\sqrt{7}k$이므로 $k=\sqrt{21}$

$\therefore\ \overline{AC}=k=\sqrt{21}$

1452 답 ②

삼각형 ABC의 외접원의 반지름의 길이가 $2\sqrt{7}$이므로 사인법칙에 의하여

$\dfrac{\overline{BC}}{\sin\dfrac{\pi}{3}}=4\sqrt{7}$

$\therefore\ \overline{BC}=4\sqrt{7}\times\dfrac{\sqrt{3}}{2}=2\sqrt{21}$

또, 삼각형 BDC의 외접원의 반지름의 길이도 $2\sqrt{7}$이므로 사인법칙에 의하여

$\dfrac{\overline{BD}}{\sin(\angle BCD)}=4\sqrt{7}$

$\therefore\ \overline{BD}=4\sqrt{7}\times\dfrac{2\sqrt{7}}{7}=8$

한편, 사각형 ABCD가 원에 내접하므로

$\angle BDC=\pi-\angle BAC=\dfrac{2}{3}\pi$

$\overline{CD}=x$라 하면 삼각형 BDC에서 코사인법칙에 의하여

$(2\sqrt{21})^2=8^2+x^2-2\times 8\times x\times\cos\dfrac{2}{3}\pi$

$84=64+x^2-2\times 8\times x\times\left(-\dfrac{1}{2}\right)$

$x^2+8x-20=0,\ (x+10)(x-2)=0$

$\therefore\ x=2\ (\because\ x>0)$

따라서 $\overline{CD}=2$이므로 $\overline{BD}+\overline{CD}=8+2=10$

1453 답 ⑤

원 O의 반지름의 길이는 6이고, 원 O는 삼각형 APB의 외접원이므로

$\angle BPA=\theta\left(\theta>\dfrac{\pi}{2}\right)$라 하면

삼각형 APB에서 사인법칙에 의하여

$\dfrac{8\sqrt{2}}{\sin\theta}=2\times 6$

$\therefore\ \sin\theta=8\sqrt{2}\times\dfrac{1}{12}=\dfrac{2\sqrt{2}}{3}$

$\cos\theta=-\sqrt{1-\sin^2\theta}=\sqrt{1-\left(\dfrac{2\sqrt{2}}{3}\right)^2}=-\sqrt{\dfrac{1}{9}}=-\dfrac{1}{3}\left(\because\ \theta>\dfrac{\pi}{2}\right)$

$\overline{AP}:\overline{BP}=3:1$이므로 $\overline{AP}=3k,\ \overline{BP}=k\ (k>0)$라 하면
삼각형 APB에서 코사인법칙에 의하여

$(8\sqrt{2})^2=(3k)^2+k^2-2\times 3k\times k\times\left(-\dfrac{1}{3}\right)$

$128=12k^2,\ k^2=\dfrac{32}{3}\qquad\therefore\ k=\dfrac{4\sqrt{6}}{3}\ (\because\ k>0)$

$\therefore\ \overline{BP}=\dfrac{4\sqrt{6}}{3}$

1454 답 ④

선분 AP가 $\angle BAC$의 이등분선이므로

$\overline{BP}:\overline{PC}=\overline{AB}:\overline{AC}=3:1$

$\overline{BP}=3k,\ \overline{PC}=k\ (k>0)$라 하면 $\overline{BC}=3k+k=4k$

삼각형 ABC에서 코사인법칙에 의하여

$(4k)^2=3^2+1^2-2\times 3\times 1\times\cos\dfrac{\pi}{3}$

$16k^2=9+1-2\times 3\times 1\times\dfrac{1}{2}$

$k^2=\dfrac{7}{16}\qquad\therefore\ k=\dfrac{\sqrt{7}}{4}\ (\because\ k>0)$

삼각형 APC의 외접원의 반지름의 길이를 R이라 하면 사인법칙에 의하여

$\dfrac{k}{\sin\dfrac{\pi}{6}}=2R\qquad\therefore\ R=\dfrac{1}{2}\times\dfrac{\sqrt{7}}{4}\times 2=\dfrac{\sqrt{7}}{4}$

따라서 삼각형 APC의 외접원의 넓이는

$\pi\left(\dfrac{\sqrt{7}}{4}\right)^2=\dfrac{7}{16}\pi$

1455 답 ①

$\angle BAC=\angle CAD=\theta$라 하면
삼각형 ABC에서 코사인법칙에 의하여

$\overline{BC}^2=5^2+(3\sqrt{5})^2-2\times 5\times 3\sqrt{5}\times\cos\theta$

$\qquad=25+45-2\times 5\times 3\sqrt{5}\times\cos\theta$

$\qquad=70-30\sqrt{5}\cos\theta$ ······································ ㉠

또, 삼각형 ACD에서 코사인법칙에 의하여

$\overline{CD}^2=(3\sqrt{5})^2+7^2-2\times 3\sqrt{5}\times 7\times\cos\theta$

$\qquad=45+49-2\times 3\sqrt{5}\times 7\times\cos\theta$

$\qquad=94-42\sqrt{5}\cos\theta$ ······································ ㉡

이때 $\angle \text{BDC} = \angle \text{BAC} = \angle \text{CAD} = \angle \text{CBD}$에서
$\overline{\text{BC}} = \overline{\text{CD}}$, 즉 $\overline{\text{BC}}^2 = \overline{\text{CD}}^2$이므로 ㉠, ㉡에서 → 원주각의 성질
$$70 - 30\sqrt{5}\cos\theta = 94 - 42\sqrt{5}\cos\theta$$
$$12\sqrt{5}\cos\theta = 24 \qquad \therefore \cos\theta = \frac{2\sqrt{5}}{5}$$
이것을 ㉠에 대입하면
$$\overline{\text{BC}}^2 = 70 - 30\sqrt{5} \times \frac{2\sqrt{5}}{5} = 10$$
$$\therefore \overline{\text{BC}} = \sqrt{10}$$
한편, $0° < \theta < 180°$이므로
$$\sin\theta = \sqrt{1 - \cos^2\theta} = \sqrt{1 - \left(\frac{2\sqrt{5}}{5}\right)^2} = \frac{\sqrt{5}}{5}$$
따라서 구하는 원의 반지름의 길이를 R이라 하면 삼각형 ABC에서 사인법칙에 의하여
$$\frac{\overline{\text{BC}}}{\sin\theta} = 2R, \frac{\sqrt{10}}{\frac{\sqrt{5}}{5}} = 2R$$
$$\therefore R = \frac{1}{2} \times \sqrt{10} \times \frac{5}{\sqrt{5}} = \frac{5\sqrt{2}}{2}$$

1456 답 ③
| 유형9

> 세 변의 길이가 $\sqrt{10}$, 4, $3\sqrt{2}$인 삼각형의 세 내각 중에서 크기가 가장 [단서1] 작은 내각의 크기는?
>
> ① 20° ② 30° ③ 45°
> ④ 50° ⑤ 60°
>
> [단서1] 변의 길이로 최소각 결정

STEP 1 가장 짧은 변의 대각을 θ라 하고, $\cos\theta$의 값 구하기

가장 짧은 변의 대각의 크기가 가장 작으므로 길이가 $\sqrt{10}$인 변의 대각의 크기를 θ라 하면 코사인법칙에 의하여
$$\cos\theta = \frac{4^2 + (3\sqrt{2})^2 - (\sqrt{10})^2}{2 \times 4 \times 3\sqrt{2}} = \frac{24}{24\sqrt{2}} = \frac{\sqrt{2}}{2}$$

STEP 2 θ의 크기 구하기

$0° < \theta < 180°$이므로 $\theta = 45°$

1457 답 150°

가장 긴 변의 대각의 크기가 가장 크므로 길이가 $\sqrt{19}$인 변의 대각의 크기를 θ라 하면
$$\cos\theta = \frac{1^2 + (2\sqrt{3})^2 - (\sqrt{19})^2}{2 \times 1 \times 2\sqrt{3}} = \frac{-6}{4\sqrt{3}} = -\frac{\sqrt{3}}{2}$$
$0° < \theta < 180°$이므로 $\theta = 150°$

1458 답 ②

가장 짧은 변의 길이가 $2\sqrt{2}$이므로 B가 최소각의 크기이다. 코사인법칙에 의하여
$$\cos B = \frac{(2\sqrt{3}+2)^2 + 4^2 - (2\sqrt{2})^2}{2 \times (2\sqrt{3}+2) \times 4} = \frac{8(\sqrt{3}+3)}{16(\sqrt{3}+1)} = \frac{\sqrt{3}}{2}$$
$0° < B < 180°$이므로 $B = 30°$
$$\therefore \sin\theta = \sin 30° = \frac{1}{2}$$

1459 답 120°

$\sqrt{a^2 + ab + b^2} > \sqrt{b^2} = b > a$이므로
가장 긴 변의 길이는 $\sqrt{a^2 + ab + b^2}$이다.
최대각의 크기를 θ라 하면
$$\cos\theta = \frac{a^2 + b^2 - (\sqrt{a^2+ab+b^2})^2}{2ab} = -\frac{1}{2}$$
$0° < \theta < 180°$이므로 $\theta = 120°$

1460 답 ②

$\dfrac{\sin A}{3} = \dfrac{\sin B}{4} = \dfrac{\sin C}{5}$에서 $\sin A : \sin B : \sin C = 3 : 4 : 5$
사인법칙에 의하여
$a : b : c = \sin A : \sin B : \sin C = 3 : 4 : 5$
$a = 3k$, $b = 4k$, $c = 5k$ $(k > 0)$라 하면 최대각은 $\angle C$이다.
코사인법칙에 의하여
$$\cos C = \frac{(3k)^2 + (4k)^2 - (5k)^2}{2 \times 3k \times 4k} = 0$$
$0° < C < 180°$이므로 $C = 90°$
따라서 삼각형 ABC의 최대각의 크기는 90°이다.

참고 세 변의 길이의 비가 $3 : 4 : 5$인 삼각형은 직각삼각형이므로 최대각의 크기는 90°이다.

1461 답 ④

$\dfrac{3a-2b}{1} = \dfrac{3b-2c}{2} = \dfrac{3c-4a}{3} = k$라 하면
$3a - 2b = k$, $3b - 2c = 2k$, $3c - 4a = 3k$
세 식을 변끼리 모두 더하면
$-a + b + c = 6k$ ⬩⬩⬩⬩⬩⬩ ㉠
$3a - 2b = k$에서 $b = \dfrac{3a-k}{2}$ ⬩⬩⬩⬩ ㉡
$3c - 4a = 3k$에서 $c = \dfrac{4a+3k}{3}$ ⬩⬩⬩ ㉢
㉡, ㉢을 ㉠에 대입하면
$$-a + \frac{3a-k}{2} + \frac{4a+3k}{3} = 6k, \quad -6a + 9a - 3k + 8a + 6k = 36k$$
$11a = 33k \qquad \therefore a = 3k$
㉡, ㉢에서 $b = 4k$, $c = 5k$
이때 가장 짧은 변의 길이가 a이므로 A가 최소각의 크기이다.
$$\therefore \cos\theta = \cos A = \frac{(4k)^2 + (5k)^2 - (3k)^2}{2 \times 4k \times 5k} = \frac{32k^2}{40k^2} = \frac{4}{5}$$

참고 삼각형의 결정 조건에 의하여 $a < b + c$이므로
㉠에서 $-a + b + c = 6k > 0$
$\therefore k > 0$

1462 답 ③
| 유형10

> 삼각형 ABC에서 $\sin A = 2\cos B \sin C$가 성립할 때, 삼각형 ABC는 어떤 삼각형인가? [단서1]
>
> ① 정삼각형 ② $a = c$인 이등변삼각형
> ③ $b = c$인 이등변삼각형 ④ 빗변의 길이가 a인 직각삼각형
> ⑤ 빗변의 길이가 c인 직각삼각형
>
> [단서1] 변의 길이에 대한 식으로 변형

STEP 1 $\sin A$, $\sin C$, $\cos B$를 외접원의 반지름의 길이 R과 a, b, c에 대한 식으로 나타내기

삼각형 ABC의 외접원의 반지름의 길이를 R이라 하면

$$\sin A = \frac{a}{2R}, \ \sin C = \frac{c}{2R}, \ \cos B = \frac{c^2+a^2-b^2}{2ca}$$

STEP 2 a, b, c 사이의 관계식 구하기

$\sin A = 2\cos B \sin C$에 대입하면

$$\frac{a}{2R} = 2 \times \frac{c^2+a^2-b^2}{2ca} \times \frac{c}{2R}$$

$a^2 = c^2 + a^2 - b^2$, $b^2 = c^2$

$b > 0$, $c > 0$이므로 $b = c$

STEP 3 삼각형 ABC가 어떤 삼각형인지 찾기

삼각형 ABC는 $b=c$인 이등변삼각형이다.

1463 답 ⑤

$$\cos B = \frac{c^2+a^2-b^2}{2ca}, \ \cos C = \frac{a^2+b^2-c^2}{2ab}$$

이것을 $c\cos B - b\cos C = a$에 대입하면

$$c \times \frac{c^2+a^2-b^2}{2ca} - b \times \frac{a^2+b^2-c^2}{2ab} = a$$

$(c^2+a^2-b^2)-(a^2+b^2-c^2)=2a^2$

$2c^2 - 2b^2 = 2a^2 \qquad \therefore c^2 = a^2 + b^2$

따라서 삼각형 ABC는 빗변의 길이가 c인 직각삼각형이다.

참고 (1) $a\cos A = b\cos B$를 만족시키는 삼각형 ABC
→ $a=b$인 이등변삼각형 또는 $C=90°$인 직각삼각형

(2) $a\cos B = b\cos A$를 만족시키는 삼각형 ABC
→ $a=b$인 이등변삼각형

(3) $a\cos B - b\cos A = c$를 만족시키는 삼각형 ABC
→ $A=90°$인 직각삼각형

1464 답 ①

삼각형 ABC의 외접원의 반지름의 길이를 R이라 하면

$$\sin A = \frac{a}{2R}, \ \sin B = \frac{b}{2R}, \ \cos C = \frac{a^2+b^2-c^2}{2ab}$$

이것을 $\cos C = \dfrac{\sin B}{2\sin A}$에 대입하면

$$\frac{a^2+b^2-c^2}{2ab} = \frac{\dfrac{b}{2R}}{2 \times \dfrac{a}{2R}}$$

$a^2 + b^2 - c^2 = b^2$, $a^2 = c^2$

$a > 0$, $c > 0$이므로 $a = c$

따라서 삼각형 ABC는 $a=c$인 이등변삼각형이다.

1465 답 $a=b$인 이등변삼각형

삼각형 ABC의 외접원의 반지름의 길이를 R이라 하면

$$\sin A = \frac{a}{2R}, \ \sin B = \frac{b}{2R}, \ \sin C = \frac{c}{2R}, \ \cos B = \frac{c^2+a^2-b^2}{2ca}$$

이것을 $2\sin A\cos B = \sin A - \sin B + \sin C$에 대입하면

$$2 \times \frac{a}{2R} \times \frac{c^2+a^2-b^2}{2ca} = \frac{a}{2R} - \frac{b}{2R} + \frac{c}{2R}$$

$a^2 - b^2 = ac - bc$, $a^2 - b^2 - c(a-b) = 0$

$(a+b)(a-b) - c(a-b) = 0$

$(a-b)(a+b-c) = 0$

삼각형의 결정 조건에 의하여 $a+b-c>0$이므로
━━━→ 삼각형의 한 변의 길이는 나머지 두 변의 길이의 합보다 작다.

$a - b = 0 \qquad \therefore a = b$

따라서 삼각형 ABC는 $a=b$인 이등변삼각형이다.

1466 답 $1:2:3$

삼각형 ABC의 외접원의 반지름의 길이를 R이라 하면

$$\sin A = \frac{a}{2R}, \ \sin C = \frac{c}{2R}, \ \cos B = \frac{c^2+a^2-b^2}{2ca}$$

이것을 ㈎의 $\sin A = \sin C \cos B$에 대입하면

$$\frac{a}{2R} = \frac{c}{2R} \times \frac{c^2+a^2-b^2}{2ca}$$

$2a^2 = c^2 + a^2 - b^2$

$\therefore c^2 = a^2 + b^2$

따라서 삼각형 ABC는 $C=90°$인 직각삼각형이다.

이때 코사인법칙에 의하여 $a^2 = b^2 + c^2 - 2bc\cos A$이므로

이것을 ㈏의 $a^2 = b^2 + c^2 - \sqrt{3}bc$에 대입하면

$-2bc\cos A = -\sqrt{3}bc$, $2\cos A = \sqrt{3}$

$$\therefore \cos A = \frac{\sqrt{3}}{2}$$

$0° < A < 180°$이므로 $A = 30°$

따라서 $B = 180° - (30° + 90°) = 60°$이므로

$A : B : C = 30° : 60° : 90° = 1 : 2 : 3$

1467 답 ⑤

$\tan A \sin^2 C = \tan C \sin^2 A$에서

$$\frac{\sin A}{\cos A} \times \sin^2 C = \frac{\sin C}{\cos C} \times \sin^2 A$$

$$\frac{\sin C}{\cos A} = \frac{\sin A}{\cos C} \ (\because \sin A \neq 0, \ \sin C \neq 0)$$

$\therefore \sin A \cos A = \sin C \cos C$

삼각형 ABC의 외접원의 반지름의 길이를 R이라 하면

$$\sin A = \frac{a}{2R}, \ \sin C = \frac{c}{2R}, \ \cos A = \frac{b^2+c^2-a^2}{2bc},$$

$$\cos C = \frac{a^2+b^2-c^2}{2ab}$$

이것을 $\sin A \cos A = \sin C \cos C$에 대입하면

$$\frac{a}{2R} \times \frac{b^2+c^2-a^2}{2bc} = \frac{c}{2R} \times \frac{a^2+b^2-c^2}{2ab}$$

$a^2(b^2+c^2-a^2) = c^2(a^2+b^2-c^2)$

$a^2b^2 + a^2c^2 - a^4 = a^2c^2 + b^2c^2 - c^4$

$(a^2-c^2)b^2 - (a^2+c^2)(a^2-c^2) = 0$

$(a^2-c^2)(b^2-a^2-c^2) = 0$

$(a+c)(a-c)(b^2-a^2-c^2) = 0$

$\therefore a=c$ 또는 $b^2 = a^2 + c^2 \ (\because a>0, \ c>0)$

따라서 삼각형 ABC는 $a=c$인 이등변삼각형 또는 $B=90°$인 직각삼각형이다.

실수 Check

$a=c$인 이등변삼각형과 $B=90°$인 직각삼각형 중 1가지만 답으로 하지 않도록 주의한다.

07 삼각함수의 활용 235

1468 답 $6\sqrt{7}$ km

유형 11

바다 위의 A 지점을 출발한 배가 동쪽으로 6 km를 항해한 후 그림과 같이 $\frac{\pi}{3}$만큼 방향을 바꾸어 북동쪽으로 12 km를 가서 **단서1** B 지점에 도착하였다. 두 지점 A, B 사이의 거리를 구하시오.

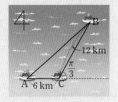

단서1 두 변의 길이와 그 끼인각의 크기가 주어진 경우에는 코사인법칙 이용

STEP1 ∠ACB의 크기 구하기

$\angle ACB = \pi - \frac{\pi}{3} = \frac{2}{3}\pi$

STEP2 $\overline{AB}$의 길이 구하기

삼각형 ACB에서 코사인법칙에 의하여

$\overline{AB}^2 = 6^2 + 12^2 - 2 \times 6 \times 12 \times \cos\frac{2}{3}\pi$

$\quad\quad\quad = 36 + 144 - 2 \times 6 \times 12 \times \left(-\frac{1}{2}\right) = 252$

$\cos\left(\pi - \frac{\pi}{3}\right) = -\cos\frac{\pi}{3} = -\frac{1}{2}$

$\therefore \overline{AB} = 6\sqrt{7}$ (km)

따라서 두 지점 A, B 사이의 거리는 $6\sqrt{7}$ km이다.

1469 답 70 m

삼각형 ACB에서 코사인법칙에 의하여

$\overline{AB}^2 = 50^2 + 80^2 - 2 \times 50 \times 80 \times \cos 60°$

$\quad\quad\quad = 2500 + 6400 - 2 \times 50 \times 80 \times \frac{1}{2} = 4900$

$\therefore \overline{AB} = 70$ (m)

따라서 두 나무 A, B 사이의 거리는 70 m이다.

1470 답 ⑤

삼각형 ABD에서 $\overline{BD} = \sqrt{2^2 + 2^2} = 2\sqrt{2}$

삼각형 BIF에서 $\overline{BI} = \sqrt{2^2 + 1^2} = \sqrt{5}$

삼각형 HEI에서 $\overline{HI} = \sqrt{2^2 + 1^2} = \sqrt{5}$이므로

삼각형 DHI에서 $\overline{DI} = \sqrt{(\sqrt{5})^2 + 2^2} = 3$

$\sqrt{\overline{HI}^2 + \overline{DH}^2}$

따라서 삼각형 BDI에서 코사인법칙에 의하여

$\cos(\angle BDI) = \frac{(2\sqrt{2})^2 + 3^2 - (\sqrt{5})^2}{2 \times 2\sqrt{2} \times 3}$

$\quad\quad\quad\quad = \frac{12}{12\sqrt{2}} = \frac{\sqrt{2}}{2}$

1471 답 ⑤

삼각형 ADC에서

$\overline{AC} = \frac{10}{\sin 30°} = \frac{10}{\frac{1}{2}} = 20$ (m)

삼각형 BCE에서

$\overline{BC} = \frac{12\sqrt{2}}{\sin 45°} = \frac{12\sqrt{2}}{\frac{\sqrt{2}}{2}} = 24$ (m)

삼각형 ACB에서 코사인법칙에 의하여

$\overline{AB}^2 = 20^2 + 24^2 - 2 \times 20 \times 24 \times \cos 60°$

$\quad\quad\quad = 400 + 576 - 2 \times 20 \times 24 \times \frac{1}{2} = 496$

$\therefore \overline{AB} = 4\sqrt{31}$ (m)

따라서 두 지점 A, B 사이의 거리는 $4\sqrt{31}$ m이다.

1472 답 ③

삼각형 ABC에서 코사인법칙에 의하여

$\cos A = \frac{3^2 + 5^2 - 7^2}{2 \times 3 \times 5} = \frac{-15}{30} = -\frac{1}{2}$

$\therefore \sin A = \sqrt{1 - \cos^2 A} = \sqrt{1 - \left(-\frac{1}{2}\right)^2}$

$\quad\quad\quad = \sqrt{\frac{3}{4}} = \frac{\sqrt{3}}{2}$ ($\because 0° < A < 180°$)

삼각형 ABC의 외접원의 반지름의 길이를 R이라 하면 사인법칙에 의하여

$\frac{7}{\sin A} = 2R$ $\quad \therefore R = \frac{1}{2} \times 7 \times \frac{2}{\sqrt{3}} = \frac{7\sqrt{3}}{3}$

따라서 연못의 넓이는 $\pi \left(\frac{7\sqrt{3}}{3}\right)^2 = \frac{49}{3}\pi$ (m²)

1473 답 $2\sqrt{3}$ m

$\overline{PC} = x$ m라 하면

삼각형 PCB에서 $\overline{PB} = \sqrt{x^2 + 1}$ (m)

삼각형 PCA에서 $\overline{PA} = \sqrt{x^2 + 9}$ (m)

삼각형 APB에서 코사인법칙에 의하여

$2^2 = (x^2 + 1) + (x^2 + 9) - 2 \times \sqrt{x^2 + 1} \times \sqrt{x^2 + 9} \times \cos 30°$

$4 = 2x^2 + 10 - \sqrt{3(x^2 + 1)(x^2 + 9)}$

$2x^2 + 6 = \sqrt{3x^4 + 30x^2 + 27}$

양변을 제곱하면

$4x^4 + 24x^2 + 36 = 3x^4 + 30x^2 + 27$

$x^4 - 6x^2 + 9 = 0$

$(x^2 - 3)^2 = 0$ $\quad \therefore x^2 = 3$

$\therefore \overline{PA} = \sqrt{x^2 + 9} = \sqrt{12} = 2\sqrt{3}$ (m)

1474 답 ②

$\overline{OP} = 15 \times \frac{2}{5} = 6$

그림과 같은 원뿔의 전개도에서 옆면인 부채꼴의 중심각의 크기를 θ라 하면 $15\theta = 2\pi \times 5$이므로 $\theta = \frac{2}{3}\pi$

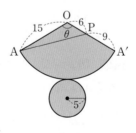

삼각형 OAP에서 코사인법칙에 의하여

$\overline{AP}^2 = 15^2 + 6^2 - 2 \times 15 \times 6 \times \cos\frac{2}{3}\pi$

$\quad\quad\quad = 225 + 36 - 2 \times 15 \times 6 \times \left(-\frac{1}{2}\right) = 351$

$\therefore \overline{AP} = 3\sqrt{39}$

따라서 구하는 최단 거리는 $3\sqrt{39}$이다.

1475 답 ②

그림과 같은 삼각형 ABC에서
$\overline{AB}=2\sqrt{2}$, $\overline{AC}=2\sqrt{5}$, $B=45°$일 때,
삼각형 ABC의 넓이는?

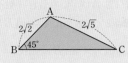

① $2\sqrt{2}$ ② 6   ③ 7

④ 8   ⑤ 10

단서1 두 변의 길이와 한 각의 크기가 주어진 경우 나머지 변의 길이를 구할 때 코사인법칙 이용

STEP1 $\overline{BC}$의 길이 구하기

$\overline{BC}=a$라 하면 코사인법칙에 의하여

$(2\sqrt{5})^2=(2\sqrt{2})^2+a^2-2\times 2\sqrt{2}\times a\times \cos 45°$

$20=8+a^2-2\times 2\sqrt{2}\times a\times \dfrac{\sqrt{2}}{2}$, $a^2-4a-12=0$

$(a+2)(a-6)=0$

$\therefore a=6$ ($\because a>0$)

STEP2 삼각형 ABC의 넓이 구하기

삼각형 ABC의 넓이는

$\dfrac{1}{2}\times 2\sqrt{2}\times 6\times \sin 45°=\dfrac{1}{2}\times 2\sqrt{2}\times 6\times \dfrac{\sqrt{2}}{2}=6$

1476 답 ①

삼각형 ABC의 넓이가 $5\sqrt{3}$이므로

$\dfrac{1}{2}\times 4\times 5\times \sin A=5\sqrt{3}$

$\therefore \sin A=\dfrac{\sqrt{3}}{2}$

$0<A<\dfrac{\pi}{2}$이므로

$\cos A=\sqrt{1-\sin^2 A}=\sqrt{1-\left(\dfrac{\sqrt{3}}{2}\right)^2}=\dfrac{1}{2}$

코사인법칙에 의하여

$a^2=4^2+5^2-2\times 4\times 5\times \cos A$

$\quad =16+25-2\times 4\times 5\times \dfrac{1}{2}=21$

$\therefore a=\sqrt{21}$ ($\because a>0$)

1477 답 ③

사인법칙에 의하여 $\dfrac{4\sqrt{3}}{\sin 30°}=\dfrac{12}{\sin C}$

$\therefore \sin C=12\times \dfrac{1}{2}\times \dfrac{1}{4\sqrt{3}}=\dfrac{\sqrt{3}}{2}$

$0°<C<180°$이므로 $C=60°$ 또는 $C=120°$

그런데 $C=60°$이면 $A=90°$이므로 삼각형 ABC는 직각삼각형이 된다.

따라서 삼각형 ABC가 둔각삼각형이 되려면

$C=120°$ $\therefore A=30°$

$\therefore$ (삼각형 ABC의 넓이)$=\dfrac{1}{2}\times 12\times 4\sqrt{3}\times \sin A$

$\qquad =\dfrac{1}{2}\times 12\times 4\sqrt{3}\times \sin 30°$

$\qquad =\dfrac{1}{2}\times 12\times 4\sqrt{3}\times \dfrac{1}{2}=12\sqrt{3}$

1478 답 ②

직각삼각형 ABC에서

$\overline{AB}=\sqrt{10^2-6^2}=8$

$\angle ACB=\theta$라 하면 $\sin\theta=\dfrac{8}{10}=\dfrac{4}{5}$

$\overline{CF}=\overline{AC}=6$, $\overline{CE}=\overline{BC}=10$,

$\angle ECF=\pi-\theta$이므로 삼각형 CEF의

넓이는

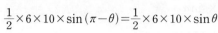

$\dfrac{1}{2}\times 6\times 10\times \sin(\pi-\theta)=\dfrac{1}{2}\times 6\times 10\times \sin\theta$

$\qquad\qquad\qquad\qquad =\dfrac{1}{2}\times 6\times 10\times \dfrac{4}{5}=24$

1479 답 $\dfrac{2}{5}$

$\overline{OA}:\overline{AC}=4:1$이므로 $\overline{OA}=\dfrac{4}{5}\overline{OC}$

$\overline{OB}:\overline{BD}=3:1$이므로 $\overline{OB}=\dfrac{3}{4}\overline{OD}$

$\angle AOB=\theta$라 하면 삼각형 OBA의 넓이는

$\dfrac{1}{2}\times \overline{OA}\times \overline{OB}\times \sin\theta=\dfrac{1}{2}\times \dfrac{4}{5}\overline{OC}\times \dfrac{3}{4}\overline{OD}\times \sin\theta$

$\qquad\qquad\qquad\qquad =\dfrac{3}{5}\times \dfrac{1}{2}\times \overline{OC}\times \overline{OD}\times \sin\theta$

$\qquad\qquad\qquad\qquad\qquad\qquad \longrightarrow$ 삼각형 ODC의 넓이

$\qquad\qquad\qquad\qquad =\dfrac{3}{5}S_2$

따라서 사각형 ABDC의 넓이는

$S_1=S_2-\dfrac{3}{5}S_2=\dfrac{2}{5}S_2$ $\therefore k=\dfrac{2}{5}$

1480 답 $\dfrac{1}{3}$

$\overline{AP}:\overline{PB}=2:1$이므로 $\overline{AP}=\dfrac{2}{3}\overline{AB}$

$\overline{RA}:\overline{CR}=2:1$이므로 $\overline{AR}=\dfrac{1}{3}\overline{AC}$

삼각형 APR의 넓이는

$\dfrac{1}{2}\times \overline{AP}\times \overline{AR}\times \sin A=\dfrac{1}{2}\times \dfrac{2}{3}\overline{AB}\times \dfrac{1}{3}\overline{AC}\times \sin A$

$\qquad\qquad\qquad\qquad =\dfrac{2}{9}\times \dfrac{1}{2}\times \overline{AB}\times \overline{AC}\times \sin A=\dfrac{2}{9}S$

같은 방법으로 $\longrightarrow$ 삼각형 ABC의 넓이

삼각형 BQP, 삼각형 CRQ의 넓이도 각각 $\dfrac{2}{9}S$이므로

$S'=S-\left(\dfrac{2}{9}S+\dfrac{2}{9}S+\dfrac{2}{9}S\right)=\dfrac{1}{3}S$ $\therefore \dfrac{S'}{S}=\dfrac{1}{3}$

참고 삼각형 PQR의 넓이는 삼각형 ABC의 넓이에서 나머지 세 삼각형의 넓이의 합을 빼는 방법을 이용하여 구한다.

1481 답 10

$\sin\theta=\sqrt{1-\cos^2\theta}=\sqrt{1-\left(\dfrac{\sqrt{5}}{3}\right)^2}=\sqrt{\dfrac{4}{9}}=\dfrac{2}{3}$ ($\because 0°<\theta<180°$)

삼각형 ABC의 넓이가 50이므로

$50=\dfrac{1}{2}\times \overline{AB}\times \overline{BC}\times \sin\theta=\dfrac{1}{2}\times 15\times \overline{BC}\times \dfrac{2}{3}=5\overline{BC}$

$\therefore \overline{BC}=10$

1482 답 ③

부채꼴 OAB의 중심각의 크기를 α라 하면

$\pi = 4 \times \alpha$ $\quad \therefore \alpha = \dfrac{\pi}{4}$

부채꼴 OAB의 넓이는

$S = \dfrac{1}{2} \times 4 \times \pi = 2\pi$

삼각형 OAP의 넓이는

$T = \dfrac{1}{2} \times \overline{OA} \times \overline{OP} \times \sin \alpha$

$\quad = \dfrac{1}{2} \times 4 \times \overline{OP} \times \sin \dfrac{\pi}{4}$

$\quad = \dfrac{1}{2} \times 4 \times \overline{OP} \times \dfrac{\sqrt{2}}{2} = \sqrt{2}\,\overline{OP}$

$\dfrac{S}{T} = \pi$에서 $\dfrac{2\pi}{\sqrt{2}\,\overline{OP}} = \pi$

$\therefore \overline{OP} = \sqrt{2}$

1483 답 ③

$\angle COA = \theta$라 하면 삼각형 COA에서 코사인법칙에 의하여

$\cos \theta = \dfrac{2^2 + 2^2 - 1^2}{2 \times 2 \times 2} = \dfrac{7}{8}$

$\angle BOD = \dfrac{\pi}{2} - \theta$이고 삼각형 BOD의 넓이가 $\dfrac{7}{6}$이므로

$\dfrac{7}{6} = \dfrac{1}{2} \times 2 \times \overline{OD} \times \sin\left(\dfrac{\pi}{2} - \theta\right)$

$\quad = \dfrac{1}{2} \times 2 \times \overline{OD} \times \cos \theta$

$\quad = \dfrac{1}{2} \times 2 \times \overline{OD} \times \dfrac{7}{8}$

$\quad = \dfrac{7}{8} \overline{OD}$

$\therefore \overline{OD} = \dfrac{4}{3}$

1484 답 ①
유형 13

> 외접원의 반지름의 길이가 5인 삼각형 ABC의 넓이가 6일 때, abc의 값은? 단서1
>
> ① 120　　　　② 144　　　　③ 168
> ④ 192　　　　⑤ 216
>
> 단서1 $S = \dfrac{abc}{4R}$에 수치를 대입

STEP1 abc의 값 구하기

삼각형 ABC의 외접원의 반지름의 길이가 5이므로

$6 = \dfrac{abc}{4 \times 5}$ $\quad \therefore abc = 120$

다른 풀이

삼각형 ABC에서 외접원의 반지름의 길이가 5이므로
사인법칙에 의하여

$\dfrac{c}{\sin C} = 2 \times 5$ $\quad \therefore \sin C = \dfrac{c}{10}$

삼각형 ABC의 넓이가 6이므로

$\dfrac{1}{2} ab \sin C = 6$, $\dfrac{1}{2} ab \times \dfrac{c}{10} = 6$

$\therefore abc = 120$

1485 답 ②

삼각형 ABC의 외접원의 반지름의 길이가 4이므로

$12 = 2 \times 4^2 \times \sin A \times \sin B \times \sin C$

$\therefore \sin A \times \sin B \times \sin C = \dfrac{3}{8}$

다른 풀이

삼각형 ABC의 넓이가 12이므로

$\dfrac{1}{2} bc \sin A = 12$에서 $bc \sin A = 24$

삼각형 ABC에서 사인법칙에 의하여

$\dfrac{b}{\sin B} = \dfrac{c}{\sin C} = 2 \times 4$이므로

$\sin B = \dfrac{b}{8}$, $\sin C = \dfrac{c}{8}$

$\therefore \sin A \times \sin B \times \sin C = \sin A \times \dfrac{b}{8} \times \dfrac{c}{8}$

$\qquad\qquad = \dfrac{bc \sin A}{64} = \dfrac{24}{64} = \dfrac{3}{8}$

1486 답 ④

삼각형의 외접원의 반지름의 길이를 R이라 하면 삼각형의 넓이가 6이므로

$6 = \dfrac{abc}{4R}$, $6 = \dfrac{72}{4R}$

$\therefore R = 3$

1487 답 ③

외접원의 반지름의 길이가 4이므로 정삼각형 ABC의 넓이는

$2 \times 4^2 \times \sin 60° \times \sin 60° \times \sin 60°$

$= 2 \times 16 \times \dfrac{\sqrt{3}}{2} \times \dfrac{\sqrt{3}}{2} \times \dfrac{\sqrt{3}}{2} = 12\sqrt{3}$

다른 풀이

정삼각형 ABC의 한 변의 길이를 x라 하면
사인법칙에 의하여

$\dfrac{x}{\sin 60°} = 2 \times 4$

$\therefore x = 2 \times 4 \times \dfrac{\sqrt{3}}{2} = 4\sqrt{3}$

따라서 정삼각형 ABC의 넓이는

$\dfrac{\sqrt{3}}{4} \times (4\sqrt{3})^2 = 12\sqrt{3}$
→ (한 변의 길이가 x인 정삼각형의 넓이) $= \dfrac{\sqrt{3}}{4} x^2$

1488 답 $25(3+\sqrt{3})$
→ $C : A : B = 3 : 4 : 5$

$\overset{\frown}{AB} : \overset{\frown}{BC} : \overset{\frown}{CA} = 3 : 4 : 5$이므로 삼각형 ABC에서

$A = 180° \times \dfrac{4}{12} = 60°$, $B = 180° \times \dfrac{5}{12} = 75°$,

$C = 180° \times \dfrac{3}{12} = 45°$

외접원의 반지름의 길이가 10이므로 삼각형 ABC의 넓이는

$2 \times 10^2 \times \sin 60° \times \sin 75° \times \sin 45°$

$= 2 \times 100 \times \dfrac{\sqrt{3}}{2} \times \dfrac{\sqrt{6}+\sqrt{2}}{4} \times \dfrac{\sqrt{2}}{2}$

$= 25(3 + \sqrt{3})$

그림에서

$\angle x = 360° \times \dfrac{3}{12} = 90°$

$\angle y = 360° \times \dfrac{4}{12} = 120°$

$\angle z = 360° \times \dfrac{5}{12} = 150°$

따라서 삼각형 ABC의 넓이는

$\dfrac{1}{2} \times 10 \times 10 \times \sin 90° + \dfrac{1}{2} \times 10 \times 10 \times \sin 120°$

$\qquad\qquad\qquad\qquad + \dfrac{1}{2} \times 10 \times 10 \times \sin 150°$

$= \dfrac{1}{2} \times 10 \times 10 \times \left(1 + \dfrac{\sqrt{3}}{2} + \dfrac{1}{2} \right) = 25(3 + \sqrt{3})$

1489 답 ②

$\overline{AB} : \overline{BC} : \overline{CA} = 1 : \sqrt{2} : 2$이므로

$\overline{AB} = k, \overline{BC} = \sqrt{2}k, \overline{CA} = 2k\ (k > 0)$라 하면

코사인법칙에 의하여

$\cos B = \dfrac{k^2 + (\sqrt{2}k)^2 - (2k)^2}{2 \times k \times \sqrt{2}k} = -\dfrac{k^2}{2\sqrt{2}k^2} = -\dfrac{\sqrt{2}}{4}$

$0° < B < 180°$이므로

$\sin B = \sqrt{1 - \cos^2 B} = \sqrt{1 - \left(-\dfrac{\sqrt{2}}{4} \right)^2} = \dfrac{\sqrt{14}}{4}$

사인법칙에 의하여 $\dfrac{2k}{\sin B} = 2 \times \sqrt{14}$

$\therefore k = \dfrac{1}{2} \times 2\sqrt{14} \times \dfrac{\sqrt{14}}{4} = \dfrac{7}{2}$

따라서 삼각형 ABC의 넓이는

$\dfrac{1}{2} \times k \times \sqrt{2}k \times \sin B = \dfrac{1}{2} \times \dfrac{7}{2} \times \dfrac{7\sqrt{2}}{2} \times \dfrac{\sqrt{14}}{4} = \dfrac{49\sqrt{7}}{16}$

실수 Check

세 변의 길이를 이용하여 코사인법칙을 적용할 때와 삼각형의 넓이를 구할 때는 계산이 쉬운 각을 선택하면 계산 실수를 줄일 수 있다.

1490 답 ③

| 유형 14

삼각형 ABC에서 $A = 60°$, $b = 8$, $c = 3$일 때, 삼각형 ABC의 내접원의 반지름의 길이는? 단서1

① $\dfrac{\sqrt{2}}{3}$　　② $\dfrac{\sqrt{2}}{2}$　　③ $\dfrac{2\sqrt{3}}{3}$

④ 2　　⑤ $2\sqrt{3}$

단서1 두 변의 길이와 한 각의 크기가 주어진 경우 코사인법칙 이용

STEP 1 a의 값 구하기

코사인법칙에 의하여

$a^2 = 8^2 + 3^2 - 2 \times 8 \times 3 \times \cos 60° = 64 + 9 - 2 \times 8 \times 3 \times \dfrac{1}{2} = 49$

$\therefore a = 7\ (\because a > 0)$

STEP 2 삼각형 ABC의 넓이 구하기

삼각형 ABC의 넓이를 S라 하면

$S = \dfrac{1}{2} \times 8 \times 3 \times \sin 60° = \dfrac{1}{2} \times 8 \times 3 \times \dfrac{\sqrt{3}}{2} = 6\sqrt{3}$

STEP 3 내접원의 반지름의 길이 구하기

삼각형 ABC의 내접원의 반지름의 길이를 r이라 하면

$\dfrac{r}{2}(7 + 8 + 3) = 6\sqrt{3}$　　$\therefore r = \dfrac{2\sqrt{3}}{3}$

1491 답 ①

삼각형 ABC의 넓이를 S라 하면 세 변의 길이가 12, 10, 8이므로

$S = \dfrac{r}{2}(12 + 10 + 8) = 15r$　　$\therefore r = \dfrac{1}{15}S$

$S = \dfrac{12 \times 10 \times 8}{4R} = \dfrac{240}{R}$　　$\therefore R = \dfrac{240}{S}$

$\therefore rR = \dfrac{1}{15}S \times \dfrac{240}{S} = 16$

삼각형 ABC에서 코사인법칙에 의하여

$\cos C = \dfrac{8^2 + 10^2 - 12^2}{2 \times 8 \times 10} = \dfrac{20}{160} = \dfrac{1}{8}$

$0° < C < 180°$이므로

$\sin C = \sqrt{1 - \cos^2 C} = \sqrt{1 - \left(\dfrac{1}{8} \right)^2} = \dfrac{3\sqrt{7}}{8}$

사인법칙에 의하여

$\dfrac{12}{\sin C} = 2R$　　$\therefore R = \dfrac{1}{2} \times 12 \times \dfrac{8}{3\sqrt{7}} = \dfrac{16\sqrt{7}}{7}$

삼각형의 넓이를 S라 하면

$S = \dfrac{1}{2} \times 10 \times 8 \times \sin C = \dfrac{1}{2} \times 10 \times 8 \times \dfrac{3\sqrt{7}}{8} = 15\sqrt{7}$

$S = \dfrac{r}{2}(12 + 10 + 8) = 15\sqrt{7}$　　$\therefore r = \sqrt{7}$

$\therefore rR = \sqrt{7} \times \dfrac{16\sqrt{7}}{7} = 16$

1492 답 $r = \dfrac{2\sqrt{3}}{3}$, $R = \dfrac{4\sqrt{3}}{3}$

한 변의 길이가 4인 정삼각형의 넓이를 S라 하면

$S = \dfrac{\sqrt{3}}{4} \times 4^2 = 4\sqrt{3}$

$S = \dfrac{r}{2}(4 + 4 + 4) = 4\sqrt{3}$　　$\therefore r = \dfrac{2\sqrt{3}}{3}$

$S = \dfrac{4 \times 4 \times 4}{4R} = 4\sqrt{3}$　　$\therefore R = \dfrac{4\sqrt{3}}{3}$

1493 답 ②

코사인법칙에 의하여

$\cos A = \dfrac{10^2 + 8^2 - 14^2}{2 \times 10 \times 8} = -\dfrac{32}{160} = -\dfrac{1}{5}$

$0° < A < 180°$이므로

$\sin A = \sqrt{1 - \cos^2 A} = \sqrt{1 - \left(-\dfrac{1}{5} \right)^2} = \dfrac{2\sqrt{6}}{5}$

삼각형 ABC의 넓이를 S라 하면

$S = \dfrac{1}{2} \times 8 \times 10 \times \sin A = \dfrac{1}{2} \times 8 \times 10 \times \dfrac{2\sqrt{6}}{5} = 16\sqrt{6}$

삼각형 ABC의 내접원의 반지름의 길이를 r이라 하면

$\dfrac{r}{2}(8 + 14 + 10) = 16\sqrt{6}$　　$\therefore r = \sqrt{6}$

1494 답 ④

삼각형 ABC의 외접원의 반지름의 길이가 6이므로 사인법칙에 의하여

$$\sin A + \sin B + \sin C = \frac{a}{2 \times 6} + \frac{b}{2 \times 6} + \frac{c}{2 \times 6}$$
$$= \frac{a+b+c}{12} = 2$$

$\therefore a+b+c = 24$

삼각형 ABC의 내접원의 반지름의 길이를 r이라 하면
삼각형 ABC의 넓이는

$$\frac{1}{2} r(a+b+c) = \frac{1}{2} \times r \times 24 = 18 \qquad \therefore r = \frac{3}{2}$$

1495 답 ②

그림과 같이 원의 중심을 O라 하고, 원과 $\overline{AB}$, $\overline{AC}$의 접점을 각각 E, F라 하면 접선의 길이는 같으므로

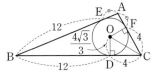

$\overline{BE} = \overline{BD} = 12$, $\overline{CF} = \overline{CD} = 4$, $\overline{AE} = \overline{AF}$
삼각형 OCD에서

$$\tan(\angle OCD) = \frac{\frac{4\sqrt{3}}{3}}{4} = \frac{\sqrt{3}}{3}$$ 이고 $0° < \angle OCD < 180°$이므로

$$\angle OCD = \frac{\pi}{6} \qquad \therefore \angle ACB = 2 \times \frac{\pi}{6} = \frac{\pi}{3}$$

$\overline{AE} = \overline{AF} = a$라 하고 삼각형 ABC의 넓이를 S라 하면

$\triangle OCD \equiv \triangle OCF$ (RHS 합동)이므로
$\angle OCF = \angle OCD = \frac{\pi}{6}$

$$S = \frac{1}{2} \times \overline{BC} \times \overline{AC} \times \sin C$$
$$= \frac{1}{2} \times 16 \times (a+4) \times \sin \frac{\pi}{3}$$
$$= \frac{1}{2} \times 16 \times (a+4) \times \frac{\sqrt{3}}{2}$$
$$= 4\sqrt{3}(a+4)$$

또한

$$S = \frac{1}{2} \times \frac{4\sqrt{3}}{3} \times \{(a+12)+16+(a+4)\} = \frac{4\sqrt{3}}{3}(a+16)$$

즉, $4\sqrt{3}(a+4) = \frac{4\sqrt{3}}{3}(a+16)$이므로

$3(a+4) = a+16 \qquad \therefore a = 2$

따라서 삼각형 ABC의 둘레의 길이는

$(a+12)+16+(a+4) = 2a+32 = 2 \times 2 + 32 = 36$

실수 Check

$\tan \theta = \frac{\sqrt{3}}{3}$이면 특수각을 이용하여 θ의 크기를 구할 수 있음에 주의한다.

1496 답 ③ | 유형 15

삼각형 ABC에서 $a=8$, $b=12$, $c=16$일 때, 삼각형 ABC의 넓이는?

단서1

① $8\sqrt{15}$ ② $10\sqrt{15}$ ③ $12\sqrt{15}$
④ $14\sqrt{15}$ ⑤ $16\sqrt{15}$

단서1 세 변의 길이가 주어졌으므로 $s = \frac{a+b+c}{2}$를 구한 후 헤론의 공식 이용

STEP 1 헤론의 공식을 이용하여 삼각형의 넓이 구하기

헤론의 공식에 의하여

$$s = \frac{8+12+16}{2} = 18$$

이므로 삼각형 ABC의 넓이는

$$\sqrt{18(18-8)(18-12)(18-16)} = 12\sqrt{15}$$

다른 풀이

코사인법칙에 의하여

$$\cos A = \frac{12^2 + 16^2 - 8^2}{2 \times 12 \times 16} = \frac{336}{384} = \frac{7}{8}$$

$0° < A < 180°$이므로

$$\sin A = \sqrt{1 - \cos^2 A} = \sqrt{1 - \left(\frac{7}{8}\right)^2} = \frac{\sqrt{15}}{8}$$

따라서 삼각형 ABC의 넓이는

$$\frac{1}{2} \times 12 \times 16 \times \sin A = \frac{1}{2} \times 12 \times 16 \times \frac{\sqrt{15}}{8} = 12\sqrt{15}$$

1497 답 $6\sqrt{3}$

헤론의 공식에 의하여

$$s = \frac{3+7+8}{2} = 9$$

이므로 삼각형 ABC의 넓이는

$$\sqrt{9(9-3)(9-7)(9-8)} = 6\sqrt{3}$$

다른 풀이

코사인법칙에 의하여

$$\cos C = \frac{3^2 + 7^2 - 8^2}{2 \times 3 \times 7} = -\frac{6}{42} = -\frac{1}{7}$$

$0° < C < 180°$이므로

$$\sin C = \sqrt{1 - \cos^2 C} = \sqrt{1 - \left(-\frac{1}{7}\right)^2} = \frac{4\sqrt{3}}{7}$$

따라서 삼각형 ABC의 넓이는

$$\frac{1}{2} \times 3 \times 7 \times \sin C = \frac{1}{2} \times 3 \times 7 \times \frac{4\sqrt{3}}{7} = 6\sqrt{3}$$

1498 답 ⑤

$\overline{AF} = \sqrt{(\sqrt{33})^2 + 4^2} = 7$
$\overline{FC} = \sqrt{4^2 + (4\sqrt{3})^2} = 8$
$\overline{CA} = \sqrt{(4\sqrt{3})^2 + (\sqrt{33})^2} = 9$

헤론의 공식에 의하여

$$s = \frac{7+8+9}{2} = 12$$

이므로 삼각형 AFC의 넓이는

$$\sqrt{12(12-7)(12-8)(12-9)} = 12\sqrt{5}$$

다른 풀이

삼각형 AFC에서 코사인법칙에 의하여

$$\cos C = \frac{8^2 + 9^2 - 7^2}{2 \times 8 \times 9} = \frac{96}{144} = \frac{2}{3}$$

$0° < C < 180°$이므로

$$\sin C = \sqrt{1 - \cos^2 C} = \sqrt{1 - \left(\frac{2}{3}\right)^2} = \frac{\sqrt{5}}{3}$$

따라서 삼각형 AFC의 넓이는

$$\frac{1}{2} \times 8 \times 9 \times \sin C = \frac{1}{2} \times 8 \times 9 \times \frac{\sqrt{5}}{3} = 12\sqrt{5}$$

1499 답 ③

$a : b : c = \sin A : \sin B : \sin C = 2 : 3 : 3$이므로
$a = 2k$, $b = 3k$, $c = 3k$ $(k > 0)$라 하면
헤론의 공식에 의하여
$$s = \frac{2k + 3k + 3k}{2} = 4k$$
이므로 삼각형 ABC의 넓이는
$$\sqrt{4k(4k - 2k)(4k - 3k)(4k - 3k)} = 2\sqrt{2}k^2 = 18\sqrt{2}$$
$k^2 = 9$ ∴ $k = 3$ (∵ $k > 0$)
따라서 삼각형 ABC의 둘레의 길이는
$2k + 3k + 3k = 8k = 24$

1500 답 $\frac{19\sqrt{6}}{24}$

헤론의 공식에 의하여
$$s = \frac{5 + 6 + 7}{2} = 9$$
이므로 삼각형 ABC의 넓이를 S라 하면
$$S = \sqrt{9(9 - 5)(9 - 6)(9 - 7)} = 6\sqrt{6}$$
즉, $S = \frac{5 \times 6 \times 7}{4R} = 6\sqrt{6}$이므로 $R = \frac{35\sqrt{6}}{24}$
또한, $S = \frac{1}{2}r(5 + 6 + 7) = 6\sqrt{6}$이므로
$9r = 6\sqrt{6}$ ∴ $r = \frac{2\sqrt{6}}{3}$
∴ $R - r = \frac{35\sqrt{6}}{24} - \frac{2\sqrt{6}}{3} = \frac{19\sqrt{6}}{24}$

1501 답 ⑤

헤론의 공식에 의하여
$$s = \frac{16 + 24 + 20}{2} = 30$$
이므로 삼각형 ABC의 넓이를 S라 하면
$$S = \sqrt{30(30 - 16)(30 - 24)(30 - 20)} = 60\sqrt{7}$$
$$S = \frac{1}{2} \times 20 \times 24 \times \sin C = 60\sqrt{7}$$ ∴ $\sin C = \frac{\sqrt{7}}{4}$
한편, 점 D는 변 BC를 1 : 3으로 내분하므로
$$\overline{CD} = 24 \times \frac{3}{4} = 18 \quad \longrightarrow 24^2 < 16^2 + 20^2 이므로 \angle A < 90°이고$$
$$\triangle ABC는 예각삼각형$$
$0° < C < 90°$이므로
$$\cos C = \sqrt{1 - \sin^2 C} = \sqrt{1 - \left(\frac{\sqrt{7}}{4}\right)^2} = \frac{3}{4}$$
따라서 삼각형 ADC에서 코사인법칙에 의하여
$$\overline{AD}^2 = 20^2 + 18^2 - 2 \times 20 \times 18 \times \cos C$$
$$= 400 + 324 - 2 \times 20 \times 18 \times \frac{3}{4} = 184$$
∴ $\overline{AD} = 2\sqrt{46}$

참고 삼각형 ABC에서 코사인법칙에 의하여
$$\cos C = \frac{20^2 + 24^2 - 16^2}{2 \times 20 \times 24} = \frac{3}{4}$$
과 같이 구할 수도 있지만 이 유형에서는 헤론의 공식으로 넓이를 구해 얻은 $\sin C$의 값을 이용하여 $\cos C$의 값을 구하는 연습을 해 보도록 한다.

1502 답 ③

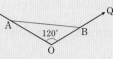

그림에서 두 점 A, B는 삼각형 OAB
의 넓이가 $6\sqrt{3}$이 되도록 하면서 각 [단서1]
각 두 반직선 OP, OQ 위를 움직이
고 있다. 이때 선분 AB의 길이의 최솟값은?
[단서2]
① $2\sqrt{2}$ ② $4\sqrt{2}$ ③ $6\sqrt{2}$
④ $8\sqrt{2}$ ⑤ $10\sqrt{2}$

단서1 $\overline{OA} = a$, $\overline{OB} = b$라 하면 삼각형 OAB의 넓이는 $\frac{1}{2}ab\sin 120°$
단서2 산술평균과 기하평균의 관계를 이용

STEP1 $\overline{OA} = a$, $\overline{OB} = b$라 하고 ab의 값 구하기
$\overline{OA} = a$, $\overline{OB} = b$라 하면 삼각형 OAB의 넓이가 $6\sqrt{3}$이므로
$$\frac{1}{2}ab\sin 120° = \frac{1}{2}ab \times \frac{\sqrt{3}}{2} = 6\sqrt{3}$$
∴ $ab = 24$

STEP2 $\overline{AB}^2$의 값을 a, b로 나타내기
삼각형 AOB에서 코사인법칙에 의하여
$$\overline{AB}^2 = a^2 + b^2 - 2ab\cos 120°$$
$$= a^2 + b^2 - 2 \times 24 \times \left(-\frac{1}{2}\right)$$
$$= a^2 + b^2 + 24$$

STEP3 선분 AB의 길이의 최솟값 구하기
$a > 0$, $b > 0$이므로 산술평균과 기하평균의 관계에 의하여
$$a^2 + b^2 \geq 2\sqrt{a^2b^2} = 2ab \; (∵ \; ab > 0) \quad \longrightarrow a > 0, \; b > 0이면 \frac{a+b}{2} \geq \sqrt{ab}$$
$$= 48 \; (단, \; 등호는 \; a = b = 2\sqrt{6}일 \; 때 \; 성립)$$
이므로
$$\overline{AB}^2 = a^2 + b^2 + 24 \geq 48 + 24 = 72$$
∴ $\overline{AB} \geq \sqrt{72} = 6\sqrt{2}$
따라서 선분 AB의 길이의 최솟값은 $6\sqrt{2}$이다.

1503 답 ③

삼각형 ABC의 넓이는
$$\frac{1}{2} \times 2\sqrt{3} \times 3 \times \sin B = 3\sqrt{3}\sin B$$
삼각형 ABC의 넓이는 $B = 90°$일 때 최대이므로 최댓값은
$$3\sqrt{3} \times \sin 90° = 3\sqrt{3}$$
삼각형 ABC에서 피타고라스 정리에 의하여
$$x^2 = (2\sqrt{3})^2 + 3^2 = 21 \quad ∴ \; x = \sqrt{21}$$

1504 답 16

삼각형 ABC의 넓이가 $16\sqrt{3}$이므로
$$\frac{1}{2}ab\sin 60° = \frac{1}{2}ab \times \frac{\sqrt{3}}{2} = 16\sqrt{3}$$
∴ $ab = 64$
$a > 0$, $b > 0$이므로 산술평균과 기하평균의 관계에 의하여
$$a + b \geq 2\sqrt{ab} = 2\sqrt{64} = 16 \; (단, \; 등호는 \; a = b = 8일 \; 때 \; 성립)$$
따라서 $a + b$의 최솟값은 16이다.

1505 답 $9\sqrt{2}$

삼각형 ABC의 넓이는

$\dfrac{1}{2}ac\sin 45°=\dfrac{1}{2}ac\times\dfrac{\sqrt{2}}{2}=\dfrac{\sqrt{2}}{4}ac$

$a>0$, $c>0$이므로 산술평균과 기하평균의 관계에 의하여

$a+c\geq 2\sqrt{ac}$ (단, 등호는 $a=c$일 때 성립)

$12\geq 2\sqrt{ac}$, $\sqrt{ac}\leq 6$ $\therefore ac\leq 36$

$\therefore \dfrac{\sqrt{2}}{4}ac\leq 9\sqrt{2}$

따라서 삼각형 ABC의 넓이의 최댓값은 $9\sqrt{2}$이다.

1506 답 ③

삼각형 ABC의 넓이는 삼각형 ABD의 넓이와 삼각형 ADC의 넓이의 합과 같으므로

$\dfrac{1}{2}xy\sin 120°=\left(\dfrac{1}{2}\times x\times 2\times\sin 60°\right)+\left(\dfrac{1}{2}\times 2\times y\times\sin 60°\right)$

$\dfrac{1}{2}xy\times\dfrac{\sqrt{3}}{2}=\dfrac{1}{2}\times x\times 2\times\dfrac{\sqrt{3}}{2}+\dfrac{1}{2}\times 2\times y\times\dfrac{\sqrt{3}}{2}$

$\therefore xy=2(x+y)$ ·································· ㉠

$x>0$, $y>0$이므로 산술평균과 기하평균의 관계에 의하여

$x+y\geq 2\sqrt{xy}$ (단, 등호는 $x=y$일 때 성립)

$(x+y)^2\geq 4xy$

㉠에서 $(x+y)^2\geq 8(x+y)$

$x+y>0$이므로

$x+y\geq 8$

따라서 $x+y$의 최솟값은 8이다.

1507 답 ⑤

$\overline{AD}=x$, $\overline{AE}=y$ $(0<x<4, 0<y<6)$라 하자.

삼각형 ADE의 넓이가 삼각형 ABC의 넓이의 $\dfrac{1}{2}$이므로

$\dfrac{1}{2}xy\sin A=\dfrac{1}{2}\times\left(\dfrac{1}{2}\times 4\times 6\times\sin A\right)$

$\therefore xy=12$

$x^2>0$, $y^2>0$이므로 산술평균과 기하평균의 관계에 의하여

$x^2+y^2\geq 2\sqrt{x^2y^2}$

$=2xy$ $(\because xy>0)$

$=24$ (단, 등호는 $x=y=2\sqrt{3}$일 때 성립)

따라서 $\overline{AD}^2+\overline{AE}^2$의 최솟값은 24이다.

1508 답 ④

$\overline{AP}=x$, $\overline{AQ}=y$ $(0<x<8, 0<y<6)$라 하자.

삼각형 APQ의 넓이가 삼각형 ABC의 넓이의 $\dfrac{1}{2}$이므로

$\dfrac{1}{2}xy\sin 60°=\dfrac{1}{2}\times\left(\dfrac{1}{2}\times 8\times 6\times\sin 60°\right)$ $\therefore xy=24$

삼각형 APQ에서 코사인법칙에 의하여

$\overline{PQ}^2=x^2+y^2-2xy\cos 60°$

$=x^2+y^2-2\times 24\times\dfrac{1}{2}$

$=x^2+y^2-24$

$x^2>0$, $y^2>0$이므로 산술평균과 기하평균의 관계에 의하여

$x^2+y^2-24\geq 2\sqrt{x^2y^2}-24$

$=2xy-24$ $(\because xy>0)$

$=24$ (단, 등호는 $x=y=2\sqrt{6}$일 때 성립)

따라서 선분 PQ의 길이의 최솟값은 $2\sqrt{6}$이다.

1509 답 ⑤

삼각형의 두 변의 길이의 합은 나머지 한 변의 길이보다 크므로

$3+(x+2)>5-x$ $\therefore x>0$ ·································· ㉠

$3+(5-x)>x+2$ $\therefore x<3$ ·································· ㉡

㉠, ㉡에서 $0<x<3$

한편, 헤론의 공식에 의하여

$s=\dfrac{3+(x+2)+(5-x)}{2}=5$

이므로 삼각형 ABC의 넓이를 S라 하면

$S=\sqrt{5(5-3)\{5-(x+2)\}\{5-(5-x)\}}$

$=\sqrt{-10x^2+30x}$

$=\sqrt{-10\left(x-\dfrac{3}{2}\right)^2+\dfrac{45}{2}}$

$0<x<3$에서 S의 최댓값은 $x=\dfrac{3}{2}$일 때 $\sqrt{\dfrac{45}{2}}=\dfrac{3\sqrt{10}}{2}$이다.

따라서 $a=3$, $b=\dfrac{7}{2}$, $c=\dfrac{7}{2}$이므로 삼각형 ABC는 $b=c$인 이등변 삼각형이다.

1510 답 $32\sqrt{3}$

삼각형 ABC의 외접원의 반지름의 길이가 7이므로 사인법칙에 의하여

$\dfrac{\overline{BC}}{\sin\dfrac{\pi}{3}}=2\times 7$ $\therefore \overline{BC}=2\times 7\times\dfrac{\sqrt{3}}{2}=7\sqrt{3}$

$\overline{AC}=x$라 하면 코사인법칙에 의하여

$(7\sqrt{3})^2=(3\sqrt{3})^2+x^2-2\times 3\sqrt{3}\times x\times\cos\dfrac{\pi}{3}$

$147=27+x^2-2\times 3\sqrt{3}\times x\times\dfrac{1}{2}$

$x^2-3\sqrt{3}x-120=0$

$\therefore x=\dfrac{3\sqrt{3}\pm\sqrt{(3\sqrt{3})^2-4\times(-120)}}{2}=\dfrac{3\sqrt{3}\pm 13\sqrt{3}}{2}$

$\therefore x=-5\sqrt{3}$ 또는 $x=8\sqrt{3}$

$x>0$이므로 $x=8\sqrt{3}$

$\therefore \overline{AC}=8\sqrt{3}$

삼각형 PAC의 넓이가 최대가 될 때는 점 P의 위치가 그림과 같을 때이고 삼각형 OAH에서 $\overline{OH}=\sqrt{7^2-(4\sqrt{3})^2}=1$이므로 삼각형 PAC의 넓이의 최댓값은

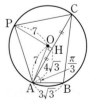

$\dfrac{1}{2}\times 8\sqrt{3}\times(7+1)=32\sqrt{3}$

참고 $\overline{AC}$를 고정시키면 삼각형 PAC의 넓이가 최대인 경우는 점 P가 $\overline{AC}$의 수직이등분선이 원과 만나는 점일 때임을 생각하여 넓이의 최댓값을 구한다.

1511 답 ③

유형 17

그림과 같이 $\overline{AB}=7$, $\overline{BC}=8$, $\overline{CD}=8$, $\overline{DA}=11$, $B=120°$인 사각형 ABCD의

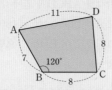

넓이가 $a\sqrt{3}+b\sqrt{30}$일 때, $a+b$의 값은? (단, a, b는 유리수이다.)

① 14　　② 18　　③ 22

④ 26　　⑤ 30

단서1 $\overline{AC}$를 긋고 코사인법칙 이용
단서2 사각형 ABCD의 넓이는 삼각형 ABC와 삼각형 ACD의 넓이의 합

STEP 1 $\overline{AC}$의 길이 구하기

그림과 같이 대각선 AC를 그으면
삼각형 ABC에서 코사인법칙에 의하여

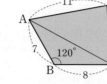

$$\overline{AC}^2=7^2+8^2-2\times7\times8\times\cos120°$$
$$=49+64-2\times7\times8\times\left(-\frac{1}{2}\right)$$
$$=169$$
$$\therefore \overline{AC}=13$$

STEP 2 삼각형 ABC, ACD의 넓이 구하기

삼각형 ABC의 넓이는

$$\frac{1}{2}\times7\times8\times\sin120°=\frac{1}{2}\times7\times8\times\frac{\sqrt{3}}{2}=14\sqrt{3}$$

삼각형 ACD에서 헤론의 공식에 의하여

$$s=\frac{8+11+13}{2}=16$$

이므로 삼각형 ACD의 넓이는

$$\sqrt{16(16-8)(16-11)(16-13)}=8\sqrt{30}$$

STEP 3 $a+b$의 값 구하기

사각형 ABCD의 넓이는 $14\sqrt{3}+8\sqrt{30}$

따라서 $a=14$, $b=8$이므로 $a+b=22$

참고 $\angle ADC=\theta$라 하면 삼각형 ACD에서 코사인법칙에 의하여

$$\cos\theta=\frac{11^2+8^2-13^2}{2\times11\times8}=\frac{1}{11}$$

$0°<\theta<180°$이므로

$$\sin\theta=\sqrt{1-\cos^2\theta}=\sqrt{1-\left(\frac{1}{11}\right)^2}=\frac{2\sqrt{30}}{11}$$

따라서 삼각형 ACD의 넓이는

$$\frac{1}{2}\times11\times8\times\sin\theta$$
$$=\frac{1}{2}\times11\times8\times\frac{2\sqrt{30}}{11}=8\sqrt{30}$$

1512 답 $8+6\sqrt{3}$

삼각형 ABD의 넓이는

$$\frac{1}{2}\times4\times8\times\sin30°=\frac{1}{2}\times4\times8\times\frac{1}{2}=8$$

삼각형 BCD에서 헤론의 공식에 의하여

$$s=\frac{8+7+3}{2}=9$$

이므로 삼각형 BCD의 넓이는

$$\sqrt{9(9-8)(9-7)(9-3)}=6\sqrt{3}$$

따라서 사각형 ABCD의 넓이는 $8+6\sqrt{3}$

1513 답 $\dfrac{33\sqrt{3}}{2}\,km^2$

그림과 같이 $\overline{BD}$를 그으면 삼각형 ABD의 넓이는

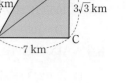

$$\frac{1}{2}\times6\times4\times\sin120°$$
$$=\frac{1}{2}\times6\times4\times\frac{\sqrt{3}}{2}=6\sqrt{3}\,(km^2)$$

삼각형 ABD에서 코사인법칙에 의하여

$$\overline{BD}^2=6^2+4^2-2\times6\times4\times\cos120°$$
$$=36+16-2\times6\times4\times\left(-\frac{1}{2}\right)=76$$

삼각형 BCD에서 $7^2+(3\sqrt{3})^2=76$이므로
삼각형 BCD는 $C=90°$인 직각삼각형이다.
삼각형 BCD의 넓이는

$$\frac{1}{2}\times7\times3\sqrt{3}=\frac{21\sqrt{3}}{2}\,(km^2)$$

따라서 구하는 땅의 넓이는

$$6\sqrt{3}+\frac{21\sqrt{3}}{2}=\frac{33\sqrt{3}}{2}\,(km^2)$$

1514 답 ⑤

그림과 같이 $\overline{AC}$를 그으면 삼각형 ABC의 넓이는

$$\frac{1}{2}\times2\times3\times\sin120°$$
$$=\frac{1}{2}\times2\times3\times\frac{\sqrt{3}}{2}=\frac{3\sqrt{3}}{2}$$

삼각형 ABC에서 코사인법칙에 의하여

$$\overline{AC}^2=3^2+2^2-2\times3\times2\times\cos120°$$
$$=9+4-2\times3\times2\times\left(-\frac{1}{2}\right)=19$$

$\overline{CD}=x$라 하면 삼각형 ACD에서 코사인법칙에 의하여

$$\overline{AC}^2=3^2+x^2-2\times3\times x\times\cos60°$$
$$19=9+x^2-2\times3\times x\times\frac{1}{2}$$
$$x^2-3x-10=0,\ (x+2)(x-5)=0\qquad\therefore x=5\ (\because x>0)$$

삼각형 ACD의 넓이는

$$\frac{1}{2}\times3\times5\times\sin60°=\frac{1}{2}\times3\times5\times\frac{\sqrt{3}}{2}=\frac{15\sqrt{3}}{4}$$

따라서 사각형 ABCD의 넓이는

$$\frac{3\sqrt{3}}{2}+\frac{15\sqrt{3}}{4}=\frac{21\sqrt{3}}{4}$$

1515 답 ④

그림과 같이 $\overline{AC}$를 그으면 삼각형 ABC에서 코사인법칙에 의하여

$$\overline{AC}^2=4^2+(2+2\sqrt{3})^2$$
$$-2\times4\times(2+2\sqrt{3})\times\cos30°$$
$$=16+16+8\sqrt{3}-2\times4\times(2+2\sqrt{3})\times\frac{\sqrt{3}}{2}=8$$
$$\therefore \overline{AC}=2\sqrt{2}$$

$\angle ACB=\theta$라 하면 삼각형 ABC에서 사인법칙에 의하여

$$\frac{2\sqrt{2}}{\sin 30°}=\frac{4}{\sin \theta}$$

$$\therefore \sin \theta=4\times\frac{1}{2\sqrt{2}}\times\frac{1}{2}=\frac{\sqrt{2}}{2}$$

$0°<\theta<105°$이므로 $\theta=45°$

$\therefore \angle ACD=105°-45°=60°$

삼각형 ABC의 넓이는

$$\frac{1}{2}\times4\times(2+2\sqrt{3})\times\sin 30°=\frac{1}{2}\times4\times(2+2\sqrt{3})\times\frac{1}{2}=2+2\sqrt{3}$$

삼각형 ACD의 넓이는

$$\frac{1}{2}\times2\sqrt{2}\times2\sqrt{2}\times\sin 60°=\frac{1}{2}\times2\sqrt{2}\times2\sqrt{2}\times\frac{\sqrt{3}}{2}=2\sqrt{3}$$

따라서 사각형 ABCD의 넓이는

$(2+2\sqrt{3})+2\sqrt{3}=2+4\sqrt{3}$

이므로 $p=2$, $q=4$ $\quad\therefore p+q=6$

1516 답 ③

| 유형 18

그림과 같이 원에 내접하는 사각형 ABCD에 [단서1] 서 $\overline{BC}=1$, $\overline{CD}=5$, $\overline{AD}=4$, $\angle D=60°$일 [단서2] 때, 사각형 ABCD의 넓이는?

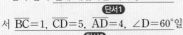
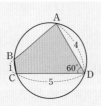

① $4\sqrt{3}$ ② $5\sqrt{3}$
③ $6\sqrt{3}$ ④ $7\sqrt{3}$
⑤ $8\sqrt{3}$

단서1 $\angle B+\angle D=180°$
단서2 $\overline{AC}$를 긋고 코사인법칙 이용

STEP 1 $\angle B$의 크기 구하기

사각형 ABCD가 원에 내접하므로
$\angle B=180°-\angle D=180°-60°=120°$

STEP 2 $\overline{AC}$의 길이 구하기

그림과 같이 $\overline{AC}$를 긋고 $\overline{AC}=x$, $\overline{AB}=y$ 라 하면 삼각형 ACD에서 코사인법칙에 의하여

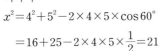
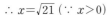

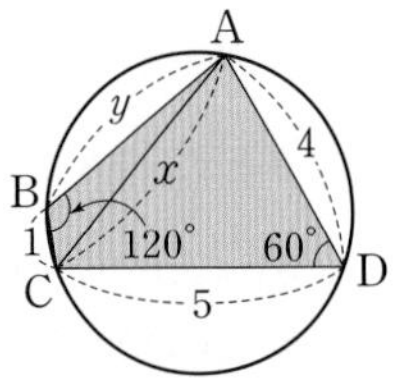

$x^2=4^2+5^2-2\times4\times5\times\cos 60°$

$=16+25-2\times4\times5\times\frac{1}{2}=21$

$\therefore x=\sqrt{21} \ (\because x>0)$

STEP 3 $\overline{AB}$의 길이 구하기

삼각형 ABC에서 코사인법칙에 의하여
$(\sqrt{21})^2=1^2+y^2-2\times1\times y\times\cos 120°$

$21=1+y^2-2\times1\times y\times\left(-\frac{1}{2}\right)$

$y^2+y-20=0$, $(y+5)(y-4)=0$

$\therefore y=4 \ (\because y>0)$

STEP 4 사각형 ABCD의 넓이 구하기

사각형 ABCD의 넓이는

$$\frac{1}{2}\times4\times5\times\sin 60°+\frac{1}{2}\times4\times1\times\sin 120°$$

$$=\frac{1}{2}\times4\times5\times\frac{\sqrt{3}}{2}+\frac{1}{2}\times4\times1\times\frac{\sqrt{3}}{2}$$

$$=6\sqrt{3}$$

1517 답 ③

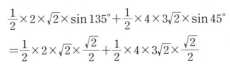
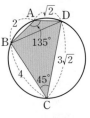

사각형 ABCD가 원에 내접하므로
$\angle A=180°-\angle C=180°-45°=135°$

그림과 같이 $\overline{BD}$를 그으면 사각형 ABCD의 넓이는

$$\frac{1}{2}\times2\times\sqrt{2}\times\sin 135°+\frac{1}{2}\times4\times3\sqrt{2}\times\sin 45°$$

$$=\frac{1}{2}\times2\times\sqrt{2}\times\frac{\sqrt{2}}{2}+\frac{1}{2}\times4\times3\sqrt{2}\times\frac{\sqrt{2}}{2}$$

$$=1+6=7$$

1518 답 ④

$\overparen{AB}:\overparen{BC}:\overparen{CD}:\overparen{DA}$

$=\angle AOB:\angle BOC:\angle COD:\angle DOA$

$=1:2:4:5$ → 호의 길이의 비는 중심각의 크기의 비와 같다.

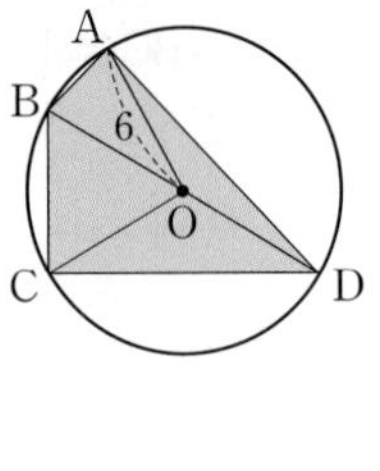

$\therefore \angle AOB=360°\times\frac{1}{12}=30°$,

$\angle BOC=360°\times\frac{2}{12}=60°$,

$\angle COD=360°\times\frac{4}{12}=120°$,

$\angle DOA=360°\times\frac{5}{12}=150°$

따라서 사각형 ABCD의 넓이는

$$\frac{1}{2}\times6\times6\times\sin 30°+\frac{1}{2}\times6\times6\times\sin 60°$$

$$+\frac{1}{2}\times6\times6\times\sin 120°+\frac{1}{2}\times6\times6\times\sin 150°$$

$$=\frac{1}{2}\times6\times6\times\frac{1}{2}+\frac{1}{2}\times6\times6\times\frac{\sqrt{3}}{2}+\frac{1}{2}\times6\times6\times\frac{\sqrt{3}}{2}$$

$$+\frac{1}{2}\times6\times6\times\frac{1}{2}$$

$$=9+9\sqrt{3}+9\sqrt{3}+9=18(1+\sqrt{3})$$

1519 답 ②

사각형 ABCD가 원에 내접하므로 $B=180°-D$

$\therefore \cos B=\cos(180°-D)=-\cos D=-\frac{1}{3}$

그림과 같이 $\overline{AC}$를 그으면 삼각형 ABC에 서 코사인법칙에 의하여

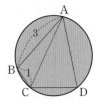

$\overline{AC}^2=3^2+1^2-2\times3\times1\times\cos B$

$=9+1-2\times3\times1\times\left(-\frac{1}{3}\right)=12$

$\therefore \overline{AC}=2\sqrt{3}$

$0°<D<90°$이므로

$$\sin D=\sqrt{1-\cos^2 D}=\sqrt{1-\left(\frac{1}{3}\right)^2}=\frac{2\sqrt{2}}{3}$$

원의 반지름의 길이를 R이라 하면 삼각형 ACD에서 사인법칙에 의하여

$$\frac{2\sqrt{3}}{\sin D}=2R \quad \therefore R=\frac{1}{2}\times2\sqrt{3}\times\frac{3}{2\sqrt{2}}=\frac{3\sqrt{6}}{4}$$

따라서 원의 넓이는

$$\pi\left(\frac{3\sqrt{6}}{4}\right)^2=\frac{27}{8}\pi$$

1520 답 $8\sqrt{6}$

사각형 ABCD가 원에 내접하므로
$C=180°-A$
그림과 같이 $\overline{BD}$를 그으면

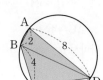

삼각형 ABD에서 코사인법칙에 의하여
$$\overline{BD}^2=2^2+8^2-2\times2\times8\times\cos A$$
$$=68-32\cos A \quad\cdots\cdots\ \text{㉠}$$
삼각형 BCD에서 코사인법칙에 의하여
$$\overline{BD}^2=4^2+6^2-2\times4\times6\times\cos(180°-A)$$
$$=52+48\cos A \quad\cdots\cdots\ \text{㉡}$$
㉠, ㉡에서 $68-32\cos A=52+48\cos A$
$$\therefore\ \cos A=\frac{1}{5}$$
$0°<A<180°$이므로
$$\sin A=\sqrt{1-\cos^2 A}=\sqrt{1-\left(\frac{1}{5}\right)^2}=\frac{2\sqrt{6}}{5}$$
따라서 사각형 ABCD의 넓이는
$$\frac{1}{2}\times2\times8\times\sin A+\frac{1}{2}\times4\times6\times\sin(180°-A)$$
$$=\frac{1}{2}\times2\times8\times\frac{2\sqrt{6}}{5}+\frac{1}{2}\times4\times6\times\frac{2\sqrt{6}}{5}$$
$$=\frac{16\sqrt{6}}{5}+\frac{24\sqrt{6}}{5}=8\sqrt{6}$$

실수 Check
> 사각형을 두 개의 삼각형으로 나눌 때 계산이 복잡하지 않은 방향으로 나눌 수 있도록 주의한다.

1521 답 ②

그림과 같이 원의 중심을 O라 하면
$\angle AOB=\angle BOC=360\times\frac{1}{6}=60°$이고
$\overline{OA}=\overline{OB}=3$, $\overline{OB}=\overline{OC}=3$이므로 두 삼각형 OAB, OBC는 한 변의 길이가 3인 정삼각형이다.

즉, $\overline{AB}=\overline{BC}=3$, $\angle ABC=60°+60°=120°$
$\overline{AC}$를 그으면 삼각형 ABC에서 코사인법칙에 의하여
$$\overline{AC}^2=3^2+3^2-2\times3\times3\times\cos120°$$
$$=9+9-2\times3\times3\times\left(-\frac{1}{2}\right)=27 \quad\cdots\cdots\ \text{㉠}$$
네 점 A, B, C, P가 한 원 위에 있으므로
$$\angle APC=180°-120°=60°$$
$\overline{AP}=a$, $\overline{CP}=b$라 하면
삼각형 ACP에서 코사인법칙에 의하여
$$\overline{AC}^2=a^2+b^2-2\times a\times b\times\cos60°$$
$$=a^2+b^2-2\times a\times b\times\frac{1}{2}$$
$$=a^2+b^2-ab$$
$$=(a+b)^2-3ab$$
$$=64-3ab \quad\cdots\cdots\ \text{㉡}$$
㉠, ㉡에서
$$64-3ab=27 \quad\therefore\ ab=\frac{37}{3}$$

따라서 사각형 ABCD의 넓이는
$$\frac{1}{2}\times3\times3\times\sin120°+\frac{1}{2}\times a\times b\times\sin60°$$
$$=\frac{1}{2}\times3\times3\times\frac{\sqrt{3}}{2}+\frac{1}{2}\times\frac{37}{3}\times\frac{\sqrt{3}}{2}$$
$$=\frac{9\sqrt{3}}{4}+\frac{37\sqrt{3}}{12}=\frac{16\sqrt{3}}{3}$$

참고 원의 둘레를 6등분 하였다는 조건과 내접하는 사각형의 성질을 이용하여 각의 크기와 선분의 길이를 구한다.

1522 답 13

$\overline{DA}=2\overline{AB}$이므로 $\overline{AB}=a\ (a>0)$라 하면 $\overline{DA}=2a$
삼각형 DAB에서 코사인법칙에 의하여
$$\overline{BD}^2=a^2+(2a)^2-2\times a\times 2a\times\cos\frac{2}{3}\pi$$
$$\cos\left(\pi-\frac{\pi}{3}\right)=-\cos\frac{\pi}{3}=-\frac{1}{2}$$
$$=a^2+4a^2-2\times a\times 2a\times\left(-\frac{1}{2}\right)=7a^2$$
$$\therefore\ \overline{BD}=\sqrt{7}a\ (\because\ a>0)$$
$\overline{BE}:\overline{ED}=3:4$이므로
(삼각형 ABC의 넓이) : (삼각형 ACD의 넓이)$=3:4$
사각형 ABCD가 원에 내접하므로 $\angle ABC=\theta$라 하면
$\angle ADC=\pi-\theta$이므로
$$(\text{삼각형 ABC의 넓이})=\frac{1}{2}\times\overline{BA}\times\overline{BC}\times\sin\theta$$
$$(\text{삼각형 ACD의 넓이})=\frac{1}{2}\times\overline{DA}\times\overline{DC}\times\sin(\pi-\theta)$$
$$\sin\theta$$
(삼각형 ABC의 넓이) : (삼각형 ACD의 넓이)
$$=(\overline{BA}\times\overline{BC}):(\overline{DA}\times\overline{DC})$$
$$=(a\times\overline{BC}):(2a\times\overline{DC})=3:4$$
$$\therefore\ \overline{BC}=\frac{3}{2}\overline{DC}$$
$\overline{DC}=k\ (k>0)$라 하면
$\overline{BC}=\frac{3}{2}k$이고 $\overline{BD}=\sqrt{7}a$, $\angle BCD=\pi-\frac{2}{3}\pi=\frac{\pi}{3}$이므로
삼각형 BCD에서 코사인법칙에 의하여
$$\cos\frac{\pi}{3}=\frac{\left(\frac{3}{2}k\right)^2+k^2-(\sqrt{7}a)^2}{2\times\frac{3}{2}k\times k}$$
$$\frac{1}{2}=\frac{\frac{13}{4}k^2-7a^2}{3k^2},\ k^2=4a^2$$
$$\therefore\ k=2a,\ \overline{BC}=3a,\ \overline{DC}=2a\ (\because\ k>0,\ a>0)$$
삼각형 DAB의 외접원의 반지름의 길이가 1이므로 사인법칙에 의하여
$$\frac{\sqrt{7}a}{\sin\frac{2}{3}\pi}=2 \qquad\therefore\ a=2\times\frac{\sqrt{3}}{2}\times\frac{1}{\sqrt{7}}=\frac{\sqrt{21}}{7}$$
$$(\text{삼각형 ABD의 넓이})=\frac{1}{2}\times\frac{\sqrt{21}}{7}\times\frac{2\sqrt{21}}{7}\times\sin\frac{2}{3}\pi$$
$$=\frac{1}{2}\times\frac{\sqrt{21}}{7}\times\frac{2\sqrt{21}}{7}\times\frac{\sqrt{3}}{2}=\frac{3\sqrt{3}}{14}$$
$$(\text{삼각형 BCD의 넓이})=\frac{1}{2}\times\frac{3\sqrt{21}}{7}\times\frac{2\sqrt{21}}{7}\times\sin\frac{\pi}{3}$$
$$=\frac{1}{2}\times\frac{3\sqrt{21}}{7}\times\frac{2\sqrt{21}}{7}\times\frac{\sqrt{3}}{2}=\frac{9\sqrt{3}}{14}$$

사각형 ABCD의 넓이는 $\dfrac{3\sqrt{3}}{14}+\dfrac{9\sqrt{3}}{14}=\dfrac{6\sqrt{3}}{7}$

따라서 $p=7$, $q=6$이므로 $p+q=13$

참고 높이가 같은 두 삼각형의 넓이의 비는 밑변의 길이의 비와 같음을 이용하여 두 삼각형의 넓이의 비를 파악한다.

1523 답 ②

그림과 같이 $\overline{AB}=9$, $\overline{BC}=8$인 평행사변형 ABCD의 넓이가 $36\sqrt{3}$일 때, A의 값은?
단서1 (단, $90°<A<180°$)

① 105° ② 120°
③ 125° ④ 135°
⑤ 150°

단서1 평행사변형 ABCD의 넓이는 $\overline{AB}\times\overline{AD}\times\sin A=36\sqrt{3}$

 $\sin A$의 값 구하기

$\overline{AD}=\overline{BC}=8$이므로

$9\times8\times\sin A=36\sqrt{3}$ $\therefore \sin A=\dfrac{\sqrt{3}}{2}$

STEP 2 $\angle A$의 크기 구하기

$90°<A<180°$이므로 $A=120°$

1524 답 ⑤

$B=180°-C=180°-135°=45°$이므로
평행사변형 ABCD의 넓이는

$8\times10\times\sin45°=8\times10\times\dfrac{\sqrt{2}}{2}=40\sqrt{2}$

다른 풀이
$\overline{DC}=\overline{AB}=8$이므로 평행사변형 ABCD의 넓이는

$8\times10\times\sin135°=8\times10\times\dfrac{\sqrt{2}}{2}=40\sqrt{2}$

1525 답 $4\sqrt{3}$

$\overline{BC}=a$라 하면 삼각형 ABC에서 코사인법칙에 의하여
$(2\sqrt{3})^2=2^2+a^2-2\times2\times a\times\cos60°$

$12=4+a^2-2\times2\times a\times\dfrac{1}{2}$

$a^2-2a-8=0$, $(a+2)(a-4)=0$

$\therefore a=4$ $(\because a>0)$

따라서 평행사변형 ABCD의 넓이는

$2\times4\times\sin60°=2\times4\times\dfrac{\sqrt{3}}{2}=4\sqrt{3}$

1526 답 ②

평행사변형 ABCD의 넓이는

$4\times8\times\sin60°=4\times8\times\dfrac{\sqrt{3}}{2}=16\sqrt{3}$

삼각형 ABC에서 코사인법칙에 의하여

$\overline{AC}^2=4^2+8^2-2\times4\times8\times\cos60°$

$=16+64-2\times4\times8\times\dfrac{1}{2}=48$

$\therefore \overline{AC}=4\sqrt{3}$

따라서 $a=16\sqrt{3}$, $b=4\sqrt{3}$이므로 $a+b=20\sqrt{3}$

1527 답 ⑤

평행사변형 ABCD의 넓이가 $12\sqrt{3}$이므로

$6\times4\times\sin\theta=12\sqrt{3}$ $\therefore \sin\theta=\dfrac{\sqrt{3}}{2}$

$0°<\theta<90°$이므로 $\theta=60°$

삼각형 ABC에서 코사인법칙에 의하여
$\overline{AC}^2=6^2+4^2-2\times6\times4\times\cos60°$

$=36+16-2\times6\times4\times\dfrac{1}{2}=28$

$\therefore \overline{AC}=2\sqrt{7}$

1528 답 $30\sqrt{3}$

삼각형 BCD에서 코사인법칙에 의하여
$\cos C=\dfrac{6^2+10^2-14^2}{2\times6\times10}=-\dfrac{60}{120}=-\dfrac{1}{2}$

$0°<C<180°$이므로 $C=120°$

따라서 평행사변형 ABCD의 넓이는

$6\times10\times\sin120°=6\times10\times\dfrac{\sqrt{3}}{2}=30\sqrt{3}$

1529 답 ①
유형 20

그림과 같이 두 대각선의 길이가 각각 3, 8이고 두 대각선이 이루는 각의 크기가 θ
단서1
인 사각형 ABCD에서 $\cos\theta=\dfrac{1}{3}$일 때,
단서2
사각형 ABCD의 넓이는?

① $8\sqrt{2}$ ② $12\sqrt{2}$ ③ $16\sqrt{2}$
④ $20\sqrt{2}$ ⑤ $24\sqrt{2}$

단서1 사각형 ABCD의 넓이는 $\dfrac{1}{2}\times3\times8\times\sin\theta$
단서2 $\sin\theta=\sqrt{1-\cos^2\theta}$

 $\sin\theta$의 값 구하기

$\cos\theta=\dfrac{1}{3}$이고 $0°<\theta<180°$이므로

$\sin\theta=\sqrt{1-\cos^2\theta}=\sqrt{1-\left(\dfrac{1}{3}\right)^2}=\dfrac{2\sqrt{2}}{3}$

STEP 2 사각형 ABCD의 넓이 구하기

사각형 ABCD의 넓이는

$\dfrac{1}{2}\times3\times8\times\sin\theta=\dfrac{1}{2}\times3\times8\times\dfrac{2\sqrt{2}}{3}=8\sqrt{2}$

1530 답 ④

등변사다리꼴의 두 대각선의 길이는 같으므로 대각선의 길이를 x
라 하면 → 밑변의 양 끝 각의 크기가 같은 사다리꼴

$$\frac{1}{2}\times x\times x\times\sin 45^\circ=10\sqrt{2}$$

$$\frac{1}{2}\times x\times x\times\frac{\sqrt{2}}{2}=10\sqrt{2},\ x^2=40$$

$$\therefore x=2\sqrt{10}\ (\because x>0)$$

1531 답 ②

두 대각선이 이루는 예각의 크기를 θ라 하면 사각형 ABCD의 넓이가 10이므로

$$\frac{1}{2}\times 4\times 10\times\sin\theta=10,\ \sin\theta=\frac{1}{2}$$

$0^\circ<\theta<90^\circ$이므로 $\theta=30^\circ$

1532 답 ⑤

사각형 ABCD의 넓이가 $5\sqrt{3}$이므로

$$\frac{1}{2}ab\sin 120^\circ=5\sqrt{3},\ \frac{1}{2}ab\times\frac{\sqrt{3}}{2}=5\sqrt{3}\qquad\therefore ab=20$$

$$\therefore a^3+b^3=(a+b)^3-3ab(a+b)$$
$$=9^3-3\times 20\times 9=189$$

1533 답 ③

$x+y=8$에서 $y=8-x$

$x>0,\ 8-x>0$이므로 $0<x<8$

사각형 ABCD의 넓이는

$$\frac{1}{2}xy\sin 60^\circ=\frac{1}{2}x(8-x)\times\frac{\sqrt{3}}{2}=-\frac{\sqrt{3}}{4}(x-4)^2+4\sqrt{3}$$

따라서 $0<x<8$에서 사각형 ABCD의 넓이는 $x=y=4$일 때 최대이고 최댓값은 $4\sqrt{3}$이다.

［다른 풀이］

$x>0,\ y>0$이므로 산술평균과 기하평균의 관계에 의하여

$x+y\geq 2\sqrt{xy}$ (단, 등호는 $x=y$일 때 성립)

$8\geq 2\sqrt{xy}\qquad\therefore xy\leq 16$

사각형 ABCD의 넓이는

$$\frac{1}{2}xy\sin 60^\circ\leq\frac{1}{2}\times 16\times\frac{\sqrt{3}}{2}=4\sqrt{3}$$

따라서 구하는 최댓값은 $4\sqrt{3}$이다.

1534 답 $\dfrac{11\sqrt{3}}{2}$

평행사변형 ABCD의 두 대각선 AC와 BD의 교점을 O라 하자.

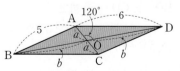

평행사변형의 두 대각선은 서로 다른 것을 이등분하므로 $\overline{AC}=2a$, $\overline{BD}=2b$라 하면 삼각형 ABO에서 코사인법칙에 의하여

$$5^2=a^2+b^2-2ab\cos 60^\circ,\ 25=a^2+b^2-2ab\times\frac{1}{2}$$

$$\therefore 25=a^2+b^2-ab\ \cdots\cdots\cdots\cdots\cdots\cdots\cdots\cdots\ \bigcirc$$

삼각형 AOD에서 코사인법칙에 의하여

$$6^2=a^2+b^2-2ab\cos 120^\circ,\ 36=a^2+b^2-2ab\times\left(-\frac{1}{2}\right)$$

$$\therefore 36=a^2+b^2+ab\ \cdots\cdots\cdots\cdots\cdots\cdots\cdots\cdots\ \bigcirc$$

$\bigcirc-\bigcirc$을 하면 $11=2ab\qquad\therefore ab=\dfrac{11}{2}$

따라서 평행사변형 ABCD의 넓이는

$$\frac{1}{2}\times 2a\times 2b\times\sin 120^\circ=2\times\frac{11}{2}\times\frac{\sqrt{3}}{2}=\frac{11\sqrt{3}}{2}$$

참고 평행사변형의 두 대각선이 서로 다른 것을 이등분함을 이용하여 선분의 길이를 적당한 미지수로 정하고 코사인법칙을 적용시키도록 한다.

서술형 유형 익히기   318쪽~321쪽

1535 답 (1) $\dfrac{k}{3}$ (2) $\dfrac{\sqrt{3}k}{6}$ (3) $\dfrac{k}{3}$ (4) $\sqrt{3}$ (5) 2 (6) $2m$

(7) $\sqrt{3}m$ (8) $2m$ (9) $\dfrac{\sqrt{3}}{2}$

실제 답안 예시

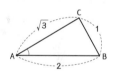

$6\sin A=2\sqrt{3}\sin B=3\sin C$

$\sin A=\dfrac{\sqrt{3}}{3}\sin B=\dfrac{1}{2}\sin C$

$\sin A=\dfrac{\sin B}{\sqrt{3}}=\dfrac{\sin C}{2}$

$\therefore a:b:c=1:\sqrt{3}:2$

그림에서

$\cos A=\dfrac{4+3-1}{2\times 2\times\sqrt{3}}$

$=\dfrac{6}{4\sqrt{3}}=\dfrac{\sqrt{3}}{2}$

1536 답 $-\dfrac{\sqrt{3}}{9}$

STEP 1 $6\sin A=10\sin B=5\sqrt{3}\sin C=k$ **라 하고** $\sin A$, $\sin B$, $\sin C$ **를** k**로 나타내기 [1점]**

$6\sin A=10\sin B=5\sqrt{3}\sin C=k$라 하면

$$\sin A=\frac{k}{6},\ \sin B=\frac{k}{10},\ \sin C=\frac{\sqrt{3}k}{15}$$

STEP 2 $a:b:c$ **구하기 [2점]**

$a:b:c=\sin A:\sin B:\sin C$이므로   …… ⓐ

$$a:b:c=\frac{k}{6}:\frac{k}{10}:\frac{\sqrt{3}k}{15}$$
$$=5:3:2\sqrt{3}$$

STEP 3 $\cos A$**의 값 구하기 [3점]**

$a=5m$, $b=3m$, $c=2\sqrt{3}m\ (m>0)$이라 하면

코사인법칙에 의하여

$$\cos A=\frac{(3m)^2+(2\sqrt{3}m)^2-(5m)^2}{2\times 3m\times 2\sqrt{3}m}=-\frac{\sqrt{3}}{9}$$

부분점수표	
ⓐ $a:b:c=\sin A:\sin B:\sin C$로 나타낸 경우	1점

1537 답 $\dfrac{7}{5}$

STEP 1 $b+c=7k$, $c+a=8k$, $a+b=9k$라 하고 a, b, c를 k로 나타내기 [3점]

$b+c=7k$, $c+a=8k$, $a+b=9k$라 하고 세 식을 모두 더하면

$2a+2b+2c=24k$ $\therefore a+b+c=12k$

$\therefore a=5k$, $b=4k$, $c=3k$

STEP 2 $\dfrac{\sin B+\sin C}{\sin A}$의 값 구하기 [3점]

삼각형 ABC의 외접원의 반지름의 길이를 R이라 하면

$\sin A=\dfrac{a}{2R}$, $\sin B=\dfrac{b}{2R}$, $\sin C=\dfrac{c}{2R}$ ······ ⓐ

$\therefore \dfrac{\sin B+\sin C}{\sin A}=\dfrac{\dfrac{b}{2R}+\dfrac{c}{2R}}{\dfrac{a}{2R}}=\dfrac{b+c}{a}=\dfrac{7k}{5k}=\dfrac{7}{5}$

부분점수표	
ⓐ $\sin A$, $\sin B$, $\sin C$를 R로 나타낸 경우	1점

1538 답 $\dfrac{9}{2}$

STEP 1 삼각형 ABP에서 사인법칙 이용하기 [3점]

삼각형 ABC는 이등변삼각형이므로

$\angle ABC=\angle ACB=\theta$라 하고, 삼각형 ABP와 삼각형 APC의 외접원의 반지름의 길이를 각각 R_1, R_2라 하면

삼각형 ABP에서 사인법칙에 의하여

$\dfrac{\overline{BP}}{\sin(\angle BAP)}=\dfrac{\overline{AP}}{\sin\theta}=2R_1$ ············ ㉠

STEP 2 삼각형 APC에서 사인법칙 이용하기 [2점]

삼각형 APC에서 사인법칙에 의하여

$\dfrac{\overline{CP}}{\sin(\angle PAC)}=\dfrac{\overline{AP}}{\sin\theta}=2R_2$ ············ ㉡

STEP 3 삼각형 ABP의 외접원의 반지름의 길이 구하기 [2점]

㉠, ㉡에서 $R_1=R_2$이므로

$\dfrac{\overline{BP}}{\sin(\angle BAP)}+\dfrac{\overline{CP}}{\sin(\angle PAC)}=2R_1+2R_1=18$

$\therefore R_1=\dfrac{9}{2}$

따라서 삼각형 ABP의 외접원의 반지름의 길이는 $\dfrac{9}{2}$이다.

1539 답 (1) 4 (2) 7 (3) 5 (4) $\dfrac{1}{5}$ (5) 4 (6) 16 (7) $\dfrac{1}{5}$

(8) 33 (9) $\sqrt{33}$

실제 답안 예시

$\overline{BD}:\overline{DC}=2:1$이므로

$\overline{BD}=4$, $\overline{DC}=2$

$\cos B=\dfrac{25+36-49}{60}=\dfrac{12}{60}=\dfrac{1}{5}$

$\overline{AD}^2=25+16-2\times5\times4\times\cos B$

$\qquad =41-40\times\dfrac{1}{5}$

$\qquad =41-8=33$

$\therefore \overline{AD}=\sqrt{33}$

1540 답 $\sqrt{23}$

STEP 1 $\overline{BD}$의 길이 구하기 [1점]

$\overline{BD}:\overline{DC}=2:1$이므로

$\overline{BD}=9\times\dfrac{2}{3}=6$

STEP 2 $\cos B$의 값 구하기 [2점]

삼각형 ABC에서 코사인법칙에 의하여

$\cos B=\dfrac{5^2+9^2-7^2}{2\times5\times9}=\dfrac{19}{30}$

STEP 3 $\overline{AD}$의 길이 구하기 [3점]

삼각형 ABD에서 코사인법칙에 의하여

$\overline{AD}^2=5^2+6^2-2\times5\times6\times\cos B$

$\qquad =25+36-2\times5\times6\times\dfrac{19}{30}=23$

$\therefore \overline{AD}=\sqrt{23}$

1541 답 $\sqrt{13}$

STEP 1 $\overline{BD}:\overline{CD}$ 구하기 [1점]

$\overline{AD}$가 ∠A의 이등분선이므로

$\overline{BD}:\overline{CD}=\overline{AB}:\overline{AC}=4:12=1:3$

STEP 2 $\angle BAD=\angle CAD=\theta$라 할 때, $\cos\theta$의 값 구하기 [4점]

$\overline{BD}=k$, $\overline{CD}=3k$ $(k>0)$, $\angle BAD=\angle CAD=\theta$라 하면

삼각형 ABD에서 코사인법칙에 의하여

$\cos(\angle BAD)=\cos\theta=\dfrac{4^2+3^2-k^2}{2\times4\times3}=\dfrac{25-k^2}{24}$ ···················· ㉠ ······ ⓐ

삼각형 ADC에서 코사인법칙에 의하여

$\cos(\angle CAD)=\cos\theta=\dfrac{3^2+12^2-(3k)^2}{2\times3\times12}=\dfrac{153-9k^2}{72}$ ·········· ㉡ ······ ⓑ

STEP 3 $\overline{BD}$의 길이 구하기 [3점]

㉠, ㉡에서 $\dfrac{25-k^2}{24}=\dfrac{153-9k^2}{72}$이므로

$3(25-k^2)=153-9k^2$, $6k^2=78$, $k^2=13$

$\therefore k=\sqrt{13}$ $(\because k>0)$

따라서 선분 BD의 길이는 $\sqrt{13}$이다.

부분점수표	
ⓐ 삼각형 ABD에서 $\cos(\angle BAD)$를 구한 경우	2점
ⓑ 삼각형 ADC에서 $\cos(\angle CAD)$를 구한 경우	2점

1542 답 3

STEP 1 $\overline{BD}$의 길이 구하기 [3점]

$\overline{BD}=x$, $\overline{CD}=y$라 하면

삼각형 ABD에서 코사인법칙에 의하여

$(3\sqrt5)^2=10^2+x^2-2\times10\times x\times\cos B$ ···················· ⓐ

$45=100+x^2-2\times10\times x\times\dfrac{4}{5}$

$x^2-16x+55=0$, $(x-5)(x-11)=0$ $\therefore x=5$ $(\because x<10)$

STEP 2 $\overline{AC}$와 $\overline{DC}$의 길이 사이의 관계식 구하기 [2점]

$\overline{AD}$가 ∠A의 이등분선이므로

$10:\overline{AC}=5:y$ $\therefore \overline{AC}=2y$

STEP 3 $\overline{DC}$의 길이 구하기 [3점]

삼각형 ABC에서 코사인법칙에 의하여

$(2y)^2=10^2+(5+y)^2-2\times10\times(5+y)\times\cos B$ ...... ⓑ

$4y^2=100+25+10y+y^2-2\times10\times(5+y)\times\dfrac{4}{5}$

$y^2+2y-15=0$, $(y+5)(y-3)=0$ $\therefore y=3\ (\because y>0)$

따라서 선분 DC의 길이는 3이다.

부분점수표	
ⓐ 삼각형 ABD에서 코사인법칙을 적용한 경우	1점
ⓑ 삼각형 ABC에서 코사인법칙을 적용한 경우	1점

1543 달 (1) $\dfrac{\sqrt{15}}{4}$ (2) 4 (3) $-\dfrac{1}{4}$ (4) 64 (5) 8 (6) 8 (7) 4

(8) 16 (9) $\dfrac{256}{15}\pi$

실제 답안 예시

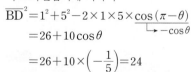

$\overline{BD}=x$라고 하자.

$\angle BAD=\theta$라고 할 때, $\angle BCD=\pi-\theta$이고

$\cos A=\cos\theta=\dfrac{1}{4}$

삼각형 BCD에서 코사인법칙에 의하여

$x^2=36+16-2\times6\times4\times\cos(\pi-\theta)$

$=52+48\cos\theta=52+48\times\dfrac{1}{4}=64$

$\therefore x=8\ (\because x>0)$

원의 반지름 R을 구하기 위해 사인법칙을 사용하자.

$\dfrac{8}{\sin\theta}=2R$, $\cos\theta=\dfrac{1}{4}$이므로 $\sin\theta=\dfrac{\sqrt{15}}{4}$

$\dfrac{8}{\frac{\sqrt{15}}{4}}=\dfrac{32}{\sqrt{15}}=2R$ $\therefore R=\dfrac{16}{\sqrt{15}}$

(원의 넓이)$=\pi R^2=\dfrac{16\times16}{15}\pi=\dfrac{256}{15}\pi$

1544 달 $\dfrac{25}{4}\pi$

STEP 1 $\angle BCD=\theta$일 때, $\sin\theta$의 값 구하기 [2점]

$\angle BCD=\theta$라 하면 $\cos\theta=-\dfrac{1}{5}$이고 $0<\theta<\pi$이므로

$\sin\theta=\sqrt{1-\cos^2\theta}=\sqrt{1-\left(-\dfrac{1}{5}\right)^2}=\dfrac{2\sqrt{6}}{5}$

STEP 2 $\overline{BD}$의 길이 구하기 [3점]

사각형 ABCD가 원에 내접하므로

$\angle BAD=\pi-\theta$

그림과 같이 $\overline{BD}$를 그으면 삼각형 ABD에서 코사인법칙에 의하여

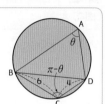

$\overline{BD}^2=1^2+5^2-2\times1\times5\times\underset{\underset{\longrightarrow -\cos\theta}{}}{\cos(\pi-\theta)}$

$=26+10\cos\theta$

$=26+10\times\left(-\dfrac{1}{5}\right)=24$

$\therefore \overline{BD}=2\sqrt{6}$

STEP 3 삼각형 BCD의 외접원의 반지름의 길이 구하기 [2점]

삼각형 BCD의 외접원의 반지름의 길이를 R이라 하면 사인법칙에 의하여

$\dfrac{2\sqrt{6}}{\sin\theta}=2R$ $\therefore R=\dfrac{1}{2}\times2\sqrt{6}\times\dfrac{5}{2\sqrt{6}}=\dfrac{5}{2}$

STEP 4 원의 넓이 구하기 [1점]

원의 넓이는 $\pi\left(\dfrac{5}{2}\right)^2=\dfrac{25}{4}\pi$

1545 달 13π

STEP 1 $\angle ACB$의 크기 구하기 [2점]

그림과 같이 원 위의 점 O'을 잡으면

$\angle AO'B=\dfrac{1}{2}\angle AOB=60°$ ...... ⓐ

사각형 O'BCA는 원에 내접하므로

$\angle ACB=180°-60°=120°$

STEP 2 원 O의 반지름의 길이 구하기 [5점]

원 O의 반지름의 길이를 r이라 하면
삼각형 AOB에서 코사인법칙에 의하여

$\overline{AB}^2=r^2+r^2-2\times r\times r\times\cos120°$

$=r^2+r^2-2\times r\times r\times\left(-\dfrac{1}{2}\right)=3r^2$ ...... ㉠ ...... ⓑ

삼각형 ABC에서 코사인법칙에 의하여

$\overline{AB}^2=2^2+5^2-2\times2\times5\times\cos120°$

$=4+25-2\times2\times5\times\left(-\dfrac{1}{2}\right)=39$ ...... ㉡ ...... ⓒ

㉠, ㉡에서 $3r^2=39$, $r^2=13$

$\therefore r=\sqrt{13}\ (\because r>0)$

STEP 3 원의 넓이 구하기 [1점]

원의 넓이는 $\pi r^2=13\pi$

부분점수표	
ⓐ $\angle AO'B$의 크기를 구한 경우	1점
ⓑ 삼각형 AOB에서 코사인법칙을 적용한 경우	1점
ⓒ 삼각형 ABC에서 코사인법칙을 적용한 경우	1점

개념 Check

원에서 한 호에 대한 원주각의 크기는 그 호에 대한 중심각의 크기의 $\dfrac{1}{2}$이다.

→ $\angle A=\dfrac{1}{2}\angle BOC$

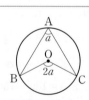

1546 달 $8(1+\sqrt{2})$

STEP 1 $\angle BOA$, $\angle AOD$, $\angle DOC$의 크기 구하기 [2점]

$\angle BOA=\angle AOD=\angle DOC=\dfrac{360°}{8}=45°$

STEP 2 r^2의 값 구하기 [3점]

원 O의 반지름의 길이를 r이라 하면
삼각형 OAB에서 코사인법칙에 의하여

$4^2=r^2+r^2-2\times r\times r\times\cos45°$ ...... ⓐ

$16=r^2+r^2-2\times r\times r\times\dfrac{\sqrt{2}}{2}$

$16=2r^2-\sqrt{2}r^2=(2-\sqrt{2})r^2$

$\therefore r^2=8(2+\sqrt{2})$

사각형 ABCD의 넓이 구하기 [4점]

사각형 ABCD의 넓이는 세 삼각형 OAB, OAD, ODC의 넓이의 합에서 삼각형 OCB의 넓이를 뺀 것과 같다.

$\triangle \text{OAB} \equiv \triangle \text{OAD} \equiv \triangle \text{ODC}$ (SAS 합동)이므로

$$\begin{aligned}(\text{삼각형 OAB의 넓이}) &= (\text{삼각형 OAD의 넓이}) \\ &= (\text{삼각형 ODC의 넓이}) \\ &= \frac{1}{2} \times r \times r \times \sin 45^\circ \\ &= \frac{1}{2} \times r \times r \times \frac{\sqrt{2}}{2} = \frac{\sqrt{2}}{4} r^2 \quad \cdots\cdots \ ⓑ\end{aligned}$$

$$\begin{aligned}(\text{삼각형 OCB의 넓이}) &= \frac{1}{2} \times r \times r \times \sin 135^\circ \\ &= \frac{1}{2} \times r \times r \times \frac{\sqrt{2}}{2} = \frac{\sqrt{2}}{4} r^2 \quad \cdots\cdots \ ⓒ\end{aligned}$$

따라서 사각형 ABCD의 넓이는

$$3 \times \frac{\sqrt{2}}{4} r^2 - \frac{\sqrt{2}}{4} r^2 = \frac{\sqrt{2}}{2} r^2 = \frac{\sqrt{2}}{2} \times 8(2+\sqrt{2}) = 8(1+\sqrt{2})$$

부분점수표	
ⓐ 삼각형 OAB에서 코사인법칙을 적용한 경우	1점
ⓑ 세 삼각형 OAB, OAD, ODC의 넓이를 구한 경우	1점
ⓒ 삼각형 OCB의 넓이를 구한 경우	1점

 실전 마무리하기 1회   322쪽~326쪽

1 1547 답 ⑤   유형 1

출제의도 | 사인법칙을 이용하여 삼각형의 각의 크기와 변의 길이를 구할 수 있는지 확인한다.

> 삼각형 ABC에서 $\dfrac{a}{\sin A} = \dfrac{b}{\sin B} = \dfrac{c}{\sin C}$이고 삼각형의 세 각의 크기의 합은 180°임을 이용해 보자.

사인법칙에 의하여

$$\frac{5}{\sin B} = \frac{5\sqrt{3}}{\sin 120^\circ}$$

$$\therefore \sin B = 5 \times \frac{1}{5\sqrt{3}} \times \frac{\sqrt{3}}{2} = \frac{1}{2}$$

$0^\circ < B < 90^\circ$이므로 $B = 30^\circ$

$\therefore \angle \text{A} = 180^\circ - (30^\circ + 120^\circ) = 30^\circ$

따라서 삼각형 ABC는 $\angle \text{A} = \angle \text{B}$인 이등변삼각형이므로

$\overline{\text{BC}} = \overline{\text{AC}} = 5$ $\therefore a = 5$

2 1548 답 ④   유형 2

출제의도 | 사인법칙을 이용하여 외접원의 반지름의 길이를 구할 수 있는지 확인한다.

> 삼각형 ABC에서 $\dfrac{a}{\sin A} = \dfrac{b}{\sin B} = \dfrac{c}{\sin C} = 2R$임을 이용해 보자.

$A = 180^\circ - (80^\circ + 70^\circ) = 30^\circ$

삼각형 ABC의 외접원의 반지름의 길이를 R이라 하면 사인법칙에 의하여 $\dfrac{5}{\sin 30^\circ} = 2R$ $\therefore R = \dfrac{5}{\frac{1}{2}} \times \dfrac{1}{2} = 5$

따라서 삼각형 ABC의 외접원의 반지름의 길이는 5이다.

3 1549 답 ①   유형 4

출제의도 | 사인법칙을 이용하여 삼각형의 모양을 결정할 수 있는지 확인한다.

> 삼각형 ABC에서 $\sin A = \dfrac{a}{2R}$, $\sin B = \dfrac{b}{2R}$, $\sin C = \dfrac{c}{2R}$임을 이용해 보자.

삼각형 ABC의 외접원의 반지름의 길이를 R이라 하면 사인법칙에 의하여

$$\sin A = \frac{a}{2R},\ \sin B = \frac{b}{2R},\ \sin C = \frac{c}{2R}$$

이것을 $a \sin A = b \sin B + c \sin C$에 대입하면

$$a \times \frac{a}{2R} = b \times \frac{b}{2R} + c \times \frac{c}{2R} \quad \therefore a^2 = b^2 + c^2$$

따라서 삼각형 ABC는 $A = 90^\circ$인 직각삼각형이다.

4 1550 답 ①   유형 6

출제의도 | 코사인법칙을 이용하여 삼각형의 변의 길이를 구할 수 있는지 확인한다.

> 삼각형 ABC에서 $b^2 = c^2 + a^2 - 2ca \cos B$임을 이용해 보자.

코사인법칙에 의하여

$$(\sqrt{6})^2 = c^2 + 2^2 - 2 \times c \times 2 \times \cos 60^\circ,\ 6 = c^2 + 4 - 2 \times c \times 2 \times \frac{1}{2}$$

$$c^2 - 2c - 2 = 0 \quad \therefore c = 1 \pm \sqrt{1 - (-2)} = 1 \pm \sqrt{3}$$

$$\therefore c = 1 + \sqrt{3}\ (\because c > 0)$$

5 1551 답 ④   유형 8

출제의도 | 사인법칙과 코사인법칙을 이용하여 삼각형의 변의 길이를 구할 수 있는지 확인한다.

> 삼각형 ABC에서 $\dfrac{a}{\sin A} = \dfrac{b}{\sin B} = \dfrac{c}{\sin C}$이고 $a^2 = b^2 + c^2 - 2bc \cos A$임을 이용해 보자.

$\angle \text{A} = 180^\circ - (45^\circ + 75^\circ) = 60^\circ$

사인법칙에 의하여

$$\frac{\frac{\sqrt{3}}{2}}{\sin 45^\circ} = \frac{\overline{\text{BC}}}{\sin 60^\circ}$$

$$\therefore \overline{\text{BC}} = \frac{\sqrt{3}}{2} \times \frac{\sqrt{3}}{2} \times \frac{2}{\sqrt{2}} = \frac{3\sqrt{2}}{4}$$

코사인법칙에 의하여

$$\left(\frac{3\sqrt{2}}{4}\right)^2 = c^2 + \left(\frac{\sqrt{3}}{2}\right)^2 - 2 \times c \times \frac{\sqrt{3}}{2} \times \cos 60^\circ$$

$$\frac{9}{8} = c^2 + \frac{3}{4} - 2 \times c \times \frac{\sqrt{3}}{2} \times \frac{1}{2},\ 8c^2 - 4\sqrt{3}c - 3 = 0$$

$$\therefore c = \frac{2\sqrt{3} \pm \sqrt{12 + 8 \times 3}}{8} = \frac{\sqrt{3} \pm 3}{4}$$

$$\therefore c = \frac{3 + \sqrt{3}}{4}\ (\because c > 0)$$

6 1552 답 ③   유형 10

출제의도 | 사인법칙과 코사인법칙을 이용하여 삼각형의 모양을 결정할 수 있는지 확인한다.

> 삼각형 ABC에서 $\sin A$, $\sin B$, $\cos C$를 a, b, c에 대한 식으로 나타내 보자.

삼각형 ABC의 외접원의 반지름의 길이를 R이라 하면

$\sin A = \dfrac{a}{2R}$, $\sin B = \dfrac{b}{2R}$, $\cos C = \dfrac{a^2+b^2-c^2}{2ab}$

이것을 $\sin A = 2\sin B \cos C$에 대입하면

$\dfrac{a}{2R} = 2 \times \dfrac{b}{2R} \times \dfrac{a^2+b^2-c^2}{2ab}$

$a^2 = a^2 + b^2 - c^2$, $b^2 - c^2 = 0$

$(b+c)(b-c) = 0$ $\therefore b = c$ ($\because b > 0$, $c > 0$)

따라서 삼각형 ABC는 $b=c$인 이등변삼각형이다.

7 1553 답 ② 〈유형 12〉

출제의도 | 두 변의 길이와 그 끼인각의 크기를 알 때 삼각형의 넓이를 구할 수 있는지 확인한다.

> 삼각형 ABC의 넓이는 $S = \dfrac{1}{2}bc\sin A$임을 이용해 보자.

$\sin(B+C) = \sin(\pi - A) = \sin A = \dfrac{1}{4}$

따라서 삼각형 ABC의 넓이는

$\dfrac{1}{2} \times 3 \times 4 \times \sin A = \dfrac{1}{2} \times 3 \times 4 \times \dfrac{1}{4} = \dfrac{3}{2}$

8 1554 답 ② 〈유형 20〉

출제의도 | 등변사다리꼴의 넓이를 구할 수 있는지 확인한다.

> 등변사다리꼴의 대각선의 길이를 a, 두 대각선이 이루는 각의 크기를 θ라 할 때, 그 넓이는 $\dfrac{1}{2} \times a \times a \times \sin\theta$임을 이용해 보자.

등변사다리꼴의 두 대각선의 길이는 같으므로 대각선의 길이를 a라 하면

$\dfrac{1}{2} \times a \times a \times \sin 30° = 1$, $\dfrac{1}{2} \times a \times a \times \dfrac{1}{2} = 1$ $\therefore a^2 = 4$

$\therefore a = 2$ ($\because a > 0$)

9 1555 답 ② 〈유형 2〉

출제의도 | 사인법칙과 외접원의 관계를 이해하고, 삼각형의 둘레의 길이를 구할 수 있는지 확인한다.

> 삼각형 ABC에서 $\dfrac{a}{\sin A} = \dfrac{b}{\sin B} = \dfrac{c}{\sin C} = 2R$임을 이용해 보자.

삼각형 ABC에서 사인법칙에 의하여

$\dfrac{\overline{BC}}{\sin 120°} = 2 \times 8$

$\therefore \overline{BC} = 2 \times 8 \times \dfrac{\sqrt{3}}{2} = 8\sqrt{3}$

삼각형 ABC가 $\overline{AB} = \overline{AC}$인 이등변삼각형이므로

$B = C = \dfrac{1}{2} \times (180° - 120°) = 30°$

사인법칙에 의하여

$\dfrac{\overline{AB}}{\sin 30°} = 2 \times 8$ $\therefore \overline{AB} = 2 \times 8 \times \dfrac{1}{2} = 8$

따라서 삼각형 ABC의 둘레의 길이는

$8 + 8 + 8\sqrt{3} = 16 + 8\sqrt{3}$

10 1556 답 ② 〈유형 3〉

출제의도 | 사인법칙을 이용하여 삼각형의 변의 길이의 비를 구할 수 있는지 확인한다.

> $\sin A : \sin B : \sin C = a : b : c$이고 삼각형의 내각의 크기의 합은 $180°$임을 이용해 보자.

$A + B + C = \pi$이므로

$\sin(A+B) = \sin(\pi - C) = \sin C$

$\sin(B+C) = \sin(\pi - A) = \sin A$

$\sin(C+A) = \sin(\pi - B) = \sin B$

삼각형 ABC에서 사인법칙에 의하여

$\sin(A+B) : \sin(B+C) : \sin(C+A)$

$= \sin C : \sin A : \sin B$

$= c : a : b = 3 : 5 : 4$

11 1557 답 ⑤ 〈유형 6〉

출제의도 | 코사인법칙을 이용하여 삼각형의 각의 크기를 구할 수 있는지 확인한다.

> 삼각형 ABC에서 $c^2 = a^2 + b^2 - 2ab\cos C$임을 이용해 보자.

코사인법칙에 의하여

$c^2 = a^2 + b^2 - 2ab\cos C$ ················· ㉠

$c^2 - (2+\sqrt{3})ab = (a-b)^2$에서

$c^2 - (2+\sqrt{3})ab = a^2 - 2ab + b^2$

$\therefore c^2 = a^2 + b^2 + \sqrt{3}ab$ ················· ㉡

㉠, ㉡에서 $a^2 + b^2 - 2ab\cos C = a^2 + b^2 + \sqrt{3}ab$

$\therefore \cos C = -\dfrac{\sqrt{3}}{2}$

$0° < C < 180°$이므로 $C = 150°$

12 1558 답 ③ 〈유형 8〉

출제의도 | 사인법칙과 코사인법칙을 이용하여 삼각형의 변의 길이, 외접원의 반지름의 길이 등을 구할 수 있는지 확인한다.

> 삼각형 ABC에서 $a : b : c = \sin A : \sin B : \sin C$이고 $\cos A = \dfrac{b^2+c^2-a^2}{2bc}$임을 이용해 보자.

$A + B + C = \pi$이므로

$\sin(B+C) = \sin(\pi - A) = \sin A$,

$\sin(A+C) = \sin(\pi - B) = \sin B$,

$\sin(A+B) = \sin(\pi - C) = \sin C$

즉, 주어진 식은

$\dfrac{7}{\sin A} = \dfrac{5}{\sin B} = \dfrac{3}{\sin C}$

$\therefore \sin A : \sin B : \sin C = 7 : 5 : 3$

삼각형 ABC에서 사인법칙에 의하여

$a : b : c = \sin A : \sin B : \sin C = 7 : 5 : 3$

$a = 7k$, $b = 5k$, $c = 3k$ ($k>0$)라 하면 코사인법칙에 의하여

$\cos A = \dfrac{(5k)^2 + (3k)^2 - (7k)^2}{2 \times 5k \times 3k} = -\dfrac{15k^2}{30k^2} = -\dfrac{1}{2}$

$0° < A < 180°$이므로 $A = 120°$

삼각형 ABC의 외접원의 반지름의 길이를 R이라 하면 사인법칙에 의하여

$$\dfrac{3}{\sin 120°}=2R \qquad \therefore R=\dfrac{1}{2}\times 3\times \dfrac{2}{\sqrt{3}}=\sqrt{3}$$

따라서 삼각형 ABC의 외접원의 넓이는

$$\pi(\sqrt{3})^2=3\pi$$

13 1559 답 ④ 유형 12

출제의도 | 두 변의 길이와 그 끼인각의 크기를 알 때 삼각형의 넓이를 구할 수 있는지 확인한다.

> 삼각형 ABC의 넓이는 $S=\dfrac{1}{2}ab\sin C$임을 이용해 보자.

$0°<C<180°$이므로

$$\sin C=\sqrt{1-\cos^2 C}=\sqrt{1-\left(\dfrac{\sqrt{5}}{3}\right)^2}=\dfrac{2}{3}$$

따라서 삼각형 ABC의 넓이는

$$\dfrac{1}{2}\times 4\times 5\times \sin C=\dfrac{1}{2}\times 4\times 5\times \dfrac{2}{3}=\dfrac{20}{3}$$

14 1560 답 ④ 유형 13

출제의도 | 삼각형의 넓이와 외접원의 관계를 이해하는지 확인한다.

> 원의 둘레의 길이를 이용하여 원의 반지름의 길이를 구하고, 원에 내접하는 삼각형 ABC의 넓이는 원의 중심 O에 대하여 $\triangle ABC=\triangle AOB+\triangle BOC+\triangle COA$임을 이용해 보자.

원 O의 반지름의 길이를 R이라 하면

$$2\pi R=3+4+5=12 \qquad \therefore R=\dfrac{6}{\pi}$$

$\overset{\frown}{AB}:\overset{\frown}{BC}:\overset{\frown}{CA}=3:4:5$에서

$$\angle AOB=360°\times \dfrac{3}{12}=90°$$

$$\angle BOC=360°\times \dfrac{4}{12}=120°$$

$$\angle COA=360°\times \dfrac{5}{12}=150°$$

삼각형 ABC의 넓이는 세 삼각형 AOB, BOC, COA의 넓이의 합과 같으므로

$$\dfrac{1}{2}\times\left(\dfrac{6}{\pi}\right)^2\times\sin 90°+\dfrac{1}{2}\times\left(\dfrac{6}{\pi}\right)^2\times\sin 120°$$

$$+\dfrac{1}{2}\times\left(\dfrac{6}{\pi}\right)^2\times\sin 150°$$

$$=\dfrac{1}{2}\times\dfrac{36}{\pi^2}\times 1+\dfrac{1}{2}\times\dfrac{36}{\pi^2}\times\dfrac{\sqrt{3}}{2}+\dfrac{1}{2}\times\dfrac{36}{\pi^2}\times\dfrac{1}{2}$$

$$=\dfrac{9}{\pi^2}(3+\sqrt{3})$$

따라서 $a=9$, $b=3$이므로

$$a+b=12$$

15 1561 답 ③ 유형 16

출제의도 | 삼각형의 넓이를 이용하여 $a+b$의 최솟값을 구할 수 있는지 확인한다.

> 삼각형 ABC의 넓이가 $S=\dfrac{1}{2}ab\sin C$임을 이용하여 ab의 값을 구해 보자.

삼각형 ABC의 넓이가 $9\sqrt{3}$이므로

$$\dfrac{1}{2}\times a\times b\times \sin 60°=9\sqrt{3}$$

$$\dfrac{1}{2}\times a\times b\times \dfrac{\sqrt{3}}{2}=9\sqrt{3} \qquad \therefore ab=36$$

$a>0$, $b>0$이므로 산술평균과 기하평균의 관계에 의하여

$a+b\geq 2\sqrt{ab}=2\sqrt{36}=12$ (단, 등호는 $a=b=6$일 때 성립)

따라서 $a+b$의 최솟값은 12이다.

16 1562 답 ③ 유형 12

출제의도 | 두 변의 길이와 그 끼인각의 크기를 알 때 삼각형의 넓이를 구할 수 있는지 확인한다.

> 삼각형 ABC에서 $a^2=b^2+c^2-2bc\cos A$이고 넓이는 $S=\dfrac{1}{2}bc\sin A$임을 이용해 보자.

코사인법칙에 의하여

$$14^2=b^2+c^2-2bc\cos 120°$$

$$196=b^2+c^2-2bc\times\left(-\dfrac{1}{2}\right)$$

$$\therefore 196=b^2+c^2+bc \quad\cdots\cdots\cdots\cdots\cdots ㉠$$

$b+c=16$에서 $c=16-b$이므로 이것을 ㉠에 대입하면

$$196=b^2+(16-b)^2+b(16-b)$$

$$b^2-16b+60=0, (b-6)(b-10)=0$$

$$\therefore b=10 \ (\because b>8)$$

$$\therefore c=16-10=6$$

따라서 삼각형 ABC의 넓이는

$$\dfrac{1}{2}\times 10\times 6\times\sin 120°=\dfrac{1}{2}\times 10\times 6\times\dfrac{\sqrt{3}}{2}=15\sqrt{3}$$

17 1563 답 ② 유형 12

출제의도 | 두 변의 길이와 그 끼인각의 크기를 알 때 삼각형의 넓이를 구할 수 있는지 확인한다.

> 삼각형 ABC의 넓이는 $S=\dfrac{1}{2}bc\sin A$이고 $\sin(\pi-A)=\sin A$임을 이용해 보자.

세 정사각형 ADEB, BFGC, ACHI의 넓이의 합은

$$a^2+b^2+c^2$$

$\angle BAC=\alpha$, $\angle ABC=\beta$라 하면

$$\sin\alpha=\dfrac{a}{c}, \sin\beta=\dfrac{b}{c}$$

$\angle DAI=\pi-\alpha$, $\angle EBF=\pi-\beta$이므로 네 삼각형 ABC, DAI, EFB, CGH의 넓이의 합은

$$\dfrac{1}{2}\times a\times b+\dfrac{1}{2}\times b\times c\times \underline{\sin(\pi-\alpha)}+\dfrac{1}{2}\times a\times c\times\sin(\pi-\beta)$$

$$\hookrightarrow \sin(\pi-\alpha)=\sin\alpha$$

$$+\dfrac{1}{2}\times a\times b$$

$$=ab+\dfrac{1}{2}bc\sin\alpha+\dfrac{1}{2}ac\sin\beta$$

$$=ab+\dfrac{1}{2}bc\times\dfrac{a}{c}+\dfrac{1}{2}ac\times\dfrac{b}{c}=2ab$$

이때 $a^2+b^2=c^2$이므로 육각형 DEFGHI의 넓이는

$$a^2+b^2+c^2+2ab=2(c^2+ab)$$

18 1564 답 ③

출제의도 | 각의 이등분선이 주어질 때 삼각형의 넓이를 구할 수 있는지 확인한다.

> 삼각형 ABC에서 넓이는 $S=\dfrac{1}{2}ab\sin C$임을 이용해 보자.

$\sin\theta:\sin 2\theta=5:8$이므로

$\sin\theta=5k,\ \sin 2\theta=8k\ (k>0)$라 하자.

$\overline{AD}=x$라 하면 삼각형 ABC의 넓이는 두 삼각형 ABD, ADC의
넓이의 합과 같으므로

$\dfrac{1}{2}\times 12\times 8\times \sin 2\theta=\dfrac{1}{2}\times 12\times x\times\sin\theta+\dfrac{1}{2}\times 8\times x\times\sin\theta$

$48\sin 2\theta=6x\sin\theta+4x\sin\theta$

$48\sin 2\theta=10x\sin\theta$

$48\times 8k=10x\times 5k,\ 384=50x$ $\quad\therefore x=\dfrac{192}{25}$

따라서 $a=25$, $b=192$이므로

$a+b=217$

19 1565 답 ⑤

유형 13 + 유형 14 + 유형 15

출제의도 | 삼각형의 넓이를 이용하여 삼각형의 내접원과 외접원의 반지름의
길이를 구할 수 있는지 확인한다.

> 삼각형 ABC의 넓이는 $S=\dfrac{r}{2}(a+b+c)=\dfrac{abc}{4R}$임을 이용해 보자.

헤론의 공식에 의하여

$s=\dfrac{7+9+12}{2}=14$

삼각형의 넓이를 S라 하면

$S=\sqrt{14(14-7)(14-9)(14-12)}=14\sqrt{5}$

삼각형의 내접원의 반지름의 길이를 r이라 하면

$S=\dfrac{r}{2}(7+9+12)=14\sqrt{5}$ $\quad\therefore r=\sqrt{5}$

삼각형의 외접원의 반지름의 길이를 R이라 하면

$S=\dfrac{7\times 9\times 12}{4R}=14\sqrt{5}$ $\quad\therefore R=\dfrac{27}{2\sqrt{5}}$

$\therefore rR=\sqrt{5}\times\dfrac{27}{2\sqrt{5}}=\dfrac{27}{2}$

20 1566 답 ①

유형 17

출제의도 | 사각형의 넓이를 두 삼각형으로 나누어 구할 수 있는지 확인한다.

> 삼각형 ABC에서 $a^2=b^2+c^2-2bc\cos A$이고 넓이는
> $S=\dfrac{1}{2}bc\sin A$임을 이용해 보자.

삼각형 ACD에서 코사인법칙에 의하여

$\overline{AC}^2=7^2+8^2-2\times 7\times 8\times\cos\dfrac{2}{3}\pi$

$\quad=49+64-2\times 7\times 8\times\left(-\dfrac{1}{2}\right)=169$

$\therefore \overline{AC}=13$

삼각형 ACD의 넓이는

$\dfrac{1}{2}\times 8\times 7\times\sin\dfrac{2}{3}\pi=\dfrac{1}{2}\times 8\times 7\times\dfrac{\sqrt{3}}{2}=14\sqrt{3}$

삼각형 ABC의 넓이는

$\dfrac{1}{2}\times 13\times 4\sqrt{3}\times\sin\dfrac{5}{6}\pi=\dfrac{1}{2}\times 13\times 4\sqrt{3}\times\dfrac{1}{2}=13\sqrt{3}$

따라서 사각형 ABCD의 넓이는

$14\sqrt{3}+13\sqrt{3}=27\sqrt{3}$

21 1567 답 ⑤

유형 11

출제의도 | 코사인법칙을 이용하여 최단 거리를 구할 수 있는지 확인한다.

> 삼각형 ABC에서 $a^2=b^2+c^2-2bc\cos A$임을 이용해 보자.

$\overline{OQ}=8\times\dfrac{3}{4}=6,\ \overline{OS}=8\times\dfrac{1}{2}=4$이므로 사각뿔의 옆면의 전개도는
그림과 같다.

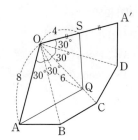

삼각형 OAQ에서 코사인법칙에 의하여

$\overline{AQ}^2=6^2+8^2-2\times 6\times 8\times\cos 60\degree$

$\quad=36+64-2\times 6\times 8\times\dfrac{1}{2}=52$

$\therefore \overline{AQ}=2\sqrt{13}$

삼각형 OQS에서 코사인법칙에 의하여

$\overline{QS}^2=4^2+6^2-2\times 4\times 6\times\cos 60\degree$

$\quad=16+36-2\times 4\times 6\times\dfrac{1}{2}=28$

$\therefore \overline{QS}=2\sqrt{7}$

따라서 점 A에서 출발하여 세 점 P, Q, R을 차례로 지나 점 S에
이르는 최단 거리는

$\overline{AQ}+\overline{QS}=2\sqrt{13}+2\sqrt{7}$

22 1568 답 271.5 m

유형 5

출제의도 | 사인법칙을 활용하여 실생활 문제를 해결할 수 있는지 확인한다.

STEP 1 ∠CFD의 크기 구하기 [1점]

그림에서

$\angle CFD=46\degree-30\degree=16\degree$

STEP 2 $\overline{DF}$의 길이 구하기 [2점]

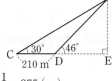

삼각형 FCD에서 사인법칙에 의하여

$\dfrac{\overline{DF}}{\sin 30\degree}=\dfrac{210}{\sin 16\degree}$ $\quad\therefore \overline{DF}=\dfrac{210}{0.28}\times\dfrac{1}{2}=375\,(\text{m})$

STEP 3 $\overline{EF}$의 길이 구하기 [2점]

삼각형 FDE에서

$\overline{EF}=375\sin 46\degree=375\times 0.72=270\,(\text{m})$

STEP 4 건물의 높이 구하기 [1점]

눈높이가 1.5 m이므로 구하는 건물의 높이는

$270+1.5=271.5\,(\text{m})$

23 1569 답 $4\sqrt{2}$　　　　　　　　　　유형7

출제의도 | 코사인법칙을 이용하여 삼각형의 변의 길이를 구할 수 있는지 확인한다.

STEP1 $\angle DBC=\theta$라 할 때, $\angle ABC$의 크기를 θ로 나타내기 [2점]

$\angle DBC=\theta$라 하면 $\overline{AD}\,\|\,\overline{BC}$이므로

$\angle ADB=\angle DBC=\theta$ (엇각)

삼각형 ABD는 $\overline{BA}=\overline{BD}$인 이등변삼각형이므로

$\angle DAB=\angle ADB=\theta$　　$\therefore\ \angle ABD=\pi-2\theta$

$\therefore\ \angle ABC=(\pi-2\theta)+\theta=\pi-\theta$

STEP2 $\cos\theta$의 값 구하기 [2점]

삼각형 BCD에서 코사인법칙에 의하여

$\cos\theta=\dfrac{3^2+3^2-2^2}{2\times3\times3}=\dfrac{7}{9}$

STEP3 $\overline{AC}$의 길이 구하기 [2점]

삼각형 ABC에서 코사인법칙에 의하여

$\overline{AC}^2=3^2+3^2-2\times3\times3\times\cos(\pi-\theta)$

$\qquad=3^2+3^2+2\times3\times3\times\cos\theta$

$\qquad=9+9+2\times3\times3\times\dfrac{7}{9}=32$

$\therefore\ \overline{AC}=4\sqrt{2}$

24 1570 답 $\dfrac{16}{21}$　　　　　　　　　　유형7

출제의도 | 코사인법칙을 이용하여 삼각형의 변의 길이와 각의 크기를 구할 수 있는지 확인한다.

STEP1 $\overline{BD}$, $\overline{CD}$의 길이를 k로 나타낼 때, $\cos C$의 값을 k로 나타내기 [2점]

$\overline{BD}:\overline{DC}=2:3$이므로

$\overline{BD}=2k$, $\overline{CD}=3k\ (k>0)$라 하면

삼각형 ABC에서 코사인법칙에 의하여

$\cos C=\dfrac{6^2+(5k)^2-9^2}{2\times6\times5k}=\dfrac{5k^2-9}{12k}$　………… ㉠

STEP2 k의 값 구하기 [2점]

삼각형 ADC에서 코사인법칙에 의하여

$\cos C=\dfrac{6^2+(3k)^2-7^2}{2\times6\times3k}=\dfrac{9k^2-13}{36k}$　………… ㉡

㉠, ㉡에서 $\dfrac{5k^2-9}{12k}=\dfrac{9k^2-13}{36k}$

$15k^2-27=9k^2-13$, $k^2=\dfrac{7}{3}$　　$\therefore\ k=\dfrac{\sqrt{21}}{3}\ (\because k>0)$

STEP3 $\overline{CD}$의 길이 구하기 [1점]

$\overline{CD}=3\times\dfrac{\sqrt{21}}{3}=\sqrt{21}$

STEP4 $\cos\theta$의 값 구하기 [2점]

삼각형 ADC에서 코사인법칙에 의하여

$\cos\theta=\dfrac{6^2+7^2-(\sqrt{21})^2}{2\times6\times7}=\dfrac{16}{21}$

25 1571 답 $178\pi-42\sqrt{3}$　　　　　유형13 + 유형14

출제의도 | 코사인법칙을 이용하여 코사인 값을 구하고, 삼각형의 넓이를 구할 수 있는지 확인한다.

STEP1 $\sin A$의 값 구하기 [2점]

삼각형 ABC에서 코사인법칙에 의하여

$\cos A=\dfrac{(7\sqrt{3})^2+(8\sqrt{3})^2-(13\sqrt{3})^2}{2\times7\sqrt{3}\times8\sqrt{3}}=-\dfrac{1}{2}$

$0°<A<180°$이므로

$\sin A=\sqrt{1-\cos^2 A}=\sqrt{1-\left(-\dfrac{1}{2}\right)^2}=\dfrac{\sqrt{3}}{2}$

STEP2 외접원의 반지름의 길이 구하기 [2점]

삼각형 ABC의 외접원의 반지름의 길이를 R이라 하면 사인법칙에 의하여

$\dfrac{13\sqrt{3}}{\sin A}=2R$　　$\therefore\ R=\dfrac{1}{2}\times13\sqrt{3}\times\dfrac{2}{\sqrt{3}}=13$

STEP3 삼각형 ABC의 넓이와 내접원의 반지름의 길이 구하기 [3점]

삼각형 ABC의 넓이를 S라 하면

$S=\dfrac{1}{2}\times7\sqrt{3}\times8\sqrt{3}\times\sin A$

$\quad=\dfrac{1}{2}\times7\sqrt{3}\times8\sqrt{3}\times\dfrac{\sqrt{3}}{2}=42\sqrt{3}$

삼각형 ABC의 내접원의 반지름의 길이를 r이라 하면

$S=\dfrac{r}{2}(7\sqrt{3}+13\sqrt{3}+8\sqrt{3})=42\sqrt{3}$

$\therefore\ r=3$

STEP4 색칠한 부분의 넓이 구하기 [1점]

(색칠한 부분의 넓이)

=(외접원의 넓이)$-$(삼각형 ABC의 넓이)+(내접원의 넓이)

$=\pi\times13^2-42\sqrt{3}+\pi\times3^2$

$=178\pi-42\sqrt{3}$

1 1572 답 ③　　　　　　　　　　유형1

출제의도 | 사인법칙을 이용하여 사인 값을 구할 수 있는지 확인한다.

> 삼각형 ABC에서 $\dfrac{a}{\sin A}=\dfrac{b}{\sin B}=\dfrac{c}{\sin C}$임을 이용해 보자.

사인법칙에 의하여 $\dfrac{2}{\frac{2}{5}}=\dfrac{3}{\sin B}$

$\therefore\ \sin B=3\times\dfrac{2}{5}\times\dfrac{1}{2}=\dfrac{3}{5}$

2 1573 답 ①　　　　　　　　　　유형1

출제의도 | 사인법칙을 이용하여 변의 길이를 구할 수 있는지 확인한다.

> 삼각형 ABC에서 $\dfrac{a}{\sin A}=\dfrac{b}{\sin B}=\dfrac{c}{\sin C}$임을 이용해 보자.

$A=180°-(45°+75°)=60°$

사인법칙에 의하여

$\dfrac{2\sqrt{2}}{\sin 45°}=\dfrac{a}{\sin 60°}$　　$\therefore\ a=2\sqrt{2}\times\dfrac{\sqrt{3}}{2}\times\dfrac{2}{\sqrt{2}}=2\sqrt{3}$

$\therefore\ a\cos A=2\sqrt{3}\cos 60°=2\sqrt{3}\times\dfrac{1}{2}=\sqrt{3}$

3 1574 답 ④

유형2

출제의도 | 사인법칙을 이용하여 사인 값을 구할 수 있는지 확인한다.

삼각형 ABC에서 $\sin A = \dfrac{a}{2R}$, $\sin B = \dfrac{b}{2R}$, $\sin C = \dfrac{c}{2R}$임을 이용해 보자.

삼각형 ABC의 외접원의 반지름의 길이를 R이라 하면

$\sin A = \dfrac{a}{2R}$, $\sin B = \dfrac{b}{2R}$, $\sin C = \dfrac{c}{2R}$

$\therefore \sin A + \sin B + \sin C = \dfrac{a}{2R} + \dfrac{b}{2R} + \dfrac{c}{2R}$

$\qquad\qquad\qquad\qquad = \dfrac{a+b+c}{2R} = \dfrac{8}{2\times 2} = 2$

4 1575 답 ③

유형4

출제의도 | 사인법칙을 이용하여 삼각형의 모양을 결정할 수 있는지 확인한다.

$\sin(A+C) = \sin(\pi - B) = \sin B$임을 이용해 보자.

$\sin(A+C) = \sin(\pi - B) = \sin B$이므로 $\quad \rightarrow A+B+C=\pi$

$\sin^2 B + \sin^2 C = 2\sin B \sin(A+C)$에서

$\sin^2 B + \sin^2 C = 2\sin^2 B$

$\sin^2 B = \sin^2 C$

$0° < B < 180°$, $0° < C < 180°$에서 $\sin B > 0$, $\sin C > 0$이므로

$\sin B = \sin C$

삼각형 ABC의 외접원의 반지름의 길이를 R이라 하면

$\dfrac{b}{2R} = \dfrac{c}{2R} \qquad \therefore b = c$

따라서 삼각형 ABC는 $b=c$인 이등변삼각형이다.

5 1576 답 ④

유형6

출제의도 | 코사인법칙을 이용하여 삼각형의 변의 길이를 구할 수 있는지 확인한다.

삼각형 ABC에서 $a^2 = b^2 + c^2 - 2bc\cos A$임을 이용해 보자.

평행사변형 ABCD에서

$C = 180° - 60° = 120°$

$\overline{CD} = \overline{AB} = 10$

삼각형 BCD에서 코사인법칙에 의하여

$\overline{BD}^2 = 6^2 + 10^2 - 2\times 6 \times 10 \times \cos 120°$

$\qquad = 36 + 100 - 2\times 6 \times 10 \times \left(-\dfrac{1}{2}\right)$

$\qquad = 196$

$\therefore \overline{BD} = 14$

6 1577 답 ⑤

유형6

출제의도 | 코사인법칙을 이용하여 삼각형의 변의 길이를 구할 수 있는지 확인한다.

삼각형 ABC에서 $a^2 = b^2 + c^2 - 2bc\cos A$임을 이용해 보자.

점 D가 변 BC를 $2:1$로 내분하므로

$\overline{BD} = 12 \times \dfrac{2}{3} = 8$

삼각형 ABD에서 코사인법칙에 의하여

$\overline{AD}^2 = (4\sqrt{2})^2 + 8^2 - 2\times 4\sqrt{2}\times 8 \times \cos 45°$

$\qquad = 32 + 64 - 2\times 4\sqrt{2}\times 8 \times \dfrac{\sqrt{2}}{2} = 32$

$\therefore \overline{AD} = 4\sqrt{2}$

7 1578 답 ④

유형7

출제의도 | 코사인법칙을 이용하여 삼각형의 각의 크기를 구할 수 있는지 확인한다.

삼각형 ABC에서 $\cos A = \dfrac{b^2+c^2-a^2}{2bc}$임을 이용해 보자.

코사인법칙에 의하여

$\cos C = \dfrac{7^2 + 8^2 - 13^2}{2\times 7 \times 8} = -\dfrac{1}{2}$

$0° < C < 180°$이므로 $C = 120°$

8 1579 답 ③

유형20

출제의도 | 두 대각선의 길이와 넓이를 이용하여 두 대각선이 이루는 각의 크기를 구할 수 있는지 확인한다.

사각형의 두 대각선의 길이가 a, b이고, 두 대각선이 이루는 각의 크기가 θ이면 넓이는 $\dfrac{1}{2}ab\sin\theta$임을 이용해 보자.

사각형 ABCD의 넓이가 4이므로

$\dfrac{1}{2}\times 4 \times 2\sqrt{3}\times \sin\theta = 4 \qquad \therefore \sin\theta = \dfrac{\sqrt{3}}{3}$

$\therefore \cos^2\theta = 1 - \sin^2\theta = 1 - \left(\dfrac{\sqrt{3}}{3}\right)^2 = \dfrac{2}{3}$

9 1580 답 ③

유형2

출제의도 | 사인법칙을 이용하여 삼각형의 외접원의 둘레의 길이를 구할 수 있는지 확인한다.

삼각형 ABC에서 $\dfrac{a}{\sin A} = \dfrac{b}{\sin B} = \dfrac{c}{\sin C} = 2R$임을 이용해 보자.

삼각형 ABC에서

$B = 180° - (80° + 40°) = 60°$

삼각형 ABC의 외접원의 반지름의 길이를 R이라 하면 사인법칙에 의하여

$\dfrac{3\sqrt{3}}{\sin 60°} = 2R \qquad \therefore R = \dfrac{1}{2}\times 3\sqrt{3}\times \dfrac{2}{\sqrt{3}} = 3$

따라서 삼각형 ABC의 외접원의 둘레의 길이는

$2\pi \times 3 = 6\pi$

10 1581 답 ③

유형5

출제의도 | 사인법칙을 활용하여 실생활 문제를 해결할 수 있는지 확인한다.

삼각형 ABC에서 $\overline{BC}$의 길이를 구한 후, 삼각형 BDC에서 $\overline{CD}$의 길이를 구해 보자.

삼각형 ABC에서 $\angle ACB = 58° - 40° = 18°$이므로

삼각형 ABC에서 사인법칙에 의하여

$$\frac{\overline{BC}}{\sin 40°}=\frac{62}{\sin 18°} \qquad \therefore \overline{BC}=\frac{62}{0.31}\times 0.64=128\ (m)$$

삼각형 BDC에서

$$\overline{CD}=\overline{BC}\sin 58°=128\times 0.85=108.8\ (m)$$

따라서 구하는 건물의 높이는 108.8 m이다.

11 1582 답 ③ 유형 9

출제의도 | 사인법칙과 코사인법칙을 이용하여 삼각형의 세 내각 중에서 최대각의 크기를 구할 수 있는지 확인한다.

> 삼각형 ABC에서 $a:b:c=\sin A:\sin B:\sin C$이고
> $\sin(\pi-A)=\sin A$, $\cos\left(\dfrac{\pi}{2}-A\right)=\sin A$임을 이용해 보자.

$\sin(\pi-A)=\sin A$, $\sin(A+C)=\sin(\pi-B)=\sin B$,

$\cos\left(\dfrac{\pi}{2}-C\right)=\sin C$이므로 주어진 식은

$$\frac{\sin A}{3}=\frac{\sin B}{7}=\frac{\sin C}{5}$$

$$\therefore \sin A:\sin B:\sin C=3:7:5$$

사인법칙에 의하여

$a:b:c=\sin A:\sin B:\sin C=3:7:5$

$a=3k$, $b=7k$, $c=5k\ (k>0)$라 하면

가장 긴 변의 대각의 크기가 가장 크므로 최대각은 B이다.

코사인법칙에 의하여

$$\cos B=\frac{(3k)^2+(5k)^2-(7k)^2}{2\times 3k\times 5k}=-\frac{1}{2}$$

$0<B<\pi$이므로 $B=\dfrac{2}{3}\pi$

따라서 삼각형 ABC의 세 내각 중에서 최대각의 크기는 $\dfrac{2}{3}\pi$이다.

12 1583 답 ② 유형 12

출제의도 | 코사인 값을 구한 후 이를 이용하여 삼각형의 넓이를 구할 수 있는지 확인한다.

> $\sin(90°+A)=\cos A$이고 삼각형 ABC에서 $\cos A=\dfrac{b^2+c^2-a^2}{2bc}$
> 임을 이용해 보자.

$\angle ABC=\theta$라 하면 삼각형 ABC에서 코사인법칙에 의하여

$$\cos\theta=\frac{4^2+8^2-6^2}{2\times 4\times 8}=\frac{11}{16}$$

$\angle ABD=90°+\theta$이므로

$$\sin(\angle ABD)=\sin(90°+\theta)=\cos\theta=\frac{11}{16}$$

따라서 삼각형 ABD의 넓이는

$$\frac{1}{2}\times 4\times 8\times \sin(\angle ABD)=\frac{1}{2}\times 4\times 8\times \frac{11}{16}=11$$

13 1584 답 ② 유형 14

출제의도 | 삼각형의 내접원의 반지름의 길이를 구할 수 있는지 확인한다.

> 삼각형 ABC에서 $a^2=b^2+c^2-2bc\cos A$이고 넓이는
> $S=\dfrac{1}{2}bc\sin A$임을 이용해 보자.

코사인법칙에 의하여

$$a^2=2^2+(2\sqrt{3})^2-2\times 2\times 2\sqrt{3}\times \cos 30°$$
$$=4+12-2\times 2\times 2\sqrt{3}\times \frac{\sqrt{3}}{2}=4$$

$\therefore a=2\ (\because a>0)$

삼각형 ABC의 넓이를 S라 하면

$$S=\frac{1}{2}\times 2\times 2\sqrt{3}\times \sin 30°=\frac{1}{2}\times 2\times 2\sqrt{3}\times \frac{1}{2}=\sqrt{3}$$

삼각형 ABC의 내접원의 반지름의 길이를 r이라 하면

$$S=\frac{1}{2}r(2+2+2\sqrt{3})=\sqrt{3} \qquad \therefore r=\frac{\sqrt{3}}{2+\sqrt{3}}=2\sqrt{3}-3$$

14 1585 답 ④ 유형 16

출제의도 | 두 변의 길이 사이의 관계와 그 끼인각의 크기를 알 때, 삼각형의 넓이의 최댓값을 구할 수 있는지 확인한다.

> 두 변의 길이가 양수이므로 산술평균과 기하평균의 관계 $a+b\geq 2\sqrt{ab}$를
> 이용해 보자.

삼각형 ABC의 넓이는

$$\frac{1}{2}ac\sin 60°=\frac{1}{2}ac\times \frac{\sqrt{3}}{2}=\frac{\sqrt{3}}{4}ac$$

$a>0$, $c>0$이므로 산술평균과 기하평균의 관계에 의하여

$a+c\geq 2\sqrt{ac}$ (단, 등호는 $a=c$일 때 성립)

$12\geq 2\sqrt{ac}$, $\sqrt{ac}\leq 6$ $\qquad \therefore ac\leq 36$

$$\therefore \frac{\sqrt{3}}{4}ac\leq 9\sqrt{3}$$

따라서 삼각형 ABC의 넓이의 최댓값은 $9\sqrt{3}$이다.

(다른 풀이)

$a+c=12$에서 $c=12-a>0$

$\therefore 0<a<12$

삼각형 ABC의 넓이는

$$\frac{1}{2}\times a\times(12-a)\times \sin 60°=\frac{1}{2}\times a\times(12-a)\times \frac{\sqrt{3}}{2}$$
$$=\frac{\sqrt{3}}{4}(-a^2+12a)$$
$$=-\frac{\sqrt{3}}{4}(a-6)^2+9\sqrt{3}$$

따라서 $a=6$일 때, 삼각형 ABC의 넓이의 최댓값은 $9\sqrt{3}$이다.

15 1586 답 ⑤ 유형 19

출제의도 | 평행사변형의 넓이를 구할 수 있는지 확인한다.

> 삼각형 ABC에서 $a^2=b^2+c^2-2bc\cos A$이고, 평행사변형 ABCD의
> 넓이 $S=\overline{AB}\times \overline{BC}\times \sin B$임을 이용해 보자.

$\overline{AB}=x$라 하면 삼각형 ABC에서 코사인법칙에 의하여

$$(\sqrt{19})^2=x^2+(2\sqrt{3})^2-2\times x\times 2\sqrt{3}\times \cos 30°$$

$$19=x^2+12-2\times x\times 2\sqrt{3}\times \frac{\sqrt{3}}{2}$$

$x^2-6x-7=0$, $(x+1)(x-7)=0$ $\qquad \therefore x=7\ (\because x>0)$

따라서 평행사변형 ABCD의 넓이는

$$7\times 2\sqrt{3}\times \sin 30°=7\times 2\sqrt{3}\times \frac{1}{2}=7\sqrt{3}$$

16 1587 답 ①

유형 2

출제의도 | 사인법칙을 이용하여 삼각형의 넓이를 구할 수 있는지 확인한다.

> 삼각형 ABC에서 $\sin A = \dfrac{a}{2R}$, $\sin B = \dfrac{b}{2R}$임을 이용해 보자.

삼각형 ABC의 외접원의 반지름의 길이를 R이라 하면 사인법칙에 의하여

$$\sin A = \frac{a}{2R}, \quad \sin B = \frac{b}{2R}$$

이것을 $\sqrt{3} \sin A = \sin B$에 대입하면

$$\sqrt{3} \times \frac{a}{2R} = \frac{b}{2R}$$

$$\therefore b = \sqrt{3}a \quad \cdots\cdots \text{㉠}$$

$\overline{AB}$가 원의 지름이므로 $C = 90°$

따라서 직각삼각형 ABC에서 피타고라스 정리에 의하여

$$a^2 + (\sqrt{3}a)^2 = 8^2, \quad 4a^2 = 64, \quad a^2 = 16$$

$$\therefore a = 4, \ b = 4\sqrt{3} \ (\because \text{㉠})$$

따라서 삼각형 ABC의 넓이는

$$\frac{1}{2} \times 4 \times 4\sqrt{3} = 8\sqrt{3}$$

17 1588 답 ②

유형 7

출제의도 | 코사인법칙을 이해하고 있는지 확인한다.

> 삼각형 ABC에서 $\cos A = \dfrac{b^2 + c^2 - a^2}{2bc}$임을 이용해 보자.

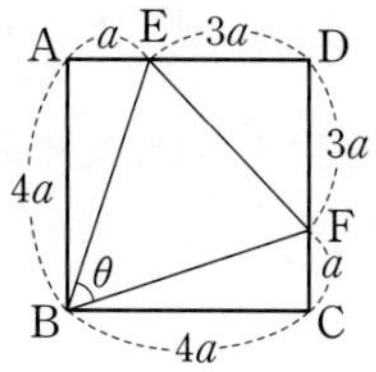

정사각형 ABCD의 한 변의 길이를 $4a \ (a > 0)$라 하면

$\overline{AE} = \overline{CF} = a$, $\overline{DE} = \overline{DF} = 3a$

직각삼각형 ABE에서

$$\overline{BE} = \sqrt{a^2 + (4a)^2} = \sqrt{17}a$$

직각삼각형 BCF에서

$$\overline{BF} = \sqrt{a^2 + (4a)^2} = \sqrt{17}a$$

그림과 같이 $\overline{EF}$를 그으면 직각삼각형 DEF에서

$$\overline{EF} = \sqrt{(3a)^2 + (3a)^2} = 3\sqrt{2}a$$

삼각형 BFE에서 코사인법칙에 의하여

$$\cos\theta = \frac{(\sqrt{17}a)^2 + (\sqrt{17}a)^2 - (3\sqrt{2}a)^2}{2 \times \sqrt{17}a \times \sqrt{17}a} = \frac{16a^2}{34a^2} = \frac{8}{17}$$

18 1589 답 ④

유형 8 + 유형 12

출제의도 | 코사인법칙과 사인법칙을 이용하여 삼각형의 변의 길이를 구한 후 삼각형의 넓이를 구할 수 있는지 확인한다.

> $\overline{AB} = k$라 하고 선분의 길이의 비를 이용하여 각 선분의 길이를 k를 사용하여 나타내 보자.

$\overline{AB} = k$라 하면 $2\overline{AB} = \overline{AC}$에서 $\overline{AC} = 2k$

점 M은 선분 AB의 중점이므로 $\overline{AM} = \dfrac{k}{2}$

점 N은 선분 AC를 3 : 5로 내분하는 점이므로

$$\overline{AN} = 2k \times \frac{3}{8} = \frac{3}{4}k$$

$\overline{MN} = \overline{AB} = k$이므로 삼각형 AMN에서 코사인법칙에 의하여

$$\cos A = \frac{\left(\frac{k}{2}\right)^2 + \left(\frac{3}{4}k\right)^2 - k^2}{2 \times \frac{k}{2} \times \frac{3}{4}k} = \frac{-\frac{3}{16}k^2}{\frac{3}{4}k^2} = -\frac{1}{4}$$

$0° < A < 180°$이므로

$$\sin A = \sqrt{1 - \cos^2 A} = \sqrt{1 - \left(-\frac{1}{4}\right)^2} = \frac{\sqrt{15}}{4}$$

삼각형 AMN의 외접원의 반지름의 길이를 R이라 하면

$\pi R^2 = 4\pi$에서 $R = 2$

삼각형 AMN에서 사인법칙에 의하여

$$\frac{\overline{MN}}{\sin A} = 2R \text{에서} \frac{k}{\frac{\sqrt{15}}{4}} = 4 \qquad \therefore k = \sqrt{15}$$

따라서 삼각형 ABC의 넓이는

$$\frac{1}{2} \times \overline{AB} \times \overline{AC} \times \sin A = \frac{1}{2} \times \sqrt{15} \times 2\sqrt{15} \times \frac{\sqrt{15}}{4} = \frac{15\sqrt{15}}{4}$$

19 1590 답 ③

유형 18

출제의도 | 원에 내접하는 사각형의 성질을 이용하여 사각형의 넓이를 구할 수 있는지 확인한다.

> 원에 내접하는 사각형의 대각의 크기의 합은 180°이므로 사각형을 두 개의 삼각형으로 나누어 넓이를 구해 보자.

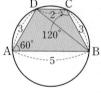

사각형 ABCD가 원에 내접하므로

$A = 180° - 120° = 60°$

그림과 같이 대각선 BD를 그으면

사각형 ABCD의 넓이는

$$\frac{1}{2} \times 3 \times 5 \times \sin 60° + \frac{1}{2} \times 3 \times 2 \times \sin 120°$$

$$= \frac{1}{2} \times 3 \times 5 \times \frac{\sqrt{3}}{2} + \frac{1}{2} \times 3 \times 2 \times \frac{\sqrt{3}}{2}$$

$$= \frac{15\sqrt{3}}{4} + \frac{3\sqrt{3}}{2}$$

$$= \frac{21\sqrt{3}}{4}$$

20 1591 답 ⑤

유형 18

출제의도 | 원에 내접하는 사각형의 성질을 이용하여 사각형의 넓이를 구할 수 있는지 확인한다.

> 원에 내접하는 사각형의 대각의 크기의 합은 180°이므로 사각형을 두 개의 삼각형으로 나누어 넓이를 구해 보자.

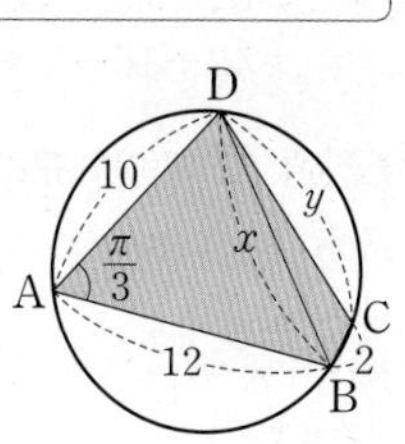

그림과 같이 $\overline{BD}$를 긋고 $\overline{BD} = x$라 하면
삼각형 ABD에서 코사인법칙에 의하여

$$x^2 = 12^2 + 10^2 - 2 \times 12 \times 10 \times \cos\frac{\pi}{3}$$

$$= 144 + 100 - 2 \times 12 \times 10 \times \frac{1}{2}$$

$$= 124$$

사각형 ABCD가 원에 내접하므로

$$\angle BCD = \pi - \frac{\pi}{3} = \frac{2}{3}\pi$$

$\overline{CD} = y$라 하면 삼각형 BCD에서 코사인법칙에 의하여

$$x^2 = 2^2 + y^2 - 2 \times 2 \times y \times \cos\frac{2}{3}\pi$$

$$124 = 4 + y^2 - 2 \times 2 \times y \times \left(-\frac{1}{2}\right)$$

$$y^2 + 2y - 120 = 0, \ (y+12)(y-10) = 0 \qquad \therefore y = 10 \ (\because y > 0)$$

따라서 사각형 ABCD의 넓이는

$$\frac{1}{2} \times 12 \times 10 \times \sin\frac{\pi}{3} + \frac{1}{2} \times 2 \times 10 \times \sin\frac{2}{3}\pi$$

$$= \frac{1}{2} \times 12 \times 10 \times \frac{\sqrt{3}}{2} + \frac{1}{2} \times 2 \times 10 \times \frac{\sqrt{3}}{2} = 35\sqrt{3}$$

21 1592 답 ④　　　　유형 12

출제의도 | 코사인법칙을 이용하여 삼각형의 변의 길이를 구하고 삼각형의 넓이를 구할 수 있는지 확인한다.

> 삼각형 ABC에서 $a^2 = b^2 + c^2 - 2bc\cos A$이고 넓이는
> $S = \frac{1}{2}bc\sin A$임을 이용해 보자.

$\overline{OA} = \overline{OB} = x$라 하면 $\angle AOB = 360° \times \frac{1}{8} = 45°$이므로

삼각형 OAB에서 코사인법칙에 의하여

$$(\sqrt{2})^2 = x^2 + x^2 - 2 \times x \times x \times \cos 45°$$

$$2 = x^2 + x^2 - 2 \times x \times x \times \frac{\sqrt{2}}{2}$$

$$2 = (2-\sqrt{2})x^2 \qquad \therefore x^2 = \frac{2}{2-\sqrt{2}} = 2+\sqrt{2}$$

$\angle AOD = 45° \times 3 = 135°$이므로 삼각형 OAD의 넓이는

$$\frac{1}{2}x^2\sin 135° = \frac{1}{2}x^2 \times \frac{\sqrt{2}}{2} = \frac{\sqrt{2}}{4}x^2$$

$$= \frac{\sqrt{2}}{4} \times (2+\sqrt{2}) = \frac{\sqrt{2}+1}{2}$$

22 1593 답 $-1+\sqrt{34}$　　　　유형 18

출제의도 | 코사인법칙을 이용하여 원에 내접하는 사각형의 변의 길이를 구할 수 있는지 확인한다.

STEP1 ∠D의 크기 구하기 [1점]

사각형 ABCD가 원에 내접하므로

$$D = 180° - 60° = 120°$$

STEP2 $\overline{AC}^2$의 값 구하기 [2점]

그림과 같이 $\overline{AC}$를 그으면 삼각형 ABC에서

코사인법칙에 의하여

$$\overline{AC}^2 = 7^2 + 4^2 - 2 \times 7 \times 4 \times \cos 60°$$

$$= 49 + 16 - 2 \times 7 \times 4 \times \frac{1}{2} = 37$$

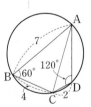

STEP3 $\overline{AD}$의 길이 구하기 [3점]

$\overline{AD} = x$라 하면 삼각형 ACD에서 코사인법칙에 의하여

$$\overline{AC}^2 = 2^2 + x^2 - 2 \times 2 \times x \times \cos 120°$$

$$37 = 4 + x^2 - 2 \times 2 \times x \times \left(-\frac{1}{2}\right)$$

$$x^2 + 2x - 33 = 0$$

$$\therefore x = -1 \pm \sqrt{1^2 + 33} = -1 \pm \sqrt{34}$$

$x > 0$이므로 $x = -1 + \sqrt{34}$

따라서 $\overline{AD}$의 길이는 $-1 + \sqrt{34}$이다.

23 1594 답 $15\sqrt{15}$　　　　유형 20

출제의도 | 두 대각선의 길이를 이용하여 사각형의 넓이를 구할 수 있는지 확인한다.

STEP1 $\angle CPD = \theta$라 할 때, $\cos\theta$의 값 구하기 [2점]

$\angle CPD = \theta$라 하면 삼각형 CDP에서 코사인법칙에 의하여

$$\cos\theta = \frac{3^2 + 6^2 - 6^2}{2 \times 3 \times 6} = \frac{1}{4}$$

STEP2 $\sin\theta$의 값 구하기 [2점]

$0° < \theta < 180°$이므로

$$\sin\theta = \sqrt{1 - \cos^2\theta} = \sqrt{1 - \left(\frac{1}{4}\right)^2} = \frac{\sqrt{15}}{4}$$

STEP3 사각형 ABCD의 넓이 구하기 [2점]

사각형 ABCD의 넓이는

$$\frac{1}{2} \times \overline{AC} \times \overline{BD} \times \sin\theta = \frac{1}{2} \times 10 \times 12 \times \frac{\sqrt{15}}{4} = 15\sqrt{15}$$

24 1595 답 6　　　　유형 7

출제의도 | 코사인법칙을 이용하여 삼각형의 변의 길이를 구할 수 있는지 확인한다.

STEP1 $\overline{BD} = k$, $\overline{AD} = x$라 할 때, $\angle B = \angle C$임을 이용하여 k와 x 사이의 관계식 구하기 [3점]

$\overline{BD} = k$, $\overline{CD} = 2k$ $(k > 0)$라 하면

삼각형 ABC는 $\overline{AB} = \overline{AC}$인 이등변삼각형이므로 $\angle B = \angle C$

$$\therefore \cos B = \cos C \qquad\qquad\qquad \cdots\cdots ㉠$$

$\overline{AD} = x$라 하면 삼각형 ABD에서 코사인법칙에 의하여

$$\cos B = \frac{4^2 + k^2 - x^2}{2 \times 4 \times k} = \frac{16 + k^2 - x^2}{8k}$$

삼각형 ADC에서 코사인법칙에 의하여

$$\cos C = \frac{4^2 + (2k)^2 - x^2}{2 \times 4 \times 2k} = \frac{16 + 4k^2 - x^2}{16k}$$

㉠에서 $\dfrac{16 + k^2 - x^2}{8k} = \dfrac{16 + 4k^2 - x^2}{16k}$

$$32 + 2k^2 - 2x^2 = 16 + 4k^2 - x^2$$

$$2k^2 = 16 - x^2 \qquad \therefore k^2 = 8 - \frac{x^2}{2} \qquad\qquad \cdots\cdots ㉡$$

STEP2 $\cos\theta = \dfrac{5\sqrt{2}}{8}$임을 이용하여 k와 x의 관계식 구하기 [1점]

삼각형 ABD에서 코사인법칙에 의하여

$$\cos\theta = \frac{4^2 + x^2 - k^2}{2 \times 4 \times x} = \frac{5\sqrt{2}}{8}$$

$$16 + x^2 - k^2 = 5\sqrt{2}x \qquad\qquad \cdots\cdots ㉢$$

STEP3 x의 값 구하기 [2점]

㉡을 ㉢에 대입하면

$$16 + x^2 - \left(8 - \frac{x^2}{2}\right) = 5\sqrt{2}x, \ 3x^2 - 10\sqrt{2}x + 16 = 0$$

$$x = \frac{5\sqrt{2} \pm \sqrt{(5\sqrt{2})^2 - 48}}{3} = \frac{5\sqrt{2} \pm \sqrt{2}}{3}$$

$$\therefore x = \frac{4\sqrt{2}}{3} \ \text{또는} \ x = 2\sqrt{2} \qquad \therefore x = 2\sqrt{2} \ (\because x > 2)$$

STEP4 $\overline{BC}$의 길이 구하기 [1점]

$x = 2\sqrt{2}$를 ㉡에 대입하면 $k^2 = 8 - \dfrac{(2\sqrt{2})^2}{2} = 4$

$$\therefore k = 2 \ (\because k > 0) \qquad \therefore \overline{BC} = 3k = 6$$

25 1596 답 $\dfrac{32\sqrt{2}}{7}$ 〈유형 12〉

출제의도 | 사인법칙을 이용하여 변의 길이를 구하고 삼각형의 넓이를 구할 수 있는지 확인한다.

STEP 1 ∠BAC=θ라 할 때, $\cos\theta$의 값 구하기 [2점]

그림과 같이 $\overline{AB}$와 원 O가 만나는 점을 D라 하고, $\overline{DC}$를 그으면 $\overline{AD}$가 원의 지름이므로

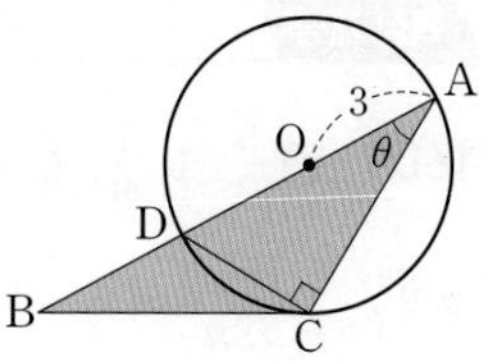

$$\angle ACD=\dfrac{\pi}{2}$$

∠BAC=θ라 하면 $\sin\theta=\dfrac{1}{3}$이고

$0°<\theta<90°$이므로

$$\cos\theta=\sqrt{1-\sin^2\theta}=\sqrt{1-\left(\dfrac{1}{3}\right)^2}=\dfrac{2\sqrt{2}}{3}$$

STEP 2 $\overline{AC}$의 길이 구하기 [1점]

삼각형 ACD에서

$$\overline{AC}=\overline{AD}\cos\theta=6\times\dfrac{2\sqrt{2}}{3}=4\sqrt{2}$$

STEP 3 $\overline{BC}$의 길이 구하기 [3점]

∠DCB=∠CAD=θ이므로

$\angle ACB=\dfrac{\pi}{2}+\theta$ → ∠ACB=∠ACD+∠DCB

삼각형 ABC에서 사인법칙에 의하여

$$\dfrac{\overline{BC}}{\sin\theta}=\dfrac{\overline{AB}}{\sin\left(\dfrac{\pi}{2}+\theta\right)}$$ → $\cos\theta$

$$\therefore \overline{AB}=\dfrac{\overline{BC}}{\sin\theta}\times\cos\theta=\dfrac{\overline{BC}}{\dfrac{1}{3}}\times\dfrac{2\sqrt{2}}{3}=2\sqrt{2}\,\overline{BC}$$

△ABC∽△CBD (AA 닮음)이므로

∠B는 공통, ∠BAC=∠BCD이므로 △ABC∽△CBD (AA 닮음)

$\overline{AB}:\overline{BC}=\overline{BC}:\overline{BD}$

$$\therefore \overline{BC}^2=\overline{AB}\times\overline{BD}$$ → $\overline{AB}-\overline{AD}$

$\overline{BC}^2=2\sqrt{2}\,\overline{BC}\times(2\sqrt{2}\,\overline{BC}-6),\ 7\overline{BC}^2=12\sqrt{2}\,\overline{BC}$

$$\therefore \overline{BC}=\dfrac{12\sqrt{2}}{7}\ (\because \overline{BC}>0)$$

STEP 4 삼각형 ABC의 넓이 구하기 [2점]

삼각형 ABC의 넓이는

$$\dfrac{1}{2}\times\overline{AC}\times\overline{BC}\times\sin\left(\dfrac{\pi}{2}+\theta\right)$$

$$=\dfrac{1}{2}\times\overline{AC}\times\overline{BC}\times\cos\theta$$

$$=\dfrac{1}{2}\times4\sqrt{2}\times\dfrac{12\sqrt{2}}{7}\times\dfrac{2\sqrt{2}}{3}=\dfrac{32\sqrt{2}}{7}$$

고난도 ⊕ Plus 문제   332쪽

1 1597 답 $\sqrt{3}$

∠EAC=θ라 하면

∠BCD=90°−∠ACE=∠EAC=θ

삼각형 EAC에서 $\overline{EC}=2\sin\theta$이므로

$$\overline{BD}=\overline{EC}=2\sin\theta$$

삼각형 BCD에서 사인법칙에 의하여

$$\dfrac{\overline{BC}}{\sin(\angle BDC)}=\dfrac{\overline{BD}}{\sin(\angle BCD)}$$

$$\dfrac{\overline{BC}}{\sin 120°}=\dfrac{2\sin\theta}{\sin\theta}\qquad \therefore \overline{BC}=2\times\dfrac{\sqrt{3}}{2}=\sqrt{3}$$

2 1598 답 3

그림과 같이 $\overline{BC}=k\ (k>0)$라 하면

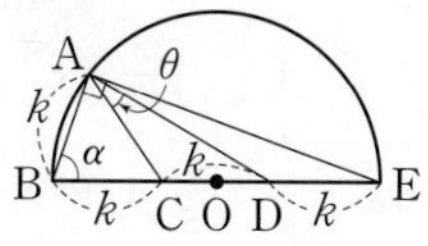

$\overline{AB}=k,\ \overline{CD}=\overline{DE}=k$

∠BAE=90°이므로 직각삼각형

ABE에서 ∠ABE=α라 하면

$$\cos\alpha=\dfrac{\overline{AB}}{\overline{BE}}=\dfrac{k}{3k}=\dfrac{1}{3}$$

삼각형 ABD에서 코사인법칙에 의하여

$$\overline{AD}^2=k^2+(2k)^2-2\times k\times 2k\times\cos\alpha$$

$$=k^2+4k^2-2\times k\times 2k\times\dfrac{1}{3}=\dfrac{11}{3}k^2$$

$$\therefore \overline{AD}=\dfrac{\sqrt{33}}{3}k\ (\because k>0)$$

삼각형 ABC에서 코사인법칙에 의하여

$$\overline{AC}^2=k^2+k^2-2\times k\times k\times\cos\alpha$$

$$=k^2+k^2-2\times k\times k\times\dfrac{1}{3}=\dfrac{4}{3}k^2$$

$$\therefore \overline{AC}=\dfrac{2\sqrt{3}}{3}k\ (\because k>0)$$

삼각형 ACD에서 코사인법칙에 의하여

$$\cos\theta=\dfrac{\dfrac{4}{3}k^2+\dfrac{11}{3}k^2-k^2}{2\times\dfrac{2\sqrt{3}}{3}k\times\dfrac{\sqrt{33}}{3}k}=\dfrac{4k^2}{\dfrac{4\sqrt{11}}{3}k^2}=\dfrac{3}{\sqrt{11}}$$

$$\therefore \sqrt{11}\cos\theta=3$$

3 1599 답 $\dfrac{4}{3}\pi$

선분 AP가 ∠BAC의 이등분선이므로

$\overline{BP}:\overline{PC}=\overline{AB}:\overline{AC}=4:2=2:1$

$\overline{BP}=2k,\ \overline{PC}=k\ (k>0)$라 하면

삼각형 ABC에서 코사인법칙에 의하여

$$\cos\dfrac{\pi}{3}=\dfrac{4^2+2^2-(3k)^2}{2\times 4\times 2},\ \dfrac{1}{2}=\dfrac{20-9k^2}{16}$$

$9k^2=12,\ k^2=\dfrac{4}{3}\qquad \therefore k=\dfrac{2\sqrt{3}}{3}\ (\because k>0)$

삼각형 APC의 외접원의 반지름의 길이를 R이라 하면 사인법칙에 의하여

$$\dfrac{k}{\sin\dfrac{\pi}{6}}=2R\qquad \therefore R=\dfrac{1}{2}\times\dfrac{2\sqrt{3}}{3}\times 2=\dfrac{2\sqrt{3}}{3}$$

따라서 삼각형 APC의 외접원의 넓이는

$$\pi\left(\dfrac{2\sqrt{3}}{3}\right)^2=\dfrac{4}{3}\pi$$

4 1600 답 $\dfrac{135\sqrt{3}}{4}$

$\overline{AB}=7k$, $\overline{BC}=5k$, $\overline{CA}=3k$ $(k>0)$라 하면

코사인법칙에 의하여

$$\cos C=\frac{(5k)^2+(3k)^2-(7k)^2}{2\times5k\times3k}=-\frac{15k^2}{30k^2}=-\frac{1}{2}$$

$0°<C<180°$이므로

$$\sin C=\sqrt{1-\cos^2 C}=\sqrt{1-\left(-\frac{1}{2}\right)^2}=\frac{\sqrt{3}}{2}$$

사인법칙에 의하여 $\dfrac{7k}{\sin C}=2\times7\sqrt{3}$

$$\therefore k=\frac{1}{7}\times14\sqrt{3}\times\frac{\sqrt{3}}{2}=3$$

따라서 삼각형 ABC의 넓이는

$$\frac{1}{2}\times5k\times3k\times\sin C=\frac{1}{2}\times15\times9\times\frac{\sqrt{3}}{2}=\frac{135\sqrt{3}}{4}$$

5 1601　답 $2\sqrt{11}$

헤론의 공식에 의하여 $s=\dfrac{8+12+10}{2}=15$

이므로 삼각형 ABC의 넓이를 S라 하면

$$S=\sqrt{15(15-8)(15-12)(15-10)}=15\sqrt{7}$$

$$S=\frac{1}{2}\times10\times12\times\sin C=15\sqrt{7}\quad\therefore\sin C=\frac{\sqrt{7}}{4}$$

한편, 점 D는 변 BC를 1 : 2로 내분하므로 $\overline{CD}=12\times\dfrac{2}{3}=8$

$0°<C<90°$이므로 → $12^2<8^2+10^2$이므로 $\angle A<90°$이고 $\triangle ABC$는 예각삼각형

$$\cos C=\sqrt{1-\sin^2 C}=\sqrt{1-\left(\frac{\sqrt{7}}{4}\right)^2}=\frac{3}{4}$$

따라서 삼각형 ADC에서 코사인법칙에 의하여

$$\overline{AD}^2=8^2+10^2-2\times8\times10\times\cos C$$
$$=64+100-2\times8\times10\times\frac{3}{4}=44$$

$$\therefore\overline{AD}=2\sqrt{11}$$

6 1602　답 $6\sqrt{10}$

사각형 ABCD가 원에 내접하므로 $C=180°-A$

그림과 같이 $\overline{BD}$를 그으면 삼각형 ABD

에서 코사인법칙에 의하여

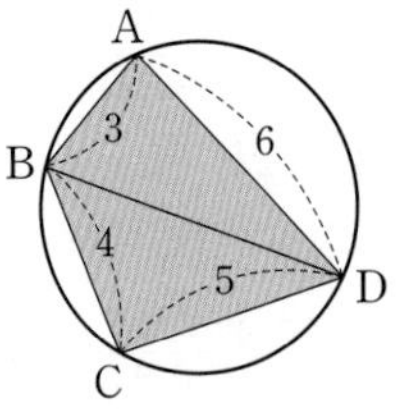

$$\overline{BD}^2=3^2+6^2-2\times3\times6\times\cos A$$
$$=45-36\cos A\quad\cdots\cdots\text{㉠}$$

삼각형 BCD에서 코사인법칙에 의하여

$$\overline{BD}^2=4^2+5^2-2\times4\times5\times\cos(180°-A)$$
$$=41+40\cos A\quad\cdots\cdots\text{㉡}$$

㉠, ㉡에서 $45-36\cos A=41+40\cos A$　$\therefore\cos A=\dfrac{1}{19}$

$0°<A<180°$이므로

$$\sin A=\sqrt{1-\cos^2 A}=\sqrt{1-\left(\frac{1}{19}\right)^2}=\frac{6\sqrt{10}}{19}$$

따라서 사각형 ABCD의 넓이는

$$\frac{1}{2}\times3\times6\times\sin A+\frac{1}{2}\times4\times5\times\sin(180°-A)$$
$$=\frac{1}{2}\times3\times6\times\frac{6\sqrt{10}}{19}+\frac{1}{2}\times4\times5\times\frac{6\sqrt{10}}{19}$$
$$=\frac{54\sqrt{10}}{19}+\frac{60\sqrt{10}}{19}=6\sqrt{10}$$

III. 수열

08 등차수열

핵심 개념　336쪽~337쪽

1603　답 $\dfrac{5}{3}$, 1, $\dfrac{7}{9}$, $\dfrac{2}{3}$, $\dfrac{3}{5}$

수열 $a_n=\dfrac{n+4}{3n}$에서

$$a_1=\frac{1+4}{3\times1}=\frac{5}{3}$$

$$a_2=\frac{2+4}{3\times2}=\frac{6}{6}=1$$

$$a_3=\frac{3+4}{3\times3}=\frac{7}{9}$$

$$a_4=\frac{4+4}{3\times4}=\frac{8}{12}=\frac{2}{3}$$

$$a_5=\frac{5+4}{3\times5}=\frac{9}{15}=\frac{3}{5}$$

1604　답 (1) $a_n=2n-1$　(2) $a_n=\dfrac{1}{n(n+1)}$　(3) $a_n=(-1)^n$

(1) $a_1=2\times1-1=1$, $a_2=2\times2-1=3$, $a_3=2\times3-1=5$,

　　$a_4=2\times4-1=7$, …

　　이므로 주어진 수열의 일반항 a_n은

　　$a_n=2n-1$

(2) $a_1=\dfrac{1}{1\times2}$, $a_2=\dfrac{1}{2\times3}$, $a_3=\dfrac{1}{3\times4}$, $a_4=\dfrac{1}{4\times5}$, …

　　이므로 주어진 수열의 일반항 a_n은

　　$a_n=\dfrac{1}{n(n+1)}$

(3) $a_1=-1$, $a_2=(-1)^2=1$, $a_3=(-1)^3=-1$,

　　$a_4=(-1)^4=1$, …

　　이므로 주어진 수열의 일반항 a_n은

　　$a_n=(-1)^n$

1605　답 $a_n=-2n+15$

첫째항이 13, 공차가 -2인 등차수열 $\{a_n\}$의 일반항 a_n은

$$a_n=13+(n-1)\times(-2)=-2n+15$$

1606　답 -3

세 수 2, x, -8이 이 순서대로 등차수열을 이루므로

$$x=\frac{2+(-8)}{2}=-3$$

1607　답 550

첫째항부터 제20항까지의 합 S_{20}은

$$S_{20}=\frac{20\times(-2+57)}{2}=550$$

1608　답 450

첫째항부터 제15항까지의 합 S_{15}는

$$S_{15} = \frac{15 \times \{2 \times 2 + (15-1) \times 4\}}{2} = 450$$

1609 답 $a_n = 2n+1$

$S_n = n^2 + 2n$에서

(i) $n \geq 2$일 때

$$\begin{aligned} a_n &= S_n - S_{n-1} \\ &= n^2 + 2n - \{(n-1)^2 + 2(n-1)\} \\ &= 2n+1 \quad \cdots\cdots\cdots\cdots\cdots\cdots\cdots\cdots\cdots\cdots ㉠ \end{aligned}$$

(ii) $n=1$일 때

$$a_1 = S_1 = 1^2 + 2 \times 1 = 3$$

이때 $a_1 = 3$은 ㉠에 $n=1$을 대입한 값과 같으므로 수열 $\{a_n\}$은 첫째항부터 등차수열을 이룬다.

$$\therefore a_n = 2n+1$$

1610 답 (1) $a_n = 4n-5$ (2) 35

(1) $S_n = 2n^2 - 3n$에서

(i) $n \geq 2$일 때

$$\begin{aligned} a_n &= S_n - S_{n-1} \\ &= 2n^2 - 3n - \{2(n-1)^2 - 3(n-1)\} \\ &= 4n-5 \quad \cdots\cdots\cdots\cdots\cdots\cdots\cdots\cdots ㉠ \end{aligned}$$

(ii) $n=1$일 때

$$a_1 = S_1 = 2 \times 1^2 - 3 \times 1 = -1$$

이때 $a_1 = -1$은 ㉠에 $n=1$을 대입한 값과 같으므로 수열 $\{a_n\}$은 첫째항부터 등차수열을 이룬다.

$$\therefore a_n = 4n-5$$

(2) $a_n = 4n-5$에 $n=10$을 대입하면

$$a_{10} = 4 \times 10 - 5 = 35$$

✓check 기출 유형으로 실전 준비하기   338쪽~357쪽

1611 답 ④ | 유형 1

> 수열 $\{a_n\}$의 일반항이 $a_n = n^2 + 1$일 때, a_3의 값은?
> 단서1
> ① 7　　　　② 8　　　　③ 9
> ④ 10　　　　⑤ 11
> 단서1 $n=3$일 때의 a_n의 값

STEP 1 일반항 a_n에 $n=3$을 대입하여 a_3의 값 구하기

$$a_3 = 3^2 + 1 = 10$$

1612 답 ④

주어진 수열의 일반항은 $a_n = n(n+3)$이므로

$$a_{11} = 11 \times 14 = 154$$

1613 답 7

a_n에 $n=1, 2, 3, \cdots$을 차례로 대입하여 $a_1, a_2, a_3, \cdots$의 값을 구하면

$a_1 = 7$, $a_2 = 9$, $a_3 = 3$, $a_4 = 1$, $a_5 = 7$, $a_6 = 9$, $a_7 = 3$, $a_8 = 1$, $\cdots$

따라서 음이 아닌 정수 k에 대하여

$a_{4k+1} = 7$, $a_{4k+2} = 9$, $a_{4k+3} = 3$, $a_{4k+4} = 1$

$$\therefore a_{2025} = a_{4 \times 506 + 1} = 7$$

1614 답 ② | 유형 2

> 제2항이 -1, 제5항이 5인 등차수열 $\{a_n\}$의 공차는?
> 단서1　　　단서2
> ① 1　　　　② 2　　　　③ 3
> ④ 4　　　　⑤ 5
> 단서1 $n=2$일 때의 값이 -1
> 단서2 $n=5$일 때의 값이 5

STEP 1 첫째항 a와 공차 d에 대한 연립방정식 세우기

등차수열 $\{a_n\}$의 첫째항을 a, 공차를 d라 하면

$$a_2 = a + d = -1 \quad \cdots\cdots\cdots\cdots\cdots\cdots\cdots ㉠$$
$$a_5 = a + 4d = 5 \quad \cdots\cdots\cdots\cdots\cdots\cdots\cdots ㉡$$

STEP 2 연립방정식을 풀어 첫째항 a와 공차 d의 값 구하기

㉠, ㉡을 연립하여 풀면

$$a = -3, \ d = 2$$

따라서 등차수열 $\{a_n\}$의 공차는 2이다.

1615 답 ③

등차수열 $\{a_n\}$의 공차를 d라 하면 $a_3 = 1 + 2d$, $a_8 = 1 + 7d$이므로

$$a_3 + a_8 = 2 + 9d = 29$$
$$9d = 27 \quad \therefore d = 3$$

따라서 수열 $\{a_n\}$의 공차는 3이다.

1616 답 -2

등차수열 $\{a_n\}$의 공차를 d라 하면

$$a_2 - a_1 = a_3 - a_2 = \cdots = a_{100} - a_{99} = d$$
$$\begin{aligned} \therefore a_1 &- a_2 + a_3 - a_4 + \cdots + a_{99} - a_{100} \\ &= -\{(a_2 - a_1) + (a_4 - a_3) + \cdots + (a_{100} - a_{99})\} \\ &= -50d \end{aligned}$$

즉, $-50d = 100$이므로

$$d = -2$$

따라서 수열 $\{a_n\}$의 공차는 -2이다.

1617 답 6

등차수열 $\{a_{2n}\}$은 $a_2, a_4, a_6, \cdots$이고 공차가 4이므로

$$a_4 - a_2 = 4$$

등차수열 $\{a_n\}$의 첫째항을 a, 공차를 d라 하면

$$a_4 - a_2 = (a + 3d) - (a + d) = 4$$
$$2d = 4 \quad \therefore d = 2$$

등차수열 $\{a_{3n}\}$은 $a_3, a_6, a_9, \cdots$이므로 구하는 공차는

$$\begin{aligned} a_6 - a_3 &= (a + 5d) - (a + 2d) \\ &= 3d \\ &= 3 \times 2 = 6 \end{aligned}$$

따라서 등차수열 $\{a_{3n}\}$의 공차는 6이다.

1618 답 ①

등차수열 $\{a_n\}$의 공차가 7이므로

$a_2 - a_1 = 7$ ┄┄┄┄┄┄┄┄┄┄┄┄┄┄┄┄┄┄┄┄┄ ㉠

등차수열 $\{b_n\}$의 공차가 -3이므로

$b_2 - b_1 = -3$ ┄┄┄┄┄┄┄┄┄┄┄┄┄┄┄┄┄┄┄ ㉡

등차수열 $\{2a_n + 3b_n\}$은 $2a_1 + 3b_1$, $2a_2 + 3b_2$, $2a_3 + 3b_3$, $\cdots$이므로 구하는 공차는

$$2a_2 + 3b_2 - (2a_1 + 3b_1) = 2(a_2 - a_1) + 3(b_2 - b_1)$$
$$= 2 \times 7 + 3 \times (-3) \ (\because ㉠, ㉡)$$
$$= 14 - 9 = 5$$

1619 답 ②

등차수열 $\{a_n\}$은 첫째항이 a_1, 공차가 d_1이므로

$$(a_3 + a_4) - (a_1 + a_2) = (a_1 + 2d_1 + a_1 + 3d_1) - (a_1 + a_1 + d_1)$$
$$= 4d_1$$

즉, 수열 $a_1 + a_2$, $a_3 + a_4$, $\cdots$의 공차는 $4d_1$이다.

$\therefore d_2 = 4d_1$

$$(a_4 + a_5 + a_6) - (a_1 + a_2 + a_3)$$
$$= (a_1 + 3d_1 + a_1 + 4d_1 + a_1 + 5d_1) - (a_1 + a_1 + d_1 + a_1 + 2d_1)$$
$$= 9d_1$$

즉, 수열 $a_1 + a_2 + a_3$, $a_4 + a_5 + a_6$, $\cdots$의 공차는 $9d_1$이다.

$\therefore d_3 = 9d_1$

따라서 $d_2 : d_3 = 4 : 9$이므로 $9d_2 = 4d_3$

1620 답 ③

등차수열 $\{a_n\}$의 첫째항을 a, 공차를 d라 하면

$a_2 = a + d = 3$ ┄┄┄┄┄┄┄┄┄┄┄┄┄┄┄┄┄ ㉠

$a_4 = a + 3d = 9$ ┄┄┄┄┄┄┄┄┄┄┄┄┄┄┄ ㉡

㉠, ㉡을 연립하여 풀면

$a = 0$, $d = 3$

따라서 수열 $\{a_n\}$의 공차는 3이다.

1621 답 ④

등차수열 $\{a_n\}$의 첫째항을 a, 공차를 d라 하면

$a_2 = a + d$, $a_3 = a + 2d$

이때 $a_2 + a_3 = 2(a_1 + 12)$이므로

$(a + d) + (a + 2d) = 2(a + 12)$

$3d = 24$

$\therefore d = 8$

따라서 수열 $\{a_n\}$의 공차는 8이다.

1622 답 ④

등차수열 $\{a_n\}$의 공차를 d라 하면

$a_3 = a_1 + 2d$, $a_4 = a_2 + 2d$, $a_5 = a_3 + 2d$

이므로

$$a_3 + a_4 + a_5 = (a_1 + 2d) + (a_2 + 2d) + (a_3 + 2d)$$
$$= a_1 + a_2 + a_3 + 6d$$

즉, $6d = (a_3 + a_4 + a_5) - (a_1 + a_2 + a_3) = 39 - 15 = 24$에서

$d = 4$

따라서 수열 $\{a_n\}$의 공차는 4이다.

참고 주어진 값을 이용하기 위해 a_4, a_5를 a_2, a_3과 공차를 이용하여 나타내도록 한다.

즉, $a_4 = a_2 + 2d$, $a_5 = a_3 + 2d$

1623 답 ③　　　　　　　　　|유형 3

제3항이 12, 제9항이 -6인 등차수열 $\{a_n\}$의 일반항 a_n은?

　단서1　　단서2

① $a_n = -3n - 21$　　　　② $a_n = -3n - 18$

③ $a_n = -3n + 21$　　　　④ $a_n = 3n - 18$

⑤ $a_n = 3n + 18$

단서1 $n = 3$일 때의 값이 12

단서2 $n = 9$일 때의 값이 -6

STEP 1 첫째항 a와 공차 d에 대한 연립방정식 세우기

등차수열 $\{a_n\}$의 첫째항을 a, 공차를 d라 하면

$a_3 = a + 2d = 12$ ┄┄┄┄┄┄┄┄┄┄┄┄┄┄ ㉠

$a_9 = a + 8d = -6$ ┄┄┄┄┄┄┄┄┄┄┄┄┄┄ ㉡

STEP 2 연립방정식을 풀어 첫째항 a와 공차 d의 값 구하기

㉠, ㉡을 연립하여 풀면

$a = 18$, $d = -3$

STEP 3 일반항 a_n 구하기

$$a_n = 18 + (n-1) \times (-3)$$
$$= -3n + 21$$

1624 답 ③

ㄱ, ㄴ. $a_n = pn + q$의 n에 1, 2를 각각 대입하면

$a_1 = p + q$, $a_2 = 2p + q$

이때 $a_2 - a_1 = 2p + q - (p + q) = p$이므로 첫째항은 $p + q$, 공차는 p인 등차수열이다. (참)

ㄷ. $a_1 = p + q$, $a_2 = 2p + q$이므로 $a_1 = a_2$이면 $p = 0$이다. (거짓)

따라서 옳은 것은 ㄱ, ㄴ이다.

1625 답 $a_n = 2(n-1)\log_3 2$

등차수열 $\{a_n\}$의 첫째항을 a, 공차를 d라 하면

$a_3 = a + 2d = \log_3 16$ ┄┄┄┄┄┄┄┄┄┄┄ ㉠

$a_5 = a + 4d = \log_3 256$ ┄┄┄┄┄┄┄┄┄┄ ㉡

㉡ $-$ ㉠을 하면

$$2d = \log_3 256 - \log_3 16$$
$$= \log_3 \frac{256}{16} = \log_3 16$$

$\therefore d = \frac{1}{2}\log_3 16 = 2\log_3 2$

d의 값을 ㉠에 대입하면

$$a = \log_3 16 - 4\log_3 2$$
$$= \underline{\log_3 16 - \log_3 2^4 = 0}_{\longrightarrow \ \log_3 \frac{16}{16} = \log_3 1 = 0}$$

$\therefore a_n = 0 + (n-1) \times 2\log_3 2 = 2(n-1)\log_3 2$

1626 답 ④

> 등차수열 $\{a_n\}$에 대하여 $a_3=1$, $a_{10}=29$일 때, a_{17}의 값은?
> <u>단서1</u>
>
> ① 45   ② 49   ③ 53
> ④ 57   ⑤ 61
>
> 단서1 등차수열의 일반항 $a_n=a_1+(n-1)d$를 이용

STEP 1 첫째항 a와 공차 d의 값 구하기

등차수열 $\{a_n\}$의 첫째항을 a, 공차를 d라 하면

$a_3=a+2d=1$, $a_{10}=a+9d=29$

두 식을 연립하여 풀면

$a=-7$, $d=4$

STEP 2 일반항 a_n 구하기

첫째항이 -7이고, 공차가 4인 등차수열의 일반항 a_n은

$a_n=-7+(n-1)\times4=4n-11$

STEP 3 a_{17}의 값 구하기

$a_{17}=4\times17-11=57$

1627 답 제12항

등차수열 $\{a_n\}$의 첫째항을 a, 공차를 d라 하면

$a_{10}=a+9d=29$ ·· ㉠

$a_7-a_5=(a+6d)-(a+4d)=2d=6$

$\therefore d=3$

d의 값을 ㉠에 대입하면

$a+9\times3=29$ $\therefore a=2$

$\therefore a_n=2+(n-1)\times3=3n-1$

35를 제k항이라 하면

$3k-1=35$, $3k=36$ $\therefore k=12$

따라서 35는 수열 $\{a_n\}$의 제12항이다.

1628 답 ③

등차수열 $\{a_n\}$의 첫째항을 a, 공차를 d라 하면

$a_6=a+5d=26$ ·· ㉠

$a_4:a_8=4:9$에서 $9a_4=4a_8$

$9(a+3d)=4(a+7d)$

$\therefore 5a-d=0$ ·· ㉡

㉠, ㉡을 연립하여 풀면 $a=1$, $d=5$

따라서 $a_n=1+(n-1)\times5=5n-4$이므로

$a_{40}=5\times40-4=196$

1629 답 ②

등차수열 $\{a_n\}$의 첫째항을 a, 공차를 d라 하면

$a_2+a_5+a_{11}=(a+d)+(a+4d)+(a+10d)$
$\qquad\qquad\quad=3a+15d=60$

$\therefore a+5d=20$ ·· ㉠

$a_3+a_{13}=(a+2d)+(a+12d)$
$\qquad\qquad=2a+14d=60$

$\therefore a+7d=30$ ·· ㉡

㉠, ㉡을 연립하여 풀면 $a=-5$, $d=5$

따라서 $a_n=-5+(n-1)\times5=5n-10$이므로

$a_{15}=5\times15-10=65$

1630 답 ⑤

등차수열 $\{a_n\}$의 첫째항을 a, 공차를 d라 하면

$a_2+a_6=(a+d)+(a+5d)$
$\qquad\quad=2a+6d=20$

$\therefore a+3d=10$ ·· ㉠

$a_{14}+a_{17}=(a+13d)+(a+16d)=66$

$\therefore 2a+29d=66$ ·· ㉡

㉠, ㉡을 연립하여 풀면 $a=4$, $d=2$

따라서 $a_n=4+(n-1)\times2=2n+2$이므로

$\underline{a_{11}-a_8=(2\times11+2)-(2\times8+2)}$
$\qquad\quad=24-18=6$

→ $a_{11}=a_8+3d$이므로
$a_{11}-a_8=3d=3\times2=6$으로
구할 수도 있다.

1631 답 ②

첫째항이 1, 공차가 3인 등차수열 $\{a_n\}$의 일반항은

$a_n=1+(n-1)\times3=3n-2$

첫째항이 1000, 공차가 -6인 등차수열 $\{b_n\}$의 일반항은

$b_n=1000+(n-1)\times(-6)=-6n+1006$

$a_k=b_k$이므로 $3k-2=-6k+1006$

$9k=1008$ $\therefore k=112$

1632 답 12

등차수열 $\{a_n\}$의 공차를 d라 하면

$a_3+a_6=(6+2d)+(6+5d)$
$\qquad\qquad=12+7d$ ·· ㉠

$a_{11}=6+10d$ ·· ㉡

㉠$=$㉡이므로

$12+7d=6+10d$

$3d=6$ $\therefore d=2$

따라서 $a_n=6+(n-1)\times2=2n+4$이므로

$a_4=2\times4+4=12$

1633 답 ④

첫째항이 a이고 공차가 -2인 등차수열 $\{a_n\}$의 일반항은

$a_n=a+(n-1)\times(-2)$

$\therefore a_2=a-2$, $a_3=a-4$, $a_4=a-6$

이때 $(a_2+a_4)^2=16a_3$이므로

$(a-2+a-6)^2=16(a-4)$

$a^2-12a+32=0$, $(a-4)(a-8)=0$

$\therefore a=4$ 또는 $a=8$

(ⅰ) $a=4$일 때, $a_3=4-4=0$

　　이는 $a_3\neq0$이라는 조건을 만족시키지 않는다.

(ⅱ) $a=8$일 때, $a_3=8-4=4$

(ⅰ), (ⅱ)에서 $a=8$

1634 답 ⑤

등차수열 $\{a_n\}$의 공차를 d $(d\neq0)$라 하면 $b_n=a_n+a_{n+1}$에서

$$b_{n+1}-b_n=(a_{n+1}+a_{n+2})-(a_n+a_{n+1})$$
$$=a_{n+2}-a_n=2d$$

즉, 수열 $\{b_n\}$은 공차가 $2d$인 등차수열이다.

(i) $d>0$일 때

$a_1=a_2-d=-4-d<0$

$b_1=a_1+a_2=-4-d+(-4)=-8-d<a_1$

$n(A\cap B)=3$이려면 $b_2=a_1$ 또는 $b_3=a_1$이어야 한다.

ⓐ $b_2=a_1$일 때

$b_3=a_1+2d=a_3$, $b_4=a_1+4d=a_5$이므로

$n(A\cap B)=3$을 만족시킨다.

$b_2=b_1+2d=(-8-d)+2d=-8+d$

$b_2=a_1=-4-d$

위의 두 식을 연립하면

$-8+d=-4-d$ $\therefore d=2$

$\therefore a_{20}=a_2+18d=-4+18\times 2=32$

ⓑ $b_3=a_1$일 때

$b_4=a_1+2d=a_3$, $b_5=a_1+4d=a_5$이므로

$n(A\cap B)=3$을 만족시킨다.

$b_3=b_1+4d=(-8-d)+4d=-8+3d$

$b_3=a_1=-4-d$

위의 두 식을 연립하면

$-8+3d=-4-d$ $\therefore d=1$

$\therefore a_{20}=a_2+18d=-4+18=14$

ⓐ, ⓑ에서 $a_{20}=32$ 또는 $a_{20}=14$

(ii) $d<0$일 때 $\rightarrow b_1=a_1+a_2$인데 $a_1>0$이므로 $a_2<b_2$

$a_1>0$이면 $a_2<b_1<a_1$이므로

$n(A\cap B)=0$

$a_1=0$이면 $b_1=a_2$, $b_2=b_1+2d=a_2+2d=a_4$이므로

$n(A\cap B)=2$

$a_1<0$이면 $b_1<a_2$이므로

$n(A\cap B)\leq 2$

즉, $d<0$이면 $n(A\cap B)=3$이라는 조건을 만족시키지 못한다.

(i), (ii)에서 a_{20}의 값의 합은 $32+14=46$

1635 🔢 ②

|유형5

> 제17항이 52, 제30항이 13인 등차수열 $\{a_n\}$에서 처음으로 음수가   `단서1`   `단서2`
>
> 되는 항은 제몇 항인가?
>
> ① 제34항   ② 제35항   ③ 제36항
>
> ④ 제37항   ⑤ 제38항
>
> `단서1` 등차수열의 일반항 $a_n=a_1+(n-1)d$를 이용
> `단서2` $a_n<0$을 만족시키는 자연수 n의 최솟값

STEP 1 첫째항 a와 공차 d의 값 구하기

등차수열 $\{a_n\}$의 첫째항을 a, 공차를 d라 하면

$a_{17}=a+16d=52$ ················· ㉠

$a_{30}=a+29d=13$ ················· ㉡

㉠, ㉡을 연립하여 풀면 $a=100$, $d=-3$

STEP 2 일반항 a_n 구하기

$a_n=100+(n-1)\times(-3)=-3n+103$

STEP 3 처음으로 음수가 되는 항 구하기

$-3n+103<0$에서 $3n>103$

$\therefore \underline{n>\dfrac{103}{3}=34.3\cdots}$ $\rightarrow n$은 자연수이므로 $n=35, 36, \cdots$

따라서 등차수열 $\{a_n\}$에서 처음으로 음수가 되는 항은 제35항이다.

1636 🔢 제15항

등차수열 $\{a_n\}$은 첫째항이 40, 공차가 -3이므로

$a_n=40+(n-1)\times(-3)=-3n+43$

$-3n+43<0$에서 $3n>43$

$\therefore n>\dfrac{43}{3}=14.3\cdots$

따라서 등차수열 $\{a_n\}$에서 처음으로 음수가 되는 항은 제15항이다.

1637 🔢 ⑤

등차수열 $\{a_n\}$은 첫째항이 1230, 공차가 -4이므로

$a_n=1230+(n-1)\times(-4)=-4n+1234$

$-4n+1234<20$에서 $4n>1214$

$\therefore n>\dfrac{1214}{4}=303.5$

따라서 등차수열 $\{a_n\}$에서 처음으로 20보다 작아지는 항은 제304항이다.

1638 🔢 74

등차수열 $\{a_n\}$의 공차를 d라 하면

$a_n=3+(n-1)d$

$a_5=a_3+4$에서 $3+4d=(3+2d)+4$

$2d=4$ $\therefore d=2$

$\therefore a_n=3+(n-1)\times 2=2n+1$

$a_k<150$에서 $2k+1<150$, $2k<149$

$\therefore k<\dfrac{149}{2}=74.5$

따라서 $a_k<150$을 만족시키는 자연수 k의 최댓값은 74이다.

1639 🔢 ④

등차수열 $\{a_n\}$의 첫째항을 a, 공차를 d라 하면

$a_2+a_3=(a+d)+(a+2d)$

$=2a+3d=13$ ················· ㉠

$a_{10}-a_8=(a+9d)-(a+7d)$

$=2d=6$

$\therefore d=3$

$d=3$을 ㉠에 대입하면

$2a+3\times 3=13$, $2a=4$

$\therefore a=2$

$\therefore a_n=2+(n-1)\times 3=3n-1$

$a_k>100$에서 $3k-1>100$

$\therefore k>\dfrac{101}{3}=33.6\cdots$

따라서 $a_k>100$을 만족시키는 자연수 k의 최솟값은 34이다.

1640 답 ②

수열 $\{a_n\}$은 첫째항이 4, 공차가 -3인 등차수열이므로

$a_n = 4 + (n-1) \times (-3) = -3n + 7$

수열 $\{b_n\}$은 첫째항이 9, 공차가 -2인 등차수열이므로

$b_n = 9 + (n-1) \times (-2) = -2n + 11$

$a_k \leq 5b_k$에서 $-3k + 7 \leq 5(-2k + 11)$

$7k \leq 48$

$\therefore k \leq \dfrac{48}{7} = 6.85 \cdots$

따라서 $a_k \leq 5b_k$를 만족시키는 자연수 k는 1, 2, 3, 4, 5, 6의 6개이다.

1641 답 ③

$A = \{2, 5, 8, 11, 14, 17, 20, 23, \cdots\}$,

$B = \{3, 8, 13, 18, 23, 28, 33, 38, \cdots\}$

$\therefore A \cap B = \{8, 23, 38, \cdots\}$

즉, 수열 $\{a_n\}$은 첫째항이 8이고, 공차가 15인 등차수열이므로

$a_n = 8 + (n-1) \times 15 = 15n - 7$

$a_n > 250$에서 $15n - 7 > 250$

$15n > 257$ $\therefore n > \dfrac{257}{15} = 17.1 \cdots$

따라서 수열 $\{a_n\}$에서 처음으로 250보다 커지는 항은 제18항이다.

실수 Check

등차수열로 이루어진 두 집합의 교집합은 새로운 첫째항과 공차를 갖는 등차수열임에 주의해야 한다. 또, 집합 A는 공차가 3인 등차수열, 집합 B는 공차가 5인 등차수열이므로 집합 $A \cap B$는 3과 5의 최소공배수인 15가 공차인 등차수열이다.

1642 답 ②

등차수열 $\{a_n\}$의 공차를 d라 하면

$a_n = a_1 + (n-1)d$

$a_1 = a_3 + 8$에서 $a_1 = (a_1 + 2d) + 8$

$2d = -8$ $\therefore d = -4$

$2a_4 - 3a_6 = 3$에서 $2(a_1 + 3d) - 3(a_1 + 5d) = 3$

$-a_1 - 9d = 3$

이 식에 $d = -4$를 대입하면

$-a_1 - 9 \times (-4) = 3$ $\therefore a_1 = 33$

$\therefore a_n = 33 + (n-1) \times (-4) = -4n + 37$

$a_k = -4k + 37 < 0$에서 $4k > 37$

$\therefore k > \dfrac{37}{4} = 9.25$

따라서 $a_k < 0$을 만족시키는 자연수 k의 최솟값은 10이다.

1643 답 18

등차수열 $\{a_n\}$의 공차가 자연수이므로 $d > 0$

(가)에서 $a_1 + 7d = 2(a_1 + 4d) + 10$

$\therefore a_1 = -d - 10$ $\cdots\cdots\cdots\cdots\cdots$ ㉠

이때 $d > 0$이므로 $a_1 < 0$

또, $d > 0$이므로 모든 자연수 n에 대하여 $a_n < a_{n+1}$

$a_n < 0$을 만족시키는 자연수 n의 최댓값을 k라 하면

$a_k < 0$, $a_{k+1} \geq 0$이므로

$a_k \times a_{k+1} \leq 0$

그런데 (나)에서 $a_k \times a_{k+1} \geq 0$이므로 $a_{k+1} = 0$이어야 한다. 즉,

$a_{k+1} = a_1 + kd$

$\quad\quad = (-d - 10) + kd = 0$ (∵ ㉠)

$\therefore k = \dfrac{10}{d} + 1$

이때 k가 자연수이므로 d는 10의 약수이다.

따라서 구하는 모든 자연수 d의 값의 합은

$1 + 2 + 5 + 10 = 18$

1644 답 ⑤ | 유형6

> 두 수 14와 50 사이에 3개의 수 a, b, c를 넣어 만든 수열 $\underline{14, a, b, c, 50}$이 이 순서대로 등차수열을 이룰 때, $a+b+c$의 값은? **단서1**
>
> ① 72   ② 78   ③ 84
> ④ 90   ⑤ 96
>
> **단서1** 첫째항이 14, 제5항이 50인 등차수열

STEP 1 주어진 등차수열의 공차 구하기

첫째항이 14, 제5항이 50인 등차수열의 공차를 d라 하면

$50 = 14 + (5-1) \times d$

$4d = 36$ $\therefore d = 9$

STEP 2 $a+b+c$의 값 구하기

$a = 14 + 9 = 23$, $b = 14 + 2 \times 9 = 32$, $c = 14 + 3 \times 9 = 41$이므로

$a + b + c = 23 + 32 + 41 = 96$

1645 답 ⑤

첫째항이 1, 제7항이 2인 등차수열의 공차를 k라 하면

$1 + (7-1) \times k = 2$

$6k = 1$ $\therefore k = \dfrac{1}{6}$

따라서 $a = \dfrac{7}{6}$, $b = \dfrac{8}{6}$, $c = \dfrac{9}{6}$, $d = \dfrac{10}{6}$, $e = \dfrac{11}{6}$이므로

$a + 2b + 4c + 2d + e = \dfrac{7 + 16 + 36 + 20 + 11}{6}$

$\quad\quad\quad\quad\quad\quad\quad = \dfrac{90}{6} = 15$

1646 답 4

첫째항이 9, 공차가 4인 등차수열의 제$(k+2)$항이 29이므로

$9 + \{(k+2) - 1\} \times 4 = 29$

$4k = 16$ $\therefore k = 4$

다른 풀이

두 수 9와 29 사이에 k개의 수를 넣어 만든 등차수열의 공차가 4이므로

$4 = \dfrac{29 - 9}{k + 1}$, $4(k+1) = 20$

$\therefore k = 4$

1647 답 ⑤

첫째항이 -28, 제28항이 107인 등차수열을 $\{b_n\}$이라 하고 공차를 d라 하면

$-28+(28-1)\times d=107$

$27d=135$ $\quad\therefore d=5$

$\therefore b_n=-28+(n-1)\times 5$

$\qquad =5n-33$

이때 a_{14}는 등차수열 $\{b_n\}$의 제15항이므로

$a_{14}=b_{15}=5\times 15-33=42$

1648 답 60

첫째항이 35, 제12항이 2인 등차수열의 공차를 d라 하면

$35+(12-1)\times d=2$

$11d=-33$ $\quad\therefore d=-3$

a_2는 등차수열의 제3항이므로

$a_2=35+2\times(-3)=29$

a_5는 등차수열의 제6항이므로

$a_5=35+5\times(-3)=20$

a_8은 등차수열의 제9항이므로

$a_8=35+8\times(-3)=11$

$\therefore a_2+a_5+a_8=29+20+11=60$

1649 답 ②

첫째항이 1, 제$(n+2)$항이 50인 등차수열의 공차를 d라 하면

$1+(n+1)d=50$

$\therefore d=\dfrac{49}{n+1}$

이때 n개의 수 a_1, a_2, a_3, $\cdots$, a_n이 모두 자연수가 되려면 d가 자연수이어야 한다.

즉, $n+1$은 49의 약수이어야 하고 $n+1>1$이므로

$n+1=7$ 또는 $n+1=49$

$\therefore n=6$ 또는 $n=48$

따라서 모든 자연수 n의 값의 합은

$6+48=54$

1650 답 ①

| 유형7

> 서로 다른 두 정수 a, b에 대하여 a, b, 6과 b^2, 4, a^2이 각각 이 순서
> [단서1] [단서2]
> 대로 등차수열을 이룰 때, ab의 값은?
>
> ① -4 ② -2 ③ -1
> ④ 2 ⑤ 4
>
> 단서1 $2b=a+6$
> 단서2 $2\times 4=b^2+a^2$

STEP1 등차중항의 성질을 이용하여 a, b의 값 구하기

세 수 a, b, 6이 이 순서대로 등차수열을 이루므로

$2b=a+6$, 즉 $a=2b-6$ $\qquad\cdots\cdots$ ㉠

세 수 b^2, 4, a^2이 이 순서대로 등차수열을 이루므로

$8=b^2+a^2$ $\qquad\cdots\cdots$ ㉡

㉠을 ㉡에 대입하면 $b^2+(2b-6)^2=8$

$5b^2-24b+28=0$, $(5b-14)(b-2)=0$

$\therefore b=2$ ($\because b$는 정수)

$b=2$를 ㉠에 대입하면 $a=2\times 2-6=-2$

STEP2 ab의 값 구하기

$ab=-2\times 2=-4$

1651 답 ⑤

세 수 $-2a$, a^2-5a, 10이 이 순서대로 등차수열을 이루므로

$2(a^2-5a)=-2a+10$, $2a^2-8a-10=0$

$a^2-4a-5=0$, $(a-5)(a+1)=0$ $\quad\therefore a=5$ 또는 $a=-1$

따라서 모든 실수 a의 값의 합은

$5+(-1)=4$

1652 답 4

세 수 $\log_2 3$, $\log_2 a$, $\log_2 12$가 이 순서대로 등차수열을 이루므로

$2\log_2 a=\log_2 3+\log_2 12$, $\log_2 a^2=\log_2 36$

$a^2=36$ $\quad\therefore a=6$ ($\because a>0$)

또, 세 수 $\log_2 a$, $\log_2 12$, $\log_2 b$, 즉 $\log_2 6$, $\log_2 12$, $\log_2 b$가 이 순서대로 등차수열을 이루므로

$2\log_2 12=\log_2 6+\log_2 b$, $\log_2 12^2=\log_2 6b$

$6b=144$ $\quad\therefore b=24$

$\therefore \dfrac{b}{a}=\dfrac{24}{6}=4$

1653 답 ④

이차방정식 $x^2-7x+3=0$의 두 실근이 α, β이므로 이차방정식의 근과 계수의 관계에 의하여

$\alpha+\beta=7$, $\alpha\beta=3$

이때 세 수 $\alpha+\beta$, q, $\alpha\beta$, 즉 7, q, 3이 이 순서대로 등차수열을 이루므로

$2q=7+3=10$ $\quad\therefore q=5$

또, p, q, r이 이 순서대로 등차수열을 이루므로

$p+r=2q=2\times 5=10$ ⟶ 등차수열에서 일정한 간격으로 떨어져 있는 수들도 등차수열을 이룬다.

1654 답 ④

$f(x)=ax^2-x+3$을 $x+1$, $x-1$, $x-2$로 각각 나누었을 때의 나머지는 나머지정리에 의하여

$f(-1)=a+4$, $f(1)=a+2$, $f(2)=4a+1$

따라서 세 수 $a+4$, $a+2$, $4a+1$이 이 순서대로 등차수열을 이루므로

$2(a+2)=(a+4)+(4a+1)$

$3a=-1$ $\quad\therefore a=-\dfrac{1}{3}$

개념 Check

나머지정리
다항식 $P(x)$를 일차식 $x-\alpha$로 나누었을 때의 나머지를 R이라 하면
$\quad R=P(\alpha)$

1655 답 −9

세 수 8, a, 2가 이 순서대로 등차수열을 이루므로

$a = \dfrac{8+2}{2} = 5$

세 수 a, b, 15, 즉 5, b, 15가 이 순서대로 등차수열을 이루므로

$b = \dfrac{5+15}{2} = 10$

세 수 14, b, c, 즉 14, 10, c가 이 순서대로 등차수열을 이루므로

$14 + c = 20$ ∴ $c = 6$

세 수 20, 15, d가 이 순서대로 등차수열을 이루므로

$20 + d = 30$ ∴ $d = 10$

∴ $a − b + c − d = 5 − 10 + 6 − 10 = −9$

1656 답 ③

a_1, a_4는 방정식 $x^2 − 9 = k$의 두 근이므로

$x^2 = 9 + k$에서 $x = \pm\sqrt{9+k}$

∴ $a_1 = -\sqrt{9+k}$, $a_4 = \sqrt{9+k}$ ($\because a_1 < a_4$)

a_2, a_3은 방정식 $-x^2 + 9 = k$의 두 근이므로

$x^2 = 9 − k$에서 $x = \pm\sqrt{9-k}$

∴ $a_2 = -\sqrt{9-k}$, $a_3 = \sqrt{9-k}$ ($\because a_2 < a_3$)

이때 세 수 a_1, a_2, a_3, 즉 $-\sqrt{9+k}$, $-\sqrt{9-k}$, $\sqrt{9-k}$가 이 순서대로 등차수열을 이루므로

$-2\sqrt{9-k} = -\sqrt{9+k} + \sqrt{9-k}$

$3\sqrt{9-k} = \sqrt{9+k}$, $9(9−k) = 9 + k$

$10k = 72$ ∴ $k = \dfrac{36}{5}$

실수 Check

> 직선 $y = k$와 함수 $y = |x^2 − 9|$의 그래프가 만나는 네 점의 x좌표는 함수 $y = x^2 − 9$의 그래프에서 $y > 0$인 부분과 $y < 0$인 부분을 x축에 대하여 대칭이동한 부분과 직선 $y = k$가 각각 만나는 점의 x좌표임에 주의하여 a_1, a_2, a_3, a_4의 값을 구한다.

1657 답 12

이차방정식 $x^2 − 24x + 10 = 0$의 두 실근이 α, β이므로 이차방정식의 근과 계수의 관계에 의하여

$\alpha + \beta = 24$, $\alpha\beta = 10$

세 수 α, k, β가 이 순서대로 등차수열을 이루므로

$k = \dfrac{\alpha + \beta}{2} = \dfrac{24}{2} = 12$

1658 답 ③

이차방정식 $x^2 − nx + 4(n−4) = 0$을 풀면

$(x−4)(x−n+4) = 0$

∴ $x = 4$ 또는 $x = n − 4$

∴ $\alpha = 4$, $\beta = n − 4$ 또는 $\alpha = n − 4$, $\beta = 4$

이때 세 수 1, α, β가 이 순서대로 등차수열을 이루므로

$2\alpha = 1 + \beta$ ⋯⋯⋯⋯⋯⋯⋯⋯⋯⋯ ㉠

(ⅰ) $\alpha = 4$, $\beta = n − 4$일 때

㉠에 대입하면 $8 = 1 + (n−4)$ ∴ $n = 11$

(ⅱ) $\alpha = n − 4$, $\beta = 4$일 때

㉠에 대입하면 $2(n−4) = 1 + 4$ ∴ $n = \dfrac{13}{2}$

이때 n은 자연수가 아니므로 조건을 만족시키지 않는다.

(ⅰ),(ⅱ)에서 구하는 자연수 n의 값은 11이다.

1659 답 ⑤ ┃ 유형 8

> 등차수열을 이루는 세 수의 합이 24, 곱이 120일 때, 세 수 중 가장 큰 수는? **단서1**
>
> ① 7 　　　　② 9 　　　　③ 11
> ④ 13 　　　　⑤ 15
>
> **단서1** 세 수가 $a−d$, a, $a+d$임을 이용

STEP 1 세 수를 $a−d$, a, $a+d$로 놓기

등차수열을 이루는 세 수를 $a−d$, a, $a+d$라 하자.

STEP 2 조건을 이용하여 식을 세우고, 공차 d의 값 구하기

세 수의 합이 24이므로

$(a−d) + a + (a+d) = 24$

$3a = 24$ ∴ $a = 8$

세 수의 곱이 120이므로

$(8−d) \times 8 \times (8+d) = 120$

$64 − d^2 = 15$, $d^2 = 49$

∴ $d = \pm 7$

STEP 3 세 수를 구하고, 가장 큰 수 구하기

세 수는 1, 8, 15이므로 가장 큰 수는 15이다.

1660 답 ②

등차수열을 이루는 네 수를 $a−3d$, $a−d$, $a+d$, $a+3d$라 하면 네 수의 합은 20이므로

$(a−3d) + (a−d) + (a+d) + (a+3d) = 20$

$4a = 20$ ∴ $a = 5$

네 수 중 가운데 두 수의 곱은

$(a−d)(a+d) = a^2 − d^2$ ⋯⋯⋯⋯⋯⋯ ㉠

가장 작은 수와 가장 큰 수의 곱은

$(a−3d)(a+3d) = a^2 − 9d^2$ ⋯⋯⋯⋯⋯ ㉡

이때 ㉠은 ㉡보다 72만큼 크므로

$a^2 − d^2 − 72 = a^2 − 9d^2$

$8d^2 = 72$, $d^2 = 9$ ∴ $d = −3$ 또는 $d = 3$

따라서 네 수는 −4, 2, 8, 14이고, 이 중 가장 큰 수와 가장 작은 수는 각각 14, −4이므로 구하는 곱은

$14 \times (−4) = −56$

참고 네 수를 모두 구하지 않고 $a = 5$, $d^2 = 9$로부터 가장 큰 수와 가장 작은 수의 곱은 $(a−3d)(a+3d) = a^2 − 9d^2 = 5^2 − 9 \times 9 = −56$으로 구할 수도 있다.

1661 답 45

세 실수 a, b, c가 이 순서대로 등차수열을 이루므로 공차를 d라 하면

$a = b − d$, b, $c = b + d$

(가), (나)에서

$(b-d)+b+(b+d)=15$ ························· ㉠

$(b-d)^2+b^2+(b+d)^2=107$ ··········· ㉡

㉠에서 $3b=15$ $\therefore b=5$

$b=5$를 ㉡에 대입하면

$(5-d)^2+5^2+(5+d)^2=107$

$2d^2+75=107$

$d^2=16$ $\therefore d=\pm4$

따라서 세 실수는 1, 5, 9이므로

$abc=1\times5\times9=45$

(다른 풀이)

a, b, c가 이 순서대로 등차수열을 이루므로 $a+c=2b$

(가)에서 $a+b+c=3b=15$ $\therefore b=5$, $a+c=10$

(나)에서 $a^2+5^2+c^2=107$ $\therefore a^2+c^2=82$

$(a+c)^2=a^2+c^2+2ac$이므로 $ac=9$

$\therefore abc=5\times9=45$

1662 답 ④

세 실수 a, b, c가 이 순서대로 등차수열을 이루므로 공차를 d라 하면

$a=b-d$, b, $c=b+d$

(가)에서 $\dfrac{2^a\times2^c}{2^b}=2^{a+c-b}=32$

$2^{(b-d)+(b+d)-b}=2^b=32$

$\therefore b=5$

(나)에서

$a+c+ca=(5-d)+(5+d)+(5+d)(5-d)$

$\qquad\qquad\quad=35-d^2=26$

$d^2=9$ $\therefore d=\pm3$

따라서 세 실수는 2, 5, 8이므로

$abc=2\times5\times8=80$

1663 답 ④

삼차방정식 $x^3-6x^2+3x-k=0$의 세 실근을 각각 $a-d$, a, $a+d$라 하면 삼차방정식의 근과 계수의 관계에 의하여 세 실근의 합은

$(a-d)+a+(a+d)=6$

$3a=6$ $\therefore a=2$

따라서 삼차방정식 $x^3-6x^2+3x-k=0$의 한 근이 2이므로

$2^3-6\times2^2+3\times2-k=0$

$-10-k=0$ $\therefore k=-10$

(개념 Check)

삼차방정식 $ax^3+bx^2+cx+d=0$의 세 근을 α, β, γ라 하면

$\alpha+\beta+\gamma=-\dfrac{b}{a}$, $\alpha\beta+\beta\gamma+\gamma\alpha=\dfrac{c}{a}$, $\alpha\beta\gamma=-\dfrac{d}{a}$

1664 답 54

등차수열을 이루는 직각삼각형의 세 변의 길이를

$a-d$, a, $a+d$ ($d>0$)라 하면 직각삼각형의 둘레의 길이가 36이므로

$(a-d)+a+(a+d)=36$

$3a=36$ $\therefore a=12$ ······························ ㉠

또, 빗변의 길이가 $a+d$이므로 피타고라스 정리에 의하여

$(a+d)^2=a^2+(a-d)^2$, $a^2-4ad=0$

$a(a-4d)=0$ $\therefore a=4d$ ($\because a\neq0$)

㉠에 의하여 $4d=12$이므로 $d=3$

따라서 직각삼각형의 세 변의 길이는 9, 12, 15이고, 그 넓이는

$\dfrac{1}{2}\times9\times12=54$

(실수 Check)

$a-d$, a, $a+d$ ($d<0$)로 놓고 풀어도 된다. 이때 $a-d$가 가장 긴 변, 즉 빗변임에 주의한다.

1665 답 $a_n=8n-44$ 유형9

등차수열 $\{a_n\}$에서 제2항과 제9항은 절댓값이 같고 부호가 서로 반 (단서1) 대이다. 제5항은 -4일 때, 일반항 a_n을 구하시오.

(단서1) $a_2+a_9=0$임을 이용

(STEP 1) 조건을 이용하여 등차수열의 첫째항 a, 공차 d의 값 구하기

등차수열 $\{a_n\}$의 첫째항을 a, 공차를 d라 하면 $a_2+a_9=0$이므로

$(a+d)+(a+8d)=0$

$\therefore 2a+9d=0$ ······························ ㉠

또, $a_5=-4$이므로

$a+4d=-4$ ······························ ㉡

㉠, ㉡을 연립하여 풀면 $a=-36$, $d=8$

(STEP 2) 일반항 a_n 구하기

$a_n=-36+(n-1)\times8=8n-44$

1666 답 ③

등차수열 $\{a_n\}$의 공차를 d라 하면

$a_3=a_1-6$에서 $a_3-a_1=-6$

$a_1+2d-a_1=-6$, $2d=-6$ $\therefore d=-3$

$|a_{10}|=|a_8|$에서

$|a_1+9\times(-3)|=|a_1+7\times(-3)|$

$|a_1-27|=|a_1-21|$

$a_1-27=-(a_1-21)$ ($\because a_1-27\neq a_1-21$)

$a_1-27=-a_1+21$, $2a_1=48$ $\therefore a_1=24$

$\therefore a_2=a_1+d=24+(-3)=21$

1667 답 ④

등차수열 $\{a_n\}$의 첫째항을 a, 공차를 d라 하면

$a_3=a+2d=-23$ ······························ ㉠

$a_5=a+4d=-15$ ······························ ㉡

㉠, ㉡을 연립하여 풀면

$a=-31$, $d=4$

$\therefore a_n=-31+(n-1)\times4=4n-35$

$|a_n|$의 값이 최소가 되려면 a_n의 값이 0 또는 0에 가장 가까운 값이어야 한다.

$\longrightarrow |a_n|\geq0$

이때 $a_8=-3$, $a_9=1$, $a_{10}=5$이므로 $|a_n|$의 값이 최소가 되도록 하는 n의 값은 9이다.

1668 답 ⑤

등차수열 $\{a_n\}$의 첫째항을 a, 공차를 d라 하면

㈎에서 $a_2=a+d=-20$ ·················· ㉠

㈏에서 $|a_{11}+a_6|=|a_{11}-a_6|$이므로

$a_{11}+a_6=a_{11}-a_6$ 또는 $a_{11}+a_6=-(a_{11}-a_6)$

(ⅰ) $a_{11}+a_6=a_{11}-a_6$이면 $a_6=0$

㉠과 $a_6=a+5d=0$을 연립하여 풀면

$a=-25$, $d=5$

(ⅱ) $a_{11}+a_6=-(a_{11}-a_6)$이면 $a_{11}=0$

㉠과 $a_{11}=a+10d=0$을 연립하여 풀면

$a=-\dfrac{200}{9}$, $d=\dfrac{20}{9}$

이는 등차수열 $\{a_n\}$의 모든 항이 정수라는 조건을 만족시키지 않는다.

(ⅰ), (ⅱ)에서 $a=-25$, $d=5$

$\therefore a_{15}=a+14d=-25+14\times5=45$

1669 답 ①

등차수열 $\{a_n\}$의 첫째항을 a, 공차를 d $(d>0)$라 하면

㈎에서 $a_6+a_8=0$이므로

$a_6+a_8=(a+5d)+(a+7d)=2a+12d=0$

$\therefore a=-6d$ ·················· ㉠

㈏에서 $|a_6|=|a_7|+3$이므로

$|a+5d|=|a+6d|+3$

위 식에 ㉠을 대입하면

$|-6d+5d|=|-6d+6d|+3$

$|-d|=3$

$\therefore d=3$ $(\because d>0)$

$\therefore a_2=a+d=-5d=-5\times3=-15$

다른 풀이

a_7은 a_6과 a_8의 등차중항이므로 ㈎에서

$a_7=\dfrac{1}{2}(a_6+a_8)=0$

$a_7=0$이므로 ㈏에서 $|a_6|=3$, 즉 $a_6=\pm3$

이때 공차가 양수이고 $a_7=0$이므로 공차는 3이고 $a_6=-3$

등차수열 $\{a_n\}$의 첫째항을 a라 하면

$a_6=a+5\times3=-3$ $\therefore a=-18$

$\therefore a_2=-18+3=-15$

1670 답 ③ | 유형 10

> 제2항이 4, 제5항이 22인 등차수열 $\{a_n\}$의 첫째항부터 제10항까지 **단서1**
> 의 합은?
>
> ① 150   ② 200   ③ 250
> ④ 300   ⑤ 350
>
> **단서1** 등차수열의 일반항을 이용

STEP 1 첫째항 a와 공차 d의 값 구하기

등차수열 $\{a_n\}$의 첫째항을 a, 공차를 d라 하면

$a_2=a+d=4$ ·················· ㉠

$a_5=a+4d=22$ ·················· ㉡

㉠, ㉡을 연립하여 풀면

$a=-2$, $d=6$

STEP 2 첫째항부터 제10항까지의 합 구하기

첫째항부터 제10항까지의 합은

$\dfrac{10\times\{2\times(-2)+(10-1)\times6\}}{2}=250$

1671 답 420

등차수열 $\{a_n\}$의 첫째항은 2이고, 공차를 d라 하면

$a_2+a_6+a_{10}=(2+d)+(2+5d)+(2+9d)$
$\qquad\qquad=6+15d=36$

$\therefore d=2$

따라서 첫째항부터 제20항까지의 합은

$\dfrac{20\times\{2\times2+(20-1)\times2\}}{2}=420$

1672 답 ③

등차수열 $\{a_n\}$의 공차를 d라 하면

$a_n=4n+1$에서 $a_1=5$, $a_2=9$이므로

$d=a_2-a_1=9-5=4$

등차수열 $\{a_n\}$의 첫째항부터 제n항까지의 합을 S_n이라 하면

$a_3+a_4+a_5+\cdots+a_{20}=\underline{S_{20}-(a_1+a_2)}$
$\qquad\qquad\qquad\qquad\qquad {\scriptstyle S_{20}=a_1+a_2 \atop \scriptstyle +(a_3+a_4+a_5+\cdots+a_{20})}$
$\qquad\qquad\qquad=\dfrac{20\times(2\times5+19\times4)}{2}-(5+9)$
$\qquad\qquad\qquad=860-14=846$

다른 풀이

$a_n=4n+1$에서 $a_3=13$, $a_{20}=81$이고 항수는 18이므로

$a_3+a_4+a_5+\cdots+a_{20}=\dfrac{18\times(13+81)}{2}=846$

1673 답 ④

등차수열 $\{a_n\}$의 첫째항을 a라 하면 공차가 3이므로

$a_{10}=18$에서

$a_{10}=a+(10-1)\times3=a+27=18$

$\therefore a=-9$

등차수열 $\{a_n\}$의 첫째항부터 제n항까지의 합을 S_n이라 하면

$a_{11}+a_{12}+a_{13}+\cdots+a_{20}$
$=S_{20}-S_{10}$
$=\dfrac{20\times\{2\times(-9)+19\times3\}}{2}-\dfrac{10\times\{2\times(-9)+9\times3\}}{2}$
$=390-45=345$

1674 답 ④

등차수열 $\{a_n\}$의 첫째항이 1, 공차가 $\dfrac{2}{3}$이므로

$a_n=1+\dfrac{2}{3}(n-1)$

a_n이 자연수이려면 $n-1$이 3의 배수이어야 한다.

$\therefore n-1=3(k-1)\ (k=1,\ 2,\ 3,\ \cdots)$

즉, $n=3k-2$일 때

$a_{3k-2}=1+\dfrac{2}{3}\{(3k-2)-1\}=2k-1$

이 되어 자연수의 값을 갖는다.

즉, $k=1,\ 2,\ \cdots,\ 17$일 때 $\underbrace{a_1=1,\ a_4=3,\ \cdots,\ a_{49}=33}$의 값을 갖는다.

    └→ 항수는 17이고 첫째항은 1, 끝항은 33

따라서 첫째항부터 제50항까지의 수 중 자연수인 모든 수의 합은

$\dfrac{17\times(1+33)}{2}=17^2=289$

실수 Check

> 일반항 $a_n=1+\dfrac{2}{3}(n-1)$에서 자연수인 항을 구하려면 $n-1$이 3의 배수이어야 한다. 이때
> $$n-1=3k\ (k=0,\ 1,\ 2,\ \cdots)$$
> 에서 $n=3k+1$일 때를 이용해서 풀어도 된다.
> 그러나 이와 같이 풀 때는 $k=0$인 경우를 빠뜨리지 않도록 주의한다.

1675 답 ⑤

등차수열 $\{a_n\}$의 첫째항은 3, 공차가 2이므로

첫째항부터 제10항까지의 합은

$\dfrac{10\times\{2\times3+(10-1)\times2\}}{2}=120$

다른 풀이

등차수열 $\{a_n\}$의 첫째항은 3, 공차가 2이므로

$a_{10}=3+(10-1)\times2=21$

따라서 등차수열 $\{a_n\}$의 첫째항부터 제10항까지의 합은

$\dfrac{10\times(3+21)}{2}=120$

1676 답 ②

$a_6=2(S_3-S_2)$에서 $S_3-S_2=a_3$이므로 $a_6=2a_3$

등차수열 $\{a_n\}$의 공차를 d라 하면

$a_6=2a_3$에서 $2+5d=2(2+2d)$

$2+5d=4+4d$ $\therefore d=2$

$\therefore S_{10}=\dfrac{10\times\{2\times2+(10-1)\times2\}}{2}=110$

1677 답 ④

                     | 유형11

> 공차가 2인 등차수열 $\{a_n\}$에서 첫째항부터 제10항까지의 합이 100일 때, a_2+a_3의 값은?   **단서1**
>
> ① 5   ② 6   ③ 7
> ④ 8   ⑤ 9
>
> **단서1** 등차수열의 합 $S_n=\dfrac{n\{2a+(n-1)d\}}{2}$를 이용

STEP1 첫째항 a의 값 구하기

등차수열 $\{a_n\}$의 첫째항을 a, 첫째항부터 제10항까지의 합을 S_{10}이라 하면

$S_{10}=\dfrac{10(2a+9\times2)}{2}=5(2a+18)=100$

$2a+18=20$

$\therefore a=1$

STEP2 a_2+a_3의 값 구하기

$a_2=1+2=3,\ a_3=1+2\times2=5$이므로

$a_2+a_3=3+5=8$

1678 답 ③

첫째항이 30, 제n항이 -15인 등차수열 $\{a_n\}$의 첫째항부터 제n항까지의 합이 120이므로

$\dfrac{n\{30+(-15)\}}{2}=120,\ 15n=240$

$\therefore n=16$

즉, $a_{16}=-15$이므로 등차수열 $\{a_n\}$의 공차를 d라 하면

$a_{16}=30+15d=-15,\ 15d=-45$

$\therefore d=-3$

따라서 수열 $\{a_n\}$의 공차는 -3이다.

1679 답 -22

첫째항이 20, 제n항이 -4인 등차수열 $\{a_n\}$의 첫째항부터 제n항까지의 합이 40이므로

$\dfrac{n(20-4)}{2}=40,\ 8n=40$

$\therefore n=5$

즉, 제5항이 -4이므로 등차수열 $\{a_n\}$의 공차를 d라 하면

$a_5=20+4d=-4$

$4d=-24$ $\therefore d=-6$

$\therefore a_8=20+7\times(-6)=-22$

1680 답 ④

등차수열 $\{a_n\}$의 첫째항을 a, 공차를 d라 하면

$d=a_{11}-a_{10}=45-50=-5$

이므로

$a_{10}=a+9d=a+9\times(-5)=50$

$\therefore a=95$

$\therefore a_1+a_2+\cdots+a_n=\dfrac{n\{2\times95+(n-1)\times(-5)\}}{2}$

$\qquad\qquad\qquad\qquad\quad =\dfrac{n(195-5n)}{2}=0$

이때 n은 자연수이므로 $195-5n=0$

$\therefore n=39$

1681 답 15

외우는 영어 단어의 개수는 매일 5개씩 늘어나므로 n일 동안 매일 외운 영어 단어의 개수는 등차수열을 이룬다.

이때 첫째항이 a, 공차가 5인 등차수열의 제n항이 90이므로

$90=a+(n-1)\times5$

$\therefore a=95-5n$ ⋯⋯ ㉠

또, 첫째항부터 제n항까지의 합은 825이므로

$825=\dfrac{n(a+90)}{2}$ ⋯⋯ ㉡

ⓛ에 ⋂을 대입하면

$$825 = \frac{n(95 - 5n + 90)}{2}$$

$$1650 = -5n^2 + 185n, \quad n^2 - 37n + 330 = 0$$

$$(n-15)(n-22) = 0$$

$$\therefore n = 15 \text{ 또는 } n = 22$$

이때 ⋂에서 $a = 95 - 5n > 0$이므로 $n < 19$

$$\therefore n = 15$$

1682 답 ③

첫째항이 a이고 공차가 -2인 등차수열 $\{a_n\}$에서

$$S_n = \frac{n\{2a + (n-1) \times (-2)\}}{2}$$

$$= n(a - n + 1)$$

$$= -n^2 + (a+1)n$$

$S_n < 100$이므로

$$-n^2 + (a+1)n < 100$$

$$\therefore n^2 - (a+1)n + 100 > 0 \quad\cdots\cdots\cdots\cdots ㉠$$

이차방정식 $n^2 - (a+1)n + 100 = 0$의 판별식을 D라 할 때,
모든 자연수 n에 대하여 이차부등식 ㉠이 성립하려면 $D < 0$이어
야 하므로

$$D = (a+1)^2 - 4 \times 100 < 0$$

$$a^2 + 2a - 399 < 0, \quad (a-19)(a+21) < 0$$

$$\therefore -21 < a < 19$$

따라서 자연수 a의 최댓값은 18이다.

> **개념 Check**
>
> 이차방정식 $ax^2 + bx + c = 0$의 판별식을 D라 할 때, 모든 실수 x에 대
> 하여 이차부등식 $ax^2 + bx + c > 0$이 항상 성립하려면
> $a > 0$, $D = b^2 - 4ac < 0$이어야 한다.

1683 답 ⑤ | 유형 12

> 두 등차수열 $\{a_n\}$, $\{b_n\}$의 첫째항의 합이 7이고 공차의 합이 3일 때,
> **단서1** $(a_1 + a_2 + a_3 + \cdots + a_{15}) + (b_1 + b_2 + b_3 + \cdots + b_{15})$의 값은?
>
> ① 140   ② 210   ③ 280
> ④ 350   ⑤ 420
>
> **단서1** $a_1 + b_1 = 7$, $d + d' = 3$임을 이용

STEP 1 등차수열 $\{a_n\}$, $\{b_n\}$의 첫째항의 합, 공차의 합 구하기

두 등차수열 $\{a_n\}$, $\{b_n\}$의 공차를 각각 d, d'이라 하면

$$a_1 + b_1 = 7, \quad d + d' = 3$$

STEP 2 $(a_1 + a_2 + a_3 + \cdots + a_{15}) + (b_1 + b_2 + b_3 + \cdots + b_{15})$의 값 구하기

$$(a_1 + a_2 + a_3 + \cdots + a_{15}) + (b_1 + b_2 + b_3 + \cdots + b_{15})$$

$$= \frac{15(2a_1 + 14d)}{2} + \frac{15(2b_1 + 14d')}{2}$$

$$= \frac{15\{2(a_1 + b_1) + 14(d + d')\}}{2}$$

$$= \frac{15 \times (2 \times 7 + 14 \times 3)}{2} = 420$$

> **다른 풀이**
>
> 수열 $\{a_n + b_n\}$은 첫째항이 7, 공차가 3인 등차수열이므로
>
> $$(a_1 + a_2 + a_3 + \cdots + a_{15}) + (b_1 + b_2 + b_3 + \cdots + b_{15})$$
>
> $$= (a_1 + b_1) + (a_2 + b_2) + \cdots + (a_{15} + b_{15})$$
>
> $$= \frac{15 \times \{2 \times 7 + (15-1) \times 3\}}{2}$$
>
> $$= 420$$

1684 답 57

$a_1 + b_1 = 12$, $S_{10} + T_{10} = 525$이므로 $a_n + b_n = c_n$이라 하면

$$c_1 = 12, \quad c_1 + c_2 + c_3 + \cdots + c_{10} = 525$$

두 수열 $\{a_n\}$, $\{b_n\}$이 등차수열이면 수열 $\{c_n\}$도 등차수열이므로
수열 $\{c_n\}$의 공차를 d라 하면

$$c_1 + c_2 + c_3 + \cdots + c_{10} = \frac{10(2 \times 12 + 9d)}{2}$$

$$= 5(24 + 9d)$$

$$= 525$$

$$24 + 9d = 105 \quad \therefore d = 9$$

$$\therefore a_6 + b_6 = c_6 = 12 + 5 \times 9 = 57$$

> **다른 풀이**
>
> 두 등차수열 $\{a_n\}$, $\{b_n\}$의 첫째항을 각각 a_1, b_1, 공차를 d_1, d_2라
> 하면
>
> $$S_{10} + T_{10} = \frac{10(2a_1 + 9d_1)}{2} + \frac{10(2b_1 + 9d_2)}{2}$$
>
> $$= \frac{10\{2(a_1 + b_1) + 9(d_1 + d_2)\}}{2}$$
>
> $$= \frac{10\{2 \times 12 + 9(d_1 + d_2)\}}{2}$$
>
> $$= 120 + 45(d_1 + d_2)$$
>
> 즉, $120 + 45(d_1 + d_2) = 525$이므로 $d_1 + d_2 = 9$
>
> $$\therefore a_6 + b_6 = 12 + 5 \times 9 = 57$$

1685 답 ②

등차수열 $\{a_n\}$, $\{b_n\}$의 공차를 각각 d_1, d_2라 하면 ㈎에서

$$a_6 - a_2 = 4d_1 = 2 \quad \therefore d_1 = \frac{1}{2}$$

$$b_{10} - b_2 = 8d_2 = 2 \quad \therefore d_2 = \frac{1}{4}$$

따라서 두 등차수열 $\{a_n\}$, $\{b_n\}$의 첫째항부터 제17항까지의 합은

$$S_{17} + T_{17} = \frac{17\left(2a_1 + 16 \times \frac{1}{2}\right)}{2} + \frac{17\left(2b_1 + 16 \times \frac{1}{4}\right)}{2}$$

$$= 17(a_1 + b_1 + 6)$$

$$= 17 \times (-4 + 6) \ (\because ㈏)$$

$$= 34$$

> **실수 Check**
>
> 등차수열의 합을 구하려면 첫째항과 공차를 알아야 하므로 $S_{17} + T_{17}$을
> 구하려면 두 등차수열의 공차를 구해야 한다.
> 이때 ㈎에서 두 항 사이의 관계를 이용하면 두 수열의 공차를 구할 수
> 있다.

1686 답 ①
│ 유형 13

두 수 -5와 15 사이에 n개의 수를 넣어 만든 수열
$$-5,\ a_1,\ a_2,\ a_3,\ \cdots,\ a_n,\ 15$$
(단서1)
가 이 순서대로 등차수열을 이루고 그 합이 50일 때, n의 값은?

① 8   ② 9   ③ 10

④ 11   ⑤ 12

(단서1) 항수는 $n+2$

STEP 1 첫째항, 끝항, 항수 구하기

첫째항이 -5, 제$(n+2)$항이 15, 항수가 $(n+2)$인 등차수열의 합이 50이다.

STEP 2 n의 값 구하기

$\dfrac{(n+2)(-5+15)}{2}=50$이므로

$5(n+2)=50$ ∴ $n=8$

1687 답 -300

첫째항이 12, 끝항이 -42, 항수가 22인 등차수열의 합은

$\dfrac{22\times\{12+(-42)\}}{2}=-330$

따라서 $12+a_1+a_2+a_3+\cdots+a_{20}+(-42)=-330$이므로

$a_1+a_2+a_3+\cdots+a_{20}=-300$

1688 답 ④

$32+a_1+a_2+a_3+\cdots+a_n+(-16)=32+128-16=144$이므로
첫째항이 32, 끝항이 -16, 항수가 $(n+2)$인 등차수열의 합은 144이다.

즉, $\dfrac{(n+2)\{32+(-16)\}}{2}=144$이므로

$n+2=18$ ∴ $n=16$

1689 답 12

$\log_2 2=1$, $\log_2 256=\log_2 2^8=8$

이때 등차수열 1, $\log_2 a_1$, $\log_2 a_2$, $\log_2 a_3$, $\cdots$, $\log_2 a_n$, 8의 모든 항의 합이 63이므로

$\dfrac{(n+2)(1+8)}{2}=63$, $9(n+2)=126$

∴ $n=12$

1690 답 4

첫째항이 2, 제$(n+2)$항이 12, 항수가 $(n+2)$인 등차수열의 합이 112이므로

$\dfrac{(n+2)(2+12)}{2}=112$, $7(n+2)=112$

$n+2=16$ ∴ $n=14$

등차수열의 공차를 d라 하면 12는 제16항이므로

$12=2+(16-1)\times d$, $15d=10$

∴ $d=\dfrac{2}{3}$

따라서 a_3은 등차수열의 제4항이므로

$a_3=2+3d=2+3\times\dfrac{2}{3}=4$

실수 Check

a_3의 값을 구할 때 a_1을 첫째항으로 오해하여 제3항의 값을 구하지 않도록 주의한다.

1691 답 ①

첫째항이 7, 공차가 3, 항수가 $(n+2)$인 등차수열의 제$(n+2)$항이 190이므로

$7+(n+1)\times3=190$, $n+1=61$

∴ $n=60$

따라서 $a_1+a_2+a_3+\cdots+a_n$은 첫째항이 10, 공차가 3인 등차수열의 첫째항부터 제60항까지의 합이므로

$\overset{\rightarrow a_1=7+3=10}{}$

$\dfrac{60\times\{2\times10+(60-1)\times3\}}{2}=5910$

1692 답 ④
│ 유형 14

등차수열 $\{a_n\}$의 첫째항부터 제n항까지의 합을 S_n이라 하자.
$S_3=12$, $S_6=42$일 때, S_9의 값은?
(단서1)

① 60   ② 70   ③ 80

④ 90   ⑤ 100

(단서1) 등차수열의 합 공식을 이용

STEP 1 첫째항 a와 공차 d의 값 구하기

등차수열 $\{a_n\}$의 첫째항을 a, 공차를 d라 하면

$S_3=\dfrac{3(2a+2d)}{2}=12$

∴ $a+d=4$ ⋯⋯⋯⋯⋯⋯⋯⋯⋯⋯ ㉠

$S_6=\dfrac{6(2a+5d)}{2}=42$

∴ $2a+5d=14$ ⋯⋯⋯⋯⋯⋯⋯⋯ ㉡

㉠, ㉡을 연립하여 풀면 $a=2$, $d=2$

STEP 2 S_9의 값 구하기

$S_9=\dfrac{9\times(2\times2+8\times2)}{2}=90$

1693 답 ②

등차수열 $\{a_n\}$의 첫째항을 a, 공차를 d라 하고, 첫째항부터 제n항까지의 합을 S_n이라 하면

$S_5=\dfrac{5(2a+4d)}{2}=130$

∴ $a+2d=26$ ⋯⋯⋯⋯⋯⋯⋯⋯⋯ ㉠

$S_{10}=\dfrac{10(2a+9d)}{2}=435$

∴ $2a+9d=87$ ⋯⋯⋯⋯⋯⋯⋯⋯ ㉡

㉠, ㉡을 연립하여 풀면 $a=12$, $d=7$

∴ $S_{15}=\dfrac{15\times\{2\times12+(15-1)\times7\}}{2}=915$

1694 답 12

등차수열 $\{a_n\}$의 첫째항을 a, 공차를 d라 하면

$S_3 = \dfrac{3(2a+2d)}{2} = 39$

$\therefore a+d=13$ ·· ㉠

$S_8 = \dfrac{8(2a+7d)}{2} = 264$

$\therefore 2a+7d=66$ ··· ㉡

㉠, ㉡을 연립하여 풀면 $a=5$, $d=8$

즉, $S_n = \dfrac{n\{2 \times 5 + (n-1) \times 8\}}{2} = 588$에서

$4n^2 + n - 588 = 0$, $(n-12)(4n+49) = 0$

$\therefore n=12$ 또는 $n = -\dfrac{49}{4}$

이때 n은 자연수이므로 $n=12$이다.

1695 답 ③

등차수열 $\{a_n\}$의 첫째항을 a, 공차를 d라 하면

$S_5 = \dfrac{5(2a+4d)}{2} = 120$

$\therefore a+2d=24$ ·· ㉠

$S_{20} = \dfrac{20(2a+19d)}{2} = 780$

$\therefore 2a+19d=78$ ·· ㉡

㉠, ㉡을 연립하여 풀면 $a=20$, $d=2$

$\therefore a_6 + a_7 + a_8 + \cdots + a_{30}$

$= S_{30} - S_5$

$= \dfrac{30 \times \{2 \times 20 + (30-1) \times 2\}}{2} - 120$

$= 1470 - 120$

$= 1350$

1696 답 ②

등차수열 $\{a_n\}$의 첫째항을 a, 공차를 d라 하면 $S_{10} = S_{12}$에서

$\dfrac{10(2a+9d)}{2} = \dfrac{12(2a+11d)}{2}$

$10a+45d = 12a+66d$ $\quad \therefore 2a=-21d$

$\therefore S_n = \dfrac{n\{2a+(n-1)d\}}{2} = \dfrac{n\{-21d+(n-1)d\}}{2}$

$= \dfrac{n(n-22)d}{2}$

$\dfrac{n(n-22)d}{2} = 0$에서 $n=22$ ($\because n$은 자연수)

따라서 $S_n = 0$을 만족시키는 자연수 n의 값은 22이다.

1697 답 ①

등차수열 $\{a_n\}$의 첫째항을 a, 공차를 d라 하자.

$d \geq 0$이면 $a>0$이므로 모든 자연수 n에 대하여 $a_n > 0$이 되어 주어진 조건을 만족시키지 않는다.

$\therefore d<0$

$|S_3| = |S_6|$에서 $S_3 = S_6$ 또는 $S_3 = -S_6$

(i) $S_3 = S_6$일 때

$\dfrac{3(2a+2d)}{2} = \dfrac{6(2a+5d)}{2}$에서

$2a+2d = 4a+10d$ $\quad \therefore a=-4d$ ·············· ㉠

즉, $S_3 = S_6 = -9d > 0$이고,

$S_{11} = \dfrac{11(2a+10d)}{2} = 11a+55d = 11d < 0$ ($\because$ ㉠)

$S_3 = S_6 = -S_{11} - 3$에서

$-9d = -11d - 3$ $\quad \therefore d = -\dfrac{3}{2}$

$\therefore a = -4d = -4 \times \left(-\dfrac{3}{2}\right) = 6$

(ii) $S_3 = -S_6$일 때

$\dfrac{3(2a+2d)}{2} = -\dfrac{6(2a+5d)}{2}$에서

$2a+2d = -4a-10d$ $\quad \therefore a=-2d$ ·············· ㉡

즉, $S_3 = -S_6 = -3d > 0$이고,

$S_{11} = \dfrac{11(2a+10d)}{2} = 11a+55d = 33d < 0$ ($\because$ ㉡)

$S_3 = -S_6 = -S_{11} - 3$에서

$-3d = -33d - 3$ $\quad \therefore d = -\dfrac{1}{10}$

$\therefore a = -2d = -2 \times \left(-\dfrac{1}{10}\right) = \dfrac{1}{5}$

(i), (ii)에서 주어진 조건을 만족시키는 모든 수열 $\{a_n\}$의 첫째항은 6, $\dfrac{1}{5}$이고 그 합은

$6 + \dfrac{1}{5} = \dfrac{31}{5}$

참고 (i) $S_3 = 3a+3d = -12d+3d = -9d$ ($\because$ ㉠)이므로
$\qquad S_3 = S_6 = -9d > 0$ ($\because d<0$)

(ii) $S_3 = 3a+3d = -6d+3d = -3d$ ($\because$ ㉡)이므로
$\qquad S_3 = -S_6 = -3d > 0$ ($\because d<0$)

1698 답 ④ | 유형 15

첫째항이 35, 공차가 -4인 등차수열 $\{a_n\}$의 첫째항부터 제n항까지 [단서1]

의 합을 S_n이라 할 때, S_n의 최댓값은? [단서2]

① 159 ② 163 ③ 167
④ 171 ⑤ 175

단서1 첫째항이 양수, 공차가 음수
단서2 첫째항부터 양수인 항까지의 합이 최대

STEP1 등차수열 $\{a_n\}$의 일반항 구하기

$a_n = 35 + (n-1) \times (-4) = -4n + 39$

STEP2 $a_n > 0$을 만족시키는 자연수 n의 최댓값 구하기

공차가 음수이므로 S_n의 값이 최대가 되게 하는 n의 값은 $a_n > 0$을 만족시키는 n의 최댓값과 같다.

$a_n > 0$을 만족시키는 n의 값의 범위는

$-4n+39 > 0$ $\quad \therefore n < \dfrac{39}{4} = 9.75$

즉, 등차수열 $\{a_n\}$은 제9항까지 양수이므로 첫째항부터 제9항까지의 합이 최대이다.

STEP3 S_n의 최댓값 구하기

S_n의 최댓값은

$S_9 = \dfrac{9 \times \{2 \times 35 + 8 \times (-4)\}}{2} = 171$

1699　답 ⑤

등차수열 $\{a_n\}$의 첫째항을 a, 공차를 d라 하면

$a_2 = a + d = 40$ ⚊⚊⚊⚊⚊⚊⚊⚊⚊⚊⚊⚊ ㉠

$a_{13} = a + 12d = -15$ ⚊⚊⚊⚊⚊⚊⚊⚊ ㉡

㉠, ㉡을 연립하여 풀면 $a = 45$, $d = -5$

$\therefore a_n = 45 + (n-1) \times (-5) = -5n + 50$

$a_n > 0$을 만족시키는 n의 값의 범위는

$-5n + 50 > 0$ $\therefore n < 10$

즉, 등차수열 $\{a_n\}$은 제9항까지 양수이므로 첫째항부터 제9항까지의 합이 최대이다.

따라서 S_n의 값이 최대가 될 때의 n의 값은 9이므로 S_n의 최댓값은

$S_9 = \dfrac{9 \times \{2 \times 45 + 8 \times (-5)\}}{2} = 225$

1700　답 ②

등차수열 $\{a_n\}$의 첫째항을 a라 하면 공차가 3이므로

$a_{10} = a + 9 \times 3 = -26$ $\therefore a = -53$

$\therefore a_n = -53 + (n-1) \times 3 = 3n - 56$

공차가 양수이므로 S_n의 값이 최소가 되게 하는 n의 값은 $a_n < 0$을 만족시키는 n의 최댓값과 같다.

$a_n < 0$을 만족시키는 n의 값의 범위는

$3n - 56 < 0$ $\therefore n < \dfrac{56}{3} = 18.6\cdots$

즉, 등차수열 $\{a_n\}$은 제18항까지 음수이므로 첫째항부터 제18항까지의 합이 최소이다.

따라서 S_n의 값이 최소가 될 때의 n의 값은 18이고, S_n의 최솟값은

$S_{18} = \dfrac{18 \times \{2 \times (-53) + (18-1) \times 3\}}{2} = -495$

이므로 S_n의 최솟값과 그때의 n의 값의 합은

$-495 + 18 = -477$

1701　답 216

등차수열 $\{a_n\}$의 첫째항을 a, 공차를 d라 하면

$S_2 = \dfrac{2(2a + d)}{2} = 20$

$\therefore 2a + d = 20$ ⚊⚊⚊⚊⚊⚊⚊⚊⚊⚊ ㉠

$S_{12} = \dfrac{12(2a + 11d)}{2} = 0$

$\therefore 2a + 11d = 0$ ⚊⚊⚊⚊⚊⚊⚊⚊⚊ ㉡

㉠, ㉡을 연립하여 풀면 $a = 11$, $d = -2$

$\therefore a_n = 11 + (n-1) \times (-2) = -2n + 13$

$a_n > 0$을 만족시키는 n의 값의 범위는

$-2n + 13 > 10$ $\therefore n < \dfrac{13}{2} = 6.5$

즉, 등차수열 $\{a_n\}$은 제6항까지 양수이므로 첫째항부터 제6항까지의 합이 최대이다.

따라서 S_n의 값이 최대가 되는 n의 값은 6이고, S_n의 최댓값은

$S_6 = \dfrac{6 \times \{2 \times 11 + 5 \times (-2)\}}{2} = 36$

이므로 $k = 6$, $m = 36$

$\therefore km = 6 \times 36 = 216$

1702　답 ②

등차수열 $\{a_n\}$의 첫째항은 -5이고, 공차를 d라 하면

$S_3 = \dfrac{3\{2 \times (-5) + 2d\}}{2} = 3d - 15$

$S_{10} = \dfrac{10\{2 \times (-5) + 9d\}}{2} = 45d - 50$

$S_3 = S_{10}$에서 $3d - 15 = 45d - 50$

$42d = 35$ $\therefore d = \dfrac{5}{6}$

$\therefore a_n = -5 + (n-1) \times \dfrac{5}{6} = \dfrac{5}{6}n - \dfrac{35}{6}$

$a_n < 0$을 만족시키는 n의 값의 범위는

$\dfrac{5}{6}n - \dfrac{35}{6} < 0$ $\therefore n < 7$

즉, 등차수열 $\{a_n\}$은 제6항까지 음수이므로 첫째항부터 제6항까지의 합이 최소이다.

따라서 S_n의 최솟값은

$S_6 = \dfrac{6 \times \left\{2 \times (-5) + 5 \times \dfrac{5}{6}\right\}}{2} = -\dfrac{35}{2}$

1703　답 ⑤

등차수열 $\{a_n\}$의 첫째항은 160이고, 공차를 d라 하면

$a_n = 160 + (n-1)d$

S_n은 $n = 10$일 때 최댓값을 가지므로 $a_{10} > 0$, $a_{11} < 0$이어야 한다.

$a_{10} = 160 + 9d > 0$에서 $d > -\dfrac{160}{9} = -17.7\cdots$

$a_{11} = 160 + 10d < 0$에서 $d < -16$

즉, $-17.7\cdots < d < -16$이고 d는 정수이므로 $d = -17$

따라서 등차수열 $\{a_n\}$의 공차는 -17이다.

1704　답 ⑤　　　　　　　　　　　　　| 유형 16

> 50 이하의 자연수 중에서 3으로 나누었을 때의 나머지가 2인 수의 총합은? **단서1**
>
> ① 434　　　　② 436　　　　③ 438
>
> ④ 440　　　　⑤ 442
>
> **단서1** 첫째항이 2, 공차가 3인 등차수열

STEP 1 3으로 나누었을 때의 나머지가 2인 50 이하의 자연수 나열하기

50 이하의 자연수 중에서 3으로 나누었을 때의 나머지가 2인 수를 작은 것부터 차례로 나열하면

$2, 5, 8, \cdots, 50$ → 공차가 3

STEP 2 조건을 만족시키는 항수 구하기

첫째항이 2, 공차가 3인 등차수열이므로 일반항을 a_n이라 하면

$a_n = 2 + (n-1) \times 3 = 3n - 1$

이때 50을 제n항이라 하면

$3n - 1 = 50$ $\therefore n = 17$

STEP 3 조건을 만족시키는 수의 총합 구하기

구하는 총합은 첫째항이 2, 끝항이 50, 항수가 17인 등차수열의 합이므로

$\dfrac{17 \times (2 + 50)}{2} = 442$

1705 📋 98550

세 자리의 자연수 중에서 5로 나누어떨어지는 수, 즉 5의 배수를 작은 것부터 차례로 나열하면

100, 105, 110, ⋯, 995

이는 첫째항이 100, 공차가 5인 등차수열이므로 일반항을 a_n이라 하면

$a_n=100+(n-1)\times5=5n+95$

이때 995를 제n항이라 하면

$5n+95=995$ ∴ $n=180$

따라서 세 자리의 자연수 중에서 5로 나누어떨어지는 수의 총합은

$\dfrac{180\times(100+995)}{2}=98550$

1706 📋 ④

200 이하의 자연수 중에서 5로 나누었을 때의 나머지가 2인 수를 작은 것부터 차례로 나열하면

2, 7, 12, ⋯, 197

이는 첫째항이 2, 공차가 5인 등차수열이므로 일반항을 a_n이라 하면

$a_n=2+(n-1)\times5=5n-3$

이때 197을 제n항이라 하면

$5n-3=197$ ∴ $n=40$

따라서 집합 A의 모든 원소의 합, 즉 첫째항이 2, 끝항이 197, 항수가 40인 등차수열의 합은

$\dfrac{40\times(2+197)}{2}=3980$

1707 📋 ④

3으로 나누었을 때의 나머지가 1인 자연수를 작은 것부터 차례로 나열하면

1, 4, 7, 10, 13, 16, 19, 22, 25, 28, 31, 34, ⋯

5로 나누었을 때의 나머지가 4인 자연수를 작은 것부터 차례로 나열하면

4, 9, 14, 19, 24, 29, 34, 39, 44, 49, ⋯

즉, 3으로 나누었을 때의 나머지가 1이고, 5로 나누었을 때의 나머지가 4인 자연수를 작은 것부터 차례로 나열하면

4, 19, 34, ⋯

따라서 수열 $\{a_n\}$은 첫째항이 4, 공차가 15인 등차수열이므로

$a_1+a_2+a_3+\cdots+a_{10}=\dfrac{10\times\{2\times4+(10-1)\times15\}}{2}=715$

1708 📋 2421

두 자리의 자연수 중에서 3으로 나누어떨어지는 수, 즉 3의 배수를 작은 것부터 차례로 나열하면

12, 15, 18, ⋯, 99

이는 첫째항이 12, 공차가 3인 등차수열이므로 일반항을 a_n이라 하면

$a_n=12+(n-1)\times3=3n+9$

이때 99를 제n항이라 하면

$3n+9=99$ ∴ $n=30$

따라서 두 자리의 자연수 중에서 3으로 나누어떨어지는 수의 총합은

$\dfrac{30\times(12+99)}{2}=1665$

두 자리의 자연수 중에서 4로 나누어떨어지는 수, 즉 4의 배수를 작은 것부터 차례로 나열하면

12, 16, 20, ⋯, 96

이는 첫째항이 12, 공차가 4인 등차수열이므로 일반항을 b_n이라 하면

$b_n=12+(n-1)\times4=4n+8$

이때 96을 제n항이라 하면

$4n+8=96$ ∴ $n=22$

따라서 두 자리의 자연수 중에서 4로 나누어떨어지는 수의 총합은

$\dfrac{22\times(12+96)}{2}=1188$

한편, 3과 4로 동시에 나누어떨어지는 수는 3과 4의 최소공배수인 12의 배수이므로 두 자리의 자연수 중에서 12의 배수를 작은 것부터 차례로 나열하면

12, 24, 36, ⋯, 96

이는 첫째항이 12, 공차가 12인 등차수열이므로 일반항을 c_n이라 하면

$c_n=12+(n-1)\times12=12n$

이때 96을 제n항이라 하면

$12n=96$ ∴ $n=8$

따라서 두 자리의 자연수 중에서 12로 나누어떨어지는 수의 총합은

$\dfrac{8\times(12+96)}{2}=432$

따라서 두 자리의 자연수 중에서 3 또는 4로 나누어떨어지는 수의 총합은

$1665+1188-432=2421$

> **실수 Check**
>
> 3 또는 4로 나누어떨어지는 수의 총합을 3으로 나누어떨어지는 수의 합과 4로 나누어떨어지는 수의 합으로 구하지 않도록 주의한다. 각각을 구한 수에는 두 수의 공배수인 12로 나누어떨어지는 수가 공통으로 들어 있기 때문이다.

1709 📋 ③

자연수 n을 3으로 나눈 나머지가 a_n이므로 자연수 k에 대하여

$a_1=a_4=a_7=\cdots=a_{3k-2}=1$

$a_2=a_5=a_8=\cdots=a_{3k-1}=2$

$a_3=a_6=a_9=\cdots=a_{3k}=0$

등차수열 $\{b_n\}$의 첫째항이 3, 공차가 2이므로

$b_n=3+(n-1)\times2=2n+1$

∴ $a_1b_1+a_2b_2+a_3b_3+\cdots+a_{20}b_{20}$ → $a_3b_3=a_6b_6=\cdots=a_{18}b_{18}=0$

$=\underline{a_1b_1+a_2b_2+a_4b_4+\cdots+a_{17}b_{17}+a_{19}b_{19}+a_{20}b_{20}}$

$=a_1(b_1+b_4+b_7+\cdots+b_{19})+a_2(b_2+b_5+b_8+\cdots+b_{20})$

$=1\times(3+9+15+\cdots+39)+2\times(5+11+17+\cdots+41)$

$=\dfrac{7\times(3+39)}{2}+2\times\dfrac{7\times(5+41)}{2}$

$=147+322$

$=469$

1710 답 ③
유형 17

첫째항이 21, 공차가 -3인 등차수열 $\{a_n\}$에 대하여
단서1
$|a_1|+|a_2|+|a_3|+\cdots+|a_{20}|$의 값은?

① 312 ② 315 ③ 318
④ 321 ⑤ 324

단서1 공차가 음수이므로 항의 값이 점점 작아짐을 이용

STEP 1 일반항 a_n 구하기

등차수열 $\{a_n\}$의 첫째항이 21, 공차가 -3이므로
$a_n=21+(n-1)\times(-3)=-3n+24$

STEP 2 음수인 항이 몇 번째부터 나오는지 구하기

제n항에서 처음으로 음수가 나온다고 하면
$-3n+24<0$ $\therefore n>8$
즉, 등차수열 $\{a_n\}$은 제9항부터 음수이다.

STEP 3 $|a_1|+|a_2|+|a_3|+\cdots+|a_{20}|$의 값 구하기

$|a_1|+|a_2|+|a_3|+\cdots+|a_{20}|$
$=(a_1+a_2+\cdots+a_8)-(a_9+a_{10}+\cdots+a_{20})$
$\quad\to -(a_9+a_{10}+\cdots+a_{20})>0$
$=\dfrac{8(a_1+a_8)}{2}-\dfrac{12(a_9+a_{20})}{2}$
$=\dfrac{8\times(21+0)}{2}-\dfrac{12\times(-3-36)}{2}$
$=318$

1711 답 ③

등차수열 $\{a_n\}$의 제n항에서 처음으로 음수가 나온다고 하면
$-4n+7<0$ $\therefore n>\dfrac{7}{4}=1.75$

즉, 등차수열 $\{a_n\}$은 제2항부터 음수이다.

$\therefore |a_1|+|a_2|+|a_3|+\cdots+|a_{20}|$
$=a_1-(a_2+a_3+\cdots+a_{20})$
$=a_1-\dfrac{19(a_2+a_{20})}{2}$
$=3-\dfrac{19\times(-1-73)}{2}$
$=706$

1712 답 675

등차수열 $\{a_n\}$의 첫째항이 -43, 공차가 3이므로
$a_n=-43+(n-1)\times3=3n-46$

제n항에서 처음으로 양수가 나온다고 하면
$3n-46>0$ $\therefore n>\dfrac{46}{3}=15.3\cdots$

즉, 등차수열 $\{a_n\}$은 제16항부터 양수이다.

$\therefore |a_1|+|a_2|+|a_3|+\cdots+|a_{30}|$
$=-(a_1+a_2+\cdots+a_{15})+(a_{16}+a_{17}+\cdots+a_{30})$
$=-\dfrac{15(a_1+a_{15})}{2}+\dfrac{15(a_{16}+a_{30})}{2}$
$=-\dfrac{15\times(-43-1)}{2}+\dfrac{15\times(2+44)}{2}$
$=330+345$
$=675$

1713 답 ④

등차수열 $\{a_n\}$의 첫째항을 a, 공차를 d라 하면
$a_3=a+2d=9$ ············· ㉠
$a_{15}=a+14d=-15$ ············· ㉡

㉠, ㉡을 연립하여 풀면 $a=13$, $d=-2$
$\therefore a_n=13+(n-1)\times(-2)=-2n+15$

제n항에서 처음으로 음수가 나온다고 하면
$-2n+15<0$ $\therefore n>7.5$

즉, 등차수열 $\{a_n\}$은 제8항부터 음수이다.

$\therefore |a_1|+|a_2|+|a_3|+\cdots+|a_{15}|$
$=(a_1+a_2+\cdots+a_7)-(a_8+a_9+\cdots+a_{15})$
$=\dfrac{7(a_1+a_7)}{2}-\dfrac{8(a_8+a_{15})}{2}$
$=\dfrac{7\times(13+1)}{2}-\dfrac{8\times(-1-15)}{2}$
$=49+64=113$

1714 답 ②

등차수열 $\{a_n\}$의 첫째항이 57이고 공차가 -6이므로 첫째항부터
제n항까지의 합을 S_n이라 하면
$S_n=\dfrac{n\{2\times57+(n-1)\times(-6)\}}{2}$
$\quad=n(-3n+60)$
$\quad=-3n(n-20)$

$\therefore |a_1+a_2+a_3+\cdots+a_n|=|S_n|=|-3n(n-20)|$

이때 $|a_1+a_2+a_3+\cdots+a_n|$의 값이 최소가 되려면
$a_1+a_2+a_3+\cdots+a_n$의 값이 0이거나 0에 가까운 값이어야 한다.
$-3n(n-20)=0$에서
$n=0$ 또는 $n=20$

이때 n은 자연수이므로 $|a_1+a_2+a_3+\cdots+a_n|$의 값이 최소가 되게 하는 자연수 n의 값은 20이다.

참고 $|a_1+a_2+a_3+\cdots+a_n|$의 값은 항상 0보다 크거나 같으므로 이 값이 최소인 경우는 $a_1+a_2+a_3+\cdots+a_n$의 값이 0일 때이다. 즉, S_n의 값이 0인 경우가 있다면 그 때의 n의 값을 구하면 된다.

1715 답 315
유형 18

그림과 같이 직선 $y=3x$에 대하여 각 영역의 넓이를 차례로 a_1, a_2, a_3, $\cdots$, a_n이
단서1
라 할 때, $a_2+a_4+a_6+\cdots+a_{20}$의 값을 구하시오.

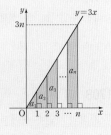

단서1 수열 $\{a_n\}$은 등차수열임을 이용

STEP 1 a_n을 n에 대한 식으로 나타내기

a_n은 직각삼각형의 넓이의 차로 나타낼 수 있으므로
$a_n=\dfrac{1}{2}\times n\times3n-\dfrac{1}{2}\times(n-1)\times3(n-1)$
$\quad=3n-\dfrac{3}{2}$

STEP 2 $a_2+a_4+a_6+\cdots+a_{20}$의 값 구하기

a_1, a_2, a_3, $\cdots$, a_n은 이 순서대로 등차수열을 이루고

$a_2=\dfrac{9}{2}$, $a_{20}=\dfrac{117}{2}$이므로

$$a_2+a_4+a_6+\cdots+a_{20}=\dfrac{10\times\left(\dfrac{9}{2}+\dfrac{117}{2}\right)}{2}=315$$

1716 답 ①

직선 $x=n$이 두 곡선 $y=x^2$, $y=x^2+ax+b$와 만나서 생긴 선분의 길이는

$$(n^2+an+b)-n^2=an+b$$

즉, 직선 $x=n$과 두 곡선 $y=x^2$, $y=x^2+ax+b$가 만나서 생긴 선분의 길이는 등차수열을 이룬다.

따라서 첫째항이 2, 끝항이 20, 항수가 15인 등차수열의 합은

$$\dfrac{15\times(2+20)}{2}=165$$

> $an+b$가 n에 대한 일차식이므로 등차수열을 이룬다.

참고 $a>0$에서 교점의 오른쪽은 곡선 $y=x^2+ax+b$가 곡선 $y=x^2$보다 위에 있으므로 선분의 길이는

$$|n^2+an+b-n^2|=(n^2+an+b)-n^2=an+b$$

1717 답 ②

그림에서 색칠한 직각삼각형은 모두 합동이므로 직각삼각형의 밑변의 길이가 모두 같다.

$$\therefore\ \overline{P_2Q_2}-\overline{P_1Q_1}=\overline{P_3Q_3}-\overline{P_2Q_2}$$
$$\qquad\qquad\qquad\vdots$$
$$\qquad=\overline{P_{10}Q_{10}}-\overline{P_9Q_9}$$

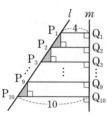

즉, $\overline{P_1Q_1}$, $\overline{P_2Q_2}$, $\cdots$, $\overline{P_{10}Q_{10}}$의 길이는 이 순서대로 등차수열을 이룬다.

이 등차수열의 첫째항은 $\overline{P_1Q_1}=4$이고 공차를 d라 하면

$$\overline{P_2Q_2}=4+d,\ \overline{P_9Q_9}=10-d$$

$\therefore\ \overline{P_2Q_2}+\overline{P_3Q_3}+\overline{P_4Q_4}+\cdots+\overline{P_9Q_9}$
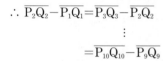

> $\overline{P_{10}Q_{10}}$의 값보다 d만큼 작은 수

$$=\dfrac{8\{(4+d)+(10-d)\}}{2}=\dfrac{8\times14}{2}=56$$

1718 답 315

y축에 평행한 14개의 선분의 길이는 등차수열을 이루므로 가장 짧은 것부터 가장 긴 것까지 선분의 길이를 수열 $\{a_n\}$이라 하면

$$a_1=3,\ a_2,\ a_3,\ \cdots,\ a_{14}=42$$

따라서 14개의 선분의 길이의 합은

$$\dfrac{14\times(3+42)}{2}=315$$

1719 답 ②

| 유형 19

> 수열 $\{a_n\}$의 첫째항부터 제n항까지의 합 S_n이 $S_n=n^2+3n+1$일 때, a_1+a_{20}의 값은? **단서1**
>
> ① 46   ② 47   ③ 48
> ④ 49   ⑤ 50
>
> **단서1** $a_1=S_1$, $a_n=S_n-S_{n-1}$ $(n\geq2)$을 이용

STEP 1 $n\geq2$일 때의 일반항 a_n 구하기

(i) $n\geq2$일 때

$$a_n=S_n-S_{n-1}$$
$$=(n^2+3n+1)-\{(n-1)^2+3(n-1)+1\}$$
$$=2n+2\ \cdots\cdots\cdots\cdots\cdots\ \text{㉠}$$

STEP 2 a_1의 값 구하기

(ii) $n=1$일 때

$$a_1=S_1=1+3+1=5$$

STEP 3 일반항 a_n 구하기

$a_1=5$는 ㉠에 $n=1$을 대입한 것과 같지 않으므로 수열 $\{a_n\}$은 둘째항부터 등차수열을 이룬다.

$$\therefore\ a_1=5,\ a_n=2n+2\ (n\geq2)$$

STEP 4 a_1+a_{20}의 값 구하기

$a_{20}=2\times20+2=42$이므로

$$a_1+a_{20}=5+42=47$$

1720 답 5

(i) $n\geq2$일 때

$$a_n=S_n-S_{n-1}$$
$$=kn^2+2n-\{k(n-1)^2+2(n-1)\}$$
$$=2nk-k+2\ \cdots\cdots\cdots\cdots\ \text{㉠}$$

(ii) $n=1$일 때, $a_1=S_1=k+2\ \cdots\cdots\cdots\cdots\ \text{㉡}$

㉠에 $n=1$을 대입하면 $a_1=k+2$로 ㉡과 같다.

$$\therefore\ a_n=2nk-k+2$$

이때 $a_6=57$이므로

$$12k-k+2=57,\ 11k=55$$
$$\therefore\ k=5$$

1721 답 ②

(i) $n\geq2$일 때

$$a_n=S_n-S_{n-1}$$
$$=(-n^2+14n)-\{-(n-1)^2+14(n-1)\}$$
$$=-2n+15\ \cdots\cdots\cdots\cdots\cdots\ \text{㉠}$$

(ii) $n=1$일 때

$$a_1=S_1=-1+14=13$$

$a_1=13$은 ㉠에 $n=1$을 대입한 것과 같다.

$$\therefore\ a_n=-2n+15$$

제n항에서 처음으로 음수가 나온다고 하면

$$-2n+15<0\qquad\therefore\ n>\dfrac{15}{2}=7.5$$

즉, 수열 $\{a_n\}$은 제8항부터 음수이다.

$$\therefore\ |a_1|+|a_3|+|a_5|+\cdots+|a_{17}|+|a_{19}|$$
$$=(a_1+a_3+a_5+a_7)-(a_9+a_{11}+\cdots+a_{19})$$
$$=(13+9+5+1)+(3+7+11+\cdots+23)$$
$$=28+\dfrac{6\times(3+23)}{2}$$
$$=106$$

1722 답 22

(i) $n \geq 2$일 때
$$a_n = S_n - S_{n-1}$$
$$= (n^2 + 4n - 2) - \{(n-1)^2 + 4(n-1) - 2\}$$
$$= 2n + 3 \quad\text{-----} \quad \text{㉠}$$

(ii) $n = 1$일 때
$$a_1 = S_1 = 1^2 + 4 \times 1 - 2 = 3$$

$a_1 = 3$은 ㉠에 $n=1$을 대입한 것과 같지 않으므로 수열 $\{a_n\}$은 둘째항부터 등차수열을 이룬다.

$\therefore a_1 = 3$, $a_n = 2n + 3$ ($n \geq 2$)

$5 \leq a_n \leq 50$이므로 $5 \leq 2n + 3 \leq 50$

$2 \leq 2n \leq 47$ $\quad\therefore 1 \leq n \leq 23.5$

그런데 $a_1 = 3$은 $5 \leq a_n \leq 50$을 만족시키지 않으므로

$1 < n \leq 23.5$

따라서 $5 \leq a_n \leq 50$을 만족시키는 자연수 n은 2, 3, $\cdots$, 23의 22개이다.

1723 답 ④

$S_n = pn^2 - 15n$에서

$a_2 = S_2 - S_1 = (4p - 30) - (p - 15) = 3p - 15$

$a_3 = S_3 - S_2 = (9p - 45) - (4p - 30) = 5p - 15$

이때 공차가 2이므로

$(5p - 15) - (3p - 15) = 2$

$2p = 2$ $\quad\therefore p = 1$

즉, $S_n = n^2 - 15n$이므로 $n \geq 2$일 때

$$a_n = S_n - S_{n-1}$$
$$= (n^2 - 15n) - \{(n-1)^2 - 15(n-1)\}$$
$$= 2n - 16$$

$\therefore a_7 + a_8 = -2 + 0 = -2$

1724 답 ②

나머지정리에 의하여

$S_n = (2n)^2 + 2n - 3 = 4n^2 + 2n - 3$

$a_1 = S_1 = 4 + 2 - 3 = 3$

$a_4 = S_4 - S_3$
$$= (4 \times 4^2 + 2 \times 4 - 3) - (4 \times 3^2 + 2 \times 3 - 3)$$
$$= 69 - 39 = 30$$

$\therefore a_1 + a_4 = 3 + 30 = 33$

1725 답 ③

(i) $n \geq 2$일 때
$$a_n = S_n - S_{n-1}$$
$$= (2n^2 + n) - \{2(n-1)^2 + (n-1)\}$$
$$= 4n - 1 \quad\text{-----} \quad \text{㉠}$$

(ii) $n = 1$일 때
$$a_1 = S_1 = 3$$

$a_1 = 3$은 ㉠에 $n = 1$을 대입한 것과 같다.

$\therefore a_n = 4n - 1$

(iii) $n \geq 2$일 때
$$a_n + b_n = T_n - T_{n-1}$$
$$= (4n^2 - n) - \{4(n-1)^2 - (n-1)\}$$
$$= 8n - 5 \quad\text{-----} \quad \text{㉡}$$

(iv) $n = 1$일 때
$$a_1 + b_1 = T_1 = 3$$

$a_1 + b_1 = 3$은 ㉡에 $n = 1$을 대입한 것과 같다.

$\therefore a_n + b_n = 8n - 5$

따라서 $b_n = (a_n + b_n) - a_n = (8n - 5) - (4n - 1) = 4n - 4$이므로

$b_7 = 4 \times 7 - 4 = 24$

다른 풀이

$$T_n = (a_1 + b_1) + (a_2 + b_2) + \cdots + (a_n + b_n)$$
$$= (a_1 + a_2 + \cdots + a_n) + (b_1 + b_2 + \cdots + b_n)$$
$$= S_n + (b_1 + \cdots + b_n)$$

$P_n = b_1 + b_2 + \cdots + b_n$이라 하면

$P_n = T_n - S_n = 2n^2 - 2n$

$\therefore b_7 = P_7 - P_6 = 24$

1726 답 ②

등차수열 $\{a_n\}$의 첫째항부터 제n항까지의 합을 S_n이라 하면

$S_n = n^2 - 5n$

(i) $n \geq 2$일 때
$$a_n = S_n - S_{n-1}$$
$$= (n^2 - 5n) - \{(n-1)^2 - 5(n-1)\}$$
$$= 2n - 6 \quad\text{-----} \quad \text{㉠}$$

(ii) $n = 1$일 때
$$a_1 = S_1 = 1^2 - 5 = -4$$

$a_1 = -4$는 ㉠에 $n = 1$을 대입한 것과 같다.

$\therefore a_n = 2n - 6$

$\therefore a_1 + d = a_2 = 2 \times 2 - 6 = -2$

다른 풀이

등차수열 $\{a_n\}$의 첫째항부터 제n항까지의 합을 S_n이라 하면

$S_n = n^2 - 5n$

$S_1 = 1^2 - 5 \times 1 = -4$, $S_2 = 2^2 - 5 \times 2 = -6$

$\therefore a_2 = S_2 - S_1 = -6 - (-4) = -2$

$\therefore a_1 + d = a_2 = -2$

1727 답 ②

$\underline{S_{k+2} - S_k = a_{k+2} + a_{k+1}}$이고 $S_k = -16$, $S_{k+2} = -12$이므로

$a_{k+2} + a_{k+1} = -12 - (-16) = 4$ $\quad\rightarrow {}^{(a_1 + a_2 + \cdots + a_k + a_{k+1} + a_{k+2})}_{\quad -(a_1 + a_2 + \cdots + a_k)}$

이때 등차수열 $\{a_n\}$의 공차가 2이므로 일반항은

$a_n = a_1 + (n-1) \times 2$

$a_{k+2} + a_{k+1} = 4$에서

$a_1 + 2(k+1) + a_1 + 2k = 4$, $2a_1 + 4k = 2$

$\therefore a_1 = 1 - 2k \quad\text{-----} \quad \text{㉠}$

$S_k = -16$에서

$\dfrac{k\{2a_1 + (k-1) \times 2\}}{2} = -16$

$\therefore k(a_1 + k - 1) = -16 \quad\text{-----} \quad \text{㉡}$

⊙을 ⓒ에 대입하면

$k(1-2k+k-1)=-16$

$k^2=16$

$\therefore k=4$ (∵ k는 자연수)

$k=4$를 ⊙에 대입하면

$a_1=1-2\times4=-7$

$\therefore a_{2k}=a_8=-7+7\times2=7$

서술형 유형 익히기 358쪽~361쪽

1728 답 (1) $4d$ (2) $6d$ (3) $5d$ (4) $8d$ (5) 53 (6) -14

(7) 53 (8) -14 (9) 67

실제 답안 예시

$a_3+a_5=22$, $a_4+a_6=-6$

$a_1+2d+a_1+4d=22$

$2a_1+6d=22$

$a_1+3d=11$ ······ ⊙

$a_1+3d+a_1+5d=-6$

$2a_1+8d=-6$

$a_1+4d=-3$ ······ ⓒ

⊙-ⓒ=$-d=14$ ∴ $d=-14$

⊙에 대입

$a_1+3\times(-14)=11$

$a_1-42=11$ ∴ $a_1=53$

$\therefore a_n=a_1+(n-1)d=53+(n-1)\times(-14)$

$=-14n+14+53=-14n+67$

1729 답 $a_n=-3n+15$

STEP1 첫째항 a와 공차 d에 대한 연립방정식 세우기 [3점]

등차수열 $\{a_n\}$의 첫째항을 a, 공차를 d라 하면

$a_2+a_4=12$에서

$a_2+a_4=(a+d)+(a+3d)$

$=2a+4d=12$

$\therefore a+2d=6$ ······· ⊙

$a_5+a_8=-9$에서

$a_5+a_8=(a+4d)+(a+7d)$

$=2a+11d=-9$ ······· ⓒ

STEP2 연립방정식을 풀어 첫째항 a와 공차 d의 값 구하기 [1점]

⊙, ⓒ을 연립하여 풀면

$a=12$, $d=-3$

STEP3 일반항 a_n 구하기 [2점]

$a_n=12+(n-1)\times(-3)=-3n+15$

1730 답 21

STEP1 첫째항 a와 공차 d에 대한 연립방정식 세우기 [3점]

등차수열 $\{a_n\}$의 첫째항을 a, 공차를 d라 하면

$a_2=37$에서

$a_2=a+d=37$ ·············· ⊙

$a_4+a_8=50$에서

$a_4+a_8=(a+3d)+(a+7d)=2a+10d=50$

$\therefore a+5d=25$ ·············· ⓒ

STEP2 연립방정식을 풀어 첫째항 a와 공차 d의 값 구하기 [1점]

⊙, ⓒ을 연립하여 풀면

$a=40$, $d=-3$

STEP3 일반항 a_n 구하기 [2점]

$a_n=40+(n-1)\times(-3)=-3n+43$

STEP4 $|a_k|=20$을 만족시키는 자연수 k의 값 구하기 [2점]

$|a_k|=20$에서 $|-3k+43|=20$

(i) $-3k+43=20$일 때

$-3k=-23$ $\therefore k=\dfrac{23}{3}$ ······ ⓐ

(ii) $-3k+43=-20$일 때

$-3k=-63$ $\therefore k=21$ ······ ⓐ

(i), (ii)에서 구하는 자연수 k의 값은 21이다.

부분점수표	
ⓐ (i), (ii) 중에서 하나만 구한 경우	각 1점

1731 답 (1) 55 (2) 59 (3) 59 (4) $4n$ (5) $\dfrac{59}{4}$ (6) 14

(7) 13 (8) 406

오답 분석

$a_n=55+(n-1)\times(-4)$

$=55-4n+4$

$=-4n+59$ 2점

$S_n=\dfrac{n(110-4n+4)}{2}$

$=\dfrac{n(-4n+114)}{2}=n(-2n+57)$ 1점

$n=\dfrac{57}{4}$일 때 S_n의 값은 최대

$\dfrac{57}{4}\times\left(-\dfrac{57}{2}+57\right)=\dfrac{57}{4}\times\dfrac{57}{2}=\dfrac{57^2}{8}$ → n의 값은 자연수이므로 분수가 될 수 없음

$=\dfrac{3249}{8}$

▶ 7점 중 3점 얻음.

$S_n=n(-2n+57)$에서 n의 값은 자연수이고, $\dfrac{57}{4}=14+\dfrac{1}{4}$이므로 $n=14$일 때 S_n의 값이 최대이다.

또한, $a_n>0$인 항까지의 합이 최대이고 $a_n>0$에서 $-4n+59>0$,

$n<\dfrac{59}{4}=14.75$이므로 $n=14$일 때, 즉 S_{14}의 값이 최댓값임을 이용한다.

1732 답 -200

STEP1 일반항 a_n 구하기 [2점]

등차수열 $\{a_n\}$의 첫째항이 -38, 공차가 4이므로

$a_n=-38+(n-1)\times4=4n-42$

공차가 양수이므로 S_n의 값이 최소가 되게 하는 n의 값은
$a_n < 0$을 만족시키는 n의 최댓값과 같다.
$a_n = 4n - 42 < 0$에서 $4n < 42$
$$\therefore n < \frac{42}{4} = 10.5$$
즉, 등차수열 $\{a_n\}$은 첫째항부터 제10항까지의 합이 최소이다.

STEP 3 S_n의 최솟값 구하기 [2점]

S_n의 최솟값은
$$S_{10} = \frac{10 \times \{2 \times (-38) + 9 \times 4\}}{2} = -200$$

1733 답 459

STEP 1 첫째항 a와 공차 d의 값 구하기 [2점]

등차수열 $\{a_n\}$의 첫째항을 a, 공차를 d라 하면
$a_3 + a_5 = 82$에서 $a_3 + a_5 = (a + 2d) + (a + 4d) = 82$
$$\therefore a + 3d = 41 \quad \cdots\cdots ㉠$$
$a_8 = 29$에서
$$a + 7d = 29 \quad \cdots\cdots ㉡$$
㉠, ㉡을 연립하여 풀면
$a = 50$, $d = -3$

STEP 2 일반항 a_n 구하기 [1점]

$a_n = 50 + (n-1) \times (-3) = -3n + 53$

STEP 3 $a_n > 0$을 만족시키는 n의 값의 범위를 구해 k의 값 구하기 [2점]

공차가 음수이므로 S_n의 값이 최대가 되게 하는 n의 값은
$a_n > 0$을 만족시키는 n의 최댓값과 같다.
$a_n = -3n + 53 > 0$에서 $3n < 53$
$$\therefore n < \frac{53}{3} = 17.6 \cdots$$
즉, 등차수열 $\{a_n\}$은 첫째항부터 제17항까지의 합이 최대이므로
$k = 17$

STEP 4 M의 값 구하기 [2점]

S_n의 최댓값 M은
$$M = S_{17} = \frac{17 \times \{2 \times 50 + 16 \times (-3)\}}{2} = 442$$

STEP 5 $M + k$의 값 구하기 [1점]

$M + k = 442 + 17 = 459$

1734 답 -444

STEP 1 일반항 a_n 구하기 [1점]

등차수열 $\{a_n\}$의 첫째항이 -70, 공차를 d라 하면
$$a_n = -70 + (n-1)d \quad \cdots\cdots ㉠$$

STEP 2 공차 d의 값 구하기 [5점]

$a_1 = -70 < 0$이고 S_n이 $n = 12$일 때 최솟값을 가지므로
$a_{12} \leq 0$이고 $a_{13} > 0$이다.
(i) $a_{12} \leq 0$에서 ㉠에 $n = 12$를 대입하면
$\qquad -70 + 11d \leq 0$, $11d \leq 70$
$$\therefore d \leq \frac{70}{11} = 6.3 \cdots \qquad\cdots\cdots \text{ⓐ}$$

(ii) $a_{13} > 0$에서 ㉠에 $n = 13$을 대입하면
$\qquad -70 + 12d > 0$, $12d > 70$
$$\therefore d > \frac{70}{12} = 5.8 \cdots \qquad\cdots\cdots \text{ⓐ}$$
(i), (ii)에서 $5.8 \cdots < d \leq 6.3 \cdots$이고, d는 정수이므로
$d = 6$

STEP 3 S_n의 최솟값 구하기 [2점]

S_n의 최솟값은
$$S_{12} = \frac{12 \times \{2 \times (-70) + 11 \times 6\}}{2} = -444$$

부분점수표

ⓐ (i), (ii) 중에서 하나만 구한 경우	각 1점

1735 답 (1) $2n$ (2) 3 (3) 5 (4) 3 (5) $4k$ (6) 10 (7) 10
(8) 41 (9) 230

실제 답안 예시

$a_1 = S_1 = 1 + 4 = 5$

$a_n = S_n - S_{n-1}$
$\quad = n^2 + 4n - \{(n-1)^2 + 4(n-1)\}$
$\quad = n^2 + 4n - (n^2 - 2n + 1 + 4n - 4)$
$\quad = n^2 + 4n - n^2 - 2n + 3 = 2n + 3 \ (n \geq 2)$

$a_1 + a_3 + a_5 + \cdots + a_{19} = 5 + 9 + 13 + \cdots + 41$
이므로 공차가 4인 등차수열의 10개 항의 합과 같다.

$b_n = 4n + 1$이라 할 때
$a_1 + a_3 + a_5 + \cdots + a_{19} = b_1 + b_2 + b_3 + \cdots + b_{10}$이므로
$b_1 + b_2 + b_3 + \cdots + b_{10} = \dfrac{10 \times (5 + 41)}{2} = 5 \times 46 = 230$

1736 답 308

STEP 1 $a_1 = S_1$, $a_n = S_n - S_{n-1} \ (n \geq 2)$을 이용하여 a_1과 $n \geq 2$일 때의 일반항 구하기 [3점]

(i) $n \geq 2$일 때
$$\begin{aligned} a_n &= S_n - S_{n-1} \\ &= (n^2 + 7n) - \{(n-1)^2 + 7(n-1)\} \\ &= (n^2 + 7n) - (n^2 + 5n - 6) \\ &= 2n + 6 \qquad\cdots\cdots ㉠ \end{aligned}$$
(ii) $n = 1$일 때
$$a_1 = S_1 = 1^2 + 7 \times 1 = 8$$

STEP 2 일반항 a_n 구하기 [1점]

$a_1 = 8$은 ㉠에 $n = 1$을 대입한 것과 같으므로
$a_n = 2n + 6$

STEP 3 $a_1 + a_3 + a_5 + \cdots + a_{21}$의 값 구하기 [4점]

$a_1, a_3, a_5, a_7, \cdots$에서
$a_{2k-1} = 2(2k-1) + 6 = 4k + 4 \ (k \geq 1)$
이므로 $a_1 + a_3 + a_5 + \cdots + a_{21}$은 수열 $\{a_{2k-1}\}$에서 첫째항부터
제11항까지의 합과 같다.
$$\therefore a_1 + a_3 + a_5 + \cdots + a_{21} = \frac{11 \times (8 + 48)}{2} = 308$$

1737 답 19

STEP 1 $a_1=S_1$, $a_n=S_n-S_{n-1}$ $(n \geq 2)$을 이용하여 a_1과 $n \geq 2$일 때의 일반항 구하기 [3점]

(i) $n \geq 2$일 때

$$a_n = S_n - S_{n-1}$$
$$= (n^2-8n) - \{(n-1)^2 - 8(n-1)\}$$
$$= (n^2-8n) - (n^2-10n+9)$$
$$= 2n-9 \quad \cdots\cdots \text{㉠}$$

(ii) $n=1$일 때, $a_1 = S_1 = 1^2 - 8 \times 1 = -7$

STEP 2 일반항 a_n 구하기 [1점]

$a_1 = -7$은 ㉠에 $n=1$을 대입한 것과 같으므로

$$a_n = 2n-9$$

STEP 3 $a_n<30$을 만족시키는 자연수 n의 개수 구하기 [3점]

$a_n<30$을 만족시키는 n의 값의 범위는

$$2n-9<30 \qquad \therefore n < \frac{39}{2} = 19.5$$

따라서 자연수 n은 1, 2, 3, $\cdots$, 19의 19개이다.

1738 답 26

STEP 1 $a_1=S_1$, $a_n=S_n-S_{n-1}$ $(n \geq 2)$을 이용하여 a_1과 $n \geq 2$일 때의 일반항 구하기 [3점]

(i) $n \geq 2$일 때

$$a_n = S_n - S_{n-1}$$
$$= (n^2+n+2) - \{(n-1)^2 + (n-1) + 2\}$$
$$= (n^2+n+2) - (n^2-n+2)$$
$$= 2n \quad \cdots\cdots \text{㉠}$$

(ii) $n=1$일 때

$$a_1 = S_1 = 1^2 + 1 + 2 = 4$$

STEP 2 일반항 a_n 구하기 [1점]

$a_1 = 4$는 ㉠에 $n=1$을 대입한 것과 같지 않으므로

$$a_1 = 4, \quad a_n = 2n \, (n \geq 2)$$

STEP 3 $a_1 - a_2 + a_3 - a_4 + \cdots - a_{22} + a_{23}$의 값 구하기 [4점]

$$a_1 - a_2 + a_3 - a_4 + \cdots - a_{22} + a_{23}$$
$$= a_1 + (-a_2 + a_3) + (-a_4 + a_5) + \cdots + (-a_{22} + a_{23})$$
$$= a_1 + \underbrace{2 + 2 + \cdots + 2}_{a_3-a_2=a_5-a_4=\cdots=a_{23}-a_{22} \,=(공차)}$$
$$= 4 + 2 \times 11 = 26$$

---

check 실전 마무리하기 1회 362쪽~366쪽

1 1739 답 ② 유형 1

출제의도 | 수열의 일반항을 이용하여 $a_k = m$을 만족시키는 k의 값을 구할 수 있는지 확인한다.

> $a_k = 259$로 놓고 k의 값을 구해 보자.

$a_k = 4^k + 3 = 259$이므로

$$4^k = 256, \quad (2^2)^k = 2^8$$
$$2k = 8 \qquad \therefore k = 4$$

08

2 1740 답 ⑤ 유형 4

출제의도 | 등차수열의 일반항을 이용하여 제k항의 값을 구할 수 있는지 확인한다.

> 첫째항을 a, 공차를 d로 놓고 주어진 식을 나타내 보자.

등차수열 $\{a_n\}$의 첫째항을 a, 공차를 d라 하면

$a_2 = 6$에서

$$a + d = 6 \quad \cdots\cdots \text{㉠}$$

$a_3 + a_6 = 27$에서

$$(a+2d) + (a+5d) = 27$$
$$\therefore 2a + 7d = 27 \quad \cdots\cdots \text{㉡}$$

㉠, ㉡을 연립하여 풀면 $a=3$, $d=3$

따라서 $a_n = 3 + (n-1) \times 3 = 3n$이므로

$$a_{10} = 3 \times 10 = 30$$

3 1741 답 ④ 유형 5

출제의도 | 대소 관계를 만족시키는 등차수열의 항을 구할 수 있는지 확인한다.

> 조건을 이용하여 일반항을 구하고 $a_n>0$을 만족시키는 n의 값을 구해 보자.

등차수열 $\{a_n\}$의 첫째항을 a라 하면 공차가 3이므로

$$a_n = a + (n-1) \times 3 = 3n + a - 3$$

$a_{10} = -26$이므로

$$30 + a - 3 = -26 \qquad \therefore a = -53$$
$$\therefore a_n = 3n - 56$$

$a_n > 0$에서 $3n - 56 > 0$

$$\therefore n > \frac{56}{3} = 18.6\cdots$$

따라서 등차수열 $\{a_n\}$에서 처음으로 양수가 되는 항은 제19항이다.

4 1742 답 ① 유형 6

출제의도 | 두 수 사이에 수를 넣어서 만든 등차수열에서 특정한 항의 값을 구할 수 있는지 확인한다.

> 첫째항이 -6, 제4항이 3인 등차수열임을 이용해 보자.

첫째항이 -6, 제4항이 3인 등차수열의 공차를 d라 하면

$$3 = -6 + (4-1) \times d$$
$$3d = 9 \qquad \therefore d = 3$$

$a = -6 + 3 = -3$, $b = -6 + 2 \times 3 = 0$이므로

$$a + b = -3 + 0 = -3$$

5 1743 답 ③ 유형 7

출제의도 | 등차중항의 성질을 이해하는지 확인한다.

> 먼저 이차방정식의 근과 계수의 관계를 이용하여 $\alpha + \beta$, $\alpha\beta$의 값을 구해 보자.

이차방정식 $x^2 - 24x + 18 = 0$의 두 근이 α, β이므로 이차방정식의 근과 계수의 관계에 의하여

$$\alpha + \beta = 24, \quad \alpha\beta = 18$$

m은 α, β의 등차중항이므로

$$m = \frac{\alpha + \beta}{2} = \frac{24}{2} = 12$$

n은 $\dfrac{1}{\alpha}$, $\dfrac{1}{\beta}$의 등차중항이므로

$$n=\dfrac{1}{2}\left(\dfrac{1}{\alpha}+\dfrac{1}{\beta}\right)=\dfrac{\alpha+\beta}{2\alpha\beta}=\dfrac{24}{2\times18}=\dfrac{2}{3}$$

$$\therefore mn=12\times\dfrac{2}{3}=8$$

6 1744 답 ③ 유형 8

출제의도 | 등차수열을 이루는 수의 특징을 이해하여 도형의 넓이를 구할 수 있는지 확인한다.

> 세 변의 길이를 $a-d$, a, $a+d$로 나타내어 피타고라스 정리를 이용해 보자.

등차수열을 이루는 $\angle A=90°$인 직각삼각형 ABC의 세 변의 길이를 $a-d$, a, $a+d$ $(d>0)$라 하면

$$\overline{\mathrm{BC}}=a+d=25 \quad\cdots\cdots\cdots\ \text{㉠}$$

피타고라스 정리에 의하여

$$(a-d)^2+a^2=(a+d)^2$$
$$a^2-2ad+d^2+a^2=a^2+2ad+d^2,\ a(a-4d)=0$$
$$\therefore a=4d\ (\because a\neq0) \quad\cdots\cdots\cdots\ \text{㉡}$$

㉡을 ㉠에 대입하면

$$4d+d=25,\ 5d=25 \quad\therefore d=5$$
$$\therefore a=4\times5=20$$

따라서 세 변의 길이는 15, 20, 25이므로 직각삼각형 ABC의 넓이는

$$\dfrac{1}{2}\times15\times20=150$$

7 1745 답 ④ 유형 10

출제의도 | 등차수열의 합을 구할 수 있는지 확인한다.

> 두 항의 값을 이용하여 등차수열의 일반항을 구해 보자.

등차수열 $\{a_n\}$의 첫째항을 a, 공차를 d라 하면

$$a_3=17에서\ a+2d=17 \quad\cdots\cdots\cdots\ \text{㉠}$$
$$a_8=37에서\ a+7d=37 \quad\cdots\cdots\cdots\ \text{㉡}$$

㉠, ㉡을 연립하여 풀면 $a=9$, $d=4$

따라서 등차수열 $\{a_n\}$의 첫째항부터 제15항까지의 합은

$$\dfrac{15\times\{2\times9+(15-1)\times4\}}{2}=555$$

8 1746 답 ③ 유형 19

출제의도 | 수열의 합과 일반항 사이의 관계를 이해하는지 확인한다.

> $a_1=S_1$, $S_n-S_{n-1}=a_n\ (n\geq2)$을 이용하여 일반항을 구해 보자.

(i) $n\geq2$일 때

$$\begin{aligned}a_n&=S_n-S_{n-1}\\&=(n^2-1)-\{(n-1)^2-1\}\\&=(n^2-1)-(n^2-2n)\\&=2n-1 \quad\cdots\cdots\cdots\ \text{㉠}\end{aligned}$$

(ii) $n=1$일 때

$$a_1=S_1=1^2-1=0$$

$a_1=0$은 ㉠에 $n=1$을 대입한 것과 같지 않으므로 수열 $\{a_n\}$은 둘째항부터 등차수열을 이룬다.

$$\therefore a_1=0,\ a_n=2n-1\ (n\geq2)$$
$$\therefore a_1+a_{10}=0+(2\times10-1)=19$$

다른 풀이

$a_1=S_1=1-1=0$, $a_{10}=S_{10}-S_9$이므로

$$\begin{aligned}a_1+a_{10}&=S_1+S_{10}-S_9\\&=0+99-80=19\end{aligned}$$

9 1747 답 ⑤ 유형 6

출제의도 | 두 수 사이에 수를 넣어서 만든 등차수열에서 특정한 항의 값을 구할 수 있는지 확인한다.

> 두 수 73과 169 사이에 31개의 수를 넣었으므로 169는 33번째 수임을 이용해 보자.

첫째항이 73이고, 제33항이 169인 등차수열의 공차를 d라 하면

$$169=73+(33-1)\times d$$
$$32d=96 \quad\therefore d=3$$

이때 a_{15}는 등차수열의 제16항이므로

$$a_{15}=73+(16-1)\times3=118$$

10 1748 답 ① 유형 9

출제의도 | 등차수열의 일반항을 구하여 항의 절댓값이 주어졌을 때 자연수의 값을 구할 수 있는지 확인한다.

> 첫째항을 a, 공차를 d로 놓고, $a_n=a+(n-1)d$임을 이용하여 식을 세워 보자. 또, $|A|=\pm A$임을 이용해 보자.

등차수열 $\{a_n\}$의 첫째항을 a, 공차를 d라 하면

$$a_2=a+d=17 \quad\cdots\cdots\cdots\ \text{㉠}$$
$$a_3+a_7=(a+2d)+(a+6d)=16$$
$$\therefore a+4d=8 \quad\cdots\cdots\cdots\ \text{㉡}$$

㉠, ㉡을 연립하여 풀면 $a=20$, $d=-3$

따라서 등차수열 $\{a_n\}$의 일반항은

$$a_n=20+(n-1)\times(-3)=-3n+23$$
$$|a_k|=31에서\ |-3k+23|=31$$
$$-3k+23=-31\ 또는\ -3k+23=31$$
$$\therefore k=18\ 또는\ k=-\dfrac{8}{3}$$

이때 k는 자연수이므로 $k=18$

11 1749 답 ② 유형 11

출제의도 | 등차수열의 일반항과 합의 공식을 이용하여 공차를 구할 수 있는지 확인한다.

> $S_n=\dfrac{n(a_1+a_n)}{2}$임을 이용하여 문제를 해결해 보자.

첫째항이 3, 제k항이 35인 등차수열 $\{a_n\}$의 첫째항부터 제k항까지의 합이 323이므로

$$\dfrac{k(3+35)}{2}=323$$
$$19k=323 \quad\therefore k=17$$

즉, 제17항이 35이므로 등차수열 $\{a_n\}$의 공차를 d라 하면
$3+16d=35$, $16d=32$ $\therefore d=2$
따라서 수열 $\{a_n\}$의 공차는 2이다.

12 1750 답 ③
유형7 + 유형11

출제의도 | 등차수열의 일반항, 등차중항, 합의 공식을 이용하여 참, 거짓을 판단할 수 있는지 확인한다.

> ㄱ에서는 $S_n=\dfrac{n(a_1+a_n)}{2}$ 임을 이용해 보자.

ㄱ. $a_1+a_2+a_3+a_4+a_5=20$에서
$\dfrac{5(a_1+a_5)}{2}=20$
$\therefore a_1+a_5=8$ (참)

ㄴ. $a_3=\dfrac{a_1+a_5}{2}=\dfrac{8}{2}=4$ (참)
$\longrightarrow a_3$은 a_1과 a_5의 등차중항이다.

ㄷ. $2a_2+a_3+a_5=2(a_1+d)+(a_1+2d)+(a_1+4d)$
$=4a_1+8d$
$=4(a_1+2d)$
$=4a_3$
$=4\times4=16$ (거짓)

따라서 옳은 것은 ㄱ, ㄴ이다.

13 1751 답 ①
유형14

출제의도 | 등차수열의 합의 공식을 이용하여 부분합이 주어진 등차수열의 첫째항을 구할 수 있는지 확인한다.

> 등차수열의 합의 공식 $S_n=\dfrac{n\{2a+(n-1)d\}}{2}$ 를 이용하여 첫째항 a_1을 구해 보자.

등차수열 $\{a_n\}$의 공차를 d라 하면
$\dfrac{6(2a_1+5d)}{2}=129$
$\therefore 2a_1+5d=43$ ·········· ㉠
$\dfrac{12(2a_1+11d)}{2}=438$
$\therefore 2a_1+11d=73$ ·········· ㉡
㉠, ㉡을 연립하여 풀면 $a_1=9$, $d=5$

14 1752 답 ②
유형19

출제의도 | 수열의 합과 일반항 사이의 관계를 이해하는지 확인한다.

> $n\geq2$일 때의 일반항 a_n을 구하고, $a_1=S_1$임을 이용해 보자.

$a_1=S_1=2+4+1=7$ $\therefore p=7$
$n\geq2$일 때
$a_n=S_n-S_{n-1}$
$=(2n^2+4n+1)-\{2(n-1)^2+4(n-1)+1\}$
$=(2n^2+4n+1)-(2n^2-1)$
$=4n+2$
이므로 $q=4$, $r=2$
$\therefore p+q+r=7+4+2=13$

15 1753 답 ②
유형19

출제의도 | 수열의 합과 일반항 사이의 관계를 이용하여 조건을 만족시키는 n의 개수를 구할 수 있는지 확인한다.

> $a_1=S_1$, $S_n-S_{n-1}=a_n$ $(n\geq2)$을 이용하여 일반항을 구해 보자.

(ⅰ) $n\geq2$일 때
$a_n=S_n-S_{n-1}$
$=(n^2-6n)-\{(n-1)^2-6(n-1)\}$
$=(n^2-6n)-(n^2-8n+7)$
$=2n-7$ ·········· ㉠

(ⅱ) $n=1$일 때
$a_1=S_1=1-6=-5$
$a_1=-5$는 ㉠에 $n=1$을 대입한 것과 같다.
$\therefore a_n=2n-7$
$15\leq a_n\leq35$에서
$15\leq2n-7\leq35$, $22\leq2n\leq42$
$\therefore 11\leq n\leq21$
따라서 구하는 자연수 n은 11, 12, ···, 21의 11개이다.

16 1754 답 ①
유형3

출제의도 | 새롭게 정의된 등차수열의 일반항을 추론할 수 있는지 확인한다.

> 수열을 직접 나열한 후 규칙에 따라 항을 제거하면서 남은 항에서 공차를 확인해 보자.

첫째항이 1, 공차가 2인 등차수열은
1, 3, 5, 7, 9, 11, 13, 15, 17, 19, 21, ···
첫 번째 시행 후 남은 항을 차례로 나열하면
1, 5, 9, 13, 17, 21, 25, 29, ···
두 번째 시행 후 남은 항을 차례로 나열하면
1, 9, 17, 25, ···
이므로 이 수열은 첫째항이 1, 공차가 8인 등차수열이다.
따라서 $a_n=1+(n-1)\times8=8n-7$이므로
$p=8$, $q=-7$
$\therefore p+q=8+(-7)=1$

17 1755 답 ③
유형4

출제의도 | 등차수열에서 두 항 사이의 관계와 일반항을 이용하여 조건을 만족시키는 값을 구할 수 있는지 확인한다.

> 등차수열의 공차를 d로 놓고, b_1은 두 번째 항, b_2는 네 번째 항, b_3은 여섯 번째 항, ···임을 이용해 보자.

등차수열 a_1, b_1, a_2, b_2, ···, a_8, b_8의 첫째항은 $a_1=1$이고 공차를 d라 하면
$b_1+b_3+b_5+b_7=(1+d)+(1+5d)+(1+9d)+(1+13d)$
$=4+28d$
즉, $4+28d=88$이므로 $28d=84$ $\therefore d=3$
$\therefore b_2+b_4+b_6+b_8=(1+3d)+(1+7d)+(1+11d)+(1+15d)$
$=4+36d$
$=4+36\times3$
$=112$

18 1756　답 ④　유형 9 + 유형 10

출제의도 ｜ 조건을 이용하여 등차수열의 첫째항과 공차를 구하고, 합을 구할 수 있는지 확인한다.

> $a_2 = -a_7$로 나타내고, 연립방정식을 이용하여 첫째항과 공차를 구해 보자.

등차수열 $\{a_n\}$의 첫째항을 a, 공차를 d라 하면
제2항과 제7항은 절댓값이 같고 부호가 반대이므로
$a_2 = -a_7$에서 $a+d = -(a+6d)$
$\therefore 2a+7d = 0$ ·· ㉠
$a_5 = 2$에서 $a+4d = 2$ ································· ㉡
㉠, ㉡을 연립하여 풀면 $a = -14$, $d = 4$
따라서 등차수열 $\{a_n\}$의 첫째항부터 제20항까지의 합은
$$\frac{20 \times \{2 \times (-14) + 19 \times 4\}}{2} = 480$$

19 1757　답 ③　유형 14

출제의도 ｜ 등차수열의 합의 공식을 이용하여 부분합이 주어진 등차수열의 합을 구할 수 있는지 확인한다.

> S_{10}, S_{15}를 공식을 이용하여 식으로 나타내고 첫째항과 공차를 구해 보자.

등차수열 $\{a_n\}$의 첫째항을 a, 공차를 d라 하면
$$S_{10} = \frac{10(2a+9d)}{2} = 10$$
$\therefore 2a+9d = 2$ ································· ㉠
$$S_{15} = \frac{15(2a+14d)}{2} = 90$$
$\therefore a+7d = 6$ ···································· ㉡
㉠, ㉡을 연립하여 풀면 $a = -8$, $d = 2$
즉, $S_n = \dfrac{n \times \{2 \times (-8) + (n-1) \times 2\}}{2} = 630$에서
$n^2 - 9n - 630 = 0$, $(n-30)(n+21) = 0$
$\therefore n = 30$ 또는 $n = -21$
따라서 구하는 자연수 n의 값은 30이다.

20 1758　답 ④　유형 17

출제의도 ｜ 등차수열의 각 항의 절댓값의 합을 구할 수 있는지 확인한다.

> 일반항을 구한 후 처음으로 음수가 나오는 항을 구해 보자.

등차수열 $\{a_n\}$의 첫째항을 a, 공차를 d라 하면
$a_2 = a+d = 13$ ······························· ㉠
$a_5 = a+4d = 7$ ······························· ㉡
㉠, ㉡을 연립하여 풀면 $a = 15$, $d = -2$
$\therefore a_n = 15 + (n-1) \times (-2) = -2n + 17$
제n항에서 처음으로 음수가 나온다고 하면
$$-2n+17 < 0 \qquad \therefore n > \frac{17}{2} = 8.5$$
즉, 등차수열 $\{a_n\}$은 제9항부터 음수이다.
$\therefore |a_1| + |a_2| + |a_3| + \cdots + |a_{20}|$
$\quad = (a_1 + a_2 + \cdots + a_8) - (a_9 + a_{10} + \cdots + a_{20})$
$\quad = \dfrac{8 \times (15+1)}{2} - \dfrac{12 \times (-1-23)}{2}$
$\quad = 64 + 144 = 208$

21 1759　답 ④　유형 11

출제의도 ｜ 등차수열의 합의 공식을 이용하여 첫째항의 최댓값을 구할 수 있는지 확인한다.

> $S_n = \dfrac{n\{2a_1 + (n-1)d\}}{2}$를 이용하여 식을 세우고, 모든 자연수 n에 대하여 $S_n < 192$를 만족시키는 자연수 a의 값의 범위를 구해 보자.

등차수열 $\{a_n\}$의 첫째항이 a이고, 공차가 -6이므로
$$S_n = \frac{n\{2a + (n-1) \times (-6)\}}{2} = n(a - 3n + 3)$$
모든 자연수 n에 대하여 $S_n < 192$이므로
$n(a - 3n + 3) < 192$
$\therefore 3n^2 - (a+3)n + 192 > 0$ ·········· ㉠
이차방정식 $3n^2 - (a+3)n + 192 = 0$의 판별식을 D라 할 때, 모든 자연수 n에 대하여 이차부등식 ㉠이 성립하려면 $D < 0$이어야 한다.
$D = (a+3)^2 - 4 \times 3 \times 192 < 0$
$\therefore (a+3)^2 < 48^2$
이때 a가 자연수이므로
$4 \le a+3 < 48$ $\qquad \therefore 1 \le a < 45$
따라서 a의 최댓값은 44이다.

22 1760　답 39　유형 4

출제의도 ｜ 등차수열의 항의 비를 이용하여 일반항을 구할 수 있는지 확인한다.

STEP 1 a_4와 a_7을 첫째항과 공차를 이용하여 식으로 나타내기 [2점]
등차수열 $\{a_n\}$의 첫째항은 3이고 공차를 d라 하면
$a_4 = 3 + 3d$, $a_7 = 3 + 6d$
STEP 2 d의 값 구하기 [2점]
$a_4 : a_7 = 5 : 9$에서 $5a_7 = 9a_4$
$5(3+6d) = 9(3+3d)$, $15 + 30d = 27 + 27d$
$3d = 12$ $\qquad \therefore d = 4$
STEP 3 a_{10}의 값 구하기 [2점]
등차수열 $\{a_n\}$의 일반항은
$a_n = 3 + (n-1) \times 4 = 4n - 1$
$\therefore a_{10} = 4 \times 10 - 1 = 39$

23 1761　답 (1) $-\dfrac{2}{5}$　(2) 121　유형 2 + 유형 10

출제의도 ｜ 조건을 만족시키는 등차수열의 일반항을 이용하여 조건을 만족시키는 값을 구할 수 있는지 확인한다.

(1) STEP 1 $a_6 - a_{11} = 2$를 첫째항과 공차를 이용하여 나타내기 [1점]
등차수열 $\{a_n\}$의 첫째항을 a, 공차를 d라 하면
$a_6 - a_{11} = 2$에서 $(a+5d) - (a+10d) = 2$
STEP 2 공차 구하기 [1점]
$$-5d = 2 \qquad \therefore d = -\frac{2}{5}$$

(2) STEP 1 a_n 구하기 [1점]
$a_6 + a_{11} = 36$에서 $(a+5d) + (a+10d) = 36$
$2a + 15d = 36$
(1)에서 $d = -\dfrac{2}{5}$이므로

$$2a+15\times\left(-\frac{2}{5}\right)=36,\ 2a=42\qquad \therefore a=21$$

따라서 등차수열 $\{a_n\}$의 일반항은

$$a_n=21+(n-1)\times\left(-\frac{2}{5}\right)$$

STEP 2 a_n이 자연수가 되는 조건 구하기 [2점]

a_n이 자연수가 되려면 $a_n>0$에서

$$21-\frac{2}{5}(n-1)>0\qquad \therefore n<\frac{107}{2}=53.5$$

또, $n-1$은 0 또는 5의 배수가 되어야 한다.

즉, n의 값은 1, 6, 11, $\cdots$, 51의 11개이다.

STEP 3 X의 모든 원소의 합 구하기 [2점]

집합 X의 모든 원소는

$21,\ 19,\ 17,\ \cdots,\ 1$ ⟶ $21-\frac{2}{5}(n-1)$에 $n=1,\ 6,\ 11,\ \cdots,\ 51$을 대입한 값

이고, 이 수열은 첫째항이 21, 끝항이 1, 항수는 11인 등차수열

이므로 모든 원소의 합은

$$\frac{11\times(21+1)}{2}=121$$

24 1762 답 9 (유형 14 + 유형 15)

출제의도 | 수열의 합이 최대가 될 때의 일반항의 특징을 이해하는지 확인한다.

STEP 1 S_5, S_{10}을 이용하여 첫째항과 공차 구하기 [3점]

등차수열 $\{a_n\}$의 첫째항을 a, 공차를 d라 하면

$$S_5=\frac{5(2a+4d)}{2}=185$$

$$\therefore a+2d=37 \quad\cdots\cdots\cdots\cdots\cdots\cdots\cdots\cdots ㉠$$

$$S_{10}=\frac{10(2a+9d)}{2}=220$$

$$\therefore 2a+9d=44 \quad\cdots\cdots\cdots\cdots\cdots\cdots\cdots ㉡$$

㉠, ㉡을 연립하여 풀면 $a=49$, $d=-6$

STEP 2 일반항 a_n 구하기 [1점]

등차수열 $\{a_n\}$의 일반항은

$$a_n=49+(n-1)\times(-6)=55-6n$$

STEP 3 S_n의 값이 최대가 되게 하는 n의 값 구하기 [3점]

제n항에서 처음으로 음수가 나온다고 하면

$$55-6n<0\qquad \therefore n>\frac{55}{6}=9.1\cdots$$

즉, 등차수열 $\{a_n\}$은 제10항부터 음수이므로 첫째항부터 제9항까지의 합이 최대가 된다.

따라서 S_n의 값이 최대가 되도록 하는 n의 값은 9이다.

25 1763 답 40 (유형 18)

출제의도 | 도형 문제에 등차수열의 합을 활용할 수 있는지 확인한다.

STEP 1 각 사각형의 넓이가 등차수열을 이룸을 밝히기 [3점]

$\overline{AD}\,/\!/\,\overline{BC}$이고 변 AB를 10등분 했으므로 각 사각형의 높이는 모두 같다. 즉, $\square AP_1Q_1D$, $\square P_1P_2Q_2Q_1$, $\cdots$, $\square P_9BCQ_9$의 넓이는 이 순서대로 등차수열을 이룬다.

STEP 2 사다리꼴 ABCD의 넓이 구하기 [4점]

$\square AP_1Q_1D$의 넓이를 $a_1=3$이라 하면

$\square P_1P_2Q_2Q_1$의 넓이는 $a_2=a_1+d\ (d>0)$

$\vdots$

$\square P_9BCQ_9$의 넓이는 $a_{10}=a_1+9d=5 \quad\cdots\cdots ㉠$

㉠에 $a_1=3$을 대입하면 $3+9d=5$

$$9d=2\qquad \therefore d=\frac{2}{9}$$

사다리꼴 ABCD의 넓이는

$$a_1+a_2+a_3+\cdots+a_{10}=\frac{10\times\left(2\times3+9\times\frac{2}{9}\right)}{2}=40$$

참고 오른쪽 그림과 같이 사다리꼴 ABCD에서 변 CD와 평행한 선분 AE를 그으면 $b_1:b_2=1:2$이므로 $b_2=2b_1$, $b_1:b_3=1:3$이므로 $b_3=3b_1$, $\cdots$ 따라서 a, $a+b_1$, $a+2b_1$, $a+3b_1$, $\cdots$은 첫째항이 a이고 공차가 b_1인 등차수열이다.

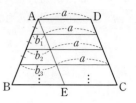

check 실전 마무리하기 2회 367쪽~371쪽

1 1764 답 ② (유형 2)

출제의도 | 조건을 만족시키는 등차수열의 공차를 구할 수 있는지 확인한다.

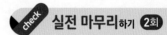
비례식을 풀어 첫째항과 공차를 구해 보자.

등차수열 $\{a_n\}$의 첫째항을 a, 공차를 d라 하면

㈎에서

$$a_{14}=a+13d=6 \quad\cdots\cdots\cdots\cdots\cdots\cdots\cdots ㉠$$

㈏에서 $5a_8=3a_3$이므로

$$5(a+7d)=3(a+2d)$$

$$\therefore 2a+29d=0 \quad\cdots\cdots\cdots\cdots\cdots\cdots ㉡$$

㉠, ㉡을 연립하여 풀면

$$a=58,\ d=-4$$

따라서 등차수열 $\{a_n\}$의 공차는 -4이다.

2 1765 답 ③ (유형 4)

출제의도 | 등차수열의 일반항을 이용하여 제k항의 값을 구할 수 있는지 확인한다.

첫째항을 a, 공차를 d로 놓고, $a_n=a+(n-1)d$임을 이용하여 식을 세워 보자.

등차수열 $\{a_n\}$의 첫째항을 a, 공차를 d라 하면

$$a_1+a_6=a+(a+5d)=22$$

$$\therefore 2a+5d=22 \quad\cdots\cdots\cdots\cdots\cdots\cdots ㉠$$

$$a_2-a_4=(a+d)-(a+3d)=8$$

$$-2d=8\qquad \therefore d=-4$$

㉠에 $d=-4$를 대입하면

$$2a+5\times(-4)=22$$

$$2a-20=22,\ 2a=42\qquad \therefore a=21$$

따라서 등차수열 $\{a_n\}$의 일반항은

$$a_n=21+(n-1)\times(-4)=-4n+25$$

$-4n+25=-15$에서 $n=10$

따라서 -15는 등차수열 $\{a_n\}$의 제10항이다.

3 1766 답 ④ 〔유형5〕

출제의도 | 대소 관계를 만족시키는 등차수열의 항을 구할 수 있는지 확인한다.

> $a_n>100$을 만족시키는 자연수 n의 최솟값을 구해 보자.

등차수열 $\{a_n\}$의 첫째항이 -50, 공차가 4이므로
$a_n=-50+(n-1)\times4=4n-54$
$4n-54>100$에서 $4n>154$
$\therefore n>\dfrac{77}{2}=38.5$
따라서 등차수열 $\{a_n\}$에서 처음으로 100보다 커지는 항은 제39항이다.

4 1767 답 ② 〔유형7〕

출제의도 | 등차중항의 성질을 이해하는지 확인한다.

> 세 수 a, x, b가 이 순서대로 등차수열을 이룰 때 $2x=a+b$임을 이용하여 식을 세워 보자.

세 수 $2a^2-3a$, 3, $-a^2+4a$가 이 순서대로 등차수열을 이루므로
$(2a^2-3a)+(-a^2+4a)=2\times3$
$a^2+a-6=0$, $(a-2)(a+3)=0$ $\therefore a=2$ 또는 $a=-3$
따라서 모든 실수 a의 값의 합은
$2+(-3)=-1$

5 1768 답 ② 〔유형7〕

출제의도 | 등차중항의 성질을 이용하여 두 수를 구할 수 있는지 확인한다.

> 각 세 수에 등차중항의 성질을 적용하여 식을 세운 후 두 식을 연립해 보자.

세 수 6, a, b가 이 순서대로 등차수열을 이루므로
$2a=6+b$ $\therefore b=2a-6$ ………… ㉠
세 수 a^2, 10, b^2이 이 순서대로 등차수열을 이루므로
$20=a^2+b^2$ ………… ㉡
㉠을 ㉡에 대입하면 $a^2+(2a-6)^2=20$
$5a^2-24a+16=0$, $(a-4)(5a-4)=0$ $\therefore a=4$ 또는 $a=\dfrac{4}{5}$
이때 a는 자연수이므로 $a=4$
$a=4$를 ㉠에 대입하면 $b=2$
$\therefore \dfrac{1}{2}ab=\dfrac{1}{2}\times4\times2=4$

6 1769 답 ① 〔유형9〕

출제의도 | 등차수열의 일반항을 구하여 $|a_n|$의 최솟값을 구할 수 있는지 확인한다.

> $|a_n|$의 값이 최소가 되려면 a_n의 값이 0 또는 0에 가장 가까운 값임을 이용해 보자.

등차수열 $\{a_n\}$의 공차가 3, 제33항이 88이므로
$a_{33}=a_1+(33-1)\times3=88$ $\therefore a_1=-8$
$\therefore a_n=-8+(n-1)\times3=3n-11$
$|a_n|$의 값이 최소가 되려면 a_n의 값이 0 또는 0에 가장 가까운 값이어야 한다.
이때 $a_3=-2$, $a_4=1$, $a_5=4$이므로 $|a_n|$의 최솟값은 1이다.

7 1770 답 ② 〔유형13〕

출제의도 | 두 수 사이에 수를 넣어 만든 등차수열에서 합을 이용할 수 있는지 확인한다.

> 등차수열의 합 $S_n=\dfrac{n(a+l)}{2}$을 이용하여 식을 세워 보자.

첫째항이 -2, 끝항이 8, 항수가 $(n+2)$인 등차수열의 합이 39이므로
$\dfrac{(n+2)(-2+8)}{2}=39$
$3n+6=39$ $\therefore n=11$

8 1771 답 ① 〔유형6〕

출제의도 | 두 수 사이에 수를 넣어 만든 등차수열을 이해하고, 관계식을 구할 수 있는지 확인한다.

> 두 수 사이에 $(m+n+1)$개의 수를 넣어 만든 수열의 항수는 $(m+n+3)$이 됨을 이용해 보자.

주어진 등차수열의 공차를 d라 하자.
두 수 2와 14 사이에 m개의 수를 넣어 만든 등차수열에서 14는 제$(m+2)$항이므로
$14=2+(m+1)d$
$\therefore (m+1)d=12$ ………… ㉠
두 수 2와 54 사이에 $(m+n+1)$개의 수를 넣어 만든 등차수열에서 54는 제$(m+n+3)$항이므로
$54=2+(m+n+2)d$
$\therefore (m+n+2)d=52$ ………… ㉡
㉠÷㉡을 하면
$\dfrac{m+1}{m+n+2}=\dfrac{12}{52}$, $\dfrac{m+1}{m+n+2}=\dfrac{3}{13}$
$13m+13=3m+3n+6$, $10m=3n-7$ $\therefore m=\dfrac{3n-7}{10}$

9 1772 답 ⑤ 〔유형11〕

출제의도 | 등차수열의 일반항의 특징을 이해하고, 등차수열의 합의 공식을 이용할 수 있는지 확인한다.

> 등차수열의 일반항에서 n의 계수는 공차임을 이용해 보자.

등차수열 $\{a_n\}$의 첫째항을 a, 공차를 d라 하면
$a_n=2n+k$에서 n의 계수가 등차수열의 공차이므로
$d=2$
$a_6+a_7+\cdots+a_{10}=100$에서
$\dfrac{5\{(a+5d)+(a+9d)\}}{2}=100$
$\therefore a+7d=20$ ………… ㉠
㉠에 $d=2$를 대입하면
$a+14=20$ $\therefore a=6$
이때 $a=2+k=6$이므로 $k=4$

〔다른 풀이〕

$a_n=2n+k$에서 $a_6=12+k$, $a_{10}=20+k$
$a_6+a_7+\cdots+a_{10}=\dfrac{5\{(12+k)+(20+k)\}}{2}=100$
$5(32+2k)=200$, $32+2k=40$ $\therefore k=4$

10 1773 답 ④

출제의도 | 두 수 사이에 수를 넣어 만든 등차수열에서 합을 이용하여 공차를 구할 수 있는지 확인한다.

> 등차수열의 합 $S_n=\dfrac{n(a+l)}{2}$ 을 이용하여 식을 세워 보자.

첫째항이 -3, 끝항이 51, 항수가 $(n+2)$인 등차수열의 합이 264 이므로

$$\frac{(n+2)(-3+51)}{2}=264$$

$$24(n+2)=264 \qquad \therefore n=9$$

즉, 끝항인 51은 제11항이므로

$$-3+10d=51 \qquad \therefore 10d=54$$

$$\therefore n+10d=9+54=63$$

11 1774 답 ③

출제의도 | 등차수열의 합의 공식을 이용하여 부분합이 주어진 등차수열의 합을 구할 수 있는지 확인한다.

> 등차수열의 합의 공식 $S_n=\dfrac{n\{2a+(n-1)d\}}{2}$ 를 이용하여 a, d에 대한 식을 세운 후 연립하여 a, d의 값을 구해 보자.

등차수열 $\{a_n\}$의 첫째항을 a, 공차를 d라 하면

$$S_4=\frac{4(2a+3d)}{2}=24$$

$$\therefore 2a+3d=12 \quad\cdots\cdots\cdots\cdots\cdots\cdots\cdots\cdots\cdots ㉠$$

$$S_{10}=\frac{10(2a+9d)}{2}=0$$

$$\therefore 2a+9d=0 \quad\cdots\cdots\cdots\cdots\cdots\cdots\cdots\cdots\cdots ㉡$$

㉠, ㉡을 연립하여 풀면 $a=9$, $d=-2$

$$\therefore S_{20}=\frac{20\times\{2\times9+19\times(-2)\}}{2}=-200$$

12 1775 답 ⑤

출제의도 | 등차수열의 합이 최대가 될 때의 일반항의 특징을 이해하는지 확인한다.

> $a_n\geq0$일 때까지의 합이 최대이므로 이를 만족시키는 조건을 구해 보자.

등차수열 $\{a_n\}$의 첫째항을 a, 공차를 d라 하면

$$a_2=a+d=26 \quad\cdots\cdots\cdots\cdots\cdots\cdots\cdots\cdots\cdots ㉠$$

$$a_{12}=a+11d=-14 \quad\cdots\cdots\cdots\cdots\cdots\cdots\cdots ㉡$$

㉠, ㉡을 연립하여 풀면

$$a=30, \ d=-4$$

$$\therefore a_n=30+(n-1)\times(-4)=-4n+34$$

제n항에서 처음으로 음수가 나온다고 하면

$$-4n+34<0$$

$$\therefore n>\frac{34}{4}=8.5$$

즉, 등차수열 $\{a_n\}$은 제9항부터 음수이므로 첫째항부터 제8항까지의 합이 최대가 된다.

따라서 S_n의 최댓값은

$$S_8=\frac{8\times\{2\times30+(8-1)\times(-4)\}}{2}=128$$

13 1776 답 ③

출제의도 | 여러 가지 등차수열의 합을 구할 수 있는지 확인한다.

> 등차수열의 일반항과 합의 공식을 이용해 보자.

ㄱ. 첫째항이 3, 제9항이 25인 등차수열의 첫째항부터 제9항까지의 합은

$$\frac{9\times(3+25)}{2}=126 \ (참)$$

ㄴ. 첫째항이 4, 공차가 -3인 등차수열의 첫째항부터 제11항까지의 합은

$$\frac{11\times\{2\times4+(11-1)\times(-3)\}}{2}=-121 \ (거짓)$$

ㄷ. 두 자리의 자연수 중에서 6의 배수는

$$12, \ 18, \ 24, \ \cdots, \ 96$$

이 수열은 첫째항이 12, 끝항이 96, 항수가 15인 등차수열이므로 두 자리 자연수 중 6의 배수의 합은

$$\frac{15\times(12+96)}{2}=810 \ (참)$$

따라서 옳은 것은 ㄱ, ㄷ이다.

14 1777 답 ③

출제의도 | 등차수열의 합을 활용하여 6으로 나누었을 때의 나머지가 2인 수의 총합을 구할 수 있는지 확인한다.

> 6으로 나누었을 때의 나머지가 2인 수는 (6의 배수)$+2$임을 이용하여 조건을 만족시키는 등차수열을 구해 보자.

250 이하의 자연수 중 6으로 나누었을 때의 나머지가 2인 수를 나열하면

$$2, \ 8, \ 14, \ 20, \ \cdots, \ 248$$

이 수열은 첫째항이 2이고 공차가 6인 등차수열이다.

$248=2+(42-1)\times6$에서 248은 제42항이므로 6으로 나누었을 때의 나머지가 2인 수의 총합은

$$\frac{42\times(2+248)}{2}=5250$$

15 1778 답 ③

출제의도 | 수열의 합과 일반항 사이의 관계를 이해하는지 확인한다.

> 첫째항부터 등차수열을 이루려면 $a_1=S_1$의 값과 $a_n=S_n-S_{n-1}$ $(n\geq2)$에서 구한 식에 $n=1$을 대입한 값이 같아야 함을 이용해 보자.

(i) $n\geq2$일 때

$$a_n=S_n-S_{n-1}$$
$$=(2n^2-2n+k-2)-\{2(n-1)^2-2(n-1)+k-2\}$$
$$=(2n^2-2n+k-2)-(2n^2-6n+k+2)$$
$$=4n-4 \quad\cdots\cdots\cdots\cdots\cdots\cdots\cdots\cdots\cdots ㉠$$

(ii) $n=1$일 때

$$a_1=S_1=2-2+k-2=k-2$$

이때 수열 $\{a_n\}$이 첫째항부터 등차수열을 이루도록 하려면 $a_1=k-2$와 ㉠에 $n=1$을 대입한 값이 같아야 하므로

$$k-2=0 \qquad \therefore k=2$$

16 1779 답 ③ 유형 19

출제의도 | 수열의 합과 일반항 사이의 관계를 이해하는지 확인한다.

> $a_1=S_1,\ a_n=S_n-S_{n-1}\ (n\geq2)$임을 이용하여 일반항을 구해 보자.

(i) $n\geq2$일 때
$$\begin{aligned}a_n&=S_n-S_{n-1}\\&=(n^2+3n-2)-\{(n-1)^2+3(n-1)-2\}\\&=(n^2+3n-2)-(n^2+n-4)\\&=2n+2\ \cdots\cdots\cdots\cdots\cdots\cdots\cdots\cdots\ \bigcirc\end{aligned}$$

(ii) $n=1$일 때
$$a_1=S_1=1^2+3-2=2$$

$a_1=2$는 $\bigcirc$에 $n=1$을 대입한 것과 같지 않으므로 수열 $\{a_n\}$은 둘째항부터 등차수열을 이룬다.

$\therefore a_1=2,\ a_n=2n+2\ (n\geq2)$

$\therefore a_{25}-a_1=(2\times25+2)-2=50$

【다른 풀이】

$$\begin{aligned}a_{25}&=S_{25}-S_{24}\\&=(25^2+3\times25-2)-(24^2+3\times24-2)\\&=698-646=52\end{aligned}$$

$a_1=S_1=2$

$\therefore a_{25}-a_1=52-2=50$

---

17 1780 답 ④ 유형 5

출제의도 | 대소 관계를 만족시키는 등차수열의 항을 구할 수 있는지 확인한다.

> 처음으로 $a_n<0$이 되는 항을 찾아보자.

등차수열 $\{a_n\}$의 첫째항을 a, 공차를 d라 하면
$$a_1+a_2+a_3=a+(a+d)+(a+2d)=96$$
$$\therefore a+d=32\ \cdots\cdots\cdots\cdots\cdots\ \bigcirc$$
$$a_4+a_5+a_6=(a+3d)+(a+4d)+(a+5d)=69$$
$$\therefore a+4d=23\ \cdots\cdots\cdots\cdots\cdots\ \bigcirc\!\!\bigcirc$$

$\bigcirc$, $\bigcirc\!\!\bigcirc$을 연립하여 풀면

$a=35,\ d=-3$

$\therefore a_n=35+(n-1)\times(-3)=-3n+38$

제n항에서 처음으로 음수가 나온다고 하면
$$-3n+38<0\qquad\therefore n>\dfrac{38}{3}=12.6\cdots$$

따라서 처음으로 음수가 나오는 항은 제13항이다.

---

18 1781 답 ③ 유형 9 + 유형 10

출제의도 | 조건을 만족시키는 등차수열의 일반항과 합을 구할 수 있는지 확인한다.

> (가)의 식을 일반항의 표현으로 나타내어 첫째항과 공차 사이의 관계를 찾아 보자.

등차수열 $\{a_n\}$의 첫째항을 a, 공차를 d라 하면

(가)에서 $(a+5d)+(a+9d)=0$

$2a+14d=0$

$\therefore a=-7d\ \cdots\cdots\cdots\cdots\cdots\ \bigcirc$

(나)에서 $|a+6d|+4=|a+10d|$

$\bigcirc$을 위의 식에 대입하면 $|-d|+4=|3d|$

이때 공차가 양수이므로

$d+4=3d$ $\quad\therefore d=2$

$d=2$를 $\bigcirc$에 대입하면 $a=-14$

따라서 등차수열 $\{a_n\}$의 첫째항이 -14, 공차가 2이므로 첫째항부터 제8항까지의 합은
$$\dfrac{8\times\{2\times(-14)+7\times2\}}{2}=-56$$

---

19 1782 답 ② 유형 7 + 유형 11

출제의도 | 등차수열의 합이 주어진 경우, 등차중항을 이용하여 조건을 만족시키는 수열의 항의 개수를 구할 수 있는지 확인한다.

> 등차수열에서 $a_1+a_n=a_2+a_{n-1}=a_3+a_{n-2}=\cdots$이 성립함을 이용해 보자.

$a_1+a_n=a_2+a_{n-1}=a_3+a_{n-2}=\cdots$이므로
$$(a_1+a_2+a_3)+(a_{n-2}+a_{n-1}+a_n)=3(a_1+a_n)$$

즉, $3(a_1+a_n)=15+51=66$에서

$a_1+a_n=22$

수열 $\{a_n\}$의 모든 항의 합을 S_n이라 하면
$$S_n=\dfrac{n(a_1+a_n)}{2}=77$$이므로
$$\dfrac{n\times22}{2}=77$$
$$\therefore n=7$$

---

20 1783 답 ④ 유형 19

출제의도 | 수열의 합과 일반항 사이의 관계를 이해하는지 확인한다.

> $a_1=S_1,\ S_n-S_{n-1}=a_n\ (n\geq2)$을 이용하여 일반항을 구해 보자.

(i) $n\geq2$일 때
$$\begin{aligned}a_n&=S_n-S_{n-1}\\&=(kn^2+3n)-\{k(n-1)^2+3(n-1)\}\\&=(kn^2+3n)-(kn^2-2kn+3n+k-3)\\&=2kn-k+3\ \cdots\cdots\cdots\cdots\ \bigcirc\end{aligned}$$

(ii) $n=1$일 때
$$a_1=S_1=k+3$$

$a_1=k+3$은 $\bigcirc$에 $n=1$을 대입한 것과 같다.

$\therefore a_n=2kn-k+3$

이때 등차수열 $\{a_n\}$의 공차가 4이므로

$\underline{2k=4}\qquad\therefore k=2$ → 등차수열의 일반항에서 일차항의 계수는 공차를 나타낸다.

따라서 $a_n=4n+1$이므로

$a_{5k}=a_{10}=4\times10+1=41$

---

21 1784 답 ② 유형 12

출제의도 | 두 등차수열의 합을 구할 수 있는지 확인한다.

> 등차수열의 합의 공식 $S_n=\dfrac{n\{2a+(n-1)d\}}{2}$를 n에 대한 이차식으로 정리해 보자.

등차수열 $\{a_n\}$의 첫째항을 a라 하면

$$S_n = \frac{n\{2a+(n-1)d_1\}}{2}$$

등차수열 $\{b_n\}$의 첫째항을 b라 하면

$$T_n = \frac{n\{2b+(n-1)d_2\}}{2}$$

$S_1 + T_1 = a + b = 4$이고 $S_n + T_n = 4n^2$이므로

$$\frac{n\{2(a+b)+(n-1)(d_1+d_2)\}}{2} = 4n^2$$에서

$$2n \times 4 + n(n-1)(d_1+d_2) = 8n^2$$

$$\therefore (d_1+d_2)n^2 - (d_1+d_2-8)n = 8n^2$$

이 등식이 모든 자연수 n에 대하여 성립하므로 $d_1 + d_2 = 8$

22 1785 답 -4, 4, 12 〔유형 8〕

출제의도 | 조건을 만족시키는 등차수열을 이루는 세 수를 구할 수 있는지 확인한다.

STEP 1 세 수를 $a-d$, a, $a+d$로 놓기 [1점]

등차수열을 이루는 세 수를 $a-d$, a, $a+d$라 하자.

STEP 2 공차 구하기 [4점]

세 수의 합이 12이므로

$$(a-d)+a+(a+d) = 12$$

$$3a = 12 \qquad \therefore a = 4$$

세 수의 곱이 -192이므로

$$(4-d) \times 4 \times (4+d) = -192$$

$$16-d^2 = -48, \quad d^2 = 64 \qquad \therefore d = \pm 8$$

STEP 3 세 수 구하기 [1점]

등차수열을 이루는 세 수는 -4, 4, 12이다.

23 1786 답 98 〔유형 15〕

출제의도 | 등차수열의 합이 최대가 될 때의 일반항의 특징을 이해하는지 확인한다.

STEP 1 a_n 구하기 [2점]

등차수열 $\{a_n\}$의 첫째항이 26이고 공차를 d라 하면

$$S_5 - S_{10} = \frac{5\{2\times 26+(5-1)d\}}{2} - \frac{10\{2\times 26+(10-1)d\}}{2}$$

$$= 10d + 130 - (45d + 260)$$

$$= -35d - 130$$

즉, $-35d - 130 = 10$이므로 $d = -4$

$$\therefore a_n = 26 + (n-1) \times (-4) = -4n + 30$$

STEP 2 $a_n > 0$을 만족시키는 자연수 n의 최댓값 구하기 [2점]

공차가 음수이므로 S_n의 값이 최대가 될 때의 n의 값은 $a_n > 0$을 만족시키는 n의 최댓값과 같다.

$a_n > 0$을 만족시키는 n의 값의 범위는

$$-4n + 30 > 0 \qquad \therefore n < \frac{30}{4} = 7.5$$

즉, 등차수열 $\{a_n\}$은 제7항까지 양수이므로 첫째항부터 제7항까지의 합이 최대이다.

STEP 3 S_n의 최댓값 구하기 [2점]

S_n의 최댓값은

$$S_7 = \frac{7\{2\times 26+(7-1)\times(-4)\}}{2} = 98$$

24 1787 답 (1) $a_n = -\frac{3}{2}n + 14$ (2) 152 〔유형 3〕+〔유형 17〕

출제의도 | 등차수열의 일반항을 구하고 각 항의 절댓값의 합을 구할 수 있는지 확인한다.

(1) STEP 1 첫째항 a와 공차 d에 대한 연립방정식을 세우고, a, d의 값 구하기 [2점]

등차수열 $\{a_n\}$의 첫째항을 a, 공차를 d라 하면

$$a_4 = a + 3d = 8 \quad \cdots\cdots\cdots \text{㉠}$$

$$a_{14} = a + 13d = -7 \quad \cdots\cdots\cdots \text{㉡}$$

㉠, ㉡을 연립하여 풀면 $a = \dfrac{25}{2}$, $d = -\dfrac{3}{2}$

STEP 2 a_n 구하기 [1점]

$$a_n = \frac{25}{2} + (n-1) \times \left(-\frac{3}{2}\right) = -\frac{3}{2}n + 14$$

(2) STEP 1 음수인 항이 몇 번째부터 나오는지 구하기 [2점]

$a_n = -\dfrac{3}{2}n + 14$의 제$n$항에서 처음으로 음수가 나온다고 하면

$$-\frac{3}{2}n + 14 < 0$$에서 $-\frac{3}{2}n < -14$

$$\therefore n > \frac{28}{3} = 9.3\cdots$$

즉, 등차수열 $\{a_n\}$은 제10항부터 음수이다.

STEP 2 $|a_1| + |a_2| + |a_3| + \cdots + |a_{20}|$의 값 구하기 [2점]

$$|a_1| + |a_2| + |a_3| + \cdots + |a_{20}|$$

$$= (a_1 + a_2 + \cdots + a_9) - (a_{10} + a_{11} + \cdots + a_{20})$$

$$= \frac{9(a_1 + a_9)}{2} - \frac{11(a_{10} + a_{20})}{2}$$

$$= \frac{9 \times \left(\frac{25}{2} + \frac{1}{2}\right)}{2} - \frac{11 \times (-1 - 16)}{2}$$

$$= \frac{117}{2} + \frac{187}{2} = 152$$

25 1788 답 55 〔유형 10〕

출제의도 | 조건을 만족시키는 등차수열의 공차를 구하여 문제를 해결할 수 있는지 확인한다.

STEP 1 a_2의 값 구하기 [4점]

등차수열 $\{a_n\}$의 공차를 d라 하면

㈎에서 $d = 2$

㈏에서 $f(-1) = 11$이므로

→ 다항식 $f(x)$를 일차식 $x - p$로 나누었을 때의 나머지는 $f(p)$이다.

$$f(-1) = a_{10} - a_8 + a_6 - a_4 + a_2 = 11$$

이때 등차수열 $\{a_n\}$에서 $a_{10} - a_8 = 2d$, $a_6 - a_4 = 2d$이므로

$$a_{10} - a_8 + a_6 - a_4 + a_2 = 2d + 2d + a_2 = 11$$

$$a_2 + 8 = 11 \ (\because d = 2)$$

$$\therefore a_2 = 3$$

STEP 2 $f(x)$의 모든 계수의 합 구하기 [4점]

$f(x)$의 모든 계수의 합은

$$f(1) = a_{10} + a_8 + a_6 + a_4 + a_2$$

$$= (a_2 + 8d) + (a_2 + 6d) + (a_2 + 4d) + (a_2 + 2d) + a_2$$

$$= 5a_2 + 20d$$

$$= 5 \times 3 + 20 \times 2$$

$$= 55$$

1 1789 답 ②

$A=\{5, 12, 19, 26, 33, 40, 47, 54, \cdots\}$

$B=\{5, 10, 15, 20, 25, 30, 35, 40, \cdots\}$

$\therefore A \cap B = \{5, 40, 75, \cdots\}$

즉, 수열 $\{a_n\}$은 첫째항이 5이고, 공차가 35인 등차수열이므로

$a_n = 5 + (n-1) \times 35 = 35n - 30$

$a_n > 300$에서 $35n - 30 > 300$

$35n > 330$ ∴ $n > 9.4 \cdots$

따라서 수열 $\{a_n\}$에서 처음으로 300보다 커지는 항은 제10항이다.

2 1790 답 ②

등차수열 $\{a_n\}$의 첫째항을 a, 공차를 d $(d>0)$라 하면

㈎에서 $a_9 + a_{11} = (a+8d) + (a+10d) = 2a + 18d = 0$

∴ $a = -9d$ ················· ㉠

㈏에서 $|a_9| = |a_{10}| + 4$이므로

$|a+8d| = |a+9d| + 4$

위 식에 ㉠을 대입하면

$|-9d+8d| = |-9d+9d| + 4$

$|-d| = 4$

∴ $d=4$ $(\because d>0)$

∴ $a_{12} = a + 11d = -9d + 11d = 2d = 2 \times 4 = 8$

3 1791 답 1720

n을 5로 나눈 나머지가 a_n이므로 자연수 k에 대하여

$a_1 = a_6 = \cdots = a_{5k-4} = 1$

$a_2 = a_7 = \cdots = a_{5k-3} = 2$

$a_3 = a_8 = \cdots = a_{5k-2} = 3$

$a_4 = a_9 = \cdots = a_{5k-1} = 4$

$a_5 = a_{10} = \cdots = a_{5k} = 0$

등차수열 $\{b_n\}$의 첫째항이 5, 공차가 4이므로

$b_n = 5 + 4(n-1) = 4n + 1$

$\therefore a_1 b_1 + a_2 b_2 + a_3 b_3 + \cdots + a_{20} b_{20}$

$= a_1(b_1 + b_6 + b_{11} + b_{16}) + a_2(b_2 + b_7 + b_{12} + b_{17})$

$\qquad + a_3(b_3 + b_8 + b_{13} + b_{18}) + a_4(b_4 + b_9 + b_{14} + b_{19})$

$\qquad\qquad (\because a_5 = a_{10} = \cdots = a_{20} = 0)$

$= 1 \times \dfrac{4 \times (5+65)}{2} + 2 \times \dfrac{4 \times (9+69)}{2} + 3 \times \dfrac{4 \times (13+73)}{2}$

$\qquad\qquad\qquad + 4 \times \dfrac{4 \times (17+77)}{2}$

$= 140 + 312 + 516 + 752 = 1720$

4 1792 답 ③

등차수열 $\{a_n\}$의 첫째항이 -60이고 공차가 4이므로 첫째항부터 제n항까지의 합을 S_n이라 하면

$S_n = \dfrac{n\{2 \times (-60) + (n-1) \times 4\}}{2} = n(2n-62) = 2n(n-31)$

$\therefore |a_1 + a_2 + a_3 + \cdots + a_n| = |S_n| = |2n(n-31)|$

이때 $|a_1 + a_2 + a_3 + \cdots + a_n|$의 값이 최소가 되려면

$a_1 + a_2 + a_3 + \cdots + a_n$의 값이 0이거나 0에 가까운 값이어야 한다.

$2n(n-31) = 0$에서

$n = 0$ 또는 $n = 31$

이때 n은 자연수이므로 $|a_1 + a_2 + a_3 + \cdots + a_n|$의 값이 최소가 되게 하는 자연수 n의 값은 31이다.

5 1793 답 30

(i) $n \geq 2$일 때

$a_n = S_n - S_{n-1}$

$\quad = (3n^2 + 2n) - \{3(n-1)^2 + 2(n-1)\}$

$\quad = 6n - 1$ ·············· ㉠

(ii) $n=1$일 때

$a_1 = S_1 = 3 + 2 = 5$

$a_1 = 5$는 ㉠에 $n=1$을 대입한 것과 같다.

$\therefore a_n = 6n - 1$

(iii) $n \geq 2$일 때

$a_n + b_n = T_n - T_{n-1}$

$\quad = (5n^2 + n + 3) - \{5(n-1)^2 + (n-1) + 3\}$

$\quad = 10n - 4$ ·············· ㉡

(iv) $n=1$일 때

$a_1 + b_1 = T_1 = 5 + 1 + 3 = 9$

$a_1 + b_1 = 9$는 ㉡에 $n=1$을 대입한 것과 같지 않으므로

$a_1 + b_1 = 9$, $a_n + b_n = 10n - 4$ $(n \geq 2)$

이때 $b_1 = (a_1 + b_1) - a_1 = 9 - 5 = 4$이고

$b_n = (a_n + b_n) - a_n = 10n - 4 - (6n-1)$

$\quad = 4n - 3$ $(n \geq 2)$

$\therefore b_1 + b_2 + b_4 - b_6 + b_8 = 4 + 5 + 13 - 21 + 29 = 30$

6 1794 답 27

$S_{k+2} - S_k = a_{k+2} + a_{k+1}$이고 $S_k = -45$, $S_{k+2} = -42$이므로

$a_{k+2} + a_{k+1} = -42 - (-45) = 3$

이때 등차수열 $\{a_n\}$의 공차가 3이므로 일반항은

$a_n = a_1 + (n-1) \times 3$

$a_{k+2} + a_{k+1} = 3$에서

$a_1 + 3(k+1) + a_1 + 3k = 3$

$2a_1 + 6k + 3 = 3$ ∴ $a_1 = -3k$ ·············· ㉠

$S_k = -45$에서

$\dfrac{k\{2a_1 + (k-1) \times 3\}}{2} = -45$

$\therefore k(2a_1 + 3k - 3) = -90$ ·············· ㉡

㉠을 ㉡에 대입하면

$k(-6k + 3k - 3) = -90$, $-3k^2 - 3k = -90$

$k^2 + k - 30 = 0$, $(k+6)(k-5) = 0$

$\therefore k = 5$ $(\because k$는 자연수$)$

$k=5$를 ㉠에 대입하면

$a_1 = -3 \times 5 = -15$

$\therefore a_{3k} = a_{15} = -15 + 14 \times 3 = 27$

09 등비수열

1795 답 $-\dfrac{1}{3}$

$\dfrac{a_4}{a_3}=\dfrac{6}{-18}=-\dfrac{1}{3}$이므로 공비는 $-\dfrac{1}{3}$이다.

1796 답 (1) 8, 32　(2) −3, 81

(1) $\dfrac{4}{2}=2$에서 공비가 2이므로 주어진 수열은

　2, 4, $\boxed{8}$, 16, $\boxed{32}$, 64, $\cdots$

(2) $\dfrac{-27}{9}=-3$에서 공비가 −3이므로 주어진 수열은

　1, $\boxed{-3}$, 9, −27, $\boxed{81}$, −243, $\cdots$

1797 답 (1) $a_n=50\times\left(-\dfrac{1}{2}\right)^{n-1}$　(2) $a_n=-7\times4^{n-1}$

(1) 첫째항이 50, 공비가 $-\dfrac{1}{2}$인 등비수열의 일반항은

$a_n=50\times\left(-\dfrac{1}{2}\right)^{n-1}$

(2) 첫째항이 −7, 공비가 4인 등비수열의 일반항은

$a_n=-7\times4^{n-1}$

1798 답 −8 또는 8

k는 −4와 −16의 등비중항이므로
$k^2=-4\times(-16)=64$
$\therefore k=-8$ 또는 $k=8$

1799 답 $-\dfrac{1023}{256}$

첫째항부터 제10항까지의 합 S_{10}은

$S_{10}=\dfrac{-2\times\left\{1-\left(\dfrac{1}{2}\right)^{10}\right\}}{1-\dfrac{1}{2}}$

$=-4\times\left(1-\dfrac{1}{1024}\right)=-\dfrac{1023}{256}$

1800 답 (1) −340　(2) 56

(1) 주어진 수열은 첫째항이 4, 공비가 −2인 등비수열이므로 첫째항부터 제8항까지의 합 S_8은

$S_8=\dfrac{4\times\{1-(-2)^8\}}{1-(-2)}$

$=\dfrac{4}{3}\times(1-256)=-340$

(2) 주어진 수열은 첫째항이 7, 공비가 1인 등비수열이므로 첫째항부터 제8항까지의 합 S_8은

$S_8=8\times7=56$

1801 답 $a_n=2^{n-1}$

$S_n=2^n-1$에서

(i) $n\geq2$일 때

$a_n=S_n-S_{n-1}=(2^n-1)-(2^{n-1}-1)=2^{n-1}$ …………… ㉠

(ii) $n=1$일 때

$a_1=S_1=2^1-1=1$ …………………………… ㉡

이때 ㉡은 ㉠에 $n=1$을 대입한 값 $2^0=1$과 같으므로 첫째항부터 등비수열을 이룬다.

$\therefore a_n=2^{n-1}$

1802 답 (1) $a_1=1$, $a_n=2^n$ $(n\geq2)$　(2) 16

(1) $S_n=2^{n+1}-3$에서

(i) $n\geq2$일 때

$a_n=S_n-S_{n-1}=(2^{n+1}-3)-(2^n-3)$

$=2^n$ …………………………… ㉠

(ii) $n=1$일 때

$a_1=S_1=2^2-3=1$ …………………………… ㉡

이때 ㉡은 ㉠에 $n=1$을 대입한 것과 같지 않으므로 일반항은

$a_1=1$, $a_n=2^n$ $(n\geq2)$

(2) $a_1=1$, $a_n=2^n$ $(n\geq2)$에서

$a_4=2^4=16$

1803 답 ③　　　　　　　　　│유형 1

첫째항이 a, 공비가 r인 등비수열 $\{a_n\}$에서 $a_4=36$, $a_7=288$일 때, ar의 값은? 단서1

① 3　　　　② 6　　　　③ 9
④ 12　　　⑤ 15

단서1 $ar^{4-1}=36$, $ar^{7-1}=288$

STEP 1 첫째항 a와 공비 r에 대한 식 세우기

$a_4=ar^3=36$ …………………………… ㉠
$a_7=ar^6=288$ …………………………… ㉡

STEP 2 a, r의 값 구하기

㉡÷㉠을 하면

$r^3=8$　　$\therefore r=2$

$r=2$를 ㉠에 대입하면 $8a=36$　　$\therefore a=\dfrac{9}{2}$

STEP 3 ar의 값 구하기

$ar=\dfrac{9}{2}\times2=9$

1804 답 $a_n=12\times(-2)^{n-1}$

등비수열 $\{a_n\}$의 첫째항을 a, 공비를 r이라 하면

$a_3=ar^2=48$ …………………………… ㉠

$a_6=ar^5=-384$ ·· ㉡

㉡÷㉠을 하면 $r^3=-8$　　∴ $r=-2$

$r=-2$를 ㉠에 대입하면 $4a=48$　　∴ $a=12$

따라서 등비수열의 일반항 a_n은

$a_n=12\times(-2)^{n-1}$

1805 답 $\dfrac{16}{9}$

$a_n=5\times3^{1-2n}$에 $n=1$, $n=2$를 각각 대입하면

$a_1=5\times3^{-1}=\dfrac{5}{3}$, $a_2=5\times3^{-3}=\dfrac{5}{27}$

이므로 공비는

$\dfrac{a_2}{a_1}=\dfrac{\frac{5}{27}}{\frac{5}{3}}=\dfrac{1}{9}$

따라서 첫째항과 공비의 합은 $\dfrac{5}{3}+\dfrac{1}{9}=\dfrac{15+1}{9}=\dfrac{16}{9}$

다른 풀이

$a_n=ar^{n-1}$ 꼴로 변형하면

$a_n=5\times3^{1-2n}=5\times3\times3^{-2n}=15\times\left(\dfrac{1}{9}\right)^n$

$=15\times\dfrac{1}{9}\times\left(\dfrac{1}{9}\right)^{n-1}=\dfrac{5}{3}\times\left(\dfrac{1}{9}\right)^{n-1}$

따라서 $a=\dfrac{5}{3}$, $r=\dfrac{1}{9}$이므로 $a+r=\dfrac{16}{9}$

1806 답 ⑤　　유형 2

> 공비가 실수인 등비수열 $\{a_n\}$에 대하여 $\underline{a_2=-1}$, $\underline{a_5=27}$일 때, a_7의 값은? 단서1
>
> ① -243　　② -81　　③ -9
>
> ④ 81　　⑤ 243
>
> 단서1 $ar=-1$, $ar^4=27$

STEP1 첫째항 a와 공비 r에 대한 식 세우기

등비수열 $\{a_n\}$의 첫째항을 a, 공비를 r이라 하면

$a_2=ar=-1$ ·· ㉠

$a_5=ar^4=27$ ·· ㉡

STEP2 a, r의 값 구하기

㉡÷㉠을 하면 $r^3=-27$　　∴ $r=-3$

$r=-3$을 ㉠에 대입하면 $-3a=-1$　　∴ $a=\dfrac{1}{3}$

STEP3 a_7의 값 구하기

$a_7=ar^6=\dfrac{1}{3}\times(-3)^6=3^5=243$

1807 답 제8항

첫째항이 3이고 $\dfrac{-6}{3}=-2$에서 공비가 -2이므로 주어진 등비수열의 일반항은 $3\times(-2)^{n-1}$

$3\times(-2)^{n-1}=-384$에서 $(-2)^{n-1}=-128$

$(-2)^{n-1}=(-2)^7$

$n-1=7$　　∴ $n=8$

따라서 -384는 제8항이다.

1808 답 ③

등비수열 $\{a_n\}$의 첫째항이 1이고 공비를 r $(r>0)$이라 하면 일반항 a_n은 $a_n=r^{n-1}$ → 모든 항이 양수

$\log_2 a_4=3$에서 $a_4=2^3$이므로

$a_4=r^3=2^3$　　∴ $r=2$

∴ $a_7=r^6=2^6=64$

1809 답 ⑤

등비수열 $\{a_n\}$의 첫째항을 a라 하면

$a_5=4$에서 $a\times\left(\dfrac{1}{2}\right)^4=4$　　∴ $a=64$

$a_k=\dfrac{1}{16}$에서 $64\times\left(\dfrac{1}{2}\right)^{k-1}=\dfrac{1}{16}$

즉, $\left(\dfrac{1}{2}\right)^{k-1}=\left(\dfrac{1}{2}\right)^{10}$이므로 $k-1=10$

∴ $k=11$

1810 답 ①

등비수열 $\{a_n\}$의 첫째항을 a, 공비를 r이라 하면

$a_{n+1}+2a_n=ar^n+2ar^{n-1}$ → Ar^{n-1} 꼴이므로 첫째항이 A,

$=(ar+2a)r^{n-1}$　　공비가 r인 등비수열이다.

수열 $\{a_{n+1}+2a_n\}$의 첫째항이 4, 공비가 -1이므로

$r=-1$, $-a+2a=a=4$

∴ $a_8=ar^7=4\times(-1)^7=-4$

1811 답 ③

등비수열 $\{a_n\}$의 공비가 3이므로 $a_4=24$에서

$a_3\times3=24$　　∴ $a_3=8$

1812 답 ②

등비수열 $\{a_n\}$의 첫째항을 a, 공비를 r이라 하면

$a_2=ar=\dfrac{1}{2}$ ·· ㉠

$a_3=ar^2=1$ ·· ㉡

㉡÷㉠을 하면 $r=2$

$r=2$를 ㉠에 대입하면 $2a=\dfrac{1}{2}$　　∴ $a=\dfrac{1}{4}$

∴ $a_5=ar^4=\dfrac{1}{4}\times2^4=4$

다른 풀이

등비수열 $\{a_n\}$의 공비는 $\dfrac{a_3}{a_2}=\dfrac{1}{\frac{1}{2}}=2$

∴ $a_5=a_3\times r^2=1\times2^2=4$

1813 답 ②　　유형 3

> 등비수열 $\{a_n\}$에 대하여 $\underline{a_1+a_3+a_5=6}$, $\underline{a_6+a_8+a_{10}=24}$일 때, $\dfrac{a_{12}}{a_2}$의 값은? 단서1
>
> ① 12　　② 16　　③ 20
>
> ④ 24　　⑤ 28
>
> 단서1 $a+ar^2+ar^4=6$, $ar^5+ar^7+ar^9=24$

STEP 1 첫째항 a와 공비 r에 대한 식 세우기

등비수열 $\{a_n\}$의 첫째항을 a, 공비를 r이라 하면

$a_1 + a_3 + a_5 = 6$에서

$a + ar^2 + ar^4 = 6$ ·· ㉠

$a_6 + a_8 + a_{10} = 24$에서

$ar^5 + ar^7 + ar^9 = r^5(a + ar^2 + ar^4) = 24$ ·························· ㉡

STEP 2 r^5의 값 구하기

㉡÷㉠을 하면 $r^5 = 4$

STEP 3 $\dfrac{a_{12}}{a_2}$의 값 구하기

$\dfrac{a_{12}}{a_2} = \dfrac{ar^{11}}{ar} = r^{10} = (r^5)^2 = 4^2 = 16$

1814 답 ③

등비수열 $\{a_n\}$의 첫째항을 a, 공비를 r이라 하면

$a_3 = ar^2 = 28$ ·· ㉠

$a_2 : a_5 = 8 : 1$에서 $8a_5 = a_2$, $8ar^4 = ar$

$8r^3 = 1$, $r^3 = \dfrac{1}{8}$ $\therefore r = \dfrac{1}{2}$

$r = \dfrac{1}{2}$을 ㉠에 대입하면 $a \times \left(\dfrac{1}{2}\right)^2 = 28$ $\therefore a = 112$

$\therefore a_5 = ar^4 = 112 \times \left(\dfrac{1}{2}\right)^4 = 7$

$\quad\quad\;\; a_5 = a_3 \times r^2 = 28 \times \left(\dfrac{1}{2}\right)^2 = 7\ (\because ㉠)$로 계산해도 된다.

1815 답 ④

등비수열 $\{a_n\}$의 첫째항을 a, 공비를 r이라 하면

$\dfrac{a_2 + a_3 + a_4}{a_5 + a_6 + a_7} = \dfrac{1}{4}$에서

$\dfrac{ar + ar^2 + ar^3}{ar^4 + ar^5 + ar^6} = \dfrac{ar + ar^2 + ar^3}{r^3(ar + ar^2 + ar^3)} = \dfrac{1}{r^3} = \dfrac{1}{4}$

$\therefore r^3 = 4$

$\therefore \dfrac{a_{10}}{a_1} = \dfrac{ar^9}{a} = r^9 = (r^3)^3 = 4^3 = 64$

1816 답 16

등비수열 $\{a_n\}$의 첫째항을 a, 공비를 r이라 하면

$\dfrac{a_{11}}{a_1} + \dfrac{a_{12}}{a_2} + \dfrac{a_{13}}{a_3} + \cdots + \dfrac{a_{20}}{a_{10}} = 40$에서

$\dfrac{ar^{10}}{a} + \dfrac{ar^{11}}{ar} + \dfrac{ar^{12}}{ar^2} + \cdots + \dfrac{ar^{19}}{ar^9} = \underbrace{r^{10} + r^{10} + r^{10} + \cdots + r^{10}}_{10개}$
$= 10r^{10} = 40$

$\therefore r^{10} = 4$

$\therefore \dfrac{a_{40}}{a_{20}} = \dfrac{ar^{39}}{ar^{19}} = r^{20} = (r^{10})^2 = 4^2 = 16$

1817 답 제7항

등비수열 $\{a_n\}$의 첫째항을 $a\ (a>0)$, 공비를 $r\ (r>0)$이라 하면

$\quad\quad\quad\quad\quad\quad\quad\quad\quad$ → 모든 항이 양수

$a_2 + a_4 = 10$에서

$ar + ar^3 = 10$ ·· ㉠

$a_8 + a_{10} = 640$에서

$ar^7 + ar^9 = r^6(ar + ar^3) = 640$ ·· ㉡

㉡÷㉠을 하면 $r^6 = 64$ $\therefore r = 2\ (\because r>0)$

$r = 2$를 ㉠에 대입하면 $2a + 8a = 10$

$10a = 10$ $\therefore a = 1$

즉, 등비수열 $\{a_n\}$의 일반항은 $a_n = 2^{n-1}$

$2^{n-1} = 64$에서 $2^{n-1} = 2^6$

$n - 1 = 6$ $\therefore n = 7$

따라서 64는 제7항이다.

1818 답 ⑤

등비수열 $\{a_n\}$의 첫째항은 $a_1 = 2$이고 공비를 r이라 하면

$a_2 a_4 = 36$에서 $2r \times 2r^3 = 36$

$4r^4 = 36$ $\therefore r^4 = 9$

$\therefore \dfrac{a_7}{a_3} = \dfrac{2r^6}{2r^2} = r^4 = 9$

1819 답 16

$a_3 + a_5 = \dfrac{1}{a_3} + \dfrac{1}{a_5}$에서

$a_3 + a_5 = \dfrac{a_3 + a_5}{a_3 a_5}$ $\therefore a_3 a_5 = 1\ (\because a_3 + a_5 > 0)$

등비수열 $\{a_n\}$의 첫째항은 $\dfrac{1}{4}$이고 공비를 $r\ (r>0)$이라 하면

$a_3 a_5 = 1$에서 $\dfrac{1}{4}r^2 \times \dfrac{1}{4}r^4 = 1$

$r^6 = 16$, $(r^3)^2 = 4^2$ $\therefore r^3 = 4\ (\because r>0)$

$\therefore a_{10} = \dfrac{1}{4}r^9 = \dfrac{1}{4} \times (r^3)^3 = \dfrac{1}{4} \times 4^3 = 16$

참고 등비수열 $\{a_n\}$은 첫째항이 $\dfrac{1}{4}$이고 공비가 양수이므로 모든 항이 양수

이다. 즉, $a_3 + a_5 > 0$이므로 $a_3 + a_5 = \dfrac{a_3 + a_5}{a_3 a_5}$에서 $a_3 a_5 = 1$이다.

1820 답 ⑤

등비수열 $\{a_n\}$의 첫째항을 $a\ (a>0)$, 공비를 $r\ (r>0)$이라 하면

$\dfrac{a_3 a_8}{a_6} = 12$에서

$\dfrac{ar^2 \times ar^7}{ar^5} = ar^4 = 12$ ·· ㉠

$a_5 + a_7 = 36$에서

$ar^4 + ar^6 = ar^4(1 + r^2) = 36$ ·· ㉡

㉡÷㉠을 하면 $1 + r^2 = 3$, $r^2 = 2$

$\therefore r = \sqrt{2}\ (\because r>0)$

$r = \sqrt{2}$를 ㉠에 대입하면 $4a = 12$ $\therefore a = 3$

$\therefore a_{11} = 3 \times (\sqrt{2})^{10} = 96$

1821 답 ④

등비수열 $\{a_n\}$의 첫째항을 $a\ (a>0)$, 공비를 $r\ (r>0)$이라 하면

$a_3^2 = a_6$에서

$(ar^2)^2 = ar^5$, $a^2 r^4 - ar^5 = 0$

$ar^4(a - r) = 0$

$\therefore a = r\ (\because ar^4 > 0)$

$\quad\quad\quad\quad\quad\quad$ → 수열 $\{a_n\}$의 일반항은 $a_n = ar^{n-1} = r^n$

$a_2-a_1=2$에서
$$r^2-r=2,\ (r+1)(r-2)=0$$
$$\therefore\ r=2\ (\because\ r>0),\ a=2$$
$$\therefore\ a_5=r^5=2^5=32$$

1822 답 ②

등비수열 $\{a_n\}$의 첫째항을 a, 공비를 $r\ (r>1)$이라 하면

(가)에서 $ar^2\times ar^4\times ar^6=125,\ (ar^4)^3=5^3\quad\therefore\ ar^4=5$

(나)에서 $\dfrac{ar^3+ar^7}{ar^5}=\dfrac{1}{r^2}+r^2=\dfrac{13}{6}$

이때 $r^2=X$로 치환하면

$$X+\dfrac{1}{X}=\dfrac{13}{6},\ 6X^2-13X+6=0$$

$$(2X-3)(3X-2)=0\quad\therefore\ X=\dfrac{3}{2}\ \text{또는}\ X=\dfrac{2}{3}$$

즉, $r^2=\dfrac{3}{2}$ 또는 $r^2=\dfrac{2}{3}$이므로 $r^2=\dfrac{3}{2}\ (\because\ \underline{r>1})$

$\quad\quad\quad\quad\quad\quad\quad\quad\quad\quad\quad\quad\ \rightarrow r>1$이면 $r^2>1$

$$\therefore\ a_9=ar^8=ar^4\times r^4=5\times\left(\dfrac{3}{2}\right)^2=\dfrac{45}{4}$$

1823 답 제7항 | 유형 4

> 제3항이 18, 제6항이 486인 등비수열 $\{a_n\}$에서 처음으로 1000보다
> 　　　　　　　단서1　　　　　　　　　　　　　　　　　단서2
> 커지는 항은 제몇 항인지 구하시오.
>
> 단서1 $ar^2=18,\ ar^5=486$
> 단서2 $a_n>1000$을 만족시키는 자연수 n의 최솟값

STEP 1 첫째항 a와 공비 r에 대한 식 세우기

등비수열 $\{a_n\}$의 첫째항을 a, 공비를 r이라 하면

$a_3=18$에서 $ar^2=18$ ······· ㉠

$a_6=486$에서 $ar^5=486$ ······· ㉡

STEP 2 a, r의 값 구하기

㉡÷㉠을 하면 $r^3=27\quad\therefore\ r=3$

$r=3$을 ㉠에 대입하면 $9a=18\quad\therefore\ a=2$

STEP 3 일반항 a_n 구하기

첫째항이 2, 공비가 3이므로

$$a_n=2\times 3^{n-1}$$

STEP 4 처음으로 1000보다 커지는 항은 제몇 항인지 구하기

$a_n=2\times 3^{n-1}>1000$에서 $3^{n-1}>500$

이때 $3^5=243,\ 3^6=729$이므로 $n-1\geq 6\quad\therefore\ n\geq 7$

따라서 처음으로 1000보다 커지는 항은 제7항이다.

1824 답 ①

등비수열 $\{a_n\}$의 첫째항을 a, 공비를 $r\ (r>0)$이라 하면

$a_2=12$에서 $ar=12$ ······· ㉠

$a_4=3$에서 $ar^3=3$ ······· ㉡

㉡÷㉠을 하면 $r^2=\dfrac{1}{4}\quad\therefore\ r=\dfrac{1}{2}\ (\because\ r>0)$

$r=\dfrac{1}{2}$을 ㉠에 대입하면 $\dfrac{a}{2}=12\quad\therefore\ a=24$

$$\therefore\ a_n=24\times\left(\dfrac{1}{2}\right)^{n-1}$$

$24\times\left(\dfrac{1}{2}\right)^{n-1}<\dfrac{1}{10}$에서 $\left(\dfrac{1}{2}\right)^{n-1}<\dfrac{1}{240}$

이때 $\left(\dfrac{1}{2}\right)^7=\dfrac{1}{128},\ \left(\dfrac{1}{2}\right)^8=\dfrac{1}{256}$이므로 $n-1\geq 8\quad\therefore\ n\geq 9$

따라서 처음으로 $\dfrac{1}{10}$보다 작아지는 항은 제9항이다.

1825 답 ③

등비수열 $\{a_n\}$의 첫째항을 $a\ (a>0)$, 공비를 $r\ (r>0)$이라 하면

$a_3=24$에서 $ar^2=24$ ······· ㉠

$a_5=96$에서 $ar^4=96$ ······· ㉡

㉡÷㉠을 하면 $r^2=4\quad\therefore\ r=2\ (\because\ r>0)$

$r=2$를 ㉠에 대입하면 $4a=24\quad\therefore\ a=6$

$$\therefore\ a_n=6\times 2^{n-1}$$

$6\times 2^{n-1}>1536$에서 $2^{n-1}>256$

이때 $2^8=256,\ 2^9=512$이므로 $n-1\geq 9\quad\therefore\ n\geq 10$

따라서 처음으로 1536보다 커지는 항은 제10항이다.

1826 답 ③

등비수열 $\{a_n\}$의 첫째항은 $\dfrac{3}{2}$이고 공비를 $r\ (r>0)$이라 하면

$a_5=\dfrac{3}{32}$에서 $\dfrac{3}{2}r^4=\dfrac{3}{32}$

$r^4=\dfrac{1}{16}\quad\therefore\ r=\dfrac{1}{2}\ (\because\ r>0)$

$$\therefore\ a_n=\dfrac{3}{2}\times\left(\dfrac{1}{2}\right)^{n-1}$$

$\dfrac{3}{2}\times\left(\dfrac{1}{2}\right)^{n-1}<\dfrac{1}{1000}$에서 $\left(\dfrac{1}{2}\right)^n<\dfrac{1}{3000},\ 2^n>3000$

이때 $2^{11}=2048,\ 2^{12}=4096$이므로 $n\geq 12$

따라서 $a_n<\dfrac{1}{1000}$을 만족시키는 자연수 n의 최솟값은 12이다.

1827 답 5

등비수열 $\{a_n\}$의 첫째항을 $a\ (a>0)$, 공비를 $r\ (r>0)$이라 하면
　　　　　　　　　　　　　　　↳ 로그의 진수의 조건에서 수열 $\{a_n\}$의
$\log_3 a_2=1$에서 $a_2=3$이므로　　　모든 항은 양수이어야 한다.

$ar=3$ ······· ㉠

$\log_3 a_5=4$에서 $a_5=3^4$이므로

$ar^4=81$ ······· ㉡

㉡÷㉠을 하면 $r^3=27\quad\therefore\ r=3$

$r=3$을 ㉠에 대입하면 $3a=3\quad\therefore\ a=1$

$$\therefore\ a_n=3^{n-1}$$

$1<3^{n-1}<300$에서 $3^0=1,\ 3^1=3,\ 3^5=243,\ 3^6=729$이므로

$1\leq n-1\leq 5\quad\therefore\ 2\leq n\leq 6$

따라서 $1<a_n<300$을 만족시키는 자연수 n은 2, 3, 4, 5, 6의 5개이다.

1828 답 ⑤

등비수열 $\{a_n\}$의 첫째항을 a, 공비를 r이라 하면

$a_2+a_4=15$에서

$ar+ar^3=ar(1+r^2)=15$ ······· ㉠

$a_3+a_5=45$에서

$ar^2+ar^4=ar^2(1+r^2)=45$ ················· ⓛ

ⓛ÷㉠을 하면 $r=3$

$r=3$을 ㉠에 대입하면 $3a\times(1+3^2)=15$

$30a=15$ ∴ $a=\dfrac{1}{2}$

∴ $a_n=\dfrac{1}{2}\times3^{n-1}$

$\dfrac{1}{a_k}=2\times\left(\dfrac{1}{3}\right)^{k-1}>\dfrac{1}{500}$에서 $\left(\dfrac{1}{3}\right)^{k-1}>\dfrac{1}{1000}$, $3^{k-1}<1000$

이때 $3^6=729$, $3^7=2187$이므로 $k-1\leq6$ ∴ $k\leq7$

따라서 $\dfrac{1}{a_k}>\dfrac{1}{500}$을 만족시키는 자연수 k는 1, 2, 3, $\cdots$, 7이므로

구하는 합은

$1+2+3+4+5+6+7=28$

1829 답 ② | 유형 5

두 수 $\dfrac{1}{2}$과 128 사이에 세 실수 a, b, c를 넣어 만든 수열

$\dfrac{1}{2}$, a, b, c, 128

【단서1】

이 이 순서대로 등비수열을 이룰 때, $a+b+c$의 값은?

(단, 공비는 양수이다.)

① 40   ② 42   ③ 44

④ 46   ⑤ 48

【단서1】 항수는 5, 첫째항이 $\dfrac{1}{2}$, 제5항이 128임을 이용

STEP 1 주어진 등비수열의 공비 구하기

주어진 등비수열의 공비를 r $(r>0)$이라 하면 첫째항이 $\dfrac{1}{2}$, 제5항

이 128이므로 $\dfrac{1}{2}\times r^4=128$에서

$r^4=256$ ∴ $r=4$ (∵ $r>0$)

STEP 2 a, b, c의 값 구하기

a는 제2항, b는 제3항, c는 제4항이므로

$a=\dfrac{1}{2}\times4=2$, $b=\dfrac{1}{2}\times4^2=8$, $c=\dfrac{1}{2}\times4^3=32$

STEP 3 $a+b+c$의 값 구하기

$a+b+c=2+8+32=42$

1830 답 $\sqrt5$

주어진 등비수열의 공비를 $\underline{r\ (r>0)}$이라 하면

└→ 모든 항이 양수

첫째항이 2, 제7항이 250이므로

$2\times r^6=250$에서 $r^6=125=5^3$, $r^2=5$

∴ $r=\sqrt5$ (∵ $r>0$)

1831 답 ③

첫째항이 1280, 공비가 $\dfrac{1}{2}$인 등비수열의 제$(n+2)$항이 5이므로

$1280\times\left(\dfrac{1}{2}\right)^{n+1}=5$에서 $\left(\dfrac{1}{2}\right)^{n+1}=\dfrac{1}{256}=\left(\dfrac{1}{2}\right)^8$

$n+1=8$ ∴ $n=7$

1832 답 25

주어진 등비수열의 공비를 r $(r>0)$이라 하면

첫째항이 3, 제12항이 81이므로

$3\times r^{11}=81$ ∴ $r^{11}=27=3^3$

이때 $x_1=3r$, $x_2=3r^2$, $x_3=3r^3$, $\cdots$, $x_{10}=3r^{10}$이므로

$\log_3 x_1+\log_3 x_2+\log_3 x_3+\cdots+\log_3 x_{10}$

$=\log_3 (x_1\times x_2\times x_3\times\cdots\times x_{10})$

$=\log_3 (3r\times3r^2\times3r^3\times\cdots\times3r^{10})$

$=\log_3 3^{10}r^{1+2+3+\cdots+10}$

$=\log_3 3^{10}r^{55}=\log_3 \{3^{10}\times(r^{11})^5\}$

$=\log_3 \{3^{10}\times(3^3)^5\}=\log_3 (3^{10}\times3^{15})$

$=\log_3 3^{25}=25$

1833 답 ③

첫째항이 3, 공비가 r인 등비수열의 제$(n+2)$항이 243이므로

$3\times r^{n+1}=243$에서 $r^{n+1}=81$

이때 $r^{n+1}=81^1=9^2=3^4$이므로 이를 만족시키는 두 자연수 r과 n

의 순서쌍 (r,n)은 $\underline{(9,1),\ (3,3)}$이다.

└→ $r=81$이면 $n+1=1$에서

따라서 $\dfrac{r}{n}$의 최댓값은 $\dfrac{9}{1}=9$이다. $n=0$이므로 n이 자연수라는 조건을 만족시키지 않는다.

1834 답 64

첫째항이 $\dfrac{1}{4}$, 공비가 r $(r>0)$인 등비수열의 제$(n+2)$항이 16이

므로 $\dfrac{1}{4}\times r^{n+1}=16$에서 $r^{n+1}=64=2^6$ ············· ㉠

주어진 등비수열의 모든 항의 곱이 1024이므로

$\dfrac{1}{4}\times a_1\times a_2\times\cdots\times a_n\times16=\dfrac{1}{4}\times\dfrac{1}{4}r\times\dfrac{1}{4}r^2\times\cdots\times\dfrac{1}{4}r^n\times16$

$=\left(\dfrac{1}{4}\right)^{n+1}\times16\times r^{1+2+\cdots+n}$

$=2^{-2n-2}\times2^4\times r^{\frac{n(n+1)}{2}}$

$=2^{-2n+2}\times(r^{n+1})^{\frac{n}{2}}$

$=2^{-2n+2}\times(2^6)^{\frac{n}{2}}$ (∵ ㉠)

$=2^{-2n+2}\times2^{3n}$

$=2^{n+2}$

$=1024$

즉, $2^{n+2}=2^{10}$이므로 $n=8$

따라서 $n=8$을 ㉠에 대입하면 $r^9=64$

1835 답 ② | 유형 6

세 양수 x, $x+4$, $9x$가 이 순서대로 등비수열을 이룰 때, x의 값은?

【단서1】

① 1   ② 2   ③ 3

④ 4   ⑤ 5

【단서1】 $x+4$는 x와 $9x$의 등비중항

STEP 1 등비중항의 성질을 이용하여 식 세우기

세 양수 x, $x+4$, $9x$가 이 순서대로 등비수열을 이루므로

$(x+4)^2=x\times9x$

$x^2+8x+16=9x^2$, $8x^2-8x-16=0$
$x^2-x-2=0$, $(x+1)(x-2)=0$
$\therefore x=-1$ 또는 $x=2$
이때 모든 항이 양수이므로 $x=2$이다.

1836 답 ④

3, x, 12가 이 순서대로 등비수열을 이루므로
$x^2=36$ $\therefore x=6$ ($\because x>0$)
12, y, 48이 이 순서대로 등비수열을 이루므로
$y^2=576$ $\therefore y=24$ ($\because y>0$)
$\therefore x+y=6+24=30$

1837 답 ②

a, b, c가 이 순서대로 등비수열을 이루므로
$b^2=ac$ ··· ㉠
$$\therefore \frac{1}{2\log_a x}+\frac{1}{2\log_c x}=\frac{1}{2}(\log_x a+\log_x c)$$
$$=\frac{1}{2}\left(\frac{\log_b a}{\log_b x}+\frac{\log_b c}{\log_b x}\right)$$
$$=\frac{1}{2}\times\frac{\log_b ac}{\log_b x}=\frac{1}{2}\times\frac{\log_b b^2}{\log_b x}\ (\because ㉠)$$
$$=\frac{1}{2}\times\frac{2}{\log_b x}=\frac{1}{\log_b x}$$

개념 Check

로그의 밑의 변환
$a>0$, $a\neq1$, $b>0$, $b\neq1$일 때
(1) $\log_a N=\dfrac{\log_b N}{\log_b a}$ (단, $N>0$)
(2) $\log_a b=\dfrac{1}{\log_b a}$

1838 답 -1

나머지정리에 의하여 $f(x)=2x^2-3x+a$를
$x-2$로 나눈 나머지는 $f(2)=a+2$
$x-1$로 나눈 나머지는 $f(1)=a-1$
$x+1$로 나눈 나머지는 $f(-1)=a+5$
이때 $a+2$, $a-1$, $a+5$가 이 순서대로 등비수열을 이루므로
$(a-1)^2=(a+2)(a+5)$
$a^2-2a+1=a^2+7a+10$, $9a=-9$
$\therefore a=-1$

개념 Check

나머지정리
다항식 $f(x)$를 일차식 $x-\alpha$로 나누었을 때의 나머지는 $f(\alpha)$이다.

1839 답 27

$A(k, 9\sqrt{k})$, $B(k, 3\sqrt{k})$, $C(k, 0)$이므로
$\overline{BC}=3\sqrt{k}$, $\overline{OC}=k$, $\overline{AC}=9\sqrt{k}$

이때 $3\sqrt{k}$, k, $9\sqrt{k}$가 이 순서대로 등비수열을 이루므로
$k^2=3\sqrt{k}\times9\sqrt{k}$
$k^2=27k$, $k(k-27)=0$
$\therefore k=27$ ($\because k>0$)

1840 답 ⑤

a^n, $2^4\times3^6$, b^n이 이 순서대로 등비수열을 이루므로
$(2^4\times3^6)^2=a^n\times b^n$
즉, $a^n b^n=(ab)^n=2^8\times3^{12}=(2^4\times3^6)^2=(2^2\times3^3)^4$이므로
ab의 최솟값은 $n=4$일 때 → n이 가장 클 때이다. 즉, 8과 12의 최대공약수이다.
$2^2\times3^3=4\times27=108$

1841 답 12

a^2, 12, b^2이 이 순서대로 등비수열을 이루므로
$12^2=a^2\times b^2=(ab)^2$
$\therefore ab=12$ ($\because a>0$, $b>0$)

1842 답 18

세 항 a_2, a_4, a_6이 이 순서대로 등비수열을 이루므로
$a_4{}^2=a_2\times a_6=2\times9=18$
세 항 a_3, a_4, a_5가 이 순서대로 등비수열을 이루므로
$a_3\times a_5=a_4{}^2=18$

다른 풀이

등비수열 $\{a_n\}$의 첫째항을 a, 공비를 r이라 하면
$a_2=2$에서 $ar=2$, $a_6=9$에서 $ar^5=9$
$\therefore a_3\times a_5=ar^2\times ar^4=a^2 r^6=ar\times ar^5=2\times9=18$

1843 답 36

3, a, b가 이 순서대로 등비수열을 이루므로
$a^2=3b$ ··· ㉠
$\log_a 3b+\log_3 b=5$에 ㉠을 대입하면
$\log_a a^2+\log_3 b=5$, $2+\log_3 b=5$
$\log_3 b=3$ $\therefore b=3^3=27$
$b=27$을 ㉠에 대입하면
$a^2=3\times27=81$ $\therefore a=9$ ($\because a>0$, $a\neq1$)
$\therefore a+b=9+27=36$ → $\log_a 3b$에서 밑의 조건이다.

1844 답 ①

$f(a)=\dfrac{p}{a}$, $f(\sqrt{3})=\dfrac{p}{\sqrt{3}}$, $f(a+2)=\dfrac{p}{a+2}$
이때 $\dfrac{p}{a}$, $\dfrac{p}{\sqrt{3}}$, $\dfrac{p}{a+2}$가 이 순서대로 등비수열을 이루므로
$\left(\dfrac{p}{\sqrt{3}}\right)^2=\dfrac{p}{a}\times\dfrac{p}{a+2}$, $\dfrac{1}{3}=\dfrac{1}{a(a+2)}$ ($\because p>1$)
$a^2+2a-3=0$, $(a+3)(a-1)=0$
$\therefore a=1$ ($\because a>0$)

1845 답 ④

등차수열 $\{a_n\}$의 첫째항을 a ($a\neq0$), 공차를 d ($d\neq0$)라 하면
$a_n=a+(n-1)d$

세 항 a_2, a_5, a_{14}가 이 순서대로 등비수열을 이루므로

$a_5{}^2 = a_2 \times a_{14}$

$(a+4d)^2 = (a+d)(a+13d)$

$a^2 + 8ad + 16d^2 = a^2 + 14ad + 13d^2$

$3d^2 = 6ad$ $\quad \therefore d = 2a \ (\because d \neq 0)$

$\therefore \dfrac{a_{23}}{a_3} = \dfrac{a+22d}{a+2d} = \dfrac{45a}{5a} = 9$

1846 답 117

등차수열 $\{a_n\}$의 첫째항을 $a_1 = a$라 하면 공차가 d이므로

$a_n = a + (n-1)d$

$\therefore a_2 = a + d,$

$\quad a_k = a + (k-1)d,$

$\quad a_{3k-1} = a + \{(3k-1)-1\}d = a + (3k-2)d$

(나)에서 a_2, a_k, a_{3k-1}이 이 순서대로 등비수열을 이루므로

$a_k{}^2 = a_2 \times a_{3k-1}$

$\{a+(k-1)d\}^2 = (a+d)\{a+(3k-2)d\}$

$a^2 + 2ad(k-1) + (k-1)^2 d^2 = a^2 + ad(3k-1) + (3k-2)d^2$

$\therefore d(k^2 - 5k + 3) = a(k+1) \ (\because d > 0) \ \cdots\cdots\cdots \ \bigcirc$

(가)에서 $a \leq d$이므로 양변에 $k+1$을 곱하면 → 등차수열 $\{a_n\}$의 모든 항이 자연수

$a(k+1) \leq d(k+1) \ (\because k+1 > 0)$ → $k \geq 3$이므로 $k+1 > 0$

위의 식에 $\bigcirc$을 대입하면

$d(k^2 - 5k + 3) \leq d(k+1)$

$k^2 - 5k + 3 \leq k+1 \ (\because d > 0),\ k^2 - 6k + 2 \leq 0$

$\therefore 3 - \sqrt{7} \leq k \leq 3 + \sqrt{7}$

그런데 $k \geq 3$이므로 $3 \leq k \leq 3 + \sqrt{7}$

$\therefore k = 3$ 또는 $k = 4$ 또는 $k = 5 \ \cdots\cdots\cdots \ \bigcirc$

이때 등차수열 $\{a_n\}$의 모든 항이 자연수이므로 $a > 0$에서

$a(k+1) > 0$

즉, $\bigcirc$에서 $d(k^2 - 5k + 3) > 0$이므로 $k^2 - 5k + 3 > 0 \ (\because d > 0)$

$\therefore k < \dfrac{5 - \sqrt{13}}{2}$ 또는 $k > \dfrac{5 + \sqrt{13}}{2}$

그런데 $k \geq 3$이므로 $k > \dfrac{5 + \sqrt{13}}{2} \ \cdots\cdots\cdots \ \boxdot$

$\bigcirc$, $\boxdot$에서 자연수 k의 값은 5이다.

$k = 5$를 $\bigcirc$에 대입하면 $3d = 6a$ $\quad \therefore d = 2a \ \cdots\cdots\cdots \ \boxminus$

$\therefore a_n = a + (n-1)d = a + (n-1) \times 2a = (2n-1)a$

$90 \leq a_{16} \leq 100$에서 $90 \leq 31a \leq 100$을 만족시키는 자연수 a의 값은 3이므로

$a_n = 3(2n-1) = 6n - 3$

$\therefore a_{20} = 6 \times 20 - 3 = 120 - 3 = 117$

1847 답 ⑤

| 유형 7

> 서로 다른 두 양수 a, b에 대하여 세 수 8, a, b가 이 순서대로 등차 <u>단서1</u>
> 수열을 이루고, 세 수 a, b, 36이 이 순서대로 등비수열을 이룰 때, $b-a$의 값은? <u>단서2</u>
>
> ① -8 ② -7 ③ 1
> ④ 7   ⑤ 8
>
> 단서1 a는 8과 b의 등차중항
> 단서2 b는 a와 36의 등비중항

STEP 1 등차중항의 성질을 이용하여 a, b에 대한 식 구하기

8, a, b가 이 순서대로 등차수열을 이루므로

$2a = 8 + b \ \cdots\cdots\cdots\cdots\cdots\cdots\cdots\cdots\cdots\cdots\cdots \ \bigcirc$

STEP 2 등비중항의 성질을 이용하여 a, b에 대한 식 구하기

a, b, 36이 이 순서대로 등비수열을 이루므로

$b^2 = 36a \ \cdots\cdots\cdots\cdots\cdots\cdots\cdots\cdots\cdots\cdots\cdots \ \bigcirc$

STEP 3 $b-a$의 값 구하기

$\bigcirc$을 $\bigcirc$에 대입하면 $b^2 = 18(8+b)$

$b^2 - 18b - 144 = 0,\ (b+6)(b-24) = 0$ $\quad \therefore b = 24 \ (\because b > 0)$

$b = 24$를 $\bigcirc$에 대입하면 $2a = 32$ $\quad \therefore a = 16$

$\therefore b - a = 24 - 16 = 8$

1848 답 ①

a, b, 7이 이 순서대로 등차수열을 이루므로

$2b = a + 7$ $\quad \therefore a = 2b - 7 \ \cdots\cdots\cdots\cdots \ \bigcirc$

a, 7, b가 이 순서대로 등비수열을 이루므로

$7^2 = ab$ $\quad \therefore ab = 49 \ \cdots\cdots\cdots\cdots\cdots \ \bigcirc$

$\bigcirc$을 $\bigcirc$에 대입하면 $(2b-7)b = 49$

$2b^2 - 7b - 49 = 0,\ (2b+7)(b-7) = 0$

$\therefore b = -\dfrac{7}{2}$ 또는 $b = 7$

$b = 7$이면 $\bigcirc$에서 $a = 7$이므로 a, b가 서로 다른 실수라는 조건을 만족시키지 않는다.

$\therefore b = -\dfrac{7}{2},\ a = -14$

$\therefore a + 2b = -14 + 2 \times \left(-\dfrac{7}{2}\right) = -21$

1849 답 ③

12, $2a^2$, b가 이 순서대로 등차수열을 이루므로

$2 \times 2a^2 = 12 + b$ $\quad \therefore 4a^2 = 12 + b \ \cdots\cdots \ \bigcirc$

a^2, $2b$, 16이 이 순서대로 등비수열을 이루므로

$(2b)^2 = a^2 \times 16$ $\quad \therefore b^2 = 4a^2 \ \cdots\cdots \ \bigcirc$

$\bigcirc$을 $\bigcirc$에 대입하면 $b^2 = 12 + b,\ b^2 - b - 12 = 0$

$(b+3)(b-4) = 0$ $\quad \therefore b = 4 \ (\because b > 0)$

$b = 4$를 $\bigcirc$에 대입하면 $4a^2 = 16$

$a^2 = 4$ $\quad \therefore a = 2 \ (\because a > 0)$

$\therefore a + b = 2 + 4 = 6$

1850 답 1

이차방정식 $x^2 - 6x + 1 = 0$의 두 실근이 α, β이므로 이차방정식의 근과 계수의 관계에 의하여

$\alpha + \beta = 6,\ \alpha\beta = 1$

$\dfrac{1}{\alpha}$, $\dfrac{1}{p}$, $\dfrac{1}{\beta}$이 이 순서대로 등차수열을 이루므로

$\dfrac{2}{p} = \dfrac{1}{\alpha} + \dfrac{1}{\beta} = \dfrac{\alpha+\beta}{\alpha\beta} = \dfrac{6}{1} = 6$ $\quad \therefore p = \dfrac{1}{3}$

α, q, β가 이 순서대로 등비수열을 이루므로

$q^2 = \alpha\beta = 1$ $\quad \therefore q = -1 \ (\because q < 0)$

$\therefore 6p + q = 6 \times \dfrac{1}{3} + (-1) = 1$

1851 답 정삼각형

a, b, c가 이 순서대로 등차수열을 이루므로

$$b = \frac{a+c}{2} \quad \text{............} \quad \text{㉠}$$

삼각형 ABC의 외접원의 반지름의 길이를 R이라 하면 사인법칙에 의하여

$$\sin A = \frac{a}{2R}, \ \sin B = \frac{b}{2R}, \ \sin C = \frac{c}{2R}$$

$\sin A$, $\sin B$, $\sin C$, 즉 $\dfrac{a}{2R}$, $\dfrac{b}{2R}$, $\dfrac{c}{2R}$가 이 순서대로 등비수열을 이루므로

$$\left(\frac{b}{2R}\right)^2 = \frac{a}{2R} \times \frac{c}{2R}$$

$$\therefore b^2 = ac \quad \text{............} \quad \text{㉡}$$

㉠을 ㉡에 대입하면 $\left(\dfrac{a+c}{2}\right)^2 = ac$

$$(a+c)^2 = 4ac, \ (a-c)^2 = 0 \qquad \therefore a = c$$

$a = c$를 ㉠에 대입하면 $b = c$

$$\therefore a = b = c$$

따라서 삼각형 ABC는 정삼각형이다.

개념 Check

사인법칙

삼각형 ABC의 외접원의 반지름의 길이를 R이라 할 때

$$\frac{a}{\sin A} = \frac{b}{\sin B} = \frac{c}{\sin C} = 2R$$

$$\rightarrow \sin A = \frac{a}{2R}, \ \sin B = \frac{b}{2R}, \ \sin C = \frac{c}{2R}$$

1852 답 ①

㈎에서 a, b, 72가 이 순서대로 등차수열을 이루므로

$$2b = a + 72 \quad \text{............} \quad \text{㉠}$$

㈏에서 2, a, b가 이 순서대로 등비수열을 이루므로

$$a^2 = 2b \quad \text{............} \quad \text{㉡}$$

㉠을 ㉡에 대입하면

$$a^2 = a + 72, \ a^2 - a - 72 = 0$$

$$(a+8)(a-9) = 0$$

$$\therefore a = 9 \ (\because a > 0)$$

따라서 $3^x = 9^y = 27^z = 9$이므로

$3^x = 9 = 3^2$에서 $x = 2$

$9^y = 9$에서 $y = 1$

$27^z = 9$에서 $3^{3z} = 3^2$ $\quad \therefore z = \dfrac{2}{3}$

$$\therefore \frac{1}{x} + \frac{5}{y} - \frac{3}{z} = \frac{1}{2} + 5 - \frac{9}{2} = 1$$

참고 x, y, z의 값을 구하지 않고 다음과 같이 풀 수도 있다.

$3^x = 9$에서 $3 = 9^{\frac{1}{x}}$

$9^y = 9$에서 $9 = 9^{\frac{1}{y}}$

$27^z = 9$에서 $27 = 9^{\frac{1}{z}}$

$$\therefore 9^{\frac{1}{x} + \frac{5}{y} - \frac{3}{z}} = \frac{9^{\frac{1}{x}} \times (9^{\frac{1}{y}})^5}{(9^{\frac{1}{z}})^3} = \frac{3 \times 9^5}{27^3} = \frac{3 \times 3^{10}}{3^9} = 3^2 = 9$$

$$\underbrace{\qquad\qquad}_{\text{지수법칙 } a^{m-n} = a^m \div a^n = \frac{a^m}{a^n} \text{임에}}$$

$$\therefore \frac{1}{x} + \frac{5}{y} - \frac{3}{z} = 1 \qquad \text{유의하여 식을 변형한다.}$$

1853 답 ②

등비수열을 이루는 세 실수의 합이 14이고 곱이 64일 때, 세 수 중에서 [단서1] [단서2] 가장 작은 수는?

① 1 ② 2 ③ 3
④ 4 ⑤ 5

단서1 등비수열을 이루는 세 수를 a, ar, ar^2으로 놓기
단서2 $a + ar + ar^2 = 14$, $a \times ar \times ar^2 = 64$

STEP 1 등비수열의 공비 구하기

등비수열을 이루는 세 수를 a, ar, ar^2 $(a \neq 0, \ r \neq 0)$이라 하면

$a + ar + ar^2 = 14$에서

$$a(1 + r + r^2) = 14 \quad \text{............} \quad \text{㉠}$$

$a \times ar \times ar^2 = (ar)^3 = 64$에서

$$ar = 4 \qquad \therefore a = \frac{4}{r} \quad \text{............} \quad \text{㉡}$$

㉡을 ㉠에 대입하면 $\dfrac{4}{r}(1 + r + r^2) = 14$

$$2(1 + r + r^2) = 7r, \ 2r^2 - 5r + 2 = 0, \ (2r-1)(r-2) = 0$$

$$\therefore r = \frac{1}{2} \ \text{또는} \ r = 2$$

STEP 2 등비수열을 이루는 세 수 중 가장 작은 수 구하기

㉡에서 $r = \dfrac{1}{2}$일 때 $a = 8$, $r = 2$일 때 $a = 2$이므로 등비수열을 이루는 세 실수는 2, 4, 8이다.

따라서 이 세 수 중에서 가장 작은 수는 2이다.

1854 답 1, -2, 4

등비수열을 이루는 세 수를 a, ar, ar^2 $(a \neq 0, \ r \neq 0)$이라 하면

$a + ar + ar^2 = 3$에서

$$a(1 + r + r^2) = 3 \quad \text{............} \quad \text{㉠}$$

$a \times ar \times ar^2 = (ar)^3 = -8$에서

$$ar = -2 \qquad \therefore a = -\frac{2}{r} \quad \text{............} \quad \text{㉡}$$

㉡을 ㉠에 대입하면 $-\dfrac{2}{r}(1 + r + r^2) = 3$

$$2 + 2r + 2r^2 = -3r, \ 2r^2 + 5r + 2 = 0, \ (r+2)(2r+1) = 0$$

$$\therefore r = -2 \ \text{또는} \ r = -\frac{1}{2}$$

㉡에서 $r = -2$일 때 $a = 1$, $r = -\dfrac{1}{2}$일 때 $a = 4$이므로 등비수열을 이루는 세 실수는 1, -2, 4이다.

1855 답 ②

삼차방정식 $2x^3 - kx^2 - 24x + 54 = 0$의 세 실근을 a, ar, ar^2이라 하면 삼차방정식의 근과 계수의 관계에 의하여

$$a + ar + ar^2 = \frac{k}{2} \quad \text{............} \quad \text{㉠}$$

$a \times ar + ar \times ar^2 + ar^2 \times a = -\dfrac{24}{2}$에서

$$ar(a + ar + ar^2) = -12 \quad \text{............} \quad \text{㉡}$$

$a \times ar \times ar^2 = -\dfrac{54}{2}$에서 $(ar)^3 = -27$

$$\therefore ar = -3 \quad \text{............} \quad \text{㉢}$$

㉠, ㉢을 ㉡에 대입하면

$$-3 \times \frac{k}{2} = -12 \qquad \therefore k = 8$$

1856 답 ④

주어진 두 곡선이 서로 다른 세 점에서 만나므로 방정식
$x^3 - 5x^2 + 9x = 7x^2 + m$, 즉 $x^3 - 12x^2 + 9x - m = 0$은 서로 다른
세 실근을 갖는다.
세 실근을 a, ar, ar^2이라 하면 삼차방정식의 근과 계수의 관계에
의하여

$a + ar + ar^2 = 12$ ··· ㉠

$a \times ar + ar \times ar^2 + ar^2 \times a = 9$에서

$ar(a + ar + ar^2) = 9$ ·· ㉡

$a \times ar \times ar^2 = (ar)^3 = m$ ································ ㉢

㉡ ÷ ㉠을 하면 $ar = \dfrac{3}{4}$

이를 ㉢에 대입하면

$$m = \left(\frac{3}{4}\right)^3 = \frac{27}{64}$$

1857 답 288

직육면체의 가로의 길이, 세로의 길이, 높이를 각각 a, ar, ar^2이
라 하면 모든 모서리의 길이의 합이 96이므로
$4(a + ar + ar^2) = 96 \qquad \therefore a + ar + ar^2 = 24$
직육면체의 부피가 216이므로
$a \times ar \times ar^2 = (ar)^3 = 216 \qquad \therefore ar = 6$
따라서 이 직육면체의 겉넓이는
$2(a \times ar + a \times ar^2 + ar \times ar^2) = 2ar(a + ar + ar^2)$
$\qquad\qquad\qquad\qquad\qquad\quad = 2 \times 6 \times 24 = 288$

1858 답 ⑤

등비수열을 이루는 네 수를 a, ar, ar^2, ar^3이라 하면 네 수는 서
로 다른 두 자리의 자연수이므로
$a \geq 10, \ r \neq 1$ ⟶ $r = 1$이면 네 수가 같으므로 조건을 만족시키지 않는다.
$\therefore a + ar + ar^2 + ar^3 = a(1 + r + r^2 + r^3)$
이때 네 수의 합이 최소가 되려면 a와 r의 값이 모두 최소이어야
하고, a의 최솟값은 10, r의 최솟값은 2이다.
따라서 네 수가 10, 20, 40, 80일 때 네 수의 합은 최소이고, 최솟
값은
$10 + 20 + 40 + 80 = 150$

1859 답 ①

| 유형9

STEP 1 조건을 이용하여 식 세우기

1월의 모금액을 a만 원이라 하고, 매월 증가하는 비율을 r이라 하면
1월부터 n개월 후의 모금액은 $a(1 + r)^n$만 원이다.
1월부터 4개월 후인 5월의 모금액이 1월의 모금액의 4배이므로
$a(1 + r)^4 = 4a \qquad \therefore (1 + r)^4 = 4$

STEP 2 1월의 모금액 구하기

같은 해 9월은 1월부터 8개월 후이므로 9월의 모금액은
$a(1 + r)^8$만 원이고, 9월의 모금액이 5월의 모금액보다 1200만 원
늘었으므로
$a(1 + r)^8 - a(1 + r)^4 = 1200$
$a(1 + r)^4\{(1 + r)^4 - 1\} = 1200, \ a \times 4 \times (4 - 1) = 1200$
$12a = 1200 \qquad \therefore a = 100$
따라서 1월의 모금액은 100만 원이다.

1860 답 ①

바이러스가 매년 증가하는 일정한 비율을 r이라 하면
n년 전의 바이러스의 수가 a개, 올해 바이러스의 수가 b개이므로
$a(1 + r)^n = b$

$(1 + r)^n = \dfrac{b}{a}, \ 1 + r = \left(\dfrac{b}{a}\right)^{\frac{1}{n}} \qquad \therefore r = \left(\dfrac{b}{a}\right)^{\frac{1}{n}} - 1$

따라서 바이러스가 매년 증가하는 비율은 $\left(\dfrac{b}{a}\right)^{\frac{1}{n}} - 1$이다.

1861 답 $5 \times \left(\dfrac{3}{7}\right)^6$ m

n번째 튀어 올랐을 때의 공의 높이를 a_n m라 하면

공이 첫 번째 튀어 올랐을 때의 높이는 $a_1 = 5 \times \dfrac{3}{7}$

공이 두 번째 튀어 올랐을 때의 높이는 $a_2 = 5 \times \left(\dfrac{3}{7}\right)^2$

$\vdots$

공이 여섯 번째 튀어 올랐을 때의 높이는 $a_6 = 5 \times \left(\dfrac{3}{7}\right)^6$

따라서 공이 여섯 번째 튀어 올랐을 때의 높이는 $5 \times \left(\dfrac{3}{7}\right)^6$ m이다.

1862 답 ④

처음 빛의 양을 X라 하고, 유리를 통과한 후 빛의 양이 일정하게
줄어드는 비율을 r이라 하면 유리를 8장 통과한 후 빛의 양은
$(1 - r)^8 X$

09

즉, $(1-r)^8 X = \left(1 - \dfrac{36}{100}\right) X$에서 $(1-r)^8 = \dfrac{64}{100}$

$\therefore (1-r)^4 = \dfrac{8}{10} = \dfrac{4}{5}$ $(\because 1-r > 0)$

$\underrightarrow{\qquad} 0 < r < 1$이므로 $1-r > 0$

따라서 유리를 4장 통과한 후 빛의 양은

$(1-r)^4 X = \dfrac{4}{5} X = \left(1 - \dfrac{20}{100}\right) X$

이므로 처음 빛의 양보다 $20\,\%$ 줄어들었다.

1863 답 120건

올해 1월부터 5월까지 A 노래의 다운로드 건수가 일정하게 감소하는 비율을 r이라 하고, A 노래의 n월 다운로드 건수를 a_n $(n=1, 2, 3, 4, 5)$이라 하면 $a_1 = 480$이므로

$a_n = 480 \times (1-r)^{n-1}$

이때 5월 다운로드 건수가 30건이므로

$a_5 = 480 \times (1-r)^4 = 30$

$(1-r)^4 = \dfrac{1}{16}$, $1-r = \dfrac{1}{2}$ $(\because 1-r > 0)$ $\qquad \therefore r = \dfrac{1}{2}$

$\therefore a_3 = 480 \times \left(1 - \dfrac{1}{2}\right)^2 = 120$

따라서 A 노래의 올해 3월 다운로드 건수는 120건이다.

(다른 풀이)

A 노래의 n월 다운로드 건수를 a_n $(n=1, 2, 3, 4, 5)$이라 하면 수열 $\{a_n\}$은 등비수열이다. 이때 세 항 a_1, a_3, a_5가 이 순서대로 등비수열을 이루므로

$a_3^2 = a_1 a_5$ $\underrightarrow{\quad}$ 등비중항의 성질

$a_3^2 = 480 \times 30 = 16 \times 30^2 = (4 \times 30)^2$

$\therefore a_3 = 4 \times 30 = 120$ $(\because a_3 > 0)$

1864 답 ⑤

유형10

그림과 같이 $\overline{AB} = 1$, $\overline{BC} = 2$인 직각삼각형에 내접하는 정사각형을 단서1 그리는 시행을 반복할 때, n번째에 그린 정사각형의 한 변의 길이를 a_n이라 하자. 이때 a_{10}의 값은?

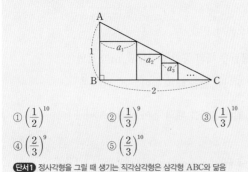

① $\left(\dfrac{1}{2}\right)^{10}$ ② $\left(\dfrac{1}{3}\right)^9$ ③ $\left(\dfrac{1}{3}\right)^{10}$

④ $\left(\dfrac{2}{3}\right)^9$ ⑤ $\left(\dfrac{2}{3}\right)^{10}$

단서1 정사각형을 그릴 때 생기는 직각삼각형은 삼각형 ABC와 닮음

STEP1 삼각형의 닮음비를 이용하여 a_1의 값 구하기

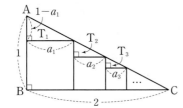

그림과 같이 직각삼각형 T_1과 직각삼각형 ABC는 닮음이므로

$(1-a_1) : a_1 = \overline{AB} : \overline{BC} = 1 : 2$ $\underrightarrow{\quad}$ AA 닮음

$a_1 = 2 - 2a_1$, $3a_1 = 2$

$\therefore a_1 = \dfrac{2}{3}$

STEP2 a_2, a_3의 값 구하기

직각삼각형 T_2와 직각삼각형 ABC도 닮음이므로

$(a_1 - a_2) : a_2 = \overline{AB} : \overline{BC} = 1 : 2$ $\underrightarrow{\quad}$ AA 닮음

$a_2 = 2a_1 - 2a_2$, $3a_2 = 2a_1$

$\therefore a_2 = \dfrac{2}{3} a_1 = \dfrac{2}{3} \times \dfrac{2}{3} = \left(\dfrac{2}{3}\right)^2$

또, 직각삼각형 T_3과 직각삼각형 ABC도 닮음이므로

$(a_2 - a_3) : a_3 = \overline{AB} : \overline{BC} = 1 : 2$ $\underrightarrow{\quad}$ AA 닮음

$a_3 = 2a_2 - 2a_3$, $3a_3 = 2a_2$

$\therefore a_3 = \dfrac{2}{3} a_2 = \dfrac{2}{3} \times \left(\dfrac{2}{3}\right)^2 = \left(\dfrac{2}{3}\right)^3$

STEP3 일반항 a_n 구하기

수열 $\{a_n\}$은 첫째항이 $\dfrac{2}{3}$, 공비가 $\dfrac{2}{3}$인 등비수열이므로

$a_n = \dfrac{2}{3} \times \left(\dfrac{2}{3}\right)^{n-1} = \left(\dfrac{2}{3}\right)^n$

STEP4 a_{10}의 값 구하기

$a_{10} = \left(\dfrac{2}{3}\right)^{10}$

1865 답 $\dfrac{9}{2}$

$P(x, y)$이므로 $H(x, 0)$

$\overline{OH} = x$, $\overline{PH} = y$, $\overline{AH} = 6 - x$

(나)에서 $\overline{OH}$, $\overline{PH}$, $\overline{AH}$의 길이가 이 순서대로 등비수열을 이루므로

$y^2 = x(6-x)$ $\qquad$ 점 P는 제1사분면 위의 점$\underleftarrow{\quad}$

$x^2 - 6x + y^2 = 0$ $\qquad \therefore (x-3)^2 + y^2 = 9$ (단, $0 < x < 6$, $y > 0$)

$\underrightarrow{\quad}$ (가)

따라서 점 P가 나타내는 도형과 $\overline{OA}$로 둘러싸인 부분은 중심이 $(3, 0)$이고 반지름의 길이가 3인 반원이므로 그 넓이는

$\pi \times 3^2 \times \dfrac{1}{2} = \dfrac{9}{2}\pi$ $\qquad \therefore k = \dfrac{9}{2}$

1866 답 ④

$\underrightarrow{\quad} \triangle OP_1P_2 \backsim \triangle OP_2P_3 \backsim \cdots \backsim \triangle OP_nP_{n+1}$ (AA 닮음)

삼각형 OP_nP_{n+1}은 모두 직각이등변삼각형이므로

$\overline{OP_2} = \overline{OP_1} \cos 45° = 4 \times \dfrac{\sqrt{2}}{2} = 2\sqrt{2}$

이때 $S_1 = \triangle OP_1P_2$, $S_2 = \triangle OP_2P_3$이므로

$S_1 : S_2 = \overline{OP_1}^2 : \overline{OP_2}^2 = 4^2 : (2\sqrt{2})^2$

$\qquad\qquad = 16 : 8 = 2 : 1$

즉, $S_2 = \dfrac{1}{2} S_1$이고

$S_1 = \dfrac{1}{2} \times \overline{OP_2}^2 = \dfrac{1}{2} \times 8 = 4$

따라서 수열 $\{S_n\}$은 첫째항이 4, 공비가 $\dfrac{1}{2}$인 등비수열이므로

$S_n = 4 \times \left(\dfrac{1}{2}\right)^{n-1}$

$\therefore S_{10} = 4 \times \left(\dfrac{1}{2}\right)^9 = \left(\dfrac{1}{2}\right)^7$

닮음비가 $a:b$이면 둘레의 길이의 비는 $a:b$, 넓이의 비는 $a^2:b^2$, 부피의 비는 $a^3:b^3$이다.

1867 답 ②

삼각형 $A_1B_1C_1$은 정삼각형이고 세 점 A_2, B_2, C_2는 세 변 A_1B_1, B_1C_1, C_1A_1을 각각 $1:2$로 내분하는 점이므로

$\overline{A_1A_2}=\overline{B_1B_2}=\overline{C_1C_2}=\dfrac{1}{1+2}\times6=2$

$\overline{A_2B_1}=\overline{B_2C_1}=\overline{C_2A_1}=\dfrac{2}{1+2}\times6=4$

$\angle A_1=\angle B_1=\angle C_1=\dfrac{\pi}{3}$

$\therefore \triangle A_1A_2C_2\equiv\triangle B_1B_2A_2\equiv\triangle C_1C_2B_2$ (SAS 합동)

즉, $\overline{A_2B_2}=\overline{B_2C_2}=\overline{C_2A_2}$이므로 삼각형 $A_2B_2C_2$는 정삼각형이고 삼각형 $A_1B_1C_1$과 삼각형 $A_2B_2C_2$는 닮음이다.

삼각형 $A_2B_1B_2$에서 코사인법칙에 의하여

$\overline{A_2B_2}^2=\overline{B_1A_2}^2+\overline{B_1B_2}^2-2\times\overline{B_1A_2}\times\overline{B_1B_2}\times\cos\dfrac{\pi}{3}$

$\qquad=4^2+2^2-2\times4\times2\times\dfrac{1}{2}=12$

$\therefore \overline{A_2B_2}=2\sqrt{3}$

이때 $S_1=\triangle A_1B_1C_1$, $S_2=\triangle A_2B_2C_2$이므로

$S_1:S_2=\overline{A_1B_1}^2:\overline{A_2B_2}^2$ → 넓이의 비는 닮음비의 제곱의 비

$\qquad=6^2:(2\sqrt{3})^2$

$\qquad=36:12=3:1$

즉, $S_2=\dfrac{1}{3}S_1$이고

$S_1=\dfrac{\sqrt{3}}{4}\times6^2=9\sqrt{3}$

따라서 수열 $\{S_n\}$은 첫째항이 $9\sqrt{3}$, 공비가 $\dfrac{1}{3}$인 등비수열이므로

$S_n=9\sqrt{3}\times\left(\dfrac{1}{3}\right)^{n-1}$

$\therefore S_5=9\sqrt{3}\times\left(\dfrac{1}{3}\right)^4=\dfrac{\sqrt{3}}{9}$

코사인법칙

삼각형 ABC에서

$a^2=b^2+c^2-2bc\cos A$

$b^2=c^2+a^2-2ca\cos B$

$c^2=a^2+b^2-2ab\cos C$

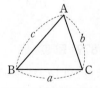

1868 답 ③
유형 11

등비수열 $\{a_n\}$에서 $a_3=12$, $a_6=-96$일 때, 이 수열의 첫째항부터 제5항까지의 합은? 단서1

단서2

① 31 　　② 32 　　③ 33

④ 34 　　⑤ 35

단서1 $ar^2=12$, $ar^5=-96$
단서2 등비수열의 합의 공식 이용

첫째항 a와 공비 r에 대한 식 세우기

등비수열 $\{a_n\}$의 첫째항을 a, 공비를 r이라 하면

$a_3=ar^2=12$ ·········· ㉠

$a_6=ar^5=-96$ ·········· ㉡

a와 r의 값 구하기

㉡÷㉠을 하면 $r^3=-8$ 　$\therefore r=-2$

$r=-2$를 ㉠에 대입하면 $4a=12$ 　$\therefore a=3$

첫째항부터 제5항까지의 합 구하기

등비수열 $\{a_n\}$의 첫째항부터 제5항까지의 합은

$\dfrac{3\times\{1-(-2)^5\}}{1-(-2)}=33$

1869 답 ④

첫째항이 1, 공비가 3이므로 주어진 등비수열의 일반항은 3^{n-1}

$3^{n-1}=243$에서 $3^{n-1}=3^5$

$n-1=5$ 　$\therefore n=6$

따라서 S의 값은 주어진 등비수열의 첫째항부터 제6항까지의 합이므로

$S=\dfrac{3^6-1}{3-1}=364$

1870 답 63

등비수열 $\{a_n\}$의 첫째항을 a, 공비를 r이라 하면

$a_2=ar=16$ ·········· ㉠

$a_5=ar^4=2$ ·········· ㉡

㉡÷㉠을 하면 $r^3=\dfrac{1}{8}$ 　$\therefore r=\dfrac{1}{2}$

$r=\dfrac{1}{2}$을 ㉠에 대입하면 $\dfrac{1}{2}a=16$ 　$\therefore a=32$

따라서 등비수열 $\{a_n\}$의 첫째항부터 제6항까지의 합은

$\dfrac{32\times\left\{1-\left(\dfrac{1}{2}\right)^6\right\}}{1-\dfrac{1}{2}}=63$

1871 답 ③

등비수열 $\{a_n\}$의 첫째항은 2이고, 공비를 r $(r>0)$이라 하면

$a_n=2\times r^{n-1}$

$a_3=2r^2=18$에서 $r^2=9$ 　$\therefore r=3$ ($\because r>0$)

따라서 등비수열 $\{a_n\}$의 첫째항부터 제12항까지의 합은

$\dfrac{2\times(3^{12}-1)}{3-1}=3^{12}-1$

1872 답 1022

등비수열 $\{a_n\}$의 첫째항을 a, 공비를 r이라 하면

$a_2:a_5=1:8$에서 $a_5=8a_2$

$ar^4=8ar$, $r^3=8$ 　$\therefore r=2$

$a_4+a_6=80$에서 $ar^3+ar^5=80$

$r=2$를 대입하면 $8a+32a=80$

$40a=80$ 　$\therefore a=2$

따라서 등비수열 $\{a_n\}$의 첫째항부터 제9항까지의 합은
$$\frac{2\times(2^9-1)}{2-1}=1022$$

1873 답 ③

등비수열 $\{a_n\}$의 첫째항을 a, 공비를 r이라 하면
$$a_2=ar=3 \quad\text{·················· ㉠}$$
$$a_5=ar^4=81 \quad\text{·················· ㉡}$$
㉡÷㉠을 하면 $r^3=27$ $\quad\therefore r=3$
$r=3$을 ㉠에 대입하면 $3a=3$ $\quad\therefore a=1$
따라서 $a_1^2+a_2^2+a_3^2+\cdots+a_{10}^2$의 값은 첫째항이 1, 공비가 9인 등비수열의 첫째항부터 제10항까지의 합과 같으므로 $\underset{r^2=9}{\overset{r=3이므로}{}}$
$$a_1^2+a_2^2+a_3^2+\cdots+a_{10}^2=\frac{9^{10}-1}{9-1}=\frac{1}{8}(9^{10}-1)$$

참고 첫째항이 a, 공비가 r인 등비수열 $\{a_n\}$의 일반항이 $a_n=ar^{n-1}$이므로
$$a_n^2=(ar^{n-1})^2=a^2(r^{n-1})^2=a^2(r^2)^{n-1}$$
따라서 수열 $\{a_n^2\}$은 첫째항이 a^2, 공비가 r^2인 등비수열이다.

1874 답 7

첫째항이 16, 공비가 $-\dfrac{1}{2}$이므로 주어진 등비수열의 첫째항부터 제n항까지의 합 S_n은
$$S_n=\frac{16\left\{1-\left(-\frac{1}{2}\right)^n\right\}}{1-\left(-\frac{1}{2}\right)}=\frac{16\left\{1-\left(-\frac{1}{2}\right)^n\right\}}{\frac{3}{2}}=\frac{32}{3}\left\{1-\left(-\frac{1}{2}\right)^n\right\}$$
$4S_k=43$에서 $S_k=\dfrac{43}{4}$이므로
$$\frac{32}{3}\left\{1-\left(-\frac{1}{2}\right)^k\right\}=\frac{43}{4}$$
$$1-\left(-\frac{1}{2}\right)^k=\frac{129}{128},\ \left(-\frac{1}{2}\right)^k=-\frac{1}{128}=\left(-\frac{1}{2}\right)^7$$
$$\therefore k=7$$

1875 답 ④

$\underline{a_1=2,\ a_2=2^3,\ a_3=2^5,\ \cdots}$이므로 수열 $\{a_n\}$은 첫째항이 2, 공비가 2^2인 등비수열이다. $\overset{\longrightarrow}{} a_n=2^{2n-1}$에 $n=1, 2, 3, \cdots$을 대입한다.
따라서 $a_1+a_3+a_5+\cdots+a_{19}$의 값은 첫째항이 2, 공비가 2^4인 등비수열의 첫째항부터 제10항까지의 합과 같으므로
$$a_1+a_3+a_5+\cdots+a_{19}=\frac{2\times\{(2^4)^{10}-1\}}{2^4-1}=\frac{2\times(2^{40}-1)}{15}$$
$$=\frac{2^{41}-2}{15}$$
$$\therefore m=41$$

1876 답 ③

$(f\circ f)(0)=f(f(0))=f(3)$이므로
$$f(3)=3^{10}+3^9+3^8+\cdots+3+3$$
$$=\frac{3\times(3^{10}-1)}{3-1}+3 \quad\overset{\longrightarrow}{}\text{첫째항이 3, 공비가 3인 등비수열의 첫째항부터 제10항까지의 합이다.}$$
$$=\frac{3}{2}(3^{10}+1)$$

1877 답 257

(i) $x\ne1$일 때
$$f(x)=(1+x^4+x^8+x^{12})(1+x+x^2+x^3)$$
$$=\frac{(x^4)^4-1}{x^4-1}\times\frac{x^4-1}{x-1}$$
$$=\frac{x^{16}-1}{x-1} \quad\overset{\longrightarrow}{}\text{첫째항이 1, 공비가 }x^4\text{인 등비수열의 첫째항부터 제4항까지의 합이다.}$$
(ii) $x=1$일 때
$$f(1)=4\times4=16$$
(i), (ii)에서
$$\frac{f(2)}{\{f(1)-1\}\{f(1)+1\}}=\frac{2^{16}-1}{(16-1)\times(16+1)}$$
$$=\frac{(2^8-1)\times(2^8+1)}{(2^4-1)\times(2^4+1)}$$
$$=\frac{(2^8-1)\times(2^8+1)}{2^8-1}$$
$$=2^8+1=257$$

1878 답 21 | 유형 12

> 등비수열 $\{a_n\}$의 첫째항부터 제n항까지의 합을 S_n이라 할 때, $S_2=16$, $S_4=20$이다. 이때 S_6의 값을 구하시오.
>
> 단서1
> 단서1 첫째항, 공비를 이용하여 등비수열의 합으로 표현

STEP 1 $S_2=16$, $S_4=20$을 이용하여 첫째항 a와 공비 r에 대한 식 세우기

등비수열 $\{a_n\}$의 첫째항을 a, 공비를 r이라 하면
$$S_2=\frac{a(r^2-1)}{r-1}=16 \quad\text{·················· ㉠}$$
$$S_4=\frac{a(r^4-1)}{r-1}=\frac{a(r^2-1)(r^2+1)}{r-1}=20 \quad\text{·················· ㉡}$$

STEP 2 S_6의 값 구하기

㉡÷㉠을 하면 $r^2+1=\dfrac{5}{4}$ $\quad\therefore r^2=\dfrac{1}{4}$
$$\therefore S_6=\frac{a(r^6-1)}{r-1}$$
$$=\frac{a(r^2-1)(r^4+r^2+1)}{r-1}$$
$$=16\times\left\{\left(\frac{1}{4}\right)^2+\frac{1}{4}+1\right\}=21$$

1879 답 ④

등비수열 $\{a_n\}$의 첫째항을 a, 공비를 r이라 하면
첫째항부터 제3항까지의 합이 15이므로
$$\frac{a(r^3-1)}{r-1}=15 \quad\text{·················· ㉠}$$
첫째항부터 제6항까지의 합이 45이므로
$$\frac{a(r^6-1)}{r-1}=\frac{a(r^3-1)(r^3+1)}{r-1}=45 \quad\text{·················· ㉡}$$
㉡÷㉠을 하면 $r^3+1=3$ $\quad\therefore r^3=2$
따라서 등비수열 $\{a_n\}$의 첫째항부터 제12항까지의 합은
$$\frac{a(r^{12}-1)}{r-1}=\frac{a(r^6-1)(r^6+1)}{r-1}$$
$$=45\times(2^2+1)=225$$

1880 답 ②

등비수열 $\{a_n\}$의 첫째항을 a, 공비를 r이라 하면

$$S_n=\frac{a(r^n-1)}{r-1}=30 \quad\cdots\cdots\cdots\text{㉠}$$

$$S_{2n}=\frac{a(r^{2n}-1)}{r-1}=\frac{a(r^n-1)(r^n+1)}{r-1}=90 \quad\cdots\cdots\cdots\text{㉡}$$

㉡÷㉠을 하면 $r^n+1=3$ $\therefore r^n=2$

$$\therefore S_{3n}=\frac{a(r^{3n}-1)}{r-1}$$

$$=\frac{a(r^n-1)(r^{2n}+r^n+1)}{r-1}$$

$$=30\times(2^2+2+1)=210$$

1881 답 ③

등비수열 $\{a_n\}$의 첫째항을 a, 공비를 r이라 하면

첫째항부터 제10항까지의 합이 9이므로

$$\frac{a(r^{10}-1)}{r-1}=9 \quad\cdots\cdots\cdots\text{㉠}$$

제11항부터 제20항까지의 합이 36이므로

$$\frac{ar^{10}(r^{10}-1)}{r-1}=36 \quad\cdots\cdots\cdots\text{㉡}$$

㉡÷㉠을 하면 $r^{10}=4$

따라서 등비수열 $\{a_n\}$의 제21항부터 제30항까지의 합은

$$\frac{ar^{20}(r^{10}-1)}{r-1}=(r^{10})^2\times\frac{a(r^{10}-1)}{r-1}=4^2\times9=144$$

1882 답 $\frac{1}{3}$

등비수열 $\{a_n\}$의 첫째항을 a, 공비를 r이라 하면

$a_1+a_2+a_3+\cdots+a_{10}=180$에서

$$\frac{a(r^{10}-1)}{r-1}=180 \quad\cdots\cdots\cdots\text{㉠}$$

$a_2+a_4+a_6+a_8+a_{10}=45$에서 $\quad$→ 첫째항이 ar, 공비가 r^2, 항수가 5인 등비수열의 합이다.

$$\frac{ar\{(r^2)^5-1\}}{r^2-1}=\frac{ar(r^{10}-1)}{(r-1)(r+1)}=45 \quad\cdots\cdots\cdots\text{㉡}$$

㉡÷㉠을 하면 $\dfrac{r}{r+1}=\dfrac{1}{4}$

$4r=r+1,\ 3r=1$ $\therefore r=\dfrac{1}{3}$

따라서 등비수열 $\{a_n\}$의 공비는 $\dfrac{1}{3}$이다.

1883 답 ⑤

홀수 번째 항들의 합은 첫째항이 2, 공비가 r^2, 항수가 $\dfrac{m}{2}$인 등비수열의 합이므로

$$\frac{2\{(r^2)^{\frac{m}{2}}-1\}}{r^2-1}=\frac{2(r^m-1)}{r^2-1}=182 \quad\cdots\cdots\cdots\text{㉠}$$

짝수 번째 항들의 합은 첫째항이 $2r$, 공비가 r^2, 항수가 $\dfrac{m}{2}$인 등비수열의 합이므로

$$\frac{2r\{(r^2)^{\frac{m}{2}}-1\}}{r^2-1}=\frac{2r(r^m-1)}{r^2-1}=546 \quad\cdots\cdots\cdots\text{㉡}$$

㉡÷㉠을 하면 $r=3$

$r=3$을 ㉠에 대입하면 $\dfrac{2(3^m-1)}{3^2-1}=182$

$3^m-1=728,\ 3^m=729=3^6$ $\therefore m=6$

$\therefore r+m=3+6=9$

1884 답 ②

등비수열 $\{a_n\}$의 첫째항을 a, 공비를 r이라 하면

$$S_3=\frac{a(r^3-1)}{r-1}=21 \quad\cdots\cdots\cdots\text{㉠}$$

$$S_6=\frac{a(r^6-1)}{r-1}=\frac{a(r^3-1)(r^3+1)}{r-1}=189 \quad\cdots\cdots\cdots\text{㉡}$$

㉡÷㉠을 하면 $r^3+1=9,\ r^3=8$ $\therefore r=2$

$r=2$를 ㉠에 대입하면 $\dfrac{a(2^3-1)}{2-1}=21$

$7a=21$ $\therefore a=3$

$\therefore a_5=ar^4=3\times2^4=48$

다른 풀이

등비수열 $\{a_n\}$의 첫째항을 a, 공비를 r이라 하면

$$S_3=a+ar+ar^2=21 \quad\cdots\cdots\cdots\text{㉠}$$

$$S_6=a+ar+ar^2+ar^3+ar^4+ar^5$$

$$=a+ar+ar^2+r^3(a+ar+ar^2)$$

$$=(1+r^3)(a+ar+ar^2)=189 \quad\cdots\cdots\cdots\text{㉡}$$

㉡÷㉠을 하면 $1+r^3=9,\ r^3=8$ $\therefore r=2$

$r=2$를 ㉠에 대입하면 $a+2a+2^2a=21$

$7a=21$ $\therefore a=3$

$\therefore a_5=ar^4=3\times2^4=48$

1885 답 64

등비수열 $\{a_n\}$의 첫째항은 1이고, 공비를 r이라 하면

$$\frac{S_6}{S_3}=\frac{\dfrac{r^6-1}{r-1}}{\dfrac{r^3-1}{r-1}}=\frac{r^6-1}{r^3-1}=\frac{(r^3+1)(r^3-1)}{r^3-1}=r^3+1$$

이므로 $\dfrac{S_6}{S_3}=2a_4-7$에서

$r^3+1=2r^3-7,\ r^3=8$ $\therefore r=2$

$\therefore a_7=r^6=2^6=64$

1886 답 ①

등비수열 $\{a_n\}$의 첫째항은 3이고, 공비를 $r\ (r>0)$이라 하자.

→ 모든 항이 양수

(i) $r=1$일 때

$$\frac{S_6}{S_5-S_2}=\frac{3\times6}{3\times5-3\times2}=2$$

또, $\dfrac{a_2}{2}=\dfrac{3}{2}$이므로 $\dfrac{S_6}{S_5-S_2}\neq\dfrac{a_2}{2}$

(ii) $r\neq1$일 때

$$\frac{S_6}{S_5-S_2}=\frac{\dfrac{3(r^6-1)}{r-1}}{\dfrac{3(r^5-1)}{r-1}-\dfrac{3(r^2-1)}{r-1}}=\frac{r^6-1}{r^5-r^2}$$

$$=\frac{(r^3+1)(r^3-1)}{r^2(r^3-1)}=\frac{r^3+1}{r^2}$$

또, $\dfrac{a_2}{2}=\dfrac{3r}{2}$이므로 $\dfrac{r^3+1}{r^2}=\dfrac{3r}{2}$에서

$2(r^3+1)=3r^3$ $\therefore r^3=2$

(i), (ii)에서 $a_4=3r^3=3\times2=6$

1887 답 ③ | 유형 13

STEP 1 첫째항 a와 공비 r에 대한 식 세우기

등비수열 $\{a_n\}$의 첫째항을 a, 공비를 r $(r>0)$이라 하면

$a_3=ar^2=18$ ·· ㉠

$a_5=ar^4=162$ ·· ㉡

STEP 2 a와 r의 값 구하기

㉡÷㉠을 하면 $r^2=9$ $\therefore r=3$ $(\because r>0)$

$r=3$을 ㉠에 대입하면 $9a=18$ $\therefore a=2$

STEP 3 첫째항부터 제n항까지의 합 S_n 구하기

등비수열 $\{a_n\}$의 첫째항부터 제n항까지의 합 S_n은

$S_n=\dfrac{2(3^n-1)}{3-1}=3^n-1$

STEP 4 S_n의 값이 처음으로 500보다 커질 때의 자연수 n의 값 구하기

$S_n>500$에서 $3^n-1>500$, $3^n>501$

이때 $3^5=243$, $3^6=729$이므로 $n\geq6$

따라서 S_n의 값이 처음으로 500보다 커지는 자연수 n의 값은 6이다.

1888 답 제11항

첫째항이 $\dfrac{1}{2}$, 공비가 2인 등비수열 $\{a_n\}$의 첫째항부터 제n항까지
의 합 S_n은

$S_n=\dfrac{\dfrac{1}{2}(2^n-1)}{2-1}=\dfrac{1}{2}(2^n-1)$

$S_n>1000$에서 $\dfrac{1}{2}(2^n-1)>1000$

$2^n-1>2000$, $2^n>2001$

이때 $2^{10}=1024$, $2^{11}=2048$이므로 $n\geq11$

따라서 S_n의 값이 처음으로 1000보다 커지는 항은 제11항이다.

1889 답 ②

등비수열 $\{a_n\}$의 첫째항을 a $(a>0)$, 공비를 r $(r>0)$이라 하면

$a_2=ar=10$ ·· ㉠

$a_7=16a_3$에서 $ar^6=16ar^2$

$r^4=16$ $(\because a>0, r>0)$ $\therefore r=2$ $(\because r>0)$

$r=2$를 ㉠에 대입하면 $2a=10$ $\therefore a=5$

등비수열 $\{a_n\}$의 첫째항부터 제n항까지의 합 S_n은

$S_n=\dfrac{5(2^n-1)}{2-1}=5(2^n-1)$

$S_k<850$에서 $5(2^k-1)<850$

$2^k-1<170$, $2^k<171$

이때 $2^7=128$, $2^8=256$이므로 $k\leq7$

따라서 $S_k<850$을 만족시키는 자연수 k의 최댓값은 7이다.

1890 답 ①

주어진 등비수열의 첫째항은 $\dfrac{2}{3}$, 공비는 $\dfrac{1}{3}$이므로 첫째항부터 제n
항까지의 합 S_n은

$S_n=\dfrac{\dfrac{2}{3}\left\{1-\left(\dfrac{1}{3}\right)^n\right\}}{1-\dfrac{1}{3}}=1-\left(\dfrac{1}{3}\right)^n$

$|S_n-1|<\dfrac{1}{1000}$에서 $\left|1-\left(\dfrac{1}{3}\right)^n-1\right|<\dfrac{1}{1000}$

$\left(\dfrac{1}{3}\right)^n<\dfrac{1}{1000}$, $3^n>1000$

이때 $3^6=729$, $3^7=2187$이므로 $n\geq7$

따라서 $|S_n-1|<\dfrac{1}{1000}$을 만족시키는 자연수 n의 최솟값은 7이다.

1891 답 ②

주어진 등비수열의 첫째항은 3, 공비는 $\dfrac{1}{3}$이므로 첫째항부터 제n
항까지의 합 S_n은

$S_n=\dfrac{3\left\{1-\left(\dfrac{1}{3}\right)^n\right\}}{1-\dfrac{1}{3}}=\dfrac{9}{2}\left\{1-\left(\dfrac{1}{3}\right)^n\right\}$

$\left|\dfrac{2}{9}S_n-1\right|>0.01$에서 $\left|\dfrac{2}{9}\times\dfrac{9}{2}\left\{1-\left(\dfrac{1}{3}\right)^n\right\}-1\right|>\dfrac{1}{100}$

$\left(\dfrac{1}{3}\right)^n>\dfrac{1}{100}$, $3^n<100$

이때 $3^4=81$, $3^5=243$이므로 $n\leq4$

즉, $\left|\dfrac{2}{9}S_n-1\right|>0.01$을 만족시키는 자연수 n의 값은 1, 2, 3, 4
이다.

따라서 모든 자연수 n의 값의 합은

$1+2+3+4=10$

1892 답 9

등비수열 $\{a_n\}$의 첫째항은 a_1 $(a_1>0)$이고, 공비를 r $(r>0)$이라
하면

$(a_2+a_6):(a_5+a_9)=1:8$에서

$a_5+a_9=8(a_2+a_6)$

$a_1r^4+a_1r^8=8(a_1r+a_1r^5)$, $a_1r^4(1+r^4)=8a_1r(1+r^4)$

$r^3=8$ $(\because a_1>0, r>0)$ $\therefore r=2$

즉, 공비가 2인 등비수열 $\{a_n\}$의 첫째항부터 제n항까지의 합 S_n은

$S_n=\dfrac{a_1(2^n-1)}{2-1}=a_1(2^n-1)$

$S_n > 500a_1$에서 $a_1(2^n-1) > 500a_1$

$2^n-1 > 500$ $(\because a_1 > 0)$, $2^n > 501$

이때 $2^8 = 256$, $2^9 = 512$이므로 $n \geq 9$

따라서 $S_n > 500a_1$을 만족시키는 자연수 n의 최솟값은 9이다.

1893 답 ④

유형 14

등비수열 $\{a_n\}$의 첫째항부터 제5항까지의 합이 31이고 곱이 1024일 [단서1]

때, $\dfrac{1}{a_1} + \dfrac{1}{a_2} + \dfrac{1}{a_3} + \dfrac{1}{a_4} + \dfrac{1}{a_5}$의 값은? [단서2]

① $\dfrac{31}{2}$ ② $\dfrac{31}{4}$ ③ $\dfrac{31}{8}$

④ $\dfrac{31}{16}$ ⑤ $\dfrac{31}{32}$

[단서1] a와 r에 대한 식 세우기

[단서2] 공비는 $\dfrac{1}{r}$

STEP 1 첫째항 a와 공비 r에 대한 식 세우기

등비수열 $\{a_n\}$의 첫째항을 a, 공비를 r이라 하면 첫째항부터 제5항까지의 합이 31이므로

$\dfrac{a(r^5-1)}{r-1} = 31$

첫째항부터 제5항까지의 곱이 1024이므로

$a_1 a_2 a_3 a_4 a_5 = a \times ar \times ar^2 \times ar^3 \times ar^4$

$= a^5 r^{10}$

$= (ar^2)^5$

즉, $(ar^2)^5 = 1024 = (2^2)^5 = 4^5$이므로

$ar^2 = 4$

STEP 2 $\dfrac{1}{a_1} + \dfrac{1}{a_2} + \dfrac{1}{a_3} + \dfrac{1}{a_4} + \dfrac{1}{a_5}$의 값 구하기

수열 $\left\{\dfrac{1}{a_n}\right\}$은 첫째항이 $\dfrac{1}{a}$, 공비가 $\dfrac{1}{r}$인 등비수열이므로

$\dfrac{1}{a_1} + \dfrac{1}{a_2} + \dfrac{1}{a_3} + \dfrac{1}{a_4} + \dfrac{1}{a_5} = \dfrac{\dfrac{1}{a}\left\{1-\left(\dfrac{1}{r}\right)^5\right\}}{1-\dfrac{1}{r}} = \dfrac{\dfrac{1}{a} \times \dfrac{r^5-1}{r^5}}{\dfrac{r-1}{r}}$

$= \dfrac{1}{a} \times \dfrac{1}{r^4} \times \dfrac{r^5-1}{r-1}$

$= \dfrac{1}{(ar^2)^2} \times \dfrac{a(r^5-1)}{r-1}$

$= \dfrac{1}{4^2} \times 31 = \dfrac{31}{16}$

1894 답 $\dfrac{63}{4}$

첫째항이 a, 공비가 $\dfrac{1}{2}$인 등비수열 $\{a_n\}$의 일반항은

$a_n = a \times \left(\dfrac{1}{2}\right)^{n-1}$

등비수열 $\{a_n\}$의 첫째항부터 제6항까지의 합이 $\dfrac{63}{8}$이므로

$\dfrac{a\left\{1-\left(\dfrac{1}{2}\right)^6\right\}}{1-\dfrac{1}{2}} = \dfrac{63}{8}$, $2a\left(1-\dfrac{1}{64}\right) = \dfrac{63}{8}$

$\dfrac{63}{32}a = \dfrac{63}{8}$ $\quad \therefore a = 4$

즉, $a_n = 4 \times \left(\dfrac{1}{2}\right)^{n-1}$이므로 $\dfrac{1}{a_n} = \dfrac{1}{4} \times 2^{n-1}$

따라서 수열 $\left\{\dfrac{1}{a_n}\right\}$은 첫째항이 $\dfrac{1}{4}$, 공비가 2인 등비수열이므로

$\dfrac{1}{a_1} + \dfrac{1}{a_2} + \dfrac{1}{a_3} + \dfrac{1}{a_4} + \dfrac{1}{a_5} + \dfrac{1}{a_6} = \dfrac{\dfrac{1}{4} \times (2^6-1)}{2-1}$

$= \dfrac{63}{4}$

1895 답 9207

등비수열 $\{a_n\}$의 첫째항을 a, 공비를 r $(r > 0)$이라 하면

$a_3 = ar^2 = \dfrac{1}{6}$ ················· ㉠

$a_7 = ar^6 = \dfrac{1}{24}$ ················· ㉡

㉡÷㉠을 하면 $r^4 = \dfrac{1}{4}$

$\therefore r = \dfrac{\sqrt{2}}{2}$ $(\because r > 0)$

$r = \dfrac{\sqrt{2}}{2}$를 ㉠에 대입하면 $\dfrac{1}{2}a = \dfrac{1}{6}$ $\quad \therefore a = \dfrac{1}{3}$

즉, $a_n = \dfrac{1}{3} \times \left(\dfrac{\sqrt{2}}{2}\right)^{n-1}$이므로

$a_n^2 = \left\{\dfrac{1}{3} \times \left(\dfrac{\sqrt{2}}{2}\right)^{n-1}\right\}^2 = \dfrac{1}{9} \times \left(\dfrac{1}{2}\right)^{n-1}$

$\therefore \dfrac{1}{a_n^2} = 9 \times 2^{n-1}$

따라서 수열 $\left\{\dfrac{1}{a_n^2}\right\}$은 첫째항이 9, 공비가 2인 등비수열이므로

$\dfrac{1}{a_1^2} + \dfrac{1}{a_2^2} + \dfrac{1}{a_3^2} + \cdots + \dfrac{1}{a_{10}^2} = \dfrac{9 \times (2^{10}-1)}{2-1} = 9207$

1896 답 5

등비수열 $\{a_n\}$의 첫째항을 a $(a > 0)$, 공비를 r $(r > 0)$이라 하면

수열 $\left\{\dfrac{1}{a_n}\right\}$은 첫째항이 $\dfrac{1}{a}$, 공비가 $\dfrac{1}{r}$인 등비수열이다.

$a_1 + a_2 + a_3 + \cdots + a_{10} = 30$에서

$\dfrac{a(r^{10}-1)}{r-1} = 30$ ················· ㉠

$\dfrac{1}{a_1} + \dfrac{1}{a_2} + \dfrac{1}{a_3} + \cdots + \dfrac{1}{a_{10}} = 10$에서

$\dfrac{\dfrac{1}{a}\left\{1-\left(\dfrac{1}{r}\right)^{10}\right\}}{1-\dfrac{1}{r}} = \dfrac{r}{a(r-1)} \times \dfrac{r^{10}-1}{r^{10}}$

$= \dfrac{r^{10}-1}{ar^9(r-1)} = 10$ ················· ㉡

㉡÷㉠을 하면 $\dfrac{1}{a^2 r^9} = \dfrac{1}{3}$ $\quad \therefore a^2 r^9 = 3$

$\therefore \log_3 a_1 + \log_3 a_2 + \log_3 a_3 + \cdots + \log_3 a_{10}$

$= \log_3 (a_1 \times a_2 \times a_3 \times \cdots \times a_{10})$

$= \log_3 (a \times ar \times ar^2 \times \cdots \times ar^9)$

$= \log_3 a^{10} r^{1+2+3+\cdots+9}$

$= \log_3 a^{10} r^{45} = \log_3 (a^2 r^9)^5$

$= \log_3 3^5 = 5$

09

1897 답 7

등비수열 $\{a_n\}$의 첫째항을 a $(a\neq0)$, 공비를 r $(r\neq0)$이라 하면

$2a_4+a_5=0$에서

$2ar^3+ar^4=ar^3(2+r)=0$

$\therefore r=-2$ $(\because a\neq0, r\neq0)$

$a_1+a_2+a_3=\dfrac{3}{8}$에서

$a+ar+ar^2=\dfrac{3}{8}$

위의 식에 $r=-2$를 대입하면

$a+a\times(-2)+a\times(-2)^2=\dfrac{3}{8}$

$3a=\dfrac{3}{8}$ $\therefore a=\dfrac{1}{8}$

즉, $a_n=\dfrac{1}{8}\times(-2)^{n-1}$이므로

$\dfrac{1}{a_n}=8\times\left(-\dfrac{1}{2}\right)^{n-1}$

따라서 수열 $\left\{\dfrac{1}{a_n}\right\}$은 첫째항이 8, 공비가 $-\dfrac{1}{2}$인 등비수열이므로

$\dfrac{1}{a_1}+\dfrac{1}{a_2}+\dfrac{1}{a_3}+\cdots+\dfrac{1}{a_k}=\dfrac{8\left\{1-\left(-\dfrac{1}{2}\right)^k\right\}}{1-\left(-\dfrac{1}{2}\right)}$

$=\dfrac{16}{3}\left\{1-\left(-\dfrac{1}{2}\right)^k\right\}$

즉, $\dfrac{16}{3}\left\{1-\left(-\dfrac{1}{2}\right)^k\right\}=\dfrac{43}{8}$이므로 $1-\left(-\dfrac{1}{2}\right)^k=\dfrac{129}{128}$

$\left(-\dfrac{1}{2}\right)^k=-\dfrac{1}{128}=\left(-\dfrac{1}{2}\right)^7$

$\therefore k=7$

1898 답 ⑤

등비수열 $2, a_1, a_2, \cdots, a_{10}, 30$의 첫째항은 2이고, 공비를 r이라 하면

$2+a_1+a_2+\cdots+a_{10}+30=\dfrac{2(r^{12}-1)}{r-1}$

이때 30은 제12항이므로

$30=2\times r^{11}$ $\therefore r^{11}=15$ $\cdots\cdots\cdots$ ㉠

또, 수열 $\dfrac{1}{2}, \dfrac{1}{a_1}, \dfrac{1}{a_2}, \cdots, \dfrac{1}{a_{10}}, \dfrac{1}{30}$은 첫째항이 $\dfrac{1}{2}$, 공비가 $\dfrac{1}{r}$인 등비수열이므로

$\dfrac{1}{2}+\dfrac{1}{a_1}+\dfrac{1}{a_2}+\cdots+\dfrac{1}{a_{10}}+\dfrac{1}{30}=\dfrac{\dfrac{1}{2}\left\{1-\left(\dfrac{1}{r}\right)^{12}\right\}}{1-\dfrac{1}{r}}$

이때

$2+a_1+a_2+\cdots+a_{10}+30=m\left(\dfrac{1}{2}+\dfrac{1}{a_1}+\dfrac{1}{a_2}+\cdots+\dfrac{1}{a_{10}}+\dfrac{1}{30}\right)$

에서

$\dfrac{2(r^{12}-1)}{r-1}=m\times\dfrac{\dfrac{1}{2}\left\{1-\left(\dfrac{1}{r}\right)^{12}\right\}}{1-\dfrac{1}{r}}=m\times\dfrac{r}{2(r-1)}\times\dfrac{r^{12}-1}{r^{12}}$

$=m\times\dfrac{r^{12}-1}{2r^{11}(r-1)}$

$\therefore m=4r^{11}=4\times15=60$ $(\because$ ㉠$)$

1899 답 ③

첫째항이 1, 공비가 r인 등비수열 $\{a_n\}$의 첫째항부터 제n항까지의 합을 S_n이라 하자. $S_{20}=4S_{10}$, $S_{40}=kS_{10}$일 때, 상수 k의 값은?
단서1
(단, $r\neq\pm1$)

① 10   ② 20   ③ 40

④ 80   ⑤ 100

단서1 첫째항과 공비를 이용하여 등비수열의 합으로 표현

STEP 1 공비 r에 대한 식 세우기

첫째항이 1, 공비가 r인 등비수열 $\{a_n\}$에 대하여 $S_{20}=4S_{10}$이므로

$\dfrac{r^{20}-1}{r-1}=4\times\dfrac{r^{10}-1}{r-1}$

$\dfrac{(r^{10}-1)(r^{10}+1)}{r-1}=\dfrac{4(r^{10}-1)}{r-1}$

$r^{10}+1=4$ $(\because r\neq\pm1)$ $\therefore r^{10}=3$ $\cdots\cdots\cdots$ ㉠

또, $S_{40}=kS_{10}$이므로

$\dfrac{r^{40}-1}{r-1}=k\times\dfrac{r^{10}-1}{r-1}$

$\dfrac{(r^{10}-1)(r^{10}+1)(r^{20}+1)}{r-1}=\dfrac{k(r^{10}-1)}{r-1}$

$\therefore (r^{10}+1)(r^{20}+1)=k$ $\cdots\cdots\cdots$ ㉡

STEP 2 상수 k의 값 구하기

㉠을 ㉡에 대입하면

$k=(3+1)\times(3^2+1)=40$

1900 답 ②

등비수열 $\{a_n\}$의 첫째항은 a $(a>0)$, 공비는 r이므로

$2a=S_2+S_3$에서

$2a=(a+ar)+(a+ar+ar^2)$

$2ar+ar^2=0$, $ar(2+r)=0$

$\therefore r=0$ 또는 $r=-2$ $(\because a>0)$

이때 $r=0$이면 $r^2=64a^2$에서 $a=0$이므로 $a>0$이라는 조건을 만족시키지 않는다.

$\therefore r=-2$

$r=-2$를 $r^2=64a^2$에 대입하면

$4=64a^2$, $a^2=\dfrac{1}{16}$ $\therefore a=\dfrac{1}{4}$ $(\because a>0)$

$\therefore a_5=\dfrac{1}{4}\times(-2)^4=4$

1901 답 85

첫째항이 a, 공비가 r인 등비수열 $\{a_n\}$에 대하여 $S_{10}=5S_5$이므로

$\dfrac{a(r^{10}-1)}{r-1}=5\times\dfrac{a(r^5-1)}{r-1}$

$\dfrac{a(r^5-1)(r^5+1)}{r-1}=\dfrac{5a(r^5-1)}{r-1}$

$r^5+1=5$ $(\because a\neq0, r\neq1)$ $\therefore r^5=4$ $\cdots\cdots\cdots$ ㉠

또, $S_{20}=kS_5$이므로

$\dfrac{a(r^{20}-1)}{r-1}=k\times\dfrac{a(r^5-1)}{r-1}$

$\dfrac{a(r^5-1)(r^5+1)(r^{10}+1)}{r-1}=\dfrac{ka(r^5-1)}{r-1}$

$$\therefore (r^5+1)(r^{10}+1)=k \quad\cdots\cdots\cdots\cdots\cdots ⓛ$$
㉠을 ⓛ에 대입하면 $k=(4+1)\times(4^2+1)=85$

1902 답 ⑤

등비수열 $\{a_n\}$의 첫째항은 $a_1 \ (a_1>0)$, 공비는 $r \ (r>0)$이므로

$\dfrac{S_{12}-S_{10}}{a_{12}-a_{11}}-\dfrac{a_{12}-a_{11}}{S_{12}-S_{10}}=\dfrac{11}{30}$ 에서

$\dfrac{a_{12}+a_{11}}{a_{12}-a_{11}}-\dfrac{a_{12}-a_{11}}{a_{12}+a_{11}}=\dfrac{11}{30}$ → $S_{12}-S_{10}=a_1+a_2+\cdots+a_{10}+a_{11}+a_{12}$
$\qquad\qquad\qquad\qquad\qquad\qquad -(a_1+a_2+\cdots+a_{10})$
$\qquad\qquad\qquad\qquad\qquad\qquad =a_{11}+a_{12}$

$\dfrac{a_1r^{11}+a_1r^{10}}{a_1r^{11}-a_1r^{10}}-\dfrac{a_1r^{11}-a_1r^{10}}{a_1r^{11}+a_1r^{10}}=\dfrac{11}{30}$

$\dfrac{r+1}{r-1}-\dfrac{r-1}{r+1}=\dfrac{11}{30},\ \dfrac{4r}{r^2-1}=\dfrac{11}{30}$ ← $a_1>0, r>0$이므로 분모, 분자를 각각 a_1r^{10}으로 나눈다.

$11r^2-120r-11=0,\ (11r+1)(r-11)=0$

$\therefore r=11 \ (\because r>0)$

1903 답 ②

등비수열 $\{a_n\}$의 첫째항은 2이고, 공비를 $r \ (r\neq 0, r\neq 1)$이라 하면
$a_n=2r^{n-1}$

(나)에서 $S_{12}<S_{10}$이므로 $\dfrac{2(r^{12}-1)}{r-1}<\dfrac{2(r^{10}-1)}{r-1}$

$\dfrac{2(r^{12}-1)-2(r^{10}-1)}{r-1}<0,\ \dfrac{2r^{10}(r^2-1)}{r-1}<0$

$\dfrac{2r^{10}(r-1)(r+1)}{r-1}<0,\ 2r^{10}(r+1)<0$

$\therefore r<-1 \ (\because r^{10}>0) \quad\cdots\cdots\cdots\cdots\cdots ㉠$

(가)에서 $S_{12}-S_2=4S_{10}$이므로

$\dfrac{2(r^{12}-1)}{r-1}-\dfrac{2(r^2-1)}{r-1}=4\times\dfrac{2(r^{10}-1)}{r-1}$

$(r^{12}-1)-(r^2-1)=4(r^{10}-1)$

$r^2(r^{10}-1)=4(r^{10}-1)$

이때 $r\neq 1$이므로 $r^2=4 \quad\therefore r=-2 \ (\because ㉠)$

따라서 $a_n=2\times(-2)^{n-1}$이므로 $a_4=2\times(-2)^3=-16$

> **실수 Check**
>
> $r=0$이면 $S_{12}=S_{10}$이므로 (나)를 만족시키지 않는다.
> 또한 $r=1$이면 $S_{12}-S_2=12\times 2-2\times 2=20,\ 4S_{10}=4\times 10\times 2=80$
> 이므로 $S_{12}-S_2\neq 4S_{10}$, 즉 (가)를 만족시키지 않는다.
> 따라서 $r\neq 0, r\neq 1$임에 주의한다.

1904 답 ③ | 유형 16

> 어느 학교의 <u>2005년부터 2024년까지 20년 동안의 입학생 수는 8000</u> 단서2
> 명이고, 이 중 <u>2000명은 2015년부터 2024년까지의 입학생 수</u>라 한 단서3
> 다. 이 학교의 <u>입학생 수는 매년 일정한 비율로 감소</u>한다고 할 때, 단서1
> 2025년의 입학생 수는 2005년의 입학생 수의 몇 배인가?
>
> ① $\dfrac{1}{3}$배   ② $\dfrac{1}{4}$배   ③ $\dfrac{1}{9}$배
>
> ④ $\dfrac{1}{12}$배   ⑤ $\dfrac{1}{16}$배
>
> 단서1 일정한 비율로 감소하므로 등비수열의 합에 대한 식을 이용
> 단서2 20년 동안의 등비수열의 합이 8000
> 단서3 10년 동안의 등비수열의 합이 2000

STEP 1 처음 입학생 수 a와 일정하게 감소하는 비율 r에 대한 식 세우기

2005년의 입학생 수를 a명이라 하고, 매년 입학생 수가 감소하는 일정한 비율을 r이라 하면 2005년부터 2024년까지 20년 동안의 입학생 수는 8000명이므로

$a+ar+ar^2+\cdots+ar^{19}=8000$

$\therefore \dfrac{a(1-r^{20})}{1-r}=\dfrac{a(1+r^{10})(1-r^{10})}{1-r}=8000 \quad\cdots ㉠$

<u>2015년부터 2024년까지 10년 동안의 입학생 수는 2000명이므로</u>

$ar^{10}+ar^{11}+ar^{12}+\cdots+ar^{19}=2000$ → 2015년의 입학생 수는 $ar^{11-1}=ar^{10}$

$\therefore \dfrac{ar^{10}(1-r^{10})}{1-r}=2000 \quad\cdots\cdots\cdots\cdots ⓛ$

STEP 2 두 식을 연립하여 r의 값 구하기

㉠÷ⓛ을 하면 $\dfrac{1+r^{10}}{r^{10}}=4,\ 1+r^{10}=4r^{10}$

$3r^{10}=1 \quad\therefore r^{10}=\dfrac{1}{3}$

STEP 3 2025년의 입학생 수는 2005년의 입학생 수의 몇 배인지 구하기

2005년의 입학생 수 a명에 대하여 2025년의 입학생 수는

$ar^{20}=a\times(r^{10})^2=\dfrac{1}{9}a$(명)

따라서 2025년의 입학생 수는 2005년의 입학생 수의 $\dfrac{1}{9}$배이다.

1905 답 78 km

첫째 날 이동한 거리는 6 km이고 둘째 날부터는 전날 이동한 거리의 20 %씩 늘려서 이동하므로 이동한 거리는 첫째항이 6, 공비가 $1+\dfrac{20}{100}$, 즉 1.2인 등비수열을 이룬다.

따라서 민서가 일주일 동안 이동한 거리는

$\dfrac{6\times\{(1.2)^7-1\}}{1.2-1}=\dfrac{6\times(3.6-1)}{0.2}=78\,(\text{km})$

1906 답 ③

첫째 날 10쪽을 읽고 둘째 날부터 전날 읽었던 쪽수의 두 배씩 늘려서 읽으므로 지후가 매일 읽는 책의 쪽수는 첫째항이 10, 공비가 2인 등비수열을 이룬다.

지후가 n일 동안 읽는 책의 쪽수의 합은

$\dfrac{10(2^n-1)}{2-1}=10(2^n-1)$ (쪽)

400쪽짜리 책을 다 읽으려면

$10(2^n-1)\geq 400$

$2^n-1\geq 40,\ 2^n\geq 41$

이때 $2^5=32,\ 2^6=64$이므로

$n\geq 6$

따라서 400쪽짜리 책을 다 읽는 데 6일이 걸린다.

1907 답 ③

2020년의 석탄의 채굴량은 10만 톤이고 매년 10 %씩 채굴량을 늘리면 n년 동안의 석탄의 총채굴량은

$\dfrac{10(1.1^n-1)}{1.1-1}=100(1.1^n-1)$ (만 톤)

이 석탄이 모두 고갈되려면

$100(1.1^n-1) \geq 300$

$1.1^n-1 \geq 3$, $1.1^n \geq 4$

이때 $1.1^{14}=3.8$, $1.1^{15}=4.2$이므로

$n \geq 15$

따라서 석탄이 모두 고갈되는 해는

$2020+15-1=2034$(년)

1908 답 ⑤

2013년의 원두 생산량을 a kg이라 하고 매년 원두 생산량이 감소하는 일정한 비율을 r이라 하면 2013년부터 2016년까지 4년 동안의 원두 생산량은 10만 kg이므로

$a+ar+ar^2+ar^3=100000$

$\therefore \dfrac{a(1-r^4)}{1-r}=100000$ ·········· ㉠

2017년부터 2020년까지 4년 동안의 원두 생산량은 8만 kg이므로

$ar^4+ar^5+ar^6+ar^7=80000$ → 2017년의 원두 생산량은 $ar^{5-1}=ar^4$

$\therefore \dfrac{ar^4(1-r^4)}{1-r}=80000$ ·········· ㉡

㉡÷㉠을 하면 $r^4=\dfrac{4}{5}$

2013년의 원두 생산량 a kg에 대하여 2025년의 원두 생산량은

$ar^{12}=a \times (r^4)^3 = \dfrac{64}{125}a$ (kg)

따라서 2025년의 원두 생산량은 2013년의 원두 생산량의 $\dfrac{64}{125}$배이다.

1909 답 ④

유형 17

그림과 같이 한 변의 길이가 4인 정삼각형 ABC가 있다. 첫 번째 시행에서 정삼각형 ABC의 세 변의 중점을 이어서 만든 정삼각형 $A_1B_1C_1$을 잘라 내고, 두 번째 시행에서 첫 번째 시행 후 남은 3개의 정삼각형에서 같은 방법으로 만든 정삼각형을 잘라 낸다. 이와 같은 시행을 반복할 때, n번째 시행에서 잘라 낸 정삼각형의 넓이의 합을 S_n이라 하자. 이때 $S_1+S_2+S_3+\cdots+S_{10}$의 값은?

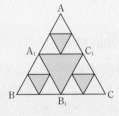

단서1

① $\sqrt{3}\left\{1-\left(\dfrac{1}{4}\right)^{10}\right\}$
② $\sqrt{3}\left\{1-\left(\dfrac{3}{4}\right)^{10}\right\}$
③ $4\sqrt{3}\left\{1-\left(\dfrac{1}{4}\right)^{10}\right\}$
④ $4\sqrt{3}\left\{1-\left(\dfrac{3}{4}\right)^{10}\right\}$
⑤ $8\sqrt{3}\left\{1-\left(\dfrac{3}{4}\right)^{10}\right\}$

단서1 정삼각형의 넓이 구하는 공식을 이용

STEP1 첫 번째 시행의 결과 구하기

첫 번째 시행에서 잘라 낸 정삼각형의 넓이는

$S_1 = \dfrac{1}{4} \times \dfrac{\sqrt{3}}{4} \times 4^2 = \sqrt{3}$ → $\triangle A_1B_1C_1 = \dfrac{1}{4}\triangle ABC$

STEP2 등비수열 $\{S_n\}$의 첫째항과 공비 구하기

두 번째 시행에서 잘라 낸 정삼각형의 넓이의 합은

$S_2 = \dfrac{1}{4} \times S_1 \times 3 = \dfrac{3}{4}S_1$

이와 같은 방법으로 시행을 반복하면 수열 $\{S_n\}$은 첫째항이 $\sqrt{3}$, 공비가 $\dfrac{3}{4}$인 등비수열을 이룬다.

STEP3 $S_1+S_2+S_3+\cdots+S_{10}$의 값 구하기

$S_1+S_2+S_3+\cdots+S_{10}$의 값은 수열 $\{S_n\}$의 첫째항부터 제10항까지의 합이므로

$\dfrac{\sqrt{3} \times \left\{1-\left(\dfrac{3}{4}\right)^{10}\right\}}{1-\dfrac{3}{4}} = 4\sqrt{3}\left\{1-\left(\dfrac{3}{4}\right)^{10}\right\}$

다른 풀이

n번째 시행에서 잘라 낸 정삼각형의 넓이의 합을 S_n, 잘라 내고 남은 부분의 넓이의 합을 T_n이라 하면

$S_n : T_n = 1 : 3$이므로 $T_n=3S_n$

이때 $(n+1)$번째 시행에서 잘라 낸 정삼각형의 넓이의 합은 n번째 시행에서 잘라 내고 남은 부분의 넓이의 합의 $\dfrac{1}{4}$이므로

$S_{n+1} = \dfrac{1}{4}T_n = \dfrac{3}{4}S_n$

따라서 구하는 값은 첫째항이 $\sqrt{3}$, 공비가 $\dfrac{3}{4}$인 등비수열의 첫째항부터 제10항까지의 합이므로

$\dfrac{\sqrt{3} \times \left\{1-\left(\dfrac{3}{4}\right)^{10}\right\}}{1-\dfrac{3}{4}} = 4\sqrt{3}\left\{1-\left(\dfrac{3}{4}\right)^{10}\right\}$

1910 답 $4\left\{1-\left(\dfrac{1}{2}\right)^9\right\}$

$\overline{AA_1} = \overline{AB_1} = 1$이므로 직각삼각형 A_1AB_1에서

$\overline{A_1B_1} = \sqrt{1^2+1^2} = \sqrt{2}$

즉, 두 정사각형 ABCD, $A_1B_1C_1D_1$의 한 변의 길이의 비는

$2 : \sqrt{2}$이므로 넓이의 비는 → 닮음비

$2^2 : (\sqrt{2})^2 = 4 : 2 = 1 : \dfrac{1}{2}$

같은 방법으로 하면 두 정사각형 $A_1B_1C_1D_1$, $A_2B_2C_2D_2$의 넓이의 비도 $1 : \dfrac{1}{2}$이다.

첫 번째 시행 후 정사각형 $A_1B_1C_1D_1$의 넓이는

$S_1 = 4 \times \dfrac{1}{2} = 2$ → 정사각형 ABCD의 넓이

즉, 수열 $\{S_n\}$은 첫째항이 2, 공비가 $\dfrac{1}{2}$인 등비수열을 이룬다.

따라서 $S_1+S_2+S_3+\cdots+S_9$의 값은 수열 $\{S_n\}$의 첫째항부터 제9항까지의 합이므로

$\dfrac{2 \times \left\{1-\left(\dfrac{1}{2}\right)^9\right\}}{1-\dfrac{1}{2}} = 4\left\{1-\left(\dfrac{1}{2}\right)^9\right\}$

1911 답 $9\left\{1-\left(\dfrac{8}{9}\right)^7\right\}$

첫 번째 시행에서 색칠한 부분의 넓이는

$S_1 = 3^2 \times \dfrac{1}{9} = 1$

두 번째 시행에서 색칠한 부분의 넓이는

$$S_2=1^2\times\frac{1}{9}\times 8=\frac{8}{9}$$

이와 같은 방법으로 시행을 반복하면 수열 $\{S_n\}$은 첫째항이 1, 공비가 $\frac{8}{9}$인 등비수열을 이룬다.

따라서 $S_1+S_2+S_3+\cdots+S_7$의 값은 수열 $\{S_n\}$의 첫째항부터 제7항까지의 합이므로

$$\frac{1-\left(\frac{8}{9}\right)^7}{1-\frac{8}{9}}=9\left\{1-\left(\frac{8}{9}\right)^7\right\}$$

1912 답 ⑤

$\overline{OB_2}$는 사분원 OA_1C_1의 반지름이므로 $\overline{OB_2}=6$

$\overline{OA_2}=a$라 하면 직각삼각형 OA_2B_2에서

$a^2+a^2=6^2$

$2a^2=36$, $a^2=18$

$\therefore a=3\sqrt{2}$ $(\because a>0)$

따라서 두 정사각형 $OA_1B_1C_1$, $OA_2B_2C_2$의 한 변의 길이의 비는

$6:3\sqrt{2}=1:\frac{\sqrt{2}}{2}$이므로 넓이의 비는

$1^2:\left(\frac{\sqrt{2}}{2}\right)^2=1:\frac{1}{2}$

첫 번째 시행에서 색칠한 도형의 넓이는

$S_1=$(정사각형 $OA_1B_1C_1$의 넓이)$-$(사분원 OA_1C_1의 넓이)

$\quad=6^2-\frac{1}{4}\times\pi\times 6^2$

$\quad=36-9\pi$

즉, 수열 $\{S_n\}$은 첫째항이 $36-9\pi$, 공비가 $\frac{1}{2}$인 등비수열을 이룬다.

따라서 $S_1+S_2+S_3+\cdots+S_8$의 값은 수열 $\{S_n\}$의 첫째항부터 제8항까지의 합이므로

$$\frac{(36-9\pi)\times\left\{1-\left(\frac{1}{2}\right)^8\right\}}{1-\frac{1}{2}}=(72-18\pi)\left\{1-\left(\frac{1}{2}\right)^8\right\}$$

1913 답 ②

| 유형 18

수열 $\{a_n\}$의 첫째항부터 제n항까지의 합 S_n이 $\underline{S_n=4^n+3k}$일 때, 수 _{단서1} 열 $\{a_n\}$이 $\underline{첫째항부터 등비수열을 이루도록}$ 하는 상수 k의 값과 수열 _{단서2} $\{a_n\}$의 일반항을 각각 구하면?

① $k=-\frac{1}{3}$, $a_n=\frac{1}{3}\times 4^{n-1}$

② $k=-\frac{1}{3}$, $a_n=3\times 4^{n-1}$

③ $k=-\frac{1}{3}$, $a_n=5\times 4^{n-1}$

④ $k=-\frac{1}{2}$, $a_n=\frac{1}{3}\times 4^{n-1}$

⑤ $k=-\frac{1}{2}$, $a_n=3\times 4^{n-1}$

단서1 수열의 합과 일반항 사이의 관계를 이용
단서2 S_1의 값과 $n\geq 2$일 때의 일반항에서의 a_1의 값을 비교

STEP 1 $n\geq 2$일 때 일반항 a_n 구하기

$S_n=4^n+3k$에서

(i) $n\geq 2$일 때

$\quad a_n=S_n-S_{n-1}$

$\quad\quad=(4^n+3k)-(4^{n-1}+3k)$

$\quad\quad=\underbrace{3\times 4^{n-1}}_{4^{n-1}\times(4-1)}$ ················· ㉠

STEP 2 a_1의 값 구하기

(ii) $n=1$일 때

$\quad a_1=S_1=4+3k$ ···················· ㉡

STEP 3 상수 k의 값 구하기

수열 $\{a_n\}$이 첫째항부터 등비수열을 이루려면 ㉠에 $n=1$을 대입한 것이 ㉡과 같아야 하므로

$3=4+3k$ $\quad\therefore k=-\frac{1}{3}$

STEP 4 수열 $\{a_n\}$의 일반항 구하기

수열 $\{a_n\}$의 일반항은 $a_n=3\times 4^{n-1}$

1914 답 101

$S_n=7\times 2^n-3$에서

(i) $n\geq 2$일 때

$\quad a_n=S_n-S_{n-1}$

$\quad\quad=(7\times 2^n-3)-(7\times 2^{n-1}-3)$

$\quad\quad=7\times 2^{n-1}$ ························ ㉠

(ii) $n=1$일 때

$\quad a_1=S_1=7\times 2-3=11$

$a_1=11$은 ㉠에 $n=1$을 대입한 것과 같지 않으므로 수열 $\{a_n\}$은 둘째항부터 등비수열을 이룬다.

$\therefore a_1=11$, $a_n=7\times 2^{n-1}$ $(n\geq 2)$

$\therefore a_5-a_1=7\times 2^4-11=101$

다른 풀이

$S_n=7\times 2^n-3$에서

$a_5=S_5-S_4=(7\times 2^5-3)-(7\times 2^4-3)=112$

$a_1=S_1=7\times 2-3=11$

$\therefore a_5-a_1=112-11=101$

1915 답 ③

$S_n=p^n+q-3$에서

(i) $n\geq 2$일 때

$\quad a_n=S_n-S_{n-1}$

$\quad\quad=(p^n+q-3)-(p^{n-1}+q-3)$

$\quad\quad=(p-1)p^{n-1}$ ····················· ㉠

(ii) $n=1$일 때

$\quad a_1=S_1=p+q-3$ ···················· ㉡

이때 등비수열 $\{a_n\}$의 공비가 5이므로 ㉠에서 $p=5$

수열 $\{a_n\}$이 첫째항부터 등비수열을 이루려면 ㉠에 $n=1$을 대입한 것이 ㉡과 같아야 하므로

$p-1=p+q-3$ $\quad\therefore q=2$

$\therefore p^2+q^2=5^2+2^2=29$

1916 답 $\dfrac{10}{3}$

$\log(S_n+3k)=n+1$에서 $S_n+3k=10^{n+1}$

$\therefore S_n=10^{n+1}-3k$

(i) $n\geq2$일 때

$\qquad a_n=S_n-S_{n-1}=(10^{n+1}-3k)-(10^n-3k)$

$\qquad\qquad=9\times10^n$ ·· ㉠

(ii) $n=1$일 때

$\qquad a_1=S_1=10^2-3k=100-3k$ ················· ㉡

이때 수열 $\{a_n\}$이 첫째항부터 등비수열을 이루려면 ㉠에 $n=1$을 대입한 것이 ㉡과 같아야 하므로

$90=100-3k$, $3k=10$ $\qquad\therefore k=\dfrac{10}{3}$

1917 답 ⑤

$S_n=2\times3^{n+1}+k$에서

(i) $n\geq2$일 때

$\qquad a_n=S_n-S_{n-1}=(2\times3^{n+1}+k)-(2\times3^n+k)$

$\qquad\qquad=4\times3^n$ ··· ㉠

(ii) $n=1$일 때

$\qquad a_1=S_1=2\times3^2+k=18+k$ ················ ㉡

ㄱ. 수열 $\{a_n\}$이 첫째항부터 등비수열을 이루려면 ㉠에 $n=1$을 대입한 것이 ㉡과 같아야 하므로

$\qquad 4\times3=18+k$ $\qquad\therefore k=-6$ (거짓)

ㄴ. $a_n=4\times3^n=12\times3^{n-1}$

$\qquad$즉, 수열 $\{a_n\}$의 첫째항은 12이고, 공비는 3이다. (참)

ㄷ. $2S_n+a_1=2(2\times3^{n+1}-6)+12$

$\qquad\qquad\quad=4\times3^{n+1}=36\times3^{n-1}$

$\qquad$즉, 수열 $\{2S_n+a_1\}$은 첫째항이 36이고 공비가 3인 등비수열이다. (참)

따라서 옳은 것은 ㄴ, ㄷ이다.

1918 답 9

$\underline{S_{n+3}-S_n=a_{n+1}+a_{n+2}+a_{n+3}}$이므로 $\big[\to S_{n+3}=S_n+a_{n+1}+a_{n+2}+a_{n+3}$

$a_{n+1}+a_{n+2}+a_{n+3}=13\times3^{n-1}$ ··············· ㉠

이때 등비수열 $\{a_n\}$의 공비를 r이라 하자.

㉠에 $n=1$을 대입하면

$a_2+a_3+a_4=13$

$a_1r+a_1r^2+a_1r^3=13$

$\therefore a_1r(1+r+r^2)=13$ ······························ ㉡

㉠에 $n=2$를 대입하면

$a_3+a_4+a_5=13\times3=39$

$a_1r^2+a_1r^3+a_1r^4=39$

$\therefore a_1r^2(1+r+r^2)=39$ ···························· ㉢

㉢$\div$㉡을 하면 $r=3$

$r=3$을 ㉡에 대입하면

$a_1\times3\times(1+3+3^2)=13$ $\qquad\therefore a_1=\dfrac{1}{3}$

$\therefore a_4=a_1r^3=\dfrac{1}{3}\times3^3=9$

1919 답 ③

연이율 3 %, 1년마다 복리로 매년 초에 100만 원씩 적립할 때, 10년
<u>단서1</u>
째 말의 적립금의 원리합계는? (단, $1.03^{10}=1.3$으로 계산한다.)

① 1010만 원 $\qquad$ ② 1020만 원 $\qquad$ ③ 1030만 원

④ 1040만 원 $\qquad$ ⑤ 1050만 원

단서1 복리법으로 계산한 원리합계 S는 $S=a(1+r)^n$임을 이용

STEP 1 조건을 그림으로 나타내기

매년 초에 100만 원씩 적립한 금액의 원리합계를 그림으로 나타내면 다음과 같다.

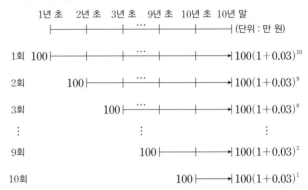

STEP 2 등비수열의 합을 이용하여 10년째 말의 적립금의 원리합계 구하기

10년째 말의 적립금의 원리합계는

$\dfrac{100\times(1+0.03)\times\{(1+0.03)^{10}-1\}}{(1+0.03)-1}$

$=\dfrac{100\times1.03\times(1.03^{10}-1)}{0.03}$

$=\dfrac{103\times(1.3-1)}{0.03}$

$=1030$(만 원)

1920 답 ④

단리법으로 계산한 원리합계는

$S=100\times(1+0.06\times10)=160$(만 원)

복리법으로 계산한 원리합계는

$T=100\times(1+0.06)^{10}=100\times1.06^{10}$

$\quad=100\times1.79=179$(만 원)

$\therefore T-S=179-160=19$(만 원)

1921 답 ④

매년 초에 a만 원씩 적립한 금액의 원리합계를 그림으로 나타내면 다음과 같다.

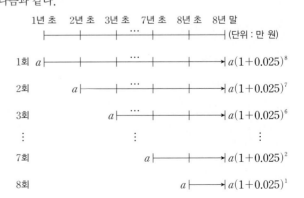

8년째 말의 적립금의 원리합계가 1353만 원이 되어야 하므로

$$\frac{a \times (1+0.025) \times \{(1+0.025)^8 - 1\}}{(1+0.025) - 1}$$

$$= \frac{a \times 1.025 \times (1.025^8 - 1)}{0.025} = 1353$$

$$a \times 1.025 \times (1.22 - 1) = 1353 \times 0.025$$

$$\therefore a = \frac{1353 \times 0.025}{1.025 \times 0.22} = 150$$

1922 답 20

매달 말에 a만 원씩 적립하면 12개월째 말까지의 적립금의 원리합계는 → 매달 말에 a만 원을 넣으므로 마지막 달에는 이자가 없다.

$$a + a(1+0.04) + a(1+0.04)^2 + \cdots + a(1+0.04)^{11}$$

$$= a + a \times 1.04 + a \times 1.04^2 + \cdots + a \times 1.04^{11}$$

$$= \frac{a(1.04^{12} - 1)}{1.04 - 1}$$

$$= \frac{a(1.6 - 1)}{0.04} = 15a(\text{만 원})$$

이때 $15a = 300$이어야 하므로 $a = 20$

1923 답 ⑤

수아가 월이율 0.3 %, 1개월마다 복리로 매월 초에 30만 원씩 8개월 동안 적립한 금액의 원리합계는

$$\frac{30 \times (1+0.003) \times \{(1+0.003)^8 - 1\}}{(1+0.003) - 1}$$

$$= \frac{30 \times 1.003 \times (1.003^8 - 1)}{0.003}(\text{만 원}) \quad \cdots\cdots \ominus$$

민우가 월이율 0.3 %, 1개월마다 복리로 매월 초에 18만 원씩 16개월 동안 적립한 금액의 원리합계는

$$\frac{18 \times (1+0.003) \times \{(1+0.003)^{16} - 1\}}{(1+0.003) - 1}$$

$$= \frac{18 \times 1.003 \times (1.003^{16} - 1)}{0.003}(\text{만 원}) \quad \cdots\cdots \oplus$$

$\oplus \div \ominus$을 하면

$$\frac{\dfrac{18 \times 1.003 \times (1.003^{16} - 1)}{0.003}}{\dfrac{30 \times 1.003 \times (1.003^8 - 1)}{0.003}} = \frac{18}{30} \times \frac{1.003^{16} - 1}{1.003^8 - 1}$$

$$\begin{array}{l} \scriptstyle 1.003^{16} - 1 \\ \scriptstyle = (1.003^8 + 1)(1.003^8 - 1) \end{array}$$

$$= \frac{18}{30} \times (1.003^8 + 1)$$

$$= \frac{18}{30} \times (1.02 + 1) = 1.212$$

따라서 민우가 16개월째 말에 받는 금액은 수아가 8개월째 말에 받는 금액의 1.212배이다.

1924 답 ③
|유형 20

> 이달 초 가격이 100만 원인 노트북을 할부로 구입하고 이달 말부터 매달 일정한 금액을 월이율 1 %, 1개월마다 복리로 36개월에 걸쳐 [단서1] [단서2] 갚는다면 매달 얼마씩 갚아야 하는가? (단, $1.01^{36} = 1.4$로 계산한다.)
>
> ① 29000원   ② 32000원   ③ 35000원
> ④ 38000원   ⑤ 41000원
>
> [단서1] 복리법으로 계산한 원리합계 S는 $S = a(1+r)^n$임을 이용
> [단서2] 100만 원의 36개월 후의 원리합계는 갚아야 할 총금액과 같음을 이용

STEP 1 100만 원의 36개월 후의 원리합계 구하기

100만 원의 36개월 후의 원리합계는

$$100 \times (1+0.01)^{36} = 100 \times 1.01^{36}$$

$$= 100 \times 1.4 = 140(\text{만 원}) \quad \cdots\cdots \ominus$$

STEP 2 a만 원씩 적립할 때 36개월 후의 원리합계 구하기

매달 말에 a만 원씩 갚는다고 할 때, 갚는 돈의 36개월 동안의 원리합계를 그림으로 나타내면 다음과 같다.

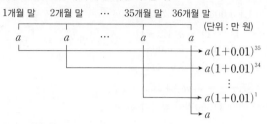

즉, 매달 말에 갚는 돈의 총액은

$$a + a(1+0.01) + \cdots + a(1+0.01)^{35}$$

$$= \frac{a(1.01^{36} - 1)}{1.01 - 1} = \frac{a(1.4 - 1)}{0.01} = 40a(\text{만 원}) \quad \cdots\cdots \oplus$$

STEP 3 매달 갚아야 하는 금액 구하기

$\ominus$과 $\oplus$이 같아야 하므로

$$140 = 40a \qquad \therefore a = 3.5$$

따라서 매달 35000원씩 갚아야 한다.

1925 답 ④

300만 원의 8년 후의 원리합계는

$$300 \times (1+0.05)^8 = 300 \times 1.05^8$$

$$= 300 \times 1.5 = 450(\text{만 원}) \quad \cdots\cdots \ominus$$

매년 말에 a만 원씩 갚는다고 할 때, 갚는 돈의 8년 동안의 원리합계를 그림으로 나타내면 다음과 같다.

즉, 매년 말에 갚는 돈의 총액은

$$a + a(1+0.05) + \cdots + a(1+0.05)^7$$

$$= \frac{a(1.05^8 - 1)}{1.05 - 1} = \frac{a(1.5 - 1)}{0.05} = 10a(\text{만 원}) \quad \cdots\cdots \oplus$$

이때 $\ominus$과 $\oplus$이 같아야 하므로

$$450 = 10a \qquad \therefore a = 45$$

따라서 매년 45만 원씩 갚아야 한다.

1926 답 ③

스마트폰의 가격 140만 원 중 먼저 낸 20만 원을 빼고 남은 120만 원의 36개월 후의 원리합계는

$$120 \times (1+0.008)^{36} = 120 \times 1.008^{36}$$

$$= 120 \times 1.3 = 156(\text{만 원}) \quad \cdots\cdots \ominus$$

매달 말에 a만 원씩 갚는다고 할 때, 갚는 돈의 36개월 동안의 원리합계를 그림으로 나타내면 다음과 같다.

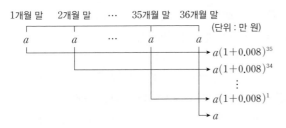

1개월 말   2개월 말   …   35개월 말   36개월 말

즉, 매달 말에 갚는 돈의 총액은

$a+a(1+0.008)+\cdots+a(1+0.008)^{35}$

$=\dfrac{a(1.008^{36}-1)}{1.008-1}=\dfrac{a(1.3-1)}{0.008}=37.5a$(만 원) $\cdots\cdots\cdots$ ㉡

이때 ㉠과 ㉡이 같아야 하므로

$156=37.5a$ ∴ $a=4.16$

따라서 매달 41600원씩 갚아야 한다.

1927 답 2500만 원

10년 동안 받을 연금을 올해 초에 한 번에 받을 때, 받게 되는 금액을 A만 원이라 하자.

A만 원을 연이율 4 %, 1년마다 복리로 10년 동안 예금할 때의 원리합계는

$A(1+0.04)^{10}=A\times 1.04^{10}=1.5A$(만 원) $\cdots\cdots\cdots$ ㉠

또, 연이율 4 %, 1년마다 복리로 매년 말에 300만 원씩 10년 동안 적립할 때의 원리합계를 그림으로 나타내면 다음과 같다.

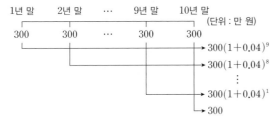

1년 말   2년 말   …   9년 말   10년 말

따라서 10년 말의 적립금의 원리합계는

$300+300\times(1+0.04)+\cdots+300\times(1+0.04)^{9}$

$=\dfrac{300\times(1.04^{10}-1)}{1.04-1}=\dfrac{300\times(1.5-1)}{0.04}$

$=3750$(만 원) $\cdots\cdots\cdots$ ㉡

이때 ㉠과 ㉡이 같아야 하므로

$1.5A=3750$ ∴ $A=2500$

따라서 올해 초에 한 번에 받게 되는 금액은 2500만 원이다.

1928 답 ⑤

20년 동안 받을 연금을 올해 초에 한 번에 받을 때, 받게 되는 금액을 A만 원이라 하자.

A만 원을 연이율 8 %, 1년마다 복리로 20년 동안 예금할 때의 원리합계는

$A(1+0.08)^{20}=A\times 1.08^{20}=4.6A$(만 원) $\cdots\cdots\cdots$ ㉠

또, 연이율 8 %, 1년마다 복리로 매년 말에 100만 원씩 20년 동안 적립할 때의 원리합계는

$\dfrac{100\times\{(1+0.08)^{20}-1\}}{(1+0.08)-1}=\dfrac{100\times(1.08^{20}-1)}{0.08}$

$=\dfrac{100\times(4.6-1)}{0.08}$

$=4500$(만 원) $\cdots\cdots\cdots$ ㉡

이때 ㉠과 ㉡이 같아야 하므로

$4.6A=4500$ ∴ $A=978.2\times\times\times$

만 원 미만은 버리므로 올해 초에 한 번에 받는 금액은 978만 원이다.

서술형 **유형 익히기**   399쪽~401쪽

1929 답 (1) 96 (2) 96 (3) $\dfrac{1}{16}$ (4) $\dfrac{1}{2}$ (5) 48

(6) 2 (7) 24 (8) 3 (9) 12

1930 답 $a=12$, $b=36$, $c=108$

STEP 1 324를 공비 r에 대한 식으로 나타내기 [2점]

등비수열 4, a, b, c, 324의 공비를 r이라 하면

첫째항은 4이고, 324는 제5항이므로

$324=4r^4$

STEP 2 공비 r의 값 구하기 [1점]

$324=4r^4$에서 $r^4=81$이고, 등비수열의 모든 항이 양수이므로 공비 r도 양수이다.

∴ $r=3$

STEP 3 a, b, c의 값 구하기 [3점]

a는 제2항, b는 제3항, c는 제4항이므로

$a=4\times 3=12$ $\cdots\cdots$ ⓐ

$b=4\times 3^2=36$ $\cdots\cdots$ ⓐ

$c=4\times 3^3=108$ $\cdots\cdots$ ⓐ

부분점수표	
ⓐ a, b, c의 값을 각각 구한 경우	각 1점

1931 답 21

STEP 1 243을 공비 r에 대한 식으로 나타내기 [2점]

주어진 등비수열의 공비를 r이라 하면

첫째항은 3이고, 243은 제9항이므로

$243=3r^8$

STEP 2 공비 r의 값 구하기 [1점]

$243=3r^8$에서 $r^8=81$이고, 등비수열의 모든 항이 양수이므로 공비 r도 양수이다.

∴ $r=\sqrt{3}$

STEP 3 k의 값 구하기 [4점]

a_1은 제2항, a_2는 제3항, $\cdots$, a_7은 제8항이므로

$a_1\times a_2\times a_3\times\cdots\times a_7=3\sqrt{3}\times\{3\times(\sqrt{3})^2\}\times\cdots\times\{3\times(\sqrt{3})^7\}$

$=3^7\times(\sqrt{3})^{1+2+\cdots+7}$

$=3^7\times(\sqrt{3})^{28}$

$=3^7\times 3^{14}=3^{21}$

∴ $k=21$

오답 분석

$$\frac{243=3\times r^6}{81=r^6} \rightarrow 243을 \ 제7항으로 \ 착각하여 \ 식을 \ 잘못 \ 세움$$

$$r=(3^4)^{\frac{1}{6}}=3^{\frac{2}{3}}$$

$$a_1=3\times r=3\times 3^{\frac{2}{3}}=3^{\frac{5}{3}}$$

$$a_1\times a_2\times a_3\times \cdots \times a_7=a_1\times a_1 r\times a_1 r^2\times \cdots \times a_1 r^6$$
$$=a_1^7\times r^{1+2+\cdots+6}=a_1^7\times r^{21}$$
$$=(3^{\frac{5}{3}})^7\times (3^{\frac{2}{3}})^{21}=3^{\frac{35}{3}}\times 3^{14}$$
$$=3^{\frac{77}{3}}$$

$$\therefore k=\frac{77}{3}$$

▶ 7점 중 0점 얻음.

3과 243 사이에 7개의 수를 넣었으므로 주어진 수열에서 243은 제9항이다. $243=3\times r^8$에서 $r^8=81$, $r=\sqrt{3}$과 같이 항의 개수를 정확히 파악하여 식을 세우도록 한다.

1932 답 (1) 14 (2) 6 (3) 14 (4) 28 (5) 8
       (6) 2 (7) 2 (8) $2n$ (9) 20

1933 답 52

STEP 1 a_2, a_3, a_4를 첫째항과 공차로 나타내기 [2점]

등차수열 $\{a_n\}$의 첫째항은 -5이고, 공차를 d $(d\neq 0)$라 하면
$$a_2=-5+d$$
$$a_3=-5+2d$$
$$a_4=-5+3d$$

STEP 2 등비중항의 성질을 이용하여 식 세우기 [3점]

세 항 a_3, a_2, a_4가 이 순서대로 등비수열을 이루므로
$a_2^2=a_3\times a_4$에서
$$(-5+d)^2=(-5+2d)(-5+3d)$$
$$25-10d+d^2=25-25d+6d^2$$
$$5d^2-15d=0, \ 5d(d-3)=0$$
$$\therefore d=3 \ (\because d\neq 0)$$

STEP 3 a_{20}의 값 구하기 [2점]

$a_n=-5+(n-1)\times 3=3n-8$이므로   ...... ⓐ
$$a_{20}=3\times 20-8=52$$

부분점수표	
ⓐ 수열 $\{a_n\}$의 일반항을 구한 경우	1점

1934 답 5

STEP 1 주어진 조건을 이용하여 a, b에 대한 식 세우기 [4점]

세 수 3, $\dfrac{a^2}{2}$, b가 이 순서대로 등차수열을 이루므로
$$a^2=3+b \quad\quad\quad\quad\quad\quad\quad\quad ㉠$$
세 수 $a+3$, b, 1이 이 순서대로 등비수열을 이루므로
$$b^2=a+3 \quad\quad\quad\quad\quad\quad\quad\quad ㉡$$

STEP 2 $a+b$의 값 구하기 [2점]

㉠－㉡을 하면 $a^2-b^2=b-a$
$$(a+b)(a-b)=-(a-b)$$
이때 $a\neq b$이므로 $a+b=-1$ ㉢

STEP 3 a^2+b^2의 값 구하기 [2점]

㉠＋㉡을 하면 $a^2+b^2=a+b+6$
㉢을 위의 식에 대입하면
$$a^2+b^2=-1+6=5$$

1935 답 1

STEP 1 등비중항의 성질을 이용하여 a, b에 대한 식 세우기 [2점]

세 수 $\log_{2a}a$, 1, $\log_a b$가 이 순서대로 등비수열을 이루므로
$$1=\log_{2a}a\times\log_a b$$

STEP 2 b를 a에 대한 식으로 나타내기 [3점]

$$1=\frac{\log a}{\log 2a}\times\frac{\log b}{\log a}$$
$$\log b=\log 2a \quad \therefore b=2a$$

STEP 3 $b+\dfrac{1}{8a}$의 최솟값 구하기 [3점]

$a>0$, $b>0$이므로 산술평균과 기하평균의 관계에 의하여
$$b+\frac{1}{8a}=2a+\frac{1}{8a}\geq 2\sqrt{2a\times\frac{1}{8a}}=1\left(단, \ 등호는 \ a=\frac{1}{4}일 \ 때 \ 성립\right)$$
따라서 $b+\dfrac{1}{8a}$의 최솟값은 1이다.

실제 답안 예시

세 수가 등비수열을 이루므로
$$1^2=\log_{2a}a\times\log_a b$$
$$1=\frac{\log a}{\log 2a}\times\frac{\log b}{\log a}=\frac{\log b}{\log 2a}=\log_{2a}b \quad \therefore 2a=b$$
$$b+\frac{1}{8a}=b+\frac{1}{4b}$$
$b>0$이므로 산술평균과 기하평균의 관계에 의하여
$$b+\frac{1}{4b}\geq 2\sqrt{b\times\frac{1}{4b}}=1\left(단, \ 등호는 \ b=\frac{1}{2}일 \ 때 \ 성립\right)$$
최솟값은 1이다.

1936 답 (1) r^6 (2) r^3 (3) -7 (4) -8 (5) -2
       (6) 7 (7) $(-2)^6$ (8) 448

1937 답 1024

STEP 1 첫째항 a와 공비 r에 대한 식 세우기 [3점]

등비수열 $\{a_n\}$의 첫째항부터 제n항까지의 합을 S_n이라 하고 첫째항을 a, 공비를 r이라 하자.
$$S_5=11에서 \ \frac{a(r^5-1)}{r-1}=11 \quad\quad\quad\quad ㉠$$
$$S_{10}=-341에서 \ \frac{a(r^{10}-1)}{r-1}=-341$$
$$\therefore \frac{a(r^5-1)(r^5+1)}{r-1}=-341 \quad\quad\quad\quad ㉡$$

STEP 2 a, r의 값 구하기 [2점]

㉡÷㉠을 하면 $r^5+1=-31$, $r^5=-32$ $\therefore r=-2$
$r=-2$를 ㉠에 대입하여 풀면 $a=1$

STEP 3 a_{11}의 값 구하기 [2점]

$a_{11}=ar^{10}=1\times(-2)^{10}=1024$

1938 답 255

STEP 1 첫째항 3, 공비 r에 대한 식 세우기 [3점]

등비수열 $\{a_n\}$의 첫째항은 3이고, 공비를 r이라 하면

$S_n=45$에서 $\dfrac{3(r^n-1)}{r-1}=45$ ····················· ㉠

$S_{2n}=765$에서 $\dfrac{3(r^{2n}-1)}{r-1}=765$

$\therefore \dfrac{3(r^n-1)(r^n+1)}{r-1}=765$ ····················· ㉡

STEP 2 r^n의 값 구하기 [1점]

㉡÷㉠을 하면 $r^n+1=17$

$\therefore r^n=16$ ····················· ㉢

STEP 3 r, n의 값 구하기 [2점]

㉢을 ㉠에 대입하면 $\dfrac{3\times(16-1)}{r-1}=45$

$\dfrac{45}{r-1}=45$, $r-1=1$ $\therefore r=2$ ······ ⓐ

$r=2$를 ㉢에 대입하면 $2^n=16=2^4$

$\therefore n=4$ ······ ⓐ

STEP 4 $a_1+a_3+a_5+\cdots+a_{2n-1}$의 값 구하기 [3점]

$n=4$이므로 $a_{2n-1}=a_7$

$a_1=3$, $a_3=3\times2^2=12$이므로 $a_1+a_3+a_5+a_7$의 값은 첫째항이 3, 공비가 4인 등비수열의 첫째항부터 제4항까지의 합과 같다.

$\therefore a_1+a_3+a_5+a_7=\dfrac{3\times(4^4-1)}{4-1}=255$

부분점수표

ⓐ r, n의 값을 각각 구한 경우	각 1점

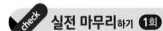

실전 마무리하기 1회   402쪽~406쪽

1   1939   답 ①   유형 2

출제의도 | 특정한 값을 갖는 항이 주어진 등비수열의 제몇 항인지 구할 수 있는지 확인한다.

> 등비수열의 일반항이 $a_n=ar^{n-1}$임을 이용하여 $ar^{n-1}=m$을 만족시키는 자연수 n의 값을 구해 보자.

첫째항이 3, 공비가 -2인 등비수열 $\{a_n\}$의 일반항은

$a_n=3\times(-2)^{n-1}$

$3\times(-2)^{n-1}=768$에서 $(-2)^{n-1}=256$, $(-2)^{n-1}=(-2)^8$

$n-1=8$ $\therefore n=9$

따라서 768은 제9항이다.

2   1940   답 ④   유형 3

출제의도 | 항 사이의 관계가 주어진 등비수열에서 특정한 항의 값을 구할 수 있는지 확인한다.

> 등비수열의 일반항이 $a_n=ar^{n-1}$임을 이용하여 첫째항과 공비를 구해 보자.

등비수열 $\{a_n\}$의 첫째항을 a, 공비를 r $(r>0)$이라 하면

$a_4+a_5=36$에서

$ar^3+ar^4=ar^3(1+r)=36$ ····················· ㉠

$a_2+a_3=4$에서

$ar+ar^2=ar(1+r)=4$ ····················· ㉡

㉠÷㉡을 하면 $r^2=9$ $\therefore r=3$ $(\because r>0)$

$r=3$을 ㉡에 대입하면 $12a=4$ $\therefore a=\dfrac{1}{3}$

따라서 $a_n=\dfrac{1}{3}\times3^{n-1}=3^{n-2}$이므로

$a_7=3^5=243$

3   1941   답 ④   유형 3

출제의도 | 항 사이의 관계가 주어진 등비수열에서 특정한 항의 값을 구할 수 있는지 확인한다.

> 로그의 성질을 이용하여 $\log_5 a_1+\log_5 a_2+\cdots+\log_5 a_{11}$을 변형해 보자.

등비수열 $\{a_n\}$의 첫째항을 a, 공비를 r이라 하면

$\log_5 a_1+\log_5 a_2+\log_5 a_3+\cdots+\log_5 a_{11}=11$에서

$\log_5(a_1\times a_2\times a_3\times\cdots\times a_{11})=\log_5(a\times ar\times ar^2\times\cdots\times ar^{10})$
$=\log_5(a^{11}r^{1+2+\cdots+10})$
$=\log_5(a^{11}r^{55})=11$

$a^{11}r^{55}=5^{11}$, $(ar^5)^{11}=5^{11}$ $\therefore ar^5=5$

$\therefore a_3 a_9=ar^2\times ar^8=a^2r^{10}=(ar^5)^2=5^2=25$

4   1942   답 ③   유형 4

출제의도 | 조건을 만족시키는 자연수 n의 최솟값을 구할 수 있는지 확인한다.

> $a_n=ar^{n-1}>500$을 만족시키는 자연수 n의 값의 범위를 구해 보자.

등비수열 $\{a_n\}$의 첫째항을 a라 하면

$a_4=a\times3^3=54$이므로 $a=2$

$\therefore a_n=2\times3^{n-1}$

$2\times3^{n-1}>500$에서 $3^{n-1}>250$

이때 $3^5=243$, $3^6=729$이므로 $n-1\geq6$ $\therefore n\geq7$

따라서 처음으로 500보다 커지는 항은 제7항이다.

5   1943   답 ③   유형 6

출제의도 | 등비중항의 성질을 이용하여 항의 값을 구할 수 있는지 확인한다.

> 등비수열을 이루는 세 수 a, b, c에 대하여 $b^2=ac$가 성립함을 이용해 보자.

-2, a, -18이 이 순서대로 등비수열을 이루므로

$a^2=36$ $\therefore a=\pm6$ ····················· ㉠

a, -18, b가 이 순서대로 등비수열을 이루므로

$(-18)^2=ab$ $\therefore ab=324$ ····················· ㉡

㉠을 ㉡에 대입하면 $a=6$, $b=54$ 또는 $a=-6$, $b=-54$

$\therefore \dfrac{b}{a}=9$

-2, a, -18, b가 이 순서대로 등비수열을 이루므로

$$\frac{a}{-2}=\frac{b}{-18} \qquad \therefore \frac{b}{a}=9$$

6 1944 답 ②

출제의도 | 등차중항과 등비중항의 성질을 이용하여 항의 값을 구할 수 있는지 확인한다.

> 등차중항과 등비중항을 이용하여 식을 만들어 보자.

a, 3, b가 이 순서대로 등차수열을 이루므로

$6=a+b$ ················· ㉠

1, a, b가 이 순서대로 등비수열을 이루므로

$a^2=b$ ················· ㉡

㉡을 ㉠에 대입하면 $6=a+a^2$

$a^2+a-6=0$, $(a+3)(a-2)=0$

$\therefore a=2 \ (\because a>0)$

$a=2$를 ㉡에 대입하면 $b=4$

$\therefore 2a+b=2\times2+4=8$

7 1945 답 ①

출제의도 | 첫째항과 공비를 이용하여 등비수열의 합을 구할 수 있는지 확인한다.

> 주어진 수열에서 첫째항과 공비, 항수를 찾아보자.

주어진 등비수열의 첫째항은 $\frac{1}{4}$, 공비는 $\frac{\frac{1}{2}}{\frac{1}{4}}=2$이므로 일반항은

$$\frac{1}{4}\times2^{n-1}=2^{n-3}$$

$2^{n-3}=128$에서 $2^{n-3}=2^7$

$n-3=7 \qquad \therefore n=10$

따라서 S의 값은 주어진 등비수열의 첫째항부터 제10항까지의 합이므로

$$S=\frac{\frac{1}{4}\times(2^{10}-1)}{2-1}=\frac{2^{10}-1}{4}$$

8 1946 답 ②

출제의도 | 항 사이의 관계가 주어진 등비수열에서 특정한 항의 값을 구할 수 있는지 확인한다.

> 항 사이의 관계를 이용하여 공비 r에 대한 식을 세워 보자.

등비수열 $\{a_n\}$의 첫째항은 3이고, 공비를 r이라 하면

$\frac{a_4}{a_3}+\frac{a_6}{a_4}=-\frac{1}{4}$에서 $\frac{3r^3}{3r^2}+\frac{3r^5}{3r^3}=-\frac{1}{4}$

$r+r^2=-\frac{1}{4}$, $4r^2+4r+1=0$

$(2r+1)^2=0 \qquad \therefore r=-\frac{1}{2}$

$\therefore a_5=3r^4=3\times\left(-\frac{1}{2}\right)^4=\frac{3}{16}$

9 1947 답 ②　유형 4

출제의도 | 조건을 만족시키는 n의 값을 구할 수 있는지 확인한다.

> T_n이 최대가 되려면 $a_n>1$이어야 함을 이용하여 n의 값을 구해 보자.

등비수열 $\{a_n\}$의 첫째항이 500, 공비가 $\frac{1}{4}$이므로 일반항 a_n은

$$a_n=500\times\left(\frac{1}{4}\right)^{n-1}$$

한편, $T_n=a_1\times a_2\times a_3\times\cdots\times a_n$의 값이 최대가 되려면 각 항의 값이 모두 1보다 커야 한다.

$a_n=500\times\left(\frac{1}{4}\right)^{n-1}>1$에서

$\left(\frac{1}{4}\right)^{n-1}>\frac{1}{500}$, $4^{n-1}<500$

이때 $4^4=256$, $4^5=1024$이므로

$n-1\leq4 \qquad \therefore n\leq5$

따라서 T_n의 값이 최대가 될 때의 n의 값은 5이다.

10 1948 답 ③　유형 5

출제의도 | 두 수 사이에 n개의 수를 넣어 만든 등비수열에서 n개의 수의 곱을 구할 수 있는지 확인한다.

> 두 수 사이에 n개의 수를 넣어 만든 수열에서 끝항은 제$(n+2)$항임을 이용해 보자.

주어진 등비수열의 공비를 r이라 하면

첫째항은 2이고, 64는 제12항이므로

$2r^{11}=64 \qquad \therefore r^{11}=32=2^5$

$\therefore x_1\times x_2\times x_3\times\cdots\times x_{10}=2r\times2r^2\times2r^3\times\cdots\times2r^{10}$

$\qquad\qquad =2^{10}r^{1+2+3+\cdots+10}$

$\qquad\qquad =2^{10}r^{55}=2^{10}(r^{11})^5$

$\qquad\qquad =2^{10}\times(2^5)^5$

$\qquad\qquad =2^{35}$

11 1949 답 ①　유형 8

출제의도 | 등비수열을 이루는 세 수를 구할 수 있는지 확인한다.

> 세 수의 합과 곱을 이용하여 첫째항과 공비에 대한 관계식을 세워 보자.

등비수열을 이루는 세 수를 a, ar, ar^2이라 하면

$a+ar+ar^2=-7$에서

$a(1+r+r^2)=-7$ ················· ㉠

$a\times ar\times ar^2=(ar)^3=27$에서

$ar=3 \qquad \therefore a=\frac{3}{r}$ ················· ㉡

㉡을 ㉠에 대입하면 $\frac{3}{r}(1+r+r^2)=-7$

$3+3r+3r^2=-7r$, $3r^2+10r+3=0$

$(r+3)(3r+1)=0 \qquad \therefore r=-3$ 또는 $r=-\frac{1}{3}$

㉡에서 $r=-3$일 때 $a=-1$, $r=-\frac{1}{3}$일 때 $a=-9$이므로 등비수열을 이루는 세 수는 -9, 3, -1이다.

따라서 이 중 가장 작은 수는 -9이다.

12 1950　답 ②

출제의도 | 일정한 비율로 변하는 양에 대한 실생활 문제를 해결할 수 있는지 확인한다.

> 첫째항과 공비를 구하여 등비수열의 일반항을 만들어 보자.

n번째 튀어 오르는 높이를 a_n m라 하고, 튀어 오르는 일정한 비율을 r이라 하면

$a_1=3$, $r=\dfrac{3}{7.5}=\dfrac{30}{75}=\dfrac{2}{5}$

즉, 첫째항이 3, 공비가 $\dfrac{2}{5}$인 등비수열의 일반항 a_n은

$a_n=3\times\left(\dfrac{2}{5}\right)^{n-1}$

n번째 튀어 오르는 높이가 $\dfrac{48}{625}$ m라 하면

$3\times\left(\dfrac{2}{5}\right)^{n-1}=\dfrac{48}{625}$에서 $\left(\dfrac{2}{5}\right)^{n-1}=\dfrac{16}{625}=\left(\dfrac{2}{5}\right)^{4}$

$n-1=4$　∴ $n=5$

따라서 높이가 $\dfrac{48}{625}$ m가 되는 것은 5번째 튀어 올랐을 때이다.

13 1951　답 ④

출제의도 | 부분의 합이 주어진 등비수열의 합을 구할 수 있는지 확인한다.

> 첫째항부터 제6항, 제12항까지의 합으로부터 공비를 구해 보자.

등비수열 $\{a_n\}$의 첫째항을 a, 공비를 r이라 하면
첫째항부터 제6항까지의 합이 12이므로

$\dfrac{a(r^6-1)}{r-1}=12$ ……………………………… ㉠

첫째항부터 제12항까지의 합이 72이므로

$\dfrac{a(r^{12}-1)}{r-1}=\dfrac{a(r^6-1)(r^6+1)}{r-1}=72$ ……… ㉡

㉡÷㉠을 하면 $r^6+1=6$

∴ $r^6=5$

따라서 등비수열 $\{a_n\}$의 첫째항부터 제18항까지의 합은

$\dfrac{a(r^{18}-1)}{r-1}=\dfrac{a(r^6-1)(r^{12}+r^6+1)}{r-1}$

$=12\times(5^2+5+1)=372$

14 1952　답 ②

출제의도 | 등비수열의 합과 일반항 사이의 관계를 이해하는지 확인한다.

> $a_n=S_n-S_{n-1}\,(n\ge2)$을 이용하여 일반항을 구해 보자.

$S_n=2\times3^{1-n}+k$에서

(i) $n\ge2$일 때

$\quad a_n=S_n-S_{n-1}$

$\qquad =(2\times3^{1-n}+k)-(2\times3^{2-n}+k)$

$\qquad =2\times3^{1-n}-2\times3^{2-n}$

$\qquad =2\times3^{1-n}\times(1-3)$

$\qquad =-4\times3^{1-n}$ ……………………………… ㉠

(ii) $n=1$일 때

$\quad a_1=S_1=2+k$ ……………………………… ㉡

수열 $\{a_n\}$이 첫째항부터 등비수열을 이루려면 ㉠에 $n=1$을 대입한 것이 ㉡과 같아야 하므로

$-4=2+k$　∴ $k=-6$

15 1953　답 ②

출제의도 | 등비수열의 합을 이용하여 원리합계를 구할 수 있는지 확인한다.

> 첫째항과 공비의 조건을 이용하여 원리합계에 대한 식을 세워 보자.

월이율 0.3 %, 1개월마다 복리로 매월 초에 30만 원씩 36개월 동안 적립한 금액의 원리합계를 그림으로 나타내면 다음과 같다.

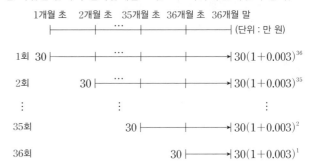

따라서 36개월 말의 적립금의 원리합계는

$30(1+0.003)+30(1+0.003)^2+\cdots+30(1+0.003)^{36}$

$=\dfrac{30\times1.003\times(1.003^{36}-1)}{1.003-1}$

$=\dfrac{30\times1.003\times(1.11-1)}{0.003}=1103.3$(만 원)

천의 자리에서 반올림하면 구하는 적립금의 원리합계는 1103만 원이다.

16 1954　답 ③

출제의도 | 등비수열의 합을 이용하여 원리합계를 구할 수 있는지 확인한다.

> 첫째항과 공비의 조건을 이용하여 원리합계에 대한 식을 세워 보자.

매월 초에 적립해야 하는 금액을 a만 원이라 하면 30개월 동안의 적립금의 원리합계는

┕→ 2년 6개월은 30개월이다.

$a(1+0.005)+a(1+0.005)^2+\cdots+a(1+0.005)^{30}$

$=\dfrac{a\times1.005\times(1.005^{30}-1)}{1.005-1}$

$=\dfrac{a\times1.005\times(1.16-1)}{0.005}$

$=32.16a$(만 원)

이때 적립금의 원리합계가 1608만 원이 되어야 하므로

$32.16a=1608$　∴ $a=50$

따라서 매월 초에 50만 원씩 적립해야 한다.

17 1955　답 ③

출제의도 | 등차수열과 등비수열의 일반항을 이용하여 특정한 항의 값을 구할 수 있는지 확인한다.

> 공차와 공비에 대한 식을 세운 후 두 식을 연립하여 해결해 보자.

등차수열 $\{a_n\}$의 공차를 d, 등비수열 $\{b_n\}$의 공비를 $r\,(r\ne1)$이라 하면

㈎에서 두 수열의 첫째항이 모두 3이므로

$a_2=3+d,\ a_4=3+3d,\ b_2=3r,\ b_4=3r^3$

㈏에서

$3+d=3r$ ············· ㉠

$3+3d=3r^3$ ············· ㉡

㉠에서 $d=3r-3$을 ㉡에 대입하면

$3+3(3r-3)=3r^3$

$r^3-3r+2=0,\ (r-1)(r^2+r-2)=0$

$(r-1)^2(r+2)=0$

$\therefore r=-2\ (\because r\neq 1)$

$r=-2$를 ㉠에 대입하여 풀면 $d=-9$

$\therefore a_5+b_5=(3+4d)+3r^4=-33+48=15$

18 1956 답 ④ 유형 6 + 유형 10

출제의도 | 주어진 도형에서 등비수열의 관계식을 찾을 수 있는지 확인한다.

> 이웃하는 세 정사각형의 한 변의 길이 사이의 관계를 생각해 보자.

그림과 같이 세 정사각형의 한 변의 길이를 각각 $x,\ y,\ z$라 하면 색칠한 두 삼각형은 서로 닮음이므로

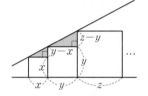

$x:y=(y-x):(z-y)$

$y(y-x)=x(z-y)$

$\therefore y^2=xz$

따라서 $x,\ y,\ z$는 이 순서대로 등비수열을 이룬다.

즉, n번째 정사각형의 한 변의 길이를 a_n이라 하면 수열 $\{a_n\}$은 등비수열이다.

수열 $\{a_n\}$의 첫째항을 a, 공비를 r이라 하면

첫 번째 정사각형의 넓이가 3이므로

$a^2=3$ ············· ㉠

7번째 정사각형의 넓이가 24이므로

$(a_7)^2=(ar^6)^2=a^2r^{12}=24$ ············· ㉡

㉠을 ㉡에 대입하면 $3r^{12}=24$

$r^{12}=8=2^3$ $\therefore r^4=2$

따라서 11번째 정사각형의 넓이는

$a_{11}{}^2=(ar^{10})^2=a^2r^{20}=a^2\times(r^4)^5$

$=3\times 2^5=96$

19 1957 답 ① 유형 13

출제의도 | 등비수열의 합을 이용하여 대소 관계를 만족시키는 n의 최댓값을 구할 수 있는지 확인한다.

> 로그의 성질을 이용하여 부등식을 변형해 보자.

등비수열 $\{a_n\}$의 첫째항은 5이고 공비를 r이라 하면

$a_4=5r^3=1080$

$r^3=216$ $\therefore r=6$

$a_1+a_2+a_3+\cdots+a_n=\dfrac{5(6^n-1)}{6-1}=6^n-1$이므로

$\log(a_1+a_2+a_3+\cdots+a_n)^3=\log(6^n-1)^3$

$=3\log(6^n-1)$

즉, $3\log(6^n-1)<9$에서

$\log(6^n-1)<3,\ 6^n-1<10^3$

$\therefore 6^n<1001$

이때 $6^3=216,\ 6^4=1296$이므로 $n\leq 3$

따라서 조건을 만족시키는 자연수 n의 최댓값은 3이다.

20 1958 답 ② 유형 14 + 유형 15

출제의도 | 등비수열의 합을 이용하여 주어진 식의 값을 구할 수 있는지 확인한다.

> 등비수열의 합에 대한 식을 이용하여 문제를 해결해 보자.

공비가 -2인 등비수열 $\{a_n\}$의 첫째항을 $a\ (a\neq 0)$라 하면

$a_n=a\times(-2)^{n-1}$이므로

$a_n{}^2=\{a\times(-2)^{n-1}\}^2=a^2\times\{(-2)^{n-1}\}^2$

$=a^2\times\{(-2)^2\}^{n-1}=a^2\times 4^{n-1}$

이고 $\dfrac{1}{a_n}=\dfrac{1}{a}\times\left(-\dfrac{1}{2}\right)^{n-1}$

즉, 수열 $\{a_n{}^2\}$은 첫째항이 a^2, 공비가 4인 등비수열이므로

$S_n=a_1{}^2+a_2{}^2+a_3{}^2+\cdots+a_n{}^2$

$=\dfrac{a^2(4^n-1)}{4-1}=\dfrac{a^2}{3}(4^n-1)$

또, 수열 $\left\{\dfrac{1}{a_n}\right\}$은 첫째항이 $\dfrac{1}{a}$, 공비가 $-\dfrac{1}{2}$인 등비수열이므로

$T_n=\dfrac{1}{a_1}+\dfrac{1}{a_2}+\dfrac{1}{a_3}+\cdots+\dfrac{1}{a_n}=\dfrac{\dfrac{1}{a}\left\{1-\left(-\dfrac{1}{2}\right)^n\right\}}{1-\left(-\dfrac{1}{2}\right)}$

$=\dfrac{2}{3a}\left\{1-\left(-\dfrac{1}{2}\right)^n\right\}$

따라서

$S_2=\dfrac{a^2}{3}\times(4^2-1)=5a^2,\ S_3=\dfrac{a^2}{3}\times(4^3-1)=21a^2$

$T_2=\dfrac{2}{3a}\left\{1-\left(-\dfrac{1}{2}\right)^2\right\}=\dfrac{1}{2a},\ T_3=\dfrac{2}{3a}\left\{1-\left(-\dfrac{1}{2}\right)^3\right\}=\dfrac{3}{4a}$

이므로

$\dfrac{S_3T_3}{S_2T_2}=\dfrac{21a^2\times\dfrac{3}{4a}}{5a^2\times\dfrac{1}{2a}}=\dfrac{63}{10}$

다른 풀이

등비수열 $\{a_n\}$의 공비가 -2이므로

$a_2=-2a_1,\ a_3=4a_1$

$S_2=a_1{}^2+a_2{}^2=a_1{}^2+(-2a_1)^2=5a_1{}^2$

$S_3=a_1{}^2+a_2{}^2+a_3{}^2=a_1{}^2+(-2a_1)^2+(4a_1)^2=21a_1{}^2$

$T_2=\dfrac{1}{a_1}+\dfrac{1}{a_2}=\dfrac{1}{a_1}-\dfrac{1}{2a_1}=\dfrac{1}{2a_1}$

$T_3=\dfrac{1}{a_1}+\dfrac{1}{a_2}+\dfrac{1}{a_3}=\dfrac{1}{a_1}-\dfrac{1}{2a_1}+\dfrac{1}{4a_1}=\dfrac{3}{4a_1}$

$\therefore \dfrac{S_3T_3}{S_2T_2}=\dfrac{21a_1{}^2\times\dfrac{3}{4a_1}}{5a_1{}^2\times\dfrac{1}{2a_1}}=\dfrac{63}{10}$

21 1959 답 ② 유형 15

출제의도 | 주어진 조건과 등비수열의 합을 이용하여 공비와 m의 값을 구할 수 있는지 확인한다.

$6 < a_1 + a_2 + a_3 \leq 14$를 만족시키는 r의 값을 찾고, $S_m = 122$에 대입하여 조건을 만족시키는 값을 구해 보자.

등비수열 $\{a_n\}$의 첫째항이 2이고, 공비를 r이라 하면

㈎에서 $6 < 2 + 2r + 2r^2 \leq 14$

$3 < 1 + r + r^2 \leq 7$

$1 + r + r^2 \leq 7$에서 $r^2 + r - 6 \leq 0$, $(r+3)(r-2) \leq 0$

$\therefore -3 \leq r \leq 2$ ⋯⋯⋯⋯⋯⋯⋯⋯ ㉠

$3 < 1 + r + r^2$에서 $r^2 + r - 2 > 0$, $(r+2)(r-1) > 0$

$\therefore r < -2$ 또는 $r > 1$ ⋯⋯⋯⋯⋯⋯⋯ ㉡

㉠, ㉡에서 $-3 \leq r < -2$ 또는 $1 < r \leq 2$이므로 정수 r의 값은 -3 또는 2이다.

㈏에서 $S_m = \dfrac{2(r^m - 1)}{r - 1} = 122$

$\therefore \dfrac{r^m - 1}{r - 1} = 61$

(i) $r = -3$일 때

$\dfrac{(-3)^m - 1}{(-3) - 1} = 61$에서 $(-3)^m = -243 = (-3)^5$

$\therefore m = 5$

(ii) $r = 2$일 때

$\dfrac{2^m - 1}{2 - 1} = 61$에서 $2^m = 62$

이를 만족시키는 자연수 m은 존재하지 않는다.

(i), (ii)에서 자연수 m과 공비의 합은 $5 + (-3) = 2$이다.

22 1960 답 28 유형 11

출제의도 | 첫째항과 공비를 이용하여 등비수열의 합을 구할 수 있는지 확인한다.

STEP 1 S_3, S_6을 첫째항과 공비에 대한 식으로 나타내기 [4점]

등비수열 $\{a_n\}$의 공비가 3이므로

$S_3 = \dfrac{a_1(3^3 - 1)}{3 - 1}$ ⋯⋯⋯⋯⋯⋯⋯⋯⋯ ㉠

$S_6 = \dfrac{a_1(3^6 - 1)}{3 - 1} = \dfrac{a_1(3^3 - 1)(3^3 + 1)}{3 - 1}$ ⋯⋯⋯ ㉡

STEP 2 $\dfrac{S_6}{S_3}$의 값 구하기 [2점]

㉡÷㉠을 하면 $\dfrac{S_6}{S_3} = 3^3 + 1 = 28$

23 1961 답 88500대 유형 16

출제의도 | 등비수열의 합을 이용하여 실생활 문제를 해결할 수 있는지 확인한다.

STEP 1 첫째항과 공비 구하기 [3점]

n번째 달 컴퓨터의 생산량을 a_n대라 하면 첫 달 컴퓨터의 생산량이 1000대이고 매달 생산량을 직전 달의 10 %씩 늘리므로 n번째 달의 생산량은 첫째항이 1000이고 공비가 $1 + 0.1 = 1.1$인 등비수열을 이룬다.

STEP 2 2년 동안의 모든 컴퓨터의 생산량 구하기 [3점]

첫 달을 포함한 2년, 즉 24개월 동안의 컴퓨터의 총생산량은

$\dfrac{1000 \times (1.1^{24} - 1)}{1.1 - 1} = \dfrac{1000 \times (9.85 - 1)}{0.1} = 88500$ (대)

24 1962 답 26가지 유형 8

출제의도 | 등비수열을 이루는 수의 특징을 이용하여 조건을 만족시키는 수열의 경우의 수를 구할 수 있는지 확인한다.

STEP 1 등비수열을 이루는 네 수 나타내기 [2점]

등비수열을 이루는 네 수를 a, ar, ar^2, ar^3이라 하자.

STEP 2 150 이하의 수라는 조건 나타내기 [1점]

네 수는 150 이하의 서로 다른 자연수이므로

$ar^3 \leq 150$, r은 $r \neq 1$인 자연수 ← $r = 1$이면 네 수가 같으므로 조건을 만족시키지 않는다.

← 가장 큰 수가 150 이하이어야 한다.

STEP 3 조건을 만족시키는 r, a의 값 구하기 [3점]

$ar^3 \leq 150$에서 $a \leq \dfrac{150}{r^3}$ ($\because r$은 자연수)

(i) $r = 2$일 때

$a \leq \dfrac{150}{8} = \dfrac{75}{4} = 18.75$

$\therefore a = 1, 2, 3, \cdots, 18$

(ii) $r = 3$일 때

$a \leq \dfrac{150}{27} = \dfrac{50}{9} = 5.\times\times\times$

$\therefore a = 1, 2, \cdots, 5$

(iii) $r = 4$일 때

$a \leq \dfrac{150}{64} = \dfrac{75}{32} = 2.\times\times\times$

$\therefore a = 1, 2$

(iv) $r = 5$일 때

$a \leq \dfrac{150}{125} = \dfrac{6}{5} = 1.2$

$\therefore a = 1$

STEP 4 조건을 만족시키는 수열의 경우의 수 구하기 [1점]

조건을 만족시키는 수열은 모두 $18 + 5 + 2 + 1 = 26$(가지)

25 1963 답 $\dfrac{341}{64}$ 유형 17

출제의도 | 규칙을 파악하여 공비를 찾고, 등비수열의 합을 이용하여 도형의 넓이를 구할 수 있는지 확인한다.

STEP 1 첫째항과 공비 구하기 [4점]

n번째 시행에서 색칠한 정사각형의 넓이를 S_n이라 하자.

첫 번째 시행에서 색칠한 정사각형의 넓이는

$S_1 = 4^2 \times \dfrac{1}{4} = 4$

두 번째 시행에서 색칠한 정사각형의 넓이는

$S_2 = 2^2 \times \dfrac{1}{4} = 1$

이와 같은 방법으로 시행을 반복하면 수열 $\{S_n\}$은 첫째항이 4, 공비가 $\dfrac{1}{4}$인 등비수열을 이룬다.

STEP 2 다섯 번째 시행 후 색칠된 모든 정사각형의 넓이의 합 구하기 [4점]

다섯 번째 시행 후 색칠된 모든 정사각형의 넓이의 합은 등비수열 $\{S_n\}$의 첫째항부터 제5항까지의 합과 같으므로

$\dfrac{4 \times \left\{1 - \left(\dfrac{1}{4}\right)^5\right\}}{1 - \dfrac{1}{4}} = \dfrac{341}{64}$

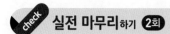

1 1964   답 ③   유형 1

출제의도 | 등비수열의 일반항을 이용하여 첫째항과 공비를 구할 수 있는지 확인한다.

> 등비수열의 일반항은 $a_n=ar^{n-1}$이므로 주어진 조건으로 식을 세워 보자.

등비수열 $\{a_n\}$의 첫째항을 a, 공비를 r이라 하면

$a_3=ar^2=12$ ·· ㉠

$a_6=ar^5=-96$ ·· ㉡

㉡$\div$㉠을 하면 $r^3=-8$ $\therefore r=-2$

$r=-2$를 ㉠에 대입하면 $4a=12$ $\therefore a=3$

$\therefore a+r=3+(-2)=1$

2 1965   답 ⑤   유형 3

출제의도 | 항 사이의 관계가 주어진 등비수열에서 특정한 항의 값을 구할 수 있는지 확인한다.

> 등비수열의 일반항이 $a_n=ar^{n-1}$임을 이용하여 공비를 구해 보자.

등비수열 $\{a_n\}$의 첫째항은 5이고 공비를 r $(r\neq0)$이라 하면

$\dfrac{a_3a_6}{a_2a_4}=8$에서 $\dfrac{5r^2\times5r^5}{5r\times5r^3}=8$, $r^3=8$

$\therefore r=2$

따라서 $a_n=5\times2^{n-1}$이므로

$a_7=5\times2^6=320$

3 1966   답 ③   유형 3

출제의도 | 항 사이의 관계가 주어진 등비수열에서 특정한 항의 값을 구할 수 있는지 확인한다.

> 등비수열의 일반항이 $a_n=ar^{n-1}$임을 이용하여 $a_{12}+a_{13}$의 값을 구해 보자.

등비수열 $\{a_n\}$의 첫째항을 a, 공비를 r이라 하면

$a_4+a_5=6$에서

$ar^3+ar^4=6$ ·· ㉠

$a_6+a_7+a_8+a_9=72$에서

$ar^5+ar^6+ar^7+ar^8=72$

$\therefore r^2(ar^3+ar^4)+r^4(ar^3+ar^4)=72$ ·········· ㉡

㉠을 ㉡에 대입하면 $6r^2+6r^4=72$

$r^4+r^2-12=0$, $(r^2+4)(r^2-3)=0$

$\therefore r^2=3$ $(\because r^2>0)$

$\therefore a_{12}+a_{13}=ar^{11}+ar^{12}$

$\qquad\qquad\quad =r^8(ar^3+ar^4)$

$\qquad\qquad\quad =3^4\times6=486$

4 1967   답 ④   유형 4

출제의도 | 조건을 만족시키는 자연수 n의 최솟값을 구할 수 있는지 확인한다.

> $a_n=ar^{n-1}>1000$을 만족시키는 자연수 n의 값의 범위를 구해 보자.

등비수열 $\{a_n\}$의 첫째항을 a, 공비를 r $(r>0)$이라 하면

$a_2=ar=10$ ··· ㉠

$a_4=ar^3=40$ ··· ㉡

㉡$\div$㉠을 하면 $r^2=4$ $\therefore r=2$ $(\because r>0)$

$r=2$를 ㉠에 대입하면 $2a=10$ $\therefore a=5$

$\therefore a_n=5\times2^{n-1}$

$5\times2^{n-1}>1000$에서 $2^{n-1}>200$

이때 $2^7=128$, $2^8=256$이므로

$n-1\geq8$ $\therefore n\geq9$

따라서 처음으로 1000보다 커지는 항은 제9항이다.

5 1968   답 ③   유형 5

출제의도 | 두 수 사이에 3개의 수를 넣어서 만든 등비수열에서 세 수를 구할 수 있는지 확인한다.

> 두 수 사이에 n개의 수를 넣어 만든 수열에서 끝항은 제$(n+2)$항임을 이용해 보자.

주어진 등비수열의 공비를 r $(r>0)$이라 하면

 a, b, c는 양수이다.

첫째항은 48이고 3은 제5항이므로

$48r^4=3$, $r^4=\dfrac{1}{16}$ $\therefore r=\dfrac{1}{2}$ $(\because r>0)$

a는 제2항, b는 제3항, c는 제4항이므로

$a=48\times\dfrac{1}{2}=24$

$b=48\times\left(\dfrac{1}{2}\right)^2=12$

$c=48\times\left(\dfrac{1}{2}\right)^3=6$

$\therefore a-b+c=24-12+6=18$

6 1969   답 ⑤   유형 6

출제의도 | 등비중항의 성질을 이용하여 주어진 값을 구할 수 있는지 확인한다.

> 세 수 a, b, c가 이 순서대로 등비수열을 이루면 $b^2=ac$임을 이용해 보자.

등차수열 $\{a_n\}$의 공차를 d $(d\neq0)$라 하면

$a_2=a_1+d$, $a_4=a_1+3d$, $a_7=a_1+6d$

세 항 a_2, a_4, a_7이 이 순서대로 등비수열을 이루므로

$a_4{}^2=a_2\times a_7$

$(a_1+3d)^2=(a_1+d)(a_1+6d)$

$a_1{}^2+6a_1d+9d^2=a_1{}^2+7a_1d+6d^2$

$a_1d=3d^2$ $\therefore a_1=3d$ $(\because d\neq0)$

$\therefore \dfrac{a_8}{a_3}=\dfrac{a_1+7d}{a_1+2d}=\dfrac{10d}{5d}=2$

7 1970   답 ②   유형 7

출제의도 | 등차중항과 등비중항의 성질을 이용하여 항의 값을 구할 수 있는지 확인한다.

> 등차중항과 등비중항의 성질을 이용하여 식을 만들어 보자.

세 수 x, -5, y가 이 순서대로 등차수열을 이루므로

$2\times(-5)=x+y$ $\therefore x+y=-10$

세 수 x, 3, y가 이 순서대로 등비수열을 이루므로

$3^2 = x \times y$ $\quad \therefore xy = 9$

$\therefore x^2 + y^2 = (x+y)^2 - 2xy$

$\qquad\qquad = (-10)^2 - 2 \times 9 = 82$

8 1971 답 ④ 〈유형 3〉

출제의도 │ 항 사이의 관계가 주어진 등비수열에서 공비를 구하여 식의 값을 구할 수 있는지 확인한다.

> 주어진 식을 이용하여 등비수열의 일반항을 구해 보자.

등비수열 $\{a_n\}$의 첫째항은 -3이고 공비를 r $(r<0)$이라 하면

$\dfrac{a_5}{a_3} = 4$에서 $\dfrac{-3r^4}{-3r^2} = 4$, $r^2 = 4$

$\therefore r = -2$ $(\because r < 0)$

따라서 $a_n = -3 \times (-2)^{n-1}$이므로

$|a_3 - a_2| + |a_5 - a_4|$

$= |-3 \times (-2)^2 - \{-3 \times (-2)\}|$

$\qquad\qquad\qquad + |-3 \times (-2)^4 - \{-3 \times (-2)^3\}|$

$= |-12 - 6| + |-48 - 24|$

$= 18 + 72 = 90$

9 1972 답 ② 〈유형 8〉

출제의도 │ 등비수열을 이루는 수의 특징을 이용하여 조건을 만족시키는 값을 찾을 수 있는지 확인한다.

> 등비수열을 이루는 네 수를 a, ar, ar^2, ar^3이라 하자.

등비수열을 이루는 네 수를 a, ar, ar^2, ar^3이라 하면 네 수는 서로 다른 세 자리의 자연수이므로

$a \geq 100$, $ar^3 < 1000$, $r \neq 1$

$a \geq 100$, $ar^3 < 1000$이므로

$100r^3 < 1000$

즉, $r^3 < 10$이므로 1이 아닌 자연수 r의 값은 2이다.

즉, 네 수는 a, $2a$, $4a$, $8a$이고, 네 수의 합이 가장 클 때는 $8a$가 가장 클 때이므로

$8a < 1000$에서 $a < 125$

따라서 $a = 124$일 때 네 수의 합이 가장 크므로 네 수의 합은

$a + 2a + 4a + 8a = 15a = 15 \times 124 = 1860$

10 1973 답 ④ 〈유형 9〉

출제의도 │ 일정한 비율로 변하는 실생활 문제를 해결할 수 있는지 확인한다.

> (여과 장치가 걸러 낸 소금의 양)=(처음 소금의 양)−(여과 장치를 통과한 후 남아 있는 소금의 양)임을 이용해 보자.

여과 장치를 한 번 통과할 때마다 소금물 속에 들어 있는 소금의 양이 감소하는 비율이 30%이므로 소금 $10\,\text{kg}$, 즉 $10000\,\text{g}$이 들어 있는 소금물이 여과 장치를 n번 통과한 후 남아 있는 소금의 양은

$(10000 \times 0.7^n)\,\text{g}$

따라서 여과 장치를 6번 통과시킬 때, 여과 장치가 걸러 낸 소금의 양은

(처음 소금의 양)−(6번 통과한 후 남아 있는 소금의 양)

$= \underline{10000 - 10000 \times 0.7^6}$ → 주어진 0.7^6의 값을 이용할 수 있도록 식을 세운다.

$= 10000 - 10000 \times 0.118$

$= 10000 - 1180$

$= 8820\,(\text{g})$

11 1974 답 ③ 〈유형 12〉

출제의도 │ 부분의 합이 주어진 등비수열에서 등비수열의 합을 구할 수 있는지 확인한다.

> 등비수열의 합이 $S_n = \dfrac{a(r^n-1)}{r-1}$임을 이용하여 조건을 정리해 보자.

등비수열 $\{a_n\}$의 첫째항을 a, 공비를 r이라 하면

$a_1 + a_2 + a_3 + \cdots + a_{10} = 10$에서

$\dfrac{a(r^{10}-1)}{r-1} = 10$ ················· ㉠

$a_{21} + a_{22} + a_{23} + \cdots + a_{30} = 40$에서

$\dfrac{ar^{20}(r^{10}-1)}{r-1} = 40$ ················· ㉡

㉡÷㉠을 하면 $r^{20} = 4$

$\therefore r^{10} = 2$ $(\because r^{10} > 0)$

$\therefore a_{41} + a_{42} + a_{43} + \cdots + a_{59} + a_{60} = \dfrac{ar^{40}(r^{20}-1)}{r-1}$

$\qquad\qquad = \dfrac{a(r^{10}-1)}{r-1} \times (r^{10})^4 \times (r^{10}+1)$

$\qquad\qquad = 10 \times 2^4 \times (2+1) = 480$

12 1975 답 ③ 〈유형 12〉

출제의도 │ 부분의 합을 이용하여 주어진 식의 값을 구할 수 있는지 확인한다.

> 등비수열의 합을 이용하여 S_3, S_9를 공비 r에 대한 식으로 나타내 보자.

등비수열 $\{a_n\}$의 첫째항을 a $(a>0)$, 공비를 r $(r>0)$이라 하면

$S_3 = \dfrac{a(r^3-1)}{r-1}$ ················· ㉠

$S_9 = \dfrac{a(r^9-1)}{r-1} = \dfrac{a(r^3-1)(r^6+r^3+1)}{r-1}$ ········· ㉡

$\dfrac{S_9}{S_3} = 43$이므로 ㉡÷㉠을 하면

$r^6 + r^3 + 1 = 43$

$(r^3)^2 + r^3 - 42 = 0$, $(r^3+7)(r^3-6) = 0$

$\therefore r^3 = 6$ $(\because r > 0)$

$\therefore \dfrac{a_9}{a_3} = \dfrac{ar^8}{ar^2} = r^6 = (r^3)^2 = 6^2 = 36$

13 1976 답 ③ 〈유형 13〉

출제의도 │ 등비수열의 일반항과 합을 이용하여 대소 관계를 만족시키는 n의 최솟값을 구할 수 있는지 확인한다.

> 첫째항과 공비를 구해서 $S_n > 500$을 만족시키는 자연수 n의 최솟값을 구해 보자.

등비수열 $\{a_n\}$의 첫째항을 a, 공비를 r이라 하면

$a_2 = 6$에서 $ar = 6$ ················· ㉠

$a_5 = 48$에서 $ar^4 = 48$ ················· ㉡

$\bigcirc\div\bigcirc$을 하면 $r^3=8$ $\qquad\therefore r=2$

$r=2$를 $\bigcirc$에 대입하면 $2a=6$ $\qquad\therefore a=3$

즉, 등비수열 $\{a_n\}$의 첫째항부터 제n항까지의 합을 S_n이라 하면

$$S_n=\frac{3(2^n-1)}{2-1}=3(2^n-1)$$

$3(2^n-1)>500$에서 $2^n-1>\dfrac{500}{3}$

$\therefore 2^n>\dfrac{503}{3}=167.6\times\times\times$

이때 $2^7=128$, $2^8=256$이므로 $n\geq8$

따라서 $S_n>500$을 만족시키는 자연수 n의 최솟값은 8이다.

14 1977 답 ⑤ 　　　유형 14

출제의도 │ 일반항이 $\dfrac{1}{a_n}$인 등비수열의 합을 구할 수 있는지 확인한다.

> 첫째항이 a, 공비가 r인 등비수열 $\{a_n\}$에서 등비수열 $\left\{\dfrac{1}{a_n}\right\}$의 첫째항은 $\dfrac{1}{a}$, 공비는 $\dfrac{1}{r}$임을 이용해 보자.

수열 $\{a_n\}$은 첫째항이 1, 공비가 3인 등비수열이므로

$a_n=3^{n-1}$

$\therefore \dfrac{1}{a_1}+\dfrac{2}{a_2}+\dfrac{2^2}{a_3}+\cdots+\dfrac{2^{n-1}}{a_n}$

$=\dfrac{1}{1}+\dfrac{2}{3}+\dfrac{2^2}{3^2}+\cdots+\dfrac{2^{n-1}}{3^{n-1}}$

$\underbrace{=1+\dfrac{2}{3}+\left(\dfrac{2}{3}\right)^2+\cdots+\left(\dfrac{2}{3}\right)^{n-1}}$ → 첫째항이 1, 공비가 $\dfrac{2}{3}$, 항수가 n인 등비수열의 합이다.

$=\dfrac{1\times\left\{1-\left(\dfrac{2}{3}\right)^n\right\}}{1-\dfrac{2}{3}}$

$=3\left\{1-\left(\dfrac{2}{3}\right)^n\right\}$

15 1978 답 ② 　　　유형 15

출제의도 │ 등비수열의 합에 대한 식을 이용하여 첫째항과 공비를 구할 수 있는지 확인한다.

> $S_n=\dfrac{a(r^n-1)}{r-1}$임을 이용하여 첫째항과 공비를 구해 보자.

등비수열 $\{a_n\}$의 첫째항을 a $(a>0)$, 공비를 r $(r>0,\ r\neq1)$이라 하면

$r=1$이면 $S_2=a_1+a_2=6$에서 ↵
$a_1=a_2=a_3=\cdots=3$

$S_3=7a_3$에서 $\dfrac{a(1-r^3)}{1-r}=7ar^2$ 이는 $S_3=7a_3$을 만족시키지 않으므로
$r\neq1$ $\quad\therefore 1-r\neq0$

이때 $a\neq0$이므로 $\dfrac{(1-r)(1+r+r^2)}{1-r}=7r^2$

$1+r+r^2=7r^2,\ 6r^2-r-1=0$

$(3r+1)(2r-1)=0$ $\qquad\therefore r=\dfrac{1}{2}$ $(\because r>0)$

$S_2=6$에서 $a+ar=6$

위의 식에 $r=\dfrac{1}{2}$을 대입하면 $a+\dfrac{1}{2}a=6$ $\qquad\therefore a=4$

$\therefore 8S_6=8\times\dfrac{4\times\left\{1-\left(\dfrac{1}{2}\right)^6\right\}}{1-\dfrac{1}{2}}=63$

16 1979 답 ④ 　　　유형 18

출제의도 │ 수열의 합과 일반항 사이의 관계를 이용하여 일반항을 구할 수 있는지 확인한다.

> $a_1=S_1$, $a_n=S_n-S_{n-1}$ $(n\geq2)$임을 이용하여 항의 값을 구해 보자.

$S_n=3\times2^{n+1}-5$에서

(i) $n\geq2$일 때

$a_n=S_n-S_{n-1}=(3\times2^{n+1}-5)-(3\times2^n-5)$

$\quad=3\times2^n$ ⋯⋯⋯⋯⋯ $\bigcirc$

(ii) $n=1$일 때

$a_1=S_1=3\times2^2-5=7$

$a_1=7$은 $\bigcirc$에 $n=1$을 대입한 것과 같지 않으므로 수열 $\{a_n\}$은 둘째항부터 등비수열을 이룬다.

$\therefore a_1=7,\ a_n=3\times2^n\ (n\geq2)$

따라서 $a_3=3\times2^3=24$, $a_5=3\times2^5=96$이므로

$a_1+a_3+a_5=7+24+96=127$

다른 풀이

$S_n=3\times2^{n+1}-5$이므로

$a_1=S_1=3\times2^{1+1}-5=7$

$a_3=S_3-S_2=(3\times2^{3+1}-5)-(3\times2^{2+1}-5)=24$

$a_5=S_5-S_4=(3\times2^{5+1}-5)-(3\times2^{4+1}-5)=96$

$\therefore a_1+a_3+a_5=7+24+96=127$

17 1980 답 ⑤ 　　　유형 12

출제의도 │ 부분의 합을 이용하여 주어진 식의 값을 구할 수 있는지 확인한다.

> 등비수열의 합을 이용하여 S_5-S_3, S_9-S_5를 첫째항과 공비에 대한 식으로 나타내 보자.

등비수열 $\{a_n\}$의 첫째항을 a, 공비를 r이라 하면

$S_5-S_3=8$에서 $a_4+a_5=8$이므로

$ar^3+ar^4=ar^3(1+r)=8$ ⋯⋯⋯⋯⋯ $\bigcirc$

$S_9-S_5=96$에서 $a_6+a_7+a_8+a_9=96$이므로

$ar^5+ar^6+ar^7+ar^8=96$

$\therefore ar^5(1+r)+ar^7(1+r)=96$ ⋯⋯⋯⋯⋯ $\bigcirc$

$\bigcirc\div\bigcirc$을 하면 $r^2+r^4=12$

$(r^2)^2+r^2-12=0,\ (r^2+4)(r^2-3)=0$

$\therefore r^2=3\ (\because r^2>0)$

$\therefore a_8+a_9=ar^7+ar^8=ar^7(1+r)$

$\qquad\qquad=ar^3(1+r)\times(r^2)^2$

$\qquad\qquad=8\times3^2=72$

18 1981 답 ④ 　　　유형 12

출제의도 │ 부분의 합을 이용하여 등비수열의 합을 식으로 나타낼 수 있는지 확인한다.

> $a_{11}+a_{12}+a_{13}+\cdots+a_{20}=S_{20}-S_{10}$임을 이용하여 해결해 보자.

등비수열 $\{a_n\}$의 첫째항을 a, 공비를 r이라 하면

$S_{10}=7$에서 $\dfrac{a(r^{10}-1)}{r-1}=7$ ⋯⋯⋯⋯⋯ $\bigcirc$

$a_{11}+a_{12}+a_{13}+\cdots+a_{20}=56$에서 $S_{20}-S_{10}=56$이므로

$S_{20}=56+7=63$

$\therefore \dfrac{a(r^{20}-1)}{r-1}=\dfrac{a(r^{10}-1)(r^{10}+1)}{r-1}=63$ ················· ㉡

㉡÷㉠을 하면 $r^{10}+1=9$ $\therefore r^{10}=8$

$S_{30}=\dfrac{a(r^{30}-1)}{r-1}$

$\quad\;\;=\dfrac{a(r^{10}-1)(r^{20}+r^{10}+1)}{r-1}$

$\quad\;\;=S_{10}\times(8^2+8+1)$

$\quad\;\;=73S_{10}$

$\therefore k=73$

---

19 1982   답 ⑤   [유형 13] + [유형 17]

출제의도 | 규칙을 파악하여 공비를 찾고, 두 반원의 호의 길이의 합을 등비수열의 일반항으로 나타낼 수 있는지 확인한다.

> 반지름의 길이가 r일 때 반원의 호의 길이는 $2\pi r\times\dfrac{1}{2}$임을 이용해 보자.

첫 번째 시행에서 만들어지는 두 반원의 지름의 길이는 각각

$12\times\dfrac{2}{2+1}=8,\; 12\times\dfrac{1}{2+1}=4$

이므로 두 반원의 호의 길이의 합은

$a_1=2\pi\times4\times\dfrac{1}{2}+2\pi\times2\times\dfrac{1}{2}=4\pi+2\pi=6\pi$

두 번째 시행에서 만들어지는 두 반원의 지름의 길이는 각각

$8\times\dfrac{2}{2+1}=\dfrac{16}{3},\; 8\times\dfrac{1}{2+1}=\dfrac{8}{3}$

이므로 두 반원의 호의 길이의 합은

$a_2=2\pi\times\dfrac{8}{3}\times\dfrac{1}{2}+2\pi\times\dfrac{4}{3}\times\dfrac{1}{2}=\dfrac{8}{3}\pi+\dfrac{4}{3}\pi=4\pi$

이때 $\dfrac{a_2}{a_1}=\dfrac{4\pi}{6\pi}=\dfrac{2}{3}$에서 수열 $\{a_n\}$은 첫째항이 6π, 공비가 $\dfrac{2}{3}$인 등비수열이므로 수열 $\{a_n\}$의 첫째항부터 제n항까지의 합은

$\dfrac{6\pi\left\{1-\left(\dfrac{2}{3}\right)^n\right\}}{1-\dfrac{2}{3}}=18\pi\left\{1-\left(\dfrac{2}{3}\right)^n\right\}$

$18\pi\left\{1-\left(\dfrac{2}{3}\right)^n\right\}>\dfrac{1330}{81}\pi$에서 $1-\left(\dfrac{2}{3}\right)^n>\dfrac{665}{729}$

$\left(\dfrac{2}{3}\right)^n<\dfrac{64}{729},\;\left(\dfrac{2}{3}\right)^n<\left(\dfrac{2}{3}\right)^6$

$\therefore n>6$ → 밑이 1보다 작은 양수이므로 부등호의 방향이 바뀐다.

따라서 수열 $\{a_n\}$의 첫째항부터 제n항까지의 합이 처음으로 $\dfrac{1330}{81}\pi$보다 커지는 자연수 n의 값은 7이다.

---

20 1983   답 ①   [유형 20]

출제의도 | 등비수열의 합을 이용하여 상환하는 원리합계 문제를 해결할 수 있는지 확인한다.

> 올해 초에 한 번에 모두 지급 받을 연금의 10년 후의 원리합계와 매년 말에 200만 원씩 10년 동안 적립한 원리합계가 같아야 함을 이용하여 값을 구해 보자.

10년 동안 받을 연금을 올해 초에 한 번에 받을 때, 받게 되는 금액을 A만 원이라 하자.

A만 원을 연이율 5 %, 1년마다 복리로 10년 동안 예금할 때의 원리합계는

$A(1+0.05)^{10}=A\times1.05^{10}=1.6A$(만 원) ············· ㉠

또, 연이율 5 %, 1년마다 복리로 매년 말에 200만 원씩 10년 동안 적립할 때의 원리합계를 그림으로 나타내면 다음과 같다.

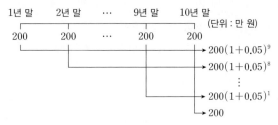

따라서 10년 말의 적립금의 원리합계는

$200+200\times(1+0.05)+\cdots+200\times(1+0.05)^9$

$=\dfrac{200\times(1.05^{10}-1)}{1.05-1}$

$=\dfrac{200\times(1.6-1)}{0.05}$

$=2400$(만 원) ···································· ㉡

이때 ㉠과 ㉡이 같아야 하므로

$1.6A=2400$ $\therefore A=1500$

따라서 올해 초에 한 번에 받게 되는 금액은 1500만 원이다.

---

21 1984   답 ④   [유형 15]

출제의도 | 일반항을 이용하여 수열의 합을 구할 수 있는지 확인한다.

> 세 수의 곱 S가 생기는 원리를 파악하여 등비수열 $\{a_n\}$의 첫째항과 공비를 구해 보자.

$a_1=\underbrace{2\times2^2\times2^3}=2^6$ → 2의 거듭제곱 중 세 수의 곱이 가장 작을 때

$a_2=2\times2^2\times2^4=2^7$

$a_k=2^8\times2^9\times2^{10}=2^{27}$ → 2의 거듭제곱 중 세 수의 곱이 가장 클 때

즉, 수열 $\{a_n\}$은 첫째항이 2^6, 공비가 2인 등비수열을 이루므로

$a_n=2^6\times2^{n-1}=2^{n+5}$

이때 $k+5=27$에서 $k=22$

따라서 $a_1+a_2+a_3+\cdots+a_k$의 값은 수열 $\{a_n\}$의 첫째항부터 제22항까지의 합과 같으므로

$a_1+a_2+a_3+\cdots+a_{22}=\dfrac{2^6\times(2^{22}-1)}{2-1}$

$\qquad\qquad\qquad\qquad\quad=2^6\times(2^{22}-1)$

$\qquad\qquad\qquad\qquad\quad=64\times(2^{22}-1)$

따라서 $p=64$, $q=22$, $k=22$이므로

$p+q-k=64+22-22=64$

---

22 1985   답 496   [유형 3] + [유형 11]

출제의도 | 일반항을 이용하여 등비수열의 합을 식으로 나타낼 수 있는지 확인한다.

STEP 1 조건을 만족시키는 첫째항과 r^4의 값 구하기 [3점]

등비수열 $\{a_n\}$의 첫째항을 $a\ (a>0)$, 공비를 $r\ (r>0)$이라 하면

$a_1 a_2 = a_{10}$에서 $a \times ar = ar^9$이므로

$a = r^8$ ⟶ ⓐ

$a_1 + a_9 = 20$에서 $a + ar^8 = 20$

위의 식에 ⓐ을 대입하면

$a + a^2 = 20$, $a^2 + a - 20 = 0$

$(a+5)(a-4) = 0$ ∴ $a = 4$ (∵ $a > 0$)

$a = 4$를 ⓐ에 대입하면

$r^8 = 4$ ∴ $r^4 = 2$ (∵ $r^4 > 0$)

STEP 2 주어진 식의 값 구하기 [3점]

$(a_1 + a_3 + a_5 + a_7 + a_9)(a_1 - a_3 + a_5 - a_7 + a_9)$

$= (a + ar^2 + ar^4 + ar^6 + ar^8)(a - ar^2 + ar^4 - ar^6 + ar^8)$

$= \dfrac{a\{(r^2)^5 - 1\}}{r^2 - 1} \times \dfrac{a\{(-r^2)^5 - 1\}}{(-r^2) - 1}$ ⟵ 첫째항이 a이고 공비가 $-r^2$인 등비수열의 첫째항부터 제5항까지의 합이다.

$= a^2 \times \dfrac{r^{10} - 1}{r^2 - 1} \times \dfrac{r^{10} + 1}{r^2 + 1}$

$= a^2 \times \dfrac{r^{20} - 1}{r^4 - 1} = a^2 \times \dfrac{(r^4)^5 - 1}{r^4 - 1}$

$= 4^2 \times \dfrac{2^5 - 1}{2 - 1}$

$= 16 \times 31 = 496$

---

23 1986 **답** 8 〔유형 18〕

출제의도 | 등비수열의 합과 일반항 사이의 관계를 이용하여 일반항을 구할 수 있는지 확인한다.

STEP 1 $n \geq 2$일 때 a_n 구하기 [2점]

$S_n = 3^{2n} + k$에서

(i) $n \geq 2$일 때

$a_n = S_n - S_{n-1} = (3^{2n} + k) - (3^{2n-2} + k)$

$= 3^{2n} \times (1 - 3^{-2})$

$= \dfrac{8}{9} \times 3^{2n}$ ⟶ ⓐ

STEP 2 $n = 1$일 때 a_1의 값 구하기 [1점]

(ii) $n = 1$일 때

$a_1 = S_1 = 3^2 + k = 9 + k$ ⟶ ⓑ

STEP 3 조건을 만족시키는 $k + r$의 값 구하기 [3점]

수열 $\{a_n\}$이 첫째항부터 등비수열을 이루려면 ⓐ에 $n = 1$을 대입한 것이 ⓑ과 같아야 하므로

$\dfrac{8}{9} \times 3^2 = 9 + k$ ∴ $k = -1$

따라서 수열 $\{a_n\}$의 일반항은

$a_n = \dfrac{8}{9} \times 3^{2n} = \dfrac{8}{9} \times 9^n = 8 \times 9^{n-1}$

∴ $r = 9$

∴ $k + r = -1 + 9 = 8$

---

24 1987 **답** 98만 원 〔유형 19〕

출제의도 | 등비수열의 합을 이용하여 원리합계를 구할 수 있는지 확인한다.

STEP 1 영주의 10년째 말의 적립금의 원리합계 구하기 [3점]

영주가 매년 초에 100만 원씩 적립한 금액의 원리합계를 그림으로 나타내면 다음과 같다.

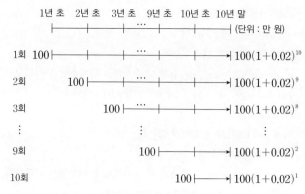

따라서 영주의 10년째 말의 적립금의 원리합계는

$\dfrac{100 \times (1 + 0.02) \times \{(1 + 0.02)^{10} - 1\}}{(1 + 0.02) - 1}$

$= \dfrac{100 \times 1.02 \times (1.22 - 1)}{0.02}$

$= 1122$(만 원)

STEP 2 재호의 10년째 말의 원리합계 구하기 [3점]

재호가 첫 해에 100만 원, 다음 해부터 전년도보다 2 % 많은 금액을 적립한 금액의 원리합계를 그림으로 나타내면 다음과 같다.

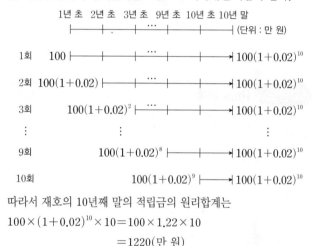

따라서 재호의 10년째 말의 적립금의 원리합계는

$100 \times (1 + 0.02)^{10} \times 10 = 100 \times 1.22 \times 10$

$= 1220$(만 원)

STEP 3 영주와 재호의 원리합계의 차 구하기 [1점]

10년째 말에 영주와 재호의 적립금의 원리합계의 차는

$1220 - 1122 = 98$(만 원)

---

25 1988 **답** -2, 1, 4 〔유형 7〕+〔유형 8〕

출제의도 | 등차중항과 등비중항을 이용하여 관계식을 세울 수 있는지 확인한다.

STEP 1 세 수의 곱을 이용하여 a, r에 대한 식 구하기 [2점]

등비수열을 이루는 세 수를 a, ar, ar^2 ($a \neq 0$, $r \neq 0$, $r \neq 1$)이라 하면 세 수의 곱은 -8이므로

$(ar)^3 = -8$ ∴ $ar = -2$ ⟶ ⓐ

STEP 2 등차중항의 값에 따른 경우 나누기 [5점]

세 수 a, ar, ar^2을 적당히 나열하면 등차수열이 되므로

(i) a가 등차중항일 때

ar, a, ar^2 또는 ar^2, a, ar이 이 순서대로 등차수열을 이루므로

$2a = ar + ar^2$, $r^2 + r - 2 = 0$ (∵ $a \neq 0$)

$(r + 2)(r - 1) = 0$

∴ $r = -2$ (∵ $r \neq 1$)

$r=-2$를 ㉠에 대입하면

$-2a=-2$ $\therefore a=1$

(ii) ar이 등차중항일 때

a, ar, ar^2 또는 ar^2, ar, a가 이 순서대로 등차수열을 이루므로

$2ar=a+ar^2$, $r^2-2r+1=0$ $(\because a\neq0)$

$(r-1)^2=0$ $\therefore r=1$

이때 $r\neq1$이므로 성립하지 않는다.

(iii) ar^2이 등차중항일 때

a, ar^2, ar 또는 ar, ar^2, a가 이 순서대로 등차수열을 이루므로

$2ar^2=a+ar$, $2r^2-r-1=0$ $(\because a\neq0)$

$(2r+1)(r-1)=0$

$\therefore r=-\dfrac{1}{2}$ $(\because r\neq1)$

$r=-\dfrac{1}{2}$을 ㉠에 대입하면

$-\dfrac{1}{2}a=-2$ $\therefore a=4$

STEP 3 모든 조건을 만족시키는 세 수 구하기 [1점]

(i), (ii), (iii)에서 세 수는 -2, 1, 4이다.

고난도 ⊕ Plus 문제

1 1989 답 10

등비수열 $\{a_n\}$의 첫째항을 a, 공비를 r $(r>0)$이라 하면

$a_3+a_7=4$에서

$ar^2+ar^6=ar^2(1+r^4)=4$ ┄┄┄┄┄ ㉠

$a_5+a_9=36$에서

$ar^4+ar^8=ar^4(1+r^4)=36$ ┄┄┄┄┄ ㉡

㉡÷㉠을 하면

$r^2=9$ $\therefore r=3$ $(\because r>0)$

$r=3$을 ㉠에 대입하면

$9a\times(1+3^4)=4$ $\therefore a=\dfrac{2}{369}$

$\therefore a_n=\dfrac{2}{369}\times3^{n-1}$

$a_k=\dfrac{2}{369}\times3^{k-1}<\dfrac{1}{3}$에서 $3^{k-1}<\dfrac{123}{2}=61.5$

이때 $3^3=27$, $3^4=81$이므로

$k-1\leq3$ $\therefore k\leq4$

따라서 $a_k<\dfrac{1}{3}$을 만족시키는 자연수 k는 1, 2, 3, 4이므로 구하는 합은

$1+2+3+4=10$

2 1990 답 $2\log_6 3$

㈎에서 12, p, q가 이 순서대로 등차수열을 이루므로

$2p=12+q$ ┄┄┄┄┄ ㉠

㈏에서 p, q, 4가 이 순서대로 등비수열을 이루므로

$q^2=4p$ ┄┄┄┄┄ ㉡

㉠을 ㉡에 대입하면

$q^2=2(12+q)$, $q^2-2q-24=0$

$(q+4)(q-6)=0$ $\therefore q=6$ $(\because q>0)$

$q=6$을 ㉠에 대입하면

$2p=18$ $\therefore p=9$

따라서 $3^x=9^y=27^z=6$이므로

$3^x=6$에서 $3=6^{\frac{1}{x}}$

$9^y=6$에서 $9=6^{\frac{1}{y}}$

$27^z=6$에서 $27=6^{\frac{1}{z}}$

$\therefore 6^{\frac{1}{x}+\frac{2}{y}-\frac{1}{z}}=\dfrac{6^{\frac{1}{x}}\times(6^{\frac{1}{y}})^2}{6^{\frac{1}{z}}}=\dfrac{3\times9^2}{27}=9$

$\therefore \dfrac{1}{x}+\dfrac{2}{y}-\dfrac{1}{z}=\log_6 9=2\log_6 3$

3 1991 답 $\dfrac{125}{2}$

사각형 $A_1B_1C_1D_1$은 정사각형이고 네 점 A_2, B_2, C_2, D_2는 네 변 A_1B_1, B_1C_1, C_1D_1, D_1A_1을 각각 $3:1$로 내분하는 점이므로

$\overline{A_1A_2}=\overline{B_1B_2}=\overline{C_1C_2}=\overline{D_1D_2}=\dfrac{3}{3+1}\times4=3$

$\overline{A_2B_1}=\overline{B_2C_1}=\overline{C_2D_1}=\overline{D_2A_1}=\dfrac{1}{3+1}\times4=1$

$\angle A_1=\angle B_1=\angle C_1=\angle D_1=\dfrac{\pi}{2}$

$\therefore \triangle A_1A_2D_2\equiv\triangle B_1B_2A_2\equiv\triangle C_1C_2B_2\equiv\triangle D_1D_2C_2$ (SAS 합동)

즉, $\overline{A_2B_2}=\overline{B_2C_2}=\overline{C_2D_2}=\overline{D_2A_2}$이고,

$\angle A_2=\angle B_2=\angle C_2=\angle D_2=\dfrac{\pi}{2}$이므로

사각형 $A_2B_2C_2D_2$는 정사각형이고 사각형 $A_1B_1C_1D_1$과 사각형 $A_2B_2C_2D_2$는 닮음이다.

직각삼각형 $A_2B_1B_2$에서

$\overline{A_2B_2}=\sqrt{\overline{A_2B_1}^2+\overline{B_1B_2}^2}=\sqrt{1^2+3^2}=\sqrt{10}$

정사각형 $A_1B_1C_1D_1$의 넓이 S_1은

$S_1=4^2=16$

정사각형 $A_2B_2C_2D_2$의 넓이 S_2는

$S_2=(\sqrt{10})^2=10$

이때 $\dfrac{S_2}{S_1}=\dfrac{10}{16}=\dfrac{5}{8}$에서 수열 $\{S_n\}$은 첫째항이 16, 공비가 $\dfrac{5}{8}$인 등비수열이므로

$S_n=16\times\left(\dfrac{5}{8}\right)^{n-1}$

$\therefore 16S_4=16\times16\times\left(\dfrac{5}{8}\right)^3=\dfrac{125}{2}$

4 1992 답 ②

등비수열 3, a_1, a_2, $\cdots$, a_{20}, 60의 첫째항은 3이고, 공비를 r이라 하면

$3+a_1+a_2+\cdots+a_{20}+60=\dfrac{3(r^{22}-1)}{r-1}$

이때 60은 제22항이므로

$60=3\times r^{21}$

$\therefore r^{21}=20$

또, 수열 $\frac{1}{3}$, $\frac{1}{a_1}$, $\frac{1}{a_2}$, $\cdots$, $\frac{1}{a_{20}}$, $\frac{1}{60}$은 첫째항이 $\frac{1}{3}$이고 공비가 $\frac{1}{r}$인 등비수열이므로

$$\frac{1}{3}+\frac{1}{a_1}+\frac{1}{a_2}+\frac{1}{a_3}+\cdots+\frac{1}{a_{20}}+\frac{1}{60}=\frac{\frac{1}{3}\left\{1-\left(\frac{1}{r}\right)^{22}\right\}}{1-\frac{1}{r}}$$

이때

$$3+a_1+a_2+\cdots+a_{20}+60=k\left(\frac{1}{3}+\frac{1}{a_1}+\frac{1}{a_2}+\cdots+\frac{1}{a_{20}}+\frac{1}{60}\right)$$

에서

$$\frac{3(r^{22}-1)}{r-1}=k\times\frac{\frac{1}{3}\left\{1-\left(\frac{1}{r}\right)^{22}\right\}}{1-\frac{1}{r}}$$
$$=k\times\frac{r}{3(r-1)}\times\frac{r^{22}-1}{r^{22}}$$
$$=k\times\frac{r^{22}-1}{3r^{21}(r-1)}$$

$\therefore\ k=9r^{21}=9\times20=180$

5 1993 답 256

$S_{n+4}-S_{n+1}=a_{n+2}+a_{n+3}+a_{n+4}$이므로

$a_{n+2}+a_{n+3}+a_{n+4}=21\times4^{n-1}$ ······ ㉠

이때 등비수열 $\{a_n\}$의 공비를 r이라 하자.

㉠에 $n=1$을 대입하면

$a_3+a_4+a_5=21$

$a_1r^2+a_1r^3+a_1r^4=21$

$\therefore\ a_1r^2(1+r+r^2)=21$ ······ ㉡

㉠에 $n=2$를 대입하면

$a_4+a_5+a_6=84$

$a_1r^3+a_1r^4+a_1r^5=84$

$\therefore\ a_1r^3(1+r+r^2)=84$ ······ ㉢

㉢÷㉡을 하면 $r=4$

$r=4$를 ㉡에 대입하면

$a_1\times4^2\times(1+4+4^2)=21 \qquad \therefore\ a_1=\frac{1}{16}$

$\therefore\ a_7=a_1r^6=\frac{1}{16}\times4^6=256$

10 수열의 합

핵심 개념 415쪽~416쪽

1994 답 (1) $\sum_{k=1}^{10}2^k$ (2) $\sum_{k=1}^{20}\frac{1}{k}$ (3) $\sum_{k=1}^{11}(3k-1)$

(1) 수열 $2, 2^2, 2^3, \cdots, 2^{10}$의 제$k$항을 a_k라 하면

$a_k=2^k$

따라서 $2+2^2+2^3+\cdots+2^{10}$은 수열 $\{a_n\}$의 첫째항부터 제10항까지의 합이므로

$2+2^2+2^3+\cdots+2^{10}=\sum_{k=1}^{10}2^k$

(2) $1+\frac{1}{2}+\frac{1}{3}+\cdots+\frac{1}{20}=\sum_{k=1}^{20}\frac{1}{k}$

(3) $2+5+8+\cdots+32=\sum_{k=1}^{11}(3k-1)$

1995 답 $9+11+13+15+17+19$

$$\sum_{k=5}^{10}(2k-1)=(2\times5-1)+(2\times6-1)+(2\times7-1)$$
$$+(2\times8-1)+(2\times9-1)+(2\times10-1)$$
$$=9+11+13+15+17+19$$

1996 답 (1) 16 (2) 12

(1) $\sum_{k=1}^{10}(2a_k+1)=2\sum_{k=1}^{10}a_k+\sum_{k=1}^{10}1$
$=2\times3+1\times10=16$

(2) $\sum_{k=1}^{10}(-a_k+3b_k)=-\sum_{k=1}^{10}a_k+3\sum_{k=1}^{10}b_k$
$=-3+3\times5=12$

1997 답 (1) 12 (2) 8

(1) $\sum_{k=1}^{10}(a_k-1)^2=\sum_{k=1}^{10}(a_k^2-2a_k+1)$
$=\sum_{k=1}^{10}a_k^2-2\sum_{k=1}^{10}a_k+\sum_{k=1}^{10}1$
$=10-2\times4+1\times10=12$

(2) $\sum_{k=1}^{10}(a_k+2)+\sum_{k=1}^{10}(a_k-2)=\sum_{k=1}^{10}(a_k+2+a_k-2)$
$=\sum_{k=1}^{10}2a_k=2\sum_{k=1}^{10}a_k$
$=2\times4=8$

1998 답 (1) 230 (2) 480

(1) $\sum_{k=1}^{10}(k^2-3k+1)=\sum_{k=1}^{10}k^2-3\sum_{k=1}^{10}k+\sum_{k=1}^{10}1$
$=\frac{10\times11\times21}{6}-3\times\frac{10\times11}{2}+1\times10$
$=385-165+10=230$

(2) $\sum_{k=1}^{5}k(2k^2+2)=\sum_{k=1}^{5}(2k^3+2k)$
$=2\sum_{k=1}^{5}k^3+2\sum_{k=1}^{5}k$
$=2\times\left(\frac{5\times6}{2}\right)^2+2\times\frac{5\times6}{2}$
$=450+30=480$

1999 답 (1) 225 (2) 380

(1) $1+3+5+\cdots+29=\sum\limits_{k=1}^{15}(2k-1)=2\sum\limits_{k=1}^{15}k-\sum\limits_{k=1}^{15}1$

$\qquad\qquad\qquad\qquad\quad=2\times\dfrac{15\times16}{2}-1\times15$

$\qquad\qquad\qquad\qquad\quad=240-15=225$

(2) $3^2+4^2+5^2+\cdots+10^2=\sum\limits_{k=3}^{10}k^2=\sum\limits_{k=1}^{10}k^2-\sum\limits_{k=1}^{2}k^2$

$\qquad\qquad\qquad\qquad\qquad\quad=\dfrac{10\times11\times21}{6}-\dfrac{2\times3\times5}{6}$

$\qquad\qquad\qquad\qquad\qquad\quad=385-5=380$

다른 풀이

(2) $3^2+4^2+5^2+\cdots+10^2=\sum\limits_{k=1}^{8}(k+2)^2=\sum\limits_{k=1}^{8}(k^2+4k+4)$

$\qquad\qquad\qquad\qquad\qquad\quad=\dfrac{8\times9\times17}{6}+4\times\dfrac{8\times9}{2}+4\times8$

$\qquad\qquad\qquad\qquad\qquad\quad=204+144+32=380$

2000 답 $\dfrac{5}{12}$

$\sum\limits_{k=1}^{10}\dfrac{1}{(k+1)(k+2)}$

$=\sum\limits_{k=1}^{10}\left(\dfrac{1}{k+1}-\dfrac{1}{k+2}\right)$

$=\left(\dfrac{1}{2}-\dfrac{1}{3}\right)+\left(\dfrac{1}{3}-\dfrac{1}{4}\right)+\cdots+\left(\dfrac{1}{11}-\dfrac{1}{12}\right)$

$=\dfrac{1}{2}-\dfrac{1}{12}=\dfrac{5}{12}$

2001 답 (1) $\sqrt{n+1}-1$ (2) $\dfrac{1}{2}(3-\sqrt{2}+\sqrt{15})$

(1) $a_k=\dfrac{1}{\sqrt{k+1}+\sqrt{k}}$ 이라 하면 주어진 식은 $\sum\limits_{k=1}^{n}a_k$이다.

이때 분모를 유리화하면

$a_k=\dfrac{\sqrt{k+1}-\sqrt{k}}{(\sqrt{k+1}+\sqrt{k})(\sqrt{k+1}-\sqrt{k})}$

$\quad=\sqrt{k+1}-\sqrt{k}$

따라서 주어진 수열의 합은

$\sum\limits_{k=1}^{n}a_k=\sum\limits_{k=1}^{n}(\sqrt{k+1}-\sqrt{k})$

$\qquad=(\sqrt{2}-\sqrt{1})+(\sqrt{3}-\sqrt{2})+(\sqrt{4}-\sqrt{3})+\cdots$

$\qquad\qquad\qquad\qquad\qquad\qquad+(\sqrt{n+1}-\sqrt{n})$

$\qquad=\sqrt{n+1}-1$

(2) $\sum\limits_{k=1}^{14}\dfrac{1}{\sqrt{k}+\sqrt{k+2}}$

$=\sum\limits_{k=1}^{14}\dfrac{\sqrt{k+2}-\sqrt{k}}{(\sqrt{k+2}+\sqrt{k})(\sqrt{k+2}-\sqrt{k})}$

$=\sum\limits_{k=1}^{14}\dfrac{1}{2}(\sqrt{k+2}-\sqrt{k})$

$=\dfrac{1}{2}\{(\sqrt{3}-1)+(\sqrt{4}-\sqrt{2})+(\sqrt{5}-\sqrt{3})+\cdots$

$\qquad\qquad\qquad\qquad+(\sqrt{15}-\sqrt{13})+(\sqrt{16}-\sqrt{14})\}$

$=\dfrac{1}{2}(-1-\sqrt{2}+\sqrt{15}+\sqrt{16})$

$=\dfrac{1}{2}(3-\sqrt{2}+\sqrt{15})$

2002 답 ⑤ |유형 1

> 수열 $\{a_n\}$에서 $a_1=15$, $\sum\limits_{k=1}^{n}(a_{k+1}-a_k)=4n$일 때, a_{21}의 값은?
>
>   **단서1**
>
> ① 75   ② 80   ③ 85
>
> ④ 90   ⑤ 95
>
> **단서1** $k=1$부터 $k=n$까지 나열하면 항이 소거됨을 이용

STEP 1 합의 기호 $\sum$를 풀어서 나타내기

$\sum\limits_{k=1}^{n}(a_{k+1}-a_k)$

$=(a_2-a_1)+(a_3-a_2)+(a_4-a_3)+\cdots+(a_{n+1}-a_n)$

$=a_{n+1}-a_1=a_{n+1}-15$

STEP 2 a_{n+1} 구하기

$\sum\limits_{k=1}^{n}(a_{k+1}-a_k)=4n$에서

$a_{n+1}-15=4n$ $\therefore a_{n+1}=4n+15$

STEP 3 a_{21}의 값 구하기

$a_{21}=4\times20+15=95$

2003 답 ③

③ $2+4+8+16+32+64$는 첫째항이 2, 공비가 2인 등비수열 $\{2^n\}$의 첫째항부터 제6항까지의 합이다.

$\therefore 2+4+8+16+32+64=\sum\limits_{k=1}^{6}2^k=\sum\limits_{k=0}^{5}2^{k+1}$ (거짓)

따라서 옳지 않은 것은 ③이다.

2004 답 ㄷ

ㄱ. $\sum\limits_{k=1}^{10}k^2=1^2+2^2+3^2+\cdots+10^2$

ㄴ. $\sum\limits_{k=2}^{11}(k-1)^2=1^2+2^2+3^2+\cdots+10^2$

ㄷ. $\sum\limits_{k=4}^{14}(k-5)^2=(-1)^2+0^2+1^2+\cdots+9^2$

ㄹ. $\sum\limits_{k=0}^{9}(k+1)^2=1^2+2^2+3^2+\cdots+10^2$

따라서 값이 다른 하나는 ㄷ이다.

2005 답 ④

$\sum\limits_{k=1}^{10}(a_{2k-1}+a_{2k})$

$=(a_1+a_2)+(a_3+a_4)+(a_5+a_6)+\cdots+(a_{19}+a_{20})$

$=\sum\limits_{k=1}^{20}a_k$

$=20^2-3\times20=340$

2006 답 ②

$\sum\limits_{k=1}^{n}(a_{2k-1}+a_{2k})$

$=(a_1+a_2)+(a_3+a_4)+(a_5+a_6)+\cdots+(a_{2n-1}+a_{2n})$

$=\sum\limits_{k=1}^{2n}a_k$

이므로 $\sum\limits_{k=1}^{2n} a_k = 2n^2$

$\therefore \sum\limits_{k=11}^{20} a_k = \sum\limits_{k=1}^{20} a_k - \sum\limits_{k=1}^{10} a_k$

$\qquad\qquad = 2 \times 10^2 - 2 \times 5^2$

$\qquad\qquad = 150$

2007　답 304

$\sum\limits_{k=1}^{n}(a_{2k}+a_{2k+1})$

$= (a_2+a_3)+(a_4+a_5)+(a_6+a_7)+\cdots+(a_{2n}+a_{2n+1})$

$= \sum\limits_{k=2}^{2n+1} a_k$

$\therefore \sum\limits_{k=2}^{2n+1} a_k = 2n^2+n$

이때 $\sum\limits_{k=1}^{2n+1} a_k = a_1 + \sum\limits_{k=2}^{2n+1} a_k$이므로

$\sum\limits_{k=1}^{2n+1} a_k = 2n^2+n+4$

$\therefore \sum\limits_{k=1}^{25} a_k = 2 \times 12^2 + 12 + 4$

$\qquad\qquad = 304$

2008　답 ②

$\sum\limits_{k=1}^{n}(a_k-a_{k+1})$

$= (a_1-a_2)+(a_2-a_3)+(a_3-a_4)+\cdots+(a_n-a_{n+1})$

$= a_1-a_{n+1} = 1-a_{n+1}$

$\sum\limits_{k=1}^{n}(a_k-a_{k+1}) = -n^2+n$에서

$1-a_{n+1} = -n^2+n$

$\therefore a_{n+1} = n^2-n+1$

$\therefore a_{11} = 10^2-10+1 = 91$

2009　답 ④

$\sum\limits_{k=1}^{24}(-1)^k a_k$

$= -a_1+a_2-a_3+a_4-\cdots-a_{23}+a_{24}$

$= (a_1+a_2+a_3+\cdots+a_{24}) - 2(a_1+a_3+a_5+\cdots+a_{23})$

$= \sum\limits_{k=1}^{24} a_k - 2\sum\limits_{k=1}^{12} a_{2k-1}$

$= (6 \times 12^2 + 12) - 2 \times (3 \times 12^2 - 12)$

$= 36$

2010　답 ②

| 유형 2

$\sum\limits_{k=1}^{10} a_k = 5$, $\sum\limits_{k=1}^{10} a_k^2 = 8$일 때, $\sum\limits_{k=1}^{10}(3a_k-1)^2$의 값은?

① 50　　　② 52　　　③ 54

④ 56　　　⑤ 58

단서1 $(a+b)^2 = a^2 + 2ab + b^2$임을 이용하여 식을 전개

STEP 1 $(3a_k-1)^2$ 전개하기

$\sum\limits_{k=1}^{10}(3a_k-1)^2 = \sum\limits_{k=1}^{10}(9a_k^2-6a_k+1)$

STEP 2 $\sum$의 성질을 이용하여 계산하기

$\sum\limits_{k=1}^{10}(9a_k^2-6a_k+1) = 9\sum\limits_{k=1}^{10} a_k^2 - 6\sum\limits_{k=1}^{10} a_k + \sum\limits_{k=1}^{10} 1$

$\qquad\qquad = 9 \times 8 - 6 \times 5 + 1 \times 10 = 52$

실수 Check

$\sum\limits_{k=1}^{10}(3a_k-1) = 3\sum\limits_{k=1}^{10} a_k - \sum\limits_{k=1}^{10} 1$

$\qquad\qquad = 3 \times 5 - 1 \times 10 = 5$

이므로 $\sum\limits_{k=1}^{10}(3a_k-1)^2 \neq \left\{\sum\limits_{k=1}^{10}(3a_k-1)\right\}^2$

즉, $\sum\limits_{k=1}^{n} b_k^2 \neq \left(\sum\limits_{k=1}^{n} b_k\right)^2$임에 주의한다.

2011　답 ④

$\sum\limits_{k=1}^{10}(a_k-7b_k+5) = \sum\limits_{k=1}^{10} a_k - 7\sum\limits_{k=1}^{10} b_k + \sum\limits_{k=1}^{10} 5$

$\qquad\qquad = 4 \times 10^2 - 7 \times (-10) + 5 \times 10$

$\qquad\qquad = 520$

2012　답 100

$\sum\limits_{k=11}^{20}(4b_k-2a_k) = 4\sum\limits_{k=11}^{20} b_k - 2\sum\limits_{k=11}^{20} a_k$

$\qquad = 4\left(\sum\limits_{k=1}^{20} b_k - \sum\limits_{k=1}^{10} b_k\right) - 2\left(\sum\limits_{k=1}^{20} a_k - \sum\limits_{k=1}^{10} a_k\right)$

$\qquad = 4 \times (42-12) - 2 \times (21-11)$

$\qquad = 100$

2013　답 18

$\sum\limits_{k=1}^{10} 2a_k = 6$에서 $2\sum\limits_{k=1}^{10} a_k = 6$이므로 $\sum\limits_{k=1}^{10} a_k = 3$

$\sum\limits_{k=1}^{10} 3b_k = 12$에서 $3\sum\limits_{k=1}^{10} b_k = 12$이므로 $\sum\limits_{k=1}^{10} b_k = 4$

$\therefore \sum\limits_{k=1}^{10}(3a_k-2)(b_k-1)$

$\quad = \sum\limits_{k=1}^{10}(3a_kb_k-3a_k-2b_k+2)$

$\quad = 3\sum\limits_{k=1}^{10} a_kb_k - 3\sum\limits_{k=1}^{10} a_k - 2\sum\limits_{k=1}^{10} b_k + \sum\limits_{k=1}^{10} 2$

$\quad = 3 \times 5 - 3 \times 3 - 2 \times 4 + 2 \times 10$

$\quad = 18$

2014　답 ③

$a_n+b_n = 10$에서 $a_n = 10-b_n$이므로

$\sum\limits_{k=1}^{15}(a_k+4b_k) = \sum\limits_{k=1}^{15}(10-b_k+4b_k)$

$\qquad\qquad = \sum\limits_{k=1}^{15}(10+3b_k)$

$\qquad\qquad = \sum\limits_{k=1}^{15} 10 + 3\sum\limits_{k=1}^{15} b_k$

$\qquad\qquad = 10 \times 15 + 3\sum\limits_{k=1}^{15} b_k = 240$

$3\sum\limits_{k=1}^{15} b_k = 90$　　$\therefore \sum\limits_{k=1}^{15} b_k = 30$

2015 답 ③

$\sum\limits_{k=1}^{10}(2a_k+b_k)=11$에서

$2\sum\limits_{k=1}^{10}a_k+\sum\limits_{k=1}^{10}b_k=11$ ·················· ㉠

$\sum\limits_{k=1}^{10}(a_k+2b_k)=1$에서

$\sum\limits_{k=1}^{10}a_k+2\sum\limits_{k=1}^{10}b_k=1$ ·················· ㉡

$2\times$㉠$-$㉡을 하면

$3\sum\limits_{k=1}^{10}a_k=21$ $\therefore \sum\limits_{k=1}^{10}a_k=7$

㉠에서 $\sum\limits_{k=1}^{10}b_k=11-2\sum\limits_{k=1}^{10}a_k=11-2\times7=-3$

$\therefore \sum\limits_{k=1}^{10}(5a_k-b_k)=5\sum\limits_{k=1}^{10}a_k-\sum\limits_{k=1}^{10}b_k$
$=5\times7-(-3)=38$

2016 답 9

$\sum\limits_{k=1}^{10}a_k=\sum\limits_{k=1}^{10}(2b_k-1)=2\sum\limits_{k=1}^{10}b_k-10$ ·········· ㉠

$\sum\limits_{k=1}^{10}(3a_k+b_k)=3\sum\limits_{k=1}^{10}a_k+\sum\limits_{k=1}^{10}b_k=33$

$\therefore \sum\limits_{k=1}^{10}b_k=-3\sum\limits_{k=1}^{10}a_k+33$ ·········· ㉡

㉠을 ㉡에 대입하면

$\sum\limits_{k=1}^{10}b_k=-3\Big(2\sum\limits_{k=1}^{10}b_k-10\Big)+33$

$=-6\sum\limits_{k=1}^{10}b_k+63$

$7\sum\limits_{k=1}^{10}b_k=63$ $\therefore \sum\limits_{k=1}^{10}b_k=9$

2017 답 ④

$\sum\limits_{k=1}^{5}(2a_k-1)^2=\sum\limits_{k=1}^{5}(4a_k^2-4a_k+1)$

$=4\sum\limits_{k=1}^{5}a_k^2-4\sum\limits_{k=1}^{5}a_k+\sum\limits_{k=1}^{5}1$

$=4\sum\limits_{k=1}^{5}a_k^2-4\sum\limits_{k=1}^{5}a_k+5=61$

$\therefore 4\sum\limits_{k=1}^{5}a_k^2-4\sum\limits_{k=1}^{5}a_k=56$ ·················· ㉠

$\sum\limits_{k=1}^{5}a_k(a_k-4)=\sum\limits_{k=1}^{5}(a_k^2-4a_k)$

$=\sum\limits_{k=1}^{5}a_k^2-4\sum\limits_{k=1}^{5}a_k=11$ ·················· ㉡

㉠$-$㉡을 하면 $3\sum\limits_{k=1}^{5}a_k^2=45$

$\therefore \sum\limits_{k=1}^{5}a_k^2=15$

2018 답 12

$\sum\limits_{k=1}^{10}a_k-\sum\limits_{k=1}^{7}\dfrac{a_k}{2}=56$ ·················· ㉠

$\sum\limits_{k=1}^{10}2a_k-\sum\limits_{k=1}^{8}a_k=100$에서 양변을 2로 나누면

$\sum\limits_{k=1}^{10}a_k-\sum\limits_{k=1}^{8}\dfrac{a_k}{2}=50$ ·················· ㉡

㉠$-$㉡을 하면 $\dfrac{a_8}{2}=6$ ➡ $\sum\limits_{k=1}^{8}\dfrac{a_k}{2}-\sum\limits_{k=1}^{7}\dfrac{a_k}{2}=6$에서

$\therefore a_8=12$ $\Big(\dfrac{a_1}{2}+\dfrac{a_2}{2}+\cdots+\dfrac{a_7}{2}+\dfrac{a_8}{2}\Big)$

$-\Big(\dfrac{a_1}{2}+\dfrac{a_2}{2}+\cdots+\dfrac{a_7}{2}\Big)=6$

2019 답 ③ | 유형3

$\underline{\sum\limits_{k=1}^{8}\dfrac{k^3}{k+1}+\sum\limits_{k=1}^{8}\dfrac{1}{k+1}}$의 값은?
단서1

① 172   ② 174   ③ 176

④ 178   ⑤ 180

단서1 $\sum\limits_{k=1}^{n}a_k+\sum\limits_{k=1}^{n}b_k=\sum\limits_{k=1}^{n}(a_k+b_k)$임을 이용하여 식을 변형

STEP 1 ∑의 성질을 이용하여 식을 간단히 정리하기

$\sum\limits_{k=1}^{8}\dfrac{k^3}{k+1}+\sum\limits_{k=1}^{8}\dfrac{1}{k+1}=\sum\limits_{k=1}^{8}\Big(\dfrac{k^3}{k+1}+\dfrac{1}{k+1}\Big)=\sum\limits_{k=1}^{8}\dfrac{k^3+1}{k+1}$

$=\sum\limits_{k=1}^{8}\dfrac{(k+1)(k^2-k+1)}{k+1}$

$=\sum\limits_{k=1}^{8}(k^2-k+1)$

STEP 2 자연수의 거듭제곱의 합에 대한 식을 이용하여 주어진 식의 값 구하기

$\sum\limits_{k=1}^{8}(k^2-k+1)=\sum\limits_{k=1}^{8}k^2-\sum\limits_{k=1}^{8}k+\sum\limits_{k=1}^{8}1$

$=\dfrac{8\times9\times17}{6}-\dfrac{8\times9}{2}+1\times8$

$=204-36+8=176$

2020 답 ②

$4^2+5^2+6^2+\cdots+13^2+14^2=\sum\limits_{k=1}^{14}k^2-\sum\limits_{k=1}^{3}k^2$

$=\dfrac{14\times15\times29}{6}-\dfrac{3\times4\times7}{6}$

$=1015-14=1001$

2021 답 7

$\sum\limits_{k=1}^{n-1}(3k-4)=3\sum\limits_{k=1}^{n-1}k-\sum\limits_{k=1}^{n-1}4$

$=3\times\dfrac{(n-1)n}{2}-4(n-1)$

$=\dfrac{3}{2}n^2-\dfrac{11}{2}n+4$

즉, $\dfrac{3}{2}n^2-\dfrac{11}{2}n+4=39$이므로 $3n^2-11n+8=78$

$3n^2-11n-70=0$, $(3n+10)(n-7)=0$

n은 자연수이므로 $n=7$

2022 답 ⑤

$\sum\limits_{k=1}^{100}\Big(k^3+\dfrac{1}{2}\Big)-\sum\limits_{k=5}^{100}k^3=\sum\limits_{k=1}^{100}k^3+\sum\limits_{k=1}^{100}\dfrac{1}{2}-\sum\limits_{k=5}^{100}k^3$

$=\Big(\sum\limits_{k=1}^{100}k^3-\sum\limits_{k=5}^{100}k^3\Big)+\sum\limits_{k=1}^{100}\dfrac{1}{2}$

$=\sum\limits_{k=1}^{4}k^3+\sum\limits_{k=1}^{100}\dfrac{1}{2}$

$=\Big(\dfrac{4\times5}{2}\Big)^2+\dfrac{1}{2}\times100$

$=100+50=150$

2023 답 ④

$$\frac{1+2+3+\cdots+k}{k+1}=\frac{1}{k+1}(1+2+3+\cdots+k)=\frac{1}{k+1}\sum_{i=1}^{k}i$$

$$=\frac{1}{k+1}\times\frac{k(k+1)}{2}=\frac{k}{2}$$

$$\therefore\sum_{k=1}^{15}\frac{1+2+3+\cdots+k}{k+1}=\sum_{k=1}^{15}\frac{k}{2}=\frac{1}{2}\sum_{k=1}^{15}k$$

$$=\frac{1}{2}\times\frac{15\times16}{2}=60$$

2024 답 $\dfrac{13}{2}$

$$f(a)=\sum_{k=1}^{12}(k-a)^2$$

$$=\sum_{k=1}^{12}(k^2-2ak+a^2)$$

$$=\sum_{k=1}^{12}k^2-2a\sum_{k=1}^{12}k+\sum_{k=1}^{12}a^2$$

$$=\frac{12\times13\times25}{6}-2a\times\frac{12\times13}{2}+12a^2$$

$$=12a^2-156a+650$$

$$=12\left(a-\frac{13}{2}\right)^2+143$$

따라서 $f(a)$의 값은 $a=\dfrac{13}{2}$일 때 최소가 된다.

> **개념 Check**
>
> **이차함수의 최대 · 최소**
> 이차함수 $y=a(x-m)^2+n$에서
> (1) $a>0$ ➡ $x=m$일 때 최솟값은 n, 최댓값은 없다.
> (2) $a<0$ ➡ $x=m$일 때 최댓값은 n, 최솟값은 없다.

2025 답 ③

$$\sum_{k=1}^{10}k^2+\sum_{k=2}^{10}k^2+\sum_{k=3}^{10}k^2+\cdots+\sum_{k=10}^{10}k^2$$

$$=(1^2+2^2+3^2+\cdots+10^2)+(2^2+3^2+4^2+\cdots+10^2)$$

$$\qquad+(3^2+4^2+5^2+\cdots+10^2)+\cdots+(9^2+10^2)+10^2$$

$$=1^2\times1+2^2\times2+3^2\times3+\cdots+10^2\times10$$

$$=1^3+2^3+3^3+\cdots+10^3$$

$$=\sum_{k=1}^{10}k^3=\left(\frac{10\times11}{2}\right)^2$$

$$=3025$$

2026 답 61

$$\sum_{k=1}^{10}(a_k+b_k)=\sum_{k=1}^{10}a_k+\sum_{k=1}^{10}b_k=3+\sum_{k=1}^{10}b_k=9에서 \sum_{k=1}^{10}b_k=6$$

$$\therefore\sum_{k=1}^{10}(b_k+k)=\sum_{k=1}^{10}b_k+\sum_{k=1}^{10}k$$

$$=6+\frac{10\times11}{2}$$

$$=6+55$$

$$=61$$

2027 답 427

$x^2-5nx+4n^2=0$에서
$(x-n)(x-4n)=0$ $\therefore \underline{x=n \text{ 또는 } x=4n}$

> $\alpha_n=n,\ \beta_n=4n$
> 또는 $\alpha_n=4n,\ \beta_n=n$

$$\therefore\sum_{n=1}^{7}(1-\alpha_n)(1-\beta_n)=\sum_{n=1}^{7}(1-n)(1-4n)$$

$$=\sum_{n=1}^{7}(1-5n+4n^2)$$

$$=\sum_{n=1}^{7}1-5\sum_{n=1}^{7}n+4\sum_{n=1}^{7}n^2$$

$$=1\times7-5\times\frac{7\times8}{2}+4\times\frac{7\times8\times15}{6}$$

$$=427$$

2028 답 91

다항식 $2x^2-3x+1$을 $x-n$으로 나누었을 때의 나머지가 a_n이므로 나머지정리에 의하여 $a_n=2n^2-3n+1$

$$\therefore\sum_{n=1}^{7}(a_n-n^2+n)=\sum_{n=1}^{7}(2n^2-3n+1-n^2+n)$$

$$=\sum_{n=1}^{7}(n^2-2n+1)$$

$$=\sum_{n=1}^{7}n^2-2\sum_{n=1}^{7}n+\sum_{n=1}^{7}1$$

$$=\frac{7\times8\times15}{6}-2\times\frac{7\times8}{2}+1\times7$$

$$=140-56+7=91$$

> **참고** 다음과 같이 풀 수도 있다.
>
> $$\sum_{n=1}^{7}(n^2-2n+1)=\sum_{n=1}^{7}(n-1)^2=\sum_{n=1}^{6}n^2$$
>
> $$=\frac{6\times7\times13}{6}=91$$

> **개념 Check**
>
> **나머지정리**
> 다항식 $f(x)$를 일차식 $x-\alpha$로 나누었을 때의 나머지는 $f(\alpha)$이다.

2029 답 ② | 유형 4

> $\displaystyle\sum_{k=1}^{n}\left(\sum_{l=1}^{k}l\right)=35$를 만족시키는 자연수 n의 값은?
> **단서1**
>
> ① 4   ② 5   ③ 6
> ④ 7   ⑤ 8
>
> **단서1** l에 대한 것부터 계산한 후, k에 대한 것을 계산

STEP1 괄호 안부터 차례로 $\sum$ 계산하기

$$\sum_{k=1}^{n}\left(\sum_{l=1}^{k}l\right)=\sum_{k=1}^{n}\frac{k(k+1)}{2}$$

$$=\sum_{k=1}^{n}\frac{1}{2}(k^2+k)$$

$$=\frac{1}{2}\left(\sum_{k=1}^{n}k^2+\sum_{k=1}^{n}k\right)$$

$$=\frac{1}{2}\left\{\frac{n(n+1)(2n+1)}{6}+\frac{n(n+1)}{2}\right\}$$

$$=\frac{n(n+1)(n+2)}{6}$$

STEP2 자연수 n의 값 구하기

$\displaystyle\sum_{k=1}^{n}\left(\sum_{l=1}^{k}l\right)=35$이므로

$$\frac{n(n+1)(n+2)}{6}=35$$

$$n(n+1)(n+2)=5\times6\times7$$

$$\therefore n=5$$

2030 답 266

$$\sum_{l=1}^{6}\left(\sum_{k=1}^{l}kl\right)=\sum_{l=1}^{6}\left(l\sum_{k=1}^{l}k\right)=\sum_{l=1}^{6}\left\{l\times\frac{l(l+1)}{2}\right\}$$

$$=\sum_{l=1}^{6}\frac{l^2(l+1)}{2}=\frac{1}{2}\left(\sum_{l=1}^{6}l^3+\sum_{l=1}^{6}l^2\right)$$

$$=\frac{1}{2}\times\left\{\left(\frac{6\times7}{2}\right)^2+\frac{6\times7\times13}{6}\right\}$$

$$=\frac{1}{2}\times(441+91)=266$$

2031 답 ③

$$\sum_{k=1}^{m}\left\{\sum_{l=1}^{n}(k+l)\right\}=\sum_{k=1}^{m}\left(\sum_{l=1}^{n}k+\sum_{l=1}^{n}l\right)$$

$$=\sum_{k=1}^{m}\left\{kn+\frac{n(n+1)}{2}\right\}$$

$$=n\sum_{k=1}^{m}k+\sum_{k=1}^{m}\frac{n(n+1)}{2}$$

$$=n\times\frac{m(m+1)}{2}+\frac{n(n+1)}{2}\times m$$

$$=\frac{mn(m+n+2)}{2}$$

문제의 조건에서 $m+n=11$, $mn=18$

$$=\frac{18\times(11+2)}{2}$$

$$=117$$

2032 답 ③

ㄱ. $\displaystyle\sum_{k=1}^{5}\left(\sum_{m=1}^{5}m\right)=\sum_{k=1}^{5}\left(\frac{5\times6}{2}\right)=\sum_{k=1}^{5}15$

$$=15\times5=75\ (참)$$

ㄴ. $\displaystyle\sum_{m=1}^{n}\left\{\sum_{l=1}^{m}\left(\sum_{k=1}^{l}1\right)\right\}=\sum_{m=1}^{n}\left(\sum_{l=1}^{m}l\right)$

$$=\sum_{m=1}^{n}\frac{m(m+1)}{2}=\frac{1}{2}\sum_{m=1}^{n}(m^2+m)$$

$$=\frac{1}{2}\left(\sum_{m=1}^{n}m^2+\sum_{m=1}^{n}m\right)$$

$$=\frac{1}{2}\left\{\frac{n(n+1)(2n+1)}{6}+\frac{n(n+1)}{2}\right\}$$

$$=\frac{n(n+1)(n+2)}{6}\ (거짓)$$

ㄷ. $\displaystyle\sum_{k=1}^{n}\left(\sum_{l=1}^{k}k\right)=\sum_{k=1}^{n}k^2=\frac{n(n+1)(2n+1)}{6}\ (참)$

따라서 옳은 것은 ㄱ, ㄷ이다.

2033 답 ③

$$\sum_{k=1}^{n}\frac{(k+1)\times(-1)^n}{n(n+3)}=\frac{(-1)^n}{n(n+3)}\sum_{k=1}^{n}(k+1)$$

$$=\frac{(-1)^n}{n(n+3)}\left(\sum_{k=1}^{n}k+\sum_{k=1}^{n}1\right)$$

$$=\frac{(-1)^n}{n(n+3)}\left\{\frac{n(n+1)}{2}+n\right\}$$

$$=\frac{(-1)^n}{n(n+3)}\times\frac{n(n+3)}{2}$$

$$=\frac{1}{2}\times(-1)^n$$

$$\therefore \sum_{n=1}^{10}\left\{\sum_{k=1}^{n}\frac{(k+1)\times(-1)^n}{n(n+3)}\right\}$$

$$=\sum_{n=1}^{10}\left\{\frac{1}{2}\times(-1)^n\right\}=\frac{1}{2}\sum_{n=1}^{10}(-1)^n$$

$$=\frac{1}{2}\times(-1+1-1+1-\cdots-1+1)=\frac{1}{2}\times0=0$$

2034 답 ②

$$\sum_{l=1}^{5}\left[\sum_{k=1}^{5}\left\{\sum_{m=1}^{5}(-1)^{m-1}(2k-l)\right\}\right]$$

$$=\sum_{l=1}^{5}\left[\sum_{k=1}^{5}\left\{(2k-l)\sum_{m=1}^{5}(-1)^{m-1}\right\}\right]$$

$$=\sum_{l=1}^{5}\left[\sum_{k=1}^{5}\{(2k-l)\underbrace{(1-1+1-1+1)}_{=1}\}\right]$$

$$=\sum_{l=1}^{5}\left\{\sum_{k=1}^{5}(2k-l)\right\}$$

$$=\sum_{l=1}^{5}\left(2\sum_{k=1}^{5}k-\sum_{k=1}^{5}l\right)$$

$$=\sum_{l=1}^{5}\left(2\times\frac{5\times6}{2}-5l\right)$$

$$=\sum_{l=1}^{5}(30-5l)=\sum_{l=1}^{5}30-5\sum_{l=1}^{5}l$$

$$=30\times5-5\times\frac{5\times6}{2}=75$$

2035 답 ④　　　　　　　　　　| 유형 5

$a_4=11$, $a_7=17$인 등차수열 $\{a_n\}$에 대하여 $\displaystyle\sum_{k=1}^{10}(a_k-3)^2$의 값은?
단서1 　　　　　　　　　　　　　단서2

① 1525　　　　② 1530　　　　③ 1535

④ 1540　　　　⑤ 1545

단서1 $a+3d=11$, $a+6d=17$

단서2 a_k를 구하여 대입

STEP1 등차수열 $\{a_n\}$의 첫째항 a, 공차 d의 값 구하기

등차수열 $\{a_n\}$의 첫째항을 a, 공차를 d라 하면

$$a_4=a+3d=11 \quad\cdots\cdots\cdots\cdots\cdots\cdots\cdots ㉠$$

$$a_7=a+6d=17 \quad\cdots\cdots\cdots\cdots\cdots\cdots\cdots ㉡$$

㉠, ㉡을 연립하여 풀면 $a=5$, $d=2$

STEP2 등차수열 $\{a_n\}$의 일반항 구하기

$$a_n=5+(n-1)\times2=2n+3$$

STEP3 $\displaystyle\sum_{k=1}^{10}(a_k-3)^2$의 값 구하기

$$\sum_{k=1}^{10}(a_k-3)^2=\sum_{k=1}^{10}(2k+3-3)^2$$

$$=\sum_{k=1}^{10}4k^2=4\sum_{k=1}^{10}k^2$$

$$=4\times\frac{10\times11\times21}{6}$$

$$=1540$$

2036 답 −1

등차수열 $\{a_n\}$의 공차를 d라 하면

$$a_{2k-1}=1+\{(2k-1)-1\}d=1+(2k-2)d$$

$$\therefore \sum_{k=1}^{10}a_{2k-1}=\sum_{k=1}^{10}\{1+(2k-2)d\}$$

$$=\sum_{k=1}^{10}\{2dk+(1-2d)\}$$

$$=2d\sum_{k=1}^{10}k+\sum_{k=1}^{10}(1-2d)$$

$$=2d\times\frac{10\times11}{2}+(1-2d)\times10$$

$$=90d+10$$

즉, $\displaystyle\sum_{k=1}^{10}a_{2k-1}=-80$에서 $90d+10=-80$

$90d=-90$　　　$\therefore d=-1$

따라서 수열 $\{a_n\}$의 공차는 -1이다.

2037　답 ①

등차수열 $\{a_n\}$의 첫째항을 a, 공차를 d라 하면

$a_5=a+4d=2$ ·· ㉠

$a_9=a+8d=-10$ ··· ㉡

㉠, ㉡을 연립하여 풀면

$a=14$, $d=-3$

$\therefore \displaystyle\sum_{k=1}^{100}a_{2k}-\sum_{k=1}^{100}a_{2k+1}$

$=\displaystyle\sum_{k=1}^{100}(a_{2k}-a_{2k+1})$

$=(a_2-a_3)+(a_4-a_5)+(a_6-a_7)+\cdots+(a_{200}-a_{201})$

$=\underbrace{-d-d-d-\cdots-d}_{100개}=-100d$

$=-100\times(-3)$

$=300$

2038　답 ③

첫째항이 -1, 공차가 -2인 등차수열 $\{a_n\}$의 일반항은

$a_n=-1+(n-1)\times(-2)=-2n+1$

첫째항이 -4, 공차가 -3인 등차수열 $\{b_n\}$의 일반항은

$b_n=-4+(n-1)\times(-3)=-3n-1$

$\therefore \displaystyle\sum_{k=1}^{10}a_kb_k=\sum_{k=1}^{10}(-2k+1)(-3k-1)$

$=\displaystyle\sum_{k=1}^{10}(6k^2-k-1)$

$=6\displaystyle\sum_{k=1}^{10}k^2-\sum_{k=1}^{10}k-\sum_{k=1}^{10}1$

$=6\times\dfrac{10\times11\times21}{6}-\dfrac{10\times11}{2}-1\times10$

$=2310-55-10=2245$

2039　답 ③

등차수열 $\{a_n\}$의 첫째항을 a라 하면 ㈎에서

$\displaystyle\sum_{k=1}^{2m+1}a_k=\dfrac{(2m+1)\{2a+(2m+1-1)\times5\}}{2}$

$=(2m+1)(a+5m)<0$

이때 $2m+1>0$이므로 $a+5m<0$

즉, $a_{m+1}=a+5m<0$이고 수열 $\{a_n\}$의 모든 항이 정수이므로

a_{m+1}은 음의 정수이다.

(i) $a_{m+1}=-1$일 때

$a_m=-1-5=-6$, $a_{m+2}=-1+5=4$

$|a_m|+|a_{m+1}|+|a_{m+2}|=|-6|+|-1|+|4|=11$이므로

㈏를 만족시킨다.

$a_{m+1}=-1$이므로 $a_{m+6}=24$, $a_{m+7}=29$

즉, $24<a_{21}<29$인 a_{21}이 존재하지 않는다.

(ii) $a_{m+1}=-2$일 때

$a_m=-2-5=-7$, $a_{m+2}=-2+5=3$

$|a_m|+|a_{m+1}|+|a_{m+2}|=|-7|+|-2|+|3|=12$이므로

㈏를 만족시킨다.

$a_{m+1}=-2$이므로 $24<a_{m+7}=28<29$

따라서 $m+7=21$이므로 $m=14$

(iii) $a_{m+1}\leq-3$일 때

$|a_m|+|a_{m+1}|+|a_{m+2}|\geq13$이므로 ㈏를 만족시키지 않는다.

(i), (ii), (iii)에서 $m=14$

2040　답 ④

$S_n=\dfrac{n\{2\times50+(n-1)\times(-4)\}}{2}$

$=-2n^2+52n$

$=-2(n-13)^2+338$

이므로 S_n의 값은 $n=13$일 때 최대이고 함수 $y=S_n$의 그래프는 직선 $n=13$에 대하여 대칭이다.

이때 $\displaystyle\sum_{k=m}^{m+4}S_k=S_m+S_{m+1}+S_{m+2}+S_{m+3}+S_{m+4}$이므로

$\displaystyle\sum_{k=m}^{m+4}S_k$의 값은 $m+2=13$일 때 최대가 된다.

$\therefore m=11$

> **실수 Check**
>
> 함수 $y=S_n$은 n에 대한 이차함수이므로 그래프가 직선 $n=13$에 대하여 대칭이다. 또한, 함수 $y=S_n$의 그래프는 위로 볼록하므로 $\displaystyle\sum_{k=m}^{m+4}S_k$의 값이 최대이려면 S_m, S_{m+1}, S_{m+2}, S_{m+3}, S_{m+4}의 값 중 가운데 값이 최대가 되어야 한다. 따라서 $S_{m+2}=S_{13}$일 때, $\displaystyle\sum_{k=m}^{m+4}S_k$의 값이 최대이고 $S_m=S_{m+4}=S_{11}=S_{15}$, $S_{m+1}=S_{m+3}=S_{12}=S_{14}$이다.

2041　답 ④　　　｜유형 6

> 수열 $\{a_n\}$이 첫째항이 3, 공비가 2인 등비수열일 때, $\displaystyle\sum_{k=1}^{10}\dfrac{a_k}{3^k}$의 값은?
>
> ① $\dfrac{1}{9}\left\{1-\left(\dfrac{2}{3}\right)^{10}\right\}$　　② $\dfrac{1}{3}\left\{1-\left(\dfrac{2}{3}\right)^{10}\right\}$　　③ $1-\left(\dfrac{2}{3}\right)^{10}$
>
> ④ $3\left\{1-\left(\dfrac{2}{3}\right)^{10}\right\}$　　⑤ $9\left\{1-\left(\dfrac{2}{3}\right)^{10}\right\}$
>
> **단서1** 첫째항이 a, 공비가 r인 등비수열의 일반항 a_n은 $a_n=ar^{n-1}$
>
> **단서2** 수열 $\left\{\dfrac{a_n}{3^n}\right\}$의 첫째항부터 제10항까지의 합

STEP 1 등비수열 $\{a_n\}$의 일반항 구하기

수열 $\{a_n\}$은 첫째항이 3, 공비가 2인 등비수열이므로 일반항 a_n은

$a_n=3\times2^{n-1}$

STEP 2 수열 $\dfrac{a_1}{3}$, $\dfrac{a_2}{3^2}$, $\dfrac{a_3}{3^3}$, $\cdots$의 일반항 구하기

수열 $\dfrac{a_1}{3}$, $\dfrac{a_2}{3^2}$, $\dfrac{a_3}{3^3}$, $\cdots$의 일반항을 b_n이라 하면

$b_n=\dfrac{a_n}{3^n}=\dfrac{3\times2^{n-1}}{3^n}=\dfrac{2^{n-1}}{3^{n-1}}=\left(\dfrac{2}{3}\right)^{n-1}$

즉, 수열 $\{b_n\}$은 첫째항이 1이고, 공비가 $\dfrac{2}{3}$인 등비수열이다.

STEP 3 $\displaystyle\sum_{k=1}^{10}\dfrac{a_k}{3^k}$의 값 구하기

$\displaystyle\sum_{k=1}^{10}\dfrac{a_k}{3^k}$는 등비수열 $\{b_n\}$의 첫째항부터 제10항까지의 합과 같으므로

$$\sum_{k=1}^{10}\frac{a_k}{3^k}=\sum_{k=1}^{10}\left(\frac{2}{3}\right)^{k-1}=\frac{1-\left(\frac{2}{3}\right)^{10}}{1-\frac{2}{3}}=3\left\{1-\left(\frac{2}{3}\right)^{10}\right\}$$

2042 답 ②

등비수열 $\{a_n\}$의 첫째항을 a, 공비를 r이라 하면

$a_4a_5=a_{10}$에서 $ar^3\times ar^4=ar^9$

$\therefore a=r^2$ ·· ㉠

$a_2=ar=27$ ·· ㉡

㉠을 ㉡에 대입하면

$r^3=27$ $\quad\therefore r=3$

$r=3$을 ㉠에 대입하면 $a=9$

$\therefore a_n=9\times 3^{n-1}$

$\sum_{k=1}^{n}a_k=360$에서 $\frac{9(3^n-1)}{3-1}=360$

$9(3^n-1)=720$, $3^n-1=80$

$3^n=81$ $\quad\therefore n=4$

2043 답 285

$$\sum_{i=1}^{5}\left(\sum_{j=1}^{5}a_ib_j\right)=\sum_{i=1}^{5}\left\{\sum_{j=1}^{5}(2^i-1)(2j-5)\right\}$$
$$=\sum_{i=1}^{5}\left\{(2^i-1)\sum_{j=1}^{5}(2j-5)\right\}$$
$$=\sum_{i=1}^{5}\left\{(2^i-1)\times\left(2\sum_{j=1}^{5}j-\sum_{j=1}^{5}5\right)\right\}$$
$$=\sum_{i=1}^{5}\left\{(2^i-1)\times\left(2\times\frac{5\times 6}{2}-5\times 5\right)\right\}$$
$$=\sum_{i=1}^{5}\left\{(2^i-1)\times 5\right\}$$
$$=5\sum_{i=1}^{5}(2^i-1)$$
$$=5\left(\sum_{i=1}^{5}2^i-\sum_{i=1}^{5}1\right)$$
$$=5\times\left\{\frac{2\times(2^5-1)}{2-1}-1\times 5\right\}=285$$

실수 Check

각각의 $\sum$에서 항을 나타내는 문자를 찾고 그 외의 문자는 상수로 생각해야 함에 주의하면서 등비수열의 합을 이용하여 계산한다.

$$\sum_{i=1}^{5}\left(\sum_{j=1}^{5}a_ib_j\right)=\sum_{i=1}^{5}\left(a_i\sum_{j=1}^{5}b_j\right)$$

2044 답 ③

등비수열 $\{a_n\}$의 공비를 r이라 하면

$a_3=4(a_2-a_1)$에서 $a_1r^2=4(a_1r-a_1)$

$a_1(r^2-4r+4)=0$, $a_1(r-2)^2=0$

$\therefore r=2$ $(\because a_1\neq 0)$

$\sum_{k=1}^{6}a_k=15$에서 $\frac{a_1(2^6-1)}{2-1}=15$

$63a_1=15$ $\quad\therefore a_1=\frac{5}{21}$

$\therefore a_1+a_3+a_5=a_1(1+r^2+r^4)$
$$=\frac{5}{21}\times(1+4+16)=5$$

2045 답 105

$$\sum_{k=1}^{5}2^{k-1}=\frac{2^5-1}{2-1}=31$$
$$\sum_{k=1}^{n}(2k-1)=2\times\frac{n(n+1)}{2}-n=n^2$$
$$\sum_{k=1}^{5}(2\times 3^{k-1})=\frac{2\times(3^5-1)}{3-1}=242$$

이므로 주어진 부등식에서 $31<n^2<242$

따라서 부등식을 만족시키는 자연수 n의 값은 $6, 7, 8, \cdots, 15$이고

그 합은 → 첫째항이 6, 끝항이 15, 항수가 10인 등차수열

$$\frac{10\times(6+15)}{2}=105$$

2046 답 ②

두 등비수열 $\{a_n\}$, $\{b_n\}$의 첫째항이 같고, 공비는 절댓값이 같고 부호가 다르므로 모든 자연수 n에 대하여

$a_{2n}+b_{2n}=0$

$\underline{a_{2n+1}+b_{2n+1}=3(a_{2n-1}+b_{2n-1})}$ ···················· ㉠

→ 첫째항이 a_1+b_1, 공비가 $(\pm\sqrt{3})^2=3$인 등비수열

$$\therefore \sum_{n=1}^{8}a_n+\sum_{n=1}^{8}b_n=\sum_{n=1}^{8}(a_n+b_n)$$
$$=\sum_{n=1}^{4}\underbrace{(a_{2n}+b_{2n})}_{=0}+\sum_{n=1}^{4}(a_{2n-1}+b_{2n-1})$$
$$=\sum_{n=1}^{4}(a_{2n-1}+b_{2n-1})$$
$$=\frac{(a_1+b_1)(3^4-1)}{3-1}$$
$$=40(a_1+b_1)$$

즉, $40(a_1+b_1)=160$이므로 $a_1+b_1=4$

따라서 ㉠에서 $a_3+b_3=3(a_1+b_1)=3\times 4=12$

2047 답 ①

등비수열 $\{a_n\}$의 첫째항이 양수이고 공비가 음수이므로 홀수 번째 항은 양수이고, 짝수 번째 항은 음수이다.

(ⅰ) $n=2k-1$ (k는 자연수)일 때

$|a_{2k-1}|+a_{2k-1}=a_{2k-1}+a_{2k-1}=2a_{2k-1}$

(ⅱ) $n=2k$ (k는 자연수)일 때

$|a_{2k}|+a_{2k}=-a_{2k}+a_{2k}=0$

(ⅰ), (ⅱ)에서

$$\sum_{k=1}^{9}(|a_k|+a_k)=\sum_{k=1}^{5}(|a_{2k-1}|+a_{2k-1})+\underbrace{\sum_{k=1}^{4}(|a_{2k}|+a_{2k})}_{=0}$$
$$=\sum_{k=1}^{5}2a_{2k-1}$$

이때 수열 $\{a_{2n-1}\}$은 첫째항이 a_1, 공비가 $(-2)^2=4$인 등비수열이므로

$$\sum_{k=1}^{5}2a_{2k-1}=2(a_1+a_3+a_5+a_7+a_9)$$
$$=2\times\frac{a_1(4^5-1)}{4-1}=682a_1$$

따라서 $\sum_{k=1}^{9}(|a_k|+a_k)=66$에서 $682a_1=66$이므로 $a_1=\frac{3}{31}$

실수 Check

$a_n>0$일 때 $|a_n|+a_n=2a_n$이고, $a_n<0$일 때 $|a_n|+a_n=0$임에 주의한다.

2048 답 ②

유형 7

수열의 합 $\underset{\text{단서1}}{\underline{2 \times 1 + 3 \times 3 + 4 \times 5 + \cdots + 11 \times 19}}$의 값은?

① 810   ② 815   ③ 820

④ 825   ⑤ 830

단서1 규칙을 찾아 일반항을 구할 수 있음을 이용

STEP 1 주어진 수열의 일반항 구하기

수열 2×1, 3×3, 4×5, $\cdots$, 11×19의 일반항을 a_n이라 하면

$a_n = (n+1)(2n-1) = 2n^2 + n - 1$

STEP 2 수열의 합 구하기

$2 \times 1 + 3 \times 3 + 4 \times 5 + \cdots + 11 \times 19$의 값은 수열 $\{a_n\}$의 첫째항부터 제10항까지의 합이므로

$$\sum_{k=1}^{10} a_k = \sum_{k=1}^{10} (2k^2 + k - 1)$$
$$= 2\sum_{k=1}^{10} k^2 + \sum_{k=1}^{10} k - \sum_{k=1}^{10} 1$$
$$= 2 \times \frac{10 \times 11 \times 21}{6} + \frac{10 \times 11}{2} - 1 \times 10$$
$$= 770 + 55 - 10 = 815$$

2049 답 ②

수열 2, $2+4$, $2+4+6$, $2+4+6+8$, $\cdots$의 일반항을 a_n이라 하면

$$a_n = 2 + 4 + 6 + \cdots + 2n$$
$$= 2(1 + 2 + 3 + \cdots + n)$$
$$= 2 \times \frac{n(n+1)}{2}$$
$$= n(n+1)$$

따라서 주어진 수열의 첫째항부터 제n항까지의 합은

$$\sum_{k=1}^{n} a_k = \sum_{k=1}^{n} k(k+1) = \sum_{k=1}^{n} (k^2 + k)$$
$$= \sum_{k=1}^{n} k^2 + \sum_{k=1}^{n} k$$
$$= \frac{n(n+1)(2n+1)}{6} + \frac{n(n+1)}{2}$$
$$= \frac{n(n+1)(2n+1) + 3n(n+1)}{6}$$
$$= \frac{n(n+1)(2n+4)}{6}$$
$$= \frac{n(n+1)(n+2)}{3}$$

2050 답 ③

수열 1×19, 2×18, 3×17, $\cdots$의 일반항을 a_n이라 하면

$a_n = n(20-n) = 20n - n^2$

따라서 수열 $\{a_n\}$의 첫째항부터 제n항까지의 합 S_n은

$$S_n = \sum_{k=1}^{n} a_k = \sum_{k=1}^{n} (20k - k^2)$$
$$= 20\sum_{k=1}^{n} k - \sum_{k=1}^{n} k^2$$
$$= 20 \times \frac{n(n+1)}{2} - \frac{n(n+1)(2n+1)}{6}$$
$$= \frac{n(n+1)(-2n+59)}{6}$$

즉, $\dfrac{n(n+1)(-2n+59)}{6} = \dfrac{n(n+1)}{6} \times f(n)$이므로

$f(n) = -2n + 59$

$\therefore f(20) = -2 \times 20 + 59 = 19$

2051 답 ①

수열 1, $1+3$, $1+3+3^2$, $\cdots$의 일반항을 a_n이라 하면

$a_n = 1 + 3 + 3^2 + \cdots + 3^{n-1} = \dfrac{3^n - 1}{3 - 1} = \dfrac{1}{2}(3^n - 1)$

수열 $\{a_n\}$의 첫째항부터 제n항까지의 합 S_n은

$$S_n = \sum_{k=1}^{n} a_k = \sum_{k=1}^{n} \frac{1}{2}(3^k - 1)$$
$$= \frac{1}{2}\left(\sum_{k=1}^{n} 3^k - \sum_{k=1}^{n} 1\right)$$
$$= \frac{1}{2}\left\{\frac{3(3^n - 1)}{3 - 1} - 1 \times n\right\}$$
$$= \frac{1}{4}(3^{n+1} - 3 - 2n)$$

따라서 $a = 3$, $b = 2$이므로 $a + b = 5$

2052 답 750

수열 1, $2+4$, $3+6+9$, $\cdots$의 일반항을 a_n이라 하면

$a_n = n(1 + 2 + \cdots + n) = n \times \dfrac{n(n+1)}{2} = \dfrac{n^3 + n^2}{2}$

따라서 주어진 수열의 첫째항부터 제8항까지의 합은

$$\sum_{k=1}^{8} a_k = \sum_{k=1}^{8} \frac{k^3 + k^2}{2}$$
$$= \frac{1}{2}\left(\sum_{k=1}^{8} k^3 + \sum_{k=1}^{8} k^2\right)$$
$$= \frac{1}{2} \times \left\{\left(\frac{8 \times 9}{2}\right)^2 + \frac{8 \times 9 \times 17}{6}\right\}$$
$$= \frac{1}{2} \times (1296 + 204) = 750$$

2053 답 ③

수열 5, 55, 555, 5555, $\cdots$의 일반항을 a_n이라 하면

$$a_n = \underbrace{555\cdots5}_{n\text{개}} = 5(1 + 10 + 10^2 + \cdots + 10^{n-1})$$
$$= 5 \times \frac{10^n - 1}{10 - 1} = \frac{5}{9}(10^n - 1)$$

따라서 수열 $\{a_n\}$의 첫째항부터 제n항까지의 합 S_n은

$$S_n = \sum_{k=1}^{n} a_k = \sum_{k=1}^{n} \frac{5}{9}(10^k - 1) = \frac{5}{9}\sum_{k=1}^{n}(10^k - 1)$$
$$= \frac{5}{9}\left(\sum_{k=1}^{n} 10^k - \sum_{k=1}^{n} 1\right)$$
$$= \frac{5}{9}\left\{\frac{10(10^n - 1)}{10 - 1} - 1 \times n\right\} = \frac{5}{9}\left\{\frac{10}{9}(10^n - 1) - n\right\}$$
$$= \frac{5(10^{n+1} - 10 - 9n)}{81}$$

$$\therefore 9S_{10} = 9 \times \frac{5 \times (10^{11} - 10 - 90)}{81}$$
$$= \frac{5 \times (10^{11} - 10^2)}{9} = \frac{500}{9}(10^9 - 1)$$

실수 Check

제n항에서 같은 숫자가 연속적으로 n개 나오면 각 항을 10의 거듭제곱을 이용하여 나타내어 규칙성을 찾는다. 이 규칙성을 통해 일반항을 구하면 S_{10}의 값을 직접 계산하는 것보다 간단하다.

2054 답 ③

등식 $1 \times n + 2 \times (n-1) + 3 \times (n-2) + \cdots + n \times 1 = 220$을 만족시키는 자연수 n의 값은? **단서1**

① 8   ② 9   ③ 10

④ 11   ⑤ 12

단서1 곱하는 앞과 뒤의 수의 합의 규칙을 찾아 일반항을 식으로 나타낼 수 있음을 이용

STEP1 수열의 제k항 구하기

수열 $1 \times n$, $2 \times (n-1)$, $3 \times (n-2)$, $\cdots$, $n \times 1$의 제k항을 a_k라 하면

$$a_k = k\{n-(k-1)\} = (n+1)k - k^2$$

STEP2 자연수 n의 값 구하기

주어진 식의 좌변은 수열 $\{a_n\}$의 첫째항부터 제n항까지의 합이므로

$$\sum_{k=1}^{n} a_k = \sum_{k=1}^{n} \{(n+1)k - k^2\}$$

$$= (n+1) \sum_{k=1}^{n} k - \sum_{k=1}^{n} k^2$$

$$= (n+1) \times \frac{n(n+1)}{2} - \frac{n(n+1)(2n+1)}{6}$$

$$= \frac{3n(n+1)^2 - n(n+1)(2n+1)}{6}$$

$$= \frac{n(n+1)(n+2)}{6}$$

즉, $\dfrac{n(n+1)(n+2)}{6} = 220$이므로

$$n(n+1)(n+2) = 10 \times 11 \times 12$$

$$\therefore n = 10$$

2055 답 15

수열 $\left(\dfrac{n+1}{n}\right)^2$, $\left(\dfrac{n+2}{n}\right)^2$, $\left(\dfrac{n+3}{n}\right)^2$, $\cdots$, $\left(\dfrac{n+n}{n}\right)^2$의 제$k$항을 a_k라 하면

$$a_k = \left(\frac{n+k}{n}\right)^2 = \left(1+\frac{k}{n}\right)^2 = 1 + \frac{2k}{n} + \frac{k^2}{n^2}$$

주어진 식의 좌변은 수열 $\{a_n\}$의 첫째항부터 제n항까지의 합이므로

$$\sum_{k=1}^{n} a_k = \sum_{k=1}^{n} \left(1 + \frac{2k}{n} + \frac{k^2}{n^2}\right)$$

$$= \sum_{k=1}^{n} 1 + \frac{2}{n} \sum_{k=1}^{n} k + \frac{1}{n^2} \sum_{k=1}^{n} k^2$$

$$= n + \frac{2}{n} \times \frac{n(n+1)}{2} + \frac{1}{n^2} \times \frac{n(n+1)(2n+1)}{6}$$

$$= \frac{6n(2n+1) + (n+1)(2n+1)}{6n}$$

$$= \frac{(2n+1)(7n+1)}{6n}$$

따라서 $a=2$, $b=7$, $c=6$ 또는 $a=7$, $b=2$, $c=6$이므로

$$a+b+c = 15$$

2056 답 ①

수열 $1 \times (n-1)$, $2^2 \times (n-2)$, $\cdots$, $(n-1)^2 \times 1$의 제k항을 a_k라 하면

$$a_k = k^2(n-k) = nk^2 - k^3$$

따라서 주어진 식은 수열 $\{a_n\}$의 첫째항부터 제$(n-1)$항까지의 합이므로

$$\sum_{k=1}^{n-1} a_k = \sum_{k=1}^{n-1} (nk^2 - k^3)$$

$$= n \sum_{k=1}^{n-1} k^2 - \sum_{k=1}^{n-1} k^3$$

$$= n \times \frac{(n-1)n(2n-1)}{6} - \left\{\frac{(n-1)n}{2}\right\}^2$$

$$= \frac{2(n-1)n^2(2n-1) - 3(n-1)^2 n^2}{12}$$

$$= \frac{n^2(n-1)(n+1)}{12}$$

2057 답 $\dfrac{n(n+1)(2n+1)}{6}$

수열 $1 \times (2n-1)$, $2 \times (2n-3)$, $3 \times (2n-5)$, $\cdots$, $n \times 1$의 제k항을 a_k라 하면

$$a_k = k\{2n-(2k-1)\} = (2n+1)k - 2k^2$$

따라서 주어진 식은 수열 $\{a_n\}$의 첫째항부터 제n항까지의 합이므로

$$\sum_{k=1}^{n} a_k = \sum_{k=1}^{n} \{(2n+1)k - 2k^2\}$$

$$= (2n+1) \sum_{k=1}^{n} k - 2 \sum_{k=1}^{n} k^2$$

$$= (2n+1) \times \frac{n(n+1)}{2} - 2 \times \frac{n(n+1)(2n+1)}{6}$$

$$= \frac{3n(n+1)(2n+1) - 2n(n+1)(2n+1)}{6}$$

$$= \frac{n(n+1)(2n+1)}{6}$$

2058 답 ②

수열 $1 \times 2n$, $3 \times (2n-2)$, $5 \times (2n-4)$, $\cdots$, $(2n-1) \times 2$의 제k항을 a_k라 하면

$$a_k = (2k-1)\{2n-(2k-2)\}$$

$$\therefore 1 \times 2n + 3 \times (2n-2) + 5 \times (2n-4) + \cdots + (2n-1) \times 2$$

$$= \sum_{k=1}^{n} a_k$$

$$= \sum_{k=1}^{n} (\boxed{2k-1})\{2n-(2k-2)\}$$

$$= \sum_{k=1}^{n} (\boxed{2k-1})\{2(n+1)-2k\}$$

$$= \sum_{k=1}^{n} 2(n+1)(2k-1) - 2 \sum_{k=1}^{n} k(2k-1)$$

$$= 2(n+1) \sum_{k=1}^{n} (\boxed{2k-1}) - 2 \sum_{k=1}^{n} (2k^2 - k)$$

$$= 2(n+1)\left\{2 \times \frac{n(n+1)}{2} - 1 \times n\right\}$$
$$- 2\left\{2 \times \frac{n(n+1)(2n+1)}{6} - \frac{n(n+1)}{2}\right\}$$

$$= 2(n+1)\{n(n+1) - n\}$$
$$- 2\left\{\frac{n(n+1)(2n+1)}{\boxed{3}} - \frac{n(n+1)}{2}\right\}$$

$$= 2(n+1)n^2 - \frac{1}{3}n(n+1)(\boxed{4n-1})$$

$$= \frac{n(n+1)(2n+1)}{3}$$

따라서 ㈎ : $2k-1$, ㈏ : 3, ㈐ : $4n-1$이므로

$$f(k) = 2k-1, \quad g(n) = 4n-1, \quad a=3$$

$$\therefore f(a) \times g(a) = f(3) \times g(3) = 5 \times 11 = 55$$

2059 답 ④

| 유형 9

자연수 n에 대하여 $\underline{n^3}$을 4로 나눈 나머지를 a_n이라 할 때, $\sum\limits_{k=1}^{150} a_k$의 값은?

① 146   ② 147   ③ 148

④ 149   ⑤ 150

단서1 n^3을 4로 나눈 나머지는 일정한 수가 반복됨을 이용

STEP 1 n에 1, 2, 3, …을 차례로 대입하기

$a_1 = (1^3 = 1$을 4로 나눈 나머지$) = 1$

$a_2 = (2^3 = 8$을 4로 나눈 나머지$) = 0$

$a_3 = (3^3 = 27$을 4로 나눈 나머지$) = 3$

$a_4 = (4^3 = 64$를 4로 나눈 나머지$) = 0$

$a_5 = (5^3 = 125$를 4로 나눈 나머지$) = 1$

$a_6 = (6^3 = 216$을 4로 나눈 나머지$) = 0$

$a_7 = (7^3 = 343$을 4로 나눈 나머지$) = 3$

$a_8 = (8^3 = 512$를 4로 나눈 나머지$) = 0$

⋮

STEP 2 수열 $\{a_n\}$의 규칙성 찾기

수열 $\{a_n\}$은 1, 0, 3, 0이 이 순서대로 반복되므로

$a_{n+4} = a_n$

STEP 3 $\sum\limits_{k=1}^{150} a_k$의 값 구하기

$\sum\limits_{k=1}^{150} a_k = (1 + 0 + 3 + 0) \times 37 + 1 + 0 = 149$

2060 답 667

$a_1 = \left(\dfrac{1 \times 2}{2} = 1$을 3으로 나눈 나머지$\right) = 1$

$a_2 = \left(\dfrac{2 \times 3}{2} = 3$을 3으로 나눈 나머지$\right) = 0$

$a_3 = \left(\dfrac{3 \times 4}{2} = 6$을 3으로 나눈 나머지$\right) = 0$

$a_4 = \left(\dfrac{4 \times 5}{2} = 10$을 3으로 나눈 나머지$\right) = 1$

$a_5 = \left(\dfrac{5 \times 6}{2} = 15$를 3으로 나눈 나머지$\right) = 0$

$a_6 = \left(\dfrac{6 \times 7}{2} = 21$을 3으로 나눈 나머지$\right) = 0$

⋮

즉, 수열 $\{a_n\}$은 1, 0, 0이 이 순서대로 반복되므로

$a_{n+3} = a_n$

$\therefore \sum\limits_{k=1}^{2000} a_k = (1 + 0 + 0) \times 666 + 1 + 0 = 667$

2061 답 ②

$a_1 = (3^1 = 3$의 일의 자리 숫자$) = 3$

$a_2 = (3^2 = 9$의 일의 자리 숫자$) = 9$

$a_3 = (3^3 = 27$의 일의 자리 숫자$) = 7$

$a_4 = (3^4 = 81$의 일의 자리 숫자$) = 1$

$a_5 = (3^5 = 243$의 일의 자리 숫자$) = 3$

$a_6 = (3^6 = 729$의 일의 자리 숫자$) = 9$

⋮

즉, 수열 $\{a_n\}$은 3, 9, 7, 1이 이 순서대로 반복되므로

$a_{n+4} = a_n$

이때 $201 = 4 \times 50 + 1$이고, $250 = 4 \times 62 + 2$이므로

$\sum\limits_{k=201}^{250} a_k = (3 + 9 + 7 + 1) \times 12 + 3 + 9 = 252$

참고 자연수 a에 대하여 $a, a^2, a^3, \cdots$의 일의 자리 숫자를 구할 때는 거듭제곱의 값을 모두 구하지 않고 다음과 같이 일의 자리 숫자만 계산하여 구할 수 있다.

3^1의 일의 자리 숫자 ➜ 3

3^2의 일의 자리 숫자 ➜ $3 \times 3 = 9$에서 9

3^3의 일의 자리 숫자 ➜ $9 \times 3 = 27$에서 7

3^4의 일의 자리 숫자 ➜ $7 \times 3 = 21$에서 1

⋮

2062 답 ③

$x_1, x_2, x_3, \cdots, x_n$ 중 -2가 a개, 1이 b개 있다고 하자.

$\sum\limits_{k=1}^{n} x_k = 15$에서

$(-2) \times a + 1 \times b = 15$

$\therefore -2a + b = 15$ ⟶ ㉠

$\sum\limits_{k=1}^{n} x_k^2 = 39$에서

$(-2)^2 \times a + 1^2 \times b = 39$

$\therefore 4a + b = 39$ ⟶ ㉡

㉠, ㉡을 연립하여 풀면

$a = 4$, $b = 23$

$\therefore \sum\limits_{k=1}^{n} x_k^3 = (-2)^3 \times 4 + 1^3 \times 23 = -9$

2063 답 ③

$\log 100^{\frac{n}{5}} = \dfrac{n}{5} \log 100 = \dfrac{n}{5} \log 10^2 = \dfrac{n}{5} \times 2 = \dfrac{2}{5} n$이므로

$f(1) = \left(\dfrac{2}{5} \times 1 = \dfrac{2}{5}$의 소수 부분$\right) = \dfrac{2}{5}$

$f(2) = \left(\dfrac{2}{5} \times 2 = \dfrac{4}{5}$의 소수 부분$\right) = \dfrac{4}{5}$

$f(3) = \left(\dfrac{2}{5} \times 3 = \dfrac{6}{5}$의 소수 부분$\right) = \dfrac{6}{5} - 1 = \dfrac{1}{5}$

$f(4) = \left(\dfrac{2}{5} \times 4 = \dfrac{8}{5}$의 소수 부분$\right) = \dfrac{8}{5} - 1 = \dfrac{3}{5}$

$f(5) = \left(\dfrac{2}{5} \times 5 = 2$의 소수 부분$\right) = 0$

⋮

즉, $f(n)$은 $\dfrac{2}{5}, \dfrac{4}{5}, \dfrac{1}{5}, \dfrac{3}{5}, 0$이 이 순서대로 반복되므로

$f(n+5) = f(n)$

$\therefore f(1) + f(2) + \cdots + f(30) = \sum\limits_{n=1}^{30} f(n)$

$= \left(\dfrac{2}{5} + \dfrac{4}{5} + \dfrac{1}{5} + \dfrac{3}{5} + 0\right) \times 6$

$= 2 \times 6 = 12$

참고 $0 \le$ (소수 부분) < 1이므로 $f(n) = \log 100^{\frac{n}{5}} -$ (정수 부분)임을 이용하여 $f(n)$의 규칙성을 찾아낸다.

2064 답 ③

(i) $2 \leq n \leq 4$일 때, $n-5<0$이므로
$f(2)=0$, $f(3)=1$, $f(4)=0$

(ii) $n=5$일 때, $n-5=0$이므로
$f(5)=1$

(iii) $6 \leq n \leq 10$일 때, $n-5>0$이므로
$f(6)=2$, $f(7)=1$, $f(8)=2$, $f(9)=1$, $f(10)=2$

(i), (ii), (iii)에서
$$\sum_{n=2}^{10} f(n)=0+1+0+1+2+1+2+1+2$$
$$=10$$

참고 $n-5 \neq 0$일 때, $\sqrt[n]{n-5}$에서 n이 홀수이면 실수인 것은 1개이다.

개념 Check

n이 2 이상인 자연수일 때, 실수 a의 n제곱근 중 실수인 것은 다음과 같다.

	$a>0$	$a=0$	$a<0$
n이 짝수	$\sqrt[n]{a}$, $-\sqrt[n]{a}$	0	없다.
n이 홀수	$\sqrt[n]{a}$	0	$\sqrt[n]{a}$

2065 답 ③　| 유형 10

$$\dfrac{1}{1\times 3}+\dfrac{1}{2\times 4}+\dfrac{1}{3\times 5}+\cdots+\dfrac{1}{8\times 10}$$의 값은?
단서1

① $\dfrac{3}{5}$　② $\dfrac{28}{45}$　③ $\dfrac{29}{45}$

④ $\dfrac{2}{3}$　⑤ $\dfrac{31}{45}$

단서1 곱하는 두 수의 차를 이용하여 일반항을 식으로 나타낼 수 있음을 이용

STEP 1 제k항 a_k 구하기

수열 $\dfrac{1}{1\times 3}$, $\dfrac{1}{2\times 4}$, $\dfrac{1}{3\times 5}$, $\cdots$, $\dfrac{1}{8\times 10}$의 제k항을 a_k라 하면

$$a_k=\dfrac{1}{k(k+2)}=\dfrac{1}{2}\left(\dfrac{1}{k}-\dfrac{1}{k+2}\right)$$

STEP 2 $\dfrac{1}{1\times 3}+\dfrac{1}{2\times 4}+\dfrac{1}{3\times 5}+\cdots+\dfrac{1}{8\times 10}$의 값 구하기

주어진 수열의 합은

$$\sum_{k=1}^{8} a_k=\sum_{k=1}^{8}\dfrac{1}{2}\left(\dfrac{1}{k}-\dfrac{1}{k+2}\right)$$
$$=\dfrac{1}{2}\left\{\left(1-\dfrac{1}{3}\right)+\left(\dfrac{1}{2}-\dfrac{1}{4}\right)+\left(\dfrac{1}{3}-\dfrac{1}{5}\right)+\cdots\right.$$
$$\left.+\left(\dfrac{1}{7}-\dfrac{1}{9}\right)+\left(\dfrac{1}{8}-\dfrac{1}{10}\right)\right\}$$
$$=\dfrac{1}{2}\times\left(1+\dfrac{1}{2}-\dfrac{1}{9}-\dfrac{1}{10}\right)=\dfrac{29}{45}$$

2066 답 ①

수열 $\dfrac{2}{3^2-1}$, $\dfrac{2}{5^2-1}$, $\dfrac{2}{7^2-1}$, $\cdots$, $\dfrac{2}{29^2-1}$의 제k항을 a_k라 하면

$$a_k=\dfrac{2}{(2k+1)^2-1}=\dfrac{2}{\{(2k+1)-1\}\{(2k+1)+1\}}$$
$$=\dfrac{1}{2k(k+1)}=\dfrac{1}{2}\left(\dfrac{1}{k}-\dfrac{1}{k+1}\right)$$

이므로 주어진 수열의 합은

$$\sum_{k=1}^{14} a_k=\sum_{k=1}^{14}\dfrac{1}{2}\left(\dfrac{1}{k}-\dfrac{1}{k+1}\right)$$
$$=\dfrac{1}{2}\left\{\left(1-\dfrac{1}{2}\right)+\left(\dfrac{1}{2}-\dfrac{1}{3}\right)+\left(\dfrac{1}{3}-\dfrac{1}{4}\right)+\cdots+\left(\dfrac{1}{14}-\dfrac{1}{15}\right)\right\}$$
$$=\dfrac{1}{2}\times\left(1-\dfrac{1}{15}\right)=\dfrac{7}{15}$$

2067 답 ①

수열 1, $\dfrac{1}{1+2}$, $\dfrac{1}{1+2+3}$, $\dfrac{1}{1+2+3+4}$, $\cdots$의 일반항을 a_n이라 하면

$$a_n=\dfrac{1}{1+2+3+\cdots+n}=\dfrac{1}{\dfrac{n(n+1)}{2}}=\dfrac{2}{n(n+1)}$$
$$=2\left(\dfrac{1}{n}-\dfrac{1}{n+1}\right)$$

이므로 주어진 수열의 첫째항부터 제99항까지의 합은

$$\sum_{k=1}^{99} a_k=2\sum_{k=1}^{99}\left(\dfrac{1}{k}-\dfrac{1}{k+1}\right)$$
$$=2\left\{\left(\dfrac{1}{1}-\dfrac{1}{2}\right)+\left(\dfrac{1}{2}-\dfrac{1}{3}\right)+\cdots+\left(\dfrac{1}{99}-\dfrac{1}{100}\right)\right\}$$
$$=2\times\left(1-\dfrac{1}{100}\right)=\dfrac{99}{50}$$

따라서 $a=50$, $b=99$이므로
$b-a=49$

2068 답 ③　| 유형 11

첫째항이 1이고 공차가 3인 등차수열 $\{a_n\}$에 대하여
단서1
$$\sum_{k=1}^{8}\dfrac{1}{a_{2k-1}a_{2k+1}}$$의 값은?
단서2

① $\dfrac{6}{49}$　② $\dfrac{1}{7}$　③ $\dfrac{8}{49}$

④ $\dfrac{9}{49}$　⑤ $\dfrac{10}{49}$

단서1 첫째항이 a, 공차가 d인 등차수열의 일반항 a_n은 $a_n=a+(n-1)d$

단서2 $\dfrac{1}{AB}=\dfrac{1}{B-A}\left(\dfrac{1}{A}-\dfrac{1}{B}\right)$임을 이용하여 식을 부분분수로 변형

STEP 1 수열 $\{a_n\}$의 일반항 구하기

첫째항이 1, 공차가 3인 등차수열 $\{a_n\}$의 일반항은
$a_n=1+(n-1)\times 3=3n-2$

STEP 2 a_{2k-1}, a_{2k+1} 구하기

$a_{2k-1}=3(2k-1)-2=6k-5$
$a_{2k+1}=3(2k+1)-2=6k+1$

STEP 3 $\sum_{k=1}^{8}\dfrac{1}{a_{2k-1}a_{2k+1}}$의 값 구하기

$$\sum_{k=1}^{8}\dfrac{1}{a_{2k-1}a_{2k+1}}$$
$$=\sum_{k=1}^{8}\dfrac{1}{(6k-5)(6k+1)}$$
$$=\dfrac{1}{6}\sum_{k=1}^{8}\left(\dfrac{1}{6k-5}-\dfrac{1}{6k+1}\right)$$
$$=\dfrac{1}{6}\left\{\left(\dfrac{1}{1}-\dfrac{1}{7}\right)+\left(\dfrac{1}{7}-\dfrac{1}{13}\right)+\cdots+\left(\dfrac{1}{43}-\dfrac{1}{49}\right)\right\}$$
$$=\dfrac{1}{6}\times\left(1-\dfrac{1}{49}\right)=\dfrac{8}{49}$$

2069 답 ⑤

$\sum_{k=1}^{10} \dfrac{1}{(2k-1)(2k+1)}$

$= \dfrac{1}{2}\sum_{k=1}^{10}\left(\dfrac{1}{2k-1}-\dfrac{1}{2k+1}\right)$

$= \dfrac{1}{2}\left\{\left(\dfrac{1}{1}-\dfrac{1}{3}\right)+\left(\dfrac{1}{3}-\dfrac{1}{5}\right)+\cdots+\left(\dfrac{1}{19}-\dfrac{1}{21}\right)\right\}$

$= \dfrac{1}{2}\times\left(1-\dfrac{1}{21}\right)=\dfrac{10}{21}$

2070 답 11

$\sum_{k=1}^{n} \dfrac{3}{(2k+1)(2k+3)}$

$= \dfrac{3}{2}\sum_{k=1}^{n}\left(\dfrac{1}{2k+1}-\dfrac{1}{2k+3}\right)$

$= \dfrac{3}{2}\left\{\left(\dfrac{1}{3}-\dfrac{1}{5}\right)+\left(\dfrac{1}{5}-\dfrac{1}{7}\right)+\left(\dfrac{1}{7}-\dfrac{1}{9}\right)+\cdots+\left(\dfrac{1}{2n+1}-\dfrac{1}{2n+3}\right)\right\}$

$= \dfrac{3}{2}\left(\dfrac{1}{3}-\dfrac{1}{2n+3}\right)=\dfrac{n}{2n+3}$

즉, $\dfrac{n}{2n+3}=\dfrac{11}{25}$에서

$25n=22n+33$

$3n=33$ $\quad \therefore n=11$

2071 답 ②

$a_n=\sum_{k=1}^{n}\dfrac{k(k+1)}{1^3+2^3+3^3+\cdots+k^3}$

$= \sum_{k=1}^{n}\dfrac{k(k+1)}{\left\{\dfrac{k(k+1)}{2}\right\}^2}$

$= \sum_{k=1}^{n}\dfrac{4}{k(k+1)}$

$= 4\sum_{k=1}^{n}\left(\dfrac{1}{k}-\dfrac{1}{k+1}\right)$

$= 4\left\{\left(\dfrac{1}{1}-\dfrac{1}{2}\right)+\left(\dfrac{1}{2}-\dfrac{1}{3}\right)+\cdots+\left(\dfrac{1}{n}-\dfrac{1}{n+1}\right)\right\}$

$= 4\left(1-\dfrac{1}{n+1}\right)=\dfrac{4n}{n+1}$

$\therefore a_{10}=\dfrac{4\times 10}{10+1}=\dfrac{40}{11}$

2072 답 25

$S_n=\sum_{k=1}^{n}\dfrac{2k+1}{1^2+2^2+3^2+\cdots+k^2}$

$= \sum_{k=1}^{n}\dfrac{2k+1}{\dfrac{k(k+1)(2k+1)}{6}}$

$= \sum_{k=1}^{n}\dfrac{6}{k(k+1)}$

$= 6\sum_{k=1}^{n}\left(\dfrac{1}{k}-\dfrac{1}{k+1}\right)$

$= 6\left\{\left(\dfrac{1}{1}-\dfrac{1}{2}\right)+\left(\dfrac{1}{2}-\dfrac{1}{3}\right)+\cdots+\left(\dfrac{1}{n}-\dfrac{1}{n+1}\right)\right\}$

$= 6\left(1-\dfrac{1}{n+1}\right)=\dfrac{6n}{n+1}$

즉, $S_m=\dfrac{6m}{m+1}=\dfrac{75}{13}$이므로

$78m=75m+75$

$3m=75$ $\quad \therefore m=25$

2073 답 ④

$a_n=\dfrac{n^3+n^2+1}{n^2+n}=\dfrac{n^2(n+1)+1}{n(n+1)}$

$= n+\dfrac{1}{n(n+1)}=n+\left(\dfrac{1}{n}-\dfrac{1}{n+1}\right)$

$\therefore \sum_{k=1}^{9} a_k=\sum_{k=1}^{9}\left\{k+\left(\dfrac{1}{k}-\dfrac{1}{k+1}\right)\right\}$

$= \sum_{k=1}^{9} k+\sum_{k=1}^{9}\left(\dfrac{1}{k}-\dfrac{1}{k+1}\right)$

$= \dfrac{9\times 10}{2}+\left\{\left(\dfrac{1}{1}-\dfrac{1}{2}\right)+\left(\dfrac{1}{2}-\dfrac{1}{3}\right)+\cdots+\left(\dfrac{1}{9}-\dfrac{1}{10}\right)\right\}$

$= 45+\left(1-\dfrac{1}{10}\right)=\dfrac{459}{10}$

2074 답 ④

x에 대한 다항식 $x^3+(1-n)x^2+n$을 $x-n$으로 나누었을 때의 나머지가 a_n이므로 나머지정리에 의하여

$a_n=n^3+(1-n)n^2+n=n^2+n$

$\therefore \sum_{n=1}^{10}\dfrac{1}{a_n}=\sum_{n=1}^{10}\dfrac{1}{n^2+n}=\sum_{n=1}^{10}\dfrac{1}{n(n+1)}$

$= \sum_{n=1}^{10}\left(\dfrac{1}{n}-\dfrac{1}{n+1}\right)$

$= \left(\dfrac{1}{1}-\dfrac{1}{2}\right)+\left(\dfrac{1}{2}-\dfrac{1}{3}\right)+\cdots+\left(\dfrac{1}{10}-\dfrac{1}{11}\right)$

$= 1-\dfrac{1}{11}=\dfrac{10}{11}$

2075 답 ④

$\sum_{k=1}^{n}\dfrac{a_{k+1}-a_k}{a_k a_{k+1}}$

$= \sum_{k=1}^{n}\left(\dfrac{1}{a_k}-\dfrac{1}{a_{k+1}}\right)$

$= \left(\dfrac{1}{a_1}-\dfrac{1}{a_2}\right)+\left(\dfrac{1}{a_2}-\dfrac{1}{a_3}\right)+\left(\dfrac{1}{a_3}-\dfrac{1}{a_4}\right)+\cdots+\left(\dfrac{1}{a_n}-\dfrac{1}{a_{n+1}}\right)$

$= \dfrac{1}{a_1}-\dfrac{1}{a_{n+1}}=-\dfrac{1}{4}-\dfrac{1}{a_{n+1}}$

$\sum_{k=1}^{n}\dfrac{a_{k+1}-a_k}{a_k a_{k+1}}=\dfrac{1}{n}$에서

$-\dfrac{1}{4}-\dfrac{1}{a_{n+1}}=\dfrac{1}{n}$ $\quad \therefore \dfrac{1}{a_{n+1}}=-\dfrac{1}{n}-\dfrac{1}{4}$

위의 식에 $n=12$를 대입하면

$\dfrac{1}{a_{13}}=-\dfrac{1}{12}-\dfrac{1}{4}=-\dfrac{1}{3}$ $\quad \therefore a_{13}=-3$

2076 답 ①

등차수열 $\{a_n\}$의 첫째항을 a, 공차를 $d\ (d\neq 0)$라 하면

$a_9=2a_3$에서

$a+8d=2(a+2d)$, $a+8d=2a+4d$

$\therefore a=4d$ ⋯⋯⋯⋯⋯⋯⋯⋯⋯ ㉠

$\therefore \sum_{n=1}^{24}\dfrac{(a_{n+1}-a_n)^2}{a_n a_{n+1}}$

$= \sum_{n=1}^{24}\dfrac{d^2}{a_n a_{n+1}}$

$= d\sum_{n=1}^{24}\left(\dfrac{1}{a_n}-\dfrac{1}{a_{n+1}}\right)$ ⟵ $a_{n+1}-a_n=d$

$= d\left\{\left(\dfrac{1}{a_1}-\dfrac{1}{a_2}\right)+\left(\dfrac{1}{a_2}-\dfrac{1}{a_3}\right)+\cdots+\left(\dfrac{1}{a_{24}}-\dfrac{1}{a_{25}}\right)\right\}$

$$=d\left(\frac{1}{a_1}-\frac{1}{a_{25}}\right)=d\times\frac{a_{25}-a_1}{a_1 a_{25}}$$

$$=d\times\frac{24d}{a(a+24d)}=\frac{24d^2}{4d\times28d}\ (\because \ominus)$$

$$=\frac{3}{14}$$

2077 답 ③ | 유형 12

n이 자연수일 때, x에 대한 <u>이차방정식 $x^2-nx+n-3=0$의 두 근</u>

을 α_n, β_n이라 하자. 이때 $\sum\limits_{k=1}^{10}(\alpha_k{}^2+\beta_k{}^2)$의 값은?
<u>단서1</u>   <u>단서2</u>

① 325   ② 330   ③ 335

④ 340   ⑤ 345

단서1 이차방정식의 근과 계수의 관계를 이용
단서2 $a^2+b^2=(a+b)^2-2ab$임을 이용하여 식을 변형

STEP 1 $\alpha_n+\beta_n$, $\alpha_n\beta_n$ 구하기

이차방정식의 근과 계수의 관계에 의하여

$\alpha_n+\beta_n=n$, $\alpha_n\beta_n=n-3$

STEP 2 $\sum\limits_{k=1}^{10}(\alpha_k{}^2+\beta_k{}^2)$의 값 구하기

$$\alpha_k{}^2+\beta_k{}^2=(\alpha_k+\beta_k)^2-2\alpha_k\beta_k$$
$$=k^2-2(k-3)=k^2-2k+6$$

$$\therefore \sum_{k=1}^{10}(\alpha_k{}^2+\beta_k{}^2)=\sum_{k=1}^{10}(k^2-2k+6)$$
$$=\sum_{k=1}^{10}k^2-2\sum_{k=1}^{10}k+\sum_{k=1}^{10}6$$
$$=\frac{10\times11\times21}{6}-2\times\frac{10\times11}{2}+6\times10$$
$$=385-110+60=335$$

개념 Check

이차방정식의 근과 계수의 관계
이차방정식 $ax^2+bx+c=0$의 두 근을 α, β라 하면
$$\alpha+\beta=-\frac{b}{a},\ \alpha\beta=\frac{c}{a}$$

2078 답 10

이차방정식의 근과 계수의 관계에 의하여

$\alpha_n+\beta_n=2n+1$, $\alpha_n\beta_n=n(n-1)=n^2-n$

이므로

$$(1-\alpha_k)(1-\beta_k)=1-(\alpha_k+\beta_k)+\alpha_k\beta_k$$
$$=1-(2k+1)+(k^2-k)=k^2-3k$$

$$\therefore \sum_{k=1}^{5}(1-\alpha_k)(1-\beta_k)=\sum_{k=1}^{5}(k^2-3k)$$
$$=\sum_{k=1}^{5}k^2-3\sum_{k=1}^{5}k$$
$$=\frac{5\times6\times11}{6}-3\times\frac{5\times6}{2}$$
$$=55-45=10$$

2079 답 ④

이차방정식의 근과 계수의 관계에 의하여

$\alpha_n+\beta_n=n$, $\alpha_n\beta_n=-n$

이므로

$$\alpha_k{}^3+\beta_k{}^3=(\alpha_k+\beta_k)^3-3\alpha_k\beta_k(\alpha_k+\beta_k)$$
$$=k^3-3\times(-k)\times k=k^3+3k^2$$

$$\therefore \sum_{k=1}^{5}(\alpha_k{}^3+\beta_k{}^3)=\sum_{k=1}^{5}(k^3+3k^2)$$
$$=\sum_{k=1}^{5}k^3+3\sum_{k=1}^{5}k^2$$
$$=\left(\frac{5\times6}{2}\right)^2+3\times\frac{5\times6\times11}{6}$$
$$=225+165=390$$

개념 Check

(1) $a^3+b^3=(a+b)^3-3ab(a+b)$

(2) $a^3-b^3=(a-b)^3+3ab(a-b)$

2080 답 ④

이차방정식의 근과 계수의 관계에 의하여

$\alpha_n+\beta_n=5n$, $\alpha_n\beta_n=1$

$$\therefore \left(\frac{1}{\alpha_1}+\frac{1}{\alpha_2}+\frac{1}{\alpha_3}+\cdots+\frac{1}{\alpha_{10}}\right)+\left(\frac{1}{\beta_1}+\frac{1}{\beta_2}+\frac{1}{\beta_3}+\cdots+\frac{1}{\beta_{10}}\right)$$
$$=\left(\frac{1}{\alpha_1}+\frac{1}{\beta_1}\right)+\left(\frac{1}{\alpha_2}+\frac{1}{\beta_2}\right)+\left(\frac{1}{\alpha_3}+\frac{1}{\beta_3}\right)+\cdots+\left(\frac{1}{\alpha_{10}}+\frac{1}{\beta_{10}}\right)$$
$$=\sum_{k=1}^{10}\left(\frac{1}{\alpha_k}+\frac{1}{\beta_k}\right)$$
$$=\sum_{k=1}^{10}\frac{\alpha_k+\beta_k}{\alpha_k\beta_k}$$
$$=\sum_{k=1}^{10}5k=5\sum_{k=1}^{10}k$$
$$=5\times\frac{10\times11}{2}=275$$

2081 답 380

이차방정식의 근과 계수의 관계에 의하여

$\alpha_n+\beta_n=3(n+1)$, $\alpha_n\beta_n=n+1$

이므로

$$\alpha_k{}^2+\beta_k{}^2=(\alpha_k+\beta_k)^2-2\alpha_k\beta_k=9(k+1)^2-2(k+1)$$
$$=9k^2+16k+7=(9k+7)(k+1)$$

$$\therefore \sum_{k=1}^{8}\left(\frac{\beta_k}{\alpha_k}+\frac{\alpha_k}{\beta_k}\right)=\sum_{k=1}^{8}\frac{\alpha_k{}^2+\beta_k{}^2}{\alpha_k\beta_k}$$
$$=\sum_{k=1}^{8}\frac{(9k+7)(k+1)}{k+1}$$
$$=\sum_{k=1}^{8}(9k+7)$$
$$=9\sum_{k=1}^{8}k+\sum_{k=1}^{8}7$$
$$=9\times\frac{8\times9}{2}+7\times8=380$$

2082 답 ①

이차방정식의 근과 계수의 관계에 의하여

$$a_n=-\frac{-(n+5)}{n^2+6n+5}=\frac{n+5}{(n+1)(n+5)}=\frac{1}{n+1}$$

$$\therefore \sum_{k=1}^{10}\frac{1}{a_k}=\sum_{k=1}^{10}(k+1)=\sum_{k=1}^{10}k+\sum_{k=1}^{10}1$$
$$=\frac{10\times11}{2}+1\times10=65$$

2083 답 ①

유형 13

> 수열 $\{a_n\}$은 첫째항이 9, 공비가 $\frac{1}{3}$인 등비수열일 때, $\sum\limits_{k=1}^{10} \log_3 a_k$의 값은?
> ──────_{단서1}──────────_{단서2}
>
> ① -25 ② -20 ③ -15
> ④ -10 ⑤ -5
>
> 단서1 $a_n = 9 \times \left(\frac{1}{3}\right)^{n-1}$
> 단서2 덧셈으로 나타낸 후 로그의 성질을 이용

STEP 1 수열 $\{a_n\}$의 일반항 구하기

수열 $\{a_n\}$은 첫째항이 9, 공비가 $\frac{1}{3}$인 등비수열이므로

$$a_n = 9 \times \left(\frac{1}{3}\right)^{n-1} = 3^2 \times 3^{-(n-1)} = 3^{-n+3}$$

STEP 2 $\log_3 a_n$ 간단히 나타내기

$$\log_3 a_n = \log_3 3^{-n+3} = -n+3$$

STEP 3 $\sum\limits_{k=1}^{10} \log_3 a_k$의 값 구하기

$$\sum_{k=1}^{10} \log_3 a_k = \sum_{k=1}^{10}(-k+3)$$
$$= -\sum_{k=1}^{10} k + \sum_{k=1}^{10} 3$$
$$= -\frac{10 \times 11}{2} + 3 \times 10 = -25$$

2084 답 15

$a_n = \log(n+1) - \log n = \log \dfrac{n+1}{n}$ 이므로

$$\sum_{k=2}^{m} a_k = \sum_{k=2}^{m} \log \frac{k+1}{k}$$
$$= \log \frac{3}{2} + \log \frac{4}{3} + \log \frac{5}{4} + \cdots + \log \frac{m+1}{m}$$
$$= \log \left(\frac{3}{2} \times \frac{4}{3} \times \frac{5}{4} \times \cdots \times \frac{m+1}{m} \right)$$
$$= \log \frac{m+1}{2}$$

즉, $\log \dfrac{m+1}{2} = \log 8$에서 $\dfrac{m+1}{2} = 8$

$m+1 = 16$ ∴ $m = 15$

2085 답 ④

$$\sum_{k=1}^{10} \log_2 a_k = \log_2 a_1 + \log_2 a_2 + \cdots + \log_2 a_{10}$$
$$= \sum_{k=1}^{5} \log_2 a_{2k-1} + \sum_{k=1}^{5} \log_2 a_{2k}$$
$$= \sum_{k=1}^{5} \log_2 2^{k+1} + \sum_{k=1}^{5} \log_2 4^{k+1}$$
$$= \sum_{k=1}^{5}(k+1)\log_2 2 + \sum_{k=1}^{5}(k+1)\log_2 4$$
$$= \sum_{k=1}^{5}(k+1) + 2\sum_{k=1}^{5}(k+1)$$
$$= 3 \sum_{k=1}^{5}(k+1)$$
$$= 3 \left(\sum_{k=1}^{5} k + \sum_{k=1}^{5} 1 \right)$$
$$= 3 \times \left(\frac{5 \times 6}{2} + 1 \times 5 \right) = 60$$

2086 답 ③

$$\sum_{k=1}^{6} \log_2 a_k = \log_2 a_1 + \log_2 a_2 + \cdots + \log_2 a_6$$
$$= \log_2(a_1 \times a_2 \times \cdots \times a_6)$$

이때 20의 모든 양의 약수의 곱은 → $20 = 2^2 \times 5$의 양의 약수의 개수는 $(2+1) \times (1+1) = 3 \times 2 = 6$ 이므로 a_1, a_2, a_3, $\cdots$, a_6은 20의 모든 양의 약수이다.

$$a_1 \times a_2 \times \cdots \times a_6 = 1 \times 2 \times 4 \times 5 \times 10 \times 20$$
$$= 2^6 \times 5^3$$

$$\therefore \sum_{k=1}^{6} \log_2 a_k = \log_2(2^6 \times 5^3)$$
$$= \log_2 2^6 + \log_2 5^3$$
$$= 6 + 3\log_2 5 = 6 + 3\log_2 \frac{10}{2}$$
$$= 6 + 3(\log_2 10 - \log_2 2)$$
$$= 6 + 3\left(\frac{1}{\log 2} - 1\right)$$
$$= 6 + 3 \times \left(\frac{10}{3} - 1\right)$$
$$= 13$$

개념 Check

소인수분해를 이용하여 약수 구하기

자연수 A가 $A = a^m \times b^n$ (a, b는 서로 다른 소수, m, n은 자연수)으로 소인수분해 될 때

(1) a^m의 약수는 1, a, a^2, $\cdots$, a^m이고, b^n의 약수는 1, b, b^2, $\cdots$, b^n

(2) (A의 약수) = (a^m의 약수) × (b^n의 약수)

(3) A의 약수의 개수 : $(m+1) \times (n+1)$

실수 Check

	1	2	2^2
1	1	2	2^2
5	5	2×5	$2^2 \times 5$

20의 양의 약수는 위의 표와 같으므로 20의 모든 양의 약수의 곱은 $1 \times 2 \times 2^2 \times 5 \times (2 \times 5) \times (2^2 \times 5) = 2^6 \times 5^3$이다.

그런데 자연수 A가 아주 큰 수이거나 A의 양의 약수의 개수가 많아서 양의 약수의 곱을 직접 구하기 복잡할 때는 다음 공식을 이용할 수 있다.

→ (자연수 A의 모든 양의 약수의 곱) $= A^{\frac{(약수의 개수)}{2}}$

2087 답 ①

자연수 n에 대하여 $\log_{n+1}(n+2) = \dfrac{\log_2(n+2)}{\log_2(n+1)}$이므로

$$\sum_{k=1}^{14} \log_2 \{\log_{k+1}(k+2)\}$$
$$= \log_2(\log_2 3) + \log_2(\log_3 4) + \cdots + \log_2(\log_{15} 16)$$
$$= \log_2 \left(\frac{\log_2 3}{\log_2 2}\right) + \log_2 \left(\frac{\log_2 4}{\log_2 3}\right) + \cdots + \log_2 \left(\frac{\log_2 16}{\log_2 15}\right)$$
$$= \log_2 \left(\frac{\log_2 3}{\log_2 2} \times \frac{\log_2 4}{\log_2 3} \times \cdots \times \frac{\log_2 16}{\log_2 15}\right)$$
$$= \log_2 \left(\frac{\log_2 16}{\log_2 2}\right)$$
$$= \log_2 4 = 2$$

따라서

$$\sum_{k=1}^{14} \log_2 \{\log_{k+1}(k+2)\} = \boxed{2}$$

즉, $f(n)=\log_2(n+2)$, $p=\underline{\log_2 16}=4$, $q=2$이므로
$f(p+q)=f(4+2)=f(6)=\underset{\underset{\log_2 2^4=4\log_2 2}{\big\uparrow}}{\log_2 8=3}$

개념 Check

> **로그의 밑의 변환**
> $a>0$, $a\neq1$, $b>0$, $b\neq1$일 때
> (1) $\log_a N=\dfrac{\log_b N}{\log_b a}$ (단, $N>0$)
> (2) $\log_a b=\dfrac{1}{\log_b a}$

2088 답 ② | 유형 **14**

> 수열 $\{a_n\}$은 첫째항이 1, 공차가 3인 등차수열일 때, 【단서1】
> $\displaystyle\sum_{k=1}^{16}\dfrac{1}{\sqrt{a_{k+1}}+\sqrt{a_k}}$의 값은? 【단서2】
>
> ① 1 ② 2 ③ 3
> ④ 4 ⑤ 5
> 【단서1】 등차수열의 일반항은 $a_n=a_1+(n-1)d$
> 【단서2】 분모의 유리화를 이용

STEP 1 수열 $\{a_n\}$의 일반항 구하기

첫째항이 1, 공차가 3인 등차수열 $\{a_n\}$의 일반항 a_n은
$a_n=1+(n-1)\times3=3n-2$

STEP 2 $\dfrac{1}{\sqrt{a_{k+1}}+\sqrt{a_k}}$을 유리화하여 간단히 하기

$\dfrac{1}{\sqrt{a_{k+1}}+\sqrt{a_k}}=\dfrac{\sqrt{a_{k+1}}-\sqrt{a_k}}{(\sqrt{a_{k+1}}+\sqrt{a_k})(\sqrt{a_{k+1}}-\sqrt{a_k})}$

$=\dfrac{\sqrt{a_{k+1}}-\sqrt{a_k}}{\boxed{a_{k+1}-a_k}}\ \longrightarrow\ (공차)=3$

$=\dfrac{1}{3}(\sqrt{3k+1}-\sqrt{3k-2})$

STEP 3 $\displaystyle\sum_{k=1}^{16}\dfrac{1}{\sqrt{a_{k+1}}+\sqrt{a_k}}$의 값 구하기

$\displaystyle\sum_{k=1}^{16}\dfrac{1}{\sqrt{a_{k+1}}+\sqrt{a_k}}$

$=\dfrac{1}{3}\displaystyle\sum_{k=1}^{16}(\sqrt{3k+1}-\sqrt{3k-2})$

$=\dfrac{1}{3}\{(\sqrt{4}-\sqrt{1})+(\sqrt{7}-\sqrt{4})+\cdots+(\sqrt{49}-\sqrt{46})\}$

$=\dfrac{1}{3}\times(-\sqrt{1}+\sqrt{49})=2$

2089 답 ⑤

수열 $\dfrac{1}{1+\sqrt{2}}$, $\dfrac{1}{\sqrt{2}+\sqrt{3}}$, $\cdots$, $\dfrac{1}{\sqrt{168}+\sqrt{169}}$의 일반항을 a_n이라 하면

$a_n=\dfrac{1}{\sqrt{n}+\sqrt{n+1}}=\dfrac{\sqrt{n}-\sqrt{n+1}}{(\sqrt{n}+\sqrt{n+1})(\sqrt{n}-\sqrt{n+1})}$

$=\dfrac{\sqrt{n}-\sqrt{n+1}}{n-(n+1)}=\sqrt{n+1}-\sqrt{n}$

$\therefore\ \dfrac{1}{1+\sqrt{2}}+\dfrac{1}{\sqrt{2}+\sqrt{3}}+\cdots+\dfrac{1}{\sqrt{168}+\sqrt{169}}$

$=\displaystyle\sum_{k=1}^{168}(\sqrt{k+1}-\sqrt{k})$

$=\{(\sqrt{2}-\sqrt{1})+(\sqrt{3}-\sqrt{2})+\cdots+(\sqrt{169}-\sqrt{168})\}$

$=-\sqrt{1}+\sqrt{169}=12$

2090 답 ①

$\dfrac{1}{\sqrt{2k-1}+\sqrt{2k+1}}=\dfrac{\sqrt{2k-1}-\sqrt{2k+1}}{(\sqrt{2k-1}+\sqrt{2k+1})(\sqrt{2k-1}-\sqrt{2k+1})}$

$=\dfrac{1}{2}(\sqrt{2k+1}-\sqrt{2k-1})$

이므로

$\displaystyle\sum_{k=1}^{n}\dfrac{1}{\sqrt{2k-1}+\sqrt{2k+1}}$

$=\dfrac{1}{2}\displaystyle\sum_{k=1}^{n}(\sqrt{2k+1}-\sqrt{2k-1})$

$=\dfrac{1}{2}\{(\sqrt{3}-\sqrt{1})+(\sqrt{5}-\sqrt{3})+\cdots+(\sqrt{2n+1}-\sqrt{2n-1})\}$

$=\dfrac{1}{2}(\sqrt{2n+1}-1)$

즉, $\dfrac{1}{2}(\sqrt{2n+1}-1)=5$이므로 $\sqrt{2n+1}-1=10$

$\sqrt{2n+1}=11$, $2n+1=121$

$2n=120$ $\therefore\ n=60$

2091 답 ④

등차수열 $\{a_n\}$의 첫째항을 a, 공차를 d라 하면

$a_2=a+d=5$ ··· ㉠

$a_4=a+3d=13$ ··· ㉡

㉠, ㉡을 연립하여 풀면 $a=1$, $d=4$

$\therefore\ a_n=1+4(n-1)=4n-3$

따라서 수열 $\dfrac{1}{\sqrt{a_1}+\sqrt{a_2}}$, $\dfrac{1}{\sqrt{a_2}+\sqrt{a_3}}$, $\cdots$, $\dfrac{1}{\sqrt{a_{20}}+\sqrt{a_{21}}}$의 제$k$항은

$\dfrac{1}{\sqrt{a_k}+\sqrt{a_{k+1}}}=\dfrac{1}{\sqrt{4k-3}+\sqrt{4k+1}}$

$=\dfrac{\sqrt{4k-3}-\sqrt{4k+1}}{(\sqrt{4k-3}+\sqrt{4k+1})(\sqrt{4k-3}-\sqrt{4k+1})}$

$=\dfrac{1}{4}(\sqrt{4k+1}-\sqrt{4k-3})$

$\therefore\ m=\displaystyle\sum_{k=1}^{20}\dfrac{1}{\sqrt{a_k}+\sqrt{a_{k+1}}}$

$=\dfrac{1}{4}\displaystyle\sum_{k=1}^{20}(\sqrt{4k+1}-\sqrt{4k-3})$

$=\dfrac{1}{4}\{(\sqrt{5}-\sqrt{1})+(\sqrt{9}-\sqrt{5})+\cdots+(\sqrt{81}-\sqrt{77})\}$

$=\dfrac{1}{4}(-\sqrt{1}+\sqrt{81})=2$

$\therefore\ 10m=10\times2=20$

2092 답 48

$a_n=\sqrt{n}+\sqrt{n+2}$에 대하여

$\dfrac{2}{a_k}=\dfrac{2}{\sqrt{k}+\sqrt{k+2}}$

$=\dfrac{2(\sqrt{k}-\sqrt{k+2})}{(\sqrt{k}+\sqrt{k+2})(\sqrt{k}-\sqrt{k+2})}$

$=\sqrt{k+2}-\sqrt{k}$

이므로

$\displaystyle\sum_{k=1}^{n}\dfrac{2}{a_k}=\displaystyle\sum_{k=1}^{n}(\sqrt{k+2}-\sqrt{k})$

$=\{(\sqrt{3}-\sqrt{1})+(\sqrt{4}-\sqrt{2})+(\sqrt{5}-\sqrt{3})+\cdots$

$+(\sqrt{n+1}-\sqrt{n-1})+(\sqrt{n+2}-\sqrt{n})\}$

$=-\sqrt{1}-\sqrt{2}+\sqrt{n+1}+\sqrt{n+2}$

즉, $-1-\sqrt{2}+\sqrt{n+1}+\sqrt{n+2}=6+4\sqrt{2}$이므로
$\sqrt{n+1}+\sqrt{n+2}=7+5\sqrt{2}=\sqrt{49}+\sqrt{50}$
따라서 $n+1=49$이므로 $n=48$

2093 답 9

$x^2-(2n-1)x+n(n-1)=0$에서
$(x-n)(x-n+1)=0$
$\therefore x=n$ 또는 $x=n-1$
이때 $\alpha_n=n$, $\beta_n=n-1$ 또는 $\alpha_n=n-1$, $\beta_n=n$이므로
$$\frac{1}{\sqrt{\alpha_n}+\sqrt{\beta_n}}=\frac{1}{\sqrt{n}+\sqrt{n-1}}$$
$$=\frac{\sqrt{n}-\sqrt{n-1}}{(\sqrt{n}+\sqrt{n-1})(\sqrt{n}-\sqrt{n-1})}$$
$$=\sqrt{n}-\sqrt{n-1}$$
$$\therefore \sum_{n=1}^{81}\frac{1}{\sqrt{\alpha_n}+\sqrt{\beta_n}}=\sum_{n=1}^{81}(\sqrt{n}-\sqrt{n-1})$$
$$=(\sqrt{1}-0)+(\sqrt{2}-\sqrt{1})+\cdots+(\sqrt{81}-\sqrt{80})$$
$$=\sqrt{81}=9$$

2094 답 ① │유형 15

> 수열 $\{a_n\}$에 대하여 $\sum\limits_{k=1}^{n} a_k=2n^2-n$일 때, $\sum\limits_{k=1}^{10} a_{2k}$의 값은?
> **단서1**
> ① 410 ② 420 ③ 430
> ④ 440 ⑤ 450
>
> **단서1** $n\geq2$일 때, $a_n=S_n-S_{n-1}=\sum\limits_{k=1}^{n}a_k-\sum\limits_{k=1}^{n-1}a_k$임을 이용

STEP 1 일반항 a_n 구하기

수열 $\{a_n\}$의 첫째항부터 제n항까지의 합을 S_n이라 하면
$S_n=2n^2-n$
(i) $n\geq2$일 때
$$a_n=S_n-S_{n-1}$$
$$=2n^2-n-\{2(n-1)^2-(n-1)\}$$
$$=4n-3 \quad\cdots\cdots\text{㉠}$$
(ii) $n=1$일 때
$$a_1=S_1=2\times1^2-1=1$$
이때 $a_1=1$은 ㉠에 $n=1$을 대입한 것과 같으므로
$a_n=4n-3 \ (n\geq1)$

STEP 2 $\sum\limits_{k=1}^{10} a_{2k}$의 값 구하기

$$\sum_{k=1}^{10}a_{2k}=\sum_{k=1}^{10}(8k-3)=8\sum_{k=1}^{10}k-\sum_{k=1}^{10}3$$
$$=8\times\frac{10\times11}{2}-3\times10=410$$

2095 답 $\frac{1}{4}(9^n-1)$

수열 $\{a_n\}$의 첫째항부터 제n항까지의 합을 S_n이라 하면
$S_n=3^n-1$
(i) $n\geq2$일 때
$$a_n=S_n-S_{n-1}=(3^n-1)-(3^{n-1}-1)$$
$$=3^n-3^{n-1}=2\times3^{n-1} \quad\cdots\cdots\text{㉠}$$

(ii) $n=1$일 때
$$a_1=S_1=3-1=2$$
이때 $a_1=2$는 ㉠에 $n=1$을 대입한 것과 같으므로
$a_n=2\times3^{n-1} \ (n\geq1)$
$$\therefore \sum_{k=1}^{n}a_{2k-1}=\sum_{k=1}^{n}(2\times3^{2k-2})=\frac{2}{9}\sum_{k=1}^{n}9^k$$
$$=\frac{2}{9}\times\frac{9(9^n-1)}{9-1}=\frac{1}{4}(9^n-1)$$

2096 답 ④

수열 $\{a_n\}$의 첫째항부터 제n항까지의 합을 S_n이라 하면
$S_n=5\times3^n-5$
(i) $n\geq2$일 때
$$a_n=S_n-S_{n-1}=5\times3^n-5-(5\times3^{n-1}-5)$$
$$=5\times3^n-5\times3^{n-1}=10\times3^{n-1} \quad\cdots\cdots\text{㉠}$$
(ii) $n=1$일 때
$$a_1=S_1=5\times3-5=10$$
이때 $a_1=10$은 ㉠에 $n=1$을 대입한 것과 같으므로
$a_n=10\times3^{n-1} \ (n\geq1)$
$$\therefore \sum_{k=1}^{10}\frac{1}{a_k}=\sum_{k=1}^{10}\left\{\frac{1}{10}\times\left(\frac{1}{3}\right)^{k-1}\right\}=\frac{1}{10}\sum_{k=1}^{10}\left(\frac{1}{3}\right)^{k-1}$$
$$=\frac{1}{10}\times\frac{1-\left(\frac{1}{3}\right)^{10}}{1-\frac{1}{3}}=\frac{3}{20}\left\{1-\left(\frac{1}{3}\right)^{10}\right\}$$

2097 답 2

수열 $\{a_n\}$의 첫째항부터 제n항까지의 합을 S_n이라 하면
$S_n=\log_3(n^2+n)$
(i) $n\geq2$일 때 $\qquad\to S_{n-1}=\log_3\{(n-1)^2+(n-1)\}$
$$a_n=S_n-S_{n-1}=\log_3(n^2+n)-\log_3(n^2-n)$$
$$=\log_3\frac{n^2+n}{n^2-n}=\log_3\frac{n+1}{n-1} \quad\cdots\cdots\text{㉠}$$
(ii) $n=1$일 때
$$a_1=S_1=\log_3(1^2+1)=\log_3 2$$
이때 $a_1=\log_3 2$는 ㉠에 $n=1$을 대입한 것과 같지 않으므로
$a_1=\log_3 2$, $a_n=\log_3\dfrac{n+1}{n-1} \ (n\geq2)$
$$\therefore \sum_{k=1}^{8}a_{2k+1}=\sum_{k=1}^{8}\log_3\frac{2k+2}{2k}$$
$$=\sum_{k=1}^{8}\log_3\frac{k+1}{k}$$
$$=\log_3\left(\frac{2}{1}\times\frac{3}{2}\times\cdots\times\frac{9}{8}\right)$$
$$=\log_3 9=2$$

2098 답 ⑤

수열 $\{a_n\}$의 첫째항부터 제n항까지의 합을 S_n이라 하면
$S_n=2n^2-3n$
(i) $n\geq2$일 때
$$a_n=S_n-S_{n-1}$$
$$=2n^2-3n-\{2(n-1)^2-3(n-1)\}$$
$$=4n-5 \quad\cdots\cdots\text{㉠}$$

(ii) $n=1$일 때

$a_1=S_1=2-3=-1$

이때 $a_1=-1$은 ㉠에 $n=1$을 대입한 것과 같으므로

$a_n=4n-5$ $(n\geq1)$

따라서 $\dfrac{1}{a_{k+1}a_{k+2}}=\dfrac{1}{(4k-1)(4k+3)}=\dfrac{1}{4}\left(\dfrac{1}{4k-1}-\dfrac{1}{4k+3}\right)$

이므로

$\displaystyle\sum_{k=1}^{n}\dfrac{1}{a_{k+1}a_{k+2}}$

$=\dfrac{1}{4}\displaystyle\sum_{k=1}^{n}\left(\dfrac{1}{4k-1}-\dfrac{1}{4k+3}\right)$

$=\dfrac{1}{4}\left\{\left(\dfrac{1}{3}-\dfrac{1}{7}\right)+\left(\dfrac{1}{7}-\dfrac{1}{11}\right)+\cdots+\left(\dfrac{1}{4n-1}-\dfrac{1}{4n+3}\right)\right\}$

$=\dfrac{1}{4}\left(\dfrac{1}{3}-\dfrac{1}{4n+3}\right)=\dfrac{n}{3(4n+3)}$

즉, $\dfrac{n}{3(4n+3)}=\dfrac{5}{63}$이므로 $15(4n+3)=63n$

$3n=45$ ∴ $n=15$

2099 답 95

수열 $\{na_n\}$의 첫째항부터 제n항까지의 합을 S_n이라 하면

$S_n=100n$

(i) $n\geq2$일 때

$na_n=S_n-S_{n-1}=100n-100(n-1)=100$

∴ $a_n=\dfrac{100}{n}$ ㄷㄷㄷㄷㄷㄷㄷㄷㄷㄷㄷㄷㄷㄷㄷㄷㄷㄷㄷㄷㄷㄷㄷㄷㄷㄷㄷㄷㄷㄷㄷㄷ ㉠

(ii) $n=1$일 때

$1\times a_1=S_1=100$ ∴ $a_1=100$

이때 $a_1=100$은 ㉠에 $n=1$을 대입한 것과 같으므로

$a_n=\dfrac{100}{n}$ $(n\geq1)$

∴ $\displaystyle\sum_{k=1}^{19}\dfrac{a_k}{k+1}=\sum_{k=1}^{19}\dfrac{100}{k(k+1)}=100\sum_{k=1}^{19}\left(\dfrac{1}{k}-\dfrac{1}{k+1}\right)$

$=100\left\{\left(1-\dfrac{1}{2}\right)+\left(\dfrac{1}{2}-\dfrac{1}{3}\right)+\cdots+\left(\dfrac{1}{19}-\dfrac{1}{20}\right)\right\}$

$=100\times\left(1-\dfrac{1}{20}\right)=95$

2100 답 ①

수열 $\left\{\dfrac{1}{(2n-1)a_n}\right\}$의 첫째항부터 제$n$항까지의 합을 S_n이라 하면

$S_n=n^2+2n$

(i) $n\geq2$일 때

$\dfrac{1}{(2n-1)a_n}=S_n-S_{n-1}$

$=n^2+2n-\{(n-1)^2+2(n-1)\}$

$=2n+1$ ㄷㄷㄷㄷㄷㄷㄷㄷㄷㄷㄷㄷㄷ ㉠

(ii) $n=1$일 때

$\dfrac{1}{a_1}=S_1=1+2=3$

이때 $\dfrac{1}{a_1}=3$은 ㉠에 $n=1$을 대입한 것과 같으므로

$\dfrac{1}{(2n-1)a_n}=2n+1$ $(n\geq1)$

∴ $a_n=\dfrac{1}{(2n-1)(2n+1)}$ $(n\geq1)$

∴ $\displaystyle\sum_{n=1}^{10}a_n=\sum_{n=1}^{10}\dfrac{1}{(2n-1)(2n+1)}$

$=\dfrac{1}{2}\displaystyle\sum_{n=1}^{10}\left(\dfrac{1}{2n-1}-\dfrac{1}{2n+1}\right)$

$=\dfrac{1}{2}\left\{\left(\dfrac{1}{1}-\dfrac{1}{3}\right)+\left(\dfrac{1}{3}-\dfrac{1}{5}\right)+\cdots+\left(\dfrac{1}{19}-\dfrac{1}{21}\right)\right\}$

$=\dfrac{1}{2}\times\left(1-\dfrac{1}{21}\right)=\dfrac{10}{21}$

2101 답 ①

$n\geq2$인 모든 자연수 n에 대하여

$a_n=S_n-S_{n-1}=\displaystyle\sum_{k=1}^{n}\dfrac{3S_k}{k+2}-\sum_{k=1}^{n-1}\dfrac{3S_k}{k+2}=\dfrac{3S_n}{n+2}$

이므로 $3S_n=(n+2)\times a_n$ $(n\geq2)$이다.

$S_1=a_1$에서 $3S_1=3a_1$이므로

$3S_n=(n+2)\times a_n$ $(n\geq1)$이다.

$3a_n=3(S_n-S_{n-1})=3S_n-3S_{n-1}$

$=(n+2)\times a_n-(\boxed{n+1})\times a_{n-1}$ $(n\geq2)$

$3a_n-(n+2)a_n=-(n+1)\times a_{n-1}$ $(n\geq2)$

$(n-1)\times a_n=(n+1)\times a_{n-1}$ $(n\geq2)$

$a_1\neq0$이고 $n\geq2$인 모든 자연수 n에 대하여 $a_n\neq0$이므로

$\dfrac{a_n}{a_{n-1}}=\boxed{\dfrac{n+1}{n-1}}$ $(n\geq2)$

따라서

$a_{10}=a_1\times\dfrac{a_2}{a_1}\times\dfrac{a_3}{a_2}\times\dfrac{a_4}{a_3}\times\cdots\times\dfrac{a_9}{a_8}\times\dfrac{a_{10}}{a_9}$

$=2\times\left(\dfrac{3}{1}\times\dfrac{4}{2}\times\dfrac{5}{3}\times\cdots\times\dfrac{10}{8}\times\dfrac{11}{9}\right)$

$=2\times\dfrac{10\times11}{1\times2}=\boxed{110}$

즉, $f(n)=n+1$, $g(n)=\dfrac{n+1}{n-1}$, $p=110$이므로

$\dfrac{f(p)}{g(p)}=\dfrac{f(110)}{g(110)}=\dfrac{111}{\dfrac{111}{109}}=109$

2102 답 ⑤ |유형16

그림과 같이 자연수 n에 대하여 직선 $x=n$이 함수 $y=\dfrac{1}{2}x^2$의 그래프와 만나는 점을 P_n, x축과 만나는 점을 Q_n이라 하고, 직선 $x=n+1$이 함수 $y=\dfrac{1}{2}x^2$의 그래프와 만나는 점을 P_{n+1}, x축과 만나는 점을 Q_{n+1}이라 하자. 사각형 $P_nQ_nQ_{n+1}P_{n+1}$의 넓이를 S_n이라 할 때, $\displaystyle\sum_{k=1}^{10}S_k$의 값은?

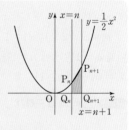

단서1

① $\dfrac{445}{6}$ ② 89 ③ $\dfrac{445}{4}$

④ $\dfrac{445}{3}$ ⑤ $\dfrac{445}{2}$

단서1 사다리꼴의 넓이는 $\dfrac{1}{2}\times$ {(윗변의 길이)+(아랫변의 길이)}$\times$(높이)

STEP1 S_n 구하기

네 점 P_n, P_{n+1}, Q_n, Q_{n+1}은

$P_n\left(n, \dfrac{1}{2}n^2\right)$, $P_{n+1}\left(n+1, \dfrac{1}{2}(n+1)^2\right)$, $Q_n(n, 0)$, $Q_{n+1}(n+1, 0)$

이때 사각형 $P_nQ_nQ_{n+1}P_{n+1}$은 사다리꼴이므로 그 넓이 S_n은

$$S_n = \frac{1}{2} \times \left\{ \frac{1}{2}n^2 + \frac{1}{2}(n+1)^2 \right\} \times \{(n+1)-n\}$$

$$= \frac{1}{2}n^2 + \frac{1}{2}n + \frac{1}{4} \quad \rightarrow S_n = \frac{1}{2} \times (\overline{P_nQ_n} + \overline{P_{n+1}Q_{n+1}}) \times \overline{Q_nQ_{n+1}}$$

STEP 2 $\sum\limits_{k=1}^{10} S_k$의 값 구하기

$$\sum_{k=1}^{10} S_k = \sum_{k=1}^{10} \left(\frac{1}{2}k^2 + \frac{1}{2}k + \frac{1}{4} \right)$$

$$= \frac{1}{2} \sum_{k=1}^{10} k^2 + \frac{1}{2} \sum_{k=1}^{10} k + \sum_{k=1}^{10} \frac{1}{4}$$

$$= \frac{1}{2} \times \frac{10 \times 11 \times 21}{6} + \frac{1}{2} \times \frac{10 \times 11}{2} + \frac{1}{4} \times 10$$

$$= \frac{385}{2} + \frac{55}{2} + \frac{5}{2} = \frac{445}{2}$$

2103 답 511

두 점 P_k, Q_k는 $P_k(k, (k+1)^3)$, $Q_k(k, k^3)$이므로

$$\overline{P_kQ_k} = (k+1)^3 - k^3 = 3k^2 + 3k + 1$$

$$\therefore \sum_{k=1}^{7} \overline{P_kQ_k} = \sum_{k=1}^{7} (3k^2 + 3k + 1)$$

$$= 3 \sum_{k=1}^{7} k^2 + 3 \sum_{k=1}^{7} k + \sum_{k=1}^{7} 1$$

$$= 3 \times \frac{7 \times 8 \times 15}{6} + 3 \times \frac{7 \times 8}{2} + 1 \times 7$$

$$= 420 + 84 + 7 = 511$$

2104 답 4

두 점 P_k, Q_k는 $P_k(k, 2\sqrt{k+1})$, $Q_k(k, -2\sqrt{k})$이므로

$$\overline{P_kQ_k} = 2\sqrt{k+1} + 2\sqrt{k} = 2(\sqrt{k+1} + \sqrt{k})$$

$$\therefore \sum_{k=1}^{80} \frac{1}{\overline{P_kQ_k}} = \frac{1}{2} \sum_{k=1}^{80} \frac{1}{\sqrt{k+1} + \sqrt{k}}$$

$$= \frac{1}{2} \sum_{k=1}^{80} \frac{\sqrt{k+1} - \sqrt{k}}{(\sqrt{k+1} + \sqrt{k})(\sqrt{k+1} - \sqrt{k})}$$

$$= \frac{1}{2} \sum_{k=1}^{80} (\sqrt{k+1} - \sqrt{k})$$

$$= \frac{1}{2} \{ (\sqrt{2} - \sqrt{1}) + (\sqrt{3} - \sqrt{2}) + \cdots + (\sqrt{81} - \sqrt{80}) \}$$

$$= \frac{1}{2} \times (-\sqrt{1} + \sqrt{81}) = 4$$

2105 답 ①

두 함수 $f(x) = x^2 + 2nx + n^2$, $g(x) = 4nx + 1$의 교점의 x좌표인 a_n, b_n은 x에 대한 방정식 $x^2 + 2nx + n^2 = 4nx + 1$, 즉 $x^2 - 2nx + (n^2 - 1) = 0$의 두 근이므로 이차방정식의 근과 계수의 관계에 의하여

$$a_n b_n = n^2 - 1 = (n-1)(n+1)$$

$$\therefore \sum_{k=2}^{8} \frac{144}{a_k b_k} = \sum_{k=2}^{8} \frac{144}{(k-1)(k+1)}$$

$$= 72 \sum_{k=2}^{8} \left(\frac{1}{k-1} - \frac{1}{k+1} \right)$$

$$= 72 \left\{ \left(\frac{1}{1} - \frac{1}{3} \right) + \left(\frac{1}{2} - \frac{1}{4} \right) + \left(\frac{1}{3} - \frac{1}{5} \right) + \cdots \right.$$

$$\left. + \left(\frac{1}{6} - \frac{1}{8} \right) + \left(\frac{1}{7} - \frac{1}{9} \right) \right\}$$

$$= 72 \times \left(1 + \frac{1}{2} - \frac{1}{8} - \frac{1}{9} \right) = 91$$

2106 답 ②

네 점 P_n, P_{n+1}, A_n, A_{n+1}은
$P_n(n, \sqrt{n})$, $P_{n+1}(n+1, \sqrt{n+1})$, $A_n(n, 0)$, $A_{n+1}(n+1, 0)$
이때 사각형 $P_nA_nA_{n+1}P_{n+1}$은 사다리꼴이므로 그 넓이 S_n은

$$S_n = \frac{1}{2} \times (\sqrt{n} + \sqrt{n+1}) \times \{(n+1)-n\}$$

$$= \frac{\sqrt{n} + \sqrt{n+1}}{2} \quad \rightarrow S_n = \frac{1}{2} \times (\overline{P_nA_n} + \overline{P_{n+1}A_{n+1}}) \times \overline{A_nA_{n+1}}$$

$$\therefore \sum_{k=1}^{15} \frac{1}{S_k} = \sum_{k=1}^{15} \frac{2}{\sqrt{k+1} + \sqrt{k}}$$

$$= \sum_{k=1}^{15} \frac{2(\sqrt{k+1} - \sqrt{k})}{(\sqrt{k+1} + \sqrt{k})(\sqrt{k+1} - \sqrt{k})}$$

$$= 2 \sum_{k=1}^{15} (\sqrt{k+1} - \sqrt{k})$$

$$= 2 \{ (\sqrt{2} - \sqrt{1}) + (\sqrt{3} - \sqrt{2}) + \cdots + (\sqrt{16} - \sqrt{15}) \}$$

$$= 2 \times (-\sqrt{1} + \sqrt{16}) = 6$$

2107 답 220

이차함수 $y = f(x)$의 그래프의 꼭짓점의 좌표가 $(2, -1)$이므로
$f(x) = a(x-2)^2 - 1$ (a는 상수)
로 놓을 수 있다.

이때 함수 $y = f(x)$의 그래프가 y축과 만나는 점의 y좌표가 1이므로

$$f(0) = 4a - 1 = 1 \qquad \therefore a = \frac{1}{2}$$

$$\therefore f(x) = \frac{1}{2}(x-2)^2 - 1$$

두 이차함수 $y = f(x)$와 $y = g(x)$의 그래프는 원점에 대하여 대칭이므로

$$-y = \frac{1}{2}(-x-2)^2 - 1 \qquad \therefore y = -\frac{1}{2}(x+2)^2 + 1$$

즉, $g(x) = -\frac{1}{2}(x+2)^2 + 1$

따라서 $\overline{A_kB_k} = \left\{ \frac{1}{2}(k-2)^2 - 1 \right\} - \left\{ -\frac{1}{2}(k+2)^2 + 1 \right\} = k^2 + 2$

이므로

$$\sum_{k=1}^{8} \overline{A_kB_k} = \sum_{k=1}^{8} (k^2 + 2) = \sum_{k=1}^{8} k^2 + \sum_{k=1}^{8} 2$$

$$= \frac{8 \times 9 \times 17}{6} + 2 \times 8 = 220$$

2108 답 ④

$A_1(2, 1)$, $B_1(2, 4)$이므로 $l_1 = \overline{A_1B_1} = 4 - 1 = 3$
$A_2(4, 4)$, $B_2(4, 9)$이므로 $l_2 = \overline{A_2B_2} = 9 - 4 = 5$
$A_3(6, 9)$, $B_3(6, 16)$이므로 $l_3 = \overline{A_3B_3} = 16 - 9 = 7$
$\vdots$

$$\therefore l_n = \overline{A_nB_n} = 2n + 1 \quad \rightarrow \text{두 점 } A_n(2n, n^2), B_n(2n, (n+1)^2)\text{을 이용하여}$$

$$\therefore \sum_{k=1}^{9} l_k = \sum_{k=1}^{9} (2k+1) \qquad \overline{A_nB_n} = (n+1)^2 - n^2 = 2n+1$$

$$= 2 \sum_{k=1}^{9} k + \sum_{k=1}^{9} 1 \qquad \text{로 구할 수도 있다.}$$

$$= 2 \times \frac{9 \times 10}{2} + 1 \times 9 = 99$$

참고 y축에 평행한 직선은 $x = a$ (a는 상수) 꼴이므로 이 직선 위의 모든 점의 x좌표는 a이고, x축에 평행한 직선은 $y = b$ (b는 상수) 꼴이므로 이 직선 위의 모든 점의 y좌표는 b임을 알고 A_1, B_1, A_2, B_2, $\cdots$의 좌표를 차례로 구해 본다.

2109 🔲 ③

곡선 $y=x^2$과 직선 $y=\sqrt{n}\,x$가 만나는 점의 x좌표는

$x^2=\sqrt{n}\,x$에서 $x(x-\sqrt{n})=0$

$\therefore x=0$ 또는 $x=\sqrt{n}$

즉, 곡선 $y=x^2$과 직선 $y=\sqrt{n}\,x$가 만나는 서로 다른 두 점의 좌표는

$(0,\,0),\,(\sqrt{n},\,n)$

따라서 $\{f(n)\}^2=(\sqrt{n}-0)^2+(n-0)^2=n+n^2=n(n+1)$이므로

$$\sum_{n=1}^{10}\frac{1}{\{f(n)\}^2}=\sum_{n=1}^{10}\frac{1}{n(n+1)}$$

$$=\sum_{n=1}^{10}\left(\frac{1}{n}-\frac{1}{n+1}\right)$$

$$=\left(\frac{1}{1}-\frac{1}{2}\right)+\left(\frac{1}{2}-\frac{1}{3}\right)+\cdots+\left(\frac{1}{10}-\frac{1}{11}\right)$$

$$=1-\frac{1}{11}=\frac{10}{11}$$

2110 🔲 ④

두 점 $A_n,\,B_n$은 $A_n(n,\,\sqrt{n}),\,B_n(n,\,-\sqrt{n+1})$이므로

$\overline{A_nB_n}=\sqrt{n}+\sqrt{n+1}$

따라서 삼각형 A_nOB_n의 넓이 T_n은

$T_n=\dfrac{1}{2}n(\sqrt{n}+\sqrt{n+1})$

$$\therefore \sum_{n=1}^{24}\frac{n}{T_n}=\sum_{n=1}^{24}\left\{n\times\frac{2}{n(\sqrt{n}+\sqrt{n+1})}\right\}$$

$$=\sum_{n=1}^{24}\frac{2}{\sqrt{n}+\sqrt{n+1}}$$

$$=\sum_{n=1}^{24}\frac{2(\sqrt{n}-\sqrt{n+1})}{(\sqrt{n}+\sqrt{n+1})(\sqrt{n}-\sqrt{n+1})}$$

$$=2\sum_{n=1}^{24}(\sqrt{n+1}-\sqrt{n})$$

$$=2\{(\sqrt{2}-\sqrt{1})+(\sqrt{3}-\sqrt{2})+\cdots+(\sqrt{25}-\sqrt{24})\}$$

$$=2\times(-\sqrt{1}+\sqrt{25})=8$$

2111 🔲 200

| 유형 17

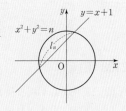

그림과 같이 자연수 n에 대하여 원 $x^2+y^2=n$과 직선 $y=x+1$이 만나서 **단서1** 생기는 선분의 길이를 l_n이라 할 때, $\displaystyle\sum_{k=1}^{10}l_k{}^2$의 값을 구하시오.

단서1 점과 직선 사이의 거리를 구하는 공식을 이용

STEP 1 원의 중심과 직선 $y=x+1$ 사이의 거리 구하기

그림과 같이 원 $x^2+y^2=n$과 직선 $y=x+1$이 만나는 두 점을 각각 A, B라 하고, 원점에서 직선 $y=x+1$에 내린 수선의 발을 H라 하자.

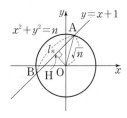

원점과 직선 $y=x+1$, 즉 $x-y+1=0$ 사이의 거리는

$$\overline{OH}=\frac{|1|}{\sqrt{1^2+(-1)^2}}=\frac{1}{\sqrt{2}}$$

STEP 2 $l_n{}^2$ 구하기

원의 반지름의 길이는 $\sqrt{n}$이므로 직각삼각형 AOH에서 피타고라스 정리에 의하여

$$\overline{AH}^2=\overline{OA}^2-\overline{OH}^2=(\sqrt{n})^2-\left(\frac{1}{\sqrt{2}}\right)^2=n-\frac{1}{2}$$

$$\therefore l_n{}^2=(2\overline{AH})^2=4\overline{AH}^2=4\left(n-\frac{1}{2}\right)$$

→ 원의 중심에서 $\overline{AB}$에 내린 수선은 $\overline{AB}$를 수직이등분하므로 $\overline{AH}=\dfrac{1}{2}\overline{AB},\ \overline{AB}=2\overline{AH}$

STEP 3 $\displaystyle\sum_{k=1}^{10}l_k{}^2$의 값 구하기

$$\sum_{k=1}^{10}l_k{}^2=\sum_{k=1}^{10}4\left(k-\frac{1}{2}\right)$$

$$=4\sum_{k=1}^{10}k-\sum_{k=1}^{10}2$$

$$=4\times\frac{10\times11}{2}-2\times10=200$$

> **개념 Check**
>
> **점과 직선 사이의 거리**
> 점 $(x_1,\,y_1)$과 직선 $ax+by+c=0$ 사이의 거리 d는
> $$d=\frac{|ax_1+by_1+c|}{\sqrt{a^2+b^2}}$$

2112 🔲 550

그림과 같이 원점에서 직선 $x-\sqrt{15}\,y+12n=0$에 내린 수선의 발을 H라 하자.

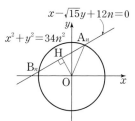

원점과 직선 $x-\sqrt{15}\,y+12n=0$ 사이의 거리는

$$\overline{OH}=\frac{|12n|}{\sqrt{1^2+(-\sqrt{15})^2}}=3n\ (\because n>0)$$

또, 원의 반지름의 길이는 $\sqrt{34}\,n$이므로 직각삼각형 A_nOH에서 피타고라스 정리에 의하여

$$\overline{A_nH}=\sqrt{(\sqrt{34n})^2-(3n)^2}=5n$$

즉, $\overline{A_nB_n}=2\overline{A_nH}=2\times5n=10n$이므로

$$\sum_{k=1}^{10}\overline{A_kB_k}=\sum_{k=1}^{10}10k=10\sum_{k=1}^{10}k$$

$$=10\times\frac{10\times11}{2}=550$$

2113 🔲 ③

점 $(-1,\,0)$을 지나고 기울기가 $a_n\ (a_n>0)$인 접선의 방정식은

$y=a_n(x+1)$

원 O_n의 중심 $(n,\,0)$과 직선 $y=a_n(x+1)$, 즉 $a_nx-y+a_n=0$ 사이의 거리는 원 O_n의 반지름의 길이인 1과 같으므로

$$\frac{|na_n+a_n|}{\sqrt{a_n{}^2+(-1)^2}}=1$$

$a_n(n+1)=\sqrt{a_n{}^2+1}\ (\because n>0)$

양변을 제곱하면

$\{a_n(n+1)\}^2=a_n{}^2+1,\ a_n{}^2(n^2+2n)=1$

$$\therefore a_n{}^2=\frac{1}{n^2+2n}=\frac{1}{n(n+2)}=\frac{1}{2}\left(\frac{1}{n}-\frac{1}{n+2}\right)$$

$$\therefore \sum_{n=1}^{5}a_n{}^2$$

$$=\frac{1}{2}\sum_{n=1}^{5}\left(\frac{1}{n}-\frac{1}{n+2}\right)$$

$$=\frac{1}{2}\left\{\left(\frac{1}{1}-\frac{1}{3}\right)+\left(\frac{1}{2}-\frac{1}{4}\right)+\left(\frac{1}{3}-\frac{1}{5}\right)+\left(\frac{1}{4}-\frac{1}{6}\right)+\left(\frac{1}{5}-\frac{1}{7}\right)\right\}$$

$$=\frac{1}{2}\times\left(1+\frac{1}{2}-\frac{1}{6}-\frac{1}{7}\right)=\frac{25}{42}$$

실수 Check

점 $(-1,\ 0)$을 지나고 원 O_n과 접하는 직선은 제1사분면 또는 제4사분면에서 원과 접한다. 이때 원 O_n과 제1사분면에서 접하는 직선의 기울기 a_n은 양수임에 주의한다.

2114 답 55

| 유형 **18**

그림과 같이 한 변의 길이가 8인 정사각형의 각 변을 8등분 하는 선분들로 이루어진 도형에서 만들 수 있는 한 변의 길이가 n인 정사각형의 개수를 a_n이라 하면 $a_n=(9-n)^2$이다. 이 도형에서 만들 수 있는 모든 정사각형 중에서 <u>한 변의 길이가 4 이상인 정사각형의 개수를 구하시오.</u>

단서1

단서1 $\sum\limits_{k=4}^{8}(9-k)^2$을 이용

STEP1 한 변의 길이가 4 이상인 정사각형의 개수 구하기

한 변의 길이가 4 이상인 정사각형의 개수는

$$\sum_{k=4}^{8}(9-k)^2=5^2+4^2+3^2+2^2+1^2$$

$$=\sum_{k=1}^{5}k^2$$

$$=\frac{5\times6\times11}{6}=55$$

참고 한 변의 길이가 4 이상인 정사각형의 개수는 다음과 같이 전개하여 구할 수도 있다.

$$\sum_{k=4}^{8}(9-k)^2$$

$$=\sum_{k=4}^{8}(k^2-18k+81)$$

$$=\sum_{k=1}^{8}(k^2-18k+81)-\sum_{k=1}^{3}(k^2-18k+81)$$

$$=\left(\sum_{k=1}^{8}k^2-18\sum_{k=1}^{8}k+\sum_{k=1}^{8}81\right)-\left(\sum_{k=1}^{3}k^2-18\sum_{k=1}^{3}k+\sum_{k=1}^{3}81\right)$$

$$=\left(\frac{8\times9\times17}{6}-18\times\frac{8\times9}{2}+81\times8\right)$$

$$\qquad\qquad -\left(\frac{3\times4\times7}{6}-18\times\frac{3\times4}{2}+81\times3\right)$$

$$=204-149=55$$

2115 답 384

정사각형 $OA_nB_nC_n$의 한 변의 길이는 n이고, $0\le x\le n,\ 0\le y\le n$에서 정수의 개수는 각각 $(n+1)$이므로 $P_n=(n+1)\times(n+1)=(n+1)^2$

$$\therefore \sum_{k=1}^{9}P_k=\sum_{k=1}^{9}(k+1)^2=\sum_{k=1}^{9}(k^2+2k+1)$$

$$=\sum_{k=1}^{9}k^2+2\sum_{k=1}^{9}k+\sum_{k=1}^{9}1 \quad\longrightarrow \sum_{k=2}^{10}k^2=\sum_{k=1}^{10}k^2-1$$로 구할 수도 있다.

$$=\frac{9\times10\times19}{6}+2\times\frac{9\times10}{2}+1\times9$$

$$=285+90+9=384$$

2116 답 ②

두 삼각형 A_{2k}, A_{3k}가 만나서 생기는 삼각형의 세 꼭짓점의 좌표는

$(k,\ 4k),\ (2k,\ 2k),\ (2k,\ 4k)$

$\therefore f(k)=(2k-k+1)+(4k-2k+1)$

$\qquad\qquad +(2k-k+1)-3$

$\qquad\quad =4k$

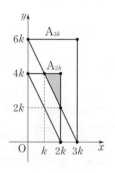

$$\therefore \sum_{k=1}^{8}f(k)=\sum_{k=1}^{8}4k=4\sum_{k=1}^{8}k$$

$$=4\times\frac{8\times9}{2}=144$$

실수 Check

두 점 $(k,\ 4k)$와 $(2k,\ 4k)$를 잇는 선분 위의 점 중 x좌표와 y좌표가 모두 정수인 점의 개수는 $2k-k+1=k+1$

두 점 $(2k,\ 4k)$와 $(2k,\ 2k)$를 잇는 선분 위의 점 중 x좌표와 y좌표가 모두 정수인 점의 개수는 $4k-2k+1=2k+1$

두 점 $(k,\ 4k)$와 $(2k,\ 2k)$를 잇는 선분 위의 점 중 x좌표와 y좌표가 모두 정수인 점의 개수는 $2k-k+1=k+1$

이때 삼각형의 세 꼭짓점은 2번씩 포함되므로

$f(k)=(k+1)+(2k+1)+(k+1)-3=4k$

임에 유의한다.

2117 답 781

| 유형 **19**

수열

$$1,\ 3,\ 3,\ 5,\ 5,\ 5,\ 7,\ 7,\ 7,\ 7,\ \cdots$$

단서1

에서 79가 처음으로 나오는 항을 제n항이라 할 때, n의 값을 구하시오.

단서1 같은 수끼리 군으로 묶을 수 있음을 이용

STEP1 주어진 수열을 군수열로 나타내기

주어진 수열을 군수열로 나타내면

$$\underbrace{(1)}_{\text{제1군}},\ \underbrace{(3,\ 3)}_{\text{제2군}},\ \underbrace{(5,\ 5,\ 5)}_{\text{제3군}},\ \underbrace{(7,\ 7,\ 7,\ 7)}_{\text{제4군}},\ \cdots$$

STEP2 제1군부터 제m군까지의 항의 개수의 합 구하기

제m군의 항은 $2m-1$이므로 $2m-1=79$에서

$m=40$

즉, 79는 제40군의 수이므로 79가 처음으로 나오는 항은 제40군의 첫 번째 항이다.

제k군의 항의 개수는 k이므로 제1군부터 제m군까지의 항의 개수의 합은

$$\sum_{k=1}^{m}k=\frac{m(m+1)}{2}$$

따라서 제1군부터 제39군까지의 항의 개수는

$$\frac{39 \times 40}{2} = 780$$

$$\therefore n = 780 + 1 = 781$$

2118 답 ③

주어진 수열을 군수열로 나타내면

$$\underset{\text{제1군}}{(1)},\ \underset{\text{제2군}}{(-2,\ -1)},\ \underset{\text{제3군}}{(3,\ 2,\ 1)},\ \underset{\text{제4군}}{(-4,\ -3,\ -2,\ -1)},$$

$$\underset{\text{제5군}}{(5,\ 4,\ 3,\ 2,\ 1)},\ \cdots$$

이때 제n군의 첫째항은 $(-1)^{n-1}n$이므로 홀수 번째 군수열은 양의 정수로 이루어져 있다.

즉, 16이 처음으로 나타나는 항은 제17군의 2번째 항이다.

제n군의 항의 개수는 n이므로 제1군부터 제16군까지의 항의 개수의 합은

$$\sum_{k=1}^{16} k = \frac{16 \times 17}{2} = 136$$

따라서 16이 처음으로 나타나는 항은 $136 + 2 = 138$에서 제138항이다.

2119 답 516

주어진 수열을 군수열로 나타내면

$$\underset{\text{제1군}}{(1)},\ \underset{\text{제2군}}{(1,\ 2,\ 1)},\ \underset{\text{제3군}}{(1,\ 2,\ 3,\ 2,\ 1)},\ \underset{\text{제4군}}{(1,\ 2,\ 3,\ 4,\ 3,\ 2,\ 1)},\ \cdots$$

이때 제n군의 항의 개수는 $2n-1$이므로 제1군부터 제n군까지의 항의 개수의 합은

$$\sum_{k=1}^{n} (2k-1) = 2\sum_{k=1}^{n} k - \sum_{k=1}^{n} 1$$
$$= 2 \times \frac{n(n+1)}{2} - 1 \times n = n^2$$

$n=11$일 때, $n^2 = 121$이므로 제125항은 제12군의 4번째 항이다.

또, 제n군의 항의 합은

$$1 + 2 + \cdots + (n-1) + n + (n-1) + \cdots + 2 + 1$$
$$= n + 2\sum_{k=1}^{n-1} k = n + 2 \times \frac{(n-1)n}{2} = n^2$$

따라서 첫째항부터 제125항까지의 합은

(제1군부터 제11군까지의 항의 합)

$\qquad$ +(제12군의 첫째항부터 4번째 항까지의 합)

이므로

$$\sum_{k=1}^{11} k^2 + (1+2+3+4) = \frac{11 \times 12 \times 23}{6} + 10$$
$$= 506 + 10 = 516$$

2120 답 제392항

주어진 수열을 군수열로 나타내면

$$\underset{\text{제1군}}{\{(1,\ 1)\}},\ \underset{\text{제2군}}{\{(1,\ 2),\ (2,\ 1)\}},\ \underset{\text{제3군}}{\{(1,\ 3),\ (2,\ 2),\ (3,\ 1)\}},$$

$$\underset{\text{제4군}}{\{(1,\ 4),\ (2,\ 3),\ (3,\ 2),\ (4,\ 1)\}},\ \cdots$$

이때 제n군의 순서쌍의 두 수의 합은 $n+1$이므로 $(14,\ 15)$는 제28군의 14번째 항이다.

제n군의 항의 개수는 n이므로 제1군부터 제27군까지의 항의 개수의 합은

$$\sum_{k=1}^{27} k = \frac{27 \times 28}{2} = 378$$

따라서 $(14,\ 15)$는 $378 + 14 = 392$에서 제392항이다.

2121 답 60 유형 20

> 다음 수열에서 첫째항부터 제120항까지의 합을 구하시오.
>
> $$\frac{1}{2},\ \frac{1}{3},\ \frac{2}{3},\ \frac{1}{4},\ \frac{2}{4},\ \frac{3}{4},\ \frac{1}{5},\ \frac{2}{5},\ \frac{3}{5},\ \frac{4}{5},\ \cdots$$
> 단서1
>
> 단서1 분모가 같은 것끼리 군으로 묶을 수 있음을 이용

STEP 1 주어진 수열을 군수열로 나타내기

주어진 수열을 군수열로 나타내면

$$\underset{\text{제1군}}{\left(\frac{1}{2}\right)},\ \underset{\text{제2군}}{\left(\frac{1}{3},\ \frac{2}{3}\right)},\ \underset{\text{제3군}}{\left(\frac{1}{4},\ \frac{2}{4},\ \frac{3}{4}\right)},\ \underset{\text{제4군}}{\left(\frac{1}{5},\ \frac{2}{5},\ \frac{3}{5},\ \frac{4}{5}\right)},\ \cdots$$

STEP 2 제1군부터 제n군까지의 항의 개수의 합 구하기

제n군의 항의 개수는 n이므로 제1군부터 제n군까지의 항의 개수의 합은

$$\sum_{k=1}^{n} k = \frac{n(n+1)}{2}$$

STEP 3 첫째항부터 제120항까지의 합 구하기

$n=15$일 때, $\frac{15 \times 16}{2} = 120$이므로 제120항은 제15군의 마지막 항이다.

또, 제n군의 항의 합은

$$\frac{1}{n+1} + \frac{2}{n+1} + \frac{3}{n+1} + \cdots + \frac{n}{n+1} = \frac{1+2+3+\cdots+n}{n+1}$$
$$= \frac{\sum_{k=1}^{n} k}{n+1} = \frac{\frac{n(n+1)}{2}}{n+1}$$
$$= \frac{n}{2}$$

따라서 첫째항부터 제120항까지의 합은 제1군부터 제15군까지의 항의 합과 같으므로

$$\sum_{k=1}^{15} \frac{k}{2} = \frac{1}{2} \sum_{k=1}^{15} k = \frac{1}{2} \times \frac{15 \times 16}{2} = 60$$

2122 답 ③

주어진 수열을 군수열로 나타내면

$$\underset{\text{제1군}}{\left(\frac{1}{1}\right)},\ \underset{\text{제2군}}{\left(\frac{1}{2},\ \frac{3}{2},\ \frac{5}{2}\right)},\ \underset{\text{제3군}}{\left(\frac{1}{3},\ \frac{3}{3},\ \frac{5}{3},\ \frac{7}{3},\ \frac{9}{3}\right)},$$

$$\underset{\text{제4군}}{\left(\frac{1}{4},\ \frac{3}{4},\ \frac{5}{4},\ \frac{7}{4},\ \frac{9}{4},\ \frac{11}{4},\ \frac{13}{4}\right)},\ \cdots$$

이때 제n군의 항의 개수는 $2n-1$이고, 제n군의 항의 분모는 n이다.

$2m-1=17$에서 $m=9$이므로 $\frac{17}{12}$은 제12군의 9번째 항이다.

한편, 제1군부터 제11군까지의 항의 개수의 합은

$$\sum_{k=1}^{11} (2k-1) = 2\sum_{k=1}^{11} k - \sum_{k=1}^{11} 1$$
$$= 2 \times \frac{11 \times 12}{2} - 1 \times 11 = 121$$

따라서 $\frac{17}{12}$은 $121 + 9 = 130$에서 제130항이다.

2123 답 ⑤

주어진 수열을 군수열로 나타내면

$$\underbrace{\left(\frac{1}{1}\right)}_{\text{제1군}},\ \underbrace{\left(\frac{1}{3},\frac{2}{2},\frac{3}{1}\right)}_{\text{제2군}},\ \underbrace{\left(\frac{1}{5},\frac{2}{4},\frac{3}{3},\frac{4}{2},\frac{5}{1}\right)}_{\text{제3군}},$$

$$\underbrace{\left(\frac{1}{7},\frac{2}{6},\frac{3}{5},\frac{4}{4},\frac{5}{3},\frac{6}{2},\frac{7}{1}\right)}_{\text{제4군}},\cdots$$

이때 제n군의 항의 개수는 $2n-1$이므로 제1군부터 제n군까지의 항의 개수의 합은

$$\sum_{k=1}^{n}(2k-1)=2\sum_{k=1}^{n}k-\sum_{k=1}^{n}1$$
$$=2\times\frac{n(n+1)}{2}-1\times n=n^2$$

$n=10$일 때, $10^2=100$이므로 제100항은 제10군의 마지막 항이다.

따라서 구하는 항의 값은 $\dfrac{19}{1}=19$

2124 답 $\dfrac{3621}{38}$

주어진 수열을 군수열로 나타내면

$$\underbrace{\left(\frac{1}{1}\right)}_{\text{제1군}},\ \underbrace{\left(\frac{1}{2},\frac{2}{2}\right)}_{\text{제2군}},\ \underbrace{\left(\frac{1}{3},\frac{2}{3},\frac{3}{3}\right)}_{\text{제3군}},\ \underbrace{\left(\frac{1}{4},\frac{2}{4},\frac{3}{4},\frac{4}{4}\right)}_{\text{제4군}},\cdots$$

이때 제n군의 항의 개수는 n이므로 제1군부터 제n군까지의 항의 개수의 합은

$$\sum_{k=1}^{n}k=\frac{n(n+1)}{2}$$

$n=18$일 때, $\dfrac{18\times19}{2}=171$이므로 제176항은 제19군의 5번째 항이다.

또, 제n군의 항의 합은

$$\frac{1}{n}+\frac{2}{n}+\frac{3}{n}+\cdots+\frac{n}{n}=\frac{1+2+3+\cdots+n}{n}$$
$$=\frac{\sum\limits_{k=1}^{n}k}{n}=\frac{\dfrac{n(n+1)}{2}}{n}=\frac{n+1}{2}$$

따라서 첫째항부터 제176항까지의 합은

(제1군부터 제18군까지의 항의 합)

　　　+(제19군의 첫째항부터 5번째 항까지의 합)

이므로

$$\sum_{k=1}^{18}\frac{k+1}{2}+\left(\frac{1}{19}+\frac{2}{19}+\frac{3}{19}+\frac{4}{19}+\frac{5}{19}\right)$$
$$=\frac{1}{2}\sum_{k=1}^{18}k+\sum_{k=1}^{18}\frac{1}{2}+\frac{15}{19}$$
$$=\frac{1}{2}\times\frac{18\times19}{2}+\frac{1}{2}\times18+\frac{15}{19}=\frac{3621}{38}$$

2125 답 ④

주어진 수열을 군수열로 나타내면

$$\underbrace{\left(\frac{1}{1}\right)}_{\text{제1군}},\ \underbrace{\left(\frac{1}{2},\frac{2}{1}\right)}_{\text{제2군}},\ \underbrace{\left(\frac{1}{3},\frac{2}{2},\frac{3}{1}\right)}_{\text{제3군}},\ \underbrace{\left(\frac{1}{4},\frac{2}{3},\frac{3}{2},\frac{4}{1}\right)}_{\text{제4군}},\cdots$$

이때 제n군의 항의 개수는 n이므로 제1군부터 제n군까지의 항의 개수의 합은

$$\sum_{k=1}^{n}k=\frac{n(n+1)}{2}$$

제n군의 항의 분모와 분자의 합은 $n+1$이고, 제n군의 k번째 항의

분자는 k이므로 $\dfrac{3}{10}$은 제12군의 3번째 항이다.

한편, 제1군부터 제11군까지의 항의 개수의 합은 $\dfrac{11\times12}{2}=66$

따라서 $\dfrac{3}{10}$은 $66+3=69$에서 제69항이다.

2126 답 ②

주어진 수열을 군수열로 나타내면

$$\underbrace{\left(\frac{2}{3}\right)}_{\text{제1군}},\ \underbrace{\left(\frac{4}{9},\frac{4}{9}\right)}_{\text{제2군}},\ \underbrace{\left(\frac{8}{27},\frac{8}{27},\frac{8}{27}\right)}_{\text{제3군}},\ \underbrace{\left(\frac{16}{81},\frac{16}{81},\frac{16}{81},\frac{16}{81}\right)}_{\text{제4군}},\cdots$$

이때 제n군의 항의 개수는 n이므로 제1군부터 제n군까지의 항의 개수의 합은

$$\sum_{k=1}^{n}k=\frac{n(n+1)}{2}$$

$n=8$일 때, $\dfrac{8\times9}{2}=36$이므로 제37항은 제9군의 첫째항이다.

제n군의 항은 $\left(\dfrac{2}{3}\right)^n$이므로 제9군의 첫째항은

$$\left(\frac{2}{3}\right)^9=\frac{512}{3^9}$$

따라서 $p=9$, $q=512$이므로 $q-p=512-9=503$

2127 답 ④　|유형21

다음과 같이 자연수를 규칙적으로 배열할 때, 위에서 11번째 줄의 왼쪽에서 6번째에 있는 수는? [단서1]

1	2	5	10	17	⋯
4	3	6	11	18	
9	8	7	12	19	
16	15	14	13	20	
25	24	23	22	21	
⋮					⋱

① 113　　② 114　　③ 115
④ 116　　⑤ 117

[단서1] 각 줄의 왼쪽에서 첫 번째에 있는 수의 규칙을 먼저 파악

STEP1 각 줄의 왼쪽에서 첫 번째에 있는 수의 규칙 파악하기

각 줄의 왼쪽에서 첫 번째에 있는 수를 차례로 나열하면 1^2, 2^2, 3^2, 4^2, $\cdots$이다.

즉, 위에서 n번째 줄의 왼쪽에서 첫 번째에 있는 수는 n^2이다.

STEP2 위에서 11번째 줄의 첫 번째에 있는 수 구하기

위에서 11번째 줄의 첫 번째에 있는 수는

$11^2=121$

STEP3 위에서 11번째 줄의 왼쪽에서 6번째에 있는 수 구하기

위에서 11번째 줄의 왼쪽에서 첫 번째에 있는 수부터 11번째에 있는 수까지 1씩 작아지므로 위에서 11번째 줄의 왼쪽에서 6번째에 있는 수는

$121-5=116$

2128 답 1330

위에서 첫 번째 줄에 있는 수 또는 각 줄의 왼쪽에서 첫 번째에 있는 수를 차례로 나열하면

1, 3, 5, 7, ⋯, 19

첫째항이 1이고 공차가 2인 등차수열이므로 이 수열의 제 k항은 $1+(k-1)\times2=2k-1$이다.

$2k-1=19$에서 $2k=20$ ∴ $k=10$

즉, 19는 제10항이므로 표 안의 모든 수의 합은

$1\times1+3\times3+5\times5+7\times7+\cdots+19\times19$

$=1^2+3^2+5^2+7^2+\cdots+19^2$

$=\displaystyle\sum_{k=1}^{10}(2k-1)^2=\sum_{k=1}^{10}(4k^2-4k+1)$

$=4\displaystyle\sum_{k=1}^{10}k^2-4\sum_{k=1}^{10}k+\sum_{k=1}^{10}1$

$=4\times\dfrac{10\times11\times21}{6}-4\times\dfrac{10\times11}{2}+1\times10$

$=1540-220+10=1330$

2129 답 ③

제1행부터 수를 차례로 나열하면

1, 3, 5, 7, 9, 11, 13, 15, 17, ⋯

첫째항이 1이고 공차가 2인 등차수열이므로 이 수열의 제k항은 $2k-1$이다.

$2k-1=163$에서 $2k=164$ ∴ $k=82$

이때 제n행에 나열된 수의 개수는 n이므로 제1행부터 제n행에 나열된 수의 개수의 합은

$\displaystyle\sum_{k=1}^{n}k=\dfrac{n(n+1)}{2}$

$n=12$일 때, $\dfrac{12\times13}{2}=78$이므로 163은 제13행의 왼쪽에서 4번째에 있는 수이다.

따라서 $m=13$, $n=4$이므로 $m+n=17$

2130 답 382

n번째 줄에 있는 수를 나열하면

$1, 2, 2^2, 2^3, \cdots, 2^{n-2}, 2^{n-1}, 2^{n-2}, \cdots, 2^3, 2^2, 2, 1$

위에서 n번째 줄에 있는 수의 합 S_n은

$S_n=\displaystyle\sum_{k=1}^{n}2^{k-1}+\sum_{k=1}^{n-1}2^{k-1}=\dfrac{2^n-1}{2-1}+\dfrac{2^{n-1}-1}{2-1}$

$=2^n+2^{n-1}-2$

∴ $S_8=2^8+2^7-2=382$

2131 답 ②

위에서 m번째 줄에 나열된 수들은 첫째항이 1, 공차가 m인 등차수열이므로 위에서 m번째 줄에서 왼쪽에서 n번째 있는 수는

$1+(n-1)m$

$1+(n-1)m=46$에서 $(n-1)m=45$

이를 만족시키는 순서쌍 $(m, n-1)$은

$(1, 45), (3, 15), (5, 9), (9, 5), (15, 3), (45, 1)$

따라서 순서쌍 (m, n)은

$(1, 46), (3, 16), (5, 10), (9, 6), (15, 4), (45, 2)$

따라서 46은 모두 6번 나타난다.

참고 다음과 같이 먼저 각 줄의 수들을 차례로 나열하여 규칙성을 살펴보면 m번째 줄과 왼쪽에서 n번째 있는 수 사이의 관계를 알 수 있다.

위에서 첫 번째 줄 : 1, 2, 3, 4, ⋯ ➡ 첫째항이 1, 공차가 1인 등차수열
위에서 두 번째 줄 : 1, 3, 5, 7, ⋯ ➡ 첫째항이 1, 공차가 2인 등차수열
위에서 세 번째 줄 : 1, 4, 7, 10, ⋯ ➡ 첫째항이 1, 공차가 3인 등차수열
위에서 네 번째 줄 : 1, 5, 9, 13, ⋯ ➡ 첫째항이 1, 공차가 4인 등차수열
⋮

즉, m번째 줄에 나열된 수들은 첫째항이 1, 공차가 m인 등차수열이다.

2132 답 ⑤ | 유형 22

$1\times2+2\times2^2+3\times2^3+\cdots+20\times2^{20}$의 값은?

단서1

① $-19\times2^{21}-2$ ② -19×2^{21} ③ 19×2^{21}
④ $19\times2^{20}+2$ ⑤ $19\times2^{21}+2$

단서1 수열의 합을 S라 하고 $S-2S$를 이용

STEP1 주어진 식을 S라 놓고 $S-2S$의 값 구하기

$1\times2+2\times2^2+3\times2^3+\cdots+20\times2^{20}=S$로 놓으면

$S=1\times2+2\times2^2+3\times2^3+4\times2^4+\cdots+20\times2^{20}$

$-)\ 2S=\quad\quad 1\times2^2+2\times2^3+3\times2^4+\cdots+19\times2^{20}+20\times2^{21}$

$-S=\quad 2+\quad 2^2+\quad 2^3+\quad 2^4+\cdots+\quad\quad 2^{20}-20\times2^{21}$

$=\dfrac{2\times(2^{20}-1)}{2-1}-20\times2^{21}$

$=2^{21}-2-20\times2^{21}$

$=-19\times2^{21}-2$

STEP2 S의 값 구하기

$S=19\times2^{21}+2$

2133 답 $\dfrac{1-x^n}{(1-x)^2}-\dfrac{nx^n}{1-x}$

$1+2x+3x^2+4x^3+\cdots+nx^{n-1}=S$로 놓으면

$S=1+2x+3x^2+4x^3+\cdots+nx^{n-1}$

$-)\ xS=\quad\quad x+2x^2+3x^3+\cdots+(n-1)x^{n-1}+nx^n$

$(1-x)S=1+\ x+\ x^2+\ x^3+\cdots+x^{n-1}-nx^n$

$=\dfrac{1-x^n}{1-x}-nx^n$

∴ $S=\dfrac{1-x^n}{(1-x)^2}-\dfrac{nx^n}{1-x}$

2134 답 ⑤

$1\times\dfrac{1}{3}-2\times\left(\dfrac{1}{3}\right)^2+3\times\left(\dfrac{1}{3}\right)^3-4\times\left(\dfrac{1}{3}\right)^4+\cdots-10\times\left(\dfrac{1}{3}\right)^{10}=S$로 놓으면

$S=1\times\dfrac{1}{3}-2\times\left(\dfrac{1}{3}\right)^2+3\times\left(\dfrac{1}{3}\right)^3-4\times\left(\dfrac{1}{3}\right)^4+\cdots-10\times\left(\dfrac{1}{3}\right)^{10}$

$-)-\dfrac{1}{3}S=\quad\quad -1\times\left(\dfrac{1}{3}\right)^2+2\times\left(\dfrac{1}{3}\right)^3-3\times\left(\dfrac{1}{3}\right)^4+\cdots-\ 9\times\left(\dfrac{1}{3}\right)^{10}+10\times\left(\dfrac{1}{3}\right)^{11}$

$S+\dfrac{1}{3}S=\quad \dfrac{1}{3}-\ \left(\dfrac{1}{3}\right)^2+\ \left(\dfrac{1}{3}\right)^3-\ \left(\dfrac{1}{3}\right)^4+\cdots-\ \left(\dfrac{1}{3}\right)^{10}-10\times\left(\dfrac{1}{3}\right)^{11}$

$=\dfrac{\dfrac{1}{3}\times\left\{1-\left(\dfrac{1}{3}\right)^{10}\right\}}{1-\left(-\dfrac{1}{3}\right)}-10\times\left(\dfrac{1}{3}\right)^{11}$

$=\dfrac{1}{4}\times\left\{1-\left(\dfrac{1}{3}\right)^{10}\right\}-10\times\left(\dfrac{1}{3}\right)^{11}$

$=\dfrac{1}{4}-\dfrac{1}{4}\times\left(\dfrac{1}{3}\right)^{10}-10\times\left(\dfrac{1}{3}\right)^{11}$

즉, $\dfrac{4}{3}S=\dfrac{1}{4}-\dfrac{1}{4}\times\left(\dfrac{1}{3}\right)^{10}-10\times\left(\dfrac{1}{3}\right)^{11}$ 에서

$$S=\dfrac{3}{16}-\dfrac{3}{16}\times\left(\dfrac{1}{3}\right)^{10}-\dfrac{30}{4}\times\left(\dfrac{1}{3}\right)^{11}$$

$$=\dfrac{3-3\times\left(\dfrac{1}{3}\right)^{10}-120\times\left(\dfrac{1}{3}\right)^{11}}{16}$$

$$=\dfrac{3-43\times\left(\dfrac{1}{3}\right)^{10}}{16}$$

따라서 $a=3$, $b=43$이므로 $a+b=46$

서술형 유형 익히기

2135 답 (1) $\dfrac{1}{k+3}$ (2) $\dfrac{1}{k+3}$ (3) $\dfrac{1}{21}$ (4) $\dfrac{1}{21}$ (5) $\dfrac{1}{21}$

(6) $\dfrac{5}{42}$ (7) 42 (8) 5 (9) 47

2136 답 53

STEP 1 분수식을 부분분수로 변형하기 [1점]

$\dfrac{1}{(k+1)(k+2)}$을 부분분수로 변형하면

$$\dfrac{1}{(k+1)(k+2)}=\dfrac{1}{k+1}-\dfrac{1}{k+2}$$

STEP 2 $\displaystyle\sum_{k=3}^{20}\dfrac{1}{(k+1)(k+2)}$을 덧셈식으로 나타내기 [3점]

$$\sum_{k=3}^{20}\dfrac{1}{(k+1)(k+2)}$$

$$=\sum_{k=3}^{20}\left(\dfrac{1}{k+1}-\dfrac{1}{k+2}\right)$$

$$=\left(\dfrac{1}{4}-\dfrac{1}{5}\right)+\left(\dfrac{1}{5}-\dfrac{1}{6}\right)+\left(\dfrac{1}{6}-\dfrac{1}{7}\right)+\cdots+\left(\dfrac{1}{21}-\dfrac{1}{22}\right)$$

STEP 3 $p+q$의 값 구하기 [2점]

식을 정리하면

$$\left(\dfrac{1}{4}-\dfrac{1}{5}\right)+\left(\dfrac{1}{5}-\dfrac{1}{6}\right)+\left(\dfrac{1}{6}-\dfrac{1}{7}\right)+\cdots+\left(\dfrac{1}{21}-\dfrac{1}{22}\right)$$

$$=\dfrac{1}{4}-\dfrac{1}{22}=\dfrac{9}{44}$$

따라서 $p=44$, $q=9$이므로 $p+q=53$

2137 답 $\dfrac{5}{68}$

STEP 1 등차수열 $\{a_n\}$의 일반항 구하기 [1점]

수열 $\{a_n\}$은 첫째항이 1, 공차가 3인 등차수열이므로 일반항 a_n은

$$a_n=1+(n-1)\times3=3n-2$$

STEP 2 a_{k+1}, a_{k+2} 구하기 [1점]

$$a_{k+1}=3(k+1)-2=3k+1$$
$$a_{k+2}=3(k+2)-2=3k+4$$

STEP 3 분수식을 부분분수로 변형하기 [1점]

$$\dfrac{1}{a_{k+1}a_{k+2}}=\dfrac{1}{(3k+1)(3k+4)}$$

$$=\dfrac{1}{3}\left(\dfrac{1}{3k+1}-\dfrac{1}{3k+4}\right)$$

STEP 4 $\displaystyle\sum_{k=1}^{10}\dfrac{1}{a_{k+1}a_{k+2}}$의 값 구하기 [4점]

$$\sum_{k=1}^{10}\dfrac{1}{a_{k+1}a_{k+2}}$$

$$=\sum_{k=1}^{10}\dfrac{1}{3}\left(\dfrac{1}{3k+1}-\dfrac{1}{3k+4}\right)$$

$$=\dfrac{1}{3}\sum_{k=1}^{10}\left(\dfrac{1}{3k+1}-\dfrac{1}{3k+4}\right)$$

$$=\dfrac{1}{3}\left\{\left(\dfrac{1}{4}-\dfrac{1}{7}\right)+\left(\dfrac{1}{7}-\dfrac{1}{10}\right)+\left(\dfrac{1}{10}-\dfrac{1}{13}\right)+\cdots+\left(\dfrac{1}{31}-\dfrac{1}{34}\right)\right\}$$

...... ⓐ

$$=\dfrac{1}{3}\times\left(\dfrac{1}{4}-\dfrac{1}{34}\right)=\dfrac{5}{68}$$

부분점수표

ⓐ $\displaystyle\sum_{k=1}^{10}\dfrac{1}{a_{k+1}a_{k+2}}$을 덧셈식으로 나타낸 경우	2점

실제 답안 예시

$$\alpha_n=1+3(n-1)=3n-2$$
$$\alpha_{k+1}=3(k+1)-2=3k+1$$
$$\alpha_{k+2}=3(k+2)-2=3k+4$$
$$\dfrac{1}{\alpha_{k+1}\alpha_{k+2}}=\dfrac{1}{(3k+1)(3k+4)}$$
$$=\dfrac{1}{(3k+4)-(3k+1)}\left(\dfrac{1}{3k+1}-\dfrac{1}{3k+4}\right)$$
$$=\dfrac{1}{3}\left(\dfrac{1}{3k+1}-\dfrac{1}{3k+4}\right)$$
$$\sum_{k=1}^{10}\dfrac{1}{3}\left(\dfrac{1}{3k+1}-\dfrac{1}{3k+4}\right)$$
$$=\dfrac{1}{3}\sum_{k=1}^{10}\left(\dfrac{1}{3k+1}-\dfrac{1}{3k+4}\right)$$
$$=\dfrac{1}{3}\left(\dfrac{1}{4}-\dfrac{1}{7}+\dfrac{1}{7}-\dfrac{1}{10}+\dfrac{1}{10}-\dfrac{1}{13}+\cdots+\dfrac{1}{31}-\dfrac{1}{34}\right)$$
$$=\dfrac{1}{3}\times\left(\dfrac{1}{4}-\dfrac{1}{34}\right)$$
$$=\dfrac{1}{3}\times\dfrac{34-4}{136}=\dfrac{1}{3}\times\dfrac{30}{136}=\dfrac{10}{136}=\dfrac{5}{68}$$

2138 답 (1) $n-3$ (2) $n-3$ (3) $2n$ (4) $2n$ (5) $n-3$

(6) $8n$ (7) $8k$ (8) $\displaystyle\sum_{k=1}^{10}k$ (9) $\dfrac{10\times11}{2}$ (10) -1565

2139 답 1615

STEP 1 이차방정식의 근과 계수의 관계를 이용하여 $\alpha_n+\beta_n$, $\alpha_n\beta_n$을 n에 대한 식으로 나타내기 [1점]

이차방정식 $x^2-(n-1)x+2n=0$에서 근과 계수의 관계에 의하여

$$\alpha_n+\beta_n=n-1 \quad\cdots\cdots\cdots\text{㉠}$$

$$\alpha_n\beta_n=2n \quad\cdots\cdots\cdots\text{㉡}$$

STEP 2 $(\alpha_n{}^2+1)(\beta_n{}^2+1)$을 n에 대한 식으로 나타내기 [3점]

$$\alpha_n{}^2+\beta_n{}^2=(\alpha_n+\beta_n)^2-2\alpha_n\beta_n$$

이므로 위의 식에 ㉠, ㉡을 대입하여 정리하면

$$\alpha_n{}^2+\beta_n{}^2=(n-1)^2-2\times2n$$

$$=n^2-2n+1-4n$$

$$=n^2-6n+1 \quad\cdots\cdots\text{ⓐ}$$

$$\therefore (\alpha_n{}^2+1)(\beta_n{}^2+1)=(\alpha_n\beta_n)^2+(\alpha_n{}^2+\beta_n{}^2)+1$$

$$=(2n)^2+(n^2-6n+1)+1$$

$$=5n^2-6n+2$$

10 수열의 합 349

STEP 3 $\sum\limits_{k=1}^{10}(\alpha_k^2+1)(\beta_k^2+1)$의 값 구하기 [3점]

$$\sum_{k=1}^{10}(\alpha_k^2+1)(\beta_k^2+1)$$
$$=\sum_{k=1}^{10}(5k^2-6k+2)$$
$$=5\sum_{k=1}^{10}k^2-6\sum_{k=1}^{10}k+\sum_{k=1}^{10}2$$
$$=5\times\frac{10\times11\times21}{6}-6\times\frac{10\times11}{2}+2\times10$$
$$=1925-330+20=1615$$

부분점수표	
ⓐ $\alpha_n^2+\beta_n^2$을 n에 대한 식으로 나타낸 경우	1점

오답 분석

이차방정식의 근과 계수의 관계에 의하여
$\alpha_n+\beta_n=n-1$
$\alpha_n\beta_n=2n$ ── 1점
$\sum\limits_{k=1}^{10}(\alpha_k^2+1)(\beta_k^2+1)$
$=\sum\limits_{k=1}^{10}(\alpha_k^2\beta_k^2+\alpha_k^2+\beta_k^2+1)$
$=\sum\limits_{k=1}^{10}\{(\alpha_k\beta_k)^2+(\alpha_k+\beta_k)^2-2\alpha_k\beta_k+1\}$
$=\sum\limits_{k=1}^{10}\{(2k)^2+(k-1)^2-2\times2k+1\}$
$=\sum\limits_{k=1}^{10}(4k^2+k^2-2k+1-4k+1)$
$=\sum\limits_{k=1}^{10}(5k^2-6k+2)$ ── 3점
$=5\times\dfrac{10\times11\times21}{6}-6\times\dfrac{10\times11}{2}+2$ ← 상수항의 계산에서 잘못 구함.
$=5\times385-6\times55+2$
$=1925-330+2$
$=1595+2=1597$

▶ 7점 중 4점 얻음.

$\sum\limits_{k=1}^{10}(5k^2-6k+2)$를 계산할 때, 상수항의 계산 실수에 주의한다.

$\sum\limits_{k=1}^{10}(5k^2-6k+2)=\sum\limits_{k=1}^{10}5k^2-\sum\limits_{k=1}^{10}6k+\sum\limits_{k=1}^{10}2$로 계산해야 한다.

2140 답 $\dfrac{30}{11}$

STEP 1 이차방정식의 근과 계수의 관계를 이용하여 $\alpha_n+\beta_n$, $\alpha_n\beta_n$을 n에 대한 식으로 나타내기 [1점]

이차방정식 $x^2-3x+n(n+1)=0$에서 이차방정식의 근과 계수의 관계에 의하여
$\alpha_n+\beta_n=3$ ────────────────── ㉠
$\alpha_n\beta_n=n(n+1)$ ──────────────── ㉡

STEP 2 $\dfrac{1}{\alpha_n}+\dfrac{1}{\beta_n}$을 n에 대한 부분분수로 나타내기 [2점]

$\dfrac{1}{\alpha_n}+\dfrac{1}{\beta_n}=\dfrac{\alpha_n+\beta_n}{\alpha_n\beta_n}$
이므로 위의 식에 ㉠, ㉡을 대입하여 정리하면
$\dfrac{1}{\alpha_n}+\dfrac{1}{\beta_n}=\dfrac{3}{n(n+1)}$
$=3\left(\dfrac{1}{n}-\dfrac{1}{n+1}\right)$

STEP 3 $\sum\limits_{k=1}^{10}\left(\dfrac{1}{\alpha_k}+\dfrac{1}{\beta_k}\right)$의 값 구하기 [4점]

$$\sum_{k=1}^{10}\left(\frac{1}{\alpha_k}+\frac{1}{\beta_k}\right)$$
$$=\sum_{k=1}^{10}3\left(\frac{1}{k}-\frac{1}{k+1}\right)=3\sum_{k=1}^{10}\left(\frac{1}{k}-\frac{1}{k+1}\right)$$
$$=3\left\{\left(\frac{1}{1}-\frac{1}{2}\right)+\left(\frac{1}{2}-\frac{1}{3}\right)+\left(\frac{1}{3}-\frac{1}{4}\right)+\cdots+\left(\frac{1}{10}-\frac{1}{11}\right)\right\}$$
$$=3\times\left(1-\frac{1}{11}\right)=\frac{30}{11}$$

2141 답 985

STEP 1 $(k-\alpha)(k-\beta)$를 k에 대한 식으로 나타내기 [3점]

이차방정식 $x^2-2x-1=0$에서 이차방정식의 근과 계수의 관계에 의하여
$\alpha+\beta=2$ ────────────────── ㉠
$\alpha\beta=-1$ ────────────────── ㉡
$(k-\alpha)(k-\beta)=k^2-(\alpha+\beta)k+\alpha\beta$
이므로 위의 식에 ㉠, ㉡을 대입하여 정리하면
$(k-\alpha)(k-\beta)=k^2-2k-1$

STEP 2 $\sum\limits_{k=1}^{15}(k-\alpha)(k-\beta)$의 값 구하기 [3점]

$$\sum_{k=1}^{15}(k-\alpha)(k-\beta)=\sum_{k=1}^{15}(k^2-2k-1)$$
$$=\sum_{k=1}^{15}k^2-2\sum_{k=1}^{15}k-\sum_{k=1}^{15}1$$
$$=\frac{15\times16\times31}{6}-2\times\frac{15\times16}{2}-1\times15$$
$$=1240-240-15=985$$

2142 답 (1) n (2) n (3) $n-3$ (4) $k-3$ (5) $2k$

(6) $12k$ (7) $\sum\limits_{k=1}^{8}k$ (8) $\dfrac{8\times9}{2}$ (9) 456

2143 답 2020

STEP 1 두 함수의 그래프의 교점의 x좌표 구하기 [3점]

$x^2-2nx+n^2=2(x-n)$에서
$x^2-(2n+2)x+n(n+2)=0$
$(x-n)\{x-(n+2)\}=0$
$\therefore x=n$ 또는 $x=n+2$

STEP 2 α_n, β_n 구하기 [1점]

$\alpha_n<\beta_n$이므로
$\alpha_n=n$, $\beta_n=n+2$

STEP 3 $\sum\limits_{k=1}^{10}(\alpha_k+\beta_k)^2$의 값 구하기 [3점]

$$\sum_{k=1}^{10}(\alpha_k+\beta_k)^2=\sum_{k=1}^{10}\{k+(k+2)\}^2=\sum_{k=1}^{10}(2k+2)^2$$
$$=\sum_{k=1}^{10}(4k^2+8k+4)=4\sum_{k=1}^{10}k^2+8\sum_{k=1}^{10}k+\sum_{k=1}^{10}4$$
$$=4\times\frac{10\times11\times21}{6}+8\times\frac{10\times11}{2}+4\times10$$
$$=1540+440+40=2020$$

2144 답 −1

STEP 1 두 함수의 그래프의 교점 A, B의 x좌표 사이의 관계식 구하기 [2점]

두 점 A, B의 x좌표를 각각 α, β $(\alpha < \beta)$라 하면

A$(\alpha, \alpha n - 2)$, B$(\beta, \beta n - 2)$

α, β는 이차방정식 $x^2 + x = nx - 2$, 즉 $x^2 + (1-n)x + 2 = 0$의 두 근이므로 이차방정식의 근과 계수의 관계에 의하여

$\alpha + \beta = -(1-n) = n-1$ ┄┄┄┄┄┄ ㉠

$\alpha\beta = 2$ ┄┄┄┄┄┄ ㉡

STEP 2 $\dfrac{1}{a_n} + \dfrac{1}{b_n}$을 n에 대한 식으로 나타내기 [3점]

a_n, b_n은 두 직선 OA, OB의 기울기이므로

$a_n = \dfrac{\alpha n - 2}{\alpha}$, $b_n = \dfrac{\beta n - 2}{\beta}$

$\therefore \dfrac{1}{a_n} + \dfrac{1}{b_n} = \dfrac{\alpha}{\alpha n - 2} + \dfrac{\beta}{\beta n - 2}$

$\qquad\qquad\quad = \dfrac{2\alpha\beta n - 2(\alpha+\beta)}{\alpha\beta n^2 - 2(\alpha+\beta)n + 4}$

위의 식에 ㉠, ㉡을 대입하여 정리하면

$\dfrac{1}{a_n} + \dfrac{1}{b_n} = \dfrac{4n - 2(n-1)}{2n^2 - 2(n-1)n + 4}$

$\qquad\qquad\quad = \dfrac{n+1}{n+2}$ ┄┄┄┄ ⓐ

STEP 3 $\displaystyle\sum_{n=4}^{13} \log_3\left(\dfrac{1}{a_n} + \dfrac{1}{b_n}\right)$의 값 구하기 [3점]

$\displaystyle\sum_{n=4}^{13} \log_3\left(\dfrac{1}{a_n} + \dfrac{1}{b_n}\right) = \sum_{n=4}^{13} \log_3 \dfrac{n+1}{n+2}$

$\qquad = \log_3 \dfrac{5}{6} + \log_3 \dfrac{6}{7} + \cdots + \log_3 \dfrac{14}{15}$

$\qquad = \log_3\left(\dfrac{5}{\cancel{6}} \times \dfrac{\cancel{6}}{\cancel{7}} \times \cdots \times \dfrac{14}{15}\right)$

$\qquad = \log_3 \dfrac{1}{3} = -1$

부분점수표	
ⓐ $\dfrac{1}{a_n} + \dfrac{1}{b_n}$을 n에 대한 식으로 나타낸 경우	1점

참고 두 점 A, B를 $(\alpha, \alpha^2 + \alpha)$, B$(\beta, \beta^2 + \beta)$로 놓고 풀어도 같은 답을 구할 수 있다.

오답 분석

$y = x^2 + x$와 $y = nx - 2$의 그래프의 교점

$x^2 + x = nx - 2$

$x^2 + (1-n)x + 2 = 0$의 두 근이 A, B의 x좌표이다.

A$(\alpha, \alpha^2 + \alpha)$, B$(\beta, \beta^2 + \beta)$라 하면

$\alpha + \beta = n - 1$, $\alpha\beta = 2$ ─2점

직선 OA의 기울기 $= \dfrac{\alpha^2 + \alpha}{\alpha} = \alpha + 1$

직선 OB의 기울기 $= \dfrac{\beta^2 + \beta}{\beta} = \beta + 1$ ─2점

직선 OA의 기울기 + 직선 OB의 기울기 $= \alpha + 1 + \beta + 1 = \alpha + \beta + 2 = n - 1 + 2 = n + 1$

$\displaystyle\sum_{n=4}^{13} \log_3(n+1) = \log_3(5 + 6 + 7 + \cdots + 14)$

$\qquad\qquad\qquad\quad$ ┗ $\dfrac{1}{a_n} + \dfrac{1}{b_n}$을 구해야 하는데 $a_n + b_n$을 구함.

$\qquad = \log_3 \dfrac{10 \times 19}{2} = \log_3 95$

▶ 8점 중 4점 얻음.

문제에서 구하려는 것은 $\dfrac{1}{a_n} + \dfrac{1}{b_n}$이므로

$\dfrac{1}{\alpha+1} + \dfrac{1}{\beta+1} = \dfrac{\alpha+1+\beta+1}{(\alpha+1)(\beta+1)} = \dfrac{\alpha+\beta+2}{\alpha\beta + \alpha + \beta + 1}$

$\qquad\qquad\qquad = \dfrac{n-1+2}{2+n-1+1} = \dfrac{n+1}{n+2}$

에서 $\displaystyle\sum_{n=4}^{13} \log_3 \dfrac{n+1}{n+2}$의 값을 구해야 한다.

이때 $\displaystyle\sum_{k=1}^{n} \log a_k \neq \log \sum_{k=1}^{n} a_k$임에 주의한다.

2145 답 284

STEP 1 두 함수의 그래프의 교점 P_n의 좌표 구하기 [1점]

$x^2 = \sqrt{n}x$에서 $x(x - \sqrt{n}) = 0$

$\therefore x = 0$ 또는 $x = \sqrt{n}$

점 P_n은 제1사분면 위의 점이므로 $P_n(\sqrt{n}, n)$

STEP 2 점 P_n을 지나고 직선 $y = \sqrt{n}x$와 수직인 직선의 방정식 구하기 [2점]

직선 $y = \sqrt{n}x$와 수직인 직선의 기울기를 a라 하면

$\sqrt{n} \times a = -1$ → 두 직선이 서로 수직이면 기울기의 곱이 −1이다.

$\therefore a = -\dfrac{1}{\sqrt{n}}$

즉, 점 $P_n(\sqrt{n}, n)$을 지나고 기울기가 $-\dfrac{1}{\sqrt{n}}$인 직선의 방정식은

$y - n = -\dfrac{1}{\sqrt{n}}(x - \sqrt{n})$

$\therefore y = -\dfrac{1}{\sqrt{n}}x + n + 1$

STEP 3 S_n을 n에 대한 식으로 나타내기 [3점]

$y = 0$일 때, $0 = -\dfrac{1}{\sqrt{n}}x + n + 1$

$\dfrac{1}{\sqrt{n}}x = n + 1$

$x = (n+1)\sqrt{n}$

$\therefore Q_n((n+1)\sqrt{n}, 0)$ ┄┄┄ ⓐ

$x = 0$일 때, $y = n + 1$

$\therefore R_n(0, n+1)$ ┄┄┄ ⓐ

S_n은 직각삼각형 OQ_nR_n의 넓이이므로

$S_n = \dfrac{1}{2} \times \overline{OQ_n} \times \overline{OR_n}$

$\qquad = \dfrac{1}{2} \times (n+1)\sqrt{n} \times (n+1)$

$\qquad = \dfrac{(n+1)^2 \sqrt{n}}{2}$

STEP 4 $\displaystyle\sum_{n=1}^{8} \dfrac{2S_n}{\sqrt{n}}$의 값 구하기 [3점]

$\displaystyle\sum_{n=1}^{8} \dfrac{2S_n}{\sqrt{n}} = \sum_{n=1}^{8}\left\{\dfrac{2}{\sqrt{n}} \times \dfrac{(n+1)^2 \sqrt{n}}{2}\right\}$

$\qquad = \displaystyle\sum_{n=1}^{8} (n+1)^2$

$\qquad = \displaystyle\sum_{n=1}^{8} (n^2 + 2n + 1)$

$\qquad = \displaystyle\sum_{n=1}^{8} n^2 + 2\sum_{n=1}^{8} n + \sum_{n=1}^{8} 1$

$\qquad = \dfrac{8 \times 9 \times 17}{6} + 2 \times \dfrac{8 \times 9}{2} + 1 \times 8$

$\qquad = 204 + 72 + 8 = 284$

부분점수표	
ⓐ 두 점 Q_n, R_n의 좌표를 각각 구한 경우	각 1점

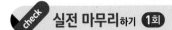
1 2146 답 ③   유형1 + 유형2

출제의도 | $\sum$의 정의를 이용하여 식의 값을 구할 수 있는지 확인한다.

$\sum\limits_{k=2}^{10}(k^2-1)=\sum\limits_{k=1}^{10}(k^2-1)$, $\sum\limits_{i=1}^{9}(i^2+1)=\sum\limits_{k=1}^{9}(k^2+1)$임을 이용해 보자.

$$\sum_{k=2}^{10}(k^2-1)-\sum_{i=1}^{9}(i^2+1)$$
$$=\sum_{k=1}^{10}(k^2-1)-\sum_{k=1}^{9}(k^2+1)=\sum_{k=1}^{10}k^2-10-\sum_{k=1}^{9}k^2-9$$
$$=\left(\sum_{k=1}^{10}k^2-\sum_{k=1}^{9}k^2\right)-19=10^2-19=81$$

2 2147 답 ②   유형1 + 유형2

출제의도 | $\sum$의 성질을 이용하여 주어진 식의 값을 구할 수 있는지 확인한다.

$\sum\limits_{k=1}^{15}(a_{2k-1}+a_{2k})=\sum\limits_{k=1}^{30}a_k$임을 이용해 보자.

$$\sum_{k=1}^{15}(a_{2k-1}+a_{2k})=a_1+a_2+a_3+\cdots+a_{30}=\sum_{k=1}^{30}a_k=35$$
이므로
$$\sum_{k=1}^{30}(4a_k-5)=4\sum_{k=1}^{30}a_k-\sum_{k=1}^{30}5=4\times35-5\times30=-10$$

3 2148 답 ③   유형2

출제의도 | $\sum$의 성질을 이용하여 주어진 식의 값을 구할 수 있는지 확인한다.

$(2a_k-1)^2$을 전개한 후 주어진 조건을 이용하여 계산해 보자.

$$\sum_{k=1}^{10}(2a_k-1)^2=\sum_{k=1}^{10}(4a_k^2-4a_k+1)=4\sum_{k=1}^{10}a_k^2-4\sum_{k=1}^{10}a_k+\sum_{k=1}^{10}1$$
$$=4\times25-4\times15+1\times10=50$$

4 2149 답 ①   유형2

출제의도 | $\sum$의 성질을 이용하여 주어진 식의 값을 구할 수 있는지 확인한다.

주어진 조건을 이용하여 $\sum\limits_{k=1}^{10}a_k$, $\sum\limits_{k=1}^{10}b_k$의 값을 구해 보자.

$\sum\limits_{k=1}^{10}(a_k+b_k)=35$에서 $\sum\limits_{k=1}^{10}a_k+\sum\limits_{k=1}^{10}b_k=35$ ·········· ㉠

$\sum\limits_{k=1}^{10}(3a_k-b_k)=65$에서 $3\sum\limits_{k=1}^{10}a_k-\sum\limits_{k=1}^{10}b_k=65$ ·········· ㉡

㉠+㉡을 하면 $4\sum\limits_{k=1}^{10}a_k=100$ $\therefore \sum\limits_{k=1}^{10}a_k=25$

㉠에서 $\sum\limits_{k=1}^{10}b_k=35-\sum\limits_{k=1}^{10}a_k=35-25=10$

$\therefore \sum\limits_{k=1}^{10}(a_k-2b_k)=\sum\limits_{k=1}^{10}a_k-2\sum\limits_{k=1}^{10}b_k=25-2\times10=5$

5 2150 답 ③   유형4

출제의도 | 여러 개의 $\sum$를 포함하는 식의 값을 구할 수 있는지 확인한다.

안쪽 괄호부터 차례로 계산하되 어떤 문자를 상수처럼 생각해야 하는지 주의하여 계산해 보자.

$$\sum_{m=1}^{5}\left\{\sum_{k=1}^{10}(k+m)\right\}$$
$$=\sum_{m=1}^{5}\left(\sum_{k=1}^{10}k+\sum_{k=1}^{10}m\right)=\sum_{m=1}^{5}\left(\frac{10\times11}{2}+10m\right)$$
$$=\sum_{m=1}^{5}(10m+55)=10\sum_{m=1}^{5}m+\sum_{m=1}^{5}55$$
$$=10\times\frac{5\times6}{2}+55\times5=425$$

6 2151 답 ②   유형7

출제의도 | 일반항을 찾아 수열의 합을 구할 수 있는지 확인한다.

주어진 수열의 합을 일반항을 이용하여 나타낸 후, 자연수의 거듭제곱의 합 공식을 이용하여 계산해 보자.

수열 2×18, 4×16, 6×14, $\cdots$, 18×2의 일반항을 a_n이라 하면
$$a_n=2n(20-2n)=40n-4n^2$$
$2\times18+4\times16+6\times14+\cdots+18\times2$의 값은 수열 $\{a_n\}$의 첫째항부터 제9항까지의 합이므로
$$\sum_{k=1}^{9}a_k=\sum_{k=1}^{9}(40k-4k^2)=40\sum_{k=1}^{9}k-4\sum_{k=1}^{9}k^2$$
$$=40\times\frac{9\times10}{2}-4\times\frac{9\times10\times19}{6}$$
$$=1800-1140=660$$

7 2152 답 ①   유형11

출제의도 | 부분분수 형태의 수열의 합을 구할 수 있는지 확인한다.

$\dfrac{1}{k(k-1)}=\dfrac{1}{k-1}-\dfrac{1}{k}$임을 이용해 보자.

$$\sum_{k=2}^{100}\frac{1}{k^2-k}$$
$$=\sum_{k=2}^{100}\frac{1}{(k-1)k}=\sum_{k=2}^{100}\left(\frac{1}{k-1}-\frac{1}{k}\right)$$
$$=\left(\frac{1}{1}-\frac{1}{2}\right)+\left(\frac{1}{2}-\frac{1}{3}\right)+\left(\frac{1}{3}-\frac{1}{4}\right)+\cdots+\left(\frac{1}{99}-\frac{1}{100}\right)$$
$$=1-\frac{1}{100}=\frac{99}{100}$$
따라서 $a=99$, $b=100$이므로 $b-a=1$

8 2153 답 ⑤   유형6

출제의도 | 등비수열의 일반항과 합의 공식을 이용하여 수열의 합을 구할 수 있는지 확인한다.

$a_1=3$, $a_2=1$을 이용하여 등비수열 $\{a_n\}$의 일반항을 구해 보자.

등비수열 $\{a_n\}$의 공비는 $\dfrac{a_2}{a_1}=\dfrac{1}{3}$이므로
$$a_n=3\times\left(\frac{1}{3}\right)^{n-1}=\left(\frac{1}{3}\right)^{n-2}$$
즉, $a_n^2=\left\{\left(\frac{1}{3}\right)^{n-2}\right\}^2=\left(\frac{1}{9}\right)^{n-2}$이므로

$$\sum_{k=1}^{10}a_k^2=\sum_{k=1}^{10}\left(\frac{1}{9}\right)^{k-2}=\frac{9\left\{1-\left(\frac{1}{9}\right)^{10}\right\}}{1-\frac{1}{9}}$$

└→ 첫째항이 $\left(\frac{1}{9}\right)^{-1}=9$이고 공비가 $\dfrac{1}{9}$인 등비수열의 첫째항부터 제10항까지의 합이다.

$$=\frac{81}{8}\left\{1-\left(\frac{1}{9}\right)^{10}\right\}=\frac{81}{8}\left\{1-\left(\frac{1}{3}\right)^{20}\right\}$$
따라서 $p=8$, $q=81$이므로 $p+q=89$

9 2154 답 ①

출제의도 | 로그의 성질을 이용하여 수열의 합을 구할 수 있는지 확인한다.

> $a>0$, $a\neq1$, $b>0$, $b\neq1$, $N>0$일 때, $\log_a N=\dfrac{\log_b N}{\log_b a}$임을 이용하여 주어진 식을 변형해 보자.

$$\sum_{k=2}^{63}\log_6\{\log_k(k+1)\}$$
$$=\log_6(\log_2 3)+\log_6(\log_3 4)+\cdots+\log_6(\log_{63} 64)$$
$$=\log_6(\log_2 3\times\log_3 4\times\cdots\times\log_{63} 64)$$
$$=\log_6\left(\frac{\log 3}{\log 2}\times\frac{\log 4}{\log 3}\times\cdots\times\frac{\log 64}{\log 63}\right)$$
$$=\log_6\left(\frac{\log 64}{\log 2}\right)=\log_6\left(\frac{\log 2^6}{\log 2}\right)$$
$$=\log_6 6=1$$

10 2155 답 ④

출제의도 | 근호를 포함한 수열의 합을 구할 수 있는지 확인한다.

> 인수분해를 이용하여 두 근 α_n, β_n을 구해 보자.

$x^2-(2n+1)x+n(n+1)=0$에서 $(x-n)(x-n-1)=0$
$\therefore x=n$ 또는 $x=n+1$
따라서 $\alpha_n=n$, $\beta_n=n+1$ 또는 $\alpha_n=n+1$, $\beta_n=n$이므로

$$\sum_{n=1}^{99}\frac{1}{\sqrt{\alpha_n}+\sqrt{\beta_n}}=\sum_{n=1}^{99}\frac{1}{\sqrt{n}+\sqrt{n+1}}$$
$$=\sum_{n=1}^{99}\frac{\sqrt{n}-\sqrt{n+1}}{(\sqrt{n}+\sqrt{n+1})(\sqrt{n}-\sqrt{n+1})}$$
$$=\sum_{n=1}^{99}(\sqrt{n+1}-\sqrt{n})$$
$$=(\sqrt{2}-\sqrt{1})+(\sqrt{3}-\sqrt{2})+\cdots+(\sqrt{100}-\sqrt{99})$$
$$=\sqrt{100}-\sqrt{1}=9$$

11 2156 답 ④

출제의도 | 근호를 포함한 수열의 합을 이용하여 미지수의 값을 구할 수 있는지 확인한다.

> 분모의 유리화를 이용하여 식을 계산해 보자.

$$\sum_{k=3}^{n}\frac{1}{\sqrt{k+1}+\sqrt{k+2}}$$
$$=\sum_{k=3}^{n}\frac{\sqrt{k+1}-\sqrt{k+2}}{(\sqrt{k+1}+\sqrt{k+2})(\sqrt{k+1}-\sqrt{k+2})}$$
$$=\sum_{k=3}^{n}(\sqrt{k+2}-\sqrt{k+1})$$
$$=\{(\sqrt{5}-\sqrt{4})+(\sqrt{6}-\sqrt{5})+(\sqrt{7}-\sqrt{6})+\cdots+(\sqrt{n+2}-\sqrt{n+1})\}$$
$$=-\sqrt{4}+\sqrt{n+2}=\sqrt{n+2}-2$$
즉, $\sqrt{n+2}-2=4$이므로 $\sqrt{n+2}=6$
$n+2=36$ $\therefore n=34$

12 2157 답 ②

출제의도 | 수열의 합과 일반항 사이의 관계를 이용하여 a_n을 구할 수 있는지 확인한다.

> 부분분수를 이용하여 수열의 합을 구해 보자.

수열 $\{a_n\}$의 첫째항부터 제n항까지의 합을 S_n이라 하면
$$S_n=n(n+1)(n+2)$$
(i) $n\geq2$일 때
$$a_n=S_n-S_{n-1}$$
$$=n(n+1)(n+2)-(n-1)n(n+1)$$
$$=3n(n+1) \quad\cdots\cdots\cdots\cdots\cdots\cdots\cdots \text{㉠}$$
(ii) $n=1$일 때
$$a_1=S_1=1\times2\times3=6$$
이때 $a_1=6$은 ㉠에 $n=1$을 대입한 것과 같으므로
$$a_n=3n(n+1) \ (n\geq1)$$
즉, $\dfrac{3}{a_k}=\dfrac{3}{3k(k+1)}=\dfrac{1}{k}-\dfrac{1}{k+1}$이므로
$$\sum_{k=1}^{10}\frac{3}{a_k}=\sum_{k=1}^{10}\left(\frac{1}{k}-\frac{1}{k+1}\right)$$
$$=\left(1-\frac{1}{2}\right)+\left(\frac{1}{2}-\frac{1}{3}\right)+\cdots+\left(\frac{1}{10}-\frac{1}{11}\right)=1-\frac{1}{11}=\frac{10}{11}$$

13 2158 답 ⑤

출제의도 | 규칙을 찾아 일반항을 찾고 수열의 합을 구할 수 있는지 확인한다.

> $a_1=3$, $a_2=9$를 이용하여 수열의 일반항을 구해 보자.

$$a_1=3\times1=3$$
$$a_2=3\times(1+2)=9$$
$$a_3=3\times(1+2+3)=18$$
$$a_4=3\times(1+2+3+4)=30$$
$$\vdots$$
$$a_n=3\times(1+2+3+\cdots+n)=3\times\frac{n(n+1)}{2}=\frac{3}{2}(n^2+n)$$
$$\therefore \sum_{k=1}^{12}a_k=\sum_{k=1}^{12}\frac{3}{2}(k^2+k)=\frac{3}{2}\left(\sum_{k=1}^{12}k^2+\sum_{k=1}^{12}k\right)$$
$$=\frac{3}{2}\times\left(\frac{12\times13\times25}{6}+\frac{12\times13}{2}\right)$$
$$=\frac{3}{2}\times(650+78)=1092$$

14 2159 답 ⑤

출제의도 | 수열의 규칙을 파악한 후 조건을 만족시키는 값을 구할 수 있는지 확인한다.

> 군수열로 나타낸 후, 각 군의 규칙을 파악해 보자.

주어진 수열을 군수열로 나타내면
$$\underbrace{(1)}_{\text{제1군}}, \underbrace{(2,\ 1)}_{\text{제2군}}, \underbrace{(3,\ 2,\ 1)}_{\text{제3군}}, \underbrace{(4,\ 3,\ 2,\ 1)}_{\text{제4군}}, \cdots$$
제n군의 항의 개수는 n이므로 제1군부터 제n군까지의 항의 개수의 합은
$$\sum_{k=1}^{n}k=\frac{n(n+1)}{2}$$
이때 제n군의 항은 n, $n-1$, $\cdots$, 1이므로 15가 처음으로 나오는 항은 제15군의 첫째항이다.
한편, 제1군부터 제14군까지의 항의 개수의 합은
$$\frac{14\times15}{2}=105$$
따라서 15가 처음으로 나오는 항은 $105+1=106$에서 제106항이다.

15 2160 답 ③

유형 3

출제의도 | 수열의 합으로 표현된 $f(x)$의 최솟값을 구할 수 있는지 확인한다.

> $f(x)=a(x-n)^2+m$ $(a>0)$ 꼴로 나타낸 후 $x=n$일 때 최솟값 m을 가짐을 이용해 보자.

$$f(x)=\sum_{k=1}^{5}(2x-k)^2$$
$$=\sum_{k=1}^{5}(4x^2-4kx+k^2)$$
$$=x^2\sum_{k=1}^{5}4-4x\sum_{k=1}^{5}k+\sum_{k=1}^{5}k^2$$
$$=x^2\times4\times5-4x\times\frac{5\times6}{2}+\frac{5\times6\times11}{6}$$
$$=20x^2-60x+55$$
$$=20\left(x^2-3x+\frac{9}{4}-\frac{9}{4}\right)+55$$
$$=20\left(x-\frac{3}{2}\right)^2+10$$

따라서 $f(x)$는 $x=\frac{3}{2}$일 때, 최솟값 10을 가지므로

$$n=\frac{3}{2},\ m=10$$

$$\therefore\ n+m=\frac{23}{2}$$

16 2161 답 ⑤

유형 5

출제의도 | 등차수열의 합을 이용하여 항의 값을 구할 수 있는지 확인한다.

> 등차수열의 일반항과 합을 이용하여 항의 값을 구해 보자.

등차수열 $\{a_n\}$의 첫째항을 a, 공차를 d라 하면
$$a_{2n-1}=a+\{(2n-1)-1\}d=a+2d(n-1)$$
$$\therefore\ \sum_{k=1}^{n}a_{2k-1}=\sum_{k=1}^{n}\{a+2d(k-1)\}$$
$$=\sum_{k=1}^{n}a+2d\sum_{k=1}^{n}k-2d\sum_{k=1}^{n}1$$
$$=an+2d\times\frac{n(n+1)}{2}-2dn$$
$$=an+dn^2+dn-2dn$$
$$=dn^2+(a-d)n$$

즉, $\sum_{k=1}^{n}a_{2k-1}=3n^2+n$에서 $\underline{dn^2+(a-d)n=3n^2+n}$
→ n에 대한 항등식이다.

따라서 $d=3$, $a-d=1$이므로 $a=4$
$$\therefore\ a_5=a+4d=4+4\times3=16$$

다른 풀이

$\sum_{k=1}^{n}a_{2k-1}=3n^2+n$이므로

$a_1+a_3+a_5=3\times3^2+3=30$, $a_1+a_3=3\times2^2+2=14$
$$\therefore\ a_5=(a_1+a_3+a_5)-(a_1+a_3)=30-14=16$$

17 2162 답 ③

유형 6

출제의도 | $\sum$의 성질을 이용하여 등비수열의 합을 구할 수 있는지 확인한다.

> $\sum_{k=1}^{10}\frac{2^{k+3}+5^k}{4^{k-1}}=\sum_{k=1}^{10}\frac{2^{k+3}}{4^{k-1}}+\sum_{k=1}^{10}\frac{5^k}{4^{k-1}}$ 을 이용하여 각각의 등비수열의 합을 구해 보자.

$$\sum_{k=1}^{10}\frac{2^{k+3}+5^k}{4^{k-1}}=\sum_{k=1}^{10}\frac{2^{k+3}}{4^{k-1}}+\sum_{k=1}^{10}\frac{5^k}{4^{k-1}}$$
$$=32\sum_{k=1}^{10}\frac{2^k}{4^k}+4\sum_{k=1}^{10}\frac{5^k}{4^k}$$
$$=32\sum_{k=1}^{10}\left(\frac{1}{2}\right)^k+4\sum_{k=1}^{10}\left(\frac{5}{4}\right)^k$$
$$=32\times\frac{\frac{1}{2}\left\{1-\left(\frac{1}{2}\right)^{10}\right\}}{1-\frac{1}{2}}+4\times\frac{\frac{5}{4}\left\{\left(\frac{5}{4}\right)^{10}-1\right\}}{\frac{5}{4}-1}$$
$$=20\times\left(\frac{5}{4}\right)^{10}-32\times\left(\frac{1}{2}\right)^{10}+12$$

따라서 $a=20$, $b=-32$, $c=12$이므로 $a+b+c=0$

18 2163 답 ①

유형 9

출제의도 | 주어진 조건에 따른 수열의 규칙을 추론할 수 있는지 확인한다.

> 3^n과 7^n의 일의 자리 숫자를 각각 나열하여 $f(n)-g(n)$의 규칙을 발견해 보자.

$$f(n)=\begin{cases}3 & (n=4k-3)\\9 & (n=4k-2)\\7 & (n=4k-1)\\1 & (n=4k)\end{cases}\text{(단, }k\text{는 자연수)}$$

→ $3^1=3$, $3^2=9$, $3^3=27$, $3^4=81$, $3^5=243$, $3^6=729$, ⋯이므로 일의 자리 숫자로 3, 9, 7, 1이 이 순서대로 반복된다.

$$g(n)=\begin{cases}7 & (n=4k-3)\\9 & (n=4k-2)\\3 & (n=4k-1)\\1 & (n=4k)\end{cases}\text{(단, }k\text{는 자연수)}$$

이므로

$$f(n)-g(n)=\begin{cases}-4 & (n=4k-3)\\0 & (n=4k-2)\\4 & (n=4k-1)\\0 & (n=4k)\end{cases}\text{(단, }k\text{는 자연수)}$$

$$\therefore\ \sum_{k=1}^{110}\{f(k)-g(k)\}=(-4+0+4+0)\times27+(-4)+0$$
$$=-4$$

19 2164 답 ③

유형 16

출제의도 | 도형의 성질을 활용하여 수열의 합을 구할 수 있는지 확인한다.

> 밑변의 길이가 $(n+1)-(n-1)=2$이고 높이가 $\frac{3}{n}$인 삼각형의 넓이를 n에 대한 식으로 나타내 보자.

밑변의 길이가 $(n+1)-(n-1)=2$, 높이가 $\frac{3}{n}$인 삼각형의 넓이 a_n은
$$a_n=\frac{1}{2}\times2\times\frac{3}{n}=\frac{3}{n}$$
$$\therefore\ \sum_{n=1}^{10}a_na_{n+1}=\sum_{n=1}^{10}\left(\frac{3}{n}\times\frac{3}{n+1}\right)$$
$$=9\sum_{n=1}^{10}\frac{1}{n(n+1)}=9\sum_{n=1}^{10}\left(\frac{1}{n}-\frac{1}{n+1}\right)$$
$$=9\left\{\left(\frac{1}{1}-\frac{1}{2}\right)+\left(\frac{1}{2}-\frac{1}{3}\right)+\cdots+\left(\frac{1}{10}-\frac{1}{11}\right)\right\}$$
$$=9\times\left(1-\frac{1}{11}\right)=\frac{90}{11}$$

20 2165 답 ②

유형 21

출제의도 | 각 줄의 규칙을 찾아 조건을 만족시키는 항을 구할 수 있는지 확인한다.

> 각 줄이 이루는 등차수열을 파악한 후 조건을 만족시키는 항의 값을 구해 보자.

각 줄의 수들을 차례로 나열하면
위에서 2번째 줄 : 1, 2, 3, 4, …
→ 첫째항이 1, 공차가 1인 등차수열
위에서 3번째 줄 : 1, 3, 5, 7, …
→ 첫째항이 1, 공차가 2인 등차수열
위에서 4번째 줄 : 1, 4, 7, 10, …
→ 첫째항이 1, 공차가 3인 등차수열
⋮
즉, 위에서 11번째 줄에 있는 수들은 첫째항이 1, 공차가 10인 등차수열을 이룬다.
이 수열을 $\{a_n\}$이라 하면 일반항 a_n은
$a_n=1+(n-1)\times10=10n-9$
따라서 위에서 11번째 줄의 왼쪽에서 8번째에 있는 수는
$a_8=10\times8-9=71$

21 2166 답 ③

유형 6

출제의도 | 조건을 만족시키는 등비수열의 공비와 미지수의 값을 구할 수 있는지 확인한다.

> (개를 이용하여 공비를 구하고, 이에 따라 경우를 나누어 (내를 만족시키는 r, m의 값을 찾아 보자.

첫째항이 3, 공비가 r인 등비수열의 일반항 a_n은
$a_n=3\times r^{n-1}$이므로 (개)에서
$6<3r+3r^2\le18$ ∴ $2<r+r^2\le6$
$r+r^2>2$일 때, $r^2+r-2>0$, $(r+2)(r-1)>0$
∴ $r>1$ 또는 $r<-2$ ……………… ㉠
$r+r^2\le6$일 때, $r^2+r-6\le0$, $(r+3)(r-2)\le0$
∴ $-3\le r\le2$ ……………… ㉡
㉠, ㉡을 동시에 만족시키는 정수 r의 값은 -3 또는 2이다.
└→ $-3\le r<-2$ 또는 $1<r\le2$
(내)에서
$\sum_{k=2}^{m}a_k=\sum_{k=1}^{m}a_k-3=186$ ∴ $\sum_{k=1}^{m}a_k=189$
(i) $r=-3$일 때
$\sum_{k=1}^{m}a_k=\dfrac{3\{1-(-3)^m\}}{1-(-3)}=189$에서
$\dfrac{3}{4}\{1-(-3)^m\}=189$, $1-(-3)^m=252$
∴ $(-3)^m=-251$
이를 만족시키는 자연수 m은 존재하지 않는다.
(ii) $r=2$일 때
$\sum_{k=1}^{m}a_k=\dfrac{3(2^m-1)}{2-1}=189$에서
$3(2^m-1)=189$, $2^m-1=63$
$2^m=64=2^6$ ∴ $m=6$
(i), (ii)에서 $r=2$, $m=6$ ∴ $r+m=8$

22 2167 답 420

유형 4

출제의도 | 여러 개의 ∑를 포함한 식을 계산할 수 있는지 확인한다.

STEP 1 $\sum_{i=1}^{k}\left(3i+\dfrac{3k+3}{2}\right)$을 k에 대한 식으로 나타내기 [2점]

$$\sum_{i=1}^{k}\left(3i+\dfrac{3k+3}{2}\right)=3\sum_{i=1}^{k}i+\sum_{i=1}^{k}\dfrac{3k+3}{2}$$
$$=3\times\dfrac{k(k+1)}{2}+\dfrac{3k+3}{2}\times k$$
$$=3k^2+3k$$

STEP 2 $\sum_{k=1}^{n}\left\{\sum_{i=1}^{k}\left(3i+\dfrac{3k+3}{2}\right)\right\}$을 n에 대한 식으로 나타내기 [2점]

$$\sum_{k=1}^{n}\left\{\sum_{i=1}^{k}\left(3i+\dfrac{3k+3}{2}\right)\right\}=\sum_{k=1}^{n}(3k^2+3k)$$
$$=3\sum_{k=1}^{n}k^2+3\sum_{k=1}^{n}k$$
$$=3\times\dfrac{n(n+1)(2n+1)}{6}+3\times\dfrac{n(n+1)}{2}$$
$$=n(n+1)(n+2)$$

STEP 3 주어진 식의 값 구하기 [2점]

$$\sum_{n=1}^{5}\left[\sum_{k=1}^{n}\left\{\sum_{i=1}^{k}\left(3i+\dfrac{3k+3}{2}\right)\right\}\right]$$
$$=\sum_{n=1}^{5}n(n+1)(n+2)=\sum_{n=1}^{5}(n^3+3n^2+2n)$$
$$=\sum_{n=1}^{5}n^3+3\sum_{n=1}^{5}n^2+2\sum_{n=1}^{5}n$$
$$=\left(\dfrac{5\times6}{2}\right)^2+3\times\dfrac{5\times6\times11}{6}+2\times\dfrac{5\times6}{2}$$
$$=225+165+30=420$$

23 2168 답 242

유형 13

출제의도 | 로그의 성질과 수열의 합을 이용하여 미지수의 값을 구할 수 있는지 확인한다.

STEP 1 $\sum_{k=1}^{n}\log_3\left(1+\dfrac{1}{k}\right)$을 n에 대한 식으로 나타내기 [3점]

$$\sum_{k=1}^{n}\log_3\left(1+\dfrac{1}{k}\right)=\sum_{k=1}^{n}\log_3\dfrac{k+1}{k}$$
$$=\log_3 2+\log_3\dfrac{3}{2}+\cdots+\log_3\dfrac{n+1}{n}$$
$$=\log_3\left(\dfrac{2}{1}\times\dfrac{3}{2}\times\cdots\times\dfrac{n+1}{n}\right)$$
$$=\log_3(n+1)$$

STEP 2 자연수 n의 값 구하기 [3점]

$\log_3(n+1)=5$이므로 $n+1=3^5$
$n+1=243$ ∴ $n=242$

24 2169 답 675

유형 1

출제의도 | 수열의 합에 대한 규칙을 추론할 수 있는지 확인한다.

STEP 1 $\sum_{k=1}^{30}a_k$의 값 구하기 [3점]

$\sum_{k=1}^{n}(a_{3k-2}+a_{3k-1}+a_{3k})=9n^2$에서
$(a_1+a_2+a_3)+(a_4+a_5+a_6)+\cdots+(a_{3n-2}+a_{3n-1}+a_{3n})=9n^2$
∴ $\sum_{k=1}^{3n}a_k=9n^2$ ……………… ㉠

$n=10$을 ㉠에 대입하면

$$\sum_{k=1}^{30} a_k = 9 \times 10^2 = 900$$

STEP 2 $\sum_{k=1}^{15} a_k$의 값 구하기 [2점]

$n=5$를 ㉠에 대입하면

$$\sum_{k=1}^{15} a_k = 9 \times 5^2 = 225$$

STEP 3 $\sum_{k=16}^{30} a_k$의 값 구하기 [2점]

$$\sum_{k=16}^{30} a_k = \sum_{k=1}^{30} a_k - \sum_{k=1}^{15} a_k = 900 - 225 = 675$$

25 2170 답 616 유형 15

출제의도 | 수열의 합을 이용하여 일반항을 구한 후 새로운 수열의 합을 구할 수 있는지 확인한다.

STEP 1 일반항 a_n 구하기 [3점]

수열 $\{a_n\}$의 첫째항부터 제n항까지의 합을 S_n이라 하면

$S_n = n^2 + 5n$

(i) $n \geq 2$일 때

$$\begin{aligned} a_n &= S_n - S_{n-1} \\ &= n^2 + 5n - \{(n-1)^2 + 5(n-1)\} \\ &= 2n + 4 \quad\cdots\cdots\ ㉠ \end{aligned}$$

(ii) $n = 1$일 때

$$a_1 = S_1 = 1^2 + 5 = 6$$

이때 $a_1 = 6$은 ㉠에 $n=1$을 대입한 것과 같으므로

$a_n = 2n + 4 \ (n \geq 1)$

STEP 2 $\sum_{k=1}^{7} k a_{2k-1}$의 값 구하기 [4점]

$$a_{2k-1} = 2(2k-1) + 4 = 4k + 2 \quad\cdots\cdots\ ⓐ$$

$$\begin{aligned} \therefore \sum_{k=1}^{7} k a_{2k-1} &= \sum_{k=1}^{7} k(4k+2) = \sum_{k=1}^{7} (4k^2 + 2k) \\ &= 4\sum_{k=1}^{7} k^2 + 2\sum_{k=1}^{7} k \\ &= 4 \times \frac{7 \times 8 \times 15}{6} + 2 \times \frac{7 \times 8}{2} \\ &= 560 + 56 = 616 \end{aligned}$$

부분점수표	
ⓐ a_{2k-1}을 구한 경우	1점

 실전 마무리하기 **2회** 449쪽~453쪽

1 2171 답 ③ 유형 1 + 유형 2

출제의도 | $\sum$의 성질을 이용하여 식의 값을 구할 수 있는지 확인한다.

$\sum_{k=2}^{n-1}(k^3-1) = \sum_{k=1}^{n}(k^3-1) - n^3 + 1$임을 이용하여 계산해 보자.

$$\begin{aligned} \sum_{k=2}^{n-1}(k^3-1) &= \sum_{k=1}^{n}(k^3-1) - \{(n^3-1) + (1^3-1)\} \\ &= \sum_{k=1}^{n}(k^3-1) - n^3 + 1 \end{aligned}$$

$$\begin{aligned} \therefore \sum_{k=1}^{n}(k^3+1) - \sum_{k=2}^{n-1}(k^3-1) \\ = \sum_{k=1}^{n}(k^3+1) - \left\{\sum_{k=1}^{n}(k^3-1) - n^3 + 1\right\} \\ = \sum_{k=1}^{n}(k^3+1-k^3+1) + n^3 - 1 \\ = \sum_{k=1}^{n} 2 + n^3 - 1 \\ = n^3 + 2n - 1 \end{aligned}$$

2 2172 답 ⑤ 유형 2

출제의도 | $\sum$의 성질을 이용한 수열의 합을 계산할 수 있는지 확인한다.

$\sum_{k=1}^{15} a_k{}^2$, $\sum_{k=1}^{15} a_k$의 값을 각각 구하여 식에 대입해 보자.

$\sum_{k=1}^{15}(a_k+1)(a_k-1) = 20$에서 $\sum_{k=1}^{15}(a_k{}^2-1) = 20$

$\sum_{k=1}^{15} a_k{}^2 - 1 \times 15 = 20 \qquad \therefore \sum_{k=1}^{15} a_k{}^2 = 20 + 15 = 35$

$\sum_{k=1}^{15} a_k(a_k+1) = 45$에서 $\sum_{k=1}^{15} a_k{}^2 + \sum_{k=1}^{15} a_k = 45$

$35 + \sum_{k=1}^{15} a_k = 45 \qquad \therefore \sum_{k=1}^{15} a_k = 10$

$$\begin{aligned} \therefore \sum_{k=1}^{15}(a_k-1)^2 &= \sum_{k=1}^{15}(a_k{}^2 - 2a_k + 1) \\ &= \sum_{k=1}^{15} a_k{}^2 - 2\sum_{k=1}^{15} a_k + \sum_{k=1}^{15} 1 \\ &= 35 - 2 \times 10 + 1 \times 15 = 30 \end{aligned}$$

3 2173 답 ② 유형 3

출제의도 | 자연수의 거듭제곱의 합을 구할 수 있는지 확인한다.

$\sum_{k=1}^{n} k^3 = \left\{\dfrac{n(n+1)}{2}\right\}^2$을 이용해 보자.

$$\begin{aligned} 4^3 + 5^3 + 6^3 + \cdots + 10^3 &= \sum_{k=1}^{10} k^3 - \sum_{k=1}^{3} k^3 \\ &= \left(\frac{10 \times 11}{2}\right)^2 - \left(\frac{3 \times 4}{2}\right)^2 \\ &= 3025 - 36 = 2989 \end{aligned}$$

4 2174 답 ① 유형 4

출제의도 | 여러 개의 $\sum$를 포함한 식을 만족시키는 미지수의 값을 구할 수 있는지 확인한다.

자연수의 거듭제곱의 합 공식을 이용하여 n에 대한 식으로 나타내 보자.

$$\begin{aligned} \sum_{l=1}^{n}\left\{\sum_{k=1}^{l}(k+l)\right\} &= \sum_{l=1}^{n}\left\{\frac{l(l+1)}{2} + l^2\right\} \\ &= \sum_{l=1}^{n}\left(\frac{3}{2}l^2 + \frac{1}{2}l\right) \\ &= \frac{3}{2}\sum_{l=1}^{n} l^2 + \frac{1}{2}\sum_{l=1}^{n} l \\ &= \frac{3}{2} \times \frac{n(n+1)(2n+1)}{6} + \frac{1}{2} \times \frac{n(n+1)}{2} \\ &= \frac{n(n+1)(2n+1)}{4} + \frac{n(n+1)}{4} \\ &= \frac{n(n+1)^2}{2} \end{aligned}$$

즉, $\dfrac{n(n+1)^2}{2}=90$이므로 $n(n+1)^2=180=5\times6^2$

$\therefore n=5$

5 2175 답 ③ 유형7

출제의도 | 일반항을 구한 후 수열의 합을 구할 수 있는지 확인한다.

> 2, 5, 8, 11, …은 공차가 3인 등차수열임을 이용해 보자.

수열 2^2, 5^2, 8^2, 11^2, …의 일반항을 a_n이라 하면

$a_n=(3n-1)^2$

따라서 주어진 수열의 첫째항부터 제9항까지의 합은

$\displaystyle\sum_{k=1}^{9}(3k-1)^2=\sum_{k=1}^{9}(9k^2-6k+1)$

$\qquad=9\displaystyle\sum_{k=1}^{9}k^2-6\sum_{k=1}^{9}k+\sum_{k=1}^{9}1$

$\qquad=9\times\dfrac{9\times10\times19}{6}-6\times\dfrac{9\times10}{2}+1\times9$

$\qquad=2565-270+9=2304$

6 2176 답 ④ 유형10

출제의도 | 부분분수를 이용하여 식의 값을 구할 수 있는지 확인한다.

> 제k항을 간단히 나타낸 후 부분분수를 이용하여 식의 값을 구해 보자.

수열 $\dfrac{1}{2^2-1}$, $\dfrac{1}{4^2-1}$, $\dfrac{1}{6^2-1}$, …, $\dfrac{1}{20^2-1}$의 제k항을 a_k라 하면

$a_k=\dfrac{1}{(2k)^2-1}=\dfrac{1}{(2k-1)(2k+1)}=\dfrac{1}{2}\left(\dfrac{1}{2k-1}-\dfrac{1}{2k+1}\right)$

$\therefore \dfrac{1}{2^2-1}+\dfrac{1}{4^2-1}+\dfrac{1}{6^2-1}+\cdots+\dfrac{1}{20^2-1}$

$=\dfrac{1}{2}\displaystyle\sum_{k=1}^{10}\left(\dfrac{1}{2k-1}-\dfrac{1}{2k+1}\right)$

$=\dfrac{1}{2}\left\{\left(\dfrac{1}{1}-\dfrac{1}{3}\right)+\left(\dfrac{1}{3}-\dfrac{1}{5}\right)+\left(\dfrac{1}{5}-\dfrac{1}{7}\right)+\cdots+\left(\dfrac{1}{19}-\dfrac{1}{21}\right)\right\}$

$=\dfrac{1}{2}\times\left(1-\dfrac{1}{21}\right)=\dfrac{10}{21}$

7 2177 답 ④ 유형11

출제의도 | 부분분수를 이용하여 미지수의 값을 구할 수 있는지 확인한다.

> 부분분수를 이용하여 식을 간단히 나타내 보자.

$\displaystyle\sum_{k=1}^{n}\dfrac{3}{(3k-1)(3k+2)}$

$=\displaystyle\sum_{k=1}^{n}\left(\dfrac{1}{3k-1}-\dfrac{1}{3k+2}\right)$

$=\left(\dfrac{1}{2}-\dfrac{1}{5}\right)+\left(\dfrac{1}{5}-\dfrac{1}{8}\right)+\left(\dfrac{1}{8}-\dfrac{1}{11}\right)+\cdots+\left(\dfrac{1}{3n-1}-\dfrac{1}{3n+2}\right)$

$=\dfrac{1}{2}-\dfrac{1}{3n+2}=\dfrac{3n}{2(3n+2)}$

즉, $\dfrac{3n}{2(3n+2)}=\dfrac{12}{25}$이므로 $24n+16=25n$ $\qquad \therefore n=16$

8 2178 답 ③ 유형14

출제의도 | 근호를 포함한 수열의 합을 구할 수 있는지 확인한다.

> 분모의 유리화를 이용하여 $\dfrac{1}{f(k)}$을 간단히 나타내 보자.

$\dfrac{1}{f(x)}=\dfrac{1}{\sqrt{x}+\sqrt{x+1}}=\dfrac{\sqrt{x}-\sqrt{x+1}}{(\sqrt{x}+\sqrt{x+1})(\sqrt{x}-\sqrt{x+1})}$

$\qquad=\sqrt{x+1}-\sqrt{x}$

$\therefore \displaystyle\sum_{k=1}^{80}\dfrac{1}{f(k)}=\sum_{k=1}^{80}(\sqrt{k+1}-\sqrt{k})$

$\qquad=(\sqrt{2}-\sqrt{1})+(\sqrt{3}-\sqrt{2})+\cdots+(\sqrt{81}-\sqrt{80})$

$\qquad=-\sqrt{1}+\sqrt{81}=8$

9 2179 답 ③ 유형5

출제의도 | 등차수열의 일반항과 $\sum$의 성질을 이용하여 수열의 합을 구할 수 있는지 확인한다.

> 등차수열 $\{a_n\}$의 공차가 d이면 $a_{2k}-a_{2k-1}=d$임을 이용해 보자.

등차수열 $\{a_n\}$의 첫째항을 a, 공차를 d라 하면

$a_5=a+4d=17$ ……………………………… ㉠

$a_{12}=a+11d=45$ …………………………… ㉡

㉠, ㉡을 연립하여 풀면 $a=1$, $d=4$

$\therefore \displaystyle\sum_{k=1}^{20}a_{2k}-\sum_{k=1}^{20}a_{2k-1}=\sum_{k=1}^{20}(a_{2k}-a_{2k-1})$

$\qquad=\displaystyle\sum_{k=1}^{20}d=\sum_{k=1}^{20}4=4\times20=80$

10 2180 답 ③ 유형6

출제의도 | 나머지정리를 이용하여 a_n을 구하고 등비수열의 합을 구할 수 있는지 확인한다.

> 등비수열의 합 공식을 이용하여 구해 보자.

나머지정리에 의하여

$a_n=f(4)=4^n(4-1)=3\times4^n$

$\therefore \displaystyle\sum_{k=1}^{20}a_k=\sum_{k=1}^{20}(3\times4^k)=3\sum_{k=1}^{20}4^k$

$\qquad=3\times\dfrac{4\times(4^{20}-1)}{4-1}=4^{21}-4$

11 2181 답 ② 유형8

출제의도 | 일반항을 k, n에 대한 식으로 표현하여 식을 만족시키는 미지수의 값을 구할 수 있는지 확인한다.

> 주어진 식을 $\displaystyle\sum_{k=1}^{n+1}k(n+2-k)$로 표현하여 수열의 합을 구해 보자.

수열 $1\times(n+1)$, $2\times n$, $3\times(n-1)$, …, $(n+1)\times1$의 제k항을 a_k라 하면 $a_k=k(n+2-k)$

$\therefore 1\times(n+1)+2\times n+3\times(n-1)+\cdots+n\times2+(n+1)\times1$

$\qquad=\displaystyle\sum_{k=1}^{n+1}k(n+2-k)=\sum_{k=1}^{n+1}\{-k^2+(n+2)k\}$

$\qquad=-\displaystyle\sum_{k=1}^{n+1}k^2+(n+2)\sum_{k=1}^{n+1}k$

$\qquad=-\dfrac{(n+1)(n+2)(2n+3)}{6}+(n+2)\times\dfrac{(n+1)(n+2)}{2}$

$\qquad=\dfrac{(n+1)(n+2)(n+3)}{6}$

$\therefore a+b+c=1+2+3=6$

12 2182 답 ①

출제의도 | 주어진 조건을 이용하여 항이 가지는 값의 개수를 식으로 나타낼 수 있는지 확인한다.

> 항의 값이 -1, 1인 항의 개수를 각각 x, y로 놓고 식을 세운 후, 미지수의 값을 구해 보자.

수열 $\{a_n\}$에서 a_1부터 a_{20}까지의 항 중에서 값이 -1인 항의 개수를 x, 1인 항의 개수를 y라 하면

$\displaystyle\sum_{k=1}^{20} a_k = 1$에서 $(-1) \times x + 1 \times y = 1$

$\therefore -x + y = 1$ ·· ㉠

$\displaystyle\sum_{k=1}^{20} a_k^2 = 11$에서 $(-1)^2 \times x + 1^2 \times y = 11$

$\therefore x + y = 11$ ·· ㉡

㉠, ㉡을 연립하여 풀면 $x = 5$, $y = 6$

따라서 $a_k = -1$인 자연수 k의 개수는 5이다.

13 2183 답 ⑤

출제의도 | 주어진 식의 일반항을 추론하여 수열의 합을 구할 수 있는지 확인한다.

> 주어진 식을 $\displaystyle\sum_{k=1}^{10} \frac{4k+2}{\sum_{m=1}^{k} m^2}$로 표현하여 식의 값을 구해 보자.

수열 $\dfrac{6}{1^2}$, $\dfrac{10}{1^2+2^2}$, $\dfrac{14}{1^2+2^2+3^2}$, $\cdots$, $\dfrac{42}{1^2+2^2+\cdots+10^2}$에서 제$k$항을 a_k라 하면

$a_k = \dfrac{4k+2}{\displaystyle\sum_{m=1}^{k} m^2} = \dfrac{4k+2}{\dfrac{k(k+1)(2k+1)}{6}}$

$\quad = \dfrac{12}{k(k+1)} = 12\left(\dfrac{1}{k} - \dfrac{1}{k+1}\right)$

$\therefore \dfrac{6}{1^2} + \dfrac{10}{1^2+2^2} + \dfrac{14}{1^2+2^2+3^2} + \cdots + \dfrac{42}{1^2+2^2+\cdots+10^2}$

$\quad = 12\displaystyle\sum_{k=1}^{10}\left(\dfrac{1}{k} - \dfrac{1}{k+1}\right)$

$\quad = 12\left\{\left(\dfrac{1}{1} - \dfrac{1}{2}\right) + \left(\dfrac{1}{2} - \dfrac{1}{3}\right) + \cdots + \left(\dfrac{1}{10} - \dfrac{1}{11}\right)\right\}$

$\quad = 12 \times \left(1 - \dfrac{1}{11}\right) = \dfrac{120}{11}$

14 2184 답 ④

출제의도 | 일반항을 구하고 수열의 합을 구할 수 있는지 확인한다.

> 이차방정식의 근과 계수의 관계를 이용하여 두 근의 합과 곱을 구해 보자.

이차방정식의 근과 계수의 관계에 의하여

$a_n + b_n = 4n$, $a_n b_n = 6n^2$이므로

$a_n^2 + b_n^2 = (a_n + b_n)^2 - 2a_n b_n = (4n)^2 - 2 \times 6n^2 = 4n^2$

$\therefore \displaystyle\sum_{k=1}^{10}(a_k^2 + b_k^2) = \sum_{k=1}^{10} 4k^2 = 4\sum_{k=1}^{10} k^2$

$\qquad\qquad\qquad = 4 \times \dfrac{10 \times 11 \times 21}{6} = 1540$

15 2185 답 ①

출제의도 | 수열의 합과 일반항 사이의 관계를 이용하여 a_n을 구할 수 있는지 확인한다.

> $a_1 = S_1$, $a_n = S_n - S_{n-1}$임을 이용하여 일반항을 구한 후, 새로운 수열의 합을 구해 보자.

수열 $\{a_n\}$의 첫째항부터 제n항까지의 합을 S_n이라 하면

$S_n = n^2 - n$

(ⅰ) $n \geq 2$일 때

$\quad a_n = S_n - S_{n-1}$

$\qquad = (n^2 - n) - \{(n-1)^2 - (n-1)\}$

$\qquad = 2n - 2$ ·· ㉠

(ⅱ) $n = 1$일 때

$\quad a_1 = S_1 = 1^2 - 1 = 0$

이때 $a_1 = 0$은 ㉠에 $n = 1$을 대입한 것과 같으므로

$a_n = 2n - 2$ $(n \geq 1)$

따라서 $a_{3k+1} = 2(3k+1) - 2 = 6k$이므로

$\displaystyle\sum_{k=1}^{10} k a_{3k+1} = 6\sum_{k=1}^{10} k^2 = 6 \times \dfrac{10 \times 11 \times 21}{6} = 2310$

16 2186 답 ③

출제의도 | $\sum$의 성질을 이용하여 등차수열의 합을 구할 수 있는지 확인한다.

> 등차수열의 일반항을 구하고 양수인 항과 음수인 항을 나누어 해결해 보자.

등차수열 $\{a_n\}$의 공차를 d라 하면

$a_{10} = a_1 + 9d = 37 + 9d = 1$

$9d = -36$ $\quad \therefore d = -4$

첫째항이 37, 공차가 -4인 등차수열의 일반항 a_n은

$a_n = 37 + (n-1) \times (-4) = 41 - 4n$

$\therefore \displaystyle\sum_{k=1}^{20} |a_k| = \sum_{k=1}^{20} |41 - 4k|$
$\qquad$ $1 \leq k \leq 10$일 때 $|41 - 4k| = 41 - 4k$
$\qquad$ $11 \leq k \leq 20$일 때 $|41 - 4k| = 4k - 41$

$\quad = \displaystyle\sum_{k=1}^{10}(41 - 4k) + \sum_{k=11}^{20}(4k - 41)$

$\quad = \displaystyle\sum_{k=1}^{10}(41 - 4k) + \sum_{k=1}^{20}(4k - 41) - \sum_{k=1}^{10}(4k - 41)$

$\quad = \displaystyle\sum_{k=1}^{10}\{(41 - 4k) - (4k - 41)\} + \sum_{k=1}^{20}(4k - 41)$

$\quad = \displaystyle\sum_{k=1}^{10}(82 - 8k) + \sum_{k=1}^{20}(4k - 41)$

$\quad = \displaystyle\sum_{k=1}^{10} 82 - 8\sum_{k=1}^{10} k + 4\sum_{k=1}^{20} k - \sum_{k=1}^{20} 41$

$\quad = 82 \times 10 - 8 \times \dfrac{10 \times 11}{2} + 4 \times \dfrac{20 \times 21}{2} - 41 \times 20$

$\quad = 820 - 440 + 840 - 820 = 400$

17 2187 답 ①

출제의도 | 등비수열임을 알고, 주어진 부등식을 만족시키는 미지수의 최솟값을 구할 수 있는지 확인한다.

> $a_{n+1}^2 = a_n a_{n+2}$에서 a_{n+1}이 등비중항임을 알고 등비수열의 합의 조건을 만족시키는 미지수의 값을 구해 보자.

수열 $\{a_n\}$이 모든 자연수 n에 대하여 $a_{n+1}{}^2=a_na_{n+2}$를 만족시키
므로 수열 $\{a_n\}$은 등비수열이다.

등비수열 $\{a_n\}$의 공비를 r이라 하면 $a_1=3$, $a_2=6$이므로

$$r=\frac{a_2}{a_1}=\frac{6}{3}=2$$

따라서 등비수열 $\{a_n\}$의 일반항은 a_n은

$$a_n=3\times2^{n-1}$$

$$\therefore \sum_{k=1}^{m}a_k=\sum_{k=1}^{m}(3\times2^{k-1})=3\times\frac{2^m-1}{2-1}=3(2^m-1)$$

$\displaystyle\sum_{k=1}^{m}a_k>84$에서 $3(2^m-1)>84$

$2^m-1>28 \qquad \therefore 2^m>29$

이때 $2^4=16$, $2^5=32$이므로 $\displaystyle\sum_{k=1}^{m}a_k>84$를 만족시키는 자연수 m의
최솟값은 5이다.

18 2188 답 ① 〔유형6〕

출제의도 | 등비수열의 합을 이용하여 공비를 구할 수 있는지 확인한다.

> S_n과 T_n을 등비수열의 합에 대한 식을 이용하여 구한 후 S_n과 T_n 사이의 관계를 파악해 보자.

등비수열 $\{a_n\}$의 첫째항을 3, 공비를 r $(r>0)$이라 하면
$a_n=3\times r^{n-1}$이므로

$$S_n=\sum_{k=1}^{n}a_k=\frac{3(r^n-1)}{r-1} \quad\cdots\cdots\cdots\cdots ㉠$$

또, $\dfrac{1}{a_n}=\dfrac{1}{3}\times\left(\dfrac{1}{r}\right)^{n-1}$이므로 수열 $\left\{\dfrac{1}{a_n}\right\}$은 첫째항이 $\dfrac{1}{3}$, 공비가 $\dfrac{1}{r}$
인 등비수열이고

$$T_n=\sum_{k=1}^{n}\frac{1}{a_k}=\frac{\frac{1}{3}\left\{1-\left(\frac{1}{r}\right)^n\right\}}{1-\frac{1}{r}}$$

$$=\frac{1}{9r^{n-1}}\times\frac{3(r^n-1)}{r-1}$$

$$=\frac{1}{9r^{n-1}}S_n \ (\because ㉠)$$

$$\therefore \frac{S_n}{T_n}=9r^{n-1}$$

이때 $\dfrac{S_8}{T_8}=1152$이므로

$9r^7=1152$, $r^7=128=2^7 \qquad \therefore r=2$

따라서 등비수열 $\{a_n\}$의 공비는 2이다.

19 2189 답 ④ 〔유형16〕

출제의도 | 도형의 성질을 활용하여 수열의 합을 구할 수 있는지 확인한다.

> 사다리꼴의 넓이 구하는 식을 이용하여 S_n에 대한 식을 구해 보자.

$\overline{A_nB_n}=\sqrt{2n-1}$, $\overline{A_{n+1}B_{n+1}}=\sqrt{2n+1}$,
$\overline{B_nB_{n+1}}=(2n+1)-(2n-1)=2$
이므로 사각형 $A_nB_nB_{n+1}A_{n+1}$의 넓이 S_n은

$$S_n=\frac{1}{2}\times(\sqrt{2n+1}+\sqrt{2n-1})\times2=\sqrt{2n+1}+\sqrt{2n-1}$$

$$\therefore \sum_{k=1}^{40}\frac{1}{S_k}=\sum_{k=1}^{40}\frac{1}{\sqrt{2k+1}+\sqrt{2k-1}}$$

$$=\sum_{k=1}^{40}\frac{\sqrt{2k+1}-\sqrt{2k-1}}{(\sqrt{2k+1}+\sqrt{2k-1})(\sqrt{2k+1}-\sqrt{2k-1})}$$

$$=\frac{1}{2}\sum_{k=1}^{40}(\sqrt{2k+1}-\sqrt{2k-1})$$

$$=\frac{1}{2}\{(\sqrt{3}-\sqrt{1})+(\sqrt{5}-\sqrt{3})+(\sqrt{7}-\sqrt{5})+\cdots$$

$$+(\sqrt{81}-\sqrt{79})\}$$

$$=\frac{1}{2}\times(-\sqrt{1}+\sqrt{81})=4$$

20 2190 답 ③ 〔유형20〕

출제의도 | 군수열을 이루는 항의 규칙을 추론할 수 있는지 확인한다.

> 군수열의 규칙을 추론하여 주어진 분수의 위치를 구해 보자.

주어진 수열을 군수열로 나타내면

$$\underbrace{\left(\frac{1}{2}\right)}_{\text{제1군}}, \underbrace{\left(\frac{1}{4}, \frac{3}{4}\right)}_{\text{제2군}}, \underbrace{\left(\frac{1}{8}, \frac{3}{8}, \frac{5}{8}, \frac{7}{8}\right)}_{\text{제3군}}, \cdots$$

이때 제n군의 항의 개수는 2^{n-1}이므로 제1군부터 제n군까지의 항
의 개수의 합은

$$\sum_{k=1}^{n}2^{k-1}=\frac{2^n-1}{2-1}=2^n-1$$

제n군의 항의 분모는 2^n이고, 제n군의 m번째 항의 분자는 $2m-1$
이므로 $\dfrac{37}{64}$은 제6군의 19번째 항이다. $\rightarrow$ $2^n=64$에서 $n=6$, $2m-1=37$에서 $m=19$

한편, 제1군부터 제5군까지의 항의 개수의 합은

$2^5-1=31$

따라서 $\dfrac{37}{64}$은 $31+19=50$에서 제50항이다.

21 2191 답 ③ 〔유형17〕

출제의도 | 점과 직선 사이의 거리에 대한 식을 이용하여 수열의 일반항을 구하고 합을 계산할 수 있는지 확인한다.

> 점과 직선 사이의 거리와 피타고라스 정리를 이용하여 선분의 길이를 구해 보자.

그림과 같이 직선 $y=\dfrac{4}{3}x+\dfrac{5}{3}$와 원 $x^2+y^2=4n^2$의 교점을 각각
A, B라 하고, 원점 O에서 직선 $y=\dfrac{4}{3}x+\dfrac{5}{3}$에 내린 수선의 발을
H라 하자.

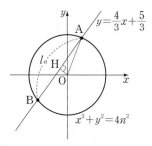

원점과 직선 $y=\dfrac{4}{3}x+\dfrac{5}{3}$, 즉 $4x-3y+5=0$ 사이의 거리는

$$\overline{OH}=\frac{|5|}{\sqrt{4^2+(-3)^2}}=1$$

또, 원 $x^2+y^2=4n^2$의 반지름의 길이가 $2n$이므로

$\overline{OA}=2n$

직각삼각형 OAH에서 피타고라스 정리에 의하여

$\overline{AH}=\sqrt{\overline{OA}^2-\overline{OH}^2}=\sqrt{(2n)^2-1^2}=\sqrt{4n^2-1}$

이때 $\overline{AH}=\overline{BH}$이므로 $l_n=2\overline{AH}=2\sqrt{4n^2-1}$

즉, $l_n{}^2=4(4n^2-1)$이므로

$\dfrac{1}{l_n{}^2}=\dfrac{1}{4(4n^2-1)}=\dfrac{1}{4(2n-1)(2n+1)}$

$\qquad=\dfrac{1}{8}\left(\dfrac{1}{2n-1}-\dfrac{1}{2n+1}\right)$

$\therefore \displaystyle\sum_{n=1}^{20}\dfrac{1}{l_n{}^2}=\dfrac{1}{8}\sum_{n=1}^{20}\left(\dfrac{1}{2n-1}-\dfrac{1}{2n+1}\right)$

$\qquad=\dfrac{1}{8}\left\{\left(\dfrac{1}{1}-\dfrac{1}{\not3}\right)+\left(\dfrac{1}{\not3}-\dfrac{1}{\not5}\right)+\cdots+\left(\dfrac{1}{\not{39}}-\dfrac{1}{41}\right)\right\}$

$\qquad=\dfrac{1}{8}\times\left(1-\dfrac{1}{41}\right)=\dfrac{5}{41}$

---

22 2192 　답 3025 　　유형 3

출제의도 | 자연수의 거듭제곱의 합의 여러 가지 표현을 이해하는지 확인한다.

STEP 1 주어진 식을 덧셈의 꼴로 나타내기 [4점]

$\displaystyle\sum_{k=1}^{10}k^2+\sum_{k=1}^{9}(k+1)^2+\sum_{k=1}^{8}(k+2)^2+\cdots$

$\qquad\qquad\qquad+\displaystyle\sum_{k=1}^{2}(k+8)^2+\sum_{k=1}^{1}(k+9)^2$

$=(1^2+2^2+\cdots+10^2)+(2^2+3^2+\cdots+10^2)$

$\qquad\qquad+(3^2+4^2+\cdots+10^2)+\cdots+(9^2+10^2)+10^2$

$=1^2+2^2\times2+3^2\times3+\cdots+10^2\times10$

$=1^3+2^3+3^3+\cdots+10^3$

STEP 2 주어진 식의 값 구하기 [2점]

$\displaystyle\sum_{k=1}^{10}k^2+\sum_{k=1}^{9}(k+1)^2+\sum_{k=1}^{8}(k+2)^2+\cdots$

$\qquad\qquad\qquad+\displaystyle\sum_{k=1}^{2}(k+8)^2+\sum_{k=1}^{1}(k+9)^2$

$=\displaystyle\sum_{k=1}^{10}k^3$

$=\left(\dfrac{10\times11}{2}\right)^2=3025$

---

23 2193 　답 $\dfrac{2n+1}{6}$ 　　유형 8

출제의도 | a_k를 k와 n에 대한 식으로 나타내어 주어진 식을 간단히 할 수 있는지 확인한다.

STEP 1 수열의 제k항 구하기 [3점]

수열 $\dfrac{1^2}{n(n+1)},\ \dfrac{2^2}{n(n+1)},\ \dfrac{3^2}{n(n+1)},\ \cdots,\ \dfrac{n^2}{n(n+1)}$의 제$k$항을 a_k라 하면

$a_k=\dfrac{k^2}{n(n+1)}$

STEP 2 주어진 식 간단히 하기 [3점]

$\dfrac{1^2}{n(n+1)}+\dfrac{2^2}{n(n+1)}+\dfrac{3^2}{n(n+1)}+\cdots+\dfrac{n^2}{n(n+1)}$

$=\displaystyle\sum_{k=1}^{n}a_k=\sum_{k=1}^{n}\dfrac{k^2}{n(n+1)}=\dfrac{1}{n(n+1)}\sum_{k=1}^{n}k^2$

$=\dfrac{1}{n(n+1)}\times\dfrac{n(n+1)(2n+1)}{6}=\dfrac{2n+1}{6}$

---

24 2194 　답 $\dfrac{5}{11}$ 　　유형 6 + 유형 13

출제의도 | 등비수열의 일반항과 로그의 성질을 이용하여 수열의 합을 구할 수 있는지 확인한다.

STEP 1 일반항 a_n 구하기 [1점]

첫째항이 9, 공비가 3인 등비수열 $\{a_n\}$의 일반항은

$a_n=9\times3^{n-1}=3^{n+1}$

STEP 2 $\dfrac{\log_3 a_{n+1}-\log_3 a_n}{\log_3 a_n\times\log_3 a_{n+1}}$을 n에 대한 부분수로 나타내기 [3점]

$\dfrac{\log_3 a_{n+1}-\log_3 a_n}{\log_3 a_n\times\log_3 a_{n+1}}$

$=\dfrac{\log_3 3^{n+2}-\log_3 3^{n+1}}{\log_3 3^{n+1}\times\log_3 3^{n+2}}=\dfrac{(n+2)-(n+1)}{(n+1)(n+2)}$

$=\dfrac{1}{(n+1)(n+2)}=\dfrac{1}{n+1}-\dfrac{1}{n+2}$

STEP 3 식의 값 구하기 [2점]

$\displaystyle\sum_{n=1}^{20}\dfrac{\log_3 a_{n+1}-\log_3 a_n}{\log_3 a_n\times\log_3 a_{n+1}}$

$=\displaystyle\sum_{n=1}^{20}\left(\dfrac{1}{n+1}-\dfrac{1}{n+2}\right)$

$=\left(\dfrac{1}{2}-\dfrac{1}{\not3}\right)+\left(\dfrac{1}{\not3}-\dfrac{1}{\not4}\right)+\cdots+\left(\dfrac{1}{\not{21}}-\dfrac{1}{22}\right)$

$=\dfrac{1}{2}-\dfrac{1}{22}=\dfrac{5}{11}$

---

25 2195 　답 85 　　유형 15

출제의도 | 수열의 합과 일반항 사이의 관계를 이용하여 일반항을 구할 수 있는지 확인한다.

STEP 1 $a_n b_n$을 n에 대한 식으로 나타내기 [4점]

수열 $\{a_n b_n\}$의 첫째항부터 제n항까지의 합을 S_n이라 하면

$S_n=\dfrac{n(4n^2+21n-1)}{6}$

(i) $n\geq2$일 때

$\quad a_n b_n$

$\quad=S_n-S_{n-1}=\displaystyle\sum_{k=1}^{n}a_k b_k-\sum_{k=1}^{n-1}a_k b_k$

$\quad=\dfrac{n(4n^2+21n-1)}{6}-\dfrac{(n-1)\{4(n-1)^2+21(n-1)-1\}}{6}$

$\quad=\dfrac{4n^3+21n^2-n}{6}-\dfrac{4n^3+9n^2-31n+18}{6}$

$\quad=\dfrac{12n^2+30n-18}{6}=2n^2+5n-3$

$\quad=(2n-1)(n+3)$ ⋯⋯⋯⋯⋯⋯ ㉠

(ii) $n=1$일 때

$\quad a_1 b_1=S_1=\dfrac{4+21-1}{6}=4$

이때 $a_1 b_1=4$는 ㉠에 $n=1$을 대입한 것과 같으므로

$a_n b_n=(2n-1)(n+3)\ (n\geq1)$

STEP 2 b_n 구하기 [3점]

수열 $\{a_n\}$의 첫째항부터 제n항까지의 합을 T_n이라 하면

$T_n=n^2$

(i) $n\geq2$일 때

$\quad a_n=T_n-T_{n-1}=\displaystyle\sum_{k=1}^{n}a_k-\sum_{k=1}^{n-1}a_k$

$\quad=n^2-(n-1)^2=2n-1$ ⋯⋯⋯⋯⋯⋯ ㉡

(ii) $n=1$일 때

$a_1=1$

이때 $a_1=1$은 ㉡에 $n=1$을 대입한 것과 같으므로

$a_n=2n-1$ $(n \geq 1)$ ...... ⓐ

$a_n b_n=(2n-1)(n+3)$에서

$b_n=n+3$ $(n \geq 1)$

STEP 3 $\sum\limits_{k=1}^{10} b_k$의 값 구하기 [2점]

$\sum\limits_{k=1}^{10} b_k = \sum\limits_{k=1}^{10}(k+3) = \sum\limits_{k=1}^{10}k + \sum\limits_{k=1}^{10}3 = \dfrac{10 \times 11}{2} + 3 \times 10 = 85$

부분점수표	
ⓐ a_n을 구한 경우	1점

고난도 ⊕ Plus 문제   454쪽

1 2196 **답** ④

$\sum\limits_{i=1}^{3}\left(\sum\limits_{j=1}^{4} a_i b_j\right)$

$= \sum\limits_{i=1}^{3}\left\{\sum\limits_{j=1}^{4}(3^i-2)(4j-7)\right\} = \sum\limits_{i=1}^{3}\left\{(3^i-2)\sum\limits_{j=1}^{4}(4j-7)\right\}$

$= \sum\limits_{i=1}^{3}\left\{(3^i-2) \times \left(4\sum\limits_{j=1}^{4}j - \sum\limits_{j=1}^{4}7\right)\right\}$

$= \sum\limits_{i=1}^{3}\left\{(3^i-2) \times \left(4 \times \dfrac{4 \times 5}{2} - 4 \times 7\right)\right\}$

$= \sum\limits_{i=1}^{3}\{(3^i-2) \times 12\} = 12\sum\limits_{i=1}^{3}(3^i-2)$

$= 12\left(\sum\limits_{i=1}^{3}3^i - \sum\limits_{i=1}^{3}2\right) = 12\left\{\dfrac{3 \times (3^3-1)}{3-1} - 2 \times 3\right\} = 396$

2 2197 **답** 243

등비수열 $\{a_n\}$의 첫째항이 음수이고 공비가 음수이므로 홀수 번째 항은 음수이고, 짝수 번째 항은 양수이다.

(i) $n=2k-1$ (k는 자연수)일 때

$|a_{2k-1}| - a_{2k-1} = -a_{2k-1} - a_{2k-1} = -2a_{2k-1}$

(ii) $n=2k$ (k는 자연수)일 때

$|a_{2k}| - a_{2k} = a_{2k} - a_{2k} = 0$

(i), (ii)에서 $\sum\limits_{k=1}^{5}(|a_k| - a_k) = \sum\limits_{k=1}^{3}(-2a_{2k-1})$

이때 수열 $\{a_{2n-1}\}$은 첫째항이 a_1, 공비가 $(-3)^2=9$인 등비수열이므로

$\sum\limits_{k=1}^{3}(-2a_{2k-1}) = -2(a_1+a_3+a_5)$

$\qquad\qquad\qquad = -2(a_1 + 9a_1 + 81a_1) = -182a_1$

$\sum\limits_{k=1}^{5}(|a_k| - a_k) = 182$에서 $-182a_1 = 182$ ∴ $a_1 = -1$

따라서 등비수열 $\{a_n\}$의 첫째항이 -1, 공비가 -3이므로

$a_6 = -1 \times (-3)^5 = 243$

3 2198 **답** ③

(i) $2 \leq n \leq 7$일 때, $2n-15<0$이므로

$f(2)=0$, $f(3)=1$, $f(4)=0$, $f(5)=1$, $f(6)=0$, $f(7)=1$

(ii) $8 \leq n \leq 10$일 때, $2n-15>0$이므로

$f(8)=2$, $f(9)=1$, $f(10)=2$

(i), (ii)에서 $\sum\limits_{n=2}^{10} f(n) = 0+1+0+1+0+1+2+1+2 = 8$

4 2199 **답** ③

접점 $P_n(x_n, y_n)$에서의 원의 접선의 방정식은 $x_n x + y_n y = 1$

이 직선이 점 $(n, 0)$을 지나므로 $nx_n=1$ ∴ $x_n = \dfrac{1}{n}$

점 $P_n(x_n, y_n)$, 즉 $P_n\left(\dfrac{1}{n}, y_n\right)$은 원 $x^2+y^2=1$ 위의 점이므로

$x_n = \dfrac{1}{n}$을 $x_n^2 + y_n^2 = 1$에 대입하면 $\dfrac{1}{n^2} + y_n^2 = 1$

∴ $y_n^2 = 1 - \dfrac{1}{n^2} = \dfrac{n^2-1}{n^2} = \dfrac{n-1}{n} \times \dfrac{n+1}{n}$

∴ $\sum\limits_{n=2}^{10} \log y_n^2$

$= \sum\limits_{n=2}^{10} \log\left(\dfrac{n-1}{n} \times \dfrac{n+1}{n}\right)$

$= \log\left(\dfrac{1}{2} \times \dfrac{3}{2}\right) + \log\left(\dfrac{2}{3} \times \dfrac{4}{3}\right) + \cdots + \log\left(\dfrac{9}{10} \times \dfrac{11}{10}\right)$

$= \log\left\{\left(\dfrac{1}{2} \times \dfrac{3}{\cancel{2}}\right) \times \left(\dfrac{\cancel{2}}{\cancel{3}} \times \dfrac{4}{\cancel{3}}\right) \times \cdots \times \left(\dfrac{\cancel{9}}{10} \times \dfrac{11}{10}\right)\right\}$

$= \log\left(\dfrac{1}{2} \times \dfrac{11}{10}\right) = \log\dfrac{11}{20}$

5 2200 **답** ③

첫 번째 줄의 왼쪽에서 m번째 있는 수는

$1+1+2+3+4+\cdots+(m-1) = 1 + \dfrac{m(m-1)}{2}$

왼쪽에서 m번째 있는 수들은 첫째항이 $1+\dfrac{m(m-1)}{2}$, 공차가 $m-1$인 등차수열이므로 위에서 n번째 줄의 왼쪽에서 m번째 있는 수는

$1 + \dfrac{m(m-1)}{2} + (n-1)(m-1)$

$1 + \dfrac{m(m-1)}{2} + (n-1)(m-1) = 26$에서

$\dfrac{m(m-1)}{2} + (n-1)(m-1) = 25$

$m(m-1) + 2(n-1)(m-1) = 50$

∴ $(m-1)\{m+2(n-1)\} = 50$ ·············· ㉠

이때 $m-1$은 자연수이므로 가능한 $m-1$의 값은 1, 2, 5, 10, 25, 50이다.

(i) $m-1=1$, 즉 $m=2$일 때 ㉠에서 $n=25$

(ii) $m-1=2$, 즉 $m=3$일 때 ㉠에서 $n=12$

(iii) $m-1=5$, 즉 $m=6$일 때 ㉠에서 $n=3$

(iv) $m-1=10$, 즉 $m=11$일 때

㉠을 만족시키는 자연수 n은 없다.

(v) $m-1=25$, 즉 $m=26$일 때

㉠을 만족시키는 자연수 n은 없다.

(vi) $m-1=50$, 즉 $m=51$일 때

㉠을 만족시키는 자연수 n은 없다.

(i)~(vi)에서 26은 모두 3번 나타난다.

핵심 개념 457쪽~458쪽

2201 답 47

$a_1=2$, $a_{n+1}-a_n=5$이므로 수열 $\{a_n\}$은 첫째항이 2, 공차가 5인 등차수열이다.

이 등차수열의 일반항 a_n은

$a_n=2+(n-1)\times5=5n-3$

따라서 제10항은

$a_{10}=5\times10-3=47$

2202 답 96

$a_1=3$, $\dfrac{a_{n+1}}{a_n}=2$이므로 수열 $\{a_n\}$은 첫째항이 3, 공비가 2인 등비수열이다.

이 등비수열의 일반항 a_n은

$a_n=3\times2^{n-1}$

따라서 제6항은

$a_6=3\times2^5=96$

2203 답 126

$a_{n+1}=a_n+3^n$의 n에 1, 2, 3, 4를 차례로 대입하여 변끼리 더하면

$\ a_2=a_1+3^1$

$\ a_3=a_2+3^2$

$\ a_4=a_3+3^3$

$+)\ a_5=a_4+3^4$

$\rule{3cm}{0.4pt}$

$a_5=a_1+\displaystyle\sum_{k=1}^{4}3^k$

$=6+\dfrac{3\times(3^4-1)}{3-1}$

$=6+\dfrac{3\times80}{2}$

$=126$

2204 답 -80

$a_{n+1}=a_n-2n+1$의 n에 1, 2, 3, $\cdots$, 9를 차례로 대입하여 변끼리 더하면

$\ a_2=a_1-2\times1+1$

$\ a_3=a_2-2\times2+1$

$\ a_4=a_3-2\times3+1$

$\quad\vdots$

$+)\ a_{10}=a_9-2\times9+1$

$\rule{3cm}{0.4pt}$

$a_{10}=a_1+\displaystyle\sum_{k=1}^{9}(-2k+1)$

$\phantom{a_{10}}=1+(-2)\times\dfrac{9\times10}{2}+9$

$\phantom{a_{10}}=1-90+9$

$\phantom{a_{10}}=-80$

참고 (1) $\displaystyle\sum_{k=1}^{n}ca_k=c\sum_{k=1}^{n}a_k$ (단, c는 상수)

(2) $\displaystyle\sum_{k=1}^{n}k=\dfrac{n(n+1)}{2}$

2205 답 $\dfrac{1}{10}$

$a_{n+1}=\dfrac{n}{n+1}a_n$의 n에 1, 2, 3, $\cdots$, 9를 차례로 대입하여 변끼리 곱하면

$\ a_2=\dfrac{1}{2}a_1$

$\ a_3=\dfrac{2}{3}a_2$

$\ a_4=\dfrac{3}{4}a_3$

$\quad\vdots$

$\times)\ a_{10}=\dfrac{9}{10}a_9$

$\rule{3cm}{0.4pt}$

$a_{10}=\dfrac{1}{2}\times\dfrac{2}{3}\times\dfrac{3}{4}\times\cdots\times\dfrac{9}{10}a_1$

$\phantom{a_{10}}=\dfrac{1}{10}\times1=\dfrac{1}{10}$

2206 답 2^{45}

$a_{n+1}=2^n a_n$의 n에 1, 2, 3, $\cdots$, 9를 차례로 대입하여 변끼리 곱하면

$\ a_2=2^1 a_1$

$\ a_3=2^2 a_2$

$\ a_4=2^3 a_3$

$\quad\vdots$

$\times)\ a_{10}=2^9 a_9$

$\rule{3cm}{0.4pt}$

$a_{10}=2^1\times2^2\times2^3\times\cdots\times2^9\times a_1$

$\phantom{a_{10}}=2^{1+2+3+\cdots+9}$

$\phantom{a_{10}}=2^{\frac{9\times10}{2}}=2^{45}$

2207 답 ㄴ, ㄷ

ㄱ. $p(1)$이 참이면 $p(4)$도 참이고 $p(4)$가 참이면 $p(16)$이 참이다. 또, $p(16)$이 참이면 $p(64)$도 참이다. 그런데 $p(32)$가 참인지는 알 수 없다. (거짓)

ㄴ. $p(2)$가 참이면 $p(8)$도 참이고 $p(8)$이 참이면 $p(32)$도 참이고 $p(32)$가 참이면 $p(\underline{128})$도 참이다. (참)
$\rightarrow 4\times\{4\times(4\times2)\}$

ㄷ. $p(3)$이 참이면 $p(12)$도 참이고 $p(12)$가 참이면 $p(48)$도 참이고 $p(48)$이 참이면 $p(\underline{192})$도 참이다. (참)
$\rightarrow 4\times\{4\times(4\times3)\}$

따라서 옳은 것은 ㄴ, ㄷ이다.

2208 답 풀이 참조

(i) $n=1$일 때

(좌변)$=1$, (우변)$=\dfrac{1\times2}{2}=1$이므로 주어진 등식이 성립한다.

(ii) $n=k$일 때 주어진 등식이 성립한다고 가정하면

$1+2+3+\cdots+k=\dfrac{k(k+1)}{2}$

양변에 $k+1$을 더하면

$$1+2+3+\cdots+k+(k+1)=\frac{k(k+1)}{2}+(k+1)$$
$$=\frac{k(k+1)+2(k+1)}{2}$$
$$=\frac{(k+1)(k+2)}{2}$$

이므로 $n=k+1$일 때도 주어진 등식이 성립한다.

(ⅰ), (ⅱ)에서 모든 자연수 n에 대하여 주어진 등식이 성립한다.

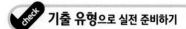 **기출 유형으로 실전 준비하기**   459쪽~483쪽

2209 답 ④ | 유형 1

수열 $\{a_n\}$이
$$a_1=48,\ a_{n+1}-a_n=-3\ (n=1,\ 2,\ 3,\ \cdots)$$
단서1
으로 정의될 때, $a_k=9$를 만족시키는 자연수 k의 값은?

① 11   ② 12   ③ 13
④ 14   ⑤ 15

단서1 이웃하는 두 항의 차가 -3이므로 공차가 -3

STEP 1 수열 $\{a_n\}$이 어떤 수열인지 알기

수열 $\{a_n\}$은 첫째항이 48이고, 공차가 -3인 등차수열이다.

STEP 2 수열 $\{a_n\}$의 일반항 구하기

이 등차수열의 일반항은
$$a_n=48+(n-1)\times(-3)=-3n+51$$

STEP 3 $a_k=9$를 만족시키는 자연수 k의 값 구하기

$a_k=-3k+51$에서 $-3k+51=9$

$3k=42$ $\therefore k=14$

2210 답 ④

$a_1=1$, $a_{n+1}=a_n+3$, 즉 $a_{n+1}-a_n=3$이므로 수열 $\{a_n\}$은 첫째항이 1이고, 공차가 3인 등차수열이다.

이 등차수열의 일반항은
$$a_n=1+(n-1)\times3=3n-2$$
따라서 $a_3=3\times3-2=7$, $a_5=3\times5-2=13$이므로
$$a_3+a_5=7+13=20$$

2211 답 36

$a_{n+2}-a_{n+1}=a_{n+1}-a_n$, 즉 $2a_{n+1}=a_n+a_{n+2}$이므로 수열 $\{a_n\}$은 등차수열이다.

등차수열 $\{a_n\}$의 첫째항을 a, 공차를 d라 하면
$a_4=3$에서 $a_4=a+3d=3$ $\cdots\cdots$ ㉠
$a_9=18$에서 $a_9=a+8d=18$ $\cdots\cdots$ ㉡
㉠, ㉡을 연립하여 풀면 $a=-6$, $d=3$
$\therefore a_n=-6+(n-1)\times3=3n-9$
$a_n<100$에서 $3n-9<100$
$3n<109$ $\therefore n<36.\times\times\times$

따라서 구하는 자연수 n의 최댓값은 36이다.

2212 답 ⑤

$a_{n+2}-2a_{n+1}+a_n=0$에서 $2a_{n+1}=a_n+a_{n+2}$이므로 수열 $\{a_n\}$은 등차수열이다.

$a_2=3a_1$이므로 수열 $\{a_n\}$의 공차는
$$a_2-a_1=3a_1-a_1=2a_1$$
이 등차수열의 일반항은
$$a_n=a_1+(n-1)\times2a_1=(2n-1)a_1$$
$a_{10}=76$에서 $19a_1=76$ $\therefore a_1=4$
$\therefore a_8=15a_1=60$

2213 답 $\dfrac{1}{2}$

$a_1=2$, $\dfrac{1}{a_{n+1}}=\dfrac{1}{a_n}+\dfrac{1}{6}$에서
$$\frac{1}{a_1}=\frac{1}{2},\ \frac{1}{a_{n+1}}-\frac{1}{a_n}=\frac{1}{6}$$
이므로 수열 $\left\{\dfrac{1}{a_n}\right\}$은 첫째항이 $\dfrac{1}{2}$이고, 공차가 $\dfrac{1}{6}$인 등차수열이다.

따라서 수열 $\left\{\dfrac{1}{a_n}\right\}$의 일반항은
$$\frac{1}{a_n}=\frac{1}{2}+(n-1)\times\frac{1}{6}=\frac{1}{6}n+\frac{1}{3}=\frac{n+2}{6}$$
즉, $a_n=\dfrac{6}{n+2}$이므로
$$a_{10}=\frac{6}{12}=\frac{1}{2}$$

2214 답 ②

$a_1=-28$, $a_{n+1}=a_n+3$, 즉 $a_{n+1}-a_n=3$이므로 수열 $\{a_n\}$은 첫째항이 -28, 공차가 3인 등차수열이다.

이 등차수열의 일반항은
$$a_n=-28+(n-1)\times3=3n-31$$
제n항에서 처음으로 양수가 나온다고 하면
$$3n-31>0\quad\therefore n>\frac{31}{3}=10.\times\times\times$$
즉, 수열 $\{a_n\}$은 제11항부터 양수이다.
$$\therefore \sum_{k=1}^{15}|a_k|=-\sum_{k=1}^{10}a_k+\sum_{k=11}^{15}a_k$$
$$=-\sum_{k=1}^{10}a_k+\left(\sum_{k=1}^{15}a_k-\sum_{k=1}^{10}a_k\right)$$
$$=\sum_{k=1}^{15}a_k-2\sum_{k=1}^{10}a_k$$
$$=\sum_{k=1}^{15}(3k-31)-2\sum_{k=1}^{10}(3k-31)$$
$$=3\times\frac{15\times16}{2}-31\times15$$
$$-2\times\left(3\times\frac{10\times11}{2}-31\times10\right)$$
$$=360-465-330+620=185$$

실수 Check

$\displaystyle\sum_{k=1}^{15}|a_k|$의 값을 구할 때, 음수인 항이 있음에 주의해야 한다.

2215 답 ②

$a_{n+2}-2a_{n+1}+a_n=0$에서 $2a_{n+1}=a_{n+2}+a_n$이므로 수열 $\{a_n\}$은 등차수열이다.

$a_1=48$, $a_2=41$이므로 수열 $\{a_n\}$의 공차는

$a_2-a_1=-7$

이 등차수열의 일반항은

$a_n=48+(n-1)\times(-7)=-7n+55$

제n항에서 처음으로 음수가 나온다고 하면

$-7n+55<0$

$\therefore n>\dfrac{55}{7}=7.\times\times\times$

따라서 제8항부터 음수가 나오므로 첫째항부터 제7항까지의 합이 최대가 된다.

그러므로 S_n의 값이 최대가 되도록 하는 n의 값은 7이다.

2216 답 29

(나)에서 이차방정식 $x^2-2\sqrt{a_n}\,x+a_{n+1}-3=0$의 판별식을 D라 하면

$\dfrac{D}{4}=(-\sqrt{a_n})^2-(a_{n+1}-3)=0$

$a_n-a_{n+1}+3=0$

$\therefore a_{n+1}-a_n=3$

(가)에서 수열 $\{a_n\}$은 첫째항이 $a_1=2$이고, 공차가 3인 등차수열이므로 수열 $\{a_n\}$의 일반항은

$a_n=2+(n-1)\times3=3n-1$

$\therefore a_{10}=3\times10-1=29$

2217 답 ②

$a_1=20$이므로 $a_{n+1}=|a_n|-2$에서

$\left.\begin{array}{l} a_2=|a_1|-2=20-2=18 \\ a_3=|a_2|-2=18-2=16 \\ \quad\vdots \\ a_{10}=|a_9|-2=4-2=2 \end{array}\right\}$ → $a_n>0$이므로 첫째항이 20이고, 공차가 -2인 등차수열이다.

$a_{11}=|a_{10}|-2=2-2=0$

$a_{12}=|a_{11}|-2=0-2=-2$

$a_{13}=|a_{12}|-2=2-2=0$

$a_{14}=|a_{13}|-2=0-2=-2$

$\quad\vdots$

따라서 $1\leq n\leq10$일 때

$a_n=20+(n-1)\times(-2)=-2n+22$

$n\geq11$일 때

$a_n=\begin{cases} 0 & (n\text{이 홀수}) \\ -2 & (n\text{이 짝수}) \end{cases}$

$\therefore \displaystyle\sum_{n=1}^{30} a_n=\sum_{n=1}^{10} a_n+\sum_{n=11}^{30} a_n$

$\qquad =\displaystyle\sum_{n=1}^{10}(-2n+22)+10\times(-2)$

$\qquad =-2\times\dfrac{10\times11}{2}+10\times22-20$

$\qquad =-110+220-20=90$

2218 답 ③

수열 $\{a_n\}$이

$a_1=3$, $\underline{a_n=3a_{n+1}}$ $(n=1,2,3,\cdots)$
단서1

로 정의될 때, $a_{50}=\dfrac{1}{3^k}$ 을 만족시키는 자연수 k의 값은?

① 46 　　　② 47 　　　③ 48

④ 49 　　　⑤ 50

단서1 $a_{n+1}=\dfrac{1}{3}a_n$이므로 공비가 $\dfrac{1}{3}$

STEP 1 수열 $\{a_n\}$이 어떤 수열인지 알기

$a_1=3$, $a_n=3a_{n+1}$, 즉 $a_{n+1}=\dfrac{1}{3}a_n$이므로 수열 $\{a_n\}$은 첫째항이 3이고, 공비가 $\dfrac{1}{3}$인 등비수열이다.

STEP 2 수열 $\{a_n\}$의 일반항 구하기

이 등비수열의 일반항은

$a_n=3\times\left(\dfrac{1}{3}\right)^{n-1}=\dfrac{3}{3^{n-1}}=\dfrac{1}{3^{n-2}}$

STEP 3 $a_{50}=\dfrac{1}{3^k}$을 만족시키는 자연수 k의 값 구하기

$a_{50}=\dfrac{1}{3^{48}}$이므로 $k=48$

2219 답 ②

$a_1=2$, $a_{n+1}=3a_n$에서 수열 $\{a_n\}$은 첫째항이 2이고, 공비가 3인 등비수열이다.

따라서 이 등비수열의 일반항은

$a_n=2\times3^{n-1}$

$\therefore a_{15}=2\times3^{14}$

2220 답 5184

$a_1=1$, $a_{n+1}=\sqrt{a_n a_{n+2}}$, 즉 $a_{n+1}{}^2=a_n a_{n+2}$이므로 수열 $\{a_n\}$은 첫째항이 1인 등비수열이다.

이 등비수열의 공비를 r이라 하면

$a_4=1\times r^3=216$ 　　$\therefore r=6$

이때 $\dfrac{a_{10}}{a_6}=\dfrac{a_{11}}{a_7}=\dfrac{a_{12}}{a_8}=\dfrac{a_{13}}{a_9}=r^4=1296$이므로

$\dfrac{a_{10}}{a_6}+\dfrac{a_{11}}{a_7}+\dfrac{a_{12}}{a_8}+\dfrac{a_{13}}{a_9}=4r^4=4\times1296$

$\qquad\qquad\qquad\qquad\quad =5184$

2221 답 ③

$a_1=2$, $\dfrac{1}{a_{n+1}}=\dfrac{2}{a_n}$, 즉 $a_{n+1}=\dfrac{1}{2}a_n$이므로 수열 $\{a_n\}$은 첫째항이 2이고, 공비가 $\dfrac{1}{2}$인 등비수열이다.

이 등비수열의 일반항은

$a_n=2\times\left(\dfrac{1}{2}\right)^{n-1}=\left(\dfrac{1}{2}\right)^{n-2}$

$\therefore a_{10}=\left(\dfrac{1}{2}\right)^8=2^{-8}$

2222 답 16

$a_{n+1}{}^2 = a_n a_{n+2}$에서 수열 $\{a_n\}$은 등비수열이므로 첫째항을 a, 공비를 r이라 하자.

$\dfrac{a_4}{a_2} = \dfrac{6}{3}$이므로 $\dfrac{ar^3}{ar} = 2$ $\therefore r^2 = 2$

$\therefore \dfrac{a_{100}}{a_{92}} = \dfrac{ar^{99}}{ar^{91}} = r^8 = (r^2)^4 = 2^4 = 16$

2223 답 ③

$a_1 = 3$, $\dfrac{a_{n+1}}{a_n} = 4$, 즉 $a_{n+1} = 4a_n$이므로 수열 $\{a_n\}$은 첫째항이 3이고, 공비가 4인 등비수열이다.

이 등비수열의 첫째항부터 제10항까지의 합은

$\dfrac{3 \times (4^{10} - 1)}{4 - 1} = 4^{10} - 1$

2224 답 83

$a_{n+1}{}^2 = a_n a_{n+2}$에서 수열 $\{a_n\}$은 등비수열이므로 첫째항을 a, 공비를 r이라 하자.

$a_2 : a_4 = 2 : 3$에서 $ar : ar^3 = 1 : r^2 = 2 : 3$

$2r^2 = 3$ $\therefore r^2 = \dfrac{3}{2}$

$a_3 = 12$에서 $ar^2 = 12$

$a \times \dfrac{3}{2} = 12$ $\therefore a = 8$

$\therefore a_9 = ar^8 = a(r^2)^4 = 8 \times \left(\dfrac{3}{2}\right)^4 = \dfrac{81}{2}$

따라서 $p = 2$, $q = 81$이므로 $p + q = 83$

2225 답 $\dfrac{211}{8}$

$a_1 = 2$, $\dfrac{a_{n+1}}{a_n} = \dfrac{a_{n+2}}{a_{n+1}}$, 즉 $a_{n+1}{}^2 = a_n a_{n+2}$이므로 수열 $\{a_n\}$은 첫째항이 2인 등비수열이다.

이 등비수열의 공비를 r이라 하면

$a_2 = 3$에서 $2r = 3$ $\therefore r = \dfrac{3}{2}$

$\therefore \sum_{k=1}^{5} a_k = \dfrac{2 \times \left\{\left(\dfrac{3}{2}\right)^5 - 1\right\}}{\dfrac{3}{2} - 1} = 4 \times \dfrac{211}{32} = \dfrac{211}{8}$

2226 답 ②

이차방정식 $a_n x^2 + 2a_{n+1}x + a_{n+2} = 0$이 중근을 가지므로 이 이차방정식의 판별식을 D라 하면 ($D = 0$)

$\dfrac{D}{4} = a_{n+1}{}^2 - a_n a_{n+2} = 0$

$\therefore a_{n+1}{}^2 = a_n a_{n+2}$

즉, 수열 $\{a_n\}$은 등비수열이므로 공비를 r이라 하면

$r = \dfrac{a_2}{a_1} = \dfrac{8}{2} = 4$

이때 이차방정식 $a_n x^2 + 2a_{n+1}x + a_{n+2} = 0$에서

$a_n x^2 + 2 \times 4a_n x + 4^2 a_n = 0$ → 등비수열 $\{a_n\}$의 공비가 4이므로 $a_{n+1} = 4a_n$, $a_{n+2} = 4a_{n+1} = 4 \times 4a_n = 4^2 a_n$

$x^2 + 8x + 16 = 0$, $(x+4)^2 = 0$ $\therefore x = -4$

따라서 $b_n = -4$이므로

$\sum_{k=1}^{25} b_k = \sum_{k=1}^{25} (-4) = -4 \times 25 = -100$

2227 답 ④

$a_1 = 1$, $a_2 = 2$, $a_{n+1} = \sqrt{a_n a_{n+2}}$, 즉 $a_{n+1}{}^2 = a_n a_{n+2}$이므로 수열 $\{a_n\}$은 첫째항이 1인 등비수열이다.

이 등비수열의 공비를 r이라 하면

$r = \dfrac{a_2}{a_1} = \dfrac{2}{1} = 2$

$\therefore S_n = \dfrac{2^n - 1}{2 - 1} = 2^n - 1$

$S_n > 2048$에서

$2^n - 1 > 2048$ $\therefore 2^n > 2049$

이때 $2^{11} = 2048$, $2^{12} = 4096$이므로 $n \geq 12$

따라서 n의 최솟값은 12이다.

2228 답 ④ | 유형3

수열 $\{a_n\}$이

$$a_1 = 8^{10}, \quad \log_2 a_{n+1} = \log_2 a_n - 4 \ (n = 1, 2, 3, \cdots)$$
단서1

로 정의될 때, $a_k = \dfrac{1}{8^{10}}$을 만족시키는 자연수 k의 값은?

① 10   ② 12   ③ 14

④ 16   ⑤ 18

단서1 로그의 성질을 이용하여 진수 사이의 관계 파악

STEP 1 로그의 성질을 이용하여 수열 $\{a_n\}$이 어떤 수열인지 알기

$\log_2 a_{n+1} = \log_2 a_n - 4$에서 $\log_2 a_{n+1} = \log_2 a_n - \log_2 2^4$

$\log_2 a_{n+1} = \log_2 \dfrac{a_n}{16}$ $\therefore a_{n+1} = \dfrac{1}{16} a_n$

즉, 수열 $\{a_n\}$은 첫째항이 8^{10}이고, 공비가 $\dfrac{1}{16}$인 등비수열이다.

STEP 2 수열 $\{a_n\}$의 일반항 구하기

이 등비수열의 일반항은

$a_n = 8^{10} \times \left(\dfrac{1}{16}\right)^{n-1} = (2^3)^{10} \times \left(\dfrac{1}{2^4}\right)^{n-1}$

$= 2^{30} \times 2^{4-4n} = 2^{34-4n}$

STEP 3 자연수 k의 값 구하기

$a_k = \dfrac{1}{8^{10}} = \left(\dfrac{1}{2^3}\right)^{10} = 2^{-30}$에서 $2^{34-4k} = 2^{-30}$

$34 - 4k = -30$ $\therefore k = 16$

2229 답 100

(나)의 $\log a_{n+1} = 2 + \log a_n$에서 $\log a_{n+1} = \log 10^2 + \log a_n$

$\log a_{n+1} = \log 100a_n$ $\therefore a_{n+1} = 100a_n$

(가)에서 수열 $\{a_n\}$은 첫째항이 $a_1 = 10$이고, 공비가 100인 등비수열이므로 수열 $\{a_n\}$의 일반항은

$a_n = 10 \times 100^{n-1} = 10 \times 10^{2n-2} = 10^{2n-1}$

$\therefore \sum_{k=1}^{10} \log a_k = \sum_{k=1}^{10} \log 10^{2k-1}$

$= \sum_{k=1}^{10} (2k - 1)$

$= 2 \times \dfrac{10 \times 11}{2} - 10 = 100$

$b_n = \log a_n$이라 하면

㈎에서 $b_1 = \log a_1 = \log 10 = 1$

㈏에서 $b_{n+1} = 2 + b_n$

따라서 수열 $\{b_n\}$은 첫째항이 1이고, 공차가 2인 등차수열이므로

$b_n = 1 + (n-1) \times 2 = 2n - 1$

$\therefore \sum_{k=1}^{10} \log a_k = \sum_{k=1}^{10} b_k = \sum_{k=1}^{10} (2k-1)$

$\qquad\qquad = 2 \times \dfrac{10 \times 11}{2} - 10 = 100$

2230 답 ③

$\log_3 a_{n+1} = 1 + \log_3 a_n$에서

$\log_3 a_{n+1} = \log_3 3 + \log_3 a_n$

$\log_3 a_{n+1} = \log_3 3a_n$

$\therefore a_{n+1} = 3a_n \,(단, \, n = 2, \, 3, \, 4, \, \cdots)$

이때 $a_1 = 9, \, a_2 = 3$이므로 수열 $\{a_n\}$의 일반항은

$a_1 = 9, \, a_n = 3^{n-1} \,(n = 2, \, 3, \, 4, \, \cdots)$

$\therefore a_1 \times a_2 \times a_3 \times \cdots \times a_7 = 9 \times 3 \times 3^2 \times \cdots \times 3^6$

$\qquad\qquad\qquad\qquad\qquad = 3^{2 + \frac{6 \times 7}{2}}$

$\qquad\qquad\qquad\qquad\qquad = 3^{23}$

$\therefore k = 23$

> **실수 Check**
>
> $a_1 = 9, \, a_n = 3^{n-1} \,(n = 2, \, 3, \, 4, \, \cdots)$이므로 수열 $\{a_n\}$은 두 번째 항부터 등비수열을 이룸에 주의한다.

2231 답 ③ | 유형 4

> 수열 $\{a_n\}$이
>
> $\qquad a_1 = 1, \, \underline{a_{n+1} = a_n + n + 4} \,(n = 1, \, 2, \, 3, \, \cdots)$
>   **단서1**
>
> 로 정의될 때, a_{10}의 값은?
>
> ① 53   ② 65   ③ 82
>
> ④ 90   ⑤ 101
>
> **단서1** $a_{n+1} = a_n + f(n)$ 꼴 ➡ n에 1, 2, 3, …을 차례로 대입

STEP1 $a_{n+1} = a_n + n + 4$의 n에 1, 2, 3, …, 9를 차례로 대입하여 a_{10}의 값 구하기

$a_{n+1} = a_n + n + 4$의 n에 1, 2, 3, …, 9를 차례로 대입하여 변끼리 더하면

$\qquad a_2 = a_1 + 1 + 4$

$\qquad a_3 = a_2 + 2 + 4$

$\qquad\qquad \vdots$

$\underline{+) \, a_{10} = a_9 + 9 + 4}$

$\qquad a_{10} = a_1 + \sum_{k=1}^{9} (k+4)$

$\qquad\qquad = 1 + \dfrac{9 \times 10}{2} + 4 \times 9 = 82$

참고 정의된 식을 $a_{n+1} - a_n = f(n)$ 꼴로 바꿔서 구할 수도 있다.

$a_{n+1} = a_n + n + 4$, 즉 $a_{n+1} - a_n = n + 4$의 n에 1, 2, 3, …, 9를 차례로 대입하여 변끼리 더해도 된다.

2232 답 9

$a_n - a_{n-1} = 2^n$, 즉 $a_n = a_{n-1} + 2^n$의 n에 2, 3, 4, …, n을 차례로 대입하여 변끼리 더하면

$\qquad a_2 = a_1 + 2^2$

$\qquad a_3 = a_2 + 2^3$

$\qquad a_4 = a_3 + 2^4$

$\qquad\qquad \vdots$

$\underline{+) \, a_n = a_{n-1} + 2^n}$

$\qquad a_n = a_1 + 2^2 + 2^3 + 2^4 + \cdots + 2^n$

$\qquad\quad = 2 + 2^2 + 2^3 + 2^4 + \cdots + 2^n$ → 첫째항이 2, 공비가 2, 항수가 n인

$\qquad\quad = \dfrac{2(2^n - 1)}{2 - 1}$ 등비수열의 합이다.

$\qquad\quad = 2^{n+1} - 2$

즉, $a_k = 1022$에서 $2^{k+1} - 2 = 1022$

$2^{k+1} = 1024 = 2^{10}, \, k + 1 = 10$

$\therefore k = 9$

2233 답 ④

$a_{n+1} = a_n + 2n - 5$의 n에 1, 2, 3, …, $n-1$을 차례로 대입하여 변끼리 더하면

$\qquad a_2 = a_1 + 2 \times 1 - 5$

$\qquad a_3 = a_2 + 2 \times 2 - 5$

$\qquad a_4 = a_3 + 2 \times 3 - 5$

$\qquad\qquad \vdots$

$\underline{+) \, a_n = a_{n-1} + 2(n-1) - 5}$

$\qquad a_n = a_1 + \sum_{k=1}^{n-1} (2k - 5)$

$\qquad\quad = -21 + 2 \times \dfrac{(n-1)n}{2} - 5(n-1)$

$\qquad\quad = n^2 - 6n - 16$

$a_n > 0$에서 $n^2 - 6n - 16 > 0$

$(n+2)(n-8) > 0 \qquad \therefore n > 8 \,(\because n은 \, 자연수)$

따라서 자연수 n의 최솟값은 9이다.

2234 답 1580

$a_{n+1} = a_n + 4n - 5$의 n에 1, 2, 3, …, $n-1$을 차례로 대입하여 변끼리 더하면

$\qquad a_2 = a_1 + 4 \times 1 - 5$

$\qquad a_3 = a_2 + 4 \times 2 - 5$

$\qquad a_4 = a_3 + 4 \times 3 - 5$

$\qquad\qquad \vdots$

$\underline{+) \, a_n = a_{n-1} + 4(n-1) - 5}$

$\qquad a_n = a_1 + \sum_{k=1}^{n-1} (4k - 5)$

$\qquad\quad = -9 + 4 \times \dfrac{(n-1)n}{2} - 5(n-1)$

$\qquad\quad = 2n^2 - 7n - 4$

$\therefore \sum_{n=1}^{15} a_n = \sum_{n=1}^{15} (2n^2 - 7n - 4)$

$\qquad\qquad = 2 \times \dfrac{15 \times 16 \times 31}{6} - 7 \times \dfrac{15 \times 16}{2} - 4 \times 15$

$\qquad\qquad = 1580$

2235 답 ③

$a_{n+1}=a_n+f(n)$의 n에 1, 2, 3, $\cdots$, 100을 차례로 대입하여 변끼리 더하면

$$a_2=a_1+f(1)$$
$$a_3=a_2+f(2)$$
$$a_4=a_3+f(3)$$
$$\vdots$$
$$+)\ a_{101}=a_{100}+f(100)$$
$$\overline{\qquad\qquad\qquad\qquad}$$
$$a_{101}=a_1+\sum_{k=1}^{100}f(k)$$
$$=3+(100^2-3)=100^2$$

다른 풀이

$a_{n+1}=a_n+f(n)$의 n에 1, 2, 3, $\cdots$, 100을 차례로 대입하면

$$a_2=a_1+f(1)$$
$$a_3=a_2+f(2)=a_1+f(1)+f(2)$$
$$a_4=a_3+f(3)=a_1+f(1)+f(2)+f(3)$$
$$\vdots$$
$$a_{101}=a_{100}+f(100)=a_1+f(1)+f(2)+\cdots+f(100)$$
$$=a_1+\sum_{k=1}^{100}f(k)=3+(100^2-3)=100^2$$

2236 답 ⑤

$$\frac{1}{\sqrt{n+1}+\sqrt{n}}=\frac{\sqrt{n+1}-\sqrt{n}}{(\sqrt{n+1}+\sqrt{n})(\sqrt{n+1}-\sqrt{n})}=\sqrt{n+1}-\sqrt{n}$$

이므로

$$a_{n+1}=a_n+\sqrt{n+1}-\sqrt{n}$$

위 식의 n에 1, 2, 3, $\cdots$, $n-1$을 차례로 대입하여 변끼리 더하면

$$a_2=a_1+\sqrt{2}-\sqrt{1}$$
$$a_3=a_2+\sqrt{3}-\sqrt{2}$$
$$a_4=a_3+\sqrt{4}-\sqrt{3}$$
$$\vdots$$
$$+)\ a_n=a_{n-1}+\sqrt{n}-\sqrt{n-1}$$
$$\overline{\qquad\qquad\qquad\qquad}$$
$$a_n=a_1+\sqrt{n}-1$$
$$=7+\sqrt{n}-1=\sqrt{n}+6$$

$a_k=18$에서 $\sqrt{k}+6=18$이므로

$\sqrt{k}=12$ $\therefore k=144$

2237 답 5

$a_{n+1}=a_n+\log_2\left(1+\dfrac{1}{n}\right)$, 즉 $a_{n+1}=a_n+\log_2\dfrac{n+1}{n}$의 n에 1, 2, 3, $\cdots$, 15를 차례로 대입하여 변끼리 더하면

$$a_2=a_1+\log_2\frac{2}{1}$$
$$a_3=a_2+\log_2\frac{3}{2}$$
$$a_4=a_3+\log_2\frac{4}{3}$$
$$\vdots$$
$$+)\ a_{16}=a_{15}+\log_2\frac{16}{15}$$
$$\overline{\qquad\qquad\qquad\qquad}$$
$$a_{16}=a_1+\left(\log_2\frac{2}{1}+\log_2\frac{3}{2}+\log_2\frac{4}{3}+\cdots+\log_2\frac{16}{15}\right)$$

$$=1+\log_2\left(\frac{2}{1}\times\frac{3}{2}\times\frac{4}{3}\times\cdots\times\frac{16}{15}\right)$$
$$=1+\log_2 16$$
$$=1+\log_2 2^4=5$$

다른 풀이

$\log_2\left(1+\dfrac{1}{n}\right)=\log_2\dfrac{n+1}{n}=\log_2(n+1)-\log_2 n$이므로

$$a_{n+1}=a_n+\log_2(n+1)-\log_2 n$$

위 식의 n에 1, 2, 3, $\cdots$, 15를 차례로 대입하여 변끼리 더하면

$$a_2=a_1+\log_2 2-\log_2 1$$
$$a_3=a_2+\log_2 3-\log_2 2$$
$$a_4=a_3+\log_2 4-\log_2 3$$
$$\vdots$$
$$+)\ a_{16}=a_{15}+\log_2 16-\log_2 15$$
$$\overline{\qquad\qquad\qquad\qquad}$$
$$a_{16}=a_1+\log_2 16-\log_2 1=1+\log_2 2^4-0=5$$

개념 Check

$a>0$, $a\neq1$, $M>0$, $N>0$일 때

(1) $\log_a MN=\log_a M+\log_a N$

(2) $\log_a\dfrac{M}{N}=\log_a M-\log_a N$

2238 답 ④

㈐의 $(a_n+a_{n+1})^2=4a_na_{n+1}+4^n$에서

$$(a_n+a_{n+1})^2-4a_na_{n+1}=4^n$$
$$\therefore (a_{n+1}-a_n)^2=4^n=(2^n)^2$$

이때 ㈏에서 $a_{n+1}>a_n$, 즉 $a_{n+1}-a_n>0$이므로

$$a_{n+1}-a_n=2^n$$

$a_{n+1}-a_n=2^n$의 n에 1, 2, 3, $\cdots$, 9를 차례로 대입하여 변끼리 더하면

$$a_2-a_1=2^1$$
$$a_3-a_2=2^2$$
$$a_4-a_3=2^3$$
$$\vdots$$
$$+)\ a_{10}-a_9=2^9$$
$$\overline{\qquad\qquad\qquad\qquad}$$
$$a_{10}-a_1=\sum_{k=1}^{9}2^k$$

$$\therefore a_{10}=1+\sum_{k=1}^{9}2^k=1+\frac{2\times(2^9-1)}{2-1}=1023$$

실수 Check

$(a_{n+1}-a_n)^2=4^n$에서 $a_{n+1}-a_n=\pm 2^n$이지만 모든 자연수 n에 대하여 $a_{n+1}-a_n>0$이므로 $a_{n+1}-a_n=2^n$임에 주의한다.

2239 답 ③

$a_{n+1}=a_n+3^n$의 n에 1, 2, 3을 차례로 대입하여 변끼리 더하면

$$a_2=a_1+3^1$$
$$a_3=a_2+3^2$$
$$+)\ a_4=a_3+3^3$$
$$\overline{\qquad\qquad\qquad}$$
$$a_4=a_1+3^1+3^2+3^3$$
$$=6+3+9+27=45$$

2240 답 ①

수열 $\{a_n\}$이

$$a_1=33, \quad a_{n+1}=\frac{n+1}{n+2}a_n \ (n=1, 2, 3, \cdots)$$

<u>단서1</u>

과 같이 정의될 때, $a_k=11$을 만족시키는 자연수 k의 값은?

① 5   ② 6   ③ 7

④ 8   ⑤ 9

단서1 $a_{n+1}=a_n f(n)$ 꼴 ➔ n에 1, 2, 3, …을 차례로 대입

STEP 1 $a_{n+1}=\dfrac{n+1}{n+2}a_n$의 n에 1, 2, 3, …, $n-1$을 차례로 대입하여 일반항 구하기

$a_{n+1}=\dfrac{n+1}{n+2}a_n$의 n에 1, 2, 3, …, $n-1$을 차례로 대입하여 변끼리 곱하면

$$a_2=\frac{2}{3}a_1$$

$$a_3=\frac{3}{4}a_2$$

$$a_4=\frac{4}{5}a_3$$

$$\vdots$$

$$\times \Big) \ a_n=\frac{n}{n+1}a_{n-1}$$

$$a_n=\frac{2}{3}\times\frac{3}{4}\times\frac{4}{5}\times\cdots\times\frac{n}{n+1}\times a_1$$

$$=\frac{2}{n+1}\times 33$$

$$=\frac{66}{n+1}$$

STEP 2 $a_k=11$을 만족시키는 자연수 k의 값 구하기

$a_k=11$에서 $\dfrac{66}{k+1}=11$이므로

$k+1=6$ $\therefore k=5$

다른 풀이

$a_{n+1}=\dfrac{n+1}{n+2}a_n$의 n에 1, 2, 3, …, $n-1$을 차례로 대입하면

$$a_2=\frac{2}{3}a_1$$

$$a_3=\frac{3}{4}a_2=\frac{3}{4}\times\frac{2}{3}a_1$$

$$a_4=\frac{4}{5}a_3=\frac{4}{5}\times\frac{3}{4}\times\frac{2}{3}a_1$$

$$\vdots$$

$$a_n=\frac{n}{n+1}a_{n-1}=\frac{n}{n+1}\times\frac{n-1}{n}\times\cdots\times\frac{4}{5}\times\frac{3}{4}\times\frac{2}{3}a_1$$

$$=\frac{2}{n+1}\times 33=\frac{66}{n+1}$$

$a_k=11$에서 $\dfrac{66}{k+1}=11$이므로

$k+1=6$ $\therefore k=5$

2241 답 20

$a_{n+1}=\dfrac{n+1}{n}a_n$의 n에 1, 2, 3, …, 9를 차례로 대입하여 변끼리 곱하면

$$a_2=\frac{2}{1}a_1$$

$$a_3=\frac{3}{2}a_2$$

$$a_4=\frac{4}{3}a_3$$

$$\vdots$$

$$\times \Big) \ a_{10}=\frac{10}{9}a_9$$

$$a_{10}=\frac{2}{1}\times\frac{3}{2}\times\frac{4}{3}\times\cdots\times\frac{10}{9}\times a_1$$

$$=10\times 2$$

$$=20$$

2242 답 351

$(4n-3)a_{n+1}=(4n+1)a_n$, 즉 $a_{n+1}=\dfrac{4n+1}{4n-3}a_n$의 n에 1, 2, 3, …, 29를 차례로 대입하여 변끼리 곱하면

$$a_2=\frac{5}{1}a_1$$

$$a_3=\frac{9}{5}a_2$$

$$a_4=\frac{13}{9}a_3$$

$$\vdots$$

$$\times \Big) \ a_{30}=\frac{117}{113}a_{29}$$

$$a_{30}=\frac{5}{1}\times\frac{9}{5}\times\frac{13}{9}\times\cdots\times\frac{117}{113}\times a_1$$

$$=117\times 3$$

$$=351$$

2243 답 ③

$\sqrt{n+1}\,a_{n+1}=\sqrt{n}\,a_n$, 즉 $a_{n+1}=\sqrt{\dfrac{n}{n+1}}\,a_n$의 n에 1, 2, 3, …, 63을 차례로 대입하여 변끼리 곱하면

$$a_2=\sqrt{\frac{1}{2}}\,a_1$$

$$a_3=\sqrt{\frac{2}{3}}\,a_2$$

$$a_4=\sqrt{\frac{3}{4}}\,a_3$$

$$\vdots$$

$$\times \Big) \ a_{64}=\sqrt{\frac{63}{64}}\,a_{63}$$

$$a_{64}=\sqrt{\frac{1}{2}\times\frac{2}{3}\times\frac{3}{4}\times\cdots\times\frac{63}{64}}\times a_1$$

$$=\sqrt{\frac{1}{64}}$$

$$=\frac{1}{8}$$

2244 답 ④

$a_{n+1}=5^n a_n$의 n에 1, 2, 3, …, 19를 차례로 대입하여 변끼리 곱하면

$$a_2 = 5^1 a_1$$
$$a_3 = 5^2 a_2$$
$$a_4 = 5^3 a_3$$
$$\vdots$$
$$\times \underline{)\ a_{20} = 5^{19} a_{19}}$$
$$a_{20} = 5^1 \times 5^2 \times 5^3 \times \cdots \times 5^{19} \times a_1$$
$$= 5^{1+2+3+\cdots+19}$$
$$= 5^{\frac{19 \times 20}{2}} = 5^{190}$$
$$\therefore \log_5 a_{20} = \log_5 5^{190} = 190$$

다른 풀이

$a_{n+1} = 5^n a_n$의 n에 1, 2, 3, $\cdots$, 19를 차례로 대입하면
$$a_2 = 5^1 a_1$$
$$a_3 = 5^2 a_2 = 5^2 \times 5^1 a_1$$
$$a_4 = 5^3 a_3 = 5^3 \times 5^2 \times 5^1 a_1$$
$$\vdots$$
$$a_{20} = 5^{19} a_{19} = 5^{19} \times \cdots \times 5^2 \times 5^1 a_1$$
$$= 5^{19+\cdots+2+1} = 5^{\frac{19 \times 20}{2}} = 5^{190}$$
$$\therefore \log_5 a_{20} = \log_5 5^{190} = 190$$

2245 답 ⑤

$(n+2)a_{n+1} = na_n$, 즉 $a_{n+1} = \dfrac{n}{n+2} a_n$의 n에 1, 2, 3, $\cdots$, $n-1$을 차례로 대입하여 변끼리 곱하면
$$a_2 = \frac{1}{3} a_1$$
$$a_3 = \frac{2}{4} a_2$$
$$a_4 = \frac{3}{5} a_3$$
$$a_5 = \frac{4}{6} a_4$$
$$\vdots$$
$$a_{n-1} = \frac{n-2}{n} a_{n-2}$$
$$\times \underline{)\ a_n = \frac{n-1}{n+1} a_{n-1}}$$
$$a_n = \frac{1}{3} \times \frac{2}{4} \times \frac{3}{5} \times \frac{4}{6} \times \cdots \times \frac{n-2}{n} \times \frac{n-1}{n+1} \times a_1$$
$$= \frac{4}{n(n+1)}$$
$$\therefore \sum_{k=1}^{10} a_k = \sum_{k=1}^{10} \frac{4}{k(k+1)}$$
$$= 4 \sum_{k=1}^{10} \left(\frac{1}{k} - \frac{1}{k+1} \right)$$
$$= 4 \times \left\{ \left(1 - \frac{1}{2}\right) + \left(\frac{1}{2} - \frac{1}{3}\right) + \cdots + \left(\frac{1}{10} - \frac{1}{11}\right) \right\}$$
$$= 4 \times \left(1 - \frac{1}{11}\right) = \frac{40}{11}$$

2246 답 15

$$a_n = \left(1 - \frac{1}{n^2}\right) a_{n-1} = \frac{n^2-1}{n^2} a_{n-1} = \frac{(n-1)(n+1)}{n^2} a_{n-1}$$
$$= \frac{n-1}{n} \times \frac{n+1}{n} a_{n-1}$$

위 식의 n에 2, 3, 4, $\cdots$, n을 차례로 대입하여 변끼리 곱하면
$$a_2 = \frac{1}{2} \times \frac{3}{2} a_1$$
$$a_3 = \frac{2}{3} \times \frac{4}{3} a_2$$
$$a_4 = \frac{3}{4} \times \frac{5}{4} a_3$$
$$\vdots$$
$$\times \underline{)\ a_n = \frac{n-1}{n} \times \frac{n+1}{n} a_{n-1}}$$
$$a_n = \left(\frac{1}{2} \times \frac{2}{3} \times \frac{3}{4} \times \cdots \times \frac{n-1}{n} \right)$$
$$\times \left(\frac{3}{2} \times \frac{4}{3} \times \frac{5}{4} \times \cdots \times \frac{n+1}{n} \right) \times a_1$$
$$= \frac{1}{n} \times \frac{n+1}{2} \times 2 = \frac{n+1}{n}$$

$a_k = \dfrac{16}{15}$에서 $\dfrac{k+1}{k} = \dfrac{16}{15}$이므로
$$k = 15$$

2247 답 ④

$a_{n+1} = 2^n a_n$의 n에 1, 2, 3, $\cdots$, 9를 차례로 대입하면
$$a_2 = 2^1 a_1 = 2^1 \times 3$$
$$a_3 = 2^2 a_2 = 2^2 \times 2^1 \times 3$$
$$a_4 = 2^3 a_3 = 2^3 \times 2^2 \times 2^1 \times 3$$
$$\vdots$$
$$a_{10} = 2^9 a_9 = 2^9 \times \cdots \times 2^3 \times 2^2 \times 2^1 \times 3$$
이때 $48 = 2^4 \times 3$이므로 a_4, a_5, $\cdots$, a_{10}은 모두 48로 나누어떨어진다.
즉, S_{10}을 48로 나누었을 때의 나머지는 $a_1 + a_2 + a_3$을 48로 나누었을 때의 나머지와 같다.
따라서 $a_1 + a_2 + a_3 = 3 + 6 + 24 = 33$이므로 S_{10}을 48로 나누었을 때의 나머지는 33이다.

2248 답 ①

$a_{n+1} = \dfrac{n+4}{2n-1} a_n$의 n에 1, 2, 3, 4를 차례로 대입하면
$$a_2 = \frac{5}{1} a_1 = 5$$
$$a_3 = \frac{6}{3} a_2 = 2 \times 5 = 10$$
$$a_4 = \frac{7}{5} a_3 = \frac{7}{5} \times 10 = 14$$
$$\therefore a_5 = \frac{8}{7} a_4 = \frac{8}{7} \times 14 = 16$$

2249 답 ①

| 유형 6

수열 $\{a_n\}$이
$$a_1 = 3,\ \underline{a_{n+1} = 2a_n - 2}\ (n = 1, 2, 3, \cdots)$$
단서1
로 정의될 때, $a_k = 130$을 만족시키는 자연수 k의 값은?

① 8   ② 9   ③ 10
④ 11   ⑤ 12

단서1 이웃하는 두 항 사이의 관계식에 $n = 1, 2, 3, \cdots$을 대입

STEP 1 $a_{n+1}=2a_n-2$의 n에 1, 2, 3, …을 차례로 대입하기

$a_{n+1}=2a_n-2$의 n에 1, 2, 3, …을 차례로 대입하면

$a_2=2a_1-2=2\times3-2=4$

$a_3=2a_2-2=2\times4-2=6$

$a_4=2a_3-2=2\times6-2=10$

$a_5=2a_4-2=2\times10-2=18$

$a_6=2a_5-2=2\times18-2=34$

$a_7=2a_6-2=2\times34-2=66$

$a_8=2a_7-2=2\times66-2=130$

STEP 2 $a_k=130$을 만족시키는 자연수 k의 값 구하기

$a_k=130$에서 $k=8$

（다른 풀이）

$a_{n+1}=2a_n-2$에서 $a_{n+1}-2=2(a_n-2)$이므로 수열 $\{a_n-2\}$는
첫째항이 $a_1-2=3-2=1$, 공비가 2인 등비수열이다.

즉, $a_n-2=2^{n-1}$이므로

$a_n=2^{n-1}+2$

$a_k=130$에서 $2^{k-1}+2=130$

$2^{k-1}=128=2^7$

$k-1=7$ ∴ $k=8$

2250 답 ③

$a_{n+1}=3a_n-1$의 n에 1, 2, 3, 4를 차례로 대입하면

$a_2=3a_1-1=3\times2-1=5$

$a_3=3a_2-1=3\times5-1=14$

$a_4=3a_3-1=3\times14-1=41$

∴ $a_5=3a_4-1=3\times41-1=122$

2251 답 19

$a_{n+1}=3a_n-4$의 n에 1, 2, 3, …을 차례로 대입하면

$a_2=3a_1-4=3\times3-4=5$ ∴ $a_2=3+2$

$a_3=3a_2-4=3\times5-4=11$ ∴ $a_3=3^2+2$

$a_4=3a_3-4=3\times11-4=29$ ∴ $a_4=3^3+2$

⋮

∴ $a_n=3^{n-1}+2$

따라서 $a_{20}=3^{19}+2$이므로

$\log_3(a_{20}-2)=\log_3 3^{19}=19$

（다른 풀이）

$a_{n+1}=3a_n-4$에서 $a_{n+1}-2=3(a_n-2)$이므로 수열 $\{a_n-2\}$는
첫째항이 $a_1-2=3-2=1$, 공비가 3인 등비수열이다.

즉, $a_n-2=3^{n-1}$이므로

$\log_3(a_{20}-2)=\log_3 3^{19}=19$

2252 답 6

$a_3=7$이므로 $a_{n+1}=qa_n-5$의 n에 3, 4를 대입하면

$a_4=qa_3-5=7q-5$

$a_5=qa_4-5=q(7q-5)-5=7q^2-5q-5$

이때 $a_5=87$이므로 $7q^2-5q-5=87$

$7q^2-5q-92=0$, $(7q+23)(q-4)=0$

∴ $q=4$ (∵ q는 자연수)

따라서 $a_{n+1}=4a_n-5$이므로

$a_2=4a_1-5=4p-5$

∴ $a_3=4a_2-5=4(4p-5)-5=16p-25$

이때 $a_3=7$이므로 $16p-25=7$

$16p=32$ ∴ $p=2$

∴ $p+q=6$

2253 답 ⑤

㈏에서 $a_{2n}=a_n+1$의 n에 1, 2, 4, 8, …을 차례로 대입하면

$a_2=a_1+1$

$a_4=a_2+1=a_1+2$

$a_8=a_4+1=a_1+3$

$a_{16}=a_8+1=a_1+4$

⋮

∴ $a_{2^n}=a_1+n=n+1$ ·· ㉠

㈏의 $a_{2n+1}=a_n-1$에서

$a_{2^n+1}=a_{2^{n-1}}-1=n-1$ (∵ ㉠)

따라서 $a_{2^{2025}}=2025+1=2026$, $a_{2^{2025}+1}=2025-1=2024$이므로

$a_{2^{2025}}+a_{2^{2025}+1}=2026+2024=4050$

참고 $a_4=a_2+1=2+1=3$으로 계산하는 것보다 $a_4=a_2+1=a_1+2$와 같
이 a_1을 이용하여 나타내어 a_{2^n}의 규칙을 찾는다.

2254 답 ①

$a_{n+1}=2a_n+1$에 $n=3$을 대입하면 $a_4=2a_3+1$

$a_4=31$에서 $2a_3+1=31$이므로

$2a_3=30$ ∴ $a_3=15$

$a_{n+1}=2a_n+1$에 $n=2$를 대입하면 $a_3=2a_2+1$

$a_3=15$에서 $2a_2+1=15$

$2a_2=14$ ∴ $a_2=7$

2255 답 ②
| 유형 7

수열 $\{a_n\}$이

$$a_1=1, \quad a_{n+1}=\frac{5a_n}{3a_n+5} \quad (n=1, 2, 3, \cdots)$$

단서1

으로 정의될 때, a_{16}의 값은?

① $\dfrac{1}{13}$　　　② $\dfrac{1}{10}$　　　③ $\dfrac{7}{15}$

④ $\dfrac{3}{5}$　　　⑤ $\dfrac{5}{3}$

단서1 이웃하는 두 항 사이의 관계식에 $n=1, 2, 3, \cdots$을 대입

STEP 1 $a_{n+1}=\dfrac{5a_n}{3a_n+5}$의 n에 1, 2, 3, …을 차례로 대입하기

$a_{n+1}=\dfrac{5a_n}{3a_n+5}$의 n에 1, 2, 3, …을 차례로 대입하면

$a_2=\dfrac{5a_1}{3a_1+5}=\dfrac{5}{8}$

$a_3=\dfrac{5a_2}{3a_2+5}=\dfrac{\dfrac{25}{8}}{\dfrac{15}{8}+5}=\dfrac{\dfrac{25}{8}}{\dfrac{55}{8}}=\dfrac{5}{11}$

$$a_4 = \frac{5a_3}{3a_3+5} = \frac{\frac{25}{11}}{\frac{15}{11}+5} = \frac{\frac{25}{11}}{\frac{70}{11}} = \frac{5}{14}$$

$$\vdots$$

STEP2 분모의 규칙을 찾아 일반항 a_n 구하기

$a_1 = 1 = \frac{5}{5}$로 생각하면 수열 $\{a_n\}$의 각 항의 분자는 5이고, 분모 5,

8, 11, 14, …는 첫째항이 5, 공차가 3인 등차수열이므로

$$a_n = \frac{5}{5+(n-1)\times 3} = \frac{5}{3n+2}$$

STEP3 a_{16}의 값 구하기

$$a_{16} = \frac{5}{3\times 16+2} = \frac{5}{50} = \frac{1}{10}$$

(다른 풀이)

$a_{n+1} = \frac{5a_n}{3a+5}$의 양변에 역수를 취하면

$$\frac{1}{a_{n+1}} = \frac{3a_n+5}{5a_n} = \frac{3}{5} + \frac{1}{a_n}$$

즉, $\frac{1}{a_{n+1}} - \frac{1}{a_n} = \frac{3}{5}$이므로 수열 $\left\{\frac{1}{a_n}\right\}$은 첫째항이 $\frac{1}{a_1} = 1$, 공차가

$\frac{3}{5}$인 등차수열이다.

$$\therefore \frac{1}{a_n} = 1+(n-1)\times\frac{3}{5} = \frac{3n+2}{5}$$

따라서 $a_n = \frac{5}{3n+2}$이므로

$$a_{16} = \frac{5}{50} = \frac{1}{10}$$

2256 답 ①

$a_{n+1} = \frac{a_n}{1+4a_n}$의 n에 1, 2, 3, …을 차례로 대입하면

$$a_2 = \frac{a_1}{1+4a_1} = \frac{1}{5}$$

$$a_3 = \frac{a_2}{1+4a_2} = \frac{\frac{1}{5}}{1+\frac{4}{5}} = \frac{\frac{1}{5}}{\frac{9}{5}} = \frac{1}{9}$$

$$a_4 = \frac{a_3}{1+4a_3} = \frac{\frac{1}{9}}{1+\frac{4}{9}} = \frac{\frac{1}{9}}{\frac{13}{9}} = \frac{1}{13}$$

$$\vdots$$

$a_1 = 1 = \frac{1}{1}$로 생각하면 수열 $\{a_n\}$의 각 항의 분자는 1이고, 분모 1,

5, 9, 13, …은 첫째항이 1, 공차가 4인 등차수열이므로

$$a_n = \frac{1}{1+(n-1)\times 4} = \frac{1}{4n-3}$$

$$\therefore a_{10} = \frac{1}{4\times 10-3} = \frac{1}{37}$$

(다른 풀이)

$a_{n+1} = \frac{a_n}{1+4a_n}$의 양변에 역수를 취하면

$$\frac{1}{a_{n+1}} = \frac{1+4a_n}{a_n} = \frac{1}{a_n} + 4$$

즉, $\frac{1}{a_{n+1}} - \frac{1}{a_n} = 4$이므로 수열 $\left\{\frac{1}{a_n}\right\}$은 첫째항이 $\frac{1}{a_1} = 1$, 공차가

4인 등차수열이다.

$$\therefore \frac{1}{a_n} = 1+(n-1)\times 4 = 4n-3 \qquad \therefore a_n = \frac{1}{4n-3}$$

$$\therefore a_{10} = \frac{1}{4\times 10-3} = \frac{1}{37}$$

2257 답 ④

$a_{n+1} = \frac{a_n}{1+na_n}$의 n에 1, 2, 3, 4, 5를 차례로 대입하면

$$a_2 = \frac{a_1}{1+a_1} = \frac{2}{1+2} = \frac{2}{3}$$

$$a_3 = \frac{a_2}{1+2a_2} = \frac{\frac{2}{3}}{1+\frac{4}{3}} = \frac{\frac{2}{3}}{\frac{7}{3}} = \frac{2}{7}$$

$$a_4 = \frac{a_3}{1+3a_3} = \frac{\frac{2}{7}}{1+\frac{6}{7}} = \frac{\frac{2}{7}}{\frac{13}{7}} = \frac{2}{13}$$

$$a_5 = \frac{a_4}{1+4a_4} = \frac{\frac{2}{13}}{1+\frac{8}{13}} = \frac{\frac{2}{13}}{\frac{21}{13}} = \frac{2}{21}$$

$$a_6 = \frac{a_5}{1+5a_5} = \frac{\frac{2}{21}}{1+\frac{10}{21}} = \frac{\frac{2}{21}}{\frac{31}{21}} = \frac{2}{31}$$

따라서 $p=31$, $q=2$이므로

$$p+q=33$$

2258 답 50

$a_{n+1} = \frac{a_n}{2a_n+1}$의 n에 1, 2, 3, …을 차례로 대입하면

$$a_2 = \frac{a_1}{2a_1+1} = \frac{1}{2\times 1+1} = \frac{1}{3}$$

$$a_3 = \frac{a_2}{2a_2+1} = \frac{\frac{1}{3}}{\frac{2}{3}+1} = \frac{\frac{1}{3}}{\frac{5}{3}} = \frac{1}{5}$$

$$a_4 = \frac{a_3}{2a_3+1} = \frac{\frac{1}{5}}{\frac{2}{5}+1} = \frac{\frac{1}{5}}{\frac{7}{5}} = \frac{1}{7}$$

$$\vdots$$

$a_1 = 1 = \frac{1}{1}$로 생각하면 수열 $\{a_n\}$의 각 항의 분자는 1이고, 분모

1, 3, 5, 7, …은 첫째항이 1, 공차가 2인 등차수열이므로

$$a_n = \frac{1}{1+(n-1)\times 2} = \frac{1}{2n-1}$$

$a_k = \frac{1}{99}$에서 $\frac{1}{2k-1} = \frac{1}{99}$이므로

$$2k=100 \qquad \therefore k=50$$

(다른 풀이)

$a_{n+1} = \frac{a_n}{2a_n+1}$의 양변에 역수를 취하면

$$\frac{1}{a_{n+1}} = \frac{2a_n+1}{a_n} = 2 + \frac{1}{a_n}$$

즉, $\frac{1}{a_{n+1}} - \frac{1}{a_n} = 2$이므로 수열 $\left\{\frac{1}{a_n}\right\}$은 첫째항이 $\frac{1}{a_1} = 1$, 공차가

2인 등차수열이다.

$$\therefore \frac{1}{a_n} = 1+(n-1)\times 2 = 2n-1$$

따라서 $a_n = \dfrac{1}{2n-1}$이므로 $a_k = \dfrac{1}{99}$에서

$\dfrac{1}{2k-1} = \dfrac{1}{99}$, $2k = 100$ $\quad \therefore k = 50$

2259 답 ④

$a_1 = \dfrac{1}{4}$에서 $\dfrac{1}{a_1} - 1 = 3^1$

$a_{n+1} = \dfrac{a_n}{3-2a_n}$의 n에 $1, 2, 3, \cdots$을 차례로 대입하면

$a_2 = \dfrac{a_1}{3-2a_1} = \dfrac{\dfrac{1}{4}}{3-\dfrac{2}{4}} = \dfrac{\dfrac{1}{4}}{\dfrac{10}{4}} = \dfrac{1}{10}$ $\quad \therefore \dfrac{1}{a_2} - 1 = 9 = 3^2$

$a_3 = \dfrac{a_2}{3-2a_2} = \dfrac{\dfrac{1}{10}}{3-\dfrac{2}{10}} = \dfrac{\dfrac{1}{10}}{\dfrac{28}{10}} = \dfrac{1}{28}$ $\quad \therefore \dfrac{1}{a_3} - 1 = 27 = 3^3$

$a_4 = \dfrac{a_3}{3-2a_3} = \dfrac{\dfrac{1}{28}}{3-\dfrac{2}{28}} = \dfrac{\dfrac{1}{28}}{\dfrac{82}{28}} = \dfrac{1}{82}$ $\quad \therefore \dfrac{1}{a_4} - 1 = 81 = 3^4$

$\vdots$

즉, $\dfrac{1}{a_n} - 1 = 3^n$이므로 $\dfrac{1}{a_{15}} - 1 = 3^{15}$

$\therefore \log_3 \left(\dfrac{1}{a_{15}} - 1 \right) = \log_3 3^{15} = 15$

다른 풀이

$a_{n+1} = \dfrac{a_n}{3-2a_n}$의 양변에 역수를 취하면

$\dfrac{1}{a_{n+1}} = \dfrac{3-2a_n}{a_n} = \dfrac{3}{a_n} - 2$

$\dfrac{1}{a_{n+1}} - 1 = 3 \left(\dfrac{1}{a_n} - 1 \right)$이므로 수열 $\left\{ \dfrac{1}{a_n} - 1 \right\}$은 첫째항이

$\dfrac{1}{a_1} - 1 = 4 - 1 = 3$, 공비가 3인 등비수열이다.

즉, $\dfrac{1}{a_n} - 1 = 3^n$이므로 $\dfrac{1}{a_{15}} - 1 = 3^{15}$

$\therefore \log_3 \left(\dfrac{1}{a_{15}} - 1 \right) = \log_3 3^{15} = 15$

2260 답 ②

| 유형 8

> 수열 $\{a_n\}$이
>
> $a_1 = 2$, $a_{n+1} = \begin{cases} a_n - 1 & (a_n \text{이 짝수}) \\ a_n + n & (a_n \text{이 홀수}) \end{cases}$ $(n = 1, 2, 3, \cdots)$
> **단서1**
>
> 로 정의될 때, a_7의 값은?
>
> ① 8   ② 9   ③ 10
> ④ 13   ⑤ 15
>
> **단서1** $n = 1, 2, 3, \cdots$을 차례로 대입하여 a_n이 짝수인지 홀수인지 파악

STEP 1 a_n, a_{n+1}의 관계식의 n에 $1, 2, 3, 4, 5$를 차례로 대입하기

$a_1 = 2$, $a_{n+1} = \begin{cases} a_n - 1 & (a_n \text{이 짝수}) \\ a_n + n & (a_n \text{이 홀수}) \end{cases}$에서

$a_2 = a_1 - 1 = 2 - 1 = 1$

$a_3 = a_2 + 2 = 1 + 2 = 3$

$a_4 = a_3 + 3 = 3 + 3 = 6$

$a_5 = a_4 - 1 = 6 - 1 = 5$

$a_6 = a_5 + 5 = 5 + 5 = 10$

STEP 2 a_7의 값 구하기

$a_7 = a_6 - 1 = 10 - 1 = 9$

2261 답 ④

$a_1 = 3$, $a_{n+1} = \begin{cases} 2a_n & (n \text{이 짝수}) \\ a_n + 3 & (n \text{이 홀수}) \end{cases}$에서

$a_2 = a_1 + 3 = 3 + 3 = 6$ $\longrightarrow a_{1+1}$이므로 n이 홀수인 경우이다.

$a_3 = 2a_2 = 2 \times 6 = 12$ $\longrightarrow a_{2+1}$이므로 n이 짝수인 경우이다.

$a_4 = a_3 + 3 = 12 + 3 = 15$

$\therefore a_5 = 2a_4 = 2 \times 15 = 30$

2262 답 14

$a_1 = 1$, $a_{n+1} = \begin{cases} a_n^2 + 1 & (a_n \text{이 짝수}) \\ 3a_n - 1 & (a_n \text{이 홀수}) \end{cases}$에서

$a_2 = 3a_1 - 1 = 3 - 1 = 2$

$a_3 = a_2^2 + 1 = 4 + 1 = 5$

$\therefore a_4 = 3a_3 - 1 = 15 - 1 = 14$

2263 답 ①

$a_1 = 3$, $a_{n+1} = \begin{cases} \log_3 a_n & (n \text{이 홀수}) \\ \left(\dfrac{1}{9} \right)^{a_n} & (n \text{이 짝수}) \end{cases}$에서

$a_2 = \log_3 a_1 = \log_3 3 = 1$

$a_3 = \left(\dfrac{1}{9} \right)^{a_2} = \dfrac{1}{9}$

$a_4 = \log_3 a_3 = \log_3 \dfrac{1}{9} = \log_3 3^{-2} = -2$

$a_5 = \left(\dfrac{1}{9} \right)^{a_4} = \left(\dfrac{1}{9} \right)^{-2} = 9^2 = 81$

$a_6 = \log_3 a_5 = \log_3 81 = \log_3 3^4 = 4$

$a_7 = \left(\dfrac{1}{9} \right)^{a_6} = \left(\dfrac{1}{9} \right)^4 = (3^{-2})^4 = 3^{-8}$

$a_8 = \log_3 a_7 = \log_3 3^{-8} = -8$

$\therefore a_5 \times a_8 = 81 \times (-8) = -648$

2264 답 ④

$a_1 = a$, $a_{n+1} = \begin{cases} a_n - 2 & (n \text{이 짝수}) \\ a_n + 1 & (n \text{이 홀수}) \end{cases}$에서

n이 홀수일 때, $a_{n+1} = a_n + 1$이고 $n+1$은 짝수이므로

$a_{n+2} = a_{n+1} - 2 = (a_n + 1) - 2 = a_n - 1$

즉, $a_n = a_{n+2} + 1$ (n은 홀수)이고 $a_{19} = 20$이므로

$a_{17} = 21$, $a_{15} = 22$, $a_{13} = 23$, $a_{11} = 24$, $a_9 = 25$,

$a_7 = 26$, $a_5 = 27$, $a_3 = 28$, $a_1 = 29$

$\therefore a = 29$

다른 풀이

$a_1 = a$, $a_{n+1} = \begin{cases} a_n - 2 & (n \text{이 짝수}) \\ a_n + 1 & (n \text{이 홀수}) \end{cases}$이고 $a_{19} = 20$이므로

$a_{19} = a_{18} - 2 = 20$에서 $a_{18} = 22$

$a_{18} = a_{17} + 1 = 22$에서 $a_{17} = 21$

$a_{17} = a_{16} - 2 = 21$에서 $a_{16} = 23$

$a_{16}=a_{15}+1=23$에서 $a_{15}=22$

$a_{15}=a_{14}-2=22$에서 $a_{14}=24$

$a_{14}=a_{13}+1=24$에서 $a_{13}=23$

$\vdots$

즉, n이 홀수일 때, $a_{n+2}=a_n-1$이므로

$a_n=a_{n+2}+1$

따라서 $a_{11}=24$, $a_9=25$, $a_7=26$, $a_5=27$, $a_3=28$, $a_1=29$이므로

$a=29$

2265 답 ①

$a_1=a$, $a_{n+1}=\begin{cases} a_n+(-1)^n\times 3 & (n\text{이 }3\text{의 배수가 아닌 경우}) \\ 2a_n & (n\text{이 }3\text{의 배수인 경우}) \end{cases}$ 에서

$a_2=a_1-3=a-3$

$a_3=a_2+3=a$

$a_4=2a_3=2a$

$a_5=a_4+3=2a+3$

$a_6=a_5-3=2a$

$a_7=2a_6=2^2a$

$a_8=a_7-3=4a-3$

$a_9=a_8+3=4a$

$a_{10}=2a_9=2^3a$

$\vdots$

즉, 음이 아닌 정수 k에 대하여 $a_{3k+1}=2^ka$

$a_{22}=640$이고 $3k+1=22$에서 $k=7$이므로

$2^7a=640$ $\quad \therefore a=5$

참고 $22=3\times 7+1$이므로 a_{3k+1} (k는 음이 아닌 정수)의 규칙을 찾는다.

2266 답 ①

$a_{n+1}=\begin{cases} \log_2 a_n & (n\text{이 홀수인 경우}) \\ 2^{a_n+1} & (n\text{이 짝수인 경우}) \end{cases}$ 에서

$a_8=\log_2 a_7=5$에서 $a_7=2^5=32$

$a_7=2^{a_6+1}=2^5$에서 $a_6+1=5$ $\quad \therefore a_6=4$

$\therefore a_6+a_7=4+32=36$

개념 Check

$a>0$, $a\neq 1$, $N>0$일 때

$a^x=N \iff x=\log_a N$

2267 답 8

$a_{n+1}=\begin{cases} 2-a_n & (a_n\geq 0) \\ a_n+p & (a_n<0) \end{cases}$ 에서

$a_1=6>0$이므로

$a_2=2-a_1=2-6=-4$

$a_2<0$이므로

$a_3=a_2+p=-4+p$

(i) $a_3\geq 0$, 즉 $p\geq 4$인 경우

$a_4=2-a_3=2-(-4+p)=6-p$

$a_4=0$이므로 $6-p=0$에서 $p=6$

(ii) $a_3<0$, 즉 $p<4$인 경우

$a_4=a_3+p=(-4+p)+p=-4+2p$

$a_4=0$이므로 $-4+2p=0$에서 $p=2$

(i), (ii)에서 $a_4=0$이 되도록 하는 실수 p의 값은 2 또는 6이므로 구하는 합은

$2+6=8$

2268 답 27

$a_3=3$, $a_{n+1}=\begin{cases} \dfrac{a_n+3}{2} & (a_n\text{이 홀수인 경우}) \\ \dfrac{a_n}{2} & (a_n\text{이 짝수인 경우}) \end{cases}$ 에서

a_2가 홀수인 경우 ←

┌ a_2의 값을 알 수 없으므로 홀수인 경우와 짝수인 경우로 나누어 생각한다.

$a_3=\dfrac{a_2+3}{2}=3$에서 $a_2=3$

a_2가 짝수인 경우 ←

$a_3=\dfrac{a_2}{2}=3$에서 $a_2=6$

즉, $a_3=3$이면 $a_2=3$ 또는 $a_2=6$

마찬가지로 $a_2=3$이면 $a_1=3$ 또는 $a_1=6$이고,

$a_2=6$이면

a_1이 홀수인 경우

$a_2=\dfrac{a_1+3}{2}=6$에서 $a_1=9$

a_1이 짝수인 경우

$a_2=\dfrac{a_1}{2}=6$에서 $a_1=12$

이때 $a_1\geq 10$이므로 $a_1=12$

따라서 $a_2=6$, $a_3=3$, $a_4=\dfrac{3+3}{2}=3$, $a_5=\dfrac{3+3}{2}=3$이므로

$\displaystyle\sum_{k=1}^{5}a_k=12+6+3+3+3=27$

실수 Check

$a_3=3$일 때, a_1의 값은 4가지가 나올 수 있음에 주의한다.

2269 답 ④ | 유형 9

수열 $\{a_n\}$이 $a_1=6$이고,

$$a_{n+1}=\begin{cases} \dfrac{1}{2}a_n & (a_n\text{이 짝수}) \\ 3a_n-1 & (a_n\text{이 홀수}) \end{cases} (n=1,2,3,\cdots)$$

단서 1

로 정의될 때, $\displaystyle\sum_{k=1}^{18}a_k$의 값은?

① 39 　　　　② 40 　　　　③ 41

④ 42 　　　　⑤ 43

단서 1 $n=1,2,3,\cdots$을 대입하여 찾은 규칙을 이용

STEP 1 a_n, a_{n+1}의 관계식의 n에 1, 2, 3, $\cdots$을 차례로 대입하여 규칙 찾기

$a_1=6$, $a_{n+1}=\begin{cases} \dfrac{1}{2}a_n & (a_n\text{이 짝수}) \\ 3a_n-1 & (a_n\text{이 홀수}) \end{cases}$ 에서

$a_2=\dfrac{1}{2}a_1=\dfrac{6}{2}=3$

$a_3=3a_2-1=3\times 3-1=8$

$a_4 = \dfrac{1}{2}a_3 = \dfrac{8}{2} = 4$

$a_5 = \dfrac{1}{2}a_4 = \dfrac{4}{2} = 2$

$a_6 = \dfrac{1}{2}a_5 = \dfrac{2}{2} = 1$

$a_7 = 3a_6 - 1 = 2$

$a_8 = \dfrac{1}{2}a_7 = \dfrac{2}{2} = 1$

$\vdots$

즉, 수열 $\{a_n\}$은 제5항부터 2, 1이 이 순서대로 반복된다.

STEP 2 규칙을 이용하여 수열의 합 구하기

$\displaystyle\sum_{k=1}^{18} a_k = (a_1 + a_2 + a_3 + a_4) + \sum_{k=5}^{18} a_k$

$= (6+3+8+4) + 7 \times (2+1) = 42$

실수 Check

반복되는 수가 나오는 항이 제몇 항인지 파악한 후 반복되지 않은 수가 나오는 항의 값도 꼭 더해야 함에 주의한다.

2270 답 ④

$a_1 = 7$, $a_{n+1} = a_n + 7 \times (-1)^n$에서

$a_2 = a_1 + 7 \times (-1)^1 = 7 - 7 = 0$

$a_3 = a_2 + 7 \times (-1)^2 = 0 + 7 = 7$

$a_4 = a_3 + 7 \times (-1)^3 = 7 - 7 = 0$

$\vdots$

따라서 수열 $\{a_n\}$은 7, 0이 이 순서대로 반복된다.

즉, $a_n = \begin{cases} 7 & (n\text{이 홀수}) \\ 0 & (n\text{이 짝수}) \end{cases}$ 이므로 $a_{19} = 7$

2271 답 4

$a_1 = 10$, $a_{n+1} = \begin{cases} 3a_n + 1 & (a_n\text{이 홀수}) \\ \dfrac{a_n}{2} & (a_n\text{이 짝수}) \end{cases}$ 에서

$a_2 = \dfrac{a_1}{2} = \dfrac{10}{2} = 5$

$a_3 = 3a_2 + 1 = 3 \times 5 + 1 = 16$

$a_4 = \dfrac{a_3}{2} = \dfrac{16}{2} = 8$

$a_5 = \dfrac{a_4}{2} = \dfrac{8}{2} = 4$

$a_6 = \dfrac{a_5}{2} = \dfrac{4}{2} = 2$

$a_7 = \dfrac{a_6}{2} = \dfrac{2}{2} = 1$

$a_8 = 3a_7 + 1 = 3 \times 1 + 1 = 4$

$a_9 = \dfrac{a_8}{2} = \dfrac{4}{2} = 2$

$\vdots$

즉, 수열 $\{a_n\}$은 제5항부터 4, 2, 1이 이 순서대로 반복된다.

$\therefore a_{200} = a_{4+(3\times 65+1)} = a_{4+1} = a_5 = 4$

2272 답 $\dfrac{7}{8}$

$0 < a_1 < 1$, $a_{n+1} = \begin{cases} -a_n & (a_n < 0) \\ a_n - 1 & (a_n \geq 0) \end{cases}$ 에서

$a_1 = a_1 \quad \rightarrow a_1 - 1 < 0$

$a_2 = a_1 - 1$

$a_3 = -a_2 = -a_1 + 1$

$a_4 = a_3 - 1 = -a_1$

$a_5 = -a_4 = a_1$

$\vdots$

즉, 수열 $\{a_n\}$은 a_1, $a_1 - 1$, $-a_1 + 1$, $-a_1$이 이 순서대로 반복되므로

$\displaystyle\sum_{k=1}^{30} a_k = 7(a_1 + a_2 + a_3 + a_4) + a_{29} + a_{30}$

$= 7 \times (a_1 + a_1 - 1 - a_1 + 1 - a_1) + \underline{a_{29} + a_{30}}$

$\quad\quad\quad\quad\quad\quad\quad\quad\quad\quad\quad\quad \rightarrow a_{7\times 4 + 1} + a_{7 \times 4 + 2}$

$= a_1 + (a_1 - 1)$

$= 2a_1 - 1$

따라서 $2a_1 - 1 = \dfrac{3}{4}$이므로 $2a_1 = \dfrac{7}{4}$

$\therefore a_1 = \dfrac{7}{8}$

참고 각 항의 값을 일일이 구하지 말고 수열 $\{a_n\}$은 모든 자연수 n에 대하여 $a_{n+4} = a_n$이고 $a_1 + a_2 + a_3 + a_4 = 0$임을 이용한다.

2273 답 ①

$a_1 = 2$, $a_{n+1} = \begin{cases} \dfrac{a_n}{2 - 3a_n} & (n\text{이 홀수인 경우}) \\ 1 + a_n & (n\text{이 짝수인 경우}) \end{cases}$ 에서

$a_2 = \dfrac{a_1}{2 - 3a_1} = \dfrac{2}{2 - 3 \times 2} = -\dfrac{1}{2}$

$a_3 = 1 + a_2 = 1 + \left(-\dfrac{1}{2}\right) = \dfrac{1}{2}$

$a_4 = \dfrac{a_3}{2 - 3a_3} = \dfrac{\dfrac{1}{2}}{2 - 3 \times \dfrac{1}{2}} = 1$

$a_5 = 1 + a_4 = 1 + 1 = 2$

$\vdots$

즉, 수열 $\{a_n\}$은 2, $-\dfrac{1}{2}$, $\dfrac{1}{2}$, 1이 이 순서대로 반복된다.

$\therefore \displaystyle\sum_{n=1}^{40} a_n = 10(a_1 + a_2 + a_3 + a_4)$

$= 10 \times \left\{ 2 + \left(-\dfrac{1}{2}\right) + \dfrac{1}{2} + 1 \right\} = 30$

2274 답 ④

$a_1 = 10$, $a_{n+1} = \begin{cases} 5 - \dfrac{10}{a_n} & (a_n\text{이 정수인 경우}) \\ -2a_n + 3 & (a_n\text{이 정수가 아닌 경우}) \end{cases}$ 에서

$a_2 = 5 - \dfrac{10}{a_1} = 5 - \dfrac{10}{10} = 4$

$a_3 = 5 - \dfrac{10}{a_2} = 5 - \dfrac{10}{4} = \dfrac{5}{2}$

$a_4 = -2a_3 + 3 = -2 \times \dfrac{5}{2} + 3 = -2$

$a_5 = 5 - \dfrac{10}{a_4} = 5 - \dfrac{10}{-2} = 10$

$\vdots$

즉, 수열 $\{a_n\}$은 10, 4, $\dfrac{5}{2}$, -2가 이 순서대로 반복된다.

따라서 $a_9=a_{4\times2+1}=a_1=10$, $a_{12}=a_{4\times3}=a_4=-2$이므로
$a_9+a_{12}=10+(-2)=8$

2275 답 ⑤

$a_1=4$, $a_{n+1}=\begin{cases} a_n-3 & (a_n\geq6) \\ (a_n-1)^2 & (a_n<6) \end{cases}$에서

$a_2=(a_1-1)^2=(4-1)^2=9$

$a_3=a_2-3=9-3=6$

$a_4=a_3-3=6-3=3$

$a_5=(a_4-1)^2=(3-1)^2=4$

$\vdots$

즉, 수열 $\{a_n\}$은 4, 9, 6, 3이 이 순서대로 반복된다.

$\therefore a_{10}=a_{4\times2+2}=a_2=9$

2276 답 ⑤

$a_1=1$, $b_1=-1$, $a_{n+1}=a_n+b_n$, $b_{n+1}=2\cos\dfrac{a_n}{3}\pi$에서

$a_2=a_1+b_1=1+(-1)=0$, $b_2=2\cos\dfrac{a_1}{3}\pi=2\cos\dfrac{\pi}{3}=1$

$a_3=a_2+b_2=0+1=1$, $b_3=2\cos\dfrac{a_2}{3}\pi=2\cos0=2$

$a_4=a_3+b_3=1+2=3$, $b_4=2\cos\dfrac{a_3}{3}\pi=2\cos\dfrac{\pi}{3}=1$

$a_5=a_4+b_4=3+1=4$, $b_5=2\cos\dfrac{a_4}{3}\pi=2\cos\pi=-2$

$a_6=a_5+b_5=4+(-2)=2$, $b_6=2\cos\dfrac{a_5}{3}\pi=2\cos\dfrac{4}{3}\pi=-1$

$a_7=a_6+b_6=2+(-1)=1$, $b_7=2\cos\dfrac{a_6}{3}\pi=2\cos\dfrac{2}{3}\pi=-1$

$a_8=a_7+b_7=1+(-1)=0$, $b_8=2\cos\dfrac{a_7}{3}\pi=2\cos\dfrac{\pi}{3}=1$

$\vdots$

$\cos\left(\pi+\dfrac{\pi}{3}\right)=-\cos\dfrac{\pi}{3}=-\dfrac{1}{2}$

즉, 수열 $\{a_n\}$은 1, 0, 1, 3, 4, 2가, 수열 $\{b_n\}$은 -1, 1, 2, 1, -2, -1이 각각 이 순서대로 반복된다.

따라서 모든 자연수 n에 대하여 $a_{n+6}=a_n$, $b_{n+6}=b_n$이고,
$2021=6\times336+5$이므로
$a_{2021}-b_{2021}=a_5-b_5=4-(-2)=6$

개념 Check

각 x에 대하여

(1) $\cos(2n\pi+x)=\cos x$ (n은 정수), $\cos(-x)=\cos x$

(2) $\cos\left(\dfrac{\pi}{2}+x\right)=-\sin x$, $\cos\left(\dfrac{\pi}{2}-x\right)=\sin x$

(3) $\cos(\pi+x)=-\cos x$, $\cos(\pi-x)=-\cos x$

2277 답 ①

자연수 k에 대하여

(i) $a_1=4k$일 때

a_1은 짝수이므로 $a_2=\dfrac{a_1}{2}=\dfrac{4k}{2}=2k$

a_2도 짝수이므로 $a_3=\dfrac{a_2}{2}=\dfrac{2k}{2}=k$

ⓐ k가 홀수인 경우

$a_4=a_3+1=k+1$

이때 $a_2+a_4=2k+(k+1)=3k+1$이므로

$3k+1=40$에서 $k=13$

$\therefore a_1=4k=4\times13=52$

ⓑ k가 짝수인 경우

$a_4=\dfrac{a_3}{2}=\dfrac{k}{2}$

이때 $a_2+a_4=2k+\dfrac{k}{2}=\dfrac{5}{2}k$이므로

$\dfrac{5}{2}k=40$에서 $k=16$

$\therefore a_1=4k=4\times16=64$

(ii) $a_1=4k-1$일 때

a_1은 홀수이므로 $a_2=a_1+1=4k$

a_2는 짝수이므로 $a_3=\dfrac{a_2}{2}=\dfrac{4k}{2}=2k$

a_3도 짝수이므로 $a_4=\dfrac{a_3}{2}=\dfrac{2k}{2}=k$

이때 $a_2+a_4=4k+k=5k$이므로

$5k=40$에서 $k=8$

$\therefore a_1=4k-1=4\times8-1=31$

(iii) $a_1=4k-2$일 때

a_1은 짝수이므로 $a_2=\dfrac{a_1}{2}=\dfrac{4k-2}{2}=2k-1$

a_2는 홀수이므로 $a_3=a_2+1=(2k-1)+1=2k$

a_3은 짝수이므로 $a_4=\dfrac{a_3}{2}=\dfrac{2k}{2}=k$

이때 $a_2+a_4=(2k-1)+k=3k-1$이므로

$3k-1=40$에서 $k=\dfrac{41}{3}$

이것은 k가 자연수라는 조건을 만족시키지 않는다.

(iv) $a_1=4k-3$일 때

a_1은 홀수이므로 $a_2=a_1+1=(4k-3)+1=4k-2$

a_2는 짝수이므로 $a_3=\dfrac{a_2}{2}=\dfrac{4k-2}{2}=2k-1$

a_3은 홀수이므로 $a_4=a_3+1=(2k-1)+1=2k$

이때 $a_2+a_4=(4k-2)+2k=6k-2$이므로

$6k-2=40$에서 $k=7$

$\therefore a_1=4k-3=4\times7-3=25$

(i)~(iv)에서 조건을 만족시키는 모든 a_1의 값의 합은

$52+64+31+25=172$

2278 답 ④ | 유형 **10**

수열 $\{a_n\}$은 $a_1=3$이고 다음 조건을 만족시킬 때, $\displaystyle\sum_{k=1}^{50} a_k$의 값은?

(가) $a_{n+1}=\dfrac{1}{2}a_n+1$ ($n=1, 2, 3$)
　　　단서1
(나) 모든 자연수 n에 대하여 $a_{n+4}=a_n$이다.
　　　단서2

① 100　　　② 108　　　③ 116
④ 124　　　⑤ 132

단서1 n의 값을 대입하여 a_2, a_3, a_4 구하기
단서2 $a_{n+4}=a_n$이므로 4개의 항의 값이 순서대로 반복

$a_1=3$이고, (가)에서 $a_{n+1}=\dfrac{1}{2}a_n+1$의 n에 1, 2, 3을 차례로 대입하면

$$a_2=\frac{1}{2}a_1+1=\frac{3}{2}+1=\frac{5}{2}$$

$$a_3=\frac{1}{2}a_2+1=\frac{5}{4}+1=\frac{9}{4}$$

$$a_4=\frac{1}{2}a_3+1=\frac{9}{8}+1=\frac{17}{8}$$

STEP 2 수열 $\{a_n\}$의 규칙 찾기

(나)에서 $a_{n+4}=a_n$이므로 수열 $\{a_n\}$은 3, $\dfrac{5}{2}$, $\dfrac{9}{4}$, $\dfrac{17}{8}$이 이 순서대로 반복된다.

STEP 3 $\displaystyle\sum_{k=1}^{50}a_k$의 값 구하기

$$\sum_{k=1}^{50}a_k=12(a_1+a_2+a_3+a_4)+\underline{a_{49}+a_{50}}$$
$$\phantom{\sum_{k=1}^{50}a_k}\qquad\qquad\to a_{4\times12+1}+a_{4\times12+2}$$
$$=12(a_1+a_2+a_3+a_4)+a_1+a_2$$
$$=12\times\left(3+\frac{5}{2}+\frac{9}{4}+\frac{17}{8}\right)+3+\frac{5}{2}$$
$$=124$$

2279 답 6

(가)에서 $a_n=\dfrac{1}{24}(n-1)(n-2)(n-3)(n-4)+2n$의 n에 1, 2, 3, 4를 차례로 대입하면

$a_1=2\times1=2$

$a_2=2\times2=4$

$a_3=2\times3=6$

$a_4=2\times4=8$

(나)에서 $a_{n+4}=a_n$이므로 수열 $\{a_n\}$은 2, 4, 6, 8이 이 순서대로 반복된다.

$\therefore a_{15}=a_{4\times3+3}=a_3=6$

2280 답 0

(가)에서 $a_n=f(n^2)-f(n)$의 n에 1, 2, 3, $\cdots$, 9를 차례로 대입하면

$a_1=f(1)-f(1)=1-1=0$

$a_2=f(4)-f(2)=4-2=2$

$a_3=f(9)-f(3)=9-3=6$

$a_4=f(16)-f(4)=6-4=2$

$a_5=f(25)-f(5)=5-5=0$

$a_6=f(36)-f(6)=6-6=0$

$a_7=f(49)-f(7)=9-7=2$

$a_8=f(64)-f(8)=4-8=-4$

$a_9=f(81)-f(9)=1-9=-8$

(나)에서 $a_{n+9}=a_n$이므로 수열 $\{a_n\}$은 0, 2, 6, 2, 0, 0, 2, -4, -8이 이 순서대로 반복된다.

$$\therefore \sum_{k=1}^{90}a_k=10(a_1+a_2+a_3+\cdots+a_9)$$
$$=10\times\{0+2+6+2+0+0+2+(-4)+(-8)\}$$
$$=0$$

2281 답 11

$a_1=7$이고, (가)에서 $a_{n+2}=a_n-4$의 n에 1, 2, 3, 4를 차례로 대입하면

$a_3=a_1-4=7-4=3$

$a_4=a_2-4$

$a_5=a_3-4=3-4=-1$

$a_6=a_4-4=a_2-8$

(나)에서 $a_{n+6}=a_n$이므로 수열 $\{a_n\}$은 7, a_2, 3, a_2-4, -1, a_2-8이 이 순서대로 반복된다.

$$\therefore \sum_{k=1}^{50}a_k=8(a_1+a_2+a_3+a_4+a_5+a_6)+a_{49}+a_{50}$$
$$=8(a_1+a_2+a_3+a_4+a_5+a_6)+a_1+a_2$$
$$=8(7+a_2+3+a_2-4-1+a_2-8)+7+a_2$$
$$=25a_2-17$$

따라서 $25a_2-17=258$이므로

$25a_2=275$

$\therefore a_2=11$

2282 답 7

(가)에서 $a_{n+2}=\begin{cases}a_n-3 & (n=1,\ 3)\\ a_n+3 & (n=2,\ 4)\end{cases}$의 n에 1, 2, 3, 4를 차례로 대입하면

$a_3=a_1-3$

$a_4=a_2+3$

$a_5=a_3-3=a_1-6$

$a_6=a_4+3=a_2+6$

(나)에서 $a_n=a_{n+6}$이므로 수열 $\{a_n\}$은 a_1, a_2, a_1-3, a_2+3, a_1-6, a_2+6이 이 순서대로 반복된다.

$$\therefore \sum_{k=1}^{32}a_k=5(a_1+a_2+a_3+a_4+a_5+a_6)+a_{31}+a_{32}$$
$$=5(a_1+a_2+a_3+a_4+a_5+a_6)+a_1+a_2$$
$$=5(a_1+a_2+a_1-3+a_2+3+a_1-6+a_2+6)+a_1+a_2$$
$$=16(a_1+a_2)$$

따라서 $16(a_1+a_2)=112$이므로

$a_1+a_2=7$

2283 답 ④ | 유형 11

수열 $\{a_n\}$의 첫째항부터 제n항까지의 합을 S_n이라 하면
$$a_1=4,\ \underline{S_n=3a_n-8}\ (n=1,\ 2,\ 3,\ \cdots)$$
단서1
이 성립할 때, a_{100}의 값은?

① $\dfrac{3^{100}}{2^{100}}$ ② $\dfrac{3^{100}}{2^{98}}$ ③ $\dfrac{3^{98}}{2^{98}}$

④ $\dfrac{3^{99}}{2^{97}}$ ⑤ $\dfrac{3^{97}}{2^{97}}$

단서1 S_{n+1}을 구하여 $a_{n+1}=S_{n+1}-S_n$을 이용

STEP 1 $a_{n+1}=S_{n+1}-S_n$임을 이용하여 식 세우기

$S_n=3a_n-8$ $\cdots\cdots\cdots$ ㉠

$S_{n+1}=3a_{n+1}-8$ $\cdots\cdots\cdots$ ㉡

$\Box-\bigcirc$을 하면 $S_{n+1}-S_n=3(a_{n+1}-a_n)$

$a_{n+1}=3a_{n+1}-3a_n$

$2a_{n+1}=3a_n$

$\therefore a_{n+1}=\dfrac{3}{2}a_n$

STEP 2 수열 $\{a_n\}$의 일반항 구하기

수열 $\{a_n\}$은 첫째항이 $a_1=4$, 공비가 $\dfrac{3}{2}$인 등비수열이므로

$a_n=4\times\left(\dfrac{3}{2}\right)^{n-1}$

STEP 3 a_{100}의 값 구하기

$a_{100}=4\times\left(\dfrac{3}{2}\right)^{99}=\dfrac{3^{99}}{2^{97}}$

2284 답 30

$S_n=2a_n-2n$ ⸺⸺⸺⸺⸺⸺⸺⸺⸺ ㉠

$S_{n+1}=2a_{n+1}-2(n+1)$ ⸺⸺⸺⸺⸺⸺ ㉡

$\Box-\bigcirc$을 하면 $S_{n+1}-S_n=2(a_{n+1}-a_n)-2$

$a_{n+1}=2a_{n+1}-2a_n-2$

$\therefore a_{n+1}=2a_n+2$ ⸺⸺⸺⸺⸺⸺⸺ ㉢

㉢의 n에 1, 2, 3을 차례로 대입하면

$a_2=2a_1+2=2\times2+2=6$

$a_3=2a_2+2=2\times6+2=14$

$\therefore a_4=2a_3+2=2\times14+2=30$

2285 답 ②

$3S_n=(n+2)a_n$ ⸺⸺⸺⸺⸺⸺⸺⸺⸺⸺⸺⸺ ㉠

$3S_{n+1}=(n+3)a_{n+1}$ ⸺⸺⸺⸺⸺⸺⸺⸺⸺⸺ ㉡

$\Box-\bigcirc$을 하면 $3(S_{n+1}-S_n)=(n+3)a_{n+1}-(n+2)a_n$

$3a_{n+1}=(n+3)a_{n+1}-(n+2)a_n$

$na_{n+1}=(n+2)a_n$

$\therefore a_{n+1}=\dfrac{n+2}{n}a_n$ ⸺⸺⸺⸺⸺⸺⸺⸺⸺ ㉢

㉢의 n에 1, 2, 3, 4를 차례로 대입하면

$a_2=\dfrac{3}{1}a_1=3\times1=3$

$a_3=\dfrac{4}{2}a_2=2\times3=6$

$a_4=\dfrac{5}{3}a_3=\dfrac{5}{3}\times6=10$

$\therefore a_5=\dfrac{6}{4}a_4=\dfrac{3}{2}\times10=15$

2286 답 ③

$S_n=n^2a_n$ ⸺⸺⸺⸺⸺⸺⸺⸺⸺⸺⸺⸺⸺ ㉠

$S_{n+1}=(n+1)^2a_{n+1}$ ⸺⸺⸺⸺⸺⸺⸺⸺⸺ ㉡

$\Box-\bigcirc$을 하면 $S_{n+1}-S_n=(n+1)^2a_{n+1}-n^2a_n$

$a_{n+1}=(n^2+2n+1)a_{n+1}-n^2a_n$, $n(n+2)a_{n+1}=n^2a_n$

$\therefore a_{n+1}=\dfrac{n}{n+2}a_n$ ⸺⸺⸺⸺⸺⸺⸺⸺⸺ ㉢

㉢의 n에 1, 2, 3, …을 차례로 대입하면

$a_2=\dfrac{1}{3}a_1=\dfrac{1}{3}\times20$

$a_3=\dfrac{2}{4}a_2=\dfrac{2}{4}\times\dfrac{1}{3}\times20$

$a_4=\dfrac{3}{5}a_3=\dfrac{3}{5}\times\dfrac{2}{4}\times\dfrac{1}{3}\times20$

$\vdots$

$\therefore a_n=\dfrac{n-1}{n+1}\times\dfrac{n-2}{n}\times\cdots\times\dfrac{3}{5}\times\dfrac{2}{4}\times\dfrac{1}{3}\times20$

$=\dfrac{2\times1}{(n+1)n}\times20=\dfrac{40}{n(n+1)}$

따라서 $S_n=n^2a_n=n^2\times\dfrac{40}{n(n+1)}=\dfrac{40n}{n+1}$이므로

$S_{19}=\dfrac{40\times19}{20}=38$

2287 답 ②

$\underline{S_{n+1}-S_{n-1}=a_{n+1}+a_n}$이므로

$(S_{n+1}-S_{n-1})^2=4a_na_{n+1}+4$에서 $\to(a_{n+1}+S_n)-(S_n-a_n)$

$(a_{n+1}+a_n)^2=4a_na_{n+1}+4$

${a_{n+1}}^2+2a_na_{n+1}+{a_n}^2=4a_na_{n+1}+4$

${a_{n+1}}^2-2a_na_{n+1}+{a_n}^2=4$

$\therefore (a_{n+1}-a_n)^2=4$

이때 $a_{n+1}>a_n$, 즉 $a_{n+1}-a_n>0$이므로

$a_{n+1}-a_n=2$ $(n=2, 3, 4, \cdots)$

또한 $a_2-a_1=5-3=2$이므로

$a_{n+1}-a_n=2$ $(n=1, 2, 3, \cdots)$

따라서 수열 $\{a_n\}$은 첫째항이 3, 공차가 2인 등차수열이므로

$a_n=3+(n-1)\times2=2n+1$

$\therefore a_{15}=2\times15+1=31$

2288 답 ③

$8S_n=(a_n+2)^2$ ⸺⸺⸺⸺⸺⸺⸺⸺⸺⸺⸺ ㉠

$8S_{n+1}=(a_{n+1}+2)^2$ ⸺⸺⸺⸺⸺⸺⸺⸺⸺ ㉡

$\Box-\bigcirc$을 하면 $8(S_{n+1}-S_n)=(a_{n+1}+2)^2-(a_n+2)^2$

$8a_{n+1}={a_{n+1}}^2+4a_{n+1}-{a_n}^2-4a_n$

${a_{n+1}}^2-{a_n}^2-4a_{n+1}-4a_n=0$

$(a_{n+1}+a_n)(a_{n+1}-a_n)-4(a_{n+1}+a_n)=0$

$(a_{n+1}+a_n)(a_{n+1}-a_n-4)=0$

이때 $\underline{a_{n+1}>0, a_n>0}$에서 $a_{n+1}+a_n\neq0$이므로

$a_{n+1}-a_n-4=0$ $\to$ 모든 항이 양수

$\therefore a_{n+1}-a_n=4$

따라서 수열 $\{a_n\}$은 첫째항이 $a_1=2$, 공차가 4인 등차수열이므로

$S_{10}=\dfrac{10\times\{2\times2+(10-1)\times4\}}{2}$

$=200$

2289 답 ⑤

$6S_n={a_n}^2+3a_n-18$에 $n=1$을 대입하면

$6S_1={a_1}^2+3a_1-18$

이때 $S_1 = a_1$이므로 $6a_1 = a_1{}^2 + 3a_1 - 18$

$a_1{}^2 - 3a_1 - 18 = 0$, $(a_1 + 3)(a_1 - 6) = 0$

$\therefore a_1 = 6$ ($\because a_1 > 0$)

$6S_n = a_n{}^2 + 3a_n - 18$ ——————— ㉠ (모든 항이 양수)

$6S_{n+1} = a_{n+1}{}^2 + 3a_{n+1} - 18$ ——————— ㉡

㉡－㉠을 하면

$6(S_{n+1} - S_n) = a_{n+1}{}^2 + 3a_{n+1} - a_n{}^2 - 3a_n$

$6a_{n+1} = a_{n+1}{}^2 + 3a_{n+1} - a_n{}^2 - 3a_n$

$a_{n+1}{}^2 - a_n{}^2 - 3a_{n+1} - 3a_n = 0$

$(a_{n+1} + a_n)(a_{n+1} - a_n) - 3(a_{n+1} + a_n) = 0$

$(a_{n+1} + a_n)(a_{n+1} - a_n - 3) = 0$

이때 $a_{n+1} > 0$, $a_n > 0$에서 $a_{n+1} + a_n \neq 0$이므로

$a_{n+1} - a_n - 3 = 0$

$\therefore a_{n+1} - a_n = 3$

따라서 수열 $\{a_n\}$은 첫째항이 $a_1 = 6$, 공차가 3인 등차수열이므로

$a_n = 6 + (n-1) \times 3 = 3n + 3$

2290 답 ①

$a_n + S_n = k$에 $n = 1$을 대입하면

$a_1 + S_1 = k$

이때 $S_1 = a_1$이므로 $2a_1 = k$ $\therefore a_1 = \dfrac{k}{2}$

$a_n + S_n = k$에서 $S_n = -a_n + k$ ——————— ㉠

$a_{n+1} + S_{n+1} = k$에서 $S_{n+1} = -a_{n+1} + k$ ——————— ㉡

㉡－㉠을 하면

$S_{n+1} - S_n = -a_{n+1} + a_n$

$a_{n+1} = -a_{n+1} + a_n$, $2a_{n+1} = a_n$

$\therefore a_{n+1} = \dfrac{1}{2}a_n$

따라서 수열 $\{a_n\}$은 첫째항이 $a_1 = \dfrac{k}{2}$, 공비가 $\dfrac{1}{2}$인 등비수열이므로

$a_n = \dfrac{k}{2} \times \left(\dfrac{1}{2}\right)^{n-1}$

$a_6 = \dfrac{k}{2} \times \left(\dfrac{1}{2}\right)^5 = \dfrac{k}{64}$이고 $S_6 = 189$이므로

$a_6 + S_6 = k$에서 $\dfrac{k}{64} + 189 = k$

$\dfrac{63}{64}k = 189$ $\therefore k = 192$

2291 답 162

$S_{n+1} = S_n + a_{n+1}$이므로 $a_{n+1}S_n = a_nS_{n+1}$에서

$a_{n+1}S_n = a_n(S_n + a_{n+1})$

$a_{n+1}S_n = a_nS_n + a_na_{n+1}$

$(S_n - a_n)a_{n+1} = a_nS_n$

$S_{n-1}a_{n+1} = a_nS_n$ → $(a_1 + a_2 + \cdots + a_n) - a_n = a_1 + a_2 + \cdots + a_{n-1}$
$= S_{n-1}$

$\therefore a_{n+1} = \dfrac{a_nS_n}{S_{n-1}}$ ($n = 2, 3, 4, \cdots$) ——————— ㉠

$a_1 = S_1 = 2$, $a_2 = 4$이므로

$S_2 = a_1 + a_2 = 6$

㉠에 $n = 2$를 대입하면

$a_3 = \dfrac{a_2S_2}{S_1} = \dfrac{4 \times 6}{2} = 12$

$S_3 = S_2 + a_3 = 6 + 12 = 18$이므로 ㉠에 $n = 3$을 대입하면

$a_4 = \dfrac{a_3S_3}{S_2} = \dfrac{12 \times 18}{6} = 36$

$S_4 = S_3 + a_4 = 18 + 36 = 54$이므로 ㉠에 $n = 4$를 대입하면

$a_5 = \dfrac{a_4S_4}{S_3} = \dfrac{36 \times 54}{18} = 108$

$\therefore S_5 = S_4 + a_5 = 54 + 108 = 162$

참고 $a_{n+1} = S_{n+1} - S_n$에서 $S_{n+1} = S_n + a_{n+1}$임을 이용한다.

다른 풀이

$a_{n+1} = S_{n+1} - S_n$, $a_n = S_n - S_{n-1}$이므로 $a_{n+1}S_n = a_nS_{n+1}$에서

$(S_{n+1} - S_n)S_n = (S_n - S_{n-1})S_{n+1}$

$S_{n+1}S_n - S_n{}^2 = S_nS_{n+1} - S_{n-1}S_{n+1}$

$\therefore S_n{}^2 = S_{n-1}S_{n+1}$ ($n \geq 2$)

즉, 수열 $\{S_n\}$은 등비수열이다.

$S_1 = a_1 = 2$, $S_2 = a_1 + a_2 = 2 + 4 = 6$에서

$\dfrac{S_2}{S_1} = \dfrac{6}{2} = 3$이므로 수열 $\{S_n\}$은 첫째항이 2이고, 공비가 3인 등비수열이다.

$\therefore S_n = 2 \times 3^{n-1}$

$\therefore S_5 = 2 \times 3^4 = 2 \times 81 = 162$

2292 답 ① |유형 12

비어 있는 수조에 첫째 날은 5 L의 물을 채우고, 다음날부터는 전날 [단서1] 채운 물의 양의 $\dfrac{3}{2}$배보다 2 L 적은 양을 채우기로 하였다. 이때 n번째 [단서2] 날 수조에 채우게 되는 물의 양을 a_n L라 하면
$a_{n+1} = pa_n + q$ ($n = 1, 2, 3, \cdots$)
가 성립할 때, 상수 p, q에 대하여 pq의 값은?

① -3 　　② $-\dfrac{3}{2}$ 　　③ $\dfrac{3}{2}$

④ 2 　　⑤ 3

단서1 $a_1 = 5$

단서2 $a_2 = a_1 \times \dfrac{3}{2} - 2$

STEP 1 p, q의 값 구하기

$a_{n+1} = \dfrac{3}{2}a_n - 2$이므로

$p = \dfrac{3}{2}$, $q = -2$

STEP 2 pq의 값 구하기

$pq = \dfrac{3}{2} \times (-2) = -3$

2293 답 $a_1 = 90$, $a_{n+1} = \dfrac{3}{4}a_n + 15$ ($n = 1, 2, 3, \cdots$)

물탱크에 들어 있는 물 100 L의 $\dfrac{1}{4}$을 사용하고 남은 물의 양은

$100 \times \dfrac{3}{4} = 75$ (L)

이므로 1회 시행 후 남아 있는 물의 양 a_1 L는

$a_1 = 75 + 15 = 90$

$(n+1)$회 시행 후 남아 있는 물의 양 a_{n+1} L는 n회 시행 후 남아 있는 물의 양 a_n L의 $\dfrac{3}{4}$에 15 L를 더한 것이므로

$$a_{n+1}=\dfrac{3}{4}a_n+15 \ (n=1, 2, 3, \cdots)$$

2294 달 ①

$a_1=(8-2)\times 3=18$에서 $p=18$

$a_{n+1}=(a_n-2)\times 3$이므로 $a_{n+1}=3a_n-6$에서

$q=3,\ r=-6$

$\therefore p+q+r=18+3+(-6)=15$

2295 달 ③

2명이 악수를 하는 횟수는 1이므로

$a_2=1$

n명의 참석자가 악수를 하고 $(n+1)$번째 참석자가 새로 왔을 때, 기존 n명의 참석자와 한 번씩 악수를 하게 되므로

$a_{n+1}=a_n+n$ ·································· ㉠

㉠의 n에 2, 3을 차례로 대입하면

$a_3=a_2+2=1+2=3$

$a_4=a_3+3=3+3=6$

$\therefore a_4=6,\ a_{n+1}=a_n+n \ (n=2, 3, 4, \cdots)$

2296 달 ①

10개의 세포를 n회 배양하였을 때의 세포의 수를 a_n이라 하면

$a_1=10\times(1-0.5)\times k=5k$

$a_{n+1}=a_n\times(1-0.5)\times k=\dfrac{k}{2}a_n$

즉, 수열 $\{a_n\}$은 첫째항이 $a_1=5k$, 공비가 $\dfrac{k}{2}$인 등비수열이므로

$a_n=5k\times\left(\dfrac{k}{2}\right)^{n-1}$

10개의 세포를 9회 배양하였을 때의 세포의 수가 5120이므로

$a_9=5k\times\left(\dfrac{k}{2}\right)^8=5120$

$\dfrac{k^9}{2^8}=1024,\ k^9=2^{10}\times 2^8=2^{18}=(2^2)^9$

$\therefore k=4$

2297 달 1

$a_n\%$의 소금물 300 g에서 소금물 50 g을 덜어 낸 후 $a_n\%$의 소금물 250 g에 들어 있는 소금의 양은

$$\dfrac{a_n}{100}\times 250=\dfrac{5}{2}a_n \ (g)$$
$\quad\quad\quad\quad\quad\quad\uparrow \dfrac{\text{(소금물의 농도)}}{100}\times\text{(소금물의 양)}$

5%의 소금물 50 g에 들어 있는 소금의 양은

$$\dfrac{5}{100}\times 50=\dfrac{5}{2} \ (g)$$

$$\therefore a_{n+1}=\dfrac{\dfrac{5}{2}a_n+\dfrac{5}{2}}{300}\times 100=\dfrac{5}{6}a_n+\dfrac{5}{6}$$

따라서 $p=\dfrac{5}{6},\ q=\dfrac{5}{6}$이므로 $\dfrac{q}{p}=1$

$\quad\quad\quad\quad\uparrow \text{(소금물의 농도)}=\dfrac{\text{(소금의 양)}}{\text{(소금물의 양)}}\times 100$

2298 달 ①

$(n+1)$명을 두 모둠으로 나누는 방법의 수 a_{n+1}은 다음과 같이 생각할 수 있다.

(i) n명을 두 모둠으로 나눈 후 $(n+1)$번째의 한 명을 두 모둠 중 어느 한 모둠에 넣는 방법의 수는 $2a_n$

(ii) n명과 $(n+1)$번째의 한 명으로 나누어 두 모둠으로 나누는 방법의 수는 1

(i), (ii)에서 $a_{n+1}=2a_n+1 \ (n=2, 3, 4, \cdots)$

따라서 $p=2,\ q=1$이므로 $p-q=1$

2299 달 ⑤

n회 시행 후 그릇 A에 담긴 설탕의 양이 a_n kg이면 그릇 B에 담긴 설탕의 양은 $(2-a_n)$ kg이므로

$$\begin{aligned}
a_{n+1}&=\dfrac{2}{3}a_n+\dfrac{1}{2}\left\{(2-a_n)+\dfrac{1}{3}a_n\right\}\\
&=\dfrac{2}{3}a_n+\dfrac{1}{2}\left(2-\dfrac{2}{3}a_n\right)\\
&=\dfrac{1}{3}a_n+1
\end{aligned}$$

따라서 $p=\dfrac{1}{3},\ q=1$이므로 $p+q=\dfrac{4}{3}$

참고 n회 시행 후 그릇 A에 담긴 설탕의 양과 그릇 B에 담긴 설탕의 양의 합이 2 kg으로 일정함을 이용한다.

2300 달 ④ | 유형 13

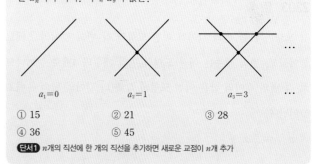

평면 위에 어느 두 직선도 서로 평행하지 않고 어느 세 직선도 한 점에서 만나지 않도록 n개의 직선을 그을 때, 이 직선들의 교점의 개수
단서1
를 a_n이라 하자. 이때 a_9의 값은?

$a_1=0$ \quad $a_2=1$ \quad $a_3=3$ \quad $\cdots$

① 15   ② 21   ③ 28
④ 36   ⑤ 45

단서1 n개의 직선에 한 개의 직선을 추가하면 새로운 교점이 n개 추가

STEP 1 a_n과 a_{n+1} 사이의 관계식 구하기

한 개의 직선은 교점이 생기지 않으므로 $a_1=0$

n개의 직선에 한 개의 직선을 추가하면 이 직선은 기존의 n개의 직선과 각각 한 번씩 만나므로 n개의 새로운 교점이 생긴다.

$\therefore a_{n+1}=a_n+n \ (n=1, 2, 3, \cdots)$ ··········· ㉠

STEP 2 a_9의 값 구하기

㉠의 n에 1, 2, 3, $\cdots$을 차례로 대입하면

$a_2=a_1+1=1$

$a_3=a_2+2=1+2$

$a_4=a_3+3=1+2+3$

$\vdots$

$\therefore a_9=1+2+3+\cdots+8=36$

$$\cancel{a_2}=a_1+1$$
$$\cancel{a_3}=\cancel{a_2}+2$$
$$\cancel{a_4}=\cancel{a_3}+3$$
$$\vdots$$
$$+)\,a_9=\cancel{a_8}+8$$

$$a_9=a_1+1+2+\cdots+8=0+1+2+\cdots+8=\frac{8\times9}{2}=36$$

2301 답 $\dfrac{32}{27}$

시행을 한 번 하면 전체 끈의 길이의 $\dfrac{2}{3}$가 남으므로

$$a_{n+1}=\frac{2}{3}a_n$$

따라서 수열 $\{a_n\}$은 첫째항이 $a_1=9\times\dfrac{2}{3}=6$, 공비가 $\dfrac{2}{3}$인 등비수열이므로

$$a_n=6\times\left(\frac{2}{3}\right)^{n-1}\qquad\therefore a_5=6\times\left(\frac{2}{3}\right)^4=\frac{32}{27}$$

2302 답 ②

$$a_1=6$$
$$a_2=a_1+9=a_1+3\times3$$
$$a_3=a_2+12=a_2+3\times4$$
$$a_4=a_3+15=a_3+3\times5$$
$$\vdots$$
$$a_{n+1}=a_n+3(n+2)$$
$$\qquad\quad=a_n+3n+6$$

따라서 $p=3$, $q=6$이므로 $p-q=-3$

2303 답 ③

각 도형마다 한 변의 길이가 이전 도형의 각 변의 길이의 $\dfrac{1}{3}$배로 줄어들고, 변의 개수는 이전 도형의 변의 개수의 4배로 늘어나므로 각 변의 길이의 합은 이전 도형의 각 변의 길이의 합의 $\dfrac{4}{3}$배로 늘어난다.

$$\therefore a_{n+1}=\frac{4}{3}a_n$$

2304 답 ⑤

위에서부터 n번째 층에 놓이는 정육면체의 개수를 a_n이라 하면 $(n+1)$번째 층에는 n번째 층보다 정육면체가 $(n+1)$개 더 놓이므로

$$a_{n+1}=a_n+n+1 \cdots\cdots\cdots \text{㉠}$$

㉠의 n에 1, 2, 3, $\cdots$, $n-1$을 차례로 대입하여 변끼리 더하면

$$\cancel{a_2}=a_1+1+1$$
$$\cancel{a_3}=\cancel{a_2}+2+1$$
$$\cancel{a_4}=\cancel{a_3}+3+1$$
$$\vdots$$
$$+)\,a_n=\cancel{a_{n-1}}+(n-1)+1$$

$$a_n=a_1+\{1+2+3+\cdots+(n-1)\}+1\times(n-1)$$

$$=1+\frac{(n-1)n}{2}+(n-1)$$

$$=\frac{n^2+n}{2}$$

따라서 10층 탑을 쌓을 때 필요한 정육면체의 개수는

$$\sum_{k=1}^{10}a_k=\sum_{k=1}^{10}\frac{k^2+k}{2}$$
$$=\frac{1}{2}\sum_{k=1}^{10}(k^2+k)$$
$$=\frac{1}{2}\times\left(\frac{10\times11\times21}{6}+\frac{10\times11}{2}\right)$$
$$=220$$

참고 다음과 같은 방법으로 일반항 a_n을 구할 수도 있다.

각 층의 정육면체의 개수를 위에서부터 차례로 a_1, a_2, a_3, $\cdots$이라 하면

$$a_1=1$$
$$a_2=a_1+2=1+2$$
$$a_3=a_2+3=1+2+3$$
$$\vdots$$
$$\therefore a_n=1+2+3+\cdots+n=\frac{n(n+1)}{2}$$

2305 답 ②

n회 시행 후 남아 있는 정사각형의 한 변의 길이를 a_n이라 하면

$$a_{n+1}=\sqrt{\left(\frac{4}{5}a_n\right)^2+\left(\frac{1}{5}a_n\right)^2}=\frac{\sqrt{17}}{5}a_n$$

넓이가 25인 정사각형의 한 변의 길이는 5이므로

$$a_1=\frac{\sqrt{17}}{5}\times5=\sqrt{17}$$

즉, 수열 $\{a_n\}$은 첫째항이 $a_1=\sqrt{17}$, 공비가 $\dfrac{\sqrt{17}}{5}$인 등비수열이므로

$$a_n=\sqrt{17}\times\left(\frac{\sqrt{17}}{5}\right)^{n-1}$$

$$\therefore a_4=\sqrt{17}\times\left(\frac{\sqrt{17}}{5}\right)^3=\frac{289}{125}$$

따라서 $p=125$, $q=289$이므로

$$p+q=414$$

실수 Check

a_1은 1회 시행 후 남아 있는 정사각형의 한 변의 길이이므로 넓이가 25인 정사각형의 한 변의 길이를 a_1로 놓지 않도록 주의한다.

2306 답 ③

유형 14

모든 자연수 n에 대하여 명제 $p(n)$이 아래 조건을 만족시킬 때, 다음 중 반드시 참이라고 할 수 없는 명제는?

> ㈎ $p(1)$이 참이다.
>
> ㈏ $p(n)$이 참이면 $p(2n)$도 참이다.
> **단서1**
>
> ㈐ $p(n)$이 참이면 $p(3n)$도 참이다.
> **단서2**

① $p(36)$ ② $p(81)$ ③ $p(84)$
④ $p(108)$ ⑤ $p(216)$

단서1 자연수 n이 2의 거듭제곱일 때 명제가 성립

단서2 자연수 n이 3의 거듭제곱일 때 명제가 성립

STEP 1 (가), (나), (다)에서 참인 명제 확인하기

(가), (나)에서 $p(1)$, $p(2)$, $p(2^2)$, $p(2^3)$, …이 참이다.

(가), (다)에서 $p(1)$, $p(3)$, $p(3^2)$, $p(3^3)$, …이 참이다.

STEP 2 음이 아닌 정수 a, b에 대하여 $p(2^a \times 3^b)$이 참임을 이해하기

$p(2)$가 참이므로 (다)에서 $p(2\times3)$, $p(2\times3^2)$, $p(2\times3^3)$, …이 참이다.

$p(2^2)$가 참이므로 (다)에서 $p(2^2\times3)$, $p(2^2\times3^2)$, $p(2^2\times3^3)$, …이 참이다.

⋮

즉, 음이 아닌 정수 a, b에 대하여 $p(2^a \times 3^b)$이 참이다.

STEP 3 반드시 참이라고 할 수 없는 명제 찾기

① $p(36)=p(2^2\times3^2)$

② $p(81)=p(3^4)$

③ $p(84)=p(2^2\times3\times7)$

④ $p(108)=p(2^2\times3^3)$

⑤ $p(216)=p(2^3\times3^3)$

따라서 반드시 참이라고 할 수 없는 명제는 ③이다.

2307 답 ③

명제 $p(n)$이 모든 자연수 n에 대하여 성립하도록 하려면 $n=1$일 때부터 성립한다는 조건이 필요하다.

주어진 조건에 의하여 $n=1$일 때, $p(1)$과 $p(2)$ 중 어느 하나가 참이면 $p(1+2)$, 즉 $p(3)$이 참이다. ↳$p(1+1)$

(ⅰ) $p(1)$만 참일 때

$p(3)$이 참이므로 $n=3$이면 $p(5)$가 참이고, $n=2$이면 $p(4)$가 참이다. 같은 방법으로 계속하면 $p(6)$, $p(7)$, $p(8)$, …도 모두 참이다.

그러나 $p(2)$의 참, 거짓은 알 수 없다.

(ⅱ) $p(2)$만 참일 때

$p(3)$이 참이므로 $n=3$이면 $p(5)$가 참이고, $n=2$이면 $p(4)$가 참이다. 같은 방법으로 계속하면 $p(6)$, $p(7)$, $p(8)$, …도 모두 참이다.

그러나 $p(1)$의 참, 거짓은 알 수 없다.

(ⅰ), (ⅱ)에서 모든 자연수 n에 대하여 명제 $p(n)$이 참이 되기 위한 필요충분조건은 $p(1)$과 $p(2)$가 모두 참인 것이다.

2308 답 ⑤

(가), (나)에서 음이 아닌 정수 a, b에 대하여 $p(4^a\times5^b)$이 참이다.

① $p(60)=p(3\times4\times5)$

② $p(65)=p(5\times13)$

③ $p(70)=p(2\times5\times7)$

④ $p(75)=p(3\times5^2)$

⑤ $p(80)=p(4^2\times5)$

따라서 반드시 참인 명제는 ⑤이다.

참고 $p(1)$이 참이면 $p(4)$와 $p(5)$도 참이다.

$p(4)$가 참이면 $p(4\times5)$, $p(4\times5^2)$, $p(4\times5^3)$, …이 참이다.

$p(5)$가 참이면 $p(4\times5)$, $p(4^2\times5)$, $p(4^3\times5)$, …가 참이다.

2309 답 ⑤

① (가), (나)에서 $p(1)$이 참이므로 $p(2)$도 참이다.

(다)에서 $p(2)$가 참이면 $p(4)$도 참이다.

② (다)에서 $p(4)$가 참이면 $p(7)$도 참이다.

③ (나)에서 $p(7)$이 참이면 $p(8)$도 참이다.

④ (다)에서 $p(8)$이 참이면 $p(13)$이 참이고, (나)에서 $p(13)$이 참이면 $p(14)$도 참이다. 또, (다)에서 $p(14)$가 참이면 $p(22)$도 참이다.

따라서 반드시 참이라고 할 수 없는 명제는 ⑤이다.

2310 답 511

$p(1)$이 성립하므로 $p(2\times1+1)=p(3)$도 성립한다.

$p(3)$이 성립하므로 $p(2\times3+1)=p(7)$도 성립한다.

$p(7)$이 성립하므로 $p(2\times7+1)=p(15)$도 성립한다.

$p(15)$가 성립하므로 $p(2\times15+1)=p(31)$도 성립한다.

$p(31)$이 성립하므로 $p(2\times31+1)=p(63)$도 성립한다.

$p(63)$이 성립하므로 $p(2\times63+1)=p(127)$도 성립한다.

$p(127)$이 성립하므로 $p(2\times127+1)=p(255)$도 성립한다.

$p(255)$가 성립하므로 $p(2\times255+1)=p(511)$도 성립한다.

$p(511)$이 성립하므로 $p(2\times511+1)=p(1023)$도 성립한다.

따라서 명제 $p(m)$이 성립하는 세 자리 자연수 m의 최댓값은 511이다.

2311 답 ① | 유형 15

다음은 모든 자연수 n에 대하여 등식

$$1^2+2^2+3^2+\cdots+n^2=\frac{1}{6}n(n+1)(2n+1)$$

이 성립함을 수학적 귀납법으로 증명한 것이다.

단서1

(ⅰ) $n=1$일 때

(좌변)$=1^2=1$, (우변)$=\frac{1}{6}\times1\times2\times3=1$

이므로 주어진 등식이 성립한다.

(ⅱ) $n=k$일 때, 주어진 등식이 성립한다고 가정하면

$$1^2+2^2+3^2+\cdots+k^2=\frac{1}{6}k(k+1)(2k+1)\quad\cdots\cdots\text{㉠}$$

㉠의 양변에 $\boxed{(가)}$ 을 더하면

단서2

$1^2+2^2+3^2+\cdots+k^2+\boxed{(가)}$

$=\frac{1}{6}k(k+1)(2k+1)+\boxed{(가)}$

$=\frac{1}{6}(k+1)(2k^2+k+\boxed{(나)})$

$=\frac{1}{6}(k+1)(k+2)\boxed{(다)})$

이므로 $n=k+1$일 때도 등식이 성립한다.

(ⅰ), (ⅱ)에서 모든 자연수 n에 대하여 주어진 등식이 성립한다.

위의 (가), (나), (다)에 알맞은 식을 각각 $f(k)$, $g(k)$, $h(k)$라 할 때, $f(2)+g(2)-h(3)$의 값은?

① 18   ② 19   ③ 20

④ 21   ⑤ 22

단서1 $n=1$일 때 성립하고 $n=k$일 때 성립하면 $n=k+1$일 때도 성립

단서2 $n=k+1$일 때의 항을 더해서 결과를 확인

(ii) $n=k$일 때, 주어진 등식이 성립한다고 가정하면

$$1^2+2^2+3^2+\cdots+k^2=\frac{1}{6}k(k+1)(2k+1) \cdots\cdots\cdots\cdots ㉠$$

㉠의 양변에 $\boxed{(k+1)^2}$을 더하면

$$1^2+2^2+3^2+\cdots+k^2+\boxed{(k+1)^2}$$

$$=\frac{1}{6}k(k+1)(2k+1)+\boxed{(k+1)^2}$$

$$=\frac{1}{6}(k+1)\{k(2k+1)+6(k+1)\}$$

$$=\frac{1}{6}(k+1)(2k^2+k+\boxed{6k+6})$$

$$=\frac{1}{6}(k+1)(2k^2+7k+6)$$

$$=\frac{1}{6}(k+1)(k+2)(\boxed{2k+3})$$

이므로 $n=k+1$일 때도 등식이 성립한다.

$$\therefore f(k)=(k+1)^2, g(k)=6k+6, h(k)=2k+3$$

$f(2)=(2+1)^2=9$, $g(2)=6\times2+6=18$, $h(3)=2\times3+3=9$
이므로

$$f(2)+g(2)-h(3)=18$$

2312 답 1

(ii) $n=k$일 때, 주어진 등식이 성립한다고 가정하면

$$1+3+5+\cdots+(2k-1)=k^2 \cdots\cdots\cdots\cdots ㉠$$

㉠의 양변에 $\boxed{2k+1}$을 더하면

$$1+3+5+\cdots+(2k-1)+(\boxed{2k+1})$$

$$=k^2+\boxed{2k+1}$$

$$=\boxed{(k+1)^2}$$

이므로 $n=k+1$일 때도 주어진 등식이 성립한다.

$$\therefore f(k)=2k+1, g(k)=(k+1)^2$$

따라서 $f(2)=2\times2+1=5$, $g(1)=(1+1)^2=4$이므로

$$f(2)-g(1)=1$$

2313 답 ②

(ii) $n=k$일 때, 주어진 등식이 성립한다고 가정하면

$$\frac{1}{1\times3}+\frac{1}{2\times4}+\frac{1}{3\times5}+\cdots+\frac{1}{k(k+2)}$$

$$=\frac{k(3k+5)}{4(k+1)(k+2)} \cdots\cdots\cdots\cdots ㉠$$

㉠의 양변에 $\boxed{\dfrac{1}{(k+1)(k+3)}}$을 더하면

$$\frac{1}{1\times3}+\frac{1}{2\times4}+\frac{1}{3\times5}+\cdots+\frac{1}{k(k+2)}+\boxed{\frac{1}{(k+1)(k+3)}}$$

$$=\frac{k(3k+5)}{4(k+1)(k+2)}+\frac{1}{(k+1)(k+3)}$$

$$=\frac{\boxed{k(k+3)}(3k+5)}{4(k+1)(k+2)(k+3)}+\frac{4(k+2)}{4(k+1)(k+2)(k+3)}$$

$$=\frac{3k^3+14k^2+19k+8}{4(k+1)(k+2)(k+3)}$$

$$=\frac{(k+1)^2(3k+8)}{4(k+1)(k+2)(k+3)}$$

$$=\frac{(k+1)(3k+8)}{4(k+2)(k+3)}$$

이므로 $n=k+1$일 때도 주어진 등식이 성립한다.

$$\therefore f(k)=\frac{1}{(k+1)(k+3)}, g(k)=k(k+3)$$

따라서 $f(1)=\frac{1}{2\times4}=\frac{1}{8}$, $g(1)=1\times4=4$이므로

$$f(1)\times g(1)=\frac{1}{2}$$

2314 답 ⑤

(ii) $n=k$일 때, ㉠이 성립한다고 가정하면

$$a_k=(1+2+3+\cdots+k)\left(1+\frac{1}{2}+\frac{1}{3}+\cdots+\frac{1}{k}\right)$$

$$\frac{a_{k+1}}{k+2}=\frac{a_k}{k}+\frac{1}{2}$$에서

$$a_{k+1}=\boxed{\frac{k+2}{k}}a_k+\frac{k+2}{2}$$

$$=\boxed{\frac{k+2}{k}}\times(1+2+3+\cdots+k)\left(1+\frac{1}{2}+\frac{1}{3}+\cdots+\frac{1}{k}\right)$$

$$\qquad\qquad\qquad\qquad\qquad +\frac{k+2}{2}$$

$$=\frac{k+2}{k}\times\frac{k(k+1)}{2}\left(1+\frac{1}{2}+\frac{1}{3}+\cdots+\frac{1}{k}\right)+\frac{k+2}{2}$$

$$=\boxed{\frac{(k+1)(k+2)}{2}}\left(1+\frac{1}{2}+\frac{1}{3}+\cdots+\frac{1}{k}\right)+\frac{k+2}{2}$$

$$=\frac{(k+1)(k+2)}{2}\left(1+\frac{1}{2}+\frac{1}{3}+\cdots+\frac{1}{k}+\frac{1}{k+1}\right)$$

$$=\{1+2+3+\cdots+(k+1)\}\left(1+\frac{1}{2}+\frac{1}{3}+\cdots+\frac{1}{k+1}\right)$$

이므로 $n=k+1$일 때도 ㉠이 성립한다.

$$\therefore f(k)=\frac{k+2}{k}, g(k)=\frac{(k+1)(k+2)}{2}$$

따라서 $f(2)=\frac{4}{2}=2$, $g(1)=\frac{2\times3}{2}=3$이므로

$$f(2)+g(1)=5$$

2315 답 ①

(ii) $n=m$일 때, $(*)$이 성립한다고 가정하면

$$\sum_{k=1}^{m}k\{k+(k+1)+(k+2)+\cdots+m\}$$

$$=\frac{m(m+1)(m+2)(3m+1)}{24}$$

이다.

$n=m+1$일 때, $(*)$이 성립함을 보이자.

$$\sum_{k=1}^{m+1}k\{k+(k+1)+(k+2)+\cdots+m+(m+1)\}$$

$$=\sum_{k=1}^{m}k\{k+(k+1)+(k+2)+\cdots+m+(m+1)\}$$

$$\qquad\qquad\qquad\qquad\qquad +\boxed{(m+1)^2}$$

$$=\sum_{k=1}^{m}k\{k+(k+1)+(k+2)+\cdots+m\}$$

$$\qquad\qquad\qquad +(m+1)\sum_{k=1}^{m}k+(m+1)^2$$

$$= \sum_{k=1}^{m} k\{k+(k+1)+(k+2)+\cdots+m\} + \boxed{\frac{m(m+1)^2}{2}}$$
$$+ \boxed{(m+1)^2}$$

$$= \frac{m(m+1)(m+2)(3m+1)}{24} + \frac{m(m+1)^2}{2} + (m+1)^2$$

$$= \frac{m(m+1)(m+2)(3m+1)}{24} + \frac{(m+1)^2(m+2)}{2}$$

$$= \frac{(m+1)(m+2)(3m^2+13m+12)}{24}$$

$$= \frac{(m+1)(m+2)(m+3)(3m+4)}{24}$$

따라서 $n=m+1$일 때도 성립한다.

$\therefore f(m)=(m+1)^2$, $g(m)=\frac{m(m+1)^2}{2}$

따라서 $f(4)=(4+1)^2=25$, $g(2)=\frac{2\times(2+1)^2}{2}=9$이므로

$f(4)+g(2)=34$

실수 Check

$\sum_{k=1}^{m} k(m+1)$에서 $m+1$은 상수이므로

$\sum_{k=1}^{m} k(m+1) = (m+1)\sum_{k=1}^{m} k$임에 주의한다.

2316 답 ⑤

(i) $n=1$일 때

(좌변) $=a_1$,

(우변) $=\frac{1\times 2}{4}(2a_2-1)=a_2-\boxed{\frac{1}{2}}=\left(1+\frac{1}{2}\right)-\frac{1}{2}=1=a_1$

이므로 (★)이 성립한다. $\quad \xrightarrow{\sum_{k=1}^{2}\frac{1}{k}=1+\frac{1}{2}}$

(ii) $n=m$일 때, (★)이 성립한다고 가정하면

$a_1+2a_2+3a_3+\cdots+ma_m=\frac{m(m+1)}{4}(2a_{m+1}-1)$이다.

$n=m+1$일 때, (★)이 성립함을 보이자.

$a_1+2a_2+3a_3+\cdots+ma_m+(m+1)a_{m+1}$

$=\frac{m(m+1)}{4}(2a_{m+1}-1)+(m+1)a_{m+1}$

$=\frac{m(m+1)}{2}a_{m+1}-\frac{m(m+1)}{4}+(m+1)a_{m+1}$

$=(m+1)a_{m+1}\left(\boxed{\frac{m}{2}}+1\right)-\frac{m(m+1)}{4}$

$=\frac{(m+1)(m+2)}{2}a_{m+1}-\frac{m(m+1)}{4} \quad \xrightarrow{\frac{m+2}{2}}$

$=\frac{(m+1)(m+2)}{2}\left(a_{m+2}-\boxed{\frac{1}{m+2}}\right)-\frac{m(m+1)}{4}$

$=\frac{(m+1)(m+2)}{4}(2a_{m+2}-1) \quad \xrightarrow{a_{m+2}=\sum_{k=1}^{m+2}\frac{1}{k}}$

이므로 $n=m+1$일 때도 (★)이 성립한다. $\quad {}^{=\sum_{k=1}^{m+1}\frac{1}{k}+\frac{1}{m+2}}_{=a_{m+1}+\frac{1}{m+2}}$

$\therefore p=\frac{1}{2}$, $f(m)=\frac{m}{2}$, $g(m)=\frac{1}{m+2} \quad {}_{\therefore a_{m+1}=a_{m+2}-\frac{1}{m+2}}$

따라서 $f(5)=\frac{5}{2}$, $g(3)=\frac{1}{5}$이므로

$p+\frac{f(5)}{g(3)}=\frac{1}{2}+\frac{25}{2}=13$

2317 답 ⑤

다음은 모든 자연수 n에 대하여 <u>n^3+3n^2+2n이 3의 배수임을</u> 수학 적 귀납법으로 증명한 것이다. **단서1**

> (i) $n=1$일 때
> $1^3+3\times 1^2+2\times 1=6$이므로 3의 배수이다.
> (ii) $n=k$일 때, n^3+3n^2+2n이 3의 배수라 가정하면
> $k^3+3k^2+2k=3p$ (p는 자연수)
> $n=k+1$이면
> $(\boxed{(가)})^3+3(\boxed{(가)})^2+2(\boxed{(가)})$
> $=(k^3+3k^2+2k)+3k^2+9k+6$
> $=3p+3(\boxed{(나)})$
> $=3\{p+(\boxed{(나)})\}$
> 이므로 $n=k+1$일 때도 n^3+3n^2+2n은 3의 배수이다.
> (i), (ii)에서 모든 자연수 n에 대하여 n^3+3n^2+2n은 3의 배수이다.

위의 (가), (나)에 알맞은 식을 각각 $f(k)$, $g(k)$라 할 때, $f(9)+g(2)$의 값은?

① 9   ② 10   ③ 12

④ 18   ⑤ 22

단서1 3의 배수는 $3\times\boxed{}$ 꼴로 묶을 수 있도록 변형

STEP 1 $f(k)$, $g(k)$ 각각 구하기

(ii) $n=k$일 때, n^3+3n^2+2n이 3의 배수라 가정하면

$k^3+3k^2+2k=3p$ (p는 자연수)

$n=k+1$이면

$(\boxed{k+1})^3+3(\boxed{k+1})^2+2(\boxed{k+1})$

$=k^3+3k^2+3k+1+3k^2+6k+3+2k+2$

$=(k^3+3k^2+2k)+3k^2+9k+6$

$=3p+3(\boxed{k^2+3k+2})$

$=3\{p+(\boxed{k^2+3k+2})\}$

이므로 $n=k+1$일 때도 n^3+3n^2+2n은 3의 배수이다.

$\therefore f(k)=k+1$, $g(k)=k^2+3k+2$

STEP 2 $f(9)+g(2)$의 값 구하기

$f(9)=9+1=10$, $g(2)=4+6+2=12$이므로

$f(9)+g(2)=22$

2318 답 5

(ii) $n=k$일 때, n^3+2n이 3의 배수라 가정하면

$k^3+2k=3m$ (m은 자연수)

$n=k+1$이면

$(k+1)^3+2(k+1)=k^3+3k^2+3k+1+2k+2$

$\qquad\qquad\qquad =(k^3+2k)+\boxed{3k^2+3k+3}$

$\qquad\qquad\qquad =3\times\boxed{m}+\boxed{3k^2+3k+3}$

$\qquad\qquad\qquad =3(m+k^2+k+1)$

이므로 $n=k+1$일 때도 n^3+2n은 3의 배수이다.

$\therefore f(k)=3k^2+3k+3$, $g(m)=m$

따라서 $f(-1)=3-3+3=3$, $g(2)=2$이므로

$f(-1)+g(2)=5$

2319 답 10

(ii) $n=k$일 때, $4^{2n}-1$이 5의 배수라 가정하면

$4^{2k}-1=5p$ (p는 자연수)

$\therefore 4^{2k}=5p+1$

$n=k+1$이면

$4^{2k+2}-1=16\times4^{2k}-1=16(\boxed{5p+1})-1$

$=16\times5p+16-1=16\times5p+15$

$=5(\boxed{16p+3})$

이므로 $n=k+1$일 때도 $4^{2n}-1$은 5의 배수이다.

$\therefore f(p)=5p+1,\ g(p)=16p+3$

따라서 $f(-2)=-10+1=-9,\ g(1)=16+3=19$이므로

$f(-2)+g(1)=10$

2320 답 ⑤

(ii) $n=k$일 때, 11^n-4^n이 7의 배수라 가정하면

$11^k-4^k=7p$ (p는 자연수)

$n=k+1$이면

$11^{k+1}-4^{k+1}=\boxed{11}\times11^k-\boxed{4}\times4^k$

$=11\times11^k-11\times4^k+7\times4^k$

$=11\times(11^k-4^k)+\boxed{7}\times4^k$

$=11\times7p+7\times4^k$

$=\boxed{77}\times p+\boxed{7}\times4^k$

$=7(\boxed{11}\times p+4^k)$

이므로 $n=k+1$일 때도 11^n-4^n은 7의 배수이다.

$\therefore$ (가) : 11 (나) : 4 (다) : 7 (라) : 77 (마) : 11

따라서 알맞은 수가 아닌 것은 ⑤이다.

2321 답 ④

(ii) $n=k$일 때, $2^{3n-2}+3^n$이 5의 배수라 가정하면

$2^{3k-2}+3^k=5p$ (p는 자연수)

$n=\boxed{k+1}$이면

$2^{3k+1}+3^{k+1}=8\times2^{3k-2}+3\times3^k$

$=5\times2^{3k-2}+\boxed{3\times2^{3k-2}+3\times3^k}$

$=5\times2^{3k-2}+3(2^{3k-2}+3^k)$

$=5\times2^{3k-2}+3\times\boxed{5p}$

$=5(2^{3k-2}+\boxed{3p})$

이므로 $n=\boxed{k+1}$일 때도 $2^{3n-2}+3^n$은 5의 배수이다.

$\therefore$ (가) : $k+1$ (나) : $3\times2^{3k-2}+3\times3^k$ (다) : $5p$ (라) : $3p$

2322 답 ⑤
| 유형 17

다음은 $n\geq2$인 모든 자연수 n에 대하여 부등식

$$1+\frac{1}{2}+\frac{1}{3}+\cdots+\frac{1}{n}>\frac{2n}{n+1}$$

단서1

이 성립함을 수학적 귀납법으로 증명한 것이다.

(i) $n=\boxed{\text{(가)}}$일 때

(좌변)$=\dfrac{3}{2}$, (우변)$=\dfrac{4}{3}$이므로 주어진 부등식이 성립한다.

(ii) $n=k\,(k\geq2)$일 때, 주어진 부등식이 성립한다고 가정하면

$$1+\frac{1}{2}+\frac{1}{3}+\cdots+\frac{1}{k}>\frac{2k}{k+1} \quad\cdots\cdots\cdots\text{㉠}$$

㉠의 양변에 $\boxed{\text{(나)}}$을 더하면

$$1+\frac{1}{2}+\frac{1}{3}+\cdots+\frac{1}{k}+\boxed{\text{(나)}}>\frac{2k}{k+1}+\boxed{\text{(나)}}$$

이때

$$\frac{2k}{k+1}+\boxed{\text{(나)}}-\boxed{\text{(다)}}=\frac{k}{(k+1)(k+2)}>0\text{이므로}$$

$$\frac{2k}{k+1}+\boxed{\text{(나)}}>\boxed{\text{(다)}}$$

$$1+\frac{1}{2}+\frac{1}{3}+\cdots+\frac{1}{k}+\frac{1}{k+1}>\boxed{\text{(다)}}$$

따라서 $n=k+1$일 때도 주어진 부등식이 성립한다.

(i), (ii)에서 $n\geq2$인 모든 자연수 n에 대하여 주어진 부등식이 성립한다.

위의 (가)에 알맞은 수를 a라 하고, (나), (다)에 알맞은 식을 각각 $f(k)$, $g(k)$라 할 때, $a\times f(1)\times g(2)$의 값은?

① $\dfrac{7}{6}$ ② $\dfrac{6}{5}$ ③ $\dfrac{5}{4}$

④ $\dfrac{4}{3}$ ⑤ $\dfrac{3}{2}$

단서1 n에 2, k를 대입하고 $k+1$일 때의 꼴을 만들어 부등식을 증명

STEP 1 (가), (나), (다)에 알맞은 수 또는 식 구하기

(i) $n=\boxed{2}$일 때

(좌변)$=\dfrac{3}{2}$, (우변)$=\dfrac{4}{3}$이므로 주어진 부등식이 성립한다.

(ii) $n=k\,(k\geq2)$일 때, 주어진 부등식이 성립한다고 가정하면

$$1+\frac{1}{2}+\frac{1}{3}+\cdots+\frac{1}{k}>\frac{2k}{k+1} \quad\cdots\cdots\cdots\text{㉠}$$

㉠의 양변에 $\boxed{\dfrac{1}{k+1}}$을 더하면

$$1+\frac{1}{2}+\frac{1}{3}+\cdots+\frac{1}{k}+\boxed{\frac{1}{k+1}}>\frac{2k}{k+1}+\boxed{\frac{1}{k+1}}$$

이때 $\dfrac{2k}{k+1}+\boxed{\dfrac{1}{k+1}}-\boxed{\dfrac{2(k+1)}{k+2}}=\dfrac{k}{(k+1)(k+2)}>0$

이므로

$$\frac{2k}{k+1}+\boxed{\frac{1}{k+1}}>\boxed{\frac{2(k+1)}{k+2}}$$

$$1+\frac{1}{2}+\frac{1}{3}+\cdots+\frac{1}{k}+\frac{1}{k+1}>\boxed{\frac{2(k+1)}{k+2}}$$

따라서 $n=k+1$일 때도 주어진 부등식이 성립한다.

$\therefore a=2,\ f(k)=\dfrac{1}{k+1},\ g(k)=\dfrac{2(k+1)}{k+2}$

STEP 2 $a\times f(1)\times g(2)$의 값 구하기

$f(1)=\dfrac{1}{1+1}=\dfrac{1}{2},\ g(2)=\dfrac{2\times3}{2+2}=\dfrac{3}{2}$이므로

$a\times f(1)\times g(2)=2\times\dfrac{1}{2}\times\dfrac{3}{2}=\dfrac{3}{2}$

2323 답 ①

(ii) $n=k\,(k\geq3)$일 때, 주어진 부등식이 성립한다고 가정하면

$2^k>2k+1$

위 식의 양변에 $\boxed{2}$를 곱하면

$$2^k \times \boxed{2} > (2k+1) \times \boxed{2}$$
$$2^{k+1} > 4k+2 \quad\cdots\cdots\cdots\cdots\cdots ㉠$$
이때 $k \geq 3$이므로
$$(2k+1) \times \boxed{2} = 2(k+1) + \boxed{2k}$$
$$> 2(k+1) + 1 = \boxed{2k+3} \quad\cdots\cdots ㉡$$
㉠, ㉡에서 $2^{k+1} > \boxed{2k+3}$
따라서 $n=k+1$일 때도 주어진 부등식이 성립한다.
$\therefore a=2,\ f(k)=2k,\ g(k)=2k+3$
따라서 $f(-1)=2\times(-1)=-2,\ g(1)=2\times1+3=5$이므로
$$a+f(-1)+g(1)=5$$

2324 답 ②

(ii) $n=k\ (k\geq2)$일 때, 주어진 부등식이 성립한다고 가정하면
$$1+\frac{1}{2^2}+\frac{1}{3^2}+\cdots+\frac{1}{k^2} < 2-\frac{1}{k}$$
위 부등식의 양변에 $\boxed{\dfrac{1}{(k+1)^2}}$을 더하면
$$1+\frac{1}{2^2}+\frac{1}{3^2}+\cdots+\frac{1}{k^2}+\boxed{\frac{1}{(k+1)^2}} < 2-\frac{1}{k}+\boxed{\frac{1}{(k+1)^2}}$$
이때 $k\geq2$이므로
$$2-\frac{1}{k}+\boxed{\frac{1}{(k+1)^2}}-\left(2-\frac{1}{k+1}\right)$$
$$= -\frac{1}{k}+\frac{1}{k+1}+\frac{1}{(k+1)^2} = \frac{-(k+1)^2+k(k+1)+k}{k(k+1)^2}$$
$$= -\frac{1}{k(k+1)^2} < 0$$
즉, $2-\dfrac{1}{k}+\boxed{\dfrac{1}{(k+1)^2}} < \boxed{2-\dfrac{1}{k+1}}$이므로
$$1+\frac{1}{2^2}+\frac{1}{3^2}+\cdots+\frac{1}{k^2}+\boxed{\frac{1}{(k+1)^2}} < \boxed{2-\frac{1}{k+1}}$$
따라서 $n=k+1$일 때도 주어진 부등식이 성립한다.
$\therefore f(k)=\dfrac{1}{(k+1)^2},\ g(k)=2-\dfrac{1}{k+1}$
따라서 $f(1)=\dfrac{1}{(1+1)^2}=\dfrac{1}{4},\ g(3)=2-\dfrac{1}{3+1}=\dfrac{7}{4}$이므로
$$f(1)+g(3)=2$$

2325 답 ③

(ii) $n=k$일 때, 주어진 부등식이 성립한다고 가정하면
$$\sqrt{1\times2}+\sqrt{2\times3}+\sqrt{3\times4}+\cdots+\sqrt{k(k+1)} < k\left(k+\frac{1}{2}\right)$$
위 부등식의 양변에 $\boxed{\sqrt{(k+1)(k+2)}}$를 더하면
$$\sqrt{1\times2}+\sqrt{2\times3}+\sqrt{3\times4}+\cdots+\sqrt{k(k+1)}$$
$$+\boxed{\sqrt{(k+1)(k+2)}}$$
$$< k\left(k+\frac{1}{2}\right)+\boxed{\sqrt{(k+1)(k+2)}} \quad\cdots\cdots ㉠$$
이때
$$\boxed{\sqrt{(k+1)(k+2)}} = \sqrt{k^2+3k+2}$$
$$= \sqrt{\left(\boxed{k+\frac{3}{2}}\right)^2-\frac{1}{4}} < \boxed{k+\frac{3}{2}}$$

이므로
$$\boxed{(k+1)\left(k+\frac{3}{2}\right)} - \left\{k\left(k+\frac{1}{2}\right)+\boxed{\sqrt{(k+1)(k+2)}}\right\}$$
$$> \boxed{(k+1)\left(k+\frac{3}{2}\right)} - \left\{k\left(k+\frac{1}{2}\right)+\boxed{k+\frac{3}{2}}\right\}$$
$$= k^2+\frac{5}{2}k+\frac{3}{2}-\left(k^2+\frac{3}{2}k+\frac{3}{2}\right)$$
$$= k > 0 \quad\cdots\cdots\cdots\cdots\cdots\cdots ㉡$$
㉠, ㉡에서
$$\sqrt{1\times2}+\sqrt{2\times3}+\sqrt{3\times4}+\cdots+\sqrt{k(k+1)}$$
$$+\boxed{\sqrt{(k+1)(k+2)}}$$
$$< (k+1)\left(k+\frac{3}{2}\right)$$
따라서 $n=k+1$일 때도 주어진 부등식이 성립한다.
$\therefore f(k)=\sqrt{(k+1)(k+2)},\ g(k)=k+\dfrac{3}{2},\ h(k)=(k+1)\left(k+\dfrac{3}{2}\right)$
따라서 $f(2)=\sqrt{3\times4}=2\sqrt{3},\ g(1)=1+\dfrac{3}{2}=\dfrac{5}{2},\ h(0)=1\times\dfrac{3}{2}=\dfrac{3}{2}$
이므로
$$f(2)\times\{g(1)+h(0)\}=2\sqrt{3}\times\left(\frac{5}{2}+\frac{3}{2}\right)=2\sqrt{3}\times4=8\sqrt{3}$$

서술형 유형 익히기　　484쪽~487쪽

2326 답 (1) 4 (2) 4 (3) 30 (4) 30 (5) a_5 (6) a_5 (7) 33
(8) 13

2327 답 2

STEP 1 $a_2, a_3, a_4, \cdots, a_{50}$의 값 구하기 [4점]

$a_{n+1}=(n+2)a_n$의 n에 $1, 2, 3, \cdots, 49$를 차례로 대입하면
$$a_2=3a_1=3\times2$$
$$a_3=4a_2=4\times3\times2$$
$$a_4=5a_3=5\times4\times3\times2$$
$$\vdots$$
$$a_{50}=51a_{49}=51\times50\times49\times\cdots\times3\times2$$

STEP 2 30으로 나누어떨어지는 항 찾기 [2점]

$30=2\times3\times5$이고, $a_4=5\times4\times3\times2$이므로 a_4는 30으로 나누어떨어진다.

즉, $a_4, a_5, a_6, \cdots, a_{50}$은 모두 30으로 나누어떨어진다.

STEP 3 $a_1+a_2+a_3+\cdots+a_{50}$을 30으로 나누었을 때의 나머지 구하기 [2점]

$a_1+a_2+a_3+\cdots+a_{50}$을 30으로 나누었을 때의 나머지는
$a_1+a_2+a_3$을 30으로 나누었을 때의 나머지와 같다.
이때 $a_1+a_2+a_3=2+6+24=32$이므로 구하는 나머지는 2이다.

2328 답 0

STEP 1 $a_2, a_3, a_4, a_5, \cdots, a_{50}$의 값 구하기 [4점]

$a_{n+1}=\dfrac{n+1}{n}a_n$의 n에 $1, 2, 3, \cdots, 49$를 차례로 대입하면

$$a_2=\frac{2}{1}a_1=2\times1=2$$

$$a_3=\frac{3}{2}a_2=\frac{3}{2}\times2=3$$

$$a_4=\frac{4}{3}a_3=\frac{4}{3}\times3=4$$

$$a_5=\frac{5}{4}a_4=\frac{5}{4}\times4=5$$

$$\vdots$$

$$a_{50}=\frac{50}{49}a_{49}=\frac{50}{49}\times49=50$$

STEP 2 60으로 나누어떨어지는 식 찾기 [2점]

$60=2^2\times3\times5=3\times4\times5$이고, $a_3\times a_4\times a_5=3\times4\times5$이므로

$a_3\times a_4\times a_5$는 60으로 나누어떨어진다.

즉, $\underline{a_1\times a_2\times a_3\times\cdots\times a_{50}}$은 60으로 나누어떨어진다.
   └→60의 배수이다.

STEP 3 $a_1\times a_2\times a_3\times\cdots\times a_{50}$을 60으로 나누었을 때의 나머지 구하기 [1점]

$a_1\times a_2\times a_3\times\cdots\times a_{50}$을 60으로 나누었을 때의 나머지는 0이다.

2329 답 (1) 5 (2) 1 (3) 5 (4) 5 (5) 4 (6) 24

2330 답 16

STEP 1 a_2, a_3, a_4, $\cdots$의 값 구하기 [4점]

$a_{n+1}=3a_n+3$의 n에 1, 2, 3, $\cdots$을 차례로 대입하면

$$a_2=3a_1+3=3^2+3$$

$$a_3=3a_2+3=3\times(3^2+3)+3=3^3+3^2+3$$

$$a_4=3a_3+3=3\times(3^3+3^2+3)+3=3^4+3^3+3^2+3$$

$$\vdots$$

STEP 2 a_{10}의 값 구하기 [3점]

a_n은 첫째항이 3, 공비가 3인 등비수열의 첫째항부터 제n항까지
의 합이므로 $\quad\quad\quad\quad\quad\quad\cdots\cdots$ ⓐ

$$a_{10}=\frac{3\times(3^{10}-1)}{3-1}=\frac{3^{11}-3}{2}$$

STEP 3 $p+q+r$의 값 구하기 [1점]

$p=2$, $q=11$, $r=3$이므로

$p+q+r=16$

부분점수표	
ⓐ a_n이 등비수열의 합임을 구한 경우	1점

실제 답안 예시

$a_1=3$, $a_{n+1}=3a_n+3$

$n=1$: $a_2=3a_1+3=3\times3+3=3^2+3$

$n=2$: $a_3=3a_2+3=3\times(3^2+3)+3=3^3+3^2+3$

$n=3$: $a_4=3a_3+3=3\times(3^3+3^2+3)+3=3^4+3^3+3^2+3$

$\quad\vdots$

$\therefore a_n=3^n+3^{n-1}+\cdots+3^2+3$

$\qquad\quad=\frac{3(3^n-1)}{3-1}=\frac{3}{2}(3^n-1)$

$a_{10}=\frac{3}{2}(3^{10}-1)=\frac{3^{11}-3}{2}$

$p=2$, $q=11$, $r=3$ $\therefore p+q+r=16$

2331 답 17

STEP 1 a_2, a_3, a_4, $\cdots$의 값 구하기 [4점]

$a_{n+1}=\frac{1}{2}a_n+1$의 n에 1, 2, 3, $\cdots$을 차례로 대입하면

$$a_2=\frac{1}{2}a_1+1=\frac{1}{2}\times1+1=\frac{1}{2}+1$$

$$a_3=\frac{1}{2}a_2+1=\frac{1}{2}\times\left(\frac{1}{2}+1\right)+1=\frac{1}{2^2}+\frac{1}{2}+1$$

$$a_4=\frac{1}{2}a_3+1=\frac{1}{2}\times\left(\frac{1}{2^2}+\frac{1}{2}+1\right)+1=\frac{1}{2^3}+\frac{1}{2^2}+\frac{1}{2}+1$$

$$\vdots$$

STEP 2 a_{16}의 값 구하기 [3점]

a_n은 첫째항이 1, 공비가 $\frac{1}{2}$인 등비수열의 첫째항부터 제n항까지
의 합이므로 $\quad\quad\quad\quad\quad\quad\cdots\cdots$ ⓐ

$$a_{16}=\frac{1-\left(\frac{1}{2}\right)^{16}}{1-\frac{1}{2}}=2\times\left(1-\frac{1}{2^{16}}\right)$$

$$=2-\frac{1}{2^{15}}$$

STEP 3 $p+q$의 값 구하기 [1점]

$p=2$, $q=15$이므로

$p+q=17$

부분점수표	
ⓐ a_n이 등비수열의 합임을 구한 경우	1점

2332 답 59

STEP 1 a_2, a_3, a_4, $\cdots$의 값 구하기 [4점]

$a_{n+1}=\frac{4-a_n}{3-a_n}$의 n에 1, 2, 3, $\cdots$을 차례로 대입하면

$$a_2=\frac{4-a_1}{3-a_1}=\frac{4-1}{3-1}=\frac{3}{2}$$

$$a_3=\frac{4-a_2}{3-a_2}=\frac{4-\frac{3}{2}}{3-\frac{3}{2}}=\frac{\frac{5}{2}}{\frac{3}{2}}=\frac{5}{3}$$

$$a_4=\frac{4-a_3}{3-a_3}=\frac{4-\frac{5}{3}}{3-\frac{5}{3}}=\frac{\frac{7}{3}}{\frac{4}{3}}=\frac{7}{4}$$

$$\vdots$$

STEP 2 수열 $\{a_n\}$의 일반항 구하기 [3점]

$a_1=1=\frac{1}{1}$로 생각하면 수열 $\{a_n\}$의 각 항의 분모는 1, 2, 3, 4, $\cdots$
와 같이 1씩 커지고, 분자는 $\underline{1, 3, 5, 7, \cdots}$과 같이 2씩 커지므로
     └→$1+(n-1)\times2=2n-1$ $\quad\cdots\cdots$ ⓐ

$$a_n=\frac{2n-1}{n}$$

STEP 3 $p+q$의 값 구하기 [3점]

$$a_{20}=\frac{2\times20-1}{20}=\frac{39}{20}$$이므로

$p=20$, $q=39$

$\therefore p+q=59$

부분점수표	
ⓐ 수열 $\{a_n\}$의 규칙을 쓴 경우	1점

2333 답 28

STEP 1 a_2, a_3, a_4, …의 값 구하기 [4점]

$a_{n+1}=\dfrac{a_n}{3a_n+1}$의 n에 1, 2, 3, …을 차례로 대입하면

$$a_2=\frac{a_1}{3a_1+1}=\frac{\frac{1}{2}}{3\times\frac{1}{2}+1}=\frac{1}{5}$$

$$a_3=\frac{a_2}{3a_2+1}=\frac{\frac{1}{5}}{3\times\frac{1}{5}+1}=\frac{1}{8}$$

$$a_4=\frac{a_3}{3a_3+1}=\frac{\frac{1}{8}}{3\times\frac{1}{8}+1}=\frac{1}{11}$$

⋮

STEP 2 수열 $\{a_n\}$의 일반항 구하기 [3점]

$a_1=\dfrac{1}{2}$이므로 수열 $\{a_n\}$의 각 항의 분자는 1이고, 분모 2, 5, 8, 11, …은 첫째항이 2, 공차가 3인 등차수열이므로 ······ ⓐ

$$a_n=\frac{1}{2+(n-1)\times3}=\frac{1}{3n-1}$$

STEP 3 $p-q$의 값 구하기 [3점]

$a_{10}=\dfrac{1}{3\times10-1}=\dfrac{1}{29}$이므로

$p=29$, $q=1$

$\therefore p-q=28$

부분점수표	
ⓐ 수열 $\{a_n\}$의 규칙을 쓴 경우	1점

2334 답 (1) $\dfrac{1}{2}$ (2) $\dfrac{1}{2^k}$ (3) $\dfrac{1}{2^{k+1}}$ (4) $\dfrac{1}{2^{k+1}}$ (5) 1 (6) $k+1$

2335 답 풀이 참조

STEP 1 $n=2$일 때, 주어진 부등식이 성립함을 보이기 [2점]

$n=2$일 때

(좌변)$=1+\dfrac{1}{2}+\dfrac{1}{3}+\dfrac{1}{4}=\dfrac{25}{12}$, (우변)$=1+\dfrac{2}{2}=2$

이므로 주어진 부등식이 성립한다.

STEP 2 $n=k$ $(k\geq2)$일 때, 주어진 부등식이 성립함을 가정하기 [2점]

$n=k$ $(k\geq2)$일 때, 주어진 부등식이 성립한다고 가정하면

$$1+\frac{1}{2}+\frac{1}{3}+\cdots+\frac{1}{2^k}>1+\frac{k}{2}$$

STEP 3 양변에 같은 식을 더해서 $n=k+1$일 때, 주어진 부등식이 성립함을 보이기 [6점]

위 부등식의 양변에 $\dfrac{1}{2^k+1}+\dfrac{1}{2^k+2}+\cdots+\dfrac{1}{2^{k+1}}$을 더하면

$$1+\frac{1}{2}+\frac{1}{3}+\cdots+\frac{1}{2^k}+\frac{1}{2^k+1}+\frac{1}{2^k+2}+\cdots+\frac{1}{2^{k+1}}$$

$$>1+\frac{k}{2}+\frac{1}{2^k+1}+\frac{1}{2^k+2}+\cdots+\frac{1}{2^{k+1}}$$

이때 $\dfrac{1}{2^{k+1}}=\dfrac{1}{2^k+2^k}$이고 $k\geq2$일 때 $1\leq m<2^k$인 자연수 m에 대하여 $2^k+m<2^k+2^k$이므로

$$\frac{1}{2^k+1}+\frac{1}{2^k+2}+\frac{1}{2^k+3}+\cdots+\frac{1}{2^k+2^k}$$

$$>\frac{1}{2^k+2^k}+\frac{1}{2^k+2^k}+\frac{1}{2^k+2^k}+\cdots+\frac{1}{2^k+2^k}$$

$$=2^k\times\frac{1}{2^k+2^k}=2^k\times\frac{1}{2^{k+1}}=\frac{1}{2}$$

$\therefore 1+\dfrac{1}{2}+\dfrac{1}{3}+\cdots+\dfrac{1}{2^{k+1}}>1+\dfrac{k}{2}+\dfrac{1}{2}=1+\dfrac{k+1}{2}$

즉, $n=k+1$일 때도 주어진 부등식이 성립한다.

따라서 $n\geq2$인 모든 자연수 n에 대하여 주어진 부등식이 성립한다.

실제 답안 예시

$n=2$일 때, $1+\dfrac{1}{2}+\dfrac{1}{3}+\dfrac{1}{4}>1+1$

$1+\dfrac{13}{12}>2$이므로 성립한다.

$n=k$일 때, 주어진 부등식이 성립한다고 가정하면

$1+\dfrac{1}{2}+\dfrac{1}{3}+\cdots+\dfrac{1}{2^k}>1+\dfrac{k}{2}$가 성립

이때 양변에 $\dfrac{1}{2^k+1}+\cdots+\dfrac{1}{2^{k+1}}$을 더하면

$1+\dfrac{1}{2}+\dfrac{1}{3}+\cdots+\dfrac{1}{2^{k+1}}>1+\dfrac{k}{2}+\dfrac{1}{2^k+1}+\cdots+\dfrac{1}{2^{k+1}}$

이때 $\dfrac{1}{2^k+1}+\cdots+\dfrac{1}{2^{k+1}}>\dfrac{2^k}{2^{k+1}}=\dfrac{1}{2}$이므로

$1+\dfrac{1}{2}+\dfrac{1}{3}+\cdots+\dfrac{1}{2^{k+1}}>1+\dfrac{k+1}{2}$이 성립한다.

따라서 $n=k+1$일 때도 주어진 부등식이 성립하므로 $n\geq2$인 모든 자연수 n에 대하여 주어진 부등식이 성립한다.

2336 답 풀이 참조

STEP 1 $n=1$일 때, 주어진 부등식이 성립함을 보이기 [2점]

$n=1$일 때

(좌변)$=1$, (우변)$=2-1=1$

이므로 주어진 부등식이 성립한다.

STEP 2 $n=k$일 때, 주어진 부등식이 성립함을 가정하기 [2점]

$n=k$일 때, 주어진 부등식이 성립한다고 가정하면

$$1+\frac{1}{\sqrt{2}}+\frac{1}{\sqrt{3}}+\cdots+\frac{1}{\sqrt{k}}\geq2-\frac{1}{\sqrt{k}}$$

STEP 3 양변에 같은 식을 더해서 $n=k+1$일 때, 주어진 부등식이 성립함을 보이기 [6점]

위 부등식의 양변에 $\dfrac{1}{\sqrt{k+1}}$을 더하면

$$1+\frac{1}{\sqrt{2}}+\frac{1}{\sqrt{3}}+\cdots+\frac{1}{\sqrt{k}}+\frac{1}{\sqrt{k+1}}\geq2-\frac{1}{\sqrt{k}}+\frac{1}{\sqrt{k+1}}$$

모든 자연수 k에 대하여 $4k>k+1$이므로

$2\sqrt{k}>\sqrt{k+1}$

$\therefore \left(2-\dfrac{1}{\sqrt{k}}+\dfrac{1}{\sqrt{k+1}}\right)-\left(2-\dfrac{1}{\sqrt{k+1}}\right)=\dfrac{2}{\sqrt{k+1}}-\dfrac{1}{\sqrt{k}}$

$$=\frac{2\sqrt{k}-\sqrt{k+1}}{\sqrt{k^2+k}}>0$$

따라서 $2-\dfrac{1}{\sqrt{k}}+\dfrac{1}{\sqrt{k+1}}>2-\dfrac{1}{\sqrt{k+1}}$이므로

$$1+\frac{1}{\sqrt{2}}+\frac{1}{\sqrt{3}}+\cdots+\frac{1}{\sqrt{k+1}}>2-\frac{1}{\sqrt{k+1}}$$

즉, $n=k+1$일 때도 주어진 부등식이 성립한다.

따라서 모든 자연수 n에 대하여 주어진 부등식이 성립한다.

1 2337 답 ②
유형 1

출제의도 | 등차수열의 귀납적 정의를 이해하는지 확인한다.

> 주어진 관계식이 등차수열의 귀납적 정의임을 알고 a_1, a_2를 이용하여 일반항 a_n을 구해 보자.

$2a_{n+1}=a_n+a_{n+2}$에서 수열 $\{a_n\}$은 등차수열이다.
이 등차수열의 첫째항이 1, 공차가 $a_2-a_1=4-1=3$이므로
$a_n=1+(n-1)\times3=3n-2$
$\therefore a_{17}=3\times17-2=49$

2 2338 답 ④
유형 4

출제의도 | $a_{n+1}=a_n+f(n)$ 꼴일 때, 특정한 항의 값을 구할 수 있는지 확인한다.

> n에 1, 2, 3, $\cdots$, $n-1$을 차례로 대입하여 변끼리 더한 후 일반항을 구해 보자.

$a_{n+1}=a_n+n$의 n에 1, 2, 3, $\cdots$ $n-1$을 차례로 대입하여 변끼리 더하면

$a_2=a_1+1$
$a_3=a_2+2$
$a_4=a_3+3$
$\vdots$
$+)\ a_n=a_{n-1}+(n-1)$
$a_n=a_1+1+2+3+\cdots+(n-1)$
$\quad=a_1+\sum\limits_{k=1}^{n-1}k$
$\quad=1+\dfrac{n(n-1)}{2}$
$\therefore a_{20}=1+\dfrac{20\times19}{2}=191$

3 2339 답 ④
유형 5

출제의도 | $a_{n+1}=a_nf(n)$ 꼴일 때, 특정한 항의 값을 구할 수 있는지 확인한다.

> n에 1, 2, 3, 4를 차례로 대입해 보자.

$a_{n+1}=\dfrac{-2n+1}{n+1}a_n$의 n에 1, 2, 3, 4를 차례로 대입하면
$a_2=-\dfrac{1}{2}a_1=-\dfrac{1}{2}\times120=-60$
$a_3=-\dfrac{3}{3}a_2=-1\times(-60)=60$
$a_4=-\dfrac{5}{4}a_3=-\dfrac{5}{4}\times60=-75$
$\therefore a_5=-\dfrac{7}{5}a_4=-\dfrac{7}{5}\times(-75)=105$

4 2340 답 ④
유형 6

출제의도 | $a_{n+1}=pa_n+q$ 꼴일 때, 특정한 항의 값을 구할 수 있는지 확인한다.

> n에 1, 2, 3을 차례로 대입해 보자.

$a_{n+1}=3a_n+2$의 n에 1, 2, 3을 차례로 대입하면
$a_2=3a_1+2=3\times2+2=8$
$a_3=3a_2+2=3\times8+2=26$
$\therefore a_4=3a_3+2=3\times26+2=80$

5 2341 답 ⑤
유형 7

출제의도 | 분수 형태로 정의된 수열의 귀납적 정의를 이해하는지 확인한다.

> n에 1, 2, 3, 4를 차례로 대입해 보자.

$a_{n+1}=\dfrac{a_n}{5a_n+1}$의 n에 1, 2, 3, 4를 차례로 대입하면
$a_2=\dfrac{a_1}{5a_1+1}=\dfrac{-\dfrac{1}{6}}{5\times\left(-\dfrac{1}{6}\right)+1}=-1$
$a_3=\dfrac{a_2}{5a_2+1}=\dfrac{-1}{5\times(-1)+1}=\dfrac{1}{4}$
$a_4=\dfrac{a_3}{5a_3+1}=\dfrac{\dfrac{1}{4}}{5\times\dfrac{1}{4}+1}=\dfrac{1}{9}$
$\therefore a_5=\dfrac{a_4}{5a_4+1}=\dfrac{\dfrac{1}{9}}{5\times\dfrac{1}{9}+1}=\dfrac{1}{14}$

따라서 $p=14$, $q=1$이므로 $p+q=15$

다른 풀이

$a_{n+1}=\dfrac{a_n}{5a_n+1}$의 양변에 역수를 취하면
$\dfrac{1}{a_{n+1}}=\dfrac{5a_n+1}{a_n}=5+\dfrac{1}{a_n}$
즉, $\dfrac{1}{a_{n+1}}-\dfrac{1}{a_n}=5$이므로 수열 $\left\{\dfrac{1}{a_n}\right\}$은 첫째항이
$\dfrac{1}{a_1}=\dfrac{1}{-\dfrac{1}{6}}=-6$, 공차가 5인 등차수열이다.
$\therefore \dfrac{1}{a_n}=-6+(n-1)\times5=5n-11$
따라서 $a_n=\dfrac{1}{5n-11}$에서 $a_5=\dfrac{1}{5\times5-11}=\dfrac{1}{14}$이므로
$p=14$, $q=1$ $\therefore p+q=15$

6 2342 답 ⑤
유형 8

출제의도 | 주어진 조건을 이용하여 수열의 특정한 항의 값을 구할 수 있는지 확인한다.

> n의 조건에 따른 항의 값을 구해 보자.

$a_1=3$, $a_{n+1}=\begin{cases}a_n+2 & (n\text{이 홀수})\\2a_n & (n\text{이 짝수})\end{cases}$에서
$a_2=a_1+2=5$
$a_3=2a_2=10$
$a_4=a_3+2=12$
$a_5=2a_4=24$
$a_6=a_5+2=26$

$a_7 = 2a_6 = 52$

$a_8 = a_7 + 2 = 54$

$\therefore a_9 = 2a_8 = 108$

7 2343 답 ④ 〈유형 14〉

출제의도 | 수학적 귀납법을 이해하는지 확인한다.

> 명제가 성립함을 증명하는 방법을 생각해 보자.

(i) $n = \boxed{1}$일 때, 명제 $p(n)$이 성립한다.

(ii) $n = k$일 때, 명제 $p(n)$이 성립한다고 가정하면

$\quad n = \boxed{k+1}$일 때도 명제 $p(n)$이 성립한다.

이와 같이 증명하는 방법을 $\boxed{\text{수학적 귀납법}}$이라 한다.

$\therefore$ (가): 1 (나): $k+1$ (다): 수학적 귀납법

8 2344 답 ⑤ 〈유형 2〉

출제의도 | 귀납적으로 정의된 수열의 일반항을 구할 수 있는지 확인한다.

> (나)에서 a_n과 a_{n+1} 사이의 관계식을 구해 보자.

(나)의 ${a_{n+1}}^3 - 8{a_n}^3 = 0$에서

$(a_{n+1} - 2a_n)({a_{n+1}}^2 + 2a_n a_{n+1} + 4{a_n}^2) = 0$

이때 ${a_{n+1}}^2 + 2a_n a_{n+1} + 4{a_n}^2 > 0$이므로 → 수열 $\{a_n\}$의 모든 항이 양수

$a_{n+1} - 2a_n = 0$ $\quad \therefore a_{n+1} = 2a_n$

즉, 수열 $\{a_n\}$은 첫째항이 a_1, 공비가 2인 등비수열이므로

$a_n = a_1 \times 2^{n-1}$

(가)에서 $\dfrac{a_1 a_5}{a_4} = \dfrac{{a_1}^2 \times 2^4}{a_1 \times 2^3} = 2a_1 = 10$

$\therefore a_1 = 5$

$\therefore \displaystyle\sum_{k=1}^{5} a_k = \dfrac{5 \times (2^5 - 1)}{2 - 1} = 5 \times 31 = 155$

9 2345 답 ③ 〈유형 4〉

출제의도 | $a_{n+1} = a_n + f(n)$ 꼴의 귀납적 정의를 이용하여 수열의 합을 구할 수 있는지 확인한다.

> n에 1, 3, 5, …를 차례로 대입하여 변끼리 더해 보자.

$a_n + a_{n+1} = 4n$의 n에 1, 3, 5, …, 29를 차례로 대입하여 변끼리 더하면

$\quad a_1 + a_2 = 4 \times 1$

$\quad a_3 + a_4 = 4 \times 3$

$\quad a_5 + a_6 = 4 \times 5$

$\qquad\qquad \vdots$

$+) \ a_{29} + a_{30} = 4 \times 29$

$\overline{\displaystyle\sum_{k=1}^{30} a_k = (4 \times 1) + (4 \times 3) + (4 \times 5) + \cdots + (4 \times 29)}$

$\qquad = 4 \times (1 + 3 + 5 + \cdots + 29)$

$\qquad = 4 \displaystyle\sum_{k=1}^{15} (2k - 1)$

$\qquad = 4 \times \left(2 \times \dfrac{15 \times 16}{2} - 1 \times 15 \right) = 900$

다른 풀이

$a_1 = 2$이고 $a_1 + a_2 = 4$이므로 $a_2 = 2$

$a_n + a_{n+1} = 4n$ ················· ㉠

$a_{n+1} + a_{n+2} = 4(n+1)$ ················· ㉡

㉡ - ㉠을 하면 $a_{n+2} - a_n = 4$ $\quad \therefore a_{n+2} = a_n + 4$

위 식의 n에 1, 2, 3, …을 차례로 대입하면

$a_3 = a_1 + 4 = 6$

$a_4 = a_2 + 4 = 6$

$a_5 = a_3 + 4 = 10$

$a_6 = a_4 + 4 = 10$

$\quad \vdots$

즉, 수열 $\{a_{2n-1}\}$, $\{a_{2n}\}$은 첫째항이 2, 공차가 4인 등차수열이다.

$\therefore a_{2n} = 2 + (n-1) \times 4 = 4n - 2$, $a_{2n-1} = 4n - 2$

$\therefore \displaystyle\sum_{k=1}^{30} a_k = \sum_{k=1}^{15} (a_{2k-1} + a_{2k})$

$\qquad = \displaystyle\sum_{k=1}^{15} (8k - 4)$

$\qquad = 8 \times \dfrac{15 \times 16}{2} - 4 \times 15 = 900$

10 2346 답 ③ 〈유형 5〉

출제의도 | 귀납적으로 정의된 수열의 일반항을 구할 수 있는지 확인한다.

> 주어진 식을 변형하여 $a_{n+1} = a_n f(n)$ 꼴로 나타낸 후 n에 1, 2, 3, …, $n-1$을 차례로 대입하여 일반항을 구해 보자.

$n(a_{n+1} - a_n) = a_n$, 즉 $na_{n+1} = (n+1)a_n$에서

$a_{n+1} = \dfrac{n+1}{n} a_n$

위 식의 n에 1, 2, 3, …, $n-1$을 차례로 대입하여 변끼리 곱하면

$\quad a_2 = \dfrac{2}{1} a_1$

$\quad a_3 = \dfrac{3}{2} a_2$

$\quad a_4 = \dfrac{4}{3} a_3$

$\qquad \vdots$

$\times) \ a_n = \dfrac{n}{n-1} a_{n-1}$

$\overline{a_n = \dfrac{2}{1} \times \dfrac{3}{2} \times \dfrac{4}{3} \times \cdots \times \dfrac{n}{n-1} \times a_1}$

$\qquad = na_1 = n$

따라서 $a_k = 15$를 만족시키는 자연수 k의 값은 15이다.

11 2347 답 ① 〈유형 6〉

출제의도 | 여러 가지 수열의 귀납적 정의를 이해하는지 확인한다.

> $na_n = b_n$으로 치환하여 수열 $\{b_n\}$의 일반항을 구해 보자.

$b_n = na_n$으로 놓으면 $b_1 = 1 \times a_1 = 1$

$(n+1)a_{n+1} - na_n = 3$에서

$b_{n+1} - b_n = 3$

따라서 수열 $\{b_n\}$은 첫째항이 1, 공차가 3인 등차수열이므로

$b_n = 1 + (n-1) \times 3 = 3n - 2$

즉, $na_n=3n-2$이므로 $a_n=\dfrac{3n-2}{n}$

$\therefore a_8=\dfrac{22}{8}=\dfrac{11}{4}$

다른 풀이

$(n+1)a_{n+1}-na_n=3$의 n에 1, 2, 3, $\cdots$, 7을 차례로 대입하여 변끼리 더하면

$$2a_2-a_1=3$$
$$3a_3-2a_2=3$$
$$4a_4-3a_3=3$$
$$5a_5-4a_4=3$$
$$6a_6-5a_5=3$$
$$7a_7-6a_6=3$$
$$+\underline{)\,8a_8-7a_7=3}$$
$$8a_8-a_1=3\times7$$

따라서 $8a_8=a_1+21=22$이므로 $a_8=\dfrac{22}{8}=\dfrac{11}{4}$

12 2348 답 ⑤ 〔유형 8〕

출제의도 | b_n의 조건에 따른 일반항을 구할 수 있는지 확인한다.

수열 $\{a_n\}$의 일반항을 구한 후 수열 $\{b_n\}$의 일반항을 구해 보자.

등차수열 $\{a_n\}$의 공차를 d라 하면

$a_9-a_6=6$에서 $3d=6$ $\therefore d=2$

즉, 수열 $\{a_n\}$은 첫째항이 3, 공차가 2인 등차수열이므로

$a_n=3+(n-1)\times2=2n+1$

$b_1=1,\ b_{n+1}=\begin{cases}a_n+b_n\ (b_n$이 홀수$)\\a_n-b_n\ (b_n$이 짝수$)\end{cases}$에서

$b_2=a_1+b_1=3+1=4$

$b_3=a_2-b_2=5-4=1$

$b_4=a_3+b_3=7+1=8$

$b_5=a_4-b_4=9-8=1$

$b_6=a_5+b_5=11+1=12$

$\vdots$

$\therefore b_{2n}=4n,\ b_{2n-1}=1$

$\therefore \displaystyle\sum_{k=1}^{30}b_k=\sum_{k=1}^{15}(b_{2k-1}+b_{2k})=\sum_{k=1}^{15}(1+4k)$

$\qquad\qquad =1\times15+4\times\dfrac{15\times16}{2}=495$

13 2349 답 ② 〔유형 12〕

출제의도 | 수열의 귀납적 정의를 활용할 수 있는지 확인한다.

n회 시행과 $(n+1)$회 시행을 이용하여 일반항을 구해 보자.

$(n+1)$회 시행 후 어항에 들어 있는 물의 양 a_{n+1}은 n회 시행 후 어항에 들어 있는 물의 $\dfrac{1}{5}$만큼을 빼내고 남아 있는 물의 양 $\dfrac{4}{5}a_n$의 $\dfrac{1}{6}$, 즉 $\dfrac{1}{6}\times\dfrac{4}{5}a_n=\dfrac{2}{15}a_n$을 더한 것이므로

$a_{n+1}=\dfrac{4}{5}a_n+\dfrac{2}{15}a_n=\dfrac{14}{15}a_n$

따라서 $p=15$, $q=14$이므로

$p+q=29$

14 2350 답 ② 〔유형 13〕

출제의도 | 수열의 귀납적 정의를 도형에 활용할 수 있는지 확인한다.

[n단계]의 도형과 [$(n+1)$단계]의 도형을 비교하여 새로 추가된 삼각형의 개수를 구하여 규칙을 발견해 보자.

$a_1=1$

$a_2=a_1+3$

$a_3=a_2+5$

$\vdots$

$\therefore a_1=1,\ a_{n+1}=a_n+2n+1\ (n=1,\ 2,\ 3,\ \cdots)$

15 2351 답 ② 〔유형 15〕

출제의도 | 수학적 귀납법의 증명 과정을 이해하는지 확인한다.

㉠의 양변에 $(k+1)$번째 항을 더해 보자.

(ii) $n=k$일 때, 주어진 등식이 성립한다고 가정하면

$\dfrac{1}{1\times2}+\dfrac{1}{2\times3}+\dfrac{1}{3\times4}+\cdots+\dfrac{1}{k(k+1)}=\dfrac{k}{k+1}$ ············ ㉠

㉠의 양변에 $\boxed{\dfrac{1}{(k+1)(k+2)}}$ 을 더하면

$\dfrac{1}{1\times2}+\dfrac{1}{2\times3}+\dfrac{1}{3\times4}+\cdots+\dfrac{1}{k(k+1)}+\boxed{\dfrac{1}{(k+1)(k+2)}}$

$=\dfrac{k}{k+1}+\boxed{\dfrac{1}{(k+1)(k+2)}}$

$=\dfrac{k(k+2)+1}{(k+1)(k+2)}=\dfrac{(k+1)^2}{(k+1)(k+2)}$

$=\boxed{\dfrac{k+1}{k+2}}$

$\therefore f(k)=\dfrac{1}{(k+1)(k+2)},\ g(k)=\dfrac{k+1}{k+2}$

따라서 $f(3)=\dfrac{1}{4\times5}=\dfrac{1}{20}$, $g(3)=\dfrac{4}{5}$이므로

$f(3)g(3)=\dfrac{1}{25}$

16 2352 답 ③ 〔유형 17〕

출제의도 | 수학적 귀납법의 증명 과정을 이해하는지 확인한다.

$n=k$일 때 부등식이 성립한다고 가정하고 $n=k+1$일 때도 부등식이 성립함을 보이자.

(ii) $n=k$일 때

$(1+x)^k>1+kx$가 성립한다고 가정하자.

$n=k+1$이면

$(1+x)^{k+1}>(\boxed{1+kx})(1+x)$

$\qquad\qquad =1+(k+1)x+\boxed{kx^2}$

$\qquad\qquad >1+(k+1)x$

$\therefore$ ㈎ : $1+kx$ ㈏ : kx^2

17 2353 답 ③ 유형5 + 유형11

출제의도 | a_n과 S_n 사이의 관계식이 주어진 수열의 특정한 항의 값을 구할 수 있는지 확인한다.

a_n과 S_n 사이의 관계식을 $a_{n+1}=a_n f(n)$ 꼴로 변형해 보자.

$a_1+a_2+a_3+\cdots+a_n=S_n$이라 하면

$(n+2)a_n=2S_n$ ········· ㉠

$(n+3)a_{n+1}=2S_{n+1}$ ········· ㉡

㉡－㉠을 하면 $(n+3)a_{n+1}-(n+2)a_n=2(S_{n+1}-S_n)$

$(n+3)a_{n+1}-(n+2)a_n=2a_{n+1}$, $(n+1)a_{n+1}=(n+2)a_n$

$\therefore a_{n+1}=\dfrac{n+2}{n+1}a_n$

위 식의 n에 1, 2, 3, $\cdots$, 98을 차례로 대입하여 변끼리 곱하면

$a_2=\dfrac{3}{2}a_1$

$a_3=\dfrac{4}{3}a_2$

$a_4=\dfrac{5}{4}a_3$

$\vdots$

$\times\Big)\ a_{99}=\dfrac{100}{99}a_{98}$

$a_{99}=\dfrac{3}{2}\times\dfrac{4}{3}\times\dfrac{5}{4}\times\cdots\times\dfrac{100}{99}\times a_1$

$\quad\ =\dfrac{100}{2}\times1=50$

18 2354 답 ④ 유형13

출제의도 | 수열의 귀납적 정의를 도형에 활용할 수 있는지 확인한다.

점 A_n의 x좌표를 x_n, 점 A_{n+1}의 x좌표를 x_{n+1}이라 하고 x_{n+1}과 x_n 사이의 관계식을 구해 보자.

점 A_n의 좌표를 $(x_n, 0)$이라 하면 ㈎에서 $x_1=1$

㈏에서 $B_n(x_n+n, 0)$

x_{n+1}은 $\overline{A_n B_n}$을 3 : 2로 내분하는 점의 x좌표이므로

$x_{n+1}=\dfrac{3(x_n+n)+2x_n}{3+2}$, $x_{n+1}=\dfrac{5x_n+3n}{5}$

$\therefore 5x_{n+1}=5x_n+3n$

위 식의 n에 1, 2, 3, $\cdots$, 10을 차례로 대입하여 변끼리 더하면

$5x_2=5x_1+3$

$5x_3=5x_2+6$

$5x_4=5x_3+9$

$\vdots$

$+\Big)\ 5x_{11}=5x_{10}+30$

$5x_{11}=5x_1+3+6+9+\cdots+30$

$\qquad\ =5\times1+3\times(1+2+3+\cdots+10)$

$\qquad\ =5+3\times\dfrac{10\times11}{2}=170$

$\therefore x_{11}=\dfrac{170}{5}=34$

참고 점 A_1은 x축 위의 점이고 ㈏에 의하여 모든 자연수 n에 대하여 두 점 A_n, B_n도 x축 위의 점이다.

따라서 점 A_n의 좌표를 $(x_n, 0)$이라 할 수 있다.

19 2355 답 ⑤ 유형13

출제의도 | 수열의 귀납적 정의를 도형에 활용할 수 있는지 확인한다.

새로 원을 그리면 이전에 있던 모든 원과 두 점에서 만남을 이용해 보자.

$(n+1)$번째 원을 그리면 기존의 n개의 원과 교점이 2개씩 생기므로

$a_{n+1}=a_n+2n$

위 식의 n에 1, 2, 3, 4, 5를 차례로 대입하면

$a_2=a_1+2=2$

$a_3=a_2+4=6$

$a_4=a_3+6=12$

$a_5=a_4+8=20$

$\therefore a_6=a_5+10=30$

20 2356 답 ④ 유형16

출제의도 | 수학적 귀납법의 증명 과정을 이해하는지 확인한다.

$7^{k+1}=7\times7^k$임을 이용하여 ㈎, ㈏, ㈐에 들어갈 수와 식을 찾아보자.

(ii) $n=k$일 때

7^k-6k를 36으로 나눈 나머지가 1이라 가정하면

$7^k-6k=36p+1$, 즉 $7^k=6k+36p+1$ (p는 정수)

$n=k+1$이면

$7^{k+1}-6(k+1)=7\times7^k-6(k+1)$

$\qquad\qquad\qquad\ =\boxed{7}(6k+36p+1)-6(k+1)$

$\qquad\qquad\qquad\ =\boxed{7}(36p+1)+\boxed{36k-6}$

$\qquad\qquad\qquad\ =36(7p+\boxed{k})+1$

이므로 $n=k+1$일 때도 7^n-6n을 36으로 나눈 나머지가 1이다.

$\therefore a=7$, $f(k)=36k-6$, $g(k)=k$

따라서 $f(1)=30$, $g(5)=5$이므로

$a\times\dfrac{f(1)}{g(5)}=7\times\dfrac{30}{5}=42$

21 2357 답 ② 유형5 + 유형11

출제의도 | 합으로 표현된 수열의 귀납적 정의에서의 특정한 수열의 항의 값을 구할 수 있는지 확인한다.

주어진 등식을 변형하여 a_{n+1}과 a_n 사이의 관계식을 구해 보자.

$a_1+2a_2+3a_3+\cdots+na_n=n^3a_n$ ········· ㉠

$a_1+2a_2+3a_3+\cdots+(n+1)a_{n+1}=(n+1)^3a_{n+1}$ ········· ㉡

㉡－㉠을 하면 $(n+1)a_{n+1}=(n+1)^3a_{n+1}-n^3a_n$

$(n+1)\{(n+1)^2-1\}a_{n+1}=n^3a_n$

$n(n+1)(n+2)a_{n+1}=n^3a_n$

$\therefore a_{n+1}=\dfrac{n}{n+1}\times\dfrac{n}{n+2}a_n$

위 식의 n에 1, 2, 3, $\cdots$, 9를 차례로 대입하여 변끼리 곱하면

$a_2=\dfrac{1}{2}\times\dfrac{1}{3}a_1$

$a_3=\dfrac{2}{3}\times\dfrac{2}{4}a_2$

$$a_4 = \frac{3}{4} \times \frac{3}{5} a_3$$

$$\vdots$$

$$a_9 = \frac{8}{9} \times \frac{8}{10} a_8$$

$$\times \Big) \; a_{10} = \frac{9}{10} \times \frac{9}{11} a_9$$

$$a_{10} = \left(\frac{1}{2} \times \frac{2}{3} \times \frac{3}{4} \times \cdots \times \frac{8}{9} \times \frac{9}{10} \right)$$

$$\times \left(\frac{1}{3} \times \frac{2}{4} \times \frac{3}{5} \times \cdots \times \frac{8}{10} \times \frac{9}{11} \right) \times a_1$$

$$= \frac{1}{10} \times \frac{1}{55} \times 10$$

$$= \frac{1}{55}$$

22 2358 답 960 유형 4

출제의도 | $a_{n+1} = a_n + f(n)$ 꼴일 때, 수열의 관계를 추론할 수 있는지 확인한다.

STEP 1 n에 6, 7, 8, 9를 차례로 대입하기 [3점]

$$a_7 - a_6 = 2^7 - 32 \times 6$$
$$a_8 - a_7 = 2^8 - 32 \times 7$$
$$a_9 - a_8 = 2^9 - 32 \times 8$$
$$a_{10} - a_9 = 2^{10} - 32 \times 9$$

STEP 2 변끼리 더하여 $a_{10} - a_6$의 값 구하기 [3점]

위 네 식을 변끼리 더하면

$$a_{10} - a_6 = 2^7 + 2^8 + 2^9 + 2^{10} - 32 \times (6+7+8+9)$$
$$= 2^7 \times 15 - 32 \times 30 \qquad \rightarrow 2^7 \times (1+2+2^2+2^3)$$
$$= 960 \qquad\qquad\qquad = 2^7 \times 15$$

23 2359 답 73 유형 11

출제의도 | a_n과 S_n 사이의 관계식이 주어진 수열의 귀납적 정의를 추론할 수 있는지 확인한다.

STEP 1 a_n과 S_n 사이의 관계식으로부터 a_n과 a_{n+1} 사이의 관계식 구하기 [3점]

$S_{n+1} - S_{n-1} = a_{n+1} + a_n$이므로
$(S_{n+1} - S_{n-1})^2 = 4a_n a_{n+1} + 9$에서
$(a_{n+1} + a_n)^2 = 4a_n a_{n+1} + 9$
$a_{n+1}^2 + 2a_n a_{n+1} + a_n^2 = 4a_n a_{n+1} + 9$
$a_{n+1}^2 - 2a_n a_{n+1} + a_n^2 = 9$
$\therefore (a_{n+1} - a_n)^2 = 9$
이때 $a_{n+1} > a_n$, 즉 $a_{n+1} - a_n > 0$이므로
$a_{n+1} - a_n = 3 \ (n = 2, 3, 4, \cdots)$
또한 $a_2 - a_1 = 4 - 1 = 3$이므로
$a_{n+1} - a_n = 3 \ (n = 1, 2, 3, \cdots)$

STEP 2 일반항 a_n 구하기 [2점]

수열 $\{a_n\}$은 첫째항이 1, 공차가 3인 등차수열이므로
$$a_n = 1 + (n-1) \times 3$$
$$= 3n - 2$$

STEP 3 a_{25}의 값 구하기 [1점]

$$a_{25} = 3 \times 25 - 2 = 73$$

24 2360 답 120 유형 9

출제의도 | 같은 수가 반복되는 수열에 대하여 이해하는지 확인한다.

STEP 1 수열 $\{a_n\}$의 규칙 찾기 [4점]

(가)에서 $a_{n+2} = a_{n+1}^2 - a_n^2$의 n에 1, 2, 3, $\cdots$을 차례로 대입하면

$$a_3 = a_2^2 - a_1^2 = (-1)^2 - 1^2 = 0$$
$$a_4 = a_3^2 - a_2^2 = 0^2 - (-1)^2 = -1$$
$$a_5 = a_4^2 - a_3^2 = (-1)^2 - 0 = 1$$
$$a_6 = a_5^2 - a_4^2 = 1^2 - (-1)^2 = 0$$
$$a_7 = a_6^2 - a_5^2 = 0^2 - 1^2 = -1$$
$$a_8 = a_7^2 - a_6^2 = (-1)^2 - 0 = 1$$
$$\vdots$$

즉, 수열 $\{a_n\}$은 제3항부터 0, -1, 1이 이 순서대로 반복된다.

STEP 2 $\sum\limits_{k=1}^{30} b_k$의 값 구하기 [3점]

(나)에서 $b_{2n-1} + b_{2n} = a_n + n$이므로

$$\sum_{k=1}^{30} b_k = \sum_{k=1}^{15} (b_{2k-1} + b_{2k})$$
$$= \sum_{k=1}^{15} (a_k + k)$$
$$= \sum_{k=1}^{15} a_k + \sum_{k=1}^{15} k$$
$$= \underbrace{1}_{a_1} + \underbrace{(-1)}_{a_2} + \underbrace{4 \times \{0 + (-1) + 1\}}_{\sum\limits_{k=3}^{14} a_k} + \underbrace{0}_{a_{15}} + \frac{15 \times 16}{2}$$
$$= 120$$

25 2361 답 275 유형 1

출제의도 | 등차수열의 귀납적 정의에 대하여 이해하는지 확인한다.

STEP 1 수열 $\{b_n\}$이 어떤 수열인지 파악하여 일반항 구하기 [3점]

$b_n - 2b_{n+1} + b_{n+2} = 0$에서 $2b_{n+1} = b_n + b_{n+2}$이므로
수열 $\{b_n\}$은 등차수열이다.
수열 $\{b_n\}$의 첫째항을 a, 공차를 d라 하면
$b_2 = a + d = 9$ ⋯⋯⋯⋯⋯⋯⋯⋯⋯⋯ ㉠
$b_5 = a + 4d = 0$ ⋯⋯⋯⋯⋯⋯⋯⋯⋯⋯ ㉡
㉠, ㉡을 연립하여 풀면
$a = 12, \ d = -3$
$\therefore b_n = 12 + (n-1) \times (-3)$
$\qquad = -3n + 15$

STEP 2 수열 $\{a_n\}$이 어떤 수열인지 파악하여 일반항 구하기 [1점]

두 수열 $\{a_n\}$, $\{b_n\}$의 첫째항이 같으므로
$a_1 = a = 12$
$a_{n+1} = a_n + 2$에서 수열 $\{a_n\}$은 공차가 2인 등차수열이므로
$a_n = 12 + (n-1) \times 2 = 2n + 10$

STEP 3 $\sum\limits_{k=1}^{10} \dfrac{|a_k b_k|}{6}$의 값 구하기 [4점]

$a_k = 2k + 10, \ b_k = -3k + 15$에서
$$a_k b_k = (2k+10)(-3k+15)$$
$$= -6(k+5)(k-5)$$
$$= -6k^2 + 150$$

수열 $\{b_n\}$에서 $b_5 = 0$이므로 수열 $\{a_k b_k\}$의 첫째항부터 제5항까지는 $a_k b_k \geq 0$, 제6항부터 제10항까지는 $a_k b_k < 0$이다.

$$\therefore \sum_{k=1}^{10} \frac{|a_k b_k|}{6} = \frac{1}{6}\sum_{k=1}^{5} a_k b_k - \frac{1}{6}\sum_{k=6}^{10} a_k b_k$$
$$= \frac{1}{6}\sum_{k=1}^{5} a_k b_k - \frac{1}{6}\left(\sum_{k=1}^{10} a_k b_k - \sum_{k=1}^{5} a_k b_k\right)$$
$$= \frac{1}{3}\sum_{k=1}^{5} a_k b_k - \frac{1}{6}\sum_{k=1}^{10} a_k b_k$$
$$= \frac{1}{3}\sum_{k=1}^{5}(-6k^2+150) - \frac{1}{6}\sum_{k=1}^{10}(-6k^2+150)$$
$$= \frac{1}{3}\times\left(-6\times\frac{5\times 6\times 11}{6}+150\times 5\right)$$
$$\qquad -\frac{1}{6}\times\left(-6\times\frac{10\times 11\times 21}{6}+150\times 10\right)$$
$$= 140 - (-135) = 275$$

 실전 마무리하기 2회   494쪽~499쪽

1 2362 답 ②   유형 1

출제의도 │ 등차수열의 귀납적 정의를 이해하는지 확인한다.

공차를 찾고 주어진 첫째항을 이용하여 일반항을 구해 보자.

수열 $\{a_n\}$은 첫째항이 50, 공차가 -2인 등차수열이므로
$$a_n = 50 + (n-1)\times(-2)$$
$$= -2n + 52$$
$a_k = 8$에서 $-2k+52=8$이므로
$$-2k=-44 \qquad \therefore k=22$$

2 2363 답 ③   유형 1

출제의도 │ 등차수열의 귀납적 정의를 이해하는지 확인한다.

등차수열의 귀납적 정의를 이용하여 등차수열의 항의 값을 구해 보자.

$a_{n+2}-2a_{n+1}+a_n=0$에서 $2a_{n+1}=a_n+a_{n+2}$이므로 수열 $\{a_n\}$은 등차수열이다.
등차수열 $\{a_n\}$의 첫째항을 a, 공차를 d라 하면
$a_3=7$에서 $a+2d=7$ ┅┅┅ ㉠
$a_8=82$에서 $a+7d=82$ ┅┅┅ ㉡
㉠, ㉡을 연립하여 풀면
$$a=-23,\ d=15$$
$$\therefore a_{10}=a+9d=-23+9\times 15=112$$

3 2364 답 ③   유형 2

출제의도 │ 등비수열의 귀납적 정의를 이해하는지 확인한다.

공비를 찾고 주어진 첫째항을 이용하여 일반항을 구해 보자.

수열 $\{a_n\}$은 첫째항이 1, 공비가 3인 등비수열이므로
$$a_n = 3^{n-1}$$
$$\therefore \frac{a_5}{a_3} = \frac{3^4}{3^2} = 3^2 = 9$$

4 2365 답 ④   유형 4

출제의도 │ $a_{n+1}=a_n+f(n)$ 꼴일 때, 특정한 항의 값을 구할 수 있는지 확인한다.

n에 1, 2, 3을 대입해 보자.

$a_{n+1}-a_n=2n-1$, 즉 $a_{n+1}=a_n+2n-1$의 n에 1, 2, 3을 차례로 대입하면
$$a_2=a_1+1=2+1=3$$
$$a_3=a_2+3=3+3=6$$
$$\therefore a_4=a_3+5=6+5=11$$

5 2366 답 ①   유형 5

출제의도 │ $a_{n+1}=a_n f(n)$ 꼴일 때, 특정한 항의 값을 구할 수 있는지 확인한다.

n에 1, 2, 3, 4를 차례로 대입해 보자.

$a_{n+1}=\dfrac{n}{n+1}a_n$의 n에 1, 2, 3, 4를 차례로 대입하면
$$a_2=\frac{1}{2}a_1=\frac{1}{2}\times 1=\frac{1}{2}$$
$$a_3=\frac{2}{3}a_2=\frac{2}{3}\times\frac{1}{2}=\frac{1}{3}$$
$$a_4=\frac{3}{4}a_3=\frac{3}{4}\times\frac{1}{3}=\frac{1}{4}$$
$$\therefore a_5=\frac{4}{5}a_4=\frac{4}{5}\times\frac{1}{4}=\frac{1}{5}$$

6 2367 답 ①   유형 9

출제의도 │ 같은 수가 반복되는 수열에 대하여 이해하는지 확인한다.

$n=1,\ 2,\ 3,\ \cdots$을 차례로 대입하여 수열 $\{a_n\}$의 규칙을 추론해 보자.

$a_1=3$, $a_{n+1}=\dfrac{3}{a_n}$의 n에 1, 2, 3, $\cdots$을 차례로 대입하면
$$a_2=\frac{3}{a_1}=\frac{3}{3}=1$$
$$a_3=\frac{3}{a_2}=\frac{3}{1}=3$$
$$a_4=\frac{3}{a_3}=\frac{3}{3}=1$$
$$\vdots$$
즉, 수열 $\{a_n\}$은 3, 1이 이 순서대로 반복되므로
$$a_{100}=a_{2\times 50}=a_2=1$$

7 2368 답 ①   유형 12

출제의도 │ 수열의 귀납적 정의를 활용할 수 있는지 확인한다.

n회 시행과 $(n+1)$회 시행을 이용하여 일반항을 구해 보자.

n회 시행 후 화분에 들어 있는 흙의 양을 $a_n\ \mathrm{kg}$이라 하자.
화분에 들어 있는 흙 30 kg의 $\dfrac{1}{3}$을 버리고 남은 흙의 양은
$$30\times\frac{2}{3}=20\ (\mathrm{kg})$$
이므로 1회 시행 후 화분에 들어 있는 흙의 양 $a_1\ \mathrm{kg}$은
$$a_1=20+4=24$$

$(n+1)$회 시행 후 화분에 들어 있는 흙의 양 $a_{n+1}\,\mathrm{kg}$은 n회 시행 후 남아 있는 흙의 양의 $\dfrac{2}{3}$에 $4\,\mathrm{kg}$을 추가한 것이므로

$a_{n+1}=\dfrac{2}{3}a_n+4$ ·················· ㉠

㉠의 n에 1, 2, 3을 차례로 대입하면

$a_2=\dfrac{2}{3}a_1+4=\dfrac{2}{3}\times24+4=20$

$a_3=\dfrac{2}{3}a_2+4=\dfrac{2}{3}\times20+4=\dfrac{52}{3}$

$\therefore a_4=\dfrac{2}{3}a_3+4=\dfrac{2}{3}\times\dfrac{52}{3}+4=\dfrac{140}{9}$

따라서 4회 시행 후 화분에 들어 있는 흙의 양은 $\dfrac{140}{9}\,\mathrm{kg}$이다.

---

8 2369 답 ③ 유형 13

출제의도 | 수열의 귀납적 정의를 도형에 활용할 수 있는지 확인한다.

> $[n$단계]의 도형과 $[(n+1)$단계]의 도형을 비교하여 늘어난 성냥개비의 개수를 표현하고 규칙을 발견해 보자.

$a_1=3$
$a_2=a_1+6=a_1+3\times2$
$a_3=a_2+9=a_2+3\times3$
$a_4=a_3+12=a_3+3\times4$
$\quad\vdots$
$\therefore a_{n+1}=a_n+3(n+1)\ (n=1,\,2,\,3,\,\cdots)$

---

9 2370 답 ④ 유형 14

출제의도 | 수학적 귀납법을 이해하는지 확인한다.

> $p(1)$이 참임에서 시작하여 순서대로 참이 되는 명제를 찾아보자.

㈎에서 $p(1)$이 참이므로 ㈏에서 $p(2)$도 참이다.
$p(2)$가 참이므로 ㈏에서 $p(2\times2)$, 즉 $p(2^2)$도 참이다.
$p(2^2)$이 참이므로 ㈏에서 $p(2\times2^2)$, 즉 $p(2^3)$도 참이다.
$\qquad\qquad\vdots$
즉, $p(1)$이 참이면 $p(2^n)$도 참이다.
따라서 반드시 참인 명제는 ④ $p(16)$이다.
$\qquad\qquad\qquad\quad\underset{\;\;2^4}{\llcorner}$

---

10 2371 답 ① 유형 2

출제의도 | 등비수열의 귀납적 정의를 이해하는지 확인한다.

> $n=1,\,2,\,\cdots,\,8$을 차례로 대입하여 홀수 번째 항과 짝수 번째 항의 합의 규칙을 이용해 보자.

$a_{n+2}=4a_n$의 n에 1, 2, 3, $\cdots$, 8을 차례로 대입하면
$a_3=4a_1=4\times2$
$a_4=4a_2=4\times(-1)$
$a_5=4a_3=4^2\times2$
$a_6=4a_4=4^2\times(-1)$
$a_7=4a_5=4^3\times2$
$a_8=4a_6=4^3\times(-1)$

$a_9=4a_7=4^4\times2$
$a_{10}=4a_8=4^4\times(-1)$
$\therefore \displaystyle\sum_{k=1}^{10}a_k=(a_1+a_2)+(a_3+a_4)+\cdots+(a_9+a_{10})$
$\qquad\qquad=1+4+4^2+4^3+4^4$
$\qquad\qquad=341 \quad\underset{\;}{\llcorner}\ \dfrac{4^5-1}{4-1}=\dfrac{1023}{3}=341$

---

11 2372 답 ④ 유형 4

출제의도 | $a_{n+1}=a_n+f(n)$ 꼴의 귀납적 정의를 이용하여 규칙을 찾을 수 있는지 확인한다.

> $n=1,\,2,\,3,\,\cdots$을 차례로 대입하여 짝수 번째 항과 홀수 번째 항의 규칙을 추론해 보자.

$a_{n+1}=-a_n+5n$의 n에 1, 2, 3, 4, 5, $\cdots$를 차례로 대입하면
$a_2=-a_1+5=-125$
$a_3=-a_2+10=135$
$a_4=-a_3+15=-120$
$a_5=-a_4+20=140$
$a_6=-a_5+25=-115$
$\qquad\vdots$

즉, 수열 $\{a_n\}$의 홀수 번째 항은 첫째항이 130이고 공차가 5인 등차수열을 이루고, 짝수 번째 항은 첫째항이 -125이고 공차가 5인 등차수열을 이룬다.
홀수 번째 항은 항상 양수이므로 짝수 번째 항의 값이 0일 때를 기준으로 그 이후부터 모든 자연수 n에 대하여 $a_n>0$이 성립한다.
이때 $a_{2n}=-125+(n-1)\times5=5n-130$이므로
$a_{2n}=0$에서 $5n-130=0$ $\quad\therefore n=26$
즉, $a_{2\times26}=a_{52}=0$이므로 $n\ge53$일 때 모든 자연수 n에 대하여 $a_n>0$이 성립한다.
따라서 구하는 자연수 k의 최솟값은 53이다.

---

12 2373 답 ④ 유형 4

출제의도 | $a_{n+1}=a_n+f(n)$ 꼴의 귀납적 정의를 이용하여 수열의 합을 구할 수 있는지 확인한다.

> n에 2, 4, 6, $\cdots$을 차례로 대입하여 변끼리 더해 보자.

$a_{n-1}+a_n=n^2+1$의 n에 2, 4, 6, $\cdots$, 20을 차례로 대입하여 변끼리 더하면
$\quad a_1+a_2=2^2+1$
$\quad a_3+a_4=4^2+1$
$\quad a_5+a_6=6^2+1$
$\qquad\quad\vdots$
$\underline{+)\ a_{19}+a_{20}=20^2+1}$
$\displaystyle\sum_{k=1}^{20}a_k=(2^2+1)+(4^2+1)+(6^2+1)+\cdots+(20^2+1)$
$\qquad\quad=\displaystyle\sum_{k=1}^{10}\{(2k)^2+1\}=4\sum_{k=1}^{10}k^2+10$
$\qquad\quad=4\times\dfrac{10\times11\times21}{6}+10$
$\qquad\quad=1550$

13 2374 답 ④ 유형 6

출제의도 | 귀납적으로 정의된 수열을 이용하여 특정한 항의 값을 구할 수 있는지 확인한다.

> $n=1$, 2, 3, 4, 5를 차례로 대입해 보자.

$a_{n+1}+(-1)^{n+1}\times a_n=3^n$의 n에 1, 2, 3, 4, 5를 차례로 대입하면

$a_2+a_1=3$ $\therefore a_2=2$

$a_3-a_2=3^2$ $\therefore a_3=9+2=11$

$a_4+a_3=3^3$ $\therefore a_4=27-11=16$

$a_5-a_4=3^4$ $\therefore a_5=81+16=97$

$a_6+a_5=3^5$ $\therefore a_6=243-97=146$

14 2375 답 ⑤ 유형 11

출제의도 | a_n과 S_n 사이의 관계식이 주어진 수열의 특정한 항의 값을 구할 수 있는지 확인한다.

> a_n과 S_n 사이의 관계식으로부터 a_n과 a_{n+1} 사이의 관계식을 구해 보자.

$2S_n=3a_n-4n+3$에 $n=1$을 대입하면

$2S_1=3a_1-1$

이때 $S_1=a_1$이므로 $2a_1=3a_1-1$ $\therefore a_1=1$

$2S_n=3a_n-4n+3$ ·········· ㉠

$2S_{n+1}=3a_{n+1}-4(n+1)+3$ ·········· ㉡

㉡-㉠을 하면

$2(S_{n+1}-S_n)=3a_{n+1}-3a_n-4$

$2a_{n+1}=3a_{n+1}-3a_n-4$

$\therefore a_{n+1}=3a_n+4$

위 식의 n에 1, 2, 3을 차례로 대입하면

$a_2=3a_1+4=3\times1+4=7$

$a_3=3a_2+4=3\times7+4=25$

$\therefore a_4=3a_3+4=3\times25+4=79$

15 2376 답 ④ 유형 11

출제의도 | S_n과 a_n 사이의 관계식이 주어질 때, 수열의 귀납적 정의를 추론할 수 있는지 확인한다.

> $S_{n+1}-S_n=a_{n+1}$ $(n=1$, 2, 3, $\cdots)$임을 이용하여 a_n과 a_{n+1} 사이의 관계식을 구해 보자.

$2S_n=(n+1)a_n$ ·········· ㉠

$2S_{n+1}=(n+2)a_{n+1}$ ·········· ㉡

㉡-㉠을 하면 $2(S_{n+1}-S_n)=(n+2)a_{n+1}-(n+1)a_n$

$2a_{n+1}=(n+2)a_{n+1}-(n+1)a_n$, $na_{n+1}=(n+1)a_n$

$\therefore a_{n+1}=\dfrac{n+1}{n}a_n$

위 식의 n에 1, 2, 3을 차례로 대입하면

$a_2=2a_1=2\times\dfrac{1}{2}=1$

$a_3=\dfrac{3}{2}a_2=\dfrac{3}{2}\times1=\dfrac{3}{2}$

$a_4=\dfrac{4}{3}a_3=\dfrac{4}{3}\times\dfrac{3}{2}=2$

$\therefore a_3\times a_4=\dfrac{3}{2}\times2=3$

16 2377 답 ③ 유형 16

출제의도 | 수학적 귀납법의 증명 과정을 이해하는지 확인한다.

> 지수법칙을 이용하여 ㈎, ㈏에 들어갈 수와 식을 찾아보자.

(ii) $n=k$일 때, $3^{2n}-1$이 8의 배수라 가정하면

$3^{2k}-1=8p$ (p는 자연수)

$\therefore 3^{2k}=8p+1$

$n=k+1$이면

$3^{2(k+1)}-1=\boxed{9}\times3^{2k}-1$

$\qquad=9(8p+1)-1=9\times8p+8$

$\qquad=8\times(\boxed{9p+1})$

이므로 $n=k+1$일 때도 $3^{2n}-1$은 8의 배수이다.

$\therefore a=9$, $f(p)=9p+1$

따라서 $f(2)=9\times2+1=19$이므로

$a+f(2)=28$

17 2378 답 ④ 유형 17

출제의도 | 수학적 귀납법의 증명 과정을 이해하는지 확인한다.

> $n=k$일 때 부등식이 성립한다고 가정하고 $n=k+1$일 때도 부등식이 성립함을 보이자.

(ii) $n=k$ $(k\geq4)$일 때, 주어진 부등식이 성립한다고 가정하면

$1\times2\times3\times\cdots\times k>2^k$ ·········· ㉠

㉠의 양변에 $\boxed{k+1}$을 곱하면

$1\times2\times3\times\cdots\times k\times(\boxed{k+1})>2^k\times(\boxed{k+1})$

이때

$2^k\times(\boxed{k+1})=2\times2^k+(k-1)\times2^k$

$\qquad\qquad\qquad=2^{k+1}+(k-1)\times2^k$

$\qquad\qquad\qquad>\boxed{2^{k+1}}$

이므로

$1\times2\times3\times\cdots\times k\times(\boxed{k+1})>\boxed{2^{k+1}}$

따라서 $n=k+1$일 때도 주어진 부등식이 성립한다.

$\therefore f(k)=k+1$, $g(k)=2^{k+1}$

따라서 $f(1)=2$, $g(2)=2^3=8$이므로

$\dfrac{g(2)}{f(1)}=\dfrac{8}{2}=4$

참고 $k\geq4$에서 $k+1\geq5$이므로

$2^{k+1}=2\times2^k$, $2^k\times(k+1)\geq5\times2^k$

따라서 $2^k\times(k+1)>2^{k+1}$이 성립함을 확인할 수 있다.

18 2379 답 ② 유형 9

출제의도 | 같은 수가 반복되는 수열에 대하여 이해하는지 확인한다.

> $n=1$, 2, 3, $\cdots$을 차례로 대입하여 수열 $\{a_n\}$의 규칙을 추론해 보자.

$a_1=\dfrac{1}{5}$, $a_{n+1}=\begin{cases}2a_n & (a_n<1) \\ a_n-1 & (a_n\geq1)\end{cases}$에서

$a_2=2a_1=2\times\dfrac{1}{5}=\dfrac{2}{5}$

$a_3=2a_2=2\times\dfrac{2}{5}=\dfrac{4}{5}$

$$a_4 = 2a_3 = 2 \times \frac{4}{5} = \frac{8}{5}$$

$$a_5 = a_4 - 1 = \frac{8}{5} - 1 = \frac{3}{5}$$

$$a_6 = 2a_5 = 2 \times \frac{3}{5} = \frac{6}{5}$$

$$a_7 = a_6 - 1 = \frac{6}{5} - 1 = \frac{1}{5}$$

$$a_8 = 2a_7 = 2 \times \frac{1}{5} = \frac{2}{5}$$

$$\vdots$$

즉, 수열 $\{a_n\}$은 $\frac{1}{5}$, $\frac{2}{5}$, $\frac{4}{5}$, $\frac{8}{5}$, $\frac{3}{5}$, $\frac{6}{5}$이 이 순서대로 반복된다.

이때 $45 = 7 \times 6 + 3$이므로

$$\sum_{k=1}^{45} a_k = 7(a_1 + a_2 + a_3 + \cdots + a_6) + a_{43} + a_{44} + a_{45}$$

$$= 7(a_1 + a_2 + a_3 + \cdots + a_6) + a_1 + a_2 + a_3$$

$$= 7 \times \left(\frac{1}{5} + \frac{2}{5} + \frac{4}{5} + \frac{8}{5} + \frac{3}{5} + \frac{6}{5} \right) + \frac{1}{5} + \frac{2}{5} + \frac{4}{5}$$

$$= 35$$

19 2380 답 ②

유형 11

출제의도 | S_n과 a_n 사이의 관계식이 주어진 수열의 귀납적 정의를 추론할 수 있는지 확인한다.

$S_{n+1} - S_{n-1} = a_{n+1} + a_n \ (n=2, 3, 4, \cdots)$임을 이용하여 수열의 규칙을 발견해 보자.

$S_{n+1} + S_n = a_{n+1}{}^2$에서

(i) $n=1$일 때

$$S_2 + S_1 = a_2{}^2$$

$$a_1 + a_2 + a_1 = a_2{}^2, \ a_2{}^2 - a_2 - 6 = 0 \ (\because a_1 = 3)$$

$$(a_2 + 2)(a_2 - 3) = 0$$

$$\therefore a_2 = 3 \ (\because a_2 > 0)$$

(ii) $n \geq 2$일 때

$$S_{n+1} + S_n = a_{n+1}{}^2 \quad \cdots\cdots\cdots\cdots\cdots\cdots\cdots \ \text{㉠}$$

$$S_n + S_{n-1} = a_n{}^2 \quad \cdots\cdots\cdots\cdots\cdots\cdots\cdots \ \text{㉡}$$

㉠－㉡을 하면

$$S_{n+1} - S_{n-1} = a_{n+1}{}^2 - a_n{}^2$$

$$a_{n+1} + a_n = (a_{n+1} + a_n)(a_{n+1} - a_n)$$

이때 $a_{n+1} + a_n > 0$이므로

$$a_{n+1} - a_n = 1 \qquad \therefore a_{n+1} = a_n + 1$$

(i), (ii)에서 수열 $\{a_n\}$은 둘째항부터 공차가 1인 등차수열을 이루므로

$$a_1 = 3, \ a_n = n + 1 \ (n \geq 2)$$

$$\therefore a_{50} = 50 + 1 = 51$$

20 2381 답 ④

유형 8

출제의도 | 주어진 조건을 이용하여 수열을 추론할 수 있는지 확인한다.

$\log_8 n$이 유리수가 될 조건을 생각해 보자.

$\log_8 n = \frac{1}{3} \log_2 n$이므로 $\log_8 n$이 유리수이려면

$n = 2^m$ (m은 음이 아닌 정수) 꼴이어야 한다.

따라서 a_1, a_2, a_4, a_8, $\cdots$은 유리수이고, 나머지 항은 모두 0이므로

$$\sum_{k=1}^{n} a_k = a_1 + a_2 + a_4 + a_8 + \cdots$$

$$= 0 + \frac{1}{3} + \frac{2}{3} + 1 + \cdots$$

이때 $\sum_{k=1}^{n} a_k = 12$가 되려면

$$0 + \frac{1}{3} + \frac{2}{3} + 1 + \frac{4}{3} + \frac{5}{3} + 2 + \frac{7}{3} + \frac{8}{3} = 12$$

$\log_8 n = \frac{8}{3}$에서 $n = 8^{\frac{8}{3}} = 2^8 = 256$

그런데 $a_{257} = a_{258} = \cdots = a_{511} = 0$, $a_{512} = 3$이므로

$$\sum_{k=1}^{256} a_k = \sum_{k=1}^{257} a_k = \sum_{k=1}^{258} a_k = \cdots = \sum_{k=1}^{511} a_k = 12$$

따라서 구하는 자연수 n의 최댓값은 511이다.

21 2382 답 ②

유형 12

출제의도 | 수열의 귀납적 정의를 활용할 수 있는지 확인한다.

$(n+1)$번째 부부가 각각 악수하는 횟수를 구해 보자.

n쌍의 부부가 조건에 맞게 악수하는 횟수는 a_n이고

$(n+1)$번째 부부의 남편과 아내가 각각 $2n$번씩 악수를 하므로

$$a_{n+1} = a_n + 4n$$

따라서 $f(n) = 4n$이므로

$$f(3) = 12$$

22 2383 답 -94

유형 4

출제의도 | $a_{n+1} = a_n + f(n)$ 꼴일 때, 특정한 항의 값을 구할 수 있는지 확인한다.

STEP 1 n에 1, 2, 3, $\cdots$, 8을 차례로 대입하기 [3점]

$a_{n+1} = a_n + 5 - 4n$의 n에 1, 2, 3, $\cdots$, 8을 차례로 대입하면

$$a_2 = a_1 + 5 - 4 \times 1$$

$$a_3 = a_2 + 5 - 4 \times 2$$

$$a_4 = a_3 + 5 - 4 \times 3$$

$$\vdots$$

$$a_9 = a_8 + 5 - 4 \times 8$$

STEP 2 a_9의 값 구하기 [3점]

변끼리 더하여 식을 정리하면

$$a_9 = a_1 + 5 \times 8 - \sum_{k=1}^{8} 4k$$

$$= 10 + 40 - 4 \times \frac{8 \times 9}{2}$$

$$= 50 - 144 = -94$$

23 2384 답 3051

유형 9

출제의도 | 같은 수가 반복되는 수열에 대하여 이해하는지 확인한다.

STEP 1 $n = 1, 2, 3, \cdots$을 차례로 대입하여 수열 $\{a_n\}$의 규칙 찾기 [4점]

$$a_1 = 2, \ a_{n+1} = \begin{cases} 6 - \dfrac{4}{a_n} & (a_n\text{이 정수인 경우}) \\ -\dfrac{15}{8} a_n + \dfrac{51}{4} & (a_n\text{이 정수가 아닌 경우}) \end{cases} \text{에서}$$

$$a_2 = 6 - \frac{4}{a_1} = 6 - \frac{4}{2} = 4$$

$$a_3=6-\frac{4}{a_2}=6-\frac{4}{4}=5$$

$$a_4=6-\frac{4}{a_3}=6-\frac{4}{5}=\frac{26}{5}$$

$$a_5=-\frac{15}{8}a_4+\frac{51}{4}=-\frac{15}{8}\times\frac{26}{5}+\frac{51}{4}=3$$

$$a_6=6-\frac{4}{a_5}=6-\frac{4}{3}=\frac{14}{3}$$

$$a_7=-\frac{15}{8}a_6+\frac{51}{4}=-\frac{15}{8}\times\frac{14}{3}+\frac{51}{4}=4$$

$$\vdots$$

즉, 수열 $\{a_n\}$은 둘째항부터 $4,\ 5,\ \frac{26}{5},\ 3,\ \frac{14}{3}$가 이 순서대로 반복된다.

STEP 2 a_k의 값이 정수가 되는 모든 자연수 k의 값의 합 구하기 [3점]

자연수 n에 대하여 a_{5n-1}의 값과 a_{5n+1}의 값은 정수가 아니므로 a_k의 값이 정수가 되는 100 이하의 자연수 k의 값은

$1,\ 2,\ 3,\ 5,\ 7,\ 8,\ 10,\ \cdots,\ 97,\ 98,\ 100$

따라서 모든 자연수 k의 값의 합은

$$1+(2+7+12+\cdots+97)+(3+8+13+\cdots+98)$$
$$+(5+10+15+\cdots+100)$$
$$=1+\frac{20\times(2+97)}{2}+\frac{20\times(3+98)}{2}+\frac{20\times(5+100)}{2}$$
$$=3051$$

참고 모든 자연수 k의 값의 합을 구할 때, 1부터 100까지의 합에서 a_k의 값이 정수가 아닌 경우의 k의 값을 빼서 구할 수도 있다.

즉, a_k의 값이 정수가 아닌 경우의 100 이하의 자연수 k의 값의 합은

$$\sum_{k=1}^{20}(5k-1)+\sum_{k=1}^{19}(5k+1)$$
$$=5\times\frac{20\times21}{2}-1\times20+5\times\frac{19\times20}{2}+1\times19$$
$$=1050-20+950+19=1999$$

이므로 구하는 값은

$$\frac{100\times101}{2}-1999=5050-1999=3051$$

24 2385   **답** 풀이 참조   유형 15

출제의도 | 수학적 귀납법의 증명 과정을 이해하는지 확인한다.

STEP 1 $n=1$일 때, 주어진 등식이 성립함을 보이기 [2점]

$n=1$일 때

(좌변)$=\frac{1}{2!}=\frac{1}{2}$, (우변)$=1-\frac{1}{2!}=1-\frac{1}{2}=\frac{1}{2}$

이므로 주어진 등식이 성립한다.

STEP 2 $n=k$일 때, 주어진 등식이 성립함을 가정하기 [1점]

$n=k$일 때, 주어진 등식이 성립한다고 가정하면

$$\frac{1}{2!}+\frac{2}{3!}+\frac{3}{4!}+\cdots+\frac{k}{(k+1)!}=1-\frac{1}{(k+1)!} \quad \cdots\cdots\cdots\cdots \text{㉠}$$

STEP 3 $n=k+1$일 때, 주어진 등식이 성립함을 보이기 [4점]

㉠의 양변에 $\frac{k+1}{(k+2)!}$을 더하면

$$\frac{1}{2!}+\frac{2}{3!}+\frac{3}{4!}+\cdots+\frac{k}{(k+1)!}+\frac{k+1}{(k+2)!}$$
$$=1-\frac{1}{(k+1)!}+\frac{k+1}{(k+2)!}$$
$$=1-\frac{k+2}{(k+2)!}+\frac{k+1}{(k+2)!}$$

$$=1-\frac{1}{(k+2)!}$$

이므로 $n=k+1$일 때도 주어진 등식이 성립한다.

따라서 모든 자연수 n에 대하여 주어진 등식이 성립한다.

25 2386   **답** $a_1=\frac{46}{5}$, $p+q=\frac{19}{5}$ 유형 12

출제의도 | 수열의 귀납적 정의를 활용할 수 있는지 확인한다.

STEP 1 1회 시행 후 남아 있는 소금의 양을 이용하여 a_1의 값 구하기 [3점]

10 %의 소금물 100 g에서 40 g 덜어 낸 후

10 %의 소금물 60 g에 들어 있는 소금의 양은

$$\frac{10}{100}\times60=6 \text{ (g)}$$

8 %의 소금물 40 g에 들어 있는 소금의 양은

$$\frac{8}{100}\times40=\frac{16}{5} \text{ (g)}$$

따라서 1회 시행 후 남아 있는 소금의 양은

$$6+\frac{16}{5}=\frac{46}{5} \text{ (g)}$$

$$\therefore a_1=\frac{\frac{46}{5}}{100}\times100=\frac{46}{5}$$

STEP 2 n회 시행 후 남아 있는 소금의 양을 이용하여 a_n과 a_{n+1} 사이의 관계식 구하기 [4점]

a_n %의 소금물 100 g에서 40 g 덜어 낸 후

a_n %의 소금물 60 g에 들어 있는 소금의 양은

$$\frac{a_n}{100}\times60=\frac{3}{5}a_n \text{ (g)}$$

따라서 n회 시행 후 남아 있는 소금의 양은

$$\frac{3}{5}a_n+\frac{16}{5} \text{ (g)}$$

$$\therefore a_{n+1}=\frac{\frac{3}{5}a_n+\frac{16}{5}}{100}\times100=\frac{3}{5}a_n+\frac{16}{5}$$

STEP 3 $p+q$의 값 구하기 [1점]

$p=\frac{3}{5}$, $q=\frac{16}{5}$이므로 $p+q=\frac{19}{5}$

고난도 ⊕ Plus 문제   500쪽

1 2387   **답** ②

이차방정식 $a_nx^2-2a_{n+1}x+a_{n+2}=0$이 중근을 가지므로 이 이차방정식의 판별식을 D라 하면

$$\frac{D}{4}=(-a_{n+1})^2-a_na_{n+2}=0$$

$$\therefore a_{n+1}{}^2=a_na_{n+2}$$

따라서 수열 $\{a_n\}$은 첫째항이 1인 등비수열이다.

이 등비수열의 공비를 r이라 하면

$$r=\frac{a_2}{a_1}=\frac{3}{1}=3$$

$$\therefore S_n=\frac{3^n-1}{3-1}=\frac{3^n-1}{2}$$

$S_n < 1000$에서

$$\frac{3^n-1}{2} < 1000$$

$$\therefore 3^n < 2001$$

이때 $3^6=729$, $3^7=2187$이므로 $n \leq 6$

따라서 n의 최댓값은 6이다.

2 2388   답 57

$a_1=1$, $a_{n+1}=\begin{cases} a_n-18 & (n\text{이 } 3\text{의 배수인 경우}) \\ a_n+3k & (n\text{이 } 3\text{의 배수가 아닌 경우}) \end{cases}$에서

$a_2=a_1+3k=1+3k$

$a_3=a_2+3k=1+6k$

$a_4=a_3-18=6k-17$

$a_5=a_4+3k=9k-17$

$a_6=a_5+3k=12k-17$

$a_7=a_6-18=12k-35$

$a_8=a_7+3k=15k-35$

$a_9=a_8+3k=18k-35$

$a_{10}=a_9-18=18k-53$

$\vdots$

즉, a_3, a_6, a_9, $\cdots$는 공차가 $6k-18$인 등차수열을 이루므로

$a_{12}=a_9+(6k-18)=24k-53$

$a_{15}=a_{12}+(6k-18)=30k-71$

$a_{18}=a_{15}+(6k-18)=36k-89$

$a_3=a_{18}$에서 $1+6k=36k-89$

$30k=90$

$\therefore k=3$

따라서 $a_{12}=24k-53=24 \times 3-53=19$이므로

$k \times a_{12}=3 \times 19=57$

3 2389   답 $a_n=6n+1$

$12S_n=a_n^2+6a_n-7$에 $n=1$을 대입하면

$12S_1=a_1^2+6a_1-7$

이때 $S_1=a_1$이므로 $12a_1=a_1^2+6a_1-7$

$a_1^2-6a_1-7=0$, $(a_1+1)(a_1-7)=0$

$\therefore a_1=7$ $(\because a_1>0)$

$12S_n=a_n^2+6a_n-7$ $\cdots\cdots$ ㉠

$12S_{n+1}=a_{n+1}^2+6a_{n+1}-7$ $\cdots\cdots$ ㉡

㉡－㉠을 하면

$12(S_{n+1}-S_n)=a_{n+1}^2+6a_{n+1}-a_n^2-6a_n$

$12a_{n+1}=a_{n+1}^2+6a_{n+1}-a_n^2-6a_n$

$a_{n+1}^2-a_n^2-6a_{n+1}-6a_n=0$

$(a_{n+1}+a_n)(a_{n+1}-a_n)-6(a_{n+1}+a_n)=0$

$(a_{n+1}+a_n)(a_{n+1}-a_n-6)=0$

이때 $a_n>0$, $a_{n+1}>0$에서 $a_{n+1}+a_n \neq 0$이므로

$a_{n+1}-a_n-6=0$

$\therefore a_{n+1}-a_n=6$

따라서 수열 $\{a_n\}$은 첫째항이 $a_1=7$, 공차가 6인 등차수열이므로

$a_n=7+(n-1)\times 6=6n+1$

4 2390   답 515

삼각형의 각 변의 중점을 연결하여 새로운 삼각형을 그리므로 새로 생긴 삼각형과 이전 삼각형은 닮은 도형이고 닮음비가 $2:1$이므로 넓이의 비는 $4:1$이다.

즉, $S_{n+1}=\dfrac{1}{4}S_n$

$\overline{AB}=2a$라 하면

$\overline{AC}=2\sqrt{2}a$, $\overline{CH}=\dfrac{\sqrt{2}}{2}a$

$\therefore \overline{AH}=\overline{AC}-\overline{CH}=2\sqrt{2}a-\dfrac{\sqrt{2}}{2}a=\dfrac{3\sqrt{2}}{2}a$

즉, $\dfrac{3\sqrt{2}}{2}a=3\sqrt{2}$에서 $a=2$

따라서 $\overline{CM}=\overline{CN}=2$이므로 $\overline{MN}=2\sqrt{2}$

$\therefore S_1=\dfrac{1}{4}\times(\underline{\text{삼각형 AMN의 넓이}})$

→ $\triangle$AMN은 이등변삼각형이고 $\overline{MH}=\overline{HN}$이므로 $\triangle$AMN의 밑변이 $\overline{MN}$이면 높이는 $\overline{AH}$이다.

$=\dfrac{1}{4}\times\left(\dfrac{1}{2}\times\overline{MN}\times\overline{AH}\right)$

$=\dfrac{1}{4}\times\dfrac{1}{2}\times2\sqrt{2}\times3\sqrt{2}=\dfrac{3}{2}$

즉, 수열 $\{S_n\}$은 첫째항이 $S_1=\dfrac{3}{2}$, 공비가 $\dfrac{1}{4}$인 등비수열이므로

$S_n=\dfrac{3}{2}\times\left(\dfrac{1}{4}\right)^{n-1}$

$\therefore S_5=\dfrac{3}{2}\times\left(\dfrac{1}{4}\right)^4=\dfrac{3}{512}$

따라서 $p=512$, $q=3$이므로 $p+q=515$

MEMO

MEMO